ISBN 978-0-266-88856-7
PIBN 10970838

REVUE GÉNÉRALE

DES   SCIENCES

PURES ET APPLIQUÉES

TOME TROISIÈME

REVUE GÉNÉRALE

DES SCIENCES

PURES ET APPLIQUÉES

PARAISSANT LE 15 ET LE 30 DE CHAQUE MOIS

DIRECTEUR : **Louis OLIVIER,** DOCTEUR ÈS SCIENCES

TOME TROISIÈME

1892

AVEC 277 FIGURES ORIGINALES DANS LE TEXTE

PARIS

Georges CARRÉ, Éditeur

58, RUE SAINT-ANDRÉ-DES-ARTS, 58

—

1892

3ᵉ ANNÉE   Nᵒ 1   15 JANVIER 1892

REVUE GÉNÉRALE

DES SCIENCES

PURES ET APPLIQUÉES

DIRECTEUR : LOUIS OLIVIER

LE SUPPLÉMENT DE *LA REVUE*

Au moment où la Revue *entre dans sa troisième année, qu'il lui soit permis d'exprimer sa profonde reconnaissance à ses éminents collaborateurs, en particulier aux membres de l'Académie des Sciences qui l'ont honorée de leur concours et de leur appui.*

Grâce à eux, elle a traversé sans encombre cette période critique du début, contre laquelle ses meilleurs amis avaient eu soin de la mettre en garde.

Elle essaiera de leur témoigner sa gratitude en donnant, dès aujourd'hui, à tous ses numéros un surcroît d'intérêt. Chacun d'eux sera accompagné d'un Supplément de huit colonnes.

Les savants se plaignent de ne point trouver facilement les indications bibliographiques relatives aux recherches qui les occupent : La *Revue espère leur venir en aide en publiant, d'une façon régulière et systématique, immédiatement après l'apparition des principaux journaux scientifiques du monde entier, la liste complète des Mémoires qu'ils contiennent. Cinq ou six colonnes du* Supplément, *imprimées en tout petit texte, seront consacrées à cette indication.*

Pour la commodité des recherches, nous avons provisoirement adopté la classification suivante :

1° Mathématiques pures et appliquées

Dans ce groupe seront d'abord cités les recueils traitant de mathématiques pures, puis ceux qui se rapportent aux applications, à la physique mathématique et à l'astronomie :

ACTA MATHEMATICA.
ANNALES DE L'ÉCOLE NORMALE SUPÉRIEURE.
JOURNAL DE L'ÉCOLE POLYTECHNIQUE.
REVUE GÉNÉRALE, 1892.

BULLETIN DES SCIENCES MATHÉMATIQUES.
NOUVELLES ANNALES DE MATHÉMATIQUES.
JOURNAL DES MATHÉMATIQUES PURES ET APPLIQUÉES.
MATHESIS.
AMERICAN JOURNAL OF MATHEMATICS.
RENDICONDI DEL CIRCOLO MATEMATICO DI PALERMO.
MATHEMATISCHE ANNALEN.
JOURNAL FÜR DIE REINE UND ANGEWANDTE MATHEMATIK.
MONATSHEFTE FÜR MATHEMATIK UND PHYSIK.
BULLETIN ASTRONOMIQUE.
CIEL ET TERRE.
THE OBSERVATORY.
MONTHLY NOTICES OF THE ROYAL ASTRONOMICAL SOCIETY.
THE ASTRONOMICAL JOURNAL.
THE SIDERAL MESSENGER.
SCIENCE OBSERVER.
PUBLICATIONS OF THE ASTRONOMICAL SOCIETY OF THE PACIFIC.
HIMMEL UND ERDE.
ASTRONOMISCHE NACHRICHTEN.
ASTRONOMISCHE MITTHEILUNGEN.
VIERTEL JAHRSCHRIFT DER ASTRONOMISCHE GESELLSCHAFT.

2° Art de l'Ingénieur

Ce groupe comprend la mécanique appliquée, les industries mécaniques, la construction, le génie civil, militaire et naval, les travaux publics, l'art des mines et l'industrie minière.

LE GÉNIE CIVIL.
ANNALES DES TRAVAUX PUBLICS.

ANNALES INDUSTRIELLES.
L'INDUSTRIE FRANÇAISE.
REVUE GÉNÉRALE DE MÉCANIQUE APPLIQUÉE.
ANNALES DES SCIENCES INDUSTRIELLES DE LYON.
BULLETIN DE LA SOCIÉTÉ INDUSTRIELLE DE MUL-
HOUSE.
BULLETIN DE L'ASSOCIATION DES INGÉNIEURS SORTIS
DE L'ÉCOLE DE LIÉGE.
REVUE DU GÉNIE MILITAIRE.
ENGINEERING.
CIVIL INGINEER.
REVUE PRATIQUE DES TRAVAUX PUBLICS.
REVUE DES PONTS ET CHAUSSÉES ET DES MINES.
JOURNAL DES MINES.
NOUVELLES ANNALES DE LA CONSTRUCTION.
REVUE UNIVERSELLE DES MINES ET DE LA MÉTAL-
LURGIE.
ANNALES DES MINES.
REVUE MÉTALLURGIQUE.
TRANSACTIONS OF THE AMERICAN SOCIETY OF CIVIL
ENGINEERS.

3°. Physique et Chimie

Sous cette rubrique seront successivement cités
les recueils : 1° de Physique ; 2° de Physique et de
Chimie ; 3° de Chimie.

JOURNAL DE PHYSIQUE.
LA LUMIÈRE ÉLECTRIQUE.
L'ÉLECTRICITÉ.
L'ÉLECTRICIEN.
L'INDUSTRIE ÉLECTRIQUE.
THE PHILOSOPHICAL MAGAZINE AND JOURNAL OF
SCIENCE.
JOURNAL DE LA SOCIÉTÉ DES SPECTROSCOPISTES ITA-
LIENS.
ZEITSCHRIFT FUR ELEKTROTECHNICK.
ANNALES DE CHIMIE ET DE PHYSIQUE.
ZEITSCHRIFT FÜR INSTRUMENTENKUNDE.
ANNALEN DER PHYSIK UND CHEMIE (Wiedemann).
JOURNAL DE LA SOCIÉTÉ PHYSICO-CHIMIQUE RUSSE.
JOURNAL DE PHARMACIE ET DE CHIMIE.
REVUE DE CHIMIE INDUSTRIELLE.
RECUEIL DES TRAVAUX CHIMIQUES DES PAYS-BAS.
THE CHEMICAL NEWS.
THE ANALYSE.
GAZETTA CHIMICA ITALIANA.
MONATSHEFTE FÜR CHEMIE.
ZEITSCHRIFT FÜR PHYSIKALISCHE CHEMIE.
ZEITSCHRIFT FÜR PHYSIOLOGISCHE CHEMIE.
BERICHTE DER DEUTSCHEN CHEMISCHEN GESELLS-
CHAFT.
LIEBIG'S ANNALEN DER CHEMIE UND PHARMACIE.
ARCHIV DER PHARMACIE.
PHARMACEUTISCHE ZEITSCHRIFT FÜR RUSSLAND.
ZEITSCHRIFT FÜR ANALYTISCHE CHEMIE.
JOURNAL FÜR PRAKTISCHE CHEMIE.

ZEITSCHRIFT FÜR KRISTALLOGRAPHIE UND MINERA-
LOGIE.

4° Botanique, Zoologie et Anthropologie.

On trouvera dans cette section d'abord les périodiques généraux d'histoire naturelle, puis les journaux spécialement consacrés à chacune des
sciences suivantes : botanique, zoologie anthropologie ethnographie :

THE ANNALS AND MAGAZINE OF NATURAL HISTORY.
THE AMERICAN NATURALIST.
ARCHIV FÜR NATURGESCHICHTE.
BULLETIN SCIENTIFIQUE DU NORD DE LA FRANCE ET DE
LA BELGIQUE.
ANNALES DES SCIENCES NATURELLES (Botanique).
JOURNAL DE BOTANIQUE.
ANNALES AGRONOMIQUES.
ANNALES DE LA SCIENCE AGRONOMIQUE.
ANNALES DU JARDIN BOTANIQUE DE BUITENZORG.
THE JOURNAL OF BOTANY.
ANNALS OF BOTANY.
NUOVO GIORNALE BOTANICO ITALIANO.
MALPIGHIA.
BOTANISCHE ZEITUNG.
BOTANISCHES CENTRALBLATT.
FLORA.
JAHRBUCHER FUR WISSENSCHAFTLICHE BOTANIK.
ANNALES DES SCIENCES NATURELLES (Zoologie).
ARCHIVES DE ZOOLOGIE EXPÉRIMENTALE ET GÉNÉ-
RALE.
JOURNAL DE CONCHYLIOLOGIE.
THE ZOOLOGIST.
MEMOIRS OF THE MUSEUM OF COMPARATIVE ZOOLOGY
AT HARWARD COLLEGE.
UNITED STATES COMMISSION OF FISH AN FISHE-
RIES.
PROCEEDINGS OF JOURNAL OF THE ASIATIC SOCIETY
OF BENGAL.
LINNEAN SOCIETY OF NEW SOUTH-WALLES.
MONITORE ZOOLOGICO ITALIANO.
ZOOLOGISCHER ANZEIGER.
ZEITSCHRIFT FUR WISSENSCHAFTLISCHE ZOOLOGIE.
ANNALEN DER K. K. NATURHISTORISCHEN HOF-MU-
SEUMS.
ARBEITEN AUS DEM ZOOLOGISCHEN INSTITUTE DER UNI-
VERSITAT WIEN UND DER ZOOLOGISCHEN STATION IN
TRIEST.
REVUE MENSUELLE DE L'ECOLE D'ANTHROPOLOGIE.
L'ANTHROPOLOGIE.
THE JOURNAL OF ANTHROPOLOGICAL INTITUTE OF GR.
BRITAIN AND IRELAND.
ARCHIVIO PER L'ANTROPOLOGIA E LA ETHNOLOGIA.
INTERNATIONALES ARCHIV FUR ETHNOGRAPHIE.
ARCHIV FUR ANTHROPOLOGIE.
ZEITSCHRIFT FUR ETHNOLOGIE.

5° Paléontologie et Géologie.

Ce groupe renferme la paléontologie (humaine, animale et végétale), la géologie générale et stratigraphique, l'hydrologie et la pétrologie :

Palaeontographica.
Palaeontologische Abhandlungen (Dames und Kayser).
Beitrage zur Palaeontologie Œsterreich, Ungarms und des Orients. (Mojsisovics und Neumayr).
Annales des sciences géologiques.
Bulletin des services de la carte géologique de France et des Topographies souterraines.
Bulletin du comité géologique de Saint-Pétersbourg.
The geological Magazine.
The american Geologist.
Geological and Natural History, Survey of Canada.
The quarterly journal of the geological Society of London.
Neues Jahrbuch fur Mineralogie, Geologie und Palaeontologie.
Zeitschrift der Deutschen Geologischen Gesellschaft.

6° Anatomie et Physiologie

Une place ayant été faite ci-dessus à la Zoologie, l'*Anatomie* dont il sera question ici concernera surtout l'espèce humaine. Après quoi seront cités les recueils relatifs à la fois à l'Anatomie et à la Physiologie, enfin les journaux spécialement consacrés à la Physiologie expérimentale ou comparée des Animaux et de l'Homme :

Journal of Morphology.
Anatomischer Anzeiger.
Morphologisches Jahrbuch.
Journal de l'Anatomie et de la Physiologie.
Journal international mensuel d'Anatomie et de Physiologie.
The Journal of Anatomy and Physiologie.
Archiv für Anatomie und Physiology.
Archiv für pathologische Anatomie und Physiologie.
Archives de Physiologie.
Archives de Biologie.
Archives italiennes de Biologie.
The Journal of Physiology.
Biologisches Centralblatt.
Skandinavisches Archiv für Physiologie.
Centralblatt für Physiologie.
Archiv für gesammte Physiologie.
Zeitschrift für Biologie.

7° Micrographie et Bactériologie

Ces sciences sont l'objet de travaux publiés dans des recueils de sciences diverses (Voir ci-dessus et ci-dessous.) Seuls, les journaux traitant *exclusivement* de Micrographie et de Bactériologie seront cités en cette section :

Annales de Micrographie.
Journal de Micrographie.
La Cellule.
Annales de la Société belge de Microscopie.
Bulletin de la Société belge de Microscopie.
The quarterly Journal of microscopical Science.
Journal of the Royal Microscopical Society.
Journal of Microscopy and natural Science.
The American monthly microscopical Journal.
Zeitschrift für wissenschaftliche Mikroskopie und für Mikroskopische Technik.
Archiv für mikroskopische Anatomie.
Annales de l'Institut Pasteur.
Compte rendu des travaux du laboratoire de Carlsberg.
Centralblatt für Bacteriologie und Parasitenkunde.

8° Sciences médicales

A ces sciences sont affectés une multitude de périodiques. Ne pouvant songer à les citer tous, nous choisissons ceux qui nous paraissent le plus intéresser nos lecteurs. L'Hygiène sera mentionnée à la fin :

Archives de Médecine experimentale et d'Anatomie pathologique.
Archives de Neurologie.
Revue de Medecine.
Revue de Chirurgie.
Revue générale des sciences médicales.
Archives générales de Médecine.
Journal de Médecine et de Chirurgie pratiques.
La Médecine moderne.
La Gazette médicale.
Bulletin médical de l'Algérie.
The Lancet.
The American Journal of medical Sciences.
Lo Sperimentale.
Archivio per le Scienze mediche.
Beitrage zur pathologischen Anatomie und zur allgemeine Pathologie.
Centralblatt für allgemeine Pathologie und anthropologische Anatomie.
Deutsche medicinische Wochenschrift.
Berliner klinische Wochenschrift.
Archiv für experim. Phatologie und Pharmakologie.

MÜNCHENER MEDICINISCHE WOCHENSCHRIFT.
FORTSCHRITTE DER MEDICIN.
CENTRALBLATT FÜR KLINISCHE MEDICIN.
NEUROLOGISCHES CENTRALBLATT.
ANNALES D'HYGIÈNE PUBLIQUE.
REVUE D'HYGIÈNE ET DE POLICE SANITAIRE.
REVUE D'HYGIÈNE ET DE MÉDECINE LÉGALE.
RIVISTA INTERNATIONALE D'IGIENE.
INGIGNERIA SANITARIA:
HYGIENISCHE RUNDSCHAU.
ARCHIV FÜR HYGIENE.
ZÉITSCHRIFT FÜR HYGIENE UND INFECTIONS KRANK-
HEITEN.
GESUNDTHEITE INGENIER.
ARBEITEN AUS DEM KAISERLICHEN GESUNDHEITSAMTE.

9° Recueils de Sciences diverses.

Sous cette rubrique prendront place plusieurs journaux tels que les suivants qui, traitant de diverses sciences, ne rentrent dans aucune des sections précédentes :

JOURNAL DES SAVANTS.
REVUE PHILOSOPHIQUE.
ANNALES DE LA FACULTÉ DES SCIENCES DE MAR-
SEILLE.
ANNALES DE LA FACULTÉ DES SCIENCES DE GRE-
NOBLE.
ARCHIVES DES SCIENCES PHYSIQUES ET NATURELLES.
ANNALES DE L'ECOLE POLYTECHNIQUE DE DELFT.
ARCHIVES NÉERLANDAISES DES SCIENCES EXACTES ET
NATURELLES.
LA NATURE.
COSMOS.
TRANSACTIONS OF THE LABORATORY CLUB.
THE AMERICAN JOURNAL OF SCIENCES.
JOURNAL AND PROCEEDINGS OF THE ROYAL SOCIETY
OF NEW-SOUTH-WALLES.
JOURNAL OF THE COLLEGE OF SCIENCE IMPER. UNI-
VERSITY OF TOKIO (JAPON).
NATURE (de Londres).
CRÓNICA SCIENTIFICA.

En chacune de ces sections et dans chaque subdivision de chacune d'elles seront cités en premier lieu les recueils de science française, en second lieu les périodiques publiés dans les langues étrangères.

Pour se servir de cette longue liste de sommaires, il importe de remarquer qu'un même sujet est quelquefois traité dans des recueils classés, d'après leurs titres et leurs articles habituels, sous des rubriques différentes. C'est ainsi que le physicien devra consulter les sommaires non seulement dans la section de *physique et chimie*, mais aussi dans celle des *mathématiques pures et appliquées* où place est faite à la physique mathématique. De même, le bactériologiste trouvera dans les sections intitulées *Anatomie et Physiologie, Microscopie et Bactériologie, Sciences médicales* les indications qui lui sont utiles, etc., etc...

Nous avons confiance que ces sommaires rendront service aux savants, et nous nous appliquerons continuellement à améliorer cette importante partie de notre *Supplément*.

Les journaux qui viennent d'être énumérés sont de périodicités diverses : bi-hebdomaires, hebdomadaires, bi-mensuels, mensuels, paraissant tous les deux mois, tous les trois mois, ou bien une ou deux fois par an. Le lecteur ne sera donc pas surpris de ne trouver cités en chacun de nos numéros que le tiers des périodiques ci-dessus mentionnés. Appelons aussi, pour prévenir toute critique injustifiée, l'attention sur ce fait que *beaucoup* de journaux portent une date notablement antérieure à celle de leur publication réelle. *La Revue se fera un devoir de citer les sommaires dès que les journaux auront paru.* Elle s'est attaché dans ce but des collaborateurs chargés de traduire, chacun dans sa spécialité, les titres des mémoires immédiatement après réception.

Une autre partie, moins développée, comprendra :

1° **Les Nouvelles de la Science et de l'Enseignement;**

2° **Un service de renseignements** destinés à ceux de nos abonnés qui recourent à la *Revue* pour obtenir de nos divers collaborateurs des réponses à des questions d'ordre scientifique;

3° La description des **inventions nouvelles** qui intéressent le savant : appareils et procédés techniques de laboratoire, modes de préparation des corps nouveaux, etc.;

4° L'indication des **questions scientifiques** dont nos grands établissements publics ou notre industrie nationale demandent la solution.

Nous espérons que ces innovations seront appréciées des lecteurs.

                        Louis Olivier.

LES RÉCENTS PROGRÈS DE NOS CONNAISSANCES OROGÉNIQUES

Le problème de la formation des montagnes, parmi tous ceux que soulève la géologie, est un de ceux qui par leur nature même sont le plus propres à éveiller la curiosité ; c'est même, après ceux qui se rapportent à l'étude des êtres vivants et à l'évolution des faunes, le problème capital de la géologie. La connaissance des chaines de montagnes et de leur élévation successive permet seule, en effet, de coordonner les traits complexes de l'histoire de la Terre dans ses différentes périodes, de grouper les phénomènes et de reconstituer les grandes lignes des géographies anciennes.

Les trois grandes œuvres qui, dans ce siècle, marquent en quelque sorte les étapes des progrès réalisés par la série incessante des observations, sont des essais sur les systèmes de montagnes, auxquels resteront associés les noms de L. de Buch, d'Elie de Beaumont et de M. Suess.

Le problème est double en réalité ; il comprend d'une part la distribution des chaines aux différentes périodes et la structure de ces chaines. Cette dernière est-elle toujours la même ou laisse-t-elle du moins reconnaître des lois générales et uniformes ? Et ces lois permettent-elles de se faire une idée des forces mises en jeu, de leur puissance et de leur direction ? Ces deux côtés du problème, le côté géographique et le côté mécanique, ne peuvent se séparer sur le terrain et doivent s'étudier ensemble ; mais on peut les traiter successivement, et essayer de montrer quels sont les progrès réalisés à ce double point de vue dans ces dernières années.

I. — DISTRIBUTION DES CHAINES DE MONTAGNES

La distribution et le goupement des chaines de montagnes peuvent sembler d'abord une question bien simple, que les atlas suffisent à résoudre. Mais la question ne prend de sens précis et de véritable portée que si la chaîne de montagnes peut être définie avec quelque rigueur. Le topographe cherchera cette définition dans les caractères du relief ; le géologue est nécessairement amené à la chercher dans les caractères plus profonds de la structure interne. Les montagnes sont des zones plissées de l'écorce terrestre ; comme ce sont ces plissements que l'on veut étudier, ce sont eux qu'on prendra pour élément de définition. La chaîne peut être plus ou moins dénudée, elle peut même être rasée au niveau de la plaine ; le noyau restant présente les mêmes caractères de structure ; il permet de retrouver la trace des plissements qui ont créé les reliefs disparus, et par conséquent, en

dépit de la contradiction des termes avec le langage usuel, le géologue continue à parler de chaine de montagnes quand, en réalité, il n'existe plus qu'une *chaîne de plissements*.

Quant aux caractères qui constituent l'unité d'une chaine de plissements, un seul, à priori, doit d'abord entrer en ligne de compte : c'est la *continuité*. Une chaine est composée d'une série de plis parallèles, au moins dans leur allure générale ; aucun de ces plis n'a une extension indéfinie, mais à mesure que l'un d'eux s'abaisse et se termine, d'autres prennent naissance dans le voisinage, et de même que l'ensemble des chainons constitue la chaine au sens topographique, l'ensemble de ces plis constitue la chaine au sens géologique.

Tant que ces plis suivent une même direction, ou du moins se coordonnent autour d'une même ligne directrice, il n'y a pas de difficulté ; il en est ainsi pour les Alpes, considérées des Alpes-Maritimes jusqu'au Tyrol. Mais à partir du Tyrol, la chaine jusque-là compacte et massive, s'ouvre en un large éventail, et se divise en deux branches, dont l'une se dirige vers les Carpathes et dont l'autre descend le long de l'Adriatique. Ces deux branches se rattachent l'une et l'autre à la même chaine ; comme elles sont devenues pourtant bien distinctes, avec des lignes directrices en apparence tout à fait indépendantes, ce sera affaire de définition d'en faire deux nouvelles chaines, ou au contraire, en se fondant sur la continuité, de les considérer toutes deux comme appartenant au premier système, au système des Alpes. On pourrait même partir de là pour considérer les Alpes bavaroises et suisses comme formées par la juxtaposition momentanée de deux chaines différentes. Au fond, d'ailleurs, ce ne seraient là que des querelles de mots ; il faut en tout cas chercher à suivre la continuité de chacune des deux zones au delà des Carpathes et des Alpes illyriennes, savoir si elles cessent ou comment elles se prolongent. Grâce à M. Suess, nous savons aujourd'hui qu'elles se continuent jusqu'à l'extrémité de l'Asie, qu'elles ne divergent pas indéfiniment, mais viennent de nouveau se réunir une première fois au pied du Caucase une seconde fois dans l'Himalaya ; nous pouvons même aller plus loin, et, quoique avec une part un peu plus grande d'hypothèse, les suivre le long de la côte birmane et des îles de la Sonde, presque sur les bords de l'océan Pacifique.

Cette continuité d'un système de plissements d'une extrémité à l'autre du vieux continent, depuis l'ouest de l'Europe jusqu'à l'est de l'Asie, est en elle-même un fait remarquable; mais il faut encore chercher si la continuité n'est pas seulement dans les lignes et dans les directions, si elle n'est pas seulement superficielle ; il faut chercher dans quelle mesure la chaîne continue est due à un même phénomène, à un même événement géologique. Or, dans cette zone, tous les terrains sont plissés jusqu'aux terrains tertiaires inclusivement; en dehors de cette zone, les terrains secondaires et tertiaires n'ont subi de plissements qu'exceptionnellement et sans importance. C'est donc dans cette zone que se sont concentrés les mouvements orogéniques des deux dernières grandes périodes de l'histoire de la terre, de la période secondaire et de la période tertiaire.

Si l'on veut aller plus loin, si l'on veut fixer une date plus précise à ces mouvements, on trouve qu'il n'y a pas eu un mouvement unique, mais une série de mouvements à des époques différentes. Séparer tous ces mouvements est un des problèmes les plus ardus réservés à l'avenir, et il n'est même pas certain qu'il puisse se résoudre: il est loin d'être prouvé, en effet, que les mouvements aient été réellement distincts et que l'effort n'ait pas été continu. En tout cas, nous savons déjà qu'au début de l'ère secondaire, si tout l'emplacement de la chaîne n'était pas recouvert par les eaux, quelques parties centrales étaient certainement émergées; nous savons qu'à la fin de l'ère secondaire, autour de ce noyau central considérablement agrandi, existait déjà une véritable chaîne, peut-être discontinue, mais avec des plissements bien accentués; nous savons que les dislocations les plus énergiques se sont produites dans la première moitié de l'ère tertiaire, et que les chaînons extérieurs, au moins du Dauphiné jusqu'à la Bavière et à Vienne, se sont, en y comprenant le Jura, ajoutés à la charpente centrale seulement à la fin de la période miocène, c'est-à-dire dans la seconde moitié de l'ère tertiaire. L'ensemble des faits connus pourrait presque se traduire par cette formule simple : une grande ondulation se propageant lentement du centre de la chaîne vers ses bords extérieurs.

Ainsi la chaîne que nous avions reconstituée nous apparaît comme un ensemble très complexe, comme une œuvre de très longue haleine, pour laquelle la notion d'âge n'a plus de sens nettement déterminé. Le premier pas de la science orogénique a été de montrer que les montagnes n'avaient pas toutes le même âge, et que l'âge de chacune d'elles peut être connu; le mémoire d'Elie de Beaumont, qui, en 1833, proclamait ces nouveautés, a paru une véritable révolution. Le second pas peut sembler un pas en arrière ; ce qu'on avait pris pour l'âge d'une chaine n'est que l'âge de ses

derniers chaînons; en réalité, une chaîne n'a pas d'âge précis, parce que la formation de ces diverses parties s'est échelonnée sur l'espace de longues périodes. Mais, en même temps, nous rencontrons ce résultat d'un intérêt si profond et si général : pendant ces longues périodes, les efforts orogéniques n'ont pas cessé de s'exercer sur la même zone, et l'ont fait toujours avec la même direction. Le résultat en a été l'*écrasement d'un fuseau de la sphère terrestre*.

C'est bien là le postulatum sur lequel E. de Beaumont a fondé sa théorie, et c'est une éclatante confirmation des premières vues qui l'ont guidé. Partant de ce postulatum, il a cherché le premier à déterminer pour chaque période les fuseaux d'écrasement; mais les données étant alors trop peu nombreuses pour suivre pas à pas les phénomènes, E. de Beaumont crut pouvoir admettre avec une rigueur géométrique les conséquences de son postulatum, et, pour grouper les faits, au principe de continuité il substitua celui de direction. A chaque période devait, suivant lui, correspondre un fuseau d'écrasement, à chaque fuseau une direction déterminée sur la sphère, celle de son grand cercle médian. Il suffit alors d'avoir observé quelques accidents d'âge connu pour déterminer par tâtonnement la direction correspondante ; il suffit de quelques vérifications pour l'accepter sans réserve. La belle ordonnance de l'édifice ainsi construit par un génie puissant en dissimula longtemps la base trop fragile ; des coïncidences dont on n'a jamais essayé, dont il eût été difficile d'ailleurs do calculer la probabilité, ont, pour le maître comme pour les élèves, entraîné la certitude, jusqu'au jour où le progrès des observations a ouvert les yeux les plus prévenus et montré sans appel possible le désaccord des faits avec la théorie.

Il fallait alors reprendre l'œuvre d'Elie de Beaumont au point où elle se trouvait menée avant l'introduction du principe de direction, en ne se fiant plus qu'à la continuité, seul guide possible et certain : c'est ce qu'a fait M. Suess, dont la synthèse forme la base de nos connaissances actuelles. C'est ainsi que vient de prendre droit de cité dans la géologie cette notion nouvelle d'une *chaîne alpine*, résultant d'efforts convergents, mais prolongés pendant des périodes entières, et s'étendant sans interruption de nos Alpes d'Europe jusqu'aux bords de l'océan Pacifique.

On peut même aller plus loin dans cette voie, quoique la part d'hypothèse devienne alors assez forte pour que M. Suess se soit refusé à formuler lui-même explicitement, en partie, des résultats qu'il laisse entrevoir à ses lecteurs : en Europe d'abord, les Pyrénées se rattachent aux Alpes par la Provence, où j'ai pu montrer la continuité de plissements restés longtemps inaperçus; d'un autre côté, les Apennins, l'Atlas et la chaîne bétique forment la seconde branche d'un éventail analogue à celui des Alpes illyriennes, et les deux branches de cet éventail vont toutes deux s'arrêter au bord de l'océan Atlantique, sans qu'aucun indice en montre plus loin une prolongation, même affaiblie. Mais par une coïncidence remarquable, de l'autre côté de l'Atlantique, les Antilles font face au détroit de Gibraltar, en dessinant une courbe analogue et opposée à celle des hauteurs qui bordent l'extrémité de la dépression méditerranéenne, et à partir des Antilles, tout autour de l'océan Pacifique, sur les rivages des deux Amériques comme sur ceux des îles qui bordent l'Asie et l'Australie, la chaîne des plissements récents reprend, courbée en un vaste cercle et se raccordant aux antipodes des Antilles, avec les îles de la Sonde. Il faut ajouter pourtant que si le cercle se ferme manifestement au nord avec les îles Aléoutiennes, le rattachement de la Nouvelle-Zélande à l'extrémité des Andes est purement virtuel, sans nulle preuve à l'appui.

Tout en faisant la part de ces deux interruptions, celle de l'Atlantique et celle du sud du Pacifique, on voit qu'on peut formuler ainsi les résultats précédents : la zone des derniers plissements de l'écorce terrestre n'occupe pas seulement un fuseau de la sphère, mais forme au globe une ceinture complète. On a depuis longtemps remarqué que la prolongation de la Méditerranée dessine autour de la terre une sorte de dépression équatoriale, en partie noyée dans les grands océans, mais dont le parcours reste marqué par les isthmes et détroits qui séparent les continents ; c'est cette ceinture de dépressions que suit fidèlement notre ceinture de plissements ; seulement elle s'ouvre et se bifurque pour entourer l'océan Pacifique.

Au nord et au sud de cette ceinture, les mêmes plissements ne se sont pas fait sentir, ou du moins n'ont fait sentir que localement un écho très affaibli. Pour trouver dans ces régions des plissements comparables à ceux des Alpes, il faut, laissant de côté les terrains secondaires et tertiaires, tourner son étude vers les terrains primaires ou paléozoïques. Mais là, immédiatement, la tâche devient plus ardue ; il n'y a plus continuité dans les affleurements ; ces terrains qu'il faut étudier ont été recouverts d'un manteau discordant de couches plus récentes ; quelques massifs isolés émergent de ce manteau ; et c'est par eux seulement qu'on peut essayer de reconstituer l'ensemble. La difficulté est à peu près la même que si, dans la chaîne alpine, on ne pouvait étudier que les sommets qui dépassent deux milliers de mètres. Si

dans ces conditions on a pu arriver à un résultat, c'est en admettant qu'il y a eu continuité des plissements dans la zone ancienne comme on l'a constaté dans la zone plus récente.

Bornons-nous d'abord à l'Europe. Une première remarque est importante : il y a deux régions distinctes, l'une où tous les terrains paléozoïques sont en général également plissés, l'autre où les plissements n'ont affecté que les plus anciens de ces terrains, ceux du système silurien. La première de ces régions occupe l'Europe centrale ; la seconde, l'Europe septentrionale ; la ligne qui sépare ces deux régions offre un intérêt tout spécial, c'est celle des terrains houillers qui s'échelonnent du pays de Galles à la Belgique et à la Westphalie. Au sud de cette ligne, les plis des différents massifs paléozoïques en suivent la direction ; les plus méridionaux s'ouvrent seulement en éventail pour entamer le plateau central de la France. Il y a donc là une nouvelle zone de plissements, une *nouvelle chaîne*, qui a été produite comme la chaîne alpine par une longue succession d'efforts convergents, et dont les sommets, peut être aussi élevés que ceux des Alpes, ont dominé l'ancienne Europe, l'Europe de la fin des temps primaires. L'étendue, bornée à ce premier lambeau, en est sans doute bien restreinte mais les dislocations peu accentuées du Sud de la Prusse, et plus à l'est, le Thian-Chan, semblent en former la prolongation ; et de l'autre côté de l'Atlantique, les Appalaches font face aux promontoires de la Bretagne et de l'Irlande, également séparés par un grand bassin houiller des zones plus anciennement plissées. Ici, comme nous l'avions prévu, il faut que l'imagination ou, si l'on veut, l'hypothèse comble plus largement les lacunes inévitables de l'observation ; il n'en est pas moins vrai que ces témoins qu'on retrouve à travers l'Amérique du Nord et l'Asie, aussi bien qu'à travers l'Europe, affectent les mêmes terrains, se rapportent aux mêmes périodes de l'histoire géologique, et que réunis sur une carte du globe, ils y dessinent une nouvelle zone parallèle à la zone alpine, une nouvelle chaîne, grossièrement parallèle, *plus ancienne et plus rapprochée du pôle*.

La dernière zone de plissements n'est connue que dans le pays de Galles, l'Irlande, l'Ecosse et la Scandinavie ; si elle a des analogues en Amérique et en Asie, ils sont encore obscurs et incertains. Dans son parcours limité, elle offre une direction assez fortement divergente, vers le nord-est ; mais, comme du côté de l'ouest ses plissements vont se raccorder avec ceux de la zone plus récente, il est permis de ne voir dans cette divergence qu'une déviation locale et de ne pas y accorder plus d'importance qu'aux directions momentanément aberrantes des Apennins, des

Alpes illyriennes ou des bords du plateau central.

Le fait capital reste en tout cas incontestable ; la zone la plus ancienne est celle qui se rapproche le plus du pôle, et dans les régions plus septentrionales, les discordances qu'on observe dans la série des terrains les plus anciens, de ceux qui ont précédé l'apparition de la vie sur le globe ou qui du moins ne nous en ont conservé aucune trace, montrent que c'est dans ces régions polaires qu'ont eu lieu les premières dislocations de l'écorce.

On voit que les résultats de cette analyse, faite sans idée préconçue, ne le cèdent ni en simplicité ni en grandeur à ceux que l'imagination aurait pu prévoir : l'effort de plissement s'est exercé pendant de longues périodes sur les mêmes zones et s'est déplacé progressivement du pôle vers l'équateur ; la chaîne de plissement la plus récente forme au globe une ceinture presque continue, et les chaînes plus anciennes, dans ce que l'on connaît, semblent dessiner une série de ceintures grossièrement concentriques et de plus en plus rapprochées du pôle.

L'intérêt de cette formule et ses conséquences théoriques grandiraient singulièrement si l'on pouvait trouver dans l'autre hémisphère la trace d'un arrangement plus ou moins symétrique ; malheureusement la prédominance des mers fait craindre que de ce côté nos connaissances restent toujours bien imparfaites. Les régions équatoriales (plaine des Amazones, Sahara et Soudan, Hindoustan et est de l'Australie) paraissent avoir formé dès les époques les plus reculées, au moins depuis la fin de la période silurienne, un plateau stable et solide, respecté par les actions de plissement. Au sud de ce plateau, les côtes sont bordées au sud du Brésil, au Cap et à l'est de l'Australie, par des lambeaux de chaînes très anciennes, mais qui ne semblent pas toutes du même âge : au Brésil le Dévonien, en Australie le Carbonifère seraient postérieurs aux derniers plissements : au Cap au contraire, toute la série paléozoïque est également plissée. Il n'y a pas de raisons sérieuses pour essayer de relier ces lambeaux en une même zone ; il n'y en a pas non plus de définitive pour nier une ancienne liaison. Il faut sur ce point avouer notre ignorance.

Mais, si imparfaite qu'elle soit, la coordination des plissements autour des régions polaires éveille dans l'esprit l'idée d'un lien théorique avec l'aplatissement ou avec la rotation de la terre. De quelle nature peut-être ce lien ? C'est ce qu'il semble bien difficile de prévoir. Peut-être, en admettant que le progrès des observations arrive à préciser davantage les éléments du problème, sera-t-il de ceux que l'avenir pourra aborder, mais il semble évident que la question n'est pas mûre encore [1].

II. — DISSYMÉTRIE DES VERSANTS ET ROLE DES FAILLES.

Dans ce qui précède nous n'avons parlé que de la distribution des chaînes de montagnes ou pour mieux dire, des zones de plissements. Il reste à examiner ce qu'on sait sur la formation même d'une chaîne et sur les mouvements mécaniques dont elle est le résultat. On sait depuis longtemps que dans leur ensemble ces mouvements peuvent se résumer par un plissement de l'écorce, tel qu'il résulterait d'une compression horizontale, et depuis longtemps on a reproduit en petit des apparences analogues dans des séries de lits d'argile, placés horizontalement sous un poids qui les maintient et pressés latéralement entre deux étaux. Comme je l'ai dit, le parallélisme des plis est le caractère le plus frappant, celui qui depuis longtemps a permis de rattacher leur formation à une action d'ensemble et, par conséquent, à une compression latérale.

En dehors du parallélisme, un élément important de l'étude des plis est la manière dont ils s'inclinent ou se couchent dans un sens déterminé. En général, d'un même côté de l'axe de la chaîne, les plis se couchent tous dans un même sens, vers le bord extérieur de la chaîne, c'est-à-dire vers les plaines qu'elle domine. Ainsi en Savoie, les plis sont couchés à l'ouest vers la plaine du Rhône et à l'est vers la plaine lombarde ; en Suisse et en Tyrol, les plis se déversent d'un côté vers le nord et de l'autre vers le sud ; c'est ordinairement le massif cristallin central qui forme la zone de démarcation. Il en résulte que la chaîne dans son ensemble présente une structure en éventail et que les sommets pourraient s'en comparer aux épis d'une gerbe fortement serrée en son milieu. Il y a pourtant presque toujours une dissymétrie marquée des deux versants ; les plis sont bien plus fortement et plus constamment déversés dans un sens que dans l'autre ; ainsi en Europe, la plupart des grands plis couchés sont couchés vers le nord ; si bien que M. Suess a cru pouvoir en déduire qu'il y avait un sens déterminé pour l'effort orogénique, qui aurait été dirigé vers le nord en Europe et vers le sud en Asie. Les exceptions à cette règle se sont depuis lors révélées de plus en plus nombreuses, et il est bien difficile de l'admettre ; les exceptions à la règle de la constance de l'inclinaison sur un même versant sont au contraire beaucoup plus rares, surtout pour les plis fortement inclinés, et la structure en éventail semble de plus en plus la

---

[1] Voir pourtant un essai ingénieux de M. Romieux, C. R. Ac. des Sc. 1889.

structure normale des grandes chaînes. Il en est autrement quand la chaîne est scindée, comme j'en ai donné plus haut des exemples, en deux rameaux divergents ; ou pour mieux dire, c'est alors l'ensemble de ces deux rameaux qu'il faut considérer pour y retrouver les deux moitiés de l'éventail ; chacun d'eux n'est qu'une moitié de chaîne. Les deux versants intérieurs, ceux qui se font face souvent à grande distance, sont ordinairement les plus abrupts et brusquement coupés par des lignes de fractures ; leur contraste naturel avec le versant extérieur est une des causes ordinaires, et bien explicable alors, de ce qu'on a appelé la dissymétrie des chaînes ; mais cette dissymétrie semble subsister, quoique moins fortement marquée, dans les chaînes complètes, dans celles où les deux branches séparées viennent se réunir ; la raison, dans ce cas, en est moins facile à concevoir.

Après ces généralités sur la structure d'ensemble, sur lesquelles je n'insiste pas à cause de la difficulté d'en tirer pour le moment quelque conclusion certaine, il faut, pour aller plus loin, étudier de plus près la structure même d'un pli, et surtout les accidents qui peuvent la compliquer localement. Parmi ces accidents, il faut d'abord mentionner les fractures qui ont mis en contact deux parties dénivelées, deux compartiments différents de l'écorce terrestre. Ces fractures, d'une manière générale, ont reçu le nom de *failles*, ou surfaces suivant lesquelles a eu lieu une chute de terrains, et le mot en France s'applique à tous les accidents qui mettent en contact deux couches d'âge différent, en supprimant l'affleurement des couches intermédiaires. Le rôle des failles dans les pays de montagnes a été longtemps très diversement apprécié, et un des plus grands progrès réalisés dans ces dernières années a certainement été d'arriver à une plus juste appréciation de ce rôle. Dans les plaines ou dans les grands plateaux, aux couches faiblement ondulées, les failles sont fréquentes : toute partie insuffisamment maintenue par le bas s'enfonce sous l'action de la pesanteur, et le mouvement centripète général, que, dans l'hypothèse du refroidissement séculaire de notre planète, il faut attribuer à l'ensemble de l'écorce, favorise ce jeu relatif de différentes parties et cette chute plus profonde de certaines d'entre elles. Mais dans les zones où s'exercent les efforts de plissement, il ne doit plus en être ainsi : tout compartiment, insuffisamment maintenu par le bas, l'est par la pression latérale qui, suffisant à plisser même les roches dures, suffit à plus forte raison à empêcher toute descente sous l'action de la pesanteur. Il ne résulte pas de là qu'il ne puisse y avoir des failles dans les pays plissés ; l'observation montre le contraire. Mais ces failles ne seront

pas dues à la pesanteur, elles le seront à l'effort même de plissement. S'il y a quelque part un plan de fracture, c'est-à-dire un plan suivant lequel la cohésion des masses soit rompue, la composante de la pression pourra déterminer un glissement suivant ce plan, toujours de bas en haut ; car c'est seulement vers le haut que l'espace est libre et que les masses ont faculté de se mouvoir. Il y aura bien également faille en ce cas ; mais ces failles diffèrent de celles que produit directement la pesanteur, parce qu'elles amènent le plus souvent les couches les plus anciennes à chevaucher sur sur les plus récentes ; ce sont des *failles inverses*. La distinction est facile à faire et ne s'efface que quand le plan de fracture est vertical. Ces sortes de failles inverses ne sont pas rares dans les montagnes, mais elles se rencontrent presque uniquement dans les zones extérieures, dans les zones subalpines par exemple. Leurs affleurements sont toujours parallèles à la direction des plis, c'est-à-dire aussi à celle des couches ; ce sont des *failles longitudinales*, et quand on les suit sur le terrain, on arrive invariablement à les voir prendre, à plus ou moins grande distance, la même inclinaison que les bancs, puis faire place à une zone de couches amincies et étirées, dont la série arrive peu à peu à se compléter. La faille passe latéralement au pli ; ce n'est qu'un accident produit par les glissements sur le flanc de ce pli (ordinairement sur un flanc renversé) ; quand les glissements, amorcés suivant la direction des couches, arrivent à se prolonger suivant un plan net de fracture, oblique à la stratification, le lien des deux phénomènes peut être un instant dissimulé, mais il reparaît nettement dans l'ensemble. Le pli est l'élément et le phénomène principal ; la faille n'est qu'un détail de sa formation.

Si l'on pénètre dans les parties plus centrales des chaînes, ces sortes de failles disparaissent elles-mêmes complètement ; il y a bien encore, et plus souvent même, des assises supprimées ; mais les surfaces de glissement *sont presque invariablement parallèles à la stratification*. La compression latérale était sans doute trop forte, elle donnait aux masses une cohésion trop grande pour permettre à une cassure de s'y propager en ligne droite ; les jeux et mouvements relatifs n'ont pu se faire que suivant les surfaces de moindre résistance, c'est-à-dire suivant les joints de stratification. Il semble, il est vrai, que si de pareils mouvements ont eu lieu, il est impossible de les constater ; un glissement suivant un plan de stratification doit conserver aux masses toute l'apparence de l'ordre primitif. Mais, en réalité, dans les mouvements, les assises plus tendres s'écrasent successivement en biseau ; la masse charriée échelonne sur son parcours ses

bancs inférieurs plus ou moins laminés, et en définitive le résultat est le même que si le glissement
avait eu lieu sur une surface légèrement oblique à
la stratification. Il y a à la fois suppression d'assises et parallélisme des assises conservées. Comme,
de plus, tous les joints de stratification sont des
surfaces de glissement facile, on conçoit que le
même phénomène puisse se répéter un grand
nombre de fois, et que l'épaisseur des couches
supprimées puisse être considérable. Elle sera
d'ailleurs nécessairement irrégulière, et de place
en place on verra reparaître des lambeaux des
assises intermédiaires ; on pourra même retrouver
toute la série des étages successifs, mais avec des
épaisseurs réduites.

Il doit donc exister, en dehors même des apparences immédiates créées par la formation des
plis, une différence essentielle de structure entre
les régions ordinaires et celles qui ont été soumises
à de fortes compressions : dans aucun cas, on ne
conçoit que le déplacement de grandes masses
puisse avoir lieu sans entraîner des jeux relatifs
entre les différentes parties de l'ensemble. Dans les
pays de plaines ou dans les chaînons extérieurs,
ces jeux relatifs pourront produire des cassures nettes
et tranchées ; dans les hautes montagnes, ils ne se
traduisent que par des glissements des bancs les
uns sur les autres et par des amincissements irréguliers dans l'épaisseur des couches.

Cette analyse des mouvements et de leurs conséquences peut paraître trop empreinte d'un esprit théorique ; dans des problèmes aussi complexes
il est difficile de tenir compte de toutes les données ; les raisonnements sont toujours suspects de
pécher par la base, et on peut craindre que la nature ne se conforme pas à leurs conclusions. Mais
ici on peut se rassurer, les raisonnements ont été
faits après coup. Ce n'est pas une idée préconçue
dont on a cherché et cru trouver les preuves sur
le terrain ; c'est l'observation qui a imposé les conclusions, et l'on peut s'étonner qu'elle ne l'ait pas
fait plus tôt. Les exemples sont si nombreux et si
clairs, dans les Alpes de Savoie particulièrement,
qu'on peut affirmer qu'il ne restera pas d'incrédules parmi ceux qui consacreront quelque temps
à leur étude. Pour les autres, la conviction se fera
plus lentement ; la force de l'habitude, dès qu'il ne
s'agit plus de mathématiques, a une telle part
dans nos raisonnements que longtemps encore, en
France, on continuera à accepter volontiers, et
presque sans contrôle, l'existence d'une faille verticale, tandis qu'on restera disposé au scepticisme
pour les failles horizontales ou peu inclinées ;
cependant, si l'on admet les efforts horizontaux,
on vient de voir que ces dernières failles en sont
une conséquence naturelle et presque nécessaire :

l'explication des failles verticales, quand ce ne sont
pas des failles de tassement, soulève au contraire
une grosse difficulté : il faut supposer que la faille
traverse toute l'écorce solide, ou admettre la
préexistence d'un vide comblé par l'affaissement.
La manière dont un pareil vide peut se former est
bien obscure, et on s'en préoccupe bien rarement.

Il y a d'ailleurs aux méfiances de beaucoup d'esprits une autre cause, qu'il est utile d'indiquer : la
plupart de nos connaissances sur les Alpes françaises sont dues aux travaux de Lory, qui a été
pendant près de vingt ans le maître incontesté de
notre géologie alpine. Or Lory n'a jamais appelé
l'attention sur ces phénomènes de glissement ou
d'étirement ; sans les nier, il n'y voyait qu'un fait
secondaire et accessoire ; il a toujours insisté au
contraire sur le rôle de grandes failles verticales,
qui auraient joué aux différentes époques dans les
régions alpines, et il en a fait la base de toutes ses
explications. Cette divergence s'explique parce que
Lory a surtout étudié en détail les chaînes subalpines ; dans les grandes Alpes, où il a fait pourtant
ses plus grandes découvertes, il s'est surtout in-
quiété des traits d'ensemble, laissant à ses successeurs le soin de fixer les détails. S'il avait eu le
temps de compléter pour la Savoie ce qu'il a fait
pour le Dauphiné, il aurait reconnu lui-même que
ses grandes failles ne sont que des surfaces de glissement, toujours parallèles aux couches, et qu'elles
ne sont qu'un cas particulier d'un phénomène qui
se rencontre presque à chaque pas. La théorie de
Lory faisait d'ailleurs des Alpes françaises une
véritable exception ; les études de ces dernières
années ne font que les ramener à la règle commune.

III. RÔLE DES DÉPLACEMENTS HORIZONTAUX. — PLIS COUCHÉS.

En partant des considérations précédentes, on
voit qu'il y a un cas où ces glissements, suivant le
plan des couches, doivent avoir pris encore plus
d'importance, c'est le cas où un pli est couché
horizontalement. La force devient alors parallèle à
la direction des glissements faciles ; théoriquement
la différence n'est pas grande ; mais tous les effets
prévus d'amincissements, d'étirements et de suppressions de couches seront naturellement exagérés ; les déplacements horizontaux seront à la
fois plus considérables et mieux mis en évidence.
Il en résulte au point de vue pratique, des apparences très particulières et des complications
imprévues sur lesquelles l'attention s'était peu
portée avant ces dernières années, et qui font des
plis couchés un chapitre important de l'histoire
des montagnes.

Essayons d'abord d'analyser le phénomène :

une fois qu'un pli horizontal s'est produit et qu'il a amené en saillie une sorte de bourrelet superficiel, si les forces horizontales continuent leur action, elles ne peuvent avoir d'autre effet sur ce bourrelet que de le pousser en avant. Si le mouvement est assez lent et le bourrelet assez épais pour que les couches qui le forment ne se disloquent ni ne se fragmentent, le résultat sera naturellement un *allongement* du pli couché. Le bourrelet se compose de deux parties : l'inférieure, formée de couches renversées, et la supérieure, formée par les mêmes couches en ordre normal de superposition; dans l'inférieure, aucun afflux de matière n'est possible, et par conséquent, à mesure que le pli s'allongera, l'ensemble des couches renversées, dont le volume reste constant, devra s'étaler sur un plus large espace; l'épaisseur en sera donc diminuée d'autant plus que le déplacement aura été plus considérable. En fait l'observation montre que cet étirement, ce *luminage* des couches renversées dépasse toutes les prévisions; des épaisseurs de plusieurs centaines de mètres se trouvent réduites à quelques mètres et même à quelques centimètres; dans ces quelques mètres, pouvant passer à des lambeaux intermittents, pouvant complètement disparaître, on trouve des représentants de tous les étages successifs. Quant à l'étendue des déplacements horizontaux, elle paraît presque sans limites; on en connaît beaucoup de 5 et 6 kilomètres; on en connaît avec certitude qui ont dépassé 15 kilomètres.

Il est certain que l'imagination recule devant ces immenses coulées de terrains sédimentaires, se déroulant lentement à la surface du sol comme de véritables coulées de basalte; la nature et le mécanisme des mouvements se conçoivent bien, mais leur grandeur inattendue provoque l'incrédulité. Toutes les objections doivent cependant céder devant l'évidence des faits observés.

Cette évidence a mis longtemps à s'imposer, et il ne faut pas s'en étonner : pour constater un fait simple et précis, il suffit du témoignage des yeux ; mais quand il s'agit d'une série de faits qu'il faut interpréter et coordonner, on ne se fie à ce témoignage que s'il est d'accord avec le raisonnement; pour voir les choses, il faut les croire possibles. L'histoire de nos connaissances sur les plis couchés en est une preuve bien marquée : pendant longtemps les deux premiers exemples connus, celui du terrain houiller franco-belge et celui des Alpes de Glaris, n'ont semblé que de grandioses anomalies, et ils sont restés isolés ; mais à partir du jour où M. Gosselet, pour le premier, et M. Heim, pour le second, en ont proposé une explication rationnelle, à partir surtout du jour où M. Heim a en quelque sorte démonté le mécanisme du phéno-

mène, et qu'en l'accompagnant de coupes admirables de sa région, il y a fait voir une conséquence directe de l'ensemble des phénomènes orogéniques, les conditions se sont trouvées changées : on n'a pas cherché de parti pris à retrouver autre part des faits qu'on croyait encore exceptionnels, mais les observations se sont faites avec une nouvelle lumière dans l'esprit, et l'on a osé voir, quand les faits parlaient. Presque chaque année alors d'autres exemples sont venus s'ajouter aux anciens : en Ecosse d'abord, puis en Provence, dans une région où l'on avait à peine soupçonné l'existence de plissements, dans les Montagnes Rocheuses, qu'on avait cru construites sur un plan spécial et tout différent de nos chaînes européennes ; dans les Appalaches, en un mot dans presque toutes les grandes régions de plissements.

Dans toutes ces régions, quelle que soit celle des grandes zones de plissements à laquelle elles appartiennent, quel que soit par conséquent l'âge des mouvements qui les ont affectées, les mêmes phénomènes se sont produits et ont créé des apparences qui ne sont guère variables qu'avec le degré de dénudation. De grandes nappes de terrains sédimentaires ont été poussées en avant et charriées sur la surface, sur des longueurs de plusieurs kilomètres, en conservant les principaux traits de leur ordonnance primitive. Ces nappes charriées reposent sur des terrains plus récents, soit directement, soit par l'intermédiaire de quelques couches renversées. Quand la dénudation les a morcelées en lambeaux isolés, on voit des îlots de terrains plus anciens faire saillie au milieu des couches plus récentes, quelquefois à plusieurs kilomètres de tout terrain semblables; ainsi, en Provence, on trouve des îlots triasiques au milieu du crétacé; en Suisse des îlots permiens au milieu de l'Eocène; en Belgique des îlots dévoniens et carbonifères au milieu du terrain houiller; en Écosse, des îlots même de gneiss au milieu du silurien. Beaucoup d'entre eux étaient connus depuis longtemps, mais on y voyait en général des saillies des anciens fonds de mer; on sait maintenant que ce sont de véritables paquets amenés de loin et simplement posés à la surface du sol.

Ces faits ne constituent pas seulement une grande curiosité stratigraphique; les conséquences théoriques en sont importantes. Ils apportent un argument définitif en faveur de l'idée des refoulements latéraux, qui depuis Elie de Beaumont était généralement admise, mais qui, en l'absence de preuves absolues, rencontrait encore des contradicteurs. On ne saurait plus contester que pour former les Alpes, l'Afrique ne se soit rapprochée du nord de l'Europe ; les déplacements horizontaux constatés entre les mâchoires de ce gigantesque étau ne sont évidemment qu'une fraction de leur rapprochement total. En Provence, par exemple, on connaît quatre grands plis couchés qui s'échelonnent du sud vers le nord, et le moindre a produit encore des charriages de près de 3 kilomètres. Les tentatives faites pour mesurer plus exactement ce rapprochement ne donnent que des nombres bien contestables ; mais l'étude seule de la Provence permet de lui assigner plus de 20 kilomètres. En se souvenant que la zone plissée embrasse tout un grand cercle de la sphère, on peut en conclure que pendant la période de plissement, c'est-à-dire pendant une période de temps qui ne comprend pas toute la durée des époques secondaire et tertiaire, le rayon terrestre a diminué d'au moins 4 kilomètres. Par un autre procédé, qui donne certainement un maximum, M. Heim a trouvé 19 kilomètres. La vérité doit être comprise entre ces deux nombres, sans qu'on puisse dire celui qui s'en rapproche le plus. Les évaluations tirées des formules du refroidissement et fondées sur la valeur actuelle du degré géothermique contiennent également bien des éléments arbitraires ; elles ont donné de 350 à 550 mètres par million d'années.

Ce n'est pas d'ailleurs dans cette voie incertaine qu'il faut diriger les efforts ; c'est sans doute beaucoup de savoir qu'il se développe dans les parties superficielles de l'écorce terrestre d'énormes compressions horizontales, et de pouvoir rattacher ce phénomène au refroidissement terrestre ; mais traduire la théorie en formules applicables aux faits observés, et surtout traduire les formules en nombres précis, serait une ambition prématurée. C'est de l'étude lente et minutieuse des faits, c'est de l'accumulation de nouvelles observations et de leur prudente interprétation qu'on peut attendre de nouveaux progrès.

Sans doute les développements précédents montrent de quelles difficultés s'entoure la stratigraphie des pays de montagnes. Les glissements élémentaires bancs par bancs peuvent amener dans toutes les proportions l'amincissement ou la suppression de plusieurs étages, sans que rien trahisse à l'observation les mouvements subis ; la comparaison avec les coupes voisines peut seule montrer s'il y a des lacunes, et l'irrégularité de ces lacunes peut seule montrer qu'elles ont une origine mécanique et qu'elles ne proviennent pas des phénomènes de sédimentation. On ne peut jamais affirmer à *priori* que deux bancs régulièrement superposés se sont réellement déposés l'un sur l'autre. Ce *réarrangement* des couches, assez complet pour produire l'illusion d'une série normale non dérangée, est certainement un des détails les plus remarquables de cette partie de la mécanique terrestre, mais on ne peut nier qu'il n'augmente beaucoup les difficultés de la tâche à poursuivre.

Ces difficultés cependant peuvent être surmontées, maintenant qu'on en est averti ; même quand les fossiles sont rares, la continuité des plis, si l'on arrive à la suivre, peut donner de véritables éléments de certitude, et la comparaison des coupes successives d'un même pli arrive à laisser bien peu de points dans le doute ou dans l'ombre. C'est une autre stratigraphie que celle des pays de plaines, où la constatation des superpositions suffit à résoudre tous les problèmes ; c'est une statigraphie qui a ses lois cependant, assez bien connues maintenant et assez précises pour avertir d'une erreur et pour ne pas laisser persister dans une fausse voie. Les conquêtes faites dans ces dernières années sont pour nous un sûr garant de celles qui sont réservées à un prochain avenir, et sans prévoir encore le temps où nous pourrons livrer aux analystes toutes les données d'un problème mathématique, nous pouvons avoir la confiance que les chaînes de montagnes nous laisseront pénétrer plus profondément dans le secret de leur formation.   **Marcel Bertrand.**

Professeur de Géologie
à l'École des Mines.

L'ÉNERGIE DANS LE SPECTRE

L'histoire de la physique, celle de toutes les sciences exactes peut-être, nous montre une continuelle évolution dans le classement des phénomènes. Ceux-ci sont, au début, groupés d'après leurs caractères extérieurs, d'après ceux, en particulier, qui correspondent à l'action de l'un de nos sens. C'est ainsi que se sont formées l'optique, l'acoustique, l'étude de la chaleur. Puis les hypothèses sont venues ; leur ensemble a constitué des théories, les unes solidement assises, les autres encore chancelantes ; à cette éclatante lumière, la physique a reconnu la bizarrerie de son accoutrement : elle avait ganté des sabots, s'était chaussée d'un chapeau ; elle n'a pas tardé alors à remettre toutes choses en place, et si, aujourd'hui, son costume n'est point encore de la bonne faiseuse, au moins peut-elle décemment se montrer, en attendant une toilette tout à fait digne d'elle.

Peu à peu les phénomènes viennent se ranger

suivant leurs causes, et l'ensemble présente déjà une harmonie satisfaisante.

L'étude du spectre nous offre un exemple de cette évolution, le plus simple peut-être et le plus frappant. Sa partie visible fut la première connue, puis la partie calorifique, enfin la partie chimique ; pendant longtemps on s'en tint là. La première découverte plaça naturellement le spectre dans l'optique ; il eût pu séjourner quelque temps dans la chimie.

Depuis quelques années, un immense progrès dans nos conceptions a été réalisé, progrès dû à une manière simple et entièrement objective d'envisager les choses ; le véritable caractère intrinsèque d'un spectre réside dans la répartition de l'énergie suivant la longueur d'onde des radiations qui le composent. En d'autres termes un spectre est caractérisé par une courbe dont les abscisses sont les longueurs d'onde, les ordonnées, la quantité d'énergie (ou plutôt de puissance) par unité de longueur d'onde qui leur correspond. Cela connu, tous les phénomènes observables s'en déduisent grâce à la connaissance des pouvoirs absorbants des corps pour diverses radiations, et de la sensibilité de nos réactifs les plus ordinaires, l'œil, ou divers composés chimiques.

La science des radiations créée d'hier subsistera-t-elle? Les électriciens modernes la menacent, et se proposent d'en faire hommage à leur favorite. La théorie de Maxwell, si brillamment illustrée par les expériences déjà classiques de MM. Hertz, Lodge, et d'une cohorte de physiciens, nous montre des ondes électrodynamiques identiques par leur nature aux radiations émanées des molécules, seules étudiées jusqu'ici, et n'en différant que par leur grandeur. Le spectre peut, semble-t-il être prolongé dans l'infra-rouge, où les radiations calorifiques iront bientôt rejoindre celles que seuls les résonnateurs électriques nous décèlent. Toutes les autres nous sont de même révélées par des résonnateurs appropriés, deux d'entre eux étant limités et, en quelque sorte surérogatoires, le résonnateur calorifique étant le seul universel. Les radiations électriques viendront-elles se ranger modestement à côté de leurs sœurs plus petites? Les emporteront-elles avec toute l'optique dans la science universelle de l'éther, l'électricité? Voilà la question que l'on peut espérer voir résolue d'ici quelque vingt ans; mais avant que l'électricité puisse élever des prétentions, il est nécessaire qu'elle possède une théorie d'ensemble absolument satisfaisante. Rien n'est moins expliqué que le courant électrique, si ce n'est l'action d'une charge statique. Il est aventureux, mais non point absurde de supposer que les études futures peuvent aussi bien aboutir à la désagrégation de

la science électrique qu'à l'union de toute la physique de l'éther dans ses cadres actuels.

L'identité des ondulations calorifiques et des ondulations électriques une fois démontrée, celles-ci auront l'immense avantage d'atteindre des dimensions qui permettent l'étude des détails, c'est-à-dire la dissection de l'onde elle-même. Jusqu'ici, personne n'a vu d'ondulations électriques dans aucun spectre. Quelque jour sans doute, un physicien, muni d'une immense lentille diélectrique, constatera, à son foyer, l'existence d'ondes électriques émanées d'un corps incandescent. Laissons pour l'avenir cette expérience complémentaire des découvertes récentes, et revenons à la portion du spectre seule étudiée jusqu'ici.

I. — LES INSTRUMENTS DE MESURE.

Le cadre restreint de cet article nous oblige à nous limiter entièrement aux études très récentes, et nous force à passer sous silence les travaux si remarquables qui ont préparé la voie aux recherches de ces dernières années [1]. La plupart, du reste, sont déjà consignées dans les traités modernes ; nous décrirons le bolomètre, cet instrument qui, aux mains du professeur Langley, a donné de si merveilleux résultats, et un autre appareil de création plus récente, qui a déjà provoqué de remarquables études et promet beaucoup dans l'avenir.

Le bolomètre. — L'une des branches d'un pont de Wheatstone constitue le récepteur des radiations ; elle est formée d'un fil de fer ou de platine très fin [2]; et recouverte de noir de fumée. La branche d'équilibre, faite d'un fil semblable, est bifurquée de part et d'autre du premier, et reste masquée par un écran. Toute variation de la température du récepteur, à laquelle la branche d'équilibre ne participe pas, modifie sa résistance et se traduit par une déviation du galvanomètre.

La sensibilité de la méthode dépend de la capacité calorifique du récepteur, du courant que l'on peut faire passer dans le circuit sans l'échauffer sensiblement, et de la perfection avec laquelle le galvanomètre a été construit. Le succès des expériences de M. Langley dépend, en dehors de l'ha-

---

[1] Nous tenons à insister sur ce fait que ce n'est ni par ignorance, ni par un parti pris quelconque que nous appuyons si peu sur les recherches de Ed. Becquerel (Voir la *Revue*), de Desains, de M. Mouton et d'autres physiciens, qui bien qu'avec un peu de vague dans les conceptions, ont posé les bases de la notion moderne du spectre. Nous avons parlé à une autre occasion des expériences de M. Knut Angström. (Voyez la *Revue* du 30 décembre 1890.)

[2] Les fils employés par M. Langley ont $0^{mm}01$ à $0^{mm}02$ de longueur, $0^{mm}5$ à 1^{mm} de largeur, et 1μ à 10μ d'épaisseur ; les dimensions minima correspondent à un volume de $0^{mm3}005$ ou pour le platine 0^{mm4} environ ; la capacité calorifique peut donc n'être que de $\frac{1}{100000}$.

1**

bileté et du labeur acharné de l'observateur, du fait qu'il possède le galvanomètre le plus parfait qui ait jamais été construit. L'absence de ces conditions réunies explique suffisamment les échecs répétés qui ont fait douter quelques physiciens de l'excellence de la méthode.

Le bolomètre est naturellement complété par un spectroscope à prisme et lentilles de sel gemme, et par un réseau Rowland pour la production des spectres de diffraction et la mesure des longueurs d'onde. Le fil récepteur et la branche d'équilibre occupent le fond d'un cylindre en carton ou en ébonite noirci et diaphragmé.

Le radio-micromètre de M. Boys. — Cet instrument, imaginé par le D^r d'Arsonval, réinventé peu après par M. Boys, et considérablement perfectionné par lui, se compose d'un couple thermo-électrique Bi-Sb, de très petites dimensions, fermé sur un cadre de fil de cuivre, suspendu entre les branches d'un aimant en fer à cheval (fig. 1). Vient-il à tomber une radiation sur la soudure noircie, un courant traverse le cadre, qui est dévié. Les dispositions originales de cet instrument, sont d'abord la position du couple, légèrement magnétique, hors du champ, et la suspension de l'équipage faite avec une de ces merveilleuses fibres de quartz, dont M. Boys a déjà tiré un si grand parti.

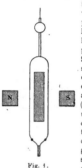

Fig. 1.

Le radio-micromètre, ainsi que le bolomètre, révèle une variation de la température du récepteur de *un millionième de degré*. En supposant pour les cas extrêmes, une capacité calorifique de 0,000003, on voit que l'instrument pourra déceler une quantité de chaleur inférieure à un *cent millionième de petite calorie*, tombant sur le récepteur pendant la demi-oscillation de l'aiguille du galvanomètre, c'est-à-dire moins d'un dix-millième d'erg par seconde.

Remarque. — Nous avons dit que, dans le bolomètre ou le micro-radiomètre, le récepteur est recouvert d'une mince couche de noir de fumée. Cette substance est, comme notre œil nous en avertit, presque absolument absorbante pour les radiations visibles ; cet effet peut être dû à deux causes distinctes : la première est la résonnance moléculaire du carbone pour certaines radiations ; la seconde réside dans l'état pulvérulent de la

substance. La résonnance est une propriété de la matière, dont l'expérience peut seule démontrer la généralité. L'absorption par une poudre dépend de la grandeur des particules par rapport à la longueur d'onde de la lumière incidente. Lorsque la longueur d'onde est sensiblement plus grande que les dimensions moyennes de la poudre, cette dernière ne peut plus agir par son état pulvérulent, et, si elle ne possède pas l'absorption moléculaire, la poudre est transparente. Cette propriété, absolument générale, nous explique pourquoi une foule de corps constitués par des particules séparées, et qui sont opaques pour la lumière, sont transparents pour les ondes électriques. Rien ne nous dit que les propriétés absorbantes du noir de fumée subsistent aux grandes longueurs d'onde.

La preuve qui reste à fournir, c'est que, lorsqu'une radiation quelconque est tombée sur une couche suffisamment épaisse de noir de fumée, aucun moyen ne permet de constater des radiations sur le chemin du faisceau. Cette preuve n'a point encore été donnée, et les résultats que nous allons exposer doivent être accueillis avec cette restriction.

II. — LE SPECTRE D'INCANDESCENCE DES SOLIDES.

Les spectres émis par les solides se divisent en deux catégories : dans la première se rangent les spectres émis indifféremment par un grand nombre de corps ; ils commencent dans l'infra-rouge, et se développent avec une parfaite régularité. Ces spectres sont dus à l'incandescence de la matière, ce mot étant pris dans le sens très élargi de *mouvements moléculaires*. Les autres spectres, plus capricieux, formés de bandes souvent lumineuses sans chaleur appréciable, spectres des matières phosphorescentes ou fluorescentes, ne peuvent pas être attribués à des oscillations des molécules entières, qui, d'après les théories cinétiques de la matière, correspondent à des températures déterminées, généralement beaucoup plus élevées que les températures indiquées au voisinage des corps phosphorescents par un thermomètre de n'importe quelle sorte. Ces spectres sont dits *luminescents*, et sont attribuables, selon M. Wiedemann, à des mouvements *intra-moléculaires*.

Nous nous occuperons essentiellement des premiers, dont l'étude est presque entièrement due à M. Langley [1].

[1] La direction des recherches modernes avait été clairement indiquée en 1880 par MM. Desains et P. Curie, qui, dans un beau travail passé malheureusement presque inaperçu, avaient mesuré la répartition de l'énergie dans le spectre du platine incandescent et du cuivre noirci chauffé à 300° et à 150°. Les longueurs d'onde mesurées atteignent 7 μ. Les résultats de ce travail sont parfaitement d'accord avec ceux qu'a trouvés plus tard M. Langley.

L'origine des travaux de M. Langley sur les spectres d'incandescence mérite d'être relatée. Son but était de déterminer la constante de la radiation solaire; mais les singularités observées dans ses premières recherches l'engagèrent à reprendre le phénomène *ab ovo*, et à commencer par le cas infiniment plus simple du spectre des corps terrestres, qui peuvent être étudiés sans que l'absorption intervienne.

La surface d'émission était, dans ces expériences, l'une des faces d'un cube de Leslie noirci, et porté à diverses températures [1]. Le spectre type est, naturellement, celui dans lequel les longueurs

que l'extrême sensibilité du bolomètre n'est que bien juste suffisante pour permettre d'attaquer de tels problèmes.

Quelques-uns des résultats obtenus par M. Langley sont consignés dans les trois diagrammes suivants (fig. 2, 3 et 4).

Le premier représente le spectre de dispersion par le sel gemme; les abscisses sont les indices, les ordonnées représentent l'énergie correspondante.

Le second n'en diffère que par les abscisses qui sont données en longueurs d'onde. La superficie des courbes représente l'énergie totale. On a ajouté aux deux diagrammes le spectre solaire,

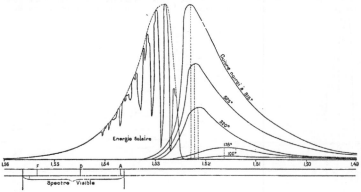

Fig. 2.

d'ondes sont connues et peuvent être portées en abscisses; on le nomme spectre normal. Cependant le spectre de dispersion (spectre prismatique) peut être très utile à former, parce qu'il est beaucoup moins étalé dans l'infra-rouge, et permet des mesures dans une région lointaine où l'on ne constate plus rien dans le spectre normal.

Les radiations mesurables sont généralement considérées comme positives, c'est-à-dire que l'on observe le plus souvent un apport d'énergie au récepteur; l'inverse peut avoir lieu; dans certaines expériences, le cube de Leslie était à — 20° C. tandis que le fil du bolomètre était maintenu à 0°; c'est après avoir réduit la surface visible du cube à une petite fente, après avoir étalé celle-ci en un spectre, qu'il s'agissait de constater une radiation. On voit

à une échelle arbitraire. Ce spectre se termine à 2, 7 μ non seulement pour une raison d'échelle ; au delà de cette longueur d'onde, M. Langley n'avait trouvé dans ses premières recherches aucune radiation ; cette constatation fut le point de départ des expériences ; il paraît évident que toutes les radiations de plus grandes longueurs d'onde sont presque totalement absorbées par l'atmosphère. Une autre absorption sélective est exercée sur divers points du spectre solaire. Le spectre hors de notre atmosphère doit être représenté à peu près par la ligne pointillée réunissant les sommets.

Le troisième diagramme, obtenu beaucoup plus tard, complète les précédents. On y voit réunies les courbes de même superficie correspondant à la radiation d'une lampe à gaz, et d'un arc électrique, puis la radiation solaire sans absorption, enfin le spectre uniquement lumineux et à *basse température* d'un insecte vésicant, le *Pyrophorus*

---

[1] Soit dans ces expériences, soit dans les mesures des radiations des flammes ou des foyers électriques, le corps rayonnant n'est autre que le charbon ; la radiation est donc entièrement absorbée par le récepteur.

noctilucus. Nous avons ajouté la courbe de radiation à 178°, déduite du second diagramme, et ramenée aussi à la même superficie. Pour cette dernière, le maximum est à 5 μ.

Ces trois diagrammes nous révèlent pour les spectres d'incandescence des caractères communs. Ces spectres paraissent se prolonger très loin dans l'infra-rouge, tandis qu'ils diminuent beaucoup plus rapidement du côté des oscillations de faible longueur d'onde. A mesure que la température s'élève, les radiations s'avancent de plus en plus vers le spectre visible ; mais, fait digne de remarque, et sur lequel nous reviendrons, même au delà de 525° le bolomètre ne révèle aucune énergie rayonnante dans les longueurs d'onde qui

Le second diagramme montre que le spectre solaire, et celui qui correspond à 100° empiètent fort peu l'un sur l'autre. Ce fait est de la plus haute importance ; en effet, si les radiations de plus grande longueur d'onde s'arrêtent dans notre atmosphère avant d'arriver au sol, on peut conclure de même que les ondulations engendrées par un corps dont la température ne dépasse pas 100°, sont presque totalement dissipées avant d'arriver aux limites de notre atmosphère ; elles ne retournent que pour une très faible partie dans l'espace et ne sont pas perdues pour nous ; cela est donc vrai *a fortiori*, de toutes les radiations émises par la surface de la terre [1]. Le rayonnement nocturne a cependant une influence énorme sur les climats ;

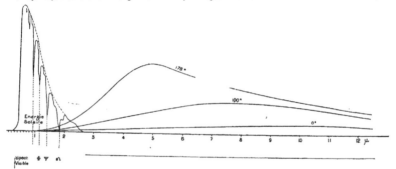

Fig. 3.

affectent notre organe visuel. On voit enfin que le maximum des courbes se déplace vers les ondes courtes, lorsque s'élève la température de la source.

Ajoutons que le point extrême où M. Langley a pu constater des traces de chaleur correspond à des ondes d'une longueur de 30 μ. Avant lui, on n'avait guère réussi à dépasser 7 μ. Les ondulations les plus courtes que l'on ait mesurées sont au voisinage de 0,185 μ ; or nous avons la relation approximative 0,185 $2^{7,5}$ = 30. On possède donc, pour employer l'analogie musicale, plus de sept octaves de radiations lumineuses, dont deux sont dues à M. Langley.

En ce qui concerne la chaleur solaire, les conclusions sont faciles à tirer ; il est infiniment probable que notre astre central émet des radiations de grande longueur d'onde ; mais au delà de 2,7 μ la presque totalité de l'énergie est absorbée par notre atmosphère.

que deviendrait-il si l'atmosphère était absolument transparente ?

Un mot encore sur le troisième diagramme. Le spectre entièrement lumineux du *Pyrophorus* dépasse de beaucoup les limites du dessin ; son maximum se trouve 0,57 μ ; il est représenté, en ordonnées, par 87 unités.

III. — LES EFFETS DE L'ÉNERGIE RAYONNANTE.

L'énergie et la vision. — Les problèmes relatifs à la vision dépendent de la réponse à une question que l'on peut poser dans les termes suivants : Quelle est, pour chaque longueur d'onde, le minimum d'énergie ou de puissance susceptible de nous donner l'impression de la lumière ? Cette question une fois résolue (dans la supposition que, pendant toute la durée des expériences l'œil ait conservé son maximum de sensibilité) on en

---

[1] Il n'est pas question ici, bien entendu, des rayons directement réfléchis.

déduira, par la loi logarithmique, l'intensité des impressions relatives de diverses régions d'un même spectre, la couleur subjective, la clarté, etc.

M. Kœnig, MM. Macé de Lépinay et Nicati ont déterminé les courbes de sensibilité relative; M. Langley a mesuré en plus la sensibilité absolue.

Pour la première de ces études, M. Langley déterminait l'éclairement de diverses teintes nécessaire pour lire une table de logarithmes [1]. Ce procédé, qui paraît primitif au premier abord, est bien, en effet, celui qui donne les résultats immédiatement utilisables, et les photomètres ordinaires, d'un emploi presque impossible lorsque les lumières à comparer sont diversement colorées, ne sont en réalité pas plus rigoureux. Cette étude faite, il suffisait de déterminer l'unité, en mesurant la quantité d'énergie de n'importe quelle

comme grossièrement approchés, car ils diffèrent beaucoup d'un observateur à l'autre, comme le montrent les trois courbes de sensibilité du diagramme (fig. 5), qui ont été tracées par trois observateurs différents, et se rapportent à la même quantité d'énergie.

Quant à la puissance minima nécessaire à la vision, elle est de $2,8.10^{-9}$ ergs par seconde dans le vert; on en déduit l'échelle du tableau ci-dessus [1].

Reportons-nous aux chiffres donnés par la sensibilité du bolomètre et du radio-micromètre de M. Boys. Nous voyons que dans la région qui lui convient, notre œil est incomparablement plus délicat. Une constatation analogue peut être faite pour la sensibilité de notre oreille à l'énergie des vibrations matérielles, de notre

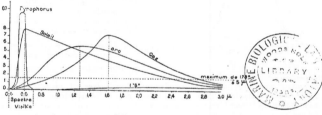

Fig. 4.

teinte susceptible de donner une impression lumineuse; la difficulté de cette dernière recherche consistait surtout à étaler assez un spectre lumineux connu, pour atteindre la limite de la visibilité.

Le tableau suivant indique la sensibilité [2] de l'œil pour des radiations de diverses longueurs d'onde; les résultats sont une moyenne obtenue par trois observateurs :

Longueur d'onde μ.	Sensibilité
0,34	0,003
0,38	0,020
0,40 (violet)	0,128
0,45 (bleu)	2,70
0,50 (vert)	7,58
0,55 (jaune verdâtre)	5,38
0,60	0,93
0,65 (rouge)	0,07
0,70	0,012
0,75	0,000 06
0,768 (rouge très sombre)	0,000 01

Ces nombres ne doivent être considérés que

organe olfactif pour des quantités prodigieusement faibles de matière. Au point de vue de la sensibilité maxima, nous sommes donc admirablement armés. Malheureusement, pour tous nos organes, cette sensibilité est sélective ou limitée à un tout petit espace.

Nous ne quitterons point ce chapitre sans mentionner les recherches faites il y a quelques années par le professeur H.-F. Weber et ses élèves, sur le commencement de l'émission lumineuse dans les corps incandescents. On pensait, depuis Draper, que les corps chauffés commencent à émettre de la lumière vers 525°; que cette lumière débute dans le rouge, et s'avance peu à peu dans le spectre. En examinant plus attentivement le phé-

---

[1] C'est aussi la méthode qu'avaient employée MM. Macé de Lépinay et Nicati.

[2] C'est-à-dire le nombre réciproque (relatif) de l'énergie nécessaire pour produire un effet constant. L'intensité de la sensation pour une même quantité d'énergie est proportionnelle au logarithme de ces nombres.

[1] D'après M. Tumlirz, une bougie envoie à un mètre de distance, sur une pupille de 3 mm. d'ouverture, une quantité d'énergie lumineuse qui atteindrait une petite calorie en 450 jours, ou environ un erg par seconde. A 12 kilomètres cette bougie aurait l'éclat d'une étoile de 6e grandeur, et, serait encore visible; elle enverrait dans la pupille par seconde 7.10^{-9} ergs. Ce chiffre est bien d'accord avec celui de M. Langley, étant donnée surtout la diversité des foyers. En résumé, la puissance nécessaire au minimum de perception lumineuse fournirait une petite calorie en 180 millions d'années.

nomène, M. Weber a trouvé que la première sensation est celle d'une lumière grisâtre, émise au-dessous de 400°; peu à peu, la teinte s'affirme; elle correspond à peu près à la raie D; puis la lumière rougit franchement, et l'on arrive à la première émission observée par Draper. Ce fait s'explique aisément; en effet, bien que le bolomètre n'indique aucune énergie radiante dans la partie moyenne du spectre visible, lorsque la température n'est pas très élevée, notre œil, dont la sensibilité y est beaucoup plus grande, perçoit les premières traces

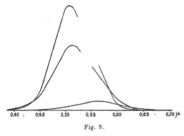

0,40   0,45   0,50   0,55   0,60   0,65   0,70 μ

Fig. 5.

des radiations, tandis que l'énergie dans le rouge, ne peut pas encore nous impressionner quoiqu'elle soit sensiblement plus forte; la sensation du rouge ne se produit que lorsque l'énergie est devenue, en cet endroit, cent mille fois environ plus considérable qu'au moment de la première perception dans le jaune verdâtre.

L'énergie et la radiochimie. — On sait que la photographie nous révèle des étoiles que nous ne pouvons voir avec les mêmes objectifs; on en infère parfois que la pellicule photographique est encore plus sensible que notre œil; il ne faudrait cependant pas se laisser tromper par les apparences; en effet, les méthodes photographiques permettent d'accumuler l'action en un même point, et de déterminer après un temps prolongé la décomposition des sels d'argent. Les poses de 5 et même de 10 heures ne sont pas rares; or il suffit d'une demi-seconde pour nous donner l'impression d'une lumière à la limite de visibilité ; la photographie dispose de durées qui sont plus de cinquante mille fois plus considérables. D'autre part, l'énergie radiante qui provoque les impressions photographiques se trouve dans une partie du spectre qui est, dans tous les cas, dans la région rapidement descendante de la courbe qui en représente la répartition, tandis que, pour les astres, notre œil bénéficie du fait que le maximum de la courbe coïncide à peu près avec sa plus grande sensibilité. Sans vouloir fixer un chiffre exact, pour lequel les données font

défaut, nous pouvons donc dire que la sensibilité des réactions photographiques paraît être du même ordre de grandeur que celle de notre œil. La raison en est simple : les réactions photographiques, ainsi que le faisait remarquer dernièrement M. Berthelot, sont exothermiques, et les radiations n'agissent sur elles que comme un excitant.

Revenons au bolomètre; ses indications, pour les radiations des plus belles étoiles fixes sont douteuses, et il paraît être, ainsi que le radio-micromètre, sur le point de donner un résultat. Or l'échelle de *grandeur* des étoiles est caractérisée par le rapport (minimum) 2,5 des temps de pose nécessaires pour gagner une unité. La 14ᵉ grandeur, que l'on photographie couramment avec une pose d'une heure et un objectif de 33 centimètres, correspond donc à une intensité maxima de $\dfrac{1}{2,5^{14}} = \dfrac{1}{400.000}$ de celle d'une étoile de première grandeur [1]. Ceci nous donne une mesure du rendement relatif des appareils radiothermiques et radiochimiques.

IV. — RELATIONS MATHÉMATIQUES ; RADIATION TOTALE; UNITÉ DE RADIATION.

Nous venons de voir comment, pour chaque température, la radiation d'un solide dépend de la longueur d'onde (λ). Nous pouvons maintenant considérer la température (τ) comme variable, et chercher à tracer la courbe d'émission pour une longueur d'onde déterminée; ou bien aussi estimer, pour chaque température, la radiation totale, c'est-à-dire l'aire des courbes (exprimée par $\int_0^\infty f(\lambda)\, d\lambda$). En faisant cette quadrature, on remarque que l'aire en question augmente rapidement avec la température, et ne peut pas être exprimée simplement en fonction de la différence de température du corps émissif et du corps absorbant. Les anciennes formules de Newton et de Lambert ne rendent aucunement compte du phénomène. Dans ces dernières années, de nouvelles formules empiriques ont été données, formules dont plusieurs représentent assez fidèlement les résultats de l'observation. C'est ainsi qu'après Dulong et Petit, E. Becquerel, M. Violle, M. Garbe, M. H.-F. Weber ont donné des formules exponentielles en T seul ou en T et λ; que M. Stefan a exprimé la radiation totale émise par un corps et absorbée par un autre, en fonction de la différence des quatrièmes puissances des températures absolues des deux corps; qu'enfin M. Michelson, discutant le phénomène au point de vue des mouvements moléculaires les plus probables, donne

[1] Voir dans la *Revue* des 30 août et 15 septembre l'article de M. Trépied sur la carte du Ciel.

une fonction déterminée en λ, mais qui contient encore un terme arbitraire en T. La seule discussion de ces formules prendrait, dans cet article, une place exagérée. Nous dirons seulement que la formule de M. Stefan, la plus simple et la plus mnémonique de toutes, ne convient pas à un intervalle étendu : elle donne, aux températures très élevées, des résultats un peu bas.

La pierre de touche de ces diverses formules, en ce qui concerne la relation avec la température, réside en grande partie dans les belles mesures de M. Violle sur l'émission du platine pour diverses longueurs d'onde entre 775° et 1775°, et de l'argent à sa température de fusion (954°). Le coefficient d'émission du platine est environ trois fois plus grand que celui de l'argent; les radiations totales aux températures de fusion respectives sont dans le rapport de 54 à 1 [1].

Les progrès de l'éclairage électrique ont fait désirer de posséder un étalon de radiation facile à reproduire, et dont la qualité ou la coloration ne fût pas trop différente de celles des foyers modernes; on a choisi, comme unité *pour chaque radiation* l'énergie émise par un centimètre carré de platine au moment de sa solidification. Le tableau suivant résume les données obtenues par M. Violle sur l'effet lumineux de la radiation du platine en fonction de T et λ, rapportées aux intensités à 1775°.

T	λ			
	656	589	535	482
775°	0,000 4	0,000 07	0,000 03	»
954	0,002 0	0,001 2	0,000 07	»
1045	0,006 4	0,004 5	0,002 7	0,001 3
1500	0,303	0,271	0,225	0,156
1775	1,	1,	1,	1,

L'étalon de M. Violle, fort utile en pratique, a reçu le nom d'*étalon absolu de lumière* [2].

V. — L'ÉCLAIRAGE.

Depuis que la notion de l'énergie dans le spectre a été entrevue avec une netteté suffisante, depuis surtout que nous connaissons la répartition de cette énergie, les physiciens se sont aperçus, avec stupéfaction, que les meilleurs éclairages sont positivement désastreux.

Deux mauvais rendements se multiplient l'un par l'autre : dans toute lampe à combustion, le refroidissement s'opère bien plus par le courant d'air que par le rayonnement, et toute la chaleur communiquée à l'azote et aux produits de la combustion est perdue pour le but que nous nous

proposons. Dans la meilleure installation de lumière électrique, on n'amène, aux bornes de la lampe, qu'une quantité d'énergie inférieure à 10°/₀ de l'énergie disponible du charbon [1]. Mais les pertes de ce chef sont minimes à côté de celles qui proviennent du phénomène lui-même de l'incandescence.

Reprenons la question de plus haut. On a coutume de désigner comme *rendement lumineux* d'un foyer le rapport de l'énergie lumineuse à l'énergie totale qu'il rayonne; ce rapport est celui des superficies comprises, d'une part entre l'axe des abscisses, la courbe d'énergie et les ordonnées extrêmes du spectre visible, d'autre part entre la courbe entière et l'axe des abscisses.

Cette définition laisse évidemment un peu de prise à l'arbitraire, puisque la limite du spectre visible dans le rouge est assez mal définie, tandis que, dans cette région, les ordonnées croissent très rapidement ; on peut modifier beaucoup la valeur donnée pour un rendement, sans altérer sensiblement l'éclairement total ou la couleur de la source. La valeur de ce rendement serait encore des centaines de fois plus petite si, au lieu de considérer tout le spectre visible comme nécessaire à la vision, on se contentait d'une petite portion des radiations situées dans la région de sensibilité maxima de l'œil, c'est-à-dire dans le jaune verdâtre. Ce groupe de radiations suffirait à la rigueur pour nous donner une connaissance exacte de la forme des objets, et des degrés d'éclairement ; mais la notion de coloration disparaîtrait pour nous. Cette lumière, industrielle au plus haut point, nous condamnerait au plus complet daltonisme.

Le rendement lumineux, multiplié par l'équivalent mécanique de la chaleur, nous donne ce que l'on nomme depuis quelques années l'*équivalent mécanique de la lumière*. Cette notion est encore plus vague que celle du rendement ; sa désignation est, de plus, fort impropre, puisque la lumière est en réalité une sensation, dont il est impossible de déterminer l'équivalent. Mais quelque mal choisis que soient les termes, quelque mal définie que soit la chose elle-même, il n'en est pas moins fort utile de connaître l'ordre de grandeur du rendement d'une source et de l'équivalent mécanique considéré.

En mesurant dans la fig. 4 les superficies dont le rapport donne le rendement photogénique d'une lampe à arc, nous avons trouvé ce rendement égal à 2,3 °/₀ environ. En multipliant ce nombre par le rendement des machines, on trouve que l'on n'utilise comme lumière au maximum que

---

[1] La radiation lumineuse du platine fondu est près de 1000 fois plus grande que celle de l'argent à sa température de fusion. (Voir plus loin.)

[2] Nous reviendrons prochainement sur ce point.

[1] Les moteurs à gaz donnent un peu plus, il est vrai; mais il faut ajouter à l'énergie potentielle du gaz la chaleur employée dans l'usine pour distiller la houille.

0,25 °/₀ de l'énergie du charbon brûlé dans la machine à vapeur qui alimente la lampe à arc. Comme nous ne possédons aucune donnée précise sur les pertes diverses des lampes à combustion, les mesures de M. Langley ne peuvent nous renseigner sur le rendement des lampes à gaz; mais des expériences récentes dont M. Aimé Witz a rendu compte dans cette *Revue* (n° du 30 octobre 1891) fournissent des données sur ce point. On se souvient que, en mesurant simultanément le pouvoir éclairant de divers foyers et leur consommation, ou les *watts aux bornes* des lampes électriques, M. Witz a déterminé la relation entre les calories dépensées et les carcelheures fournis par ces foyers. Si l'on pose le rendement total de la lampe à arc égal à 0,25 °/₀, on trouve celui des foyers en multipliant ce nombre par le rapport inverse des calories dépensées ; le tableau suivant contient les résultats de ces mesures :

	Calories par carcel-heure [1]	Rendement total	Rendement photogénique (Langley)
Bougie de l'étoile.....	716	0,000 14	
Bec de gaz Bengel....	567	0,000 18	0,012
Bec à récupération...	189	0,000 53	
Lampe à incandescence	20	0,000 50	
Lampe à arc.........	4	0,002 50	0,025

Le rendement photogénique du soleil est d'environ 14 °/₀ ; c'est le plus élevé que donne un foyer incandescent. Le maximum de la radiation correspond à la plus grande sensibilité de notre œil ; de telle sorte que l'énergie solaire est utilisée le mieux possible pour la vision. L'adaptation dans le sens darwinien nous paraît manifeste.

Le rendement photogénique d'un foyer incandescent augmente avec la température ; or, il est

[1] Le rendement photogénique d'une lampe à gaz serait, d'après les courbes de M. Langley, de 1,2 °/₀ environ, soit la moitié de celle de l'arc, tandis que le rendement, d'après M. Witz serait dans le rapport de 1 à 140 ou 1 à 47, suivant le bec considéré ; mais ces rapports doivent être réduits au dixième (c'est-à-dire à 1 : 14 et 1 : 4,7) parce que, pour les brûleurs, M. Witz mesure le rendement total, tandis que pour les lampes électriques, la consommation se rapporte au rendement photogénique. Pour calculer les nombres de la deuxième colonne, nous avons ramené les divers foyers aux mêmes circonstances, c'est-à-dire que nous sommes parti d'abord d'un rendement de 0,25 °/₀ pour la lampe à arc, puis nous avons divisé par 10 le rendement des deux foyers électriques. Les rapports trouvés respectivement par M. Witz et M. Langley entre la lampe à arc et les foyers à gaz montrent que le rendement *organique* de ces derniers est beaucoup plus faible que celui de la machine à vapeur.

Les nombres des tableaux ne peuvent être considérés que comme une grossière indication ; car, d'une part le rendement des foyers électriques dépend des conditions dans lesquelles ils fonctionnent ; d'autre part, il convient de spécifier la direction des rayons avec l'axe du foyer. Par exemple, le rapport 5 du rendement des lampes à arc et à incandescence est sans doute trop élevé si ces dernières sont suffisamment *poussées*, et si l'on tient compte de l'intensité *sphérique*.

Il n'en est pas moins intéressant de noter que la combustion d'une bougie donnerait des milliers d'heures d'un bon éclairage, si tout était employé à produire de la lumière.

peu probable que les moyens artificiels nous permettent jamais de dépasser beaucoup celle de l'arc électrique ; il est donc à peu près certain que l'incandescence ne nous donnera jamais un rendement photogénique supérieur à 5 °/₀ ; la production économique de la lumière doit donc recourir à d'autres procédés [1].

La question n'est pas oiseuse, puisqu'il existe des foyers de lumière infiniment mieux appropriés à notre œil, celui du *Pyrophorus noctilucus*, par exemple, dont le rendement, même considéré dans le sens le plus restreint possible, est égal à l'unité [2].

D'un autre côté, la lumière du magnésium possède une coloration bien différente de celle qui correspondrait à la température de combustion du métal ; il n'y a pas là une simple incandescence, mais bien le phénomène plus compliqué, dont nous avons parlé au début ; la qualité des radiations de la magnésie chauffée dépend sans doute de la constitution de sa molécule et des mouvements de ses atomes. On sait que la phosphorescence est profondément modifiée par la température ; en général, elle augmente beaucoup lorsque la température s'élève. La magnésie nous offrirait un cas de

[1] Les rendements que nous calculons ici sont les plus faibles qui aient été donnés ; le lecteur pourrait croire à une méprise, et il convient de justifier la méthode adoptée dans ce travail. Nous sommes parti de la définition généralement reçue, et nous y avons ajouté la seule hypothèse de l'absorption totale de toutes les radiations par le noir de fumée. Si cette absorption est incomplète pour les grandes longueurs d'onde, le dénominateur est diminué, et le rendement est au contraire donné par un nombre trop fort ; donc, en théorie, la méthode suivie ici fournit une limite supérieure de rendement. Le seul rendement que l'on puisse élever concerne les nombres dont nous avons fait usage ; or les données fournies par M. Langley sont corroborées par d'autres, en particulier celles de M. Knut Angström.

Les mesures faites par M. Blattner, Nakanao et d'autres physiciens conduisaient à des rendements photogéniques atteignant 20 °/₀ pour la lampe à arc ; or la méthode généralement suivie jusqu'ici consiste à mesurer, dans une expérience, la radiation totale de l'eau ; dans une seconde expérience, la radiation qui a traversé une certaine épaisseur d'eau ; on admet alors, ce qui serait un véritable miracle, que l'absorption totale commence à l'endroit précis où la vision cesse, et qu'aucune radiation obscure ne traverse l'eau, ou, du moins, que les radiations invisibles non absorbées sont une quantité négligeable. Or, d'après les expériences de M. Knut Angström (*Revue*, 30 décembre 1890), la portion de la radiation obscure d'une lampe d'Argand traversant une épaisse couche d'eau est environ 10 °/₀ de la radiation totale. Si la radiation visible constitue 2 °/₀, la mesure porte le résultat à 12 °/₀ ; on saisit le défaut d'interprétation : la quantité qui traverse l'eau peut passer pour négligeable vis-à-vis de la totalité, tandis qu'elle est beaucoup plus grande que la partie lumineuse. Nous verrons, dans un prochain article, que la valeur du rendement doit encore être abaissée.

[2] On sait que la femelle du ver luisant possède seule le pouvoir éclairant ; c'est le moyen qui lui a été donné de révéler sa présence aux insectes mâles. Si l'on admet que, pour ce coléoptère, l'adaptation selon Darwin est complète, on en conclura que l'œil du ver luisant possède un maximum de sensibilité à peu près au même endroit du spectre que notre œil.

phosphorescence énergique, qui ne se produit qu'à haute température.

. On entrevoit aussi la possibilité d'avoir recours à des phénomènes de tout autre ordre, qui, jusqu'ici, sont restés dans le domaine des recherches du laboratoire ou de la spéculation mathématique. On sait produire des oscillations électriques d'une longueur d'ordre parfaitement déterminée, ou comprises entre certaines limites [1]; jusqu'ici on n'est pas descendu au-dessous de quelques centimètres. Mais, que l'on apprenne à construire des excitateurs d'une grandeur et d'une forme convenables ; que l'on parvienne surtout à entretenir dans leur masse des oscillations électriques, et l'on pourra produire des spectres d'émission limités à la partie visible. Le problème de l'éclairage artificiel économique sera, dès ce jour, complètement résolu [2]. Ce sera la plus belle confirmation industrielle des idées émises par les électriciens modernes. Les difficultés sont grandes assurément; si grandes même qu'aucun physicien, croyons-nous, ne se figure comment le le problème peut être abordé ; mais rien ne nous fait croire qu'elles soient insurmontables.

Dans cette étude, trop longue sans doute au gré de nos lecteurs, bien courte cependant relativement à l'étendue du sujet, nous n'avons pu qu'effleurer un grand nombre de points délicats de la question. Nous avons cherché à résumer les travaux modernes sur les radiations; nous avons montré aussi combien il reste à faire dans ce domaine. Nous voudrions seulement insister sur le côté purement administratif de la question, celui des définitions ; bien qu'il soit d'un ordre inférieur, nous n'hésiterons pas à dire que bon nombre de progrès en dépendent; on ne travaillera avec ensemble que lorsque l'on se comprendra.

Ch.-Ed. Guillaume,

docteur ès sciences,
adjoint au Bureau international
des Poids et Mesures.

La question qui vient d'être traitée, ayant été l'objet

---

[1] Les expériences de MM. Sarasin et de la Rive peuvent faire croire que ces limites sont très étendues pour un résonnateur donné; mais, ainsi que M. Poincaré l'a fait observer, le flou incontestable de ces spectres d'émission est beaucoup augmenté en apparence par l'indétermination due à l'amortissement dans le résonnateur.

[2] Voir, à ce sujet, Lodge : *les Théories modernes de l'électricité*, traduit par M. Meylan. (Gauthier-Villars.)

de recherches disséminées de tous côtés, il nous paraît utile de rassembler ici les plus importantes :

INDEX BIBLIOGRAPHIQUE

Mouton : Sur la détermination des longueurs d'onde calorifiques. (*Comptes rendus*, t. LXXXVIII, p. 1078 ; 1879.)

Desains et Curie : Recherches sur la détermination des longueurs d'onde des rayons calorifiques à basse température. (*Comptes rendus*, t. XC, p. 1506 ; 1880.)

Langley (S. P.) Researches on solar heat. (*Professionnal papers of the signal service*, XV, 1884).
— On the selective absorption of solar energy. (*Phil. Mag.*, t. XV, p. 153, 1883.)
— On the determination of wave-lengths in the invisible prismatic spectrum. (*Ib.*, t. XVIII, p. 194 ; 1884.)
— On invisible heat spectra. (*Ib.*, t. XXI, p. 394 ; 1886.)
— On the hitherto unrecoquited wave-lengths. (*Ib.*, t. XXII, p. 149 ; 1886.)
— On the invisible solar and lunar spectrum. (*Ib.*, t. XXVI, p. 505 ; 1888.)
— On energy and vision. (*Ib.*, t. XXVII, p. 1 ; 1889.)
— and Very, On the cheapest form of light. (*Ib.*, t. XXX, p. 260 ; 1890.)

Violle : Sur les radiations du platine incandescent (*Comptes rendus*, t. LXXVIII, p. 171 ; 1879.)
— Intensité lumineuse des radiations émises par le platine incandescent. (*Comptes rendus*, t. XCII p. 866 ; 1881.)
— Sur la loi du rayonnement. (*Ib.*, p. 1204.)
— Sur l'étalon absolu de lumière. (*Ib.*, t. XCVIII, p. 1032 ; 1884.)
— Comparaison des énergies rayonnées pour le platine et l'argent fondants. (*Ib.*, t. CV, p. 163, 1887.)

Weber (H. F.). Untersuchungen über die Strahlung fester Körper. (*Académie de Berlin*, 1888, p. 563.)
— Die Entwickelung der Lichtemission glühender fester Körper. (*Ib.*, 1887, p. 229.)

Graetz : Ueber das von Herrn F. Weber aufgestellte Strahlungs Gesetz. (*Wied. Ann.*, t. XXXVI, p. 817, 1889.)

Tumlirz et Ruor : Die Energie der Warmestrahlung bei der Weissgluth. (*Académie de Vienne*, 1888, p. 1523.)
— Berechnung des mechanischen Lichtäquivalents aus den Versuchen des Herrn J. Thom sen. (*Ib.*, p. 1627.)

Tumlirz : Das mechanische Aequivalent des Lichtes. (*Ib.*, 1889.) (Les mémoires ci-dessus ont été reproduits dans les *Annales de Wiedemann*.)

Michelson : Essai théorique sur la distribution de l'énergie dans les spectres des solides. (*Journal de Physique*, t. VI, p. 407, 1887.)

Wiedemann E. : Zur Mechanik des Leuchtens. (*Wied. Ann.*, t. XXXVIII, p. 177, 1889.)
— Sur les mouvements à l'intérieur des corps qui produisent la luminosité (*Arch. de Genève*, t. XXV, p. 264, 1891.)

Berthelot : A propos de la communication de M. Poincaré sur l'expérience de M. Wiener. (*Comptes rendus*, t. CXII, p. 329, 1891.)

Réunion du Comité international permanent pour l'exécution de la Carte du ciel. (Publication de l'*Académie des sciences*.) Voir aussi les articles récents de M. Trépied et de M. Witz dans la *Revue*.

Angstrom K. : Beiträge zur Kenntniss der Absorption der Sonnenstrahlen durch die verschiedenen Bestandtheile der Atmosphäre. (*Wied. Ann.*, t. XXXIX, p. 267, 1890, et *Revue générale des Sciences* du 30 décembre 1890.)

Cu.-Ed. G.

LES CHALAZOGAMES DE M. TREUB

ET L'ÉVOLUTION DES PHANÉROGAMES

La découverte d'une nouvelle classe de Phanérogames est un événement dans les fastes de la botanique. Sans doute les transformistes supposent volontiers l'existence de classes éteintes et demandent à la Paléontologie des types intermédiaires capables de raccourcir la distance qui sépare les Gymnospermes des Angiospermes.

M. Treub vient d'avoir la bonne fortune de trouver mieux que cela[1], non pas dans une plante fossile, mais dans un genre dont les représentants ornent les boulevards de certaines villes du midi de la France. Les *Casuarina*, ces arbres océaniens dont le port est un bizarre compromis entre les Prêles et les Conifères, sont en effet, de par l'organisation de leur fleur femelle, aussi déplacés parmi les Angiospermes, — Monocotylédones ou Dicotylédones, — que parmi les Gymnospermes, groupe considéré, en raison de son infériorité, comme intermédiaire entre les Angiospermes et les Cryptogames. Mais ils déjouent toutes les prévisions théoriques, car ils sont à la fois plus Angiospermes que les Monocotylédones et les Dicotylédones, plus Cryptogames que les Gymnospermes.

L'angiospermie consiste dans l'inclusion de l'ovule (qui deviendra la graine) dans un ovaire clos, qui donnera le fruit. L'ovaire est surmonté d'une colonne pleine (style) organisée aux dépens de la feuille ou des feuilles (carpelles) qui l'ont formé lui-même. Le tube pollinique, chez les Angiospermes, doit s'insinuer au travers des tissus du style pour pénétrer dans la cavité ovarienne et aborder l'ovule. Ce premier pas franchi, il trouve le micropyle, porte ouverte dans les téguments de l'ovule, et lui livrant passage jusqu'au nucelle et à l'oosphère qu'il doit féconder. Chez les Casuarinées, la cavité ovarienne, à peine ébauchée, se comble; le micropyle se ferme à son tour, et c'est par effraction que le tube pollinique doit franchir le tégument ovulaire, comme il franchit l'enveloppe carpellaire seule chez les Angiospermes typiques. Le tube pollinique continue son trajet interstitiel dans le tégument jusqu'à la *chalaze*, c'est-à-dire jusqu'au fond de l'ovule, pour aborder à rebours le nucelle, le sac embryonnaire et l'oosphère.

Le caractère des Gymnospermes se retrouve chez les *Casuarina*, dans la formation de nombreux noyaux endospermiques, à un stade qui paraît être antérieur à la fécondation. Mais pour les phénomènes qui préparent la formation du sac embryonnaire, il faut décidément chercher des termes de comparaison parmi les Cryptogames; car les Casuarinées s'éloignent des Phanérogames connues : 1° par le grand massif de tissu sporogène (archéspore), composé de centaines de cellules; 2° par la division des cellules sporogènes en quatre articles superposés (macrospores), qui acquièrent conjointement un certain développement, tandis que, chez les Phanérogames, un refoulement précoce de trois de ces cellules laisse d'emblée le champ libre à la macrospore privilégiée; 3° enfin par le grand nombre (une vingtaine ou davantage) de macrospores qui se développent.

Ce complexus de caractères ultra-angiospermiques et infra-gymnospermiques justifie amplement la création d'une classe nouvelle. M. Trenh lui donne le nom de *Chalazogames*. Cette classe, rangée dans le sous-embranchement des Angiospermes et comprenant le genre unique *Casuarina*, constituerait à elle seule une subdivision équivalente aux deux classes antérieurement connues. Les Monocotylédones et les Dicotylédones formeraient la subdivision des *Porogames*.

On se demandera même si l'angiospermie, malgré la valeur qu'elle a acquise chez les Monocotylédones et les Dicotylédones, est à elle seule un caractère suffisant pour contrebalancer les indices d'infériorité révélés par les étonnantes découvertes de M. Treub, et si l'on est autorisé à placer les Chalazogames dans le même sous-embranchement que les Monocotylédones et les Dicotylédones.

Les conditions spéciales dans lesquelles se présente l'angiospermie chez les Casuarinées, son exagération même nous mettent en défiance contre sa valeur taxinomique. Il est, en effet, fort possible que l'angiospermie se soit réalisée à plusieurs périodes indépendantes de la phylogénie. Les particularités qui accompagnent l'angiospermie des Chalazogames semblent indiquer que le type pistillaire de ce groupe ne fait pas partie de la série progressive qui a pour couronnement l'angiospermie des Porogames. Cette dernière est le terme ultime d'une série de modifications du sporophore, qui assure une protection de plus en plus parfaite à la jeune plante, en enveloppant les spores dans un sac de cellules stériles (paroi

---

[1] TREUB. — Sur les Casuarinées et leur place dans le système naturel (*Annales du Jardin botanique de Buitenzorg*). — Vol. X. 2ᵉ partie, 1891; p. 145-231; pl. XII-XXXII.

du sporange) chez les Cryptogames supérieures, — en relevant le tégument autour du nucelle (équivalent du sporange) chez les Gymnospermes de façon à constituer ainsi la graine, — en fermant le fruit autour de la graine chez les Angiospermes. Par le progrès naturel de l'évolution, il était logique que l'occlusion du micropyle devançât dans la phylogénie et dans l'ontogénie, l'occlusion de l'orifice stigmatique. Mais, si la première de ces modifications a dû se produire plus facilement que la seconde, en revanche, la sélection naturelle a dû empêcher le maintien de celle-là autant qu'elle a dû faciliter et accélérer la fixation de celle-ci, car l'occlusion du micropyle compromettait les fonctions de l'ovule autant que la protection réalisée par un ovaire clos favorisait les premiers développements de l'embryon.

Chez les Casuarinées la fermeture de l'ovaire a été sans doute provoquée par le même *accident* que la fermeture de l'ovule. L'avantage résultant de l'angiospermie a seul assuré la survivance de ce groupe, en compensant les difficultés de la fécondation et les complications de la chalazogamie, que l'on ne saurait considérer comme un progrès. Toutefois une telle compensation n'a pas suffi pour assurer la prépondérance de ce groupe en présence de ceux où l'angiospermie ne s'est pas accompagnée de l'occlusion du micropyle.

Le type angiospermique des Porogames n'a pu être acquis que progressivement. L'occlusion des carpelles s'est d'abord produite dans la période de maturation, comme nous en voyons encore un exemple chez les Genévriers, dont la graine, d'abord nue, s'entoure secondairement d'une enveloppe qui a toute l'apparence d'un fruit charnu. Ce phénomène, compatible avec l'ouverture de la graine et du fruit à l'époque de la fécondation, s'est accéléré au point de devancer la pénétration du tube pollinique, tandis que l'ovule gardait ses caractères primitifs et que le style organisait un tissu conducteur favorable à la fécondation. Telle est la genèse la plus vraisemblable du type ovarien de nos Angiospermes. Elle suppose une série de transformations, dont le temps est un facteur nécessaire.

L'angiospermie, telle que les Chalazogames nous la présentent, a pu, au contraire, survenir très brusquement, l'évolution du fruit ayant marché du même pas que l'évolution des téguments ovulaires. Les Chalazogames peuvent donc s'être organisées à une époque très ancienne, indépendamment de la série qui s'est différenciée en Gymnospermes, comme de la série qui a donné les Angiospermes ordinaires.

Ce point admis, tout devient clair dans les affinités des Chalazogames et dans leur phylogénie.

Nous ne connaissons pas de type plus primitif de Phanérogames. Déjà les feuilles dénotent le plus bas degré de l'évolution de l'appareil végétatif, ainsi que je l'observais en 1886. Les caractères suivants de l'organe femelle trahissent une infériorité incontestable.

Le jeune ovaire contient une excroissance *ovuloplacentaire*, dans laquelle le développement du placenta n'a pas pris les devants, par accélération ontogénique, sur l'apparition de l'ovule.

L'appareil sexué, issu d'une seule cellule, présente dans le nombre de ses éléments une inconstance que l'on ne trouve même pas chez les Gymnospermes. Les *cellules voisines*, qui accompagnent l'oosphère, ne sont pas identiques aux synergides, selon la juste remarque de M. Treub ; leur rapprochement des « cellules de canal » soulève quelques objections ; elles ne peuvent être mieux comparées qu'aux cellules stériles (globules polaires) du pollen des Conifères. Le prothalle femelle a donc subi une réduction parallèle à celle du prothalle mâle, au lieu de décroître lentement comme dans la série qui comprend les Cryptogames vasculaires et les Gymnospermes.

Le développement de l'archéspore ne trouve pas d'équivalent direct parmi les Phanérogames ni les Cryptogames vasculaires, mais plutôt parmi les Bryophytes (Mousses). Le nucelle des *Casuarina* offre de singulières ressemblances avec le sporogone de cet embranchement. Les sacs embryonnaires (spores) sont entremêlés de trachéides que M. Treub compare aux élatères des Hépatiques. L'archéspore rappelle plus directement la colonne axile des Mousses par son prolongement rétréci au-dessous de la région des spores. A côté des spores qui forment un appareil sexuel, plusieurs autres s'allongent en tubes tournés vers la chalaze et assez longs pour s'insinuer entre les éléments de cette région, les miner et frayer une voie plus facile au tube pollinique. Cette sorte de germination des spores n'est pas sans analogie avec la naissance des protonémas de Mousses : en sorte que l'on pourrait voir, dans cette particularité, un autre vestige bryophytique, à côté des sacs embryonnaires imparfaits, précurseurs du type angiospermique. Je considère depuis longtemps comme homologues la colonne axile des sporogones de Mousses et le plérome des Phanérogames. Chez les premières plantes où la région stérile du sporogone s'est différenciée en membres munis de faisceaux, l'organisation vasculaire n'a pas dû se localiser aussi étroitement que dans la suite de l'évolution phylogénique. Il est assez naturel de rapporter à un vestige de cet état primitif les trachéides éparses parmi les spores et d'y reconnaître un bois rudimentaire et encore diffus, mais déjà limité au plérome.

Les Chalazogames sont donc, à mon sens, un groupe plus voisin des Bryophytes que des Cryptogames vasculaires. Bien loin d'amoindrir la distance qui sépare les Angiospermes des Gymnospermes, elles feraient supposer que les Gymnospermes et les Angiospermes ont eu des origines cryptogamiques distinctes ; car si les premières dérivent clairement des Cryptogames vasculaires, la souche des secondes se confondrait avec celle des Bryophytes, s'il était établi que les Porogames ont, avec les Chalazogames, plus qu'une ressemblance superficielle.

Ces rapides considérations donnent une faible idée des conséquences immenses qui découlent de la grande découverte des Chalazogames. Je n'ai même pas résumé tous les faits contenus dans le mémoire substantiel de M. Treub, persuadé que tout botaniste trouvera plaisir à étudier l'original, dont la lecture est facilitée par l'adjonction au texte de vingt planches d'une exécution irréprochable.

Paul Vuillemin.
Chef des travaux d'Histoire naturelle
à la Faculté de Médecine de Nancy.

A PROPOS DE QUELQUES TRAVAUX RÉCENTS

SUR L'ÉQUATION DIFFÉRENTIELLE DU PREMIER ORDRE

Les progrès de l'analyse mathématique sont de nos jours extrêmement rapides : les faits nouveaux s'accumulent, des théories entières surgissent ou se transfigurent presque de mois en mois. Malheureusement toutes ces découvertes sont disséminées dans d'innombrables mémoires insérés aux recueils spéciaux et dont la lecture est souvent difficile, même pour les mathématiciens de profession : tant une préparation particulière est indispensable pour chaque théorie.

Il importe cependant que les algébristes (ne fût-ce que pour l'honneur de leur science) ne laissent pas ignorer au public que les mathématiques pures marchent aussi vite que les autres sciences dans le merveilleux essor qui les entraîne toutes aujourd'hui.

Pour faire juger de l'activité qui règne dans les recherches analytiques, je voudrais donner aux lecteurs de la *Revue* une idée des nombreux et récents travaux qui se rapportent à *une seule* théorie particulière. Je choisis à cet effet celle de l'*équation différentielle du premier ordre* dont j'ai personnellement eu occasion de m'occuper.

Dès la constitution du calcul infinitésimal, on a eu besoin (notamment lorsqu'on cherchait une courbe plane définie par une propriété de la tangente) de trouver une fonction y de la variable x, fonction inconnue, mais liée à sa dérivée y' et à x par une relation connue :

$$f(x, y, y') = 0 \qquad (H)$$

Le problème de l'intégration de l'équation différentielle H du premier ordre était ainsi posé.

La question n'a jamais cessé depuis lors de préoccuper les géomètres ; mais pendant longtemps on a, pour ainsi dire, tourné autour. On se bornait à étudier des équations très particulières, dont l'intégration était presque immédiate. Beaucoup de sagacité a été dépensée durant cette période, à laquelle se rattachent les noms de Bernouilli, Clairaut, Euler, Riccati et de presque tous les algébristes des XVIIᵉ, XVIIIᵉ et de la première moitié du XIXᵉ siècle.

C'est seulement grâce au mouvement de « renaissance » mathématique inauguré par Cauchy et à l'emploi des imaginaires que le problème fut réellement abordé de front et dans sa généralité. Les *Mémoires* classiques de Briot et Bouquet (*Journal de l'École polytechnique*, 1856) et les nombreux travaux plus récents qui s'y rattachent ont posé les véritables fondements de la doctrine.

Il fallait prouver d'abord que le problème a un sens toujours, autrement dit que l'intégrale inconnue y existe. Briot et Bouquet achevèrent cette démonstration commencée par Cauchy. Ils montrèrent ensuite comment se comporte y pour des valeurs de x, très peu différentes d'une valeur donnée x_0 ; ils construisirent ainsi des *fragments* d'intégrale. Mais il s'agissait de jeter un pont entre ces fragments et de suivre comment variait y pour une variation quelconque de x. A la vérité, cela réussit assez à Briot et Bouquet dans le cas où x ne figure pas dans l'équation H, devenue $f(y, y') = 0$, mais seulement dans ce cas-là.

Empressons-nous d'ajouter que cette grosse difficulté n'est pas encore vaincue : dans les tout derniers temps seulement, on semble entrevoir quelques linéaments de la solution.

A Clebsch appartient le mérite d'avoir rajeuni

la conception ancienne de la *courbe intégrale*, c'est-à-dire de la courbe pour laquelle x et y sont les coordonnés du point courant, y' le coefficient angulaire de la tangente. Clebsch a montré qu'une pareille courbe ne devait pas être considérée seulement comme le lieu géométrique de ses points successifs, mais aussi comme l'enveloppe de ses tangentes successives. Chacune de ces deux conceptions isolée laisse échapper certaines courbes qui néanmoins réapparaissent en fin de calcul d'une façon inattendue; ces *solutions singulières* avaient très longtemps intrigué les géomètres.

En ce qui concerne l'équation différentielle H du premier ordre et du premier degré (celle où la dérivée y' figure au premier degré), un résultat très important est dû à M. Darboux [1]. Ce géomètre a montré que pour avoir *toutes* les solutions en nombre infini, il suffisait de connaitre un nombre fini d'équations algébriques entre y et x, telles que l'y qu'on en tire soit une solution de H.

II

Cet historique était indispensable pour exposer quel était l'état de la question avant les récentes recherches qui sont venues transfigurer la théorie et mûrir la solution.

C'est M. Fuchs qui en 1884 est entré dans un nouvel ordre d'idées, où lui-même et ensuite MM. Poincaré et Painlevé ont obtenu les plus importants résultats.

Il n'est pas facile de donner une idée succincte de recherches aussi abstraites et aussi profondes. Je vais néanmoins l'essayer.

Il y a un nombre infini de fonctions *intégrales y* de x satisfaisant à l'équation H. Chacune de ces intégrales pour chaque valeur de x possède plusieurs valeurs (et même un nombre infini) que l'on peut distinguer de façon à suivre comment la valeur choisie de y varie avec x. Mais la distinction n'est plus possible pour certains couples de valeurs de x et de y, ou, comme on dit aussi, pour certains *points critiques* (de coordonnées x et y). Il résulte de là que, quoi qu'on fasse, une certaine ambiguïté s'introduit pour l'intégrale considérée y.

Parmi les points critiques, les uns sont *fixes*, c'est-à-dire les mêmes pour toutes les intégrales; les autres sont *mobiles*, c'est-à-dire changent d'une intégrale à une autre. Ces derniers sont les plus embarrassants, car l'influence des points critiques fixes peut être appréciée par les procédés de Briot et Bouquet.

[1] *Bulletin des sciences mathématiques* 1878.

Cela étant, MM. Fuchs [1] et Poincaré [2] ont eu l'idée de rechercher ce qui se passe lorsqu'il n'existe pas de points critiques mobiles. En ce cas, de trois choses l'une :

1° y est lié à x par une équation algébrique et H est *intégrée algébriquement;*

2° On peut exprimer y' à l'aide d'x seulement et remonter à y par l'opération relativement facile de la *quadrature;*

3° On est ramené à l'équation bien connue de Riccati, dont toutes les intégrales s'obtiennent par quadrature dès qu'on en connaît une.

Les choses en étaient là lorsque l'Académie des Sciences de Paris mit au concours pour le grand prix des sciences mathématiques de 1890 précisément le problème qui est l'objet du présent article. Le mémoire de M. Painlevé obtint le prix, le mien la mention honorable. Le premier parut dans les *Annales scientifiques de l'Ecole normale* 1891 ; le second moitié dans le *Journal de l'Ecole polytechnique,* moitié dans les *Annales de l'Université de Lyon* pour cette même année [3].

Le travail de M. Painlevé est la généralisation de ceux de MM. Fuchs et Poincaré. L'influence des points critiques *mobiles,* dont il vient d'être question, force à attribuer à une intégrale particulière y pour un x donné un nombre de valeurs en général infini. M. Painlevé s'est proposé d'examiner le cas où ce nombre est fini. Il existe alors une certaine courbe algébrique plane h, dans laquelle se reflètent les propriétés de l'équation différentielle H. Le genre [4] de h a surtout de l'influence sur la nature des intégrales; ainsi, par exemple, si ce genre est supérieur à 1, y est lié à x par une équation algébrique.

Je regrette vivement que la profondeur des matières traitées par M. Painlevé ne me permette pas de donner ici une idée, même rapide, des autres importants résultats qui remplissent son travail. Ajoutons qu'il a abordé aussi le problème suivant : reconnaitre si les courbes intégrales de H sont des courbes algébriques de *genre donné.*

[1] *Comptes rendus* de l'Académie des sciences de Berlin, 26 juin 1884.
[2] *Acta mathematica* 1885 « sur un théorème de M. Fuchs ».
[3] M. Picard, le rapporteur de la commission de l'Institut, a rendu compte du concours à la séance publique de 1890.
[4] On appelle *degré* d'une courbe plane (ou gauche) le nombre de points où la courbe rencontre une droite (ou un plan). Le degré d'une courbe plane étant désigné par n et la courbe ayant d points doubles, Riemann a appelé *genre* le nombre $\frac{1}{2}(n-1)(n-2) - d$.
Le genre d'une courbe gauche est celui de sa projection.
La nature intime d'une courbe dépend bien plus étroitement du genre que du degré.

III

Ce même problème, lorsqu'on ne fixe pas *a priori* le genre, devient encore plus difficile. On a, en somme, à chercher si y est une fonction algébrique de x. C'est ce que [se sont proposé dans ces tout derniers mois MM. Poincaré [1] et Painlevé [2].

Tout se réduit à trouver un maximum pour le degré de l'équation algébrique qui lie y à x, c'est-à-dire pour le plus haut exposant dans cette équation. Le reste n'est plus qu'une affaire de tâtonnements et de calculs élémentaires. Seulement ce maximum et fort malaisé à découvrir. Quelques résultats partiels ont cependant été trouvés par MM. Poincaré et Painlevé, et la solution complète ne semble plus bien éloignée. Ces recherches ont surtout mis en lumière l'importance d'un nombre « exposant » attaché à chaque point critique fixe. Lorsque l'intégrale est algébrique, l'exposant est réel et commensurable; sinon il peut être incommensurable et même imaginaire.

Dans mon mémoire de concours et des Notes récentes [3], j'ai abordé le problème de l'intégration de l'équation H à un autre point de vue, me bornant d'ailleurs au cas où dans H $f(x, y, y') = 0$ l'expression f désigne un polynôme. Généralisant quelques indications de M. Darboux, j'ai fait une étude détaillée des points critiques fixes quand y' figure dans le polynôme au premier degré. Ensuite j'ai représenté H par une surface et les intégrales par certaines courbes « intégrantes » tracées sur la surface et dont la connaissance assure celle des intégrales. Mettant à profit les travaux d'Halphen sur la classification des courbes gauches algébriques et de M. Picard sur les courbes dont les tangentes appartiennent à un complexe linéaire, je suis parvenu à édifier une théorie des intégrantes (c'est-à-dire des intégrales) algébriques. J'ai notamment donné un maximum du degré de l'intégrante pour une surface et un genre donnés.

Il semble qu'en ce moment les recherches de M. Poincaré, de M. Painlevé et les miennes marchent au-devant les unes des autres et ne tarderont pas à se rencontrer.

IV

Un tout autre problème a également été traité relativement à H dans ces dernières années. Lorsqu'on effectue sur x et y une certaine transformation, l'équation H devient une autre H'; mais certaines propriétés restent communes à H et H', ne changent pas par l'effet de la transformation, vis-à-vis de laquelle ces propriétés sont des « invariants ». Une théorie des invariants a été édifiée par MM. Liouville (Roger), Elliot (*Annales scientifiques de l'Ecole normale supérieure* 1890) et Appell (*Journal des mathématiques;* 1889). Les résultats de ce dernier géomètre ont été généralisés par M. Painlevé dans son mémoire couronné. La théorie des invariants permet souvent de simplifier l'équation différentielle H.

Enfin M. Picard a consacré à H plusieurs passages de son mémoire couronné de 1888 sur les fonctions algébriques de deux variables indépendantes.

Je pourrais allonger encore l'énumération des travaux récents auxquels H a donné lieu. Je n'ai pas parlé, par exemple, des recherches de MM. Klein et Lie [1]; les groupes continus de tranformation de M. Lie trouvent là une de leurs plus importantes applications.

Mais je m'arrête, car il semble que le but de cet article est déjà atteint; on a pu apprécier quelle activité règne sur un point pris au hasard dans l'immense domaine de l'Analyse, avec quelle rapidité marche notre science.

Il est permis notamment d'exprimer l'espoir qu'attaquée de différents côtés par des efforts tenaces et convergents l'équation différentielle du premier ordre ne tardera pas à livrer ses derniers secrets.

Léon Autonne,
Ingénieur des ponts et chaussées,
Maître de conférences
à la Faculté des Sciences de Lyon.

---

[1] *C. R.* 13 avril 1891 et *Rendiconti* du Cercle mathématique de Palerme 1891.
[2] *Comptes rendus*, Académie des Sciences 25 mai 1891.
[3] *Comptes rendus*, Académie des Sciences 16 mars et 9 novembre 1891.

---

[1] *Mathematische Annalen, passim.*

BIBLIOGRAPHIE

ANALYSES ET INDEX

1ᵉ Sciences mathématiques.

Ocagne (M. d'), *Ingénieur des ponts et chaussées*. — Nomographie. Les calculs usuels effectués au moyen des abaques. *Essai d'une théorie générale. Règles pratiques. Exemples d'application.* 1 vol. in-8° de 96 p, *avec fig. et 8 pl. (Prix : 3 fr. 50.). Gauthier-Villars*, 55, *quai des Grands-Augustins. Paris*, 1894.

Dans les applications pratiques de la théorie on rencontre fréquemment des problèmes qui, pouvant se résoudre par des méthodes analytiques, conduisent à des équations ou des formules algébriques plus ou moins compliquées. Pour faire de ces formules un emploi judicieux, il est bon de les comprendre et de pouvoir au besoin les vérifier, ce qui exige chez les spécialistes des connaissances mathématiques étendues, dépassant souvent le degré d'instruction technique auquel ils sont parvenus. D'autre part, les calculs numériques qu'entraîne l'usage de ces formules peuvent être longs et pénibles, surtout si l'on prétend arriver à des résultats d'une grande précision.

C'est pourquoi l'on a cherché depuis longtemps à substituer, pour la résolution de ces problèmes techniques, les méthodes graphiques, plus aisées à comprendre et plus faciles à appliquer, aux méthodes analytiques, qui ne sont pas à la portée de tout le monde. Tel est le but des sciences graphiques : géométrie descriptive, stéréotomie, statique graphique, etc., où interviennent des constructions basées sur des considérations purement géométriques.

Mais ces sciences graphiques présentent, au point de vue des applications industrielles, trois inconvénients sérieux : elles n'embrassent pas un champ aussi vaste que les sciences analytiques, et sont souvent impuissantes à résoudre le problème posé ; elles exigent chez le dessinateur, chargé de préparer les épures, des connaissances assez étendues, et parfois une grande habileté professionnelle ; enfin, chaque épure nécessite pour sa préparation une somme assez importante de travail, et doit être refaite entièrement dès qu'on change de données, parce qu'elle ne fournit, en général, de renseignements que dans le cas numérique qui lui a servi de point de départ.

Il arrive souvent qu'en traitant par une méthode analytique et sous sa forme générale un problème technique, la solution soit donnée par une équation entre plusieurs variables, dont les valeurs numériques, résultent des données de la question, à l'exception d'une seule de ces variables, constituant l'inconnue, dont la valeur doit être tirée de la formule.

Pour peu que, dans l'exercice d'une profession, un pareil problème se présente fréquemment dans des conditions identiques, abstraction faite des valeurs numériques des données, il devient désirable qu'on en puisse confier la résolution à une personne douée seulement d'une instruction primaire, en réduisant l'opération à faire à une simple lecture, de manière que la vérification de son travail puisse être faite sans peine par un seul agent pourvu d'une instruction tout aussi élémentaire. Il s'agirait donc de supprimer, dans l'emploi de la formule algébrique, l'obligation d'un calcul numérique, qui ne saurait être entrepris par le premier venu. On a essayé d'y arriver de diverses manières [1].

Mais le moyen incontestablement le plus simple consiste à traduire la formule algébrique par une image, dite *abaque*, permettant à l'opérateur de reconnaître par une simple lecture la valeur de l'inconnue répondant aux données numériques qui lui ont été fournies. C'est là évidemment la seule solution véritablement complète, à tous les points de vue, du problème général que nous avons énoncé précédemment.

Quiconque saura lire et écrire pourra se servir de l'abaque sans aucune peine et sans risque d'erreur. Seulement, il faut savoir préparer l'abaque nécessaire ; or jusqu'à présent, en dépit de quelques tentatives isolées, faites sur des cas particuliers et restreints, on se trouvait dans l'ignorance des méthodes générales à suivre pour établir la représentation graphique d'une équation entre plusieurs variables.

M. Maurice d'Ocagne s'est proposé de combler cette lacune de la science en créant un corps de doctrine qu'il a baptisé du nom de *Nomographie* et qu'il définit : « la représentation graphique des lois d'un nombre quelconque de variables ». On peut substituer à cette définition philosophique l'énoncé pratique suivant : représentation graphique d'une équation à plusieurs variables, permettant par une simple lecture la valeur numérique de l'une d'entre elles, considérée comme l'inconnue du problème, quand on connaît celles des autres variables, qui sont les données de la question.

Nous mentionnerons très sommairement les divisions générales du livre de M. d'Ocagne. Le chapitre premier contient l'exposition très concise et très claire des principes fondamentaux relatifs aux équations à trois variables, dont les applications forment l'objet des trois chapitres suivants. Les exemples très intéressants traités au chapitre II présentent une grande variété. Les chapitres III et IV sont consacrés respectivement à des méthodes applicables à des classes très étendues d'équations ; l'une d'elles est celle des *abaques hexagonaux*, imaginée par M. Lallemand, et mise en pratique dans le service du nivellement général de la France ; l'autre est celle des abaques à points isoplèthes, due à M. d'Ocagne lui-même, qui paraît susceptible d'applications nombreuses et étendues. Ces deux applications se déduisent très simplement de la théorie générale exposée au chapitre premier.

Les chapitres V et VI contiennent l'extension de ces deux dernières méthodes, extension qui présente cet intérêt particulier d'être applicable aux équations à plus de trois variables, pour lesquelles l'emploi de tables numériques à plus de deux entrées ne serait pas pratiquement admissible.

Nous avons déjà fait ressortir l'importance des services que peut rendre la Nomographie, en permettant de généraliser l'emploi des abaques dont il n'a jusqu'à présent été fait qu'un usage restreint, alors que ces instruments de recherche devraient être entre les mains de tous ceux qui, dans l'exercice de leur profession, ont fréquemment besoin de revenir à l'emploi des formules algébriques. Il nous semble qu'en particulier les ingénieurs auront grand intérêt à faire usage de procédés qui les dispensent pour l'avenir de faire ou de vérifier eux-mêmes des calculs longs et fastidieux, en vue d'obtenir des renseignements qui leur seront fournis sans travail ni perte de temps par des tables graphiques.

Il serait donc désirable que leur instruction scientifique et technique comportât une connaissance approfondie des doctrines et des méthodes de M. d'Ocagne, et ce résultat nous paraît devoir être atteint sans peine pour eux par la lecture du livre clair et complet que nous venons d'analyser sommairement.

J. Résal.

---

[1] Voir, à ce sujet, l'article publié dans la *Revue* (n° du 30 sept. 1891, p. 604), par M. d'Ocagne.

2° Sciences physiques.

Armand Gautier. — Cours de Chimie, t. III. Chimie biologique, 1 vol. *gr. in-8° de* 827 *p. et* 122 *fig.* (*Prix :* 18 *fr.*) *F. Savy,* 77, *bd Saint-Germain, Paris,* 1892.

Cet ouvrage constitue la troisième et dernière partie du *Cours de Chimie* dont le Pr A. Gautier a commencé la publication il y a quelques années ; le premier volume était consacré à la chimie minérale et le second à la chimie organique.

On retrouve dans ce nouveau volume les qualités maîtresses des ouvrages de M. Gautier : une vue originale et très personnelle des choses, une rare pénétration d'idées, la largeur des conceptions, un raisonnement ingénieux, une imagination féconde et, tenant à ces qualités mêmes, le particulier agrément de la forme, une exposition à la fois ferme et alerte.

Cette originalité qui frappe dès l'abord et dont l'œuvre tout entière porte la marque profonde, dépend de deux choses : d'un ensemble de notions générales, très précises et fortement systématisées, sur les phénomènes de la vie, qui manifestement pénètrent et pour ainsi dire vivifient tout l'ouvrage ; et, d'autre part, du nombre considérable d'expériences personnelles, de recherches de premier ordre dans presque toutes les parties de la chimie biologique, qui permettent à l'auteur de prendre dans toutes les grandes questions une position bien spéciale.

. C'est ainsi que dès le début de l'ouvrage on trouve un essai d'explication des phénomènes propres à la substance organisée et de la notion même d'organisation. Il y a là un ensemble d'idées importantes, sur lesquelles d'ailleurs l'auteur a eu l'occasion de revenir en d'autres points de son œuvre, qui méritent d'attirer et de retenir l'attention de quiconque s'intéresse à la biologie. « Nous sommes donc amenés, écrit M. Gautier, à conclure que c'est dans les mécanismes élémentaires qui donnent lieu à ces derniers phénomènes (les réactions physico-chimiques de l'organisme), c'est-à-dire dans la structure et l'organisation des molécules chimiques dernières qui composent le protoplasma, ainsi que dans le mode physique d'association de ces molécules, qu'il faut chercher l'origine et la cause de la succession des phénomènes élémentaires de la vie... Ainsi éclairée, l'organisation du protoplasma et de la cellule se présente à nous comme un état plus compliqué que la structure, déjà très complexe, d'une molécule organique de sucre, de lécithine ou d'albumine ; mais cette organisation est de même ordre, car elle ne produit que des phénomènes de même espèce et ne met en jeu que les mêmes énergies d'ordre physicochimique » (p. 7). « Si de nouvelles propriétés, ajoute-t-il un peu plus loin (p. 8), sont introduites, il est vrai, par l'association des molécules intégrantes en tissus, les propriétés vitales élémentaires dérivent *primitivement* de leurs fonctions chimiques, lesquelles ne dépendent que de l'arrangement des atomes dans les principes immédiats dont sont construits nos organes... Le fonctionnement vital n'est que la conséquence lointaine des fonctions chimiques de la molécule, et la vie se présente à nous comme résultant de l'ensemble des réactions physiques, chimiques et mécaniques des molécules constitutives, réactions régularisées et dirigées grâce à l'organisation spécifique de quelques-uns de ces agrégats.

« On entrevoit ici le but le plus élevé de la *chimie biologique*, savoir la détermination des relations qui existent entre la structure et le mécanisme fonctionnel des molécules primitives ou principes immédiats qui forment les cellules, les tissus, les organes des êtres vivants, et cette résultante générale de leur commun fonctionnement qu'on appelle la vie. » Qu'il n'y ait rien de spécifique dans l'organisation, c'est une idée souvent émise déjà ; mais où le point de vue devient nouveau, c'est dans cette conception, à laquelle s'attache fortement M. Gautier, que la cause du fonctionnement vital apparaît dans les propriétés chimiques des molécules constitutives des divers protoplasmas cellulaires, propriétés chimiques qui dépendent elles-mêmes, on le sait, de la structure si complexe de ces molécules ; par suite de cette complexité même, le nombre des réactions physico-chimiques possibles devient considérable : c'est le jeu des phénomènes vitaux dans toute sa variété. J'avais été moi-même amené à présenter essentiellement cette conception dans une étude générale sur l'*irritabilité*, écrite il y a quelques années pour le *Dictionnaire encyclopédique des sciences médicales*. Mais ce que je n'avais pu qu'indiquer d'une façon sommaire, le développement naturel de ses réflexions personnelles sur l'origine et le sens des phénomènes élémentaires qui se passent dans les organismes vivants a conduit M. Gautier à le penser de son côté : une fois arrivé à ces idées par une voie qui lui est propre, il les a fermement saisies et il les expose d'une façon pénétraute non moins que complète. Telle est même sur ce point la hardiesse de sa pensée qu'il considère comme possible de modifier l'organisme et le plan général de l'être présent ou à venir en modifiant la nature des matériaux chimiques, « véritables rouages primitifs de ce qu'on ne dise pas qu'il n'aperçoit pas toute l'importance, au point de vue de la philosophie scientifique, de ces déductions, puisqu'il écrit aussitôt : « Dernière et grave conséquence dont semble établir que la *cause vitale*, que l'on appellerait à tort *force vitale*, car elle est *directrice* et non *agissante*, dépend elle-même des propriétés physico chimiques et du plan structural de ces agrégations moléculaires qui lui servent d'instruments élémentaires. » Combien nous voilà loin de la doctrine encore embarrassée de Claude Bernard sur l'*idée directrice* du plan vital ! La même idée se retrouve dans les conclusions générales du livre (p. 811) ; toute la page serait à citer : « La structure et le fonctionnement de l'être vivant résultent de la structure et des fonctions de nos organes, et ceux-ci sont modifiés dès qu'on fait varier la nature des principes dont ils sont composés... » (p. 812). Cette pensée profonde, si neuve, si grosse de conséquences de toutes sortes, se trouve déjà clairement exprimée, il convient de la rappeler ici, dans un important travail de M. Gautier qui fait partie d'un *Hommage* ou recueil de travaux originaux publié en 1886 à l'occasion du centenaire de Chevreul. Par une série de longues et délicates recherches sur les variations de l'espèce *Vitis vinifera*, M. Gautier a pu montrer que chaque variation de race est accompagnée d'une variation dans la nature des principes immédiats qui entrent dans la structure de la nouvelle variété ; chacun des changements morphologiques est corrélatif d'une modification profonde des molécules chimiques qui constituent les éléments de l'être. On saisit toute la portée de ces notions. Il semble bien que par elles la chimie sera un jour entraînée à aborder expérimentalement les questions relatives à la reproduction des êtres vivants. On s'est déjà demandé pourquoi les physiologistes ne s'appliquaient pas à l'étude des problèmes soulevés par la doctrine transformiste, et l'on a fait observer que seule la physiologie paraît être à même de résoudre certains de ces problèmes. Il serait assurément curieux et du plus haut intérêt que ces difficiles questions fussent d'abord attaquées par leur côté chimique, c'est-à-dire dans leur fond le plus intime, ce côté apparaissant comme le plus accessible à l'expérimentation. L'idée qui présiderait à des recherches de ce genre serait sans doute qu'en modifiant par une intervention expérimentale la nature des principes immédiats d'une plante, on arriverait à modifier plus rapidement l'espèce. Il est incontestable qu'une telle pensée provient directement des travaux déjà réalisés dans cette voie par M. Gautier et de la profonde conception générale qu'il en a tirée.

Ce n'est pas seulement par les considérations doctrinales que cette *Chimie biologique* est originale. Son caractère particulier tient aussi à l'apport considérable des expériences propres de l'auteur. Si ce dernier, tout en établissant avec soin l'historique, devenu si touffu, de chaque question, a su se préserver de la juxtaposition fastidieuse des résultats et des théories, c'est que dans la plupart des grandes questions il a pu, grâce à ses recherches personnelles, prendre une position bien spéciale; aussi les innombrables observations, souvent contradictoires, qu'il faut classer et coordonner pour présenter un exposé clair et complet de chacune des parties de la science, viennent-elles se grouper aisément autour de l'idée maîtresse qui appartient en propre à l'auteur.

Quelques exemples montreront qu'il en est ainsi.

Au début de l'ouvrage, M. Gautier trace un large tableau des phénomènes chimiques généraux et de l'origine des principes immédiats dans les plantes, exposé dans lequel prennent place les résultats de ses recherches sur les chlorophylles, sur la synthèse des matières organiques dans les végétaux, sur la fixation de l'azote par le sol et les végétaux.

Dans l'étude des matières albuminoïdes et de leur constitution, l'auteur ajoute, à l'exposé des belles recherches de M. Schützenberger, la relation de ses propres expériences sur le dédoublement, par hydratation, des matières albuminoïdes. Une courte, mais substantielle notice est consacrée, en appendice, aux matières protéiques, aux *toxalbumines* produites par les êtres vivants et dont l'étude est aujourd'hui si importante pour la physiologie et la pathologie générales.

Une série de remarquables chapitres est consacrée à la description des substances azotées qui résultent de la décomposition des matières albuminoïdes. Ici encore l'auteur se trouvait un terrain qui depuis longtemps lui est familier et où il a réalisé ses plus belles découvertes peut-être de chimie biologique, j'entends ses travaux sur les corps xanthiques et surtout l'ensemble de ses recherches sur les bases animales, ptomaïnes et leucomaïnes; on a pu penser et dire de ces recherches qu'elles ont marqué une phase nouvelle dans l'histoire des doctrines de physiologie pathologique. Dans cette série de chapitres sont étudiées successivement les *uréides*, les *leucomaïnes*, les *bases du groupe de la choline* et les *ptomaïnes*, et enfin les *amines-acides*. A propos de l'acide urique, l'auteur expose ses idées sur la structure de ce corps pour lequel il aboutit à un schéma différent de la formule de Medicus et de E. Fischer, généralement adoptée en Allemagne. Quant aux *bases animales* ou *leucomaïnes*, M. Gautier les divise en deux groupes : le premier, comprenant la xanthine, la sarcine, l'adénine, la carnine, etc., doit être manifestement rapproché des uréides ; le second renferme les leucomaïnes créatiniques (créatine, créatinine, sarcosine, etc.), plus éloignées du groupe urique, et que l'auteur a rattachées au type créatine. Un certain nombre de ces substances étaient déjà décrites avant les travaux de M. Gautier; mais leurs relations avec les uréides, leur constitution, leur origine, leur rôle physiologique étaient fort mal connus. Il importe d'ajouter que les relations naturelles de ces corps ne se sont clairement révélées qu'après la découverte de plusieurs termes nouveaux qui complètent cette double série, composés isolés des tissus animaux par l'auteur, (crusocréatinine, xanthocréatinine, amphicréatine, etc.) ou qu'il a préparés synthétiquement (méthylxanthine). Viennent ensuite les bases du groupe de la choline, (choline, névrine, muscarine, etc.), la protamine, la spermine, et les leucomaïnes des venins, des urines, et des divers organes ou produits de sécrétion.

Toutes ces bases, qui sont plus ou moins toxiques, se produisent durant la vie normale et aérobie. Les ptomaïnes, au contraire, ou alcaloïdes putréfactifs, découverts par M. Gautier en 1872, résultent de toute fermentation anaérobie et se forment, chez les animaux supérieurs, dans les tissus qui fonctionnent sans air ou avec une quantité d'oxygène insuffisante. On comprend, sans qu'il soit nécessaire d'insister, l'importance de cette dernière notion au point de vue de la physiologie générale et aussi de la physiologie pathologique : le lien apparaît immédiatement, par

exemple, entre cette conception de chimie pathologique et les idées qui résultent des travaux de M. Bouchard sur les maladies causées par le ralentissement de la nutrition. — M. Gautier consacre un très intéressant chapitre à l'historique de cette question des ptomaïnes, à la préparation de ces corps, leur classification et l'étude particulière des bases putréfactives isolées jusqu'à ce jour.

Beaucoup d'autres parties de l'ouvrage mériteraient un examen détaillé ; pour ne pas trop allonger ce compte-rendu, je ne puis que les signaler à l'attention. C'est ainsi qu'il faut noter une remarquable étude des relations qui existent entre l'action chimique, la chaleur et le travail produit dans le muscle (p. 315), que tous les physiologistes liront avec une curiosité intéressée; — un chapitre très suggestif sur les phénomènes psychiques corrélatifs de l'activité cérébrale (p. 343), dont beaucoup de points seraient dignes d'une discussion approfondie, d'autant plus que l'auteur revient à plusieurs reprises sur cette question (voy. en particulier p. 803), qui a soulevé d'ailleurs, il y a quelques années, une polémique intéressante entre lui et MM. Georges Pouchet et Ch. Richet (*Revue scientifique*, 1886); — une étude très complète du sang, avec une théorie de l'auteur sur la coagulation, la relation des travaux nouveaux sur l'hémato-alcalimétrie (travaux sortis du laboratoire de M. Gautier et dont la continuation promet à coup sûr des résultats d'un grand intérêt), un exposé sans doute un peu schématique, mais très clair et suggestif, des modifications du sang dans les maladies; — enfin un magistral exposé des mécanismes de la nutrition générale, des phénomènes chimiques généraux de l'organisme, et par suite, — des sources et de la transformation de l'énergie dans les êtres vivants; sur ce dernier point les plus récentes acquisitions de la thermo-chimie animale sont utilisées et présentées sous une forme parfaitement accessible.

Je ne voudrais pas finir sans avoir donné quelques indications sommaires sur le plan général de l'ouvrage qui s'écarte par quelques points de celui qui est habituellement suivi. L'auteur étudie d'abord les phénomènes chimiques généraux de la vie et l'ensemble du mouvement d'assimilation et de désassimilation ; puis il décrit les principes immédiats qui constituent les êtres vivants et les produits de leur destruction progressive; l'étude des tissus, des humeurs et des sécrétions vient ensuite, puis celle des fonctions générales (respiration, digestion, desassimilation et urination, reproduction); la description des mécanismes de la nutrition générale termine cette partie du livre ; la dernière partie est consacrée à l'étude des sources de l'énergie et de l'équilibre entre l'alimentation et la production de chaleur et de travail.

Deux pages de conclusions générales terminent cette œuvre considérable, fruit de longues et patientes recherches de laboratoire et d'un pénétrant travail de méditation sur les faits d'expérience ; ces deux pages sont comme le résumé des doctrines de l'auteur sur les phénomènes de la vie, et portent bien la marque du haut esprit dans lequel tout l'ouvrage a été conçu.

E. GLEY.

3° Sciences naturelles.

Laguesse (E.). **Recherches sur le développement de la rate chez les poissons.** *Thèse pour le doctorat présentée à la Faculté des Sciences. F. Alcan, 108, boulevard Saint-Germain, Paris, 1891.*

La rate était jusque dans ces dernières années un organe plein de mystère. Le tissu splénique était en effet considéré comme une sorte d'éponge imbibée de sang. Les procédés les plus perfectionnés de l'anatomie et de l'histologie ne donnent que des résultats incomplets lorsqu'on les applique à l'étude de la rate adulte. Quelle est la structure du tissu splénique? Dans la rate, le sang circule-t-il dans un système de vaisseaux clos ou bien les parois vasculaires, sont-elles incomplètes, et le sang se répand-il librement dans l'intervalle des éléments spléniques?

Pour résoudre ces questions, M. Laguesse a suivi le mode de développement de l'organe. Il a observé l'ensemble des phases parcourues par la rate et ses éléments. Il les a vus naître, pour ainsi dire, et a noté les modifications qu'ils subissent avec l'âge. De plus il a choisi, en s'adressant à la *truite* et à l'*anguillat*, une rate *simplifiée*, c'est-à-dire réduite à ses parties essentielles.

Voici les résultats principaux auxquels est arrivé l'auteur; faute de place, je ne puis en donner qu'un résumé succinct, bien que ce travail, remarquable à bien des égards, mérite une analyse détaillée.

La rate apparaît sous la forme d'une simple bosselure de la paroi intestinale. Le tissu qui la constitue à l'origine est un amas de cellules qui dérivent d'une portion du feuillet mésodermique de l'intestin (*mesenchyme*). Les éléments embryonnaires du renflement splénique sont des cellules arrondies et serrées. Ils ne tardent pas à se différencier : les uns restent arrondis et serrés, les autres prennent la forme de cellules étoilées, unies par leurs prolongements. Ces dernières se disposent, comme je l'ai observé, décrit et figuré depuis plusieurs années dans la bourse de Fabricius et les amygdales, et forment un réseau contenant dans ses mailles des traînées d'éléments arrondis.

Dès son apparition, la rate est en rapport immédiat avec la veine sous-intestinale (*future veine-porte*). Une des parties les plus intéressantes du travail est celle où M. Laguesse montre : 1° le développement des veines spléniques, branches de la veine-porte; 2° les connexions du tissu splénique avec le courant sanguin qui le traverse.

Le réseau splénique contient, je le répète, dans ses mailles, des amas de cellules arrondies formant des cordons cellulaires pleins. *Sur les points voisins des veines*, ces cellules, d'abord serrées, deviennent libres par la fonte ou la liquéfaction d'une partie du corps cellulaire. Cette transformation s'étend de proche en proche jusqu'à la veine, dont la paroi subit le même sort. Il en résulte une série de logettes ou de cavités tortueuses, irrégulières, communiquant les unes avec les autres et s'ouvrant dans la veine-porte. Ces cavités sanguines de la rate ne sont limitées que par les cellules anastomosées du réseau jouant le rôle d'endothélium.

Dès que les artères se seront développées dans la rate, le sang passe des artères dans les cavités tortueuses et de là dans les veines. La circulation se fait donc dans la rate comme dans les autres organes, dans un système de canaux parfaitement circonscrits, puisque les cavités tortueuses servent d'intermédiaires entre les artères et les veines.

Les parties de la rate qui ne sont pas le siège de cette transformation constitueront la *pulpe splénique*. Celle-ci représente pendant toute la vie une réserve de cellules pouvant se modifier comme plus haut et s'échapper dans le sang.

Quel est le sort de ces cellules devenues libres? Les unes évoluent en globules blancs, les autres tendent à s'allonger, se chargent d'hémoglobine et se transforment en globules rouges. A l'état jeune, les unes et les autres sont capables de se reproduire par division; mais elles perdent peu à peu le pouvoir en vieillissant. Ces faits de développement viennent à l'appui de nombreuses observations qui avaient rendu probable le rôle sanguiformateur de la rate. M. Laguesse est allé plus loin; il a soumis les résultats embryologiques au contrôle de l'expérience en provoquant par des saignées la régénération du sang sur les Truites plus venant à peine d'éclore. Dans chaque expérience, il a compté avec soin les trois phases que traversent les globules rouges du sang : les formes *jeunes, intermédiaires et adultes*.

Après la saignée, le premier phénomène qui frappe est l'augmentation considérable dans le nombre proportionnel des globules blancs. Cette proportion s'accentue et se maintient pendant les quatre premiers jours. Dans le sang de la veine-porte, les globules blancs représentent à peu près la moitié des globules contenus; dans les cavités de la rate, on les trouve presque seuls. C'est donc sous cette forme que les premières cellules libres s'échappent de la rate embryonnaire. A partir du cinquième jour, les formes *jeunes* des globules rouges augmentent notablement dans le sang, surtout dans celui de la veine-porte. Du quatorzième au dix-huitième jour, ces formes constituent à elles seules la moitié ou à peu près du nombre total des éléments figurés dans le sang. Du dix-huitième au vingt-huitième jour, ces formes atteignent l'état adulte.

La rate est donc un organe d'origine mésodermique (mésenchyme); les éléments embryonnaires qui la forment se différencient : 1° en cellules étoilées devenant le réseau splénique; 2° en cellules contenues dans les mailles de ce réseau et évoluant, au fur et à mesure des besoins de l'organisme, en globules blancs et en globules rouges.   Ed. RETTERER.

4° Sciences médicales.

Tissié (Dʳ Ph.) **Les Rêves**, *physiologie et pathologie.* 1 vol. in-12, XII-214 *pages, avec une préface de M. le Professeur Azam. F. Alcan*, 108, *boulevard Saint-Germain, Paris,* 1891.

M. le Dʳ Tissié avait consacré sa thèse inaugurale à l'étude d'un malade singulier, Albert D., qui présentait de curieux accès de somnanbulisme diurne pendant lesquels il accomplissait de véritables voyages. L'idée obsédante qui déterminait ses fugues, analogues par certains côtés aux fugues des délirants épileptiques, se développait ainsi dans son esprit pendant la nuit, et le lendemain, presque toujours le matin, il partait pour cette ville ou pour ce pays. Il arrivait aussi que des rêves analogues apparussent en lui sans qu'aucune conversation les eût provoqués. C'est ainsi que M. Tissié a été amené à étudier l'action des rêves sur les actes de l'homme éveillé et sur ses pensées; c'est au reste la suite de l'histoire d'Albert D., qui constitue la partie principale et la plus intéressante peut-être du livre. M. Tissié a recherché à quelles lois était soumise la formation des rêves : d'après lui, tous les rêves sont d'origine sensorielle, c'est-à-dire qu'ils résultent tous d'une impression périphérique actuelle. Il semble que ce soit là une règle qui admette des exceptions, et qu'il y ait des rêves qui ne font que continuer pendant le sommeil la pensée commencée pendant la veille; les images et les idées se déterminent alors les unes et les autres sans qu'aucune sensation intervienne. Il aurait fallu surtout mettre en lumière la différence profonde qui existe entre les sensations de l'homme endormi et celles de l'homme éveillé; la sensation elle-même n'est presque jamais perçue dans le sommeil; elle reste subconsciente et son rôle se borne à faire apparaître telle ou telle série d'images; les faits que M. Tissié rapporte en très grand nombre mettent bien en évidence cette fonction des impressions sensorielles pendant le sommeil : la sensation se confond en un même état de conscience avec l'image qu'elle évoque. M. Tissié fait au reste une classe spéciale des rêves qu'il appelle « psychiques »; l'expression n'est pas très bonne; il faut entendre par là, autant qu'il semble, les rêves d'origine centrale; et les observations qu'il cite montrent que dans certains cas ce n'est pas une sensation qui sert de point de départ à la série d'images qui constitue le rêve. M. Tissié semble mettre plus particulièrement en rapport les rêves de cette classe avec les sensations viscérales, ce qu'il appelle *le moi splanchnique*; c'est à l'opposition du moi splanchnique et du moi sensoriel que sont dus, d'après lui, les dédoublements de personnalité pendant le sommeil et pendant la veille. Il règne quelque confusion dans cette théorie qui repose au reste sur une conception dont rien n'est encore venu démontrer l'exactitude. M. Tissié a établi une comparaison entre les rêves qui apparaissent dans les trois formes les plus habituelles de sommeil : normal, somnambulique, hypnotique; il a montré qu'ils sont soumis aux mêmes lois, et qu'un sujet peut passer d'une de ces formes de sommeil à une autre en restant dans la même série d'images et d'idées.

Le livre de M. Tissié est un livre utile, malgré les théories hasardées et parfois inexactes qu'il renferme; c'est un recueil de faits bien choisis et bien classés; on le consultera avec fruit, surtout en ce qui concerne l'action des rêves sur les actes accomplis à l'état de veille. M. Tissié a donné une grande place aux rêves qui ont leur origine dans une sensation pathologique, un trouble du cœur par exemple ou de la digestion; il a fait un bon choix parmi les observations de ses devanciers; à ce point de vue encore son livre, où il a su faire tenir beaucoup de faits et d'idées en peu de pages, rendra service à tous ceux qui s'intéressent à la psychologie expérimentale. Il serait à désirer que M. Tissié publiât une seconde édition de son ouvrage et qu'il en fît disparaître les théories souvent obscures et mal appuyées de preuves, qui en rendent parfois la lecture difficile.   L. MARILLIER.

Charrin (Dr A.) *Médecin des Hôpitaux.* — **Pathologie générale infectieuse :** 1er *mémoire du t. I du* **Traité de Médecine** *publié sous la direction de MM. Charcot, Bouchard et Brissaud. (Prix du tome I. vol. grand in-8° de 957 pages, 22 francs.)* G. *Masson,* 120, *boulevard Saint-Germain, Paris,* 1891.

Le *Traité de Médecine* publié sous la haute direction des Professeurs Charcot et Bouchard et du Dr Brissaud, constitue un gros événement médical. L'œuvre colossale de Dechambre, bien qu'à peine terminée, est déjà, au moins quant à ses premiers volumes, passablement vieillie. Il y a quelque quinze ans on disait, non sans raison : « La chirurgie fait des progrès, mais la médecine demeure stationnaire. » Il serait injuste de le répéter aujourd'hui : les doctrines microbiennes ont bouleversé les conceptions d'autrefois et déjà conduit en matière non seulement de prophylaxie, mais même de thérapeutique, à des innovations heureuses.

Le *Traité* dont nous rendons compte consacre cette révolution. Les directeurs ont voulu mettre au premier plan les théories pastoriennes, d'abord parce qu'elles éclairent aujourd'hui presque tout le champ de la pathologie, ensuite parce qu'elles n'ont pu être enseignées dans leur ensemble aux praticiens qui ont terminé leurs études médicales il y a cinq ou six ans. Ceux-ci trouveront une bonne partie de cette synthèse dans le premier volume de la publication.

L'importance des mémoires que ce volume renferme commande de les analyser séparément. Nous ne nous occuperons donc dans cette notice que de l'introduction : elle est due à notre éminent collaborateur, le Dr Charrin, et relative à la pathologie générale des maladies infectieuses.

En lisant cette étude si soigneusement documentée, pénétrée de fine critique et riche en conceptions de haute envergure, on se convainc que le brillant chef du laboratoire de M. Bouchard a été à la hauteur de sa tâche : il lui fallait exposer en quelque sorte une philosophie, celle qui se dégage de toutes les recherches poursuivies sur les diverses affections virulentes. Ces études sont tributaires de la botanique, de la chimie, de la physiologie. M. Charrin est trop instruit en ces sciences, auxiliaires de sa spécialité, pour avoir négligé de s'adjoindre en chacune d'elles un collaborateur du métier : au Professeur Guignard il a demandé aide et conseil pour décrire la morphologie des micro-organismes; au Professeur Arnaud, l'appui de ses qualités si précieuses d'analyste, quand s'est agi d'étudier au point de vue chimique les excrétions des microbes, les transformations que ces agents font subir à la matière; au Dr Gley, pour introduire dans les recherches de bac-

tériologie les notions, méthodes et pratiques expérimentales familières aux physiologistes. Malgré la diversité de ces apports, l'œuvre du Dr Charrin offre une remarquable unité : il a su en grouper les matériaux, en coordonner les diverses parties avec l'art supérieur du savant parvenu à la pleine maîtrise de son sujet. Son mémoire emprunte à cette circonstance une très grande valeur.

Qu'il nous permette toutefois de discuter quelques-unes de ses assertions. Il examine le reproche adressé à la génération actuelle de ne plus considérer que le microbe, d'oublier le malade, le terrain où s'accomplira l'évolution du parasite; et, à ce sujet, insistant avec raison sur cette dernière face de la question, il se demande dans quelle mesure il peut y avoir un retour à l'ancienne médecine. Le mérite de la nouvelle serait surtout de remplacer les idées hypothétiques d'autrefois par des données positives, tirées des faits et obtenues par l'expérience. N'y eût-il que cette substitution, elle établirait à elle seule. — comme le montre d'ailleurs l'ensemble du mémoire de M. Charrin, — un abîme entre hier et aujourd'hui. Cet abîme, on affecte quelquefois de ne pas le voir, sous prétexte que la découverte du microbe actif en certaines maladies humaines n'a pas conduit à modifier le traitement. Dès que la spécificité pathogénique du bacille de Koch fut admise par les cliniciens, beaucoup se figurèrent que du jour au lendemain elle allait les mettre en mesure de guérir la tuberculose. Ils ignoraient que, pour décisif qu'il fût, ce pas n'était que le premier dans la longue série des recherches que réclame l'étude d'une maladie. Aussi parlent-ils aujourd'hui de désillusion. Mais, il faut le dire, cette désillusion vient, — non de ce que l'on a oublié le malade pour s'occuper du microbe, — mais tout simplement de ce que l'étude expérimentale n'est point encore terminée. La méthode n'en saurait être rendue responsable : toutes les espérances que les savants avaient fondées sur elle sont restées debout. Du jour où ille fut instituée, les hommes de laboratoire comprirent que le labeur serait de longue haleine, qu'il serait nécessaire d'étudier l'évolution des virus animés en eux-mêmes et dans leurs rapports avec l'organisme plus ou moins réceptif, plus ou moins réfractaire des animaux et de l'homme. Pasteur tout le premier attira l'attention de ce côté : il fit voir notamment que la germination de certaines spores, par exemple celles de son vibrion septique, exige de la part des humeurs un état particulier que ne réalisent pas normalement les liquides de l'intestin humain; de sorte qu'un microbe peut être, chez une même espèce animale, inoffensif ou redoutable suivant le lieu d'introduction dans l'économie, la présence ou l'absence d'une excoriation de la muqueuse, l'état physiologique ou pathologique de l'individu. Ainsi fut indiquée, dès le début de la bactériologie, cette participation de l'hôte au développement de l'infection qui n'a cessé depuis d'attirer l'attention des microbiologistes. On l'a signalée notamment au sujet des pneumonies dont nous portons souvent les germes sans leur permettre d'éclore, et il est probable qu'elle se trouve à l'origine de toutes les maladies virulentes. Cette étude des états de l'organisme qui s'opposent à l'infection ou la favorisent n'est que la continuation nécessaire et fatale des recherches microbiennes. Loin donc d'y apercevoir un retour aux idées d'autrefois, nous reconnaissons en elle un chapitre important de la science bactériologique.

Ce chapitre a reçu des remarquables travaux de MM. Charrin et Roger un développement considérable. Grâce à eux, on commence à bien comprendre le genre d'influence que peuvent exercer sur l'aptitude à l'envahissement microbien, ces facteurs multiples, froid, chaleur, fatigue, etc... dont le rôle étiologique, constaté de tout temps par les cliniciens, était demeuré inexpliqué. L'étude sur le surmenage, entièrement due aux auteurs que nous venons de citer, est particulièrement intéressante : elle montre à quel point la fatigue peut prédisposer à l'infection, la provoquer même, celle-ci pouvant apparaître en quelque sorte spontanément à la suite d'un exercice violent. A ce sujet il y a lieu, pensons-nous, de se demander si l'animal devient vulnérable parce qu'il cesse d'opposer une résistance suffisante aux agents infectieux, ou simplement parce que ses humeurs, normalement impropres à la culture du microbe, sont assez modifiées par le surmenage pour permettre aux spores de germer. En d'autres termes, les virus animés que nous portons en nous-mêmes dans le nez, la bouche, le tube digestif, nous livrent-ils, pendant notre vie physiologique, de continuels assauts, alors victorieusement repoussés, — ou bien demeurent-ils inactifs, à l'état inerte de spores, ne germant, n'évoluant qu'à la faveur d'une modification pathologique de notre organisme? Il est possible aussi que les deux modes co-existent. La science est encore pauvre en documents sur ce point.

M. Charrin n'avait pas à entrer dans la description spéciale des différentes affections renfermées dans le cadre des maladies infectieuses; mais il lui appartenait de définir le domaine pathologique de la microbie et de préciser le sens général des derniers travaux entrepris en chacun de ses districts : à cet effet, il a rapidement passé en revue les enseignements que nous apportent les récentes recherches sur la morve, la diphtérie, même la rage et les fièvres éruptives, telles que rougeole et scarlatine, dont les contages, peut-être différents des bactéries, ont jusqu'à présent échappé à nos procédés d'investigation.

Le chapitre relatif aux symptômes généraux de ces affections doit être particulièrement signalé : les phénomènes y sont analysés avec toutes les ressources de la physiologie contemporaine, qui commence à y discerner les effets des excrétions microbiennes. Rappelons à ce sujet les élégantes et suggestives expériences dans lesquelles M. Charrin est arrivé à provoquer à la fois symptômes et lésions en inoculant exclusivement des produits bactériens. Ces substances sont probablement très diverses; il semble que chacune exerce sur l'organisme une action spécifique. C'est ainsi que, d'après les recherches de MM. Charrin et Gley, les toxines du bacille pyocyanique influencent d'une façon particulière le système nerveux vaso-moteur; elles entraînent l'inhibition des centres vaso-dilatateurs, bulbaires et médullaires. Il y a là un facteur important, dont il faut tenir compte dans la lutte engagée entre l'organisme qui se défend et le microbe virulent qui l'attaque. Malgré sa nouveauté, ce principe paraît bien établi. Il vient d'être confirmé à Lyon par le Pr Arloing, en Allemagne par le Pr Heidenhaïm. Ni les substances dites bactéricides, ni les leucocytes n'interviennent seuls dans les phénomènes d'immunité : le système nerveux y joue un rôle qui ne peut plus être négligé et que ne sauraient faire oublier les propriétés chimiotactiques des virus. Lorsque ceux-ci suppriment le vaso-dilatation, les leucocytes se trouvent arrêtés dans les vaisseaux. Cet obstacle à leur émigration prive l'organisme de leur concours défensif (phagocytose) sur le lieu même de la lutte, au point où s'introduisent, avant de pulluler, les agents infectieux. C'est là une conséquence de l'action exercée par les virus chimiques sur les centres régulateurs. M. Charrin a eu raison d'insister sur cette notion : elle est de grande portée non seulement pour la théorie, mais aussi au point de vue clinique. Une récente communication du Pr Bouchard permet déjà de pressentir les applications que la thérapeutique est appelée à en tirer : dès à présent elle est en mesure d'arrêter les hémorrhagies, grâce à l'inhibition vaso-motrice que produisent les toxines du bacille pyocyanique. C'est là le premier exemple d'une thérapeutique positive et efficace fondée sur la bactériologie.

Quant à distinguer les différentes substances, —

toxiques, vaccinantes ou autres, — qu'excrètent les agents virulents, le problème n'est que posé : la chimie s'est montrée impuissante à isoler la plupart de ces matières. Quelques résultats néanmoins ont été obtenus ; il suffira de signaler ceux qui se rapportent à la tétanine, la tétanotoxine, la spasmotoxine, la typhotoxine de Brieger, etc.....

En attendant qu'on ait obtenu tous ces produits à l'état de pureté, M. Charrin étudie, suivant la méthode de M. Bouchard, l'influence que leur mélange inégal exerce sur les microbes eux-mêmes, puis sur l'organisme intoxiqué. Il se trouve ainsi conduit à une théorie de l'infection qui, peut-être, eût gagné à être exposée après l'étude de la phagocytose et de l'état bactéricide.

Sur l'importante question de l'immunité acquise, l'auteur rapporte et discute les explications proposées, depuis la théorie de la soustraction, vers laquelle Pasteur inclina d'abord, jusqu'à celles des substances ajoutées, de l'accoutumance, de la chimiotaxie, de la phagocytose, de la destruction des poisons et de l'état bactéricide des humeurs. M. Charrin expose les faits avec impartialité; tout en avouant ses préférences pour les doctrines humorales, il sait demeurer éclectique, prendre à chaque théorie la part de vérité qu'elle contient. Ce qu'il refuse à chacune, c'est de suffire à tout expliquer. « Quelle que soit, du reste, remarque-t-il, la théorie que l'on adopte, l'immunité paraît se réduire à une propriété que les cellules ont, dans un cas, reçue de leurs ascendants, dans un second acquise par voie d'éducation. » Cette éducation résulterait de l'action modificatrice des poisons solubles sur les cellules de l'économie. M. Charrin admet la phagocytose, mais ne lui concède qu'un rôle secondaire, attribuant l'initiative de la lutte contre les microbes, — non aux leucocytes, — mais aux réactions qui les libèrent. Peut-être cependant rabaisse-t-il trop leurs services : à ses yeux la phagocytose n'interviendrait utilement que « dans les infections de minime virulence, chez des animaux suffisamment résistants, ou bien lorsque la lésion reste locale ». Il nous semble que la phagocytose constitue une réaction très générale : on la trouve, croyons-nous, dans tous les cas où l'organisme se défend contre l'infection. Qu'elle soit soumise à la condition, découverte par MM. Charrin et Gley, d'une régulation nerveuse, ce fait n'en diminue aucunement l'importance. Depuis quelques mois, surtout à la suite des expériences de MM. Metchnikoff et Roux sur le charbon des rats blancs, la phagocytose paraît être sortie victorieuse des attaques qui avaient été dirigées contre elle.

Ce rapide compte rendu ne saurait donner une idée de toutes les questions dont M. Charrin s'est occupé. Nous avons dû passer sous silence bien des pages importantes telles que celles qu'il a consacrées aux associations microbiennes, aux infections secondaires, aux vaccins, à l'action thérapeutique des virus. Le lecteur trouvera avec mémoire, outre la relation de tous les travaux sur ces sujets, des vues personnelles d'un haut intérêt.

Bien que cette longue étude concerne surtout la doctrine, elle ne laisse pas que d'entraîner certaines conséquences pratiques. « S'il est bon, dit l'auteur, de viser le microbe, de en outre, s'occuper du patient. Il a sa part dans l'étiologie, dans les symptômes; dans l'évolution et la terminaison de la maladie » ; aussi faut-il « agir sur le rein, qui élimine germes et toxines », sur le foie, qui détruit une partie des poisons, et combattre son hyperthermie qui tend à annuler ses fonctions; alimenter, au besoin suralimenter le malade; etc.

— On voit par là que M. Charrin est resté fidèle à la devise du Traité de Médecine : « Partir d'où l'on peut, le plus souvent de la Clinique, mais revenir toujours à la Clinique. »

L. O.

ACADÉMIES ET SOCIÉTÉS SAVANTES

DE LA FRANCE ET DE L'ÉTRANGER

ACADÉMIE DES SCIENCES DE PARIS

Séance publique annuelle du 21 décembre 1891

M. Duchartre fait l'éloge de Cahours et celui d'Edmond Becquerel.

Prix décernés. — 1° SCIENCES MATHÉMATIQUES. — Prix *Francœur* : M. Mouchot. — Prix *Poncelet* : M. Humbert. — Prix extraordinaire de six mille francs partagé entre MM. Pollard et Dudebout, Guyou, Chabaud-Arnaud. — Prix *Montyon* (mécanique) : M. Caméré. — Prix *Plumey* : M. de Maupeou. — Prix *Dalmont* : M. Considère ; mention très honorable à M. Autonne ; mention honorable à M. d'Ocagne. — Prix *Fourneyron* : M. Leloutre. — Prix *Lalande* : M. G. Bigourdan. — Prix *Damoiseau* (perfectionner la théorie des inégalités à longues périodes causées par les planètes dans le mouvement de la Lune. Voir s'il en existe de sensibles en dehors de celles déjà bien connues). Le prix n'est pas décerné, il est reporté en 1892. Néanmoins, il est accordé trois, prix à MM. Gaillot, Callandreau et Schulhof. — Prix *Valz* : M. Vogel. — Prix *Janssen* : M. G. Rayet.

2° SCIENCES PHYSIQUES. — Prix *La Caze* (physique) : M. J. Violle. — Prix *Montyon* (statistique) : MM. Cheysson et Toqué. — Prix *Jecker* partagé entre MM. Béhal M. Meunier. — Prix *La Caze* (chimie) : M. A. Joly.

3° SCIENCES NATURELLES. — *Géologie.* — Prix *Delesse* : M. Barrois. — *Botanique.* — Prix *Bordin* : M. Guignard. — Prix *Desmazières* : M. A. N. Berlese. — Prix *Montagne* : M. H. Jumelle. — Prix *Thore* : MM. J. Costantin et L. Dufour. — *Anatomie et zoologie.* — Grand prix des sciences physiques : M. Jourdan. — Prix *Bordin* (étude comparative de l'appareil auditif chez les Vertébrés à sang chaud — Mammifères et Oiseaux) : M. Beauregard. — Prix *Savigny* : M. L. Faurot. — Prix *Da Gama Machado* : le prix n'est pas décerné. Un encouragement est accordé à M. R. Blanchard et à M. L. Joubin. — *Médecine et Chirurgie.* — Prix *Montyon* : trois prix sont décernés à M. Dastre, à M. Duroziez. à M. Lannelongue. Trois mentions sont accordées à MM. Sanchez-Toledo et Veillon, à M. Soulier, à M. Zambaco. Des citations sont accordées à MM. Arthaud et Butte, à M. Batemann, à MM. Bloch et Londe, à M. Catsaras, à M. Debierre, à M. Garnier, à M. Gautrelet et à M. Netter. — Prix *Barbier* : M. Tscherning ; deux mentions sont accordées à M. Delthil et à M. Dupuy. — Prix *Bréant* : Le prix n'est pas décerné. Un encouragement est accordé à M. le D⁰ Nepveu. — Prix *Godard* : M. Poirier ; une mention honorable est accordée à M. Wallich. — Prix *Chaussier* : M. Brouardel. Une mention très honorable est accordée à M. E. Duponchel. — Prix *Bellion* partagé entre M. Carlier et M. Mireur. — Prix *Mège* : M. F. Courmont. — Prix *Lallemand*, partagé entre MM. Gilles de la Tourette et H. Cathelineau et M. F. Raymond. Des mentions honorables sont accordées à MM. Legrain, Debierre, Le Fort, Bruhl, Sollier et Colin.

Physiologie. — Prix *Montyon* : MM. Bloch et Carpentier. Deux mentions sont accordées à M. Hédon et à M. Lesage. — Prix *La Caze* : M. S. Arloing. — Prix *Pourrat* : M. Gley. — Prix *Martin Damourette* : M. Gley.

Géographie physique. — Prix *Gay* : le prix n'est pas décerné, la question : Des lacs de nouvelle formation et de leur mode de peuplement, est prorogée à l'année 1892.

PRIX GÉNÉRAUX. — Prix *Montyon* (arts insalubres). La partie principale du prix est accordée à M. Gréhant, une portion à M. Bay et une portion égale à M. Broussais. Il est accordé une mention honorable à M. Bé-

doin et à M. Lechien. — Prix *Cuvier* : le prix est décerné au Geological Survey des Etats-Unis. — Prix *Trémont* : M. E. Rivière. — Prix *Gegner* : M. P. Serret. — Prix *Jean Reynaud* : feu G. H. Halphen. — Prix *Petit d'Ormoy* (Sciences mathématiques) : M. E. Goursat. — Prix *Petit d'Ormoy* (Sciences naturelles) : M. L. Vaillant. — Prix de la fondation *Leconte* : une subvention est accordée à M. Douliot. — Prix *Laplace* : M. L. Champy.

Séance du 28 décembre 1891.

1° SCIENCES MATHÉMATIQUES. — M. Kronecker : Sur le nombre des racines communes à plusieurs équations simultanées. — M. E. Picard : Du nombre des racines communes à plusieurs équations simultanées — M. G. Kœnigs : Sur les systèmes conjugués à invariants égaux. — M. A. Markoff : Sur la théorie des équations différentielles linéaires. — M. Bougaieff : Complément à un problème d'Abel. — Le Comité international pour l'exécution de la carte du ciel a proposé d'obtenir des étoiles types de la grandeur 11 en réduisant l'éclat d'étoiles connues de la grandeur 9 au moyen d'un écran à mailles métalliques placé devant l'objectif photographique. En étudiant l'emploi de ces écrans, M. Pritchard a constaté que pour un même écran la diminution des grandeurs produites est plus considérable avec une lunette photographique qu'avec une lunette astronomique ; il explique ce fait, en apparence paradoxal, par les lois de la diffraction. — M. Faye présente l'annuaire du Bureau des longitudes pour 1892, il signale les notices de M. Mouchez sur la troisième réunion du Comité de la carte photographique du ciel, de M. Tisserand, sur l'accélération séculaire de la Lune, de M. Bouquet de la Grye sur la session de l'Association géodésique internationale à Florence, de M. Janssen sur les travaux de l'observatoire du Mont-Blanc, enfin de M. Cornu, sur un système nouveau de mires lointaines que se savant a installé pour l'Observatoire de Nice.

2° SCIENCES PHYSIQUES. — En faisant des observations astronomiques dans certaines conditions, M. Mascart avait aperçu autour du point lumineux, et séparé de celui-ci par un espace noir, un anneau irisé, avec le rouge en dehors. A la suite d'une série d'observations et de raisonnements, il a été amené à attribuer la formation de ce spectre aux fibres du cristallin. — M. C. Féry a imaginé un réfractomètre destiné spécialement aux liquides, qui ramène la détermination de l'indice à la mesure d'une longueur. Le principe consiste à annuler la déviation, produite par le liquide à mesurer, au moyen d'un prisme solide d'angle variable; celui-ci est constitué par une bande de verre découpée dans une lentille sphérique; l'angle formé par les plans tangents à la surface sphérique étant sensiblement proportionnel à la distance séparant le point considéré du centre optique de la lentille, on peut ainsi annuler la déviation du prisme liquide par un glissement du prisme sphérique, et relier très simplement la grandeur de ce glissement à l'indice à mesurer. — M. D. Gernez a déterminé pour la sorbite, au moyen des variations du pouvoir rotatoire, comme il l'avait fait pour la mannite, les états variables de combinaison que ce composé forme en solution aqueuse avec les molybdates acides de soude et d'ammoniaque. — M. H. Le Chatellier a repris l'étude de la composition des borates métalliques ; il a reconnu que l'aspect parfaitement cristallisé d'un culot, que l'on obtient en fondant ensemble des proportions diverses d'oxyde métallique et d'acide borique, n'est pas une garantie de la pureté du composé obtenu ; dans bien des cas, il a pu, en effet, soit dissoudre une couche d'acide borique moulant les cristaux du sel, soit séparer par l'iodure de méthylène deux espèces de cristaux. Il en résulte que beaucoup de formules données par les auteurs sont inexactes ; en particulier, il n'existe pas de borates renfermant plus de 1 équivalent d'acide pour 1 équivalent de base. — **M. A. Recoura** a recherché quelle est la constitution du sulfate vert du sesquioxyde de chrome signalé par lui dans une communication récente ; il conclut que ce composé, qui a la même composition que le sulfate violet, doit avoir une constitution complètement différente. — M. A. **Besson**, qui avait obtenu précédemment, par l'action du chlorure de soufre sur le silicium cristallisé, du chlorure de silicium, a obtenu, en faisant réagir les mêmes corps dans des conditions différentes, un chlorosulfure de silicium. — M. **Granger**, préparant le phosphure de cuivre d'Abel Cu^6Ph par l'action des vapeurs du phosphore sur du cuivre chauffé au rouge, a remarqué que la proportion du phosphore du composé augmentait avec la durée de la chauffe ; en prolongeant suffisamment l'expérience, il a obtenu le composé Cu^3Ph, qui est cristallisé. — M. **H. Causse** a étudié l'influence qu'exerce un excès d'acide chlorhydrique sur la décomposition du chlorure d'antimoine par l'eau ; cet acide s'oppose à la dissociation ; il peut être à ce point de vue remplacé, pour une part, par du chlorure de sodium. — M. **E. Fleurant** a préparé un cyanure double de cuivre et d'ammonium en chauffant en tube scellé du chlorure cuivrique, du chlorure d'ammonium et du cyanure de potassium dissous dans l'eau en proportions déterminées. — M. **G. Massol**, en comparant les chiffres obtenus par lui, ainsi que par d'autres savants, pour les chaleurs de neutralisation des acides organiques bibasiques, a reconnu que la chaleur dégagée par la neutralisation d'une fonction acide augmente par l'introduction de la fonction alcool dans un carbone voisin. — M. **de Forcrand** a préparé le glycol disodé (tout le métal à l'état d'alcoolate) en faisant réagir au sein de l'alcool éthylique deux équivalents d'éthylate de sodium sur le glycol ; il a déterminé la chaleur de dissolution de ce composé, puis les chaleurs dégagées par l'addition à une solution de glycol d'un premier et d'un second équivalents de soude. Les chiffres tirés de ces expériences vérifient que le glycol suit la loi posée par l'auteur pour la glycérine et l'érythrite, à savoir que, dans les alcools polyatomiques, la première substitution sodique dégage plus de chaleur que la seconde. — M. **Konovaloff** a étudié l'action de l'acide nitrique dilué sur le nononaphtène ; cet hydrocarbure, chauffé avec l'acide nitrique en tube scellé, un dérivé nitré qui est transformé par l'hydrogène naissant en une amine et une kétone ; l'auteur étudie quelques propriétés de ces composés. — M. **P. Cazeneuve** avait signalé la formation d'acétylène par la réaction à froid de l'argent sur l'iodoforme ; il a reconnu que le bromoforme donne encore plus facilement de l'acétylène sous l'action de divers métaux. — M. **J.-A. Leroy** a préparé les naphtylacétylènes α et β en faisant réagir le perchlorure de phosphore sur les méthylnaphtylcétones α et β , il a étudié les propriétés de ces naphtylacétylènes.

3° *Sciences naturelles*. MM. **Th. Schlœsing** fils et **Em. Laurent** font remarquer en quoi leurs recherches sur la fixation de l'azote par le sol diffèrent de celles de MM. Arm. Gautier et R. Drouin sur la même question ; les recherches de MM. Schlœsing et Laurent démontrent la fixation d'azote *libre* par le sol recouvert de plantes vertes inférieures. — MM **R. Lépine** et **Barral** ont constaté que : 1° dans l'hyperglycémie asphyxique, le pouvoir glycolytique du sang est diminué ; 2° dans le diabète phloridzique, le pouvoir glycolytique et le pouvoir saccharifiant sont deux augmentés ; 3° chez une dizaine de malades diabétiques le pouvoir saccharifiant de l'urine était diminué ; 4° dans le sang centrifugé, le pouvoir saccharifiant reste tout entier dans le

sérum. — MM. **Ch. Brongniart** et **Gaubert** ont étudié les terminaisons nerveuses de l'organe pectiniforme des Scorpions ; de leurs observations anatomiques ils concluent que ces organes, qui entrent en jeu dans la copulation, y jouent le rôle d'organes excitateurs ; ils ont de plus observé directement des fonctions tactiles. — M. **G. Pouchet** signale les particularités qu'a présentées en 1890 le régime de la sardine océanique. — M. **J. Chatin** a reconnu, dans un parasite qui dévaste les cultures d'œillets à Nice, l'*Heterodera Schachtii*. M. **Trouessart** a observé chez un enfant de cinq mois le *Phtirius inguinalis* sur le cuir chevelu ; il explique cette localisation exceptionnelle par l'absence de poils sur les autres parties du corps. — M. **L. Mangin** indique une méthode générale pour caractériser microchimiquement la cellulose des tissus végétaux ; l'action à froid d'une solution alcoolique saturée de potasse caustique la transforme sûrement en hydro-cellulose, qui se colore en bleu par l'iode. La cellulose peut encore être décelée par des colorants azoïques convenablement choisis ; certaines colorations proposées sont, au contraire, des réactifs des composés pectiques. — M. **E. Prillieux**, en étudiant la Rhizoctone violette du safran, de la betterave et de la luzerne, a reconnu que les corps *militaires*, considérés par Tulasne comme des périthèces, sont en réalité des organes de pénétration du parasite. — M. **G. Bonnier** a reconnu que les parasites à feuilles vertes, d'après les recherches qu'il a faites sur l'intensité de leur assimilation chlorophyllienne, tantôt se nourrissent presque exclusivement des substances qu'ils empruntent à leur hôte, tantôt, comme le gui du pommier, possèdent leur compte et font avec leur hôte des échanges de substances nutritives. — M. **A. Lacroix** a repris l'étude des grès et schistes houillers de Commentry (Allier) ayant subi des phénomènes métamorphiques par la chaleur d'une mine en feu ; le type minéral le plus abondant est la *Cordiérite*. — M. **Wada** envoie des détails sur le grand tremblement de terre du 28 octobre 1891 dans le Japon central.

Mémoires présentés. — M. **Foveau de Courmelles** : L'état naissant des corps sortant de combinaison, sous l'action des courants électriques, au point de vue physiologique ; actions électives. — M. **A. Himbert** adresse un mémoire sur un indicateur de grisou. — M. **A. Rillet** adresse une note sur les explosions de grisou. — M. **Merlateau** adresse la description et le croquis d'un aspirateur pour mines. — M. **Prosper Humblot** adresse un mémoire sur un nouveau système universel d'astronomie. — M. **Bachelard** adresse une note sur une poche d'eau salée d'un volume de 32.400 litres rencontrée dans les marnes apiennes du Moriez (Basses-Alpes). — M. **Guy** adresse un travail sur le Sahara et les causes des variations que subit son climat depuis les temps historiques.   L. LAPICQUE.

SOCIÉTÉ DE BIOLOGIE

Séance du 12 décembre.

M. **Gley** a reconnu, contrairement aux assertions de tous les expérimentateurs qui s'étaient occupés de la question, que la thyroïdectomie totale est mortelle pour le lapin comme pour le chien ; mais il faut enlever, en même temps que les deux lobes du corps thyroïde, deux lobules passés jusqu'ici inaperçus, dont la structure est celle d'une glande thyroïde embryonnaire. M. Gley a cherché aussi chez le lapin si la glande pituitaire pouvait suppléer en quelque proportion la glande thyroïde. En effet, chez un sujet qui avait survécu à thyroïdectomie, la destruction de la glande pituitaire, par piqûre à travers l'encéphale, a donné lieu à quelques accidents convulsifs, puis à une série de troubles trophiques. Enfin M. Gley présente une chienne qui a survécu à la thyroïdectomie et qui présente également des troubles trophiques. — MM. **Raillet** et **Lucet** ont étudié le développement de la Coccidie perforante qu'ils ont pu faire évoluer simplement dans l'eau.

— A propos de la communication de M. Gilis sur les scalènes, chez l'homme, M. Sibileau expose ses recherches sur le même sujet ; il démontre qu'il n'y a, en réalité qu'un seul scalène, perforé pour donner passage à des vaisseaux et à des nerfs. M. Sibileau décrit en outre un muscle suspenseur de la plèvre. — M. Würtz présente des plaques où s'accuse nettement la distinction du bacille typhique et du bacille d'Escherich. Mettant à profit le fait connu que ce dernier seul fait fermenter la lactose avec formation d'acide lactique, il a ajouté du tournesol bleu et de la lactose au milieu gélatiné ; les cultures du bacille d'Eberth restent bleues, celles du bacille d'Escherich rougissent. — MM. Achard et J. Renault ont trouvé dans un cas de néphrite le *B. coli commune* comme agent morbifique ; ils ont cherché alors en quoi différait de ce microbe la *bactérie pyogène* de MM. Hallé et Albarran. Tant de l'examen des caractères morphologique, que de l'étude de l'action pathogène, MM. Achard et Renaud concluent à l'identité des deux espèces. — M. Strauss annonce que M. Krogius (d'Helsingfors) vient d'arriver aux mêmes conclusions. — M. Peyron étudie les variations de la capacité respiratoire du sang dans le saturnisme. — MM. Bouveret et Devic attribuent à un produit soluble contenu dans le suc gastrique les accidents de la maladie de *Reichmann* (tétanie d'origine gastrique.) — M. Gimbert : Sur l'antisepsie de la phtisie pulmonaire par l'injection lente d'huile créosotée au quinzième. — M. Heim : Sur la matière colorante d'une astérie. M. Langlois est élu membre titulaire.

Séance du 19 décembre.

M. A. Max. Rodet, dans un cas de lithiase rénale suppurée, a trouvé le *Bacillus Coli communis* ; comparant ce que MM. Hallé et Albarran ont donnée de leur *bactérie pyogène* avec les caractères du B. Coli communis, il pense qu'il s'agit d'un seul et même microorganisme. — M. Réblaud, qui étudiait systématiquement la pathogénie des infections urinaires, est arrivé à peu près à la même conclusion, mais il note quelques légères différences entre l'agent habituel des infections urinaires et le *B. Coli communis*. — MM. Bourquelot et Graziani ont cultivé le *Penicillium Duclauxi* sur le liquide de Ranlin et ont recherché les ferments solubles ; ils n'ont pas trouvé d'amylase mais un peu d'invertine qui ne passe pas dans le liquide de culture. Ils décrivent les modifications que subit la culture suivant que l'on remplace la saccharose du liquide de Raulin par d'autres sucres. — MM. Abelous et P. Langlois, analysant les phénomènes auxquels succombent les grenouilles après la destruction des capsules surrénales, ont constaté l'apparition dans le sang d'une substance qui agit comme le curare. — M. Onanoff examine les causes qui peuvent produire l'asymétrie faciale fonctionnelle, caractérisée par l'impossibilité de fermer isolément l'œil droit comme l'œil gauche ou inversement. — M. Kalt a observé un œdème des paupières avec chémosis conjonctival double, causé par une hypertrophie des amygdales comprimant les jugulaires. — M. E. Laguesse décrit le développement du mésenchyme et du pronéphros chez l'*Acanthias*. — M. Œchsner de Coninck : Sur quelques unes des conséquences qui découlent de l'existence de ptomaïnes antiputrides ou antifermentescibles. — M. Vaquez : Période préoblitérante de la phlébite des cachectiques.

Séance du 26 décembre.

M. Gilis maintient contre M. Sibileau ses assertions sur l'anatomie des muscles scalènes chez l'homme ; il en trouve trois, distincts surtout par leurs insertions supérieures. — M. Retterer a étudié l'origine et le développement des plaques de Peyer chez le lapin et le cobaye ; il a trouvé que, de même que l'amygdale, ces organes se forment par des bourgeons endodermiques pénétrant dans le mésenchyme ; puis les éléments des deux feuillets se mêlent. — M. P. Mégnin en faisant l'autopsie de deux chiens de chasse morts dans un état d'anémie et de mai-

greur extrême, a trouvé le gros intestin entièrement tapissé, du cæcum à l'anus, par des *Trichocephalus depressiusculus* ; il n'y avait pas d'autre lésion pouvant expliquer la mort. — M. V. Fayod : De l'absorption des bouillies de poudres insolubres par les tissus végétaux et animaux comme unique moyen propre à démontrer que le protoplasme est un tissu géliforme dont les fibrilles ont une structure canaliculée et spiralée. — M. Dastre cite les expériences récentes par lesquelles M. Langendorff et MM. Langley et Dickinson ont démontré que les filets nerveux du cordon sympathique cervical ne traversent pas simplement les ganglions interposés sur leur trajet, mais que les uns s'y terminent et que d'autres en partent ; il rappelle qu'il a, avec M. Morat, donné cette démonstration il y a dix ans, et que, même à cette époque, il est allé plus loin dans l'analyse du phénomène que ne le font ces recherches récentes.

L. Lapicque.

SOCIÉTÉ FRANÇAISE DE MINÉRALOGIE
Séance du 10 décembre

M. Mallard montre que le grenat *pyrénéite* n'est pas un *mélanite*, mais un *grossulaire*. Il ne contient pas de fer en quantité notable. Ce minéral pseudocubique présente le même type d'anomalies optiques que l'onwarowite ; les propriétés optiques sont faciles à étudier, grâce à l'absence d'interpénétration des individus constituant le groupement. M. Mallard a déterminé avec grands détails les constantes optiques du minéral. — M. A. Lacroix fait une communication sur des filons de quartz qui métamorphisent les calcaires paléozoïques d'un gisement de l'Ariège et y déterminent en grande quantité de la *trémolite*, postérieurement pseudomorphosée en *talc*. Les cristaux de quartz du gisement examiné présentent des phénomènes de torsion des plus remarquables, se traduisant par d'intéressantes modifications dans la structure intérieure de la substance. — M. Wyrouboff admet deux sortes d'isomorphisme. Dans le véritable, le réseau cristallin et l'ellipsoïde optique se juxtaposent sans se déformer, et les propriétés des mélanges sont une fonction continue. Dans le *pseudo-isomorphisme*, au contraire, les deux réseaux qui se mélangent se déforment et la fonction devient discontinue. A l'appui de cette thèse, il cite le cas de la cristallisation simultanée du sulfate de potasse et du sulfate de soude, du sulfate de potasse et du carbonate de potasse. Il étudie en détail les propriétés remarquables des corps que l'on obtient par ce procédé.

A. Lacroix.

SOCIÉTÉ MATHÉMATIQUE DE FRANCE
Séance du 6 janvier 1892.

M. Vicaire est élu président pour l'année 1892. — M. Raffy fait une communication sur les systèmes conjugués qui se conservent dans les déformations des surfaces. Il montre que, si une surface Σ est applicable sur une surface S et si une seule des coordonnées de Σ satisfait à l'équation qui est vérifiée par les trois coordonnées de S exprimées en fonction des paramètres d'un réseau conjugué, ce système est aussi un système conjugué de la surface Σ. Il indique comme exemple les surfaces de MM. Mlodzieiowski et Goursat. — M. Fouret montre comment on déduit du théorème de Budan-Fourier une règle très simple pour trouver une limite inférieure des racines d'une équation algébrique entière $f(x) = 0$; elle consiste à déterminer un nombre qui, substitué à x dans $f(x)$ et ses dérivées successives, donne des résultats alternativement positifs et négatifs.

M. d'Ocagne.

SOCIÉTÉ ROYALE DE LONDRES
Séance du 17 décembre 1891.

1° Sciences physiques. — F. Hebroun et G. F. Yeo : Sur l'audibilité des ondes sonores isolées et sur le nombre de vibrations nécessaires pour produire un son.

Les physiciens ont admis que, pour donner la sensation du son, il faut nécessairement une série de vibrations; mais un certain nombre d'expériences faites sur des tuyaux sonores, les diapasons et les sirènes ont conduit les auteurs aux conclusions suivantes : 1° Quand un son est produit par un corps en vibration, chacune des ondes de la série de vibrations qui causent le son excite individuellement les terminaisons du nerf acoustique. Si les vibrations simples sont de telle nature qu'elles ne puissent être entendues, aucun son ne peut être perçu. 2° Les vibrations individuelles peuvent être perçues lorsque la rapidité des vibrations n'est pas assez grande pour qu'elle donne naissance à un son distinct. Quand deux ondes sonores se succèdent immédiatement à un intervalle de 1/50 de seconde ou un intervalle plus petit, elles donnent naissance à une sensation de son, et ce son a la même hauteur que celui qui serait produit par une série prolongée de vibrations se succédant avec la même vitesse que les deux premières; en d'autres termes, on peut distinguer le son qui a été produit, pourvu que deux vibrations consécutives d'une série agissent sur les terminaisons du nerf acoustique. Les auteurs ont constaté qu'ils ne pouvaient distinguer les petites variations de hauteur quand la rapidité de la vibration tombe au-dessous de 50 vibrations par seconde.

2° Sciences naturelles. — M. Marshall Ward : Sur la plante de la bière de gingembre « Ginger-beer » et les organismes qui la composent. C'est une contribution à l'étude des levûres et des bactéries. L'auteur fait porter depuis quelque temps ses recherches sur un remarquable organisme composite que l'on trouve pendant la fermentation dans la bière du gingembre de ménage. Il se présente sous la forme de masses gélatineuses semi-transparentes d'un blanc jaunâtre agrégées en amas qui ressemblent à des cervelles en formant des dépôts au fond des vases; il présente des ressemblances avec les grains de Képhir du Caucase, auxquels cependant il n'est en aucune manière identique. Il se compose essentiellement d'un Saccharomyceîc spécifique et d'un Schizomycete qui vivent en symbiose; mais on rencontre invariablement associées à ces deux ferments d'autres espèces de levûres, de bactéries et de moisissures. L'auteur a réussi à isoler les uns des autres ces divers éléments et il les classe comme suit : 1° les deux organismes essentiels sont une levûre qui considère une nouvelle espèce alliée au Saccharomyces ellipsoïdeus (Reess et Hansen) et que M. Ward propose d'appeler S. pyriformis, et une bactérie également nouvelle et d'un type nouveau à laquelle il donne le nom de Bacterium vermiforme; 2° deux autres organismes se rencontrent dans tous les spécimens qu'il a examinés et qui proviennent de diverses parties de l'Angleterre et d'Amérique : ce sont le Mycoderma cerevisiæ (Desm) et le Bacterium aceti. (Kützing et Zopf). On trouve en outre à côté de ces espèces qui ne font jamais défaut un grand nombre d'autres organismes dont la présence n'est pas constante. M. Ward les a également étudiés avec le plus grand soin. Les amas gélatineux, désignés sous le nom de plantes de la bière de gingembre, sont constitués par les membranes et des filaments de Schizomycètes qui entourent et réunissent les cellules du Saccharomyces pyriformis. L'auteur a réussi à reconstituer cet organisme complexe en mélangeant des cultures pures des deux organismes dont il est formé; le schizomycète a emprisonné les cellules de levûre dans ses filaments gélatineux, et cet organisme composé, reconstitué par synthèse, s'est comporté comme les spécimens qui n'avaient point été décomposés en leurs éléments constituants. — M. F. O. Bower fait une communication sur la morphologie des organes producteurs de spores; il s'occupe spécialement dans cette note des Lycopodinæ et des Ophioglossaceæ. L'auteur a étudié le développement du sporange de plusieurs espèces de Lycopodinæ et cette étude lui a procuré une connaissance cluire de la furme et de la composition de l'archespo-

rium; elle leur a montré que cette forme varie suivant l'espèce considérée. M. Bower a comparé les résultats, obtenus au cours de ses recherches, avec ceux que lui a fournis l'étude des Ophioglossaceæ et cette comparaison l'a conduit à se représenter d'une manière nouvelle la nature véritable de la fronde fertile. C'est d'après lui un sporange développé et sectionné homologue des sporanges plus petits et non divisés des Lycopodinæ. M. Bower fait aussi l'hypothèse que si une évolution, semblable à celle que subissent les organes porteurs de spores des Lycopodinæ et des Ophioglossaceæ de l'époque actuelle, se produisait dans un sporange comme celui, par exemple, de l'Anthoceros, le résultat de cette évolution pourrait être un strobile analogue à ceux de l'Equisetum et du Lycopodium.

Richard A. Gregory.

SOCIÉTÉ DE CHIMIE DE LONDRES

Séance du 3 décembre

MM. Smithells et Ingle : La constitution chimique des flammes. Les auteurs étudient au moyen d'un dispositif ingénieux les différentes parties des flammes formées par des mélanges d'air et de différents hydrocarbures. Voici les principaux résultats obtenus : 1° Le carbone, même en présence d'un excès d'oxygène, forme de préférence l'oxyde de carbone et non de l'acide carbonique. 2° La chaleur de formation de l'oxyde de carbone est probablement supérieure à la chaleur de formation de l'eau. 3° Le formène, mêlé à son propre volume d'oxygène, donne les produits représentés par l'équation.

$$CH^4 + O^2 = CO + H^2O + H^2$$

Mais CO et H^2O réagissent l'un sur l'autre pour former CO^2 et H^2, et la condition d'équilibre correspond approximativement à la relation :

$$\frac{CO \times H^2O}{CO \times H^2} = 4.$$

MM. Thorpe et Tutton : Oxyde phosphoreux. — MM. Thorpe et Miller : Sur la franguline.. — M. Dymond : L'existence de la hyoscyamine dans la laitue. — M. Rainy Brown et Perkin junior : Cryptopine. Les auteurs isolent cet alcaloïde retiré de l'opium par Smith en 1867. Leurs analyses, d'accord avec celles de Hesse, conduisent à la formule $C^{21}H^{23}AzO^5$. — M. Hogdkinson : Action du sodium sur les éthers sels. Troisième partie. Orthotoluate benzylique. — M. Addyman : Action de l'acide sulfurique sur les bromures d'hydrogène, de potassium et de sodium. — M. Mac Gowan : Dosage des chlorates. L'auteur appelle l'attention sur ce fait que, dans le procédé de Bunsen pour le dosage des chlorates, on a souvent une trop faible proportion de chlore mise en liberté, et insiste sur les précautions à prendre.

SOCIÉTÉ ROYALE D'ÉDIMBOURG

Séance du 15 décembre 1891.

1° Sciences physiques. — M. Crum Brown lit une communication préliminaire du Dr Dawson Turner sur la résistance électrique des urines. La résistance varie notablement avec la proportion de matière solide contenue en solution, et il peut y avoir là une application médicale. On emploie la méthode de Kohlrausch pour mesurer la résistance par les courants alternatifs à l'aide des téléphones.

2° Sciences naturelles. — M. Malcolm Laurie lit une communication sur quelques débris d'Euriptérides des dépôts siluriens supérieurs des collines de Pentland. Cette collection de fossiles est nouvelle au musée des sciences et arts d'Edimbourg, et elle contient un nombre considérable de formes usuelles dont une a été signée par le type d'un genre nouveau : Drepanopterus. Cette forme est caractérisée par une grande largeur de la carapace et par la forme du membre unique qui est conservé dans le fossile. Le membre est long et mince et se termine en un segment légèrement épanoui en forme de faucille. Ce genre paraît occuper une position intermédiaire entre l'*Eurypterus* et le *Stylonurus*. Parmi les autres débris, on trouve deux nouvelles espèces de Stylonurus (*Stylonurus ornatus* et *Stylonurus macrophthalmus*). Deux nouvelles espèces d'Eurypterus y sont aussi représentées (*Eurypterus cenicus* et *Eurypterus cyclophtalmus*). La seconde espèce de Stylonurus et les deux espèces d'Eurypterus sont caractérisées par des yeux exceptionnellement grands. M. Cossar Ewart lit la seconde partie d'une note écrite par lui-même, et M. J.-O. Mitchell sur les organes des sens latéraux des Elasmobranches. Dans cette partie du travail, les auteurs s'occupent des canaux sensitifs dans le *Raia Batis*. On a supposé que ces canaux servent à la production du mucus. Les auteurs considèrent que cette idée doit être abandonnée. Ils ont observé un nombre de glandes muqueuses dans la peau, qui suffisent à produire tout le mucus que l'on trouve à la surface. Ils inclinent à penser que ces canaux jouent un rôle dans la respiration.

W. PEDDIE,
Docteur de l'Université.

SOCIÉTÉ ANGLAISE DES INDUSTRIES CHIMIQUES

(SECTION DE MANCHESTER)

Séance du 4 décembre

M. J. Barrow présente un mémoire sur la « Clarine » (dissolution de perchlorure de fer, saturée par de l'oxyde ferrique), destinée à précipiter les eaux d'égout. La clarine, additionnée aux eaux d'égout dans la proportion de 220 kilos par chaque million de litres, réduit l'ammoniaque dite « albuminoïde » dans la proportion de 83 %, tandis que le protosulfate de fer, la chaux et le précipité « aluminoferrique » combiné avec la chaux ne la réduisent respectivement que de 62 et 75 %. — M. H. Grünshaw lit un mémoire sur les dépenses occasionnées par les cinq principaux procédés dont on se sert pour la purification des eaux d'égout. Ses chiffres reposent sur les expériences non encore terminées de la municipalité de Salford. Voici la dépense journalière par million de gallons (4 millions 540.000 litres) : 1° Procédé à la chaux, avec filtration, 36 schellings (44 fr. 65); 2° Procédé à la clarine, sans filtration, 40 sch. (49 fr. 60); 3° Le même, avec filtration, 54 sch. (66 fr. 93); 4° Procédé international, avec filtration, tel qu'il est préconisé par la Compagnie, 54 sch. (66 fr. 93); 5° Le même, avec la quantité de précipitant que l'auteur croit nécessaire, 90 sch. (111 fr. 40); 6° Procédé électrique, avec filtration, 70 sch. (86 fr. 80); 7° Procédé alumino-ferrique, sans filtration, 67 sch. (83 fr. 10); 8° Le même, avec filtration, 81 sch. (100 fr. 45); 9° Procédé Barry, 116 sch. (143 fr. 85.) L'auteur a fait une série d'expériences sur les divers précipitants, et il a trouvé que des quantités contenant des proportions *équivalentes* des métaux ont le même pouvoir précipitant. Il considère cependant que les seuls précipitants qui conviennent sous tous les rapports sont les sels de peroxyde de fer. M. Richards nie cette conclusion : il croit que les protosels de fer sont aussi efficaces, et de plus, sont moins chers. Il est arrivé à la même conclusion que M. Grünshaw, quant à l'équivalence des divers métaux au point de vue de la précipitation des eaux d'égout; il a fait, dans un but purement théorique, pour la confirmer, des expériences avec le perchlorure de mercure. M. Corbett croit que le procédé à la chaux, condamné par les auteurs précédents, peut encore se défendre. Il cite le cas de certaines eaux d'égout à Salford, qui, traitées par la chaux, se sont conservées dans des réservoirs pendant plusieurs semaines, au milieu de l'été, sans donner lieu à aucune odeur nauséabonde.

P.-J. HARTOG.

ACADÉMIE ROYALE DE BELGIQUE

Séance du 10 octobre.

Lecture du discours prononcé aux funérailles de M. Mailly, membre de l'Académie, par M. Plateau, directeur. Ce savant modeste, ancien aide de Quetelet à l'Observatoire de Bruxelles, a laissé quelques ouvrages qui seront consultés avec fruit pour l'histoire de l'astronomie, aux Etats-Unis, dans l'hémisphère austral, en Espagne et en Angleterre.

1° SCIENCES MATHÉMATIQUES. — Une note très ingénieuse de M. Osaro, qui est chargé du cours de minéralogie à l'Université de Liège, démontre la possibilité, dans les cristaux, d'un genre d'hémiédrie donnant des formes conjuguées superposables, quoiqu'elles ne possèdent ni centre ni plan de symétrie. M. Osaro applique sa démonstration purement géométrique à l'existence d'un groupe tétartoédrique non signalé dans le système quadratique.

2° SCIENCES NATURELLES. — M. P. Van Beneden fait une lecture sur une bande d'hyperodons échoués en partie dans la Tunisie, en partie sur les côtes de Normandie, où elle a été signalée par M. le capitaine de vaisseau M. Jouan (mémoire de la Société des sciences naturelles de Cherbourg).

Séance du 7 novembre.

1° SCIENCES MATHÉMATIQUES. — M. Terby, au sujet de l'apparition de nouvelles taches rouges et noires à la surface de Jupiter, fait une lecture qui intéressera les astronomes qui s'occupent spécialement de l'aspect physique de cette planète. Nous n'extrairons de cette lecture, qu'il est impossible de résumer, que cette seule remarque très intéressante : M. Terby a vu l'ombre d'un satellite projetée parfaitement en noir sur une tache rouge, ce qui exclut l'hypothèse d'une lumière propre dans celle-ci.

2° SCIENCES PHYSIQUES. — L'Académie émet un avis favorable sur une proposition qui lui est faite par le Gouvernement d'établir à l'Observatoire royal un service de statistique des coups de foudre. — M. Vincent, météorologiste à l'Observatoire, communique une note sur l'existence, bien caractérisée, d'après lui, de trois couches de nuages dans les dépressions barométriques, tandis qu'on n'en admettait que deux jusqu'à présent, les cirrhus et les nuages que M. Hildebrandson appelle cirrho-stratus dans les altitudes les plus élevées, alto-stratus dans les moindres. Pour M. Vincent, qui est un observateur très habile, il faut admettre : 1° une couche supérieure formée de cirrhus et de cirrho-stratus; 2° une couche moyenne formée de cirrho-cumulus plus ou moins bien définis, quelquefois d'alto-stratus; 3° une couche inférieure composée de nuages à pluie proprement dits.

3° SCIENCES NATURELLES. — M. L. Fredericq fait une analyse d'un travail, dont il est l'auteur, et intitulé : Nouvelles recherches sur l'anatomie du Crabe. — M. G. Van Beneden : Sur un seigle nouveau des côtes d'Afrique, qui lui a été envoyé du Sénégal par M. Chevreux, et pour lequel il propose le nom spécifique de Melita, qui est celui du yacht de ce navigateur.

F. F.
de l'Académie royale.

ACADÉMIE DES SCIENCES D'AMSTERDAM

Séance du 28 novembre.

1° SCIENCES MATHÉMATIQUES. — M. D. Bierens de Haan présente le cinquième rapport de la Commission de rédaction de la correspondance et des œuvres complètes de Christiaan Huygens (tables des matières des tomes III et IV de la correspondance, dont le dernier paraîtra sous peu).

2° SCIENCES PHYSIQUES. — M. P. H. Schonte présente le travail de M. J. L. Sirks intitulé : Sur l'influence de la diffraction par un réseau à mailles carrées, placé devant l'objectif d'une lunette, sur la clarté de l'image principale d'une étoile. Il en fait connaître le résultat principal très simple que voici : l'affaiblissement de la lumière est exprimé par le carré du nombre qui indique combien de fois la surface transparente du réseau est comprise dans la surface totale du réseau. Sont nommés rapporteurs : MM. H. A. Lorentz et H. G. van de Sande Bakhuyzen. — M. H. A. Lorentz lit le rapport sur le mémoire : *le Soleil*, de M. A. Brester (rapporteurs : MM. J. C. Kapteyn, H. A. Lorentz et H. W. Bakhuis Rozeboom). Le mémoire sera inséré dans les publications de l'Académie, à condition que l'auteur y apporte quelques modifications.

3° SCIENCES NATURELLES. — M. A. Mayer : Sur l'intensité de la respiration des plantes qui croissent dans l'ombre. Sont nommés rapporteurs : MM. M. W. Beyerinck et W. F. R. Suringar. — Sur l'avis des rapporteurs, M. N. W. P. Rauwenhoff et J. W. Moll, le mémoire : Sur la lamelle de liège et la subérine de M. C. van Wisselingh (voir *Revue générale*, t. II, page 734) sera imprimé dans les publications de l'Académie.

4° SCIENCES MÉDICALES. — M. C. A. Pekelharing offre, pour la bibliothèque de l'Académie, les Recherches faites au laboratoire de physiologie de l'Université d'Utrecht, sous la direction de MM. Th. W. Engelmann et C. A. Pekelharing. (Quatrième série, tome I, fascicule 2.)

Séance du 19 décembre

1° SCIENCES MATHÉMATIQUES. — M. J. A. C. Oudemans : Sur l'examen des niveaux à bulle.

2° SCIENCES PHYSIQUES. — M. H. A. Lorentz présente un mémoire de M. A. C. van Rijn van Alkemade intitulé : Application de la théorie de M. Gibbs aux phases d'équilibre de solutions de sels et de mélanges de liquides. Sont nommés rapporteurs MM. H. A. Lorentz et J. D. van der Waals. — M. H. W. Bakhuis Roozeboom fait une communication sur l'influence de l'isomorphisme sur le rapport entre un sel double et la solution aqueuse de ses composants. Il a étudié les systèmes formés des deux sels $FeCl^3$, et AzH^4Cl à une température de 15°. En partant d'une solution saturée de $FeCl^3$, $6H^2O$ et en ajoutant du chlorure d'ammonium, on voit d'abord la solution s'enrichir aussi en chlorure ferrique. La composition de la solution (courbe AB de la fig. 1) peut varier entre les limites 9,30 à 10,08 mol. $FeCl^3$ et 0 à 1,52 mol. AzH^4Cl sur 100 mol. H^2O. Aussitôt que la teneur en chlorure d'ammonium sur-

Fig. 1.

passe 1,52 le sel double $2AzH^4Cl$, $FeCl^3H^9$, O apparaît et existe pendant que la solution (courbe BC) varie entre 10,08 à 6,74 mol. $FeCl^3$ et 1,52 à 7,81 mol. AzH^4Cl. Si l'on surpasse encore les dernières limites, le sel double sera remplacé par des cristaux mixtes ne renfermant que 8 °/₀ de chlorure ferrique environ et dont le pourcentage diminue jusqu'à zéro pendant que la composition de la dissolution varie de 6,74 à 0 mol. $FeCl^3$ et 7,81 à 11,88 mol. AzH^4Cl (courbe CD). L'isotherme de 15° se compose donc des trois branches AB, BC, CD. Dans les points de transition coexistent, en B sel double et chlorure ferrique hydraté, en C sel double et cristaux mixtes à ±8 °/₀ $FeCl^3$. La partie pointillée forme une continuation labile de la branche BC observée par l'auteur. Les résultats mentionnés sont en pleine concordance avec la règle des phases coexistantes de M. Gibbs appliquée antérieurement par l'auteur à l'équilibre des sels doubles et leurs dissolutions, et récemment à l'équilibre des cristaux mixtes. — M. E. Mulder présente la thèse de M. L. E. O. de Visser : Expérimentation avec le manocryomètre.

3° SCIENCES NATURELLES. — Est décidée l'insertion dans les œuvres de l'Académie du mémoire de M. A. Mayer :

Sur l'intensité de la respiration des plantes qui croissent dans l'ombre. — M. C. A. J. A. Oudemans présente son « Aperçu renouvelé des fungi des Pays-Bas ». — M. J. M. van Bemmelen présente le mémoire de M. H. van Cappelle intitulé : Le dilivium de West-Drente.

SCHOUTE,
Membre de l'Académie.

SOCIÉTÉ DE PHYSIQUE DE BERLIN

Séance du 20 novembre.

M. Alard du Bois-Raymond présente à la Société deux modèles de moteurs à courants tournants, construits aux ateliers de Siemens et Halske. Ces moteurs, qui paraissent avoir une importance particulière pour la solution du problème de la translation de la force, sont basés sur le principe connu et découvert par Ferraris, à savoir que deux courants perpendiculaires l'un sur l'autre, dont l'un est en retard d'un quart de longueur d'onde, donnent un champ tournant. Ce principe est d'autant plus rigoureux et en même temps la vitesse est d'autant plus constante qu'on emploie un plus grand nombre de bobines. L'un des moteurs est composé de 12 bobines, dont les courants ont une différence de phase d'un douzième de période. Le moteur est alimenté par une simple machine à courants alternatifs, et on profite de tous les courants tant positifs que négatifs. L'autre moteur est composé d'un anneau de Gramme qui est entouré d'un second champ. Dès que les deux champs ne coïncident pas, il y a rotation. Dr Hans JAHN.

ACADÉMIE DES SCIENCES DE VIENNE.

Séance du 19 novembre.

SCIENCES PHYSIQUES. — M. Lieben : « Sur l'acide α-méthyl-o-phtalique. » — M. Czeczetka « Sur la tuberculine pure. »

Séance du 3 décembre.

1° SCIENCES MATHÉMATIQUES. — M. Pick : Sur la représentation conforme d'un demi-plan sur un polygone formé d'arcs de cercle et infiniment voisin.

2° SCIENCES PHYSIQUES. — M. Jaumann : Communication « sur une méthode de détermination de la vitesse de la lumière ». — M. Lainer : « Détermination quantitative de l'argent et d'un moyen du chlorhydrate d'hydroxylamine. » L'auteur recommande ce sel pour le dosage de l'or et de l'argent, parce qu'il a une action très énergique en présence des alcalis, et donne des résultats plus précis pour un temps relativement plus court. — M. Schindler : Notice sur l'aldoxime crotonique et le cyanure d'allyle. — M. Tumlirz : Sur le refroidissement des liquides. — M. Jäger : Nouvelle méthode pour trouver la grandeur des molécules. — M. Sonnenthal « Sur la dissociation dans les solutions de tartrates étendues. » C'est la suite de la communication du 12 novembre.

3° SCIENCES NATURELLES. — M. Krasser : Sur la flore fossile des couches rhétiques de Perse. — MM. Christomanos et Strössner : Contribution à la connaissance du noyau musculaire. — M. Schaffer : « Contribution à l'histologie des organes de l'homme : I. Duodénum; II. Intestin grêle; III. Gros intestin. »

Séance du 10 décembre.

1° SCIENCES MATHÉMATIQUES. — M. J. Holetschek : « Sur la comète de 1689. » Cette comète, remarquable par sa longue queue, fut observée en décembre 1689 vis à vis l'α du Centaure, au moment où, se dirigeant vers le sud, elle traversait la constellation du Loup. Elle présenta, d'après les observateurs de Malacca, son maximum de vitesse, environ 3°, du 14 au 17 décembre; les jours suivants cette vitesse diminua constamment. Ces observations de lieu et de vitesse ne s'accordant avec aucune des trajectoires calculées jusqu'ici. On arrive à concilier grossièrement ces données en admettant que la position de la comète, au matin du

14 décembre, n'était pas l'étoile ω du Loup (Uronometria Argentina), mais bien l'étoile d de la même constellation. On déduit ainsi trois positions de la comète :

T. m. de Paris	Longit. 1690,0	Latit. 1690,0	
1689 déc. 9. 4	239°17.29″	16° 0′.49″	alignement
13. 4	238.22.25	24.50.12	d du Loup.
22. 4	255.35. 8	42.29. 4	α du Centaure

Parmi les trajectoires examinées par l'auteur, la suivante, qui passe par les deux dernières positions et assez près de la première (alignement), a été le sujet de recherches plus avancées pour déterminer, par exemple, l'angle de position et la longueur de la queue :

$$T = 1689 \text{ novembre } 30.1654 \text{ temps moyen de Paris}$$
$$\pi - \mho = 78°.10′.39″$$
$$\mho = 279.24.28$$
$$i = 63.11.30 \quad \text{équateur moyen 1690,0.}$$
$$\log q = 8.80909$$

Toutefois cette dernière elle-même ne rend compte qu'assez imparfaitement des observations. Si l'on tient à représenter la marche par une trajectoire connue, c'est à celle de Pingre qu'il faut donner la préférence.

2° Sciences physiques. — M. Joseph Grossmann : « Forme des ondes et leur longueur. » — M. Jacob Burgaritzki : « Principes d'un moteur à pression d'air et d'un moteur à vide. » — M. J. Hann, présente « quelques résultats sur les observations météorologiques faites au pic du Fugi (3.700 mètres) dans le Japon ». De la comparaison des observations poursuivies pendant un mois à son sommet et à son pied (Yamanaka 990 mètres), ainsi qu'aux stations de Numazu et Tokio (0 mètre), l'auteur a tiré une série de conclusions intéressantes. Le temps de phase de l'oscillation double diurne du baromètre sont exactement les mêmes depuis le niveau de la mer jusqu'au delà de 3.700 mètres, les amplitudes varient dans le rapport de la pression. L'oscillation simple se comporte différemment; on peut l'envisager comme la résultante de deux oscillations de même durée, mais d'amplitude et de phase différentes. La pression de la vapeur d'eau en tous les postes peut être calculée exactement en connaissant celle du niveau de la mer, d'après une formule donnée autrefois par l'auteur. L'intensité du

vent présente son maximum à 1 heure du matin, son minimum dans l'après-midi. — M. J. Liznar : « Sur une nouvelle carte magnétique de l'Autriche. » La carte magnétique, commencée en 1889 fut poursuivie, dans l'été de 91 en Galicie, où l'on mesura 108 déclinaisons, 220 intensités et 217 inclinaisons. L'auteur donne un tableau d'ensemble des résultats et les compare à ceux de Kreil obtenus en 1850. Les nouvelles mesures remettent en évidence une anomalie remarquable dans la distribution de la force magnétique dans l'est de la Galicie, anomalie signalée déjà par Kreil. Les isoclines et les isodynamiques forment maintenant avec les parallèles des angles plus petits qu'en 1850. — MM. G. Neumann et F. Streintz : « Action de l'hydrogène sur le plomb et sur d'autres métaux. » — MM. Lipmann et Fleissner : « Sur l'action de l'acide iodhydrique sur la cinchonine. »

3° Sciences naturelles. — M. Th. von Truszkowski : « Description d'un bacille trouvé dans un abcès du foie ». — M. Ritter von Hauer : « Recherches sur la connaissance des céphalopodes du Trias de Bosnie. Nouvelle découverte du Muschelkalk de Han Bulog, près de Sérajevo. » Grâce aux libéralités de M. J. Kellner, on a pu continuer les fouilles commencées par Han Bulog et en entreprendre de nouvelles, par exemple, dans la vallée de Moliache, près de Halilaci, où existent des calcaires rouges très riches en fossiles, et à Dragulac, où l'on trouve la faune du calcaire de Hallstatt. Dans ce mémoire, l'auteur donne d'abord la description et le dessin de nouvelles fouilles de Han Bulog, se réservant de revenir plus tard sur les autres. Aux 66 espèces de Han Bulog viennent s'en ajouter 54 autres dont 43 au moins appartiennent à des classes nouvelles. Ces céphalopodes présentent avec ceux de Hallstat, découverts par Mojsisovics, une grande ressemblance déjà mise en évidence dans un travail précédent. Parmi les plus intéressants se trouvent un Aulacoceras qui n'avait pas été trouvé jusqu'ici dans le Trias inférieur, de nombreux Nautiles et Cératites dont certaines formes se rapprochent de *Ceratites decrescens*, plusieurs espèces d'Arcestes, proches parents de l'*Arc. carinatus* H. des Procladiscites, un Gymnites regardé comme *G. acutus*.

Emil Weyr.

— Membre de l'Académie.

CORRESPONDANCE

SUR LES GÉOMÉTRIES NON EUCLIDIENNES

Me sera-t-il permis d'enregistrer, d'ailleurs très brièvement, le demi-aveu que vient de laisser échapper M. Poincaré, en faveur des théories empiriques, dans son article si clair et si lucide sur les géométries non Euclidiennes? (*Revue* du 15 décembre 1891.)

On a, depuis longtemps, passionnément agité, dans certaines sphères, la question de savoir si les lois fondamentales ou axiomes, que l'on rencontre au début de la géométrie, ne sont que des inductions basées sur des faits extérieurs, ou si elles représentent des nécessités inéluctables de l'esprit, si par conséquent la certitude de ces axiomes n'est que relative ou si elle est absolue. L'école de Stuart Mill soutient la première de ces doctrines; la seconde est vivement défendue par les métaphysiciens et par les mathématiciens.

Un certain point a cependant toujours gêné ceux-ci, du jour où Euclide qualifia de postulat l'un des axiomes de la géométrie [1], et cette gêne s'est singulièrement accrue quand les géomètres ont montré que la néga-

tion du postulatum n'implique pas la négation du raisonnement géométrique, et ont prouvé que l'on peut écrire des ouvrages très cohérents sur un postulat de départ arbitraire.

Aussi, M. Poincaré, dont l'esprit logique et pénétrant ne pouvait rester soumis à une sorte d'antinomie géométrique, vient-il de se décider à jeter par-dessus bord la doctrine métaphysique de la nécessité mentale, au moins en ce qui est du domaine de la géométrie. Les axiomes géométriques ne sont, pour lui, ni des jugements synthétiques *à priori*, ni des faits expérimentaux : ce sont des conventions ou des définitions. Mais comme le savant géomètre, auquel sont dues de si belles leçons sur la physique mathématique, sait bien que les lois de la forme des corps réels ne sont pas affaire de convention, il est obligé de corriger ou de compléter sa doctrine en admettant que, parmi toutes les conventions possibles, notre choix est *guidé* par des faits expérimentaux. Tel est l'aveu que je veux retenir, parce qu'il entraîne tout le reste et qu'il conduit droit à l'empi-

[1] Je ne puis m'empêcher de noter, à ce propos, qu'une bonne partie des difficultés soulevées au sujet du postulatum d'Euclide tiendrait à ce que les définitions données par la ligne droite et pour le parallélisme ne sont pas conçues, comme cela devrait être, au même point de vue. Euclide a eu raison de définir la ligne droite toute ligne superposable à elle-même. (J'interprète sa définition);

mais il aurait dû aussi définir les parallèles : « tout groupe de droite superposable à lui-même. » Quant à la question du point de rencontre des parallèles, elle appartient à un autre ordre d'idées, qui est celui des positions limites et des tangentes.

risme géométrique. En effet, suivant que notre choix, qui est libre, se porte ou non sur les faits d'expérience, nous construisons ou la vieille et bonne géométrie de nos pères, ou la brillante, mais factice géométrie de Lobatchewski et de Riemann, l'une fondée sur des données de la nature, l'autre sur des données construites arbitrairement par l'esprit. Maintenant, comment qualifier toute spéculation reposant sur des données en partie fictives; quel nom donnerait-on à une thermodynamique où l'on admettrait la notion des températures négatives, ou celle de la proportionalité des pressions aux carrés inverses des volumes? Quel nom donne-t-on à la représentation, sur la scène, de faits fictifs tirés de la vie réelle? Quel nom donne-t-on à l'expression rythmée de sentiments qui n'ont jamais eu d'existence particulière? Jeu de l'esprit, drame, poésie et, d'une manière générale, l'Art, voilà ce qui a toujours servi à qualifier nos représentations des fictions.

La géométrie non Euclidienne n'est donc pas autre chose, si ses bases sont en partie conventionnelles, ce que M. Poincaré affirme et ce dont on ne saurait douter, qu'un art, qu'une sorte de poésie géométrique ou de jeu intellectuel. C'est une partie de cartes ou d'échecs dont on aurait compliqué les règles de position et uniformisé la valeur des cartes ou des pions. Il ne faut, par conséquent, attribuer aux essais de géométrie non Euclidienne d'autre intérêt que celui qui s'attache à toute action susceptible de devenir une source de distractions et de plaisirs, et en particulier à tout moyen d'exercer à peu près innocemment, et très agréablement pour certains, un surcroît d'activité intellectuelle.

En dehors de ce domaine purement esthétique, il n'y a qu'une science géométrique : c'est la géométrie d'Euclide, parce que seule elle repose sur des données objectives réelles, et qu'elle reste ainsi subordonnée aux progrès de nos connaissances expérimentales. Une véritable science, exacte ou empirique, est une étude de la nature, et non pas un exercice de logique sur un sujet conventionnel et fictif. Les axiomes des sciences déductives comme les lois de la Physique, ont une origine indépendante de notre volonté et très fantaisies; si, comme le postulatum d'Euclide, ils ne sont certainement pas des nécessités de l'esprit, ils ne peuvent être que l'expression des faits.

George Mouret.
Ingénieur en chef des Ponts et Chaussées.

NOTICE NÉCROLOGIQUE
J. S. STAS.

Le 13 décembre 1891 est mort à Bruxelles un savant qui depuis de longues années déjà occupait une des premières places parmi les chimistes contemporains. Jean Servais Stas a publié des recherches sur des questions de chimie très diverses : nous citerons entre autres les mémoires sur la *phloridzine* (1838), sur la recherche des alcaloïdes dans le cas d'empoisonnement (1851), sur les spectres des différentes sources lumineuses (1890). Mais les travaux qui ont contribué surtout à faire connaître son nom sont les admirables recherches qu'il effectua de 1840 à 1870 sur les poids atomiques et la loi des proportions définies.

Stas débuta dans ce genre de travaux en collaborant avec Dumas à la détermination du poids atomique du carbone, dont Berzélius avait donné une valeur inexacte. Le résultat de ces expériences fut que le rapport de combinaison du carbone à l'oxygène est de 75 à 100. Ce résultat semblait une confirmation de l'hypothèse de Prout, d'après laquelle les poids atomiques des différents corps devaient être des multiples simples de celui de l'hydrogène. Devant des objections soulevées par Berzélius, Stas reprit par une nouvelle méthode (combustion de l'oxyde de carbone dans l'oxygène) la mesure du poids atomique du carbone. A la suite de ces recherches qui l'occupèrent de 1842 à 1845, il conclut que le poids atomique cherché est sûrement compris entre 75 et 75,06.

Ce résultat le conduisit à de nouvelles investigations sur la valeur de l'hypothèse de Prout. Il reprit avec le plus grand soin et par plusieurs méthodes différentes la détermination des nombres proportionnels des corps que Dumas regardait comme rentrant dans l'hypothèse de Prout; l'azote, le chlore, le soufre, le potassium, le sodium, le plomb et l'argent. A la suite de ces travaux, publiés en 1860 dans le Bulletin de l'Académie de Belgique sous le titre de *Recherches sur les rapports réciproques des poids atomiques*, Stas énonça le résultat suivant : « *Il n'existe pas de commun diviseur entre les poids des corps simples qui s'unissent pour former toutes les combinaisons définies.* Aussi longtemps que, pour l'établissement des lois qui régissent la matière, on veut s'en tenir à l'expérience, on doit considérer la loi de Prout comme une pure illusion. »

Ce résultat ne fut pourtant pas accepté par les défenseurs de l'hypothèse de Prout : entre autres, Dumas et Marignac, admettant les nombres fournis par les expériences de Stas, cherchèrent à attribuer les différences à des circonstances secondaires ou accidentelles. Marignac en vint même à mettre en question la loi des proportions définies, et à émettre l'idée que les formules que nous obtenons pour les composés sont des formules moyennes, susceptibles de varier sous l'influence des conditions extérieures.

Stas reprit alors dans ses *Nouvelles recherches sur les lois des proportions chimiques, sur les poids atomiques et les rapports mutuels*, la détermination des rapports de combinaison entre le soufre et l'argent d'une part, l'argent et le chlorure d'ammonium d'autre part; il s'attacha dans ces expériences à faire varier autant que possible les conditions extérieures; il arriva à la conclusion suivante : *La température et la pression se sont montrées sans influence sensible* sur la composition des corps en expérience.

L'ensemble des recherches de Stas est surtout remarquable par la précision qu'il introduisit dans les opérations chimiques, précision inconnue jusqu'alors et qui souvent même n'est pas atteinte dans les mesures de physique. Stas possédait une très grande habileté manuelle, et, de plus, il ne reculait devant aucune fatigue pour obtenir un résultat satisfaisant ; c'est ainsi, pour n'en citer qu'un exemple, que, dans ses expériences sur le poids atomique du chlore et de l'argent, il n'hésita pas à passer plusieurs nuits pour surveiller le lavage de son précipité de chlorure d'argent. Aussi ces travaux l'ont-ils occupé pendant plus de trente ans; mais il laisse un ensemble imposant de résultats incontestés et que l'on peut considérer comme définitivement acquis à la science.   G. Charpy.

Nos lecteurs ont appris la mort du Professeur Richet, survenue après la publication de notre dernier numéro. La *Revue* consacrera tout prochainement à l'éminent chirurgien un article nécrologique.

Au moment où nous mettons sous presse, nous avons le regret d'apprendre la mort de M. de Quatrefages, membre de l'Académie des Sciences et Professeur au Muséum. Nous publierons dans un de nos prochains numéros une notice sur l'illustre zoologiste.

Le Directeur-Gérant : Louis Olivier

Paris.— Imprimerie F. Levé, rue Cassette, 17.

REVUE GÉNÉRALE

DES SCIENCES

PURES ET APPLIQUÉES

DIRECTEUR : LOUIS OLIVIER

LA PHOTOGRAPHIE DES COULEURS

SON PRINCIPE; SES PROGRÈS LES PLUS RÉCENTS

On sait que l'image des objets éclairés, projetée par une lentille convergente sur un écran blanc, est la reproduction exacte de la forme et des couleurs de ces objets.

L'image est toujours jolie alors même que l'objet nous est indifférent. Le plaisir qu'on éprouve à la regarder a peut-être ses raisons en dehors de la physique; mais, à coup sûr, il a inspiré les physiciens créateurs de la photographie, en leur donnant le désir de rendre permanente l'image fugitive de la chambre noire avec son coloris et son modelé.

Une partie du problème a été, en effet, résolue par la photographie actuelle : le modelé de l'image est resté sur le cliché, mais la couleur a disparu.

I

Les premières observations relatives à l'obtention des couleurs remontent au début du siècle. Seebeck, en 1810 et Herschel vers 1840, firent des recherches relatives à la coloration que prennent les sels d'argent, le chlorure d'argent, particulièrement, sous l'influence de la lumière colorée.

On savait depuis longtemps que le chlorure d'argent noircissait à la lumière blanche. Seebeck découvrit que, sous l'influence suffisamment prolongée des rayons colorés du spectre, le chorure d'argent prend des colorations qui rappellent celles des rayons qui ont agi. En 1840, Herschel refit les expériences de Seebeck et confirma ses observations.

Comme lui, il opérait en projetant le spectre sur le chlorure d'argent. Toutes les fois que les physiciens veulent étudier les propriétés de la lumière colorée dans des conditions simples et bien définies, c'est au spectre qu'ils s'adressent, parce que le spectre est formé de rayons simples. Toutes les autres lumières sont des mélanges de ces couleurs simples.

Vers 1848, M. Edmond Becquerel obtint, pour la première fois, une image fidèle du spectre solaire. Il eut l'idée d'opérer sur une lame de plaqué d'argent préparée d'une manière spéciale. Au lieu de la sensibiliser par l'iode, comme Daguerre, il employa le chlore; la surface convertie en chlorure violet d'argent, exposée aux rayons du spectre pendant un temps suffisant, prend la couleur de ces rayons. Ce résultat si intéressant ne résout point le problème de la photographie des couleurs : l'image obtenue n'est point fixée, c'est-à-dire qu'elle ne peut être conservée que dans l'obscurité; exposée à la lumière blanche, l'épreuve devient blanche en son entier; car le sous-chlorure d'argent, ayant conservé toute sa sensibilité, devient blanc à la lumière blanche, comme il était devenu rouge à la lumière rouge.

Toutes les tentatives faites par E. Becquerel pour fixer l'épreuve colorée sont restées infructueuses. Après Becquerel, Poitevin a repris le même procédé, c'est-à-dire l'emploi du sous-chlorure violet d'argent avec des modifications secondaires : au lieu de déposer le sous-chlorure sur une plaque d'argent, il l'employait sur papier; de plus, il l'imbibait de bichromate de potasse qui augmente la sensibilité. Mais, pas plus que E. Becquerel, Poitevin n'est parvenu à fixer les images colorées.

A la suite de ces expériences, on paraît avoir renoncé, pendant plus de vingt ans, à chercher le problème de la fixation directe des couleurs.

En 1869, Charles Cros et M. Ducos de Hauron imaginèrent une méthode indirecte pour obtenir, à l'aide de la photographie, des images polychromes. En principe, l'un et l'autre inventeur procèdent de la même manière. Ils tirent d'abord de l'objet à reproduire trois clichés incolores; ensuite, à l'aide de procédés connus, ils obtiennent de ces trois clichés trois images qui sont teintées de trois couleurs différentes, ces couleurs étant dues par exemple à l'emploi de trois encres grasses colorées. En superposant ces trois images, qui séparément sont monochromes, on obtient une image polychrome. C'est ainsi que l'on procède d'ailleurs pour faire une chromo-lithographie, avec cette différence que l'ingénieux procédé de Charles Cros et de M. Ducos de Hauron supprime l'intervention des dessinateurs et la remplace par la photographie.

Par contre, il faut bien remarquer que ce procédé ne résout pas le problème de la fixation directe des couleurs. Les clichés obtenus sont incolores. La couleur est apportée après coup et par des rouleaux chargés d'encres colorées, et le choix des pigments ainsi employés reste à l'appréciation de l'ouvrier. Ce choix est donc plus ou moins arbitraire.

II

La méthode au moyen de laquelle j'ai réussi à fixer définitivement sur un même cliché toutes les couleurs du spectre fidèlement reproduites, est entièrement différente de celles que j'ai exposées plus haut. Au lieu de m'adresser aux effets chimiques si mal connus de la lumière, j'ai pensé à utiliser ses propriétés physiques qui sont définies avec précision. La théorie de la lumière est exactement calquée sur la théorie du son; on compte le nombre des vibrations lumineuses aussi sûrement que celui des vibrations sonores.

De même qu'on sait, en acoustique, combien il faut de vibrations pour obtenir le *la normal* (870 par seconde), de même on sait combien il faut de vibrations pour obtenir du rouge, du jaune, du violet, etc.

Cette théorie de la lumière m'a permis de définir *à priori* les conditions où il fallait se mettre pour obtenir des clichés colorés. Ces conditions sont au nombre de deux ; elles ne modifient que très peu les dispositifs usuels de la photographie.

Il faut, premièrement, que la couche sensible soit continue et non pas formée de petits grains dispersés dans de la gélatine; il faut, deuxièmement, que cette couche sensible soit adossée à une surface réfléchissante formant miroir. Le développement et le fixage se font, d'ailleurs, à l'aide des réactifs ordinaires.

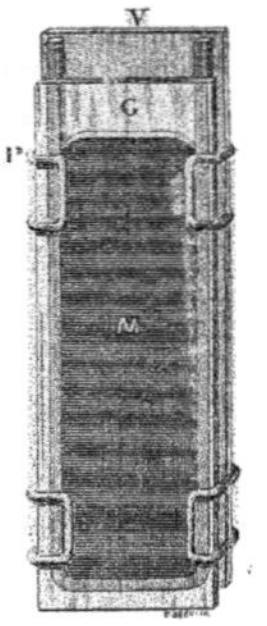

On obtient une couche continue en sensibilisant, dans un bain d'azotate d'argent, une couche de collodion, d'albumine ou bien de gélatine contenant du bromure, du chlorure, ou de l'iodure de potassium.

On obtient une surface miroitante adossée à la couche en versant derrière celle-ci une certaine quantité de mercure en contact avec elle. A cet effet la plaque de verre qui porte la couche sensible (c'est-à-dire la face du verre du côté de l'objectif); la plaque se trouve serrée contre une petite auge garnie de caoutchouc où l'on verse le mercure.

La figure 1 représente cette auge ; on voit qu'elle est formée d'une contre-lame de verre V munie le long de ses bords d'un cordon de caoutchouc collé, produisant une fermeture étanche.

La petite auge plate ainsi constituée et remplie de mercure, est exposée dans la chambre noire comme le montre en coupe la figure 2.

Lorsque la pose est terminée, on enlève la plaque sensible qui n'était maintenue que par pression contre le caontchouc, on la développe dans un bain (d'acide pyrogallique et de carbonate d'ammoniaque, par exemple); on fixe à l'hyposulfite de soude.

Les couleurs apparaissent au fur et à mesure que la plaque devient sèche. On les voit par réflexion, en mettant le cliché sur fond noir et en les regardant à la lumière diffuse.

Fig. 1.— Chassis photographique. — V, lame de verre portant sur ses bords un cordon de caoutchouc. — M, plaque sensible ; la face de cette plaque qui porte la couche sensible est à l'intérieur; sa face nue est à l'extérieur. — G, pièce maintenant la plaque appliquée par ses bords sur les deux cordons de caoutchouc latéraux de la lame V. — P, crochets pour maintenir la plaque.

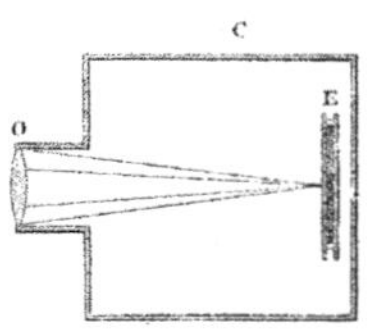

Fig. 2. — Disposition de l'auge à l'intérieur de la chambre noire. — O, lentille. — E, chassis photographique constitué par l'auge que représente la figure 1.

Je me suis assuré d'ailleurs qu'elles sont parfaitement fixées, c'est-à-dire inaltérables à la lumière.

III

Les couleurs ainsi obtenues sur la plaque sont très brillantes.

De quelle nature sont-elles ?

Le dépôt formé par l'action photographique se compose d'argent réduit, comme sur le cliché ordinaire ; car il a été produit à l'aide des réactifs usuels. Il n'est donc pas coloré par lui-même. La couleur est due à une raison purement physique : elle tient à la structure lamellaire que le dépôt d'argent a prise sous l'action de la lumière et qui produit *par interférence* le phénomène de coloration dit « des lames minces ».

On sait, en effet que des substances incolores réduites en lames suffisamment minces se teintent de vives couleurs ; c'est le cas des bulles de savon qui sont pourtant formées par un liquide incolore. De même une couche d'huile très mince étalée à la surface de l'eau, présente des irisations très vives. De même encore une lame d'acier polie échauffée se recouvre d'une couche mince d'oxyde dont la couleur varie du rouge au bleu suivant l'épaisseur de cette couche. Dans l'industrie on se sert de cette propriété pour arrêter le recuit au degré voulu.

La couleur que prend une lame mince dépend de son épaisseur : au fur et à mesure que celle-ci diminue, on observe successivement par réflexion du rouge, puis du vert, du bleu et enfin du violet.

Chaque épaisseur correspond à une couleur bien déterminée, et , comme disent les physiciens, la couleur réfléchie est celle dont la demi-longueur d'ondulation est égale à l'épaisseur de la lame mince.

Or, dans la couche sensible, il s'est produit une série de lames minces ; le dépôt d'argent réduit est stratifié ; il se compose d'une série de lames minces d'argent équidistantes et qui partagent la gélatine ou l'albumine , qui leur sert de support , en lames minces superposées. Là où nous voyons, par exemple, du rouge, la distance entre deux dépôts d'ar-

Fig. 3. — Schéma pour représenter les stratifications du dépôt d'argent dans l'épaisseur de la couche sensibilisée en contact avec le mercure. On suppose le cliché partagé en trois régions impressionnées chacune par une seule couleur. Dans la région supérieure où l'on a fait agir le rouge isolément, on voit que les bandes d'interférence sont plus espacées que dans la région où le jaune seul a agi ; dans cette région les bandes sont plus espacées que dans le violet ; etc.

gent, ou, en d'autres termes, l'épaisseur de la conche de gélatine qui les sépare est égale à une demi-longueur d'ondulation de la lumière rouge. Chacune de ces lames minces agit donc comme une bulle de savon capable de réfléchir du rouge, et dont le système tout entier renvoie, par conséquent, à l'œil des rayons rouges.

De même, si plus loin on aperçoit du vert, c'est qu'en cet endroit la stratification est plus serrée, et que les lames minces n'ont plus pour épaisseur que la demi-longueur d'ondulation de la lumière verte. Et de même pour les autres parties du spectre. La figure 3 représente d'une façon schématique le dépôt photographique partagé en lames minces, d'épaisseur décroissante du rouge au violet.

Il faut remarquer qu'il est impossible de représenter par une figure l'épaisseur vraie de ces dépôts. En effet, l'épaisseur de chaque lame, ou, ce qui revient au même, l'épaisseur de la demi-longueur d'ondulation est :

Pour le rouge......... $\frac{1}{3300}$ de millimètre
Pour le violet......... $\frac{1}{4000}$ »
Pour le violet......... $\frac{1}{5000}$ »

En d'autres termes, supposons que la couche de gélatine sensible ait l'épaisseur d'une feuille de papier ordinaire ou de $\frac{1}{10}$ de millimètre. Cette couche, après l'action photographique, se trouve partagée :

Dans le rouge en 330 lames minces
jaune en 400 »
violet en 500 »

L'éclat de la couleur observée tient au nombre considérable des lames minces superposées, car leurs effets s'ajoutent.

IV

Ici se présentent deux questions : Par quel mécanisme se sont formées ces lames minces avec une épaisseur déterminée pour chaque couleur ? Et ensuite, une fois formées, comment agissent-elles pour reproduire la lumière colorée qui leur a donné naissance ?

Le dépôt est stratifié parce que la lumière, qui a impressionné la couche, était elle-même stratifiée pendant la durée de la pose dans la chambre noire. Et cette stratification, à son tour, est due à la présence du miroir de mercure. Chaque rayon lumineux, qui traverse la couche sensible, est renvoyé sur lui-même par le miroir de mercure ; il en résulte, entre le rayon incident et le rayon réfléchi, cette sorte de conflit auquel on a donné le nom d'interférence. Le résultat de cette interférence est que les deux rayons ajoutent leurs actions en certains points où il y a, dès lors, un maximum lumineux. C'est là que se formeront les couches d'argent réduit. En d'autres points intermédiaires,

2*

les actions des deux rayons lumineux se retranchent au contraire et s'annulent. En ces points, l'action photographique étant nulle, il ne restera, après développement et fixage, que de la gélatine pure.

En définitive, on voit que l'action photographique n'a fait que fixer, en la remplaçant par un dépôt d'argent, la position de chaque maximum d'action lumineuse.

Or ces maxima d'action lumineuse sont séparés par des distances égales à une demi-longueur d'ondulation de la lumière employée; c'est pourquoi les lames minces obtenues ont précisément cette épaisseur. La vibration lumineuse s'est, en quelque sorte, moulée par voie photographique dans l'épaisseur de la lame impressionnée. Quant à l'explication des interférences, elle forme un long chapitre de la haute optique, et nous ne pouvons ici qu'en rappeler le principe.

La lumière, comme le son, est une vibration qui se propage; lorsqu'on superpose deux rayons lumineux, lorsque, notamment, on renvoie le rayon par réflexion sur lui-même, on se trouve donc avoir superposé deux vibrations, celle du rayon incident et celle du rayon réfléchi. Or deux vibrations superposées peuvent ajouter leurs effets; dans ce cas, la résultante est un maximum. En d'autres points, les deux mouvements vibratoires se contrarient et s'annulent réciproquement; en ces points la résultante est nulle; il y a un minimum, repos, ou absence de lumière. C'est ce que l'on appelle *interférence*. Le mot lui-même nous vient de la patrie de Newton et de Young. Il y a fait partie de la langue courante et signifie intervention. « N'interférez pas avec moi », voilà ce que disent les Anglais.

On conçoit d'ailleurs facilement que la distance entre deux maxima d'interférence, ou la demi-longueur d'ondulation, varie suivant la vitesse de vibration de la lumière employée; et que par suite, elle soit différente et déterminée suivant que l'on s'adresse à de la lumière rouge, à de la lumière jaune, etc., etc.

C'est également la théorie des interférences qui permet d'expliquer la coloration des lames minces. Les deux faces qui limitent une lame mince réfléchissent la lumière incidente et renvoient ainsi vers l'œil deux rayons qui peuvent interférer. Si l'épaisseur de la lame mince, c'est-à-dire, si la distance entre ces deux miroirs est précisément égale à une demi-longueur d'ondulation de la lumière rouge, c'est cette lumière qu'on percevra, parce que, alors, les vibrations dues à la lumière rouge sont concordantes, tandis que, pour les autres lumières, elles ne le sont plus et se détruisent par interférence. Pour cette raison, si l'on éclaire la lame mince en question avec de la lumière

blanche, elle ne renvoie vers l'œil que le rouge, qui seul est visible. En faisant varier l'épaisseur de la lame, on fait varier la nature du rayon coloré renvoyé. Chaque lame mince choisit, en quelque sorte, parmi tous les rayons qui composent la lumière blanche, celui dont la demi-longueur d'ondulation est égale à l'épaisseur de la lame. Tous les autres sont détruits par interférence.

On peut rapprocher la théorie de nos photographies colorées de celle du phonographe. Le son est constitué par des vibrations qui se moulent dans la couche phonographique en laissant une trace permanente capable de les reproduire après coup. De même, dans notre procédé, les vibrations lumineuses se moulent dans la couche sensible en y laissant un dépôt photographique permanent, capable, après coup, de réfléchir les vibrations lumineuses.

V.

La théorie qui précède est celle qui m'a guidé, et on peut la considérer comme vérifiée par le succès même de l'expérience. On peut ajouter encore d'autres vérifications expérimentales faites après coup sur l'épreuve colorée. Lorsqu'on regarde une bulle de savon d'abord normalement, puis de plus en plus obliquement, on voit la couleur changer; il en est de même, du reste, de tous les phénomènes de coloration dus aux interférences : couleurs des lames minces, de la nacre de perle, des plumes de colibris. La coloration, n'étant pas due à la couleur d'une substance, mais au jeu des vibrations lumineuses et aux épaisseurs qu'elles traversent, change avec l'obliquité, parce que le chemin parcouru dans une lame d'épaisseur constante varie selon cette obliquité. De fait, si l'on regarde une épreuve colorée du spectre sous une incidence de plus en plus rasante, on voit les couleurs changer : le vert prend la place du rouge, le bleu celle du vert, le violet celle du bleu, et l'ultraviolet, qui est invisible, celle du violet. C'est précisément ce que voulait la théorie.

Une seconde vérification est la suivante : Regardons une épreuve colorée du spectre normalement et humectons-la. La couche de gélatine ou d'albumine qui forme le cliché se gonfle, l'épaisseur des lames minces augmente considérablement, et, en un instant, toutes les couleurs disparaissent. C'est que l'épaisseur des lames minces gonflées correspond à la demi-longueur d'ondulation de l'infra-rouge, lequel est invisible pour l'œil; inversement, pendant la dessiccation, l'épaisseur redevient ce qu'elle était primitivement, et les couleurs réapparaissent. Si la dessiccation se fait uniformément, on voit les couleurs réapparaître; le rouge rentre en tête par l'extrémité qui était primitivement violette, traversant toute la longueur du cliché pour aller reprendre sa place; le jaune marche derrière lui, suivi du vert, et ainsi de suite jusqu'au violet. Toutes les couleurs se trouvent ainsi revenues à leur place.

VI

Pour que la photographie des couleurs devienne un jour pratique par le procédé que j'ai indiqué, il sera nécessaire d'opérer sur des plaques à la fois sensibles et isochromatiques. Il faut qu'elles soient sensibles afin que la pose soit aussi courte que possible; il faut qu'elles soient isochromatiques, c'est-à-dire que toutes les couleurs viennent en même temps. Au début de mes recherches les plaques que j'employais étaient loin de satisfaire à ces deux conditions ; elles exigeaient quelques minutes de pose pour le violet, une ou plusieurs heures pour le rouge et des durées de poses intermédiaires pour les autres couleurs. Aujourd'hui les plaques que j'emploie sont impressionnées par toutes les couleurs simultanément, en moins d'une demi-minute.

Le progrès, au double point de vue de l'isochromatisme et de la sensibilité, a donc été sensible en moins d'un an. Il reste néanmoins de nouveaux progrès à faire. Cette durée de pose d'une demi-minute, pour un objet aussi brillant que le spectre, représente une pose beaucoup plus longue pour les images que donne la chambre claire dans les conditions ordinaires. De plus l'isochromatisme actuellement obtenu n'est pas encore parfait; car c'est maintenant le rouge qui vient le mieux, c'est-à-dire que le but a été dépassé. L'isochromatisme des plaques actuelles, parfaitement suffisant pour obtenir des spectres complets, n'est pas encore suffisant pour l'obtention des images des objets naturels qui émettent, comme on le sait, de la lumière composée. C'est là le principal obstacle qui reste à surmonter pour obtenir la photographie colorée d'un paysage ou d'un tableau. Quant aux difficultés théoriques, elles n'existent pas : le principe qui sert à obtenir l'image des couleurs simples permettra de reproduire aussi bien les couleurs composées.

VII

Il me reste à ajouter quelques remarques sur la finesse des plaques employées pour la photographie des couleurs. Ces plaques sont sans grains ; la matière sensible y est répartie d'une manière continue. Dans les plaques au gélatinobromure communément employées, le bromure d'argent est distribué d'une manière discontinue sous forme de grains disséminés dans la gélatine et ayant chacun environ un ou deux millièmes de millimètre de diamètre. C'est pour cette raison que les plaques ordinaires au gélatinobromure ne peuvent convenir pour la reproduction des couleurs, car, l'intervalle entre deux maxima lumineux n'étant que d'un cinq millième de millimètre, il est évident qu'on ne peut en reproduire le dessin au moyen de grains qui sont relativement aussi grossiers.

Pour obtenir des plaques continues, il suffit de couler sur verre une couche d'albumine, de gélatine, etc., contenant une petite quantité d'un sel haloïde alcalin. Puis, quand la couche est sèche, de la tremper, comme dans les anciens procédés à l'albumine et au collodion.

On remarquera que les couches sensibles continues ainsi obtenues peuvent avoir des applications utiles en dehors même de la photographie des couleurs, et cela en raison de leur finesse ou pour mieux dire de leur continuité. Il est certain en effet qu'elles sont capables de reproduire exactement les détails d'une image, quand même ces détails auraient une dimension inférieure à un cinq millième de millimètre; car l'intervalle entre deux maxima lumineux de la lumière violette a précisément cette dimension. On peut donc espérer que la micrographie photographique saura quelque jour tirer parti de la propriété que je viens de signaler.

Gabriel Lippmann,
de l'Académie des Sciences.

L'HYGIÈNE SOCIALE

SON BUT ; SES PRINCIPES ; SES MÉTHODES

En inaugurant tout récemment le Cours d'Hygiène créé à l'Hôtel de Ville par le Conseil municipal de Paris, M. le Dⁱ A. J. Martin a prononcé un important discours dont voici la partie principale :

Messieurs,

L'hygiène sociale, c'est-à-dire l'hygiène des hommes en société doit comprendre l'étude des moyens propres à conserver et à préserver leur santé dans les groupes que la civilisation les conduit à former, dans les milieux où ils vivent.

Tel est l'objet de l'enseignement que nous inaugurons ce soir. Permettez-moi d'en définir d'abord le but, en esquissant, dans un exposé aussi rapide que possible, les principes et les procédés de l'hygiène sociale.

Diminuer la mortalité, augmenter la durée de la vie moyenne, tel est le but que l'hygiène cherche à obtenir ; pour y parvenir, il faut, d'une part accroitre le degré de résistance de l'organisme humain aux causes d'affaiblissement et de dépérisement qui agissent constamment sur lui ; d'autre part, il faut chercher à diminuer, à annihiler ces causes ; en d'autres termes, fortifier l'individu, supprimer autant que possible les maladies, retarder la mort.

Il faut vivre et vivre en bonne santé. C'est un droit que toute créature humaine acquiert en naissant. C'est alors que cet organisme si faible, auquel tant de sollicitude et d'amour sont nécessaires, est surtout exposé aux périls du milieu qui l'entoure. L'air qu'il commence à respirer, la nourriture naturelle qu'on doit lui donner, l'alimentation artificielle qui s'impose quelquefois, la forme de ses vêtements, la propreté de sa surface cutanée, tout déjà doit être combiné pour lui permettre le libre développement de ses forces sans cesse grandissantes et éloigner de lui toute cause de faiblesse, de fatigue et de maladie.

Plus tard, dans son enfance, dans son adolescence même, il faut encore guider ses pas, songer à maintenir en parfait équilibre ses forces physiques et intellectuelles, lui épargner les dangers dont il n'est pas encore à même d'apprécier toute la gravité ni d'appliquer les remèdes. Vienne ensuite l'âge d'homme ; plus de liberté peut lui être laissé, ou du moins toute liberté doit lui être accordée de donner à la conservation et à la préservation de sa santé tous les soins qu'elle exige ; pourvu toutefois qu'on l'ait mis à même de n'avoir pas à souffrir des dangers qu'il pourrait ignorer et que ceux auxquels il a confié la puissance publique doivent incessamment éloigner de lui. Mais que de situations, que de circonstances, dans lesquelles l'homme ne saurait ainsi agir isolément! La solidarité, qui est heureusement devenue une des nécessités de notre état social et qui unit entre eux les divers citoyens par des liens de plus en plus étroits, n'a jamais plus de raison d'être que lorsqu'il s'agit d'accroître, puis de maintenir, la vigueur et la vitalité des divers éléments de la nation.

Cette œuvre, particulière et collective à la fois, par laquelle nous demandons à l'hygiène ses conseils et ses procédés, peut se résumer dans la formule suivante : assurer la pureté, la propreté, aussi absolue que possible, de tout ce qui nous environne et nous touche.

Respirer de l'air pur, débarrassé immédiatement de tous produits usés qui peuvent s'y rencontrer, avoir une alimentation dégagée de toute matière impropre à notre puissance digestive, adapter à notre organisme les conditions bienfaisantes qu'ont sur notre santé l'atmosphère, le calorique, la lumière, le sol et l'eau, c'est-à-dire les cinq facteurs naturels de la santé, suivant l'expression élégante et imagée de M. Emile Trélat, n'est-ce pas en effet, avec l'exercice régulier et normal de nos facultés physiques et intellectuelles, le programme que tout homme doit s'efforcer de remplir pour donner à son existence une durée suffisante, pour corriger les rigueurs de la vie contre lesquelles il est tenu de lutter? N'est-ce pas aussi le programme dont ses concitoyens ne doivent pas entraver, dont ils doivent faciliter l'exécution dans l'intérêt commun?

Et cependant nous connaissons tous quantité d'exemples témoignant que ce programme, idéal en quelque sorte, est loin d'être toujours suivi! En sommes-nous arrivés à faire que la société soit suffisamment prémunie contre l'insalubrité des milieux où ses membres sont tenus de vivre, et assez garantie contre la propagation des maladies évitables dans ces milieux ? La réponse, négative, à ces questions, vous l'avez déjà faite. Mais si nous sommes immédiatement d'accord pour déplorer cet état de choses, permettez-moi d'espérer que nous allons l'être aussi, dans un instant, pour reconnaître que de grands progrès ont été déjà faits dans cet ordre d'idées, que les moyens propres à exécuter, au moins dans ses parties essentielles, le programme que nous venons de tracer, sont aujourd'hui nettement connus et définis, et qu'en unissant nos efforts, nous pouvons avoir la bonne fortune d'en obtenir la réalisation.

L'élevage de la première enfance, au sens physiologique du mot, n'a jamais été mieux étudié que de nos jours ; pourquoi cet âge est-il encore exposé à tant de désastres, si ce n'est par l'incurie et le défaut d'éducation des mères et des nourrices? Mais déjà on n'a pas craint de favoriser les pratiques rationnelles de l'alimentation infantile par des encouragements spéciaux, dont l'importance ne cesse de s'accroître, et mieux encore par des notions précises, abondamment données dans tous les milieux et à tous les âges où il peut être utile de le faire. Viennent ensuite les œuvres d'assistance, si nombreuses, spéciales à l'enfance et dont l'efficacité ne peut en pareil cas être contesté.

Dès que l'enfant a franchi les écueils si redoutables des premières années de la vie, les pratiques de l'hygiène individuelle doivent devenir la principale préoccupation de ceux qui l'élèvent et de ceux qui sont chargés de son instruction. Il convient qu'il prenne dès les premiers âges des habitudes de propreté et d'exercice méthodique dont il appréciera les avantages pendant tout le cours de son existence ; car il leur devra la force, la vigueur, la résistance, utile et souvent victorieuse, aux influences déprimantes et morbides qui l'assaillent de toutes parts.

Arrive l'âge scolaire; c'est alors que commence, en quelque sorte, pour lui l'action bienfaisante de l'hygiène sociale. Ce milieu nouveau où il vit, il ne lui appartient pas à lui seul de l'adapter à ses besoins ; il y est soumis à une règle, à une discipline ; il y suit des préceptes et il y recueille des enseignements dont l'organisation et les dispositions lui échappent. Plus tard encore, les exigences de la vie le conduiront à rechercher ses moyens de subsistance et ceux de sa famille dans des métiers où il se trouvera également subir des conditions qui lui seront trop souvent imposées ; il lui faudra vivre dans des habitations, au milieu de cités où il ne sera pas absolument le maître de remplir le programme sanitaire que nous indiquions tout à l'heure. Dès les premiers temps de son existence, vous le voyez, l'homme éprouve combien il importe que l'hygiène sociale lui permette de déployer à l'aise ses éléments vitaux de conservation et de défense personnelles, et de trouver aide et protection auprès des représentants des intérêts collectifs de la société.

Nous trouverons partout ce double caractère dans toutes les périodes de l'existence humaine. L'alimentation nous en fournit un nouvel exemple; vous savez combien l'homme doit aujourd'hui lutter contre les altérations innombrables qu'on fait subir aux matières alimentaires, par esprit de lucre, et combien la fraude se fait chaque jour plus ingénieuse et plus savante. Le Musée d'hygiène de la Faculté de Médecine de Paris a pu réunir plus de cinq cents échantillons de produits servant à la falsification des aliments, pour lesquels plus de cent sont spécialement utilisés pour les vins. Comment l'homme pourrait-il se prémunir de lui-même, si l'Administration, si des services, si la loi, ne lui permettaient de dépister la fraude, de la poursuivre et de la faire condamner ?

Nous vivons tous, ou presque tous heureusement, de notre travail. Convient-il que nous soyions toujours obligés d'accomplir des besognes qui dépassent nos forces, pendant un temps exagéré et dans des conditions manifestement insalubres ? Sans intervenir outre mesure dans l'établissement de contrats qui doivent être librement débattus, l'hygiène n'est-elle pas encore autorisée à dire combien il y a de danger à demander à l'homme une production exagérée, quel intérêt l'on trouve, sans aucun doute, à répartir équitablement les efforts, et comment il est aisé et indispensable d'exiger tout au moins les mesures de salubrité et de protection, qui doivent être réalisées dans le

milieu du travail et en précéder l'exploitation industrielle ou commerciale? Ici les heures de travail seront courtes ou séparées par des intervalles assez grands, consacrés au repos ; là, les moteurs mécaniques auront des revêtements protecteurs, les poussières dangereuses seront immédiatement et complètement évacuées ; ailleurs, la ventilation, le chauffage, l'éclairage, seront régulièrement assurés, les locaux seront maintenus en état de propreté, tous dangers de transmission de maladies seront écartés. Tout cela ne commence-t-il pas à être déterminé avec précision, et vous savez avec quelle légitime ardeur les intéressés le discutent et passent au crible de leur critique pratique les indications, les procédés que les hygiénistes étudient à leur intention.

C'est peut-être lorsque l'homme cesse d'être isolé et qu'il habite une agglomération, que l'hygiène sociale peut lui rendre le plus de services. En effet, l'habitation, cette enveloppe qu'il s'est formée à lui-même contre les variations et les intempéries du milieu extérieur, de même que les agglomérations d'habitations, qui constituent les villes, sont autant de milieux artificiels où, soit à titre privé soit à titre collectif, l'art de conserver et de préserver la santé intervient, pour ainsi dire, à tout instant. C'est alors que nous ne tardons pas à comprendre combien l'hygiène est loin d'être une science à proprement parler : elle ne constitue pas en effet un système de règles ou de principes ayant la rigueur d'un théorème ou la fixité d'une solution algébrique ; elle forme bien plutôt un ensemble d'applications des diverses sciences dans un but déterminé. Aussi toutes les sciences sont-elles appelées à lui être utiles ; elle emprunte à toutes et elle forme ainsi comme une vaste synthèse où chaque groupe de connaissances est appelé à tenir une place plus ou moins grande, suivant les circonstances.

L'habitation, par exemple, ne peut constituer pour l'homme et sa famille un milieu qui l'attire et le retienne, pour le plus grand profit de leur santé physique et morale, qu'autant qu'elle est salubre, c'est-à-dire qu'elle contribue à maintenir la santé de ceux qui l'occupent en assurant par ses dispositions l'intégrité de l'air qu'on y respire. « Le constructeur, a dit mon éminent maître M. Émile Trélat, qui a si nettement et avec tant de vaillance précisé cette partie de l'hygiène, doit savoir renouveler l'atmosphère abritée en aérant les intérieurs, restituer aux matériaux de l'habitation le calorique dispersé pendant la saison froide, expulser le calorique accumulé dans les matériaux de l'habitation pendant la saison chaude, donner accès à la lumière dans les intérieurs abrités, établir et entretenir la salubrité du sol sous-jacent et environnant, aménager l'approvisionnement des eaux et l'ablation des déjections gazeuses, liquides et solides. »

A quoi servirait, en effet, d'élever une habitation d'une belle ordonnance, d'un cachet artistique qui plaise à l'œil, d'en rendre même les dispositions intérieures commodes et agréables, si l'on n'y a pas ménagé une abondante aération naturelle, un éclairage adapté aux fonctions normales de nos yeux, une évacuation immédiate et complète de toutes les matières usées, un chauffage et une ventilation qui ne puissent diminuer en aucune manière les qualités respiratoires de l'atmosphère ?

Cette intégrité aussi constante que possible de l'air respiré dans l'habitation, intégrité que peuvent menacer les dispositions de la construction elle-même, mais que menacent bien plus encore nos habitudes, nos installations intérieures et nous-mêmes, n'existe-t-il pas de moyen de l'obtenir ? Les principes sont connus, les applications sont définies, et les applications, si elles ne sont pas assez généralisées, ont cependant fait leurs preuves. Ce sera peut-être l'un des mérites de l'enseignement que nous inaugurons ce soir d'augmenter quelque peu encore le nombre des applications.

Parmi les conditions inhérentes à l'assainissement, il en est une qui domine en quelque sorte la plupart des autres, car elle est de tous les instants et exige une surveillance incessante : je veux parler de l'évacuation prompte et immédiate de toutes les matières usées par la vie journalière, c'est-à-dire de tout ce qui peut être cause de putréfaction dans l'habitation.

« Non pas que ces phénomènes soient nuisibles par le fait seul qu'ils s'accomplissent ni qu'ils le deviennent par leurs résultats définitifs, puisque ceux-ci aboutissent à la destruction de la matière organique comme telle et à sa résolution en acide carbonique, eau et sel azotés ; mais parce que les phases et les produits intermédiaires sont de nature offensive et, surtout, parce que les agents animés de la fermentation putride comptent parmi eux des corpuscules d'une étrange puissance de nocivité, véhicules du poison putride ou poisons eux-mêmes » (Arnould).

« Dans la maison, a dit Durand-Claye, dès qu'une matière usée est produite, il faut l'expulser sans la laisser séjourner. Pour les ordures ménagères, si les particuliers n'ont pas pris l'excellente habitude de les brûler eux-mêmes dans leurs foyers, le service d'enlèvement peut se faire actuellement d'une manière relativement satisfaisante dans les grandes villes, grâce à des récipients mobiles et à l'enlèvement méthodique. Il n'en est pas de même pour les eaux pluviales et ménagères, pour les matières de vidanges, dont l'éloignement est d'ordi-

naire si mal aménagé. Ce qu'il faut, c'est à chaque orifice d'évacuation l'eau en quantité suffisante, puis un appareil d'occlusion simple et efficace, le siphon hydraulique, c'est-à-dire l'inflexion suffisamment accusée des tuyaux d'évacuation. Ensuite la canalisation générale de la maison doit être simple en tracé et en élévation, communiquant largement à la partie supérieure avec l'atmosphère, de manière à remplacer, à chaque évacuation, la fermentation par l'oxydation ». D'autre part, il importe que les appareils, comme les locaux où on les place, soient accessibles sur toutes leurs parties, de façon que le nettoyage en soit facile ; et, de plus, tout ce qui les entoure doit être imperméable, étanche et lisse ; aucune impureté d'aucune sorte ne doit y être retenue. Est-il nécessaire d'ajouter que de tels principes sont applicables et doivent être appliqués dans toutes les parties de l'habitation sans exception ? Or, l'industrie sanitaire et, en particulier, l'industrie sanitaire française, mettent aujourd'hui à notre disposition un grand nombre d'appareils qui répondent à tous ces desiderata. Depuis quelques années surtout, grâce à l'éducation de l'opinion publique et peut-être un peu aussi grâce aux efforts des hygiénistes, nos constructeurs ont en effet créé un matériel sanitaire excellent.

Ces principes sont également applicables dans toutes les habitations collectives où, soit momentanément, soit à titre permanent, séjournent des individus en plus ou moins grand nombre. La pureté de l'air respiré, l'innocuité et la valeur des procédés de chauffage et de ventilation, les procédés d'évacuation des matières usées y sont soumis aux mêmes règles ; ils exigent seulement des dispositions un peu plus complexes qui, nous en avons d'heureux exemples, ne sauraient embarrasser nos constructeurs, ni surprendre leur habileté. L'école, l'atelier, les salles de réunions, le théâtre, la caserne, la prison, l'hôpital, nous savons les construire hygiéniquement ; et si, à côté de quelques édifices vraiment modèles, nous avons à déplorer encore l'existence de tant d'établissements collectifs qui, malgré l'art de leurs constructeurs et souvent leur valeur esthétique, constituent de véritables dangers pour la santé de leurs occupants, nous devons sans doute en accuser plutôt les conséquences de cette longue période de notre histoire dans laquelle les soins du corps et de la santé ont été considérés comme accessoires, et l'homme comme une quantité négligeable !

Mais si nous ne voulons plus que nos habitations, privées ou collectives, recèlent en elles-mêmes des germes de maladie et de mort, avec quel soin devons-nous apprécier les avantages d'une ville salubre ! Les craintes salutaires que nous éprouvons à l'égard de notre santé augmentent avec le nombre de ceux qui participent à notre existence commune, à moins que le milieu artificiel qu'ils se sont créé soit prémuni contre toutes les causes d'insalubrité qui peuvent ainsi s'y multiplier si aisément. Dans les villes heureusement nous retrouvons encore les mêmes principes, et nous pouvons à peu près répéter ici ce que nous disions pour l'hygiène des maisons. Moins l'atmosphère de l'agglomération sera salie, plus elle sera saine; plus les habitants y auront en abondance de l'air pur, plus on leur aura ménagé des moyens faciles de nettoyage et plus ils vivront en bonne santé. Aussi, en dehors de ces conditions d'aération, d'insolation et de désencombrement des rues, d'aménagement d'espaces libres, artistiquement ornés et plantés d'arbres, de gazon et de fleurs, dont la ville de Paris compte un si grand nombre de merveilleuses réalisations, « deux conditions sont surtout nécessaires pour l'assainissement d'une ville : elle doit recevoir en quantité suffisante une eau potable et elle doit écouler sans stagnation possible et rejeter au loin, avant toute fermentation, les matières impures et les eaux usées de la vie et de l'industrie ». (Proust.) C'est-à-dire qu'il faut aux villes des amenées d'eau irréprochables au moins pour l'eau du service privé, un réseau d'égouts étanches, en pente et suffisamment lavés ; il faut aussi que leur atmosphère soit mise à l'abri de toute cause d'altération.

Sans doute, un tel programme n'est pas toujours aisé à remplir, d'autant qu'il a ses difficultés pratiques nombreuses et qu'il exige des solutions variables suivant les dipositions particulières de l'agglomération elle-même, de son sol, de son sous-sol et des territoires qui l'environnent; mais, pour peu qu'on veuille bien ne jamais perdre de vue le principe même qu'il importe d'appliquer, la solution sera toujours compatible avec les justes exigences de la santé publique.

Toutes les indications que nous venons de résumer dans cet exposé rapide ont surtout pour but d'assurer à l'homme la pleine disposition de son activité physique et intellectuelle, et de le mettre à l'abri de toutes ces causes de misère physiologique qui ont une si grande influence sur le fonctionnement normal des diverses parties de son organisme. Mais vienne malgré tout la maladie, que peut l'hygiène pour lui et pour ceux qui vivent auprès de lui, dans sa maison, dans sa ville?

Tout d'abord, en assurant la salubrité et le bon aménagement de sa demeure, elle lui a certainement donné des moyens de résistance plus ou moins puissants contre la maladie elle-même.

Les précautions qu'elle permettra de prendre pour empêcher la propagation de cette affection,

s'il s'agit d'une maladie transmissible, sont assurément profitables au malade; elles le sont surtout à ses proches, ses voisins et à la population tout entière. Or, les maladies transmissibles, quelle que soit leur étiologie et de quelque nature que soient leurs agents de propagation, sont évitables dans le sens que l'hygiène a heureusement donné à ce mot. Si donc, par impossible, tous les germes abandonnés par les malades étaient détruits immédiatement sans qu'il ait pu y avoir contamination, les maladies transmissibles cesseraient leurs ravages.

Cela est-il au-dessus des réalités pratiques? La prophylaxie des maladies transmissibles, c'est-à-dire l'ensemble des mesures propres à entraver et même à en empêcher tout à fait la propagation, procède de temps immémorial de règles précises, puisque son but est lui-même, nous le voyons, simple et précis ; de plus, elle est en possession d'un outillage chaque jour plus perfectionné, si bien que ses applications peuvent se multiplier avec confiance dans le succès et que déjà elle en aurait fourni des preuves plus nombreuses si elle ne trouvait pas encore dans les populations des dispositions d'esprit, que les progrès de l'éducation générale pourront surtout modifier heureusement. La déclaration immédiate de tous les cas de maladies transmissibles constatées, la vaccination pratiquée à profusion en cas de variole, l'isolement obtenu dans les limites du possible avec transport des contagieux, s'il est nécessaire, dans des locaux bien appropriés, la désinfection enfin et surtout appliquée à tout ce qui a pu être contaminé ou souillé par le malade, telles sont les mesures que la prophylaxie commande de prendre pour toute maladie transmissible, de quelque côté qu'elle vienne, qu'elle vienne de l'Étranger ou qu'elle se produise sur notre sol. Ai-je besoin de vous rappeler, Messieurs, combien toutes ces mesures se simplifient de plus en plus, comment les procédés que l'industrie met à notre disposition sont devenus plus sûrs et plus pratiques et à quel degré de certitude l'hygiène est parvenue dans l'application de ses moyens de défense? Or, ces moyens, elle ne les utilisera pas seulement lorsque la mort aura rendu urgent l'éloignement du cadavre et surtout sa destruction par les procédés efficaces d'inhumation ou de crémation que la science a imaginés dans l'intérêt des vivants et sans troubler l'expression de leurs sentiments d'affection. C'est aussi pendant la maladie que l'hygiène pourra intervenir à tout instant en apprenant à l'entourage comment l'exécution de ces moyens prophylactiques est aisée, en lui en facilitant l'application et en assurant à tous les avantages incontestables qu'ils procurent.

II

Les temps sont heureusement loin où l'hygiène de la maison, de la rue, de la ville, où la salubrité de la maison de commerce, des logements collectifs, où l'élevage et l'instruction de l'enfance, où la prophylaxie des épidémies, ne semblaient présenter qu'un médiocre intérêt dans la vie des peuples. Que d'heureuses transformations, depuis un demi-siècle surtout ! Mais il faut reconnaître qu'il reste encore beaucoup à faire : sous la belle ordonnance des habitations de nos nouvelles rues, du haut en bas de nos façades élevées, trop de causes d'insalubrité se cachent encore. Si notre voie publique a été améliorée jusqu'à être assurément parmi les plus propres de l'Europe, nos logements insalubres sont encore innombrables et notre sous-sol est encore trop fréquemment souillé ; nos milieux industriels protègent insuffisamment la vie de nos travailleurs. Si les applications systématiques de l'antisepsie et de l'asepsie ont enlevé de quelques-unes des salles de nos hôpitaux les redoutables dangers qu'elles présentaient autrefois, si notre mortalité chirurgicale et la mortalité de nos femmes en couches sont heureusement descendues à des chiffres que les promoteurs eux-mêmes de cette grande réforme n'osaient espérer, la pratique de l'antisepsie, la pratique de la désinfection dans les domiciles privés est encore peu développée, malgré les progrès si énergiquement accomplis et l'infatigable dévouement du personnel des services publics de désinfection. Enfin, notre mortalité infantile reste assez élevée ; la diminution des maladies du tube digestif n'est pas encore en rapport avec la science, les découvertes et le zèle de ceux qui recherchent et signalent les falsifications alimentaires qui en sont la cause principale.

Et cependant que de moyens sont mis à notre disposition en faveur de l'hygiène ! Dans le laboratoire de Montsouris, on poursuit l'étude régulière, méthodique et savante des variations météorologiques de notre atmosphère, et de la composition chimique et bactériologique de notre air et de nos eaux d'alimentation. Au laboratoire municipal de chimie, on continue sans relâche la lutte en faveur de la pureté de nos produits alimentaires, lutte soutenue également avec grand soin dans les laboratoires des halles et des abattoirs.

Nos services des eaux, des égouts et de l'assainissement font une œuvre active de propagande ; ils accomplissent des travaux d'art où l'esthétique le dispute à l'utilité ; le réseau de nos égouts ne cesse de s'accroître, de s'améliorer, et bientôt nous pourrons avoir assez d'eau de source irréprochable pour n'en plus manquer en aucune saison ; déjà,

la quantité des eaux distribuées est largement suffisante à Paris pour permettre l'exécution du plan dressé par la Commission d'assainissement de la Seine, à l'appel éloquent de Durand-Claye. Dans quelques jours, le Conseil municipal, nous n'en saurions douter, aura voté l'évacuation obligatoire des matières de vidange par les égouts pour toutes les maisons et l'abonnement obligatoire aux eaux, et il obtiendra l'établissement d'une taxe qui lui permettra d'assurer ces avantages à la salubrité de Paris sans augmenter sensiblement les charges actuelles que les propriétaires doivent actuellement payer pour n'obtenir qu'une partie très faible et insuffisante de l'assainissement de leurs maisons. Ainsi Paris pourra suivre l'exemple que vient de lui donner Marseille avec tant de décision et d'heureuse audace. Notre matériel sanitaire est aujourd'hui assez perfectionné et assez complet pour rendre facile dans un délai très rapproché de tels travaux. Les services sanitaires, d'autre part, sont en partie constitués et seraient plus appréciés si certaines formalités n'en modéraient encore singulièrement l'usage.

Les desiderata, que nous avons dû signaler, nous les trouvons indiqués avec une grande évidence, lorsque nous étudions le nombre des décès que l'on constate actuellement à Paris et que relève avec tant de soin le service si heureusement dirigé par M. Bertillon.

Demandons à chacun de nous de diminuer le plus possible le nombre de ces décès, qui caractérisent l'état sanitaire de notre capitale. Les ingénieurs et les architectes, s'inspirant de plus en plus de l'étude de l'hygiène, y apporteront tous leurs soins ; les chimistes, les physiciens et les vétérinaires continueront leurs investigations, et les médecins ne manqueront pas, non plus seulement de prescrire à leurs malades des moyens de guérison, mais de recommander à leur entourage tous les procédés prophylactiques qui empêcheront la propagation des maladies transmissibles.

Il n'est douteux pour personne que ces efforts ne peuvent être aidés que par une administration autonome et compétente, et si les lois et règlements n'y font pas obstacle. Or, il est de notoriété que nos administrations sanitaires manquent d'unité, et il est ainsi facile de concevoir que la prophylaxie et la salubrité manquent ainsi d'éléments d'information et d'action immédiats, partant efficaces. Quant à notre législation, faire son procès me paraît superflu et nous entraînerait plus loin que votre bienveillante attention ne m'y autorise. Qu'il me suffise de vous rappeler les lenteurs qu'elle favorise quand il s'agit d'obtenir l'assainissement d'une habitation, qu'elle ne saurait permettre de détruire l'insalubrité manifeste créée chez lui par un propriétaire, et qu'une telle liberté du suicide, comme on l'a dit, est laissée à celui-ci souvent au grand détriment du voisinage. Ajoutons que notre législation sanitaire, à quelque partie de l'hygiène qu'elle s'adresse, laisse aux tribunaux une latitude sans contrôle ni compétence obligée, et qui n'est pas sans avoir fréquemment produit de curieuses inconséquences et de graves dangers.

Souhaitons que le Parlement veuille bien s'en préoccuper quelque jour, tout en demandant dès maintenant dans l'application de la législation actuelle quelques améliorations pratiques qui permettent d'en obtenir plus de services et moins d'entraves. Ces pouvoirs publics sont armés, en France, pour assurer, dans une certaine mesure, l'exécution des prescriptions hygiéniques recommandées par les Conseils compétents et suggérées par les progrès de la science; ils ne le sont pas dans une mesure suffisante assurément, et surtout les particuliers ne s'y prêtent pas assez eux-mêmes.

On confond, il est vrai, beaucoup trop l'hygiène avec la médecine; or, ce que les pouvoirs publics voudraient bien accorder à la première, ils le refusent trop souvent à la seconde. Cependant, quoi qu'on en dise, les moyens de défense et de protection que l'hygiène met en œuvre reposent sur des bases immuables depuis des siècles. L'hygiène de Moïse, d'Hippocrate est celle même dont nous suivons les préceptes. Ce qui se modifie en elle, ce sont les moyens d'application, suivant que les découvertes de la science et les progrès de l'industrie permettent de réaliser plus aisément les règles et les pratiques de la prophylaxie ou de la salubrité contre les influences dangereuses de l'air, des eaux et des lieux.

III

Ne vous est-il pas apparu, au cours de cette énumération des procédés de l'hygiène, que nous pouvons tous, chacun dans notre sphère, coopérer à leur application. Ce n'est pas en effet l'un des moindres bénéfices de l'hygiène, mais ce n'est pas non plus l'une de ses moindres difficultés, que la nécessité, pour qu'elle puisse faire apprécier la toute-puissance de son action bienfaisante, d'associer à son œuvre toutes les compositions sociales.

Connais-toi même, disaient les anciens. Plus l'humanité avance en âge et plus la vérité de cet adage est digne d'être appréciée; car le sentiment de la responsabilité et de la dignité humaine ne cesse de croître avec les progrès de la civilisation, et c'est assurément sur ce sentiment que repose l'hygiène, qu'elle soit le fait de la volonté personnelle de l'individu ou qu'elle soit exercée par des groupes collectifs ou même par les pouvoirs publics.

On conçoit facilement que les difficultés apparaissent tout d'abord d'autant plus considérables que la puissance publique dépend d'un nombre plus grand de citoyens; elles seront plus graves encore s'il s'agit d'appliquer les mesures de l'hygiène à un peuple où chacun possède en lui-même sa part de souveraineté. C'est pourquoi l'hygiène publique pourrait paraître difficile à développer chez un tel peuple si l'on ne s'appuyait pas à la fois, pour son administration, sur un pouvoir compétent et autorisé, sur une réglementation précise et limitée sur tout et sur les développements donnés à l'éducation spéciale des diverses parties de la société.

Telle est la triple condition qui me paraît indispensable, si l'on veut réellement appliquer en France les principes et les méthodes de l'hygiène sociale que nous exposions tout à l'heure.

Ce pouvoir compétent et autorisé, cette réglementation précise et limitée, loin de nous la pensée de vouloir les rendre uniformes sur tous les points du territoire, hâtons-nous de le dire; car nous ne concevons le rôle d'un pouvoir central en pareille matière que comme ayant la charge de susciter, d'encourager et de récompenser les initiatives locales et les bonnes volontés. Il ne nous paraît devoir intervenir qu'en cas d'incurie et de négligence coupables ou de mauvaise volonté dangereuse pour les intérêts collectifs dont il a la garde. Mais moins il aura à s'immiscer dans les affaires privées, dans l'administration locale, et plus il y aura chance que son action soit acceptée dans le cas où elle serait devenue indispensable. Il importe surtout que les pratiques administratives soient aussi simplifiées que possible; car nombre de lois protectrices de la santé publique n'ont pu avoir jusqu'ici d'effet utile en raison du nombre considérable de formalités qui viennent contrecarrer leurs applications.

Il semble aujourd'hui qu'il y ait quelque audace à le dire dans certains milieux, mais la meilleure sauvegarde de l'hygiène publique est encore le développement progressif de l'hygiène privée; il est indispensable de développer à la fois l'une et l'autre. L'étude de la législation et de l'administration sanitaires dans les divers pays le démontre surabondamment.

Quoi qu'il en soit, cette charge qu'ont les pouvoirs publics de veiller aux intérêts sanitaires de leurs concitoyens et de leur venir en aide à cet égard dans toutes les mesures de leurs forces et de leur énergie, ils la tiennent, dans une démocratie comme la nôtre, de la confiance que la nation met en eux; ils lui en doivent compte et, comme ils agissent ici dans l'intérêt général, il est indispensable que, d'un côté comme de l'autre, l'on soit bien pénétré de son importance et de la grandeur du but à atteindre.

De tous côtés, on jette des cris d'alarme en présence de la faiblesse de l'accroissement total de notre population. Pour y porter remède, il y a lieu d'obtenir : 1° que notre natalité soit plus élevée ; 2° que le nombre de nos décès soit encore abaissé ; 3° que l'élément étranger, devenu de plus en plus nombreux, fasse le plus tôt possible partie de la population française, puisque la France ne maintient son chiffre de population que par l'immigration étrangère.

Pourquoi ne pas donner aux nombreux Espagnols, Italiens, Suisses, Belges, Allemands qui émigrent chez nous, les mêmes charges et les mêmes avantages qu'à nos nationaux ? Pourquoi ne pas leur permettre de s'adapter à notre milieu, et pourquoi ne continueraient-ils pas, comme l'ont fait leurs ancêtres, à s'assimiler, en devenant Français, la pénétrante puissance de notre génie national ?

Plus difficile est la tâche qu'on s'imposerait en cherchant à augmenter notre natalité. On prétend que l'état social que nous ont fait le Code civil et la constitution de notre société moderne, grâce à la dispersion des richesses, aux exigences de la vie en rapport avec la généralisation du bien-être, tendent à rendre extrêmement fréquente la restriction volontaire matrimoniale. Cela est vrai et les preuves en abondent. Mais nous ne voyons pas qu'on y puisse aisément remédier ; car cette situation tient pour une part au développement même du sentiment de la responsabilité humaine, et, quoi qu'on en ait dit, elle n'est pas spéciale à la France.

La diminution de la mortalité est, au contraire, du ressort de l'hygiène. Il est inutile de rappeler les succès que l'on peut obtenir dans cet ordre d'idées en s'efforçant de donner à l'hygiène une place suffisante dans l'instruction et dans l'éducation, en développant la recherche des moyens propres à accroître la salubrité et à empêcher la propagation des maladies transmissibles, en généralisant en un mot la pratique de l'hygiène et de la salubrité.

Si les pouvoirs publics le veulent bien, s'ils montrent dans leur œuvre de l'autorité, de la dé-cision, de l'esprit de suite, s'ils veulent convaincre les particuliers par leur modération et leur compétence et se les associer peu à peu, ils ne tarderont pas à voir les chiffres de notre mortalité générale diminuer encore.

Peu de pays sont, en effet, plus favorisés que le nôtre à cet égard par les conditions climatériques et même par le caractère et les mœurs de la population ; il n'y a jusqu'ici manqué que cette éducation sanitaire et cette discipline qui ont produit de si heureux résultats chez des peuples moins heureusement favorisés.

Est-il possible d'abaisser d'un dixième le nombre de nos décès ? Il ne vous paraîtra pas difficile d'en douter lorsque nous aurons étudié le mouvement démographique comparé de la France et des autres pays ; c'est donc de ce côté que nous devons porter tous nos efforts.

Je vous ai indiqué les principes et les procédés de l'hygiène, j'ai cherché à vous montrer quelle part nous pouvons tous prendre à leur application. C'est cette étude, entrevue seulement aujourd'hui dans ses grandes lignes, que le Conseil municipal de la Ville de Paris m'a fait le grand et périlleux honneur de me demander de poursuivre devant vous. J'ai accepté cet honneur avec reconnaissance, avec joie, avec fierté même, je ne puis le cacher ; car la tâche qui m'incombe a en partie pour but de faire connaitre et apprécier les améliorations et les progrès réalisés dans l'hygiène de notre admirable Capitale par son Conseil principal, ses administrateurs, ses ingénieurs et sa population. Ces améliorations et ces progrès sanitaires ont toujours, et malgré bien des obstacles, trouvé un concours éclairé dans cette active et patriotique assemblée, où il est juste de dire que le drapeau de l'hygiène a toujours flotté sans être jamais abaissé. Ce drapeau est de ceux qui ont la rare fortune de pouvoir, sans conflits et sans mécomptes, abriter sous ses plis toutes les intelligences, toutes les bonnes volontés et tous les dévouements. Les combats qu'il guide n'apportent à l'humanité que des joies ; ils épargnent de cruelles douleurs, les désastres et la ruine.

Dr A.-J. Martin.

REVUE ANNUELLE D'ASTRONOMIE

En astronomie, l'année 1891 n'a pas amené de découverte très importante ; mais nos connaissances ont été notablement augmentées dans les diverses branches. Pour exposer ce qui a été fait, nous commencerons par les corps du système solaire, et nous passerons ensuite aux systèmes formés par les étoiles et par les nébuleuses.

I. — LA TERRE

La Terre tourne sur elle-même en 24 heures ; mais cette rotation est-elle parfaitement uniforme ? Plusieurs causes peuvent altérer la régularité de son mouvement. Par exemple, le frottement produit par les marées est une cause de ralentissement ; d'un autre côté, la Terre se contracte graduellement par suite de son refroidissement, bien léger sans doute, mais continuel ; par cette cause, sa vitesse de rotation doit au contraire aller en augmentant. Quelle est la résultante de toutes les causes, connues ou inconnues, d'accélération et de retard ?

Comme nous mesurons les grands intervalles de temps par le nombre des rotations de la Terre, c'est-à-dire par le nombre de jours, si cette rotation se ralentit, par exemple, il doit en résulter une accélération apparente dans les mouvements des autres corps célestes, et cette accélération apparente sera d'autant plus grande que ces autres corps auront un mouvement plus rapide.

Le mouvement le plus rapide du système solaire est celui du premier satellite de Mars, qui tourne autour de sa planète en 7^h39^m ; mais, comme il est connu depuis trop peu de temps (1877), son mouvement n'est pas déterminé avec assez de précision.

Viennent ensuite les rotations des diverses planètes sur elles-mêmes (Jupiter, 9^h56^m ; Saturne, 10^h14^m, etc.) ; mais ce sont là des éléments qui ne s'observent pas avec assez d'exactitude.

La Lune, qui tourne autour de la Terre en 27 jours, présente entre l'observation et le calcul une différence (accélération séculaire de son moyen mouvement) qui s'expliquerait par un très faible ralentissement du mouvement de rotation de la Terre, par un très léger accroissement graduel de la durée du jour.

Après la Lune, c'est Mercure qui a le mouvement le plus rapide : il tourne autour du Soleil en 88 jours, et ses passages sur le Soleil, observés depuis plus de deux siècles, en donnent des positions précises qui remontent tout aussi loin.

M. Tisserand a examiné[1] ce qui arrive pour Mercure, si l'on admet que la durée du jour va en augmentant, et il trouve que les passages extrêmes de cette planète sont alors moins bien représentés par le calcul que lorsqu'on suppose à la durée du jour une valeur rigoureusement constante.

Ainsi il paraît y avoir compensation entre les causes qui tendent à accélérer la rotation de la Terre et celles qui tendent à la retarder ; de sorte que cette rotation doit être considérée comme uniforme ; en d'autres termes, *la durée du jour sidéral est invariable*.

La dernière Revue annuelle d'Astronomie[2] a ex-

posé l'état de la question de *la variation annuelle des latitudes*. Les observations ont été continuées en 1891, et la variation, réelle ou apparente, continue de présenter.des marches parallèles dans les observatoires qui se sont concertés pour l'étude de cette question.

Voici en effet le tableau des écarts observés :

	BERLIN	PRAGUE	POTSDAM
1889 mars 1......	−0″03	+0″05	+0″02
août 8......	+0.25	+0.23	+0.25
nov. 16......	+0.02	0.00	−0.08
1890 févr. 24......	−0.24	−0.29	−0.24
mai 15......	−0.06	+0.05	»
sept. 12......	+0.24	+0.25	»
déc. 21......	−0.02	0.00	»
1891 mars 11......	−0.26	−0.17	»

Une mission allemande est partie au mois d'avril dernier pour Honolulu, afin d'y faire des observations correspondantes ; on ne connaît pas encore les résultats obtenus.

II. — La Lune

Les observations *physiques* de la Lune sont généralement négligées dans les grands observatoires et abandonnées principalement aux astronomes amateurs. De temps à autre, on a signalé de petits détails superficiels qui n'avaient pas encore été notés ; d'autres fois, on a cru saisir des modifications récentes, mais dont la réalité est bien difficile à établir d'une façon certaine, à cause des grands changements d'aspect que produit très rapidement l'incidence variable de la lumière solaire. Là, d'ailleurs, la lumière étant abondante, la photographie tend de plus en plus à remplacer l'observation oculaire, et déjà l'*Institution smithsonienne* de Washington a formé le projet de publier une immense photographie de la Lune 1^m9 de diamètre, c'est-à-dire à raison de 1^{mm} pour $1''$: à cette échelle, la Terre serait représentée par un globe d'environ 7 mètres de diamètre.

Au contraire, les observations de *position* sont poursuivies activement dans les observatoires munis de bons instruments méridiens. C'est que, au point de vue pratique, la connaissance précise du mouvement de la Lune est très importante pour la détermination des longitudes terrestres.

La chronologie est aussi intéressée directement à la connaissance de ces mouvements : c'est, en effet, par la contemporanéité de certains faits historiques et de phénomènes célestes qu'on a pu fixer avec certitude les dates correspondantes. Or, parmi les phénomènes célestes, les éclipses de Soleil et de Lune sont à peu près les seuls qui aient été rapportés par les chroniqueurs.

Malheureusement les Tables actuelles de la Lune ne peuvent donner, quand on remonte très haut, que des positions incertaines, parce que cet astre

---

[1] *Comptes Rendus*, CXIII, p. 667 ; voir aussi dans l'*Annuaire du Bureau des Longitudes pour* 1892, son intéressante « Notice sur la Lune et sur son accélération séculaire ».
[2] *Revue générale des Sciences*, t. II, p. 110.

reste encore aujourd'hui rebelle aux formules de la Mécanique céleste ; Hansen était parvenu à représenter les observations pendant cent ans ; mais aujourd'hui ses Tables s'écartent très notablement de l'état du Ciel.

Les causes principales de cet écart sont deux inégalités dont la cause n'a pu encore être assignée par la théorie de l'attraction universelle. Ce sont : 1° l'accélération séculaire de sa longitude, qui fait que le moyeu mouvement, au lieu d'être constant comme pour les planètes, va en augmentant ; 2° une autre inégalité dont la période est d'environ trois cents ans.

L'accélération séculaire de la longitude pourrait s'expliquer par une lente diminution du jour sidéral ; mais on a vu, tout à l'heure, que d'autres raisons paraissent rendre cette diminution inadmissible. L'autre inégalité ne peut être attibuée à l'action du Soleil, dont les perturbations ont été calculées indépendamment par Hansen et par Delaunay de deux façons différentes, et qui ont donné des résultats concordants.

Le travail de Delaunay, qui a exigé plus de quinze années d'un labeur opiniâtre, servira de base à de nouvelles Tables de la Lune que le Bureau des Longitudes va publier prochainement, quand on aura déterminé empiriquement, par les observations, une valeur aussi exacte que possible de la deuxième inégalité dont on vient de parler.

On voit quelles puissantes raisons doivent porter les astronomes à déterminer avec soin la position de la Lune, et à perfectionner sa théorie. M. Tisserand les résume ainsi, dans la Notice que nous avons déjà citée :

1° La Lune, qui a joué un rôle capital dans l'établissement de la loi d'attraction, la soumet à un contrôle incessant, en la forçant à expliquer, dans leurs moindres détails, toutes les irrégularités de sa route. Cet examen approfondi conduit à des conséquences inattendues : ainsi, en déterminant par l'observation deux des irrégularités périodiques de la Lune, on. en peut conclure l'aplatissement de la Terre et la parallaxe du Soleil, et les valeurs ainsi obtenues ne le cèdent en rien, quant à la précision, aux mesures directes qui ont nécessité tant d'expéditions lointaines.

2° Le mouvement de la Lune, en raison de sa rapidité, nous montre d'avance un développement de perturbations que les planètes n'atteindront que dans des milliers de siècles ; de sorte que tous les progrès apportés aujourd'hui à la théorie de la Lune serviront assurément pour celles des planètes dans un avenir éloigné.

3° L'étude attentive du mouvement de la Lune, suivie pendant des siècles, nous fournira des renseignements précieux sur la rotation de la Terre,

et nous montrera si sa durée est soumise à quelques petits changements progressifs, question de la plus haute importance au point de vue de la mesure du temps.

4° Enfin la connaissance exacte du mouvement de notre satellite est indispensable aux marins et aux voyageurs, qui y trouvent encore, en l'absence du télégraphe, le moyen le plus précis pour déterminer les longitudes.

III. — LE SOLEIL

On sait que les taches du Soleil ne sont pas toujours également nombreuses, mais que leur nombre comme leur importance croissent et décroissent alternativement. La durée de la période est d'environ 11 ans $\frac{1}{4}$. Le dernier minimum a eu lieu en 1889 ; actuellement les taches sont déjà nombreuses et vont le devenir de plus en plus jusqu'en 1894, pour diminuer de nouveau jusqu'en 1900, époque où aura lieu le prochain minimum.

Les récentes éclipses totales ont montré que la couronne solaire subit des modifications dont la la période concorde avec celle des taches ; mais on ne sait presque rien sur l'origine même de cette sorte d'auréole. M. Huggins l'assimile, quant à ses causes, aux queues des comètes : elle serait due en majeure partie à des apports de matière venant du Soleil sous l'influence d'une force peut-être électrique, variable comme la surface ; cette force pourrait, par suite, atteindre une intensité suffisante pour compenser aisément la gravitation, même près du Soleil ; beaucoup de particules de la couronne retourneraient au Soleil, mais la matière qui forme les longs rayons n'y retournerait pas : elle se disséminerait de plus en plus pour contribuer peut-être à former la lumière zodiacale, dont la cause n'est pas connue davantage.

La spectroscopie solaire a donné lieu récemment à des travaux importants, parmi lesquels on remarque le magnifique spectre photographique du Professeur Rowland et le dessin du spectre solaire de L. Thollon. Ce dernier s'était principalement attaché à distinguer les raies dues à l'absorption produite par l'atmosphère terrestre (raies telluriques). Comme, toutes choses égales d'ailleurs, ces raies telluriques sont d'autant plus intenses que les rayons solaires ont fait un plus long trajet à travers notre atmosphère, il dessinait le spectre quand le Soleil était très haut, puis quand il était voisin de l'horizon : les raies qui sont plus fortes dans le second cas sont des raies telluriques. Ce travail, simple en apparence, est au contraire extrêmement laborieux, et la mort a empêché Thollon de le terminer : fort heureusement il a eu le temps de compléter la partie la plus importante, au point de vue des raies telluriques, car son dessin comprend tout l'intervalle des raies A et *b*.

IV. — MERCURE, VÉNUS, MARS

Nous sommes ici, pour ainsi dire, dans le domaine particulier de M. Schiaparelli qui, en 1877, a découvert les canaux de Mars, puis leur dédoublement; en 1889, il a montré que Mercure tourne sur lui-même non en quelques heures, comme on l'a cru longtemps, mais en 88 jours; enfin ses observations ont ébranlé fortement la confiance presque aveugle accordée pendant 150 ans à la durée de rotation de Vénus déduite d'anciennes observations et confirmée plus récemment.

L'année 1891 n'a apporté ici aucun changement notable. Cependant le dernier travail de M. Schiaparelli, relatif à Vénus, n'a pas dissipé tous les doutes, et de sérieux observateurs croient encore que la durée de rotation de cette planète est voisine de 24 heures.

V. — JUPITER

La grande tache rouge aperçue d'abord sur Jupiter en 1878, et qui à quelque temps perdu de son éclat, a été en 1891 aussi brillante qu'en 1879, époque où elle attira l'attention générale; il est à noter que ces deux maxima d'éclat se sont produits à un intervalle de 12 ans, durée de la révolution de la planète autour du Soleil. On a observé qu'en arrivant près d'elle les autres taches se dissipent ou sont déviées comme par un obstacle.

Les éclipses des satellites de Jupiter sont très faciles à observer, même avec de faibles instruments. Elles offraient autrefois une ressource des plus précieuses pour la détermination des longitudes terrestres et pour le calcul de la vitesse de la lumière. Celles du premier satellite, qui s'observent à 4 ou 5 secondes près, pourraient être encore utilisées; pour les autres satellites, l'incertitude est trop grande, à moins d'employer une méthode photométrique, telle que celle de M. Cornu, que nous avons indiquée autrefois[1].

Quand ils passent entre Jupiter et nous, ces satellites traversent le disque de la planète et présentent alors des phénomènes variés. Voici le cas ordinaire : quand le satellite vient d'entrer sur le disque de Jupiter, on l'aperçoit encore comme un point ou un petit disque brillant se projetant sur un fond un peu moins clair; on le perd ensuite graduellement de vue, parce que le centre de Jupiter est plus brillant que les bords; et à la sortie les mêmes apparences se reproduisent en sens inverse. Mais parfois ces satellites se projettent en noir sur le disque de la planète, produisant ainsi ce qu'on appelle les passages sombres, que l'on

[1] Voyez cette *Revue*, t. I, page 178.

s'explique aisément si l'éclat du satellite vient à être notablement inférieur à celui de la planète.

Un des phénomènes les plus curieux présentés par ces satellites est celui qui a été observé par M. Barnard le 8 septembre 1890 : cet habile observateur a vu alors nettement double le premier satellite qui se projetait à ce moment sur Jupiter; la direction des deux parties était perpendiculaire aux bandes de la planète, et l'ombre du satellite était d'ailleurs parfaitement ronde. Cette remarquable apparence tenait sans doute à la présence accidentelle d'une bande obscure sur l'équateur du satellite.

VI. — SATURNE, URANUS, NEPTUNE.

En 1891 a eu lieu la disparition de l'anneau de Saturne : d'abord le 22 septembre la Terre a passé par le plan de l'anneau, qui alors, ne nous présentant que la tranche, est devenu invisible. Quelques jours plus tard, le 30 octobre, le plan de l'anneau a passé par le Soleil : alors, ses faces n'étant plus éclairées, l'anneau ne pouvait non plus être aperçu.

Quand ces disparitions se produisent dans des conditions favorables, leur observation attentive peut dévoiler la structure des anneaux; mais il n'en a pas été ainsi en 1891.

A diverses reprises on a signalé des dentelures sur les anses de ces anneaux, de petites taches blanches vers l'équateur de la planète; mais ces détails, indiqués par des observateurs munis de petits instruments, n'ont pas été aperçus avec des instruments plus puissants : sans doute les observations de la prochaine opposition (1892) nous apprendront si leur existence est réelle.

Pour Uranus on aperçoit de temps à autre sur son disque de faibles bandes qui indiquent sans doute la position de l'équateur de la planète, mais qui ne nous ont encore rien appris sur la durée de sa rotation.

Quant à Neptune on n'a jamais aperçu de détail sur son petit disque de 2" de diamètre.

VII. — PETITES PLANÈTES COMPRISES ENTRE MARS ET JUPITER.

Le nombre de ces astéroïdes s'accroît très rapidement, grâce surtout aux recherches infatigables de M. Charlois et de M. J. Palisa. Voici la liste de celles qui ont été découvertes en 1891 :

N°	NOM	AUTEUR, LIEU ET DATE DE LA DÉCOUVERTE		
303	Josephina	Millosewich à Rome	le	12 février
304	Olga	Palisa	Vienne	14 février
305		Charlois	Nice	16 février
306	Unitas	Millosewich	Rome	1 mars

(307)	Charlois	Nice	5 mars
(308)	Borrelly	Marseille	31 mars
(309) Fraternitas	Palisa	Vienne	6 avril
(310)	Charlois	Nice	16 mai
(311)	Charlois	Nice	11 juin
(312)	Charlois	Nice	28 août
(313) Chaldea	Palisa	Vienne	30 août
(314)	Charlois	Nice	1 septembre
(315) Constantia	Palisa	Vienne	4 septembre
(316)	Charlois	Nice	8 septembre
(317)	Charlois	Nice	11 septembre
(318)	Charlois	Nice	24 septembre
(319)	Charlois	Nice	8 octobre
(320)	Palisa	Vienne	11 octobre
(321)	Palisa	Vienne	15 octobre
(322)	Borrelly	Marseille	27 novembre
(323)	Wolf-Berberich	Heidelberg	22 décembre

La découverte de cette dernière planète marquera une date mémorable dans l'histoire de ces astéroïdes, en ce que, la première, elle est due à la photographie.

Jusqu'ici les petites planètes ont été trouvées, soit accidentellement, soit au moyen de cartes célestes que l'on compare directement au Ciel : si l'on aperçoit dans la lunette un astre qui ne se trouve pas sur la carte, on est en présence d'une étoile omise par l'auteur de la carte, ou d'une petite planète, soit nouvelle, soit ancienne, et que l'on reconnaît en une heure ou deux à son mouvement propre.

Mais il n'en a pas été ainsi pour la planète (323) qui a été trouvée de la manière suivante : le 22 décembre 1891 M. Max Wolf, habile astronome amateur de Heidelberg, avait pris, avec sa lunette photographique d'environ 0ᵐ15 d'ouverture, un cliché d'une partie de la constellation des Gémeaux ; le lendemain 23 décembre il photographia de nouveau la même région et il confia ses deux clichés à M. Berberich. En les comparant, celui-ci reconnut la présence de deux astres qui s'étaient déplacés dans l'intervalle du 22 au 23 : l'un était une planète nouvelle qui a reçu le n° (323) ; l'autre paraît

être la planète (275) Sapientia, déjà découverte par M. J. Palisa en 1888.

Si l'on songe que beaucoup d'amateurs peuvent aisément se procurer des instruments aussi puissants que celui de M. Max Wolf, il est à prévoir que le nombre des astéroïdes connus va s'accroître rapidement et que la question des petites planètes va entrer dans une phase nouvelle.

Les calculs qu'exigent les astéroïdes déjà connus et leur observation sont un travail énorme, mais qu'on ne saurait abandonner sans tomber aussitôt dans le plus grand désordre. Déjà même à plusieurs reprises on a tantôt considéré comme nouvelles des planètes découvertes antérieurement et tantôt pris de nouvelles planètes pour des anciennes : c'est que les calculateurs qui se dévouent à ces travaux ne suffisent plus et il est bien désirable que les astronomes amateurs apportent leur concours. Ils auraient là un champ tout à fait propre pour exercer leur activité, et ils trouveraient tous les renseignements désirables dans l'excellent *Traité de la détermination des orbites des comètes et des planètes* d'*Oppolzer*, dont M. E. Pasquier, professeur d'astronomie à l'Université de Louvain, a donné récemment une traduction française, plus correcte encore que l'ouvrage original.

La recherche des méthodes expéditives de calcul s'impose aussi, et pour attirer l'attention de ce côté l'Académie des Sciences de Paris a mis au concours pour 1894 (prix Damoiseau) la question suivante : « Perfectionner les méthodes de calcul des perturbations des petites planètes en se bornant à représenter leur position à quelques minutes d'arc près, dans un intervalle de cinquante ans ; construire ensuite des tables numériques permettant de déterminer rapidement les parties principales des perturbations. »

VIII. — COMÈTES

En 1891, on a vu les cinq comètes suivantes :

Comète {a¹ 1891 = 1891 I. Découverte par M. Barnard, à l'Observatoire Lick, près de San Francisco, le 29 mars et trouvée indépendamment le lendemain par M. Denning à Bristol.

Comète *b* 1891 = 1891 II. C'est la seconde apparition de la comète périodique découverte en 1884 par M. Max Wolf (1884 III) dont le retour avait été calculé par M. Thraen, ainsi que par M. L. Struve. Elle a été retrouvée, très près de la place indiquée, par M. Spitaler à Vienne le 1ᵉʳ mai ; et deux jours après à l'observatoire Lick par M. Barnard.

Comète *c* 1891 = 1891 III : c'est la célèbre comète d'Encke, calculée par M. O. Backlund et retrouvée, très près aussi de la place indiquée, par M. Barnard le 1ᵉʳ août.

Comète *d* 1891 = 1891 V : c'est le second retour de la comète Tempel₂ — Swift (1869 III — 1888 IV) calculée par M. Bossert et retrouvée par M. Barnard le 24 septembre.

Comète *e* 1891 = 1891 IV découv. par M. Barnard le 2 octobre.

---

[1] Sur la notation employée pour désigner les comètes, voir le tome I (p. 66) de la *Revue générale des Sciences*.

Les comètes c et d sont toujours restées très faibles, et la comète e était très australe, de sorte qu'en 1881 il y a eu dans nos régions deux comètes seulement (a et b) visibles dans les instruments de moyenne puissance. Il est remarquable aussi que sur les cinq comètes de cette année il y en ait trois périodiques et dont le retour avait été annoncé.

La comète Wolf (b 1891) avait d'abord, d'après M. Lehman Filhès, une orbite presque circulaire et restait alors constamment éloignée de la Terre, de sorte qu'elle était invisible pour nous. Une perturbation produite par Jupiter en 1875 a allongé son orbite et diminué sa distance au périhélie, ce qui nous permet de l'apercevoir quand elle repasse près du Soleil.

Des diverses comètes vues en 1891, la plus célèbre comme la plus intéressante est la comète d'Encke, remarquable en ce que sa durée de révolution diminue continuellement. Pour expliquer cette accélération, on a longtemps admis, avec Encke, l'existence d'un milieu répandu dans l'espace et qui produirait une résistance variant en raison inverse du carré de la distance au Soleil. Mais sous cette forme, l'existence d'un milieu résistant n'est plus admise aujourd'hui que par un bien petit nombre d'astronomes.

Il est certain, cependant, que la comète d'Encke est troublée dans sa marche par une cause inconnue, qui pourrait être la rencontre d'un essaim de météorites. M. Seeliger a montré en effet que la rencontre d'un tel essaim produirait un effet analogue à celui du milieu résistant d'Encke. Il est vrai qu'alors l'accélération du moyen mouvement devrait présenter d'assez fréquentes variations; mais certains astronomes pensent que tel est précisément le cas de la comète d'Encke.

La théorie de la capture des comètes périodiques par les grosses planètes est à l'ordre du jour et vient de faire de notables progrès; les travaux de M. Tisserand, mentionnés ailleurs (Voyez *Revue*, I, p. 68) ont suscité ceux de M. Callandreau et de M. Schulhof; ce qu'il y avait de vague et de peu satisfaisant dans la théorie de la capture a été éclairci et elle présente maintenant un haut degré de probabilité; une des raisons les plus puissantes en sa faveur, c'est que toutes les comètes périodiques se rapprochent de l'une ou de l'autre des grosses planètes, dont l'action suffit pour les avoir détournées de leur orbite primitive.

Relativement à la matière des comètes, le spectroscope nous y montre ordinairement le carbone, probablement en combinaison avec l'hydrogène et aussi parfois avec l'azote. Quand les comètes se rapprochent beaucoup du Soleil, il apparaît dans leur spectre les lignes du sodium ainsi que d'autres lignes qui pourraient être celles du fer.

La lumière des comètes est en partie de la lumière solaire réfléchie, en partie une lumière propre, que M. Lockyer attribue à l'action d'une haute température, produite par un entrechoquement de pierres météoriques lancées contre le noyau par la force perturbatrice du Soleil. Mais cette manière de voir a peu de partisans et assez souvent cette lumière est attribuée à une action électrique, à des décharges disruptives produites probablement par l'évaporation, qui devient de plus en plus active à mesure que la comète s'approche du Soleil. Dans le vide de l'espace, la matière peut se trouver dans un état analogue à la matière radiante de M. Crookes; enfin il intervient peut-être cette curieuse action électrique, récemment découverte, qu'exerce la lumière ultra violette du spectre : on sait aujourd'hui en effet que cette lumière peut produire la décharge d'un morceau de métal électrisé négativement et qu'elle peut aussi charger positivement un morceau de métal neutre.

Pour l'année 1892 on attend le retour des comètes périodiques suivantes :

1° La comète de Winnecke, dont le retour a été calculé par M. de Haerdtl.[1]

2° La comète de Tempel (1867, II), qui n'a pas été vue à son dernier retour en 1885. Ainsi que le remarque M. Schulhof (*Bulletin astronomique*, VIII, p. 194), cette comète doit être le membre le plus jeune du système solaire, où elle paraît avoir été fixée il y a trois siècles environ par l'action de Jupiter. Et comme elle passe encore très près de cette planète, elle peut servir à en calculer la masse avec précision.

3° La comète de Brooks (1886, IV), dont l'époque du retour est moins certaine, cette comète ayant été très peu observée lors de sa découverte en 1886.

4° Enfin cette année, vers le 27 novembre, la Terre pourrait rencontrer d'importants débris de la comète de Biéla, ce qui donnerait naissance à une abondante pluie d'étoiles filantes.

IX. — LES ÉTOILES.

Nous venons de passer en revue les corps qui peuplent le système solaire, agglomération relativement petite, séparée par des intervalles immenses des autres systèmes formés par les étoiles et les nébuleuses. Tandis, par exemple, que la lumière avec sa vitesse de 300 000 kilomètres (ou 7 fois $\frac{1}{2}$ le tour de la Terre) par seconde met 8 minutes à nous venir du Soleil et 8^h16^m à traverser l'orbite de Neptune (qui limite pour nous le système solaire), elle met 4 ans $\frac{1}{4}$ à venir de l'étoile la plus voisine que nous connaissions, 46 ans pour venir de l'étoile polaire, et sans doute plusieurs siècles à nous venir des nébuleuses.

A ces distances, dont notre esprit se fait si difficilement une idée, que peuvent nous apprendre les instruments dont nous disposons? On serait tenté de répondre : rien ou presque rien. Cependant l'étude attentive des étoiles doubles a montré, presque avec certitude, que la même loi d'attraction qui lie les planètes au Soleil, régit aussi la matière de ces systèmes; le spectroscope nous montre que la matière terrestre n'est pas spéciale au système solaire, mais se retrouve dans toutes les étoiles que nous pouvons voir; en outre, il nous permet de mesurer un élément qui semblait devoir nous échapper à jamais, la vitesse des corps célestes suivant la direction même du rayon visuel.

Malgré ces merveilleux résultats nous pouvons dire, comme un ancien, que ce que nous connaissons n'est rien auprès de ce qui reste à découvrir. La science présente même parfois ce que l'on pourrait appeler des reculs apparents, si le renversement d'une hypothèse erronée n'était pas un grand progrès. Ainsi, on avait pensé jusqu'à ces derniers temps que les belles étoiles paraissent plus brillantes que les autres, parce qu'elles sont plus voisines de nous, et on avait basé de nombreuses recherches sur cette hypothèse, aujourd'hui chancelante; elle est assez difficile à soutenir, en effet, car parmi les étoiles dont on connait maintenant les parallaxes, par suite les distances, les étoiles faibles dominent beaucoup : l'hypothèse de la distribution uniforme des étoiles dans l'espace devient donc de moins en moins probable, et d'ailleurs la considération des mouvements propres conduit aux mêmes résultats que la considération des parallaxes connues.

Cette question capitale de la distribution des étoiles dans l'espace serait résolue si l'on connaissait les parallaxes d'un grand nombre d'étoiles; mais jusqu'ici il n'y en a pas cinquante qui soient dans ce cas. Peut-être la photographie permettra d'avancer plus rapidement; quoi qu'il en soit, la détermination des parallaxes stellaires est une des questions qui doivent solliciter le plus vivement les observateurs.

A défaut de déterminations directes de parallaxes, l'étude des mouvements propres peut éclairer la question des distances et de la distribution des étoiles. Il est naturel de supposer, en effet, qu'*en moyenne* les étoiles qui ont les plus grands déplacements apparents sur la sphère céleste sont les plus rapprochées de nous ; même on n'entreprend ordinairement les longues observations qu'exige une détermination de parallaxe que pour des étoiles à grand mouvement propre.

Quant à ces mouvements propres, on les déduit

des positions actuelles comparées aux positions anciennes, qui sont consignées dans ce qu'on appelle les *Catalogues* d'étoiles. Et c'est là un des principaux usages de ces immenses inventaires qui coûtent tant de travail.

En ce moment, l'Observatoire de Paris publie un Catalogue de ce genre basé sur plus de cinq cent mille observations relatives à près de cinquante mille étoiles qui avaient été observées il y a un siècle, par l'astronome français Lalande.

Parmi les étoiles, une classe des plus remarquables est celle des étoiles doubles ou multiples. Quand deux étoiles paraissent dans le Ciel très voisines l'une de l'autre, elles forment ce qu'on appelle en général une *étoile double*. Mais ce rapprochement peut n'être qu'apparent et dû aux hasards de la perspective, les deux étoiles étant à des distances très inégales sur la ligne qui les joint à l'observateur : alors elles forment ce qu'on appelle une *étoile double optique*, un *couple optique*. D'autres fois les deux étoiles sont réellement voisines l'une de l'autre et forment un *couple physique*. Alors les deux étoiles se déplacent l'une par rapport à l'autre, en tournant autour de leur centre commun de gravité, et l'étude des mouvements de ces couples physiques a enrichi l'astronomie des conséquences les plus importantes, en montrant que la loi de Newton est *presque certainement* une loi d'attraction véritablement universelle, régissant les mouvements des étoiles comme ceux des planètes du système solaire. Les réserves qu'il y a encore à faire à l'extension absolue de la loi de Newton tiennent principalement à l'imperfection des mesures d'étoiles doubles; et elles diminueront avec le temps et avec le nombre des couples mesurés. Aussi ces observations sont-elles poursuivies avec ardeur dans les observatoires munis de puissants instruments; parmi les séries de mesures publiées récemment, on remarque principalement celles qui ont été faites par MM. Burnham, Doberck, Hough, Tarrant, etc. Celles de M. Burnham ont été faites à l'Observatoire de Lick, qui possède la plus grande lunette du monde.

On sait[1] que la spectroscopie, centuplant de ce côté la puissance des lunettes, vient de révéler des couples appelés quelquefois *étoiles doubles invisibles* et dont les composantes tournent l'une autour de l'autre dans l'espace de quelques heures.

X. — LES NÉBULEUSES.

Sur les nébuleuses nous avons beaucoup moins de connaissances certaines que sur les étoiles; car il n'en est aucune dont on ait pu jusqu'à ce jour déterminer la parallaxe. Pour beaucoup d'entre elles cette détermination paraît même à peu près

---

[1] Voyez cette *Revue*, t. II, page 114.

impossible, à cause de leur aspect diffus qui ne comporte pas des mesures d'une très haute précision. Aussi on se rejette, comme pour les étoiles, sur les mouvements propres. On ne connait encore aucune nébuleuse qui présente un déplacement certain, parce que ces astres ne sont observés avec précision que depuis quarante ans à peu près; mais de divers côtés on les mesure avec soin, et sans doute ce siècle ne finira pas avant que l'on connaisse les positions assez précises de la plupart de celles qui ont été découvertes jusqu'ici. Le nombre de celles que l'on connaît augmente d'ailleurs assez rapidement, et dans les huit dernières années un astronome américain, M. Swift, en a découvert à lui seul près de 1.000. Le nombre total de celles que l'on connait est d'environ 8.000.

L'étude de ces astres présente un haut intérêt, car on sait que, d'après la théorie cosmogonique de Laplace, c'est un de ces astres qui a donné naissance au système solaire tout entier ; les nébuleuses seraient donc des mondes en formation nous présentant les divers états par lesquels a dû passer notre propre système.

Dans ces derniers temps, ces vues imposantes ont reçu des confirmations remarquables : des photographies des Pléiades obtenues à l'Observatoire de Paris par M. M. Henry ont montré des filets de matière nébuleuse, se recourbant parfois pour aller d'une étoile à l'autre et réunissant plusieurs étoiles en une sorte de chapelet ; depuis on a trouvé d'autres exemples de pareilles agrégations, dans lesquelles la relation physique entre les étoiles et la nébuleuse est presque certaine. Plus récemment, une photographie obtenue par M. Roberts, habile amateur anglais, a dévoilé la véritable constitution de la nébuleuse d'Andromède, et nous l'a montrée formée de plusieurs anneaux de matière nébuleuse, séparés par des espaces moins lumineux, et entourant une masse centrale énorme et mal définie.

De son côté, M. Huggins a vu dans le spectre de certaines étoiles d'Orion des raies s'étendant plus ou moins dans la nébulosité qui entoure ces étoiles : là encore la liaison physique de ces étoiles et de la nébuleuse paraît bien probable, presque certaine.

Si l'on songe que ces étoiles n'ont pas de parallaxe sensible, de sorte que leur lumière met au moins cent ans à venir jusqu'à nous, le diamètre réel de la nébuleuse d'Orion est tel que la lumière met une année entière pour le parcourir, car son diamètre apparent est d'environ un demi-degré.

En calculant ainsi nous supposons que la vitesse de la lumière est partout la même, et égale à celle que nous observons à la surface de la terre. C'est probablement ce qui a lieu, mais on ne saurait l'affirmer avec certitude, et cela nous amène à dire un mot de l'aberration de la lumière.

A cause du déplacement de la Terre et de la transmission successive de la lumière, nous ne voyons pas les étoiles exactement à leur vraie place; le petit écart de la position apparente et de la position vraie dépend des vitesses relatives de la Terre et de la lumière et constitue le phénomène de l'*aberration*. Pour pouvoir calculer à chaque instant la position des étoiles, il est nécessaire de connaître la constante de l'aberration. Au moyen de plusieurs étoiles différentes, qui ont donné des valeurs concordantes, W. Struve a obtenu pour ce nombre la valeur 20", 445. M. Lœwy a proposé une méthode nouvelle pour déterminer cette constante et, avec M. Puiseux, il l'a appliquée en 1890-91 : le nombre définitif n'a pas encore été donné, mais il différera très peu de celui de W. Struve.

Il semble d'après cela que la lumière doit se propager avec la même vitesse dans toutes les directions, ou du moins dans les directions des diverses étoiles employées. La conclusion ne serait cependant pas absolument rigoureuse : c'est que, ainsi que l'a fait remarquer M. Mascart, l'aberration dépend de la vitesse de la Terre et de celle de la lumière dans la région occupée par l'observateur, sans qu'il y ait à faire intervenir les modifications que pourrait éprouver la propagation des ondes lumineuses entre les étoiles et la terre. Par conséquent, la concordance des valeurs obtenues au moyen de diverses étoiles pour la constante de l'aberration prouve seulement que la vitesse de la lumière est constante dans la partie de l'espace où se meut la Terre; ailleurs on ne saurait rien affirmer définitivement.

Parmi les résultats que nous venons de mentoinner, de très importants ont été révélés par la spestroscopie qui est devenue l'une des branches les plus étendues et les plus fécondes de l'astronomie physique, la plus importante peut-être : il suffit, pour s'en assurer, de lire le beau discours par lequel M. Huggins a ouvert le Congrès de la British Association en août 1891, et dans lequel il expose « les nouvelles méthodes d'observation en astronomie ».

La spectroscopie a trouvé un puissant auxiliaire dans la photographie qui, de son côté, ne se limite plus à l'astronomie physique : par la carte du Ciel, qu'elle a permis d'entreprendre, elle a envahi l'astronomie de position. Mais les lecteurs de la *Revue* connaissent l'état de cette grande entreprise internationale par les articles que lui a consacrés M. Trépied [1]. Je ne saurais mieux faire que de les y renvoyer.

G. Bigourdan,
Astronome-adjoint
à l'Observatoire de Paris.

---

[1] *Revue générale, des Sciences*, t. II, page 530.

BIBLIOGRAPHIE

ANALYSES ET INDEX

1° Sciences mathématiques.

Picard (Emile) *de l'Institut.* — **Traité d'Analyse.** — *Tome I : Intégrales simples et multiples. L'équation de Laplace et ses applications. Développement en séries du calcul infinitésimal. Un vol. gr. in-8° (15 fr.). Gauthier-Villars et fils, 55, quai des Grands-Augustins, Paris, 1891.*

Ce livre est la première partie d'un ouvrage considérable où sera exposée, avec tous les développements qu'elle comporte, la théorie des équations différentielles à une ou plusieurs variables. L'auteur nous avertit dans sa préface qu'il s'est décidé à consacrer un volume préliminaire aux éléments du calcul intégral pour n'exiger de ses lecteurs aucune connaissance qui dépasse le programme des mathématiques spéciales. Mais que les lecteurs plus érudits n'aillent pas trop se fier à la modestie de ces indications et négliger d'ouvrir le premier volume en attendant le second! Si ce livre en effet, grâce à son extrême lucidité, est à la portée de tous, il n'en constitue pas moins une introduction complète aux théories les plus savantes de l'Analyse.

On ne saurait nier qu'il existât dans notre enseignement mathématique une véritable lacune que le nouveau livre de M. Picard vient heureusement combler. Tous ceux qui sont au courant des études scientifiques en France savent les difficultés que rencontre un débutant quand il aborde, au sortir d'un cours de calcul intégral, la théorie des fonctions ou la théorie de la physique mathématique. Si sa mémoire est riche en artifices d'intégration, des notions fondamentales lui sont inconnues ou peu familières (notions d'intégrales curvilignes ou de surface, de différentielle totale, etc.). Il semble qu'une vieille tradition ait rangé les principes du calcul intégral en deux catégories, l'une à l'usage des étudiants, l'autre à l'usage des savants : la première, tout élémentaire, fait l'objet d'un enseignement, d'ailleurs largement développé; la seconde, où l'Analyse puise ses meilleures ressources, est passée sous silence. Il arrive ainsi que des théories rencontrées dans une science d'application dépassent sur bien des points le niveau des études de pures mathématiques. — Exposer systématiquement les méthodes qui se rattachent à la notion fondamentale d'intégration et auxquelles a recours l'Analyse, illustrer leur utilité et leur emploi en développant, à titre d'exemples, quelques-unes de leurs applications les plus importantes, tel est le but et telle est la marche du livre de M. Picard.

C'est par la définition de l'intégrale simple que s'ouvre le volume. Dès le premier chapitre se manifeste la tendance constante de l'auteur, qui est de laisser aux idées générales et vraiment fécondes leur importance naturelle, de ne les sacrifier jamais aux minuties, aux singularités de détail. Sans doute, il est difficile, dans ces débuts, d'accorder la concision avec la rigueur, d'énoncer que des vérités nettes et précises sans hérisser les raisonnements de précautions épineuses. La chose en tout cas est possible : pour s'en convaincre, il suffit de lire, par exemple, les paragraphes où se trouvent traitées la différentiation sous le signe $\int$ et l'intégration d'une fonction qui devient infinie. — Le même souci de mettre en évidence les idées générales n'apparaît pas moins nettement dans le second chapitre : l'intégration des fonctions rationnelles en x ou en $\sin x$ et $\cos x$, la réduction des différentielles algébriques y sont effectuées à l'aide de procédés uniformes, sans l'intervention d'aucun artifice. Peut-être s'aperçoit-on alors que les métho-

des plus naturelles ne sont pas les moins simples. Ces éléments acquis, l'auteur aborde immédiatement la théorie des intégrales curvilignes. Tous les points importants de cette théorie sont mis en pleine lumière : conditions pour qu'une intégrale curviligne

$$\int P \, dx + Q \, dy$$ ne dépende que de ses limites, propriétés d'une telle intégrale considérée comme fonction de sa limite supérieure, etc. Des exemples d'intégrales curvilignes calculées le long d'un contour fermé terminent cette étude. Le chapitre suivant est consacré aux intégrales doubles (définition, changement de

variables sous le signe $$\int\int$$, applications élémentaires, etc.) et aux intégrales de surfaces ; les propriétés de ces intégrales, analogues aux propriétés des intégrales curvilignes, sont élucidées avec le même soin : conditions pour qu'une intégrale de surface ne dépende que de sa courbe limite, expression d'une telle intégrale en fonction d'une intégrale simple par la formule de Stokes, etc. Les applications traitées à la fin de ces deux chapitres conduisent à la démonstration du théorème de M. Kroneker sur le nombre de points communs à deux courbes planes (ou à trois surfaces) que renferme un contour (ou une surface) fermé. Le théorème de Kroneker ne suffit pas d'ailleurs à déterminer ce nombre en général, et M. Picard appelait sur ce sujet de nouvelles recherches; mais il a lui-même, dans une Note récente, résolu complètement la question.

Une rapide étude des intégrales multiples termine cette première partie du livre, et renferme, en outre des propositions fondamentales de cette théorie, une discussion détaillée du cas où la fonction devient infinie et indéterminée et les formules usuelles relatives aux intégrales triples, telles que la formule de Green, dont on connaît l'importance.

Au lieu d'appliquer ces généralités à des exemples sans intérêt, l'auteur a cru plus rationnel de développer une des plus importantes théories auxquelles le secours de ces généralités est indispensable, je veux dire la théorie de l'équation de Laplace et du potentiel. En 80 pages d'une merveilleuse simplicité, l'auteur a su rassembler tout ce qu'il y a d'essentiel dans cette théorie si vaste, sans négliger les découvertes les plus récentes, telles que le théorème de M. Bertrand sur l'attraction d'une couche superficielle, la méthode de M. Robin pour la recherche d'une couche sans action sur un point intérieur. Nous signalerons notamment le lumineux exposé de la méthode de Carl Neumann pour résoudre le problème de Dirichlet quand la surface est convexe et sans points singuliers. — On peut dire que les cinq chapitres relatifs aux intégrales curvilignes et multiples, à l'équation de Laplace et à l'attraction forment un chef-d'œuvre d'introduction à la physique mathématique.

Par l'intégrale de Laplace (et l'intégrale analogue de Poisson), les théories qui précèdent se relient naturellement à l'étude des développements en séries.

L'auteur commence par établir les règles d'intégration d'une série, en introduisant la notion de convergence uniforme, et envisage ensuite à titre d'applications les séries ordonnées suivant les puissances d'une variable, puis les séries trigonométriques, dont la théorie remplit un des chapitres les plus remarquables du livre. La possibilité de développer une fonction en série de Fourier, la convergence uniforme du développement sont établis d'après la méthode de Dirichlet; mais il convient d'attirer surtout l'attention sur la démonstration du théorème de M. Cantor : *une série trigonométrique convergente et égale a zéro a ses coefficients nuls.* Ce théorème, comme le théorème signalé plus haut de Kroneker, comme la méthode de Carl Neumann, n'était accessible jusqu'ici qu'à quelques privilégiés ; les voici maintenant à la portée de tous les lecteurs qui n'ont que des connaissances élémentaires.

En rattachant la série de Fourier à l'intégrale de Poisson, l'auteur se trouve conduit à une démonstration du théorème de Weierstrass sur le développement d'une fonction d'une variable réelle en série de polynômes. D'autre part, la comparaison de l'intégrale de Poisson et de l'intégrale de Laplace permet de démontrer la possibilité de développer une fonction de deux variables réelles en série de fonctions de Laplace et en séries de polynômes. La théorie complète des principaux développements des fonctions se trouve ainsi résumée en un seul chapitre.

Un court chapitre est consacré aux séries multiples qui interviennent dans bien des questions d'Analyse. Après avoir démontré quelques règles assez générales de convergence, l'auteur les applique à la formation d'expressions (à une ou deux variables) doublement ou quadruplement périodiques, et termine par de curieux exemples de séries multiples où les indices entiers ne sont pas arbitraires.

La dernière partie du livre est remplie par les applications géométriques du calcul intégral. C'est, avec quelques additions, la reproduction du cours lithographié du même auteur. Le dernier chapitre toutefois est presque entièrement nouveau ; il traite de la représentation conforme de deux surfaces l'une sur l'autre, notamment d'un plan sur un plan. Cette dernière étude fournit l'occasion d'introduire, avec les substitutions linéaires, la notion de groupes discontinus, de former le plus simple des groupes fuchsiens, enfin d'indiquer l'existence de groupes analogues pour l'espace.

— L'ouvrage que nous venons d'analyser remplit donc pleinement son but ; il met ses lecteurs en possession des méthodes qui seront, dans la suite, d'un usage constant, en même temps qu'il leur ouvre des aperçus sur bien des choses nouvelles qu'ils verront plus tard en détail. Mais ce n'est pas seulement par l'importance et la variété de ses matières que ce livre est appelé à devenir dès maintenant classique, c'est aussi par le caractère lumineux, par la simplicité et l'élégance de ses démonstrations. Cette simplicité, cette élégance, elles proviennent de la faculté qu'a l'auteur de débarrasser les raisonnements de tous les éléments parasites pour ne laisser subsister que les raisons de fond qui lient une vérité à une autre. A ce point de vue, on saurait trop recommander l'étude du livre de M. Picard à ceux qui veulent non seulement apprendre des choses qu'ils ignorent, mais encore apprendre à *chercher.*

La lecture de ce premier volume fait vivement désirer l'apparition des volumes suivants qui, en ouvrant largement des domaines jusqu'ici presque fermés, ne sauraient manquer de rendre plus actives et plus fécondes encore les recherches d'Analyse. Après la Géométrie supérieure de M. Darboux, la Mécanique céleste de M. Tisserand, l'œuvre de M. Picard s'annonce comme devant être un nouveau monument élevé à l'honneur de la science française.

P. PAINLEVÉ.

2° Sciences physiques.

Lucas (Félix), *Ingénieur en chef des Ponts et Chaussées.* — Traité d'Electricité à l'usage des ingénieurs et des constructeurs. — *Un volume in-4° ; Baudry et Cie, éditeurs, 15, rue des Saints-Pères, Paris.*

Le traité d'électricité de M. Félix Lucas est surtout destiné, comme son titre l'indique, aux ingénieurs et aux constructeurs ; l'auteur a pu condenser d'une façon méthodique et claire, dans un volume de 600 pages, toutes les notions théoriques et pratiques nécessaires, dans l'état actuel de la science, pour réaliser les applications industrielles de l'électricité.

L'ouvrage est divisé en six parties : théorie mécanique du magnétisme et de l'électricité ; mesures électriques ; piles, accumulateurs et machines électrostatiques ; machines dynamo-électriques génératrices ; transport et distribution de l'énergie électrique.

Les exposés sont clairs et précis ; l'intelligence du texte est facilitée par de nombreux schémas, surtout in ce qui concerne le fonctionnement des dynamos génératrices ou réceptrices.

Dans le chapitre relatif à la lumière électrique M. F. Lucas décrit ses intéressantes expériences sur l'incandescence du charbon dans le vide à des températures fort élevées et indique les lois empiriques du phénomène.

Pour le fonctionnement des machines à courants alternatifs, il transforme en formules purement numériques, par des changements de variables basés sur certains groupements des éléments concrets de ces machines, deux formules relatives, l'une à la puissance électrique, l'autre à l'intensité du courant. Ce genre de transformation qui doit trouver sa raison d'être dans l'homogénéité des formules relativement aux trois grandeurs fondamentales, longueur, masse et temps, est important pour l'étude de la similitude des machines ; on en connaît déjà quelques exemples remarquables en Mécanique.

Le traité de M. Félix Lucas a exigé un travail considérable ; il était difficile d'être à la fois sobre et complet ; de ne rien omettre d'important sans accumuler les détails ; de faire un livre d'un ordre scientifique élevé qui fût cependant clair et pratique. M. Lucas y a réussi. Son ouvrage sera éminemment utile pour les hommes techniques auxquels il s'adresse.

H. LÉAUTÉ,
de l'Institut.

Callendar (H-L) : On the Construction of Platinum Thermometers (*Sur la construction des thermomètres de platine*). *Phil. Mag.*, t. 32, p. 104, 1891.

Pour la mesure des températures basses ou très élevées où le thermomètre à mercure refuse son service, et où le thermomètre à air offre des difficultés de manipulation, les procédés électriques (thermo-électriques ou par variation de la résistance) rendent de grands services. Le pyromètre Le Châtelier est employé industriellement ; quant au pyromètre à résistance, il avait subi, dans ces dernières années, un temps d'arrêt. M. Callendar, qui a publié précédemment d'importants travaux sur la question, précise les points à considérer dans la construction d'un pareil instrument, pour être à l'abri des variations avec le temps ou sous l'influence de températures élevées.

Un mince fil de platine pur est soudé à des conducteurs qui peuvent être en argent ou en cuivre pour les mesures au-dessous de 700°, en fer jusqu'à 1000° pour les mesures grossières ; à des températures plus élevées, l'évaporation du métal et son absorption par le platine détruit promptement l'instrument, et il est nécessaire d'employer de gros conducteurs en platine enfermés dans une enveloppe de porcelaine. Le fil fin est supporté par des plaques de mica qu'il traverse. L'effet des gros conducteurs est éliminé en mettant dans la branche d'équilibre du pont des conducteurs identiques semblablement placés dans le four dont on mesure la température.

L'échelle du thermomètre à résistance de platine peut être réduite à celle du thermomètre à gaz au moyen d'une formule du second degré [1]. La précision de l'instrument, en connexion avec un pont bien construit, est de quelques centièmes de degré à 500°. Après un premier recuit à 1500°, on n'observe plus aucune nouvelle variation du zéro.

« J'admets, dit l'auteur, qu'il faille une certaine expérience pour faire un bon thermomètre ; mais le reste de

---

[1] Voir la *Revue* du 15 février 1891, p. 75.

l'appareil peut être obtenu dans tout laboratoire, et il est aisé de faire les lectures rapidement avec un peu de pratique. La grande supériorité du thermomètre en platine sur les autres instruments, comme étendue des indications, précision, durée, épargnera bien au delà du temps nécessaire à l'apprentissage de son emploi. »

Ch. Ed. GUILLAUME.

G. Espitallier (Commandant). — **Les ballons et leur emploi à la guerre.** — **L'hydrogène et ses applications en aéronautique.** *Deux petits volumes in-18 (1 fr. 50 le volume). G. Masson, éditeur, 120, boulevard Saint-Germain. Paris, 1891.*

Les deux petits volumes que vient de publier M. le Commandant Espitallier sur l'aéronautique sont d'une lecture facile et d'un réel intérêt; ils ne donnent, surtout en ce qui concerne les ballons et les aéroplanes, qu'une idée générale du problème posé et des solutions vers lesquelles on tend; ils n'entrent pas dans le détail de ces questions fort complexes et fort difficiles : M. le Commandant Espitallier, qui est très compétent sur ce sujet, aussi bien au point de vue théorique qu'au point de vue pratique, l'a voulu ainsi. Il a pensé avec raison qu'en ce moment où de tous côtés l'on travaille à réaliser « l'aviation », où de toutes parts l'on commence à obtenir des résultats, il y avait un grand nombre de personnes qui, sans avoir les connaissances théoriques et pratiques nécessaires pour suivre les recherches dans le détail, s'y intéressaient cependant et désiraient les connaître. C'est pour elles qu'il a écrit ces deux petits volumes qui seront lus beaucoup et avec plaisir.

L. O.

Amat (L.). — **Sur les phosphites et les pyrophosphites.** — *Thèse présentée à la Faculté des Sciences de Paris. Gauthier-Villars et fils. 55, quai des Grands-Augustins. Paris, 1891.*

Dans ce travail, M. Amat établit d'une manière définitive la non-existence des phosphites trimétalliques. Le *phosphite trisodique* de Zimmermann n'est qu'un mélange de phosphite disodique et de soude que l'on peut éliminer au moyen de l'alcool. Ainsi que Wurtz l'écrivait en 1846 dans son beau mémoire sur l'acide phosphoreux, cet acide ne renferme que deux atomes d'hydrogène basique.

Des différents phosphites métalliques, les mieux étudiés étaient les phosphites neutres HPO^3M^2 et l'on ne connaissait qu'un petit nombre de phosphites acides parmi lesquels deux seulement, ceux de baryum et de calcium, appartenaient au groupe des phosphites acides normaux HPO^2MH. M. Amat a réussi à obtenir les phosphites acides alcalins en saturant une dissolution d'acide phosphoreux jusqu'à neutralité au méthylorange; il a pu préparer également les phosphites acides des métaux du groupe du baryum.

Tous ces phosphites acides soumis à l'action ménagée de la chaleur perdent de l'eau et se transforment en un sel d'un acide particulier, l'*acide pyrophosphoreux*.

La transformation du phosphite acide de sodium en pyrophosphite s'effectue à 150°-160°. Ce sel répond à la formule $P^2O^5Na^2H^2$; sa dissolution possède les propriétés qui le distinguent nettement des sels formés par les autres acides du phosphore : elle ne précipite pas le nitrate d'argent.

L'hydrogène du pyrophosphite de sodium n'est pas remplaçable par les métaux; par suite la molécule de ce sel résulte de l'élimination de l'eau aux dépens de l'hydrogène basique de deux molécules de phosphite acide.

Enfin M. Amat a retiré l'acide pyrophosphoreux de son sel de baryum : la dissolution de cet acide se transforme très rapidement en acide phosphoreux.

En résumé, les recherches de M. Amat nous donnent une nouvelle preuve de la tendance que possèdent les acides du phosphore à former des produits de condensation moléculaire avec élimination d'eau.

H. GAUTIER.

Meunier (Stanislas). — **Les méthodes de synthèse en minéralogie.** *Cours professé au Muséum. 1 vol. grand in-8° de 360 pages avec 6 figures dans le texte. (Broché 12,50.) Baudry et Cie, 15, rue des Saints-Pères. Paris, 1891.*

Il y a quelques mois, nous faisions connaître dans cette *Revue* (p. 192) un traité de *Minéralogie chimique générale*, par M. le Pr Doelter, dont une importante partie était consacrée à l'exposition des méthodes de synthèse dans cette branche de la science. Nous sommes heureux aujourd'hui de présenter au lecteur un ouvrage français sur ce même sujet, émanant d'une plume autorisée et qui constitue la substance d'une série de leçons récemment faites au Muséum.

M. Stanislas Meunier, après une introduction destinée à montrer la haute portée théorique et pratique de la synthèse minéralogique, laquelle emprunte ses méthodes à deux parfaites à une double source, la chimie et la géologie, divise son ouvrage en trois livres, chacun d'eux étant lui-même subdivisé en trois parties, suivant qu'il s'agit de minéraux formés par voie sèche, par voie mixte (c'est-à-dire sous l'influence simultanée de la chaleur et de l'eau), enfin par voie humide.

Le premier livre traite des productions spontanées de minéraux contemporains; il passe successivement en revue ceux qui, sous nos yeux, prennent naissance dans les laves actuelles, les fumerolles, les geysers, les sources thermales ou froides, enfin aux dépens des roches sous l'influence des agents atmosphériques.

Le deuxième livre est consacré à l'examen des synthèses accidentelles, autrement dit des minéraux trouvés dans les laitiers cristallisés, les produits sublimés des usines, les houillères embrasées, les scories provenant d'incendies, les forts vitrifiés, les verres dévitrifiés, les incrustations des chaudières à vapeur, celles des sources captées, les galeries de mines, les sols remaniés; une part est même faite aux productions minérales d'origine biologique.

Le livre troisième, de beaucoup le plus important comme étendue (224 pages), débute par un avant-propos historique où l'on remarque la mention des essais informes et incohérents faits en vue de reproduire les pierres par les alchimistes et chimistes antérieurs à notre siècle. Vient ensuite l'exposé méthodique des divers genres de synthèse rationnelle : ce livre est, comme les deux premiers, coupé en trois divisions relatives à la voie sèche, à la voie mixte et à la voie humide; mais ici, vu la complexité du sujet, chaque division a fourni de nombreux chapitres, suivant que la réaction consiste en une combinaison, une décomposition ou une double décomposition, qu'il y a ou non intervention d'un agent minéralisateur. Nous ne pouvons ici, sans entrer dans les détails, sans craindre d'aboutir à une fastidieuse énumération. Disons seulement que, grâce au style de l'auteur, à l'emploi de nombreuses et étendues citations des mémoires originaux, l'ouvrage peut être lu sans fatigue, même par des personnes qui n'ont pas vécu de la vie de laboratoire. Chacun pourra ainsi s'initier à ces procédés de synthèses, souvent hardis, toujours ingénieux et délicats, accrus d'un jour à l'autre par l'incessant travail des chercheurs, de nos compatriotes particulièrement, ainsi que nous nous plaisons à le constater. Deux index alphabétiques, l'un par noms d'auteurs, l'autre par ordre de matières, facilitent la tâche du lecteur, qui voudrait, soit apprécier l'œuvre d'un savant au point de vue qui nous occupe, soit pour une espèce minérale donnée, passer en revue et comparer les modes de synthèses, souvent très différents, dont elle a été l'objet.

L. BOURGEOIS.

3° Sciences naturelles.

Nicklès (René). — **Recherches géologiques sur les terrains secondaires et tertiaires de la province d'Alicante et du sud de la province de Valence (Espagne).** *Thèse de la Faculté des Sciences de Paris. Imprimerie L. Danel, à Lille.* 1891.

Depuis quelques années, la péninsule ibérique est un des champs d'études de prédilection des géologues français. En outre des premiers explorateurs, de Verneuil et Colomb, qui en ont dressé la carte géologique ; en outre de Coquand, de MM. Jacquot, Barrois, etc., qui ont étudié diverses régions de l'Espagne et en outre de cette pléiade de savants éminents qui sont allés récemment en Andalousie pour y étudier la constitution géologique du sol et rechercher les causes des tremblements de terre qui ont si violemment ébranlé cette région, nous avons vu dans ces dernières années plusieurs jeunes savants aller chercher en Espagne des sujets de thèses et des sujets d'études nouveaux et intéressants.

La thèse de M. René Nicklès, que nous avons aujourd'hui sous les yeux, est une nouvelle et importante contribution de la science française à la connaissance géologique de l'Espagne. Elle a pour but de faire connaître la constitution de cette région peu connue située entre Valence, les environs d'Alicante et le cap de la Nao, c'est-à-dire cette région désignée quelquefois sous le nom de Cordillère Bétique.

Huit mois de recherches ont été nécessaires à M. Nicklès pour parvenir à une connaissance suffisamment approfondie de cette contrée très tourmentée, pour laquelle les documents et même les cartes topographiques suffisantes font défaut.

Les terrains antérieurs à la période secondaire semblent manquer dans la région. Le Trias y est largement représenté, mais les terrains jurassiques y sont rares. Dans la province d'Alicante, en particulier, ces derniers terrains présentent le facies alpin.

Ce facies se poursuit pendant les périodes suivantes et l'étude des faunes secondaires et tertiaires montre que, depuis le Trias jusqu'à la fin du Crétacé, les courants alpins orientaux ont pénétré jusqu'en Espagne.

C'est le terrain crétacé qui est l'objet principal du travail de M. Nicklès. Ce terrain, surtout dans ses étages inférieurs, est remarquablement développé dans la province d'Alicante. Certaines de ses assises, équivalentes aux couches de Barrème, dans les Alpes françaises, contiennent une faune des plus riches en Céphalopodes et l'on y retrouve des formes communes avec le Tyrol, avec le midi de la France, l'Algérie et même l'Amérique méridionale. Quelques-uns des matériaux recueillis dans les marnes néocomiennes de la Querola ont permis de faire figurer les cloisons encore inconnues d'un certain nombres d'Ammonites.

Le Gault se montre avec un facies vaseux et à rudistes analogue à celui que nous lui connaissons dans les Pyrénées. Le Cénomanien existe, également bien caractérisé, mais le Turonien et le Sénonien inférieur ne semblent représentés que par des dépôts sans fossiles.

Avec le Sénonien supérieur, le Maëstrichtien et le Garumnien nous voyons apparaître des sédiments variés dont quelques-uns, composés d'éléments grossiers et poudinguiformes, indiquent le voisinage d'un rivage, tandis que d'autres témoignent de l'existence d'anciennes lagunes, comme en Catalogne et en Provence. Ces faits, combinés avec l'absence du terrain tertiaire éocène entre la Catalogne et la province d'Alicante rendent probable l'hypothèse de l'émersion complète, vers la fin du Crétacé, de tout le territoire compris entre ces deux régions.

Les terrains tertiaires, parmi lesquels M. Nicklès a reconnu des lambeaux des étages éocène et miocène, sont relativement peu développés dans le territoire exploré par l'auteur. On y remarque cependant une riche faune d'Echinides que nous connaissons déjà, en grande partie, par les beaux travaux de M. Cotteau.

L'important travail stratigraphique de M. Nicklès est complété par une partie paléontologique où sont décrits un certain nombre de fossiles intéressants et nouveaux.

Il est illustré en outre par plusieurs cartes géologiques, par de très jolies vues en héliotypie représentant des coupes naturelles et des accidents géologiques, et enfin par des planches de fossiles où sont figurées les espèces décrites par l'auteur.

A. PERON.

Sir Daniel Wilson — The right hand: Left-handness. *(La question de la main gauche)*, in-12 VIII, 215 *pages, Macmillan and Cⁱᵉ, London, 1891.*

Sir Daniel Wilson est gaucher, et c'est peut-être là ce qui l'a amené à s'occuper d'une question que depuis un certain temps les physiologistes et les psychologes avaient un peu délaissée. Nous nous servons presque exclusivement de notre main droite; les ambidextres sont rares, plus rares encore que les gauchers; mais l'éducation seule nous a-t-elle donné cette habitude, ou bien existe-t-il chez la majorité des hommes une tendance instinctive à ne so servir que de la main droite pour tous les actes qui demandent de la force ou de l'adresse, tendance à laquelle correspondrait chez les gauchers la propension inverse? Si c'est une habitude acquise, il semble, d'après les recherches de M. Wilson, qu'elle soit acquise depuis bien longtemps, puisque l'examen des outils de silex et des dessins sur corne et sur ivoire de la période paléolithique lui a révélé qu'ils étaient en grande majorité l'œuvre d'hommes accoutumés à se servir de préférence de la main droite; quelques-uns cependant sont dûs à des gauchers; ces deux catégories d'hommes existaient donc alors comme aujourd'hui. L'étude des langues les plus peu civilisés montre que partout se fait cette distinction très nette entre les deux mains; l'examen des procédés de calcul de l'antiquité hébraïque et de l'antiquité classique conduit aux mêmes résultats. Les textes hébraïques, grecs et latins, relatifs aux points cardinaux, l'étude des monuments égyptiens permettent d'établir que non seulement les Anciens se servaient de préférence d'une de leurs mains, mais que cette main était la main droite. Il semble qu'en présence d'un usage aussi universel et aussi ancien, et auquel cependant il y a eu toujours quelques dérogations, dont l'éducation et la coutume n'ont pu triompher, malgré leur tyrannique puissance, il faille renoncer à faire de l'usage prédominant de la main droite une habitude accidentellement contractée par quelques individus, habitude qui se serait généralisée par l'imitation et qu'une tradition, une sorte de discipline sociale et peut-être religieuse, aurait graduellement imposée à tous. Cette théorie ne rend pas compte de l'existence des gauchers et suppose en outre, admet-il, que dans les premiers mois de leur vie les enfants se servent indifféremment des deux mains, sans qu'aucune tendance instinctive les pousse à user de l'une plutôt que de l'autre. Il serait très difficile de comprendre comment, si aucune condition organique ne déterminait l'usage prédominant de l'une ou l'autre main, il resterait des gauchers dans une société où l'éducation tout entière tend à ce que l'enfant, pour tous les actes de sa vie journalière, se serve de sa main droite d'une manière presque exclusive ; on sait, par l'étude des coutumes sociales, l'impossibilité pratique qu'il y a pour un non-civilisé à se soustraire à un usage général, et il en est de l'enfant comme du sauvage. Des observations systématiques faites sur de très jeunes enfants ont montré que bon nombre d'entre eux, antérieurement à toute éducation, se servent instinctivement de la main droite, que quelques-uns, malgré les efforts de leurs parents, sont irrésistiblement poussés à se servir de la main gauche, que la très grande majorité enfin se sert indifféremment des deux mains, ou n'a du moins qu'une très légère tendance à se servir de préférence de la main droite. Il semble donc bien qu'il existe réellement, chez certaines personnes tout au moins, une prédisposition à se servir surtout de la main droite; mais comment peut-on s'expliquer qu'elle existe? La plupart des théories qui ont été soutenues, celle du Dr Buchanan, par exemple, qui fait de notre tendance à employer de préférence notre main droite une conséquence des lois mécaniques, qui découlent de la disposition des organes, ont ce grave défaut de ne pas rendre compte de l'existence des cas exceptionnels, mais assez fréquents cependant, où c'est la main gauche qui remplit les fonctions habituellement dévolues à la main droite. Les deux côtés du corps ne sont pas symétriques; la position du foie et la plus grand développement du poumon droit reportent le centre de gravité du corps humain à droite de la ligne médiane; c'est là, d'après Buchanan, la vraie cause qui détermine l'emploi de la main droite et d'une manière plus générale des membres droits de préférence à celui des membres gauches. Mais il faudrait alors que chez les gauchers, il y ait une disposition inverse des viscères, et c'est ce que ne confirment pas les observations. Le Dr Buchanan a été ainsi amené à tenir compte d'un autre élément, la hauteur du centre de gravité. Une série de diagrammes qu'il a construits, lui sert à montrer que lorsque le centre de gravité est au-dessus de l'axe transversal du corps, il doit y avoir tendance à se servir de la main droite; lorsqu'il est au-dessous, tendance à se servir de la main gauche, que, chez les ambidextres, le centre de gravité doit se trouver sur l'axe. La tendance à se servir d'une main plutôt que de l'autre ne serait pas alors congénitale et se développerait graduellement à mesure que l'enfant ferait un plus fréquent usage de ses membres. Mais les observations recueillies par Sir Daniel Wilson vont à l'encontre de cette opinion, ainsi qu'il a déjà été dit. Il faut ajouter que le nombre des gens qui se servent de préférence du pied gauche (pour sauter par exemple), ou de l'épaule gauche, est beaucoup plus considérable que celui des vrais gauchers, c'est-à-dire de ceux qui emploient de préférence la main gauche, et que si l'usage prédominant du côté droit du corps était dû à des raisons mécaniques, on ne pourrait s'expliquer ces déviations de la régle formulée par M. Buchanan. Mais l'objection la plus forte à cette théorie, c'est que les viscères peuvent être transposés; chez les gens qui ne sont cependant pas gauchers, il existe au moins trois observations relatives à des cas de cette espèce. Il semble donc qu'il faille s'arrêter à la théorie que Sir D. Wilson a luimême adoptée, et qu'il faille faire dépendre l'usage prédominant de la main droite, du plus grand développement de l'hémisphère gauche. Il faut donc s'attendre à ce que, chez les gauchers, l'hémisphère droit soit au contraire le plus développé des deux, et c'est ce que confirme une autopsie très démonstrative que rapporte Sir D. Wilson. Dans la plupart des cas, la différence de poids entre les deux hémisphères est très faible, aussi n'y a-t-il qu'une très légère tendance chez la majorité des enfants à se servir de préférence de la main droite; et serait-il possible d'apprendre à beaucoup d'entre eux à employer indifféremment les deux mains.

Le livre de Sir D. Wilson est, malgré des répétitions et des longueurs, clairement et logiquement composé; c'est une utile contribution à la psychologie physiologique, et la meilleure monographie, à coup sûr, qui ait été faite des gauchers.　　L. MABILLIER.

Héger (Dr Paul). — Le Programme de l'Institut Solvay. *Conférence donnée à l'Université de Bruxelles. Brochure in-8° de 33 pages.* H. *Lamertin, éditeur*, 33, *rue du Marché-au-Bois, Bruxelles*, 1891.

Bruxelles possède depuis deux ans un grand Institut consacré à la bio-physique et dû à la libéralité de M. Solvay, l'inventeur du procédé industriel qui porte son nom et l'a rendu populaire dans le monde entier. Cet Institut, installé provisoirement dans les locaux de l'Université de Bruxelles, comprend un personnel d'ingénieurs et de médecins placé sous la direction de M. le Dr Héger, professeur de physiologie à l'Université de Bruxelles.

Dans une brochure pleine d'aperçus originaux, M. Héger expose le *programme de l'Institut Solvay*, tel que le généreux fondateur a voulu le tracer. M. Solvay a imaginé, par voie déductive, une théorie complète du rôle de l'électricité dans les phénomènes de la vie. On peut la résumer dans les propositions suivantes, extraites de la brochure de M. Héger :

L'homme et les animaux sont des moteurs. Le moteur vivant est capable de transformer en travail mécanique 50, 60 et jusqu'à 90 %, du calorique de combustion des aliments. Une proportion aussi favorable entre l'énergie consommée par le moteur et le travail extérieur n'est réalisée par l'industrie que par les moteurs électriques : donc, l'homme ne peut être qu'un moteur électrique. D'ailleurs, la science positive ne connaît que les moteurs hydrauliques, les moteurs thermiques proprement dits et les moteurs électriques. L'homme n'étant assimilable ni au moulin à eau, ni à la machine à feu, ne peut être qu'un moteur électrique. *Cette déduction a la certitude la plus absolue que puisse donner la science positive actuelle.*

L'électricité animale doit avoir sa source principale dans les phénomènes d'oxydation qui s'accomplissent dans les muscles. Les muscles constituent donc le foyer le plus important de la production de l'électricité animale. Dans la pile vivante, *le muscle oxydé, le tissu doit représenter l'élément négatif, tandis que le liquide oxydant (lymphe ou plasma dans lequel est baigné le tissu) correspond à l'élément positif.* Dans tout moteur électrique, il y a des fils qui transportent l'électricité de la pile ou de la dynamo aux lieux de consommation de l'énergie électrique: dans l'organisme, les nerfs jouent ce rôle de conducteurs et servent à transporter l'électricité produite dans les muscles et à la distribuer à tous les organes, et notamment au système nerveux. *Le muscle n'est pas seulement un organe mécanique ou moteur capable de transformer l'énergie électrique en travail : il est en même temps* PRODUCTEUR D'ÉNERGIE, *et c'est lui qui la fournit aux nerfs.*

Le système nerveux, au contraire, n'est pas ou presque pas générateur d'énergie; il est formé de conducteurs et de répartiteurs de l'électricité produite dans les muscles.

Telle est, esquissée à grands traits et en laissant de côté les développements secondaires, la conception nouvelle de l'organisme animal à laquelle M. Solvay a été conduit de déduction en déduction, et que M. Héger et les autres collaborateurs de M. Solvay ont accepté comme canevas et comme programme de leurs travaux.

On peut contester le point de départ de tout le raisonnement, notamment l'idée que l'animal doit nécessairement être construit sur le type de l'un des moteurs réalisés jusqu'à présent par l'industrie humaine, notamment aussi l'affirmation que l'animal transforme en travail 50, 60 ou 90 %, de l'énergie provenant de la combustion organique. On critiquera peut-être aussi l'introduction en cette matière de la méthode déductive, pour laquelle les physiologistes n'ont plus une grande vénération. Mais, quelle que soit l'opinion que l'on professe à l'égard du programme de l'Institut Solvay, on ne peut qu'applaudir à l'initiative généreuse de son fondateur. De tels exemples sont trop rares et trop méritoires pour qu'on ne les encourage pas de toutes façons.

Au reste, l'Institut Solvay possède un outillage scientifique de premier ordre, mis libéralement à la disposition des chercheurs. Ceux-ci, n'en doutons pas, sauront s'en servir en toute liberté.　　LÉON FREDERICQ.

Locard (Arnould). — Les Coquilles marines des côtes de France. *Grand in-8° de 400 pages avec 348 fig. J.-B. Baillière et fils, Paris*, 1892.

Caractères des familles et des genres; description, suffisamment détaillée, de toutes les espèces. Les principales sont représentées à petite échelle. — La disposition typographique du volume permet de le consulter rapidement.

4° Sciences médicales.

Trabut (L.), Professeur à l'Ecole de pharmacie d'Alger. — Précis de Botanique médicale. 1 *vol. in-8°* (*Prix*, 8 *francs*). *Masson, Paris*, 1891.

Le livre de M. Trabut est un volume de 700 pages, renfermant plus de 800 figures; le texte est clair, précis, bref, les figures sont très soignées; il rendra de réels services aux étudiants en médecine et en pharmacie, il est assuré du succès.

Dans la première partie, la plus importante, l'auteur traite de la Botanique spéciale, en suivant constamment le même ordre : en étudiant un grand groupe, il donne un tableau des caractères distinctifs des familles qui le composent; en étudiant une famille, il établit une clef des genres, et pour certains genres, une clef des espèces; puis, chaque espèce est décrite plus ou moins longuement suivant son importance médicale. Les Phanérogames occupent naturellement une grande place dans ce livre, comme l'exige leur emploi en matière médicale. Mais les deux chapitres qui, à notre avis, sont les plus remarquables, se rapportent aux Champignons et aux Bactéries; M. Trabut les a écrits avec un soin tout particulier en tenant compte des Mémoires les plus récents. C'est ainsi que le lecteur est mis au courant des travaux de Linossier et Roux sur le champignon du Muguet, de Hansen sur les Levûres, de Winogradsky sur la fermentation nitrique et les Sulfobactéries, des résultats des nombreux auteurs qui ont étudié les bactéries pathogènes, et de la théorie de Metchnikoff sur l'action des phagocytes. Il y a joint comme annexe l'étude des Protistes dont la connaissance est intéressante pour le médecin et le pharmacien, tels que les Grégarines, les Coccidies, les Microsporidies, etc., d'après Schneider, Balbiani, Laveran, Danilewsky, etc.

La deuxième partie, ou Botanique générale, dont une bonne partie doit être connue du lecteur pour comprendre la première, est fort bien exposée. L'auteur, comme dans la partie précédente, a soigneusement mentionné les meilleurs travaux récents; on y trouve, par exemple, résumé ce que nous avons appris dernièrement : Guignard, sur les localisations des principes actifs chez le Laurier-cerise et chez les Crucifères; Strasburger et Guignard sur la division cellulaire et les phénomènes de la fécondation, etc. En résumé, le livre de M. Trabut est bien fait, bien au courant de la science, et fait honneur à son auteur.　　　C. SAUVAGEAU.

Lagrange (D' Fernand). — De l'exercice chez les adultes. — *in-12*, 367 p. (3 *fr.* 50). *F. Alcan*, 108, *boulevard Saint-Germain. Paris*, 1891.

Comme l'*Hygiène de l'exercice chez les enfants et les jeunes gens*, dont la *Revue* a précédemment rendu compte [1], ce nouveau livre du D' Lagrange est une application des théories et des observations contenues dans sa *Physiologie des exercices du corps*. Comme ses deux aînés, c'est aux observations et non aux théories qu'il contient que nous pouvons attacher sa valeur réelle, car M. Lagrange est un observateur consciencieux, qui a le mérite d'avoir pratiqué à peu près tous les genres de sport: il a noté avec soin les effets objectifs des divers exercices, et les modifications de l'organisme directement saisissables. Aussi quand il passe à la pratique, on peut avoir confiance en lui pour déterminer quel est l'exercice qui essouffle le plus ou pour choisir les meilleures méthodes d'entraînement. Comme il est médecin en même temps que sportman, il a su aussi fixer les indications et les contre-indications de chaque exercice suivant les *tempéraments* et les *diathèses*. C'est là la partie la plus intéressante de son nouveau livre, à cause de cette double compétence.

Mais il a tenu à toujours expliquer ses faits; souvent cette explication est une vulgarisation agréable des

[1] Voyez la *Revue* du 15 avril 1890, t. I, page 216.

données classiques de l'anatomie et de la physiologie; malheureusement, d'autres fois, M. Lagrange fournit des théories personnelles contestables. Il croit, par exemple, que le tireur dont le poids diminue de 1500 grammes en une séance d'escrime a brûlé ce poids énorme de ses tissus par son travail; il ne songe point à tenir compte de l'eau évaporée.

Nous avons déjà fait à cette place quelques objections à la théorie des réserves azotées dont la destruction constituerait l'acte essentiel de l'entraînement, théorie créée pour expliquer l'intéressante observation de l'auteur sur la relation entre la courbature et les sédiments uratiques de l'urine. M. Lagrange fait aujourd'hui cette triomphante réponse : « Ne sait-on pas que l'homme, après plusieurs jours d'abstinence complète, continue à éliminer un produit azoté qui s'appelle l'urée? Où prend-il l'azote nécessaire à faire de l'urée, sinon dans la substance même de son corps? Il y a donc bien dans l'économie humaine des matériaux *azotés* qui se brûlent en dehors de tout apport alimentaire. Et ce sont ces matériaux — qu'ils proviennent du nom des muscles — que nous persistons à appeler des réserves azotées. » En dernière analyse, ce serait donc la destruction des muscles qui constituerait l'entraînement? Nous ne pensons pas que M. Lagrange aille jusqu'à cette conséquence paradoxale, mais logique, de ses idées. En tout cas, il annonce des expériences sur ce sujet, avec analyses des urines. Nous serons heureux de voir apporter de nouveaux faits pour l'étude de cette question, où les matériaux sont pratiquement très difficiles à réunir.　　　L. LAPICQUE.

J. Gorgon. — Les traitements de la tuberculose d'après l'état actuel de la science. Un *vol. in-12*, (3 *fr.* 50) *G. Masson éditeur, Paris*, 1891.

Hermann Weber — Des climats et des stations climatiques. *Traduit de l'anglais par le D, P. Rodet. Un vol. in-8°. Société d'éditions scientifiques, 4, rue Antoine Dubois, Paris*, 1891.

Depuis la découverte de Koch, annoncée avec tant de fracas, les traitements préconisés contre la tuberculose ne se comptent plus. Dans le livre de M. Gorgon nous ne trouvons pas l'exposé de ces traitements nouveaux; tout au contraire ses premières pages sont consacrées presque exclusivement aux méthodes anciennes, et surtout, si nous pouvons nous exprimer ainsi, au traitement géographique. L'auteur s'attache en effet à étudier les conditions climatériques qui sont soupçonnées exercer une influence sur la marche de l'affection. On a beaucoup écrit sur l'action de la température ambiante, de l'altitude, des vents; les médecins qui ont publié des mémoires sur ce sujet, trop souvent intéressés par leur situation dans les stations thermales ou hivernales, ont encore invoqué des considérations physiologiques parfois étranges. On est surpris de voir M. Gorgon recommander une vive lumière, un ciel bleu et limpide, *parce que* la lumière solaire exerce une action destructive sur le bacille de la tuberculose! De ce que le nombre des globules rouges est plus considérable sur les hauts plateaux qu'au bord de la mer, l'auteur déduit que les altitudes élevées agissent heureusement sur l'organisme des phtisiques en déterminant une suractivité de la fonction hématopoïétique. Avant d'admettre cette hypothèse, il conviendrait cependant d'examiner comment se fait cette multiplication des hématies chez les phtisiques et si elle peut réellement contribuer à améliorer leur état.

Le livre de M. Hermann Weber est écrit dans le même esprit. L'auteur préconise, pour les phtisiques, les stations élevées, la plus grande mobilité des atomes de l'air raréfié suppléant par la promptitude de leur action à la réduction de leur nombre!! N'insistons pas.

On trouvera dans ces deux ouvrages une nomenclature complète de toutes les stations du globe où les médecins envoient les tuberculeux, avec quelques renseignements sur les indications et contre-indications pour chacune d'elles.　　　L. O.

ACADÉMIES ET SOCIÉTÉS SAVANTES

DE LA FRANCE ET DE L'ÉTRANGER

ACADÉMIE DES SCIENCES DE PARIS

Séance du 4 janvier 1892.

1° Sciences mathématiques. — M. H. Poincaré : Sur un mode anormal de propagation des ondes. — M. Hermite lit une notice sur M. L. Kronecker, correspondant pour la section de géométrie, décédé à Berlin le 29 décembre 1891.

2° Sciences physiques. — M. Gouy a repris la question des différences de potentiel au contact des métaux ; il compare entre elles et avec celle du mercure les tensions superficielles de divers amalgames liquides, plus ou moins polarisés, par la méthode suivante : ces amalgames, à 1/1000 en général, sont disposés dans un électromètre capillaire dont l'acide sulfurique communique par un siphon avec un autre vase contenant également de l'eau acidulée et du mercure ; ce mercure et la colonne de l'électromètre capillaire sont d'autre part reliés à un électromètre à quadrants ; le ménisque de la pointe effilée est amené toujours au même point, en faisant varier la hauteur de la colonne. On note cette hauteur et la différence apparente du potentiel δ, indiquée par l'électromètre à quadrants. Les expériences ont montré que pour une même valeur de δ, les hauteurs des colonnes, c'est-à-dire les tensions superficielles, du mercure et des amalgames sont sensiblement les mêmes. M. Gouy déduit les conséquences de cette constatation. — M. Th. Moureaux calcule la nature absolue des éléments magnétiques au 1er janvier 1892 pour le parc Saint-Maur et Perpignan. — M. Moureaux, ayant signalé récemment la coïncidence de quelques coups de foudre au voisinage de l'Observatoire avec certains petits mouvements des barreaux des magnétomètres, M. Em. Marchand a recherché, dans les tracés de l'Observatoire de Lyon, la marque de l'octane normaux coïncidant avec des coups de foudre notés dans le journal de l'Observatoire ; il a obtenu un relevé assez nombreux de faits de ce genre. — M. Maquenne, en chauffant quelques instants au rouge vif dans une atmosphère d'azote pur et sec des amalgames riches de baryum, de strontium et de calcium, a obtenu les azotures de ces métaux. — M. Konovaloff a reconnu que l'on peut nitrer directement l'hexane et l'octane normaux par l'acide azotique faible, comme il l'avait montré dans une précédente communication pour le nononaphtène.

3° Sciences naturelles. — MM. A. Gautier et R. Drouin, continuant la discussion avec MM. Th. Schlœsing fils et Laurent, maintiennent leur réclamation de priorité relativement au rôle actif des algues sur l'enrichissement des terres en azote ; ils maintiennent aussi leurs réserves sur le point de la fixation d'azote libre. — M. S. Jourdain, reprenant l'étude du développement de la *Sagitta*, a reconnu inexacte la conception de Kowalewski et de Bütschli, à savoir que la cavité archentérique, apparue au stade *gastrula*, donne naissance à la fois à la cavité générale et au tube digestif. Chez les sagitta, comme partout, cette cavité donne naissance au tube digestif seul, et la cavité mésoblastique se forme par délamination entre l'épiblaste et l'hypoblaste. — M. A. Delebecque a exploré le lac du Bourget et les lacs les plus importants des Alpes et du Jura ; il donne les résultats des sondages. Il a étudié aussi la marche des températures dans la profondeur, et il a reconnu que la forme et l'orientation des lacs exercent une influence considérable sur cet ordre de phénomènes.

Mémoires présentés. — M. C. Canovetti adresse un mémoire intitulé : Evaluation du débit d'un déversoir sans contraction latérale au moyen de la surface supérieure et inférieure de la nappe. — M. F. Fromholt adresse une note intitulée : De la perforation des roches, du sciage, du moulurage et du tournage des pierres dures à l'aide du diamant.

Séance du 11 janvier 1891.

1° Sciences mathématiques. — M. A. Markoff : Sur la série hypergéométrique. — M. G. Kœnigs : Sur les réseaux plans à invariants égaux et sur les lignes asymptotiques. — M. V. Jamet : Sur les séries à termes positifs. — M. H. Resal : Sur les résistances et les faibles déformations des ressorts en hélice. — M. Bouquet de la Grye en présentant son ouvrage intitulé : *Paris port de mer*, expose brièvement le plan de cet ouvrage où la question est traitée tant au point de vue technique qu'au point de vue économique. — MM. C. Fabre et Andoyer ont essayé comparativement, sur la lune, pendant son éclipse du 13 novembre dernier, diverses espèces de plaques photographiques orthochromatiques. Les plaques Lumière, ainsi que des plaques au collodiobromure préparées par les auteurs mêmes, se sont montrées sensibles aux radiations rouges et jaunes émises par la partie éclipsée ; le collodiobromure additionné d'éosine ou de cyanine a donné de meilleurs résultats.

2° Sciences physiques. — M. H. Le Chatelier reprend la théorie du regel au point de vue suivant : dans une masse pulvérulente, comme la neige, comprimée par le poids des couches supérieures, les parties solides et les parties liquides, la glace et l'eau, ne supportent pas la même pression. M. Le Chatelier montre comment on peut appliquer à un tel système le principe de Carnot et tirer de ce principe une théorie rendant suffisamment compte des faits. La théorie s'applique à des corps quelconques et peut expliquer le durcissement, dans le sol et à l'abri de toute évaporation, des bancs de sel gemme, de gypse, de carbonate de chaux, etc. Expérimentalement, l'auteur a obtenu des blocs compacts de divers sels très solubles maintenus plusieurs jours sous pression en leur solution saturée. — M. V. Chabaud présente un nouveau modèle de thermomètre à renversement destiné à l'exploration des températures sous-marines ; le dispositif nouveau a pour but d'éviter une rupture intérieure qui se produisait très fréquemment dans l'ancien modèle au moment du renversement et faussait les indications de l'instrument. — M. H. Gilbault a cherché à déterminer avec précision, dans l'hygromètre à condensation, la température de la surface sur laquelle se produit le dépôt de rosée ; dans les appareils connus, cette température n'est mesurée que médiatement. M. Gilbault détermine la température de la couche de platine où se fait la condensation dans son appareil, au moyen de la variation de la résistance électrique de cette lame de platine. — M. E. Branly avait montré antérieurement que la déperdition de l'électricité positive au contact métallique, illuminé par des rayons très réfrangibles, est très sensible et peut même devenir presque égale à la déperdition de l'électricité négative. Dans ces expériences, l'éclairage était donné par la décharge d'une bouteille de Leyde reliée aux deux pôles d'une bobine de Ruhmkorff à interrupteur rapide. Il a repris les expériences avec l'arc voltaïque comme source lumineuse ; dans ces conditions, la déperdition positive est petite, mais nullement négligeable par rapport à la déperdition négative. M. Branly s'est servi pour ces recherches d'un électroscope particulier qu'il décrit; il signale, à propos de la construction de cet appareil, que le soufre et la paraffine sont de bons isolants, tandis que la gomme laque ne convient pas pour l'étude de la déperdition par l'air. — A propos de la note récente de M. Le Châtelier sur les borates métalliques, M. Ditte rappelle que dans des recherches communiquées à l'Académie en 1873 et 1875, il avait préparé le borate neutre pur par un procédé peu différent de celui de M. Le Châtelier ; il maintient que les cristaux qu'il a analysés étaient parfaitement purs. — M. G. Rousseau, calcinant du manganate de potasse au contact d'un fondant alcalin, a obtenu une série de manganites hydratés analogues aux manganites de soude qu'il a fait récemment connaître. — M. J. Meunier, réduisant par le zinc et l'acide acétique l'α-hexachlorure de benzène, a obtenu comme produit unique de réduction du benzène pur. — M. P. Petit a étudié la marche de transformation de l'amidon en dextrine par le procédé de Payen, c'est-à-dire le chauffage en présence d'une petite quantité d'acide nitrique ; on obtient une proportion de glucose d'autant plus faible qu'on met moins d'acide et qu'on chauffe plus longtemps. — M. A. Arnaud a extrait de la graine du *Tariri*, Simarubée du Guatémala, une matière grasse nouvelle ; c'est le triglycéride d'un acide gras particulier, répondant à la formule $C^{16}H^{32}O^2$, appartenant par conséquent à la série non saturée $C^n H^{2n-4}O^2$; M. Arnaud a pu obtenir le dérivé bromé d'addition $C^{16}H^{32}Br^4O^2$. Il propose pour cet acide gras le nom d'*acide taririque*. — MM. Berthelot et G. André ont remarqué que l'acide humique, préparé par l'action de l'acide chlorhydrique sur le sucre ou l'amidon, s'oxyde spontanément à la lumière; cette oxydation dégage de l'acide carbonique; l'acide brun extrait de la terre végétale par la putasse à froid s'oxyde de même. Les microbes ne jouent aucun rôle dans le phénomène. — MM. Berthelot et André, qui avaient antérieurement signalé dans la terre végétale l'existence d'une quantité notable de soufre à l'état de combinaisons organiques, ont fait de nouvelles recherches sur le soufre organique ; le rapport avec le soufre à l'état de sulfate est très variable d'une terre à l'autre ; ces composés sulfurés sont très stables et ne sont oxydés qu'en partie par le chlore gazeux, même à chaud. La détermination du rapport entre le carbone, l'azote et le soufre organiques, donne lieu à des considérations intéressantes. — M. P. Pichard a étudié l'influence, dans les terres nues, des proportions d'argile et d'azote organique sur la fixation d'azote atmosphérique, sur la conservation de l'azote et sur la nitrification.

3° Sciences naturelles. — M. G. Pouchet, en pratiquant des pêches au filet fin dans un détroit des îles Féroë balayé par des courants rapides, a trouvé constamment en abondance des algues jaunâtres, qui donnent aux eaux de la mer leur couleur verte. Parmi les algues, il s'en trouve une jusqu'ici non décrite, que M. Pouchet avait déjà signalée en 1882 sur la côte de Laponie. M. Hariot lui a donné le nom de *Tetraspora Poucheti*. — M. A. Chatin a fait l'étude chimique des *Terfâs* ou *Kamès* d'Afrique et d'Asie, ainsi que du sol dans lequel poussent ces champignons ; la terre des terfazières, bien que d'aspect très différent de la terre des truffières, contient à peu près autant de chaux, d'azote et d'acide phosphorique, mais moins de potasse que celle-ci. La comparaison des Terfâs et des truffes montre que la proportion d'azote est sensiblement la même, mais que les premiers renferment moins d'acide phosphorique et de potasse. — M. A. Pomel a observé dans le sud oranais le *Sciurus getulus* ou Ecureuil de Barbarie ; il a pu vérifier l'exactitude de la description de Gervais, faite sur des exemplaires provenant du Maroc. — M. J. Lajard a reconnu que la *langue sifflée* employée aux Canaries, principalement à l'île de la Gomère, n'est autre chose que l'espagnol, à l'articulation duquel on superpose un sifflement. — M. J. Seunes a pu déterminer l'âge, très mal connu jusqu'ici,

des calcaires qui dominent la vallée d'Aspe (Pyrénées) c'est du Turonien, avec *Hippurites*, etc., reposant en discordance sur du terrain primaire.

Mémoires présentés. — M. Duponchel adresse une nouvelle lettre relative à la circulation des vents à la surface du globe. — MM. L. Brune et L. Benet adressent la description et le dessin d'un appareil destiné à prévenir les collisions sur les voies ferrées.

,L. Lapicque.

ACADÉMIE DE MÉDECINE

Séance du 22 décembre 1891.

L'Académie procède au renouvellement de son bureau pour l'année 1892. — M. Villemin est proclamé vice-président pour 1892. — M Cadet de Gassicourt est élu secrétaire annuel. — MM. Lancereaux et Leblanc sont élus membres du Conseil pour 1892. — Panas : Rapport sur un mémoire de M. le D' Dransart concernant le traitement des granulations par les injections sous-conjonctivales de sublimé.

Séance du 29 décembre 1891.

M. le Président annonce à l'Académie la mort de M. Moutard-Martin, ancien président. Selon l'usage, la séance est levée en signe de deuil.

Séance du 5 janvier 1892.

M. le Président annonce à l'Académie le nouveau malheur qui vient de l'atteindre en la personne de M. Richet, ancien président (voir à la page 75 la notice nécrologique sur ce chirurgien). Après l'installation du Bureau pour 1892, M. Regnault, président pour 1892, lève la séance en signe de deuil.

Séance du 12 janvier 1892.

M. F. Arnould (de Lille):Épidémie de fièvre typhoïde, en 1891, sur les troupes de Landrecies, Maubeuge et Avesnes. De l'étude à laquelle s'est livré l'auteur, il résulte que, dans cette épidémie englobant les trois places dont il s'agit, le rôle de l'eau, comme véhicule du contage, a été incertain, mais qu'en revanche, le rôle de l'homme dans la diffusion épidémique, par contagion directe ou indirecte, a été capital. La prophylaxie, qui s'est adressée aux locaux et aux objets à l'usage des groupes infectés, a été seule suivie de l'extinction de l'épidémie. — M. A. Robin : De la calcification gypseuse des ganglions lymphatiques (*Adénogypsose* ou maladie des stucateurs). L'analyse chimique des calcifications ganglionnaires du malade donna les résultats suivants pour 100 grammes de matière : 35 gr. 25 de matières organiques, 44 gr. 78 de phosphate de chaux et 19 gr. 98 de sulfate de chaux. Il s'agissait donc d'une pneumoconiose spéciale non encore décrite, qui frapperait les stucateurs, et due à l'absorption respiratoire et digestive du plâtre réduit en fine poussière. Cette communication donne lieu à une discussion entre l'auteur et M. Ollivier. — M. Charpentier : Recherches expérimentales sur un cas de néphrite infectieuse puerpérale. L'auteur rappelle sa communication antérieure concernant une malade qui avait présenté une néphrite infectieuse, commeaccident puerpéral tardif. De l'étude de l'auteur il résulte qu'il y a eu néphrite, puis urémie due à la rétention des produits toxiques de l'urine. Les phénomènes cliniques présentés par la malade ont été reproduits expérimentalement chez les animaux, fait prouvant la toxicité des urines. — M. Gayet (de Lyon): Un essai de restauration osseuse de la face. Ce cas se rapporte à un enfoncement de l'os du malaire. Des trous, pratiqués le long des bords latéraux de l'os et réunis ensuite, permirent de soulever le fragment osseux qui fut maintenu dans cette position à l'aide de clous de platine bicoudés. La guérison fut obtenue facilement.

SOCIÉTÉ DE BIOLOGIE

Séance du 9 janvier 1892.

M. **Guignard** fait les plus expresses réserves sur les conclusions de la communication de M. Fayod à la séance précédente (pénétration des poudres insolubles à travers les membranes cellulaires, démonstration d'une structure spiralée du protoplasma). — M. **A. Giard** fait remarquer que le champignon parasite des acridiens signalé récemment par M. Brongniart ne peut être un *Botrytis*, comme le croit cet auteur, ni même une Isariée ; c'est probablement le *Lachnidium acridiorum* (Giard). M. Brongniart donne comme nouvelles des observations sur la couleur des criquets ; ces faits sont connus depuis longtemps. — M. **Pilliet** a fait l'étude histologique des érosions hémorragiques de la muqueuse de l'estomac, principalement des premières phases de cette lésion, et des diverses évolutions qu'elle peut subir. — MM. **Rudet** et **Pourrat** ont fait des pneumothorax expérimentaux ; ils ont d'abord constaté que l'introduction dans la cavité pleurale d'air privé de germes ne donne lieu à aucune réaction inflammatoire ; cet air est résorbé lentement, une partie de l'oxygène est remplacée par de l'acide carbonique ; les auteurs étudient ensuite les troubles respiratoires et circulatoires qui sont la conséquence d'une communication plus ou moins large de la cavité pleurale avec l'extérieur. — M. **Thélohan** a observé plusieurs Coccidies nouvelles parasites de poissons ; il décrit chez ces parasites des formations de spores particulières. — M. **Retterer** répond à l'ensemble des attaques dirigées par M. Stöhr contre ses travaux sur l'origine et l'évolution des amygdales chez les mammifères. Après avoir montré ses procédés et sa méthode ne méritent pas les reproches formulés par M. Stöhr, il fait remarquer que les conclusions de cet auteur, appuyées d'ailleurs sur des recherches insuffisantes, ont pour point de départ une erreur générale, aujourd'hui reconnue, à savoir la confusion entre des leucocytes émigrés et des cellules épithéliales de forme particulière. Enfin il indique une méthode simple pour vérifier sur le cobaye les différents stades de l'évolution du tissu *angiothelial* reconnu par lui sur des embryons de divers mammifères. — M. **A. Borrel** décrit un mode de formation cellulaire intranucléaire pouvant éveiller à tort l'idée de parasites dans l'épithélioma.

Séance du 16 janvier.

M. **Féré** a déterminé la dose toxique des bromures de cobalt, de chrome, et d'aluminium. — M. **Féré** rapporte avoir observé plusieurs fois chez les épileptiques des plaques de pelade apparaissant très rapidement, et guérissant spontanément assez vite. — M. **Dewevre** a constaté que chez la grenouille en hibernation, le glycogène du foie disparaît rapidement ; au début de l'hibernation, les muscles renferment deux fois plus de glycogène qu'en été ; ce glycogène disparaît peu à peu. — MM. **Achard** et **Hartmann**, dans un cas de fièvre uréthrale type, ont trouvé dans l'urine du malade, puisée aseptiquement dans la vessie, le *Bacillus Coli communis* à l'état de pureté. — M. **H. Surmont** a étudié la toxicité urinaire dans les maladies du foie ; il a reconnu que cette toxicité est notablement augmentée toutes fois que le parenchyme hépatique est altéré ; il n'y a pas de rapport entre l'ictère et la toxicité urinaire. — M. **Et. Jourdan** a observé dans la cavité péritonéale des *Sipunculus nudus* des cellules endothéliums portant des cils vibratils ; à propos de ce fait, il examine les rapports des endothéliums et des épithéliums au point de vue de l'anatomie générale. — M. **A. Giard**, à propos d'un turbot pêché à Wimereux, qui avait conservé partiellement la symétrie bilatérale, examine au point de vue évolutionniste la déformation des Pleuronectes et les anomalies de cette déformation. — M. **G. Pouchet** : Sur une algue pélagique nouvelle. (Voir C. R. 11 janv. 1892). — M. **G. Pouchet** rapporte que dans le voisinage d'une pêcherie de baleines, en

Islande, à l'endroit du rivage où sont reléguées les carcasses des cétacés dépecés, les asticots sont si nombreux, qu'ils rongent la côte voisine en allant s'y enfouir pour la métamorphose et qu'ils ont formé comme une moraine en faisant rouler les galets. — M. **M. Frenkel** décrit le tissu conjonctif du lobule hépatique de divers mammifères, tel qu'il l'a obtenu en enlevant sur les coupes les cellules hépatiques soit par l'agitation dans l'eau, soit par le pinceau.

L. **Lapicque.**

SOCIÉTÉ FRANÇAISE DE PHYSIQUE

Séance du 15 janvier 1892

M. **Friedel**, président sortant, résume les travaux de l'année 1891. Il rappelle que la Société de physique a failli prendre naissance autrefois au sein de la Société chimique. Würtz était d'avis qu'on pût traiter devant la Société des sujets de physique ; une faible majorité repoussa sa proposition. Peut-être vaut-il mieux, ajoute M. Friedel, que la Société de physique ait été organisée par une initiative tout à fait indépendante, pour bien marquer qu'il faut voir dans les deux sciences voisines plutôt des voies marchant vers un même but que des branches divergentes issues d'un même tronc. — M. **Violle**, vice-président, devient président. — M. **Lippmann** est élu vice-président.

M. **Carvallo** développe la démonstration du théorème relatif aux fonctions de machines, qu'il a communiqué précédemment à la Société mathématique[1]. Le théorème, dont on trouvera l'énoncé, dans la *Revue*, à l'endroit cité, s'applique à deux machines de même type, c'est-à-dire dans lesquelles les équations ont même forme et ne diffèrent que par les valeurs des coefficients caractéristiques, supposés au nombre de trois au plus. On suppose les machines sans fer : pour que le théorème fût applicable à des machines à induit en fer, il faudrait supposer la perméabilité constante. Pour deux pareilles machines, on pourra rendre le équatio ns identiques par de simples changements des trois unités fondamentales qui rendent les valeurs numériques des trois coefficients de l'une identiques aux valeurs numériques des coefficients de l'autre ; et le changement d'unités qui amènera ce résultat est toujours possible, à moins qu'il n'y ait entre les trois coefficients, considérés comme fonctions des unités fondamentales (ces fonctions étant représentées par les formules de dimension), une relation identique. — M. **Hospitalier** rend compte des principales nouveautés qu'il a vues à l'exposition de Francfort. La grande innovation est l'emploi des champs tournants, et spécialement des courants *triphasés*. Ces courants, décalés comme leur nom l'indique de ⅓ de période l'un par rapport à l'autre, ont la propriété d'avoir constamment une somme algébrique nulle ; de sorte qu'on peut les conduire avec trois fils seulement, chaque fil servant de fil de retour au système des deux autres. On peut grouper ces trois fils *en triangle* ou *en étoile*. Dans le premier cas, ils aboutissent aux trois sommets d'un triangle de fil conducteur ; et les trois côtés de ce triangle sont *successivement* parcourus par le courant. Si la fréquence est faible, on peut voir à la lueur rouge produite par le passage du courant dans le fil se déplacer à travers les côtés du triangle : c'est l'expérience d'Ayrton[2]. En étoile, les trois fils aboutissent à un même point, on peut les terminer par trois filaments de charbon concourant en un point, on a ainsi une lampe Edison à trois brins. M. Hospitalier fait l'expérience avec trois lampes ordinaires placées sur le trajet de trois fils, qui vont ensuite se réunir en ce point. Il décrit une machine qui a été exposée à Francfort et qui peut servir à volonté aux trois transformations de travail mécanique en courant continu ou bien en courants triphasés, et aux trois transformations inverses.

[1] Voir le compte rendu des séances des 2 et 16 décembre 1891 dans la *Revue* du 30 décembre. t. II, p. 835.
[2] *Revue générale des Sciences*, t. II, p. 837.

Il suffit d'adapter à un anneau Gramme trois bagues collectrices reliées à trois points de l'anneau à 120°. Des machines analogues produisent les mêmes transformations avec des courants à deux phases seulement. Sur les expériences de force, la commission ne s'est pas encore prononcée : on ne peut donc porter encore un jugement définitif. A Lauffen, on produit directement les courants triphasés à grand débit et à basse tension : 50 volts. On les transforme au moyen de trois transformateurs plongés dans du pétrole pour assurer un bon isolement, et dont le coefficient de transformation est 160, ce qui donne 8,000 volts; trois fils amènent les trois courants à Francfort, où on les retransforme pour les utiliser à volonté. Le grand avantage des moteurs à courants polyphasés est qu'ils n'ont pas de balais, pas de collecteurs; par suite pas d'étincelle et pas de danger. — M. Hospitalier a vu encore l'arc voltaïque éclatant entre deux charbons à une tension de 20.000 volts. L'arc peut atteindre 1ᵐ20 de longueur; il est courbe, parce que l'air chaud qui l'entoure tend à monter et l'infléchit vers le haut. A Francfort, on n'a pas encore pris de décision définitive relativement à la nomenclature électro-technique proposée par M. Hospitalier; mais il en a été sérieusement question, et l'on peut espérer que le Congrès des électriciens, qui se réunira à l'exposition de Chicago, sanctionnera l'adoption de cette nomenclature qui introduira dans le langage une importante simplification. — M. Guillaume donne communication d'une lettre que lui a adressée M. Ziloff, de Varsovie; dans son laboratoire, M. Bernacki a répété avec succès les expériences de M. Lecher; il les a modifiées en bifurquant chacun des deux fils rectilignes parallèles; le double fil dérivé pouvant rejoindre plus loin le système des deux fils principaux; il a étudié l'effet produit sur un tube de Geissler placé au bout des deux fils parallèles, lorsqu'on déplace un ou plusieurs ponts conducteurs sur les fils principaux ou sur les fils dérivés. — M. Guillaume parle ensuite du rendement photogénique des foyers lumineux. Une faible partie de l'énergie calorifique dépensée est transformée en énergie vibratoire de l'éther : le rapport de cette énergie vibratoire totale à l'énergie dépensée pourrait s'appeler le *rendement organique* de la source; mais ensuite il y a encore un déchet considérable, car de cette énergie vibratoire de l'éther, une partie seulement produit un effet appréciable à notre œil : la fraction utilisée est le *rendement photogénique*. On a souvent donné des évaluations grossièrement inexactes de ce rendement photogénique, parce qu'on l'a évalué en se fondant sur l'absorption des radiations invisibles par l'eau : or il est bien vrai que la majeure partie de l'énergie invisible est absorbée par l'eau; mais il reste encore une fraction de cette énergie invisible qui est environ le 1/20 de l'énergie totale et *qui est de l'ordre de dix fois l'énergie lumineuse visible*; aussi au lieu de trouver des nombres de l'ordre de 1/20, on a trouvé des nombres de l'ordre de 1/5. On obtient la valeur exacte en considérant les courbes donnant l'énergie des radiations en fonction de la longueur d'onde et comparant l'aire limitée par la courbe entre les ordonnées correspondant aux rayons visibles extrêmes, à l'aire totale. MM. Desains et Curie ont tracé ces courbes pour quelques sources jusqu'à des radiations voisines des sept microns. M. Langley a reculé de beaucoup cette limite et a porté cette étude à une grande perfection. Encore ce *rendement photogénique*, défini comme précédemment, n'a-t-il pas une signification correspondant bien à une réalité. Il faudrait multiplier l'intensité de chaque radiation par un coefficient représentant la sensibilité de l'œil pour cette radiation, et alors le produit dépendrait de l'œil particulier choisi. M. Witz a fait récemment des déterminations intéressantes d'énergie dépensée pour donner de la lumière : il a trouvé que pour donner avec un arc voltaïque un carcel-heure, il faut dépenser *aux bornes* de l'arc une quantité d'énergie qui vaut quatre calories, ce qui fait une quarantaine de calories de dépense totale; avec une bougie ordinaire, on dépense 726 calories par carcel-heure. C'est un gaspillage d'énergie énorme. Les travaux de Langley sur le *pyrophorus noctilucus* montrent au contraire que toutes les radiations produites par cet insecte sont des radiations lumineuses et des radiations auxquelles notre œil est le plus sensible, ce qui semble montrer que l'œil humain et l'œil du pyrophorus ont leur maximum de sensibilité pour les mêmes rayons.

Bernard BRUNHES.

SOCIÉTÉ CHIMIQUE DE PARIS
Séance du 22 janvier 1891.

M. Lapicque a eu l'occasion de se servir de la méthode colorimétrique pour le dosage du fer en très petites quantités, par exemple dans les organes des animaux nouveau-nés. Les résultats qu'il a obtenus par cette méthode ont été confirmés depuis par des chimistes qui ont employé une autre méthode. M. Lapicque ne se sert pas d'une solution type de sulfocyanate, mais bien d'un verre rouge, étalon, choisi spécialement. La proportion de sulfocyanate reste invariable et on reste toujours avec la même nuance. M. Riban dit que les critiques qu'il avait formulées récemment sur le dosage colorimétrique du fer lui paraissent d'une application générale; il ne voit pas l'avantage de l'emploi d'un verre rouge plutôt que d'une solution type de sulfocyanate. Le rapport $\frac{P}{p}$, que donne le dosage, n'est pas exact, même avec un excès de sulfocyanate; avec de petits chiffres les erreurs absolues sont faibles, mais les erreurs relatives fortes. M. Lapicque répond que la coloration est proportionnelle au volume et non pas au fer, si le sulfocyanate reste constant. Le morceau de verre est nécessaire parce qu'il est choisi pour la teinte la plus sensible et que la solution de sulfocyanate s'altère spontanément. — M. Genvresse a obtenu par l'action du chlorure de sulfuryle sur l'acide pyruvique les acides, mono et bichlorés; le second de ces acides cristallise facilement. — M. Maquenne a continué l'étude des azotures qui se forment quand on fait passer l'azote sur l'amalgame de baryum chauffé au rouge cerise. Les azotures ainsi obtenus ne sont pas francs, cependant on peut en faire l'analyse au moyen de l'action de l'eau; il se dégage d'abord de l'hydrogène, et par la distillation on obtient de l'ammoniaque. On arrive ainsi à la formule Ba³Az². Avec le strontium, dont l'auteur a pu préparer des amalgames contenant jusqu'à 20 %, le mercure s'échappe facilement, et on obtient l'azoture exempt de mercure; il n'est pas cristallisé; mais quand on le traite par l'eau, il ne dégage pas d'hydrogène, mais seulement de l'ammoniaque. La formule que donne son analyse est Sr³Az². L'action de l'alcool ne donne pas d'amines; l'auteur continue cette étude. — MM. J.-A. Le Bel et A. Combes rappellent leur précédente communication sur l'alcool benzylique dérivé de la mannite et celui obtenu de synthèse au moyen de l'acétylacétone. Ils avaient conclu de leurs expériences que l'alcool dérivé de la mannite a pour formule

$$C^2H^5-CHOH-C^3H^7.$$

Ils ont fait la synthèse de cet alcool en distillant un mélange de propionate et de butyrate de chaux et hydrogénant l'acétone obtenue; ils ont obtenu un alcool qui, conformément à leur prévision, devient dextrogyre, comme celui de la mannite après dédoublement.

A. COMBES.

SOCIÉTÉ FRANÇAISE DE MINÉRALOGIE
Séance du 14 janvier.

Une partie de la séance est consacrée aux élections. Le bureau pour 1892 est ainsi constitué : *président*, M. Mallard; *vice-présidents*, MM. Bourgeois et Offret; *secrétaires*, MM. Lavenir et Lacroix; *trésorier*, M. Jannettaz; *archiviste*, M. Michel. M. Wyrouboff, président sortant, prononce une allocution et transmet la présidence à M. Mallard.

MM. Bourgeois et Traube communiquent une note sur la synthèse de la dolomie par action (en tube scellé) du cyanate de potasse sur les chlorures de calcium et de magnésium. C'est une modification d'un procédé qui a permis à M. Bourgeois d'obtenir de nombreux carbonates. — M. A. Lacroix décrit des cristaux de magnésioferrite provenant du roc de Cuzeau (M¹ Dore). Ils présentent, comme ceux du Vésuve, des pénétrations de cristaux d'oligiste. Ces derniers forment le squelette des octaèdres de magnésioferrite, leur axe ternaire coïncidant avec un des axes ternaires de l'octaèdre. — M. Morel envoie une étude cristallographique d'un hydrate de carbonate de potassium et de l'hydrate d'oxyde de zinc. — M. Mallard continuant ses études cristallographiques et optiques sur les borates, passe en revue quelques borates de calcium, de strontium, etc. obtenus par M. Le Chatelier. Le corps le plus curieux de cette série est un borate de zinc cristallisant en dodécaèdres réguliers. — A. LACROIX.

SOCIÉTÉ MATHÉMATIQUE DE FRANCE

Séance du 20 janvier 1892.

M. Hermann fait une communication sur l'application de sa méthode de cryptographie aux changements de clef et aux dictionnaires chiffrés. On peut puiser toutes les clefs dans un livre, changer 30 fois de clef en retenant seulement une phrase de 100 lettres; une personne étrangère à la convention aurait besoin chaque fois, pour retrouver la clef dont on s'est servi, de faire un nombre d'opérations égal à $26^3 + 255$, si le livre où on puise les clefs a 400 pages. — M. Antomari démontre les propriétés fondamentales des tangentes aux coniques en considérant celles-ci comme des antipodaires de cercles. — M. F. Lucas indique une méthode d'intégration élémentaire pour l'équation différentielle des courants alternatifs induits lorsque la force électromotrice est une fonction périodique quelconque du temps. — M. Fouret donne une démonstration directe, fondée sur l'emploi de la formule de Taylor, de la règle qu'il a connnaître dans la séance précédente pour la détermination d'une limite inférieure des racines d'une équation algébrique entière. M. D'OCAGNE.

SOCIÉTÉ ROYALE DE LONDRES

Séance du 21 janvier 1892.

1° SCIENCES PHYSIQUES. — Le major Cardew fait une communication sur une méthode électrostatique différentielle pour mesurer les hautes résistances électriques. Cette méthode consiste à réunir les quadrants d'un électromètre ordinaire (quadrants que l'on relie d'une source de force électromotrice d'une assez grande intensité à à mettre en communication avec la terre l'aiguille ou index d'aluminium. L'objet dont on veut déterminer la résistance est mis en communication avec l'un des pôles de l'appareil, et l'autre pôle avec un objet présentant une résistance variable, appartenant au même ordre de grandeur, les extrémités libres sont réunies à la terre. Le centre de la batterie ou de la autre source de force électromotrice employée est alors, pendant un instant mis en communication avec la terre, de manière à mettre l'aiguille au 0° ; lorsque la communication avec la terre sera rompue l'aiguille déviera d'un côté ou de l'autre, à moins que la résistance au passage de l'électricité ne soit exactement égale aux deux pôles; dans ce dernier cas, l'aiguille restera toujours à 0°. On arrive à cet équilibre en observant les mouvements de l'aiguille et en faisant varier, d'après leur sens, la résistance qui sert de terme de comparaison. Le principe sur lequel repose la méthode est que des quantités égales de ce que l'on appelle communément les deux espèces d'électricité sont toujours produites en même temps. Aussi, dans une batterie voltaïque

parfaitement isolée, la différence de potentiel entre chacun des deux pôles et la terre pourrait-elle être déterminée en mettant momentanément en communication avec la terre l'une quelconque des lames métalliques. Dans de telles conditions, la plus imparfaite communication entre l'un des pôles et la terre, dût-elle opposer une résistance de plusieurs millions de mégohms, si son action n'est point contrebalancée par la mise en communication de l'autre pôle avec la terre, doit rapidement réduire à 0° le potentiel du pôle parfaitement isolé. On a arrangé en série sur un support d'ébonite 400 couples zinc-cuivre. La force électro-motrice obtenue, en humectant ces couples avec de l'eau acidulée était d'environ 350 volts. On s'est servi comme résistances comparatives de fils de soie blanche, de coton, de chanvre ou de lin, de ficelle, de rubans, de fil rouges. Voici les valeurs approximatives qui ont été obtenues :

Soie blanche à broder.......	2.505.000	mégohms par pouce	
Fil vert soie et coton.......	10.000	»	» »
Ruban à mesurer ordinaire.	1.400	»	» »

— MM. Arthur Schuster et A. W. Crossley présentent une note sur l'électrolyse du nitrate d'argent dans le vide. Il se produit quelques petites irrégularités, lorsqu'on se sert, pour mesurer l'intensité d'un courant électrique, du voltamètre à argent, ce sont ces irrégularités qu'ont étudiées MM. Schuster et Crossley. Lord Rayleigh avait fait remarquer l'une d'entre elles : à savoir que le dépôt d'argent laissé par une solution chaude était environ $\frac{1}{500}$ plus lourd que celui d'une solution froide. Il existe toujours aussi une différence de poids entre deux dépôts qui se produisent en même temps dans des vases de platine de taille différente. D'après MM. Schuster et Crossley, cette différence est due à la densité du courant à l'anode. Ils ont constaté aussi que les dépôts sont un peu plus considérables, lorsque l'électrolyse a lieu dans le vide que lorsque les voltamètres sont exposés à l'air libre à la pression ordinaire. Cette différence doit être rapportée à l'action de l'oxygène dissous ; lorsqu'en effet, on opère l'électrolyse dans une atmosphère d'oxygène, les dépôts obtenus sont moins considérables que dans l'air. Ces anomalies cependant n'empêchent pas de se servir utilement comme instrument de mesure du voltamètre à argent.

2° SCIENCES NATURELLES. — M. Anderson Stuart fait une communication sur le mécanisme de la fermeture du larynx. On croit généralement que l'occlusion du larynx pendant la déglutition, occlusion qui empêche les parcelles alimentaires de pénétrer dans les voies aériennes, est due à un mouvement de l'épiglotte, analogue à celui des pôles qui se ferment. MM. A. Stuart et A. Mac Camick ont récemment montré que c'est là une opinion insoutenable (Journal of Anatomy and Physiology. Janv. 1892). Mais il fallait déterminer alors par quel mécanisme se produit cette occlusion. Le professeur Stuart, a fait pour élucider cette question, une longue série d'observations dans des conditions exceptionnellement favorables. Un de ses malades était atteint d'un carcinome qui lui avait enlevé une partie considérable de la paroi latérale du pharynx, sans intéresser en rien le larynx. Cet homme portait d'ordinaire sur cette plaie une sorte de coussinet de caoutchouc, mais lorsque ce coussin était enlevé on pouvait aisément observer les phénomènes de l'occlusion volontaire du larynx, de la déglutition, de la toux, du chant etc. Des expériences faites sur ce sujet, sur un grand nombre de personnes en bonne santé, sur les grenouilles, les oiseaux, l'opossum, le chat, le chien à la chèvre ont conduit M. A. Stuart à la conclusion générale que la fermeture du larynx est due invariablement au rapprochement jusqu'au contact des deux cartilages aryténoïdes et à leur application contre certaines parties de la paroi antérieure de la cavité laryngée. Ce dernier mécanisme présente des variations qui résultent de l'arrangement anatomique des parties intéressées. —

M. T. J. Parker F. R. S. communique à la Société quelques observations complémentaires sur le développement de l'aptéryx. Elles résultent de l'étude qu'il a faite depuis sa dernière communication de trois embryons d'*Apteryx australis*.   Richard A. Gregory.

SOCIÉTÉ DE PHYSIQUE DE LONDRES

Séance du 18 décembre 1891.

M. Kilgour communique une note « sur l'interférence des courants alternatifs ». En étudiant le mémoire de M. Fleming « sur quelques effets d'un courant alternatif dans des circuits doués de capacité et de selfinduction », l'auteur a construit quelques courbes additionnelles. Il a été conduit à chercher si l'élévation considérable de la *pression* (du potentiel), produite par l'addition d'une capacité, a lieu dans des limites étendues, ou si elle n'a lieu que pour une capacité très voisine d'une valeur particulière. En prenant le cas d'un condensateur d'une capacité de C farads, en série avec un circuit de résistance R ohms et de selfinduction L henrys, il montre que le maximum de λ (rapport de la pression aux bornes du condensateur à la pression aux extrémités du fil comprenant le condensateur et la résistance à selfinduction) est obtenu quand on a

$$C = \frac{L}{R^2 + p^2 L^2} \quad (1)$$

où, $p = 2\pi \times$ le nombre de tours, est la fréquence. Le maximum de λ obtenu pour cette capacité C, a pour expression :

$$\wedge = \frac{\sqrt{R^2 + p^2 L^2}}{R} \quad (2)$$

si R = 10 et p = 2π. 1000, les courbes représentant les équations (1) et (2) entre C et L, et entre $\wedge$ et L, ont été tracées. La courbe (C, L) monte à un sommet très abrupt, obtenu pour L = 0,0015 et s'abaisse brusquement. La courbe ($\wedge$, L) part horizontalement, puis s'incline vers le haut, et s'approche d'une droite inclinée pour des valeurs de L supérieures à 0,002; quand L = 0,1, $\wedge$ = 63. Si l'on étudie la question de la grandeur de la capacité pour laquelle on a un accroissement donné de pression, on arrive à ce résultat que si les valeurs de L, R et p ont les valeurs qui conviennent pour obtenir l'accroissement maximum, on ne peut obtenir un accroissement dépassant une valeur modérée que pour des valeurs de C différant peu de la valeur donnée par l'équation (1). D'un autre côté, quand le circuit est tel que le plus grand accroissement de pression possible ne soit pas considérable, alors une valeur de cet accroissement, dépassant une valeur modérée donnée, peut s'obtenir pour des capacités variant dans des limites beaucoup plus étendues. L'auteur conclut ainsi que plus est grand l'accroissement possible de pression, plus faible est la probabilité d'obtenir réellement un accroissement sérieux. L'effet obtenu en shuntant le condensateur par un circuit de résistance r et de selfinduction l est traité ensuite dans le mémoire; on cherche les valeurs de C qui donnent pour λ un maximum déterminé, ainsi que les valeurs mêmes que peut prendre ce maximum. L'auteur se demande ensuite si le cas pratique d'un alternateur, qui alimente un transformateur à travers un câble concentrique, peut être simplifié sans introduire d'erreur grave, en admettant que la capacité est concentrée à l'une des extrémités du câble, et il calcule que dans les cas usuels on ne commet qu'une faible erreur. Dans une expérience faite sur un alternateur de 100 kilowatts, $\frac{2}{15}$ de mille de câble circulaire de $\frac{37}{15}$, un transformateur de 18 kilowatts, un accroissement de $\frac{1}{4}$ pour 100 est produit aux bornes de l'alternateur quand on établit la connexion avec le câble. En reliant au transformateur chargé ou non chargé, on a une petite variation dans l'accroissement de pression,

qui est dans tous les cas comprise entre 0,2 et 0,3 pour 100. Le Dr Sumpner demande si les conclusions, sur la grandeur de la capacité pour laquelle on peut obtenir un accroissement de pression donné, sont exactes pour des accroissements petits tels que ceux qu'on rencontre dans la pratique. Les cas, où le maximum possible de l'accroissement est de l'ordre de 63, ne peuvent se présenter pour des fréquences ordinaires. La plus haute valeur de l'accroissement, obtenue à sa connaissance, est 11. Il estime que la constante de temps λ évaluée pour la bobine à induction, à $\frac{1}{100}$ de seconde, est très grande; avec les circuits renfermant du fer il est pratiquement impossible d'atteindre pour la constante de temps une valeur aussi élevée, car la puissance dépensée dans le fer accroît la résistance effective. A propos des limites étroites dans lesquelles doit varier la capacité susceptible de fournir de grands accroissements de pression, il montre que ce cas se présente pour le résonateur de Hertz, où l'accroissement est énorme, mais ne peut être obtenu que par un réglage fait avec un soin extrême. M. S. P. Thompson regrette l'absence du Pr Fleming, qui a récemment fait des recherches sur les expériences de Hertz et obtenu des courbes tout à fait semblables à celles obtenues pour les câbles de Deptford. M. Kilgour explique que le premier objet était de montrer que le produit de la latitude de variation de réglage qu'à la capacité qui donne un grand accroissement, par le maximum possible d'accroissement, est approximativement constant pour des circuits différents. En second lieu, il a cherché à prouver que la capacité des câbles concentriques peut être supposée localisée à l'un ou l'autre bout sans introduire d'erreur notable dans le calcul de l'augmentation de pression. Au sujet de la nomenclature. M. Thompson regrette que le mot « inductance » soit employé tantôt pour désigner la quantité L, tantôt pour la quantité Lp, et voudrait restreindre ce nom à la dernière de ces quantités. M. Heaviside, qui a introduit le mot « inductance », l'employait pour L.; M. Sumpner aurait préféré le réserver pour Lp. Une discussion s'élève sur la question. Sur le mot « *impédance* », on discute aussi; et M. Perry rappelle que « l'*impédance* » a été définie par le comité de l'*Association britannique* comme le rapport du voltage effectif au courant effectif. M. Thompson remarque que cette définition n'est applicable qu'à des courants périodiques, non à des courants intermittents ou instantanés. Le président, M. Ayrton conclut du mémoire de M. Kilgour que les chances d'obtenir une très haute tension avec les câbles concentriques, par suite les dangers que présente un pareil câble, sont faibles lorsque une très haute tension est possible.

SOCIÉTÉ DE CHIMIE DE LONDRES

G. Lunge : Le gazovolumètre et le gravivolumètre. — Miss Williams : La composition des végétaux cuits. — S. Linder et Harold Picton : Sulfhydrates métalliques. Les auteurs ont étudié les sulfures de cuivre, mercure, antimoine, cadmium, zinc, bismuth, argent, indium et or. A part le bismuth, tous ces métaux forment des sulfhydrates plus ou moins complexes qui, dans beaucoup, se polymérisent avec dégagement d'hydrogène sulfuré sous l'influence des acides. Les auteurs regardent leurs résultats comme des preuves à l'appui de ce que les sulfures métalliques sont souvent des polymères, de poids moléculaire très élevé. — Harold Picton : Constitution physique de quelques solutions de sulfures. Les solutions de sulfures de mercure, d'antimoine, d'arsenic, présentent une série dans lesquelles on peut apercevoir des particules solides de dimensions décroissantes. — MM. Harold Picton et S. Linder : Solution et pseudo-solution. — M. Colefax : Changements produits dans les solutions acidifiées d'hyposulfite de soude, maintenu en présence des produits de la réaction. — M. Colefax : Action de l'acide sulfureux sur la fleur de soufre. Il se forme de l'acide hyposulfureux et de l'acide trithionique. — M. **Mat-thews**: Les modifications α et β de l'hexachlorure de chlorobenzine.

SOCIÉTÉ ROYALE D'ÉDIMBOURG
Séance du 4 janvier 1892.

1° SCIENCES MATHÉMATIQUES. — M. **Thomas Muir** : Sur un théorème concernant une série qui converge vers la racine d'un nombre. Ces recherches lui ont été suggé-rées par certains travaux du feu Dr Sang. Lasérie, ne convergera pas rapidement et ne peut être ainsi d'un grand usage pratique.

2° SCIENCES PHYSIQUES.— M. **Aitken** lit la seconde partie d'une note où il décrit les résultats d'une série d'expé-riences sur le nombre de particules de poussière con-tenues dans l'atmosphère en différents points et pré-sente quelques remarques sur la relation entre la quantité de poussières et les phénomènes météorolo-giques. M. Aitken a étudié l'air en plusieurs points du continent et de la Grande Bretagne en 1889, et il a communiqué les résultats à la Société royale. En 1890, il a institué des expériences de comparaison avec les premières observations. A Hyères, il avait trouvé en 1889 un minimum de 1.000 particules par centimètre cube d'air : dans sa seconde visite le minimum a été 725 et le maximum 15.000. A Cannes, en 1890, par un vent du nord, le nombre des particules a varié de 1,275 à 2.580; à Menton, par le vent du nord, dans une région montagneuse, on avait 800; mais quand le vent a soufflé de la ville, on a obtenu 26.000. Au Righi, par une atmosphère remarquablement claire en 1889, le nombre a varié de 210 à 2,3'50. En mai 90 l'atmo-sphère était épaisse. A Vizuan, au pied de la montagne, il contenait 11.000 particules au centimètre cube, et au sommet, le même jour, 4.000, et l'air a repris son apparence claire. La cause de changement est un orage qui a eu lieu le 18 mai. L'auteur a fait ce jour-là plusieurs observations pour voir ce qu'il y a de vrai dans l'opinion populaire que le tonnerre éclairait l'at-mosphère. Dans l'après-midi il y avait 38.000 particules de poussière au centimètre. Quand l'orage approchait, le nombre tomba à 3.000. Au milieu de l'orage il a atteint 725, et le jour suivant il n'en contenait plus que 400. L'auteur, néanmoins, incline à différer de l'opinion que le tonnerre éclaircit l'air. Une grêle vio-lente accompagnait le tonnerre, et peut avoir fait tomber la poussière, et on a observé qu'après une pluie d'orage, sur la tour Eiffel, le nombre des parti-cules s'est abaissé à 226. En discutant la grande diffé-rence entre le nombre des particules tracées au Righi en 89 et en 90, M. Aitken en se rapportant à la circulation générale des vents sur la Suisse durant la période d'observation, que, quand le nombre des par-ticules de poussière était faible durant la première visite, la direction générale de l'air venait des Alpes, tandis que, dans la seconde, l'air venait de régions habitées, et la diminution qui a eu lieu le 18 mai avait pour cause un changement de direction dans la circu-lation. Une série d'autres observations ont été faites au Ben Nevis et à Kingairloch. Au Ben Nevis, durant une période de vents du nord-ouest, le nombre des particules s'est abaissé jusqu'à 19 par centimètre cube, le nombre le plus faible qui ait été trouvé à une station de faible altitude. Les conclusions générales des obser-vations de ces deux années est que l'air qui vient de régions habitées est toujours impur, que la poussière est entraînée par le vent à des distances énormes, que la poussière monte jusqu'au sommet des montagnes. Qu'avec beaucoup de poussière on a beaucoup de brouillard, qu'une grande humidité donne une grande densité à l'atmosphère quand elle est accompagnée d'une grande quantité de poussière, mais qu'il n'y a rien qui prouve que l'humidité seule ait pour effet de rendre l'air plus dense, qu'il y a une grande quantité de poussière à haute température, et une faible quantité à basse température; et qu'une grande quantité de poussière réduit la transparence de l'air.

3° SCIENCES NATURELLES. — M. **Noël Paton** : Sur l'ac-tion des valves auriculo-ventriculaires. On a admis jusqu'ici que quand ces valves se ferment, les deux feuillets sont submergés par le liquide et empêchent le passage du liquide en étant pressés l'un contre l'autre, de sorte que la surface supérieure de l'un presse contre la surface inférieure de l'autre. Le Dr Paton a trouvé par des expériences directes que les deux feuillets res-tent constamment dans une position pendante, les sur-faces supérieures des deux étant comprimées ensemble. — M. **Malcolm Laurie** : Sur le développement des poumons chez le *Scorpion* et la relation des poumons avec les branchies dans les formes aquatiques. Il a été conduit à l'étude de ce sujet par des observations faites sur les formes fossiles voisines décrites dans son mé-moire lu à la précédente réunion de la Société. Il con-clut que les poumons ne se sont pas perforés par invagi-nation comme on le suppose généralement, mais que les cavités ont été produites par la croissance d'une plaque protectrice qui finit par adhérer au corps.

W. PEDDIE,
Docteur de l'Université.

SOCIÉTÉ DE PHYSIQUE DE BERLIN
Séance du 4 décembre.

M. **Assmann** expose ses observations faites avec des thermomètres à aspiration pendant des ascensions en ballon. Les thermomètres à aspiration employés déjà par Glaisher étaient tombés en désuétude parce que les avantages qu'ils offraient n'étaient pas suffisants. La dé-fectuosité principale des expériences de Glaisher était la présence de l'aspirateur dans la nacelle du ballon, où il était exposé au rayonnement des parois de la nacelle et de l'observateur. M. Assmann fixe son thermomètre à une distance d'un mètre et demi de la nacelle et, dans ses ascensions en ballon captif, il a obtenu des résultats très satisfaisants. Pendant une pluie très fine, il a observé une diminution de température d'un degré pour 100 mètres d'élévation. Pendant une ascension, le soir, le thermomètre montrait des températures décrois-santes, puis, pendant la descente des températures d'abord constantes, qui décroissaient parce que les températures croissantes ensuite, preuve des changements de température survenus par suite du rayonnement de la terre. En traversant les confins su-périeurs d'une couche de nuages, le thermomètre ac-cusa un changement brusque de température (2°,5 à peu près), fait prédit par la théorie de Helmholtz sur la formation des nuages. Du reste, ces nuages avaient des formes onduleuses, la hauteur des ondes était d'en-viron 10 mètres.

Dr Hans JAHN.

SOCIÉTÉ DE PHYSIOLOGIE DE BERLIN
Séance du 15 janvier.

M. le Dr **Max Lewy** : La sudation a été d'abord con-sidérée comme une filtration mécanique, dépendant seulement de l'hyperhémie cutanée; plus tard on a donné la prépondérance à l'action des nerfs et consi-déré le sang uniquement comme destiné à fournir les éléments de la sueur. M. Leroy a étudié par une mé-thode particulière les rapports entre l'irrigation san-guine de la peau et la sueur sur la patte des chats non narcotisés. Il a trouvé que les substances qui jouissent du pouvoir sudorifique le moins douteux, la Pilocar-pine et la Muscarine, agissent sans produire l'hy-perhémie et s'en tiennent aux nerfs périphériques. Si la circulation est totalement arrêtée par un lien élas-tique, il apparaît d'abord une sudation spontanée, et plus tard on peut encore obtenir une sécrétion de sueur par la dyspnée : 35 minutes après l'arrêt de la circulation, les glandes sudoripares sont paralysées, leurs fonctions cessent. Si on rétablit alors la circula-tion, les glandes se rétablissent, même quand l'anémie a été maintenue pendant 5 heures. Le rétablissement a lieu déjà au bout de quelques minutes; il est encore plus rapide, si les nerfs ont été coupés et s'il y a une hyperhémie paralytique. — M. le D^r **Th. Weyl** a étudié

l'immunité contre le charbon de la façon suivante : un
fil de soie imprégné de spores charbonneuses est inséré
sous la peau d'un animal réfractaire au charbon, comme
le pigeon ou la poule ; lorsque ce fil est resté là plus
ou moins longtemps, il est inoculé à la souris blanche,
terrain si propice du charbon. Voici quels ont été les
résultats. Quand le fil imprégné de spores n'est resté
qu'un jour dans le corps du pigeon ou de la poule, les
souris inoculées meurent en un ou deux jours, comme
c'est la règle après l'inoculation des spores charbonneuses ; si le fil est resté plus longtemps sous la peau
des animaux réfractaires, la mort arrive au bout d'un
délai plus long ; enfin, si le fil est resté au moins six
jours sous la peau du pigeon, trois jours sous la peau de
la poule, les souris inoculées ne meurent plus. Si le fil
de soie est alors transporté sur l'agar ou le bouillon,
ou tout autre substratum nutritif approprié, il n'y a pas
de culture ; les spores sont mortes. L'hypothèse que les
fils, se seraient dans le corps des animaux réfractaires,
chargés d'une substance empêchant le développement
est contredite par le fait que ces mêmes milieux de
culture où les spores du fil de soie ne se sont pas développées laissent très bien se développer des spores
fraiches. Les souris inoculées avec le fil qui avait séjourné longtemps dans le corps des animaux réfractaires n'ont acquis non plus aucune immunité, car
elles meurent si on les inocule avec du charbon frais.
Il faut donc conclure de ces expériences que les spores
des charbons sont tuées par un contact de plusieurs
jours avec le corps des animaux réfractaires. Cette
preuve directe que les humeurs d'un animal réfractaire
au charbon tuent les spores de ce virus n'est pas sans
importance pour la théorie de l'immunité.

Dr W. Selarek.

ACADÉMIE DES SCIENCES DE SAINT-PÉTERSBOURG

Séance du 16 décembre.

1° SCIENCES MATHÉMATIQUES. — M. S. Markoff : « Sur
les nombres entiers dépendants d'une racine cubique
d'un nombre entier ordinaire. »

2° SCIENCES PHYSIQUES. — M. Wild entretient l'Académie d'un ouvrage de M. Chwolson, qui fait suite au
mémoire du même auteur « sur la distribution de la
chaleur dans une boule noire éclairée d'un côté »,
présenté à l'Académie le 13 mars 1891. Le nouveau travail de M. Chwolson contient l'analyse de
toutes les méthodes existantes d'observations actinométriques, analyse à la fois critique et expérimentale.
Il est intitulé : « L'objet de l'actinométrie moderne ;
étude critique» et sera publié *in extenso* dans le *Repertorium für Metorologie*. Après avoir esquissé dans le
premier chapitre de son ouvrage les problèmes de
l'actinométrie, l'auteur passe à l'historique de la question de la constante solaire pour arriver dans le chapitre suivant à l'étude détaillée des lois physiques, et
à la détermination des constantes sur lesquelles sont
basées les théories de diverses méthodes actinométriques. Quatre chapitres du mémoire sont consacrés à
l'examen critique des mensurations actinométriques
absolues, et surtout à la description du pyrhéliomètre
de Pouillé et de l'actinomètre de Violle et K. Angstrem.
Les chapitres suivants sont consacrés à l'analyse critique des méthodes de mensurations actinométriques
relatives, ainsi qu'à la description des actinomètres de
Crova et d'Arago-Devy. Voici les conclusions de l'auteur
énoncées dans le dernier chapitre de l'ouvrage : Jusqu'à présent les observations actinométriques ne ren-
traient pas dans la série des observations régulières
quotidiennes ; cela tient probablement à ce que les chefs des
stations devais s'apercevoir que toutes les méthodes
ainsi que tous les instruments proposés sont imparfaits.
C'est en s'inspirant de cet état de choses que la conférence météorologique internationale réunie cette année
à Munich a voté la résolution d'après laquelle les *mé-

thodes actinométriques ne sont pas encore suffisamment
établies pour qu'on puisse recommander l'introduction d'une
de ces méthodes dans la série des observations quotidiennes.*
Cependant, certains observatoires, par exemple celui de
Montsouris (près Paris), ainsi que certains savants,
comme le professeur Crova de Montpellier, et surtout
de nombreux amateurs en météorologie, font des observations actinométriques ininterrompues d'après l'une
ou l'autre de ces méthodes. Souvent même les personnes qui font ces observations reprochent aux autres
chefs de stations de négliger un élément météorologique aussi important dans leurs observations. La critique des différentes méthodes faite pour la première
fois (si l'on exclut les observations critiques de M. Lan-
glé sur l'appareil de Violle) par M. Chwolson permettra
dorénavant de s'orienter dans cette question. D'après son
étude approfondie, on peut conclure qu'aucune des méthodes proposées jusqu'à présent ne résout le problème
de la détermination absolue ou relative de la radiation.
Ce résultat négatif n'a pas cependant découragé le
jeune savant qui a tâché de tirer de son analyse critique les indications utiles pour l'amélioration possible
de la méthode la plus rationnelle, celle de K. Angstrem.
Il indique aussi la marche à suivre pour arriver à une
méthode nouvelle que l'on ne peut, quant à présent,
qu'esquisser dans ses traits généraux. L'auteur se
propose de poursuivre ses recherches pendant l'été
prochain et ne doute pas d'arriver à une méthode ra-
tinuelle et exacte. — M. E. Leist : « Sur le calcul des
moyennes de la température déduites des observations
faites à 8 heures du matin, à 2 heures et à 8 heures de
l'après-midi ». Cette note est destinée au *Repertorium
für Meteorologie*. On a proposé dans ces derniers temps
de remplacer les heures habituelles des observations
actuellement adoptées dans la plupart des stations
européennes (7 heures du matin, 1 heure et 2 heures
de l'après-midi, 9 heures du soir) par une autre série
plus commode : 8 heures du matin, 2 heures de l'a-
près-midi et 8 heures du soir. Les heures de cette série
sont, comme on le sait, beaucoup moins utiles que
les précédentes pour la détermination des moyennes
réelles des observations pendant les vingt-quatre heures,
surtout en ce qui concerne la température. Plusieurs
savants ont proposé des omyens pour calculer d'après
ces observations les températures moyennes réelles
pendant les vingt-quatre heures, prenant en considération la température minima de cette période. Ces
moyens paraissaient très sûrs au premier abord. Cependant M. Leist, en faisant des expériences spéciales
dans le but de vérifier lesdits moyens, est arrivé à
la conclusion que tous sont illusoires, et ne corri-
gent nullement les erreurs qui peuvent découler
des observations prises à des heures autres que celles
de sept heures du matin, etc. — M. Abels, directeur de
l'observatoire magnétique et météorologique d'Ekaterinbourg, intitulée : « Les déterminations de la densité
de la neige pendant 1890-94 à Ekaterinbourg. » La note
a été publiée dans le *Repertorium für Meteorologie*.
M. Abels s'est donné pour tâche de déterminer les variations dans la densité de la neige suivant les conditions extérieures. Il prenait, à l'aide d'un instrument
spécial, un volume exactement déterminé de neige,
dans un endroit donné, et en comparant celui-ci
avec le volume d'eau obtenu par la fusion de la neige,
il déterminait la densité de celle-ci. La densité variait
de 0,435 à 0,022, suivant les conditions dans lesquelles
étaient prises les échantillons ; la neige avait donc les
volumes de deux, à quatre ou cinq fois plus grands
que le volume d'eau du poids égal. On n'a encore
jamais trouvé un degré aussi élevé de porosité de la
neige (le chiffre maximum connu était de trois).
Comme il fallait s'y attendre, la densité de la neige
augmente avec la profondeur, à condition que la
neige soit exposée à l'action des rayons du soleil ;
elle diminue, toutes choses égales d'ailleurs, avec l'a-
baissement de la température, de la force du vent et
de la quantité de l'humidité dans l'air. Dans les amas

de neiges, formés pendant les tourmentes, la densité est plus grande relativement ; elle augmente dans une couche donnée avec le temps. La densité moyenne de la neige, près de l'observatoire d'Ekaterinbourg au commencement de novembre 1890, était de 0,14 ; elle augmentait ensuite pour arriver à son maximum, chiffre double du précédent, vers la fin du mois de mars 1891.

3° Sciences naturelles. — E. Bichner : Rapport sur le deuxième Congrès ornithologique, tenu à Budapest. L'auteur dans ce rapport attire surtout l'attention sur la nomenclature zoologique agitée au Congrès. Les règles de nomenclature, dont il donne la traduction, seront discutées au Congrès international de Moscou en 1892.

O. Backlund,
Membre de l'Académie.

ACADÉMIE ROYALE DES LINCEI

Séances de novembre et décembre 1891.

1° Sciences physiques. — M. Boggio Lera établit par le calcul et par une série d'expériences, la force électrique développée par la décharge entre deux sphères. — MM. Bruchietti et Umani ont exécuté de nouvelles expériences qui viennent confirmer ce qu'ils avaient déjà énoncé, à savoir que, lorsqu'on veut étudier les courants telluriques à l'aide de lames en feuilles d'étain plantées dans le sol, la différence du potentiel entre les lames est si grande, qu'il devient impossible de faire des mesures sur des lignes qui ont seulement un kilomètre de longueur. — M. Alvisi : Recherches sur le groupe du camphre. — M. Giustiniani : Action de la chaleur sur les composés de l'acide malique avec la méthylamine et la benzylamine. — M. Soldaini : Sur les alcaloïdes du *Lupinus albus*. — M. Andreocci : Synthèse de quelques acides du pyrrodiazol, et du pyrrodiazol libre. — M. Helbig présente la photographie d'un miroir retrouvé à Corinthe, en faisant observer que l'éclat particulier du métal dont le miroir est formé, fait naître l'idée qu'on se trouve en présence du fameux bronze de Corinthe. — M. Magnani a cherché de résoudre la question de savoir si, dans les solutions de sels colorés, il est possible d'attribuer la coloration à la capacité du sel qui, suivant les théories modernes sur la dissociation électrolytique, se trouve en solution aqueuse dissociée dans les ions, positif et négatif. Les observations de M. Magnanini, faites avec le spectrophotomètre de Hüfner, en déterminant l'absorption lumineuse de plusieurs solutions, montrent que le pouvoir d'absorption des sels colorés, c'est-à-dire, la coloration est indépendante de la dissociation électrolytique.

2° Sciences naturelles. — M. Todaro entretient l'Académie de la structure, de la maturation et de la fécondation de l'œuf d'un reptile, *Seps chalcides*, assez commun dans la campagne romaine. — M. Mingazzini donne la description de quelques nouveaux genres et de quelques nouvelles espèces de Grégarines monocystidées, parasites des Tuniciers et de la *Capitella*, qu'il étudie leur évolution dans l'intestin des hôtes. Les individus d'un ce genres, nommé *Pleurozyya*, présentent la particularité de s'accoupler par une partie latérale, tandis que dans les autres monocystidées l'accouplement se fait par l'extrémité céphalique. La monocystidée parasite de la *Capitella*, décrite par M. Mingazzini, est remarquable par la forme de l'individu adulte qui ressemble à une ancre. — M. Crety a observé les cellules nerveuses qui se trouvent distribuées radialement entre les fibres musculaires des ventouses dans quelques animaux marins (*Distomum megastomum* et *D. Richiardi*). Les prolongements de ces cellules nerveuses forment un treillis tout autour des fibres musculaires de la ventouse, et de plus s'anastomosent entre-elles. M. Crety décrit un autre système ganglionnaire qui se trouve en dehors de la ventouse, dans le parenchyme qui entoure cette dernière ; il est formé par une série de cellules mono ou bipolaires. Dans le *D. Richiardi*, la cuticule des ventouses présente des protubérances mobiles, pourvues de muscles spéciaux ; M. Crety ayant reconnu qu'elles recevaient les terminaisons des petites branches nerveuses du système ganglionnaire et des cellules nerveuses du parenchyme, considère ces protubérances comme des organes tactiles. — Le phénomène signalé par Lahousse, à savoir que dans les animaux peptonisés la quantité de CO_2 dans le sang artériel éprouve une forte diminution, a fourni l'occasion à M. Grandis d'accomplir des recherches sur les modifications qui se manifestent dans les produits de la respiration d'un animal après des injections de peptone. En soumettant des lapins et des chiens à ces injections, on trouve que, sous l'influence de la peptone, l'intensité des échanges respiratoires diminue légèrement, la quantité d'oxygène consommé s'affaiblit, tandis que la production de CO_2 augmente sans qu'il y ait une relation entre ces phénomènes et les profondes modifications des gas du sang. Dans une deuxième note, M. Grandis s'occupe de la nature du procédé respiratoire dans les tissus et dans les poumons des animaux peptonisés. Enfin, l'auteur décrit ses recherches sur la tension de CO_2 dans le sang de ces animaux ; il annonce avoir reconnu que la tension de CO_2 du sang et du sérum est plus forte dans les animaux peptonisés, et que les peptones se comportent comme des acides en déplaçant le CO_2 de ses combinaisons. — M. Salvioli a étudié les modifications que subit le sang par l'effet de la peptone et des ferments solubles. À cause de ces modifications, le sérum du sang de chien arrive à conserver ses hématies, malgré l'affaiblissement de leur résistance ; les hématies du lapin, qui se dissolvent rapidement dans le sérum du sang de chien, résistent également. Il en résulte qu'il est possible de transfuser à un lapin de grandes quantités de sang, de plasma ou de sérum peptonisés de chien, sans qu'elles donnent lieu à aucun désordre ; tandis que la transfusion d'une petite quantité de sang normal est mortelle pour les lapins. Le dosage alcalimétrique et celui du CO_2 existant dans le sang du chien, prouvent que sous l'action de la peptone et de la diastase l'alcalinité du sang diminue.

Ernesto Mancini.

CORRESPONDANCE

SUR LES GÉOMÉTRIES NON EUCLIDIENNES

Monsieur le Directeur,

Permettez-moi de répondre à la lettre si intéressante de M. Mouret[1] ; non que je désire avoir le dernier mot, car je n'ai pas la prétention de clore définitivement une discussion qui dure depuis plus de deux mille ans, mais parce que ce m'est une occasion de présenter quelques observations nouvelles.

J'ai cherché à faire ressortir le rôle important de l'expérience dans la genèse des notions mathématiques ; mais j'ai voulu en même temps montrer que ce rôle est limité. Pour atteindre ce double but, les fictions de Riemann et de Beltrami, dont j'ai entretenu vos lecteurs, peuvent rendre quelques services ; elles aident en effet l'imagination à rompre des habitudes créées par l'expérience journalière et qui sont tellement invétérées qu'elles semblent s'imposer à l'esprit avec nécessité.

Voici une de ces fictions qui me paraît assez amusante. Imaginons une sphère S et à l'intérieur de cette sphère un milieu dont l'indice de réfraction et la température soient variables. Dans ce milieu se déplaceront des objets mobiles ; mais les mouvements de ces objets seront assez lents et leur chaleur spécifique

[1] Voyez la *Revue* du 1892, t. III page 39.

assez faible pour qu'ils se mettent immédiatement en équilibre de température avec le milieu. De plus tous ces objets auront même coefficient de dilatation, de sorte que nous pourons définir la température absolue par la longueur de l'un quelconque d'entre eux. Soit R le rayon de la sphère, ρ la distance d'un point du milieu au centre de la sphère. Je supposerai qu'en ce point la température absolue soit $R^2 - \rho^2$ et l'indice de réfraction $\dfrac{1}{R^2 - \rho^2}$.

Que penseraient alors des êtres intelligents qui ne seraient jamais sortis d'un pareil monde?

1° Comme les dimensions de deux petits objets transportés d'un point à un autre varieraient *dans le même rapport*, puisque le coefficient de dilatation serait le même, ces êtres croiraient que ces dimensions n'ont pas changé; ils n'auraient aucune idée de ce que nous appelons différence de température; aucun thermomètre ne pourrait le leur révéler, puisque la dilatation de l'enveloppe serait la même que celle du liquide thermométrique.

2° Ils croiraient que cette sphère S est infinie; ils ne pourraient jamais en effet atteindre la surface; car à mesure qu'ils en approcheraient, ils entreraient dans des régions de plus en plus froides, ils deviendraient de plus en plus petits, sans s'en douter, et ils feraient de plus en plus petits pas.

3° Ce qu'ils appelleraient lignes droites, ce seraient des circonférences orthogonales à la sphère S, et cela pour trois raisons :

1° Ce seraient les trajectoires des rayons lumineux ;

2° En mesurant diverses courbes avec un mètre, nos êtres imaginaires reconnaîtraient que ces circonférences sont le plus court chemin d'un point à autre; en effet leur mètre se contracterait ou se dilaterait quand on passerait d'une région à une autre et ils ne se douteraient pas de cette circonstance ;

3° Si un corps solide tournait de telle façon qu'une de ses lignes demeurât fixe, cette ligne ne pourrait être qu'une de ces circonférences. C'est ainsi que si un cylindre tournait lentement autour de deux tourillons, et était chauffé d'un côté, le lieu de ses points qui ne bougeraient pas serait une courbe convexe du côté chauffé et non pas une droite.

Il en résulterait que ces êtres adopteraient la géométrie de Lowatchevski.

Mais je m'égare bien loin de l'objet de ma lettre; ces considérations sont de nature à montrer l'importance de l'expérience, et par conséquent à faire ressortir ce qui me rapproche de M. Mouret. Je dois insister un peu sur les différences.

L'expérience peut-elle *à elle seule* engendrer les notions mathématiques et, (sans pousser comme M. Mouret jusqu'à la notion fondamentale d'égalité), peut-elle *à elle seule* nous donner la notion de la continuité mathématique? Il suffit, pour avoir le droit d'en douter, de réfléchir à la différence profonde qui sépare la continuité physique de la continuité mathématique. Voici une sensation qui va en croissant graduellement; il semble qu'il y ait quelque chose de tout à fait pareil au continu des géomètres. Fechner a même cherché une relation mathématique entre la sensation et l'excitation; mais sur quelles expériences a-t-il établi sa célèbre loi ? Nous ne pouvons distinguer un poids A de 10 grammes d'un poids B de 11 grammes, ni celui-ci d'un poids C de 12 grammes; mais nous distinguons le poids A du poids C. Les expériences traduites en équations *sans coup de pouce* s'écrivent :

$$A = B, \quad B = C, \quad A < C.$$

Voilà la formule du continu physique, tandis que celle du continu mathématique serait :

$$A < B < C.$$

Mais M. Mouret va beaucoup plus loin dans son remarquable article de la *Revue philosophique* [1]; il s'attaque à la notion primordiale de l'égalité qu'il veut faire dériver de l'expérience. J'ai beaucoup à approuver dans cet article, surtout cette pensée que l'idée d'espace n'est pas une idée simple, et que toutes les idées mathématiques se résolvent dans les catégories de relation, de ressemblance, de différence et d'individu. J'ai pris beaucoup d'intérêt à la lecture de ses arguments, dont j'ai admiré la variété, mais je ne puis m'empêcher de rappeler que les plus caractéristiques sont déjà dans « *Zählen und Messen* » de Helmholtz; *les conclusions seules diffèrent*. J'avoue que je ne puis me décider à croire que cette proposition : Deux quantités égales à une même troisième sont égales entre elles, soit un fait expérimental que des expériences plus précises infirmeront peut-être un jour. J'aime mieux conclure avec Helmholtz que nous donnons le nom d'égalité à tout ce qui dans le monde extérieur est conforme à l'idée préconçue que nous avons de l'égalité mathématique.

H. POINCARÉ,
de l'Institut.

NOTICE NÉCROLOGIQUE

A. RICHET

Le Professeur A. Richet, dont nous déplorons la mort si imprévue, était l'un des plus marquants parmi les chirurgiens de notre époque. — Dans cette courte notice, nous essaierons de montrer ce qu'il fut, la grande place qu'il a occupée dans la chirurgie contemporaine.

Né le 16 mars 1816, Richet vint de bonne heure à Paris continuer ses études médicales, qu'il avait commencées à Dijon, et fut bientôt après nommé externe, puis interne des hôpitaux, placé le premier sur la liste.

Un an après avoir été reçu docteur en médecine, il était, phénomène très rare, surtout à notre époque, nommé au concours chirurgien des hôpitaux; un an après, à 31 ans, il était nommé agrégé.

Toujours sur la brèche, on le voit concourir, en 1850, pour la chaire de médecine opératoire à laquelle fut nommé Malgaigne, et en 1851 pour la chaire de clinique chirurgicale à laquelle fut nommé Nélaton.

Ce n'est qu'en 1865 qu'il fut nommé professeur à la Faculté; il professa la pathologie chirurgicale pendant cinq ans et, en 1871, il prit la chaire de clinique chirurgicale qu'il a gardée jusqu'en 1889, année de sa retraite.

Nommé membre de l'Académie de Médecine en 1866, il fut élu président en 1878, et enfin en 1883 l'Académie des Sciences l'élut membre de la section de Médecine et Chirurgie.

Les travaux qui ont valu au Professeur Richet les grades et les titres que nous venons d'énumérer sont nombreux. Tous les médecins connaissent le livre qui les résume en quelque sorte : nous voulons parler du *Traité d'anatomie médico-chirurgicale*, qui eut cinq éditions, et dont on peut dire qu'il a servi à l'instruction de plusieurs générations de médecins et chirurgiens. La clarté, la netteté des descriptions, la hauteur de vues, le côté pratique des applications chirurgicales, les échappées vers la physiologie et la tératologie, tout contribue à en faire un livre éminemment scientifique et instructif, d'une lecture agréable et, dirions-nous aujourd'hui, essentiellement suggestive.

Parmi ses mémoires, qui sont nombreux, il convient de citer surtout les suivants :

Mémoire sur l'anatomie chirurgicale du périnée. — Du trajet de l'anneau ombilical. — Recherches sur l'utérus et ses annexes, au point de vue de sa situation,

[1] Voyez à ce sujet le numéro de la *Revue générale des Sciences* du 30 décembre 1891, t. II, page 826 (*N. de la Réd.*)

de ses rapports, de sa direction, de son volume, de sa structure. — Nouvelle théorie des mouvements du cerveau dans la cavité crânienne et l'usage du liquide céphalo-rachidien. — De la sensibilité récurrente périphérique dans les nerfs de la main. — De l'emploi du froid et de la chaleur dans le traitement des affections chirurgicales. — Des opérations applicables aux ankyloses. — Des luxations traumatiques du rachis. — De la possibtlité de réduire les.résections de l'extrémité supérieure de l'humérus et du fémur compliquées de fractures de cet os. — Mémoire sur les tumeurs blanches. — Note sur.les fistules de l'espace pelvi-rectal supérieur. — Des anévrismes spontanés et traumatiques, et de leur traitement. — Mémoire sur l'intoxication putride aiguë qui complique certaines fractures dites simples du maxillaire inférieur. — De l'ignipuncture.

Plusieurs de ces Mémoires, notamment les Recherches sur l'utérus, l'usage du liquide céphalo-rachidien, la sensibilité récurrente, les luxations traumatiques du rachis, les anévrismes spontanés, l'intoxication putride dans les fractures du maxillaire inférieur et l'ignipuncture marquent un réel progrès et assurent au Pr A. Richet une place indiscutable et élevée parmi nos auteurs classiques ; ce sont ces travaux qui, joints à sa grande habileté chirurgicale, firent de lui l'un des chirurgiens les plus suivis, les plus écoutés par les élèves et les plus recherchés par la clientèle.

Comme professeur, A. Richet a eu toujours un grand succès. Sa parole simple, exempte de toute recherche inutile, mais aussi de trivialité, la précision et la clarté de ses descriptions, la sobriété des détails lui assuraient l'attention de ses auditeurs ; de même, au lit du malade il savait exciter notre intérêt par l'ingéniosité de ses aperçus, par les remarques que lui suggérait sa longue expérience : mais là où il triomphait surtout, c'était quand, le bistouri ou le couteau à la main, il s'attaquait aux difficiles et émouvantes opérations de la chirurgie : d'un sang-froid à toute épreuve, d'une prudence et d'une hardiesse opératoire remarquables, il trouvait le moyen de faire l'admiration de tous ceux qui le regardaient.

Il excellait dans les autoplasties, dans la restauration. Elevé à bonne école, il avait emprunté à ses maîtres cette délicatesse opératoire, cette sûreté de main qu'on ne rencontre plus, semble-t-il, aussi facilement. Jusqu'aux derniers jours de sa carrière chirurgicale, il conserva cette habileté, cette assurance qu'on avait toujours admirées en lui. Il mettait une certaine coquetterie à dire qu'il savait mieux enfiler une aiguille que ses internes ; et de fait sa main n'avait aucune hésitation. C'était en quelque sorte la démonstration qu'il n'avait rien perdu de ces qualités du jeune chirurgien.

Quand, sous l'influence des doctrines Pastoriennes, la chirurgie se renouvela, le Professeur Richet était à un âge où l'on accepte difficilement le changement. Cependant, — bien loin de faire et de dire comme tel autre chirurgien plus jeune que lui et mort depuis longtemps, qui avait baptisé la méthode Pastorienne du nom de *rite écossais*, — le Professeur Richet accepta cette doctrine et s'efforça d'y conformer sa pratique. Mais, à l'inverse de quelques chirurgiens, qui croient que la chirurgie se résume dans l'antisepsie et l'asepsie, il continua à penser et à enseigner que la bonne chirurgie a toujours besoin de s'appuyer sur de solides diagnostics, de prendre pour base de ses déterminations des indications bien raisonnées et de s'aider de bonnes méthodes et de parfaits procédés opératoires. Il s'efforçait d'inculquer à ses élèves et de leur conserver ces bonnes traditions de la chirurgie française.

Que dirai-je maintenant du maître ? Son abord froid, sa haute stature, sa figure austère embarrassaient d'abord le débutant ; mais, dès qu'il souriait, le tableau changeait : on reconnaissait immédiatement en lui un homme bon et désireux d'être utile à ses élèves. Le Professeur Richet ne se livrait pas tout d'abord : il avait besoin d'observer, d'étudier ceux qui l'approchaient. Dès que ce travail était fait, la glace était rompue et définitivement rompue : il devenait paternellement familier et savait prouver la sympathie que l'on avait su lui inspirer.

Quoi qu'il eût abandonné la chirurgie pour se reposer dans le travail et se livrer à une autre science d'observation, je veux dire l'agriculture, on peut dire que sa mort a été un deuil pour la chirurgie ; sa silhouette se profilait encore sur les murs des salles de l'hôpital ; son esprit nous guidait encore, et nous évoquions souvent le souvenir de ses leçons et de sa pratique, comme nous l'évoquerons encore longtemps.   Dʳ Bazy.

                                    Chirurgien des Hôpitaux

NOUVELLES
SUR LA TUBERCULOSE ET LA DOURINE

Dans l'œuvre d'un homme de génie, tout jusque dans le détail est à imiter. En 1880, M. Pasteur fit voir que les vers de terre interviennent dans l'étiologie du *sang de rate* en ramenant à la surface du sol les spores charbonneuses profondément enfouies dans la terre avec les cadavres. Il était naturel de se demander si les lombrics se comportent de la même façon à l'égard des bacilles de la tuberculose. Sur ce sujet, MM. Lortet et Despeignes ont communiqué lundi dernier à l'Académie les résultats que voici :

De la terre végétale fut tassée dans des pots à fleurs. Cinq ou six lombrics y furent introduits, puis on y enfouit des crachats tuberculeux, des fragments de poumons riches en bacilles de Koch. Six mois après, le microscope décela dans presque tous les tissus des vers quantité de petits groupes de bacilles tuberculeux ; ces bactéries semblaient n'avoir provoqué aucune altération spéciale ; elles avaient conservé leur vitalité ; quand on inoculait à des cobayes les tissus qui les contenaient, ces cobayes ne tardaient pas à mourir de tuberculose généralisée.

Ces faits intéressent à un double titre la biologie générale : ils établissent qu'un parasite virulent de l'homme peut se multiplier d'une façon presqu'inoffensive dans les tissus d'un animal extrêmement éloigné des Vertébrés ; ils montrent aussi qu'un tel animal peut jouer un rôle actif dans la dissémination d'une maladie le plus souvent mortelle pour notre espèce.

M. Chauveau, qui a présenté ce travail à l'Académie, lui a soumis, dans la même séance, une observation importante de M. Nocard, directeur de l'Ecole vétérinaire d'Alfort, sur les moelles des chevaux atteints de dourine. Cette affection, transmise par la saillie, se traduit par un amaigrissement considérable, suivi de diverses paralysies, et se termine presque toujours par la mort. Elle a son siège anatomique dans la moelle où elle produit des foyers de ramollissement. Dès 1888, M. Nocard avait constaté la virulence de la matière ramollie : en l'inoculant dans la chambre antérieure de l'œil du Cheval et du Chien, il avait déterminé la dourine chez ces animaux. Mais l'étude de la maladie s'était trouvée arrêtée par la difficulté de se procurer en France des moelles virulentes. Or, M. Nocard vient de reconnaître que les moelles conservent très longtemps leur virulence dans la glycérine pure et neutre, à la manière des moelles rabiques. On pourra donc les recevoir des pays où règne la dourine et les employer aux recherches. Il semble que ce procédé, — dont nous avons maintenant deux exemples (rage et dourine), — soit susceptible d'extension par conséquent appelé à rendre service à la pathologie expérimentale.

                                                        L. O.

Le Directeur-Gérant : Louis Olivier

Paris.—Imprimerie F. Levé, rue Cassette, 17.

REVUE GÉNÉRALE

DES SCIENCES

PURES ET APPLIQUÉES

DIRECTEUR : LOUIS OLIVIER

LES CONDITIONS D'EXISTENCE DES ORGANISMES PÉLAGIQUES

J'appelle « pélagiques » *tous les êtres qui habitent les eaux de l'Océan*, à l'exception de ceux qui sont limités au fond et au rivage, *et qui nagent passivement ou activement soit à la surface, soit dans le sein même des eaux, à quelque profondeur que ce soit.* Cette définition n'est pas conforme à celle qu'on donne d'habitude, car ordinairement on appelle « pélagiques » les êtres qui *flottent* à la surface de l'Océan. Mais les découvertes remarquables faites au cours des explorations sous-marines récentes, ont montré que les eaux profondes de l'Océan sont habitées par une foule d'êtres voisins de ceux qui en peuplent les couches superficielles, et pour lesquels le mot « pélagique » fut autrefois créé ; aussi le terme « pélagique » doit-il être pris maintenant dans une acception beaucoup plus large. Il y a des pélagiques superficiels et des pélagiques profonds ; il y en a enfin qui oscillent continuellement et périodiquement entre les profondeurs et la surface, et tous offrent un certain nombre de caractères communs, sont spécialement adaptés à ce genre de vie. Ils constituent un ensemble fort remarquable qu'on peut opposer aux êtres qui habitent les rivages et le fond de la mer.

Je me propose d'étudier ici les conditions d'existence, les habitudes des êtres pélagiques ainsi définis, les facteurs qui déterminent leur extension géographique et bathymétrique, les oscillations, régulières ou non, qu'ils subissent, enfin les relations que présentent entre eux les animaux et les végétaux pélagiques. L'étude de la vie pélagique soulève de nombreuses questions et offre un intérêt tout particulier, car il est incontestable que

la source de la vie animale et végétale se trouve dans la mer ; les premières formes vivantes qui apparurent sur le globe ont été pélagiques, et les végétaux pélagiques actuels, les Chromacées, les Calcocytes, les Murracytes, etc., sont des formes très inférieures et voisines des types primitifs. Pendant une longue période, les seuls animaux existant étaient pélagiques, et ces formes anciennes sont les ancêtres, non pas seulement de la plupart des formes pélagiques actuelles, mais encore de nombreuses formes littorales qui, à l'état de larves, sont pélagiques dans la haute mer.

I

Les organismes pélagiques sont ou des végétaux ou des animaux ; logiquement nous devons d'abord nous occuper des premiers, qui précèdent et ont toujours précédé les animaux. Car de même que les premiers êtres organisés que notre globe a produits ont été des végétaux qui ont permis le développement ultérieur de la vie animale, de même les animaux pélagiques ne sauraient exister, s'ils ne trouvaient, au sein de la mer, la nourriture végétale qui leur est indispensable. Il n'est pas d'organisme animal, si inférieur qu'il soit, qui puisse fabriquer son protoplasma de toutes pièces. Les végétaux pélagiques sont, en dernière analyse, la source primitive de la nourriture des animaux pélagiques. Les Protozoaires, les petits Crustacés Copépodes et Ostracodes, les Tuniciers, etc., absorbent directement cette nourriture végétale, et servent à leur tour de nourriture aux Méduses, aux Vers, aux gros Crustacés, qui eux-mêmes sont ensuite dévorés par les Poissons.

Parmi les végétaux inférieurs il y a d'abord les Chromacées (*Procytella primordialis*), dont l'infériorité est attestée par l'absence de noyau ; les Calcocytes, (fig. 1) algues calcaires unicellulaires qui se trouvent surtout dans les mers tropicales et subtropicales ; les Murracytes, dont l'espèce la plus

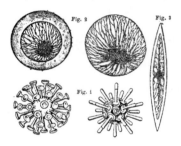

TYPES DE FORMES VÉGÉTALES INFÉRIEURES PÉLAGIQUES
Fig. 1. Calcocytes (Rhabdosphères). — Fig. 2. *Pyrocystis noctiluca.* — Fig. 3. *P. fusiformis* (d'après Murray).

connue, *Pyrocystis noctiluca* (fig. 2), remplace, dans les mers chaudes, la noctiluque des régions tempérées. Les Diatomées, qui sont répandues partout en masses énormes, mais dont certaines formes, les *Synedra* dans les mers froides, les *Chætoceros* dans les mers chaudes, peuvent se trouver au nombre de plusieurs centaines de milliers par centimètre cube d'eau ; enfin les Péridiniens, dont quelques espèces, telles que le *Ceratium tripos*, possèdent une aire de répartition immense, offrent une organisation plus élevée.

Les formes végétales pluricellulaires sont surtout des Halosphères, des Oscillaires et des Sargasses. Les Oscillaires, en particulier, jouent un rôle très important, et, dans les mers chaudes où elles sont surtout représentées par des *Trichodesmium*, elles remplacent les Diatomées.

Je n'ai pas à insister ici sur l'abondance dans toutes les mers de ces organismes végétaux ; les mensurations que Hensen a effectuées récemment indiquent parfois un nombre formidable de Diatomées, de Péridiniens ou d'Oscillaires vivant dans un centimètre cube d'eau : les chiffres donnés dépassent toute imagination. Aussi les animaux pélagiques trouvent-ils facilement leur nourriture dans ces milliards d'organismes végétaux qui, à chaque instant, sont avalés par eux et remplacés par d'autres qui viennent prendre la place des premiers.

En fait, la mer fabrique une quantité de nourriture végétale largement suffisante pour subvenir médiatement ou immédiatement aux besoins de sa population animale flottante ; mais nous devons nous demander comment cette nourriture se trouve répartie dans sa masse. Il est admis actuellement que la lumière ne pénètre pas dans les profondeurs de l'Océan au-delà de 400 à 500 mètres, et qu'à 200 mètres elle est déjà très affaiblie. Je ne veux pas m'étendre ici sur ce sujet, ni essayer de fixer une limite à cette zone éclairée, dont l'étendue, évidemment très variable, est déterminée par des facteurs très complexes. On admet habituellement que la zone habitable pour les végétaux est très étroite ; qu'au-dessous de 80 mètres les algues se font rares et qu'au delà de 300 à 400 mètres les végétaux, quels qu'ils soient, sont incapables d'assimiler, faute de lumière. Toutefois l'Expédition du *Plankton* a rencontré, entre 1.000 et 2.000 mètres de profondeur, de nombreux exemplaires *vivants* d'une algue verte unicellulaire, l'*Halosphæra viridis*. La présence de cet organisme à une profondeur où les rayons solaires ne pénètrent jamais est fort surprenante, mais elle montre d'une manière péremptoire qu'il ne faut pas conclure à l'absence complète de végétaux vivants dans les grandes profondeurs. Il est probable que les jeunes Halosphères habitent dans des régions éclairées pendant leur période de plus grande activité vitale, puis tombent dans les profondeurs où elles peuvent bien continuer à vivre pendant un certain temps, mais sont incapables d'assimiler. Le cas de l'*Halosphæra* n'est sans doute pas isolé, bien qu'il soit le seul exemple connu actuellement. Malgré cette exception, il n'en reste pas moins certain que les organismes végétaux ont une extension verticale très restreinte, qui contraste singulièrement avec la faculté que les animaux pélagiques possèdent de descendre jusqu'aux plus grandes profondeurs, et d'y vivre.

Or comment ces animaux trouvent-ils leur nourriture ? Ceux qui habitent d'une manière constante les régions éclairées, ou ceux, en bien plus grand nombre, que leurs migrations diurnes ramènent périodiquement à la surface, trouvent dans les végétaux unicellulaires et les algues une nourriture abondante et assurée. Tous ces organismes superficiels, végétaux et animaux, ont, en général, une vie très courte, et, lorsqu'ils ont cessé de vivre, ils tombent dans les régions profondes des mers où ils servent de nourriture aux habitants de ces régions. Des milliards de cadavres tombent ainsi continuellement dans les profondeurs, et tant qu'ils ne sont point entrés en décomposition phénomène que la salure de l'eau, l'abaissemen de la température, la richesse en acide carboniqu et l'augmentation de la pression [1] contribuent singulièrement à retarder, ils constituent pour les pélagiques profonds une nourriture très suffisante. C'est ainsi qu'on retrouve dans le corps des Phœodariés, qui habitent jusqu'à 5.000 ou 6.000 mètres de profondeur, les débris des Radiolaires de la surface. La plupart des pélagiques qui sont cantonnés dans les profondeurs moyennes sont d'ailleurs carnassiers et, en plus des organismes qui leur tombent d'en haut, ils trouvent dans les formes pélagiques qui émigrent de la surface une proie vivante ; cette proie leur revient régulièrement après être allé chercher dans les zones éclairées la nourriture végétale qui fait défaut dans les régions obscures. J'appelle l'attention sur le rôle économique important joué par les pélagiques soumis à ces oscillations périodiques, qui servent d'intermédiaires entre les organismes végétaux de la surface et les animaux des profondeurs, et sont en quelque sorte les pourvoyeurs de ces derniers.

Si enfin nous tenons compte de la présence possible de végétaux vivants, tels que l'*Halosphæra viridis*, à de grandes profondeurs, nous conclurons que la nourriture végétale ou animale est suffisamment assurée aux animaux pélagiques, au moins jusqu'à une certaine limite. Il est incontestable qu'à mesure que la profondeur augmente la nourriture qui tombe d'en haut devient moins abondante, et la recherche des aliments plus difficile. Aussi les animaux capables de supporter la famine pendant un certain temps, ou mieux armés pour la capture de leur proie, ou contentant de débris morts, sont les seuls qui résistent. Cette difficulté dans la recherche de la nourriture est incontestablement le facteur principal qui détermine la disparition progressive de la vie animale dans les profondeurs, facteur beaucoup plus important que l'augmentation de pression et l'abaissement de température.

II

Bien qu'ils appartiennent aux ordres les plus variés [2], les animaux pélagiques présentent un certain nombre de caractères communs résultant de l'adaptation à un même genre de vie. Le plus saillant est la transparence de leurs tissus, si parfaite chez beaucoup d'entre eux qu'ils sont presque invisibles dans l'eau et que leur corps paraît être de cristal. Les Siphonophores, les Cténophores, les

Méduses, les Tuniciers pélagiques, un grand nombre de larves, ont le corps constitué par des tissus opalins, et c'est à peine si certaines régions du tube digestif et le foie offrent une coloration brune qui tranche nettement sur tous les autres organes si parfaitement transparents. Cette transparence qui est incontestablement un résultat de la sélection naturelle, a pour effet de permettre aux animaux pélagiques d'échapper plus facilement à leurs ennemis : c'est un véritable mimétisme.

Un grand nombre d'animaux pélagiques qui flottent à la surface de l'eau, et dont une partie du corps émerge constamment, offrent un autre exemple de mimétisme dans leur coloration bleue brillante, qui, à une certaine distance, se confond avec celle de l'eau. Ce phénomène s'observe chez les *Velella, Porpita, Physalia, Minias cyanea, Janthina, Glaucus*. Il est à remarquer que la plupart de ces formes voyagent toujours en grandes bandes ; les animaux pélagiques en effet sont souvent des animaux sociaux, ou tout au moins la plupart d'entre eux se rencontrent en quantités colossales dans la même région océanique, et il est fort rare de capturer dans une pêche un échantillon unique d'une espèce donnée. Parmi les nombreuses espèces qui forment de grandes agglomérations, je n'en citerai que quelques-unes. On sait combien sont abondantes les Noctiluques ; les *Pyrocystis noctiluca* et *fusiformis* (fig. 2 et 3) qui les remplacent dans les mers chaudes, s'y montrent tout aussi nombreux. Les *Orbinulines* et les *Globigérines*, dont les coquilles forment de puissants dépôts au fond des mers, vivent en troupes considérables, et dans certaines régions du Pacifique, le *Challenger* en a rencontré (*Pulvinulina, Pullenia*) qui formaient de véritables bancs. Parmi les Radiolaires, certains *Polycyttaires* dans les mers chaudes, les *Acanthometron* dans les mers froides, les *Phœodariés* dans les grandes profondeurs, sont toujours représentés par d'innombrables individus.

Les *Collodariés* (et particulièrement les *Sphærozoïdés*) couvrent parfois la surface de la mer par centaines de millions, et brillent la nuit comme des Noctiluques. En ce qui concerne les Cœlentérés, groupe pélagique par excellence, on sait combien, par certaines journées calmes, ou pendant les nuits d'été, les Méduses, les Siphonophores et les Cténophores abondent dans nos mers. Les Rhizostomes dans les mers froides, les Sémostomes dans les mers chaudes (*Aurelia, Cyanea*) sont celles qui se rencontrent le plus ordinairement en grandes bandes, mais de préférence au voisinage des côtes, tandis que les grandes agglomérations de *Pélagies* préfèrent la haute mer. Parmi les Siphonophores, les *Diphyides* dans toutes les mers, les *Physalides*,

---

[1] Les expériences de M. Certes, confirmées par celles de M. Regnard, ont montré que les fermentations étaient fortement ralenties par une pression de 300 atmosphères et s'arrêtaient complètement à 600 atmosphères.

[2] Je renvoie, pour tout ce qui concerne la description des animaux pélagiques, à l'excellent article de M. Viguier sur *la faune pélagique* (*Revue générale des Sciences*, t. I, pages 433 et 482).

les *Porpitides*, les *Velellides* dans les mers chaudes, s'observent toujours en troupes serrées. Les *Bolina*, les *Eucharis* et les *Beroés* sont parmi les Cténophores sociaux, ceux qu'on observe le plus fréquemment; mais il est à remarquer que les trois ordres de Cœlentérés sont ordinairement associés.

Parmi les animaux plus élevés en organisation, ceux que l'on rencontre le plus souvent réunis en grand nombre sont les Ptéropodes et les Tuniciers. Les *Clio borealis* et *Limacinax arctica* forment, dans les mers septentrionales, des troupes compactes qui constituent la nourriture habituelle des grands Cétacés; les *Creseis* et *Hyalea* sont si nombreux dans les mers tempérées ou chaudes que leurs

rescence, propriété qu'ils partagent avec quelques formes abyssales, Crustacés, Polypes, etc. Cette phosphorescence suffit pour entretenir une certaine clarté dans cette zone immense qui s'étend entre les couches superficielles que le soleil éclaire et le fond de la mer. Lorsqu'on songe au nombre incalculable d'animaux qui, toutes les nuits, répandent à la surface de l'Océan une lueur dont l'étendue et l'éclat sont décrits avec enthousiasme par ceux qui l'ont observée dans les mers chaudes, on est conduit à admettre que la zone profonde habituellement habitée par ces êtres est loin d'être plongée dans une obscurité absolue. On peut remarquer que certains animaux pélagiques possèdent des

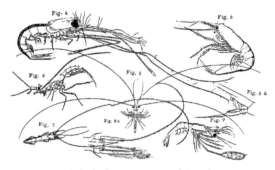

CRUSTACÉS PÉLAGIQUES PROFONDS DE LA MÉDITERRANÉE

Fig. 4. *Stylocheiron mastigophorum.* — Fig. 5 et 6. *Arachnomysis Leukartii.* — Fig. 7 et 8. *Sergestes magnificus.* — Fig. 9. *Miersia clavigera* (d'après Chun).

coquilles forment, dans certains fonds, des agglomérations comparables aux dépôts dus aux Foraminifères. Chez les Tuniciers, les troupes de Salpes se rencontrent aussi bien dans les mers tempérées que dans les mers chaudes, et la phosphorescence des océans tropicaux est en grande partie due à des essaims de *Pyrosomes*.

Les *Sagitta* sont aussi des animaux sociaux; il en est de même de beaucoup de Copépodes et d'Ostracodes. Le *Calanus finmarchius* forme dans les mers froides des agglomérations immenses, analogues à celles que les *Corycæus pellucidus*, *Undinia Darwinii*, *Euchæta prestandreæ*, forment dans les mers chaudes. Les troupes de *Calanus propinquus* sont parfois si serrées qu'elles font, à la surface de l'Océan, de grandes taches rouges. On sait enfin que la phosphorescence de la mer est souvent due à une quantité colossale de Copépodes et d'Ostracodes.

Il est encore un caractère commun à un grand nombre d'animaux pélagiques : c'est la phospho-

yeux beaucoup plus gros que leur taille ne semble le comporter (Alciopides, beaucoup de Crustacés), tandis qu'en revanche beaucoup d'autres ont des yeux rudimentaires ou nuls. Il est certain que les animaux pélagiques utilisent dans la recherche de leur nourriture la lumière qu'eux-mêmes ou leurs voisins fabriquent; mais néanmoins le nombre des espèces aveugles dépasse de beaucoup celui des formes pourvues d'yeux, et cela tient à ce que les animaux pélagiques habitent presque tous des régions, en somme, peu éclairées. L'absence d'yeux est quelquefois compensée chez eux par un développement considérable des organes du tact et de l'odorat; ainsi les Décapodes et les Schizopodes des zones profondes offrent des antennes extraordinairement longues. (fig. 4-9.)

III

La flore et la faune pélagique n'offrent pas dans toutes les mers une composition identique. Tandis que les Océans Arctiques sont caractérisés par d'énormes quantités de Diatomées, de Beroés, de Copépodes, de Ptéropodes ; dans les zones tempérées dominent les Fucoïdes, les Noctiluques, les Méduses, les Cténophores, les Salpes, les Schizopodes, qui, sous les tropiques, font place aux Murracytes, aux Oscillaires, aux Physalies, aux Pyrosomes, aux Ostracodes. Les Radiolaires sont représentés dans les mers froides par des espèces peu variées, mais par de nombreux individus, qui appartiennent presque tous au genre *Acanthometron*, tandis que les mers chaudes renferment des formes très variées dont les plus abondantes sont des Polycyttaires. On peut dire, d'une manière générale, que les organismes pélagiques deviennent plus abondants et plus variés à mesure que l'on se rapproche de l'équateur. La richesse de la faune et de la flore pélagiques dans les régions tropicales a été constatée par les naturalistes du *Challenger* et du *Vettor Pisani* qui, dans l'Atlantique comme dans le Pacifique et l'Océan Indien, ont observé des quantités étonnantes d'animaux pélagiques, rares pendant le jour à la surface, très abondants au contraire à partir d'une certaine profondeur, mais qui, la nuit, montaient à la surface en bandes immenses. Cette richesse des mers tropicales en organismes pélagiques tient incontestablement à l'action des rayons solaires qui se font sentir plus énergiquement que dans les régions polaires, et qui pénètrent plus profondément dans la masse des eaux. Il en résulte que les végétaux prennent un développement et une vigueur qu'ils ne possèdent nulle part ailleurs : aussi la vie animale s'y manifeste-t-elle avec une intensité et une ampleur extraordinaires.

Il y a donc parmi les animaux pélagiques certaines familles ou certaines espèces qui se trouvent plus fréquemment dans les mers tropicales, ou même qui sont parquées assez étroitement dans telle mer chaude, tempérée ou froide. Les animaux pélagiques sont en effet très sensibles aux variations de température, et cette sensibilité fait que quelques-uns se cantonnent dans une région où ils trouvent la température qui leur convient le mieux. Peut-être les modifications dans la salure de l'eau déterminent-elles aussi certains groupements d'animaux pélagiques, car ceux-ci se ressentent du moindre changement dans la composition de l'eau, et ils sont rares dans les mers peu salées comme la Baltique [1].

Mais à côté de quelques formes limitées à une région déterminée, on en trouve beaucoup d'autres, — la majorité des animaux pélagiques —, dont

[1] Les *Aurelia* et *Cyanea* créent, à cet égard, une remarquable exception.

l'extension géographique est très vaste. Ce fait tient à ce qu'ils peuvent être transportés au loin par les courants ou les vents, et à ce que beaucoup sont bons nageurs, mais aussi à ce que la plupart d'entre eux sont très anciens et existaient déjà à une époque où les continents actuels, n'étant pas encore formés, ne créaient pas entre les mers les barrières qui existent aujourd'hui. Enfin les oscillations en profondeur qu'elles subissent régulièrement permettent aux mêmes formes d'habiter des régions différentes, où elles choisissent la zone bathymétrique qui leur convient le mieux.

Le transport des animaux pélagiques à grande distance, qui s'effectue par les courants, est d'autant plus important que, d'après les observations faites dans les grands courants océaniques, le Gulf-Stream, les courants de Falkland, de Guinée, particulièrement, ainsi que dans ceux de l'Océan Indien et du Pacifique, les eaux qu'ils charrient sont beaucoup plus riches en organismes pélagiques que les régions calmes avoisinantes. Le contraste est quelquefois très marqué, surtout quand le courant est étroit, et il s'accompagne de différences dans la température et la couleur de l'eau ; non seulement la faune est plus riche dans le courant que dans la région calme, mais elle présente parfois une composition toute différente [1].

IV

Nous avons maintenant une question fort importante à examiner : c'est la répartition en profondeur des animaux pélagiques. On a cru autrefois que les fonds des mers cessaient d'être habités lorsque la profondeur dépassait une certaine limite ; or les dragages exécutés méthodiquement ont montré que dans les fonds de plusieurs milliers de mètres, vivait une faune spéciale et parfois très riche. Pareille erreur a régné dans la science au sujet des animaux pélagiques, avec cette différence que cette erreur est à peine dissipée actuellement. Il n'y a pas bien longtemps que des naturalistes éminents, comme Agassiz, écrivaient qu'au delà de cent brasses la vie pélagique était impossible, et qu'entre la zone superficielle, habitée par les formes

[1] Ces différences ont été remarquées dans plusieurs régions. Au voisinage des côtes de Chili, les naturalistes du *Challenger* ont observé un contraste marqué entre le courant littoral froid, dont les eaux offraient une couleur verte, et les eaux calmes et bleues de l'Océan ; ils ont remarqué de plus que les Globigérines, les seuls organismes observés dans la région calme, furent brusquement remplacés par des Diatomées, des Infusoires et des Hydroméduses dès que le courant fut atteint. Devant la côte du Japon, le *Challenger* rencontra deux courants très voisins et possédant des faunes complètement différentes : un courant froid, riche en Diatomées, en Noctiluques et en Hydroméduses, et un courant chaud où dominaient les Radiolaires et les Globigérines. Des observations analogues ont été faites en d'autres régions par le *Challenger* ainsi que par le *Vettor Pisani* et le *National*.

pélagiques, et les abîmes de la mer habités par les animaux de fond, régnait une solitude absolue. Les premiers résultats importants concernant la présence d'animaux pélagiques dans les profondeurs furent obtenus par le *Challenger* grâce à l'emploi de filets profonds, ou *tow-nets*, que l'on descendait isolément dans de grandes profondeurs, ou que l'on attachait au filet des dragues, et qui balayaient l'eau en direction horizontale. Les échantillons qui furent capturés étonnèrent les natura-

trefois la faune pélagique, et qui habitent les vagues de la mer ou descendent à une faible profondeur, il existait toute une série de formes qu'on pouvait capturer à différentes profondeurs, jusqu'à 3.000 et 4.000 mètres. Parmi les êtres recueillis dans les profondeurs, la plupart sont susceptibles de monter périodiquement dans les régions superficielles et partagent ainsi leur vie entre la surface et les profondeurs. Mais il en est d'autres qui paraissent n'abandonner jamais les plus grandes pro-

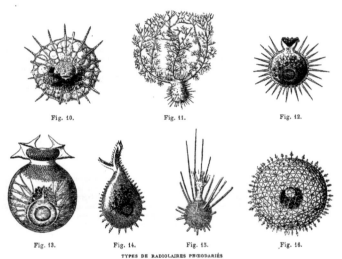

Fig. 10.　　　　　Fig. 11.　　　　　Fig. 12.

Fig. 13.　　　Fig. 14.　　　Fig. 15.　　　Fig. 16.

TYPES DE RADIOLAIRES PHŒODARIÉS

Fig. 10. *Aulactinium actinastrum.* — Fig. 11. *Gazeletta melusina.* — Fig. 12. *Challengeria Murrayi.* — Fig. 13. *Ch. Moseleyi.* — Fig. 14. *Ch. Wyvillei.* — Fig. 15. *Polypetta tabulata.* — Fig. 16. *Aulosphæra dendrophora* (d'après Hæckel).

listes par leur nombre et leur variété. Mais, comme ces filets restaient ouverts pendant la descente et pendant la montée, il était difficile de rapporter exactement les animaux à une profondeur déterminée. D'autres filets, la trappe de Sigsbee, les filets de Palumbo et de Petersen, permettant l'ouverture et la fermeture automatique du filet à un niveau donné, furent utilisés, soit par les naturalistes du *Vettor Pisani* dans leur voyage autour du monde, soit par Chun, qui a institué tout récemment une série d'expériences fort importantes commencées dans la Méditerranée et continuées aux îles Canaries.

Ces recherches ont montré qu'à côté des espèces dont l'ensemble constitue ce que l'on appelait au-

fondeurs; ce sont les vrais animaux pélagiques profonds, et ils constituent une faune remarquable dont la richesse et l'importance sont véritablement étonnantes. Je veux d'abord m'occuper de ces derniers, en examinant rapidement les formes les plus intéressantes qui ont été capturées, soit dans la Méditerranée, soit dans les océans ouverts.

Les Radiolaires sont de tous les animaux pélagiques ceux qui paraissent susceptibles de descendre jusqu'aux plus grandes profondeurs : ce sont les seuls qu'on rencontre à partir de 3.500 mètres jusqu'à 4.000 et 5.000 mètres [1]. Les formes

[1] Le *Challenger* a capturé certaines espèces de Radiolaires (*Tympanidium binoctonum, Cycladophora favosa, Theocapra Aldrovandi* etc.) à des profondeurs dépassant 7.000 mètres.

profondes (fig. 10-16) appartiennent aux deux classes des Nesselariés et des Phœodariés (*Osculosa*) qui deviennent de plus en plus abondantes à mesure que les autres Radiolaires (*Porulosa*) disparaissent. Il est à remarquer que les Radiolaires des profondeurs ont des formes moins délicates, plus robustes, que les types superficiels; leur squelette

duses (*Pectis, Pectyllis*), des Narcoméduses (*Œginura*), des Stauroméduses (*Tesserantha*, fig. 17), des Péroméduses (*Periphylla*, fig. 18), des Discoméduses (*Atolla, Leonura*, fig. 19). Dans la Méditerranée, les *Trachynema eurygaster, Aglaura hemistoma, Œginopsis mediterranea*, etc., ont été capturés par Chun à 1.300 mètres.

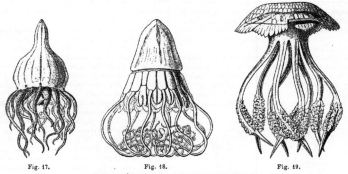

Fig. 17.   Fig. 18.   Fig. 19.

TYPES DE MÉDUSES VIVANT A DE GRANDES PROFONDEURS
Fig. 17. *Tesserantha connectens* (3500 mètres). — Fig. 18. *Periphylla mirabilis* (1780 mètres). — Fig. 19. *Leonura terminalis* (3500 mètres).

est toujours siliceux, et non calcaire, et il se trouve ainsi inattaquable par l'acide carbonique dissous dans l'eau, acide dont la proportion est considérable à une profondeur de 5.000 mètres. L'étude très complète de la collection du *Challenger* a montré à M. Hæckel que les Radiolaires n'étaient pas répartis uniformément dans les profondeurs de l'Océan. Une très riche faune comprenant surtout des *Porulosa*, s'épanouit à la surface des mers et jusqu'à une profondeur de 500 mètres, tandis que les formes profondes se développent à partir de 2.000 mètres. La zone comprise entre 500 et 2.000 mètres qui renferme à la fois des *Porulosa* et des *Osculosa*, est beaucoup plus pauvre en Radiolaires. D'ailleurs la plupart des Radiolaires, aussi bien les formes profondes que les formes superficielles, se cantonnent habituellement dans une zone déterminée et se rencontrent toujours au même niveau; ils ont par conséquent une extension bathymétrique très limitée.

Toute une série de Méduses ont été capturées par le *Challenger* dans des profondeurs variant entre 900 et 3.500 mètres (fig. 17-19). Plusieurs de ces formes paraissent spéciales aux profondeurs et ne fréquentent point les zones superficielles. Ce sont des Leptoméduses (*Ptygochena*), des Trachomé-

Une classe toute nouvelle de Siphonophores, les *Auronectés* (fig. 20), a été trouvée par le *Challenger* dans des profondeurs variant entre 350 et

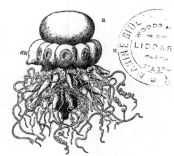

Fig. 20. *Stephalia Corona*. Type du Siphonophore Auronecté capturé à 900 mètres de profondeur : *a*, pneumatocyste ; *n*, couronne de cloches natatoires; *au*, aurophore (d'après Hæckel).

1.000 mètres. Ces Siphonophores, qui n'ont jamais été capturés dans les eaux superficielles, ont un aspect particulier, et présentent un développement inusité des appareils hydrostatiques (*a.n.au*) qui provient incontestablement d'une adaptation à la vie profonde. D'autres Siphonophores appartenant surtout aux Rhysophysides (*Aurophysa, Linophysa*) ont été capturés par la *Gazelle* à 2.600 mètres ; lors de l'expédition du *Vittor Pisani*, les lignes servant aux sondages profonds, dans l'Atlantique comme dans le Pacifique, revenaient fréquemment garnies de tentacules arrachés et de fragments de grands Siphonophores, ce qui indiquait une population très riche de ces animaux, et aussi la présence d'une quantité énorme de petits animaux dont ils font leur nourriture.

Les Annélides pélagiques habitent généralement près des côtes les zones superficielles; quelques éspèces cependant, les *Tomopteris elegans* et *euchæta* (fig. 2) de la Méditerranée, ainsi qu'une très curieuse Phyllodocide découverte par le *Challenger*, la *Genetyllis oculata*, caractérisent les grandes pro-

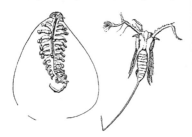

Pig. 21.   Fig. 22.

Fig. 21. *Tomopteris euchæta*, annélide pélagique de la Méditerranée vivant entre 600 et 1300 mètres de profondeur (d'après Chun). — Fig. 22. *Pontrostratiotes abyssicola*, Copépode capturé par le *Challenger* à 3500 mètres (d'après Murray).

fondeurs. Les *Sagitta* et les *Spadella* se rencontrent jusqu'à 1.000 mètres, et les espèces des profondeurs diffèrent des formes superficielles.

Au contraire, les Crustacés fournissent à la faune pélagique profonde de nombreuses espèces. Les Copépodes habitent de préférence les zones superficielles ou moyennes, et ne dépassent guère 1.500 mètres. Toutefois, une espèce, *Pontostratiotes abyssicola* (fig. 22), qui vit à 3.500 mètres, est tout à fait caractéristique des profondeurs. Les Ostracodes sont répartis plus uniformément dans les Océans, et le *Challenger* n'a pas trouvé moins de huit espèces différentes à des profondeurs de 3.200 mètres. Plusieurs Schizopodes habitent le même niveau et appartiennent aux genres *Stilo-*

cheiron (fig. 4), *Arachnomysis* (fig. 5 et 6) et *Nematoscelis*; ils offrent parfois des organes lumineux d'une organisation très compliquée. Les Amphipodes hypérines, surtout les Phronimides et les Oxycéphalides (*Ph. elongata* et *sedentaria, Ox. latirostris*) vivent de préférence entre 1.000 et 1.500 mètres, et sont associés, dans cette région, à certains Décapodes appartenant aux Sergestides et aux Ephyrines (*Sergestes magnificus* (fig. 7 et 8) et *Miersia clavigera* (fig. 9) de la Méditerranée, *S. Sanguineus* de l'Atlantique).

Enfin certaines espèces de Ptéropodes (*Spirialis*), d'Appendiculaires (*Stegosoma* et *Megalocercus*) et de Céphalopodes (*Cirroteuthis magna*) paraissent n'abandonner jamais les profondeurs. Il en est de même d'une forme très intéressante, l'*Octacnemus*, étudiée par Moseley, qu'on doit rattacher aux Salpes, mais qui représente un type très modifié adapté aux profondeurs.

On voit, par cette énumération, quelle richesse et quelle variété présente cette faune pélagique profonde dont l'existence a été contestée. Mais que de choses nous resteraient à connaître au sujet de ces animaux pélagiques sur lesquels nous ne savons guère qu'une seule chose, c'est qu'ils existent. Ils ont été capturés le plus souvent dans des conditions qui ne permettent pas de les rapporter à une profondeur déterminée, au cours de longues expéditions où l'on disposait d'un temps trop limité pour que l'on pût s'attarder à des observations minutieuses et répéter dans une même région les mêmes observations à différentes profondeurs. Aussi nous connaissons fort mal la distribution verticale des animaux pélagiques profonds. On sait cependant, et ce résultat est important, que les Radiolaires vivent à des profondeurs déterminées et il doit en être ainsi d'autres formes. Ainsi les Siphonophores paraissent s'épanouir de préférence à des profondeurs de 1.000 mètres. Il est probable que la pression, qui devient considérable à de grandes profondeurs, joue un certain rôle dans cette répartition en zones bathymétriques distinctes des animaux pélagiques [1]. On

[1] On sait que les animaux soumis expérimentalement à des pressions de 400 à 500 atmosphères s'engourdissent et tombent en l'état de vie latente ; ils reprennent leur vivacité si l'on diminue la pression, mais si on la maintient pendant un certain temps, ils deviennent rigides et gonflés, puis ils meurent. Ces animaux ont augmenté de poids et leurs tissus sont imbibés d'eau. M. Regnard admet que cette eau agit *mécaniquement* en s'interposant entre le protoplasma des éléments et leur enveloppe, tandis que M. Dubois explique les accidents par une *hydratation*, une véritable combinaison moléculaire de l'eau avec le protoplasma. Des pressions inférieures à 200 ou 300 atmosphères (les chiffres varient suivant les espèces) ne paraissent pas avoir d'effets sensibles sur les animaux; mais, si la pression est augmentée, les accidents apparaissent et sont d'autant plus graves que la pression est plus forte. Cette observation tendrait à prouver que la près-

sait encore que la faune pélagique profonde atteint son plus grand développement entre 1.000 et 2.000 mètres de profondeur, région où dominent les Sagitta, les Siphonophores, les Méduses Craspédotes, les Ostracodes, les Schizopodes, les Copépodes, les Amphipodes, les Décapodes, les Ptéropodes, les Salpes, les Doliolum, les larves de Poissons, etc., qu'entre 2.000 et 3.000 mètres les formes précédentes sont rares et disparaissent complètement, sauf les Ostracodes, tandis que les Radiolaires, surtout les Phœodariés, prennent un développement considérable. Ces derniers finissent aussi par diminuer rapidement à partir de 4.000 mètres et ils disparaissent à leur tour. Mais ces données sont encore bien vagues.

V

Les animaux pélagiques qui vivent entre la surface et une profondeur de 1.000 à 1.200 mètres sont

sion n'exerce aucune influence sur les animaux qui vivent à des profondeurs moindres que 2.000 à 3.000 mètres. Les phénomènes observés expérimentalement doivent se produire dans la nature chez les animaux qui habitent à 4.000 et 5.000 mètres de profondeur, avec cette différence que la pénétration de l'eau dans les tissus est normale chez eux; ils s'y sont adaptés d'une manière si parfaite qu'ils meurent lorsqu'on les soustrait à ces pressions : ils sont alors ramollis comme s'ils avaient subi un commencement de coction (on sait que l'eau des protoplasmas a une tendance à quitter les éléments des tissus quand on soumet ceux-ci à la coction). Aussi, par le fait de la pression, les animaux, pélagiques ou non, se trouvent-ils cantonnés dans certaines zones qu'ils ne peuvent franchir sous peine de mourir par excès ou par perte d'eau dans leurs tissus, mais à partir d'une certaine profondeur seulement : la pression n'a aucune influence sur les oscillations périodiques des animaux pélagiques.

Toutefois il existe une certaine catégorie d'animaux pélagiques sur lesquels la pression agit plus directement que sur les autres : ce sont ceux qui, comme les Siphonophores, possèdent des flotteurs, des cloches à air, etc., organes renfermant des gaz, et qui, par suite de cette circonstance, se trouvent plus étroitement parqués entre certaines limites qu'ils ne sauraient dépasser sans exposer à une rupture ces appareils délicats. Ces organes ont pour eux les mêmes avantages, mais aussi les mêmes inconvénients que la vessie natatoire des Poissons.

Somme toute, l'action directe de la pression sur les animaux pélagiques ne devient importante qu'à partir d'une certaine profondeur seulement. On peut se demander si elle ne pourrait agir indirectement en modifiant la quantité absolue et les proportions relatives des gaz dissous dans l'eau. Cette action ne paraît pas non plus être bien importante. On sait que les eaux profondes renferment plus de gaz que les eaux superficielles : cette augmentation tient en partie à l'abaissement de température. Or cette augmentation de la tension compense la diminution d'oxygène dans les abysses. On sait que l'azote restant en proportion constante, la quantité d'oxygène diminue lentement, mais graduellement, avec la profondeur, tandis qu'au contraire la richesse de l'eau en acide carbonique augmente en sens inverse. Néanmoins, la quantité d'oxygène est encore suffisante dans les grandes profondeurs pour permettre de respirer aux animaux qui y vivent. La tension plus élevée des gaz dissous ne peut provoquer de modifications dans les organes respiratoires dans les abysses. L'acide carbonique seul exerce une action sur certains d'entre eux en s'opposant au développement d'un squelette calcaire : aussi les pélagiques profonds qui ont un squelette, comme les Radiolaires, l'ont-ils toujours siliceux.

en revanche beaucoup mieux connus. Tandis que les pélagiques profonds ne paraissent jamais quitter les régions des ténèbres et sont parqués dans des zones déterminées, ceux-ci se trouvent tantôt à la surface, tantôt à des profondeurs variables ; ils habitent alternativement les régions chaudes et et éclairées, et les régions froides et obscures. Les oscillations que subissent ces animaux, leurs migrations, ne s'effectuent pas d'une manière irrégulière : elles dépendent de certaines conditions et sont soumises à des lois fixes que nous allons examiner.

Il est un fait d'observation assez ancienne dans la Méditerranée : c'est que le plus grand nombre des animaux pélagiques qui habitent la surface de la mer pendant l'hiver et le printemps, disparaissent brusquement au commencement de mai pour faire de nouveau leur apparition à la fin de l'automne. C'est en hiver et au commencement du printemps que la faune est la plus riche ; à cette époque les régions superficielles sont peuplées d'une foule nombreuse d'animaux élégants et délicats, transparents comme le cristal ou offrant de vives couleurs : Radiolaires, Méduses, Siphonophores, Cténophores, Salpes, Crustacés, etc. Puis, tout d'un coup cette foule disparaît aussi brusquement qu'elle s'était montrée, et pendant l'été il ne reste plus que quelques rares habitants dans les couches éclairées.

Que sont devenus les autres ? Sont-ils morts après l'époque de la reproduction ? ont-ils été emportés plus loin par des courants ou se sont-ils réfugiés dans les profondeurs ? Les pêches au filet profond permettent de résoudre cette question et montrent que ces animaux ne subissent pas de notables déplacements en direction horizontale, mais qu'ils s'enfoncent dans les profondeurs où l'on peut alors les capturer en grand nombre. En pêchant au large de Naples, à des profondeurs comprises entre 500 et 1200 mètres, et pendant l'été, à une époque où la surface de l'eau était très pauvre en animaux pélagiques, Chun a pu ramener dans son filet la plupart des formes qu'il capturait à la surface de la mer l'hiver précédent : Méduses Craspédotes, Cestidés, Diphyides, Tomoptérides, Sagitta, Alciopides, Copépodes, larves de Décapodes, Appendiculaires, Ptéropodes, Céphalopodes. Le nombre et la variété des échantillons qui remplissaient les filets indiquaient la présence, dans ces profondeurs, d'une faune dont on n'avait jamais soupçonné la richesse.

Or il est incontestable qu'en arrivant à ces grandes profondeurs, les animaux pélagiques se trouvent dans des conditions très différentes de celles du milieu qu'ils viennent de quitter. Les oscillations ne sont pas assez étendues pour que l'augmen-

3*

tation de pression ait sur eux une influence quelconque ; d'ailleurs ces migrations s'effectuent très lentement ; mais il est un autre agent dont l'effet est très sensible : c'est la température qui devient plus basse. On sait, en effet, que dans la Méditerranée la température décroît assez rapidement avec la profondeur, qu'elle tombe, en été, à 18° vers 50 mètres, à 14° vers 200 mètres et qu'elle conserve, à partir de 500 mètres jusqu'aux plus grandes profondeurs, une température uniforme de 13°5 à 13°. Cette température constante de 13° est celle que présentent pendant l'hiver les couches superficielles [1]. L'uniformité de la température à partir d'une certaine profondeur explique pourquoi les animaux pélagiques, dans leurs migrations saisonnières, peuvent descendre jusqu'à 1400 mètres (et sans doute au delà), puisqu'à cette profondeur la température est la même, et que l'obscurité n'est pas plus profonde qu'à 500 mètres.

Des observations sur les migrations saisonnières des animaux pélagiques dans les océans ouverts nous font actuellement défaut, et il est possible que les oscillations y soient beaucoup moins étendues que dans la Méditerranée, puisque la température décroît continuellement à mesure que la profondeur augmente. Dans les régions tempérées, la température est de 4° à 5° à 1.000 mètres, et dans les plus grandes profondeur, à 5.000 mètres, elle oscille généralement entre 0° et + 2°. Les eaux de l'Océan se trouvent ainsi partagées en zones dont les températures, de même que les pressions qu'elles supportent, sont différentes, et ces deux circonstances nous expliquent pourquoi les pélagiques profonds vivent à des profondeurs déterminées. Nous avons donné exemples de ces cantonnements dans les océans ouverts, tandis qu'on n'en connaît pas dans la Méditerranée.

Mais il est un autre ordre d'oscillations que subissent les animaux pélagiques dans l'Océan comme dans la Méditerranée, et qui sont plus faciles à étudier que les précédentes. Quelle que soit l'époque de l'année, dans quelques régions qu'ils vivent, les animaux pélagiques quittent la surface des eaux dès que le soleil se lève pour s'abriter dans les régions moins chaudes et moins éclairées, et ils remontent ensuite dès que le soleil a disparu. La plupart d'entre eux ne se montrent que la nuit à la surface des eaux ; quelques-uns même n'y passent pas la nuit entière et n'y font qu'un séjour de quelques heures. Ces oscillations diurnes sont moins étendues que les oscillations

annuelles : les animaux descendent à une profondeur qui varie entre 50 et 200 mètres.

Les oscillations diurnes et les migrations saisonnières constituent, dans la vie des animaux pélagiques, un trait caractéristique, si constant que nous les retrouvons chez les pélagiques d'eau douce. A quelle influence devons-nous les attribuer? Il est évident que si les animaux pélagiques abandonnent une région pour émigrer dans une autre, c'est qu'ils doivent trouver dans cette dernière des conditions d'existence plus favorables ou une nourriture plus abondante et mieux à leur portée.

Or, ce que nous avons dit plus haut sur l'extension en profondeur de la vie végétale, montre que les pélagiques, à mesure qu'ils s'enfoncent, rencontrent des régions où les végétaux deviennent de plus en plus rares. De plus, en descendant dans ces régions, ils ont plus de chances d'être dévorés par les pélagiques profonds dont ils forment la nourriture. La recherche de la nourriture n'a donc rien à voir avec ces migrations que nous ne pouvons rapporter qu'à l'influence de la lumière et de la chaleur. Or il est assez difficile de faire la part de ce qui revient à chacun de ces agents, qui sans doute interviennent tous deux dans une certaine mesure. On a remarqué que certaines espèces, pourvues ou non d'yeux, étaient très sensibles à l'action de la lumière. Chun a observé, d'autre part, que d'autres animaux pélagiques ne paraissaient pas gênés par un éclairage intense et étaient au contraire très sensibles à une élévation de température. Comme d'ailleurs la plupart des animaux pélagiques sont aveugles, il semble que c'est beaucoup moins l'éclairement des couches superficielles que leur échauffement par les rayons du soleil, qui détermine les migrations périodiques dans les grandes profondeurs. Un autre fait vient confirmer cette manière de voir. Dans les mers arctiques certaines espèces se montrent à la surface à une époque où elles sont confinées à de grandes profondeurs dans les mers chaudes. Ainsi l'expédition du Plankton a rencontré en été, dans les mers arctiques, des masses énormes de Béroés, alors que dans la Méditerranée on ne les rencontrait que dans la profondeur.

Tous les animaux pélagiques ne subissent pas les oscillations que nous venons de décrire. Un certain nombre d'entre eux constituent une sorte de faune pélagique superficielle constante qui n'abandonne jamais la surface, pas plus le jour que la nuit, pas plus l'hiver que l'été. Ainsi font de nombreux Radiolaires polycyttaires (la plupart des Sphærozoïdés), des Méduses (Eucopides), les Cténophores lobés (*Eucharis*, *Bolina*), quelques Sagitta (*S. bipunctata*), certains Copépodes (*Pontellina*). Ces animaux sont adaptés aux variations

[1] La température élevée qui règne dans les profondeurs de la Méditerranée est la cause pour laquelle la faune abyssale y est si pauvre. Ce phénomène n'est pas spécial à la mer Méditerranée et s'observe dans d'autres mers fermées telles que la mer Rouge, la mer de Mindanao, etc.

que subit la surface des eaux et sont indifférents à la lumière et à l'échauffement dû aux rayons solaires. Quelques espèces, les Vélelles, les Porpites, présentent même certaines modifications particulières, grâce auxquelles elles peuvent être transportées à de grandes distances par les vents. Cette faune superficielle, soumise à toutes les variations atmosphériques, ne se montre que lorsque les circonstances extérieures le permettent; au moindre coup de vent, à la moindre pluie qui abaisse la salure des couches superficielles, toute cette population disparaît et se cache à quelques mètres de profondeur. Certaines espèces sont tout aussi indifférentes aux variations de lumière et de température et peuvent être capturées à la même époque, à la surface et dans les profondeurs, les *Diphyes Siboldii*, *Euphausia pellucida*, *Salpa democratica* et les petits *Doliolum*, par exemple. D'autres espèces enfin sont susceptibles de vivre, tantôt à la surface, tantôt dans les profondeurs, suivant leur âge. Ainsi les Cténophores lobés de la Méditerranée, qui ne renferment guère de formes profondes, habitent, à l'état de larves, la surface de l'eau; au commencement de l'été ces larves s'enfoncent jusqu'à une profondeur de 1.000 mètres où elles subissent une métamorphose postembryonnaire, et remontent à la surface au commencement de l'hiver.

Il existe certaines formes qui, au lieu d'habiter la surface pendant toute une saison, n'y font qu'un très court séjour de quelques semaines ou même de quelques jours. Telles sont les *Athorybia* et *Physophora* parmi les Siphonophores, et les *Charybdea* et *Periphylla* parmi les Méduses. Encore ces espèces se montrent-elles régulièrement tous les ans; mais on en connaît d'autres qui n'apparaissent que très irrégulièrement et à des époques très éloignées : ainsi l'*Umbrosa lobata*, la *Cotylorhyza tuberculata* et d'autres Méduses sont parfois très communes dans la Méditerranée de juin à septembre, puis elles disparaissent pendant plusieurs années pour reparaître ensuite. Parmi les Cténophores du golfe de Trieste, un seul, l'*Eucharis multicornis*, s'y montre régulièrement chaque année à la surface, tandis que les autres n'y paraissent que de temps en temps. Hæckel, en 1873, avait observé dans le golfe de Smyrne des troupes énormes d'une Pélagide, la *Chrysaora hyoscella*; en 1887 il n'a plus retrouvé un seul échantillon de cette méduse, mais, à sa place, vivait une Cyanide, la *Drymonema cordelia*.

Ces apparitions irrégulières et ces disparitions soudaines sont difficiles à expliquer. Sont-elles en rapport avec la reproduction, tiennent-elles à une disette qui force ces animaux des ténèbres à chercher, dans les régions éclairées, la nourriture qui leur fait défaut, ou à une éclosion simultanée dans une même région d'un grand nombre d'œufs? Dans d'autres circonstances, des quantités énormes d'animaux pélagiques sont amenées passivement à la surface par des courants profonds; ces tourbillons s'observent fréquemment, quoique très irrégulièrement, sur nos côtes; mais ce phénomène se produit régulièrement dans certaines régions où l'on a remarqué qu'aux époques de pleine lune les courants marins devenaient beaucoup plus violents et produisaient des mouvements tourbillonnants qui amenaient à la surface de nombreux pélagiques profonds. C'est ainsi que Chun, aux Canaries, a pu recueillir à la surface de l'eau les échantillons de *Sergestes sanguineus*, *Rhabdocera armatum*, *Stylocheiron mastigophorum*, *Oxycephalus typhoïdes* et plusieurs Ostracodes, toutes formes caractéristiques des profondeurs.

Les animaux pélagiques qui vivent dans les profondeurs moyennes et qui sont soumis aux oscillations diurnes et saisonnières que nous venons de décrire, sont incontestablement les mieux favorisés sous le rapport des conditions d'existence, puisqu'ils partagent leur vie entre les régions calmes et obscures des profondeurs et les régions éclairées, animées et surtout riches en nourriture végétale de la surface. Remarquons que ces êtres sont infiniment plus nombreux, comme espèces et comme individus, que les pélagiques cantonnés dans les régions superficielles, et peut être aussi que les pélagiques des grandes profondeurs, sur le développement desquels nous n'avons pas encore de données précises, mais dont nous savons cependant qu'ils diminuent rapidement au dessous de 3.500 mètres.

Il résulte de tout ce que nous venons de voir que la plupart des pélagiques sont surtout des animaux des ténèbres et qu'un certain nombre d'entre eux seulement passent une partie de leur vie, — et ce n'est pas la plus longue, — dans les régions océaniques éclairées. Dès lors, au lieu de parler des migrations en profondeur des animaux pélagiques, et de dire que pendant l'été ou pendant le jour ils fuient la lumière et la chaleur et se réfugient dans les profondeurs, ne vaudrait-il pas mieux renverser la phrase et dire que les animaux pélagiques, habitant habituellement une zone comprise entre 100 et 1000 mètres de profondeur, remontent périodiquement, soit la nuit, soit l'hiver, pour trouver dans les régions un peu plus chaudes, mais surtout mieux éclairées, la nourriture végétale vivante qui leur fait défaut ou qui leur est si parcimonieusement distribuée par la nature dans les régions profondes qu'ils habitent? Ce ne sont pas les vagues, mais bien ces régions de profondeur moyenne qui sont le berceau des animaux pélagiques, berceau duquel partent, à certains moments, soit régulièrement et à des époques très rapprochées, soit irrégulièrement et à de longs intervalles, des essaims qui se dirigent vers la surface et y font un séjour plus ou moins long. C'est dans ces régions que la vie pélagique s'épanouit avec une intensité et une richesse de formes que les pêches en eau profonde nous font à peine entrevoir, mais dont nous pouvons nous faire une idée lorsque, par une nuit calme, alors qu'ils trouvent dans les eaux superficielles la même tranquillité absolue et les mêmes conditions de température et de lumière que dans les profondeurs où ils vivent d'habitude, d'innombrables essaims d'animaux pélagiques montent à la surface de l'Océan, et, la transformant, jusqu'aux limites de l'horizon, en une immense plaine lumineuse, nous font alors assister au sublime spectacle de la mer phosphorescente, inoubliable pour celui qui put l'observer une fois dans toute sa splendeur.

R. Kœhler,

Docteur ès sciences et en médecine.
Chargé d'un cours complémentaire de Zoologie
à la Faculté des Sciences de Lyon.

LES LABORATOIRES D'ENSEIGNEMENT CHIMIQUE PRIMAIRE A PARIS

A propos de la suppression dont était menacé le laboratoire de chimie organisé par M. Frémy au Jardin des Plantes, le monde chimique s'est ému de voir disparaître le seul établissement accessible aux élèves hors cadre, c'est-à-dire n'appartenant à aucune école du Gouvernement et où il y eût un enseignement primaire régulièrement organisé.

La Société chimique a résolu de présenter au Ministre de l'Instruction publique un rapport dans lequel elle signalerait cette lacune si grave dans notre enseignement universitaire, et une démarche analogue a déjà été faite par plusieurs membres de la section de Chimie de l'Académie des Sciences. Le Ministre a bien voulu ordonner la réouverture du laboratoire [1] ; mais si, par là, on évite de retirer aux jeunes gens les moyens d'instruction sur lesquels ils avaient compté, l'institution n'en reste pas moins dans une situation précaire et son organisation demeure insuffisante, puisque la chimie minérale seule y est enseignée.

Ce n'est pas la première fois que les lacunes de l'enseignement chimique sont signalées ; déjà sous l'Empire, à la suite d'un remarquable rapport de Wûrtz, on avait fondé l'*École des Hautes Études*. Le titre même de cette institution indique déjà que, dans l'esprit de ses fondateurs, elle tendait à créer des laboratoires de recherches et non d'enseignement élémentaire ; du reste, cette École a rendu des services incontestables, mais qui auraient été bien plus grands si l'on avait créé en même temps un enseignement régulier pour les commençants. En un mot, on voulait apprendre la syntaxe à des gens qui ne savaient pas conjuguer les verbes, et il pouvait arriver à des jeunes gens mal préparés de se lancer dans des recherches difficiles aboutissant à des insuccès ; ils se dégoûtaient alors de la chimie, après avoir inutilement encombré les laboratoires.

Ainsi donc, nous possédons une organisation à peu près suffisante des laboratoires de recherches, mais une organisation presque nulle de l'enseignement pratique élémentaire.

Pour nous faire une idée de l'importance de cette lacune, il suffit de jeter un coup d'œil sur l'organisation d'un laboratoire allemand. Tout le monde sait, en effet, que l'Allemagne n'a joué qu'un rôle minime dans la création de la science chimique, mais que, par des efforts soutenus, elle est arrivée à occuper un des premiers rangs dans l'industrie et dans la science. Les méthodes d'enseignement qui ont amené ce résultat sont assurément dignes d'attirer notre attention : à ses fruits, on a pu juger l'arbre. L'enseignement à donner au jeune homme sortant du lycée es calculé sur six semestres (considérés comme insuf fisants dans la pratique), dont trois sont consacré à la chimie minérale, qualitative et quantitative un à la préparation organique et deux à une re cherche originale. *Aucun élève n'entre au laboratoir de chimie organique, s'il n'a fait trois semestres de chimi minérale* à la satisfaction de ses maîtres ; *aucun n'es admis à faire des recherches*, s'il n'a fait *quatre se mestres de préparation* dans lesquels *le professeu lui impose des exercices*. Ces exercices sont, non pa communs à tout le laboratoire, mais appliqués à d petits groupes d'élèves jugés de même force. Dan une des grandes Universités d'Allemagne, un pro fesseur titulaire, un préparateur particulier, un professeur adjoint qui a le titre de préparateur e chef (fonction qui est un grade intermédiaire entr celui de préparateur et de professeur), enfin quatr

---

[1] C'est surtout une question budgétaire qui avait motivé la suppression de la chaire et du laboratoire de M. Frémy ; mais le Ministre a pensé avec raison que les intérêts généraux de l'Enseignement devaient être sauvegardés, malgré les embarras budgétaires particuliers au Jardin des Plantes, et quelle qu'en soit la cause.

préparateurs composent le personnel enseignant et dirigent en moyenne 80 élèves dont 30 font de la chimie minérale et 30 de la chimie organique; sur ces derniers, 20 seulement font des recherches similaires à celles de notre *École des Hautes Études*. Il faut dire que parmi cette foule de 30 commençants figurent des pharmaciens, des agronomes et d'autres élèves qui, chez nous, trouvent dans les écoles spéciales une excellente préparation ; mais tout le monde ne peut appartenir à une école spéciale et la différence en faveur de l'Allemagne réside dans ce fait que ceux qui font de hautes études sont mieux préparés. Quant aux locaux, il suffit de les regarder pour voir quelle importance on attache aux études pratiques, tandis que, chez nous, la Sorbonne brille surtout par une façade architecturale et qu'il n'y a presque pas de place pour les élèves. Les Universités de Munich, de Bonn, Heidelberg, Berlin, Strasbourg ne sont pas moins bien dotées. et Zurich, en Suisse, a réussi à faire encore mieux tout récemment; je crois donc qu'il est inutile d'insister là-dessus, les faits parlant assez d'eux-mêmes.

Il y a pourtant entre l'organisation scientifique des deux pays une autre différence qui mérite d'être signalée : en Allemagne, les professeurs ne sont élus qu'après de longues années consacrées à la science; mais alors les Universités, presque toutes autonomes, offrent à ceux qui sont célèbres et capables d'attirer les élèves des positions qui dépassent 30.000 francs de traitement annuel, sans compter le logement à côté du laboratoire, les droits d'examen et les contributions des élèves. En France, au contraire, il n'est pas rare de voir un élève à peine sorti d'une école devenir professeur titulaire bien avant qu'il ait pu donner des preuves de sa capacité ; mais aussi, si la carrière scientifique est plus facile chez nous, les appointements de professeur s'élèvent rarement au-dessus de 12.000 francs, somme dont l'insuffisance (à Paris surtout) l'oblige à chercher dans le cumul un supplément de revenu. Ce cumul inévitable n'est, du reste, nuisible que dans le cas où le laboratoire devrait donner un enseignement pratique. Il serait donc nécessaire, lorsqu'on constituera cet enseignement, de donner au professeur un supplément de traitement en échange duquel on aura le droit de lui demander de consacrer tout son temps au laboratoire.

Il y a donc lieu de féliciter les savants qui ont fait la démarche à laquelle on doit la conservation du laboratoire de M. Frémy, et le Ministre qui a bien voulu promettre d'étudier les moyens de donner à notre pays une organisation d'enseignement digne du grand rôle qu'il a joué et qu'il joue encore aujourd'hui dans la chimie, mais faute de laquelle il est menacé de passer au second rang.

J.-A. Le Bel.
Docteur ès sciences.

LE PERFECTIONNEMENT « DERNIER ET FINAL »

DE LA MACHINE A VAPEUR

C'est le Professeur Thurston qui donne ce nom audacieux au procédé consistant à revêtir d'une couche isolante, non pas l'extérieur des cylindres, comme c'est la coutume, mais l'intérieur, la surface métallique qui se trouve en contact direct avec la vapeur.

La fonte, telle que nous l'employons, emprunte avec une remarquable facilité de la chaleur à la vapeur et la transporte rapidement au dehors pour la disperser en pure perte par rayonnement. Mais, la détente refroidissant la vapeur évoluante, il arrive un instant où le métal lui rend à l'intérieur une partie de la chaleur qu'il lui avait prise pendant l'admission. Ce phénomène se présente ordinairement en partie pendant la détente, et utilement quoique avec une certaine perte pendant l'émission au condenseur; pour le reste c'est une perte totale. Le phénomène d'absorption de chaleur par la fonte et de restitution partielle subséquente est favorisé et considérablement activé par la présence d'une couche d'eau saturée répandue en rosée sur la surface métallique encaissant la vapeur. L'échange de chaleur, sans la présence de cette rosée, serait à peu près nul, tout au moins négligeable; c'est pourquoi il serait impossible de réaliser un procédé plus économique que celui qui ferait restituer par les parois pendant la détente, et alors utilement, toute la chaleur que ces parois ont reçue de la vapeur pendant l'admission. En d'autres termes, les rapports d'admission et de détente doivent, pour le maximum d'économie, être établis de manière que toute la vapeur condensée pendant l'admission soit reformée utilement pendant la détente ; et que l'ouverture à l'émission trouve à l'état sec le métal en contact avec la vapeur qui va se rendre au condenseur. Tel est l'idéal de la machine réelle, qui ne peut être atteint qu'à la condition de venir en aide à la vapeur pendant la détente, de favoriser la vaporisation de la rosée par le secours d'un peu de chaleur supplémentaire, qu'elle vienne du dehors, d'une enveloppe extérieure ou du dedans, de la surchauffe de la vapeur, par exemple : car il y a toujours une partie de la chaleur fournie au métal par la vapeur qui passe au dehors et n'est pas restituée au dedans. On diminue cette dernière par une couche isolante extérieure, de manière à la réduire à un minimum fort petit : 10 à 15 °/₀ de la chaleur équivalente au travail utilisable. Pour simplifier, nous négligerons tout d'abord ce refroidissement extérieur. Le principe économique de la machine à vapeur pourra donc s'énoncer comme suit :

La condition du maximum de rendement d'une machine à vapeur est que toute la chaleur cédée par la vapeur aux parois métalliques pendant l'admission lui soit restituée par les parois pendant la détente. En d'autres termes, que toute l'eau provenant de la condensation de la vapeur pendant l'admission soit revaporisée pendant la détente, de manière que le métal soit sec à l'intérieur dès le commencement de l'émission.

Ce principe, que nous croyons avoir été le premier à énoncer, paraît au premier abord exclure tout perfectionnement autre que celui qui le réalise. Il semble ne laisser en discussion que le moyen le plus avantageux d'obtenir le résultat désiré : enveloppe, surchauffe, division de la détente en plusieurs cylindres, etc. Mais si l'on y regarde de plus près, on arrive à la conclusion qu'il resterait encore à chercher le moyen de supprimer l'action des parois ; ou, comme supprimer est contraire aux lois naturelles, de *réduire* autant que possible la condensation pendant l'admission, c'est-à-dire la quantité de chaleur perdue par la vapeur pendant l'admission et qui a pénétré dans le métal durant cette période pour en sortir ensuite. A cet effet, il faudrait employer la composition du cylindre un métal mauvais conducteur et d'une faible capacité calorifique ; ou bien, puisqu'il n'est guère possible de détrôner la fonte, l'enduire d'une toute la surface en contact avec la vapeur, d'une couche superficielle possédant ces qualités et présentant des chances de durée. Cela revient à boucher au moyen d'un enduit les interstices par où la chaleur s'insinue dans le métal. Celle qui n'y sera pas entrée n'aura pas à en sortir, et par suite ne risquera pas d'en sortir intempestivement pendant l'émission.

Cet enduit trouvé, la théorie pourra prononcer le *nec plus ultra*. En effet, les moyens d'approcher du rendement de la machine idéale sont connus aussi bien que leurs limites pratiques ; le moyen d'approcher de l'idéal de la machine réelle avec son corps métallique, doué de propriétés physiques inéluctables, a été récemment mis au grand jour ; il ne peut rester qu'une seule chose à faire : employer pour métal encaissant celui dont les propriétés physiques sont les moins défavorables. Ce sera là le dernier et suprême perfectionnement, comme M. Thurston l'a fort bien nommé suivant nous, car on trouvera peut-être un enduit supérieur à celui de M. Thurston, mais pas un moyen d'économie meilleur que celui de rendre le métal à l'intérieur du cylindre autant que possible imperméable à la chaleur.

Désireux de faire partager notre conviction, nous renvoyons le lecteur au travail de M. Thurston qui vient d'être publié dans les *Proceedings of the United States Naval Institute* ; il est intéressant d'en rapprocher les considérations développées par M. Lissignol, ingénieur belge, dans une brochure rare dans le commerce, fort remarquable pour l'époque de sa publication, parue sans nom d'auteur, à Bruxelles, en 1876, et intitulée : *Note sommaire sur l'application de la théorie mécanique de la chaleur au perfectionnement des machines à vapeur.*

M. Lissignol avait judicieusement deviné ce que M. Donkin a plus tard démontré expérimentalement : le vrai mode d'action du métal dans les cylindres à vapeur. Il décrit ainsi le régime des échanges de chaleur : « Une zone cylindrique placée à l'intérieur du métal, plus ou moins loin de la surface intérieure, acquiert une température fixe maximum qui reste constante ; les zones concentriques à l'extérieur de la précédente ont chacune une température aussi constante, mais graduellement décroissante jusqu'à la surface extérieure du cylindre. Les zones concentriques placées intérieurement au cylindre par rapport à la zone de température fixe maximum ont des températures variables entre des limites d'autant plus écartées qu'elles sont plus rapprochées de l'intérieur du cylindre. L'ensemble de ces dernières zones, successivement refroidies et réchauffées, constitue l'épiderme métallique intérieur, alternativement réchauffé et refroidi dans chaque révolution, sous l'influence respective de la condensation et de l'évaporation décrites ci-dessus. L'épaisseur de cette couche mince, qu'on peut appeler *couche active*, dépend naturellement du *temps* pendant lequel agissent les deux influences opposées de refroidissement et de réchauffement et de l'*intensité* de ces influences... » La quantité de chaleur absorbée, puis restituée par une couche active pendant une révolution, sera proportionnelle à la densité δ du métal et à sa capacité calorifique c, ainsi qu'à la racine carrée du coefficient de conductibilité intérieure k ; M. Lissignol appelle *coefficient d'absorption* le produit $δ c \sqrt{k}$. Appliquant le calcul aux faits d'expérience, il trouve que «... dans les cylindres en fonte, la couche active atteint tout au plus quelques dixièmes de millimètre et que cette épaisseur suffit pour produire la totalité des condensations intérieures les plus considérables qui aient été constatées ». La couche d'enduit employé par M. Thurston n'est pas non plus bien épaisse et l'on voit qu'elle n'en a pas besoin. M. Lissignol en propose une autre, une garniture en plomb de 0ᵐ003 d'épaisseur, fixée aux deux faces du piston et aux faces intérieures des couvercles et des conduits de vapeur, dont l'aire représente à peu près les deux tiers de la surface active totale. L'essai en a été fait sur la machine du bateau *Baron-Lambermont* et a été couronné de succès. L'économie réalisée a été considérable... Et pourquoi cette tentative est-elle restée obscure et stérile ? Sans doute parce que le succès n'a pas été durable, que la garniture intérieure isolante n'a pas bien tenu, n'a pas résisté. Celle de M. Thurston tiendra-t-elle mieux ? L'expérience seule, dans l'avenir, répondra à cette question. Voici en quoi consiste cette garniture :

Les surfaces à revêtir sont d'abord, pendant un temps assez long (plusieurs jours), livrées à l'attaque de l'acide nitrique dilué ; on obtient ainsi une matière spongieuse, formée probablement d'un mélange de carbone et de silicate, et se prêtant à être imprégnée d'un vernis isolant. Les couches d'huile de lin qu'on y étale ensuite, pour compléter l'isolement, y adhèrent solidement, en remplissant les pores. L'expérience a démontré qu'on réalise une économie très considérable, même avec un enduit encore éloigné de l'idéal. C'est que la chaleur supplémentaire dévoyée dans le métal par la condensation initiale a été diminuée; la restitution utile pendant la détente a donc été plus efficace; partant la restitution qui se fait en pure perte pendant l'émission a été réduite en valeur absolue.

Déjà Smeaton, au siècle dernier, avait tenté de combattre la condensation initiale par l'emploi d'une garniture en bois, matière mal choisie évidemment. En 1866, M. Emery proposait la porcelaine, comme M. Lissignol aussi dix ans après. M. Babcock, plus tard, a essayé le bismuth et d'autres métaux. M. Thurston a été mis sur la voie de son procédé, auquel le succès semble assuré, par l'examen des corrosions qu'on remarque aux environs des condenseurs et des pompes à air et qui sont dues en bonne partie à l'action des acides gras. Il en a fait faire l'analyse par M. Hill, a cherché à en tirer parti pour convertir la masse spongieuse en substance isolante; il a réussi, aidé par M. Chamberlain, qui a appliqué au procédé les ressources de l'analyse expérimentale, afin de lui donner une base solide.

Le champ des recherches est ouvert; peut-être trouvera-t-on un enduit plus efficace et plus durable que celui-là ; mais nous disons que c'est là la seule voie non battue où l'on puisse espérer des économies nouvelles. Pour appuyer notre opinion, nous aurons recours à une comparaison des phénomènes thermiques dont les machines à vapeur sont le siège, avec les phénomènes gravifiques observés dans les roues hydrauliques, notamment dans les roues de côté où l'eau, agissant uniquement par son poids, est, pendant tout son parcours dans la roue, maintenue entre les parois encaissantes du coursier et des *bajoyers* (murs), lesquelles sont autant que possible imperméables à l'eau. L'eau qui passerait à travers ces parois constituerait une perte de poids (de pesanteur) pour la roue, comme la chaleur qui traverse les parois métalliques des cylindres est perdue également pour l'effet cherché par l'usage de la machine à vapeur.

Considérons une roue de côté (non figurée) encaissée entre les deux murs MM (fig. 1) et le coursier NN recevant l'eau au niveau AB et la rendant à II mètres plus bas, en CD. A part les pertes

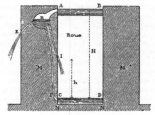

d'effet connues, qui sont étrangères au sujet, chaque kilogramme d'eau qui travaille dans la roue y donne lieu à Hᵏᵐ, s'il ne s'en perd rien. Mais supposons ici, au contraire, que le mur M ait été mal construit et qu'il présente des fissures disposées d'une façon spéciale. La première part du canal A et aboutit à une sorte de réservoir R d'où en partent trois autres, l'une RE vers l'extérieur ; la seconde RI vers l'intérieur, où fonctionne la roue et débouchant à la hauteur hᵐ au-dessus du niveau du bief de décharge CD; la troisième RI' débouchant à la hauteur de ce niveau. Il s'établit un régime périodique tel que, dans un temps donné, Rᵏ d'eau affluent dans le réservoir R par la fissure A, et toute cette eau est évacuée, une partie Eᵏ à l'extérieur, une deuxième Iᵏ à l'intérieur et dans la roue à une hauteur hᵐ au-dessus du canal de fuite, la troisième et dernière I'ᵏ à l'intérieur également, mais à un niveau assez bas pour qu'elle n'y soit plus d'aucune utilité, celui où la roue rejette elle-même l'eau dont elle a subi l'action. On a donc $R = E + I + I'$. Nous supposons que, dans la durée de cette période considérée, le coup d'eau débite P^k, mais qu'il s'en échappe R^k, disons 40 °/₀ de P^k par la fissure A ; il n'en parviendra donc directement que 60 °/₀ à la roue. La perte de travail qui en résulterait serait égale à RH ou $(E + I + I') H s$, il ne rentrait de l'eau dans la roue à un moment où elle peut encore fonctionner utilement, soit I^k à la hauteur h^m, capables du travail $(I h)^{km}$. En vue de donner une représentation concrète du phénomène, admettons les chiffres suivants :

$$R = 0{,}40P; \quad E = 0{,}05P; \quad I = 0{,}10P; \quad I' = 0{,}25P; \quad h = \frac{H}{2}$$

En ce cas la perte par la fissure ne serait pas représentée par $R \times H$ ou 40 °/₀, mais par $E \times H + I' \times H + I (H - h)$ ou $5 + 25 + 5 = 35$ °/₀, et il y aurait un travail égal à $(I h)^{km}$ de 5 °/₀ effectué dans la roue et utilement par l'eau rentrée à temps.

Il est évident que si l'on bouchait la fissure I', et qu'on pût faire rentrer l'eau déviée par exemple au niveau h au-dessus du canal de fuite, on utiliserait $(I' h)^{km}$ en plus, soit la moitié de 25 °/₀, en plus, ou 12 1/2 °/₀. La perte par les fissures des parois tombant de 17 1/2 °/₀, serait réduite à 26 1/2 °/₀ au lieu de 40 °/₀. C'est le résultat que l'on obtiendrait en divisant la chute d'eau en deux parties égales par un compartiment absolument imperméable et si l'on y adaptait deux roues superposées se rendant l'eau l'une à l'autre et formant un système Compound. Un tel genre de roues Compound a déjà été employé pour utiliser de fortes chutes d'eau.

Mais le dernier perfectionnement consisterait à supprimer la fuite d'eau primitive, à boucher la fente par où les R kil. d'eau arrivent dans le réservoir du mur encaissant. Que si l'on ne peut pas le boucher complètement, du moins doit-on le faire le mieux possible. En fait un tel résultat s'obtient aisément avec les roues hydrauliques quand il ne s'agit que d'empêcher les fuites *d'eau*, et les pertes par parois ne méritent pas d'y être prises en considération. Mais s'il s'agit d'empêcher des fuites *de chaleur*, l'homme est impuissant à composer une matière absolument imperméable ; il est condamné à subir une perte. Pour les machines à vapeur, la perte extérieure E est fort atténuée par les enveloppes isolantes appliquées à l'extérieur. Mais la fuite primitive de chaleur dans le réservoir R des parois, et les rentrées à une plus basse température pendant la détente et l'émission, sont inévi-

tables ; la couche protectrice extérieure n'y corrige pas grand'chose ; *il y faudrait une couche protectrice intérieure* et c'est l'application d'une telle couche que M. Thurston proclame comme le suprême et dernier pecfectionnement que l'on apportera aux machines à vapeur.

La fonte de nos cylindres, froide à l'intérieur avant l'admission, soustrait à la vapeur affluente une certaine quantité de chaleur qni se loge dans un réservoir R peu éloigné de la surface interne, et il en résulte une précipitation de la vapeur en contact immédiat, la formation d'une rosée sur le métal, à laquelle on a donné le nom de *condensation initiale*. Le réservoir reçoit ainsi R calories qui sont restituées à l'intérieur, I calories d'une part pendant la détente et utilement, I' calories d'autre part pendant l'émission et en pure perte. La première partie I fonctionne utilement, mais laisse cependant un déchet parce que la chaleur travaille à température plus basse que celle de la vapeur affluente pendant l'admission, comme le poids de l'eau, à un niveau h plus bas que H. La perte qui provient de ce fait est fatale. On regagne encore quelque chose en annulant I', en forçant la chaleur à rentrer pendant la détente, c'est-à-dire en vaporisant pendant cette période toute l'eau duè à la condensation initiale. La nature des moyens appliqués dans ce but est telle que, par ce fait même, la condensation initiale (R cal.) est ellemême diminuée souvent très considérablement. L'enveloppe de vapeur diminue la chaleur R cédée aux parois pendant l'admission et augmente le rapport de la quantité de chaleur I restituée utilement pendant la détente, à celle I' perdue pendant l'émission. Le procédé naturel par lequel la surchauffe procure une économie a le même effet. Et l'économie due à la détente dans plusieurs cylindres successifs s'explique par la comparaison que nous avons faite ci-dessus avec les roues Compound.

Que l'on combine ces moyens connus avec celui qui, par lui-même, et indépendamment du mode de restitution ultérieure, réduira au minimum la fuite de chaleur R pendant l'admission, et l'on aura clos l'ère des perfectionnements : la théorie alors pourra dire quelle est la limite de consommation d'une machine à vapeur réelle, faite de matériaux connus. Une machine à vapeur suffisamment surchauffée, avec degré de chaleur tel que le métal soit sec à la fin, pourvue d'une enveloppe protectrice extérieure et de la couche isolante intérieure préconisée par M. Thurston, réalisera le type de la perfection possible.

V. Dwelshauvers-Dery,
Professeur de Mécanique appliquée
à l'Université de Liège.

LES CONSTANTES RADIOMÉTRIQUES

Dans un article déjà trop long [1] j'ai dû me con-, tenter d'une rapide allusion au côté tout adminis-tratif de cette partie de la physique qui traite de l'énergie rayonnante; je désirerais reprendre au-jourd'hui cette question et discuter ici certaines définitions que l'usage commence à consacrer.

La première concerne le *rendement photogénique* d'un foyer. Qui dit *rendement* dit rapport de deux quantités de même espèce et, en particulier, rap-port de la quantité utilisée au total dont on dis-pose. A première vue, le rendement d'une source de lumière se définit rationnellement par le rap-port' de l'énergie lumineuse à l'énergie totale rayonnée par la source; mais regardons-y de plus près. Ce que nous voulons connaître d'une source de lumière, c'est l'usage que nous pouvons en faire, c'est-à-dire la luminosité qu'elle possède et l'é-clairement qu'elle procure; or il n'est pas indiffé-rent que l'énergie rayonnée se trouve dans l'une ou l'autre partie du spectre visible. Sans vouloir recourir à des lumières composées artificiellement et colorées par des glaces diversement teintées, nous pouvons envisager le cas d'une lumière rou-geâtre comme celle du gaz, ou blanche (par défini-tion) comme celle du Soleil, ou encore verdâtre comme celle du ver luisant; la même luminosité dans les trois cas nous sera donnée par une quan-tité d'énergie rayonnante très différente, située dans les limites du spectre visible, car nous uti-lisons beaucoup mieux l'énergie dans le voisinage de la raie D que dans le rouge ou le violet.

De plus, comme je l'ai fait remarquer, un petit déplacement de l'ordonnée de première visibilité (dont la position ne peut pas être bien détermi-née) occasionne une forte variation du rendement considéré, puisque, pour la plupart des lumières artificielles, ce point se trouve dans la partie ra-pidement ascendante de la courbe d'énergie. Donc, en résumé, le rendement photogénique, tel qu'on le considère habituellement, est: 1° une quan-tité mal définie; 2° un critérium qui n'indique pas la vraie valeur d'une lumière au point de vue des services qu'elle peut nous rendre. Il est aisé de serrer de plus près la vérité.

Si toute l'énergie rayonnante était concentrée dans la région du maximum de sensibilité de notre œil, l'utilisation d'un foyer lumineux serait aussi bonne que possible [2], et, si nous voulons en-

core parler de rendement, bien que le mot soit impropre, il serait égal à l'unité. Mais, si l'énergie est répartie sur des régions de sensibilités dif-férentes, chaque radiation simple devra être mul-tipliée par un coefficient qui représente la sen-sibilité de notre œil, par rapport à ce qu'elle est à son maximum.

En conservant la fiction du rendement, qui ne peut jamais dépasser l'unité, nous donnerons au maximum de sensibilité la valeur 1; d'où l'on dé-duit immédiatement le coefficient de réduction pour toutes les radiations.

Appliquons ce procédé au calcul du rende-ment pour la lumière solaire, et pour celle d'un bec de gaz. Il nous suffira à cet effet d'utiliser les données relatives aux radiations et les facteurs de réduction que nous avons indiqués dans notre premier article [1]. Ramenons d'abord la partie visible des spectres du Soleil a et du gaz b (fi-gure ci-contre) à la même superficie, et portons

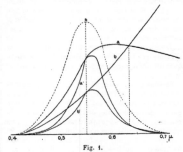

0,4   0,5   0,6   0,7 μ

Fig. 1.

dans le même diagramme la courbe de sensibi-lité s; réduisons les courbes a et b au moyen de cette dernière aux courbes a' et b'; nous voyons que b' est presque entièrement à l'intérieur de a'; du reste, en adoptant comme unité l'aire des cour-bes a et b, nous trouverons les valeurs suivantes :

$$\text{Aire de } a' = 0,35$$
$$\text{»   »   } b' = 0,26$$

Par conséquent, la valeur admise pour le ren-dement des deux lumières étudiées ici doit être beaucoup diminuée; elle doit l'être plus pour la lu-

[1] *Revue générale des Sciences* du 15 janvier 1892, t. III, p. 12.

[2] Cela même n'est pas absolument exact; la relation logarithmique entre l'excitation et la sensation peut, en effet, rendre une certaine répartition de l'énergie dans le spectre plus avantageuse que la concentration dans la région de sen-sibilité maxima.

[1] Pour les données relatives aux radiations, consultez la figure 4 (page 17, *loc. cit.*); pour les facteurs de réduction, la figure 5 (page 18, *loc. cit.*).

mière du gaz que pour celle du Soleil, et nous trouvons finalement les nombres suivants [1] :

Rendement photogénique réduit de la lumière solaire 0,049
      »   »   du gaz ordinaire..... 0,003

Le rendement total d'un bec de gaz ordinaire arrive à 0,00005, et celui d'une bougie est encore plus petit. Le *Pyrophorus noctilucus*, étudié de la même façon, donnerait encore un rendement voisin de 1.

Bien que je considère cette manière de calculer les rendements comme plus rationnelle que le procédé ordinaire, je ne me dissimule pas ce qu'il a de défectueux ; la lumière monochromatique du sodium occuperait, dans la classification, un rang élevé, qu'elle ne mérite pas dans la vie pratique; et, quelles que soient les considérations industrielles qui puissent entrer en ligne de compte, nous ne nous résoudrons jamais à réduire une galerie de tableaux à une exposition de blanc et noir. Le principe du rendement lumineux d'une source est déjà grandement affaibli par ce qui a été dit ci-dessus; la considération des lumières monochromatiques achève de lui enlever sa valeur comme critérium *absolu*. Mais on ne détruit que ce qu'on remplace, et si l'on veut abandonner cette notion du rendement, il faut lui susbtituer un *coefficient de mérite*, comme on l'a fait pour les dynamos ou les galvanomètres; le rendement réduit serait l'un des facteurs de ce coefficient; un autre serait fourni, par exemple, par le degré de blancheur de la lumière, quantité qu'il serait aisé de définir rigoureusement.

Pàssons à l'unité de radiation. Les importantes études de M. Violle ont montré que le platine, au moment de sa solidification, émet une radiation parfaitement constante, donnant un spectre bien régulier, qui s'étend jusque dans l'ultra-violet; on ne pouvait choisir une meilleure source-unité, et l'époque à laquelle elle fut adoptée imposait la fixation de la surface d'émission à 1^{cm},1. Les appareils très pratiques qu'a construits M. Violle assuraient, du reste, à l'unité en question une. rapide extension, et aujourd'hui, si même pour des raisons de convenances on opère avec une fraction de cette unité, ce n'en est pas moins l'unité Violle qui sert de mesure.

Je me garderai de critiquer l'adoption de cette unité, qui a mis enfin un peu d'ordre dans les questions de photométrie ; mais je voudrais faire observer que l'on a commis une imprudence en l'étendant à *toutes les radiations* : on connait, en effet, des sources de lumière qui fournissent dans l'ultra-violet des radiations, faibles assurément, mais

[1] Ces nombres ne doivent être considérés que comme une grossière approximation.

parfaitement perceptibles bien au delà de l'endroit où le platine incandescent cesse de rien donner. L'unité en ces endroits étant nulle, la radiation est exprimée par l'infini.

L'étalon Violle a été qualifié d'*absolu* ; le mot est impropre. En effet, malgré une supposition cachée sous un raisonnement par à peu près, les unités électriques ont été rattachées aux trois unités fondamentales C. G. S.; l'unité de radiation, n'étant autre qu'une unité d'énergie, s'y relie sans aucun sous-entendu; dans ce domaine, la seule unité qui puisse mériter le nom d'*absolue* doit être exprimée par une certaine quantité d'énergie rayonnée par seconde. Quelle devrait être cette unité? Il est facile de le voir.

Nous recevons du Soleil une quantité d'énergie qui est exprimée par 0,06 calorie-gramme par seconde et par centimètre carré; connaissant le rayon du Soleil et celui de l'orbite terrestre, on en conclut que chaque centimètre carré de la surface du Soleil rayonne 2.740 petites calories par seconde ou 1.500 watts. Le spectre visible en contient 14 °/₀ soit 1.610, à répartir sur 0μ,3 environ ; chaque bande du spectre visible de 0μ,1 de longueur rayonne donc en moyenne de 500 à 600 watts. C'est la plus forte radiation connue. La radiation totale du platine incandescent est mal connue ; mais on sait qu'elle est de l'ordre de 20 watts. La bougie décimale donnerait 1 watt. On voit qu'en exprimant la radiation par la puissance en watts, contenue dans chaque bande du spectre de un dixième de micron de largeur, on aurait pour les foyers artificiels ordinaires des nombres oscillant autour de 1. L'unité ainsi définie aurait donc une grandeur convenable.

Je reconnais volontiers, du reste, que l'adoption d'une pareille unité, dans l'état actuel de nos connaissances, est prématurée; mais il serait temps, je crois, de prendre l'habitude de réserver à l'unité Violle le nom d'unité pratique. Il est bon de remarquer, du reste, qu'il est dans la force des choses de conserver parallèlement deux systèmes d'unités : les premières qui sont absolues d'un accès généralement difficile (la dyne ou l'erg); les autres, qui sont bien définies pratiquement comme les poids-forces et la calorie.

Je terminerai en relevant la singulière anomalie à laquelle l'unité de radiation solaire a jusqu'ici été soumise; cette radiation est exprimée en calories par centimètre carré et par *minute* ; c'est la seule quantité d'énergie pour laquelle l'unité est autre que la seconde; il serait grand temps de la faire rentrer dans la règle générale.

Ch. Ed. Guillaume.
Docteur ès sciences
Adjoint au Bureau international
des Poids et Mesures

BIBLIOGRAPHIE

ANALYSES ET INDEX

1° Sciences mathématiques.

Duhem (P.), *Chargé du cours de Physique mathématique à la Faculté des Sciences de Lille.* — Leçons sur l'Électricité et le Magnétisme, t. I. LES CONDUCTEURS A L'ÉTAT PERMANENT. *Un beau volume grand in 8°, VIII et 560 p., (16 fr.) Gauthier-Villars et fils, 55, quai des Grands-Augustins, Paris, 1891.*

Le jeune et infatigable professeur de Lille ouvre par ce bel ouvrage une trilogie, dont les deux derniers volumes *Aimants diélectriques et Courants linéaires*, nous sont annoncés pour un avenir prochain. Le but que s'est proposé l'auteur est d'ébaucher une synthèse des immenses travaux qu'ont entrepris les analystes à la suite des théories inaugurées par Poisson en 1811. Il serait fort présompteux de notre part de chercher à dire jusqu'à quel point il y a réussi. La quantité énorme de matériaux rassemblés dans ce premier volume ne sera que peu à peu passée au crible, lorsqu'on l'aura suffisamment étudié et pratiqué ; on conviendra que la virtuosité avec laquelle l'auteur aborde les problèmes de physique mathématique, l'érudition dont il fait preuve à chaque page, nous sont une garantie bien plus sûre que le rapide coup d'œil jeté sur un ouvrage à peine sorti de l'imprimerie.

Essayons cependant d'en caractériser l'esprit et la distribution. Le premier paragraphe est une profession de foi : ... « Ces hypothèses étaient, dans leur origine, intimement liées à des suppositions sur la nature de l'électricité ; mais il est aisé aujourd'hui de briser ce lien, de laisser de côté ces suppositions sur la nature de l'électricité, suppositions si étrangères au véritable objet de la physique, que cette science n'a même pas le droit d'en montrer la vanité ; de ne laisser enfin aux hypothèses fondamentales que le caractère de définitions de paramètres analytiques qui est essentiellement le leur. » Cette phrase est nette et en dit long ; le lecteur n'aura plus de surprises : il verra dans la physique une branche fort intéressante de l'Analyse, qui, de temps à autre, conduira à une conclusion que l'expérience pourra vérifier. La question, prise sous cette face, revêt aussitôt une extrême élégance ; tout s'enchaîne logiquement, les phénomènes sont prévus, et l'ensemble est merveilleusement encadré. Comme méthode de recherche, le procédé est sans doute inadmissible, et conduirait à chaque pas aux plus grossières erreurs ; la théorie des phénomènes magnétiques de Poisson, entièrement fondée sur l'hypothèse d'une *constante* d'aimantation, en est un célèbre exemple. Mais, lorsque les vérifications nécessaires ont été faites, lorsqu'on ne peut plus faire fausse route, cette méthode déductive a l'avantage de donner à toute la physique un support solide et harmonieux ; elle met de l'ordre dans l'esprit ; autant un enseignement de ce genre est dangereux pour l'élève, autant il peut être profitable à celui qui sait déjà.

On ne s'étonnera pas qu'il ne pouvait entrer dans le plan de l'ouvrage de traiter des questions compliquées et encore mal connues, dans lesquelles le jalonnage est à peine fait, où l'esprit, livré à lui-même et ne pouvant consulter la Nature, risquerait à chaque pas de s'égarer. Vingt-huit pages seulement sont consacrées aux électrolytes.

Dans le premier livre, l'auteur traite des forces électrostatiques et de la fonction potentielle ; puis vient, au deuxième livre, l'exposé des beaux théorèmes de Poisson sur la distribution de l'électricité dans les conducteurs, et les conditions de l'équilibre ; plusieurs chapitres sont consacrés au problème de Lejeune-Dirichlet.

Au troisième livre, sont abordés certains cas susceptibles d'une vérification expérimentale.

Dans le quatrième livre, l'auteur expose les principes de thermodynamique nécessaires pour expliquer les phénomènes thermo-électriques et les actions électrochimiques ; ses travaux dans ce domaine en font un chapitre très personnel.

L'équilibre électrique et les courants permanents dans les conducteurs métalliques font l'objet du sixième livre ; les déductions procèdent ici du potentiel thermodynamique d'un système électrisé. Après avoir étudié, surtout au point de vue des effets thermiques, la décharge d'un condensateur, l'auteur aborde les courants permanents.

Le livre sixième et dernier traite des électrolytes.

Et maintenant, terminons par une citation bonne à méditer (p. 408) : « En 1849, G. Kirchhoff remarqua que, dans la théorie de Ohm, la condition de l'équilibre électrique à l'intérieur d'un conducteur homogène est exprimée par la constance de la force électroscopique ; tandis que, dans la théorie de Poisson, la même condition est exprimée par la constance de la fonction potentielle. Cette remarque le conduisit à admettre la proportionnalité de la force électroscopique avec la fonction potentielle, et à énoncer l'hypothèse suivante, qui a conservé le nom de *loi de Ohm*... »

Encore une illusion qui s'en va !

Ch.-Ed. GUILLAUME.

Boys (P. du), *Ingénieur en chef des Ponts et Chaussées.* — Essai théorique sur les Seiches. *(Archives de Genève, t. XXV, p. 628, 1891.)*

Les seiches, oscillations des lacs, de période déterminée, d'amplitude souvent considérable, ont mis depuis longtemps à l'épreuve la sagacité des observateurs riverains. On possède, en particulier sur le Léman, un ensemble considérable d'observations simultanées des seiches et des éléments météorologiques dues à MM. Forel, Plantamour, Ed. Sarasin, J.-L. Soret. Les seiches du Léman sont uninodales ou binodales, avec des périodes respectives de 74 et 35 minutes. Leur amplitude, à Genève, où le mouvement produit un coup de bélier, peut être très considérable ; les deux plus fortes de notre siècle sont de 1ᵐ,43 et 1ᵐ,87. L'auteur étudie d'abord le mouvement de balancement périodique dans un bassin rectangulaire, et trouve, pour la durée d'une oscillation complète :

$$T = \frac{2l}{\sqrt{gh}},$$

l et h étant respectivement la longueur et la hauteur du bassin. Le mouvement de balancement peut, du reste, être identifié au mouvement de translation d'une onde courant dans le bassin, et dont la vitesse est : $w = \sqrt{gh}$, ce qui permet de trouver de nouvelles relations. L'auteur montre ensuite comment la forme même du Léman agit pour modifier les résultats obtenus sur un bassin rectangulaire, et faire en particulier que les uninodales ont une période supérieure au double de celle d'une binodale. Une variation brusque de la pression atmosphérique de 1 millimètre de mercure, à un bout du lac, peut produire une dénivellation totale de .0ᵐ,10 dans les meilleures conditions possibles ; dans des conditions ordinaires, une telle cause peut fort bien produire une dénivellation de 4 à 5 ᶜᵐ à Genève.

Ch.-Ed. GUILLAUME.

2° Sciences physiques.

Chappuis (J.) et **Berget** (A.). Leçons de Physique générale, tome III (*Acoustique, Optique et Electro-optique.*) *Un vol. in-8° de 396 pages avec 173 fig. dans le texte* (13 francs). *Gauthier-Villars et fils, éditeurs, 55, quai des Grands Augustins Paris, 1892.*

Le tome troisième des excellentes *Leçons de physique générale* de MM. Chappuis et Berget, vient de paraître. Comme ses aînés, ce volume est tout à fait élémentaire, et c'est là, à mon sens, un très grand éloge qu'on lui doit adresser. Si les auteurs ont partout été très clairs et très sobres de longs calculs, s'ils ont soigneusement évité les théories compliquées et un peu obscures, ils n'en ont pas moins écrit une œuvre très utile, très sérieuse et très au courant des récents progrès de la physique ; ils sont souvent restés au seuil des questions ardues ; mais nulle part ils n'ont sacrifié la rigueur d'un raisonnement ou cherché par quelque artifice à tourner la difficulté d'une théorie. Les chapitres consacrés à l'acoustique sont très courts, mais suffisamment complets ; l'optique comprend un bref et substantiel résumé de l'optique géométrique et d'excellentes leçons d'optique physique ; pour cette dernière partie, les auteurs reconnaissent avoir grandement profité du cours que professait, il y a quelques années, le savant et regretté Berlin à l'École normale ; on y retrouve la trace du précieux enseignement que donnait à ses élèves l'éminent professeur, ses hautes qualités de précision et d'élégance, sa critique sévère, la simplicité et la rigueur de ses démonstrations. Au milieu de ces pages, MM. Chappuis et Berget ont très habilement introduit les idées récentes et des découvertes nouvelles. On trouvera là les méthodes de M. Cornu pour l'étude de la diffraction, un très net exposé de l'admirable travail de M. Lippmann sur la photographie du spectre, la discussion de la fameuse expérience de M. Otto Wiener. Le livre se termine par quelques chapitres consacrés à l'électro-optique où sont avec simplicité et clarté présentées les théories de Maxwell et discutées les célèbres et récentes expériences de MM. Hertz et O. Lodge. Signalons aussi une excellente idée des auteurs : à la fin de chacun des trois volumes, ils ont placé de précieuses indications bibliographiques ; à coup sûr ils n'ont pas pensé être complets, mais j'imagine qu'ils ont désiré indiquer aux lecteurs les mémoires les plus importants, les plus instructifs à connaître, et aussi, il me semble, les plus aisés à lire, et les plus faciles à trouver dans la plupart des bibliothèques. Le traité de physique ainsi complété sera bientôt les mains non seulement des candidats à la licence et des élèves des grandes écoles pour lesquels il a été écrit, mais encore de tous ceux qui désirent avoir une idée exacte de la physique moderne et qui attendent un guide sûr et solide.

Lucien POINCARÉ.

Dittmar (W.) et **Henderson** (J. B.) – Sur la composition de l'eau. — *Proc. of the Philos. Soc. of Glascow.* 1890 ; p. 91.

Les lecteurs de la *Revue* ont été tenus au courant des recherches récentes [1] exécutées en vue de déterminer la composition exacte de l'eau. Ces recherches étaient toutes inspirées par un principe énoncé par Dumas dans son mémoire classique sur cette question : pesée de l'hydrogène et de l'eau résultant de sa combustion.

Dans le travail dont nous rendons compte aujourd'hui, MM. Dittmar et Henderson se sont proposé de répéter simplement l'expérience bien connue de Dumas, en tenant compte des causes d'erreurs signalées par l'illustre savant. Il importait en effet de s'assurer que dans ces conditions on trouve les mêmes résultats que ceux qu'on déduit des expériences récentes.

En évitant l'emploi de l'acide sulfurique comme matière desséchante et en lui substituant la potasse calcinée et l'anhydride phosphorique, on évite l'introduction de vapeurs sulfureuses dans les appareils. D'autre part, en faisant passer successivement sur du cuivre chauffé au rouge, puis dans des appareils desséchants, l'hydrogène qui doit servir à la synthèse de l'eau, on élimine la cause d'erreur due à la présence inévitable d'une petite quantité d'oxygène dans l'hydrogène, tel qu'on le prépare et le purifie par les procédés ordinaires de laboratoire.

Telles sont les deux modifications fondamentales que MM. Dittmar et Henderson ont apportées au mode opératoire de Dumas. Dans ces conditions, ils trouvent comme valeur du poids atomique de l'oxygène un nombre qui concorde relativement bien avec les valeurs trouvées récemment, soit $O = 15,87$ pour $H = 1$. La moyenne des expériences de Dumas était $O = 15,96$, tandis que les travaux les plus récents indiquent :

$O = 15,87$ (MM. Cooke et Richards).
$O = 15,89$ (M. Noyes).
$O = 15,91$ (Lord Rayleigh).
$O = 15,93$ (Keiser).
$O = 15,94$ (Crafts).

Dans un compte rendu bibliographique antérieur, nous signalions les raisons pour lesquelles la valeur 15,95 semblait alors plus probable. Il faut reconnaître aujourd'hui que les résultats de MM. Dittmar et Henderson donnent un grand poids à ceux obtenus d'une façon tout à fait indépendante par MM. Cooke et Richards et par M. Noyes, sans cependant permettre encore de regarder la question comme définitivement tranchée.

Ph. A. GUYE.

Erlenmeyer junior. — Sur les acides phényl-bromolactique et phénoxy-acryliques actifs. — *Ber. d. D. chem. Gesell. t.* XXIV, p. 2830 (1891).

M. Erlenmeyer a démontré antérieurement que l'acide phénoxyacrylique et l'acide phénylbromolactique qui en dérive devaient être représentés par les formules suivantes :

$$C^9H^5.CH—CH—COOH$$
$$\diagdown O \diagup$$
Acide phénoxyacrylique

$$C^8H^5.CHOH.CHBr.COOH$$
Acide phénylbromolactique

Ces deux formules sont caractérisées par deux carbones asymétriques. Théoriquement chacun de ces composés devrait donc exister sous six formes isomériques, soit : deux inactives, dédoublables chacune en deux actives.

M. Erlenmeyer, qui avait entre les mains une des modifications inactives de ces deux corps, en a tenté le dédoublement par la méthode des deux sels de cinchonine imaginée par M. Pasteur. Avec l'acide phénoxyacrylique, il y a eu insuccès ; avec l'acide phénylbromolactique, au contraire, la séparation des deux acides actifs s'est effectuée très facilement.

Ce fait est intéressant, car il prouve une fois de plus que ces méthodes de dédoublement des racémiques ne réussissent pas toujours. Mais, ce qui rend l'expérience de M. Erlenmeyer plus frappante encore, c'est que l'insuccès dans la tentative de dédoublement de l'acide phénoxyacrylique ne peut être attribué à la non existence de ses deux modifications actives. En effet, il suffit de traiter par la soude les deux acides phénylbromolactiques actifs pour les transformer l'un et l'autre en deux acides phénoxyacryliques eux-mêmes actifs, — chose digne de remarque — les acides phénoxyacryliques ainsi obtenus ont un pouvoir rotatoire de sens inverse de celui des acides bromés dont ils dérivent.

Ph. A. GUYE.

[1] *Revue générale des Sciences* (1891), t. II, p. 1.

3° Sciences naturelles.

J. Mac Leod. — De Pyreneënbloemen en hare Bevruchting door Insecten. (Les fleurs des Pyrénées et leur fécondation par les insectes), avec résumé en français. (Extr. du Botanisch Jaarboek), Gand, 1891.

On sait qu'à la suite des célèbres recherches de Darwin sur le rôle des insectes dans la fécondation des végétaux, un grand nombre d'auteurs, parmi lesquels Hermann Müller, Fritz Müller, Delpino, Hildebrandt, Axell.., etc., ont entrepris des observations et des expériences qui ont confirmé ses conclusions. Le mémoire de M. Mac Leod a pour but d'apporter une contribution à un point spécial de ce sujet : la connaissance des rapports qui existent entre la dispersion géographique des plantes et les conditions dans lesquelles s'opère la fécondation de leurs fleurs. L'auteur a fait ses observations en août 1889 et en juin 1890 dans la vallée de Luz, les villages de Gèdre et de Gavarnie et les montagnes voisines ; il compare les résultats qu'il a obtenus à ceux qui ont été publiés par Herm. Müller sur les Alpes.

Conformément à l'opinion d'Herm. Müller, suivant laquelle les fleurs des montagnes ne sont nullement privées de l'aide des insectes pour leur fécondation, M. Mac Leod a trouvé dans toutes les localités visitées, jusqu'à 2.290 mètres d'altitude, des insectes floricoles en grand nombre toutes les fois que le temps était beau.

L'auteur conclut aussi que l'influence de l'altitude sur l'abondance relative des divers groupes d'insectes est la même dans les Pyrénées que dans les Alpes, autrement dit que les mêmes groupes d'insectes deviennent plus nombreux ou moins nombreux dans ces deux régions suivant les variations d'altitude. Toutefois, les mêmes groupes d'insectes n'y sont pas également représentés : ainsi, tandis que les insectes à pièces buccales courtes ou de longueur moyenne sont plus nombreux dans les Pyrénées que dans les Alpes, la proportion est inverse pour les Lépidoptères.

En correspondance avec cette distribution, l'auteur a constaté que les fleurs à structure simple (allotropes), qui sont visitées par les insectes à trompe courte, sont plus nombreuses dans les Pyrénées que dans les Alpes, tandis que les fleurs Lépidoptérophiles sont plus nombreuses dans les Alpes que dans les Pyrénées ; cependant, la distribution des fleurs hémitropes serait plus indépendante des insectes que celle des précédentes. Sans considérer ce résultat comme entièrement définitif, mais comme nécessitant encore de nombreuses observations, l'auteur conclut avec Hermann Müller : « Le nombre relatif des espèces, appartenant aux divers groupes de fleurs, dans les Alpes et les Pyrénées, correspond donc, dans une certaine mesure, à la richesse relative des groupes d'insectes correspondants, dans les mêmes régions. »

C. Sauvageau.

Hertwig (O.). — Comparaison de l'ovogénèse et de la spermatogénèse chez les Nématodes. Vergleich der Ei-und Samenbildung bei Nematoden. Arch. für. mikr. Anat., Bd. XXXVI, 138 p, 4 pl.

Cette fois encore il semble — nous pouvons dire il est certain — qu'avec cet important travail d'O. Hertwig sur la comparaison de l'ovogénèse et de la spermatogénèse chez les Nématodes, la clef de l'énigme des processus de fécondation est trouvée.

Le mémoire de Hertwig comprend deux parties : l'une descriptive, l'autre théorique.

Dans la première, l'auteur décrit le développement des produits sexuels de l'Ascaris megalocephala : il étudie d'abord la spermatogénèse, puis l'ovogénèse, et compare ensuite les deux phénomènes. Nous résumons seulement sa comparaison. Dans le testicule, comme dans l'ovaire, il y a lieu de distinguer trois zones : une zone germinative, une zone d'accroissement et une zone de division. Dans la zone germinative existent de petites cellules en voie de division fréquente ; les « corps résiduels », décrits par E. Van Beneden et Julin dans le testicule, ne sont que certaines de ces cellules atrophiées. La zone d'accroissement se caractérise au contraire par l'absence de divisions cinétiques ; le noyau est absolument au repos dans tous les éléments cellulaires ; ces éléments grossissent beaucoup dans cette zone. Dans la zone de division les cellules-mères séminales et les cellules-mères ovulaires formées précédemment subissent deux divisions successives sans interruption d'un stade de repos pour le noyau en division ; O. Hertwig retrouve ici l'important phénomène observé par Flemming chez la Salamandre, par Platner chez les Lépidoptères et les Gastéropodes et aussi par Carnoy chez les Arthropodes. Il en résulte cette conséquence remarquable que, comme la chromatine n'a pas le temps, entre ces deux divisions qui se succèdent immédiatement, de se régénérer par voie de nutrition, les cellules-mères séminales et les cellules-mères ovulaires. est aussi grand que dans un noyau ordinaire au milieu de la division, c'est-à-dire qu'il est le double de ce que contient un noyau ordinaire dans la prophase de la division. Tandis que, normalement, huit segments chromatiques prendraient naissance par fissuration longitudinale de quatre éléments primitifs, ici les huit segments sont dus à une double division longitudinale de deux filaments seulement. Comme maintenant, la cellule-mère ovulaire et la cellule mère séminale éprouvent les mêmes phénomènes de division avec les mêmes particularités anomales, les produits de division doivent avoir la même valeur : 1° aux deux cellules séminales-filles répondent l'œuf et le premier globule polaire ; 2° aux quatre cellules séminales-petites-filles, aux spermatozoïdes. correspondent l'œuf mur, le deuxième globule polaire et les deux sphérules issues de la division du premier globule polaire ; les globules polaires ont, par conséquent, la valeur de cellules-œufs rudimentaires.

Dans la partie théorique, O. Hertwig examine d'abord plusieurs problèmes cellulaires : Il rejette les « théories du remplacement » défendues par S. Minot et E. Van Beneden, qui admettent, comme on le sait, l'existence dans toutes les cellules de principes mâles et femelles, l'expulsion nécessaire du principe mâle de l'œuf et du principe femelle du spermatozoïde réalisée dans le processus de la maturation, le remplacement de l'un et de l'autre, effectué dans l'acte de la fécondation, où l'œuf récupère son principe mâle en se conjuguant avec le spermatozoïde son principe femelle en s'unissant à l'œuf.

O. Hertwig rejette également la « théorie du plasma germinatif », dont les conséquences sont, selon Weismann, le rejet par l'œuf d'un plasma histogène et particulièrement ovogène dont est formé le premier globule polaire, et l'expulsion de la moitié du plasma germinatif employée à la formation du deuxième globule polaire. En effet, la distinction du plasma histogène et du plasma germinatif n'a aucune réalité objective ; de plus, comme la formation des spermatozoïdes est exactement calquée sur celle des globules polaires et de l'œuf, et que les quatre spermatozoïdes, produits des deux dernières divisions d'une cellule-mère séminale, sont ou du moins paraissent parfaitement équivalents, cette équivalence est une difficulté insurmontable pour la distinction des deux plasmas, qui devrait être subie par les spermatozoïdes.

Hertwig s'occupe ensuite du processus même de la *fécondation*. Il examine d'abord la question de l'individualité des chromosomes, question que se sont posée E. Van Beneden, C. Rabl, Boveri : il s'agit de savoir si les demi-anses chromatiques léguées à tout noyau-fille demeurent distinctes, ou si elles se confondent bout à bout ; si, par exemple, il persiste des anses paternelles et des anses maternelles séparées, ou s'il n'y a que des segments à la fois paternels et maternels. Il expose ensuite : la théorie des plasmas ancestraux soutenue par Weismann ; l'explication proposée par cet auteur pour la formation du deuxième globule polaire, qu'il a considérée comme ayant pour but l'élimination de la moitié des plasmas ancestraux contenus dans l'œuf ; la place enfin que prennent ces vues dans l'interprétation des phénomènes de parthénogénèse. Il définit la sexualité et la fécondation : tous les caractères sexuels dont est faite la distinction du mâle et de la femelle sont secondaires ; la sexualité réside essentiellement dans la fécondation, c'est-à-dire dans la copulation de deux noyaux semblables et équivalents.

Hertwig enfin, à la suite d'un historique sur les globules polaires, résume comme il suit sa théorie au sujet de ces formations :

Les globules polaires sont des œufs abortifs, qui se forment par un dernier processus de division aux dépens des cellules mères ovulaires, de la même façon que les cellules séminales aux dépens des cellules-mères séminales. Tandis que chez ces dernières les produits de division sont tous employés comme spermatozoïdes fécondants, un seul des produits de division de la cellule mère ovulaire devient l'œuf, en s'enrichissant de toute la masse vitelline aux dépens des autres, qui persistent sous forme rudimentaire et sont les globules polaires.

Si ces cellules rudimentaires ne s'atrophient pas complètement, mais s'observent avec une si remarquable constance dans toutes les classes du règne animal, c'est que le dernier processus de division qui leur donne naissance a pris une grande importance. Il se distingue de tous les autres phénomènes de division, en ce que deux divisions s'y suivent immédiatement, sans interruption d'un stade de repos du noyau. C'est là le moyen le plus simple pour empêcher que la fusion de deux noyaux, telle qu'elle s'opère dans l'acte de la fécondation, produise une addition de la substance chromatique et des éléments chromatiques, qui porterait cette substance et ces éléments au double de la masse normale existant chez chaque espèce animale. De ce qu'en effet la masse nucléaire de la cellule-mère séminale et de la cellule-mère ovulaire des après la première division se partage encore une fois, avant d'avoir eu le temps de se recompléter par voie de nutrition dans un stade de repos intermédiaire à deux mitoses, elle se trouve de la sorte partagée en quatre, et ainsi chacune des quatre cellules petites-filles, par cette division véritablement *réductrice*, ne contient plus que la moitié des éléments et de la substance chromatiques que renferme un noyau ordinaire. Dans les œufs qui sont destinés à subir un développement parthénogénétique, la réduction de la masse nucléaire, qui suppose une fécondation subséquente, n'a plus sa raison d'être et disparaît ; la se forme donc plus de deuxième globule polaire, ou bien s'il apparaît un deuxième fuseau cinétique, la formation de cette figure n'est pas suivie de l'expulsion du globule ; mais les deux noyaux issus de la cinèse se refusionnent : il s'est fait ainsi une régression du processus qui prépare la fécondation, une préparation à l'état parthénogénétique.

A. PRENANT.

4° Sciences médicales.

Nicaise. Physiologie de la voix. Dilatation de la trachée chez les chanteurs. — *Revue de Chirurgie.* tom. XI, p. 613, *Paris*, 1891.

Continuant ses études sur la physiologie de la trachée et des bronches, M. Nicaise nous montre que, contrairement à l'opinion courante, la trachée n'est pas un simple tuyau vecteur de l'air. Elle se dilate et s'allonge pendant l'expiration. Cette dilatation, due à la pression mécanique de l'air intra-trachéal refoulé par les forces expiratrices, met en jeu la contractilité de la trachée et lui permet de jouer un rôle dans la production des sons par la compression qu'elle exerce sur l'air contenu.

L'air est chassé vers la glotte par deux forces, par la contraction des muscles expirateurs et par celle de la trachée et des bronches, qui s'ajoute à la rétraction du poumon. Grâce à son élasticité et à sa contractilité, la trachée augmente et maintient la tension de l'air. Aussi ses altérations entraînent une diminution dans l'intensité du son et des troubles dans son timbre. C'est ce que l'on observe par les progrès de l'âge (élargissement et amincissement de la portion membraneuse, diminution de l'élasticité des anneaux cartilagineux, sclérose, etc.) et par certaines altérations spéciales par abus de fonction chez les chanteurs, les. crieurs (anévrysme trachéal, trachéocèle). Dans ce dernier cas, la trachée, élargie et atrophiée, agit moins sur l'air contenu, le son à moins d'intensité, moins de perfection, la voix est affaiblie, le chant parfait est impossible ; on se trouve en présence d'une série de troubles que l'on a souvent attribués à tort à des lésions des cordes vocales.

Dr Henri HARTMANN.

Bertin-Sans. — Guide des travaux pratiques de physique à la Faculté de Médecine de Montpellier. 2° édition (6 fr.). *G. Masson, 120, boulevard Saint-Germain, Paris,* 1891.

Le guide de M. Bertin-Sans comprend deux parties. — Dans la première l'auteur étudie la balance, les pompes, compte-gouttes, transfuseurs, aspirateurs etc. et donne une idée de la méthode graphique. On trouvera dans ces trois premières manipulations bien des renseignements utiles sur quelques appareils employés en médecine et qu'il est bon de faire étudier aux élèves. A quoi bon par exemple l'étude des corrections à faire aux pesées, il eût mieux valu à notre avis s'étendre davantage sur la méthode graphique, si importante en physiologie et à laquelle l'auteur n'accorde même pas une séance.

La seconde partie est particulièrement bien traitée. Elle comprend l'étude de l'œil et de quelques instruments d'optique tels que le microscope, le spectroscope et le saccharimètre. La manipulation comprenant ces deux derniers instruments me paraît un peu chargée, mais il est facile de la scinder. Une seule question est traitée trop rapidement, c'est la méthode de M. Cuignet. M. Bertin-Sans dit qu'il faut un long apprentissage pour en tirer de bons résultats ; ce n'est pas notre avis. Le procédé est des plus précis, et il n'est pas un élève sur vingt qui ne puisse s'en servir convenablement après une heure d'exercice.

Dr G. WEISS.

Jean de Tarchanoff (Prince), *Professeur de Physiologie à l'Université de Saint-Pétersbourg.* — Hypnotisme, suggestion et lecture des pensées, *traduit du russe par E. Jaubert, in-16, vii-163 pages (3 fr.). G. Masson, 120, boulevard Saint-Germain Paris,* 1891.

La plus grande partie du livre est consacrée à l'explication des phénomènes connus sous le nom de phénomènes de *cumberlandisme* ou de lecture de pensées. Les chapitres qui traitent de l'hypnose et de la suggestion constituent une sorte d'introduction. Voici en quelques mots la théorie qu'expose M. de Tarchanoff. Les excitations faibles qui viennent incessamment des organes des sens exercent une action inhibitrice sur les centres cérébraux et réduisent sans cesse à l'état d'images internes les représentations qui tendent à s'objectiver. Si l'on réussit à faire prédominer dans l'esprit d'un sujet une sensation unique, monotone et intense, elle arrivera peu à peu à faire disparaître toutes les autres sensations, et, lorsqu'elle les aura toutes effacées, elle cessera à son tour d'être perçue, puisqu'il n'existera plus aucun état de conscience auquel elle puisse s'opposer. Le sommeil ne tardera pas à apparaître et dans cette conscience vide chaque image suggérée se transformera en sensation, puisqu'aucune représentation ne viendra la réduire. Cette sensation hallucinatoire entraînera naturellement à sa suite des mouvements et des actes; ce sont les mouvements idéo-moteurs de Carpenter. Dans l'état normal, lorsque l'attention est très concentrée, ces mouvements se produisent comme dans l'hypnose, bien qu'avec une moindre intensité. Ce sont ces mouvements idéo-moteurs que perçoit et qu'interprète le liseur de pensées. M. de Tarchanoff a imaginé pour les mettre en évidence plusieurs appareils inscripteurs fort ingénieux dont il donne la description. Dans les cas de lecture à distance, l'expérimentateur se guide sur les mouvements des lèvres du sujet, sur les mouvements de ses yeux, sur la direction de son corps, etc. L'ouïe peut parfois suppléer à la vue; l'odorat peut aussi dans certains cas aider à découvrir des objets cachés. M. de Tarchanoff paraît n'avoir pas connu les expériences faites par les membres de la *Society for psychical Researches* de Londres, expériences pour lesquelles il faudrait d'autres explications. Il considère la pratique de l'hypnotisme comme dangereuse pour les sujets et voudrait qu'elle fût réservée aux médecins et aux physiologistes.

L. Marillier.

Icard (Dr S). **La femme pendant la période menstruelle**, *Etude de psychologie morbide et de médecine légale.* in-8°, xiv-283 pag*s* (*Prix : 6 francs.*) F. Alcan, 108 *boulevard Saint-Germain. Paris,* 1890.

La thèse que M. Icard cherche à démontrer, c'est que les troubles de la menstruation, et même dans certains cas la simple apparition des règles, peuvent suffire à eux seuls pour engendrer chez la femme de véritables maladies mentales. Il n'est pas de meilleure réfutation de sa théorie que les observations mêmes qu'il a réunies et qui constituent la partie la plus intéressante de son livre. C'est chez les prédisposées seules que les fonctions menstruelles s'accompagnent de troubles psychiques graves; il en est de la folie menstruelle comme de la folie puerpérale : elle n'apparaît que chez les femmes qui sont marquées d'une tare héréditaire; l'état puerpéral n'est jamais qu'une cause *occasionnelle* de folie; il en est de même selon toute apparence de la menstruation. Il semble au reste que M. Icard ait souvent pris l'effet pour la cause; les troubles menstruels qu'on observe fréquemment chez les aliénées sont d'ordinaire une conséquence du mauvais état où se trouve leur système nerveux. Dans un grand nombre des observations que rapporte l'auteur, les antécédents héréditaires des malades sont nettement indiqués, et les cas où ils ne le sont point sont presque toujours des cas où les renseignements font défaut ou bien sont incomplets. Il faut remarquer en outre que les troubles psychiques dont parle M. Icard sont en somme très rares relativement à l'ensemble de la population et qu'il est par conséquent d'une très mauvaise méthode de les mettre en relation de cause à effet avec un phénomène physiologique qui se retrouve chez toutes les femmes.

Le livre est composé d'une façon étrange; l'auteur s'attache à démontrer dans un chapitre que la « sympathie menstruelle » est probable, puis dans le chapitre suivant qu'elle est certaine; il classe ses preuves en preuves d'autorité et preuves cliniques; on se demande un instant ce que peuvent bien être les premières; il cite à l'appui de son dire le Zend-Avesta, livre sacré des *Babyloniens* (sic), et la Bible, où reviennent sans cesse, dit-il, les mots *menses, menstruata*, etc. Il abuse des citations, et du raisonnement *à priori*; malgré ses habitudes de clinicien, il quitte souvent le terrain des faits.

On trouve parfois dans ce livre des rapprochements bizarres. M. Icard compare, par exemple, l'action des périodes menstruelles à celle des agents toxiques. Souvent aussi M. Icard se contente d'explications verbales : il écrit, par exemple, cette phrase : « La prédisposition congénitale n'est autre que l'idiosyncrasie. »

Malgré ses vices de composition et le style déclamatoire et solennel où il est écrit, en dépit de l'inexactitude de la théorie qu'il est destiné à défendre, le livre de M. Icard est intéressant, en raison surtout du grand nombre d'observations qu'il renferme. Mais on éprouve une déception en le lisant, parce qu'il ne tient pas les promesses de son titre; il eût été très utile de posséder une bonne description de l'état mental de la femme normale pendant la période menstruelle; cette description, M. Icard semblait nous la promettre, il ne nous l'a pas donnée. Son livre, c'est essentiellement l'étude de la menstruation chez les aliénées.

L. Marillier.

Straus et Gamaleïa. — Contribution à l'étude du poison tuberculeux. — *Arch. de méd. expériment.,* t. III, p. 705. Paris, 1891.

D'expériences fort intéressantes, MM. Straus et Gamaleïa concluent que, contrairement à ce qu'on observe pour beaucoup d'autres microbes pathogènes, ce n'est pas dans le milieu de culture, liquide ou solide, où ce bacille a végété, que l'on trouve les principaux produits toxiques qu'il élabore. Ces substances sont fixées et retenues dans le corps même du bacille; elles résistent à des traitements très énergiques qui ne parviennent ni à les détruire, ni à les extraire du corps bacillaire. De même, elles résistent très longtemps au séjour dans le corps des animaux.

Il ne suffit pas de tuer le bacille pour guérir le malade; les bacilles morts conservent une action délétère énergique. Le but à atteindre est l'élimination des foyers tuberculeux ou la neutralisation du poison.

Dr Henri Hartmann.

Létienne. — Recherches bactériologiques sur la bile humaine. — *Arch. de méd. expérim.,* t. III, p. 761, *Paris,* 1891.

Sur 42 biles examinées, 24 renfermaient des microorganismes; les unes n'en contenaient qu'une seule espèce, les autres plusieurs. Les deux microbes le plus fréquemment rencontrés ont été le *Staphylococcus albus* (13 cas), et le *Bacterium Coli commune* (11 cas). Quelques espèces de micro-organismes sont particulières à la maladie dans laquelle elles ont été observées; exemples : Le pneumocoque chez un pneumonique; le staphylocoque doré chez un malade suppurant, etc.

Ces observations montrent que, si la bile physiologique est dépourvue de microbes, la bile de l'homme malade peut, comme beaucoup d'autres sécrétions, contenir des agents pathogènes, même en l'absence de toute infection biliaire, dans le sens clinique du mot. Ce microbisme biliaire latent entraîne des modifications dans la composition de la bile et contribue peut-être, pour peu que son action soit favorisée par la stagnation, à précipiter les matériaux qu'elle renferme et à déterminer la production de calculs biliaires.

Dr Henri Hartmann.

Wurtz (R.) et **Herman.** — De la présence fréquente du Bacterium Coli commune dans les cadavres. — *Arch. de méd. expérim.,* t. III, p. 743. *Paris,* 1891.

Dans la moitié de leurs autopsies, faites de 24 à 36 heures après la mort, Wurtz et Hermann ont trouvé, dans le foie, la rate et les reins, souvent dans les trois organes ensemble, le *Bacterium Coli commune*. Leurs recherches ont porté sur 32 cadavres dont 24 de tuberculeux.

Dr Henri Hartmann.

ACADÉMIES ET SOCIÉTÉS SAVANTES

DE LA FRANCE ET DE L'ÉTRANGER

ACADÉMIE DES SCIENCES DE PARIS

Séance du 18 janvier 1892

1° Sciences mathématiques. — M. P. Painlevé : Sur
les intégrales des équations différentielles du premier
ordre, possédant un nombre limité de valeurs. —
M. V. Stanievitch : Sur un théorème arithmétique de
M. Poincaré. — M. Mascart : Sur la masse de l'atmosphère. — M. H. Resal : Nouvelle note sur la résistance
et les faibles déformations des ressorts en hélice. —
M. G. Rayet : Observations de la comète périodique de
Wolf, faites en 1892 au grand équatorial de l'observatoire de Bordeaux, par MM. *G. Rayet, L. Picart* et
Courty. — M. Rod. Wolf: Sur la statistique solaire de
l'année 1891. — M. Faye : Notice sur sir *Georges
Biddel Airy*, associé étranger.de l'Académie — M. Chapel donne la description d'une couronne lunaire qu'il
a observée le 14 janvier 1892.

2° Sciences physiques. — M A. Etard a entrepris l'é-
tude des solubilités dans les dissolvants organiques.
Les bichlorures anhydres de mercure et de cuivre qui
sont solubles dans plusieurs liquides lui ont permis
d'observer des relations intéressantes entre la courbe
de solubilité et la constitution chimique du dissolvant.
Pour le bichlorure de mercure, la solubilité dans les
premiers termes de la série des alcools normaux affecte
une marche analogue à celle de la solubilité dans l'eau;
mais à mesure qu'on s'élève dans la série, l'influence
du groupe OH diminue par rapport à celle du radical
carburé. Diverses courbes de solubilité de l'un et de
l'autre corps soluble sont des droites de *solubilité constante;* dans ce cas, le nombre des molécules du dissolvant est dans un rapport simple avec le nombre des
molécules du corps dissous. — M. Guntz, étudiant l'action de l'oxyde du carbone sur le fer et le manganèse
obtenus à un état chimique considérable par
la distillation de leur amalgamé à basse température,
a observé le fait suivant : vers 400° ou 500°, le métal
brûle dans l'oxyde de carbone et met le carbone en
liberté; la réaction est plus nette avec le manganèse
qu'avec le fer. — On admet généralement que les réactions qui s'opèrent entre les sulfates alcalins, le charbon et la silice, dans la fabrication du verre ou des
silicates solubles sont représentées par l'équation
$2R SO^3 + C = 2SO^2 + CO^2 + 2RO$. M. Scheurer-
Kestner ayant remarqué que la quantité de charbon
nécessaire pour une opération est au moins le double
de celle exigée par cette équation a voulu vérifier
cette réaction, en analysant les gaz qu'elle dégage. Il a
vu que tout le soufre des sulfates est dégagé à l'état de
soufre libre en vapeur. — A l'occasion de la note de
M. Maquenne sur les azotures des métaux alcalino-terreux, M. E. Ouvrard publie des expériences dans lesquelles il avait vu le lithium se combiner directement
à l'azote au rouge sombre. — M. Ad. Fauconnier, en
faisant réagir le perchlorure de phosphore sur l'oxalate
d'éthyle dans des conditions particulières, a obtenu le
chlorure d'oxalyle. — La formation de l'alcoolate de
soude des alcools monoatomiques primaires dégage
une quantité de chaleur constante voisine de 32 calories. — M. de Forcrand trouve que le glycol traité par
1 puis 2 équivalents de sodium dégage 36, puis 27 calories, c'est-à-dire que la première substitution dégage
plus de chaleur que pour un alcool monoatomique, la
seconde moins. La demi-somme de ces deux valeurs
est très voisine de 32. Comparant ce fait avec ce qui se
passe dans le cas où l'on ajoute à *deux* molécules d'alcool méthylique un seul, puis deux équivalents de
sodium, M. de Forcrand pense que la seconde fonction

alcool du glycol s'est combinée avec la première,
lorsque celle-ci a subi la substitution métallique. Cette
combinaison intra-moléculaire est détruite au moment
de la seconde substitution; elle absorbe alors la même
quantité de chaleur qu'elle avait dégagée en se formant.
La substitution du sodium à l'hydrogène dégagerait
donc en réalité la même quantité de chaleur, que l'alcool soit diatomique ou monoatomique. — M. Ph. Barbier a isolé de l'essence de menthe pouliot un corps
liquide bouillant à 222°-225° et répondant à la formule
$(C^{10}H^{16}O)$; il étudie cet isomère du camphre, auquel il
donne le nom de *puléone*. — M. E. Rouvier, étudiant
la réaction de l'iode sur l'amidon, a trouvé qu'il se
forme avec un excès d'iode un composé différent de
celui qui prend naissance lorsque l'amidon est en
excès. — M. L. Vignon, qui avait mesuré le pouvoir
rotatoire des éléments de la soie sur un échantillon
provenant du Bombyx Mori (race du Var), compare à
ce point de vue des échantillons de provenances diverses. Les pouvoirs rotatoires sont tous de même
signe, et ont en général des valeurs peu différentes.

3° Sciences naturelles. — M. J. Morel a déterminé la
quantité d'acide borique et le temps de contact nécessaires pour empêcher la germination des haricots et
des grains de blé. — M. L. F. Henneguy décrit,
d'après ses observations sur le *Smicra clasipes*, parasite
des larves du *Stratiomys strigosa*, les particularités qui
distinguent le développement des hyménoptères entomophages. La segmentation de l'œuf est totale ; une
membrane embryonnaire unique apparaît avant la formation de l'embryon, par un processus très différent de
celui qui donne naissance à l'amnios des autres
insectes; l'œuf subit un accroissement de volume considérable pendant son développement; la membrane
embryonnaire suit l'accroissement de l'embryon par
l'agrandissement et non la multiplication de ses cellules, puis subit la dégénérescence graisseuse. L'œuf
emprunte par endosmose au sang de l'hôte les matériaux nutritifs nécessaires à son développement. —
M. P. Thélohan décrit deux nouvelles Coccidies, parasites des poissons, qui accomplissent leur évolution
tout entière dans les tissus de l'hôte. — M. Leloir
signale qu'on peut arrêter les hoquets incoercibles en
comprimant le nerf phrénique avec le doigt entre les
deux attaches sterno-claviculaires du muscle sterno-
cléido-mastoïdien. — M. L. Guignard a étudié les
canaux qui sécrètent le mucus chez les Laminaires; il
a reconnu que ces *canaux mucifères* forment un appareil sécréteur tout particulier qui n'existe dans aucun
autre groupe de plantes. Chez la *Laminaria Cloustoni*,
ce système se montre dès les méats qui naissent dans
l'assise superficielle du parenchyme cortical, s'enfoncent dans ce parenchyme, puis se mettent en communication les uns avec les autres de façon à former un
réseau; les cellules sécrétrices restent localisées en
amas aux points de jonction des branches du réseau.
Ce système se retrouve chez presque toutes les Laminaires; la forme et la dimension des mailles du réseau
sont essentiellement variables. — M. G. Chauveaud a
reconnu que chez certaines Asclépiadées, comme le
Vincetoxicum officinale, les ovules naissent et restent sur
la face dorsale de la feuille carpellaire; les deux bords
de celle-ci se sont repliés complètement sur eux-mêmes
vers l'intérieur de la fleur et, après s'être soudés l'un à
l'autre, divergent de nouveau dans l'intérieur de l'ovaire
formé par leur involution; la face dorsale de cette
partie libre regarde ainsi de nouveau vers l'extérieur
de la fleur; c'est elle qui porte les ovules. — M. P. Lesage s'est assuré que les plantes (radis et cresson) qui

ont été arrosées d'eau salée contiennent plus de chlore et plus de sodium que celles qui ont été arrosées d'eau douce.

Mémoires présentés. — La Compagnie continentale d'exploitation des chaudières sans foyer adresse divers documents relatifs à un nouveau type de machine à foyer. — M. **L.** Hugo adresse une note relative à l'extinction de l'étoile de Cassiopée (1572) étudiée par Tycho-Brahé. — M. **V.** Ducla adresse une note relative à une méthode de détermination du nombre π. — M. **Ch.** Morel adresse une note relative à un nouvel hygromètre. — M. le Dr Pigeon adresse une note relative aux causes provocatrices des épidémies.

Séance du 25 janvier 1892.

1° Sciences mathématiques. — M. E. **Fabry** : Sur une courbe algébrique réelle à torsion constante. M. **H. Resal** : Sur les propriétés de la loxodromie d'un cône de révolution et leur application au ressort conique. — M. **P. Tacchini** : Résumé des observations solaires faites à l'Observatoire royal du collège romain pendant le quatrième trimestre de 1891. — MM. **Ch. André** et **F. Gonnessiat** ont disposé un appareil à passages artificiels de façon à isoler l'un des éléments de l'équation personnelle dans la méthode de l'œil et de l'oreille, *l'équation décimale.* Ils étudient au moyen de cet appareil l'influence de facteur.

2° Sciences physiques. — M. **Ch.** Antoine établit l'équation caractéristique de la vapeur d'eau en partant des résultats des expériences de Hirn. — M. **H.** Pellat fait des objections à la conclusion que M. Gouy a tirée de ses expériences sur les différences de potentiel au contact, présentées à l'Académie le 4 janvier. M. Gouy admet que les amalgames à 1/1000 se comportent dans une pile comme le métal solide lui-même. M. Pellat pense que dans la couche superficielle en contact avec l'acide sulfurique, le métal allié disparaît, transformé en sulfate; il ne reste donc que le mercure, et parsuite on ne peut rien conclure de ce que tous les amalgames se comportent dans ces conditions comme le mercure. — M. **A.** Perot a repris expérimentalement la question de la loi des oscillations hertziennes, en opérant sur un dispositif particulier; la formule qui traduit ses résultats correspond à une force pendulaire simple amortie. — M. **A.** Broca indique une méthode pour construire un abaque au moyen duquel on peut résoudre les deux questions suivantes : 1° trouver les données d'une lentille ayant un point aplanétique déterminé; 2° retrouver les points aplanétiques d'une lentille donnée. — M. E. Péhard montre que l'on peut facilement doser le molybdène dans les molybdates à l'état d'acide molybdique par la méthode suivante : en faisant passer sur un molybdate alcalin chauffé à 440° un courant de gaz acide chlorhydrique, la réaction obtenue par Debray et aboutissant à la sublimation du composé MoO³, 2HCl. est totale; la solution aqueuse de ce composé, évaporée à 100°, laisse comme résidu l'acide molybdique pur. Cette réaction n'ayant pas lieu avec les tungstates, la méthode s'applique à un mélange de molybdates et de tungstates. — M. **A.** Colson croit que la notation stéréochimique de MM. Le Bel et Van t'Hoff ne répond qu'en apparence aux principes de la dyssimétrie moléculaire posés par M. Pasteur. La loi de M. Guye, d'un autre côté, ne rend pas compte de tous les faits; ainsi l'acide diacétyltartrique et le diacétyltartrate de potasse, répondant à l'acide tartrique droit, sont lévogyres; la théorie tétraédrique exigerait qu'ils fussent dextrogyres.

3° Sciences naturelles. — M. **L.** Viron avait, dans un travail précédent, montré que la coloration présentée parfois par les eaux distillées médicinales est due tantôt à des masses zoogloques en suspension dans le liquide, tantôt à une matière colorante soluble traversant le filtre Chamberland. Il a pu isoler quelques-uns de ces pigments solubles et les caractériser chimiquement; il a aussi cultivé les micro-organismes générateurs de ces pigments colorants. — M. **E.** Chuard a constaté que le *terreau de tourbe* est le siège d'une fermentation nitrique assez active, bien que ce milieu présente les conditions considérées comme les plus impropres à ce phénomène, à savoir : une réaction nettement acide, l'absence presque totale de carbonates et la présence abondante de matières organiques. L'agent de nitrification est sans doute différent de celui étudié par M. Winogradsky. — M. **Muntz**, en présentant les résultats des recherches qu'il avait faites avec M. Marcano sur l'ammoniaque des eaux de pluie dans les régions tropicales, avait fait remarquer que cette ammoniaque y est plus abondante que dans les régions tempérées. M. Albert Lévy avait contesté cette conclusion. M. Muntz montre que les chiffres admis par M. Albert Lévy pour les régions tempérées sont manifestement trop élevés, ayant été recueillis dans des villes, et qu'ils ne représentent nullement la constitution générale de l'atmosphère. — MM. Lortet et Despeignes ont constaté que les Lombrics vivant dans un milieu souillé par des matières turberculeuses se farcissent de bacilles qui gardent longtemps toute leur virulence. M. **E.** Nocard a réussi à inoculer la *dourine* des Equidés soit au cheval, soit au chien, en employant comme matière virulente la bouillie rougeâtre qu'on trouve dans les foyers de ramollissement de la moelle ; cette matière conserve longtemps sa virulence dans la glycérine, ce qui permettra de faire venir du virus pour les études des pays où règne la dourine. — MM. F. Jolyet et H. Viallanes ont étudié l'innervation du cœur chez le crabe commun (*Carcinus mœnas*) ; ils ont pu distinguer dans le système nerveux central un centre d'arrêt, situé dans la partie la plus antérieure de la masse sous-œsophagienne et un centre accélérateur situé dans le ganglion de la première patte et de la dernière patte-mâchoire. — M. **G.** Pouchet donne le résultat de ses recherches sur la faune pélagique du Dyrefjord (Islande), qu'il a explorée systématiquement pendant les mois de juillet et août 1891. — M. **M.** Hamy décrit un halo elliptique circonscrit, qu'il a observé autour de la Lune le 14 janvier 1892. — M. **A.** Cornu, en présentant cette note, fait remarquer que le phénomène, conformément à la loi posée par lui, a été l'avant-coureur d'une bourrasque.

Rapport : M. Duclaux, rapporteur de la commission sur le déplâtrage des vins par le strontiane, propose de blâmer cette pratique, moins pour le danger que présente l'emploi de la strontiane, difficile pourtant à obtenir pure de baryte, que pour le principe : il ne faut sanctionner aucune sophistication du vin. Les conclusions de ce rapport sont adoptées par l'Académie.

Mémoires présentés. M. F. Mirinny : Sur le *calendrier national* à propos de la question de l'heure universelle. — M. **A.** Clércy adresse un mémoire relatif à son procédé pour vérifier la pureté des boissons alcooliques. — M. Delaurier : Mémoire sur un moteur à feu, inexplosible, applicable à la navigation aérienne sans ballon. — M. **J. A.** Parcharides adresse un mémoire relatif à un « aérostat sur des roues à voile ». — M. **A.** Hermann adresse une note relative à une méthode cryptographique pour les dépêches chiffrées. — M. **V.** Candotti adresse une note sur la Théorie du téléphone.

L. Lapicque.

SOCIÉTÉ DE BIOLOGIE

Séance du 16 janvier 1892.

M. P. Sérieux donne l'observation d'un cas de cécité verbale avec agraphie, dans lequel l'autopsie fit constater une seule lésion, à savoir un foyer de ramollissement siégeant au niveau du lobule pariétal inférieur de l'hémisphère gauche. — MM. de Christmas et Respaut proposent quelques formules d'antiseptiques composés, qui ont l'avantage de leurs composants, employés isolément, d'être plus antiseptiques relativement à leur toxicité. — M. **A.** Giard signale un cas de mimiéisme entre insectes observé par lui en France : il s'agit d'un diptère Stratyomide (*Beris vallata*) s'écartant de la livrée ordinaire des Stratyomides pour imiter une Tenthrède (*Athalia annulata*). — MM. Féré et Herbert ont recherché sur des lapins qui avaient absorbé, pendant un certain temps, 1 gramme de bromure de strontium par jour, en quelle proportion ce sel s'accumule dans l'è-conomie ; ils en ont retrouvé en moyenne 2 grammes par kilogramme d'animal, résultat comparable à celui donné par le bromure de potassium. — MM. A. Rodet J. Courmont ont fait l'analyse physiologique de la toxicité des produits solubles du staphylocoque pyo-gène. Ils ont étudié séparément les cultures complètes, stérilisées soit par le filtre, soit par la chaleur, et le précipité ainsi que l'extrait alcooliques ; les substances précipitant par l'alcool produisent chez le chien des phénomènes de strychnisme, les substances solubles dans l'alcool sont au contraire stupéfiantes. — M. Rail-liet a étudié un ténia du pigeon domestique, qui avait été déposé au musée de l'école d'Alfort par Delafond ; M. Railliet estime que ces échantillons appartiennent à la même espèce que ceux identifiés récemment par M. Mégnin au *Tænia sphenocephala* de Rudophi ; en réa-lité, il s'agirait d'une espèce nouvelle pour laquelle l'auteur propose le nom de *T. Delafondi.* — MM. Sébi-leau et Arrou font une première communication sur la circulation du testicule chez l'homme et les animaux. — M. Kunckel d'Herculais a pu suivre la série des changements de coloration du criquet pèlerin ; il y a un cycle de nuances qui recommence à chaque mue ; ces modifications du pigment semblent être en relation avec les phénomènes intimes de la nutrition. — MM. Héricourt et Ch. Richet apportent de nouveaux faits pour montrer que chez le chien et le singe, qui sont réfractaires à la tuberculose aviaire, l'inoculation de cette tuberculose leur confère sinon l'immunité, du moins une grande résistance contre la tuberculose humaine. — M. Fayod maintient *mordicus* contre les objections de M. Guignard tout ce qu'il a avancé sur la pénétration des poudres fines à travers les membranes des cellules et sur la structure spiralée du protoplasma.

Séance du 30 janvier.

M. Galezowski rapporte la diplopie monoculaire de l'amblyopie hystérique à un spasme du muscle accom-modateur. — MM. Lesage et Macaigne ont étudié la virulence pour le cobaye du *Bacterium Coli commune* recueilli dans diverses conditions. Le bacille de l'in-testin sain est extrêmement peu virulent ; dans tous les cas de diarrhée, cette virulence augmente ; elle aug-mente proportionnellement au degré de gravité de l'entérite. Recueilli dans des suppurations causées par lui, le bacille présente des propriétés pyogènes du-rables. — MM. Hanot et Gilbert ont obtenu dans divers cas des cirrhoses du foie chez les animaux à la suite de tuberculoses expérimentales. — M. Enriquez a répété les expériences d'Heidenhain sur le passage de particules solides à travers l'épithélium rénal, mais en remplaçant l'indigo injecté dans la veine par une cul-ture de microbes. Sur le chat, après section de la moelle cervicale, l'expérience a donné les mêmes résultats, c'est-à-dire passage des microbes spécialement par les cellules troubles à bâtonnets des tubuli, indépendam-ment de la sécrétion rénale qui est suspendue. Dans le rein d'un sujet ayant succombé à l'infection pneumo-coccique, les microbes retrouvés dans le rein ne pré-sentaient pas cette localisation. — M. A. Giard signale un hémiptère hétéroptère (*Halticus minutus* Reuter) qui ravage les arachides en Cochinchine. — M. Thé-lohan, en traitant par l'eau iodée les spores du spo-rozoaire, découvert par Gluge, qui détermine de petites tumeurs sur la peau de l'Epinoche, a pu y reconnaître l'existence d'un filament et d'une capsule polaire. Ce fait démontre bien que ce parasite est une Myxosporidie et justifie la création du genre *Glugea* (Thélohan). — M. J. Passy a étudié le minimum perceptible de quel-ques odeurs, en déterminant le nombre de gouttes d'une dilution alcoolique de la substance nécessaire pour parfumer l'air contenu dans un flacon d'un litre. Les chiffres qu'il a obtenus se rapprochent de ceux de Valentin, mais sont énormément plus faibles que ceux

de M. Ch. Henry (jusqu'à plusieurs millions de fois). Il fait remarquer que le chiffre donné par M. Henry pour l'éther est supérieur à la quantité de vapeur du corps pouvant exister dans l'air. — M. Laveran a expéri-menté le bleu de méthylène préconisé par Guttmann et Ehrlich contre l'hématozoaire du paludisme. Les résul-tats ont été négatifs, tant sur les hématozoaires des oiseaux que sur ceux des paludéens. — M. J. de Guerne signale qu'il a trouvé sur le corps d'un canard sauvage tué au vol dans la Marne une petite sangsue (*Glossi-phonia tesselleta*) jusque-là inconnue en France. — M. Pouchet a examiné sur des coupes faites par lui une préparation de M. Fayod ; il a constaté que les particules d'indigo n'avaient pénétré que dans des cel-lules endommagées de quelque manière. M. Gui-gnard, de son côté, a fait des expériences de contrôle qui ont toutes été négatives. Il fait remarquer, en outre, combien est bizarre, pour étudier le protoplasma, le procédé qui consiste à porter les tissus à la tempéra-ture de fusion du borax, ou à les dissoudre dans le permanganate de potasse, procédé décrit par M. Fayod dans la *Revue générale de Botanique.*   L. Lapique.

SOCIÉTÉ FRANÇAISE DE PHYSIQUE

Séance du 5 février 1892.

MM. Lagrange et Hoho, de Bruxelles, envoient à la Société une étude sur les effets du passage de courants de haute tension à travers un électrolyte au moyen d'électrodes de surface limitée. M. Curie, secrétaire, en signalant les conclusions de ce travail, rappelle que la question a déjà été étudiée par MM. Violle et Chas-sagny. — M. Berget expose les recherches de M. C. Miculescu sur la détermination de l'équivalent méca-nique de la calorie. En principe, la méthode est celle de Joule, mais le travail mis en jeu dans le calorimètre est beaucoup plus considérable, ce qui permet d'abaisser à quelques minutes seulement la durée d'une expé-rience. D'autre part, toute correction due au refroidis-sement est ramenée à des quantités de chaleur par l'emploi d'une méthode calorimétrique à température constante. Le travail est fourni par une dynamo et mesuré par la méthode de M. Marcel Deprez. Le bâti qui supporte la dynamo est suspendu sur deux couteaux, et l'un de ceux-ci porte un levier sur lequel peuvent se déplacer des poids. On peut ainsi mesurer le moment de la force qui fait équilibre à la réaction de l'induit. Cette notion, jointe à la con-naissance du nombre de tours de l'anneau (nombre qui se mesure avec l'inscripteur Marey), suffit pour cal-culer le travail. D'autre part la quantité de chaleur produite et enlevée à chaque instant par un courant d'eau qui circule autour du calorimètre. Du poids de l'eau écoulée et de son élévation de température, on déduit immédiatement la quantité de chaleur. Les expériences de l'auteur, conduites avec le plus grand soin, donnent des résultats très concordants, dont la moyenne est J =426,7[1]. — M. Ch. E. Guillaume fait connaître à ce propos que les papiers de Joule, ainsi que deux de ses thermomètres, existent encore. On a ainsi les éléments nécessaires pour ramener l'échelle de Joule à celle du thermomètre normal. En apportant cette correction au nombre de Joule, on trouve une valeur supérieure à 426. — M. A. Broca fait une pre-mière communication sur l'aplanétisme des systèmes centrés. Il démontre d'abord un théorème général, duquel il résulte que, dans le cas des systèmes sphé-riques, il existe des points réels ou imaginaires, où l'aberration n'est plus que du quatrième ordre, et ces points l'aberration change de signe. D'où cette conséquence importante : il est possible de combiner les éléments de deux lentilles de telle sorte que leurs

1. Nous nous bornons à cet exposé sommaire, car ce tra-vail, ayant été présenté et soutenu comme Thèse devant la Faculté des Sciences de Paris, sera analysé prochainement en détail dans une autre partie de la *Revue.*

aberrations soient de signe contraire, et par suite se compensent. L'auteur expose ensuite les calculs qui fournissent les éléments nécessaires pour la construction de lentilles à points aplanétiques déterminés. Déjà le cas de la lentille crown-flint est trop compliqué pour être abordé directement. Il sa traite par approximations successives en partant de la lentille homogène. Ce dernier cas est encore assez pénible, mais du moins il se prête à la construction d'un abaque au moyen duquel on pourra, soit trouver les données d'une lentille ayant un point aplanétique déterminé, soit trouver les points aplanétiques d'une lentille donnée, et enfin reconnaître le signe de l'aberration focale d'une lentille. Ces considérations conduisent à l'emploi de lentilles d'une très grande épaisseur. L'auteur se propose d'appliquer ces résultats à la construction d'un nouveau type de microscope.   Edgard HAUDIÉ.

SOCIÉTÉ CHIMIQUE DE PARIS

Séance du 3 février 1892.

M. Aubin a fait plusieurs analyses de galènes argentifères contenant une forte quantité de zinc, et propose pour des dosages de ce genre de déterminer le Plomb à l'état de sulfate, l'argent à l'état de chlorure, et enfin le zinc à l'état de sulfure; pour séparer le sulfate de plomb de la gangue on le redissout dans le tartrate de soude alcalin, d'où il est reprécipité par l'acide sulfurique. — M. Trillat a préparé les dérivés, méthylés éthylés, etc., de la diamidophénylacridine et obtenu ainsi des matières colorantes teignant le coton mordancé et la soie en rouge orangé. Il a également préparé un certain nombre d'azotiques; ces couleurs ne présentent pas d'avantages particuliers. — M. Trillat rappelle le procédé de préparation de l'aldéhyde formique, qu'il a indiqué et qui permet d'obtenir des solutions à 40 0/0 ne contenant d'autre impureté que de l'alcool méthylique; il a étudié les propriétés antiseptiques de cette aldéhyde sur le *Bacillus anthracis* et trouve que la stérilisation des bouillons ensemencés avec ce microbe est assurée par une dose de 1/50000°; l'auteur continue ses recherches. — M. Zune lui hommage à la Société de son traité de l'analyse des beurres; il montre ensuite que les points de fusion et de solidification des corps gras pris avec les précautions convenables sont bien identiques. Il présente un appareil permettant de prendre la densité et le coefficient de dilatation des corps gras. M. Zune signale enfin l'emploi du réfractomètre pour rechercher l'huile de résine dans l'essence de térébenthine. On peut facilement au moyen de cet instrument déceler quelques centièmes d'huile de résine mélangée à l'essence.

A. COMBES.

SOCIÉTÉ MATHÉMATIQUE DE FRANCE

Séance du 3 février 1892.

M. d'Ocagne fait une communication sur la détermination du point le plus probable donné par des recoupements qui, reportés sur un plan, ne convergent pas. Lorsqu'on définit ce point comme étant celui dont la somme des carrés des distances aux droites données est un minimum, on voit qu'il est tel que la résultante géométrique de ces distances est nulle. En partant de cette propriété, M. d'Ocagne établit une construction géométrique simple de ce point. — M. Laisant en fait connaître une autre construction, également simple, obtenue par application de la méthode des équipollences. — M. Lucas émet l'idée d'une autre solution qui consisterait à prendre par rapport à un cercle arbitraire de rayon suffisamment grand les pôles des droites données. Ces droites étant sensiblement convergentes, leurs pôles seront sensiblement en ligne droite. Il est facile de tracer la droite dont ils s'écartent le moins. On n'a plus ensuite qu'à prendre le pôle de celle-ci par rapport au cercle qu'on a choisi. —

M. Laisant fait une communication sur l'identification du polynôme.

$$\varphi(x) = a_0 + a_1 x + a_2 x^2 + \ldots + a_n x^n$$

avec le suivant :

$$b_0 + b_1 x + b_2 x (x-1) + \ldots + b_n x (x-1) \ldots (x-n+1).$$

Il arrive à la formule symbolique :

$$b^p = \frac{1}{p!} [q-1]^p$$

où chaque puissance q^q doit être remplacée, dans le développement, par $\varphi(q)$. Il rappelle que M. d'Ocagne a donné de b_p l'expression suivante[1] où interviennent les nombres k_m^p [2]

$$b_p = k_p^p a_p + k_{p+1}^p a_{p+1} + k_{p+2}^p a_{p+2} + \ldots + k_n^p a_n$$

M. Laisant fait ressortir de la comparaison de ces deux résultats un nouveau moyen d'obtenir l'expression explicite du nombre k_m^p en fonction de ses indices m et p. — M. Humbert fait une communication sur la surface de Kummer. Il fait voir, en particulier, qu'il y a une infinité triple de surfaces cubiques inscrites ayant quatre points doubles situés sur la surface. Ces points sont les sommets d'un tétraèdre dont les arêtes touchent la surface. Propriétés diverses de ces tétraèdres. — M. Kœnigs démontre que la condition nécessaire et suffisante pour qu'un réseau de courbes planes soit la perspective des lignes asymptotiques d'une surface est que les invariants de l'équation de Laplace attachée à ce réseau soient égaux.   M. d'OCAGNE.

SOCIÉTÉ ROYALE DE LONDRES

Séance du 28 janvier 1892

SCIENCES PHYSIQUES. — M. W. C. Roberts Austen fait une communication sur les points de fusion dans la série des alliages d'aluminium et d'or. Il a déterminé les points de fusion d'une remarquable série d'alliages d'or et d'aluminium à l'aide du thermo-couple de Le Châtelier qu'il a employé de la manière qui est décrite dans les *Proceedings* de la Société royale, volume 49, p. 347, a 1891. Bien que l'alliage blanc qui contient 10 0/0 d'aluminium ait un point de fusion qui est à 447° au-dessous de celui de l'or, l'alliage pourpre a un point de fusion qui est à 35° au-dessus de celui de l'or lui-même; c'est semble-t-il, le seul cas connu d'un alliage fondant à une température plus élevée que le moins fusible de ses composants. M. Austen pense que ce fait constitue un argument puissant en faveur de l'opinion qui considère cet alliage comme une véritable combinaison d'or et d'aluminium. A l'exception des deux alliages mentionnés plus haut, tous ceux qui appartiennent à cette série présentent des points de fusion qui décroissent régulièrement jusqu'à 660°, un peu au-dessous du point de fusion de l'aluminium 665°. — MM. le capitaine Abney F. R. S. et le major général Festing F. R. S. font une troisième communication sur la photométrie des couleurs; ils avaient indiqué dans la *Bakerian Lecture* de 1886 une méthode pour construire la courbe de luminosité d'un spectre continu fourni par une lampe à arc. Ils n'avaient pas cherché à déterminer quelle partie de la rétine l'on employait pour faire les observations qui servaient de données pour la construction de la courbe. Mais leurs recherches ultérieures leur ont montré l'importance de cette question, et ils décrivent dans cette note les modifications de leur *modus operandi* qui leur ont permis d'employer à leur gré soit la tache jaune, soit les autres parties de la rétine; ils indiquent les résultats obtenus en chacun des cas. Il est bien connu que lorsqu'une lumière colorée s'affaiblit jusqu'à un certain degré, l'œil cesse de voir la couleur, bien qu'il éprouve encore une sensation lumineuse. Les auteurs ont fait des observations pour déterminer le point auquel la sensation de couleur dis-

[1] *American Journal of Mathematics*, 1890.
[2] *Ibid*, 1887.

paraît dans chacune des parties du spectre. C'est dans la partie du spectre comprise entre λ 500 et λ 615 que l'on peut percevoir la couleur avec les plus faibles intensités lumineuses. Cela explique pourquoi dans une faible lumière comme celle de la lune les objets semblent avoir un teinte verdâtre. Les auteurs ont recherché aussi de quelle quantité il fallait diminuer l'éclat de chacune des portions du spectre pour qu'elle cessât d'être perçue. C'est à λ 5.300 que la lumière peut être réduite, sans cesser d'être perçue, au minimum d'intensité; pour l'éteindre il faut la réduire au 63/10 de l'éclat du rayon primitif. Les auteurs ont déterminé les courbes de luminosité de plusieurs personnes achromatopsiques, ainsi que la courbe de luminosité d'un spectre de faible intensité observé par un œil normal.
— M. C. R. A. Wright, F. R. S. fait une cinquième communication sur les alliages ternaires; elle consiste dans la détermination de diverses courbes critiques et leurs lignes de liaison et à leurs points de séparation. Cette note renferme les résultats de recherches faites sur des mélanges de chloroforme, d'eau et d'acide acétique, de plomb, d'étain et de zinc, de bismuth, d'argent et de zinc. Le but de ces expériences était de déterminer les positions exactes des courbes critiques exprimant la saturation du dissolvant C par un mélange en proportions variables des deux autres composants A et B. Ces variations sont telles que sur ces courbes tout point donné est relié à quelque autre point, appelé le point conjugué, par une relation qui découle de ce fait que tous les mélanges des trois composants A, B et C, représentés par des points situés sur la ligne de liaison qui joint les deux points conjugués, se sépareront en deux mélanges ternaires différents, correspondant aux deux points respectivement, tandis que tout mélange des mêmes composants, représenté par un point situé en dehors de la courbe critique, formera un alliage véritable, c'est-à-dire un mélange qui ne se séparera pas spontanément en deux fluides différents, mais qui constituera un tout homogène stable. Les courbes critiques ont été déterminées, pour certaines températures définies, avec les systèmes de lignes de liaison et leurs points de séparation pour chaque courbe respectivement; mais il est impossible de donner dans un court résumé un aperçu exact des résultats obtenus. —
M. J. Q. Bonney F. R. S. présente une note sur quelques échantillons de roches qui ont été exposés à une haute température. L'examen de quelques échantillons de quartz-felsite qui ont été soumis à une température d'environ 2000° F. a montré que d'une manière générale, l'effet de la chaleur a été de fondre les éléments feldspathiques et micacés, sans que le quartz ait subi aucune action bien nette, et de rendre la masse vésiculeuse. Il y a environ 40 ans, MM. Chance, de Birmingham, ont essayé d'utiliser le basalte pour divers usages en le fondant, puis en le coulant dans des moules ou en l'étendant en feuilles. La structure de quelques-unes des masses ainsi obtenues a été examinée. La comparaison de ces produits artificiels et des roches qui se sont solidifiées après fusion conduit M. Bonney aux remarques suivantes: 1° dans les roches ignées acides, les cristaux de quartz et de feldspath ont souvent été partiellement fondus, mais les cristaux de quartz, en règle générale ne sont pas fendillés, et la partie interne des cristaux de feldspath n'est pas vitrifiée. La partie extérieure seule, lorsqu'elle a été attaquée par une substance en dissolution dans un fluide, semble avoir subi des modifications; 2° dans le cas des roches basiques artificiellement fondues, la partie vitrifiée est une véritable tachylite; mais la structure des échantillons dévitrifiés, avec leurs squelettes caractéristiques de cristaux de feldspath et de magnésite et leur absence d'angles est tout à fait inhabituelle dans les roches naturelles. La structure est plutôt celle des verres et des scories. Ces faits confirment l'opinion communément admise que la liquéfaction des roches ignées n'est pas due à l'action de la chaleur seule, mais aussi à celle de l'eau, toujours présente dans

le magna; la formation du verre pendant le refroidissement est facilitée par la « fuite » de l'eau, ce qui peut expliquer la rareté comparative des tachylites dans la nature, et le fait que là où elles apparaissent elles sont rarement autre chose que les « lisières » de masses de balsate. Richard A. Gregory.

SOCIÉTÉ DE PHYSIQUE DE LONDRES

Séance du 22 janvier 1892.

M. Fitzgerald : « Sur la production des vibrations électromagnétiques par des machines électromagnétiques et électrostatiques. » L'auteur remarque que les vibrations électromagnétiques excitées par la décharge d'un condensateur ou d'une bouteille de Leyde s'amortissant très vite, il serait très désirable d'avoir des procédés pour maintenir les vibrations continues. En comparant ces vibrations aux vibrations sonores, on trouve que la décharge d'une bouteille est analogue au son instantané produit en débouchant brusquement une bouteille; ce qu'il faudrait, c'est obtenir des vibrations électromagnétiques continues analogues au son produit en insufflant de l'air à l'ouverture du goulot d'une bouteille. En d'autres termes on cherche une sorte d'*effet* ou de *tuyau d'orgue* électrique. Ces considérations ont conduit l'auteur à essayer si des vibrations électromagnétiques peuvent être rendues permanentes en employant un circuit se déchargeant, dont une partie est divisée en deux branches, et plaçant entre ces branches un circuit secondaire accordé pour répondre à la décharge primaire. Cela n'a pas réussi, parce qu'il n'y a rien d'analogue aux remous produits au voisinage du bizean du tuyau d'orgue. L'analogie deviendrait complète si on utilisait la force magnétique du secondaire à détourner le premier courant, d'abord dans l'une, puis dans la seconde des deux branches. Si l'étincelle éclatait entre les deux extrémités adjacentes des branches et le fil principal, alors l'effet magnétique du courant secondaire amènerait l'étincelle à suivre alternativement les deux chemins possibles. Les diapasons et les spirales vibrantes entretenus électriquement offriraient des exemples où les forces magnétiques produisent des vibrations, mais ici la fréquence dépendrait des propriétés de la matière et non de la résonance électrique. La fréquence du mouvement des anches délicates doit être régularisée par la cavité de résonance avec laquelle elles sont en communication, et il n'y a pas de raison pour qu'on n'imite pas cette régulation en électricité, l'étincelle électrique jouant le rôle de l'anche. D'autres [méthodes pour entretenir des vibrations électromagnétiques ont été suggérées par l'étude des séries-dynamos ou des alternateurs. La polarité d'une série-dynamo entretenant un moteur magnéto pourrait, dans certaines circonstances se renverser périodiquement, et cela donnerait un courant oscillatoire dans le circuit. Des effets analogues s'obtiendraient avec des séries-dynamos changeant des piles ou des condensateurs. Dans une expérience faite, il y a quinze jours, avec des éléments Planté et une dynamo Gramme, on a eu des renversements toutes les cinquante secondes. On peut attendre de plus hautes fréquences de l'emploi des condensateurs. Ce dernier cas a été étudié théoriquement; les expériences faites avec des bouteilles de Leyde et une dynamo n'ont donné aucun résultat. On pouvait s'y attendre, car la fréquence calculée était telle qu'elle empêchait le courant et le magnétisme de pénétrer profondément, au delà d'une couche superficielle. L'auteur donne un calcul qui prouve que dans un circuit comprenant une dynamo d'inductance L et de résistance r, et un condensateur de capacité γ, si L est < r, la quantité d'électricité mise en jeu va en croissant constamment et n'est limitée que par la saturation du fer et l'accroissement de résistance qui résulte de l'échauffement. Une dynamo sans fer, pouvant lancer un courant à travers elle-même, serait propre à donner l'effet désiré. En faisant une telle dynamo assez grande et son armature très longue on pourrait atteindre une fréquence d'environ un million. Les machines électrostatiques semblent promettre davantage comme agents entretenant des vibrations. Comme les dynamos en séries, leur polarité dépend de la charge initiale, et peut aisément être renversée. Jusqu'ici de telles machines n'ont pas été efficaces, surtout à cause des étincelles auxquelles elles donnent lieu, mais Mawell a donné le moyen de les éviter. Il y a le même genre de différence entre les machines électrostatiques et les machines électromagnétiques, qu'entre la machine de Héron et les machines modernes. Comme les machines modernes, les machines électrostatiques sont actionnées par une capacité variable, mais l'effet de cette variation dans les machines électrostatiques est seulement de faire varier la fréquence et non la vitesse du décroissement. Du fait que les multiplicateurs électrostatiques peuvent être entretenus par des courants alternatifs, il s'ensuit qu'ils pourront servir à entretenir des courants alternatifs. Si des courants magnétiques pouvaient être obtenus, les machines électrostatiques seraient faciles à faire. Comme conclusion, l'auteur décrit un multiplicateur électrostatique modifié qui lui semble offrir une solution pratique du problème. Dans cette machine, les collecteurs sont supposés joints aux extrémités d'un circuit en vibration et, par suite, sont alternativement chargés + et —. Les inducteurs et les balais sont disposés de telle sorte qu'un cylindre isolant tournant entre eux doit toujours avoir des charges + et — distribuées alternativement sur sa surface. Par un ajustement convenable, ces charges sont recueillies à des moments appropriés de manière à produire la vibration. M. Logde trouve cette communication très suggestive et pleine d'idées intéressantes. Le sujet des vibrations électromagnétiques excite une grande attention en Amérique, à cause de sa connexion avec la question de la fabrication de la lumière. Les oscillations de Hertz s'éteignent trop vite pour être satisfaisantes, puisque leur durée dépasse rarement le millième partie de l'intervalle entre deux décharges consécutives. La théorie des dynamos chargeant des condensateurs est extrêmement intéressante, et le fait que le facteur d'amortissement peut changer de signe peut avoir des conséquences incalculables. M. Sumpner pose une question sur la méthode pour doubler la fréquence des alternances récemment décrite par M. Trouton, méthode par laquelle l'armature d'un alternateur excite le champ d'une machine semblable. M. Fitzgerald répond que l'addition d'une autre machine accroît la fréquence d'une quantité donnée, et ne *double* pas la fréquence. Pour multiplier la fréquence par 1.000, il faudrait 1.000 machines, ce que M. Trouton considère comme impraticable. M. S. P. Thompson insiste sur les analogies acoustiques. L'appareil de Melde est un exemple du moyen de doubler ou de rendre moitié moindre la fréquence. M. Boys suggère l'idée d'employer une étincelle électrique à marche alternative pour entretenir une vibration, et dit qu'il a essayé de voir si une étincelle oscillatoire était déplacée par un champ magnétique, mais le déplacement même photographié dans un miroir tournant était à peine appréciable. M. Perry demande une explication sur le terme de magnétisme de la couche superficielle. L'auteur répond que dans les vibrations électromagnétiques la force magnétique alterne trop rapidement pour pénétrer loin à l'intérieur de l'aimant d'une dynamo avant le renversement du champ; par suite le magnétisme n'est que dans la couche superficielle.

ACADÉMIE DES SCIENCES D'AMSTERDAM

Séance du 30 janvier 1892.

1° Sciences physiques. — M. H. A. Lorentz lit le rapport sur le mémoire de M. J. L. Sirks intitulé : « Sur l'influence que la diffraction par un réseau à mailles carrées, placé devant l'objectif d'une lunette, exerce sur la clarté de l'image principale d'une étoile. » D'après les lois de la diffraction et en tenant compte des aberrations chromatiques et sphériques, M. Sirks parvient au résultat simple, mentionné dans la séance du 28 novembre 1891 (voir la *Revue*, t. III, p. 38). Ensuite il l'applique au réseau distribué par l'Observatoire de Postdam. A cette fin il détermine dans les deux directions la distance des axes des fils et l'épaisseur des fils, la première en observant l'influence d'une position oblique de l'écran (résultat en millimètres 0,4360 et 0,1624 pour les fils de chaîne; 0,3380 et 0,1456 pour les duites.) D'après ces dimensions la présence de l'écran réduit l'intensité de la lumière de 7,84 à 1, ce qui, suivant les conventions, correspond à une multiplication du nombre de grandeur de l'étoile par 2,24, au lieu de 2, selon l'équation 2,5 log 7,84 = 2,24.
— M. A. C. van Rijn van Alkemade : Application de la théorie de M. Gibbs aux phases de l'équilibre de solutions de sel et de mélanges de liquides.

2° Sciences naturelles. — M. H. van Capelle : Le diluvium de West-Drente. — M. M. Weber communique que dans un petit ruisseau de l'île de Sumatra il a retrouvé une espèce de cloporte parasite que J. A. Herklots croyait avoir trouvée dans l'abdomen d'un poisson d'eau douce (*Comptes rendus d'Amsterdam*, 2° série, t. IV, p. 163). Il s'est convaincu que ce parasite, *Ichthyoxenos jellinghausii*, au lieu de vivre dans l'abdomen du poisson, habite chez cet animal une invagination de la peau qui communique avec l'extérieur par un petit orifice. Là on trouve presque toujours deux habitants, un mâle tout petit et une femelle très grosse. Après avoir parcouru quatre états larvaires, l'insecte parfait est hermaphrodite; par le développement inégal de ses organes, il peut fonctionner d'abord en mâle, ensuite en femelle. Ainsi, dans cette demeure, le premier venu s'est déjà développé à l'état femelle quand le second arrive. En attendant, le premier apparu s'est installé à son aise et continue à s'assurer la meilleure partie des avantages de sa position ; c'est ce qui explique les dimensions énormes de la femelle comparée au mâle qui habite avec elle. A cette découverte l'auteur joint quelques remarques générales sur les théories de l'origine des animaux marins dans les eaux douces. D'après M. S. Loven, ces animaux prouvent que les lacs qui les contiennent ont été en communication avec la mer ; ils ont survécu aux changements de conditions vitales. D'après M. H. Credner, ces animaux sont déménagés. Les recherches de l'auteur appuient la dernière hypothèse. Au lieu de retrouver dans les lacs des Indes Orientales une faune comparable à celle des lacs de l'Europe, ce qui exige l'idée de la faune autochtone des eaux douces, inhérente à la première hypothèse, il trouva là-bas une faune toute différente. Parmi les Isopodes, plus de traces des *Azellidæ* qui abondent dans nos lacs, mais bien trois genres de nos Isopodes marins. Parmi les Amphipodes il rencontre non pas nos *Gammaridæ*, mais nos *Orchestiæ* marins. Les Décapodes représentés par quatre espèces en Europe comptent 69 espèces, divisées en 19 genres aux Indes, dont 33 espèces habitent aussi la mer, etc. — M. C. A. Pekelharing s'occupe de la constitution du fibrine-ferment. Récemment (voir *Revue*, t. II, p. 464) l'auteur a démontré que le fibrine-ferment se compose de chaux et d'une matière qu'on précipite complètement du plasma sanguin en le saturant avec MgSO^4 et partiellement pour saturation avec NaCl et par dialyse. A présent, il remarque que la matière en question est précipitée du plasma dilué par un ou deux volumes d'eau en y joignant de l'acide acétique jusqu'à réaction acide évidente. Elle est soluble en milieu alcalin, et dans le cas d'une solution neutre, quand il y a addition de NaCl. Traitée par l'acide hydrochlorique et la pepsine, elle donne de la nucléine. Donc, elle est une nucléo-albumine. Traitée par l'eau de chaux, elle donne un fibrine-ferment nettement caractérisé. Si du même plasma dilué et oxalaté on neutralise l'une des moitiés par de l'acide acétique, tandis qu'on acidule l'autre, le traitement avec de l'eau de chaux de la première moitié donne plus de fibrine que celui de la seconde. Cela prouve que la matière-mère du ferment est la nucléo-albumine elle-même, et que celle-ci n'est pas entraînée mécaniquement. Car le précipité—et avec lui la tendance à entraîner des matières, — est plus considérable pour le plasma neutralisé. L'auteur suppose que la nucléo-albumine dérive des éléments formés du sang. Cette supposition est confirmée par l'observation que le sang traité avec de l'extrait de sangsues, qui ne se coagule pas quand il est exempt de cellules, ni par l'addition d'eau ni par l'addition de sels de chaux, reprend cette faculté par l'addition d'une nucléo-albumine dégagée de plasma, et de même par l'addition de globules du sang traités par l'eau. Si, pendant leur destruction, les globules du sang cèdent au plasma la nucléo-albumine, une matière possédant les propriétés d'un acide, le décroissement de la réaction alcaline pendant la coagulation du sang qui découle est expliqué. L'auteur répond ensuite à quelques questions posées par MM. T. Place, M. W. Beyerinck et W. Koster.

— M. Th. W. Engelmann présente un mémoire de M. H. J. Hamburger intitulé : « Sur l'influence des acides et des alcalis sur du sang défibriné. »

Schoute,
Membre de l'Académie.

ACADÉMIE DES SCIENCES DE VIENNE

Séance du 17 décembre 1891.

Le président annonce le décès, survenu le 10 décembre, d'un membre de l'Académie, M. le professeur Albert Jæger d'Innsbruck.

1° Sciences mathématiques. — M. J. A. Gmeiner : « Corollaire à la loi de réciprocité des bicubiques ». M. Heinrich Drasch : « Recherches sur une théorie des surfaces réglées. »

2° Sciences physiques. — M. Pascheles : « influence de la résistance de la peau au passage du courant dans le corps humain. » Conformément au travail fondamental de Gärtner et Martius, Pascheles montre que la résistance de la peau diminue du 1/20° au 1/50° de sa valeur par le passage d'un courant continu. Cette diminution a lieu dans les mêmes proportions quand on opère avec un cadavre, de sorte qu'il paraît inexact d'en fournir une explication par l'existence d'un état pathologique correspondant; les faits suivants paraissent éclairer cette anomalie. Quand le courant passe entre deux électrodes A et B, la distribution des lignes de courant entre ces deux points est la même dans toutes les directions au début, mais lorsque la résistance de la peau diminue, on constate (la force électromotrice entre A et B restant la même) que la densité du courant augmente dans les parties profondes tandis que pour les courants superficiels elle reste la même. On observe ceux-ci à l'aide d'électrodes secondaires *a, b* réunies à un multiplicateur non polarisable de Dubois M; si l'on fait varier l'intensité totale après s'être assuré qu'il n'y a pas courant entre *a*, M, *b*, on trouve que les déviations fournies par M sont proportionnelles à l'intensité du courant A, B. A l'aide du procédé Nobili-Guebhard, Pascheles a cherché aussi à mettre en évidence les transformations successives des surfaces équipotentielles des lignes de courant. Une série de phénomènes connus depuis longtemps tirent de là une explication, par exemple : les courants d'induction d'après Helmholtz sont surtout superficiels, les nerfs situés à une certaine profondeur sont plus excités par les courants continus que par les courants alternatifs; enfin l'irritabilité augmente avec la durée du courant. — MM. A. Schubert et Zd. H. Skraup : « Action de l'acide iodhydrique sur la quinine et la

quinidine. » — *Observatoire central* : « Observations météréologiques et magnétiques du mois de novembre. » — M. Ed. Mazelle : « Recherches sur les variations diurnes et annuelles de la vitesse du vent à Trieste. » L'auteur tire une série de conclusions, d'observations personnelles poursuivies de 1882 à 1891. Le maximum de la vitesse a lieu en moyenne vers midi; il se présente un maximum secondaire, la nuit, entre 9 heures du soir et 1 heure du matin, notamment pendant l'hiver. L'oscillation diurne persiste avec les plus grandes comme avec les plus faibles vitesses; en hiver, où la vitesse moyenne atteint sa plus grande valeur : l'oscillation est plus faible : la formule de Bessel permet d'en calculer exactement la période. Le maximum moyen a lieu à midi 17, en hiver, à 11 h. 56', en été à midi 58'. Par un temps couvert le maximum a lieu plus tôt que par un ciel serein. On peut représenter la marche annuelle par une fonction périodique. Le maximum annuel a lieu le 22-23 janvier, le minimum du 11 au 30 juin. Le vent N.-E. donne la plus grande vitesse, elle atteint alors 11 kilomètres à l'heure.

3° Sciences naturelles. — M. Rud. Hoernes : « Sur la connaissance de la dentition chez l'*Entelodon* Aym. » — M. F. Steindachner présente « les résultats obtenus cette année dans l'est de la Méditerranée par l'expédition chargée de l'étude de la profondeur de la mer en ce qui concerne la faune pélagique ichtyologique ». On fit à des profondeurs variant de 384 à 2.525 mètres 26 opérations avec le filet traînant, 13 à la surface de la mer avec le filet pélagique et 7 à 200-2.300 mètres avec le filet à trappes. Malgré les vents violents qui contrarièrent les dragages, on trouva au moins 110 espèces représentées par des quantités variables d'individus en poissons, crustacés, éponges, cœlentérés, échinodernes, brachiopodes, lamellibranches, céphalopodes, hydropolypes et vers. M. Wilhelm Roux : « Sur la polarisation morphologique de l'œuf et de l'embryon par le passage d'un courant, et de l'influence de ce courant sur la direction de la première segmentation de l'œuf. » — H. Fritz von Kerner : « Le déplacement de la ligne de partage des eaux dans la vallée de Wippe pendant la période glaciaire. » Un examen approfondi de la nature pétrographique des blocs erratiques ainsi que de leur position à différentes hauteurs a amené l'auteur à reconnaître que la ligne du partage des eaux à l'époque du développement maximum du glacier se trouvait à l'entrée de la vallée de Gschnitze, et qu'alors la glace existait au point de départ de la vallée de Stubaie 2.150 mètres, au Brenner 2.200 mètres, et au Sterzingerbeck 2.100 mètres. — M. Anton Handlirsch présente la « Monographie d'un hyménoptère terricole parent du *Nysson* et du *Bombex* ». Ce travail contient une étude critique et systématique du genre *Stizus* Latreille.

Séance du 7 janvier 1892

M. le Président annonce le décès de M. le Pr Ernst Ritter von Brücke de Vienne, membre de l'Académie.

1° Sciences physiques. — M. C. Schierholz : « Sur la séparation de l'iode, du brome et du chlore. »

2° Sciences naturelles. — M. Alfred Justus Dutczynski : « Abrégé d'un nouveau système philosophique et biologique et d'une nouvelle théorie physiologique ». — M. Friedrich Brauer montre des dessins de l'œstride (25), bien connue en Afrique, et décrit les larves de deux nouvelles espèces (*Dermatoestrus strepsicerontis* et *Stroblioestrus antilopinus*); la première est l'organisation des larves hypodermes quoique ayant certains points communs avec les larves cephénomyes ; toutes deux vivent dans la peau d'une antilope.

Emil Weyr,
Membre de l'Académie.

CHRONIQUE

LA RÉGION DE PORTO-NOVO

De récents évènements venant d'attirer l'attention publique sur le Dahomey et la région voisine, il nous paraît intéressant de publier la notice suivante, due à notre courageux compatriote, M. Edouard Foa, qui continue en ce moment l'exploration du pays.

Porto-Novo est, sinon la plus grande, du moins une des plus importantes villes du golfe de Benin. Elle est située par 6°27'40" de latitude nord et 0°22' de longitude est du méridien de Paris. Capitale du royaume du même nom qui, autrefois, faisait partie de celui de Dahomey, puis en fut tributaire et enfin s'affranchit de cette tyrannie, Porto-Novo est à environ 7 milles de la mer. Le protectorat de la France, inauguré d'abord en 1863, puis suspendu de 1864 à 1875, fut définitivement rétabli en 1883 et prend, tous les jours, plus d'importance. Ce royaume, dont les limites nord ne sont pas déterminées, est borné à l'est, depuis la dernière convention franco-anglaise (janvier 1890), par une ligne que détermine le méridien passant par la crique d'Adjara, par 0°27'19" de longitude est du méridien de Paris; à l'ouest, par le fleuve Whémé, dont la rive opposée est au Dahomey; au sud, d'abord coupé par une large lagune, il est baigné par l'Atlantique.

La population totale du royaume, en temps de paix, peut être estimée à environ 130.000 habitants, dont 50.000 pour la capitale seule; la race indigène n'est en particulier; c'est un mélange de Nagos ou Yoroubas et de Dahomiens appelé Géjis dans le pays; leur teint est noir rougeâtre et ils sont plutôt laids que beaux. On trouve également, dans la population de Porto-Novo, beaucoup de Dahomiens, de Yoroubas et de sujets Brésiliens qui s'y sont établis depuis de longues années. Les Européens, sans compter les troupes, sont au nombre d'environ 40.

La ville est très mouvementée : le commerce, en temps de paix, bien entendu, y est assez important : une statistique, que j'avais établie en 1889, permettait d'estimer les exportations de 1888 à 10.515.000 kilos d'amandes et 1.231.200 gallons d'huile de palme, ce qui fait environ fr. 5.193.750 pour une année. .

Le palmier à huile (*Eleas guineensis*) est jusqu'à présent la seule source de l'exportation.

Le roi de Porto-Novo, Tofa, est très dévoué à notre cause : c'est un homme très intelligent, qui nous rend de grands services; donner son pays à la France, et voir celle-ci le protéger et le faire prospérer d'une

façon sérieuse, a toujours été le rêve de Tofa : ce rêve est près de se réaliser complètement.

Les habitations, dans tout le pays, à l'exception de celles des villages lacustres, sont construites en terre du pays. Cette matière est très argileuse et prend, lorsqu'elle est bien pétrie, beaucoup de consistance en séchant. L'autre genre de cases est en branches ou en bambous; toutes sont couvertes en feuilles de palmier.

Le fétichisme des gens du pays est combattu fortement par la religion musulmane qui y fait beaucoup d'adeptes : le culte catholique, malgré les efforts incessants de nos missionnaires, y a beaucoup moins de succès.

Pour se rendre en pirogue à Kotonou, situé à environ 15 milles, on parcourt pendant une demi-heure la lagune de Porto-Novo, puis on s'engage dans le chenal du Toché, devenu français depuis la convention franco-anglaise dont je viens de parler; on pourrait suivre également, s'ils n'étaient beaucoup plus longs, les chenaux d'Aguégué-Quinji et d'Aguégué français : ce dernier passe devant l'embouchure du Whémé gardé par un poste de tirailleurs sénégalais.

La longueur du Toché est d'environ 3 milles; on débouche, après avoir passé devant l'ancien poste anglais, dans le grand lac de Denham. Ce lac s'étend à perte de vue. Son nom a dû lui être donné par le major Denham, qui, en 1822 et 1823, a traversé ces régions en venant du Niger pour se rendre plus tard au Soudan et au lac Tchad.

Au loin, on aperçoit, en divers endroits, de petits villages sur pilotis; ces villages se sont formés, à l'origine, il y a quelque 60 ans, de fugitifs du Dahomey qui, sachant qu'une tradition défendait aux tyrans de faire la guerre en traversant l'eau, ont mis entre eux et leurs ennemis un obstacle infranchissable à cette époque; cette tradition est considérablement négligée dans la guerre actuelle. Les villages sur pilotis se nomment Afotonou, Aouansouri, Ganvi, Sô.

On arrive à Kotonou après 6 heures environ de traversée; ce village est situé sur le bord de l'Océan à 4 milles au sud et 18 milles ouest de Porto-Novo.

L'origine de ce nom vient de « Okou tò nou », qui signifie, en dahomien, *Lagune des Morts*. Il justifie surtout cette appellation, depuis que plusieurs centaines de guerriers dahomiens, trouvés sur le champ de bataille les 23 février et 4 mars 1890, ont été ensevelis dans les plaines avoisinantes.

Kotonou est un tout petit village qui pouvait avoir, avant l'expédition, de 800 à 1.000 habitants : il est baigné, au côté Est, par le chenal auquel il donne son nom et sur les bords duquel il se prolonge; ce chenal vient du lac Denham : à l'époque des hautes eaux, il s'est déjà deux fois confondu avec la mer, entraînant l'étroite langue de sable qui l'en sépare : cette dernière se reforme dès que les eaux baissent; la chaloupe-canonnière l' « Emeraude » a profité, en novembre 1887, de cette ouverture pour rentrer dans les eaux de Porto Novo, où elle est actuellement.

Du large, on n'aperçoit, sur la plage de Kotonou, que trois constructions, qui sont les deux factoreries françaises, et le télégraphe : le village était situé derrière. Il est aujourd'hui complètement rasé et remplacé par des ouvrages de fortification passagère.

On connaît l'histoire de Kotonou, qui, donné à la France par le roi de Dahomey en toute propriété en 1878, a été, par la mauvaise foi qu'il a mise à nier cette donation, une des causes de l'expédition récente.

L'importance de Kotonou provient de ce que ce point

est le *port de Porto-Novo*. D'après la convention signée
en 1878, c'est seulement à 4 kilomètres ouest et nord
du village que commencerait la limite du Dahomey.

En suivant la plage ou une route intérieure, on se
rend à Godomé, situé à environ 16 kilom. de Kotonou.

Le village proprement dit est dans l'intérieur, à
8 kilomètres; sur la plage, il n'y a que quelques cases
et les mêmes factoreries qu'à Kotonou. Godomé n'offre
rien de saillant; c'est un petit village dahomien, d'environ 3 ou 4,000 habitants; mêmes cases qu'à Kotonou,
en bambous et feuilles. Il était gouverné avant la
guerre par un chef dahomien nommé Nobimé, ayant le
titre d'Agorigan ou chef de la Gore, ce qui équivaut à
peu près à juge de paix ou maire dans nos régions civilisées. Le commerce y est très modeste, comme dans
tout le Dahomey, d'ailleurs, à cause du peu de liberté
dont jouissent les habitants.

Ce que je viens de dire pour Godomé s'applique, à
peu de chose près, à Abomey-Calavy. Ce nom vient,
par dérivation, de Agbomey-Kpavi (petit Abomey), parce
qu'il est peu éloigné de la capitale du Dahomey, relativement aux autres points. L'agorigan se nommait
Ajagboni.

Abomey-Calavy est au nord-est de Godomé, à 20 kilomètres environ. Ils ont tous deux un débouché sur le
lac Denham par des chenaux tortueux qui portent leur
nom et qui ont une longueur d'environ 2 à 3 milles.

Les gens de Porto-Novo, contrairement à leurs voisins, sont peu industrieux. Quelques ouvrages grossièrement faits, en fer, en bois, en terre et en paille, sont
les seuls produits de leur manufacture. Les Dahomiens
et les Yoroubas joignent à ces industries, beaucoup plus
perfectionnées, la fabrication, avec des cotons indigènes et importés, ou de la paille, des tissus solides et
curieux. Leur orfèvrerie, bien que moins avancée que
celle de la Côte d'Or, a cependant atteint une certaine
habileté. Les Yoroubas seuls pratiquent, à peu près, la
teinture en toutes couleurs.

La climatologie de ces régions subit les influences
directes du voisinage de l'équateur. Les jours sont
uniformes, comme durée, ou ne diffèrent entre eux
que de quelques minutes; la moyenne de la température est de 29° à 35° C. à l'ombre, pendant le jour.

Une chose curieuse à étudier et qui m'a rendu souvent perplexe est l'irrégularité de divers instruments
qui servent dans nos régions à indiquer les variations
atmosphériques.

Le baromètre anéroïde ou holostérique, même réglé
selon l'altitude du lieu, ne quitte pas l'indication variable, ce qui indiquerait comme à peu près uniforme une pression atmosphérique qui varie indubi-
tablement.

L'hygromètre de Saussure marque également, presque
toujours, le maximum d'humidité d'un bout à l'autre
de l'année; comme on sent fort bien, à certains moments,
que cette humidité est plus ou moins intense, nous
avons déduit que le cadran indiquant cet état de la

température n'avait pas assez de degrés de variation
pour ce pays.

Les thermomètres à minima de Rutherford et à maxima
de Negretti et Zambra qui, en tous lieux, servent à
donner par leur comparaison les variations de la température, au moins douze heures d'avance, n'ont plus
aucune exactitude de prédiction et ne peuvent servir
qu'à obtenir le degré d'élévation ou d'abaissement de
la température du moment.

Je cite ces instruments comme exemples; quels que
soient leur nom ou leur genre, ils varient tous dans
leurs indications; il faut donc se borner à observer la
météorologie sans chercher à la prédire, et enregistrer
des observations.

Voici comment on peut classer les saisons :

Printemps ou *petite saison des pluies*, août, septembre
et octobre.

Été ou *saison sèche* ou *Armatan*, novembre, décembre
et janvier.

Automne ou *petite saison des pluies*, février, mars
et avril.

Hiver, *grande saison des pluies*, mai, juin, juillet.

La température reste la même, modifiée accidentellement par ces pluies ou par les vents alizés du sud-
ouest qui soufflent avec peu d'intensité toute l'année,
dans l'après-midi seulement. Le vent du nord se fait
sentir la nuit, pendant l'*Armatan*.

Le climat, par son caractère variable, chaud et humide, est très malsain pour l'Européen. Il n'y a pas
d'exemple qu'un blanc n'ait pas la fièvre, après un
ou deux mois de séjour. Ces fièvres, d'un caractère bilieux, sont toujours compliquées d'embarras gastrique;
elles sont peu douloureuses, peu prolongées, mais elles
minent lentement la constitution la plus robuste, et
plusieurs années passées dans ces pays équivalent à
un empoisonnement, à une intoxication complète. Les
insolations, accès pernicieux, accès bilieux hématu-
riques, sont le lot des imprudents. Il faut une grande
sobriété, une vie très active et rendue la plus gaie
possible, pour supporter l'existence dans ces pays. La
moyenne de la mortalité peut atteindre 30 0/0 chez les
Européens. L'anémie est le grand mal à combattre, et
deux ans de séjour ne doivent pas être dépassés par
ceux qui tiennent à recouvrer la santé et à oublier les
fièvres du pays.

Nous avons dû renoncer à la chasse, après avoir été
longtemps entraîné par cette passion : on est sûr, à
défaut de gibier, d'en rapporter régulièrement la
fièvre, et c'est un suicide que de persister.

En somme, la côte occidentale d'Afrique est un pays
nouveau, qu'il importe de connaître plus profondément. Le golfe de Bénin pourra donner plus tard une
riche colonie à la France : il faut donc l'étudier de
près et faire ressortir ses bons comme ses mauvais
côtés. C'est dans le but de nous consacrer à cette œuvre
qu'après y avoir passé quatre ans, nous y sommes
retourné.   Edouard Foa.

NOUVELLES

LE MAGNÉTISME DE L'OXYGÈNE

On sait, depuis Faraday, que l'oxygène est un gaz
magnétique. Ed. Becquerel a établi que dans notre
atmosphère il est 2.660 fois moins magnétique que le
fer. D'où cette induction que si le refroidissement, la
pression, le changement d'état ne modifient pas son
magnétisme, l'oxygène liquide doit, à masse égale, se
montrer moitié plus magnétique que le fer.

M. Dewar a fait récemment à ce sujet une expérience
aussi simple que remarquable : il a placé entre les
pôles du grand électro-aimant de Faraday une capsule
de sel gemme contenant de l'oxygène liquide; ce liquide, exposé à la pression ordinaire de l'atmosphère,
se trouvait donc à — 181° C. Ne mouillant pas la paroi

de sel gemme, il était à l'état sphéroïdal. Dès que le
courant traversa le solénoïde, l'oxygène se souleva
brusquement et se porta aux pôles; il y resta suspendu
jusqu'à complète évaporation.

Ce résultat est gros de conséquences : il fait bien plus
que d'accuser sous une forme extrêmement sensible la
propriété magnétique déjà reconnue à l'oxygène : il
nous montre pour la première fois la continuation de
cette propriété depuis l'état gazeux jusqu'à l'état liquide, — ce qui porte à la considérer comme atomique.
Il y a là sinon une idée entièrement nouvelle, au moins
le premier pas vers la solution du problème.
                                                        L. O.

Le Directeur-Gérant : Louis Olivier

REVUE GÉNÉRALE

DES SCIENCES

PURES ET APPLIQUÉES

DIRECTEUR : LOUIS OLIVIER

LE PROGRÈS DE L'ARTILLERIE [1]

Dans une brochure récente, analysée dans cette *Revue* [2], j'ai examiné en détail les résultats obtenus en 1889, 1890 et 1891, par l'emploi de la poudre sans fumée dans les canons variant de 0ᵐ05 à 0ᵐ21 de calibre, et j'ai attiré l'attention sur l'immense importance qu'entraînerait, pour la science de la balistique future et de l'artillerie, l'emploi de ces nouvelles poudres substitué aux anciennes en usage.

Cette brochure est toutefois d'un caractère trop technique pour offrir un intérêt suffisant à la généralité des lecteurs ; cependant les conclusions auxquelles je suis arrivé sont d'une telle importance, qu'il me semble intéressant de les présenter sous une forme plus facilement accessible ; je vais tâcher de le faire dans cet article. J'examinerai successivement les points suivants :

1° Les nouvelles poudres sous leurs différentes formes ; les poudres noires et brunes actuellement en usage ; l'état comparatif de leurs propriétés balistiques.

2° Les modifications nécessaires à apporter dans les armes, afin d'utiliser le maximum des propriétés qui distinguent la nouvelle poudre.

3° Quelques conclusions découlant des observations précitées.

I

La distinction fondamentale entre les poudres anciennes et les poudres récentes consiste en ceci : en raison de leur composition chimique, les résidus de la combustion des nouvelles sont, pour la majeure partie, entièrement gazeux ; tandis que ceux des poudres anciennes présentent une proportion de 43 % (en poids) de gaz, le reste étant sous la forme d'un liquide qui se répand dans les différentes parties de l'arme. Une des conséquences de cette différence est que le volume des gaz engendrés par la combustion d'un poids donné de poudre nouvelle est beaucoup plus considérable que pour le même poids de poudre ancienne, et par conséquent le poids de poudre nécessaire pour remplir un espace donné, à une température et à une pression données, est nécessairement moindre avec la nouvelle poudre qu'avec l'ancienne.

La formule des pressions en fonction du volume de la matière explosible est donc différente. Cette formule étant $p = p_0 \left(\dfrac{V_0}{V} \right)^{\gamma}$ [1], la valeur de γ pour la nouvelle poudre est environ 1,2 à 1,3, tandis que, pour les poudres anciennes, elle est de 1,074.

Comme conséquence de ce qui précède, il ressort que non seulement la pression initiale au moment de l'inflammation d'une charge donnée, dans un espace déterminé, est plus considérable avec la

---

[1] En raison du profond désaccord qui existe entre les théories de M. Longridge et celles de nos comités d'artillerie, il nous a paru extrêmement important d'obtenir de l'illustre savant anglais une étude sur le progrès de l'artillerie, tel qu'il le conçoit. Nous le remercions vivement d'avoir bien voulu accéder à cette demande en écrivant le présent article à l'intention de nos lecteurs (Note de la Direction).

[2] *L'Artillerie de l'avenir*, analysée dans la *Revue* du 15 octobre 1891, t. II page 648.

---

[1] p_0 = pression initiale ; V_0 = volume initial ; p = pression finale ; V = volume final ; γ = coefficient variable.

nouvelle poudre qu'avec l'ancienne, mais aussi que la pression, pendant toute la période d'expansion des gaz est encore supérieure à la pression développée par une même charge de poudre ancienne.

La valeur de γ exprimée en fonction des températures spécifiques à volume constant et à pression constante, varie suivant la nature des produits de la combustion; mais on peut considérer la valeur 1,2 comme à peu près juste pour la poudre Nobel qui, dans les expériences de Krupp en 1889 et en 1890, furent publiées dans la *Revue d'artillerie* (numéro de septembre 1890).

Il existe beaucoup de variétés de la nouvelle poudre, dont la composition est tenue secrète. Celle de la poudre Nobel est :

Nitro-cellulose	23.10 %
Nitro-glycérine	23.10 »
Perchlorure d'ammoniaque	50.33 »
Camphre	3.47 »
	100.00

Il y a quelque incertitude quant à la composition des gaz résultant de la combustion de ce mélange; mais probablement il se rapproche beaucoup de ce qui suit :

Acide carbonique	41.26 parties (en poids)
Azote	13.86 »
Vapeur d'eau	25.28 »
Chlore	16.64 »
Oxygène	2.96 »
	100.00

Le volume des gaz à 0° C. et à 0ᵐ76 de pression barométrique, est :

Acide carbonique	20.87 décimètres cubes
Azote	11.04 »
Vapeur d'eau	31.31 »
Oxygène	2.08 »
Chlore	5.21 »
	70.51

soit 705,1 centimètres cubes par gramme de poudre.

La chaleur engendrée par la combustion de 1 gramme de poudre est environ 1750 petites calories.

Le tableau suivant montre le volume des gaz et les petites calories engendrés par la combustion de 1 gramme des différentes poudres :

Désignation des poudres	Petites calories engendrées par gramme de poudre	Volume des gaz en centim. cubes pour 1 gramme
Poudre Nobel	1750	705
Cocon Br Pr	837	198
Pellet Espagnole	767.3	234.2
Curtis et Harvey Nº 6.	764.4	241.0
Waltham Abbey F.G.	738.3	263.1
» R.L.G.	735.7	274.2
» Pebble.	721.4	278.3
Poudre de mine	516.8	360.3

L'immense supériorité de force explosive que la nouvelle poudre a sur n'importe laquelle des poudres anciennes ressort avec évidence de ce tableau.

M. Sarrau désigne sous le nom de « *Force* » d'une

poudre *la pression des gaz engendrés par la combustion d'une unité de poids de la poudre occupant une unité de volume et à la température de la combustion.*

Ne connaissant pas le degré de température de la combustion de la nouvelle poudre, il m'est impossible de calculer la valeur de cette « Force »; j'ai taché d'en obtenir une approximation, et, dans ma brochure *L'Artillerie de l'Avenir*, j'ai essayé de déduire des expériences récentes, ce que j'appelle la « Force maximum » de cette poudre, c'est-à-dire, la pression des gaz engendrés par la combustion d'un poids donné de la poudre brûlant dans un espace clos, d'un volume égal au volume dudit poids de poudre avant son inflammation, volume calculé d'après le poids spécifique ou densité absolue de ladite poudre.[1]

En supposant que le poids spécifique de la poudre Nobel soit de 1,56, l'espace occupé par 1 kilogramme de cette poudre serait de $\frac{1^{k}}{1,56}$, soit de 0,641 décimètre cube.

Les résultats auxquels je suis arrivé donnent les valeurs suivantes pour la « Force maximum » de quelques poudres nouvelles :

Nobel	26,650 kilos par cm²
Cordite	24,472 »
B.N. lot Nº 1 dans des canons de 10 centimètres	16,495 »
B.N. lot Nº 3 dans des canons de 10 centimètres	13,710 »
B.N. dans des canons de 15 centim.	20,255 »
P.B.N. dans des canons de 27 centim.	15,535 »

Je crois que les valeurs obtenues pour la poudre Nobel sont approximativement correctes; mais, pour la poudre Cordite, qui est une poudre anglaise, et pour les poudres B. N. et P. B. N., qui sont françaises, il ne faut accepter ces valeurs que sous toutes réserves, car les expériences dont j'ai connaissance ne sont pas assez nombreuses pour me permettre d'en tirer une conclusion positive.

En ce qui concerne la poudre Cordite, il faut remarquer qu'elle ne se présente pas sous forme de grains, mais bien sous forme cylindrique comme des bouts de ficelle d'une longueur appropriée à celle de la cartouche. Il s'en fait de plusieurs diamètres; celle qui est destinée aux canons de 3 pouces (7,5 centimètres) a un diamètre de 1,6 millimètre à 2 millimètres, et celle destinée aux canons de 15 centimètres, environ 7,5 millimètres de diamètre. Je n'ai aucune connaissance de sa composition chimique; mais je crois que le volume des gaz engendrés à 0° centigrade et 76 millimètres de mercure, est d'environ 1100 centimètres cubes et la chaleur 1200 petites calories par gramme de poudre.

Je n'ai également aucun renseignement sur les poudres françaises B. N. et P.B.N.; mais je ne crois pas qu'aucune d'elles soit la nouvelle poudre ns fumée dont la composition est tenue secrète. Probablement toutes ces poudres, excepté la ıudre cordite, sont sous forme de grains, plus ou oins semblables à la poudre ancienne; par con- quent la pression maximum dans le canon va- era suivant le diamètre des grains. J'ai trouvé ıe c'était le cas pour la poudre Nobel, et il doit ı être de même pour les autres.

Les effets balistiques de la nouvelle poudre sont ɛaucoup plus considérables que ceux de l'an- .enne. La quantité d'énergie fournie et emmaga- née dans le projectile par kilogramme de poudre rismatique brune est :

.non de 110 tonnes de 41.27 cent. 46.38 tonnes métriques
 67 » 34.29 » 39.48 »
 20 » 25.40 » 41.62 »
 14 » 20.36 » 39.51 »

ıit une moyenne, par kilogramme de poudre, ɛ 41 tonnes métriques (41,67) et pour la poudre . X. E., (considérée en Angleterre comme la meil- ure des poudres anciennes) l'énergie dans les ınons de 15 centimètres est d'environ 40,88 tonnes ɛétriques par kilog. de poudre.

J'ai démontré dans « L'Artillerie de l'avenir » que . quantité d'énergie emmagasinée dans un pro- ıctile de 45,36 kilos par une charge de 8,85 kilos e la nouvelle poudre est, pour un canon de 5 centimètres :

vec poudre Cordite.......... 173.73 tonnes métriques
vec poudre Nobel............ 143.00 » »
vec la poudre B.N.......... 103.40 » »

'ou il ressort que la puissance balistique de ces ıudres est de 2 1/2 à 4 fois supérieure à celle ɛs meilleures poudres anciennes. Il peut paraître ırprenant de prime abord que, dans ce dernier bleau, la poudre cordite occupe le premier rang, ndis que dans un tableau précédent montrant s « forces maxima », la poudre Nobel tenait la te ; mais cette contradiction est purement appa- ɛnte. La raison pour laquelle l'effet utile de la ıudre cordite, brulée dans un canon de 15 centi- ètres, est supérieure à celui de la poudre Nobel, t que, quoique les poids respectifs de la charge du projectile soient les mêmes, la pression dé- ɛloppée est d'environ 3,975 atmosphères avec la ıudre cordite, tandis qu'elle n'est que 1,980 at- osphères avec la poudre Nobel. Cette différence 'ovient sans doute du coefficient de combustion ɛs deux poudres, soit en raison de la composition ıimique, soit en raison de la différence de forme : poudre Nobel étant en grains, tandis que la ıudre cordite est en baguettes cylindriques de ɛtit diamètre.

II

Étant démontré que les nouvelles poudres sont ɛ beaucoup supérieures aux anciennes, quant à la puissance balistique, il s'ensuit que, pour uti- liser cette supériorité, il faut faire subir d'impor- tantes modifications aux armes à feu.

En premier lieu, il faudra augmenter la résis- tance du canon, non seulement dans la chambre d'inflammation, mais encore dans toute l'étendue de la pièce. A cela on répondra sans doute, qu'il suffit simplement, pour employer les nouvelles poudres dans les pièces anciennes, de réduire la charge de manière à obtenir la même pression qu'avec la charge normale de poudre ancienne, ou bien de s'arranger de façon à diminuer la pression initiale, comme, par exemple, en augmentant la grosseur des grains, ou bien la capacité de la chambre.

J'ai examiné ces propositions et leurs consé- quences dans ma brochure sur « l'Artillerie de l'Avenir », et je crois avoir prouvé qu'il est dan- gereux d'essayer d'obtenir des effets balistiques supérieurs par l'emploi des nouvelles poudres dans les canons actuels, quoique l'absence de fumée et la réduction du poids de la cartouche soient de notables avantages. Ma contestation est, qu'en augmentant la pression initiale, on peut obtenir, avec la nouvelle poudre dans des canons d'une lon- gueur et d'un calibre considérablement réduits, des effets balistiques plus puissants que ceux dont on dispose actuellement. Je ne suis pas partisan de diminuer le poids d'une pièce, sans en changer le calibre, c'est-à-dire qu'à mon sens une pièce de 20 centimètres du nouveau type ne doit pas être plus légère que la pièce actuelle à 20 centimètres. Si elle était construite ainsi, on se heurterait à la question du recul ; car si on allège le poids du ca- non, il faut absolument renforcer l'affût. Actuelle- ment le perfectionnement de la puissance balis- tique des canons se trouve subordonnée à la puis- sance de résistance des affûts ; par conséquent, on ne ferait qu'augmenter les difficultés en allégeant le canon lui-même.

Le nouveau canon pourra être cependant beau- coup plus fort et considérablement plus court que le canon de même calibre du type actuel. Tout ar- tilleur expérimenté admettra, je crois, qu'on au- rait avantage à le construire ainsi, tout en aug- mentant de beaucoup la puissance balistique.

Cette augmentation, on l'obtiendra surtout d'une haute pression initiale, telle que 4.700 kilos au lieu de 2.750 kilos par centimètre carré. Il est vrai que de très brillants effets balistiques ont été ob- tenus avec les pressions actuelles, qui sont relati- vement basses ; mais, pour cela, on a été obligé d'augmenter extraordinairement la longueur du canon : on l'a portée à 40 et même à 50 calibres.

Il est possible que, dans le service sur terre, de pareilles pièces n'offrent pas de trop grands in-

nouvelle poudre qu'avec l'ancienne, mais aussi que la pression, pendant toute la période d'expansion des gaz est encore supérieure à la pression développée par une même charge de poudre ancienne.

La valeur de γ exprimée en fonction des températures spécifiques à volume constant et à pression constante, varie suivant la nature des produits de la combustion ; mais on peut considérer la valeur 1,2 comme à peu près juste pour la poudre Nobel qui, dans les expériences de Krupp en 1889 et en 1890, furent publiées dans la *Revue d'artillerie* (numéro de septembre 1890).

Il existe beaucoup de variétés de la nouvelle poudre, dont la composition est tenue secrète. Celle de la poudre Nobel est :

Nitro-cellulose...............................	23.10 %
Nitro-glycérine...............................	23.10 »
Perchlorure d'ammoniaque....................	50.33 »
Camphre......................................	3.47 »
	100.00

Il y a quelque incertitude quant à la composition des gaz résultant de la combustion de ce mélange ; mais probablement il se rapproche beaucoup de ce qui suit :

Acide carbonique.................	41.26 parties (en poids)
Azote............................	13.86 »
Vapeur d'eau.....................	25.28 »
Chlore...........................	16.64 »
Oxygène..........................	2.96 »
	100.00

Le volume des gaz à 0° C. et à 0m76 de pression barométrique, est :

Acide carbonique.................	20.87 décimètres cubes
Azote............................	11.04 »
Vapeur d'eau.....................	31.31 »
Oxygène..........................	2.08 »
Chlore...........................	5.21 »
	70.51

soit 705,1 centimètres cubes par gramme de poudre.

La chaleur engendrée par la combustion de 1 gramme de poudre est environ 1750 petites calories.

Le tableau suivant montre le volume des gaz et les petites calories engendrés par la combustion de 1 gramme des différentes poudres :

Désignation des poudres	Petites calories engendrées par gramme de poudre	Volume des gaz en centim. cubes pour 1 gramme
Poudre Nobel........	1750	705
Cocon Br Pr.........	837	198
Pellet Espagnole.....	767.3	234.2
Curtis et Harvey Nº 6.	764.4	241.0
Waltham Abbey F.G.	738.3	263.1
» R.L.G.	725.7	274.2
» Pebble.	721.4	278.3
Poudre de mine......	516.8	360.3

L'immense supériorité de force explosive que la nouvelle poudre a sur n'importe laquelle de ces poudres anciennes ressort avec évidence de ce tableau.

M. Sarrau désigne sous le nom de « *Force* » d'une

poudre *la pression des gaz engendrés par la combustio d'une unité de poids de la poudre occupant une unité d volume et à la température de la combustion.*

Ne connaissant pas le degré de température d la combustion de la nouvelle poudre, il m'es impossible de calculer la valeur de cette « Force » j'ai taché d'en obtenir une approximation, et, dan ma brochure *L'Artillerie de l'Avenir*, j'ai essayé d déduire des expériences récentes, ce que j'appell la « Force maximum » de cette poudre, c'est-à dire, la pression des gaz engendrés par la combus tion d'un poids donné de la poudre brûlant dan un espace clos, d'un volume égal au volume dud poids de poudre avant son inflammation, volum calculé d'après le poids spécifique ou densité ab solne de ladite poudre.[1]

En supposant que le poids spécifique de la pou dre Nobel soit de 1,56, l'espace occupé par 1 kilo gramme de cette poudre serait de $\frac{1^k}{1,56}$, so de 0,641 décimètre cube.

Les résultats auxquels je suis arrivé donnent le valeurs suivantes pour la « Force maximum » d quelques poudres nouvelles :

Nobel.......................	26,650 kilos par cm
Cordite....................	24,472 »
B.N. lot Nº 1 dans des canons de 10 centimètres..................	16,495 »
B.N. lot Nº 3 dans des canons de 10 centimètres..................	13,710 »
B.N. dans des canons de 13 centim.	20,255 »
P.B.N. dans des canons de 27 centim.	13,535 »

Je crois que les valeurs obtenues pour la poud Nobel sont approximativement correctes ; mai pour la poudre Cordite, qui est une poudre anglais et pour les poudres B. N. et P. B. N., qui so françaises, il ne faut accepter ces valeurs q sous toutes réserves, car les expériences dont j connaissance ne sont pas assez nombreuses po me permettre d'en tirer une conclusion positive.

En ce qui concerne la poudre Cordite, il fa remarquer qu'elle ne se présente pas sous for de grains, mais bien sous forme cylindrique com des bouts de ficelle d'une longueur approprié celle de la cartouche. Il s'en fait de plusieurs d mètres ; celle qui est destinée aux canons 3 pouces (7,5 centimètres) a un diamètre 1,6 millimètre à 2 millimètres, et celle desti aux canons de 13 centimètres, environ 7,5 mi mètres de diamètre. Je n'ai aucune connaissa de sa composition chimique ; mais je crois qu volume des gaz engendrés à 0° centigrade 76 millimètres de mercure et d'environ 1100 timètres cubes et la chaleur 1200 petites calc par gramme de poudre.

Je n'ai également aucun renseignement sur poudres françaises B. N. et P.B.N. ; mais j crois pas qu'aucune d'elles soit la nouvelle po sans fumée dont la composition est tenue secrète.

Probablement toutes ces poudres, excepté la poudre cordite, sont sous forme de grains, plus ou moins semblables à la poudre ancienne; par conséquent la pression maximum dans le canon variera suivant le diamètre des grains. J'ai trouvé que c'était le cas pour la poudre Nobel, et il doit en être de même pour les autres.

Les effets balistiques de la nouvelle poudre sont beaucoup plus considérables que ceux de l'ancienne. La quantité d'énergie fournie et emmagasinée dans le projectile par kilogramme de poudre prismatique brune est :

Canon de 110 tonnes de	41.27 cent.	46.38	tonnes métriques	
67 »	34.29	» 39.18	»	
29 »	25.40	» 41.62	»	
14 »	20.36	» 39.51	»	

soit une moyenne, par kilogramme de poudre, de 41 tonnes métriques (41,67) et pour la poudre E. X. E., (considérée en Angleterre comme la meilleure des poudres anciennes) l'énergie dans les canons de 15 centimètres est d'environ 40,88 tonnes métriques par kilog. de poudre.

J'ai démontré dans « L'Artillerie de l'avenir » que la quantité d'énergie emmagasinée dans un projectile de 45,36 kilos par une charge de 8,85 kilos de la nouvelle poudre est, pour un canon de 15 centimètres :

Avec poudre Cordite.........	173.73	tonnes métriques
Avec poudre Nobel..........	143.00	» »
Avec la poudre B.N..........	103.40	» »

D'où il ressort que la puissance balistique de ces poudres est de 2 1/2 à 4 fois supérieure à celle des meilleures poudres anciennes. Il peut paraître surprenant de prime abord que, dans ce dernier tableau, la poudre cordite occupe le premier rang, tandis que dans un tableau précédent montrant les « forces maxima », la poudre Nobel tenait la tète; mais cette contradiction est purement apparente. La raison pour laquelle l'effet utile de la poudre cordite, brulée dans un canon de 15 centimètres, est supérieure à celui de la poudre Nobel, est que, quoique les poids respectifs de la charge et du projectile soient les mêmes, la pression développée est d'environ 3,975 atmosphères avec la poudre cordite, tandis qu'elle n'est que 1,980 atmosphères avec la poudre Nobel. Cette différence provient sans doute du coefficient de combustion des deux poudres, soit en raison de la composition chimique, soit en raison de la différence de forme : la poudre Nobel étant en grains, tandis que la poudre cordite est en baguettes cylindriques de petit diamètre.

II

Étant démontré que les nouvelles poudres sont de beaucoup supérieures aux anciennes, quant à la puissance balistique, il s'ensuit que, pour utiliser cette supériorité, il faut faire subir d'importantes modifications aux armes à feu.

En premier lieu, il faudra augmenter la résistance du canon, non seulement dans la chambre d'inflammation, mais encore dans toute l'étendue de la pièce. A cela on répondra sans doute, qu'il suffit simplement, pour employer les nouvelles poudres dans les pièces anciennes, de réduire la charge de manière à obtenir la même pression qu'avec la charge normale de poudre ancienne, ou bien de s'arranger de façon à diminuer la pression initiale, comme, par exemple, en augmentant la grosseur des grains, ou bien la capacité de la chambre.

J'ai examiné ces propositions et leurs conséquences dans ma brochure sur « l'Artillerie de l'Avenir », et je crois avoir prouvé qu'il est dangereux d'essayer d'obtenir des effets balistiques supérieurs par l'emploi des nouvelles poudres dans les canons actuels, quoique l'absence de fumée et la réduction du poids de la cartouche soient de notables avantages. Ma contestation est, qu'en augmentant la pression initiale, on peut obtenir, avec la nouvelle poudre dans des canons d'une longueur et d'un calibre considérablement réduits, des effets balistiques plus puissants que ceux dont on dispose actuellement. Je ne suis pas partisan de diminuer le poids d'une pièce, sans en changer le calibre, c'est-à-dire qu'à mon sens une pièce de 20 centimètres du nouveau type ne doit pas être plus légère que la pièce actuelle de 20 centimètres. Si elle était construite ainsi, on se heurterait à la question du recul ; car si on allège le poids du canon, il faut absolument renforcer l'affût. Actuellement le perfectionnement de la puissance balistique des canons se trouve subordonnée à la puissance de résistance des affûts; par conséquent, on ne ferait qu'augmenter les difficultés en allégeant le canon lui-même.

Le nouveau canon pourra être cependant beaucoup plus fort et considérablement plus court que le canon de même calibre du type actuel. Tout artilleur expérimenté admettra, je crois, qu'on aurait avantage à le construire ainsi, tout en augmentant de beaucoup la puissance balistique.

Cette augmentation, on l'obtiendra surtout d'une haute pression initiale, telle que 4.700 kilos au lieu de 2.750 kilos par centimètre carré. Il est vrai que de très brillants effets balistiques ont été obtenus avec les pressions actuelles, qui sont relativement basses; mais, pour cela, on a été obligé d'augmenter extraordinairement la longueur du canon : on l'a portée à 40 et même à 50 calibres.

Il est possible que, dans le service sur terre, de pareilles pièces n'offrent pas de trop grands inconvénients ; mais ces inconvénients deviennent énormes dans la marine, sans parler de la destruction presque certaine des longues et minces armes par les canons de petit calibre à tir rapide.

J'ai depuis de longues années préconisé et conseillé aux artilleurs et aux fabricants de canons l'adoption des hautes pressions. Cette question est la plus importante de toutes en ce qui concerne le progrès de la balistique, ou, pour mieux dire, la portée et la justesse du tir. Pour cette raison il me paraît utile de m'étendre quelque peu sur ce chapitre.

Le canon pouvant être considéré comme une machine thermodynamique absolument au même titre qu'une machine à vapeur, l'avantage des hautes pressions au point de vue du rendement théorique et pratique peut être facilement démontré. Il est vrai que l'adoption du principe de l'expansion a fait faire des progrès importants aux machines à vapeur ; mais il est aussi parfaitement reconnu qu'au delà d'une certaine limite les résultats cessent d'avoir une valeur pratique : les immenses perfectionnements dans le rendement des machines à vapeur modernes, sont dus plutôt à l'emploi des hautes pressions qu'à une expansion exagérée. Je me souviens parfaitement de l'époque où la limite extrême autorisée pour machines à haute pression était d'environ quatre atmosphères pour les machines employées sur terre, et d'environ 1,33 atmosphère pour les machines marines. Actuellement, les machines de cette dernière catégorie marchent fréquemment à 12 ou 13 atmosphères : le résultat s'est traduit par une économie dans la consommation du charbon, économie qui est descendue de 5 kilos à 1 kilo par heure et par cheval indiqué.

En 1836 le docteur Lardner, qui faisait autorité en son temps, estimait la marche des grands vapeurs océaniques à 160 milles par jour et à 1 cheval-vapeur par 4 tonnes de tonnage. A l'heure actuelle, des vapeurs de 8.000 à 10.000 tonneaux traversent l'Atlantique à raison de 530 milles par jour, et 1 cheval-vapeur par chaque 1/2 tonneau de tonnage, consommant environ le 1/5 de combustible par cheval indiqué. Ces brillants résultats sont dus, dans une certaine mesure, à l'adoption de l'expansion multiple ; mais, pour la plus grande part, ils doivent être attribués à l'emploi des hautes pressions.

Pourquoi ne pourrait-on pas appliquer ce qui précède aux canons, qui ne sont, après tout, que des machines thermodynamiques absolument comme les machines à vapeur, pour augmenter le rendement de la puissance balistique ? La question, présentée sous cette forme, ne peut pas admettre de réponse négative. La vérité est que

l'action de la poudre dans un canon et la successi[on] exacte des phénomènes développés par la co[m]bustion de ce mélange sont restés jusqu'à ce jo[ur] entourés d'un nuage de mystère et d'hypothèse[s] qui paraissait devoir placer la solution de la que[s]tion hors de la portée de l'intelligence humain[e].

De nombreuses hypothèses sur la marche et l[es] évolutions des gaz pendant la combustion d[es] poudres, et sur les pressions résultantes dans l[es] canons, ont été émises comme des faits avér[és] alors que les auteurs mêmes de ces hypothèses [y] leur accordaient que peu de confiance. Des di[a]grammes ayant la prétention de représenter l[es] pressions successives développées dans l'âme d'u[ne] bouche à feu pendant que le projectile se dépla[ce] dans le canon sous la poussée des gaz, ont é[té] présentés ; or, j'ai irréfutablement démontré, da[ns] « l'Artillerie de l'Avenir », combien ces diagramm[es] sont en désaccord avec toute loi rationnelle [de] développement de force dynamique.

Le directeur de la fabrique royale de canons [de] Woolwich émit l'opinion, il y a quelques année[s], que la poudre idéale serait celle qui se consum[e]rait d'une façon complète dans un temps rigoure[u]sement égal à celui que met le projectile po[ur] sortir de l'arme, de manière à ce que la pressi[on] soit uniforme jusqu'à la sortie ! C'est nier absol[u]ment les avantages des hautes pressions et [de] l'expansion. Cette idée de pressions lentes est ju[s]qu'à ce jour l'erreur fatale à laquelle les fabrican[ts] de canons et les artilleurs de profession ont a[d]héré. La vérité est que c'est la faiblesse des cano[ns] actuels qui rend nécessaire l'emploi d'une pressi[on] initiale faible, et, comme conséquence de ce q[ui] précède, l'emploi de canons de longueurs dém[e]surées.

Si, dès l'origine des machines à vapeur, il ava[it] été admis et professé qu'il était impossible [de] faire des chaudières qui pussent résister à u[ne] pression excédant 4 atmosphères, les puissan[tes] machines marines actuelles n'existeraient pas ; [et] même, tant que l'on n'aura pas construit des cano[ns] assez forts pour résister aux pressions que [les] nouvelles poudres sont capables de fournir, il se[ra] impossible d'atteindre le maximun des effets b[a]listiques que ces nouvelles poudres peuvent do[n]ner.

Actuellement, il n'est pas plus difficile de fa[ire] des canons présentant plus de garanties de solid[ité] sous des pressions de 4.700 atmosphères par ce[n]timètre carré, que des canons actuels sous d[es] pressions de 2.750 kilos. Il y a 35 ans que j'en [ai] donné en Angleterre la démonstration théoriq[ue] et pratique. Cette démonstration a été renouve[lée] plus récemment en France par le capitaine Schu[ts] et, après lui, par G. Moch, capitaine de l'artille[rie] française. Plus récemment en 1888, à Aboukoff, l'amiral Kolokoltzoff fit construire un canon suivant les principes que j'avais préconisés et sur mes plans Ce canon donna les plus brillants résultats ; mais ce n'est que depuis quelques mois seulement que le système a été accepté par le Gouvernement anglais à Woolwich. Je fais allusion à ce qu'on appelle le système de « canons à fils d'acier ». Je dois dire quelques mots de ce système car, malgré tout ce que le capitaine Moch et moi avons écrit sur ce sujet, il paraît y avoir encore quelque malentendu.

Il est maintenant universellement reconnu que le système dit « *canon à fils d'acier* » est celui qui présente la plus grande résistance à l'explosion ; mais la principale des objections soulevées est qu'il y a dans ce mode de construction une grande difficulté à obtenir une résistance longitudinale entre les tourillons et la culasse de la pièce. Cette objection dénote une profonde ignorance des principes fondamentaux de la construction des canons, c'est-à-dire la séparation de la force d'éclatement de la force longitudinale, et des dispositions qui ont été prises pour parer à ces inconvénients.

Dans un canon « à fils d'acier » convenablement construit, la force d'éclatement est supportée par les spires auxquelles elle est transmise par le tube intérieur, tandis que toute la poussée longitudinale , sans aucune intervention de la force d'éclatement, est supportée par la jaquette. C'est l'ignorance et la négation systématique de ces vérités fondamentales qui ont conduit à douter de la résistance longitudinale des canons à fils d'acier et c'est d'autant plus étonnant que le principe en a été démontré et rendu tangible pratiquement depuis l'époque où ce système fit sa première apparition. Il paraît qu'il n'y a que quelques semaines, Lord George Hamilton, de l'Amirauté, en aurait parlé comme d'une difficulté qui

Fig. 1

pourrait *probablement* être surmontée. La vérité est qu'aucune difficulté ne se présente, et que, au contraire, les canons à fils d'acier, s'ils sont convenablement étudiés, sont ceux qui offrent le plus de force longitudinale. On peut donc admettre comme principe irréfutable qu'en employant le système à fils d'acier pour la construction d'un canon, *il présente une sécurité beaucoup plus grande, sous des pressions de 4.500 atmosphères, que les canons actuels sous des pressions moitié plus faibles*. C'est ce qui fait que ce système convient particulièrement pour l'emploi des nouvelles poudres : il permet d'obtenir, avec des canons relativement courts, des effets plus puissants qu'avec les pièces actuelles d'une longueur de 40, et même de 50 calibres.

Pour préciser les faits, je vais comparer les effets balistiques du nouveau canon Canet de 15 centimètres et de 45 calibres, tels que les a décrits la *Revue d'Artillerie* en novembre 1891, page 166, avec ceux d'un canon construit pour résister à une pression de 4.725 atmosphères.

Les croquis ci-dessus (fig. 1) représentent les deux canons dessinés à la même échelle. Le premier est le canon Canet à tir rapide, de 45 calibres ; le second, le canon de 15 centimètres construit pour résister à des pressions de 4.500 atmosphères à des pressions de 4.500 atmosphères et lancer un projectile de 40,330 kilos, avec une charge de 10 kilos de poudre Nobel, épaisse de 1 centimètre.

Le tableau suivant établit la comparaison entre les deux canons, et est assez explicite par lui-même pour se passer de commentaires [1] :

	Canon Canet	Canon à enveloppe spiralée
Calibre, centimètres............	15.00	15.00 ᶜᵐ
Longueur totale, mètres........	6.750	4.725
Poids du canon, kilos..........	5580.000	5500.000
Poids du projectile, kilos........	40.330	40.330
Poids de la charge, kilos........	10.000	10.000
Vitesse à la bouche, mètres.....	731.000	909.000
Energie à la bouche, tonnes métr.	1101.000	1703.000
Energie par kilo de poudre »	110.100	170.300
Pression maximum par cent. car. kil.	2755.000	4725.000

Cette table, ainsi que les croquis ci-dessus, se passent de tout commentaire. Tout artilleur pratique se rendra compte, d'un coup d'œil, des avantages incontestables de ce canon plus puissant, quoique plus court, partant, non-seulement d'une manœuvre plus facile, mais encore moins exposé au feu de l'ennemi.

III

De ce qui précède, on peut tirer les conclusions suivantes :

[1] Les renseignements sur le canon Canet sont puisés dans la *Revue d'Artillerie* de novembre 1891, page 166 ; 14 Rondo Poudre B. N. 10 kilos ; Pression = 2.755 kilos par centimètre carré. Les résultats sur le canon à fils d'acier sont calculés par les formules de la poudre Nobel publiés dans *l'Artillerie de l'Avenir* avec la charge de 10 kilos de poudre Nobel à grains de 10 millimètres de diamètre.

convénients ; mais ces inconvénients deviennent énormes dans la marine, sans parler de la destruction presque certaine des longues et minces armes par les canons de petit calibre à tir rapide.

J'ai depuis de longues années préconisé et conseillé aux artilleurs et aux fabricants de canons l'adoption des hautes pressions. Cette question est la plus importante de toutes en ce qui concerne le progrès de la balistique, ou, pour mieux dire, la portée et la justesse du tir. Pour cette raison il me parait utile de m'étendre quelque peu sur ce chapitre.

Le canon pouvant être considéré comme une machine thermodynamique absolument au même titre qu'une machine à vapeur, l'avantage des hautes pressions au point de vue du rendement théorique et pratique peut être facilement démontré. Il est vrai que l'adoption du principe de l'expansion a fait faire des progrès importants aux machines à vapeur ; mais il est aussi parfaitement reconnu qu'au delà d'une certaine limite les résultats cessent d'avoir une valeur pratique : les immenses perfectionnements dans le rendement des machines à vapeur modernes, sont dus plutôt à l'emploi des hautes pressions qu'à une expansion exagérée. Je me souviens parfaitement de l'époque où la limite extrême autorisée pour machines à haute pression était d'environ quatre atmosphères pour les machines empoyées sur terre, et d'environ 1,33 atmosphère pour les machines marines. Actuellement, les machines de cette dernière catégorie marchent fréquemment à 12 ou 13 atmosphères : le résultat s'est traduit par une économie dans la consommation du charbon, économie qui est descendue de 5 kilos à 1 kilo par heure et par cheval indiqué.

En 1836 le docteur Lardner, qui faisait autorité en son temps, estimait la marche des grands vapeurs océaniques à 160 milles par jour et à 1 cheval-vapeur par 4 tonnes de tonnage. A l'heure actuelle, des vapeurs de 8.000 à 10.000 tonneaux traversent l'Atlantique à raison de 530 milles par jour, et 1 cheval-vapeur par chaque 1/2 tonneau de tonnage, consommant environ le 1/5 de combustible par cheval indiqué. Ces brillants résultats sont dus, dans une certaine mesure, à l'adoption de l'expansion multiple ; mais, pour la plus grande part, ils doivent être attribués à l'emploi des hautes pressions.

Pourquoi ne pourrait-on pas appliquer ce qui précède aux canons, qui ne sont, après tout, que des machines thermodynamiques absolument comme les machines à vapeur, pour augmenter le rendement de la puissance balistique? La question, présentée sous cette forme, ne peut pas admettre de réponse négative. La vérité est que

l'action de la poudre dans un canon et la succe exacte des phénomènes développés par la bustion de ce mélange sont restés jusqu'à ce entourés d'un nuage de mystère et d'hypoth qui paraissait devoir placer la solution de la tion hors de la portée de l'intelligence hum

De nombreuses hypothèses sur la marche évolutions des gaz pendant la combustior poudres, et sur les pressions résultantes dar canons, ont été émises comme des faits av alors que les auteurs mêmes de ces hypothès leur accordaient que peu de confiance. Des grammes ayant la prétention de représente pressions successives développées dans l'âme bouche à feu pendant que le projectile se dé dans le canon sous la poussée des gaz, or présentés ; or, j'ai irréfutablement démontré, « l'Artillerie de l'Avenir », combien ces diagrar sont en désaccord avec toute loi rationnel développement de force dynamique.

Le directeur de la fabrique royale de cant Woolwich émit l'opinion, il y a quelques ann que la poudre idéale serait celle qui se cons rait d'une façon complète dans un temps rigo sement égal à celui que met le projectile sortir de l'arme, de manière à ce que la pre soit uniforme jusqu'à la sortie ! C'est nier ab ment les avantages des hautes pressions e l'expansion. Cette idée de pressions lentes est qu'à ce jour l'erreur fatale à laquelle les fabri de canons et les artilleurs de profession on héré. La vérité est que c'est la faiblesse des c actuels qui rend nécessaire l'emploi d'une pr initiale faible, et, comme conséquence de précède, l'emploi de canons de longueurs surées.

Si, dès l'origine des machines à vapeur, il été admis et professé qu'il était impossil faire des chaudières qui pussent résister pression excédant 4 atmosphères, les puis machines marines actuelles n'existeraient p même, tant que l'on n'aura pas construit des assez forts pour résister aux pressions q nouvelles poudres sont capables de fournir, impossible d'atteindre le maximun des effe listiques que ces nouvelles poudres peuven ner.

Actuellement, il n'est pas plus difficile d des canons présentant plus de garanties de sous des pressions de 4.700 atmosphères p timètre carré, que des canons actuels so pressions de 2.750 kilos. Il y a 35 ans que donné en Angleterre la démonstration th et pratique. Cette démonstration a été ren plus récemment en France par le capitaine et, après lui, par G. Moch, capitaine de l'a

française. Plus récemment en 1888, à Aboukoff, l'a-
miral Kolokoltzoff fit construire un canon suivant les
principes que j'avais préconisés et sur mes plans
Ce canon donna les plus brillants résultats ; mais
ce n'est que depuis quelques mois seulement que le
système a été accepté par le Gouvernement anglais
à Woolwich. Je fais allusion à ce qu'on appelle le
système de « canons à fils d'acier ». Je dois dire
quelques mots de ce système car, malgré tout ce
que le capitaine Moch et moi avons écrit sur ce
sujet, il paraît y avoir encore quelque malentendu.

Il est maintenant universellement reconnu que
le système dit « *canon à fils d'acier* » est celui qui
présente la plus grande résistance à l'explosion ;
mais la principale des objections soulevées est qu'il
y a dans ce mode de construction une grande difficulté à obtenir une résistance longitudinale entre
le tourillons et la culasse de la pièce. Cette objection dénote une profonde ignorance des principes
fondamentaux de la construction des canons,
c'est-à-dire la séparation de la force d'éclatement
de la force longitudinale, et des dispositions qui
ont été prises pour parer à ces inconvénients.

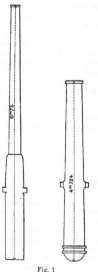

Dans un canon « à
fils d'acier » couve-
nablement construit,
la force d'éclatement
est supportée par les
spires auxquelles elle
est transmise par le
tube intérieur, tan-
dis que toute la pous-
sée longitudinale ,
sans aucune inter-
vention de la force
d'éclatement, est sup-
portée par la jaquet-
te. C'est l'ignorance
et la négation sys-
tématique de ces vé-
rités fondamentales
qui ont conduit à
douter de la résis-
tance longitudinale
des canons à fils d'a-
cier et c'est d'autant
plus étonnant que le
principe en a été dé-
montré et rendu tan-
gible pratiquement
depuis l'époque où
ce système fit sa pre-
mière apparition. Il
paraît qu'il n'y a que
quelques semaines, Lord George Hamilton, de l'A-
mirauté, en aurait parlé comme d'une difficulté qui

Fig. 1

pourrait *probablement* être surmontée. La vérité est
qu'aucune difficulté ne se présente, et que, au contraire, les canons à fils d'acier, s'ils sont convenablement étudiés, sont ceux qui offrent le plus de
force longitudinale. On peut donc admettre comme
principe irréfutable qu'en employant le système à
fils d'acier pour la construction d'un canon, *il présente une sécurité beaucoup plus grande, sous des pressions de 4.500 atmosphères, que les canons actuels sous
des pressions moitié plus faibles.* C'est ce qui fait
que ce système convient particulièrement pour
l'emploi des nouvelles poudres : il permet d'obtenir, avec des canons relativement courts, des
effets plus puissants qu'avec les pièces actuelles
d'une longueur de 40, et même de 50 calibres.

Pour préciser les faits, je vais comparer les
effets balistiques du nouveau canon Canet de
15 centimètres et de 45 calibres, tels que les a
décrits la *Revue d'Artillerie* en novembre 1891,
page 166, avec ceux d'un canon construit pour
résister à une pression de 4.725 atmosphères.

Les croquis ci-dessus (fig. 1) représentent les deux
canons dessinés à la même échelle. Le premier est le
canon Canet à tir rapide, de 45 calibres ; le second,
le canon de 15 centimètres construit pour résister
à des pressions de 4.500 atmosphères et lancer un
projectile de 40,330 kilos, avec une charge de
10 kilos de poudre Nobel, épaisse de 1 centimètre.

Le tableau suivant établit la comparaison entre
les deux canons, et est assez explicite par lui-
même pour se passer de commentaires [1] :

	Canon Canet	Canon à enveloppe spiralée
Calibre, centimètres..............	15.00	15.00 cm
Longueur totale, mètres...........	6.750	4.725
Poids du canon, kilos.............	5580.000	5500.000
Poids du projectile, kilos.........	40.330	40.330
Poids de la charge, kilos.........	10.000	10.000
Vitesse à la bouche, mètres......	731.000	909.000
Energie à la bouche, tonnes métr.	1101.000	1703.000
Energie par kilo de poudre »	110.100	170.300
Pression maximum par cent. car. kil.	2755.000	4725.000

Cette table, ainsi que les croquis ci-dessus, se
passent de tout commentaire. Tout artilleur pratique se rendra compte, d'un coup d'œil, des avantages incontestables de ce canon plus puissant,
quoique plus court, partant, non-seulement d'une
manœuvre plus facile, mais encore moins exposé
au feu de l'ennemi.

III

De ce qui précède, on peut tirer les conclusions
suivantes :

[1] Les renseignements sur le canon Canet sont puisés dans
la *Revue d'Artillerie* de novembre 1891, page 166 : 14 Ronde
Poudre B. N. 10 kilos ; Pression = 2.755 kilos par centimètre carré. Les résultats sur le canon à fils d'acier sont
calculés par les formules de la poudre Nobel publiés dans
l'Artillerie de l'Avenir avec la charge de 10 kilos de poudre
Nobel à grains de 10 millimètres de diamètre.

Il est impossible d'espérer tirer des poudres nou-velles aucune augmentation dans la puissance balistique, dans les canons du type actuel, sans augmenter leur longueur, ce qui les rend d'un maniement moins commode, et les expose beau-coup plus au feu de l'ennemi.

Ce n'est qu'en augmentant la pression, que des effets balistiques plus puissants peuvent être ob-tenus avec des canons de longueur modérée, et ce n'est que le système de construction à fils d'acier qui permet aux canons de supporter sans danger des pressions de 4700 à 5000 kilos par centimètre carré.

On peut donc dire que l'emploi des nouvelles poudres sans fumée, et des canons construits sui-vant le système à fils d'acier, sont destinés à marcher de pair dans l'artillerie future.

Il y a certainement des corollaires qui deman-dent la plus grande attention, telles que les qualités de conservation des nouvelles poudres et leur sta-bilité sous les différentes conditions climatolo-giques.

Il y a aussi la question de l'usure des armes, sur laquelle les opinions sont extrêmement par-tagées. L'expérience seule et l'observation peuvent trancher ces questions, mais, quelles que soient être les conditions présentes, il n'y a pas de doute que les procédés perfectionnés de la mécanique et de la chimie ne trouvent le remède aux défectuo-sités qui pourraient actuellement exister.

La grande question controversée est de savoir si les arguments employés pour défendre le prin-cipe des hautes pressions sont vrais ou non.

Est-il vrai qu'un canon de 30 centimètres, de 6 mètres de longueur pesant environ 50 tonnes puisse traverser 78 centimètres de fer à bout portant, ou 70 centimètres de fer à 910 mètres ?

Est il vrai qu'un canon de 21 centimètres, pe-sant environ 16 tonnes puissent imprimer à un pro-jectile de 140 kilos une vitesse initiale de 875 mè-tres par seconde, et percer 63 centimètres de fer à 910 mètres ?

Si l'on peut répondre affirmativement à ces questions, quelle nécessité y a-t-il d'employer des canons plus grands pour la marine ?

Un navire portant 12 canons de 16 tonnes serait d'un tonnage inférieur à celui qui porterait seule-ment deux canons de 110 tonnes, et ce navire dis-poserait d'une puissance au moins double ; les canons susceptibles d'être montés sur des affûts mobiles, pourraient fournir 4 ou 5 décharges ou même plus pendant le temps que l'autre ne tirerai qu'un seul coup ; le navire ainsi armé pourrai employer ses pièces sans le secours d'aucun engin hydraulique.

Peut-il exister le moindre doute qu'un navir ainsi armé serait d'une puissance offensive sous tous les rapports de beaucoup supérieure à celle d'un navire n'ayant comme principal armement que 2 canons monstres de 110 tonnes chacun ?

Dans « l'Artillerie de l'Avenir » j'ai irréfutable-ment démontré que les immenses avantages des canons à haute pression ne sont point imaginaires et hypothétiques. Il ne reste plus qu'à confirmer les déductions précitées par des expériences pra-tiques, qui ne seraient pas très coûteuses, car, en raison du principe de la « similitude des canons, l'expérience pourrait être faite tout aussi bien ave des canons de 10 centimètres, qu'avec des canon de 30 centimètres ; mais de pareilles expérienc ne sont pas du ressort d'un simple particuli comme moi. Si toutefois quelque fabricant canons désirait faire des expériences à ce sujet, j me mettrais à son entière disposition pour l fournir les plans et calculs nécessaires à la con truction d'un pareil canon.

James Atkinson Longridge.

LES MÉRIDIENS DE L'ŒIL
ET LES JUGEMENTS SUR LA DIRECTION DES OBJETS

L'œil connaît-il ses méridiens ou ne les connaît-il pas ? En d'autres termes, jugeons-nous de la di-rection des objets d'après le parallélisme ou l'obli-quité de leurs images par rapport aux méridiens de la rétine, ou le sentiment de leur direction nous vient-il d'ailleurs ? C'est là une question souvent débattue entre gens s'occupant d'optique physiolo-gique, et non encore résolue.

Au premier abord, la réponse semble évidente : l'*œil connaît ses méridiens*.

Lorsque nous jetons les yeux autour de nous, les arbres, les hommes, les murs nous semblent vert caux ; l'horizon, les arêtes des toits nous paraisse horizontaux et, comme leurs images sont para lèles aux grands cercles vertical et horizontal l'œil, il semble naturel de voir dans ce parallélisn la cause de notre jugement.

Mais, d'autre part, inclinons la tête sur l'une l'autre épaule, et regardons de nouveau les pr meneurs, les toits, les arbres, l'horizon : rien nous paraît changé ; nous ne les voyons point obl ques. Et cependant l'œil a tourné, ses méridie vertical et horizontal sont devenus obliques ; les objets verticaux et horizontaux se peignant verticalement et horizontalement sur la rétine font un angle avec les méridiens de l'œil [1]. Ils devraient nous paraître obliques. Il n'en est rien ; donc *l'œil ne connaît pas ses méridiens.*

Mais il y a lieu de faire ici une distinction.

Appelons *méridiens morphologiques* ceux qui passent l'un par les muscles droit supérieur et droit inférieur, l'autre par les muscles droit interne et droit externe et qui se croisent à peu près à la tache jaune; et *méridiens astronomiques* ou simplement *méridiens actuels* ceux qui sont véritablement horizontal ou vertical dans la situation *actuelle* de la tête, qu'elle soit droite ou inclinée comme on voudra. Ceux-là sont liés à l'œil, tournent avec lui et peuvent prendre une direction quelconque dans l'espace ; ceux-ci sont fixes dans l'espace et peuvent prendre une direction variable par rapport aux axes de l'œil.

Peut-être l'œil, s'il ne connaît pas ses méridiens morphologiques, connaît-il ses méridiens actuels. Dans le premier cas, la tête étant droite, les deux sortes de méridiens coïncident et l'expérience a la même signification pour les uns que pour les autres.

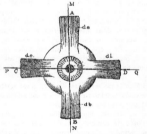

Fig. 1. — Œil dans sa position normale. Les méridiens morphologiques et astronomiques coïncident.

Dans le second l'œil juge conformément aux méridiens actuels et contre les méridiens morphologiques ; nous pouvons donc conclure provisoirement : *l'œil ignore ses méridiens morphologiques et connaît ses méridiens astronomiques.*

Pour vérifier cette conclusion, répétons l'expérience d'Aubert. Disposons une chambre entièrement obscure où l'on ne distingue rien autre chose qu'une fente lumineuse verticale percée dans une paroi. Il est nécessaire que cette fente soit étroite

et percée en paroi épaisse, sans quoi elle laisserait entrer les rayons lumineux sous un angle assez ouvert pour rencontrer les parois latérales de la chambre et éclairer faiblement les objets, ce qu'il faut absolument éviter. Une bonne précaution est de garnir la fente d'une feuille de papier

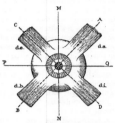

Fig. 2. — Œil, la tête étant inclinée sur l'épaule gauche. Les méridiens morphologiques ont tourné, les méridiens astronomiques sont restés à la même place. — AB, méridien morphologique vertical. — CD, méridien morphologique horizontal. — MN, méridien astronomique vertical. — PQ, méridien astronomique horizontal. — d.s, muscle droit supérieur. — d.b, muscle droit inférieur. — d.i, muscle droit inférieur. — d.c, muscle droit externe.

transparent qui ne laisse entrer qu'un peu de lumière diffuse. Cela fait, plaçons-nous au fond de la chambre, en face de la fente, la porte étant ouverte pour laisser entrer le jour. La fente nous paraît verticale, comme il est bien naturel ; si nous inclinons fortement la tête sur l'une ou l'autre épaule, elle nous paraît encore verticale; si alors, sans changer l'attitude de la tête, nous faisons fermer la porte pour produire l'obscurité, la fente semble s'incliner en sens inverse de la tête, et cette illusion dure tant que la tête reste penchée. Si nous redressons la tête, la fente se redresse ; si nous l'inclinons du côté opposé, la fente semble s'incliner en sens inverse et cela aussi souvent que nous le voulons. Mais si on ouvre la porte, la salle n'étant plus obscure, toute illusion disparaît.

Sur quoi se règle notre jugement dans cette expérience?

La réponse est contradictoire. Quand la porte est ouverte, nous jugeons d'après les méridiens actuels, puisque la fente, donnant son image sur le méridien vertical actuel de l'œil, est jugée verticale, quelles que soient l'attitude de la tête et par suite la direction des méridiens morphologiques. Quand la porte est fermée, nous jugeons d'après les méridiens morphologiques, puisque la fente nous paraît oblique lorsqu'elle se peint sur la rétine obliquement par rapport aux méridiens morphologiques, bien qu'elle soit en réalité verticale et se peigne parallèlement au méridien vertical actuel. *Ainsi, dans cette expérience, nous prenons pour guides de notre jugement tantôt les méridiens actuels, tantôt les méridiens morphologiques, selon qu'il fait jour ou qu'il fait nuit.* Voilà qui paraît singulier.

Mais nous ne sommes pas au bout de nos peines et de nos contradictions.

Lorsque l'on vient de regarder fixement un objet vivement éclairé et que l'on ferme les yeux, on voit de nouveau son image sur fond noir ; au bout de quelque temps, celle-ci s'efface et reparaît bientôt, mais en noir sur un fond plus clair. On admet que la première image est due à la persistance de l'ébranlement rétinien et la seconde à une fatigue des éléments impressionnés ; les éléments voisins qui n'ont pas été fatigués fournissent, par l'effort de leur activité sourde et continue, une vague lumière (lueur entoptrique) qui forme le fond plus clair sur lequel l'image se dessine en noir. Au bout de quelque temps les éléments fatigués reprennent leur activité, fournissent eux aussi leur lueur entoptrique et toute image s'efface. Ces images qui persistent après l'occlusion des yeux sont appelées *images accidentelles.*.

Elles jouissent de cette propriété remarquable qu'étant invariablement liées à l'oeil, elles le suivent dans tous ses mouvements et peuvent servir à les déceler et à les mesurer. Voyons ce qu'elles peuvent nous apprendre dans le cas actuel.

Si, la tête étant droite, nous nous procurons une image accidentelle d'un objet vertical (le châssis d'une fenêtre vivement éclairée par exemple) cette image paraît verticale ; si, les yeux restant fermés, nous inclinons la tête de 30 degrés, je suppose, à droite ou à gauche, l'image s'incline dans le même sens d'une quantité presque égale [1]. Dans ce cas nous jugeons nettement d'après les méridiens actuels, car l'image est et reste parallèle au méridien morphologique vertical, et elle est cependant jugée oblique, parce qu'elle est oblique par rapport au méridien vertical actuel.

Si, la tête étant penchée sur l'épaule, nous regardons le même châssis de fenêtre, il nous paraît vertical ; et si nous fermons brusquement les yeux, l'image accidentelle paraît rester verticale. Ce dernier résultat, qui est d'expérience banale et que tout le monde a constaté, est vraiment tout à fait extraordinaire, car nous n'avons fait en somme que répéter avec les images accidentelles l'expérience d'Aubert dans laquelle la ligne verticale paraissait oblique. Dans l'un et l'autre cas, en effet, la tête est inclinée latéralement, et sur la rétine plongée dans l'obscurité est peinte une ligne brillante verticale.

Comment cette ligne peut-elle être jugée oblique dans un cas, verticale dans l'autre ? Ce n'est pas le fait de l'occlusion des yeux qui cause la différence, car le résultat est le même si, gardant les yeux ouverts, on fait l'obscurité dans la chambre aussitôt après s'être procuré l'image accidentelle. Il n'y a d'autre différence que celle d'image réelle dans un cas, accidentelle dans l'autre, et on ne peut concevoir comment cette différence peut modifier notre jugement sur sa direction.

J'ai cru un moment avoir trouvé l'explication dans la remarque suivante. La seule différence fondamentale entre une image réelle et une image accidentelle est que le regard peut parcourir la première, chose qu'il ne peut faire pour la seconde puisqu'il l'entraîne dans ses mouvements. En parcourant l'image réelle, l'oeil fait intervenir un nouvel élément de jugement, la notion des muscles qui se contractent pour suivre la direction principale de l'image. Si ces muscles sont les droits supérieur et inférieur, il y aura une raison de plus de juger l'image verticale ; si ce sont les muscles concurremment avec les droits interne et externe, il y aura une raison de la juger oblique. Or c'est ce qui arrive dans l'expérience d'Aubert. Mais voici une expérience qui ruine cette tentative d'explication. Si, dans l'expérience d'Aubert on s'astreint à regarder un point fixe de la ligne claire, sans déplacer l'oeil, la ligne n'en paraît pas moins oblique ; d'autre part si, dans mon expérience, on déplace l'image accidentelle dans le prolongement de sa propre direction, elle n'en paraît pas moins rester verticale, bien que l'élément musculaire ait été supprimé dans le premier cas et introduit dans le second.

La difficulté reste entière. Or rien n'est irritant comme cette constatation de deux conclusions également certaines et contradictoires.

Pour rendre la contradiction plus flagrante, j'eus l'idée de combiner les deux expériences en faisant peindre simultanément sur ma rétine l'image accidentelle et l'image réelle. Pour cela, tout étant préparé comme pour l'expérience d'Aubert, je place à 2 ou 3 centimètres de la fente une longue flamme très brillante de gaz carburé. Un robinet placé à portée de ma main me permet de l'éteindre presque entièrement en ne laissant qu'une petite flamme bleuâtre, invisible derrière un écran et suffisante pour rallumer la première.

Les choses étant ainsi disposées, j'incline la tête sur l'épaule, je me procure une image accidentelle pas tout à fait centrale de la flamme de gaz, je ferme le robinet et regarde la fente lumineuse. D'après ce qui précède, les deux images parallèles peintes simultanément sur ma rétine devraient me

---

[1] Il y a une légère différence due à ce que, dans ce mouvement, les yeux tournent un peu moins que la tête.

paraitre l'une verticale et l'autre oblique. Quelle n'est pas ma satisfaction en voyant que les deux images paraissent également obliques et rigoureusement parallèles. Ainsi la contradiction n'existe pas. *Pour l'une et l'autre image mon jugement se règle sur les méridiens morphologiques de l'œil.*

Mais alors pourquoi, dans l'expérience vulgaire, l'image accidentelle du châssis de fenêtre paraissait-elle verticale ? Cela tient à plusieurs causes qu'il faut maintenant examiner.

1º L'obliquité est faible et nullement comparable à celle que prennent les images accidentelles verticales lorsque l'on incline la tête après se les être procurées. Dans ce dernier cas l'obliquité de l'image est presque égale à celle de la tête ; elle saute aux yeux. Dans le premier elle est à peine sensible ; et, comme on s'attend par comparaison à la trouver forte si elle existe, ou la méconnaît par suite de sa faiblesse.

2º Lorsque l'on fait l'expérience d'Aubert, on constate que l'illusion ne se produit pas immédiatement dès que l'on a fait l'obscurité dans la chambre. Il y a comme un souvenir de l'impression précédente, qui met quelque temps à s'effacer. Il en est de même pour les images accidentelles ; il faut les observer un certain temps pour constater leur obliquité, et comme elles sont très éphémères, il n'est pas toujours facile d'y arriver.

3º L'appréciation de cette faible obliquité est contrariée par la fausse notion que l'on a de la verticale lorsque la tête est inclinée, comme je l'ai démontré dans un autre travail [1].

Dans cette position, on juge la verticale inclinée de quelques degrés en sens inverse de la tête. Aussi, si l'image est inclinée seulement de quelques degrés en sens inverse de la tête, on la jugera parallèle à la verticale et par conséquent verticale. L'inclinaison doit être plus forte pour être perçue. Or en général on néglige d'incliner fortement la tête, en sorte qu'elle n'a pas une valeur suffisante pour être perçue.

Mais on peut vaincre aisément cette difficulté. Pour cela il suffit d'incliner très fortement la tête, de l'abaisser jusqu'au dessous de l'horizontale (en faisant, bien entendu, participer le tronc à ce mouvement). Aussitôt l'obliquité de l'image se montre assez forte pour être reconnue sans hésitation. Il est à remarquer que cette obliquité s'accroit rapidement à mesure que l'on incline davantage la tête au-dessous de l'horizontale. La raison de ce fait apparaitra clairement tout à l'heure.

Si nous résumons ce qui précède, nous voyons

[1] Études expérimentales sur les illusions statiques et dynamiques de direction pour servir à déterminer les fonctions des canaux demi-circulaires de l'oreille interne, in Arch. de zool. exp. et gén. 1886, 2ᵉ série, t. IV.

que toujours les jugements portés sur la direction des images peuvent s'expliquer en admettant que l'œil connaît ses méridiens actuels ou astronomiques et ignore ses méridiens morphologiques, à l'exception d'un seul cas, celui des images claires, réelles ou accidentelles vues au milieu d'une obscurité absolue, et c'est cette exception qu'il s'agit d'expliquer.

Avant d'aborder cette question, remarquons qu'il serait exagéré de dire que dans l'expérience d'Aubert ou dans la mienne, nous jugeons entièrement d'après les méridiens morphologiques de l'œil, car l'obliquité attribuée aux images est toujours beaucoup moindre que celle des méridiens morphologiques. Quand la tête est horizontale, la ligne d'Aubert parait inclinée de moins de 45°. Il faut donc dire pour être exact que *notre jugement tient compte de la position des méridiens morphologiques, sans se régler entièrement sur eux.*

Arrivons maintenant à l'explication psychologique de nos jugements et de nos illusions.

Dans l'attitude normale de la tête, qui est de beaucoup la plus habituelle, les objets verticaux, horizontaux, obliques se peignent suivant les méridiens vertical, horizontal, obliques de l'œil. De là cette première notion confirmée par l'expérience de tous les jours que les objets sont horizontaux, obliques ou verticaux lorsque leurs images rétiniennes sont parallèles aux méridiens morphologiques de même nom.

Inclinons la tête à gauche ou à droite; aussitôt les objets verticaux se traduisent par la même sensation que s'ils étaient obliques, et nous sommes tentés de les juger tels. Il est fort vraisemblable qu'au début de l'éducation de notre œil nous avons jugé ainsi ; mais ce jugement a été chaque fois infirmé par l'expérience qui nous montrait ces mêmes objets verticaux par le toucher et par le redressement de la tête, et nous avons acquis l'habitude instinctive, lorsque notre tête est penchée, de faire subir à l'impression sensitive une correction qui nous fait juger les objets tels qu'ils sont en réalité et non tels que les voit notre œil.

Pour les inclinaisons modérées de la tête, celles qui ne dépassent pas 25° à 30° et qui nous sont habituelles, la correction est parfaite ; mais pour des inclinaisons très fortes, atteignant ou dépassant l'horizontale, elle n'a plus lieu que partiellement. Placez-vous devant une fenêtre et inclinez la tête : jusqu'à 30 ou 40° les montants vous paraitront verticaux : en approchant de l'horizontale, leur inclinaison se montrera très accentuée. N'étant pas habitués à cette attitude, nous faisons subir à l'impression visuelle la plus forte correction dont nous soyons capables, mais cette correction reste néanmoins insuffisante.

Dès lors l'expérience d'Aubert semble beaucoup moins extraordinaire, puisque, même en pleine lumière, une inclinaison suffisante de la tête nous montre obliques les objets verticaux. Elle n'est remarquable que par le degré. Dans les conditions où se place le physiologiste de Rostock, l'illusion naît beaucoup plus vite et se montre plus accentuée. Cette différence peut être facilement expliquée : elle provient uniquement de la disparition des termes de comparaison. Tant que la porte ouverte laisse entrer la lumière, la ligne claire est jugée verticale parce qu'elle est vue parallèle aux arêtes des murs et des meubles, perpendiculaire au plafond et au plancher, objets qui ne sauraient être tous à la fois obliques dans le même sens sans que nous en soyons avertis par un trouble dans notre équilibre. Dès que l'obscurité est produite, les termes de comparaison disparaissent et rien ne s'oppose à ce que la ligne soit jugée oblique comme elle est perçue. Elle subit cependant une certaine correction dictée par le sentiment de l'inclinaison forte de la tête ; aussi est-elle jugée moins oblique qu'elle n'est vue [1].

La comparaison de l'expérience d'Aubert avec celles faites au jour nous permet de distinguer deux parties dans la correction totale qui se manifeste dans ce dernier cas. Dans l'obscurité, jusqu'à 30 degrés environ (tantôt plus, tantôt moins, la chose étant assez variable suivant les circonstances et les individus) l'illusion est nulle. Donc, jusqu'à cette limite, nous corrigeons en quelque sorte par le seul réglage de l'organe sans avoir besoin de termes de comparaison. Vers 60 degrés, l'illusion se montre dans l'obscurité, tandis qu'au jour elle est encore insensible. Donc, dans ce dernier cas il y a correction organique (si l'on peut ainsi dire) pour les 30 premiers degrés et correction intellectuelle (bien que inconsciente) pour les 30 autres.

J'ai même observé dans l'expérience d'Aubert une gradation intéressante du phénomène : l'obliquité paraît moindre lorsqu'une très faible lueur permet d'entrevoir vaguement la direction des murs que lorsque l'obscurité est tout à fait complète.

Voici d'ailleurs une expérience qui montre bien le rôle que joue dans ces illusions la présence des termes de comparaison.

Sur un cercle en carton blanc, traçons de 10 en 10

degrés des rayons semblables et fixons ce carton sur un mur uniforme où rien ne nous rappelle la direction de l'horizontale et de la verticale. Encadrons-nous la figure dans un manchon de papier pour nous enlever la vue du sol, du plafond et des objets voisins, plaçons-nous devant le carton, inclinons la tête à 35 ou 40° degrés sur l'une ou l'autre épaule et cherchons à trouver lequel des rayons est vertical. Invariablement nous faisons erreur et constatons après le redressement de la tête que le rayon désigné est nettement incliné *dans le même sens* que la tête. Cela devrait être ainsi : la verticale nous aurait paru penchée en sens inverse de la tête ; donc pour nous paraître verticale une ligne doit être penchée dans le même sens qu'elle [1]. Helmholtz avait déjà indiqué ce résultat dans une expérience semblable.

Plaçons-nous, au contraire, en face de l'arête du mur et refaisons l'expérience avec la même inclinaison de la tête : l'illusion ne se produit plus : nous désignons comme vertical le rayon parallèle à l'arête du mur. Rien n'a été changé cependant, sauf qu'un point de comparaison a été introduit et a facilité la correction.

Tout est expliqué maintenant.

En somme, l'œil juge *des directions en les comparant à ses méridiens morphologiques*, mais il fait subir à ces indications primitives une correction toutes les fois que l'inclinaison de la tête vient modifier la direction de ces méridiens dans l'espace. Pour les inclinaisons modérées qui nous sont habituelles, la correction est complète même en absence de termes de comparaison : elle se fait organiquement, sans intervention d'un jugement. Pour des inclinaisons un peu plus fortes, elle n'est complète que si elle est facilitée par des termes de comparaison connus et grâce à l'intervention d'un jugement inconscient. Enfin lorsque l'inclinaison de la tête atteint un degré tout à fait étranger à nos habitudes, la correction se produit, mais insuffisante, et les objets sont perçus avec une direction qu'ils n'ont pas. L'illusion apparaît.

Voici une expérience (ou plutôt une observation, car il ne dépend pas de nous de la reproduire à volonté) qui semble bien prouver que la notion de l'inclinaison de notre tête est bien la condition qui fait naître la correction.

---

[1] L'explication de l'expérience d'Aubert proposée par Helmoltz n'est pas du tout exacte. Cet auteur admet que nous jugeons la ligne oblique parce que nous attribuons à notre tête une inclinaison plus faible que la vraie. Or cela n'est pas, car dans l'inclinaison en avant ou en arrière, l'obliquité de la tête est jugée au contraire plus forte qu'elle n'est et cependant l'illusion d'Aubert se produit de la même manière dans ces attitudes.

[1] L'illusion est d'autant plus remarquable qu'elle se manifeste dans qu'elle soit contrariée par une autre illusion de sens inverse sur la direction de la verticale. J'ai montré en effet (*loc. cit.*) que si, dans la même attitude de la tête et les yeux fermés, nous cherchons à indiquer avec une baguette la direction de la verticale, nous constatons que, pour nous paraître verticale, une ligne doit être inclinée de 10 degrés environ en *sens inverse de la tête*. Cette illusion persiste quand les yeux sont ouverts, et l'illusion visuelle, pour se manifester, doit d'abord la compenser et ne révèle que son excédent sur l'illusion précédente.

. Un matin, étant encore mal éveillé, j'ouvre les yeux, les referme et obtiens, sans l'avoir cherchée, une image accidentelle de la fenêtre. Cette image est nettement penchée à droite. Cette direction insolite me frappe et m'éveille tout à fait. Je me dis que ma tête doit être inclinée à gauche. J'ouvre les yeux et, sans faire un mouvement, je constate que telle est en effet l'attitude de ma tête. Je provoque alors une nouvelle image accidentelle de la fenêtre; mais cette fois elle est droite. L'explication de ces faits est évidente. Il arrive parfois qu'au réveil la sensation du contact de quelque membre longtemps immobile avec le lit est abolie et qu'on ne se rend pas compte de sa situation jusqu'à ce qu'un mouvement nous ait renseigné. J'étais ainsi dans l'ignorance de l'attitude penchée de ma tête et dans l'impossibilité de faire la correction nécessaire. Tout cela semble clair et la question paraît résolue.

Cependant Aubert de Rostock, dans sa traduction annotée de mon travail sur les illusions de direction, complique son expérience et obtient une combinaison d'illusions qui lui paraît inexplicable. Voici ce qu'il dit, non dans son texte imprimé, mais dans une lettre qu'il m'écrivait à la même époque (1888) et que je cite de préférence parce qu'elle est plus explicite : « Si la tête est horizontale (le corps étant étendu, par exemple, sur votre planche à tourillons), le méridien vertical de l'œil est aussi presque horizontal ou à dix degrés au-dessus de l'horizon. Dans cette position, en comparant la direction de la ligne claire à la sensation de l'inclinaison du corps, on trouve des sentiments complètement contradictoires de l'orientation. Ainsi, si je ferme les yeux, étant dans la position horizontale, je me sens incliné d'environ 30 degrés au-dessous de l'horizontale; si alors j'ouvre les paupières dans la chambre complètement obscure où je ne vois rien que la ligne claire verticale, celle-ci me paraît renversée en sens inverse d'environ 50 degrés. C'est donc seulement l'*index physiologique* qui a changé. Dans le premier cas, l'index est le sentiment du corps; dans le second, c'est le sentiment de l'œil. Dans cette expérience, si je me suis procuré, étant vertical, une image accidentelle verticale, lorsque la tête est devenue horizontale, cette image paraît horizontale aussi, et en même temps la ligne claire me semble renversée de 50 degrés au delà de la verticale, tandis que mon corps me semble incliné à 30 degrés au-dessous de l'horizontale. *J'avoue qu'il m'est impossible d'expliquer cette énigme.....* » Pour moi au contraire l'énigme n'existe pas. Ce qui fait l'embarras d'Aubert, c'est qu'il pense à tort que nous réglons les uns sur les autres nos jugements sur la direction de notre corps, de la ligne claire et de

l'image accidentelle, quand ce sont au contraire trois sensations indépendantes qui peuvent donner des illusions dans n'importe quel sens sans se gêner mutuellement.

Quand le corps est renversé à l'horizontale, nous jugeons de son inclinaison uniquement par des sensations, les unes cutanées de pression sur telle ou telle région, les autres de congestion cépha-

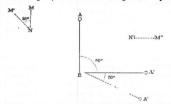

Fig. 3. — AB, l'observateur en position verticale. — MN, ligne claire dans la chambre obscure et ligne brillante verticale qui fournit l'image accidentelle. — BA', l'observateur renversé horizontalement en arrière. — BA', inclinaison que croit avoir l'observateur. — M'N, position dans laquelle il croit voir la ligne claire MN. — N'M'', position que prend l'image accidentelle fournie par MN après que le corps a pris la position BA'.

lique, et, quelque encore internes et viscérales de traction des organes sur leurs ligaments, etc., etc. Ces sensations vagues, sans organe spécial, sont fort peu distinctes et provoquent des jugements facilement fautifs. La congestion céphalique en particulier nous laisse toujours croire que nous sommes plus incliné qu'il n'est vrai; dès que nous dépassons si peu que ce soit l'horizontale, la crainte d'un glissement imminent augmente très rapidement l'illusion. En tout cas, c'est sur cela seul et nullement sur les sensations visuelles que nous réglons notre jugement. L'image accidentelle au contraire paraît horizontale, parce que l'œil apprécie la quantité dont il a tourné d'après ses propres sensations musculaires et non d'après les sensations cutanés du dos ou d'après la congestion céphalique. Enfin la ligne claire se peint dans l'œil, comme si elle avait été renversée en sens opposé jusqu'à l'horizontale, et elle paraît relevée de 40 degrés parce qu'elle subit une correction dans le sens vrai, mais insuffisante en raison de l'attitude exagérée de la tête. Aucune de ces sensations n'entrave les autres. En quoi le fait d'être renversé de 30 degrés au delà de l'horizontale nous empêche-t-il de concevoir une ligne faisant un angle de 170° avec notre corps quand rien n'empêche cette ligne d'avoir vraiment cette inclinaison et qu'aucun repère ne montre. qu'elle ne l'a pas? De même pour l'image accidentelle. Cette image, formée perpendiculairement à la direction du regard, conserve cette situation relative, quelle que soit la direction nouvelle que prend le regard, puisqu'elle suit l'œil dans tous ses mouvements. Or l'œil juge de sa position nouvelle d'après les mouvements qu'il a effectués dans l'orbite et non d'après les mouvements du corps. On sait en effet que lorsque la tête se déplace autour de ses axes, l'œil ne suit pas passivement comme ferait un organe fixe. Il reste d'abord immobile comme s'il fixait un point invariable et l'orbite se déplace par rapport à lui, puis il reprend par un petit mouvement saccadé sa position normale par rapport à l'orbite et continue ainsi par petits sauts brusques jusqu'à ce que le mouvement soit terminé. Quand la tête a fait un mouvement autour de ses axes, la position de l'œil par rapport à l'orbite est donc la même avant et après le mouvement; mais dans l'intervalle se sont produits dans l'appareil musculaire de l'œil des mouvements dont l'œil a connaissance et qui servent à le renseigner sur sa position nouvelle. Dans l'expérience d'Aubert, le corps croit avoir tourné de 90 + 30 = 120 degrés; mais l'œil par ses propres sensations musculaires sait qu'il a tourné de 90° seulement, et c'est pour cela qu'il voit précisément horizontale l'image qui était verticale au départ.

On objectera que l'œil ne peut avoir ses jugements à lui et savoir de combien il a tourné sans que l'expérimentateur le sache aussi. Cela est vrai cependant, bien que fortement paradoxal, et une expérience bien connue en fournit la démonstration. Si, après s'être procuré l'image accidentelle d'une ligne verticale, on porte le regard en haut ou à droite, l'image reste verticale; mais si on regarde en haut et à droite, l'image devient oblique montrant que l'œil a tourné autour de son axe antéro-postérieur. Or ce mouvement de rotation est absolument inconscient et reste ignoré de l'expérimentateur. Si, comme le voudrait Aubert, l'expérimentateur attribuait à l'image les seuls déplacements qu'il croit avoir imprimés à son œil, il

ne devrait pas reconnaître cette obliquité. Assurément ce n'est pas l'œil qui juge, c'est le cerveau, mais ce jugement reste insconscient en tant qu'opération intellectuelle et ne se révèle que par ses effets. Il y a là un fait psychique fort intéressant et qui ne me paraît pas avoir suffisamment attiré l'attention.

Concluons donc qu'il n'y a contradiction qu'en apparence dans la nouvelle expérience d'Aubert et que ces illusions sont justiciables de la même explication qui d'ailleurs est celle des illusions de toute nature.

On peut la résumer ainsi :

Tout organe des sens impressionné dans les conditions normales de son fonctionnement provoque des jugements exacts. Dès que les conditions deviennent anormales, l'impression se modifie et le jugement tend à devenir fautif en se rapprochant de celui qui aurait été porté si l'organe avait reçu la même impression dans les conditions normales. Helmoltz a le premier bien reconnu cela, mais il n'a pas été plus loin. Or l'analyse complète des phénomènes nous montre quelque chose de plus. L'expérience et la vérification par les autres sens ou par le même sens agissant dans ses conditions normales nous permet de reconnaître l'erreur et de la corriger. Aussi quand ces conditions anormales se reproduisent fréquemment, la correction finit par devenir automatique et insconsciente, l'illusion ne se produit plus. C'est seulement quand la condition anormale est exceptionnelle par sa nature ou par son degré que la correction devient nulle ou insuffisante et que l'illusion se produit. Il n'y a guère à douter qu'en se soumettant aux mêmes illusions on finirait par ne plus les éprouver. La chose m'est arrivée dans quelques cas pendant mes expériences sur la fonction non auditive de l'oreille interne.

Yves Delage.

Professeur à la Sorbonne.

REVUE ANNUELLE DE CHIMIE APPLIQUÉE

LA GRANDE INDUSTRIE CHIMIQUE

L'année qui vient de s'écouler ne fera pas époque dans l'histoire de la grande industrie chimique. Il n'y a à mentionner aucun procédé nouveau présentant assez d'intérêt pour qu'on puisse au moins espérer le voir se perfectionner dans l'avenir. D'autre part, parmi les méthodes nouvelles qui ont été mentionnées dans cette Revue, il y a un an, c'est à peine si l'une d'entre elles a été suffisam-

ment expérimentée pour que l'on puisse prononcer un jugement définitif à son sujet.

I

En ce qui concerne la fabrication de l'acide sulfurique, on a repris l'étude de plusieurs dispositifs proposés en vue de réduire l'espace des chambres de plomb ; la plupart de ces dispositifs sont, reste antérieurs à 1891, sinon comme application du moins comme inventions.

L'un deux, que l'on doit à Deplace, consiste à construire une chambre de plomb de section annulaire, ce qui contribuerait à un mélange plus intime des gaz que celui obtenu par la circulation rectiligne des installations habituelles. D'ailleurs, cette méthode ne prend pas suffisamment en considération les théories qui ont été émises ces dernières années sur les réactions des chambres de plomb soit par l'auteur de cette Revue, soit par M. Sorel et d'autres savants qui se sont occupés de la question.

Bien que le nouveau système présente certains avantages, il est encore difficile de dire si ces avantages sont en rapport avec les frais d'établissement ; il faudrait pour cela une expérience d'une plus longue durée. Il convient en outre de faire remarquer que le système de Deplace ne peut être employé que pour de nouvelles installations et qu'il n'est nullement question de l'adapter aux chambres de plomb actuelles.

Les propositions faites à peu près à la même époque par M. Sorel et par l'auteur de cette Revue reposent sur une tout autre base. Elles ont pour point de départ une observation faite autrefois par ce dernier et confirmée depuis par plusieurs observations, à savoir que la production d'acide sulfurique diminue à mesure que les gaz avancent dans les chambres de plomb ordinaires, pour devenir plus intense lorsqu'ils pénètrent dans une nouvelle chambre. Nous avons cherché à favoriser cette surproduction, — et jusqu'à un certain point par les mêmes moyens, — en abandonnant le simple tube de communication entre deux chambres consécutives, en faisant pénétrer les gaz par un grand nombre d'ouvertures, ce qui produit un mélange plus intime. Ce dispositif, à lui seul, ne constitue pas une nouveauté ; en effet, il y a déjà plusieurs années, M. Thyss avait installé dans ce but des colonnes en plomb qui étaient du reste peu solides et n'ont pas donné les résultats qu'on en attendait. Il n'y avait là rien d'étonnant, car M. Thyss avait méconnu qu'un mélange plus intime des gaz ne suffit pas pour activer la réaction qui donne naissance à l'acide sulfurique.

L'intervention de l'eau est indispensable pour faire marcher convenablement la production d'acide, en même temps qu'elle permet un refroidissement suffisant. J'ai cherché à réaliser cette condition en intercalant entre les chambres de plomb de petites tours ou colonnes remplies de plateaux d'une forme particulière et percés d'un grand nombre de trous. Ces plateaux sont construits avec une pâte d'argile qui résiste aux acides et à l'action de la chaleur. Ils sont arrosés continuellement par un filet d'eau ou d'acide sulfurique étendu, de sorte qu'il se forme, dans ces colonnes, une grande quantité d'acide sulfurique. L'expérience a montré qu'avec un même système de chambres de plomb on peut ainsi augmenter considérablement la production. Et pourtant, jusqu'à présent, ces *colonnes à plateaux* ont été seulement intercalées entre des chambres construites antérieurement, tandis que pour en tirer le meilleur parti, il faudrait réduire de moitié la longueur des chambres et mettre celles-ci en communication au moyen de ces colonnes à plateaux.

M. Sorel emploie une autre construction. En outre, au lieu d'un filet d'eau, il adopte l'acide sulfurique, qu'il prend à peu près à la même concentration que l'acide des tours de Glover. De fait, d'après ce que j'en sais, ses appareils ressemblent à une sorte de continuation de la tour de Glover. J'ignore si l'expérience a déjà donné une sanction pratique à ce dispositif. Du reste, ce n'est pas ici le lieu de discuter à un point de vue théorique les avantages et les inconvénients de deux méthodes. Seule, une expérience prolongée peut fournir des résultats définitifs sur cette question.

Après avoir subi une hausse considérable, le prix du platine semble retombé à un niveau raisonnable, quoique supérieur à ce qu'il était il y a quelques années. Il en est résulté qu'on a cherché à le remplacer par d'autres matières dans la construction des appareils servant à concentrer l'acide sulfurique. M. W. C. Heraeus, à Hanan, a tiré un parti excellent de l'emploi simultané de l'or et du platine. Ces deux métaux sont laminés ensemble, de façon à produire leur union intime. On obtient ainsi des feuilles métalliques dont l'épaisseur est formée pour les 3/4 ou les 7/8 par du platine recouvert sur une de ses faces par de l'or représentant le 1/4 ou le 1/8 de l'épaisseur totale. Dans la construction des appareils, l'or est placé à l'intérieur. Des expériences menées sur un pied industriel et prolongées pendant longtemps ont montré que l'acide sulfurique bouillant attaque beaucoup moins l'or que le platine. Malgré le prix relativement élevé de pareils alambics, les fabriques trouvent quand même leur avantage à les employer, surtout quand il s'agit de concentrer les acides forts à 98 % de SO^4H^2. — Il importe de remarquer qu'il ne s'agit pas ici d'un simple placage d'or sur platine, — système qui s'est montré tout-à-fait insuffisant, — mais d'un laminage à chaud de feuilles d'or minces placées sur des feuilles de platine plus épaisses et destinées à donner à l'or la résistance nécessaire.

On a constaté, durant ces dernières années, que malgré les progrès du procédé à l'ammoniaque, la production d'acide sulfurique non seulement n'avait pas baissé, mais était restée constamment croissante. C'est à la fabrication des engrais artificiels qu'il faut attribuer ce fait. Indépendamment des

phosphates de la Somme, c'est en Belgique et surtout en ·Floride (où de nouveaux dépôts d'une
étendue considérable ont été découverts), que le
fabricant trouve la matière première nécessaire à
l'industrie des superphosphates. Du reste, bien
qu'on fasse un emploi considérable de la poudre de
scories provenant du procédé basique, matière
qui ne demande aucun traitement par l'acide sulfurique et qui paraît être constituée par un phosphate de chaux tétrabasique, la production des
superphosphates n'a pas cessé jusqu'à présent de
prendre une extension considérable.

II

Dans le domaine de l'industrie de la soude, la
lutte est toujours intense entre le procédé Leblanc
et le procédé à l'ammoniaque. Aucune des deux
méthodes n'a subi en 1891 de modifications dignes
d'être notées. Les grandes espérances que l'on fondait sur le système Chance pour la désulfuration
des résidus de soude ne se sont pas complètement
réalisées. Il faut l'attribuer à une circonstance
tout à fait imprévue, à savoir que le prix des
pyrites est tombé si bas, qu'il n'y a maintenant plus
d'avantage à utiliser pour la fabrication de l'acide
sulfurique l'hydrogène sulfuré qu'on régénère par
la méthode Chance. On se trouve ainsi obligé de
transformer l'hydrogène sulfuré en soufre par le
procédé de Claus, opération peu rémunératrice,
étant donnée la baisse considérable qui s'est produite sur le marché du soufre.

Mais il y a deux inconvénients plus graves à signaler : 1° la complication des appareils Chance
donne lieu fréquemment à des fuites, ce qui entraîne des pertes de grandes quantités de gaz sulfhydrique ; 2° le fonctionnement des fours de Claus
laisse à désirer, de sorte que des quantités très ap-
préciables d'hydrogène sulfuré et d'acide sulfureux
s'échappent dans l'atmosphère. Il en est résulté
des plaintes dans les localités habitées qui avoisinent les fabriques. Dans certains endroits, les autorités sanitaires se sont émues et sont sur le point
d'imposer des mesures onéreuses. On ne peut cependant pas douter qu'on ne vienne à bout de
toutes ces difficultés, qui accompagnent fréquemment les débuts de toute méthode nouvelle.

Plusieurs procédés ont été proposés en 1891 pour
la fabrication de la soude. Je me bornerai à mentionner celui de Haddock et Leith, et celui de
Ellershausen. Il serait prématuré de porter un jugement sur leur valeur avant qu'ils soient sortis de
la période d'essais.

Il en est à peu près de même de l'emploi de l'é-
lectricité dans la fabrication de la soude ; on se
demande encore s'il présente un avantage sérieux.
Cependant, il est de fait que depuis plusieurs

années on décompose ainsi, à Griesheim près de
Francfort, le chlorure de potassium en potasse et
en chlore ; mais on n'a pas de données sur la valeur
économique de ce traitement. On·sait aussi que la
préparation du chlorate de potasse par la méthode
de Gall et du comte de Montlaur est pratiquée en
grand depuis un certain temps déjà ; mais cela ne
paraît possible qu'à la condition de pouvoir produire l'énergie électrique à bon compte à l'aide de
force hydraulique. Quant à la soude, elle n'est pas,
à ma connaissance', fabriquée par électrolyse
montée sur un pied vraiment industriel ; on ne
sait pas encore si l'emploi de forces motrices hydrauliques peu coûteuses permettrait même de ré-
sondre le problème. Quoi qu'il en soit de cette question, la découverte de Kellner, connue sous le nom
de méthode Kellner–Partington, semble appelée à
un certain succès. On sait qu'elle consiste à faire
passer un courant électrique dans les cuves contenant une solution de sel marin ainsi que les matières végétales servant à la fabrication du papier.
La soude et le chlore qui prennent naissance dans
ces conditions se trouvent ainsi utilisés sur place,
de sorte que l'on supprime les frais de fabrication
relatifs à la soude et au chlorure de chaux. Si l'é-
lectrolyse est appelée à quelque succès, ce sera
évidemment dans cette voie. Mais, pour le moment, nous n'avons encore aucune donnée précise
sur cette question.

Le procédé à l'ammoniaque semble être arrivé à
son maximum de rendement. Dans les fabriques
bien installées, les pertes sont si faibles qu'il n'y a
plus à faire de ce côté aucun progrès marquant.

Cependant le système est encore incomplet, il y
a une lacune à combler, ainsi que c'était le cas
pour le procédé Leblanc avant la découverte de
Chance pour la récupération du soufre. Actuellement les fabriques qui travaillent à l'ammoniaque
perdent tout le chlore contenu dans la matière première. Il est vrai que ce chlore ne se trouve pas
sous forme de résidus encombrants, nuisibles à la
santé, mais simplement sous forme de solutions de
chlorure de calcium. Des nombreux essais tentés
jusqu'à présent pour en retirer de l'acide chlorhydrique ou du chlore, aucun n'a donné des
résultats économiques satisfaisants, et l'on ne
doit pas s'attendre à ce qu'il en soit ainsi dans un
avenir rapproché. On a proposé en effet plusieurs
méthodes nouvelles qui permettent d'utiliser d'une
façon plus complète que les anciennes le chlore
contenu dans le sel marin, de telle sorte que le
prix des produits chlorés se maintient à un niveau
relativement bas. Il est vrai que toutes ces nouvelles méthodes, — parmi lesquelles celle de
de Wilde et Reichler a particulièrement attiré l'attention, — en sont encore à la période d'essais.

Mais il ne faut pas oublier que le système de Deacon, de date moins récente, est arrivé aujourd'hui à un haut degré de perfection, grâce à la découverte de Hasenclever, relative à l'utilisation de l'acide des fours à calciner (acide de calcine). C'était, pour ainsi dire, le dernier pas à faire pour donner à la méthode Deacon toute la perfection désirable. En outre, après avoir été fréquemment annoncée, la préparation industrielle de l'acide chlorhydrique au moyen du chlorure de magnésium de Stassfurt est entrée aujourd'hui dans le domaine des faits. Elle ne marche cependant pas encore dans des conditions telles que le marché des produits chlorés en soit influencé.

Le chlore liquide, comprimé dans des cylindres d'acier, n'est plus aujourd'hui une curiosité, mais bien un produit courant de l'industrie, en Allemagne du moins. L'acide carbonique liquide était devenu d'un emploi général depuis longtemps déjà. Il en était de même de l'ammoniaque liquide. Enfin l'oxygène comprimé à 100 atmosphères prend une extension toujours croissante. Il est fabriqué exclusivement jusqu'à présent par la méthode des frères Brin. Celle de Kassner, au sujet de laquelle on avait fait une réclame considérable, n'a pas encore été montée en grand.

G. Lunge,
Professeur de chimie appliquée
à l'École polytechnique de Zurich.

MATIÈRES COLORANTES ET PRODUITS ORGANIQUES

Les lecteurs de la *Revue* ont été déjà mis au courant de l'esprit dans lequel est conçue cette analyse rapide des progrès réalisés dans l'industrie des matières colorantes et des produits organiques. Nous ne reviendrons donc pas sur ce point, si ce n'est pour rappeler que ce travail n'a nullement la prétention d'être complet; le cadre qu'il comporte ne permettrait même pas de publier en entier la liste des brevets pris depuis une année sur la matière. Comme précédemment, nous n'avons donc cherché qu'à signaler les principales directions dans lesquelles sont dirigées les recherches exécutées dans les laboratoires des grandes usines.

I

Les matières colorantes azoïques nouvelles sont toujours de beaucoup les plus importantes, sinon par leurs qualités, du moins par le nombre considérable de brevets dont elles sont l'objet. En principe, il n'y a pas d'innovation remarquable à signaler : ce sont toujours les mêmes tendances qui s'accusent. On continue à préparer de nombreux dérivés de la benzidine, soit des dis-azoïques, toujours recherchés à cause de leur propriété de se fixer sur la fibre non mordancée. Plusieurs procédés ont été aussi brevetés pour obtenir des azoïques dérivés du triphénylméthane, de la primuline, de la thio-urée diamidodiphénylée $CS(C^6H^4.AzH^3)^2$, etc., qui paraissent doués de propriétés semblables.

Mais, parmi les travaux récents tentés en vue de développer cette branche de l'industrie des matières colorantes, les plus intéressants sont, en ce moment, des travaux de détail, qui permettent de juger avec quel soin et avec quelle persévérance ces recherches sont conduites. On s'acharne depuis quelque temps, par exemple, à préparer tous les dérivés substitués de la naphtaline susceptibles d'être employés dans la fabrication des azoïques, à tel point que la chimie de la naphtaline sera certainement l'œuvre de l'industrie des matières colorantes. Nous n'entrerons pas dans le détail de ces recherches, évidemment fort intéressantes pour le spécialiste, mais que nous ne pourrions résumer ici que sous forme d'inventaire aussi aride que peu instructif. Nous nous bornerons à faire remarquer que ce champ d'études est encore bien vaste à explorer. Si l'on veut bien se rappeler que la naphtaline $C^{10}H^8$ est susceptible de donner déjà dix isomères de la formule générale $C^{10}H^6X^2$, on se fera une idée de la besogne considérable qui reste à faire lorsqu'on s'est donné la tâche, — et tel semble aujourd'hui le cas des grandes fabriques de matières colorantes, — de préparer les divers substitués qui dérivent de la naphtaline par remplacement de plusieurs atomes d'hydrogène, par des groupes AzH^2, OH, SO^3H, CO^2H, etc.

Dans un tout autre ordre d'idées, il importe de signaler un travail de M. C. Lauth sur l'oxydation des azoïques. Il s'agit là d'une réaction nouvelle permettant dans bien des cas de déterminer la constitution de ces colorants. La méthode la plus employée jusqu'à présent consistait à soumettre les azoïques à l'action des réducteurs (étain et acide chlorhydrique, poudre de zinc en présence d'un acide ou d'un alcali, etc.). Dans ces conditions, les corps azoïques se décolorent, la double liaison entre les deux atomes Az est rompue, en même temps qu'il se forme des combinaisons amidées. Exemple : l'azobenzène para-amidé se dédouble en aniline et en paraphénylène-diamine :

$$C^6H^5.Az = Az.C^6H^5.AzH^2 + 4H$$
$$= C^6H^6.AzH^2 + H^2Az.C^6H^4.AzH^2.$$

Cette réaction, certainement très intéressante, ne permet cependant pas de retrouver le sel diazoïque qui a servi à la préparation de la matière azoïque soumise à l'expérience de réduction.

Le procédé indiqué par M. Lauth fournit précisément cette indication importante. Il vient donc combler une grosse lacune. Ce procédé consiste à traiter les azoïques par un oxydant faible (bioxyde de plomb et acide sulfurique). Dans ces conditions, la molécule est bien dédoublée; mais la double liaison entre les deux atomes d'azote se trouve maintenue, de telle sorte que l'on obtient en définitive, comme produits de décomposition : 1° le sel diazoïque qui a servi à la préparation du dérivé azoïque oxydé, et 2° un dérivé à fonction quinonique du phénol ou de l'amine que l'on avait fait réagir sur le susdit sel diazoïque.

Exemple : le benzène-azonaphtalène oxhydrylé se dédouble dans ces conditions en sulfate diazoïque d'aniline et en naphtoquinone :

$$C^6H^5.Az^2.C^{10}H^6.OH + 3H^2SO^4 + 2PbO^2$$
$$= C^6H^5.Az = Az.SO^4 + C^{10}H^6O^2 + 2PbSO^4 + 3H^2O$$
Sulfate diazoïque d'aniline   Naphtoquinone

II

Dans le groupe des dérivés du triphénylméthane, il y a à mentionner cette année un procédé nouveau pour la préparation de la fuchsine. Les opinions sont encore partagées sur sa valeur industrielle et sur son avenir. Il convient néanmoins de donner quelques détails à son sujet ; on sait, en effet, que l'ancien procédé de préparation de la fuchsine, — le seul qui soit encore généralement employé, — ne donne qu'un rendement de 30 à 33 %, de ce qu'indique la théorie, et que d'autre part la méthode de M. O. Fischer (condensation des dérivés paranitrés et para-amidés de la benzaldéhyde) n'est pas entrée dans la pratique.

La nouvelle méthode — imaginée dans les laboratoires de la fabrique Meister Lucius et Brüning à Höchst — consiste à faire réagir l'aldéhyde formique sur l'aniline. Par simple déshydratation, il se forme d'abord un corps auquel on a donné le nom d'anhydroformaldéhydaniline :

$$CH^2O + C^6H^6.AzH^2 = CH^2.Az = CH^4 + H^2O$$
Anhydroformaldéhydaniline

Si l'on traite ensuite à chaud le produit de cette réaction par du chlorhydrate d'aniline, il y a addition d'une seconde molécule d'aniline en même temps qu'une transposition moléculaire conduisant à la formation de diphénylméthane diamidé :

$$C^6H^5.Az = CH^2 + C^6H^5.Az H^2.HCl =$$
$$= CH^2 \overset{C^6H^4.AzH^2}{\underset{C^6Ht.AzH^2}{\diagdown}}, HCl$$
Chlorhydrate de diamidodiphénylméthane.

Pour passer maintenant à un dérivé du triphénylméthane, on traite enfin le diphénylméthane diamidé par une nouvelle molécule d'aniline, en présence d'un oxydant ; il se forme ainsi du triphényl-carbinol-triamidé, qui — on le sait — se convertit en pararosaniline, par simple addition d'un acide :

$$CH^2[C^6H^4.AzH^2]^2 + C^6H^5.AzH^2 + 2O =$$
$$= C(OH)[C^6H^5.AzH^2]^3 + H^2O$$
Triphénylcarbinol triamidé

Le produit préparé par cette méthode est livré à l'industrie sous le nom de *nouvelle fuchsine*. Ce n'est vraisemblablement pas le chlorhydrate pur de pararosaniline, mais plutôt le sel de la base obtenue en appliquant aux toluidines les réactions que nous venons de relater.

On voit d'emblée que dans la dernière de ces réactions on peut remplacer l'aniline par d'autres base. De même, on peut opérer non pas seulement sur le diphénylméthane diamidé, mais aussi sur ses substitués. De là résulte que la méthode de Höchst permet de préparer de très nombreux dérivés nouveaux des rosanilines. C'est ce que l'on a fait de divers côtés, et plusieurs brevets ont déjà été pris dans ce sens.

Les développements qui précèdent sont de nature à faire comprendre toute l'importance que prend dès lors la fabrication industrielle de l'aldéhyde formique. Il convient donc de mentionner à ce propos un dispositif fort ingénieux breveté par M. Trillat, à Paris, qui permet de préparer facilement cet intéressant produit.

Parmi les travaux les plus importants exécutés ces derniers temps sur les colorants du groupe des rhodamines, il faut mentionner celui de M. P. Monnet, relatif aux anisolines. Ces composés sont obtenus en condensant les éthers de l'amidophénol diéthylé, — par exemple, l'éther éthylique $C^2H^5.O.C^6H^4.Az(C^2H^3)^2$, — avec l'anhydride phtalique. Ces corps se rapprochent de la rhodamine par leur constitution :

$$CO \overset{C^6H^4}{\underset{O}{\diagdown}} C \overset{C^6H^3.Az(C^2H^5)^2}{\underset{C^6H^3.Az(C^2H^5)^2}{\diagdown}} \overset{O}{\diagup}$$
Rhodamine

$$C'O \overset{C^6H^4}{\underset{O}{\diagdown}} C \overset{C^6H^3}{\underset{C^6H^3}{\diagdown}} \overset{Az(C^2H^5)^2}{\underset{OC^2H^5}{\diagup}} \overset{OC^2H^5}{\underset{Az(C^2H^5)^2}{}}$$
Anisoline éthylique

Comme les rhodamines, les anisolines donnent de superbes tons d'un rouge cramoisi. Mais elles en diffèrent par une propriété importante, celle de se fixer sur le coton sans mordant. C'est la première fois, croyons-nous, qu'on obtient un semblable résultat avec un colorant du groupe des rhodamines. C'est à ce titre qu'il nous a paru intéressaut de le signaler.

A mentionner enfin un brevet de la maison F. Baeyer et C° pour préparer des dérivés intermédiaires entre la fluorescéine et la rhodamine. Le procédé consiste à condenser l'acide dioxybenzoyl-benzoïque COOH. $C^6H^4.CO. C^6H^3$ (OH)^2 avec les amidophénols. Si l'on tient compte de ce fait que l'acide dioxybenzoyl-benzoïque est obtenu par fusion de la fluorescéine avec de la soude, et que la fluorescéine elle-même résulte de la condensation de deux produits relativement chers, la résorcine et l'anhydride phtalique, on peut se demander avec raison quelle peut être la vitalité de pareils procédés.

III

Nous analysions, l'année dernière, les travaux sur lesquels on fondait quelques espérances en vue de la fabrication de l'indigo de synthèse. Jusqu'à présent ces méthodes ne semblent pas encore être entrées dans la pratique. Mais elles sont évidemment l'objet de recherches dans les laboratoires des grandes usines, à en juger, du moins, par les brevets pris de divers côtés sur les questions qui touchent de près à la solution de ce problème. Tel est, par exemple, le cas de la fabrication de l'acide anthranilique, qui est appelé à jouer un certain rôle, si les procédés de M. Heumann doivent marcher un jour sur un pied industriel. Il faut donc signaler dans cet ordre d'idées le procédé qui consiste à appliquer à la phtalimide, — avec de légères modifications, il est vrai, — la méthode par laquelle M. Hofmann remplace dans les amides de la série grasse le groupe $CO.AzH^2$ par le groupe AzH^2.

La phtalimide est chauffée en milieu alcalin avec un hypochlorite alcalin. Dans ces conditions il se forme de l'anthranilate de sodium, facile à isoler :

$$C^6H^4\!\!<^{CO}_{CO}\!\!>\!AzH + 3NaOH + NaOCl =$$
Phtalimide

$$= C^6H^4\!\!<^{AzH^2}_{COONa} + CO^3Na^2 + NaCl + H^2C$$
Anthranilate de Na

Les recherches faites par les procédés de M. Heumann n'ont cependant pas fait abandonner toute idée d'arriver à l'indigo de synthèse par les ingénieuses méthodes que l'on doit à M. Baeyer. En effet, les fabriques de Höchst ont fait breveter un procédé de préparation de l'éther éthylique de l'acide cinnamique. Comme on sait que cet éther joue un rôle important dans une des méthodes proposées par M. Baeyer, puisqu'il sert à préparer l'acide phénylpropiolique orthonitré, il y a donc bien là l'indice qu'on n'a pas encore perdu tout espoir de réaliser la synthèse de l'indigo par les dérivés orthonitrés.

Actuellement, le cinnamate d'éthyle est obtenu en éthérifiant l'acide cinnamique par les procédés habituels. L'acide cinnamique est lui-même un produit de condensation de l'aldéhyde benzoïque et de l'acide acétique (ou, ce qui vaut mieux, de son anhydride), qui se forme lorsque ces deux

corps sont chauffés en présence d'un déshydratant, tel que l'acétate de sodium :

$$C^6H^2.CHO + CH^3.COOH = H^2O$$
Aldéhyde benzoïque
$$+ C^6H^5.CH = CH.COOH.$$
Acide cinnamique

L'acide cinnamique formé dans cette réaction est isolé et purifié avant d'être soumis à l'éthérification, de telle sorte que la production du cinnamate d'éthyle comporte trois opérations : une condensation, une purification de l'acide cinnamique, et une éthérification.

La nouvelle méthode étudiée à Höchst permet de supprimer la seconde de ces opérations. Elle consiste à faire réagir l'aldéhyde benzoïque sur l'acétate d'éthyle tenant du sodium en suspension :

$$C^6H^5.CHO + CH^3.COOC^2H^5 = H^2O +$$
Aldéhyde benzoïque   Acétate d'éthyle
$$+ C^6H^5.CH = CH.COOC^2H^5$$
Cinnamate d'éthyle

De cette manière, la préparation du cinnamate d'éthyle se réduit à une condensation et à une éthérification préalable de l'acide acétique.

IV

Il y aurait aussi à signaler un très grand nombre de brevets pris pour des matières colorantes appartenant au groupe des azines et des indulines. Ces procédés ne sont pas empreints d'une grande originalité, et leur exposition nous obligerait à faire usage de formules assez complexes, parfois un peu hypothétiques. Nous préférons donc revenir sur ces questions lorsqu'un travail marquant se sera produit dans cette branche, évidemment fort intéressante, de l'industrie des matières colorantes.

Nous serons également très bref au sujet des nombreux dérivés de l'alizarine qui sont actuellement à l'étude. Les produits qui paraissent avoir le plus d'intérêt en ce moment sont les composés doubles formés par les acides sulfoniques de l'alizarine et le bisulfite de soude. La structure chimique de ces composés n'est peut être pas encore bien établie. Mais, au point de vue industriel, ils paraissent avoir une grande importance et se distinguent surtout par la solidité remarquable des tons qu'ils donnent en teinture ; jusqu'à présent, les deux dérivés les plus employés sont le *vert d'alizarine* s et le *bleu indigo d'alizarine* S.

A mentionner aussi, comme se rattachant à l'alizarine, les études fort intéressantes publiées par M. P. Julliard et M. Scheurer-Kestner sur les huiles pour rouge turc utilisées dans les travaux de teinture avec l'alizarine. Ces études donnent une solution rationnelle et définitive à la question si longtemps débattue du rôle de l'acide ricinoléique dans ces opérations.

Il nous reste enfin à dire quelques mots de plusieurs produits organiques fabriqués pour la plupart dans les grandes usines de matières colorantes. Nous voulons parler surtout des composés, étudiés spécialement en vue des applications médicales, qui deviennent de plus en plus nombreux. Le jour n'est peut être pas éloigné où ces usines adjoindront des laboratoires de physiologie à leurs somptueux laboratoires de chimie.

Dans cet ordre d'idées, les principaux travaux portent sur les corps appartenant au groupe des cétones, des sulfones, des dérivés des bases aromatiques (aniline et phénylhydrazine) et des produits iodés. Pour fixer les idées sur ce genre de recherches, et principalement sur leur caractère chimique, le seul qui doive être pris en considération dans cette Revue, nous donnerons quelques détails concernant deux groupes de corps assez différents.

La méthylphénacétine, de F. Bayer et Cⁱᵉ, s'obtient en faisant réagir l'iodure de méthyle sur le dérivé sodé de la phénacétine :

$$C^6H^4\!\!<^{OC^2H^5}_{Az<^{Na}_{COCH^3}} + ICH^3 = NaI + C^6H^4\!\!<^{OC^2H^5}_{Az<^{CH^3}_{COCH^3}}$$

Phénacétine sodique   Méthylphénacétine

Cette réaction est en apparence fort simple. En pratique, elle présente, paraît-il, de réelles difficultés.

En outre, il ne faut pas oublier qu'elle est précédée de la préparation du dérivé sodique, qui comporte la série d'opérations suivantes :

1° Préparation de l'éther éthylique du phénol $C^6H^5.O.C^2H^5$ en chauffant le sulfovinate d'éthyle avec une solution alcaline concentrée de phénol ;

2° Préparation du dérivé nitré de cet éther par les procédés ordinaires de nitration ; on obtient ainsi plusieurs isomères dont on isole celui appartenant à la série para :

$$C^6H^4\!\!<^{Az\,H^2}_{O.C^2H^5}\quad (1.4);$$

3° Transformation de ce corps nitré en corps amidé par réduction au moyen de l'étain et de l'acide chlorhydrique :

$$C^6H^4\!\!<^{Az\,H^2}_{O.C^2H^5}\;;$$

4° Préparation du dérivé acétylé, qui se fait en soumettant le corps amidé à l'action de l'acide acétique ou du chlorure d'acétyle :

$$C^6H^4\!\!<^{Az\,H.CO.CH^3}_{O.C^2H^5}\;;$$

c'est à ce produit qu'on a donné le nom de phénacétine.

5° Transformation de la phénacétine en dérivé sodé, résultat que l'on obtient en faisant réagir le sodium métallique sur la dissolution xylénique de la phénacétine :

$$C^6H^4\!\!<^{AzNa.COCH^3}_{O.C^2H^5}\;.$$

C'est seulement après avoir effectué cet ensemble de réactions que l'on peut faire réagir l'iodure de méthyle pour obtenir la phénacétine méthylée dont nous avons parlé plus haut.

Ce produit est employé comme antipyrétique, surtout à l'étranger.

Les travaux sur les corps iodés ont conduit à une réaction nouvelle et intéressante. On sait que lorsqu'on fait réagir l'iode sur les solutions alcalines des phénols, on obtient des dérivés iodés substitués dans lesquels les atomes d'iode remplacent des atomes d'hydrogène du noyau benzénique $\Big($par exemple $C^6H^5.OH$ donnera $C^6H^4\!\!<^{I}_{OH}\Big)$.

Une étude plus approfondie de la réaction, et tout particulièrement de certaines conditions de température, a montré qu'on pouvait obtenir des produits de substitution auxquels on attribue la formule $C^6H^5.OI$ qui, par parenthèse, ne semble pas encore bien démontrée. Quoi qu'il en soit de ce point de théorie, le fait est que ces composés abandonnent leur iode avec une extrême facilité, qu'ils sont inodores, et qu'on espère ainsi pouvoir les employer en thérapeutique avec le même succès que l'iodoforme.

Enfin, nous mentionnerons une étude de M. Trillat qui a reconnu à la formaldéhyde CH^2O des propriétés antiseptiques tout à fait remarquables. Dans plusieurs cas, ses solutions étendues seraient montrées aussi actives, et même plus actives que les solutions de sublimé à concentration égale. En opérant, par exemple, sur le jus de viande crue, M. Trillat a constaté que le pouvoir antiseptique de l'aldéhyde formique était environ deux fois plus fort que celui du bichlorure de mercure. De plus, les solutions étendues d'aldéhyde formique ne seraient pas toxiques, contrairement à l'opinion généralement admise jusqu'à présent. Ce serait là un avantage marqué sur le sublimé, particulièrement dans les applications relatives à la conservation des produits alimentaires.

Philippe-A. Guye,
Professeur de Chimie
à l'Université de Genève.

BIBLIOGRAPHIE

ANALYSES ET INDEX

1° Sciences mathématiques.

Emtage. — An Introduction to the mathematical Theory of Electricity and Magnetism. (*Introduction à la théorie mathématique de l'électricité et du magnétisme.*) 1 *vol. in-8. de 223 pages; Clarendon Press Warehouse, Oxford,* 1891.

Il est incontestable que les notions d'Électricité acquises dans les Traités élémentaires de physique sont insuffisantes pour aborder l'étude des Traités spéciaux d'Électricité, comme ceux de Maxwell et de MM. Mascart et Joubert, et pour tirer de cette étude un profit en rapport avec l'effort dépensé. Un livre servant d'introduction à ces derniers traités a donc sa place marquée dans l'Enseignement.

En France nous possédons depuis plusieurs années quelques ouvrages remplissant ce but; entre autres le *Traité élémentaire d'électricité* de M. Joubert, dont le succès, affirmé par le tirage récent d'une seconde édition, est une preuve de son utilité. L'ouvrage de M. Emtage est écrit dans le même but. Toutefois il se distingue du précédent par l'absence presque complète des descriptions d'appareils et par la concision des parties qui n'exigent pas l'introduction des mathématiques. Il s'adresse donc principalement à ceux qui veulent aborder l'étude des belles théories de Maxwell, tout en restant élémentaire puisqu'il n'exige pour être compris que la connaissance des premières notions du calcul différentiel et intégral.

Dans la première partie, consacrée à l'étude de l'Électrostatique, l'auteur fait un fréquent usage des propriétés du flux de force et du flux d'induction; nous ne pouvons que l'en féliciter puisqu'il est reconnu par de nombreux essais que l'introduction de ces quantités permet de simplifier beaucoup de démonstrations. Signalons, dans cette partie, le chapitre VI où se trouvent nettement exposées la théorie des *images électriques* et celle de l'*inversion*.

La seconde partie ne comprend que trois chapitres. Le premier s'occupe des *aimants*, du potentiel dû à un élément d'aimant et des propriétés des solénoïdes et feuillets magnétiques; le second est consacré à l'exposé des principes de l'*induction magnétique;* le troisième traite du *magnétisme terrestre.* Cette partie ne présente rien de saillant; bornons-nous à dire qu'il serait difficile d'exposer aussi clairement en moins de pages ce qu'il y a d'essentiel dans le magnétisme.

Dans la troisième et dernière partie, qui occupe les trois quarts de l'ouvrage et où sont exposées, l'*Électrocinétique* l'*Électrodynamique* et l'*Induction*, l'auteur s'écarte des sentiers battus. Dès le premier chapitre il donne la définition de l'unité électromagnétique d'électricité. Il se trouve ainsi amené à indiquer en quelques pages les lois électrolytiques de Faraday, l'expérience d'OErstedt et la loi d'Ampère, la démonstration de l'équivalence d'un feuillet magnétique et d'un circuit fermé, les expériences de Weber, le principe des galvanomètres, etc. Aussi doutons-nous que, malgré la netteté de l'exposition, un débutant puisse suivre aisément ce chapitre. Notons également l'absence d'une théorie de la pile; il nous semble cependant que la théorie fondée sur l'existence des différences de potentiel au contact de deux corps est suffisamment bien établie pour qu'on puisse l'exposer dans un ouvrage élémentaire. — Dans le chapitre IV, consacré à l'étude de l'électrolyse, nous trouvons un exposé très net de la polarisation des électrodes; mais nous y trouvons

aussi une erreur que nous ne comptions pas rencontrer dans un ouvrage récent : le calcul de la force électromotrice d'une pile au moyen des quantités de chaleur mises en jeu dans les combinaisons et décompositions chimiques qui ont lieu dans la pile. — Signalons également le chapitre VII où est exposée, d'après la méthode de Helmholtz et Thomson, la théorie de l'Induction des courants et des aimants et le chapitre IX où sont indiqués très nettement les principes des méthodes ayant servi à la détermination de l'Ohm.

Malgré quelques réserves, l'ouvrage de M. Emtage nous paraît avoir atteint le but dans lequel il a été écrit. Nous croyons qu'il rendra de grands services aux étudiants d'Outre-Manche et nous sommes persuadés que la clarté de l'exposition, indispensable dans ce genre d'ouvrages, lui assurera un légitime succès.

J. Blondin.

Bulletin du Comité International permanent pour l'exécution de la Carte photographique du Ciel. *Gauthier-Villars et fils, éditeurs,* 55, *quai des Grands-Augustins, Paris,* 1891.

Le Comité international permanent pour l'exécution de la Carte photographique du Ciel a tenu sa troisième et dernière réunion préparatoire à l'Observatoire de Paris, du 31 mars au 3 avril; les quelques questions non encore résolues ont été discutées, les décisions définitives ont été prises et l'on s'est séparé pour se mettre à l'œuvre, pour commencer dans les divers observatoires cet énorme travail du lever de la carte du Ciel. Le bulletin de cette réunion, qui continuera de paraître régulièrement chaque année, vient d'être publié; il contient le programme des questions à étudier, les procès-verbaux des quatre séances, l'énumération des résolutions prises et un certain nombre de notes, dont nous donnons ci-dessous les titres :

Rapport fait au nom de la Commission chargée d'examiner les résultats photographiques obtenus dans les différents observatoires, par M. Paul Henry.

Rapport fait au nom de la Commission chargée du règlement des questions se rapportant au mode de reproduction des clichés de la carte, par M. Wolf.

La carte photographique internationale, par M. le Prof. Pritchard.

Sur la relation qui, pour un objectif donné et pour une grandeur d'étoiles donnée, existe entre le diamètre de l'image et la durée de l'exposition, par M. Ch. Trépied.

Recherches photométriques sur les clichés stellaires, par M. le Dr G. Scheiner.

Notes de M. H.-C. Russell, directeur de l'Observatoire de Sydney.

Lettres de M. E.-C. Pickering sur l'état actuel des travaux de photométrie stellaire à l'Observatoire d'Harward College.

Remarques sur le travail préliminaire, fait à l'Observatoire royal de Greenwich, en vue de la construction de la carte astrophotographique, par M. W.-H.-M. Christie.

Remarques relatives à la préparation des plaques sensibles, par M. W. de W. Abney.

Examen de deux réseaux construits par M. Gautier pour la carte photographique du Ciel, par MM. Henry et Trépied.

Liste des 18 Observatoires participant à la carte photographique du Ciel.

L. O.

2° Sciences physiques.

E. Drincourt. — Traité de Physique à l'usage des élèves de la classe de mathématiques élémentaires. *Un vol. in-8° de 780 pages* (8 fr.). — *Armand Colin et Cie, 15, rue de Mézières, Paris, 1891.*

Le livre de M. Drincourt est l'exposé des matières comprises dans le programme de mathématiques élémentaires, mis au courant des progrès de la science. Il manquait un ouvrage de ce genre conçu et réalisé sur un plan bien uniforme. L'auteur emploie constamment les unités C. G. S., et en fait bien comprendre l'usage par de nombreux exemples ; la notion d'énergie introduite dès le début est nettement précisée dans les différentes parties de l'ouvrage. C'est surtout au point de vue de l'exposition des phénomènes électriques qu'il y avait lieu de perfectionner les méthodes adoptées dans l'enseignement. M. Drincourt donne un exposé très précis des principales lois en évitant l'abus de l'hypothèse des fluides, et en définissant d'une façon rigoureuse les grandeurs électriques. Je ferai une seule critique à cet excellent ouvrage et elle n'est relative qu'à la forme ; les questions sont souvent traitées avec plus de développement qu'il n'est nécessaire pour les élèves d'élémentaires ; il serait peut-être bon de séparer, par un mode d'impression différent, les passages indispensables des détails que l'on peut passer à une première lecture.

G. CHARPY.

Pionchon (J.) : Introduction à l'étude des systèmes de mesure usités en physique. — *Un vol. in-8° 232 p.* (3 fr. 50), *Gauthier-Villars et fils, 55, quai des Grands-Augustins, Paris, 1891.*

On se méprendrait singulièrement sur le but qu'a poursuivi l'auteur, si l'on prenait trop à la lettre le titre de cet ouvrage ; il s'est attaqué à cette question délicate des grandeurs et des unités, qui touche, d'une part, à la philosophie de la science et embrasse le domaine entier de la physique, d'autre part, aussitôt que l'on spécifie, rentre dans la partie la plus arbitraire et la plus administrative de nos connaissances. Ces deux faces de la question sont, du reste, inséparables dans un enseignement supérieur ; la seule notion des grandeurs et des *dimensions* resterait extrêmement vague si les exemples pratiques ne venaient pas la fixer dans l'esprit, tandis que le but et l'essence même des unités seraient fort mal compris si l'on n'avait exactement saisi le point de vue général et supérieur des grandeurs. La plupart des ouvrages qui abordent ces questions les considèrent de l'un ou de l'autre de ces points de vue. L'auteur les a réunis dans son « *Introduction* », et les a traités avec tous les détails que comporte ce sujet ; il ne laisse subsister aucune obscurité dans l'esprit du lecteur.

Les premiers chapitres sont consacrés à l'analyse des grandeurs géométriques et mécaniques, c'est-à-dire à la recherche de leurs dimensions, et à leur comparaison ; les grandeurs dynamiques sont toutes ramenées aux grandeurs fondamentales : longueur, force, temps, qui sont conservées dans la suite du premier livre. Remarquons en passant que, dans ce système, la densité prend la dimension $FL^{-1}T^2$, bien compliquée pour une notion aussi immédiate. Le principe si fécond de l'homogénéité et de la similitude en mécanique est traité dans un chapitre spécial ; l'exemple célèbre des poutres semblables, emprunté à Galilée, la formule du pendule et celle de la corde vibrante, déduites par M. Bertrand des mêmes principes, en montrent toute l'utilité.

Les systèmes pratiques, métrique et C. G. S., leur comparaison entre eux et avec d'autres systèmes font l'objet du deuxième livre. Relevons ici deux erreurs, sur des principes qui étaient vrais il y a quelques années seulement, mais ne le sont plus aujourd'hui. L'un consiste à prendre pour unités métriques les étalons des Archives, l'autre attribue au kilogramme le nom d'unité de force, tandis que, dans le système métrique inter-

national, qui part des nouveaux étalons, copies exactes des premiers, le kilogramme est désigné comme unité de masse.

Les problèmes plus complexes de la physique, et en particulier de l'électricité et du magnétisme, sont abordés dans le troisième livre. La méthode exposée au premier livre, et appuyée sur une notation rationnelle et partout suivie, le rend clair et instructif ; les nombreux exemples dont il est parsemé en font un chapitre fort attrayant.

Ch.-Ed. GUILLAUME.

Soret (A). *Agrégé de l'Université, Professeur au Lycée du Havre.* Optique photographique. Notions nécessaires aux photographes amateurs. Etude de l'objectif, applications. — *in-8° de 132 pages avec nombreuses figures* (*Prix 3 francs*), *Gauthier-Villars et fils, 55 quai des Grands-Augustins. Paris 1891.*

Ce livre s'adresse tout aussi bien aux photographes qu'aux amateurs de photographie : il contient ce qu'il est utile aux uns comme aux autres de savoir en fait d'optique photographique.

L'auteur débute par un exposé aussi simple que clair et précis des notions d'optique relatives à la nature de la lumière et à la marche des rayons lumineux dans les diverses espèces de lentilles. Il étudie la formation des images, expose les calculs simples relatifs à leur position et à leur grossissement et en fait un certain nombre d'applications usuelles. Un chapitre spécial est consacré à l'étude des aberrations de sphéricité et de réfrangibilité (aberrations de sphéricité courbure du champ, distorsion, astigmatisme, etc.) à l'examen de leurs causes et aux moyens employés pour les corriger. Le lecteur ainsi préparé peut lire avec fruit le chapitre très intéressant qui renferme la description et le classement des différents types d'objectifs créés jusqu'ici par les principaux constructeurs français et étrangers ; l'auteur discute les qualités et les défauts de ces divers instruments, montre le parti qu'on peut tirer de chacun d'eux ou de leurs combinaisons, et par suite, le choix qu'il convient d'en faire dans les divers travaux photographiques ; ces considérations sont naturellement suivies d'instructions pratiques relatives à l'essai des objectifs. Les derniers chapitres, enfin, sont consacrés à l'orthochromatisme des plaques à l'usage des verres compensateurs et à la photographie sans objectif.

L'ouvrage, quoique écrit sous une forme élémentaire, n'en est pas moins très instructif et très substantiel ; la clarté de l'exposition, le choix des documents (notamment ceux groupés dans le chapitre relatif à l'examen des divers systèmes d'objectifs), la compétence de l'auteur auquel on doit d'intéressantes applications de la photographie, lui assurent un succès à tous égards bien mérité.

E. AMAGAT.

Juppont (P.). — Aide-Mémoire de l'Ingénieur-Electricien. — *Recueil de tables, formules et renseignements pratiques à l'usage des électriciens, par* G. DUCHÉ, B. MARINOWITCH, E. MEYLAN et G. SZARVADY. *Troisième édition augmentée par* M. P. JUPPONT, *Ingénieur des Arts et Manufactures, Iggénieur de la Société Toulousaine. Un fort volume in-18 de 476 pages,* (6 fr.). — *Bernard Tignol, éditeur, 53 bis, quai des Grands-Augustins, Paris, 1891.*

La troisième édition de l'Aide-Mémoire bien connu publié sur l'électricité par M. Juppont, diffère assez notablement des précédentes ; certains sujets fort importants que l'on pouvait s'étonner de ne pas voir traités dans les deux premières éditions y sont exposés d'une façon complète ; de nombreuses additions ont été faites, pour la plupart très heureuses ; sous sa nouvelle forme, c'est vraiment un livre utile à consulter pour les praticiens, et qui rendra service à tous ceux qui s'occupent d'électricité.

L. O.

3° Sciences naturelles.

Boitel (A.). — **Agriculture générale.** 1 *volume in-8°
de* 607 *pages* (*prix* : 6 *fr.*). *Librairie Firmin-Didot et Cie,*
56, *rue Jacob, Paris,* 1891.

La bibliothèque de l'Enseignement agricole, publiée
sous la direction de M. Müntz, le savant professeur à
l'Institut agronomique, vient de faire paraître une
œuvre posthume d'un de nos agronomes les plus re-
grettés, l'*Agriculture générale,* d'Amédée Boitel.

Comme le fait remarquer l'auteur, « l'étude de l'agriculture, basée sur les besoins des plantes, se divise en
trois parties, savoir : 1° la climatologie agricole, qui
est l'étude des besoins des plantes au point de vue du
climat ; 2° l'agrologie ou l'étude des exigences des
plantes au point de vue du sol ; 3° la science des engrais ou l'étude des substances à incorporer au sol en
vue de la bonne alimentation des cultures ». Se conformant à ce programme, M. Boitel commence donc
son ouvrage par l'examen des conditions climatolo-
giques et météorologiques des cultures ; il étudie l'effet
que produisent sur elles les diverses températures, le
degré d'éclairement, les pluies, les grêles, les vents,
les rosées. Viennent ensuite les descriptions des climats généraux de la France, des climats de la Corse,
de l'Algérie et de la Tunisie, des climats insalubres
que l'auteur a si bien étudiés. Les limites climatériques et la répartition des cultures, et un chapitre de
topographie agricole terminent cette première partie.

L'agrologie occupe les parties suivantes. Après
avoir fait remarquer l'importance de la composition
minéralogique des terrains au point de vue des cultures, M. Boitel décrit les propriétés physiques et chimiques des minéraux et roches constitutives du sol :
quartz, feldspath, mica, granit, gneiss, porphyre, basalte, calcite, argiles, marnes, phosphates, gypse,
tourbe, sous toutes leurs formes.

La troisième partie, de beaucoup la plus importante,
est consacrée à l'examen des propriétés physiques du
sol favorables ou défavorables aux cultures, et surtout
à la classification des terres que l'auteur divise en
terres plutoniennes, d'origine ignée, où domine le
granit, le porphyre, la labradorite, le trachyte, ou le basalte, et en terres sédimentaires, d'origine aqueuse,
résultant de la décomposition et de la désagrégation des roches plutoniennes et comprenant, par ordre
d'ancienneté les terres schisteuses, permiennes, triasiques, jurassiques, crétacées. Les régions tertiaires
(bassin parisien, sables des Landes, bassin du Rhône,
plateau central, Bretagne), les terres quaternaires, les
alluvions anciennes et modernes font l'objet de plusieurs chapitres. L'auteur ne manque pas d'indiquer,
dans l'étude de ces divers terrains, les cultures qu'on y
peut faire avantageusement. Enfin M. Boitel classe dans
une troisième catégorie les terres humifères, d'origine
organique. L'agrologie de l'Algérie et de la Tunisie est
également traitée d'une manière toute spéciale.

Dans la quatrième partie, alimentation des plantes
cultivées, sont décrits les divers moyens de restituer au
sol les éléments enlevés par les récoltes ; l'emploi des
fumiers, des engrais chimiques, des vidanges, des marnes, du plâtre et des engrais marins est discuté successivement. Enfin dans la cinquième partie, l'auteur
examine sommairement les défrichements, les façons
aratoires, l'ensemencement, les soins d'entretien, la
conservation des produits.

L'agriculture générale est un livre qui intéressera
vivement toutes les personnes qui s'occupent de cultures ; il pourra rendre de grands services aux élèves des
écoles d'agriculture et aux cultivateurs instruits qui
sortent des errements de la routine et qui sont heureusement de plus en plus nombreux. L'ouvrage de
M. Boitel leur montrera une fois de plus que la pratique doit toujours s'inspirer de la théorie, et que l'a-
griculture doit marcher avec la science et tenir compte
de ses conseils.

A. HÉBERT

Deperrière. — **Culture du Chanvre.** Emploi de
semences sélectionnées et d'engrais complémentaires. *Une brochure de* 29 *pages, avec magnifiques planches photographiques.*—*Lachèse et Dolbeau, Angers,* 1892.

M. Richard (Jules). — **Recherches sur le système
glandulaire et sur le système nerveux des Copépodes libres d'eau douce,** suivies d'une révision
des espèces de ce groupe qui vivent en France. —
*Thèse de doctorat de la Faculté des sciences de Paris. An-
nales des sciences naturelles* (7) T· XII, p. 113-270, *pl.*
5-8, 1891.

L'étude des organes glandulaires excréteurs des animaux articulés est restée pendant très longtemps fort
incomplète, et il ne faut pas remonter bien loin pour rencontrer les premiers travaux où cette étude a été envisagée d'une façon méthodique et comparative. Mais les
résultats obtenus dans ce coin de la zoologie, s'ils sont
d'une date toute récente, sont aujourd'hui de la plus
grande importance en ce sens qu'ils permettent de
relier entre eux les articulés des différents groupes et
de trouver des homologies inattendues là où la physiologie ne montrait que des différences.

Pour que cette étude soit fructueuse il faut qu'elle
soit poussée très loin, qu'elle embrasse la structure
anatomique et les connexions complètes de l'organe,
enfin qu'elle s'applique à des types aussi nombreux que
variés. C'est ce qu'a fait excellemment M. Richard dans
la partie anatomique la plus importante de son travail,
celle qui est relative à la glande du test des Copépodes
d'eau douce. Chez aucun animal du groupe on n'avait
suivi complètement cette glande, son orifice extérieur
n'était pas bien connu, d'aucuns lui attribuaient un
orifice intérieur dans la cavité du corps, enfin Hartog
la considérait comme faisant primitivement partie de
la glande antennaire. En fait, d'après une étude qui
repose sur de très nombreux genres, cet appareil est
partout le même et se compose d'une glande suivie d'un
canal chitineux qui débouche au dehors à la base du
premier maxillipède ; elle est homologue dès lors de la
glande du test des Phyllopodes, des Cladocères, des
Argules, des Leptostracés et joue un rôle excréteur
important. La disposition du canal varie d'un genre à
l'autre mais est toujours la même dans les espèces
d'un même genre. Le canal de la glande du test,
comme celui de la glande antennale d'après Grobben,
est d'autant plus long et compliqué qu'on l'observe
dans des genres plus confinés dans les eaux douces.

M. Richard décrit en outre les glandes salivaires, qui
débouchent par un orifice sur la lèvre supérieure, et les
glandes unicellulaires qui existent en de nombreux
points du corps chez les Copépodes. Puis il consacre un
long et intéressant chapitre à la structure, jusqu'ici
peu connue, du système nerveux. Ce système présente une
très grande uniformité dans toute l'étendue du groupe
et rentre d'ailleurs dans le schéma bien connu (commissure post-œsophagienne, ganglions sous-œsophagiens
concentrés) du système nerveux des Crustacés. Les
connectifs du collier sont chargés de cellules ganglionnaires.

On ne saurait trop louer M. Richard du soin qu'il a
mis dans ces très délicates recherches et de la précision
tout à fait remarquable qu'il a apportée dans la description et dans les figures. Tout cela, on le sent, a été vu
et bien vu. Mais ce que nous tenons à bien mettre en
relief, c'est l'étude fort remarquable, qui couronne l'ouvrage sur les Copépodes d'eau douce de France. L'étude
des faunes reparaît dans les thèses, c'est d'un bon
augure, car cette branche de la zoologie était vraiment
trop négligée depuis vingt-cinq ans. M. Richard mérite
les plus vifs éloges et il suffira de lire son travail pour
être persuadé que l'étude des formes, comme celle des
organes, est susceptible de conduire à des résultats
intéressants, quand elle est abordée par des esprits
vraiment scientifiques.

E.-L. BOUVIER.

4° Sciences médicales.

Pozzi et Baudron. Quelques faits pour servir à la discussion sur le traitement des inflammations des annexes par la laparotomie ou l'hystérectomie. — *Revue de chirurgie. Paris,* 1891, tom. XI, p. 622.

La laparotomie a sur l'hystérectomie l'immense avantage de commencer par être exploratrice ; on trouve des cas où, le ventre ouvert, il n'existe que quelques adhérences qu'il suffit de libérer, conservant à la femme ses organes, ce qu'on ne peut faire lorsqu'on débute par une hystérectomie. Bien plus, on est exposé à des erreurs qui seraient des plus préjudiciables, si l'on adoptait l'hystérectomie préliminaire et qui n'ont aucune importance lorsqu'on fait la laparotomie. Au cas d'entérocèle adhésive, publié par Doléris, Pozzi et Baudron ajoutent une deuxième observation où la tumeur pseudosalpingienne était constituée par des anses de gros intestin surchargées de graisse et tombées dans le cul-de-sac de Douglas. Dans plusieurs cas d'ovarite scléro-kystique, la laparotomie a permis de conserver tout ou partie d'un ovaire. Il est donc évident qu'au point de vue du diagnostic et de l'indication exacte de l'intervention opératoire la laparotomie est supérieure à l'hystérectomie.

Reste la question d'efficacité contestée dans quelques variétés de lésions. Les observations de M. Pozzi montrent, contrairement à l'opinion avancée par les partisans de l'hystérectomie, que la laparotomie assure la guérison définitive des salpingo-ovarites parenchymateuses, des pyosalpinx et des abcès pelviens. L'hystérectomie, toutefois, serait, au dire de MM. Pozzi et Bandron, soutenable dans les suppurations diffuses, chroniques du bassin et peut-être supérieure à l'opération de Battey pour combattre et guérir les désordres nerveux liés à la dysménorrhée et coïncidant avec les manifestations de l'hystérie, de l'épilepsie et de la manie.

D' Henri HARTMANN.

Mergier. — Technique instrumentale concernant les sciences médicales, *avec 470 figures dans le texte (8 francs).* O. Doin, 8, place de l'Odéon, Paris, 1891.

Écrit avec la collaboration des D™ Mosny, Audain et de Grandmaison, cet ouvrage, qui rappelle un grand nombre des produits et appareils exposés en 1889 au Champ-de-Mars, nous donne une description succincte, mais néanmoins suffisante, des divers appareils dont on se sert en anatomie, en physiologie, en micrographie, en chirurgie, en médecine. L'orthopédie, l'optique et l'hygiène, envisagées dans leur arsenal instrumental, complètent ce livre, qui contient, par suite, un exposé complet de tous les appareils ou instruments pouvant intéresser le médecin, le chirurgien, l'accoucheur, l'hygiéniste et le physiologiste.

D' Henri HARTMANN.

Krogins (Ali). — Note sur le rôle du Bacterium Coli commune dans l'infection urinaire ; *Arch. de médec. expérim.,* 1892, t. IV, p. 66.

On sait que l'étude de l'infection urineuse a fait depuis quelques années l'objet de travaux importants. M. Bouchard signala dans les urines septiques l'existence d'une bactérie spéciale. M. Clado l'étudia, l'isola, en montra expérimentalement les propriétés septiques et la dénomma bactérie septique de la vessie. Puis vinrent les travaux de MM. Albarran et Hallé qui, constatant que cette bactérie pouvait produire du pus, ne virent plus que son rôle pyogène et, changeant le nom et l'appelèrent bactérie pyogène. M. Krogins, examinant dix-sept urines pathologiques, y trouve douze fois cette bactérie; dans six de ces cas, il y avait cystite avec pyélo-néphrite ascendante, trois fois cystite simple; trois fois les malades, bien que ne présentant qu'une très petite quantité de leucocytes dans l'urine, étaient en proie à des accès urineux.

Dans tous les cas, le bacille constaté présentait toutes les réactions du *Bacterium Coli commune,* tant au point de vue de l'examen des cultures qu'à celui des réactions expérimentales. Il en était du reste de même d'un échantillon de culture de la bactérie pyogène remis à M. Krogins par M. Hallé. De ces constatations M. Krogins se croit en droit de conclure à l'identité du *Bacterium Coli commune* et de la bactérie pyogène. Chemin faisant, il signale un caractère peu connu des cultures de cette bactérie, la formation de bulles de gaz. Disons toutefois que ce caractère vient d'être constaté par MM. Charrin et Bouchard et que l'identité de la *bactérie pyogène urinaire* et du *Bacterium Coli commune* a été récemment soutenue par MM. Achard et Renaut.

D' Henri HARTMANN.

Malvoz. Le Bacillus. Coli communis, *comme agent habituel des péritonites d'origine intestinale. Arch. de médecine expérimentale. T. III, § 5, page 595.* 1891.

L'auteur, dans une série d'autopsies faites sur des sujets morts de péritonite d'origine intestinale, a toujours trouvé le *Bacillus Coli communis,* même quand il n'y avait pas eu perforation des parois de l'intestin. Déjà Laruelle avait indiqué cette bactérie comme la cause des péritonites par perforation; mais la solution de continuité serait inutile, d'après les recherches de M. Malvoz. Cet auteur n'hésite pas à attribuer la péritonite à ce micro-organisme, surtout en s'appuyant sur les résultats expérimentaux obtenus par Frankël, Charrin et Roger etc., avec des cultures pures de *B. Coli communis.* Les conclusions de M. Malvoz peuvent se résumer ainsi : le bacille est l'agent le plus habituel des péritonites d'origine intestinale ; sa présence dans un exsudat péritonéal doit faire rechercher la cause primitive dans une lésion du tube digestif.

L'auteur ne pouvait étudier ce bacille sans aborder la question, actuellement si discutée, de l'identité ou de la non-identité du Bacille d'Eberth, et du *B. Coli communis.* Il penche vers l'opinion de Rodet et Roux, qui ne voient dans le bacille typhique qu'une variété du *Coli communis,* dont la virulence est modifiée, exagérée par des conditions de milieu encore ignorées.

L. O.

Raymond (D' P.). Notes sur le traitement de la syphilis en Allemagne et en Autriche. — *Une brochure in-8° (3 fr.). Société d'éditions scientifiques,* 4 rue Antoine Dubois. Paris, 1891.

Dans les pays de langue allemande, les études sur la syphilis, sur la *syphilisthérapie,* comme disent les médecins allemands, sont très développées. Elles portent la marque de recherches originales, individuelles, chaque médecin ayant ses idées personnelles, son traitement particulier. C'est précisément le contraire de ce qui se passe en France, où tout médecin se rattache soit à l'Ecole de Lyon avec Diday, soit à l'Ecole de Paris sous l'autorité de M' Fournier.

Les notes que M. Raymond a prises pendant un voyage d'étude en Allemagne nous montrent tous les systèmes de traitement préconisés. Quand nous disons tous les systèmes, il faut bien se rappeler que ce ne sont que des variétés, et que la base du traitement est toujours le mercure et l'iode. Les deux points les plus discutés encore ont trait au traitement préventif primitif, c'est-à-dire à l'excision de la première lésion, et au traitement préventif consécutif, l'emploi du mercure avant l'apparition de l'exanthème et des papules. Sur ces deux points, il y a désaccord complet entre les différents praticiens allemands. Toutefois, on peut dire que la tendance prédominante est en faveur de l'excision rapide : un très grand nombre de médecins ne font du traitement mercuriel qu'un traitement symptomatique, attendant l'apparition des accidents pour agir. Sur ce point, comme sur un certain nombre d'autres, les idées allemandes se rapprochent plus de l'Ecole lyonnaise que de l'Ecole de Paris.

L. O.

ACADÉMIES ET SOCIÉTÉS SAVANTES

DE LA FRANCE ET DE L'ÉTRANGER

ACADÉMIE DES SCIENCES DE PARIS

Séance du 1er février 1892.

1° SCIENCES MATHÉMATIQUES. — M. E. **Phragmen** : Sur une extension du théorème de Sturm. — M. E. **Picard** : Observations relatives à la communication de M. Phragmen. — M. **Em. Marchand** : Observations des taches et des facules solaires faites à l'équatorial Brunner (0m16) de l'observatoire de Lyon pendant le deuxième semestre de 1891. — M. **M. Brillouin** traite par le calcul, en se limitant aux régions tempérées, les questions suivantes : conditions locales de persistance des courants atmosphériques ; courants dérivés ; origine et translation de certains mouvements cycloniques. — M. J. Janssen annonce que M. **Dunod** a fait l'ascension du mont Blanc le 21 janvier pour aller vérifier l'état de l'édicule provisoire élevé au sommet ; il ne semble pas que cette construction ait subi le moindre déplacement, ni la moindre déformation. Le niveau de la neige alentour n'a pas sensiblement varié.

2° SCIENCES PHYSIQUES. — M. **H. Gilbaut** a étudié la compressibilité des solutions salines par la méthode de M. Cailletet légèrement modifiée. Il a constaté que pour des solutions de faible concentration la différence entre la compressibilité de l'eau et celle de la solution est proportionnelle à la concentration, quelle que soit la nature du sel dissous ; il appelle cette différence *compressibilité saline*. Il énonce diverses lois auxquelles l'ont conduit ses expériences. — M. **Gouy**, qui a comparé dans une précédente communication les amalgames et le mercure au point de vue des phénomènes électro-capillaires, a étudié ensuite au même point de vue et avec la même méthode le mercure avec des solutions aqueuses diverses. Les solutions de sels (iodures, chlorures, bromures, etc.) se comportent à peu près comme les solutions de l'acide correspondant. En portant en abscisses les polarisations et les hauteurs en ordonnées, on obtient des courbes qui diffèrent de celle de l'acide sulfurique par une ascension plus rapide avec maximum moins élevé ; toutes les courbes peuvent être amenées à coïncider dans la partie correspondant aux fortes polarisations. — M. **H. Le Chatelier** rappelle que l'on a proposé de mesurer les températures élevées, telles que celles usitées en métallurgie, par la détermination de l'intensité d'une longueur d'onde déterminée dans les radiations du corps incandescent. Il a réalisé cette méthode théorique en établissant au moyen de ses couples thermo-électriques la relation entre la température et le pouvoir émissif de divers corps ; il s'est occupé particulièrement de l'oxyde magnétique de fer, qui forme la surface des masses de fer chauffées ; il remarque que le rapport du pouvoir émissif de l'oxyde magnétique à celui du platine varie peu avec la température. — M. **A. Broca** applique à la construction des lentilles achromatiques les résultats obtenus par lui relativement aux points aplanétiques et exposés dans la précédente séance. — M. **Maquenne** n'a pu, pour diverses raisons qu'il explique, obtenir purs les azotures de baryum et de strontium. Mais en tenant compte des causes d'erreur, on voit, par les chiffres d'ammoniaque et de base terreuse obtenus en décomposant l'azoture par l'eau, que les formules Az³ Ba³ et Az² Sr³ sont très vraisemblables. — La théorie prévoit trois chlorobromures de carbone. MM. Friedel et Silva en avaient obtenu un par l'action du brome sur le chloroforme en tube scellé à 170°. M. **A. Besson** a obtenu les trois chlorobromures par la même réaction, mais en élevant la température successivement jusqu'à 275°. — M. **R. Varet** a comparé pour un certain

nombre de cas l'action des métaux sur les sels dissous dans l'eau et dans divers liquides organiques, afin de déterminer le rôle de l'eau dans ces réactions. Ainsi l'aluminium, qui en présence de l'eau décompose le cyanure de mercure, forme avec ce sel un cyanure double lorsqu'il agit sur lui au sein de l'alcool absolu ammoniacal. — M. **de Forcrand** a préparé la mannite monosodée en ajoutant un équivalent de mannite à un équivalent de sodium dissous dans l'alcool éthylique absolu ; il a déterminé sa chaleur de formation ; comme tous les alcoolates sodiques précédemment étudiés par l'auteur, la mannite monosodée peut se combiner avec un excès d'alcool. La réaction qui donne la mannite monosodée, effectuée avec deux équivalents de sodium, donne une combinaison moléculaire de mannite monosodée et d'éthylate de soude. Cette combinaison rentre dans une catégorie déjà rencontrée par l'auteur avec l'érythrite et la glycérine ; elle montre que la fonction alcool des alcools monoatomiques primaires est plus forte que la seconde fonction alcool des alcools polyatomiques. — M. **Etard** a trouvé dans l'extrait par le sulfure de carbone du marc de vin blanc un corps gras particulier, résultant de l'union de l'acide palmitique à un alcool polyatomique nouveau, M. Etard propose pour cette dernière substance, à laquelle il assigne la formule $C^{26} H^{30} (OH)^3 H^2O$, le nom d'*œnocarpol*. En examinant sous le miscroscope l'action du sulfure de carbone sur des coupes minces du péricarpe du raisin, l'auteur a reconnu que ce sont les corpuscules chlorophylliens qui se dissolvent ; le palmitate d'œnocarpol constituerait donc pour une grande part le substratum des grains de chlorophylle.

3° SCIENCES NATURELLES. — M. **J. Ville** a reconnu, en administrant de l'acide sulfanilique à des chiens, que cette substance est éliminée à l'état d'acide *sulfanilocarbamique* ; cette réaction est analogue à celle constatée par Salkowski pour la taurine. — M. **A. Girard** a comparé, en soumettant les plantes traitées à des pluies artificielles d'intensité calculée, la facilité plus ou moins grande avec laquelle les composés cuivriques antiparasitaires abandonnent les pommes de terre sur lesquelles on les a injectés. La résistance à l'entraînement par la pluie est très variable suivant la recette employée ; c'est la bouillie cupro-sodique et la bouillie cupro-calcaire sucrée qui résistent le mieux. — M. **A. Pizon** a étudié le développement de l'organe vibratile chez les Ascidies composées, organe dont le rôle et la nature sont fort obscurs ; ses recherches ont porté sur des genres de diverses familles ; leur conclusion, c'est que l'organe vibratile est formé par une invagination de la vésicule endodermique primitive ; il constitue vraisemblablement un organe ancestral en voie de disparition. — M. **Kunkel d'Herculais** : Le criquet pèlerin et ses changements de coloration (voir Soc. de Biol., séance du 23 janvier). — M. **E. Mer** a étudié la marche du réveil et de l'extinction de l'activité cambiale dans les arbres. Pour les jeunes arbres de moins de 25 ans, de toute espèce, isolés ou en massifs, l'activité cambiale commence dans les pousses les plus jeunes des rameaux et gagne peu à peu les parties plus âgées des branches, puis le tronc ; elle débute dans les racines dix à quinze jours plus tard, apparaissant d'abord dans les plus grosses, puis dans les moyennes, et enfin dans les radicelles. Dans les arbres plus âgés, l'activité cambiale débute à la fois dans la région basilaire du tronc, à l'extrémité des branches supérieures et dans le renflement d'insertion de celles-ci. À la fin de l'été, l'activité cambiale s'éteint aussi progressivement, mais dans un autre ordre ; c'est au niveau du renflement basilaire du tronc qu'elle persiste le plus longtemps. — M. Ch. De cagny a retrouvé dans le nucléole des cellules de l'endosperme du *Phaseolus* les *vacuoles plasmogènes* qu'il avait signalées antérieurement chez les *Spirogyra*; il conclut de ses observations que c'est du nucléole que prennent naissance la membrane nucléaire et les fils achromatiques. — M. A. de Tillo, après avoir réuni tous les documents publiés sur la question, étudie la répartition à la surface du globe des principaux terrains géologiques. — M. L. Duparc a analysé les eaux et les vases du lac d'Annecy et, comparativement, les eaux des affluents de ce lac. La comparaison montre pour les eaux du lac un appauvrissement en substances dissoutes qui ne peut être rapporté à la dilution par les pluies; l'auteur pense que c'est un résultat de la vie organique.

Nomination: M. Considère est élu correspondant pour la section de mécanique.

Mémoires présentés: M. C. J. A. Leroy fait ouvrir un pli cacheté contenant une méthode pour construire des objectifs aplanétiques, d'ouverture aussi grande que l'on veut, en employant exclusivement des surfaces sphériques. — M. Genevée fait ouvrir un pli cacheté contenant un « Mémoire sur les lois de la formation et des mouvements des corps et sur leur application à la formation du système solaire ». — M. Sandras : « Sur les altérations de la voix produites par les inhalations d'eau de laurier-cerise, le cyanure de potassium, etc. » — M. Ivison y O'Neale adresse une note relative à la conservation et au plâtrage des vins. — M. Pellerin adresse une note relative à une modification à apporter aux dispositions usitées pour les électro-aimants.

Séance du 8 février.

1° SCIENCES MATHÉMATIQUES. — M. Sophus Lie : Sur une interprétation nouvelle du théorème d'Abel. — M. Pa'nlevé : Sur les intégrales des équations du premier ordre qui n'admettent qu'un nombre fini de valeurs. — M. H. Deslandres, continuant ses recherches photographiques sur le rayonnement de l'atmosphère solaire dans la partie la plus réfrangible du spectre, a exploré la région comprise entre λ 380 et λ 350; les appareils ont dû être modifiés pour cette recherche. Huit des dix raies ultra-violettes de l'hydrogène ont été retrouvées dans les protubérances. Ainsi le Soleil, qui est une étoile jaune, offre dans certaines parties de son atmosphère le rayonnement caractéristique des étoiles blanches. — M. G. Darboux, en présentant à l'Académie le jeune *Inaudi*, appelle l'attention sur les facultés exceptionnelles pour le calcul mental dont il fait preuve. (Voir le numéro précédent de la *Revue, supplément*). — M. Derrecagaix présente les résultats de la nouvelle mesure de la base de Perpignan, qui a été exécutée dans le courant de l'été dernier par le service géographique de l'année. Cette mesure était nécessaire, à cause du désaccord entre la longueur obtenue directement par Delambre pour cette base, et sa longueur calculée soit par Delambre à partir de l'ancienne base de Melun, soit par le nouvel enchaînement à partir de la base de Paris. La mesure moderne a donné une longueur supérieure de 0ᵐ29 à celle de Delambre, et inférieure de 0ᵐ03 seulement à celle calculée en partant de la base de Paris.

2° SCIENCES PHYSIQUES. — A l'occasion d'une note présentée dans la dernière séance par M. H. Le Châtelier sur la mesure optique des températures élevées, M. H. Becquerel rappelle qu'en 1862 son père Edmond Becquerel a publié sur cette même question un mémoire très étendu. — M. R. Blondlot décrit un nouveau procédé pour transmettre des ondulations électriques le long de fils métalliques, procédé qui présente divers avantages sur celui de M. Hertz; il emploie aussi une disposition particulière de résonnateur qui est fixe et encadré en rectangle par les conducteurs, les longueurs d'onde étant déterminées par les déplacements d'un pont mobile. Cet appareil fonctionne avec une grande intensité. — M. J. Chappuis a imaginé une nouvelle méthode pour l'étude de la réfraction des gaz liquéfiés; elle repose sur l'emploi de la relation $n_i \sin A_i = n_s \sin A_s$, qui lie entre eux les angles $(A_i$ et $A_s)$ et les indices $(n_i$ et $n_s)$ de deux prismes de sens contraire accolés par une de leurs faces et tels qu'un rayon tombant sur le système, normalement à la face d'entrée, en ressort normalement à la face de sortie. Dans l'appareil, l'un des prismes est constitué par le gaz liquéfié, contenu dans une cuve cubique, et dans lequel est immergé un prisme de crown de 45° soudé à l'une des faces de la cuve; l'autre, d'angle variable, est constitué par ce prisme de crown et un diasporamètre de Govi, construit avec la même crown, tourne autour d'un axe parallèle à l'arête du prisme solide fixe. L'auteur a déterminé avec cette méthode les indices à l'° de l'acide sulfureux et du chlorure de méthyle, qui sont respectivement 1,3510 et 0,3521 pour la raie D. — M. E. Carvallo a été amené, par un examen plus complet des expériences de Soret et Sarazin, à modifier légèrement les constantes de la formule de dispersion qu'il avait obtenue relativement à la polarisation rotatoire des quartz à partir des équations de Helmholtz (Voir C. R. 14 déc. 1891). Les valeurs calculées avec cette formule s'écartent très peu des nombres de Soret et Sarazin. M. Carvallo a voulu voir si la loi s'appliquait dans l'infra-rouge, et il a repris à ce point de vue les résultats de ses recherches sur les indices calorifiques du spath. La différence : observation moins calcul, faible d'abord, va croissant avec la longueur d'onde. Mais il est possible qu'elle soit due à l'absorption, dont il n'a pas été tenu compte. — M. Raoult a modifié son appareil cryoscopique de façon à augmenter sa précision et à le porter jusqu'à $\frac{1}{500}$ de degré. Ce résultat a été obtenu au moyen d'un bain réfrigérant facile à régler, et d'un agitateur d'un nouveau système, assurant dans le liquide en expérience une homogénéité parfaite. L'appareil ainsi perfectionné est susceptible d'être appliqué à la détermination du point de congélation des dissolutions très étendues et de donner par suite des renseignements sur l'état des corps dans de telles solutions. M. Raoult en donne une première application relative au sucre de canne. — M. A. Joly, en chauffant du ruthénium dans un courant de chlore, a reconnu qu'il se forme non pas Ru Cl³, comme l'avait dit Claus, mais Ru Cl³, par une réaction incomplète, avec du ruthénium inattaqué. Si le courant de chlore est mêlé d'oxyde de carbone, dans les mêmes conditions, la réaction est à peu près totale. Le sesquichlorure de ruthénium est soluble dans l'alcool absolu: si l'eau a accès au sein de cette dissolution, il s'y transforme en oxychlorure. — MM. Rousseau et G. Tite, en chauffant en tube scellé au delà de 200° un mélange d'azotate d'argent et de marbre avec une petite quantité d'eau, ont obtenu des cristaux rouges, contenant de l'argent, de l'acide azotique et de la silice, celle-ci provenant du verre du tube. Ce composé doit être considéré comme le sel d'argent d'un acide azoto-silicique. — M. Scheurer-Kestner, qui avait vu le soufre des sulfates alcalins se dégager, dans la préparation du verre, à l'état libre, a repris l'étude de la décomposition de l'acide sulfureux par le carbone. Si on fait passer de l'acide sulfureux gazeux à travers une couche de charbon calciné et chauffé rouge blanc, on obtient la réaction suivante, qui est quantitative pourvu que le courant ne soit pas trop rapide : $2 SO^2 + 3 C = 2 CO + CO^2 + 2S$. — M. F. Parmentier, en faisant réagir avec précaution l'acide sulfhydrique sur le chlorure de plomb dissous dans l'acide chlorhydrique, a obtenu un précipité franchement rouge; c'est l'hydrosulfure de plomb, PbCl; il a obtenu de même le bromosulfure de plomb et reconnu l'existence d'un iodo-sulfure. — M. de Forcrand, en faisant réagir le sodium sur l'acide isopropylique, a obtenu l'isopropylate de sodium triisopropylique; on obtient aussi une combinaison triisopropylique avec le glycol monosodé. L'isopropylate de sodium est difficile à produire. Pourtant, en opérant à chaud au sein de la benzine, M. de Forcrand a obtenu l'isopropylate ne contenant que $\frac{1}{100}$ de la combinaison triisopropylique. — M. E. Jandrier a préparé les dérivés nitré et nitrosé de l'antipyrine par l'action de l'acide nitrique en présence de l'acide sulfurique. — A propos de la note de M. Colson sur le pouvoir rotatoire des dérivés diacétyltartriques, M. J. A. Le Bel reprend l'exposition de sa théorie stéréochimique et montre que la représentation des dérivés du méthane ne peut être ramenée au tétraèdre régulier, comme il l'a souvent dit antérieurement, que par une simplification quelquefois illégitime. En réalité, il y a entre les atomes d'hydrogène ou les groupements substitués des conditions complexes d'équilibre. On n'est donc pas en droit de raisonner exclusivement sur le schéma tétraédrique pour juger la stéréochimie.

3ᵉ Sciences naturelles. — M. J. Passy : Sur les minimums perceptibles de quelques odeurs. (Voir Soc. de Biol. 30 janv.). — M. N. Gréhant a constaté que lorsqu'on fait respirer à des chiens, pendant un temps constant, des mélanges d'air et d'oxyde de carbone à moins de $\frac{1}{1000}$, l'abaissement de la capacité respiratoire et la teneur en oxyde de carbone du sang de chaque animal sont proportionnels au titre du mélange respiré. Cette remarque permet de doser physiologiquement de petites quantités d'oxyde de carbone. — M. G. Chauveaud a étudié le développement de l'ovule et le développement du sac embryonnaire chez le *Vincetoxicum officinale* ; ce développement présente diverses particularités. — MM. Berthelot et G. André ont déterminé la proportion de silice, tant soluble qu'insoluble, contenue dans les diverses parties et aux diverses phases de la végétation d'une culture de blé faite sur un sol dont la silice avait été dosée préalablement. Le grain semé renfermait très peu de silice presque toute soluble. Dès le début de la végétation, on trouve dans la tige une proportion notable de silice insoluble. Au début de la floraison, la plus forte proportion de silice totale s'observe dans les feuilles ; la teneur relative et encore plus élevée pour l'état insoluble ; la silice soluble est abondante dans les racines. Pendant la maturation du grain, la silice s'accumule de plus en plus dans les feuilles ; les tiges et les racines ne contiennent que de la silice soluble. Au moment de la dessiccation, au contraire, les racines contiennent peu de silice, la tige en renferme davantage, partiellement à l'état insoluble. L'épi est toujours pauvre en silice. — MM. J. de Guerne et J. Richard ont étudié la faune des eaux douces de l'Islande sur des échantillons rapportés par M. Ch. Rabot. Cette faune présente des caractères mixtes rappelant à la fois les faunes analogues de l'Europe et celles de l'Amérique septentrionale des zones tempérée et arctique.—Le Prince A. de Monaco présente une carte qui résume l'ensemble de ses expériences sur les courants de l'Atlantique, explorés par des lancements de flotteurs pendant trois années successives. L'existence d'un tourbillon dans le sud-ouest et non loin des Açores est définitivement démontrée. La vitesse de certains courants, aboutissant à des côtes très peuplées où les flotteurs sont relevés dès leur arrivée, a pu être établie avec précision. Le demi-cercle occidental du tourbillon présente diverses particularités de celle de l'autre demi-cercle.

Nomination. — M. Manen est élu correspondant pour la section de géographie et navigation.

L. Lapicque.

ACADÉMIE DE MÉDECINE

Séance du 19 janvier.

M. Marrotte : Sur l'emploi thérapeutique du chlorhydrate d'ammoniaque. — MM. J. V. Laborde et Gréhant : Note sur les dangers du chauffage des voitures par des briquettes de charbon de Paris. Les auteurs, après étude expérimentale, signalent le danger de ce mode de chauffage des voitures. — Discussion à propos des recherches de M. Charpentier sur un cas de néphrite infectieuse puerpérale présenté dans la dernière séance, et à laquelle prennent part MM. Hervieux, Tarnier et l'auteur de la communication.

Séance du 26 janvier.

M. Javal : Sur la pente de l'écriture. — M. Béranger-Féraud : Sur l'augmentation et la fréquence du tænia en France depuis un demi-siècle. De l'étude approfondie à laquelle s'est livré l'auteur il résulte que depuis un demi-siècle la fréquence du tænia s'est notablement accrue en France ; en même temps, le tænia inerme provenant du bœuf s'est substitué au tænia armé d'origine porcine ; le tænia inerme semble pénétrer en France par les frontières de Belgique, de Suisse et les côtes de la Méditerranée. Nos moyens de défense contre cet envahissement sont : 1° l'usage de la viande bien cuite ; 2° l'augmentation de l'élevage indigène des bœufs de boucherie ; 3° la destruction des œufs du tænia excrétés par les hommes atteints du parasite. M. Laborde à propos de cette communication, signale l'action remarquable des sels de strontium (lactate, tartrate, phosphate) sur les parasites intestinaux, en particulier sur le tænia ; les chiens soumis à l'expérience en ont été débarrassés et n'en ont plus présenté de trace.

Séance du 2 février.

A. Ollivier : Note sur la prophylaxie de la grippe. L'auteur signale les heureux effets qu'il a obtenus avec l'huile de foie de morue. Pendant l'épidémie de 1890, trente enfants ont été mis systématiquement à l'huile de foie de morue ; il n'y a eu qu'un cas de grippe parmi les malades suivant ce régime. L'auteur fait prendre l'huile par cuillerées à café aux enfants une, deux, trois ou même quatre fois par jour ; par cuillerées à soupe aux personnes plus âgées ; il recommande de plus, de la prendre pendant le premier déjeuner. MM. L. Colin, Le Roy de Méricourt, Vallin et l'auteur se livrent ensuite à une discussion au sujet de cette communication. — M. Hervieux : A quelles époques de la vie faut-il pratiquer la revaccination obligatoire ? L'auteur pense que la future loi sur le vaccine obligatoire, étant admis que la première vaccination aura été pratiquée chez tous les enfants dans les six premiers mois qui suivaient la naissance, devra prescrire la première revaccination à dix ans, la seconde à 20 ans, et, ultérieurement, les revaccinations en masse dans les régions placées sous le coup d'une épidémie variolique grave. A la question de revaccination est liée celle des cicatrices vaccinales. La plupart des hommes qui se sont occupés de cette question sont d'avis qu'il ne devra être tenu aucun compte de l'existence des cicatrices vaccinales antérieures pour soustraire un sujet à la loi future. Il devra en être de même pour les cicatrices varioliques : la variole pas plus que la vaccine, ne confère l'immunité pour toute la vie.

SOCIÉTÉ DE BIOLOGIE

Séance du 6 février 1892.

M. Bonnier décline toute responsabilité au sujet des opinions émises par M. Fayod dans la *Revue générale de Botanique* dont il est directeur. — En réponse à la note de M. J. Passy (séance précédente) sur les minima perceptibles des odeurs, M. Ch. Henry affirme que la dilution du parfum dans l'alcool est une faute, et que, d'autre part, il se condense près du col du flacon des gouttelettes qui portent en cet endroit la tension de vapeur à son maximum. Pour son olfactomètre, il reconnaît que cet appareil donne des résultats inexacts, parce qu'il a dû négliger dans le calcul deux facteurs importants, mais ces résultats se rapprocheront de la vérité à mesure que se perfectionnera la physique mathématique. Quant au chiffre donné pour l'éther, par centimètre cube, chiffre double de la tension de vapeur du corps à la température de l'expérience, il s'explique très bien, d'après M. Ch. Henry, par ce fait que le sujet, qui était éthéromane, s'est anesthésié pendant l'expérience. — **M. Feré** signale le fait suivant: sur un épileptique qui avait été récemment revacciné sans succès, une nouvelle revaccination, faite à la suite de cinq accès qui avaient laissé le sujet dans la stupeur, donna lieu à une éruption vaccinale régulière des deux côtés. — MM. **Railliet** et **Cadiot** ont observé chez le chat deux cas d'acariase auriculaire, dus au *Symbiotes auricularum ;* un des deux animaux est mort dans des convulsions épileptiformes. Transportés sur un autre chat, les parasites l'ont fait mourir de la même manière. Ce parasite existant fréquemment chez le chien et chez le furet, les auteurs ont examiné si la transmission est possible d'une espèce à l'autre. En fait, il y a pour chaque espèce une variété d'acarien ; la variété du furet s'écarte de celle du chien, celle du chat est intermédiaire, et qui explique que le *Symbiotes* est transmissible du chat au chien, et non du furet au chien. — **M. L. Lapicque**, qui avait étudié antérieurement l'action des iodures alcalins sur la pression, a repris au même point de vue les iodates et l'iode libre. La décomposition des iodates dans le sang est presque instantanée ; d'autre part, on sait que l'iode libre se combine pour une partie à l'état d'iodure avec les alcalis du sang. L'action de ces substances sur la pression est en gros la même, mais elle se produit bien plus rapidement sous l'influence de l'iodate et de l'iode libre que sous l'influence de l'iodure, et avec des doses moindres pour le premier corps que pour le second, pour le second que pour le troisième. L'activité physiologique de ces combinaisons de l'iode étant de même sens et inversement proportionnelle à la stabilité de chacun, ces expériences confirment la théorie d'après laquelle les iodures alcalins seraient décomposés dans l'organisme animal. — **M. Laulanié** a étudié corrélativement les variations de la thermogénèse et des échanges respiratoires produits chez le lapin par la tonte ; la thermogénèse augmente en même temps que la consommation d'oxygène et l'exhalaison d'acide carbonique, mais les échanges s'accroissent relativement plus, et le quotient respiratoire s'abaisse. — **M. G. Bonnier** a étudié comparativement la chaleur dégagée par des plantes ou portions de plantes, placées dans le thermocalorimètre de Regnault, avec leurs échanges respiratoires ; il a constaté que la quantité de chaleur dégagée est plus grande que celle calculée, d'après le phénomène respiratoire, lorsqu'il y a destruction de réserves ; elle est plus petite au contraire lorsqu'il y a formation de réserves. — **M. J. Girode** présente des préparations microscopiques provenant d'un utérus, et dans lesquelles il y a des fibres musculaires striées très visibles.

Séance du 13 février.

M. **Mégnin** réclame la priorité de la plupart des faits signalés par MM. **Railliet** et **Cadiot** sur les acariens des oreilles chez le chat, le furet et le chien, acariens qu'il avait dénommés *Symbiotes ecaudatus*. — M. **Railliet** répond que, dans sa note, il n'avait fait aucun historique ; c'est pourquoi il n'avait pas mentionné les recherches de M. **Méguin**. Quant au nom spécifique de l'acarien, celui d'*auricularum* est antérieur à celui d'*ecaudatus*. — MM. **A. Gilbert** et **G. Lion** ont vu dans leurs expériences que les lapins inoculés avec le *Bacillus Coli communis* ne meurent pas toujours avec les accidents aigus décrits par Escherich. Dans un assez grand nombre de cas, ils succombent à des paralysies tardives. Les auteurs supposent que les paralysies *urinaires* que l'on observe quelquefois chez l'homme pourraient bien relever de cette infection. — M. **Dupuy** pose la question de savoir si la plupart des paralysies urinaires ne sont pas réflexes. — MM. **Feré** et **Hérbert**, chez leurs épileptiques, qui, après avoir été soumis à une bromuration prolongée, ont succombé à une affection intercurrente, ont dosé le brome que contenaient les divers organes. — **M. Ch. Finot** expose les

conclusions de ses recherches sur l'albuminurie transitoire chez l'homme sain, recherches qui ont porté sur dix-sept sujets observés pendant trente-cinq jours consécutifs. Il y a des dispositions individuelles qui rendent plus ou moins facile le passage de l'albumine dans les urines à la suite de la fatigue ; lorsque celle-ci est poussée assez loin, peu de sujets échappant à l'albuminurie. Diverses causes peuvent produire le même effet. — **M. J. Chatin**, en étudiant le tégument de certains Nématodes à l'état jeune, a pu reconnaître, particulièrement chez l'*Heterodera Schachtii*, une structure initiale nettement cellulaire. — MM. **Chambrelent** et **Demont** ont repris les recherches faites par l'un d'eux sur la toxicité de l'urine des femmes enceintes ; ces expériences de contrôle ont donné le même résultat, à savoir que cette toxicité est constamment diminuée.

L. LAPICQUE.

SOCIÉTÉ MATHÉMATIQUE DE FRANCE

Séance du 17 février.

M. **Lemoine** indique l'application de ses recherches antérieures à la mesure de la simplicité des constructions en géométrie. Il y a là un art véritable dont on ne semble pas jusqu'ici s'être préoccupé. Il s'en faut que les constructions qui donnent lieu à l'énoncé le plus élégant soient celles qui conduisent au tracé effectivement le plus simple ; c'est le contraire qui a généralement lieu. M. **Lemoine** en cite divers exemples puisés dans le domaine classique. En particulier, la solution si élégante donnée par Gergonne pour la détermination du cercle tangent à trois cercles donnés n'est pas celle qui comporte la construction la plus simple. — **M. d'Ocagne** indique les simplifications que M. **Laisant** et lui-même ont respectivement introduites dans les constructions qu'ils ont fait connaître dans la séance précédente pour la somme des carrés des distances à des droites données est un minimum. — **M. F. Lucas** rappelle qu'il a appelé *points centraux* d'un système de n points ceux dont le produit des distances aux points donnés est un minimum. Si on appelle F (z) le polynôme qui, égalé à zéro, a pour racines les affixes $(x+y\sqrt{-1})$ des points donnés, les points centraux du système seront ceux qui auront pour affixes les racines de F' $(z)=0$. Leur système aura, à son tour, $n-2$ points centraux qui seront dits points centraux du deuxième ordre pour le système initial, et ainsi de suite. Ces systèmes successifs de points ont le même centre de gravité. Il y a deux points centraux du $n-2^e$ ordre. La droite qui les joint est un *axe d'inertie* du système proposé. M. **Lucas** déduit de l'analyse par laquelle il établit ce théorème la condition pour que l'ellipse d'inertie du système se réduise à un cercle. Cette condition est que, pour un choix d'axes quelconque passant par le centre de gravité du système, la somme des carrés des affixes des points donnés soit nulle. — **M. Laisant** présente quelques observations sur l'expression p^q, p et q étant deux quantités imaginaires. Il montre que cette expression prend une infinité de valeurs si p est simplement donné, sans qu'on précise son argument. En particulier i^i représente tous les termes de la progression géométrique... $\dfrac{1}{\gamma}$, γ, γ^3,..., γ étant égal à $e^{-\frac{\pi}{2}}$. —

M. **Lucien Lévy** fait connaître les surfaces enveloppes de sphères qui, par une translation, engendrent une famille de Lamé (système triplement orthogonal).

M. D'OCAGNE.

SOCIÉTÉ ROYALE DE LONDRES

Séance du 4 février 1892.

1° SCIENCES MATHÉMATIQUES. — M. **J. Norman Lockyer** : La nouvelle étoile découverte dans la constellation Auriga. La première photographie du spectre de la nouvelle étoile a été prise sous la direction de M. Lockyer le 3 février ; ce spectre présente trois raies qui correspondent aux longueurs d'ondes : 3933, 3968 (H), 4101 (h), 4128, 4172, 4226, 4268, 4312, 4340, 4516, 4552, 4587, 4618. Outre ces raies, on a pu en observer un grand nombre d'autres dans le spectre visible et en identifier quelques-unes. La raie C est la plus brillante du spectre, la raie F et plusieurs autres raies à son voisinage étaient également très nettes. Il y a une raie au voisinage de λ 500 et une autre au voisinage de λ 495. Il y a aussi une raie assez brillante près de λ 517 et une raie peu marquée dans le jaune qui semble coïncider avec la raie D. La raie G de l'hydrogène apparaît nettement ainsi qu'une bande ou groupe de raies situées entre G et F.

2° SCIENCES PHYSIQUES. — M. le capitaine Noble présente une note sur l'énergie absorbée par le frottement des projectiles dans l'âme des canons rayés. L'objet de ces expériences est de déterminer aussi exactement que possible la perte d'énergie due au frottement de l'anneau qui fait forcer le projectile contre les parois du canon. On sait que dans les canons modernes qui se chargent par la culasse, la rotation est imprimée au projectile au moyen d'une bande ou anneau de cuivre qui y est adaptée et dont le diamètre est un peu supérieur au calibre du canon et même au diamètre du cercle dont la circonférence passerait par le fond des rayures. La pression des gaz formés par la combustion de la poudre force l'anneau dans les rayures du canon et imprime ainsi au projectile sa rotation. Il est évident que diverses circonstances peuvent augmenter ou diminuer le frottement du projectile. La qualité de la poudre exerce, par exemple, une grande influence ; le frottement sera augmenté si on a à faire à une poudre qui encrasse beaucoup. Il faut tenir compte aussi de la forme et du diamètre de l'anneau, des méthodes employées pour imprimer sa rotation au projectile, et de la quantité même de cette rotation. Le capitaine Noble, pour déterminer l'influence de ces diverses conditions s'est servi de diverses espèces de poudre et de divers types de canons et de projectiles. La discussion de quelques-uns des résultats obtenus montre que la perte totale d'énergie provenant à la fois de l'encrassement par la poudre à gros grains de l'artillerie anglaise et du frottement dû aux rayures paraboliques du canon se monte à 7 0/0 de l'énergie développée. Il résulte de cinq séries d'expériences que la perte moyenne d'énergie due au frottement est de 1,52 dans les canons à rayures uniformes et de 3,78 dans les canons à rayures paraboliques ; déduction faite du coefficient de frottement : 0,203. — M. C. H. Lees : Conductibilité thermique des cristaux et des autres mauvais corps conducteurs. La méthode consiste à placer un disque de la substance dont on veut déterminer la conductibilité entre les extrémités de deux barres de métal placées coaxialement, à chauffer une des extrémités du système et à observer, au moyen de thermo-couples appliqués aux barres, la distribution de la température dans ces barres : 1° lorsqu'elles sont séparées par le disque ; 2° lorsqu'elles sont directement en contact. Quand on connaît la conductibilité des barres, ces observations suffisent à déterminer celles du disque ; voici les résultats obtenus :

	Unités C. G. S.
Verre ordinaire	0,0024
Cristal ordinaire	0,0020
Sel gemme	0,014
Quartz selon l'axe	0,030
Quartz perpendiculairement à l'axe	0,016
Spath d'Islande selon l'axe	0,010
Spath d'Islande perpendiculairement à l'axe	0,008
Mica perpendiculairement au plan de clivage	0,002
Marbre blanc	0,007
Ardoise	0,005
Gomme laque	0,0006
Paraffine	0,0006
Caoutchouc pur	0,0004
Soufre	0,0004
Ébonite	0,0004
Gutta-percha	0,0005
Papier	0,0003

	Unités C. G. S.
Papier d'asbeste	0,0004
Acajou	0,0005
Châtaignier	0,0004
Liège	0,0001
Soie	0,0002
Coton	0,0006
Flanelle	0,0002

— M. A. M. Worthington : Extension mécanique des liquides. Ses recherches ont porté sur la détermination expérimentale de l'extensibilité en volume de l'alcool éthylique. Les divers expérimentateurs ont imaginé trois méthodes différentes pour soumettre un liquide à la tension, mais aucune d'elles ne donne le moyen de mesurer en même temps l'extension du liquide et la pression qu'il exerce. M. Worthington a trouvé le moyen de mesurer simultanément ces grandeurs et a utilisé pour cela une série d'observations sur l'alcool éthylique qu'il a conduites jusqu'à une tension de plus de 17 atmosphères, soit 258 livres par pouce carré. Grâce à l'obligeance de l'auteur, nous pouvons donner (fig. 1) une reproduction de l'appareil dont il s'est servi et indiquer la technique expérimentale qu'il a appliquée. Le liquide privé d'air par une ébullition prolongée est scellé dans un vase de verre solide qu'il remplit presque en entier à une température donnée, le reste de l'espace est alors occupé par de la vapeur. En élevant la température, le liquide s'étend et remplit tout l'espace. Si on abaisse la température, le liquide, en raison de son adhérence aux parois du vase, ne peut se contracter ; il reste distendu remplissant toute la capacité du vase et exerçant sur ces parois une pression intérieure. La tension exercée est mesurée au moyen des changements de capacité du bulbe ellipsoïde d'un thermomètre (A) scellé dans le vase et auquel M. Worthington donne le nom de *tonomètre*. Ce bulbe devient légèrement plus sphérique et présente par conséquent une capacité un peu plus grande sous la pression du liquide. Le mercure descend donc dans le tube du tonomètre ; sa chute correspond à cette chute a été préalablement déterminée par l'observation de l'élévation produite par une pression égale appliquée à la même surface. On peut à chaque instant ramener le liquide au volume qui correspond normalement à la température et à la pression de sa vapeur saturée en chauffant un moment au moyen d'un courant électrique un fil de platine B qui traverse le tube capillaire qui forme une partie du vase. L'espace laissé vide dans le tube représente les extensions apparentes. Il faudrait pour avoir les extensions vraies les corriger en calculant la quantité dont ont cédé à la pression les parois du vase de verre.

Richard A. GRÉGORY.

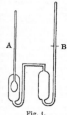

Fig. 1.

SOCIÉTÉ DE CHIMIE DE LONDRES

Séance du 17 décembre

MM. Henry Armstrong et E. Rossiter : I. Les sulfochlorures des dibromonaphtalines isomériques. II. Action des alcools sur les sulfochlorures comme moyen de préparer les éthers sels des acides sulfonés. III. Action du brome sur un mélange d'ortho et de paranitro — α — acénaphtalide. IV. Action du brome sur un mélange d'ortho et de paranitro — α — acénaphtalide. IV. Action du brome sur les α et β bromonaphtalines. — MM. Henry Armstrong et E. Kipping : La *camphrone*, produit obtenu par l'action des agents déshydratants sur le camphre. L'étude de ce produit, non terminée, conduit à lui attribuer la formule $C^{10}H^{12}O$. — M. G. T. Moody : Acides métaxylène sultoniques. — MM. Perkin Junior et James Stenhouse : Action du bromure de propylène sur les dérivés sodiques de l'acétoacétate d'éthyle et du benzoylacétate d'éthyle. — MM. **Perkin Junior et Sinclair** : Dérivés du tétraméthylène.

Séance du 21 janvier 1892.

M. **Matthew A. Adlams** : Détermination de l'oxygène dissous dans l'eau. L'auteur décrit un appareil permettant d'opérer avec précision le dosage de l'oxygène dissous, d'après la méthode proposée par Schutzenberger. — M. **Vivian B. Lewes** : Éclat lumineux des flammes de gaz d'éclairage. D'après M. Lewes, les diverses actions qui tendent à diminuer l'éclat de la flamme dans un brûleur Bunsen peuvent être résumées de la façon suivante : 1° l'activité chimique de l'oxygène atmosphérique diminue l'éclat de la flamme en brûlant les hydrocarbures avant qu'ils n'aient pu former de l'acétylène ; 2° la dilution causée par l'azote atmosphérique en élevant la température à laquelle se produit la décomposition partielle des hydrocarbures, s'oppose à la formation d'acétylène et diminue ainsi l'éclat ; dans la flamme normale du Bunsen, l'azote agit en retardant cette décomposition jusqu'à ce que les carbures soient détruits par oxydation ; 3° l'action refroidissante de l'air atmosphérique introduit vient s'ajouter aux autres causes, quoique le refroidissement produit soit inférieur à l'élévation de température produite par l'introduction de l'oxygène de l'air ; 4° dans la flamme normale du Bunsen, l'azote et l'oxygène ont des actions également importantes pour diminuer l'éclat de la flamme ; mais, si la quantité d'air vient à augmenter, l'oxydation devient l'agent principal, et l'azote cesse pratiquement d'exercer une influence. — M. **A. Smithells** : Origine de la coloration de la flamme. Note préliminaire. L'auteur émet l'idée que les colorations observées dans les flammes par l'introduction de certains corps sont dues à la formation de composés chimiques, et non à des effets purement physiques. Il annonce une série de recherches sur ce sujet. — M. **J. Friswell** : Note sur l'action de l'acide azotique dilué sur le charbon. — MM. **Percy Frankland et William Frew** : Fermentation du mannitol et du dulcitol. Les auteurs ont obtenu un microorganisme qui décompose par fermentation non seulement le mannitol, mais aussi le dulcitol qui a résisté jusqu'ici à l'action de toutes les bactéries que l'on a fait agir sur lui. La décomposition du dulcitol et du mannitol peut être regardée comme répondant aux deux réactions suivantes, qui se produisent d'une façon indépendante :

$$C^6H^{14}O^6 = 2C^2H^6O + CO^2 + CH^2O^2$$
$$C^6H^{14}O^6 = C^4H^{10}O^4 + C^2H^4O^2 + 2H^2$$

— MM. **Mackenzie et Perkin Junior** : Synthèse de l'acide hexahydrotéréphtalique. — M. **W. Ostwald** : Sur la rotation magnétique des sels dissous. Remarques relatives aux résultats obtenus par Perkin. — M. **W. Ostwald** : La dissociation du peroxyde d'azote. L'auteur compare la dissociation que subit ce composé, soit par vaporisation, soit par dissolution dans le chloroforme. Les résultats se trouvent en accord avec les idées de Van't-Hoff relativement aux analogies des états gazeux et dissous. — MM. **James Dobbie et Alexandre Lauder** : *Corydaline*. Étude de l'alcaloïde décrit par Hermann Wicke. — M. **Emmerson Reynolds** : Composés argentiques de la thio-urée.

SOCIÉTÉ ROYALE D'ÉDIMBOURG

Séance du 18 janvier 1892.

1° SCIENCES MATHÉMATIQUES. — M. **Western** : Note sur la tactique suivie par certains oiseaux quand ils volent dans le sens du vent. C'est un essai d'explication de l'avance que prennent certains oiseaux par rapport au vent sans mouvement de leurs ailes. — Le professeur **Tait** lit la seconde partie d'un mémoire sur le choc. Dans la série d'expériences décrites dans cette partie de son mémoire, on a opéré sur des blocs de substances variées, semblables de forme à ceux qui ont servi à la première série d'expériences, mais de dimensions plus grandes. La masse du corps heurtant est aussi plus grande que précédemment, et dans quelques cas on lui a donné la forme de V au lieu de la forme de corps plat. Le mémoire contient une comparaison des résultats actuels avec les précédents.

2° SCIENCES PHYSIQUES. — M. **G. Knott** lit une note sur l'aimantation du fer par un courant qui le traverse. Ses expériences sont destinées à étudier la nature de l'*aimantation transversale* [1] telle qu'elle existe dans un fil de fer qui conduit un courant. On se sert de tubes, dans lesquels l'aimantation transversale était mesurée par un courant induit produit dans une bobine enroulée longitudinalement autour de l'appareil du tube. L'aimantation transversale serait produite ou par un *courant axial* conduit par un fil de cuivre traversant le tube, ou par un courant traversant la section annulaire du tube de fer lui-même d'un bout à l'autre. Plusieurs tubes de différents calibres sont employés par paires ; l'induction, axiale ou annulaire, dans l'un des tubes étant garantie par un réglage des résistances dans les circuits secondaires contre l'induction axiale ou annulaire sous l'influence du même courant dans l'autre tube. La force magnétique agissant autour du tube était calculée conformément aux hypothèses habituelles et en la comparant ainsi à l'induction observée on a la perméabilité véritable. Le résultat général a été que l'induction annulaire qui accompagne un courant élevé est supérieure d'environ 7 0/0 à celle qu'il devrait y avoir d'après la théorie usuelle, si la relation entre ce courant et le courant axial était exacte. Des expériences directes montrent qu'un courant traversant le fer n'augmente pas la perméabilité pour des forces inductives agissant normalement au courant, de telle sorte que le désaccord mentionné doit tenir plutôt à une erreur de la théorie. Avec de plus grandes densités de courant, telles qu'il y en a dans le fer aimanté transversalement, le désaccord peut même être plus prononcé. — Le professeur **Tait** lit une note sur l'isothermique critique de l'acide carbonique, telle qu'elle résulte des expériences d'Amagat. Dans un intervalle considérable du volume, l'isothermique est pratiquement rectiligne.

3° SCIENCES NATURELLES. — M. **Griffiths** communique une note sur les ptomaïnes extraites de l'urine dans certaines maladies infectieuses.

W. **PEDDIE**,
Docteur de l'Université.

SOCIÉTÉ PHILOSOPHIQUE DE MANCHESTER

Séance du 15 décembre 1891.

1° SCIENCES PHYSIQUES : M. **Hodgkinson** fait observer qu'il n'existe aujourd'hui aucun moyen de décrire d'une façon uniforme les couleurs des objets naturels iridescents, tels que les papillons et certains minéraux. Toute difficulté disparaît si on les regarde au moyen d'une lumière qui revient à l'œil après avoir frappé l'objet normalement. A cet effet, on les illumine au moyen d'une lampe placée à une certaine distance et avec un miroir plan percé d'un trou par lequel l'observateur regarde l'objet dont on veut décrire la couleur. L'instrument est en somme un ophtalmoscope.

2° SCIENCES NATURELLES : M. **Melvill** décrit une nouvelle espèce de *Latirus* venant de l'île Maurice, s'ajoutant à la liste complète de ce genre qu'il a récemment dressée.

Séance du 12 janvier 1892.

SCIENCES PHYSIQUES : M. **Schuster** annonce que les thermomètres de Joule sont actuellement en sa possession et qu'il en fait une étude exacte. Deux de ces ins-

---

[1]. Le physicien écossais se sert de l'expression *circular magnetisation*. Nous employons de préférence en français le nom d'*aimantation transversale* que M. Paul Janet a donné à ce phénomène.

truments ont servi dans les expériences classiques du célèbre physicien.

Séance du 26 janvier

SCIENCES MATHÉMATIQUES : M. R. F. Gwyther décrit une méthode pour faire dériver les invariants ordinaires d'une conique de l'expression due à Monge que Halphen a appelé l'*invariant différentiel*. Les calculs se simplifient si l'on part de l'équation intrinsèque de la courbe.

Séance du 9 février

SCIENCES PHYSIQUES : M. C. O'Neill a constaté que la solubilité du formiate de plomb est considérablement augmentée par la présence d'une petite quantité de nitrate de plomb.   P.-J. HARTOG.

SOCIÉTÉ ANGLAISE DES INDUSTRIES CHIMIQUES

SECTION DE MANCHESTER.
Séance du 8 janvier 1892.

M. Levinstein appelle l'attention de la section sur les nouveaux règlements du Conseil municipal de Manchester qui défendent aux fabricants de faire de nouvelles constructions, même des hangars, sans les soumettre au « Building-Committee » du Conseil. — Suite de la discussion sur la purification des eaux d'égout. M. Davis pense qu'il faut non pas 7 tonnes et demi de chaux pour précipiter 4.500.000 litres (un million de gallons), mais bien de 15 à 20 tonnes. M. Grimshaw résume la discussion. Il faudra à l'avenir employer un sel ferrique avec addition d'une certaine quantité de chaux ; il conviendra aussi de réduire le plus possible la quantité de matières déposées, car il faut abandonner l'espoir d'en tirer un profit. — M. W. Thomson décrit un nouvel appareil enregistrant automatiquement la présence et la densité de la fumée noire qui sort de la fumée. Une feuille de papier blanc est enroulée sur un cylindre double en laiton ; dans l'espace annulaire du cylindre on fait circuler un courant d'eau froide pour empêcher le papier d'être brûlé. Celui-ci se déroule automatiquement au moyen d'un ressort et passe devant une fente exposée à la fumée. Il se produit alors sur le papier une tache noire dont l'intensité varie avec la densité de la fumée.   P.-J. HARTOG.

ACADÉMIE DES SCIENCES DE VIENNE.

Séance du 14 janvier 1892.

1° SCIENCES PHYSIQUES. — M. Ludwig Mach : « Sur un réfractomètre interférentiel. »

2° SCIENCES NATURELLES. — M. Franz Mares : « Théorie de la formation de l'acide urique dans l'organisme des Mammifères. » — M. C. Grobben : « Sur la connaissance de l'arbre phylogénique et la classification des Crustacés. » La différence frappante entre les derniers représentants du type Euphyllopodes, *Branchipus*, *Apus* et *Estheria*, ainsi que certaines ressemblances de ce type avec les crustacés restants, amenèrent l'auteur à ces recherches dont les résultats furent les suivants : les Ostracodes et les Cladocères dérivent du type *Estheria* des Euphyllopodes, les Copépodes et les Cirripèdes du type *Apus*, les Malacostracés du type *Branchipus* ; il en résulte la suppression du groupe systématique des Entomostracés et la séparation des Malacostracés en Leptostracés et Eumalacostracés, ainsi que l'addition des Stomatopodes comme ordre particulier. La ressemblance qui existe entre les trois types Euphyllopodes, *Branchipus*, *Estheria* et *Apus*, tant dans les palpes mandibulaires, que dans la réduction des deux paires de maxillaires, trouve ainsi son explication dans la dérivation de ces trois types d'une forme primitive commune.

Séance du 21 janvier.

1° SCIENCES MATHÉMATIQUES. — M. Emil Wælsch, à Prague : « Sur les lignes de même intensité d'une surface

pour un éclairement central. » — M. G. von Niessl : « Détermination de la trajectoire du météore du 2 avril 1891. » L'auteur étudie la trajectoire du météore observé le 2 avril 1891 à 8 h. 55 m. temps moyen, de Vienne, en se fondant sur les données recueillies par M. Weiss, directeur de l'observatoire de Vienne. Il arrive à cette conclusion que ce météore détonant doit être classé à côté de la grosse boule de feu observée le 9 mars 1875.

2° SCIENCES PHYSIQUES. — M. G. Jaumann, à Prague : « Electromètre absolu à suspension bifilaire. » — M. G. Neumann à Gratz : « Action de quelques gaz et vapeurs sur le cuivre et les métaux précieux. » Dans la première partie de son travail, l'auteur communique une série de faits intéressant l'analyse organique élémentaire ; ainsi, du cuivre réduit par l'hydrogène et chauffé dans un courant d'acide carbonique, non seulement ne perd jamais tout son hydrogène, mais absorbe même du carbone. Réduit par les alcools méthylique et éthylique, il retient aussi du carbone et de l'hydrogène. Ces hydrocarbures sont tellement fixés au métal qu'ils ne se volatilisent pas à la température de 220°. En second lieu, M. Neumann a constaté l'oxydation des métaux précieux, argent, or, platine et palladium, en les chauffant dans l'oxygène à 450°. On met en évidence cette oxydation par la réduction des oxydes avec l'hydrogène.

Séance du 4 février.

1° SCIENCES MATHÉMATIQUES. — M. Adalbert Breuer présente deux travaux : « Sections coniques imaginaires » et « Les fonctions goniométriques d'un angle complexe ». — M. Aloïs Hermann à Gospic : « Théorie de la construction des ballons dirigeables ». — M. Jan de Vries : « Images isodynamiques et métaharmoniques ». — M. Konrad Zindler : « Recherche des multiplicités linéaires de dimension quelconque dans notre espace, complexes linéaires et système de rayons dans le même espace. »

2° SCIENCES PHYSIQUES. — M. L. Weineok envoie une photographie de la vallée Petavius de la Lune, qui est la reproduction avec une échelle vingt fois plus grande d'une photographie prise le 31 août 1890 par M. Lick. — M. E. Murmann : « Sur quelques dérivés de l'α-phénylquinoline. » L'auteur montre que l'acide sulfurique donne avec l'α-phénylquinoline deux sulfoacides représentés tous deux par la formule $C^{15}H^{10}Az.SO^3H$; on les sépare en passant par les sels de baryum qui possèdent des solubilités très différentes. En décomposant le sel peu soluble, on obtient un acide qu'on doit regarder comme l'acide quinoline-α-phénylparasulfonique ; car, traité par la potasse caustique, il fournit la paraoxy-α-phénylquinoline connue. L'acide correspondant au sel soluble est l'acide quinoline-α-phénylmétasulfonique, on y remplace facilement le reste SO^3 par l'oxhydrile OH. Ce corps est un produit d'oxydation, l'α-phénylquinoline, qui prend facilement 4H. L'oxytétrahydro-α-phénylquinoline préparée par le zinc et l'acide chlorhydrique donne par oxydation à l'aide de la potasse fondante, l'acide métaoxybenzoïque. Ces résultats fournissent la preuve que le produit d'oxydation est bien identique avec la métaoxy-α-phénylquinoline préparée autrement par Miller et justifient la constitution des deux acides. L'auteur décrit en outre une série de sels des deux nouveaux acides et un certain nombre de combinaisons résultant de leurs transformations. — MM. G. Goldschmiedt et R. Jahoda : « Sur l'acide ellagique. » — M. A. Grünwald : « Sur le spectre de l'hydrogène, nommé second ou complexe de B. Hasselberg, et sur la structure de l'hydrogène. » De l'étude minutieuse du spectre de l'hydrogène par sa méthode empirique-inductive, l'auteur tire des conséquences sur la structure intime des molécules de l'hydrogène liés entre eux pour constituer la molécule.

3° SCIENCES NATURELLES. — M. Haberlandt : « Recherches botaniques faites à Buitenzorg à Java. » La grande sécheresse inaccoutumée qui a eu lieu à Buitenzorg a permis à l'auteur de faire une série d'études sur les Épiphyses, très nombreux en cet endroit. On a opéré sur deux formes les *Drymoglossum nummularifolium* et *piloselloïdes* dont les feuilles présentent bien les caractères de l'espèce. Le développement des feuilles est normal; il n'en est pas de même de celui des radicelles. Quand on examine au microscope une vieille racine après l'avoir arrosée on voit à côté des anciennes radicelles des nouvelles très nombreuses et dans toutes les phases de développement. Cette production de nouvelles radicelles ne tient pas à l'accroissement normal des cellules sous-épithéliales, mais à un procédé de rajeunissement tout à fait remarquable des vieilles radicelles. Au moment de la dessiccation, le plasma se retire à la base de la radicelle et s'y confine en se séparant du reste de la radicelle par une nouvelle membrane, puis les résidus des cellules disparaissent. Dès que la pluie revient, le plasma reprend son activité et les radicelles sa reproduisent avec une rapidité étonnante. — M. **Hugo Zukal** : « Sur le contenu de la cellule chez les Schizophytes ». — M. **Gejza von Bukowski** : « État géologique des environs de Balia-Maden dans le nord-ouest de l'Asie. » — M. **A. Adamkiewicz** présente sa sixième communication sur ses « Recherches sur les cancers ». L'auteur a trouvé le moyen à l'aide de procédés dynamiques et non pas mécaniques (c'est-à-dire en arrachant ou en détruisant) d'éliminer par une réaction particulière les nouvelles formations cancéreuses avec tendance à la guérison, mode de traitement appelé par lui *cancroïne*. On y arrive en tuant les cellules du cancer, ce qui peut se produire de trois façons : 1° Les éléments cancéreux disparaissent de l'endroit où ils ont vécu jusque-là, éliminés par le courant vital; les glandes lymphatiques peuvent ainsi disparaître en partie ou en totalité; dans le premier cas, la glande se divise en présentant des baies. 2° Les cellules mourantes se détachent à leur base et tombent simplement; il se produit un vide correspondant. 3° Elles se transforment en pus. Le cas suivant présenta une exception à la règle. Un homme de 65 ans avait une petite infiltration de 0ᵐ 05 à la lèvre supérieure, et en même temps deux glandes de la grosseur d'un poids à la mâchoire inférieure; soumis au traitement précédent, les glandes ne disparurent point, il en vint au contraire de nouvelles; le troisième-jour on en avait déjà huit au lieu de deux. On suspendit le traitement et l'on fit disparaître l'induration; cette dernière avait une texture fibreuse, ne contenait pas de cellules cancéreuses, et la réaction de l'auteur, si caractéristique pour les cancers, ne donna que des résultats négatifs. On s'aperçut alors que le malade était syphilitique. Si ces observations viennent à être confirmées, on pourra de ces faits tirer des conséquences importantes au point de vue du diagnostic. — M. **Alfred Nalepa** : « Nouveaux microbes du foie. »

Émil **Weyr**,
Membre de l'Académie.

ACADÉMIE DES SCIENCES DE SAINT-PÉTERSBOURG.

Séance du 27 janvier 1892.

1° Sciences physiques. — M. **P. Muller** : Évaporation de la couche de neige. Les observations sur la neige ont été entreprises en 1890-91 par le directeur de l'Observatoire d'Ekaterinbourg ; elles ont été coordonnées par M. Muller pour pouvoir répondre à cette question posée par plusieurs météorologistes : La couche de neige perd-elle plus d'eau par évaporation qu'elle n'en reçoit par suite de la condensation de l'air humide qui s'opère dans son épaisseur. M. Muller compare la température de la neige pendant une certaine période avec celle du point de rosée, calculée d'après les observations faites pendant cette période sur l'humidité de l'air. Si la température de la couche de neige est plus élevée que celle à laquelle il y a est saturé de vapeurs d'eau, la neige s'évapore ; par contre, si la température de la neige est au-dessous de la tempéra-

ture du point de rosée, la neige condense les vapeurs d'eau contenues dans l'air. Le résultat important des recherches de M. Muller est que, pendant l'hiver passé, à l'Observatoire d'Ekaterinbourg, l'évaporation de la couche de neige qui couvrait la terre était beaucoup plus considérable que la condensation de la vapeur d'eau qui s'opérait dans son épaisseur; dans soixante-treize observations sur cent, la température de la surface de la neige était au-dessus de la température du point de rosée de l'air humide qui se trouvait au-dessus de cette surface.

2° Sciences naturelles. — M. **A. Kovalevsky** : Contributions à la connaissance de la formation du manteau des Ascidies. D'après ce que l'on connaissait sur cette question jusqu'à présent, le manteau des Ascidies correspondrait, au point de vue morphologique, à l'épiderme des Vertébrés, avec cette différence toutefois qu'entre ses cellules isolées il se trouve disposée une grande quantité de matière gélatineuse qui écarte ces cellules l'une de l'autre. On supposait également que les cellules épidermoïdes perdaient leur caractère épithélial et finissaient par ressembler aux cellules du tissus conjonctif. Les recherches de M. Kovalevski donnent une tout autre explication de la structure du manteau. Ce savant a pu observer que les cellules du manteau ne proviennent nullement des cellules de l'épiderme, mais sont des cellules mésodermiques, issues de la partie inférieure de l'épiderme et ayant pénétré dans la masse gélatineuse et amorphe formée préalablement et qui entoure la larve. Ainsi, d'après l'auteur, le manteau des Ascidies est formé au point de vue embryologique, d'un tissu conjonctif, malgré sa situation en dehors de l'épiderme. Le travail original sera accompagné de deux planches. — M. **Famintsin** présente la traduction allemande du rapport sur les progrès de la Botanique en Russie pendant l'année 1890. — M. **Schmidt** rappelle à l'Académie que M. le baron de Toll, chargé de coordonner les résultats scientifiques de l'expédition dans les îles de la Nouvelle-Sibérie, a déjà publié deux travaux dans les « Mémoires » : Sur les fossiles paléozoïques de l'île de Chaudron (Kotelnyi) et sur la faune tertiaire de l'île de la Nouvelle-Sibérie. Aujourd'hui le baron Toll vient d'achever un autre travail, sur les anciennes formations glaciaires dans l'archipel de la Nouvelle-Sibérie et de la partie du continent située en face, ainsi que sur les rapports que présente cette formation avec les gisements des cadavres des Mammouths. Ce travail porte le titre : « La couche de glace fossile dans ses rapports avec les gisements des cadavres du Mammouth. » Il est connu depuis longtemps que dans la Sibérie septentrionale, ainsi que dans certaines régions de l'Amérique du Nord, on rencontre la glace dans la terre sous forme d'une roche. A. Middendroff appelle cette espèce de glace la *glace du sol* (Bodeneis) pour la distinguer de la simple terre gelée (Eisboden), -si commune dans toute la région arctique. Les deux termes sont entrés dans le langage scientifique, mais malheureusement ils sont souvent confondus entre eux. M. de Toll propose un nouveau nom, celui de la *roche de glace* (Steineis) ou de *glace fossile*. Cette glace présente dans le nord-est de la Sibérie trois types distincts : le premier, très répandu, est la glace des fentes ou fissures dans la terre. Le second type est celui des formations glaciaires fluviatiles de l'ancien temps, couches de glaces dans les vallées, recouvertes ensuite d'une couche de terre, comme cela s'observe dans le bassin du fleuve Yana. Enfin le troisième type est celui des couches glaciales horizontales continues ; il est très fréquent dans les îles de la Nouvelle-Sibérie et sur la terre ferme, située en face. Cette glace est recouverte par des couches de nouvelles formations argileuses, dans lesquelles on rencontre les ossements des animaux quaternaires et même leurs cadavres entiers. Au printemps, les eaux lavent en partie les couches supérieures d'argile, et c'est ainsi que les cadavres tombent au fond ; c'est ainsi qu'on les trouve alors, tout à fait au bas de la série des couches, tout près de la glace, dans laquelle ces fossiles n'ont jamais été renfermés. Les formations que M. de Toll avait découvertes dans les îles Néo-Sibériennes sont comparables aux glaciers de l'Alaska, couverts de leurs moraines et si bien décrits par les géologues américains. La conclusion est, que les couches horizontales de glace des îles Néo-Sibériennes ne sont que le reste d'un ancien et puissant glacier qui ne bougeait pas ou se serait arrêté, à un moment donné, dans sa marche. Il considère aussi comme des restes des anciennes moraines les arêtes de graviers roulés qu'il a rencontrées dans la plaine basse et sablonneuse entre l'île de Thaddée (Fadiéevski) et celle de Chaudron (Kotelnyi). Il y a une certaine corrélation entre les trois types de glace et les gisements des ossements et des cadavres de mammouths. Les restes d'un de ces animaux trouvés par l'auteur dans la vallée du Bar-Ourikh, à l'est de la ville d'Oust-Yansk, se trouvaient dans les formations argileuses qui recouvraient de puissantes couches de glace de la vallée ; c'était par conséquent le deuxième type de roche de glace. Dans la grande île de Liakhof, on a montré à M. de Toll l'endroit où a été trouvé le cadavre du mammouth dans une grande fente qui avait intéressé l'étage supérieur de l'argile aussi bien que l'étage supérieur de glace; le cadavre était tombé au fond et fut conservé dans la glace; c'est un gisement dans une roche de glace du type intermédiaire entre le premier et le troisième. Analysant en détail tous les renseignements qui concernent le gisement du fameux cadavre de mammouth rapporté par M. Adams de l'embouchure du Lena (cap Bykof), M. de Toll arrive à cette conclusion que ce cadavre est également descendu d'en haut au fond d'une fente, dans la glace, et s'est trouvé par conséquent « au milieu des glaçons », suivant l'expression d'Adams, expression qui a donné lieu à un grand nombre de commentaires et de discussions savantes. Le travail de M. de Toll (160 pages in-4°) comprend cinq chapitres. Le premier contient l'historique des connaissances anciennes sur la glace fossile, surtout d'après les données fournies par MM. Middendorf, Maidel et Lopatin; le deuxième renferme les observations de l'auteur sur la glace fossile dans les vallées du pays de Yana; le troisième chapitre est consacré à la description détaillée des formations glaciales dans les îles de la Nouvelle-Sibérie; le quatrième à la comparaison avec les roches de glace de l'Alaska; enfin les conclusions générales tirées de toutes les données et observations forment le cinquième chapitre. Le travail du baron de Toll, si intéressant et si original, soulève une des plus graves questions de géologie et renverse toutes les idées anciennes sur les formations glaciaires de l'extrême Nord. — M. **Ivanovsky** : Sur la « maladie mosaïque du tabac ». Contrairement à l'opinion de A. Meyer que la « rouille » et la « mosaïque » sont les diverses manifestations d'une seule et même maladie, Ivanovsky et Polovtset ont constaté dans un ouvrage déjà publié dans les Mémoires de l'Académie (1890) que ce sont deux maladies parfaitement distinctes. La note actuelle d'Ivanovsky contient de nouvelles observations, faites en 1890, en Crimée, sur la maladie mosaïque.

O. **Backlund**,
Membre de l'Académie.

NOTICE NÉCROLOGIQUE

A. DE QUATREFAGES

Avec Quatrefages, mort le 12 janvier 1892, disparaît une de ces personnalités marquantes de notre siècle que le grand public connaissait et estimait autant que le cercle, toujours restreint, des hommes de science.

Pour apprécier dignement la part qu'il a prise dans le mouvement scientifique en France il faudrait dépasser de beaucoup les limites d'une notice; aussi nous bornerons-nous à une simple et rapide esquisse de la longue et noble carrière parcourue par l'illustre savant.

Jean-Louis-Armand de Quatrefages de Bréau était né à Berthezene, près de Valleraugue (Gard), le 10 février 1810, d'une ancienne famille protestante, au milieu de laquelle il reçut sa première éducation. Il fit ses études au collège de Tournon, puis à l'Université de Strasbourg où il fut reçu docteur ès sciences mathématiques, après avoir soutenu deux thèses, l'une, le 19 novembre 1829, sur la *Théorie du coup de canon*, et une autre, le 23 décembre 1830, sur le *Mouvement des aérolithes considérés comme des masses disséminées dans l'espace par l'action des volcans lunaires*; en 1832, il fut reçu docteur en médecine avec une thèse sur l'*extroversion de la vessie*. Tout en s'occupant de mécanique, d'astronomie et de médecine, le jeune de Quatrefages ne négligeait pas les autres sciences; il était, depuis 1830, aide-préparateur, puis préparateur, nommé au concours, de chimie, à la Faculté de médecine de Strasbourg. Il résigna cependant bientôt (1833) ces fonctions pour aller se fixer à Toulouse, où il commença à exercer la médecine. Mais il n'abandonnait pas ses études scientifiques; au contraire, nous le voyons s'adonner avec ardeur aux recherches zoologiques. Nous le voyons aussi participer au mouvement scientifique local, comme secrétaire du Congrès scientifique qui se tint à Toulouse en 1835, comme un des fondateurs du *Journal de Médecine*, etc. Après avoir professé, depuis 1838, les sciences naturelles à la Faculté des sciences de Toulouse, il vint à Paris où il conquit un troisième doctorat, celui des sciences naturelles (1840), avec deux thèses intitulées : *Considérations sur les caractères zoologiques des rongeurs et sur leur denti-tion en particulier, et Observations sur les rongeurs fossiles*.

Ayant trouvé en H. Milne-Edwards un ami qui le dirigea dans ses débuts à Paris, il y reste et travaille au Muséum, tout en étant obligé, pour gagner sa vie, d'exercer la médecine et de faire des dessins d'histoire naturelle. Il consacre ses vacances aux voyages scientifiques sur nos côtes de l'Océan ou de la Méditerranée où il étudie sur le vif la faune marine. C'est de cette époque que datent ses premiers grands travaux de zoologie : *De l'Organisme des animaux sans vertèbres des côtes de la Manche* (Annales des sciences naturelles, 1844); *Recherches sur le système nerveux, l'embryogénie, les organes des sens et la circulation des annélides*, terminées en 1850; les notes sur la *Phosphorescence des Annélides et des Ophiures* (1843), ainsi qu'une série de « Monographies » sur les animaux marins, sur la *Synapte* (1841), sur l'*Edwardsia* (1842), sur l'*Eleutherie* (1842), l'*Eolidine* (1843), la *Synhydre parasite* (1844), publiées dans les « Comptes rendus de l'Académie » et dans les « Annales des sciences naturelles ».

En 1844, il fait, en compagnie de H. Milne-Edwards et E. Blanchard, le voyage en Sicile, voyage resté célèbre dans l'histoire de la zoologie autant par ses résultats que par la nouveauté de l'entreprise fort hardie pour l'époque. De Quatrefages nous en a laissé un récit charmant dans ses *Souvenirs d'un naturaliste* (Paris, 1854, 2 vol. in-12). Les observations qu'il avait faites pendant ce voyage ont été consignées dans le volume intitulé : *Recherches anatomiques et zoologiques faites pendant un voyage en Sicile* (Paris, 1846, in-4° avec 30 planches). Son grand travail, dont la plupart des matériaux ont été recueillis au cours de ce voyage : l'*Histoire naturelle des Annélides et des Géphyriens*, (2 vol. in-8° avec un atlas de 20 planches) faisant partie des *Suites à Buffon*, n'a paru que beaucoup plus tard, en 1865.

Dans l'intervalle, il a publié plusieurs études monographiques sur différents animaux marins vus et étudiés au cours de ses pérégrinations : sur les *Tarets* (1844-49), les *Planaires* (1845), l'*Échiure* (1847), les *Némertiens* (1846), les *Hermelles* (1848), sur l'organisation et l'embryologie

de Annélides (1844-50), sur les *Noctiluques* (1850), sur
l'*Amphioxus*, (1815), Dans plusieurs autres mémoires
sur les *Pygnogonides*, sur certains *Gastropodes*(1844), etc.
il a développé sa *Théorie du phlébenterisme* (Voir *Ann. des
sc. nat.* 3ᵉ série, t. I, IV et X), c'est-à-dire d'une disposition
anatomique du tube digestif qui permet aux produits
de la digestion de se porter jusqu'aux organes respiratoires sans passer par un système circulatoire.

Ces nombreux travaux ouvrirent à de Quatrefages
les portes de l'Institut : il fut nommé, le 26 avril 1852,
dans la section d'anatomie et de zoologie, à la place de
Savigny. Mais, plus préoccupé des recherches scientifiques que des questions de la vie pratique, il n'était
encore à ce moment que professeur au lycée Napoléon
(aujourd'hui Henri IV). Ce n'est que 3 ans plus tard (le
13 août 1855), qu'il a pu obtenir une situation plus en
rapport avec sa notoriété ; il fut nommé professeur au
Muséum à la chaire « d'anatomie et d'histoire naturelle
de l'homme » transformée alors en celle d' « anthropologie ». Il aimait souvent à dire lui-même qu'il n'était
point préparé pour cette chaire et que se voyant pressé
par les nécessités de la vie, il a pris la première situation scientifique qui se rapprochait le plus de ses
études. Mais telle était la puissance d'assimilation et
la force intellectuelle de cet homme qu'en quelques
mois il s'est mis au courant de tout ce qui constituait
alors la science, bien neuve encore de l'anthropologie.
En 1856, il publia son premier travail d'anthropologie
sur les angles faciaux et le goniomètre de Jacquart (C.-R.
Acad.), suivi bientôt par la *note sur l'angle pariétal* (1858).
D'ailleurs un esprit encyclopédique, ses études pélimi-
naires des sicences mathématiques, physiques, médicales et naturelles, enfin sa culture littéraire lui donnaient un tel avantage, une telle assurance dans les
méthodes de travail que bientôt il se trouva en tête du
mouvement rapide créé par Broca qui amena depuis la
constitution définitive de l'anthropologie comme science
exacte. Il continuait encore quelque temps après sa
nomination ses recherches zoologiques. Ainsi, il a parcouru le Midi en 1858, chargé par l'Académie des
sciences d'étudier les maladies des vers à soie ; les résultats de ces voyages sont consignés dans ses *Etudes
sur les maladies actuelles des vers à soie* (Comptes rendus etc., 1859, avec 1 planche) et ses *Nouvelles Recherches
sur les maladies des vers à soie*, Paris, 1860, in-4°. Mais à
partir de l'année 1861, époque de l'apparition de son
Unité de l'espèce humaine (traduit depuis en Russe), il
s'adonna entièrement à l'anthropologie. En 1862, il publia ses *Métamorphoses de l'homme et des animaux;* en
1866, les *Polynésiens et leurs migrations* (in-4°, avec
cartes), enfin, en 1867, il fit à propos de l'Exposition
universelle un *Rapport sur les progrès de l'anthropologie*
où il résumait avec une clarté remarquable l'état de la
science à cette époque. Pendant cette période, plusieurs
notes consacrées au préhistorique (sur la *mâchoire du
Moulin-Quignon*, sur les *amas coquilliers*, etc.), ou à
l'anthropologie physique (*le Prognathisme, chez les Français, les races Blanches* (1861), *Formation des races humaines mixtes* (1867), etc.) ont paru dans les Comptes
rendus de l'Académie, dans les Bulletins de la Société
d'anthropologie ou dans la *Revue scientifique.*

Plus tard, les travaux anthropologiques se succèdent
rapides et féconds: *Sur les microcéphales et sur l'origine
de l'homme* (1869), sur l'*Acclimatement des races humaines* (1870), enfin sur la *Race prussienne* (Paris, 1871,
in-8°). Ce dernier ouvrage a provoqué de l'autre côté
du Rhin,en même temps que des critiques acerbes, un
grand nombre de recherches de la part des anthropologistes allemands sur les populations anciennes et modernes de leur pays. Notons aussi les études sur les
Négritos et les *Pygmées* en général (*Revue d'Anthropologie*
et *Comptes rendus de l'Académie*, 1872, etc.) puis dans la
Revue d'Ethnographie, 1882, et dans un volume à part,
le Pygmées, 1887). Enfin tous ces travaux ont été dignement couronnés par la publication, en collaboration
avec M. Hamy, de ce monument de l'anthropologie française, les *Crania ethnica* (Paris, 1873-82, 1 vol. de texte

et 1 atlas in-4°), ouvrage qui restera longtemps une
mine inépuisable de renseignements exacts et variés,
coordonnés d'après des idées précises et nettement
formulées. L'illustre savant a résumé d'une façon pour
ainsi dire définitive et dogmatique ses idées générales
sur l'anthropologie en même temps que sur beaucoup
de questions connexes dans son volume l'*Espèce humaine* (Bibliothèque scientifique internationale), qui a
eu de 1877 à 1890 huit éditions et a été traduit en
anglais, en allemand, en italien. D'autre part, il a réuni
en un seul faisceau tout ce qui concerne plus spécialement les races humaines, dans un autre ouvrage important, l'*Histoire générale des races humaines*,) Paris,
1887-90, in-8°, avec cartes et figures. Cet ouvrage
forme le premier volume de la « Bibliothèque ethno-
logique », éditée par Hennuyer, que de Quatrefages
a fondée avec M. Hamy et qui devra embrasser dans une
série de volumes d'ensemble et de monographies la
description de toutes les races humaines. Il a donné
également un volume de vulgarisation sur ce sujet :
« Hommes fossiles et hommes sauvages, Paris, 1884,
in-8°.» L'étude de l'homme avait entraîné de Quatrefages
plus loin, vers la recherche des problèmes généraux
de la biologie. Dès que parut (en 1859) le célèbre ouvrage de Darwin sur l'origine des espèces, des discussions mémorables se sont produites à la Société d'anthropologie de Paris, alors nouvellement créée par
Broca, discussions auxquelles Quatrefages prit une part
active. Dès le début il s'est montré méfiant pour la
nouvelle doctrine, et jusqu'à sa mort il est resté son
adversaire loyal, courtois, mais résolu. Il résuma tout
d'abord ses idées générales dans son *Histoire de l'homme;*
Conférences faites à l'asile de Vincennes (1868), puis avec
beaucoup plus d'ampleur dans son livre *Charles Darwin
et ses précurseurs français* (1870). Plus tard, dans une
série d'articles publiés dans le *Journal des savants*, il a
donné des études critiques sur un grand nombre d'ouvrages de Darwin et de Wallace concernant la théorie
transformiste. Enfin, toujours attentif, malgré son
grand âge, aux moindres changements dans la direction
des idées scientifiques, il s'est vivement occupé dans
ces derniers temps des questions du néo-Lamarkisme
et d'autres théories provoquées par les modifications
qu'a subies, comme tout autre, la théorie
de Darwin. Le volume où il donnait le résultat de ses
études sur les « successeurs de Darwin » était déjà à
moitié imprimé quand la mort vint frapper l'infatigable travailleur. M. Hamy s'est chargé de corriger les
épreuves de ce volume qui ne va pas tarder de paraître.

M. de Quatrefages était commandeur de la Légion
d'honneur, dignitaire de plusieurs ordres étrangers,
membre de nombreuses académies et sociétés savantes
de France et de l'étranger, président des différents
congrès internationaux, etc. Il était comblé d'honneurs,
mais il restait aussi simple et abordable que du temps
où il commençait sa carrière. Tous ceux qui l'ont
connu, jusqu'à ses adversaires scientifiques, étaient
unanimes pour reconnaître son naturel bon et affable
et son caractère essentiellement droit et honnête.

J. DENIKER, Docteur ès sciences.

Erratum. — Dans l'article de notre éminent collaborateur, M. V. Dwelshauvers-Dery, publié dans notre
dernier numéro (page 89) :

Page 89, 1ʳᵉ colonne, 9ᵉ ligne : *au lieu de* : « Ce phénomène se présente ordinairement en partie pendant
la détente, et utilement quoique avec une certaine
perte pendant l'émission au condenseur; pour le reste,
c'est une perte totale. »

Lisez : « Cette restitution s'opère ordinairement, pour
une part, pendant la détente et utilement quoique
avec une certaine perte ; et, pour le reste, pendant
l'émission au condenseur, et ci c'est une perte totale. »

Page 92, 2ᵉ col., *au lieu de* : « Le réservoir reçoit
ainsi R calories qui sont restituées à l'intérieur... »

Lisez : « Le réservoir reçoit ainsi R cal. qui sont
restituées en majeure partie à l'intérieur : I calories... »

Le Directeur-Gérant : LOUIS OLIVIER

REVUE GÉNÉRALE

DES SCIENCES

PURES ET APPLIQUÉES

DIRECTEUR : LOUIS OLIVIER

LES PROGRÈS RÉCENTS DE L'ENDOSCOPIE VISCÉRALE

L'œil étant le plus précis de nos organes des sens, il n'est pas étonnant que la médecine ait cherché à étendre le plus possible le champ de son intervention dans le diagnostic des différentes maladies et à rendre accessibles à la vue les cavités les plus profondes du corps humain. Ces tentatives ne donnèrent tout d'abord que des résultats bien imparfaits; mais, grâce aux récents progrès de l'instrumentation optique et de l'éclairage électrique, les procédés d'exploration interne ont pris depuis quelques années une importance considérable et sont enfin devenus pratiques.

L'endoscopie, destinée à rendre lumineux et accessibles à la vue les canaux et les cavités obscures de l'organisme, étant prête à entrer parmi les moyens de diagnostic courants dont doit se servir le médecin, il nous a semblé utile d'exposer l'état actuel de la science à cet égard ; nous compléterons cette étude par l'appréciation des deux autres procédés qui en dérivent : la photographie des images endoscopiques et la diaphanoscopie.

L'endoscopie présente deux variétés dites endoscopie à lumière externe et endoscopie à lumière interne, suivant que l'éclairage est obtenu par les rayons réfléchis d'une lumière extérieure ou par l'introduction d'un foyer lumineux au centre même de l'organe à examiner.

I. — ENDOSCOPIE A LUMIÈRE EXTERNE

Les premières tentatives d'endoscopie à lumière externe remontent au commencement de ce siècle (1807), et l'honneur en revient à Bozzini de Francfort qui eut le premier l'idée de faire construire un appareil pour l'éclairage des canaux et des ca-

vités du corps humain. Après lui, bien des auteurs suivirent la même voie : Ségalas (1826), J. Fischer (1827), Avery (1840), Malherbe (1842), Espezel (1843), Hoffman (1845); mais leurs appareils étaient imparfaits, et ils ne surent pas en obtenir de résultats pratiques ; il n'en fut pas de même des tentatives de Désormeaux (1853) qui eurent un grand retentissement et qui furent le point de départ de nombreux perfectionnements que nous allons avoir à signaler dans l'histoire récente de l'endoscopie.

Les variétés d'endoscopie à lumière externe, qui avaient l'avantage de s'adresser à des organes profonds et largement accessibles, firent des progrès rapides et arrivèrent promptement à une véritable perfection : nous voulons parler de l'opthalmoscopie, de la laryngoscopie, de l'otoscopie et de l'exploration oculaire du vagin et du rectum. Ces procédés sont tellement connus que nous les passerons sous silence pour étudier seulement les varétiés d'endoscopie qui s'adressent à des cavités plus profondes et moins facilement accessibles, telles que l'urèthre, la vessie, l'œsophage et l'utérus. Les appareils destinés à l'examen de ces diverses cavités étant, à peu de choses près, semblables, nous les réunirons dans une seule description.

L'appareil de Désormeaux (fig. 1, page 142) était spécialement construit pour l'examen de l'urèthre et de la vessie. Il se composait d'une lampe dont les rayons étaient renvoyés par un jeu de miroirs dans un long tube destiné à pénétrer dans le canal uréthral. Cet appareil lourd et d'un pouvoir éclairant minime est aujourd'hui complètement abandonné.

Grunfeld, de Vienne, eût le grand mérite de montrer que le principal défaut de l'endoscope de Désormeaux était de réunir la source lumineuse au tube endoscopique, ce qui constituait un ensemble difficile à manier par la répercussion qu'éprouvait ce tube de tous les mouvements imprimés volontairement ou involontairement à la lampe; il eut l'idée de séparer complètement ces deux parties de l'appareil et de réduire l'outillage compliqué de Désormeaux à un simple tube libre et à un miroir frontal pour y refléter la lumière. Les sources lumineuses employées par lui sont multiples : la lumière solaire, la flamme d'une lampe à huile, à pétrole ou d'un bec de gaz; les rayons lumineux qui en partent sont recueillis sur le miroir frontal, percé d'un trou central pour le passage du rayon visuel et reflétés en un faisceau

sage des rayons visuels. Une petite lampe Edison de huit volts est fixée à une tige métallique, reliée elle-même par une charnière au bord supérieur du miroir ; cette petite lampe peut ainsi osciller autour du foyer du miroir; suivant la position qu'elle occupe, ses rayons sont reflétés en un cône lumineux plus ou moins allongé, dont le sommet vient former une petite surface très vivement éclairée qu'il est facile de faire coïncider avec l'extrémité du tube endoscopique.

2° Le photophore de Stein. Cet appareil est formé d'un petit cylindre métallique maintenu entre les deux yeux de l'observateur par un ressort frontal. Au centre de ce cylindre se trouve une petite lampe Edison dont les rayons sont réunis par une lentille plan-convexe placée à l'extrémité du cy-

Fig. 1. — Endoscope de Désormeaux.

lumineux qui est projeté à l'intérieur du tube endoscopique.

Ce procédé très simple est encore employé aujourd'hui par Grunfeld ; il est surtout pratique pour la démonstration.

De grands perfectionnements ont été récemment apportés à cette méthode : ils ont surtout consisté dans la substitution de la lumière électrique aux sources lumineuses précédemment employées : les principaux photophores électriques utilisés aujourd'hui sont les suivants :

1° Le photophore de Clar (fig. 2). Cet appareil se compose d'un miroir frontal fortement concave fixé à la tête de

Fig. 2. — Photophore de Clar.

l'observateur par un bandeau ou par un ressort métallique, et percé de deux trous pour le pas-

lindre, en un faisceau convergeant que l'on utilise comme celui de l'appareil de Clar.

3° Le panélectroscope de Leiter et l'électroscope de Casper. Ces appareils ont le tort de revenir à l'ancien procédé de Désormeaux, en réunissant la source lumineuse au tube endoscopique ; ils comprennent un photophore électrique, sur lequel vient se greffer le spéculum. Le photophore lui-même se compose d'une petite lampe verticale, fixée à l'extrémité d'un manche d'ébène et dont les rayons sont renvoyés dans le spéculum par un miroir incliné dans l'appareil de Leiter ou par un prisme dans l'appareil de Casper.

Les tubes endoscopiques eux-mêmes varient suivant le but que l'on se propose : pour l'urèthre et pour l'utérus, on utilise les tubes de Grunfeld : ce sont de simples tubes ouverts aux deux bouts, en métal ou en ébonite, dont l'oculaire s'élargit en entonnoir ; un mandrin cylindrique et arrondi à son extrémité facilite l'introduction de ces tubes; il est retiré naturellement pendant l'examen. Pour l'œsophage, on se sert d'un long tube rectiligne construit par Leiter de Vienne.

Pour la vessie, les tubes endoscopiques doivent être garnis d'une petite glace à leur extrémité, afin d'éviter l'épanchement des liquides contenus dans cette cavité. Nous avons fait construire par M. Reiner, de Vienne, un endoscope vésical double (fig. 3) qui présente l'avantage de pouvoir être utilisé comme endoscope fermé ou comme endoscope ouvert; il est en effet formé d'un tube interne A garni d'une glace et d'un tube extérieur ouvert B. Nous verrons plus loin quels sont les cas où cet appareil peut rendre des services.

Pour compléter l'étude du matériel instrumental de l'endoscopie à lumière externe, il nous suffira de nommer rapidement les stylets, pinces, ciseaux,

copie à lumière externe, quelquefois utile pour l'examen de la vessie, n'est même plus applicable à l'estomac. Nous verrons que, dans ce cas, elle est avantageusement suppléée par l'endoscopie à lumière interne.

Cette restriction étant faite, examinons les résultats diagnostiques et thérapeutiques que peut nous fournir l'endoscopie à lumière externe dans les maladies de l'urèthre, de l'œsophage et de la vessie :

1° *Urèthre.* — Le tube endoscopique, garni de son mandrin, aseptique et soigneusement huilé, est in-

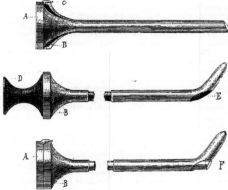

Fig. 3. — Endoscope double de Janet.

porte-tampons, porte-caustiques, galvanocautères, que nous devons à Grunfeld.

La description précédente permettra de comprendre facilement les résultats que l'on obtient des appareils endoscopiques à lumière externe. Ce procédé a le grand avantage d'éclairer un point donné d'un canal ou d'une cavité profonde et de permettre le traitement local, direct, de ce point, sous le contrôle de l'œil; il nous donne la possibilité d'avoir recours à une véritable thérapeutique de précision des cavités internes du corps humain; mais il présente un grand inconvénient : c'est de ne laisser voir qu'un champ très restreint de la surface à observer : il ne montre que la petite portion de muqueuse qui vient se placer au devant de l'orifice du tube endoscopique. Ce champ peut suffire pour l'examen des canaux tels que l'urèthre ou l'œsophage, ou des cavités étroites telles que la cavité utérine; mais il peut devenir insuffisant pour l'examen des larges cavités; en effet, l'endos-

troduit dans l'urèthre d'après les procédés du cathétérisme rectiligne; pour l'examen complet de toute la muqueuse uréthale, il doit être conduit jusqu'au col de la vessie, mais sans le dépasser, afin d'éviter la pénétration de l'urine à l'intérieur de l'instrument. Cela fait, on retire le mandrin, et on projette le faisceau lumineux du photophore dans le tube endoscopique. La surface de muqueuse encadrée par l'extrémité de ce tube se présente aussitôt à l'œil de l'observateur qui peut en discerner les moindres détails. La figure ainsi obtenue offre des caractères variables suivant les points de l'urèthre observés. Le col vésical apparaît sous la forme dite en *cul de poule;* au centre, un point noir indique l'orifice de ce col; et de ce point noir partent des plis radiés produits par le froncement de la muqueuse. Un reflet circulaire disposé en anneau autour du point central (figure centrale de Grünfeld) est produit par la réflexion du rayon lumineux sur le sommet du bourrelet que vient former la muqueuse à l'extrémité de l'instrument. Cette position, dans laquelle la figure centrale occupe l'axe de l'eudos- cope, est dite position centrale ; on nomme positions excentriques celles dans lesquelles la figure centrale se rapproche d'un des bords de l'endoscope, et po- sitions pariétales celles dans lesquelles la figure centrale disparaît complètement et dans lesquelles l'extrémité du tube endoscopique n'encadre plus qu'une seule des parois uréthrales. Enfin on ap- pelle entonnoir le petit infundibulum que forme la muqueuse à l'extrémité de l'instrument dans les positions centrales.

Si l'on retire progressivement l'endoscope, en le braquant à chaque mouvement de recul sur tous les points de la surface encadrée, on obtient une notion très exacte de toutes les régions de la mu- queuse uréthrale ; parmi toutes les images ainsi obtenues, nous ne signalerons que les principales.

En partant du col vésical et en retirant lente- ment l'endoscope, on ne tarde pas à voir surgir de la paroi inférieure une petite saillie conique ro- sée, lisse, encadrée à sa partie supérieure par un croissant de muqueuse plissée, plus foncée : c'est le veru-montanum ; à son sommet, il présente une petite fente verticale qui n'est autre que l'orifice du sinus prostatique ; dans des cas exceptionnels on peut voir un peu au-dessous deux petits orifices, que l'on peut rendre plus manifestes en badigeon- nant le veru montanum avec une solution colorée : ce sont les orifices des canaux éjaculateurs (fig. 4, n° 1).

En retirant un peu plus l'endoscope, on arrive dans la portion membraneuse de l'urèthre, qui n'est autre que le véritable sphincter de la vessie ; elle

Fig. 4. — Images endoscopiques de l'urèthre.

se présente comme le col vésical sous la forme dite en *cul de poule* à figure centrale ponctiforme d'où partent des plis radiés. Ici se termine l'urèthre postérieur.

Plus loin encore on arrive au bulbe uréthral, partie la plus profonde de l'urèthre antérieur ; il apparaît sous une forme bien caractéristique : la figure centrale est verticale : c'est une longue ligne noire qui traverse presque tout le champ de l'ins- trument et d'où partent des plis radiés latéraux. Le reflet, par suite de cette disposition, affecte une

forme ovalaire (fig. 4, n° 2). La lumière de l'u- rèthre est donc aplatie transversalement dans la région bulbeuse. Cet aplatissement résulte de la compression latérale des muscles ischio-caver- neux et bulbo-caverneux.

Plus loin encore nous arrivons dans l'urèthre pénien qui présente un aspect à peu près uniforme depuis le bulbe jusqu'à la fosse naviculaire. Ici la figure centrale affecte la forme d'une fente trans- versale d'où partent les plis radiés (fig. 4, n° 3) ; la teinte de la muqueuse est plus pâle que dans les parties précédentes, l'entonnoir est plus profond ; de loin en loin on aperçoit, de préférence sur la paroi supérieure, de petites cavités en forme de boutonnières qui ne sont autres que les orifices des lacunes de Morgagni, cavités glandulaires de l'urèthre antérieur (fig. 4, n° 3).

En retirant encore l'endoscope, on arrive à la fosse naviculaire dont la figure centrale prend une disposition triangulaire et dont la muqueuse est très pâle (fig. 4, n° 4) ; enfin, au méat, qui affecte la forme d'un petit entonnoir aplati à grand axe ver- tical.

Chez la femme l'urèthre est bien plus court et présente d'un bout à l'autre un aspect assez sem- blable à celui qu'offre la portion membraneuse de l'homme. La figure 6, n° 3, représente le col vésical de la femme un peu entrouvert et examiné avec un endoscope fenêtré, ce qui permet d'apercevoir la couleur jaune de l'urine à travers la figure centrale. Avec un bon éclairage et une vessie propre on peut voir par cet orifice les vaisseaux de la paroi posté- rieure de la vessie.

Quand on a une connaissance exacte de l'as- pect que présente la muqueuse uréthrale à l'état normal, il est facile de se rendre compte de ses modifications pathologiques. Les principales sont les suivantes : les varices et les ulcérations (rha- gades) du col vésical qui se manifestent sous la forme de petites ampoules bleuâtres et de petites érosions. Ces dernières occupent de préférence le fond des plis de la muqueuse. L'endoscope permet de cautériser ces lésions sous le regard et de ne faire porter la cautérisation que sur les parties malades. L'hypertrophie du veru montanum, lésion très fré- quente chez les malades qui ont longtemps souf- fert d'une uréthrite postérieure, est très comparable à l'hypertrophie amygdalienne qui accompagne si souvent les pharyngites anciennes. Cette affection a pour conséquence de distendre les petits sphinc- ters des canaux éjaculateurs qui deviennent béants et laissent échapper la liqueur séminale à la moindre poussée pendant la défécation ou même pendant la miction ; c'est une des causes les plus fréquentes de la spermatorrhée ; elle est très heu- reusement modifiée par le traitement endoscopique,

.i permet de cautériser énergiquement le veru ontanum à la teinture d'iode pure, au nitrate urgent en crayon, ou même au galvanocautère, qui ne tarde pas à le ramener à son volume pri- .tif en rendant aux sphincters éjaculateurs toute ir puissance.

L'hypertrophie de la prostate elle-même se ma- feste par les saillies latérales ou médianes de la .iqueuse; l'endoscope, dans ce cas, permet de nstater directement l'obstacle qui s'oppose à la rtie de l'urine ou au passage des sondes ; il peut nduire l'opérateur à s'attaquer directement à cet stacle, soit par des injections interstitielles de inture d'iode, pratiquées à l'aide d'une longue ai- .ille, soit par des ponctions galvanocaustiques ou :ctrolytiques. Ce nre de traitement t encore à l'étude.

L'uréthrite chro- que postérieure t caractérisée par spect rouge fon- , par l'état sai- iant de la mu- tense, par le gon- ment catarrhal et s inégalités du ve- montanum; elle ut bénéficier de utérisations en- scopiques éten- les à toutes les rties malades à ide de solutions plus faibles que les précé- ntes.

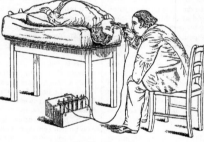

Fig. 5. — Œsophagoscopie.

L'uréthrite chronique antérieure présente des iions très variées qui ont été très bien étudiées r Grunfeld et Oberländer : gonflement simple, perémie, granulations, fissures, inflammation s lacunes de Morgagni, épaississement épithé- l, etc. L'endoscope permet de constater exac- neut la situation de ces lésions, leur étendue, ir gravité ; il permet de les cautériser avec pré- ion, à la condition qu'elles soient bien localisées; iis il ne faut y recourir que si les moyens théra- utiques courants n'ont pu amener leur guérison. Enfin l'endoscope montre certaines lésions uré- ·ales qu'aucun autre moyen ne pouvait déceler, mme les polypes de l'urèthre (fig. 4, n°s 6 et 7), calculs des lacunes de Morgagni (nous croyons ·e le premier à avoir constaté un cas de ce .are), l'orifice interne des fistules uréthrales ;. 4, n° 8), les brides uréthrales signalées par infeld, et il met entre nos mains, grâce aux truments inventés par ce dernier auteur, un iyen sûr d'extirper ces polypes et ces calculs, de

réséquer ces brides et de cautériser ces orifices fistuleux.

Les rétrécissements de l'urèthre présentent une muqueuse pâle, résistante au toucher, une figure centrale irrégulière et béante, un effacement com- plet de l'entonnoir ; il faut naturellement pour les examiner employer des endoscopes très étroits. Antal a fait construire un aéro-uréthroscope qui permet de dilater par une injection d'air le vestibule du rétrécissement, et rend ainsi accessible à la vue la partie étroite de ce rétrécissement, où le tube endoscopique ne pouvait pénétrer.

Grâce aux procédés endoscopiques, on peut pra- tiquer sous le regard le cathétérisme de rétrécis- sements difficiles à franchir, à condition que l'en- doscope puisse ar- river jusqu'à l'obs- tacle lui-même; il est malheureuse- ment souvent arrê- té par d'autres ré- trécissements plus larges situés en a- vant de la région infranchissable. Grunfeld recom- mande même, dans le cas où l'urèthro- tomie interne est jugée nécessaire , de la pratiquer sous le regard , à l'aide d'un petit bistouri conduit dans le tube endoscopique.

Les corps étrangers de l'urèthre sont facilement constatés et extraits, grâce à l'endoscope ; ce mode d'extraction est très précieux, car le corps étran- ger, s'il est rugueux, est entraîné à travers ie tube endoscopique et ne risque pas de blesser la mu- queuse uréthrale.

2° *Œsophage*. — L'examen endoscopique de l'œ- sophage se pratique exactement de la même façon que celui de l'urèthre ; mais le tube endoscopique, tout en restant rectiligne, est plus gros et plus long. La manœuvre de cet appareil (œsophagos- cope de Leiter) est représentée par la figure 5. Ses indications sont néanmoins beaucoup plus res- treintes que celle de l'uréthroscope; elles se rédui- sent à la constatation et à l'ablation des corps étrangers, à l'examen et au traitement local des rétrécissements cicatriciels et des tumeurs de ce conduit. Dans le cancer de l'œsophage il peut per- mettre de voir la tumeur et d'en détacher un frag- ment pour les besoins de l'examen histologique, ce qui donne des notions très utiles pour le trai- tement ultérieur.

l'extrémité de l'instrument. Cette position, dans laquelle la figure centrale occupe l'axe de l'eudoscope, est dite position centrale ; on nomme positions excentriques celles dans lesquelles la figure centrale se rapproche d'un des bords de l'endoscope, et positions pariétales celles dans lesquelles la figure centrale disparaît complètement et dans lesquelles l'extrémité du tube endoscopique n'encadre plus qu'une seule des parois uréthrales. Enfin on appelle entonnoir le petit infundibulum que forme la muqueuse à l'extrémité de l'instrument dans les positions centrales.

Si l'on retire progressivement l'endoscope, en le braquant à chaque mouvement de recul sur tous les points de la surface encadrée, on obtient une notion très exacte de toutes les régions de la muqueuse uréthrale ; parmi toutes les images ainsi obtenues, nous ne signalerons que les principales.

En partant du col vésical et en retirant lentement l'endoscope, on ne tarde pas à voir surgir de la paroi inférieure une petite saillie conique rosée, lisse, encadrée à sa partie supérieure par un croissant de muqueuse plissée, plus foncée : c'est le veru-montanum ; à son sommet, il présente une petite fente verticale qui n'est autre que l'orifice du sinus prostatique ; dans des cas exceptionnels on peut voir un peu au-dessous deux petits orifices, que l'on peut rendre plus manifestes en badigeonnant le veru montanum avec une solution colorée : ce sont les orifices des canaux éjaculateurs (fig. 4, n° 1).

En retirant un peu plus l'endoscope, on arrive dans la portion membraneuse de l'urèthre, qui n'est autre que le véritable sphincter de la vessie ; elle

Fig. 4. — Images endoscopiques de l'urèthre.

se présente comme le col vésical sous la forme dite en *cul de poule* à figure centrale ponctiforme d'où partent des plis radiés. Ici se termine l'urèthre postérieur.

Plus loin encore on arrive au bulbe uréthral, partie la plus profonde de l'urèthre antérieur ; il apparaît sous une forme bien caractéristique : la figure centrale est verticale : c'est une longue ligne noire qui traverse presque tout le champ de l'instrument et d'où partent des plis radiés latéraux. Le reflet, par suite de cette disposition, affecte une

forme ovalaire (fig. 4, n° 2). La lumière de l'urèthre est donc aplatie transversalement dans région bulbeuse. Cet aplatissement résulte de compression latérale des muscles ischio-cave neux et bulbo-caverneux.

Plus loin encore nous arrivons dans l'urèth pénien qui présente un aspect à peu près unifor depuis le bulbe jusqu'à la fosse naviculaire. Ici figure centrale affecte la forme d'une fente tran versale (fig. 4, n° 3) ; teinte de la muqueuse est plus pâle que dans l parties précédentes, l'entonnoir est plus profon de loin en loin on aperçoit, de préférence sur paroi supérieure, de petites cavités en forme boutonnières qui ne sont autres que les orific des lacunes de Morgagni, cavités glandulaires l'urèthre antérieur (fig. 4, n° 5).

En retirant encore l'endoscope, on arrive à fosse naviculaire dont la figure centrale prend u disposition triangulaire et dont la muqueuse ε très pâle (fig. 4, n° 4) ; enfin, au méat, qui affecte forme d'un petit entonnoir aplati à grand axe v tical.

Chez la femme l'urèthre est bien plus court présente d'un bout à l'autre un aspect assez se blable à celui qu'offre la portion membraneuse l'homme. La figure 6, n° 3, représente le col vési de la femme un peu entrouvert et examiné avec endoscope fenêtré, ce qui permet d'apercevoir couleur jaune de l'urine à travers la figure centra Avec un bon éclairage et une vessie propre on pe voir par cet orifice les vaisseaux de la paroi post rieure de la vessie.

Quand on a une connaissance exacte de l'a pect que présente la muqueuse uréthrale à l'é normal, il est facile de se rendre compte de modifications pathologiques. Les principales s les suivantes : les varices et les ulcérations (r gades) du col vésical qui se manifestent sous forme de petites ampoules bleuâtres et de peti érosions. Ces dernières occupent de préférence fond des plis de la muqueuse. L'endoscope pern de cautériser ces lésions sous le regard et de ne fa porter la cautérisation que sur les parties malad L'hypertrophie du veru montanum, lésion très f quente chez les malades qui ont longtemps so fert d'une uréthrite postérieure, est très compara à l'hypertrophie amygdalienne qui accompagne souvent les pharyngites anciennes. Cette affect a pour conséquence de distendre les petits sphi ters des canaux éjaculateurs qui deviennent béa et laissent échapper la liqueur séminale à moindre poussée pendant la défécation ou mê pendant la miction ; c'est une des causes les p fréquentes de la spermatorrhée ; elle est très he reusement modifiée par le traitement endoscopiq qui permet de cautériser énergiquement le veru montanum à la teinture d'iode pure, au nitrate d'argent en crayon, ou même au galvanocautère, ce qui ne tarde pas à le ramener à son volume primitif en rendant aux sphincters éjaculateurs toute leur puissance.

L'hypertrophie de la prostate elle-même se manifeste par les saillies latérales ou médianes de la muqueuse; l'endoscope, dans ce cas, permet de constater directement l'obstacle qui s'oppose à la sortie de l'urine ou au passage des sondes; il peut conduire l'opérateur à s'attaquer directement à cet obstacle, soit par des injections interstitielles de teinture d'iode, pratiquées à l'aide d'une longue aiguille, soit par des ponctions galvanocaustiques ou électrolytiques. Ce genre de traitement est encore à l'étude.

L'uréthrite chronique postérieure est caractérisée par l'aspect rouge foncé, par l'état saignant de la muqueuse, par le gonflement catarrhal et les inégalités du veru montanum; elle peut bénéficier de cautérisations endoscopiques étendues à toutes les parties malades à l'aide de solutions plus faibles que les précédentes.

Fig. 5. — Œsophagoscopie.

L'uréthrite chronique antérieure présente des lésions très variées qui ont été très bien étudiées par Grunfeld et Oberländer: gonflement simple, hyperémie, granulations, fissures, inflammation des lacunes de Morgagni, épaississement épithélial, etc. L'endoscope permet de constater exactement la situation de ces lésions, leur étendue, leur gravité; il permet de les cautériser avec précision, à la condition qu'elles soient bien localisées; mais il ne faut y recourir que si les moyens thérapeutiques courants n'ont pu amener leur guérison.

Enfin l'endoscope montre certaines lésions uréthrales qu'aucun autre moyen ne pouvait déceler, comme les polypes de l'urèthre (fig. 4, n°° 6 et 7), les calculs des lacunes de Morgagni (nous croyons être le premier à avoir constaté un cas de ce genre), l'orifice interne des fistules uréthrales (fig. 4, n° 8), les brides uréthrales signalées par Grunfeld, et il met entre nos mains, grâce aux instruments inventés par ce dernier auteur, un moyen sûr d'extirper ces polypes et ces calculs, de réséquer ces brides et de cautériser ces orifices fistuleux.

Les rétrécissements de l'urèthre présentent une muqueuse pâle, résistante au toucher, une figure centrale irrégulière et béante, un effacement complet de l'entonnoir; il faut naturellement pour les examiner employer des endoscopes très étroits. Antal a fait construire un aéro-uréthroscope qui permet de dilater par une injection d'air le vestibule du rétrécissement, et rend ainsi accessible à la vue la partie étroite de ce rétrécissement, où le tube endoscopique ne pouvait pénétrer.

Grâce aux procédés endoscopiques, on peut pratiquer sous le regard le cathétérisme de rétrécissements difficiles à franchir, à condition que l'endoscope puisse arriver jusqu'à l'obstacle lui-même; il est malheureusement souvent arrêté par d'autres rétrécissements plus larges situés en avant de la région infranchissable. Grunfeld recommande même, dans le cas où l'uréthrotomie interne est jugée nécessaire, de la pratiquer sous le regard, à l'aide d'un petit bistouri conduit dans le tube endoscopique.

Les corps étrangers de l'urèthre sont facilement constatés et extraits, grâce à l'endoscope; ce mode d'extraction est très précieux, car le corps étranger, s'il est rugueux, est entraîné à travers le tube endoscopique et ne risque pas de blesser la muqueuse uréthrale.

2° Œsophage. — L'examen endoscopique de l'œsophage se pratique exactement de la même façon que celui de l'urèthre; mais le tube endoscopique, tout en restant rectiligne, est plus gros et plus long. La manœuvre de cet appareil (œsophagoscope de Leiter) est représentée par la figure 5. Ses indications sont néanmoins beaucoup plus restreintes que celle de l'uréthroscope; elles se réduisent à la constatation et à l'ablation des corps étrangers, et au traitement local des rétrécissements cicatriciels et des tumeurs de ce conduit. Dans le cancer de l'œsophage il peut permettre de voir la tumeur et d'en détacher un fragment pour les besoins de l'examen histologique, ce qui donne des notions très utiles pour le traitement ultérieur.

3° *Vessie*. — Pour faire un bon examen endoscopique de la vessie, il est très utile que cette cavité
soit bien lavée et remplie d'un liquide très transparent. Ces précautions étant prises, on introduit
dans la vessie l'endoscope fenêtré de Grunfeld,
droit ou courbe, de 0ᵐ16 de longueur pour l'homme,
droit, de 0ᵐ10 de long pour la femme. On peut
ainsi voir la petite portion de la muqueuse vésicale
qui se trouve située immédiatement en face de
l'instrument. Par quelques mouvements de latéra-
lité et de va-et-vient, on peut voir une étendue
assez considérable de la surface vésicale ; la région
qui avoisine le col ne peut être vue avec les endoscopes ordinaires ; mais Grunfeld a fait construire
un tube garni à son intérieur d'un prisme (Fen-
sterspiegelendoscope) qui permet à la vue de s'é-
tendre sur la moitié antérieure de la vessie qui
était restée inaccessible à l'appareil précédent.
Malheureusement ce dernier instrument perd beaucoup de lumière et ne peut rendre de services qu'à
la condition d'être très court ; aussi n'est-il employé
que chez la femme.

La surface de muqueuse observée est d'un blanc
rosé, parcourue par un fin lacis de vaisseaux sanguins (fig. 6, n° 1), parmi lesquels il est possible
de distinguer les artères et les veines et même de
compter les battements artériels. La région urétérale présente un intérêt tout particulier : l'orifice

Fig. 6.—Images endoscopiques de la vessie, d'après Grunfeld.

de l'uretère forme une petite boutonnière d'où l'on
voit jaillir par saccade le jet de l'urine qui pénètre
dans la vessie ; de petits vaisseaux sanguins rampent autour de cet orifice (fig 6, n° 2). Si l'on veut
examiner de plus près la muqueuse vésicale, ce qui
devient nécessaire quand le milieu vésical est
trouble, il suffit de coller directement contre elle
la glace de l'endoscope ; en employant notre endoscope double (fig. 3), on peut dans cette position
retirer le tube fenêtré central et voir au fond du
tube ouvert extérieur une petite portion de muqueuse à nu, sans aucun intermédiaire. Si l'on
répète la même manœuvre, après avoir accolé
l'extrémité de l'endoscope sur la région urétérale,
on peut encadrer l'orifice de l'uretère avec le tube
externe et avoir cet orifice directement sous le
regard.

Nous étudierons plus loin les diverses lésions vésicales et leur examen endoscopique ; il nous suffira de rappeler ici que l'endoscope vésical à [?]
mière externe est surtout utile chez la femme, [?]
admet des tubes gros et courts, mais qu'il [?]
aussi utilisable chez l'homme, bien que dans ce [?]
il donne des renseignements beaucoup mo[?]
précis. Son principal avantage est de permet[?]
l'examen d'une vessie vide et même sale, avanta[?]
que ne présente pas l'endoscopie à lumière inter[?]

L'examen de la paroi vésicale atteinte de cyst[?]
n'est guère possible qu'avec les endoscopes à l[?]
mière externe à cause de la grande sensibilité [?]
la vessie, de sa faible capacité et du trouble [?]
son contenu. Dans ce cas, la muqueuse vésic[?]
apparaît d'un rouge violacé, les vaisseaux sangu[?]
ne sont plus visibles ; de loin en loin on voit [?]
ecchymoses, des ulcérations superficielles, de pe[?]
foyers hémorragiques, d'où s'élèvent de lég[?]
nuages sanglants, enfin de nombreux flocons [?]
rulents fixés à la paroi.

Les tumeurs vésicales seront examinées a[?]
beaucoup plus de profit avec les cystoscopes à [?]
mière interne ; néanmoins leur examen à la lumi[?]
externe, à côté de gros inconvénients (surtout c[?]
l'homme), présente de réels avantages. Grâce à [?]
dernier procédé, on peut constater leur prése[?]
même dans une vessie très saignante, mê[?]
quand elles remplissent une grande partie d[?]
cavité vésicale ; si l'on utilise notre endoscope, [?]
peut en outre accoler l'appareil contre la surf[?]
de la tumeur, retirer le tube interne, détac[?]
un fragment de cette tumeur pour l'examen hi[?]
logique, et même l'extirper ainsi en totalité [?]
les voies naturelles, comme est arrivé à le f[?]
Grunfeld avec son endoscope vésical ouvert.

La figure 7 représente une tumeur vésicale [?]
nous avons constatée et dessinée sur le viv[?]
Elle occupait la partie
latérale droite de la
vessie d'un homme.
La représentation que
nous en donnons a été
obtenue par la réu-
nion de plusieurs
champs endoscopi -
ques donnés par les
déplacements de l'ins-
trument. Cette tu-
meur a été opérée
par notre excellent
collègue Albarran ;
nous avons pu cons-
tater, une fois la ves-
sie ouverte, l'exactitude des données de l'en[?]
cope.

Fig. 7. — Tumeur vésicale [?]
l'endoscope de Grunfeld

L'endoscopie à lumière externe peut égale[?]
servir pour la constatation et l'ablation des c[?]

Fig. 8. — Cystoscope n° 1 de Nitze.

:ne dont nous parlerons plus loin. Cette der-
ière est évidemment bien plus avantageuse ; mais
e est plus complexe,et dans bien des cas elle ne
nne rien où l'endoscope à lumière externe aurait
nné un renseignement utile. En effet, nous le
pétons, la cystoscopie à lumière externe peut

plet d'une vessie ; mais nous ne voudrions pas que
l'on abandonnât complètement, surtout chez les
femmes, la cystoscopie à lumière externe qui, bien
que plus modeste, peut souvent donner d'excellents renseignements.

Nous ne disons rien de l'utéroscopie, bien que

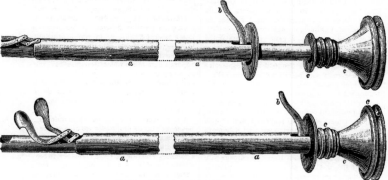

Fig. 9. — Cystoscope à pince de Nitze.

'e employée dans une vessie vide ou presque
le, irritable et saignante, même si le milieu vé-
:al est trouble, car il est toujours possible
appliquer la glace de l'instrument directement
ntre la muqueuse ou la tumeur. Ces avantages
se rencontrent pas dans la cystoscopie à lu-
ière interne, qui, comme nous le verrons plus.
in, demande tout un ensemble de circonstances
vorables, souvent difficiles à réunir : tolérance de

l'examen direct de la cavité utérine relève de
l'endoscopie à lumière externe, parce que cette
variété d'endoscopie n'a pas encore donné de
résultats suffisamment précis ; elle mérite d'être
mieux étudiée qu'elle ne l'a été jusqu'à présent.

II. — Endoscopie a lumière interne

L'endoscopie à lumière interne a pour principe
de porter une petite lampe électrique dans le canal

3° *Vessie*. — Pour faire un bon examen endoscopique de la vessie, il est très utile que cette cavité
soit bien lavée et remplie d'un liquide très transparent. Ces précautions étant prises, on introduit
dans la vessie l'endoscope fenêtré de Grunfeld,
droit ou courbe, de 0ᵐ16 de longueur pour l'homme,
droit, de 0ᵐ10 de long pour la femme. On peut
ainsi voir la petite portion de la muqueuse vésicale
qui se trouve située immédiatement en face de
l'instrument. Par quelques mouvements de latéra-
lité et de va-et-vient, on peut voir une étendue
assez considérable de la surface vésicale ; la région
qui avoisine le col ne peut être vue avec les endoscopes ordinaires ; mais Grunfeld a fait construire
un tube garni à son intérieur d'un prisme (Fen-
sterspiegelendoscope) qui permet à la vue de s'é-
tendre sur la moitié antérieure de la vessie qui
était restée inaccessible à l'appareil précédent.
Malheureusement ce dernier instrument perd beaucoup de lumière et ne peut rendre de services qu'à
la condition d'être très court ; aussi n'est-il employé
que chez la femme.

La surface de muqueuse observée est d'un blanc
rosé, parcourue par un fin lacis de vaisseaux sanguins (fig. 6, n° 1), parmi lesquels il est possible
de distinguer les artères et les veines et même de
compter les battements artériels. La région urétérale présente un intérêt tout particulier : l'orifice

Fig. 6.—Images endoscopiques de la vessie, d'après Grunfeld.

de l'uretère forme une petite boutonnière d'où l'on
voit jaillir par saccade le jet de l'urine qui pénètre
dans la vessie ; de petits vaisseaux sanguins rampent autour de cet orifice (fig 6, nº 2). Si l'on veut
examiner de plus près la muqueuse vésicale, ce qui
devient nécessaire quand le milieu vésical est
trouble, il suffit de coller directement contre elle
la glace de l'endoscope ; en employant notre endoscope double (fig. 3), on peut dans cette position
retirer le tube fenêtré central et voir au fond du
tube ouvert extérieur une petite portion de muqueuse à nu, sans aucun intermédiaire. Si l'on
répète la même manœuvre, après avoir accolé
l'extrémité de l'endoscope sur la région urétérale,
on peut encadrer l'orifice de l'uretère avec le tube
externe et avoir cet orifice directement sous le
regard.

Nous étudierons plus loin les diverses lésions vésicales et leur examen endoscopique ; il nous suf-

fira de rappeler ici que l'endoscope vésical à
mière externe est surtout utile chez la femme,
admet des tubes gros et courts, mais qu'il
aussi utilisable chez l'homme, bien que dans ce
il donne des renseignements beaucoup m
précis. Son principal avantage est de perme
l'examen d'une vessie vide et même sale, avan
que ne présente pas l'endoscopie à lumière inte

L'examen de la paroi vésicale atteinte de cys
n'est guère possible qu'avec les endoscopes à
mière externe à cause de la grande sensibilit
la vessie, de sa faible capacité et du trouble
son contenu. Dans ce cas, la muqueuse vési
apparaît d'un rouge violacé, les vaisseaux sang
ne sont plus visibles ; de loin en loin on voit
ecchymoses, des ulcérations superficielles, de p
foyers hémorragiques, d'où s'élèvent de lé
nuages sanglants, enfin de nombreux flocons
rulents fixés à la paroi.

Les tumeurs vésicales seront examinées
beaucoup plus de profit avec les cystoscopes à
mière interne ; néanmoins leur examen à la lum
externe, à côté de gros inconvénients (surtout
l'homme), présente de réels avantages. Grâce
dernier procédé, on peut constater leur prés
même dans une vessie très saignante, m
quand elles remplissent une grande partie
cavité vésicale ; si l'on utilise notre endoscope
peut en outre accoler l'appareil contre la su
de la tumeur, retirer le tube interne, déta
un fragment de cette tumeur pour l'examen h
logique, et même l'extirper ainsi en totalité
les voies naturelles, comme est arrivé à le
Grunfeld avec son endoscope vésical ouvert.

La figure 7 représente une tumeur vésical
nous avons constatée et dessinée sur le vi
Elle occupait la partie
latérale droite de la
vessie d'un homme.
La représentation que
nous en donnons a été
obtenue par la réu-
nion de plusieurs
champs endoscopi-
ques donnés par les
déplacements de l'ins-
trument. Cette tu-
meur a été opérée
par notre excellent
collègue Albarran, et
nous avons pu cons-
tater, une fois la ves-
sie ouverte, l'exactitude des données de l'e
cope.

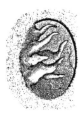

Fig. 7. — Tumeur vésical
l'endoscope de Grunf

L'endoscopie à lumière externe peut égal
servir pour la constatation et l'ablation des

rangers de la vessie et enfin, comme nous l'a-
ons fait pressentir plus haut, pour le cathétérisme
rect des uretères chez la femme. Elle a donc une
elle utilité, et il ne faut pas chercher à lui subs-
entièrement la cystoscopie à lumière in-

la vessie, clarté du milieu vésical, petitesse relative de la tumeur.

Loin de nous la pensée de dénigrer la cystoscopie
à lumière interne, qui est un procédé excellent ;
nous dirons même de choix, pour l'examen com-

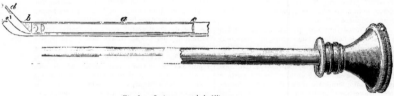

Fig. 8. — Cystoscope nº 1 de Nitze.

rne dont nous parlerons plus loin. Cette der-
ère est évidemment bien plus avantageuse ; mais
le est plus complexe, et dans bien des cas elle ne
onne rien où l'endoscope à lumière externe aurait
onné un renseignement utile. En effet, nous le
ipétons, la cystoscopie à lumière externe peut

plet d'une vessie ; mais nous ne voudrions pas que
l'on abandonnât complètement, surtout chez les
femmes, la cystoscopie à lumière externe qui, bien
que plus modeste, peut souvent donner d'excellents renseignements.

Nous ne disons rien de l'utéroscopie, bien que

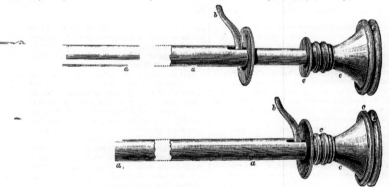

Fig. 9. — Cystoscope à pince de Nitze.

employée dans une vessie vide ou presque
ide, irritable et saignante, même si le milieu vé-
ical est trouble, car il est toujours possible
l'appliquer la glace de l'instrument directement
entre la muqueuse ou la tumeur. Ces avantages
e se rencontrent pas dans la cystoscopie à lu-
ière interne, qui, comme nous le verrons plus
oin, demande tout un ensemble de circonstances
avorables, souvent difficiles à réunir : tolérance de

l'examen direct de la cavité utérine relève de
l'endoscopie à lumière externe, parce que cette
variété d'endoscopie n'a pas encore donné de
résultats suffisamment précis ; elle mérite d'être
mieux étudiée qu'elle ne l'a été jusqu'à présent.

II. — ENDOSCOPIE A LUMIÈRE INTERNE

L'endoscopie à lumière interne a pour principe
de porter une petite lampe électrique dans le canal

ou la cavité que l'on veut examiner. Pour l'exploration des canaux, elle ne présente aucun avantage sérieux sur l'endoscopie à lumière externe ; elle lui est même très inférieure à certains points de vue ; au contraire, pour l'examen des cavités viscérales, elle lui est infiniment supérieure, parce qu'elle permet d'adapter au tube endoscopique un jeu de lentilles, grâce auquel l'œil peut embrasser un champ infiniment plus vaste que celui des endoscopes à lumière externe.

Nous n'insisterons donc pas sur son application à l'examen de l'urèthre et de l'œsophage ; mais nous nous étendrons davantage sur son rôle dans l'exploration de la vessie et de l'estomac.

1° *Urèthre.* — Oberländer, de Dresde, a fait construire un tube endoscopique uréthral qui porte à son extrémité terminale une petite lampe à incandescence destinée à projeter directement ses rayons sur la surface à examiner. Cet appareil donne peut-être plus de lumière que les endoscopes à lumière

Rocher ; mais, comme ils ressemblent beaucoup aux appareils de Nitze et qu'ils présentent plusieurs inconvénients, sans présenter tous leurs avantages, nous les passerons sous silence pour nous borner à décrire la méthode endoscopique de Nitze [1].

Le cystoscope de Nitze, que représente la figure 8, se compose d'un long tube coudé à son extrémité ; son oculaire forme un entonnoir au-dessous duquel une double rainure reçoit une pince qui amène à l'appareil les deux fils d'une batterie électrique. Le bec de l'instrument porte une petite lampe Edison (e), en (b) se trouve une petite fenêtre occupée par un prisme. Ce prisme reçoit les images d'un large champ circulaire éclairé par la lampe e et les renvoie à angle droit dans le tube principal où elles sont recueillies et conduites à l'œil de l'observateur par un système de trois loupes plan-convexes. Cet appareil est le cystoscope n° 1 de Nitze ; son cystoscope n° 2 présente sa fenêtre au niveau du coude de l'instrument, la lampe occu-

Fig. 10. — Cystoscope de Leiter modifié par Brenner pour le cathétérisme des uretères.

externe ; mais il présente un double inconvénient : 1° la petite lampe occupe un certain espace qui obstrue évidemment en partie le champ déjà minime du tube endoscopique ; 2° cette lampe développe une quantité de chaleur suffisante pour nécessiter sa réfrigération par une circulation d'eau ; ce dernier desideratum épaissit encore la paroi de l'instrument et entraîne tout un attirail incommode. Pourquoi tant de complications pour arriver à un résultat à peine égal à celui que nous donne l'appareil si simple de Grunfeld ?

2° *Œsophage.* — Leiter a construit autrefois (catalogue de 1880) des œsophagoscopes d'une complication inouïe qui utilisaient comme l'uréthroscope d'Oberländer la lumière interne avec circulation d'eau ; il a depuis longtemps renoncé à ce procédé qu'il remplace aujourd'hui très avantageusement par son œsophagoscope à lumière externe (fig. 5).

3° *Vessie.* — Les reproches que nous venons d'adresser aux deux appareils précédents ne s'appliquent plus à la cystoscopie qui constitue le véritable triomphe de l'endoscopie à lumière interne. L'honneur de cette belle découverte revient à Nitze, de Berlin, qui publia en 1879 ses premières recherches sur ce sujet, et qui depuis est arrivé à donner à ses appareils une perfection véritablement remarquable. D'autres instruments du même genre ont été construits par Leiter et Boisseau du

pant une position diamétralement opposée à celle qu'elle occupait dans le cystoscope n° 1. Son cystoscope n° 3 porte sa lampe dans le même point que le cystoscope n° 1, mais sa fenêtre se trouve située sur la face postérieure du bec au point d.

Nitze a apporté à cet appareil de nombreux perfectionnements : il lui a annexé tout d'abord une circulation d'eau qui permet de laver la surface du prisme et de changer le liquide contenu dans la vessie, quand celui-ci devient trouble. Tout récemment, il lui a adapté une pince coupante destinée à sectionner les tumeurs que l'instrument a permis de constater dans la vessie (fig. 9). Il nous promet de plus des cystoscopes qui permettront de porter des caustiques ou des cautères galvaniques sur les points malades de la paroi vésicale et d'enlayer d'une anse de fil de fer ou d'une anse galvanique le pédicule des tumeurs.

Citons enfin un dernier perfectionnement de cet appareil que Brenner a fait réaliser par Leiter, de Vienne : ce perfectionnement consiste à annexer au cystoscope (fig. 9, type n° 2 de Nitze) un canal H qui vient s'ouvrir au-dessous de l'objectif ; par ce canal peut s'introduire une fine sonde K que l'on peut conduire sous le regard dans les uretères (fig. 10). La manœuvre de ces instruments exige évidem-

[1] Nitze, *Lehrbuch der Kystoscopie*. Wiesbaden, 1889.

ment un peu d'expérience; mais elle est, somme toute, assez simple ; la vessie est soigneusement lavée à l'eau boriquée, puis on y introduit 150 centimètres cubes d'eau boriquée ou phéniquée tiède bien claire, et une petite bulle d'air qui viendra marquer le sommet de la vessie et fournir un excellent point de repère. Cela fait, le cystoscope, enduit de glycérine, est introduit dans la vessie et, le courant établi, si l'image observée n'est pas claire on peut en conclure que la glace s'est ternie pendant la traversée de l'urèthre; il suffit alors de la nettoyer en injectant à sa surface une petite quantité d'eau par le canal destiné à cet usage.

La figure 11 représente le cystoscope n° 1 en place dans une position qui lui permet de montrer les détails du dôme vésical et en particulier la bulle d'air qui en marque le sommet.

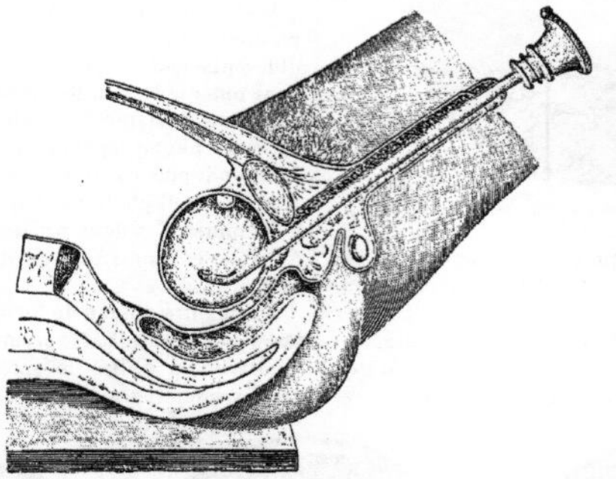

La figure 12 représente le cystoscope n° 1 éclairant la paroi antérieure de la vessie, et la figure 13 le cystoscope n° 2 éclairant le bas-fond vésical. Ces figures, ainsi que celles des cystoscopes précédemment décrits, sont empruntées à l'excellent livre de Nitze et au catalogue de Leiter (1887). Elles rendent facilement compte des mouvements que l'on peut imprimer au bec du cystoscope à l'intérieur de la vessie, de manière à éclairer et à

vaisseaux artériels et veineux, les cellules vésicales, l'orifice des uretères (on peut voir un de ces orifices dans la fig. 15). Cet examen des orifices urétéraux est de la plus grande importance, parce que l'on peut voir s'en échapper le jet de l'urine qui pénètre dans la vessie et constater ainsi *de visu* le caractère de cette urine. Si elle est trouble ou sanglante, on peut en conclure que le rein correspondant est malade, diagnostic très important pour l'appréciation de l'état des reins avant toute intervention chirurgicale sur ces organes : avant de faire l'ablation d'un rein, il est bon de s'assurer par ce procédé que son congénère est bien portant et pourra suffire au malade. On peut en outre, grâce à l'appareil de Brenner , pratiquer le cathétérisme de ces orifices et recueillir ainsi séparément l'urine des deux reins.

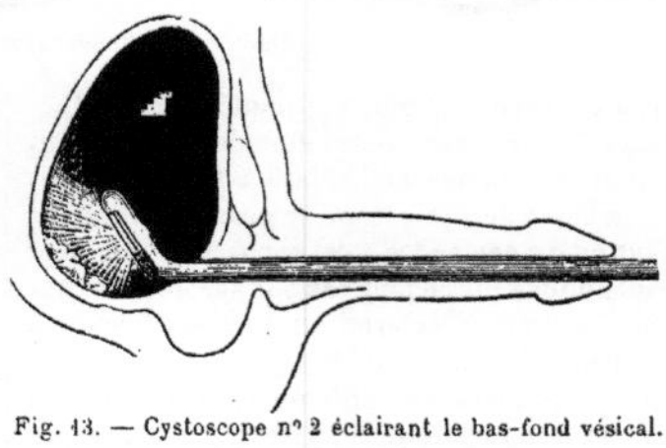

L'examen de la vessie malade n'est pas moins intéressant; les figures suivantes (14 à 17) donnent une excellente

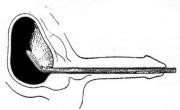

Fig. 11. — Cystoscope n° 1 en place.

idée des images que l'on obtient dans ces cas. La figure 14, empruntée à Nitze, représente un calcul siégeant dans le bas-fond de la vessie. La figure 15 représente différentes variétés de tumeurs vésicales ; elle nous a été obligeamment offerte par notre collègue Albarran [1].

Enfin les figures 16 et 17 représentent une épingle à cheveux que nous avons eu l'occasion

Fig. 12. — Cystoscope n° 1 éclairant la paroi antérieure de la vessie.

Fig. 13. — Cystoscope n° 2 éclairant le bas-fond vésical.

voir successivement les différents points de sa surface.

L'emploi méthodique des cystoscopes permet de voir très nettement la muqueuse vésicale avec ses

de trouver et de dessiner, d'après nature, dans la vessie d'une jeune fille. Ses pointes sont fixées dans

[1]. Albarran, *les Tumeurs de la vessie*. Paris, 1892, chez G. Steinheil.

la paroi vésicale ; ses branches sont recouvertes d'incrustations phosphatiques ; elles projettent leur ombre sur la paroi opposée de la vessie. Cette épingle a été extraite par notre excellent

Fig. 14. — Calcul de la vessie vu au cystoscope de Nitze.

maître M. le Dʳ Tuffier qui put la saisir sous le regard avec un crochet mousse et l'attirer au dehors. (fig. 17).

Les figures précédentes, mieux que toute description, rendent compte de l'importance diagnostique énorme du cystoscope ; au point de vue opératoire,

3° *Estomac.* — La gastroscopie à lumière interne est encore dans l'enfance : elle a à lutter contre de grandes difficultés, dont la principale est de maintenir l'estomac dilaté par l'air ou par l'eau, à cause de la tendance qu'il a à se vider par le pylore. Le docteur Boisseau du Rocher fait actuellement construire un gastroscope que nous ne pouvons apprécier, puisqu'il n'a pas encore été expérimenté ; il serait utile que cette tentative aboutît, car il est certain qu'un tel appareil rendrait de grands services à la thérapeutique stomacale.

Il était naturel de chercher à reproduire par la photographie les images que nous donnent les différents endoscopes ; deux procédés s'offraient pour obtenir ce résultat : le premier, le plus simple, consistait à adapter à l'oculaire de l'endoscope un appareil photographique pour recueillir l'image ; le second, plus hardi, consistait à faire pénétrer un petit appareil photographique au centre du viscère à examiner. Ces deux procédés sont actuellement à l'étude et promettent de donner de bons résultats.

Kollmann a obtenu de bonnes photographies des images uréthrales par le premier procédé, et Kutner, de Berlin, a utilisé le second pour obtenir des épreuves photographiques de la cavité stomacale.

Fig. 15. — Différentes formes de tumeurs vésicales.

son rôle est beaucoup plus restreint : sauf le cathétérisme des uretères, l'extraction des corps étrangers chez les femmes et l'ablation de petites tumeurs à l'aide du cystoscope à pince de Nitze, on ne peut guère demander à cet appareil des services thérapeutiques : il ne faut pas oublier que les cystocopes à lumière externe lui sont supérieurs à cet égard. Néanmoins il faut reconnaître que depuis les derniers perfectionnements que Nitze a apportés à son appareil, la cystoscopie à lumière interne semble entrer dans une voie nouvelle et que bientôt elle mettra entre nos mains les moyens de traiter chirurgicalement certains cas d'affections vésicales par les voies naturelles et sous le regard.

Ses appareils, composés de grosses sondes courbes à leur extrémité, rappellent les dispositions optiques de ceux de Nitze. Une de ses sondes photographiques présente exactement la même combinaison que celle qui est représentée figure 9, avec cette différence qu'un petit tambour fixé à une tige flexible vient porter une feuille impressionnable à une faible distance des deux petites lentilles planconvexes situées devant le prisme *b*. Cette feuille reçoit l'image minuscule que ce système optique vient concentrer en ce point ; il suffit de développer cette image pour obtenir une épreuve d'une portion relativement vaste de la muqueuse stomacale. D'autres sondes, présentant des combinaisons optiques différentes, permettent d'obtenir les photographies d'autres régions de l'estomac inaccessibles à ce premier appareil.

III. — DIAPHANOSCOPIE.

Ce procédé sur lequel on avait autrefois fondé de grandes espérances est aujourd'hui bien discrédité. M. Trouvé, introduisant une lampe électrique dans le corps d'un poisson, avait démontré que cet animal devenait aussitôt transparent. On avait cru tout d'abord pouvoir appliquer ce procédé à l'homme et reconnaître par ce moyen la forme et les lésions de ses organes; malheureusement la transparence ainsi obtenue est très vague et ne donne qu'une teinte rosée uniforme, à peine nuancée de quelques ombres par les organes les plus compacts. On ne peut

Fig. 16. — Epingle à cheveux vue au cystoscope dans la vessie.

donc pas compter sur ce procédé pour apprécier les lésions des viscères; mais, dans certains cas particuliers, on peut l'utiliser pour se rendre compte du degré d'opacité de quelques organes ou même pour les éclairer par transparence.

Si l'on introduit dans la bouche d'un individu une lampe électrique, on constate aussitôt que les parties latérales de la face deviennent lumineuses; dans l'état normal, on doit observer à droite et à gauche une lueur d'égale intensité; si au contraire un des sinus maxillaires est rempli de sang ou de pus, la joue correspondante paraîtra plus sombre que sa congénère. Ce procédé est aujourd'hui adopté par les spécialistes pour le diagnostic des épanchements et des tumeurs du sinus maxillaire; l'instrument dont ils se servent est le diaphanoscope de Vohsen. Cet appareil se compose d'une petite lampe électrique entourée d'un manchon de verre où circule un courant d'eau pour éviter une élévation trop considérable de la température.

Si l'on applique deux lampes d'égale intensité sur les régions scapulaires droite et gauche d'un en-

faut, le thorax devient lumineux; à l'état normal il doit l'être également des deux côtés; en cas d'infiltration tuberculeuse ou de pneumonie d'un sommet, le côté correspondant paraît plus sombre.

Si l'on introduit dans l'urèthre une petite lampe entourée d'une sonde de verre, la paroi uréthrale devient de même lumineuse, d'une manière uniforme si elle est saine, entrecoupée par des anneaux sombres en cas d'infiltration de cette paroi, comme il arrive dans les rétrécissements.

Enfin J. Bruck introduisait dans le rectum, chez

Fig. 17. — La même saisie avec un crochet sous le regard.

l'homme, dans le vagin, chez la femme, une lampe électrique et, d'autre part, il introduisait dans la vessie un endoscope fenêtré; la cavité vésicale ainsi éclairée par transparence permet d'entrevoir quelques-uns de ses détails. Ce procédé ne peut donner que des résultats bien vagues; aussi a-t-il été abandonné.

En résumé, la diaphanoscopie ne présente que quelques applications très restreintes, et elle ne semble pas être appelée à faire de grands progrès.

Nous ne terminerons pas ce travail sans décrire en quelques mots le service endoscopique de la clinique des voies urinaires de l'hôpital Necker, que M. le Pr Guyon nous a fait le grand honneur de nous confier. Ce service comprend une pile de seize grands éléments Leclanché, qui nous fournit presque sans entretien une excellente lumière, un lit élevé pour l'examen des malades (ce lit peut être entouré au besoin de rideaux pour obtenir l'obscurité que nécessitent les examens délicats), enfin une vitrine contenant tous les instruments endoscopiques que nous venons de décrire. Un grand nombre de malades sont examinés d'après les procédés que nous avons rapportés, et le résultat de cet examen vient compléter utilement les renseignements déjà fournis par la clinique, le microscope et l'analyse chimique.   Dr J. Janet.

LES EAUX POTABLES ET LA MÉTHODE HYDROTIMÉTRIQUE

L'analyse hydrotimétrique des eaux, imaginée par le Dr Clarke et perfectionnée par Boutron et Boudet, est loin de présenter le degré d'exactitude qu'offrent les méthodes de l'analyse chimique. Dans un grand nombre de cas, cependant, elle

fournit des renseignements précieux et relativement rapides qui permettent à l'ingénieur, à l'hydrologue, voire même au chimiste, de reconnaître si une eau est ou n'est pas potable.

Le procédé hydrotimétrique, qui a le très grand

avantage de pouvoir être appliqué en dehors du laboratoire et avec un matériel des plus sommaires, est même susceptible de quelque rigueur, si l'on opère avec soin. Je me propose d'indiquer les causes d'erreur contre lesquelles il faut se mettre en garde et les modifications qu'il m'a paru nécessaire de faire subir à la méthode de Boutron et Boudet.

I

Le principe de la méthode est le suivant :

« On verse dans un volume déterminé d'eau une dissolution alcoolique de savon jusqu'au moment où les sels de chaux et de magnésie contenus dans l'eau sont complètement décomposés et neutralisés. La fin de l'opération est indiquée par la présence d'une mousse persistante qui surnage après agitation du liquide. »

Une eau sera d'autant moins calcaire qu'elle exigera une moins grande quantité de savon pour produire la mousse caractéristique. On peut donc avec une même liqueur de savon, quelconque d'ailleurs, comparer les eaux entre elles ; mais, pour que les observations des divers opérateurs puissent être utilement comparées, il a fallu choisir une liqueur type. Boutron et Boudet[1] préparent leur liqueur de la manière suivante :

Savon blanc de Marseille ou mieux savon amygdalin
bien sec.. 100gr
Alcool à 90°.. 1600
On dissout le savon dans l'alcool en chauffant jusqu'à l'ébullition ; on filtre pour séparer les sels et les matières étrangères insolubles dans l'alcool, que le savon peut contenir, et l'on ajoute à la dissolution
filtrée : Eau distillée pure......................... 100
                                                     ——
                                                     2700

Cette liqueur, préparée par l'opérateur, ou simplement achetée chez le fabricant de produits chimiques, ne sera utilisée qu'après avoir été titrée comme je l'indiquerai plus loin.

Boutron et Boudet se servaient d'un flacon spécial de 100ᵉᵐᵉ environ, divisé de 10ᵉᵐᵉ en 10ᵉᵐᵉ jusqu'à 40ᵉᵐᵉ, et dans lequel ils versaient le liquide à analyser. Je préfère verser le liquide à l'aide d'une pipette jaugée, ce qui me donne une bien

---

[1] Un chimiste, M. Courtonne, propose de remplacer la formule de Boutron et Boudet par la suivante : dans un ballon de 1 litre de capacité on verse :

Huile d'olives ou huile d'amandes douces. 28 grammes
exactement pesés ou.............................. 30ᵉᵐᵉ
Soude à 36°...................................... 10
Alcool à 90-95................................... 10

Après quelques minutes de chauffage au bain-marie bouillant, le savon est formé. On ajoute alors 800 ou 900ᵉᵐᵉ d'alcool à 60°, on agite quelques instants pour dissoudre le savon, puis on filtre dans un ballon jaugé d'un litre dont on complète le volume après refroidissement avec de l'alcool à 60°.
On obtient dans ces conditions, dit M. Courtonne, une liqueur hydrotimétrique normale qui, dans la suite ne donne qu'un dépôt insignifiant et par conséquent sans influence sur le titre.

plus grande exactitude et me permet de prendre un flacon quelconque.

Boutron et Boudet enfermaient la liqueur de savon dans une burette Gay-Lussac, difficile à manier, et qui exigeait une assez grande habileté de l'opérateur, dont les deux mains étaient toujours occupées. Je me sers d'une burette de Mohr, qu'il n'est plus nécessaire de tenir à la main, et qu'on manœuvre facilement ; je la choisis de diamètre intérieur très petit, afin que les lectures soient obtenues avec une grande précision. Cette modification a en outre l'avantage d'éviter l'échauffement de la burette par la chaleur de la main et par conséquent la dilatation de la liqueur alcoolique de savon. M. Péligot avait proposé de tenir la burette avec une pince en bois : la fatigue est telle qu'un opérateur ne tarde pas à s'affranchir de cette utile précaution.

Ceci posé, la liqueur de savon affleurant au zéro de la burette, on la verse dans le liquide à analyser jusqu'à formation d'une mousse persistante.

Quand l'eau est trop chargée en sels calcaires, la liqueur de savon produit des grumeaux qui ne permettent pas d'obtenir une mousse caractéristique. Dans ce cas, si l'on a primitivement opéré sur 40ᵉᵐᵉ d'eau, il faut n'opérer que sur la moitié, étendue à 40ᵉᵐᵉ avec de l'eau distillée. Il peut même arriver qu'on soit obligé de réduire encore le volume du liquide à analyser. Pour certains puits parisiens, je ne puis opérer que sur 2ᵉᵐᵉ d'eau. Dans ce cas, il est nécessaire de tenir compte de l'eau distillée employée pour compléter les 40ᵉᵐᵉ de liquide.

1ʳᵉ cause d'erreur. — L'eau distillée n'a jamais un titre hydrotimétrique nul. C'est en vain que les chimistes conseillent de se servir d'eau distillée récemment bouillie et qu'ils recommandent même de faire cette ébullition non dans des vases de verre, mais dans des vases métalliques de platine ou de nickel. Qu'on ait pris ou non ces précautions, il ne faut pas manquer de titrer hydrotimétriquement et aussi souvent que possible l'eau distillée que l'on emploie. On déterminera directement la correction qu'il faut faire subir aux lectures, suivant le volume d'eau distillée ajouté au liquide à analyser. Je donnerai plus loin cette correction.

2ᵉ cause d'erreur. — Il n'est pas indifférent de verser la liqueur de savon avec plus ou moins de rapidité. Voici quelques résultats d'analyse. Dans une même eau, je verse la liqueur de savon. par 3 gouttes ; je recommence sur de nouveaux échantillons en versant par 10 gouttes, par centimètres cubes, enfin en versant d'un seul coup la quantité de liqueur de savon qui doit saturer les sels calcaires et magnésiens.

5 gouttes	10 gouttes	cent. cubes	2 cent. 40	2 cent. 53
Lect. 23.4	23.4	24.0	25.3	25.3

Soit une différence de deux divisions, c'est-à-dire de plus de *deux degrés*, suivant que l'on verse avec plus ou moins de rapidité. Dans le cas où l'on n'aurait opéré que sur 5ᵉᵐᵉ de liqueur, la différence s'élèverait à plus de seize degrés! Il conviendrait donc de faire une correction variable dans chaque cas. Je verse toujours la liqueur de savon par 10 gouttes au début, puis par 5 gouttes quand la saturation est presque complète, par 2 gouttes enfin au moment où l'opération va être terminée.

3ᵉ cause d'erreur. — La fin de l'opération est caractérisée par la formation d'une mousse persistante. Il arrive fréquemment que cette mousse, épaisse et en apparence persistante, n'est qu'une *fausse mousse* et l'on obtiendrait des résultats absolument erronés si l'on considérait à ce moment l'opération comme terminée. Il arrive en effet qu'au bout d'un temps quelquefois assez long, quelques minutes, la mousse disparaît brusquement. Ce phénomène s'observe toujours avec l'eau de l'Ourcq, presque toujours avec l'eau de la Dhuis. Avec quelque habitude on parvient à distinguer la fausse mousse de la vraie; en tout cas, il convient d'attendre quelques minutes en imprimant au liquide un léger mouvement de rotation autour de l'axe du flacon. Quelquefois la fausse mousse disparaît rapidement en versant une goutte d'ammoniaque au demi.

4ᵉ cause d'erreur. — Au moment où apparaît la mousse persistante, on a certainement dépassé la saturation des sels calcaires et magnésiens; il faut retrancher de la lecture les quelques gouttes versées en trop. Boutron et Boudet affirmaient que cette correction était constante et toujours égale à une division de leur burette. Il n'en est rien, puisqu'elle dépend de l'épaisseur de la mousse à laquelle s'arrête un opérateur et qu'elle dépend aussi du titre de la liqueur de savon.

Chaque opérateur déterminera donc sa *correction de mousse* en faisant une lecture avec 40ᵉᵐᵉ puis une seconde lecture avec 20ᵉᵐᵉ d'une eau :

Exemple : 40ᵉᵐᵉ liqueur chlorure calcium donne.... 26ᵈⁱᵛ2
20ᵉᵐᵉ 13   6

La différence 12,6 correspond exactement, sans correction, à 20ᵉᵐᵉ d'eau. La correction de mousse est donc ici de 1ᵈⁱᵛ0. Ce que j'appelle division, c'est le dixième de centimètre cube.

On fera la correction de l'eau distillée et la vérification des corrections adoptées en opérant comme il suit :

40ᵉᵐᵉ d'une eau quelconque............. lecture 23ᵈⁱᵛ4
40ᵉᵐᵉ d'eau distillée........................ 3   0
20ᵉᵐᵉ de l'eau précédente + 20ᵉᵐᵉ d'eau
distillée........................... 13   2

J'en conclus que :

40ᵉᵐᵉ de l'eau corresp. à..... 23ᵈⁱ4 — 1ᵈ.0 = 22ᵈ.4
40ᵉᵐᵉ d'eau distillée........ 3.0 — 1.0 = 2.0

et, comme vérification :

20ᵉᵐᵉ de l'eau corresp. à 13.2 — 1.0 — 1.0 = 11ᵈ2
11ᵈ.2 est bien la moitié de 22ᵈ.4.

Ainsi, quand j'opérerai sur 40ᵉᵐᵉ d'une eau, je retrancherai 1ᵈⁱᵛ0 de la lecture; quand j'opérerai sur 20ᵉᵐᵉ et 20ᵉᵐᵉ d'eau distillée, je retrancherai 1,0+1,0, soit 2ᵈⁱᵛ0, quand j'opérerai sur 10ᵉᵐᵉ et 30ᵉᵐᵉ d'eau, je retrancherai 1,0+1,5 soit 2ᵈⁱᵛ5, et ainsi de suite.

Voici un exemple, au hasard :

Eau de Seine	Lecture	Lecture corrigée	Pour 40ᵉᵐᵉ d'eau
40ᵉᵐᵉ	22.2	22.2 — 1.0 = 21.2	21.2
20ᵉᵐᵉ	12.5	12.6 — 2.0 = 10.6	21.2
10ᵉᵐᵉ	7.8	7.8 — 2.5 = 5.3	21.2
5ᵉᵐᵉ	5.4	5.4 — 2.75 = 2.65	21.2

Il est entendu que ces corrections changeront chaque fois qu'on aura une nouvelle liqueur de savon ou qu'on prendra une nouvelle eau distillée. Il conviendra d'avoir un flacon d'eau distillée exclusivement réservé aux lectures hydrotimétriques.

Les résultats précédents montrent avec quelle précision on peut opérer quand on prend toutes les précautions que j'ai indiquées.

5ᵉ cause d'erreur. — J'ai constaté qu'un grand nombre d'opérateurs se servaient sans examen des liqueurs hydrotimétriques achetées toutes faites ou même préparées par eux. C'est une faute grave. Il faut titrer la liqueur dont on se sert. On opère de la manière suivante :

On prépare une liqueur normale de chlorure de calcium, en dissolvant 250 milligrammes de chlorure de calcium pur fondu et *absolument sec* dans un litre d'eau distillée. On admet, avec MM. Boutron et Boudet, *que cette dissolution normale correspond à 22ᵉ hydrotimétriques*, et, comme l'on opère sur 40ᵉᵐᵉ de liqueur, contenant par conséquent 10ᵐᵍʳ de chlorure de calcium, on en conclut qu'un *degré hydrotimétrique correspond à*

$$\frac{10^{\text{mgr}}}{22} = 0^{\text{mgr}},455$$

de chlorure de calcium, soit à

$$\frac{10^{\text{mgr}} \times 25}{22} = 11^{\text{mgr}},4$$

de chlorure de calcium, quand on traduit pour 1 litre les résultats obtenus avec 40ᵉᵐᵉ de liquide.

Cette convention, absolument arbitraire d'ailleurs, doit être adoptée par tous les observateurs, afin que leurs résultats exprimés en degrés, soient comparables.

Par un calcul très simple, connaissant les équivalents des différents sels, on trouve qu'un degré hydrotimétrique équivaut pour un litre d'eau à [1] :

Chlorure de calcium	11 gr,4
Chaux	5,7
Carbonate de chaux	10,3
Sulfate de chaux	14,0
Magnésie	4,2
Carbonate de magnésie	8,8
Sulfate de magnésie	12,5
Acide sulfurique	8,2
Chlore	7,5
Acide carbonique	9,9

Il suffirait donc de faire la lecture correspondante à 40ᵉᵐᵉ de cette liqueur normale et d'exprimer que le nombre des divisions lues correspond à 22°, d'où l'on conclut la valeur d'une division.

Mais la liqueur de chlorure de calcium peut n'avoir pas été exactement préparée. Le chlorure pris chez le marchand peut être impur. Même si on l'a purifié au laboratoire, il faut s'assurer qu'il est pur et sec en vérifiant la liqueur normale qu'on a préparée. Dans ce but, nous traitons 50ᶜᵐᵉ de la liqueur par un excès d'oxalate d'ammoniaque. L'oxalate de chaux obtenu est filtré, lavé, calciné. La chaux est pesée à l'état de carbonate. Une liqueur exacte doit fournir 126 milligrammes de chaux par litre.

Si la solution de chlorure est exacte, on fera la lecture hydrotimétrique correspondant à 40ᶜᵐᵉ de liqueur, puis on précipitera la chaux par un excès d'oxalate d'ammoniaque et l'on fera une seconde lecture après cette précipitation :

Exemple :

Lecture immédiate	26 div. 2
Lecture après oxalate	1 div. 8
Différence	24 div. 4

Cette différence correspond, par convention, à 22° hydrotimétriques : donc

$$1 \text{ division correspond à } \frac{24.4}{22^{v}} = 0°902$$

Les liqueurs de savon fournies par les fabricants de produits chimiques peuvent faire varier la valeur d'une division de 0°9 à 1°2, soit d'un tiers [2] !!

[1] MM. Wanklyn, Chapmann et Courtonne ont trouvé qu'un équivalent de chlorure de calcium ou de nitrate de baryte ne correspondait pas à un équivalent de sels magnésiens mais à $\frac{87}{100}$ d'équivalent. Ces messieurs proposent de remplacer dans le tableau qui précède le poids des sels de magnésie par les suivants :

Magnésie	3,6 au lieu de	4,2
Carbonate de magnésie	7,6	8,8
Sulfate de —	10,8	12,5

[2] Si la liqueur normale de chlorure de calcium n'était pas absolument exacte, elle servirait néanmoins au titrage de la liqueur de savon, à la condition qu'on ait dosé avec soin sa teneur en chaux. Supposons qu'elle ne contienne que 121ᵐᵍʳ de chaux par litre, la différence des lectures, avant et après l'action de l'oxalate d'ammoniaque, correspondrait, non plus à 22° hydrotimétriques, mais à $\frac{121}{5,7}$ ou 21°,9. Dans ce cas, le

II

Ce dosage hydrotimétrique permet assez rapidement de se rendre compte de la potabilité de eaux. Le Comité consultatif d'hygiène propose d répartir les eaux, au point de vue hydrotimé trique, dans les quatre catégories suivantes :

Très pure	de 5° à 15°
Potable	de 15° à 30°
Suspecte	au-dessus de 30°
Mauvaise	au-dessus de 100°

L'Observatoire de Montsouris prélève au moin une fois par quinzaine, et le plus souvent chaqu semaine, des échantillons des différentes eau: utilisées pour l'alimentation parisienne : eaux d sources puisées soit dans les réservoirs, soit a robinet des particuliers ; eaux de rivières : Seine Marne, Ourcq. Ce travail, poursuivi sans interrup tion depuis cinq années, nous a donné de moyennes qui permettent non seulement de dis tinguer les eaux de sources et de rivières, mais d caractériser chacune des différentes eaux. La pris faite sur la canalisation permet de constater si l consommateur reçoit bien l'eau à laquelle il a droit.

Le *Bulletin Officiel* de la Ville de Paris et l'*An nuaire* de Montsouris publient régulièrement le moyennes de quinzaine. Nous ne donnerons ici qu les moyennes annuelles qui fournissent des com paraisons intéressantes :

	VANNE		DHUIS	
	réservoir	canalisat.	réservoir	canalisat
Année 1887...	20°7	20°5	22°2	22°4
1888...	20,5	20,4	22,7	22 3
1889...	20,6	20,9	23,2	22,1
1890...	20,8	21,0	23,8	23,9
Moyenne....	20,7	20,7	23,0	22,7

	SEINE			OURCQ	MARNE
	Ivry	pont Austerlitz	Chaillot	Ourcq	Marne
Année 1887...	19°1	19°4	19°8	34°8	21°4
1888...	18,8	19,2	20,2	34,4	22,5
1889...	19,1	19,7	20,6	34,9	23,2
1890...	19,2	19,5	21,7	36,1	24,5
Moyenne....	19,0	19,5	20,6	35,1	23,1

Les eaux de la Vanne ont un degré très sensible ment constant, que ces eaux aient été prises au réservoir de Montsouris ou qu'elles aient été prises sur la canalisation. Les eaux de la Dhuis ont un degré hydrotimétrique plus élevé que celles de la Vanne ; les variations de ce degré sont sen sibles ; ces eaux se rapprochent des eaux de la Marne et varient dans le même sens. Le degr

dixième de centimètre cube de la liqueur hydrotimétriqu ne vaudrait que $\frac{121}{5,7 \times 24,4} = 0°,87$.

Dans l'opération précédente, nous n'avons pas eu à teni compte de la correction de mousse, parce que nous n'avion esoin que de la *différence* de deux lectures.

hydrotimétrique de la Seine s'élève à mesure qu'on descend le fleuve depuis le pont d'Ivry jusqu'à Chaillot ; les variations annuelles sont presque nulles en amont de Paris ; elles sont beaucoup plus sensibles au sortir de la Ville, à Chaillot.

Si l'on s'en tenait à ces indications, on en conclurait que toutes les eaux d'alimentation de Paris, y compris surtout les eaux de la Seine, qui ont le plus faible titre hydrotimétrique, doivent être considérées comme potables. L'eau de l'Ourcq est suspecte. Aucune eau ne devrait être considérée comme très pure.

Si le degré hydrotimétrique devait servir d'unique critérium, il faudrait reconnaître la supériorité des eaux de la Seine sur les eaux des sources. Cette conclusion serait évidemment inexacte. Nous avons analysé des échantillons d'eau de Seine prélevés à Saint-Ouen et à Épinay, là où le fleuve est visiblement souillé par les eaux d'égout déversées en Seine au pont de Clichy et qui contenaient des matières organisées vivantes les rendant certainement impropres à l'alimentation ; leur degré hydrotimétrique était néanmoins très faible. C'est qu'en effet la présence en plus ou en moins grande quantité du sulfate ou du carbonate de chaux dans les eaux ne suffit pas seule et exclusivement à indiquer la valeur d'une eau ; elle apprend seulement si cette eau se prête facilement au blanchissage du linge ou à la cuisson des légumes.

La méthode hydrotimétrique n'a pas la prétention de se substituer à l'analyse chimique ; elle peut cependant fournir d'autres indications qui, s'ajoutant au degré hydrotimétrique total que nous avons appris à mesurer, permettront de mieux connaître le liquide qu'on examine.

C'est ainsi que, suivant Boutron et Boudet, il serait possible, par une suite d'opérations assez simples, d'obtenir :

1° Le poids de la chaux totale provenant des sels de chaux en dissolution ;
2° Le poids de chaux à l'état de carbonate ;
3° Le poids de chaux à l'état de sulfate ;
4° Le poids de magnésie correspondant aux sels de magnésie ; -
5° Le poids d'acide carbonique dissous.

Il faut examiner la question en signalant les causes d'erreur qu'on rencontre dans la pratique.

On fait quatre titrages hydrotimétriques :

A, titrage de l'eau à l'état naturel ;
B, titrage de l'eau après précipitation de la chaux au moyen de l'oxalate d'ammoniaque ;
C, titrage de l'eau, après avoir éliminé, par l'ébullition, l'acide carbonique et le carbonate de chaux ;
D, titrage de l'eau ayant bouilli et dans laquelle on a, en outre, précipité la chaux restante avec l'oxalate d'ammoniaque ;

On aura de cette façon, exprimés en degré hydrotimétriques :

Les sels de chaux A — B ;
Les sels de magnésie D ;
Le sulfate de chaux C — D ;
Le carbonate de chaux A — B — (C — D) ;
L'acide carbonique dissous B — D ;

Je renvoie aux mémoires spéciaux [1] le lecteur qui voudrait connaître les détails de ces différentes opérations. Ce qu'il faut dire ici, c'est que la seconde et la quatrième lecture sont difficiles et que, par conséquent, la différence B-D entre deux nombres généralement très faibles et grossièrement déterminés, n'a aucune précision. *Il n'y a pas moyen de compter sur la détermination de l'acide carbonique dissous.*

La seconde lecture B présente des difficultés et des causes d'erreur : on n'est jamais sûr de ne pas avoir précipité un peu de magnésie en même temps que la chaux ; mais avec quelque habitude et en procédant avec soin, on parvient à obtenir des nombres exacts. *Le poids de chaux totale peut donc être assez bien déterminé.* Voici quelques exemples suffisamment concluants. Nous comparons dans le tableau suivant les poids de chaux calculés par l'hydrotimétrie et les poids obtenus par l'analyse chimique ; la différence des lectures hydrotimétriques est multipliée par 5^{mg} 7 valeur d'un degré en chaux.

| | DEGRÉ HYDROTIMÉTRIQUE | | CHAUX | |
	total	après oxalate	calculée	analysée
Vanne	19°8	0°0	113^{mgr}	112^{mgr}
Dhuis	24,6	3,0	123	125
Seine	17,7	0,6	97	99
Ourcq	34,7	8,7	148	149
Marne	22,5	2,7	113	111
Puits (rue de Flandre)	50,0	8,2	238	238
Drain Saint-Maur	26,8	4,4	127	127

Les résultats, on le voit, peuvent être considérés comme très exacts.

La troisième lecture C ne présente pas de difficulté ; elle correspond aux sels de magnésie, aux sels de chaux autres que les carbonates et à la petite quantité de carbonate de chaux, redissous après l'ébullition. Boutron et Boudet supposent que cette quantité de carbonate de chaux redissous est constante pour toutes les eaux et ils l'évaluent à 17 milligrammes de chaux par litre ; en conséquence ils retranchent 3 degrés de cette troisième lecture. Or, suivant nous, cette quantité ne serait pas constante. De plus, il peut arriver après refroidissement de l'eau bouillie, que le carbonate de magnésie ne se redissolve pas entièrement ; enfin il peut se produire pendant l'ébullition des doubles décompositions qui précipitent de petites quantités de sulfate de chaux à l'état de carbonate. Pour toutes ces raisons, nous pensons que la lecture C peut être inexacte. Nous avons dit déjà que la quatrième lecture était difficile.

Voici un exemple qui montrera combien il est facile d'obtenir des résultats variables. J'ai pris

[1] Voir Annuaire de l'Observatoire de Montsouris pour l'année 1891.

une eau de Marne (Drain de Saint-Maur) et j'ai déterminé deux fois la lecture C, puis j'ai dosé la chaux dans le précipité obtenu par l'ébullition :

1re lecture 10°0 ; chaux dans le précipité 92ms correspondant à 16°1 ;

2e lecture 7°2 ; chaux dans le précipité 103ms correspondant à 18°6 ;

Les deux sommes sont presque égales : 26°, dans le premier cas et 25°,8 dans le second et cependant la répartition des sels dans le dépôt et dans le liquide filtré est bien différente dans les deux cas.

En résumé, la méthode hydrotimétrique fournit un degré total qui permet de classer rapidement une eau au point de vue de sa potabilité ; elle permet de doser assez exactement la chaux totale que cette eau contient ; mais elle ne donne qu'une assez grossière approximation quand on veut distinguer les différents sels de chaux ou déterminer les sels de magnésie. Les résultats obtenus pour l'acide carbonique doivent être tenus pour inexacts.

Albert-Lévy,
Directeur du Service chimique
à l'Observatoire de Montsouris.

LE POURRIDIÉ DE LA VIGNE ET DES ARBRES FRUITIERS

D'APRÈS M. P. VIALA [1]

On donne le nom de *Pourridié* à une maladie de la vigne et des arbres fruitiers, qui est le résultat de l'action de plusieurs espèces de champignons sur les racines et les tiges de ces plantes. Cette maladie, très répandue et depuis longtemps observée, a reçu plusieurs autres noms, dont les plus usités sont ceux de *Blanc*, *Blanc des racines* et *Champignon blanc*. Le Pourridié a été signalé en France, dans la plupart des départements viticoles, en Italie, en Espagne, en Allemagne, en Suisse, en Autriche, en Palestine, au Japon, aux États-Unis, etc.

Le Pourridié ne se développe rapidement que dans les terrains humides, particulièrement dans les terres argileuses et marneuses, où l'eau est stagnante, et dans celles à sous-sol imperméable. Il attaque toutes les espèces et variétés de vigne, particulièrement le *Vitis rupestris* et les cépages appelés Grenache et Teinturier du Cher ; les cépages Carignan et Pinot sont au contraire plus résistants. On l'a observé aussi sur la plupart des arbres fruitiers : Cerisiers, Pommiers, Abricotiers, Pêchers, Poiriers, Amandiers, Oliviers... et, de même que pour la vigne, les différentes variétés de ces arbres ne sont pas également sensibles à la maladie : ainsi, parmi les Poiriers, les variétés Louise-Bonne d'Avranches, William, Beurré d'Amanlis, Beurré de Paris, Duchesse... etc... sont les plus fréquemment attaquées.

Le Pourridié est non seulement très répandu, mais aussi très meurtrier ; il peut faire périr les vignes au bout de 15 à 18 mois, ou les arbres fruitiers en deux ou trois ans. Bien que son extension soit lente, sa présence dans les plantations est justement redoutée, car, la plupart des cas, on

est contraint de renoncer à cultiver les terrains envahis en vignes et en pépinières, et cela pendant plusieurs années. L'arrachage des plantes attaquées ne suffit pas, car le sol est comme *empoisonné* pour quelque temps, et l'on a vu le Pourridié reparaître même sur des pépinières laissées sans culture de plantes arbustives pendant un ou deux ans.

La première année de la maladie, les plantes attaquées sont chargées de fruits d'une façon vraiment exceptionnelle. Les vignobles sont d'abord atteints par points isolés et, d'année en année, aux places primitives s'en ajoutent de nouvelles qui vont s'agrandissant concentriquement ; ce processus d'envahissement est donc identique à celui que le Phylloxéra détermine et a été comparé à des taches d'huile s'étendant sur du papier. Cette fécondité exceptionnelle de la première année de maladie est le signe d'une mort certaine ; les branches se rabougrissent et des ramifications souvent nombreuses s'élèvent à leur base ; ces rameaux courts, cassants, grêles, donnent aux plantes une forme en tête de chou. Les plantes se laissent arracher sans résistance, car, sous l'effet de la maladie, les racines deviennent noires, décomposées spongieuses, et leur bois prend définitivement une teinte d'un brun jaunâtre clair, zonée par le mycélium du Champignon.

Plusieurs Champignons, loin d'être tous également dangereux, sont confondus sous le nom de Pourridié : ce sont l'*Agaricus melleus* L., le *Vibrisse hypogea* Ch. Richon et Le Monnier, certaines formes mycéliennes appartenant au groupe des *Fibrillaria* le *Dematophora necatrix* R. Hartig, et le *D. glomerata* P. Viala, ces deux dernières espèces étant de beaucoup les plus importantes, d'après M. Viala.

De nombreux auteurs, et des plus distingués, se sont occupés de la maladie du Pourridié au point de vue botanique et au point de vue prophylac

---

[1] Pierre Viala, *les Maladies de la vigne*, troisième édition sous presse. Coulet, Montpellier ; Masson, Paris et *Monographie du Pourridié des vignes et des arbres fruitiers* 1891. Coulet, Montpellier ; Masson, Paris.

tique; parmi les noms les plus connus, nous citerons ceux de MM. Planchon, Millardet, Foëx, Viala, Le Monnier, Richon, Prillieux, etc... en France; de MM. R. Hartig, Brefeld, von Thümen, Penzig, etc... à l'Étranger. Malgré les remarquables travaux de R. Hartig, il restait encore beaucoup à faire pour arriver à connaître le cycle complet des transformations des Champignons du Pourridié, étude difficile par sa complexité, mais indispensable pour lutter avec efficacité contre le parasite et pour le surprendre et le détruire dans tous ses états de propagation et dans ses moyens de protection naturelle. C'est à M. Viala, dont les travaux antérieurs sont si appréciés des viticulteurs et des agriculteurs, que l'on doit la connaissance de faits morphologiques du plus haut intérêt concernant le Pourridié, et dont la découverte place leur auteur au premier rang parmi les savants qui s'occupent des maladies des plantes.

Nous étudierons, avec M. Viala, les divers Champignons auxquels est dû le Pourridié, en nous attachant spécialement au Pourridié de la vigne.

I. — AGARICUS MELLEUS, VIBRISSEA HYPOGEA ET FIBRILLARIA

L'*Agaricus melleus* produit la maladie si fréquente et si nuisible des Mûriers, des Marronniers et de la plupart des essences forestières; son mycélium, qui devient phosphorescent quand il rampe sous l'écorce des racines, a été souvent étudié, et surtout par Brefeld. Pendant longtemps il fut connu seulement sous forme de cordons mycéliens continus, ramifiés, noirs et luisants, et Tulasne, qui ignorait ses organes de reproduction, en avait fait le genre provisoire *Rhizomorpha;* plus tard on en fit une espèce avec deux variétés : l'une, rampant dans le sol d'une plante à l'autre, en gros cordons extérieurs aux racines, le *Rh. fragilis* var. *subterranea*, l'autre, en plaques larges, sous-corticales, phosphorescentes, le *Rh. fragilis* var *subcorticalis*. R. Hartig, le premier, détermina la vraie nature de ces Rhizomorphes en les rattachant au mycélium de l'*Agaricus melleus*, qui est un champignon à chapeau, non sans analogie avec notre champignon de couche. Les observations de R. Hartig furent confirmées expérimentalement par plusieurs auteurs.

C'est encore R. Hartig qui a montré que les rhizomorphes, souvent rencontrés par les horticulteurs et les mycologues sur les racines d'arbres forestiers morts ou mourants, étaient en réalité la cause de la maladie et de la mort de leur hôte. M. Millardet consigna en 1879, dans ses études sur le Pourridié, la mort des vignes sous l'action des rhizomorphes de l'*A. melleus;* d'autres auteurs firent de semblables constatations au sujet d'arbres fores

tiers, et il fut communément admis que le Pourridié avait toujours pour cause l'*A. melleus* et ses formes mycéliennes. Cependant, d'après les études de R. Hartig, de MM. Foëx et Viala, puis de M. Viala, si le Pourridié des Mûriers, des Marroniers et de diverses essences forestières est bien réellement dû à ce Champignon, celui de la vigne et des Arbres fruitiers a pour cause infiniment plus fréquente un autre parasite, le *Dematophora necatrix*, dont les formes mycéliennes présentent les plus grandes ressemblances extérieures avec celles de l'*A. melleus.*

Le *Vibrissea hypogea*, souvent désigné, bien qu'à tort, sous le nom de *Rasleria*, occupe dans la classification botanique une place assez éloignée du précédent par la nature de ses organes reproducteurs. De plus, il ne présente jamais de rhizomorphes, mais seulement un mycélium interne aux tis

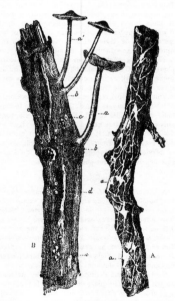

Fig. 1. — *Fibrillaria* (*Psath. ampelina*). A, racine de vigne saine portant sur l'écorce des plaques *a* et des cordons rhizoïdes. — B, racine de vigne avec fruits (*a, a', b*) et mycélium (*c, d.*) (en culture expérimentale. (Grand. nat.).

sus des plantes dans lesquelles il vit. Ayant été trouvé fréquemment sur des racines de vignes mortes, plusieurs auteurs ont conclu qu'il était la cause de leur dépérissement. Mais, d'après R. Hartig et M. Viala, il ne se rencontre sur les racines mortes que parce qu'il y trouve un milieu favorable à sa végétation ; M. Viala, l'a observé surtout sur les racines de vignes détruites par le Phylloxéra ou sur les cerisiers tués par le *D. necatrix*. C'est donc un saprophyte et non un parasite ; son nom est à retrancher de la liste des champignons qui causent le Pourridié.

On a donné le nom de *Fibrillaria* (fig. 1) à des filaments mycéliens de couleur blanche, très fréquents sur les racines des vignes et de beaucoup d'autres plantes ; MM. Foëx et Viala, qui, par la culture expérimentale en ont obtenu l'appareil reproducteur, le rangent parmi les champignons à chapeau, en le rapportant au genre *Psathyrella*. Depuis, d'autres auteurs ont pu en distinguer plusieurs espèces. Von Thümen a affirmé (1882) que les *Fibrillaria* ont une action parasitaire et produisent le Pourridié ; d'après M. Viala, il n'en est rien, et ce champignon, dont il a décrit tous les caractères dans son livre sur les maladies de la vigne, ne doit causer aucune inquiétude aux viticulteurs et aux horticulteurs quand ils le rencontrent sur les racines de leurs plantations. C'est un saprophyte inoffensif qu'ils doivent connaître, mais uniquement pour se rassurer sur l'état de leurs cultures.

Voici donc trois espèces de champignons considérés par les auteurs comme les causes de la maladie du Pourridié et qui, d'après M. Viala, sont nuls ou insignifiants quand il s'agit de la vigne et des arbres fruitiers. Il n'en est pas de même des deux espèces de *Dematophora*, dont M. Viala a suivi le développement presque complet, et qu'il accuse des dégâts causés par le Pourridié.

II. — DEMATOPHORA NECATRIX

A. *Appareil végétatif.* — Les formes mycéliennes sont nombreuses ; nous aurons à citer successivement : *mycélium blanc floconneux intérieur, mycélium brun floconneux extérieur, cordons rhizoïdes, Rhizomorpha fragilis* var. *subterranea* et var. *subcorticalis, mycélium interne, sclérotes* et *chlamydospores.* Toutes ces formes appartiennent bien à l'espèce *D. necatrix*, car M. Viala a pu, par la culture, passer de l'une à l'autre dans des expériences variées.

C'est sous forme de flocons d'un blanc passant au gris souris clair que le Pourridié est le plus souvent observé, et c'est l'état sous lequel on connaît surtout le *Blanc* des arbres fruitiers. Ce *mycélium blanc*, qui peut provenir non seulement de la transformation des rhizomorphes, mais aussi de la germination des conidies, forme au début, sur les tiges ou les racines qu'il envahit, un léger duvet d'un blanc de neige, délicat comme une toile d'araignée, qui s'é-

paissit peu à peu, s'étend et les recouvre d'un feutrage cotonneux. Ce feutrage n'est jamais continu ; mais formé d'îlots plus larges reliés entre eux par des cordons plus étroits, plus denses, qui deviendront des cordons rhizoïdes. Les îlots floconneux, dont l'épaisseur atteint généralement 2 à 3 centimètres, ne forment jamais un tissu résistant, et, si l'humidité fait brusquement défaut, ils s'affaissent complètement. Ce mycélium blanc change peu à peu de couleur, d'abord superficiellement ; il n'est jamais profondément ; il reste quelque temps gris, puis devient d'un brun de plus en plus foncé, c'est alors le *mycélium brun* ; le premier n'est donc que l'état jeune du second. En changeant de couleur ; il a pris des caractères histologiques qui permettent de faire le diagnostic de la maladie par un simple examen microscopique. Le mycélium blanc est composé de filaments transparents, de diamètre variable, cylindriques, droits ou flexueux et cloisonnés ; cependant quelques-uns d'entre eux sont légèrement renflés au dessous des cloisons transversales. Sur le mycélium brun, cette tendance à la formation de renflements s'accentue et se généralise ; la plupart des cellules mycéliennes sont renflées en poire à l'une de leurs extrémités ; la figure 2 montre quelques-uns de ces

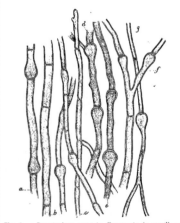

Fig. 2. — *Dematophora necatrix*. Fragments de mycélium brun ; *a*, représente la forme la plus commune ; *b, c, d, e f, g*, divers types de filaments avec renflements (gr. 500).

renflements qui atteignent plusieurs fois le diamètre du filament. Ces renflements en poire, très caractéristiques du *D. necatrix*, se retrouvent dans le tissu des rhizomophes, des sclérotes, des pycnides et des périthèces ; ls couleur brune du myéélium qui les porte les rend très faciles ´à observer au microscope, et remplace avantageusement les réactifs colorants.

Les *cordons rhizoïdes* réunissent les masses floconneuses de mycélium qui rampent à la surface de l'écorce et sont plus condensés qu'elles (fig. 3, A). Quelques-uns grossissent, atteignent 1 millim. de diamètre et sont adhérents à l'écorce, bien qu'on

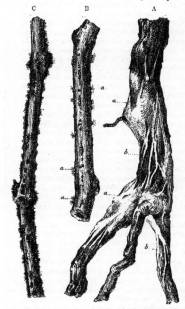

Fig. 3. — *Dematophora necatrix.* A, tige et base de racines de vigne envahies par le mycelium blanc en flocons *a* réunis par les cordons rhizoïdes *b* ; B, tige de jeune vigne avec sclérotes et conidiophores *a* ; C, jeune tige de vigne avec conidiophores obtenus en culture (gr. nat.).

les détache facilement; ils sont alors transformés en *rhizomorphes* de la variété *souterraine*, qui présentent d'ailleurs les plus grandes analogies de forme avec ceux de l'*A. melleus*, et peuvent comme eux porter lentement la maladie, à travers le sol, d'une plante à l'autre. Leur partie médullaire est formée par de petits filaments blancs, et leur partie corticale possède des filaments bruns, lâches, dont le nombre diminue avec l'âge, mais qui sont toujours assez abondants pour laisser reconnaître les renflements en poire si caractéristiques du *D. necatrix.*

Les *rhizomorphes* de la variété *sous-corticale* ne sont pas phosphorescents comme ceux de l'*A. melleus* ; ils forment, sous l'écorce des vignes ou des arbres envahis, des cordons ou des plaques, dont l'épaisseur peut atteindre 1 à 2 millim. d'épaisseur; de là, ils peuvent soit pénétrer dans l'intérieur des tissus de la plante hospitalière pour y produire un *mycélium interne*, soit au contraire traverser l'écorce et venir former à l'extérieur des houppes blanches, origine des filaments blancs floconneux ou des sclérotes qui produiront les conidiophores et les pycnides.

Les *sclérotes*, organes de résistance destinés à passer à l'état de vie latente et formés par l'agglomération de filaments mycéliens en un tissu dense et serré, prennent naissance en quantité considérable (fig. 3, B), soit à l'intérieur des tissus pourridiés, soit à la surface des tiges ou des racines. Ce sont de petits nodules très durs, plus ou moins sphériques ou irréguliers, ayant le plus souvent 0 millim. de diamètre. Ils sont formés par le mycélium interne au tissu hospitalier; aussi les trouve-t-on le plus souvent en séries, correspondant assez régulièrement aux rayons médullaires (fig. 3, B et C). Nous verrons plus loin leur importance dans la formation des organes de reproduction.

Lorsque le mycélium, blanc ou brun, est immergé dans des liquides non aérés, les renflements en poire exagèrent leurs dimensions, le protoplasme s'y accumule, devient très granuleux, et se sépare du reste de la cellule par une cloison transversale (fig. 4). Ces cellules plus ou moins sphériques ou pyriformes peuvent ensuite devenir libres. Bien que M. Viala n'ait pas réussi à suivre leur développement ultérieur, il les assimile, par leur origine et leur constitution, aux *chlamydospores* des Mucorinées, c'est-à-dire à des masses protoplasmiques qui s'isolent dans un tube mycélien, quand la plante souffre, s'entourent d'une membrane épaisse qui leur permet de traverser les périodes défavorables, et plus tard, en germant, reproduisent la plante.

Les organes végétatifs du Pourridié étant ses moyens de propagation les plus répandus dans la nature, nous allons, avant d'aborder l'étude des organes reproducteurs, voir quelles sont leurs conditions d'existence, de multiplication ou de destruction.

Certains champignons de la vigne, tels que le *Mildiou*, l'*Oïdium* etc., exclusivement parasites, ne peuvent vivre qu'aux dépens d'un hôte vivant, sur lequel ils forment une partie de leurs organes de reproduction ; puis, après avoir détruit la partie de l'hôte qu'ils ont attaquée, ils produisent des organes reproducteurs d'une autre sorte qui passent à l'état de vie latente. Le *D. necatrix* forme aussi ses organes de reproduction lorsque les conditions de vie lui sont défavorables, mais uniquement sur les plantes hospitalières qu'il a tuées, et jamais sur le vivant; ses organes végétatifs peuvent représenter et même perpétuer l'espèce à eux seuls, sans produire d'organes reproducteurs. De plus, ces derniers ne se développent que si le milieu extérieur leur présente des conditions toutes spéciales et rarement réalisées dans la nature. C'est

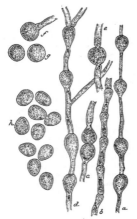

Fig. 4. — *Dematophora necatrix*. Chlamydospores à différents états de développement (gr. 400).

ainsi que des fragments de vignes et de cerisiers, appartenant à des individus tués au bout d'un an par le Pourridié, soit par envahissement naturel, soit à la suite d'inoculation expérimentale, ont été conservés par M. Viala pendant huit années successives, et ont présenté les différents états mycéliens énumérés précédemment à l'exclusion de toute forme reproductrice. Sur d'autres exemplaires, par une dessication brusque [1], il a amené la mort des mycéliums

extérieurs sans que les rhizomorphes sous-corticaux ni le mycélium interne fussent tués, et il les a même conservés dans ces conditions pendant un an ; replacées dans des milieux favorables, ces cultures lui ont donné une production nouvelle et directe de filaments floconneux blancs et bruns et de cordons rhizoïdes blancs. Si, de la température de 25° C. qui paraît être la température la plus favorable au développement du mycélium, les cultures sont exposées brusquement à — 4° C, on obtient le résultat qui vient d'être signalé pour la dessiccation ; une température supérieure à l'optimum produit un effet identique; et enfin, vers 65° C., les mycéliums internes et externes sont tués. Ces températures extrêmes auxquelles a été soumis le champignon ont naturellement été choisies en considération des minima et des maxima qui peuvent se produire dans le sol où vit le parasite. La conclusion de ces expériences est donc que des plantes pourridiées peuvent, quoique en apparence desséchées, reproduire la maladie si les conditions extérieures redeviennent favorables.

Les souches tuées par la maladie ne sont malheureusement pas les seuls abris de protection pour le mycélium du Pourridié. Le champignon est en effet saprophyte, et les débris de bois, de fumier, le terreau, peuvent transporter et propager la maladie. M. Viala a fait des ensemencements sur divers sols, en ayant soin de stériliser préalablement les vases d'expériences, les sols employés, les cloches recouvrant les cultures, l'eau d'arrosage, et il a obtenu, dans une atmosphère maintenue humide, des masses mycéliennes atteignant 5 à 8 centim. d'épaisseur, des flocons blancs et des cordons rhizoïdes s'élevant le long des parois des cloches sur une longueur de 25 à 40 centim. Mais dans la nature, il ne se forme pas d'épaisseur aussi considérable de mycélium ; d'ailleurs, si l'on soulève les cloches, le mycélium s'affaisse considérablement. L'excès d'eau, l'eau stagnante, ne tue pas le mycélium du *D. necatrix* ; des organes mycéliens, maintenus immergés pendant plus de trois mois dans l'eau stérilisée, ont poussé quand ils ont été remis dans des conditions favorables de végétation ; c'est pourquoi les vignobles submergés naturellement en hiver, ou artificiellement comme traitement du phylloxéra, ne sont nullement protégés contre le Pourridié. Des portions du sol des cultures, desséchées et conservées pendant un an, ont donné des formations mycéliennes dans des conditions de température et d'humidité voulues. Ces faits nous expliquent comment la maladie se conserve si longtemps dans les sols envahis, et pourquoi, récemment, dans le Languedoc et la Gironde, il a fallu complètement abandonner des terrains exploités comme pépinières de greffes-boutures, qui avaient été envahis par le Pourridié.

Beaucoup d'horticulteurs admettent que le Pourridié n'est pas une maladie parasitaire directe, mais bien une maladie résultante. D'après eux, les arbres ne seraient pourridiés que parce qu'ils sont affaiblis ou surexcités dans leur végétation, par un sol trop riche ou trop fumé, ou encore parce que les racines ne peuvent vivre dans un sol trop humide. Après les expériences d'inoculation réalisées par M. Viala, la nature parasitaire du Pourridié n'est plus à démontrer; ses cultures lui ont aussi prouvé que le purin stérilisé, ou de petites doses des substances qui entrent dans la composition des engrais chimiques, azotates et phosphates, favorisent le développement du mycélium et des cordons rhizoïdes. Ici se place une observation importante de M. Viala. Si des fragments de vignes pourridiées sont mis en culture sans précautions, le Pourridié se développe mélangé à de nombreuses moisissures; mais si l'on plonge ces fragments envahis pendant un quart d'heure dans une solution de sulfo-carbonate de potassium variant de 1 °/₀ à 1 °°/₀₀, puis, si on les remet en culture, même en les laissant plonger dans ce liquide par leur base, toutes les moisissures sont tuées, tandis que le mycélium du *Dematophora* se développe en abondants flocons blancs. Le sulfocarbonate de potassium employé dans les vignobles pour combattre le Phylloxéra, a donc un effet tout différent sur le Pourridié; au lieu de le tuer, il favorise son développement.

B. Organes reproducteurs. — Les organes reproducteurs sont de plusieurs sortes; ce sont des *conidiophores*, des *pycnides* et des *périthèces*.

Les *conidies* du *D. necatrix* ont été observées pour

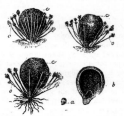

Fig. 5. — *Dematophora necatrix*, *a*, périthèce isolé (gr. nat.); *b*, coupe longitudinale d'un périthèce; *o, o*, hampes conidifères insérées à la base des périthèces *c* (gr. 9).

la première fois par R. Hartig. Les *conidiophores* qui les portent s'observent très rarement dans la nature, et seulement sur les plantes mortes. M. Viala dit ne les avoir constatés que deux fois sur des

cerisiers, une fois sur un abricotier et trois fois sur des vignes, pendant les neuf années qu'ont duré ses observations. Leur production en culture artificielle est plus facile. En renfermant des souches pourridiées dans la terre maintenue humide et sous cloche à une température variant de 15 à 20°, M. Viala obtient une abondante production de mycélium blanc, puis brun, dont les filaments s'agglomèrent en petits sclérotes et, quelques mois après la mise en train de l'expérience, les conidiophores apparaissent sur le mycélium floconeux ou à la surface des sclérotes. Si l'expérience se fait sous cloche, les conidiophores, comme dans la nature, se forment au niveau du sol; si elle est faite dans des flacons bouchés, les houppes conidifères apparaissent sur toute la surface de la plante. Si l'atmosphère se dessèche, si la température s'abaisse vers 5° à 6° C., leur production cesse; si les conditions redeviennent favorables, c'est-à-dire air humide et température d'environ 15° C., il en naît de nouveaux. On peut donc à volonté les faire apparaître ou disparaître.

Les conidiophores, souvent réunis en groupes, sont visibles à l'œil nu; ce sont de petits bâtons noirs, dressés, atteignant souvent 1 millim. de hauteur, surmontés d'une petite houppe blanche (fig. 5, *o*). Chaque hampe est formée de filaments

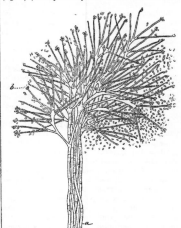

Fig. 6. — Conidiophore du *Dematophora necatrix*; *a*, hampe *b*, branches conidifères et conidies (gr. 300).

dressés, plus ou moins parallèles, agglomérés (fig. 6); chaque filament se termine à son sommet par un renflement sur lequel poussent des branches qui s'étalent en panache, et constituent par leur ensemble les petites houppes blanches. Ces branches ultimes forment, à droite et à gauche, chacune de 15 à 20 conidies produites par bourgeonnement ; ces conidies, très petites, ovoïdes, longues de 2 à 3 μ, donnent en germant un filament qui sera l'origine d'un flocon de mycélium blanc. Les branches conidigènes étant elles-mêmes très nombreuses (fig. 6), les conidies sont produites avec une abondance extrême. Celles qui sont situées au niveau du sol sont facilement entraînées par le vent, et leur grande résistance à la sécheresse leur permet de répandre la maladie à une grande distance; celles qui se forment en terre sont entraînées par les eaux pluviales, arrivent au contact des racines, et propagent ainsi la maladie.

Bien que les conidiophores se produisent facilement et fréquemment, relativement aux autres organes de reproduction, on peut cependant les considérer comme accidentels dans la nature, et leur rôle physiologique est très limité.

Si l'on maintient les sclérotes dans un milieu humide, ils produisent des conidiophores ; mais si on les dessèche lentement au moment où ceux-ci commencent à se former, en maintenant la température entre 8° et 15°, la masse pseudoparenchymateuse s'organise en *pycnides* closes. Les pycnides sont des organes producteurs de conidies internes ou *stylospores*. Dans le cas du *D. necatrix*, elles se forment aux dépens de la masse médullaire du sclérote. Ces pycnides, d'un noir foncé, sont complètement closes, à l'inverse des autres champignons pyrénomycètes, chez lesquels un ostiole permet la sortie des spores. Les stylospores, presque brunes, se produisent sur tout le pourtour de la pycnide au nombre d'une seule par baside ; mais elles peuvent être cloisonnées en deux ou trois cellules. Par la germination, elles donnent un tube mycélien blanc.

La découverte des pycnides par M. Viala n'est pas seulement importante par l'intérêt que présente la connaissance complète du cycle de la végétation d'un parasite aussi meurtrier que le Pourridié, mais aussi par son intérêt botanique pur. En effet, l'absence totale d'ostiole dans la dissémination des spores, la présence d'une euveloppe générale, interne à la membrane primitive du sclérote et qui recouvre les groupes de pycnides, de même aussi que le petit nombre des spores dans les pycnides, constituent un ensemble de caractères tout particuliers, très importants au point de vue des affinités morphologiques.

Les *périthèces* (fig. 5 et 7) sont les organes de reproduction les plus parfaits des champignons ascomycètes, ceux qui permettent de déterminer la place qu'un genre doit occuper dans ce grand groupe ; ils renferment des tubes clos ou asques, à l'intérieur desquels les spores sont disposées en série. M. Viala a reconnu le premier leur présence

Fig. 7. — Tige de cerisier avec périthèces *a* du *Dematophora necatrix*, produits au collet et entremêlés à des hampes conidifères (Réd. 1/2).

sur le *D. necatrix*. Ce sont de petites sphères, d'un brun plus ou moins foncé, que l'on rencontre sur les souches au niveau du sol, portées par des sclérotes ou des amas mycéliens bruns, et entourées de hampes conidifères; leur diamètre est d'environ 2 millim. Leur enveloppe, très épaisse, compacte, est parfaitement close ; de la paroi de la cavité interne se détachent un grand nombre de filaments mycéliens parallèles, hyalins, grêles (fig. 8), ou paraphyses. Les asques (*f*) sont réguliers, à membrane mince hyaline et renferment chacune 8 spores en forme de navette.

Les périthèces se produisent encore plus lentement et plus difficilement que les pycnides, et c'est seulement après six années d'essais infructueux que M. Viala est arrivé à provoquer leur formation dans des cultures sur des cerisiers et des vignes. Ils se forment au milieu des conidiophores et seulement sur les plantes pourridiées tuées depuis longtemps et décomposées, et, fait remarquable, ils prennent naissance seulement lorsque la production des conidiophores cesse. Lorsque des plantes pourridiées en culture artificielle, dans le sol et sous cloche, ont donné des conidiophores pendant plusieurs mois, on les découvre peu à peu pour amener une dessiccation graduelle du sol, et on les abandonne à l'air libre, à l'abri des germes

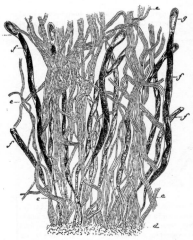

Fig. 8.— Portion de la coupe d'une périthèce de *Dematophora necatrix*; *d*, enveloppe interne produisant les paraphyses *e* et les asques *f* (gr. 300).

étrangers; six mois après, les périthèces se forment et constituent une couronne de petites sphères mêlées aux conidiophores restants. Ces expériences, répétées sur un certain nombre d'échantillons, ont toujours donné le même résultat.

Si M. Viala est arrivé à produire à volonté dans ses cultures des pycnides et des périthèces, il ne les a cependant jamais rencontrés dans la nature. Faut-il en conclure qu'à l'état naturel, le champignon du Pourridié se propage et se perpétue uniquement par ses formes mycéliennes et conidiennes, comme de Bary l'a admis pour certains champignons ? Ce serait probablement exagéré. La raison en est plutôt due à ce que les plantes tuées par le Pourridié sont arrachées et détruites, et ne restent

pas assez longtemps sur le sol pour les former ; mais maintenant que leur forme, leurs caractères, le lieu et les conditions de leur apparition sont connues, et que l'attention est éveillée à leur sujet, peut-être parviendra-t-on à les retrouver dans la nature.

III. — Dematophora glomerata

Les vignes plantées dans les sables peu fertiles sont atteintes par un Pourridié causé par une autre espèce, le *D. glomerata*, que M. Viala a rencontrée dans les vignobles des sables du Vaucluse, d'Aigues-Mortes, des environs de Montpellier, des Landes et des Pyrénées-Orientales.

Ce second Pourridié, comme le premier, est saprophyte et parasite, et cause la mort des vignes plantées dans les sables humides; mais il se développe moins rapidement. Il ne forme point de rhizomorphes vrais, et on le rencontre sous l'aspect de mycélium externe ou interne, de conidiophores, de sclérotes et de pycnides. Les filaments mycéliens, d'un brun acajou, recouvrent les tiges et les racines, au voisinage du niveau du sol d'une couche assez uniforme de teinte et d'épaisseur; ils ne présentent jamais les renflements en poires du *D. necatrix*.

Les pycnides, produites par la transformation des sclérotes, sont assez fréquentes; comme celles du *D. necatrix*, elles sont complètement closes, et les stylospores très nombreuses qu'elles renferment sont émises au dehors par la déchirure du conceptacle. Les basides y font défaut, et les spores sont dues à la différenciation directe des cellules du centre du sclérote. Ce mode de formation des spores est fort intéressant, et n'a jamais été signalé chez les champignons. Peut-être cependant pourrait-on le comparer, quoique d'une façon assez lointaine, à ce qui se passe dans le développement des endospores des Mucorinées. Par leur germination, ces spores donnent des filaments analogues à ceux du mycélium blanc.

Le développement que nous avons donné à la description du *D. necatrix* nous empêche de nous étendre plus longuement sur le *D. glomerata*, dont les effets sur les vignes sont les mêmes, et que M. Viala décrit avec détails dans ses *Maladies de la vigne*.

Il n'existe pas d'autre espèce du genre *Dematophora*.

IV. — Affinités et place dans la classification

Les périthèces du *D. necatrix*, souterrains, complètement fermés et entourés d'une enveloppe épaisse, ont une grande importance morphologique et placent ce champignon tout près des Tubéracées ou truffes, dont il se rapproche par l'intermédiaire des *Hydnocystis* et *Genea*. La comparaison et la discussion des caractères ont déterminé M. Viala à créer pour ce genre la nouvelle famille des Dématophorées, dont nous résumons les affinités dans le diagramme ci-dessous :

La connaissance des caractères et des affinités du *Dematophora*, grâce aux organes reproducteurs, pycnides et périthèces, aura peut-être une importance considérable au point de vue pratique, en dehors de la maladie du Pourridié. On sait en effet que l'obscurité la plus complète règne sur le développement et la vie des truffes. On n'a jamais vu leur mycélium, on n'a jamais réussi à faire germer leurs spores! Aussi, une très grande part appartient-elle au hasard ou à des conditions peu

lium floconneux extérieur qu'à des doses auxquelles les radicelles sont altérées.

L'emploi du sulfure de carbone est préférable ; à la dose de 30 grammes par mètre carré, il n'endommage pas les vignes et il tue le mycélium externe, mais sans agir sur les rhizomorphes ; au bout de peu de temps, ceux-ci poussent de nouveaux filaments mycéliens externes et le traitement est à recommencer. Ce traitement sera donc efficace, à condition qu'il soit fréquemment répété , et la dépense qui en résultera deviendra considérable.

Les moyens curatifs les plus énergiques seront les meilleurs. Cependant, comme l'observation et l'expérience ont montré à M. Viala que les milieux secs sont très *d*éfavorables à la végétation du

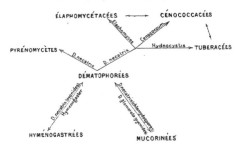

connues dans la réussite de la culture des truffes. Les recherches de M. Viala, en faisant connaître le cycle de la végétation d'un champignon voisin des truffes, nous paraissent destinées à éclairer la biologie de ces derniers, et seront peut-être le point de départ de la réussite de leur culture raisonnée.

V. — TRAITEMENTS DU POURRIDIÉ.

Les traitements curatifs du Pourridié par les procédés chimiques sont presque illusoires ; nous avons vu combien le mycélium interne et les rhizomorphes sous-corticaux présentent de résistance aux agents extérieurs ; le mycélium qui se développe à l'intérieur des tissus ne peut guère être détruit qu'à la condition de sacrifier les organes envahis. Quant au sulfocarbonate de potassium, employé contre le Phylloxéra, nous avons indiqué que, loin de détruire le Pourridié, il favorise sa végétation ; M. Viala a essayé l'emploi du soufre, du sulfate de cuivre, du sulfate de fer, de l'acide chlorhydrique, de l'acide sulfurique ; mais, malheureusement, ces substances ne détruisent le mycé-

Pourridié, il conseille de drainer fortement les terres où la maladie existe ou qui, par leur humidité, seraient favorables à son invasion. Lorsque des vignobles ou des vergers montreront des taches isolées du Pourridié, les propriétaires devront avoir le courage d'arracher immédiatement toutes les plantes malades ou soupçonnées, avant d'attendre, pour éviter le développement des fructifications, que ces plantes soient mortes. On brûlera le tout sur place. Les endroits où ces arrachements auront été faits, seront laissés sans culture de plantes arbustives pendant deux à trois ans ; on n'y cultivera pas non plus de pommes de terre, de betteraves, de légumineuses, car elles peuvent être envahies par la maladie ; seules, les céréales permettent d'utiliser le terrain ; il sera bon aussi d'employer le sulfure de carbone par précaution. C'est à ce prix seulement que les viticulteurs et les horticulteurs lutteront avec succès contre la maladie du Pourridié.

C. Sauvageau,
Docteur ès sciences,
Professeur agrégé de sciences naturelles
au Lycée de Bordeaux.

BIBLIOGRAPHIE

ANALYSES ET INDEX

1° Sciences mathématiques.

Bigourdan (G.), *Astronome-adjoint à l'Observatoire de Paris*. — **Observations de nébuleuses et d'amas stellaires.** — (Extrait des *Annales de l'Observatoire de Paris. Observations*, 1884-1892).

En 1884, M. Bigourdan a entrepris d'obtenir les positions précises de toutes les nébuleuses, au nombre de 6,000 environ, observables à Paris. Ce grand travail est en cours d'exécution, et plus de 3.000 nébuleuses ont été déjà mesurées.

William Herschel, à qui l'on doit l'analyse la plus complète des objets très variés que l'on comprend sous la dénomination commune de nébuleuses, les a rangés en deux grandes classes : les nébuleuses résolubles formées d'une agglomération d'étoiles plus ou moins faciles à distinguer, et les nébuleuses proprement dites. La voie lactée, à laquelle le Soleil peut être rattaché, appartient à la première classe. Les nébuleuses proprement dites offrent une grande variété d'aspects, et aussi des différences bien tranchées avec les autres. Herschel distinguait les nébuleuses stellaires, consistant en petites masses ou flocons nébuleux paraissant adhérer vers leurs bords à une foule de petites étoiles; les étoiles nébuleuses, à figure ronde ou ovale et dont la densité croît rapidement vers le point central, de sorte que l'aspect est celui d'une étoile voilée ; les étoiles nébuleuses montrant un bord net et brillante entourées d'un disque circulaire ou d'une atmosphère faiblement lumineuse; enfin les nébuleuses planétaires, à figure ronde ou ovale et d'un éclat uniforme, comme les disques des planètes.

« Sous quelque point de vue qu'on envisage les nébuleuses, dit John Herschel, elles offrent un champ inépuisable de spéculations et de conjectures... La matière qui les forme est-elle absorbée par les étoiles dans le voisinage desquelles elle se trouve, et leur fournit-elle en se condensant un supplément de chaleur et de lumière? Se ramasse-t-elle par une concentration progressive sur à la gravitation, de manière à fonder de nouveaux systèmes stellaires... Faisons appel aux faits, continue John Herschel, à une observation constante et soigneuse...» Depuis, le spectroscope, entre les mains de M. Huggins, a montré, en 1864, qu'on avait affaire dans les nébuleuses à un gaz incandescent. Plus récemment, le même savant a vu dans le spectre de quelques étoiles d'Orion des raies s'étendant plus ou moins dans la matière adjacente de la nébuleuse : il paraît donc fort probable que ces étoiles sont associées physiquement avec la matière nébuleuse. Les belles photographies des Pléiades, obtenues par MM. Henry à l'observatoire de Paris, ont révélé d'autre part l'existence de filaments nébuleux établissant des communications entre les étoiles. Les nouvelles méthodes mises au service de l'astronomie ont un avenir immense devant elles; les brillants résultats obtenus les ont rendues populaires. Peut-être cependant a-t-on été porté à laisser dans l'ombre d'autres recherches qui ne le cèdent pas en importance à l'étude physique des nébuleuses. Laugier, qui a publié, on peut le dire, le premier catalogue de positions précises, avait en vue d'obtenir le vrai mouvement de translation du système solaire et non pas seulement son mouvement relatif dans la nébuleuse (la voie lactée), à laquelle il appartient, lequel résulte de l'observation des mouvements propres des étoiles de la voix lactée. Il va sans dire que la description précise des nébuleuses est nécessaire pour l'étude de leurs modifications, de leur variabilité..., questions encore bien neuves, mais dont a compris tout l'intérêt à la suite de l'apparition d'une étoile nouvelle dans la nébuleuse d'Andromède, en 1885.

Les travaux accumulés de Messier, Laugier, lord Rosse, d'Arrest, Schönfeld, G. Rümker, Vogel, Stephan, d'Engelhardt..., ont fait connaître les positions d'environ 1.500 nébuleuses. M. Bigourdan a pu beaucoup accroître le nombre des observations en employant une méthode de mesure plus rapide. Au lieu de rapporter, comme on le fait habituellement, la nébuleuse à une étoile voisine, par des différences de passages en ascension droite et par la vis micrométrique, M. Bigourdan mesure, la lunette étant entraînée, la distance et l'angle de position de la nébuleuse et de l'étoile de comparaison. Cette méthode, qui a donné de très bons résultats pour les comètes, car les observations de M. Bigourdan ont figuré toujours avec honneur dans les tableaux comparatifs publiés par différents astronomes, a l'avantage d'être assez expéditive ; elle l'emporte aussi à d'autres égards sur la méthode ordinaire : au lieu d'obliger l'observateur à saisir chaque passage au vol en quelque sorte, elle lui permet de faire à loisir chaque pointé et d'éviter les erreurs systématiques que la présence d'étoiles voisines apporte souvent dans l'estimation des passages.

Le travail de préparation a exigé plus de deux années de travail assidu. Des cartes ont été préparées, sur lesquelles on a placé d'abord les nébuleuses ; puis les étoiles de différents catalogues, autant que possible sur le même parallèle que la nébuleuse et en avant. Au moment de l'observation, il suffit de diriger la lunette sur l'étoile de comparaison et, laissant la lunette fixe, de compter après le passage de l'étoile un nombre de secondes égal à la différence des ascensions droites de l'étoile et la nébuleuse.

Les mesures sont faites dans une obscurité complète. M. Bigourdan s'est arrangé pour observer exclusivement avec l'œil droit ; l'observation achevée, pendant les lectures des cercles avec l'œil gauche, il a soin de maintenir l'œil droit fermé pour lui conserver sa sensibilité.

Après l'exposé des corrections à faire subir aux observations, M. Bigourdan se livre à une comparaison intéressante entre la méthode photographique et les mesures directes, et il conclut que si, pour les nébuleuses étendues et brillantes, la photographie est avantageuse, elle ne saurait, en ce qui concerne les déterminations précises des nébuleuses faibles et petites, être substituée aux mesures directes que pour un très petit nombre de régions extrêmement riches.

Le tableau des observations est établi sur deux pages en regard, et tout ce qui se rapporte à une nébuleuse est réuni en quelques lignes : les résultats immédiats des mesures (avec de petites figures indiquant le mode du pointé), les diverses corrections, la position de l'étoile de comparaison, etc. Parmi les 18 colones du tableau, on remarquera la quatrième, relative à la grandeur de la nébuleuse, à la facilité des mesures et à la transparence du Ciel. M. Bigourdan a jugé que l'indication de grandeur pouvait remplacer utilement les termes vagues *faible, excessivement faible...* Dans la colone finale, *Descriptions et Remarques*, se trouvent groupés d'une manière claire et concise à la fois tous les renseignements utiles.

Pour témoigner, dès maintenant, de l'intérêt qu'elle porte au grand travail entrepris par M. Bigourdan, l'Académie des Sciences vient de lui décerner le prix Lalande. On peut avoir la confiance que l'énergie de M. Bigourdan saura conduire à bonne fin une entreprise qui fera grand honneur à l'Observatoire de Paris.

O. Callandreau.

2° Sciences physiques.

Miculescu (M. C.). Sur la détermination de l'équivalent mécanique de la calorie. — *Thèse présentée à la Faculté des Sciences de Paris.* — *Gauthier-Villars et fils, éditeurs.* Paris, 1892.

M. Miculescu est l'un de ces jeunes savants étrangers qui viennent demander à la France une solide instruction scientifique; ils savent, qu'en ce temps de travaux hâtifs et souvent peu approfondis, on a conservé dans les laboratoires de nos maîtres la tradition des recherches expérimentales soignées et consciencieusement finies.

Dans la thèse qu'il vient de soutenir devant la Faculté de Paris, l'auteur s'est proposé de donner une nouvelle détermination de l'équivalent mécanique de la calorie. Bien souvent déjà la question a été abordée; mais les divergences qui existent encore dans les résultats donnent à cette recherche un véritable intérêt. M. Miculescu ne s'est pas appliqué à employer une méthode nouvelle; il a pensé avec raison que la méthode la plus simple et la plus directe était la meilleure, et il a repris la méthode classique de Joule; mais il a apporté dans l'exécution de son travail des précautions toutes particulières : il a profité très habilement des progrès faits en ces dernières années dans la mesure du travail et dans les déterminations calorimétriques. Dans la méthode de Joule le travail mis jeu était fort petit, et par suite aussi fort petite la chaleur dégagée; il fallait,pour arriver à quelque précision, faire durer l'expérience pendant un temps assez long et répéter vingt fois la chute du corps moteur; de là la nécessité de corrections assez incertaines; dans le travail de M. Miculescu ce grave inconvénient est évité : l'auteur opère en effet avec une force motrice considérable, et avec des appareils thermométriques très sensibles (un couple thermo-électrique); il mesure le travail dépensé par un procédé de réduction au zéro, imaginé par M. Marcel Deprez et où le moteur est à lui-même son propre dynamomètre; il évalue la chaleur produite par une méthode calorimétrique à température constante inventée par Hirn et précédemment utilisée par M. d'Arsonval, et tout récemment encore utilisée dans le travail de M. Mathias sur la chaleur de vaporisation des gaz liquéfiés. Une trentaine de déterminations très concordantes ont été faites; en variant la durée de l'expérience entre 11 et 3 minutes 5, elles conduisent à la valeur suivante pour l'équivalent mécanique : E = 426, 7; l'auteur croit pouvoir répondre,—et le soin qu'il a apporté à ses expériences autorise cette confiance—, du chiffre des unités. Il est toutefois à remarquer que les recherches les plus consciencieuses faites en ces dernières années n'ont pas conduit à des résultats en parfait accord : Joule a trouvé 424, Rolland 427, M. Pérot, par un très ingénieux procédé, 424, 6; il est permis de supposer que de légères erreurs systématiques peuvent s'introduire dans une détermination aussi délicate, et qu'on ne les peut exactement évaluer. La valeur la plus probable de cette importante constante est donc celle que l'on obtient en faisant la moyenne des nombres trouvés par les meilleurs expérimentateurs, et le nombre donné par M. Miculescu restera parmi ceux auxquels on doit attribuer le plus grand poids.   Lucien POINCARÉ.

Georges Dary.—L'Electricité dans la Nature. *Un vol. in-8° de 430 pages (Prix : 6 fr.), G. Carré, éditeur, 38, rue Saint-André-des-Arts, Paris,* 1892.

Ce livre est dédié à la mémoire de Gaston Planté. Comme le dit l'auteur dans sa préface, il a pour but d'exposer toutes les expériences à l'aide desquelles l'inventeur des accumulateurs et de la machine rhéostatique essayait de confirmer ses vues nouvelles relativement aux phénomènes électriques naturels.

A ce titre-là, ce petit volume est intéressant : il contient le détail des si curieux essais de Planté, sa reproduction de *l'éclair en boule* entre autres, et des compa-

raisons originales sur les expériences du regretté électricien et les manifestations électriques de l'atmosphère. Il complète donc les pages dans lesquelles Planté lui-même consignait ses recherches, et il ne pouvait être écrit avec plus d'autorité que par un ami du savant modeste et illustre à qui l'industrie électrique doit une de ses plus belles conquêtes.   A. BERGET.

Anney (J.P.), Ingénieur électricien. — Manuel pratique de l'installation de la lumière électrique : Stations centrales. 1 *vol. in-18 de 244 pages avec 99 figures dans le texte et 10 planches. (Prix : 7 fr.) Bernard Tignol, éditeur, Paris,* 1891.

Le premier volume de cet ouvrage relatif aux installations privées de lumière électrique a déjà été publié; le second volume, récemmment paru, est consacré aux stations centrales. Il est divisé en deux parties; la première traite de la distribution du courant et des divers systèmes qui ont été employés; elle contient de nombreux renseignements sur les divers dispositifs, sur les manières de grouper et d'installer les matières, sur les accumulateurs, les transformateurs à courants continus ou alternatifs, sur l'établissement des réseaux, etc.; la seconde, consacrée aux projets de distributions électriques, indique les meilleures conditions d'installations des stations centrales, des canalisations et des appareils placés chez les abonnés; le tout constitue un ensemble très complet et clairement exposé.
        L. O.

N. Zelinsky. — Sur les formes stéréo-isomériques de l'acide diméthyldioxyglutarique. — *Ber. d. D. Chem. Gesell* t. XXIV. p. 4006. (1891). ·

Si l'on compare les formules de l'acide tartrique et de l'acide diméthyloxyglutarique

CH.OH.CO²H   C(CH³).OH.CO²H
| |
CH.OH.CO²H   CH²
        |
        C(CH³).OH.CO²H
Acide tartrique   Acide diméthyldioxyglutarique

on remarque que ce dernier composé peut être regardé comme de l'acide tartrique dont 2 atomes H sont rem. placés par des groupes CH³, et dont les deux carbones asymétriques (imprimés en lettres grasses) sont séparés par un groupe méthylène.

De là résulte que cet acide diméthyldioxyglutarique doit exister sous quatre formes isomériques, de même que l'acide tartrique. D'après les théories de MM. Le Bel et Van't Hoff on doit pouvoir isoler : un acide dextrogyre, un acide lévogyre, un racémique inactif dédoublable (c'est-à-dire la combinaison moléculaire des deux acides actifs) et un acide inactif non dédoublable.

Ces deux derniers composés ont été obtenus par M. Zelinsky, en effectuant la synthèse de l'acide diméthyldioxyglutarique à partir de l'acétylacétone. Les deux acides qui prennent naissance dans cette réaction sont tous deux inactifs. L'un est un corps relativement peu stable, qui perd facilement les éléments de l'eau et se transforment en lactone; il correspond à l'acide tartrique inactif non dédoublable de M. Pasteur. L'autre, beaucoup plus stable doit représenter le racémique correspondant : en effet, par évaporation lente d'une solution étendue dans l'éther, M. Zelinsky a obtenu des cristaux qui sont respectivement l'image l'un de l'autre et doivent par conséquent représenter les deux modifications actives. Cette opération du triage à la pince ne lui a pas encore donné des quantités suffisantes des deux acides pour que leur pouvoir rotatoire puisse être déterminé. Mais, en présence de ce premier résultat, on peut dès maintenant admettre, sans aucun doute, que l'acide diméthyldioxyglutarique existe bien sous les quatre formes isomériques que font prévoir les travaux de M. Pasteur et les conceptions de MM. Le Bel et Van't Hoff.
        Ph. A. GUYE.

3° Sciences naturelles.

Haug (Emile). **Les chaînes subalpines entre Digne et Gap.** *Contribution à l'histoire géologique des Alpes françaises. Thèse de la Faculté des sciences de Paris.* — *Un vol. in-8° de 197 p. avec une carte géol. coloriée et 3 pl. de profils (10 fr.).* Baudry et Cie. Paris, 1892.

Depuis une vingtaine d'années, la Géologie a accompli bien des progrès; sa méthode et ses moyens d'investigation se sont à la fois perfectionnés; la fantaisie des interprétations et le luxe inutile des détails descriptifs ont fait place à des déductions plus rationnelles et à un mode d'observation plus fécond et plus raisonné. On se rendra compte en lisant la thèse de M. Haug de ces tendances de la Géologie moderne et de tout le parti que l'on peut tirer au point de vue théorique de l'étude d'une région limitée, entreprise avec la méthode et les procédés dont dispose aujourd'hui la science. Ce beau livre fait honneur à son auteur en même temps qu'au Laboratoire de Géologie de la Sorbonne, d'où il est sorti.

Entre les vallées du Verdon, de l'Ubaye et de la Durance est comprise, de Barrème à Gap (par Digne et Seyne), une contrée nue et ravinée, dont la portion principale fait partie du département des Basses-Alpes et dont le reste appartient aux Hautes-Alpes. C'est ce coin des chaînes extérieures de nos Alpes, sauvage et reculé, qu'à étudié, avec une patience et un courage dignes d'éloges, l'auteur du travail que nous avons sous les yeux. L'historique, dont M. Haug fait précéder son étude, nous montre que fort incomplètes étaient les nombreuses descriptions dont avaient jusqu'à présent fait l'objet les chaînes subalpines entre Digne et Gap.

Quoique assez difficile à délimiter d'une façon naturelle, cette région, véritable chaos de chaînons montagueux disposés sans aucun ordre apparent, possède cependant une certaine individualité, ainsi qu'il ressort de la description de M. Haug; et l'on ne pourrait guère en trouver l'analogue dans le reste des Alpes françaises. Les assises qui en constituent le sol sont les suivantes:

Les *schistes à séricite*, forment, à Remollon, un petit bombement au milieu du Lias (le Trias n'y fait défaut), que l'auteur considère comme une dépendance du massif de Pelvoux. Le *terrain houiller*, riche en végétaux, est recouvert directement à Barles (sans interposition de dépôts permiens) par le *Trias* à faciès occidental, différant notablement par sa nature des dépôts de même âge du Briançonnais et de la Savoie, sauf en ce qui concerne les quartzites de la base.

La partie la plus importante du travail est consacrée à l'étude des assises *jurassiques*. M. Haug en décrit successivement toutes les zones; il analyse minutieusement les faunes et se livre à des comparaisons suggestives avec les dépôts équivalents d'autres régions.

L'INFRALIAS est divisé comme d'habitude en trois zones, quoique M. Haug se déclare, avec beaucoup de raison, partisan de la réunion de l'Hettangien au Lias inférieur. Le Rhétien qui seul est assez individualisé pour former un étage distinct, est développé ici sous le faciès souabe; il appartient, ainsi que le Lias, au type occidental de ce terrain et ne rappelle en aucune façon le Rhétien ni le Lias des Alpes orientales.

Dans le LIAS M. Haug a distingué très judicieusement trois faciès dans la région qu'il occupe: le *faciès provençal* à l'ouest et à l'est, caractérisé par des Bivalves et des Brachiopodes associés aux Céphalopodes, le *faciès dauphinois* (aux environs de Gap et de la Savoie), exclusivement composé de couches à Céphalopodes, puissante succession de marnes et de calcaires non zoogènes, enfin le *faciès briançonnais* plus littoral, généralement bréchoïde, à Gryphées, Polypiers, Gastropodes, qui occupe le nord-est de la région. Les limites de ces faciès suivent *parallèles aux grandes lignes orographiques* et tectoniques de la chaîne alpine, ainsi que l'auteur le met parfaitement en lumière par une suite de comparaisons bien choisies. Pour les trois faciès on distingue dans le Lias, deux grandes subdivisions:

l'une inférieure calcaire, correspondant au Sinémurien et à la base du Liasien; l'autre supérieure, éminemment schisteuse et jouant un rôle orographique tout différent. M. Haug a reconnu dans ces deux groupes d'assises la série habituelle des zones liasiques dont il nous donne le détail.

Le JURASSIQUE MOYEN comprend le Bajocien (avec ses cinq zones: zone à *Harpoceras Murchisonæ*, zone à *Harp. concavum*, zone à *Sphæroceras Sauzei*, zone à *Sonninia Romani* et zone à *Cosmoceras subfurcatum*) et le Bathonien; (zone à *Oppelia fusca*, et zone à *Oppelia aspidoides*). Les chapitres consacrés à ces étages sont très instructifs: car M. Haug y établit une classification rationnelle des zones du jurassique moyen.

Puis viennent successivement les dépôts du Callovien, de l'Oxfordien, et les calcaires kimméridgiens et portlandiens constituant le JURASSIQUE SUPÉRIEUR, dont le rôle orographique est si important dans les chaînes subalpines et au sujet desquels l'auteur a recueilli quelques observations inédites. Ces sédiments, comme ceux du jurassique moyen et contrairement à ceux du Lias, présentent par leur faune le type méditerranéen et diffèrent notablement des dépôts de même âge du nord et du nord-est de la France.

Le SYSTÈME CRÉTACÉ, représenté par tous ses étages, est moins longuement décrit; M. Haug signale notamment l'existence du *Turonien* à *Inoceramus labiatus* aux environs de Digne (près de Thoard).

Comme on voit, la série des dépôts mésozoïques est ici complète; les dépôts calcaréo-vaseux à Céphalopodes, Posidonomyes, Inocérames sont prédominants; on ne constate que peu de bancs-limites et la continuité est remarquable dans ces 2.500 mètres de sédiments; à certains moments cependant (Callovien) se sont établies des *lagunes* locales où se sont déposés des *gypses*. Un très intéressant chapitre est consacré à la *distribution des faciès* des dépôts secondaires dans le bassin du Rhône et en particulier dans la région subalpine. Les faciès briançonnais et provençal y sont considérés comme indiquant la zone littorale qui entourait les anciens massifs émergés de l'axe alpin et des Maures, au large desquels se formaient, dans une zone profonde parallèle à la direction des Alpes, dans le *géosynclinal subalpin*, des dépôts uniformes et calcaréo-vaseux (faciès dauphinois). M. Haug arrive ainsi à rapporter aux déplacements lents de ce géosynclinal subalpin le mode de développement des diverses assises sédimentaires et met en lumière d'une façon saisissante l'influence qu'ont exercée, sur la nature et le faciès des dépôts, les manifestations successives de l'activité orogénique, depuis les reliefs hercyniens jusqu'aux plissements du système alpin. — Une carte, qui mérite de devenir classique, représente l'extension des faciès jurassiques et crétacés dans le bassin du Rhône, en résumant l'ingénieuse synthèse.

En ce qui concerne la SÉRIE TERTIAIRE, les recherches de M. Haug ont porté sur le Nummulitique et surtout sur la *Mollasse rouge* aquitanienne, qui rappelle beaucoup les couches de même nom et les grès de Ralligen de la Suisse et qui représente les accumulations détritiques formées dans les bassins oligocènes par les torrents de l'époque. C'est à l'auteur que revient l'honneur d'avoir reconnu l'âge de ces grès, considérés comme triasiques par ses prédécesseurs. — La mollasse helvétienne et les cailloutis tortoniens sont également représentés dans le champ d'études de notre confrère.

Les *dépôts quaternaires* sont à leur tour analysés; les renseignements sur les traces de l'ancienne extension des glaciers, méritent d'être signalés; M. Haug les date de l'époque quaternaire, quoique nombre de vallées, notamment celle de la Durance, aient subi depuis l'existence de ces glaciers d'importantes modifications. L'âge différent des vallées dont quelques-unes sont nettement postglaciaires, tandis que d'autres sont antérieures à l'extension des glaciers, a du reste été peu étudié dans les Alpes. A cause de l'intérêt qui s'y rattache cette question appelle de nouveaux travaux.

Rappelons aussi un paragraphe consacré aux roches éruptives (Mélaphyres) qui ont pénétré dans le Lias de Remollon, et dont la venue aurait occasionné la transformation de ses bancs calcaires en gypse. A côté de ces gypses métamorphiques, M. Haug décrit du reste, dans le Bathonien et le Callovien, des dépôts de même nature, mais probablement d'origine lagunaire.

L'analyse des DISLOCATIONS que l'auteur classe en dislocations résultant de *mouvements horizontaux* et en dislocations résultant de *mouvements verticaux* est suivie d'un essai de coordination de ces accidents et d'un exposé de la succession des divers mouvements orogéniques dont a été le théâtre la région étudiée.

La première catégorie est représentée par des plis anticlinaux et synclinaux droits (normaux), déjetés ou renversés, par un pli renversé et *étiré* comme ceux de la Provence (pli de l'Infernet près d'Auzet) et par un grand nombre de plis-failles souvent plus ou moins démantelées par l'érosion. A ces derniers il faut rattacher un mode de dislocations qui atteint, dans la région étudiée par M. Haug, un développement considérable; ce sont les *chevauchements horizontaux* ou plis-failles inverses très inclinés qui ont pour résultat l'existence de vastes lambeaux de recouvrement présentant la série normale (non renversée) des assises reposant sur des terrains plus récents.

Les dislocations dues à des mouvements verticaux sont représentées *par* des failles de tassement ou de torsion et par les *failles périphériques* de bassins d'affaissement qui constituent, d'après l'auteur, un des traits caractéristiques de la région (champs d'affaissement de Turriers-Faucon, d'Esclangon et du bassin tertiaire de Thoard-Champtercier) ayant parfois déterminé l'existence de lambeaux surélevés (Horst) compris entre ces cassures.

Les plis sont groupés, dans la région qui fait l'objet du mémoire de M. Haug, autour des deux directions fondamentales N. S et E O, à l'intersection desquelles les couches se montrent non seulement plissées dans des directions intermédiaires, mais encore refoulées les unes sur les autres de manière à compenser la diminution d'espace horizontal que, d'après l'auteur, elles ont dû subir. Des morceaux de la partie superficielle de l'écorce terrestre, au lieu de se trouver en juxtaposition, ont été obligés de se superposer sur leurs bords, de *s'imbriquer*. — Cette disposition a été masquée et modifiée depuis par les effets d'affaissements locaux et par l'action puissante des phénomènes d'érosion, ce qui rend l'étude des chaînes alpines entre Digne et Gap fort difficile et même incompréhensible aux personnes qui ne sont pas familiarisées avec les complications de la tectonique alpine.

Quant à *l'âge* des principales dislocations, l'auteur établit la succession suivante (en faisant abstraction des dislocations antétriasiques qui ont pu se produire) :

Dislocations postcrétacées,
—   antéaquitaniennes,
—   antéhelvétiennes,
—   antétortoniennes,
—   posttortoniennes.

On doit à l'auteur d'avoir établi et précisé l'époque où se sont produits plusieurs de ces mouvements, notamment les plissements antérieurs à l'Aquitanien.

Dans un dernier et remarquable chapitre, M. Haug résume l'histoire géologique de la contrée en la rattachant à celle de l'ensemble des Alpes occidentales. Il nous fait assister avec beaucoup de talent à la formation successive des plissements alpins de l'est à l'ouest et au déplacement corrélatif des zones profondes et des formations littorales, du « géosynclinal subalpin »; à la production des gigantesques dislocations mentionnées plus haut, au développement des phénomènes torrentiels manifestes dès l'époque oligocène, mais surtout accentués à partir du Pliocène, puis tellement favorisés par le déboisement de la période historique que, « géologiquement parlant, l'époque n'est pas éloignée où nos chaînes subalpines seront presque entièrement nivelées. »

Une carte géologique coloriée, au 200 millième et trois planches de profils permettent de se faire une une idée très exacte de la constitution du pays exploré par notre confrère.

Nous terminerons par un regret : celui que l'auteur n'ait pas approfondi certaines questions dont il nous promet du reste la solution pour un avenir prochain et qu'en obéissant au désir très légitime de mettre le plus tôt possible en lumière les principaux résultats de ses recherches, il nous ait privé de nombre de développements de détails. Aussi bien son mémoire aurait-il gagné, tant en ce qui concerne la forme que pour le fond, à être publié quelques mois plus tard et appelle-t-il une suite que nous attendons avec une impatience que justifie pleinement le grand intérêt du volume que vient de faire paraître M. Haug. Tous ceux qui consulteront ce travail, dont nous n'aurions pu sans dépasser de beaucoup le cadre habituel de ces analyses, donner un résumé quelque peu satisfaisant, y verront sans doute, comme nous, une des plus substantielles et des plus utiles monographies dont les Alpes françaises aient fait l'objet depuis longtemps.

W. KILIAN.

Viala (Pierre). — **Monographie du Pourridié des vignes et des arbres fruitiers.** *Thèse de la Faculté des Sciences de Paris*. G. Masson, Paris, 1891.

Nous mentionnons ici ce travail pour le relever au chapitre des thèses dans notre table des matières de fin d'année. Voir ci-dessus (page 156).

4° Sciences médicales.

Lwoff (S.) — **Etude sur les troubles intellectuels liés aux lésions circonscrites du cerveau.** *In-8°* de 176 pages. J.-B. Baillière et fils. Paris, 1891.

M. Lwoff présente dans ce travail un tableau d'ensemble des troubles moteurs, intellectuels et sensoriels, qui accompagnent les lésions circonscrites du cerveau. Les malades atteints de ces lésions lui semblent constituer un groupe clinique naturel, voisin et cependant nettement distinct de celui que forment les paralytiques généraux. Ils peuvent présenter, comme les paralytiques, les syndromes les plus divers : idées de persécution ou de grandeur, idées hypocondriaques, hallucinations; mais, tandis que chez les paralytiques, l'intelligence tout entière s'affaiblit à la fois, chez eux, au contraire, ce sont des lacunes qui se produisent, de véritables trous, qui laissent subsister intactes à côté d'eux certaines parties de l'intelligence ou de la mémoire. Un malade peut, par exemple, oublier tout ce qu'il a lu et garder le souvenir très net de tout ce qu'on lui a raconté; il peut ne plus se rappeler les évènements récents et se souvenir de telle ou telle période de son passé. Quelques-uns d'entre eux sont encore capables d'attention, bien qu'il leur faille un très grand effort pour s'appliquer; ils ont souvent une assez claire conscience de leur état et une certaine suite dans les idées; ils ne présentent pas cette instabilité d'humeur, caractéristique des paralytiques. Il semble que les symptômes différentiels soient assez nets pour permettre de faire, dans la plupart des cas, le diagnostic entre ces affections et la paralysie générale; mais elles ne constituent pas, à tout prendre, un groupe aussi cohérent que la paralysie générale, parce que la marche et l'aspect de la maladie varient nécessairement quelque peu avec le siège de la lésion. M. Lwoff insiste particulièrement sur un trouble de la motilité qui permet, dans certains cas douteux, de faire le diagnostic : l'hémi-tremblement des lèvres. Ce travail renferme trente observations originales; elles ont été prises dans le service de M. Magnan, dont M. Lwoff a été l'interne. Dix d'entre elles ont été suivies d'autopsies.

L. MARILLIER.

ACADÉMIES ET SOCIÉTÉS SAVANTES

DE LA FRANCE ET DE L'ÉTRANGER

ACADÉMIE DES SCIENCES DE PARIS
Séance du 15 février.

1° Sciences mathématiques. — M. **Sophus Lie** : Sur une application de la théorie des groupes continus à la théorie des fonctions. — M. **Phragmen** : Sur la distribution des nombres premiers. — M. **P. Appel** : Extension des équations de Lagrange au cas du frottement de glissement. — M. **G. Rayet** a observé deux fois à l'Observatoire de Bordeaux l'étoile temporaire signalée récemment dans le *Cocher* ; il en a examiné le spectre, qui est continu avec diverses lignes brillantes.

2° Sciences physiques. — M. **H. Le Chatelier** répond à la réclamation de priorité formulée par M. H. Becquerel en faveur de E. Becquerel, relativement à la mesure des hautes températures. — En réponse à la note de M. Pellat sur la tension superficielle des métaux, M. **Gouy** se défend d'avoir assimilé aux métaux solides les amalgames à $\frac{1}{1000}$; il démontre que le métal allié au mercure n'est pas détruit, comme le supposait M. Pellat, au contact de l'eau acidulée, car la pile formée par la colonne d'amalgame et le large mercure de l'électomètre capillaire possède une force électro-motrice très voisine de celle d'une pile zinc-mercure. — M. **D. Negreano** a étudié la variation de la constante diélectrique des liquides au moyen d'un dispositif très simple. Pour la benzine, le toluène et le xylène, de 0° à 50°, la constante diélectrique décroît quand la température monte. — MM. **R. Blondlot** et **M. Dufour** ont étudié l'influence exercée sur les phénomènes de résonance électro-magnétique par la dissymétrie du circuit le long duquel se propagent les ondes. Pour cela, ils ont coupé l'un des fils conducteurs du dispositif employé par M. Blondlot dans ses expériences précédentes, et comblé cette solution de continuité par une boucle métallique de dimensions variables. La longueur d'onde est toujours demeurée indépendante de la longueur de la boucle ; cette constatation confirme et étend le principe posé par MM. Sarasin et de la Rive, à savoir que la longueur d'onde est déterminée par le résonnateur seulement. — M. **R. Colson** a recherché, au moyen d'un téléphone déplacé le long du conducteur, la façon dont décroît l'intensité du flux électrique envoyé par une bobine de Ruhmkorff dans un conducteur de grande résistance (fil mouillé) assez long pour qu'à l'extrémité le téléphone ne rende plus aucun son. La décroissance de l'intensité du son téléphonique a lieu suivant une courbe en *cascade*. M. Colson pense que des deux flux de même période envoyés par la bobine, le flux direct, à potentiel plus élevé, va plus vite que l'autre et interfère avec lui. — M. **Moureaux** signale une perturbation magnétique d'une intensité extraordinaire observée au parc Saint-Maur les 13 et 14 février. Le phénomène a présenté les mêmes phases aux mêmes instants à Perpignan, à Lyon et à Nantes. — M. **E. Semmola** a fait à Naples des observations sur l'électricité atmosphérique au moyen d'un ballon captif portant un électroscope à feuilles d'or et relié par un conducteur à un autre électroscope placé près du sol. — M. **G. Charpy** montre que pour étudier la variation d'une propriété physique d'une solution en fonction de la concentration, il est nécessaire de prendre pour variable le nombre de molécules du sel par rapport au nombre total du mélange. Il a déterminé expérimentalement, pour un grand nombre de sels, le coefficient de contraction, tel qu'il l'a défini antérieurement ; les résultats de ses expériences traduits en courbe, en prenant la variable indiquée, ne présentent aucune partie véritablement rectiligne. —

M. **G. André** a continué l'étude de l'acide bismuthique ; mis en présence de la potasse, cet acide s'y combine avec une extrême lenteur ; il existe diverses combinaisons de l'acide bismuthique avec son anhydride. — M. **Maquenne**, distillant dans un courant d'hydrogène pur et sec l'amalgame de baryum en présence du charbon en poudre, a obtenu un carbure de baryum qui, décomposé par l'eau, donne de l'acétylène. Il s'agit donc d'un acétylure C^2Ba. — M. **H. Moissan** montre que toutes les préparations données comme bore amorphe sont des mélanges contenant au plus moitié de leur poids de bore libre ; en particulier dans l'action d'un métal alcalin sur l'acide borique, la majeure partie du bore mis en liberté d'abord se combine à l'excès du métal alcalin et au métal du vase dans lequel on fait la réaction. — M. **Berthelot** indique que la combustion dans la bombe par l'oxygène comprimé à 25 atmosphères constitue un procédé d'analyse organique commode en bien des cas : le carbone est obtenu très facilement, le soufre et le phosphore plus facilement que par aucune autre méthode. M. Berthelot ajoute des remarques pratiques sur l'intervention de la vapeur d'eau dans les expériences au moyen de l'oxygène comprimé, suivant le mode d'emploi de cet oxygène. — MM. **Prud'homme** et **C. Rabaud**, en faisant réagir le chlorure cuivreux sur le nitrate d'aniline en présence d'acide chlorhydrique, ont obtenu du *paradichlorobenzène* ; l'expérience leur a démontré que cette transformation a lieu par formation intermédiaire de chlorure de diazobenzène.

3° Sciences naturelles. — M. **A. Etard** a continué ses recherches sur les principes immédiats qui accompagnent la chlorophylle dans les végétaux et qu'on peut en extraire par le sulfure de carbone ; dans le cas de vigne, il a retiré un glycol (*vitoglycol*) répondant à la formule $C^{33}I^{44}O^2$; de la luzerne, un alcool monoatomique (*medicagol*) $C^{20}H^{41}OH$, de la bryone, un hydrocarbure saturé (*bryonane*) $C^{27}H^{42}$; ces corps sont très stables, et, comme l'expérience l'a montré pour le médicagol, résistent aux fermentations et à la digestion. — M. **A. Girard** expose les rendements élevés qu'a fournis en 1891 la culture en grand de la pomme de terre, effectuée suivant les procédés indiqués par lui. — M. **H. Quantin** signale l'emploi, pour distiller les vins, de divers sels de baryte : il indique une méthode propre à reconnaître quel est le sel de baryte qui a été employé. — M. Berthelot fait remarquer combien est grave, au point de vue de l'hygiène publique, la falsification de vin signalée dans cette communication. — M. **Hanriot**, qui avait observé quelquefois, dans ses recherches faites antérieurement avec M. Richet sur la respiration, chez l'homme, un quotient respiratoire supérieur à 1, a reconnu que l'on obtient le fait à coup sûr en faisant absorber au sujet à jeun une quantité assez faible d'hydrates de carbone avec beaucoup d'eau. L'asepsie intestinale par le naphtol ne modifie pas le phénomène. Le fait ne peut s'expliquer que par un dédoublement du glucose dans l'organisme. Si l'on calcule la quantité de CO^2 que doit dégager le glucose ingéré pour se transformer en graisse (oléostéaropalmitine), on retrouve exactement cette quantité en retranchant de l'acide carbonique éliminé dans les quatre heures qui suivent l'absorption du glucose la quantité correspondant à l'oxygène absorbé suivant le quotient respiratoire à jeun. Les choses se passent donc comme si le glucose absorbé était transformé *quantitativement* et immédiatement en graisse. — M. **A. Gautier** rappelle à ce propos ses théories sur la vie anaérobie chez les animaux supérieurs. — M. **S. Du-**

play a fait de nombreuses tentatives d'inoculations de cancer, soit de l'homme à divers animaux, soit de chien à chien. Les résultats ont toujours été négatifs.— M. L. Cayeux a reconnu que les *gaizes* crétacées du bassin de Paris sont constituées pour une part notable par des tests de diatomées; il aurait signalé le même fait pour les tuffeaux tertiaires du nord de la France. — M. A. Lacroix signale l'existence de nombreuses *zéolites* dans les calcaires jurassiques de l'Ariège.

Mémoires présentés : M. Amat rappelle les résultats obtenus par lui en octobre 1878 sur les mensurations du crâne de J. *Inaudi*. — M. L. Hugo adresse une note sur les procédés employés par divers calculateurs pour effectuer rapidement des calculs plus ou moins compliqués. — M. Skromnof adresse un mémoire sur divers perfectionnements des machines à vapeur à haute pression. — M. C. Ventre adresse un mémoire sur un nouveau système d'éclairage par la bougie-pétrole. — M. G. de Almeida annonce qu'un gisement d'ossements fossiles vient d'être découvert au Brésil dans la province du Rio Grande do Sul.

Nominations : M. de Tillo est élu correspondant pour la section de géographie et navigation.

Séance du 22 février.

2° SCIENCES MATHÉMATIQUES. — M. L. Autonne : Sur les intégrales algébriques de l'équation différentielle du premier ordre. — M. H. Resal : Sur une interprétation géométrique de l'expression de l'angle de deux normales infiniment voisines d'une surface, et sur son usage dans les théories du roulement des surfaces et des engrenages sans frottement. — M. H. Poincaré : Sur la théorie de l'élasticité. — M. Bertrand de Fontvioland : Sur les déformations élastiques maximums des arcs métalliques. — M. A. de Caligny : Sur une amélioration de l'appareil automatique à élever l'eau à de grandes hauteurs, employé aux irrigations. — M. Mascart signale que les enregistreurs des observatoires de Nice, Toulouse, Clermont et Besançon ont reproduit la perturbation magnétique des 13 et 14 février avec toutes les circonstances constatées par les stations de Perpignan, Lyon, Nantes et Parc-Saint-Maur; il rapporte plusieurs témoignages montrant que l'aurore boréale correspondante, signalée d'abord aux Etats-Unis, a été également observée en Europe. — M. J. Janssen met sous les yeux de l'Académie les photographies du Soleil, obtenues à Meudon les 3, 9, 12 et 17 février, et sur lesquelles on remarque une des taches les plus considérables observées pendant les dernières périodes solaires. A l'égard de la question des rapports entre les phénomènes des taches solaires et les perturbations magnétiques terrestres, M. Janssen ne voit dans les faits constatés jusqu'ici rien qui autorise encore à admettre cette corrélation. — M. E. Marchand, en signalant cette même tache solaire, voit dans la concordance entre le passage de cette tache au méridien central et la perturbation magnétique, une vérification remarquable de la loi qu'il a posée à ce sujet. — M. F. Denza a observé et photographié le 7 à l'Observatoire du Vatican la nouvelle étoile du *Cocher*.

2° SCIENCES PHYSIQUES. — M. H. Becquerel : Sur la mesure des hautes températures; réponse à des observations de M. *H. Le Châtelier*. — M. A. Witz a cherché si en réalité la théorie de Boutigny sur l'état sphéroïdal était applicable à des masses d'eau considérables, comme celles des chaudières, et si cette théorie expliquait les explosions de celles-ci. Après avoir fait remarquer que dans la marche des vitesses d'évaporation sur un métal chauffé à des températures croissantes, l'état sphéroïdal est caractérisé par une chute brusque de la courbe, il a fait des expériences sur une chaudière d'un dispositif particulier donnant la vitesse d'évaporation avec niveau constant. Or cette vitesse croît constamment avec l'élévation de la température; si l'on fait rougir le fond de la chaudière avant d'alimenter, on a des évaporations extrêmement rapides. Rien dans ce cas ne ressemble donc à l'état sphéroïdal.

— M. H. Moissan, qui avait montré dans la séance précédente que l'action des métaux alcalins sur l'acide borique ne peut pas donner de bore pur, a repris l'action du magnésium sur l'acide borique, déjà essayée par divers chimistes. En employant un grand excès d'anhydride borique, on obtient un mélange de bore, de borate de magnésie et de borure de magnésium; les deux sels sont faciles à éliminer, et M. Moissan est arrivé à un produit contenant 99 °/₀ de bore.— M. H. Causse a étudié la solubilité du phosphate calcique en présence d'un excès d'acide phosphorique. — M. A. Colson, répondant à la note de M. Le Bel sur la stéréochimie de l'acide diacétyltartrique, voit dans cette note la preuve qu'il y a autant de stéréochimies que de stéréochimistes. Pour ce qui regarde la représentation du carbone asymétrique par un tétraèdre, s'il ne s'agit pas d'un tétraèdre régulier, cette notation ne permet plus de rien prévoir. — MM. A. Haller et A. Held : Nouvelles recherches sur les éthers acétoacétiques monochlorés, monobromés et monocyanés. — M. de Forcrand a déterminé les chaleurs de formation de l'isopropylate de soude et de ses combinaisons triisopropyliques qu'il a décrites récemment. — M. G. Massol a déterminé la chaleur de neutralisation de l'acide tartronique par la soude et la potasse. — M. L. Vignon emploie, pour déterminer le poids spécifique des fibres textiles, la méthode de la balance hydrostatique, mais en remplaçant l'eau, qui mouille les fibres, par la benzine; les gaz condensés sont éliminés par le vide.

3° SCIENCES NATURELLES. — M. A. Certes a examiné un grand nombre de sédiments d'eau douce et d'eau salée, de provenances très diverses, au point de vue des organismes qui peuvent s'y conserver vivants. Tous ont donné des microbes en abondance. Les sédiments marins ne donnent pas en général d'organismes plus élevés, tandis que les sédiments d'eau douce ou saumâtre, et également ceux des chotts et lacs salés de l'intérieur des terres donnent des Infusoires, flagellés et ciliés, des Rotifères et des Annélides. En somme, les faunes des eaux exposées à la dessiccation sont adaptées pour y résister, et non les faunes marines, qui n'y sont pas exposées normalement. — M. S. Jourdain a étudié le développement de l'*Oniscus murarius* et du *Porcellio scaber*, en s'attachant spécialement à la formation des appendices. Il interprète l'*organe dorsal* signalé chez ces embryons comme un ombilic du sac amniotique. — MM. F. Henneguy et A. Binet ont observé dans la chaîne ganglionnaire ventrale de quelques larves de Diptères la disposition suivante : au point où chaque connectif, en pénétrant dans un ganglion, s'y épanouit, se trouve une cellule à noyau très apparent et très volumineux, entourée d'une auréole de fibrilles ramifiées, entre lesquelles passent les fibres nerveuses du connectif. La façon dont cette cellule se comporte vis-à-vis des réactifs colorants doit la faire considérer comme de nature conjonctive. — M. Hanriot a reconnu que, chez les diabétiques, un repas d'hydrate de carbone ne produit pas l'élévation du quotient respiratoire qu'il a signalée chez les sujets normaux (Voir C. R., séance précédente). L'antipyrine, qui fait baisser l'excrétion du sucre par le rein, n'a aucune influence sur le quotient respiratoire. La ventilation qui, chez le sujet normal, s'accroît considérablement après le repas corrélativement à l'élimination de CO^2, est à peine modifiée chez le diabétique. — M. Ch. Henry : Remarques sur une communication récente de M. J. *Passy*, concernant les minimums perceptibles de quelques odeurs. — M. A. Müntz a examiné quelle était, en maturité, sur les raisins, l'action de l'effeuillage de la vigne, pratiqué dans le but d'en hâter la maturation. La richesse en sucre est diminuée notablement dans les raisins par l'exposition aux rayons directs du Soleil, ce qui s'explique par l'augmentation des combustions respiratoires corrélatives à l'élévation de température; l'acidité est un peu diminuée. — M. M. Bertrand, en déterminant les plissements subis par divers bassins, tels que le bassin de Paris, entre deux incursions successives de la mer tertiaire, a reconnu que les plissements récents se font toujours exactement dans le prolongement d'un plissement ancien. Il a déterminé deux directions des ridements, à angle droit l'une sur l'autre, l'une parallèle à l'équateur, l'autre convergeant vers les pôles, mais plutôt vers les pôles magnétiques. Les chaînes de montagne sont, en général, formées suivant une ligne brisée, composée alternativement de segments de l'une et de l'autre direction.

Mémoires présentés. — M. J. **Mazzarella** : Sur la constitution des fonctions de variables réelles. — M. A. **Bazin** : Sur la traversée du détroit du Pas-de-Calais en tunnel dans la mer et sur diverses questions de mécanique appliquée.

Séance du 29 février

1º Sciences mathématiques. — M. **Sophus Lie** : Sur les fondements de la géométrie; l'auteur s'attache à démontrer que M. Helmholtz a commis des fautes de raisonnement dans ses mémoires sur ce sujet. — M. F. **Tisserand** : Sur une équation différentielle relative au calcul des perturbations. — M. **Faye** présente, au nom de M. **Ch. Garnier**, une monographie de l'Observatoire de Nice.

2º Sciences physiques. — M. **Faye** communique divers renseignements sur la trombe qui a eu lieu le 9 juin dernier dans le département de Lot-et-Garonne; renseignements extraits d'une relation de M. L. **Philippe**. — M. H. **Pellat**, répondant à la dernière communication de M. **Gouy** sur la tension superficielle des métaux liquides, conclut que, puisque M. Gouy reconnaît que les amalgames à $\frac{1}{1000}$ ne se comportent pas comme les métaux eux-mêmes, ces expériences n'infirment pas les siennes, faites avec des amalgames riches. — M. **Hurmuzescu** a étudié la diffraction éloignée, en lumière parallèle, avec le dispositif dont s'est servi M. Gouy pour des expériences de ce genre ; le biseau de la lame servant d'écran était parfaitement dressé au moyen de précautions particulières. Il a vu que la bande lumineuse située dans l'ombre géométrique au delà du champ de la diffraction ordinaire est sillonnée de lignes noires extrêmement fines, parallèles au bord de l'écran. Avec des écrans conducteurs, la lumière de cette bande est partiellement polarisée, et la polarisation va en augmentant avec la déviation; avec des écrans diélectriques (ébonite), la polarisation est beaucoup plus faible. — M. N. **Piltschikoff** a observé avec le photo-polarimètre de M. Cornu la polarisation atmosphérique pendant la nuit; la proportion de lumière polarisée est fonction de la quantité de lumière envoyée par la Lune. — M. H. **Le Châtelier** a déterminé, par la méthode qu'il a précédemment exposée, les températures développées dans divers foyers industriels; les chiffres qu'il a obtenus sont beaucoup plus faibles que ceux qui étaient admis jusqu'ici. — En réponse aux notes de M. Colson, M. **Ph.-A. Guye** démontre 1º que les conceptions de M. Le Bel et de M. Van't Hoff ne sont pas contradictoires; on ne peut donc pas dire qu'il y a plusieurs stéréochimies ; 2º qu'on ne peut appliquer aux composés cycliques actifs (comme l'anhydride diacétyltartrique), les règles qu'il a données pour fixer la position du centre des schémas stéréochimiques; 3º que la dissociation des diacétyltartrates en milieu aqueux rend aisément compte de l'anomalie apparente que présentent les sels. — M. A. **Recoura** a reconnu que l'isomère vert du sulfate de sesquioxyde de chrome antérieurement décrit par lui (c. r., 28 décembre 1891) peut se combiner avec l'acide sulfurique; cet *acide chromosulfurique* ne précipite pas par le chlorure de baryum. Il a pu isoler cet acide et quelques-uns de ses sels. — M. D. **Gernez** a reconnu que la perséite, qui est à peine lévogyre donne avec l'acide molybdique des solutions aqueuses fortement dextrogyres ; il a réalisé sur ces solutions des expériences analogues à celles qu'il a publiées sur la mannite et la sorbite. — MM. A. **Haller** et A. **Held** : Nouvelles recherches sur les éthers acéto-acétiques monohalogénés et monocyanés. — M. A. **Berg** : Le dérivé chloré de la diamylamine, additionné molécule à molécule de soude en solution alcoolique, se transforme partiellement en une autre base qui se dédouble par les acides en valéral et amylamine; c'est l'*amylamyldénamine* : le cyanure de potassium réagissant sur le même dérivé chloré donne le *diamylcyananide*. — M. G. **Perrier** a préparé la *métaphémyltoluène* en chauffant longtemps dans un appareil à reflux un mélange à molécules égales de métabromotoluène et de bromure de phényle dissous dans l'éther anhydre et additionné d'un excès de sodium. — M. G. **Massol** a déterminé la chaleur de formation des carballylates mono, bi et tripotassiques. Ces déterminations permettent de constater que : 1º les quantités de chaleur dégagées par la combinaison successive de trois molécules de potasse avec une molécule d'acide carballylique décroissent progressivement; 2º la chaleur de combinaison moyenne est supérieure à celle des acides monobasiques. — M. de **Chardonnet** mesure la densité des textiles en cherchant la solution plus ou moins étendue de borotungstate de cadmium, dans laquelle les fibres, coupées en très fins tronçons, restent indéfiniment suspendues, après que tout l'air en a été chassé au moyen de plusieurs traitements par le vide prolongés ; la densité de la matière est alors égale à celle du liquide, qui est déterminée par la méthode du flacon. Les chiffres obtenus sont plus forts que ceux de M. L. Vignon. M. de Chardonnet pense que l'air n'avait pas été complètement chassé dans les expériences de M. Vignon. — M. **Zune** propose, pour découvrir de petites quantités d'huile de résine dans l'essence de térébenthine, d'examiner au réfractomètre les diverses portions obtenues dans la distillation de cette essence ; une variation notable de l'indice de la première à la dernière portion révèle la falsification.

3º Sciences naturelles. — MM. C. **Vincent** et **Delachanal** ont trouvé dans les fruits du laurier-cerise la mannite et la sorbite en proportions sensiblement égales. — M. A. B. **Griffiths** a précipité le sang de divers crustacés et celui de la sèche par le sulfate de magnésium ; redissous dans l'eau et reprécipité par l'alcool, le précipité a offert une composition sensiblement identique; l'auteur en donne la composition pour celle de l'hémocyanine ; le cuivre y est contenu dans la proportion de 0,33 pour 100. — Le même auteur a extrait des urines des malades atteints de rougeole une ptomaïne toxique en $C^3H^3Az^3O^4$, et des urines des coquelucheux une ptomaïne en $C^9H^{19}Az O^2$; cette dernière a été trouvée également dans les cultures du bacille d'Afanassieff. — M. P. **Pichard** : Nitrification comparée de l'humus et de la matière organique non altérée, et influence des proportions d'azote de l'humus sur la nitrification. — M. F. **Guyon** a étudié la marche de la pression dans un uretère ligaturé chez le chien; il a vu cette pression monter en une heure à 70 millimètres de mercure, rester quelque temps stationnaire, puis redescendre peu à peu; plusieurs jours après la ligature, il n'y a plus que quelques millimètres de pression. L'urine secrétée dans ces conditions est très appauvrie en principes fixes. Le rein opposé semble exercer jusqu'à un certain point une action vicariante. Un rétrécissement de l'uretère est plus propre qu'une obturation complète à produire une hydronéphrose volumineuse. — MM. G. **Gautier** et J. **Larat** décrivent divers dispositifs destinés à permettre l'utilisation médicale des courants alternatifs à haut potentiel, tels qu'ils sont fournis industriellement; ils ont aussi employé un transformateur à ozoniser l'air atmosphérique; il se produit toujours en abondance des produits nitreux qui rendent l'ozone toxique; aucun résultat thérapeutique n'a pu être obtenu par l'emploi de cet ozone. — MM. **Costantin** et **Dufour** ont trouvé sur les champignons de couche attaqués par la maladie appelée *Molle* un parasite présentant deux fructifications dont l'une le ferait ranger parmi les *Mycogones* et l'autre parmi les *Verticillium*. — M. E. **Mer** a étudié sur le Sapin et sur le Chêne la formation des deux zones des couches annuelles du bois, zones désignées sous les noms de bois de printemps et bois d'automne; il a reconnu que celui-ci se forme en réalité en été. Il a déterminé sous l'influence de quelles conditions chacune de ces zones prend les caractères qui lui sont propres. — M. A. **Tréoul** : De l'ordre d'apparition des vaisseaux dans les fleurs du *Taraxacum dens leonis*. — M. G. **Chauveaud** a recherché, chez le *Vincetoxicum* où la polyembryonie est de règle, comment s'opère la fécondation. Il a reconnu que souvent les graines de pollen contiennent trois noyaux au lieu de deux, un végétatif et deux générateurs; de plus, il a pu constater dans des portions de tube pollinique engagées dans le canal micropylaire jusqu'à quatre et cinq corps prenant vivement les colorations et qu'il considère comme autant de noyaux générateurs; mais il n'a pas pu suivre la formation de ces noyaux. — M. Ch. **Decagny**: De l'action du nucléole sur la turgescence de la cellule. — M. G. **Rolland** examine la région des eaux souterraines dans le haut Sahara de la province d'Alger, entre Laghouat et El Goléa, pour déterminer en quels points on pourrait tenter avec quelque chance de succès des forages artésiens. Les conditions sont généralement assez défavorables dans cette région. — M. E. **Rivière** annonce la découverte dans les cavernes des *Blazi-Rossi*, en Italie, de trois squelettes humains quaternaires, avec parures de coquillages et armes en silex.

Mémoires présentés : M. A. **Normand** : Des vibrations des navires et des moyens capables de les atténuer. — M. **Ivison** y O'**Neale** adresse une note relative à un procédé pour la conservation des vins et pour remplacer le plâtrage. — M. Ch. V. **Zenger** adresse une note sur les perturbations atmosphériques, magnétiques et sismiques du mois de février 1892.   L. **Lapicque**.

ACADÉMIE DE MÉDECINE
Séance du 9 février

MM. **Cornil** et **Chantemesse** : Sur le microbe de l'influenza. Les auteurs ayant inoculé, dans une veine apparente de l'oreille d'un lapin, quelques gouttes de sang d'une enfant atteinte d'influenza fébrile, trouvèrent quelques jours après dans le sang de ce lapin des microbes répondant à la description Babes-Pfeiffer; leur longueur est environ au 1/50 du diamètre d'un globule rouge de sang. Les auteurs ont inoculé le sang du lapin sur de la gélose sucrée, ce qui y a fait naître un étroit nuage contenant de très fins bacilles. Une culture a été inoculée à un second lapin qui a présenté dans le sang les mêmes bacilles. Le sang du lapin a été laissé 24 heures dans du bouillon sucré; en en versant quelques gouttes dans les fosses nasales d'un singe, l'animal a présenté le lendemain une élévation de température, une diarrhée très abondante, puis affaissement et accès fébrile durant quelques jours. Les auteurs n'ont pas encore réussi à obtenir les cultures en série. — M. **Guéniot** présente une malade guérie rapidement d'ostéomalacie à la suite d'un accouchement césarien. — M. G. **Colin** : Sur la fréquence relative des diverses espèces de tænia. L'auteur, présentant quelques observations au sujet de la communication faite précédemment par M. Béranger-Féraud, dit qu'il ne lui paraît pas prouvé que le *tænia solium* soit plus rare aujourd'hui qu'autrefois, ni que le tænia inerme ait pour unique point de départ la cysticercose ladrique des bêtes bovines. Le tænia inerme nous arriverait par la viande du veau et non par celle du bœuf. L'accroissement de proportion des cas de tænia inerme ne doit pas être rapporté à l'introduction du bétail exotique. M. **Béranger-Féraud** répond aux principales objections de M. Colin et maintient ses affirmations touchant l'augmentation de fréquence du tænia inerme en France depuis un demi-siècle. MM. **Leblanc** et **Nocard** combattent également quelques-unes des opinions de M. Colin.

SOCIÉTÉ DE BIOLOGIE
Séance du 20 février

A propos de la note présentée dans la séance précédente par M. **Finot** sur l'albuminurie transitoire, M. **Capitan** fait remarquer que ces recherches confirment purement et simplement les siennes propres et celles, de M. de Chateaubourg sur cette question. — M. Ch. **Richet** présente un chien atteint de cécité psychique à la suite de lésions expérimentales dans la région du pli courbe sur l'un et l'autre hémisphère; il fait l'analyse physiologique des troubles présentés par ce chien et de leur mécanisme. — M. **Moynier de Villepoix** a recherché si le test des mollusques pouvait se former par une simple réaction chimique dans le mucus exhalé par le manteau; des expériences faites sur une dissolution de bicarbonate de chaux dans de l'eau albumineuse sont favorables à cette manière de voir, car il s'y produit des *Calcosphérites* analogues à celles du test. — M. I. **Strauss** a reconnu que, contrairement à l'opinion admise, l'inoculation du *Bacillus Anthracis* sur la cornée du lapin peut produire l'infection, mais il faut avoir soin de faire réellement pénétrer le virus dans l'épaisseur du tissu serré de la cornée. — M. N. **Gamaleïa** a fait réagir divers ferments solubles sur le poison diphtéritique, dans le but de s'éclairer sur la nature chimique de ce poison. La pepsine et la trypsine détruisent dans les cultures filtrées la toxicité caractéristique, mais laissent subsister la propriété de produire la cachexie chez les sujets inoculés, comme dans les cultures chauffées à 60°; les choses se passent donc comme si le poison était une nucléo-albumine, la nucléine, résistant aux actions diastasiques, étant le poison qui produit la cachexie. — M. A. **Giard** décrit une Laboulbéniacée de grande taille (*Thaxteria Kunkeli*, n. g., n. sp.), parasite du *Mormodyce phyllodes*. — M. **Fabre-Domergue** a repris l'étude la cytodiérèse dans les cancers épithéliaux; le seul caractère qui distingue la prolifération cellulaire des tumeurs de celle d'un épithélium normal, c'est la désorientation du plan de segmentation; cette désorientation explique les caractères histologiques des tumeurs. — M. **Gréhant** présente un support destiné à immobiliser le bras et à annihiler l'action des muscles autres que le biceps dans les expériences faites avec son myographe dynamométrique. Il expose quelques-uns des résultats auxquels sont arrivés MM. **Peyrou** et **Turohini** en étudiant avec cet appareil la force musculaire d'un grand nombre de jeunes gens. — M. **Gréhant** : Loi de l'absorption de l'oxyde de carbone par le sang d'un mammifère vivant (Voir C. R., 8 février). — MM. **Abélous** et P. **Langlois** ont obtenu sur le cobaye, par la destruction des deux capsules surrénales, des accidents analogues à ceux observés par eux dans les mêmes conditions sur la grenouille. L'action curarisante du poison qui s'accumule dans le sang du cobaye après l'extirpation de ces organes peut être mise en évidence, soit sur le sujet lui-même, par l'exploration simultanée de l'excitabilité du nerf moteur et du muscle, soit par injection à la grenouille du sang de l'animal acapsulé. — M. H. **Binet** décrit la structure d'un ganglion nerveux abdominal de Mélolonthien; cette structure est notablement plus simple que celle d'un ganglion thoracique.

Séance du 27 février

M. A. **Laveran** signale le fait suivant pour le rapprocher de l'otocariase produisant l'épilepsie chez le chien; un lapin est mort paraplégique dans son laboratoire; on n'a pas trouvé d'autre cause pathologique que des acariens nombreux dans les oreilles. — M. C. **Chabrié** a déterminé la nature des cristaux qui se forment dans les cultures sur agar de la bactérie urinaire, appelée par M. Bouchard *Urobacillus septicus non liquefaciens*; c'est du phosphate ammoniaco-magnésien; les cultures du même microbe sur gélatine dégagent de petites quantités d'un gaz qui est de l'azote. — M. A. **Prenant** a étudié dans les cellules séminales du Scolopendre et de la Lithobie l'élément chromatique désigné par Flemming chez les Vertébrés sous le nom de *corps intermédiaire* et considéré par cet histologiste comme une représentation rudimentaire de la plaque cellulaire des végétaux. Les observations de M. Prenant le conduisent à admettre que ce corps est bien rudimentaire à l'état où on l'aperçoit le plus souvent, mais que cet état n'est qu'une phase de son évolution. — M. Remy Saint-Loup, en étudiant l'organe copulateur mâle chez *Testudo radiata*, *Varanus arenarius* et *Triton cristatus*, a observé une série de dispositions anatomiques intermédiaires à celles des Plagiotrèmes, d'une part, des Crocodiliens, de l'autre, qui étaient considérées comme établissant une différenciation nette entre les deux groupes. — Dans deux cas d'éclampsie puerpérale, MM. Tarnier et Chambrelent ont examiné la toxicité du sérum sanguin des malades, en l'injectant dans les veines des lapins : ce sérum s'est montré mortellement toxique et convulsivant à la dose de 3 à 4 cc. par kilogramme ; la toxicité urinaire des malades était en même temps très diminuée. — M. A. Besson a étudié expérimentalement l'action des excitations cutanées sur la circulation, tant générale que locale, dans le but d'éclaircir le mode d'action des révulsifs. Sur le chien, une excitation cutanée forte donne une légère élévation de pression passagère suivie d'un abaissement durable; une révulsion faible produit une élévation de pression. La théorie du balancement entre la circulation cutanée d'une région et la circulation des viscères sous-jacents n'est pas vérifiée par l'expérience. L'action sur la nutrition, étudiée par les variations de l'acide carbonique exhalé, des gaz du sang et du sucre du sang, se traduit par une augmentation des combustions.

L. Lapicque.

SOCIÉTÉ FRANÇAISE DE PHYSIQUE

La séance du 19 février a été consacrée aux expériences de M. Tesla, que la *Revue* décrira prochainement.

Séance du 4 mars

Les couples thermo-électriques de M. Le Châtelier fournissent un moyen simple et précis pour mesurer les températures élevées. L'industrie métallurgique, dont les progrès sont dus à une perfection de plus en plus grande apportée aux diverses opérations, a songé à utiliser ces couples, en particulier pour les opérations relatives à la trempe des canons et des blindages. Mais le platine s'altère très rapidement et, d'autre part, les galvanomètres sont des appareils trop délicats pour être mis entre les mains des ouvriers. Aussi M. Le Châtelier a-t-il cherché à réaliser un pyromètre véritablement industriel. La méthode optique est la seule pratique. Elle consiste, soit à comparer les variations d'intensités relatives des radiations inégalement réfrangibles, soit à mesurer les intensités absolues d'une longueur d'onde déterminée. Cette dernière méthode est beaucoup plus sensible que la précédente : entre 1045° et 1775°, l'intensité varie de 1 à 1000. Antérieurement, Pouillet, Ed. Becquerel, M. Violle, avaient signalé la possibilité de son emploi, mais elle n'avait encore jusqu'ici jamais pu être mise en pratique, car, avant les couples thermoélectriques de l'auteur, on n'avait pas de procédé précis pour mesurer les hautes températures, et il était dès lors impossible de faire aucune graduation. D'autre part, il se présente une autre difficulté. On sait en effet que, contrairement à ce qui a été admis pendant longtemps, l'intensité des radiations émises par un corps incandescent ne dépend pas uniquement de sa température : elle est encore fonction de sa nature chimique, de l'état physique de sa surface, et enfin de l'écart entre la température du corps et celle de l'enceinte. Fort heureusement, le problème se simplifie dans les conditions particulières réalisées le plus souvent dans l'industrie. Le corps incandescent se trouvant dans un four à réverbère est à la même température que l'enceinte; de plus, ce corps est presque toujours le charbon ou l'oxyde de fer magnétique, corps qui, tous deux, ont un pouvoir diffusant nul, c'est-à-dire qui ne renvoient aucune partie de la lumière qu'ils reçoivent des parois du four. Dans ces conditions, l'éclat dépend exclusivement de la température propre du corps. Pour les corps dont le pouvoir diffusant n'est pas nul, il faut une graduation spéciale, valable seulement lorsqu'on se place dans les mêmes conditions que celles pour lesquelles on a opéré. M. Le Châtelier a étudié à ce point de vue le palladium, le platine mat, le platine recouvert de kaolin et la magnésie. Dans la mesure photométrique destinée à comparer l'intensité d'une radiation monochromatique fournie par le corps incandescent avec celle de la même radiation émise par la lampe étalon (lampe à essence de pétrole), la radiation choisie est celle que laissent passer les verres rouges employés en photographie. Quant au photomètre lui-même, il doit permettre des mesures très rapides, afin de pouvoir étudier la coulée du métal qui sort d'un haut fourneau ou d'un bessemer, par exemple; les spectrophotomètres sont dès lors inutilisables. M. Le Châtelier a fait choix du photomètre de M. Cornu. Les verres absorbants que l'on interpose en nombre variable sur le trajet du faisceau le plus intense, afin d'en rendre l'intensité comparable avec celle de la source étalon, ont nécessité des recherches spéciales : après de nombreux essais, M. Appert a pu fournir à M. Le Châtelier des verres fumés d'une composition nouvelle et n'altérant nullement la nuance du faisceau lumineux qui les traverse. — M. R. Colson a étudié la propagation de l'onde électrique dans les corps médiocrement conducteurs, tels qu'une ficelle mouillée, imbibée de divers liquides. Il a choisi de pareils corps afin d'avoir une vitesse de propagation électrique assez faible pour que les λ soient d'un ordre de grandeur facilement mesurable, tout en employant des nombres de vibrations assez petits. Ces vibrations, fournies par une petite bobine de Ruhmkorff, ont été d'environ 130 à la seconde. La ficelle mouillée est tendue horizontalement et accrochée à l'une des bornes du circuit secondaire, l'autre étant en relation avec une capacité convenable. L'appareil explorateur est un téléphone. On s'en sert de deux façons : 1° l'un des fils est posé en divers points de la ficelle, tandis que l'autre pend à l'air libre ; 2° on laisse pendre librement les deux fils du téléphone et on l'approche plus ou moins du corps médiocrement conducteur, de manière à déterminer la distance pour laquelle le téléphone commence à être influencé. Un dispositif spécial permet de fixer avec précision le point de la ficelle pour lequel on fait la détermination. On trouve ainsi, pour des ficelles assez longues, que le flux varie, de long du téléphone présentant des chutes situées à des distances inégales et croissantes à partir de l'origine. L'auteur montre que cette inégalité peut s'expliquer en admettant que les deux flux, direct et inverse, de la bobine se propagent dans le même sens avec des vitesses inégales, le flux direct au potentiel plus élevé, cheminant plus vite que l'autre. Il trouve une confirmation de cette hypothèse dans la modification apportée par un affaiblissement du flux inverse. Il opère enfin sur des fils courts en repliant le fil sur lui-même, et il met en évidence des longueurs d'onde déterminées pour un même fil, mais variables avec les nombres de brins du fil.

Edgard Haudié.

SOCIÉTÉ CHIMIQUE DE PARIS

Séance du 12 février

MM. G. Rousseau et G. Tite ont obtenu en chauffant en tubes scellés un mélange d'une molécule de nitrate d'argent et une à deux molécules d'eau, en présence de fragments de marbre, à des températures variant de 180 à 200° des cristaux d'un rouge rubis, dont la composition répond à la formule : $3 (2Ag^2O . SiO^2) 2AgAzO^3$. Ils ont réussi à reproduire la même substance en chauffant l'azotate d'argent sec et la silice desséchée à 100°, pendant plusieurs heures à des températures comprises entre 350 et 440°. Les auteurs considèrent ce composé comme le sel argentique d'un acide azoté silicique $7Ag^2O . 3SiO^2, Az^2O^3$; chauffés au rouge sombre, les cristaux se dédoublent d'après l'équation : $7Ag^2O. 3SiO^2 . Az^2O^3 = 3Ag^2OSiO^2 + 4Ag + 2Az^2O^3 + O$; il y a formation du silicate acide d'argent Ag^2O,SiO^2. Par double échange avec l'iodure de potassium on obtient l'azotosilicate de potassium. — M. Causse a étudié les solubilités du phosphate tricalcique et du phosphate acide de calcium dans l'acide phosphorique; il trouve que le premier de ces deux sels est beaucoup moins soluble que le second. — M. M. Hanriot propose d'utiliser pour la séparation du fer et de l'alumine la grande solubilité du chlorure ferrique dans l'éther. Les deux métaux préalablement séparés des éléments sont amenés en solution aqueuse à l'état de chlorures, et la solution est ensuite épuisée à l'éther. — A. Combes.

SOCIÉTÉ MATHÉMATIQUE DE FRANCE

Séance du 2 mars

M. **Félix Lucas** fait les deux communications suivantes : 1° il démontre que si la loi d'un mode de fonctionnement d'une machine dynamo peut s'exprimer au moyen d'une équation algébrique concrète à trois termes entre deux variables, on peut toujours, en remplaçant les variables concrètes par des variables abstraites qui leur sont proportionnelles, transformer cette équation concrète en une équation purement numérique absolument indépendante des éléments concrets de la machine considérée; 2° il complète le théorème qu'il a énoncé dans la séance précédente par la remarque suivante : La direction principale d'inertie d'un système plan de n points, que l'on obtient en traçant la droite de jonction des deux points centraux d'ordre ($n - 2$) est toujours celle du grand axe de l'ellipse d'inertie. — M. **Laisant** signale l'intérêt que présenterait l'extension des considérations précédentes à l'espace à trois dimensions. — M. **Raffy** expose une nouvelle solution du problème qu'il a antérieurement traité et qui consiste à trouver l'élément linéaire des surfaces spirales à lignes d'égale courbure parallèles. — M. d'Ocagne.

SOCIÉTÉ ROYALE DE LONDRES

Séance du 11 février.

1° Sciences mathématiques. — M. J. Norman Lockyer présente une note sur l'étoile nouvelle d'Auriga. Le dimanche 7 février, on a obtenu deux photographies de plus du spectre de la nouvelle étoile à l'Observatoire d'astronomie physique de Londres; et le lendemain M. Lockyer a envoyé une courte note à la Société royale pour annoncer que les raies brillantes situées en K, H, h et G sont accompagnées par des raies sombres de leur côté le plus réfrangible; on a déterminé sur les photographies sept raies brillantes qu'il faut ajouter aux treize raies précédemment observées, ce qui fait vingt en tout. Les longueurs d'ondes de ces nouvelles raies sont 4202, 4291, 4383, 4412, 4434, 4469, 4860 (F). La raie C est toujours très brillante et il y a dans le vert quatre raies très visibles. Quant aux raies brillantes et sombres il faut remarquer qu'un phénomène analogue a été rapporté par le professeur Pickering pour l'étoile β de la Lyre. Dans le spectre de cette étoile les raies brillantes sont alternativement plus ou moins réfrangibles que les raies sombres, avec une période qui correspond probablement à la période connue de variation de la lumière de l'étoile. Dans le cas de la *Nova Aurigæ* les raies sombres, plus réfrangibles que les raies brillantes, apparaissent seules. La vitesse relative indiquée par le déplacement est d'environ 500 milles par seconde. D'après l'hypothèse météorique de M. Lockyer, la nouvelle étoile a été produite par le choc de deux essaims de météores. Le spectre de *Nova Aurigæ* amè-

nerait à penser dans cette hypothèse qu'un essaim modérément dense se meut maintenant vers la terre avec une grande rapidité et se heurte à un essaim plus rare qui s'en éloigne. Les grandes agitations qui se produisent dans l'essaim dense causeraient alors les raies sombres du spectre, tandis que les raies brillantes seraient dues à l'essaim plus rare.

2° Sciences naturelles. — MM. C. S. Roy et J. G. Adams : Physiologie et pathologie du cœur chez les mammifères. En raison du très grand nombre d'observations faites par les auteurs et qui seront publiées en un mémoire plus étendu, il est impossible de donner de leur travail un résumé qui permette de le juger équitablement. On peut dire seulement qu'ils ont cherché à étudier le fonctionnement du cœur des mammifères dans des conditions aussi voisines des conditions normales que le permettait l'emploi des méthodes exactes de recherches. Pour apprécier toute la valeur de leur travail, il faut étudier en détail les résultats qu'ils ont obtenus. — M. **Vaughan Harley** : Sur le rôle joué par le sucre dans l'économie animale. L'auteur présente une note préliminaire sur l'action du sang sur le sucre; quand on a ajouté du sucre au sang on ne peut retrouver qu'une certaine quantité de ce sucre. M. Harley a fait un grand nombre d'analyses pour éclairer ce point et pour essayer de découvrir pourquoi on ne pouvait retrouver la totalité du sucre. Les résultats obtenus semblent indiquer que la quantité de sucre perdue n'est pas proportionnelle à la quantité présente dans le sang et quelle est nettement en relation avec l'action des albumines pendant la coagulation du sang. La proportion de sucre retrouvée par Röhmann et Seegen oscille entre 80 et 96 %, tandis que Schenk a réussi à retrouver de 20 à 38 % de la matière sucrée que l'on savait exister dans le sang. M. Harley a constaté une perte de sucre moins considérable qu'aucun de ces observateurs. Ses observations montrent que quelque agent destructeur du sucre doit exister dans le sang lui-même.   Richard A. Gregory.

SOCIÉTÉ DE PHYSIQUE DE LONDRES

Séance du 12 février

M. S. P. **Thompson** communique une note « sur les couleurs supplémentaires » et montre des expériences sur ce sujet. De même que la lumière blanche peut être partagée par paires de « couleurs complémentaires, » de même une lumière colorée, non monochromatique, peut être divisée en paires de nuances, que l'auteur, pour donner un nom mieux choisi, a appelées « couleurs supplémentaires ». Pour produire de telles couleurs, on emploie deux procédés. Le premier consiste à former un spectre de la lumière colorée par un spectroscope à vision directe et à recombiner sur un écran. En interposant un prisme étroit entre le spectroscope et l'écran, une portion du spectre était séparée du reste, et l'on obtenait ainsi des systèmes variés de deux couleurs supplémentaires. Dans l'autre méthode, de la lumière polarisée, une lame de quartz et un analyseur biréfringent sont employés pour former deux faisceaux de couleurs complémentaires. En interposant un milieu coloré les faisceaux deviennent supplémentaires, et leur teinte varie quand on tourne l'analyseur. La particularité principale des couleurs supplémentaires est la grande variété de teintes qu'on peut obtenir avec un milieu unique : le permanganate de potasse en solution diluée est remarquable à ce point de vue. L'auteur a aussi observé que l'œil n'était pas très sensible aux rayons de couleur orangé. En expérimentant par la seconde méthode, il a observé avec une lumière composée : un des faisceaux supplémentaires pouvait avoir une teinte grise, et l'autre une couleur spectrale à peu près pure. Il a ainsi vérifié d'une façon inattendue la loi d'Abney que toute couleur peut être produite en diluant une teinte du spectre dans de la lumière blanche. Le capitaine Abney dit qu'il est très intéressant de voir la couleur grise et les couleurs supplémentaires montrées par l'auteur. M. Festing et lui ont expérimenté sur les phénomènes de coloration par des méthodes entièrement différentes de celles du professeur Thompson, car ils ont assorti des couleurs en ajoutant de la lumière blanche à des teintes du spectre pur, jusqu'à ce que la couleur fût pareille à une couleur donnée et dont la pureté était grande.

SOCIÉTÉ DE CHIMIE DE LONDRES

Séance du 4 février

M. **William Ramsay** : Le mouvement brownien et les solutions colloïdales. L'auteur arrive à conclure que la solution doit être considérée comme une désagrégation et un mélange dû aux attractions entre le solvant et la substance dissoute, et en outre au mouvement brownien ; que, de plus, il existe une transition continue entre les particules solides en suspension dans un liquide et la matière dissoute. — M. **W. W. Hartley** : L'action acide des papiers à dessin de différentes provenances. — MM. **G. Stokes** et **Henry Armstrong** : Les réactions produites dans les flammes. Discussion des résultats obtenus par MM. Smithells, Ingle et Lewes. (Voir les comptes rendus des séances précédentes.) — M. **S. Skinner** : Propriétés des solutions alcooliques de divers chlorures. — M. **G. Kuhemann** : Les acides α bromocinnamiques isomériques.

SOCIÉTÉ ROYALE D'ÉDIMBOURG

Séance du 1er février

1° SCIENCES MATHÉMATIQUES. — M. **Brodie** : Note sur l'équilibre et la pression des voûtes, avec une méthode pratique de déterminer leur forme vraie. La méthode repose sur l'emploi d'une construction géométrique très simple et facile à appliquer.

2° SCIENCES PHYSIQUES. — M. **Tait** lit une note sur les isothermiques des mélanges gazeux. Il s'appuie sur les expériences d'Andrews sur la compression d'un mélange de deux gaz. Les résultats sont étudiés au point de vue d'une explication possible de ce fait que l'isothermique critique de l'acide carbonique est rectiligne, au voisinage du point critique (d'après les récentes expériences d'Amagat), par la présence d'une petite quantité d'air. W. PEDDIE.

ACADÉMIE DES SCIENCES D'AMSTERDAM

Séance du 27 février

1° SCIENCES PHYSIQUES. — M. **J.-D. van der Waals** s'occupe d'une application de la loi des phases correspondantes aux dissolutions dans les cas où « la température critique de mixtion complète » est plus basse que les températures critiques du milieu dissolvant et de la matière dissoute. Expérimentalement, M. Natanson a trouvé que le rapport des volumes extérieurs des deux liquides coexistant à une température qui est une fraction donnée de la température critique, est égal au rapport des volumes d'une matière simple à l'état de vapeur et de liquide à la température qui forme la même fraction de la température critique. Dans cet énoncé, l'expression « volume extérieur » signifie le volume du mélange qui contient l'unité de poids de l'un des deux liquides. L'auteur a cherché à vérifier ce théorème de M. Natanson par sa théorie des actions moléculaires. A l'aide de quelques hypothèses simplifiantes, il trouve que la marche du potentiel thermodynamique est donnée par l'expression

$$MRT \log_e \frac{W - V_2}{W - V_2 + V_1} + \frac{V_1 V_2^2}{W^3}\left(\frac{a_1}{V_1^2} + \frac{a_2}{V_2^2} - \frac{2a_{1,2}}{V_1 V_2}\right)$$

où V_1, V_1, W représentent le volume de l'unité moléculaire du milieu dissolvant, de la matière dissoute et du mélange. Si l'on fait figurer W comme abscisse et l'expression donnée — prise avec le signe contraire — comme ordonnée, on obtient une courbe qui rappelle

la marche de la pression en fonction du volume pour une matière simple. Pour des valeurs T de la température, inférieures à une température critique T_c, on trouve une valeur maximum et une valeur minimum. La limite de l'expression

$$\frac{1}{V_1} \log_e \left(1 - \frac{V_1}{W - V_2 + V_1}\right)$$

pour $V_1 = 0$ étant égale à $\frac{1}{W - V_2}$, la marche de la courbe en question correspond d'autant plus à celle de la courbe qui représente la pression que V_1 est plus petit par rapport à V_2. Pour des liquides coexistants, le potentiel thermodynamique doit avoir la même valeur ; comme pour une matière simple, la pression est la même pour deux phases coexistantes de liquide et de vapeur. La droite qui joint les points de la courbe de pression qui correspondent à ces deux phases, coupe la courbe, de telle sorte que le principe des aires égales est de rigueur. Ce même principe s'applique à la courbe du potentiel, ce qu'on montre à l'aide de la condition de l'égalité du potentiel pour les phases coexistantes. Ainsi, par rapport à une matière dissoute, on est conduit à parler d'une phase de liquide et d'une phase de vapeur, en indiquant par la première le cas d'une solution très forte, et par la seconde le cas d'une solution très faible. Et, dans cet ordre d'idées, les lois qui régissent une matière simple s'appliquent de même aux solutions et avec une approximation d'autant plus grande que V_2 est grand par rapport à V_1. Pour trouver les valeurs critiques W_c et T_c de W et T_c, on n'a qu'à suivre le procédé usuel par rapport à une matière simple, après avoir remplacé la courbe de pression par la courbe du potentiel. En annulant le premier et le second quotient différentiel par rapport à W, on trouve les deux équations

$$\frac{MRT_c}{(W_c - V_2)(W_c - V_2 + V_1)} = \frac{2V_2^2}{W_c^3}\left(\frac{a_1}{V_1^2} + \frac{a_2}{V_2^2} - \frac{2a_{1,2}}{V_1 V_2}\right)\ldots\alpha),$$

$$\frac{MRT_c (2W_c - 2V_2 + V_1)}{(W_c - V_2)^2(W_c - V_2 + V_1)^2} = \frac{6V_2^2}{W_c^4}\left(\frac{a_1}{V_1^2} + \frac{a_2}{V_2^2} - \frac{2a_{1,2}}{V_1 V_2}\right)\ldots\beta).$$

l'élimination de T_c donne alors :

$$\frac{2W_c - 2V_2 + V_1}{(W_c - V_2)(W_c - V_2 + V_1)} = \frac{3}{W_c}$$

On trouve donc $W_c = 3 V_2$ si V_1 est négligeable et $2W_c = 3(2V_2 - V_1)$ si V_1 est très petit. La substitution de cette valeur en α ou β donne T_c. Même si V_1 est négligeable, T_c dépend non seulement des propriétés de la matière dissoute, qui entrent dans V_2 et a_2, mais aussi des propriétés du milieu dissolvant, indiquées par $\frac{a_1}{V_2^2}$ et de l'attraction mutuelle indiquée par $a_{1,2}$.

Comme l'on peut échanger entre eux le milieu dissolvant et la matière dissolvante, les lois indiquées s'appliquent aux deux matières à la fois. Mais il va sans dire que l'écart pour l'une des deux matières sera d'autant plus grand que celui pour l'autre sera plus petit. — M. **J.-M. van Bemmelen** traite de la différence entre les oxydes dans l'état colloïdal et amorphe; il traite aussi des hydrates cristallins, spécialement quant à leurs tensions de vapeur en rapport avec leurs compositions et à propos de l'hydrate d'oxyde de fer. Il démontre que l'hydrate soi-disant cristallin et de composition définie (Fe^2O^3, $3H^2O$) de M. Wittstein, obtenu par exposition du colloïde à une basse température, est amorphe et de composition indéfinie, que celui de M. Roussin, obtenu par l'action de la potasse sur un nitroprussiate par l'action d'un nitrosulfure de fer est également amorphe, — que l'hydrate cristallin du M. Rousseau, obtenu par l'action de la potasse ou de carbonate de potasse sur l'oxyde amorphe à environ deux molécules d'eau, est pseudo-cristallin et de composition indéfinie. Ce dernier corps est le produit amorphe de l'action de l'eau sur le ferrite de potasse, dont il a conservé la forme cristalline extérieure; intérieurement, il est décidément amorphe. Le véritable hydrate cristallin a été trouvé dans les dépôts des marmites en fer servant à la préparation des alcalis caustiques. — M. A.-P.-N. Franchimont montre une variété solide de l'éthylaldoxime, décrite par M. Victor Meyer comme un liquide, elle fond à 48°. Il présume que ces deux substances sont des stéréo-isomères et qu'elles sont représentées par

$$CH^3 — C — H \quad et \quad H — C — CH^3$$
$$Az — OH \qquad\qquad Az — OH$$

2° SCIENCES NATURELLES. — M. C.-K. Hoffmann s'occupe du développement de l'aorte et du cœur dans l'embryon de l'*Acanthias vulgaris*. — M. J.-W. Moll traite de la division du noyau des *Spirogyra*. A l'aide du microtome, il a pu retracer les stades principaux de l'évolution découverts par MM. Flemming, Strasburger, Tangl, Meunier, etc. Il complète leurs observations sur les segments chromatiques, l'hétéropolie et le boyau connectif. Le nucléole, d'abord sphérique, devient pyriforme, et le point aigu se termine en un fil très long à plusieurs détours, qui occupe le plasma entier du noyau. Un peu plus tard, le nucléole pyriforme est disparu et le fil s'est décomposé en douze parties distinctes, finalement situées les unes auprès des autres, dans un même plan. Ensuite, chacun de ces douze segments se fend dans la direction de ce plan. Par des mouvements opposés, suivant la direction normale à ce plan, les deux parties constituantes de chaque segment chromatique se rendent aux deux noyaux-filles. A chaque instant, une coupe transversale montre que les douze segments situés à l'un des deux côtés du plan se rendent au même noyau-fille; l'hétéropolie est donc évidente. Au moment où chaque groupe de douze segments s'est réuni en un noyau-fille, on trouve un nombre varié de petites vacuoles entre les deux noyaux. Une de ces vacuoles prend le dessus sur toutes les autres. Enfin, entre les deux noyaux nouveaux, il n'y a qu'une vacuole, le boyau connectif. — Rapport de MM. C.-A. Pekelharing et Th. W. Engelmann sur le mémoire de M. H.-J. Hamburger intitulé : « Sur l'influence des acides et des alcalis sur le sang défibriné ». L'auteur démontre que l'acide carbonique, l'acide hydrochlorique et l'acide sulfurique changent les globules rouges du sang, de manière qu'ils cèdent facilement leur couleur à des solutions de sel. Les alcalis ont une influence contraire. Sous l'influence des acides, les globules du sang soustraient au sérum des chlorides et des phosphates. Les alcalis exercent une influence opposée. L'échange de substances entre globules et sérum se fait suivant des proportions isotoniques. Les alcalis diminuent l'action nuisible de certains sels, de la bile et du chlorammonium sur les globules rouges du sang. SCHOUTE,

Membre de l'Académie.

ACADÉMIE ROYALE DES LINCEI

Séances de janvier 1892

1° SCIENCES MATHÉMATIQUES. — M. Capelli : Une démonstration du théorème du développement par polaires des formes algébriques à plusieurs séries de variables. — 2° SCIENCES PHYSIQUES. — M. Ascoli : Elasticité et résistance électrique du cuivre; relation entre les variations de ces deux propriétés. On portait le cuivre à des températures différentes jusqu'à 230° environ. A partir du recuit, le module d'élasticité de torsion s'accroît, tandis que la résistance électrique diminue jusqu'à un minimum, pour se relever ensuite; à des températures plus élevées encore, l'élasticité arriverait probablement à un maximum, comme M. Ascoli eut à le vérifier pour l'argent. Les phénomènes observés confirment les résultats déjà obtenus avec l'argent, le platine, le fer; l'influence de l'élasticité de seconde espèce semble modifier la résistance électrique en sens opposé à celle produite par l'élasticité de première espèce. — M. Andreocci décrit ses recherches sur le pirrodiazol.

3° SCIENCES NATURELLES. — MM. Grassi et Sandias : Sur les mœurs des Termites (*Calotermes flavicollis* et *Termes lucifugus*). M. Grassi donne des détails sur l'essaimage, sur l'accouplement des insectes et sur la manière de fonder de nouvelles colonies. M. Grassi est de cette opinion que les Termites peuvent communiquer entre eux au moyen de soubresauts et de bruits que les insectes produisent en frottant la tête contre la collerette. L'auteur parle en outre de la nourriture des insectes, et des modifications qu'elle subit pour obtenir les ouvrières et les soldats; il ajoute que la sécrétion salivaire que les larves et les nymphes donnent aux petits, jouit de la propriété de faire disparaître les protozoaires qui vivent en parasites sur les Termites et dont M. Grassi donne une description détaillée. — M. Tolomei a exécuté plusieurs expériences pour établir si l'action bactéricide du courant, lorsqu'on fait agir ce dernier sur le vin, est due au courant même ou à la production de l'oxygène naissant qui se forme par électrolyse de l'eau, et à celle de l'ozone. Il a soumis des cultures pures de bactéries qui produisent l'aigrissement du vin à l'action d'un courant continu, à celle d'un courant alternatif et à celle de l'ozone. M. Tolomei est arrivé aux conclusions suivantes. L'action antiseptique du courant continu doit être attribuée à la production, au pôle positif, de l'oxygène naissant et de l'ozone; le courant alternatif peut détruire les mêmes microbes, mais seulement après un très long passage du courant dans le liquide; l'ozone, enfin, tue rapidement les microbes et il fournit le moyen le plus sûr pour modifier les vins qui ont éprouvé quelque altération. M. Tolomei pense que, en raison de l'analogie qui existe entre les divers microorganismes qui produisent les maladies du vin, les résultats précédents seront confirmés pour tous les microbes. — M. Mingazzini a étudié l'oolise dans la *Seps chalcides*. Il a reconnu que dans ce reptile placentaire se produit en tout temps dans l'ovaire une grande destruction d'œufs par un processus physiologique particulier. Celui-ci consiste principalement dans l'absorption directe par le follicule du vitellus liquéfié. Cette destruction donne origine à la formation d'un amas de connectif, au pôle positif, de l'oxygène folliculaires renfermées dans une poche lenticulaire de connectif. Pendant la destruction du vitellus, il se forme de la lutéine. Cette dégénérescence peut se produire dans les œufs de grosseur quelconque. De même que les spermatozoïdes dégénèrent lorsqu'ils restent longtemps dans les canaux spermatiques, ainsi les œufs qui n'ont pas été fécondés à temps sont absorbés par l'organisme, comme par une autophagie de ses éléments. Les embrions qui se développent dans l'oviducte peuvent dégénérer; et alors ils sont absorbés par les parois de l'oviducte même. — M. Re a trouvé en grande quantité des sphérites spéciaux dans certaines parties de l'*Agave mexicana* (Lamk). Ces parties sont les bractées, les pédoncules fructifères, les fruits développés mais non encore mûrs, le périgone et l'ovaire. Les sphérites ressemblent à de petites gouttes, très réfringentes qui, de couleur jaunâtre d'abord, deviennent ensuite jaune foncé; ils sont solubles dans l'eau froide, mieux encore dans les acides dilués. Traités par l'acide sulfurique ils disparaissent, et à leur place restent de beaux cristaux de gypse. On peut déduire des réactions exécutées par M. Re que ces sphérites sont formés par une combinaison de la chaux avec un acide du phosphore, et par une substance organique. Les plantes qui présentent des sphérites sont peu nombreuses, et dans aucune d'elles on n'en trouv une aussi grande quantité que dans l'*Agave mexicana* M. Re se propose de déterminer le lieu d'origine, la dis tribution et la composition chimique des sphérites dan la familles des agaves) dans le tissu des plantes et à diffé rentes époques de leur développement. ERNESTO MANCINI

Le Directeur-Gérant : LOUIS OLIVIER

3ᵉ ANNÉE ·   N° 6   30 MARS 1892

REVUE GÉNÉRALE

DES SCIENCES

PURES ET APPLIQUÉES

DIRECTEUR : LOUIS OLIVIER

LES ANCIENNES ET LA NOUVELLE MESURES

DE LA MÉRIDIENNE DE FRANCE

Les premières recherches connues sur la figure et les dimensions de la Terre remontent à l'antiquité grecque. On trouve, développées dans Aristote, diverses preuves de la rondeur de la Terre, tirées de la forme courbe de l'ombre portée par elle sur la Lune pendant les éclipses de cet astre, et de la variation de la hauteur méridienne des étoiles fixes, quand on se déplace à la surface du globe en marchant vers le midi ou vers le nord.

Une fois la forme sphérique admise et la Terre supposée, suivant la croyance des anciens, isolée et immobile dans l'espace, il devait venir à l'idée d'un géomètre d'en déterminer le rayon. Il suffisait, pour cela, de connaître la longueur et l'amplitude angulaire d'un arc de méridien. Deux lieux étant choisis sur le même méridien, l'observation, faite le même jour, dans deux stations, de la hauteur méridienne du Soleil à l'aide du gnomon, donnait l'amplitude ; la distance des deux lieux, ou la longueur de l'arc, était évaluée aussi exactement que possible d'après les dires des voyageurs ou l'estime des navigateurs. Un simple calcul de géométrie donnait alors la longueur du degré, celle de la circonférence entière et par conséquent le rayon terrestre. C'est la méthode suivie par Archimède, par Eratosthènes, par Posidonius et par Ptolémée. C'est ainsi qu'opérèrent au IXᵉ siècle de notre ère les astronomes arabes qui mesurèrent la longueur du degré, par les ordres du calife Almamoun, dans la plaine de Singar en Mésopotamie.

Le succès ne répondit pas à ces premières tenta-

tives. Par suite de l'imperfection, tant des instruments employés que des procédés de mesure, la discordance des divers résultats obtenus par les géomètres grecs est énorme. Aristote évalue en effet la circonférence du globe terrestre à 400.000 stades, tandis qu'Eratosthènes la fixe à 250.000, et Posidonius à 180.000 stades. Encore faut-il ajouter qu'ils ne sont pas d'accord sur la longueur du stade.

Mais, si leurs chiffres sont erronés, la méthode qu'ils ont proposée subsiste tout entière, et c'est encore aujourd'hui à la mesure de la longueur d'arcs soit de méridiens, soit de parallèles, combinée avec la détermination précise de leur amplitude astronomique, que la géodésie moderne demande la solution de tous les problèmes qu'elle se propose de résoudre sur la figure et les dimensions de la Terre.

La difficulté principale, dans une recherche de cette nature, est d'obtenir exactement la longueur de l'arc choisi. Laissant de côté les évaluations grossières basées sur l'estime, si l'on cherche à la mesurer, comme l'ont fait Fernel, Norwood, Mason et Dixon, par le procédé habituel usité dans les arts mécaniques et dans l'arpentage, en portant sur la ligne à mesurer une règle étalon autant de fois qu'elle y est contenue, on est bien vite arrêté par des difficultés à peu près insurmontables. Le sol est en effet couvert d'obstacles qui s'opposent à un alignement rigoureux sur de grandes distances, et de dénivellations incessantes qui vicient les résultats et, dont il faut tenir soigneusement compte. En outre, l'application répétée un aussi grand nombre de fois, de l'étalon sur le terrain, même débarrassé d'obstacles, est tellement lente et fastidieuse qu'il est presque impossible, pour de grandes longueurs, qu'une ou plusieurs erreurs graves n'échappent pas à la fatigue ou à un moment d'inattention de l'observateur. Aussi de telles opérations n'ont-elles jamais donné de résultats présentant une réelle valeur.

Le géomètre hollandais Snellius réalisa donc un énorme progrès en imaginant, en 1617, de substituer à la mesure directe des distances la méthode dite de la triangulation, universellement employée aujourd'hui dans les travaux géodésiques. Cette méthode, comme chacun sait, consiste à former le long de l'arc à mesurer, avec des points convenablement choisis et signalés, une chaîne ou un réseau de triangles réunissant d'une façon ininterrompue les deux extrémités de l'arc. L'un des côtés de ces triangles, choisi sur un terrain uni et favorable, est mesuré avec tout le soin possible à l'aide d'un étalon et constitue la base. Tous les angles des triangles sont ensuite déterminés au goniomètre, et le calcul, par les formules rigoureuses de la géométrie, fournit à partir de la base les longueurs de tous les côtés des triangles et la distance des deux extrémités de l'arc. La mesure des angles, substituée dans la méthode de Snellius à la mesure des longueurs, est plus expéditive, moins sujette aux erreurs grossières; elle devint susceptible d'une très haute précision par l'invention des lunettes et l'application qu'en fit l'abbé Picard aux goniomètres. Grâce aux découvertes de Snellius et de Picard, la géodésie était donc, au milieu du XVIIᵉ siècle, créée comme science positive. Elle allait, en trois siècles, couvrir successivement l'Europe, les Indes, l'Amérique du Nord, le nord et le midi du continent africain de ses réseaux de triangles, serrant toujours la Terre de plus près. Elle allait, en outre, singulièrement élargir le problème primitif en étendant les investigations de la science non seulement à la figure générale et aux dimensions de la courbe méridienne, mais encore aux petites déformations de la surface de niveau.

I

La part de notre pays dans ce grand mouvement de recherches est considérable :

« Après le hollandais Snellius, les Français ont « jeté la plus grande lumière sur le problème de « la mesure des degrés, si toutefois l'on considère « les travaux qui ont précédé ceux des Anglais et « ceux plus récents des Allemands et des Russes... « La concentration des forces scientifiques dans « l'Académie française (des Sciences) donna une

« nouvelle impulsion aux opérations et amena « des améliorations dans les méthodes d'observa- « tion et de calcul, tandis qu'en même temps les « subventions accordées par le Gouvernement pro- « curèrent des moyens matériels plus considérables « qui permirent les plus grandes entreprises. »

Ainsi s'exprime le célèbre géodésien belge, Colonel Adan, en exposant l'ensemble grandiose des opérations exécutées par les savants français de la fin du XVIIᵉ siècle au commencement du XIXᵉ, pour fixer la longueur moyenne du degré du méridien, en étudier la variation avec la latitude, assurer une base certaine à une carte précise du territoire et, par une idée dont la hardiesse ne saurait être trop admirée, rattacher aux dimensions de notre globe l'unité fondamentale du système décimal de poids et mesures qui se substitue aujourd'hui peu à peu aux anciens systèmes et qui semble devoir, dans un assez court espace de temps, être adopté et rendu légal par toutes les nations civilisées.

Ce sont les mesures exécutées sur l'arc de méridien compris entre Dunkerque et Barcelone qui constituent la meilleure part de la contribution de la France à l'étude de la Terre. Ces diverses entreprises sont d'ailleurs tellement liées entre elles et à la nouvelle mesure de la méridienne que nous devons, pour la clarté même de ce court exposé, en retracer succinctement l'histoire.

En 1669, par ordre de l'Académie des Sciences, Picard mesura, entre Amiens et Malvoisine, le premier arc français. Sa triangulation fut appuyée sur deux bases : l'une fondamentale, de 5 663 toises, était située entre Villejuif et Juvisy; les deux termes en sont encore marqués par deux pyramides parfaitement conservées qui sont la propriété de l'Académie des Sciences; la deuxième, simple base de vérification, choisie près de Montdidier, avait une longueur de 3 630 toises. Par une heureuse compensation d'erreurs, Picard trouva une longueur du degré très voisine de la véritable, 57 060 toises. C'est la valeur dont s'est servi Newton dans ses immortelles recherches sur la loi de la gravitation universelle.

Par ordre de l'Académie, la mesure de Picard fut étendue par La Hire jusqu'à Dunkerque où l'on mesura une nouvelle base de vérification. En même temps, Dominique et Jacques Cassini prolongèrent l'arc de Picard jusqu'au Canigou, avec base de vérification près de Perpignan. Ces nouvelles opérations durèrent de 1683 à 1718. Entre Paris et Dunkerque, de 55 960 toises; entre Paris et Perpignan, de 57 097 toises. La longueur du degré n'étant pas constante et la courbe méridienne n'était pas par conséquent une circonférence de cercle. Les théoes de Newton et d'Huygens, les observations de cher à Cayenne avaient bien déjà, à la vérité, ontré que la courbe méridienne devait présenter ie courbure progressive, et que tous les points de surface du globe terrestre n'étaient pas à la ème distance du centre ; mais, d'après la théorie s illustres savants anglais et hollandais, d'après variation de la longueur du pendule à secondes iservée entre Paris et la Guyane française, la irre devait être aplatie aux pôles et renflée à l'é- iateur. Par conséquent la longueur du degré ivait croître de l'équateur au pôle. Le résultat s mesures combinées de Picard, de La Hire et s Cassini sur la méridienne de France était dia- étralement contraire. Jacques Cassini et Cassini i Thury, son fils, en prirent texte pour combattre s idées newtoniennes et soutenir que la Terre est longée suivant l'axe polaire. Un vif débat s'en- gea sur les conclusions des Cassini entre les sa- nts anglais et français. C'est pour le terminer ie l'Académie des Sciences fit exécuter, en 1734, s deux mémorables triangulations qui fixèrent la ileur du degré à l'équateur et sous le cercle po- ire. Bouguer, La Condamine et Godin mesu- rent au Pérou un arc de méridien. Maupertuis et airaut en mesurèrent un autre en Laponie.

Les résultats de ces expéditions célèbres appor- rent à la théorie de l'attraction universelle une :latante confirmation. Il fut établi d'une manière réfragable que la Terre est aplatie suivant l'axe ilaire et que la longueur du degré va croissant e l'équateur au pôle.

Avant même que les résultats des mesures du érou et de Laponie fussent connus, La Caille (1739) rait été chargé de reviser l'œuvre de La Hire et es Cassini. Cette nouvelle mesure, appuyée, comme . première, sur la base de Picard, prit le nom de éridienne vérifiée et fut exécutée en deux ans. lle prouva que les degrés allaient tous en s'allon- ant du midi vers le nord.

L'œuvre des Cassini et de La Caille, quel que fût in mérite, était trop imparfaite encore pour ins- rer une confiance entière. La base de Picard, par :emple, avait été mesurée avec une toise insuffi- imment comparée à celle de l'Académie. Aussi, iand l'Assemblée Constituante eût décidé en 1790 !tablissement d'un système décimal de poids et iesures dont l'unité, le mètre, devait être une action déterminée de la longueur du méridien irrestre, l'Académie des Sciences, chargée de fixer rapport à la toise légale de la nouvelle unité, e pensa pas pouvoir utiliser la méridienne véri- ée. Elle chargea les académiciens Delambre et échain de recommencer entièrement la mesure e la méridienne, avec les moyens beaucoup plus arfaits que créa dans ce but le génie de Borda.

Deux bases nouvelles furent mesurées près de Me- lun et de Perpignan avec l'appareil bimétallique qui porte son nom, et le cercle répétiteur fut em- ployé pour la première fois à l'observation des angles. Un arc de 8° 1/2, s'étendant de Dunkerque à Barcelone, fut achevé en six ans (1792-1798).

Les résultats de cette vaste opération, qui sur- passa en précision tout ce qui avait été fait jus- qu'alors, furent combinés par la Commission des poids et mesures avec les résultats fournis par l'arc du Pérou, dont l'étalon de base, une toise de fer, connue dans la science sous le nom de *toise du Pérou*, avait été soigneusement conservé, et au- quel on compara les règles de l'appareil de Borda. L'arc du Pérou et l'arc de Delambre et Méchain, ainsi exprimés en fonction de la même unité, four- nirent, par le calcul, en supposant le méridien elliptique, la valeur de l'aplatissement terrestre et la longueur du quart du méridien en toises du Pé- rou. La nouvelle unité, le mètre, fut fixée au dix- millionième de cette longueur. Le rapport du mètre à la toise, adopté par la Commission des poids et mesures, est donné par la fraction :

$$\frac{5.130.740}{10.000.000}$$

II

Le degré de perfection réalisé dans tous les dé- tails de l'œuvre, aussi bien dans les instruments et les observations que dans les méthodes de cal- cul, le haut patronage du Gouvernement et de l'Académie, la science profonde des hommes il- lustres qui furent chargés de l'opération donnèrent à la méridienne de Delambre et Méchain une auto- rité considérable, et en firent un modèle proposé à l'admiration et à l'imitation des géodésiens du monde entier. Elle fut l'arc fondamental de la grande carte dite de l'état-major et servit de base et de point de départ à toutes les autres chaînes du réseau français, mesurées de 1818 à 1850 par les ingénieurs géographes. Elle excita entre toutes les nations de l'Europe une noble émulation et l'on vit partout, dès le début du xixe siècle, les mesures d'arc se multiplier : Anglais, Allemands, Russes, Espa- gnols, Italiens entrèrent successivement dans la voie ouverte par les savants français du xviie et du xviiie siècle. Comme il arrive fatalement dans toutes les branches de la science, les élèves éga- lèrent bien vite et dépassèrent ensuite leurs maîtres. A mesure que le nombre des arcs crois- sait, leur longueur augmentait. On conçoit aisé- ment que plus un arc est étendu, plus il permet une étude intéressante de la courbure de la surface, plus il a d'importance scientifique. Il ne s'agit plus seulement, pour le géodésien contemporain, de

résultats et, dont il faut tenir soigneusement compte. En outre, l'application répétée un aussi grand nombre de fois, de l'étalon sur le terrain, même débarrassé d'obstacles, est tellement lente et fastidieuse qu'il est presque impossible, pour de grandes longueurs, qu'une ou plusieurs erreurs graves n'échappent pas à la fatigue ou à un moment d'inattention de l'observateur. Aussi de telles opérations n'ont-elles jamais donné de résultats présentant une réelle valeur.

Le géomètre hollandais Snellius réalisa donc un énorme progrès en imaginant, en 1617, de substituer à la mesure directe des distances la méthode dite de la triangulation, universellement employée aujourd'hui dans les travaux géodésiques. Cette méthode, comme chacun sait, consiste à former le long de l'arc à mesurer, avec des points convenablement choisis et signalés, une chaîne ou un réseau de triangles réunissant d'une façon ininterrompue les deux extrémités de l'arc. L'un des côtés de ces triangles, choisi sur un terrain uni et favorable, est mesuré avec tout le soin possible à l'aide d'un étalon et constitue la base. Tous les angles des triangles sont ensuite déterminés au goniomètre, et le calcul, par les formules rigoureuses de la géométrie, fournit à partir de la base les longueurs de tous les côtés des triangles et la distance des deux extrémités de l'arc. La mesure des angles, substituée dans la méthode de Snellius à la mesure des longueurs, est plus expéditive, moins sujette aux erreurs grossières; elle devint susceptible d'une très haute précision par l'invention des lunettes et l'application qu'en fit l'abbé Picard aux goniomètres. Grâce aux découvertes de Snellius et de Picard, la géodésie était donc, au milieu du XVIIe siècle, créée comme science positive. Elle allait, en trois siècles, couvrir successivement l'Europe; les Indes, l'Amérique du Nord, le nord et le midi du continent africain de ses réseaux de triangles, serrant toujours la Terre de plus près. Elle allait, en outre, singulièrement élargir le problème primitif en étendant les investigations de la science non seulement à la figure générale et aux dimensions de la courbe méridienne, mais encore aux petites déformations de la surface de niveau.

I

La part de notre pays dans ce grand mouvement de recherches est considérable :

« Après le hollandais Snellius, les Français ont « jeté la plus grande lumière sur le problème de « la mesure des degrés, si toutefois l'on considère « les travaux qui ont précédé ceux des Anglais et « ceux plus récents des Allemands et des Russes...

« La concentration des forces scientifiques dans « l'Académie française (des Sciences) donna une

« nouvelle impulsion aux opérations et a « des améliorations dans les méthodes d'ob « tion et de calcul, tandis qu'en même tem « subventions accordées par le Gouvernemer « curèrent des moyens matériels plus considé « qui permirent les plus grandes entreprises

Ainsi s'exprime le célèbre géodésien belg lonel Adan, en exposant l'ensemble grandio opérations exécutées par les savants franç la fin du XVIIe siècle au commencement du pour fixer la longueur moyenne du degré d ridien, en étudier la variation avec la latitud surer une base certaine à une carte préci territoire et, par une idée dont la hardies saurait être trop admirée, rattacher aux d sions de notre globe l'unité fondamentale d tème décimal de poids et mesures qui se sub aujourd'hui peu à peu aux anciens systèmes semble devoir, dans un assez court espa temps, être adopté et rendu légal par tout nations civilisées.

Ce sont les mesures exécutées sur l'arc d ridien compris entre Dunkerque et Barcelon constituent la meilleure part de la contributi la France à l'étude de la Terre. Ces diverses prises sont d'ailleurs tellement liées entre el à la nouvelle mesure de la méridienne que devons, pour la clarté même de ce court ex en retracer succinctement l'histoire.

En 1669, par ordre de l'Académie des Scie Picard mesura, entre Amiens et Malvoisine, l mier arc français. Sa triangulation fut appuy deux bases : l'une fondamentale, de 5 663 t était située entre Villejuif et Juvisy; les termes en sont encore marqués par deux mides parfaitement conservées qui sont la priété de l'Académie des Sciences; la deux simple base de vérification, choisie près de didier, avait une longueur de 3 650 toises. P heureuse compensation d'erreurs, Picard une longueur du degré très voisine de la vér 57 060 toises. C'est la valeur dont s'est servi ton dans ses immortelles recherches sur la la gravitation universelle.

Par ordre de l'Académie, la mesure de fut étendue par La Hire jusqu'à Dunkerque mesura une nouvelle base de vérificatio même temps, Dominique et Jacques Cassin longèrent l'arc de Picard jusqu'au Canigo base de vérification près de Perpignan. Ce velles opérations durèrent de 1683 à 1718.

Le degré moyen fut trouvé, entre Paris e kerque, de 53 960 toises; entre Paris et Perp de 57 097 toises. La longueur du degré n'ét constante et la courbe méridienne n'était p conséquent une circonférence de cercle. Le ries de Newton et d'Huygens, les observations de Richer à Cayenne avaient bien déjà, à la vérité, montré que la courbe méridienne devait présenter une courbure progressive, et que tous les points de la surface du globe terrestre n'étaient pas à la même distance du centre ; mais, d'après la théorie des illustres savants anglais et hollandais, d'après la variation de la longueur du pendule à secondes observée entre Paris et la Guyane française, la Terre devait être aplatie aux pôles et renflée à l'équateur. Par conséquent la longueur du degré devait croître de L'équateur au pôle. Le résultat des mesures combinées de Picard, de La Hire et des Cassini sur la méridienne de France était diamétralement contraire. Jacques Cassini et Cassini de Thury, son fils, en prirent texte pour combattre les idées newtoniennes et soutenir que la Terre est allongée suivant l'axe polaire. Un vif débat s'engagea sur les conclusions des Cassini entre les savants anglais et français. C'est pour le terminer que l'Académie des Sciences fit exécuter, en 1734, les deux mémorables triangulations qui fixèrent la valeur du degré à l'équateur et sous le cercle polaire. Bouguer, La Condamine et Godin mesurèrent au Pérou un arc de méridien. Maupertuis et Clairaut en mesurèrent un autre en Laponie.

Les résultats de ces expéditions célèbres apportèrent à la théorie de l'attraction universelle une éclatante confirmation. Il fut établi d'une manière irréfragable que la Terre est aplatie suivant l'axe polaire et que la longueur du degré va croissant de l'équateur au pôle :

Avant même que les résultats des mesures du Pérou et de Laponie fussent connus, La Caille (1739) avait été chargé de reviser l'œuvre de La Hire et des Cassini. Cette nouvelle mesure, appuyée, comme la première, sur la base de Picard, prit le nom de *méridienne vérifiée* et fut exécutée en deux ans. Elle prouva que les degrés allaient tous en s'allongeant du midi vers le nord.

L'œuvre des Cassini et de La Caille, quel que fût son mérite, était trop imparfaite encore pour inspirer une confiance entière. La base de Picard, par exemple, avait été mesurée avec une toise insuffisamment comparée à celle de l'Académie. Aussi, quand l'Assemblée Constituante eût décidé en 1790 l'établissement d'un système décimal de poids et mesures dont l'unité, le mètre, devait être une fraction déterminée de la longueur du méridien terrestre, l'Académie des Sciences, chargée de fixer le rapport à la toise légale de la nouvelle unité, ne pensa pas pouvoir utiliser la méridienne vérifiée. Elle chargea les académiciens Delambre et Méchain de recommencer entièrement la mesure de la méridienne, avec des moyens beaucoup plus parfaits que créa dans ce but le génie de Borda.

Deux bases nouvelles furent mesurées près de Melun et de Perpignan avec l'appareil bimétallique qui porte son nom, et le cercle répétiteur fut employé pour la première fois à l'observation des angles. Un arc de 8° 1/2, s'étendant de Dunkerque à Barcelone, fut achevé en six ans (1792-1798).

Les résultats de cette vaste opération, qui surpassa en précision tout ce qui avait été fait jusqu'alors, furent combinés par la Commission des poids et mesures avec les résultats fournis par l'arc du Pérou, dont l'étalon de base, une toise de fer, connue dans la science sous le nom de *toise du Pérou*, avait été soigneusement conservé, et auquel on compara les règles de l'appareil de Borda. L'arc du Pérou et l'arc de Delambre et Méchain, ainsi exprimés en fonction de la même unité, fournirent, par le calcul, en supposant le méridien elliptique, la valeur de l'aplatissement terrestre et la longueur du quart du méridien en toises du Pérou. La nouvelle unité, le mètre, fut fixée au dix-millionième de cette longueur. Le rapport du mètre à la toise, adopté par la Commission des poids et mesures, est donné par la fraction :

$$\frac{3.130.740}{10.000.000}$$

II

Le degré de perfection réalisé dans tous les détails de l'œuvre, aussi bien dans les instruments et les observations que dans les méthodes de calcul, le haut patronage du Gouvernement et de l'Académie, la science profonde des hommes illustres qui furent chargés de l'opération donnèrent à la méridienne de Delambre et Méchain une autorité considérable, et en firent un modèle proposé à l'admiration et à l'imitation des géodésiens du monde entier. Elle fut l'arc fondamental de la grande carte dite de l'état-major et servit de base et de point de départ à toutes les autres chaines du réseau français, mesurées de 1818 à 1830 par les ingénieurs géographes. Elle excita entre toutes les nations de l'Europe une noble émulation et l'on vit partout, dès le début du XIX° siècle, les mesures d'arc se multiplier : Anglais, Allemands, Russes, Espagnols, Italiens entrèrent successivement dans la voie ouverte par les savants français du XVII° et du XVIII° siècle. Comme il arrive fatalement dans toutes les branches de la science, les élèves égalèrent bien vite et dépassèrent souvent leurs maitres. A mesure que le nombre des arcs croissait, leur longueur augmentait. On conçoit aisément que plus un arc est étendu, plus il permet une étude intéressante de la courbure de la surface, plus il a d'importance scientifique. Il ne s'agit plus seulement, pour le géodésien contemporain, de savoir si la Terre est aplatie ou allongée suivant son axe polaire; il s'agit d'étudier sur toute la surface du globe la forme de la courbe méridienne. Il se demande si toutes les courbes méridiennes sont identiques, si elles peuvent être considérées comme appartenant réellement à une surface de révolution, ou si au contraire le globe terrestre est une masse irrégulière se rapprochant plus ou moins d'un ellipsoïde à trois axes. Il sait que la verticale géodésique et la verticale astronomique ne coïncident pas dans tous les lieux de la Terre, que des anomalies, déjà aperçues par Delambre, mais attribuées dans sa discussion à des erreurs d'observation, existent réellement ; il les poursuit avec curiosité et patience pour dévoiler par leur moyen les moindres irrégularités de la surface de niveau.

L'arc de Picard avait une amplitude de 1°23' environ; celui de Maupertuis et Clairaut, moins de 1°57'. L'amplitude de l'arc du Pérou atteignait 3°7', la méridienne de Delambre et Méchain s'étendait sur un arc de 8°30', l'arc anglais des Indes va embrasser 23°49', l'arc russe de Struve et Tenner, du Danube à la mer Glaciale, comptera 25°20'.

Aussi la préoccupation constante des géodésiens français, pendant le xixᵉ siècle, sera-t-elle avant tout d'étendre la méridienne de Delambre aussi bien vers le nord que vers le midi.

Dès 1806, Biot et Arago, envoyés par le Bureau des longitudes, prolongent la méridienne à travers la péninsule hispanique jusqu'à Formentera, la plus petite des Baléares, et portent son amplitude à 12°22'. En 1860, le colonel Levret, assisté des capitaines Beaux et Perrier, rattache par dessus la Manche, de concert avec les officiers anglais, la chaîne de Delambre au réseau britannique. L'amplitude des deux arcs réunis, de Saxaword à Formentera, atteint 22°10'.

A leur retour d'Espagne, Biot et Arago avaient entrevu la possibilité de prolonger jusqu'aux cimes algériennes la triangulation de Méchain qu'ils avaient poussée jusqu'aux Baléares. En 1863, le colonel Levret montrait, par le calcul, que la liaison des deux continents se ferait facilement par la sierra de Grenade et les montagnes d'Oran à Nemours. En 1868, le capitaine Perrier vérifiait, sur le terrain, la visibilité réciproque des sommets espagnols et africains. Le rêve de Biot et Arago devenait un projet pratique : la méridienne de Delambre, déjà étendue jusqu'à la plus septentrionale des Shetland, pouvait atteindre le continent africain et s'y développer librement. Cette idée grandiose fut, comme tout le monde le sait, heureusement réalisée en 1879 par les deux nations intéressées, l'Espagne et la France. Les détails de cette mémorable entreprise sont encore dans toutes

les mémoires; nous n'avons pas à nous y arrêter.

Mais pour que la méridienne de Delambre put figurer dignement dans l'arc nouveau qui comprend aujourd'hui, de Saxaword à Laghouat, plus de 30°, il fallait la débarrasser de quelques imperfections, de quelques erreurs, qui, insignifiantes peut-être, ou tolérables au temps de la Commission des poids et mesures, ne pouvaient plus être acceptées aujourd'hui. La mesure des diverses chaînes du réseau français par les ingénieurs géographes, les jonctions aux frontières du canevas français avec les triangulations des pays voisins, avaient révélé dans notre arc fondamental des lacunes, des incohérences que la mesure de la méridienne dite de Fontainebleau avait bien fait disparaître en partie, mais dont quelques-unes subsistaient encore.

Une nouvelle mesure de la méridienne s'imposait donc pour lever tous les doutes et mettre la géodésie française à la hauteur de la science contemporaine.

A la requête du Bureau des longitudes, en 1869, le maréchal Niel, ministre de la guerre, chargea le capitaine Perrier d'entreprendre ce grand travail, qui fut commencé en 1870, interrompu par la guerre franco-allemande, repris en 1871 et qui sera achevé dans le cours même de cette année 1892.

Les opérations sur le terrain ont été entièrement exécutées, entre Paris et Bourges, par MM. Perrier et Bassot, entre Bourges et Dunkerque par MM. Bassot et Defforges, sous la haute direction de M. le général Perrier et, après sa mort, de M. le général Derrécagaix, son successeur.

La nouvelle méridienne, des Pyrénées à Dunkerque, comprend 88 stations, avec 473 directions. Le nombre total des triangles possibles est de 186. Il existe 25 polygones ou quadrilatères ayant des directions supplémentaires. Ces figures une fois compensées, le nombre des triangles nécessaires au calcul de la chaîne est seulement de 61.

La triangulation proprement dite, commencée en 1870, a été terminée en 1888. La planche ci-jointe en donne une esquisse fidèle. Les deux premières stations ont été faites aux deux extrémités de la base de Delambre, près de Perpignan. Dans la région comprise entre les Pyrénées et Rodez, l'ancienne méridienne a pu être presque entièrement reconstituée. La plupart des repères de Méchain ont été retrouvés et identifiés. On s'est relié, de part et d'autre, à la triangulation espagnole du côté Canigou-Forceral et, chemin faisant, à la chaîne du littoral méditerranéen et au parallèle de Rodez. Au delà de Rodez, jusqu'à Dunkerque, les repères laissés par Delambre aux sommets de la triangulation avaient presque tous disparu. Il a fallu reconstituer l'enchaînement. On a évité tous les clochers et monuments peu stables qui ne sont pas favorables aux observations de haute précision. Les nouvelles stations ont été choisies en vue d'obtenir les meilleures formes de triangles; ce que Delambre n'était pas toujours parvenu à réaliser, Il a fallu, pour obtenir des vues, s'élever au-dessus du sol, à des hauteurs variant de 12 à 30 mètres. Les signaux en charpente élevés pour dominer les obstacles et dégager l'horizon des stations étaient

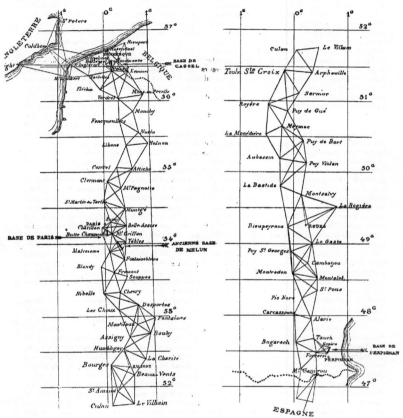

Fig. 1. — La nouvelle méridienne de France. — Echelle $\frac{1}{3.000.000}$.

entravé comme il l'était dans ses mouvements par l'état politique troublé de la France.

Entre Gien et Paris, ainsi qu'au passage de la Somme, les difficultés du terrain ont rendu la formation du canevas particulièrement laborieuse.

formés de deux parties complètement indépendantes : l'une, intérieure, ne servait qu'à porter l'instrument ; la seconde, enveloppant la première, recevait l'observateur et la baraque d'observation. Une méthode spéciale, suivie dans toutes les mesures d'angles faites au sommet de ces charpentes, a permis d'éliminer complètement l'effet de la torsion continue qu'elles éprouvent sous l'action du Soleil et du mouvement inverse qui les ramène pendant la nuit à leur premier état d'équilibre.

Entre Rodez et Dunkerque, on s'est relié directement avec le parallèle d'Amiens, indirectement avec ceux de Bourges et de Paris. Des liaisons directes de ces deux parallèles avec la nouvelle méridienne interviendront à bref délai. Dans la région du Nord, on a soudé la chaîne à la triangulation belge par le côté Cassel-Mont Kemmel. Enfin, le dernier côté de la nouvelle méridienne est .le côté Cassel-Harlettes sur lequel s'appuie, du côté français, le polygone de jonction des triangulations anglaise et française.

III

Nous dirons quelques mots des instruments et des méthodes employés dans la mesure des angles. Les premiers instruments employés à la mesure des angles, assez semblables à un graphomètre, étaient composés d'une ou deux alidades mobiles sur une portion de cercle divisé. L'invention de la lunette et l'application du réticule aux lunettes permirent de perfectionner considérablement les instruments de mesure. Picard, le premier, se servit, pour la mesure de l'arc entre Amiens et Malvoisine, d'un quart de cercle muni d'une lunette à réticule. En 1790, à l'occasion de la mesure de la méridienne par Delambre et Méchain, Borda, mettant à profit une idée de Tobie Mayer, construisit le cercle répétiteur. C'est beaucoup, comme nous l'avons déjà dit, à cet instrument et à la méthode de la répétition que l'arc de la Commission des poids et mesures dut la précision jusqu'alors inconnue qui, a fait pendant si longtemps son renom scientifique.

On connaît le principe de la méthode de la répétition des angles.

Cette méthode d'observation, rendue célèbre par l'emploi qu'en avaient fait Delambre et Méchain, devint après eux classique et fut seule employée par les ingénieurs géographes, pour la confection du canevas de la carte de France. Plusieurs nations étrangères adoptèrent aussi le cercle répétiteur.

L'Angleterre cependant et l'Allemagne ont préféré une autre méthode d'observation, celle de la réitération des angles, reprochant au cercle répétiteur la complication de son mécanisme, le déplacement relatif des alidades et du cercle pendant les mouvements généraux que nécessite la répétition, déplacement dû à l'usure des centres et à la nécessité où se trouve le constructeur de ménager autour des axes la place de l'huile. On doit reconnaître que ces reproches, en tant qu'adressés aux instruments plutôt qu'à la méthode, ne manquaient

pas de fondement, et la répétition a été abandonnée même en France où l'on emploie, au Service géographique de l'armée, depuis 1869, exclusivement à toute outre, la méthode de la réitération.

Le principe de celle-ci est de mesurer les angles simples sur toute l'étendue du cercle divisé, en distribuant symétriquement les origines sur le limbe, pour annuler les erreurs systématiques de la division.

L'instrument employé à la mesure des angles de tous les triangles de la méridienne est le cercle azimutal réitérateur construit par MM. Brunner frères, à Paris. Très simple et d'une grande stabilité, il donne les angles réduits à l'horizon. Le limbe a 0^{m}42 de diamètre; la lunette, de 0^{m}02 de distance focale, grossit environ trente fois. Elle est munie d'un réticule mobile à l'aide d'une vis micrométrique qui sert à assurer le pointé par plusieurs bissections des images. L'alidade porte quatre microscopes pour la lecture des divisions du limbe. L'instrument donne directement la seconde centésimale. La mesure de chaque angle a été réitérée vingt fois, en déplaçant chaque fois l'origine de cinq grades.

Au lieu des anciennes pyramides renversées ou mires à volets, on a constamment fait usage, comme points de mire, de signaux lumineux, produits pendant le jour par des héliostats ou miroirs de 0^{m}08 sur 0^{m}10 de côté, exactement centrés sur la verticale des stations et manœuvrés à la main par des auxiliaires militaires qui les employaient à renvoyer l'image réfléchie du Soleil dans la direction de l'observateur. La nuit, ces miroirs étaient remplacés par des collimateurs optiques à lampe de pétrole, d'un modèle assez semblable à celui qui est maintenant en usage dans la télégraphie militaire.

Les observations de nuit, employées avec succès par Biot et Arago dans la jonction des Baléares, avaient échoué entre les mains du colonel Henri, ingénieur géographe, sur le parallèle de Paris. Depuis lors, vantées par les uns, dépréciées par les autres, elles n'inspiraient pas confiance et ne pouvaient, sans une épreuve décisive, être introduites dans un travail de haute précision. Cette épreuve a été tentée sur la nouvelle méridienne. Pendant les années 1874-75-76, quatorze stations, aussi bien de montagne que de plaine, ont été faites en double, de jour et de nuit. L'accord des valeurs obtenues pendant le jour et des valeurs fournies par les observations de nuit a été aussi complet que possible. La démonstration peut être considérée comme péremptoire, et, depuis 1876, les mesures d'angles ont été faites indifféremment de jour et de nuit, ce qui a permis d'activer notablement les mesures. En effet, il arrive ordinairement que les conditions atmosphériques sont favorables aux observations de nuit, quand elles ne permettent pas les travaux de jour, et réciproquement.

Toutes les mesures d'angle ont été exécutées aux quatre-vingt-huit sommets de la triangulation par MM. Perrier (35 stations), Bassot (32) et Defforges (21). Cet enchaînement s'appuie sur trois bases : la première et la principale est située sur l'emplacement de l'ancienne base de Picard, entre Villejuif et Juvisy. Il a été impossible de reprendre celle-ci à cause du développement considérable des constructions de Villejuif autour du terme nord de la mesure de 1669. La base de Paris, tel est le nom donné à la nouvelle base, s'étend sur une longueur de 7226, 8 mètres. La base de Melun, embarrassée d'une double ligne de tilleuls géants et coupée par un chemin de fer, n'a pu être remesurée, bien qu'elle ait été comprise dans l'enchaînement des triangles. Mais la base de Perpignan a pu l'être, et sert, au sud, de base de vérification à la triangulation. Enfin une seconde base de vérication a été choisie au nord, entre Wormhoudt et Cassel, dans le but de contrôler la partie septentrionale de la nouvelle méridienne. De ces trois bases, l'une principale, les deux autres de contrôle, les deux sont déjà mesurées, savoir : celle de Paris et celle de Perpignan. La troisième le sera dans le courant de 1892.

L'appareil employé à ces mesures est la règle bimétallique (platine et cuivre), construite par Brunner frères, d'après les idées combinées de Borda et de Porro. La combinaison des deux métaux forme un thermomètre bimétallique qui donne à chaque instant la température vraie de la règle. Les portées successives, pendant la mesure, sont définies par les axes optiques de microscopes à vis micrométriques, disposés de 4 mètres en 4 mètres sur l'alignement de la ligne à mesurer.

La base de Paris a été mesurée deux fois. Les deux résultats diffèrent entre eux de 9 millimètres. La base de Perpignan n'a été mesurée qu'une fois ; mais un contrôle très satisfaisant de cette unique mesure a été obtenu en calculant, par une triangulation spécialement exécutée pour cet objet, la base entière à partir de deux de ses segments.

La vérification de la triangulation par la base de Perpignan est des plus satisfaisantes. La distance mesurée directement entre les deux repères du Vernet et de Salces diffère de 0^m05 de la même distance calculée à partir de la base de Paris, triangle par triangle, sur une chaîne de plus de 7000 kilomètres. Cette différence représente 1/240.000 du côté.

D'après ce qui précède, on est conduit à admettre que la même fraction exprime l'erreur relative maximum qu'il y aura à craindre sur la longueur de l'arc correspondant compris entre les parallèles du Panthéon et du Canigou.

IV

Tout porte à croire que les mêmes résultats seront obtenus pour le segment nord de la méridienne, lorsque la base de Dunkerque aura été mesurée. On peut en effet s'attendre d'avance à un accord très satisfaisant de la valeur mesurée et de la valeur calculée de cette base, en considérant l'ordre et l'harmonie que la nouvelle méridienne a portés dans la plus grande partie du réseau français. On sait en effet que, de l'aveu même de Delambre, la longueur de la base de Perpignan, calculée à partir de la base de Melun, est inférieure de un tiers de mètre à la longueur mesurée ; on sait également qu'après l'étude générale, faite par les ingénieurs géographes, de l'ensemble du réseau français, des discordances considérables, s'élevant jusqu'à 1/7000 de la longueur des côtés, ont été signalées aux nœuds de l'ancienne méridienne avec le parallèle de Bourges et le parallèle moyen. La mesure de la méridienne auxiliaire de Fontainebleau n'avait pu faire disparaître ces erreurs qu'en faisant apparaître de nouvelles.

Or la nouvelle méridienne, si l'on calcule à partir de ses côtés communs aux autres chaînes du réseau français, conduit, à presque tous les nœuds des chaînes parallèles et méridiennes, à des vérifications tout à fait satisfaisantes et fait hautement ressortir la valeur de l'œuvre des ingénieurs géographes, rabaissée et attaquée à tort dans ces dernières années. Sauf dans la région du Sud-Ouest et sur la partie orientale du parallèle de Paris, la triangulation de premier ordre de la France apparaît avec une précision dépassant le 1/50.000, qui, au point de vue cartographique, est plus que satisfaisante et, au point de vue géodésique, n'est pas toujours atteinte dans des arcs considérés comme possédant une valeur scientifique.

Un autre fait, d'une très grande importance pour l'étude de la Terre, est ressorti de la comparaison qui a pu être faite de la base ancienne de Delambre, mesurée sous l'œil même de Borda entre Melun et Lieusaint, avec la base de Paris. Ces deux bases, l'une mesurée avec les règles de Borda, l'autre avec l'appareil bimétallique moderne du Service géographique, s'accordent aussi parfaitement que possible. Or les règles de Borda ont servi à la détermination du mètre des Archives, et celui-ci a servi de prototype au Comité international des poids et mesures pour l'établissement de ses étalons normaux, auxquels a été comparé, avant et après la mesure de la base de Paris, l'appareil bimétallique du service géographique. La toise du Pérou, étalon primitif des règles de Borda, ces règles elles-mêmes, le mètre des Archives, le nouveau mètre international et l'appareil bimétallique de Brunner français représentent donc bien exactement la même unité de longueur. Il y a accord parfait entre tous ces prototypes.

Ce premier point acquis, si l'on calcule, à partir de la base de Paris ou de la base de Melun-Lieusaint, le réseau géodésique français, on trouve aux côtés de jonction avec les triangulations anglaise, belge et italienne une différence systématique entre la longueur de ce côté donnée par la triangulation française et la même longueur fournie par les triangles étrangers. La différence est de 1/70.000 de la longueur, et les côtés français sont toujours trop courts.

Cette discordance systématique semblait indiquer dans les bases étrangères une anomalie systématique. Comme les bases anglaises, belges et italiennes dérivent toutes, avec plus ou moins d'intermédiaires, de la toise célèbre connue sous le nom de *toise de Bessel*, il était naturel de penser que cette toise, comparée à la toise du Pérou par Arago et Fortin à une époque où les moyens de mesure étaient moins perfectionnés qu'aujourd'hui, devait être trop courte de 1/70.000 environ. Cette présomption est devenue une certitude depuis les comparaisons qui ont été exécutées l'année dernière au Bureau international des poids et mesures entre la toise de Bessel et le mètre international, et dont M. Hirch, secrétaire perpétuel du Comité des poids et mesures, a communiqué officiellement les résultats provisoires au Congrès géodésique de Florence.

Quand la correction, ainsi trouvée par M. le docteur Benoît, aura été appliquée aux triangulations de l'Europe, les jonctions de notre réseau avec elles se feront avec une précision qui dépassera le 1/200.000 et qui atteste le rare degré de perfection atteint par les opérations géodésiques contemporaines.

Tels sont, en peu de mots, les principaux résultats que la nouvelle mesure de la méridienne de France, à peine terminée, a déjà permis d'obtenir. On est en droit d'en attendre de plus importants encore, lorsque les stations astronomiques, au nombre de dix, qui doivent la partager en segments et servir à étudier la courbure du méridien, seront terminées et calculées, lorsque l'Espagne et l'Angleterre auront achevé la revision de leurs travaux pour les ramener à la même unité de longueur, et lorsqu'il sera possible d'appliquer le calcul à l'ensemble grandiose de ces triangulations de haute précision, pour en faire ressortir aussi bien la figure générale de la courbe méridienne sur les 30 degrés de l'arc anglo-franco-hispano-algérien, que les anomalies que peut présenter la surface de niveau sur le parcours d'une chaîne qui embrasse deux mers, une grande île et deux continents.

Commandant Defforges.
du Service géographique de l'Armée

LES IDÉES ACTUELLES SUR LE DÉVELOPPEMENT ET LES RELATIONS
DES CESTODES ET DES TRÉMATODES

Les animaux dont nous allons nous occuper ici appartiennent à la grande classe des Plathelminthes ou Vers plats, qui n'est point entièrement inconnue du public, car, si parmi les formes que nous citerons, il en est avec lesquelles les naturalistes seuls sont familiarisés, la plupart des autres ne sont ignorées de personne et ont même reçu des noms vulgaires. Tout le monde connaît les *Cestodes*, ces singuliers parasites qu'on trouve à l'état adulte dans le tube digestif des Vertébrés, où ils se présentent généralement comme une longue chaîne d'anneaux fixée à la paroi du tube par une de ses extrémités différenciée, la tête ou *scolex :* les types qu'on rencontre habituellement chez l'homme sont connus sous le nom de Vers solitaires ou Ténias. Le groupe des *Trématodes* est moins connu du public : tout le monde cependant a entendu parler, sinon des Distomes parasites de l'homme, qui ne se trouvent guère que dans les pays chauds, tout au moins des « Douves » qui vivent dans le foie des

Moutons et déterminent un affaiblissement grave chez ces animaux [1].

Cestodes et Trématodes offrent entre eux des relations étroites qui ont été soupçonnées depuis longtemps, mais qu'on a présentées souvent d'une façon inexacte ou incomplète.

C'est, on le sait, l'anneau du Cestode possédant un système génital complet et susceptible de se détacher du corps du Ver rubanné, le *proglottis*, qui a servi de point de départ dans la comparaison des deux types. Les homologies de l'organisation du Trématode adulte et du proglottis sont bien connues : la plupart des caractères anatomiques, et en particulier la structure de l'appareil génital, rapprochent étroitement les deux formes, et ce sont des faits qui ont été mis en évidence par les anciens auteurs. Mais c'est à tort qu'on a consi-

[1] Voyez à ce sujet RAILLIET, *L'anémie pernicieuse d'origine parasitaire*, dans la *Revue* du 40 mai 1890, t. I, p. 294.

déré longtemps le proglottis comme l'équivalent du Trématode. Cette manière de voir devait son origine à l'observation presque exclusive des types les plus compliqués, comme les Ténias et surtout les Acanthobothriens et les Echinobothriens, chez lesquels les proglottis peuvent vivre longtemps après leur séparation et continuer à s'accroître; — elle provenait aussi des idées erronées qui avaient cours sur le mode de développement dans les deux groupes.

On connaît les phases habituelles du développement d'un Ténia : l'œuf doit être absorbé par un premier animal, l'hôte intermédiaire, dans les tissus duquel l'embryon s'enkyste et se transforme en une vésicule ou *cysticerque* (fig. 1 et 2), à l'intérieur de laquelle se développe une tête ou *scolex;*

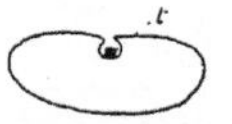

Fig. 1. — *Cysticercus cellulosæ* de *Tænia solium*, figure schématique; *t*, bourgeon céphalique dans l'invagination.

Fig. 2. — *Cysticercus pisiformis* de *Tænia serrata*, larve âgée d'environ un mois (d'après Monies); *t*, bourgeon céphalique dans l'invagination.

ce kyste ayant été absorbé par un deuxième animal, l'hôte définitif, la vésicule proprement dite se détruit et la tête s'accroît en formant par division une longue chaîne d'anneaux qui possèdent chacun un appareil génital particulier reproduisant des œufs. Pour l'interprétation de ces phases, on attribuait autrefois une grande importance au bourgeonnement, et la formation des *proglottis* (chaînes) par division était identifiée à tort à la puissance de prolifération de certaines espèces (Cœnure, Echinocoque) que l'on considère aujourd'hui comme une acquisition secondaire. En interprétant le scolex comme un produit de bourgeonnement de l'embryon, le proglottis comme un produit de bourgeonnement du scolex, et en considérant individuellement les anneaux du corps comme des animaux sexués, on avait établi un schéma compliqué de cinq phases pour ce qu'on appelait une véritable alternance de générations, la métagénèse des Cestodes : dans ce schéma, suivant la terminologie en usage, l'embryon (1) figurait

comme grand'nourrice, le scolex (3) comme nourrice, le proglottis (5) comme animal sexué, et les formes de cysticerque (2) et de strobile (4), établissant la liaison respectivement entre la grand'-nourrice et la nourrice, et entre la nourrice et les animaux sexués, étaient regardés comme des colonies polymorphes.

Cette théorie, mise en honneur par Steenstrup, est aujourd'hui complètement abandonnée et remplacée par une opinion plus simple et plus naturelle, qui regarde le développement du Cestode comme une métamorphose (Grobben, Claus). Le fait que la tête du Ténia ne représente qu'une partie de l'embryon vésiculeux, n'est pas suffisant pour nous la faire considérer comme représentant une génération nouvelle se développant par voie asexuée sur une génération précédente : il en est de même dans le développement de l'Astérie aux dépens de sa larve *Bipinnaria*, et, pour prendre un exemple moins éloigné, dans celui de la Némerte aux dépens de son *Pilidium;* dans ces cas on ne fait pas intervenir l'idée d'une génération alternante. D'autre part, si la considération des formes les plus anciennement observées a pu faire prendre le ver rubanné pour une colonie d'animaux individualisés, cette manière de voir n'a pu être maintenue en présence des observations plus complètes faites sur certaines formes plus simples, qu'on est en droit, comme nous le verrons, de regarder non pas comme des cas de régression, mais bien comme représentant des états primitifs. Sans parler du curieux *Archigetes*, sur lequel nous aurons à revenir, il existe une série de formes de transition qui nous conduisent graduellement des Echinobothriens et des Ténias à des formes à appareil génital unique : chez la Ligule (fig. 3), par exemple, les organes se répètent de distance en distance comme chez le Ténia, mais sans que le corps présente la moindre trace de division en segments; chez le *Caryophyllæus* (fig. 4), l'appareil génital est unique, et le Ver, comparable aux Vers des types rubanés uni à un seul anneau, nous sert de transition vers des formes comme *Amphiptyches* et *Amphilina* (fig. 5), qui ont été placées longtemps dans les Trématodes avant que l'étude de leur anatomie les ait fait ranger parmi les Cestodes.

On est donc d'accord aujourd'hui pour refuser à la plupart des Cestodes une véritable alternance de générations sexuée et asexuée, et pour regarder toutes les phases par lesquelles passe un Ténia depuis l'œuf jusqu'à sa forme de chaîne, comme la métamorphose d'un seul et même individu, en tous points comparable au développement d'une Astérie ou d'un Insecte.

Il existe cependant une métagénèse vraie chez

6*

quelques formes, chez celles où il se développe plus d'un scolex aux dépens de l'embryon vésiculeux : nous voulons parler du Cénure et de l'Echinocoque, où l'embryon *bourgeonne* réellement et produit une ou plusieurs générations par voie asexuée. Il y a donc ici une alternance de générations sexuée et asexuée, particulièrement compliquée chez l'Echiconoque, où il se produit, comme on sait, des vésicules-filles et petites-filles ; mais, comme l'a fort bien montré Claus, cette prolifération exceptionnelle, qui n'existe que chez des types élevés, est une acquisition secondaire et c'est à tort qu'on établissait une comparaison entre les Cestodes et les Acalèphes. Chez les Discomé-

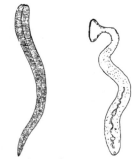

Fig. 3. — *Ligula simplicissima* Rud. fortement contractée, ⅔ de grandeur naturelle.

Fig. 4. — *Caryophyllæus mutabilis* Rud , grossi environ 7 fois.

duses, en effet, le développement compliqué, l'alternance de générations est un état originel par rapport au développement simple de quelques formes (*Pelagia noctiluca*), qui est un état acquis secondairement, une régression si l'on veut : au contraire chez les Cestodes, la métagénèse est secondaire et est venue se greffer, dans quelques cas, sur la métamorphose. En un mot le développement des Acalèphes est une alternance de générations, qui dans certains cas a pu être ramené à une métamorphose : le développement des Cestodes, au contraire, est « une métamorphose qui par l'individualisation de certains produits d'accroissement peut laisser s'établir des formes diversement compliquées de l'alternance de générations ». (Claus.)

En même temps qu'on transformait ainsi la théorie du développement des Cestodes, on modifiait également les opinions reçues sur celui des Trématodes. On sait qu'il existe deux groupes de

Trématodes, les Monogénèses, à développement direct, qui paraissent les plus anciens et qui ne nous occuperont pas, et les Digénèses ou Distomiens, à développement compliqué, qui ont été fréquemment étudiés. Ces derniers étaient considérés, jusque dans ces derniers temps, comme des animaux à développement métagénétique. On sait que leur embryon se transforme dans un premier hôte en un « sac germinatif » qui porte les noms de *sporocyste* (fig. 6), ou de *rédie* (fig. 7), suivant son degré d'organisation : celui-ci engendre, directement ou par l'intermédiaire d'une deuxième génération de sacs germinatifs, une larve mobile, la *cercaire* (fig. 8), qui gagne un deuxième hôte où elle s'enkyste pour se transformer en un Distome, par exemple, qui, deviendra adulte et sexué lorsqu'il aura été avalé par un

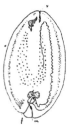

Fig. 5. — *Amphilina foliacea* Rud., de grandeur naturelle (d'après Salensky) ; *f*, orifice femelle ; *m*, orifice mâle ; *v*, ventouse.

Fig. 6. — Sporocyste de Distome rempli de cercaires ; *c*, cercaire ; *a*, aiguillon ; *q*, queue.

troisième animal. On considérait les « sacs germinatifs », sporocystes ou rédies, comme représentant une génération asexuée susceptible de bourgeonner : c'étaient des nourrices ou même des grand'nourrices dans le cas où ils produisaient de nouveau des sporocystes ou des rédies, et le développement des Trématodes digénèses étaient une alternance de générations. Mais il est prouvé maintenant que les amas cellulaires des sporocystes et des rédies, d'où proviennent les cercaires, ne sont pas, comme on le croyait, de simples cellules parenchymateuses, des spores, mais représentent des rudiments ovariens et des œufs se développant sans fécondation, par parthénogénèse. Il n'y a donc pas non plus chez les Trématodes de véritable alternance de générations sexuée et asexuée, mais une succession de générations sexuées : leur développement est une *hétérogonie* dans laquelle sont intercalées une ou plusieurs générations de formes larvaires parthénogénétiques, comme cela existe chez les Insectes (*Cecidomya*, etc.).

Les idées actuelles sur le mode de développement chez les Cestodes et chez les Trématodes étant connues, il nous reste à montrer les relations phylogéniques de ces groupes. Les transformistes ont toujours été portés à considérer les Cestodes comme dérivés des Trématodes : leur simplicité extrême, liée à leur parasitisme interne, la place évidemment au-dessous des Trématodes, qui se

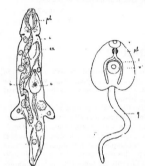

Fig. 7. — Rédie de *Distome* renfermant une cercaire (*c*); *ex*, organe excréteur; *i*, intestin; *ph*, pharynx.

Fig. 8. — Cercaire de *Distomum hepaticum* (d'après Thomas); *i*, intestin; *ph*, pharynx; *q*, queue; *v*, ventouse buccale; *v'*, ventouse ventrale.

rapprochent beaucoup plus des Plathelminthes libres [1]. Mais c'est seulement depuis qu'on s'est mieux rendu compte de la valeur des phases larvaires, qu'on a pu établir d'une façon plus précise les homologies du développement de ces animaux. Les homologies des phénomènes embryologiques proprement dits sont connues : la formation de l'œuf aux dépens de deux glandes (germigène et vitellogène), les premiers stades de son développement et en particulier la formation des membranes embryonnaires, tout se passe d'une façon identique dans les deux groupes. On peut pousser plus loin la comparaison, à la condition de ne pas faire entrer en ligne les sporocystes et les rédies qui semblent être des cercaires régressées, arrêtées

dans leur développement par une abondante production d'œufs parthénogénétiques, et qui représentent par conséquent une génération intercalée secondairement. La cercaire typique doit seule être prise en considération. De même il faut laisser de côté la forme cysticerque, car il est certain qu'elle n'est qu'une modification d'une forme plus primitive dont on connaît aujourd'hui de nombreux exemples, le *cysticercoïde* (fig. 9). On désigne sous ce nom une forme larvaire homologue au cysticerque, dans laquelle la vésicule est extrêmement réduite et souvent suivie d'un petit appendice caudal : les cysticercoïdes ne se trouvent que chez les Invertébrés, et c'est encore une raison pour les considérer comme plus anciens que la forme cysticerque, dont les hôtes, les Vertébrés, sont d'apparition plus récente. Or le cysticercoïde divisé en deux parties, une antérieure principale et une postérieure en forme d'appendice, rappelle exactement une cercaire dont l'appendice caudal se serait réduit en perdant son rôle d'organe moteur, de même que dans la portion principale du corps le tube digestif et les organes protecteurs (aiguillons, ventouses), auraient disparu en devenant inutile par suite du transport passif de la larve dans son hôte.

On considère donc actuellement le cysticercoïde comme une cercaire transformée et comme le premier échelon du type Cestode. Il a pu, tout en conservant sa forme et son habitat chez les Invertébrés, acquérir des organes génitaux et devenir adulte sur place, comme c'est le cas de l'*Archigetes Sieboldii* (fig. 10), cet intéressant petit parasite des

Fig. 9. — Cysticercoïde à appendice caudal de *Tænia bifurca* Hamann (d'après O. Hamann); *q*, appendice caudal.

Fig. 10. — *Archigetes Sieboldii* R. Leuck., grossi environ 30 fois (d'après Leuckart); *q*, appendice caudal.

Tubifex, décrit par Ratzel et dont Leuckart fut le premier à montrer l'importance [1]. Mais en passant

---

[1] Weldon, il est vrai, a décrit sous le nom de *Haplodiscus piger* un animal qu'il considère comme un Cestode libre, mais qui paraît être en réalité un Rabdocœle acœle.
Depuis que nous avons écrit ces lignes, L. von Graff a montré qu'il s'agit en effet d'une espèce du genre *Convoluta* (*Zoolog. Anzeiger*, janvier 1892).

[1] Claus cependant ne considère pas l'*Archigetes* comme un type absolument primitif, mais comme un cas exceptionnel de larve ayant acquis des organes sexuels faute de pouvoir,

chez des hôtes plus favorables, chez les Vertébrés, le cysticercoïde s'est transformé : l'appendice caudal s'est considérablement développé en devenant l'énorme vésicule du cysticerque et le reste du corps s'est enfoncé dans sa profondeur pour se protéger, de sorte que cette vésicule a pris une importance considérable et se développe la première. Plus tard, dans certains cas cette protection devenant inutile, la vésicule a régressé et disparu (Bothriocéphale), ou, au contraire, devenue très grande, elle a pu acquérir une nouvelle fonction, celle de prolifération, qui assure plus efficacement la conservation de l'espèce (Cœnure, Échinocoque) ; et c'est ainsi qu'une alternance de générations a fait son apparition dans le groupe.

Nous laisserons de côté la question fort obscure de savoir si les hôtes intermédiaires ont été les hôtes originels, ou si, comme le pensent certains auteurs (Claus), ils sont intervenus secondairement dans le cours de l'existence des parasites, et nous rappellerons simplement, pour clore cet article, qu'on s'accorde généralement à considérer les Trématodes comme dérivés de Planaires devenues parasites et ayant subi des modifications concordant avec leur nouvelle existence.

G. Saint-Remy,

Docteur ès sciences.

REVUE ANNUELLE D'HYGIÈNE

En cette fin de siècle où certains prétendent que l'homme dégénère, la science, requise de le protéger, élève un monument à l'Hygiène. Sans qu'il y paraisse, chaque année apporte sa pierre à l'édifice. Celle qui vient de s'écouler depuis notre Revue du 30 mars 1891 semble l'avoir affermi plus qu'elle ne l'a élevé. Aucune grande découverte n'a surgi, mais plusieurs institutions utiles ont reçu d'importants développements, quelques faits nouveaux ont été mis au jour, un petit nombre d'applications pratiques ont été tentées avec succès. Ces progrès partiels concernent la législation sanitaire, l'hygiène des villes, la prophylaxie spéciale de quelques maladies contagieuses, l'alimentation, enfin l'hygiène militaire.

I. — LÉGISLATION SANITAIRE

§ 1. — La conférence internationale de Venise

Toutes les épidémies de choléra qui ont ravagé l'Europe nous sont venues de l'Orient. Aussi les nations européennes se sont-elles préoccupées d'arrêter l'infection avant son entrée dans le bassin méditerranéen. Le nombre des conférences internationales réunies à cet effet, — à Paris en 1851, à Constantinople en 1866, à Vienne en 1874, à Rome en 1885, — témoigne des difficultés de l'entreprise.

La création du canal de Suez a rendu plus nombreuses et plus rapides les communications entre les ports de l'Europe et ceux des Indes. D'autre part les Anglais,— fidèles à leur principe : *times is money*, — ont toujours protesté contre les quarantaines, qui causent un grave préjudice à leurs navires. Confiants dans leur organisation sanitaire, ils réclament pour leurs vaisseaux le libre passage, même quand les navires sont partis d'un port contaminé.

Le Conseil de santé maritime et quarantenaire d'Alexandrie, composé de délégués européens, auxquels sont adjoints un certain nombre de délégués égyptiens, avait jusqu'en ces dernières années maintenu énergiquement les mesures sanitaires prescrites par les conférences ultérieures. Malheureusement l'Égypte est devenue terre britannique : les délégués égyptiens ne sont plus que des fonctionnaires à la dévotion du gouvernement anglais qui les nomme, et la majorité du Conseil n'est plus qu'un instrument docile entre les mains du représentant anglais, M. Mieville. Aussi les navires anglais, *quel que soit l'état sanitaire du port d'embarquement*, passent-ils actuellement le canal sans aucune contrainte.

Mais la politique égyptienne, soumise elle-même aux fluctuations de la politique européenne, peut changer. Les Anglais peuvent se voir obligés un jour d'évacuer l'Égypte, et, par suite, le Conseil sanitaire recouvrer son indépendance et faire exécuter de nouveau les règlements internationaux. C'est pourquoi l'Angleterre a incité le gouvernement autrichien à proposer une nouvelle conférence qui, d'après elle, devait donner une sanction légale à ce qui existait déjà de fait : le libre transit de ses navires dans la Méditerranée.

Quatorze puissances ont adhéré à cette Conférence qui vient d'avoir lieu à Venise (janvier 1892). La France était représentée par M. Barrère, notre ministre à Munich, et par les Professeurs Brouardel et Proust ; l'Angleterre, par MM. Lowther et Matkie, sans compter les délégués égyptiens. Si nous ne citons que les délégués de ces deux pays, c'est que

---

passer dans son hôte définitif, analogue à ce qu'on observe chez certains jeunes Trématodes enkystés (*Gasterostomum gracilescens*, *Distomum agamos*).

la lutte, ainsi que le faisaient remarquer les journaux anglais, semblait devoir se circonscrire entre les représentants de ces deux nations.

L'Angleterre est plus que tout autre intéressée au libre transit : les statistiques de navigation par pavillon dans le canal montrent en effet que les bâtiments anglais représentent 84 % du chiffre total. Mais, il faut ajouter que, si, malheureusement, nos navires de commerce forment un bien faible appoint au mouvement du canal, la France n'en est pas moins autorisée à exiger l'application des mesures sanitaires efficaces dans la mer Rouge, en raison de son rôle en Afrique et des relations que le pèlerinage à La Mecque établit chaque année entre Suez, l'Algérie et la Tunisie.

Dans le protocole soumis à la délibération des délégués, l'Angleterre demandait expressément l'autorisation, pour les navires anglais venant d'Orient et déclarés infectés, ou simplement suspects, d'opérer le transit du canal et de poursuivre librement leur voyage vers l'Angleterre, sans être soumis à une quarantaine. Toutefois le protocole établissait les conditions requises pour qu'une telle licence fût accordée : pendant la durée du transit les navires ne pourraient débarquer ni personnel, ni marchandises, et n'auraient aucune communication avec la terre ; à la sortie, obligation de se rendre directement à leur port de destination, sans faire escale sur un point du littoral méditerranéen.

Les propositions anglaises n'ont pu tromper personne. Un navire traversant le canal sans communication avec la terre est une illusion. Le canal avec ses 160 kilomètres de longueur n'a que 32 mètres de largeur ; dans les garages les navires sont amarrés tout près de la berge. Les pilotes nécessaires pour la traversée et les gardes de santé établiront forcément le contact que l'on prétend éviter.

Enfin les navires qui traversent la mer Rouge embarquent des chauffeurs égyptiens qu'ils gardent pendant leur voyage aux Indes et débarquent ensuite au retour. Or, ce débarquement se fait à l'endroit le plus voisin de leur gourbi. C'est de cette façon, il est bon de le rappeler, que le choléra a été importé à Damiette en 1883.

Enfin, dans la Méditerranée, le navire suspect ou même infecté peut être forcé par fortune de mer à relâcher dans le premier port accessible, port nullement outillé pour l'observation et la désinfection. En 1890 le navire anglais le *Fulford*, ayant eu à bord des décès de choléra et ayant passé par privilège le canal après avoir indiqué Falmuth comme son port de destination, ne s'est-il pas rendu directement à Bordeaux [1]?

[1] Henri Monod. Lettre au *Brislish medical journal*, à propos des quarantaines, sept. 1891.

Les conventions adoptées par la Conférence de Venise font espérer que des faits de ce genre ne se reproduiront plus. Grâce à l'habile et énergique attitude de nos représentants, la Conférence a arrêté les décisions ainsi résumées par le P' Brouardel [1] :

« Tous les objets entrant doivent passer à l'étuve ; quand il n'y a pas de malades à bord, ce service de désinfection ne prendra pas plus de sept à huit heures. S'il y a des malades, ils doivent être débarqués, isolés, et le navire entier doit être désinfecté. Ces opérations exigeront un délai maximum de cinq jours.

« Ce règlement, écrit l'éminent hygiéniste, réalise un progrès sérieux sur l'ancien. Les Anglais auraient voulu qu'il fût adouci davantage. Mais nous avons fait observer qu'en cinq ans, sur plus de 16.000 navires, 28 auraient été retenus quelques heures, et 2 seulement cinq jours au plus ; l'accord s'est fait entre toutes les puissances, et notre proposition a été votée à l'unanimité.

« Le choléra peut également pénétrer par la Perse et la Mésopotamie ; mais les caravanes qui suivaient cette voie ont considérablement diminué depuis le percement de l'isthme de Suez. Toutefois, le docteur Proust a émis le vœu, qui a été adopté, de réunir, dans quelque temps, une nouvelle conférence où cette dernière question sera résolue [2]. »

§ 2. — La nouvelle loi proposée au Parlement français

Indépendamment des mesures internationales prises contre les épidémies à grande extension, tous les états civilisés ont senti, depuis une dizaine d'années, la nécessité de renouveler leur législation sanitaire pour organiser, chacun sur son territoire, la lutte contre les maladies infectieuses. Dans cet ordre d'idées, nous devons signaler comme l'évènement le plus important de ces derniers mois la nouvelle loi sanitaire, actuellement soumise aux Chambres [3].

[1] BROUARDEL, Rapport sur la Conférence internationale de Venise, Paris, 1892.

[2] L'administration anglaise, il faut le reconnaître, a pris cette année d'excellentes mesures sanitaires en Égypte. En juillet 1891, simultanément on signalait l'apparition du choléra à la Mecque et en Syrie ; l'Égypte était donc menacée par deux points. Dans les mois d'août et de septembre la station quarantenaire d'El-Tor recevait 12.000 pèlerins, dont 121 moururent, mais 6 seulement du choléra. Les désinfections furent faites avec soin. — Dans l'intérieur même du pays, des commissions sanitaires responsables ont été organisées. Au Caire 13.000 gourbis ont été nettoyés ; 3.000 détruits, 2.000 autres étaient condamnés. La démolition n'a pas encore eu lieu. Les mosquées sont entourées de latrines, qui laissent fort à désirer au point de vue de l'hygiène ; près de 4.000 d'entre elles ont été soumises à des modifications hygiéniques, reblanchies à la chaux. 14.000 maisons particulières ont été traitées de même au Caire.

[3] Le projet de loi a été déposé le 4 décembre 1891 sur le bureau de la Chambre par le Ministre de l'Intérieur.

Nous étions restés, à ce point de vue, fort en arrière sur la plupart des nations européennes. Alors que l'Angleterre possédait, depuis 1875, son remarquable *Public Health Act*, que l'Italie, il y a deux ans, instituait une administration sanitaire complète, les défenseurs de l'hygiène en France étaient réduits à chercher dans un alinéa de la loi du 17 juillet 1791, remaniée en 1884, des armes contre la propagation des affections contagieuses. Il y avait bien la loi de 1822, votée sous le coup de la terreur du choléra; mais elle ne visait que les épidémies passagères, et, par le fait même des sanctions draconiennes qu'elle édictait, elle était devenue impraticable.

La nouvelle loi semble au contraire comporter une immédiate application. Parmi les obligations qu'elle impose, il convient surtout de signaler celles qui concernent les règlements communaux, les logements insalubres, la déclaration des maladies contagieuses et la vaccination.

Règlements communaux. — La loi proposée prescrit à toutes les communes de posséder un règlement sanitaire approuvé par le préfet après avis du Conseil d'hygiène départemental. Elle les met en demeure de procéder aux travaux d'assainissement ou d'amenée d'eau potable; les dépenses à ce sujet peuvent être ordonnées d'office par le Gouvernement après avis du Comité consultatif d'hygiène publique de France, et être portées intégralement à la charge des communes.

L'importance de cette disposition n'échappera à personne. Il est souvent difficile à un maire, même appuyé par un Conseil municipal intelligent, de prendre des mesures onéreuses pour le budget de la commune et très mal accueillies par les contribuables. Seul le pouvoir central est assez éloigné et assez fort pour imposer ces mesures. En Angleterre, le pays des franchises communales, le Parlement n'a pas hésité, soutenu en cela par une opinion publique éclairée, à donner au *Local government board* des pouvoirs étendus sur tout le territoire du royaume. C'est un exemple à imiter.

Logements insalubres. — Sur la grosse question des logements insalubres notre législation demandait aussi à être modifiée. La loi du 13 avril 1850, qui concernait ces logements, exigeait, pour être exécutoire, une multitude de conditions rarement réunies; le soin de l'appliquer était entièrement abandonné aux Conseils municipaux : on peut dire qu'en fait elle n'existait pas. Elle n'avait trait du reste qu'aux locaux loués, laissant aux propriétaires qui habitent leur immeuble « cette liberté du suicide » qui était dangereuse en réalité non seulement pour eux-mêmes, mais pour la société

eulière. Le libellé de la loi actuelle est beaucoup plus vaste : il permet d'agir sur tout établissement qui menace la santé publique, quelles que soient les conditions de l'occupant.

La loi ne pourra cependant être utilement appliquée que s'il existe une forte organisation sanitaire, constituée par des éléments indépendants des influences locales. Il faudrait un personnel analogue à celui des *medical officers of health* d'Angleterre, des *Kreisphysici* d'Allemagne et des *medici condotti* d'Italie. Les inspecteurs des enfants assistés, sont-ils, à l'heure actuelle, assez instruits pour s'acquitter de cette mission? Elle leur serait, croyons-nous, plus utilement confiée si on les astreignait d'abord à étudier l'hygiène dans une école de médecine. Il en est ainsi en Angleterre : différentes écoles délivrent à ce sujet un diplôme spécial après examen : tel le diplôme de *Doctor of State medicine* de l'Université de Londres, celui de docteur ès sciences sanitaires de l'Université d'Édimbourg.

Déclaration des maladies contagieuses. — Le projet de loi rend obligatoire dans un délai de 24 heures la déclaration à l'autorité publique de tout cas de maladie endémo-épidémique, par tout docteur, officier de santé ou sage-femme qui en a constaté l'existence, ou, à défaut, par le chef de famille ou les personnes qui soignent les malades. La liste de ces maladies est dressée par arrêté du Ministre de l'Intérieur, sur avis conforme de l'Académie de Médecine et du Comité consultatif d'hygiène publique de France.

Jusqu'à présent, par suite de l'application de l'article 378 de notre code sur le secret professionnel, les médecins n'ont pu signaler aucun cas dangereux constaté dans leur clientèle. Si nous jetons un coup d'œil sur les législations étrangères, nous voyons qu'en Angleterre l'acte du 30 avril 1889 a réglementé de nouveau cette déclaration en précisant les faits, qu'en Prusse elle est obligatoire depuis plus de 50 ans (ordonnance royale du 8 août 1835). En Italie, la nouvelle loi sanitaire de 1890, dont l'application n'a commencé sérieusement que cette année, comprend également la déclaration. Aux États-Unis même obligation.

Il était temps que, chez nous, semblable principe fût admis; mais il est un point sur lequel les discussions ont été fort vives, soit à l'Académie de Médecine, soit à la Société de Médecine publique et enfin dans le Parlement : A qui incombe la déclaration? Dans le projet de loi déjà discuté et voté par la Chambre des députés sur l'exercice de la médecine en France, on avait voulu que le médecin seul fût astreint à cette déclaration, à l'exclusion des personnes appartenant à la famille ou à la maison. On eût commis ainsi une grosse faute : si nous voulons lutter efficacement contre les maladies transmissibles, la mesure doit être générale : aucun cas ne doit passer inaperçu, même quand il s'agit de rougeole bénigne, pour laquelle, dans certains milieux, on n'appelle pas le médecin; on l'appellerait même d'autant moins que l'on voudrait éviter les ennuis d'une désinfection ordonnée d'office. Il est donc de toute nécessité que la responsabilité soit répartie entre le médecin et le chef de la famille ou de la maison. Il nous paraît, d'autre part, insuffisant de laisser, comme certains l'ont proposé, cette responsabilité aux chefs de famille ou de maison, ces derniers pouvant toujours arguer de leur ignorance quant au diagnostic. Le projet de loi, tel qu'il est présenté par le Ministre de l'Intérieur, nous paraît donc complet [1].

Vaccination et revaccination. — La vaccination et la revaccination antivarioliques sont enfin, dans la nouvelle loi, l'objet de prescriptions impérieuses. La vaccination est obligatoire au cours de la première année de la vie, la revaccination au cours de la dixième et de la vingt et unième année. Les parents ou tuteurs sont tenus personnellement à l'exécution de cette mesure.

Cet article était impatiemment attendu chez nous par la grande majorité des hygiénistes. Nous ne reviendrons pas sur les preuves, apportées chaque année, de l'efficacité de la vaccination contre la variole. Signalons cependant le très intéressant rapport du Dr Dubrisay sur les varioleux d'Aubervilliers. De 1887 à 1891, l'hôpital d'isolement avait reçu 3.138 varioleux ; parmi les 48 médecins, internes ou employés en contact journalier avec les varioleux dans l'établissement, aucun n'a été atteint, grâce au système des revaccinations. Dans le *Board's Small Hospital* de Londres, même résultat, plus convaincant encore, car il repose sur une plus longue observation : sur 1.334 employés, 13 seulement contractent la variole ; ce sont précisément ceux qui n'avaient pas été revaccinés ; néanmoins la première vaccination avait été suffisante pour atténuer la maladie : aucun d'eux ne mourut.

Quant à la nécessité de l'obligation, elle apparaît clairement devant l'incurie constatée des parents qui ne font pas vacciner leurs enfants. Sur 4.000 enfants qui naissent par mois à Paris, dit Bertillon, 1.000 à peine sont vaccinés dans l'année.

En Italie la loi sanitaire du 22 décembre 1888 avait décrété la vaccination obligatoire; mais ce n'est qu'en 1891 [1] que la vaccination et la revaccination ont été fortement organisées. Tous les nouveau-nés doivent être vaccinés dans les six premiers mois qui suivent leur naissance. Sont seuls exceptés ceux qui auraient contracté la variole pendant ce laps de temps, et seraient dans des conditions spéciales de maladies s'opposant à une vaccination immédiate, d'après certificat du médecin vaccinateur officiel (*medico vaccinatore ufficiale*). Une revaccination doit être opérée entre la dixième et la onzième année ; les directeurs d'institutions, de fabriques, d'usines, ne peuvent recevoir un enfant de plus de 11 ans, s'il n'est porteur d'un certificat de revaccination postérieur à sa huitième année. La loi italienne est donc encore plus sévère que notre nouvelle loi française.

II. — HYGIÈNE URBAINE.

§ 3. — Les mesures générales d'assainissement dans les grandes villes.

L'immixtion de l'Autorité supérieure dans les questions d'hygiène communale, sera surtout profitable aux petites villes et aux campagnes où les municipalités ignorantes se soucient fort peu d'assainissement. En général les grandes cités veillent davantage à leur salubrité. Cependant on en peut encore citer bon nombre en France et à l'Etranger dont l'état sanitaire est déplorable.

Amélioration de l'état sanitaire des villes italiennes. — En Italie la plupart des grandes villes sont de véritables cloaques où s'entretiennent et se multiplient divers germes d'infection. Aussi la mortalité y est-elle particulièrement élevée : tandis qu'en Suède, — la nation la plus favorisée de l'Europe, — la mortalité n'atteint pas 16 $^{00}/_{00}$, qu'elle arrive à 17,95 en Angleterre et à 24,43 en France, elle est de 27,53 en Italie [2].

Le Gouvernement et plusieurs grandes villes de la Péninsule se sont enfin émus de cet état de choses, et décidées à y remédier. Quelques municipalités ont déjà entrepris d'importantes améliorations [3]. Il est intéressant de constater que presque par-

---

[1] En Angleterre l'obligation s'impose aux chefs de famille comme au médecin appelé; il en est de même aux États-Unis, en Prusse, dans le Wurtemberg, en Hongrie. Au contraire, en Italie, en Serbie, en Bavière, en Saxe, dans le Mecklembourg, le duché de Bade, les villes hanséatiques, le Portugal, le médecin seul est tenu à la déclaration. En Hollande, la loi n'oblige que les parents, de même dans le Grand-Duché de Hesse.

[1] Par l'arrêté du 20 juillet 1891.
[2] L'Autriche, — où nous n'avons cette année à signaler aucun progrès marquant, — a une mortalité encore plus élevée : 28,62 $^{00}/_{00}$.
[3] En ces derniers temps la loi du 14 juillet 1888 qui autorise les villes à emprunter à la *Caisse des dépôts et prêts*, pour les travaux d'hygiène, à un taux variable de 3 à 4,5 0/0, a permis à plusieurs de commencer de grands travaux.

tout, c'est l'adduction d'eau potable qui domine.
C'est ainsi que nous relevons, dans le rapport du
Pr Pagliani, directeur du Service de la Santé publique au Ministère de l'Intérieur, les chiffres suivants relatifs aux diverses dépenses d'assainissement pour le premier *quadrimestre* de 1891 :

Travaux d'adduction d'eau potable...	9	villes	Fr.	1.304.567
Lavoir...............................	1	—		20.000
Lavoir et abattoir..................	1	—		132.000
Cimetières.........................	1	—		12.733
Cimetières et voies publiques.......	1	—		52.636
Voirie publique..	2	—		73.600
Assainissement général.............	2	—		1.141.606
Totaux.... ....:..	17			2.737.142

A cette somme il faut ajouter 1.227.708 francs
d'emprunts à 3 %, dans lesquels l'adduction d'eau
prend part pour 524.273 francs, répartis sur 33 communes.

A Florence [1], une cruelle épidémie de fièvre typhoïde avait sévi en 1890 dans le quartier alimenté
par l'aqueduc de Montereggi; le bacille typhique
avait été découvert dans les conduites de ce canal.
La municipalité s'est décidée en 1891 [2] à ne plus
en livrer l'eau pour la boisson ; en outre elle a
résolu de dériver dans la ville des sources, distantes de 80 kilomètres et situées sur le versant de
l'Apennin étrusque. Florence recevra ainsi 30.000 mètres cubes d'eau saine par 24 heures, soit 179 litres
par habitant [3].

A Turin [4], il y a lutte depuis un an entre deux
projets : l'un, défendu par Pagliani, propose
d'établir une double canalisation pour éviter la
pollution des eaux de boisson par les eaux-vannes.
L'autre, soutenu par les sénateurs Pacchiotti et
Corradini, préconise le *tout à l'égout*. Ce dernier
système semble devoir l'emporter, car c'est en sa
faveur que s'est prononcé Bechmann, l'éminent
directeur du Service des Eaux à Paris, auquel les
Turinois se sont adressés pour l'étude de leurs
améliorations sanitaires [5].

A Venise, d'autres dispositions ont été prises [6]. La
ville est bâtie sur une série d'îlots dont la pente est
absolument nulle. Le service d'adduction de l'eau

[1] RADDI, L'eau potable à Florence. Analyse dans le *Génie
sanitaire*, 15 octobre 1891.

[2] Décision de la Commission municipale, en date du 18 février 1891.

[3] Prévoyant cependant le cas où cette quantité d'eau salubre ne pourrait être obtenue, la municipalité a admis le
principe d'une double canalisation, l'une pour l'eau potable, l'autre pour l'eau destinée aux lavages.

[4] *Ibidem*, 15 juillet 1891.

[5] « La situation topographique de Turin, sur une plaine
inclinée vers le confluent de la Dora et du Pô semble indiquer,
dit Bechmann, que la nature a voulu tracer les grandes
lignes du projet : en plus, dans le gisement inférieur, on
trouve les éléments nécessaires à l'utile emploi des eaux
d'égout. »

[6] RADDI. L'assainissement de Venise. Analyse dans le *Génie sanitaire*, 15 octobre 1891.

a pu être assuré, dans ces dernières années, d'une
façon largement suffisante; mais il n'en a pas été
de même de l'évacuation. L'Institut royal de Venise,
qui avait mis cette question au concours, vient de
donner le prix au projet de Gadel et Gosetti. Les
auteurs, partant de cette idée, plus qu'hypothétique, que l'eau de mer peut servir de désinfectant,
proposent des fosses Mouras à vidange automatique et décharge directe dans des canaux inférieurs
au niveau de la haute mer. Ils pensent que la mer
effectuera le lavage. Les avantages de ce système
paraissent tout au moins trop insuffisants pour
excuser les trois millions qu'il exigerait. Aussi
Spataro [1] continue-t-il à défendre le projet Shone
qui consiste à employer l'air comprimé pour transporter les *nuisances* en pleine mer, à une grande
distance du rivage.

Améliorations à Kiew et à Munich. — En Russie,
c'est aussi le *tout à l'égout* qui paraît triompher. La
ville de Kiew vient de l'adopter. Les eaux-vannes,
réunies dans des collecteurs spéciaux, seront
chassées, à l'aide de l'air comprimé, dans des conduites principales, qui les amèneront à des champs
d'irrigation comprenant 300 hectares et situés à
dix kilomètres de la ville.

A Munich, une tout autre décision a été prise.
Sous l'influence du célèbre hygiéniste Pettenkofer,
la municipalité a résolu de déverser *directement*
dans l'Isar les eaux-vannes, sans aucune décantation préalable. Comme nous le faisions remarquer
l'an dernier ici-même [2], Pettenkofer croit à la purification des rivières à cours rapide. Il prétend, —
mais cela ne nous paraît pas démontré, — que les
égouts ne sauraient contaminer un fleuve dont le
débit est quinze fois plus fort que le leur, et la
vitesse d'écoulement supérieure à 0m60 par seconde.

Les Munichois se sont laissé convaincre. Mais,
en aval, les villes riveraines de l'Isar, doutant de
la purification spontanée, protestent contre ce
déversement direct des excreta des 300.000 Munichois. Elles ont trouvé dans le Pr Ranke un ardent
défenseur et demandant au Gouvernement de les
protéger.

Assainissement de Marseille. — En France, l'événement principal, dans l'ordre d'idées qui nous occupe, est l'assainissement de Marseille. Par sa
situation et l'intensité de son commerce avec l'O-
rient, ce grand port présente, au point de vue de
l'hygiène générale de la France, on pourrait même
dire du monde entier, une importance exceptionnelle. Cependant sa réputation est détestable : sa

[1] *Ingegneria Sanitaria* nos 6 et 7 de 1891.

[2] Voyez la *Revue* du 31 mars 1891, t. II, p. 183.

mortalité dépasse le taux de 3 $^{00}/_{00}$. Cette mauvaise réputation, espérons-le, ne sera plus bientôt qu'un souvenir : Marseille vient d'entreprendre son assainissement complet. Les grands travaux ont été votés par le Conseil municipal le 6 décembre 1889 et le Parlement a ratifié le projet de loi le 18 juillet 1891. Immédiatement on s'est mis à l'œuvre, et au mois de septembre quatre ministres se rendaient à Marseille pour inaugurer le commencement des travaux.

Grâce à l'œuvre grandiose de M. de Montricher, Marseille dispose d'une quantité d'eau considérable. On pouvait donc adopter le principe du *tout à l'égout*. Le réseau complet comprend près de 300 kilomètres de collecteurs secondaires et d'égout, qui iront déverser leur contenu dans un collecteur émissaire de 12 kilomètres de longeur débouchant en pleine mer, dans la calangue de Cortion, où les fonds varient entre 50 à 60 mètres. Pour les quartiers bas de la ville, qui se trouvent à un niveau inférieur au grand collecteur, on doit établir des machines élévatoires.

Nous ne saurions nous étendre ici sur les questions techniques soulevées par ces grands travaux ; mais, quand il s'agit d'hygiène urbaine, la partie financière joue un rôle important, et il n'est pas sans intérêt d'indiquer les dispositions adoptées. La ville a passé un traité ferme avec les entrepreneurs ; les dépenses ont été fixées à forfait à 33.500.000 francs, payables en une somme de 10 millions à verser six mois après la réception des travaux, et 50 annuités de 1.224.350 francs. Les entrepreneurs restent responsables de toute l'œuvre pendant 50 ans. Grâce à ce traité, il y a lieu d'espérer que les devis ne seront pas dépassés, comme ils le sont presque toujours quand les travaux sont confiés aux architectes municipaux ou départementaux [1].

Souhaitons que l'exemple donné par Marseille soit suivi par nos grandes villes, qui n'ont pas encore abordé leur assainissement méthodique. Il est toutefois à désirer que, partout où on le pourra, même dans les ports, on s'efforce d'utiliser comme engrais les déchets que l'on jette inutilement à la mer. Il y a là une source de richesse perdue, qui est considérable. L'expérience si concluante de Gennevilliers, que l'on va continuer à Achères, ne permet pas de ne pas tenter la fertilisation du sol par les produits de déchets, si riches en principes azotés.

Travaux d'amenée d'eau dans les villes en France. — Depuis sept ans [1] nos communes sont astreintes à soumettre au Comité consultatif d'hygiène de France leurs projets d'amenée d'eau.

M. Henri Monod [2] chargé l'an dernier du rapport sur ce sujet, nous apprend que, depuis qu'existe cette obligation, 333 projets ont été présentés, sur lesquels 17 seulement ont reçu un avis défavorable ; quant aux autres, en 1891 on a constaté que 15 villes semblent avoir abandonné le projet approuvé ; 31 attendent, pour se mettre à l'œuvre, l'amélioration de leur situation financière ; 60 ont entrepris les opérations d'adduction ; 207 les ont exécutées. Sur ces 207 travaux, 26 seulement ont coûté plus de 100.000 francs. Pour les 181 autres, la dépense a été de trois millions, soit, puisqu'elle a intéressé 200.000 habitants, 15 francs par tête.

Les dépenses prévues pour les travaux en cours d'exécution atteignent le chiffre de 1.340.000 fr., pour 240.000 habitants, soit 5,50 par tête. Notons toutefois qu'il s'agit, non de travaux accomplis, mais de dépenses prévues : il peut y avoir loin des devis proposés aux notes à payer.

§ 2. — Les améliorations apportées à quelques éléments de l'hygiène urbaine.

Indépendamment des travaux d'ordre général que nous venons d'énumérer, l'hygiène urbaine exige, surtout dans les centres industriels, des mesures particulières de salubrité. Le logement de l'ouvrier, les crèches, les établissements hospitaliers et quelques services municipaux réclament à ce titre notre attention.

Cités ouvrières. — Au moment où les questions d'hygiène sociale préoccupent toutes les nations, où les parlements de tous les pays abordent les problèmes les plus ardus soulevés par le prolétariat, il n'est pas sans intérêt de jeter un coup d'œil sur ce qui a été tenté jusqu'ici pour l'amélioration des logements ouvriers.

La tendance, de plus en plus marquée, de la population ouvrière à se grouper en certains quartiers, complique souvent le problème.

Quand il s'agit du personnel d'une usine établie dans la campagne, dans une petite localité, où le terrain est bon marché, il paraît encore facile, si l'industriel consent à risquer quelques fonds, si surtout l'ouvrier est intelligent et rangé, de construire le type classique inauguré jadis par la *Société mulhousienne des cités ouvrières* : la villa ouvrière avec un petit jardin, destinée à devenir peu à peu la propriété du locataire. En Angleterre ce

---

[1] Pour couvrir cette dépense, la ville de Marseille a dû être autorisée à établir de nouvelles taxes de voierie et de vidanges. Cette augmentation de taxe est inévitable ; mais c'est toujours là la cause d'un mécontentement pour une partie de la population qui ne peut comprendre l'utilité, disons mieux, l'économie de dépenses d'hygiène sagement comprises.

[1] Circulaire ministérielle du 29 décembre 1884.
[2] Séance du 6 avril 1891.

cottage system est depuis longtemps en honneur. La Société ouvrière de Copenhague, la Société berlinoise de construction ont visé le même but. Ces deux Sociétés ont ceci de particulièrement intéressant qu'elles ont été fondées, dirigées par les ouvriers eux-mêmes associés. Quand nous disons ouvriers, le terme semblera peut-être impropre. Albrecht [1] constate que les maisons élevées à Berlin en 1889 dans ces conditions ont été achetées par un architecte, un dessinateur, deux commerçants, un maître tailleur, etc., et deux ouvriers ! C'est la même chose en Angleterre, à Mulhouse. C'est que, pour l'ouvrier proprement dit, le loyer dans ces constructions, bien comprises évidemment au point de vue de l'hygiène, est encore trop cher. La cherté des terrains dans le centre des villes force les Sociétés à s'installer dans les zones excentriques : d'où l'impossibilité de se rendre au travail sans perte de temps.

Ces difficultés ont été si bien senties que partout existe une tendance à abandonner le *cottage system*, si salubre, si moral surtout, pour revenir au système des casernes, défectueux par la promiscuité qu'il amène, tant au point de vue sanitaire qu'au point de vue moral. Mais c'est le seul qui se prête à la construction de logements à bon marché et il peut encore, grâce à une organisation intelligente, offrir des avantages hygiéniques.

En France, rappelons seulement pour mémoire les efforts tentés à Marseille où ils semblent devoir être couronnés de succès tant au point de vue économique qu'hygiénique.

A Berlin, une société ayant pour titre : *Eigenes Heims* (que l'on peut traduire *chacun chez soi*), vient de construire, dans la banlieue de Rixdorf, une maison à quatre étages, comprenant vingt logements très salubres, loués 150 marks par an. En Angleterre, la fondation Peabody, dont le capital dépasse aujourd'hui trente millions, comprend un certain nombre de maisons du type caserne, qui abritent 23.000 personnes. Dans ces constructions il n'y a qu'une cuisine par étage, disposition économique, mais peu commode, dont s'accommoderaient mal nos ouvriers français.

En réalité, ces cités ne sont accessibles qu'aux ouvriers aisés : L. Vintras, dans une étude récente [1] reconnaît que les ouvriers qui habitent les *Victoria square Artizan Dwellings* de Liverpool gagnent de 30 à 50 francs par semaine.

Désireuse de venir en aide aux vrais nécessiteux, une femme de cœur, Mme Octavia Hill a imaginé le système suivant. Dépourvue de fortune personnelle, elle a réussi à se faire prêter des capitaux, au moyen desquels elle a acheté pour plus d'un million d'immeubles. A Paris et dans la plupart de nos grandes villes, un capital d'un million ne permet pas d'acheter beaucoup de maisons; mais à Londres, une disposition spéciale à cette ville a permis à l'ingénieuse bienfaitrice de multiplier ses efforts : le sol londonien appartient à quelques propriétaires; les maisons construites doivent faire retour au propriétaire du fond après un laps de temps d'environ cent ans : vers la fin du bail la jouissance des immeubles tombe à un prix très bas. Ce sont ces maisons que Mme Octavia Hill utilise pour le logement de ses pauvres. Elles ne constituent pas des maisons modèles; mais enfin, grâce aux soins, au zèle de la directrice de l'œuvre, elles peuvent être considérées déjà comme un progrès.

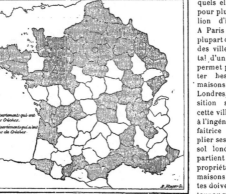

Fig. 1. — Répartition des crèches par département en France.

Crèches. — Parmi les institutions urbaines qui rendent le plus de services à la classe ouvrière, on doit citer les crèches. Elles permettent aux femmes employées dans les usines de ne pas placer leurs enfants en nourrice et de les alimenter elles-mêmes pendant les intervalles de leur labeur quotidien. C'est en 1844 que Firmin Marbeau fonda la première crèche. Depuis cette époque, l'œuvre a prospéré, moins cependant qu'on devrait le dé-

---

[1] ALBRECHT. Die Arbeiterwohnungsfrage, *Gesundheits-Ingenieur*, juin et septembre 1891.

[1] L. VINTRAS. Les maisons ouvrières en Angleterre, *Revue d'hygiène*, 20 février 1892.

sirer. Une récente étude du Dʳ Napias [1] permet d'en apprécier l'état actuel.

Les figures ci-jointes, que nous empruntons à son Mémoire, montrent qu'il existe encore de nombreuses lacunes. La figure 1 indique les départements qui ont des crèches, ne fut-ce qu'une seule, et ceux qui n'en ont aucune. On comprend que certains départements n'aient pas d'établissements de ce genre et que le besoin n'en soit pas urgent : telles les Basses-Alpes, la Savoie, les Pyrénées. D'autre part, l'influence des crèches est essentiellement limitée à un cercle de très faible rayon, quelques centaines de mètre au plus; un département industriel teinté pour deux ou trois crèches peut être considéré comme très pauvre.

Sur le plan de Paris, dressé d'après les derniers documents de 1891 (figure 2), ce qui frappe tout d'abord, c'est l'absence absolue de crèche dans le XIVᵉ arrondissement, composé de quartiers pauvres et ouvriers. Les quartiers de Montparnasse, Montrouge, la Santé et Plaisance en sont dénués, ainsi que celui de Saint-Germain-l'Auxerrois. Passe encore pour ce dernier, riche, — quoique dans Paris richesse et pauvreté se coudoient fréquemment, et qu'au-dessus des appartements de 5 à 6.000 fr. de loyer il existe souvent des chambres, au sixième étage, habitées par des ménages ouvriers.

Mais, s'il faut demander que l'on multiplie les crèches, il faut également, avec l'honorable Secrétaire général de la Société de Médecine publique, exiger que les nouvelles crèches soient établies suivant les règles de l'hygiène la plus avancée. Napias a demandé à des architectes connus des plans de crèche. Ils ont répondu à son désir en présentant des crèches mobiles; malheureusement le devis est donné très approximativement, et dans cette question, où l'initiative privée, moins éner-

gique et moins puissante que dans les pays anglo-saxons, doit seule faire les frais, la question budgétaire est grosse.

Il ne suffit pas que les bâtiments, le jour de l'inauguration, soient larges, spacieux, bien aérés, dotés d'une riche canalisation et d'étuves perfectionnées. Il faut encore et surtout que le personnel soit à la hauteur de sa tâche, que toutes les mesures de propreté, disons mieux, d'asepsie, soient suivies. Ce n'est malheureusement pas le cas à l'heure actuelle : dans certaines crèches le même lavabo, la même éponge servent à nettoyer tous les enfants; il n'y a qu'un seul peigne : on le passe de tête à tête. Napias signale une crèche où il n'existait que deux cuillères pour faire manger la soupe aux enfants, et pour cette raison qu'il n'y avait que deux femmes pour distribuer la soupe. C'est là, selon sa remarque, un communisme primitif et très peu aseptique.

Maternités. — L'antisepsie s'est, au contraire, très développée dans les services d'accouchements. La crainte de la fièvre puerpérale, et si fréquente et si meurtrière dans les maternités populeuses, avait autrefois conduit l'Assistance à disperser les femmes en les mettant en pension chez des sages-femmes. Mais, depuis l'intervention de l'antisepsie, la fièvre puerpérale a disparu des services; la réunion des femmes en couches dans un service confortablement installé n'offre plus aucun danger; les femmes, restant sous la surveillance, nous pourrions dire sous la protection du personnel hospitalier, sont dans de bien meilleures conditions que chez les sages-femmes en ville. Il en résulte en outre une économie notable, ainsi que le faisait remarquer Peyrón dans son rapport de 1889 : l'accouchement, qui coûte en moyenne 69 francs chez une sage-femme, ne revient qu'à 30 francs à l'hôpital.

Les maternités nouvellement construites l'ont toutes été suivant les exigences actuelles; nous ne nous étendrons pas aujourd'hui sur les résultats

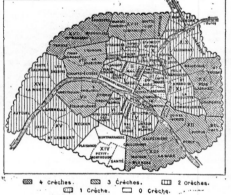

▨ 4 Crèches.   ▧ 3 Crèches.   ▥ 2 Crèches.

▦ 1 Crèche.   ▢ 0 Crèche.

Fig. 2. — Répartition des crèches à Paris.

---

[1] Dʳ NAPIAS : Rapport sur les crèches à la Société de Médecine publique et d'Hygiène professionnelle, 22 juillet 1891 et *Revue d'Hygiène* 2 octobre 1891, page 907.

obtenus, la *Revue* devant les exposer dans un article subséquent. Nous devons cependant signaler les modifications heureuses que l'on peut apporter dans de vieux hôpitaux, pour obtenir à peu de frais un service répondant aux légitimes exigences des accoucheurs. L'expérience faite à ce sujet à l'hôpital de la Charité est démonstrative. C'est avec 130.000 francs, prélevés sur le pari mutuel, que Budin a pu, de concert avec l'architecte municipal Belouet, organiser un service qui ne le cède en rien, au point de vue de l'hygiène, aux hôpitaux neufs; il a obtenu une statistique remarquable : sur 473 femmes entrées dans les dix premiers mois de 1891, il n'y a eu que 5 décès,

à souche contenant des cartes postales ayant franchise et dont ils n'ont qu'à remplir les blancs pour prévenir la Préfecture.

Les chiffres suivants indiquent les progrès accomplis. En 1889 il n'y avait eu que 78 désinfections; en 1890 le chiffre est encore faible, — 652 —, mais il s'élève ensuite brusquement, en 1891, à 2.929 dans les 11 premiers mois, soit à plus de 3.000, si nous ajoutons le mois de décembre, que nous n'avons pas relevé. Notons aussi qu'en 1890 il n'existait encore que l'établissement de la rue du Château-des-Rentiers; celui de la rue des Récollets, ouvert en août, n'a en effet fonctionné qu'en novembre de la même année; il est devenu

Voie et supports mobiles renfermés dans l'Etuve au repos

Fig. 3. — Appareil pour désinfecter les vêtements, la literie et les objets d'ameublements dans la marine.

tous dus à des complications non imputables à une infection intérieure.

Services municipaux de désinfection. — En traitant, l'an dernier à cette même place, des mesures de désinfection à Paris, nous indiquions les défauts inhérents à la double administration de la Ville : par suite d'une non-entente des plus regrettables entre les différents services de la Préfecture de police et de la Préfecture de la Seine, les résultats que l'on pouvait espérer de l'installation des étuves et de l'organisation des voitures spéciales pour les personnes atteintes de maladies contagieuses, étaient des plus faibles. Il y a eu progrès marqué en 1891 : les commissaires de police et leurs agents ont enfin reçu des instructions précises; par le soin des maires, les médecins ont été directement prévenus des démarches, fort simples d'ailleurs, qu'il y avait à faire pour assurer une désinfection par les agents municipaux; enfin, innovation des plus heureuses, il a été mis à la disposition des médecins un livret

le plus actif : 274 désinfections y ont été opérées en novembre 1891. Enfin, un troisième établissement a été créé en avril 1891 dans la rue de Chaligny.

En outre de ces établissements municipaux, certaines maisons de teinture ont organisé des services particuliers; tout en approuvant l'initiative privée, nous devons signaler que des craintes ont déjà été émises sur la parfaite exécution de la désinfection par ces maisons [1]. Il semble indispensable d'organiser un contrôle sérieux des désinfections faites par l'industrie.

Le choix des appareils à employer pour la désinfection est en effet très important. Pour cette raison, il nous paraît utile d'appeler l'attention du lecteur sur les modèles adoptés en France et à l'Etranger. Dans les services hospitaliers de l'armée et de la marine françaises, les appareils préférés sont ceux qui stérilisent par la vapeur au-dessus de 100°, par conséquent sous pression.

[1] Voyez la discussion sur ce sujet à la Société de Médecine publique le 24 février 1892.

Tel est le modèle que représente la figure 3. Il a été construit spécialement pour satisfaire aux besoins d'un puissant navire, avec le minimum d'encombrement. C'est dans ce but que la voie extérieure est mobile et peut se renfermer dans l'étuve quand celle-ci n'est pas en service.

Des modèles analogues fonctionnent dans nos hôpitaux civils. Nous voudrions que la connaissance de ces précieux appareils se répandit dans le public, car il y aurait grand intérêt à les employer à la stérilisation préventive des matelas, draps de lit, serviettes et charpie destinés aux parturiantes pendant l'accouchement et le mois qui suit. Cette précaution, jointe à celles que les accoucheurs doivent s'imposer à eux-mêmes, entraînerait assurément la disparition des accidents puerpéraux.

Les appareils à désinfection adoptés en Allemagne diffèrent peu des systèmes français : les modèles Henneberg et Schimmel, qui y sont surtout employés, exigent de grands frais d'installation. Aussi la nouvelle étuve de Cornet Krohne [1] mérite-t-elle d'être prise en considération en raison de sa simplicité et la modicité de son prix. C'est un cylindre vertical comprenant, à sa partie inférieure, le générateur de vapeur et, à sa partie supérieure, la chambre de désinfection, séparée du générateur par une grille à mailles lâches. Mais l'appareil ne donne que de la vapeur à 100°. En Allemagne, on admet volontiers qu'un courant de vapeur prolongé suffit pour la désinfection, et les expériences, faites à la prison du Moabit par le Dʳ Krohne, tendent à démontrer que les vêtements et les objets de literie souillés par des crachats de tuberculeux ou du sang charbonneux ont été absolument désinfectés. Mais, remarquons-le bien, tout ce que nous a appris la pratique microbiologique tend à faire suspecter le caractère absolu et suffisant de cette désinfection. Provisoirement au moins, il paraît prudent de n'employer que les systèmes où la vapeur agit, sous pression, au-dessus de 100°.

A Paris, le service des voitures d'ambulances annexées aux hôpitaux et aux stations de désinfection, sont en progrès marqué. En 1890, ces voitures avaient transporté 1830 malades, dont 517 contagieux ; en 1891, les transports ont atteint le chiffre de 7.000, dont 1023 dans le dernier mois de l'année. Nul doute que cette augmentation ne se maintienne, et l'on peut prévoir dès maintenant que, si la déclaration obligatoire des maladies contagieuses est inscrite enfin dans notre code, l'organisation actuelle deviendra rapidement insuffisante : il sera nécessaire d'augmenter le nombre

des voitures et des étuves, jusqu'au jour, hélas! lointain encore, où elles deviendront inutiles, les maladies évitables étant devenues les maladies évitées.

III. — Étiologie et prophylaxie
des maladies contagieuses

§ 1. — Fièvre typhoïde

Si l'optimisme des savants ne se trouvait prémuni contre les difficultés de la recherche, certaines maladies sembleraient devoir lasser la patience de leurs efforts. Telle la fièvre typhoïde : il y a trois ou quatre ans, on la croyait sur le point de livrer ses derniers secrets, et voici que plus on l'étudie, plus le problème apparaît compliqué. La nature, l'étiologie et la prophylaxie de cette affection sont à l'heure actuelle l'objet des plus ardentes controverses.

L'agent microbien de la fièvre typhoïde. — Les discussions que nous avons signalées l'an dernier [1] au sujet des caractères et des métamorphoses attribués au bacille typhique, ont continué. La question en litige a pris une importance considérable, en raison surtout de ses conséquences pour l'étiologie. Elle demande à être traitée avec quelque détail.

En 1885 Escherich [2], examinant des selles diarrhéiques de nourrissons, découvrit le bacille qui porte aujourd'hui son nom (Bacille d'Escherich) et qu'on appelle aussi maintenant *Bacillus Coli communis*, parce qu'on a reconnu en lui un hôte normal de l'intestin humain. Hueppe, en 1887, rencontra ce microbe en abondance dans quelques cholérines et émit alors l'idée que, sous certaines influences, il deviendrait virulent [3]. Deux ans plus tard (1889) Rodet et Roux, de Lyon, le trouvèrent dans le pus péritonéal d'un typhique atteint de péritonite localisée, dans les abcès du foie d'un malade ayant présenté un état typhoïde accentué, enfin en abondance dans les selles de plusieurs typhiques authentiques [4]. Fait remarquable, ces selles ne renfermaient pas le Bacille d'Eberth, présent dans la rate, bacille qui, en raison de son existence constante en cet organe et quelques autres chez les typhiques, avait été considéré jusqu'alors comme l'unique agent de la fièvre typhoïde. Les ressemblances frappantes des deux microbes conduisaient à l'hypothèse qu'ils représentent deux variétés de la même espèce, « le *Bacillus Coli* étant l'agent typhogène, et le Bacille d'Eberth, la

---

[1] Voyez la *Revue* du 20 mars 1891, t. II, p. 178.
[2] Escherich, *Forschritte d. Med.* n° 6; 1885.
[3] Hueppe : Zur Ætiologie der Cholerine, *Berliner klinische Wochenschrift*, p. 59; 1887.
[4] Rodet et Roux, *Province médic.* 30 novembre 1880.

---

[1] Desinfektionsapparat Système Cornet Krohne. Gesundheits-Ingénieur, 15 juillet 1891. It. dis. Ja. 92.

modification de ce dernier par le passage dans l'organisme [1] ». Cette idée a provoqué en ces derniers temps de nombreuses recherches. Celles-ci ont porté d'une part sur le lieu d'observation des deux bacilles, d'autre part sur la comparaison de leur évolution morphologique et physiologique : Macé a trouvé, à l'état de pureté, dans la rate d'un typhique le *Bacillus Coli*, non encore Eberthisé [2]. Vallet a rapporté une observation analogue [3]; Charrin et Roger ont décrit le même *Bacillus Coli*, également à l'état pur, dans le liquide pleural d'un typhique; semé sur pommes de terre, le microbe a donné des cultures très voisines de celles du Bacille d'Eberth [4].

Mais les ressemblances des deux bactéries ne sauraient constituer un argument décisif : d'une part, deux microbes d'aspect identique peuvent être très différents; d'autre part, la forme d'un même microbe peut changer. Il y a quelques mois, Babès, étudiant de nouveau les variations du Bacille d'Eberth, corrélatives du milieu et de l'âge de la culture, constatait qu'elles sont plus accusées qu'on ne l'avait cru [5]. Cependant on doit à cet auteur [6] la découverte, réalisée il y a deux ans, d'un fait qui a paru établir une différence assez tranchée entre le Bacille d'Eberth et le *Bacillus Coli* : le premier (fig. 4, A) porte des cils vibratiles, tandis que la plus fine technique n'a point permis d'en déceler chez le second (fig. 4, B). L'été dernier, au Congrès d'Hygiène de Londres, Hueppe disait à Arloing : « Que vos élèves, Rodet et Roux, me montrent des cils du *Bacillus Coli*, et je me range à leur opinion. »

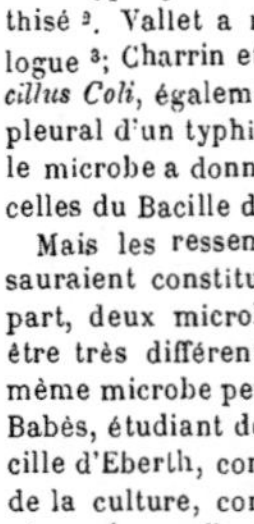

Fig. 4.

L'objection ne manque pas de force. Disons toutefois qu'elle ne nous semble pas décisive. Les cils constituent, au point de vue anatomique, un perfectionnement de l'organisme : il est possible qu'en acquérant plus de virulence, c'est-à-dire — car ces deux choses vont souvent ensemble — plus de vitalité, le *Bacillus Coli* acquiert des cils : on le trouverait donc non cilié et inoffensif dans l'intestin de l'homme sain, cilié et virulent dans la rate du typhique.

Il serait de la plus haute importance d'obtenir expérimentalement cette métamorphose. On ne sait rien de positif à ce sujet. Rodet et Roux [1] nous ont seulement appris que, chauffé à 44°-43°, ou en vieillissant, le *Bacillus Coli* manifeste sensiblement *pendant la vie* (alors que les cils seraient invisibles) les caractères extérieurs du Bacille d'Eberth [2].

Repoussant les vues unicistes de Rodet et Roux, Chantemesse et Widal ont pensé trouver un élément de distinction des deux microbes dans la transformation que ceux-ci font subir aux milieux de culture. Ces auteurs [3], puis Rodet et Roux, Dubief et Perdrix [4] ont étudié, à ce point de vue, l'action des deux bacilles sur les sucres. La discordance des résultats annoncés par ces divers expérimentateurs témoigne des difficultés d'une telle recherche.

Le problème serait sans doute vite résolu par la méthode de l'ingestion ou des inoculations, si l'on connaissait des animaux susceptibles de contracter la fièvre typhoïde humaine *avec ses caractères typiques*. La route se trouvant actuellement barrée de ce côté, on a cherché à comparer les propriétés pathogéniques des deux microbes, observées chez l'homme ou révélées par l'expérimentation sur les animaux. Les cas d'angiocholites suppurées (Charrin et Roger [5], Gilbert et Girode [6]), d'abcès du foie (Veillon et Jayle [7]), de péritonites purulentes (Malvoz [8]), d'abcès calculeux du foie (Rodet [9]), voire de méningite (G. Roux, Adenot et Netter [10]), où la présence exclusive du *Bacillus Coli* a été récemment constatée, semblent assigner à ce dernier une virulence analogue à celle dont on sait aujourd'hui que le Bacille d'Eberth est capable. Quant à l'injection du *Bacillus Coli* et du Bacille d'Eberth aux animaux, les deux microbes semblent produire à peu près les mêmes effets [11].

Il y a cependant de petites différences dans leur puissance virulente. Le temps pendant lequel cette puissance se conserve n'est pas le même pour l'un et l'autre. Selon Vallet [12], la virulence du *Bacillus*

---

[1] Cité dans G. VALLET : Le *Bacillus Coli communis dans ses rapports avec le Bacille d'Eberth et l'étiologie de la fièvre typhoïde*, brochure in-8° de 70 pages; Paris, Masson, 1892. — Le lecteur trouvera dans ce Mémoire l'exposition lumineuse de la question, faite par un partisan de l'unité spécifique des deux bacilles.

[2] MACÉ, cité par G. Vallet, *loc. cit.* p. 19.

[3] G. VALLET, *loc. cit.* p. 19.

[4] Cité par G. Vallet, *loc. cit.* p. 19.

[5] BABÈS : Ueber Variabilität und Varietäten des Typhus Bacillus, *Centralblatt für Bakteriologie*, 14 sept. 1891.

[6] BABÈS. *Zeitschrift für Hygiene* IX, p. 323, 1890.

[1] *Société de Biologie*, 22 février 1891.

[2] Rodet et Roux ne disent pas avoir comparé les deux bacilles tués et colorés par les réactifs que l'on emploie pour déceler les cils.

[3] CHANTEMESSE et WIDAL, *Acad. de Méd.*, 13 octobre 1891.

[4] Discussion à la *Société de Biologie* en octobre, novembre et décembre 1891.

[5] CHARRIN et ROGER : Angiocholites microbiennes expérimentales. Soc. *de Biologie*, 28 février 1891.

[6] GILBERT et GIRODE : Contribution à l'étude bactériologique des voies biliaires, Soc. *de Biologie*, 21 mars 1891.

[7] VEILLON et JAYLE : Présence du *Bacillus Coli communis* dans un abcès dysentérique du foie, Soc. *de Biologie*, 10 janvier 1891.

[8] MALVOZ : Le *Bacillus Coli communis* comme agent habituel des péritonites d'origine intestinale, *Arch. de Méd. expérim.*, t. III, p. 595, 1891.

[9] RODET, Soc. *de Biologie*, 19 décembre 1891.

[10] Cités par G. Vallet, *loc. cit.*, p. 9.

[11] G VALLET, *loc. cit.*, p 31 et suiv.

[12] Ibidem, p. 47 et suiv.

Coli par rapport au *cobaye* augmente quand il se développe dans les matières alvines et devient supérieure à celle du Bacille d'Eberth. Ce dernier, d'après le même auteur, disparaît rapidement des liquides des fosses d'aisance, tandis que le *Bacillus Coli* se conserve et se multiplie.

Étiologie et prophylaxie de la fièvre typhoïde. — Tous ces faits fournissent à l'étude étiologique de la fièvre typhoïde d'intéressantes suggestions : si le *Bacillus Coli*, hôte habituel de notre intestin, peut devenir typhogène, dans quelles circonstances le

sont plus anciennes [1]. » Cette observation même, — notons-le d'autre part, — se concilie difficilement avec la théorie qui voit le *promoteur* de la fièvre typhoïde dans un microbe, — Bacille d'Eberth, — rapidement tué par les vidanges.

Enfin si, comme le veulent Rodet et Roux, le *Bacillus Coli*, habituellement inoffensif dans l'intestin humain, acquiert sa virulence dans les fosses d'aisance, toutes les déjections, — et non plus seulement celles des typhiques, — devront être considérées comme susceptibles de causer la maladie. Budd disait : « Pour faire de la fièvre typhoïde, il

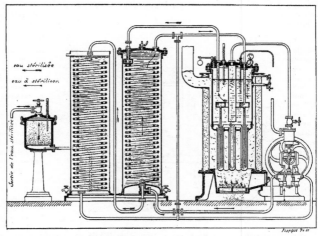

Fig. 5. — Appareil fixe pour stériliser l'eau.

devient-il? Deux hypothèses se présentent : la virulence se manifeste-t-elle dans le tube digestif, sous l'influence d'un état pathologique de l'organisme; ou bien le microbe l'acquière-t-il, en dehors du corps humain, par exemple en se cultivant dans les matières alvines, comme Rodet et Roux inclinent à le croire?

La première supposition ne saurait être rejetée *à priori;* mais elle paraît peu probable, en raison des notions admises sur l'évolution épidémique de la fièvre typhoïde. La seconde, celle de la virulence typhique acquise dans les fosses d'aisance, s'accorde à merveille avec ce fait sur lequel Duclaux insistait déjà en 1882, que les déjections des typhiques « ne semblent pas immédiatement offensives, mais le deviennent d'autant plus qu'elles

faut de la fièvre typhoïde. » Ce principe va-t-il se trouver infirmé?

Ces incertitudes nous commandent de porter notre attention sur tous les modes *a priori* possibles de contagion et d'examiner les faits sans théorie arrêtée à ce sujet. Depuis quelques années, l'observation, cent fois répétée, de la transmission de la la fièvre typhoïde par l'eau, a accrédité en beaucoup d'esprits cette idée que, seule, l'ingestion d'eau contaminée peut déterminer la maladie. Cette opinion n'est-elle pas beaucoup trop absolue? Nous avons cité l'an dernier des cas où la contagion ne paraissait avoir pu se faire que par les poussières [2]. Cette année, nous devons faire remar-

[1] E. Duclaux : *Ferments et maladies*, 1882, page 207.
[2] *Revue*, t. II, page 179.

quer que, malgré les efforts déployés pour donner une plus grande quantité d'eau saine à nos soldats, la fièvre typhoïde n'a point décru dans notre armée d'une façon aussi marquée qu'on l'avait espéré (3.491 décès typhiques en 1890; 3.223 en 1891). A la vérité, M. de Freycinet, dans son rapport pour 1891, signale la disparition de la fièvre typhoïde dans les villes de garnison pourvues d'eau pure. Il attribue soit à des ouvertures de puits, soit à des accidents de conduites d'eau les épidémies meurtrières qui ont éclaté l'an dernier à Maubeuge, Avesnes, Landrecies, Evreux et Perpignan. Cette interprétation n'est point admise, en ce qui concerne les garnisons du Nord, par le Pr Arnould, qui en a minutieusement étudié les conditions. La fièvre typhoïde, qui a touché 370 hommes sur 1.200 (morbidité 30 °/₀) et causé 35 décès (mortalité 3 °/₀), aurait été, d'après l'éminent hygiéniste, indépendante de l'eau consommée : l'eau de Landrecies est captée à une source, et la population civile qui buvait la même eau que la garnison n'a eu que six cas, alors

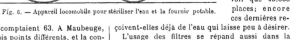
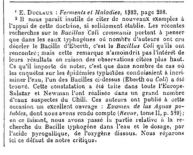

Fig. 6. — Appareil locomobile pour stériliser l'eau et la fournir potable.

que les troupes en comptaient 63. A Maubeuge, l'eau provient de trois points différents, et la contagion a été constatée dans les différents postes. Enfin, l'usage de l'eau bouillie, adopté dès le début de l'épidémie, n'a pas empêché la maladie de se propager : seuls l'isolement, l'abandon des foyers, la désinfection des locaux ont réussi.

Suivant Arnould, qui considère l'homme comme un agent actif de contagion directe, c'est par les soldats eux-mêmes que le mal aurait été transporté de Landrecies à Maubeuge et à Avesnes. Le fait est que le personnel sanitaire et les soldats employés à la désinfection ont été plus atteints que les autres.

N'est-ce pas le cas de rappeler — à titre de suggestion et sous bénéfice de contrôle — quelques observations anciennes de Budd relatives à la soudaine apparition de la fièvre typhoïde « chez les

nouveaux locataires d'une maison que la fièvre typhoïde avait vidée de ses habitants, chez des blanchisseuses qui avaient eu à laver les linges d'un malade, chez de pauvres gens qui s'étaient partagé, ou même avaient acheté chez le revendeur les vêtements d'un mort [1] ».

En insistant sur les cas probables de contagion sans ingestion d'eau malsaine, nous nous gardons de nier les dangers d'une telle ingestion. Il est universellement reconnu que l'eau de boisson contaminée par des infiltrations de déjections typhiques est un véhicule de fièvre typhoïde [2]. Nous voyons donc un progrès marqué de la prophylaxie contre la fièvre typhoïde dans les travaux entrepris pour fournir de l'eau pure à nos soldats, aux particuliers, aux établissements publies. Grâce à la sollicitude de M. de Freycinet, qui a entrepris de relever l'état sanitaire de notre armée, les filtres Chamberland ont été installés dans 200.000 places de casernement, dont 45.000 en Algérie et Tunisie. Il ne reste plus à en pourvoir que 45.000 places; encore ces dernières reçoivent-elles déjà de l'eau qui laisse peu à désirer.

L'usage des filtres se répand aussi dans la

[1] E. Duclaux : Ferments et Maladies, 1882, page 208.

[2] Il nous paraît inutile de citer de nouveaux exemples à l'appui de cette doctrine, si solidement établie. Les récentes recherches sur le Bacillus Coli communis portent à penser que dans les eaux typhogènes où nombre d'auteurs ont cru déceler le Bacille d'Eberth, c'est le Bacillus Coli qu'ils ont rencontré; mais cette remarque n'amoindrit pas l'intérêt de leurs résultats en raison des observations citées plus haut. Ce qu'il importe de noter, c'est que dans nombre de cas où les enquêtes sur les épidémies typhoïdes conduisaient à incriminer l'eau, l'un des Bacilles ci-dessus (Eberth ou Coli) a été trouvé. Cette constatation a été faite dans toute l'Europe. Salazar et Newman l'ont réalisée dans un grand nombre d'eaux suspectes du Chili. Ces auteurs ont publié à cette occasion un excellent ouvrage : Examen de las Aguas potables, dont nous avons rendu compte (Revue, tome II, p. 559); en ce faisant, nous avons passé la partie relative à la recherche du Bacille typhogène dans l'eau et le dosage, par l'acide pyrogallique, de l'oxygène dissous. Nous réparons ici ce défaut de notre critique.

population civile; nul doute qu'il contribue à y diminuer les cas de fièvre typhoïde.

A côté de ces appareils, il nous paraît utile de citer aussi ceux qui stérilisent l'eau par la chaleur. Ces derniers ont été notablement perfectionnés depuis un an par les ingénieurs Geneste et Herscher. Le modèle que représente la figure 5 est fixe. Il a été installé à Brest, au 2ᵉ dépôt des équigages de la flotte, en novembre 1891. Il fournit 500 litres d'eau stérilisée et froide par heure. Il comprend : 1° une chaudière à tubes Field qui porte l'eau à 120°; 2° une pompe à vapeur qui puise le liquide dans un puits ou cours d'eau et le refoule dans l'appareil; 3° un *échangeur* de températures : l'eau chaude stérilisée circule de haut en bas dans les serpentins de cet *échangeur* en se refroidissant ; l'eau froide à stériliser circule de bas en haut en s'échauffant. Elle sort à 100° ou 110°, et c'est à ce moment qu'elle pénètre dans la chaudière. L'appareil est muni, en outre, d'un *complément d'é-changeur* : l'eau stérilisée, refroidie imparfaitement, circule dans les serpentins de haut en bas; une égale

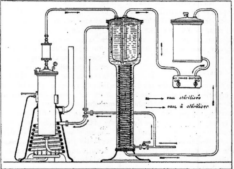

Fig. 7. — Appareil pour stériliser l'eau et la fournir chaude ou froide pour les usages chirurgicaux.

quantité d'eau froide est refoulée au bas du récipient, sort par le haut à 30° environ, et est rejetée au ruisseau. Enfin un clarificateur (silex pur concassé) sert à éclaircir complètement l'eau, stérilisée et froide.

La figure 6 représente une locomobile, imaginée par les mêmes ingénieurs, pour stériliser l'eau dans les petites communes visitées par la fièvre typhoïde. Elle peut être traînée par des chevaux ou expédiée par chemin de fer. Elle porte toutes les pièces nécessaires à la stérilisation de l'eau la plus impure. La chaudière y est isolée du stérilisateur. Cette dernière pièce est un cylindre de 100 litres; l'eau y est chauffée par son contact avec des tubes remplis de vapeur. Cette vapeur est fournie par la chaudière, où rentre aussi l'eau formée par condensation. C'est encore la chaudière qui fournit la vapeur actionnant la pompe. La locomobile porte, comme le précédent appareil, deux échangeurs et

un clarificateur. Elle fournit 400 litres d'eau stérilisée par heure. En y recourant, on pourra donc couper court aux dangers que l'eau contaminée par un typhique fait courir à ceux qui s'enabreuvent.

A la suite de ces précieux appareils, citons celui de la figure 7, qui est fondé sur le même principe et destiné aux hôpitaux. Il offre cet avantage de fournir l'eau stérilisée à la température ordinaire ou chaude, suivant les besoins des services de chirurgie. Son débit est de 50 litres par heure.

§ 2. — Typhus exanthématique

En juin 1891 est apparu à Tudy, petite île de notre côte bretonne (Finistère), une épidémie de typhus exanthé-matique. Cette maladie, fréquente en Irlande et en Russie, est assez rare en France, bien que L. Gestin la considère comme étant endémique en Bretagne, au moins dans les départements du Finistère et du Morbihan. Thoinot a été délégué par le Gouvernement pour l'étudier et la combattre [1]. Son enquête, ne lui ayant révélé aucune importation, l'a conduit à admettre une simple explosion d'une maladie latente dans le pays.

Thoinot élimine également la contagion par l'eau; l'air ne semble pas plus actif: c'est le contact direct qui est la condition essentielle de la transmission. A l'île Tudy, sur quatre-vingt-deux malades, quarante-deux appartenaient à la même famille, et l'on a pu suivre nettement la filiation des cas, les individus atteints par l'épidémie formant pour ainsi dire une chaîne ininterrompue, le lien entre chacun d'eux étant le contact direct avec un malade antérieur. Les maisons contiguës aux demeures infectées restaient indemnes si les habitants n'étaient pas en communication immédiate.

C'est dans les excréta entassés du malade qu'il

[1] Dr H. Thoinot : Le typhus exanthématique de l'île de Tudy (*Annales d'hygiène publique et de médecine légale*, novembre 1891.)

faut sans doute, suivant Thoinot, chercher l'agent de contage ; mais il resterait encore à savoir quelle est sa porte d'entrée. Quant au micro-organisme spécifique, Thoinot et Calmette, en étudiant le sang pris dans le cœur et dans la rate deux heures après le décès et même par ponction de la rate pendant l'évolution de la maladie, ont trouvé, dans les sept cas qu'ils ont étudiés, un « organisme intéressant », suivant leur expression, mais qu'ils n'ont pu jusqu'ici ni cultiver, ni inoculer aux animaux. Ils poursuivent actuellement leurs recherches de ce côté.

Quant aux mesures prophylactiques, qui ont réussi à enrayer l'épidémie, elles ont été énergiquement conduites. Thoinot, muni de pleins pouvoirs, a rapidement circonscrit le foyer de l'infection : aucun malade n'a été laissé à domicile ; tous ont été immédiatement, après le diagnostic fait, isolés dans des ambulances temporaires ; toutes les hardes, passées au sublimé à 1 pour 1000, les maisons traitées par des pulvérisations de la même solution. Le résultat très heureux montre l'efficacité des moyens employés.

§ 3. — Tuberculose

Agents microbiens des tuberculoses humaine, aviaire et bovine. — Sur la nature même de la tuberculose, nos connaissances ont peu progressé. Quelque lumière cependant a été apportée à la question, débattue depuis trois ans, de l'identité du bacille de Koch et du microbe qui produit la tuberculose chez les poules. En présence des résultats discordants obtenus par des savants d'une égale compétence au sujet des effets de l'inoculation des deux bacilles, Rivolta, dès 1889, puis Malfuci en 1890 s'étaient demandé si la cause n'en était pas en ce que les uns opéraient avec de la tuberculose aviaire, les autres avec de la tuberculose humaine. Cette idée avait été appuyée par Straus et Wurtz, qui ne réussissaient pas à tuberculiser des poules au moyen des expectorations des phtisiques. Koch avait ensuite déposé dans ce sens au Congrès de Berlin (1890), insistant sur les différences présentées par la culture du bacille humain et du bacille aviaire. Mais c'est seulement l'année dernière, en juillet 1891, que furent exactement déterminés par Straus et Gamaleia [1] les caractères qui distinguent les deux bacilles. L'un et l'autre affectent le même aspect, réagissant de même à l'égard des substances colorantes ; mais leur biologie est toute différente : le bacille humain ne se développe pas à 43 degrés, température presque optimum pour l'aviaire ; le chien est réfractaire à la tuberculose aviaire, mais il prend la tuberculose humaine ; par

contre, la poule, qui est infectée par l'aviaire, reste indemne après l'inoculation de bacilles provenant de l'homme. Chez les rongeurs, les deux microbes agissent, mais d'une façon différente : avec le bacille humain on détermine la formation de tubercules, tandis que l'aviaire tue par septicémie ; aussi Straus et Gamaleia concluent-ils que « semblables pour la forme et la réaction à l'égard des matières colorantes, le bacille de la tuberculose humaine et celui de la tuberculose des oiseaux sont néanmoins deux espèces absolument différentes ».

Cadiot, Gilbert et Roger, Courmont et Dor [1] ont exprimé quelques réserves à ce sujet, soutenant qu'en certains cas on observerait la transition du bacille aviaire au bacille de l'homme et des mammifères. Quoi qu'il en soit, il semble que cliniquement le bacille (aviaire) de Roux et Nocard est très différent du bacille (humain) de Koch.

Remarquons que la non-réceptivité de la poule à l'égard du bacille de Koch n'implique aucunement la non-réceptivité de l'homme à l'égard du bacille tuberculeux de la poule. Les gaveurs de pigeons seraient susceptibles de contracter une forme particulière de la tuberculose qu'ils tiendraient de ces oiseaux (Pʳ Dieulafoy). Un petit nombre d'autopsies récentes, relatées par Roger [2], où ont été décrits des tubercules renfermant des microbes autres que le bacille de Koch, militent, du reste, en faveur de l'hypothèse de la pluralité des maladies tuberculeuses, qu'avait suscitée, il y a quelques années, le travail, bien connu, de Malassez et Vignal sur la « tuberculose zoogléique ».

D'autre part l'identité de la tuberculose humaine et de la tuberculose des mammifères (bovidés, etc.) est hors de doute, ainsi qu'il ressort d'un grand nombre d'expériences, relatées l'été dernier par Chauveau et Nocard au Congrès de la Tuberculose.

Hygiène des tuberculeux. — *Tuberculose chez les prisonniers.* — Quant aux conditions hygiéniques à recommander aux tuberculeux, nous n'avons cette année aucune nouveauté à signaler. Notons seulement l'importance croissante des stations où les phtisiques vivent au grand air (Dʳ Moritz [3]). L'aération constante et, si possible, l'insolation de leurs appartements, le séjour à la campagne ou en montagne, loin des villes et des atmosphères confinées, attirent de plus en plus l'attention des hygiénistes.

À ce propos il est intéressant de consulter la statistique de la mortalité tuberculeuse dans les prisons. Le Dʳ G. Cornet, de Berlin, auquel nous

---

[1] STRAUS ET GAMALEIA, *Arch. de méd. expér.*, 1ᵉʳ juillet 1891.

[1] Congrès de la Tuberculose, août 1891.
[2] Dʳ Roger. *Revue des pseudo-tuberculoses* (*Gazette hebdomadaire*, 1891).
[3] Rapport sur le Sanatoria, Leipzig, 1892.

devons une étude récente sur ce sujet [1], montre que, parmi les 7.900 décès observés sur une population pénitentiaire de 235.600 individus pendant la période quinquennale 1876-1880, 3.600, soit 33,82 %, sont dus à la tuberculose. Dans la population civile d'âge correspondant la proportion n'était que de 23,78. Chez les religieux cloîtrés elle était de 63 %. Enfin la statistique relevée par le Dr Cornet fait voir aussi que l'évolution de la maladie est beaucoup plus rapide chez les détenus que dans la population libre. Les prisonniers sont généralement emportés par la tuberculose en dix-huit mois ou deux ans, tandis que, dans la vie civile, l'évolution moyenne est de six à sept ans.

Tuberculose du premier âge. — Contagion et hérédité. — C'est une idée très répandue que la tuberculose, fréquente dans le jeune âge au-dessus de deux ans, est rare dans la première et la seconde année de l'enfance. Landouzy s'est récemment élevé contre cette opinion ; il a établi, par l'examen nécroscopique, que, spécialement dans le prolétariat, la tuberculose « apparaît fréquente dès le premier âge et semble représenter la principale cause de la mortalité dans les deux premières années de la vie [2] ».

Dans son service elle a causé le quart des décès chez les bébés âgés de moins de deux ans. Si elle a souvent passé inaperçue, c'est qu'on avait négligé de rechercher la tuberculose à l'autopsie, et peut-être aussi parce que l'infection bacillaire semble pouvoir se produire sans déterminer chez l'enfant une tuberculisation prononcée : en ce cas la mort résulterait d'une intoxication très rapide.

S'appuyant, d'autre part, sur la statistique mortuaire de Paris, Landouzy estime que « la tuberculose doit, pour la Capitale tout entière, revendiquer des chiffres absolument alarmants de léthalité infantile tuberculeuse. C'est par 2.000, au bas mot, que se comptent annuellement à Paris, par tuberculose, les décès de bébés de quelques jours à deux ans. »

Ces chiffres se rapprochent de ceux que Boltz, assigne à la mortalité tuberculeuse de la toute petite enfance à Kiel où, d'après lui, elle atteint 33,95 % [3].

« Le remède à ce déplorable état de choses, écrit Landouzy, est tout entier et uniquement dans la prophylaxie : c'est qu'en effet, étant données d'une part la généralisation, la diffusion habituelle et rapide de la bacillose chez les bébés, étant données, d'autre part, les difficultés du diagnostic,

on peut dire que, de toutes les tuberculoses, la bacillose du premier âge paraît la moins traitable et celle contre laquelle les entreprises thérapeutiques semblent les plus vaines. » Il faut donc veiller à soustraire le nouveau né aux causes connues de contamination et l'isoler *absolument* du voisinage des phtisiques. Dans les milieux pauvres, la chose est bien difficile, car c'est précisément aux malades, à ceux qui ne peuvent pas travailler au dehors, que la garde des enfants à la maison se trouve forcément confiée.

Indépendamment de ces causes de contagion, l'enfance semble aussi menacée de tuberculose par voie d'hérédité. Les observations sur cet important chapitre de la science, sont encore fort incomplètes. En plusieurs occasions et l'année dernière encore, Landouzy a cité des cas de fœtus tuberculisés. Il admet qu'ils avaient été ensemencés de bacilles soit par le sang placentaire de la mère, soit par le sperme du père [1]. A l'appui de cette hypothèse on doit citer les expériences récemment faites en Allemagne par Schmorld et Birch-Hirschfeld [2] : une jeune femme tuberculeuse et enceinte étant morte avant l'accouchement, l'opération césarienne fut pratiquée et le fœtus extrait. Dans le foie et la rate de ce fœtus, recueillis avec les précautions requises, les auteurs trouvèrent des bacilles de Koch ; ils inoculèrent des fragments du foie et la rate à des cobayes et à des lapins et ces animaux devinrent tuberculeux.

A l'occasion de ce fait, Cornil a fait remarquer [3] qu'il n'avait jamais trouvé de bacilles dans le placenta des phtisiques en couches, ni réussi à contaminer des cobayes en leur inoculant des fragments du placenta. Le résultat négatif de cette recherche ne saurait cependant infirmer les observations positives : celles qui viennent d'être citées paraissent rendre au moins très probable l'hérédité de l'infection tuberculeuse.

Contre ce mode de transmission de la maladie le seul remède préventif possible est l'interdiction du mariage aux tuberculeux.

Opérations prophylactiques. — Dans l'état actuel de nos connaissances sur l'étiologie de la tuberculose, l'un des procédés prophylactiques les plus efficaces consiste assurément à désinfecter les expectorations des phtisiques. On a préconisé dans ce but l'ébullition à 100°. Schill et Fischer en 1884, Vœlsch en 1888 avaient reconnu que cette

[1] Dr G. Cornet. *Die Tuberculose in den Strafsanhalten*, Zeitschrift für Hygiene, p. 455, 1891.
[2] L. Landouzy. Nouveaux faits relatifs à l'histoire de la tuberculose infantile ; *Revue de Médecine*, 10 septembre 1891.
[3] R. Boltz. Thèse inaugurale, Kiel, 1890.

[1] L. Landouzy. L'hérédité tuberculeuse, *Revue de Médecine*, 10 mai 1891.
[2] Schmorld et Birch-Hirschfeld : *Wiener medical Blatt*, 1891.
[3] Cornil. Analyse du mémoire de Schmold et Birch-Hirschfeld, *Journal des connaissances médicales*, 30 mai 1891.

température pouvait, en certain cas, ne pas tuer les bacilles. Mais Yersin avait montré en 1890 qu'elle détruit la virulence en moins de dix minutes[1]. Ce résultat, tenu d'abord pour rassurant, demandait cependant à être mieux établi, Yersin ayant opéré sur les microbes de la tuberculose, non humaine, mais aviaire. Grancher et Ledoux-Lebard[2] ont récemment repris cette étude. Ils ont opéré et sur le bacille humain et sur l'aviaire ; et ils ont trouvé que le premier résiste moins que

près ce principe, des appareils pour désinfecter les crachoirs dans les hôpitaux et maisons de santé. Le modèle que représentent les figures 8 et 9 devrait se trouver dans tous nos hôpitaux. Il fonctionne à l'Hôtel-Dieu depuis le mois de janvier 1891. La lessive à 2 °/₀ est renfermée dans un récipient (A, fig. 9), d'où elle ne peut s'échapper que sous l'influence de sa propre pression, pour monter dans un bac (B, fig. 9), où sont disposés les crachoirs à désinfecter ; comme la pression nécessaire ne peut se

Fig. 8. — *Appareil pour désinfecter les crachoirs dans les hôpitaux.* — Les crachoirs sont déposés dans le bac, monté sur colonne, que l'on voit au premier plan. Derrière lui est située la chaudière qui contient la lessive. Sur la droite du dessin se trouve le foyer et sur la gauche la cheminée de la chaudière (Voir les détails, fig. 9).

le second à la chaleur. A l'état humide une température de 70° est suffisante pour le tuer. Mais, quand il s'agit de crachats desséchés, la température de 100°, maintenue pendant une heure, atténue simplement la virulence sans la détruire.

L'addition d'une petite quantité de lessive de soude exerce au contraire dans l'eau à 100° un effet rapidement destructeur sur le bacille. Les ingénieurs Geneste et Herscher ont construit, d'a-

produire au-dessous de 100°, le bac ne peut se remplir que si la lessive a atteint le degré voulu. Une double circulation de vapeur et de liquide maintient cette température dans toutes les parties du bain pendant la durée de l'opération : celle-ci présente par suite toutes les garanties requises de complète désinfection.

Chez les particuliers la désinfection des crachoirs affectés aux phtisiques peut se faire dans l'eau additionnée de soude caustique et *maintenue* à l'ébullition pendant dix minutes. Néanmoins, quelque soin que prenne le malade de ne point disséminer ses expectorations et de désinfecter son linge, il lui

[1] YERSIN : Etude sur la tuberculose expérimentale. *Ann. de l'Inst. Pasteur*, 1890.
[2] GRANCHER et LEDOUX-LEBARD : Tuberculose expérimentale, *Société de Biologie*, 14 février 1891.

est impossible de ne point contaminer les objets qui l'entourent. Quand on s'installe dans un appartement précédemment occupé par un phtisique, il est donc prudent de le désinfecter. La chambre qu'habitait le tuberculeux demande un soin parti-

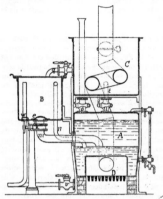

Fig. 9. — *Appareil précédent vu en coupe.* — A, chaudière contenant la solution alcaline; D, foyer de la chaudière; B, bac destiné au traitement des crachoirs : deux tubes, m et n réunissent la chaudière A au bac B. L'un d'eux m, qui débouche à la partie inférieure du bac de désinfection, donne passage d'abord au liquide de la chaudière poussé par sa propre vapeur, ensuite à la vapeur, au fur et à mesure de sa production. Cette dernière traverse le bain stérilisateur dans toute sa hauteur, et contribue à en maintenir la température au degré nécessaire. L'autre tube n a toujours son extrémité inférieure immergée; il pénètre dans le bac à la partie supérieure et y amène, par le fait même de l'ébullition, une partie du liquide bouillant de la chaudière, qui redescend par le premier tube m. Cette circulation a pour résultat de porter le liquide du bac à une température supérieure à 100°. — Le tuyau de communication m porte une valve k qui permet d'intercepter la communication du bac B avec la chaudière A. L'appareil comporte en outre un réservoir C d'eau pure chauffée par les flammes perdues du foyer. Ce réservoir supplémentaire sert à rincer les crachoirs une fois la désinfection terminée, à l'aide du tuyau q et du robinet r et est également commode pour le remplissage de la chaudière (à l'aide du tuyau t et du robinet u). — Les autres éléments de l'appareil sont : une valve d'échappement de vapeur s qui permet, selon qu'elle est fermée ou ouverte, de faire monter le liquide bouillant de la chaudière dans le bac B ou de l'en faire redescendre ; une crépine e qui empêche les résidus solides de pénétrer dans la chaudière A; enfin un robinet de vidange v permettant de vider cette dernière, quand on le juge nécessaire.

culier. Tout ce qu'elle contient sera enlevé ; parquet, plafond et murailles seront aspergés d'eau ; puis, les fenêtres étant fermées, on versera dans une assiette, au milieu de la pièce, du sulfure de carbone, que l'on enflammera. La chambre, parfaitement close, sera ensuite abandonnée à elle-même pendant quarante-huit heures, puis aérée et lavée. Si l'on ne peut faire passer aux étuves de désinfection les tentures et tapis, on les exposera au soleil, à

l'air et à l'humidité le plus de temps possible (au minimum une semaine) et on les aspergera de solutions antiseptiques (par exemple : bichlorure de mercure au $^1/_{1000}$ avec addition d'acide tartrique).

A la vérité cette désinfection, si souhaitable, n'est pas toujours possible. On ne peut d'ailleurs songer à la réaliser dans toutes les pièces d'un appartement où ont vécu des phtisiques. Il importe cependant de détruire *la plupart* des germes tuber-

Fig. 10. — Pulvérisateur pour la désinfection des appartements contaminés par les phtisiques (Détails fig. 11).

culeux ; on y parvient en lavant le parquet avec des essences, en projetant sur les murs, les tentures et les meubles recouverts d'étoffes, des essences ou des solutions antiseptiques. Geneste et Herscher construisent dans ce but des pulvérisateurs (fig. 10 et 11) d'un usage très efficace.

Un appareil analogue (fig. 12) a été réalisé par les mêmes pour désinfecter les wagons, que ceux-ci soient contaminés par l'homme ou par les animaux. Ce stérilisateur projette l'eau bouillante additionnée d'antiseptique. La solution antiseptique ne le détériore pas, car elle ne se trouve mêlée à l'eau qu'au moment de l'émission du jet, étant renfermée dans un réservoir particulier. L'expérience a montré que, à quelques centimètres de l'extrémité de la lance, la température du jet est supérieur à 100 degrés.

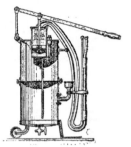

Fig. 11. — *Coupe de l'appareil précédent.* — La solution antiseptique est versée, au moyen de l'entonnoir latéral (représenté à droite), dans la partie inférieure de l'appareil. Cette partie est séparée de la partie supérieure, où se trouve le corps de pompe, par une cloison que traversent deux tubes cylindriques disposés comme l'indique le dessin. Dès que le levier extérieur agit sur le piston du corps de pompe, un jet pulvérisé sort des deux tuyaux de caoutchouc qui terminent l'appareil.

Cette désinfection des wagons est plus souvent utile qu'on serait tenté de le croire au premier abord. Prausnitz [1] a étudié, au point de vue de l'étiologie de la tuberculose, les wagons qui font le trajet de Berlin à Méran, station du Tyrol où se rendent un grand nombre de phtisiques, surtout pendant le mois de novembre. Les poussières recueillies dans ces wagons furent injectées à des cobayes et en tuberculisèrent cinq sur vingt. Ce résultat montre bien à quel point peuvent se trouver polluées les voitures qui sont fréquemment affectées à des phtisiques.

Celles qui transportent le bétail réclament aussi

Fig 12. — *Appareil pour désinfecter les wagons.* — Cet appareil comprend, comme le montre la figure : 1° une chaudière à vapeur, légère, à vaporisation rapide, servant à l'alimentation des jets d'eau bouillante; 2° un réservoir pour la solution antiseptique, laquelle est projetée en mélange continu avec le jet d'eau bouillante; 3° un long tuyau de caoutchouc terminé par une lance.

d'être souvent nettoyées : la tuberculose est en effet assez répandue chez les bovidés, et ceux-ci, par une émission constante de salive, risquent de contaminer souvent les écuries où ils voyagent.

C'est pour les assainir, qu'est employée, depuis 1889 au marché de la Villette, et depuis septembre 1890 à la gare de Batignolles, le stérilisateur de la figure 12.

Utilité, pour la prophylaxie humaine, du diagnostic de la tuberculose chez les bovidés. — *Viandes tuberculeuses.* — La tuberculose des bovidés est d'autant plus dangereuse pour l'homme qu'elle peut le contagioner sans se manifester chez l'animal par aucun signe extérieur. Des vaches n'offrant au pis aucune lésion peuvent être tuberculeuses et donner du lait susceptible, d'après les expériences de Bang et de H. Martin, de déterminer la tuberculose chez les consommateurs. Il y a donc grand intérêt à diagnostiquer leur état. Gutmann, de Dorpat [1], avait eu en 1891 l'idée d'utiliser, dans ce but, la tuberculine de Koch : il avait constaté qu'à l'égard de ce réactif, les bovidés se comportent de la même façon que l'homme : après l'injection, leur température ne s'élève que s'ils sont déjà en puissance de mal. Cette observation a provoqué l'année dernière des expériences confirmatives de Johne et Siedamgrotzki à l'Ecole vétérinaire de Dresde [2], et un grand nombre de recherches éparses, sur lesquelles un récent travail de Nocard vient d'appeler l'attention [3]. Sur 71 bovidés inoculés par ce savant, puis autopsiés, 23 présentèrent une réaction fébrile, et furent ensuite reconnus tuberculeux, à l'exception d'un seul, qui n'avait eu qu'une faible élévation thermique de 8 dixièmes de degré et qui, d'autre part, offrait de la cirrhose

[1] Prausnitz. Ueber die Verbreitung der Tuberculose durch den Personenverkehr auf Eisenbahnen. — *Arch. für Hygiene,* XII, p. 192, 1891.

[1] *Baltische Wochenschrift,* 2 janvier 1891.
[2] Johne et Siedamgrotzki, *Berichte über das Veterinärverein Königreich Sachsen, für das Jahr* 1891.
[3] Nocard, *Académie de Médecine,* 13 octobre et 24 novembre 1891. — *Annales de l'Institut Pasteur,* 25 janvier 1892.

biliaire. Parmi les 48 animaux qui ne manifestèrent aucune réaction, on trouva 3 tuberculeux ;
mais ces derniers étaient à un état avancé et le
diagnostic avait pu être porté avant l'injection.
Ce fait paraît confirmer l'observation de Bang sur
l'atténuation de la réaction dans les vieilles tuberculoses chez les phtisiques proprement dits.

Nocard signale également les résultats que lui a
transmis Lydtin, chef du Service vétérinaire du
grand-duché de Bade : 19 vaches laitières d'une
vacherie modèle de Karlsruhe, dont le lait était
vendu surtout pour les enfants et les malades et
qui étaient de magnifique apparence, furent inoculées dans une première séance ; 9 réagirent avec
5 décigrammes de tuberculine ; l'autopsie révéla
des lésions tuberculeuses ; 4 mois plus tard, nouvelles injections aux 6 vaches qui n'avaient rien
présenté à la première épreuve : 3 ont eu une réaction fébrile, et l'autopsie montra que ces trois vaches avaient une tuberculose récente, sans doute
postérieure à la première épreuve.

En présence de ces faits il a été décidé à Karlsruhe que nulle vache ne serait admise dans les
étables modèles avant l'injection d'épreuve et que,
tous les six mois, il serait procédé à un nouveau
contrôle. La généralisation de cette méthode conduirait vraisemblablement à ce résultat de supprimer la transmission de la tuberculose par le lait.

Quant à la viande même des animaux tuberculeux, il semble possible d'en diminuer énormément
les dangers en organisant une sévère inspection
de la boucherie. Il est curieux de remarquer à ce
propos l'absence d'un tel service dans le pays le
plus avancé en matière d'hygiène : en Angleterre
les abattoirs publics sont extrêmement rares ;
dans les petites villes chaque boucher abat encore
derrière sa boutique. En France, au contraire,
les abattoirs publics se sont multipliés. Ils deviendraient encore plus nombreux, si l'on accordait
aux communes voisines le droit de se syndiquer
pour en construire [1].

Il ne faut pourtant pas exagérer la fréquence des
dangers qu'en l'état actuel des choses les viandes
tuberculeuses font courir aux consommateurs. Sur
ce sujet une importante discussion a eu lieu l'été
dernier au Congrès d'hygiène de Londres. Arloing
demandait qu'aucune partie d'un animal reconnu
tuberculeux ne fût vendue à l'état frais ; il accep-
tait que la viande servit à la préparation du jus,
que l'on peut stériliser, ou à la salaison, qui peut

elle-même stérilise. Burdon Landerson, d'Oxford,
a combattu cette mesure, la déclarant excessive ou
impraticable. Bang, de Copenhague, a soutenu que
la saisie totale était chose impossible en Allemagne où un dixième des bovidés sont tuberculeux.
A ses yeux, d'ailleurs, le danger n'est réel que dans
le cas de tuberculose généralisée, le suc musculaire
et le sang constituant des milieux peu favorables au
développement du bacille de Koch. Nocard est
venu appuyer cette opinion : il a relaté l'expérience
suivante faite par lui à Alfort sur 21 vaches tuberculeuses : le sang et les humeurs de chacune d'elles
furent inoculés à des animaux réceptifs : une seule
vache conféra ainsi la tuberculose. Il s'agissait cependant d'injections intra-péritonéales, beaucoup
plus aptes que la simple ingestion à déterminer
l'infection tuberculeuse. De jeunes chats nourris de
viande de vache riche en bacilles de Koch n'ont
pas contracté la maladie, résultat conforme aux
observations, bien connues, de Galtier, de Lyon,
et de Perroncito, de Turin.

Lister a fait observer, à ce propos, que de tous les
animaux servant à l'alimentation, c'est le mouton
seul qui paraît présenter un certain état réfractaire à la tuberculose ; il existe donc au moins une
espèce de viande dont nous pouvons manger sans
courir le risque de devenir tuberculeux.

§ 4. — Influenza

L'épidémie de 1890-1891 en France et à l'Étranger.
— L'influenza, après avoir sévi si violemment sur
la France pendant l'hiver 1889-1890, s'y est montrée ensuite assez bénigne jusque vers la fin de
décembre 1891. Mais, à partir de cette date, le
nombre des décès s'est rapidement accru et, pendant tout le mois de janvier 1892, il est devenu
considérable. Beaucoup moins de personnes ont
été atteintes qu'en 1889-1890 ; mais, parmi elles, un
plus grand nombre ont succombé. Le maximum de
la mortalité à Paris s'est produit en janvier. Le
tableau ci-dessous [1] permet de comparer aux décès
survenus alors ceux des quatre plus mauvaises semaines de l'épidémie de 1889-1890. Ces semaines
sont celles de décembre 1889 :

	DÉCEMBRE 1889	JANVIER 1892
Première semaine	1091	1161
Deuxième semaine	1188	1370
Troisième semaine	1356	1560
Quatrième semaine	2334	1615
	5969	5706

En Angleterre l'influenza n'a cessé depuis un an
d'exercer de nombreux ravages [2]. Au début de l'hi-

[1] Récemment les communes de Clichy et de Levallois-Per-
ret, près de Paris, ayant voulu organiser un abattoir à frais
communs, ont rencontré, au point de vue du droit adminis-
tratif, des difficultés, dont le Dr Hellet, maire de Clichy, est
enfin parvenu à triompher, mais qui eussent pu arrêter une
volonté moins énergique.

[1] *Bulletin de la statistique municipale de la Ville de Paris*, 1889 et 1892.
[2] Voyez à ce sujet : Dr Brodie : L'épidémie d'influenza à

ver 1891-1892, ils étaient tels à Douvres que, dans un but prophylactique, l'autorité a menacé d'une amende de cinq livres tout individu qui, atteint d'influenza, se promènerait dans la ville.

En Italie, notamment à Milan [1], les services publics ont été presque arrêtés, les hôpitaux regorgeant de malades. Le 25 décembre 1891 la mortalité a atteint le chiffre de 66 décès ; le 12 janvier, elle arriva à 105. Il y a deux ans, et même l'année dernière, la grippe avait pris dans le nord de l'Italie une forme nerveuse toute spéciale, rappelant la maladie du sommeil des populations africaines. Dans les deux derniers mois ce sont les complications gastriques qui ont prédominé (*una specie de gastrite infectiva.*)

Nature de l'Influenza. Découverte de son agent microbien. — En raison de la complexité de ses aspects, il était difficile de différencier l'influenza de la grippe ordinaire, endémique en nos pays. On a relevé, parmi les caractères de la première, son origine asiatique, la quasi-périodicité de son invasion en Europe (1762, 1782, 1803, 1833, 1860, 1889), et ce fait qu'après y avoir marqué son passage par de nombreuses atteintes, elle peut y demeurer pendant de longues années en quelque sorte à l'état sporadique. Ces derniers cas constitueraient-ils la grippe ordinaire ? Il se peut que le contage de l'influenza s'atténue après avoir déterminé une formidable épidémie et ne manifeste alors qu'en de rares occasions sa virulence amoindrie. Cette hypothèse conduit à rechercher un agent microbien dans toutes les formes connues de l'influenza et de la grippe.

Bien que les microbiologistes se soient livrés à cette investigation dès le début de l'épidémie de 1889, et aient décrit, chez les malades, une assez grande variété de bactéries pathogènes, c'est seulement en ces derniers temps qu'on semble être arrivé à discerner parmi elles celle qui cause réellement l'influenza. En 1890, Babès, et, après lui, Kovalsky, avaient signalé chez des influenzés un diplocoque nouveau, auquel ils attribuaient la maladie. Des communications récentes de Pfeiffer, de Canon et de Kitasato [2] paraissent établir la justesse de cette supposition. Pfeiffer a trouvé dans les crachats des malades, — dans le cas de la forme laryngée, — un bacille fort petit, de la largeur des bacilles de la septicémie de la souris, mais d'une

longueur moindre, formant souvent des chainettes de trois ou quatre, que l'on peut colorer avec le bleu de méthylène à chaud ; Canon a décelé dans le sang des influenzés un microbe qu'il identifie au précédent ; Kitasato a réussi à le cultiver sur l'agar glycériné. La culture est difficile à obtenir, et l'auteur garde sur le procédé qu'il emploie à cet effet un silence à la mode de Koch [1].

Quoi qu'il en soit, Pfeiffer annonce avoir conféré l'influenza au singe et à un lapin en leur inoculant le diplocoque isolé par la culture. Les inoculations au chat, au rat et à la souris n'ont pas reproduit la maladie.

Tout récemment, Cornil et Chantemesse [2] ont confirmé les résultats de Pfeiffer et Canon. Ils ont inoculé à un lapin une goutte du sang d'un enfant influenzé : le lapin est devenu malade ; vingt-quatre heures après l'inoculation, le microbe injecté avait pullulé dans le sang en quantité telle qu'on pouvait l'y retrouver. Il peut demeurer trois semaines dans le sang du lapin. Le microbe fut cultivé dans le bouillon sucré, puis inoculé à un singe, qui bientôt présenta des troubles intestinaux avec fièvre et somnolence.

Assurément ces faits ne suffisent pas pour permettre d'affirmer que la maladie conférée est bien l'influenza. Mais ils constituent, en faveur de cette thèse, un argument très sérieux. Ils permettent d'espérer avec Pfeiffer qu'en isolant les influenzés atteints aux voies respiratoires, et en stérilisant leurs crachats, on parviendra à éteindre l'épidémie qu'ils ont jusqu'à présent disséminée autour d'eux.

D'autre part il sera très important de cultiver en abondance, dans des milieux stérilisés, le microbe incriminé, et d'obtenir ainsi ses excrétions solubles. Si ce microbe est bien l'agent spécifique de l'influenza, certaines de ses excrétions devront produire sur l'organisme une action déprimante semblable à celle que les cliniciens ont remarquée dans toutes les formes de la maladie. Il est naturel de supposer que l'influenza doit sa gravité à des infections secondaires. Peut-être les agents de ces infections font-ils partie des hôtes habituels de la bouche, du nez et du tube digestif. Ces parasites, — inoffensifs quand l'organisme est sain, — pénètreraient dans le *milieu intérieur*, la lymphe et le sang, chez les sujets que le virus influenzique ren-

Londres, in *Revue générale des Sciences* du 30 octobre 1891, t. II, p. 661.
[1] Lettres d'Italie in *Medical and circular Press*, 8 janvier 1892.
[2] Pfeiffer. *Communications préliminaires sur les causes de l'influenza.* — Canon. *Sur un micro-organisme dans le sang des malades atteints d'influenza.* — Kitasato. *Sur le bacille de l'influenza et son mode de culture. (Deutche medicinische Wochenschrift n. 2, 1892. Trad. in extenso in Bulletin médical,* 17 jan. 1892.)

[1] Il écrit simplement : « Pour éviter les obstacles qui s'opposent à la réussite des cultures, M. Koch a trouvé un procédé spécial, qui n'a pas encore été publié et grâce auquel il a réussi *depuis de longues années* à obtenir des cultures pures de bacilles tuberculeux pris directement dans les crachats. Je me suis servi de ce procédé pour obtenir les cultures pures du bacille de l'influenza, que je vous présente. Cette méthode sera prochainement décrite en détail. » Kitasato a réussi à obtenir des cultures pures de dixième génération.
[2] Cornil et Chantemesse, Académie de médecine, séance du 3 février 1892.

drait incapables de réaction phagocytaire en paralysant leurs centres vaso-dilatateurs.

Si cette hypothèse,—que nous suggèrent les faits d'ordre expérimental découverts par Charrin et Roger, Charrin et Gley dans le cas de certaines septicémies et de la maladie pyocyanique [1], — se trouvait confirmée, on serait conduit à essayer de prévenir les complications de l'influenza au moyen d'excitateurs du système nerveux, des sels de strychnine, par exemple. En nous laissant aller à cette conjecture, nous ne nous dissimulons pas qu'elle risque de paraître très aventurée et sera peut être même condamnée par les découvertes de demain. Du moins, les travaux qu'elle pourrait susciter ne seraient pas inutiles.

§ 5. — Ophtalmie des nouveau-nés

Étiologie. — En France seulement on trouve 38.000 aveugles, soit un pour mille habitants. Or on estime que, sur ce nombre, 13.000, soit près d'un tiers, ont perdu la vue à la suite de l'ophtalmie purulente. Cette affection, qui frappe encore plus cruellement certaines contrées, notamment l'Italie, est peut être une de celles dont il serait le plus facile de triompher. C'est surtout, en effet, au moment de la naissance, souvent même pendant l'acte de l'accouchement, que la contagion a lieu. Le Dr Valude [2] admet encore que l'ophtalmie du nouveau-né peut être déterminée par une simple leucorrhée, sans catarrhe vaginal virulent, blennorrhagique. Le nombre des micro-organismes susceptibles de se rencontrer dans toute sécrétion vaginale rend cette supposition très admissible. Le fait serait toutefois en contradiction avec les recherches de Zweifel [3], d'après lesquelles l'auteur affirme que les lochies des femmes non malades sont incapables de contaminer les yeux des enfants. La Société de médecine publique d'hygiène professionnelle a repris cette question à l'instigation du Dr Dehenne. Ainsi que le faisait remarquer le Secrétaire général de la Société, le Dr Napias [4], la prophylaxie de l'ophtalmie des nouveaux-nés n'est pas seulement une œuvre de charité; c'est aussi une œuvre d'économie bien comprise ; il en est du reste ainsi de toutes les mesures d'hygiène. Après avoir établi que la France dépensait 1 million 400.000 francs pour ses aveugles, le Secrétaire général montrait que toute diminution du nombre des aveugles nouveau-nés est une réduction sérieuse sur ce budget, réduction qui pourrait atteindre le tiers ou la moitié de la dépense totale : le Dr Dehenne soutient, en effet, que la moitié des aveugles hospitalisés sont des victimes de l'ophtalmie purulente.

Prophylaxie. — En ce qui concerne la nécessité de prévenir cette maladie, tous les oculistes sont d'accord ; à peu près tous admettent l'utilité, la nécessité même du lavage antiseptique des organes féminins avant l'accouchement. Gibson en 1807 en avait déjà vu l'importance sans songer, bien entendu, à l'antisepsie ; celle-ci n'a été mise en pratique avec méthode que par Bischoff, de Bâle, vers 1875 ; il serait superflu d'insister sur les avantages unanimement reconnus de ce procédé. Grandes sont au contraire les divergences des praticiens quand il s'agit du traitement prophylactif à faire subir à l'enfant. Le Dr Dehenne demandait que l'on remit aux parents, à la mairie, une notice indiquant les moyens prophylactiques à employer contre l'ophtalmie purulente. La méthode défendue par lui comporte l'emploi de solution de sublimé et de nitrate d'argent, voire même de collyre d'ésérine ; elle risque de ne point être fort utile entre les mains du public. Quant à l'opinion du Dr Galezowski, elle a paru théoriquement excellente : confier aux médecins de l'état civil le soin d'examiner l'état des yeux de l'enfant. Leur visite a lieu vers le troisième ou quatrième jour après la naissance ; or c'est précisément là la date de l'apparition des premiers symptômes de l'ophthalmie. Malheureusement la mesure ne saurait être appliquée dans nombre de communes, privées de médecin de l'état civil. C'est peut-être dans les instructions données aux sages-femmes, qu'il convient surtout de chercher le remède. Suffisamment instruites, elles n'hésiteraient pas à appeler le médecin, si les premières mesures employées par elles (lavage au bichlorure ou au biiodure de mercure, instillation d'une solution faible de nitrate d'argent) restaient inefficaces.

§ 6. — Syphilis

Influence du service militaire sur la diffusion de la syphilis. — Parmi les maladies contre la propagation desquelles les mesures prophylactiques de l'hygiène sembleraient devoir exercer une action efficace, on serait tenter de ranger en première ligne les affections vénériennes, notamment la syphilis. Celle-ci cependant continue de faire des progrès chez tous les peuples, offrant un caractère peut-être plus marqué de gravité chez les plus récemment ouverts à la civilisation. On dirait que chez les nations contaminées depuis longtemps il s'est

---

[1] Voyez à ce sujet le Mémoire de Charrin, dont nous avons rendu compte dans la *Revue* du 15 janvier 1892, t. III, p. 31.
[2] Valude, Clinique sur l'ophtalmie des nouveau-nés, *Bulletin médical*, 25 mars 1891.
[3] Zweifel, *Arch. fur Gynækologie*, 1891.
[4] Dr Napias : Sur l'Ophthalmie des nouveaux-nés, Société de Médecine publique et d'Hygiène professionnelle ; séances du 25 février et du 25 mars 1891 ; et *Revue d'Hygiène* des 20 mars et 20 avril 1891.

produit une certaine accoutumance au mal. Les désordres épouvantables décrits par Frascator sont aujourd'hui très rares en Europe. Néanmoins la maladie joue encore un rôle néfaste, et, dans la question du dépeuplement de la France, il faut, évidemment, lui accorder une grande importance. Ce ne sont pas seulement les restrictions légitimes au mariage ou à la procréation qu'il convient de lui attribuer, mais aussi le plus grand nombre des avortements involontaires. Les statistiques dressées par le Pr Fournier, ne laissent aucun doute sur ce point : les faits constatés par tous les syphiligraphes et notamment par l'éminent praticien que nous venons de citer, établissent sans conteste l'extrême fréquence des avortements successifs même après la disparition ancienne des accidents syphilitiques visibles chez les procréateurs.

L'une des causes de la dissémination de la maladie dans les milieux ruraux consiste dans le service militaire. Il y a quelques mois un médecin militaire autrichien, le Dr Töply a publié à ce sujet des observations fort intéressantes [1]. Selon lui, en Autriche-Hongrie, les maladies vénériennes (syphilis, chancre simple et blennorrhagie) frappent 78 soldats sur 1.000 ; sur 1000 malades traités dans les hôpitaux, 116 sont des vénériens. L'armée allemande présente un chiffre plus faible : 69 ; la syphilis y est moins fréquente ; on constate toutefois un chiffre plus élevé dans les garnisons des frontières. L'auteur n'hésite pas à déclarer « que l'armée allemande est un terrain peu favorable à la syphilis, qui n'y pénètre que par suite de l'influence polono-russe et de l'influence française ». Notons qu'il néglige l'effet fatal de l'accumulation des troupes sur ces points. Il y a lieu en effet de remarquer qu'en France, ce sont également les garnisons à effectifs considérables de la région de l'Est qui sont les plus atteintes ; serait-ce donc l'influence de la chaste Allemagne !

En Angleterre, où l'armée présente une toute autre organisation, la syphilis est néanmoins très fréquente. Le *Contagious Diseases Act* de 1869, qui, dans certaines villes, avait permis la surveillance sanitaire des prostituées, avait amené une diminution notable dans les maladies vénériennes. Mais, en 1882, par suite de la campagne bruyante menée pour *the abolition of state-regulated and licensed vice*, ces affections ont repris leur intensité primitive.

Contre cette recrudescence nous n'oserions conseiller à nos voisins le moyen prophylactique en usage dans l'armée coloniale néerlandaise [2]. Au commencement du siècle les vénériens y étaient

fort nombreux : 241 sur 1000 en 1826. On décida alors que chaque soldat aurait à la caserne une femme indigène. Ces femmes, soumises à la discipline militaire, traitées dans les hôpitaux de l'armée, devaient en cas de mobilisation être réunies par compagnie. En 1880, l'effectif féminin de l'armée était de 10.130 femmes en regard de 30.173 soldats. Cette mesure a fait tomber le chiffre des vénériens à 75 pour 1000.

Prophylaxie des nourrices et des nourrissons. — En ce qui concerne la syphilis dans la population civile [1], nous ne voyons rien de saillant à signaler, si ce n'est la discussion soulevée à l'Académie de Médecine sur la prophylaxie des nourrices et des nourrissons contre la syphilis. On a pris en effet, depuis la loi Roussel, quelques précautions pour protéger les nourrissons contre les dangers d'une contagion par les nourrices inscrites dans les bureaux ; mais, comme l'a fait remarquer le Pr Fournier, la nourrice, elle, n'est nullement protégée contre l'enfant qu'on lui confie, et il ne s'agit pas là d'un danger illusoire ou rare ; sur cent enfants placés en nourrice avant l'âge de trois mois dans le département de la Seine, deux sont des syphilitiques héréditaires. Fournier demandait que toute personne prenant une nourrice fut obligée de s'engager à lui fournir au départ un certificat médical, attestant que l'enfant allaité par elle n'était atteint d'aucune maladie contagieuse. Bien que cette disposition visât surtout la protection d'un second nourrisson que la femme pourrait entreprendre à sa sortie de la première nourriture, elle constituait une garantie sérieuse pour la nourrice, les parents étant avertis de cette obligation au moment où ils arrêtaient la nourrice, et le certificat pouvant autoriser la nourrice à demander des réparations dans le cas où la contagion serait établie.

IV. — ANTISEPSIE

§ 1. — Les nouveaux antiseptiques

La listes des antiseptiques se multiplie chaque année ; quelques composés jouissent pendant un

---

[1] Dr Töply. Die venerischen Krankheiten in den Armeen, n *Der Militärarzt*, 15 novembre 1891.
[2] *Bulletin médical*, décembre 1891.

---

[1] Sauf une remarque intéressante de Pospielov, de Moscou, relative aux modes de contagion, les organes génitaux et les voies buccales servant de portes d'entrée au virus. Tout en constatant la prédominance du dernier mode chez la femme (146 cas chez elle contre 52 chez l'homme en Russie), Pospielov n'admet pas, du moins en son pays, la fréquence des causes signalées par les syphiligraphes français. Il croit que les couturières, les modistes portent à la bouche les divers objets de leur métier, fils, aiguilles appartenant à leurs voisines en possession de la syphilis ; en outre, il signale comme cause probable cette coutume des femmes russes d'échanger les cigarettes qu'elles fument et de les faire passer de bouche en bouche. (Pospielov, De la contagion extragénitale de la syphilis en Russie, analysé dans le *Bulletin médical* du 3 juin 1891.

certain temps d'une grande vogue, puis tombent dans l'oubli, et sont remplacés par d'autres plus jeunes dans la famille chimique, mais dont beaucoup ne résisteront sans doute pas à l'épreuve de l'expérience prolongée.

Pour être véritablement pratique, tout antiseptique doit offrir plusieurs qualités réunies : s'opposer au développement des microbes, n'être pas ou peu dangereux pour l'homme, peu coûteux, enfin soluble dans l'eau. Quelques unes de ces qualités manquant aux antiseptiques le plus employés, — au phénol qui est caustique, aux sels de mercure, qui sont éminemment toxiques, — on a cherché de nouveaux produits. C'est la série aromatique qui les a fournis.

On a proposé le crésol ou méthylphénol, ou plutôt ses composés sulfurés, solubles dans l'eau. Mais ces corps sont encore trop caustiques; on a, pour cette raison, cherché à les saponifier, et ainsi se sont trouvés constitués ces mélanges impurs qu'on appelle la *créoline de Pearson*, émulsion de crésol et de xénol, et la *créoline d'Artmann* où les phénols dominent.

Henle et Frankel avaient déjà signalé la différence de pouvoir bactéricide des trois crésols (ortho, méta, para) et ils avaient établi un ordre d'intensité, le méta étant le plus actif, puis le para et enfin l'orthocrésol. Hammer [1] a repris cette étude en opérant sur le *Staphylococus prodigiosus*. D'après lui, les trois crésols pris séparément n'ont pas une action différente mais le mélange des trois est bien supérieur à chacun d'eux isolés.

On peut dissoudre le crésol brut, qui est constitué par la réunion des trois crésols, dans une lessive de soude, qui forme en partie du crésolate de soude, grâce auquel il est facile d'obtenir ensuite des solutions aqueuses étendues, très économiques et non caustiques.

Le lysol, qui est également un phénol supérieur rendu soluble par des alcalis, est également en vogue ; il a été surtout étudié par Gerlach et Schotellins [2]. D'après Gerlach, une solution à 1 % suffirait pour désinfecter les mains. Cet auteur conseille de s'en servir en solution à 3 % pour désinfecter les murs. Remouchamps et Sugg [3], qui ont repris cette question au laboratoire d'hygiène de Gand, insistent surtout sur l'accroissement d'action antiseptique par l'élévation de la température. Les morceaux de linge et les couvertures souillés par des matières fécales cholériques et typhiques sont totalement stérilisés par la créoline et le lysol en solution à 1 % en 2 heures à froid ; à 30° il suffit de 30 minutes.

§ 2. — Les antiseptiques associés

MM. Christmas et Respaut [1] ont tout récemment cherché à augmenter la puissance des antiseptiques en les associant. Depuis plusieurs années déjà, le professeur Bouchard avait constaté que par l'intelligente association des substances employées, on peut « doubler le pouvoir antiseptique, et n'augmenter que d'un tiers l'activité toxique [2] », et cela parce que « les actions antiseptiques de chacun des composants s'additionnent, tandis que leurs actions toxiques ne s'additionnent pas nécessairement [3] ». MM. Christmas et Respaut ont cherché, d'après ce principe, à constituer des mélanges doués du maximum de pouvoir microbicide, ou, du moins, antiseptique, et sont arrivés ainsi à recommander d'une façon assez générale le mélange suivant :

Phénol..................	8 grammes.
Acide salicylique........	1 gramme.
Essence de menthe........	10 gouttes.

Un gramme de ce mélange, dissous dans un demi-litre d'eau, stérilise en un quart d'heure les expectorations tuberculeuses et tue le *Bacillus Anthracis*, en quoi il se montre cinq fois plus active que la solution de phénol au centième.

Assurément, il est très difficile de préconiser d'une *façon générale* ces divers antiseptiques, le coefficient d'action de chacun d'eux variant suivant le microbe qu'il est destiné à tuer ou à empêcher d'évoluer ; mais, comme, dans la pratique, on est obligé de ne recommander au public qu'un tout petit nombre de formules, il nous a paru utile de faire connaître les précédentes.

V. — Alimentation

Vins. — Aliments solides

Déplâtrage des vins. — La question du plâtrage des vins est une de celles qui passionnent les producteurs de vins, pour ne pas dire les fabricants. Éclairé par la discussion qui a eu lieu l'année précédente à l'Académie de Médecine, et surtout par le remarquable rapport de M. Marty, le Gouvernement a réussi à faire voter le 11 juillet 1891 une loi interdisant plus de deux grammes de sulfate de potasse ou de soude par litre. C'est le chiffre maximum qu'avait déjà adopté l'Administration de la Guerre pour ses achats.

[1] Hammer. *Ueber die desinficirende Wirkung der Kresolen und die Herstellung neutraler wassriger Kresollösungen.* Arch. für Hygiene 1891. *Annales Institut Pasteur* 25 septembre 1891.

[2] Schotellius. *Munchener med. Wochenschrift* 1890.

[3] Remouchamps et Sugg. L'acide phénique, la créoline, le lysol. *Mouvement hygiénique*, Bruxelles, 1890.

[1] Christmas et Respaut : *Du pouvoir microbicide des antiseptiques associés*, in-8°, 1892.

[2] Bouchard : *Leçons sur les auto-intoxications,* 1889.

[3] Bouchard : *Thérapeutique des maladies infectieuses* 1889.

Il s'agissait donc pour les industriels vinicoles de ramener le vin au chiffre de plâtre toléré; on peut y arriver en traitant le vin sulfaté par un mélange de tartrate de strontiane et d'acide tartrique : il se précipite du sulfate de strontiane et le bitartrate de potasse formé reste en dissolution. La Chambre syndicale du commerce en gros des vins de Paris ayant demandé à l'Académie des Sciences de vouloir bien donner son avis sur l'emploi des sels de strontiane, une Commission fut nommée, dont Duclaux fut rapporteur. Il a fait remarquer qu'il existe, après les manipulations, $0^{gr},20$ environ de bitartratre de strontiane par litre; ce sel n'existe pas naturellement dans le vin; l'addition d'un sel de strontiane constitue donc, au sens strict du mot, une falsification.

Cette addition est-elle dangereuse pour le consommateur? Les recherches récentes de Laborde, confirmées par une série d'observations cliniques, tendent à démontrer que les sels de strontiane *chimiquement purs* ne sont pas toxiques. Cependant le fait que la strontiane n'est pas un constituant de nos tissus et exerce même une action thérapeutique réelle, doit déjà nous mettre en garde contre son usage prolongé. Mais Laborde et les auteurs, qui l'ont suivi dans ces recherches, ont fait observer que les sels de strontiane commerciaux sont toujours mélangés à des sels de baryte, lesquels sont très toxiques. Il est impossible d'espérer que les sels employés dans l'industrie auront la pureté réclamée; aussi Duclaux conclut-il que l'Académie doit blâmer l'emploi des sels de strontiane pour le déplâtrage des vins. L'Académie a adopté ces conclusions.

Morue rouge. — La question de la morue rouge a préoccupé depuis longtemps les hygiénistes et les bactériologistes. L'origine microbienne est incontestable : aussi à la suite de divers rapports, la morue rouge a-t-elle été prohibée par les commissions de réception.

Le Dantec[1] qui a étudié ce sujet l'an dernier, s'élève contre cette défense. Il allègue qu'il existe deux variétés ou plutôt deux degrés de morue rouge. Dans l'une, on constate simplement un enduit visqueux superficiel, constitué par des algues banales et le *bacille rouge de Terre-Neuve*. Cet enduit s'enlève par un simple brossage. Cette morue n'aurait jamais donné lieu à des accidents, bien que la population nègre de Cayenne la consomme journellement. D'autre part les injections des cultures du bacille rouge n'auraient jamais donné lieu à aucun symptôme toxique chez les animaux.

Quant au deuxième degré avec odeur nauséabonde,

[1] Le Dantec. *Annales de l'Institut Pasteur* 1801.

l'aspect de la chair serait telle que la consommation en serait impossible. Comme le fait remarquer Vallin[1], il doit exister des phases intermédiaires pendant lesquelles l'altération, sans être sensible à l'odorat, peut être suffisante pour amener des intoxications.

Le Dantec admet que le bacille érythrogène se trouve dans l'atmosphère de Terre-Neuve; il conseille de mélanger au sel 10 à 15 % d'hyposulfite ou de bisulfite de soude.

Viandes congelées. — Avant les nouveaux tarifs douaniers les viandes congelées, surtout celles des moutons, arrivaient en grande quantité sur les marchés français et surtout sur celui de Paris. Nous ne savons ce qu'il résultera des nouveaux droits de douane mis sur ces produits.

Au point de vue de l'hygiène, les viandes congelées n'offrent aucun inconvénient; il est utile néanmoins de pouvoir reconnaître facilement quand elles ont été soumises à cette opération. Maljean donne à cet effet un procédé fort rapide et très pratique. Au moment de la décongelation, les viandes laissent suinter un liquide séreux, rougeâtre, qui, examiné au miscroscope, montre des globules de sang décolorés, déformés, tandis que le sérum présente une teinte verdâtre. Il n'existe plus de globules normaux. Sous l'influence du froid les globules seraient atteints fortement, leur matière colorante diffuserait dans le sérum, ou elle cristalliserait en petits cristaux miscroscopiques faciles à reconnaître au microscope.

VI. — HYGIÈNE MILITAIRE

L'évacuation des blessés et des malades

En matière d'hygiène militaire une grosse question a été agitée en ces derniers temps. Elle est relative à l'évacuation des blessés et des malades en temps de guerre. Les transformations accomplies depuis la campagne de 1870-1871, et même depuis la campagne russo-turque de 1876, tant sur la masse des effectifs que dans l'armement, suggèrent aux « Services de santé militaires » la crainte de ne plus être à la hauteur des lourdes charges qui menacent de peser sur eux à l'avenir.

Ces inquiétudes ont été exposées récemment aux délégations austro-hongroises par le grand chirurgien autrichien Billroth[2]; elles ont en outre soulevé une vive discussion au Reichstag allemand[3]. Le Professeur Billroth a jeté une note

[1] Vallin. *Revue d'Hygiène*, 1891.
[2] Billroth. Die Schrecken d. nächsten Krieges. *Militarsanital*, Wien med. Bl. XIV, 51 et *Der Militärarzt*, 18 décembre 1891.
[3] Discussion du Reichstag en janvier 1892.

pessimiste. Les balles à petits calibres qui aujourd'hui peuvent mettre hors de combat un homme à 5.000 mètres, l'absence de la fumée, qui autrefois masquait les combattants et enlevait une grande précision au tir, sont autant de raisons pour faire supposer que le nombre des hommes blessés pendant un court intervalle de temps, sera considérablement augmenté. Il y a toutefois un correctif : le faible calibre des balles, leur vitesse de translation rendront un grand nombre de blessures peu importantes, les os pouvant être traversés même sans donner lieu à des esquilles ; c'est du reste ce que l'on a pu constater dans la dernière guerre civile du Chili. Pendant la guerre de 1870-1871 l'armée allemande a eu en moyenne 2,2 °/° de tués et 12,6 °/° de blessés sur les effectifs engagés. D'après les estimations de Billroth, il faudrait élever cette proportion à 20 °/° dans la prochaine guerre. Un corps d'armée de 32.000 à 35.000 hommes, engagé dans une bataille, serait exposé à perdre 7.000 hommes, dont 1.200 tués et 5.800 blessés ; parmi ces derniers un tiers seulement seraient gravement atteints.

Un exemple cité par le major Gand au Reichstag allemand est topique. Lors de la terrible bataille de Gravelotte, il y eut 19.000 blessés. D'après les chiffres de Billroth, le même nombre d'hommes engagés donnerait un chiffre de 44.000 blessés. .

Ces données sont certainement hypothétiques ; néanmoins elles méritent d'être prises en considération, et dès aujourd'hui toutes les dispositions doivent être prévues pour assurer la promptitude des secours et de l'évacuation.

Le service de santé allemand ne partage pas les appréhensions du chirurgien autrichien sur l'insuffisance des moyens de secours. Chaque corps d'armée possède douze hôpitaux de campagne ; chacun deux pouvant fournir 200 lits, et l'emploi des tentes permettant de doubler le nombre des places, il y a en réalité 4.800 lits dans chaque corps.

Le service de santé comprend 150 médecins, 300 infirmiers et 100 brancardiers spéciaux. En acceptant les chiffres de Billroth, — 7.000 hommes. hors de combat, — on voit que chaque major aurait à s'occuper de 12 à 15 grands blessés et de 26 blessés moins frappés.

L'administration française a pris, au sujet des secours immédiats, une excellente mesure en distribuant aux hommes un pansement antiseptique, qu'ils doivent porter, non dans leur sac, mais cousu dans le vêtement.

Quant à l'évacuation, les trains constitués par des wagons ordinaires, que l'on transforme immédiatement en wagons d'ambulance à l'aide des appareils d'une grande simplicité de Bry, d'Amelin

ou de Bréchot, paraissent devoir répondre suffisamment aux besoins prévus. Les expériences toutes récentes faites à ce sujet sur la ligne de Dieppe et sur celle de Saint-Germain en présence d'un grand nombre d'officiers du corps de santé de réserve et de la territoriale sont concluantes. Quant aux fameux trains sanitaires que l'on voit à toutes les expositions, pouvant emporter une trentaine de blessés, ils sont, nous l'espérons, définitivement abandonnés ; les sociétés particulières qui poursuivent le noble but de préparer dès aujourd'hui des secours pour les combattants de demain ont d'autres emplois plus utiles à faire de leurs ressources , toujours très insuffisantes et vite épuisées, quand l'heure de la lutte est venue.

Enfin le matériel ne suffit pas : il faut aussi un personnel à la hauteur de la tâche. Malheureusement l'Administration de la Guerre n'a peut-être pas assez fait, chez nous, en ces derniers temps, pour relever la situation sanitaire : le conflit entre les officiers combattants et ceux dits non combattants persiste toujours. Certains regrettent, dit-on, le temps peu reculé où le médecin-major était complètement sous la tutelle de l'Intendance, où, quand il s'agissait de prendre une mesure d'hygiène, de faire une modification dans une salle d'hôpital, l'officier commandant la subdivision réunissait l'intendant, le chef du génie, quelques officiers des autres armes pour prendre une décision ; le médecin n'avait que voix consultative et ne signait pas le procès-verbal de la délibération.

Il faudrait aussi en temps de paix utiliser, tout autrement qu'on ne l'a fait jusqu'à présent, le service militaire des étudiants en médecine : au lieu de leur apprendre à manœuvrer le Lebel ou la pompe à incendie, comme on le faisait encore récemment, on devrait leur enseigner ce qu'ils auront besoin de savoir, comme médecins militaires, pendant la guerre. Qu'ils sachent monter à cheval, manier le sabre et le revolver pour se défendre personnellement ou réprimer le maraudage sur le champ de bataille, c'est là le seul exercice auquel il est utile de les habituer.

Mais, ce qu'il importe le plus de leur faire connaître, c'est l'aménagement des voitures de secours, l'installation des ambulances, la nature des blessures les plus fréquentes, les traitements d'urgence que réclament les divers genres de blessures par les armes à feu, etc., etc. Aujourd'hui en effet que l'armée est la nation même, tous les éléments qui la composent devraient être utilisés conformément aux aptitudes acquises par chacun de nous dans la vie civile. Nous nous permettons d'appeler sur ce point la patriotique attention de nos législateurs.

Louis Olivier.

BIBLIOGRAPHIE

ANALYSES ET INDEX

1° Sciences mathématiques.

Duhem (P.) *Chargé de cours à la Faculté des Sciences de Lille.* — Cours de Physique mathématique et de Cristallographie, *Leçons professées en 1890-91 sur l'Hydrodynamique, l'Elasticité, l'Acoustique* — 2° partie : *les Fils et les Membranes, les Corps élastiques, l'Acoustique. Un vol. grand in-4°, lithog. (prix 14 fr.) Librairie scientifique A. Hermann, 8, rue de la Sorbonne, Paris* 1891.

Nous avons dit, dans le n° de la *Revue* du 30 août 1891, tout le bien que nous pensions du premier volume de Physique mathématique que venait de faire paraître M. Duhem ; le second a été récemment publié et il est digne du précédent.

Ce sont toujours les méthodes de Lagrange qui, d'une façon absolue, sont adoptées ; M. Duhem ne s'en sépare jamais, sur aucun point ; c'est évidemment pour lui une question de principe, au sujet de laquelle il n'admet pas de concessions. Peut-être est-ce aller un peu loin. Et cependant il faut bien reconnaître que la tendance actuelle de la Physique mathématique est de revenir à Lagrange, que les essais qu'elle a tentés pour s'en écarter n'ont pas été heureux, que les efforts pourtant si intéressants qui ont été faits, comme ceux de Poisson, pour s'affranchir de cette tutelle, ont donné prise à la critique et que l'avenir semble acquis aux méthodes de la *Mécanique analytique*.

Le volume débute par l'étude de l'équilibre des fils flexibles et des théorèmes généraux qui y correspondent ; puis l'auteur aborde l'équilibre d'un fil tendu sur une surface, et termine ce sujet par l'indication rapide des recherches de Gauss sur ce point.

Il arrive alors au mouvement des fils : la plus grande partie du chapitre est naturellement occupée par la question des cordes vibrantes. Nous signalons tout spécialement l'historique où M. Duhem expose la longue suite des recherches qui, depuis d'Alembert, Euler et D. Bernouilli, jusqu'à Lagrange, Fourier et Poisson, ont constitué cette branche capitale de la Physique mathématique.

L'équilibre des membres flexibles est, peut-être, le chapitre de l'ouvrage qui appartient le plus en propre à l'auteur ; il est ainsi conduit à l'étude des surfaces à courbure moyenne nulle et aux surfaces d'aire minima ; puis il examine successivement l'équilibre d'une membrane en contact avec un fluide, et insiste sur les relations qui unissent cette théorie à celle de la capillarité ; nous ne saurions trop recommander au lecteur de lire les pages si vraies et d'un ordre philosophique si élevé que M. Duhem a consacrées sur ce point aux tendances de beaucoup de physiciens modernes. La capillarité a donné lieu, au point de vue théorique, à des erreurs graves, à des erreurs de méthode ; la tension superficielle des liquides, qui n'est qu'une image, a été admise comme un principe et l'on a assimilé la surface d'un liquide placé dans un tube capillaire à une membrane flexible, sans se rendre compte que c'est là une traduction des résultats et non une hypothèse à faire pour les obtenir.

M. Duhem termine l'étude des membranes par la théorie de leurs petits mouvements ; il consacre un chapitre aux vibrations transversales et à l'équation de M. Schwartz ; puis il applique les résultats obtenus par ce géomètre à l'étude des sons propres, à celle des signes nodales et examine enfin le cas d'une membrane vendue sur un cadre quelconque. On voit bien le plan luivi. Après les fluides qui formaient le premier tolume, sont venus les fils et les membranes ; il reste à

traiter les solides élastiques, c'est ce que fait M. Duhem dans le quatrième livre de son ouvrage.

Nous ne pouvons entrer dans le détail de cette portion de l'Elasticité, qui, d'ailleurs, dans ses parties principales, est devenue tout à fait classique ; l'établissement et la discussion des équations fondamentales, puis l'équilibre des corps isotropes sont tout d'abord exposés ; en ce qui concerne l'étude des déformations qui, à elle seule, pourrait remplir un volume, l'auteur s'est montré très sobre, il n'a traité que les deux cas suivants : celui où la surface extérieure est soumise à une pression normale et uniforme et celui de l'allongement d'un prisme par traction.

Mais il a cru devoir consacrer tout un chapitre à l'historique de la théorie de l'Elasticité. Il a eu raison. Aucune théorie peut-être n'a eu dans les sciences physiques un développement plus régulier et plus complet ; aucune, à coup sûr, n'a joué un rôle plus important.

Le volume se termine par l'Acoustique. Toute cette partie de l'ouvrage peut être considérée comme inspirée directement par le célèbre traité d'Helmholtz intitulé « Théorie physiologique de la musique ».

On voit par ce résumé, forcément aride et incomplet, à quel niveau élevé se maintiennent les leçons de M. Duhem ; elles ne constituent pas seulement un exposé de l'état de la science sur les points qu'elles traitent ; les méthodes sont discutées et comparées, les critiques nécessaires sont faites, les erreurs sont relevées ; ce livre de Physique mathématique est d'une hauteur de vues incontestable ; il fait le plus grand honneur au savant professeur de Lille.   L. O.

2° Sciences physiques.

Witkowski (A.-W.). — Sur la dilatation et la compressibilité de l'air atmosphérique. *Bull. Acad. Sc. de Cracovie*, 1891, p. 181.

L'auteur a entrepris des expériences détaillées sur cette question au moyen d'un dispositif que nous ne pouvons décrire ici, mais qu'il importe de signaler à l'attention des spécialistes.

Les expériences de M. Witkowski sont comprises entre + 100° et − 145°, et dans cet intervalle de températures, ce savant a opéré avec des pressions variant entre 10 et 130 atmosphères. De très nombreuses observations lui ont ainsi permis de tracer dix lignes isothermiques pour les températures suivantes : + 100°, + 16, ± 0°, − 35°, − 78°5, − 103°5, − 130°, − 135°, − 140°, − 145°.

A part la température de − 35°, réalisée au moyen d'un mélange réfrigérant de glace et de chlorure de calcium, les autres températures ont été obtenues au moyen de bains de vapeurs (eau, acide carbonique, éthylène).

M. Witkowski a résumé ses expériences sous forme de deux tableaux donnant les coéfficients de compressibilité et de dilatation de l'air dans les limites des expériences.

En outre, M. Witkowski a constaté que le minimum du produit pv a lieu pour différentes températures aux pressions suivantes :

	p		t	p
+ 100°	< ${}^{t}_{1}$atm	— 78°.5		125 atm
+ 16°	79 »	— 103°.5		106 »
0°	95 »	— 130°		66 »
— 35°	115 »	— 135°		57 »

La courbe des pressions sous lesquelles se produit

ce minimum de pression passe donc elle-même par un maximum situé entre 115 et 123 atmosphères.

Si l'on construit, ainsi que l'a fait Wotkowski, une courbe en prenant pour ordonnées les valeurs des pression ci-dessus, divisées par la pression critique de l'air (39 atmosphères environ), et pour abscisses les températures ci-dessus, comptées depuis le zéro absolus et divisées par la température critique absolue de l'air (132 = — 141° C), le tracé obtenu se confond très sensiblement avec le tracé unique que Wroblewski avait trouvé pour les gaz homogènes. C'est là une confirmation très importante de cette loi de Wroblewski dont M. Natanson a donné récemment une démonstration basée sur les théories de M. Van des Waals.

Ph. A. Guye.

Fischer (Emil) et **Piloty** (Oscar). — **Sur un nouvel acide pentonique et sur les deux acides trioxyglutariques inactifs.** — *Ber. d. D. chem. Gesell.*, *t.* XXIV , *p.* 4214 (1891).

En adoptant la notation de l'auteur, l'acide trioxyglutarique doit être représenté par la formule suivante :

$$CH.OH.CO^2H$$
$$CH.OH$$
$$CH.OH.CO^2H$$

Acide trioxyglutarique

On peut donc l'envisager comme de l'acide tartrique dont les deux carbones asymétriques seraient reliés par un groupe CH.OH. Comme ce dernier, il doit donc exister sous quatre modifications stéréo-isomériques : deux actives, deux inactives.

Ce sont ces deux dernières que MM. Fischer et Piloty sont parvenus à préparer en oxydant l'acide arabonique et l'acide xylonique.

Nous n'insisterons pas sur les détails de cet intéressant travail, car nous serions obligés de faire usage d'une terminologie par trop spéciale. Nous nous bornerons seulement à faire remarquer que les deux acides trioxyglutariques inactifs se distinguent par des propriétés chimiques caractéristiques. Ainsi que nous l'avons signalé à propos du travail de M. Zelinsky, l'une des deux modifications paraît peu stable, est susceptible de donner une lactone, tandis que l'autre, dans les mêmes conditions, échappe à cette tranformation et reste inaltérée.

On peut donc conclure de ces faits que les différences de propriétés entre les deux isomères stéréo-chimiques inactifs dédoublables et non dédoublables peuvent être, dans certains cas, beaucoup plus accusés qu'on ne l'avait cru jusqu'à présent. Ph. A. Guye.

3° Sciences naturelles.

Patten (William). — **On the origine de Vertebrate from Arachnids.** (*Les Vertébrés ont-ils eu pour ancêtres des Arachnides?*) *Quarterly Journal of microscop. Science, vol.* XXXI, 1891.

Après avoir mis en évidence le peu de fondement et la stérilité de la théorie annélidienne des Vertébrés, l'auteur s'appuie sur les caractères embryogéniques et anatomiques du Scorpion et de la Limule, pour établir l'origine arachnidienne des Vertébrés. Par de nombreux arguments tirés des organes sensoriels et des nerfs, il s'efforce de démontrer que l'encéphale des Vertébrés se compose de treize neuromères et correspond au cerveau de la Limule et du Scorpion, qui est formé par l'ensemble des ganglions cérébroïdes et sousœsophagiens. Le cerveau antérieur, formé de trois neuromères, et le cerveau moyen, qui n'en comprend qu'un seul, auraient leurs homologues dans les ganglions cérébroïdes du Scorpion ; par rapport au reste de l'encéphale, ils présentent une flexion crânienne qui se retrouverait aussi dans les Arachnides. Le cerveau postérieur (comme le cerveau moyen) appartiendrait au thorax au

même titre que celui du Scorpion et serait constitué par cinq neuromères ; enfin quatre neuromères abdominaux, rattachés à l'encéphale, formeraient un cerveau accessoire dans les deux groupes et, dans les deux groupes aussi, donneraient naissance aux nerfs vagues. Les homologies se poursuivraient jusque dans la chaine ventrale (deux racines distinctes aux nerfs spinaux, l'inférieure avec un noyau ganglionnaire) et dans les organes des sens (l'œil médian de la Limule serait l'homologue de l'œil pinéal et sa fossette sensorielle prébuccale correspondrait aux yeux latéraux du Scorpion; les yeux latéraux de la Limule, qui appartiennent au troisième segment thoracique, correspondraient aux yeux latéraux des Vertébrés, mais non à ceux du Scorpion; enfin les deux grands organes transitoires auriformes des larves de Limule persisteraient chez les Vertébrés, dont ils représenteraient l'oreille, qui appartient au qua trième segment thoracique).

L'auteur admet forcément, pour passer au Vertébré, l'hypothèse de Geoffroy Saint-Hilaire sur le renversement de l'arthropode; il reconnaît dans l'infundibulum de l'hypophyse l'œsophage des Arachnides, et il admet que la bouche définitive des Vertébrés a pu se développer aux dépens d'un organe de succion ou de fixation analogue à l'organe dorsal qui joue le même rôle chez certains Crustacés. Ce renversement une fois admis, on retrouverait la notochorde (dont l'auteur conteste l'origine endodermique) dans l'artère spinale et la tige subchordale dans le *cordon botryoïdal* qui s'applique sur l'artère spinale où il donne probablement naissance aux globules sanguins ; quant au crâne primordial, il est représenté par le squelette interne, ou sternum cartilagineux mésodermique des Arachnides, qui forme un anneau autour de la partie postérieure du cerveau et qui envoie en avant deux trabécules.

Les Poissons paléozoïques fossiles du genre *Pterichthys* sont considérés comme des formes intermédiaires entre les Mérostomes et les Trilobites d'une part, et les Poissons proprement dits de l'autre. Le squelette céphalique externe du Pterichthys ressemble à s'y méprendre à celui d'un Trilobite et les yeux sont situés du côté hémal, comme ceux des Arachnides, mais non comme ceux des Vertébrés. L'auteur établit ensuite les homologies du métastome des Ptérygotus, du peigne des Scorpions et des nageoires pectorales des Pterichthys et des Poissons, puis il admet que les Mérostomes et les Trilobites nageaient sur le dos comme les larves de Limules, et que ce mode de natation a conduit peu à peu à celui qu'on observe chez les Poissons et par suite au renversement définitif qui caractérise le Vertébré. E.-L. Bouvier.

Sicard (D' Henri), *doyen de la Faculté des sciences de Lyon.* — **L'évolution sexuelle dans l'espèce humaine.** Un vol. de 320 p. avec 94 fig. dans le texte (3 fr. 50). J.-B. Baillière et fils, 19, rue Hautefeuille Paris, 1892.

Le livre que M. Sicard vient de publier dans la bibliothèque scientifique est un des meilleurs de cette collection. Le sujet en est fort intéressant en lui-même, et le savant professeur de Lyon, tout en restant dans le domaine scientifique, a su rendre la lecture de son ouvrage fort attrayante.

Envisageant d'abord l'origine des êtres vivants, il étudie les principaux modes de reproduction et montre comment s'est fait le passage de la génération asexuée à la génération sexuée. Après avoir exposé les phénomènes intimes de la fécondation et le développement embryonnaire de l'être vivant, il recherche comment s'effectue, au cours de ce développement, la différenciation des sexes. Cette différenciation consiste dans la transtormation de la glande génitale en ovaire ou testicule, et chez les formes inférieures elle ne s'accompagne pas d'autres changements; mais, à mesure que l'organisation se perfectionne, apparaissent des caractères sexuels secondaires dont il est fort intéressant de suivre l'évolution en remontant l'échelle des êtres vivants. M. Sicard étudie l'importance et le développement de ces caractères sexuels chez les animaux, puis il étend cette étude à l'espèce humaine, chez laquelle les sexes se distinguent par des caractères beaucoup plus nombreux et plus importants, puisqu'ils comportent à la fois des différences dans l'organisation physique et dans les facultés intellectuelles. Nous recommandons particulièrement la lecture des chapitres relatifs aux caractères sexuels secondaires en général, et dans l'espèce humaine, aux modifications et anomalies de la sexualité, et à la sélection sexuelle chez l'homme.

« L'évolution sexuelle chez l'homme, envisagée soit dans l'espèce, soit dans l'individu, dit M. Sicard en terminant son livre, montre que la différenciation des sexes est en rapport avec le degré de supériorité auquel il est parvenu. Cette différenciation va croissant par un procédé de sélection sexuelle qui a pour effet de développer de plus en plus les caractères sexuels secondaires; il y a progrès quand il y a entre les sexes plus de dissemblances ». Aux dissemblances qui, chez les animaux, ne portent que sur des caractères purement physiques, s'ajoutent chez l'homme des différences psychiques et morales que chacun des sexes apprécie d'autant plus chez l'autre que son niveau intellectuel est plus élevé. L'étude anatomique et physiologique des lois qui déterminent les différences entre les deux sexes montre « qu'il n'est conforme à la loi naturelle que l'homme et la femme, n'ayant pas la même organisation, aient chacun, dans la vie sociale comme dans l'association formée en vue de la reproduction, un rôle différent ». Je signale cette conclusion aux méditations des utopistes qui prétendent faire jouer à la femme le même rôle qu'à l'homme dans la société; en lisant l'ouvrage de M. Sicard, les personnes d'opinion moins *avancée* seront heureuses de reconnaître que les études biologiques viennent confirmer un fait que la raison et le bon sens avaient découvert depuis fort longtemps.
R. KOEHLER.

Huxley (Th. H.). — **La Place de l'homme dans la Nature**, un vol. in-8° (3 fr. 50). *Baillière et fils, Paris*, 1891.

Nous ne faisons que signaler ce livre, malgré le grand nom de l'auteur, car il ne s'agit ici que de la réédition d'une traduction bien connue, augmentée seulement de trois chapitres. Ces derniers sont consacrés aux progrès de la science qui ont paru à M. Huxley confirmatifs de ses idées d'autrefois. Pour lui, il y a, au point de vue anatomique, plus de différence entre le Ouistiti et le Chimpanzé, qu'entre le Chimpanzé et l'Homme; la parenté ancestrale de ces deux anthropoïdes, bien qu'encore indéterminée, est certaine : les recherches ethnologiques et paléontologiques de ces vingt dernières années n'ont cessé de l'accuser. L. O.

4° Sciences médicales.

Didsbury (H.), *médecin à la Fondation Isaac Percire*. **Modifications à la technique des réimplantations dentaires.** *Daix frères, Clermont (Oise).*

Les modifications que le Dr Didsbury a apportées au manuel opératoire des réimplantations dentaires reposent sur 150 cas opérés à la Fondation Péreire, de Levallois, depuis 1887.

Partant de ce principe que plus la remise en place suit de près l'extraction, moins l'opération est douloureuse et plus les chances de succès sont grandes, l'auteur décrit son procédé permettant d'extraire, préparer et remettre une dent en dix à douze minutes. Grâce à cette rapidité et aux soins antiseptiques absolus, le Dr Didsbury n'a pas éprouvé un seul échec, l'âge de ses opérés variant de 6 à 37 ans.

L'auteur s'élève contre l'habitude généralement adoptée de maintenir la dent opérée par des plaques, fils, capuchons et appareils en gutta-percha. Il se contente de la simple réimplantation sans recourir à aucun mode de contention. Une semaine après la remise en place la consolidation est suffisante pour supprimer tout soin.
Dr Henri HARTMANN.

Max-Simon (Dr P.). — **Les Maladies de l'esprit.** *In-18 de 319 pages. Bibliothèque scientifique contemporaine (3 fr. 50). J.-B. Baillière. Paris*, 1892.

M. Max-Simon a tenté de tracer un tableau d'ensemble de la pathologie mentale. Il a essayé de substituer dans son exposition des cadres psychologiques aux cadres cliniques usités d'ordinaire; il étudie successivement, en les isolant des autres éléments morbides auxquels ils sont unis dans la réalité les troubles sensoriels, les troubles intellectuels et les troubles moteurs. Au lieu de décrire successivement la paralysie générale, la folie des dégénérés, etc., il passe en revue les diverses formes de délires, les diverses classes d'hallucinations et d'impulsions. Il sépare ainsi, par exemple, les hallucinations du délirant chronique des autres phénomènes morbides qu'il présente, pour les rapprocher des hallucinations que l'on rencontre dans d'autres formes d'aliénation mentale. Il est certain que c'est seulement par cette méthode d'analyse psychologique et physiologique à la fois que la pathologie mentale peut se transformer en une véritable science, susceptible de se formuler en lois définies. Mais c'est peut-être encore une tentative prématurée que cette substitution de la psychologie pathologique à la clinique mentale; il faudrait, en tous cas, pour la mener à bien, en même temps qu'une longue pratique des maladies mentales, une connaissance exacte et précise des résultats et des méthodes de la psychologie normale. C'est là, peut-être, ce qui fait, à quelques égards, défaut à M. Max-Simon. Aussi son livre consiste-t-il essentiellement en des fragments de descriptions cliniques disposés suivant un plan nouveau. Les cadres mêmes qu'il a adoptés ne sont pas à l'abri de toute critique; on ne voit pas trop comment les actes « délirants » peuvent s'isoler à la fois des instincts « délirants » et des idées délirantes, et l'expression d' « esprit délirant » est une expression vague et beaucoup trop générale; c'est une rubrique sous laquelle on pourrait classer aussi bien les hallucinations que les idées délirantes. Il faut dire que cette opposition entre le *sens délirant* et l'esprit délirant provient de la conception particulière que s'est formée de l'hallucination; c'est pour lui une modification de l'organe sensoriel lui-même, identique ou analogue du moins à celle qui détermine la sensation; mais dans le cas de l'hallucination, le centre cortical deviendrait le point de départ de l'excitation sensitive, et la rétine ou la peau son point d'arrivée; on ne sait trop où elle pourrait être perçue, à moins qu'il ne faille admettre une sorte de choc en retour de la vibration nerveuse dont il n'est point question dans le texte de l'auteur. Cette théorie n'a rien de commun, on le voit, avec la théorie soutenue par MM. Binet et Féré sur le siège des hallucinations visuelles, et M. Max-Simon nous semble commettre une erreur en les rapprochant l'une de l'autre et élever inutilement une question de priorité. Soutenir que c'est le même centre cortical qui entre en action pour la perception vraie et la perception hallucinatoire correspondante, ce n'est pas affirmer, tant s'en faut, l'existence d'excitations sensitives efférentes. Le livre de M. Max-Simon se termine par deux chapitres consacrés aux causes et au traitement de la folie. Le chapitre relatif aux causes de la folie est très complet, mais un peu confus et d'allures assez peu scientifiques. L'auteur s'en tient, en ce qui concerne le traitement, à des conseils très généraux; il considère encore la camisole de force comme une protection pour le malade. Les psychologues auront, malgré les défauts de ce livre, quelque profit à le consulter; ils y trouveront réunis, sous une forme commode, un certain nombre de faits intéressants.
L. MARILLIER.

ACADÉMIES ET SOCIÉTÉS SAVANTES

DE LA FRANCE ET DE L'ÉTRANGER

ACADÉMIE DES SCIENCES DE PARIS

Séance du 7 mars

1° SCIENCES MATHÉMATIQUES. — MM. A. de Saint-Germain et L. Lecornu : Sur l'impossibilité de certains mouvements — M. de Sparre : Sur le mouvement du pendule conique à tige. — M. P. Tacchini : Distribution en latitude des phénomènes solaires observés à l'Observatoire royal du Collège romain pendant le second semestre de 1891. — M. J. Fényi décrit divers phénomènes extraordinaires qu'il a observés sur le grand groupe de taches solaires de février 1892

2° SCIENCES PHYSIQUES. — M. Th. Moureaux signale qu'une nouvelle perturbation magnétique, moins intense toutefois que celle du 13-14 février, a été constatée à l'Observatoire du parc Saint-Maur dans la nuit du 6 au 7 mars; elle a été accompagnée d'une aurore boréale. — M. E. Wild compare la perturbation magnétique du 13-14 février, telle qu'elle a été enregistrée à l'Observatoire de Pawlowsk, aux phénomènes notés au parc Saint-Maur; la perturbation a commencé au même moment dans les deux stations, mais elle se manifestait en sens contraire pour tous les éléments. — M. Ch. V. Zenger voit, dans les perturbations atmosphériques, magnétiques et sismiques de février 1892, une nouvelle vérification de la loi posée par lui, à savoir que tous ces phénomènes ont leur origine commune dans l'activité solaire et que leur période est toujours un multiple d'une demi-rotation solaire. — M. Gouy a trouvé, dans des expériences faites avec certaines dissolutions, que la loi des phénomènes électro-capillaires de M. Lippmann se vérifie que pour les grandes forces électro-motrices de polarisation (C. R. 1er février 1892). M. A. Berget a voulu vérifier ce fait pour les deux liquides qui s'écartent le plus de la loi, d'après M. Gouy, l'iodure de potassium à $\frac{1}{100}$ et la potasse a $\frac{1}{10}$, et il a trouvé soit par la méthode même de l'électromètre capillaire, mais en évitant certaine cause d'erreur, soit par deux autres méthodes de contrôle, que la loi énoncée par M. Lippmann s'applique exactement à ces liquides comme aux autres. — M. E. Bouty a pu, en la modifiant légèrement, appliquer aux diélectriques doués d'une faible conductibilité électrolytique la méthode qui lui avait servi à mesurer les constantes diélectriques du mica à haute température. Il a déterminé ainsi la constante diélectrique de la benzine et de l'essence de térébenthine. Pour l'eau distillée, sa conductibilité est trop grande eu égard à la sensibilité de l'appareil; M. Bouty a tourné la difficulté en opérant sur la glace à — 23°; si on laisse remonter la température, la conductibilité augmente beaucoup sans que la constante diélectrique varie sensiblement; celle-ci est très considérable, comme les recherches antérieures le faisaient prévoir. — M. Ch. Soret examine théoriquement les diverses façons dont on peut représenter la conductibilité thermique dans les corps cristallisés. — M. P. Lefebvre formule une règle pour trouver le nombre et la nature des accidents de la gamme dans un ton et un mode donnés. — M. G. Charpy : La densité d'une solution aqueuse dépend à la fois de deux facteurs complètement indépendants l'un de l'autre, la densité du corps dissous et la contraction produite lors de la dissolution; la contraction est d'autant plus grande que le poids moléculaire du corps dissous est plus considérable, mais il n'existe pas de relation générale entre la densité d'un corps solide ou liquide et son poids moléculaire. On trouvera donc, suivant les cas, des variations très différentes pour les densités des solutions, et ces variations ne peuvent pas être uti-

lisées, comme on a voulu le faire, dans l'étude de l'état des corps dissous. La contraction est un phénomène propre à l'eau : des mélanges d'alcool méthylique et amylique, de benzine et d'éther acétique ne présentent aucune contraction. — M. A. Besson, en faisant agir le gaz ammoniac sur le bromure de bore dissous dans le tétrachlorure de carbone et maintenu à 0°, a obtenu un corps solide blanc amorphe répondant à la formule $B Br^3, 4 Az H^3$; dans les mêmes conditions, l'iodure de bore donne $B I^3, 5 Az H^3$. — M. C. Luedeking a obtenu la synthèse des minéraux *Crocoïte* et *Phœnicochroïte*, en exposant pendant plusieurs mois à l'air une solution de chromate de plomb dans la potasse dans un vase à fond plat. — M. de Forcrand examine si l'on peut étendre aux alcools d'atomicité supérieure, possédant une ou plusieurs fonctions secondaires, la théorie qu'il a donnée pour le glycol, à savoir que la valeur réelle de la fonction alcool primaire, mesurée par la chaleur dégagée par la substitution du sodium est constante et égale à 32 calories (C. R., 18 janvier). Les mesures qu'il a faites sur l'alcool isopropylique permettent cette extension, par exemple à la glycérine et à l'érythrite; l'auteur démontre que les inégalités observées ne sont qu'apparentes et s'expliquent par des combinaisons intra-moléculaires. — M. Hesse a avancé que MM. Grimaux et Arnaud s'étaient servis dans leurs expériences sur la synthèse de la quinine d'une cupréine impure; il se fonde sur ce fait qu'il a obtenu par la réaction de ces auteurs la transformation en diiodométhylate de quinine d'une partie seulement de la cupréine employée. MM Grimaux et Arnaud rappellent d'abord les précautions qu'on prises pour avoir la cupréine pure; celle-ci donne environ 80 % de la quantité théorique de diiodométhylate; la quinine pure en donne la même proportion; le rendement est donc presque total. — M. P. Th. Muller et J. Hausser ont étudié la vitesse de décomposition par l'eau du diazoïque de l'acide sulfanilique en mesurant la quantité d'azote dégagée; ils ont trouvé que cette décomposition obéit simplement aux deux lois des masses actives; la constante est indépendante de la concentration entre certaines limites. — MM. H. et A. Malbot ont fait réagir l'iodure de caproyle sur la triméthylamine en solution aqueuse, en proportion équimoléculaire; ils ont servi à la formation de diméthylcaprylamine à chaud et la production de caprylène à froid. — M. P. Genvresse a obtenu l'acide tartrique en traitant par l'hydrogène naissant l'acide glyoxylique; l'auteur pense que cette synthèse est plus conforme à ce qui se passe dans la nature que la synthèse de MM. Perkin et Duppa au moyen de l'acide bibromosuccinique.

3° SCIENCES NATURELLES. — MM. Berthelot et G. André ont étudié les produits de la putréfaction du sang de bœuf conservé 130 jours à l'étuve. Voici les principaux résultats de cette étude. L'unique gaz dégagé est de l'acide carbonique — les deux tiers d'azote ont été transformés en ammoniaque—l'ammoniaque et l'acide carbonique produits sont dans le même rapport que leurs équivalents comme dans la décomposition des uréides; — la comparaison de la composition initiale à l'ensemble des corps formés pendant la fermentation indique une augmentation de l'oxygène et de l'hydrogène, les quantités fixées de ces deux corps étant entre elles dans le même rapport que les éléments de l'eau. La fermentation a donc été exclusivement une hydratation. — M. Ch. Contejean a constaté chez le chien, contrairement aux assertions de Klemensiewicz et Heidenhain, que les glandes à papsine de la région pylorique de l'estomac sécrètent en même temps l'acide chlorhydri-

que.—M.B. Ségall, en faisant agir en même temps le nitrate d'argent et l'acide osmique sur les fibres nerveuses du sciatique de la grenouille, a observé, entre les
étranglements annulaires, des anneaux sombres intercalaires qui semblent situés sous la gaine de Schwann.
— MM. C. Sauvageau et M. Radais examinent les rapports réciproques et la place dans la classification des
genres *Cladothrix* et *Streptothrix* (Cohn) et *Actinomyces*
(Harz); le premier est une bactériacée; les deux autres
sont des champignons hyphomycètes; ils doivent dispa
raitre l'un et l'autre comme genres distincts et rentrer
dans le genre *Oospora* (Wallroth). Les auteurs ont fait
cette étude à propos de deux espèces nouvelles de
Streptothrix = *Oospora* qu'ils dédient l'une à M. Metchnikoff, l'autre à M. Guignard. — M. J. Vesque distribue,
suivant ses principes de classification évolutionniste,
les espèces du genre *Garcinia* sous genre *Xanthochymus*:
les trois groupes formés en partant des caractères anatomiques concordent d'une façon remarquable avec la
distribution géographique des espèces. — M. E. Rivière donne quelques détails sur les trois squelettes
humains fossiles, découverts dans les grottes des
Baoussé Roussé, près de Menton; ces squelettes appartiennent à la race de Cro-Magnon.

Mémoires présentés : M. V. Servais adresse une note
relative à la navigation aérienne. — M. Junius informe l'Académie qu'il fait usage depuis plus d'un an,
de vases poreux en porcelaine d'amiante pour la construction de ses piles

Nécrologie : M. d'Abbadie, président annonce à l'Académie la perte qu'elle vient de faire dans la personne
de M. *Jurien de la Gravière*.

Séance du 14 mars.

1° Sciences mathématiques. — M. H. Deslandres décrit une extraordinaire protubérance solaire qu'il a
observée sur le bord oriental du soleil le 3 mars, au
moment où revenait en ce point le grand groupe de
taches de février; il a étudié cette protubérance avec la
méthode spectrophotographique et obtenu des spectres
très complets, à cause de la grande intensité du phénomène, et présentant des déformations curieuses en
vertu du principe de M. Fizeau. — M. A. Rateau, à
propos de la communication de M. H. Resal du 22 février, remarque que la construction d'engrenages sans
frottement est impossible.

2° Sciences physiques. — M. Aymonnet a continué ses
recherches sur les maxima périodiques des spectres
calorifiques (Voir C. R., 28 septembre 1891); il dirige
à ce point de vue les spectres du flint, du crown et du
sel gemme. S'attachant principalement à cette dernière
substance, dont on connaît bien le poids moléculaire à
l'état cristallisé, il détermine en millièmes de μ l'intervalle de deux maxima consécutifs. Ce chiffre s'accorde
bien avec l'hypothèse que les maxima du spectre répondent aux vibrations fondamentales de 1, 2, 3, n
rangées de molécules cubiques du sel, molécules considérées comme des verges dont les extrémités sont
libres. — M. Th. Moureaux signale de nouvelles perturbations magnétiques enregistrées au parc Saint-Maur
du 11 au 13 mars. — M. Lecoq de Boisbaudran a soumis au fractionnement par l'ammoniaque un échantillon de samarine préparée par M. Clève dans les meilleures conditions; il n'a pas obtenu les séparations
nettes qu'il avait espérées; les raies électriques des
divers produits du fractionnement a donné des résultats intéressants; les raies électriques signalées antérieurement par l'auteur ne semblent pas appartenir à
la masse principale de la terre, mais la bande fluorescente 611-622 obtenue également par lui pour beaucoup
de produits samarifères par renversement de l'étincelle
se retrouve dans toutes les fractions et s'accentue à mesure qu'on s'avance vers la tête du fractionnement
(terres les moins basiques); les éléments donnant respectivement naissance à ces deux espèces de spectres
doivent donc porter des désignations distinctes. —
M. Joannis décrit quelques alliages bien définis du

sodium, obtenus en partant du sodammonium, Pb Na
BiNa³, SbNa³ et aussi Pb²K, obtenu en partant du potassammonium. — En présence de l'inexactitude des essais
par la voie sèche du minerai d'antimoine, M. Ad. Carnot a cherché une méthode par voie humide, qui consiste en principe à dissoudre l'antimoine par l'acide
chlorhydrique, à le précipiter par l'étain et à le peser
à l'état métallique. — M. G. Massol a déterminé les
constantes thermiques des citrates de potasse et de
soude afin de comparer l'acide citrique à l'acide carballylique; la chaleur de formation à l'état solide des
citrates de potasse et de soude est supérieure à celle
des carballylates correspondants; l'augmentation observée est analogue à celle que l'auteur a signalée en
comparant les acides malonique et succinique avec les
acides alcools correspondants (tartronique, malique,
tartrique) et doit être attribuée à l'influence de l'oxhydrile alcoolique. — M. Oechsner de Coninck étudie
quelques réactions des trois acides amido-benzoïques
isomériques. — M. G. Hinrichs montre comment la
loi théorique qu'il a posée pour les températures d'é-
bullition des composés organiques à formule prismatique s'applique aux dérivés des paraffines par substitution terminale. — M. A. Brochet a étudié les
carbures que constituent des huiles légères obtenues par
la pyrogénation prolongée du boghead et des huiles de
schiste dans l'industrie du gaz comprimé; il a obtenu
d'assez grandes quantités d'amylène et d'hexylène. —
M. L. Vignon répond aux objections faites par M. de
Chardonnet à sa méthode pour déterminer le poids
spécifique de la soie; il montre que, dans ses expériences, l'action du vide était suffisante, puisque cette
action prolongée ne faisait plus varier la densité; la
méthode proposée par M. de Chardonnet comporte au
contraire des causes d'erreur.

3° Sciences naturelles. — M. Ranvier décrit sous le
nom de *branches vasculaires coniques* de petits vaisseaux
de communication entre les artérioles et les veinules
qu'il a observées dans la membrane périœsophagienne de
la grenouille; la membre base du cône est tournée du
côté de l'artère. On voit que chez les Batraciens les capillaires n'ont pas leur origine dans des cellules vaso-
formatrices distinctes des veines et des artères, et qu'ils
se forment aux dépens des deux systèmes ou de l'un
des deux; l'étude des branches vasculaires coniques,
qui sont des pointes d'accroissement émanées des veines
vers les artères, semble à faire admettre que c'est à
partir des veines que se forment les capillaires. —
M. M. Arthus a repris en détail l'étude de la glycolyse
dans le sang. Voici les conclusions de son travail : la
glycolyse dans le sang est un phénomène de fermentation chimique: le ferment glycolytique ne préexiste
pas dans le sang circulant; il se forme hors de l'organisme aux dépens des éléments qui se déposent dans
la couche des globules blancs et semble être en relation avec la vie extra-vasculaire de ces éléments; la
glycolyse se produit exclusivement hors des vaisseaux
comme la cogulation, avec laquelle elle présente d'importantes analogies. — M.J.P. Morat examine à propos des travaux récents de M. Wedensky sur l'inhibition
la théorie qui consiste à rapporter ce phénomène à
une variation d'intensité de l'excitant, l'effet produit
croissant d'abord avec l'excitation, passant par un
maximum et devenant nul pour une intensité suffisante.
Ainsi il n'y aurait pas de *nerfs inhibiteurs*. M. Morat
montre que cette théorie exige que tout effet inhibiteur
soit précédé d'un effet moteur; or, en fait, il n'en est pas
ainsi. — M. Buffet-Delmas décrit une anomalie du
nerf grand hypoglosse observée par lui chez l'homme;
ce nerf paraissait naître du pneumogastrique au cou.
— M. F. Guitel étudie la formation de l'œuf chez le
Gobius minutus. — MM. L. Roos et E. Thomas ont
étudié les variations des matières sucrées et de l'acidité dans la vigne (cépage *aramon*) suivant les époques
de la végétation. Il existe, dans les trois premiers mois
de la végétation, une saccharose qui est remplacée ensuite par un mélange de sucres où domine la dextrose;

l'augmentation du sucre ne correspond pas à une diminution de l'acidité en valeur absolue ; cette diminution s'observe plus tard, au moment où la lévulose est en progression notable dans le fruit. C'est alors que la déviation polarimétrique passe à gauche et augmente progressivement jusqu'à la maturité, où elle est sensiblement égale à celle du sucre interverti. — M. Bleicher a repris l'étude de la structure microscopique du minerai de fer oolithique de Lorraine ; il a obtenu le *squelette* des oolithes en les traitant par les acides étendus ; ces formations se sont montrées alors, examinées à de forts grossissements, avec la structure suivante : un corps central minéral ou organique, unique ou multiple, entouré de couches concentriques régulières d'une substance à la fois riche en silice et en matière organique dans lesquelles on peut reconnaître des grains de sable hyalins microscopiques, des formes de bâtonnets réguliers (plus semblables à des bactéries qu'à tout autre chose). C'est dans l'épaisseur des couches de cette substance que paraît s'être condensé le fer.

Mémoires présentés. — M. Escary : Forme sous laquelle on peut écrire les équations différentielles du mouvement du système planétaire. — M. L. Hugo adresse une note relative à une jeune calculatrice et aux questions qu'il lui a posées. — M. F. Coudray adresse une note relative à un insecte qui attaque la vigne.

Nécrologie. — M. le secrétaire perpétuel annonce à l'Académie la perte qu'elle vient de faire dans la personne de M. *Léon Lalanne.*

L. Lapicque

SOCIÉTÉ DE BIOLOGIE

MM. Klippel et Boëteau[1] ont étudié par la méthode graphique les troubles de la respiration dans les maladies mentales et en particulier dans la paralysie générale ; leur conclusion est que les tracés respiratoires dans les principales formes d'aliénation mentale sont très différents les uns des autres et très différents également de ceux que l'on obtient dans la paralysie générale ; une étude complète en fera sans doute un signe diagnostique important.

Séance du 5 mars

A propos de la note présentée le 20 *février* par M. Fabre-Domergue, note dans laquelle cet auteur rejetait absolument l'idée de la présence de psorospermies dans les tumeurs épithéliales, M. Malassez montre que l'on ne peut légitimement être aussi catégorique. — M. Bataillon discute le travail récemment paru de M. Metschnikoff sur l'atrophie musculaire dans la queue des têtards ; la question est de savoir si les phagocytes qui dissocient les fibres musculaires proviennent des leucocytes comme le soutient M. Bataillon, ou bien dérivent du sarcoplasma avec les noyaux musculaires mis en suractivité considérable, comme l'a dit M. Metschnikoff. — M. J. Girode rapporte l'observation d'un cas d'infection biliaire, pancréatique et péritonéale consécutive à une cholécystite calculeuse et due au *Bacterium Coli commune.* — M. E. Mosny a étudié comparativement l'action sur le pneumocoque du sérum de lapin normal et du sérum vacciné contre l'infection pneumonique ; dans le sérum normal, la culture est abondante et rapide, mais le microorganisme perd en quelques jours sa végétabilité et sa virulence ; dans le sérum des vaccinés la culture est peu apparente, mais la virulence et la végétabilité se maintiennent plus longtemps dans ce sérum qu'aucun milieu de culture. — J. Constantin décrit la *goutte,* maladie du champignon de couche ; c'est une affection bactérienne toute superficielle. — A propos de deux turbots à face nadirale pigmentée, dont il présente les photographies, M. Pouchet examine les théories qui peuvent expliquer cette anomalie. — M. Beauregard signale deux échouements récents du *Balænoptera musculus.* — M. Th. Guilloz indique un procédé permettant de faire

l'examen binoculaire de l'image renversée du fond de l'œil avec un ophtalmoscope ordinaire. — M. D. Frémont présente un dispositif d'azotimètre destiné au dosage de l'urée, la fixité de la température est assurée par un manchon plein d'eau entourant le tube gradué où se dégage le gaz. — M. V. Pachon est amené par la communication de MM. Boëteau et Klippel sur les modifications de la respiration dans les maladies mentales à publier les résultats de ses recherches en cours d'exécution sur la même question. Sa conclusion est que ces modifications n'affectent pas un type fixé pour chacune des espèces pathologiques actuellement admises, mais qu'au contraire elles présentent des caractères distincts pour chacun des deux syndromes, dépression et excitation, que l'on peut rencontrer dans toutes les maladies mentales. — M. E. Laguesse a observé chez certains poissons (*Labrus, Crenilabrus*) une disposition vasculaire particulière. Il s'agit d'une sorte de valvule entourant le point de départ des petites artères dans les grandes, et constituée par un bourrelet cartilagineux.

Séance du 12 mars.

M. A. Jacquet a cherché à préciser le mécanisme des oxydations organiques par une méthode analogue à celles dont MM. Bunge et Schmideberg se sont servis pour déterminer les conditions de la synthèse de l'acide hippurique. Il a fait circuler dans des organes détachés frais, principalement dans des poumons, du sang contenant de l'alcool benzylique et de l'aldéhyde salicylique, substances choisies parce qu'elles ne s'oxydent pas à l'air, que leur oxydation est bien connue au point de vue chimique, et enfin que les produits de cette oxydation, acide benzoïque et acide salicylique ne se rencontrent jamais dans l'organisme. Le sang n'exerce pas d'action appréciable. Si on fait circuler ces substances dans le sang au contact des tissus frais et de l'air, il y a oxydation intense ; on obtient le même résultat en remplaçant le sang par du sérum. La vitalité des tissus, contrairement à ce que l'on pensait, n'est pas nécessaire, car l'oxydation se fait encore après que l'on a tué les cellules par la quinine ou le phénol ; de même, les tissus congelés conservent leurs propriétés oxydantes. Ces propriétés ne tiennent pas non plus à la structure microscopique, car les tissus hachés, coagulés par l'alcool et repris par l'eau communiquent à cette eau le pouvoir oxydant. La chaleur supprime ce pouvoir. Tout se passe donc comme si l'oxydation était sous la dépendance exclusive d'un ferment soluble. — MM. Lépine et Barral ont répété l'expérience par laquelle M. Arthus avait vu que le sang renfermé dans un tronçon de la jugulaire ne détruit pas son sucre ; ils ont vu au contraire une destruction notable, à la condition d'agiter le liquide pour maintenir les globules en contact avec le plasma. — M. Frémont rectifie sa communication de la séance précédente, en disant que l'azotimètre présenté par lui est celui de M. A. Robin, et que le manchon d'eau constitue seul une disposition nouvelle. — M. A. Prenant communique les observations qu'il a pu faire dans les cellules séminales de la Scolopendre relativement au *corpuscule central* de Van Beneden. — M. P. Bazy voulant vérifier expérimentalement si la vessie pouvait s'infecter par la présence de microbes en un point éloigné du corps, a fait des injections intra-veineuses des cultures du coli-bacille à des lapins et à des chiens dont il avait lié la verge ; au bout de quelques heures, on trouve le bacille dans l'urine, et au bout de quelque temps on obtient des lésions de la vessie, avec des reins et des uretères restés sains. — M. P. Trolard remarque que la rate, horizontale chez le fœtus humain, devient verticale chez l'adulte ; il examine théoriquement le mécanisme de ce changement de position. — Le même anatomiste a trouvé dans un grand nombre de cas un petit arc osseux supplémentaire du ligament atloïdo-occipital postérieur.

L. Lapicque.

---

[1] Mémoire présenté à la séance du 27 février.

SOCIÉTÉ FRANÇAISE DE PHYSIQUE

Séance du 11 mars

M. Langley a publié récemment un travail considérable sur la résistance de l'air. Il a fait un nombre énorme d'expériences, et les tableaux des résultats constituent une mine précieuse de renseignements. De l'ensemble de ses recherches, l'auteur croit pouvoir conclure que le problème de la navigation aérienne par un corps plus lourd que l'air est actuellement réalisable, c'est-à-dire que, avec des moteurs du poids de ceux qu'on construit actuellement, on possède dès à présent la force nécessaire pour soutenir dans l'air, lorsqu'on leur imprime des vitesses horizontales assez grandes, des corps lourds, tels que des plans inclinés plus de mille fois plus denses que l'air. C'est cette affirmation qui a frappé M. **Lauriol** et l'a amené à étudier de près le mémoire de M. Langley. Il décrit l'appareil du physicien américain : le manège à enregistrement électrique de la vitesse, le fléau de balance porté par ce manège et à l'une des extrémités duquel est installé le plan rectangulaire sur lequel s'exerce la résistance de l'air, le dispositif employé pour mesurer les déplacements verticaux et horizontaux de ce plan. Si α représente l'inclinaison du plan sur l'horizon, les pressions d'après M. Langley sont régies par la loi

$$\frac{P_\alpha}{P_{90^\circ}} = \frac{2 \sin \alpha}{1 + \sin^2 \alpha} \, ;$$

mais M. Lauriol montre que, si cette formule représente assez bien la moyenne de l'ensemble des expériences, néanmoins les écarts des expériences individuelles sont assez considérables. D'autres expériences, ont eu pour but d'étudier les retards de chute de plans pesants en fonction des vitesses de rotation horizontales imprimées par le manège, ainsi que l'influence de la forme des plans, à égalité de surface et de poids. Puis M. Langley mesura les vitesses de planement pour les différentes inclinaisons, c'est-à-dire les vitesses horizontales à imprimer à un plan d'une obliquité donnée pour neutraliser rigoureusement son poids. Telles sont les expériences dont M. Langley a indiqué les résultats sommaires dans les comptes rendus de l'Académie des sciences, et d'où il se croit en droit de conclure que le travail développé par nos moteurs actuels est suffisant pour soutenir leur propre poids ainsi que celui de tous les accessoires. Il admet pour cela qu'il suffit de produire une force d'un cheval par poids d'environ 90 kilogrammes. M. Lauriol demeure très sceptique devant le résultat et en donne les raisons. D'abord, dans le problème de l'aviation, il s'agit de faire tourner non pas un manège présentant un point d'appui fixe, mais une hélice dans l'air libre, ce qui amène déjà une certaine perte. En second lieu, toutes les expériences de M. Langley présentent entre elles des différences trop considérables, puis certaines de ses assertions sont trop peu prouvées. Il néglige parfois des termes qu'il appelle parasites, et qui au contraire peuvent parfois devenir les termes principaux. Finalement M. Lauriol considère le résultat de M. Langley comme infiniment trop optimiste, et il pense que la discussion des expériences de l'auteur doit plutôt conduire à un poids huit fois plus faible par cheval. — A propos de la communication précédente, M. le commandant **Renard** signale l'ignorance absolue et à peine concevable dans laquelle se trouve M. Langley pour tout ce qui a été fait au sujet de l'aviation en France et en Angleterre depuis un siècle. Bon nombre des résultats signalés comme nouveaux dans la mémoire de M. Langley sont en effet connus depuis longtemps. De ce nombre est la formule citée plus haut. Quant à la conclusion générale, l'opinion de M. Renard est la même que celle de M. Lauriol. Il estime nécessaire, pour résoudre le problème, de posséder des moteurs produisant un cheval par 8 ou 9 kilogrammes. — M. le Dr **Paquelin** présente un certain nombre d'appareils qu'il a perfectionnés. Tels sont d'abord l'éolipyle à régulateur étanche, l'éolipyle à régulateur indépendant et le thermocautère. Son nouveau thermocautère a l'avantage de présenter une incandescence variable au gré de l'opérateur, de pouvoir être tenu très près du foyer, et de se rallumer après avoir été plongé dans l'eau. M. Paquelin présente aussi des chalumeaux à essence avec flammes de différentes formes, un fer à souder maintenu à la température voulue par un de ces chalumeaux, un autre chalumeau dont le foyer lumineux est constitué par un réseau de fils de platine et qui demeure incandescent au milieu de l'eau. Enfin il montre l'application de ces différents instruments au dessin sur bois, ainsi que des spécimens assez réussis obtenus par divers amateurs.

Edgard HAUDIÉ.

SOCIÉTÉ CHIMIQUE DE PARIS

Séance du 26 février.

M. **P. Genvresse** a réalisé une nouvelle synthèse de l'acide tartrique en hydrogénant l'acide glyoxilique ; CHO — COOH par la poudre de zinc et l'acide acétique, en même temps qu'il y a formation d'acide glycolique, on obtient par doublement de la molécule de l'acide

$$\begin{array}{l} \text{CHOH} - \text{CO}^2\text{H} \\ | \\ \text{CHOH} - \text{CO}^2\text{H} \end{array}$$

tartrique par un mécanisme analogue à celui qui donne naissance à la pinacone en partant de l'acétone. C'est l'acide racémique qui se forme, et non l'acide inactif, ainsi que l'a montré la détermination cristallographique de l'acide libre. — M. Haller présente un travail de M. **P. Th. Müller** sur l'action du carbonate de sodium, et des alcoolates alcalins sur l'acide phtalo-cyanacétique ;

$$C^6H^4 \Big\langle \begin{array}{l} CAz \\ C = C - C.O^2C^2H^5 \\ O \end{array} ;$$

avec le carbonate de sodium on obtient le sel de sodium de l'éther monoéthylique de l'acide phtalo-cyanacétique, avec les alcoolates alcalins on obtient les éthers diéthyliques ou mixtes de ce même acide. — M. **Garros**, en broyant de l'amiante avec de l'eau et faisant cuire la pâte ainsi obtenue à 1200° a obtenu une porcelaine très poreuse et laissant filtrer de grandes quantités d'eau sous de petites pressions, tout en arrêtant facilement les micro-organismes. Il propose l'emploi de cette pâte pour la fabrication des filtres et des vases poreux pour les piles. — M. **Friedel**, présente une note de M. **Istrati** sur une substance cristallisée, fusible à 248°, extraite par le chloroforme du liège commun ; la formule de cette substance est [C^{12} H^{17} O^1]$_n$. — M. **De Saporta** adresse un mémoire sur les relations qui paraissent exister entre la densité des solutions salines et le poids moléculaire du sel dissous. — MM. **Haller et Minguin** ont obtenu en traitant le dérivé sodé du camphre cyané, par les chlorures diazoïques, les azoïques correspondants. L'acide campho-carbonique donne lieu à des réactions analogues. — M. **J. A. Le Bel** expose les premiers résultats de ses recherches sur l'action des moisissures sur les acides mésaconique et citraconiques. On sait que M. Van'T Hoff admet que dans l'éthylène et les dérivés substitués, il existe une place de symétrie contenant, les deux atomes de carbone de l'éthylène, les quatre atomes ou groupes d'atomes reliés à ces deux carbones. S'il en est ainsi, les dérivés substitués de l'éthylène ne peuvent jamais donner lieu à des corps actifs sur la lumière polarisée. Dans le cas contraire, c'est-à-dire si l'on n'existe pas il peut y avoir un symétrique non superposable et par conséquent activité optique. — M. Le Bel a fait agir les micro-organismes sur les acides mésaconique et citraconiques ; le premier n'a donné naissance qu'à des substances inactives, les produits de la fermentation du second ont au contraire présenté un pouvoir rotatoire considérable ; mais il n'est pas encore certain qu'il soit dû au dédoublement de l'acide citraconique.

Séance du 2 mars

M. **Osmond** résume devant la Société la suite de ses recherches sur les points de récalescence des fontes et des aciers, et montre comment varie la position de ces points avec la composition des aciers ; il fait voir que l'on peut par ce moyen étudier les transformations moléculaires et les états du carbone dans les aciers et fontes. On peut également déduire de ces indications des conséquences importantes applicables à la trempe et au recuit. Les déductions théoriques de M. Osmond ont du reste reçu la consécration d'une application dans la pratique. — M. **Scheurer-Kestner** a étudié l'action du charbon sur le sulfate de soude à la température des fours où se prépare le verre ; et il a reconnu que dans ces conditions il ne se produit pas d'acide sulfureux mélangé à de l'acide carbonique, mais du soufre, de l'oxyde de carbone et de l'acide carbonique; ce résultat est tout à fait d'accord avec la quantité de charbon qu'emploient les verriers pour amener la décomposition du sulfate de soude. — M. **Scheurer-Kestner** a fait de nombreuses tentatives pour remplacer par d'autres récipients les appareils en platine, dans lesquels s'opère la dernière concentration de l'acide sulfurique. Il a remarqué que le platine n'est attaqué du acide très concentré ; qu'au contraire la fonte facilement attaquée par l'acide des chambres de plomb ne l'est plus par l'acide concentré. L'auteur propose donc de faire une première concentration dans des appareils en platine, et de l'achever dans des cuvettes en fonte. — MM. **Adrian et Bougarel** proposent un nouveau procédé industriel pour séparer directement le baryum d'un sel de strontium quelconque : ce procédé consiste à précipiter la baryte au moyen du sulfate de calcium qui ne précipite le strontium qu'après élimination complète du baryum. On se débarrasse facilement du sulfate de chaux ajouté par cristallisation fractionnée. — M. **Zune** montre l'usage que l'on peut faire du réfractomètre pour l'analyse des beurres et décrit les précautions à prendre pour reconnaître avec certitude par ce procédé l'addition de graisses animales ou végétales. — M. **Friedel** présente un appareil séparateur pour la distillations fractionnées continues ; cet appareil a été imaginé par M. **Duvillier** et construit par M. **Chabaud**.

A. COMBES.

SOCIÉTÉ ROYALE DE LONDRES

Séance du 18 février

1° SCIENCES PHYSIQUES. — Lord **Rayleigh** : Densités relatives de l'hydrogène et de l'oxygène. Un grand nombre d'expérimentateurs ont fait de nouvelles déterminations des densités relatives de l'hydrogène et de l'oxygène depuis que Lord Rayleigh a trouvé, en 1888, la proportion 15,884, tandis que, de 1845 jusqu'en 1888, on n'avait publié sur ce sujet aucune observation précise, alors que l'on croyait admis le chiffre admis 15,96. Il résulte de nombreuses expériences, faites avec ce soin qui caractérise toutes les recherches de Lord Rayleigh, que les poids d'hydrogène et d'oxygène contenus dans un globe d'une capacité donnée ont été trouvés respectivement égaux à 0,158531 et 2,51777, le rapport des densités est donc de 15,882. Ce chiffre correspond à une pression et à une température moyennes; en les rapprochant de celui que donne le P⁰ Morley pour le rapport des volumes 2,0002, on obtient, pour le rapport des poids atomiques, 15,889, le résultat est probablement exact à $\frac{1}{5000}$ près.

2° SCIENCES NATURELLES. — M. **Seeley**, fait une communication sur la nature de la ceinture scapulaire et de l'arc claviculaire chez les Sauroptérygiens. Les Sauroptérygiens et les Ichthyosauriens ont été autrefois réunis dans le groupe des Nexipodes ou Enaliosauriens; aussi a-t-on admis plutôt qu'on n'a prouvé que les os qui forment la ceinture scapulaire dans ces deux ordres sont homologues. M. Seeley a repris la question en détail; il traite de la nomenclature des os de la ceinture scapulaire et de ceux qui composent l'arc claviculaire chez les Plésiosauridés et les Elasmosauridés. Il utilise ces faits pour constituer un schéma de classification qui montre les stades du développement chez les Sauroptérygiens ; on ne peut juger de l'importance de ce schéma, qu'après avoir étudié le long mémoire de M. Seeley. — M. J.-N. **Langley** fait une communication sur les origines médullaires des fibres cervicales et thoraciques supérieures du sympathique. Il y ajoute quelques observations sur les *rami communicantes* blancs et gris. Les expériences ont été faites sur des chats, des chiens et des lapins anesthésiés. On lie les nerfs cervicaux inférieurs et thoraciques supérieurs, on les coupe, on les excite dans le canal vertébral et on observe les effets de l'excitation ; il faut noter d'abord qu'aucun des nerfs cervicaux inférieurs ne produit les effets qu'on peut produire en excitant le thoracique supérieur ou le sympathique cervical. La pupille reçoit des fibres dilatatrices des premier, deuxième et troisième thoraciques. Les fibres qui déterminent la rétraction de la membrane nyctitante et l'ouverture des paupières ont, chez le chien et le lapin, la même origine que les fibres dilatatrices de la pupille ; mais, chez le chat, elles proviennent d'un territoire plus étendu. Les fibres vaso-motrices de la tête naissent, chez le chat, des cinq premiers thoraciques ; chez le chien, des quatre premiers thoraciques, et probablement aussi un peu du cinquième. Chez le lapin, les vaso-moteurs de l'oreille naissent des 2ᵉ, 3ᵉ, 4ᵉ, 5ᵉ, 6ᵉ, 7ᵉ et 8ᵉ thoraciques. Les fibres sécrétoires de la glande sous-maxillaire, chez le chat et chez le chien, ont la même origine que les fibres vaso-motrices de la tête. Les fibres accélératrices du cœur naissent, chez le chat, des quatre ou cinq premiers thoraciques. Il résulte de la comparaison entre le chat, le chien et le lapin, que les fibres sympathiques qu'on retrouve chez tous naissent plus haut chez le chat et le chien, et en certain cas appartiennent à un plus petit nombre de nerfs rachidiens que chez le lapin.

Séance du 25 février

1° SCIENCES PHYSIQUES. — M. J. Norman **Lockyer**, présente une note sur la nouvelle étoile d'Auriga. Une photographie de la région qui avoisine *Nova Aurigæ*, prise au laboratoire d'astronomie physique de South Kensington le 23 février, montre que l'éclat de l'étoile était inférieur à celui des étoiles de 6ᵉ grandeur, tandis qu'une photographie analogue prise le 3 février semblait indiquer qu'elle avait un éclat supérieur à celui des étoiles de 5ᵉ grandeur. Plusieurs photographies du spectre ont été prises et elles montrent toutes que les raies sombres sont plus réfrangibles que les raies brillantes qui les accompagnent. La rapidité relative dans la ligne de vision déduite des photographies prises les 3, 7, 13 et 22 février est d'environ 600 milles à la seconde. Les observations télescopiques de MM. A. Fowler et W. J. Lockyer montrent que le spectre continu de *Nova Aurigæ* a diminué d'éclat depuis le 3 février. Les raies brillantes observées entre F et C ont les longueurs d'onde suivantes : 490,500, 6, 517,7, 531, 5, 536,3, 666, 570, 579, 589, 635. Les changements qui se sont produits dans la nouvelle étoile sont exactement ceux qu'on aurait pu prévoir dans l'hypothèse du professeur Lockyer que les étoiles sont produites par la collision d'essaims de météores. — M. W. **Huggins** et Mᵐᵉ **Huggins**, présentent une note préliminaire sur *Nova Aurigæ*. Ils ont commencé leurs observations le 2 février. Ils ont noté que les raies de l'hydrogène en C, F et G sont très brillantes. Ils ont constaté aussi le fait, observé pour la première fois par le professeur Lockyer, que les raies brillantes sont accompagnées par des raies sombres de leur côté le plus réfrangible. Une photographie du spectre de l'étoile, prise depuis le 2 février, s'étend environ jusqu'à λ 3200 et montre les raies de l'hydrogène en h, H et d'autres membres de la série de l'hydrogène ultra-violet. Des raies apparaissent au côté rouge de F, l'une d'entre elles semble être presque dans la même position que la raie principale du spectre de la nébuleuse. Les auteurs disent que la photographie est couverte de raies brillantes et sombres, mais ils ne donnent pas leur position.

2º SCIENCES NATURELLES. — M. C. Williamson fait une communication sur l'organisation des plantes fossiles des couches carbonifères. (XIXᵉ partie.) Il appelle l'attention sur la découverte qu'a faite feu le Rév. W. Vernon Harcourt d'un fragment d'une branche de Lépidodendron, dont la structure interne était bien conservée. Ce spécimen a été décrit et figuré pour la première fois par Witham, qui lui a donné le nom bien connu de *Lepido-tendron Harcourtii*. Brongniart en a donné une description dans ses « *Végétaux fossiles* » et il a conclu qu'il provenait d'un Lycopode cryptogame. La conclusion générale à laquelle est arrivé l'auteur, relativement au *L. Harcourtii*, qui a été si souvent le sujet de discussions pendant les vingt dernières années, c'est qu'il n'occupe pas une position exceptionnelle parmi les autres Lepidodendra, mais que les paléontologistes des diverses parties du monde en parlent comme si son organisation leur était familière, tandis que, pour la plupart, ils se sont trompés dans leurs déterminations. Jusqu'à présent aucun spécimen de cette plante, moins imparfait que celui qu'a décrit Brongniart, n'a été en la possession d'aucun observateur; aussi, bien que dans les auteurs on trouve de nombreux échantillons d'écorce, de feuilles et de fruits rapportés au *Lepidodendron Harcourtii*, n'y a-t-il aucune preuve que ces identifications soient justes.

— M. C. B. Clarke présente une note sur les régions biologiques et les aires de tabulation. Une tentative faite pour construire une carte sur laquelle on puisse inscrire et disposer 2000 espèces de plantes a conduit l'auteur à la conclusion que les régions biologiques, qui représentent la distribution naturelle des mammifères ou de la vie animale, peuvent servir d'aires de tabulation. Il propose en conséquence un nouveau type de carte et un nouveau système de tabulation. — M. J. C. Ewart : L'organe électrique de la raie.

Séance du 3 mars

SCIENCES NATURELLES. — M. J. R. S. Weldon présente une note sur certaines variations corrélatives qu'il a observées chez les *Crangon vulgaris*. La première tentative heureuse faite pour déterminer une relation constante entre les variations de dimension présentées par un organe et celles que présentent les autres organes a été faite il y a environ trois ans par M. Galton. M. Weldon a essayé d'appliquer sa méthode à la mensuration comparative de quatre organes de la crevette commune. Les organes qu'il a mesurés sont : 1º la longueur totale de la carapace, mesurée suivant une ligne droite; 2º la longueur de la portion de la carapace située en arrière de l'épine gastrique; 3º la longueur du sixième anneau abdominal, 4º la longueur du telson. Les rapports que M. Weldon a trouvés entre ces diverses longueurs semblent confirmer pleinement les conclusions de M. Galton. — M. J. S. Risien-Russell : Recherches expérimentales relatives aux racines des nerfs qui entrent dans la formation du plexus brachial chez le chien. — M. J. R. Bradford fait une communication sur l'influence du rein sur le métabolisme. L'objet des recherches expérimentales ent reprises par l'auteur était de déterminer plus précisément les fonctions des reins et de rechercher les troubles produits dans l'économie par les maladies de ces organes. Les expériences ont été faites sur des chiens. L'animal était placé dans une cage appropriée et nourri avec un poids connu d'aliments contenant une quantité d'azote également connue. On déterminait les quantités d'urine et d'urée qu'il excrétait dans ces conditions, puis on enlevait une partie considérable de l'un des reins; c'est sur le milieu de l'organe que portait l'incision. Lorsque le chien était rétabli des suites de cette opération on le plaçait de nouveau dans la cage et on mesurait de nouveau les quantités d'urine et d'urée excrétées. On enlevait alors le second rein et l'on pesait de nouveau la nourriture et les excreta, pendant une période d'une semaine ou davantage. Au bout d'un temps variable on tue l'animal en le saignant et on dose la quantité de matières extractives azotées présente dans les tissus. Les dosages montrent que les résultats de la première opération sont insignifiants. Les effets sur l'urine sont si légers que les variations peuvent être considérées comme restant dans la limite des erreurs expérimentales. La proportion d'urine excrétée après la seconde opération est très considérable. Lorsqu'il ne reste plus à un chien que le quart du poids total de ses reins, il se produit invariablement une extrême hydrurie. Cette hydrurie est accompagnée, à la condition que l'appétit du chien ne s'affaiblisse pas, par une augmentation considérable de l'urée excrétée.

Séance du 10 mars.

SCIENCES PHYSIQUES. — M. James Thomson fait une communication sur les grands courants de circulation atmosphérique (Bakerian Lecture). L'auteur a développé et complété une théorie de la circulation atmosphérique qui a été communiquée en 1735 par Hadley à la Société royale. Voici brièvement la théorie de M. Thomson : A l'Equateur ou à son voisinage, il existe une couronne d'air qui monte en raison de sa température élevée et de la raréfaction qui en est la conséquence. Des deux côtés il y a un appel d'air vers la zone de moindre pression qui se trouve à sa base. De la partie supérieure de cette couronne partent dans les deux sens des courants, les uns vers le nord, les autres vers le sud. Ils continuent d'avancer dans les régions supérieures de l'atmosphère vers les latitudes plus élevées jusqu'à ce que l'air qui les constitue, devenant plus dense par le refroidissement, ils descendent graduellement à des latitudes variées et constituent ainsi un courant de retour vers l'équateur dans les régions inférieures de l'atmosphère. L'air de cette vaste région de l'atmosphère, qui correspond aux latitudes élevées et moyennes et où sont comprises des portions des courants que l'on vient de décrire, arrive des régions équatoriales dont le mouvement absolu de l'ouest à l'est pendant la rotation diurne de la terre offre une vitesse d'environ mille milles à l'heure. Il doit, en arrivant dans ces nouvelles régions beaucoup plus rapprochées de l'axe de la terre, avoir une plus grande vitesse de l'ouest à l'est que celle de la terre elle-même, située au-dessous de lui. Dans la partie centrale ou polaire de ce vaste dôme en mouvement la pression barométrique doit s'abaisser en raison de la tendance centrifuge due à la vitesse supérieure des couches atmosphériques en mouvement. Les plus basses de ces couches ont leur vitesse vers l'est retardée par leur frottement à la surface de la terre et en conséquence leur tendance centrifuge doit être moindre que celle des couches situées au-dessus d'elles dont le déplacement est plus rapide; aussi doivent-elles tendre et tendent-elles en effet à s'écouler vers la région centrale où la pression barométrique s'est abaissée. Il y a ainsi dans les latitudes moyennes et élevées trois courants: 1º un courant principal supérieur vers le pôle; 2º un courant dérivé inférieur vers le pôle; 3º un courant principal situé entre les deux, qui part du pôle et qui constitue leur courant de retour commun. Ces trois courants se meuvent plus rapidement que la terre de l'ouest à l'est; le grand courant de retour qui se dirige du pôle vers l'équateur cesse à un certain moment de sa course de se mouvoir vers l'est plus rapidement que la terre, et pendant le reste de son trajet, jusqu'au pied de la couronne équatoriale ascendante, il règne à la surface même de la terre et constitue le vent alisé de l'hémisphère dans lequel il est situé.

Richard A. GREGORY.

SOCIÉTÉ ROYALE D'ÉDIMBOURG
Séance du 15 février

1° Sciences mathématiques. — L'astronome royal pour l'Ecosse lit une note sur une nouvelle étoile découverte récemment dans la constellation du *Cocher* par le Dr Anderson, d'Edimbourg. M. Anderson croit l'avoir vue pour la première fois le 24 janvier; il ne l'a pas reconnue comme nouvelle jusqu'à ces derniers jours, où il s'est assuré que son ascension droite ne coïncide pas avec celle de l'étoile 26 du cocher pour laquelle il l'avait prise. Quant l'astronome royal examina le spectre au commencement de ce mois, son apparence générale était celle que présentent les nouvelles étoiles après leur première apparition. Depuis, ce spectre est graduellement devenu plus continu. Il n'y a qu'une des lignes nébulaires caractéristiques, deux autres lignes coïncident à peu près avec des lignes nébulaires caractéristiques, mais l'une a une trop grande et l'autre une trop faible réfrangibilité de sorte que leur déplacement ne pourrait pas être attribué au mouvement de l'étoile, lors même que ce déplacement ne serait pas trop grand, — comme c'est le cas —, pour permettre de chercher une explication probable de ce côté. L'éclat de l'étoile a augmenté graduellement après la première observation, puis diminué plus rapidement, et finalement il est devenu à peu près stationnaire. L'éclat des étoiles nouvelles augmente d'ordinaire rapidement au début, et finalement décroît graduellement jusqu'à zéro. Le phénomène général présente dans le cas présent l'analogie avec celui d'une étoile variable comme R d'Andromède ou R du Cygne, plutôt qu'avec celui d'une nouvelle étoile qui disparaît rapidement.

2° Sciences physiques. — M. Tait : Sur la relation entre l'énergie cinétique et la température dans les liquides. Il montre comment, en considérant un cycle de Carnot (avec le diagramme ordinaire de Clapeyron) formé par la partie horizontale d'une isothermique au-dessous de la température critique, les lignes de volume constant passant par ses extrémités, et la portion de l'isotherme critique interceptée entre ces lignes, nous pouvons calculer la différence entre la chaleur spécifique moyenne du liquide et de la vapeur à volume constant dans l'intervalle de température donné, la vapeur partant naturellement de l'état de saturation à la plus basse température. Dans ce cycle, la substance — sauf dans l'état qui correspond à la partie horizontale de l'isothermique inférieure — est ou entièrement liquide ou entièrement à l'état de vapeur. Dans le cas de l'acide carbonique, il semble que la chaleur spécifique moyenne à volume constant dans les intervalles donnés de température soit plus grand à l'état liquide qu'à l'état de vapeur. A l'état liquide (à en juger par les résultats d'Amagat) la chaleur spécifique moyenne à volume constant semble être à peu près égale à la chaleur spécifique de la vapeur à pression constante. Le Pr Tait donne aussi quelques données thermiques relatives à CO^2, déduites pour la plupart des expériences d'Amagat. Elles renferment la chaleur latente de la vapeur qui tombe à 31 unités à 0^0, à 17,7 à 30^0 c (en prenant pour volume d'une livre de CO^2 à 0^0, à une atmosphère de pression, 8 pieds cubes).

3° Sciences naturelles. — Sir W. Turner lit une note sur la petite baleine (*Balaenoptera rostrata*) caractérisée par une nageoire dorsale, par une large tache blanche sur la face antérieure de chaque nageoire et par une grande dilatation apparente antérieure sur la face ventrale, laquelle se prolonge jusqu'au bout de l'extrémité antérieure. Les fanons aussi sont caractéristiques, les extrémités des lames sont divisées en fibres minces. L'auteur établit une distinction entre les baleines qui se rapprochent de la classe des dauphins et les autres baleines, relativement à l'estomac. Dans le premier groupe le premier compartiment de l'estomac ne remplit pas une fonction digestive; dans l'autre groupe les compartiments ont un rôle dans la digestion. Le nombre des compartiments varie de quatre à quatorze (baleine de Sowerby).

L'estomac de la petite baleine a 5 compartiments, le premier n'a pas de fonction digestive et ressemble sous ce rapport à celui du dauphin. Le troisième compartiment est très petit, son existence ne se révèle extérieurement que par une ligne faiblement indiquée. La largeur des ouvertures qui font communiquer les divers compartiments diminue rapidement de l'extrémité antérieure à l'extrémité postérieure.

W. Peddie,
Docteur de l'Université

ACADÉMIE DES SCIENCES DE VIENNE.

Séance du 11 février.

1° Sciences mathématiques. — M. Adalbert Brener : « Les logarithmes des nombres complexes dans la représentation géométrique. » — M. Edouard Grohmann : « Sur la divisibilité des nombres. » — M. Eugen Gelcich : « Détermination de la position géographique d'un navire dans les cas critiques connus. » — M. Ebner : « Relation entre les tourbillons et leurs causes. »

2° Sciences physiques. — M. Karl Exner : « Sur la polarisation de la lumière diffractée » (2e communication). L'auteur communique une série de mesures effectuées sur un spectre de diffraction de seconde classe obtenu à l'aide d'un réseau de verre; tous ses nombres montrent l'exactitude de la loi du cosinus de Stockes. — M. C. Claus envoie la suite de son ouvrage : « Recherches faites à l'Institut zoologique de l'Université de Vienne et à la station zoologique de Trieste. » — M. O. Tumlirz à Czernowitz : « Loi simple sur la chaleur de vaporisation des liquides. » — M. J. Lizuar : « Sur la détermination de la force perturbatrice mise en évidence par les variations du magnétisme terrestre et recherches sur la variation dont la période est de onze ans. » Beaucoup de recherches ont été faites jusqu'ici sans résultat pour expliquer les variations périodiques du magnétisme terrestre. L'auteur indique dans ce travail une voie qui permet d'atteindre ce but. Les variations magnétiques observées ne proviennent pas d'un changement dans l'état magnétique de la terre, mais sont la conséquence de l'action d'une force perturbatrice; il est donc de la plus grande importance d'apprendre à connaître tout d'abord cette force et d'en rechercher ensuite les causes. L'auteur montre comment on pourrait déterminer l'intensité en valeur absolue et la direction de la force, à supposer qu'on connût les positions de l'aiguille aimantée sous la seule influence du magnétisme terrestre. En se fondant sur ce fait que l'aiguille dans ces conditions ne doit plus présenter ni les variations annuelles, ni les variations de onze ans, l'auteur espère réussir à trouver la force. Des quelques calculs qu'il a pu déjà faire, il résulte que cette force perturbatrice ne peut être due au magnétisme du soleil, conclusion à laquelle avait été conduits Lloyd et Hansteen par une voie toute différente. Si l'auteur venait à pouvoir déterminer exactement cette force perturbatrice, l'étude de ses variations serait une précieuse indication pour en reconnaître les causes.

Séance du 18 février.

1° Sciences mathématiques. — M. A. Puchta : Recherches sur la géométrie à plusieurs dimensions.

2° Sciences physiques. — M. I. Klemencio : Méthode pour la détermination des radiations électromagnétiques. La méthode de l'auteur consiste à placer un élément thermo-électrique dans le voisinage d'un fil de platine fin chauffé par les oscillations électriques et à mesurer l'élévation de température à la place de la soudure. Le fil de platine est ensuite échauffé par un courant constant et on mesure de même l'élévation de température afin de pouvoir établir une comparaison. On fit deux séries de recherches. Dans la première, l'auteur se servit des inducteurs secondaires déjà employés par lui (deux plateaux minces de laiton de 30 centimètres de long et 5 centimètres de large), et étudia l'échauffement d'un fil de platine de 2 centimètres fixé à la moitié des inducteurs. Les observa-

tions donnèrent un dégagement de chaleur de 0,000.133 calorie par seconde. Dans le second cas, on produisit les radiations dans un seul fil de platine de 26,3 centimètres; on trouva ainsi 0,000.088 calorie par seconde. Les deux séries de recherches furent faites avec le miroir de Hertz et pour un éloignement des lignes focales de 1 m 44 ; les inducteurs primaires correspondent à une longueur d'onde de 66 centimètres, le Ruhmkorff était entretenu par trois accumulateurs, et l'interrupteur donnait vingt-trois ruptures à la seconde. Broys, Briscœ et Watson (Phil. Mag. 1891, n° 188, p. 144) ont récemment déterminé l'intensité des radiations électro-magnétiques à l'aide du thermomètre à air ils ont donné 0,000.685 calorie par seconde : leur fil avait 2 × 103 centimètres. En rapportant à l'unité de longueur la valeur trouvée par les physiciens anglais et faisant le même calcul pour la seconde série d'expériences de l'auteur, on trouve dans les deux cas un dégagement de 00,000.033 calorie par seconde. Toutefois cette concordance, eu égard à la grande différence des moyens d'observation, doit être purement accidentelle. — M. F. Emich de Gratz : 1° Préparation du bioxyde d'azote. L'auteur propose de préparer ce gaz à l'aide du mélange mercure, nitrite de sodium et acide sulfurique ; des études analytiques lui ont montré que le gaz ainsi préparé était rigoureusement pur. 2° Façon de se comporter du bioxyde d'azote aux températures élevées. On ne réussit à décomposer complètement le gaz en ses éléments qu'à une température voisine du point de fusion du platine. L'appareil dont il se sert consiste en un tube scellé traversé par une spirale de platine chauffée au rouge à l'aide d'un courant. Si on fait passer le gaz dans un tube de platine chauffé à blanc ou de porcelaine chauffé jusqu'à la teinte jaune, on arrive au même résultat qu'en employant l'argent porté à l'incandescence (méthode de Calberla pour décomposer cet oxyde d'azote). 3° Réaction entre l'oxygène et le bioxyde d'azote. L'auteur arrive à cette conclusion très importante que le bioxyde d'azote rigoureusement pur et l'oxygène réagissent l'un sur l'autre, lors même qu'ils ont été desséchés dans de longs tubes d'anhydride phosphorique. 4° Remarques sur l'action de la potasse caustique sur le bioxyde d'azote. Cette réaction, étudiée d'abord par Gay-Lussac, et reprise ensuite par Russell et Lapraik, s'effectue d'autant plus rapidement que la potasse caustique contient moins d'eau; elle commence vers 113° et est terminée au bout de quelques heures. L'expérience de Gay-Lussac avait duré quatre mois, celle de Russell et Lapraik un peu moins d'une semaine. Le produit de la réaction était un mélange d'azote et de protoxyde d'azote, ce dernier avec la proportion d'environ 83-92 %.
— M. O. Prelinger : L'acide picrique réactif des guanidines. L'auteur décrit les picrates d'α-triphényl et de phénylguanidine ; ce sont des précipités insolubles qui peuvent être employés avantageusement pour reconnaître et doser ces bases. La guanidine et la méthylguanidine donnent également des picrates insolubles, ce qui fait regarder comme très vraisemblable que l'acide picrique soit un réactif commun à toutes les guanidines.
3° Sciences naturelles. — M. A. Obrzul : Recherches histologiques expérimentales sur l'origine des substances chromogènes des leucocytes et des autres éléments cellulaires. — M. August von Mojsisovics : Sur une nouvelle variété de l'Acipenser ruthenus L.

Emil Weyr,
Membre de l'Académie.

CORRESPONDANCE
SUR LES MINIMA D'ODEUR PERCEPTIBLES

Monsieur le directeur,

Permettez-moi de vous adresser une petite rectification sur un passage de l'analyse que vous avez publiée (page 133 de votre excellente *Revue*) d'une note à la Société de biologie concernant les minima perceptibles d'odeurs. Votre collaborateur écrit : « Quant au chiffre donné pour l'éther par centimètre cube, *chiffre double de la tension de vapeur du corps à la température de l'expérience*, il s'explique très bien, d'après M. Ch. Henri, par le fait que le sujet, qui était éthéromane, » est anesthésié pendant l'expérience ». Le chiffre en question, (2mgr49) ne représente pas la quantité par centimètre cube, mais la quantité qui a passé *successivement* par un centimètre cube dans mon olfactomètre, lors de la sensation minima. Le chiffre par centimètre cube qui se déduit de celui-ci est 0mgr697, nombre très éloigné du poids de vapeur saturant un centimètre cube. C'est à ce nombre que s'applique l'explication rapportée par votre collaborateur. Il est clair qu'aucune théorie ne pourrait justifier le premier nombre entendu dans le sens que supposait mon contradicteur et qui est contraire à ma définition, comme cela ressort surabondamment de la lecture de mes mémoires. (*Comptes rendus*, 20 avril 1891 ; 22 février 1892.)

Agréez... etc.   Charles Henri.

M. L. Lapicque, auquel nous avons communiqué la lettre ci-dessus, nous a adressé la réponse que voici :

Mon cher directeur,

La rectification que nous adresse M. Ch. Henri ne me surprend pas trop. Elle est conforme, en effet, à l'explication que donne maintenant le mathématicien du résultat contesté de ses expériences. Mais je maintiens que celle que j'ai reproduite dans le compte rendu de la Société de biologie, séance du 6 février, est bien celle donnée par M. Ch. Henri à cette séance. Après avoir passé sous silence l'objection de M. J. Passy relative à ce chiffre d'éther, c'est une question de M. Regnard, qui me permettra, je pense, d'avoir ici recours à son témoignage, que M. Ch. Henri a fait la réponse incriminée. Cette réponse, maintenant, il ne la trouve pas suffisante : je suis assez de cet avis, mais voici pourquoi j'avais reproduit cet argument de préférence à celui que M. Ch. Henri veut y substituer.

Ce second argument, dont il n'a pas été question à la séance, se trouve dans le compte rendu imprimé paru le 12, *en note*. Voici comment il est formulé :

« S'il avait lu les premières lignes de ma note du « 9 février » : « Le but de l'olfactomètre est de déterminer « le poids d'odeur *passant successivement* (*sic*) par centi- « mètre cube d'air qui correspond au minimum percep- «'tible... » mon critique se serait épargné le double « ridicule de prétendre m'apprendre la densité de « vapeur de l'éther et de reprocher à un travailleur « persévérant une faute que ne commettrait pas un « collégien. »

En général, je préfère chercher la pensée de l'auteur dans ce qu'il a écrit plutôt que dans son exposition orale. Je m'en serais donc tenu à cette réfutation nouvelle ; mais comme je ne comprenais pas bien ce « passant successivement » et que je ne me souvenais pas d'avoir vu cette notion dans le mémoire cité de M. Ch. Henry, j'ai voulu, pour ma satisfaction personnelle, chercher dans ce mémoire une explication.

O stupeur ! La première phrase de la note du 9 février 1891... c'est bien celle citée, il n'y a pas de doute : « Le but de l'olfactomètre est de déterminer le poids d'odeur par centimètre cube d'air qui correspond au minimum perceptible... » Mais... les deux mots qui sont le fond même de l'argument ne s'y trouvent pas !

J'avais cru pouvoir rendre à M. Ch. Henri le service de passer sous silence cette façon de défendre ses recherches ; mais puisqu'il proteste, je suis obligé, pour ma justification, de mettre les pièces du procès sous vos yeux et sous ceux des lecteurs de la *Revue*, si vous croyez devoir insérer la rectification de M. Ch. Henry.

L. Lapicque.

3ᵉ ANNÉE   Nᵒ 7   15 AVRIL 1892

REVUE GÉNÉRALE

DES SCIENCES

PURES ET APPLIQUÉES

DIRECTEUR : LOUIS OLIVIER

LA PÉNÉTRATION ET LA RÉPARTITION DU FER

DANS L'ORGANISME ANIMAL

Nos connaissances sur les migrations du fer à travers l'organisme animal subissent en ce moment une transformation profonde. Comme il arrive souvent dans les sciences expérimentales, cette question était restée pendant longtemps comme protégée par une sorte de prescription contre la curiosité des chercheurs. En particulier, l'action des ferrugineux et leur participation directe à la reconstitution des globules sanguins étaient, sinon pour les physiologistes, du moins pour les médecins, un article de foi que l'on ne songeait pas à mettre en discussion. C'est pourtant par ce côté que la question a été reprise d'abord. Puis le débat s'est élargi, et de proche en proche le problème tout entier des destinées et de la répartition du fer dans l'organisme a été remis à l'étude.

Ramené à ses termes les plus simples, ce problème se présentait à nos prédécesseurs de la manière suivante : Les cendres de tous nos aliments, y compris le lait, nourriture exclusive du nouveau-né, contiennent du fer, et c'est aux dépens de ces *sels de fer*, d'une part, et d'une matière albuminoïde d'autre part, que l'économie opère la synthèse de l'*hémoglobine*, matière colorante des globules rouges et agent essentiel du phénomène de la respiration. Lorsque, dans les cas d'anémie ou de chlorose, la richesse du sang en hémoglobine est diminuée, l'administration des préparations martiales a pour effet d'activer ce phénomène de synthèse, par suite de l'absorption, par voie digestive, d'une plus grande quantité de fer. — En ce

qui concerne la circulation de ce métal dans l'organisme, on connaissait la forte teneur en fer de la rate, à laquelle on attribuait d'ailleurs un rôle considérable dans la production des globules rouges, et qui apparaissait dès lors comme un lieu de réserve pour le fer de l'organisme. D'autre part, on savait que dans le foie la bilirubine ou matière colorante de la bile se forme aux dépens de l'hémoglobine du sang, et l'on admettait que le fer, devenu libre dans cette transformation [1], est entraîné par la bile, qui contient en effet ce métal d'une manière constante, et éliminé finalement avec les excréments sous la forme de sulfure. Enfin, la présence constante de petites quantités de fer dans l'urine avait été constatée aussi, et le cycle parcouru par ce métal dans l'organisme, malgré de sérieuses lacunes, semblait donc établi au moins dans ses grandes lignes.

Voyons maintenant de quelle manière la question s'est transformée dans ces dernières années.

L'hémoglobine des globules rouges se forme-t-elle réellement par un processus de synthèse dans lequel le fer interviendrait à l'état de sel minéral, ou, pour poser d'abord le problème sous une forme qui le rende abordable à l'expérience, peut-on saisir une relation directe entre l'ingestion des sels de fer et l'accroissement de la quantité d'hémoglobine con-

---

[1] La bilirubine ne contient pas de fer.

tenue dans le sang? De prime abord il semble que les bons effets obtenus dans le traitement de l'anémie par l'administration de préparations martiales de toute nature apportent à cette hypothèse l'appui d'une démonstration expérimentale aussi large et aussi multipliée qu'il est possible de la souhaiter. Mais cette action des ferrugineux, qu'il est difficile de nier, bien qu'elle ne soit pas absolument constante, ne fournit pas, cela est évident, la preuve d'une participation directe du fer ingéré à la formation de l'hémoglobine et à la reconstitution du globule rouge. Il se pourrait en effet que cette action ne fût qu'indirecte, et qu'il existât entre ces deux phénomènes une relation d'une autre nature. Ainsi posé, le problème cesse d'être abordable par la voie de l'observation clinique. Des expériences précises sur la pénétration du fer dans l'organisme et sur ses destinées ultérieures pouvaient seules trancher le débat.

La première question qui se pose ici est évidemment celle-ci : *Les préparations ferrugineuses introduites dans l'estomac sont-elles absorbées?*

Examinons ce premier point.

Il est à remarquer tout d'abord que le choix du ferrugineux importe peu ici. En présence du suc gastrique, tous les sels de fer se transforment en chlorures, et dans l'intestin, où la réaction devient alcaline, l'oxyde de fer, qui pourrait être précipité, se redissout à la faveur des matières organiques. Les albuminates et peptonates de fer subissent la même série de transformations. Toutes les combinaisons de cet ordre sont caractérisées par ce fait que, traitées par l'alcool additionné d'acide chlorhydrique, elles cèdent très rapidement à ce dissolvant leur fer sous la forme de chlorure. Nous les comprendrons sous la rubrique générale de *fer minéral*.

On a d'abord cherché à démontrer l'absorption des sels de fer introduits dans l'estomac en suivant l'élimination du métal par les urines. Mais on s'est heurté ici à une difficulté grave. L'urine normale contient, en effet, d'une manière constante, de petites quantités de fer. Ce fer normal, que l'on caractérise aisément dans les cendres de l'urine, ne peut être décelé dans l'urine en nature à l'aide des réactifs ordinaires et, en particulier, à l'aide du sulfure d'ammonium, bien qu'avec ce réactif on puisse encore caractériser nettement 0ᵍʳ00018 de fer d'un sel de fer ajouté à 100ᶜᶜ d'urine et que l'urine normale en contienne parfois une quantité beaucoup plus considérable. C'est que ce fer normal est engagé ici dans une combinaison organique, analogue à l'hématine et, par suite, indifférente à l'action des réactifs ordinaires des sels de fer. Au contraire, A. Mayer, Lehmann,

Quincke et d'autres observateurs indiquent qu'après l'administration de préparations martiales (lactate, citrate, tartrate de fer, etc.), l'urine donne les réactions des sels de fer avec le sulfure d'ammonium, le sulfocyanate de potassium, etc., ce qui indiquerait que le sel de fer s'élimine en nature, ou plus exactement sous une forme non organique. Cette différence si remarquable entre le fer normal de l'urine et le fer provenant des ferrugineux ingérés semblait donc fournir un moyen très commode, permettant de constater et de suivre, à l'aide du sulfure d'ammonium, par exemple, l'élimination du fer médicamenteux par les urines. Malheureusement ces indications ne donnent pas une certitude suffisante. On peut, en effet, d'une part, opposer aux résultats positifs obtenus par A. Mayer, Lehmann, un grand nombre de constatations absolument négatives. C'est ainsi que Adolphe Becquerel, Ihring, Hamburger, n'ont pu obtenir aucune des réactions du fer dans l'urine fraîche, chez des individus bien portants ou chlorotiques traités par des ferrugineux divers (voy. plus loin, p. 228, la cause probable de ces divergences). D'autre part, il n'est pas certain que le fer ingéré, en admettant qu'il soit absorbé, ne puisse pas s'éliminer sous la même forme que le fer normal et par suite échapper à l'action du sulfure d'ammonium [1].

Des essais *quantitatifs* pouvaient seuls trancher la question. De tels essais ont été faits par Woronichin, Dietl et, plus récemment, dans de meilleures conditions, par Hamburger [2] qui se servit du sulfate ferreux. Voici le détail d'une de ses expériences : elle peut servir de type pour montrer la marche suivie dans ce genre de recherches.

Dans une première période préparatoire de douze jours, un chien de 8 kilogrammes reçut quotidiennement 300 grammes de viande contenant 13 milligrammes de fer, soit en tout 180 milligrammes. On en retrouva par l'analyse les quantités suivantes :

Dans l'urine [3]	38,4 milligr.
Dans les fèces	136,3
Dans la bile	1,8
En tout	176,5

Pendant ces douze jours, l'élimination par les urines se maintint sensiblement au taux de 3.6 milligrammes par jour. L'animal se trouvai donc, en ce qui concerne l'absorption et l'élimination du fer, en état d'*équilibre physiologique*.

Immédiatement après, et durant une période d

---

[1]. La bibliographie relative à cette première partie de la question se trouve dans : Hamburger, *Zeit. physiol. Chem.* t. II, p. 191, 1879. — Socin, *ibid.*, t. XV, p. 97, 1891.

[2]. Hamburger, *loc. cit.*

[3]. L'urine de deux journées ne fut pas analysée.

:uf jours, on ajouta chaque jour aux 300 gram-
es de viande, 49 milligrammes de fer, sous la
rme d'une solution de sulfate ferreux. Puis,
ırant quatre jours encore, l'animal continua de
:cevoir ses 300 grammes de viande par jour, mais
ıns addition de sel ferreux. Pendant ces treize
urs, le chien reçut donc :

ır contenu dans la viande.................	195,0 milligr.
ır ajouté sous la forme de sulfate ferreux...	441,0
En tout................	636,0

L'analyse en fit retrouver :

ans l'urine......	58,4 milligr.
ans les fèces.............................	549,2
ans la bile............................. ...	0,8
En tout..........................	608,4

Durant ces treize jours, les urines renfermèrent
ı moyenne par jour :

1° Pendant l'administration du sel de fer :

	Par jour.
urant les six premiers jours... .....:......	3,6 milligr.
urant les trois jours suivants.............	5,6

2° Après cessation de l'administration du sel de
ır :

urant les trois premiers jours...	5,6 milligr.
urant le quatrième jour..................	3,2

On voit donc que, pendant l'administration du
ulfate ferreux, l'élimination du fer par les urines
st restée, durant les six premiers jours, au même
aux qu'auparavant, soit à 3,6 milligrammes par
ɔur, qu'ensuite elle s'est élevée, durant six jours,
e 2 milligrammes seulement, pour retomber à peu
rès au chiffre normal, trois jours après la cessa-
.on de l'administration du sel de fer. A aucun
ıoment, les urines ne donnèrent la réaction du fer
vec le sulfure d'ammonium.

*Les 441 milligrammes de fer ajoutés à l'alimentation
ındant une période de neuf jours ont donc amené, du
ité des urines, une élimination, en plus, de 2 milli-
·ammes seulement par jour, pendant six jours, soit en
·ut de 12 milligrammes seulement.*

Dans une deuxième expérience, conduite de la
ıême manière, Hamburger obtint des résultats
ıalogues, et il crut pouvoir admettre finalement
u'il y avait eu absorption d'une portion, à la vérité
·ès minime, du sel de fer ingéré.

Ces résultats justifient-ils la conclusion de Ham-
urger? Il est permis d'en douter. Si l'on réfléchit
ıx difficultés du dosage de très petites quantités
ə fer ·dans les liquides organiques, le surplus
ə fer éliminé par les urines paraît bien minime,
·, à ne considérer que ce côté du phénomène, la
ɔnclusion inverse, — à savoir la non-absorption
ı sel de fer, — semble tout aussi légitime. En réa-
ité, le problème ainsi posé ne correspond qu'à un
ıté du phénomène. Le rein n'est, en effet, que

l'une des voies — et précisément la plus médiocre
— par lesquelles s'élimine le fer introduit dans
l'organisme. C'est ce que l'on observe nettement
lorsque, avec les précautions convenables, on introduit des sels de fer dans l'organisme par la voie
des injections sous-cutanées ou directement dans
le sang. Dans ces conditions, Jakobj a retrouvé
dans les urines de 1 à 4,6 p. 100 seulement du fer
injecté. C'est que les voies d'élimination de ce métal sont ailleurs ; elles sont du côté de la *surface
intestinale* même, ce qui complique singulièrement
le problème ; mais on va voir que, du même coup,
la question des migrations du fer dans l'organisme
s'est offerte à l'observation par un côté tout nouveau.

II

L'élimination du fer par le tube digestif ou par
les produits de sécrétion qui s'y déversent n'a
été signalée d'abord que pour la bile mais l'excrétion de fer par ce liquide, souvent très irrégulière, paraît être en général de médiocre importance, ainsi qu'il ressort des déterminations de
Bunge et Hamburger et de Dastre. D'autre part,
les expériences de Buchheim et Mayer, de Novi, de
Jakobj démontrent qu'après injection intra-veineuse de sels de fer, la proportion de fer contenue
dans la bile dépasse à peine les limites physiologiques. L'élimination semble plus facile du côté
du suc gastrique, que Bunge considère comme
étant de tous les liquides digestifs le plus riche en
fer. Cette élimination est d'ailleurs confirmée par
la classique expérience de Claude Bernard avec le
lactate de fer et le ferro-cyanure de potassium, et,
dans une certaine mesure, par une observation de
Gottlieb qui, après injection intra-veineuse de
145 milligrammes de fer chez un chien maintenu à
jeun, retrouva dans 35 cc de liquide vomi deux et
o,5 jours après l'injection 15 milligrammes du
métal injecté. Enfin, en ce qui concerne l'intestin,
un grand nombre d'observateurs, et notamment
Buchheim et Mayer, Gottlieb, Jakobj, ont constaté
que la muqueuse intestinale se recouvre rapidement d'un produit de sécrétion riche en fer, lorsqu'on injecte dans les veines une solution de ce
métal. D'ailleurs, le même phénomène a été observé
pour le *manganèse* par J. Cahn, pour le *bismuth* par
Dalché et.Villejean et par Meyer et Steinfeld.

Lorsqu'on suit par l'analyse quantitative cette
élimination du fer par l'intestin, on observe un
phénomène des plus curieux. Très rapidement,
(20 minutes) après l'injection du métal dans les
veines, les urines contiennent du fer et se colorent
en brun ou en noir par le sulfure d'ammonium.
Mais cette réaction cesse de se produire au bout
d'une ou de deux heures. A ce moment les urines
ont à peine éliminé de 1-4 °/o du fer injecté. Du

côté de l'intestin, l'élimination du fer commence aussi tout de suite après l'injection, et ici l'excrétion peut porter, dès la première heure, sur les 3-13 centièmes de fer injecté, puis elle se ralentit visiblement, et ce n'est qu'au bout d'un temps assez long (20 à 30 jours) que le surplus du métal achève de s'éliminer peu à peu par les excréments. C'est ainsi que sur 100 milligrammes de fer injectés sous la peau d'un chien, Gottlieb en retrouva, au cours des 28 jours qui suivirent l'injection, 96,9 milligrammes dans les fèces. Ces résultats démontrent nettement que le fer introduit dans le sang est retenu pendant quelque temps dans l'organisme, et il est facile de démontrer que *c'est surtout dans le foie que le métal s'accumule.*

En effet, en poussant une injection d'un sel de fer dans la jugulaire d'un chien, Jakobj a vu, pendant plus de deux heures, les urines se colorer en noir sous l'action du sulfure d'ammonium. Au contraire, quand l'injection était poussée dans la veine mésentérique, l'élimination du fer par les urines était terminée au bout de 45 minutes. D'autre part, l'accumulation du métal est démontrée par l'*analyse directe du tissu hépatique*, rendu complètement exsangue par un lavage prolongé des vaisseaux. Dans ces conditions, Gottlieb, Jakobj, Zalesky ont constaté qu'après injection de fer dans les veines, la quantité de ce métal qui est fixée par le foie, est augmentée dans des proportions considérables. D'après Gottlieb, on retrouverait dans le foie environ 56 et même 70 °/₀ de la quantité injectée. Du reste, cette fixation des métaux lourds par le foie semble être un fait général, puisqu'on l'a observée également pour le plomb, le cuivre, le manganèse, etc. Il est probable que le fer, une fois fixé par le foie, n'est plus restitué que très lentement au courant sanguin, qui l'élimine surtout par la surface intestinale et peut-être en très minimes quantités par les urines.

Revenons maintenant à l'expérience de Hamburger. Tout d'abord la faible excrétion de fer par les urines n'a plus rien qui nous surprenne, puisque ce métal, aussitôt qu'il est introduit dans le sang, est recueilli en majeure partie par le foie et qu'une petite fraction seulement échappe à cette fixation et s'élimine *aussitôt* par le rein. Le départ d'un surplus de fer par les urines peu après l'ingestion d'un ferrugineux, constitue donc un signe précieux pour la démonstration d'une absorption, à la condition, bien entendu, que ce surplus soit sensible et qu'il dépasse les variations physiologiques et l'amplitude des erreurs possibles. Or, dans l'expérience de Hamburger, ce surplus a été bien faible, étant donné surtout ce fait que la méthode analytique employée n'est pas à l'abri de tout reproche. Il faut remarquer en outre que l'élimination de ce surplus — si l'on veut en admettre la réalité — ne s'est produite qu'au *sixième jour* de l'administration du ferrugineux. L'absorption n'aurait donc commencé qu'à ce moment.

Ce point est important. Kobert rapporte en effet que l'administration de doses massives de fer provoque une inflammation des muqueuses stomacale et intestinale et qu'à ce moment le fer passe en quantité notable dans les urines. Dans des expériences sur l'absorption du manganèse qui seront signalées plus loin, Cahn et Kobert ont surpris le même mécanisme, avec la plus grande netteté. *Le manganèse n'apparaît dans les urines que lorsque le sel administré a commencé à irriter et à désorganiser la muqueuse.* On voit que ces faits conduisent à une interprétation très naturelle des résultats de Hamburger, qui n'a noté d'absorption sensible qu'au sixième jour. Du reste comme on l'a fait observer plus haut, cette absorption reste douteuse. Dans une série d'expériences remarquablement bien conduites, Gottlieb, en suivant les effets de l'administration du carbonate ferreux chez des sujets bien portants ou malades, soumis à une alimentation constante, a constaté que dès les premiers jours la proportion de fer des urines diminuait et s'annulait même presque totalement, puisqu'elle revenait à son taux primitif vers le dixième jour, mais sans le dépasser jamais, même lorsque l'administration du médicament était prolongée jusqu'au trentième jour. Cette diminution du fer urinaire au début a été observée d'une manière constante. Ce fait est encore inexpliqué.

Si l'on passe maintenant à l'excrétion intestinale, dans l'expérience de Hamburger, on peut se demander, il est vrai, *si le surplus de fer éliminé par les excréments n'est pas du métal absorbé, puis éliminé aussitôt par la surface intestinale.* Mais cette hypothèse se concilie difficilement avec ce fait que le foie ne restitue que très lentement le fer qu'il accumulé dans son tissu. Remarquons, en effet, que l'ingestion du sel ferreux a été répartie sur neuf jours et que, dès le treizième jour, les excréments avaient restitué plus de 80 0/0 du fer ingéré. Est-il admissible que cette masse de fer ait parcouru en si peu de temps le cycle : *intestin, foie, intestin*, alors qu'après une injection sous-cutanée de 100 milligrammes de fer, Gottlieb n'a vu se terminer l'excrétion intestinale du métal injecté qu'à bout du vingt-huitième jour. La majeure partie du fer retrouvé dans les excréments par Hamburger provient donc bien du sulfate ferreux non absorbé et si, réellement, il y a eu absorption, elle n'a pu porter que sur des quantités tellement faibles de

métal que l'excrétion de fer urinaire n'a pu être augmentée sensiblement. Mais sur ce point l'expérience ne permet aucune conclusion certaine.

Ainsi limitée à l'absorption de traces de fer, la question reste donc ouverte ; mais, s'il est permis de conclure, par analogie, du manganèse au fer, peut-être pourrait-on répondre plutôt par la négative à la question que nous nous sommes posée au début de cette étude. Le manganèse n'est pas, comme le fer, un élément normal de nos tissus, et la recherche de ce métal dans les cendres se fait avec une très grande précision. Or, après injection d'un sel de manganèse dans les veines, chez les lapins, J. Cahn put rètrouver des quantités considérables de ce métal dans les urines, dans le contenu et les parois intestinales. Lorsqu'il administrait, au contraire, le métal par le tube digestif, il ne pouvait retrouver de manganèse ni dans les urines, ni dans la muqueuse intestinale lavée. Ces expériences démontrent nettement *la non-absorption des préparations de manganèse introduites dans le tube digestif*. D'après Bunge, il est très vraisemblable que les résultats de Hamburger pour les sels de fer sont à interpréter dans le même sens que ceux de Cahn relativement au manganèse.

Ajoutons encore que l'injection de sels de fer dans les veines, si elle n'est pas conduite très lentement, produit des accidents graves, parmi lesquels Kobert signale un abaissement considérable de la pression sanguine, des troubles dans les mouvements volontaires et divers accidents (hémorragies, etc.) du côté du tube digestif. Or, de tels effets n'ont été observés à aucun degré à la suite de l'administration de sels de fer. Ce fait plaide donc encore en faveur de la non-absorption. Pourtant Bunge fait observer judicieusement que, s'il est vrai que le foie a un pouvoir de sélection et de fixation à l'égard du fer, on pourrait s'expliquer cette absence d'accidents toxiques en admettant que le fer minéral, absorbé par l'intestin, est aussitôt recueilli par le foie et transformé par cet organe en quelque combinaison organique inoffensive. Ce serait un exemple de plus du rôle antitoxique joué par le foie. Il faudrait ici rechercher si, après ingestion d'un sel de fer, la richesse en fer du foie est nettement augmentée. Kunkel rapporte à ce sujet que si l'on donne à une souris une alimentation riche en fer minéral, on observe que le foie, plongé dans du sulfure d'ammonium étendu, se colore en noir au bout de deux ou trois heures, tandis que le foie d'un animal témoin se colore à peine dans ces conditions. Malheureusement, l'essai n'est pas quantitatif, et par conséquent sa valeur est médiocre. D'autre part, Zaleski a démontré que le foie contient des combinaisons organiques du fer d'ordre très divers, et se comportant d'une manière différente avec les réactifs de ce métal, si bien que, pour une même teneur en fer, les réactions qualitatives peuvent fournir des indications très différentes. Ajoutons que dans ces expériences il faudrait tenir grand compte de l'état physiologique des animaux mis en traitement [1].

Finalement, dans l'état actuel de nos connaissances, *l'absorption des sels de fer par le tube digestif intact semble peu vraisemblable* [2].

Nous allons voir que peut-être ces sels favorisent indirectement l'absorption de combinaisons ferrugineuses d'un autre ordre.

III

S'il est vrai que le fer minéral n'est pas absorbé par l'intestin, la question se pose immédiatement de déterminer la *nature* des matériaux auxquels l'économie emprunte, en dehors de toute médication, le fer nécessaire à l'entretien de ses globules. Bunge [3], qui, à ma connaissance, s'est préoccupé le premier de ce côté de la question, a examiné avec beaucoup de soin les combinaisons du fer dans le *lait* et le *jaune d'œuf*. L'un et l'autre doivent contenir les éléments nécessaires à la formation de l'hémoglobine, le lait comme unique aliment du nouveau-né, le jaune d'œuf comme matière première d'un animal à sang rouge. Voici quels sont les principaux résultats de cet intéressant travail :

Si l'on traite des jaunes d'œufs par de l'alcool et de l'éther, on constate qu'il ne passe pas de fer dans l'extrait. Tout le fer reste dans le résidu, d'où l'on peut le retirer sous la forme d'une *nucléine ferrugineuse*, renfermant 0,29 % de fer. Cette proportion de fer paraîtra considérable, si l'on songe que l'hémoglobine de chien ou de cheval ne contient, d'après de récentes analyses, que 0,23 % de ce métal et celle du poulet 0,34 %. Cette substance ne saurait-être considérée encore comme un individu chimique bien défini ; Bunge lui a donné provisoirement le nom d'*hématogène*.

[1] Ces conditions physiologiques pourraient faire varier non seulement la quantité de métal *absorbée*, mais encore la quantité *fixée* par les tissus, et spécialement par le foie. Cette fixation dépendra évidemment de l'état dans lequel se trouve cet organe, ou de la quantité de métal qu'il a déjà emmagasinée, etc. L'influence de ces conditions s'observe nettement pour la chaux. Chez les jeunes animaux la chaux alimentaire absorbée est fixée avec avidité par l'organisme ; chez l'adulte, au contraire, elle s'élimine de nouveau très rapidement par la surface intestinale. Le même phénomène se produit probablement chez le rachitique dont l'organisme a perdu le pouvoir, *non d'absorber la chaux, mais de la fixer dans le tissu osseux*.

[2] Pour la bibliographie de cette partie de la question, voir : Bunge, *Cours de chimie biologique*, trad. par Jacquet, Paris, 1891, p. 89. — Jakobj, *Maly's Jahresb.*, t. XVIII, p. 145 et *Arch. f. exp. Path.*, t. XXVIII, p. 256. — Gottlieb, *Zeit. physiol. Chem.*, t. XV, p. 376. *Arch. exp. Path.*, t. XVI, p. 139. — Zaleski, *Zeit. physiol. Chem.*, t. X, p. 453, et t. XIV, p. 274. — Kunkel, *Pflüger's Arch.*, t. L, p. 1, 1891.

[3] Bunge, *loc. cit.*, p. 92.

Il importe de faire remarquer que, dans l'hématogène, le fer n'est pas aussi fortement combiné que dans l'hématine, par exemple. Ainsi l'acide chlorhydrique aqueux dissout l'hématogène, puis en sépare du fer au bout d'un certain temps, et d'autant plus vite que l'acide est plus concentré. Si l'on traite une dissolution ammoniacale d'hématogène par une goutte de sulfure ammonique, il ne se produit tout d'abord aucun changement de couleur. Mais bientôt la solution verdit pour devenir, au bout de 24 heures, complètement noire et opaque. Cette décomposition est d'autant plus rapide que la proportion de sulfure est plus forte. *Les sulfures alcalins décomposent donc peu à peu l'hématogène et en séparent le fer sous la forme de sulfure de fer.* Ce point est fort important. Nous y reviendrons tout à l'heure.

Bunge n'a pas encore réussi à isoler l'hématogène du lait. Mais dès à présent ses essais lui permettent d'affirmer que le lait, comme aussi la plupart de nos aliments d'origine végétale (céréales, légumineuses), contient le fer, non à l'état *minéral*, mais sous la forme de *combinaisons organiques* analogues à l'hématogène.

Restait à démontrer que l'hématogène et les corps analogues sont réellement absorbés. C'est là un fait qui, à la vérité, n'est point encore établi par un nombre suffisant d'expériences, mais qui se présente avec un très grand degré de vraisemblance. Socin, sous la direction de Bunge, a pu provoquer chez des chiens, par l'ingestion d'une grande quantité de jaunes d'œufs, l'élimination par les urines d'un surplus de fer de 7 à 12 milligrammes. En outre, dans une expérience, la quantité de fer introduite avec les jaunes d'œufs étant de 180,7 milligrammes, les excréments n'en contenaient que 153,4 milligrammes, soit une différence de 27 milligrammes. Les urines fournirent d'autre part un surplus de 12 milligrammes de fer. Il y avait donc eu évidemment absorption d'une partie du fer apporté par les jaunes d'œufs, c'est-à-dire par l'hématogène. Un lot de souris put de même être conservé en très bon état pendant environ cent jours avec une nourriture constituée par du jaune d'œuf cuit mêlé d'un peu d'amidon et de cellulose *exempts de fer* [1].

L'absorption du fer organique de l'hématogène apparaît donc comme très vraisemblable.

Comment peut-on maintenant concilier les données qui précèdent avec l'action thérapeutique

---

[1] Cette expérience fait partie d'une série de recherches très curieuses au point de vue des conditions générales de la nutrition. Le lecteur français en trouvera un exposé complet dans l'*Encyclopédie chimique* de M. Frémy, (T. IX, *Chimie des liquides et des tissus de l'organisme*, par Garnier, Lambling et Schlagdenhauffen. Paris, 1892, p. 142.)

---

généralement attribuée aux ferrugineux? Le problème se résume dans les trois propositions suivantes, qui se présentent avec un égal degré de vraisemblance et qu'il s'agit de concilier :

1° L'observation clinique semble démontrer que l'administration des sels de fer active parfois la formation de l'hémoglobine chez les chlorotiques ;

2° Les sels de fer (*fer minéral*) ne sont pas absorbés par le tube digestif ;

3° Nos aliments ordinaires contiennent le fer sous la forme de combinaisons organiques complexes. Ce *fer organique* est absorbable.

Voici comment on peut, d'après Bunge, concilier ces trois propositions : l'hypothèse la plus plausible consiste à admettre que les préparations de fer protègent le fer organique de nos aliments contre certaines actions décomposantes et lui permettent ainsi d'être absorbé.

On a dit plus haut que les sulfures alcalins séparent *peu à peu*, sous la forme de sulfure, le fer organique de l'hématogène et des combinaisons analogues. Or, de tels sulfures peuvent prendre naissance dans le tube digestif ; mais leur action nuisible sera en grande partie annihilée, si ces sulfures rencontrent une quantité suffisante de fer minéral avec lequel ils entrent *aussitôt* en réaction pour former du sulfure de fer. On sait d'autre part que la production de sulfures alcalins, faible à l'état normal, s'exagère dans le cas de troubles digestifs et que ce dernier symptôme est constant chez les chlorotiques. Chez ces malades, la sécrétion gastrique est notablement ralentie, et le suc gastrique est devenu impuissant à détruire par son acide libre les micro-organismes qui pullulent dans nos aliments. Ceux-ci peuvent ainsi gagner l'intestin où s'établissent alors, à la faveur de la réaction neutre ou alcaline, des fermentations anormales.

Une des plus fréquentes est la fermentation butyrique qui s'accomplit avec production d'hydrogène naissant, c'est-à-dire s'accompagne de phénomènes de réduction très puissants, capables de séparer sous la forme d'hydrogène sulfuré, et par conséquent de sulfures, le soufre contenu dans nos aliments.

On peut citer à l'appui de cette manière de voir ce fait signalé par Zander, à savoir que l'acide chlorhydrique étendu semble être parfois, dans les cas de chlorose, un agent thérapeutique plus efficace que le fer. On restitue ainsi au suc gastrique son pouvoir antiseptique normal. Il est facile enfin de se rendre compte que des quantités bien minimes de fer doivent suffire pour couvrir les pertes en fer qu'a pu subir l'économie, et cependant, d'après la plupart des médecins, les ferrugineux n'agiraient bien qu'à doses massives. C'est qu'il faut des quantités considérables de fer pour rendre inoffensifs tous les sulfures alcalins de l'intestin et garantir contre leur action le fer organique de nos aliments.

Il est possible aussi que les préparations martiales favorisent l'absorption des aliments organiques, et conséquemment du fer organique, par l'action excitante qu'elles exercent sur la muqueuse intestinale, et qu'elles interviennent donc à peu près comme la bile dans l'absorption des corps gras.

Enfin, P. Marfori [1] a récemment émis l'hypothèse, un peu risquée, que le fer minéral pourrait bien être transformé dans l'intestin, au contact des matières albuminoïdes, en une combinaison organique analogue à l'hématogène. Partant de cette hypothèse, cet auteur s'est appliqué à préparer par l'action d'un sel de fer sur une alcali-albumine en solution ammoniacale une combinaison « organique » du fer. Le corps qu'il a obtenu ainsi contient une quantité de fer très sensiblement constante (0, 70 °/₀) et se comporte vis-à-vis du liquide de Bunge (solution alcoolique aqueuse d'acide chlorhydrique) et du sulfure d'ammonium, de la même manière que l'hématogène. Lorsqu'on la fait ingérer à des chiens dont le tube digestif a été au préalable vidé autant que possible, on constate que 55 °/₀ environ du fer ingéré (en valeur absolue de 37 à 96 milligr.) ne se retrouvent plus dans les excréments. Enfin, après injection de cette combinaison dans les veines, les urines ne donnent aucune réaction avec le sulfure d'ammonium.

La tentative est intéressante et mérite d'être poursuivie.

IV

La facilité relative avec laquelle les sulfures alcalins de l'intestin décomposent au bout d'un certain temps l'hématogène et les combinaisons analogues, avec production de sulfure de fer non absorbable, conduit à cette conclusion que, même à l'état normal, la résorption des combinaisons organiques ferrugineuses contenues dans nos aliments doit être soumise à certaines pertes, à un certain aléa. En se plaçant à un point de vue téléologique, on pouvait donc s'attendre à trouver le lait, cet unique aliment du nouveau-né — c'est-à-dire d'un organisme en train d'augmenter rapidement la masse de son sang — largement pourvu en fer. Bunge a montré qu'il n'en est rien, et cette constatation l'a conduit, lui et d'autres observateurs à sa suite, à des résultats du plus haut intérêt.

En faisant l'analyse des cendres du lait de chienne et des cendres fournies par l'incinération totale de l'un des petits, sacrifié aussitôt après sa naissance, Bunge a constaté à plusieurs reprises la concordance remarquable des deux ordres de résultats, en ce qui concerne les éléments habituels des cendres (potasse, soude, chaux, acide phosphorique, etc.). Dans les cendres du lait, la relation en poids des divers matériaux est très sensiblement celle que l'on observe pour les cendres de l'organisme qui va se développer aux dépens de ce lait. Le fer seul fait exception : *la teneur en fer des cendres du lait est six fois plus faible que celle des cendres du nouveau-né*. Comme il semble que le nouveau-né ne peut trouver que dans le lait tout le fer qui lui est nécessaire, il faudrait donc conclure que tous les autres éléments minéraux, potasse, soude, chaux, etc., lui sont fournis en quantité six fois trop forte par rapport à la quantité de fer offerte en même temps. On aboutit donc à cette conclusion déconcertante qu'un sixième seulement des éléments autres que le fer serait utilisé; les cinq autres sixièmes seraient sécrétés en pure perte. Évidemment une telle contradiction ne peut être qu'apparente.

Quelle que soit la valeur de ce raisonnement téléologique, et bien qu'il faille en biologie se méfier beaucoup de ce genre de déductions, il faut convenir que les faits à la découverte desquels Bunge a été ainsi conduit sont du plus haut intérêt. Il a montré en effet, avec Zaleski, que *le nouveau-né possède au moment de la naissance une provision de fer qu'il utilise au fur et à mesure qu'il se développe.*

Les analyses suivantes démontrent en effet clairement que l'organisme est relativement d'autant plus riche en fer qu'on se rapproche davantage du moment de la naissance. Voici les données que Bunge [1] a réunies à ce sujet pour le lapin et le cochon d'Inde. La comparaison des deux séries de résultats est des plus instructives :

LAPINS		COBAYES	
Age	Poids de fer pour 100 gr. de poids vif	Age	Poids de fer pour 100 gr. de poids vif
1 heure	18,2 milligr.	6 heures	6,0 milligr.
1 jour	13,0	1 jour 1/2	5,4
4 jours	9,0	3 jours	5,7
5 —	7,8	5 —	5,7
6 —	8,5	9 —	4,4
7 —	6,0	15 —	4,4
11 —	4,3	22 —	4,4
13 —	4,5	25 —	4,5
17 —	4,3	53 —	5,2
22 —	4,3		
24 —	3,2		
27 —	3,4		
35 —	4,5		
41 —	4,2		
46 —	4,1		
74 —	4,6		

---

[1] MARFORI, *Zeit. exp. Path.*, t. XXVII, p. 212, 1891.

[1] BUNGE. *Zeit. physiol. Chem.*, t. XVI, p. 177, 1892.

Ainsi que Bunge s'en est assuré par des examens réitérés du contenu stomacal, les jeunes de lapin se nourrissent . exclusivement du lait de la mère pendant les deux premières semaines. Au milieu de la troisième semaine, ils commencent à ingérer, avec le lait, quelques aliments végétaux, et, à partir de la quatrième semaine, on constate que l'estomac ne renferme plus guère que des substances végétales. Or, la quatrième semaine marque précisément l'époque où la réserve de fer que possédait l'organisme est descendue à son minimum (chiffres gras du tableau). A mesure que l'animal absorbe des aliments végétaux riches en fer [1], la teneur en fer de l'organisme remonte de nouveau.

Les cobayes au contraire consomment dès le premier jour, avec le lait de la mère, une certaine quantité d'aliments végétaux, et les jours suivants le lait ne tient plus dans leur alimentation qu'une place secondaire. Corrélativement on constate que ces animaux ne possèdent au moment de la naissance qu'une réserve en fer médiocre, comme le montre clairement le tableau qui précède.

Si l'on étudie chez le lapin les variations, non plus de la quantité relative, mais du *poids absolu* de fer que renferme l'organisme, on constate que ce poids ne varie que très peu jusqu'au vingt-quatrième jour environ, c'est-à-dire pendant tout le temps que dure l'alimentation lactée.

Or, pendant cette période, le poids de l'animal est à peu près sextuplé. Aussi voyons-nous la quantité relative de fer, c'est-à-dire le poids de fer pour 100 grammes de poids vif tomber au sixième de sa valeur primitive. C'est à ce moment que la réserve de fer apportée par l'animal est épuisée, ou pour mieux dire utilisée tout entière, et que l'on voit commencer l'ingestion d'aliments végétaux, riches en fer. En même temps l'analyse montre que la teneur en fer de l'organisme et le poids du corps augmentent maintenant parallèlement ; d'où il résulte que la richesse relative en fer reste constante, comme le montrent les derniers chiffres du tableau [2].

[1] Le lait est, en effet, bien moins riche en fer que la plupart des autres aliments. Voici quelques chiffres extraits du tableau que donne Bunge à ce sujet (*Zeit. physiol. Chem.*, t. XVI, p. 174, 1892). On trouve pour 100 gr. de substance sèche :

Dans le riz................... 1,8 milligr. de fer
— le lait de vache........ 2,3
— le lait de femme...... . 2,3 — 3,1
— le froment............. 5,5
— les lentilles.......... ... 9,5
— le jaune d'œuf.......... 10,4 — 23,0
— les épinards......... .... 32,7 — 39,1

[2] Il convient de signaler ici la conclusion pratique qui ressort des travaux si intéressants de Bunge. Sitôt que la période de l'allaitement est terminée, le lait doit cesser de prédominer dans l'alimentation du nouveau-né, car il est beaucoup trop pauvre en fer. D'autres éléments plus riches en fer, et en particulier le jaune d'œuf, doivent faire le fond de son

Cette accumulation de fer chez le nouveau-né se fait, au moins en partie, dans le foie, ainsi que l'ont démontré nettement Zalesky, Lapicque, Krüger [1]. Voici quelques-uns des chiffres de Lapicque. Ils sont relatifs au foie du lapin, l'organe étant complètement débarrassé de sang par lavage des vaisseaux.

Age	Fer dans 100 gr. de foie lavé
11 jours......	0,2 gr.
21 —	0,14
3 mois......	0,045
3 — .:.....	0,035
3 —	0,040

Ces résultats sont entièrement confirmés par les recherches de Krüger, qui a déterminé la richesse en fer du foie chez l'embryon de veau, chez le jeune veau jusqu'à la huitième et dixième semaine, chez le bœuf et la vache. Ainsi, pendant les quatre premières semaines, la quantité de fer pour 100 grammes de foie à l'état sec tombe de 180 à 32 milligrammes, et n'est plus que de 24 milligrammes pour le bœuf.

Il est possible que d'autres organes encore soient ainsi pourvus au moment de la naissance d'une réserve de fer. Quoi qu'il en soit, on comprend que, grâce à cette réserve qui lui est ainsi assurée par la voie placentaire, et par conséquent sans aucun aléa, le nouveau-né se trouve en mesure de parer à l'accroissement très rapide de la masse de ses globules, sans qu'il soit exposé à souffrir à cet égard de l'insuffisance ou de l'irrégularité possible de l'apport du fer par la voie digestive.

La question se pose encore de déterminer à *quel moment l'organisme maternel prépare cette réserve de fer que le nouveau-né doit emporter avec lui.* Il est douteux, d'après Bunge, qu'une quantité aussi considérable de fer soit assimilée en surplus par la mère pendant le temps relativement court de la grossesse. Il est plus vraisemblable, ajoute le même auteur, que longtemps déjà avant la conception cette réserve de fer se prépare lentement dans un organe quelconque. On s'expliquerait ainsi pourquoi la chlorose est plus fréquente chez la femme, et pourquoi elle apparaît plus souvent à l'époque de la puberté. Il est probable que *c'est dans la rate qu'a lieu cette accumulation.* Déjà Lapicque avait signalé ce fait, que chez le chien nouveau-né la rate est extrêmement pauvre en fer, qu'elle est plus riche au contraire chez l'animal plus âgé. Krüger rapporte d'autre part que la rate contient environ cinq fois plus de

alimentation. La même remarque s'applique à l'alimentation des adultes anémiques. (Bunge, *loc. cit.* p. 179.)

[1] LAPICQUE, *Comptes rendus de la Soc. de biologie*, 1889, p. 540. — KRÜGER *Zeit. f. Biol.* nouv. sér. t. XI, p. 439, 1890.

fer chez la vache que chez le bœuf. Voici quelques-uns de ses résultats ;

Age	Fer pour 100 gr. de tissu splénique lavé et sec
Veaux d'une semaine (20 analyses)........	0,0567 gr.
Veaux de 8-10 semaines (7 analyses)......	0,0460
Bœufs (18 analyses)....................	0,1679
Vaches pleines (11 analyses).............	0,4364
Vaches non pleines (6 analyses).........	2,1765
Vache ayant vêlé 3 semaines avant (1 anal.).	0,8761

Ces résultats remarquables sont une confirmation brillante des prévisions théoriques de Bunge.

Tel est l'état actuel de nos connaissances sur la pénétration du fer dans l'organisme et sa répartition dans les tissus. Sans doute, le cycle parcouru par ce métal est encore loin d'être connu dans toutes ses parties. Mais combien nos connaissances à ce sujet se sont transformées et étendues ! Posée d'abord sur le terrain de la pharmacologie pure, puis subitement agrandie et renouvelée par les travaux de physiologie qu'elle a suscités, cette question des mutations du fer se trouve aujourd'hui intimement associée au problème de la nutrition générale, dont elle constitue l'un des chapitres les plus intéressants et les plus suggestifs.

Dr E. Lambling,
Professeur à la Faculté de Médecine de Lille.

L'ÉTUDE DES LACS DANS LES ALPES ET LE JURA FRANÇAIS

Les lacs français étaient, il y a quelques années, très mal connus. Les cartes d'état-major ne les représentaient que comme des taches blanches; leur relief et leur profondeur étaient, à peu d'exceptions près, totalement ignorés.

M. Thoulet, le savant océanographe, a, le premier en France, commencé d'une façon sérieuse l'étude des lacs. Il a sondé ceux des Vosges, et les premiers résultats de ses recherches ont paru dans les *Comptes rendus* de l'Académie des Sciences [1]. En même temps, M. Émile Belloc explorait les lacs des Pyrénées [2].

J'ai fait des études analogues sur les grands lacs de Savoie et, grâce à une mission du Ministère des Travaux publics, grâce aussi à l'excellent concours de deux de mes agents, MM. Garcin et Magnin, j'ai sondé d'une façon complète les lacs Léman (partie française) [3], du Bourget et d'Annecy (ce dernier lac a été sondé en collaboration avec M. Legay, ingénieur des Ponts et Chaussées). J'ai continué ces recherches sur d'autres lacs plus petits, mais très intéressants, le lac d'Aiguebelette (Savoie), le lac de Paladru (Isère), les lacs de Saint-Point, de Remoray, des Brenets (Doubs), les lacs de Nantua, de Sylans, Genin (Ain).

Je parlerai d'abord des procédés employés pour exécuter ces sondages, je décrirai ensuite sommairement les caractères généraux des lacs, je m'étendrai un peu plus en détail sur la forme et le relief des plus importants d'entre eux ; je terminerai en disant quelques mots des principales recherches scientifiques que la connaissance topographique des lacs permet d'entreprendre.

[1] J. THOULET, *Comptes rendus*, CX, p. 56 et suiv. (1890).
[2] BELLOC, *Le lac d'Oô*, 1890. Ernest Leroux, éditeur.
[3] La partie suisse a été sondée par M. Hœrnlimann et par M. Pictet.

I. — PROCÉDÉS DE SONDAGES.

Le problème revient à déterminer à la fois la position exacte, par rapport à des repères connus, d'un certain nombre de points du lac et la profondeur en ces points.

Détermination de la position des points. — On fait une petite triangulation autour du lac, en s'aidant autant que possible des points trigonométriques de l'état-major, après avoir vérifié leur exactitude. On reporte sur une planchette les sommets de cette triangulation à l'échelle à laquelle on désire opérer, et l'on a ainsi un canevas dans lequel on intercale, par les procédés topographiques ordinaires, autant de points nouveaux que l'on veut.

On détermine ensuite un certain nombre de profils suivant lesquels le bateau sondeur doit se déplacer. Ce bateau est muni d'un mât vertical de 5 à 7 mètres de hauteur, divisé en décimètres.

Un opérateur installe la planchette sur la rive, à l'origine de l'un des profils, et l'oriente à l'aide d'une alidade à lunette, en se recoupant sur les points déjà déterminés. L'alidade est ensuite placée le long du profil, de sorte que l'opérateur peut, à l'aide de signaux, diriger constamment le bateau suivant ce profil; de plus, comme la lunette est munie de fils stadimétriques, il peut lire, à chaque coup de sonde, en visant le mât, la distance du bateau au rivage et inscrire immédiatement sur la planchette le point où le sondage a été fait. Quand le bateau est trop loin du rivage, à 1.000 ou 1.200 mètres, la lecture à la stadia devient difficile et même impossible ; alors l'opérateur qui est sur le bateau détermine sa position au moyen du sextant. Mais le premier procédé est plus rapide et surtout plus exact que le second.

Détermination de la profondeur. — La profondeur

7*

se détermine au moyen d'un appareil consistant essentiellement en un tambour sur lequel s'enroule un fil d'acier de quelques dixièmes de millimètre de diamètre et d'une poulie, dite métrique, munie d'un compteur de tours, sur laquelle passe le fil, dont l'extrémité est munie d'un poids ou plomb de sonde. Si, comme cela doit avoir lieu dans les appareils bien construits, le mouvement relatif de la poulie et du fil est un mouvement de roulement, sans glissement, la quantité de fil déroulé, dans la chute verticale du poids, est proportionnelle au nombre de tours de la poulie, nombre qui est donné par le compteur. Il faut absolument

En voici le dessin (fig. 1 et 2), que l'auteur a bien voulu me permettre de reproduire ici.

Une très grande précision est nécessaire pour ce travail; car, à l'inverse du topographe, l'hydrographe ne voit pas le terrain qu'il doit relever. Pour cette raison aussi, il faut sonder en un grand nombre de points, surtout près du rivage et principalement sur les petits lacs dont le relief est plus tourmenté que celui des grands. Ainsi, pour le Léman, le nombre des coups de sonde a été de 20 par kilomètre carré; pour le lac du Bourget, de 75 pour le lac d'Annecy, de 123; pour le lac d'Aiguebelette, de 212.

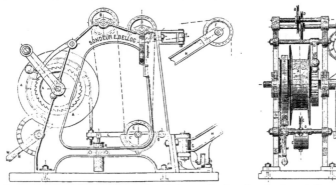

Fig. 1 et 2. — Sondeur Belloc. — A, tambour sur lequel le fil est enroulé. — B, poulie sur laquelle passe le fil, pouvant se déplacer latéralement, suivant la position occupée par le fil sur le tambour. — C, poulie fixée au levier L et tendant à la soulever par suite de la tension du fil. — D, poulie munie d'un compteur, ou poulie métrique. — E, cylindres entre lesquels passe le fil. — F, poulie de renvoi. — GH, flèche supportant la poulie F et pouvant tourner autour de G. — L, levier tournant autour de O et agissant sur un frein qui arrête le tambour au moment où, le poids touchant le fond, le fil cesse d'être tendu et de tirer en haut la poulie C. — MN, autre levier à main agissant sur le même frein et permettant de modérer la vitesse de chute. — P, écrou réunissant le levier L au frein. — R, ressort tendant à faire descendre le levier L.

se garder d'employer des cordes en chanvre ou en soie pour la mesure des profondeurs, car la longueur de ces cordes varie énormément, suivant qu'elles sont dans l'eau ou hors de l'eau et suivant qu'elles sont plus ou moins tendues. Ainsi, les profondeurs trouvées autrefois pour le Léman étaient, à cause de l'emploi d'une corde de soie, entachées d'une erreur de 8 °/₀. Je me suis servi, pour les petits lacs, d'un excellent appareil imaginé par M. Belloc [1] et construit avec beaucoup d'habileté par M. Eude, de la maison Le Blanc, de Paris. Cet appareil est très léger, car il ne pèse que 20 kilos; il fonctionne d'une manière très satisfaisante et est appelé à rendre de grands services, principalement aux explorateurs de lacs de montagnes.

Ce travail fait, il est facile, si le nombre de coups de sonde est suffisant, de tracer sur la carte où sont reportés les points, des courbes de niveau dont l'équidistance varie suivant l'échelle de la carte. Cette échelle est de $\frac{1}{25.000}$ pour le Léman, de $\frac{1}{50.000}$ pour les lacs du Bourget et d'Annecy et de $\frac{1}{10.000}$ pour les autres lacs. Les cartes des trois premiers lacs, avec celle du lac d'Aiguebelette, sont représentées sur les planches ci-jointes à une échelle beaucoup plus petite. Les cartes à grande échelle seront publiées prochainement.

II

Je crois utile de rappeler ici en quelques mots les caractères généraux du fond des lacs [1].

[1] Belloc, Comptes rendus, CXII, p. 1204 (1891), et Bulletin de la Société de géographie, troisième trimestre, 1891.

[1] Voir pour plus de détails Forel, le Lac Léman, 1889, Georg, éditeur à Genève.

Quand le rocher ne plonge pas dans l'eau, on trouve en général, pour la section transversale d'un lac, à peu près la forme suivante (fig. 3) :

A B est une terrasse presque horizontale appelée *beine* sur laquelle la profondeur ne dépasse guère 5 à 6 mètres ; après la beine se trouve un talus B C très incliné (40° et plus quelquefois), dit *le Mont*. Au pied du mont commence un grand talus C D d'inclinaison très variable et qui va s'adoucissant jusqu'à une plaine centrale, à peu près horizontale, qui représente le fond proprement dit du lac.

La beine et le mont sont des produits d'érosion et de dépôt par le jeu des vagues, C F G représentant la côte primitive. Le sol de la beine est formé de vase, de sable, de galets, de blocs quelquefois. Les talus et la plaine centrale sont recouverts, en général, d'une couche plus ou moins épaisse de vase.

Le rocher ou les cailloux ne se rencontrent que tout à fait exceptionnellement hors de la région littorale : dans le cas, par exemple, d'une source sous-

glissent sur le talus immergé et que, au contact du courant ainsi produit avec les eaux dormantes du lac, il y a ralentissement de la vitesse et formation de digues latérales par suite du dépôt de l'alluvion. Cette hypothèse est combattue par M. Duparc, professeur à l'Université de Genève [1], qui voit au contraire dans le ravin le reste de l'ancienne vallée du Rhône submergée par les eaux du lac et en grande partie comblée par les alluvions. Le Rhône, à son entrée dans le lac, s'écoulerait dans cette vallée et formerait des digues latérales suivant la manière expliquée plus haut. Je suis tenté de me rallier à l'hypothèse de M. Duparc ; car, ainsi que le dit très bien celui-ci, si les eaux du Rhône ne sont point, à leur entrée dans le lac, dirigées dans un lit préexistant, comment admettre que ces eaux suivent une direction déterminée sur un talus régulier, au lieu de s'épanouir de tous les côtés par suite de la résistance qu'elles rencontrent ? Comment expliquer encore les sinuosités de ce ravin ? Enfin un argument très sérieux contre l'hypothèse

Fig. 3. — Profil transversal théorique d'un lac.

lacustre (lac d'Annecy) ou d'un émissaire souterrain (lac des Brenets).

Passons maintenant à l'étude de chaque lac en particulier.

III. — LAC LÉMAN

Le Léman (fig. 4), le plus grand des lacs alpins, le plus profond après le lac de Côme et le lac Majeur, se décompose en deux parties bien distinctes, le grand lac, de Nernier à Villeneuve, et le petit lac, de Nernier à Genève. Le grand Lac forme dans son ensemble un bassin à fond plat, horizontal, dont la profondeur extrème est de 309^{m}4. A l'extrémité orientale de ce bassin, nous rencontrons un accident des plus intéressants. Le lit du Rhône, l'affluent principal du lac, se continue sous le lac par un ravin sinueux, large en certains points de 800 mètres et bordé de deux digues latérales dont la hauteur atteint 50 mètres au-dessus du fond du ravin. Le ravin est visible jusqu'à une distance de 9 kilomètres de l'embouchure du Rhône. Pour expliquer sa formation, M. Forel [1], le savant professeur de Lausanne, suppose que les eaux du Rhône, plus denses que celles du lac en raison de leur grande charge d'alluvion,

de la formation actuelle du ravin par le fleuve sous-lacustre consiste dans ce fait que le Rhône et le Rhin sont, dans tous les lacs suisses, les deux seuls fleuves qui présentent ce phénomène à leur embouchure ; on ne trouve rien de semblable à l'entrée de la Reuss dans le lac des Quatre-Cantons, ni à l'entrée de l'Aar dans le lac de Brienz, ni à celle du Tessin dans le lac Majeur, et pourtant ces trois rivières charrient, comme le Rhône et le Rhin, d'énormes quantités d'alluvions. On ne s'explique pas bien pourquoi, si le Rhône et le Rhin pouvaient former *d'eux-mêmes* un ravin sous-lacustre dans la vase des lacs où ils se jettent, la Reuss, l'Aar et le Tessin ne seraient pas capables d'en faire autant. D'autre part, la présence du même phénomène dans le Léman et le lac de Constance, et seulement dans ces deux lacs, s'expliquerait par ce fait que chacun d'eux se trouve vraisemblablement dans l'axe d'une cassure. La Suisse parait être en effet sillonnée par deux grands systèmes de cassures perpendiculaires entre eux, auxquels appartiennent le Rhône, le Rhin et les deux lacs en question. On remarque, d'ailleurs, que la Drance, le plus important des affluents du Léman après le Rhône, ne forme pas non plus de ravin sous-lacustre,

[1] Forel. *Comptes rendus*, 19 octobre 1885, et *Bulletin de la Société vaudoise des sciences naturelles*, t. XXIII, 1887.

[1] Duparc. *Archives de Genève* 1892.

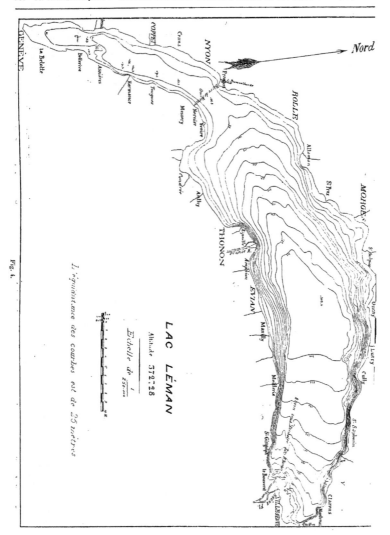

Fig. 4.

mais un delta torrentiel, analogue à ceux qui ont constitué les terrasses de Genève, de Thonon, de Vevey, au temps où le niveau du lac était plus élevé qu'aujourd'hui.

Quelques monticules immergés s'élèvent sur les talus du lac ; le plus important, près de Cully, est représenté sur la carte (fig. 4).

Le petit lac se compose de cinq cuvettes séparées par des barres très peu saillantes, probablement d'origine morainique. Ces cuvettes et ces barres sont visibles sur la carte au moyen des cotes de profondeur inscrites. Sur l'unes d'elles, sur celle dite de Nernier, qui sépare le grand lac du petit lac, cette origine est mise en évidence par les nombreux cailloux erratiques que M. Forel et moi, nous avons recueillis à 60 mètres de profondeur. En face de Bellerive, on rencontre un monticule important, dit les Hauts-Monts, sur lequel la profondeur n'est que de 7 mètres. Le monticule est d'origine molassique, d'après Pictet et Alphonse Favre.

La surface du Léman est de 582^{kq}33^h ; le cube, de 88.920.600.000 mètres cubes.

IV. — LAC DU BOURGET

Le lac du Bourget [1] (fig. 5) est, dans son relief général, plus simple que le Léman. Il forme un bassin à fond plat de 18 kilomètres de longueur et de 145 m. 40 de profondeur. C'est, après M. Léman, le plus profond des lacs français. On ne rencontre, comme accidents, qu'un petit bassin secondaire, au fond de la baie de Grésine, séparé du reste du lac par une barre probablement d'origine morainique, et, du côté de Tresserves, un petit monticule immergé. Mais, en regardant la carte de plus près, on s'aperçoit que le Sierroz, affluent du lac, tend à le couper en deux par son delta torrentiel. Ses apports ont même déjà formé une barre rudimentaire qui partage le lac en deux bassins, celui du Nord ayant 145^{m}40, de profondeur, celui du Sud ayant 109^{m}80. Sur la barre, la profondeur est de 109 mètres, à peine inférieure à celle du second bassin.

Il faut remarquer la belle paroi rocheuse qui, sur une longueur de 5 kilomètres, prolonge la montagne du Chat jusqu'à une profondeur de 100 mètres. Notons encore une particularité intéressante du lac du Bourget, et que je n'ai retrouvée nulle part ailleurs. Le canal de Savières, qui lui sert d'émissaire et qui conduit ses eaux dans le Rhône, joue, pendant environ 60 jours par an, le rôle d'affluent. Il lui apporte les eaux du Rhône, chargées d'une grande quantité d'alluvion, qui troublent le lac sur la moitié de sa longueur.

Le lac du Bourget se trouve dans un pli syncli-

nal et le barrage des apports du Rhône a, sans doute, contribué à sa formation.

La surface du lac du Bourget est de 44^{kq}62^h, son cube de 3.620.300.000 mètres cubes.

V. — LAC D'ANNECY

Nous retrouvons au lac d'Annecy (fig. 5) [1] les caractères généraux des lacs Léman et du Bourget : deux bassins de 64^{m}70 et de 55^{m}20 de profondeur séparés par une barre extrêmement aplatie sur laquelle la profondeur est de 49^{m}60. En face de cette barre, le roc de Chère plonge verticalement dans le lac jusqu'à une profondeur de 40 mètres.

Le bassin du Sud est très régulier et sans accidents ; dans le bassin du Nord nous rencontrons deux monticules considérables, d'origine morainique (crêt de Châtillon et crêt d'Anfon). Mais j'appellerai surtout l'attention de mes lecteurs sur un accident extrêmement curieux et qu'on n'a jamais, à ma connaissance, rencontré dans aucun autre lac ; c'est un entonnoir qui, à 200 mètres de la côte, s'ouvre sur le talus du lac par des profondeurs de 25 à 30 mètres, suivant une ellipse ayant pour longueurs d'axes 200 et 250 mètres ; ses parois, vaseuses, ont une inclinaison de 20° à 40° ; le fond, rocheux, se trouve à 80^{m}60 au-dessous du niveau de l'eau, soit 16 mètres plus bas que le plafond du lac.

En travaillant avec M. Legay sur le lac gelé, en février 1891, j'ai pu démontrer [2] que la formation de cet entonnoir est due à une source sous-lacustre. Car, en descendant au fond du trou le thermomètre à renversement de Negretti et Zambra, nous avons trouvé une température de 11°,8, tandis que sur le plafond du lac, à 64 mètres de profondeur nous ne trouvions que 3°8. De plus, l'eau que nous avons recueillie au fond du trou a été analysée par M. Duparc, et elle renfermait 0^{gr},173 de résidu fixe par litre, tandis que l'eau prise au milieu du lac n'en renferme que 0^{gr},131.

Ces différences ne peuvent provenir que de l'existence d'une source sous-lacustre ; cette source, jaillissant sur le talus rocheux du lac, fait obstacle au dépôt de la vase qui, tout autour, tapisse les parois du lac ; il se forme, dans cette vase, un cône renversé ayant pour sommet le point d'émergence de la source.

L'existence de cet entonnoir était vaguement connue des riverains qui savaient que, dans cette région, le lac était plus profond qu'ailleurs. On l'appelle Boubior dans le pays. Le lever exact que j'en ai fait donne la solution d'un problème fort important ; il permet de connaître l'épaisseur de la

---

[1] Comptes rendus t. CXIV, p. 32 (1892).

[1] Comptes rendus CXI, p. 1000 (1890).
[2] Comptes rendus CXIII, p. 897 (1891), et Archives de Genève, 1891, XXV, p. 467.

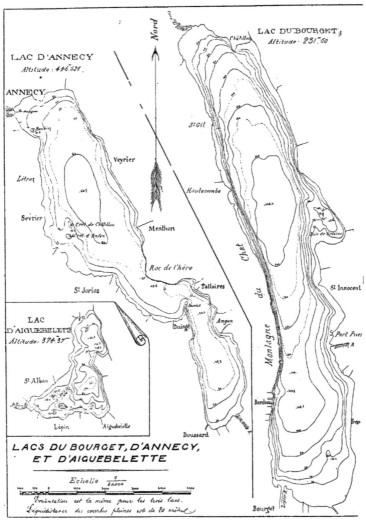

Fig. 3.

vase qui recouvre le talus primitif du lac. En supposant, par analogie avec ce que nous voyons sur les flancs des montagnes voisines, que la source ne produit pas d'effondrement sensible dans le talus primitif rocheux du lac et que l'entonnoir est formé tout entier dans la vase, l'épaisseur de cette vase est égale à la différence de niveau entre l'ouverture supérieure et le fond de l'entonnoir, soit 50 mètres environ.

Le lac d'Annecy paraît avoir été formé de la façon suivante [1]. Pour une raison encore mal connue, les montagnes de la région ont subi une dislocation le long d'une ligne horizontale et un rejet de part et d'autre de cette ligne, rejet très apparent sur les cartes topographiques et surtout sur les cartes géologiques. Cette ligne est devenue une ligne de moindre résistance, et l'érosion a agrandi la coupure primitive, où les eaux ont pu s'amasser. Le barrage des apports du Fier, qui reçoit l'émissaire du lac, a certainement contribué à la formation de celui-ci.

La surface du lac est de 27^{k}04 ; son cube, de 1.123.500.000 mètres cubes.

VI. — LACS SECONDAIRES.

Les autres lacs sont beaucoup plus petits; le plus important, le lac d'Aiguebelette, représenté ci-contre (fig. 5), a une superficie de 5^{kq}43. Sa profondeur, relativement grande, atteint 71^{m}1. Son relief est beaucoup plus compliqué que celui des lacs que nous venons de décrire; ainsi, il renferme six bassins, deux monticules et deux îles, probablement d'origine erratique. Cette complication se retrouve d'ailleurs dans plusieurs autres petits lacs. Ainsi le lac de Paladru (profondeur 35^m,9) renferme quatre bassins et six monticules; le lac de Saint-Point (40^m,3) ne compte pas moins de huit bassins. Celui de Sylans (22^m,2) n'a que deux bassins. Les lacs de Nantua (42^m,9), de Remoray (27^m,6), Genin (16^m,6) sont formés d'un bassin unique. Le lac des Brenets ou de Chaillexon est un élargissement du Doubs, dont la profondeur augmente très régulièrement jusqu'à l'aval, où se trouve, à la profondeur de 31^{m}50, la plus grande que l'on rencontre, un écoulement souterrain.

Il n'est pas facile, pour le moment, d'expliquer cette complication de certains petits lacs. Leur bassin primitif est-il plus accidenté que celui des grands lacs? Ou bien la quantité d'alluvion apportée par les affluents est-elle moindre par rapport à la surface du lac et les dépôts ne peuvent-ils aussi parfaitement niveler les inégalités du sol?

Je n'ai point encore trouvé d'explication satisfaisante : peut-être l'étude d'autres lacs donnera-t-elle la solution du problème.

VII. — RECHERCHES DIVERSES ENTREPRISES SUR CES LACS.

Le relevé topographique très exact des lacs est le travail préliminaire, fondamental, sans lequel aucune autre étude ne peut être entreprise sérieusement. Mais il est de toute évidence que ce travail n'offrirait qu'un intérêt restreint si, après l'avoir exécuté, on n'allait pas plus loin. Le géologue, le physicien, le chimiste, le naturaliste doivent compléter l'œuvre du topographe.

Je dirai seulement quelques mots des principales recherches entreprises sur les lacs français.

J'ai étudié, dans chaque lac, la couleur, la transparence de l'eau et de la distribution verticale des températures, de la surface au fond. J'ai trouvé d'un lac à l'autre des différences considérables, notamment pour la température. La forme et l'orientation des lacs paraissent avoir une influence considérable sur l'état thermique des couches profondes [1].

Les lacs longs, dirigés dans le sens des vents régnants, emmagasinent dans ces couches, pendant la saison d'été, beaucoup plus de chaleur que les autres ; la raison en est due à ce que les courants, tant de fond que de surface, peuvent, en vertu de la forme du lac, acquérir une intensité considérable et mélanger les eaux chaudes de la surface avec les eaux froides du fond. Ainsi, au lac de Saint-Point, lac de 6 kilomètres de long, étroit et dirigé du S. W au N. E, M. Garein, un de mes collaborateurs, a mesuré le 29 septembre 1891, à 10 mètres de profondeur, une température de 12°; au lac de Remoray, beaucoup plus petit et de forme ovale, il a trouvé, à la même profondeur, seulement 8°. Au fond du premier lac, à 40 mètres, la température était de 6°, 4; au fond du second, à 27 mètres, elle était de 4° 8. Les deux lacs sont d'ailleurs très voisins, à la même altitude; ils ont des affluents dont les températures sont à peu près identiques et qui, dans chaque lac, apportent la même quantité d'eau par rapport au volume du lac. De plus, la profondeur moyenne du lac de Remoray, c'est-à-dire le rapport de son volume à sa surface est de 12^{m}65, tandis que celle du lac de Saint-Point est de 20^{m}50. Dans le premier lac la masse d'eau à réchauffer est donc notablement plus petite par rapport à la surface qui reçoit la chaleur. Mais, les vents ayant peu de prise sur le lac et n'y engendrant pas de courants considé-

---

[1] D'après les idées de M. Duparc et de Maillard. Voir Maillard, *Bulletin des Services de la carte géologique de la France*, n° 6, novembre 1889.

[1] *Comptes Rendus* CXIV. p. 32 (1892) et *Archives de Genève* XXVII, p. 133, 1892.

rables, cette chaleur reste tout entière à la surface, tandis qu'au lac de Saint-Point elle peut pénétrer dans les couches profondes. Le lac d'Annecy est aussi notablement plus chaud que le lac d'Aiguebelette dont l'altitude et la profondeur moyenne sont pourtant inférieures.

J'ai recueilli, dans chaque lac, un grand nombre d'échantillons de la vase du fond que M. Duparc a bien voulu analyser avec moi. Il en a fait, pour le lac d'Annecy, une étude très complète [1].

La composition de la vase varie énormément d'un point à l'autre du même lac. Ainsi, pour le lac d'Annecy, la quantité de résidu insoluble (silice et silicates) varie de 15 °/₀ à 55 °/₀, ces différences sont causées principalement par les affluents qui créent des perturbations considérables dans la sédimentation. Il ne s'agit ici, bien entendu, que de la vase des grandes profondeurs, de celle qui tapisse les talus ou le plafond des lacs et non pas du mélange de sable et de vase qui constitue la beine, cette plate-forme littorale dont il a été question.

Les eaux des lacs que j'ai recueillies ont été également étudiées par M. Duparc et comparées à celles de leurs affluents [2]. Il a trouvé une loi importante et qui parait être générale. Les eaux des lacs sont toujours sensiblement moins riches en matières dissoutes que celles de leurs affluents prises dans leur composition moyenne. Cette différence est de 0ᵍʳ04 à 0ᵍʳ05 par litre.

Un calcul très simple montre que la pluie qui tombe et la vapeur d'eau atmosphérique qui se condense sur les lacs ne peuvent suffire à expliquer cet appauvrissement de l'eau des affluents, une fois arrivée dans les lacs. Il est probable qu'il est dû à une absorption de carbonate de chaux par la vie organique, très intense dans les lacs.

Enfin j'ai fait, dans chacun de ces lacs, des pêches d'animaux microscopiques à différentes profondeurs. Ces pêches sont très faciles et en général très fructueuses. J'ai remis ma récolte au baron J. de Guerne, le naturaliste bien connu, Personne n'est mieux qualifié que lui pour l'étudier.

Il reste encore quelques lacs intéressants à sonder dans l'Est de la France. Ce sera l'objet de ma prochaine campagne. Pour le moment, je dois me déclarer satisfait si j'ai pu montrer l'intérêt qui s'attache à l'étude de nos lacs français, si connus à la surface et si peu connus au fond. Des milliers de touristes qui se promènent sur le Léman ou sur le lac du Bourget, combien savent ce qu'il y a sous la nappe d'eau qu'ils admirent ?

A. Delebecque,
Ingénieur des Ponts et Chaussées.

DE LA PUISSANCE DE VAPORISATION DANS LES CHAUDIÈRES

Il serait téméraire de prétendre que les lois de la transmission de la chaleur d'un foyer au liquide d'une chaudière à travers la paroi qui le renferme soient parfaitement connues, car les phénomènes qui accompagnent cette transmission sont extrêmement complexes : néanmoins l'étude de cette grave question, qui jouit du privilège assez rare d'intéresser également les théoriciens et les praticiens, est assez avancée pour qu'on sache faire nettement la part de ce qui est acquis à la science et de ce qui reste douteux.

Fourier a posé les théorèmes fondamentaux : ainsi, nous savons que la quantité de chaleur qui passe d'une face à l'autre de la paroi métallique est proportionnelle à leur différence de température et en raison inverse de leur épaisseur ; elle varie du reste proportionnellement à la conductibilité du métal [3].

Le coefficient de conductibilité est assez bien connu depuis les derniers travaux de Neustadt et d'Angstrom : pour le fer, on prend 58,82, en rapportant cette unité au mètre carré, au mètre d'épaisseur et à l'heure [4].

La transmission du calorique du foyer à la face extérieure de la paroi se fait par radiation, par conductibilité et par convection : en tenant compte des études de Dulong et Petit, de Péclet et de Ser, on pourrait établir des formules relativement assez exactes [5], mais dont on ne pourrait guère se servir dans la pratique. Pour les applications, Péclet et Rankine ont eu recours à des formules empiriques [6], dont le plus grand défaut est de renfermer des coefficients variables notamment avec la température, la forme et les dimensions des parois : il faut reconnaître que ces coefficients sont mal connus ; du reste, peut-on même se flatter de connaitre θ et T, les températures du foyer et de la

---

[1] *Comptes rendus*, cxiv, p. 248 (1892).

[2] *Comptes rendus*, cxiv, p. 248 (1892).

[3] On a $Q = C \dfrac{T - T'}{e}$, si l'on pose Q = quantité de chaleur; C = coefficient de conductibilité du métal; e épaisseur du métal; $T - T'$ = différence des températures absolues.

[1] Ce nombre est trois fois plus grand que celui de Péclet : cette différence donne une idée des difficultés que présente la mesure exacte du coefficient de conductibilité.

[2] En R $\left(A^9 - A^T \right)$ et en F $(\theta - t)^{1,233}$

[3] Les formules de Péclet sont de la forme générale $Q = A (\theta - T) (1 + B (\theta - T)$ et celles de Rankine de la forme $Q = A (\theta - T)^2$.

paroi extérieure? Mêmes difficultés pour le passage de la chaleur de la paroi intérieure à l'eau où la conductibilité et la convection interviennent pour compliquer étrangement la chose; il suffit d'une mince couche de graisse pour modifier complètement la puissance de transmission de la paroi.

Si maintenant nous considérons le phénomène dans sa totalité, des gaz du foyer à l'eau de la chaudière, nous constatons qu'il peut assurément être soumis au calcul, car sa théorie est connue ; mais, si les physiciens considèrent la question comme résolue, leur opinion optimiste n'est point partagée par les ingénieurs qui ont à faire des calculs exacts. Pour aboutir à des formules utilisables, il faut se

ses recherches sur *les coups de feu des chaudières à vapeur* [1], dans lesquelles il étudia la vaporisation de l'eau sur les tôles, la température de ces tôles, l'influence des corps gras, etc.

Des circonstances spéciales m'ont amené à entreprendre à mon tour une série d'essais, dans le but particulier de déterminer le maximum de vapeur pouvant être produit par mètre carré de tôle, en plein coup de feu, et l'influence de l'état sphéroïdal.

A cet effet, j'ai construit une petite chaudière cylindrique, à fond plat, renfermant plusieurs litres d'eau, et devant être disposée aussi bien sur un feu de coke que sur des brûleurs à gaz. Cette forme

ÉTAT DE LA TOLE	SOURCES DE CHALEUR	PRESSION EN MILLIM.	TEMPÉRATURE DE L'EAU	LITRES DE GAZ BRULÉ	QUANTITÉ D'EAU ÉVAPORÉE PAR MC ET HEURE	CALORIES TRANSMISES PAR MC ET HEURE	OBSERVATIONS
Epaisseur de 1mm							
Neuve......	6 brûleurs Pérot, jet oblique	761mm	14°	630lit	59k7	43423cal	Rendement : 0,39.
Neuve......	7 brûleurs Bunsen, jet normal	772	14	639	73.9	46062	Rendement : 0,42.
Neuve... ...	Feu clair de charbon de bois	772	15		74.3	46299	
Grasse.....	6 brûleurs Pérot, jet oblique	771	14.5	681	60.4	37606	
Décapée....	7 brûleurs Bunsen...........	772	14	995	96.5	60132	
Id.	Id. une toile d'amiante	769	17	998	92.4	57327	
Id.	Chalumeau oxhydrique.....						La tôle rougit sous l'eau au point frappé par le dard et se troue rapidement.
Epaisseur de 12mm							
Décapée	7 brûleurs Bunsen...........	745	15	590	23.3	39362	Dans aucune de ces expériences, il n'a été possible de faire rougir la tôle sous l'eau, même aux points frappés par les dards de chalumeau.
Id.	Id.	754	19	1000	102.4	63276	
Id.	Id. + 1 chalumeau oxhydr...	753	19		152.1	93582	
Id.	Id. + 1 chalumeau à air soufflé	748	16		179.4	111403	
Id.	Id. + 1 chal.oxh + 1 ch.air sou.	758	18		200.9	124353	
Id.	Id. + 3 chal.oxh + 1 ch.air sou.	753	19		263.2	161953	
Id.	Feu de coke intense........	760	19		433.5	267903	
La tôle est d'abord amonée au rouge sans eau.	7 brûleurs Bunsen + 3 chal. oxh. + 1 chal. air soufflé..	754	14		662.8	412858	La tôle restée rouge sous l'eau et la puissance de vaporisation est devenue de plus en plus grande.
	Feu de coke intense........	760	90		991.3	543882	

contenter d'approximations obtenues en négligeant des facteurs importants, le rayonnement, par exemple, ou les courants internes : les formules perdent alors toute valeur théorique en gagnant, il est vrai, une certaine valeur pratique.

Cet exposé explique l'attention qu'on accorde toujours aux recherches expérimentales ayant pour objet la vaporisation de l'eau dans les chaudières chauffées à feu nu; il est peu de problèmes qui aient une importance aussi grande, et, pour s'en convaincre, il suffit de se rappeler qu'il y a en France plus de 70.000 chaudières à vapeur ! Au double point de vue de la sécurité et de l'économie, la science trouve peu d'occasions de rendre plus de services à l'industrie qu'en cette question.

Les expériences faites dans cette direction sont trop peu nombreuses et nous en étions encore aux anciens essais de Christian, de Clément, de Graham et de Geoffroy, quand, en 1889, M. Hirsch publia

de chaudière avait un double avantage : la surface de chauffe pouvait être mesurée très exactement et le fond était amovible, de manière à ce qu'on pût faire des essais sur des tôles d'épaisseur et de nature variable ; j'ai employé successivement des tôles de 1 et de 12 millimètres. La hauteur du liquide dans la chaudière était de 80 millimètres; un appareil alimentateur continu assurait très exactement la constance du niveau, tout en permettant de mesurer, à 1 ou 2 centimètres cubes près, le volume d'eau débité; un thermomètre entièrement immergé dans l'alimentateur donnait la température de l'eau. La chaudière étant ouverte, la température de l'ébullition dépendait de la pression atmosphérique; mais elle différait peu de 100 degrés, l'altitude de mon laboratoire étant d'au plus 22 mètres au-dessus du niveau de la mer.

[1] *Annales du Conservatoire des arts et métiers*, 2e série, t. I, page 51, 1889. Mémoire analysé dans la *Revue* t. I, p. 180

Je ne me suis point occupé de la température de de la tôle dans les différentes expériences, attendu que M. Hirsch a déjà fait cette détermination et qu'il a épuisé la question ; mais j'ai concentré toute mon attention sur la marche des feux et sur les effets produits, au double point de vue de la nature et de la rapidité de la vaporisation ; il était surtout important de constater si l'état sphéroïdal pouvait se produire quand l'eau était en grande masse, car on attribue à ce phénomène une importance capitale dans les explosions de chaudières par manque d'eau. Cette étude était facile à faire, par la seule observation des puissances de vaporisation par unité de surface sur un foyer d'intensité croissante : s'il y a état sphéroïdal, cette puissance passera par un maximum et elle deviendra quatre fois moindre au moment où l'état sera pleinement réalisé ; au contraire, il n'y aura pas d'état sphéroïdal si la puissance croît continûment, sans arrêt, jusqu'aux températures élevées, auxquelles les tôles rougissent. Pour faire croître la température, j'ai employé successivement des brûleurs Pérot à jet oblique, des Bunsen à jet normal, des chalumeaux à air soufflé et à alimentation d'oxygène, et enfin un feu de coke et d'escarbilles, poussé le plus vivement qu'il a été possible par un énorme soufflet de forge.

Le tableau ci-dessus résume les résultats.

Il ressort de ces chiffres d'importantes conclusions que nous allons examiner par le détail.

1° *Pour ce qui est du foyer :* La part énorme qui revient au rayonnement direct du combustible incandescent sur les tôles du coup de feu peut être appréciée par la différence des effets obtenus par les brûleurs ou chalumeaux et par le feu de coke. L'influence du jet normal est grande aussi, car nous voyons la puissance de vaporisation passer de 69,7 à 73,9, suivant que nous employons les brûleurs Pérot ou Bunsen, et le rendement augmenter de 3 %. Les chalumeaux apportent une grande quantité de chaleur au point qu'ils atteignent directement ; mais la somme de calorique rapportée à l'unité de surface est moindre qu'on n'aurait pu le croire.

2° *Pour ce qui est des tôles :* Une tôle neuve ou décapée transmet plus facilement la chaleur au liquide qui la mouille, que ne le fait une tôle grasse pour un liquide qui ne la mouille pas : la décroissance est dans le rapport de 37 à 43 environ, en tenant compte des différences de gaz dépensées. A égalité de gaz consommé, toutes choses égales d'ailleurs, la tôle de 12 millimètres a le même pouvoir vaporisant que la tôle mince : ce résultat est connu depuis longtemps. Il nous a été impossible de faire rougir, sous une couche d'eau qui la mouille, une tôle de n'importe quelle

épaisseur, quelle que fût l'intensité du foyer : toutefois, comme ce résultat s'obtient assez aisément avec une tôle grasse (voir le travail de M. Hirsch), notre insuccès pourrait être dû à ce que nous ne disposions pas encore d'un foyer assez puissant. L'effet obtenu par des chalumeaux sur la tôle mince paraît le prouver ; le dard extrêmement ardent du chalumeau oxyhydrique rougit la tôle et la troue, alors même qu'elle est recouverte d'une couche d'eau de 8 centimètres d'épaisseur. Nous n'avons rien obtenu de semblable avec la tôle épaisse, et l'on pourrait s'en étonner de prime abord : mais on se rend compte de cette différence d'action en remarquant que, par conduction latérale, le calorique concentré en un point par le dard de flamme se distribue en tous sens, grâce à la grande conductibilité du métal. Ce dernier fait n'avait pas encore été constaté, à notre connaissance.

Une tôle, rougie à sec, peut rester rouge sous l'eau, si le foyer est assez intense : son pouvoir vaporisant peut alors devenir énorme.

3° *Pour ce qui est du liquide :* Il est manifeste que l'état sphéroïdal ne se produit pas en pleine masse d'eau, comme cela a lieu dans l'expérience classique de Boutigny : au lieu d'atteindre un maximum et de diminuer ensuite, la puissance vaporisatrice croît avec continuité, et elle est devenue égale, dans notre dernier essai, à 994 kilos par mètre carré et par heure ; ce chiffre doit attirer l'attention, car il dépasse de beaucoup ceux qui avaient été relevés jusqu'ici.

En disant qu'il n'y a pas production d'état sphéroïdal dans les grandes masses d'eau, nous entendons affirmer que, malgré l'absence de contact intime entre le métal et l'eau qui ne le mouille plus, il y a néanmoins transmission abondante de chaleur du métal à l'eau ; cela s'explique en tenant compte de l'énorme différence de température qui s'établit alors entre le métal et l'eau. De plus, il y a une convection rapide entre les masses d'eau qui viennent tour à tour s'exposer au rayonnement de la tôle rougie : ce mouvement contribue certainement à augmenter la vaporisation. Enfin, on peut se demander s'il n'intervient pas, dans le phénomène étudié par Boutigny, des forces spéciales qui n'entrent plus en jeu lorsque le liquide constitue une grande masse qui l'empêche d'affecter la forme globulaire.

Quelle que soit l'explication à donner du fait que nous avons observé, il n'en reste pas moins démontré qu'il faut renoncer à l'ancienne légende, si généralement accréditée, par laquelle on croyait pouvoir expliquer certaines explosions tonnantes de chaudières à vapeur ; la cause en réside plutôt dans l'affaiblissement des parois que dans la brusque exagération de la pression.

Aimé Witz,
Professeur de Physique
à la Faculté libre des Sciences de Lille.

BIBLIOGRAPHIE

ANALYSES ET INDEX

1° Sciences mathématiques.

Bouquet de la Grye, *Membre de l'Institut.* — Paris port de mer. *Un volume grand in-8° de 290 pages avec cartes et plans (3 francs).* Gauthier-Villars et fils, *éditeurs*, 55, *quai des Grands-Augustins*, Paris, 1892.

Comme le titre l'indique, ce livre traite une question de première importance pour les intérêts non seulement de la ville de Paris, mais aussi de toute la France.

Il s'agit de créer à Paris un port accessible à la grande navigation. Ce rêve de tous nos hommes politiques à partir de Coligny, Richelieu, Vauban, serait, d'après M. Bouquet de la Grye, à la veille de devenir une réalité.

Le savant membre de l'Institut qui, pendant toute sa carrière, s'est occupé des choses de la mer, a étudié longuement en ingénieur les conditions techniques de la solution de ce problème; il a cherché, au point de vue commercial, dans quelles limites la dépense de chaque partie de l'œuvre devait être maintenue, et le volume qu'il vient d'écrire contient, non seulement tous les éléments de son projet, mais aussi les antécédents de l'œuvre et l'historique des difficultés qui ont été soulevées avant qu'il arrivât à convaincre le public et le Ministère de la nécessité de réaliser un canal maritime de pénétration allant jusqu'à Paris. Il est difficile de donner ici même un aperçu de la solution présentée. Disons toutefois que le canal projeté laisserait arriver à 500 mètres des fortifications de Paris des navires de 3.000 tonnes, du type des anciennes frégates. Tous les bâtiments qui peuvent aujourd'hui remonter régulièrement à Rouen pourraient venir faire des opérations commerciales à Paris.

En vue des améliorations qui pourraient être réalisées, en ce qui concerne la profondeur du fleuve en aval de Rouen, les ouvrages d'art construits en amont de cette ville auraient leur plafond situé à 1ᵐ,50 en contre-bas des profondeurs données en premier lieu au canal maritime, ce qui réserverait absolument l'avenir.

Dans l'historique de tous les précédents de la question, l'auteur fait remarquer que le but de tous les promoteurs de projets a toujours été le même, et que ceux qui avaient étudié le plus la question ont formulé des conclusions presque identiques. M. Bouquet de la Grye a notamment trouvé, l'an dernier, dans les archives du Ministère des Travaux publics l'analyse d'un projet dû au regretté Belgrand, dont les vues ont avec les siennes une curieuse conformité. Le tracé du canal, notamment, est identique, et cela, par suite des mêmes raisons. Ce qui établit toutefois une différence entre la conception de M. Bouquet de la Grye et celle des ingénieurs des ponts et chaussées qui l'ont précédé, c'est qu'il parle plus qu'aucun d'eux des besoins, des manières de faire de la marine, des nécessités de son commerce; comme l'opération doit être faite sans subvention du Gouvernement, il introduit dans chaque partie du problème l'élément de la dépense et celui du profit.

On a suscité bien des entraves à ce projet; M. Bouquet de la Grye n'a cessé de lutter contre les obstacles soulevés sur son chemin. Il l'a fait avec une grande modération, redressant les énonciations erronées, accumulant les preuves de l'exactitude des faits et des chiffres cités dans ses mémoires. La lutte pour arriver à connaître le prix réel des transports des marchandises entre Paris et Rouen et le taux des commissions perçues par les intermédiaires mérite, à ce point de vue, d'être signalée.

Les négociants de la capitale de la Normandie se sont constitués en syndicat pour la défense de leurs intérêts, qui sont d'empêcher les Parisiens de faire eux-mêmes leurs affaires.

C'est contre les assertions émises ou répétées par ces réunions que proteste l'auteur : il montre que la lutte soutenue par Rouen et Le Havre associés contre l'émancipation de Paris est la répétition de celle que livraient contre Rouen les Havrais qui déniaient l'utilité d'un port ouvert aux navires dans la Seine même. Le résultat de la querelle a été le triomphe de Rouen, qui reçoit aujourd'hui un ensemble de navires représentant deux millions de tonnes de jauge; il en est de même de la lutte entreprise avec les mêmes arguments contre la pénétration des navires le plus loin possible dans l'intérieur du pays.

A la fin de l'année 1890, le Gouvernement a prescrit une grande enquête sur la question de Paris port de mer; le projet a rencontré à Paris 345.000 adhésions et une minorité opposante de 176 personnes. La majorité des Chambres de commerce s'est également prononcée en faveur du projet.

M. Bouquet de la Grye argue de tels appuis pour conjurer le Ministère de ne point retarder davantage une création destinée à compter parmi les plus glorieuses de notre temps.

L. O.

Castelnau (F.) *Ingénieur civil des Mines*. — La Machine à vapeur, son origine et ses progrès. — Recherches sur la distribution de la vapeur dans les machines. — *1 vol. in-8° de 34 pages (6 francs).* Librairie centrale des Sciences, J. Michelet, *quai des Grands-Augustins*. Paris, 1892.

A notre époque où les progrès sont si nombreux, il est intéressant de jeter un coup d'œil en arrière et d'observer combien a été lent et pénible l'enfantement de la machine à vapeur. Dans son ouvrage historique, M. Castelnau prend la machine aux premiers essais d'Héron d'Alexandrie, 120 ans avant notre ère. Ces essais prouvaient que la vapeur d'eau peut être un agent de transmission de mouvement; mais ils étaient sans application. Ce n'est qu'en 1543 que Blasco de Garay fit fonctionner par la vapeur un bateau dans le port de Barcelone. Vint ensuite Salomon de Caus qui construisit une machine élévatoire en 1605-1624. En 1647 Denis Papin, mit en mouvement un piston qui recevait, dans un cylindre, la pression de la vapeur. A partir de ce moment, la machine à vapeur était créée; mais elle était loin d'être maniable et économique; les premiers services qu'elle rendit ne furent guère utilisés que dans les mines.

C'est James Watt qui fit de la machine à vapeur l'outil universel que nous connaissons. James Watt a été le plus heureux de tous les inventeurs; il a poussé son œuvre à un haut degré de perfection et en a vu le succès. Depuis, les besoins croissants de l'industrie ont développé l'esprit d'invention et chaque machine à vapeur paraît, pour beaucoup, avoir rendu déjà tous les services qu'elle peut rendre.

M. Castelnau donne avec quelques détails la série des progrès réalisés jusqu'à aujourd'hui. Il termine par une étude très complète de la distribution de la vapeur par tiroir. La lecture de son travail est instructive et intéressante.

A. Gouilly.

2° Sciences physiques.

Violle. *Professeur à l'École Normale et au Conservatoire des Arts et Métiers.* — **Cours de Physique.** — *Tome II, deuxième partie :* Optique géométrique, 1 *vol. in-folio de* 354 *pages, et* 276 *figures dans le texte* (10 *francs*). *G. Masson, éditeur. Paris,* 1892.

L'ouvrage de M. Violle sera, quand il sera complet, et si toutes les parties à paraître correspondent, en importance, aux parties déjà parues, le traité le plus complet qu'il y ait en physique, la véritable encyclopédie de cette science. Un tome comprend à la physique moléculaire, et un fascicule d'acoustique avaient déjà donné une idée de ce que serait le reste de l'ouvrage.

Le fascicule qui paraît aujourd'hui traite de l'optique géométrique indépendamment de toute théorie de la lumière. C'est une idée très saine que celle d'exposer la théorie des instruments fondamentaux de l'optique en s'inquiétant seulement du *comment* des phénomènes lumineux sans encore être curieux du *pourquoi*, et en réservant pour une étude spéciale la recherche de la cause première des manifestations optiques.

L'ouvrage, qui comprend en tout 350 pages, débute par l'étude de la réflexion et des miroirs, les conditions d'aplanétisme des réflecteurs paraboliques ; puis viennent les lois de la réfraction et la théorie des lentilles épaisses, suivie des énoncés de Gergonne sur les propriétés générales des faisceaux lumineux.

La dispersion et la spectroscopie occupent ensuite une place assez considérable dans l'ouvrage, qui se termine par la détermination des indices et l'étude des instruments d'optique. Ce sont surtout ces derniers qui constituent les applications de l'optique géométrique, sur lesquelles on ne saurait trop insister : elles sont si nombreuses et si continuellement utilisées. Aussi aurais-je aimé voir figurer dans un ouvrage aussi complet que celui de M. Violle, l'application si élégante que l'on a fait des propriétés du point nodal d'émergeur dans les appareils panoramiques d'une rare perfection que l'on emploie aujourd'hui. Ceci, d'ailleurs, est une critique de simple détail, et n'enlève rien au mérite de l'ouvrage qui contient une foule d'autres renseignements utiles. La partie bibliographique est fort soignée, et ce n'est pas un mince service rendu aux physiciens que de leur fournir une quantité d'indications précises sur les sources auxquelles ils ont continuellement à puiser.

Alphonse BERGET.

Heilborn (E.). — A propos du coefficient critique [1]. (*Archives de Genève, t.* XXVI, *p.* 9, 1891.)

M. Ph.-A. Guye a démontré que le coefficient critique x doit être proportionnel à la réfraction moléculaire MR, et que le quotient (MR : x) est égal en moyenne à 1,8. M. Heilborn calcule *a priori* la valeur de ce coefficient, en posant, d'après O.-E. Meyer, le covolume b de l'équation de M. Van der Waals égal à 4 $\sqrt{2}$ fois le volume rempli par les molécules supposées sphériques (M. Van der Waals avait adopté le coefficient 4 au lieu de 4 $\sqrt{2}$). On a ainsi :

$$\frac{n^2 - 1}{n^2 + 2} = \frac{b}{4\sqrt{2}}$$

Introduisant cette expression dans l'équation :

$$MR = \frac{M}{d} \cdot \frac{n^2 - 1}{n^2 + 2}.$$

Remplaçant $\dfrac{M}{d}$ par sa valeur numérique 28,87.773,

---

[1] Voir A. ETARD, Revue annuelle de chimie pure (*Revue*, t. II, p. 476), et GUYE, L'équation fondamentale des fluides, *Revue,* t. Ier, p. 363.

---

et divisant par l'équation

$$x = \frac{273 + 0}{F} \qquad (F = \text{pression critique}),$$

on trouve MR : x = 1,806, ce qui confirme les vues de M. Guye.

Ch.-Ed. GUILLAUME.

3° Sciences naturelles.

Daniel (Lucien). Recherches anatomiques et physiologiques sur les bractées de l'involucre des Composées. *Thèse de la Faculté des Sciences de Paris.* G. Masson, 120 *boulevard Saint-Germain, Paris,* 1891.

La famille des Composées est l'une des plus vastes du règne végétal, c'est aussi l'une des plus naturelles ; ses caractères extérieurs varient peu, c'est ce qui rend si difficile la disposition systématique des espèces. Faute de caractères suffisamment précis, beaucoup de genres sont restés flottants, tels que le *Crepis* et les *Barkhausia*, les *Prénanthes* et les *Lactuca*, etc.

Les caractères internes, peu variés eux-mêmes, n'avaient pas jusqu'ici été appliqués à la classification ; cependant M. Daniel a trouvé dans l'anatomie des bractées de nombreuses et si variations des variations à peine soupçonnées, et que l'on avait en vain cherchées dans les autres organes.

Ces caractères, minutieusement décrits par l'auteur, sont fournis par *la nature et la disposition des tissus de soutien*, dont les variations permettent non seulement de mieux délimiter les tribus, mais encore de fixer la place des espèces indécises dont on avait fait des genres spéciaux.

Les Chicoracées sont caractérisées par leur parenchyme aqueux hypodermique ; les Cynarocéphales, par leur sclérenchyme hypodermique et la présence constante de l'inuline ; les Corymbifères n'ont pas de caractère anatomique bien marqué.

La deuxième partie est beaucoup plus générale ; elle a trait à la structure des bractées et des feuilles par rapport à leur orientation. Trois tableaux ingénieux montrent que les variations de structure sont au nombre de 24, et rentrent dans les types classiques, *homogène* et *hétérogène normal* ou *renversé*.

Presque tous les types de structure se rencontrent dans les bractées dont l'orientation est bien plus variée que celle des feuilles végétatives ; les gaines foliaires présentent toujours le type *hétérogène renversé*.

Nous sommes obligé de passer rapidement sur les chapitres physiologiques relatifs ; 1° à la répartition et au rôle de l'inuline dans les capitules des Composées ; 2° à la transparence du sclérenchyme pour l'assimilation ; 3° aux variations de l'assimilation et de la respiration des capitules sous l'influence des variations de température.

M. Daniel montre que, pour une même capitule, à une température peu élevée, l'assimilation l'emporte ; puis, la température s'élevant, ces deux fonctions s'équilibrent, et finalement la respiration prend le dessus. Il est très intéressant d'arriver ainsi, dans un cas particulier, à la vérification d'une loi absolument générale, et ce n'est certes pas la partie la moins curieuse de l'important travail que nous venons d'analyser brièvement.

C. HOULBERT.

Demoor (Jean). — Contribution à l'étude de la fibre nerveuse cérébro-spinale. — *Travail fait à l'Institut Solvay.* (*Univ. de Bruxelles*). H. Lamertin, éditeur, 20, *rue du Marché-aux-Bois, Bruxelles,* 1891.

L'auteur de ce travail décrit une série de faits anatomiques nouveaux, dont il envisage rapidement les conséquences physiologiques dans la deuxième partie de son étude.

D'après M. Démoor, l'étranglement de Ranvier est susceptible de modifications de forme et de volume très importantes. Cette région est le lieu d'élection des changements linéaires de la fibre nerveuse ; à son niveau, la gaine de Schwann est parfaitement continue et elle donne attache à des expansions membraneuses-transversales qui, fixées à la gaine de la fibre, vont s'accoler par leur bord central au cylindre-axe. Ces productions doivent être assimilées aux plaques cellulaires de M. Gedoelst.

La zône claire qui entoure le cylindre-axe dans les coupes longitudinales ou transversales des nerfs est-elle réelle ou est-elle le résultat de la rétraction de la myéline et du cylindre-axe ? L'auteur admet l'existence normale de cette région, sur la matière de laquelle il ne se prononce d'ailleurs pas catégoriquement ; il y décrit des filaments radiaires très ténus se fixant d'un côté sur le cylindre-axe et se perdant, par leur autre extrémité, dans la gaine à myéline.

Dans le chapitre concernant la structure du cylindre-axe nous pouvons discuter les points suivants :

Sur des coupes longitudinales et colorées des nerfs le volume et la coloration du cylindre-axe sont différents au niveau de l'étranglement dans la partie interannulaire. Le cylindre est morphologiquement continu dans toute la longueur de la fibre nerveuse, mais il a une structure très spéciale au niveau de l'étranglement, où il forme ce que l'auteur nomme *la région intermédiaire*. Cette région possède, en effet, un pouvoir réducteur vis-à-vis du nitrate d'argent beaucoup plus faible que les régions interannulaires.

En traitant le nerf par l'éther ou par le chloroforme, et en le soumettant ensuite à l'action du nitrate d'argent, on voit le sel se réduire dans toute la longueur du cylindre-axe, sauf au niveau de la région intermédiaire.

La striation transversale de Fromann, que l'on observe éventuellement dans le cylindre-axe, correspond à une structure déterminée de cet organe.

La structure fibrillaire du cylindre-axe n'existe pas. La disposition fibreuse que l'on peut souvent remarquer est due, en grande partie, au mode de pénétration du réactif dans l'organe.

Le cylindre est formé par une région périphérique anatomiquement différenciée et par une partie centrale différant de propriétés dans la région interannulaire et dans la région intermédiaire.

Après avoir examiné ces diverses questions, l'auteur rappelle la théorie de M. Dubois-Reymond et celle de M. Engelmann sur le mode de propagation de la force nerveuse. Il discute ces hypothèses, en se plaçant au point de vue anatomique, et il fait voir ainsi ce qu'elles ont d'incomplet et de non fondé. Il analyse ensuite la structure du cylindre axe qu'il vient de décrire ; il montre combien elle concorde avec les dernières données que l'on a acquises sur la valeur cellulaire du segment interannulaire ; il la met en présence des expériences physiologiques, et il se demande alors si cette structure ne pourrait aider à l'explication de la physiologie complexe du nerf.

Charles BORDET.
(de Bruxelles.)

Smithsonian Institution Annual reports. (Rapports annuels). *Part. I et II. Washington. Government printing Office* 1889, parues en 1891.

Les rapports de la Smithsonian institution ne paraissent qu'au bout de deux ans. Ceux de 1889 forment deux beaux volumes qui renferment, en dehors des rapports d'ordre administratif et des exposés des progrès des diverses branches de la science, un très beau mémoire de M. T. Hornaday sur l'extermination du Bison en Amérique. Plusieurs de ces mémoires renferment de belles planches. La bibliographie, si importante pour les recherches, y tient une grande place. Il est curieux d'observer combien sont lus en Amérique ces volumineux rapports, dont l'étendue contraste singulièrement avec celle de nos ouvrages français.

C' NAUD.

4° Sciences médicales.

Terrier (F.) et **Baudouin** (M.) — De l'hydronéphrose intermittente. *Revue de Chirurgie.* — N°* de septembre, octobre et décembre 1891.

Dans l'important mémoire qu'ils viennent de publier, MM. Terrier et Baudouin, tout en n'ayant pas pour but que la description d'une variété spéciale d'hydronéphrose, l'*hydronéphrose intermittente*, sont arrivés, par l'étude complète de cette variété, à élucider en même temps, dans une large mesure, la pathogénie de l'hydronéphrose vulgaire. Cette hydronéphrose vulgaire, qui mérite le nom d'*hydronéphrose fermée*, n'est quelquefois à ses débuts qu'une poche *ouverte* susceptible de se vider plus ou moins complètement. Elle n'est, par conséquent, dans un certain nombre de cas, qu'une hydronéphrose intermittente pendant ses premières périodes.

Les hydronéphroses *intermittentes* elles-mêmes présentent, comme l'ont montré MM. Terrier et Baudouin, deux variétés très différentes : dans l'une, la tumeur liquide, souvent prise pour un kyste de l'ovaire, disparait spontanément, puis reparaît, le tout sans douleur, sans symptômes bien marqués : c'est l'*hydronéphrose à évacuation brusque, spontanée*, qui forme en quelque sorte une transition entre les hydronéphroses définitives, fermées, et l'*hydronéphrose intermittente typique*.

Celle-ci débute, en général, à un âge peu avancé par des malaises passagers, des douleurs vagues et fugaces, des phénomènes névralgiques, parfois des nausées et des vomissements. Ces symptômes reviennent de temps à autre.

Plus tard les crises sont plus intenses : l'accès débute sans cause connue ou à l'occasion de l'ingestion de certains aliments. Tout le complexus symptomatique du péritonisme (altération du faciès, fréquence du pouls, vomissements, etc.), éclate, en même temps que dans la région lombaire apparaît une douleur vive, accompagnée du développement, au niveau du rein, d'une tumeur quelquefois fluctuante, plus souvent élastique et même dure, tant elle est tendue. En général, au bout de 12 à 24 heures, sans cause appréciable ou sous l'influence d'un changement de position, de manœuvres exercées sur la tumeur, les accidents disparaissent. Subitement, le malade a une sensation de bien-être indicible, les douleurs cèdent et la tumeur se vide progressivement, par petits coups, en plusieurs heures ou en quelques jours.

Ces crises sont bien dues à la distension du rein par l'urine retenue ; le fait a été démontré expérimentalement par Sinitzine (de Moscou), qui les a reproduites à volonté par l'oblitération d'un uretère chez un enfant de 12 ans porteur d'une exstrophie vésicale. D'après MM. Terrier et Baudouin, cette oblitération de l'uretère serait cliniquement déterminée par la coudure, avec ou sans torsion, de l'uretère dans des cas de rein mobile déplacé.

Le traitement consistera évidemment en une néphropexie lombaire s'il s'agit d'un rein sain et mobile, en une néphrectomie si le rein est malade, à moins que le rein opposé ne soit aussi atteint, auquel cas on en serait réduit à la fistulisation du bassinet.

D' Henri HARTMANN.

Guyon (A.-F). Influence de la dessiccation sur le bacille du choléra, *Arch. de méd. expérim. t. V.* p. 92, 1892.

D'une série de recherches, M. A.-F. Guyon conclut que la dessiccation en milieu sec du bacille du choléra, bien loin d'être, comme on le pense, un agent de destruction, est un moyen de conservation et semble augmenter la vitalité ou la résistance de ce bacille. Le fait est du reste conforme à la loi générale, posée par Cl. Bernard, qui veut que la sécheresse soit une des principales conditions de la vie latente.

D' Henri HARTMANN.

ACADÉMIES ET SOCIÉTÉS SAVANTES

DE LA FRANCE ET DE L'ÉTRANGER

ACADÉMIE DES SCIENCES DE PARIS

Séance du 21 mars.

1° SCIENCES MATHÉMATIQUES. — **M. G. Bigourdan** : Observations de la comète *a* 1892 (Swift) et observations de la comète *c* 1892, faites à l'Observatoire de Paris. — **M. G. Rayet** : Observations de la comète Swift (1892, mars 6) faites au grand équatorial de l'Observatoire de Bordeaux. — **M. Terby** revendique la priorité de la notion d'une périodicité commune aux taches solaires et aux aurores boréales.

2° SCIENCES PHYSIQUES. — **M. E. Colot** formule la loi suivante : « Entre les températures t et θ des vapeurs saturées de deux liquides quelconques qui correspondent à une même pression (températures correspondantes ou isobares) il existe une relation linéaire $t = A\theta + B$, où A et B sont deux constantes dont les valeurs dépendent de la nature des liquides considérés ». Il donne les valeurs de ces constantes pour vingt couples de liquides. — **M. H. Abraham** décrit un condensateur étalon à plateaux qu'il a fait construire, et dont la capacité, voisine de 500 unités C.G.S. électrostatiques, peut être calculée avec une précision atteignant le dix-millième. — En réponse à la note de M. Berget (7 *mars*) sur les phénomènes électro-capillaires, **M. Gouy** donne quelques détails complémentaires sur ses expériences ; en s'en tenant aux recherches faites pour divers électrolytes avec l'électromètre capillaire, qui seules ont une valeur décisive : M. Gouy montre que les écarts, entre l'expérience et la loi de M. Lippmann, vérifiés chacun un grand nombre de fois, sont énormément au-dessus des erreurs possibles. — **M. Ch. André** a observé trois fois dans ces dernières années, à l'Observatoire de Lyon, l'apparition de l'électricité négative dans l'atmosphère par beau temps ; la courbe donnée par les enregistreurs affecte toutes les trois fois la même forme ; après avoir examiné les conditions de production de ce phénomène rare, l'auteur conclut qu'il s'agit là d'une exagération d'un mode de variation diurne de l'électricité atmosphérique. — **M. E. Carvallo** a été amené, par la suite de ses recherches sur la polarisation rotatoire du quartz, à reprendre la question de l'absorption cristalline. Il remarque que la loi donnée par M. H. Becquerel emporte cette conséquence : l'état de polarisation d'un rayon qui traverse un cristal absorbant change à mesure que ce rayon pénètre dans le cristal. Pour savoir ce que devient à la sortie du cristal ce changement de polarisation, M. Carvallo a mesuré l'absorption d'un rayon calorifique traversant un cristal de tourmaline entier, puis les deux moitiés de ce cristal coupé réappliquées l'une sur l'autre ; les résultats expérimentaux comparés aux formules, qui dans le cas de la tourmaline, sont simplifiées par l'extinction rapide du rayon ordinaire, font que le rayon reprend brusquement à la sortie du cristal son état de polarisation primitif. Cette expérience a en même temps vérifié la loi de M. Becquerel pour les rayons calorifiques. L'auteur indique la conséquence de ce fait pour la théorie de la lumière. — **M. H. Becquerel** à propos de cette communication, examine brièvement les hypothèses qui peuvent rendre compte de la transmission de la lumière à travers les corps cristallisés. — **M. G. Charpy** a recherché comment varie la densité des solutions mixtes de sels en fonction de la concentration ; il a observé en particulier pour les chlorures de potassium et de sodium, que la densité de la solution mixte peut se représenter par une fonction linéaire de la concentration moléculaire de l'un de ces sels, la concentration de l'autre sel restant constante. M. Charpy montre comment cette loi peut servir à la détermination des équilibres chimiques dans les systèmes de corps dissous. — **M. H. Moissan** décrit les principales propriétés physiques et chimiques du bore amorphe pur, dont il a indiqué la préparation dans une précédente séance ; ce corps a une grande affinité pour le fluor, le chlore, l'oxygène et le soufre ; c'est un réducteur plus énergique que le carbone et le silicium, car il déplace au rouge l'oxygène de la silice et celui de l'oxyde de carbone. Par l'ensemble de ses propriétés le bore se rapproche nettement du carbone. — A propos d'une phrase de la communication de M. A. Besson (*séance du 7 mars*) relative à la préparation de l'iodure de bore, **M. Moissan** expose que l'acide iodhydrique réagissant sur le bore amorphe de Deville et Wœhler attaque les borures de cette préparation, et non le bore libre. — **M. E. Brun** a déterminé quelles sont les combinaisons de l'iodure cuivreux avec l'hyposulfite d'ammonium qui prennent naissance suivant les conditions de la réaction. — MM. J. Hausser et P. Th. Muller qui avaient étudié dans une communication précédente la vitesse de décomposition par l'eau du dérivé diazoïque de l'acide parasulfanilique, étudient la décomposition de son isomère en méta : la loi n'a pas une forme aussi simple. — **MM. E. Grimaux et A. Arnaud** continuent l'étude des *quinines* ou éthers alcooliques de la cupréine : ils ont préparé le dérivé propylique, le dérivé isopropylique et le dérivé amylique. — **M. Ph. Barbier** a cherché à déterminer la fonction chimique et la constitution du corps en $C^{10} H^{18} O$ extrait par M. Morin en 1881 de l'essence de *Licari Kanali*; les divers dérivés qu'il a obtenus montrent que c'est un alcool secondaire renfermant une liaison éthylénique. — MM. Béhal et Desgrez ont obtenu la fixation d'acides gras sur des carbures éthyléniques : ils ont préparé l'acétate de caprylène, l'acétate d'heptylène, et la diacétine du propylglycol. — Dans un travail antérieur, M. Maquenne avait transformé la perséite par l'action de l'acide iodhydrique bouillant, en un carbure de formule $C^7 H^{12}$. Cet *heptine* est identique à celui que M. Renard a extrait des huiles de colophane. M. Maquenne en a repris l'étude pour bien établir sa parenté avec les terpènes ; il a en particulier reconnu que l'heptine donne avec le chlorure de nitrosyle un produit d'addition caractéristique. La synthèse de ce corps à partir des résines explique l'origine possible des terpènes et des résines chez les végétaux.

3° SCIENCES NATURELLES. — **M. A. Gautier** a recherché où et comment se produit dans la vigne la matière colorante qui apparaît également dans le raisin au moment de la *véraison ;* diverses expériences lui ont montré où se forment ou les pigments en question se forment dans la feuille ; si on lie le pétiole, ces substances s'accumulent dans le limbe qui rougit fortement. L'extrait aqueux de ces feuilles rouges, précipité par portions successives au moyen de l'acétate de plomb, a donné trois matières colorantes cristallisées, que l'auteur désigne sous le nom d'*acides ampelochroïques α, β* et γ; ce sont des tanins. — **M. E. Bréal** a reconnu l'existence, dans la paille, d'un ferment aérobie qui réduit les nitrates et dégage leur azote à l'état de liberté ; cette fermentation n'a lieu qu'en présence d'un grand excès d'eau. — On sait que le bacille du charbon, cultivé à la température de 42°, ne donne pas de spores et que sa virulence diminue ; réensemencé à 30°, il reste atténué, mais il recouvre la propriété de donner des spores. M. C. Phisalix a reconnu que si on le réensemence à 42°, un certain nombre de fois, les cultures filles perdent la propriété de donner des spores à 30°; si l'on fait alors passer le virus par la souris, la propriété sporogène reparaît; mais, si le nombre de générations à 42° est plus grand encore, ce passage n'est plus efficace, et le virus est définitivement asporogène. — Les expériences de MM. Jolyet et Sigalas leur ont montré que le coefficient d'absorption du sang pour l'azote varie comme le nombre des globules contenus dans ce sang. — M. Lannegrace décrit, en vue d'une étude physiologique ultérieure, l'anatomie de l'appareil nerveux hypogastrique chez les Mammifères employés pour les recherches physiologiques du laboratoire. — M. L. Ranvier a fait l'expérience suivante : les nerfs qui accompagnent l'artère médiane dans l'oreille du lapin étant comprimés à mi-hauteur de l'organe, on observe : 1° une vaso-dilatation paralytique au-dessus du point comprimé; 2° une vaso-constriction réflexe dans l'oreille opposée; 3° la circulation n'est pas influencée dans l'oreille pincée au-dessous du point comprimé. — M. Verneuil, examinant l'influence qu'exercent sur la gravité de la rétention stercorale l'existence de lésions chimiques antérieures, a reconnu que ce sont ces *propathies* qui déterminent un pronostic sévère : en particulier, la rétention stercorale survenant chez les sujets atteints d'anciennes affections rénales, offre une extrême gravité; la mort survient en général très vite, sans grands désordres du côté de l'intestin ni du péritoine, mais par suite de l'aggravation soudaine de la néphropathie et avec le cortège des symptômes et accidents qui caractérisent les différentes formes de l'urémie. — M. Ch. Déperet a réuni, avec la collaboration de M. Donnezan, une collection d'ossements d'oiseaux pliocènes, recueillis dans les limons des environs de Perpignan. Certaines espèces offrent des affinités avec la faune de la région indo-malaise. — M. E. Cartailhac pense que certaines formes de silex travaillés, considérés par les uns comme des scies, par d'autres comme des dents de herse, sont en réalité des éléments d'une faucille; en effet, M. Flinders Petrie a trouvé, dans une ville égyptienne abandonnée au xxxiie siècle avant notre ère, une faucille de bois dont le tranchant est formé par une file de lames de silex dentées, qui sont identiques au type en question. — M. Rolland expose le régime des eaux artésiennes de la région d'El-Goléa. — M. E.-A. Martel signale les inconvénients qu'il y a, au point de vue de l'hygiène, à jeter comme on le fait dans diverses régions calcaires de la France, les bêtes mortes et d'autres immondices dans les puits naturels que présentent ces régions; souvent, en effet, ces puits communiquent avec des rivières souterraines qui reparaissent sous forme de sources dans les régions en contre-bas. — M. E. Levasseur donne les chiffres qui lui paraissent les plus probables pour la superficie et la population des divers États d'Europe.

Mémoires présentés. — M. Escary adresse une note faisant suite à sa communication sur les équations différentielles du mouvement du système planétaire et intitulée : Intégrales des aires et des forces vives. — M. M. Meunier : Sur un projet de moteur électrique et son application dans la construction d'un chemin de fer hydro-électrique. — M. P. Ribard : Essai d'explication d'une des causes du magnétisme terrestre. — M. Jové adresse un résumé de ses observations sur les courants telluriques au Poste central des télégraphes. — M. F. Garros adresse le résultat des expériences faites sur la conductibilité de la porcelaine d'amiante. — M. Robin adresse une lettre relative à un liquide antiseptique obtenu en faisant agir l'ozone sur l'iode.

Nomination : M. Hellriegel est élu correspondant pour la Section d'économie rurale.

Séance du 28 mars.

1° Sciences mathématiques. — M. Riquier : De l'existence des intégrales dans un système différentiel quelconque. — M. C. Guichard : Sur les congruences dont la surface moyenne est un plan. — M. G. Kœnigs :

Sur les réseaux plans à invariants égaux. — M. J. Bertrand : Note sur un théorème du calcul des probabilités. — M. J. Boussinesq : Sur le calcul théorique approché du débit d'un orifice en mince paroi. — Mlle D. Klumpke : Observations de la comète Swift. (Rochester, 6 mars 1892) et de la planète Wolf (Vienne, 18 mars 1892) faites à l'Observatoire de Paris. — M. B. Baillaud : Observations de la comète Swift faites à l'Observatoire de Toulouse. — MM. E. Cosserat et F. Rossard : Observations de la comète périodique de Wolf faites au grand télescope de l'Observatoire de Toulouse. — M. Faye communique le renseignement suivant, extrait d'une lettre de M. *Helmert* aux membres de la Commission permanente de l'Association géodésique internationale ; les observations que l'Association géodésique a fait faire récemment à Honolulu ont montré une variation de latitude qui a été précisément inverse de celle que l'on observait à Berlin, Prague et Strasbourg; quoique les calculs ne soient pas encore achevés, il est à peu près certain dès aujourd'hui que la question de savoir si un mouvement de l'axe terrestre engendre une variation de latitude doit être résolue affirmativement. — M. W. Schmidt décrit un chronographe destiné à mesurer des temps très courts en particulier la vitesse des projectiles; c'est un balancier de chronomètre qui est bandé dans la situation extrême de l'oscillation; le déclenchement et l'arrêt sont effectués par la rupture successive de deux circuits électriques; la graduation est empirique.

2° Sciences physiques. — M. Le Goarant de Tromelin présente un mémoire relatif aux lois mécaniques de la circulation de l'atmosphère. Ces lois reposent sur la considération des *surfaces isodenses* de l'atmosphère; lorsque ces surfaces sont inclinées, l'air s'écoule selon les lignes de plus grande pente des surfaces isodenses sous-jacentes. — M. Violle rappelle pour les comparer aux données récemment par M. Le Chatelier les chiffres qu'il a obtenus autrefois pour l'intensité du rayonnement du platine à diverses températures. Les deux séries de chiffres marchent d'accord jusqu'à 1500°, mais à 1775°, M. Le Chatelier a trouvé un chiffre beaucoup plus fort. M. Violle pense que l'écart tient non pas à ce que ses enceintes étaient à trop basse température mais à ce que le verre rouge employé par M. Le Chatelier n'était pas plus monochromatique pour le rayonnement de cette température. — M. Le Chatelier montre que les diverses estimations données de la température du soleil, qui diffèrent énormément entre elles, sont peu dignes de confiance, car elles ont été obtenues par extrapolation d'une loi, reliant le rayonnement à la température, vérifiée dans un intervalle trop court. Les recherches sur cette relation embrassent un intervalle de 1100°, c'est-à-dire quatre fois plus étendu qu'aucune des précédentes. L'extrapolation sera donc plus légitime; elle donne pour la température *effective* du soleil 7600°. — M. L. de la Rive : Application de la théorie des lignes de force à la démonstration d'un théorème d'électrostatique. — M. A. Berget répond à la dernière note de M. Gouy sur les phénomènes électro-capillaires (séance précédente); il relève quelques causes d'erreur possible dans les expériences de M. Gouy; l'expérience faite par lui sur les larges gouttes et qui a vérifié constamment la loi de M. Lippmann lui paraît tout à fait décisive pour la question des tensions superficielles, puisqu'elle constitue une méthode de vérification directe. — M. F. Parmentier a précisé les conditions dans lesquelles on réussit à coup sûr l'expérience de Sainte-Claire Deville et Debray sur le creuset de platine qui, chauffé au rouge par un brûleur Bunsen, puis refroidi au-dessous du rouge, rougit de nouveau et rallume la colonne de gaz si l'air lorsqu'on rouvre le bec. La condition essentielle consiste à avoir un rayonnement aussi faible que possible, par exemple avec un creuset petit et bien poli. — M. C. Poulenc a obtenu par l'action du fluorure de potassium sur les chlorures anhydres une série de nouveaux composés, tous bien cristallisés et répondant à la formule du fluorhydrate de fluorure de potassium dans lequel l'hydrogène est remplacé par un métal quelconque. Il décrit aujourd'hui le fluorure double de nickel et de potassium NiF^2, $2 KF$ et le fluorure double de cobalt et de potassium CoF^2, $2 KF$. — M. G. Rouvier : Il n'est pas exact que l'amidon ne puisse fixer l'iode qu'à la condition de prendre pour 4 atomes d'iode 1 molécule d'acide iodhydrique ou d'un iodure, comme l'avait dit Mylius. — M. Ad. Carnot propose pour doser le fluor, dans les composés attaquables par l'acide sulfurique concentré, de dégager ce corps à l'état de fluorure de silicium gazeux, comme dans diverses méthodes connues : l'innovation consiste à recevoir le fluorure de silicium dans une solution assez concentrée de fluorure de potassium pur, avec lequel il forme un précipité de fluosilicate de potassium que l'on pèse. — M. A. Etard a repris l'étude systématique de l'action mal connue du brome sur les alcools de la série grasse ; il a obtenu des aldéhydes et des acétones bromées dont beaucoup sont nouvelles. — M. F. Chancel à préparé divers dérivés des propylamines, l'*acide propyloxamique* qui se forme à côté de la dipropyloxamide dans l'action de l'éther oxalique sur un mélange à peu près à volumes égaux de monopropylamine et d'eau, et l'*acide propylamidoacétique* par l'action de la monopropylamine sur le bromacétate d'éthyle. — M. Œchsner de Coninck décrit quelques réactions différentielles des trois acides amido-benzolques isomériques. — Continuant leurs recherches sur la vitesse de décomposition des diazoïques, MM. J. Hausser et P. Th. Müller ont étudié à ce point de vue le méthylsulfodiazobenzène et le sulfate de paradiazotoluène dans le but de déterminer l'influence qu'exerce sur la stabilité de la molécule soit la forme para, soit la fonction du radical voisin de Az^2. — MM. Meslans : Le gaz fluorure d'allyle agit avec facilité sur le brome pour donner naissance à une dibromhydrofluorhydrine C^3H^3Fl, Br^2. Il fournit dans les mêmes conditions avec le chlore une dichlorhydrofluorhydrine $C^3H^3FlCl^2$. Ces composés sont liquides, doués d'une grande stabilité et n'attaquent pas le verre, même à une température notablement supérieure à leur point d'ébullition. —

3° SCIENCES NATURELLES. — M. G. Carlet a recherché par quel mécanisme la membrane qui unit les anneaux de l'abdomen, membrane inextensible, permet les mouvements d'extension et de rétraction de l'abdomen ; il a reconnu que cette membrane se plisse en accordéon. — M. E.-L. Bouvier a étudié les particularités qui distinguent, au point de vue du développement, les espèces abyssales du genre *Diptychus* (*Galathéidés*) des formes côtières et subcôtières de la même famille ; une différence caractéristique consiste en ce que les œufs sont plus gros et moins nombreux que dans les formes côtières, et corrélativement, l'éclosion est plus tardive. — M. F. Heim a repris l'étude de la matière colorante bleue du sang des Crustacés ; il contredit les recherches de Frédéricq sur ce sujet : l'*hémocyanine* existe bien sous deux états, oxygénée et réduite, mais elle ne contient pas de sucre, car ce métal manque dans le sang de la plupart des Crustacés ; elle n'est peut-être pas de nature albuminoïde, mais on rencontre toujours avec elle de la sérine et de la paraglobuline, auxquelles le cuivre serait combiné sous forme d'albuminate, lorsqu'il existe dans le sang. — M. E Topsent a examiné la nature des taches jaunes mobiles que l'on observe fréquemment à Banyuls sur les *Microcosmus Subatieri* ; il a reconnu qu'il s'agit d'un Rhizopode nouveau, caractérisé en particulier par l'abondance de ses noyaux, et pour lequel il propose le nom de *Pantomiza flava*. — M. P. Pelseneer a repris l'étude du système nerveux des Hétéropodes, décrit contradictoirement par divers auteurs ; chez toutes les formes de ce groupe, il a vu : 1° les ganglions pleuraux fusionnés avec les cérébraux ; 2° la commissure viscérale croisée. — M. A. Laboulbène a cherché à déterminer la pathogénie des diverses galles

que présentent les végétaux, galles produites par divers insectes comme aussi par des bactéries ; de l'ensemble de ses observations comme de ses expériences, il résulte que c'est non point à des actions mécaniques, mais dans tous les cas à des produits de sécrétion qu'il faut rapporter la cause de la formation de la galle. — M. L. Mangin a étudié l'anthracnose maculée que produit chez la vigne le *Sphaceloma ampelinum* ; il décrit l'envahissement des tissus par le parasite et la formation progressive de la lésion. — M. P. Miquel a réussi à cultiver les Diatomées, soit d'eau douce, soit marines, dans divers milieux de culture très simples ; il indique la manière dont diverses conditions réagissent sur la vitalité de ces algues. — M. J. Passy, continuant ses recherches sur les minimum perceptibles des odeurs, a été amené à distinguer les odeurs puissantes, c'est-à-dire celles dont des quantités très petites donnent lieu à une perception, par exemple la vaniline, et les odeurs intenses, comme le camphre ou le citral, dont il faut une quantité beaucoup plus considérable pour qu'elles soient perçues. — M. Lannegrace a observé comparativement les effets sur la vessie de la section des deux espèces de racines différentes des plexus hypogastriques. La section des nerfs hypogastriques, sympathiques ou lombaires, n'est suivie d'aucun effet ; celle des nerfs hypogastriques médullaires ou sacrés, est suivie d'une paralysie de la vessie durant deux ou trois jours, puis de troubles trophiques chroniques ; si des microbes sont introduits par un sondage, la cystite survient suraiguë, tandis que les chiens normaux ou même ceux dont les hypogastriques lombaires sont sectionnés, sont réfractaires à la cystite. — M. de Lacaze-Duthiers résume une brochure de langue grecque de M. N. Apostolides sur les poissons d'eau douce de la Thessalie. — M. Michel Lévy a étudié la série de pointements des roches cristallines récemment signalées dans le Chablais, au milieu des schistes et des grès du flysch ; il s'agit de diverses roches plus anciennes que le trias ; ces pointements paraissent constituer la crête d'un ancien pli anticlinal postérieurement noyé dans les dépôts discordants du flysch. — M. Caralp, en relevant la coupe de la vallée de la Neste (Hautes-Pyrénées), a pu fixer l'âge controversé du marbre de Saint-Beat ; là, en effet, ces couches recouvrent en adossement un épais système de poudingues et de grès rouges (étage vosgien et base du trias) et une couche d'ophite avec argilolites multicolores représentant le keuper ; elles sont donc bien à la base du lias, comme M. Caralp l'avait avancé antérieurement. — M. G. Landes a exploré la Montagne Pelée (Martinique) pour observer, d'après les ravages exercés dans les forêts qui couvrent cette montagne, les variations du cyclone suivant la verticale : il expose les différents effets produits qui diffèrent de la base au sommet. — M. E. Rivière signale, en relation avec la perturbation magnétique du 11 au 13 mars, une petite secousse de tremblement de terre qui a été ressentie à Menton, le 11 au matin. — M. Faye présente un ouvrage de M. Cruls sur le climat de Rio-de-Janeiro ; il signale dans ce livre la comparaison entre la variation de la température annuelle et les Tables solaires relevées depuis 1851. — M. E. Levavasseur donne les chiffres les plus probables pour la superficie et la population de chacune des parties du monde.

Nécrologie. — M. le Secrétaire perpétuel informe l'Académie de la perte qu'elle a faite dans la personne de M. A. de Caligny, correspondant pour la Section de Mécanique.

Mémoires présentés. — M. Escary adresse une note de Mécanique céleste faisant suite à une communication précédente. — M. Zenger adresse le résumé de ses observations photographiques solaires, du 5 au 15 mars. — M. Aignan adresse une note sur la densité des dissolutions. — M. P. Campanakis adresse une note relative à une étude sur la communication entre l'ancien et le nouveau continent, par la voie de l'île Atlantis. — M. **L.** Hugo adresse une note sur la philosophie des solides réguliers. — M. Delord adresse la description d'un système de lampe de sûreté à appliquer aux mines. L. LAPICQUE.

ACADÉMIE DE MÉDECINE

Séance du 23 février

M. **A.** d'Arsonval : De l'injection des extraits liquides provenant des différents tissus de l'organisme, comme méthode thérapeutique; technique de la préparation de ces extraits. M. d'Arsonval, à la suite des premières communications de M. Brown-Séquard, avait étudié avec lui l'action des extraits glycérinés de divers tissus injectés aux animaux. Ces auteurs ont conclu de leurs recherches que les tissus, glandulaires ou non, donnent quelque chose de spécial au sang, que tout acte de nutrition s'accompagne d'une sécrétion *interne*. Il y a donc là une nouvelle méthode thérapeutique à créer. Depuis lors M. d'Arsonval a perfectionné sa méthode, et il se borne aujourd'hui à indiquer la technique qu'il a instituée pour la préparation de ses extraits. La méthode simplifiée qu'il emploie consiste à faire infuser le tissu, divisé grossièrement, pendant 24 heures dans trois fois son poids de glycérine à 28°. Il est ensuite étendu d'eau, bouillie récemment, à raison de trois fois le volume de la glycérine employée et filtré au papier. Le liquide qui a passé est stérilisé dans l'autoclave à acide carbonique, à 50 atmosphères de pression, pendant deux heures. L'autoclave étant plongé ensuite dans un bain d'eau à 42° C., on a une pression de 98 atmosphères, détruisant tous les germes vivants. Cette communication donne lieu à une discussion à laquelle prennent part MM. Nocard, A. Gautier, Laborde et d'Arsonval.

Séance du 1er mars.

M. **Guéniot** : Du méphitisme de l'air, comme cause de septicémie puerpérale. Après l'exposé des faits et considérations, l'auteur émet les conclusions suivantes : Les émanations méphitiques, quelle qu'en soit la source, en viciant l'air des appartements, deviennent une cause active de fièvre et d'accidents puerpéraux. Les intoxications peuvent se faire soit par absorption génitale, soit par absorption pulmonaire, l'air vicié qui a pénétré dans l'organisme favorisant le développement des microbes septiques. Pour réaliser, à cet égard, une bonne hygiène préventive, on doit s'efforcer de maintenir toujours pure l'atmosphère des appartements. Les moyens de traitement sont : suppression des sources du méphitisme; purification de tout l'appartement; emploi de la quinine, des alcooliques à haute dose et des antiseptiques sous toutes les formes, et spécialement des solutions phéniquées en injections intra-utérines. Suit une discussion à laquelle prennent part MM. Guérin, Charpentier et l'auteur.

SOCIÉTÉ FRANÇAISE DE PHYSIQUE

Séance du vendredi 1er avril

Le travail qu'expose M. Blondel est le complément de l'importante étude qu'il a entreprise sur l'arc à courants alternatifs. La première partie, traitée dans une précédente communication, avait pour objet l'étude photographique des variations d'éclat de l'arc électrique aux divers instants de la période. Les nouvelles recherches dont il rend compte aujourd'hui ont eu pour but la détermination des courbes périodiques qui représentent les variations de la force électromotrice et de l'intensité dans les courants alternatifs. La méthode mise en œuvre, fondée sur l'application de la stroboscopie, est une variante de la méthode des contacts instantanés créée par M. Joubert dans son étude sur les alternateurs. Deux contacts, très rapprochés, sont portés par un tambour fixé à l'arbre de la dynamo. Le premier charge à chaque tour, et en un point donné de la période, un condensateur que le second décharge aussitôt dans un galvanomètre. Celui-ci prend une déviation permanente proportionnelle à la fréquence, à la capacité du condensateur et à la différence du potentiel qu'il s'agit de mesurer, prise au moment très précis de la rupture. On enregistre photographiquement la déviation du galvanomètre. Un dispositif semblable, installé sur un second tambour, permet de mesurer l'intensité au même instant. Le bras mobile qui porte les ressorts producteurs des contacts est animé d'un mouvement lent de rotation, et l'inscription se fait sur un papier sensible animé d'un mouvement synchrone. M. Blondel applique ensuite cette méthode à la détermination des courbes périodiques de l'arc alternatif. Ces courbes se partagent en trois groupes distincts, correspondant à trois sortes d'arcs qu'on peut appeler l'arc silencieux, l'arc sifflant et l'arc criard. Le premier s'obtient avec des crayons à mèche tendre, le second avec des crayons homogènes et sous de faibles écarts, le troisième est dû à l'instabilité de l'arc avec des crayons sans mèche. L'auteur s'est d'abord placé aussi près que possible des conditions théoriques en choisissant une machine de force électromotrice bien sinusoïdale, et un circuit sans résistance ni self-induction; puis il a étudié, pour les différents arcs, les effets produits par l'introduction d'une self-induction. Il a également mis en relief la variation de la résistance de l'arc pendant chaque alternance, et en a montré la loi. Enfin, l'ensemble de cette étude lui permet de résoudre la question controversée de la force contrélectromotrice de l'arc. Toutes les courbes montrent nettement qu'il n'y a aucun décalage entre les courbes de tension et d'intensité et, par suite, permettent d'affirmer que cette force contrélectromotrice n'existe certainement pas. L'auteur se propose d'achever ce travail en complétant l'étude de la résistance au passage dans l'arc. — M. Duclaux présente un mécanisme imaginé par M. Isarn, pour montrer d'une manière palpable la production de l'onde stationnaire provenant de la superposition d'une onde directe et d'une onde réfléchie. La direction de propagation étant horizontale, une série de boules peuvent prendre de petits déplacements verticaux. Les boules de la rangée supérieure figurent la sinusoïde d'aller en reproduisent le déplacement, la rangée inférieure opère de même pour la sinusoïde de retour ; enfin, la rangée intermédiaire donne le mouvement résultant et réalise bien des nœuds et des ventres fixes. — M. Carvallo a abordé à un point de vue entièrement nouveau l'absorption cristalline, et est arrivé à des résultats d'une importance capitale. La loi de l'absorption cristalline a été découverte par M. H. Becquerel en se basant sur certaines idées théoriques qu'il a exposées à l'Académie, dans sa séance du 21 mars 1892. M. Carvallo signale la conséquence singulière qui en découle. Suivant qu'on calcule directement l'absorption relative à une épaisseur 2z, ou qu'on calcule l'absorption provenant d'une première épaisseur z, puis d'une deuxième épaisseur z, on obtient des valeurs différentes. Or, ce second mode de calcul suppose implicitement que l'absorption modifie seulement l'intensité du rayon lumineux, mais qu'elle n'en altère pas l'état de polarisation. Puisqu'il conduit à un résultat différent du calcul direct, c'est que nécessairement l'état de polarisation doit changer à mesure que le rayon lumineux pénètre dans le cristal. En outre, que se passe-t-il à la sortie ? le changement de polarisation subsiste-t-il ? Pour élucider cette nouvelle question, M. Carvallo s'est adressé à la tourmaline, qui, absorbant le rayon ordinaire, permet d'opérer sur le rayon extraordinaire seul et dans des conditions particulièrement simples. Il a d'abord étudié l'absorption à travers une lame unique d'épaisseur 2z, puis à travers deux lames superposées d'épaisseur z. En prenant un rayon tel que la vibration de Fresnel soit à 45° de l'axe du cristal, les différences des deux modes de calcul sont entre eux comme 1 et 4. Il est donc facile de décider. L'expérience montre de la façon la plus nette que pour la lame unique $2z$, c'est le premier calcul qui convient, tandis que pour les deux lames z superposées, le second seul est admissible. Ces résultats conduisent forcément à admettre qu'il se produit une variation progressive dans l'état de polarisation du rayon extraordinaire jusqu'à l'épaisseur qui produit l'extinction du rayon ordinaire, qu'au delà l'état de polarisation reste ensuite invariable jusqu'à la sortie, et qu'enfin à la sortie, le rayon reprend brusquement son état de polarisation primitif. Ces résultats démontrent que la vibration ne peut pas être fixée invariablement dans le plan de l'onde comme le supposent certaines théories. D'autre part, ils s'expliquent de la façon suivante. La vibration étant décomposée en deux, l'une parallèle, l'autre normale à l'axe du cristal, la composante normale s'affaiblit progressivement jusqu'à s'annuler; à partir de ce moment, la vibration demeure dans tout le reste du cristal parallèle à l'axe, et à la sortie elle revient brusquement dans le plan de l'onde. M. Cornu signale une cause possible d'erreur, tenant à ce qu'il peut y avoir perte par réflexion à l'entrée du cristal. Mais M. Carvallo a eu soin de l'éviter en plaçant la tourmaline dans une cuve de sulfure de carbone qui a sensiblement le même indice, et d'ailleurs il s'est assuré que cette perte ne pourrait apporter qu'une erreur de 0,004, alors que la précision de ces expériences est de $\frac{1}{80}$ environ.   Edgard HAUDIÉ.

SOCIÉTÉ CHIMIQUE DE PARIS

Séance du 11 mars

M. **Gasselin** a continué l'étude des produits qui se forment dans la réaction du fluorure de bore sur l'alcool méthylique, et, outre les composés qu'il a déjà décrits, a obtenu une combinaison de fluorure de bore d'oxyde de méthyle Bo Fl³ + (CH³)²O bouillant à 127°. Cette combinaison se reproduit facilement par l'action du fluorure de bore sur l'oxyde de méthyle. L'auteur a également préparé la combinaison éthylique correspondante Bo Fl³ + (C²H⁵)² O, et obtenu enfin un acide fluoxyborique dont il continue l'étude. — M. **Ch.** Lauth présente une note de MM. **Prudhomme** et **Rabaut** sur l'action du chlorure cuivreux sur les nitrates des amines aromatiques; le groupe amidé est remplacé par le chlore. — M. **Genvresse** indique, comme moyen commode de préparer les acides organiques monobromés, etc., l'action directe du brome en présence d'un peu de soufre; l'opération marche rapidement au réfrigérant ascendant. — M. **Gorgeu** rappelle qu'il a montré que le permanganate d'argent se décompose spontanément à l'air libre et dans l'eau, et que cette décomposition est activée par la chaleur. Lorsqu'on opère dans l'eau chaude, le résidu est formé de bioxyde de manganèse et d'un oxyde d'argent dont la composition serait très voisine de celle d'un bioxyde Ag² O², mais dans laquelle l'oxygène ajouté au protoxyde Ag² O est complètement inactif au contact des corps réducteurs. Cette association particulière ne paraît pas être due à une occlusion et n'offre pas non plus les caractères d'une combinaison; elle est caractérisée par ce fait particulier que, lors de sa rupture, l'oxygène supplémentaire se sépare avec des propriétés que le gaz présente à l'état de liberté et aucune de celles qu'il possède à l'état naissant. — M. **Hauriot** présente une note de M. **A. Carnot** sur le dosage de l'antimoine. Le procédé consiste à précipiter à chaud la solution chlorhydrique d'antimoine par une lame d'étain. Le plomb et l'arsenic sont précipités en même temps. — M. **Béchamp** annonce que le produit de l'action du gaz ammoniac sur l'oxychlorure de carbone sec n'est pas de l'urée, et s'occupe de déterminer les corps qui prennent naissance. — M. **Friedel** présente une note à M. **Nœlting** sur l'action de l'acide azotique sur les dérivés sulfurés du *toluène*, du *butyltoluène*, et du *butylxylène*. — M. **Friedel** présente une note de M. **Riza** sur les produits résultant de la distillation sèche du sel de calcium du succinate mono-

éthylique; on obtient du succinate diéthylique, de l'anhydride succinique et de l'alcool éthylique.

Séance du 25 mars.

M. **Béhal** a étudié l'action des acides organiques sur les carbures éthyléniques et acétyléniques. Quand on chauffe, à une température d'environ 300°, de l'acide acétique en excès et de l'amylène ou du caprylène, on obtient un acétate par fixation d'une molécule d'acide; en même temps une partie du carbure est polymérisée. L'acétate d'allyle, dans les mêmes conditions, a donné l'acétine de l'isopropylglycol. Les carbures acétyléniques chauffés avec de l'acide acétique et de l'eau à 300° se convertissent en acétones, mais la majeure partie du carbure est prolymérisée. — M. **Brochet** a étudié les carbures en C³ et C⁶ contenus dans les huiles légères de gaz comprimé. Il a pu caractériser le propyléthylène, le butyléthylène et le pipérylène. Le butyléthylène paraît être le seul hexylène se trouvant dans ce milieu. — M. **Friedel** présente une note de M. **Causse** sur l'action du trichlorure d'antimoine sur la pyrocatéchine. On obtient un corps cristallisé insoluble dans les dissolvants neutres et répondant à la formule : C⁶ H⁴ O² Sb OH. Ce composé ne possède plus de fonction phénolique. — M. **Ch.** **Combes** a étudié l'anhydride siliciformique et signale sa grande stabilité; à l'état sec, il ne se décompose qu'au rouge en donnant de l'hydrogène silicié et de l'hydrogène; si la température s'élève, la quantité d'hydrogène libre va en augmentant rapidement, et il se dépose du silicium. L'acide azotique, non plus que les mélanges oxydants, n'attaque pas l'anydride siliciformique. Le silicichloroforme Si HCl³, traité en solution dans l'éther anhydre par l'aniline bien sèche donne lieu à la production de chlorhydrate d'aniline, et d'un composé silicié, soluble dans l'éther, cristallisant bien dans ce dissolvant, et que l'on peut fondre et même sublimer sans décomposition. La formule de cette substance est HSiCl(AzH, C⁶H⁵)²; l'action de l'acide chlorhydrique sec sur ce composé régénère le silicichloroforme et l'aniline, ce qui justifie la constitution admise dans la formule précédente. — M. **Balfs**, en chauffant en tubes scellés du tétrachlorure de carbone et de l'acide iodhydrique, a obtenu surtout de l'iodoforme.

Séance du 6 avril.

M. **Béhal** présente un mémoire de M. **Vaudin** sur la composition du lait et sur la réaction acide qu'il présente après filtration; la lecture de ce mémoire donne lieu à une discussion à laquelle prennent part MM. Béchamp, Béhal, Engel et A. Combes.

           A. COMBES.

SOCIÉTÉ MATHÉMATIQUE DE FRANCE

Séance du 16 mars.

M. **Félix Lucas** fait une nouvelle communication au sujet de l'ellipse centrale d'inertie d'un système plan de n points matériels ayant tous une même masse prise pour unité. En désignant par R la distance des deux points centraux d'ordre $(n - 2)$, par A le rayon de gyration principal relatif à la droite qui joint ces deux points et par B le rayon de gyration relatif à la perpendiculaire élevée sur le milieu de cette droite, M. Lucas établit la formule

$$R^2 = \frac{B^2 - A^2}{n-1}.$$

Il fait voir, en outre, que si M est la somme des affixes des points considérés, N la somme des carrés de ces affixes, la condition pour que l'ellipse d'inertie se réduise à un cercle est $M^2 = n\,N$. — M. Carvallo, revenant sur la similitude des fonctions des machines dont il a entretenu la Société à la suite de M. F. Lucas [1], rap-

---

[1] Voir les comptes rendus des séances des 2 et 16 décembre 1891 et 2 mars 1892. (*Revue*, deuxième année, p. 835, et troisième année, p. 174).

pelle qu'il a donné récemment ce théorème : *Si l'équation caractéristique d'une fonction d'un type de machines dynamo ne contient pas plus de 3 constantes caractéristiques, les courbes de fonctionnement des diverses machines de ce type se déduisent les unes des autres par un simple changement des deux échelles de coordonnées.* Le théorème suppose encore que les mesures des 3 constantes sont des fonctions, indépendantes entre elles, des 3 unités fondamentales de longueur, de masse et de temps. L'hypothèse restant la même, peut-on ramener, par un changement de variables, l'équation caractéristique à la forme abstraite, c'est-à-dire purement numérique, indépendante des données de la machine? A cette question posée précédemment par M. Lucas, M. Carvallo répond par l'affirmation. La nouvelle démonstration repose encore sur le principe de l'homogénéité des formules de la physique par rapport aux trois grandeurs fondamentales. — M. F. Lucas fait remarquer qu'il résulte de la démonstration de M. Carvallo que *l'équation ne renferme, en somme, que deux fonctions des 3 constantes de l'énoncé précédent.* — M. Carvallo insiste sur l'importance de ces considérations en faisant observer qu'elles s'appliquent non seulement au fonctionnement des machines dynamo, mais à tous les phénomènes physiques. Il résume ce qui vient d'être dit dans l'énoncé suivant : *Pour que l'on puisse ramener l'équation caractéristique à la forme abstraite en multipliant les coordonnées respectivement par des fonctions des constantes de la machine, il faut et il suffit que l'équation ne dépende que de ces deux fonctions.* — M. Carvallo fait une communication sur la loi d'absorption cristalline des rayons lumineux et la théorie mathématique de la lumière. Il rappelle que M. Henri Becquerel a découvert la loi expérimentale que voici : si un rayon lumineux uniradial d'intensité *i*, traverse un cristal, son intensité *i* à la sortie est donnée par la formule

$$\sqrt{i} = \sqrt{i_0} \, (e^{-m z} \cos^2 \alpha + e^{-n z} \cos^2 \beta + e^{-p z} \cos^2 \gamma),$$

où *z* représente l'épaisseur de cristal traversée par le rayon, *e* la base des logarithmes népériens, m, n, p, les trois coefficients principaux d'absorption, α, β, γ les angles de la vibration de Fresnel avec les trois directions principales. M. Carvallo en déduit cette conséquence très grave pour la théorie de la lumière, à savoir que l'absorption change non seulement l'*intensité*, mais encore la nature, c'est-à-dire l'*état de polarisation* du rayon lumineux. Ce changement persiste-t-il à la sortie du cristal, ou bien le rayon revient-il à l'état où il se trouvait à son entrée? C'est une question que n'avait pas résolue M. H. Becquerel. M. Carvallo fait connaître à la Société les résultats suivants obtenus par lui au laboratoire de M. Bouty : 1° la loi de M. H. Becquerel est vérifiée dans le cas limite de la tourmaline (très important à cause de sa netteté) où, pour une épaisseur convenable, la formule se réduit à

$$\sqrt{i} = \sqrt{i_s} \, e^{-m z} \cos^2 \alpha,$$

en raison de l'ordre de grandeur de *n* et de *p* par rapport à *m*. 2° Elle est également vraie pour les rayons calorifiques (longueur d'onde λ = 1μ,84). 3° L'état de polarisation du rayon redevient brusquement à la sortie ce qu'il était à l'entrée. M. Carvallo indique comment il a pu établir cette nouvelle loi et présente, d'après ces résultats, l'analyse du phénomène. Il fait observer que cette loi, comme celle de M. H. Becquerel, est incompatible avec la théorie de Neumann et l'hypothèse de Fresnel qui fixe invariablement la vibration dans le plan de l'onde. Ces deux lois confirment au contraire les résultats antérieurement obtenus par M. Carvallo à la suite de ses recherches sur la dispersion dans les cristaux. — M. Fouret donne une démonstration élémentaire d'un théorème remarquable, dû à Kummer, sur la génération des congruences de droites du premier ordre, et consistant en ce que si on excepte la *congruence du premier ordre et de la troisième classe composée des cordes d'une cubique gauche, toute congruence du premier ordre*

et de la *n*ième *classe est formée des droites qui s'appuient à la fois sur une même droite et sur une même courbe gauche du* *n*ième *ordre rencontrant cette droite en* n — 1 *points.* — M. Laisant présente de la part de M. Guimarães une note sur trois normales remarquables de l'ellipse. — M. Laisant, au nom de la commission chargée du dépouillement des manuscrits d'Edouard Lucas, fait connaître que le manuscrit d'un troisième volume des *Récréations mathématiques* a été remis, il y a quelques jours, à l'imprimerie Gauthier-Villars. Le classement des autres travaux d'Edouard Lucas se poursuit.

M. D'OCAGNE.

SOCIÉTÉ ROYALE DE LONDRES

Séance du 17 mars.

1° SCIENCES PHYSIQUES . — MM. Hopkinson et E. Wilson : Sur les machines dynamo-électriques. Dans un mémoire antérieur (*Phil. trans.* 1886, p. 331), ces auteurs avaient indiqué certains résultats théoriques auxquels ils étaient arrivés relativement à l'action exercée par les courants qui se produisent dans l'armature des machines dynamo-électriques sur les dimensions et la distribution du champ magnétique. Ils avaient constaté que les courants qui se produisent dans les circuits fixes enroulés autour des aimants ne sont pas les seules forces magnétiques qui agissent dans une machine dynamo-électrique, mais que les courants développés dans les circuits mobiles de l'armature ont aussi leur effet sur le champ résultant. Il y a en général deux variables indépendantes dans une machine dynamo-électrique, le courant autour des aimants et le courant dans l'armature; aussi la relation de la force électro-motrice au courant n'est-elle complètement représentée que par une surface. Dans les machines bien construites l'effet du courant de l'armature est réduit au minimum, mais il ne peut jamais être négligé. Quand le courant change de sens dans une section de l'armature, le circuit doit inévitablement être momentanément interrompu, et si au moment de la commutation le champ dans lequel la section se meut n'est pas un champ faible, un courant intense se développera dans cette section, ce qui entraînera une perte de forces et la production d'étincelles dangereuses. La disposition idéale des brosses collectrices, c'est qu'elles soient ainsi arrangées que, pendant le temps où elles interrompent le circuit dans les diverses sections de l'armature, les forces magnétiques soient juste suffisantes pour arrêter le courant dans cette section et pour le renverser en sens opposé. Si l'on connaît la direction des brosses et le courant qui existe dans l'armature, on peut calculer l'action qui est exercée sur la force électro-motrice de la machine. Dans une série d'expériences récentes les auteurs ont vérifié ces résultats théoriques. — MM. R. T. Glazebrook et S. Skinner présentent une note sur l'emploi de la pile de Clark comme étalon de force électro-motrice. Ils ont fait un grand nombre d'expériences sur la force électro-motrice absolue d'une pile de Clark. Ils ont obtenu les résultats suivants à 15° C. 14,342 volts ou à 62° f. 14,324 volts. Ces nombres sont exprimés en unités du *Board of tread.* Ils ont aussi recherché quelques-unes des causes d'erreurs que l'on pourrait rencontrer dans la mesure de la force électromotrice de cette pile et les effets produits par de légères variations des substances employées et de la méthode employée pour les préparer.

2° SCIENCES NATURELLES. — M. C. S. Sherrinhton : Sur la disposition des fibres éfférentes dans les racines nerveuses du plexus lombo-sacré. Les expériences ont porté sur les racines lombo-sacrées du *Macacus rhésus*. L'auteur a fait aussi des expériences comparatives sur la grenouille, le rat, le lapin, le chat et le chien. Ces animaux ont été anesthésiés profondément par le chloroforme ou l'éther, et on a excité les racines dans le canal vertébral. Il résulte de ces observations que la fréquence des variations individuelles est assez grande pour que l'on soit amené à reconnaître l'existence pour chaque muscle et chaque mouvement de deux types d'innervation : l'un préaxial, l'autre postaxial. — **M. Sidney Martin** : Sur les causes de la paralysie diphtérique. L'auteur a examiné le sang et la rate, de huit malades morts de la diphtérie et il en a extrait deux classes de substances qui ne sont point normalement présentes dans les tissus de l'organisme, à savoir deux albumoses et un acide organique. Il a étudié l'action physiologique de ces substances et il est arrivé à la conclusion que le *Bacillus diphtericus* qui se développe dans les fausses membranes excrète un ferment qui, une fois absorbé, digère les matières protéiques de l'organisme ; il se forme ainsi un acide organique et des albumoses qui déterminent de la fièvre et des paralysies par dégénérescence nerveuse.

Richard A. Grégory.

SOCIÉTÉ DE PHYSIQUE DE LONDRES
Séance du 26 février.

M. S. P. Thompson : Sur les modes de représentation des forces électromotrices et des courants dans les diagrammes. L'auteur a trouvé avantageux dans quelques cas d'abandonner les méthodes usuelles de représentation, et il porte la question devant la Société afin de la soumettre à la discussion. Pour indiquer la direction des courants dans des fils vus par l'extrémité, M. Swinburne a employé des cercles avec ou sans croix, mais on n'a proposé aucun symbole pour les fils ne transportant pas de courant. M. Thompson pense qu'on pourrait employer le cercle simple pour des fils inactifs. Un cercle avec un point au milieu indiquerait que le courant marche vers l'observateur, et un cercle avec une croix représenterait un fil emportant le courant ; on peut retenir la signification de ces symboles en considérant la direction du courant comme représentée par une flèche. Le point indique la pointe et la croix les coches. Pour distinguer entre la force électromotrice et le courant, il propose de les représenter par des flèches, en traits fins et avec des coches pour la force électromotrice, en gros traits et sans queue pour le courant. Dans le cas de la transmission électrique de l'énergie, la convention a l'avantage important que quand les deux flèches ont la même direction le système reçoit de l'énergie, et quand elles sont en sens opposés, de l'énergie lui est enlevée. M. Maycock a récemment publié une règle simple pour trouver la direction de la force magnétique due à un courant de direction connue dans un fil. On saisit le fil avec la main droite, le pouce allongé dans la direction du courant ; les doigts entourent le fil dans la direction de la force magnétique. La règle bien connue du Dr Fleming pour les courants induits est aussi une règle de main droite, mais elle se rapporte à la direction des *courants*, et une autre règle était nécessaire pour les moteurs. En établissant la règle pour les *forces électromotrices*, on n'a besoin que d'une seule règle pour les *générateurs* et les *moteurs*. Pour les courants alternatifs, l'auteur trouve qu'il convient de tracer des courbes polaires analogues aux diagrammes du tiroir de Zeuner. Soit une ligne OP (fig. 1)

Fig. 1.

représentant la valeur maximum d'une force électromotrice ou d'un courant dont la grandeur est une fonction sinusoïdale du temps, et faisons-la tourner avec une vitesse uniforme autour de O ; les segments OQ, OQ' interceptés par les cercles OQB, OQ'D représentent les grandeurs aux temps qui correspondent aux positions OP et OP'. L'effet de retard peut donc être représenté dans de pareils diagrammes. Dans le cas où les variables ne sont pas des fonctions sinusoïdales, les courbes OQB, OQ'D ne sont plus des cercles. On fait voir des diagrammes polaires, représentant les courbes de force électromotrice et de courant obtenues par le Prof. Ryan dans ses expériences sur les transformateurs, et un diagramme illustrant les renversements dans les courants triphasés. Pour montrer les directions des forces électromotrices induites dans les diagrammes de dynamos et de moteurs, il peut être convenable d'ombrer par des hachures diagonales les forces polaires ; les lignes sur le pôle nord étant dirigées de gauche à droite vers le bas, dans le sens de la barre moyenne de la lettre N, et sur le pôle sud de gauche à droite vers le haut. Un conducteur passant au-dessus d'un pôle nord de gauche à droite aurait une force électromotrice induite, dirigée vers le bas, comme l'indique la pente des hachures diagonales. Cette méthode de représentation a été employée pour montrer les modes de connexion des armatures à tambour multipolaires, l'enroulement étant supposé coupé le long d'une ligne génératrice, détaché du noyau et couché à plat à la manière adoptée par Fritsche. Relativement aux armatures, l'auteur dit qu'on a publié une formule qui permet de déterminer à l'avance la nature d'un enroulement consistant en un nombre donné de tours de fil et qui doit être employé avec un nombre donné de pôles. Elle serait, à son avis, très utile dans la pratique. — M. **Blakesley** dit que la vieille méthode de représentation des courants alternatifs par les projections de lignes qui tournent semble préférable, car elle ne laisse pas d'ambiguïté sur la direction de ces quantités. La méthode qui consiste à ombrer les pôles exige aussi que la direction dans laquelle le diagramme doit être regardé soit connue avant qu'on puisse déterminer la direction de la force électromotrice. — M. **Swinburne** émet l'idée que l'auteur pourrait employer un arc pour représenter la force électromotrice et une flèche pour le courant. Il pense avec M. Thomson qu'à cause des différences entre les dynamos et les moteurs, il faut rapporter les règles mnémoniques aux forces électromotrices et non aux courants. — M. **Perry** considère qu'il n'est pas désirable d'employer des courbes polaires, sauf pour le cas des cercles. Selon lui, on ne remarque pas assez qu'une courbe peut être séparée en une série de courbes sinusoïdales, et chaque composante traitée séparément, les résultats séparés étant à la fin ajoutés ensemble. — M. **Swinburne** remarque qu'avant de pouvoir analyser une courbe de la sorte, il faut la connaître, et qu'il faudrait probablement l'avoir déterminée expérimentalement. Si les moyens pour trouver une courbe sont avantageux, une autre courbe cherchée pourrait probablement être trouvée par le même appareil ; cependant, cela n'est pas nécessaire pour l'analyse. — M. **Perry** remarque qu'on pourrait faire des expériences sur une machine avant que la machine ne fût construite ; quelle qu'elle soit, la courbe de la force électromotrice pouvait être déterminée à l'avance d'après le projet et par l'analyse. La courbe de courant, quand la machine marche dans des conditions variées, pouvait se calculer. — M. **Ayrton**, relativement au caractère mnémonique des modes de représentation décrits par M. Thompson, pense que les symboles adoptés dans le livre de l'armature seraient plus mnémoniques. Lui-même a l'habitude d'employer de grandes lettres pour les courants, de petites pour les résistances. A et *a* pour l'armature, S et *s* pour la série, Z et *z* pour le shunt, et σ et ζ pour les tours de fils de la série et du shunt. Il trouve ainsi pour la force électromotrice la règle suivante. Tracez trois axes rectangulaires OM, OF, OE, (fig. 2). Si OF représente la direction de la force magnétique, OM celle du mouvement, OE est la direction de la force électromotrice induite.

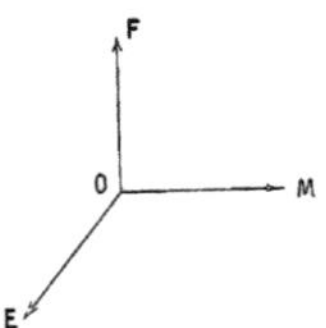

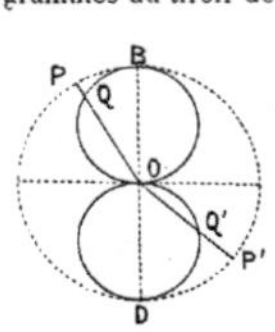

Fig. 2.

— M. Thompson répond qu'il croit que M. Blakesley a mal compris ce qu'il a dit, car il n'y a aucune ambiguïté. En décrivant les enroulements d'armatures, une difficulté provient de la nécessité d'attribuer des noms particuliers aux éléments variés; dans son ouvrage prêt à paraître, des noms convenables ont été donnés. Pour M. Ayrton, il a montré que dans son livre il emploie des caractères mnémoniques; r_s, r_s et r_m représentent respectivement les résistances des bobines de l'armature, et des électros en dérivation et en série. Le symbole I pour le courant a été aussi recommandé par le comité de Francfort. Il n'admet pas les lettres grecques, sauf pour des quantités spécifiques, telles que des angles, des pouvoirs inducteurs spécifiques, des indices de réfraction, etc. Il apprécie la simplicité de la règle de M. Ayrton pour la force électromotrice, mais il pense qu'il vaudrait mieux tourner OE et OF d'un angle droit autour de OM, et avoir la figure 3. — Une note sur la « flexion des longs piliers sous leur propre poids », par M. Fitzgerald est lue par M. Blakesley. Le sujet des piliers droits fixés à la base et libres au sommet est traité mathématiquement, l'équation différentielle est intégrée en deux séries, procédant suivant les puissances

Fig. 3.

croissantes de la variable. En appelant L le rapport de la longueur au diamètre, le résultat, appliqué aux tubes et aux baguettes d'acier, pour lesquels le module d'Young est près égal à 12.000 tonnes par pouce carré, montre que la hauteur limite (en pieds) des piliers qui peuvent se tenir sans fléchir est donnée par

$$H = \frac{15 \times 10^6}{L^3} \text{ pour les tubes et } H = \frac{7,5 \times 10^6}{L^3} \text{ pour les}$$

baguettes. Si L = 100, la hauteur maximum d'un tube est 1.500 pieds, le diamètre étant 15 pieds. Pour les fils, L peut avoir de plus grandes valeurs et la longueur limite du fil d'acier B. W. A. n° 28 est d'environ 10 pieds.

SOCIÉTÉ DE CHIMIE DE LONDRES

Séance du 18 février.

Horace T. Brown : Recherche d'un ferment dissolvant la cellulose dans les liquides digestifs de certains herbivores. M. Brown conclut que l'attaque de la cellulose se fait par un ferment, distinct de la diastase, et sans action sur l'amidon. — Adrian Brown : influence de l'oxygène et de la concentration sur la fermentation. L'action de la levùre sur les solutions sucrées est plus rapide en présence de l'oxygène qu'en absence de ce gaz. La concentration peut varier de 20 à 5 0/0 sans produire de variation ; au delà de 30 0/0 on observe un ralentissement. — Wiliam Tilden : *Limettine*. Etude d'une substance cristalline retirée de l'huile essentielle de limon. — Beadle : L'action acide des papiers à dessin.

Séance du 3 mars.

Prof. Crum Brown et Gibson : Règle pour déterminer si une benzine monosubstituée doit donner des bidérivés méta, ou un mélange de para et ortho-bi-dérivés.

Le tableau ci-dessous permet de comprendre la règle énoncée.

On voit que lorsque l'hydrure du radical (colonne C) contenu dans le monodérivé (colonne A) est marqué d'un astérisque, la colonne E indique la formation d'un mélange de dérivés ortho et para ; quand l'hydrate du radical (colonne D) est marqué d'un astérisque, on obtient un méta-dérivé. Les substances marquées d'un astérisque dans la colonne C sont des hydrures qui ne peuvent être convertis en hydrates (colonne D) par oxydation directe. Les corps marqués d'un astérisque dans la colonne D sont des hydrates susceptibles d'être formés par oxydation directe des hydrures correspondants. La règle est basée sur cette distinction. — Henry Armstrong et J. F. Briggs : I. L'effet d'orientation relative produit par le chlore et le brome. II. Constitution des acides para-bromo et para-chloro-aniline-sulfoniques.— Henry Armstrong : Note sur les anhydrides et les acides sulfonés. — Prof. Dunstan et John Umney : Contribution à la connaissance des alcaloïdes de l'aconit. 2ᵉ partie. Les alcaloïdes du vrai *Aconitum Napellus*. Les racines de l'*Aconitum Napellus* contiennent trois alcaloïdes ; l'un d'eux, l'aconitine, est cristallisé ; les deux autres, la napelline et l'aconine, sont amorphes. — Prof. Dunstan et W. Passmore. Contribution à la connaissance des alcaloïdes de l'aconit. 3ᵉ partie. Formation et propriétés de l'aconine ; sa transformation en aconitine. — W. M. Foster : Note sur le charbon déposé par les flammes de gaz. — Chapman

A	B	C	D	E
C^6H^5Cl	.Cl	HCl^*	$HOCl$	*o-p.*
C^6H^5Br	.Br	HBr^*	$HOBr$	*o-p.*
$C^6H^5CH^3$	.CH	HC^3*	$HOCH^3$	*o-p.*
$C^6H^5NH^2$	.NH²	HNH^2*	$HONH^2$	*o-p.*
C^6H^5OH	.OH	HOH^*	$HO.OH$	*o-p.*
$C^6H^5NO^2$	.NO³	HNO^3	$HO.NO^3*$	*m.*
$C^6H^5CCl^3$	.CCl³	$HCCl^3*$	$HO.CCl^3$	*o-p.*
$C^6H^5CO.H$	.CO.H	$HCO.H$	$HO.CO.H$	*m.*
$C^6H^5CO.OH$	.CO.OH	$H.CO.OH$	$HO.CO.OH^*$	*m.*
$C^6H^5SO^2.OH$	.SO³.OH	$HSO^2.OH$	$HO.SO^2.OH^*$	*m.*
$C^6H^5CO.CH^3$	.CO.CH⁵	$HCO.H^3$	$H.CO.CH^3$	*m.*
$C^6H^5CH^2.CO.OH$	.CH².CO.OH	$H.CH^2.CO.OH^*$	$HO.CH^2.CO.OH$	*o-p.*

Jones : Dosage volumétrique du mercure. L'auteur propose une modification à la méthode de Hannay. — Eleonor Field : Acide chromique. En refroidissant avec de la glace une solution d'acide chromique saturée à 90°, l'auteur obtient des cristaux de CrO^3. — Prof. Lewes : L'origine de l'acétylène dans les flammes. L'auteur a cherché à déterminer si l'acétylène est produit par l'élévation de la température ou par une oxydation. Il conclut en faveur de la première hypothèse.

SOCIÉTÉ ROYALE D'ÉDIMBOURG

Séance du 7 mars

Sciences naturelles.— M.Cossar Eward : Sur les nerfs crâniens de l'homme et des Sélaciens. Il compare les nerfs crâniens du genre requin et du genre raie avec ceux de l'homme, et discute leur identité probable. Le nerf facial des poissons est beaucoup plus développé que celui d'aucun autre vertébré, mais il est exclusivement sensitif, tandis que chez l'homme c'est un nerf moteur. Chez quelques mammifères, mais non chez l'homme, il y a des vestiges d'organes sensitifs latéraux. Chez le têtard apparaissent ces organes, tandis que dans la grenouille adulte ils disparaissent. L'auteur conclut que les mammifères possèdent à l'origine des rudiments de ces organes, mais que ces rudiments disparaissent à mesure que se fait le développement.

W. Peddie,
Docteur de l'Université.

SOCIÉTÉ DE PHYSIOLOGIE DE BERLIN

Séance du 5 février

M. R. du Bois-Raymond a fait des expériences sur des lapins et sur des grenouilles avec le chloroforme purifié du professeur Pictet. Après avoir expliqué la préparation du chloroforme purifié par la cristallisation à — 100° du chloroforme ordinaire, et décrit les propriétés de ce corps ainsi que celles du résidu, l'auteur expose ses expériences; celles-ci ont montré que le chloroforme purifié a la même action physiologique que le chloroforme ordinaire; le résidu agit également sur la respiration comme le chloroforme; mais l'arrêt de la respiration se produit plus vite sous l'action du résidu que sous celle du chloroforme, et cela dans le rapport de 7 à 11. — M. le professeur Munk rapporte que M. le professeur Exner, avec lequel il avait eu une discussion au sujet de l'action du laryngé supérieur sur les cordes vocales, a fait des expériences qui ont donné les résultats annoncés par lui, Munk. — Ensuite M. Munk expose deux travaux parus récemment sur l'extirpation du corps thyroïde, travaux qu'il a pu démontrer erronés par de nombreuses expériences de contrôle; il en est ainsi, en particulier, des expériences dans lesquelles l'injection du suc de la glande empêcherait les conséquences de l'extirpation. — Enfin M. Munk rapporte qu'il avait reçu, quelques semaines auparavant, un singe totalement aveugle, qui ne présentait aucune lésion oculaire, et sur lequel on pouvait observer une réaction pupillaire faible, mais nette. L'animal étant mort récemment, l'autopsie a fait voir que les deux lobes cérébraux postérieurs étaient malades; ils étaient couverts de pus sous la pie-mère et contenaient de nombreux kystes.

Séance du 19 février

M. le Dr Katzenstein établit, par une étude anatomique précise des nerfs laryngés chez le chien et chez le singe, qu'il n'y a pas de laryngé moyen. L'anastomose entre le pharyngé et le laryngé supérieur ne va pas aux muscles du larynx, mais s'épuise dans le constricteur inférieur du pharynx. Quant à la notion qu'après la section du laryngé inférieur, on observe la position moyenne des cordes vocales et que celles-ci ne prennent la position cadavérique qu'après la section du laryngé supérieur, M. Katzenstein ne peut la confirmer. Il a observé aussitôt après la section du récurrent la position cadavérique des cordes vocales par suite de la paralysie totale du muscle crico-thyroïdien. — M. le professeur Zuntz, a de son côté, étudié brièvement l'innervation des muscles du larynx, et il a trouvé, comme M. Katzenstein, que sur un animal narcotisé les cordes vocales prennent la position cadavérique après la section du laryngé inférieur; mais, dans la plupart des cas, le jour suivant, elles sont revenues à la position moyenne. Si alors on insensibilise la muqueuse du larynx par la cocaïne, elles passent de nouveau à la position cadavérique. M. Zuntz en conclut qu'après la section du laryngé inférieur, il y a paralysie du crico-thyroïdien et position cadavérique des cordes vocales; si la muqueuse est sensible, son excitation produit la position moyenne par voie réflexe. La démonstration de telle ou telle innervation des muscles du larynx, au moyen de l'atrophie consécutive aux sections nerveuses, n'est pas possible, ainsi que l'établit la discussion où divers physiologistes prennent la parole, car ce réactif est très infidèle.

Séance du 4 mars

M. le professeur Zuntz examine les expériences que l'on a faites de nouveau dans le but de démontrer le rôle de l'oxygène au point de vue de l'élimination de l'acide carbonique par les poumons; il s'arrête principalement au travail, le plus récemment paru, de M. Werigo; cet expérimentateur, à l'inverse de ceux qui, dans ces derniers temps, ont voulu résoudre la question par des recherches sur le sang *in vitro* a opéré sur l'animal vivant. Au moyen d'une sonde introduite hermétiquement dans la bronche, il faisait respirer à l'un des poumons de l'animal de l'hydrogène, tandis que l'autre poumon respirait de l'oxygène pur par la canule trachéale. Le résultat fut que l'air du poumon respi-

rant de l'hydrogène contenait moins d'acide carbonique que l'air du poumon respirant de l'oxygène. M. Werigo a conclu de ces expériences que l'oxygène favorise dans les alvéoles pulmonaires le départ de l'acide carbonique du sang; et en cela il est d'accord avec les résultats de Holmgren et de Bohr. S'appuyant sur ses propres recherches, expériences de respiration et analyses de gaz nombreuses, l'auteur démontre que, dans le travail de M. Werigo, il y a une cause d'erreur qui ôte toute certitude à ses résultats. Entre les deux gazomètres qui contiennent les gaz à respirer, hydrogène et oxygène, et les bronches d'autre part, il y a des tuyaux dont la capacité est très grande par rapport au volume d'air contenu dans les poumons; ces tuyaux étaient remplis l'un d'oxygène pur, l'autre d'hydrogène, qui entraient en diffusion avec l'air des alvéoles; dans ces conditions, l'acide carbonique diffuse dans l'hydrogène plus vite que dans l'oxygène, et la différence est assez considérable pour rendre compte de la moindre quantité d'acide carbonique contenu dans les alvéoles du côté hydrogène par rapport au côté oxygène. La méthode de M. Werigo ne pourrait donner une réponse précise à la question posée, que si l'un des poumons respirait de l'oxygène, l'autre respirant de l'azote ou de l'air. La possibilité d'un résultat positif n'est pas incompatible avec les recherches antérieures de M. Zuntz; il s'est convaincu que l'hémoglobine du sang se combine aux bases du sang à la façon d'un acide faible et entre ainsi en lutte avec l'acide carbonique; celui-ci enlève la base de la combinaison avec l'hémoglobine et la rend diffusible; il n'y a rien d'impossible à ce que l'oxyhémoglobine possède une affinité plus forte, qu'elle déplace l'acide carbonique et le mette en liberté. Mais cette question importante demande à être tranchée par des expériences plus concluantes. Dr W. Sklarek.

ACADÉMIE DES SCIENCES DE VIENNE

Séance du 15 mars.

1° Sciences mathématiques. — M. F. J. Popp : Nombre de tours de la terre autour de son axe pendant une année. — M. Édouard Mahler : Le calendrier des Babyloniens. Après avoir découvert la marche des années bissextiles dans le calendrier babylonien, l'auteur appuie sa découverte sur des calculs astronomiques précis. Ses résultats sont certainement les matériaux les plus importants de la science chronologique. Nous savons maintenant que les Babyloniens avaient un cycle de 19 années dans lequel les années III, VI, VII, XI, XIV, XVI, XIX, étaient bissextiles, et nous connaissons la durée de chacune d'elles. Du fait que le calendrier juif contenait aussi un cycle de 19 années, l'auteur tire une série de conséquences historique du plus haut intérêt.

2° Sciences physiques. — M. Guster Jæger : Sur la constante capillaire des solutions aqueuses. — M. Heinrich Aufschlæger : Sur la formation de cyanures par échauffement des corps organiques azotés avec la poudre de zinc. L'acide cyanique, conduit sur de la poudre de zinc chauffée, se laisse réduire facilement d'après l'équation :

$$2\,CO\,AzH + Zn^3 = Zn\,(CAz)^2 + 2\,Zn\,O + H^2$$

D'autres corps comme l'urée, la thionurée, la guanidine l'acide urique, la caféine, etc., éprouvent la même réduction dans les mêmes conditions. — M. Rudolph Wegscheider : Sur un éther de structure anormale. Par l'action de l'iodure de méthyle sur l'opianiate d'argent et de l'alcool méthylique sur l'acide libre, on obtient deux éthers différents comme le montrent leurs points de fusion et leurs formes cristallines. Leur composition et leur poids moléculaire correspondent tous deux à $C^{11}\,O^8\,H^{12}$. Celui qui dérive du sel d'argent doit être considéré comme l'éther normal; il est à peine saponifié par l'eau chaude. Son isomère est un éther oxylactonique auquel l'auteur donne le nom d'éther pseudométhylopianique ; il est saponifié rapidement par l'eau chaude. On doit regarder l'éther éthylopianique comme un pseudoéther. — M. Ad. Lieben : Sur l'oxydation de la pentaéthylphloroglucine bisecondaire par l'oxygène de l'air. — MM. J. Elster et H. Geitel : Observations sur les chutes du potentiel atmosphérique et les radiations ultraviolettes. La communication se divise en quatre parties ; les auteurs donnent d'abord la marche annuelle et diurne de l'électricité de l'air ; ensuite ils présentent la méthode photoélectrique dont ils se servent pour déterminer l'intensité des radiations ultraviolettes ; des tableaux et des graphiques donnent les variations diurnes et annuelles. Dans la troisième partie, les résultats précédents sont représentés par des formules empiriques et ces formules discutées ; enfin dans la quatrième partie est traitée l'absorption des radiations solaires ultraviolettes par l'atmosphère terrestre.

3° SCIENCES NATURELLES. — M. A. Bittner : Sur les échinides du tertiaire d'Australie. — MM. Ph. Knoll et A. Hauer : Sur la façon de se comporter des muscles striés pauvres et riches en protoplasma dans certains cas pathologiques.

Séance du 17 mars.

SCIENCES PHYSIQUES. — M. F. Blau : « Sur la détermination de l'azote dans les susbtances organiques. » L'auteur montre que la cause principale de la perte d'azote réside dans le mélange de la substance avec l'oxyde de cuivre. Il arrive à de meilleurs résultats en brûlant dans un courant d'acide carbonique, puis d'oxygène le composé placé dans la nacelle. L'oxygène et l'acide carbonique se dégagent dans un appareil convenable qui permet de les séparer de l'azote. L'avantage principal de ce procédé consiste dans sa facile application aux composés volatils. — M. Carl Puschl : « Sur la dilatation de l'eau ». — M. Theodor Gross à Berlin : « Courte communication sur la décomposition des sulfures par électrolyse. » — M. Richard Godeffroy : « Sur la constitution des hydrates de carbone. » — M. Richard Mayer : « Sur la connaissance de l'acide pyridincarbonique, produit de la berbérine. » L'acide berbéronique, qui se forme par oxydation de la berbérine, fournit un acide pyridincarbonique de formule $C^7 H^5 Az O^4$ qu'on ne peut identifier avec aucun des six acides connus et indiqués par la théorie. L'auteur montre que le produit de décomposition de l'acide berbéronique est identique avec l'acide cinchoméronique et le prouve par la comparaison des deux substances et l'étude cristallographique de leurs chlorhydrates. Il se forme aussi de l'acide cinchoméronique à côté de l'acide berbéronique dans l'oxydation de la berbérine. Les résultats précédents conduisent à regarder la berbérine comme un dérivé de l'isoquinoline, fait en complet accord avec les observations de W. H. Perkin. — M. Ad. Lieben : « Sur une cause de perte dans les dosages analytiques effectués au-dessus d'une flamme de gaz d'éclairage. » L'auteur montre que l'évaporation effectuée à feu nu comme au bain-marie donne toujours des vapeurs sulfuriques qui sont absorbées par la solution ; la quantité d'acide sulfurique ne dépend pas seulement de la grandeur de la flamme et de la durée de l'échauffement, mais aussi très visiblement de la nature de la liqueur évaporée. La chaux calcinée modérément dans un vase de platine couvert prend aussi de l'acide sulfurique, tandis qu'avec la soufflerie cette absorption n'a plus lieu. L'auteur donne en outre un résumé de toutes les expériences faites jusqu'ici par différents auteurs dans la même direction.

Emil WEYR,
Membre de l'Académie.

ACADÉMIE DES SCIENCES DE SAINT-PÉTERSBOURG

Séance du 10 février

SCIENCES NATURELLES. — M. le D' Rogon : Sur les *poissons du Silurien supérieur de l'île d'Oesel*; première partie : *Cephalaspidæ*. Les premiers restes des poissons siluriens ont été trouvés dans l'île d'Oesel par Eichwald, Schrenck et Schmidt lui-même. M. Rogon a entrepris d'étudier tous ces matériaux et, après avoir fait une excursion dans l'île, il vient de publier les résultats de ses recherches. Son mémoire, d'environ six feuilles imprimées avec deux planches, contient, après l'historique de la question, une description détaillée physiographique et histologique des deux genres *Thyestes* et *Tremataspis*. On ne connaît qu'une seule espèce du premier genre : *Th. Verrucosus*, tandis que le genre *Tremataspis* compte quatre espèces. Les céphalaspides d'Oesel sont plus anciens que ceux des autres pays où on les trouve surtout dans le dévonien supérieur ; les deux genres présentent deux types à part dans le groupe des céphalaspides ; M. Rogon discute dans un travail leurs affinités avec les autres poissons au point de vue systématique.

O. BACKLUND.
Membre de l'Académie.

CHRONIQUE

AÉROPLANES ET AÉROCAVES

L'aviation est entrée dans une voie pratique : de tous côtés on refait des expériences sur la résistance de l'air contre des plans eu mouvement. Leur application immédiate est la construction d'un aéroplane, c'est-à-dire d'une surface plane, inclinée sur l'horizon d'un angle très petit, et poussée en avant par des hélices. Skyle, Chanute, Maxime, Langley, Drzewiecki comptent parmi les plus remarquables promoteurs de ce système, soit par leurs expériences, soit par leurs calculs. Certains, après avoir fait des tables de rendement pour des surfaces planes, recommandent d'employer une surface analogue à celle d'un grand voilier. Il y a là quelque contradiction et confusion ; une telle surface est bien différente d'un plan. Le mot aéroplane, dans la définition primitive de Wenham, signifie un plan ; l'aéroplane de Stringfellow (1868) était formé par des plans superposés et inclinés d'un très petit angle sur la direction du mouvement. En étendant ce mot à des surfaces courbes, on fausse les idées ; la surface de soutien et de vol d'un animal est un aérocave tordu et non un aéroplane.

M. Drzewiecki est allé plus loin dans cette voie. Influencé sans doute par la théorie du plan du Professeur Marey, il a appliqué au vol la théorie de l'aéroplane, en ramenant tous les mouvements de l'aile à ceux d'un plan incliné d'un angle très petit sur la direction du vol.

Une telle assimilation est bien difficile à concilier avec la myologie, l'ostéologie et l'aérodynamique. Un des facteurs les plus négligés par la majorité des aviateurs est la forme de l'aile ; c'est cependant un facteur de premier ordre, sans lequel on ne quittera pas le sol ou on le regagnera trop vite, malgré les moteurs les plus perfectionnés. La plupart des aviateurs ont une tendance à remplacer l'aile par une planche ; de là ces expressions obscures : « le plan de l'aile... l'inclinaison de l'aile... l'axe de rotation de l'aile... » Ces expressions n'ont aucun sens tant que vous ne spécifierez pas quel est le *ds* ou élément de surface dont il s'agit. Il peut en outre y avoir plusieurs axes simultanés de rotation et non un seul. Qu'on remplace une portion infinitésimale de courbe passant par deux points par la droite sécante, c'est là un procédé fort usité, et nullement nocif; mais c'est en abuser que de remplacer toute une surface ondulée et concave par le plan de trois de ses points. Certaines ailes ont des creux fort respectables, qu'il y a inconvénient à combler.

Il ne faut pas comparer aux mouvements d'une aile naturelle ceux d'une palette tératologique et arguer de son faible rendement pour battre en brèche la théorie orthoptère; il n'y a de battue en brèche que la théorie basée sur les mouvements de haut en bas d'une surface plane. M. Drzewiecki peut s'appuyer sur une grande autorité, celle du professeur Marey; ce dernier est toujours d'avis que l'aile se conduit à la façon d'une godille dans l'eau, c'est-à-dire qu'elle agit comme un plan incliné à chaque phase de son mouvement de va-et-vient (Voir *Nature* 30 janvier 92). Mais les photographies du vol d'abeilles et de tipules ne nous paraissent pas confirmer cette manière de voir; elles prouvent seulement que dans l'abaissement : 1° l'aile se porte en bas et en avant; 2° le bord postéro-distal seul subit une torsion. Ce sont là deux faits consignés depuis longtemps [1] dans l'anatomie du vol des insectes, et basés sur la forme des articulations et de l'aile, la résistance de l'air,et sur le jeu des muscles.La chronophotographie n'autorise nullement à négliger l'action musculaire, en laissant exclusivement à l'air le pouvoir de modifier la surface alaire.

Je rappellerai que l'aile est un solide élastique, aplati, mais non plan, dont l'épaisseur va en diminuant de l'avant à l'arrière, et du proximum au distum. Sa face inférieure est concave avec, toutefois, une zone d'inflexion plus ou moins accusée vers le milieu ou le tiers proximal de l'aile; elle est en outre gauchie ou tordue. La concavité diminue en allant de la base au distum. Le degré de concavité et la torsion suivent une marche ondulée. La plus large projection plane de l'aile a un contour trapézoïdal, à pointe centrifuge.

Une sinusoïde à branches inégales est la ligne caractéristique de ce solide, et non la droite (Marey) ni la spire cylindrique (Petitgrew).

La torsion et le degré de courbure en un point sont variables d'après la résistance de l'air, le degré d'élasticité et l'action des muscles spéciaux, ce dernier facteur réagissant d'autant plus efficacement que le point est plus rapproché de la base [2].

Sous sa forme la plus schématique, l'aile est réductible à deux surfaces accolées suivant le squelette osseux (Vertébrés) ou la nervure médiane (insectes); le versant antérieur est plus ou moins développé, mais il est constant; le versant postérieur est le plus large, le seul dont on se préoccupe habituellement. L'angle des deux versants est variable; il va en diminuant du proximum au distum. Les variations de cet angle sont sous la dépendance : 1° de la résistance de l'air et de l'élasticité de l'aile; 2° des muscles spéciaux, C'est là le schéma du dièdre, en opposition à la théorie du plan.

Après une telle définition de l'aile, il n'est pas possible de l'assimiler à un plan incliné, même quand on compose son mouvement avec celui de translation. L'inclinaison de l'aile varie en chacun de ses points, puisqu'elle est courbe. En se bornant à l'inclinaison de cordes allant du bord antérieur de l'aile au bord postérieur sur un plan suspenseur idéal, on peut avoir des 15°, 20°, et plus de divergence, si bien qu'on ne peut définir l'inclinaison de l'aile par un seul angle.

Il y aurait cependant une part de vérité dans la théorie de l'aéroplane. Il est possible que l'aile sustenseur de l'aile (un plan instantané passant par exemple par

[1] Voir Amans, *Comparaisons des organes du vol*, 1885, et particulièrement pages 45, 48, 210.
[2] Je publierai prochainement la topographie comparée de l'aile dans toute la série animale. Je montrerai en outre quel peut bien être le rôle de cette zone d'inflexion, trop négligée par tous les aéroplaneurs. Le célèbre Smeaton est peut-être le seul qui ait essayé un tel facteur; son expérience est des plus curieuses, et des plus méconnues.

l'articulation scapulo-humérale, et deux points du bord postérieur de l'aile, l'un vers le distum ou au distum même, l'autre vers la base) fasse un angle très petit avec la direction du mouvement. Mais, au lieu de faire des expériences avec des surfaces planes, il vaudrait mieux employer des surfaces concaves, sinusoïdales, des aérocaves en un mot, et non des aéroplanes. Les expériences seraient plus difficiles, plus longues, mais plus instructives et en rapport plus étroit avec le vol. La comparaison avec les photographies instantanées donnerait la clef de certaines particularités du vol rapide de translation.

Quant au vol sur place, il faudrait, pour l'expliquer, chercher une autre méthode que celle des aéroplanes. Lorsqu'un oiseau ou un insecte reste en panne, en air calmé, on est bien forcé d'admettre que la sustension est produite uniquement par les battements. En réalité l'animal vibre de haut en bas, et d'avant en arrière, mais avec des amplitudes assez petites, souvent inappréciables à l'œil nu (cas de la Mouche). En ce cas, d'où vient la vitesse de translation? J'admets que l'équilibre soit plus difficile à garder et le travail dépensé plus considérable; mais de là à nier la distinction entre le vol ramé et le vol à voile, ou plutôt les englober tous deux dans le système aéroplane, il y a loin.

M. Drzewiecki a expliqué d'une façon très ingénieuse l'équilibre des aéroplanes par la loi de Jœssel; mais, pour les surfaces concaves analogues à celle de l'oiseau, on ignore les positions du centre de poussée, et les directions de la poussée aérienne. On a fait très peu d'expériences dans cette voie. Parmi les avantages des surfaces concaves dissymétriques d'avant en arrière, il y en a une connue des marins dès la plus haute antiquité : c'est la facilité de cingler au plus près ou à la bouline. Goupil [1] a profité de cette observation pour expliquer la supériorité des ailes naturelles sur les artificielles planes. Lilienthal a repris la même idée et démontré : 1° qu'une palette concave donne une plus grande force de sustension qu'une plane; 2° que la résultante des pressions aériennes est située en avant de la normale à la palette, si bien qu'il y a des cas où la palette n'est pas entraînée par le vent : il peut même y avoir une composante propulsive, ce qui expliquerait la facilité de marche des cigognes contre le vent. Je suis moi-même [2] arrivé à des résultats analogues avec une palette rotatoire, et j'ai pu mettre en évidence cette bienfaisante composante propulsive avec une palette animale. J'ai aussi insisté sur l'importance du principe de l'ovoïde appliqué à l'aile, comme au véhicule tout entier. [3] Les auteurs précités ne l'ont pas négligé, tandis qu'il ne figure pas dans la théorie de l'aéroplane. On recommande bien d'essayer un aéroplane semblable aux ailes d'un grand planeur; mais alors ce n'est plus un aéroplane, mais un aérocave tordu, et, après tout ce qui précède, on ne m'accusera pas d'avoir cherché une simple querelle de mots.

Dr AMANS
(de Montpellier.)

Erratum. — Quelques lettres tombées pendant l'imposition du dernier numéro de la *Revue* ont été incorrectement remplacées par l'imprimeur :
Page 191, au lieu de « § 3 », *lisez* : § 1.
— 193, (le taux de la mortalité à Marseille dépasse.....)
    Au lieu de « 3 °°/₀₀ », *lisez* : 33 °°/₀₀.
— 214, au lieu de « membres », *lisez* : membranes.
— —   « signes » — lignes.
— —   « vendue » — tendue.
— —   « luivi »   — suivi.
— —   « tolume »   — volume.

[1] *La locomotion aérienne*, Goupil 1884.
[2] *Der Vogelflüg*, von Lilienthal 1889.
[3] Congrès de Zoologie et d'Aéronautique 1889. — Congrès de Marseille pour l'avancement des sciences 1889.

Le Directeur-Gérant : LOUIS OLIVIER

Paris.— Imprimerie F. Levé, rue Cassette, 17.

REVUE GÉNÉRALE

DES SCIENCES

PURES ET APPLIQUÉES

DIRECTEUR : LOUIS OLIVIER

LE CONGRÈS INTERNATIONAL DE NOMENCLATURE CHIMIQUE

TENU A GENÈVE DU 18 AU 24 AVRIL 1892

C'est une œuvre considérable que celle entreprise par les savants réunis la semaine dernière à Genève, toute d'initiative privée, que les gouvernements n'ont point subventionnée et qu'ils continueront probablement à ignorer ; — grande pourtant et par les résultats déjà acquis et par le but vers lequel elle tend.

On se fera facilement une idée de l'intérêt qui s'attache aux questions agitées au Congrès de Genève si l'on considère que les savants — et les plus illustres de tous les pays — ont tenu à y assister. Nous ne pouvons énumérer ici les noms de tous ceux qui sont venus : il suffit d'indiquer, parmi les représentants des diverses nationalités, les noms de Von Baeyer, Emile Fischer, Nœlting, Tiemann (Allemagne), Cannizaro (Italie), Gladstone, Ramsay (Angleterre), Lieben, Skraup (Autriche), Græbe, Guye, Hantzch, Nietzki (Suisse), Friedel, Le Bel (France), Franchimont (Hollande), Istrati (Roumanie), Delacre (Belgique). MM. Beilstein et Mendelejeff (Russie), Ira Remsen (Etats-Unis), Armand Gautier (Paris), qui n'ont pu venir, ont envoyé leur adhésion [1].

[1] Voici la liste des savants qui ont pris part aux travaux du Congrès :

MM. H.-E. ARMSTRONG, professeur à la Central Institution, Londres, secrétaire de la Chemical Society; A. ARNAUD, professeur au Muséum, à Paris; Adolphe von BAEYER, professeur à l'Université de Munich; BARBIER, professseur à la Faculté des sciences de Lyon; Aug. BÉHAL, professeur à l'École supérieure de pharmacie de Paris; Louis BOUVEAULT, docteur ès sciences, Paris; Stanislas CANNIZARO, professeur à l'Université de Rome; Paul CAZENEUVE, professeur à la

La ville de Genève a fait au congressistes un accueil des plus chaleureux ; M. le conseiller d'Etat Richard leur a souhaité la bienvenue dans la première séance, qu'il a présidée ; et un comité local, formé des principaux hommes de science de Genève, a veillé avec un zèle et une sollicitude toute particulière à l'organisation matérielle. De l'hos-

Faculté de médecine de Lyon; Alphonse COMBES, docteur ès sciences, Paris; Alphonse COSSA, directeur de la Station expérimentale d'agriculture, à Turin; Maurice DE LACRE, professeur à l'Université de Gand; Michel FILETI, professeur à l'Université de Turin; Emile FISCHER, professeur à l'Université de Würzbourg; A.-P.-N. FRANCHIMONT, professeur à l'Université de Leide; Charles FRIEDEL, membre de l'Institut, professeur à la Sorbonne, Paris; Dʳ J.-H. GLADSTONE, F. R. S., Londres; Carl GRAEBE, professeur à l'Université de Genève; Philippe-Auguste GUYE, professeur à l'Université de Genève; ISTRATI, professeur à l'Université de Bucarest; Albert HALLER, professeur à la Faculté des sciences de Nancy; Maurice HANRIOT, professeur agrégé à la Faculté de médecine, Paris; A.-R. HANTSCH, professeur à l'École polytechnique de Zurich; Achille LE BEL, docteur ès sciences, à Paris; A. LIEBEN, professeur à l'Université de Vienne; Léon MAQUENNE, docteur ès sciences, aide-naturaliste au Muséum, Paris; von MEYER, professeur à l'Université de Leipzig; Denis MONNIER, professeur à l'Université de Genève; R. NIETZKI, professeur à l'Université de Bâle; Emilio NOELTING, directeur de l'École de chimie de Mulhouse; Emmanuel PATERNO, professeur à l'Université de Palerme; Amé PICTET, privat-docent à l'Université de Genève; William RAMSAY, F. R. S., professeur à l'Université de Londres; Zdenko-H. SKRAUP, professeur à l'Université de Graz; Ferdinand TIEMANN, professeur à l'Université de Berlin.

Le Comité local d'organisation se composait de : MM. Emile ADOR, H.-W. DE BLONAY, Alex. CLAPARÈDE, Professeur C. GRAEBE, Professeur Ph.-A. GUYE, Alex. LE ROYER, Professeur Denis MONNIER, Amé PICTET, Fréd. REVERDIN, Professeur Albert RILLIET, Edouard SARASIN.

pitalité reçue tous garderont un souvenir charmant, et si les résultats obtenus par cette réunion sont nombreux et intéressants, on le doit en grande partie à l'excellente organisation qu'ils ont improvisée; nous devons tous une vive reconnaissance à MM. E. Ador, de Blonay, A. Claparède, C. Græbe, Ph. A. Guye, A Le Royer, Denis Monnier, A. Pictet, F. Reverdin, A. Rilliet et E. Sarasin.

I

Je voudrais essayer de donner aux lecteurs de la *Revue* une idée générale de l'œuvre commencée, de son utilité, de la grande part qui revient à la France dans le travail commun.

Tout le monde sait quel développement a pris la chimie organique dans ces dernières années, quel nombre immense de composés nouveaux, à fonctions parfois très complexes, ont été découverts, combien des principes immédiats fournis par la Nature ont été obtenus par synthèse; je devrais presque dire construits, tant les procédés de la chimie moderne semblent constituer une sorte d'architecture atomique aux combinaisons infiniment variées. Mais cette richesse a eu pour conséquence que les principes admis à l'origine pour nommer les composés organiques, n'ont pas tardé à devenir complètement insuffisants.

A mesure que les théories se simplifiaient, que les analogies entrevues s'affirmaient davantage et créaient des liens étroits entre des corps divers, le langage chimique se compliquait de jour en jour et se chargeait de conventions nouvelles, souvent contradictoires, impuissantes pourtant à traduire à l'oreille ou aux yeux l'ensemble des propriétés et des analogies représentées par les formules atomiques. Cependant, il ne paraît pas possible de donner un nom simple à chacun des corps connus, impossible également de construire des tables ou des dictionnaires avec des formules; et, d'autre part, le grand nombre des composés connus, la multiplicité des noms attribués à un même corps introduisent dans les bibliographies une confusion des plus fâcheuses. De là la nécessité absolue de créer un langage nouveau.

Pressentie par tout le monde, cette nécessité a été mise en évidence pour la première fois, d'une manière précise, au Congrès de chimie qui eut lieu à l'occasion de l'Exposition universelle de 1889. Il fallait trouver un équivalent au langage absolument universel des formules chimiques. Une Commission internationale, formée de savants de tous les pays, fut nommée : tous acceptèrent de commencer l'étude préalable des propositions qui pourraient être soumises à l'acceptation des chimistes. Des membres français résidant à Paris, on forma une sous-commission, à qui revint en

définitive la tâche difficile de préparer le terrain et de rédiger un rapport qui pût servir de base aux discussions de la Commission internationale. Ils se sont mis résolument à l'œuvre; c'est bien réellement à eux, et particulièrement à leur illustre président, M. Friedel que revient, comme l'ont proclamé MM. Græbe et Von Bæyer, l'honneur d'avoir mené à bien cette tâche délicate, et permis par conséquent aux chimistes assemblés la discussion de résolutions précises, appuyées sur une étude approfondie [1].

Les membres du Congrès ont applaudi aux paroles de MM. Græbe et Bæyer et manifesté leurs sentiments en désignant à l'unanimité M. Friedel comme président du Congrès, MM. Cannizaro, Gladstone. Lieben et von Bæyer ont été élus vice-présidents.

II

Deux systèmes se trouvaient en présence :

1° Décider qu'à l'avenir un composé quelconque ne porterait plus qu'un seul nom formé suivant des règles précises, et que ce nom-là figurerait seul dans les recueils de bibliographie.

Le très grave inconvénient de ce procédé est que les noms ainsi formés constituent une nomenclature écrite, mais non parlée; ce qui oblige à avoir deux nomenclatures : une pour les dictionnaires, une seconde pour l'exposition orale.

2° Adopter un procédé de nomenclature permettant de nommer un corps quelconque en indiquant sa constitution, sans s'astreindre à n'avoir qu'un seul nom possible.

Ce second moyen laisse encore place à des confusions nombreuses, conduit à des noms d'une longueur inacceptable dans le langage courant et à introduire dans les mots des changements qui ne répondent pas exactement à ceux que subit le squelette du composé.

Après une discussion, à laquelle ont pris surtout part M. Lieben, M. Von Baeyer et les membres de la Commission française, le Congrès a tranché la difficulté en admettant les principes très simples que voici :

L'ensemble des atomes de carbone reliés directement les uns aux autres forme une sorte de squelette invariable, qui se retrouve dans tous les corps dérivés par substitution de l'hydrocarbure qui le contient; le nom de cet hydrocarbure représentera donc ce squelette et devra par conséquent se retrouver dans tous les dérivés.

La question est ramenée par ce procédé, pour les composés à fonctions simples, à la nomencla-

[1] Voici les noms des membres français à qui est due la rédaction du Rapport : MM. Friedel (président), A. Gautier, Grimaux, Béhal, Bouveault, A. Fauconnier et A. Combes.

ture des hydrocarbures; or celle-là est extrêmement simple : les hydrocarbures à chaîne normale portent des noms dérivés des nombres grecs
qui expriment le nombre des atomes de carbone
qui forment le squelette.

La fonction que remplissent ces hydrocarbures
est exprimée au moyen d'une désinence très courte;
Pour les hydrocarbures saturés, on emploiera la
désinence *ane* :

Ex. $CH^3 — CH^2 — CH^2 — CH^2 — CH^3$ *Pentane.*

Pour les hydrocarbures éthyléniques *ène* :

Ex. $CH^3 — CH^2 — CH^2 — CH = CH^2$ *Pentène.*

Si la fonction éthylénique est double, triple etc.,
on dira *diène*, *triène*, etc.:

Ex. $CH^2 = CH — CH^2 — CH = CH^2$ *Pentadiène.*

Pour les hydrocarbures acétyléniques, on emploiera la désinence *ine* :

Ex. $CH^3 — CH^2 — CH^2 — C \equiv CH$ *Pentine.*
       $CH \equiv C — CH^2 — C \equiv CH$ *Pentadiine.*

Les hydrocarbures à chaîne arborescente sont
regardés comme dérivés, par substitution, des hydrocarbures normaux, et on rapporte leur nom à
la chaîne normale la plus longue qu'on puisse
établir dans leur formule :

Ex. $\overset{1}{C}H^3 — \overset{2}{C}H^2 — \overset{3}{C}H — \overset{4}{C}H^2 — \overset{5}{C}H^3$ *3 Méthyl Pentane.*
                      $|$
                     CH^3

La désignation des divers atomes de carbure se
fait en les affectant de numéros placés d'une manière invariable, déterminée d'une manière très
simple; on désigne par 1 l'atome de carbone le
plus voisin de la première substitution dans la
chaîne normale :

Ex. $\overset{1}{C}H^3 — \overset{2}{C}H — \overset{3}{C}H^2 — \overset{4}{C}H^2 — \overset{5}{C}H^3$ *2 Méthyl Pentane.*
              $|$
             CH^3

Ce numérotage est conservé pour tous les dérivés des hydrocarbures.

Il suffit maintenant, pour désigner les composés
à fonction simple, d'adopter des désinences caractérisant les fonctions : les alcools prennent tous la
désinence *ol* :

Ex. $CH^3 — CH^2 — CH^2 — CH^2 — CH^2 OH$ *Pentanol*

Si la fonction alcool est multiple, on dira *diol*,
triol, etc. :

Ex. $\overset{1}{C}H^3 — \overset{2}{C}HOH — CH^3 — CHOH — \overset{4}{C}H^2$ *2, 4, Pentane diol*

Les aldéhydes se désignent par *al* :

Ex. $CHO — CHO$ *Ethane dial (glyoxal)*

Les acétones par *one* :

Ex. $CH^3 — CH^2 — CO — CH^3$ *Butanone.*

Les acides se désignent en faisant suivre le nom
de l'hydrocarbure de la désinence *oïque* :

Ex. $\overset{1}{C}H^3 — \overset{2}{C}H — \overset{3}{C}H^3 — \overset{4}{C}H^2 — \overset{5}{C}O^2 H$ *acide 2 Méthyl-*
              $|$ *pentanoïque;*
             CH^3
$CO^2 H — CH^2 — CH^2 — CH^2 — CO^2 H$ *acide Pentane dioïque.*

III

On voit combien sont simples et logiques les
procédés adoptés par le Congrès; il ne nous est pas
possible de les indiquer tous ici : ils permettent de
fixer un nom et un seul pour un composé quelconque; ce nom sera le nom *officiel* qui figurera dans
tous les ouvrages de bibliographie : tables, dictionnaires, — tout en permettant dans le langage courant d'employer des noms moins explicites, formés
d'après les mêmes règles générales.

La plupart des décisions qui ont été prises sont
conformes aux propositions de la Commission
française ; le premier principe adopté est dû à
M. von Bæyer et à M. Lieben.

Quelques questions ont été définitivement tranchées, comme, par exemple, la nomenclature officielle des dérivés du benzène, sur laquelle les propositions françaises ont été entièrement adoptées;
sur d'autres, très délicates, comme la nomenclature
des composés à fonction complexe, l'accord complet n'a pu être obtenu, et de nouvelles études
auxquelles participeront les rédacteurs de la *Revue
générale des Sciences* et des journaux chimiques du
monde entier, ont été décidées. Dans un futur et
sans doute prochain congrès, la nomenclature dont
les bases viennent d'être posées, dans l'importante
réunion de Genève, sera définitivement faite.

En résumé, beaucoup de résultats sont dès
maintenant acquis ; mais ce qui est bien plus important encore, les savants de toutes les nations
européennes se sont réunis, ont échangé leurs
manières de voir, remué en commun un grand
nombre d'idées, et cependant la plus parfaite entente et la plus grande cordialité n'ont cessé de
régner parmi eux : il n'y avait là que chercheurs
avides de progrès. Dans une éloquente improvisa-
tion, prononcée au banquet offert par les savants de
Genève aux membres du Congrès, M. von Bæyer,
rappelait qu'au commencement du siècle, la
chimie expérimentale a été transportée de France
en Allemagne par Liebig, qui l'avait apprise de
Gay-Lussac. C'est en France que l'Allemagne a
trouvé les premiers éléments de son développement scientifique. Maintenant la chimie a pris
dans la patrie de Liebig un essor admirable, tel
que l'Allemagne ne peut redouter aucune comparaison. Demain peut-être une autre nation viendra,
France, Russie, Italie ou Angleterre, qui prendra
le premier rang. Il ne faut pas, a dit l'illustre savant, s'en plaindre, ni le redouter; car, dans cette
lutte pacifique, la science ne peut s'amoindrir :
elle vole toujours plus haut.

On ne peut que s'associer à ces belles paroles; c'est pourquoi tous, en quittant Genève, nous pensions qu'on venait de travailler utilement, non seulement à une œuvre de science, plus encore à une œuvre de paix et de fraternité.

A. Combes,
Membre de la Commission internationale.

La Société de Physique et d'Histoire naturelle de Genève, présidée par M. E. Sarasin, a eu l'amabilité d'inviter, à la suite du Congrès, les savants étrangers à assister à l'une de ses séances. Priés par elle de dire quelques mots relatifs à leurs récents travaux personnels, MM. Friedel, de l'Institut de France, Haller, Nœlting et Maquenne ont fait les conférences suivantes :

Conférence de M. Ch. Friedel.

(Résumé)

LA CONSTITUTION DE L'ACIDE CAMPHORIQUE.

La formule qu'on admettait généralement jusqu'ici pour exprimer la constitution de l'acide camphorique contient deux carboxyles et peut s'écrire :

$$C^8 H^{14} <{CO^2H \atop CO^2H}$$

Cependant, si l'on étudie attentivement les réactions de cet acide, on s'aperçoit qu'elles ne sont pas semblables à celles des acides bibasiques proprement dits : vis-à-vis de l'acide sulfurique, par exemple, l'acide camphorique se comporte comme un acide-alcool, comme l'acide citrique ou l'acide lactique : il se dégage de l'oxyde de carbone, et l'on obtient un acide bibasique renfermant les éléments de l'acide sulfurique $C^9H^{13}O^3SO^4H$. Sur les réactifs colorés, comme l'orangé III, l'action rappelle aussi celle des acides-alcools, comme l'acide glycolique, les deux basicités de l'acide camphorique ne jouent certainement pas le même rôle : elles ne peuvent pas se représenter toutes les deux par des carboxyles.

On peut expliquer cela en admettant que l'acide camphorique contienne un seul carboxyle, et un groupe hydroxyle OH, auquel le voisinage du carboxyle et du groupement cétonique du camphre donne des propriétés fortement acides. On est amené alors à formuler l'acide camphorique de la manière suivante :

qui dérive du camphre par oxydation et hydratation simultanés :

il devient alors un dérivé de l'hexaméthylène. Si cette formule *à priori* de l'acide camphorique est vraie, elle doit pouvoir se vérifier expérimentalement par quelque réaction. En particulier, les éthers monoéthyliques de l'acide camphorique doivent être différents et jouir de propriétés très diverses, suivant que le groupement éthylique est rattaché au groupe carboxyle CO^2H ou au groupement alcool tertiaire $-C\overset{|}{Q}H$. En effet, si l'on soumet à l'action de l'acide chlorhydrique un mélange d'alcool et d'acide camphorique, on obtient un éther monoéthylique, liquide visqueux, jusqu'à présent incristallisable, qui se saponifie très facilement par l'action de la potasse alcoolique en régénérant l'acide camphorique; et on ne peut par l'action de l'acide chlorhydrique pousser l'éthérification jusqu'à l'éther diéthylique; il en résulte évidemment pour formule de l'éther monoéthylique :

Si, au contraire, on fait agir sur le camphorate neutre d'argent l'iodure d'éthyle, on obtient facilement un éther diéthylique

Soumis à l'action de la potasse alcoolique bouillante, il ne se saponifie que partiellement si on ne prolonge pas l'opération très longtemps, et le produit obtenu est alors un éther monoéthylique qui cristallise parfaitement et est tout à fait différent du précédent. La difficulté avec laquelle on saponifie ce nouvel éther pour remonter à l'acide camphorique lui assigne sans aucun doute la formule :

$$CO^2H$$
$$COC^2H^5$$
$$H^2C \diagup CO$$
$$H^2C \diagdown CH^2$$
$$CH$$
$$C^3H^7$$

Il y a là une vérification expérimentale extrême-ment nette de la formule admise plus haut pour l'acide camphorique.

Les mêmes phénomènes se retrouvent dans les éthers de l'acide isocamphorique, découvert par M. Friedel par l'action de la chaleur sur l'acide camphorique ordinaire en présence d'eau. Seule-ment, dans le cas de l'acide isocamphorique, c'est l'éther facilement saponifiable qui est cristallisé, et l'autre qui est liquide.

La formule admise pour l'acide camphorique permet également de comprendre parfaitement la transformation réversible d'acide camphorique en acide isocamphorique, et par conséquent l'exis-tence de quatre acides camphoriques :

Traduite en notation stéréochimique, cette for-mule s'écrit, (en se bornant à figurer les tétraèdres des deux carbones reliés aux groupes CO²H et C³H⁷) :

Acide camphorique droit   Acide camphorique gauche

Quand on soumet l'acide camphorique droit à l'action de la chaleur, il y a permutation des groupes COOH et OH, et on arrive alors aux acides isocamphoriques :

Acide isocamphorique gauche   Acide isocamphorique droit

De même, si l'on chauffe dans les mêmes condi-tions l'acide isocamphorique, il se transforme en acide camphorique ordinaire, ce qui explique que le produit de l'action de la chaleur sur l'un ou l'autre de ces acides conduit toujours à l'acide mésocamphorique, qui est un mélange à parties égales d'un acide camphorique et d'un acide iso-camphorique ; les pouvoirs rotatoires des acides formant le mélange sont toujours de signes con-traires.

Conférence de M. A. Haller

LA FORMULE ET LA FONCTION DE L'ACIDE CAMPHORIQUE

La fonction des acides hydroxycamphocarbo-nique et cyanocampholique C¹¹H¹⁸O⁴ et C¹⁰H¹⁷CAzO² paraissant intimement liée à celle de l'acide cam-phorique, j'ai entrepris de rechercher si ce der-nier acide possède réellement la triple fonction carboxylique, alcoolique et cétonique, telle que l'indique la formule préconisée par M. Friedel.

$$COOH$$
$$COH$$
$$H^2C \diagup CO$$
$$H^2C \diagdown CH^2$$
$$CH$$
$$C^3H^7$$

J'ai commencé par préparer les deux éthers méthyliques acides isomères qui cristallisent ma-gnifiquement et qui se distinguent nettement l'un de l'autre par leurs propriétés physiques. Ces deux éthers se comportent à l'égard de la potasse comme leurs homologues supérieurs préparés par M. Friedel.

Si l'acide camphorique possède une fonction cétonique en position β par rapport à la fonction carboxylique, il doit pouvoir fournir avec la phé-nylhydrazine une sorte de pyrazolone hydroxylée soluble dans les alcalis :

$$CO - Az$$
$$HOC$$
$$H^2C \diagup C=AzC^6H^5$$
$$H^2C \diagdown CH^2$$
$$CH$$
$$C^3H^7$$

Il se forme, en effet, une combinaison répondant à cette formule ; mais elle est insoluble dans les alcalis et ne possède point les réactions des pyraz-olones.

Ce même composé a d'ailleurs été obtenu par MM. Friedel et Combes en traitant l'anhydride camphorique par la phénylhydrazine.

Ces recherches n'ayant pas conduit à un résultat décisif, j'ai traité le camphorate acide de méthyle par de la phénylcarbonimide, dans le but d'en pré-parer une espèce d'uréthane phénylée. Dans ces conditions, il se forme de l'acide carbonique, de la diphénylurée symétrique, un produit sirupeux et un corps cristallin, résultant de l'union de deux molécules de camphorate acide de méthyle avec élimination d'une molécule d'eau :

$$2 C^{11}H^{18}O^4 = H^2O + C^{22}H^{34}O^7$$

Le phtalate acide de méthyle fournit dans

les mêmes conditions de la phénylphtalimide.

Ayant trouvé que la diphénylurée donne avec les anhydrides succinique et phtalique, à une température de 150° environ, les phényl succin et phtalimide suivant l'équation.

$$R{<}^{CO}_{CO}{>}O + CO{<}^{Az HC^6 H^5}_{Az HC^6 H^5} =$$

$$= R{<}^{CO}_{CO}{>}Az C^6 H^5 + CO^2 + Az H^2 C^6 H^5$$

j'ai soumis l'anhydride camphorique à la même réaction. J'ai obtenu dans ces conditions un corps se rapprochant d'une dianilide camphorique :

$$C^8 H^{14}{<}^{CO\,Az\,HC^6\,H^5}_{CO\,Az\,HC^5\,H^5}$$

Dans tous ces essais, l'acide camphorique ne se comporte donc pas de la même manière que les acides succinique et phtalique.

Toutefois, ces faits, tout en étant en faveur de la formule de M. Friedel, ne me paraissent pas encore suffisamment décisifs pour trancher la question de la fonction de cet acide.

Conférence de M. E. Noelting

SUR LA TRIAZINE

Vous connaissez tous, Messieurs, les admirables travaux de M. Curtius sur la triazine $Az^3 H$, ce corps composé, comme l'ammoniaque, seulement d'azote et d'hydrogène, mais qui, à l'encontre de l'ammoniaque, montre des propriétés acides très prononcées. Il fournit des sels dont quelques-uns sont doués de propriétés explosives, et tout son caractère chimique est en rapport avec la dénomination d'acide azothydrique sous lequel on le désigne même plus généralement. M. Curtius a décrit plusieurs procédés pour obtenir l'azoimide, identiques en principe et ne variant que par le détail de l'expérience. Ils consistent à préparer d'abord la combinaison triazinique d'un radical acide, tel que le benzoyle ou l'hyppuryle, et à scinder celle-ci par la potasse ou les sels de l'acide correspondant et de l'azoimide, par exemple :

$$C^6 H^5 CO - Az - Az + 2\,KOH =$$

$$= C^6 H^5 COO\,K + K\,Az - Az + H^2 O$$

Ces acidyle-triazines s'obtiennent par l'action de la diamide sur les éthers des acides, et le traitement ultérieur de ces hydrazides par l'acide azoteux. comme le montrent les équations suivantes :

1) $C^7 H^5 COO\,C^2 H^5 + Az H^2 - Az H^2 =$
$- C^6 H^5 CO\,Az\,H.Az H^2 + C^2 H^5 OH;$

2) $C^6 H^5 CO\,Az - Az H^2 + H\,Az O^2 =$
$$= C^6 H^5 CO\,Az - Az H^2 + H^2 O$$

3) $C^6 H^5 CO.Az - Az H^2 = C^6 H^5 CO.Az - Az + H^2 O$

Comme on le voit, la préparation de l'acide azothydrique était une opération un peu compliquée, car il fallait, avant tout, posséder de la diamide, qui, l'année dernière, était encore un corps assez difficilement accessible. Animé du désir de voir par moi-même l'acide azothydrique et ses combinaisons, je me suis posé la question de savoir si l'on ne pourrait pas trouver un procédé plus simple pour l'obtenir, et j'y ai réussi en me basant sur les considérations suivantes.

D'après les travaux de M. Curtius, la phényltriazine ou diazobenzolimide de M. Griess, $C^6 H^5 Az - Az$ devait être considérée comme l'éther phénylique de l'acide azothydrique, tout comme le chlorobenzène $C^6 H^5 Cl$ est l'éther phénylique de l'acide chlorhydrique. Il n'y avait guère d'espoir d'obtenir l'acide azothydrique par saponification de la phényltriazine, qui, tout comme le chlorobenzène, oppose à l'action des alcalis une grande stabilité. D'autre part, quand, dans le chlorobenzène, on introduit un ou plusieurs groupes $Az O^2$, il devient de plus en plus facilement saponifiable. Par analogie, il devenait probable que les phényltriazines nitrées se laisseraient également scinder en nitrophénols et triazine. J'instituai en conséquence, en collaboration avec M. Eugène Grandmougin, une série d'expériences dans cet ordre d'idées. Nous entreprimes en premier lieu l'étude de la dinitrophényltriazine. Cette substance se laisse préparer sans difficulté, en transformant la dinitraniline en dérivé diazoïque, préparant le perbromure, et traitant celui-ci par l'ammoniaque. Les équations suivantes rendent compte de cette suite de réactions :

1) $C^6 H^3 (Az O^2)^2 Az H^2 + H^2 SO^4 + H\,Az O^2 =$
$= C^6 H^3 (Az O^2)^2 Az = Az - SO^4 H + 2 H^2 O$

2) $C^6 H^3 (Az O^2)^2 Az = Az - SO^4 H + KBr + Br^2 =$
$= C^6 H^3 (Az O^2)^2 Az - Az - Br + K H SO^4$

3) $C^6 H^3 (Az O^2)^2 Az = Az - Br + 4 Az H^3 =$
$= C^6 H^3 (Az O^2)^2 Az - Az + 3 Az H^4 Br.$

La dinitrophényltriazine ainsi obtenue se scinde sans difficulté sous l'influence de la potasse al coolique, en fournissant les sels de potassium de dinitrophénol et de triazine :

$$C^6 H^3 (Az O^2)^2 Az - Az + 2KOH =$$
$$= C^6 H^3 (Az O^2)^2 OK + K Az - Az + H^2 O ;$$

les mononitrophényltriazines ortho et para

se saponifient de la même manière, quoique moins facilement, tandis que le dérivé méta

reste inattaqué. Ici encore l'analogie avec les benzènes chloronitrés est complète.

La tribromophényltriazine

montre également une grande résistance vis-à-vis des alcalis, tandis que la dibromonitrophényltriazine

s'attaque facilement. Comme elle est d'une préparation très simple, c'est la matière première la plus pratique pour l'obtention de l'acide azothydrique d'après notre procédé.

Conférence de M. L. Maquenne

SUR QUELQUES PROPRIÉTÉS
DES MÉTAUX ALCALINO-TERREUX

On sait que l'amalgame de baryum se laisse aisément préparer par électrolyse d'une solution concentrée de chlorure de baryum, mais aussi qu'il est impossible d'en séparer entièrement le mercure par distillation dans l'hydrogène. Me trouvant, il y a quelques mois, en possession d'une assez grande quantité d'amalgame de baryum so-

lide à 3 pour 100, j'ai essayé de le soumettre à la distillation, d'abord dans le vide, puis dans un courant d'azote, à la température rouge. Ces deux opérations m'ont conduit, comme on va le voir, à des résultats nouveaux et inattendus.

Dans le vide de la trompe à mercure, l'amalgame de baryum cristallisé s'enrichit rapidement si bien que dans un simple tube de verre qui, maintenu à 350°, on peut ainsi l'amener à contenir 20 et même 25 pour 100 de métal alcalino-terreux : sous cette forme il est encore brillant, mais caverneux et tellement oxydable qu'au contact de l'air il s'échauffe instantanément.

Si maintenant on enferme cet amalgame riche dans une nacelle de fer ou de nickel (le platine serait immédiatement attaqué et fondu) et qu'on le chauffe de nouveau sous vide, à la plus haute température que puisse soutenir un tube de porcelaine, on le voit encore perdre du mercure, mais malheureusement avec projection du contenu de la nacelle, en sorte qu'à la fin de l'expérience celle-ci se trouve à peu près complètement vidée.

Je n'ai pu ainsi obtenir qu'une très petite quantité d'une poudre noire, qui prenait feu au contact de l'eau, sans laisser de résidu apparent. Il résulte de là néanmoins qu'il est possible dans ces conditions de séparer le baryum du mercure, ce qui n'avait pu être réalisé jusqu'ici.

Dans l'azote, le résultat est tout différent : dès le rouge sombre le mercure distille, presque en totalité, puis le gaz s'absorbe, le contenu de la nacelle entre en fusion et, après refroidissement, se présente sous la forme d'une masse quelquefois cristalline, à éclat semi-métallique et qui, à l'air humide, exhale une forte odeur d'ammoniaque. Le corps qui se produit dans ces circonstances est un azoture défini qui, d'après l'analyse, répond à la formule $Az^2 Ba^3$. L'eau le décompose rapidement, avec élévation de température, en hydrate de baryum et gaz ammoniac.

L'affinité toute particulière que cette expérience nous dévoile entre le baryum et l'azote permet de concevoir aisément la production des cyanures dans l'expérience classique de MM. Marguerite et Sourdeval : il suffit, en effet, de traiter l'azoture de baryum par le charbon au rouge pour le voir se transformer pour la plus grande partie en cyanure. La réaction reste toujours incomplète, même en présence d'azote en excès, et lorsqu'on traite le résidu par l'eau, on voit se dégager quelques bulles d'un gaz qui présente tous les caractères de l'acétylène : le cyanure de baryum est donc mélangé avec un carbure du même métal. Cette observation m'a conduit à chauffer l'amalgame de baryum avec du charbon, en l'absence d'azote :

dans ces conditions, il se produit encore un départ rapide du mercure, et, après l'expérience, on trouve la nacelle remplie d'une masse grise, frittée, qui, dans l'eau, dégage immédiatement un volume considérable d'acétylène : c'est évidemment un carbure C^3Ba, correspondant au produit que Wöhler a obtenu autrefois en distillant l'alliage de zinc et de calcium dans un creuset de charbon.

L'amalgame de strontium ne peut être obtenu qu'à l'état liquide par voie d'électrolyse, à cause de sa facile réaction sur l'eau; mais, dans le vide, on arrive encore à l'enrichir jusqu'à une limite de 25 °/₀ environ. Traité alors par l'azote, il se transforme immédiatement en azoture de strontium Az^4Sr^3, en tout semblable à l'azoture de baryum et qui, comme le précédent, se change en cyanure au contact du charbon.

Donc, en résumé, les métaux alcalino-terreux sont susceptibles de fixer directement l'azote ou le carbone et de donner ainsi naissance à des azotures ou à des carbures parfaitement définis, que l'eau décompose en dégageant de l'ammoniaque ou de l'acétylène.

La facilité avec laquelle on peut obtenir en grand l'amalgame de baryum et, par suite, le carbure du même métal, pourrait servir de base à un mode de préparation de l'acétylène qui serait au moins aussi pratique que tous ceux qui ont été proposés jusqu'à ce jour.

LA TEMPÉRATURE DU CERVEAU

EN RELATION AVEC L'ACTIVITÉ PSYCHIQUE

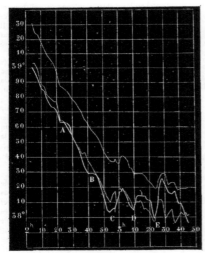

Fig. 1. — Chien rendu insensible par le laudanum. — La ligne supérieure (légère) représente la température du rectum, celle du milieu (légère), la ligne de température du sang dans l'artère carotide, la troisième (épaisse), ligne de la température du cerveau. — A, injection de 3 cmc. de laudanum. — B, bruit d'une trompette. — C, D, E, excitation électrique du cerveau. — L'ordonnée est divisée en dixièmes de degrés centigrades. L'abscisse est divisée en intervalles de dix minutes.

Dans mes recherches sur la température du cerveau, j'ai employé, de préférence à la pile thermoélectrique, des thermomètres à mercure extrêmement sensibles et construits spécialement pour ces expériences. Chaque thermomètre contient seulement 4 grammes de mercure; les instruments indiquent très rapidement les variations de température, et on peut facilement reconnaître une variation de 0,002 de degré centigrade.

J'ai étudié la température du cerveau en la comparant au sang artériel des muscles, du rectum et de l'utérus; mes observations ont porté d'abord sur des animaux soumis à l'influence de la morphine et d'autres nombreux anesthésiques; enfin sur l'homme lui-même.

Les courbes (figures 1 et 2) des observations recueillies sur des chiens insensibilisés par le laudanum (figure 1) et par le chloroforme et le laudanum (figure 2), puis soumis à des excitations de divers ordres, indiquent que, dans un profond sommeil, le bruit ou n'importe quel autre stimulant des sens est suffisant pour produire un léger développement de chaleur dans le cerveau, sans cependant éveiller l'animal.

Dans un sommeil profond, la température du cerveau peut tomber au-dessous de celle du sang artériel du reste du corps. Ceci est dû à la grande radiation de chaleur qui a lieu à la surface de la tête.

Lorsque le cerveau est soumis à l'action

ordinaire du courant interrompu, sa température augmente. La hausse de la température s'observe plus tôt dans le cerveau que dans le sang du corps, et l'augmentation est plus grande dans le cerveau que dans le courant sanguin général ou dans le rectum.

Pendant une crise épileptique provoquée par l'excitation électrique sur l'écorce cérébrale, j'ai

sang du corps. La différence de température ainsi provoquée est grande. Dans un cas la température du cerveau était de 1°,6 au-dessus de celle du sang artériel de l'aorte. De pareilles observations nous indiquent de ne pas regarder les muscles comme formant, *par excellence*, le tissu thermogénique du corps.

Pour mettre en évidence l'activité des processus

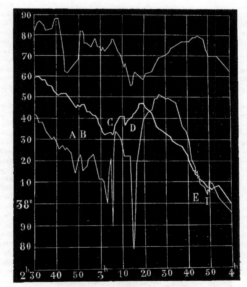

Fig. 2. — Chienne insensibilisée par le chloroforme et ensuite par le laudanum. — La ligne supérieure représente la température du vagin, celle du milieu (épaisse) celle du cerveau; la ligne inférieure, celle du sang dans l'artère carotide. — A, et B, émotion psychique. — C, excitation électrique du cerveau. — D, injection intraveineuse de 14 c. c. de laudanum. — E et I, excitation électrique du cerveau.

constaté en 12 minutes une hausse de 1° C. dans la température du cerveau.

En règle générale la température du cerveau est plus basse que celle du rectum ; mais des processus psychiques intenses, ou l'action excitante de substances chimiques, peuvent amener une très grande chaleur dans le cerveau, et sa température peut rester pendant quelque temps de 0,2 ou 0,3 de degré centigrade au-dessus de celle du rectum.

Quand on soumet un chien à l'influence du curare, la température du cerveau se maintient assez élevée, tandis que baisse celle des muscles et du

chimiques dans le cerveau, il suffit d'enfermer l'animal dans un milieu dont la température soit exactement celle du sang. Quand on a ainsi obvié aux effets de la radiation à travers le crâne, la température du cerveau est toujours plus haute que celle du rectum ; la différence s'élève à 0,5 et 0,6 de degré centigrade.

Les observations faites sur un animal éveillé tendent à montrer que le développement de chaleur dû au métabolisme cérébral peut être considérable, même en l'absence de toute activité psychique. Le maintien de la conscience appartient

8*

à l'état de veille entraîne une action chimique considérable.

Les variations de température observées dans le cerveau comme résultant de l'attention ou de la douleur ou d'autres sensations, sont excessivement peu de chose. La plus haute température observée chez le chien, sous l'action d'une grande activité psychique, |n'a pas été supérieure à 0,01 de degré centigrade. Quand un animal est conscient, un changement de connaissance ou d'activité psychique, provoqué expérimentalement , ne produit. qu'un très léger effet sur la température du cerveau.

Sous l'influence de l'opium, le cerveau est le premier organe dont la température baisse; la baisse peut continuer pendant dix-huit minutes, tandis que la température du sang et du vagin augmente.

En analysant l'action élective des narcotiques et des anesthésiques , on voit que ces drogues suspendent les fonctions chimiques des cellules nerveuses. Chez un chien complètement insensibilisé par un anesthésique, on n'obtient plus d'augmentation de température, même en stimulant l'enveloppe cérébrale par un courant électrique. Ces résultats ne peuvent pas s'expliquer par le fait des changements de la circulation du sang. La base physique du procédé psychique est probablement de la nature d'une action chimique.

Dans une autre expérience, où un animal était insensibilisé par le chloral, les courbes (fig. 3) de la température indiquent que lorsque l'on contracte les muscles d'un membre, la température des muscles augmente, mais baisse rapidement aussitôt que

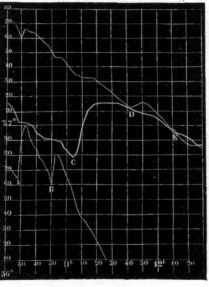

Fig. 3. — Chien insensibilisé par le chloral. — La ligne supérieure représente la température du rectum, la ligne du milieu (épaisse) celle du cerveau, la ligne inférieure celle des muscles de la cuisse. — A et B, excitation électrique des muscles. — C, injection de 10 centigrammes de cocaïne dans la veine saphène. — D, E, variations spontanées dans la température du rectum.

tombe l'excitation, et redevient normale. Cela cependant n'est pas le cas d'un cerveau excité par un courant électrique. Là, le stimulant provoque une plus grande production de chaleur; la température peut augmenter pendant plusieurs minutes, alors même que l'excitation a cessé, souvent pendant une demi-heure. Cela explique peut-être pourquoi les convulsions épileptiformes ne se développent pas immédiatement sous l'action d'une stimulation électrique sur l'écorce cérébrale, mais n'apparaissent quelquefois qu'après une période de plusieurs minutes.

Cette expérience peut montrer l'action élective exercée sur le cerveau par les remèdes stimulants. Une injection de 10 centigrammes de chlorhydrate de cocaïne produit sur le cerveau une hausse de température de 0,36 de degré centigrade, sans qu'on observe aucun changement dans la température des muscles ou du rectum. Chez le chien curarisé , l'intervention des muscles est exclue, de sorte que l'action de la cocaïne sur le cerveau peut produire une augmentation de 4°C : j'ai, en effet, observé une augmentation de 37° à 41°C. Cela montre que dans la topographie calorifique de l'organisme, une grande place doit être assignée au cerveau.

Il semble permis d'espérer que cette méthode de l'examen thermométrique des différents organes du corps contribuera puissamment à éclairer les phénomènes de la vie.

Cet article résume la *Croonian Lecture* que vient de faire devant la Société Royale de Londres le Professeur

Angelo Mosso,
Professeur de Physiologie
à l'Université de Turin.

LES PHÉNOMÈNES DU MAGNÉTISME TERRESTRE

La propriété directrice de l'aiguille aimantée paraît avoir été connue des Chinois dès la plus haute antiquité; en Europe, l'emploi de la bous-

c'est seulement près d'un siècle plus tard qu'on a commencé à tenir registre des indications de la boussole.

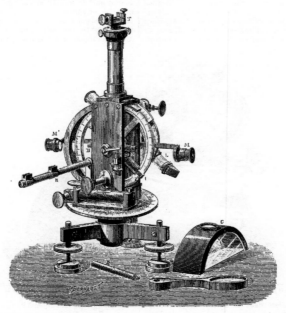

Fig. 1. — Théodolite-boussole de voyage. — B, B', barreaux aimantés. — T, treuil de suspension du fil. — I, index pour les pointés de la position du barreau. — M, M', microscope pour la mise au point. — E, plan d'arrêt des oscillations du barreau. — L, lunette pour l'observation du soleil. — V, vis de manœuvre du plan d'arrêt. — C, pièce de fermeture de la cage de l'appareil. — N, niveau. — R, tige munie de deux étriers, pour supporter le barreau déviant, dans la mesure de la composante horizontale.

sole, comme moyen de se diriger en mer, remonte à la fin du XII⁰ siècle, et, d'après nos anciens chroniqueurs, les navigateurs français s'en servaient du temps de Saint Louis. Au XV⁰ siècle, l'usage de la boussole était déjà très répandu; Christophe Colomb, dans son premier voyage, en 1492, observait régulièrement la direction de l'aiguille aimantée; ce fut même lui qui, le premier, découvrit que cette direction, que l'on supposait constante, varie avec les positions géographiques. Toutefois,

Les plus anciennes séries d'observations magnétiques sont celles de Paris et de Londres. En 1580, la déclinaison était orientale de 11°30' à Paris; elle a diminué peu à peu et était nulle en 1666; elle devint ensuite occidentale et atteignit sa plus grande valeur à l'ouest en 1814 (22° 34'). La déclinaison, diminuant depuis lors, n'est plus actuellement que de 15° 30'.

Les observations de l'inclinaison ne remontent pas au delà de 1671. A cette époque, l'inclinaison était de 75° à Paris; elle diminue régulièrement depuis; sa valeur actuelle est de 65° 10'. L'inclinaison atteindra vraisemblablement son minimum lorsque la déclinaison redeviendra nulle, c'est-à-dire vers 1960.

Un siècle plus tard, les observateurs se préoccupèrent de déterminer l'intensité magnétique, à laquelle on n'avait pas prêté grande attention jusque-là. Le mérite d'avoir provoqué des recherches sur cette question revient à l'Académie des Sciences, qui rédigea, pour les officiers de l'expédition dirigée par La Pérouse, des instruc-

tance de cette constatation, il ne publia ses résultats qu'après en avoir appris la confirmation par les expériences ultérieures de Humboldt dans l'Amérique équatoriale, de 1798 à 1804. Au Pérou, par 7° 2' de latitude sud, et 81° 8' de longitude ouest, Humboldt observa que l'aiguille d'inclinaison oscillait plus lentement qu'au nord et au sud; il en conclut qu'il se trouvait sur la ligne de moindre intensité, et adopta comme unité l'intensité observée en ce point. C'est à cette unité que, pendant longtemps, les observations ont été rapportées. Ainsi, une aiguille d'inclinaison exécutait, dans le

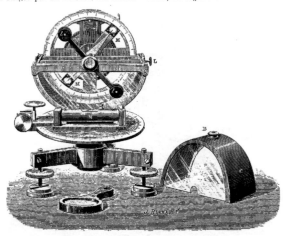

Fig. 2. — Boussole d'inclinaison de voyage. — I, aiguille d'inclinaison. — MM, miroirs concaves pour les pointés de la position de l'aiguille. — L, levier pour soulever l'aiguille. — N, niveau. — B, couvercle de la cage.

tions détaillées, dans lesquelles il leur était prescrit « d'estimer la force magnétique par la durée des oscillations d'une bonne aiguille d'inclinaison. » Les observations ont malheureusement été perdues dans le naufrage de l'*Astrolabe* et de la *Boussole;* mais, en cours de route, l'un des membres de l'expédition, Paul de Lamanon, avait écrit à Condorcet une lettre dans laquelle il annonçait que, d'après ses observations, la force attractive de l'aimant est moindre sous les tropiques que vers les pôles, et que l'intensité augmente avec la latitude. De Rossel, qui accompagnait d'Entrecasteaux dans son voyage à la recherche de La Pérouse, eut l'occasion de vérifier cette découverte; mais il faut croire que ses observations ne lui inspiraient pas toute confiance, car, malgré l'impor-

même temps, 245 oscillations à Paris, et 211 seulement au Pérou. Si l'on représente par f et f' les intensités respectives en ces deux points, on a :

$$\frac{f}{f'} = \left(\frac{245}{211}\right)^2$$

et si $f' = 1$,

$$f = \left(\frac{245}{211}\right)^2 = 1,348,$$

nombre qui représente l'intensité à Paris, comparée à celle du Pérou, prise comme unité.

On conçoit que cette méthode, qui ne donne d'ailleurs que des valeurs relatives, ne soit pas susceptible d'une grande précision, pour différentes causes, dont la principale est la variation de la force magnétique de l'aiguille avec le temps et surtout avec la température.

Enfin, Gauss, reprenant une idée de Poisson, proposa une méthode et fit construire un appareil permettant la mesure absolue de l'intensité : cette méthode est employée exclusivement aujourd'hui.

I

Avant de montrer comment les observations, présentées sous une forme graphique, ont pu servir à la recherche des lois qui régissent les phénomènes magnétiques, nous indiquerons brièvement les moyens employés pour recueillir les matériaux.

On sait que les éléments magnétiques, indépendamment des variations qu'ils subissent avec les lieux, sont encore soumis à des variations périodiques et à des variations accidentelles ou perturbations. L'étude complète de ces variations ne peut être poursuivie que dans des observatoires permanents, pourvus d'appareils spéciaux capables de suivre à tout instant les moindres mouvements de l'aiguille aimantée.

Imaginons un aimant constitué par un tube d'acier fermé à ses extrémités, et dont les dimensions soient telles qu'il se tienne en équilibre, par exemple, dans un bain d'huile à une température constante : cet aimant prendrait de lui-même la direction de la force magnétique. Mais cette disposition délicate ne permettrait guère de suivre rigoureusement les mouvements de l'aimant, et, dans la pratique, la direction du champ terrestre est déduite de deux opérations : 1° une aiguille aimantée horizontale, suspendue à un fil sans torsion, se tient en équilibre dans le plan vertical qui contient la

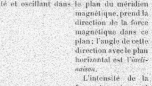

Fig. 3. — Déclinomètre. — A, colonne métalhque. — V, treuil de suspension du fil. — M, barreau aimanté. — R, miroir mobile avec le barreau. — R', miroir fixe. — e, vis de réglage du miroir fixe. — L, lentille. — C, cercle horizontal inférieur. — C', cercle horizontal supérieur. — P, P', vis de réglage des cercles.

force magnétique : la *déclinaison* est l'angle que fait ce plan avec celui du méridien géographique ; 2° une seconde aiguille, suspendue par son centre de gravité et oscillant dans le plan du méridien magnétique, prend la direction de la force magnétique dans ce plan ; l'angle de cette direction avec le plan horizontal est l'*inclinaison*.

L'intensité de la force terrestre est habituellement obtenue par l'observation de l'une de ses deux composantes, horizontale ou verticale. Les recherches magnétiques portent donc sur cinq éléments : déclinaison, inclinaison, composante horizontale, composante verticale, force totale. La déclinaison ne peut être connue que par l'observation directe, tandis que les quatre autres éléments ont entre eux des relations telles qu'il suffit d'en déterminer deux pour en déduire les deux autres par le calcul.

Les appareils magnétiques sont de deux sortes, selon qu'ils doivent servir à la mesure absolue des divers éléments, ou en donner seulement les variations. Les mesures absolues comprennent habituellement la déclinaison, la composante horizontale de l'intensité, et l'inclinaison ; elles sont effectuées avec deux appareils seulement, un *théodolite-boussole*, servant à la détermination des deux premiers de ces éléments, et une *boussole d'inclinaison*.

Les figures 1 et 2 représentent les derniers modèles de ces instruments construits par nos habiles artistes, MM. Brunner. Une description détaillée de ces appareils nous entraînerait trop loin ; nous dirons seulement que, sans sacrifier en rien la précision, on a cherché à les rendre réellement portatifs par la réduction de tous les organes. Comme dans tous les appareils de ce genre, le théodolite - boussole permet de déterminer le méridien géographique par l'observation d'un astre au moyen de la lunette L, et le méridien magnétique par la position d'équilibre d'un barreau aimanté B suspendu à un fil de soie sans torsion dans la cage de l'instrument.

Pour mesurer la composante horizontale en valeur absolue par la méthode de Gauss, on fait osciller un barreau aimanté horizontal, et on note la durée d'une oscillation : cette première expérience donne le produit H M de la composante horizontale H par le moment magnétique M du barreau ; on étudie ensuite l'action de ce barreau sur un autre, ce qui donne le rapport $\dfrac{M}{H}$; c'est à cette expérience spéciale que sert la tige R de la fig. 1. Connaissant le produit et le rapport des deux quantités , on peut les calculer l'une et l'autre [1].

Fig. 4. — Balance magnétique. — M, aiguille de la boussole. — G, plan d'arrêt pour immobiliser l'aiguille. — a, index de réglage de l'aiguille. — e, écrou pour régler le centre de gravité, et par suite la sensibilité de l'aiguille. — R, miroir mobile, solidaire avec l'aiguille. — R', miroir fixe. — e', écrou pour amener l'aiguille dans un plan horizontal. — C, cercle horizontal. — P, vis de réglage du cercle horizontal. — V, vis de manœuvre du plan d'arrêt G. — T, thermomètre. — S, prisme à réflexion totale, pour renvoyer les images dans un plan horizontal. — B, couteau reposant sur un plan d'agate.

[1] Gauss avait adopté comme unités de mesure le millimètre, la masse du milligramme et la seconde; les Anglais, tout en employant sa méthode, ont introduit dans leurs observations leurs unités de mesure, savoir : le pied et la masse du grain. D'après une décision du Congrès de Paris (1881), on emploie généralement dans les mesures actuelles le centimètre, la masse du gramme et la seconde (système C. G. S.). Ces différents systèmes sont entre eux dans les rapports suivants :

1 unité C. G. S. = $\dfrac{1}{10}$ unité de Gauss = 0,46108 unité anglaise.

La construction de la boussole d'inclinaison ne diffère que par des perfectionnements de détail du modèle créé par Gambey.

Les boussoles représentées dans les figures 1 et 2 donnent la valeur des éléments au moment même de l'opération, et servent à établir et à vérifier les repères des *appareils de variations*, qui sont les véritables instruments d'observations courantes.

Les boussoles de variations, construites par M. Carpentier, sont au nombre de trois : le *déclinomètre*, le *bifilaire* et la *balance magnétique*. Dans le déclinomètre (fig 3), le barreau aimanté est suspendu à un fil sans torsion et s'oriente de lui-même dans le méridien magnétique. Le bifilaire sert à mesurer les variations de la composante horizontale ; sa forme extérieure est sensiblement celle du déclinomètre ; seulement, ici, le barreau est suspendu à deux fils parallèles, et est amené par une torsion du treuil de suspension , à se tenir en équilibre dans un plan perpendiculaire au méridien magnétique; son pôle nord tend à se rapprocher ou à s'éloigner du nord magnétique, selon que la composante horizontale augmente ou diminue. Enfin la balance magnétique (fig. 4) donne les variations de la composante verticale. Le barreau, suspendu par son centre de gravité, prendrait de lui-même la direction d'une aiguille d'inclinaison, mais on le ramène dans un plan horizontal au moyen d'un contrepoids e'. Les écarts de la position moyenne de ce barreau sont dans un sens ou dans l'autre, selon que la composante verticale augmente ou diminue.

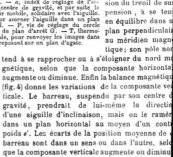

On observe par la méthode du miroir. Chaque appareil est muni de deux miroirs, dont l'un R' est fixe, l'autre R est solidaire avec la monture du barreau, dont il suit tous les mouvements; comme dans toutes les expériences de ce genre, une lunette et une échelle divisée complètent l'installation. En observant ces appareils au moins une fois par heure, on pourrait se former une idée de l'étendue des variations des divers éléments; mais cette méthode assujettissante a été plus ou mions délaissée depuis l'emploi des *magnétographes*, et les lectures des appareils à lecture directe ne servent plus que de contrôle aux indications fournies par les instruments à inscription automatique.

L'enregistreur magnétique le plus répandu

L'enregistrement continu des variations magnétiques est basé sur la propriété du gélatino-bromure d'argent d'être vivement impressionné par la lumière. Dans le magnétographe de M. Mascart, construit par M. Pellin, le foyer lumineux est constitué par une petite lampe à essence, placée au milieu d'une lanterne munie de trois montures métalliques portant, avec une lentille, une fente verticale étroite. L'une des fentes envoie un rayon sur le déclinomètre, la deuxième sur le bifilaire et la troisième sur la balance. Les images lumineuses des fentes, après s'être réfléchies sur les miroirs, sont renvoyées sur le papier sensible, qu'un mouvement d'horlogerie déplace régulièrement. On obtient ainsi, sur chaque *magnétogramme*,

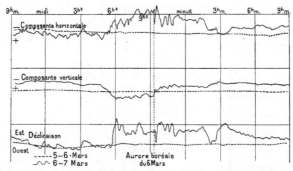

Fig. 5. — Courbes fournies par le magnétograhe de M. Mascart, à l'Observatoire du Parc Saint-Maur, du 5 au 7 mars 1892.

jusqu'en 1881 est celui qui est connu sous le nom de *magnétographe de Kew*; à cette époque, M. Mascart imagina et fit construire un nouvel enregistreur, qui fonctionne maintenant non seulement en France, mais dans les diverses stations magnétiques de l'Étranger créées dans ces dernières années. Les principales améliorations réalisées par l'appareil de M. Mascart sont les suivantes : plus grande sensibilité obtenue par l'emploi de barreaux courts, réduction du prix du magnétographe, diminution des dimensions de la salle d'installation, emploi d'une source lumineuse unique pour les trois boussoles, enregistrement des trois éléments sur la même feuille de papier sensible, et, comme conséquence, réduction des frais d'entretien. C'est seulement depuis l'emploi des barreaux courts qu'on a pu constater les troubles particuliers produits sur les aimants par les tremblements de terre, ou par les chutes de foudre qui surviennent dans leur voisinage.

six traces, dont trois droites qui sont les lignes de repère de chaque élément, et trois courbes qui en donnent les variations.

L'heure est enregistrée directement sur les courbes par un courant électrique fourni par une faible pile ; un régulateur à contacts est disposé de façon que le circuit soit fermé toutes les trois heures pendant quelques secondes, au moment précis de l'heure pleine. Le courant passe dans des bobines sans fer placées à côté de chaque appareil, provoque des oscillations des barreaux et un trouble passager dans la partie correspondante des courbes. Des expériences spéciales permettent de déterminer avec précision la valeur du millimètre sur l'ordonnée de chaque courbe.

Nous donnons ici (fig. 5) un spécimen réduit des courbes obtenues; les lignes ponctuées se rapportent au 5-6 mars 1892 et donneront une idée de la marche habituelle des phénomènes ; les lignes pleines sont celles du lendemain, jour de perturbation magnétique accompagnée d'une aurore boréale à Paris même.

On relève ainsi, chaque jour, des courbes qui donnent la variation diurne des divers éléments. La moyenne des courbes d'une année donne la variation diurne moyenne, et la variation diurne normale résulte de la moyenne des courbes annuelles. La figure 6 montre la marche diurne des divers éléments à Paris pour une période de six années consécutives, de 1883 à 1888. On voit que la déclinaison, par exemple, passe par une double

ment, les magnétographes sont beaucoup trop clairsemés, et si la France arrive au premier rang avec 8 stations pourvues de cet appareil [1], on n'en compte que 14 dans tout le reste de l'Europe [2], et 11 dans l'ensemble des autres parties du monde [3]. Sur ces 33 enregistreurs, 4 seulement se trouvent dans l'hémisphère sud : il n'en existe pas encore dans l'Amérique méridionale. Il est vrai que, dans un assez grand nombre d'observatoires, on note plus ou moins fréquemment les valeurs ou les variations des éléments magnétiques; néanmoins

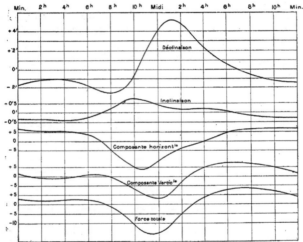

Fig. 6. — Variation diurne des éléments magnétiques à l'observatoire du Parc Saint-Maur (1883-1888).

oscillation; dans l'oscillation principale, qui se produit pendant que le Soleil est sur l'horizon, le minimum a lieu, en moyenne, vers 8 h. 20 du matin, plus tôt en été, plus tard en hiver, et le maximum vers 1 h. 20 du soir; l'oscillation secondaire de nuit a son minimum vers 11 heures du soir, et son maximum vers 3 heures du matin. Les autres éléments magnétiques ont également une période diurne bien caractérisée, dont la cause ne peut être attribuée qu'à l'influence, directe ou indirecte, du Soleil.

Si les observatoires magnétiques étaient plus nombreux, et surtout plus convenablement répartis, ils pourraient suffire à donner, au moins dans sès grands traits,une idée de la représentation des phénomènes à la surface du globe. Malheureuse-

l'ensemble des stations permanentes est encore bien insuffisant.

II

La recherche des lois qui gouvernent les phénomènes de la physique du globe, est subordonnée à la coordination et à la comparaison des résultats fournis par des observations nombreuses recueillies dans les diverses régions. La

[1] Besançon, Clermont-Ferrand, Lyon, Nantes, Nice, Paris (Parc Saint-Maur), Perpignan, Toulouse. — Des observations directes sont recueillies à Bordeaux et à Marseille.
[2] Kew, Groenwich, Stonyhurst, Pawlowsk (Saint-Pétersbourg), Wilhelmshaven, Lisbonne, San Fernando, Utrecht, Berlin, Vienne, Pola, Bruxelles, Copenhague, Rome (en installation).
[3] Bombay, Zi-Ka-Wei (près Sanghaï), Toronto (Canada), Melbourne, Batavia, Ile Maurice, Manille, Los Angeles (Californie), Washington, Tokio, Tananarive (en installation).

théorie des phénomènes magnétiques, si imparfaite encore, et d'ailleurs si complexe, doit, comme toutes les théories, rendre compte de tous les faits mis en évidence par l'observation ; l'étude de ces phénomènes est facilitée par les *cartes magnétiques*.

Vers la fin du xviiᵉ siècle, les observations de la déclinaison étaient déjà assez nombreuses, au moins dans les régions fréquentées par les navigateurs, pour montrer une certaine régularité dans les différences observées, suivant les lieux. La première carte des lignes d'égale déclinaison, des *isogones*, a été construite par Halley,

magnétiques de M. Neumayer, qui sont les plus récentes ; elles ont été dressées pour le 1ᵉʳ janvier 1885 en utilisant toutes les observations modernes, dont le réseau s'est enrichi des résultats obtenus dans les expéditions polaires organisées en 1882 par les différentes nations maritimes du globe.

La carte (fig. 7) représente la distribution des *isogones*. On voit que la déclinaison est occidentale dans la partie est de l'Amérique du Nord, dans le nord-est du Brésil, sur l'Atlantique, l'océan Indien, en Afrique et en Europe ; au contraire, elle

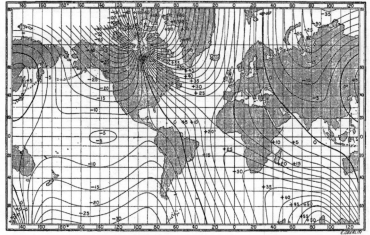

Fig. 7. — Lignes d'égale déclinaison au 1ᵉʳ janvier 1885 ; d'après M. Neumayer. Les déclinaisons occidentales sont précédées du signe +, et les déclinaisons orientales, du signe —.

d'après des déterminations faites en 1700. D'autres savants, parmi lesquels nous citerons Hansteen en 1819, Duperrey en 1826, Barlow en 1833, Sabine en 1838, et plus récemment Evans et M. Neumayer, ont également publié des cartes des isogones, dont l'exactitude augmentait à mesure de l'accroissement du nombre des points d'observation, de la précision des méthodes, du perfectionnement des boussoles.

L'inclinaison fut soumise pour la première fois à une représentation graphique par un savant suédois, Wilcke, en 1768. La plupart des auteurs que nous venons de citer pour la déclinaison ont également publié des cartes de la distribution de l'inclinaison, puis de l'intensité.

Nous reproduisons ici une réduction des cartes

est orientale sur la presque totalité de l'Amérique, sur l'océan Pacifique et en Asie [1]. Le cercle plus ou moins régulier qui limite ces zones, ou *ligne sans déclinaison*, partage le globe en deux hémisphères inégaux ; il part du pôle magnétique nord, se dirige vers le pôle géographique, passe à l'est du Spitzberg, au cap Nord, à Saint-Pétersbourg, à Astrakan, au golfe d'Oman, entame la partie occidentale de l'Australie et gagne le pôle magnétique sud. Il remonte ensuite par la Géorgie du Sud, passe à l'ouest de Rio-Janeiro, traverse la Guyane, l'est des Antilles, et rejoint le pôle nord par la région des lacs des États-Unis. Ce cercle

---

[1] Dans la partie orientale de la Chine et au Japon, la déclinaison est occidentale.

8**

sans déclinaison coupe l'équateur terrestre par 57° de longitude ouest et par 78° de longitude est; il s'ensuit qu'à l'équateur, la déclinaison est occidentale sur 135° seulement, et orientale sur 225°.

La figure 8 représente les *isoclines*. La ligne sans inclinaison ne se confond pas avec la ligne équinoxiale, qu'elle coupe une première fois au nord des îles de la Polynésie. En la suivant vers l'ouest, on voit qu'elle s'éloigne peu à peu au nord de l'équateur jusqu'au centre de l'Afrique; elle s'en rapproche ensuite rapidement, le coupe de nouveau au sud de la Guinée et atteint la côte du Brésil au

ment, et M. Neumayer s'est conformé à cet usage en publiant la carte (fig. 9). Dans les régions équatoriales, où l'inclinaison est faible, l'aiguille aimantée est soumise surtout à l'action de la composante horizontale, qui atteint sa valeur maximum, 0,38 unités C. G. S, dans l'île de Bornéo; un maximum secondaire, 0,36, se montre à l'ouest de l'isthme de Panama. La ligne de plus grande composante horizontale se tient presque tout entière dans l'hémisphère nord, et, par suite, ne se confond pas avec la ligne sans inclinaison. Cet élément diminue de part et d'autre de la zone équatoriale, et

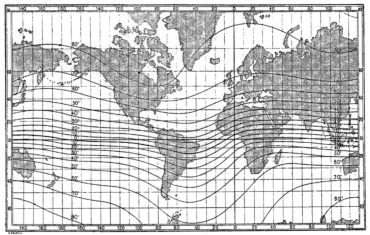

Fig. 8. — Lignes d'égale inclinaison au 1er janvier 1885; d'après M. Neumayer.

sud de Bahia, par 15° de latitude sud, pour revenir enfin jusqu'au premier nœud.

L'inclinaison augmente d'abord rapidement de part et d'autre de cette ligne, qu'on appelle quelquefois *équateur magnétique*; à mesure qu'elle croît en valeur absolue, sa variation avec la latitude diminue; on sait qu'aux pôles magnétiques, l'aiguille se tient verticale; l'inclinaison y est de 90°. On remarquera que les isoclines sont à peu près parallèles aux lignes de latitude le long du cercle sans déclinaison, et qu'elles présentent une double courbure très prononcée vers les régions polaires.

Nous avons dit que l'intensité magnétique totale n'est pas observée directement; on la déduit de la mesure de la composante horizontale. Aussi on dresse généralement la carte de ce dernier élé-

devient nul vers les pôles magnétiques; à Paris, sa valeur actuelle est de 0,1952.

La composante verticale, comme l'inclinaison, décroît au contraire des pôles vers l'équateur, et sa représentation graphique conduirait à un système de courbes à peu près semblable à celui des isoclines.

L'intensité magnétique totale croît des régions équatoriales vers les pôles, ainsi que l'avaient constaté les premiers observateurs vers la fin du siècle dernier, par la durée des oscillations de l'aiguille d'inclinaison. Le minimum absolu se rencontre au milieu de l'Atlantique, sur le tropique du Capricorne, où la valeur de l'intensité totale est inférieure à 0,8, celle du Pérou étant prise comme unité. L'intensité est de 1,9 vers le pôle magnétique nord, et de 2,1 *vers* le pôle magnétique sud, en sorte que la plus faible valeur est à la plus grande dans le rapport de 1 à 2,8. Les courbes de l'intensité totale, comme celles de ses deux composantes et de l'inclinaison, ont une double courbure dont les inflexions s'accentuent avec la latitude.

Les pôles magnétiques, points de convergence des différentes directions de l'aiguille aimantée, ou des méridiens magnétiques, ne coïncident pas avec les *foyers d'intensité*, et même la double

en 1840. Sabine a montré que l'existence de deux foyers d'intensité dans l'hémisphère sud résulte également des observations faites par James Ross, dans son expédition antarctique de 1840-1843.

La variation séculaire des éléments magnétiques sur le globe ressort de la comparaison des cartes actuelles avec les cartes anciennes. La ligne sans déclinaison, par exemple, qui passait à Paris en 1666, a progressé vers l'ouest avec le système entier des isogones, et se trouve maintenant de l'autre côté de l'Atlantique. La ligne sans inclinai-

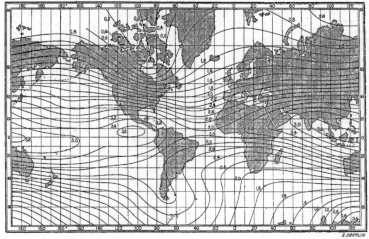

Fig. 0. — Lignes d'égale composante horizontale au 1er janvier 1885; d'après M. Neumayer.

inflexion des courbes d'intensité indiquerait qu'il existe dans chaque hémisphère deux foyers de force inégale. Dans l'hémisphère nord, le foyer principal est à une latitude moindre que le pôle magnétique; on le rencontre au sud de la baie d'Hudson, tandis que le foyer secondaire couvre le nord de la Sibérie.

L'idée d'un double foyer d'intensité dans chaque hémisphère a été émise par Halley à une époque où l'on ne possédait aucune donnée de cet élément, et au seul aspect des isogones, qui pourtant étaient alors bien imparfaites. Reprise par Hansteen, cette hypothèse semble vérifiée par l'observation; le foyer d'intensité sibérien a été reconnu en 1828-30 par les observations d'Hansteen, Erman et Duc, et celui de l'Amérique, par Lefroy

son se déplace vers le nord; en même temps, les nœuds, c'est-à-dire les points où cette ligne coupe l'équateur, progressent vers l'ouest, ce qui indique un mouvement général dans la direction du pôle magnétique.

Les positions actuelles des pôles magnétiques sont les suivantes :

Pôle Nord...... Latitude, 70°30'; longitude ouest, 100°.
Pôle Sud....... Latitude, 73°39'; longitude est, 143°53'.

Les pôles magnétiques semblent exécuter autour des pôles géographiques un mouvement de rotation dont le cycle serait d'environ 600 ans, autant qu'on en peut juger par une période d'observation encore bien insuffisante. On ignore la cause de ce mouvement. L'hypothèse d'un aimant central, de Gilbert, ou celle de deux aimants animés de mouvements différents, émise par Halley, ne sont que des conceptions ingénieuses destinées à rendre compte des faits observés. Il est bien difficile d'admettre que l'aimantation puisse subsister à la haute température probable du centre de la Terre.

III

Outre la variation diurne et la variation séculaire, les éléments magnétiques éprouvent parfois des variations accidentelles plus ou moins accentuées ; nous en avons donné un exemple remarquable dans la figure 5. Une grande perturbation magnétique s'est produite en novembre 1882 ; la comparaison des résultats recueillis dans les observatoires et par les expéditions polaires, dans l'un et l'autre hémisphères, a montré que ces modifications profondes de l'état magnétique sont simultanées sur toute la surface du globe (disons, en passant, que cette simultanéité est une grave objection contre l'hypothèse d'une relation entre les perturbations magnétiques et les vicissitudes atmosphériques). Mais si les perturbations de l'aiguille aimantée sont rarement aussi intenses, elles n'en sont pas moins très fréquentes et les journées de calme magnétique parfait sont excessivement rares. Dans le but de rechercher la cause de ces perturbations, Sabine a discuté les observations horaires faites en différentes stations et a montré : 1° que les perturbations magnétiques sont soumises à une loi de périodicité, la durée de la période étant d'un jour solaire ; 2° que les écarts ont des lois particulières, selon qu'ils sont dans un sens ou dans l'autre ; 3° que ces lois sont d'un caractère différent de celle qui gouverne le mouvement diurne régulier de l'aiguille.

En étudiant à ce point de vue les perturbations observées au Parc Saint-Maur de 1883 à 1887, nous sommes arrivé aux mêmes résultats. Il semble donc, comme dans les variations régulières, que la cause des perturbations doive être rapportée à l'action du Soleil. D'ailleurs, en rapprochant les phénomènes magnétiques de la période undécennale des taches solaires, on a constaté que l'amplitude des mouvements réguliers de l'aiguille, aussi bien que l'amplitude et la fréquence des perturbations magnétiques, passe par un maximum à l'époque du maximum des taches solaires et par un minimum lorsque l'activité solaire passe elle-même par un minimum. Il existe aussi une relation bien établie entre les perturbations magnétiques et les aurores polaires.

Ainsi donc, tandis que la variation séculaire est due au déplacement des pôles magnétiques, la variation diurne et les variations accidentelles paraissent se rattacher à une influence solaire, dont la nature n'est pas encore déterminée. Quant au

fait lui-même du magnétisme du globe, il ne semble pas douteux qu'il ne doive être attribué à une cause intérieure, conformément à la théorie de Gauss.

IV

Si l'on se reporte aux cartes magnétiques du globe, on verra que, dans chacune d'elles, le réseau des courbes affecte une grande régularité d'allure ; il n'en peut être autrement, à cause de l'échelle réduite adoptée pour les construire. Mais si l'on étudie une certaine étendue de pays dans ses détails, on est amené à constater des *anomalies* plus ou moins accentuées. On a remarqué depuis longtemps que dans certains milieux, dans les terrains primaires et les régions volcaniques, par exemple, l'aiguille aimantée est soumise à des irrégularités attribuées à l'influence de roches qui, par leur composition chimique, seraient de nature à exercer une action sur la boussole. Mais on a observé également des anomalies bien caractérisées dans des régions considérées comme soustraites à l'influence des causes minéralogiques. Nous n'en rapporterons qu'un exemple frappant choisi dans nos propres observations :

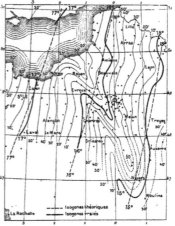

Fig. 10. — Anomalie magnétique du bassin de Paris (déclinaison).

Le bassin de Paris, au point de vue géologique est constitué par des terrains stratifiés, tertiaire et secondaires, et. dans les différents sondages qui y ont été effectués, on n'a rencontré aucune roch de nature à agir sur l'aiguille aimantée, bien qu'à Paris même on ait creusé des puits artésiens à plus de 500 mètres de profondeur. Pourtant, nous avons constaté, par des mesures directes effectuées en deux cents stations environ, que les éléments magnétiques y sont profondément troublés, ainsi que le montre la figure 10, représentant à la fois les isogones théoriques (lignes ponctuées) et les isogones vraies (lignes pleines). Les isogones observées se confondent avec les isogones théoriques sur une ligne qui, partant de Fécamp, se dirigerait un peu à l'est de Bourges. Cette ligne parait se continuer sur l'Angleterre, depuis l'île de Wight jusqu'au voisinage d'Oxford, ainsi que l'ont constaté MM. Rücker et Thorpe dans leur *Magnetic Survey* des iles Britanniques. La déclinaison est trop grande à l'est et trop faible à l'ouest de cette ligne ; l'écart est de + 13′ à Mantes, + 20′ à Chevreuse, + 26′ à Gien, + 42′ à Sancerre ; de − 12′ à Lisieux, Evreux, Orléans, − 13′ à Lamotte-Beuvron, − 21′ à Auneau. Les choses se passent donc comme si le pôle nord de l'aiguille aimantée était attiré de part et d'autre par une force assimilable à l'action d'un pôle sud. Comme conséquence, on doit rencontrer, le long de la ligne centrale d'anomalie, un excès de l'inclinaison et un défaut de la composante horizontale : c'est, en effet, ce que montre l'observation.

La régularité si longtemps admise dans les phénomènes magnétiques n'est plus aussi nette depuis que les observateurs s'attachent, en multipliant les points d'observation, à en donner une représentation plus fidèle. Mais l'extension si nécessaire des réseaux ne date que de ces dernières années dans quelques pays et est bien loin d'être généralisée ; ainsi l'anomalie si remarquable du bassin de Paris n'avait jamais été soupçonnée, bien qu'elle affecte les différents éléments à Paris même. Des irrégularités de même nature ont été constatées récemment en Angleterre, en Autriche, dans l'Allemagne du Nord, en Russie, au Japon, etc.

Il est extrêmement probable que ces irrégularités dans l'état magnétique de certaines régions sont dues non plus à une influence cosmique, mais à une action intérieure à la Terre, confirmant ainsi les vues théoriques de Gauss. Et ici se présentent deux hypothèses. La première, qui a longtemps régné sans partage, a pour base l'influence des roches magnétiques ; d'après cette théorie, les anomalies observées seraient expliquées par la présence, dans le sol, de masses magnétiques plus ou moins considérables, douées de polarité et pouvant se trouver à de grandes profondeurs. La seconde, à laquelle les physiciens commencent à se rallier, est une conséquence de la théorie d'Am-

père sur les actions mutuelles des courants et des aimants.

Ampère avait émis l'opinion que les phénomènes du magnétisme terrestre pourraient bien se rattacher à l'action de courants électriques circulant dans les couches superficielles du globe, et dirigés perpendiculairement à l'aiguille aimantée. Bien que la cause de ces courants soit encore inexpliquée, leur existence a été mise hors de cause par les expériences de M. Blavier en France, de M. Airy en Angleterre, de M. Wild en Russie, etc. M. Blavier a montré, par un enregistrement continu, que les courants terrestres subissent de grandes variations d'intensité pendant les perturbations magnétiques ; on sait d'ailleurs que dans certaines circonstances, comme lors de la grande perturbation magnétique du 13 février dernier, ces courants se manifestent par les troubles qu'ils apportent dans les transmissions télégraphiques.

Les courants terrestres emploient les terrains de surface comme conducteurs ; or, de grandes cassures ou failles peuvent mettre en présence des terrains de conductibilité très inégale ; des différences de compression ou d'humidité d'un même terrain produiraient également le même effet. D'après les travaux de M. de Lapparent, il existe des dislocations de grande étendue dans le bassin de Paris ; on sait aussi que les couches crétacées y ont subi, à certaines époques géologiques, des plissements auxquels doivent correspondre des différences de compression se traduisant par des différences de résistance pour les courants terrestres.

M. Naumann est d'avis que les déformations des lignes magnétiques sont intimement liées aux modifications que les accidents géologiques impriment aux courants terrestres, et que l'influence propre des roches magnétiques ne serait pas de nature à produire les anomalies observées. D'un autre côté, MM. Rücker et Thorpe, tout en convenant que nos connaissances sur ce point sont encore bien imparfaites, pensent, au contraire, qu'il est bien difficile d'imaginer une hypothèse qui rende mieux compte des phénomènes que celle de l'influence des roches. Il ne semble pas que les deux causes principales invoquées pour expliquer les anomalies magnétiques soient exclusives l'une de l'autre. En effet, les résultats obtenus récemment par M. Gyllenskiöld dans la Suède méridionale, où le fer oxydulé est très abondant, sont tellement discordants que l'auteur n'a pas pu les utiliser au tracé des lignes magnétiques vraies, ce qui impliquerait l'influence de roches situées dans le voisinage immédiat des boussoles ; tandis que les déformations de ces lignes dans le bassin de Paris, par la régularité de leur allure, paraissent se rattacher à une cause plus générale.

Les observateurs doivent maintenant porter toute leur attention sur ces irrégularités, et cousigner les écarts entre les résultats attendus et les résultats observés. L'étude des perturbations des phénomènes généraux, qui a été si féconde en astronomie et à laquelle on doit notamment la découverte de Neptune, pourrait être appliquée avec succès aux anomalies magnétiques; il faudrait pour cela multiplier les points d'observations, afin d'opérer dans les circonstances géologiques les plus variées. Il est permis d'espérer que les documents ainsi recueillis apporteraient quelque lumière sur cette question, encore si obscure, de la cause du magnétisme terrestre.

Th. Moureaux.
Chargé du Service magnétique
à l'Observatoire du Parc Saint-Maur

REVUE ANNUELLE DE ZOOLOGIE

On publie trop actuellement; je ne dis pas cela pour me plaindre des nombreuses lectures qu'il faut faire pour produire un article de Revue; mon observation va plus loin : je regrette qu'on publie en si grande abondance, parce qu'il n'est pas possible que tant d'élucubrations aient une valeur réelle. Et de fait, à côté de bons travaux inspirés par des recherches patientes et un esprit critique exercé, il s'en produit une foule mal digérés, dont la venue hâtive apporte parfois un trouble sérieux dans certaines questions déjà suffisamment obscures par elles-mêmes. Ainsi, parmi les publications de l'année 1891, il en est, comme on le verra par la suite, qui, traitant des mêmes sujets, conduisent leurs auteurs aux conclusions les plus divergentes. Je n'ignore pas qu'il faut faire la part du tour d'esprit et du tempérament de chacun; mais, cette part faite, il me semble que les conclusions de recherches opérées avec une égale conscience sur la même matière devraient avoir quelque ressemblance et ne point être absolument contradictoires. C'est parce qu'on a cette manie de publier, qu'on en arrive à voir aujourd'hui plus du tiers des mémoires consacrés à relever les erreurs des autres observateurs. Que de temps et de forces perdus! Le pis est que ceux qui se sont trompés versent à leur tour beaucoup d'encre pour tenter de démontrer qu'ils sont dans le vrai.

Mon rôle est de tracer à grands traits les progrès qui ont été accomplis depuis un an dans la solution des problèmes fondamentaux de la zoologie; ce n'est pas chose facile, en raison même des circonstances que je viens d'indiquer. Je m'y emploierai, en me bornant d'ailleurs à l'exposé des faits les plus importants.

I

Nos connaissances en biologie cellulaire se sont sensiblement accrues dans ces dernières années, particulièrement en ce qui concerne les phénomènes qui précèdent ou accompagnent la féconda-tion. On sait que chez les animaux le noyau des cellules non sexuelles (cellules somatiques) renferme un nombre déterminé de segments chromatiques ou chromosomes variable d'ailleurs avec les espèces. Il résulte des recherches les plus récentes que dans le noyau des cellules sexuelles le nombre des chromosomes subit une réduction de moitié.

D'après O. Hertwig [1], chez l'*Ascaris megalocephala* cette réduction du nombre des chromosomes coïncide avec la seconde division nucléaire. Quand se fait la première bipartition, la plaque nucléaire montre quatre chromosomes résultant probablement de la division longitudinale des deux chromosomes qui se trouvent dans le noyau au repos; deux de ces quatre chromosomes se portent ensuite dans chacun des nouveaux noyaux. Mais, immédiatement et sans passer à l'état de repos, ces nouveaux noyaux entrent eux-mêmes en division; il s'ensuit que chacun de ceux qu'ils forment ne reçoit qu'un seul chromosome Ainsi la cellule sexuelle a subi une réduction du nombre des chromosomes de son noyau. Hertwig établit en outre que l'homologie est complète entre la cellule-mère ovulaire et la cellule-mère séminale. Tandis que cette dernière donne naissance à 4 spermatozoïdes, la cellule-mère ovulaire forme 4 cellules-œufs, dont 3 sont représentées par les globules polaires, la quatrième seule se développant en œuf. De ce qui précède Hertwig conclut enfin que la réduction du nombre des chromosomes dans le noyau de cellules sexuelles résulte de ce que les deux pre mières bipartitions du noyau s'opèrent sans stade de repos intermédiaire qui permettrait aux éléments chromatiques de s'accroître; la substance de ceux-ci n'a pas le temps d'augmenter jusqu'à en permettre la division.

Les recherches de M. Henking [2] sur le *Pyrrochori*

[1] O. Hertwig, *Wergleiche der Ei - und Samenbildung bein Nematoden*, in Arch. f. mikr. Anat., 1890.
[2] Henking. *Zeitschr. für Wissensch. Zool.* 1891.

apterus, insecte hémiptère, établissent que les phénomènes qui se produisent au cours du développement des cellules sexuelles sont essentiellement les mêmes que chez Ascaris megalocephala. Il y a une différence toutefois, en ce que la réduction du nombre des chromosomes (on en compte 24 dans les cellules somatiques et 12 seulement dans les cellules sexuelles) se produit non point à la deuxième bipartition du noyau, mais dès la première division. Est-ce là une différence réelle entre les deux espèces étudiées? ou bien y a-t-il défaut d'interprétation de la part de l'un des observateurs?

M. Guignard, qui continue avec succès ses recherches sur les végétaux [1], pense que de nouvelles études devront conduire à identifier les phénomènes dans les deux cas. Suivant M. Guignard la manière de voir de M. Henking serait plus probablement la bonne, parce que les phénomènes observés chez le *Pyrrochoris* concordent, sur le point essentiel, avec ceux qu'il a constatés lui-même chez toutes les plantes qu'il a étudiées, où la réduction des chromosomes se fait également dès la première bipartition de la cellule-mère. La comparaison du phénomène dans tous ses détails, entre le *Pyrrochoris* et le *Listera ovata* (orchidée), par exemple, démontre en outre que l'analogie se poursuit jusque dans la façon dont s'effectue la réduction numérique des chromosomes. « La constance des phénomènes observés (au double point de vue du stade où se fait la réduction et du mode suivant lequel elle s'opère) chez les végétaux vient fournir, dit M. Guignard, un argument puissant en faveur de la généralisation des résultats énoncés par M. Henkin. »

Tous ces faits concordants tendent à renverser la théorie de M. E. Van Beneden sur la fécondation. Ils démontrent que l'émission des globules polaires est le résultat de la division indirecte du noyau de la cellule-mère et qu'elle n'est point accompagnée d'une élimination de chromosomes entiers, alors que, d'après E. Van Beneden, « le noyau ovulaire après le rejet des globules polaires n'est plus qu'un demi noyau. » Ils montrent encore, et ce point est très important, que la division du noyau de la cellule séminale donne lieu à 4 cellules spermatiques qui répondent aux deux bipartitions du noyau ovulaire, avec cette différence, que les 4 cellules spermatiques se développent, tandis que les globules polaires s'atrophient, un seul des produits de la division de la cellule ovulaire se développant en œuf. La manière

de voir de M. Giard qui, dès 1786, considérait les globules polaires comme le résultat d'une division indirecte du noyau ovulaire est, par contre, complètement confirmée.

Ces nouvelles recherches ont des conséquences qu'on ne saurait négliger de signaler. Puisque le spermatozoïde et l'œuf sont produits sans élimination d'aucun segment chromatique entier, ils possèdent chacun des propriétés héréditaires mâles et femelles. Il s'ensuit que la théorie de l'hermaphrodisme cellulaire adoptée par Minot, E. Van Beneden et plus récemment par Weismann ne tient pas debout. Pour ces auteurs l'œuf primitivement hermaphrodite devient femelle en expulsant les globules polaires qui représentent ses éléments mâles. La cellule hermaphrodite séminale, de son côté, se débarrasse de ses éléments femelles par un procédé analogue à l'émission des globules polaires, le rejet de corpuscules résiduels. La fécondation ne peut alors s'opérer que par le mélange du pronucléus mâle avec le pronucléus femelle, et la parthénogenèse s'explique par une diminution du nombre des globules polaires émis. Or nombre de faits contredisent cette dernière assertion. La célèbre théorie de Weismann, s'appuyant en divers points sur les résultats consignés par E. Van Beneden, et aujourd'hui controuvés, reçoit donc une sensible atteinte.

Ce qu'il faut particulièrement retenir de ces nouvelles recherches, c'est que les phénomènes intimes de fécondation, en ce qui regarde les noyaux des cellules sexuelles, sont les mêmes chez les animaux et chez les végétaux; les observations de M. Guignard (*loc. cit.*) ne laissent aucun doute à cet égard. L'an dernier, nous avions déjà signalé que ce savant avait démontré également l'identité des phénomènes chez les animaux et chez les plantes, en ce qui touche à l'existence des « sphères attractives » [1]. M. Henneguy a démontré, d'autre part, que ce qui était vrai pour les Invertébrés l'est aussi pour les Vertébrés (Truite) de telle sorte qu'on peut considérer maintenant le phénomène comme absolument général. A ce sujet, M. Guignard pose une conclusion très importante et qu'il me paraît juste de relever. « Au total, dit-il, la partie fondamentale dans l'étude morphologique de la fécondation paraît résolue; le phénomène n'est pas, comme on avait cru pouvoir l'admettre jusqu'ici, de nature purement nucléaire; il ne consiste pas simplement dans l'union de deux noyaux d'origine sexuelle différente, mais aussi dans la fusion de deux corps protoplasmatiques, dont les éléments

---

[1] GUIGNARD. *Nouvelles études sur la fécondation, comparaison des phénomènes morphologiques observés chez les plantes et chez les animaux*, in Ann. des Sc. nat. Bot. 1891.

[1] HENNEGUY, Nouvelles recherches sur la division cellulaire indirecte, in *Journ. de l'Anatom. et de la Phys.*, 1891.

essentiels sont les sphères directrices de la cellule mâle et de la cellule femelle.

« Si les noyaux n'en ont pas moins une grande importance dans la transmission des propriétés héréditaires, la présence permanente de sphères directrices dans les cellules sexuelles et somatiques et surtout leur fusion au moment de la fécondation, nous obligent à restituer au protoplasma le rôle primordial dans l'accomplissement du phénomène. Cette fusion appartient à l'essence même de la fécondation; elle est nécessaire pour la formation et l'évolution ultérieure de l'œuf. »

C'est un point qui mérite d'être étudié avec soin que celui de savoir qui, en réalité, a la prépondérance du noyau ou du protoplasma dans les phénomènes de la vie des cellules. M. Balbiani en effet, dans une étude sur *les régénérations successives du péristome comme caractère d'âge chez les Stentor et sur le rôle du noyau dans ce phénomène* [1], d'attirer l'attention sur une action inattendue du noyau dans les modifications du protoplasma. M. Balbiani a constaté que chez le *Stentor cœruleus*, il s'opère une ou plusieurs fois, dans le cours de l'existence, une atrophie, suivie de régénération complète, du péristome, de la bouche et de l'œsophage. « Cette régénération débute par la formation d'un péristome nouveau et d'une bouche qui se produisent comme chez les individus qui vont se diviser, c'est-à-dire latéralement, avant de venir occuper leur position normale au pôle antérieur du corps. Il y a cette seule différence avec la division, que le nouveau péristome se forme au contact du péristome ancien, au lieu d'en être séparé par un intervalle servant au passage du plan de division. » Or, au stade où le nouveau péristome quitte sa position latérale pour gagner le pôle antérieur, le noyau moniliforme se contracte et devient sphérique. Puis le péristome étant parvenu à sa place, le noyau reprend sa forme primitive. Toutes ces phases, par lesquelles passe le noyau, sont celles qu'il subit dans le cas de division, sauf qu'il conserve son nombre de segments, tandis que, dans la division, il se partage en un nombre d'articles double, afin que chaque noyau-rejeton ait un noyau semblable à celui de la mère. « C'est au stade où le péristome régénéré quitte sa position primitive à la face ventrale du corps pour devenir terminal, que le noyau moniliforme se concentre en une seule masse par la fusion de ses articles; et, comme ce déplacement ne peut s'effectuer sans qu'il se produise des mouvements intérieurs du plasma, il n'est pas improbable que la concentration du noyau ait un rapport direct avec ces mouvements;

[1] BALBIANI, *Zool. Anzeiger*, 21 septembre 1891, n° 373.

on peut la concevoir comme un état du noyau destiné à lui faire produire son maximum d'effet dynamique. Je la comparerais volontiers, ajoute l'auteur, au stade spirème de la division des noyaux cellulaires ordinaires, stade caractérisé aussi par une condensation de la substance chromatique du noyau, au moment de son passage de l'état de réseau à celui de peloton lâche. » On peut aussi se demander qui a commencé, en réalité, du noyau ou du protoplasma, car, jusqu'au stade où le nouveau péristome, avec sa zone adorale, est déjà bien formé à la face ventrale du corps, on n'observe aucun changement dans le noyau. En fait, il y a lieu de pour suivre les recherches dans le but de déterminer exactement ce qui revient au noyau et au protoplasma dans la direction des phénomènes biologiques qui se manifestent dans la cellule.

II

Nous avons, l'an dernier, fait connaître les travaux des embryologistes qui poursuivent le dur labeur de retrouver les tranches ou métamères, en lesquelles la tête et le reste du corps du Vertébré peut être considéré comme primitivement divisé, au grand avantage de la comparaison d'une telle chaîne de segments avec celle qui compose le corps des Arthropodes ou des Vers. Ces recherches sont continuées et nous trouvons, dans les *Archives de Zoologie expérimentale* (1891) sur le point particulier de la signification métamérique des organes latéraux chez les Vertébrés, l'analyse et la critique, par M. Houssay, d'un récent travail de M. Mitrophanov, publié à propos du Congrès des naturalistes et médecins russes (section de zoologie). M. Mitrophanov s'est plus spécialement occupé des organes latéraux des Poissons et des Amphibiens. On sait que Eisig, après avoir décrit en 1878 chez les Capitellidés (Annélides tubicoles) des organes sensoriels distribués métamériquement, les compara aux organes latéraux des Vertébrés, en se basant pour cela sur les observations de divers auteurs tels que Malbranc pour les Amphibiens, Solger pour l'épinoche et sur les siennes propres. Il y avait bien quelques faits contradictoires; chez les Elasmobranches, d'après Balfour, aussi bien que chez les Amphibiens adultes, les mêmes organes ne montraient pas une disposition métamérique. Mais rien n'était plus facile que de se débarrasser de ces faits gênants; il suffisait de les considérer comme secondaires et d'interpréter les irrégularités que présentaient des organes latéraux trop nombreux pour le nombre de métamères, comme le résultat d'une multiplication ultérieure, dans chaque segment, de l'organe primitif de ce segment. Eisig n'y manqua pas, et il admit

« comme typique la distribution métamérique, à la limite des musculatures neurale et hémale, et l'homologie avec les Annélides se faisait d'elle-même ».

La possibilité de ce trouble affecté dans la métamérie originelle par la multiplication, dans chaque segment, de l'organe primitif du segment, qui se trouvait ainsi remplacé par un groupe plus ou moins régulier, fut admise successivement par Emery, Merkel, Bodenstein, Beard ; tous se prononcèrent pour la distribution métamérique des organes latéraux chez les Poissons osseux et chez les Sélaciens. Toutefois, Emery signalait chez de tout jeunes *Fierasfer* (malacoptérygien ophidiide) une disposition irrégulière des organes latéraux, et une disposition plus irrégulière encore était signalée chez la lamproie par Ransom et Thompson. Eisig ne s'arrêta pas à ces détails.

Toutefois, pour ce qui regarde l'homologie avec les Annélides tubicoles, il y avait une difficulté assez sérieuse. Chez les Capitellidés, les organes latéraux sont innervés par des branches de nerfs segmentaires, tandis que chez les Vertébrés l'innervation se fait par un unique nerf longitudinal, le rameau latéral du vague, qui prend naissance dans la région céphalique. Eisig s'était tiré de la difficulté par un moyen semblable à celui qu'il avait employé contre les organes latéraux trop nombreux. Le rameau latéral du vague, suivant lui, doit être considéré comme une formation secondaire survenue en même temps que se réduisaient les branches nerveuses segmentaires primitives.

Mitrophanov, après avoir exposé cet historique, critique la théorie d'Eisig en s'appuyant sur ses propres recherches :

1° Pour les amphibiens, il démontre que tous les organes latéraux proviennent d'une ébauche continue, de telle sorte que si, dans certains stades, on observe des apparences de métamérie, celle-ci est absolument secondaire et entraînée par la métamérie des autres systèmes.

2° Pour les poissons osseux, il résulte des travaux plus récents de Beard et de Bodenstein que la première ébauche du système latéral est continue (nous avons signalé ces recherches dans notre revue zoologique l'an dernier). Ce n'est donc aussi que secondairement que la métamérie apparaît. Encore n'apparait-elle pas toujours. Nous avons rappelé plus haut les observations de divers auteurs sur le *Fierasfer* et sur la lamproie ; chez le Mugil, d'après Merkel, les organes latéraux sont disposés sans ordre apparent sur toutes les écailles du corps. Nous pouvons ajouter que dans le volume 1891 des *Archives de Zoologie expérimentale*, M. Guitél[1]

[1] F. Guitel. Recherches sur la ligne latérale de la Baudroie; *Arch. de Zool. expérim.* 1891. p. 143.

arrive, au cours de ses études sur la Baudroie, aux conclusions suivantes sur ce point particulier :
« Depuis quelques années les auteurs qui ont écrit sur la ligne latérale se sont appliqués à mettre en relief la disposition métamérique des organes ou des groupes d'organes terminaux de la ligne latérale. Dans un grand nombre de poissons, cette disposition métamérique est absolument incontestable ; dans d'autres ont est forcé de convenir qu'elle n'existe pas... (Pour la Baudroie), les organes de la série latérale sont dans toute son étendue régulièrement disposés les uns à la suite des autres sans qu'on puisse découvrir aucune séparation entre eux qui corresponde à deux myomères consécutifs. » Tout ce qu'on peut observer c'est que leur écartement va en diminuant régulièrement d'avant en arrière puis redevient tout d'un coup considérable vers la fin de la série latérale. En un mot, chez la Baudroie, comme chez beaucoup d'autres Poissons, la signification métamérique des organes latéraux ne se vérifie pas.

Je reviens au travail de Mitrophanov. Après avoir démontré que chez les Amphibiens et les Poissons osseux les organes latéraux dérivent d'une ébauche continue, il arrive au même résultat pour les Plagiostomes, et il fait remarquer que si parfois une disposition métamérique se présente elle n'apparaît nettement que par places. Chez les Cyclostomes enfin la disposition des organes latéraux est irrégulière.

Quant à l'innervation, Mitrophanov n'admet pas l'explication d'Eisig pour lequel le nerf latéral serait une formation secondaire. Suivant lui, le système latéral tout entier, nerfs et organes sensoriels, dérive d'une seule ébauche continue qui s'étend depuis la région du groupe acoustico-facial jusqu'à l'extrémité postérieure du corps. C'est secondairement qu'une fragmentation survient ; la disposition métamérique, quand elle existe, n'est donc, conclut Mitrophanov, qu'une adaptation secondaire entraînée par celle des autres organes. Il repousse l'homologie avec les Capitellidés proposée par Eisig.

M. Houssay critique la conclusion de Mitrophanov. Il est d'accord avec cet auteur pour ce qui concerne l'apparition des organes latéraux en une ébauche continue, mais cela ne prouve pas, dit-il, que la métamérie est un phénomène secondaire. « Mais, s'écrie ingénument M. Houssay, c'est le procès de tonte métamérie fait ainsi en deux lignes ! car le raisonnement est également bon pour tout l'organisme. » Nous nous en doutions depuis quelque temps ; il n'est pas mauvais de l'entendre dire par un des champions de la théorie. Il est vrai que Mitrophanov n'a pas voulu aller aussi loin. Il ne s'en prend pas à la métamérie du mésoderme, du système nerveux central, des racines spinales qui proviennent également toutes d'une ébauche continue. Il fait remarquer seulement que ces métaméries précèdent celles du système latéral et que par suite cette dernière entraînée par les autres n'est que secondaire. A mon sens, c'est manquer de logique. M. Houssay admet que le temps d'apparition de la métamérie n'a qu'un intérêt médiocre. Il croit avoir démontré, dans la tête, la simultanéité de segmentation entre le système latéral et tous les autres systèmes et se croit autorisé à penser que si, dans le tronc, la métamérie du système latéral survient après les autres ce n'est pas qu'elle soit déterminée par les autres. C'est là un point évidemment contestable. Mais ce qui me parait appeler surtout l'attention, c'est ce fait que toutes ces métaméries ne sont pas primitives. Quelle valeur ont-elles par suite, surtout lorsqu'on veut s'en servir pour établir une relation d'origine entre le Vertébré et tel autre groupe d'êtres métamériques, Annélides ou Arthropodes?

III

Il faut bien dire d'ailleurs que l'année 1891 est particulièrement fatale à la théorie d'après laquelle les Vertébrés seraient des descendants des Annélides. Je vais essayer de montrer où en est cette question :

On sait que l'un des points en litige, parmi les observateurs qui se consacrent à l'étude de la métamérie des Vertébrés, est relatif à l'ordre dans lequel apparaissent les fentes branchiales. Avec Gegenbaur on les regarde, en général, comme se formant en arrière, dans un ordre chronologique régulier, et l'on admet en avant de l'hyoïde une région préorale qui ne se segmente pas. « C'est, dit M. Houssay [1], une sorte de prostomium, comparable à celui des Annélides. En arrière de ce prostomium existe une région bien définie qui donne des métamères nouveaux... Ce fait semblant très net pour la tête, il pouvait paraitre légitime de l'étendre au tronc, où les phénomènes sont moins apparents, et d'admettre que là aussi existaient en petit nombre des places où étaient produits les métamères nouveaux. Le corps du Vertébré était ainsi comme une chaine de zoonites produits par l'activité de quelques zoonites bourgeonnant.

« De telle sorte que, non seulement un segment de Vertébré était comparable à un segment d'Annélide, mais encore le Vertébré, somme de segments, devenait comparable à l'Annélide, somme de segments, parce que dans les deux cas la même méca-

nique avait présidé à la formation des parties constituantes de l'individu. »

La question se trouve ainsi nettement posée.

Dans la suite de son mémoire, M. Houssay montre que, contrairement à l'opinion généralement admise par les embryologistes, il faut distinguer dans la tête au moins deux zones formatrices de métamères. « L'une déjà connue, en arrière de la région branchiale ; l'autre, qui se trouve au niveau de la bouche. Et dans ce dernier point les métamères se forment aussi bien vers l'avant que vers l'arrière. La propriété d'une région, ajoute l'auteur, de donner des métamères nouveaux dans deux directions opposées est d'autant moins extraordinaire chez les Vertébrés qu'elle se rencontre aussi chez les Annélides, par exemple chez le Dero obtusa, pour ne citer qu'un seul cas. » M. Houssay conclut encore de ses recherches qu'il y a, dans la formation des métamères, hétérochronie évidente.

« Cette hétérochronie, ajoute-t il, est d'autant moins surprenante chez les Vertébrés que l'on trouve chez beaucoup d'Annélides des régions où plusieurs centres producteurs fonctionnent ainsi sans alternance régulière entre eux, et produisent des segments tantôt dans un sens, tantôt dans l'autre. »

Cependant il parait à l'auteur que, si la comparaison entre les Vertébrés et les Annélides peut se soutenir dans ses grandes lignes, elle devient de plus en plus obscure si l'on pénètre dans les détails. En particulier, puisqu'il a démontré l'existence d'une segmentation dans la région frontale de la tête des Vertébrés, cette région ne peut plus être homologuée avec le prostomium des Annélides. On a dû renoncer d'autre part, et nous y reviendrons tout à l'heure, à retrouver la trace de l'ancien tube digestif dans l'épiphyse et l'hypophyse, et dès lors à voir des ganglions cérébroïdes dans le cerveau antérieur du Vertébré. « On peut d'ailleurs, dit M. Houssay, dans la tête du Vertébré, renoncer assez facilement à retrouver les ganglions cérébroïdes, car chez les Annélides ils se développent, comme on sait, indépendamment de la chaine nerveuse ; leur présence parait relativement accessoire par rapport à cette longue chaine métamérique ; ils ont par suite fort bien pu disparaitre chez les Vertébrés sans laisser de traces, et cela n'a point de conséquence grave. » Mais il n'en est pas de même, parait-il, du collier œsophagien qui entoure le tube digestif. « Il est produit par le premier segment métamérique et a une importance morphologique plus considérable que les ganglions cérébroïdes auxquels il se rend. » Il semble donc urgent de le retrouver chez les Vertébrés. « Sa disparition pourrait se concevoir comme corollaire de celle des ganglions cérébroïdes ; mais

---

[1] HOUSSAY, Études d'embryologie sur les Vertébrés, in Bull. sc. de la France et de la Belgique. 1891. T. XXIII.

sa perte serait un fait plus considérable que la
perte de ceux-ci. » Beard [1], à ce propos, a imaginé
une assez ingénieuse hypothèse : la région ventrale
de l'hypophyse serait le reste de l'ancienne bouche,
et sa partie nerveuse le reste de l'ancien collier
œsophagien. M. Houssay n'est pas satisfait de cette
hypothèse. « En vérité, dit-il, je ne vois qu'un seul
point dans tout le corps du Vertébré où le système
nerveux entoure le tube digestif : c'est le *blastopore*,
et là il l'entoure bien nettement pour constituer
un canal mésentérique qui me paraît le reste du
collier œsophagien... Je voudrais donc comparer
le Vertébré et l'Annélide, région blastoporique
à région blastoporique, c'est-à-dire tête à anus. »
Telle est la conclusion de ce débat. On peut voir
que si l'homologie entre le Vertébré et l'Annélide
est encore admise, ce n'est pas sans tiraillements
d'assez mauvais augure pour l'avenir. Nous allons
voir d'ailleurs dans un instant qu'elle est franchement reniée par un certain nombre d'anatomistes.

Si j'ai traité un peu longuement ce premier
point, en empruntant largement au texte de l'auteur, c'est que j'ai voulu montrer avec quelle aisance les embryologistes d'une certaine école évoluent au milieu des hypothèses et des difficultés
que celles-ci sèment autour d'elles. Comme le dit
fort bien M. Houssay, quand on s'en tient aux
grandes lignes tout va bien, la bâtisse paraît solide ; mais pour peu qu'on regarde les choses de
plus près, l'édifice paraît d'une dangereuse fragilité. N'est-ce pas la meilleure critique qu'on puisse
faire de ce système, qui consiste à élever des théories générales sur quelques faits particuliers et à
s'efforcer ensuite de faire rentrer les autres faits
dans le moule adopté. Il n'est pas moins étrange
de voir avec quelle aisance ces intrépides théoriciens escamotent, qu'on me passe l'expression, les
difficultés qui les gênent. Ainsi, on ne retrouve
pas chez les Vertébrés la trace des ganglions cérébroïdes des Annélides ; qu'à cela ne tienne, on
déclare qu'ils n'ont pas morphologiquement une
grande importance, ce qui veut dire que ces ganglions sont récalcitrants et qu'on préfère ne pas
s'en préoccuper. C'est l'histoire du pisiforme au
carpe ; comme il ne rentre pas aisément dans la
théorie généralement admise aujourd'hui, on le
considère, sans plus s'en gêner, comme un os accessoire et de peu d'importance. J'avoue que le rôle
physiologique des ganglions cérébroïdes me paraît
cependant bien important ; et je suis fâché pour
l'hypothèse ci-dessus qu'elle n'ait pas besoin d'en
retrouver les restes. J'aimerais mieux, pour elle,
que cette absence la gênât davantage.

Si l'idée de M. Houssay de comparer la tête des
Annélides à l'anus des Vertébrés ne manque pas
d'originalité, elle est peut-être la dernière lueur
de cette vive lumière que certains zoologistes à
imagination facile avaient jetée sur la question de
l'Archétype vertébré considéré dans l'Annélide.

IV

Voici en effet un travail de M. Patten [1] qui va
détruire bien des illusions. Je serai très bref sur
ce mémoire, qui a été analysé par M. Bouvier
pour les lecteurs de cette *Revue* dans le n° 6 de
cette année. Ce sont d'ailleurs toujours les mêmes
arguments qui sont mis en avant ; mais les Vers,
trop rétifs décidément, sont remplacés par les
Arachnides et ce sont le Scorpion et la Limule qui
nous sont présentés comme les ancêtres des Vertébrés. L'hypophyse, encore une fois, est la trace
de l'œsophage des Arachnides, que l'on considère
comme marchant sur le dos, suivant l'hypothèse
de Geoffroy Saint-Hilaire. Pour expliquer comment
s'est fait le retournement chez les Vertébrés,
l'auteur admet que les *Pterichthys* (Ganoïdes
paléozoïques) sont des formes intermédiaires entre
les Mérostomes et les Trilobites d'une part et les
poissons d'autre part. Or le squelette céphalique
externe des *Pterichthys* ressemble à s'y méprendre
à celui d'un trilobite avec les yeux sont situés du côté
hémal comme ceux des Vertébrés. M. Patten
homologue le métastome de *Pterygotus* (fossiles
siluriens voisins des trilobites), le peigne des scorpions et les nageoires pectorales des *Pterichthys*
et des poissons, puis il admet que les mérostomes
et les trilobites nageaient sur le dos comme les
larves de limules et que ce mode de natation a
conduit peu à peu à celui qu'on observe chez les
poissons.

Il y a longtemps que Gegenbaur [2] s'est élevé
contre les tentatives des anatomistes en quête de
découvrir des rapports entre le système nerveux
central des Articulés et celui des Vertébrés.

« La moelle épinière des Vertébrés, écrit-il, ne
pouvant pas être provenue de la chaîne ganglionnaire d'un Arthropode, une portion de moelle épinière peut d'autant moins dériver d'un ganglion
abdominal... Il est encore plus étrange, ajoute-t-il,
de voir comparer des parties du cerveau des Arthropodes avec celles du cerveau des Vertébrés qui lui
est complètement étranger et d'entendre parler
(chez les Arthropodes) d'un cervelet et de lobes
optiques et quadrijumeaux. »

---

[1] BEARD. *The old mouth and the new.* Anat. Anzeiger. 1888.

[1] W. Patten. *On the origine of Vertebrate from Arachnids.*
Quarterly Journ. of Microsc. Sc. vol. XXXI. 1891.
[2] Gegenbaur. *Anat. comparée.* p. 346.

Si l'on en croit M. Patten, les choses ont bien changé, car il s'efforce de démontrer que le cerveau des Vertébrés, composé de treize neuromères, correspond au cerveau de la Limule et du Scorpion formé par l'ensemble des ganglions cérébroïdes et sous-œsophagiens. Le cerveau antérieur formé de trois neuromères et le cerveau moyen qui n'en comprend qu'un seul auraient leurs homologues dans les ganglions cérébroïdes du Scorpion; le cerveau postérieur, avec cinq neuromères, appartiendrait au thorax comme celui du Scorpion. Enfin quatre neuromères abdominaux rattachés à l'encéphale formeraient un cerveau accessoire dans les deux groupes, et dans les deux groupes donneraient naissance aux nerfs vagues.

Or, pendant qu'on nous démontre que le cerveau du Scorpion et de la Limule cadre parfaitement avec celui des Vertébrés, voici qu'un autre anatomiste vient prouver qu'on ne peut même pas homologuer le cerveau de la Limule avec celui du Scorpion. En effet, M. Packard [1], qui, dans de précédentes recherches, avait établi que le cerveau de la Limule diffère de celui des Arachnides, revient à la charge. Le cerveau de la Limule est homologue avec la portion du cerveau des Araignées et du Scorpion située en avant de l'origine du nerf mandibulaire, c'est-à-dire avec le « cerveau antérieur » défini par M. Patten. Contrairement au cerveau des Araignées et des Scorpions, celui de la Limule ne donne pas de nerfs à la première paire d'appendices et il ne possède ni deuto-ni trito-cerebrum. Cette absence d'homologie entre le cerveau de la Limule et celui des Arachnides s'ajoute, dit M. Packard, aux autres caractères cérébraux différentiels déjà décrits, en même temps qu'au mode distinct de groupement des appendices; en outre l'absence de tubes urinaires, de trachée et la présence de branchies empêchent de réunir la Limule et autres Podostomates (Mérostomes et Trilobites) avec les Arachnides. Ils doivent former un groupe à part.

Tout cela, on en conviendra, n'est pas fait pour donner beaucoup de confiance dans la solidité de la théorie arachnidienne de l'origine des Vertébrés.

Heureusement les ressources ne manquent pas. En effet, pour M. Lameere [2], les Chordozoaires, qui comprennent les Vertébrés, l'Amphioxus et les Tuniciers, « proviennent, sans doute, d'un actinozoaire flottant la bouche en haut comme le

font certaines larves de ces cnidozoaires. Cette hypothèse, ajoute l'auteur, rend compte de l'origine de la corde dorsale, tuteur d'un corps primitivement mou et sans appui, et du myocœle, appareil de locomotion ».

« On est, dit Bridoison, toujours fils de quelqu'un. »

V

Il ne faut pas s'étonner de voir tant d'opinions variées se faire jour à propos d'une question aussi difficile et obscure que celle de l'origine des Vertébrés, quand on constate, pour un fait aussi simple en apparence que l'est celui de variations de couleur observées chez certains Pleuronectes, des explications absolument différentes données par chacun des naturalistes qui aborde le sujet.

On sait que la face nadirale (inférieure et non éclairée) des Pleuronectes présente une coloration blanche ou notablement moins foncée que la face zénithale ou supérieure. M. Cunningham a institué des expériences pour établir quelle est la raison de cette particularité anatomique. « L'école de Weismann, dit-il, plus darwinienne que Darwin lui-même, attribue ce fait à la sélection naturelle et l'École, qui va toujours grandissant, d'après laquelle le milieu agit sur les êtres, doit l'attribuer à une influence physique, au fait que la face ventrale reçoit naturellement moins de lumière que la dorsale. » C'est à cette dernière interprétation que M. Cunningham accorde ses sympathies. En tous cas il a fait quelques expériences sur le flétan (*Pleuronectes flesus*). Obscurcissant le couvercle et les parois d'un vase où il avait placé un de ces poissons, il disposa un miroir qui envoyait la lumière à travers le fond, de telle sorte que la surface dorsale de l'animal en expérience était dans l'obscurité et la face ventrale éclairée. Les résultats furent les suivants : sur 13 poissons ainsi éclairés trois seulement demeurèrent pareils aux témoins ; les autres présentèrent une plus ou moins grande quantité de cellules pigmentaires.

Ces expériences semblent donc démontrer que l'action de la lumière joue un rôle dans la différence de coloration des deux faces. Toutefois M. Giard [3] fait observer qu'il est possible d'admettre que les flétans ordinaires comptent des individus *reverses* parmi leurs ancêtres; dès lors l'hérédité expliquerait l'apparition des taches pigmentaires observées sur la face aveugle. « On

[1] Packard. *Further studies on the brain of Limulus polyphemus*, Zool. Anzeiger. 1891.
[2] A. Lameere, *Prolégomènes de zoogénie*, in Bullet. sc. de la France et de la Belgique, 1891, t. XXIII, p. 399, et l'*Origine des Vertébrés* Bullet. sc. belge de microsc., t. XVII, 1891.

[1] Cunningham. *An Experiment concerning the Absence of Color from the lower Sides of Flat-fishes*, in Zool. Anzeiger 1891, nᵒˢ 354 p. 27.
[2] Giard. Comptes-Rendus de la Soc. de Biologie. janv. 1892.

pourrait le faire avec d'autant plus de raison que des individus *pie* ou marbrés sur la face aveugle et aussi des individus ordinaires *doubles*, c'est-à-dire colorés sur les deux faces, ne sont pas rares parmi les fiets péchés en liberté. Et, comme d'ailleurs on observe de semblables anomalies même chez des pleuronectes où les individus reverses sont rares (soles, tuibots, etc.), on pourrait encore faire intervenir un atavisme plus éloigné et attribuer ces restes de pigmentation au souvenir de l'état bilatéral primitif. » M. Giard ne conteste pas d'ailleurs que l'action de la lumière puisse intervenir. Chez un turbot présentant une double anomalie, l'œil droit s'étant arrêté sur la crête dorsale dans son mouvement de migration et les deux faces étant colorées avec une intensité sensiblement égale, il lui semble que l'action de la lumière est évidente, le poisson devant, dans ce cas, nager verticalement. M. Pouchet [1], au sujet de deux turbots, péchés à Concarneau et qui présentaient une pigmentation presque totale de la face nadirale, conteste que l'action de la lumière puisse être invoquée, car « on ne saurait, dit-il, dans l'état actuel de la science, admettre que la simple action de la lumière dans la durée de la vie d'un individu puisse avoir d'autre effet que d'augmenter la production du pigment à l'intérieur de certaines cellules aptes à produire ce pigment. Mais il y a loin de là à la formation d'un tissu nouveau avec sa complexité spéciale, les pigments variés que j'ai décrits il y a longtemps dans la peau du turbot, des iridocytes, enfin des boucles osseuses, lesquelles n'existent point d'ordinaire dans la peau du côté nadiral et se montrent quand celle-ci est modifiée, de façon à devenir identique à la peau du côté zénithal. » Il semble, ajoute M. Pouchet, que la meilleure explication qu'on puisse donner de l'extension du pigment à la face nadirale soit purement embryogénique. « Si l'on se reporte aux premiers temps de la vie de l'embryon du Pleuronecte et qu'on considère son plan médian, celui-ci doit idéalement partager toutes les cellules de l'ectoderme qui plus tard appartiendront les unes au côté zénithal, les autres au côté nadiral, avec leur potentiel différent, puisqu'elles donneront naissance en quelque sorte à deux téguments différents; il suffit d'admettre en somme qu'une seule de ces cellules de l'ectoderme primitif ait franchi la ligne médiane, pour donner naissance à une portion plus ou moins étendue de peau ayant les caractères ancestraux que cette cellule porte en elle. »

On voit que les avis sont partagés.

---

[1] Pouchet. Comptes-Rendus de la Soc. de Biologie. janv. 1892.

VI

Beaucoup de zoologistes avaient manifesté le désir de connaître les méthodes employées à la station zoologique de Naples pour la conservation des animaux marins. M. Lo Bianco qui, depuis plusieurs années, est chargé spécialement de ces études au laboratoire vient de publier une sorte d'instruction détaillée dans le *Bulletin scientifique de la France et de la Belgique* (1891. T. XXIII, p. 100). L'auteur fait remarquer que les publications faites à ce sujet dans diverses circonstances n'ont point été autorisées et qu'il n'en assume point la responsabilité. Dans son travail, il indique les formules des principaux mélanges employés et consacre ensuite une série de chapitres à leur application aux divers groupes d'animaux que l'on peut recueillir à la station de Naples. Il fait remarquer que ces méthodes sont destinées surtout à conserver l'aspect général des animaux qui doivent figurer dans les musées ou servir à des démonstrations dans les cours et que, par suite, elles n'ont pas en vue les études histologiques. Toutefois, dans beaucoup de cas, la conservation des éléments se trouve réalisée en même temps que celle de la forme du corps. Il ne nous est pas possible de donner même un résumé de ces méthodes. Qu'il nous suffise d'avoir fait connaître la source où pourront puiser les zoologistes désireux de se renseigner.

Puisque je parle de la station zoologique de Naples le moment me paraît opportun de signaler les publications relatives à quelques-uns des laboratoires maritimes de France. Les *Archives de Zoologie expérimentale* (1891, p. 225) renferment un historique des progrès réalisés depuis dix ans par les laboratoires de Roscoff et de Banyuls. « A certains égards, dit. M. de Lacaze-Duthiers, l'installation a été tellement modifiée (depuis le dernier compte rendu de 1881) par des améliorations successives que l'on peut, d'après l'état actuel des choses, considérer ces établissements comme étant terminés. » Le rapport renferme des vues et des plans détaillés des deux laboratoires. A propos du laboratoire de Roscoff, M. de Lacaze-Duthiers fait connaître les beaux résultats qu'il a obtenus dans ses premiers essais d'ostréiculture : 8.500 petites huitres (naissain) placées dans le vivier en avril 1890 et entourées de soins assidus n'ont donné lieu qu'à une mortalité insignifiante (210 seulement), tandis que plus de 3.000 ont gagné dans l'espace d'une année de 4 à 6 centimètres de diamètre, c'est-à-dire que, dans ce laps de temps très court, elles ont atteint la taille marchande. Ce sont là, on en conviendra, des résultats précieux, qui sont bien faits pour encourager le savant et actif directeur du laboratoire de Roscoff à continuer son intéressante tentative.

A Concarneau [1] M. G. Pouchet a obtenu la concession définitive du fort Cigogne, situé sur l'une des îles de l'archipel de Glénans. « Les vastes salles voûtées où règne une température toujours égale constituent pour les naturalistes autant de chambres de réserve où ils peuvent laisser reposer et conserver provisoirement les animaux recueillis pendant les dragages et lors des grandes marées. »

Comme les années précédentes le Professeur Pouchet s'est préoccupé de l'étude de la Sardine. Le « régime » de la Sardine a présenté en 1890 une physionomie anormale. Les bancs de poissons de même taille qui marquent ordinairement le début de la saison ont fait défaut dans toute la région sud ; les Sardines se sont montrées avec des tailles très différentes, indice d'une différence d'âge, qu'on n'observe en général qu'à la fin de la saison.

Dans une annexe à son rapport, M. Pouchet traite de l'importante question de l'œuf de la Sardine. « Pas plus au cours de l'année 1890, dit-il, qu'au cours de la présente année 1891 les pêches au filet fin pratiquées dans la baie de Concarneau ne nous ont mis en présence de l'œuf de la Sardine. Nous persistons donc dans l'opinion déjà depuis longtemps soutenue par nous : 1° que la Sardine océanique ne pond pas à la côte ; 2° que son œuf n'est pas flottant. »

Cette affirmation est contredite par M. Marion [2] qui décrit comme œufs de Sardine des œufs flottants, considérés comme douteux par Raffaele qui les observa le premier en 1888, mais rapportés à la sardine par Cunningham de Plymouth dans ses *Studies of the Reproduction, etc.* [3].

M. Pouchet conteste que les caractères de ces œufs puissent être rapportés à l'œuf de la sardine

qu'il a étudié à maturité dans l'ovaire de la sardine « de dérive ». « Les seules présomptions, dit M. Pouchet, qui se dégagent jusqu'ici des faits observés, sont que la ponte de la sardine océanique et la plus grande partie de son existence se passent dans des régions soustraites à l'influence solaire directe, c'est-à-dire où la température des eaux est sensiblement invariable, régions absolument en dehors de l'action de l'homme. Ces présomptions acquièrent encore une force nouvelle de ce fait que jusqu'à ce jour la plus petite sardine que nous ayons pu observer sur la côte océanique mesurait 98 millimètres et pesait 7 grammes, c'est-à-dire qu'elle devait être âgée de six mois au moins. » M. Marion est d'un avis tout opposé, il pense « que la sardine, bien loin d'aller au large et dans les grands fonds pour déposer ses œufs, se rapproche au contraire de la côte au moment du frai et abandonne ses œufs à la surface, dans des golfes abrités, au voisinage des embouchures des rivières qui s'y déversent. »

Il est évident qu'en présence d'opinions aussi divergentes, il n'est qu'un moyen de résoudre la question. Il faut faire éclore les œufs considérés comme œufs de sardine et en suivre le développement. Si l'opération est difficile elle ne doit pas être impossible. Nous ne pouvons demander au professeur Pouchet de tenter cette expérience puisqu'il ne trouve pas d'œufs dans ses pêches au filet fin, mais le professeur Marion nous donnera un jour cette preuve définitive de la nature des œufs qu'il recueille à la surface des eaux de la Méditerranée. C'est le seul moyen de vider la question, et jusqu'à ce qu'on y soit parvenu la discussion ne roulera que sur des affirmations qui ne peuvent servir à établir une conviction. L'intérêt qui s'attache à la solution que nous désirons voir apporter est très grand, car il s'agit de savoir si les pêcheurs qui usent de filets à mailles fines au voisinage de la côte sont susceptibles de détruire des stations de frai. Pour M. Marion, le fait est incontestable ; pour M. Pouchet, il n'en est rien, car c'est en haute mer que se fait la ponte.

Dʳ H. Beauregard.

Professeur agrégé
à l'École supérieure de pharmacie.
Assistant d'anatomie comparée
au Muséum.

---

[1] G. POUCHET. *Rapport sur le fonctionnement du laboratoire de Concarneau en 1890 et sur la Sardine.* Journ. de l'Anat. et de la Physiol. 1891, n° 6, p. 622.
[2] MARION. *Nouvelles observations sur la sardine de Marseille.* C. R. Académie des sciences, 31 mars 1891, et Association française pour l'avancement des sciences. Session de Marseille 1891.
[3] CUNNINGHAM. *Journal of the Marine Biological Association* Mars 1889.

BIBLIOGRAPHIE

ANALYSES ET INDEX

1° Sciences mathématiques.

Rouché (E.), *Professeur au Conservatoire des Arts et Métiers, Examinateur de sortie à l'Ecole Polytechnique* et **Comberousse** (Ch. de), *Professeur au Conservatoire des Arts et Métiers et à l'Ecole centrale.* **Traité de géométrie**, *conforme aux programmes officiels, renfermant un très grand nombre d'exercices et plusieurs appendices consacrés à l'exposition des principales méthodes de la* Géométrie *moderne,* 6° *édition revue et augmentée, un très fort volume in-8° de* 1136 *pages* (Prix : 16 fr. 50). *Gauthier-Villars et fils, imprimeurs-libraires,* 55 *quai des Grands-Augustins, Paris,* 1892.

MM. Rouché et de Comberousse viennent de publier une sixième édition de leur Traité de Géométrie ; nous n'avons pas à rendre compte de cet ouvrage qui, depuis longtemps, est devenu classique, que tous les élèves ont entre les mains et qui, par chacune de ses éditions successives se tient au niveau de la science. Nous nous contenterons de signaler les améliorations apportées à la sixième édition en ce qui concerne l'exposé des diverses méthodes de résolution des problèmes, l'étude des faisceaux de cercles, et surtout la nouvelle géométrie du triangle.

L. O.

Leray (P. A.). — **Complément à l'essai sur la synthèse des forces physiques.** — *In-8° avec figures,* 162 *pages.* (*Prix :* 4 fr. 50). *Gauthier-Villars* 55, *quai des Grands-Augustins. Paris,* 1892.

Ce volume fait suite à l'essai sur la synthèse des forces physiques publié en 1885 et dans lequel l'auteur, adversaire déclaré de l'action à distance, rend compte des phénomènes au moyen des chocs d'éléments constituant un fluide extrêmement subtil ; cette conception, qui rappelle celle de Lesage, en diffère cependant essentiellement, non seulement par la nature du fluide mis en œuvre, mais encore par le mécanisme au moyen duquel elle conduit à l'explication des faits.

Le premier volume était principalement consacré à la mécanique des atomes et à l'étude analytique de l'élasticité de l'éther ; l'auteur y montre que si l'on rejette les actions à distance, l'éther, conçu comme on le fait souvent, ne satisfait pas aux conditions d'un milieu élastique alors même que ses atomes seraient eux-mêmes parfaitement élastiques ; il est conduit à imaginer un second fluide, l'*Eon*, dont les atomes impénétrables, déformables dans le choc et élastiques sont beaucoup plus petits que ceux de l'éther ; l'Eon en tant que fluide est dépourvu d'élasticité ; dépositaire de l'énergie primordiale, il communique cette énergie à l'éther par voie de chocs, et le mécanisme de ces chocs est tel que l'éther acquiert les propriétés d'un milieu parfaitement élastique ; partant de là, l'analyse conduit à ce résultat, dont il est inutile de faire ressortir l'importance ; que : dans le milieu ainsi constitué les vibrations transversales seules peuvent être transmises, les vibrations longitudinales y étant presque immédiatement éteintes.

Dans le volume qui vient de paraître l'auteur traite d'abord de la chaleur et de la pesanteur. Imaginons, avec le P. Leray, l'atome matériel par le groupement d'un certain nombre d'atomes d'éther assez rapprochés pour former un édifice impermeable aux atomes d'éther restés libres, mais non aux atomes d'Eon ; ces atomes d'Eon qui sont animés de mouvements de translation extrêmement rapides, en se frayant un chemin à travers l'atome matériel, choquent les atomes d'éther qui le constituent et leur communiquent des mouvements vibratoires qui, régularisés par la monade qui préside au groupement, constituent la chaleur ; ces vibrations calorifiques peuvent ensuite transmettre à l'éther libre une fraction de leur énergie qui sera également de la chaleur ; mais elles ne peuvent prendre naissance que dans la molécule matérielle, de telle sorte que si l'éther et l'Eon existaient seuls, ils constitueraient un milieu totalement dépourvu de chaleur.

Quand un courant Eonien a ainsi traversé un atome matériel, il en sort modifié : au premier instant, il y laisse d'abord une partie de son énergie sous forme de chaleur ; quand l'équilibre calorifique est établi, il conserve en sortant toute son énergie ; mais sa quantité de mouvement a diminué ; par suite il est facile de voir que si au voisinage de l'atome matériel et dans la direction du flux d'Eon se trouve un atome d'éther, celui-ci recevra de la part du flux une impulsion moindre que celle que lui communique l'Eon en sens contraire et que par suite, il sera poussé vers l'élément matériel ; quelque chose d'analogue a lieu entre deux molécules matérielles et, dans les deux cas, l'analyse conduit aux lois ordinaires de la proportionnalité aux masses et à l'inverse du carré de la distance, avec cette restriction, toutefois, que l'action, au lieu de s'étendre à l'infini, est limitée à un rayon d'activité dépendant des masses ; ainsi se trouvent expliquées la cause et les lois de la pesanteur.

Le chapitre consacré à la cohésion et à l'affinité est des plus intéressants ; l'auteur y montre comment les molécules matérielles sont entourées d'atmosphères spéciales d'éther et comment la pression de ce fluide peut engendrer la cohésion et l'affinité : il y développe des idées ingénieuses sur la formation des molécules polyatomiques, la valeur des atomes, etc, etc.

Si l'on considère deux atomes matériels vibrant à l'unisson, chacun d'eux, absorbant une partie de la radiation éthérée de l'autre, dans l'intervalle qui les sépare l'énergie de l'éther tend à passer en grande partie à l'état vibratoire ; il reste par suite dans l'espace environnant un excès d'énergie dans les mouvements de translation qui opère le rapprochement des atomes. L'affinité dépendant ainsi de la concordance des mouvements vibratoires, on entrevoit de suite les prévisions qui pourront résulter des données fournies par l'analyse spectrale.

A propos de la cohésion l'auteur est conduit naturellement à examiner certains points relatifs à l'élasticité des solides, par exemple les limites entre lesquelles peut varier la valeur du coefficient de Poisson.

Le volume est terminé par un mémoire relatif à la théorie cinétique des gaz. L'auteur est conduit à définir un gaz parfait : celui dans lequel le nombre des molécules reste invariable et dont les énergies de translation et de vibration en rotation sont dans un rapport constant. Partant de là et d'une définition spéciale de la température, il retrouve les lois générales des gaz parfaits, étend le principe de Carnot à ces corps en tenant compte du volume de leurs molécules, et arrive pour les gaz réels à retrouver les formules de Clausius, de Van-der-Waals et de M. Sarrau comme cas particuliers. Il établit enfin une théorie nouvelle des chaleurs spécifiques des gaz, dans laquelle, sans recourir à aucune mesure calorimétrique directe, il arrive à des résultats numériques remarquablement d'accord avec l'expérience.

En résumé, par l'ingéniosité des idées qui y sont exposées et la logique de leur enchaînement, par le nombre considérable de questions importantes qui y sont traitées avec succès et même par des développepements analytiques dont ces questions ont été l'objet, le travail du P. Leray est une œuvre originale et remarquable qui mérite d'être lue avec attention par toutes les personnes qui s'intéressent aux progrès de la Physique mathématique et que les questions relatives à la philosophie générale des sciences ne laissent pas indifférentes.

E. H. AMAGAT.

2° Sciences physiques.

Ewans (Thomas). — Sur le spectre d'absorption de quelques sels de cuivre en solution aqueuse. *Philosophical Magazine. Avril 1892.*

L'étude des propriétés physiques des solutions occupe actuellement un grand nombre de physiciens qui cherchent à avoir des indications sur la structure moléculaire des sels à l'état dissous. Les propriétés optiques, assez souvent étudiées cependant, n'ont pas conduit jusqu'ici à des résultats bien nets et bien indiscutables. En particulier, l'absorption de la lumière par les solutions colorées a conduit les divers savants qui se sont occupés de cette question à des résultats contradictoires. Beer, dès 1852, parvint à la conclusion qu'un changement de concentration produit le même effet qu'une variation d'épaisseur. Cette loi, vérifiée par des mesures de Bunsen et de Roscoe, de Zöllner, etc., a été mise en doute par les recherches les plus récentes. M. Ewans a repris à ce point de vue l'étude des sels de cuivre; pour obtenir des résultats certains, il ne s'est pas borné à une étude générale et a effectué un grand nombre de mesures spectrophotométriques. Voici les conclusions qui résultent de cet important travail :

Le spectre d'absorption des sulfate, azotate et chlorure de cuivre (seuls sels étudiés), se modifie quand on fait varier la concentration.

Les changements produits sont tels que les spectres tendent à devenir identiques pour les différentes solutions, quand elles sont très diluées.

La marche du phénomène conduit à admettre que, dans les solutions étendues, l'acide et la base agissent indépendamment, en ce qui concerne l'absorption de la lumière.

Ces résultats, en infirmant la loi de Beer, viennent montrer une fois de plus que l'état d'un sel dissous subit des modifications très marquées sous l'influence des variations de dilution. En ce qui concerne l'état du sel dissous, l'auteur voit, dans ses conclusions, un appui en faveur de l'hypothèse de la dissociation électrolytique. Je ne crois pas que cela permette encore de choisir entre la dissociation électrolytique, la dissociation moléculaire, défendue surtout par Armstrong et Traube, et la théorie de l'hydratation de Mendelejeff et Pickering. Ces recherches ont néanmoins le mérite de montrer que l'absorption de la lumière suit les mêmes lois générales que les autres propriétés physiques des solutions.

G. CHARPY.

Knoblauch. Spectres d'absorption des solutions très étendues. — *Wiedemann's Annalen,* 1891.

L'auteur étudie le spectre d'absorption de solutions excessivement étendues; il a été jusqu'à employer des épaisseurs de liquides de 8 mètres, épaisseur au delà de laquelle l'absorption propre de l'eau prend une influence très notable.

Parmi ces corps étudiés, l'acide picrique, le ferrocyanure de potassium, les sels d'urane, les sels d'éosine, le sulfate de cuivre présentent le même spectre en solutions étendues ou concentrées. Pour le sulfate de cuivre cependant, l'auteur note que l'absorption propre de l'eau empêche toute conclusion certaine.

Le chromate et le bichromate de potassium au contraire présentent des spectres différents correspondant aux différentes concentrations.

M. Knoblauch a fait ces recherches en vue de les comparer à la théorie de la dissociation électrolytique. Le spectre d'absorption en solutions concentrées est formé par la superposition de deux spectres, celui des ions et celui des molécules. En solutions très étendues au contraire, on a un seul spectre s'il y a un seul ion coloré.

M. Knoblauch voit dans ses résultats une confirmation de l'hypothèse d'Arrhenius.

G. CHARPY.

Nichols (Edwards) et **Snow** (Benjamin). — Influence de la température sur la couleur des pigments. — *Philosophical Magazine, novembre* 1891. — Sur le caractère de la lumière émise par l'oxyde de zinc incandescent. — *Philosophical Magazine, janvier* 1892.

On ne possède qu'une connaissance très incomplète des lois qui régissent les variations de couleur des pigments sous l'influence de la chaleur. En 1871, Houston et Elihu Thomson, après avoir étudié un grand nombre de corps, arrivèrent à conclure que « une élévation de température modifie la couleur des corps de telle façon qu'elle correspond à un nombre de vibrations d'autant plus petit que la température est plus élevée ». En 1876 Ackroyd confirma ce déplacement vers le rouge de la couleur des corps chauffés et montra que ce phénomène est dû à ce que l'absorption de la lumière devient d'autant plus considérable que la température est plus élevée, la variation étant plus rapide pour les radiations plus réfrangibles.

Depuis, la réflexion de la lumière a donné lieu à des travaux de Gladstone, Barkley et Couroy. MM. Nichols et Snow ont étudié systématiquement l'influence de la température sur la lumière réfléchie par divers pigments. Le corps en expérience était placé sur un fil de platine chauffé par le passage d'un courant; la température était déduite de l'allongement de ce fil de platine; enfin la lumière était reçue dans un spectrophotomètre. Voici les conclusions auxquelles ils arrivent.

I. Aucune substance ne réfléchit également les différentes radiations, même dans la partie du spectre où le pouvoir réflecteur est maximum.

II. Quand la température s'élève, le pouvoir réflecteur diminue toujours, et d'autant plus que les radiations sont plus réfrangibles.

III. Les changements de couleur observées quand on chauffe un pigment sont dus aux variations inégales du pouvoir réflecteur pour les différentes radiations, et le phénomène décrit comme un déplacement vers le rouge provient de ce que la perte d'éclat est minimum dans le rouge et augmente rapidement quand on se déplace vers le violet. Dans certains cas cependant, (oxyde chromique et oxyde de zinc, on observe une région présentant un maximum de pouvoir réflecteur.

Le cas de l'oxyde de zinc a été spécialement étudié par MM. Nichols et Snow. Ils ont comparé à diverses températures la lumière émise par ce corps à celle émise par le platine. Ce dernier corps, soigneusement étudié par M. Violle peut servir de terme de comparaison.

Il ressort de ces expériences que l'oxyde de zinc, outre l'incandescence due à la température, devient fortement lumineux aux environs de 880°. Le phénomène peut se rapprocher de ceux que Becquerel a étudiés sous le nom de « phosphorescence par la chaleur ».

Il y a lieu de supposer que d'autres oxydes métalliques présentent le même phénomène; des cylindres de chaux, par exemple, présentent, quand on commence à les chauffer dans la flamme oxhydrique, un éclat qu'ils ne conservent pas dans la suite de l'expérience. L'éclat extraordinaire de la flamme du magnésium est dû aussi sans doute à un état d'incandescence initial comparable à celui de l'oxyde de zinc. Pickering trouvait que l'éclat de la flamme du magnésium correspondait à une température de 3000°, alors que la température de combustion est en réalité d'environ 1400°.

G. CHARPY.

3° Sciences naturelles.

Foëx (G.), *Directeur de l'Ecole nationale d'agriculture de Montpellier.* Cours complet de Viticulture. — *Un vol. de 918 pages avec 6 cartes en chromo et 575 gravures dans le texte.* 3° *édition* (18 *fr.*) *C. Coulet, à Montpellier, et G. Masson, 120, boulevard Saint-Germain, Paris,* 1892.

La viticulture française, après plus de vingt ans de tâtonnements et de recherches, se relève enfin de l'agonie où l'avait plongée le phylloxéra. Non seulement le phylloxéra, mais encore toute une série de maladies parasitaires désastreuses s'étaient abattues sur elle et avaient donné aux viticulteurs les craintes les plus justifiées. Insectes et champignons paraissaient jaloux de la prospérité de nos vignobles, et leur génie de destruction était si grand que la lutte paraissait impossible. Mais, heureusement, la science a réclamé ses droits. La vigne américaine et le cuivre ont triomphé de tous ces fléaux, et tout fait prévoir que, dans un avenir prochain, le vignoble français sera aussi prospère qu'aux plus beaux jours. Si le vin des nouvelles plantations est le même que celui d'autrefois, les moyens de le produire sont fort différents. De la culture moderne se dégagent des devoirs nouveaux. M. Foëx a eu l'heureuse idée de réunir ces connaissances nouvelles et d'en faire profiter les viticulteurs.

Le cours complet de viticulture de M. Foëx est une œuvre considérable qui comprend dans son ensemble tout ce qui est relatif à la viticulture actuelle. La situation exceptionnelle de l'auteur lui a permis de traiter les questions pratiques aussi bien que la partie théorique. Viticulteur, directeur et professeur de viticulture à l'Ecole nationale d'agriculture de Montpellier, M. Foëx est depuis longtemps admirablement placé pour étudier les nombreuses questions viticoles qui ont surgi pendant ces vingt dernières années. Dans ces conditions, M. Foëx a été amené à grouper autour de ses travaux ceux des viticulteurs éminents qui l'entourent et qui rivalisent de zèle et d'ardeur pour la reconstitution de leurs vignobles.

Grâce à ce concours heureux de circonstances, cet ouvrage est une véritable encyclopédie de la viticulture moderne. Les vignobles actuels sont l'objet de soins nouveaux et de préoccupations constantes. Il n'est pas de culture qui ait été aussi profondément modifiée que la culture de la vigne. Si les pratiques nouvelles sont, depuis quelques années, très bien connues dans le Bas-Languedoc, il n'en est pas ainsi encore dans tous les pays à vignobles de la France. L'ouvrage de M. Foëx permettra aux viticulteurs des régions moins avancées dans la reconstitution de profiter des applications de la science et des faits pratiques qui se dégagent clairement des premiers vignobles rétablis à grand'peine depuis le phylloxéra. Ces premiers vignobles sont aujourd'hui les témoins irrécusables de la valeur des vignes américaines et de l'efficacité des traitements contre les maladies cryptogamiques.

Le cours complet de viticulture s'ouvre par des considérations économiques suivies d'un résumé de l'histoire de la viticulture en Europe et d'une étude comparative des principaux vignobles du monde.

L'ampélographie prend chaque jour une importance de plus en plus grande. Cette partie du cours comprend la description botanique des Ampélidées et plus spécialement du genre *Vitis*, dans la multiplicité infinie de ses formes. Elle s'occupe aussi des questions capitales de l'adaptation, de la valeur de chaque cépage et de la résistance relative des producteurs et porte-greffes américains aux attaques du phylloxéra.

La physiologie de la vigne, les opérations culturales des diverses contrées viticoles, la multiplication par le semis et par le greffage ont été l'objet de développements très étendus; les parasites végétaux occupent une place importante. Le phylloxera est étudié de la manière la plus complète, et les moyens de détruire cet insecte ou de lutter contre lui sont passés en revue

successivement. Enfin, le cours de viticulture se termine par une étude comparée des principaux vignobles du monde et par un résumé des lois et règlements édictés en France ou dans les pays limitrophes pour se préserver de l'invasion de l'insecte ou pour en arrêter l'extension.

Cet ouvrage est remarquable par son ordre; le style est net et précis et la lecture en est très facile. Le succès qu'il méritait ne s'est pas fait attendre. Les deux premières éditions ont été épuisées avec une rapidité extraordinaire. La troisième édition vient de paraître; elle a été complétée et mise au courant des découvertes les plus récentes. En somme, le cours de M. Foëx constitue une œuvre d'une très grande importance pour l'enseignement agricole.
M. MAZADE.

Woodhead (German Lins). — *Directeur du laboratoire de bactériologie du Collège royal des médecins de Londres.* — Bacteria and their products. (*Les Bactéries et leurs produits*), *un vol in-8. de 460 pages, avec 20 microphotographies* (4 *fr.* 50). *Walter Scott, 24, Warwick Lane, Paternoster Row. Londres,* 1891.

Ce livre expose, uniquement en vue de la vulgarisation, les idées actuelles sur les bactéries pathogènes. Les premiers chapitres traitent de la structure de ces micro-organismes et des fermentations qu'ils provoquent. La généalogie des découvertes qui s'y rapportent y est décrite, mais avec de très grosses lacunes, puisque l'on peut se l'auteur ait pris soin d'indiquer quelles sont, parmi ces découvertes, celles qui ont exercé l'influence la plus décisive sur la bonne orientation des recherches. L'œuvre de Pasteur n'y paraît pas au premier plan.

Après ces préliminaires, M. Woodhead passe successivement en revue les travaux bactériologiques récents qui se rapportent à diverses maladies : choléra, fièvre typhoïde, tuberculose, lèpre, actinomycose, charbon, tétanos, diphtérie et rage. Ces chapitres font très bien connaître l'état actuel de la science.

Vient ensuite la description des bactéries chromogènes et phosphorescentes, l'étude des ptomaïnes, albuminoïdes, toxalbumines, en général des excrétions microbiennes, rencontrées au cours de la putréfaction ou de certaines maladies, comme le tétanos et la diphtérie. — Un chapitre consacré aux Bactéries de l'Air, de la Terre et de l'Eau termine l'ouvrage. L. O.

Courmont (Frédéric). — Le cervelet et ses fonctions. — *Un vol. in-8°* (12 *fr*) *F. Alcan, éditeur,* 108, *boulevard Saint-Germain,* 1891.

Dans ce volume d'une lecture facile, M. Courmont, s'appuyant sur de nombreuses observations antérieurement publiées à d'autres points de vue, en tire cette conclusion que le cervelet possède des fonctions analogues à celles du cerveau, que c'est un organe d'intelligence. Depuis les travaux de Flourens, on avait reconnu une relation étroite entre ses fonctions et celles de la locomotion, et l'on attribuait au cerveau seul les fonctions intellectuelles. Il faudrait abandonner cette croyance passée à l'état de dogme et admettre un cervelet psychique; mais, pour bien comprendre son rôle, il faut se rappeler que l'intelligence est double, qu'il y a la raison et le sentiment, la tête et le cœur, comme on dit vulgairement. Le cerveau serait l'organe du raisonnement, le cervelet celui des facultés affectives et aimantes. L'homme qui aime et l'homme qui raisonne seraient deux êtres différents; chez l'un le cervelet fonctionnerait, chez l'autre le cerveau. La question, dit l'auteur, ne pourrait être tranchée par des expériences sur les animaux ; ce serait à l'anatomie pathologique, rapprochée des renseignements fournis par la manière dont ont vécu les gens, qu'il faudrait demander la solution du problème.

Telles sont, succinctement résumées, les idées de M. Courmont sur une question que son ouvrage, intéressant à lire, n'a, croyons-nous, pas encore tranchée.
Dʳ Henri HARTMANN.

4° Sciences médicales.

Labadie-Lagrave (D'). — Traité des maladies du foie. *Un volume in-8°, avec 40 figures.* (*Prix : 18 fr.*). *Veuve Babé et Cie, place de l'Ecole-de-Médecine. Paris,* 1892.

Le *Traité des maladies du foie,* par M. Labadie-Lagrave, est le sixième volume de la Médecine clinique publiée par l'auteur, en collaboration avec le Professeur Germain Sée.

Ce volume est par lui-même et isolément une œuvre considérable, par la masse des documents qui y sont accumulés et par la clarté d'exposition qui permet d'en tirer tout le profit qu'on peut désirer.

Ce n'est pas une petite affaire, aujourd'hui, d'entreprendre d'écrire un traité des maladies du foie : nous sommes loin des classifications nettes et tranchées qui permettaient de ranger naguère les affections hépatiques en un petit nombre de maladies bien distinctes les unes des autres. Depuis les beaux travaux de Cl. Bernard, les recherches se sont multipliées, et le rôle du foie dans l'élaboration des substances absorbées s'est révélé de plus en plus complexe.

La pathologie générale tend de jour en jour à démontrer que les lésions viscérales, regardées pendant longtemps comme des maladies locales, sont, pour la plupart, des résultats plus ou moins éloignés d'infections microbiennes, ou d'intoxications, celles-ci tantôt primitives, tantôt secondaires aux infections. Dès lors, le rôle du foie devient d'une importance capitale dans la genèse de ces lésions disséminées.

Placé sur la route des substances absorbées dans l'intestin, il ne les laisse passer dans le sang qu'après leur avoir fait subir des modifications profondes. L'école de M. Bouchard s'est attachée, dans ces dernières années, à bien démontrer cette fonction essentielle de la cellule hépatique, et son élève, M. Roger, en particulier, a étudié l'arrêt des poisons par la glande hépatique, que ces poisons, comme l'alcool, soient introduits du dehors dans l'organisme, ou qu'ils résultent des déchets de la vie cellulaire (auto-intoxication).

Mais cette action tutélaire du foie ne saurait s'exercer au delà de certaines limites, sans danger pour ses propres éléments : recevant les principes infectieux et toxiques de première main, il est aussi le premier à en ressentir les effets, et la cellule ne peut remplir sa fonction protectrice qu'autant qu'elle reste elle-même intacte.

Parfois, la substance nocive agit directement sur la cellule hépatique, la frappe de mort, comme dans l'ictère grave, et l'organisme entier succombe à l'intoxication, dès que le rein manque à l'élimination urgente des poisons.

Parfois, c'est antérieurement que le foie a subi des altérations, sclérose, dégénérescence, qui diminuent l'énergie de ses fonctions d'arrêt, et la moindre infection survenant, les accidents graves se produisent hors de proportion, semble-t-il, avec la virulence d'origine.

On conçoit dès lors combien les maladies du foie peuvent être nombreuses, et combien il importe de savoir comment cet organe essentiel se comporte dans les affections des différents systèmes.

C'est à élucider cette pathologie complexe que s'est attaché M. Labadie-Lagrave.

Dans une première partie, riche de faits et pleine d'érudition, on trouve un exposé clair de l'*anatomie,* et surtout de la *physiologie* hépatique, où les rapports concernant la glycogénie hépatique, le rôle du foie à l'égard des poisons, à l'égard de la graisse, présentent un intérêt tout particulier.

La deuxième partie est consacrée à la *Pathologie générale du foie* où se trouve une étude magistrale du grand symptôme hépatique, l'Ictère.

La troisième partie, la plus fournie, contient la *Pathologie spéciale :* en tête, les *Infections* en forment les chapitres les plus nouveaux ; on connaît les travaux nombreux publiés dans ces dernières années sur

ce qu'on a appelé la maladie de Weil : M. Labadie-Lagrave est d'avis qu'il n'y a pas lieu d'en faire un type clinique spécial, comme on l'a voulu en Allemagne, mais qu'il ne s'agit là que d'une forme pseudo-grave d'ictère infectieux.

Viennent ensuite les ictères graves, les hépatites et les lésions du foie dans les différentes maladies infectieuses, fièvre typhoïde, syphilis, tuberculose, impaludisme.

Les *intoxications* renferment un chapitre d'une importance énorme, celui des *cirrhoses hépatiques.* Il y a peu d'années encore, l'étude des cirrhoses du foie pouvait se faire d'après leurs caractères anatomiques, schématisés en des types nettement distincts les uns des autres : aujourd'hui, les travaux multipliés sont venus montrer tout ce que ces divisions avaient d'arbitraire, et que, sous l'influence d'un agent irritant, les éléments anatomiques du foie réagissaient de façon variable, sans qu'il soit possible d'assigner à l'évolution des lésions une physionomie toujours la même. Au lieu d'une maladie *cirrhose atrophique,* opposable à une autre maladie, *cirrhose hypertrophique,* à laquelle semblent se relier certaines lésions mal définies, *cirrhoses mixtes,* l'auteur décrit une intoxication alcoolique, provoquant dans le foie des réactions cellulaires qui sont bien de même ordre, mais évoluent anatomiquement, sous des influences qui nous échappent, de façon à aboutir soit à l'atrophie soit à l'hypertrophie de la glande. La distribution des bandes scléreuses, les lésions cellulaires, la formation des néo-canalicules biliaires n'ont plus la signification spéciale que leur avaient attribuée les premiers travaux microscopiques.

Nous ne pouvons insister sur les intéressants chapitres traitant du foie cardiaque et des dégénérescences du foie, où sont exposés les beaux travaux de MM. Hanot et Gilbert sur le cancer hépatique, non plus que sur les parasites où la question des kystes hydatiques est traitée avec de grands développements pratiques.

La quatrième partie comprend les *maladies des voies biliaires;* ici, en dehors de la lithiase dont la pathologie ne s'est pas modifiée sensiblement dans ces dernières années, nous trouvons un chapitre qui emprunte aux recherches les plus récentes un intérêt particulier ; les *Infections biliaires* ont été étudiées au point de vue microbiologique dans une thèse récente, par M. Dupré, qui a réuni les résultats obtenus par divers expérimentateurs ; il résulte de ces travaux que les voies biliaires peuvent être envahies, primitivement ou secondairement, par des micro-organismes pénétrant soit par la voie sanguine, soit par les conduits évacuateurs de la bile, et venant alors de l'intestin. On a trouvé, dans les voies biliaires, à l'état normal ou pathologique, dix espèces microbiennes différentes, dont les principales sont : le *Bacterium Coli commune,* le bacille typhoïde, des streptocoques et des staphylocoques *aureus* et *albus* : ces infections biliaires peuvent être mono ou poly-bactériennes.

La forme même et l'étendue du Traité rendent impossible une analyse détaillée : nous avons seulement voulu montrer, par quelques exemples, dans quel esprit scientifique cet ouvrage est conçu, et quelle somme énorme de connaissances il renferme. Peu d'hommes sont en état de mener à bien une semblable entreprise. M. Labadie-Lagrave avait déjà publié, en 1888, un *Traité des maladies des reins,* où il avait donné la mesure de sa profonde érudition et d'une netteté d'exposition peu commune : le *Traité des maladies du foie* présente les mêmes qualités : c'est un beau et bon livre, et de plus, un livre utile.

Ray. Durand-Fardel.

Monin (Dr E.). — Formulaire de médecine pratique. *Nouvelle édition. Un vol. in-12 de 650 pages* (5 fr.) *Société d'éditions scientifiques,* 4, *rue Antoine Dubois, Paris,* 1892.

Cette nouvelle édition est très augmentée.

ACADÉMIES ET SOCIÉTÉS SAVANTES

DE LA FRANCE ET DE L'ÉTRANGER

ACADÉMIE DES SCIENCES DE PARIS

Séance du 4 avril.

1° SCIENCES MATHÉMATIQUES. — M. E. Picard : Sur certains systèmes d'équations aux dérivées partielles. — M. J. Boussinesq : Débit des orifices circulaires et sa répartition entre leurs divers éléments superficiels. — M. S. Drzewiecki propose pour la détermination des éléments mécaniques des propulseurs hélicoïdaux une méthode basée sur la considération du rapport qui relie les valeurs des composantes (tangentielle et normale à la trajectoire) de la résistance éprouvée par un plan qui se meut dans un milieu fluide au repos, en faisant avec la direction du mouvement l'angle d'incidence pour lequel le rapport des composantes est minimum. — M.G. Bigourdan : Observations de la comète de 1892 (Swift, mars 6) faites à l'Observatoire de Paris. — Mlle D. Klumpke : Observations des nouvelles planètes (Wolf, 28 mars 1892), (Charlois, 1ᵉʳ avril 1892) faites à l'Observatoire de Paris. — M. G. Le Cadet : Observations de la comète Swift (1892, mars 6) faites à l'Observatoire de Lyon.

2° SCIENCES PHYSIQUES. — M. P. Bary a recherché comment varie, avec la concentration, l'indice de réfraction des solutions salines, dans le but de déterminer l'état du sel dissous au sein de sa dissolution. D'une façon générale, les résultats peuvent se représenter par une ligne brisée, ce qui correspond à l'hypothèse d'une série d'hydrates liquides se présentant successivement à partir de concentrations données. — La conductibilité électrique d'un gaz chauffé entre deux surfaces de platine portées au rouge a été démontrée par Edm. Becquerel et confirmée par M. Blondlot, M. E. Branly a observé ce qui se passe dans le cas d'un gaz compris entre un métal porté au rouge et un métal maintenu à la température ordinaire ; il a reconnu que le gaz est encore conducteur, mais que sa conductibilité est beaucoup plus forte quand le métal froid est négatif. — M. J. Lefèvre a mesuré l'attraction de deux plateaux électrisés, séparés par un diélectrique non en contact intime avec eux ; il s'est servi d'une balance de précision dont le fléau portait à l'une de ses extrémités le plateau mobile ; il formule la loi des phénomènes ; cette méthode simple peut servir à mesurer les constantes électriques. — M. Lecoq de Boisbaudran a comparé les spectres qui s'observent lorsqu'on fait éclater à la surface d'une solution de chlorure de gallium des étincelles électriques de diverses natures ; il attire l'attention sur les différences que présentent ces spectres, où pourtant l'on retrouve toujours bien marquées les deux raies violettes caractéristiques. — M. P. Klobb signale que l'on peut obtenir à l'état cristallisé divers sulfates anhydres (sulfate de cobalt, de cuivre, de nickel, de zinc) par la voie sèche ; si l'on jette dans le sulfate d'ammoniaque en fusion une petite quantité du sulfate métallique déshydraté, celui-ci se dissout ; si l'on chauffe ensuite de façon à volatiliser lentement le sel ammoniacal, le sulfate métallique reste à l'état cristallisé. — M. P. Cazeneuve, en traitant par l'acide azotique étendu, deux campho-sulfophénols isomères qu'il avait décrits antérieurement, a transformé ces corps en une cétone nitrée ; le soufre est dégagé à l'état d'acide sulfurique ; cette cétone jouit de propriétés acides bien marquées. M. Cazeneuve en a formé divers sels.

3° SCIENCES NATURELLES. — M. A. B. Griffiths a observé dans le sang de la *Pinna squamosa* l'existence d'une substance qui se réduit et s'oxyde à la façon de l'hémoglobine ; le précipité alcoolique de ce sang, purifié par divers traitements, a donné à l'analyse la composi-

tion d'une substance albuminoïde avec 0,35 % de manganèse. L'auteur donne à cette préparation le nom de *pinnaglobine*. — M. Horvath signale l'existence de séries parallèles dans le cycle biologique des Pemphigiens, analogues à celles étudiées par M. Dreyfus chez divers Aphidiens. — M. J. Vesque examine comment le sous-genre *Rheediopsis* du genre *Garcinia*, caractérisé par la forme des stomates, se rattache aux autres *Garcinia*. — M. G. Curtel a déterminé par une méthode simple les variations de la transpiration de la fleur suivant les phases de son développement ; de trois séries d'expériences ayant porté sur des plantes différentes, il tire la conclusion suivante : la transpiration, intense dans le bouton très jeune, diminue d'abord, puis redevient active au moment où le bouton a acquis sa taille maximum et est près de s'épanouir ; à partir de ce moment la transpiration reste très intense jusqu'à la mort de la fleur. — M. J. Costantin étudie quelques maladies parasitaires qui attaquent le *blanc* du champignon de couche ; il décrit sommairement deux champignons inférieurs nouveaux qui sont la cause de ces maladies. — MM. J. Héricourt et Ch. Richet ont obtenu sur le chien, par l'inoculation de la tuberculose aviaire, à laquelle cet animal est réfractaire, une vaccination nette contre la tuberculose humaine à laquelle il est très sensible. — MM. Teissier, G. Roux et Pittion, continuant leurs recherches sur le micro-organisme trouvé par eux il y a un an dans le sang et l'urine des malades affectés de grippe, ont reconnu que cet organisme est extrêmement polymorphe, suivant la phase de la maladie où on le recueille ou suivant les milieux de culture ; en particulier, les cultures sur pommes de terre deviennent sporifères. — Le prince Roland Bonaparte communique les premiers résultats acquis par ses recherches sur les variations de longueur des glaciers du Dauphiné (massif du Pelvoux) ; sur seize glaciers étudiés en 1890, six avançaient, huit reculaient, deux étaient stationnaires ; en 1891, trois des glaciers qui reculaient sont devenus stationnaires ; d'autre part, divers signes tendent à montrer que nous sommes à la fin de la période de recul général commencé il y a environ trente-cinq ans. — M. Munier-Chalmas, comparant les faunes crétacées contemporaines suivant les diverses zones terrestres, relève dans le bassin de Paris des incursions d'une zone à l'autre sur divers points ; il en tire des conclusions relatives à la direction et à la distribution des courants marins sur l'emplacement de la France à cette époque. — M. Mallard présente un échantillon du fer natif du *Cañon Diablo* (Arizona) envoyé à l'École des mines par M. Eckley Coxe ; ce fer contient de petits diamants noirs ; il est peut-être d'origine météorique ; cependant on signale au voisinage du gisement, et relié par une traînée de petits fragments de la même matière, une sorte de petit cratère. — M. Daubrée fait remarquer l'intérêt qu'il y aurait à étudier de très près ce gisement.

Histoire des sciences. — M. Bertrand présente au nom de Mme Dulong, vingt-cinq lettres écrites par Berzélius de 1817 à 1737 ; la première de ces lettres, relative à un voyage de l'illustre chimiste en Auvergne, à Lyon et à Genève, est publiée dans les comptes rendus. — M. J. Boussinesq lit une notice sur les travaux du marquis de Caligny.

Mémoires présentés. — M. Escary adresse une note ayant pour titre : Nouvelle forme des intégrales des aires. — M. A. Cantaloube soumet au jugement de l'Académie un mémoire ayant pour titre : Influence du Soleil et de la Lune sur les dépressions et les sommets atmosphériques de l'Atlantique nord. — M. le Directeur des services de la Compagnie des Messageries maritimes adresse un rapport de M. Troomé, commandant du paquebot le *Peïho* sur un cyclone essuyé par ce navire les 12 et 13 février dernier dans les parages de l'île Maurice. — M. Zenger adresse une réclamation de priorité relativement aux correspondances entre les variations solaires et les perturbations atmosphériques ou magnétiques.

Séance du 11 avril

1° Sciences mathématiques. — M. P. Painlevé : Sur les transformations en mécanique. — M. E. Jablonski : Sur l'analyse combinatoire circulaire. — M. J. Boussinesq : Écoulement par les orifices rectangulaires sans contraction latérale; calcul théorique de leur débit et de sa répartition. — M. G. Rayet : Observations de la comète Swift (1892, mars 6) et de la comète Denning (1892, mars 18) faites au grand équatorial de l'Observatoire de Bordeaux. — M. Mouchez présente les résultats de deux séries de recherches nouvelles pour la détermination de la latitude de Paris, effectuées, l'une par M. Périgaud, au moyen du bain de mercure nouveau système l'autre par M. F. Boquet; les deux séries concordent à $\frac{1}{20}$ de seconde près et donnent la valeur de 38°, 50′ 11″,01; les observations de M. Boquet, disséminées sur sept mois consécutifs n'ont pas révélé la variation annuelle de l'axe des pôles indiquée par divers observateurs. M. Mouchez profite de cette occasion pour se plaindre des conditions déplorables où l'on est à l'Observatoire de Paris pour observer la polaire. — M. Mouchez présente une photographie obtenue par M. Gill au cap de Bonne-Espérance dans les conditions générales de la carte du ciel, mais avec 3 h. 12 de pose au lieu de 1 heure; on peut estimer à 30.000 ou 40.000 le nombre des étoiles visibles sur ce cliché. — MM. Ch. And.é et F. Gonnessiat décrivent un dispositif qui leur donne des passages artificiels d'un disque lumineux de dimensions notables; ils s'en servent pour l'étude de l'équation décimale dans les observations du soleil et des planètes; ils signalent parmi les résultats de leurs expériences ce fait que l'équation personnelle peut différer notablement d'un bord à l'autre. — M. J. J. Landerer a soumis au contrôle de l'observation la théorie des satellites de Jupiter, donnée par M. Souillard; l'accord est satisfaisant.

2° Sciences physiques. — M. Le Verrier a étudié la chaleur spécifique des métaux à diverses températures, par la méthode du calorimètre, les températures étant prises au pyromètre de M. Le Chatelier; il a reconnu que la chaleur spécifique $\left(\frac{\Delta c}{\Delta t}\right)$ reste sensiblement constante pendant les périodes que n'excèdent pas en général un intervalle de 200 à 300°; de plus, la courbe ainsi obtenue en forme de ligne brisée diffère suivant que l'on a amené le métal à la température de l'expérience par échauffement ou par refroidissement. — M. A. Potier a voulu vérifier l'expérience paradoxale de M. Carvallo (séance du 12 mars 1892) sur l'absorption de la tourmaline; il a trouvé, contrairement à l'assertion de cet auteur, que l'absorption par une lame cristalline d'épaisseur $e + e'$ est égale à l'absorption par une lame d'épaisseur e et une lame d'épaisseur e' superposées, quel que soit l'angle d'incidence. — M. A. Hurion, pour contrôler l'hypothèse de L. Soret sur la polarisation atmosphérique par les particules diffusantes, a observé avec le photopolarimètre de M. Cornu un faisceau de lumière homogène ayant traversé une certaine épaisseur d'eau troublée par l'essence de citron; la proportion de lumière polarisée observée et celle calculée d'après une conséquence de l'hypothèse de M. Soret concordent à $\frac{1}{25}$ près. — M. Berthelot a préparé les persulfates en quantité notable en utilisant les procédés électrolytiques de M. H. Marshall; il a fait l'étude thermochimique de

l'acide persulfurique; la chaleur de dissolution des persulfates a été mesurée directement; la chaleur de neutralisation a été obtenue en précipitant la baryte du persulfate au moyen de l'acide sulfurique étendu; la chaleur de formation a été obtenue en mesurant la chaleur dégagée par la transformation de l'acide persulfurique en acide sulfurique et oxygène; mais comme il nécessaire pour obtenir la transformation complète, dans les conditions des mesures calorimétriques, d'absorber par un corps oxydable l'oxygène dissocié et qu'une telle réaction est très complexe, la chaleur dégagée a été comparée à celle que dégage dans des conditions identiques bien déterminées l'eau oxygénée. Les conséquences de cette étude sont les suivantes : la décomposition de l'acide persulfurique et des persulfates est exothermique, ce qui explique que ces corps en dissolution se décomposent spontanément, leur formation est endothermique, et elle nécessite l'intervention d'une énergie étrangère, soit l'électricité, dans les conditions de la préparation usitée, soit la chaleur dégagée par une réaction exothermique concomitante; on peut en effet obtenir de l'acide persulfurique en petite quantité dans diverses réactions. — M. A. Gorgeu a reconnu que la décomposition du permanganate d'argent dans diverses conditions met en liberté de 1 à 3 centièmes d'oxygène qui n'oxyde pas les corps réducteurs en présence; les recherches auxquelles s'est livré l'auteur sur la nature de cet oxygène inactif l'amènent à conclure qu'il n'est ni combiné ni occlus, et qu'il doit être dans un état d'association encore non défini avec l'oxyde d'argent. MM. Lachaud et C. Lepierre en chauffant plus ou moins un mélange de sulfate acide d'ammoniaque et de sulfate ferreux ont obtenu une série de composés dans lesquels disparaissent successivement du premier au dernier 1 molécule de sulfate d'ammonium, puis 3 molécules d'anhydride sulfurique; tous ces composés sont cristallisés dans la même forme. — M. Maquenne a repris l'étude d'une réaction de l'heptine que M. Renard avait signalée sans y insister : il s'agit d'une hydrogénation de ce carbure sous l'influence de l'acide sulfurique; en opérant dans de bonnes conditions, sur de l'heptine tout à fait pure obtenue par saponification du nitrosochlorure, on peut obtenir jusqu'à 30 0/0 du composé C^7H^{14}; on peut obtenir de même sur les carbures incomplets dérivés de l'acide camphorique cette réaction hydrogénante très particulière de l'acide sulfurique; c'est encore un caractère qui rapproche l'heptine des terpènes. — M. J. Fogh a poursuivi sur les corps sucrés nouveaux de M. E. Fischer les recherches de MM. Berthelot et Matignon sur la chaleur de combustion des alcools; la loi posée par ces auteurs, à savoir que la chaleur de combustion augmente suivant une progression régulière avec l'accroissement de l'atomicité dans l'alcool, se vérifie pour ces composés supérieurs.

3° Sciences naturelles. — M. Dehérain, en présentant son *Traité de chimie agricole*, insiste sur le caractère essentiellement pratique de cet ouvrage. — MM. H. Bertin-Sans et J. Moitessier, après avoir dédoublé dans des conditions particulières l'hémoglobine du sang de bœuf en hématine et matière albuminoïde, ont vu, en traitant avec précaution le mélange acide des deux éléments réunis par la soude étendue, apparaître le spectre de la méthémoglobine; l'addition d'un peu de sulfure ammonique a fait apparaître le spectre de l'hémoglobine avec toutes ses réactions optiques. — M. G. Philippon décrit un appareil destiné à des recherches physiologiques avec l'air et l'oxygène comprimés; un dispositif spécial de soupape permet d'obtenir une décompression immédiate. — M. A. Julien généralise la façon suivante la loi d'apparition du point épiphysaire posé par M. Picqué pour les os longs monoépiphysaires (*Soc. de Biologie*, 19 mars). Le *premier* point épiphysaire d'un os long apparaît sur l'extrémité attenante à l'articulation où se produisent les mouvements les plus importants. — MM. Cornevin et Lesbre ont cherché s'il existe des caractères anatomiques différenciant nettement les espèces ovines des espèces caprines ; ils ont trouvé plusieurs de ces caractères ; le groupe des Mouflons, examiné à ce point de vue, doit être divisé en deux, les uns se rattachant aux Chèvres et les autres aux Moutons. — M. **Chambrelent** signale le danger que ferait courir à la stabilité des dunes du golfe de Gascogne et à l'assainissement du pays le projet qui vient d'être soumis au Parlement, projet autorisant la culture de la vigne et de la pomme de terre dans les dunes domaniales ; la dune peut, il est vrai, être déboisée sur des espaces assez larges, mais à la condition de conserver dans ces espaces la végétation basse des sous-bois ; toute culture sarclée rendrait au sable sa mobilité ; d'ailleurs toutes les tentatives faites jusqu'ici pour la culture de la vigne sur la dune ont abouti à des désastres. — M. de **Rocquigny Adanson** décrit un halo qu'il a observé le 6 avril 1892 au parc de Baleine (Allier). — M. de **Montessus de Ballore** se propose de rechercher les conditions géographiques et géologiques caractérisant les régions à tremblement de terre ; il commence par établir au moyen des statistiques la *sismicité* des diverses régions de la France, qu'il définit l'inverse de la surface pour laquelle se présente moyennement un jour de séisme par an. — M. G. **Cotteau** étudie le genre nouveau d'Echinide crétacé créé par M. Arnaud pour l'espèce *Dipneustes asturicus*, découverte par lui dans le danien de Rivières, près Tercis (Landes).

Mémoires présentés. — M. **Zenger** adresse un relevé comparatif des perturbations atmosphériques et solaires de la fin de mars et du commencement d'avril 1892. — M. **Chapel** adresse une note : Sur le nombre des nombres premiers compris entre deux nombres donnés. — M. C. D. **Caron** adresse la description d'une horloge à laquelle il donne le nom d'horloge géographique. — M. E. **Delaurier** adresse un mémoire ayant pour titre : Remarques sur les applications scientifiques et industrielles de la thermo-électricité.

L. LAPICQUE.

ACADÉMIE DE MÉDECINE

Séance du 8 mars.

M. **Germain Sée** : Des nouveaux sels de calcium en thérapeutique. Traitement physiologique et régime des maladies de l'estomac. De l'étude approfondie de l'auteur, il résulte que, pour introduire de la chaux d'une manière sûre dans l'organisme, il faut prescrire les sels de calcium, le bromure et surtout le chlorure de calcium. L'iodure et le bromure de calcium conviennent particulièrement pour faire agir l'iode et le brome sur l'organisme. Le bromure et le chlorure de calcium s'appliquent à un grand nombre de dyspepsies et de lésions stomacales. L'iodure de calcium agit favorablement sur l'estomac, sur la respiration, sur le cœur ; de plus il est parfaitement supporté par les organes digestifs. Une discussion a lieu ensuite entre MM. Dujardin-Beaumetz, C. Paul, Laborde et G. Sée. — M. **Hervieux** : Discussion relative à la communication de M. Guéniot à la séance précédente.

Séance du 15 mars 1892

MM. **Constantin Paul** décrit le cas d'un malade présentant tous les signes de la septicémie gangreneuse. Il le soumit aux inhalations d'air chargé d'acide phénique. Mais après plusieurs rechutes, il pria M. Périer d'intervenir. Celui-ci fit une incision dans le deuxième espace intercostal ; arrivé au poumon il le saisit avec la plèvre au moyen d'une pince de Museux, y fit une incision, dans laquelle il introduisit une pince de Lister fermée. En écartant ensuite les branches, il ouvrit le foyer qui laissa échapper un pus fétide. Lavages au chloral, pansement au salol et ultérieurement instillation de quelques gouttes de naphtol camphré dans les drains qui avaient été laissées dans la plaie. La guérison suivit en 25 jours. — M. **Périer** communique aussi le cas d'une petite fille de six ans qui, à la suite d'une rougeole, présentait des troubles de la respiration. La dyspnée étant devenue excessive, on dut lui faire l'opération de la trachéotomie. Puis M. Perrier pratiqua la thyrotomie, et il enleva de nombreux papillomes. Au bout d'un mois, les accidents se reproduisirent et l'auteur dut procéder à une nouvelle thyrotomie. Après plusieurs curetages de la surface interne du larynx, avec du coton imbibé de salol puis de naphtol camphrés, il excisa quelques papillomes. La reproduction cessa ; on put fermer la canule, la retirer, et aujourd'hui la plaie trachéale est cicatrisée ; de plus la phonation est rétablie. — M. **Charpentier** : De la symphyséotomie. L'auteur fait l'historique de cette opération d'origine française. Elle agrandit les diamètres du bassin. Les accoucheurs italiens considèrent que c'est une opération fort simple et sans dangers. Les résultats sont les suivants : les mortalités maternelle et infantile étaient de 22 à 27 % au début du siècle ; plus tard elles sont de 18 %. La dernière statistique récente du Dr Spinelli indique pour les mères, sur 24 cas, 24 guérisons ; pour les enfants, sur 24 cas, 23 guérisons. C'est donc une opération que l'auteur voudrait voir appliquée en France, au grand bénéfice des malades. — Suite de la discussion sur le méphitisme et la septicémie puerpérale entre MM. A. Guérin, Guéniot, Hervieux, Peter et Tarnier.

Séance du 22 mars.

M. G. **Colin** (d'Alfort) : Sur les ténias et les cysticercoses. — M. A. **d'Arsonval** : Sur les effets physiologiques comparés des divers procédés d'électrisation ; nouveaux modes d'application de l'énergie électrique : la *voltaïsation sinusoïdale* ; les grandes fréquences et les hauts potentiels. En électrothérapie comme en physiologie, on peut distinguer au point de vue des effets de l'électricité *l'état variable* de *l'état permanent*. Pour doser l'état permanent, il suffit de mesurer l'intensité du courant avec un galvanomètre ; quant aux effets locaux du courant permanent, ils dépendent uniquement de la *densité* du courant, ou intensité par unité de surface. Pour définir l'action physiologique et thérapeutique produite par l'état variable, il faut connaître la variation du temps la loi de variation de la force électromotrice *aux points d'application* des électrodes sur le sujet. L'auteur présente l'appareil qu'il a imaginé dans ce but. Le courant sinusoïdal obtenu a l'avantage de ne donner aucun choc brusque et d'amener graduellement et sans électrolyse le tétanos du muscle. L'auteur compare ensuite les effets sur la nutrition (effets trophiques) : 1° du bain statique ; 2° de la faradisation générale ; 3° du courant continu ; 4° du courant alternatif sinusoïdal. Sous l'influence de ce dernier on peut augmenter instantanément de plus d'un quart les échanges gazeux respiratoires, et *cela en dehors de toute contraction musculaire* et en l'absence de phénomènes douloureux. Enfin des courants alternatifs donnant de 400,000 à 10 millions et plus d'oscillations par seconde peuvent traverser impunément le corps vivant sous forme d'étincelles ayant jusqu'à 10 centimètres de longueur et près d'une ampère d'intensité.

Séance du 29 mars.

M. **Duguet** est proclamé membre titulaire dans la IIe section (*Pathologie médicale*) en remplacement de M. Roger, décédé. — M. **Verneuil** : Rapport sur la note de M. Le D. Quenu : nouveau procédé de thoracoplastie.

Séance du 5 avril.

M. **Béchamp** : Discussion sur la septicémie puerpérale et le méphitisme. — Sir West, MM. Léon Colin, Dieulafoy, Verneuil, Dujardin-Beaumetz, Laborde, Constantin Paul : Discussion sur le traitement de la pleurésie.

Séance du 12 avril.

M. A. **Robin** : Rapports sur les travaux des stagiaires de l'Académie aux eaux minérales en 1891 et sur des demandes en autorisation pour des sources d'eaux minérales. — M. **Proust** : Sur l'enquête concernant l'épidémie de grippe de 1889-90 en France. — MM. **Dieulafoy, Verneuil, Hardy, Peter, C. Paul, Proust** : Discussion sur le traitement de la pleurésie.

SOCIÉTÉ DE BIOLOGIE

Séance du 19 mars.

M. **Déjerine**, après avoir remarqué qu'il faut distinguer cliniquement deux formes de cécité verbale : 1° cécité verbale avec agraphie ou troubles très marqués de l'écriture, 2° cécité verbale pure avec intégrité de l'écriture spontanée et sous dictée, apporte l'observation très complète d'un cas type de cette seconde catégorie ; l'autopsie du sujet a fourni le premier document pour fixer la localisation anatomique de cette lésion. Chez ce malade, dont l'état est resté stationnaire pendant quatre ans, et qui ne présentait aucun trouble en dehors de cette cécité verbale pure, on a trouvé des lésions anciennes (plaques jaunes atrophiques) comprenant l'écorce et la substance blanche sous-jacente jusqu'au ventricule dans le lobule lingual, le lobule fusiforme, le cunéus et la pointe du lobe occipital, *à gauche* ; c'est-à-dire que le centre des perception optiques était détruit de ce côté, ce qui entraînait directement l'hémianopsie homonyme latérale droite constatée pendant la vie ; quant à la cécité verbale, elle s'explique par l'interruption des communications entre le centre visuel droit subsistant et le centre des images optiques des lettres, pli courbe gauche ; celui-ci étant intact permettait l'écriture spontanée; on sait que c'est la lésion de ce dernier point qui constitue l'autre forme de cécité verbale, accompagnée d'agraphie. Cette forme a été réalisée chez le sujet à la suite d'une attaque survenue dans les derniers jours de son existence ; à l'autopsie, le pli courbe s'est montré affecté d'une lésion récente, ramollissement rouge. — MM. **G. Gautier** et **J. Larat** : Utilisation médicale des courants à haut potentiel (Voir C. R., séance du 29 février). — M. **Taft** a étudié le développement du grand sympathique chez les mammifères spécialement dans le but d'élucider la nature des fibres de Remak et des noyaux y attenant ; le grand sympathique est formé d'abord de cellules ayant un grand noyau sphérique et très peu de protoplasma ; de ces cellules, les unes constituent les ganglions, les autres se transforment graduellement jusqu'à devenir des fibres de Remak, telles qu'on les connaît chez l'adulte. — M. **Dewevre** a constaté par l'observation clinique et l'expérimentation que les *pediculi* sont les agents habituels de la transmission de l'*impetigo*. — M. **E. Metschnikoff** discute contre M. Bataillon le mécanisme de l'atrophie musculaire, en particulier dans la régression de la queue des têtards ; il maintient, comme il l'avait dit dans son travail des *Annales de l'Institut Pasteur*, que l'atrophie est effectuée par les phagocytes musculaires dérivés des noyaux musculaires et du sarcoplasma ; il attribue l'interprétation différente de M. Bataillon (Voir cette *Revue*, 1891, p. 554) à une technique insuffisante. — M. **Ch. Richet** indique les lésions que l'autopsie a révélées chez le chien atteint de cécité psychique expérimentale qu'il a présenté à une séance précédente. — Il signale que les singes sont réfractaires à l'action toxique de l'atropine ; se comportent donc vis-à-vis de ce poison comme la plupart des mammifères et non comme l'homme. — M. **J. Passy** : Sur la perception des odeurs (Voir C. R., 28 mars). — M. **M. Lambert** a examiné un grand nombre d'humérus humains au point de vue de la torsion, et il a constaté que cette torsion est d'autant plus accusée que l'os est moins épais. — MM. **Combemale** et **Bué** ont ensemencé des tubes d'agar avec du sang pris sur le vivant dans quatre cas d'éclampsie puerpérale; dans les quatre cas, ils ont obtenu du culture du *staphylococque pyogène*. — M. **Wertheimer** établit, par des expériences sur le chien, que la plus grande partie de la bile résorbée dans l'intestin est aussitôt secrétée de nouveau par le foie, sans passer par la grande circulation. — M. **Picqué** pose la loi suivante : lorsqu'un os long n'a qu'un seul point d'ossification complémentaire, ce point apparaît sur l'extrémité la plus mobile de cet os.

Séance du 26 mars.

MM. **Chenot** et **Picq** ont recherché si le sérum des bovidés, qui sont réfractaires à la morve, peut conférer au cobaye une immunité contre ce virus ; ils ont constaté que des sujets infectés avec du virus équin et traités au sérum avant et après l'inoculation morveuse guérissent sept fois sur dix ; et que des sujets inoculés avec un virus exalté par le passage de cobaye à cobaye et traités par le sérum survivent bien plus longtemps que les témoins. — M. **E. Retterer** a étudié chez divers mammifères l'évolution de l'épithélium du vagin, spécialement au point de vue de la transformation muqueuse que subiraient les cellules de cet épithélium après la fécondation ; il a reconnu que chez les cobayes, l'épithélium vaginal est toujours, dans sa portion proximale, constitué superficiellement par des cellules muqueuses ; chez les femelles des autres mammifères, l'épithélium vaginal ne subit la transformation muqueuse que dans les derniers temps de la gestation et au moment de la parturition. — M. **A. Vianna** propose de traiter la diphtérie par l'antipyrine en applications locales ; il a reconnu que cette substance exerce une action bactéricide active sur le virus diphtéritique. — M. **A. Prenant** expose les observations nouvelles qu'il a faites sur l'origine du fuseau achromatique nucléaire dans les cellules séminales de la Scolopendre ; il conclut pour ce cas que le fuseau a une origine tout à la fois nucléaire et cytoplasmique. — M. **E. Retterer** a étudié l'origine et le développement des plaques de Peyer chez les Ruminants et les Solipèdes; il a vu chez ces animaux, comme chez les Rongeurs, que la partie glandulaire des plaques de Peyer se forme par des bourgeons épithéliaux multiples qui sont circonscrits par du tissu conjonctif. — M. **H. Vincent** a recherché dans divers types de fièvre paludéenne les formes de l'hématozoaire correspondantes à chaque type, signalées par Golgi et divers auteurs italiens; il n'a pu constater aucune concordance entre les diverses formes du parasite et le type de la fièvre. — M. **A. Binet** a constaté des modifications importantes dans la structure du nerf alaire, étudié par lui chez les Coléoptères, lorsqu'on passe aux espèces qui ne volent pas; la racine dorsale inférieure fait défaut, ce qui confirme la nature motrice de cette racine. — M. **C. Phisalix** : Transmission héréditaire de caractères acquis par le *Bacillus Anthracis* sous l'influence d'une température dysgénésique. (Voir C. R., 21 mars.) — MM. **Feré** et **Herbert** ont trouvé dans deux cas, à la suite de manifestations non convulsives de l'épilepsie, l'inversion de la formule des phosphates donnée comme caractéristique de l'attaque hystérique. — M. **F. Regnault** a constaté que la vaginalite chronique simple adhésive entraîne la sclérose du testicule.

M. **Chauveau** est élu président pour cinq ans.

L. LAPICQUE.

SOCIÉTÉ FRANÇAISE DE MINÉRALOGIE

Séance du 11 février.

M. **Mallard** étudie la forme cristalline et les propriétés optiques du carbonate de lithine. Les calcaires argileux de Condorcet (Drôme) ont fourni à M. L. **Michel** de très jolis cristaux de quartz offrant la face rare $a^{1/2}$, ainsi que d'intéressants cristaux de célestine. — M. **Gonnard** signale plusieurs gisements de zéolites dans la Haute-Loire, décrit les formes de la galène de Pontgibaud et donne des renseignements sur plusieurs autres gisements du plateau central de la France.

Séance du 10 mars.

M. **Gonnard** envoie la monographie des cristaux de deux gisements de cérusite, celui de la Pacaudière, près Roanne (Loire), et celui de Roure (près Pontgibaud.) — M. **Pisani** donne l'analyse de l'idocrase de Settimo, de la pyroméline (sulfate hydraté de nickel et de magnésie) et d'un silicate de nickel et de fer magnésien de la Nouvelle-Calédonie. — M. **Georges Friedel** répond aux critiques formulées par M. Bombicci sur l'intéressant travail qu'il a publié sur la mélanophlogite. — M. **Frossard** entretient la Société de la bibliographie de la Pyrénéite, dont les propriétés optiques ont été étudiées récemment par M. Mallard. — M. **Jannettaz** donne une note préliminaire sur les calcaires noirs des Pyrénées.

Séance du 14 avril.

M. **Jannettaz** étudie la matière colorante des calcaires noirs des Pyrénées renfermant la grenat-pyrénéite; elle est, d'après lui, constituée par de l'anthracite dans la proportion de 0,7 0/0. — M. **Wyrouboff** montre à la Société de très beaux cristaux de divers métatungstates qu'il a préparés au cours de recherches sur le métatungstate de cérium. Ces sels sont remarquables par leur extrême solubilité; ils seront étudiés dans un travail ultérieur. — M. **Friedel** décrit des pseudomorphoses de pyrite en oligiste, renfermant de nombreuses cavités tapissées de cristaux de soufre. Ce fait intéressant est à rapprocher de celui qu'a décrit le même savant sur des échantillons de Meymac (Corrèze). — M. **Lacroix** signale divers minéraux cristallisés (apatite, feldspath, quartz, fluorine, etc.) dans les druses des granulites des environs d'Alençon.

A. LACROIX.

SOCIÉTÉ MATHÉMATIQUE DE FRANCE

Séance du 6 avril

M. **Demoulin** étudie les relations qui existent entre les éléments infinitésimaux de deux surfaces polaires réciproques par rapport à une sphère. Les courbures totales en deux points correspondants sont liées par la relation

$$R_1 R_2 r_1 r_2 \cos^4 \varphi = a^4,$$

R_1, R_4 étant les rayons de courbure principaux pour l'un des deux points, r_1, r_2 les mêmes éléments pour le second. Aucune autre relation ne saurait exister entre R_1, R_4, r_1, r_4; en particulier, il n'y en a point qui lie l'une à l'autre les courbures moyennes aux points correspondants. M. Demoulin établit en outre les relations qui ont lieu entre la torsion d'une courbe gauche et celle de l'arête de rebroussement de la développable polaire réciproque de cette courbe, entre les divers éléments des lignes de courbure en deux points correspondants. Il en déduit une définition des surfaces réciproques des surfaces minima. Il signale enfin la relation qui lie les courbures des sections planes aux points correspondants de deux surfaces inverses. — M. **d'Ocagne** présente quelques remarques sur les normales à la parabole : *Soit P un point quelconque pris sur la normale en A à une parabole, qui rencontre encore cette courbe au point B. Du point P on peut mener à la parabole deux autres normales dont les pieds seront désignés par A' et A". La droite A'A" passe par les points de rencontre du cercle décrit sur PB comme diamètre respectivement avec la tangente et avec le diamètre au point B.* — M. **d'Ocagne** signale en outre quelques applications récentes de la *Nomographie*. — M. **Fouret** fait connaître un mode simple de génération des lignes asymptotiques de la surface de Steiner et de sa réciproque. — M. **Bioche** fait une communication sur les transformations homographiques des surfaces réglées en elles-mêmes : *Si les génératrices appartiennent à une congruence linéaire les projections des courbes correspondantes sur un plan passant par une directrice sont homologiques. Si la congruence est singulière,*

on obtient sur certains plans des courbes égales. — M. **Raffy** montre comment il est parvenu à ramener la solution du problème de la déformation des surfaces à l'intégration d'une équation aux dérivées partielles, linéaires par rapport à celles du second ordre. Il donne des exemples de déformations réelles dépendant d'une seule fonction arbitraire.

Séance du 20 avril.

M. le comte **Léopold Hugo** adresse une note sur les vingt premières décimales du nombre π. — M. **Bioche** démontre le théorème suivant : *Si un plan perpendiculaire à une corde δ d'une cubique gauche ayant trois asymptotes rectangulaires, coupe cette courbe aux points A, B, C, le point de rencontre des hauteurs du triangle A B C se trouve sur la corde δ.* — M. **Fouret** présente quelques remarques sur la détermination des limites des racines d'une équation algébrique. — M. **d'Ocagne** fait connaître une construction de la parabole surosculatrice en un point d'une courbe donnée.

M. D'OCAGNE.

SOCIÉTÉ ROYALE DE LONDRES

Séance du 31 mars.

1° SCIENCES MATHÉMATIQUES. — M. **Oliver Lodge** : Sur les phénomènes d'aberration; l'auteur traite des relations entre l'éther et la matière et du mouvement de l'éther au voisinage de la Terre. Il commence par rappeler la distinction qui existe entre l'éther en espace libre et l'éther modifié par la matière transparente, et il fait remarquer que l'éther modifié ou du moins la modification chemine nécessairement avec la matière. Fizeau a montré qu'à l'intérieur d'une matière transparente la vitesse de la lumière est modifiée par le mouvement de cette matière. M. Lodge a recherché si cet effet se produit en dehors de la matière en mouvement à son contact immédiat. Les phénomènes qui peuvent résulter du mouvement sont au nombre de quatre : 1° changements de direction, observés avec le télescope et appelés aberrations ; 2° changements de fréquence, observés avec le spectroscope et appelés effets Doppler; 3° changements dans le temps du parcours décelés par le ralentissement de la phase ou l'effacement de la bande d'interférence; 4° changements d'intensité observés à l'aide de la pile thermo-électrique. Après avoir discuté les effets du mouvement en général qui différent suivant que l'on considère des projectiles ou des ondes, M. Lodge examine les divers cas suivants : 1° le cas d'une source fixe dans un milieu en mouvement; 2° le cas d'une source en mouvement dans un milieu fixe; 3° le cas d'un milieu se mouvant seul en dehors de la source et de l'observateur; 4° enfin le cas où l'observateur se meut seul. ¡Lorsque le milieu se meut seul il n'y a pas de changement de direction, pas de changement de fréquence, pas de ralentissement de phase perceptible, et il n'y a probablement pas de changement d'intensité; de là vient la difficulté qu'il y a à déterminer si l'éther dans son ensemble se meut ou non par rapport à la terre. Des résultats obtenus, c'est de montrer que si l'éther qui traverse l'espace ou des substances transparentes il gardera sa forme, quel que soit le mouvement du milieu, pourvu que ce mouvement ne soit pas un mouvement de rotation. La direction apparente des objets dépend alors simplement du mouvement de l'observateur ; mais d'autre part, si la terre entraîne avec elle dans son mouvement une partie de l'éther situé dans son voisinage, les rayons stellaires devront subir une déviation et l'aberration astronomique sera fonction de la latitude et du moment du jour. M. Lodge a soumis au contrôle de l'expérimentation directe les conclusions rivales que l'on peut déduire des expériences de Fizeau sur la polarisation (*Ann. de Chim. et de Phys.* 1859) et des expériences récentes de Michelson (*Phil. Mag.* 1889). Le résultat de ces recherches montre que l'éther n'a pas de viscosité appréciable, mais la question demande à être encore étudiée avant qu'on puisse la considérer comme définitivement résolue. Un grand nombre d'autres points sont discutés en détail dans ce mémoire où sont formulées des conclusions de la plus haute importance.

2° Sciences physiques. — M. F. Clowes présente une note sur un appareil perfectionné destiné à mesurer la sensibilité des lampes de sûreté dont on se sert pour essayer un milieu gazeux. Il a apporté des perfectionnements nouveaux à l'appareil qui a été décrit dans la *Revue* du 15 juillet 1891, page 461. Puisque la vapeur de benzoline et d'essence de pétrole, lorsqu'elle est mêlée à l'air, devient aisément inflammable et peut donner lieu à des explosions dangereuses, il est nécessaire de se servir de lampes de sûreté au lieu de lampes à feu nu pour éclairer les espaces qui peuvent renfermer un pareil mélange. Il faudra donc ne se servir que de lampes de sûreté au voisinage des réservoirs d'huile sur les navires chargés de pétrole, dans les magasins à pétrole et dans les pièces où l'on accomplit des opérations qui nécessitent l'emploi d'huile légère de pétrole. M. Clowes a fait des expériences pour déterminer si la présence de vapeurs de benzoline ferait apparaître un chapeau au-dessus de la flamme d'une lampe de sûreté; elles devaient aussi montrer quelle était la quantité minima de vapeur nécessaire à la production de ce chapeau au cas où il apparaîtrait. On s'est servi pour ces expériences de la lampe d'Ashworth modifiée et du nouveau type de chambre d'essai décrit dans la *Revue* du 15 juillet 1891. Elles ont fait voir qu'avec une flamme d'hydrogène de 10 millimètres, la lampe de sûreté d'Ashworth permettait de déceler dans l'air une quantité de vapeur de benzoline égale à $\frac{1}{40}$ de la quantité proportionnelle nécessaire à une explosion, à $\frac{1}{25}$ de la quantité qui, mêlée à l'air, devient inflammable. La flamme de benzoline fait apparaître un très petit chapeau, mais très net; lorsqu'il est mélangé à l'air une proportion de vapeur de benzoline égale à $\frac{1}{6}$ de celle qui est nécessaire à un mélange explosif, à $\frac{1}{8}$ de celle qu'il faut pour rendre le mélange inflammable.

3° Sciences naturelles. — M. Risien Russell : Sur les fibres abductrices et adductrices du nerf laryngé récurrent. Voici les résultats de ses recherches expérimentales : 1° les fibres abductrices et adductrices sont groupées en plusieurs faisceaux distincts qui se prolongent en restant indépendants les uns des autres jusqu'à l'extrémité du tronc nerveux, jusqu'à sa terminaison dans le muscle ou les muscles qu'il innerve au point de vue moteur; il y a plus de dix ans, le Dr Semon, se basant sur les faits pathologiques, avait fait envisager la possibilité d'une pareille structure; 2° tandis que chez l'animal adulte l'excitation simultanée de toutes les fibres du nerf laryngé récurrent détermine l'adduction de la corde vocale du même côté, l'effet inverse se produit chez le jeune animal; 3° lorsque les fibres abductrices et adductrices sont exposées, dans des conditions identiques, à l'action desséchante de l'air, les fibres abductrices perdent beaucoup plus rapidement que les fibres adductrices le pouvoir de conduire les excitations électriques, c'est-à-dire en d'autres termes, qu'elles meurent plus vite que les fibres adductrices ; c'est encore un fait qui a été depuis longtemps constaté chez l'homme par le Dr Semon; il avait insisté sur son importance et avait présenté pour en établir la réalité, un grand nombre d'arguments très puissants; 4° même chez le jeune chien, les fibres nerveuses abductrices, bien qu'elles conservent leur vitalité beaucoup plus longtemps que le cas de l'animal adulte, meurent cependant enfin avant les fibres adductrices; 5° la mort commence au point où le nerf est coupé et se propage graduellement jusqu'à son extrémité périphérique; elle n'atteint pas d'un seul coup le nerf entier dans toute sa longueur; 6° il est possible de déterminer anatomiquement le trajet des fibres adductrices et abductrices dans toute la longueur du nerf laryngé récurrent jusqu'à leur terminaison dans les divers groupes de muscles du larynx ; ces fibres semblent conserver durant tout leur trajet une même position relativement les unes aux autres; les fibres abductrices sont situées au côté interne du nerf, les fibres adductrices sur le côté externe; 7° il est possible de séparer assez exactement ces deux systèmes de fibres l'un de l'autre dans le tronc nerveux, pour que l'excitation de l'un des deux détermine la contraction des muscles abducteurs seuls, sans faire entrer en jeu les muscles antagonistes; 8° le faisceau de fibres nerveuses qui préside à l'une des fonctions peut être sectionné sans que le faisceau qui préside à la fonction antagoniste soit intéressé dans la section; cette section est suivie de l'atrophie et de la dégénérescence des muscles qu'innerve le faisceau, mais cette atrophie et cette dégénérescence n'atteignent pas les muscles antagonistes. — M. Vaughan Harley : Sur l'intervention dans l'ictère par l'occlusion du canal cholédoque. Voici les conclusions auxquelles l'ont conduit ses expériences : 1° la bile qui existe dans les canaux biliaires ne peut arriver dans le sang que par les lymphatiques; 2° comme les lymphatiques entourent les vaisseaux sanguins du foie, on est contraint d'admettre que le pigment biliaire et les acides biliaires ne peuvent traverser l'endothélium des capillaires du foie et peut-être du corps entier. Le fait que la bile arrive dans le sang lorsqu'elle peut pénétrer dans la cavité péritonéale ne constitue pas un argument contre cette manière de voir; elle peut en effet arriver dans le sang par les lymphatiques du diaphragme; 3° lorsque le canal thoracique gauche a été lié pendant quelque temps, des lymphatiques collatéraux se développent qui conduisent aussi dans la veine innominée droite. — M. A. B. Griffiths : Sur la composition de l'hémocyanine. L'auteur a déterminé la composition approximative de l'hémocyanine extraite du sang du homard, de la sépia et du crabe, et a constaté qu'on pouvait la représenter par la formule empirique : $C^{867} H^{1363} Az^{229} Cu S^1 O^{268}$.   Richard A. Grégory.

SOCIÉTÉ DE PHYSIQUE DE LONDRES

Séance du 11 mars

M. Elber : « Une idée thermodynamique de l'action de la lumière sur le chlorure d'argent. » Dans la décomposition du chlorure d'argent par la lumière, du chlore est dégagé et il se forme un corps solide coloré de composition inconnue (appelé parfois : photochlorure) et la réaction est donnée par la formule :

$$n\, Ag\, Cl = Ag_n\, Cl_{n-1} + \frac{1}{2}\, Cl_2.$$

L'expérience est conduite dans un espace vide exposé au soleil, le chlorure est noirci jusqu'à un certain point, mais il redevient blanc quand il est abandonné dans l'obscurité. Ces faits ont conduit l'auteur à admettre que la pression du chlore mis en liberté est une fonction de l'éclairement (illumination) et du chlore, de même la pression de la vapeur saturée est fonction de la température seule. Puisque l'éclairement est une quantité, à bien des égards, analogue à la température, il considère comme n'étant pas déraisonnable d'appliquer des méthodes de raisonnement thermodynamiques, et de regarder le chlore, en présence du chlorure d'argent et du photochlorure, comme la substance active dans cette « machine à lumière ». Il suppose donc que la substance décrit, à température constante, un cycle de Carnot, les variables étant la pression, le volume et l'éclairement; le cycle étant tout à fait analogue à celui de Carnot sauf la substitution du mot éclairement au mot température, il en conclut que le rendement est une fonction des deux éclairements. Il suit donc de là que, de même qu'un cycle de Carnot peut servir à déterminer une échelle absolue de température, de même ce cycle peut être appliqué à la détermination d'une échelle absolue d'éclairement. Il reste seulement à déterminer une échelle empirique analogue au thermomètre à air, et à la comparer avec l'échelle photodynamique, pourvu qu'on pût imaginer une méthode pour faire la comparaison. En admettant que l'axiome appliqué au cycle de Carnot soit vrai quand on parle d'éclairement au lieu de température, l'auteur montre mathématiquement que $p = I_3 \frac{p}{2T}$ où p est la pression, I l'éclairement, T la température absolue et p la chaleur de combinaison par gramme molécule de chlore dégagé. Si P est la chaleur de formation du chlorure d'argent, la fraction $\frac{p}{P}$ peut être considérée comme exprimant la fraction du chlorure total qui peut être décomposée par l'action de la lumière sur lui, en supposant le gaz retiré de manière à exercer une pression inférieure à celle qui correspond à l'éclairement. L'équation chimique peut alors s'écrire

$$\frac{P}{p} \, Ag Cl = Ag P \, Cl_p \frac{1}{\frac{p}{p} - 1} + \frac{1}{2} Cl_2$$

ainsi la formule du photochlorure serait $Ag p \, Cl_P \frac{1}{\frac{p}{p} - 1}$.

— M. Rücker lit une lettre du président M. Fitzgerald sur le sujet de la note. Il demande quel est l'axiome correspondant à la seconde loi de la thermodynamique qui a été employé. Il n'est pas sûr que la machine soit parfaitement réversible et émet un doute au sujet de la phosphorescence mentionnée dans la dernière opération du cycle. Néanmoins le mémoire est des plus ntéressants et très suggestif. M. Hersche remarque que le phosphoroscope de Becquerel montre que toute espèce de lumière produit une phosphorescence, et pense qu'on considérant le mémoire, le caractère non thermique de la lumière photogénique devrait être prise en considération. M. Backer dit qu'il a travaillé sur le chlorure d'argent depuis plusieurs années, et il trouve que le le décroît pas quand il est mis sec dans le vide. Il considère que l'oxygène est nécessaire à l'action. M. Burton, relativement à la « motivité » du système, dit qu'il n'y a qu'une petite fraction de l'énergie de l'éclairement qui est actuellement mise en œuvre. Il pense donc qu'il est nécessaire de considérer jusqu'à quel point la seconde loi de la thermodynamique peut être regardée comme un axiome. Il a été lui-même conduit à admettre que la loi est en défaut dans le cas de mélanges de substances différant d'un degré fini l'une de l'autre. Quelque temps après il a expérimenté sur une solution de sulfate de soude placée dans un dialyseur et maintenue à température constante. La portion la plus acide passe à travers la membrane et, en mélangeant, on observe une élévation de température. Le dialyseur agit donc comme les démons de Maxwell, et le mélange accroît la « motivité » du système. M. Rücker exprime ses doutes sur la question de savoir si le cycle décrit dans le mémoire est strictement analogue à celui du problème de Carnot. Dans le dernier cas les parties du mémoire agissant ne diffèrent qu'infiniment peu l'une de l'autre, tandis que, dans le premier, le corps actif était un mélange de deux solides et d'un gaz. Quant au fait que l'accroissement de l'éclairement n'altérerait pas la température, de la chaleur doit toujours être apportée par les rayons. La première partie du cycle serait. D'après le mémoire, formée de deux adiabatiques et d'une isothermique. Il est hasardé de regarder cela comme possible. Si le chlorure était considéré seul, cela ne serait pas vrai, et il faut seulement savoir si le chlore absorbe toute la chaleur dégagée par la compression du chlorure. Cela semble peu probable, mais si cela était vrai ce serait un résultat très important. M. Abney voit une autre difficulté dans ce fait qu'aux basses températures le chlorure d'argent n'est pas attaqué, même par la lumière violette, tandis que l'échauffement augmente

beaucoup l'action de la lumière. Selon lui, les conclusions ont reçu les confirmations nécessaires, mais le mémoire donnerait un point de départ pour de nouvelles expériences. M. Elber, répondant à M. Fitzgerald, dit que l'axiome correspondant à la seconde loi, telle qu'elle a été formulée par Clausius, peut être formulé ainsi : l'énergie ne peut d'elle-même passer d'un corps moins éclairé à un corps plus éclairé. Dans le mémoire, il a supposé que l'énergie développée durant la compression au plus faible éclairement était de la même qualité que l'énergie absorbée sous le plus haut éclairement. Toute la question dépend des comparaisons d'intensités des éclairements de diverses longueurs d'ondes.

Dans l'expression $p = I_8 \frac{p}{T}$, p est probablement une fonction de T et l'objection de M. Abney n'est pas nécessairement fatale. Parlant de la présence, prétendue essentielle, de l'oxygène pour la décomposition, il dit que quelques corps sensibles seraient nécessaires, mais en jugeant d'après les expériences, il a vu qu'une quantité infinitésimale suffirait probablement ; il semble donc que leur action soit d'une nature catalytique. Il attache du prix aux objections de M. Rücker, mais ne croit pas qu'elles puissent porter. — M. Perry lit un mémoire sur les bobines de réaction. Regardant une bobine de réaction comme un transformateur avec un primaire et plusieurs secondaires, représentés par les masses conductrices, il montre que tous les secondaires peuvent être remplacés par une bobine unique de n tours, de résistance r ohms, mise en court-circuit sur elle-même. En ne supposant aucune perte magnétique, les équations pour les deux circuits à un moment donné sont $V = RC + N\theta I$ et $0 = r c + n\theta I$, où N et n sont les nombres de tours, R et r les résistances, I l'induction totale $\times 10^f$ lignes C.G.S, et C et c les courants primaire et secondaire respectivement. Puisque le courant excitateur C est tout ce qu'il y a d'important dans les bobines de réaction et que sa valeur dépend de la loi d'aimantation, les équations sont traitées d'une façon qui diffère de celle qui est adoptée dans les calculs ordinaires de transformateur. Exprimant la loi magnétique en série de Fourier $I = \sum A_i \, p_i \, \sin ix$ on tire la valeur de A (c'est-à-dire NC + nc) et quand V ou I sont donnés comme fonctions périodiques du temps, on peut calculer C. En supposant $V = V_0 \sin kt$, l'auteur trouve

$$C = \frac{V_0}{N^2 \sigma k} \left[\sqrt{1 + 2e \sin f + e^2} - \sin \right\} kt - 90 + \tan g^{-1} \left(\tan g ft \frac{e}{\cos f} \right) \left\{ \lambda - b \cos 3 kt - m \cos 5 kt \right\} \right]^1$$

où $e = \frac{n^2 \rho k}{r}$, f est le terme d'hystérésis et b et m des constantes dépendant de la loi d'aimantation. Pour un transformateur ordinaire, on a $b = 0,2$ et $m = 0,05$. De l'expression donnée plus haut il semble résulter que s'il n'y a pas d'hystérésis ($f = 0$), l'effet des courants tourbillonnaires (courants de Foucault) est d'accroître l'amplitude du terme important et de produire une avance de 90e — cot⁻¹ e, tandis que l'effet de l'hystérésis pour les courants tourbillonnaires est de laisser l'amplitude inaltérée et de produire l'avance f. Il semble donc que les harmoniques supérieurs peuvent exister et rend probable qu'une bobine de réaction avec du fer finement divisé fournirait une méthode d'accroître la fréquence par des moyens purement magnétiques. En prenant le cas d'un transformateur de 1500 watts (2.000 volts) non chargé, dans lequel la perte en courants tourbillonnaires est de 40 watts, on

¹ tang⁻¹ α est la même chose que arc tang α.

montre qu'un secondaire de 2 tours et d'une résistance de 1^{ohm},9 remplacerait les circuits des courants tourbillonnaires. En supposant la perméabilité constante et pas de courants tourbillonnaires, la valeur de C devient $0,07398 \sin (kt — 90°)$, tandis qu'avec des courants tourbillonnaires et à peu près à saturation $C = 0,07911 \sin (kt — 69°, 2) — 0,014796 \cos 3 kt — 0,003695 \cos 5 kt$. M. Fleming dit qu'il a travaillé ce sujet des bobines de réaction et qu'il a trouvé que dans les transformateurs à circuit fermé, non chargés, les watts réels sont environ les 7 dixièmes des watts apparents. Dans l'hypothèse des fonctions sinusoïdales, cela indiquerait un retard de 45°. Une règle semblable pour les transformateurs à circuit ouvert serait très nécessaire. Il est important de savoir quelles dimensions de l'âme et de la bobine sont nécessaires pour la réaction d'un courant donné. M. Sumpner pense qu'il vaut mieux traiter le sujet graphiquement que par l'analyse et décrit une construction qui permet d'intégrer facilement les équations fondamentales. M. Perry dit qu'il a raison de dire que les courbes ordinaires d'hystérésis ne sont pas applicables aux transformateurs. Par l'analyse des courbes expérimentales de force électromotrices et de courants, on pourrait arriver à trouver les véritables courbes d'hystérésis.

SOCIÉTÉ ROYALE D'ÉDIMBOURG

Séance du 14 mars.

1° Sciences physiques. — M. Tait lit une note additionnelle sur les isothermiques de l'acide carbonique. — MM. Robert Irvine et John Murray : Sur les changements dans la composition chimique de l'eau de mer associée avec les vases bleues de la mer. Les observations ont été faites avec de la vase extraite du port de Granton et de la vieille carrière de Granton. — MM. John Murray et Irvine : Sur les nodules de manganèse trouvés dans les dépôts marins de la mer de Clyde. Le manganèse se trouve dans ces régions en grandes quantités, et sa formation est une exception remarquable à la distribution usuelle du manganèse relativement à la profondeur de l'eau. M. Murray par suite, dans une note préalable sur ce sujet, émet l'idée d'une grande abondance de manganèse dans la mer de Clyde a pour origine dans les produits abondants déchargés dans le fleuve par les manufactures de Glasgow. Durant la dernière année, on a fait une grande quantité de dragages sur la côte occidentale · de l'Écosse et dans les bassins au nord de Cantyre, d'où il résulte qu'on y trouve très peu de manganèse, tandis que, comme on l'a dit, on en obtient de grandes quantités dans la mer de Clyde, à tel point qu'on trouverait presque du bénéfice à pratiquer le draguage sur le banc Skelmorlie. L'explication de M. Murray est ainsi absolument confirmée. — M. Murray présente un spécimen de craie extrêmement pure des îles Christmas (environ deux cent milles de la côté de Java).

2° Sciences naturelles. — M. Noël Paten lit une note sur la présence des globules cristallins dans l'urine.

W. Peddie,
Docteur de l'Université.

SOCIÉTÉ ANGLAISE DES INDUSTRIES CHIMIQUES

SECTION DE MANCHESTER

Séance du 13 février

M. Lowe lit une série sur l'analyse. Il croit que le dosage du zinc dans la blende, au moyen du sulfure de sodium, comporte une erreur de 0,5 °/₀. Il est préférable de précipiter la presque totalité du zinc en dissolution acétique par l'hydrogène sulfuré; on filtre, on précipite le fer avec de l'ammoniaque, puis le restant du zinc avec du sulfhydrate d'ammoniaque. M. Lowe a souvent trouvé du plomb comme impureté dans l'amoniaque de commerce. — M. E. Knecht a fait faire au *Manchester technical School* une série d'expé-

riences sur les quantités d'acide tannique absorbées par le coton dans des différentes conditions, en faisant varier la température du bain, sa concentration et sa durée. Au moyen du titrage avec le permanganate (procédé Lœwenthal) on peut maintenant doser exactement le tanin en dissolution. Le meilleur résultat s'obtient quand on plonge le coton dans le bain en ébullition et qu'on l'y laisse trois heures, pendant que celui-ci se refroidit. La quantité de tanin absorbée est proportionnelle au temps; elle ne varie pas suivant un rapport fixe avec la concentration du bain. Les corps, tels que le sulfate de soude, qui sont supposés augmenter la proportion de tanin absorbée, sont sans action; et cette proportion est bien plus petite qu'on ne l'a supposé jusqu'ici. De la cellulose précipitée et pure a absorbé trois fois plus de tanin que le coton. — M. Knecht, dans une seconde série d'expériences, a étudié l'action du chlore sur la laine. La chloruration de la laine, qu'on pratique souvent avant l'impression, avec différentes matières colorantes, devient nécessaire lorsqu'on se sert des indulines. L'auteur a voulu déterminer si le chlore exerce une action oxydante ou réductrice, ou s'il s'ajoute à la laine. Le chlore sec n'agit pas; mais en présence de l'eau, le gaz chlorhydrique se dépose et la laine perd 60 °/₀ de son poids après un lavage. La substance perdue, consiste en une matière brune capable de former avec les matières colorantes des produits insolubles. M. Caro a suggéré que le corps formé a la même constitution que celui qui se produit lorsqu'on agit sur la laine avec le chloranil.

Séance du 11 mars.

Résumé de la discussion sur les eaux d'égout. — M. Sisson défend le procédé dit « alumino-ferrique ». Il croit que le seul moyen de mettre à l'épreuve les procédés de purification des eaux, c'est l'emploi du dosage de l'azote d'origine organique. Dans les eaux qui viennent de maisons particulières, les $\frac{2}{3}$ de l'azote total s'y trouvent sous la forme d'urée, soit $1^{gr},25$ par gallon (4.000.000 de litres). Contrairement aux assertions du Dr Tidy, l'auteur affirme que le corps ne se transforme pas en carbonate d'ammoniaque, mais existe bien comme urée dans les eaux effluentes. D'après Wanklyn, l'urée n'est pas convertie en ammoniaque par le permanganate de potasse alcalin, mais l'auteur a trouvé le contraire. M. Richards préfère l'essai au sulfate de fer au dosage avec le permanganate. M. Bell croit que ce dernier procédé donne des résultats comparables et qu'il est le meilleur que l'art pour essayer les eaux. Si elles contiennent seulement 0,05 parties d'azote albuminoïde par 100.000 les eaux sont bonnes; si elles contiennent de 0,3 à 0,4 par 100.000 elles deviendront putrescentes si on les laisse en repos. P. J. Hartog.

ACADÉMIE ROYALE DE BELGIQUE

Une circonstance indépendante de notre volonté nous a empêché depuis quelque temps de rendre compte d'une façon régulière des travaux présentés à l'Académie royale de Belgique. Voici l'analyse des ·mémoires présentés depuis la publication de notre dernier compte-rendu.

1° Sciences mathématiques. — M. E. Catalan énonce, pour prendre date, quelques théorèmes nouveaux sur les intégrales eulériennes. — M. Folie lit une note sur les formules correctes du mouvement de rotation de la Terre. Il rappelle qu'Oppolzer, le premier, a voulu rapporter ces formules à l'axe instantané de rotation, et non à l'axe géographique, et que cette nouvelle manière de voir, correcte à certains égards, a le tort grave d'être en contradiction avec la définition de l'heure. Celle-ci, en effet, ne peut se définir qu'au moyen du méridien géographique, qui est fixe à la surface de la terre, tandis que le méridien instantané est variable. On doit donc revenir, et c'est ce que tous les géomètres, à l'exception d'Oppolzer seul, ont fait, du reste, à la méthode suivie par Euler et Laplace, et reconnaître avec celui-ci le caractère diurne de la nutation initiale, caractère qui disparaissait dans la manière de voir de l'astronome viennois, et que plusieurs ont nié à sa suite. Peut-on éviter, dans cette méthode, les incorrections que cet astronome a reprochées à l'intégration de Poisson? M. Folie l'affirme et donne les intégrales dont on pourra vérifier l'exactitude par la différentiation, intégrales qui ne diffèrent, au surplus, de celles de Laplace, qu'en ce qu'il y est tenu compte de petites quantités que le grand géomètre pouvait négliger, eu égard à la précision des observations astronomiques de son époque, mais qu'on ne peut plus laisser de côté aujourd'hui. — M. de Ruydts, complétant des travaux d'analyse antérieurs, donne d'une manière explicite le développement de toute fonction invariante comme somme de covariants identiques multipliés par des polaires de covariants primaires.

2° Sciences physiques. — M. Cesaro présente une note de cristallographie mathématique. Elle a pour objet la recherche de certains plans réfringents, qui, dans les cristaux à deux axes, peuvent donner pour une onde plane incidente, outre un cône creux de rayons, un rayon lumineux distinct. M. Cesaro a indiqué la marche à suivre pour vérifier expérimentalement sa théorie, il ne dit pas qu'il l'ait vérifiée lui-même. — M. Delacre communique un travail sur la synthèse de la benzine par l'action du zinc éthyle sur l'acétophénone. Il avait précédemment fait connaître la dypnone, le premier des produits de condensation de l'acétophénone; il en décrit un grand nombre d'autres dans son travail pour arriver enfin à la triphénylbenzine.

3° Sciences naturelles. — A l'occasion d'une note de MM. G. Vincent et Couturieaux sur les dépôts de l'éocène moyen et de l'éocène supérieur de la région comprise entre la Dyle et le chemin de fer de Bruxelles à Nivelles, M. Dewalque fait connaître son opinion sur les classements nouveaux des assises comprises entre le tongrien et le bruxellien. Cette opinion est peu favorable aux innovations proposées; elle est partagée par MM. de la Vallée, Poussin et Briart. — M. John Barber Smith : Nouvelle communication sur la méthode de détermination quantative de la valeur du pain, de la farine, de l'albumine, du lait, de la crème, etc. — M. P. Van Beneden : Sur une nouvelle famille de crustacées, l'auteur a reçu des Açores une lettre de M. Chaves, qui a capturé des *Coryphena equisetis* faisant la chasse, et a trouvé dans leur estomac des crustacés qu'il a envoyés à l'éminent zoologiste. Celui-ci, après en avoir fait une étude complète, y reconnaît le *cryptopus Defrancii* de Latreille (*Cerataspis* de Cray), mais il pense que ce crustacé forme le type d'une famille nouvelle et propose de le nommer les *Cryptopodides*. — La classe des sciences a adopté le vœu émis par les amis de Stas, de voir le gouvernement acquérir et conserver les collections scientifiques de ce savant. Le ministre de l'intérieur et de l'instruction publique sollicitera des Chambres législatives un crédit spécial dans le but de satisfaire au désir exprimé par l'Académie. Le directeur de la classe, M. Folie, après avoir rappelé la grande perte qu'elle vient de faire, annonce la prochaine célébration du cinquantenaire de M. P. Van Beneden comme membre de l'Académie, et la réunion à Bruxelles de l'Association géodésique internationale au mois de septembre prochain.

Séance du 1er février.

1° Sciences mathématiques. — MM. Lagrange et de Tilly présentent leurs rapports sur une réponse de M. Folie à M. Tisserand, qui avait été lue dans la séance du mois de décembre 1890. Cette réponse, qu'on trouvera dans le *Bulletin* de février, est identique, pour le fond, à la note du même auteur qui a été résumée dans le compte rendu de la séance de décembre dernier; nous n'y reviendrons donc pas. — M. E. Catalan communique des vérifications assez simples de différentes séries trigonométriques démontrées par M. Baschwitz. — Le *Bulletin* renferme une note de M. J. De

Ruydts sur les formes algébriques à particularité essentielle. Nous ne pouvons que signaler aux spécialistes cette note d'analyse transcendante.

2° Sciences physiques. — M. de Heen a étudié l'annier les lois de l'évaporation. Partant des analogies trouvées par M. Van t'Hoff entre les gaz et les dissolutions, il a recherché si ces dernières n'obéissent pas aux mêmes lois que l'évaporation. Ainsi à la loi qu'il a énoncée antérieurement : la quantité de liquide vaporisée varie comme le produit de la tension de la vapeur par le poids moléculaire, il a trouvé, comme analogue, la suivante : la vitesse de dissolution est proportionnelle au produit de la solubilité maxima par le poids moléculaire. De même à cette seconde loi : les vitesses de vaporisation dans un gaz sont sensiblement en raison inverse du frottement intérieur de ce gaz ou en raison directe de sa vitesse d'écoulement par des tubes capillaires, correspond la suivante : la vitesse de dissolution est proportionnelle à la vitesse d'écoulement du liquide par un tube capillaire. A cette troisième : la vitesse d'évaporation est proportionnelle à la différence qui existe entre la tension maxima de la vapeur et la tension de la vapeur qui occupe le milieu ambiant, correspond pour la dissolution : la vitesse de dissolution est proportionnelle à la différence qui existe entre la quantité de sel nécessaire pour saturer le liquide et celle qui s'y trouve renfermée. — M. Louis Henry traite de la différenciation expérimentale des éthers nitreux et de leurs isomères, les dérivés nitrés. Les dérivés nitrés résistent à l'action des hydracides halogénés, — du moins à la température ordinaire — et à celle des chlorures acides. Les éthers nitreux sont au contraire attaqués violemment par eux. Le chlorure et le bromure d'acétyle donnent avec le nitrite d'amyle de l'acétate d'amyle et les chlorures et bromures de nitrosyle, NOCl et NOBa. Selon M. Henry, cette réaction peut être avantageusement employée pour obtenir ces derniers composés.

3° Sciences naturelles. — M. Plateau lit une étude fort soignée et très bien écrite, qu'il avait destinée à la séance publique de la classe des sciences, du 15 décembre dernier. Les amis de l'histoire naturelle liront avec le plus grand plaisir, au *Bulletin*, cette étude de près de 50 pages in-8°, qui renferme une multitude de faits très intéressants, dénotant un savant très versé dans l'histoire naturelle, un observateur perspicace et un esprit philosophique. — M. le Dr Van der Stricht a fait une étude micrographique intitulée : *Contributions à l'étude de la sphère attractive*, sur les éléments de ce nid découverts en 1887 dans les ovules d'*Ascaris megalocephala*, par MM. Ed. Van Beneden et Neyt.

F. F.
Membre de l'Académie.

ACADÉMIE DES SCIENCES D'AMSTERDAM

Séance du 2 avril.

1° Sciences mathématiques. — M. J.-C. Kapteyn fait une communication sur les différences systématiques entre les grandeurs photographiques et visuelles des étoiles dans les différentes régions du ciel. La comparaison des diamètres que présentent les étoiles de grandeur visuelle égale (d'après les évaluations des MM. Gould et Schönfeld) sur les 370 clichés discutés du ciel austral montre que l'effet actinique a été considérablement plus grand pour les étoiles situées dans la voie lactée ou dans son voisinage que pour celles dont la latitude galactique est élevée. L'auteur examine les différentes causes qui peuvent avoir contribué à produire cet effet : 1° influences météorologiques et la sensibilité des plaques, 2° erreurs systématiques des catalogues des MM. Gould et Schönfeld, 3° particularités de la lumière des étoiles. Par la discussion des séries de clichés, malheureusement très restreintes, propres à ce but et obtenues dans la même nuit ou susceptibles d'être réduites aux mêmes circonstances, l'auteur a trouvé que le phénomène se montre encore avec une pleine évidence après l'élimination de la première des causes énumérées. De plus, des données tant soit peu contradictoires que l'on possède sur les erreurs systématiques des évaluations visuelles, il déduit que, selon toutes probabilités, ces erreurs ne surpassent pas la valeur de 0,3 de l'unité de grandeur, de sorte que la seconde cause ne suffit pas à rendre compte de la totalité du phénomène observé. Il semble donc que l'on soit forcé d'admettre qu'il reste des différences systématiques d'une demi-grandeur ou un peu davantage. attribuables à des particularités de la lumière même des étoiles. La découverte de M. Pickering que la voie lactée doit être considérée comme une aggrégation d'étoiles du premier type spectral ne suffit qu'à rendre compte d'une petite fraction (un peu moins que 0,1 de grandeur) des différences observées. En définitive on est donc amené à penser que la lumière des étoiles situées dans la voie lactée ou dans sa proximité, même celles d'un seul et même type spectral, soit plus riche en rayons violets que la lumière des autres étoiles. Cependant l'auteur hésite à énoncer ce résultat sous forme d'une loi, qui soit à l'abri de toute objection, avant que les expériences directes entreprises dans ce but à l'observatoire de Cape-Town aient été terminées.

2° Sciences naturelles. — M. A. A. W. Hubrecht s'occupe de la placentation de certains Lémuriens et Insectivores pour laquelle il a rassemblé des matériaux pendant un voyage dans l'Archipel indien. Le placenta du *Tarsius spectrum* est discoïde et diffère des Lémuriens, qui ont été étudiés jusqu'ici et qui possèdent tous une distribution de villosités sur toute la surface de l'œuf (placenta du type diffus). Chez le *Nycticebus tardigradus* cette enveloppe perd ses villosités aux pôles dans les stades de gestation avancée. Ensuite l'auteur décrit plusieurs stades de développement du placenta discoïde de *Galeopithecus* ainsi que le placenta double de *Jupaja dorsalis*. Chacun des deux placentas de cette dernière espèce est plus ou moins réniforme ; ils se trouvent de part et d'autre de l'embryon, qui tourne toujours la face ventrale vers le mesométrium. — M. J. M. van Bemmelen présente les résultats obtenus par M. H. van Cappelle en examinant les couches de terre à l'occasion du perçage d'un puits de 40 mètres de profondeur à Oosterlittens en Frise. — M. C. A. Pekelharing a repris l'étude de la nucléo-albumine précipitée du plasma de sang (voir *Revue*, t. III, p. 105). Il remarque que cette matière se dissout à un montant de 6 par mille dans une solution de Na Cl sous l'addition d'acide acétique et à la température du corps et qu'elle se reprécipite à la température de 0°. Alors elle se présente sous la forme de groupes de petites sphères cohérentes de différentes grandeurs, tout comme se présente la matière précipitée du plasma peptonisé à 0°, que M. Wooldridge a nommée afibrinogène. Probablement cet afibrinogène de M. Wooldridge n'est autre chose que le fibrinogène de M. Hammarsten souillé par de la nucléo-albumine. La nucléo-albumine issue des éléments formés du sang s'altère facilement. Elle se décompose à 60° par l'addition de lessive alcaline et l'on obtient de l'albumose. Se comportent de la même manière la nucléo-albumine des cellules de la « glandula thymus » ou du testicule, le « fibrinogène textile » de M. Wooldridge, une matière qui forme du fibrine-ferment sous l'addition de sels de chaux tout aussi bien que la nucléo-albumine du plasma. Entre certaines limites le corps animal jouit de la faculté d'effectuer cette décomposition, quand on introduit la nucléo-albumine dans les vaisseaux sanguins. Chez le chien cette faculté est plus grande que chez le lapin. Quand on introduit une solution de « fibrinogène textile », préparée d'après les préceptes de M. Wooldridge, dans la « vena jugularis » d'un chien et si l'on prévient la coagulation intravasculaire du sang par une respiration artificielle vigoureuse, tous es phénomènes d'empoisonnement peptoné se présentent et d'après la méthode de M. Devoto, l'albumose est démontrée dans le sang. De même le lapin montre un abaissement de la pression du sang et un ralentisse-

ment de la coagulation après l'injection de nucléo-albumine du sang ou de tissu à un degré de concentration, qui prévient la coagulation intravasculaire. Donc l'organisme vivant a la faculté de prévenir l'action de la composition de chaux et de nucléo-albumine ou du fibrine-ferment, par la décomposition de la nucléo-albumine avec formation d'albumose. Schoute .

Membre de l'Académie.

SOCIÉTÉ DE PHYSIOLOGIE DE BERLIN

Séance du 18 mars.

M. le Dr Gumlich a réussi à évaluer séparément dans l'urine, par une modification du procédé à l'acide phosphotungstique, l'azote de l'urée, l'azote extractif et l'azote ammoniacal. Il a institué des expériences sur lui-même en se soumettant d'abord à un régime exclusif de viande, ensuite pendant huit jours à un régime purement végétal, et enfin au régime mixte pendant plusieurs jours ; il a observé que, avec le régime de viande, l'azote de l'urée augmentait considérablement, l'azote extractif et l'azote ammoniacal augmentaient aussi un peu ; pendant le régime végétal, l'azote de l'urée diminua très notablement ; l'azote extractif et l'azote ammoniacal diminuèrent à peine ou même pas du tout ; leur rapport à l'azote de l'urée augmenta donc beaucoup ; cet accroissement fut particulièrement marqué au commencement du régime végétal, c'est-à-dire à la fin du régime exclusif de viande, qui avait été mal supporté par l'expérimentateur ; celui-ci avait eu un malaise général et avait perdu du poids ; pendant le régime végétal, son poids augmenta au contraire. M. le Dr Gumlich a refait les mêmes dosages de l'azote des éléments urinaires sur une série de malades aigus et chroniques et sur un urémique ; ces recherches, quand elles seront plus avancées, donneront lieu à des conclusions thérapeutiques.

Séance du 1er avril.

M. le Dr Lilienfeld a examiné microscopiquement et chimiquement le rôle des leucocytes dans la coagulation de la fibrine. Dans ce but, il s'est servi de leucocytes du thymus, qu'il a pu préparer à l'état pur et sec sous forme d'une poudre blanche. Sous le microscope, il a établi que c'est seulement dans le noyau des leucocytes qu'est contenu le ferment coagulant ; au point de vue chimique, il a réussi à isoler cette substance et à en étudier les propriétés caractéristiques ; il lui donne le nom de *Leuconucléine*. — M. le Dr Rosenberg a repris expérimentalement sur le chien la question de l'influence du travail corporel sur l'utilisation des aliments ; il y avait jusqu'ici deux opinions extrêmes en présence, les uns recommandant après le repas un violent exercice, les autres, un long repos ; il n'y avait pas d'expériences pouvant trancher la question. M. le Dr Rosenberg a évalué l'utilisation d'une nourriture déterminée, composée de viande, de graisse et de riz, une chienne qui restait en repos ou bien effectuait un travail déterminé dans une roue. Bien que le travail fût assez considérable pour équivaloir à l'ascension d'une montagne de 3,000 mètres et que l'animal l'effectuât à grand'peine au début, l'utilisation de la nourriture fut la même dans les deux cas ; l'auteur pense que ces résultats peuvent être étendus à l'homme. — M. le Dr Schweizer a examiné au microscope l'action de l'électricité sur les spermatozoïdes ; il les vit d'abord s'orienter parallèlement au courant, la tête vers la cathode, puis il reconnut que ce mouvement n'était pas une manifestation vitale ; pourtant il put dans quelques cas, avec des éléments séminaux très actifs, les voir nager contre le courant.

Dr W. Sklarek.

ACADÉMIE DES SCIENCES DE VIENNE

Séance du 24 mars.

1° Sciences mathématiques. — M. Franz Müller : « Procédé simplifié pour l'enseignement du calcul ».

— M. **Friedrisch Bidschof** : « Eléments et éphémérides de la comète découverte le 18 mars 1892 à Bristol par Denning. »

2° Sciences physiques. — M. **Friedrich Becke** : « Recherches sur la structure des ardoises du mont Altvater. » — M. **Ign. Klemencic** à Gratz : « Sur la façon de se comporter du fer soumis aux oscillations électriques. » L'auteur décrit quelques recherches sur les oscillations produites dans des fils de nature et de longueur différentes et dans quelques cas donne l'absorption correspondante d'énergie. Cette absorption est plus grande dans le fer que dans des fils de cuivre, de platine ou de nickel placés dans les mêmes conditions ; il résulte de là que le magnétisme du fer doit intervenir dans ces phénomènes. — M. **Wiesner** : « Caractères microscopiques des différents charbons et similitude du pigment des poumons et du noir de fumée.» Les principaux résultats de ce travail sont les suivants : 1° la partie principale des lignites est une substance qui est transparente sous le microscope et apparaît sous forme de petits morceaux bruns qui sont décolorés par l'acide chromique en laissant un résidu de cellulose. 2° Tous les autres charbons étudiés, l'anthracite, la houille, le charbon de bois, le noir de fumée, le graphite lui-même ne contiennent ordinairement qu'une petite quantité d'une substance facilement oxydable par l'acide chromique. Le résidu se comporte comme le charbon amorphe, l'acide chromique ne l'attaque presque pas à la température ordinaire, car abandonné pendant des mois dans ce réactif sous le microscope, il reste identique à lui-même. 3° L'anthracite est composé d'une substance noire (charbon amorphe) et d'un corps transparent de couleur brun foncé qui s'oxyde lentement dans l'acide chromique, mais sans laisser de cellulose. 4° La houille se comporte comme un mélange d'anthracite et de lignite sous l'action de l'acide chromique, il reste une petite quantité de cellulose. 5° Le charbon rouge (bois incomplètement carbonisé) peut être décomposé complètement par l'acide chromique. 6° Le pigment noir qui s'accumule dans le poumon pendant la vie se comporte avec l'acide chromique comme le noir de fumée; tous les deux laissent des résidus que l'examen microscopique montre être identiques. — MM. F. **Laschober**, capitaine de frégate, et W. **Kesslitz**, lieutenant de vaisseau : « Observations magnétiques faites sur les côtes de l'Adriatique en 1889 et 90 par ordre du ministre de la guerre. » — M. H. **Strache** : « Perfectionnement du procédé de détermination de l'oxygène du carbonyle. » Par l'emploi d'une solution bouillante de la liqueur de Fehling et par la considération de la tension de vapeur de la benzine, l'auteur obtient des résultats beaucoup plus précis que par la méthode appliquée sous sa forme primitive. Il en fait l'application à la phénylhydrazine, à son chlorhydrate pur et à une série d'aldéhydes et de cétones. La benzophénone ne donne que la moitié de la quantité calculée. Des recherches effectuées sur un grand nombre de cétones montrent que le procédé est excellent pour les déterminer quantitativement. — MM. H. **Strache** et M. **Kitt** : « Oxydation de la phénylhydrazine par la liqueur de Fehling. » Les auteurs montrent que l'oxydation avec la liqueur de Fehling bouillante ne fournit pas d'aniline, mais seulement de la benzine et du phénol. L'oxyde de cuivre nécessaire pour l'oxydation et le phénol formé furent déterminés quantitativement. — *Observatoire de Vienne* : Ensemble des observations météréologiques et magnétiques effectuées pendant le mois de février. **Emil Weyr**
Membre de l'Académie.

ACADÉMIE DES SCIENCES DE SAINT-PETERSBOURG

Séance du 24 février.

Sciences naturelles. — M. **Herzenstein** : Observations ichthyologiques faites au Musée de zoologie de l'Académie impériale des sciences, 3° partie. Cette note qui fait suite aux travaux analogues de ce zoologiste, déjà présentés à l'Académie, contient la description de six espèces de poissons de la collection de l'Académie, nouvelles ou intéressantes à titres divers; elle est accompagnée d'une planche. — M. **Ivanovsky** : Sur la maladie mosaïque du tabac.

Séance du 14 mars

1° Sciences mathématiques. — M. **Lebedeff** : Observation faite le 12 mars à l'Observatoire de Poulkova sur une aurore boréale d'une intensité et d'une beauté rares. Vers 2 heures et demie du matin cet astronome a remarqué que les bords des nuages situés très près de l'horizon septentrional commençaient à émettre une faible lumière. D'après ce signe on pouvait déjà prédire une aurore boréale ; cependant le phénomène lui-même ne se développait point jusqu'à 3 heures. A ce moment, tournant brusquement son regard du côté du nord, l'observateur fut frappé du spectacle qui se présentait à ses yeux. Dans toute l'étendue de la partie septentrionale de l'horizon, une multitude de rayons lumineux s'élevaient de tous les côtés ; ces rayons étaient très minces et convergeaient tous vers le zénith; l'étoile η qui se trouve à l'extrémité de la queue de la Grande Ourse, paraissait être leur foyer commun. Certaines gerbes lumineuses dépassaient même le zénith se dirigeant vers le sud. La portion nord-est des rayons, qui traversait les constellations de la Lyre et du Cygne, était colorié en rouge pâle, tandis que la portion nord-ouest, passant par la constellation du Cocher, avait une teinte bleuâtre. Ces rayons colorés ne changeaient point de place comme il arrive ordinairement dans les aurores boréales, mais ne faisaient que vibrer tout le temps ; on voyait comme une sorte de fluide couler tantôt en augmentant, tantôt en diminuant de vitesse dans les couches supérieures de l'atmosphère. A 3 h. 5 (temps moyen) le phénomène avait atteint le maximum de son intensité ; puis il commença rapidement à décroître, et à 3 h. 13 il n'en restait plus aucune trace. Tout ceci se passait en plein clair de lune, douze heures avant la pleine lune. C'était donc une des plus rares aurores parmi celles qui se sont produites avec une fréquence de plus en plus grande dans ces derniers temps. En effet, dans l'espace des deux ou trois dernières semaines, on en compte 5 ou 6. Sur les photographies de soleil faites par M. Wielopolsky vers cette époque (le 12 mars) on ne constate que deux petits groupes de taches dans l'hémisphère nord. — M. **Bougaïef** : *Conditions générales de l'intégration sous forme définitive d'un différentiel elliptique.* Les résultats de ce travail ont été déjà présentés par l'auteur à l'Académie des sciences de Paris dans sa communication intitulée : Complément à un problème d'Abel.[1] Dans le mémoire en question l'auteur développe ses idées ; il y fait ressortir surtout la part qui lui revient dans la solution du du problème; cela est d'autant plus nécessaire que ce problème a été traité avec beaucoup de soin, outre Abel, encore par Tchebycheff et ses élèves Zolatoreff et Plachitsky. « La méthode que je propose, dit M. Bougaïeff, pour obtenir les conditions de l'intégration est en même temps une méthode spéciale de dérivation pour la solution du problème d'Abel. En donnant quelques équations analogues à celles d'Abel (*OEuvres complètes d'Abel*, 1839, t. II, p. 141-146), cette méthode permet de déduire avec facilité les autres équations. Tout en étant très simple et très exacte, elle ne conduit cependant pas aux malentendus que provoque la méthode d'Abel. D'après M. Imchenetsky, le trait principal de la ressemblance citée plus haut entre les équations de l'auteur et celles qui se trouvent à l'endroit cité dans l'œuvre d'Abel consiste en ce qu'on peut déduire des équations d'Abel les mêmes conditions de l'intégration qu'autant obtenu, par une autre voie, M. Bougaïeff. Cependant la clarté et la simplicité de la méthode de

---

[1] *Comptes rendus de l'Académie*, t. CXIII, décembre 1891, n° 26.

l'auteur sont discutables ainsi que les malentendus qu'il a rencontrés dans le travail d'Abel.

SCIENCES PHYSIQUES. — M. Godmann : Sur les précipités atmosphériques et sur les grandes averses observés à Pavlovsk. M. Godmann a mis à profit les observations faites pendant 14 ans à l'Observatoire de Pulkova sur les précipités. Il en a déduit la marche journalière et annuelle de ces précipités en ce qui concerne leur quantité, leur fréquence et leur force. Le tableau des courbes joint à l'ouvrage démontre que malgré la brièveté de la période des observations, les résultats sont assez satisfaisants pour les moyennes. Il résulte de tous les calculs que le maximum des précipités pendant les 24 heures, pour la période de 14 ans. est de 55 millimètres, le maximum pendant une heure 38 millimètres et le minimum pendant 10 minutes 21 millimètres. Ces trois nombres tombent à la date du 14 août 1890, jour où l'averse a pris des proportions grandioses.

3° SCIENCES NATURELLES. — M. Semenoff : *Chrysididarum Species novæ.* Cette note contient la description de 15 espèces nouvelles de cette famille des névroptères; 8 de ces espèces sont spéciales à la faune de la Russie.

O. BACKLUND,
Membre de l'Académie.

ACADÉMIE ROYALE DES LINCEI

Séances de janvier-mars

1° SCIENCES MATHÉMATIQUES. — M. Beltrami : Sur l'expression analytique du principe de Huygens. — M. Morera : Solution générale des équations indéfinies de l'équilibre d'un corps continu. — M. Trattini : Deux propositions de la théorie des nombres et leur interprétation géométrique.

2° SCIENCES PHYSIQUES. — M. Grimaldi examine la méthode proposée par MM. Cailletet et Colardeau pour la détermination du point critique des corps, et il démontre que cette méthode rigoureusement appliquée conduit à des résultats très peu exacts. — M. Guglielmo donne la description d'un appareil qui sert à la détermination de la compressibilité isentropique et isothermique des liquides et des solides. — M. Vicentini transmet une description des phénomènes lumineux que l'on observe dans l'air raréfié de récipients en verre, dans lesquels se trouvent des fils métalliques en communication avec des conducteurs, lorsqu'on fait passer dans ces derniers les décharges d'une machine de Holtz. L'auteur a exécuté ses expériences sur des fils rectilignes et sur des fils recourbés en hélice. Il est de l'opinion que, pour de faibles raréfactions, la luminosité est due à des décharges latérales du fil des hélices; mais, lorsque la pression dans le récipient est moindre qu'un millimètre, la décharge doit se faire d'une manière différente. En effet, dans le cas d'hélices métalliques recouvertes de verre ou de mastic isolant, dans lesquelles la transmission directe du fil à l'air ne pouvait plus s'effectuer, on voyait encore un fuseau lumineux à l'intérieur de l'hélice. M. Vicentini s'occupe de plusieurs autres phénomènes secondaires qui accompagnent les décharges et en présente des photographies. — M. Salvioni : sur les conditions qui déterminent la position du premier nœud des ondes électriques étudiées par M. Lecher. — MM. Ciamician et Silber ont étudié la constitution chimique des substances qui se trouvent dans l'écorce du *Coto.* — M. Mauro : Nouvelle note sur les fluosels de molybdène et sur la non-existence du fluorure rameux. — M. Marchetti : Sur la manière de se comporter cryoscopiquement des solutions aqueuses du chlorure chromique vert. — M. Antony décrit une méthode pour obtenir l'iridium sans traces de platine. — M. Angeli : Sur la conductibilité de quelques acides pyrrolcarboniques et indolcarboniques. — M. Montemartini établit, comme il l'avait déjà annoncé, que dans la réaction entre le zinc et l'acide nitrique, la production d'ammoniaque n'est pas indépendante de la concentration de l'acide, comme le croyait Sainte-Claire Deville. M. Montemartini arrive expérimentalement à la conclusion que la rapidité de décomposition de l'acide nitreux dans des solutions acidifiées par l'acide nitrique, s'accroît proportionnellement à la concentration de ce dernier. Cette loi subsiste pour des solutions de 5 à 30 pour 100; elle change pour des concentrations plus élevées.

3° SCIENCES NATURELLES. — MM. Marino-Zuco ont exécuté plusieurs expériences qui démontrent que la symptomatologie de la maladie d'Addison est due à une auto-intoxication par la neurine. — M. Crety donne la description des observations qu'il a faites sur le nucléus du vitellus du *Distomum Richiardii,* nucléus qu'il considère analogue par sa nature à la tache germinative. — M. Mingazzini rappelle les classifications des Coccidiens et des Grégarines proposées par Kölliker, Stein, Diesing, Schneider, Gabriel et Bütschli; et après en avoir fait une critique, il présente la classification suivante pour les Sporozoaires :

	Coccidiidea		Polycystidea
Corps formé par un seul segment		Corps formé par deux ou plusieurs segments	
	Monocystidea		Didymophyidea

— M. Albanese a soumis à la fatigue des grenouilles et des lapins auxquels il enlevait préalablement les capsules surrénales. Il a reconnu que tandis que les grenouilles normales reviennent en peu d'heures de la paralysie causée par des excitations électriques, sur celles qui n'ont plus de capsules surrénales les effets de la fatigue sont toujours plus graves, et l'animal meurt complètement paralysé. Les phénomènes sont plus marqués sur les lapins qui, lorsqu'ils n'ont plus des capsules surrénales, se fatiguent bien vite ; la mort du cœur arrive en dernier lieu, et la paralysie progressive aboutit à la paralysie des muscles de la respiration. M. Albanese ajoute, en rappelant les récentes recherches de MM. Abelous et Langlois, que les capsules surrénales semblent chargées de détruire ou du moins de transformer ces substances toxiques qui, par l'effet du travail des muscles et du système nerveux, se forment dans l'organisme. L'auteur se propose d'étudier la toxicité du sang des animaux dont les capsules surrénales ont été détruites, et la composition des substances qui se forment par le travail du cerveau et des muscles. — M. Salvioli a fait des recherches sur l'influence exercée par la fatigue sur la digestion ; influence que les anciens considéraient comme absolument nuisible à la fonction normale de l'estomac. M. Salvioli faisait courir des chiens dans une roue verticale et mobile; il examinait les sécrétions de la muqueuse gastrique à l'aide d'une fistule ou en provoquant le vomissement par des injections d'apomorphine. On a reconnu que la fatigue diminue fortement la quantité du suc gastrique, de manière qu'un chien qui donne, en irritant sa muqueuse, 30cc de suc en un quart d'heure n'en donne plus que 10, lorsqu'il est fatigué. De même l'acidité du suc gastrique s'affaiblit par la fatigue, et chez les animaux qui ont marché, on voit diminuer la quantité du chlore contenu dans le suc. Le suc gastrique d'un animal fatigué perd beaucoup de son pouvoir digestif; mais ces altérations de la fonction gastrique sont passagères, et le suc redevient normal après un repos de deux heures. M. Salvioli a vu encore que les substances alimentaires passent plus vite de l'estomac dans l'intestin chez les chiens qui courent, mais sans être digérées. Cela arrive probablement par l'effet d'une exagération des mouvements musculaires de l'estomac; phénomène que Niridetus avait déjà décrit au XVIIe siècle.

Ernesto MANCINI.

CORRESPONDANCE

SUR LES MINIMA D'ODEUR PERCEPTIBLES [1]

« Il est exact que, dans ma note insérée dans les *Comptes rendus* du 9 février 1891, j'ai omis d'écrire entre les mots « *le poids d'odeur* » et les mots « *par centimètre cube* » les mots : « *passant successivement* ». C'est là une négligence de rédaction dont je dois faire *mea culpa*. Mais ces mots, je me suis empressé de les rétablir dans le tirage à part, paru la même semaine, tirage à part dont j'ai fait remettre un exemplaire à mon contradicteur. Ma citation à la Société de biologie était donc rigoureusement exacte, et il est hors de doute que je n'ai pas attendu le mois de février 1892 et de savantes critiques pour poser cette définition. J'aurais pu immédiatement après ma note du 9 février 1891 faire insérer l'addition en question dans les *Comptes rendus*. Je l'ai jugée inutile pour les lecteurs attentifs. Je le regrette puisque cette omission a égaré la bonne foi de M. Lapicque. Je me suis contenté de débuter ainsi dans ma seconde communication à l'Académie sur le même sujet (20 avril 1891) : « Dans une précédente communication (*Comptes rendus*, 9 février), j'ai considéré le minimum perceptible de l'odeur comme le poids de vapeur odorante *qui a passé* SUCCESSIVEMENT *du réservoir dans le tube de l'olfactomètre divisé par le volume total parfumé.* »

« En ce qui concerne ma réponse à une question de M. Régnard, la mémoire de votre collaborateur n'est pas rigoureusement fidèle. Il est très juste que j'ai dit : « Ce nombre de 2^{mgr},49 pour l'éther chez un de mes

sujets est trop fort, parce que le sujet en question qui est éthéromane s'est anesthésié par l'expérience. » Mais j'ai insisté auparavant sur la différence des deux définitions, celle de Valentin et celle adoptée *provisoirement* par moi dans ma communication du 9 février. J'ai dit : « Le point de vue de Valentin est *statique;* mon point de vue est *dynamique*. Valentin considère ; une vapeur à l'*état stationnaire;* moi, je considère un *flux*. » M. Lapicque se souviendra certainement de ces termes qui, à ce qu'il m'a semblé, ont paru un peu bizarres dans un milieu qui n'est pas composé en majorité de mathématiciens.

« Au reste, la rectification que j'ai sollicitée de vous est bien inutile pour les savants qui ont pris connaissance de mes méthodes; je ne l'ai désirée que pour ceux de vos lecteurs (et c'est la grande majorité) qui les ignorent.

« Agréez, etc.   Charles HENRY. »

Nous nous sommes fait un devoir de nous tenir en dehors de la discussion survenue entre M. Ch. Henry et M. L. Lapicque. Avec notre collaborateur, nous estimons que le débat doit se terminer.

En insérant la lettre ci-dessus, qu'il nous soit permis de nous étonner que M. Ch. Henry ait soumis ses travaux à une Société dont il discute ensuite la compétence.

L. O.

NOTICE NÉCROLOGIQUE

LE VICE-AMIRAL JURIEN DE LA GRAVIÈRE

En présence du développement prodigieux qu'ont pris toutes les sciences, la carrière maritime est peut-être celle où il est le plus nécessaire de se tenir au courant de leurs progrès, car elle touche au plus grand nombre de leurs applications pratiques. S'il en était ainsi déjà au siècle dernier, au temps de Borda et de Fleurieu, combien cela est-il encore plus vrai de nos jours! La science du marin ne peut sans doute pas se spécialiser autant que les autres : elle doit offrir un caractère à la fois plus encyclopédique et moins abstrait que d'autres branches d'activité intellectuelle, et il lui reste moins de loisir à consacrer aux études de détail. Le bon marin doit être avant tout pénétré de l'*esprit* scientifique et bien armé des résultats acquis. Il faut qu'il sache tout ce que savaient ses devanciers, à commencer par la manœuvre et le gréement. Moins encore qu'autrefois il lui est permis d'ignorer ou de négliger les progrès de l'astronomie, de l'hydrographie, de l'art des constructions; mais s'il ne veut pas être à la merci des spécialités, s'il veut conserver la faculté de contrôle sans laquelle les responsabilités du commandement sont illusoires, il devra, de nos jours, posséder à fond la mécanique, la balistique, les diverses branches de la physique, notamment l'électricité et la physique du globe. Il doit en un mot être savant, mais il aura généralement plus d'occasions de le montrer par ses actes et sa vie que par ses écrits. L'amiral Jurien de la Gravière a été l'un des représentants les plus brillants de cette marine moderne qui, aux traditions morales et scientifiques de ses devanciers, a su ajouter l'usage judicieux de tous les progrès récents. Il y a joint cette fortune, qu'après être arrivé aux plus hautes dignités et avoir pris une part importante aux grands événements historiques de son époque, il a pu développer sa pensée dans de nombreux écrits justement estimés et admirés.

Jean-Pierre-Edmond Jurien de la Gravière naquit en 1812 à Brest. Son père était un marin distingué qui mourut vice-amiral et pair de France. Cette origine lui traçait sa vocation : il entra à l'Ecole navale et fut nommé aspirant en 1828. Nous ne saurions énumérer ici toutes les étapes de sa carrière, ni le suivre dans les nombreux voyages qui embrassèrent tout le globe : contentons-nous d'en marquer quelques traits. En 1840, il commandait la *Comète* : c'est en cette qualité qu'il dirigea les levés de la côte de Sardaigne, exécutés par les ingénieurs hydrographes Darondeau et de la Roche-Poncié, avec lesquels il se lia dès lors d'amitié. En 1847, il reçut le commandement de la corvette *Bayonnaise* avec laquelle il fit un voyage de circumnavigation de quatre ans. Les résultats politiques et pittoresques de cette croisière ont été exposés par lui dans son *Voyage en Chine;* mais à côté de cela il ne négligea aucune occasion de perfectionner l'hydrographie de ces régions de l'extrême Orient, alors encore si peu connues, de rectifier les positions géographiques et de recueillir des documents relatifs à la physique du globe. Il signala notamment, dans le sud du Japon, une île nouvelle qui figure encore sur les cartes sous le nom d'île de la Bayonnaise. C'est en lisant le rapport qu'il rédigea sur cette campagne qu'on surprend le secret du bonheur qu'il eut dans toutes ses navigations, bonheur qui n'arrive qu'à ceux qui savent le mériter. On y voit le soin avec lequel il étudiait longtemps à l'avance tous les documents relatifs aux régions qu'il devait visiter, les discutant et les combinant pour s'assurer les chances les plus favorables. Il attachait une grande importance à recourir toujours aux relations originales, cherchant l'homme dans l'écrivain et tenant en médiocre estime les travaux de compilation de seconde main. On y voit éclater le soin constant de la santé des hommes de l'équipage, et le souci de mettre en pleine lumière la part qui revenait à chacun de ses subordonnés dans le succès de la mission. Il s'y montre comme le type de l'officier moderne, peu curieux de se faire une réputation de

[1] Voir la *Revue* du 30 mars 1892, p. 224.

loup de mer, mais joignant l'urbanité et la bienveillance aux qualités de décision, et obtenant d'autant plus de respect et d'obéissance, qu'il savait lui-même mieux respecter et faire valoir ses collaborateurs.

Nous ne le suivrons pas en Crimée, ni au Mexique. Cette dernière campagne est dans toutes les mémoires : il s'y honora autant par la clairvoyance dont il eut le courage de donner la marque, que par la patriotique abnégation avec laquelle, après avoir commandé en chef, il accepta d'obéir.

L'Académie des Sciences l'appela dans son sein en 1866. Puis il occupa le poste éminent de commandant en chef de l'escadre d'évolutions. C'était le moment où il fallait introduire dans les méthodes de navigation les perfectionnements qu'exigeait le progrès continu des constructions navales : il apporta à cette étude, notamment à celle des instruments de navigation, un vif amour du progrès et un jugement ferme et droit.

Après les événements de 1870-71, il sentit qu'il fallait renoncer aux vastes ambitions militaires que sa grande position dans la marine lui eût permis de concevoir : mais, désireux de toujours servir fidèlement son pays, bien que sur un théâtre plus modeste, il accepta avec joie de diriger le dépôt des cartes et plans de la marine. Il retrouvait là quelques-uns de ses anciens collaborateurs ; il y trouvait aussi une activité paisible et sans bruit, d'ordre surtout scientifique : aussi se dévoua-t-il sans réserve à ses nouvelles fonctions qui lui permettaient de se consacrer entièrement à ses chères études. L'heure présente était triste et sombre : il reporta sa pensée sur les glorieux souvenirs du passé, avec le but bien arrêté d'en faire jaillir des enseignements pour l'avenir. Avait-il le secret espoir de pouvoir lui-même encore appliquer un jour les leçons de l'histoire? On eût pu le croire parfois en l'entendant parler avec enthousiasme des marins du passé, et chercher dans leur exemple la manière de conduire les grandes entreprises. C'est en tous cas dans ces idées qu'on trouve la pensée maîtresse de ses travaux littéraires, si nombreux et si bien accueillis en deçà comme au delà de nos frontières. Il s'agissait de se faire une image nette de la vie des marins illustres, guerriers, découvreurs de mondes, parfois simples aventuriers, partis pour le négoce et se révélant tout à coup hommes d'État et fondateurs d'empires coloniaux. Il fallait pour cela se familiariser avec leur psychologie, et en même temps restituer fidèlement le milieu dans lequel ils agissaient. C'est ici que, sans faire étalage de science, l'amiral Jurien sut condenser, sous une forme agréable, le résultat de patientes études et de recherches approfondies sur les problèmes de la géographie et de la physique, aussi bien que de l'histoire. En parcourant ces pages, écrites d'un style

si alerte qu'on pourrait quelquefois les croire improvisées, on s'étonne de voir le grand fonds de faits positifs qu'y sout condensés et comme dissimulés. Le but s'aperçoit facilement : l'auteur voulait vivre avec les gens du passé et se mettre dans leur intimité pour leur demander les conseils de leur expérience. De là toute cette série d'études sur la marine actuelle et future, dont se dégage l'impression que le sort des guerres de l'avenir ne dépendra plus autant des gros navires pesants, colosses difficiles à manier et à nourrir, mais surtout des bâtiments nombreux et rapides du second rang; des croiseurs qui inquiéteront l'ennemi dans son commerce, menaceront ses ports et forceront les blocus; des torpilleurs qui paralyseront l'attaque des *éléphants* et les réduiront souvent à l'impuissance. C'est surtout dans l'étude des guerres de l'indépendance hellénique qu'il avait remarqué les avantages qu'une flotte très mobile, accompagnée de brûlots et montée par des hommes énergiques, peut remporter sur les vaisseaux de ligne lourds et lents à la manœuvre, et c'est ainsi qu'il rattachait la tactique de l'avenir à l'expérience du passé. Quelque jugement que les hommes techniques puissent porter sur ses conclusions, la méthode de recherche est nettement scientifique. Au moment où se consommait dans la marine une évolution d'immense portée, il était nécessaire qu'un marin autorisé, ayant manœuvré les navires du passé et su conduire ceux du présent, vînt résumer pour ses successeurs les enseignements de leurs aînés et clore définitivement l'histoire d'une période longue et glorieuse. Nul n'était mieux désigné pour ce travail que l'amiral Jurien de la Gravière.

Nous ne saurions terminer cette notice sans rappeler qu'aux qualités de commandant et à celles du savant, l'amiral joignait une bonté et une bienveillance rares. « Il faut être doux aux inventeurs, » lui avons-nous souvent entendu dire, et ce n'est jamais en vain que les chercheurs s'adressaient à lui. Ils étaient assurés de trouver, non seulement un accueil cordial, une oreille attentive et de bonnes paroles, mais un jugement sûr, des conseils éclairés et un appui efficace.

M. d'Abbadie, président de l'Académie des Sciences, annonçant à cette savante compagnie le deuil qui venait de la frapper, terminait ainsi son discours : « Les « temps de ces manœuvres olimpi sont passés et ne « reviendront plus : mais leur histoire inspirera à nos « jeunes gens de nouvelles audaces. Elle classa son « auteur parmi nos meilleurs écrivains et l'Académie « française ne tarda pas à l'élire. Quand j'appris au « plus compétent de nos confrères la perte que nous « venions d'éprouver, il s'écria : « Jurien était l'honneur « de notre marine. »

E. Caspari.

NOUVELLES

PERFECTIONNEMENT DE LA MÉTHODE POUR PHOTOGRAPHIER LES COULEURS [1]

Dans la première communication que j'ai eu l'honneur de faire à l'Académie sur ce sujet, je disais que la couche sensible que j'employais alors manquait de sensibilité et d'isochromatisme, que ces défauts étaient le principal obstacle à l'application de la méthode que j'avais imaginée. Depuis lors j'ai réussi à améliorer la couche sensible; et, bien qu'il reste encore beaucoup à faire, les nouveaux résultats sont assez encourageants pour que je me permette d'en faire part à l'Académie :

Sur des couches d'albumino-bromure d'argent rendues orthochromatiques par l'azaline et la cyanine, j'obtiens des photographies très brillantes du spectre. Toutes les couleurs viennent à la fois, même le rouge, sans interposition d'écrans colorés, et après une pose comprise entre 5 et 30 secondes.

Sur Jeux de ces clichés on remarque que les couleurs vues par transparence sont très nettement complémentaires de celles qu'on aperçoit par réflexion.

La théorie indique que les couleurs composées que revêtent les objets naturels devaient venir en photographie au même titre que les lumières simples du spectre. Il n'en était pas moins nécessaire de vérifier le fait expérimentalement. Les quatre clichés que j'ai l'honneur de soumettre à l'Académie représentent fidèlement des objets assez divers : un vitrail à quatre couleurs, un groupe de drapeaux, un plat d'oranges surmontées d'un pavot rouge, un perroquet multicolore. Ils montrent que le modelé est rendu en même temps que les couleurs. — Les drapeaux et l'oiseau ont exigé de 5 à 10 minutes de pose à la lumière électrique ou au soleil. Les autres objets ont été faits après de nombreuses heures de pose à la lumière diffuse. Il reste donc encore beaucoup à faire avant de rendre le procédé pratique.

G. Lippmann,
de l'Académie des Sciences.

[1] Note présentée lundi dernier à l'Académie par M. Lippmann.

Le Directeur-Gérant : Louis Olivier

REVUE GÉNÉRALE

DES SCIENCES

PURES ET APPLIQUÉES

DIRECTEUR : LOUIS OLIVIER

LE DUALISME EN SYPHILIOGRAPHIE. — RICORD ET BASSEREAU.

CONFÉRENCE FAITE A L'HOPITAL SAINT–LOUIS

Le 6 mai 1892

Messieurs,

Le plus naturel hommage rendu à une vérité, c'est l'oubli dans lequel tombe rapidement l'erreur qui l'a combattue.

De cela nous avons, dans le champ de nos études spéciales, un exemple des plus frappants. Voyez ce qu'est devenue, en face de la doctrine qui a disjoint le chancre simple et le chancre syphilitique, la vieille hérésie qui longtemps, qui pendant des siècles avait assimilé et confondu ces deux espèces morbides. Son nom même est presque oublié. Qui parle aujourd'hui de l'identisme, de l'unicisme? De même, le nom de la doctrine adverse et victorieuse tend à s'effacer du langage courant. Puisqu'il n'est plus question d'unicisme, il n'est pas de raison de conserver le mot de dualisme et l'on ne discute pas plus aujourd'hui — chez nous du moins — sur la dualité des virus chancreux que sur la dualité des virus servant, je suppose, d'origine, l'un à la scarlatine et l'autre à la rougeole. De part et d'autre, pour continuer la comparaison, on admet deux maladies absolument distinctes : le chancre simple et le chancre syphilitique, la rougeole et la scarlatine, sans spécifier leur indépendance réciproque par le mot devenu superflu de *dualisme*.

C'est cependant le dualisme dont je me propose de vous entretenir aujourd'hui. Je voudrais vous montrer comment est née, s'est développée, s'est

confirmée cette grande doctrine, cette véritable découverte qui est d'origine toute française et qui constitue un honneur pour la science française. Il y a là une page curieuse d'histoire médicale à faire revivre. Pour avoir assisté comme témoin oculaire aux débats, aux controverses, aux luttes passionnées que suscita la nouvelle doctrine, pour y avoir pris part, comme simple soldat, derrière les grandes autorités d'alors, j'ai l'espérance de pouvoir vous retracer avec exactitude les péripéties de cet événement scientifique. Ce labeur me tente, d'autant qu'il me fournira l'occasion de vous présenter une figure médicale trop peu connue, trop peu populaire parmi nous, celle d'un savant aussi distingué, aussi éminent que modeste, qui prit une part décisive à la constitution scientifique du dualisme, et de payer à sa mémoire un juste tribut d'honneur. Ce savant, vous l'avez nommé : c'est le Docteur Léon Basséreau.

Sans remonter bien haut, il fut un temps, vous le savez, où tous les accidents vénériens étaient confondus pêle-mêle et considérés au titre de manifestations diverses d'un seul et même germe pathogène, qu'on appelait vaguement le « *virus vénérien* ». Tous les « *maux vénériens* », comme on disait alors, étaient susceptibles de dériver d'une même source, et non moins susceptibles d'aboutir aux mêmes conséquences d'infection générale. De la sorte, toutes les affections vénérieunes — ou même non vénériennes — des organes génitaux se trouvaient englobées dans le cadre de la syphilis ; ulcérations inflammatoires ou autres, blennorrhagies, balano-posthites, bubons, végétations, voire flueurs blanches, etc., tout cela était assimilé à la syphilis. Ce fut là le chaos initial de notre science, chaos de longue survie, puisque du xvi° siècle il se perpétua jusqu'au premier tiers du nôtre.

Ce n'est pas cependant que de temps à autre cette fusion monstrueuse de toutes les affections vénériennes en une seule unité morbide n'ait donné lieu à quelques protestations de la part d'esprits indépendants et clairvoyants, tels que Balfour, Tode, Hunter, Nisbet, Bell, Bosquillon, Hernandez, etc. Mais ces révoltes partielles trouvèrent peu d'écho. Et l'on était tellement entiché du dogme sacro-saint qui proclamait l'identité de tous les maux vénériens, que c'eût été une rare audace d'y porter atteinte. Pour avoir mis en doute l'identité de la blennorrhagie et de la syphilis, Tode fut traité d'Erostrate et de Cartouche par deux de ses confrères. On ne badinait pas avec les principes, comme vous le voyez.

Aussi, fut-ce une révolution véritable, au sens strict du mot, lorsque, dans le second tiers de notre siècle, Ricord vint briser cette unité factice des maux vénériens, et dire : Non, la vérole n'est pas ce qu'on l'a supposé jusqu'ici, c'est-à-dire un composé d'éléments différents, une sorte d'hybride constituée mi-partie par la vérole même et mi-partie par la blennorrhagie, la balano-posthite, les végétations, les bubons, etc... La vérole, *c'est la vérole*, à savoir une affection constituée par un accident spécial comme exorde, le chancre induré, et, plus tard, par des accidents spéciaux ; c'est une maladie qui constitue à elle seule une entité pathologique n'ayant rien de commun avec les autres affections vénériennes. Et de même, d'autre part, la blennorrhagie, c'est la blennorrhagie, qui n'a aucune affinité avec la vérole, qui n'en comporte en rien les conséquences d'infection générale ; — de même, également, la balano-posthite, les végétations, les bubons, etc., sont autant d'affections qui, toutes, ont leur individualité propre.

En un mot, et très succinctement : démembrement de la vieille unité vénérienne ; — constitution de types vénériens distincts ; — autonomie de la syphilis, du cadre de laquelle se trouvaient rejetées toutes les autres affections vénériennes ; — tel fut l'esprit de la révolution (je répète à dessein le mot) qui sortit de l'enseignement du Midi, révolution que je vous ai exposée en détail dans une précédente conférence et qui, d'ailleurs, est trop

connue de tous pour que j'aie à la spécifier davantage.

Toutefois — et avec ce qui va suivre nous entrons de plain-pied dans notre sujet actuel — Ricord n'avait pas accompli du premier coup toute son œuvre.

A ses débuts, il était encore ce que nous appellerions aujourd'hui un uniciste, c'est-à-dire il n'avait pas encore distingué et exclu de la vérole ce qui, pour nous, est actuellement le chancre simple. La preuve même en est assez piquante à fournir.

Savez-vous, par exemple, quel fut à l'origine un des arguments de Ricord pour différencier nosologiquement la blennorrhagie de la syphilis ? C'est que la blennorrhagie répondait négativement à l'inoculation (l'auto-inoculation, bien entendu, la seule que ce grand maître se soit jamais permis de pratiquer), tandis que « le chancre » (il disait le chancre et non pas tel chancre) répondait à l'inoculation par un chancre. Singulier argument, nous paraît-il aujourd'hui, à nous qui savons et tenons pour une vérité banale que le chancre syphilitique n'est pas plus que la blennorrhagie, susceptible de produire un chancre par auto-inoculation.

Mais les choses n'en restèrent pas là. Avec son rare talent d'observation clinique, Ricord saisit bien vite les différences profondes qui séparent le chancre syphilitique du chancre simple.

Il constata d'abord ceci : que certains chancres sont constamment suivis de phénomènes d'infection générale, tandis que certains autres en restent constamment exempts, c'est-à-dire ne semblent constituer que des accidents purement locaux. C'était là la base même et la base clinique de la doctrine qui, quelques années plus tard, devait prendre le nom de dualisme.

Puis, cette constatation faite, il s'appliqua à rechercher quels caractères propres signalaient ces deux espèces de chancres, si différentes par leurs conséquences d'avenir, et il vit que la première s'accompagnait toujours d'un signe spécial, à savoir l'induration de base, tandis que la seconde ne s'indurait pas.

Et il dit alors :

« Il est un chancre qui infecte, c'est le chancre induré ;

« Il est un chancre qui n'infecte pas, c'est le chancre mou ».

Et continuant toujours à étudier comparativement ces deux chancres, il en analysa, il en détailla les moindres caractères avec une rigueur, une précision, un bonheur de termes et de comparaisons descriptives qui n'ont jamais été surpassés. Lisez, par exemple, dans un livre que j'ai eu le grand honneur de rédiger pour lui et qui est le résumé de ce long labeur d'observations, le parallèle qu'il a tracé des deux chancres, et dites si ce n'est pas là un véritable chef d'œuvre pathologique. Sans doute, on a pu ajouter quelques traits à ce tableau qui, ne l'oubliez pas, date de trente-six ans; mais tous les grands caractères distinctifs des deux chancres s'y trouvent énoncés déjà, et peints de main d'artiste et de maître, si bien que les successeurs de Ricord n'ont guère fait que le reproduire et le commenter.

Somme toute, en . 1856, et longtemps même avant cette époque, Ricord avait posé ce qu'on pourrait appeler les *assises* du dualisme dans ce parallèle mémorable dont voici le très court sommaire :

Il existe deux chancres, et ces deux chancres sont différents à tous égards. Ainsi :

1° L'un est habituellement multiple ; l'autre est habituellement solitaire.

2° L'un est constitué par une ulcération à tendance extensive et destructive; l'autre a pour caractère et de rester superficiel et de se limiter rapidement.

3° Comme physionomie objective, l'un est taillé à l'emporte-pièce, présente un fond inégal et vermoulu; l'autre est fait à l'évidoir et a un fond lisse.

4° L'un est une lésion à base souple; l'autre est une lésion à base indurée.

5° L'un peut évoluer sans retentir sur le système ganglionnaire ; ou bien, quand il retentit sur les ganglions, il détermine une adénite aiguë, monoganglionnaire, qui, tantôt suppure à la façon d'une adénite vulgaire, simple, tantôt produit un pus spécifique, un pus chancreux, susceptible de reproduire à son tour par auto-inoculation le chancre simple.

L'autre affecte les ganglions d'une façon constante, fatale. Pas de chancre syphilitique sans bubon satellite. Le bubon suit le chancre syphilitique comme l'ombre suit le corps. De plus, ce bubon est absolument spécial. Il est triplement spécial : et par son caractère de bubon polyganglionnaire (pléiade), et par sa dureté, et surtout par l'absence habituelle de toute réaction inflammatoire. Il est à la fois multiple, dur et indolent. Enfin, comme conséquence de sa qualité de bubon aphlegmasique, il ne suppure presque jamais; et, lorsque par exception très rare, il suppure, il ne sécrète jamais qu'un pus simple, non susceptible de reproduire le chancre par auto-inoculation.

6° L'un est auto-inoculable; l'autre est réfractaire à l'auto-inoculation.

7° L'un est susceptible d'être reproduit maintes fois sur le même sujet, voire reproduit d'une façon pour ainsi dire indéfinie. A preuve les expériences des syphilisateurs; à preuve celle, en particulier, du célèbre Lindmann qui s'inocula avec succès 2.200 fois le chancre simple.

L'autre ne se produit jamais qu'une seule fois; on n'a droit qu'une fois dans sa vie au chancre syphilitique.

8° L'un est un chancre sans infection consécutive, un chancre sans vérole; l'autre n'est que l'accident primitif, l'exorde même de la vérole.

Aussi bien, après un tel exposé où les grands caractères constitutifs des deux chancres, les caractères qui font *espèce*, étaient mis si puissamment en lumière et ressortaient dans un contraste si saisissant, une déduction s'imposait-elle. On l'attendait véritablement. Il semblait que Ricord n'avait plus qu'à conclure en disant : « Donc, les deux chancres que je viens de différencier par tant et tant de caractères absolus relèvent de deux virus différents ; ce sont deux maladies indépendantes, au même titre, par exemple, que la rougeole et la scarlatine, n'ayant l'une avec l'autre aucune parenté. »

Et le dualisme se trouvait fondé.

Eh bien! cette conclusion, Ricord, au moment de la formuler, ne la formula pas. Et ce ne fut pas sans étonnement que ses auditeurs de 1856 l'entendirent terminer le magistral exposé qui précède, de la façon suivante, que je reproduis textuellement : « La dualité des virus chancreux n'est encore qu'une *hypothèse*, que l'avenir jugera. » C'est là le dernier mot qu'il ait écrit (officiellement du moins) sur la question.

II

Cette réserve inattendue, qui nous semble aujourd'hui extraordinaire, incompréhensible même au premier moment, cette sorte de recul devant une conclusion qui apparaissait comme naturelle, comme forcée, quels sentiments l'imposèrent à Ricord?

La chose est curieuse à examiner pour nous, non pas tant en ce qui est relatif à l'homme qu'en ce qui concerne l'histoire de l'époque.

Trois raisons, à mon sens, ont conduit Ricord à ne pas conclure, et ces trois raisons, les voici :

1° C'est, d'abord, que Ricord était un adepte fervent de cette grande et irréfutable idée médicale que les maladies peuvent subir des modifications profondes du terrain sur lequel elles sont appelées à évoluer : « Chacun, répétait-il souvent, fait ses maladies suivant sa nature, son individualité personnelle. Voyez donc, pour ne citer qu'un exemple entre cent, la fièvre typhoïde qui accable les uns des symptômes les plus graves et qui laisse les autres se promener presque à la façon de gens en bonne santé. Eh bien, qui nous dit que le virus syphilitique, lui aussi, n'est pas susceptible d'éprouver de modifications analogues de la part des constitutions, des tempéraments, des prédispositions naturelles ou acquises, des conditions mystérieuses qui créent ou non l'état de réceptivité chez l'être humain, etc ..? »

. 2° C'est, en second lieu, qu'il eût été peut-être prématuré de conclure en l'espèce à l'époque dont nous parlons.

Nous ne le savons que trop par expérience, toutes les causes, en médecine, les mauvaises comme les bonnes, trouvent des observations à leur appui, parce que, s'il est de bonnes observations, il en est également de mauvaises. Le temps seul fait justice de celles-ci. Or, vers 1856, les observations défavorables au dualisme ne faisaient pas défaut. Les médecins même de l'entourage, de l'école de Ricord en publiaient. A n'en citer qu'un exemple, Melchior Robert, élève du Midi, et syphiliographe estimé de ce temps là, relatait une série de faits tendant à établir que « la propriété infectante n'est pas interdite au virus du chancre simple », que « le chancre simple peut dériver d'un chancre induré et engendrer à son tour un chancre induré », que « le chancre induré et le chancre simple sont des manifestations pathologiques d'un même principe, dont les effets variés tiennent à des conditions étrangères au virus », et qu'au total « il n'y a qu'un seul virus chancreux ».

D'autre part, c'était l'époque où un autre élève de l'École du Midi, le Dr Clerc, venait de formuler sa théorie, un instant célèbre, du chancroïde. Pour lui : 1° il existait deux variétés du chancre *syphilitique*, à savoir le chancre induré et le chancre simple ; — et 2° le chancre simple, bien que ne se transmettant qu'au titre de chancre simple, c'est-à-dire ne déterminant par contagion qu'un chancre identique à lui-même, n'en était pas moins un dérivé du chancre syphilitique, à savoir le résultat de l'inoculation d'un chancre syphilitique à un sujet en puissance de syphilis.

Il y avait donc, on le voit, pour Ricord, motif des plus légitimes à hésitation devant toutes ces doctrines émanées d'hommes du métier, compétents et justement estimés.

3° Une troisième raison, enfin — et celle-ci que vous allez à coup sûr juger très extraordinaire — une troisième raison, dis-je, servait en quelque sorte de pierre d'achoppement à toute conclusion ferme en faveur du dualisme.

Cette raison, c'était ce qu'on appelait gravement à cette époque (souvenez-vous toujours que les choses se passent il y a près de quarante ans) la « question du chancre céphalique ». Le chancre céphalique, ce fut là un des derniers arguments que les unicistes opposèrent triomphalement, mais pour un temps d'ailleurs assez court, à leurs adversaires du dualisme.

Qu'était-ce donc que cette question du chancre céphalique ? En deux mots, le voici :.

On n'avait jamais observé sur les téguments du crâne, sur les téguments et les muqueuses de la face, c'est-à-dire sur la région céphalique, qu'une seule espèce de chancre, à savoir l'espèce infectieuse, le chancre induré. Cela, Ricord en convenait : « En vingt-cinq ans de pratique, disait-il, il ne m'a pas été donné de rencontrer un seul cas bien authentique de chancre mou développé sur la face ou le crâne... C'est par centaines que j'ai vu des chancres céphaliques ; eh bien, tous ces chancres appartenaient toujours et comme fatalement à une seule et même espèce, à l'espèce indurée. Ils s'accompagnaient tous des symptômes propres à la vérole..., etc. » Cullerier, Puche, Diday, Rollet, Rodet témoignaient tous dans le même sens. Une longue enquête que, sur l'invitation de M. Ricord, j'instituai et publiai sur ce sujet, n'aboutit qu'à des résultats de même ordre.

Si bien que, pour les médecins qui, comme Ricord, ne croyaient encore à ce moment qu'à la contagion du chancre par le chancre (à l'exclusion de la contagion par les accidents secondaires), cette qualité du chancre céphalique d'être toujours un chancre infectant était un phénomène absolument inexplicable.

Il n'était pas à admettre que les sujets qui s'exposaient à la contagion *par la voie céphalique* n'eussent jamais rencontré sur leur chemin que des chancres syphilitiques. Forcément ils avaient dû s'exposer au contact de chancres simples. Pourquoi donc, dans ce dernier cas, avaient-ils contracté cependant des chancres syphilitiques ? Serait-ce donc qu'une influence régionale pourrait transformer le chancre simple en chancre induré ? N'y aurait-il pas là une « modification de la graine par le terrain » ?

Sans qu'il me soit besoin d'insister davantage, vous concevez quel coup droit cet argument du chancre céphalique portait au dualisme. Que devenait la théorie dualiste, s'il était vrai, comme tout semblait l'indiquer alors, que la contagion d'un chancre simple pût déterminer un chancre syphilitique sur les régions de la face et du crâne ?

Ainsi donc, pour les trois raisons que je viens de dire ; et sans doute aussi en raison de sa qualité de chef d'École qui ne lui permettait pas de conclure prématurément et d'entraîner à sa suite dans une voie fausse toute une génération de médecins. Ricord ne voulut pas trancher la question du dualisme. Avec une prudence qui nous semble exagérée aujourd'hui, mais qui peut-être n'était que légitime, il laissa le problème en suspens et préféra « attendre ». Il perdit de la sorte l'occasion d'ajouter un titre de gloire à ceux qu'il avait acquis déjà. I avait, disons-le bien, préparé, élaboré le dualisme

Mais il laissa à un autre l'honneur de compléter l'œuvre, de fournir la démonstration décisive, péremptoire, de la doctrine nouvelle. Quel fut cet autre? Un de ses élèves, Léon Bassereau.

III

Ici, vous me permettrez d'ouvrir une parenthèse pour vous tracer à grands traits la figure trop peu connue, même parmi nous, d'un médecin, d'un savant, d'un homme de bien, qui est une des gloires de la syphiliographie française.

Bassereau est un médecin français, qui naquit à Anduze (Gard) en 1810 et mourut à Paris en 1887.

Après avoir fait de bonnes études littéraires, Bassereau, que sa famille destinait au notariat, s'inscrivit à l'École de Droit. Mais bientôt il déserta le droit pour la médecine, vers laquelle il se sentait attiré par un goût particulier. Laborieux, il conquit rapidement le titre d'interne en 1835, et obtint le doctorat en 1840, avec une thèse intéressante sur les névralgies intercostales. Il s'essaya alors aux luttes du concours pour les hôpitaux ; mais, trop prématurément, sans aucun doute : il y renonça. Il n'avait pas d'ailleurs les aptitudes nécessaires au concours, cette institution tout à la fois excellente et détestable, dont, avec une égale justice, on peut dire tout le bien et tout le mal possible. Esprit original, il était voué de nature aux recherches personnelles, et c'est dans cette voie qu'il dirigea son activité scientifique.

Ce fut sur les affections vénériennes que se concentrèrent ses labeurs. Il en avait inauguré l'étude pendant son internat sous deux grands maîtres, Biett et Ricord. Il la poursuivit plus tard, tout à la fois en clinicien et en érudit. D'une part, il devint l'hôte assidu des cliniques spéciales ; d'autre part, en vue d'élucider les origines mystérieuses de la syphilis, il se mit à compulser les vieux textes, non pas seulement ceux des premiers historiens du mal français, mais, par comparaison, ceux des siècles antérieurs, voire de l'antiquité grecque et latine. Il eut la patience de traduire, la plume en main, tous les écrits des médecins contemporains de la grande épidémie du xvᵉ siècle; cela, je puis l'affirmer et pour cause, car j'ai eu entre les mains le manuscrit de cette traduction qu'avec sa bienveillance habituelle il avait bien voulu mettre à ma disposition.

De ce double labeur est sorti le livre mémorable qui a fait la fortune scientifique de Bassereau, à savoir son « *Traité des affections de la peau symptomatiques de la syphilis* » qui parut en 1852. Non seulement cet ouvrage est un exposé merveilleux pour l'époque des déterminations cutanées de la syphilis, mais, en outre, il contenait, dans l'un de ses chapitres, comme je vous le dirai dans un instant, le manifeste d'une doctrine nouvelle, étayée

sur une méthode d'investigation nouvelle, la méthode des *Confrontations*.

Ainsi, c'était dans un simple chapitre d'un traité général que ce savant, fondateur de toute une doctrine, en reléguait l'exposé, à la façon d'un appendice secondaire, au lieu de chercher à la mettre en vedette, de lui consacrer une monographie spéciale, au lieu de tirer un légitime honneur du résultat de ses travaux, de ce qu'il pouvait à juste titre appeler sa découverte !

Et, comme, à l'instar de tant d'autres, je m'étonnais de cela un jour devant lui : « Que voulez-vous, me répondit-il, ce que j'avais fait était bon ou mauvais; si c'était bon, il fallait bien que, tôt ou tard, on allât le dénicher là où je l'avais mis; et, si c'était mauvais, ce n'était pas la peine de lui faire plus d'honneur. » Tout l'homme est dans cette réponse.

Avec une modestie semblable, il n'est pas étonnant que Bassereau n'ait pas eu d'histoire. Sa vie, peut-on dire, s'est simplement partagée entre sa famille, ses livres et ses malades. Il vécut toujours isolé. Il ne fut rien parce qu'il voulut ne rien être. Je ne sais si l'Académie lui a manqué ; mais j'affirmerai avec tout le monde qu'il a manqué à l'Académie.

IV

Bassereau, vous disais-je, était à la fois un savant et un clinicien. Rien d'étonnant, donc, à ce qu'il ait tenté un double effort pour établir la démonstration du dualisme sur deux bases absolument distinctes, à savoir : 1° de par des preuves historiques ; 2° de par des preuves d'ordre clinique.

Sa démonstration historique du dualisme (ou du moins la thèse qu'il fournissait comme telle) était aussi simple que séduisante au premier abord. Elle se résumait en ceci :

Le chancre simple a existé de toute antiquité ; le chancre syphilitique n'a commencé à apparaître que vers la fin du xvᵉ siècle. Donc, ce sont là, de par le témoignage de l'histoire, deux affections indépendantes, et dont l'indépendance chronologique atteste bien formellement la différence de nature.

Trois points, disait-il en substance, ressortent de la lecture des vieux auteurs :

1° L'un, c'est que longtemps avant l'apparition de la syphilis en Europe, on connaissait l'existence d'*ulcères* des organes génitaux, ulcères *contagieux*, dérivant du commerce vénérien, ulcères parfois accompagnés de *bubons* et de bubons suppurés de l'aine, ulcères même signalés déjà par Celse comme susceptibles de prendre la *forme gangréneuse* ou *serpigineuse*, ulcères enfin restant à l'état d'affections locales sans jamais déterminer à leur suite d'infection générale. — Nul doute, pour Bassereau, que ces « *ulcères antiques* », comme il les appelle, ne répondent à notre chancre simple actuel.

2° En second lieu, il est non moins certain que, vers les dernières années du xv° siècle, apparut une maladie nouvelle qui, elle aussi, commençait par des ulcères des organes génitaux, mais qui bientôt se traduisait en plus par des symptômes multiples, des éruptions de tout ordre et de tout siège, des douleurs, des lésions de la bouche, de la gorge, etc. Au-dessus de toute contestation possible, cette maladie, c'est la syphilis.

3° Enfin, — et c'est sur ce troisième point qu'insistait le plus Bassereau, — il est tout aussi démontré « que les médecins célèbres, qui furent témoins de l'apparition de la maladie nouvelle et qui connaissaient les affections contagieuses des organes génitaux antérieures à 1493 et décrites par les médecins anciens, ne cherchèrent à établir aucun rapport entre ces deux ordres d'ulcères génitaux, n'ayant ni les mêmes caractères objectifs, ni la même influence sur l'économie, puisque les uns restaient des affections locales avec ou sans bubons suppurés, tandis que les ulcères primitifs de la nouvelle maladie, ne déterminant presque jamais d'abcès inguinaux, étaient constamment suivis à courte échéance d'éruptions cutanées graves et caractéristiques... » En effet, tous les médecins contemporains de l'invasion de la syphilis décrivirent cette maladie comme une maladie spéciale qu'ils appelaient « *morbus novus, morbus incognitus et nunquam a doctoribus visus, morbus monstruosus, morbus gallicus,* etc. » Et ce fut plus tard seulement, ce fut au xvi° siècle, que la maladie nouvelle commença à être confondue avec les affections vénériennes anciennes. Mais cette confusion « ne fut que l'œuvre de médecins qui, n'ayant pas assisté à la naissance du mal français, ne pouvaient faire une comparaison entre la pathologie vénérienne antérieure ou postérieure aux dernières années du siècle précédent. »

Donc, concluait Bassereau, l'histoire démontre l'indépendance absolue du chancre simple et du chancre syphilitique, l'un antérieur, bien antérieur au xv° siècle, l'autre n'ayant apparu que vers les dernières années de ce siècle.

Assurément les preuves d'ordre historique sont intéressantes et dignes de tout respect. Mais elles n'inspirent jamais qu'une demi-confiance, et l'on se tient sur la défensive vis-à-vis d'elles, parce que l'expérience a appris qu'elles sont parfois sujettes à caution. Il est si difficile, en effet, d'interpréter un vieux texte incomplet, incertain, obscur ; il est si facile de lui faire dire plus qu'il ne dit, par exemple. De cela nous avons, en l'espèce même, la preuve la plus démonstrative, voire la plus

piquante. Car, auteur d'une théorie précisément contraire à celle de Bassereau, le Dr Clerc, lui aussi, a trouvé ou cru trouver, dans l'histoire, des témoignages à l'appui de ses idées. Il avait besoin pour sa doctrine qu'à l'inverse de ce que disait Bassereau la syphilis ait précédé le chancre simple. Il invoqua de vieux textes pour le prouver. Si bien qu'un moment on assista au spectacle curieux de deux théories opposées faisant l'une et l'autre appel à l'histoire pour justifier leurs prétentions contradictoires.

Aussi bien, s'il s'en fût tenu à ce seul ordre de témoignages, Bassereau n'eût-il guère avancé la fortune du dualisme. Mais le clinicien fut plus heureux que l'érudit, comme vous allez le voir. Que fallait-il, logiquement, pour démontrer l'indépendance des deux chancres ? Il fallait établir que le chancre simple naît par contagion du chancre simple exclusivement et reproduit exclusivement, par contagion, le chancre simple. Il fallait de même établir que le chancre syphilitique dérive exclusivement par contagion du chancre syphilitique (ou de quelque autre manifestation syphilitique, peu importe) et reproduit exclusivement le chancre syphilitique. Il fallait établir en un mot qu'un croisement d'espèce est impossible du chancre syphilitique au chancre simple, et réciproquement. Cela établi, le dualisme était fondé.

Eh bien, c'est là ce qu'avec un grand sens clinique, ce qu'avec une rare perspicacité Bassereau eut le mérite de comprendre le premier. C'est dans cette voie qu'il dirigea ses recherches. Il se mit à étudier ce qu'il appela la « filiation », la généalogie de l'un et l'autre chancre, et à l'étudier par la méthode féconde qui, depuis lui, a rendu tant et tant de services à la syphiliographie, par la méthode dite des *Confrontations;* c'est-à-dire qu'il s'imposa la tâche suivante :

Étant donné un sujet affecté d'un chancre, bien déterminer, d'abord, la nature de ce chancre ; — examiner ensuite le sujet d'où provenait la contagion de ce chancre et noter avec non moins de soin sur ce second sujet la qualité de la lésion trouvée sur lui et ayant servi d'origine à la maladie du premier ; — puis, comparer l'accident transmis avec l'accident originel.

Or, écoutons Bassereau résumer lui-même les résultats de ses observations faites ainsi :

« Si l'on confronte les sujets qui ont été atteints de chancres suivis d'accidents constitutionnels avec les sujets qui leur ont transmis la contagion ou avec ceux auxquels ils l'ont transmise, on trouve que tous ces sujets sans exception ont été atteints de chancres et ensuite d'accidents constitutionnels. Jamais, chez eux, le chancre ne s'est borné à une action purement locale.

« D'autre part, si l'on confronte les sujets atteints de chancres qui n'ont déterminé aucun symptôme de syphilis générale avec les sujets qui les ont infectés, ou avec ceux qu'ils ont infectés, on voit ceux-ci sans exception être également atteints de chancres qui bornent leur action au point primitivement contaminé.

« Ainsi, jamais un chancre suivi d'accidents constitutionnels ne donne naissance à un chancre purement local ; — ni un chancre local ne peut communiquer par contagion un chancre qui sera suivi des symptômes universels de la syphilis ». C'est-à-dire, d'une façon plus abrégée :

Le chancre simple dérive du chancre simple et ne dérive jamais du chancre syphilitique.

Le chancre syphilitique dérive du chancre syphilitique et ne dérive jamais du chancre simple.

Grâce à ce critérium par excellence de la spécificité morbide, la transmissibilité en l'espèce, le chancre simple et le chancre syphilitique devenaient ainsi, sans contestation possible, deux espèces morbides nettement tranchées, et le dualisme était fondé.

Et de fait, à dater de ce moment, la doctrine dualiste fut démontrée pour tous les esprits impartiaux.

Et c'est pourquoi l'histoire dira, je crois, ceci : Deux hommes se partagent l'honneur d'avoir constitué la doctrine dualiste : Ricord et Bassereau. Ricord a conçu, préparé, presque créé le dualisme par la méthode clinique, par la différenciation clinique des deux chancres, qui est son œuvre propre et une de ses grandes œuvres ;

Bassereau, continuant les travaux de son maitre, a établi par la méthode des confrontations la différenciation des deux chancres au point de vue de leur transmissibilité, et démontré de la sorte leur indépendance nosologique ;

Et, de ces deux ordres de preuves réunis, associés, est sortie, triomphante, la doctrine de la dualité chancreuse, ou dualisme.

J'estime que discuter davantage sur la part qu'il convient d'attribuer à Ricord et à Bassereau dans l'œuvre collective qu'ils ont réalisée serait un ingrat et mesquin labeur. J'ai entendu Bassereau juger ainsi la question : « Mon maître Ricord, disait-il, est le père du dualisme, et moi je n'en suis que le parrain. » Si cette preuve dernière de modestie, de désintéressement scientifique n'a pas lieu de nous surprendre de l'homme qu'était Bassereau, donnant ainsi un touchant exemple de l'effacement volontaire de l'élève devant le maître, je crois, quant à moi, que la postérité reconnaissante rectifiera ce jugement et qu'elle accordera à ce savant si sympathique plus et beaucoup plus que la petite part d'honneur qu'il consentait à s'attribuer lui-même.

VI

Si, dès l'époque dont nous venons de parler, le triomphe définitif du dualisme était assuré, il s'en fallait toutefois, et de beaucoup, que cette doctrine eût conquis la faveur publique. Elle ne comptait encore qu'une petite phalange d'adeptes. Elle ne réussit guère à faire sa trouée dans le public médical qu'au cours des dix ou quinze années suivantes, et, cela, grâce à toute une série de mémoires, d'articles de journaux, de polémiques qui aboutirent à la vulgariser. Je n'ai pas à vous parler de cette partie de son histoire. Cependant, ce serait un grave oubli — dont je ne veux pas être coupable — que de ne pas signaler ici, à la place qui leur est due, les noms de deux médecins éminents qui, par leurs ouvrages, par leur enseignement, par les polémiques qu'ils ont ou provoquées ou soutenues, par les travaux qu'ils ont inspirés, à savoir : deux chefs de l'École lyonnaise, MM. Diday et Rollet.

Donc, la doctrine dualiste avait encore à faire justice pour s'affirmer, pour forcer les convictions, de certaines objections qu'on lui opposait et que d'habiles adversaires exploitaient contre elle.

1° C'est ainsi, tout d'abord, qu'on essayait de la battre en brèche avec la fameuse question du chancre céphalique, qui allait enfin recevoir sa solution.

Cette question préoccupait à ce point les esprits que plusieurs de nos confrères (Rollet, Bassereau, Hübbenet, Puche. Melchior Robert, etc.) se crurent autorisés (je ne juge pas, je raconte) à porter la lancette sur l'homme pour chercher à lui inoculer le chancre simple sur les téguments de la région céphalique. On se mit à inoculer le chancre simple sur la région mastoïdienne, au menton, sur les lèvres, etc... La thèse de Nadau des Islets, qui ne contenait pas moins de quatorze expériences de cet ordre, devint presque un événement à cette époque.

Que résulta-t-il de ces hardies expériences ? Deux notions formelles et précises. C'est, d'abord, que le chancre simple est susceptible de se laisser inoculer sur la face, c'est qu'il « y prend », comme on dit en langage technique ; — mais c'est ensuite qu'il « y prend mal », qu'il y végète misérablement pour se limiter et s'éteindre à brève échéance.

Ne relevons que le premier de ces résultats, qui seul ici nous intéresse. Vous en avez deviné déjà la portée considérable. Il faisait complète justice, en effet, de l'hérésie singulière d'après laquelle le chancre simple, transporté sur les téguments de la face et du crâne, se transformait là en chancre syphilitique sous la seule et inexplicable influence d'une « *réaction de terrain* ». Du coup, la grosse objection du chancre céphalique opposée à la doctrine dualiste avait vécu.

2° Mais, d'autres objections s'élevaient encore contre cette doctrine. C'est ainsi qu'on était loin d'accepter les résultats énoncés par Bassereau relativement à la transmission de chacun des chancres en son espèce.

Des observations contradictoires avaient paru en certain nombre. Or, comme l'esprit médical ne pouvait s'y tromper, comme chacun sentait bien que la bataille décisive devait se livrer sur cette question du mode suivant lequel se transmettaien les deux chancres, c'est en ce sens que le problèmet fut poursuivi, et alors commença ce qu'on pourrait appeler l'ère des confrontations. De tous côtés on s'occupa de comparer les accidents de contagion chancreuse avec ceux qui leur avaient servi d'origine. Ricord, Diday, Clerc, Cullerier, Puche, Rodet, Rollet, Musset, Dron et tant d'autres se lancèrent sur cette piste. On me permettra de rappeler qu'avec le concours de mon ami le Dʳ Caby j'apportai, à cette époque, mon contingent de recherches personnelles sur la question.

Or, quel fut le résultat de ce contrôle multiple imposé aux lois de Bassereau? D'un mot je puis le spécifier en disant que c'en fut la consécration éclatante.

Ainsi, à n'en citer que deux exemples, j'eus, pour ma seule part, l'heureuse chance de pouvoir rencontrer des faits comme ceux-ci :

Quatre hommes s'exposent à la contagion avec la même femme ; tous les quatre contractent des chancres simples.

Six hommes s'exposent à la contagion avec une même femme ; — tous les six contractent des chancres indurés.

D'autre part, M. Rollet, profitant de la réhabilitation d'une vérité longtemps méconnue, à savoir la contagiosité des accidents secondaires, établissait un système plus compréhensif de confrontations s'exerçant non plus seulement de chancre à chancre, mais de maladie à maladie et aboutissait à cette conclusion :

Que toujours de la syphilis dérive la syphilis, quelle que soit la forme d'accidents (chancre ou manifestations secondaires) d'où provienne la contagion ; — que toujours du chancre simple dérive le chancre simple.

La cause du dualisme semblait bien, cette fois, définitivement victorieuse.

Et cependant un point spécial retenait encore et devait retenir encore longtemps les esprits impartiaux, voire les mieux disposés en faveur de la doctrine nouvelle. Voici quel était ce point :

On avait vu plusieurs fois (des observations méritant toute confiance en témoignaient) des chancres syphilitiques dériver d'ulcérations à base molle, développées sur des sujets syphilitiques, ulcérations qu'on avait considérées comme des chancres simples. Et cette constatation avait conduit à poser la question suivante :

Est-ce que le chancre simple qui vient à se développer sur un sujet syphilitique reprend, par ce fait, sa qualité de chancre syphilitique, puisqu'il est susceptible de transmettre un chancre syphilitique?

Eh bien, cette dernière exception aux lois de Bassereau finit, elle aussi, par recevoir son explication naturelle.

On crut d'abord en trouver la raison dans une sorte de suraddition de contages, et, pour un temps, la théorie du chancre mixte, ingénieusement élaborée par Rollet, fut accueillie avec une pleine faveur. On disait ceci : « Il n'est rien d'étonnant à ce que le hasard, qui peut tout, réunisse les deux contages de la syphilis et du chancre simple à un même moment, sur un même individu et sur une même région. L'authenticité du fait a d'ailleurs été démontrée cliniquement et expérimentalement. D'autre part, il est logique que la lésion mixte ainsi constituée, qui contient le virus syphilitique et le virus du chancre simple, puisse transmettre, suivant le hasard des contagions et suivant des conditions variables ou ignorées, soit les deux virus à la fois, soit tel ou tel de ces deux virus isolément. Donc, il peut se faire que, d'une telle lésion, ayant toutes les apparenees du chancre simple, dérive une contamination syphilitique. »

Cette interprétation des faits pouvait au besoin se défendre. Il n'était pas à nier que tout cela fût possible. Il n'est d'ailleurs pas à le nier davantage aujourd'hui, bien qu'il s'agisse là, comme on le sait, de raretés pathologiques.

Mais une explication autrement satisfaisante put être donnée de ces faits le jour où l'on sut enfin reconnaitre une lésion jusqu'alors méconnue comme nature : la *syphilide ulcéreuse chancriforme*.

Ce serait, certes, excéder les limites de mon sujet que de vous décrire ici ce curieux type morbide. Laissez-moi cependant vous rappeler en quelques mots ce en quoi il consiste, pour l'intelligence de ce qui va suivre.

La syphilis, dans son étape secondaire ou même tertiaire, détermine quelquefois des manifestations, dont la caractéristique est de se localiser sur les organes génitaux, à la façon d'accidents de contamination vénérienne, et dont la différenciation diagnostique est éminemment sujette à erreur en raison même de cette localisation génitale.

Ces manifestations se présentent sous deux formes : tantôt ce sont des ulcérations, des entamures du derme cutané ou muqueux, doublées d'une base dure; et, dans cette forme, elles rappellent d'aspect le chancre syphilitique; elles le simulent même parfois d'une façon tout à fait surprenante. C'est là ce que, de vieille date déjà, j'ai décrit sous le nom de pseudo-chancre de récidive des sujets syphilitiques. Ce type, qui a fait croire quelquefois à des réinfections syphilitiques, à des véroles doublées, n'est pas en cause pour l'instant; je ne fais que le signaler au passage.

Tantôt — et c'est là le point qui nous intéresse — plus étendues de surface et molles de base, creuses, à bords entaillés, voire découpés à pic, à fond jaunâtre et chancriforme, ces ulcérations prennent la physionomie du chancre simple, d'autant qu'assez souvent elles sont plus ou moins multiples. Et elles revêtent, de par l'ensemble de leurs caractères objectifs, l'aspect du chancre simple, à ce point qu'en bon nombre de cas il est impossible de les différencier du chancre simple autrement que par les données expérimentales de l'auto-inoculation.

Eh bien, il n'est pas douteux aujourd'hui que cette syphilide ulcéreuse chancriforme, confondue jadis avec le chancre simple, n'ait été l'origine des exceptions opposées aux lois de Bassereau. On avait vu, disait-on, le chancre simple transmettre la syphilis, mais alors seulement qu'il était développé sur des sujets syphilitiques. Oui, sans doute, on avait vu cela, parce qu'on avait pris pour des chancres simples des lésions de syphilide ulcéreuse chancriforme, lesquelles, en leur qualité de lésions syphilitiques, ne pouvaient que transmettre la syphilis. Et on avait pris ces syphilides ulcéreuses pour des chancres simples parce qu'on ne connaissait pas encore la syphilide ulcéreuse chancriforme, parce qu'on ne savait pas la distinguer du chancre simple.

Ainsi tombait la dernière objection qui tenait en échec la doctrine de Bassereau.

Au total, donc, la doctrine dualiste, après avoir réfuté tous les arguments qu'on lui avait opposés, après avoir produit toutes les preuves qu'on exigeait d'elle, est définitivement maîtresse du terrain. On peut dire que, parmi nous, dans le public parisien et même français, elle est agréée de tous. J'en atteste tous vos livres classiques contemporains ; — j'en atteste tous mes collègues de cet hôpital et des hôpitaux spéciaux ; — j'en atteste mes confrères de la ville. Quel médecin aujourd'hui oserait prescrire le mercure contre le chancre

simple ? Quel médecin pronostiquerait la vérole à la suite du chancre simple?

Le dualisme a donc été une véritable révolution dans le domaine de la vénéréologie.

Et n'allez pas vous méprendre sur l'importance scientifique et pratique de ce grand événement.

Scientifiquement, d'abord, le dualisme a été la substitution d'une vérité à une erreur qui s'abritait derrière la consécration de plus de trois siècles et demi.

Pratiquement, et au point de vue des malades, le dualisme a abouti à ceci :

Épargner le traitement mercuriel à toute une nombreuse catégorie de patients qui n'en avaient nul besoin ;

Épargner au même nombre de malades les affres, la terreur de la vérole.

Est-il, je vous le demande, beaucoup de découvertes scientifiques qui aient réalisé d'aussi bienfaisants résultats?

Terminerai-je en vous disant que le dualisme a fait partout sa trouée et s'est accrédité en tous pays comme dans le nôtre? Malheureusement non. Certes, dans tous les milieux scientifiques de l'un et l'autre continent il compte de très nombreux partisans ; certes, il constitue partout la doctrine dominante ; mais la vérité m'oblige à convenir qu'il lui reste encore un certain nombre d'adversaires. A ne citer qu'un exemple, n'avons-nous pas vu récemment un éminent collègue d'Allemagne professer que « le chancre mou, s'il reste généralement une maladie locale, n'en aboutit pas moins assez souvent à la syphilis constitutionnelle ; — que le chancre mou se transforme parfois en papule syphilitique; — que, dans certaines conditions, le chancre syphilitique produit par inoculation des chancres inoculables en série, correspondant à des chancres mous, etc. » ; — toutes erreurs qui, cent fois réfutées, ne sont même plus agitées parmi nous? Oui, quelques médecins étrangers en sont encore là !

Eh bien, qu'est-ce que cela prouve? C'est que le progrès a marché plus vite parmi nous que sous d'autres cieux ; c'est que les pays où l'on discute encore sur de telles questions n'ont pas eu le bonheur qu'a eu le nôtre de donner le jour à deux hommes d'élite, tels que Ricord et Bassereau, qui ont su discerner une grande vérité scientifique et qui, de plus, ont eu le mérite de l'enseigner, de la prêcher, de lutter pour elle et de l'imposer à leurs concitoyens. Honneur donc et trois fois honneur à ces deux hommes à qui nous devons cette grande conquête de l'art !

D' Alfred Fournier,
Professeur de clinique des maladies syphilitiques et cutanées
à l'hôpital Saint-Louis.

ÉTUDE EXPÉRIMENTALE DES SOLUTIONS SATURÉES

Les corps solides, mis en présence d'un liquide, ont la propriété de perdre leur forme, de disparaître en quelque sorte dans le liquide pour faire un tout parfaitement homogène, qui est une *solution*. Tel est le cas du sucre dans l'eau. Tout d'abord on n'a prêté aucune attention à ce phénomène, qui paraît très simple, très monotone, et ne donne lieu à aucune manifestation visible pouvant servir de point d'appui à une théorie. Tous les corps chan-

sans cesser d'être étendues. Sur la gamme arbitraire des solutions qu'on peut ainsi préparer il a été fait d'importants travaux au point de vue de la tension de vapeur (Raoult), du point de congélation (Raoult) et de la pression osmotique qu'elles peuvent développer dans des appareils convenables (Pfeffer, Van'tHoff). Les lecteurs de la *Revue* connaissent déjà les travaux dont ont été l'objet depuis quelques années, ces solutions étendues [1].

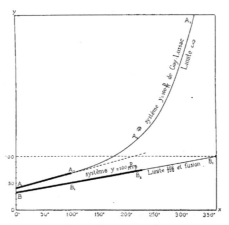

Fig. 1. — Comparaison des deux systèmes de représentation des solutions.

gent d'état, se dissolvent ostensiblement de la même façon. Mais la science actuelle cherche à saisir les plus minutieux détails de ces actions très banales qui, par cela même, traduisent une manière d'être générale de la matière. L'observation visuelle ne révélant aucune particularité pendant l'acte de la dissolution d'innombrables couples *solide-liquide*, on est amené à faire des mesures de solubilité aussi exactes que possible.

Quand dans une grande masse d'eau on ne met qu'une quantité de sel très inférieure à la quantité que le liquide pouvait dissoudre, la solution est dite *étendue*; ces solutions peuvent ne contenir que $0^{gr},001$ de substance par litre de dissolvant; elles peuvent contenir, selon les cas, 10 grammes, 100 grammes, 500 grammes. etc... de sel par litre,

Nous étudierons aujourd'hui d'une façon exclusive les solutions saturées.

I

Pour chaque couple solide-liquide et pour une température déterminée, on arrive toujours à trouver un poids de solide — petit ou grand — qu'on ne saurait dépasser; la liqueur, contenant aussi bien 1 gramme que 500 grammes par litre, est alors dite *saturée*. Toute quantité supplémentaire de

[1] Voyez à ce sujet A. Etard : La constitution des solutions étendues et la pression osmotique, *Revue générale des Sciences* du 15 avril 1890, t. I. p. 193; — et G. Charpy : Les théories régnantes sur la constitution des solutions salines, *Revue générale des Sciences* du 15 octobre 1891, t. II, p. 642.

et les mémoires expriment le rapport $\frac{p}{\pi}$ du poids
p de sel au poids π du dissolvant : elles donnent la
quantité de sel dissoute par *cent parties d'eau*.

Les représentations graphiques ont dans ce cas
l'inconvénient de se rapporter à une quantité arbitrairement choisie, — *cent parties d'eau* —, et de
donner lieu à des branches courbes infinies; par
conséquent impossibles à comparer graphiquement.

Dès le début des recherches que j'ai entreprises
en 1883 sur la solubilité, je me suis préoccupé de
trouver une représentation plus simple, et je pense
y être arrivé en portant graphiquement en abscisses les températures,et en ordonnées la quantité p de sel qui existe
dans l'unité de poids de la solution saturée $p + \pi$.
L'expérience montre que ce choix de variables
amène une grande simplification des *courbes* :
celles-ci se trouvent transformées en des *droites*

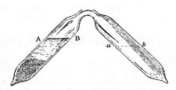

Fig. 2. — Tube à deux branches pour l'étude des solutions
saturées à température élevée.

lubilité dans des intervalles de température aussi
grands que possible. Dès le mois d'avril 1884, j'ai
publié les résultats généraux d'un travail entrepris sur les solubilités à températures élevées et
portant sur trente sels halogènes [1]. Cette même
année Tilden et Shenstone firent des expériences
analogues pour quelques sels et montrèrent que

100°   200°   300°

) −10 0° 10 20 30 40 50 60 70 80 90 100. 10 20 30 40 50 60 70 80 90 200° 10 20 30 40 50 60 70 80 90 300° 10 20 30 40 50 60

Fig. 3. — Solubilité limite au point de fusion de quelques azotates et chlorates.

de solubilité. De plus, comme on représente la
quantité de sel contenue dans *cent parties de solution saturée*, à mesure que la quantité de sel croît,
celle de l'eau diminue ; à la limite il n'y a plus
que du sel insoluble ou fondu, de sorte que toute

la solubilité de l'acide benzoïque peut être infinie,
c'est-à-dire atteindre le point de fusion [2].

[1] A. ETARD, *Comptes rendus*, t. XCVIII, p. 1276; t. XCVIII,
p. 1432.
[2] TILDEN et SHENSTONE, *Philosophical Magazine*, 1884.

ÉTUDE EXPÉRIMENTALE DES SOLUTIONS SATURÉES

Les corps solides, mis en présence d'un liquide, ont la propriété de perdre leur forme, de disparaître en quelque sorte dans le liquide pour faire un tout parfaitement homogène, qui est une *solution*. Tel est le cas du sucre dans l'eau. Tout d'abord on n'a prêté aucune attention à ce phénomène, qui paraît très simple, très monotone, et ne donne lieu à aucune manifestation visible pouvant servir de point d'appui à une théorie. Tous les corps chan-

sans cesser d'être étendues. Sur la gamme arbitraire des solutions qu'on peut ainsi préparer il a été fait d'importants travaux au point de vue de la tension de vapeur (Raoult), du point de congélation (Raoult) et de la pression osmotique qu'elles peuvent développer dans des appareils convenables (Pfeffer, Van'tHoff). Les lecteurs de la *Revue* connaissant déjà les travaux dont ont été l'objet depuis quelques années, ces solutions étendues [1].

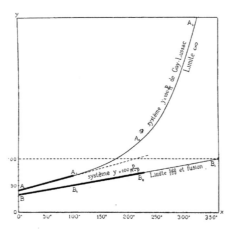

Fig. 1. — Comparaison des deux systèmes de représentation des solutions.

gent d'état, se dissolvent ostensiblement de la même façon. Mais la science actuelle cherche à saisir les plus minutieux détails de ces actions très banales qui, par cela même, traduisent une manière d'être générale de la matière. L'observation visuelle ne révélant aucune particularité pendant l'acte de la dissolution d'innombrables couples *solide-liquide*, on est amené à faire des mesures de solubilité aussi exactes que possible.

Quand dans une grande masse d'eau on ne met qu'une quantité de sel très inférieure à la quantité que le liquide pouvait dissoudre, la solution est dite *étendue*; ces solutions peuvent ne contenir que $0^{gr},001$ de substance par litre de dissolvant; elles peuvent contenir, selon les cas, 10 grammes, 100 grammes, 500 grammes. etc... de sel par litre,

Nous étudierons aujourd'hui d'une façon exclusiv\` les solutions saturées.

1

Pour chaque couple solide-liquide et pour un\` température déterminée, on arrive toujours \` trouver un poids de solide — petit ou grand — qu'on ne saurait dépasser; la liqueur, contenan\` aussi bien 1 gramme que 500 grammes par litre, es\` alors dite *saturée*. Toute quantité supplémentaire d\`

[1] Voyez à ce sujet A. Etard : La constitution des solution\` étendues et la pression osmotique, *Revue générale de Sciences* du 15 avril 1890, t. I. p. 193; — et G. CHARPY Les théories régnantes sur la constitution des solutions sa\` lines, *Revue générale des Sciences* du 15 octobre 1891, t. I\` p. 642.

matière refusera de se dissoudre et restera inerte au fond du vase. Cette quantité d'un sel, par exemple, qui, pour une température donnée et un dissolvant donné, amène la saturation, est une des valeurs les mieux définies. que comportent les solutions. Ce n'est pas, comme pour la solution étendue, un mélange qu'on fait arbitrairement : c'est un *équilibre* stable qui s'établit de lui-même.

Depuis Gay-Lussac, on détermine avec soin les coefficients de saturation des sels pour les exprimer graphiquement, puis de la comparaison des *courbes de solubilité* ainsi obtenues on s'efforce de tirer des conclusions générales sur la nature intime du phénomène, sur l'état des sels dans les solutions, etc...

Les courbes de solubilité publiées dans les livres et les mémoires expriment le rapport $\frac{p}{\pi}$ du poids p de sel au poids π du dissolvant : elles donnent la quantité de sel dissoute par *cent parties d'eau*.

Les représentations graphiques ont dans ce cas l'inconvénient de se rapporter à une quantité arbitrairement choisie, — *cent parties d'eau* —, et de donner lieu à des branches courbes infinies, par conséquent impossibles à comparer graphiquement.

Dès le début des recherches que j'ai entreprises en 1883 sur la solubilité, je me suis préoccupé de trouver une représentation plus simple, et je pense y être arrivé en portant en abscisses les températures, et en ordonnées la quantité p de sel qui existe dans l'unité de poids de la solution saturée $p + \pi$. L'expérience montre que ce choix de variables amène une grande simplification des *courbes* : celles-ci se trouvent transformées en des *doites*

la droite de solubilité peut être contenue dans le cadre du graphique. La figure théorique ci-jointe (fig. 1) permet de voir comment, alors qu'on ne déterminait les solubilités que dans un intervalle très restreint de température, une portion AA_1 de la courbe limite à l'infini pouvait paraître droite. Les expériences poussées jusqu'en A_2 révèlent déjà une courbure, tandis que dans le système $\frac{p}{p+\pi}$ les points B, B_1, B_2 et le point limite B_3 restent en ligne droite et sont contenus tout entiers dans le dessin.

En même temps qu'une simplification rendant les lignes de solubilité comparables, il était indispensable d'obtenir pour un grand nombre de couples *sel-dissolvant* une série de coefficients de so-

Fig. 2. — Tube à deux branches pour l'étude des solutions saturées à température élevée.

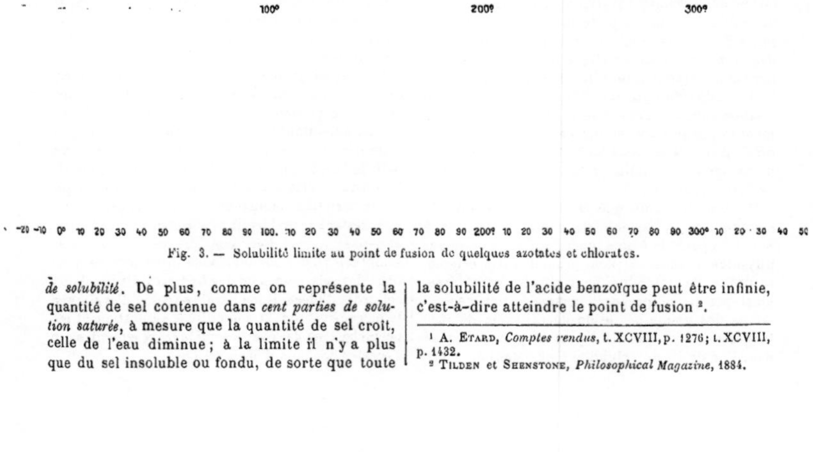

lubilité dans des intervalles de température aussi grands que possible. Dès le mois d'avril 1884, j'ai publié les résultats généraux d'un travail entrepris sur les solubilités à températures élevées et portant sur trente sels halogènes [1]. Cette même année Tilden et Shenstone firent des expériences analogues pour quelques sels et montrèrent que

100° 200° 300°

-20 -10 0° 10 20 30 40 50 60 70 80 90 100. 70 20 30 40 50 60 70 80 90 200° 10 20 30 40 50 60 70 80 90 300° 10 20 30 40 50

Fig. 3. — Solubilité limite au point de fusion de quelques azotates et chlorates.

de solubilité. De plus, comme on représente la quantité de sel contenue dans *cent parties de solution saturée*, à mesure que la quantité de sel croit, celle de l'eau diminue ; à la limite il n'y a plus que du sel insoluble ou fondu, de sorte que toute

la solubilité de l'acide benzoïque peut être infinie, c'est-à-dire atteindre le point de fusion [2].

[1] A. ÉTARD, *Comptes rendus*, t. XCVIII, p. 1276 ; t. XCVIII, p. 1432.
[2] TILDEN et SHENSTONE, *Philosophical Magazine*, 1884.

Il est commode de faire les solutions à haute température dans une sorte de tube de Faraday étranglé par le milieu (fig 2) et chauffé au bain d'huile. Quand l'équilibre est atteint, on décante de la branche AB, où était le mélange, dans la branche vide *ab* dont le contenu sera ultérieurement analysé.

Ces détails connus, il convient de résumer les faits intéressants qui sont relatifs aux droites de solubilité.

II

Un cas très simple parmi ceux que les sels présentent est fourni par la solubilité de l'azotate de baryum dans l'eau.

Le mélange de sel et d'eau, pris à partir du point de congélation des mélanges, situé dans ce cas à *zéro*, constitue le *point d'origine*. A partir de là, la solubilité croit sans interruption proportionnellement à la température : il se produit une droite

nuité avec le point de fusion, qui représente la *molécule même*, il parait inadmissible que, dans le trajet de cette droite, le sel en solution soit dissocié en *ions*, comme on le suppose pour les solutions étendues.

Il m'a été possible de signaler un autre cas de solubilité très simple : c'est celui d'une droite parallèle à l'axe des températures ou *droite de solubilité constante*, qu'on observe particulièrement bien sur le bichlorure de mercure dissous dans l'acétate d'éthyle (fig. 8). Il semble douteux que de telles droites se prolongent indéfiniment : il est probable qu'au delà d'un certain point elles changent de direction pour rentrer, par exemple, dans le cas précédent. Ce phénomène d'équilibre solutif stable, qui s'observe sur quelques couples *solide-liquide*, ne semble pouvoir s'expliquer autrement que par un acte de combinaison : en fait, on

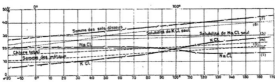

Fig. 4. — Solution saturée simultanément par rapport à deux sels, KCl + NaCl.

de solubilité. Cette droite, par suite de difficultés matérielles, n'a été déterminée que jusqu'à 220°. Mais si on la prolonge, sa direction est telle qu'elle atteindrait l'ordonnée limite $\frac{100}{100}$ de sel à 506°. Or j'ai pu établir, — au moyen d'une détermination spéciale, faite par voie physique et indépendamment de la solubilité, — que 506° est le point de fusion de l'azotate barytique. La portion de la ligne de solubilité comprise entre la limite des essais à 220° et le point de fusion, n'est donc pas, dans ces conditions, une ligne incertaine, obtenue par simple extrapolation. Il y a une relation entre la droite de solubilité et le point de fusion, et cette relation subsiste alors même qu'il est physiquement impossible d'atteindre ce point. On peut appeler *droite de solubilité limite* le dernier segment d'une ligne de solubilité, celui qui se rend au point de fusion ignée (fig. 3.)

Il serait désirable que la coutume s'établit de compter les coefficients de solubilité saturée à partir du point de fusion ignée, qui est une valeur physique précise. Si l'on prenait cette origine, la droite de solubilité pourrait être considérée, ainsi que je l'ai proposé, comme le lieu géométrique des points de fusion décroissants de mélanges de sel et d'eau de plus en plus riches en eau. Une droite de solubilité *limite* étant en conti-

trouve dans ces circonstances des rapports moléculaires simples entre le solvant et le corps dissous.

Les lignes de solubilité ne sont pas toujours aussi simples que celles qui viennent d'être décrites ; elles peuvent présenter des points anguleux ou des raccords courbes plus ou moins étendus.(Fig. 3, ClO³K, Az²O Ag.)

Lorsqu'il s'agit de sels hydratés incolores, il n'est pas possible, dans l'état actuel de nos connaissances, de savoir ce qui est contenu dans la dissolution saturée.

A compter du point de congélation, une partie du sel serait-elle dissociée en *ions*, comme bien des savants le pensent pour les solutions étendues ? Ou, en admettant les *ions*, en solution étendue, la saturation ne marquerait-elle pas une limite au delà de laquelle ils ne se séparent plus ? Sans aller jusqu'à cette dissociation profonde en *ions*, qui laisse hésitants ou incrédules bien des esprits, on peut rester sur un terrain expérimental plus ferme, et penser, avec M. Berthelot, que les solutions sont semblables à des combinaisons dissociées en donnant des sels acides ou des hydrates divers. Dans cet ordre d'idées, il me parait possible d'expliquer le mécanisme de la solubilité à saturation et les perturbations des courbes qui la représentent, sans s'écarter des faits d'observation.

Je choisirai, comme exemple, ce qui se passe dans le cas des sels de cobalt et de strontium et dans celui des sulfates. Le chlorure de cobalt $CoCl^2$, $6H^2O$ est rose ; sa solution saturée la plus voisine du point de congélation à — 22°, est rose également. Le plus simple est d'admettre que cette solution rose contient uniquement les molécules roses $CoCl^2$, $6H^2O$, qu'on y a mises. Mais il se peut qu'au sein du dissolvant il existe plusieurs hydrates plus hydratés que ceux connus dans l'air : leur *mélange* pourrait donner lieu cependant à une *droite* de solubilité tout aussi régulière que celle que j'ai observée dans le cas d'un mélange évident : celui qui est saturé en présence d'un excès des sels $KCl + NaCl$ [1] (fig. 4.)

De ce fait qu'une ligne de solubilité, calculée *arbi-*

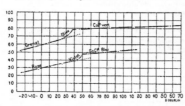

Fig. 5. — Solutions saturées d'hydrates salins de Cobalt.

trairement en sel anhydre, est parfaitement régulière, on ne saurait conclure, d'après cet exemple, que le milieu est simple : il peut s'y faire des dissociations continues d'hydrates, apportant ou n'apportant pas de trouble dans la régularité du phénomène.

Revenons pour plus de clarté à la solution de $CoCl^2$, $6H^2O$ saturée à — 22°. Si la température s'élève, le système se déshydrate : il s'enrichit en sel

tionnellement à la température. Elle est représentée par une droite (fig. 5, rose).

Mais il arrive un moment où la chaleur dissocie non seulement le système solutif, mais un certain nombre des molécules $CoCl^2 6H^2O$ elles-mêmes : il se fait ainsi un hydrate bleu $CoCl^2$, H^2O, connu dans l'air. Admettons même que ce soit une solution bleue d'ordre quelconque. A partir de cet instant la solubilité de l'hydrate rose se poursuit selon sa loi propre, mais la matière bleue se dissout pareillement ; les deux quantités, par superposition, causent une perturbation rapide. Les deux couleurs, le rose et le bleu, se superposent aussi et le liquide devient de plus en plus violet; en même temps la courbe de perturbation s'accentue. Mais, pour une certaine température atteinte, aucune molécule rose ne pourra subsister : la matière bleue donnera seule sa couleur au liquide, qui passera alors de la gamme des violets de plus en plus bleus au bleu pur.

Les mêmes actions se reproduisent pour le nouveau système bleu qu'une droite ascendante représente.

L'iodure de cobalt, lui aussi, est rongé à froid ; il devient d'une teinte olive tournant au vert pendant la perturbation que subit sa droite primitive (fig. 5); puis, c'est encore une droite qui caractérise la solution du *sel vert* $CoI^2 4H^2O$ *susceptible d'être isolé sur place et analysé.*

Le chlorure de strontium permet de faire des observations analogues : à la température qui correspond au point anguleux de sa ligne de solubilité on voit, coexister dans le liquide, des aiguilles ($SrCl^2 6H^2O$). et des lamelles ($SrCl^2 2H^2O$). (fig. 6).

Dans toutes ces actions, lorsque la dissociation

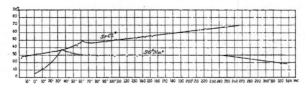

[Fig. 6. — Eau saturée de sulfate de soude et de chlorure de strontium.

par perte d'eau; mais l'eau mise en liberté peut être *réemployée* pour former avec le sel placé en excès dans le vase une solution au titre qui correspond au nouvel équilibre. La même fraction d'eau est libérée pour chaque degré, et par ce mécanisme la solubilité du sel rose croît propor-

est lente, on a des courbes de raccordement de formes diverses. Lorsqu'elle est à peu près instantanée ou qu'elle correspond à la fusion d'un hydrate, on observe un point anguleux.

Cette même hypothèse de la dissociation, de la mise en liberté d'eau aux dépens du système dissous, peut s'appliquer au cas des solubilités décroissantes.

[1] Etard C. R. t. 109 p. 741.

Le sulfate de soude SO^4Na^2, $10HO^2$ (fig. 6) possède une branche courbe de solubilité ascendante bien connue, et l'on sait que ce sel ne contracte avec l'eau qu'une combinaison précaire, facile à effleurir. Malgré cela, dans cette partie de la courbe, l'eau libérée est *réemployée*, la solubilité croît jusqu'à 33°. Après cette période, la combinaison solide SO^4Na^2, $10H^2O$ cesse d'exister; on ne peut séparer du vase aux solutions que du sulfate anhydre SO^4Na^2. Au delà de 33° l'eau tient-elle en réalité du sel *anhydre en solution* ou bien des hydrates? Ce qui est certain, c'est que de l'eau et du sulfate de soude se trouvent dans une sorte d'équilibre indifférent en présence d'une quantité quelconque de sulfate anhydre sous-jacent.

Au sein de la dissolution l'eau et le sel sont entre eux comme SO^4Na^2 est à $16H^2O$. Entre 70° et 240° l'action de la chaleur ne rompt pas l'équilibre : l'eau libérée ne pourrait, sans doute, reprendre plus de sel qu'elle n'en a abandonné. Au-dessus de 240° la chaleur dissocie le système sans que l'eau puisse se recombiner; on pourrait dire que le

Au delà de la température de 240° la droite de ce sulfate cesse d'être sensiblement constante ; mais elle ne se relève pas, comme semblaient l'indiquer les travaux de Tilden et Shenstone. C'est à partir de ce point au contraire que s'établit la véritable chute de solubilité du sulfate de soude. La décroissance de solubilité qui se fait autour de 33° est sans doute un acte de perturbation passagère entre deux états de régime (fig. 6). A partir de 240°, la solubilité du sulfate de soude, comme celle des autres sulfates, tend donc rapidement vers le *point nul.*

III

J'ai cru pouvoir expliquer plus haut par un même mécanisme toutes les particularités des droites de solubilité saturée : croissance, décroissance, constance, point infini, point nul et perturbations. Mais au delà de cette explication, en allant plus loin dans la recherche des causes, on peut se demander pourquoi les sulfates libèrent ainsi à chaud l'eau qu'ils pouvaient retenir à froid. M. Le Châtelier a publié le premier une formule relative aux

Fig. 7. — Solubilité des sulfates. Points de solubilité nulle.

sulfate de soude *s'effleurit* dans l'eau comme dans l'air (fig. 6).

A chaque température la quantité d'eau libérée s'accroît et demeure libre; le sulfate se dépose pour ne se redissoudre que si la température diminue quelque peu. A la limite il y aurait dans le tube à expérience du *sulfate de sodium anhydre devenu insoluble dans l'eau pure.*

Il n'est pas possible, pour le sulfate de soude, de · pousser les choses jusqu'à obtenir en fait de l'eau pure, par suite de la pression développée et de l'altération des tubes en verre ; mais j'ai nettement démontré que, pour d'autres sulfates très solubles, tels que SO^4Mn il existe un *point de solubilité nulle.* Dans ce cas on peut séparer, par décantation de l'eau, du sel non altéré dans sa composition chimique.

Tous les sulfates sur lesquels il m'a été possible d'expérimenter présentent le phénomène de la solubilité décroissante et tous atteindraient sans doute le *point nul*, si les mesures pouvaient être poussées assez loin. Seules les solubilités des sulfates de potassium et de sodium paraissent, à première vue, contredire cette dernière assertion. Cela m'a engagé à pousser aussi loin que possible l'étude du sulfate sodique.

courbes de solubilité saturée, dans laquelle figure la chaleur de dissolution des sels. Selon que cette chaleur latente est positive ou négative, la solubilité pourrait croître ou devrait diminuer. Depuis, M. Roozeboom, par une formule un peu différente déduite des principes de M. Van der Waals, est arrivé aux mêmes conclusions, de sorte que la relation paraît bien acquise, malgré le petit nombre des vérifications expérimentales.

Il n'y a aucune contradiction entre l'interprétation proposée ci-dessus et les formules thermiques ;· aussi y a-t-il lieu de continuer à chercher, dans la nature des sels déposés des solutions qui décroissent à chaud, quelques renseignements nouveaux. Dans cette voie, on remarque d'abord qu'en dehors des sulfates les autres acides bibasiques ou polybasiques donnent des résultats analogues : tel est le cas des sulfites, succinates, carbonates, malonates, pyrophosphates, etc... de divers métaux. Les bases diacides, comme la chaux, sont moins solubles à chaud qu'à froid, et elles paraissent transporter cette propriété dans les sels qu'elles forment avec des acides monobasiques faibles tels que l'acide butyrique.

La diminution de l'affinité pour l'eau, aussi bien que le changement de signe de la chaleur de dissolution, peut s'expliquer, dans ces cas d'associations polyatomiques, par des saturations internes. Ce n'est pas là une simple hypothèse, car l'examen des sels déposés leur assigne des propriétés particulières. On sait combien le sulfate de manganèse, même anhydre, est rapidement soluble à froid; précipité de ses solutions à 150°, il a l'aspect d'une porcelaine rose; sa composition est alors $SO^4Mn\ 2H^2O$, et même pulvérisé il reste pendant

sium, n'en forme pas un avec lui-même. On aurait ainsi dans la notation d'Erlenmeyer un bisulfate donnant lieu à la réaction de condensation suivante :

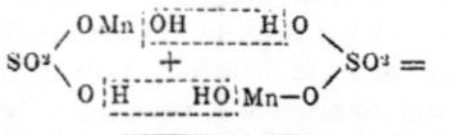

$$SO^2 \begin{array}{c} O\,Mn\ |\,\overline{OH}\quad H\,|O \\ +\ \\ O\,|\overline{H}\quad HO\,|Mn-O \end{array} SO^2 =$$

2 molécules de sulfate simple

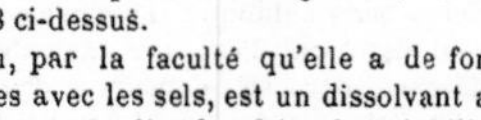

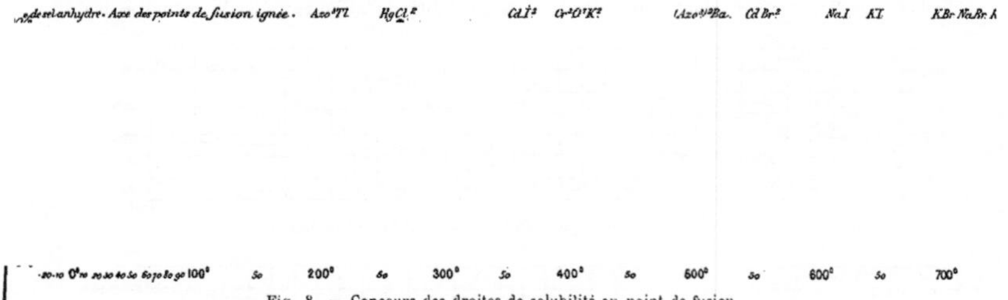

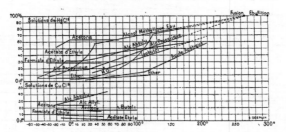

Fig. 8. — Concours des droites de solubilité au point de fusion.

Fig. 9. — Solution des bichlorures de mercure et de cuivre dans les liquides autres que l'eau.

des heures insoluble dans l'eau; il en est de même pour le sulfate zincique. Par dissolution et évaporation sulfurique on peut préparer un sulfate de cobalt cristallisé anhydre, dont la poussière met *plusieurs jours* à se dissoudre. De telles matières sont complètement *insolubles ;* ce n'est qu'en s'hydratant par leur surface externe qu'elles reprennent leur forme première et redeviennent dès lors solubles. Une pareille transformation exige souvent un temps fort long.

Pour les sulfates de la série magnésienne, Erlenmeyer a proposé jadis une formule de saturation qui explique aisément la formation des sels doubles de cette série et des bisulfates. Il n'y a pas de raison particulière pour que le sulfate manganeux, qui forme un sel double avec le sulfate de potas-

$$= SO^2 \begin{array}{c} O-Mn-O \\ O-Mn-O \end{array} SO^2 + 2H^2O$$

Une molécule de sulfate double

D'autres modes de polymérisation ou de déshydratation peuvent également bien être invoqués; mais, dans une même série de sels, ce mode restera semblable, et il est aisé de prévoir qu'il y aura une grande analogie entre les lignes de solubilité de corps appartenant à une même série. On peut s'en assurer à l'inspection des figures 3, 5, 7 et de la figure 8 ci-dessus.

L'eau, par la faculté qu'elle a de former des hydrates avec les sels, est un dissolvant assez mal choisi pour étudier les faits de solubilité : il les complique. Mais en réalité les autres dissolvants ne dissolvent certains corps que parce qu'ils ont aussi une action sur eux et peuvent même s'y combiner.

Ainsi, les alcools dissoudront les acides organiques divers ; mais la ligne de solubilité ne sera pas très simple, car la dissolution s'accompagne de plus ou moins d'éthérification. Le triphénylméthane se dissout dans la benzine, mais il forme avec elle une combinaison qui complique le fait élémentaire. Il ne faut donc s'attendre que très exceptionnellement à obtenir, avec les couples organiques, des lignes de solubilité plus simples

ture, les figures graphiques obtenues sont souvent compliquées et on n'arrive pas à en prévoir la disposition.

Les expériences déjà anciennes de Rudorf, dans lesquelles la distribution de deux sels dans un dissolvant, n'est donnée que pour un point de température, ne permettent pas de prendre la moindre idée du phénomène. D'après la solubilité particulière de deux sels dans l'eau en fonction de la température, on se croit souvent autorisé à prévoir la solubilité du mélange ; c'est là ce qui a lieu

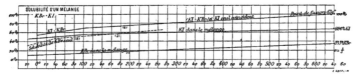

Fig. 10. — Solubilité d'un mélange de bromure et d'iodure de potassium.

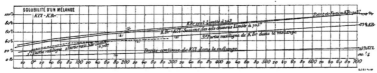

Fig. 11. — Solubilité d'un mélange de bromure et de chlorure de potassium.

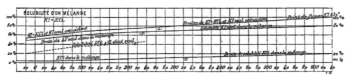

Fig. 12. — Solubilité d'un mélange d'iodure et de chlorure de potassium.

qu'avec l'eau. En général, ce qui a été observé pour l'eau dissolvant les sels reste vrai pour d'autres couples solutifs. On a encore des droites et des perturbations courbes, des limites à la fusion, etc. et les cas cités pour l'eau se reproduisent (fig. 9).

IV

Nous venons de voir qu'un système de deux corps — dissolvant et corps dissous — conduit à des graphiques simples, toujours de même aspect dans une même série chimique. Lorsqu'en présence d'un seul dissolvant, l'eau, par exemple, on met en grand excès deux sels dépourvus d'action l'un sur l'autre, tels que deux azotates ou deux chlorures alcalins, et qu'on fait varier la tempéra-

notamment dans l'exposition classique de la préparation du salpêtre par conversion. L'expérimentation directe montre que cette manière de faire conduit aux conséquences les plus erronées.

En étudiant l'action des courants, on a pu faire, en électricité, des découvertes remarquables : c'est en opposant la lumière à la lumière que les interférences ont été découvertes, la polarisation analysée et la théorie générale de l'Optique, établie. De même, la solubilité seule peut voir et agir dans les questions de solubilité. Notre savoir, en ce qui concerne les corps dissous, ne pourra s'accroître que par un examen attentif de l'action des solutions sur les solutions, c'est-à-dire des solutions mixtes.

La détermination des droites de solubilité simple est d'un intérêt relativement moindre, car, en chimie, l'étude des cas très simples, des équilibres très stables, nous apprend peu : un travail acharné sur l'action réciproque du chlore et du potassium resterait sans doute toujours stérile; la chloruration de la benzine, par sa complexité même, nous a beaucoup appris.

L'étude de l'action des solutions sur les solutions est toute à faire. C'est là une voie nouvelle où il y a beaucoup à découvrir, car il existe certainement une physico-chimie des solutions, dont les réactions se développent entre les hydrates et l'eau. Il se fait ainsi, sans aucune intervention des sels eux-mêmes, des doubles décompositions entre solutions, n'ayant d'autre objet que des échanges d'eau. C'est ainsi que les solutions de sulfate double de nickel et d'ammonium sont précipitées *analytiquement* par une solution saturée de sulfate ammo-

nique. Le chlorure de baryum, BaCl² 2H²O, dissous dans l'eau, est précipité quantitativement, sous ce même état, par un excès de solution saturée de CaCl²., 6H²O, qui ne peut avoir d'action chimique et agit visiblement en s'étendant aux dépens de l'autre solution, jusqu'à laisser sans eau l'hydrate BaCl², 2H²O. Tel est encore, entre beaucoup d'autres, le cas du chlorure de magnésium en excès, dont la solution déshydrate les sels de cobalt au point de les rendre bleus [1], alors que le chlorure de zinc reste sans action. Ce dernier sel, bien que considéré comme déshydratant, se transforme sans difficulté en ZnCl² anhydré, et perd son eau sans décomposition, ce que ne fait pas le chlorure magnésien, dès lors plus avide d'eau.

Quelques simples permettront de se faire une idée des relations que les solutions mixtes laissent entrevoir :

Le chlorure de sodium se dissout selon des segments droits, ainsi que celui de potassium (fig. 8). Lorsqu'en présence d'un peu d'eau on met une grande masse de sels KCl et NaCl, les deux se dissolvent pour une part; en faisant cette

analysant exactement les solutions ainsi préparées on obtient, en portant les résultats sur un graphique, les lignes que représente la figure 4. Le dessin met immédiatement en évidence ce fait que les deux sels se substituent dans la solution. Ils permutent leurs solubilités ordinaires à l'état isolé, de telle sorte que la somme des sels dissous K Cl + Na Cl soit une droite. Cette somme (K Cl + Na Cl) agit comme un sel simple dont la solubilité serait proportionnelle à la température. C'est là le phénomène principal, nécessaire, auquel se plie la convenance particulière des éléments composants. La somme des métaux K + Na, présents dans la solution, et le chlore total sont aussi représentés par des droites, et alors que nous serions tentés d'admettre *a priori* que la solubilité propre des molécules combinées KCl, NaCl régirait la distribution des sels, elle ne fait que se plier à des conditions nouvelles. Dans cet acte de solution saturée, on

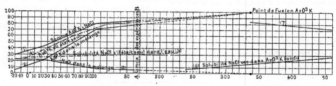

Fig. 13. — Solubilité d'un mélange Na Cl + AzO³K. — 1. Somme des sels. — 2. AzO³K supposé seul. — 3. Na Cl contenu dans le mélange. — 4. AzO³K supposé seul. — 5. Na Cl supposé seul dans l'eau. — 6. Solubilité à fusion ignée de Na Cl dans AzO²K. — Azotate de potassium complémentaire de Na Cl dans la ligne 6.

expérience pour une série de températures et en croirait assister à la solution des *ions* libres dégagés de toute entrave de combinaison chimique. Cet exemple fort simple montre bien l'intérêt de l'étude de la solubilité saturée mixte : il permet de remarquer aussi que la distribution des sels dans le liquide, pour un *seul* point de température, conduit à des résultats quelconques : à zéro, on trouve que KCl est beaucoup moins soluble que NaCl; à 180°, c'est, dans les mêmes proportions, exactement le contraire. A 100°, on serait amené à raisonner sur l'égalité des solubilités (fig. 4).

D'autres couples simples tels que KCl + KBr; KBr + KI; KCl + KI, donnent lieu à des remarques analogues, qu'il est inutile de développer, car l'inspection des figures 10, 11 et 12 suffit. On voit là encore que des substitutions se font, qui sont subordonnées à la solubilité de la somme fonctionnant comme un sel unique et possédant à ce titre une droite de solubilité limite au point de fusion ignée de l'un des composants, le plus soluble, dans la solution duquel tout semble se passer.

Il convient, pour terminer, de revenir sur la solution mixte AzO³K + NaCl, à laquelle il a été fait allusion plus haut.

---

[1] A. Etard. *Comptes rendus*, t. XCVIII, p. 1432.

Dans la préparation du salpêtre, le chlorure de potassium réagit sur l'azotate de sodium et la réaction chimique se représente par l'équation

$$KCl + AzO^3Na = NaCl + AzO^3K$$

Les deux sels qui figurent dans le second membre sont solubles; mais la pratique nous apprend qu'à la température de l'ébullition on peut les séparer en enlevant, avec une écumoire, le sel marin qui se dépose. Voici l'explication bien connue de ce fait: la solubilité de NaCl est grande, mais sensiblement invariable avec la température; celle d'AzO³K est faible mais croissante, bientôt elle l'emporte sur la précédente; en enlevant sans cesse NaCl on trouble l'équilibre, et bientôt il n'y a plus d'eau que pour dissoudre AzO³K. Cette théorie est fondée sur la connaissance des solubilités à l'état isolé, et ce n'est que par hasard qu'elle s'accorde *approximativement* avec la réalité.

Lorsqu'on fait un mélange en excès de AzO³K et NaCl, la distribution des sels, donnée par l'analyse (fig. 13), indique que, si la séparation du sel marin, toute imparfaite qu'elle est, se fait à 105°, c'est parce que dans ce nouveau milieu, — qui n'est pas de l'eau pure — il a perdu les $\frac{3}{4}$ de sa solubilité normale. Sous pression vers 200° la séparation

serait encore plus complète. Ces courbes ont été établies en admettant que tout le chlore dosé est combiné au sodium; elles n'ont ainsi qu'une valeur expérimentale, car il est probable que l'équation d'équilibre

$$AzO^5Na + KCl \rightleftarrows NaCl + AzO^3K.$$

régit le partage des quatre groupes hétérogènes possibles. Ici encore, la marche générale des droites, déterminées expérimentalement jusqu'à 170°, indique que la somme des sels AzO³K + NaCl tend vers le point de fusion de l'azotate, ce qui semble assez naturel, puisque l'élimination graduelle du chlore tend à laisser ce sel pur.

Ainsi, au delà de la limite connue (170°), on pourrait admettre, en suivant la figure 13, que le point de fusion serait atteint. Cela peut être vrai en théorie; mais il ne serait pas possible cependant d'obtenir du salpêtre en fondant les deux sels anhydres, car une perturbation interviendrait certainement : la solubilité de NaCl dans AzO³K. J'ai d'ailleurs déterminé cette solubilité entre 240° et 460°; elle est représentée, comme toujours, par une droite.

A. Étard,
Répétiteur de Chimie
à l'École Polytechnique.

LE TRAVAIL MÉCANIQUE DES OISEAUX
DANS LA SUSTENSION SIMPLE EN AIR CALME

Dans un très intéressant article publié par la *Revue générale des Sciences*, au mois de décembre 1891, M. l'ingénieur Drzewiecki a exposé, avec beaucoup de netteté, l'historique et les principaux résultats des travaux poursuivis depuis une vingtaine d'années, par des savants distingués et notamment par MM. les docteurs Marey et Hureau de Villeneuve, sur le vol des oiseaux et sur les mouvements des aéroplanes. Nous devons constater que les études personnelles et les calculs de M. Drzewiecki ont apporté à la science de l'aérodynamique de précieux documents pour la solution du problème des aéroplanes.

Depuis quelques années, la navigation aérienne, longtemps délaissée par la science officielle, est revenue en faveur. Elle fait aujourd'hui l'objet des recherches des mathématiciens et des naturalistes les plus éminents, et l'on peut dire que nous assistons, dans tous les pays, à de véritables tournois scientifiques, pour arriver à la conquête de l'air. Notre Académie des Sciences elle-même, jadis si réservée sur ces difficiles questions, a été entraî-

née dans cette impulsion vers les régions supérieures de l'air; elle a constitué une Commission permanente de navigation aérienne, pour exécuter et discuter les propositions nouvelles. Il ne faut pas oublier que c'est aux modestes inventeurs français que l'on doit l'initiative de ces progrès, et, comme l'a très bien dit le Commandant Renard, c'est la patrie des Montgolfier qui créera un jour la première flotte aérienne.

Jusqu'à présent, la plupart des auteurs ont fourni d'utiles renseignements sur la force de sustention aérienne qui supporte les plans minces lancés préalablement à une grande vitesse horizontale sous une faible incidence; mais très peu de savants ont abordé le problème de mécanique que les oiseaux résolvent chaque jour sous nos yeux dans le vol ascensionnel vertical en air calme, *sans déplacement horizontal*. Il semble cependant que la solution de ce problème, de la sustention simple des volateurs dans l'air, soit la plus importante de toutes les questions relatives à la navigation aérienne, puisqu'elle seule peut conduire à déterminer les conditions auxquelles les appareils mécaniques pourront utiliser les réactions atmosphériques. M. Drzewiecki reconnaît lui-même que les académiciens Poisson, Navier et Babinet se sont complètement trompés lorsqu'ils ont cherché à formuler une valeur numérique du travail dépensé par l'oiseau pour se maintenir en équilibre ; mais il ne donne pas l'explication de ces erreurs et se contente de dire : « Lorsqu'on soumet au calcul la « résistance éprouvée par un plan de la dimension « de l'aile d'un oiseau s'ébattant dans l'air, on ar- « rive à un chiffre de beaucoup inférieur au poids « de l'oiseau en question. » C'est ce que M. Joseph Bertrand a spirituellement exprimé en disant que, jusqu'à présent, l'application du calcul à l'aviation n'avait abouti qu'à démontrer que les oiseaux *ne doivent pas pouvoir* voler. M. le Pr Marey constate avec regret la même impuissance des calculateurs, dans son très remarquable ouvrage sur le « *Vol des oiseaux* ».

I

Si Navier n'a pas craint d'affirmer que l'oiseau dépense pour se soutenir, par seconde, un travail ëgal à huit fois son propre poids, soit environ un cheval-vapeur pour un grand vautour, d'autre part, un professeur, M. Delprat, énonce avec confiance ce principe nouveau : L'oiseau ne dépense de travail que pour s'élever ou se diriger et il n'a besoin d'aucun effort pour se soutenir dans l'air. Nous présumons que Navier et M. Delprat sont également dans l'erreur, quoique placés aux deux pôles opposés. La vraie solution est entre les deux : *In medio stat veritas.*

Ne pouvant donner une explication suffisante du phénomène de l'ascension verticale de l'oiseau, certains auteurs ont cru tourner la difficulté en niant l'existence de ce phénomène. Ils ont posé en principe qu'aucun oiseau ne pouvait s'élever verticalement dans une atmosphère calme et qu'il ne se soutenait qu'à l'état d'aéroplane animé, c'est-à-dire à la condition de posséder une vitesse de translation horizontale assez considérable. Cette théorie commode simplifierait beaucoup le travail de l'oiseau et celui des savants ; malheureusement, elle est complètement inexacte et démentie par les faits. Nous voyons en effet des oiseaux tels que l'Alouette, le Martinet, le Pigeon, le Faucon, s'élever verticalement dans un air calme, sans aucun déplacement horizontal. Seulement il convient de remarquer (et c'est la une circonstance très intéressante au point de vue mécanique), que les oiseaux n'exécutent l'ascension verticale qu'en faisant appel à toutes leurs ressources et à l'aide de battements d'ailes rapides et énergiques. Malgré ce déploiement considérable de travail, le volateur monte assez lentement et atteint rarement une très

grande hauteur. Nous devons conclure que c'est dans le vol vertical ascensionnel, que l'oiseau dépense par seconde le maximum de travail mécanique dont il est susceptible. C'est donc en étudiant le vol vertical et en calculant le travail développé par l'oiseau dans cette phase particulière de ses mouvements, que nous trouverons, avec la plus grande approximation possible, la solution du problème de la sustention et la détermination des conditions d'existence et de stabilité des volateurs en général.

Nous pensons que l'insuccès des études relatives au travail de sustention de l'oiseau doit être attribuée à ce que ceux qui ont voulu calculer ce travail sont partis de données inexactes à l'aide desquelles ils ont cherché à faire l'intégration des travaux différentiels dus aux battements rapides et très variables des ailes, dont les lois sont mal connues. Les mémoires écrits sur cette question renferment des calculs compliqués aboutissant aux résultats les plus opposés. Certains auteurs n'ont pas hésité à déclarer qu'un oiseau de grande taille tel qu'un vautour du poids de 8 à 10 kil., dépense, pour se soutenir, le travail d'une machine à vapeur de 12 à 15 chevaux, ce qui est absurde ; tandis que d'autres affirment, au contraire, que tant que le centre de gravité de l'oiseau ne s'élève pas verticalement, il n'y a aucune dépense de travail, conclusion non moins erronée.

II

Afin d'éliminer les difficultés et les erreurs provenant de l'évaluation peu exacte des mouvements différentiels des ailes, nous avons cherché à substituer au travail mécanique de l'oiseau la force vive de la masse d'air dont la réaction soutient à chaque instant le volateur. En effet, en vertu du principe de l'égalité de l'action et de la réaction, la force vive dépensée par l'oiseau pour se soutenir en une seconde est intégralement transmise par les ailes au fluide ambiant qui doit la restituer partiellement au volateur en réalisant ainsi le phénomène de la sustention simple. D'autre part nous avons démontré, par l'expérience, que la somme des battements d'ailes, donnés par l'oiseau en une seconde de sustension directe, a pour effet de modifier complètement la pression manométrique de la masse d'air ambiant, de telle sorte que le volateur, au moment précis où ses ailes passent par la *position horizontale* [1], se trouve suspendu entre

---

[1] Nous avons démontré, en effet, qu'au point de vue aérodynamique, l'oiseau fonctionne comme un ventilateur à force centrifuge, dont les ailettes seraient animées d'un mouvement alternatif. Il détermine ainsi un courant descendant extérieur auquel la réaction de l'air oppose un contre-courant ascendant intérieur ou cyclone qui soutient le volateur.

deux couches d'air de densité et de pression différentes. Si H désigne la pression de l'air dans la région occupée par le volateur, celui-ci se trouve
soumis de la part de l'air ambiant : 1° à une pression H $+ \varpi$ qui agit de bas en haut sur la face
inférieure des ailes, et 2° à une dépression H $- \varpi'$
qui s'exerce sur la face supérieure.

Il en résulte que la poussée totale φ que reçoit
l'oiseau de l'air ambiant est égale à $\varpi - -|\varpi')$
c'est-à-dire, $\varpi + \varpi'$. De plus, comme il est facile de
le prouver pour des valeurs de φ inférieures à une
certaine limite, on peut admettre que ϖ' est sensiblement égale à ϖ, c'est-à-dire que : $\varphi = 2\varpi = \dfrac{P}{A}$,

si P représente le poids, et A la surface de l'oiseau.
Cette force, que nous avons appelée *force aviatrice*,
est donc le double au moins de l'excès de pression ϖ
de la couche d'air inférieure. Si nous appelons u
la vitesse moyenne du courant d'air ascendant
capable de produire cette sous-pression, nous exprimerons la sustension par l'équation $A\varpi = k A u^2$, k
étant, comme on sait, un coefficient égal à $\dfrac{\delta}{g}$, soit
environ $\dfrac{1}{8}$.

En remplaçant dans cette équation ϖ par sa
valeur $\dfrac{P}{2A}$, nous obtenons la formule :

$$\frac{u^2}{4} = \frac{P}{A} \qquad \text{d'où} \quad u = 2\sqrt{\frac{P}{A}}.$$

Nous arrivons donc à cette conclusion que : un
oiseau de poids P doit être considéré, au moment
de la sustension dans un air calme, comme étant
supporté par un courant aérien ou cyclone vertical
dirigé de bas en haut et animé d'une vitesse d'é-
coulement constante égale à $2\sqrt{\dfrac{P}{A}}$. Mais, puisque
ce cyclone, ou courant de sustension, est entretenu
à chaque instant par l'action du volateur, nous

pouvons admettre que le travail aérodynamique Θ
pou rexpression : $\Theta = m \times \dfrac{u^2}{2} = \left(\dfrac{A u \delta}{g}\right)\dfrac{u^2}{2}$, δ étant
la densité de l'air et g l'accélération de la pesan-
teur. Le coefficient $\dfrac{\delta}{2g}$ est à peu près égal à $\dfrac{1}{16}$ et l'on
peut écrire : $\Theta = \dfrac{A u^3}{16}$; par suite, le travail de
l'oiseau par heure sera $\mathfrak{C} = \gamma\Theta = \gamma\dfrac{A u^3}{16}$, γ étant
un coefficient plus grand que l'unité.

Ainsi, le travail de sustension d'un oiseau est
proportionnel au cube de la vitesse de son cyclone
aviateur.

En remplaçant dans la formule u^2 par $\dfrac{4P}{A}$, nous
trouvons : $\mathfrak{C} = \dfrac{P.u}{4}$; d'où nous avons conclu ce théorème fort simple :

« Le travail mécanique de sustension dépensé
« à chaque seconde pas un oiseau est égal au tra-
« vail qu'il faudrait produire pour élever le quart
« du poids de ce volatile à une hauteur égale à
« l'espace parcouru en une seconde par le cyclone
« de sustension. »

Une fois la sustension réalisée, l'oiseau n'a plus
qu'un travail supplémentaire relativement peu
considérable à produire pour s'élever à une hauteur quelconque avec une vitesse ascensionnelle v. Cette vitesse d'ascension, qui est nécessairement assez faible, afin de réduire le plus possible
la résistance de l'air, atteint rarement un mètre à
la seconde dans le vol vertical. Dans ce cas la vitesse du cyclone élévateur devient égale à $u + v$ et
le travail élévateur a pour expression :

$$T = \frac{\gamma A (u + v)^3}{16} + \frac{A V^3}{8}$$

En appliquant ces formules du travail élévateur
à divers oiseaux en supposant $\gamma = 1$ et $v = 0^m50$,
nous avons trouvé les résultats suivants :

NOMS DES OISEAUX	POIDS EN KILOS	VITESSE u DU CYCLONE DE SUSTENSION	VALEUR DU TRAVAIL DE SUSTENSION	VALEUR DU TRAVAIL ÉLÉVATOIRE POUR MONTER A 100ᵐ OU 200ᵐ	TRAVAIL ASCENSIONNEL PROPREMENT DIT PENDANT 200ᵐ
Faucon............	0ᵏ020	4ᵐ00	0ᵏᵐ020	175ᵏᵉᵗ	51ᵏ00
Moineau...........	0.027	2.85	0.021	5.50	1.30
Pigeon............	0.260	5.00	0.325	87.320	22.
Goéland...........	0.625	4.60	0.719	240.00	96.
Vautour fauve.....	7.500	5.95	11.175	2840.00	610.
Grand pelican.....	7.000	6.00	10.500	2802.00	702.
Grue d'Australie..	9.500	6.70	16.000	3940.00	740.

de ce courant d'air est équivalent au travail $\mathfrak{C}$
dépensé par l'oiseau pendant le même temps. Or le
travail d'une masse d'air en mouvement, de vitesse
u, agissant sur une surface normale A immobile, a

III

Appliquée à l'homme, considéré comme volateur,
notre théorie met nettement en évidence l'impos-

sibilité absolue pour lui de s'élever dans l'air par le seul effet de son travail musculaire.

Considérons en effet un homme pesant 70 kilos et calculons la surface alaire qui lui serait nécessaire pour le soutenir avec le travail mécanique dont il est capable qui est évalué, comme on sait, à 12 kilogrammètres au plus par seconde.

En supposant que le poids additionnel des deux ailes ne dépasse pas 50 kilos, ce qui est le maximum de ce qu'un homme vigoureux pourrait porter à terre, le poids P du volateur est égal à $70 + 50$ soit 120 kilogrammes.

Le travail T de l'homme est au moins égal à celui de son cyclone de sustension, qui a pour expression, d'après notre théorie : $T = \dfrac{P.u}{4} = 12^k$; u étant la vitesse du cyclone, on déduit de cette relation pour u :

$$u = \frac{48}{P} = \frac{48}{120} = 0^m,40$$

valeur maxima. Ainsi, quel que soit le mécanisme employé, l'homme ne pourra jamais obtenir, en employant sa force musculaire, un courant de sustension d'une vitesse supérieure à 0^m40, ce qui, d'après nos tableaux, l'exclut de la catégorie des volateurs à action directe.

En effet, avec une vitesse de cyclone égale à 0^m40, la formule qui lie les variables u, P et A nous donne :

$$\frac{P}{A} = \frac{u^2}{4} = \frac{16}{100} = \frac{4}{100}$$

d'où l'on déduit pour la valeur de la surface totale des ailes : $A = \dfrac{100.P}{4}$ et comme ici $P = 120^k$, nous trouvons facilement pour A :

$$A = \frac{12000}{4} = 3000 \text{ mètres carrés.}$$

Ainsi, nous arrivons à cette conséquence que, pour que l'homme puisse s'élever dans l'air avec sa force musculaire, il faudrait que la nature lui eût donné deux ailes mesurant chacune 1500 mètres carrés de superficie et ne pesant pas plus de 27 kilogrammes, soit 18 grammes par mètre carré.

L'absurdité de ce résultat montre mieux que tous les raisonnements combien sont vaines et chimériques les tentatives des inventeurs qui se proposent la création d'un appareil élévatoire aérien mû par la seule force musculaire de l'homme.

Mais, s'il est insensé de chercher à transformer l'homme contemporain en un oiseau en lui adaptant des ailes immenses qu'il serait impuissant à porter et à faire fonctionner avec sa force naturelle, il peut être intéressant de rechercher la quantité minima de travail mécanique que devra fournir un moteur d'un poids donné pour soutenir un homme pesant 70 kilog. dans un appareil léger pourvu d'ailes de dimensions convenables.

Si nous voulons nous rapprocher du dispositif alaire des grands oiseaux pour lesquels le rapport $\dfrac{P}{A}$ atteint ou dépasse 10, nous prendrons pour la surface des ailes le dixième du poids du volateur soit $\dfrac{120}{10} = 12$ mètres carrés. Dans cette hypothèse parfaitement admissible, nous aurons pour calculer la vitesse du cyclone de sustension, l'équation suivante :

$$\frac{u^2}{4} = \frac{120}{12} = 10 \quad \text{d'où} \quad u = 2 \times \sqrt{10} = 6^m,324$$

et par conséquent le travail du courant aérien de sustension aura pour expression :

$$T = 120 \times \frac{u}{4} = \frac{120}{4} \times 6.324 = 890^k$$

ou $T = 190$ kilogrammètres, c'est-à-dire 2 chevaux-vapeur et demi environ.

Ainsi, pour soutenir un homme à l'aide d'un mécanisme léger ne dépassant pas 50 kilos et muni de deux ailes de 6 mètres carrés de surface chacune, il faudra employer un moteur fournissant un travail d'au moins trois chevaux.

IV

En résumé, nous pensons avoir clairement établi que la sustension des volateurs dans l'air est le résultat de l'existence d'un courant ou cyclone aérien animé d'un mouvement relatif dont la force vive varie en raison inverse de l'étendue de la surface d'appui. Chez les oiseaux cette surface d'appui, constituée par la projection horizontale des ailes, de la queue et du corps, peut être à la fois active et passive, c'est-à-dire jouer le rôle de propulseur et de récepteur du courant, comme cela a lieu dans le vol en air calme sans vitesse acquise antérieurement par le volateur : elle peut être aussi simplement passive avec une orientation variable, comme cela a lieu dans le vol à voile ou dans le vol plané.

Dans le vol plané, la vitesse relative du cyclone de sustension résulte d'une vitesse d'entraînement acquise antérieurement par le volateur descendant d'une grande hauteur sous l'action de son potentiel.

Dans le vol à voile au contraire, l'oiseau, profitant d'un courant d'air suffisamment rapide, l'utilise comme cyclone de sustension en lui offrant les faces inférieures de ses ailes convenablement orientées sous une faible inclinaison.

Enfin *dans le vol ascensionel vertical*, en air calme, le volateur, utilisant, comme nous l'avons expliqué, toute sa force motrice, déplace à chaque battement d'aile une masse d'air d'autant plus grande que son poids et sa voilure sont plus considérables ; il crée ainsi de toutes pièces au milieu de l'air calme un tourbillon aérodynamique dont le travail ascencionnel neutralise à chaque instant le travail de la gravité en produisant le phénomème de la sustension.

Ainsi, la conception rationnelle de *cyclone aviateur*, qui concorde avec les expériences que nous avons faites sur le vol des oiseaux et sur la résistance de l'air, nous donne la synthèse mécanique des différentes phases du vol et permet de déterminer les relations mathématiques qui lient entre eux les éléments variables, tels que la surface d'appui, le poids et le travail mécanique dépensé, qui caractérisent les différents volateurs.

Dans un prochain article nous montrerons comment nous avons appliqué notre théorie du cyclone aviateur à la détermination des conditions d'équilibre et du travail aérodynamique des hélicoptères, des spirifères, des parachutes et en général des volateurs artificiels pourvus d'un moteur intérieur quelconque.

R. Henry.
Lieutenant-Colonel
à l'État-Major de l'Armée.

LES ANCÊTRES ET LE DÉVELOPPEMENT DE L'INDIVIDU

La théorie de l'évolution des êtres vivants a eu une fortune singulièrement rapide et complète ; elle a été longtemps dans les esprits à l'état latent, elle a même été produite au jour par de grands esprits : Lamarck, Gœthe, Geoffroy-Saint-Hilaire ; mais son heure n'était pas encore venue ; ce n'est qu'à partir de 1859, sous la grande poussée d'opinion due au génie de Darwin, que la doctrine a renversé les obstacles vermoulus qu'on lui opposait et a été acceptée par l'immense majorité des naturalistes.

Toutes les démonstrations qu'on en peut donner se résument en ceci : en l'adoptant, on explique très clairement et très simplement les relations des espèces entre elles, les divers plans d'organisation, la présence des organes rudimentaires ou transitoires, les formes larvaires, le principe des connexions, etc. ; tandis que, dans l'hypothèse de la création séparée de chaque espèce (ce qui est l'autre terme du dilemme),on ne peut rien expliquer du tout, et l'on se heurte à chaque instant à des impossibilités et à des absurdités. D'ailleurs la doctrine s'impose avec une telle évidence à tout naturaliste, qu'il est au moins superflu de plaider pour elle.

La doctrine de l'évolution une fois établie, on a cherché à expliquer comment se faisait cette évolution et quelles en étaient les causes principales ; là on est moins d'accord ; mais si en apparence les théories sont fort variées, il n'y a en somme que deux ou trois écoles différentes : la première, celle des darwinistes, qui admettent, à l'exemple de Darwin, Wallace, Hæckel, que les facteurs principaux de l'évolution sont la lutte pour l'existence et la sélection du plus apte ; la seconde, celle des néo-lamarckistes, qui attribuent un effet prépondérant à l'action directe du milieu et à l'influence de l'usage et du non-usage (Lamarck, Spencer, Cope, Semper, etc...). Il y a encore une troisième manière de voir, celle de M. Gaudry, qui, tout en repoussant les explications mécaniques précédentes, attribue le développement sérié des espèces à une tendance modificatrice interne, effet direct de la volonté divine. Que ce soit exclusivement l'une de ces théories qui ait raison, ou toutes les trois ensemble, ou ni l'une ni les autres, cela n'atteint en aucune manière la doctrine de l'évolution, qui en est absolument indépendante ; on ne fait pas toujours cette distinction, qui est pourtant bien évidente, et certains esprits, non des moins éminents, s'imaginent avoir réfuté la doctrine évolutionniste, lorsqu'ils ont démontré que l'une des théories précitées est inapplicable à tel ou tel cas particulier.

Parmi les nombreuses voies nouvelles ouvertes dans les sciences biologiques, l'une des plus intéressantes et certes la reconstitution de l'arbre généalogique des êtres, qui permettra seule de donner une base solide aux classifications et aux comparaisons morphologiques. C'est une œuvre gigantesque, qui restera probablement toujours inachevée par quelque côté, mais qu'il est permis d'entreprendre ; bien qu'il n'y ait guère que trente ans qu'on y travaille, en utilisant, il est vrai, les observations des siècles précédents, déjà bien des choses ont été découvertes ; malgré les contradictions et les hésitations inévitables au début d'une œuvre aussi complexe, l'on entrevoit vaguement le tracé touffu de l'arbre généalogique, dont quelques branches sont par places nettement définies ; certes il faudra encore bien des travaux et des théories pour en préciser les contours, mais enfin il est démontré dès maintenant que l'entreprise est possible.

On se rend en général un très mauvais compte des procédés employés par les naturalistes pour reconstruire avec quelque probabilité la généalogie d'un groupe, et le plus souvent, au moins dans le public qui ne s'occupe pas spécialement de ces questions, ces tentatives sont considérées comme des jeux de l'esprit, de pures hypothèses sans fondement. Il en est tout autrement, et dans cet article je vais tâcher d'exposer les lois sur lesquelles on s'appuie, en les considérant d'une manière plus critique qu'on ne le fait d'habitude, et en les débarrassant de tout le fatras gréco-latin dont on les a affublées.

Je vais prendre comme exemple un groupe bien défini et connu de tout le monde : les Batraciens. Le jeune Triton ou la jeune Grenouille, peu après la sortie de l'œuf, porte sur les côtés du cou trois paires de houppes dentelées dans lesquelles circule le sang, qui constituent les branchies externes. L'animal avale constamment l'eau ambiante qui passe dans l'arrière-bouche, et s'échappe au dehors par des trous pratiqués entre les branchies, en leur abandonnant son oxygène : c'est le premier stade, à branchies externes.

Un peu après se développent deux poumons, destinés cette fois à respirer l'air en nature ; à ce moment il y a donc coexistence de deux appareils respiratoires (au point de vue physiologique, il est juste de noter que l'importance des poumons est encore très faible) : c'est le deuxième stade, à branchies externes et à poumons, qui dure très peu de temps chez les Grenouilles, beaucoup plus longtemps chez les Tritons et les Salamandres.

Le troisième stade sera marqué par la disparition des branchies externes ; à cet effet, un repli de la peau se développe peu à peu, passe au-dessus des branchies, les enfermant ainsi dans une sorte de chambre interne, ne communiquant avec l'extérieur que par un trou, placé de chaque côté de la tête. Dans le quatrième stade, les branchies ont disparu, le trou branchial est complètement fermé et les poumons prennent la prédominance. L'appareil respiratoire est alors arrivé à son plus haut état de développement.

Or, on a constaté depuis longtemps que tous ces stades transitoires du développement des Tritons ou des Grenouilles sont *fixés* chez d'autres espèces de Batraciens adultes (il n'y a que le premier stade qui ne se retrouve pas ; mais chez certains Poissons, les jeunes Sélaciens par exemple, il est parfaitement net) ; ainsi chez les Ménobranches, les Protées et les Sirénides, il y a à la fois deux poumons bien développés et trois paires de houppes branchiales externes : c'est le deuxième stade. Chez les Cryptobranches et les *Amphiuma*, les branchies ont disparu, mais de chaque côté du cou se trouve

une fente (ancien trou branchial) qui communique avec l'arrière-bouche : c'est le troisième stade. Enfin chez les autres Batraciens, Tritons, Salamandres, Grenouilles, etc., il n'existe plus chez l'adulte que les deux poumons.

En résumé, dans un groupe bien défini, les stades transitoires parcourus par un appareil se retrouvent plus ou moins reconnaissables chez d'autres espèces adultes, où ils sont alors fixés. Est-ce un fait général ? D'après tout ce que l'on sait en organogénie et en paléontologie, on peut hardiment répondre oui, d'une façon absolue ; il serait facile d'en citer des exemples à l'infini. L'œil des Céphalopodes supérieurs (Seiche) est d'abord une simple invagination ectodermique, débouchant largement à l'extérieur : ce stade est fixé chez le Nautile ; puis les appareils réfracteurs se développent, mais les deux bourgeons de la cornée restent séparés, de sorte que l'eau de mer peut entrer librement dans la chambre antérieure de l'œil et baigner le cristallin : c'est le stade fixé chez les Oigopsides (*Ommastrephes*, etc.) ; enfin la cornée se ferme, et l'œil atteint son plus haut degré de développement connu chez les Céphalopodes. L'évolution de la coquille (fig. 1) de certains Gasté-

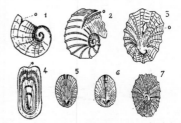

Fig. 1. — 1, 2 et 3, jeunes Fissurelles montrant l'évolution du trou branchial *o*, par lequel s'échappe l'eau qui a servi à la respiration : 1, jeune *Fissurella gibberula* Lam., le trou branchial n'étant qu'à l'état d'échancrure ; 2, jeune *Fissurella græca* Linné, au stade émarginuliforme ; 3, *F. græca* au stade rimuliforme (d'après Boutan).
4, 5, 6 et 7, coquilles adultes de la même famille ; 4, *Scutum australe* Lam. (le trou branchial *o* n'est qu'une échancrure comme au stade 1) ; 5, *Emarginula cancellata* Phil. (correspond au stade 2) ; 6, *Rimula exquisita* A. Adams (correspond au stade 3) ; 7, *Fissurella græca* Linné (stade ultime de l'évolution du trou branchial).

ropodes diotocardes (Emarginule, Rimule, Fissureile, Haliotis, etc.), le développement de la branchie des Lamellibranches, etc. sont aussi de bons exemples à citer. Je répète qu'on n'a que l'embarras du choix dans la masse des faits connus pour vérifier la proposition émise plus haut.

Enfin il n'y a pas jusqu'aux formes extérieures transitoires des jeunes qui ne puissent se retrouver fixées chez des espèces adultes : parmi les Batraciens, on sait que tous ceux qui sont privés de queue à l'état adulte, les Anoures, ont dans le jeune âge, à l'état de têtards (fig. 3, *G*), une queue parfaitement développée, tout à fait semblable au membre définitif des Batraciens à queue, les Urodèles ; et cela, non seulement chez les têtards aquatiques, qui ont besoin d'un appareil de natation, mais même chez ceux qui poursuivent tout leur développement dans l'œuf, comme l'*Hylodes martinicensis*, qui vit dans un pays où l'on ne rencontre pas d'eaux stagnantes. Parmi les Échinodermes, tous les jeunes Ophiures et Astéries ont d'abord une forme pentagonale régulière, stade fixé dans divers genres, *Culrita, Asterina, Palmipes, Astrophiura*, etc.; ce n'est que plus tard que les bras proéminent de plus en plus à la surface du disque et donnent à l'animal son apparence rayonnée caractéristique ; la Comatule (fig. 2) a d'abord une tige qui la fixe au sol, ce qui rappelle tout à fait les Crinoïdes

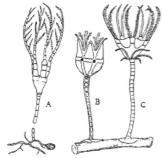

Fig. 2. — A, *Rhizocrinus lofotensis* Sars, adulte, espèce de Crinoïde fixé à cinq bras (d'après H. Carpenter); B et C, deux stades du développement d'*Antedon rosacea* Linck ; B, forme très jeune à cinq rayons rudimentaires ; C, forme plus âgée, à dix bras, munie de cirres et correspondant à peu près au genre fossile *Thiolliericrinus*.

fixés, fossiles et actuels; plus tard son squelette se modifie (stade représenté par le genre *Thiolliericrinus* fossile); enfin elle se sépare de sa tige et devient libre.

Comment interpréter ces singulières coïncidences, si frappantes et si générales, entre les divers stades du développement d'une espèce ou d'un organe et les formes fixées chez d'autres espèces adultes du même groupe? Dans la doctrine des créations séparées, c'est tout à fait impossible : dira-t-on, en effet, pour les Batraciens, que le jeune a des branchies et une queue pour assurer sa vie aquatique ? C'est facile à réfuter, car la même évolution des organes respira-

toires, l'existence de la forme têtard se présente exactement de même chez des Batraciens dont les jeunes se développent dans l'utérus de la mère sans mener de vie libre; c'est le cas notamment de la *Salamandra atra*. D'ailleurs à propos de l'œil de la Seiche, de la tige des Comatules, etc., il serait bien impossible d'invoquer une raison analogue. Dans la doctrine évolutionniste, ce sera très simple et très clair : en vertu du principe de l'hérédité, l'organe considéré repasse dans son développement (*ontogénie*) par les stades qu'il a parcourus chez les ancêtres de l'espèce (*phylogénie*), ce qu'on peut exprimer autrement en disant que *l'ontogénie d'un organe est un court résumé de sa phylogénie*. C'est ainsi que l'ont compris la grande majorité des biologistes, qui, à l'exemple d'Hæckel, désignent le principe en question sous le nom un peu pompeux de *loi biogénétique fondamentale*.

Naturellement il est impossible de démontrer cette loi d'une façon indiscutable, palpable ; elle n'a que la valeur d'une hypothèse, mais d'une hypothèse qui permet seule de comprendre les faits, qui les relie admirablement entre eux, et qui cadre très bien avec ce que nous savons sur la puissance de l'hérédité. Le seul moyen de vérification directe serait une vérification paléontologique : si l'on trouvait dans des couches géologiques successives les différents états d'un organe donné, états prévus auparavant par l'étude des stades du développement des animaux actuels, ce serait une preuve convaincante de la vérité du principe biogénétique ; mais il ne faut pas trop demander à la paléontologie : on oublie trop, en face de ses innombrables découvertes, qu'on ne connaît pas la millième partie de ce qui a vécu autrefois sur le globe ; les documents qu'elle fournit présentent des lacunes considérables, surtout à mesure que l'on recule dans la série des âges ; de plus, il est un point sur lequel il importe d'appuyer, c'est que la date d'apparition d'une espèce quelconque, paléontologiquement parlant, peut très bien ne pas correspondre du tout à son apparition réelle sur le globe ; elle signifie simplement, dans la très grande majorité des cas, que c'est le moment où cette espèce a trouvé des conditions propices à sa multiplication, où la lutte pour l'existence lui est devenue favorable; alors on peut avoir la chance de retrouver ses débris qui semblent ainsi apparaître tout d'un coup sur le globe ; mais elle pouvait très bien exister auparavant, à l'état plus ou moins sporadique, ou dans un point très localisé, ce qui rend sa découverte tout à fait improbable : la meilleure preuve, c'est que les dates d'apparition sont constamment modifiées par les nouvelles découvertes; on a cru pendant longtemps que les Mammifères dataient seulement des temps tertiaires; puis on en a trouvé dans le jurassique inférieur, et maintenant on en connaît dans le trias; il n'y aurait rien d'étonnant à ce qu'on en découvrit dans le silurien. Il en ressort qu'on ne serait pas autorisé à conclure contre le principe émis précédemment parce que l'ordre prévu théoriquement ne serait pas observé : supposons en effet qu'un animal ait eu des ancêtres A, B, C, D, etc; théoriquement on devrait trouver d'abord D, puis C, puis B, puis A; mais il se peut très bien que D soit très rare au début, et qu'il ne puisse prendre une grande extension qu'après la venue de ses descendants C et B; de sorte que les paléontologistes trouveront d'abord C, puis B, puis D, puis A et que l'ordre théorique paraîtra tout à fait renversé, tandis qu'en réalité il aura été parfaitement suivi. Ces considérations me paraissent assez évidentes pour qu'il soit inutile d'y insister plus longtemps; cependant on les perd presque toujours de vue lorsqu'on discute la doctrine évolutionniste en s'appuyant sur la paléontologie. Ces réserves une fois faites, voyons les arguments que l'on en peut tirer; je ne puis pas entrer dans le détail des faits, mais je puis dire qu'on a trouvé dans des couches successives des développements sériés d'organes qui correspondent tout à fait à ce que l'on peut prévoir d'après l'ontogénie des espèces actuelles; je citerai la complexité d'ornementation des Paludines fossiles, dans les bassins lacustres hongrois (Neumayr et Paul), complexité qui va en grandissant à mesure que l'on s'éloigne de la *Paludina achatinoïdes*, non ornée, des couches les plus inférieures; l'évolution si curieuse et si graduelle des pieds et des molaires des chevaux américains, depuis le minuscule *Eohippus* de l'Éocène inférieur jusqu'à l'*Equus* véritable du Pliocène supérieur (Marsh), évolution parfaitement parallèle à l'ontogénie des pieds chez nos chevaux actuels; l'augmentation graduelle des bois des Cerfs, qui commence au Miocène pour se poursuivre jusqu'à nos jours (Dawkins), etc.

Le principe biogénétique fondamental nous apparaît donc comme l'hypothèse la plus simple et la plus vraisemblable que l'on puisse imaginer; malgré leur imperfection, les annales paléontologiques militent fortement en sa faveur. Il n'y a donc aucune raison plausible pour ne pas l'accepter avec toutes ses conséquences. Avant de montrer le parti qu'on en peut tirer pour reconstruire l'arbre généalogique d'un groupe, il me reste à le défendre contre une erreur inconcevable, qui est malheureusement très répandue.

Les premiers auteurs qui ont étudié l'embryogénie des Vertébrés, von Baer, Agassiz, Serres, ont parfaitement énoncé la loi en question pour les organes considérés isolément; mais d'autres,

Fritz Müller et surtout Hæckel, en partant des Invertébrés, l'ont imprudemment étendue à l'espèce et ont conclu que l'animal repasse dans son développement par les stades qu'ont parcourus ses ancêtres dans le temps : la formule a séduit par sa simplicité, et aujourd'hui, à la suite d'Hæckel, on la reproduit journellement comme une vérité démontrée; naturellement, pour expliquer toutes les contradictions rencontrées, on a imaginé nombre de théories et force mots grecs. Il est juste de dire que divers auteurs, Lang et surtout Carl Vogt, ont tenté de réagir contre cette exagération.

Mais, dira-t-on, si l'on peut soutenir que tous les organes d'un individu repassent séparément par les stades parcourus par les ancêtres de celui-ci, cela revient à dire que l'individu passe lui-même par les stades ancestraux? Pas du tout; supposons que notre individu ait eu des ancêtres A, B, C, D; chaque organe séparément doit repasser par sa formes qu'il revêtait chez A, B, C, D; mais, tandis que les uns vont très vite dans leur développement, les autres vont plus lentement, si bien que l'embryon à un certain moment peut avoir l'extérieur au stade D, le tube digestif au stade C, l'appareil circulatoire au stade A, etc, et les organes génitaux à l'état de zéro; les organes nécessaires très tôt, comme le cœur par exemple, évoluant très vite, ceux qui ne serviront que plus tard ou qui n'ont pas beaucoup de transformations à effectuer, comme le tube digestif, allant d'un train beaucoup plus lent. Sans doute, cela serait plus commode si les formes larvaires ou de jeunesse reproduisaient absolument l'organisation des ancêtres; mais il n'en est jamais ainsi; jamais on ne peut arriver à reconstituer un ancêtre possible, viable, d'après l'examen d'une forme larvaire unique; cela est si évident qu'il est bien inutile d'insister plus longtemps; Carl Vogt, dans ses *Hérésies darwiniennes*, est très justement parti en guerre contre cette extension abusive du principe. Quand on dit qu'une Comatule est au stade Pentacrinoïde, qu'une Limule est au stade Trilobite, qu'un Crustacé est au stade Mysis, qu'un Mammifère est au stade Poisson, qu'une Grenouille est au stade Salamandre, c'est un abus de langage manifeste qui sous-entend une erreur : car à ce moment l'animal considéré n'a pas du tout l'organisation d'un Crinoïde à tige, d'un Trilobite, d'une Mysis, d'un Poisson ou d'une Salamandre, mais simplement sa forme extérieure où quelques organes très visibles sont à des stades qui rappellent ceux fixés chez les animaux précités, qui peuvent très bien ne pas du tout compter parmi les ancêtres de la forme qu'on examine.

En résumé, il faut restreindre absolument le principe biogénétique aux organes considérés isolément, et nous verrons tout à l'heure qu'il y a encore des restrictions à faire; mais c'est une grosse erreur, causée par un manque absolu de critique, que de l'appliquer à l'espèce complète; c'est cette extension fautive du principe qui a entravé jusqu'ici les recherches phylogéniques pour nombre de groupes. Le terrain une fois déblayé, voyons comment l'on peut procéder pour retrouver l'arbre généalogique d'un groupe donné.

Nous allons reprendre comme exemple la classe des Batraciens, en simplifiant le plus possible pour être clair; *a priori* il est évident que nous n'avons aucune idée de la manière dont ses divers membres se sont succédé; d'autre part les renseignements paléontologiques, fort peu nombreux, ne peuvent nous être d'aucune utilité. Il nous faut donc construire notre arbre généalogique de toutes pièces; mais on ne peut le faire qu'en connaissant parfaitement : 1° l'anatomie comparée des espèces, c'est-à-dire les formes diverses revêtues par les organes; 2° le développement ontogénique de chaque organe suivi avec soin, chaque fois qu'il change de forme, pour au moins une espèce de chaque ordre. Nous supposerons ces conditions remplies ; d'ailleurs, moins elles le sont, plus l'approximation à laquelle on arrive est grossière.

On m'accordera que lorsqu'un certain nombre d'espèces *évidemment alliées entre elles* ont des caractères communs, par exemple des branchies externes ou des vertèbres à corps biconcave, c'est que la forme ancestrale dont elles descendent avait aussi des branchies et des vertèbres biconcaves; sans cela, il serait incompréhensible que ces caractères se répètent identiquement dans toutes les espèces. C'est de cette hypothèse tout à fait vraisemblable qu'on part pour *définir* l'ancêtre d'un groupe donné, en entrant dans le détail aussi profondément que possible. Je laisse de côté les Apodes dont l'organogénie est mal connue et je passe tout de suite aux Pérennibranches, Protées, Sirénides et Ménobranches.

Tous les Pérennibranches adultes ont deux poumons et trois paires de branchies externes, des vertèbres biconcaves (amphicéliques), les os vomer et palatins garnis d'une rangée de dents, etc ; leur ancêtre commun hypothétique, que nous appellerons *Prosiren* pour fixer les idées, avait forcément une organisation semblable. En prenant ainsi les caractères strictement communs à ces formes adultes et à leurs jeunes, on arrivera ainsi à définir le *Prosiren* presque aussi rigoureusement que si on le connaissait effectivement. Ce *Prosiren* ne sera identique à aucun des Pérennibranches actuels, mais en possédera tous les caractères communs.

Passons maintenant aux Salamandrines, qui à l'état adulte n'ont ni branchies, ni trou branchial, et

dont les vertèbres ont souvent la face postérieure concave (opisthocéliques); par le même procédé nous définirons la forme souche *Prosalamandra*. Ce second ancêtre diffère du premier par plusieurs caractères, notamment la disparition des branchies externes et la modification corrélative de la circulation ; nous pouvons affirmer qu'il descend du premier en ligne directe, car tous les organes des Salamandrines connues passent dans leur jeune âge (ontogénie) par un stade *Prosiren ;* en effet, les larves ont d'abord des branchies externes au nombre de trois paires (fig. 3), et leurs vertèbres, avant d'être opisthocéliques, passent par une forme

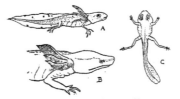

Fig. 3. — A, jeune *Triton*, muni de branchies externes ; B, *Menobranchus lateralis* Say., adulte (correspondant au stade transitoire A du Triton); C, *Rana esculenta* L., à l'état de Têtard (correspondant au stade fixé chez les Tritons adultes).

amphicélique bien caractérisée, qui persiste d'ailleurs chez plusieurs genres (*Amblystoma*, etc.)

Nous définirons de même la forme souche des Anoures, que nous appellerons *Prorana ;* ce *Prorana* diffère de la souche des Salamandrines par l'absence de queue, et le nombre réduit des vertèbres de forme variable ; nous pouvons affirmer que le *Prorana* descend directement du *Prosalamandra*, parce que les organes de tous les jeunes Anoures connus passent dans leur développement par les stades *Prosiren* et *Prosalamandra* ; la queue et les branchies externes existent chez le têtard (stade *Prosiren*), puis ces dernières s'atrophient (stade *Prosalamandra*) ; le nombre de vertèbres est d'abord assez élevé, puis il diminue par la suite, et de même pour les autres organes.

Nous pourrons alors dresser l'arbre généalogique ci-contre ; il est à peine besoin de dire que j'ai simplifié et schématisé d'une façon excessive, dans le but de montrer clairement la méthode à suivre ; tout le long des traits obliques et verticaux il se détache une foule de rameaux, les uns restant presque indivis et constituant ce qu'on appelle les types aberrants ou de passage, les autres prospérant et donnant naissance à des groupes nombreux et compliqués, qui constituent des ordres ou des familles.

On pourrait dire que cette reconstitution des formes ancestrales est vraiment par trop hypothétique ; sans doute, c'est une hypothèse, mais basée rigoureusement sur une loi aussi certaine que peut

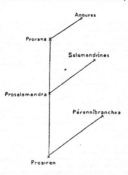

l'être une loi non expérimentale, et à laquelle on arrive en partant de faits précis d'organogénie et d'anatomie comparée. D'ailleurs la vérité de la méthode se prouve d'elle-même quand on la met en œuvre ; j'ai étudié les Échinodermes exactement par le même procédé, et l'arbre généalogique obtenu est si naturel et si harmonieux, l'évolution effective des organes s'accorde si bien avec ce que fait prévoir la théorie, qu'il faut que les principes sur lesquels on s'appuie soient vrais pour donner de tels résultats ; si l'on se trompait de beaucoup, on arriverait fatalement à des données contradictoires, à un gâchis complet. Jeffrey Bell, indépendamment de moi, mais appliquant des principes analogues, est arrivé à un arbre généalogique presque identique au mien.

Jusqu'ici j'ai supposé de parti pris, pour simplifier les choses, que le principe biogénétique était vrai à la lettre ; mais il n'en est pas toujours ainsi ; il y a toute une série de causes modificatrices qui empêchent souvent que l'ontogénie d'un organe soit exactement la même pour toutes les espèces d'un même genre. L'une des plus importantes est l'abréviation du développement ou organogénie condensée : on accordera, je pense, comme certain que tous les Batraciens supérieurs doivent avoir dans le jeune âge des branchies externes, rappelant le stade ancestral *Prosiren*; mais elles sont loin d'exister durant le même temps chez les diverses espèces ; ainsi, c'est à peine si elles durent deux ou trois jours chez les têtards de Grenouilles et de Crapauds, tandis qu'elles persistent jusqu'à cinq et six mois chez les jeunes *Salamandra macu-*

losa; cette abréviation considérable peut devenir encore plus grande, et chez l'*Hylodes martinicensis*, Anoure dont le développement s'effectue en entier dans l'œuf, on ne voit plus de branchies externes perceptibles sur le têtard, bien que probablement le stade *Prosiren* soit encore représenté. Cette abréviation des stades n'arrive que très rarement, peut-être même jamais, à les faire disparaître complètement ; mais enfin elle peut compliquer singulièrement les recherches phylogéniques ; elle est d'autant plus intense que le genre de vie des jeunes s'éloigne plus de celui des ancêtres, surtout chez les espèces vivipares à développement intra-maternel.

Une autre cause modificatrice encore plus puissante est l'adaptation au milieu, qui amène au milieu des stades ancestraux l'intercalation de stades nouveaux. Je suppose qu'un animal ait des ancêtres A, B, C, D ; théoriquement ses appendices doivent repasser par les stades D, C, B, A ; mais, si au moment où il est au stade C, par suite de la lutte pour l'existence, il est devenu indispensable à la larve d'acquérir de nouveaux appendices défensifs, des piquants, etc., ceux-ci se développeront en constituant ainsi un nouveau stade C', qui n'a jamais existé dans la série des ancêtres, et qui se reproduira constamment dans les descendants de la larve considérée. Ces stades d'intercalation ou stades *cænogénétiques* sont extrêmement fréquents chez les larves à vie libre, et c'est presque toujours à leur influence que sont dues les formes larvaires parfois si variées dans un même groupe (notamment chez les Échinodermes, les Moliusques, les Polychètes, etc.); on comprend qu'il n'est pas toujours facile de décider si un stade donné est véritablement ancestral ou s'il a été acquis après coup pour assurer la vie de la larve ; on arrive généralement à le reconnaître parce que ces stades varient beaucoup dans un même groupe d'espèces, ce qui serait inadmissible s'ils rappelaient un caractère de l'ancêtre commun.

Je ne fais qu'indiquer ces deux causes modificatrices ; il y a encore bien d'autres sources d'erreur à considérer, mais je ne pourrais le faire sans sortir des bornes de cet article. On voit que ce n'est pas chose facile de reconstituer l'arbre généalogique des espèces actuelles, et qu'il faut au préalable des recherches suivies et poussées à fond sur l'organogénie et l'anatomie comparées : je serais heureux si j'avais pu démontrer que c'est malgré tout une entreprise possible, qui ne laisse en somme qu'une place restreinte à la pure hypothèse.

L. Cuénot,
Docteur ès-sciences
Chargé d'un Cours de Zoologie
à la Faculté des Sciences de Nancy.

BIBLIOGRAPHIE

ANALYSES ET INDEX

1° Sciences mathématiques.

Halphen. — Traité des fonctions elliptiques et de leurs applications. *Troisième partie. Fragments.* 1 vol. in-8°; xvi-272 p. (8 fr. 50). *Gauthier-Villars et fils, Paris,* 1891.

On sait que la mort a empêché Halphen de mettre la dernière main au grand *Traité des fonctions elliptiques* qu'il avait entrepris. Deux volumes sont complets : le premier contient un exposé de la théorie de ces fonctions, avec les notations de M. Weierstrass : le second volume contient d'admirables applications à la mécanique et à la géométrie, dues en grande partie à Halphen lui-même, ou renouvelées par lui. Le troisième volume où se « serait déployé dans tout son éclat le talent d'Halphen, rompu aux problèmes les plus abstraits de l'algèbre [1] », était en quelque sorte attendu avec un désir particulier. Il devait contenir les belles et difficiles applications à l'algèbre et à la théorie des nombres. Depuis longtemps, Halphen avait dirigé ses efforts de ce côté et l'effrayant travail auquel il s'était obligé pour mener sa tâche à bien n'a peut-être pas été étranger au dénouement fatal de la maladie qui l'a enlevé dans tout l'éclat de son talent. Il avait accumulé, pour ce troisième volume, une foule de notes, dont quelques-unes étaient entièrement rédigées. C'est de là d'où est sorti ce volume, incomplet sans doute, mais dont la richesse étonnera assurément ceux qui le liront. Ils s'y rendront compte de la manière de travailler d'Halphen, de son goût pour les choses précises et terminées, de sa façon de pénétrer dans les questions jusqu'au roc, de son talent pour voir et montrer le *général* dans les problèmes particuliers qu'il traitait.

La section de géométrie de l'Académie des Sciences à laquelle Mme Halphen avait confié les manuscrits de son mari, chargea M. Stieltjes de trier, de classer les notes relatives aux fonctions elliptiques et de rendre la publication intelligible. Le savant professeur à la Faculté de Toulouse s'est acquitté de sa tâche avec un soin et un dévouement admirables : il aurait certainement été en mesure de reconstituer l'œuvre d'Halphen, et quelques-uns regretteront qu'il ne l'ait pas fait. C'est une œuvre impersonnelle qu'il a accompli, une de ces tâches que l'on qualifie d'ingrates, mais qui n'effraient pas les esprits généreux. Celle-là, d'ailleurs, lui vaudra la reconnaissance de tous les géomètres.

Deux chapitres placés en tête du volume auraient sans doute figuré sans grandes modifications dans la rédaction définitive. Le premier se rapporte à la division d'une période par cinq, pour la fonction $p(u, \omega, \omega^1)$; en posant

$$a = p\left(\frac{2\omega}{5}\right), \quad b = p\left(\frac{4\omega}{5}\right),$$

Halphen parvient, par un calcul très simple, aux équations du sixième degré, qui ont pour racines respectivement $a + b, ab, (a\,b)^2$

Les relations entre les racines de chacune de ces équations sont étudiées avec détail : ces relations manifestent l'existence d'une résolvante du cinquième degré, et l'étude des racines de cette résolvante mène à la résolution de l'équation générale du cinquième degré.

Le chapitre suivant contient une étude détaillée de la division par sept de l'une des périodes et les propositions générales relatives à la division des périodes

par un nombre premier n. Les belles propriétés algébriques de l'équation du $(n + 1)^{ième}$ degré, dont le problème dépend, sont exposées d'une façon lumineuse. L'auteur revient ensuite au cas particulier de $n = 7$ pour former explicitement une des résolvantes du septième degré; c'est l'étude de cette résolvante qui termine le second chapitre, et c'est là qu'apparaissent dans la rédaction les premières lacunes.

Le reste de l'ouvrage contient des « Fragments divers ». Le plus important et le plus complet se rapporte à ce problème de la multiplication complexe dans les fonctions elliptiques, qu'Abel a posé, auquel MM. Hermite et Kronecker ont apporté une si riche contribution, et qui, plus que tous autres peut-être, montre les liens intimes de l'arithmétique et de la théorie des fonctions elliptiques. Le travail d'Halphen, qui d'ailleurs a paru dans le *Journal de Mathématiques pures et appliquées* (4° série, T. V; 1889) concerne la multiplication par $\sqrt{-23}$; il comprend d'ailleurs un exposé général du problème et des méthodes qui permettent de le traiter : celle sur laquelle Halphen attire particulièrement l'attention est *directe* et ramène à une élimination algébrique la recherche du module des fonctions elliptiques à multiplicateur complexe : elle est appliquée au cas de la multiplication par $\sqrt{-23}$ de façon à pousser le problème jusqu'au bout.

Le second fragment intitulé « Parties aliquotes des périodes », complète ce qui a été dit dans les chapitres Ier et II sur la division des périodes. Halphen y expose la décomposition en *groupes* des arguments

$$W_n = \frac{2r\omega + 2r'\omega'}{n}$$

et étudie la décomposition correspondante de l'équation algébrique dont dépendent les quantités $p(W_n)$.

Enfin, le volume se termine par des fragments très précieux sur la théorie de la transformation. Si lisibles que soient ces fragments, grâce sans doute aux soins qu'a pris M. Stieltjes, ils échappent, par leur nature, à une analyse succincte.

« Ces quelques pages, où l'illustre géomètre a laissé ses dernières pensées, seront accueillies par les amis d'Halphen et les admirateurs de son talent avec les sentiments de tristesse et de regrets que nous laisse à jamais sa mort prématurée. »

Nous ne pouvons mieux terminer qu'en citant les lignes où les éditeurs ont laissé voir la profondeur de leur émotion. Tous ceux qui aiment la science seront reconnaissants à MM. Gauthier-Villars de nous avoir donné ce volume, tel qu'il est, et rendront hommage au dévouement de M. Stieltjes, à la piété de Mme Halphen.

J. Tannery.

Weber (H.). — Elliptische Functionen und algebraische Zahlen. 1 vol. in-8°, xiii-504 p. *Vieweg und Sohn. Braunschweig,* 1891.

Dans sa Préface, l'auteur a mis quelques lignes touchantes sur l'émulation qu'il ressentait, alors qu'il composait son livre, en pensant qu'il travaillait la même matière qu'Halphen et la surprise douloureuse qu'il éprouva en apprenant la mort de ce dernier. Tout le monde saura gré à M. Weber de la façon dont il a parlé d'un homme qui occupait dans la science française une place si haute et si particulière.

C'est en effet les applications à l'algèbre et à l'arithmétique, auxquelles devrait être consacré le troisième volume d'Halphen, que M. Weber avait en vue quand

---

[1] Picard (E.) : *Notice sur Halphen.*

il a écrit ces *Fonctions elliptiques*, et l'on sent cette préoccupation, même dans la partie où il expose les propriétés élémentaires de ces fonctions.

La manière d'écrire de M. Weber est très remarquable par sa concision : tout est extrêmement condensé : on en donnera quelque idée en disant que les notions de pure algèbre qu'il a cru, avec grande raison, devoir mettre en tête de la *partie algébrique*, sont contenues dans vingt-cinq pages, et qu'elles comprennent les propositions élémentaires de la théorie des substitutions, la notion du groupe abélien, le concept de corps algébrique, celui de groupe et de résolvante de Galois, les propriétés fondamentales des équations abéliennes, enfin les notions indispensables sur les nombres algébriques entiers et les fonctions algébriques entières d'une variable. La savante concision de l'auteur ne nuit d'ailleurs pas à la clarté, mais elle exige chez celui qui l'étudie une forte tension d'esprit.

Dans la première partie (*Analytischer Theil*), qui contient la théorie proprement dite des fonctions elliptiques, M. Weber prend, comme point de départ, les *intégrales* elliptiques et les formes normales de Legendre et de M. Weierstrass ; il expose dès le début le principe de la transformation dans le sens de Jacobi. Le théorème d'addition est déduit du théorème d'Abel.

Il passe ensuite aux fonctions θ qu'il introduit par un procédé analogue à celui que M. Hermite a rendu familier ; il emploie la notation à deux indices. La théorie de la transformation des fonctions θ est traitée avec détail, et c'est à propos de la transformation que les fonctions σ de M. Weierstrass sont introduites. L'étude des propriétés élémentaires des fonctions elliptiques et des fonctions modulaires, suivie de deux courtes applications, complètent cette première partie.

La seconde partie (*Algebraischer Theil*) débute par un chapitre d'introduction dont il a été question plus haut. Elle contient ensuite la théorie de la multiplication et de la division, des équations de transformation et en particulier des équations modulaires, de la résolution de l'équation du cinquième degré.

La troisième partie (*Zahlentheoretischer Theil*) se rapporte aux applications arithmétiques de la théorie. C'est là la multiplication complexe qui en fait la substance : l'auteur montre les relations intimes de ce problème avec l'étude, dans le sens de Gauss, des formes quadratiques binaires, définies et positives. Il introduit la notion des *invariants* de classe ; il apprend à former les équations algébriques dont ils dépendent (*équations de classe*), et à décomposer ces équations d'après la distinction en *espèces* des formes quadratiques.

Le livre de M. Weber est la première exposition d'ensemble sur un sujet aussi difficile qu'intéressant, et qui ne sera pas épuisé d'ici longtemps. Cette exposition se suffit à elle-même, l'auteur ayant eu soin d'extraire des théories d'arithmétique et d'algèbre qui touchent à son sujet tout ce dont il avait strictement besoin, en renvoyant aux ouvrages spéciaux ceux de ses lecteurs qui voudraient approfondir ces théories. Rien n'est plus utile, pour l'organisation des connaissances dans l'esprit, que la lecture d'un livre comme celui de M. Weber, où viennent se réunir des théories de nature très diverse, dont chacune, prise en elle-même, émerveille sans doute celui qui s'y enferme pour l'étudier par l'étendue de ses développements, mais en lui laissant comme une inquiétude sur la valeur de ces développements, valeur qui fait ressortir la comparaison avec une autre théorie. Tous ceux qui aiment l'algèbre seront reconnaissants envers M. Weber du livre qu'il vient de publier.

J. TANNERY.

Charvet, *Répétiteur de génie rural à l'Ecole d'agriculture de Montpellier*. — **Essais dynamométriques sur le tirage des houes, grappins et bineuses.** *Brochure de 35 pages avec figures dans le texte. Aux bureaux du Progrès agricole et viticole à Montpellier*. 1892.

2° Sciences physiques.

Tumlirz (Dr O.). *Professeur à l'Université allemande de Prague.* — **Théorie électromagnétique de la lumière**, *traduit de l'allemand par G. Van der Mensbrugghe, membre de l'Académie royale de Belgique* (8 fr.). A. Hermann. 8, rue de la Sorbonne, Paris 1892.

L'ouvrage dont M. Van der Mensbrugghe nous donne la traduction est un exposé de la théorie électromagnétique de la Lumière d'après les idées de Maxwell. Il est divisé en deux parties : l'une, préliminaire, intitulée *Propositions générales sur le mouvement de l'électricité dans les corps en repos*, occupe une cinquantaine de pages ; les cent pages qui suivent sont consacrées à la *théorie électromagnétique de la Lumière : Lois de la propagation de la lumière, — corps isotropes ; cristaux; expériences de Boltzmann sur le pouvoir inducteur spécifique des gaz, du soufre. — Réflexion et réfraction de la lumière à la surface de contact de deux milieux isotropes*. Développement complet des formules, d'abord pour les corps isolants, et parfaitement transparents. — Réflexion totale. — développement des formules pour les corps conducteurs, absorbants. — Réflexion métallique, — absorption. — Enfin : *Réflexion et réfraction de la lumière à la surface des mauvais conducteurs anisotropes, et quatre notes supplémentaires* ajoutées par M. Tumlirz à l'édition française. L'un des chapitres les plus intéressants est celui qui se rapporte à la réflexion métallique. Pourquoi faut-il qu'un léger oubli le dépare ? A la page 74 et aux pages 96 et suivantes jusqu'à 116, l'auteur oublie dans l'expression de la vibration le

facteur $\dfrac{2\,\pi}{T}$, qui dépend de la période ; il en résulte

que l'influence de la couleur sur l'absorption et sur la vitesse de propagation n'apparaît pas dans les résultats du calcul, tandis qu'elle est certaine dans les équations différentielles ; origine de la contradiction purement apparente que l'auteur signale p. 76. Malgré cet oubli, d'ailleurs facile à réparer avec un peu d'attention, l'ouvrage du Dr Tumlirz rendra des services aux lecteurs français en les familiarisant avec les conséquences de l'hypothèse de Maxwell, et les engagera à en discuter le bien-fondé, à en examiner les principes dans les leçons plus approfondies mais d'une lecture plus difficile de M. Poincaré. L'impression de l'ouvrage est correcte et agréable.
M. BRILLOUIN.

Buguet (Abel) : **L'année photographique 1891.** 135 p. *in-12* (4 fr.).
Niewenglowski (Gaston-Henri) : **L'objectif photographique** ; *fabrication, essai, emploi*, *in-12 de* 59 *p.* (2 fr.).
Heptworth (T.-C.) : **Manuel pratique des projections lumineuses**, *traduit de l'anglais par Klary*. In-12 de 348 p. (5 fr.). *Trois volumes de la bibliothèque générale de photographie. Société d'éditions scientifiques*, 4, *rue Antoine-Dubois, Paris, 1892.*

L'Année photographique 1891 est le premier numéro d'un périodique annuel destiné à préciser les progrès de la photographie. Cette publication pourra rendre des services sérieux non seulement aux amateurs photographes, mais aux physiciens qu'elle tiendra au courant des recherches faites à l'occasion de la photographie, des décisions prises dans les congrès de photographie ; et quelques-unes pourront à l'occasion être intéressantes. C'est ainsi que les décisions relatives aux unités lumineuses, adoptées au Congrès de 1891, méritent notre attention. Quelques nouveautés sur la photographie des objets très éloignés, sur la fixation et la mesure du temps de pose ; — sur ce dernier point, il y a encore bien des progrès à faire, — l'exposition de la découverte de la photographie des couleurs, des renseignements sur le laboratoire d'essai des objectifs à Kew, rendent l'ouvrage de M. Buguet intéressant pour les personnes qui sont adonnées à la photographie.

L'*Objectif photographique* est un petit ouvrage rempli de détails instructifs. M. G.-H. Niewenglowski a voulu voir lui-même comment se fabrique le verre d'optique, comment se taillent et s'assemblent les lentilles, et il donne des renseignements pratiques d'autant plus utiles à tout le monde qu'ils se trouvent difficilement en dehors des ouvrages industriels. La manière d'essayer soi-même un objectif, d'en apprécier la valeur et d'en assurer la conservation, est brièvement et clairement indiquée.

Le *Manuel pratique des projections lumineuses* est un livre beaucoup trop long pour ce qu'il renferme. Il n'est pas mauvais de savoir avec détails comment est faite une lanterne magique et la manière de s'en servir, mais on peut trouver que 348 pages, c'est beaucoup, surtout pour un ouvrage où il n'est pas question des projections à la lumière électrique. Les procédés, pour obtenir de la photographie des tableaux pour projections sont décrits avec détails, et l'on trouvera, somme toute, bien des renseignements pratiques qui ne sont pas sans intérêt. Etait-il bien utile de traduire l'ouvrage en français? En lisant quelques phrases comme celle-ci : « Si le tableau est entouré par une *cache* circulaire de 3 *inch* un *condensateur* de 3 *inch* 1/2 sera suffisant pour l'éclairer complètement », on se demanderait peut-être plutôt si c'est bien en français qu'on l'a traduit.   Bernard BRUNHES.

Gautier (Henri) et **Charpy** (Georges). — Leçons de chimie à l'usage des élèves de mathématiques spéciales. — *Un volume grand in-8° de 468 pages avec 83 figures dans le texte (Prix 9 fr.).* — *Gauthiers-Villars et fils, éditeurs, 55, quai des Grands-Augustins, Paris,* 1892.

Le traité de MM. Gautier et Charpy, par le but même qu'il vise, est limité à l'étude des métalloïdes. Les auteurs ont relié les monographies de ces corps en faisant précéder leur étude de quelques chapitres de chimie générale. On remarque dans cette première partie le soin mis à préciser les définitions et autant que possible les hypothèses, à faire avec netteté le départ de ce qui est certain de ec qui n'est vrai que dans de certaines limites. On peut espérer que cette netteté pourra faire pénétrer la notion spéciale de la certitude expérimentale dans des esprits disposés plutôt par une teinture de mathématiques à une rigueur toute métaphysique.

Les auteurs exposent assez au long ce qui est relatif aux nombres proportionnels des corps simples (à leur nature, leur détermination expérimentale) et traitent avec sûreté la démarcation de ce qui constitue la notion dite atomique et de la théorie atomique. Peut-être ont-ils été un peu brefs en ce qui concerne cette dernière proprement dite. Quoi qu'on puisse penser en effet de la valeur philosophique de l'hypothèse des atomes (pour notre part elle nous semble bien minime) et bien qu'autrefois en chimie elle ait pu sembler inutile, puisqu'elle n'expliquait que le fait pour lequel elle avait été imaginée, les travaux de MM. Lebel, Van t'Hoff Guye, etc. sur le pouvoir rotatoire, de MM. Van t'Hoff, Arrhénius, Raoult, Ostwald, Van der Waals, etc..., sur les solutions étendues, les conductibilités électriques, l'osmose, etc., ne permettent plus de la considérer comme sans importance. Certes les formules stéréochimiques semblent trop souvent aussi inutiles qu'incertaines ; mais les travaux que nous venons de citer enlèvent cette théorie à l'usage exclusif des imaginations romantiques. Ces questions il est vrai ne peuvent être abordées dans le traité de MM. Gautier et Charpy, et c'est là sans doute ce qui motive leur absence.

Ce n'est pas d'autre part sans une sorte d'humiliation que j'ai vu reparaître, bien que précédée partout de la notation courante, cette antique et peu vénérable notation équivalente. On se demande vraiment jusqu'à quand l'enseignement secondaire en France persistera dans des doctrines universellement abandonnées et dont les Etrangers vous demandent avec un air scandalisé ou railleur si on les apprend toujours en France. Mieux vaudrait pour beaucoup, ce me semble, supprimer l'enseignement chimique que le donner de telle façon que plus tard ils ne puissent rien comprendre aux livres qui traitent de cette science. Quel incroyable spectacle nous offre cette espèce d'orthodoxie chimique retranchée contre le progrès dans un ridicule *non possumus* et imposée à toute une nation par la routine !

La partie relative aux équilibres chimiques est bien développée, très claire et donne bien l'idée des phénomènes. Je regrette cependant que les auteurs n'aient pas cru devoir donner la théorie qui relie les divers cas par la considération des vitesses de réaction et des masses en présence. C'est à mon sens une petite lacune. Elle est facile à combler dans une autre édition.

Les monographies des différents corps simples commencent après cette introduction générale aux phénomènes principaux de la chimie et à ses lois numériques. Elles sont disposées dans l'ordre des familles de Dumas, et décrivent successivement les éléments monovalents, divalents, etc. Il faut louer les auteurs d'avoir dans cette partie vérifié les faits transmis de génération en génération et détruit parfois des légendes consacrées par les compilateurs. Il faut enfin constater la forme de l'ouvrage, son arrangement méthodique et son extrême clarté. Il est mis au courant des principaux progrès industriels et garde avec sa destination spéciale un esprit scientifique excellent.   L. DEMARÇAY.

3° Sciences naturelles.

H Wagner. — Geographisches Jahrbuch — *XIV. Band,* 1890/91. 1 vol. *in-8, de VIII-490 p. et 28 feuilles d'assemblage* 1891 *Idem XV. Band,* 1891. 1 vol. *in-8 de VIII-475 p. Justus Perthes, Gotha,* 1892.

Les deux nouveaux volumes du précieux *Annuaire géographique* que la maison Perthes publie sous la direction de M. le professeur H. Wagner sont rédigés sur le même plan que le douzième et le treizième, dont nous avons rendu compte en 1890 (voir le n° 19 du t. I de la *Revue*, p. 615) ; le tome XIV, dont l'impression n'a pu être achevée que cette année, est consacré plus spécialement à la géographie proprement dite ; nous y retrouvons donc les collaborateurs de 1889, sauf quelques modifications dans le chapitre *Voyages et explorations* : l'*Afrique* (1888-89) est traitée par M. Hahn, remplaçant M. Wichmann qui s'occupe désormais des *Régions polaires* (1885-91) ; M. Hahn analyse également les travaux relatifs à l'*Australie* (1885-89). De plus, le rapport de M. le major Heinrich sur l'*Etat de la cartographie officielle* embrasse cette fois, non plus seulement l'Europe, mais tout l'ensemble du globe, en y comprenant les cartes géologiques ; l'examen des tableaux d'assemblage annexés à cet important document montre combien le progrès des levés topographiques est partout rapide. A signaler encore, dans le rapport de M. Wagner sur l'*Enseignement et les Méthodes,* la liste des chaires de géographie qui existent dans les Universités des divers pays de l'Europe, avec le nom des titulaires et l'indication des matières ayant formé l'objet des cours en 1890-91 (p. 412-420), et une intéressante série de notices sur le matériel et les collections géographiques existant dans vingt des principaux établissements scolaires de l'Allemagne et de l'Autriche (p. 420-462) : à cet égard, un retour sur nous-mêmes amènerait plus d'une amère réflexion.

D'après le tableau dressé par M. Wichmann (p. 406), il existait dans les cinq parties du monde, en 1891, *cent treize* Sociétés de géographie, ne comptant pas moins de 52,000 membres. Que de besogne utile pourrait faire tout ce monde là, s'il était toujours bien dirigé !

Le tome XV, comme le treizième, est entièrement affecté aux *Sciences auxiliaires.* En fait de changements survenus dans la rédaction, il n'y a à relever que la retraite de M. Schmarda (la géographie zoologique n'est pas représentée dans le volume) et celle de M. J. Hann, qui a heureusement trouvé un continuateur dans la personne de M. le professeur Ed. Brückner (de Berne), dont chacun connaît la compétence en météorologie. Le rapport de MM. Hergesell et Rudolph sur la *Physique terrestre* est remarquablement complet; celui de M. Toula sur la *Géologie géographique* (1888-90) embrasse un sujet tellement vaste qu'une analyse, même sommaire, de toutes les publications afférentes était impossible; pour une raison analogue M. Gerland, en passant en revue les progrès de l'*Ethnologie*, a dû laisser de côté les travaux concernant les races européennes. Quant aux rapports de MM. Schering sur le *Magnétisme terrestre*, Krümmel sur l'*Océanographie*, Drude sur la *Géographie Botanique*, ils se meuvent dans les sentiers ordinaires.

Nous avons relevé dans la transcription des noms propres un certain nombre d'erreurs, qui ne sont pas sans importance lorsqu'il s'agit, comme ici, d'un répertoire bibliographique : ainsi, XIV, p. 211, *Emile de Beaumont* au lieu de *Elie de Beaumont;* XV, p. 178, *Gerland* pour *Gerlach;* p. 192, *Bruckman* pour *Buckman;* p. 231, *Curier* pour *Curie, Flausand* pour *Flamand;* p. 233, *Mayer* pour *Meyer;* p. 249, *Davidson* pour *Davison, Le Hyades* pour *Hyades*, etc. — Quelques *lapsus* se sont également glissés dans l'orthographe des noms de lieux : ainsi XIV, p. 325, *Bronde* pour *Brioude;* XV, p. 196, *Boucou* pour *Boucau* ; p. 197, *Breton* pour *Bretagne, d'Erbray* pour *Erbray* ; p. 239, *Belli* pour *Belly* ; p. 243, *Dessert* pour *Desert ;* p. 244, *Nantacket* pour *Nantucket*. Ce sont là si l'on veut, des vétilles, mais nous tenions à montrer que l'érudition allemande elle-même n'est pas toujours à l'abri du reproche d'incorrection qu'elle a si souvent adressé aux travaux publiés en France. Ajoutons que, p. 246 (XV), une confusion, qu'on a lieu d'être surpris de rencontrer en pareil lieu, s'est produite entre le Mexique et la Californie.

Emm. DE MARGERIE.

Marès (H.), *Correspondant de l'Institut, membre de la Société nationale d'agriculture de France.* — **Description des cépages principaux de la région méditerranéenne de la France.** *Un volume grand in-folio carré avec 30 planches en chromolithographie et 120 p. de texte (publié en 3 livraisons) (prix 75 fr.).* G. Masson, éditeur, Paris. 1891.

Depuis l'invasion du Phylloxera, l'attention des viticulteurs s'était portée avec juste raison vers les vignes américains résistants. Pendant les premières années de la reconstitution, on s'occupait fort peu des vignes françaises. On avait l'espérance de trouver des cépages américains suffisamment productifs pour pouvoir rétablir, sans avoir recours au greffage, les vignobles détruits.

Cette illusion fut de courte durée. Les viticulteurs ne tardèrent pas à s'apercevoir que les espèces du Nouveau-Monde ne pourraient pas remplacer nos anciennes vignes, et qu'il fallait absolument maintenir les cépages qui avaient rendu célèbre dans le monde entier la viticulture française. Cette question, de la plus haute importance, était résolue par le greffage et désormais, on s'habituait à considérer la vigne américaine comme l'alliée de la vigne européenne.

Au début des plantations de vignes greffées, le vin était rare, de sorte que jusqu'à ces dernières années, on recherchait avant tout une très grande production. Les vignobles reconstitués se composaient d'un nombre fort restreint de nos anciennes vignes et l'aramon formait la base des reconstitutions.

Par suite de l'abondance des produits, on est amené aujourd'hui à modifier cette tendance. Le vin doit posséder certaines qualités, sans quoi il est difficile de le vendre à un prix rémunérateur, aussi cherche-t-on à obtenir des vins meilleurs, et cette tendance s'accusera de plus en plus, puisque l'étendue du vignoble français s'accroît sans cesse. Il faudra donc, à l'avenir, dans le midi de la France, choisir des cépages qui, par leur ensemble, permettront d'allier une bonne production à une qualité suffisante. Pour arriver à ce résultat, il

est nécessaire de connaître les nombreuses variétés de vignes propres à une région déterminée, la diversité de leurs propriétés et les ressources qu'elles peuvent fournir.

M. H. Marès a réuni ses observations faites à ce sujet pendant une longue série d'années, et il vient de faire paraître un ouvrage intitulé : *Les Cépages principaux de la région méditerranéenne de la France.* M. Marès est un de ceux qui connaissent le mieux la viticulture méridionale, et il a beaucoup contribué à son rapide perfectionnement.

Ses travaux sur l'oïdium sont restés célèbres, et les règles qu'il a données en viticulture sont suivies avec soin. L'ouvrage de M. Marès donnera aux viticulteurs les indications les plus sûres. C'est une étude approfondie, aussi complète que précise de tous les cépages du midi de la France. Une chromolithographie de grandeur naturelle accompagne la description de chaque cépage et forme un complément d'une très grande utilité. L'introduction de cette œuvre remarquable est réservée à l'étude des moyens de lutter contre le Phylloxera. M. Marès s'occupe ensuite de la description des espèces américaines, de leur adaptation et de leur résistance, du choix des cépages français, suivant les conditions de milieu et de toutes les opérations viticoles pratiquées depuis l'invasion phylloxérique. En somme, cet ouvrage est une monographie des cépages et des procédés viticoles actuellement en usage dans toute la région méridionale de la France.

MAZADE.

Korotneff (A. de). — **La Dolchinia mirabilis** (*nouveau Tunicier*). — *Mittheilungen aus den Zoologischen Station zu Neapel,* vol. X, 2ᵉ part., 2 *planches.* 1891.

La Méditerranée, sans contredit, est de toutes les mers celle dont la faune pélagique a été le mieux étudiée. Sans parler des recherches longtemps poursuivies par les anciens naturalistes, on sait avec quelle ardeur le personnel de la Station zoologique de Naples et les pêcheurs du pays, stimulés par l'appât d'une récompense, surveillent depuis tantôt vingt ans les eaux du Golfe. C'est là cependant qu'a été découvert, en février 1891, le remarquable Tunicier nageur dont le Dᵣ A. de Korotneff, professeur à l'Université de Kiew et directeur du Laboratoire russe de Villefranche, près de Nice, vient de publier une intéressante étude.

« Ce spécimen inconnu se présente, dit l'auteur, comme un corps cylindrique, mesurant 2 centimètres de diamètre sur une longueur de 35 centimètres environ. » Ce n'est, du reste, qu'un tronçon et la longueur totale de la forme entière doit dépasser beaucoup la dimension indiquée. Cette sorte de cylindre « est gélatineux, transparent et jaunâtre. A travers la transparence, près d'un côté, on distingue nettement l'existence d'un axe, tube colonial. Une secousse imprimée à l'ensemble en fait détacher des êtres salpiformes... L'axe se dénude ainsi rapidement, tout en restant couvert de petits bourgeons. »

Qu'est-ce en réalité que ce type nouveau appelé *Dolchinia?* Ce nom évoque le souvenir de l'*Anchinia* et du *Doliolum*, Tuniciers fort intéressants tous deux et qui ont, l'un comme l'autre, certaines affinités avec la *Dolchinia.* M. de Korotneff se livre à une discussion approfondie des rapports et des différences qui existent entre ces trois genres, lesquels doivent constituer parmi les *Cyclomyaria* d'Uljanin, une famille spéciale. De nombreux détails anatomiques et histologiques sont donnés par l'auteur qui termine son travail par diverses considérations générales sur la philogénie des Tuniciers nageurs.

Il est à regretter que la forme agame de la *Dolchinia* soit encore inconnue. Souhaitons qu'un heureux hasard la mette entre les mains du professeur de Korotneff et lui fournisse l'occasion de compléter l'histoire, si bien commencée, de ce Tunicier remarquable.

Jules de GUERNE.

Henry (Ch.) **Loi générale des réactions psycho-motrices**, in-8°, 37 p. (2 fr.). *F. Alcan, Paris* 1891.

M. Ch. Henry a réuni et résumé dans ce mémoire trois communications qu'il avait faites à l'Association française pour l'avancement des Sciences : 1° sur le principe et la graduation d'un thermomètre physiologique et le cœfficient de dilatation des gaz parfaits; 2° sur l'éducation du sens des formes et du sens de la couleur; 3° sur la dynamogénie et l'inhibition. Ces travaux, si différents en apparence, sont le développement des mêmes principes. Ils tendent tous à démontrer par l'expérience l'existence d'une loi générale des réactions psycho-motrices, qui revêt quatre formes bien distinctes dans les quatre groupes de sensations, envisagés par l'auteur : A. sensations de son, de lumière, de pression, de travail. B. sensations de pigment, d'odeur et de saveur. C. sensations de forme. D. sensations de température. Chez les sujets normaux, il y a, d'après cette loi, anesthésie relative ou hyperesthésie, dynamogénie ou inhibition motrice, suivant que les variations d'excitation sont caractérisées ou non, par des nombres que l'auteur appelle *rythmiques* et qui affectent la forme $2^a, 2^a + 1$ ou sont le produit de 2^a par un ou plusieurs nombres de cette forme. Toutes les sensations peuvent donc se distribuer rationnellement en deux classes : les sensations à type d'expression dynamogène (son, lumière, pigment, odeur, forme, etc.,) et les sensations à type d'expression inhibitoire (température). Ce qui se traduit dans la conscience objectivement sous forme de dynamogénie ou d'inhibition se traduit subjectivement sous forme de plaisir ou de peine. Inhibition et dynamogénie sont en rapport avec des mouvements d'expression qui tous peuvent se ramener à des cycles de rayon variable, et qui expriment les excitations d'une part, et d'autre part le travail physiologique correspondant par des changements de direction dans un plan. « Le problème était de constituer la mathématique symbolique spéciale qui fait attribuer par l'individu normal à tel excitant tel point dirigé (théorie du contraste) et de déterminer les conditions de continuité et de discontinuité d'action de son mécanisme dans l'appréciation de l'écart de deux ou plusieurs points dirigés, suggérés par des variations d'excitation (théorie du rythme et de la mesure). » La méthode a consisté ensuite à vérifier expérimentalement les résultats du calcul. Nous avons essayé d'indiquer le contenu de ce mémoire en nous servant autant que possible des expressions même employées par l'auteur; nous ne pouvons songer à en discuter les conclusions qui sont liées à toute la théorie, si originale, de M. Henry sur la sensibilité et l'expression, dans les étroites limites d'un compte rendu.   L. MARILLIER.

4° Sciences médicales.

Terrier (F.), et **Hartmann** (H.). — **De l'extirpation de l'utérus par la voie sacrée.** — *Annales de Cynécologie, août et septembre* 1891, p. 80 *et* 178.

Deux observations personnelles, rapprochées de 21 autres, permettent aux auteurs de tracer l'histoire de cette nouvelle opération. L'intervention est délicate, exposée à des accidents nombreux : Hémorrhagies, difficulté dans l'ouverture du péritoine que l'on ne reconnaît qu'avec peine, lésion du rectum, de la vessie, de l'uretère ; cellulite pelvienne, pelvi-péritonite, phlegmatia, nécrose d'un fragment osseux réappliqué. etc. Sur 23 cas on relève 7 morts. Aussi cette opération ne peut-elle subir le parallèle avec l'hystérectomie vaginale. Elle mérite cependant d'être conservée pour les cas où cette dernière n'est pas applicable, et est indiquée dans les cancers volumineux et adhérents, surtout lorsque le vagin est rétréci et scléreux.

Passant en revue les divers procédés opératoires employés, incision parasacrée, résection oblique du sacrum et ablation du coccyx, opérations ostéoplastiques, les auteurs insistent sur la nécessité de créer une brèche large, de se donner du jour; c'est le seul moyen d'opérer facilement et d'assurer par là même la guérison de la malade.   Dr Henri HARTMANN.

Netter. — **Étude bactériologique de la bronchopneumonie**; *Arch. de médec. expérim.*, 1892, t. IV, p. 28.

La bronchopneumonie, dans l'immense majorité des cas, chez l'enfant comme chez l'adulte, est toujours due à l'une des quatre espèces pathogènes suivantes : pneumocoque, streptocoque pyogène, bacille encapsulé de Friedlander, staphylocoques de la suppuration.

Le plus souvent, le foyer bronchopneumonique ne renferme qu'une seule de ces espèces microbiennes; mais on peut en rencontrer plusieurs dans le même foyer : c'est surtout le cas chez l'enfant.

Dans la bronchopneumonie de l'adulte, le pneumocoque est notablement plus fréquent que le streptocoque. Chez l'enfant, la fréquence des deux microbes est sensiblement la même.

Les bronchopneumonies à pneumocoques et à streptocoques peuvent être, les unes comme les autres, à noyaux confluents ou disséminés, et la forme pseudolobaire n'est certainement pas spéciale ni exclusivement propre au pneumocoque.

D'une manière générale, les streptocoques se rencontrent dans les bronchopneumonies de la diphtérie, de l'érysipèle, de l'infection puerpérale, les pneumocoques dans les bronchopneumonies au cours des maladies rénales.

Les agents pathogènes de la bronchopneumonie proviennent de la cavité bucco-pharyngée, qui peut les héberger tous chez des sujets sains.   Dr H. HARTMANN.

Wurtz (Dr R). **Note sur deux caractères différentiels entre le bacille d'Eberth et le Bacterium Coli commune.** — *Arch. de Méd. expérim*, 1892, t. IV, p. 84.

En semant dans des milieux légèrement alcalins additionnés de sucre de lait et de teinture de tournesol le bacille d'Eberth et le *Bacterium Coli*, on a au bout de vingt-quatre heures une différenciation des plus nettes entre ces deux micro-organismes. Le *Bacterium Coli* rougit énergiquement le tournesol et développe des bulles de gaz. Le bacille d'Eberth lui laisse sa coloration bleu violet. Si, sur des tubes de gélose, on sème le bacille d'Eberth et qu'au bout d'un temps suffisant de séjour à l'étuve, on racle la surface de culture, le bacille d'Eberth ne se développe pas non plus sur les cultures du *Bacterium Coli* dénudées de la même façon.   Dr Henri HARTMANN.

Balland (A.), *pharmacien principal*. — **Recherches sur les cuirs employés aux chaussures de l'armée.** *Une brochure in-8° de 90 pages. Veuve Rozier, 20, rue Saint-Guillaume. Paris,* 1892.

Un commandant de corps d'armée, recevant récemment les médecins de réserve et de territoriale, leur disait que le premier soin d'un médecin militaire est de veiller à la chaussure des hommes. On comprend l'importance que les officiers et par suite le Ministre de la Guerre attachent à l'état des chaussures des troupes; aussi l'Administration de la Guerre avait-elle chargé M. Balland d'étudier les cuirs employés aux chaussures de l'armée. Nous ne pouvons analyser son travail, qui est très spécial. On y trouve cependant des renseignements intéressants, celui-ci entre autres : les cuirs sont souvent traités par l'acide sulfurique dilué (1/1500 dans le procédé Seguin). L'emploi de cet acide n'offre pas d'inconvénient si les chaussures sont immédiatement utilisées, l'acide étant entraîné par les pluies et la boue; mais il n'en est plus de même pour les chaussures de réserve des approvisionnements de la Guerre. L'acide agit lentement sur les coutures et l'on voit celles-ci céder dès la première étape, alors qu'au moment de l'examen d'entrée aux magasins elles pouvaient être considérées comme bonnes. L. O.

ACADÉMIES ET SOCIÉTÉS SAVANTES

DE LA FRANCE ET DE L'ÉTRANGER

ACADÉMIE DES SCIENCES DE PARIS

Séance du 19 avril.

1° Sciences mathématiques. — M. A. **Tresse** : Sur les invariants différentiels d'une surface par rapport aux transformations conformes de l'espace. — M. **J. Boussinesq** : Calcul de la diminution qu'éprouve la pression moyenne, sur un plan horizontal fixe, à l'intérieur du liquide remplissant un bassin et que viennent agiter des mouvements quelconques de houle ou de clapotis. — M. **Bossoha** revient sur la question de la comparaison entre le mètre des archives et le nouveau prototype international du Mètre, qu'il juge trop court d'environ 2 μ, 5. M. **Fœrster** avait répondu (C. R., 20 septembre 1891) que la comparaison d'un mètre à bouts, comme celui des archives, avec un mètre à traits comme le prototype international, ne peut être fait à une approximation aussi petite que cette valeur ; M. Bosscha maintient que la précision d'une telle comparaison peut atteindre le demi-micron, et que l'erreur du mètre international provient de ce que l'on a admis un coefficient de dilatation trop fort pour le métal du mètre des archives. — M. **G. Le Cadet** : Observations de la comète Swift (1892, mars 6) faites à l'équatorial Brunner de l'observatoire de Lyon. — M. **E. Roger**, dans une précédente communication, avait cherché à exprimer les rapports des distances des planètes au soleil, au moyen d'une exponentielle modifiée par une inégalité périodique ; il indique que l'on obtient une approximation beaucoup plus satisfaisante en introduisant une seconde inégalité périodique, qui d'ailleurs n'influe sensiblement que sur deux planètes, Uranus et Jupiter ; les distances qui séparent chaque planète de ses satellites sont régies par une loi analogue. — M. **Faye** présente d'intéressantes photographies célestes obtenues par M. **Max Wolf** à Heidelberg.

2° Sciences physiques. — A propos des communications récentes de M. Le Châtelier, M. **Crova** rappelle ses méthodes optiques de mesure des hautes températures, qu'il exprimait simplement en *degrés optiques* ; la sensibilité de cette méthode ne laissait rien à désirer ; quant à la traduction des degrés optiques en degrés centigrades effectuée par M. Le Châtelier, à partir de 1600°, elle est d'une exactitude douteuse.

3° Sciences naturelles. — M. **C. Houlbert** a entrepris l'étude du bois secondaire des tiges dans la série végétale au point de vue des caractères anatomiques pouvant servir à la classification ; il donne les résultats de ses premières recherches, relatives aux apétales à ovaire infère. — M. **A. Lacroix** a comparé les cristaux d'*Andalousite* des divers gisements de l'Ariège, et il a reconnu que l'on peut fixer pour ce minéral des formes différentes et caractéristiques suivant la roche qui constitue le gisement. — M. **G. Capus** résume les observations qu'il a pu faire en un grand nombre de points de l'Asie centrale sur le *lœss* si important de cette région ; sa conclusion sur l'origine de ce terrain, c'est que c'est un dépôt aquatique, et non éolien, il est quelquefois nettement stratifié, en alternance avec des couches argileuses ou sablonneuses ; la genèse du lœss par alluvionnement pluvial se poursuit encore à l'époque actuelle.

Mémoires présentés— MM. **Manuel Lévy** et **E. Tarin** communiquent divers résultats relatifs à des perfectionnements qu'ils ont apportés aux procédés de travail de l'aluminium. — M. **F. de Mély** signale un passage de Strabon relatif à un insecte qui attaque la vigne, et décrit les expériences qu'il a entreprises pour appliquer à des vignes phylloxérées le traitement indiqué par Strabon.

Nécrologie. — M. *Abria*, correspondant pour la section de physique.

Séance du 25 avril.

1° Sciences mathématiques. — M. **R. Liouville** : Sur un problème d'analyse qui se rattache aux équations de la dynamique. — M. **Charlois** : Observations de deux nouvelles planètes, découvertes à l'observatoire de Nice les 22 mars et 1er avril 1892. — Le P. **F. Denza** présente une photographie de la nébuleuse de la Lyre avec 1 h. 50 de pose ; l'étude microscopique du cliché révèle des détails qui avaient échappé à l'observation directe ; l'objet situé au centre du fond obscur et considéré comme une étoile se révèle comme un amas, ainsi qu'un objet voisin signalé comme douteux par le P. Secchi. — M. **Tacchini** : Observations solaires du 1er trimestre de 1892.

2° Sciences physiques. — M. **C. Maltezos** propose pour exprimer l'angle de raccordement d'un liquide qui ne mouille pas le verre une nouvelle équation approximative ; il indique en outre une méthode simple pour mesurer directement cet angle. — M. **H. Bagard** a étudié, au moyen d'un dispositif particulier qu'il décrit, les phénomènes thermo-électriques au contact de deux électrolytes. — M. **G. Lippmann** : Sur la photographie des couleurs (Voir le numéro précédent de la *Revue*). — M. **Faye** expose l'historique des théories et des tentatives américaines visant à provoquer un orage, un cyclone, et par suite la chute des pluies, au moyen d'une colonne ascendante d'air chaud ; il montre que de telles expériences ne réalisent aucune des conditions nécessaires à la formation d'un cyclone.

3° Sciences naturelles. — M. **A. Julien**, qui avait formulé antérieurement une loi relative à la position des centres nerveux dans la série animale a légèrement modifié sa formule et l'exprime ainsi : il y a un rapport constant et direct entre la position des principaux centres nerveux et celle des principaux organes sensoriels et locomoteurs. — M. **A. Terreil** donne l'analyse d'une argile chromifère du Brésil. C'est une argile smectique contenant près de 2 °/₀ d'oxyde vert de chrome. — MM. **L. Duparc** et **A. Delebecque** ont analysé les vases et les matières solides des eaux des lacs d'Aiguebelette, de Paladru, de Nantua et de Sylans. Il est probable que pour ces lacs comme pour celui d'Annecy, étudié antérieurement par les mêmes auteurs, les eaux apportées par les affluents s'appauvrissent en matières fixes sous l'influence des organismes vivant dans le lac. — M. **A. de Tillo** expose en un tableau la répartition des terrains occupés par les groupes géologiques suivant les latitudes terrestres ; cette répartition semble complètement irrégulière ; il en est de même de la répartition suivant les longitudes.

Mémoires présentés. — M. **Ribard** adresse une note sur un essai d'explication du magnétisme terrestre. — M. **J. E. Estienne** adresse une note relative au nombre des nombres premiers inférieurs à une limite donnée ; sa formule suppose connus tous les nombres premiers inférieurs à une limite P_n ; il en déduit le nombre des nombres premiers inférieurs à $P_n^2 + 1$, $P_n^2 + 1$ désignant les nombres premiers supérieurs à P_n.

Séance du 2 mai

1° Sciences mathématiques. — M. M. **Hamy** : Sur l'approximation de fonctions de très grands nombres. — M. **P. Appell** traite le problème suivant : soit un système à liaisons indépendantes du temps, sollicité par des forces connues, sa position étant définie par K paramètres géométriquement indépendants ; quelles nouvelles liaisons, au nombre de K — 1, faut-il imposer au système pour que le système a liaisons complètes ainsi obtenu soit *tautochrone*, c'est-à-dire mette le même temps à revenir à une position déterminée, quelle que soit la position initiale dans laquelle on l'abandonne à lui-même sans vitesse.— MM. Rambaud et Sy : Observations des comètes *Swift* (mars 6), *Denning* (mars 18) et *Winecke* faites à l'observatoire d'Alger à l'équatorial coudé.

2° Sciences physiques. — M. A Chassy propose une loi générale pour rendre compte de l'électrolyse ; si dans une substance à formule complexe $M^y R^x$ on remplace par la pensée M^y par une quantité d'hydrogène H^z telle qu'on obtienne un composé hydrogéné connu et nettement défini, M^y est dit *quantité correspondante* de H^x ; la loi s'énonce alors : lorsqu'on électrolyse une substance quelconque, il se dégage toujours à équivalent d'hydrogène ou la quantité correspondante du radical electropositif (pendant que dans le même circuit il se dégage 1 équivalent d'hydrogène d'un voltamètre à eau).— M. F. Parmentier avait signalé antérieurement l'existence de dissolutions anormales telles que, la dissolution du solide étant totale, on ne peut pas obtenir un mélange homogène par addition d'une quantité quelconque de dissolvant ; un excès de celui-ci se sépare. M. Parmentier a trouvé un nouvel exemple de ce fait dans la dissolution de l'éther bromuré de M. Schützenberger dans l'éther. Il examine la saturation à un point de vue général et propose la définition suivante : lorsque des corps peuvent sans combinaison donner un liquide homogène, la solution est dite saturée, quand l'un des corps ajouté en excès à la solution se sépare de cette solution. — M. Ad. Carnot a utilisé la m..thode de dosage du fluor qu'il a exposée précédemment (C. R., 28 mars) pour doser cet élément dans les différentes variétés de phosphates naturels. — M. L. de Saint-Martin ayant noté que la solution chlorhydrique de protochlorure de cuivre n'absorbe pas dans les conditions ordinaires tout l'oxyde de carbone de l'atmosphère avec laquelle on l'agite a été amené à imaginer un procédé permettant néanmoins de doser par ce réactif de petites quantités (de un à dix millièmes) d'oxyde de carbone dans l'air. — M. de Forcrand a repris l'étude thermique de la fonction phénol ; la chaleur de formation du phénate de sodium, phénol solide + Na sol. = phénate sol. + H gaz, = 39 cal. ; cette valeur est intermédiaire entre celle donnée par les alcools et celle donnée par les acides ; en particulier, elle est exactement la moyenne entre la valeur fournie par un alcool tertiaire (le triméthylcarbinol) et l'acide acétique. — M. P. Cazeneuve : Sur une éthylnitrocétone et une acétylnitrocétone dérivées des camphosulfophénols. — M. G. Hinrichs : Détermination de la surface d'ébullition des paraffines normales. — M. G. Denigès a cherché à obtenir des combinaisons des sulfites métalliques avec les bases pyridiques comme il en avait obtenu avec les amines aromatiques primaires ; seuls les sulfites neutres de zinc et de cadmium se sont combinés à la pyridine pour donner des composés de formule SO^3, M', $C^5 H^5 Az$; les autres bases pyridiques, dans les mêmes conditions de réaction, ne donnent pas de combinaison et mettent en liberté du sulfite métallique pur, probablement par dissociation instantanée d'une combinaison instable. — M. M. Meslans a obtenu le fluorure d'acétyle en faisant réagir divers fluorures métalliques sur le chlorure d'acétyle, il décrit quelques propriétés de ce composé. — M. Ch. Lauth a préparé la *diamidosulfobenzide*; ce corps donne facilement des dérivés diazoïques qui fournissent de belles matières colorantes. — MM. A. Trillat et de Raczkowski ont préparé diverses matières colorantes dérivées de la *tétrazochrysaniline* ; les propriétés colorantes de ces matières sont inférieures à celles de la chrysaniline ; ils ont préparé aussi divers dérivés alkylés

de la chrysaniline, qui ne présentent non plus qu'un intérêt secondaire au point de vue de la teinture.

3° Sciences naturelles. — M. Marey présente des chronophotographies microscopiques, obtenues au moyen du dispositif qu'il a décrit dans la *Revue générale des Sciences*, 15 novembre 1891. — M. Stackler a déterminé la toxicité pour les animaux supérieurs et le pouvoir antiseptique de l'*asaprol* (sel calcique du β naphtol monosulfoné en α) — M. L. Vaillant a étudié quelques poissons des rivières du haut Tonkin rapportés par M. Pavie ; il y a plusieurs espèces nouvelles, M. Vaillant remarque que, malgré le petit nombre de documents dont on dispose, cette faune ichthyologique accuse nettement un caractère mixte, elle est en partie orientale, en partie mantchourienne. — MM. A. Gard et J. Bonnier, en partant de l'étude d'un échantillon de *Cerat aspis Petiti* conservé au laboratoire de Wimereux, examinent les caractères et la position systématique de ce curieux genre de crustacés. — M. P. Hallez expose la loi générale du développement des *Rhabdocœlides* et des *Triclades* (*Turbellariés*). — M. M. Causard a examiné la circulation chez de jeunes araignées, sur quinze genres de Dipneumones ; il expose les résultats de cette étude. — MM. Bleicher et P. Fliche ont retrouvé dans le trias de Meurthe-et-Moselle les *Bactryllum* signalés par Heer dans le keuper des Alpes. Ces organismes, que l'on a comparés à des Diatomées gigantesques (0m001 et plus) constituent un fossile caractéristique du trias supérieur. — M. Ch. A. François-Franck s'est servi de l'action locale de la cocaïne pour diverses recherches de physiologie générale; injectée en très petite quantité sous la gaine d'un nerf, la cocaïne en effectue temporairement la section physiologique, la *restitutio ad integrum* du conducteur se produit au bout de quelques minutes. La cocaïnisation locale permet également de supprimer l'excitabilité directe des différentes parties du cœur, ainsi que l'excitabilité réflexe de l'endocarde et de l'aorte. — M. L. Simon décrit un bolide qu'il a observé à Paris le 24 avril dernier.

Mémoires présentés. — M. A. Lissenco soumet au jugement de l'Académie plusieurs mémoires relatifs à diverses questions de mathématiques. — MM. Berrus et Berthot adressent une note sur une nouvelle roue hydraulique horizontale. — M. Merlateau adresse une note sur la théorie de l'injecteur Giffard.

L. Lapicque.

ACADÉMIE DE MÉDECINE

Séance du 19 avril

M. Proust : Rapport sur l'enquête concernant l'épidémie de grippe de 1889-1890 en France ; discussion : MM. Léon Colin, Larrey, Proust et Lancereaux. — M. G. Sée : discussion sur le traitement de la pleurésie.

Séance du 26 avril

M. Ch. Perier : Rapport sur un travail de M. Dubar (de Lille) intitulé : Contribution à l'étude des variétés exceptionnelles de hernies inguinales ; hernie inguinale droite à sac diverticulaire latéral rétro-funiculaire; étranglement produit par l'orifice de communication des deux sacs ; kétotomie ; guérison. — M. Panas : Rapport sur un mémoire de M. E. Landolt, intitulé : De l'abus du mercure dans le traitement des maladies des yeux. — Discussion sur le traitement de la pleurésie : MM. A. Guérin, Peter, Verneuil, Hardy et G. Sée.

Séance du 3 mai

M. Nivet (de Clermont-Ferrand) est proclamé *associé national*. — Suite de la discussion sur le traitement de la pleurésie : MM. Dujardin-Beaumetz, Peter, L. Colin, Dieulafoy. — M. Lancereaux : Sur la fièvre pleurétique. De la communication de l'auteur il résulte qu'il existe une maladie de la plèvre qui, à cause de sa lésion constante et de son évolution, mérite le nom de *fièvre pleurétique.* La thoracentèse doit être appliquée dans les diverses périodes de la maladie. Le moment le plus opportun est celui où la fièvre vient à tomber.

SOCIÉTÉ DE BIOLOGIE

Séance du 2 avril.

MM. **Alezais** et **d'Astros** décrivent la circulation artérielle du pédoncule cérébral. — M. **Petrini** a constaté dans le pancréas du chat la présence de nombreux corpuscules de Paccini et de ganglions nerveux. — MM. **Athanasesou** et **Grigoresou** ont expérimenté l'action physiologique du butylchloral; comme le chloral ordinaire, ce corps exerce une action soporifique chez tous les animaux, mais il est plus actif, plus toxique et aussi plus irritant que son homologue. — M. **E. Bataillon** répondant à M. Metchnikoff, relativement à la phagocytose musculaire, insiste sur ce point que toutes les figures publiées par M. Metchnikoff sont susceptibles d'une interprétation autre que celle donnée par cet auteur. — M. **Pilliet** a étudié l'état de la rate chez les vieillards : cet organe présente les signes d'une dégénérescence, dont les traits constants sont la sclérose de la capsule et des travées fibreuses; la dilatation des mailles de la pulpe rouge, enfin la disparition plus ou moins totale des éléments de la pulpe blanche. — M. **Charrin** présente un cœur atteint d'une hypertrophie considérable, qui provient d'un singe mort d'une tuberculose rapide. — M. **P. Regnard** rapporte des expériences faites dans le but de déterminer l'action de la dynamite à distance sur les animaux aquatiques; ceux-ci sont plongés par l'explosion dans un état de choc qui disparaît à la moindre excitation. — De nombreux examens pratiqués en Tunisie sur le sang des paludéens par M. **Arnaud**, il résulte que : 1° l'hématozoaire décrit par M. Laveran existe constamment; il est pathognomonique; 2° les diverses formes observées sont des états successifs d'un même parasite polymorphe et non des espèces différentes. — M. **Henneguy** a étudié le développement de l'endoderme chez l'embryon du lapin pendant les premiers stades; cette étude l'a amené à décrire un *endoderme ombilical* comparable à l'endoderme vitellin des oiseaux, tant au point de vue de sa fonction physiologique qu'au point de vue de sa constitution histologique. — M. **Brivois** : De l'électrolyse médicamenteuse cutanée (passage à travers la peau sous l'influence d'un courant voltaïque de chloroforme se retrouvant dans les urines).

Séance du 9 avril.

M. **Galezowski** rapporte un cas d'astigmatisme variable, chez une hystérique, astigmatisme qu'il rapporte à la contracture partielle du muscle accommodateur. — M. **A. Robin** à propos du travail de M. Vianna (séance du 26 mars) rappelle qu'il a signalé en 1887 les propriétés antiseptiques de l'antipyrine. — M. **Ch. Richet** présente, au nom de M. **Triboulet**, un chien atteint de chorée expérimentale; cet animal avait reçu, il y a quatre mois, deux cent. cubes de la culture d'un micro-organisme recueilli dans le sang d'un chien choréique. — M. **Gley** a constaté que chez les chiens privés de pancréas, l'élimination de l'acide salicylique par les urines à la suite de l'ingestion de salol, suit la même marche que chez les chiens normaux. M. Gley donne la relation des expériences qui lui ont montré que le bromure de potassium s'oppose chez le chien thyroïdectomisé à l'apparition des accidents convulsifs. — M **Gréhant** présente un manomètre métallique inscripteur destiné aux recherches sur la pression du sang. — MM. **Gilles de la Tourette** et **Cathelineau** discutent les expériences de M. Féré relatives à l'inversion de la formule des phosphates dans l'épilepsie; la caractéristique de l'attaque hystérique consiste d'ailleurs dans une modification de la composition totale de l'urine et non exclusivement dans les variations relatives aux phosphates. — M. **E. Hédon** décrit un manuel opératoire par lequel il a réussi à greffer chez des chiens une partie du pancréas sous la peau du ventre, la glande conservant tous ses caractères. — MM. **Hédon** et **J. Ville** ont recherché si la graisse alimentaire est modifiée par son passage dans l'intestin des chiens après fistule biliaire et extirpation du pancréas; après l'ingestion de graisse neutre, on retrouve dans les feces une proportion notable d'acides gras libres. — MM. **Achard** et **J. Renault** ont fait de nouvelles recherches sur le micro-organisme de l'infection urinaire; voici leurs conclusions : sous le nom de *bactérie pyogène*, on a décrit plusieurs types de microbes très voisins les uns des autres. Le *Bacterium Coli* est un de ces types, le *B. Lactis aerogenes* (Escherich) en est un autre; la distinction entre ces types est démontrée par le fait que chacun d'eux pousse sur les milieux épuisés par la culture de l'autre. — M. **A. Railliet** : Recherches sur la transmissibilité de la gale du chat et du lapin due au *Sarcoptes minor* (Furst). — M. **Azoulay** indique une position du sujet qui réalise les meilleures conditions pour la constatation du pouls capillaire sous-unguéal. — M. **L. Blanc** a étudié sur un veau *chelionsone* les rapports de la paroi abdominale avec l'amnios chez cette espèce de monstres; ses conclusions diffèrent de celles de M. Dareste sur ce sujet. — M. **Pilliet** a observé la structure suivante sur le muscle de l'aile du *Cybister Rœselii*, fixé au liquide de Flemming; les fibrilles dissociées se montrent homogènes; dans leurs intervalles sont de petits grains rangés régulièrement qui donnent à la fibre son aspect transversalement strié. — M. **Laulanié** a étudié la marche de la température, du rayonnement et des échanges respiratoires chez les animaux soumis à une asphyxie incomplète; les animaux adultes se relèvent rapidement du refroidissement causé par l'asphyxie, grâce à des combustions respiratoires énergiques; chez les animaux jeunes, cette suractivité réparatrice des combustions fait défaut et la température ne remonte que lentement.

Séance du 23 avril.

M. **Clado** : Appendice cœcal, anatomie, embryologie, anatomie comparée, bactériologie normale et pathologique (mémoire lu à la séance du 30 janvier). — M. **Grigoresou** décrit la façon dont il opère dans les expertises médico-légales, pour reconnaître au microscope les hématies humaines dans les taches de sang desséché. — M. **Féré** répond à M. Gilles de la Tourette relativement à l'inversion de la formule des phosphates dans l'hystérie et l'épilepsie. — M. **J. Voisin** a fait faire le dosage des phosphates alcalins et des phosphates terreux sur quarante urines d'hystériques et soixante d'épileptiques; les premières ont donné deux fois l'inversion de la formule des phosphates, les secondes, trois fois, dont deux fois à la suite d'accès, et une dans une période tranquille du malade. — M. **Olivière** relève les nombreuses causes d'erreur qui entachent les procédés employés pour le dosage de ces éléments dans l'urine. — M. **Fabre-Domergue** critique le travail de M. Soudakewitch paru récemment dans les *Annales de l'Institut Pasteur* et dont M. Metchnikoff a accepté les conclusions; les formes décrites et figurées comme des coccidies parasites des cancers épithéliaux, semblent à M. Fabre-Domergue être de simples formes de dégénérescence des cellules épithéliales; car on peut observer toutes les figures intermédiaires entre celles décrites comme coccidies et les cellules cancéreuses typiques. — M. **F. Tourneux** étudie la structure et le développement du fil terminal de la moelle chez l'homme. — M. **P. Regnard** a examiné dans des tubes verticaux maintenus à l'abri de variations de température, la façon dont l'oxygène diffuse dans l'eau; l'eau soumise aux expériences était additionnée d'indigo blanc dont le bleuissement progressif permettait de suivre la marche de la diffusion; l'auteur tire de ces expériences des conclusions relatives à la façon dont l'oxygène parvient et se renouvelle dans les grands fonds océaniques, c'est-à-dire à la respiration de la mer. — M. **Azoulay** conseille, pour entendre plus nettement le double souffle crural de l'insuffisance aortique, de coucher pendant l'auscultation le malade sur le dos, les membres relevés.   **L. Lapicque.**

SOCIÉTÉ FRANÇAISE DE PHYSIQUE

Séance du 6 mai

La séance a été remplie entièrement par la communication de **M. Lippmann**, relative aux nouveaux résultats, d'importance capitale, obtenus par l'auteur dans la question de la photographie des couleurs. En premier lieu, il a considérablement accru la sensibilité des plaques et il a pu les rendre suffisamment isochromatiques, de telle sorte qu'il obtient maintenant, en quelques secondes, 20 ou 30, la photographie du spectre, simultanément dans toutes ses parties, sans être obligé de recourir à des poses successives au travers de différents verres colorés. D'autre part, il a abordé le problème de la photographie des couleurs composées, c'est-à-dire des couleurs réelles des objets qui nous entourent. Les épreuves si brillantes, projetées devant la Société, montrent que ces couleurs se reproduisent aussi fidèlement et avec autant d'éclat que les couleurs simples du spectre. C'est d'abord la photographie d'un disque formé de quatre secteurs de couleurs différentes : rouge, vert, bleu, jaune. — Puis un groupe de drapeaux franco-russes. L'écusson rouge se détache nettement au centre de l'aigle impériale. La couleur complexe par excellence, le blanc, est parfaitement visible dans le drapeau français. — C'est ensuite un plat d'oranges finement modelées avec un pavot au-dessus ; — une perruche aux couleurs les plus vives ; — enfin deux épreuves parfaites d'une branche de houx garnie de ses petits fruits rouges. Dans ces dernières épreuves, on perçoit les moindres détails, ainsi que les différences de nuances dans les diverses parties des feuilles. Ces deux photographies sont en outre particulièrement instructives en ce qu'elles ont été obtenues, non plus avec un éclairage intense, comme le plein soleil ou la lumière électrique, mais à la lumière diffuse, simplement en prolongeant la pose. Après avoir montré ces merveilleux résultats, **M. Lippmann** aborde la théorie du phénomène. Il montre que la théorie si féconde qui l'avait conduit à prévoir la possibilité de photographier les couleurs simples, permet aussi de rendre compte de la formation des couleurs complexes. Tout d'abord il confirme la théorie relative à la photographie du spectre par deux expériences qu'il a lui-même récemment décrites dans cette *Revue* [1], l'une relative aux changements de couleur, des photographies lorsqu'on les regarde sous des incidences de plus en plus rasantes, l'autre qui consiste à dilater l'épaisseur des diverses lames minces formées dans la couche en mouillant la plaque. Les couleurs ont alors disparu. Après quelques instants, on voit, à mesure que la plaque sèche, les couleurs réapparaître successivement : le rouge rentre par l'extrémité qui était primitivement violette, puis vient progressivement reprendre sa place, et les diverses couleurs arrivent de même à sa suite. M. Lippmann développe ensuite les considérations théoriques qui permettent d'expliquer la reproduction des couleurs complexes. Il montre qu'il y a là un simple phénomène de superposition de vibrations simples de périodes diverses donnant naissance, par leur résultante, à une onde complexe, mais encore périodique, analogue à ces ondes qu'on rencontre en acoustique dans l'étude du timbre. Enfin il montre comment ces plans, ces lames minces d'argent réduit, superposées dans l'épaisseur de la plaque, doivent redonner, sous un éclairage de lumière blanche, les couleurs mêmes qui leur ont donné naissance. La démonstration analytique est assez longue, mais le point de départ est facile à saisir, car les lames minces d'argent forment un réseau en profondeur ; on

[1] *Revue générale des Sciences*, n° du 30 janvier 1892, p. 44, § V.

peut alors appliquer à ce problème la méthode de la courbe de M. Cornu, relative à la diffraction.
       Edgard Haudié.

SOCIÉTÉ MATHÉMATIQUE DE FRANCE

Séance du 4 mai

M. Hermann montre qu'on peut, avec une sécurité absolue, chiffrer un document en se servant d'une clef indéfinie prise dans un livre qui n'est pas tenu secret. Il emploie pour cela la méthode cryptographique suivante : les lettres de l'alphabet étant disposées dans leur ordre normal de a à z sur un cercle, on chiffre une lettre quelconque en avançant sur le cercle d'un rang si la clef de cette lettre est a ou b, de deux rangs si elle est c, d ou e, de trois rangs si elle est f, g ou h,............, de neuf rangs, si elle est x, y ou z. — **M. Raffy** fait une communication sur la déformation des surfaces. Il montre qu'on peut obtenir par de simples quadratures des surfaces réelles applicables sur certaines surfaces de révolution et dépendant d'une fonction arbitraire. — **M. Demoulin** complète certaines propriétés infinitésimales des courbes tétraédrales obtenues par M. Jamet dans sa thèse de doctorat, en faisant voir que, si une cubique gauche passant par les sommets du tétraèdre fondamental est tangente à une courbe tétraédrale, non seulement les deux courbes ont même plan osculateur au point de contact, comme l'a démontré M. Jamet, mais elles ont encore même torsion. — **M. Fouret** rappelle la propriété mécanique classique de la lemniscate, d'être la courbe telle qu'un de ses arcs et la corde de celui-ci soient parcourus dans le même temps par un mobile soumis à la seule action de la pesanteur. Cette propriété fut. d'abord attribuée à Füss qui la donna en 1815 à l'Académie de Saint-Pétersbourg, puis à Saladini qui l'avait présentée en 1804 à l'Institut national d'Italie. M. Fouret vient de la retrouver dans le traité de mécanique qu'Euler publia en 1736. Il paraît donc incontestable que la priorité en appartient à ce grand géomètre. M. Fouret rappelle à ce propos que M. Ossian Bonnet a démontré que la propriété subsistait pour la lemniscate dans le cas d'une force centrale proportionnelle à la distance et que lui-même a établi qu'aucune autre loi de force centrale ne pouvait donner lieu à la même propriété, non seulement pour cette courbe mais pour une courbe quelconque.
       M. d'Ocagne.

SOCIÉTÉ DE PHYSIQUE DE LONDRES

Séance du 25 mars

M. Herroun : Remarque sur les forces électromotrices des éléments à or et platine. Les manuels récents placent l'or avant le platine dans la série électropositive de Volta, et l'on est ainsi conduit à attendre un plus grand dégagement de chaleur quand l'or se combine au chlore, par exemple, que lorsque c'est du platine. Ce n'est pourtant pas ce qui a lieu : Julius Thomsen donne, pour la chaleur de formation du chlorure platinique une valeur beaucoup plus grande que pour celle du chlorure aurique. L'or serait donc électronégatif vis-à-vis du platine. Les quelques expériences qui ont porté sur des éléments de ce genre conduisent à des conclusions différentes : l'auteur a donc repris le sujet et recherché expérimentalement les forces électromotrices de zinc-platine et zinc-or, les métaux étant plongés dans des solutions de leurs chlorures d'égale concentration moléculaire. Au lieu de chlorure platinique, on a employé une solution de chloroplatinate de sodium. D'après les données thermochimiques de Thomsen, la $f. \acute{e}. m.$ d'une pareille pile zinc-platine serait 1,548 volts : l'expérience donne des nombres variant entre 1,70 et 1,473, suivant les conditions dans lesquelles a été placé préalablement l'élément. La $f. \acute{e}. m.$ moyenne était d'environ 1,525. En faisant produire à l'élément un courant, on réduit notablement la $f. \acute{e}. m.$, mais on la rétablit en partie par le repos.

En renouvelant le chloroplatinate de sodium, on retrouve la valeur initiale de 1,7 volts. L'auteur attribue cette valeur élevée et l'incertitude de la $f.$ $é.$ $m.$ après le passage d'un courant, à l'oxygène dissous. Les éléments zinc-or, les métaux étant plongés dans des solutions de leurs chlorures, donnent des résultats plus constants, le maximum étant 1,855 et le minimum 1,834 volts; les données thermochimiques conduiraient à une $f.$ $é.$ $m.$ de 2,044. En remplaçant une lame d'or par une de platine, la $f.$ $é.$ $m.$ tombe à 1,782. D'autres expériences montrent que l'or est nettement électro-positif vis-à-vis du platine dans l'eau ou l'acide chlorhydrique dilué, mais dans l'eau régale les pôles sont intervertis. M. Ayrton dit que le $f.$ $é.$ $m.$ moyennes sont très voisines des valeurs théoriques, et pense que les différences peuvent être attribuées à l'occlusion de gaz, et ce phénomène, qui n'intervient pas dans les expériences de thermochimie, peut avoir une influence considérable sur la valeur des quantités électriques. Le platine a des propriétés remarquables au point de vue de l'occlusion. M. Enright observe que si un gaz se dégage dans les réactions de la pile, sa valeur thermique doit être déduite. M. Thompson estime qu'une partie du désaccord entre les valeurs calculées et observées pour les $f.$ $é.$ $m.$ peut être due à ce que les calculs n'ont été poussés que jusqu'au premier degré d'approximation. L'expression complète contient, entre autres choses, un terme dépendant du coefficient de variation de la $f.$ $é.$ $m.$ avec la concentration des dissolutions, il dit qu'il a observé des effets semblables avec des solutions de cyanures. M. Herroun répond qu'il a pris soin d'expulser autant que possible les gaz occlus avant de se servir de lames, et qu'il n'y a pas eu de gaz formés dans les réactions. Il répond à M. Thomson que la pile de Clarke a une $f.$ $é.$ $m.$ plus grande que celle qu'on déduit par le calcul des données thermochimiques ; le coefficient de température semblerait donc devoir être positif : en fait, il est négatif. La divergence entre les $f.$ $é.$ $m.$, calculée et observée, peut être attribuée à l'incertitude que présentent les déterminations des constantes thermochimiques des sels d'mercure. — M. Stuart Bruce présente et décrit « un nouvel instrument pour montrer les effets de la persistance de la vision ». L'instrument que l'auteur appelle un *graphoscope aérien* consiste en une baguette de bois étroite montée sur une machine tournante qui lui imprime un mouvement de rotation rapide dans son plan. La baguette est peinte en gris au centre, et la teinte va en se dégradant jusqu'au blanc ; les extrémités sont blanches. En tournant, elle présente l'apparence d'un écran ou d'un disque à peu près uniformément éclairé, à cause de la persistance de l'impression. On peut projeter des vues de lanterne ordinaire sur cet écran aérien et avoir des effets remarquables, car la peinture paraît suspendue en l'air. L'auteur explique que l'on donne à la baguette une teinte plus sombre dans le voisinage du milieu pour donner au disque ou au dessin un éclairement uniforme. En couvrant l'ensemble de la baguette avec du papier blanc, le milieu du dessin qu'on projette est beaucoup plus vivement illuminé que les coins. M. Blackesley remarque que l'effet produit en obscurcissant le centre de la baguette peut être obtenu aussi en peignant des secteurs blancs sur une baguette noire. — M. R.-W. Paul lit une note sur « quelques instruments électriques » et montre les appareils. Il décrit d'abord une nouvelle forme d'ohm-étalon, dont la qualité distinctive est que le fil est enroulé en spirale plate et est renfermé entre deux minces plateaux de laiton. La totalité du fil est ainsi pratiquement au même niveau dans le bain d'eau, et par suite peut-être plus commodément amené à une température uniforme que les bobines qui ont une étendue verticale considérable. Un thermomètre passant à travers le tube central à son réservoir au même niveau que le fil et un autre thermomètre placé dans le bain d'eau au même niveau sert à s'assurer de l'uniformité de la

température. Une nouvelle forme du pont de Wheatstone présente tous les avantages du modèle à cadran, combinés avec de plus grandes facilités pour le nettoyage. Il y a quatre résistances dans chacune des branches de proportion, et les branches de réglage ont quatre groupes de bobines : unités, dizaines, centaines et milles, chaque groupe se composant de dix bobines égales. Les extrémités de chaque bobine sont réunies à des douilles de laiton fixées à côté à environ un pouce de distance, sur de l'ébonite. Les bobines successives sont mises dans le circuit en plaçant dans la douille voulue une cheville reliée par un fil flexible. On a fait des pièces de contact spéciales pour mettre en dérivation deux ou plusieurs bobines de chaque groupe de dix, de manière à avoir de l'exactitude dans la mesure des faibles résistances ou des résistances ayant une capacité. Entre autres avantages, il faut signaler un meilleur isolement, le fait qu'on évite des pertes par les surfaces en facilitant le nettoyage, une faible erreur totale qui est constante et facile à mesurer, sans avoir besoin de détacher les chevilles. Au moyen de deux chevilles mobiles, on peut employer la boîte comme potentiomètre, les lectures peuvent être faites de 1 à 10.000. — L'auteur décrit encore un galvanomètre à réflexion avec divers perfectionnements. La bobine est supportée par un pilier d'ébonite fixé sur un trépied au-dessous duquel, au centre, est fixé un aimant régulateur fondé sur le principe de Siemens, et qui peut pivoter. Le pilier donne un bon isolement d'avec la terre, et l'ajustement du régulateur peut se faire sans faire osciller l'aiguille. Les deux moitiés de la bobine sont enroulées d'après la loi de Sir W. Thomson, et fixées dans des boîtes d'ébonite tournées pour s'y adapter. On peut échanger les boîtes d'ébonite, de manière à employer dans le même état des bobines de grande ou de faible résistance. Les bobines ont des extrémités séparées et peuvent être employées en série ou en dérivation, en différentiel. Le miroir est placé dans une boîte de métal au-dessous de la bobine. M. Crawley pose une question sur la grandeur de l'erreur totale dans la forme du pont de Wheatstone qui est présentée, car il croit que les fils flexibles peuvent la rendre considérable. M. Swinburne répond qu'il a trouvé des variations plus grandes dans les ponts à commutateur que dans les chevilles. M. Thompson pense qu'on ne sait pas généralement que la meilleure forme de bobine galvanométrique dépend, suivant que l'instrument doit servir comme ampèremètre ou comme voltmètre. La forme déterminée par Sir W. Thompson est une bobine voltmètre ; pour un ampèremètre, elle serait beaucoup plus courte dans le sens de l'axe. M. Paul répond qu'il a employé l'une et l'autre forme de bobines, selon l'usage auquel le galvanomètre était destiné. L'erreur totale dans le pont de Wheatstone était très petite et complètement négligeable pour la plupart des cas. Quand on a besoin d'une grande exactitude, l'erreur qui est constante est facile à mesurer et à corriger.

SOCIÉTÉ ROYALE D'ÉDIMBOURG

Séance du 21 mars.

1° Sciences mathématiques. — L'astronome royal pour l'Écosse fait une nouvelle communication sur l'étoile *Nova Aurigæ*. Les conditions atmosphériques étaient remarquablement favorables pour l'observation jusqu'au 11 février, quand l'étoile était de cinquième grandeur ; mais depuis ce temps jusqu'au 18 du même mois, l'observation n'était possible que dans des occasions isolées. Entre le 8 et le 18 l'étoile est tombée de la 6ᵉ à la 9ᵉ grandeur. Au commencement de mars elle était 130 fois plus brillante qu'à présent. Son spectre est maintenant à peu près continu avec des traces de raies brillantes. Ainsi *Nova Aurigæ* présente de plus étroites analogies avec *Nova Coronæ* qu'avec *Nova Cygni* où un spectre d'abord continu, avec des lignes brillantes s'était changé en un spectre discontinu, présentant seulement une ligne brillante près d'une des grandes lignes nébulaires. Une des lignes de *Nova Aurigæ* est très près d'une ligne nébulaire; mais il y a lieu de croire qu'elle est due à une substance autre que celle qui donne la ligne nébulaire.

2° Sciences physiques. — Le prix Keith pour 1889-91 est décerné à M. Omond directeur en chef de l'Observatoire météorologique de Ben-Nevis, pour ses contributions à la science météorologique et le prix Makdougall-Brisbane pour 1888-90 à M. Ludwig Becker pour son mémoire sur le spectre solaire aux moyennes et aux basses altitudes.

3° Sciences naturelles. — M. Traquair lit une note sur les *Selachii* fossiles qui renferment 5 espèces nouvelles.

Séance du 4 avril.

1° Sciences mathématiques. — M. Thomas Muir lit une note sur un problème de Sylvester relatif à l'élimination et aussi une note sur une démonstration du professeur Cayley, de ce fait qu'un triangle et son réciproque sont en perspective.

2° Sciences naturelles. — M. Berry Haycraft communique une contribution à l'anatomie de la *Sutroa*, par M. Beddard.   W. Peddie.
         Docteur de l'Université.

SOCIÉTÉ PHILOSOPHIQUE DE MANCHESTER

Séance du 23 février

1° Sciences physiques. — Une discussion a eu lieu au sujet de la nouvelle théorie du magnétisme terrestre de M. Henry Wilde, au cours de laquelle M. Faraday annonce que M. C. A. Schott du *United States Geodetic Survey*, a trouvé dans l'histoire des variations magnétiques des nouvelles confirmations de la théorie de M. Wilde.

2° Sciences naturelles. — M. W. Brockbank lit une note sur la coloration artificielle des fleurs. L'auteur a fait, en collaboration avec M. W. Dorrington, un grand nombre d'expériences sur la coloration des fleurs au moyen des matières colorantes dérivées de l'aniline. Ils se sont servis surtout d'une matière écarlate et d'une « indigo-carmine », qu'ils ont reconnue être les couleurs les plus avantageuses. L'indigo, la cochenille, et le sulfate de cuivre ne donnent pas d'aussi bons résultats. Au bout de quelques heures (6 à 12), des fleurs coupées placées dans une dissolution étendue de la matière colorante, ayant à peu près la teinte du vin de Bordeaux, se colorent, soit d'une manière uniforme, soit en bandes, etc. L'auteur croit que cette manière de teindre les plantes aura une importance considérable, pour la physiologie végétale. Il montre que ces résultats démontrent que la circulation de la sève de cellule en cellule est inexacte et qu'il y a un système complet de veines dans les plantes. On voit sous le microscope le mouvement de la matière colorante dans ces veines. Il a constaté que les veines débouchent dans les racines en plaçant les fibres de la racine d'une jacinthe dans une dissolution de la matière colorante. En douze heures les pétales des fleurs commencèrent à se teinter et finalement la plante entière. Les veines paraissent sous le microscope comme des tubes à parois unies qui se ramifient de plus en plus à mesure qu'elles s'approchent des bords des feuilles; c'est pour cela que ceux-ci sont en général colorés d'une manière plus intense que les autres parties de la feuille. Ce phénomène a été observé avec les pétales des narcisses et du leucojum, et avec les feuilles de lierre et d'aucuba détachées de leur tige. Les pistils des fleurs se colorent toujours. On a prétendu que les vignes traitées par le sulfate de cuivre donnent du vin contenant du cuivre; les expériences de l'auteur expliqueraient ce fait.

Séance du 8 mars.

1° Sciences physiques. — M. Schunck lit quelques notes sur des teintures des fragments de tissus de laine

trouvés dans des tombes de la basse-Egypte et datant du 5° siècle de notre ère.

Séance du 22 mars

1° Sciences physiques. — M. H. B. Dixon lit un mémoire sur l'explosion d'un mélange d'oxyde de carbone et d'oxygène en présence d'autres gaz. M. Bekétow de Saint-Pétersbourg, a confirmée la découverte de M. Dixon d'après laquelle un mélange d'oxygène et d'oxyde de carbone ne détone pas, mais il a trouvé que l'on peut faire détoner le mélange si l'on y ajoute un mélange de cyanogène et d'oxygène. C'est un résultat que M. Dixon avait trouvé lui-même (sans l'avoir publié). L'auteur a trouvé, de plus, que l'on peut faire détoner ce même mélange en y ajoutant du sulfure de carbone et de l'oxygène, mais ce n'est que 10 °/₀ du premier mélange qui brûle dans ce cas.

2° Sciences naturelles. — M. C. Bailey rappelle à propos des recherches de M. Brockbank les expériences de M. Maxime Cornu sur l'absorption des matières colorantes par les plantes.   P.-J. Hartog.

ACADÉMIE DES SCIENCES D'AMSTERDAM

Séance du 29 avril.

1° Sciences mathématiques. — M. P. H. Schoute s'occupe du déplacement général dans l'espace E^n à n dimensions. Il démontre les trois théorèmes suivants : 1° le déplacement le plus général en E^n se compose, pour n pair, de $\frac{n}{2}$ rotations dans des plans absolument normaux les uns aux autres et, pour n impair, de $\frac{n-1}{2}$ de ces rotations et d'une translation dans la direction normale aux plans de rotation; 2° pour deux figures symétriques X et Y en E^n, il y a toujours un espace E^{n-1} qui coupe X et Y suivant des figures homologues *congruentes*. Les points x et y de X et Y, qui ne se trouvent pas dans cet espace E^{n-1}, en sont à des distances égales de part et d'autre; 3° la figure X de E^n peut être transformée dans la position symétrique Y par un déplacement à travers un espace E^{n+1} dont E^n fait partie. Ce déplacement se représente par le déplacement le plus général en E^{n+1}, une des rotations mesurant un angle égal à π. — M. J. C. Kapteyn fait connaître le résultat de ses recherches sur la distribution des étoiles dans l'espace. D'abord l'examen des différents types spectraux, par rapport au mouvement propre, lui a montré que les régions de l'univers les plus proches de notre système solaire contiennent presque exclusivement des étoiles du second type (classes E — L de M. Pickering), tandis que les étoiles du premier type (classes A — D de M. Pickering) se montrent en nombre relativement plus grand à mesure que la distance s'accroît. A une distance correspondant à un mouvement propre d'environ 0″08, les nombres des étoiles des deux types sont égaux. Pour des étoiles plus grandes, le nombre relatif des étoiles du premier type croît toujours, de manière qu'à la distance moyenne des étoiles de Bradley, dont le mouvement propre devient insensible, le nombre des étoiles du premier type surpasse le double de celui des étoiles du second. L'étude de la différence entre l'éclat visuel et photographique des étoiles à mouvement propre considérable l'amène ensuite à croire que, pour l'hémisphère austral, la même loi est de rigueur. Au-delà du parallèle de 25° de déclinaison, les données spectrales font presque absolument défaut. Enfin il énonce trois remarques. D'après la première, le centre de concentration des étoiles du second type se trouve à une certaine distance du soleil dans la direction de 23 heures d'ascension droite, résultat cependant encore bien incertain. Suivant la seconde, les étoiles du premier type ne montrent pas la moindre concentration vers le plan de la voie lactée pour les étoiles à mouvement propre compris entre 0″16 et 0″30, résultat analogue à celui de la distribution uniforme des étoiles du second type, d'après M. Pickering. Et d'après la troisième, les observations s'accordent avec celles qu'on ferait en supposant que l'univers ait la forme d'un globe entouré d'un anneau, formé presque exclusivement d'étoiles du premier type. — M. P. H. Schonte présente un mémoire de M. A. W. Speckmann intitulé : Sur les équations différentielles partielles du second ordre.

2° SCIENCES PHYSIQUES. — M. J. P. Kuenen : Mensurations se rapportant à la surface de M. Van der Waals pour mélanges d'acide carbonique et de chlorure de méthyle. — M. H. W. Bakhuis Roozeboom communique les résultats de ses recherches sur les hydrates du perchlorure de fer et leur solubilité comme l'indique le tableau annexé à la figure ci-jointe :

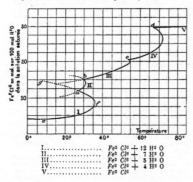

I.................. $Fe^2 Cl^6 + 12 H^2 O$
II................. $Fe^2 Cl^6 + 7 H^2 O$
III................ $Fe^2 Cl^6 + 5 H^2 O$
IV................ $Fe^2 Cl^6 + 4 H^2 O$
V................. $Fe^2 Cl^6$

Celui qui contient la plus grande quantité d'eau, c'est l'hydrate du commerce. Sa solubilité augmente jusqu'à 36°5; cette température où la solution saturée et l'hydrate présentent la même composition est celle du point de fusion f. A travers ce point f, la courbe de solubilité ef se continue par une branche fg qui a été réalisée jusqu'à une température de 8°. Cette branche correspond à une autre solution saturée, résultat qui s'accorde avec ceux des recherches de l'auteur par rapport à $Ca Cl^2$, 6 H² O. Ainsi, sans aucun doute, il y a une analogie parfaite entre la solubilité des hydrates des sels et des hydrates des gaz pour lesquels l'auteur a trouvé antérieurement l'existence de deux solutions saturées à même température. Il est arrivé au même résultat pour $Fe^2 Cl^6$, 7 H² O (cristaux monosymétriques, d'une couleur un peu plus foncée que celle du soufra monosymétrique, point de fusion 37°5), $Fe^2 Cl^6$, 5 H² O cristaux rhombiques d'une couleur rouge-brune, point de fusion 56°), $Fe^2 Cl^6$, 4 H² O (cristaux hexagonaux, d'une couleur rougeâtre, point de fusion 74°). De ces trois substances, la première et la troisième étaient inconnues, tandis que les avis différaient sur la composition de la seconde. Les points d'intersection a, b, c, d des couples I et II, II et III, etc., de courbes de solubilité qui correspondent à des températures de 27°, 30°, 54°, 65°, font connaître des températures minima pour toute la série des liquides dont la composition est comprise entre celles des deux hydrates correspondantes. — M. A. P. N. Franchimont communique une expérience dont il se sert, depuis quelques années, dans ses cours, pour démontrer la nécessité de la présence de l'acide iodhydrique dans la formation de l'iodure d'amidon. Elle consiste dans l'emploi d'une solution chloroformique d'iode dans laquelle l'amidon

bien séché reste intact, tandis que, par quelques bulles d'acide iodhydrique, un iodure d'amidon brun se précipite, lequel par l'eau se colore en bleu. L'acide chlorhydrique n'a pas le même effet. Cette expérience est analogue à celle faite avec le brome et publiée il y a deux ans. — M. H. Behrens parle des alliages et de leur cristallisation. Quelques métaux purs seulement (Al, Cu, Ni) s'approchent de l'état amorphe. La condition principale, c'est une température basse de fusion; le refroidissement soudain ne fait que diminuer les dimensions des cristaux. L'argent pur montre toujours des figures de corrosion, ce qui fait présumer l'existence d'autres substances entre les cristaux. D'ordinaire, les alliages cristallisent plus facilement et plus distinctement. La cristallisation des alliages est accompagnée de décomposition en plusieurs alliages. Pour les alliages de Ag et Au, cette décomposition se montre même dans des quantités très insignifiantes; ainsi l'on peut démontrer 2/1000 de Ag dans du Cu, même quantitavement. On retrouve tous les types de structure des roches cristallines chez les alliages. Le type du réseau rectangulaire (alliages à grande quantité de cristaux à haut point de fusion) est le plus fréquent. Les cristaux isolés (alliages à peu de cristaux à haut point de fusion, comme $Zn + 10 \% Pt, Cu + 10 \% Co$) sont plus rares. Les actions mécaniques, ni même la forge ou le laminage au feu ne détruisent les cristaux. Dans ces opérations, les métaux et les alliages cristallins se comportent comme des corps hétérogènes, ce qui conduit encore à la supposition de la substance intercristalline. Par l'incandescence prolongée, le bronze et l'argent de monnaie ne changent pas. La même résistance s'accuse par le Ni et l'Ag purs. Au contraire, l'incandescence des alliages de Cu et Ni, et de Fe et carbone, fait croître les cristaux, alors qu'en même temps le métal devient de plus en plus fragile.

3° SCIENCES NATURELLES. — M. C. K. Hoffmann présente un mémoire sur « les systèmes urogénitaux des oiseaux. »
SCHOUTE,
Membre de l'Académie.

ACADÉMIE DES SCIENCES DE VIENNE:

Séance du 7 avril

1° SCIENCES MATHÉMATIQUES. — M. L. Gegenbauer : Sur quelques déterminants arithmétiques de rang élevé. — M. Victor Woloki : Recherches sur l'intégration de la différentielle $x^{tp} \sqrt{(a + bx + cx)^{\pm t}} dx$. — M. Sophus Tromholt : « Aurore boréale norvégienne. » Rapport sur le phénomène lumineux observé dans la Norvège en 1878. — M. Margules : « Mouvement de l'air dans un espace sphérique tournant. »

2° SCIENCES PHYSIQUES. — M. Emmanuel Formaneck : « Élimination de l'azote et en particulier de l'acide urique chez l'homme sous l'influence des bains chauds. » — M. Angelo Simonini : Sur la structure des acides gras dérivés des alcools peu riches en carbone. — M. Br. Lachowicz : « Dissociation du phosphate de fer sous l'influence de l'eau et des solutions salines. — MM. Ed. Lippmann et F. Fleissner : « Sur les combinaisons formées par l'acide iodhydrique avec quelques alcaloïdes du quinquina. » — M. Gustav Jäger : « Sur les solutions. » — M Fritz Blau : « Sur l'$\alpha\beta$ dipipéridyle. » L'auteur a préparé l'$\alpha\beta$ dipipéridyle en réduisant par le Na et l'alcool l'$\alpha\beta$ dipyridyle obtenu en partant de la phénantroline de Skraup. C'est un corps solide, fondant à 69°, bouillant à 269°, il donne des sels bien caractérisés, une combinaison nitrosée et réagit sur les chlorures d'acides comme les bases secondaires. — L'$\alpha\beta$ dipipéridyle n'est pas identique avec le dipipéridyle de Liebrecht (hexahydronicotine). Ce fait est en faveur de l'opinion que la nicotine ne peut être considérée comme un dérivé du dipyridyle. — M. J. Herzig : « Notice sur la fluorescéine, la galléine et l'aurine. » En partant de l'idée que les acétylphtaléine et acétylphtaline devaient être identiques, l'auteur a fait une étude très soignée de la fluorescine et de l'acétylfluorescine. La fluorescine décrite par Bæyer comme un corps sirupeux fut obtenue cristallisée. Les acétylfluorescine et acétylfluorescéine ont le même point de fusion 200-201°; cependant ces deux corps ne sont pas identiques, car le second est insoluble dans une lessive alcaline étendue, tandis que le premier s'y dissout facilement et peut être précipité sans avoir éprouvé la saponification. Les produits acétylés de la galléine et de la galline se différencient aussi de la même façon. — M. J. Herzig : « Sur l'acide euxanthonique et l'euxanthone. » Poursuivant ses recherches sur ces composés, l'auteur montre que l'analogie qu'il espérait trouver entre l'acide euxanthonique et la quercitine n'existe pas; par oxydation en liqueur alcaline, la quercitine fournit un phénol et de l'acide protocatéchusique; dans les mêmes conditions l'acide euxanthonique ne donne aucun produit caractéristique. Ce dernier acide traité par l'iodure d'éthyle donne naissance à une substance incolore cristallisable qui présente les caractères de l'acide tétréthyleuxanthonique. L'hydroxylamine produit l'oxime de l'euxanthone composé qu'on n'avait pu obtenir jusqu'ici. — M. Carl Mangold : « Stéréochimie des acides trioxystéariques dérivés des acides ricinusolique et ricinelaïdique. » Ce travail est une communication provisoire sur deux nouveaux acides obtenus par oxydation de l'acide ricinelaïdique à l'aide de permanganate de potasse en solution alcaline. L'auteur montre que ces corps et ceux dérivés de l'acide ricinusolique sont des isomères stéréochimiques. — M. Albert von Obermayer : « Sur les étincelles glissantes ».

3° Sciences naturelles. — M. E. Henricher à Innsbruck : « Etude biologique de l'espèce *Lathræa* » (1re communication.) Ce travail contient les points suivants : 1° sur la formation du fruit et la dispersion de la graine chez les *Lathræa squamaria* et *L. clandestina*. 2° une étude de la floraison du *Lathræa squamaria*; 3° la mise en évidence de corps cristalloïdes à l'extérieur du noyau cellulaire des *Lathræa squamaria*.

Emil WEYR,
Membre de l'Académie.

CHRONIQUE

A PROPOS DES INCIDENTS DE L'HOPITAL SAINT-LOUIS

Nos lecteurs sont assurément au courant de la polémique soulevée par la presse politique, au sujet des soins donnés, à l'hôpital Saint-Louis, aux victimes de l'explosion de dynamite.

Dans *Le Jour*, du 7 mai, M. Charles Laurent a publié sous le titre : « *l'Hôpital où l'on tue* », un article dans lequel il n'a pas craint d'avancer « *qu'on a achevé, dans le service du docteur Péan, les victimes de l'explosion du boulevard Magenta* ». Cette accusation, exprimée en des termes d'une violence que nous préférons ne pas qualifier, ne pouvait manquer de susciter dans la presse de retentissantes controverses.

Nous n'avons pas qualité pour juger les questions administratives qui ont été agitées dans le débat. Mais ce contre quoi nous tenons à protester ici, c'est l'immixtion de la presse politique dans un ordre de faits qui échappe à sa compétence et à celle de nos lecteurs. On ne peut s'empêcher de *hausser les épaules* à la lecture des arguments qui leur sont présentés, — avec quelque prétention scientifique —, par des écrivains médiocrement autorisés. Nous sommes indigné de voir tenter des semblables arguments pour tenter de livrer, en quelque sorte, à la vindicte publique des hommes qui n'en sont plus à prouver leur valeur scientifique. Aujourd'hui, c'est M. Péan qu'on attaque; demain ce sera tel autre de ses confrères. Les savants ne peuvent et ne doivent être jugés que par leurs pairs, et, dans l'espèce, il est ridicule et odieux de vouloir les traîner devant un tribunal d'incompétents.

Nous avons la conviction de traduire ici le sentiment de tous les hommes soucieux de la dignité de la science française en protestant avec énergie contre des tendances qu'il serait humiliant devant l'Etranger et pénible pour nous-mêmes de voir pénétrer dans nos mœurs.

Louis OLIVIER.

NOUVELLES

L'ENCYCLOPÉDIE SCIENTIFIQUE DES AIDE-MÉMOIRE

M.H.Léauté,dans la séance de l'Académie des Sciences du 9 mai, a présenté les douze premiers volumes de l'*Encyclopédie scientifique des Aide-Mémoire* qui, depuis le mois de février, se publie chaque mois avec régularité; il a accompagné cette présentation de la note suivante :

« J'ai l'honneur de déposer sur le bureau les premiers ouvrages d'une grande publication qui vient d'être entreprise, sous ma direction, par les éditeurs bien connus, MM. Gauthier-Villars et G. Masson.

Cette publication, qui porte le titre d'*Encyclopédie scientifique des Aide-Mémoire*, aura un caractère pratique très net, mais conservera en même temps un niveau scientifique élevé ; elle comprendra environ trois cents volumes de petit format embrassant toutes les sciences appliquées, depuis la Mécanique, l'Electricité, la Physique et la Chimie industrielles....., jusqu'à l'Agronomie, la Biologie et la Médecine.

« J'espère que ces ouvrages, très sobres de discussions et de détails, rendront service, sous leur forme condensée, à tous ceux qui, dans le laboratoire ou la vie pratique, s'occupent de recherches ou d'applications.

« C'est dans cette pensée qu'avec le concours de plusieurs de nos confrères de l'Académie et d'un grand nombre de savants français ou étrangers, j'ai arrêté le plan de ces petits livres, qui contiennent d'une part, un exposé théorique très bref et, d'autre part, les indications techniques de toute nature.

« Afin d'accentuer le côté scientifique de l'œuvre, chaque volume se termine par une bibliographie où se trouve mentionné, non tout ce qui a été écrit sur le sujet, mais ce qu'il est utile de lire.

« La publication comprend deux sortes d'ouvrages : les uns, relevant des sciences mathématiques et physiques, constituent la *Série de l'Ingénieur*; les autres, portant sur les sciences naturelles et médicales, composent la *Série du Biologiste*.

« Bien que ces livres soient destinés à des lecteurs de spécialités très diverses et que chacun d'eux traite un sujet particulier, leur ensemble formera une véritable encyclopédie des sciences appliquées à la vie sociale. Les liens qui rattachent la pratique à la théorie seront, grâce au plan adopté, mis en lumière, et l'on est ici, bien des lors en droit d'espérer que cette œuvre, destinée aux praticiens, ne sera pas inutile à la science pure Elle aura ainsi un double but : elle contribuera à introduire dans l'Industrie ces progrès d'ordre scientifique qui seuls peuvent lui permettre de soutenir la lutte, mais, en même temps, elle montrera aux esprits occupés d'applications l'intérêt des recherches spéculatives et fortifiera en eux le respect dû aux travaux désintéressés des savants; à ce double titre, elle mérite, je le crois, les sympathies de l'Académie. »

REVUE GÉNÉRALE

DES SCIENCES

PURES ET APPLIQUÉES

DIRECTEUR : LOUIS OLIVIER

LA PHOTOGRAPHIE CÉLESTE

CONFÉRENCE AU CONSERVATOIRE DES ARTS ET MÉTIERS

MESSIEURS,

Il y a quelques semaines, mon savant confrère, M. Janssen, vous faisait le tableau éloquent des services que la photographie a rendus et doit rendre encore à la science astronomique, « la *science des sciences* », suivant l'heureuse expression par laquelle il commençait son discours. Dans ce brillant exposé, l'habile directeur de l'Observatoire de Meudon a eu surtout en vue l'astronomie physique, c'est-à-dire la description des objets célestes, leur structure, leurs variations d'aspect. Les magnifiques épreuves qu'il a fait passer sous vos yeux vous ont apporté, sous des formes saisissantes, les grands résultats dont il décrivait l'importance et l'intérêt.

Aujourd'hui, je vais aborder devant vous l'exposé d'un autre genre de services rendus à la même science par la photographie. Sous le titre de *Photographie Céleste*, nous comprendrons le concours que la photographie apporte aux mesures astronomiques de haute précision.

Vous savez, en effet, que l'astronomie ne se borne plus, comme au temps des pasteurs de la Chaldée, à la contemplation des astres. Depuis longtemps, son rôle est devenu plus difficile : elle détermine les trajectoires de ces astres, elle recherche les lois de leurs mouvements, de leurs transformations, pour déduire des observations du passé les mouvements et les transformations de l'avenir. C'est du résultat de ces calculs, exécutés plusieurs années d'avance, que le voyageur, dans

les déserts, que le marin, sur les océans, attendent la direction de leur route. Pour ces admirables prévisions, il faut des mesures d'une délicatesse incomparable. Jusqu'à ces derniers temps, on faisait ces observations sur les images visibles au foyer des télescopes et des lunettes. La photographie a ouvert une ère nouvelle : c'est sur l'image des astres fixée à la surface de la plaque sensible que l'on cherche maintenant à effectuer tout ce travail de haute précision.

Il n'est donc pas nécessaire d'insister plus longuement sur l'importance de cette nouvelle méthode. Les développements que je vais vous exposer à ce sujet seront peut-être un peu arides, un peu sévères ; mais j'espère qu'ils vous feront comprendre d'une manière bien nette les grands services que la photographie est appelée à rendre à l'Astronomie de précision et, par suite, à la Mécanique céleste.

Dans cet exposé, je me bornerai à choisir, dans l'ordre historique, les principales étapes des progrès successivement accomplis.

I. — PROCÉDÉS ET APPAREILS

Ces progrès ont toujours été corrélatifs de ceux de la sensibilité des substances impressionnables à la lumière. Ainsi, on a commencé par la photographie du Soleil, dont l'éclat considérable n'exige qu'une sensibilité médiocre. Quand les procédés se sont perfectionnés, avec les collodions, on a passé aux observations de la Lune et des planètes, en un mot des astres errants donnant le plus de lumière par unité de surface. Enfin, les découvertes des plaques extrêmement sensibles, au gélatino-bromure d'argent, ont permis d'attaquer les grands problèmes de la carte céleste, c'est-à-dire l'obtention directe et en quelque sorte automatique de l'image des étoiles fixes.

La carte photographique du ciel offre en effet à peu près tous les genres de difficultés que la photographie a été appelée successivement à vaincre : finesse des images, perfection de la similitude géométrique, compensation du mouvement de l'objet, etc.. Le succès de cette grande entreprise est donc le couronnement de tous les progrès accomplis par la photographie. D'après ces nouveaux perfectionnements, vous devez comprendre que la photographie se prête à l'emploi des méthodes les plus délicates de l'astronomie. Si, sous quelques rapports, la photographie est inférieure à l'observation directe, sous beaucoup d'autres, elle lui est supérieure.

L'infériorité générale de la méthode photographique, c'est la substitution à l'image, en quelque sorte immatérielle, qui se produit au foyer des lunettes et des télescopes, d'une image matérielle, composée de petits grains plus ou moins grossiers. De plus, on utilise, pour la photograhie, non pas les radiations que notre œil perçoit, mais d'autres, peu différentes, il est vrai, mais qui cependant ne sont pas les mêmes ; de sorte que la photographie ne représente pas exactement l'image que notre œil est accoutumé à observer. Si cette dernière altération de la nature de l'image est parfois un inconvénient, il est juste de dire que, le plus souvent, elle constitue un grand avantage, puisque la photographie permet de fixer des détails que l'œil n'aperçevait pas. D'ailleurs, cet inconvénient, comme beaucoup d'autres, a été considérablement atténué par les progrès successivement réalisés. Ces réserves faites, les avantages de l'observation photographique sur l'observation de l'image directe sont considérables : en premier lieu, la simultanéité d'impressions de tous les objets du champ visuel permet d'éliminer, au point de vue des mesures, les petites erreurs d'appréciation qui entachent des observations optiques inévitablement successives. En second lieu, on doit considérer comme un avantage inappréciable l'obtention simultanée, sur une même épreuve, d'un nombre considérable d'objets ou de phénomènes que l'œil aurait été obligé d'examiner successivement. Les cartes d'étoiles que je vous soumettrai tout à l'heure vous montreront combien, en quelques minutes, on peut obtenir d'étoiles sur la même plaque.

Au point de vue des études stellaires, la photo-graphie rend sous ce rapport un service incalculable à l'astronome : elle lui économise un temps précieux ; elle lui permet de mieux utiliser les heures si rares où les observations peuvent être faites favorablement ou encore de conserver l'image fidèle de phénomènes trop rapides pour pouvoir être étudiés au moment où ils ont lieu.

Passons maintenant rapidement en revue les conditions essentielles que doit remplir une épreuve photographique pour se prêter aux mesures de haute précision.

Ces conditions se résument à trois : l'épreuve doit être *fidèle*, *détaillée* et *rapide*. L'épreuve doit être fidèle, c'est-à-dire qu'elle doit présenter les formes générales, sans aucune altération ni *distorsion*. L'épreuve doit être remplie de détails : une image grossière, fût-elle correcte dans l'ensemble, n'aurait, pour l'astronome, qu'une valeur insignifiante. Enfin la rapidité est une condition, en quelque sorte, essentielle : c'est celle qui a guidé le progrès. Tant qu'on n'a eu que des substances peu rapides, l'astronomie n'a tiré qu'un profit médiocre de la photographie ; au contraire, les applications se sont multipliées à l'infini depuis l'invention des émulsions très sensibles.

Voyons comment les appareils d'optique peuvent donner des images fidèles et détaillées.

D'abord, je vous ferai remarquer que ce sont toujours des lentilles, des miroirs, ou des combinaisons plus ou moins simples de ces éléments qui sont chargés de produire, au foyer réel, des images photographiques. Chaque point de ces images est constitué par la réunion des radiations émanées de l'objet lumineux. Or, les radiations utilisées en photographie ne sont pas, nous l'avons déjà dit, les mêmes radiations que celles qui impressionnent notre œil. Vous savez, en effet, que les rayons de la lumière blanche ne sont pas simples, et que la partie qui fournit le plus grand éclat visible, c'est la lumière jaune. En photographie, c'est la partie située entre bleu et violet, au voisinage de la raie G de Frauenhofer, qui correspond au maximum d'impression photochimique.

D'où résulte ce fait bien connu de ceux qui manient les appareils photographiques : à savoir, que la plus grande netteté des épreuves ne se produit pas exactement dans le même plan focal que la plus grande netteté des images visibles.

Avec des lentilles simples le *foyer chimique* est notablement en avant du *foyer visible*, parce que tous les verres réfractent plus les rayons violets que les rayons jaunes ; le point de convergence des rayons verts est donc plus rapproché de la lentille que le point de convergence des rayons jaunes.

Lorsqu'on cherche méthodiquement à obtenir ce foyer chimique, on reconnaît qu'une lentille simple ne donne jamais, sauf dans des cas très particuliers, une très grande finesse d'image [1]. Cela tient à ce que, si le maximum d'impression photochimique a lieu pour les radiations indigo, voisines de G, la radiation bleue, moins réfrangible, et surtout la série des radiations violettes et ultra-violettes, plus réfrangibles, ont une action très appréciable.

Or, ces diverses radiations formant leur foyer en avant et en arrière du plan focal de la radiation de couleur indigo superposent une série d'images imparfaites à l'image principale. Chacune individuellement n'aurait pas grande influence; mais leur superposition, fournissant une *somme* d'impressions, cause un trouble très appréciable sur les contours.

De là, la nécessité de rendre les lentilles achromatiques pour les rayons chimiques, comme on est obligé de les rendre achromatiques pour les rayons visibles lorsqu'on les destine aux observations de pure optique.

. Vous savez comment on y parvient : on accole à la lentille simple convergente (en *crown glass*) une lentille divergente d'un verre particulier (*flint glass*) plus *dispersif*, c'est-à-dire qui, toutes choses égales, offre une différence plus considérable dans la réfraction des couleurs extrêmes, rouge et violet.

Cette lentille additionnelle allonge considérablement le foyer moyen de la lentille convergente, mais elle agit inégalement sur les diverses radiations : elle allonge le foyer du violet plus que celui du rouge, de sorte qu'on arrive à établir la coïncidence entre les foyers des couleurs extrêmes. De là un achromatisme très approché. La comparaison des figures (1) et (2), qui montrent la répartition des foyers des 7 couleurs principales du

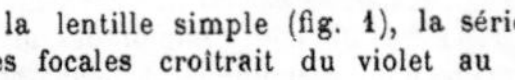

Fig. 1. — Lentille simple.

spectre, vous donnera une idée exacte de ce que produit l'adjonction de la lentille divergente.

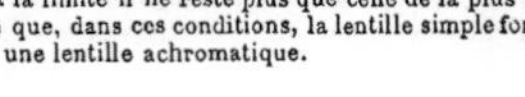

Fig. 2. — Système de 2 lentilles.

Avec la lentille simple (fig. 1), la série des distances focales croîtrait du violet au rouge (VIBVJOR).

Avec le système de deux lentilles (fig. 2) calcu-

[1] On doit citer le procédé que M. Janssen a utilisé très ingénieusement pour la photographie solaire : un temps de pose de plus en plus rapide affaiblit l'action de toutes les radiations; à la limite il ne reste plus que celle de la plus intense; de sorte que, dans ces conditions, la lentille simple fonctionne comme une lentille achromatique.

lées pour donner le meilleur achromatisme visible, la série des distances focales est en quelque sorte repliée sur elle-même, comme le serait un ruban qu'on replierait de manière à mettre en coïncidence deux de ses points; le meilleur effet s'obtient en faisant coïncider le foyer des rayons bleus avec celui des rayons rouge orangé (fig. 2).

On voit, d'après cela, que l'achromatisme obtenu n'est pas rigoureux, puisque toutes les couleurs ne forment pas leur foyer au même point ; mais cependant l'effet est pratiquement très satisfaisant, car les radiations comprises entre le vert et l'orangé, les plus efficaces pour la vue, sont réunies dans un espace extrêmement restreint qui se trouve définir le minimum de distance focale du système.

Cette analyse de l'achromatisme pour les rayons visibles, montre immédiatement comment on doit répartir les foyers pour obtenir le meilleur achromatisme du rayon photographique. Il faut *replier* le spectre de manière que les foyers des radiations les plus efficaces au point de vue photochimique soient resserrés dans la région du minimum de distance focale.

La figure 3 montre la répartition des foyers des

Fig. 3. — Objectif achromatique pour les rayons chimiques.

diverses couleurs d'un objectif achromatique pour les rayons chimiques : le foyer de l'indigo occupe la place correspondant au jaune dans les objectifs achromatisés pour les rayons visibles.

On voit ainsi que, *pour utiliser le mieux possible la plus grande partie, sinon la totalité, des radiations efficaces* d'une source donnée, la photographie exige des objectifs spéciaux, calculés en vue de la région spectrale où la couche impressionnable offre le maximum de sensibilité. Actuellement les émulsions les plus sensibles, dites au *gélatino-bromure*, offrent un maximum très marqué vers l'indigo ; mais si, par le progrès des préparations photochimiques, la position du maximum était modifiée soit du côté de l'ultra-violet, soit de préférence du côté du jaune (ce qu'on recherche avec les plaques isochromatiques), il faudrait changer le calcul des objectifs afin de donner la distance focale minimum à la radiation d'action maximum.

Telle est la condition correcte pour obtenir la meilleure utilisation de la totalité des radiations photochimiques efficaces ; mais, le plus souvent il n'est pas nécessaire d'utiliser toutes les radiations ; la plus intense suffit généralement pour obtenir des images sinon parfaites, du moins très suffisantes : alors la rigueur de l'achromatisme chimique devient secondaire, et l'on peut très bien se contenter de l'achromatisme optique, que les opticiens réussissent en général d'une manière remarquable. La figure 2, qui représente dans ce cas la répartition des foyers des diverses radiations, montre que le foyer des rayons indigo est un peu en arrière du foyer des rayons jaunes : c'est, on le voit, la disposition inverse que présente la lentille simple (fig 1).

On est donc assuré de trouver le *foyer chimique* en le cherchant méthodiquement en arrière du foyer visible, qu'on détermine avec une grande précision[1] : il se trouve généralement à une distance voisine de $\frac{1}{200}$ de la distance focale principale. On comprend, en voyant combien les foyers sont déjà rapprochés, comment on peut obtenir des images relativement bonnes avec des objectifs achromatisés pour les rayons visibles. Si, en outre, l'ouverture angulaire de l'objectif est faible ($\frac{1}{20} - \frac{1}{30}$), on arrive alors à des résultats très satisfaisants, à cause de la *tolérance* subsistant pour la mise au point.

C'est ce qui a permis, dans un certain nombre d'observations, d'utiliser les objectifs des grands équatoriaux (qui remplissent toujours ces conditions de faible ouverture), d'obtenir de très belles épreuves d'astres brillants comme le Soleil ou la Lune, et même d'astres faibles comme les étoiles : nous aurons d'ailleurs l'occasion de revenir plus loin sur ce point.

L'idée si naturelle d'utiliser pour la photographie les grands objectifs astronomiques, dont les qualités optiques sont reconnues, a conduit à rechercher un moyen d'obtenir l'achromatisme chimique sans altérer les courbures des verres de manière à se servir alternativement du même instrument pour les observations optiques ou photographiques.

Rutherfurd, en Amérique, imagina d'ajouter un troisième verre compensateur qui transformait l'achromatisme optique en achromatisme chimique, et c'est grâce à cette adjonction qu'il obtint ces belles épreuves de la Lune, remarquables par la finesse des détails.

Ce procédé a malheureusement le défaut non seulement d'être très coûteux, mais de nécessiter un verre aussi parfait comme matière et comme surfaces que les deux verres de l'objectif employé.

On peut arriver au même résultat à l'aide d'un artifice infiniment plus simple et qui a l'avantage de n'exiger aucun verre additionnel : l'artifice consiste à écarter d'une petite quantité des deux

verres qui composent l'objectif ; on voit en effet, en comparant sur les figures 1, 2 et 3, la répartition du foyer des diverses couleurs, que l'achromatisme optique est un achromatisme chimique *dépassé*, en ce sens que la lentille divergente a allongé la distance focale des rayons indigo plus qu'il ne faudrait pour en maintenir le foyer au voisinage du minimum ; la lentille agit donc d'une manière trop énergique.

On conçoit alors que, pour en diminuer l'influence, il suffise de l'interposer moins près de l'origine des faisceaux convergents à leur sortie du flint : c'est précisément ce qu'on réalise par l'écartement progressif de deux verres, qu'on poursuit jusqu'à ce que la distance focale de l'indigo soit minimum. On constate, à mesure que l'écartement augmente, une amélioration progressive de la finesse des images ; on s'arrête lorsque le maximum de perfection est atteint, car au delà d'un certain écartement (voisin de 1 °/₀ de la distance focale principale), la perfection des images s'altère de nouveau. Dans ces essais méthodiques on se guide sur la différence de position de l'image optique et de l'image photographique, on reconnaît, conformément aux figures ci-dessus, qu'on approche du maximum de perfection lorsque le foyer chimique, d'abord en arrière du foyer optique, l'atteint peu à peu, et finit par passer en avant.

Cette transformation de l'achromatisme des rayons visibles en achromatisme chimique a été employée dans diverses occasions que nous citerons bientôt : elle n'offre que des avantages au point de vue de la facilité des observations des deux genres ; il y a toutefois un petit inconvénient qui empêche de l'appliquer aussi souvent qu'il serait utile de le faire dans les observatoires : l'écartement utile du verre entraîne une diminution notable de la distance focale (environ 7 à 8 °/₀) que la construction antérieure des corps de lunette n'a pas toujours prévu.

J'ai insisté un peu longuement, Messieurs, sur cette question si intéressante de l'achromatisme des objectifs, bien qu'il existe un autre type d'instrument qui donne des images focales rigoureusement achromatiques : ce sont les miroirs concaves ou miroirs de télescope ; mais cette perfection théorique est contrebalancée par un inconvénient pratique qui rend très difficile l'emploi des miroirs pour les images photographiques, particulièrement dans le cas des longues durées d'exposition : cet inconvénient est la déformation accidentelle du miroir qui, altérant la forme de la surface réfléchissante, modifie la distance focale et la perfection des images. Aussi, bien que des observateurs habiles aient obtenu des épreuves admirables au moyen de miroirs, la grande majorité

---

[1] Il suffit de placer dans le châssis porte-plaque une glace présentant des rayures sur la face qui remplace la couche sensible ; avec une forte loupe on met les traits *en* coïncidence avec l'image focale.

des astronomes s'est déclarée en faveur des objectifs pour les études courantes de photographie astronomique, en particulier pour la carte du ciel.

J'ajouterai encore quelques mots pour terminer ces préliminaires un peu pénibles, mais nécessaires pour bien comprendre les conditions à remplir. On démontre, en Optique, que l'intensité d'une image, au foyer d'un objectif, est proportionnelle à la surface libre de l'objectif, et en raison inverse du carré de la distance focale, en un mot, au carré de l'angle sous lequel un point de la plaque sensible voit le diamètre de l'objectif. Donc, quand nous aurons un objet très lumineux, nous pourrons réduire cet angle à être très petit. Par exemple, on peut photographier le Soleil avec un très petit objectif à très long foyer. Si, au contraire, on veut photographier un astre extrêmement petit, il faut prendre une ouverture d'objectif considérable : on est vite arrêté dans cette voie, car, lorsqu'on emploie des lentilles de grande ouverture angulaire trop grandes, on arrive à des aberrations de sphéricité ou à des distorsions, en un mot, à des altérations de l'image focale : on est donc forcé de rester dans des limites assez étroites : on ne peut guère dépasser une ouverture égale à $\frac{1}{12}$, c'est-à-dire « le *pied* pour *pouce* » suivant la règle des opticiens, autant de pieds de distance focale que de pouces de diamètre de l'objectif.

II. — PHOTOGRAPHIE DU SOLEIL, DE LA LUNE ET DES PLANÈTES

Passons maintenant rapidement en revue les progrès successifs de l'application de la photographie aux mesures astronomiques de précision.

C'est par le Soleil, à cause de son énorme intensité, qu'on a commencé. La première couche impressionnable appliquée aux observations solaires est la couche d'iodure d'argent, de Daguerre. Vous connaissez tous ce procédé : aussi ne vous le décrirai-je pas. La plaque iodée, peu sensible pour le portrait, était au contraire trop facilement impressionnable quand il s'agissait d'une épreuve solaire ; il y avait donc une véritable méthode d'observation à imaginer pour utiliser cet agent nouveau.

C'est dès 1845, c'est-à-dire trois ans après la divulgation de la découverte de Daguerre par Arago, que MM. Fizeau et Foucault, sur les conseils d'Arago (qui, dans un lumineux rapport, avait déjà fait pressentir les services que la photographie était appelée à rendre à l'astronomie), ont obtenu la première image du Soleil : non pas une empreinte vague que tout le monde pouvait produire et sans aucune valeur, mais une véritable image astronomique présentant toutes particularités intéressantes de la surface solaire : taches, facules, apparence sphérique bien marquée, etc...

Voici une de ces plaques, que m'a gracieusement prêté M. Fizeau ; c'est la seule peut-être qui existe remontant à une date aussi éloignée. Elle a été obtenue de manière à donner une image de 8 centimètres au Soleil avec un objectif de 10 mètres de foyer, et recevant le faisceau d'un héliostat, avec un écran mobile interrupteur.

Après Daguerre, c'est à M. Fizeau que l'on doit les plus grands perfectionnements dans les procédés photographiques ; car c'est lui qui a découvert la première substance accélératrice, à savoir la vapeur de brome. De plus, il a trouvé la manière de rendre absolument fixe cette image daguerrienne si fugitive, que le moindre attouchement pouvait détruire, en dorant l'épreuve par l'action d'un sel d'or, l'hyposulfite double d'or et soude, composé isolé depuis lors par Fordos et Gelis.

Ces études sont restées à l'état d'essai pendant un certain nombre d'années, et il faut aller jusqu'au delà de 1850 pour trouver une observation régulière du Soleil, non plus par des dessins sur papier blanc, d'après une projection, comme le faisaient Carrington et le P. Secchi, mais par la photographie. C'est à Warren de la Rue que l'on doit la création de l'héliographe pour l'étude méthodique des taches solaires, vers 1854. Le photo-héliographe est un appareil assez simple, qui a l'avantage, non pas d'être le plus correct (la précision n'ayant pas besoin d'être extrême, vu le caractère nébuleux et irrégulier des taches), mais d'être le plus commode des instruments à employer pour les observations courantes de physique solaire.

L'appareil de MM. Fizeau et Foucault était un instrument très précis, se composant d'un objectif et d'une plaque sensible située au foyer même de l'objectif. Mais cette distance focale de 10 mètres était un obstacle pour avoir un appareil pratique. Cet appareil présentait encore un inconvénient : il lui fallait un héliostat, c'est-à-dire un miroir dirigeant le faisceau solaire dans l'axe de la lunette.

L'héliographe de Warren de la Rue à l'avantage, avec une petite longueur, et sans héliostat, de donner une grande image.

Le principe de l'instrument remonte à Galilée. L'illustre physicien avait remarqué que, si l'on dirigeait une lunette vers le Soleil, il suffisait de retirer très légèrement l'oculaire pour obtenir, en arrière, sur un papier blanc, l'image du Soleil avec une très grande dimension et une très grande netteté. Voici d'anciennes gravures du XVIIe siècle montrant des observateurs prenant des mesures avec un compas et l'ombre d'un fil à plomb sur l'image amplifiée d'une lunette de Galilée.

L'héliographe est donc composé d'un objectif

d'environ un mètre de distance focale : l'image réelle produite au foyer est reçue sur une sorte d'oculaire à deux verres, lequel reprend les rayons divergents de cette image et les fait converger à nouveau de manière à donner une image amplifiée qu'on reçoit sur la plaque sensible. Pour obtenir une durée d'exposition suffisamment courte, une lame métallique percée d'une fente, mue par un ressort, se déclenche dans le plan de la première image à la volonté de l'observateur.

Ces grandes images offrent de grands avantages et de graves inconvénients ; je vous demanderai la permission de m'arrêter quelques instants à les décrire ; les avantages résident dans la grandeur et la perfection apparentes de l'image amplifiée : la mise au point, en effet, présente une grande tolérance à cause de la faible ouverture des faisceaux

Fig. 4. — Comparaison de l'image directe et de l'image amplifiée.

angulaires, laquelle est en raison même du grossissement ; l'achromatisme rigoureux n'est donc pas nécessaire : aussi les images photographiques sont-elles faciles à obtenir, et les imperfections dues à la mise au point ne dépassent jamais celles dues au grain de la couche sensible.

L'inconvénient grave de ces amplifications par l'oculaire est la distorsion inévitable des images amplifiées : un coup d'œil jeté sur la figure 4 montre la grande différence qui existe entre l'image directe $a\,b$, formée directement au foyer d'un objectif et celle qui a été reprise et amplifiée en AB par un système oculaire réduit ici à un seul verre $m\,n$.

Chaque point a de l'image directe est formé par le concours de toute la surface de l'objectif LL' : il en résulte que tous les points de cette image sont produits dans les conditions identiques : dès lors, même avec un objectif imparfait, si les images manquent de finesse, du moins ne présentent-elles aucune altération systématique tant qu'on reste au voisinage de l'axe principal.

Au contraire chaque point A de l'image amplifiée est produit par un pinceau particulier $a\,mn$ A. On n'utilise donc pour chaque point qu'une petite portion mn de l'oculaire amplificateur, variable avec le point considéré. D'où il résulte que chaque inégalité dans la taille du verre mn entraîne une erreur systématique dans la position du point focal correspondant, bien que la finesse du détail puisse ne pas être altérée.

L'amplification des images convient donc très bien lorsqu'on veut une peinture à grande échelle

d'un phénomène brillant ; mais elle est à rejeter dans le cas où l'on doit exécuter des mesures de haute précision sur des images qui doivent, avant tout, être affranchies de toute altération systématique.

J'ai l'honneur de faire passer sous vos yeux une série de magnifiques épreuves de la surface solaire, obtenues avec des héliographes à Greenwich, à Meudon ; elles m'ont été confiées les unes par M. Christie, astronome royal, les autres par M. Janssen ; je prie ces savants et habiles Directeurs d'agréer ici l'expression de mes remerciements.

L'un des phénomènes les plus importants que présente le Soleil, c'est celui des éclipses, non seulement au point de vue du phénomène physique, mais aussi et surtout au point de vue de la Mécanique céleste pour le perfectionnement des tables de la Lune. La Lune, vous le savez, permet aux marins et aux voyageurs de déterminer la longitude du lieu où ils se trouvent : les observations lunaires cessent évidemment au moment de la nouvelle lune, sauf dans les cas très rares des éclipses, où l'on peut alors déterminer avec une grande précision la position de notre satellite.

L'observation photographique des éclipses de Soleil s'imposait donc aussi bien au point de vue de la Physique solaire que de la Mécanique céleste ; les astronomes n'ont pas manqué de faire appel à ce nouveau mode d'observation dès qu'il est devenu praticable pour eux.

La première expédition qui ait été faite pour observer une éclipse de Soleil fut celle du 18 juillet 1860. C'était l'époque du grand progrès de la photographie par la découverte du collodion sensible. Les plus illustres physiciens et astronomes prirent part à cette expédition. En Espagne, s'étaient donné rendez-vous : pour la France, Le Verrier et Foucault ; pour l'Angleterre, Warren de la Rue, qui s'était spécialement installé pour photographier les phases du phénomène, surtout en ce qui touchait l'étude des protubérances. Le P. Secchi s'était placé à la station du Desierto de Las Palmas, où Arago et Biot avaient fait naguère leurs observations géodésiques. Enfin, à Batna, en Algérie, le ministre de la guerre avait envoyé une expédition composée de plusieurs membres du corps enseignant de l'École Polytechnique, et commandé par le capitaine Laussedat, aujourd'hui colonel et directeur du Conservatoire des arts et métiers. Au point de vue de la Physique solaire les résultats furent des plus intéressants ; les fameuses protubérances, dont l'existence avait été contestée ou attribuée à des volcans lunaires, furent photographiées et la belle épreuve de Warren de la Rue, dont j'ai l'honneur de projeter devant vous une copie, en est une preuve devenue classique.

Au point de vue des observations astronomiques de précision, le colonel Laussédat, qui avait disposé ses appareils de manière à obtenir des mesures absolues par la photographie, montra d'une manière décisive que la photographie était capable de donner toute l'exactitude requise pour la correction des tables de la Lune. Voici d'ailleurs en projection la série des phases du phénomène observé à Batna, obtenue avec le concours de M. Aimé Girard, aujourd'hui professeur au Conservatoire des arts et métiers, et connu déjà à cette époque par ses belles recherches de chimie photographique.

Voici d'ailleurs l'appareil même du colonel Laussédat : c'est un héliographe horizontal qui reçoit les rayons solaires par réflexion sur le miroir d'un héliostat ; mais (et c'est le point capital au point de vue de la précision des mesures) la lunette de l'héliographe peut, lorsque l'héliostat est enlevé, pointer sur une lunette méridienne qui fournit les coordonnées absolues de l'axe optique de la lunette photographique, et permet de corriger l'influence des petites déviations du miroir de l'héliostat.

Les expéditions les plus importantes qui aient été faites, tant pour l'intérêt astronomique que pour le rôle considérable qu'y joua la photographie, furent celles relatives aux passages de Vénus sur le Soleil le 9 décembre 1874 et le 6 décembre 1882. Il est juste de dire que, dès 1849, M. Faye, le doyen des astronomes français, avait proposé d'employer la photographie pour la plupart des observations de précision du Soleil et, particulièrement, pour les observations du passage de Vénus, afin de les débarrasser de toute intervention de l'observateur : les essais qu'il avait faits, dès 1858, avec Porro, avaient confirmé les prévisions du savant astronome.

Quelques mots, d'abord, sur les passages de Vénus : vous savez qu'ils sont extrêmement rares : ils n'arrivent que deux fois par siècle, et encore pas dans tous les siècles. C'est ainsi que le xxᵉ siècle ne verra pas de passage de Vénus sur le Soleil.

Cette observation si rare est très importante, parce qu'elle fournit la distance du Soleil à la Terre par une méthode entièrement géométrique et indépendante de la construction et de la prévision des tables astronomiques de ces deux astres.

Dans tous les pays, on a organisé des expéditions permettant de faire ces observations où la photographie a joué un très grand rôle. Je n'ai besoin de vous donner l'appareil photographique de l'expédition française de 1874, les autres nations ayant adopté l'héliographe anglais. Voici d'abord l'un des appareils originaux, que nous avons reconstitué : c'est celui de la station de Nouméa ; il rappelle, comme disposition générale, l'appareil du colonel Laussédat avec un miroir et une lunette azimutale, dirigeable sur l'axe de la lunette photographique ; il en diffère par des perfectionnements importants : il s'agissait, en effet, d'obtenir avec les images des mesures de la plus haute précision ; on y est parvenu de la manière suivante :

Pour éviter la distorsion, on a supprimé l'oculaire amplificateur : la longueur de la distance focale (voisine de 4 mètres) fournissait une image solaire suffisante (38 millim. de diamètre).

On a obtenu la perfection optique des images, en employant le procédé d'achromatisme par séparation des verres de l'objectif, reconnu préalablement très parfait pour les images visibles.

Un troisième perfectionnement a consisté à mettre l'écran obturateur au foyer même, à une très petite distance en avant de la plaque impressionnable. Cette disposition permet de conserver toute la puissance optique de l'objectif et d'éliminer l'influence du mouvement diurne par une orientation convenable de la fente de l'obturateur.

Enfin, pour éviter les ondulations des images causées par l'air chaud enfermé dans le tube de la lunette, un ventilateur énergique fonctionnait avant chaque observation et donnait à l'air intérieur une homogénéité très complète de température sur le trajet du rayon lumineux.

J'ajouterai que l'un des perfectionnements, et non le moins important, était l'emploi, par M. Fizean, du procédé de Daguerre pour l'obtention des images : au point de vue de la précision, rien ne vaut, en effet, la surface d'un métal comme réceptacle de l'image ; il n'y a à craindre ni le boursouflement, ni le retrait de la couche sensible lors du développement par voie humide ou de la dessiccation ; de plus la finesse du daguerréotype, procédé un peu dédaigné parce qu'on ne le pratique plus, est merveilleuse lorsqu'on prend les précautions nécessaires. Or, de ce côté, l'expédition française avait un maître incomparable, M. Fizeau, qui avait apporté à la Commission le concours de sa haute expérience tant pour le contrôle de l'appareil optique que pour le perfectionnement du procédé daguerrien.

Voici, du reste, la projection des diverses phases du passage de Vénus sur le Soleil : ce sont des épreuves originales choisies parmi les plus intéressantes. Vous pouvez juger de la netteté des contours du petit disque circulaire de la planète ; cette belle projection est particulièrement difficile à obtenir avec l'épreuve daguerrienne, opaque et miroitante. Vous voyez avec quel succès M. Gustave Tresca, qui a bien voulu aider M. Molteni, a réussi à vaincre les difficultés.

Voici d'autres clichés originaux obtenus au collodion sec et qu'on peut projeter comme les épreuves ordinaires de démonstration.

Ce passage du 8 décembre 1864 a été observé par cinq stations formant autant de missions distinctes, mais munies d'appareils identiques, étudiés longuement avant le départ.

La mission de l'île Saint-Paul était dirigée par M. l'amiral Mouchez; celle de Pékin, par le lieutenant Fleuriais; celle de l'île Campbell, dirigée par M. Bouquet de la Grye; celle du Japon par MM. Janssen et Rismaud, et enfin celle de la Nouvelle-Calédonie par MM. André et Angot.

(*Le conférencier décrit en particulier la mission de l'île Saint-Paul et projette successivement des épreuves relatives aux diverses installations, en particulier la lunette photographique, le miroir et la lunette méridienne conjuguée.*)

Sauf à l'île Campbell où le ciel a été nuageux, l'observation du passage de Vénus a été accomplie dans des conditions favorables; les épreuves daguerriennes ont été mesurées avec des machines micrométriques spéciales et ont fourni une valeur de la parallaxe solaire égale de 8",79; on peut même remarquer qu'au lieu des résultats discordants donnés par d'autres expéditions, le résultat photographique de la mission française a été l'un des premiers à montrer que la valeur 8,85, considérée jusque-là comme la plus probable, était au contraire trop forte.

Je ne dirai rien des expéditions françaises de 1882; le chiffre plus faible que celui qu'on attendait, obtenu en 1874 pour la parallaxe solaire, avait, dans l'esprit de certains savants, jeté du discrédit sur la photographie. On décida d'abord de ne plus faire d'observation photographique au prochain passage; mais on se ravisa au dernier moment et, abandonnant la voie de perfectionnements suivie jusque-là, on adopta le vieil héliographe employé partout. C'était un progrès à rebours, car l'appareil offre à peu près tous les défauts optiques qu'il eût fallu éviter : non-achromatisme, amplification, distorsion, etc., et l'on fit des épreuves sur gélatine. Il est vrai qu'on ajouta au foyer un réseau tracé sur verre pour corriger la distorsion optique et celle de la gélatine; mais la complication du procédé n'a rien de rassurant et n'est pas comparable à l'élégance de l'emploi des images directes sur plaque métallique.

Je passe rapidement sur les épreuves obtenues par la photographie de la Lune. En 1850, l'astronome américain Bond essayait l'expérience sur plaque daguerrienne, mais sans résultat appréciable; depuis, à mesure que les préparations sen-

sibles ont été perfectionnées, les progrès ont été croissants : les premières épreuves qui ont excité une véritable admiration, sont celles de Warren de la Rue, puis de Rutherfurd.

Voici quelques épreuves plus récentes : d'abord une épreuve lunaire obtenue à l'Observatoire de Paris, en 1876, avec l'équatorial de la tour de l'est rendu achromatique par l'écartement des verres; puis une épreuve de la lumière cendrée, exécutée par M. Janssen à Meudon et une épreuve comparative de la pleine lune obtenue en une seconde pour la mesure relative des intensités. C'est, comme vous le voyez, une nouvelle application de la photographie : la photométrie astronomique.

A côté de l'étude photographique de la Lune se place celle des planètes, beaucoup plus difficile, à cause du peu de lumière ou de la délicatesse des détails. Comme curiosité, voici une épreuve de la planète Vénus obtenue au collodion humide, de jour, à 3 heures de l'après-midi, avec l'équatorial de la tour de l'est de l'Observatoire de Paris. Vous voyez la forme en croissant, mais les détails manquent. Vous connaissez, en effet, ce dicton astronomique : « Il n'y a pas de mauvaise lunette pour la lune, mais il n'y en a pas de bonne pour Vénus. » Avec le gélatino-bromure on a pu aller beaucoup plus loin, témoin ces beaux clichés de Jupiter et de Saturne, obtenus par MM. Henry à l'Observatoire de Paris. Enfin, on a pu même photographier les pâles lueurs des comètes : celle que je vous présente a été obtenue au cap de Bonne-Espérance par M. Gill. astronome royal à l'Observatoire du Cap.

III. — PHOTOGRAPHIE DES ÉTOILES

Nous arrivons, maintenant, à la photographie la plus difficile, celle des étoiles. Le ciel stellaire a le privilège d'attirer la curiosité humaine; on espère toujours découvrir quelque chose de nouveau dans ce monde mystérieux; on veut toujours pénétrer plus loin dans ce monde qui ne nous apparait, à première vue, que comme un amas de petits points lumineux, mais qui nous a révélé et doit nous révéler encore tant de secrets!

Dans ce domaine, on n'a pu réussir à obtenir des résultats utiles que par les nouveaux procédés photographiques. Dès 1850, pourtant, Bond était arrivé, aux États-Unis, à obtenir une épreuve daguerrienne de α de la Lyre et α des Gémeaux. Mais le manque de sensibilité des plaques et surtout l'insuffisance du mouvement d'horlogerie destiné à diriger la lunette sur le même point du ciel avait fait abandonner ces essais.

En 1857, le même astronome américain, avec le collodion, est parvenu à obtenir le cliché d'une étoile double, ζ de la Grande Ourse, et à mesurer la distance et l'angle de position des deux composantes de cette étoile avec une précision égale à celle des meilleures observations visuelles. On vit, dès lors, tout l'intérêt de la question.

En 1879, M. Common, un astronome amateur anglais, qui a construit lui-même dans son observatoire à Ealin, près de Londres, de très beaux télescopes, réussit à photographier les étoiles de la constellation d'Orion jusqu'à la neuvième grandeur.

Mais les progrès décisifs ont été accomplis, en 1885, par MM. Henry à l'Observatoire de Paris. Ils étaient occupés, depuis un grand nombre d'années, à continuer la construction des cartes elliptiques de Chacornac jusqu'à la treizième grandeur : ce travail consiste, comme vous savez, à mesurer l'ascension droite, la déclinaison de chaque étoile, à en apprécier la grandeur, puis à reporter les observations sur un papier quadrillé que le graveur ensuite reproduit sur une planche de cuivre. Mais, arrivé au voisinage de la voie lactée, le travail était devenu presque impossible. Ils résolurent d'essayer la photographie, et alors, perfectionnant les procédés de leurs devanciers, ils sont arrivés à des résultats qui ont excité un véritable enthousiasme.

Les étoiles sont relativement faciles à photographier, et voici pourquoi. Leur diamètre apparent est insensible; il en résulte que leur éclat intrinsèque est énorme. C'est parce que notre pupille est extrêmement petite que nous attribuons aux étoiles un éclat faible; pourtant cet éclat est au moins du même ordre que celui du Soleil. On démontre, en physique, que l'éclat intrinsèque de l'image focale d'une étoile est proportionnel au carré de la surface de l'objectif, parce que le diamètre réel est insensible; cette loi est beaucoup plus favorable que celle à laquelle nous sommes accoutumés dans la pratique des observations ordinaires avec des objets de diamètre apparent fixe. Dans ce cas, vous savez que les images focales ont une intensité proportionnelle surtout à la surface de l'objectif employé. De sorte qu'avec un objet visible, si nous voulons avoir quatre fois plus de lumière, nous prenons une ouverture deux fois plus grande. Avec une lunette astronomique ayant un objectif double, nous aurons pour les étoiles une concentration seize fois plus grande. Par conséquent, le problème de la photographie des étoiles est facilité beaucoup par cette condition tirée de la constitution de ces astres et de la nature de la lumière : on peut donc atteindre des grandeurs d'ordre extrêmement élevé.

L'instrument propre à photographier le ciel est composé d'un simple objectif achromatique

ou achromatisé pour les rayons chimiques. MM. Henry, qui sont, en même temps que de savants astronomes, des opticiens fort habiles, sont arrivés à construire couramment des verres dont le foyer chimique réunit au même point le maximum de lumière. Le reste n'est plus qu'une question en quelque sorte géométrique. Il faut faire en sorte que ce petit point lumineux reste immobile, sur la plaque sensible, malgré le mouvement diurne de la voûte céleste. Il y a, pour cela, deux moyens : l'un purement mécanique qui consiste à produire le mouvement parallactique de la lunette en liant automatiquement le mouvement d'horlogerie à une horloge astronomique. L'instrument employé à Greenwich, notamment, construit par M. Grubb, de Dublin, est dans ce cas : les transmissions sont faites par le moyen de l'électricité.

Le second système est mixte : on ne cherche pas à obtenir un mécanisme d'horlogerie absolument parfait, on surveille le mouvement et on le rectifie : la lunette photographique est en effet liée à un pointeur. C'est une lunette jumelle de la première, fixée au même corps et qui offre à peu près la même puissance optique ; il suffit alors de maintenir, sous le fil du réticule, par un moyen de rectification très délicat, l'image de l'une des étoiles qu'on photographie. Voici l'appareil de MM. Henry à l'Observatoire de Paris; vous remarquerez la simplicité de l'appareil, surtout si on le compare à la multiplicité des pièces que présentent certains grands équatoriaux, comme celui de l'Observatoire de Lick (Californie).

La principale difficulté, pour obtenir des clichés utilisables, c'est de se mettre au point. Voici la méthode employée : on cherche méthodiquement (à l'aide d'une graduation faite sur le tube de tirage du porte-plaque) quelle est l'image rectiligne la plus fine que laisse la trace d'une étoile brillante (1re à 4e grandeur) lorsqu'on arrête le mouvement d'horlogerie. On arrive ainsi à resserrer entre quelques dixièmes de millimètre la position exacte du plan de plus grande netteté. Je ne dirai qu'un mot du mode de développement du cliché : tous les procédés indiqués réussissent ; cependant l'oxalate de fer paraît donner la plus grande vigueur. Voici quelques exemples de clichés stellaires.

(Projection des Pléiades ; de l'amas des Gémeaux ; de l'amas de la Crèche ; de l'amas de Præsépé ; de l'amas d'Hercule).

Voici un autre type de cliché avec un quadrillage particulier. Ce quadrillage, provenant d'un réseau tracé sur glace argentée, sert à éliminer les distorsions que la gélatine pourrait subir.

J'appellerai également votre attention sur les clichés multiples où chaque étoile est reproduite deux ou trois fois à une très petite distance, de manière à former un groupe d'aspect reconnaissable par la forme. Ces groupements permettent de reconnaître les fausses images des vraies; elles permettraient aussi de signaler de petites planètes, parce que l'aspect du groupe serait tout à fait altéré.

Les beaux résultats obtenus par MM. Henry ont montré que l'étude méthodique du ciel au moyen de la photographie, en un mot la carte photographique du ciel, devenait possible et avantageuse.

L'initiative de ce grand travail a été prise par M. l'amiral Mouchez, qui a convoqué, sous le patronage de l'Académie des Sciences en 1887, un congrès international, pour décider qu'on entreprendrait de concert, dans tous les pays, la carte du ciel. Les astronomes les plus illustres ont répondu à l'appel et ont étudié le programme de cette œuvre d'un si grand intérêt pour les progrès ultérieurs de l'astronomie stellaire; après discussion, on s'est mis d'accord sur la nature et les dimensions de l'instrument à adopter. C'est la lunette photographique de MM. Henry, achromatisée pour les rayons chimiques de 32 centimètres d'ouverture et de 3 m. 40 de distance focale, qui a réuni tous les suffrages. Actuellement près de vingt observatoires répartis sur toute la surface du globe, possèdent leurs appareils et commencent à photographier les zones qui leur ont été attribuées.

Dans l'accomplissement de ces grands travaux, il est juste de mentionner les collaborateurs de MM. Henry : en effet, il fallait, pour construire ces grands objectifs photographiques, obtenir des verres d'une pureté irréprochable : c'est la maison Feils, dirigée par son habile successeur, M. Mantois, qui s'est chargée de cette tâche difficile : elle réussit si bien qu'elle a, en quelque sorte, acquis pour le monde entier le monopole des verres d'optique astronomique.

La construction de ces lunettes photographiques offrait d'autre part des problèmes difficiles : il s'agit en effet de réunir sur le même instrument, d'abord une stabilité parfaite et ensuite les moyens délicats de rectification nécessaires pour suivre dans le pointeur l'étoile de repère avec la plus grande précision. C'est à M. Gautier, dont l'habileté est bien connue dans les genres les plus variés, qu'on doit d'avoir réussi à remplir toutes ces conditions : il a été chargé de construire près de la moitié des appareils employés actuellement à la confection de la carte du ciel.

Une émulation féconde a d'ailleurs permis à d'autres constructeurs de mettre en évidence leur ingéniosité et leur intelligence. Je mets sous vos yeux la lunette photographique de Greenwich avec sa rectification automatique au moyen de l'électri-

cité, et celle de l'Observatoire du Cap, construites par M. Grubb, de Dublin.

Je vous ai dit que les télescopes à miroir avaient été écartés pour la construction de la carte du ciel : je crois utile de vous montrer par quelques clichés quels beaux résultats ils donnent entre des mains habiles : les précieux clichés que j'ai l'honneur de vous proposer m'ont été donnés par M. Common, à qui j'offre ici le témoignage d'une admiration que vous allez partager.

Voici d'abord une magnifique épreuve des Pléiades; puis une succession instructive des progrès faits dans l'observation de la nébuleuse d'Orion ; d'abord la reproduction d'un dessin exécuté en 1840 par Bond; il a passé longtemps pour une image parfaite de cette nébuleuse. Voyez maintenant combien l'épreuve photographique obtenue avec un miroir de trois pieds de diamètre lui est supérieure ; quant à celle obtenue récemment par M. Common avec son nouveau miroir de cinq pieds, c'est une véritable merveille !

Nos lunettes photographiques de la carte du ciel ne sont d'ailleurs pas si inférieures, comme vous pouvez en juger par cette épreuve de la même nébuleuse et celle de la nébuleuse de la Lyre obtenues à Toulouse par MM. Audoyer et Montaugeron.

A propos de la photographie des nébuleuses, je mentionnerai rapidement un effet secondaire qui certainement trouble les images dans les longues durées de pose : c'est le phénomène bien connu du *halo*, qui se produit quand on photographie un rayon lumineux très intense : on le voit aisément sur ces clichés de l'image d'une lampe, d'une lumière électrique, d'un coucher de soleil, etc. Mais vous savez qu'en prenant la précaution d'enduire le revers de la plaque d'un vernis noir de même indice que le verre, le halo disparaît complètement.

Tous les phénomènes que je viens de décrire ont, au point de vue de l'astronomie physique, un intérêt considérable ; mais, au point de vue de l'astronomie de précision, on attend, de la carte du ciel, des résultats importants. D'abord, nous pourrons désormais laisser à nos successeurs une image complète et fidèle du ciel à notre époque, ce qui facilitera singulièrement les recherches ultérieures. Vous savez qu'on a vu des étoiles paraître et disparaître sans laisser de trace, comme celle de Tycho-Brahé, qui a apparu subitement en 1572 dans Cassiopée, et qui s'est éteinte peu à peu. Si l'on en avait conservé une image fidèle au milieu de cette constellation, on aurait pu la rechercher dans le ciel et reconnaître si elle est réellement perdue. Depuis, le même phénomène s'est représenté plusieurs fois.

Certaines étoiles offrent des variations d'éclat à grandes périodes, comme η Argo, dont la période est voisine de 70 ans. Des clichés donneront les renseignements les plus précis sur ces variations de grandeur.

La recherche et l'étude des petites planètes (dont le nombre dépasse aujourd'hui 300) seront singulièrement facilitées par la photographie. En voici un exemple : MM. Henry ont montré qu'on avait tout avantage à faire, sur le même cliché, deux ou trois épreuves contiguës des mêmes étoiles (particulièrement en triangle équilatéral), de façon à éliminer toutes les fausses images. Si l'on avait le bonheur de tomber sur une planète d'éclat suffisant, les trois impressions successives n'auraient ni la forme, ni la disposition en triangle équilatéral : ainsi on pourra reconnaître immédiatement la présence d'une planète transneptunienne, car Neptune, sur les clichés stellaires, donne déjà naissance à une déformation très notable du petit triangle ci-dessus, condition tout à fait caractéristique du mouvement planétaire.

Enfin, en étudiant avec soin les clichés, on pourra, dans le courant de l'année, mettre en évidence les déplacements relatifs d'étoiles, et alors, non seulement mesurer le mouvement propre des étoiles, mais même déterminer leur parallaxe annuelle, c'est-à-dire le déplacement apparent que e mouvement orbital de l'observateur terrestre produit sur l'étoile (perspective de l'orbite terrestre sur le ciel). Vous savez que ces observations fournissent des étoiles au système solaire. Tout à l'heure je vous parlais de la détermination de la distance de la Terre au Soleil comme d'un problème admirable : les études stellaires conduisent à des problèmes autrement grandioses, car ici la distance du Soleil à la Terre se multiplie par le chiffre de 200.000..., un million..., et bien davantage encore!

Enfin, on arrivera à préciser cet admirable découverte de W. Herschel, à savoir que ces petits mouvements propres, observés depuis de longues années, ne sont pas distribués au hasard ; que beaucoup d'entre eux offrent des directions convergentes vers un même point du ciel : c'est la preuve que notre système solaire se déplace lui-même dans l'espace, en se dirigeant, avec une vitesse de 2 ou 3 fois le rayon de l'orbite terrestre par an, vers un point situé dans la constellation d'Hercule.

Vous voyez, messieurs, les immenses progrès promis ou déjà réalisés dans la science à l'aide de la photographie; il suffira de rappeler en terminant ce qu'elle a apporté dans la méthode de *mesure des grandeurs*. Elle a d'abord, à la surface de la Terre, perfectionné les mesures topographiques, comme vous le prouvent les travaux des officiers de génie et de M. le colonel Laussédat à leur tête. On lui a demandé ensuite la distance de la Terre au Soleil, par l'observation du passage de Vénus : elle l'a donnée avec autant de précision que les anciennes méthodes ; voilà que, maintenant, on attend d'elle la mesure de la distance du système solaire aux étoiles.

Vous jugez, par cet aperçu rapide, combien est vaste et grandiose le champ ouvert aux progrès de la photographie, simplement dans le domaine de l'astronomie de précision, sans parler de ceux dont nos illustres collègues vous ont déjà entretenus.

En réclamant, devant l'opinion publique, la création d'une chaire de photographie au Conservatoire des Arts et Métiers, l'éminent directeur de cet Établissement, M. le colonel Laussédat, est donc bien dans la voie des innovations fécondes. Mieux que personne il connaît le grand rôle de la photographie dans la science, car il en a donné des preuves personnelles dans des directions bien diverses. J'ai tout lieu de croire, à en juger par la bienveillante attention avec laquelle vous m'avez écouté, que vous vous joindrez à lui et à nous pour applaudir à ses efforts et appuyer ses instances.

A. Cornu,
de l'Académie des Sciences
Professeur à l'École Polytechnique.

L'ŒIL CONSIDÉRÉ COMME ÉLÉMENT DE DIAGNOSTIC

EN PATHOLOGIE

Il est aujourd'hui de notion commune que l'examen de l'œil peut offrir un sérieux apport au diagnostic du plus grand nombre des affections générales; mais celui-là s'exposerait à de réelles désillusions qui voudrait chercher dans ce seul examen la solution du problème. Certes, le concours de l'ophtalmoscope est précieux en clinique, souvent même indispensable; mais, dans la majorité des cas, les renseignements fournis par le miroir veulent être complétés par ceux que donne l'étude complète du patient.

Il ne faut donc ni exalter ni rabaisser la valeur

de l'examen des yeux au point de vue de la séméiologie.

Évidemment le fait qu'un syphilitique a de l'iritis importe assez peu au diagnostic de la syphilis, qui s'accuse par d'autres signes évidents ; mais, combien grande devient la valeur de la kératite interstitielle dans la recherche de la syphilis héréditaire, souvent si difficile à dépister !

Un diabétique a de la polydipsie, de la polyurie, de la glycosurie ; il se plaint de troubles oculaires, on constate la présence d'une rétinite diabétique, le diagnostic n'en tire certainement aucun bénéfice. Voici un exemple contraire : un individu, à peine indisposé d'ailleurs, s'aperçoit d'un abaissement progressif de sa vue, consulte l'ophtalmologiste. Celui-ci constate une rétinite offrant tous les caractères de la rétinite brightique, conseille l'analyse des urines trouvées albumineuses et dépiste ainsi une des plus graves maladies, aussi une des plus insidieuses. Ici le service rendu est considérable.

Citerai-je la valeur de l'examen du fond. d'œil dans le tabès, dont le diagnostic est confirmé si souvent par la constatation d'une atrophie de la papille, dans l'hystérie différenciée des maladies qu'elle peut simuler par l'étude du champ visuel et de la dyschromatopsie.

Je préfère ne pas insister sur ces exemples et aborder en détail l'étude de la question. Je chercherai à bien déterminer la valeur diagnostique des symptômes oculaires dans chacune des affections que je vais indiquer ; je n'ai pas la prétention, vu le cadre de cet article, d'apporter une étude complète de la question, qui nécessiterait la rédaction d'un gros volume. Je ne toucherai qu'aux points principaux, laissant à dessein dans l'ombre ceux qui ne sont pas suffisamment établis ou nécessitent, pour être mis en lumière, des développements trop considérables.

Ainsi compris, ce travail peut être considéré comme un guide pour ceux qui veulent approfondir. Il satisfera, j'espère, ceux qui désirent une vue d'ensemble

On ne s'étonnera pas que je laisse de côté l'étude de l'exophtalmie dans le goitre exophtalmique, des amblyopies dans les intoxications alcooliques et nicotiniques, des iritis et des choroïdites dans les troubles menstruels et utérins, etc., ces altérations offrant une valeur diagnostique insuffisante et étant dignes seulement de figurer dans une revue concernant le rapport des maladies des yeux et des maladies générales.

Je vais mettre en valeur les signes oculaires d'abord dans les maladies nerveuses où ils ont une énorme importance, telles que le tabes, la sclérose en plaques, la paralysie générale, l'hystérie, les lésions cérébrales, la méningite, les tumeurs cérébrales, les traumatismes du crâne ou du cerveau ; ensuite je les étudierai dans les autres affections générales, telles que le rhumatisme, la goutte, le diabète, le brightisme, l'artério-sclérose, enfin dans la syphilis acquise et surtout dans la syphilis héréditaire.

I. — TABES

Les symptômes oculaires du tabes servent très souvent à dépister le mal : ils précèdent de longtemps l'éclosion des phénomènes ataxiques ; parfois même ils constituent à eux seuls toute la maladie pendant une très longue période.

Certains de ces troubles étaient mis sur le compte de la syphilis, alors que les travaux modernes de Charcot, de Fournier n'avaient pas encore établi leur rattachement à la période préataxique.

La migraine ophtalmique, avec son scotome, son hémiopie est parfois un indice de tabes naissant ; mais elle s'efface devant la valeur des troubles moteurs et des signes ophtalmoscopiques.

Les muscles de l'œil sont souvent paralysés. A l'époque où elles peuvent être étudiées au point de vue du diagnostic, c'est-à-dire au début, les paralysies sont plutôt de simples parésies, diplopies sans strabisme, se développant et disparaissant facilement, quelquefois cessant presque tout d'un coup sans traitement, récidivant avec facilité, affectant un ou plusieurs muscles ensemble ou séparément ; plus la maladie se prononce, plus les paralysies montrent une tendance à la fixité, plus le strabisme est disposé à s'établir.

Tous les muscles moteurs du globe peuvent être pris, et aussi les muscles palpébraux : d'où léger rétrécissement de l'ouverture palpébrale signalé par Berger chez les ataxiques, d'où la paralysie des releveurs des deux côtés, vue par Déjerine.

Quelques paralysies ont un caractère un peu spécial : c'est ainsi que de Watteville, Hubscher ont signalé une paralysie éphémère de la convergence, associée à d'autres paralysies.

La pupille d'un tabétique est encore évident es une source précieuse de renseignements ; elle doi être interrogée avec soin pour éclaircir tous les cas douteux.

Tantôt il existe un myosis simple ou double, le pupilles sont punctiformes et l'examen du fond de l'œil rendu ainsi très difficile ; tantôt il y a mydriase le plus souvent d'un seul côté. L'inégalité pupillair peut donc être observée, comme dans la paralysie générale. D'autres fois il y a paralysie de l'accommodation sans mydriase, mais avec anesthésie péribitaire. Ici, la pupille reste immobile devant u jet de lumière, mais réagit bien à l'accommodation c'est le signe d'Argyll Robertson, qui peut à lui seu mettre sur la voie de l'ataxie. Là, c'est le contraire. Berger a indiqué la déformation elliptique de la pupille.

Du côté du fond d'œil on n'observe que trop souvent la terrible atrophie de la papille, dont la fréquence est considérable, puisqu'elle atteint 12 % des ataxiques d'après Erb, 13, 5 % d'après Mali, 40 % d'après Schmeichler. Son principal caractère est d'être régulièrement progressive et d'aboutir à cet aspect ophtalmoscopique bien connu : une papille blanc grisâtre tranchant nettement sur le fond rouge de l'œil. On a voulu faire de la coloration grise de la papille un signe pathognomonique de l'atrophie tabétique; cliniquement, on ne peut admettre cette précision. Le rétrécissement du champ visuel précédé d'une diminution du champ de perception des couleurs dans l'ordre suivant : vert, rouge, bleu; la présence des lacunes et scotomes dans le champ de la vision sont de meilleurs signes.

Le Pr Charcot a montré que la sclérose du nerf optique pouvait précéder la venue des phénomènes typiques des tabes et même les faire prévoir longtemps à l'avance, d'où importance considérable de l'examen du fond d'œil.

Déjerine a prouvé la possibilité de l'ataxie en dehors des lésions médullaires. Kruche a rapporté 17 cas de pseudo-tabes chez les alcooliques. J'ai montré qu'il pouvait, de par l'œil, y avoir grande difficulté à distinguer les ataxies fausses des véritables, quand, à des troubles très voisins de ceux du tabes, vient s'ajouter une amblyopie à forme spéciale qui n'est autre qu'une amblyopie alcoolique simulant, à s'y méprendre, l'atrophie papillaire au début.

Cependant, la recherche des antécédents du malade, la constatation de ses habitudes d'intempérance et surtout la curabilité presque simultanée des troubles ataxiques et des troubles oculaires permet au médecin de ne pas rester longtemps dans l'erreur.

La simple constatation des signes oculaires ne suffit pas toujours au chercheur pour se prononcer en faveur de l'une des trois maladies que voici : syphilis cérébrale, tabes, paralysie générale. En effet, toutes trois peuvent s'accompagner de paralysies musculaires, de troubles pupillaires et d'atrophie de la papille; c'est, sans contredit, dans le tabes que toutes ces altérations se rencontrent le plus souvent; quand elles coexistent, on ne peut s'empêcher de songer au tabes. Tout dernièrement Liebrecht a publié un travail dans lequel il montre la fréquence relative des paralysies musculaires. D'après cet auteur, les paralysies du tabes constituent 29 % de la totalité des paralysies musculaires, celles de la syphilis cérébrale 14 % et enfin

celles de la paralysie générale à peine 3, 5 %. Ce dernier chiffre est certainement beaucoup trop faible et est dû aux conditions dans lesquelles Liebrecht a observé, soit dans une clinique d'oculistique où les paralytiques généraux se rendent peu.

II. — SCLÉROSE EN PLAQUES

Le Pr Charcot a très bien différencié les troubles oculaires de la sclérose en plaques de ceux de l'ataxie.

Les troubles moteurs de la sclérose en plaque consistent non plus en paralysies, comme dans le tabes, mais en un défaut de coordination dans les mouvements nécessités par l'acte du regard; c'est la paralysie des mouvements associés. Il résulte de ceci que les malades qui sont atteints ainsi ne regardent jamais avec précision; on observe par là même souvent les déplacements oscillatoires du nystagmus.

L'iris conserve tous ses mouvements dans la maladie scléreuse.

Dans la sclérose en plaques l'ophtalmoscope ne révèle souvent que peu de chose, à peine une simple décoloration papillaire. Pourtant, dans cette maladie on observe des amblyopies qui vont jusqu'à la cécité complète. Celle-ci n'est ordinairement que transitoire et disparaît au bout de quelque temps, mais on l'a vue demeurer définitive.

On voit qu'ici les phénomènes oculaires ne ressemblent en rien à ceux du tabes. Paralysies fréquentes des muscles de l'œil dans l'ataxie, pas de paralysie dans la sclérose en plaques. Signes ophtalmoscopiques précis dans la première affection, peu ou pas de signes du côté du fond d'œil dans la seconde. Cécité fatale par atrophie papillaire tabétique à opposer à l'amblyopie transitoire de la sclérose en plaques.

Il est aussi aisé de distinguer par l'examen oculaire une sclérose en plaques de la paralysie générale, mais on avouera que l'analogie est grande entre les yeux des hystériques et ceux des scléreux. J'indiquerai plus loin tous les caractères de l'œil hystérique.

III. — PARALYSIE GÉNÉRALE

Les troubles oculaires sont très intéressants à étudier, parce que le plus souvent ils précèdent, même de plusieurs années, les premiers symptômes d'aliénation mentale. Il y a donc intérêt majeur à apprécier leur nature, puisque, si les signes oculaires sont réunis en nombre suffisant et ont une allure bien caractérisée, le médecin pourra porter à l'avance un diagnostic dont l'importance n'échappera à personne, qu'il s'agisse de protéger le malade contre lui-même ou de l'empêcher de nuire aux siens, ou de déterminer son degré de responsabilité morale.

Dans la paralysie générale l'œil est donc fréquemment un précieux révélateur de l'état cérébral.

Examinons quels sont les troubles qu'on observera du côté de l'appareil moteur, de l'iris et du fond d'œil.

Le muscle orbiculaire des paupières peut être le siège de tremblements fibrillaires ou même d'un véritable blépharospasme, parfois d'une ptosis associée presque constamment à des paralysies de la troisième paire.

Les ophtalmoplégies sont fréquentes ; il est peu commun qu'un sujet atteigne la période paralytique sans avoir eu de la diplopie passagère, parfois très fugace. Tous les nerfs de l'œil sont susceptibles d'être paralysés; pourtant, très rares sont les paralysies de la sixième et de la quatrième paire. Il faut encore remarquer que la mydriase est exceptionnelle dans les ophtalmoplégies internes.

L'inégalité pupillaire est constante au début de la paralysie générale. Elle s'établit souvent avec les diplopies fugaces, dont, après un certain temps, elle est la seule trace subsistante.

Dès que le délire éclate, aussitôt, ou peu de temps après, les pupilles tendent à s'égaliser tantôt en myosis dans les formes congestives, tantôt en mydriase dans les formes dépressives ou torpides.

Les réflexes lumineux et accommodatif peuvent être dissociés, le second subsistant seul (signe d'Argyll Robertson).

Du côté du fond d'œil, on ne peut noter que l'atrophie papillaire, qui conduit rapidement les malades à la cécité.

Les paralytiques généraux sont souvent troublés par des accès de migraine ophtalmique avec scotome scintillant, qui débutent bien des années avant que la paralysie générale puisse même être présumée.

Les troubles oculaires dans la paralysie générale ont été fort bien étudiés dans la thèse du Dr Marie (1890), un de mes anciens élèves ; je ne puis que renvoyer à ce travail les lecteurs curieux de détails.

On ne peut s'empêcher de remarquer quelle grande analogie existe entre les phénomènes oculaires qui précèdent le tabes et ceux qui devancent la paralysie générale, si bien que je ne crois pas que, par le seul examen de l'œil, l'ophtalmologiste le plus expérimenté puisse se prononcer sur l'existence de l'une ou de l'autre affection. Il ne pourra qu'établir des probabilités. Cette ressemblance des signes oculaires est un argument de plus en faveur de la théorie qui assimile les deux maladies (Raymond).

Des traces d'iritis, de chorio-rétinites profondes pourraient démontrer l'origine syphilitique de certaines paralysies générales, par suite en préciser la nature.

IV. — HYSTÉRIE

Les troubles que l'hystérie concentre du côté de la vision sont si caractéristiques qu'à eux seuls, et n'y aurait-il pas d'autres phénomènes concomitants, ils suffisent à affirmer le diagnostic. On voit de quelle aide ils peuvent devenir pour le médecin embarrassé devant une affection dont la nature se détermine mal. L'hystérie peut jouer certaines maladies graves du système nerveux central ; c'est alors que l'examen oculaire devient indispensable; on peut dire que, grâce à lui, de colossales erreurs seront évitées.

L'œil hystérique n'est jamais un œil effectivement malade, ce n'est pas un œil à lésions, comme l'œil du tabétique si souvent atteint d'atrophie du nerf optique, comme l'œil des malheureux chez lesquels une tumeur cérébrale crée et développe la névrite optique.

Les méfaits de l'hystérie dans l'œil ont été soigneusement étudiés (1891) par Gilles de la Tourette; la névrose est génératrice de troubles sensitifs et de troubles moteurs.

Les troubles sensitifs sont l'anesthésie de la conjonctive et de la cornée, le rétrécissement concentrique du champ visuel pouvant aller jusqu'à la cécité, la dyschromatopsie, les couleurs disparaissant dans l'ordre suivant : violet, vert, bleu, rouge, cette dernière couleur persistant toujours.

Dans l'amblyopie hystérique l'acuité visuelle n'est pas modifiée. Les hystériques ne sont pas incommodés de l'étroitesse de leur champ visuel, qu'ils ne soupçonnent même pas.

Les troubles moteurs nous intéressent particulièrement, car, mal interprétés, ils peuvent devenir source d'un diagnostic erroné.

Parinaud a bien étudié la diplopie mono-oculaire, qui est plutôt une polyopie et qu'il attribue à un spasme du muscle accommodateur. Voici comment se révèle cette polyopie :

Un crayon placé près de l'œil, puis éloigné lentement est d'abord vu simple ; à la distance de 10 à 15 centimètres une seconde image apparaît généralement du côté temporal. A mesure que l'on s'éloigne, les deux images s'écartent et il n'est pas rare qu'une troisième moins intense apparaisse du côté opposé.

Cette diplopie s'accompagne habituellement de micropsie et de mégalopsie, c'est-à-dire que l'objet paraît se rapetisser ou grossir quand on l'éloigne ou qu'on le rapproche de l'œil.

Le blépharospasme est clonique ou tonique. Ce dernier est le plus intéressant. Douloureux il est bilatéral et accompagné de photophobie, larmoiement, douleurs périorbitaires. Non douloureux, il est souvent monolatéral.

La forme la plus digne d'attention de blépharospasme est celle que Parinaud a décrite sous le nom de ptosis pseudo-paralytique. Les phénomènes spasmodiques sont si peu marqués que la chute de la paupière supérieure simule une paralysie du releveur. Le plissement de la peau n'existe pas et, si l'on ordonne au malade d'ouvrir l'œil, il rejette la tête en arrière et on voit le frontal se contracter, comme dans la vraie ptosis paralytique.

Il est donc indispensable de pouvoir distinguer cette fausse ptosis de la vraie, sans quoi, en présence de cette chute de la paupière, on serait exposé à croire à une véritable paralysie et par suite à porter le diagnostic de tabes ou de tumeur cérébrale au lieu de celui d'hystérie.

Étudions donc les signes différentiels : dans la ptosis faussement paralytique, la paupière supérieure recouvre exactement l'inférieure, elle retombe énergiquement quand on la relève avec le doigt ; on constate de petits frémissements convulsifs dans la paupière, qui s'accentuent quand le malade essaie d'ouvrir l'œil ; enfin, signe capital, indiqué par Charcot, il y a abaissement du sourcil du côté où siège le spasme, tandis que dans le vrai ptosis paralytique le sourcil est plus élevé que du côté sain.

Le strabisme hystérique peut être aussi trompeur que la ptosis : il est généralement dû à une vraie contracture qui peut se produire isolément ou s'associer à d'autres phénomènes hystériques.

Il me semble à peu près impossible, pour l'oculiste, de distinguer ce strabisme spasmodique du strabisme paralytique, et je crois que, en l'absence d'autres phénomènes, l'erreur de diagnostic sera commise 90 fois sur 100.

Les troubles oculaires hystériques peuvent apparaître après un traumatisme, un accident de chemin de fer (hystéro-traumatisme) ; ce n'est guère que par une longue observation du malade, par des examens répétés qu'on les distinguera des troubles tenant à une commotion ou à une altération des centres nerveux. En semblable occurrence l'expert peut être appelé à se prononcer devant les tribunaux sur la gravité et le pronostic de certaines situations pathologiques : il n'oubliera pas quel précieux concours peut lui donner l'œil (étude de l'amblyopie hystérique, etc.).

V. — LÉSIONS CÉRÉBRALES.

Les lésions cérébrales (hémorragie, ramollissement, etc.) peuvent déterminer des troubles fonctionnels caractérisés par la perte d'une portion du champ visuel. Il y a hémiopie quand chaque rétine a perdu la moitié de son champ visuel.

L'hémiopie est dite homonyme lorsque la moitié du champ visuel est abolie du même côté dans les deux yeux, c'est la plus fréquente ; elle est dite croisée lorsque la moitié du champ visuel est perdue à droite pour un œil, à gauche pour l'autre œil ; cette forme est très rare. La constatation de l'intégrité du fond d'œil à l'ophtalmoscope et le tracé du champ visuel, fournissant le graphique des scotomes, peuvent permettre d'affirmer que les troubles dont se plaint le malade ont une origine intra-crânienne. Il y a donc là une notion intéressante à conquérir, simplifiant les recherches. Bien souvent, l'étude de l'hémiopie fournira des renseignements sur le siège même de la lésion qui l'a déterminée, avec cette réserve que, pour en préciser la nature et parfois même la localisation, le médecin devra toujours étudier les symptômes concomitants (paralysie, anesthésie, aphasie). Je ne puis émettre ici la prétention d'indiquer, même rapidement, les méthodes d'étude des localisations cérébrales. Je me bornerai à l'énoncé des faits les plus simples :

1° Une lésion de la bandelette optique gauche détermine une hémiopie homonyme droite, tandis qu'une hémiopie homonyme gauche révèle une lésion de la bandelette gauche.

2° L'hémiopie croisée indique une lésion de la partie antérieure du chiasma.

3° Les lésions de la partie postérieure de la capsule interne (région lenticulo-optique) amènent non seulement de l'hémiplégie, mais encore une hémianesthésie semblable à l'hémi-anesthésie hystérique ; il est bon de ne pas oublier que, dans cette hémi-anesthésie d'origine cérébrale, il existe une amblyopie croisée dont les symptômes sont les mêmes que ceux qui ont été signalés pour l'amblyopie hystérique.

Je suis au regret d'être obligé d'écourter ce chapitre ; mais, pour être suggestif, il devrait à lui seul occuper une étendue bien plus considérable que celle qui m'est accordée pour l'ensemble de cet article.

VI. — MÉNINGITE.

D'après Bouchut, quelles que soient les formes de la méningite, elle produit habituellement, sinon toujours, dans le fond de l'œil, des lésions variables de circulation, de sécrétion, de nutrition, qui facilitent grandement le diagnostic de la maladie et peuvent même parfois en faire prévoir l'éclosion.

Le Dr Bouchut a rapporté des cas dans lesquels l'emploi de l'ophtalmoscope a permis de fixer un diagnostic hésitant entre la méningite et quelque autre maladie, la fièvre typhoïde, par exemple, et des cas dans lesquels il a permis de faire la diagnose avant l'apparition des symptômes caractéristiques de la méningite, alors qu'il n'existait qu'un état fébrile indéterminé.

Je crois avec Bouchut que l'examen du fond d'œil peut rendre de signalés services dans des cas embarrassants; mais j'hésite à lui accorder toute la valeur que lui octroyait cet auteur. J'ai été à même d'examiner le fond d'œil d'un grand nombre d'enfants atteints de méningite confirmée, et je dois avouer que je n'ai pas rencontré souvent des lésions parfaitement nettes.

Néanmoins, ce procédé d'exploration ne doit jamais être négligé, et n'aurait-il que rarement l'occasion de se révéler efficace, qu'il faudrait y avoir recours, étant données sa simplicité et son innocuité.

Ces réserves faites, j'indiquerai les désordres les plus caractéristiques que peut produire dans l'œil la méningite, qui, je le répète, laisse celui-ci indemne assez souvent pour qu'on ne puisse conclure de l'intégrité des membranes profondes à l'absence de l'affection méningée.

D'après Bouchut, la congestion et l'œdème papillaires seraient les lésions les plus fréquentes. Il est très difficile de dire où commencent l'hyperémie, la congestion pathologique du nerf optique; il faut, pour les bien apprécier, une grande habitude du maniement de l'ophtalmoscope et on ne saurait trop répéter qu'il existe d'infinies variétés d'aspect de la papille. On n'affirmera donc la congestion et l'œdème qu'après mûr examen et formelle évidence. Bouchut les aurait observés dans plus de la moitié des cas; cette proportion me paraît beaucoup trop forte. Pour moi, elles n'acquièrent de réelle valeur que quand elles coexistent avec de la dilatation et de la flexuosité des vaisseaux veineux, avec ou sans thromboses rétiniennes.

Les hémorragies de la rétine se voient parfois dans la méningite, mais aussi dans d'autres affections cérébrales. Elles n'ont donc de signification précise que lorsqu'elles apparaissent chez un enfant soupçonné ou atteint de phlegmasie des méninges.

La concordance et la simultanéité de ces deux phénomènes leur donne une importance séméiotique considérable, et, dans ce cas, elles indiquent une violente gêne de circulation intra-crânienne. Elles coexistent très souvent avec des plaques blanchâtres, de dégénérescence graisseuse, ou avec des dépôts noirâtres de pigment qui n'en constituent qu'un stade plus avancé.

Bouchut a signalé les tubercules de la choroïde. Si leur présence était évidente, il n'y aurait pas de doute sur l'existence d'une méningite tuberculeuse. Malgré des recherches longtemps continuées, je n'en ai pas vu un seul cas bien démonstratif. Je pense que ces tubercules sont très difficiles à voir

à l'ophtalmoscope et qu'à leur sujet ont dû être commises bien des erreurs.

Certains enfants ont le fond de l'œil très pâle, ce qui tient à une atrophie choroïdienne ou plutôt à une disparition du pigment choroïdien. Il ne faut pas voir là un signe d'affection cérébrale; cette disposition s'observe chez des sujets à développement incomplet, partiellement amblyopes ou éminemment astigmates et hypermétropes, des dégénérés héréditaires le plus souvent. .

L'atrophie du nerf optique est rare dans la méningite aiguë et s'observe surtout dans la méningite chronique. Elle peut survenir d'emblée ou être précédée d'une neuro-rétinite hémorragique, analogue à celle qu'on rencontre dans les tumeurs cérébrales.

Les lésions oculaires de la méningite n'amènent pas toujours des troubles visuels très marqués; elles veulent donc être recherchées. Pour les mieux constater, l'observateur aura soin, après avoir instillé la cocaïne, de faire fixer la tête de l'enfant et de lui faire écarter les paupières par un aide exercé. Ces précautions sont indispensables pour un examen valable d'un petit être déjà souffrant, agité, et, par cela même, par son âge aussi, peu enclin à la docilité, si nécessaire à une complète exploration du fond d'œil.

En résumé, l'ophtalmoscopie est infidèle pour le diagnostic de la méningite; mais, parfois, elle lui prête un concours des plus utiles. On devra donc la pratiquer dans tous les cas douteux.

Ce sont des symptômes de névrite optique qu'on constatera dans la pluralité des examens concluants.

VII. — TUMEURS CÉRÉBRALES.

C'est à de Graeffe (1810) que nous devons la connaissance précise des lésions oculaires dans leurs rapports avec les tumeurs cérébrales. Celles-ci se caractérisent par la production de névrites optiques typiques.

La papille est rouge, boursouflée, saillante. Les veines rétiniennes, gorgées de sang, présentent des dilatations variqueuses, tandis que les artères sont fines et amincies; des hémorragies rétiniennes, des exsudations blanchâtres parsèment la papille ou les régions voisines; la périphérie du fond d'œil demeure intacte. Les troubles visuels sont plus ou moins accentués, quelquefois peu marqués, malgré une violente hyperémie du fond d'œil.

La névrite optique aboutit parfois, si le malade survit, à l'atrophie de la papille, et cette atrophie présente alors des caractères assez nets pour qu'il soit possible de retrouver la cause qui l'a déterminée. En effet, les bords du disque optique restent diffus, ne tranchent pas nettement sur les parties voisines, les veines demeurent tortueuses et dilatées pendant que les artères s'amincissent à l'extrême.

La névrite optique constitue un symptôme très important dans le diagnostic des tumeurs cérébrales, mais malheureusement elle ne peut nous renseigner ni sur le siège, ni sur la nature de la tumeur. Il est hors de doute que les tumeurs cérébrales puissent exister sans amener de névrite, mais des troubles cérébraux accompagnés de névrite ont de grandes chances pour être dus à une tumeur.

Les caractères indiqués de l'atrophie papillaire suite de névrite peuvent être d'un concours utile, alors que le médecin hésite entre des phénomènes dus à une ancienne tumeur ou à l'ataxie. On a remarqué les différences tranchées qui séparent cette atrophie de l'atrophie tabétique.

Lésions traumatiques du cerveau. — Comme l'a fort bien indiqué Panas, la stase de la papille se montre souvent à la suite de diverses lésions traumatiques de l'encéphale, telles que commotions, contusions, blessures ou fractures du crâne, sans qu'elle s'accompagne forcément de troubles visuels. Elle doit donc être recherchée. Sa présence et l'atrophie consécutive qu'elle pourrait déterminer ont une importance réelle au point de vue médicolégal.

VIII. — RHUMATISME. GOUTTE.

Le rhumatisme et la goutte constitués de toutes pièces réagissent facilement sur l'œil et peuvent y déterminer des sclérites, des iritis, des irido-chororoïdites, parfois des kératites ou des conjonctivites à forme spéciale ; mais l'apparition de ces différents désordres, alors que les antécédents arthritiques sont manifestes, n'a que peu de valeur au point de vue du diagnostic ; elle ne peut être que confirmative dans un cas un peu délicat ou prêtant à confusion.

Les rhumatisants peuvent souffrir de maladies inflammatoires de l'œil, mais celles-ci ne présentent pas chez eux les caractères absolument pathognomoniques qu'elles affectent chez quelques goutteux. En effet, si les goutteux sont susceptibles de contracter des sclérites, des iritis, des kératites banales, deux types leur sont propres, à savoir l'iritis à hypohéma, c'est-à-dire accompagnée d'un épanchement sanguin dans la chambre antérieure, et la kératite calcaire. Ces deux maladies donnent une grande somme de probabilités à l'existence d'une diathèse goutteuse.

Dans un autre ordre d'idées, et ceci se lie plus intimement au sujet que j'ai à traiter, je vais montrer que les diathèses goutteuse et rhumatismale peuvent avoir des accidents oculaires pour

premières manifestations ; en d'autres termes que la maladie de l'œil peut révéler la diathèse encore latente et non soupçonnée.

J'ai signalé ces faits, en y insistant, dans un travail spécial (*Travaux d'ophtalmologie*). Pour les mieux faire comprendre, je prends un exemple :

Un individu a toujours été bien portant jusqu'à l'âge de vingt-cinq à trente ans ; il est pris subitement d'une iritis ou d'une sclérite. Interrogé sur ses antécédents goutteux ou rhumatismaux, il ne peut répondre que par des négations qui font hésiter le médecin sur la nature de la maladie oculaire jusqu'au jour où la cause s'en précise par l'apparition postérieure d'autres manifestations franches de la goutte ou du rhumatisme.

Ce sont des faits de cet ordre qui ont fait nier l'origine goutteuse ou rhumatismale d'affections de l'œil ordinairement attribuables à ces diathèses. Ils sont utiles à connaître, car les accidents locaux peuvent faire prévoir des accidents généraux ou disséminés ; ainsi, le globe oculaire joue le rôle d'un précieux indicateur.

On n'oubliera donc pas que la goutte et le rhumatisme peuvent d'emblée frapper l'œil avant toute autre manifestation viscérale, cutanée ou même articulaire, qu'ainsi la constatation d'une affection oculaire isolée, mais qui coexiste souvent avec les manifestations franches des deux diathèses, doit, à elle seule, éveiller l'attention sur l'existence encore cachée de ces diathèses.

Il m'a semblé que les accidents oculaires primitifs étaient presque toujours suivis, à brève échéance, d'accidents articulaires qu'ils peuvent faire prévoir.

Dans la plupart de ces cas, le traitement général modifie peu l'affection locale ; il ne peut donc servir de pierre de touche et ne permet pas de juger la nature de la maladie.

IX. — DIABÈTE.

Le diabète est une des maladies générales qui restent le plus longtemps et le plus souvent ignorées de l'intéressé et du médecin. C'est presque toujours à l'occasion d'une de ses manifestations dont le caractère n'est jamais pathognomonique qu'il est reconnu, ou bien encore à l'occasion d'une affection surajoutée. Je n'hésite pas à dire que l'examen des yeux révèle très fréquemment le diabète, qu'il s'agisse d'une diplopie, d'une cataracte ou d'une rétinite, qui a poussé le malade à réclamer l'avis d'un ophtalmologiste.

Les diabétiques peuvent être atteints de paralysies musculaires variées, parmi lesquelles la paralysie du muscle droit externe est la plus fréquente. Lorsqu'on est appelé à constater une paralysie musculaire qui ne pourra, avec quelque vraisem-

10**

blance être rattachée soit à la syphilis, soit à une maladie nerveuse, on devra songer au diabète et pratiquer l'examen des urines.

La cataracte a été longtemps considérée comme un signe presque certain de glycosurie. Elle est, il est vrai, très souvent liée au diabète ; mais on n'oubliera pas que la cataracte survient à un âge où le diabète est fréquent et que même un diabétique âgé peut avoir une cataracte par le fait de son âge plutôt que de son diabète. La constatation de la cataracte provoquera utilement l'examen des urines dans la majorité des cas; mais elle indiquera la nécessité absolue de cet examen toutes. les fois qu'elle aura lieu chez un sujet relativement jeune et dont l'opacité cristallinienne aura évolué rapidement.

La rétinite diabétique est assez rare, et je dois avouer que la seule inspection du fond d'œil ne peut suffire pour faire diagnostiquer le diabète, la lésion n'étant pas suffisamment caractéristique; pourtant elle suffira à inciter à l'examen des urines, ce qui est le fait capital au point de vue particulier qui nous intéresse.

La rétinite diabétique est longtemps ignorée du patient, dont la vue baisse lentement et progressivement sans aucune douleur. Au début elle veut être cherchée, plus tard elle s'impose forcément. Dans cette rétinite le fond d'œil est parsemé d'hémorragies artérielles ou veineuses sans siège précis, entremêlées de taches blanchâtres dues à la dégénérescence graisseuse; la rétine et la papille ne sont jamais infiltrées comme dans la rétinite brightique.

Des iritis, des amblyopies. voire même des atrophies papillaires peuvent être causées par la glycosurie; mais la constatation de ces différentes lésions n'a pas grande valeur pour le diagnostic, car celles-ci sont le plus souvent en rapport avec d'autres maladies que le diabète. Pourtant, eu l'absence de causes précises à elles attribuables, l'examen des urines sera souvent fait avec fruit.

Chez des sujets dont les urines sont très peu chargées de sucre ou le sont d'une façon intermittente, une lésion oculaire bien nette, analogue à celle que je viens d'indiquer, fortifiera le diagnostic de diabète confirmé en assombrissant un peu le pronostic, les lésions oculaires accompagnant surtout les formes graves.

X. — BRIGHTISME.

C'est à Bright et à Landouzy que nous devons la connaissance des rapports qui existent entre les troubles de la vue et les affections rénales.

Ici un examen oculaire concluant permet de porter le diagnostic de brightisme presque à coup sûr, même en l'absence du signe le plus caractéristique,

à savoir l'albuminurie. C'est donc un des points les plus importants de l'étude que j'ai entreprise; aussi m'y appesantirai-je.

Les brightiques, d'après mes recherches personnelles, sont affectés de troubles oculaires dans la proportion de 16 pour 100 environ; c'est, on le voit, un chiffre assez élevé.

Si certaines maladies, telles que le tabès, la syphilis, s'attaquent à plusieurs parties du globe oculaire, il n'en est pas ainsi pour les lésions rénales qui retentissent presque exclusivement sur le système neuro-rétinien. Il faut accueillir avec réserve les cataractes dites albuminuriques, d'autant plus que la glycosurie accompagne souvent l'albuminurie.

C'est donc la rétine qui est frappée. Voici l'image ophtalmoscopique habituelle :

Le nerf optique est infiltré, gonflé, parfois turgescent; autour de lui la rétine est le siège d'un œdème abondant qui lui donne une couleur grisâtre; en cercle, autour de la papille, se trouvent des flammèches rouges (hémorragies accolées aux vaisseaux), entremêlées de points ou taches blanchâtres. La macula reste indemne, mais autour d'elle sont des points blancs disposés en étoiles ou des stries blanchâtres arrangées en éventail.

A côté de cette rétinite caractéristique, il existe des variétés incomplètes. Tantôt les lésions semblent limitées à la papille et à la portion contiguë de la rétine; tantôt, au contraire, elles sont surtout périmaculaires; parfois on ne rencontre qu'une simple rétinite hémorragique sans points blancs. L'affection est presque toujours binoculaire; c'est là un excellent caractère.

Les rétinites néphrétiques ne se montrent pas seulement dans le mal de Bright franc, dans les néphrites typiques, mais encore dans la plupart des états congestifs, même passagers, du rein. On les observe chez les femmes enceintes, dans les albuminuries de la scarlatine et de la variole.

Ces rétinites peuvent exister alors qu'on ne rencontre pas d'albumine dans les urines; quand on les a bien constatées, il faut répéter de mois en mois les analyses d'urine avec persistance; même si elles restent muettes, on ne tardera pas à voir l'albumine faire son apparition.

Il faut se rappeler que les artério-scléreux peuvent être affectés d'hémorragies rétiniennes, s'accompagnant rarement des points blancs de dégénérescence graisseuse; c'est un caractère qui différencierait les rétinites artério-scléreuses pures des rétinites brightiques, mais souvent artério-sclérose et brightisme se touchent de bien près, et il n'y a guère lieu à diagnostic différentiel.

Les lésions rétiniennes de la glycosomie se distinguent de celles de l'albuminurie par l'absence d'œdème papillaire et de suffusion rétinienne.

Quand les signes sont surtout marqués du côté du nerf optique, il est difficile de différencier une névro-rétinite brightique d'une névro-rétinite d'origine cérébrale. Cette dernière est toujours plus intense, s'accompagne d'un plus grand nombre d'hémorragies papillaires plus étendues et d'un moins grand nombre d'hémorragies rétiniennes en dehors de la région du nerf optique. On n'oubliera pas les symptômes concomitants et on répétera les examens d'urine.

L'apparition des troubles oculaires chez les brightiques doit être considérée comme un signe de mauvais augure.

XI. — SYPHILIS

Dans la syphilis acquise, l'ophtalmoscopie est peu mise à contribution au point de vue du diagnostic, parce que le diagnostic même de la syphilis est généralement facile ; mais je ne saurais trop dire de quel secours peuvent être la constatation d'anciennes iritis, de chorio-rétinites dans les cas embarrassants ; il y a là une ressource à ne pas négliger.

Je ne crains pas d'affirmer que l'examen complet de l'œil est indispensable toutes les fois qu'il y a doute sur l'existence de la syphilis héréditaire, bien moins facile à dépister que la syphilis acquise. J'ai rapporté nombre de cas qui seraient restés insoupçonnés sans le secours de l'ophtalmoscope. C'est surtout alors qu'il s'agit d'un diagnostic rétrospectif que cet appareil est d'un concours précieux.

Presque toutes les membranes de l'œil peuvent être atteintes par la diathèse.

La cornée est affectée d'une kératite spéciale, dite kératite d'Hutchinson, torpide ou aiguë, non vasculaire ou vasculaire, de très longue durée, de guérison lente et irrégulière, qui laisse après elle, dans nombre de cas, des opacités diffuses grisâtres, utilisables pour le diagnostic rétrospectif.

La syphilis héréditaire est génératrice de quatre variétés d'iritis : aiguë, franche, chronique, gommeuse, séreuse, qui peuvent toutes laisser après elles des synéchies ou adhérences iriennes, des déformations ou obstructions papillaires qui ont la valeur de vraies cicatrices.

Les chorio-rétinites sont très fréquentes dans la syphilis héréditaire et ne guérissent guère sans laisser de traces, car elles sont le plus souvent méconnues.

Je n'ai pu, dans l'étude qui précède, que jeter à la hâte quelques notes sur le papier, j'étais contraint de rester incomplet ; j'ai surtout cherché à fournir au lecteur, curieux d'approfondir, de sérieux points de repère, et à donner une idée du concours que l'ophtalmologie peut apporter à la médecine, au point de vue de la découverte des maladies.

Dr **A. Trousseau**,
Médecin de la clinique Nationale
des Quinze-Vingts.

ESSAI DE DYNAMIQUE GRAPHIQUE

LA NOUVELLE MÉTHODE DE M. H. LÉAUTÉ

POUR L'ÉTUDE DU MOUVEMENT TROUBLÉ DES MOTEURS

M. Léauté, de l'Institut, vient de faire connaître dans le *Journal de l'École polytechnique* (61e cahier) une nouvelle méthode graphique pour l'étude du mouvement troublé des moteurs. Cette nouvelle méthode, dont M. Léauté avait posé les bases dans ses recherches sur les oscillations à longues périodes, nous a paru, après une étude approfondie, d'une telle importance, que nous croyons rendre service à tous les mécaniciens en l'exposant ici sous sa forme pratique, dégagée de tous les savants calculs qui ont servi à l'établir.

Les nouvelles recherches de M. Léauté complètent et terminent la série de beaux travaux que depuis plusieurs années il a publiés sur la régularisation du mouvement dans les machines. On voit bien d'ailleurs la marche qu'il a suivie :

Après avoir étudié le régulateur en lui-même, il a abordé l'examen de son action sur le mouvement du moteur, puis les oscillations à longues périodes, les écarts de vitesse, la caractéristique cinématique qui définit chaque ensemble mécanique. Enfin il s'est posé et a résolu le problème pratique qui embrasse et résume toute cette théorie, c'est-à-dire la détermination du mouvement troublé ; nous indiquerons tout d'abord quel est le principe de la méthode.

M. Léauté suppose qu'un moteur est brusquement interrompu dans son régime par la suppression ou par l'addition d'une partie considérable de la résistance, et se demande ce que la vitesse va devenir à partir de ce moment jusqu'à celui où le régime sera de nouveau rétabli avec la nouvelle résistance, par suite de l'intervention d'un régulateur à action indirecte. Il pose les bases de la solution en montrant qu'au moyen de quelques courbes, qu'il définit, on peut représenter, pour cette période de trouble, tous les éléments qui caractérisent l'allure du moteur, et en faire un tableau sur une seule épure. Puis, au moyen de ce tableau, il exécute graphiquement sa recherche.

Exposée dans toute sa généralité, la méthode paraît ardue et laborieuse au premier abord ; mais M. Léauté en donne une application qui rassurerait les plus timides et qui en met nettement en évidence les qualités et l'importance pratique : à

pour la résistance moitié. Cela signifie que, si la turbine marche à raison de 10 tours par minute avec la résistance totale, et si, on supprime instantanément toute venue d'eau, toute action motrice, la roue fait 1,2 tour avant de s'arrêter et en vertu de sa seule inertie. Elle en fait 1,6 dans le cas où la résistance est réduite de moitié.

Le régulateur fonctionne dans les conditions figurées au diagramme de la fig. 1, où les ordonnées représentent des nombres de tours par minute. Ainsi l'horizontale à la hauteur 10 correspond à la vitesse normale de la machine. Les horizontales à 10,75 de hauteur et à 9,25 représentent les vitesses entre lesquelles on veut que le régulateur maintienne le régime, c'est-à-dire que l'on ne tolère

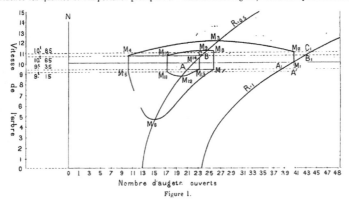

Figure 1.

cet effet. il étudie spécialement une turbine. Cette turbine est munie d'un appareil de régulation à fermeture rapide. Le distributeur a 48 orifices ; quand la turbine est dénoyée (nous n'examinerons ici que ce seul cas, bien que M. Léauté ait étudié aussi celui ou elle est noyée), il faut ouvrir 40 orifices si l'on veut réaliser la marche normale de 10 tours par minute avec la résistance utile maxima, et, par conséquent aussi, la résistance totale minima ; pour que la vitesse ne dépasse pas 10 tours par minute avec la résistance réduite à la moitié, le nombre des orifices démasqués doit tomber à 22.

La masse de la turbine est définie par ce que M. Léauté a appelé sa *caractéristique cinématique* [1] ; elle est de 1,2 pour la résistance totale et de 1,6

pas pour la vitesse de régime une irrégularité de plus de $\dfrac{10,75 - 9.25}{10} = 15 \%$. Quand la vitesse sort de ces limites, le régulateur doit entrer en fonction et manœuvrer le mécanisme de commande ; mais, dès le moment où ce mécanisme est sollicité par le régulateur, des résistances prennent naissance et un certain effort est nécessaire pour les surmonter ; cet effort supplémentaire est fourni par un surcroît de vitesse de la machine, soit en plus, soit en moins ; le mécanisme de commande des vannes n'entre en action pour les fermer ou les ouvrir que lorsque la vitesse de la machine a atteint 10,85 tours par minute, ou est tombée à 9,15. Ce sont les données spéciales au cas particulier considéré et, dans ce cas aussi, le mécanisme ne revient au repos que lorsque la vitesse est revenue à 10,65 ou 9,35 tours par minute. Ces conditions sont représentées au diagramme de la fig. 1.

---

[1] *Journal de Mathématiques pures et appliquées*, dirigé par M. C. Jordan, p. 465 ; 1887.

Dans ce diagramme, les abscisses sont proportionnelles au nombre d'orifices ouverts et par conséquent à peu près proportionnelles à la dépense d'eau par minute ou au *travail moteur* fourni à la turbine *par minute*. Si ce travail moteur par minute A est égal à N fois le travail résistant par tour, la machine marche en régime quand elle fait N tours par minute. Avec un même travail résistant par tour R, la machine peut donc marcher en régime à des vitesses N différentes, pourvu que l'on ouvre un plus ou moins grand nombre d'orifices, c'est-à-dire pourvu que l'on fasse varier A. La turbine étant donnée et sa performance connue dans tous les détails, il est facile, pour toute valeur donnée du travail résistant par tour R, de calculer le nombre de tours N que la machine effectuerait par minute avec une ouverture de vanne A, et de figurer le résultat par une courbe telle que les courbes A_1B_1 et AB, correspondant respectivement à la résistance maxima, soit R = 1, ou à la moitié de cette résistance, soit R = 1/2. M. Léauté a appelé ces courbes *des lignes de régime*. Il y a une de ces lignes pour toute valeur du travail résistant par tour, de telle sorte que les conditions du régime peuvent être figurées par un nombre de lignes de régime convenablement étagées. Pour le cas qui nous occupe, il n'est pas nécessaire d'en tracer d'autres que celles qui correspondent à R = 1 et à R = 1/2, parce que le problème résolu par M. Léauté consiste à rechercher les variations de la vitesse pendant la période de trouble qui suit la suppression subite de la moitié de la résistance et précède le rétablissement du nouveau régime, avec une vitesse comprise entre 10,65 et 9,35 tours par minute.

Supposons que la turbine marche à raison de 10 tours par minute avec la résistance totale complète et représentée par l'unité, le nombre d'orifices ouverts est de 40, ce qui définit le travail moteur par minute. Cet état de la machine est figuré par le point M_1 dont l'abscisse est 40 (A) et l'ordonnée 10 (N), point qui se trouve sur la ligne de régime R = 1. En conservant la même résistance R = 1, on peut modifier le nombre des orifices ouverts et faire varier A entre les limites A_1 et B_1, sans provoquer les sollicitations du régulateur, puisque la vitesse ne varie alors qu'entre 9,35 et 10,65 tours et que ces écarts tombent dans la tolérance. De même, l'état de la machine étant représenté par M_1, et le travail moteur par minute (A) restant fixe, on peut faire varier le travail résistant par tour sans que le régulateur entre en action, pourvu qu'on n'aille pas jusqu'à faire sortir la vitesse des limites tolérées de 9,35 et 10,65 tours. Les mêmes remarques sont applicables à la ligne de régime AB correspondant à la résistance moitié.

Cela posé, il est aisé de figurer au diagramme les péripéties du mouvement troublé. Partons de l'état M_1 : la machine avec la résistance totale R = 1 et 40 orifices ouverts fait 10 tours par minute. On supprime subitement la moitié de la résistance, et le nouvel état correspond à la ligne de régime R = 1/2, représentée dans la figure par A B. La marche est alors troublée, et le nouveau régime n'est définitivement établi que lorsque le nombre des orifices ouverts arrive à se trouver compris entre les abscisses des points A et B, la vitesse étant elle-même comprise entre 9,35 et 10,65 tours par minute. Dès l'instant de la suppression de la moitié de la résistance, le mouvement s'est accéléré; mais le régulateur n'a changé l'ouverture des orifices que quand la vitesse a dépassé certaines limites. Ainsi l'état de mouvement de la machine à ce premier moment est représenté par la portion de verticale M_1M_2; après quoi les orifices vont se fermant successivement et, malgré cela, la vitesse augmente encore jusqu'au moment où A et N s'accommodent avec la résistance nouvelle 1/2, c'est-à-dire jusqu'au point M_3. A partir de cet instant, la vitesse va en diminuant à mesure que les orifices se ferment, et finit par tomber à 10,65 au point M_4. Le régulateur alors mis hors de fonction et le nombre d'orifices tombé à M_4 ne change plus. Mais il est insuffisant pour maintenir, avec la résistance moitié, la vitesse normale de 10 tours; il faut donc que la vitesse diminue jusqu'à mettre le régulateur en mouvement pour ouvrir des orifices, ce qui arrive à la vitesse de 9,15 tours par minute. Cette nouvelle phase commence en M_5; seulement, tandis que les orifices se démasquent successivement, la vitesse continue à diminuer jusqu'à l'état M_6 appartenant à la ligne de régime R = 1/2; après quoi elle augmente jusqu'en M_7, tandis que des orifices nouveaux vont s'ouvrant jusqu'au nombre de 26 et au rétablissement de la vitesse tolérée, soit 9,35 tours par minute. Le nombre d'orifices ouverts est alors trop grand pour la résistance 1/2. La vitesse recommence donc à croître jusqu'à l'état M_8 où elle est de 10,85 tours, et où le régulateur entre en action et ferme des vannes. Un cycle semblable d'opérations se fait à nouveau jusqu'à l'état M_{13}, où le nombre d'orifices ouverts est encore trop grand pour la vitesse de 9,35 tours et la résistance 1/2. Le mouvement s'accélère par conséquent et l'on atteint l'état indiqué par l'ordonnée du point M_{14}, soit environ 10,5 tours. Or, cette dernière vitesse, qui tombe entre les limites d'inactivité du régulateur est celle qui établit l'égalité entre le travail moteur par minute avec l'ouverture de vanne A_{14}, et le travail résistant par tour R = 1/2, multiplié par le nombre de tours effectués par minute, — c'est la vitesse du régime.

Le diagramme des M peint donc bien aux yeux les diverses péripéties de la période de trouble. Mais, pour arriver à ce résultat si simple, à ce procédé graphique si facile à appliquer, quelles difficultés n'a-t-il pas fallu vaincre, en raison même du nombre d'éléments à déterminer! Il fallait connaître le nombre de tours effectués par la machine pendant que la vitesse passait de M_7 à M_8, par exemple, dans la zone de régime, ou de M_1 à M_3, etc.; et, problème plus ardu, pendant que la vitesse variait de M_3 à M_3 et à M_1 en dehors de la zone de régime, alors que les orifices, en se démasquant ou se fermant petit à petit, influaient sur la vitesse même. Il fallait aussi déterminer les écarts maxima de vitesse auxquelles on est exposé lorsque le régime détruit n'est pas encore rétabli, reconnaître combien de temps le moteur mettra à atteindre son état définitif, savoir si des oscillations à longues

indirecte, c'est-à-dire n'agit pas directement sur l'admission du fluide moteur; or, en général, dans nos machines à vapeur, le régulateur fixe directement *la dépense de travail moteur par tour ou par coup de piston;* et ce régulateur, dit à action directe, échappe à la nouvelle méthode d'étude. Souhaitons que M. Léauté fasse les additions nécessaires pour l'étendre à ce cas.

M. Léauté a appliqué sa méthode à la même turbine noyée, et de plus a résolu le problème de la variation brusque de la résistance du simple au double aussi bien que du double au simple. Les épures correspondant aux quatre cas montrent la simplicité d'exécution du procédé. Elles prouvent aussi que l'emploi des tracés graphiques n'est pas limité à la résolution des équations ordinaires et au calcul des quadratures, mais qu'il peut s'appliquer aux problèmes qui dépendent de l'intégration

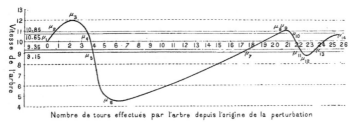

Nombre de tours effectués par l'arbre depuis l'origine de la perturbation

Figure 2.

périodes pourront se produire, etc.. Le problème était des plus difficiles et des plus compliqués. M. Léauté est parvenu cependant à constituer une méthode simple, qui donne à la fois tous ces résultats et les met sous les yeux dans une seule épure. La représentation directe des variations de la vitesse pendant la période de trouble s'ensuit naturellement. Dans la figure 2, les abscisses représentent les nombres de tours effectués par la machine depuis l'origine de la perturbation; les ordonnées sont les vitesses reprises aux différents points M du diagramme de la figure 1.

II

Tel est le problème résolu par M. Léauté, au grand bénéfice de la pratique et par des moyens mis à la portée de tous. L'importance du progrès ainsi réalisé ne peut échapper à personne. Toutefois, nous émettrons un vœu que nous espérons bien voir se réaliser sous peu. La méthode de M. Léauté, sous sa forme actuelle, ne s'applique qu'au cas où le régulateur est à action

d'une équation différentielle quelconque du premier ordre.

Le but que M. Léauté a poursuivi dans ses longues recherches a été de donner aux mécaniciens le moyen de calculer d'avance les diverses circonstances du mouvement de leurs machines par des moyens analogues à ceux que possèdent les constructeurs pour prévoir les efforts déterminés dans leurs constructions par les charges accidentelles qu'elles sont appelées à subir. C'est, croyons-nous, le premier essai qui ait été fait encore de *dynamique graphique.*

Dans ses travaux précédents, dont le premier date de 1879, M. Léauté avait donné des formules qui permettaient de se rendre compte d'une façon approximative, mais ordinairement suffisante, des effets d'une perturbation. Ces formules ne constituaient toutefois qu'une première approximation. C'étaient des règles générales établies en vue des cas usuels de la pratique et qui ne pouvaient pas s'appliquer aux circonstances exceptionnelles. Elles supposaient essentiellement que le moteur fonctionnait dans des conditions voisines de son maximum de rendement et que les écarts de vitesse de la machine n'étaient pas trop grands. Elles n'étaient pas applicables au cas de perturbations brusques considérables. La solution restait donc incomplète, si celles-ci n'étaient étudiées. Une telle entreprise offrait les plus grandes difficultés, car, prise dans sa généralité, la question présente une complexité extrême; elle dépend de tous les éléments qui caractérisent le mode d'action du moteur, éléments qui ne sont connus que sous une forme empirique. Dans de telles circonstances une solution analytique est impossible et les procédés graphiques s'imposent. M. Léauté a eu recours à un certain nombre de lignes de sa création, qui mettent en évidence, d'une façon lumineuse, tous les éléments caractéristiques du mode d'action du moteur. Le problème de la recherche des variations de vitesse dans la période troublée, consécutive à un brusque changement de la résistance, revient ainsi à l'intégration d'une équation différentielle du premier ordre sous sa forme générale, et se ramène au tracé d'une courbe qui coupe une série de lignes données sous des angles également donnés.

Tel est, en principe, ce procédé fort remarquable qui couronne les travaux si appréciés de M. Léauté sur la régularisation du mouvement dans les machines, et constitue, selon nous, l'un des grands progrès réalisés pendant ces dernières années dans la Mécanique appliquée.

V. Dwelshauvers-Dery.
Professeur de Mécanique appliquée
à l'Université de Liège.

REVUE ANNUELLE DE BOTANIQUE

I. — Fécondation et division cellulaire.

L'événement le plus important de cette année est la découverte, dans les tissus des végétaux, des *sphères directrices* ou *sphères attractives* issues du protoplasme et présidant aux phénomènes de la fécondation et de la division cellulaire.

Les observations relatives à la constance des éléments chromatiques dans les noyaux mâle et femelle et au mode de fusion de ces derniers tendaient à attribuer au noyau seul un rôle effectif dans l'acte de la fécondation. Les nouvelles observations de M. Guignard [1] chez les végétaux, de M. H. Fol sur les Oursins [2], permettent de restituer au protoplasme des cellules femelles un rôle important et initial dans la fécondation.

Par ses éléments figurés, désignés sous le nom de *sphères directrices*, c'est lui qui prend l'initiative des phénomènes de division et de copulation, qui détermine le plan suivant lequel la substance nucléaire doit se fragmenter pour former de nouvelles cellules.

L'existence de sphères directrices avait été signalée depuis longtemps chez les animaux par de nombreux histologistes; par MM. Van Beneden, Boveri, Vialleton, Garnault, etc., dans les cellules reproductrices de diverses espèces; par M. Solger dans les cellules pigmentaires des Poissons, par M. H. Fol dans les cellules pigmentaires des larves de la Salamandre. Les sphères, occupant le centre

des asters, étaient considérées comme des centres d'attraction indépendants du noyau et apparaissant seulement au moment de la division. On n'en connaissait pas l'existence chez les végétaux. Cette exception paraissait bizarre, puisque, à tous les autres points de vue, les phénomènes de la division et de la fécondation offrent chez les êtres vivants la plus complète ressemblance.

M. Guignard est parvenu, par des observations minutieuses et délicates, à faire disparaître cette anomalie: il a réussi à observer les sphères direc

Fig. 1. — Cellule-mère définitive. Les deux sphères directrices sont situées côte à côte, au contact du noyau.

trices dans les cellules au repos ou en activité, dans les tissus les plus variés: dans les cellules mères primordiales et définitives du pollen (Lis, Listera, Najas, etc.), dans la cellule mère du sac embryonnaire, dans l'albumen de diverses plantes, dans le macrosporange des *Isoetes*, le sporange des Fougères (*Polypodium, Asplenium*), dans les poils staminaux des *Tradescantia*, etc.

Dans les noyaux au repos (fig. 1), on aperçoit deux

[1] L. Guignard. *Nouvelles études sur la fécondation.* Ann. Sc. nat. bot., 7e série, t. XIV.
[2] H. Fol. *Le quadrille des centres.* Arch. des Sc. phys. et Nat. Genève. Avril 1891.

petites masses sphériques accolées l'une à l'autre ou très rapprochées et appliquées contre ceux-ci ; chacune d'elles est constituée par une petite masse centrale, le *centrosome*, qui se colore seul par les réactifs ; le centrosome est entouré d'une zone claire hyaline limitée par un cercle de petites granules, pour laquelle l'élection de la matière colorante est très faible, souvent nulle.

Quand le noyau va se diviser, les sphères se séparent l'une de l'autre et se placent aux extrémités d'un même diamètre, à une distance un peu plus grande que l'épaisseur du noyau, puis les stries radiaires caractéristiques des *asters* commencent à se former et se dirigent en tous sens, les plus longues étant celles qui viennent aboutir à la surface du noyau encore pourvu de son enveloppe. Le fuseau nucléaire est ainsi ébauché dans le protoplasme de la cellule et la direction de la division ou du cloisonnement est désormais fixée par le plan perpendiculaire à la ligne des sphères attractives.

C'est alors que les filaments chromatiques se rassemblent pour former la plaque nucléaire (fig. 2),

Fig. 2. — Plaque nucléaire vue de côté. Le contour des sphères est granuleux.

Fig. 3. — Transport des segments secondaires aux pôles.

puis au moment où chacun d'eux se dédouble, le centrosome se dédouble également (fig. 3), formant à chaque pôle du fuseau deux centrosomes qui seront l'origine des sphères attractives appartenant à chacun des nouveaux noyaux formés. Les filaments chromatiques, ayant cheminé en sens in-

Fig. 4. — Aspect des deux cellules-filles après la bipartition.

verse le long des stries du fuseau, viennent se grouper à chaque pôle (fig. 4) ; ils forment souvent en ce point une légère dépression qui reçoit les sphères attractives.

M. Guignard a désigné ces sphères sous le nom de *sphères directrices* pour marquer le rôle important qu'elles remplissent dans la division cellulaire.

Le nombre des sphères directrices, ordinairement égal à deux, n'est pas rigoureusement invariable et, dans certains tissus, on peut en compter un plus grand nombre qui provoquent la formation de figures multipolaires ; chaque noyau se fragmente alors en autant de noyaux frères qu'il existe de sphères directrices. C'est dans l'albumen des végétaux que l'on rencontre ces formations anormales. M. Strasburger avait signalé depuis quelques années les figures multipolaires dans l'albumen du *Leucoium vernum*, et M. Guignard a retrouvé récemment dans les mêmes figures les sphères directrices. M. Henneguy en a aussi observé des exemples très nets dans le parablaste de la Truite qui, comme on le sait, représente un tissu nutritif analogue à l'albumen.

Le rôle des sphères directrices dans le phénomène de la fécondation n'est pas moindre que celui qui vient d'être exposé pour la division cellulaire. Nous avons signalé, il y a deux ans, dans cette *Revue*, le fait important de la parité des éléments nucléaires mâle et femelle, dans la formation de l'œuf ; les nouvelles observations publiées depuis cette époque ont généralisé et étendu ce fait de manière à constituer une loi qui s'applique à tous les êtres vivants, sauf quelques variations secondaires dans les modes destinés à réaliser l'égalité de l'apport des éléments mâle et femelle destinés à former l'œuf.

L'existence générale des sphères directrices dans les tissus des êtres vivants permettait de penser qu'elles doivent intervenir dans l'acte si important de la fécondation. En effet, dans les diverses plantes que M. Guignard a étudiées, les sphères directrices. au nombre de deux, accompagnent toujours le noyau femelle de l'oosphère et les noyaux générateurs du tube pollinique. Au moment où l'un des noyaux mâles générateurs traverse la membrane du tube pollinique, on aperçoit les deux sphères directrices accolées l'une à l'autre et noyées dans une masse protoplasmique appartenant sans doute à la cellule génératrice, quoiqu'il soit difficile d'en démontrer l'origine au moyen des réactifs (fig. 5).

Les sphères directrices qui précèdent le noyau mâle viennent très rapidement s'unir à celles du noyau femelle, de manière à former deux couples constitués par deux éléments différents. On peut constater en effet que les sphères directrices femelles sont souvent un peu plus grosses que les sphères directrices mâles et, dans quelques préparations, il est facile de reconnaître dans chacun des couples

renfermés dans l'oosphère deux éléments de grosseur différente : le plus petit appartenant à la
cellule mâle, le plus gros appartenant à la cellule
femelle. C'est après l'accouplement des sphères
directrices mâles et femelles que les noyau

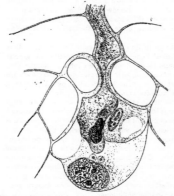

Fig. 5. — L'extrémité du tube pollinique présente le noyau
mâle précédé par ses deux sphères. Le noyau de l'oosphère
est surmonté par les deux sphères de la cellule femelle. A
droite du tube, synergide se désorganisant.

sexuels se placent au contact l'un de l'autre. Au
moment où leurs éléments chromatiques vont
se diviser pour former une plaque nucléaire
unique, on constate que les centrosomes des
sphères directrices se fusionnent: les deux sphères
résultant de cette conjugaison se séparent l'une de
l'autre et viennent occuper les extrémités d'un
diamètre parallèle au grand axe de l'oosphère.

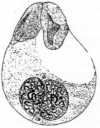

Fig. 6. — Début de la contraction des filaments chromatiques
dans les deux noyaux. Fusion presque complète des sphères.

indiquant ainsi que le cloisonnement de l'œuf aura
lieu perpendiculairement à cet axe (fig. 6).

Ainsi la fécondation ne résulte pas de la simple
fusion des noyaux : elle est précédée de la fusion
des sphères directrices, de manière que l'œuf soit
le résultat d'un apport égal des éléments nucléaires
mâle et femelle et des éléments protoplasmiques
représentés par les sphères directrices mâles et
femelles, — la fusion des éléments de nature protoplasmique précédant toujours la fusion des éléments nucléaires.

Les observations de M. Fol sur quelques Oursins
tendent à montrer que les phénomènes sont de
même ordre chez les animaux. Le spermatozoïde, à
son entrée dans l'œuf, est accompagné d'un corpuscule que M. Fol désigne sous le nom de *spermocentre;* au contact du noyau femelle il existe un
autre corpuscule, l'*ovocentre,* déjà signalé par l'auteur en 1879. Au moment où les noyaux mâle et femelle s'accolent, le spermocentre et l'ovocentre se
placent l'un en face de l'autre aux extrémités
d'un même diamètre, puis ils se divisent chacun
en deux moitiés réunies par une barre de manière
à simuler une haltère. Les extrémités de ces haltères, se séparant ensuite l'une de l'autre, parcourent le quart du méridien qui les contient, de
manière que chaque moitié du spermocentre se
conjugue avec chaque moitié de l'ovocentre, pour
former deux nouveaux corpuscules, les *astrocentres,*
situés sur un diamètre perpendiculaire à la direction du diamètre primitivement occupé par le
spermocentre et l'ovocentre.

Ainsi, chez les animaux comme chez les végétaux, la fécondation résulte de l'accouplement
d'éléments égaux d'origine nucléaire et protoplasmique, mais il existe jusqu'à présent une différence importante entre ces deux séries d'êtres, car
chez les végétaux les éléments protoplasmiques
qui prennent part à la fécondation sont représentés
par *deux* sphères directrices; tandis que chez les
animaux il n'y en a qu'une seule. Il semble cependant que cette différence ne soit pas absolue, car
M. Flemming a trouvé *deux* sphères directrices dans
certaines cellules embryonnaires au repos chez les
animaux.

En ce qui concerne la copulation des noyaux, la
loi déjà énoncée il y a quelques années sur la constance et la parité des éléments chromatiques mâles
et femelles n'a pas été modifiée; elle a seulement
reçu des recherches nouvelles une confirmation
plus grande.

Nous avons déjà eu occasion de rappeler que
le nombre des segments chromatiques, qui est
assez considérable et variable dans les cellules
végétatives, subit à un moment donné dans les
cellules sexuelles une réduction plus ou moins considérable. C'est ainsi que le nombre des segments
chromatiques dans les éléments sexuels est de 8

dans l'*Allium*, l'Abstrœmère, le *Ceratozamia mexicana;* de 12 dans le Lis, la Fritillaire, le *Tradescantia*, l'Hellébore ; de 16 dans l'*Orchis mascula*, le *Loroglassum hircinum*, le *Cypripedium barbatum*, le Muguet ; de 24 dans le *Muscari neglectum*, etc. Chez les animaux, quoique les résultats soient moins nombreux, la même loi a été retrouvée, et l'on compte 30 segments chromatiques chez les Lépidoptères ; 12 dans los organes mâles de la Salamandre, du *Forficula auricularis;* 8 dans le *Filaria mustelarium;* 6 dans le *Spiroptera strumosa;* 4 dans la *Coronilla robusta*, etc. On n'a pas trouvé d'autre exception à cette loi que celle de l'*Arion empiricorum* depuis longtemps cité par M. Platner. L'un des exemples les plus curieux est celui que M. Henking a trouvé chez un insecte hémiptère, le *Pyrrochoris apterus*, car les transformations des éléments chromatiques dans les cellules somatiques et sexuelles rappellent exactement celles que M. Guignard a signalées pour le Lis et la Fritillaire. En effet, les segments chromatiques des cellules somatiques sont au nombre de 24 chez cet insecte, et ils subissent dans la formation des cellules sexuelles une réduction brusque qui les réduit à 12, tout comme cela a lieu chez le Lis.

L'accolement des noyaux mâle et femelle, qui succède, comme nous l'avons vu, à l'accouplement des sphères directrices, ne tarde pas à être suivi de la fusion de la substance hyaline interstitielle ou suc nucléaire et des nucléoles, par suite de la dissolution de la membrane de chaque noyau. Les segments chromatiques restent distincts beaucoup plus longtemps, et dans le noyau unique de l'œuf on compte désormais un nombre de segments chromatiques égal au double de celui des noyaux mâle et femelle, mais on n'y peut distinguer ceux qui proviennent du noyau mâle ou du noyau femelle. Il est donc impossible de dire comment se partagent ces segments dans la première division de l'œuf et dans les divisions suivantes, ni de discuter la question de leur individualité. Tout ce qu'on peut affirmer, c'est que la fusion des éléments chromatiques n'est pas nécessaire à la fécondation, puisqu'elle n'a pas lieu au moment du premier cloisonnement de l'œuf, de sorte que l'opinion de M. Strasburger concorde mieux avec les faits que celle de MM. Hertwig relative à la nécessité de la fusion intime des substances du noyau dans l'acte de la fécondation.

La signification et le rôle des cellules qui composent le grain de Pollen des Angiospermes est aujourd'hui bien établie, mais il n'en est pas de même pour les cellules multiples du pollen des Gymnospermes.

La germination de ces cellules est en effet très lente et difficile à réaliser, en outre les tubes polliniques se remplissent de grains d'amidon dont la présence masque les transformations des noyaux et des masses protoplastiques. On s'explique ainsi que l'équivalence des diverses parties des grains de pollen des Gymnospermes et des Angiospermes n'ait pu encore être établie. M. Belajeff [1] vient de combler cette lacune en étudiant les tubes polliniques de l'If sur les ovules mêmes pendant le temps qui s'écoule entre la pollinisation et la fécondation.

Le grain de pollen de cette Conifère offre deux cellules, l'une grande, l'autre petite. La grande cellule se développe en un tube pollinique plus ou moins long, et le noyau qu'elle renferme émigre tout d'abord dans ce tube où il parait présider à son accroissement et à sa nutrition.

La petite cellule, qui reste un peu plus longtemps incluse dans le grain de pollen, grossit peu à peu et bientôt se divise en deux cellules, dont l'une deviendra la cellule génératrice. Cette dernière émigre, après la division, dans le tube pollinique et reste toujours reconnaissable à son noyau entouré d'une masse protoplasmique plus ou moins grande. Pendant ce temps, la cellule contemporaine dissocie peu à peu le protoplasme qui la formait et son noyau, devenu libre, émigre aussi dans le tube pollinique.

Au bout d'un certain temps, on aperçoit dans l'extrémité dilatée de celui-ci une masse protoplasmique creusée de nombreuses vacuoles et renfermant la cellule génératrice à laquelle se trouvent accolés deux noyaux en voie de résorption : le noyau végétatif et le noyau de la cellule contemporaine. Au moment où la fécondation va avoir lieu, la cellule génératrice se divise et forme deux noyaux ; c'est le plus grand, accompagné d'une certaine quantité de protoplasme, qui réalise la fécondation.

On voit donc que chez l'If, d'après M. Belajeff, la grande cellule est végétative ; la petite cellule subit une bipartition et, tandis que l'une des cellules filles se résorbe, l'autre constitue la cellule génératrice : elle émigre dans le tube pollinique pour former à son extrémité ce que l'on appelle la cellule primordiale.

L'analogie devient alors complète, au point de vue de la constitution des organes mâles, entre toutes les Phanérogames. Chaque grain est constitué par une cellule spéciale à ce groupe de végétaux, la cellule végétative stérile, destinée à former un tube plus ou moins long, servant au transport de l'élément mâle ; cette cellule, qui mériterait bien mieux le nom de *cellule conductrice*, n'est

[1] W. C. BELAJEFF. *Zur Lehre von dem Pollenschlauche der Gymnospermen.* Bericht der deut. Bot. Gesellschaft, Bd. IX. 1892, p. 280.

pas représentée dans la microspore des Crypto-games en raison de la mobilité des anthérozoïdes.

La cellule fertile, véritable équivalent de la microspore, s'isole au sein de cette cellule « conductrice » et, par une bipartition, fournit un couple de cellules génératrices qui émigrent dans le tube pollinique, tantôt en conservant la même importance jusqu'au moment de la fécondation, comme cela a lieu chez les Angiospermes; tantôt chez l'If, par exemple, l'une des cellules du couple se résorbe de bonne heure et bien avant la fécondation; il ne reste alors qu'une cellule génératrice. La seconde partition tardive de cette dernière cellule ne serait pas un fait nouveau, puisque l'on a observé aussi, chez les Angiospermes, une seconde partition des noyaux générateurs.

Le travail de M. Belajeff a donc rétabli la continuité qui manquait dans les phénomènes de réduction et d'adaptation progressive des organes mâles.

M. Trenh [1] vient de publier sur les Casuarinées un mémoire important sur l'existence des formes aberrantes de leur appareil femelle, comparé à celui des Phanérogames.

Les Casuarinées, qui font l'objet du travail de M. Treub, ont une place à part, assez mal définie, dans le groupe des Dicotylédones apétales : si M. Eichler les range dans la série des Amentacées, les affinités qu'elles présentent avec les apétales sont douteuses, et, sauf celles qu'on a signalées avec les Myricacées, les botanistes descripteurs sont très réservés sur cette question. L'uniformité de structure et de développement des appareils reproducteurs dans les Angiospermes, que les travaux les plus récents ont mise en évidence, pouvait faire soupçonner que les Casuarinées constitueraient une exception; cependant M. Trenh a signalé des divergences telles qu'il n'a pas hésité à faire des Casuarinées un type spécial, distingué des Angiospermes et à la base de ce groupe, sous le nom de Chalazogames.

Je me bornerai à résumer brièvement le mémoire très intéressant de M. Treub, car l'attention des lecteurs de cette *Revue* a été déjà attirée sur le groupe des Casuarinées [2], à tous égards si anormal.

Le développement de l'ovaire, étudié avec beaucoup de soin par M. Treub, nous apprend l'existence, dans la cavité ovarienne, d'un tissu formé par croissance intercalaire de la base du placenta commun aux ovules et s'élevant jusqu'au sommet de la cavité où il devient adhérent au tissu conducteur du style. Ce tissu, que M. Trenh appelle « pont » et déjà décrit par M. Bornet, sépare la cavité ovarienne en deux parties, l'une contenant les ovules, l'autre désignée sous le nom de *chambre à air*.

Les phénomènes dont le nucelle des Casuarinées est le siège sont entièrement différents de ceux qu'on observe chez les autres Angiospermes. Ordinairement, en effet, on voit, chez ces plantes, une cellule sous-épidermique donner naissance, après un premier cloisonnement, à deux cellules dont la plus interne devient la cellule-mère du sac embryonnaire; elle subit une série de cloisonnements perpendiculairement à l'axe du nucelle, et la cellule la plus interne de la file ainsi constituée grandit en refoulant en dehors d'elle les cellules sœurs, pour devenir le sac embryonnaire.

Dans les diverses espèces de *Casuarina*, il se constitue au milieu du nucelle un tissu massif, que l'auteur désigne sous le nom de *tissu sporogène*; ce tissu forme d'abord une masse ovoïde, puis, par suite d'une croissance intercalaire de la base du nucelle, le tissu sporogène s'étrangle et forme un pédicelle à cellules allongées qui s'étend, d'une part, jusqu'à la chalaze et, d'autre part, jusqu'au massif ovoïde de la région supérieure. Bientôt la différenciation se produit au sein du parenchyme homogène de ce tissu; de grandes cellules allongées apparaissent et déterminent la résorption graduelle des petites cellules stériles; il se forme, en outre, des trachéides dont le rôle est problématique.

Chacune des grandes cellules se cloisonne un certain nombre de fois et constitue la cellule mère de macrospore, c'est-à-dire l'équivalent de la cellule mère du sac embryonnaire des Angiospermes. L'une des cellules grandit beaucoup et devient ovoïde ou pyriforme, constituant une macrospore; en raison du grand nombre de cellules mères, il peut se former vingt macrospores et quelquefois davantage.

L'appareil sexuel ne prend ordinairement son développement complet que dans l'une d'elles, seule fertile; les autres, stériles, paraissent présenter des arrêts de développement à des stades divers; mais elles ne sont pas inutiles à l'accomplissement de la fécondation, car un grand nombre d'entre elles s'accroissent démesurément et envoient un prolongement tubulaire dans la base du nucelle, qui dissocie les tissus et pénètre jusqu'à la chalaze au milieu des éléments vasculaires; elles préparent ainsi la voie d'introduction du tube pollinique.

C'est, en effet, un phénomène bien digne d'attention, unique dans le règne végétal, que le mode de pénétration de ce dernier. Au lieu de parvenir au nucelle par le micropyle après son entrée dans la cavité ovarienne, le tube pollinique, descendu le

[1] M. TREUB. *Sur les Casuarinées et leur place dans le système naturel.* Ann. du jard. bot de Buitenzorg, Java, vol. X, p. 145-231, 1891.

[2] VUILLEMIN. *Rev. gén. des Sciences*, 15 janvier 1892.

long du massif formé par le style, pénètre dans
le pont qui unit la base de ce dernier à l'insertion
des ovules, arrive ainsi jusqu'à la chalaze et, empruntant la voie frayée par les prolongements
tubulaires des macropores stériles, pénètre rapidement jusqu'au sac embryonnaire. Il vient s'accoler à celui-ci en un point quelconque de sa surface, généralement au-dessous et assez loin de
l'oosphère, de sorte que le noyau mâle est obligé
d'effectuer un long trajet dans le sac embryonnaire
pour se joindre à la cellule femelle.

L'étude des modifications qui s'accomplissent
dans la cellule destinée à devenir le sac embryonnaire, les phénomènes préparatoires et consécutifs
à la fécondation, présentent de grandes difficultés
puisque, quel que soit le nombre des ovules contenus
dans l'ovaire, il y en a un seul, souvent difficile à
distinguer, destiné à être fécondé; aussi les
recherches de M. Treub présentent-elles quelques
lacunes sur la constitution du sac embryonnaire
et le mécanisme de la fécondation.

L'auteur n'a pu observer qu'un certain nombre
de stades, et il a été souvent réduit à invoquer des
considérations hypothétiques pour les grouper en
série chronologique. C'est ainsi qu'il admet, sans
l'avoir suffisamment démontré, que l'appareil
sexuel dérive d'une seule cellule, qui, à la suite
d'une ou de deux partitions successives, forme avec
l'œuf une ou deux cellules voisines. Ces cellules
voisines rappelleraient exactement les cellules de
canal des Cryptogames vasculaires, ou l'unique
cellule du canal des Gymnospermes. M. Treub a
constaté aussi que la cellule sexuelle paraît enveloppée d'une membrane cellulosique et que le sac
embryonnaire est peut-être capable de développer
un endosperme avant la fécondation.

En somme, par le développement du tissu sporogène, par le grand nombre de macrospores dont
quelques-unes ont un appareil sexuel, par la pénétration du tube pollinique à travers la chalaze,
les Casuarinées s'éloignent non seulement des Angiospermes, mais aussi des Phanérogames. Aussi
M. Treub s'est-il cru autorisé à créer. pour cette
famille, si différente à tant d'égards des autres
Phanérogames, un nouveau groupe d'Angiospermes. Pour rappeler le caractère le plus saillant,
sinon le plus important : la pénétration du tube
pollinique par la chalaze, l'auteur a proposé le
nom de *Chalazogames* par opposition au terme de
Porogames, qui désignerait l'ensemble des Dicotylédones et des Monocotylédones.

Le caractère différentiel, invoqué dans ces conditions par M. Treub, n'acquiert une valeur importante que par l'ensemble des modifications de
structure des Casuarinées ; considéré en lui-même,
il a une importance secondaire. car le tube polli-

nique, ne pouvant pénétrer par le micropyle, suit,
pour arriver à l'appareil femelle, la voie la plus
commode et, dans ce cas. c'est le chemin de la chalaze qui est le plus facile à suivre, à cause de la
communication établie par le pont entre la base
des ovules et la partie inférieure du style. Nous
avons trop d'exemples, dans les Algues et les
Champignons, des modalités diversés du transport
de l'élément mâle, pour attribuer au fait intéressant
découvert par M. Trenh une valeur considérable et
pour le regarder, dès à présent, comme un vestige des « modes d'apprentissage du tube pollinique ». Il n'y a sans doute là qu'une nécessité
physiologique qui peut se concevoir en dehors de
toute considération phylogénétique.

Malgré des lacunes inhérentes à la difficulté
extrême des observations, lacunes que M. Trenh a
signalées lui-même de fort bonne grâce, ce travail
aura eu le mérite de fixer définitivement le développement de l'ovaire et les premiers états de
l'ovule des Casuarinées, en révélant aux anatomistes
un groupe aussi anormal par la constitution de son
appareil reproducteur que par son appareil végétatif. Nous espérons que l'auteur ne tardera pas à
publier l'histoire définitive et complète de ces
plantes singulières.

II. — COMMUNICATIONS PROTOPLASMIQUES.

L'étude des communications protoplasmiques
qui mettent en relation les diverses cellules d'un
végétal a été, depuis quelques années, l'objet de
nombreux travaux de la part de MM. Gardiner,
Tangl, Russow, L. Olivier, etc., et a suscité déjà
d'importantes discussions.

Dès 1883, M. L. Olivier avait soutenu que, loin
d'être spéciales à un petit nombre d'espèces végétales et localisées en certaines régions peu étendues de ces dernières (albumen, base du pétiole, etc...), les communications protoplasmiques
constituent un phénomène général, susceptible
d'être mis en évidence même chez les Dicotylédones, le protoplasme s'y poursuivant *sans interruption* à travers les parois des cellules « depuis
l'extrémité des racines jusqu'à l'extrémité des
feuilles [1]. » Apportant depuis un nouveau contingent d'observations à ce sujet, le même auteur a
fait connaître une méthode [2] qui permet de déceler
les fines commissures du protoplasme dans des
organes en vie active où les procédés usuels de
l'histologie ne montrent ordinairement que cellules
closes et protoplasmes isolés de leurs voisins. Ces

[1] L. OLIVIER. Sur la canalisation des cellules et la continuité du protoplasme chez les végétaux. *Comptes rendus de
l'Académie des Sciences,* 4 mai 1885, t. C., pages 1168 et suiv.
[2] L. OLIVIER. Sur les connectifs intercellulaires du protoplasme chez les Végétaux. *Société de Biologie,* 18 octobre 1890, neuvième série, t. II, page 547.

procédés consistent, comme on sait, à durcir le protoplasme, à le couper et à le colorer. Mais « le protoplasme étant, par nature, irritable et contractile, on conçoit qu'au contact du rasoir qui le coupe ou de l'alcool dans lequel on l'immerge pour le durcir, il se rétracte brusquement à la façon d'un infusoire ou d'une amibe. S'il possède des sortes de pseudopodes l'unissant à ses voisins, il est possible qu'au moindre attouchement il les rétracte dans sa masse. La brutalité avec laquelle les histologistes ont coutume de traiter les plantes semble plus que suffisante pour expliquer la rupture et le retrait de ces filaments. Dans bien des cas, l'aspect · observé après la mort serait donc loin de correspondre à l'état réel des tissus pendant la vie [1] ». M. L. Olivier a tenté de supprimer cette cause d'erreur en anesthésiant le protoplasme avant de le durcir ou de le colorer : lorsque la plante a été, au moyen d'éther en mélange avec l'air humide, « lentement endormie », son protoplasme peut être coagulé, durci, coupé et coloré, sans que ses connexions se trouvent modifiées. Sur les préparations où, en outre, les membranes cellulaires ont été soit amincies, soit détruites par l'acide sélénique étendu, on voit très bien la distribution des commissures qui relient chaque masse protoplasmique intracellulaire à ses congénères des cellules contiguës. Cette disposition figure, à peu de chose près, l'image de ce qui existe pendant la vie. D'un bout à l'autre de la plante il n'y a alors qu'un seul protoplasme, lequel peut être différencié suivant les régions et les cellules, sans toutefois perdre son unité anatomique.

Il était intéressant de rendre ces faits sensibles sur les microphotographies elles-mêmes. La méthode imaginée par MM. A. et L. Lumière, de Lyon, pour reproduire sur les clichés les doubles ou triples colorations des préparations, a permis d'obtenir ce résultat de la façon la plus démonstrative. Les épreuves au charbon et sur verre, que M. L. Olivier a présentées à la Société de Biologie, en même temps que ses planches, montrent, comme celles-ci, les commissures intercellulaires du protoplasme colorées en bleu dans l'épaisseur des membranes colorées en rouge [2].

Ces recherches datant de plus d'un an et ayant d'ailleurs été très remarquées, nous nous bornons à les rappeler ici, nous proposant de nous étendre davantage sur un travail important que M. Kienitz-Gerloff vient de consacrer à la même question. Son mémoire, récemment publié [3], nous permet

d'indiquer les vues générales émises sur ce sujet.

L'auteur a constaté l'existence des connexions plasmiques dans un grand nombre de tissus appartenant aux plantes les plus différentes. Plus de 60 espèces Phanérogames, Équisétacées, Fougères, Mousses, Hépatiques, ont été étudiées. Les diverses sortes de parenchyme de l'écorce et de la moelle, le collenchyme, le sclérenchyme, les méristèmes, etc., offrent toujours ces communications. On les observe aussi dans les vaisseaux ligneux et dans le liège en voie de développement. Elles manquent dans les vaisseaux et le liège adultes, dans les cellules stomatiques qui sont complètement indépendantes de leurs voisines ; elles manquent aussi entre les tissus de l'embryon et l'albumen, entre les suçoirs des parasites et leur hôte, etc. La question la plus intéressante du mémoire est la relation qui existe entre les filaments plasmiques et les ponctuations que M. Baranetzki a décrites avec tant de soin dans les tissus, car elle soulève la question de savoir si la membrane est uniforme ou si elle est perforée pour le passage des cordons plasmiques. Le travail de M. Baranetzki laissait la question indécise ; la membrane externe, lamelle muqueuse ou substance intercellulaire, dépourvue de cellulose, ainsi que je l'ai démontré, ne se colorait pas par les réactifs iodés employés par cet anatomiste. M. Kienitz-Gerloff a utilisé le bleu de méthylène additionné de 1,5 % d'acide acétique, et il a reconnu les ponctuations décrites par M. Baranetzki, car elles se détachent en blanc sur le fond bleu de la membrane ; c'est à travers ces ponctuations que passeraient les filaments plasmiques. M. Kienitz-Gerloff admet l'existence de véritables pores formés dans la membrane dès les plus jeunes états ; ce n'est pas une déchirure de la membrane qu'ils ont pris naissance, mais aux points où ils existent, la substance formant les membranes ne s'est jamais déposée.

L'auteur est aussi amené à considérer les filaments plasmiques comme les restes des filaments observés à la fin de la division, au moment de la formation de la plaque cellulaire. L'objection de M. Krabbe à cette manière de voir, fondée sur la destruction des connexions plasmiques par l'accroissement intercalaire, n'est pas fondée, car, non seulement de nouvelles communications protoplasmiques peuvent se former ; mais, en retournant l'objection de M. Krabbe, on peut dire que, si les connexions plasmiques sont déjà développées au moment de la division cellulaire, l'accroissement intercalaire ne peut avoir lieu ou demeure faible dans les régions de la membrane qu'elles traver-

[1] *Ibidem.*
[2] OLIVIER. Application d'un procédé de photographie en couleurs pour étudier la continuité intercellulaire du protoplasme chez les Plantes. *Société de Biologie,* 14 février 1891, neuvième série, t. III, page 124.
[3] F. KIENITZ-GERLOFF. *Die Protoplasmaverbindungen zwischen benachbarten Gewebselementen in der Pflanze.* Bot. Zeit. Année 49. N°° 1 et suiv., 1891.

sent. Ces deux opinions sont trop absolues, car elles ne tiennent pas compte de la propriété que possède le protoplasme de modifier à chaque instant la membrane qu'il imprègne. On peut d'ailleurs s'assurer que les membranes pourvues de perforations présentent un accroissement notable. et que l'arrangement des pores est sans cesse modifié, ainsi que cela résulte des observations déjà anciennes de M. Baranetzki.

Quoi qu'il en soit de l'origine des connexions plasmiques, elles se rencontrent dans tous les tissus et chez les plantes les plus diverses. M. Kienitz-Gerloff n'avait pas compris les Algues parmi les nombreuses espèces qu'il a étudiées, et M. Kohl [1] a complété ses recherches par l'examen d'espèces nombreuses et différentes (*Cladophora*, *Mesocarpus*, *Ulothrix*, etc.), qui toutes présentent les communications protoplasmiques, dont l'existence avait déjà été signalée par quelques auteurs.

Les conséquences qu'on a tirées de l'existence générale des communications intercellulaires, limitées, jusqu'à ces dernières années, aux tubes criblés, offrent un certain intérêt.

Signalons d'abord, pour en montrer l'exagération, la déchéance de la cellule de son titre d'unité anatomique. Celle-ci, considérée jusqu'alors comme une individualité distincte, est réduite maintenant au rôle de simple fragment de la masse protoplasmique totale, isolé par un cloisonnement purement mécanique nécessaire à la stabilité et au soutien de la masse générale, de sorte que M. Kienitz-Gerloff a pu comparer une plante supérieure au plasmode d'un myxomycète. A-t-on jamais songé à dépouiller les cellules nerveuses de leur individualité à cause des nombreuses connexions qu'elles présentent entre elles ?

La signification physiologique des communications intercellulaires offre un intérêt bien plus considérable que les discussions métaphysiques sur la structure cloisonnée ou continue.

Le rôle attribué à ces formations est double : d'une part, elles représentent les cordons de transmission des excitations produites en un point quelconque de la plante ; d'autre part, elles constituent les voies par lesquelles s'effectuent les échanges nutritifs.

L'hypothèse de la transmission des excitations par les communications protoplasmiques, assimilées ainsi à une sorte de système nerveux, a été émise d'abord par Hanstein pour les tubes criblés et étendue à tous les tissus. MM. Russow, Schmitz et en partie M. Gardiner l'ont acceptée. L'excitabilité bien connue du protoplasme est favorable à cet hypothèse, d'autant mieux que les anesthésiques,

sans enrayer complètement les phénomènes de nutrition, suppriment pour un certain temps, chez la Sensitive, les mouvements provoqués. M. Haberlandt [1] a récemment décrit, dans cette dernière plante, un tissu particulier, le « Reizleiten Gewebe », qui paraît spécialement différencié en vue de la transmission rapide des excitations produites par les chocs ou les frottements. Ce tissu est formé par des cellules très longues, tubuleuses, qui courent dans la partie libérienne des faisceaux ; elles sont plus grosses que les tubes criblés, possèdent toujours un noyau et présentent des cloisons plus ou moins obliques avec un seul pore assez grand. La membrane de celui-ci est traversée par de fins canaux renfermant les filaments plasmiques qui établissent la communication de cellule à cellule. Le tissu conducteur est remarquable par son indépendance complète vis-à-vis des tissus enveloppants : le parenchyme ou le collenchyme ; il a pu être suivi dans la feuille, le pétiole, le coussinet et la tige avec ses caractères propres. Nous n'insisterons pas sur le contrôle expérimental que l'auteur a semblé invoquer pour vérifier le rôle du tissu conducteur, car, en faisant agir l'eau chaude sur un pétiole, on tue les cellules et l'on abolit en même temps l'irritabilité du protoplasme et ses propriétés osmotiques ; il n'y a donc pas lieu de s'étonner qu'un semblable traitement abolisse la transmission. Mais, quoique l'expérience ne puisse pas encore démontrer cette propriété, son existence est très vraisemblable, étant données ses propriétés du protoplasme.

Le second rôle attribué aux communications protoplasmiques, tout aussi hypothétique, a suscité des opinions diverses et souvent contradictoires. M. Pfurtscheller admet que, dans tous les tissus, les substances nutritives circulent de cellule en cellule au moyen de ces cordons ; M. Gardiner restreint ce rôle aux tubes criblés et aux cellules de l'endosperme ; par contre, MM. Schmitz et Russow ne l'acceptent pour aucun tissu ; enfin M. Tangl, en étudiant ces formations dans les fruits des Graminées, leur accorde seulement la propriété de transmettre les diastases. Entre ces opinions contradictoires, les moins justifiables sont celles qui limitent le rôle conducteur des communications protoplasmiques à certains tissus ou à certaines substances (MM. Gardiner, Tangl, etc.), car on ne conçoit pas que ce qui est possible pour un tissu ou pour une substance déterminée soit impossible pour les autres. L'objection présentée par M. Noll, que les dimensions des ponctuations sont bien plus faibles que celles des tubes criblés, est sans valeur d'après M. Kienitz-Gerloff, car les

[1] KOHL, *Protoplasmaverbindungen bei Algen*, Berichte d. d. Bot. Gesellschaft. Bd. IX. Février 1891.

[1] HABERLANDT. *Das reizleiten Gewebe der Sinnpflanze*, Leipzig. W. Engelmann, 1890.

pores du Laurier-Rose, de certaines Fougères, des Mousses, sont très larges et même plus larges que les pores des tubes criblés du Pin. Remarquons que la comparaison avec les tubes criblés est une pétition de principe, puisqu'elle suppose que le transport par cette voie est rigoureusement établi, ce qui n'est pas.

Le fait le plus favorable à l'hypothèse du transport des substances nutritives par les filaments plasmiques est la lenteur avec laquelle s'opère la diffusion. D'après M. Hugo de Vries, la vitesse de diffusion des substances considérées comme les plus dialysables, le sucre et le sel marin, est trop faible pour expliquer les rapides changements qui s'accomplissent dans les plantes. Ainsi un milligramme de sel marin exigerait 319 jours pour diffuser dans une colonne d'eau d'un mètre et la diffusion de la même quantité de matière organique exigerait 14 ans! Aussi M. de Vries a-t-il accepté depuis longtemps là coopération des courants protoplasmiques dans le transport des substances nutritives.

Dans quelle mesure ces courants favorisent-ils ces échanges? Quel en est le mécanisme? Est-ce un transport mécanique ou un phénomène de diffusion? Ce sont là autant de questions actuellement insolubles que l'auteur ne s'est même pas posées. M. Kienitz-Gerloff a dû se borner à signaler les faits anatomiques qui plaident en faveur de ce rôle de transport. Nous en retiendrons quelques-uns. Les tissus qui avoisinent les canaux ou les cellules sécrétrices sont pourvus d'un système très riche de communications protoplasmiques, qui paraissent destinées à transporter les matériaux des sécrétions. Les jeunes éléments ligneux et les jeunes cellules de liège, siège d'une activité employée tout entière à l'épaississement et aux transformations chimiques de la membrane, offrent pendant cette période d'évolution des liaisons plasmiques qui disparaissent à l'état adulte de ces éléments. Enfin les cellules stomatiques qui, seules parmi les cellules épidermiques, conservent chez les Phanérogames les grains de chlorophylle et les grains d'amidon, sont entièrement dépourvues de ces communications.

Je ne puis malheureusement discuter la signification de ces exemples; le résumé que je viens de faire du travail très intéressant de M. Kienitz-Gerloff montre que la question des relations protoplasmiques intercellulaires nous réserve encore bien des surprises.

III. — L'ÉTIOLEMENT ET LA CROISSANCE.

La culture comparée des plantes étiolées et des plantes vertes, souvent réalisée dans les recherches physiologiques, produit des modifications bien con-

nues dans l'aspect ou le port d'une même espèce; ces modifications se retrouvent, quoique à un moindre degré, dans les plantes des régions ombreuses et humides, comparées à celles des régions sèches et ensoleillées.

L'allongement considérable des entre-nœuds, la réduction plus ou moins grande des feuilles suivant les espèces, peuvent être rapportés à plusieurs causes, parmi lesquelles la transpiration et l'assimilation paraissent jouer un rôle important, puisque ce sont les fonctions que l'étiolement modifie le plus profondément.

M. Palladin [1] attribue aux variations de la transpiration l'influence prédominante déjà indiquée par les recherches de M. Kohl.

La transpiration est bien plus forte à la lumière qu'à l'obscurité et, en conséquence, les substances minérales sont introduites en quantités d'autant moindres que la transpiration est plus faible. C'est ce qui résulte des recherches de M. Schlœsing sur la végétation comparée des plants de tabac dans les conditions naturelles et dans un espace saturé. Les variations de la richesse en eau des tissus verts et des tissus étiolés offrent à ce point de vue un certain intérêt; les seuls documents que nous possédons sont les résultats de M. Karsten pour le *Phaseolus* et de M. Godlewski pour les cotylédons du Radis. D'après les observations de M. Palladin, chez les plantes à tiges courtes, sans entre-nœuds, les feuilles étiolées sont plus riches en eau que les feuilles vertes (Blé); l'inverse a lieu chez celles qui ont de longs entre-nœuds (*Vicia Faba*).

Le cas de la Fève est intéressant à signaler. Dans la plante verte, les feuilles, très riches en chlorophylle, transpirent beaucoup plus que les tiges et accumulent dans leurs tissus la quantité de matières minérales nécessaire à leur croissance ; dans les plantes étiolées, en raison de l'absence de chlorophylle, la transpiration est seulement fonction de la surface évaporante, et comme les entre-nœuds sont très longs, c'est la tige qui transpire le plus, accumulant dans sa masse des substances minérales qui, faisant défaut dans les feuilles, laissent celles-ci à l'état rudimentaire. Si dans ces plantes étiolées on empêche la transpiration de la tige en entourant celle-ci d'une bandelette de caoutchouc, comme l'a fait M. Palladin, le courant d'eau se dirige désormais vers les feuilles, et celles-ci ne tardent pas à acquérir les mêmes dimensions que les feuilles des plantes vertes.

L'examen du contenu azoté des feuilles vertes et des feuilles étiolées amène encore M. Palladin

---

[1] W. PALLADIN. *Transpiration als Ursache der Formänderung etiolirter Pflanzen.* Bericht. d. d. Bot. Gesellsch., Bd. VIII, 1890, p. 364.

aux mêmes conclusions. Dans les plantes dépourvues d'entre-nœuds comme le Blé, les feuilles étiolées sont plus pauvres en matières azotées que les feuilles vertes ; au contraire, dans les plantes à entre-nœuds développés, les feuilles étiolées sont plus riches en matières azotées que les feuilles vertes, et les tiges sont très pauvres (Fève). Ainsi ce n'est pas à cause du déficit de matières protéiques que les feuilles de la Fève demeurent rudimentaires, c'est à cause de l'insuffisance de matières minérales résultant de l'amoindrissement de la transpiration. L'avortement des feuilles de la Fève dans un milieu obscur peut être comparé à l'impossibilité d'obtenir une plante normale au moyen de graines riches en substances azotées semées dans l'eau distillée.

Les feuilles étiolées du Blé et les tiges étiolées de la Fève s'accroissent malgré leur faible contenu en matières azotées, parce que le courant d'eau provoqué par la transpiration amène dans leurs tissus une quantité suffisante de matières minérales. Dans une communication récente sur le même sujet, M. Palladin [1] a étudié le verdissement et la croissance des feuilles étiolées placées dans des solutions différentes.

Dans l'eau distillée les feuilles restent jaunes ou verdissent très peu, elles ne manifestent aucun accroissement ; au bout de trois jours elles sont mortes.

Dans une solution de sucre à 10 %, les feuilles verdissent au bout de deux jours et montrent une très faible croissance ; au bout de trois jours elles sont mortes.

Enfin, dans un mélange de nitrate de chaux et de sucre, le verdissement a lieu après vingt-quatre heures et, au bout de trois jours, les feuilles sont encore saines et montrent un accroissement notable. Ces résultats vérifient des observations déjà anciennes de M. Bœhm.

On voit que l'absence de la chaux est une des causes qui empêchent l'accroissement des feuilles étiolées de la Fève, et l'on conçoit ainsi comment l'arrêt de la transpiration déterminé dans ces feuilles par l'obscurité est en relation étroite avec leur état rudimentaire.

Les recherches de M. Palladin [2] montrent encore que le verdissement exige la présence du sucre, soit qu'on le fournisse directement aux feuilles détachées, soit que dans les plantes en germination cette substance soit formée au moyen des aliments de réserve. M. Palladin a vérifié en effet, après M. Karsten, que les feuilles étiolées ne contiennent pas trace de glucose. Ce fait vient confirmer les

observations que M. Belzung [1] a publiées sur le rôle de l'amidon dans la formation des grains de chlorophylle.

On peut formuler les résultats de l'auteur de la manière suivante : si pour une plante donnée, l'étiolement modifie les rapports des quantités d'eau transpirées par ses diverses parties, la plante entière sera déformée et ses déformations seront d'autant plus grandes que les quantités d'eau transpirées seront plus modifiées, — l'accroissement le plus grand correspondant aux régions qui transpirent le plus. Si ces rapports ne sont pas modifiés, la plante conservera sa forme typique.

Les résultats des recherches que M. Wiesner [2] a entreprises sur le même sujet concordent en grande partie avec ceux de M. Palladin, mais ils montrent des différences très grandes entre les espèces, même lorsqu'elles appartiennent à la même famille.

L'auteur a choisi les plantes qui dans les conditions normales ont une rosette de feuilles radicales, et il les a cultivées dans des milieux humides ou secs, obscurs ou éclairés.

Les modifications survenues dans le port de ces plantes, sous l'influence de ces conditions variées, se ramènent à quatre types :

1° La rosette foliaire se dissocie par suite de la formation de longs entre-nœuds aussi bien dans l'air humide que dans l'obscurité (Sempervivum tectorum).

2° Les plantes ne présentent aucune modification soit dans l'air humide, soit dans l'obscurité (Oxalis floribunda, Plantago media).

3° Les plantes sont modifiées par l'étiolement, mais non par le séjour dans l'air humide (Taraxacum officinale).

4° Enfin les plantes sont transformées par le séjour dans l'air humide, mais l'étiolement reste sans action (Capsella Bursa pastoris).

Les types 1 et 4, Sempervivum et Capsella, confirment par leur manière d'être les résultats de M. Palladin. Le Sempervivum est si profondément modifié que les entre-nœuds atteignent $0^m,12$ et même $0^m,17$. Cette espèce est très intéressante à cause de sa sensibilité aux différences d'état hygrométrique de l'air, car des individus transportés successivement dans des espaces dont l'état hygrométrique est différent forment des entre-nœuds très inégaux.

Le type 2 renferme des plantes indépendantes de ces deux facteurs : étiolement et humidité. Faut-il admettre avec M. Wiesner que ces deux facteurs ont produit au cours du développement de l'espèce un mode de croissance qu'ils sont im-

[1] W. PALLADIN. Eiwessgehalt der grünen und etiolirten Blätter Bericht. d. d. Bot. Gesellsch., Bd. IX, 1891, p. 194.
[2] W. PALLADIN. Ergrünen und Wachsthum der etiolirten Blätter. Bericht. d. d. Bot. Gesellsch. Bd. IX, 1891, p. 229.

[1] M. BELZUNG. Sur le développement de l'amidon, Journ. de Bot. 1891. Nouvelles recherches sur l'origine des grains d'amidon et des grains de chlorophylle. Ann. Sc. nat., 7e s., t. XIII.
[2] J. WIESNER Formänderungen von Pflansen bei Cultur im absolut feuchten Raume und im Dunkeln. Ber. d. d. Bot. Gesellsch. Bd. IX, 1891, p. 42.

puissants à modifier, ou vaut-il mieux supposer que l'accroissement dépend d'autres causes que nous ne connaissons pas encore?

Le type 3 .n'est pas en contradiction avec la théorie émise par M. Palladin; c'est un exemple dans lequel les rapports des quantités d'eau transpirées par les divers organes deviennent constants, de sorte que, dans le cas particulier du *Taraxacum*, l'influence exercée par la suppression de l'assimilation est prépondérante.

M. H. Vœchting [1] a fourni d'ailleurs une démonstration directe de cette influence en étudiant le développement des rameaux de la Pomme de terre, du Tabac, etc., placés dans une atmosphère privée d'acide carbonique; au bout de quelque temps ces rameaux dépérissent et meurent. La formation de la feuille présente, comme on le sait, deux phases distinctes : la première, pendant laquelle l'ébauche de la feuille se dégage du point végétatif et différencie les régions qui la composent, est indépendante de l'assimilation; au contraire la deuxième phase, qui comprend l'épanouissement des feuilles et leur extension définitive, est supprimée quand la plante est privée d'acide carbonique. On voit donc en somme que la circulation et la transpiration modifient profondément la croissance intercalaire qui amène les organes à leurs dimensions définitives.

Les observations que nous venons de rapporter, jointes aux résultats déjà plus anciens obtenus par MM. Askenasy et Godlewski, montrent bien que la croissance définitive des organes reste, dans un grand nombre de cas, indépendante de la turgescence des tissus, que M. Nortmann considérait comme le facteur le plus essentiel. On voit par là que les théories souvent ingénieuses proposées pour expliquer la croissance risquent trop souvent d'être démenties par les faits aussitôt leur apparition, et l'on peut affirmer que nous serons réduits longtemps encore à cataloguer les résultats avant de pouvoir tenter l'explication d'un phénomène qui, comme la croissance, tient à l'essence même de la vie. Nous sommes amené ainsi à signaler les résultats obtenus dans les études de physiologie cellulaire.

IV. — Expériences sur la nutrition

Par l'absence de mécanismes compliqués, par la simplicité et l'uniformité de leur structure, les végétaux paraissent être, mieux que les animaux, d'excellents sujets pour l'examen des phénomènes intimes de la nutrition ; cette simplicité n'est qu'apparente et le cercle des investigations est bientôt

limité, car on se heurte dès les premiers pas à l'étude de la matière vivante qui est à la fois le substratum, la cause et le but des phénomènes nutritifs. Les travaux entrepris dans cette direction sont nécessairement restreints à un petit nombre de sujets, parmi lesquels la distribution et la migration des matériaux nutritifs ont été le plus étudiées. S'il n'est pas encore possible d'exprimer les résultats obtenus par une formule précise, la théorie de Sachs est encore celle qui s'accorde le mieux avec ceux-ci, et l'on ne conçoit pas que l'expression de *sève élaborée* soit encore employée pour désigner le courant imaginaire conduisant les matières nutritives des feuilles vers les organes en voie de croissance.

L'un des corps les plus répandus dans les végétaux, l'oxalate de chaux, a été récemment l'objet de recherches nombreuses. On admet ordinairement que l'acide oxalique est un produit de déchet, résultat d'une oxydation incomplète, formé pendant la synthèse des matières albuminoïdes: comme il est vénéneux pour la plupart des plantes, il est rapidement immobilisé à l'état de corps inerte par sa combinaison avec la chaux. L'objection élevée contre cette hypothèse et tirée de l'absence d'acide oxalique ou d'oxalate de chaux dans certaines plantes, n'aurait pas d'importance si, comme le croit M. Schimper [1], d'autres acides, tels que l'acide tartrique, remplacent l'acide oxalique.

La localisation de l'oxalate de chaux dans des tissus ou des cellules qui ne contiennent pas de chlorophylle ne pourrait être expliquée, d'après M. Schimper, que par la facilité avec laquelle ce sel peut émigrer, semblable en cela aux hydrates de carbone, — la cristallisation et la dissolution de l'oxalate de chaux étant réalisées au moyen d'acides que le tissu cellulaire renferme en proportion variable, comme le croit aussi M. Kohl [2].

La répartition de l'oxalate de chaux a été étudiée par MM. Wehmer [3], Schimper, Monteverde [4] avec beaucoup de soin. Ces auteurs admettent trois origines pour l'oxalate de chaux : 1° *l'oxalate primaire* formé au voisinage des tissus en voie de développement, tels que les bourgeons, les fleurs, etc.; 2° *l'oxalate secondaire*, dont on voit fréquemment les cristaux disposés en files régulières dans le parenchyme qui borde les nervures des feuilles épanouies et en pleine activité : la formation de

---

[1] H. Vœchting. *Ueber die Abhængigkeit des Laublattes von seiner Assimilationsthætigkeit*, Bot. Zeit., 49ᵉ année 1891, p. 129.

[1] Schimper, *Zur Frage der Assimilation der Mineralsalze durch die grüne Pflanze*. Flora 1890.
[2] Kohl, *Ueber die physiologische Bedeutung des Kalkoxalats in den Pflanzen*. Bot. Centralblatt, t. XLIV.
[3] C. Wehmer, *Die Oxalatabscheidung im Verlauf der Sprossentwickelung von Symphoricarpus racemosa*. Bot. Zeit. 1891.
[4] Monteverde, *L'Oxalate de chaux et l'oxalate de magnésie dans la plante*, Saint-Pétersbourg. Bot. Centralblatt, t. XLIII.

ces cristaux exigerait le concours de la lumière; 3° enfin *l'oxalate tertiaire* qui s'accumule dans les feuilles arrivées au terme de leur évolution et destinées à se flétrir. Mais les divergences se produisent quand on veut expliquer la formation de ces cristaux. MM. Monteverde et Wehmer n'admettent pas l'existence de la migration et démontrent, par des expériences intéressantes, que l'éclairement ne favorise pas, comme le croit M. Schimper, l'accumulation de l'oxalate de chaux. Les recherches de M. Wehmer établissent une relation entre l'amidon, les nitrates et l'oxalate de chaux; les nitrates manquent dans les jeunes pousses au début de la croissance, ils apparaissent au moment où se forment les premiers cristaux d'oxalate; l'amidon, au contraire très abondant au début, diminue graduellement pour disparaître au terme du développement. En somme, ces recherches nous renseignent sur la topographie des cellules contenant de l'oxalate de chaux, mais laissent encore incertains le mécanisme de sa formation et les relations que ce composé présente avec les phénomènes de nutrition.

La répartition de l'amidon et du glucose vient d'être étudiée par M. Fischer [1] dans les plantes ligneuses. L'amidon accumulé dans les tissus présente, dans le cours d'une année, deux maxima : l'un au printemps, au moment de l'éclosion des bourgeons; l'autre en automne à la chute des feuilles, et deux minima : l'un en hiver, l'autre à la fin de mai.

Le glucose apparaît au contraire en plus grande quantité en hiver et au commencement ;de l'été il est surtout localisé dans les vaisseaux du bois. En été, l'Aune, le Bouleau, le Noisetier, le Pin, le Mélèze sont très riches en glucose; les tissus du Chêne, de l'Orme n'en présentent que des traces, et ceux du Frêne, du Noyer, n'en contiennent pas. Les plantes herbacées se distinguent des plantes ligneuses parce que leurs vaisseaux ne renferment ordinairement pas de glucose.

L'amidon peut être régénéré dans les tissus aux dépens du glucose qu'ils renferment, soit accidentellement sous l'influence d'une élévation subite de la température, soit normalement à la fin de janvier quand la température dépasse + 5° et quand l'accès de l'air est toujours facile. Il n'est guère possible de tirer de ce travail minutieux des conclusions importantes, sauf celles qui sont relatives à la migration des hydrates de carbone destinées à former l'amidon. D'après M. Fischer, ces composés ne circulent pas dans l'écorce, le parenchyme ligneux ou la moelle; ils sont transportés au printemps par les vaisseaux et les trachéides en suivant le courant transpiratoire. Au contraire les hydrates

de carbone produits dans les feuilles chemineraient en descendant dans les tissus de l'écorce.

M. Saponischnikoff [1] complète les indications fournies par M. Fischer. Les recherches comparatives entreprises sur des feuilles encore attachées à la plante et sur des feuilles coupées démontrent que la diminution des hydrates de carbone est cinq fois moindre dans les dernières que dans les premières. La rapidité avec laquelle se vident les feuilles est d'autant plus grande que le nombre de feuilles est moindre; cela se conçoit, car dans les végétaux en pleine activité, l'assimilation accumule sans cesse dans les tissus verts de l'amidon que la plante consomme plus ou moins rapidement.

L'ablation de quelques feuilles diminue la production de l'amidon sans diminuer notablement la consommation, et l'on comprend que l'amidon renfermé dans les feuilles épargnées doive disparaître plus rapidement.

Après avoir montré ensuite que l'activité de la croissance augmente la vitesse de la migration, M. Saponischnikoff étudie le mécanisme de la migration qui s'opère, suivant lui, à l'état de glucose formé sous l'action d'une diastase dont l'activité est enrayée par l'accumulation des produits de dissolution. Si le sucre formé diffuse au fur et à mesure de sa dissolution, celle-ci s'opère très vite; mais, si la diffusion est lente, le sucre s'accumule dans les tissus et, à partir d'une certaine limite, que M. Saponischnikoff a essayé de mesurer pour le Poirier, les Ronces, la diminution n'a plus lieu.

La formation des hydrates de carbone a été l'objet de nombreux travaux; en dehors des sources naturelles de ces corps, les recherches de MM. Bœhm, Mayer, Laurent, ont démontré qu'un certain nombre de substances solubles peuvent provoquer la formation d'amidon : telles sont le saccharose, le glucose, la mannite, l'inuline, la glycérine, etc. MM. Acton [2] et Nadson [3] ont expérimenté avec un très grand nombre de substances organiques, et d'après M. Acton, toutes celles qui fournissent de l'amidon, en proportion variable suivant les espèces étudiées, contiennent le radical CH^2O, c'est-à-dire l'aldéhyde formique.

M. Bokorny vient de publier une série d'observations sur l'influence de ce composé dans la formation normale des hydrates de carbone par le proces-

[1] Fischer. *Beitrage zur Physiologie der Holzgewebe*, *Pringsheim's Jahrb.*, 1890, t. XXII.

[1] W. Saponischnikoff. *Bildung und Wanderung Kohlenhydrate in den Laubblättern*. B. d.d. Bot. Gesells., T. VIII, 1890. p. 233.
[2] H. Acton. *The assimilation of carbon by green plants front certan organic compounds*. Proced. of Ch. Roy. Soc. 46. 1890.
[3] Nadson. *La formation d'amidon aux dépens des substances organiques dans les cellules vertes des plantes*. Ann. des Trav. des Nat. de Saint-Pétersbourg, 1889.

sus de l'assimilation chlorophyllienne. M.Bokorny [1] emploie le sel de soude de l'acide oxyméthylsulfurique $CH^2\diagup^{OH}_{SO^3Na}$ qui se dédouble facilement sous l'influence de l'eau chaude, en aldéhyde formique et en sulfate acide de soude.

$$CH^2\diagup^{OH}_{SO^3Na} = CH^2O + HSO^3Na.$$

Ce sel est soluble dans l'eau froide et, pour éviter l'action nocive du sulfate acide de soude résultant de son dédoublement, l'auteur ajoute à la dissolution du phosphate bibasique de potasse et de soude. M. Bokorny a constitué une solution nutritive renfermant différents sels : azotate de chaux, chlorures de potassium et de fer, sulfate de magnésie, etc. Cette solution est partagée en deux moitiés, dont l'une est additionnée de l'oxyméthylsulfate de soude et de phosphate bibasique de potasse. On place dans chaque liquide des Spirogyres, et on les expose à la lumière, sous une cloche dépouillée de CO^3 par un vase renfermant de la potasse caustique.

Au bout de quelques jours, les plantes placées dans le milieu renfermant l'oxyméthylsulfate de soude, étaient saines et renfermaient une quantité considérable d'amidon, tandis que celles dont la solution nutritive était privée de ce sel, étaient affamées, en partie mortes et ne présentaient aucun accroissement.

Dans une solution nutritive privée de sels de potassium, le *Spirogyra majuscula* cesse en peu de temps d'assimiler l'acide carbonique, car, en présence de ce gaz et en pleine lumière, les filaments ne s'accroissent pas et manifestent, par les modifications des corps chlorophylliens, les phénomènes du jeûne; si l'on ajoute de l'oxyméthylsulfate de soude, la plante renferme au bout de trois jours une quantité considérable d'amidon et présente des signes certains d'accroissement.

Ces résultats confirment l'hypothèse de la formation de l'aldéhyde formique comme l'un des premiers termes de la synthèse des hydrates de carbone dans les organes verts exposés aux radiations; ils montrent, en outre, que les sels de potassium, dont l'influence sur la formation de l'amidon a été depuis longtemps mise en évidence par les recherches de M. Nobbe, paraissent nécessaires à la synthèse de l'aldéhyde formique, mais ne sont pas utiles à la formation des hydrates de carbone par la condensation de ce corps.

M. Saponischnikoff, dans le travail cité plus haut, s'est proposé de résoudre, au sujet de l'assimilation du carbone, une question déjà annoncée par Boussingault. On sait que, d'après ce savant,

la décomposition de l'acide carbonique dans une feuille coupée, ne dépasse pas une certaine limite; dès que cette limite est atteinte, l'assimilation cesse.

On peut se demander si l'arrêt de la fonction chlorophyllienne est dû à l'accumulation des hydrates de carbone ou à une autre cause?

Pour élucider ce fait, M. Saponischnikoff compare l'assimilation de deux feuilles aussi identiques que possible, l'une renfermant de l'amidon, l'autre privée de cette substance par une exposition à l'obscurité, et il constate que la seconde assimile, dans les mêmes conditions, beaucoup plus d'acide carbonique que la première. On voit ainsi que la rapidité avec laquelle les hydrates de carbone émigrent est un facteur important dans l'énergie de l'assimilation d'une plante donnée et l'on constate que la mesure de l'énergie spécifique de cette fonction ne peut être connue, comme on le fait d'habitude, en opérant avec des fragments de tige ou de feuille.

L'amidon est-il l'unique produit de la décomposition de l'acide carbonique?

M. Saponischnikoff résout cette question en calculant la quantité d'amidon que devrait fournir l'acide décomposé par une feuille donnée d'après l'équation $6 CO^2 + 6 H^2O = C^6H^{12} O^6 + 6O^2$ et la quantité d'amidon qui s'accumule dans les mêmes conditions au sein des tissus d'une feuille semblable et il constate un déficit variant de 12 à 36 % dans la quantité d'amidon qui aurait dû se former en supposant que tout le carbone fût engagé dans le processus de synthèse des hydrates de carbone.

Aussi M. Saponischnikoff conclut-il à la formation d'une autre substance, qui serait sans doute une substance azotée si, comme l'auteur le fait remarquer, on tient compte du fait de l'assimilation des nitrates dans le parenchyme des feuilles mis en évidence par MM. Emmerling, Monteverde, Schimper. Il est vrai que M. Lœw [1] n'admet pas l'influence des radiations sur la formation des matières azotées; cette conclusion, que l'auteur formule à la suite de ses observations sur la nutrition azotée des champignons, est en contradiction avec les résultats de MM. Frank et Otto [2]. On sait depuis longtemps que l'amidon s'accumule dans les tissus verts à la suite d'un éclairage intense et la quantité d'amidon formée, est considérée comme le résultat de l'assimilation du carbone opérée dans les corps chlorophylliens avec l'aide des radiations. Celles-ci peuvent-elles modifier aussi

[1] Bokorny *Ueber Stärkebildung aus Formaldehyd* Ber. d. d. Bôt. Gesells. Bd. IX, 1891, p. 103.

[1] Lœw. *Ueber das Verhalten niederer Pilze gegen verschiedene anorganische Stickstoffverbindungen.* Biolog. Centr. Bl. Bd. X. 1890, n° 19 et 20.

[2] B. Frank et R. Otto. *Untersuchungen über' Stickstoffassimilation in der Pflanze.* Berichte d. d. Bot. Gesellsch. Bd. VIII 1890, p. 331.

la teneur en matière azotée? MM. Frank et Otto ont cherché à élucider ce fait en comparant la quantité de matières azotées renfermées dans les feuilles de diverses espèces : Trèfle, Luzerne, Chou, Chanvre, Vigne, etc., recueillies le matin et le soir, c'est-à-dire avant et après la période d'éclairement diurne. Il résulte de ces recherches, que les feuilles sont plus riches en matières azotées le soir après un éclairement plus ou moins intense que chaque matin après le séjour à l'obscurité. La différence surtout sensible avec la luzerne, le trèfle, le *Lathyrus*, se manifeste aussi, mais à un degré moindre, avec les espèces n'appartenant pas aux Légumineuses. Le contenu en asparagine varie de la même façon, comme cela résulte d'expériences entreprises avec le *Trifolium pratense*.

Les résultats sont identiques soit qu'on s'adresse à des feuilles encore attachées à la plante, soit à des feuilles coupées, ce qui exclut l'idée de migrations effectuées de la tige vers les feuilles, à la faveur de l'éclairement.

Le phénomène de l'assimilation chlorophyllienne a donc, comme on le voit, une signification plus large que l'acception admise par Boussingault fondée sur la prétendue égalité des volumes d'acide carbonique absorbé et d'oxygène dégagé par des organes verts soumis à l'insolation. Les recherches dans lesquelles nous nous sommes efforcés, M. Bonnier et moi, de séparer l'action chlorophyllienne de la respiration et qui nous ont permis d'établir que le volume d'oxygène dégagé surpasse toujours le volume d'acide carbonique décomposé, reçoivent, par les résultats que je viens de résumer, une nouvelle confirmation. L'oxygène exhalé provient de la réduction de l'acide carbonique et de celle d'un autre ou d'autres corps dont la nature est encore à déterminer; le résultat de ces réductions multiples est la formation de composés ternaires et quaternaires. Il y a là un beau sujet de recherches.

Les matières minérales que la plante absorbe en dissolution dans l'eau ne peuvent pas être décelées par les réactifs colorants employés en microchimie; pour étudier leur distribution et reconstituer le chemin qu'elles parcourent, on emploie une méthode nouvelle qui consiste à précipiter, dans les cellules, les composés solubles à l'état de cristaux dont la forme, l'arrangement et la solubilité permettent de caractériser certains genres ou certaines espèces minérales.

En opérant ainsi, M. Schimper a pu montrer que les sels minéraux ne circulent pas par les conduits qui amènent la sève ascendante, comme on le croyait autrefois, mais se déplacent à travers les cellules du parenchyme. Ce fait, déjà établi pour les nitrates, a été mis en évidence par l'auteur pour les sulfates, chlorures et surtout les phosphates.

Après avoir localisé les divers genres salins dans les tissus de réserve et cherché à connaitre les combinaisons dans lesquelles les acides ou les bases sont engagées, M. Schimper étudie la migration de ces composés pendant la germination des graines, ou pendant le développement des tiges annuelles constituées aux dépens des rhizomes.

Les phosphates, qui ont été surtout étudiés, circulent à travers le parenchyme de l'écorce ou de la moelle dans la tige ou dans la racine, et dans le parenchyme entourant les nervures des feuilles. En général, c'est le parenchyme pauvre en chlorophylle qui sert de voie de transport aux matières minérales; le mésophylle, le bois des faisceaux ligneux ne renferment pas de phosphates, de nitrates, ni de sulfates.

Je ne veux retenir ici du mémoire, si riche en documents, de M. Schimper que la circulation des matières minérales à travers les parenchymes, car elle soulève des objections d'ordre différent.

La dilution des matières minérales dans les tissus où circule le courant d'eau transpirée est si faible qu'il n'est pas étonnant que l'examen microscopique de ces tissus ait donné des résultats négatifs. Dans les parenchymes, au contraire, l'eau ne circule pas ou circule lentement; elle y afflue des vaisseaux et d'autant plus rapidement que l'évaporation est plus active, de sorte que l'accumulation plus grande des matières minérales dans les cellules où M. Schimper les a rencontrées serait due seulement à l'activité de la transpiration.

Nous ne savons rien, il est vrai, de l'énergie de la transpiration dans les différents tissus, mais nous pouvons affirmer qu'elle est, toutes choses égales d'ailleurs, plus grande dans les parenchymes que dans les faisceaux. La distribution des matières minérales pourrait donc, dans les organes en pleine végétation, s'expliquer par un tout autre mécanisme que par la migration à travers les cellules du parenchyme et cette explication concorde avec les résultats des recherches sur la végétation du Tabac, faites par M. Schlœsing, ainsi qu'avec ceux de M. Palladin, que j'ai signalés plus haut.

Le défaut de place m'oblige à signaler seulement bien des travaux intéressants que je n'ai pu grouper dans les paragraphes précédents : les curieux exemples de déformation étudiés par M. Hugo de Vries sur la *torsion par étreinte*, l'ingénieuse méthode imaginée par M. Bokorny pour étudier les voies de l'ascension de l'eau ; le mémoire de M. Pfeffer sur l'énergie des plantes, qui fera l'objet d'un article bibliographique spécial.

L. Mangin,
Docteur ès sciences,
Professeur au Lycée Louis-le-Grand

BIBLIOGRAPHIE

ANALYSES ET INDEX

1: Sciences mathématiques.

Padé (H.), *Ancien élève de l'Ecole Normale supérieure, Professeur agrégé de l'Université* : **Sur la représentation approchée d'une fonction par des fractions rationnelles.** — *Thèse de doctorat soutenue devant la Faculté des Sciences de Paris, le 8 avril 1892. Gauthier-Villars et fils, éditeurs, 55, quai des Grands-Augustins, Paris, 1892.*

M. Padé se propose de représenter une fonction y d'x par une fraction continue illimitée Ω, à termes rationnels en x, ou, ce qui revient au même, par des fractions rationnelles en x, *réduites* successives de Ω.

Le problème ne manque pas d'intérêt : pour chaque manière nouvelle de représenter y, on peut espérer mettre en évidence des propriétés nouvelles de la fonction. Par exemple, le développement en série permet l'étude des points singuliers.....

Une première difficulté se présente, c'est l'extrême variété des fractions continues Ω. M. Padé considère d'abord les fractions Ω *simples*, Ω, ; ce sont celles où les numérateurs partiels sont de la forme ax^m, les dénominateurs partiels de la forme $1 + b_1 x^n \ldots + b_n x^n$, $a, b_1, \ldots$ étant des constantes, m et n des nombres entiers et positifs. La fraction simple Ω, devient régulière si m est le même pour les numérateurs, n le même pour les dénominateurs successifs. M. Padé estime que la simplification consistant à étudier Ω, au lieu de Ω est analogue à celle qu'on obtient en développant la fonction y non pas en série, dont les termes sont simplement rationnels en x, mais en série S, procédant suivant les puissances entières, positives, croissantes d'x.

Quoi qu'il en soit, voici la marche suivie par l'auteur : il suppose la fonction y développée en série S et cherche les fractions rationnelles W_{pq}, qui, avec des maxima donnés p et q pour les degrés du numérateur et du dénominateur respectivement, approchent le plus de la fonction y, aux abords d'une valeur donnée pour x. Il signale plusieurs propriétés des fractions W_{pq}, indique la mesure de l'approximation obtenue et le moyen d'accroître cette approximation, quand p et q augmentent. Ensuite, l'auteur construit la fraction continue simple Ω, dont les fractions W_{pq} sont, pour p et q croissants, les *réduites* successives.

Enfin sont traitées par la méthode la fonction exponentielle, pour laquelle on généralise quelques développements d'Euler, et la fonction représentée par la série hypergéométrique; quelques formules de Gauss se présentent dans les cas particuliers.

Sans doute, la thèse de M. Padé n'est pas bien riche en résultats, malgré la grande sagacité dépensée dans des discussions algébriques serrées ; l'auteur a plutôt indiqué que parcouru la voie à suivre. Mais il ne faut pas oublier l'extrême difficulté de la théorie des fractions continues, devant laquelle ont reculé tant de géomètres ; aussi gré à M. Padé de s'être attaqué, pour ses débuts, à un problème aussi ardu, au lieu de chercher sur un champ plus facile des résultats plus abondants. Léon AUTONNE.

Madamet (A.). — **Tiroirs et distributeurs de vapeur.** — *Un volume petit in-8° (2 fr. 50) de l'Encyclopédie scientifique des Aide-mémoire. Librairie Gauthier-Villars et fils et G. Masson, Paris, 1892.*

Les distributeurs sont, dans la machine à vapeur, les organes essentiels ; ceux qui contesteraient l'importance de leur fonction feraient bien de relire la fable intitulée : « Les membres et l'estomac. » En consacrant spécialement un aide-mémoire de son Encyclopédie à ces appareils, M. Léauté a sans doute voulu marquer la prépondérance de leur rôle : M. Madamet l'a fait ressortir en les étudiant d'une façon complète et en discutant à fond leur fonctionnement. Il décrit d'abord les tiroirs, les robinets et les soupapes; des figures très bien dessinées éclairent ces descriptions et mettent en lumière le point saillant de chaque dispositif. L'auteur aborde ensuite les mécanismes de conduite avec et sans changement de marche : de nombreux exemples sont empruntés aux machines marines. Un dernier chapitre traite de la résistance opposée par les tiroirs à leur mouvement; les mises en train sont l'objet d'une attention particulière. Ce petit volume de 150 pages, illustré de 58 belles figures, est un chef-d'œuvre de précision, de méthode et de clarté, que nous avons lu avec un grand intérêt et qui nous a instruit beaucoup. A. WITZ.

Gouilly (A). — **Transmission de la force motrice par l'air comprimé ou raréfié.** — *Un volume petit in-8° (2 fr. 50) de l'Encyclopédie scientifique des Aide-Mémoire. Librairie Gauthier-Villars et fils et G. Masson, Paris, 1892.*

L'air comprimé est un agent dont les ingénieurs ne sauraient plus se passer; sans parler des cloches à plongeur et des scaphandriers, dont l'invention est ancienne, nous pouvons dire que l'air comprimé est un concurrent de la vapeur et de l'électricité, car il transmet l'énergie, porte les dépêches, distribue l'heure, actionne les locomotives et serre les freins. La théorie de son emploi est du ressort de la thermodynamique; la pratique de ses applications est très variée et toujours assez délicate; pour traiter ce sujet à ce double point de vue, il fallait donc un ensemble de qualités, dont M. Gouilly a donné la preuve indiscutable dans cet excellent petit Aide-mémoire. C'est, à vrai dire, un traité complet de la question. Après avoir établi les formules fondamentales, l'auteur étudie les compresseurs et les réceptrices, employant de l'air sec ou de l'air saturé, et il pose les formules des rendements : nous ne ferons qu'une légère critique, relative à l'emploi de la parenthèse (273 + t) pour représenter les températures absolues, qu'on indique mieux par la lettre T. La partie pratique renferme les données et coefficients nécessaires pour l'application des formules avec des descriptions très intéressantes des principaux organes; on y trouve aussi une étude des distributions Petit et Boudenoot par l'air raréfié et Popp par l'air comprimé. Ces dernières questions sont pleines d'actualité. A. WITZ.

Verny. (Et.). — **Graissage des machines et du matériel roulant des chemins de fer.** *Un vol. in-8° de 187 pages et 37 figures dans le texte* (3.50). — *G. Carré, éditeur, 58, rue Saint-André-des-Arts, Paris, 1892.*

La théorie du frottement que donne M. Verny n'est pas à l'abri de toute critique; mais, comme c'est, en définitive, l'expérimentation qui le guide, son traité sur le graissage des machines a tout l'intérêt qui s'attache à l'œuvre d'un praticien.

C'est avec raison qu'il distingue les conditions suivantes d'un bon graissage : alimentation surabondante des tourillons, — circulation et interposition surabondantes de l'huile entre les surfaces du tourillon et du coussinet, — évacuation de l'huile sans perte hors des tourillons, et sa récupération, — purification de l'huile dans le palier lui-même ou hors du palier, — préservation des surfaces frottantes de tout contact des poussières extérieures, — automaticité du graissage.

Il fait remarquer que les huiles seules ont les qualités d'adhérence et de viscosité nécessaires pour un bon graissage et que les graisses ne peuvent donner qu'une lubrification imparfaite, parce qu'elles forment avec les poussières un cambouis qui ne peut être éliminé que grâce à l'échauffement des tourillons. Cet échauffement est l'équivalent d'une perte de travail et, de plus, il facilite l'usure des surfaces.

L'auteur donne la description détaillée des appareils de graissage propres aux arbres verticaux, aux arbres horizontaux, aux têtes de bielles. Il préconise l'emploi de grenailles de plombagine ou de plomb pour régulariser l'écoulement de l'huile et la purifier après son passage entre les surfaces frottantes.

L'essai des huiles est une partie parfaitement traitée par M. Verny. Il décrit le dynamomètre Leneveu et son application à la mesure de l'onctuosité et de la capacité onctueuse des huiles.

Il n'y a pas de machine qui ne nécessite un graissage et il n'y a pas de bonnes machines sans bon graissage. L'importance du sujet est donc grande, et un traité clair sur cette matière ne peut être que d'une réelle utilité.

A. GOURLLY.

2° Sciences physiques.

Duhem (P.). Leçons sur l'Électricité et le Magnétisme, t. II. Les aimants et les corps diélectriques, 1 vol. gr. in-8° de 480 pages (16 fr.). Gauthier-Villars et fils, 55, quai des Grands-Augustins, Paris, 1892.

Dans ce deuxième volume, M. Duhem poursuit le programme exposé au début du premier : la synthèse de la science électrique. La réunion dans un même volume de phénomènes hétérogènes en principe est motivée par la méthode mathématique, à laquelle l'ouvrage est subordonné ; les résultats laborieusement acquis pour les aimants se reportent immédiatement sur les diélectriques, pour lesquels on peut se contenter de quelques additions. La méthode mathématique, très élégante, présente cependant de réels dangers ; trop souvent la méthode naturelle d'investigation se trouve ou sacrifiée ou renversée, comme dans le cas, par exemple, où, partant d'une certaine définition d'un corps parfaitement doux, on arrive à démontrer que ce corps ne reste pas aimanté lorsque le champ extérieur disparaît.

Ce second volume contient plusieurs chapitres très modernes ; la thermodynamique appliquée aux phénomènes magnétiques, une étude approfondie de l'aimantation des cristaux et de la déformation des corps polarisés ; puis, caché au milieu du volume, un petit chapitre de sept pages, intitulé : Impossibilité des corps diamagnétiques, qui se résume en ceci : « Les principes de la Thermodynamique ne permettent pas qu'il existe des corps diamagnétiques, c'est-à-dire des corps dont la fonction magnétisante soit négative. » Que sera la réponse définitive à cette question, chaudement débattue aujourd'hui ? L'exposition de M. Duhem, comme celle de M. Parker, paraît convaincante, à première vue, mais elle est encore entourée de bien des restrictions.

Dans les derniers chapitres, M. Duhem pense démontrer l'inexactitude de la théorie de Maxwell relative à la déformation des corps polarisés, puis il recherche les causes de cette inexactitude ; M. Brillouin, M. Beltrami, E. Mathieu, et tout récemment M. Poincaré, avaient été plus réservés, et, tout en reconnaissant les difficultés de cette théorie, avaient donné à ses apparentes contradictions le nom de paradoxes. Un des principaux motifs que M. Duhem invoque pour re. jeter cette théorie réside dans une expérience de M. Quincke (dilatation uniforme d'un diélectrique polarisé), bien que cette expérience ne soit pas à l'abri de la critique. N'est-ce point aller un peu vite en besogne ?

S'il est impossible, dans une courte bibliographie, de donner une idée exacte d'un ouvrage tel que celui de M. Duhem, les quelques citations qui précèdent peuvent du moins en faire ressortir un caractère distinctif : beaucoup de hardiesse et d'indépendance.

Ch. Ed. GUILLAUME.

Déhérain (P.-P.), Membre de l'Institut, Professeur au Muséum et à l'École de Grignon : Traité de chimie agricole : développement des végétaux ; terre arable ; amendements et engrais. — Un volume in-8° de 904 pages, avec figures (16 fr.). Librairie G. Masson, 120, boulevard Saint-Germain, Paris 1892.

Aujourd'hui plus que jamais, le besoin de connaissances positives se fait sentir dans le domaine de l'agriculture ; tant de progrès ont été réalisés dans ces dernières années, tant d'usages séculaires ont été modifiés ou condamnés par les récentes conquêtes de la science, que les agriculteurs se trouvent quelque peu déroutés et demandent un guide sûr, qui mette à leur portée les faits acquis sur lesquels est basée l'intervention de la science dans la pratique agricole. Mais ce n'est pas une tâche facile d'exposer dans leur ensemble les données scientifiques abstraites et de les rattacher aux phénomènes naturels qui interviennent dans la production végétale et animale, but essentiel de l'agriculture. Nous devons féliciter M. Déhérain d'avoir entrepris cette œuvre ; nul plus que lui n'était à même de la mener à bonne fin.

Toute la carrière de l'éminent savant a été consacrée à l'étude des questions ayant trait à l'agronomie. Familiarisé avec les recherches les plus délicates du laboratoire, autant qu'avec les conditions des exploitations agricoles, M. Déhérain a pu faire une adaptation qui n'était pas à la portée de tous. Se pénétrant des nécessités de l'agriculture moderne, qui doit à des rendements élevés de nouvelles conditions de vitalité, M. Déhérain a exposé avec clarté, avec méthode, avec une grande sûreté de jugement les phénomènes chimiques et physiques qui interviennent dans la production de nos récoltes.

Prenant le végétal à son début, l'auteur étudie les graines au point de vue du choix qu'on doit en faire, de leur valeur germinative, des impuretés qui peuvent s'y trouver mélangées ; il fait connaître les préparations qu'on doit leur faire subir avant la bonne venue des plantes. Les conditions de germination sont décrites avec beaucoup de détails ; les méthodes mises en œuvre pour l'étude des phénomènes si intéressants et si complexes qui interviennent au premier âge de la plante. Les procédés d'analyse sont décrits avec une grande minutie et nous y trouvons beaucoup de données nouvelles dont les laboratoires de recherches sauront tirer profit.

Passant ensuite au développement du végétal, M. Déhérain expose et analyse les travaux qui ont trait à l'assimilation du carbone ; cette fonction si importante des végétaux a fait dans ces dernières années l'objet de travaux nombreux ; M. Déhérain lui-même a apporté son contingent à l'étude de cette question délicate.

Le problème de l'assimilation de l'azote par les plantes, qui a été pendant de longues années une des questions les plus obscures et les plus controversées, a reçu dans ces derniers temps une solution éclatante. Les travaux de MM. Hellriegel et Wilfarth, de M. Bréal, de MM. Schlœsing fils et Laurent ont montré que les Légumineuses portent sur leurs racines de petites nodosités remplies de nombreuses bactéries qui sont les agents essentiels de la fixation de l'azote libre par ces plantes. Cette partie si intéressante de la fonction des végétaux est exposée d'une façon magistrale et contient toutes les données fournies par les travaux les plus récents. Le chapitre ayant trait à l'assimilation de l'azote, dans lequel est résumé l'ensemble des connaissances actuelles sur cette importante question, est un de ceux qui intéresseront le plus les lecteurs par les notions nouvelles qu'il renferme, ainsi que par la lucidité avec laquelle il est développé.

On sait quel rôle important jouent les éléments minéraux qui forment les cendres des végétaux ; aussi M. Dehérain a-t-il consacré trois chapitres à l'étude de leur rôle dans la nutrition végétale et des conditions de leur assimilation par les plantes, en y joignant les méthodes d'analyses employées pour leur détermination. C'est là la partie de la physiologie végétale qui touche de plus près à l'agronomie, puisque la connaissance de la nutrition des plantes sert de base à l'emploi des engrais.

Dans un chapitre très complet sur les principes immédiats contenus dans les végétaux, M. Dehérain énumère et étudie les diverses substances élaborées par les cellules végétales ; ces principes immédiats, formés principalement dans les feuilles, se .concentrent dans les graines et dans le bois pour être ensuite utilisées à la production d'organes végétaux, au commencement de la bonne saison. L'accroissement et la maturation sont intimement liés à ces migrations, dont le facteur le plus important est le mouvement de l'eau dans la plante.

L'étude de la terre arable, au point de vue de ses propriétés physiques, de sa constitution chimique, de ses facultés absorbantes, forme une partie importante de cet ouvrage. M. Dehérain insiste surtout sur les micro-organismes du sol ; ceux-ci, on le sait, jouent un rôle d'une grande importance, surtout en ce qui concerne les modifications des matières azotées. Si, d'un côté, on a pu constater la présence des ferments qui tendent à la transformation générale des matières azotées en nitrates, de l'autre, M. Dehérain a démontré l'existence des agents dénitrificateurs, dont le rôle est inverse. Les travaux de M. Berthelot, relatifs à l'intervention des êtres vivants dans la fixation de l'azote libre par le sol, sont exposés avec beaucoup de clarté. Le sol étant la matière première sur laquelle doit s'exercer l'action du cultivateur, on ne saurait trop insister sur les faits relatifs à sa composition , aux phénomènes dont il est le siège, aux gains et aux déperditions de principes fertilisants qui s'y produisent par l'intervention de l'homme ou sous l'influence des phénomènes naturels.

La troisième partie de cet ouvrage est consacrée aux amendements et aux engrais et, sous ce titre, M. Dehérain ne comprend pas seulement les diverses substances d'origine minérale ou organique qu'on ajoute au sol pour en accroître la fertilité, mais encore les pratiques usitées pour améliorer le sol et augmenter les récoltes ; la jachère, l'écobuage, les irrigations, auxquelles de vastes régions doivent une fertilité exceptionnelle, sont décrites avec un soin minutieux. L'étude des divers engrais et amendements, engrais verts, engrais animaux, matières excrémentielles, fumier de ferme, est du plus grand intérêt. M. Dehérain expose, plus complètement qu'on ne l'avait fait jusqu'à présent, la série de fermentations et de réactions qui amènent les pailles à l'état de matières ulmiques. Il montre que l'emploi judicieux des engrais conduit à la prospérité des entreprises agricoles, tandis que, appliqués sans discernement, ils donnent des résultats désastreux.

Il est important de savoir à quels sols, à quelles récoltes il faut appliquer ces engrais et de connaître les méthodes simples permettant de calculer les doses qu'il convient de répandre pour assurer leur efficacité. Ces divers questions, d'une si haute importance pour la pratique agricole, sont traitées avec toute la compétence qu'on devait attendre du savant professeur.

L'important *Traité de chimie agricole* que vient de nous donner M. Dehérain et qui est édité par M. Masson rendra de grands services, non seulement aux agriculteurs intelligents qui y trouveront un guide sûr pour l'application des méthodes les plus rationnelles destinées à augmenter les récoltes, mais encore aux chercheurs qui veulent entreprendre des travaux dans cette voie féconde et qui trouveront dans cet ouvrage l'ensemble des connaissances que nous possédons aujourd'hui sur les conditions du développement des végétaux.

Un ouvrage de cette nature faisait défaut ; en publiant son traité de chimie agricole, M. Dehérain a acquis un nouveau titre à la reconnaissance de ceux qui s'intéressent à la prospérité agricole.   A. MUNTZ.

3° Sciences naturelles.

Viala (P.) et **Ravaz** (L.). — Les vignes américaines ; Adaptation, Culture, Greffage, Pépinières Un vol in-8° 320 pages, 53 fig. (prix : 4 francs) Coulet Montpellier, Masson Paris 1892.

Ce livre est rédigé dans un but essentiellement pratique ; les auteurs y ont résumé la question si importante de la culture des vignes américaines et les résultats de leurs recherches et de leurs observations personnelles. Son titre indique les quatre grandes divisions du sujet ; les trois dernières sont tout à fait techniques, elles s'adressent aux viticulteurs et seraient difficiles à résumer ici. La première, l'adaptation, a un caractère plus général, un intérêt plein d'actualité ; les auteurs l'ont traitée avec une grande compétence ; ils ont exposé l'état actuel de cette question complexe et ont montré les progrès qu'elle a réalisés dans ces dernières années.

- Avant l'invasion du Phylloxéra, on cultivait en France une seule espèce de vigne, le *Vitis vinifera*, dont les variétés ou cépages sont extrêmement nombreux, et qu'une longue expérience avait appris à choisir suivant les terrains et le climat. Lorsque nos vignes françaises furent attaquées et détruites par le Phylloxéra, on chercha à les remplacer par des vignes américaines, car on savait que celles-ci sont beaucoup plus résistantes à l'action du parasite ; suivant leurs qualités connues ou supposées, on voulut en faire soit des producteurs directs, soit des porte-greffes de vignes françaises. Mais les cépages américains appartiennent à plusieurs espèces non seulement différentes du *Vitis vinifera*, mais encore très différentes entre elles ; elles présentent en outre des variétés et des hybrides en grand nombre. La maladie envahissait les vignobles, le temps pressait, et les cépages nouvellement importés furent plantés au début un peu au hasard, avant que l'on sût si les conditions nouvelles auxquelles on les soumettait leur conviendraient. Aussi eut-on d'abord des insuccès aussi désastreux que retentissants ; on comprit alors qu'il était nécessaire, avant d'entreprendre la reconstitution des vignobles, d'étudier chaque cépage américain, de connaître ses qualités et ses défauts, et surtout ses facultés d'adaptation aux différents terrains. Beaucoup de ces insuccès furent attribués à une résistance insuffisante au Phylloxéra, et les cépages soupçonnés de faiblir devant la maladie furent éliminés. On sait aujourd'hui que, dans beaucoup de cas, la résistance au parasite est primée par une bonne adaptation au sol ; que la vigne la plus vigoureuse et la plus rustique n'est pas la meilleure pour tous les sols ; que le *Vitis Berlandieri*, par exemple, qui est le meilleur porte-greffe pour les terrains très calcaires, se développe cependant mieux dans d'autres terrains où il se montre toutefois inférieur à d'autres cépages. De plus, les belles études de M. Millardet sur les hybrides ont montré dans quel sens on devait agir pour combiner les qualités des différents cépages avec la résistance au Phylloxéra.

Enfin, des maladies organiques, comme la Chlorose, ou parasitaires, comme le Mildiou, le Pourridié, l'Anthracnose, etc..., s'attaquent aux différents cépages avec une vigueur inégale ; la résistance à ces maladies est un facteur important à considérer dans le choix des variétés de vigne. Toutes ces questions, d'une actualité malheureusement trop grande, sont traitées avec détail et étudiées méthodiquement dans le livre de MM. Viala et Ravaz, qui devient ainsi un guide indispensable à consulter pour la reconstitution et l'entretien d'un vignoble.   C. SAUVAGEAU.

Roché (Dr Georges). — Des procédés d'étude employés par les missions d'exploration sous-océanique et de la technique des pêcheries marines représentées à l'Exposition universelle de 1889. *Revue technique de l'Exposition universelle de 1889*, 1892.

Voici un travail que consulteront avec fruit armateurs, techniciens et naturalistes, tous ceux qu'intéressent les explorations sous-océaniques et les conditions biologiques dans lesquelles se trouvent placés les habitants des mers. D'une lecture facile, et, quand il convient, fort attrayante, il renferme l'exposé précis des perfectionnements apportés de nos jours aux procédés de recherches océanographiques, résume avec clarté le côté scientifique de la question des pêcheries et, abordant un terrain plus pratique, établit dans un parallèle instructif les progrès que doit encore réaliser notre marine pour tirer de la mer les mêmes profits que l'Étranger.

Le travail est divisé en trois parties : la première est consacrée à l'outillage de nos missions françaises, la seconde au matériel mis en œuvre dans ses recherches scientifiques par le Prince Albert de Monaco, la troisième aux procédés employés par les pêcheurs dont les engins et les produits étaient représentés au Champ-de-Mars il y a deux ans.

S'adressant surtout au public spécial des techniciens, l'auteur a cru devoir tracer une esquisse de nos connaissances les plus récentes sur la vie dans les abîmes et à la surface des eaux. Nous le félicitons doublement; sans perdre un instant la rigueur qui convient à une œuvre scientifique, l'esquisse renferme des pages charmantes, surtout quand elle relève les beautés et la poésie du monde de la mer. Les naturalistes sauront gré aux techniciens de leur avoir valu cette aubaine!

Après avoir exposé, en traits généraux, l'historique des missions françaises, l'auteur entreprend la description des instruments de sondage, de dragage, d'océanographie qu'elles ont employés, et il compare ce matériel à celui mis en œuvre par les missions étrangères : sondeurs, dragues, bouteilles à eau, thermomètres, etc. Au lieu d'entrer dans le détail des résultats, peu en rapport avec le caractère de la *Revue technique*, que nous ont fourni le *Travailleur* et le *Talisman*, il s'est efforcé de faire ressortir l'importance de ces recherches, au point de vue philosophique comme au point de vue pratique.

Le prince A. de Monaco ayant installé au Champ-de-Mars une exposition spéciale des produits des recherches de l'*Hirondelle*, ainsi que des instruments employés, M. Georges Roché a consacré une étude particulière à ces derniers et les a comparés à ceux employés avant et depuis dans les recherches de même nature.

Enfin, il a abordé l'exposé général des pêcheries françaises, résumé nos connaissances sur la pêche du hareng, de la morue, de la sardine et insisté sur l'absolue nécessité où nous sommes d'étudier scientifiquement les conditions physiques et organiques de la vie des poissons comestibles. Il a rappelé notamment les beaux résultats acquis déjà dans cette voie par le savant directeur de la station aquicole de Boulogne, M. Sauvage.

L'auteur ayant été chargé d'une mission scientifique dans le golfe de Gascogne a pu étudier de près les pêcheries d'Arcachon, qui passent pour les mieux installées de France : les lignes qu'il a consacrées à ces pêcheries et au chalutage à vapeur, dans le golfe de Gascogne, en comparant cette industrie aux industries similaires de l'Étranger, sont intéressantes et particulièrement instructives. Elles donnent au travail que nous analysons un cachet d'originalité qui s'ajoute aux qualités nombreuses que les lecteurs sauront lui reconnaître.

De nombreuses données techniques, pour la plupart bien exécutées, des cartes, des reproductions originales de photographies sont réunies en grand nombre dans l'ouvrage; la typographie ne laisse rien à désirer.

E.-L. Bouvier.

4° Sciences médicales.

Lannelongue et Achard. — Sur la présence du Staphylococcus citreus dans un ancien foyer d'ostéomyélite ; *Arch. de médec. expérim.*, Paris 1892, t. IV, p. 127.

MM. Lannelongue et Achard, continuant leurs intéressantes recherches sur la bactériologie des ostéomyélites, ont trouvé chez une fillette de 9 ans, atteinte d'ostéomyélite du radius, le *Staphylococcus citreus* à l'état pur; c'est la première fois qu'ils en constatent la présence. Dans 28 cas, ils s'étaient trouvés en présence du *Staphylococcus aureus*, dans sept de l'*albus*, dans un de l'*aureus* et de l'*albus* à la fois, dans quatre de streptocoques, dans deux de pneumocoques.

Dr Henri Hartmann.

Domec (Th.). — Contribution à l'étude de la morphologie de l'Actinomyces (*Arch. de méd. expérim.*, Paris 1892, t. IV, p. 104).

L'aspect extérieur des cultures de l'*Actinomyces* notamment sur certains milieux, tels que la pomme de terre, le pain, l'orge, rappelle d'une manière frappante l'aspect d'une moississure.

Le fait que ce végétal se cultive sur des milieux assez fortement acides ainsi que sur les milieux fortement sucrés est un autre caractère qui le différencie de la plupart des bactéries.

Enfin la structure du thalle, si richement ramifié, le mode de formation et le mode de germination des spores permettent d'affirmer que l'*Actinomyces* doit être retiré définitivement de la classe des bactéries et placé parmi les mucédinées.

Dr Henri Hartmann.

Dixon (Pr.). — Tuberculosis. Trois extraits du *Medical and Surgical Reporter of Philadelphia*. *Bacteriological Laboratory. Academy of Natural Science*, opuscule in-12 de 30 pages. *Philadelphie*, 1892.

Ce petit opuscule, édité sous les auspices du laboratoire de bactériologie de l'Académie des sciences naturelles de Philadelphie, a pour objet d'établir la priorité du Professeur Dixon au sujet de la découverte d'une substance curatrice produite par le bacille de la tuberculose. Les questions de priorité sont toujours d'un faible intérêt pour le public savant; il est néanmoins curieux d'exposer la défense de Dixon contre Koch. Le 19 octobre 1889, Dixon signale, dans le *Médical News* de Philadelphie, l'existence de formes nouvelles du bacille de Koch et il émet cette hypothèse que ces formes anormales pourraient être utilisées pour atténuer la virulence du bacille normal. La communication, très obscure d'ailleurs, de Koch au Congrès de Berlin, est du 4 août 1890 ; sa première inoculation sur l'homme, du 22 septembre de la même année ; mais l'origine de la Kochine reste mystérieuse. Le 18 novembre, Dixon, devant l'Académie des sciences naturelles, émet encore cette idée que dans les cultures il peut exister un produit du bacille qui combattrait la tuberculose dans l'animal vivant, soit en stimulant les cellules, soit en déterminant dans les tissus des réactions chimiques. Les cobayes traités par des cultures maintenues pendant longtemps à des températures diverses, après avoir été malades, paraissent résister aux injections des cultures virulentes, et des expériences faites sur les animaux tuberculeux ont donné des résultats satisfaisants. Et c'est le 15 janvier 1891 seulement que Koch annonçait le procédé employé par lui, et qui consistait essentiellement dans l'emploi de cultures pures de bacilles stérilisées par des températures prolongées.

L. O.

ACADÉMIES ET SOCIÉTÉS SAVANTES

DE LA FRANCE ET DE L'ÉTRANGER

ACADÉMIE DES SCIENCES DE PARIS

Séance du 9 mai

1° Sciences mathématiques. — M. **Hadamard** : Sur les fonctions entières de la forme $e^{G(x)}$. — M. **G. D.** d'Arone : Un théorème sur les fonctions harmoniques. — M. **Mouchez** expose brièvement les méthodes du service de spectroscopie installé depuis deux ans à l'Observatoire de Paris et placé sous la direction de M. Deslandres, ainsi que les résultats déjà obtenus, tant pour l'étude du soleil que pour celle des étoiles. Les protubérances avaient été jusqu'ici étudiées par l'observation oculaire avec leur radiation rouge due à l'hydrogène, mais M. Deslandres a reconnu que les radiations H et K du calcium dans ces protubérances sont au moins aussi intenses que celles de l'hydrogène; elles sont violettes et se prêtent aisément à un relevé photographique supérieur au relevé fait jusqu'ici par l'observation oculaire. M. Mouchez présente quelques-unes des épreuves obtenues.

2° Sciences physiques. — M. **C. Limb** indique une méthode pour déterminer le moment des couples de torsion d'une suspension unifilaire; le procédé le plus simple consiste à suspendre au fil une masse de moment d'inertie connu et à mesurer la durée de l'oscillation; on réalise les meilleures conditions en suspendant au fil suivant son axe un cylindre de métal bien homogène. M. Limb indique les précautions à prendre dans la confection et l'installation de ces cylindres. — Depuis que l'on sait avec quelle rapidité s'amortissent les oscillations hertziennes, la théorie proposée par Hertz pour la propagation de ces oscillations le long d'un fil n'est plus suffisante; M. **H. Poincaré** propose, pour la remplacer, une théorie plus approchée, obtenue par une application de la méthode qu'il a exposée dans une communication récente. — M. **E. Fleurent** indique quelques composés nouveaux qu'il a obtenus par la réaction du cyanure de potassium sur le chlorure de cuivre ammoniacal; il a perfectionné le procédé classique du dosage des cyanogènes. — M. de **Forcrand** a déterminé la chaleur de formation du triméthylcarbinol sodé solide pour obtenir la valeur de la fonction alcool tertiaire: il a obtenu 27 cal. 89; si l'on compare avec les valeurs trouvées par lui pour les fonctions alcool primaire et alcool secondaire, on a respectivement 32 Cal. 00, 29 Cal. 75 et 27 Cal. 89, soit en chiffre rond une diminution de 2 Calories lorsqu'on passe d'un alcool à un autre. — M. **G. Hinrichs** traite, d'après les principes exposés par lui dans ses communications précédentes, de l'établissement des formules fondamentales pour le calcul des moments d'inertie maximum; il cherche d'abord l'expression générale de ce moment pour la série des paraffines. — M. **L. Maquenne** a entrepris de fixer la constitution du carbure en C^7H^{12} désigné jusqu'ici sous le nom d'*heptine*; M. Renard l'avait considéré sans preuve suffisante comme un tétrahydrure de toluène. M. Maquenne a cherché à éclaircissements dans l'étude des divers hydrocarbures C^7H^{14} qu'il avait obtenus; ce composé a conservé le noyau particulier de l'heptine, comme le montrent diverses réactions caractéristiques. Or, il se comporte en tout comme un carbure saturé; de plus, ses constantes physiques permettent de l'identifier à l'héxahydrure de toluène de MM. Wreden et Lossen. — M. M. **Meslans** décrit les propriétés chimiques du fluorure d'acétyle, dont il avait annoncé la découverte dans une communication récente; il indique la méthode suivant laquelle il a analysé ce composé. — M. **H. Causse**, en faisant réagir du chlorure neutre d'antimoine sur la pyrocatéchine au sein d'une solution saturée de sel marin, a obtenu une combinaison cristallisée $C^6H^5O^3Sb$, qu'il détermine comme un antimonite acide de pyrocatéchine. La réaction indiquée n'a lieu qu'avec les phénols ayant deux OH en position ortho. — MM. **A. Behal** et **A. Desgrez** ont fait réagir l'acide acétique sur divers carbures acétyléniques en tubes scellés à haute température; ils ont reconnu qu'il se forme des combinaisons instables, qui, sous l'influence de l'eau, se transforment en acétones.

3° Sciences naturelles. — MM. **A. Gautier** et **L. Landi** ont cherché à savoir ce qui se passe au point de vue chimique dans un fragment de muscle frais que l'on abandonne pendant longtemps, à l'abri des microbes, soit à la température ordinaire, soit à la température d'une étuve. Leurs expériences ont porté sur des lanieres de viande de bœuf, d'abord congelée, stérilisée à la surface par l'acide cyanhydrique étendu et réparties en trois lots: le premier fut analysé immédiatement; le second passa 24 jours à la température ordinaire et 11 jours à l'étuve; le troisième resta 93 jours à la température ordinaire; ceux-ci laissèrent écouler une liqueur rougeâtre épaisse, qui n'offrit, à l'ouverture des récipients, aucune odeur de putréfaction; les essais de culture furent tous négatifs. Les divers éléments furent dosés comparativement dans les trois lots, et les résultats sont donnés sous forme de tableau. — M. **G. Pouchet** signale, d'après un passage d'Arrien, que Néarque a observé une *Megaptera boops* dans le golfe Persique; la description offre des détails caractéristiques. M. Pouchet avait signalé l'échouement d'une mégaptère à peu près au même endroit en 1883, et il avait cru que c'était le premier fait relatif à la présence d'un de ces animaux dans les mers chaudes. — On sait que dans la pomme de terre, les bourgeons voisins du sommet des tubercules s'accroissent davantage, se développent plus tôt et plus rapidement que les bourgeons voisins de la base; M. **A. Brunet** a recherché si ce fait était en relation avec une répartition particulière des divers matériaux nutritifs du tubercule, et il a reconnu qu'en effet l'azote albuminoïde et autre, les hydrates de carbone et les sels minéraux sont plus abondants dans la partie antérieure du tubercule; cette différenciation n'existe pas dans les tubercules jeunes n'ayant pas encore terminé leur croissance; elle s'exagère au début de la germination, et inversement elle change de sens lorsqu'on supprime les bourgeons antérieurs. La répartition des principes immédiats et des substances minérales est donc dans une relation étroite avec le développement des bourgeons. — M. **A. E. Noguès** a reconnu dans la Cordillère de *Chillan* (Chili), où l'on trouve des volcans entourés de glaciers, deux espèces de moraines: les unes récentes, comprenant des débris volcaniques, d'autres anciennes, supposant un système montagneux très différent, et ne comprenant jamais de ces débris; il en conclut qu'il existait dans cette région des glaciers tertiaires antérieurs à l'apparition des volcans. — M. **L. Vaillant**, ayant examiné avec soin les exemplaires du poisson permien que M. Gaudry a décrit sous le nom de *Megapleuron Rochei*, a retrouvé des écailles très semblables à celles des *Ceratodus* actuels; il ne pense donc pas que la distinction faite entre ce genre fossile et le *Ceratodus*, distinction qui reposait uniquement sur les caractères des écailles, doive être maintenue. — M. **P. Fliche** décrit une feuille de Dicolylédone qui a été recueillie dans la Gaize, aux environs de Sainte-Menehould; c'est une Laurinée, pour laquelle il propose le nom de *Laurus Colleti*;

c'est la plus ancienne dicotylédone signalée jusqu'ici.

Mémoires présentés. — M. **Lavocat** adresse une note ayant pour titre : Considérations sur l'origine des espèces.

Séance du 16 mai

1° Sciences mathématiques. — M. **L. Schlesinger** : Sur la théorie des fonctions fuchsiennes. — M. A. **Demoulin** : Sur les relations qui existent entre les éléments infinitésimaux de deux surfaces polaires réciproques. — M. P. **Painlevé** : Sur les transformations en mécanique. — MM. **Codde, Guérin, Nègre, Zielke, Valette** et **Léotard** : Observations de l'éclipse partielle de lune des 11, 12 mai 1892.

2° Sciences physiques. — M. **E.-H. Amagat** a fait de nouvelles recherches sur la densité de l'acide carbonique liquéfié et sa vapeur saturée à diverses températures ; il a effectué des déterminations au moyen d'une méthode nouvelle; il laisse au contact quelque temps le liquide et la vapeur, l'un et l'autre en quantités suffisantes, fait la lecture des deux volumes, puis il pousse la liquéfaction de manière à doubler ou tripler le volume des liquides et fait une nouvelle lecture; les densités respectives sont liées aux variations de volume par une relation simple. M. Amagat signale quelques phénomènes curieux qui s'observent dans le ménisque au voisinage du point critique : ces phénomènes troublant la régularité des déterminations, on doit s'arrêter à quelque distance du point critique. Mais, si l'on exprime graphiquement les résultats obtenus jusqu'au voisinage de ce point, on a des courbes, pour la densité du liquide et celle de la vapeur, qui tendent nettement à se rejoindre. En opérant graphiquement le raccordement, on obtient avec une assez grande précision les éléments du point critique. Pour l'acide carbonique, M. Amagat obtient ainsi $T = 31°25$, $H = 72,9$, $D = 0,464$. Ces valeurs sont un peu plus faibles que celles déduites par M. Sarrau des expériences antérieures de M. Amagat; celui-ci estime que les valeurs données par la série de détermination actuelle offrent de meilleures garanties de précision. — M. **P. Schützenberger**, en faisant réagir l'oxyde de carbone sur le silicium dans des conditions particulières, dans un creuset de charbon de cornue entourée d'une double brasque de noir de fumée et chauffé seulement au rouge vif, a obtenu des composés carbosiliciques différents de ceux obtenus par lui antérieurement avec M. Colson; le produit principal de la réaction est le composé SiC, qui est extrêmement stable. — M. **G. Hinrichs** détermine par le calcul, en s'appuyant sur les considérations de mécanique théorique exposées par lui antérieurement, le point d'ébullition des composés à substitution terminale simple. — M. J. M. **Crafts** décrit une nouvelle méthode de séparation des xylènes par sulfonation, qui donne le métaxylène très pur presque quantitativement; on obtient aussi le paraxylène pur, mais on ne peut pas le séparer complètement de l'ortho.

3° Sciences naturelles. — M. **A. Etard** expose une méthode de séparation des principes immédiats végétaux, qui donne rapidement une répartition de ces principes en groupes de fonctions définies. Le traitement par le sulfure de carbone avant tout autre est la base de cette méthode, les extraits alcooliques des plantes entières étant trop complexes pour être débrouillés. — M. Etard a obtenu souvent au cours de ses recherches des corps cristallisés verts dans des préparations traitées par les acides, les oolithes du Bathonien et du Bajocien de Lorraine ; il a reconnu qu'autour d'un noyau central formé d'un débris quelconque se trouve un feutrage de tubes ou de cylindres, certains d'entre eux régulièrement cloisonnés comme des filaments d'algues. M. Bleicher admet qu'il s'agit là d'organismes encore indéterminés. — M. J. **Thoulet** signale, à l'appui de son assertion sur l'immobilité des eaux océaniques profondes, un fragment dragué par le *Challenger* a plus de 4.000 mètres de profondeur dans

tats; l'auteur indique provisoirement la composition la plus favorable. — M. **J.-A. Battandier** a trouvé de la fumarine dans une Papavéracée, le *Glaucium corniculatum*. Il insiste à ce propos sur le caractère spécifique des alcaloïdes végétaux, qui sont très généralement confinés dans un seul genre; aussi, le fait qu'il signale lui paraît plaider pour la réunion des Papavéracées aux Fumariacées. — M. **W. Nicati** propose de définir l'acuité visuelle, non plus comme on le fait, à la suite de Snellen, par l'inverse de l'angle visuel limite, mais par le logarithme de cet angle, l'acuité 1 correspondant à un angle de 1' et l'acuité 0,1 à un angle de 10'. De plus, l'acuité visuelle étant fonction de l'éclairage dans chaque cas donné, cette fonction doit également être donnée par la loi de Fechner ; M. Nicati a constaté en effet que l'acuité visuelle augmente ou diminue suivant la progression arithmétique de raison 0,1, alors que l'éclairage augmente ou diminue suivant la progression géométrique de raison 2. Il propose comme unité d'éclairage la lumière qui, placée à 1 mètre du test-objet permet juste à un œil normal l'acuité 1 ; pratiquement, cette unité qu'il appelle le *photo* est donnée sensiblement par la lampe Carcel. M. Nicati a enfin cherché à déterminer la plus petite quantité de lumière perceptible. — M. J. **Passy** a déterminé, suivant la méthode antérieurement décrite par lui, les plus petites quantités de divers alcools de la série grasse perceptibles pour l'odorat; pour la série des alcools primaires, la puissance odorante croît très rapidement à mesure qu'on s'élève dans la série ; il n'y a pas de relation fixe entre les puissances odorantes des isonomères. — M. F. **Houssay** expose les conclusions générales qui résultent de ses études sur la formation du système circulatoire de l'axolotl relativement à la théorie des feuillets, principalement à l'origine et à la valeur du mésoblaste, ainsi qu'à la métamérie. — M. P. **Hallez** : Sur l'origine vraisemblablement tératologique de deux espèces de Triclades. — M. F. **Delisle** décrit quelques anomalies musculaires qu'il a observées sur un des *Caraïbes* morts à Paris. — M. A. **Binet** résume ses recherches sur les racines du nerf alaire chez les Coléoptères. Il a reconnu, en étudiant sur des coupes la structure interne des glanglions thoraciques qui donnent naissance aux nerfs des ailes, que ces nerfs se divisent dans l'intérieur des ganglions en deux racines, l'une ventrale, l'autre dorsale. Chez les Coléoptères qui ont des élytres immobiles (Coléoptères aptésiques), la racine dorsale disparaît. Cette observation anatomique confirme les recherches physiologiques de Favre, et permet d'affirmer la différenciation de la chaîne ganglionnaire dans le sens dorso-ventral en une moitié sensitive et une moitié motrice. — M. L. **Boutan** a repris l'étude du système nerveux de la *Nerita polita*; il a reconnu, contrairement à l'opinion de M. Bouvier, que ce système est bien *chiastoneure* comme dans tout le groupe des aspidobranches, mais l'une des commissures croisées est extrêmement grêle, évidemment en voie de régression, et le type tend ainsi vers une fausse orthoneurie ; on trouve le même fait chez la *Navicella*. — M. J. **Chatin** a étudié l'évolution de l'épiderme chez les larves de Libellule; en employant de forts grossissements, il a pu reconnaître que les cellules épidermiques produisent le revêtement chitineux, non par voie de sécrétion, mais par une transformation de leur protoplasma en strates chitinifiés. — M. J. **Bleicher** a examiné au microscope, sur des coupes et sur des préparations

le Pacifique ; on y reconnaît une couche de cendres volcaniques où les matériaux sont rangés régulièrement par ordre de grosseur décroissante de bas en haut.

Nominations. — M. **Guyon** est élu membre pour la section de médecine et de chirurgie.

Mémoires présentés. — M. J. **Buffard** adresse un nouvel appareil pour l'essai des alcools, auquel il donne le nom de « Microalcoomètre ». — M. A. **Coret** : Mémoire descriptif d'un instrument appelé *hélioscope*, pouvant indiquer l'heure vraie, l'heure moyenne et l'heure légale.

L. LAPICQUE.

ACADÉMIE DE MÉDECINE

Séance du 10 mai.

Suite de la discussion sur le traitement de la pleurésie, à laquelle prennent part MM. **Hardy, Dujardin-Beaumetz, Dieulafoy** et G. **Sée.**

Séance du 17 mai.

L'Académie procède à l'élection de deux correspondants nationaux dans la deuxième division (chirurgie) : MM. **Demons** (Bordeaux) et **Dubar** (Lille) sont élus. — M. **Ch. Perier** : Rapport sur un mémoire de M. **Paul Berger** concernant un cas de cure radicale d'un *spina bifida* chez une petite fille de sept semaines, guéri par la transplantation d'un fragment osseux emprunté à un lapin. — Suite de la discussion sur le traitement de la pleurésie : MM. **Cadet de Gassicourt, Laborde, Potain.**

SOCIÉTÉ DE BIOLOGIE

Séance du 30 avril

M. **Ch. Feré** avait signalé antérieurement un cas de zona de la face, dans lequel des hallucinations visuelles unilatérales ont coïncidé avec les douleurs oculaires et périorbitaires ; dans un autre cas, il a vu des hallucinations auditives se produire du côté envahi par le zona en même temps qu'une salivation exagérée de ce côté. Il faut noter que les deux malades sont des épileptiques. — MM. A. **Giard** et J. **Bouvier** : Sur le *Cerataspis Petiti* (Guérin) et sur les Pénéides du genre *Cerataspis* (Gray) *Cryptopus* (Latreille). — M. H. **Viallanes** expose les résultats de ses recherches comparatives sur l'organisation du cerveau dans les principaux groupes d'arthropodes. — M. A. **Binet** a étudié le nerf du balancier chez quelques diptères pour le comparer au nerf de l'aile chez les mêmes insectes ; il a reconnu que ce nerf n'est en relation avec le ganglion correspondant que par un petit nombre de ses fibres, la plus grosse partie de celles-ci se rendant directement aux ganglions céphaliques. Ce fait confirme l'hypothèse que le balancier est un organe de sensibilité spéciale. — M. B. **Segall** : Sur les anneaux intercalaires des tubes nerveux produits par imprégnation d'argent. — A propos d'une note d'un naturaliste suisse s'étonnant d'avoir trouvé un Némertien dans le lac de Genève, M. J. **de Guerne** montre qu'on a observé depuis 1828 un assez grand nombre de Némertiens d'eau douce. Il examine la façon dont quelques espèces de ce groupe essentiellement marin ont pu s'habituer aux eaux douces.

Séance du 7 mai

M. **Solles** : Sur une nouvelle méthode de coloration générale pour la recherche des micro-organismes. — M. **Bédart** : Ectrodactylie quadruple des pieds et des mains se transmettant pendant quatre générations. — M. P. **Richer** indique les services que peut rendre à la physiologie musculaire, l'inspection méthodique du nu, qui permet d'affirmer l'état de relâchement ou de contraction d'un muscle donné ; il étudie, à titre d'exemples, la station debout, la pronation, etc. — M. **Bosc** donne le résultat de ses recherches sur la modification de la sécrétion urinaire par l'attaque hystérique ; il conclut, comme M. **Gilles de la Tourette** le disait récemment, qu'il y a un *ensemble* de modifications de l'urine qui est caractéristique. — A propos de la note de M. **Olivier** sur le dosage comparatif de deux espèces de phosphates dans l'urine, M. **Mairet** présente la défense du procédé classique ; comme preuve, il rapporte des expériences dans lesquelles ce procédé a donné des chiffres constants tant que le régime restait constant et dans lesquelles se traduisaient les variations du régime. — M. **Brunauld de Montgazon** présente une iconographie des Protistes (Hæckel) dans laquelle il a reproduit les figures importantes pour l'histoire de ce groupe qui étaient disséminées dans les recueils spéciaux. — M. H. **Vaquez** présente un malade qui est atteint de cyanose avec hyperglobulie considérable et persistante, sans que l'on sache à quelle cause rattacher ces troubles. — MM. **Abelous** et P. **Langlois** ont continué leurs recherches sur la fonction des capsules surrénales ; ils présentent les faits nouveaux qu'ils ont obtenus sur le cobaye relativement à la destruction graduée de ces organes. Il ont vu que l'injection d'extrait aqueux des capsules prolonge la survie des animaux décapsulés. — M. **Tuffier**, a eu l'occasion d'observer un cas de suppuration périrénle consécutive à une broncho-pneumonie. L'examen bactériologique a montré dans cet abcès périnéphrétique le pneumocoque pur. La propagation de l'infection se fait par une voie de communication préexistante, un hiatus du diaphragme au niveau de l'arcade du psoas ; en ce point la plèvre est en communication directe avec l'atmosphère celluleuse du rein (Tuffier et Lejars).| — M. **Azoulay** présente des tracés sphygmographiques qui montrent que tous les caractères du pouls s'exagèrent lorsqu'on dispose le sujet sur le dos, les membres relevés. — M. E. **Gérard** rapporte un cas dans lequel l'albumine des urines d'un brightique soumis au régime lacté disparut pour faire place à des propeptones. — M. J. **Gaube** décrit une *albuminurie carbonatée* analogue à l'albuminurie phosphatée qu'il a décrite antérieurement. — M. **Charrin** présente des anguilles chez lesquelles est apparu du purpura à la suite d'inoculations pyocyaniques ; ce fait complète la série des hémorragies qu'il a obtenues avec ce virus, dont elles constituent une propriété caractéristique, subsistant dans toute l'échelle des Vertébrés. — M. **Charrin** présente encore des intestins de lapins ayant succombé à des injections intra-veineuses, les uns, de sublimé, les autres de toxines pyocyaniques ; les uns et les autres ont subi des lésions semblables, consistant en hémorragies et ulcérations. — MM. A. **Rodet** et G. **Roux** ont repris la question de la fermentation des sucres par le bacille d'Eberth d'une part et celui d'Escherich de l'autre ; avec la galactose, tous les phénomènes sont identiques pour les deux microbes. Avec la lactose, il est vrai qu'en général la fermentation très nette avec le *B. Coli* n'a pas lieu avec le bacille typhique. Mais les auteurs ont eu deux fois du *B. Coli* bien caractérisé qui ne faisait pas du tout fermenter la lactose ; après quelques générations, la propriété fermentative à réapparu. Il n'y a donc pas dans ce phénomène le caractère profondément distinctif qu'on a voulu y voir.

Séance du 14 mai.

M. **Dastre** lit une notice sur la vie et les travaux de *E. von Brücke.* — M. **Feré** discute les conclusions de la note de M. **Bosc** sur la nutrition dans l'hystérie (séance précédente) ; il a vu des faits contradictoires avec ceux de M. Bosc ; il conclut en résumé qu'il n'y a pas de caractère distinctif absolu entre l'hystérie et l'épilepsie. — On a proposé les injections de pilocarpine comme traitement de l'épilepsie : M. **Feré** a vu, au contraire, des attaques provoquées par ces injections. — M. **Brown-Séquard** expose des expériences confirmatives de celles de MM. Abelous et Langlois (séance précédente) ; sur des cobayes qui étaient sur le point de mourir à la suite de l'ablation des capsules surrénales, il a vu l'injection d'extrait-aqueux de ces organes ranimer les animaux et leur procurer une survie de plusieurs heures. — M. Grigoresou a examiné deux sujets, un paraplégique et un ataxique, chez lesquels la vitesse de transmission nerveuse sensitive était ralentie ; les injections de liquide testiculaire ont ramené cette vitesse à la normale. — M. Gellé examine la valeur symptomatique des troubles que peut présenter le réflexe de l'accommodation binauriculaire décrit par lui. — M. Bédart étudie la théorie mécanique de l'élévation du corps sur la pointe des pieds ; il appuie cette étude sur le fonctionnement d'un appareil schématique. — M. G. Pouchet : Note sur la Baleine observée par Néarque (voir C. R., 9 mai). — MM. Pouchet et Biétrix signalent qu'ils ont en 1891, en avril, comme les deux années précédentes, observé quelques rares sardines avec des œufs mûrs. — M. Dastre signale le fait suivant : des sangs qui contiennent trop peu de fibrine pour coaguler spontanément donnent une petite quantité de fibrine par le battage. — M. Corail a repris l'étude de l'anatomie fine du bulbe olfactif par la méthode de Golgi ; il expose les résultats de ces recherches.   L. LAPICQUE.

SOCIÉTÉ FRANÇAISE DE PHYSIQUE

Séance du 20 mai

Une couche d'air, comprise entre deux lames métalliques, devient conductrice, ainsi que l'a signalé Ed. Becquerel, lorsqu'on porte les deux lames à la température du rouge. M. Branly a repris l'étude de ce phénomène et en a découvert deux curieuses particularités : 1° pour que la couche gazeuse devienne conductrice, il suffit de porter au rouge une seule des lames, l'autre restant froide ; 2° suivant le pôle auquel est reliée la lame chauffée, la conductibilité diffère considérablement, et pour une certaine température assez basse, elle ne se produit plus que pour un pôle, elle devient unipolaire. Ainsi, lorsque la lame froide est en aluminium et l'autre en platine, le courant passe beaucoup mieux si l'aluminium est négatif que s'il est positif. M.Branly projette d'une façon très démonstrative ces délicates expériences. La plaque froide d'aluminium fait partie d'un électroscope à feuilles d'or et en remplace la boule. On la charge par l'un des pôles d'une pile d'un grand nombre d'éléments. (Dans la construction de l'électroscope, l'auteur trouve avantageux de laisser mobile une seule des feuilles, l'autre étant constituée par une lame fixe.) En regard de la plaque d'aluminium se trouve, au lieu d'une lame, une spirale de platine qu'on peut porter au rouge au moyen d'un courant électrique. On suit en projection la déperdition entre l'aluminium et le platine. On voit ainsi que la perte est de beaucoup la plus lente avec l'électroscope chargé positivement. et en portant le platine à des températures de moins en moins élevées, on arrive à annuler la déperdition quand l'aluminium est positif, tandis qu'à la même température, elle est encore très notable pour l'aluminium négatif. L'auteur varie de diverses façons le dispositif de l'expérience. Au lieu de la spirale de platine, il fait arriver, par aspiration, les gaz chauds d'une flamme après leur passage à travers un serpentin froid ; dans ce cas, la déperdition est indépendante de la nature de l'électricité. Ou bien il substitue à la spirale de platine une lame du même métal, chauffée en l'un de ses points, ou encore un bec de gaz dont la cheminée est en métal. Avec ce dernier dispositif, il a pu étudier commodément un grand nombre de substances. Il a constaté ainsi que les résultats précédents sont parfois renversés. Tel est le cas du nickel, de l'aluminium, du bismuth, du colcothar. M. Branly a encore étudié le phénomène dans le cas de hautes tensions. Au moyen d'un double micromètre à étincelles, il a mesuré les distances explosives équivalentes, d'une part, entre une boule et une plaque métallique froide, d'autre part, entre une boule semblable et la même plaque portée au rouge. — M. Amagat a déterminé à nouveau les constantes critiques de l'acide carbonique ainsi que sa densité à l'état liquide et à l'état de vapeur saturée. Il opère dans l'éprouvette ordinaire de l'appareil Cailletet, et au lieu de rechercher la position un peu incertaine pour laquelle il y a saturation sans liquide en excès, il préfère effectuer les lectures en présence d'une certaine quantité de liquide. En opérant ainsi pour deux rapports différents de liquide et de vapeur, il obtient une première relation ; le rapport entre les quantités dont ont varié le volume du liquide et celui de la vapeur est égal au rapport inverse des deux densités. De plus, une lecture en valeur absolue des volumes respectifs du liquide et de la vapeur fournit une seconde relation, obtenue en exprimant que la somme des poids du liquide et de la vapeur est égale au poids total du gaz. M. Amagat a pu ainsi construire à nouveau la courbe de MM. Cailletet et Mathias représentative des deux densités, et il a retrouvé la même forme, une sorte de parabole. Sa méthode lui permet d'approcher un peu plus que ses devanciers de la température critique ; il a opéré jusqu'au voisinage de 31°. Il a déduit de cette courbe les valeurs des éléments critiques ; il trouve en particulier pour température critique 31°,35 et pour pression critique 72atm,9, nombre inférieur à toutes les valeurs obtenues jusqu'ici ; il considère ce résultat comme dû à une plus grande pureté de l'acide carbonique. Au cours de ces expériences, il a observé une apparence intermédiaire nouvelle au moment de la disparition du niveau du liquide. La variation brusque d'indice entre le liquide et la vapeur, d'où semble résulter une différence d'épaisseur entre les parties correspondantes du tube de verre, fait place pendant quelques instants, avant l'apparition de la bande opaque ordinaire, à une variation progressive, de telle sorte que ces deux portions de tube, en apparence de diamètre différent, semblent se raccorder par une courbe continue, que l'auteur a pu photographier. Puis, dans certains cas, au moment de la réapparition du ménisque, il a observé, outre une ébullition du liquide, une pluie de gouttelettes. M. Amagat a construit ensuite la courbe de saturation ou courbe critique, limitative des valeurs de p, v pour lesquelles il peut coexister du liquide et de la vapeur. Il a déterminé expérimentalement quelques courbes, lieux des points pour lesquels le rapport entre les volumes du liquide et de la vapeur est constant. En particulier, la courbe correspondant au cas où ces deux volumes sont égaux est rigoureusement une droite, mais elle n'est pas exactement perpendiculaire à l'axe des v. La droite perpendiculaire et encore un de ces lieux. — M. Raveau signale à ce propos une curieuse propriété des courbes, lieux des points pour lesquels c'est non plus le rapport des volumes, mais celui des poids du liquide et de la vapeur qui reste constant. Un raisonnement très simple montre que ces courbes doivent présenter un minimum par rapport au volume. D'où il suit que, lorsque dans un tube de Natterer, le niveau s'élève en même temps que la température augmente, il n'en résulte pas forcément que la proportion de liquide augmente. La diminution apparente du volume de la vapeur, bien que la masse en augmente, peut résulter simplement de son énorme compressibilité. — M. Léon Vidal, dans le dessein de se rendre compte de la valeur pratique de la méthode, a repris les tentatives faites, il y a une quinzaine d'années, par Ch. Cros et Ducos du Hauron, pour obtenir en projection la photographie des objets avec leurs couleurs. Cette méthode n'a pas la rigueur scientifique de celle de M. Lippmann ; néanmoins le principe en est ingénieux, et de plus, avec les moyens actuels, elle permet d'obtenir de fort beaux résultats, ainsi qu'en témoignent les superbes projections faites sous les yeux de la Société. On part de ce fait, signalé pour la première fois par Brewster, qu'il est possible de choisir trois couleurs fondamentales, dont l'ensemble donné du blanc, et qui, mélangées deux à deux, reproduisent toutes les couleurs. Brewster avait fait un choix imparfait ; le plus satisfaisant consiste dans l'emploi du bleu, du vert cyané et du rouge orangé. Dès lors, en mettant à profit les substances actuellement employées pour l'orthochromatisme, on peut préparer trois couches dont chacune n'est sensible que pour une de ces trois couleurs. Au moyen de ces trois plaques, on fait trois poses identiques d'un même objet, et on tire trois positifs transparents correspondants. On les projette sur un même écran, et on les amène à se superposer rigoureusement. Il suffit alors, dans la lanterne de projection, d'interposer devant chacun des trois positifs un verre coloré de la même teinte que celle pour laquelle le négatif correspondant a été sensibilisé pour qu'on obtienne dans la projection multiple la photographie de l'objet avec toutes ses couleurs. Edgard HAUDIÉ.

SOCIÉTÉ MATHÉMATIQUE DE FRANCE

Séance du 18 mai

M. **Schlegel** adresse un Mémoire sur une méthode pour représenter dans le plan les cubes magiques à n dimensions. — M. **Demoulin** donne une solution complète du problème de la détermination des courbes dont les tangentes font partie d'un complexe tétraédral en ramenant ce problème, par une série de transformations analytiques, à l'intégration de l'équation d'Euler

$$dx^2 + dy^2 = ds^2,$$

dont on sait obtenir toutes les solutions sans avoir à effectuer aucune quadrature. Il signale, en outre, une détermination nouvelle des courbes dont les tangentes font partie d'un complexe linéaire, courbes dont M. Picard s'est occupé dans sa thèse. — M. **Raffy** indique un moyen de former des classes étendues de surfaces dont on sache obtenir les lignes asymptotiques. — M. **Lery** fait une communication sur un problème d'analyse indéterminée du second degré.

M. d'OCAGNE.

SOCIÉTÉ ROYALE DE LONDRES

Séance du 28 avril

1° SCIENCES MATHÉMATIQUES. — Lord **Kelvin** (Sir William **Thompson**) établit d'une manière décisive que la doctrine de Maxwell et Boltzmann, relativement à la distribution de l'énergie cinétique, n'est pas exacte; on enseigne communément comme l'une des propositions fondamentales de la thermodynamique que la température d'un solide ou d'un liquide est égale à son énergie cinétique moyenne par atome; or, c'est seulement dans le cas d'un gaz parfait, c'est-à-dire d'un assemblage de molécules dans lequel chaque molécule se meut pendant des temps comparativement longs, suivant des lignes très approximativement droites et subit des changements de vitesse et de direction en des temps de chocs comparativement très courts, que la température est égale à l'énergie cinétique moyenne par molécule. — M. A. **Macaulay** : Sur la théorie mathématique de l'électro-magnétisme.

2° SCIENCES PHYSIQUES. — M. W. J. **Dibdin** : Sur la photométrie stellaire. On n'avait jusqu'à présent déterminé la luminosité des diverses étoiles que par rapport les unes aux autres et sans jamais se rapporter à aucune unité terrestre. Les diverses méthodes qui ont été employées n'indiquent pas l'intensité réelle. L'auteur a entrepris ses recherches pour élucider la question, particulièrement en ce qui concerne les étoiles dont la couleur présente une difficulté; il a préparé une série-étalon d'étoiles artificielles de couleurs variées et d'intensité connue. L'intensité est calculée d'après la bougie-étalon anglaise. Cette série va de l'intensité de 1 bougie à celle de 0,000018 bougie. Lorsqu'elle est placée à une certaine distance du télescope, elle peut servir de série-étalon pour faire des comparaisons. Le tableau suivant indique quelques-uns des résultats moyens de détermination de l'intensité d'une série d'étoiles en ordre d'éclat décroissant. Il indique en même temps leur grandeur respective et leurs intensités théoriques calculées, en supposant qu'une étoile de seconde grandeur a un éclat égal à celui de 0,00075 bougie, placée à une distance de 100 pieds; ce facteur est déduit de la moyenne de toutes les déterminations faites :

ÉTOILES	GRANDEUR	POUVOIR ÉCLAIRANT TROUVÉ. BOUGIE A 100 PIEDS	POUVOIR ÉCLAIRANT THÉORIQUE
Vega..........	0,86	0.0039	0,0041
Capella......	0,08	0,0017	0,0020
Aldébaran.....	1,12	0,0015	0,0017
β Tauri.......	1,79	0,0085	0,0090
Polaris.......	2,05	0,0081	0,0072
γ Ursae Minoris.	3,02	0,00029	0,00029
α 4 "	5,87	0,000013	0,000021

Les déterminations de la lumière de Jupiter assignent à cette planète une lumière égale à 0,020 bougie, placée à une distance de 109 pieds. La lumière totale des étoiles est évaluée égale à celle de 1,446 bougies placées à une distance de 100 pieds. Si l'on tient compte que $\frac{4}{5}$ seulement des étoiles peuvent éclairer une surface donnée au même moment, on verra que leur pouvoir éclairant est égal à celui d'une bougie-étalon placée à une distance de 210 pieds. — M. John **Aitken** : Sur quelques phénomènes relatifs à la condensation des nuages. Lorsqu'on électrise un jet de vapeur, la condensation devient brusquement très dense, M. Aitken constate que les changements d'apparences du jet peuvent être produits par quatre autres causes. Les cinq influences qui peuvent agir sont : 1° l'électricité; 2° une grande quantité de poussière dans l'air; 3° la basse température de l'air; 4° la haute pression de la vapeur; 5° les obstructions à l'entrée du tuyau et les tuyaux rugueux ou irréguliers. Il montre que l'accroissement de densité produit par l'électrisation est dû à un accroissement du nombre des particules aqueuses dans le jet, et non à un accroissement de la dimension des gouttes. Il a aussi étudié certains phénomènes de coloration qui ont été observés lorsque la condensation se produit dans les conditions indiquées ci-dessus. Ces expériences montrent que le nombre des particules de poussière qui deviennent des centres de condensation dépend de la rapidité avec laquelle la condensation se fait : les condensations lentes produisent peu de particules aqueuses et un nuage peu dense, tandis que les condensations rapides produisent un très grand nombre de particules aqueuses et un nuage épais. C'est seulement quand les particules de poussière sont en petit nombre qu'elles deviennent toutes des centres actifs de condensation.

3° SCIENCES NATURELLES. — M. A. H. **Church** communique le résultat de ces recherches sur un pigment animal qui contient du cuivre, la *turacine*. Ces recherches sont la suite de celles qui ont paru il y a 33 ans (*Phil. Trans.*, vol. 159, p. 627, 636, 1869); M. Church a retrouvé d'une manière constante un pigment organique défini contenant comme élément essentiel environ 9 % de cuivre chez 18 des 25 espèces connues de *Musophagidæ*. On retrouve la turacine chez toutes les espèces connues des trois genres *Turacus*, *Gallirex* et *Musophaga*, mais fait défaut dans toutes les espèces de *Corythæola* de *Schizorhis* et de *Gymnoschizorhis*. Les analyses de la turacine donnent des résultats qui correspondent à la formule empirique $C^{82} H^{81} Cu^2 Az^9 O^{33}$. La turacine présente quelques analogies avec l'hématine et abandonne par dissolution dans l'huile de vitriol un dérivé coloré, la *turaco-porphyrine*, les spectres de ce dérivé en solutions acide et alcaline présentant des ressemblances frappantes avec ceux de l'hématoporphyrine le dérivé correspondant de l'hématine, mais il y a du cuivre dans le dérivé de la turacine, tandis qu'il n'y a point de fer dan s son analogue sup posé le dérivé de l'hématine.

Séance du 5 mai

1° Sciences mathématiques. — M. G. T. Bennett : Sur les résidus des puissances des nombres de tout module composite réel ou complexe.

2° Sciences physiques. — M. F. W. Dyson : Sur le potentiel d'une sonnerie à ancre. — M. W. de W. Abney : Sur la transmission de la lumière solaire à travers l'atmosphère terrestre. Partie 2. Dispersion aux différentes altitudes. On a mesuré les intensités lumineuses en exposant du papier au platine à la lumière du ciel. Les résultats d'observations faites de cette manière montrent que l'intensité lumineuse totale est la même que si les observations avaient été faites sur un rayon isolé de λ 4 240, les observations faites à des altitudes variant du niveau de la mer à 12.000 pieds. Elles ont été faites en différents pays en différents moments de l'année et pendant plusieurs années. Les résultats concordent exactement avec ceux qui ont été obtenus par les mensurations du spectre décrites dans un mémoire précédent. — M. William Ellis : Sur la simultanéité des variations magnétiques en différents endroits au moment des perturbations magnétiques et sur la relation qui existe entre les phénomènes magnétiques et les courants terrestres. Le résultat général auquel est arrivé M. Ellis c'est que, pendant les mouvements magnétiques définis qui précédent la perturbation, les aimants qui se trouvent en un même endroit sont simultanément impressionnés. Il en est de même pour des lieux dont la position géographique est très différente; il en est du moins à peu près de même. Il existe en effet pour certains endroits une petite différence constante qui peut être réelle ou seulement accidentelle, mais dont il est désirable de déterminer le caractère. A Greenwich les mouvements magnétiques définis sont accompagnés par des mouvements dus au courant terrestre qui sont simultanés, mais ni les irrégularités magnétiques ni les variations ordinaires ne semblent pouvoir s'expliquer par l'hypothèse qu'ils résultent de l'action directe des courants terrestres. — M. E. Matthey : Sur la liquation des métaux du groupe du platine. L'auteur a recherché quels étaient les effets du refroidissement sur des masses considérables des alliages suivants : or-platine, or-palladium, platine-palladium, platine-rhodium et or-aluminium. Le résultat général auquel il est arrivé, c'est que dans le refroidissement d'une masse fluide des deux métaux, il se solidifie d'abord à la périphérie un alliage riche dans le plus fusible des deux composants qui repousse vers le centre le composant le moins fusible.

Séance du 12 mai

1° Sciences mathématiques. — M. John Perry : Sur les transformateurs. L'auteur développe un grand nombre de formules qui se rapportent à l'hystérisis magnétique. — Général Strachey : Sur l'effet probable de la limitation à 15 du nombre des membres ordinaires de la Société royale élus chaque année sur le nombre total éventuel des membres.

Sciences naturelles. — M. J. W. Hulke : Sur la ceinture scapulaire des Ichthyosauriens et des Saurotérygiens. L'auteur discute la structure de la ceinture scapulaire et les homologies de ses diverses parties dans ces familles. Il montre que l'hypothèse de l'existence d'un précoracoïde chez les Ichthyosauriens reposé sur des fondements insuffisants : il apporte des preuves que chez les Plésiosauriens l'anneau ventral antérieur n'est pas seulement théoriquement mais réellement précoracoïde. Il montre aussi que l'anneau dorsal de la ceinture est homologue avec l'omoplate des Testudinés et des autres reptiles. — M. J. B. Farmer : Sur l'embryologie de l'*Angiopteris evecta* (Hoffni). On ne connaît pas le développement de l'embryon chez les divers membres du groupe des Filicinées eusporangiées ; M. Farmer pour déterminer ce développement

embryologique a réuni un grand nombre de jeunes plants et de prothallium d'*Angiopteris evecta* recueillis dans les bancs de craie situés au voisinage de Péradéniya (Ceylan). Ces observations portent sur un trop grand nombre de détails pour qu'il soit possible d'en donner un résumé. — M. Georges Bidder : Sur l'excrétion chez les éponges. Il avait décrit antérieurement l'épithélium glandulaire (*flask-shaped*) qui constitue d'après lui l'enveloppe externe la plus commune dans tous les groupes d'éponges, et il avait proposé de donner le nom de cellules de Metschnikoff à certaines autres cellules granulaires qui, d'après Metschnikoff, formaient un mésoderme, et d'après Dendy servaient d'habitation à des algues symbiotiques. Il s'attache maintenant à prouver que chez l'*Ascetta clathrus* les cellules de Metschnikoff sont des cellules du col métamorphosées, que les pores se forment lorsqu'elles atteignent l'extérieur et se perforent et que les granulations de ces cellules et de l'ectoderme et de l'ectoderme glandulaire en général (et peut-être aussi les cellules granuleuses si fréquemment décrites au-dessous de lui chez les éponges siliceuses) sont d'origine excrétoire.

Séance du 19 mai.

1° Sciences mathématiques. — M. D. R. et Mme Huggins : Sur l'étoile *Nova Aurigæ*. Les auteurs ont ajouté de nouveaux détails à leurs notes préliminaires communiquées à la Société le 23 février (*Revue générale des Sciences*, 30 mars 1892). Ils ont vu triples quelques-unes des raies du spectre de *Nova Aurigæ*, et ils suggèrent comme une explication possible de ce fait l'idée que les raies ont été renversées par une cause analogue à celle qui détermine le renversement des raies du calcium et d'autres substances dans les expériences de laboratoire. Ils croient que l'apparence de la nouvelle étoile est due plutôt à l'échappement d'un gaz surchauffé hors d'une enveloppe moins chaude qu'à la collision de deux ou trois corps dans l'espace.

2° Sciences physiques. — M. Shelford-Bidwell : Sur les changements produits par l'aimantation dans la longueur des fils de fer et autres métaux que traversent des courants. Les résultats généraux auxquels ces expériences ont conduit l'auteur sont que, dans un fil de fer que traverse un courant, l'élongation magnétique maxima est plus grande et la rétraction dans les champs forts, moindre que lorsque le fil n'est traversé par aucun courant. L'effet du courant est opposé à celui de la tension. Les rétractions magnétiques du nickel et du cobalt ne sont pas sensiblement modifiées par le passage d'un courant (la tension modifie considérablement la rétraction magnétique du nickel, mais non celle du cobalt). — M. Thomas Gray : Sur la mesure des propriétés magnétiques du fer. Il a fait porter ses recherches sur le temps que met un courant à se développer dans un circuit qui possède une inertie électromagnétique considérable. Les résultats auxquels il est arrivé montrent qu'entre des limites très éloignées le temps nécessaire pour que le courant devienne uniforme est en gros inversement proportionnel à la force électro-motrice en action, et que, pour les valeurs faibles de la *f. e. m.*, ce temps peut devenir considérable si, par exemple, la *f. e. m.* est de deux volts et envoyé dans une direction telle qu'il doit renverser le sens de l'aimantation laissée dans l'aimant par un courant antérieur de même intensité, le temps nécessaire pour que le courant s'établisse est de près de trois minutes. Des expériences ont aussi été faites qui montrent que la dissipation d'énergie due à la rétentivité magnétique (hystérésis magnétique) est simplement proportionnelle à l'induction totale produite, quand les mesures sont faites par les méthodes cinétiques.

3° Sciences naturelles. — M. N. Garstang : Sur le développement des stigmates chez les Ascidiens. Les recherches de l'auteur montrent que nous avons dans le *Pyrosoma* un type primitif des Tuniciers caducichordes qui est antérieur au phylum tout entier des ascidiacés et dans lequel on retrouve très exactement la forme ancestrale de pharynx d'où sont dérivés les organes respiratoires compliqués des Ascidiens fixés. Elles montrent aussi que la *Clavelina* et ses alliés ne peuvent plus être regardés comme les membres les plus primitifs de l'ordre des Ascidiacés, et que le *Botryllus* et les *Styelinæ* doivent prendre cette place, car en ce qui regarde la structure et le développement du pharynx aussi bien que sous d'autres rapports, ces dernières formes s'approchent de plus près que tous les autres ascidiens du type ancestral représenté par le *Pyrosoma*. — M. A. **Willey** : Sur le développement post-embryonnaire de la *Ciona intestinalis* et de la *Clavelina lepadiformis*. La table suivante d'homologie indique les résultats principaux auxquels l'auteur est arrivé :

a cavité proboscidienne des Ascidiens = cavité proboscidienne et trou préoral de l'Amphioxus.

b endostyle des Ascidiens = endostyle de l'Amphioxus.

c bouche des Ascidiens = bouche de l'Amphioxus.

d première paire de fentes branchiales des Ascidiens dans le sens rectifié du terme = 1ª paire de fentes branchiales de l'Amphioxus.

L'homologie de la glande en massue de l'Amphioxus avec l'intestin des Ascidiens telle qu'elle a été supposée par Van Beneden et Julin semblerait donc tout à fait hors de cause. Il semble à peine nécessaire de faire remarquer que si les homologies invoquées par M. Willey sont réellement exactes, les relations entre l'Amphioxus et les Ascidiens sont beaucoup plus étroites que ne portaient à l'admettre les opinions jusqu'ici acceptées. — M. A. M. **Patterson** : Sur le sacrum humain. Cette note a trait aux caractères du sacrum, à sa forme, à ses anomalies, à sa corrélation avec les autres régions de la colonne vertébrale chez l'homme et les autres mammifères, à ses relations avec le système nerveux spinal et à son ossification.

Richard A. **Gregory**.

SOCIÉTÉ DE PHYSIOLOGIE DE BERLIN

Séance du 3 mai.

M. le D⊽ **Boruttau** parle de la différence des durées trouvées par les différents expérimentateurs pour le temps perdu de la contraction des muscles, soit dans l'excitation directe du muscle, soit dans l'excitation indirecte par le nerf, lorsque les muscles sont excités au maximum ou au delà. Pour l'éclaircissement de ce fait, il a été avancé d'une part que, si le temps perdu est plus long dans l'excitation indirecte, cela tient à ce que les organes terminaux des nerfs moteurs, les plaques motrices, opposent à la propagation de l'excitation une certaine résistance qui produit le retard. D'autre part on a prétendu que l'allongement du temps perdu lors de l'excitation indirecte ne s'observe que sur le gastrocnémien, parce que là, dans le cas de l'excitation directe, le muscle et les nerfs sont excités en même temps et que la sommation des excitations produit une accélération ; dans les muscles à fibres parallèles où l'on peut exciter le muscle seul à l'exclusion des nerfs, la différence signalée ne se produit pas, ou même il s'en produit de sens inverse. L'auteur a institué une série de recherches dans le but de décider entre les deux hypothèses : il a étudié le temps perdu dans l'excitation directe et dans l'excitation indirecte du gastrocnémien et ses modifications sous l'influence de la fatigue, de l'échauffement et du refroidissement ; il ne lui a pas été possible de faire varier aucunement le temps perdu ; il s'est ainsi convaincu que la durée plus longue du temps perdu lors de l'excitation indirecte tient à la résistance des plaques motrices. — M. le professeur **Gad** signale l'importance de ces recherches si on les applique aux acquisitions récentes que nous avons faites sur l'anatomie fine du cerveau. Puisqu'il est établi qu'il n'y a pas continuité entre le cylindre-axe du conducteur et les prolongements des ganglions, il est vraisemblable qu'il y a là un organe intermédiaire comme entre le

nerf moteur et le muscle, et l'existence de ces intermédiaires explique la lenteur de la transmission des excitations dans le cerveau. — M. le professeur **Wolff** présente un malade sur lequel il a pratiqué l'extirpation totale du larynx, et auquel il a appris à parler à voix haute et claire au moyen d'un larynx artificiel. L'opération était nécessitée par un néoplasme ayant envahi tout le larynx, comme le montrent les pièces présentées. — M. le professeur **Gad** expose le dispositif et le fonctionnement du larynx artificiel, ainsi que les progrès encore à réaliser.

Séance du 13 mai.

M. le D⊽ **Lœwy** a institué dans le cabinet pneumatique de l'hôpital juif des recherches sur la respiration dans l'air raréfié ; le dispositif permet d'abaisser en peu de temps la pression aux deux tiers ou même à la moitié d'une atmosphère. La composition de l'air reste constante ; en particulier l'auteur s'est assuré que la teneur en acide carbonique ne dépasse pas 0,4 0/0 dans la raréfaction extrême. La raréfaction rapide est comparable à une ascension aérostatique qui dépasserait 6.000 mètres en 10 minutes. L'influence de cette décompression brusque et intense se manifesta de manières très différentes sur les trois sujets soumis aux expériences ; Z..., dont le volume respiratoire dépasse 500cm3 supporta très bien la raréfaction ; L..., avec un volume respiratoire d'un peu plus de 400cm3, la supporta moins bien, et M... la supporta très mal ; son volume respiratoire n'était que de 250cm3. D'autre part, chez un même individu, la raréfaction de l'air produisait des effets différents ; elle est mieux supportée à jeun qu'après le repas, mieux pendant le travail qu'au repos ; les accidents nerveux et la faiblesse causés par le manque d'oxygène cessaient aussitôt qu'on donnait de l'oxygène, et de même quand on donnait de l'acide carbonique. L'action favorable du travail et des inhalations d'acide carbonique s'explique, d'après l'auteur, par la respiration plus active qu'ils déterminent, et l'action défavorable du repas par la gêne du diaphragme. Sur les échanges nutritifs, la raréfaction modérée n'exerce aucune influence ; poussée jusqu'à une demi-atmosphère et au-dessous, elle amène une augmentation de l'acide carbonique éliminé ; comme l'absorption d'oxygène reste constante, cette augmentation ne peut pas être rapportée à une suractivité des combustions. Quant à la mécanique respiratoire, elle est influencée de la façon suivante par la raréfaction de l'air : tant que celle-ci est bien supportée, la diminution de tension de l'oxygène est compensée par une augmentation dans la profondeur de l'inspiration. — M. le D⊽ **Wertheim** décrit la distribution des vaisseaux sanguins dans l'œil de l'oiseau ; il en a étudié le développement sur une série de préparations obtenues sur les embryons au moyen d'une méthode d'injection particulière ; il présente ces préparations à la Société. D⊽ W. **Sklarek**.

ACADÉMIE ROYALE DES LINCEI

Séances du 3-24 avril

1° Sciences physiques. — M. **Righi** donne la description d'un appareil imaginé par lui et d'une très grande précision pour la mesure des différences de phase produites par des lames cristallines, et pour la construction des lames d'un quart d'onde et d'une demi-onde. L'appareil se compose d'un nicol polariseur, d'un prisme biréfringent, donnant deux images dans une ouverture carrée, placée entre le prisme et le polariseur, et d'un nicol analyseur, mobile au centre d'un cercle gradué. Les deux nicols au commencement sont croisés, et le prisme a sa section principale parallèle à l'une de celles des nicols, ce qui fait que la lumière est éteinte. La lame biréfringente est placée entre l'ouverture carrée et le prisme, et, par une disposition simple, on obtient que ses lignes neutres se trouvent à 45° du plan de polarisation primitif (en la faisant tourner de 45° à partir de la position pour laquelle la lame rétablit l'obscurité). On tourne l'analyseur d'un angle α jusqu'à ce que les deux images du carré aient la même intensité. La différence de phase cherchée ϱ est donnée en degrés par ϱ = k. 360° ± 2α, k étant un nombre entier. Pour des lames d'une demi-onde, on doit avoir α = 90° ou α = 45°. Le signe de α et la valeur de k peuvent être déterminés avec l'appareil de Noremberg ou avec le sphéromètre, ou encore en exécutant deux mesures avec deux longueurs d'onde différentes. L'auteur a trouvé pour des lames de mica que ϱ a des valeurs dans le rapport de 0,93 : 1 : 1,06 : 1,30 suivant que les mesures sont faites avec une lumière rouge, jaune, verte ou bleue. Ces lumières, sensiblement monochromatiques, étaient obtenues par M. Righi à l'aide de dispositifs dont il donne les détails. Il est facile, avec l'appareil, de construire pour les quatre lumières des lames d'un quart d'onde et d'une demi-onde; et on peut calculer avec une approximation suffisante pour quelle longueur d'onde une lame donnée peut être considérée comme étant d'une demi-onde ou d'un quart d'onde, puisqu'on sait que les différences de phase sont sensiblement en rapport inverse de la longueur d'onde. — M. Vincentini a poursuivi ses recherches sur les remarquables phénomènes lumineux produits dans les gaz raréfiés, par des décharges électriques à travers des conducteurs continus. L'auteur observe que ces décharges ne donnent lieu, dans l'air raréfié où se trouvent les conducteurs, à aucune stratification; pour de fortes raréfactions les phénomènes de phosphorescence se produisent sans variation quant au signe de l'électricité. M. Vincentini donne, en outre, la description d'une curieuse décharge globulaire observée dans un tube cylindrique, et des décharges lumineuses qu'il a obtenues avec des cylindres conducteurs formés par une fine toile métallique dans un récipient à air raréfié. — M. Guglielmo: Sur les tensions partielles et sur les pressions osmotiques des mélanges de deux liquides volatils; description d'une nouvelle méthode de mesure. — MM. Ciamician et Zanetti se sont occupés de déterminer le poids moléculaire des peptones; pour la peptone d'albumine, en solution aqueuse à la concentration de 14 pour 100, les auteurs ont trouvé un poids moléculaire de 500 environ. — MM. Magnanini et Scheidt ont obtenu, par l'action de l'aldéhyde benzoïque et de la potasse caustique sur le dérivé ammoniacal C⁸ H¹¹ AzO de l'acide acétyllévulinique, un nouveau produit de condensation, qui forme des aiguilles jaunes fusibles à 208°,5 et dont la composition correspond à la formule C¹⁵ H¹⁵ AzO. — M. Andreocci a étudié les propriétés de quelques dérivés urétaniques.

2° Sciences naturelles. — M. Tizzoni et M. Cattani ont fait d'intéressantes observations sur la transmission héréditaire de l'immunité contre le tétanos. Des souris et des lapins immunisés, supportant sans souffrir des injections de cultures très virulentes, furent choisis, et leurs jeunes furent soumis à l'épreuve de l'infection tétanique. L'expérience donna un résultat négatif, tandis qu'un jeune animal, né de parents non immunisés, succomba à l'injection d'une faible dose de culture, au tétanos bien caractérisé. Ces résultats prouvent qu'il est possible aux animaux de transmettre leur immunité par hérédité. Les deux expérimentateurs se proposent de déterminer si un seul des parents suffit à transmettre l'immunité, et, dans ce cas, lequel des deux joue le rôle de cette propriété. — M. Pigorini combat l'opinion de ces savants qui nient que les peuples italiques de l'âge du bronze aient exercé la pêche, en s'appuyant sur le fait qu'il ne nous est parvenu ni restés des poissons, ni outils de pêche. M. Pigorini, au contraire, rappelle les découvertes faites dans les terremare du Modanais et dans le lac de Garde, où vécut un peuple identique à celui des terremare, découvertes prouvant que ces peuples faisaient usage d'hameçons et même de têtes de harpon en bronze. — M. Emery présente à l'Académie le résultat de ses nouvelles recherches sur le Pelobates fuscus qui confirment les conclusions de son précédent travail. M. Emery, en outre, a reconnu dans le P. fuscus : 1° Un rudiment cartilagineux du carpal; 2° un rudiment cartilagineux pisiforme qui se confond finalement avec l'ulnaire; 3° la participation de l'intermédium à la formation du « semi-lunaire » qui représente ainsi un radio-intermédium-central. De cette manière est démontrée la présence dans le carpe des Anoures de tous les éléments essentiels de cette partie du squelette. Ainsi se trouve confirmé le type hexadactyle du carpe des Anoures, signalé précédemment par M. Emery. — M. Mingazzini décrit le cycle évolutif de la Bedenia octopiana, et il démontre que la reproduction de cette espèce s'accomplit de deux manières, c'est-à-dire par spores et par des corpuscules falciformes. L'évolution des coccidies est donc double, et dans une classification, on doit tenir compte de ces deux phases. Les spores communiquent l'infection au milieu ambiant; les corpuscules falciformes donnent l'infection à l'hôte. — M. Cerullf a poursuivi l'étude de la structure de la racine des Liliacées-Dracénées. Les résultats les plus intéressants de cette étude sont les suivants : 1° Dans les tribus des Dracénées, il y a deux types de structure de la racine. Dans le premier, à l'extérieur de l'endoderme, on trouve une couche mécanique de cellules considérablement épaissies; et dans le parenchyme du cylindre central à parois épaissies, se rencontrent les vaisseaux centraux ou médullaires (Dasylirion, Yucca). Dans le second type de structure, il n'y a pas de couche scléreuse en dehors de l'endoderme; dans le parenchyme médullaire, on trouve des vaisseaux centraux ou bien des vaisseaux et des tubes cribreux (Cordyline, Dracæna). 2° Dans le genre Dasylirion, les espèces peu vent être distribuées en deux groupes suivant la structure de la racine, groupes qui correspondent parfaitement à ceux qui ont été établis par M. Pirotta pour la structure de la feuille. 3° Les vaisseaux, ordinairement très grands, que l'on retrouve dans le parenchyme médullaire du cylindre central, ont une origine tout à fait particulière, indépendante des faisceaux procambiaux; ils se forment par différenciation directe d'une série de cellules superposées du méristème. — MM. Lo Monaco et Oddi ont étudié l'action physiologique de l'ortie. Après avoir rappelé les applications des diverses espèces d'orties chez les anciens et les plus récentes expériences entreprises pour utiliser la propriété hémostatique de la plante, les auteurs décrivent la méthode qu'ils ont suivie pour préparer l'extrait d'ortie et en suivre les effets sur les animaux. Une injection hypodermique de 1^cm³ d'extrait produit dans les grenouilles une paralysie progressive, et le cœur est le dernier à cesser de vivre; sur les mammifères, lapins et chiens, cette action est très faible. Pour étudier l'action de l'extrait sur les vaisseaux, on eut recours à la circulation artificielle dans des reins frais de cochon. Les expériences démontrèrent que l'extrait mêlé au sang qui passe dans le rein produisait un effet de constriction qui persista longtemps; une action identique se produisit dans les vaisseaux pulmonaires du chien, dilatés auparavant par le passage d'une solution d'antipyrine. Les auteurs sont d'avis que le principe actif de l'extrait d'ortie est une substance azotée cristallisable, présentant bien quelques caractères propres aux alcaloïdes et qu'ils ont réussi à isoler; MM. Lo Monaco et Oddi poursuivent l'étude de cette substance.

Ernesto Mancini.

Le Directeur-Gérant : Louis Olivier

Paris.— Imprimerie F. Levé, rue Cassette, 17.

REVUE GÉNÉRALE

DES SCIENCES

PURES ET APPLIQUÉES

DIRECTEUR : LOUIS OLIVIER

LA LOI DES VALENCES ATOMIQUES

La loi des liens atomiques qui relient entre elles les diverses parties élémentaires d'une molécule et celle des valences atomiques ne sont pas nées d'hier : depuis longtemps les savants s'en servent couramment dans l'interprétation des phénomènes chimiques.

Il n'y aurait donc pas lieu d'en parler dans cette *Revue*, si d'intéressantes considérations ne venaient d'être développées sur cette question par M. J. Flavitsky [1], ainsi que par M. Carlo Émilio Carbonelli [2], en vue de faire disparaître et d'aplanir certaines difficultés très sérieuses auxquelles se heurtent ces lois.

Les idées mises en avant dans ce but méritent d'être signalées et discutées. Elles touchent aux questions les plus délicates de la philosophie chimique.

Rappelons d'abord, en quelques mots, les parties les plus essentielles de la théorie.

On admet que les éléments se combinent entre eux pour former des *molécules*, suivant des rapports déterminés, qui ont reçu les noms d'*équivalents de substitution*. Dans une molécule complète ou saturée, à chaque équivalent d'un élément doit se trouver opposé un équivalent d'un autre élément. C'est, on le voit, l'ancien principe dualistique de Berzelius élargi et modifié.

Pour un élément donné, l'équivalent est son unité de combinaison : 35,5 de chlore valent 80 de brome, 127 d'iode, 1 d'hydrogène. L'équivalent ne se confond pas avec l'atome chimique, c'est-à-dire avec la plus petite quantité d'un élément susceptible d'entrer dans une molécule.

La molécule chimique est définie comme la plus petite quantité d'un corps, simple ou composé, pouvant exister en liberté. Les grandeurs relatives des molécules sont fournies par les densités gazeuses ou de vapeur, conformément au principe d'Avogadro, ou par application de la loi de Raoult. Le poids atomique d'un corps simple est tantôt égal au poids équivalent, tantôt, au contraire, il vaut 2, 3, 4 fois l'équivalent. Il résulte de là que, pour les éléments polyatomiques, l'unité chimique ne fonctionne jamais isolément dans une réaction, de quelque nature qu'elle soit, mais par groupes indivisibles de 2, 3, 4 équivalents, suivant le degré d'atomicité de l'élément.

La loi de saturation énoncée plus haut conduit à la règle suivante qui est très simple : dans toute molécule complète, quelle que soit sa complication, la somme des atomicités des éléments constituants est toujours divisible par deux, ces atomicités se saturent réciproquement.

L'application de ces divers principes aux faits variés de la chimie n'offrirait aucune difficulté, si la valence atomique était définie d'une façon simple, uniforme et incontestée. Or c'est précisément là que nous rencontrons le principal obstacle.

Les trois moyens principaux qui sont à notre

[1] Flavitsky, *Annales de chimie et de physique*, série 6, t. XXV, p. 5, 1892.
[2] Carbonelli, *Atti della Societa linguistica di science naturali*. Anno III, vol. III.

disposition pour fixer l'atomicité d'un élément consistent à déterminer par expérience quels sont les plus grands nombres d'atomes d'hydrogène, ou de chlore, ou d'oxygène susceptibles de s'unir à un atome de cet élément.

L'atome d'hydrogène est monovalent par définition, puisque dans la mesure des poids atomiques et des équivalents on a pris comme unité le poids atomique et l'équivalent de l'hydrogène.

D'après les faits connus, toutes les fois que le chlore fonctionne vis-à-vis d'un autre élément comme électro-négatif, il est également monovalent.

L'oxygène est biatomique toutes les fois, — ce qui est le cas général, — qu'il est en conflit avec un élément moins électro-négatif que lui.

Lorsque ces trois moyens de mesure sont applicables et conduisent aux mêmes conclusions, on est en droit d'admettre que l'atomicité trouvée est la vraie. Ce résultat n'a été atteint jusqu'ici que pour les premiers termes, carbone et silicium, du quatrième groupe du système périodique de M. Mendelejeff [1], groupe qui comprend, outre ces deux corps, le titane, le zirconium, l'étain et le plomb, ainsi que le cérium et le didyme. Le carbone et le silicium sont tétratomiques, aussi bien du fait de leurs combinaisons avec l'hydrogène que de celui de leurs combinaisons avec le chlore et avec l'oxygène. Les diverses combinaisons saturées et contenant un atome de carbone ou de silicium par molécule, répondent, en effet, aux types :

$$X.H^4; \quad X.Cl^4; \quad X.O^2$$

Quant au titane, au zirconium, à l'étain et au plomb, également tétravalents, on réalise les deux derniers types ; le premier, $X.H^4$, manque, il est vrai ; mais on peut y suppléer avec le secours des radicaux alcooliques tels que le méthyle ($CH^3 = R$) avec lesquels ils forment des combinaisons du type XR^4.

Le carbone étant incontestablement reconnu tétratomique, CH^4 constitue une molécule saturée, et CH^2 formera un groupement monovalent électro-

positif, entièrement comparable à H au point de vue des substitutions.

Pour les trois premiers groupes du système périodique on ne dispose pas non plus du type hydrogéné ; mais on obvie à cette lacune par le même artifice que tout à l'heure.

Dans le groupe I les types observés sont :

$$X.R; \quad X Cl; \quad X^2.O.$$

Les éléments de ce groupe (lithium, sodium, potassium, rubidium, césium, cuivre, argent, or) sont donc nettement monovalents.

Pour le groupe II, les types caractéristiques sont ceux d'éléments bivalents :

$$X.R^2; \quad X.Cl^2; \quad X.O$$

(glucinium, magnésium, calcium, zinc, strontium, cadmium, baryum, mercure).

Enfin dans le groupe III (qui renferme aluminium, scandium, gallium, yttrium, indium, lanthane, ytterbium, thallium) les types observés :

$$X.R^3; \quad X.Cl^3; \quad X^2.O^3$$

montrent que l'on a affaire à des éléments franchement trivalents.

En résumé, pour les quatre premiers groupes périodiques, l'atomicité des éléments semble suffisamment fixée.

Cette atomicité va en croissant d'une unité d'un groupe à l'autre et est égale au numéro du groupe.

Dans les trois groupes suivants, en grande partie constitués par les métalloïdes, associés à quelques métaux se rapprochant des métalloïdes par certaines de leurs propriétés chimiques, cet accord si remarquable entre les types oxygénés saturés et les types hydrogénés ou méthylés similaires cesse brusquement. Le désaccord est d'autant plus marqué ici que les types hydrogénés sont effectuables et fréquents.

La loi de progression de l'atomicité subsiste dans les combinaisons oxygénées. Le type oxygéné saturé est, en effet, pour le cinquième groupe (azote, phosphore, vanadium, arsenic, niobium, antimoine, tantale, bismuth), X^2O^5 ; X est donc pentavalent ; pour le sixième groupe (oxygène, soufre, chrome, sélénium, molybdène, tellure, tungstène) le type oxygéné saturé est $X.O^3$. X est hexavalent.

Dans le septième groupe, qui est celui du fluor, du chlore, du manganèse, du brome et de l'iode, le type oxygéné saturé le plus saturé, X^2O^7, correspond à un élément heptavalent. L'atomicité par rapport à l'hydrogène ou au méthyle suit une marche inverse à partir du groupe IV ; elle décroît d'une unité d'un groupe à l'autre. De quatre qu'elle est pour le quatrième groupe, elle tombe à 3 pour le cinquième, à 2 pour le sixième et à 1 pour le septième.

Les combinaisons saturées des éléments des

---

[1] Voici la *Table de Mendelejeff* ; les corps simples y sont rangés suivant des séries périodiques en chacune desquelles l'accroissement des poids atomiques est régulier :

	I	II	III	IV	V	VI	VII	VIII	IX	X
H.	Li	Gl (?)	Bo	C	Az	O	Fl			
	Na	Mg	Al	Si	Ph	S	Cl			
	K	Ca	(?)	Ti	V	Cr	Mn	Fe	Co	Ni
	Cu	Zn	Ga (?)	(?)	As	Se	Br			
	Rb	Sr	Yt	Zc	Nb	Mo	(?)			
	Ag	Cd	In	Sn	Sb	Te	I	Ru	Rh	Pd
	Ces	Ba	La			Di				
	(?)	(?)	Er (?)	(?)	Ta	W (?)	(?)	Os	Pr	Pt
	Au	Hg	Tl	Pb	Bi					
				Th (?)	Ur (?)					

(*Note de la Rédaction*)

cinquième, sixième et septième groupes avec le chlore ou les éléments de la famille du chlore correspondent dans beaucoup de cas aux types oxygénés.

Il n'en reste pas moins deux degrés d'atomicité bien distincts, pour les éléments des trois derniers groupes du système périodique : l'atomicité par rapport à l'hydrogène et l'atomicité par rapport à l'oxygène et au chlore.

Il est à remarquer qu'à partir du quatrième groupe la somme des atomicités prises par rapport à l'hydrogène et à l'oxygène est constante et égale à $8 : (4 + 4; 5 + 3; 6 + 2; 7 + 1)$, tandis que pour les trois premiers cette somme est respectivement : $(1 + 1; 2 + 2; 3 + 3)$.

La valeur de l'atomicité d'un élément métalloïde parait dépendre du rôle électrolytique qu'il joue vis-à-vis de l'élément auquel on le compare. Ainsi, le soufre se révèle comme hexavalent dans l'anhydride sulfurique SO^3, où il joue le rôle électropositif; il est bivalent dans l'acide sulfhydrique, dans lequel il est au contraire électro-négatif. Ceci permettrait de distinguer les deux genres d'atomicités d'un élément en les désignant par les mots d'atomicités positives et d'atomicités négatives.

II

Voici maintenant comment M. Flavitsky cherche à concilier ces deux oppositions, en vue d'écarter la notion gênante d'une atomicité variable.

Il fait observer qu'en envisageant l'hydroxyle OH comme un groupe monovalent et en le faisant intervenir concurremment avec l'hydrogène dans des combinaisons avec un atome unique de carbone, on peut déduire théoriquement les cinq formes primitives suivantes, formes dont les deux dernières sont seules connues.

(1) $C(OH)^4$;   (4) $C.H^3.OH$;
(2) $C.H.(OH)^3$;   (5) $C.H^4$.
(3) $C.H^2.(OH)^2$;

Par élimination d'une molécule d'eau H^2O ou par déshydratation primaire, la forme (1) se convertit en la forme (6) : $C.(OH)^2.O$; la forme (2) donne la forme (7) : $C.H.(OH).O$, — ou la forme (8) incomplète et bivalente : $C.(OH)^2$; la forme (3) fournit la forme (9) : $C.H^2.O$, — ou la forme bivalente : $C.H.(OH)$; enfin la forme (4) ne peut conduire qu'au type incomplet bivalent : $C.H^2$ [1].

Quelques-uns de ces types sont représentés par

[1] On arrive à l'anhydride saturé en formant la molécule d'eau aux dépens de l'hydroxyle seulement — 2(OH) donnent $H^2O + O$; l'oxygène bivalent reste dans la molécule et se substitue aux deux hydroxyles. Les anhydrides incomplets résultent de l'élimination d'une molécule d'eau formée par un d'hydroxyle et un atome d'hydrogène directement lié au carbone. Il se produit ainsi deux lacunes non compensées.

des combinaisons réelles. Le type (6) est celui des carbonates ; le type (7) répond à l'acide formique et aux formiates ; le type (9) est celui de l'aldéhyde formique.

Au moyen d'une nouvelle élimination d'une molécule d'eau, ou par une déshydratation secondaire appliquée à ceux de ces anhydrides primaires qui renferment encore les éléments de l'eau, on atteint les anhydrides secondaires :

$C.(OH)^2.O — H^2O = CO^2$ (anhydride carbonique saturé);
$CH.(OH).O — H^2O = CO$ (oxyde de carbone, corps incomplet).

On arrive ainsi à prévoir théoriquement l'existence de 9 types saturés distincts sur lesquels on en connaît 7 : CH^4 (méthane) ; $CH^3.OH$ (carbinol ou alcool méthylique) ; $C.(OH)^2.O$ (carbonates) ; $CH(OH).O$ (acide formique et formiates) ; CH^2O (aldéhyde formique) ; CO^2 (anhydride carbonique), types auxquels vient s'ajouter la forme incomplète $C.O$.

Appliquons cette méthode, comme l'a fait Flavitsky, à l'un des éléments du cinquième groupe, au phosphore par exemple. En lui attribuant une atomicité égale à 5, telle qu'elle est déduite de ses combinaisons saturées avec l'oxygène et le chlore, on peut prévoir les six formes primitives suivantes :

$P.(OH)^5$; $P.H.(OH)^4$...$P.H^4.OH$; $P.H^5$

qui conduisent, par élimination d'une molécule d'eau, aux anhydrides primaires saturés :

$P.(OH)^3.O$; $P.H.(OH)^2.O$; $P.H^2.(OH).O$; $P.H^3.O$,

et aux anhydrides primaires incomplets et bivalents :

$P.(OH)^3$; $P.H.(OH)^2$; $P.H^2.OH$; $P.H^3$.

Par une seconde déshydratation opérée sur ceux de ces types qui s'y prêtent, on trouve les formes saturées :

$P.OH.O^2$; $P.H.O^2$,

et les formes bivalentes $P.OH.O$ et $P.H.O$, ainsi que les formes tétravalentes $P.OH$; $P.H$.

On forme ainsi vingt types dont on connaît un certain nombre de représentants, qui sont :

L'acide orthophosphorique $P.(OH)^3.O$, anhydride primaire ; l'acide métaphosphorique $P.(OH).O^2$, anhydride secondaire ; l'acide phosphoreux $P.H.(OH)^3$, ou $P.(OH)^3$; l'acide hypophosphoreux $P.H^2.(OH).O$, ou $P.H.(OH)^2$.

D'après cette manière de voir, l'hydrogène phosphoré $P.H^3$ serait l'anhydride primaire incomplet dérivé du type $P.H^4.OH$ ou hydrate de phosphonium. Il en serait de même pour l'ammoniaque $Az.H^3$ ou anhydride primaire incomplet dérivé du type $Az.H^4.OH$ (hydrate d'ammonium).

Ces considérations tendent à établir que les combinaisons hydrogénées des éléments du cinquième groupe dérivent de composés hydrogénés et hydroxylés plus complexes, dans lesquels ces éléments sont pentavalents, par perte de deux unités chimiques (OH et H), comme le méthylène CH^2 dériverait, s'il existait, du type $C.H^2.OH$. Ces combinaisons, étant incomplètes, ne peuvent pas, par cela même, donner la mesure de l'atomicité de l'élément.

Si, pour ces éléments, la forme primitive $P.H^5$ n'existe pas, cela tient au défaut de stabilité du type hydrogéné saturé.

Dans cet ordre d'idées, l'hydroxylamine, — soit qu'on l'envisage comme constituée d'après la formule saturée $Az.H^2.O$, ou qu'on la fasse rentrer dans le type incomplet $Az.H^2.OH$, — peut-être considérée comme l'anhydride primaire du type $Az.H^3.(OH)^2$, où l'azote est pentavalent.

Le chlorure ou l'iodure d'ammonium $Az.H^4.Cl$ ou $Az.H^4.I$, le chlorure ou l'iodure de phosphonium $P.H^4.Cl$ ou $P.H^4.I$ appartiennent aux types complets pentavalents $Az.H^4.OH$ ou $P.H^4.OH$ et en découlent simplement par substitution à OH d'une quantité équivalente de chlore ou d'iode.

Le peu de stabilité de l'iodure de phosphonium et surtout du chlorure répond bien à l'idée d'après laquelle $P.H^3$ serait un résidu incomplet.

Cette notion est encore appuyée par des observations d'ordre physique.

On a constaté que, dans les combinaisons saturées du carbone, la réfraction atomique du carbone, déduite de la formule de Cauchy (avec une lumière de longueur d'onde très grande) est, d'après les observations faites avec la raie α de l'hydrogène, égale à 5,0, tandis qu'elle devient égale à 6,2 avec les combinaisons incomplètes, à liaisons doubles.

De même pour l'azote, les azotates fournissent le nombre 4,65, tandis que les amines donnent 5,75; ceci s'accorde avec la règle observée pour le carbone, d'après laquelle les composés incomplets d'un élément conduisent à une réfraction atomique de cet élément plus grande que celle donnée par les corps saturés.

Des considérations analogues aux précédentes sont applicables aux groupes hexavalent (VI) et heptavalent (VII) par rapport à l'oxygène.

Ainsi, pour le soufre, hexavalent vis-à-vis de l'oxygène, on connaît deux de ses trois anhydrides tertiaires : anhydride sulfurique SO^3; anhydride sulfureux SO^2; le troisième SO n'a pas été préparé, mais il trouve son correspondant SeO dans la série du sélénium.

L'acide sulfurique normal et les sulfates du type $S.(OH)^2.O^2$ peuvent être envisagés comme des anhydrides secondaires et saturés dérivés, soit de $S.(OH)^4.O$ par perte de H^2O, soit de $S.(OH)^6$ par perte de $2(H^2O)$.

L'hydrate solide $SO^4H^2.H^3O$, qui prend naissance à 8°, ne serait autre que le composé $S.(OH)^4.O$,

tandis que l'hydrate liquide $SO^4H^2.2H^3O$, auquel répond le maximum de contraction et le maximum d'élévation de température pour un mélange d'eau et d'acide normal, représenterait la forme primitive $S.(OH)^6$. Le sulfate de chaux cristallisé serait du même type $S.(O^6H^4.Ca)$, ainsi que le sulfate basique de mercure $S.(O^6Hg)$.

Parmi les composés hydrogénés possibles ($S.H^6$, saturé ; $S.H^3$, monovalent, ... $S.H^2$, tetravalent ; $S.H$ pentavalent) le seul stable est $S.H^2$, représentant dans cette théorie l'anhydride secondaire incomplet et tetravalent, issu du type primitif $S.H^4(OH)^2$. La non-saturation de l'hydrogène sulfuré se révèle dans ses dérivés à radicaux organiques, tels que le sulfure de méthyle $S.(CH^3)^2$. On sait que ce corps est susceptible de s'assimiler deux unités chimiques pour donner les sulfines de Cahours, qui se rattachent au type encore incomplet $S.H^2.(OH)^2$.

Les réfractions atomiques du soufre déduites de l'étude des sulfures $S.X^2$, des sulfines $S.X^4$ et de l'acide sulfurique $S.X^6$ sont respectivement pour la raie α de l'hydrogène : 14 ; 8,0 9 ; 4, 8, conformément à la règle mentionnée plus haut.

Les faits connus s'accordent donc avec la théorie d'après laquelle l'hydrogène sulfuré dériverait, par élimination d'un certain nombre d'unités chimiques, d'un type saturé plus élevé.

Telle est, en substance, l'explication que M. Flavitsky donne de la différence entre l'atomicité vis-à-vis de l'oxygène et celle vis-à-vis de l'hydrogène, entre l'atomicité électro-négative et l'atomicité électro-positive, explication dont il cherche de bien des manières à faire ressortir l'accord avec les données expérimentales.

III

L'idée de rattacher certains groupes de composés à d'autres groupes par deshydratation a été appliquée dans divers cas. C'est ainsi que l'on envisage les acides organiques comme les anhydrides primaires de dérivés trihydroxylés du type $R.C.(OH)^3$ donnant par perte de H^2O $R.C.(OH)$. Les aldéhydes et les acétones ont été dérivés de la même manière des types $R.C.H.(OH)^2$ et $R.R'.C.(OH)^2$ donnant :

$$R.C.H.O \quad \text{et} \quad \frac{R}{R'}{>}CO.$$

De même l'acide métaphosphorique $P.(OH)O^2$ dérive de l'acide orthophosphorique $P.(OH)^3.O$, par perte de H^2O, sans changement dans la saturation du phosphore.

M. Flavitsky a appliqué et développé d'une manière ingénieuse et savante cette interprétation des faits dans le but de démontrer l'unité d'atomicité.

A première vue on est séduit et presque convaincu.

Cependant, en y réfléchissant, on arrive à voir que ces explications ont un côté artificiel et à conclure qu'au fond et, dégagée de tous les détails scientifiques qui l'enveloppent, la théorie de M. Flavitsky revient à dire que, *la valence étant une grandeur constante pour chaque élément*, il convient, pour la mesurer, de choisir parmi les combinaisons connues d'un élément celles qui répondent à la valence la plus élevée. Les autres combinaisons sont incomplètes. Elles se révèlent dans certains cas comme telles par la possibilité de remonter par addition au type complet. S'il n'en est pas ainsi, cela tient à l'instabilité des types supérieurs correspondants.

Il n'y a en réalité pas de différence essentielle entre une semblable explication et celle qui consiste à attribuer à un élément, comme le soufre, deux degrés d'atomicité, dont l'un est 6 ou 7 (vis-à-vis de l'oxygène), et dont l'autre est 2 (vis-à-vis de l'hydrogène). *Atomicité maxima* ne signifie pas autre chose, en effet, que le degré le plus élevé de saturation d'un élément par un autre, degré fourni par l'expérience et l'observation. Affirmer que le degré d'atomicité du soufre vis-à-vis de l'hydrogène pourrait être 6, si le composé S. H^6 était stable, n'est-ce pas nous autoriser à penser que, par rapport à l'oxygène, il pourrait être 8 ou 10, et que, s'il n'en est pas ainsi, c'est uniquement parce que les types S.O^4; S.O^5 etc... ne sont pas stables.

Nous sommes donc, malgré tous les artifices, ramenés pour les métalloïdes et les quelques métaux des 5e, 6e et 7e groupes du système périodique, aux deux atomicités distinctes, l'une électro-négative, l'autre électro-positive, c'est-à-dire ramenés à la réalité des faits.

L'atomicité des éléments, ou le pouvoir de saturation des éléments, est une grandeur variable avec la nature des unités chimiques qui servent à la mesurer; vouloir l'unifier pour tous les cas, c'est se condamner à torturer l'expérience et chercher à faire concorder deux ordres de faits de nature bien distincte, comme la combinaison d'un corps simple avec l'oxygène électro-négatif d'une part, et sa combinaison avec l'hydrogène électro-positif d'autre part.

Nous ne considérons pas comme très probable que les combinaisons des soixante et quelques éléments connus puissent obéir à une loi aussi simple et aussi uniforme que celle de l'atomicité maxima. Cette loi réussit admirablement pour le carbone dont elle domine toute l'histoire chimique; mais est-ce à dire pour cela qu'il doit en être de même pour les autres éléments? L'atome de chacun d'eux constitue une individualité spéciale, dans

laquelle résident des conditions mécaniques particulières, se révélant par la façon caractéristique avec laquelle il se comporte lorsqu'il est mis en conflit avec d'autres éléments, d'où naissent des *modus vivendi* bien distincts d'une espèce à l'autre. Qu'on se serve de l'atomicité comme d'une loi approchée, en utilisant ses grandes lignes vérifiées par l'expérience, comme un moyen de rapprochement, de classification sommaire, d'un aide-mémoire et d'un guide, rien de plus utile et de plus légitime; mais, vouloir aller plus loin, donner à tous les éléments d'un groupe la même uniformité, c'est, pensons-nous, nuire aux progrès de la science plus que le favoriser.

IV

Puisque l'occasion s'en présente ici, nous discuterons, aussi brièvement que possible, une hypothèse qui nous est venue à l'esprit il y a longtemps déjà, qui jusqu'ici n'a pas encore été présentée officiellement, à notre connaissance, bien qu'elle paraisse conduire très naturellement à l'interprétation de faits nombreux; — faits dont la théorie des liens atomiques, telle quelle est comprise actuellement, rend difficilement compte. Cette hypothèse qui ne se butte, pensons-nous, à aucune objection irréductible, consiste à introduire, dans la théorie des liens équivalents, reliant les atomes divers d'une molécule, la notion du *fractionnement possible des équivalents de combinaison*.

Ces équivalents, en effet, ne sont pas des atomes; ce sont des rapports de saturation; or, ces rapports fixes subsisteront intacts si nous partageons l'équivalent appartenant à un atome donné entre plusieurs atomes distincts, dont chacun perdra de ce fait une fraction de sa capacité de saturation égale à la fraction d'équivalent qui s'unit à lui. Actuellement on a toujours l'habitude de saturer un équivalent d'un atome par un équivalent d'un autre atome. Les schémas de structure qui en résultent sont évidemment plus simples; mais ils laissent inexpliqués bien des faits, par exemple, l'influence qu'exerce le voisinage d'un élément ou d'un groupe d'éléments sur un autre qui lui est voisin dans la molécule, sans que cependant il y ait des liens directs de combinaison entre eux. La théorie actuelle est de plus impuissante à justifier l'existence des nombreuses combinaisons dites moléculaires, telles que les sels doubles, alors que la notion du fractionnement des valences en rend parfaitement compte.

Un exemple ou deux expliqueront plus nettement notre pensée :

Le degré de valence de l'azote par rapport à l'hydrogène est égal à 3. L'ammoniaque AzH^3 est

11*

donc une molécule saturée d'hydrogène. Lorsque ce corps se combine à une molécule d'acide chlorhydrique pour donner le chlorhydrate d'ammoniaque, on explique le phénomène chimique en admettant que l'azote fonctionne alors comme élément pentavalent, comme dans l'acide azotique. C'est très bien et très simple; mais, que de contradictions et de contre-bon-sens dans cette explication, si simple et si naturelle en apparence! Tout à l'heure l'azote était saturé d'hydrogène dans l'ammoniaque, et le voici qui devient subitement apte à s'unir à un nouvel atome d'hydrogène en même temps qu'à un atome de chlore! Sans cet atome de chlore, le quatrième atome d'hydrogène ne tiendrait pas à l'azote!

Mais voici qui est plus singulier et plus étonnant encore. Le chlore, qui a tant d'affinités pour l'hydrogène, qui s'unit à lui en dégageant 22 grandes calories par molécule d'acide chlorhydrique formé, se sépare de cet élément dès qu'il est en présence de l'ammoniaque, et va se souder à l'azote, pour lequel il le professe, — tout le monde le sait, — la plus profonde antipathie. Antipathie tellement profonde que, si, par force, il a été associé à cet élément, il s'en sépare violemment et avec explosion sous l'influence du moindre choc.

La formule schématique, qui dans tous les ouvrages de chimie représente le chlorure d'ammonium,

$$Az \overset{H^4}{\underset{Cl}{}}$$

est donc, d'une manière évidente, en contradiction formelle avec les affinités respectives les mieux établies des éléments qui constituent cette molécule.

Le chlore n'a aucune affinité pour l'azote; il en a beaucoup, au contraire, pour l'hydrogène; et c'est malgré cela qu'on associe le chlore à l'azote et qu'on le laisse absolument indépendant de l'hydrogène! Et pourquoi? Uniquement parce qu'avec la manière dont on interprète la théorie des liens atomiques, c'est le seul procédé possible, — étant donné que Cl et H sont monovalents, — de constituer une molécule.

Considérons, au contraire, cette molécule ClAzH⁴ de chlorhydrate d'ammoniaque sans aucun parti pris d'avance; tenons uniquement compte des affinités respectives des trois éléments, en admettant la possibilité du fractionnement des équivalents contenus dans ce groupe de cinq atomes.

Le chlore, avons-nous dit, n'a que des affinités négatives pour l'azote. Le chlorure d'azote est explosif et se forme indirectement dans des conditions spéciales; nous nous garderons donc de l'unir

à l'azote par voie directe, comme le veut la théorie admise. Par contre il s'unit avec dégagement de chaleur à l'hydrogène, pour lequel il offre les affinités les plus puissantes. Il n'y a aucune raison de supposer que l'atome de chlore Cl est combiné à l'un des 4 atomes d'hydrogène de la molécule plutôt qu'à l'autre. Nous le mettons en relation avec chacun par ¼ de valence, ce qui épuise la puissance de combinaison du chlore vis-à-vis de l'hydrogène. Chaque atome d'hydrogène a perdu de ce fait le ¼ d'un équivalent; il en garde ¾, qui servent à l'unir à l'azote : $4 \times \frac{3}{4} = 3$, nombre représentant précisément la faculté de combinaison de l'azote vis-à-vis de l'hydrogène. Le schéma suivant :

dans lequel les liens de Cl à H valent ¼ et les liens de H à Az valent ¾, représente une molécule saturée, où tout est conforme aux données de l'expérience.

Voici un autre exemple, qui vient très nettement à l'appui de notre thèse :

Le platine fonctionne vis-à-vis du chlore comme tétravalent, le potassium comme monovalent. Il en résulte que PtCl⁴ (perchlorure de platine) et ClK (chlorure de potassium) sont des molécules complètes. Comment expliquer et prévoir que ces deux corps mis en présence vont se combiner dans le rapport de 1 molécule de chlorure de platine à 2 molécules de chlorure de potassium? Avec le partage des valences en fractions, la molécule de chloroplatinate de potassium va nous paraitre très naturelle et parfaitement possible. Ici encore nous tiendrons compte des affinités respectives des éléments, pour souder ensemble Pt. Cl⁶. K².

Le platine n'a aucune affinité pour le potassium. C'est donc le chlore qui servira d'intermédiaire et de lien pour former l'édifice. Admettons, par exemple, que chaque atome de potassium partage son équivalent en trois portions égales, saturées respectivement par trois des 6 atomes de chlore. Chaque atome de chlore (monovalent par rapport aux métaux) conservera ⅔ d'équivalent, qu'il donnera au platine : $6 \times \frac{2}{3} = 4$, nombre qui représente la capacité de saturation du platine par rapport au chlore.

Le schéma de la molécule serait d'après cela :

$$K \overset{Cl}{\underset{Cl}{-Cl-}} Pt \overset{Cl}{\underset{Cl}{-Cl-}} K,$$

les liens de K à Cl valant ⅓; ceux des Cl à Pt valant ⅔.

Il est évident qu'il est possible, par un choix

convenable des fractions, de rendre compte de toutes les combinaisons dites moléculaires.

Ainsi les spinelles de formule générale

$$M_{II}O \cdot (R^2)_{VI}O^3$$

se représenteraient par

où les liens de M_{II} à O valent $\frac{1}{2}$, les liens de O à $(R^2)_{VI}$ étant $1,5$; $4.1,5 = 6$.

Dans les exemples précédents nous avons choisi tout à fait hypothétiquement le mode le plus simple de fractionnement des équivalents de combinaisons de chacun des atomes. On pourrait évidemment en chercher et en adopter d'autres. La question n'est pas là. Il s'agissait uniquement de montrer qu'avec notre hypothèse on arrive à des types de molécules où tout se tient, où la loi de saturation est respectée et dans lesquelles on ne met en relations de combinaison que des atomes doués les uns par rapport aux autres d'affinités réelles et effectives.

A l'appui de nos vues, nous pouvons invoquer un autre argument :

On connaît un grand nombre de composés organiques dans lesquels l'introduction de certains groupes binaires fait naître une fonction acide, c'est-à-dire communique à l'un des atomes d'hydrogène de la molécule la faculté d'être remplacé aisément par une quantité équivalente d'un métal, lorsque le corps est mis en présence d'un hydrate alcalin. Cette influence est d'autant plus surprenante que, d'après la structure adoptée, l'hydrogène devenu basique n'est nullement en relation directe avec le groupe actif.

Ainsi, par exemple, l'éther éthylacétique $CH^3.CO.O.C^2H^5$ est un corps neutre ; mais si, dans le méthyl CH^3 de cette molécule, nous introduisons un groupe CAz (cyanogène) prenant la place de 1 atome d'hydrogène, l'éther éthyl-cyanacétique

$$CH^2 \diagdown \begin{matrix} C.Az \\ CO.O.C^2H^5 \end{matrix}$$

devient un véritable acide, pouvant échanger 1 atome d'hydrogène de son groupe CH^2 contre 1 atome de sodium, lorsqu'on met le corps en présence de l'hydrate de sodium. On obtient aussi un sel de formule :

$$CHNa \diagdown \begin{matrix} C.Az \\ CO.O.C^2H^5 \end{matrix}$$

On explique ce phénomène par l'influence du voisinage des deux groupes électro-négatifs CO et CAz, entre lesquels le groupe CH^2 se trouve inclus. Cependant l'hydrogène de ce groupe n'a pas cessé d'être en relation unique avec le carbone, comme dans le groupe initial CH^3. Avec un partage des équivalents des deux atomes d'hydrogène du groupe CH^2 entre le carbone, l'azote du cyanogène et l'oxygène du carbonyle CO, tel qu'il est figuré dans le schéma théorique suivant, l'influence du cyanogène se comprend mieux :

Dans ce schéma les liens de C_1 à H valent $\frac{1}{2}$, ceux de Az à H valent $\frac{1}{2}$, ainsi que ceux de O_1 à H, C_2 est lié à Az par 2 valences $\frac{1}{2}$ et C_3 à O_1 par 1 $\frac{1}{2}$ valence, C_1, à C_2 par 1 $\frac{1}{2}$ valence : C_1 à C_3 par 1 $\frac{1}{2}$ valence ; la saturation est observée, et l'on comprend que les 2 atomes d'hydrogène étant liés à l'oxygène et à l'azote des groupes électro-négatifs CO et CAz par une somme de valences égale à 1, leurs relations avec le carbone soient modifiées et que leur mobilité le soit aussi. De là la possibilité pour 1 atome d'hydrogène de fonctionner comme hydrogène basique. Cette explication est corroborée par le fait que les éléments les plus électro-négatifs, tels que le chlore, substitués à une partie de l'hydrogène du groupe CH^3 de l'éther acétique, ne produisent pas la même influence que des groupes électro-négatifs, tels que CAz, CO et Az O^2. Ils ne pourraient, en effet, saturer en partie l'hydrogène restant par une fraction de leurs valences sans provoquer la non-saturation du carbone C^3, et cela sans compensation possible.

Nous ne voulons pas aller plus loin dans le développement de cette hypothèse. C'est une idée que nous émettons occasionnellement et à la consolidation de laquelle nous ne voulons pas consacrer trop de temps, préférant de beaucoup aux recherches expérimentales aux spéculations de cabinet. Peut-être même n'est-elle pas absolument neuve, aujourd'hui au moins, quant au fond. Il n'y a pourtant pas plagiat de notre part, puisque nous la présentons depuis plus de dix ans dans nos cours du Collège de France.

P. Schutzenberger,
de l'Académie des Sciences,
Professeur au Collège de France.

LE FOIE, LABORATOIRE DE RÉSERVES ALIMENTAIRES

L'organisme animal, comme tous les corps de la Nature, est soumis aux deux grandes lois de la conservation de la matière et de la conservation de l'énergie. De même qu'il ne peut ni créer, ni détruire de la matière, il est également impuissant à annihiler le mouvement ou à l'engendrer de rien. Son activité se borne à transformer la matière ou le mouvement emprunté au monde extérieur. La machine vivante obéit à la mécanique, à la physico-chimie ordinaire, comme une vulgaire machine à feu. Toutes deux, en ce qui regarde leur activité matérielle, peuvent être ramenées au même *schéma :* une machine à vapeur consomme du combustible, transforme l'énergie de position accumulée dans la houille ou le bois en énergie calorifique d'une part, en travail ou énergie de mouvement de l'autre. En dernière analyse, son mouvement lui vient du Soleil, puisque c'est l'énergie des rayons solaires qui, dans les parties vertes des végétaux, décompose l'acide carbonique et met l'oxygène en liberté, tandis que le carbone sert à édifier les tissus du bois de la plante. Bois et houille ont en effet la même origine.

L'organisme de l'homme, celui des animaux semblent opérer par un mécanisme analogue : lui aussi brûle du combustible riche en charbon et en hydrogène (nos aliments), consomme de l'oxygène fourni par la respiration et produit de l'acide carbonique et de l'eau ; lui aussi transforme une partie de l'énergie, devenue libre par cette combustion, en travail mécanique, une autre partie en chaleur, en électricité, etc. Notre corps est donc une machine chimique, puisant, comme la machine à vapeur, la somme de son énergie dans les rayons du Soleil : le bœuf mange l'herbe et nous mangeons le bœuf. Comme le fait remarquer Helmholtz, nous pouvons tous prétendre à la même noblesse que l'Empereur de la Chine, lequel se dit *Fils du Soleil.*

Ainsi, la vie de toute matière vivante est liée à la production incessante de réactions chimiques *exothermiques*, c'est-à-dire qui mettent de la chaleur (ou de l'énergie) en liberté.

Chez un certain nombre d'êtres inférieurs, les Anaérobies de Pasteur, ces réactions exothermiques se passent sans intervention de l'oxygène de l'air. C'est ainsi que l'organisme de la levure de bière décompose la glycose en alcool et CO^2, que les cellules du ferment lactique transforment le sucre en acide lactique et CO^2, toujours avec mise en liberté de chaleur ou d'énergie, et sans absorption d'oxygène.

Mais, chez l'immense majorité des êtres vivants, et surtout dans le règne animal, les phénomènes chimiques les plus importants sont analogues à ceux de la combustion : des matériaux nutritifs, riches en charbon et en hydrogène, subissent, au contact de l'oxygène emprunté à l'atmosphère, une série d'oxydations, conduisant finalement à la formation d'acide carbonique, d'eau et de quelques autres substances, toutes destinées à être rejetées dans le monde extérieur. Chez les animaux supérieurs, le combustible qui doit alimenter la machine vivante est introduit du dehors à intervalles plus ou moins longs (repas) ; il ne brûle pas immédiatement, mais est mis en réserve dans certains lieux de dépôt pour être transporté ensuite et utilisé dans les différents organes, au fur et à mesure de leurs besoins. De plus, ce combustible, c'est-à-dire nos aliments, n'est pas en général, au moment où il pénètre dans le tube digestif, dans un état physique et chimique qui le rende propre à être utilisé immédiatement. Il a besoin de subir au préalable une certaine façon, de passer au creuset de la digestion : il est liquéfié dans le tube digestif au contact de la salive et des sucs gastrique, pancréatique et intestinal. Les parties transformées et dissoutes traversent la paroi de l'intestin pour se déverser dans les vaisseaux creusés dans l'épaisseur de cette paroi. Ils se mêlent ainsi au sang et à la lymphe et sont entraînés avec les sucs nourriciers, loin de l'intestin, pour être finalement incorporés dans les différentes parties de l'économie.

Mais la métamorphose que nos aliments ont subie dans le tube digestif par le fait de la digestion (la transformation des féculents en sucre par l'action du suc pancréatique, celle de l'albumine, de la viande en peptone ou propeptone sous l'influence du suc gastrique et du suc pancréatique, le dédoublement des graisses en glycérine et en acide gras par l'action du ferment saponifiant du pancréas) cette métamorphose, dis-je, doit être complétée. Suffisante pour permettre aux particules nutritives de traverser la membrane intestinale et de pénétrer dans le torrent de la circulation, cette transformation a besoin d'être achevée par une nouvelle élaboration, élaboration dans laquelle le foie joue un rôle important.

Le foie, en effet, n'est pas seulement une glande fabriquant un produit de sécrétion, la bile, destiné à être déversé dans le tube digestif ; il remplit deux autres fonctions importantes : c'est également un laboratoire de fabrication, un transformateur de réserves nutritives. Les aliments modifiés dans l'intestin par la digestion sont transportés au foie pour y achever leur métamorphose. En outre, le foie est également le lieu de dépôt, le magasin où s'accumulent une partie de ces réserves nutritives qu'il a contribué à former. Le foie augmente notablement de volume après la digestion d'un repas copieux; il diminue, au contraire, par l'abstinence. Chez un chat mort de faim, Voit a constaté que le foie avait perdu 53,7 % de son poids, les muscles 30,5 %, le sang 27 %, les intestins, les poumons et le pancréas 17 %, le système nerveux central seulement 3,2 % et le cœur 2 %.

Nous pourrions étudier successivement le rôle du foie au point de vue de la transformation et de l'emmagasinement des trois catégories principales d'aliments d'origine organique : 1° les féculents ou hydrocarbonés; 2° les graisses; 3° l'albumine et les matières analogues. Nous nous bornerons à étudier les transformations des aliments hydrocarbonés. Ce sujet a été, depuis Claude Bernard, l'objet de divers travaux dont, en ces derniers temps, plusieurs ont paru devoir modifier la doctrine de l'illustre physiologiste. Il importe d'en discuter l'interprétation et de bien fixer l'état actuel de la science en la matière.

I

La fécule (pain, riz, maïs, pommes de terre, etc.) joue un rôle important dans l'alimentation de tous les peuples. La ration alimentaire classique d'un homme adulte renferme, d'après Moleschott, 130 gr. d'albumine, 84 gr. de graisse et 404 gr. de fécule.

Cette fécule insoluble $C^6H^{10}O^5$ ne peut traverser la paroi de l'intestin et être absorbée, qu'après avoir été liquéfiée, dissoute par les sucs intestinaux. C'est principalement le ferment diastasique du suc pancréatique qui est chargé de cette réaction. Il transforme la *fécule* en *dextrine* et en *sucre*, par un phénomène d'hydratation. On admettait, il y a quelques années, que le sucre formé est identique au *sucre de raisin* (dextrose, glycose $C^6H^{12}O^6$). La saccharification de l'amidon était représentée par l'équation :

$$4\,C^6H^{10}O^5 + 3\,H^2O = C^9H^{10}O^5 + 3\,C^6H^{12}O^6$$
amidon   dextrine   glycose

Les recherches de von Mering ont montré que le sucre qui provient de l'action de la diastase est de la maltose [1] $C^{12}H^{22}O^{11}$. La réaction devient alors :

$$3\,C^6H^{10}O^5 + H^2O = C^6H^{10}O^5 + C^{12}H^{22}O^{11}$$
amidon   dextrine   maltose

La maltose est probablement transformée ultérieurement en glycose [2].

---

[1] Les mots en ose sont féminins. Il faut donc dire la maltose, la glycose, et non le maltose, le glucose. Glucose constitue, en outre, une faute contre l'étymologie.

[2] Le sucre du sang paraît bien être de la dextrose et non de la maltose. Il en serait de même du sucre du foie.

Comme les autres organes, la paroi de l'intestin présente deux espèces de vaisseaux : des vaisseaux sanguins et des vaisseaux lymphatiques ou chylifères. Le sang qui revient de l'intestin est conduit au foie par la veine porte. La lymphe de l'intestin, ou chyle, passe par les vaisseaux chylifères et par le canal thoracique, pour se déverser dans la veine jugulaire externe gauche. Par quelle voie le sucre formé dans l'intestin est-il absorbé? Par les vaisseaux sanguins ou par les vaisseaux chylifères? La réponse n'est pas douteuse : le chyle ne contient jamais que fort peu de sucre, même pendant la digestion (von Mering); il en est de même du sang de la veine porte, examiné en dehors des périodes digestives. Par contre, ce sang est fortement chargé de sucre tant que dure la digestion des féculents. D'ailleurs, la ligature du canal thoracique n'entrave en rien l'absorption du sucre au fur et à mesure de sa production : cette substance ne s'accumule pas dans l'intestin. Le sucre formé dans l'intestin est donc repris par les origines de la veine porte et amené au foie. Là, il est arrêté au passage : les cellules hépatiques s'en emparent et le transforment sur place en une substance à laquelle Claude Bernard a donné le nom de *glycogène ou amidon animal* [1].

Le glycogène n ($C^6H^{10}O^5$) est isomère de l'amidon végétal et se forme par déshydratation du sucre, réaction inverse de celle à laquelle le sucre doit son origine dans l'intestin. La quantité de glycogène qui peut s'accumuler dans le foie est considérable. Von Wittichen a trouvé jusqu'à 15 % dans le foie d'une tanche. Le glycogène déposé dans le foie constitue une réserve alimentaire dans laquelle l'organisme puise incessamment. Il a à peu près la même signification que la graisse qui se dépose également dans divers lieux de réserve lorsque l'alimentation est abondante. La provision de glycogène, comme celle de graisse d'ailleurs, diminue en effet dans l'abstinence. Il faut un jeûne prolongé (une trentaine de jours) pour épuiser à peu près complètement la provision de glycogène hépatique chez le chien. Six à neuf jours suffisent chez le poulet, d'après Külz; et, chez le pigeon, on ne retrouve presque plus de glycogène dans le foie après une privation d'aliments n'ayant duré que deux ou trois jours [2].

Claude Bernard a montré que le glycogène hépatique n'est pas consommé sur place, mais qu'il est transformé en sucre, et que ce sucre est entraîné

---

[1] Les expériences récentes d'Erwin Voit et de plusieurs autres élèves de Carl Voit ont surabondamment prouvé la transformation directe des hydrocarbonés de l'alimentation en glycogène hépatique.

[2] Au reste, les sujets appartenant à une même espèce animale présentent sous ce rapport des différences individuelles considérables.

dans la circulation générale par le sang qui revient du foie par les veines sus-hépatiques. Le sang des veines sus-hépatiques contient toujours une certaine proportion de sucre, proportion indépendante de l'état de jeûne ou de digestion de l'animal. Il en résulte qu'à jeun le sang des veines sus-hépatiques est plus riche en sucre que le sang de la veine porte ; que pendant la digestion, au contraire, le sang de la veine porte est beaucoup plus riche en sucre. La transformation du glycogène en sucre peut être démontrée également sur le foie extrait du corps. Le foie d'un animal récemment sacrifié est fort riche en glycogène et contient au contraire très peu de sucre.

On peut d'ailleurs le débarrasser à peu près complètement de la petite quantité de sucre qu'il contient, en faisant traverser ses vaisseaux par un courant d'eau froide légèrement salée. L'eau entraîne le sang et le sucre, s'il y en a ; on abandonne le foie à lui-même ; on peut alors constater, par des dosages comparatifs de glycogène et de sucre, que le foie se charge de sucre à mesure que le glycogène disparaît. Claude Bernard admettait que cette transformation du glycogène en sucre s'effectue, grâce à la présence dans le foie d'une petite quantité de ferment diastasique. Dastre et d'autres ont vainement essayé d'extraire ce ferment du tissu hépatique : Dastre (1888) admet que la « transformation du glycogène en sucre n'est pas le « résultat de l'intervention d'une diastase séparable, isolable. Elle est le fait de l'activité vitale « des cellules hépatiques : c'est une conséquence « de leur nutrition, le fait de leur fonctionnement ». Salkowski admet, au contraire, l'existence indépendante du ferment diastasique du foie. Quoi qu'il en soit, une température de 100° ou l'immersion du foie dans l'alcool arrêtent brusquement la formation du sucre aux dépens du glycogène ; une température suffisamment basse (0°) suspend cette transformation ; ce qui démontre qu'il s'agit bien d'un phénomène de fermentation ou tout au moins d'une intervention active des cellules vivantes.

Toutes les matières sucrées sont, paraît-il, capables de contribuer à la formation du glycogène hépatique. Celui-ci augmente après l'ingestion de fécule, de dextrine, de dextrose, de lévulose, de lactose, de galactose, de saccharose, de raffinose, de dulcite, de quercite, de mannite, d'érythrite, de saccharine $(C^6H^{10}O^3)$, d'isosaccharine, d'anhydride glykuronique, de dextronate de calcium et même de glycérine, d'éthylglycol, de propylglycol, d'acide mucique, d'acide saccharique, de tartrate de sodium, etc. (Külz) [1].

[1] Carl Voit (1892) vient de publier les résultats d'une importante série de recherches sur le rôle des différents

Toutes les données concernant la formation du glycogène aux dépens du sucre amené par la veine porte, et celles concernant la transformation du glycogène hépatique en sucre ont été contestées par Seegen et Kratschmer. Seegen a cherché à montrer que le sucre du foie et celui du sang ne dérivent pas du glycogène hépatique mais se forment dans le foie aux dépens de matériaux azotés ; peptone ou albumine. Les recherches ultérieures de Panormow (1887), de Dastre, de Girard (1887) ont, au contraire, pleinement confirmé la doctrine classique de Claude Bernard. Girard a montré que la formation du sucre *post mortem* dans le foie excisé est proportionnelle à la destruction du glycogène. Si le foie ne contient pas de glycogène (foie d'animaux malades ou épuisés), il ne s'y forme pas de sucre après la mort.

Ces expériences sont particulièrement probantes, quand on les exécute chez des animaux soumis au préalable à un jeûne prolongé, et chez lesquels, par conséquent, la provision de glycogène hépatique est réduite à un minimum. Un seul repas riche en hydrocarbonés suffit, dans ce cas, à charger de nouveau les cellules hépatiques d'un abondant dépôt d'amidon animal. Ce dépôt commence à se former peu d'heures (3-4 h.) après le début de la digestion.

La formation du glycogène hépatique suppose l'intégrité de la circulation artérielle de l'organe. La ligature de l'artère hépatique, pratiquée au-dessous du point d'émergence de la gastro-épiploïque droite, amène rapidement l'épuisement des réserves hydrocarbonées du foie : les cellules hépatiques asphyxiées sont devenues incapables de travailler à la reconstitution du dépôt de glycogène, dont la destruction se poursuit sans compensation. Les expériences d'Arthaud et Butte, et celles de Slosse (1890) ne laissent aucun doute à cet égard. Arthaud et Butte (1890) admettent que les résultats différents auxquels étaient arrivés

sucres dans la formation du glycogène hépatique. Il classe les sucres sur lesquels ont porté ses expériences, en trois catégories :

A. — Sucres transformés directement par les cellules hépatiques en glycogène : *dextrose, lévulose*. L'introduction de ces sucres dans l'économie animale, même si elle est faite par une autre voie que la voie stomacale, produit un abondant dépôt de glycogène hépatique.

B. — Sucres qui ne provoquent un abondant dépôt de glycogène hépatique que s'ils ont au préalable été transformés dans l'intestin en dextrose ou en lévulose : *Sucre de canne, maltose*. Injectés sous la peau, ils sont presqu'en sans action sur la formation du glycogène.

C. — Sucres qui ne peuvent se transformer directement en glycogène : *lactose, galactose*. La faible augmentation du glycogène hépatique qui se montre après l'introduction de ces sucres par la voie intestinale ou par la voie hypodermique, ne serait pas due à une transformation directe du lactose ou du galactose en glycogène, mais à une action d'épargne exercée par leur présence sur le glycogène formé aux dépens d'albumine.

leurs prédécesseurs, et notamment Stolnikow, dépendaient d'un défaut de technique opératoire. D'autre part, Prausnitz et Külz ont montré qu'il n'y a dans le foie aucune relation entre la formation de la bile et celle du glycogène. Les deux fonctions paraissent entièrement indépendantes l'une de l'autre.

II

Le sucre que le foie fabrique incessamment pendant la vie, et qui est versé dans le sang des veines sus-hépatiques, est transporté ensuite dans tous les organes pour y entretenir la combustion et la vie. Comme l'ont montré les délicates recherches de Chauveau, le sucre du sang constitue le combustible organique par excellence. La consommation du sucre dans les différents organes est proportionnelle à l'énergie des combustions dont ces organes sont le siège. Cette consommation se détermine par la comparaison de la teneur en sucre du sang qui arrive à l'organe (sang artériel) et du sang qui revient de l'organe (sang veineux), en tenant compte, bien entendu, de la quantité absolue de sang qui traverse l'organe. Quant à l'énergie des combustions organiques, elle est mesurée par la consommation de l'oxygène, par la production de CO^2, ou par l'intensité de la calorification.

Là où le travail physiologique n'entraîne qu'une faible transformation d'énergie, et où les combustions sont peu intenses, comme dans certaines glandes, la quantité de sucre consommée est faible; cette quantité augmente à peine au moment où la glande passe de l'état de repos à celui d'activité. La glande parotide du cheval consommant, par exemple, $0^{gr}007$ de sucre à l'état de repos, en détruira $0^{gr}009$ pendant qu'elle sécrète.

Là où ce travail s'accompagne d'une suractivité considérable des combustions, comme dans les muscles, la disparition du sucre devient également considérable. Ainsi, dans une série d'expériences faites sur le muscle masseter du cheval, Chauveau a trouvé que la quantité de glycose qui, dans un temps donné, disparaît du sang dans la traversée du muscle est de :

$0^{gr}121$ pendant l'état de repos ;

$0^{gr}408$ pendant l'état d'activité du muscle.

Autrement dit, le masseter retient presque 3 fois 1/2 plus de sucre dans le deuxième cas que dans le premier.

Les muscles représentent près de la moitié du poids du corps. La combustion organique y est extraordinairement active. Les 4/5 au moins de l'oxygène absorbé par la surface pulmonaire sont consommés par les oxydations qui ont leur siège dans les organes du mouvement. On peut donc dire que c'est dans les muscles que la glycose

fabriquée dans le foie est principalement utilisée.

Mais il est établi que la glycose enlevée au sang par le muscle n'est pas nécessairement brûlée immédiatement en entier. Une partie s'y accumule pour constituer des dépôts secondaires de glycogène (Sanson, Nasse). Grâce à cette provision de glycogène que contiennent les muscles, ces organes « sont mis ainsi à l'abri des disettes ou insuf-
« fisances possibles de combustible, c'est-à-dire
« de glycose, dans les moments où le travail doit
« devenir plus pressant et plus actif. Cette pro-
« vision de glycogène, comparable à la provision
« d'électricité des accumulateurs, est faite pendant
« le repos musculaire : une partie seulement de la
« glycose qui disparaît alors dans les capillaires
« est consacrée aux combustions; l'autre, en se
« déshydratant, se transforme en glycogène mus-
« culaire, c'est-à-dire en combustible de réserve.
« Mais pendant le travail, celui-ci s'hydrate de
« nouveau et redevient glycose pour être brûlée
« sous cette forme en même temps que la glycose
« issue directement du sang. » (Chauveau.)

Les dosages de glycogène exécutés par Th. Chandelon, Weiss, Manché, Külz, etc., ont montré que le repos du muscle augmente la réserve de glycogène musculaire, à condition que la circulation sanguine se fasse convenablement. Les contractions musculaires diminuent au contraire notablement la provision de glycogène, surtout si la ligature de l'artère empêche le dépôt de se reconstituer aux dépens de la glycose du sang.

Tout récemment, Morat et Dufour ont montré qu'un muscle fatigué (c'est-à-dire contenant peu de glycogène) au repos, emprunte au sang une quantité de glycose considérable, supérieure à celle qu'il aurait fait disparaître en se contractant dans les conditions ordinaires. Cette glycose sert évidemment à la reconstitution de la réserve de glycogène.

Külz a cherché à réaliser, dans des muscles soumis à une circulation artificielle, la transformation de sucre en glycogène. Il fait passer par circulation artificielle, pendant six à sept heures, du sang défibriné à travers les muscles des deux pattes postérieures d'un chien. D'un côté il ajoute au sang 0,1 à 0,3 °/₀ de sucre de canne ou de sucre de raisin. A la fin de l'expérience, le glycogène est dosé dans les muscles des deux pattes. Külz croit avoir, dans quelques expériences, observé la formation du glycogène musculaire aux dépens du sucre du sang. D'autres expériences ont fourni un résultat incertain.

Tout le glycogène musculaire paraît provenir de celui du foie. Une partie de ce glycogène ne pourrait-il être transporté par le sang du foie aux muscles sous forme de glycogène et non de sucre?

Les expériences semblent répondre négativement à cette question : le glycogène a été recherché en vain dans le sang, tandis que la présence du sucre est toujours facile à constater.

La consommation du glycogène dans les muscles exerce une influence marquée sur la formation de la glycose dans le foie et sur l'épuisement plus ou moins rapide des réserves de glycogène accumulées dans cet organe. « La production de la « chaleur et du travail mécanique est si bien liée, « dans l'économie animale, à la fonction glyco- « génique et à la combustion de la glycose, que le « foie verse cette substance plus abondamment « dans le sang quand un ou plusieurs appareils « d'organes fonctionnent activement. » (A. Chauveau et Kaufmann.) Külz a montré qu'un exercice musculaire violent peut dissiper en quelques heures la plus grande partie du glycogène musculaire et la presque totalité du glycogène hépatique. L'empoisonnement par la strychnine, qui est caractérisé, comme on sait, par des convulsions intenses, amène une disparition encore plus complète du glycogène hépatique. L'excitation que le froid extérieur, agissant sur les nerfs sensibles de la peau, exerce par voie réflexe sur les combustions intra-musculaires, a également pour effet d'épuiser rapidement les réserves de glycogène [1].

Ajoutons que, dans l'abstinence prolongée, on constate la disparition du glycogène du foie, bien avant celui des muscles. Dans la reconstitution des réserves de glycogène par un repas copieux succédant à un long jeûne, le foie se charge au contraire de glycogène avant les muscles [2].

Comme Chauveau l'avait montré il y a trente-cinq ans, « chez les animaux privés absolument « d'aliments, recevant de l'eau pure pour toute « boisson, le sucre existe dans les fluides nourri- « ciers tant que la température ne baisse pas sen- « siblement ; et il en existe en quantité à peu près « égale, depuis le premier jusqu'au dernier jour de « l'expérience. Aussitôt que survient le refroidis- « sement signalé par Chossat, aux approches de la « mort, le sucre disparaît du sang, comme de la « lymphe. »

Il est indispensable, dans ces dosages de glyco- gène, de dissoudre complètement au préalable le tissu par un traitement à la lessive de potasse (Procédé de Külz). Le glycogène est ensuite préparé en substance et dosé par pesée ou par circumpo- larisation. (Le pouvoir rotatoire est $(\alpha)_v = +211°$).

Dans tout ce qui précède, nous sommes partis de cette notion, aujourd'hui classique, que la source de l'énergie mécanique et de l'énergie calorifique du muscle, considéré comme organe du mouvement, ou comme appareil de chauffage de l'organisme (chez les animaux à sang chaud), réside dans l'oxydation de la glycose ou du glycogène.

Une foule d'autres faits prouvent d'ailleurs que le combustible qui brûle dans les muscles, lors de la contraction, n'est ni de l'albumine ni de la graisse, et ne peut, par conséquent, être que de la glycose ou du glycogène. Rappelons qu'un exer- cice musculaire violent n'augmente pas la quantité d'albumine ou de substance azotée qui est détruite dans le corps ; dans ce cas, en effet, l'azote excrété par les urines n'augmente pas [1]. Or on sait que la quantité d'azote ou d'urée contenue dans les urines, représente une mesure très exacte de la proportion d'albuminoïde brûlée par l'organisme.

L'étude du quotient respiratoire conduit à la même conclusion. Le quotient respiratoire est, comme on sait, le rapport du volume de l'acide carbonique exhalé au volume de l'oxygène absorbé par la respiration pulmonaire $= \dfrac{CO_2}{O_2}$.

Dans la combustion organique des hydrocar- bonés, tout l'oxygène consommé reparaît dans l'air expiré sous forme d'acide carbonique : il y a éga- lité de volume entre l'oxygène consommé et l'acide carbonique produit ; le quotient respiratoire est égal à l'unité ou s'en rapproche : $\dfrac{CO_2}{O_2} = 1$.

En effet $C^6H^{12}O^6 + 6.O^2 = 6.H^2O + 6.CO^2$.

Dans la combustion de la graisse, une grande partie de l'oxygène consommé sert à brûler de l'hydrogène, et le volume de CO_2 produit ne repré- sente qu'un peu plus de la moitié du volume de l'oxygène absorbé :

$$\frac{CO_2}{O_2} = 0,55 \text{ environ.}$$

D'une façon générale, la valeur du quotient res- piratoire dépend chez un animal donné de la na- ture de l'alimentation, c'est à-dire de la nature du combustible introduit en dernier lieu, à condition que l'animal soit au repos. Avec une alimentation végétale riche en féculents, le rapport $\dfrac{CO_2}{O_2}$ se rap- proche de l'unité. Une alimentation animale, ri- che en graisse fait baisser notablement la valeur du rapport $\dfrac{CO_2}{O_2}$ et la rapproche de 0,55. Dès que l'animal travaille, dès qu'il se livre à un exercice musculaire violent, la quantité d'acide carbonique exhalée et d'oxygène consommée augmentent ra-

[1] L'anesthésie générale, la paralysie musculaire due à la section de la moelle épinière favorisent au contraire la reconstitution du glycogène hépatique (Nebelthau. 1891).
[2] Travaux récents de Külz et de ses élèves rectifiant ceux de Luchsinger.

[1] Le fait a été récemment contesté par Pflüger. Pour lui l'albumine est le combustible musculaire par excellence (1891).

pidement, mais non dans les mêmes proportions. L'augmentation se fait de telle sorte que le quotient respiratoire tend à se rapprocher de l'unité, indépendamment de la nature de l'alimentation. La valeur du quotient respiratoire nous indique donc ici qu'il s'agit d'une combustion de matières hydrocarbonées.

Il est donc bien établi aujourd'hui que le sucre venant de l'intestin et dérivant des féculents de l'alimentation est arrêté dans le foie et s'y dépose sous forme de glycogène — que d'autre part le dépôt de glycogène hépatique est constamment attaqué et transformé petit à petit en sucre — sucre entraîné par le sang et distribué aux différents organes. Tous ces faits découverts par Claude Bernard il y a près de 35 ans, puis contestés par d'autres expérimentateurs, sont finalement sortis triomphants de la longue critique à laquelle ils ont été soumis.

III

En est-il de même d'un autre point très important de la doctrine de Claude Bernard ? Le glycogène du foie peut il avoir une autre origine que les féculents de l'alimentation ? Claude Bernard avait cru résoudre cette question en nourrissant des chiens exclusivement avec de la viande : leur foie s'était montré fort riche en glycogène. Mais, à cette époque, Claude Bernard ignorait que la viande de boucherie, et surtout les muscles de cheval (nourriture habituelle des chiens de laboratoire), contiennent toujours une proportion notable d'hydrocarbonés. Le glycogène trouvé dans le foie des chiens ne provenait-il pas du sucre ou du glycogène contenu dans la viande ingérée ?

Wolffberg, Naunyn et d'autres répétèrent l'expérience de Claude Bernard, en nourrissant leurs chiens avec de la viande qu'ils avaient fait bouillir avec de l'eau, et ils trouvèrent également une grande quantité de glycogène dans le foie des animaux. Külz a montré que ces dernières expériences elles-mêmes ne sont pas à l'abri de toute critique. Après plusieurs heures d'ébullition, la viande de boucherie peut encore contenir du glycogène ou d'autres hydrates de carbone. Pour l'en débarrasser complètement, Külz a prolongé la macération de la viande pendant deux jours dans de l'eau à 30-38°. Il fit également des expériences en nourrissant des animaux (soumis à un jeûne préalable) avec de la fibrine, de la caséine, de l'albumine du sérum ou du blanc d'œuf. Dans la plupart de ces expériences, il constata la formation de glycogène dans le foie. Les expériences faites avec de l'albumine exempte de graisse et d'hydrates de carbone sont particulièrement démonstratives. Elles établissent pour la première fois, d'une façon

irréfutable, la possibilité de la formation du glycogène aux dépens d'albumine. Ici encore les expériences les plus récentes, exécutées avec les précautions les plus minutieuses, n'ont fait que confirmer l'exactitude des faits découverts par Claude Bernard.

Le glycogène peut-il se former également aux dépens de la graisse de l'alimentation ? C'est là une question qu'aucun physiologiste n'a, je crois, cherché à résoudre. Il faudrait prendre un certain nombre d'animaux identiques, chiens, poulets, pigeons, faire disparaître au préalable le glycogène de leur foie et de leurs muscles ou tout au moins le réduire à un minimum par un ou plusieurs des moyens appropriés : jeûne, exercice musculaire, froid, etc., puis leur faire ingérer une certaine quantité de graisse exempte d'albumine et d'hydrocarbonés. Le dosage du glycogène hépatique d'après le procédé de Külz (ébullition du foie en présence de la potasse), pratiqué chez des animaux n'ayant ingéré que de la graisse, et chez des animaux n'ayant rien ingéré, permettrait de vérifier si la graisse a eu une influence sur la production de glycogène. Il faudrait également tenir compte, dans ces expériences, de la valeur des échanges respiratoires et de l'excrétion d'azote, pour pouvoir déterminer si le glycogène formé dans le foie l'a été au moyen de la graisse ingérée.

Nous venons de voir que tout le glycogène du foie peut ne pas provenir des hydrocarbonés de l'alimentation. Il est intéressant de poser la question inverse et de se demander si toute la fécule ou tout le sucre provenant de l'alimentation est destiné à se déposer dans le foie sous forme de glycogène.

On admettait, il y a quelques années, que la glycose, la dextrine, formées par la digestion et dérivées des aliments, n'étaient propres qu'à être brûlées immédiatement ou à se transformer en glycogène. L'influence bien connue d'une alimentation riche en féculents sur la production de la graisse du corps, était expliquée par une action indirecte (Voit). La fécule permettait d'épargner une certaine quantité d'albumine qui, sans cela, aurait été détruite intégralement, tandis que, grâce à la fécule, une partie de l'albumine se transformait en graisse.

Cette opinion exclusive a été abandonnée par Voit lui-même. Il est établi aujourd'hui qu'une partie notable des féculents de l'alimentation peut (au moins chez les herbivores) servir à fabriquer de la graisse dans l'organisme.

C'est ce qu'ont prouvé un grand nombre d'expériences d'engraissement pratiquées sur des oies, des porcs, etc., expériences au cours desquelles on analysa les *excreta* et les *injesta* des sujets, et à la fin desquelles on dosa la quantité de graisse contenue dans leur corps. Une détermination de graisse faite au début de l'expérience chez un ou plusieurs sujets témoins aussi semblables que possible, servait de point de départ.

B. Schultz a trouvé, par exemple, chez des oies nourries avec beaucoup de féculents et peu de graisse et d'albumine, que 19 °/₀ au moins de la graisse formée provenait des féculents de l'alimentation. Un des exemples les plus démonstratifs a été publié par Soxhlet en 1881. Un porc ayant ingéré en quatre-vingts jours une quantité de riz contenant 11 kilos 314 d'albumine, 0, kilo 343 de graisse et 120 kilos 824 de fécule, avait formé et déposé dans ses tissus 22, kilos 180 de graisse. De ces 22, kilos 180, 0, kilo 343, c'est-à-dire 1,5 °/₀ pouvaient provenir de la graisse des aliments; 3, kilos 685, c'est-à-dire 16,9 °/₀ pouvaient provenir de 7, kilos 169 d'albumine alimentaire disponible. Le reste de l'albumine alimentaire avait servi à faire de la viande ou avait été détruit [1]. Mais les 81,6 °/₀ restants de la graisse formée ne pouvaient provenir que de la fécule de l'alimentation. J. Munk, Voit, etc., sont arrivés à des résultats analogues.

La fécule non transformée en graisse avait été brûlée. A chaque repas riche en fécule correspond une augmentation dans le chiffre de l'oxygène consommé et dans celui de CO^2 produit. Le quotient respiratoire se rapproche dans ces conditions de l'unité (comme le quotient de combustion de la fécule), preuve que c'est bien à une destruction de fécule qu'il faut attribuer l'exagération des phénomènes de combustion interstitielle.

IV

Où se trouve le laboratoire qui dans l'organisme transforme les hydrocarbonés en graisse? Les données que nous possédons ne nous permettent pas de résoudre cette question avec le même degré de certitude que pour la transformation des hydrocarbonés en glycogène. Il me semble extrêmement probable que c'est également dans le foie : à côté de sa *fonction glycogénique*, le foie remplirait également une fonction *adipogénique*. Une partie du

[1] Une alimentation formée exclusivement de féculents ou de graisses, ou d'un mélange des deux, n'est pas capable d'entretenir la vie. En effet, la destruction des albuminoïdes dans le corps et l'excrétion d'azote par les urines ne s'arrêtent jamais : l'azote éliminé n'étant pas remplacé, il s'ensuit que le corps s'appauvrit graduellement en albuminoïdes, jusqu'à ce que survienne la mort.

L'adjonction des féculents à la ration alimentaire d'un animal carnivore agit de la même façon que l'adjonction de graisse : elle permet de diminuer la proportion d'albuminoïdes de l'alimentation. Voit et Pettenkofer admettent que 175 grammes de fécule peuvent en effet protéger contre la combustion organique 100 grammes de graisse.

sucre qui est amené au foie par la veine porte s'y transformerait sur place en graisse. Cette graisse se déposerait d'abord dans le foie, puis dans différents autres organes : tissu cellulaire sous-cutané, mésentère, surface des reins, du cœur etc. C'est un fait reconnu depuis longtemps que les cellules hépatiques se chargent de globules de graisse après tout repas abondant; et que cette graisse disparait ensuite peu à peu pendant les périodes d'abstinence. Comme pour le glycogène et le sucre, le foie serait à la fois lieu de production de la graisse et lieu de dépôt de cette substance.

Quant à l'origine de la graisse du corps, nous savons aujourd'hui qu'elle est triple. Une partie de la graisse déposée dans nos organes provient directement de la graisse de l'alimentation; une autre partie résulte de la transformation des hydrocarbonés; enfin l'albumine peut également fournir les matériaux aux dépens desquels se constituent les molécules de trioléine, tripalmitine, tristéarine, etc.

Comme exemple de graisse du corps empruntée directement à l'alimentation, citons une expérience de Lebedeff (1882). Deux chiens furent au préalable soumis à un jeûne de trente jours : ils perdirent 40 % de leur poids, ce qui correspond à une disparition presque complète de la graisse du corps; l'un d'eux fut nourri pendant trois semaines avec du suif de mouton et une petite quantité de viande; l'autre reçut pendant le même temps de l'huile de lin et un peu de viande. Les deux chiens furent tués : la graisse du premier était solide et semblable à celle du mouton. La graisse du second, très diffluente, fournit plus d'un kilo d'huile ne se solidifiant pas à 0° et très analogue à l'huile de lin.

Quant à la possibilité de la transformation des albuminoïdes en matières grasses, elle a été établie par de nombreuses séries de dosages d'*ingesta* et d'*excreta* exécutés par Voit et Pettenkofer et par d'autres sous leur inspiration et d'après leurs méthodes. Voici une de leurs expériences : un grand chien fut nourri d'une grande quantité de viande; tout l'azote de l'alimentation fut retrouvé dans les urines et les excréments (Pettenkofer et Voit n'admettent pas l'exhalation d'azote par les poumons), preuve que la teneur du corps en azote albuminoïde n'avait pas changé : mais une partie notable du charbon contenu dans les aliments n'avait pas reparu sous forme de CO^2 dans l'air expiré. L'augmentation de poids de l'animal considéré comme graisse correspondait assez exactement à la quantité de charbon fixée dans les tissus.

Un grand nombre d'autres faits ont d'ailleurs surabondamment prouvé la possibilité de la fo mation de la graisse aux dépens de matériaux albuminoïdes [1].

Le foie paraît donc jouer vis-à-vis des deux grandes catégories de matières alimentaires non azotées, les féculents et les graisses, un double rôle : il serait pour ces substances *à la fois* un lieu de dépôt, un magasin de réserves nutritives et une usine où se fabriquent ces réserves aux dépens de matériaux hétérogènes.

Mais est-il bien nécessaire d'établir ici une opposition entre les matériaux nutritifs non azotés et les albuminoïdes de l'alimentation? Je ne le pense pas. L'augmentation de poids que le foie présente à la suite d'une digestion copieuse correspond autant à un gain de matières albuminoïdes qu'à une richesse plus grande en glycogène et en graisse.

Il me paraît probable qu'ici aussi le foie joue le rôle de grenier d'abondance où s'emmagasinent les réserves nutritives azotées.

Léon Fredericq,
Professeur de Physiologie
à l'Université de Liège.

LE FOND DES MERS

Si, à beaucoup d'égards, notamment par le désarroi général des esprits, la défaillance des caractères et l'affaiblissement de la notion du bien public, en face des progrès constants de l'égoïsme individuel, le siècle où nous vivons mérite tout autre chose que de l'admiration, il est du moins un honneur qu'on ne saurait lui contester : c'est d'avoir inauguré, sur mer, la série des croisières purement scientifiques. Tandis qu'autrefois on voyait des navires écumer les océans, soit au profit d'un particulier entreprenant, soit pour le compte d'une nation avide de conquérir de nouveaux territoires ; tandis que, plus tard, de hardis navigateurs se sont risqués à travers les glaces, avec l'espérance chimérique d'y trouver un passage dont le commerce pourrait profiter, il était réservé à notre époque de voir des gouvernements ou des sociétés équiper à grands frais des expéditions, dont la science désintéressée formait l'unique objet. De ces récentes campagnes la plus mémorable est sans contredit celle que le navire anglais le *Challenger* a exécutée, de 1873 à 1876, sous la direction scientifique de sir Wyville Thomson. Depuis le jour où le chef de l'expédition a fait connaître, dans son livre « *les Abîmes de la mer* », les premiers résultats de ses merveilleux dragages, l'attention publique a été constamment tenue en éveil par l'apparition successive de plus de trente magnifiques volumes, où des spécialistes éminents ont décrit toutes les classes d'organismes recueillis, et les zoologistes peuvent dire quel riche trésor d'informations nouvelles ces luxueuses publications ont ajouté à nos connaissances sur le monde vivant.

Mais la description des dépôts minéraux se faisait toujours attendre, et si l'on avait eu soin d'indiquer au fur et à mesure, par une suite de rapports sommaires, les résultats généraux obtenus dans cette branche d'investigations, du moins il tardait au monde savant d'avoir sous les yeux, avec le même luxe de détails, l'ensemble des documents recueillis. C'est à ce vœu que vient de répondre la publication, par MM. John Murray et A. Renard, d'un superbe volume grand in-4° de 526 pages, avec 29 planches coloriées, 43 cartes et 22 diagrammes [1].

C'est M. John Murray qui, au cours de l'expédition avait été chargé de recueillir, d'examiner et de conserver tous les échantillons de dépôts marins rapportés par la sonde ou la drague. En 1876, il en fit connaître l'ensemble dans les *Proceedings* des Sociétés royales de Londres et d'Édimbourg. Deux ans après, l'éminent minéralogiste belge l'abbé A. Renard, aujourd'hui professeur à l'Université de Gand, fut invité par sir Wyville Thomson à assister M. Murray dans l'étude lithologique des dépôts, et de cette collaboration résultèrent, en 1884, plusieurs mémoires préliminaires. Depuis lors, les études ont été poursuivies, non seulement sur les échantillons du *Challenger*, mais sur ceux recueillis par les expéditions norvégiennes, italiennes, françaises, allemandes et américaines, qui s'étaient organisées à l'exemple de la première. De plus, les auteurs ont eu à leur disposition les matériaux dragués dans toutes les mers par la marine britannique et spécialement par les navires employés à la pose des câbles sous-marins. C'est donc une sorte d'inventaire général du fond des mers qu'ils ont pu dresser, et l'on pourrait presque dire que la carte lithologique du lit des océans, qui accompagne le bel ouvrage publié par MM. Murray et Renard, offre moins de lacunes que la carte géologique de l'ensemble des continents, telle qu'on peut la dresser aujourd'hui. En effet, s'il est

---

[1] La portée de ces faits a récemment été contestée par Pflüger.

[1] *Report on deep sea deposits, based in specimens collected during the cogaye of H. M. S. Challenger*, 1891.

encore plus d'un massif montagneux ou d'un désert où les géologues ont été empêchés de pénétrer, soit par la sauvagerie des hommes, soit par l'inclémence des conditions physiques, les mers ont été sillonnées en tout sens, et la drague a partout révélé la nature des dépôts qui en tapissent le fond. D'ailleurs, dans ce milieu où l'érosion ne joue aucun rôle, où la température demeure invariable, sans qu'aucune cause de perturbation se fasse jamais sentir, les circonstances varient très progressivement, demeurant les mêmes sur de vastes étendues, en sorte que quelques coups de drague, convenablement espacés, suffisent à définir les diverses régions abyssales. Néanmoins, le fait d'avoir pu, en si peu de temps, marquer sur une carte les variations de la nature du fond, aussi bien que celles de la population qui l'habite, demeure l'un des plus remarquables tours de force dont notre époque ait le droit de s'enorgueillir ; et il en faut faire honneur, à la fois aux naturalistes qui ont su mener à bien cette tâche, et aux marins par qui l'art des sondages a été récemment si bien perfectionné.

On sait que M. J. Murray a divisé les sédiments marins en deux classes : 1° les dépôts *terrigènes*, formés, tout contre les masses continentales, par des débris provenant de la destruction de ces mêmes masses ; 2° les dépôts *pélagiques*, qui prennent naissance loin de la terre ferme, dans des eaux profondes, et à la composition desquels les débris du continent ne prennent qu'une part insignifiante.

Parmi les dépôts terrigènes, il y a des sables, des graviers et des vases, déposés contre le rivage, dans l'intervalle du jeu des marées : ce sont les dépôts *littoraux* ; il y a aussi d'autres sables, graviers et vases, formés entre le niveau de basse mer et la ligne de cent brasses ; ce sont les sédiments d'*eau peu profonde* ; enfin il y a aussi les sédiments d'*eau profonde*, qui comprennent des vases bleues, rouges ou vertes, des vases volcaniques et des vases coralliennes.

Quant aux dépôts pélagiques, ils sont d'origine organique ou chimique, et comprennent : la *boue à globigérines*, la *boue à diatomées*, la *boue à radiolaires*, enfin l'*argile rouge* des grands fonds.

Ces diverses catégories de sédiments ont été suffisamment bien définies, dans les précédentes publications des auteurs, pour qu'il soit superflu d'y revenir ici. Mais ce qui est nouveau, c'est l'exacte détermination, pour la première fois entreprise, des superficies réciproques occupées par ces formations. En voici le tableau, réduit en mètres pour les profondeurs, et en kilomètres carrés pour les surfaces :

DÉPOTS	PROFONDEUR MOYENNE EN MÉTRES	TENEUR MOYENNE EN CARBONATE CALCIQUE	SUPERFICIE EN KILOM. CARRÉS
Argile rouge........	4096	6.70	133.385.000
Boue à radiolaires..	5296	4.01	5.931.100
Boue à diatomées...	2703	22.96	28.179.200
Boue à globigérines.	3653	64.53	128.256.800
Boue à ptéropodes..	1910	79.26	1.036.000
Vase corallienne....	1354	86.41	6.622.112
Sable corallien.....	322		
Autres sédiments terrigènes........	1850	19.20	41.599.500

Il ressort de ce tableau que tous les sédiments terrigènes (catégories 6, 7 et 8) n'occupent ensemble que 14 % de la superficie du fond des mers. Le reste appartient aux dépôts chimiques et organiques :

L'argile rouge des grands fonds et la boue à globigérines se disputent la prééminence, la première occupant 38 %, et la seconde 36 % de la superficie totale. Mais elles sont loin d'être également réparties entre les divers océans. La belle carte jointe au rapport de MM. Murray et Renard le montre clairement. On peut dire que l'Atlantique presque tout entier et la majeure partie de l'océan indien sont occupés par la boue à globigérines, tandis que l'argile rouge réclame pour elle seule près des deux tiers de l'océan Pacifique. Si l'on réfléchit que le Pacifique se distingue surtout des autres mers par le petit nombre de fleuves dont il reçoit le tribut, et que précisément la boue à globigérines y fait absolument défaut, sur une largeur de plus de 30 degrés en moyenne, tout le long du littoral des deux Amériques, ou moins jusqu'à la moitié du Chili, il paraîtra naturel, au premier abord, d'en conclure que le développement des globigérines dans l'Atlantique, sous toutes les latitudes sans distinction, peut tenir à la provision de matières nutritives apportées dans cet océan par les eaux douces. En effet, la boue à globigérines résulte surtout de la chute continue, sur le fond, des enveloppes calcaires des foraminifères qui vivent dans les eaux de surface. Mais il ne faut pas oublier non plus que la carte des dépôts du fond ne donne qu'une idée très incomplète de la distribution des organismes de surface. En effet, l'observation a démontré qu'à partir de 4.000 mètres de profondeur, les enveloppes de globigérines devenaient extrêmement friables et que, plus bas, elles cessaient d'être reconnaissables, comme si la pression qui règne dans ces abimes en favorisait la dissolution; de fait, la boue à globigérines fait entièrement défaut dans les grandes fosses atlantiques situées au large des Antilles, comme aussi dans cette zone de fonds de 8.000 mètres qui s'étend, dans le Pacifique, tout contre le Japon et les îles Kouriles. De même, l'apparition des fonds de 4 à 6 mille mètres, à l'ouest de la Patagonie, fait naître une grande tache d'argile rouge au milieu d'un espace tout entier occupé par les dépouilles des globigérines. De la sorte, il convient, dans la prédominance de l'argile rouge, de faire une part, et probablement la part principale, à la dissolution qui empêche les globigérines d'arriver sur le fond.

La même raison suffirait à expliquer pourquoi la boue en question, absente de toute partie orientale du Pacifique, reparaît au contraire en abondance autour de l'Australie, de la Nouvelle-Zélande, du Japon et des chaînes d'îles polynésiennes.

Il faudrait tout un volume pour exposer couvenablement les particularités des divers dépôts pélagiques. Obligé ici de nous borner, nous laisserons de côté les sédiments organiques, renvoyant ceux qui seraient désireux de les bien connaître aux belles planches de l'ouvrage Murray et Renard, où sont dessinées avec tant de soin et figurées avec leurs couleurs naturelles non seulement les dépouilles des protozoaires, des ptéropodes, des algues, coccolithes, rhabdolithes, etc., mais encore toutes les formes de particules minérales qui s'y trouvent mélangées, et qu'après lessivage on retrouve dans les *fine washings*. Nous insisterons seulement sur les formations purement chimiques qui accompagnent l'argile rouge des grandes profondeurs. Dans l'Atlantique du Nord, cette argile est rouge-brique, tandis que, dans le Pacifique méridional, elle tourne au brun chocolat. A la différence des argiles pures, elle fond au chalumeau en une perle noire, souvent magnétique. En général, elle est douce et presque savonneuse au toucher ; cependant la présence de fines aiguilles de pierre ponce peut lui donner par exception une texture grenue. D'où vient cette argile, formée sur des fonds où ne peut arriver aucun détritus provenant de la terre ferme? MM. Murray et Renard pensent qu'elle dérive de la décomposition de matières volcaniques. En tout cas sa formation doit être très lente, et c'est tout au plus si, depuis les temps tertiaires, il s'en est déposé quelques dizaines de millimètres ! La preuve en est fournie par l'extraordinaire abondance, à la surface de cette argile, d'ossements de cétacés et de dents de squales, dont les uns appartiennent certainement à la faune actuelle, tandis que d'autres ne peuvent être identifiés qu'avec des espèces tertiaires. Dans cette dernière catégorie se rangent les énormes dents de *Carcharodon megalodon*, trouvées dans le Pacifique méridional par 4.700 mètres de profondeur. Ainsi d'innombrables générations de Vertébrés marins n'ont pu semer les parties dures de leur organisme sur le fond du Pacifique, sans que, depuis lors, l'épaisseur de l'argile rouge engendrée ait suffi pour les recouvrir. Les surfaces occupées par cette argile sont donc comme un ossuaire, où les débris des âges les plus divers gisent pêle-mêle, et le nombre en est tel qu'un seul coup de drague a rapporté une fois 50 caisses tympaniques de cétacés et 1.500 dents de squales, sans compter 12 fragments roulés de pierre ponce et deux à trois boisseaux de nodules d'oxyde de manganèse hydraté !

Ces concrétions ne sont pas le produit le moins curieux des grandes profondeurs. Capables d'atteindre la grosseur du poing, elles se composent de couches concentriques d'oxyde hydraté de manganèse, répondant, d'après M. Renard, à la formule

$$MnO^2 + \frac{1}{2} H^2O,$$ et toujours mélangé de limonite.

L'oxyde de manganèse s'y est déposé, en pellicules successives, autour d'un corps étranger, le plus souvent une dent de squale. Est-ce par la décomposition des matières volcaniques basiques, verres palagonitiques et autres, qui accompagnent ces nodules? Est-ce par la précipitation, à l'état d'oxyde, du carbonate de manganèse contenu dans les eaux de la mer? La question reste à éclaircir. En tout cas, on verra avec grand intérêt les dessins de ces nodules, donnés dans les planches I à IV de l'ouvrage, mais surtout les représentations microscopiques coloriées des planches XVI, XVII, XVIII, XIX, XXVIII et XXIX. La structure tantôt dendritique, tantôt zonaire, tantôt bréchiforme de ces nodules, y est admirablement mise en évidence, ainsi que la part fréquemment prise par les verres palagonitiques à la formation du nucléus des concrétions.

Ainsi, par ees profondeurs de plus de 4000 mètres, à une température extrêmement voisine de zéro, il s'accomplit des réactions chimiques par suite desquelles un enduit manganésé vient s'appliquer autour des corps durs répandus sur le fond. Encore n'est-ce là qu'une simple concrétion ; M. Renard a montré qu'il se passe dans ces abîmes des réactions encore plus remarquables, aboutissant à la formation de petits cristaux bien définis, dans lesquels il a déterminé l'espèce de zéolithe connue des minéralogistes sous le nom de phillipsite ou christianite (harmotome calcaire). Répandus dans l'argile rouge, où, pour les apercevoir, il faut le plus souvent un grossissement de 280 diamètres, ces cristaux peuvent aussi s'assembler en sphérolithes radiés d'un dixième de millimètre, formant le nucléus d'un nodule de manganèse : si l'on réfléchit que, dans les coulées volcaniques de la surface des continents, les zéolithes, en particulier la chistianite, apparaissent souvent dans les cavités de la lave, à titre de produits d'altération de cette dernière, on ne sera pas autrement surpris de retrouver ces minéraux sur le fond des mers, au sein d'une formation qui résulte, elle aussi, de l'altération des matériaux volcaniques ambiants. Il y a des cas où la christianite forme jusqu'à 20 et même 30 °/₀ de l'argile où on l'observe.

Les études de MM. Murray et Renard ont encore jeté une vive lumière sur le mode de formation de la *glauconie*, cet hydrosilicate de fer et de potasse, qui est répandu en petits grains verts dans un si grand nombre de formations géologiques. La glauconie se rencontre dans toutes les vases vertes, et même on la trouve en grains isolés dans les vases bleues terrigènes. Rarement les grains ont plus d'un millimètre de diamètre. Les plus typiques sont arrondis, parfois mamelonnés ; leur couleur est le vert foncé ou noirâtre. Leur forme a souvent une vague ressemblance avec celle des foraminifères, et comme, parmi ces grains, on en rencontre toujours quelques-uns qui sont incontestablement des moulages de ces protozoaires ; comme enfin les foraminifères se montrent fréquemment remplis, en totalité ou en partie, de glauconie, — l'idée s'impose que ce minéral a dû se former par voie de dépôt dans les cavités des organismes calcaires.

En plus d'un cas, les apparences des grains conduisent à admettre que la glauconie, en grossissant, a fait éclater l'enveloppe calcaire qui la renfermait.

Il faudrait encore mentionner les intéressants détails donnés sur la formation des concrétions phosphatées, ainsi que la description de ces curieux globules, analogues aux *chondres* météoriques, et auxquels MM. Murray et Renard attribuent une origine cosmique. Mais c'est dans le livre même qu'il en faut lire la description, accompagnée de figures qui valent presque la vue directe des échantillons. Notre but était seulement d'appeler, sur cette remarquable publication, l'attention de tous les géologues, et d'exprimer en leur nom la reconnaissance qui est due, soit aux gouvernements assez avisés pour prendre l'initiative de pareilles entreprises, soit aux hommes capables, comme M. John Murray, d'y dépenser pendant tant d'années une telle dose de sagacité, de persévérance et de désintéressement.

A. de Lapparent.

MICRÔ-ORGANISMES THERMOPHILES ET THERMOGÈNES

LEUR CULTURE NATURELLE DANS LE SOL

Jusqu'à ces derniers temps le rôle du sol dans la propagation des maladies virulentes est resté fort obscur. Les biologistes ont tendance à admettre que les conditions diverses réclamées par les microbes pathogènes pour se multiplier, s'y trouvent rarement réunies. Les faits que nous nous proposons d'exposer conduisent à de nouvelles inductions à ce sujet. Ils sont relatifs à la culture naturelle des micro-organismes, thermophiles et thermogènes, dans les couches superficielles de la terre.

I

Adanson a observé au Sénégal diverses plantes qui végétaient et conservaient leur verdure, bien que leurs racines fussent plongées dans un sable atteignant, à de certains moments, la température de 77°. Forster a trouvé le *Vitex agnus castus* au pied d'un volcan de l'île Tanna, dont le terrain était à 80°. De Candolle [1], qui cite ces observations, en rappelle beaucoup d'autres semblables. Ce sont là des faits exceptionnels. En général, une température de 50°, prolongée pendant quelque temps, est mortelle pour les plantes supérieures. Mais on sait, depuis longtemps, que certains groupes de végétaux vivent normalement dans les eaux thermales et à des températures égales ou supérieures

à 50°. Telles sont les oscillaires qui vivent dans les eaux de Plombières à 51°, de Carlsbad à 50°. L. Olivier [1] a montré que certains organismes, trouvés dans des sources chaudes de Cauterets, peuvent vivre en vie active, se développer en un mot, à 65° C. et même au voisinage de 70° C. Certes et Garrigou [2] ont découvert, dans une source de Luchon, à 64°, des bâtonnets courts et mobiles et d'autres plus allongés et immobiles, qu'on trouvait, à l'exclusion de tous autres organismes et qui augmentaient de nombre, lorsqu'on s'éloignait de la source, tant que l'eau conservait une température supérieure à 48°. En aval de cette limite, on ne trouvait plus ces bacilles, mais on voyait apparaître les oscillaires, les diatomées, les infusoires et enfin les bactéries de la putréfaction.

Depuis quelques années, le domaine de ces microbes thermophiles s'est beaucoup étendu. Ce n'est pas seulement dans les eaux thermales qu'on les trouve, mais dans certaines eaux de rivière et dans toutes les couches superficielles du sol.

Miquel [3], le premier, a constaté dans le sol, dans l'eau, dans le contenu intestinal de l'homme et des animaux, la présence fréquente d'un bacille

---

[1] AUG-PYR. DE CANDOLLE. *Physiol. végétale*, t. II, p. 876.

[1] LOUIS OLIVIER. Sur la flore microscopique des eaux sulfureuses, *C. Rend.*, t. CIII, p. 556.
[2] *C. Rend.* T. CIII, p. 705.
[3] Bacille vivant au delà de 70°. *Ann. de microgr.*, I, 1888

qui végète activement entre 65° et 70° et qu'il a dénommé, pour cette raison, *Bacillus thermophilus*. Il cesse de pousser au-dessous de 42°. Il meurt au-dessus de 70°. A 50° c'est un bâtonnet qui produit une spore à son extrémité; à 60°-70°, c'est un filament. Ce pléomorphisme, dû à l'action de la température, est fréquent. La forme filamenteuse correspond ordinairement aux températures élevées, encore compatibles avec le développement de la plante, mais probablement nuisibles.

Van Tieghem [1] a également observé à 60°, 65°, 70°, la végétation et la sporulation de plusieurs espèces bactériennes. Globig, reprenant cette étude, a montré que ces microbes thermophiles abondent dans les couches superficielles du sol. Il a isolé de la terre de jardin 30 espèces qui poussaient sur pomme de terre à 58°. Ces espèces bactériennes affectaient dans tous les cas la forme cylindrique : c'étaient des bacilles dont plusieurs produisaient des spores au bout de 24 heures. Aucun d'eux n'était pathogène. On ne connaît pas de microbe pathogène qui pousse sur pomme de terre à 58°.

Ces espèces thermophiles du sol ne sont pas thermophiles au même degré; lorsqu'on élève de plus en plus la température, les ensemencements faits avec la terre porteuse de ces germes, ne donnent pas les mêmes cultures. Certaines espèces, qui poussent à 50°, ne poussent plus à 60°; mais, à cette température, des espèces nouvelles apparaissent. Le nombre des colonies diminue de plus en plus avec l'élévation de la température : à 68°, il est déjà très réduit; au-dessus de 70°, les ensemencements sur pomme de terre restent stériles. On réalise ainsi, par l'expérience, un phénomène de même ordre que celui auquel on assiste dans les montagnes où la flore se modifie avec l'altitude. Celle-ci des glaciers n'est pas celle de la zone des sapins; plus hant encore, elle se réduit à quelques types qui disparaissent sur les dernières cimes.

Il importait de savoir si les microbes qui se développent à 58° peuvent aussi se cultiver à la température ordinaire. Les limites de température maximum et minimum au delà desquelles la végétation s'arrête ont un écart variable, selon les plantes. C'était à l'expérience de décider si certains micro-organismes du sol sont assez indifférents à la température pour se cultiver à des degrés thermiques très variés ou si, au contraire, leur développement ne souffre qu'un faible écart entre les degrés extrêmes. Globig a fait cette recherche pour douze espèces thermophiles issues du sol, et les résultats qu'il a obtenus ont été très divers suivant les espèces. Pour l'une d'elles, l'écart entre le minimum et le maximum de température

était considérable. Elle poussait à 60°, mais aussi à 68° et à 20-25°. Pour les autres espèces, la limite inférieure était, soit 54°, soit 50°, ou bien elle était comprise entre 40° et 50°; aucune de ces espèces ne pouvait donc se développer, comme dans le cas précédent, à la température de la chambre. Il y a donc, dans le sol, des microbes qui ne se développent qu'à des températures élevées lorsqu'on les cultive sur des milieux tels que la pomme de terre ou le sérum et dont il faut maintenant rechercher la provenance, car ces germes n'appartiennent pas nécessairement à la flore du sol. Ce peuvent être des germes importés, supposition qui s'allie bien avec ce fait que dans les terres non remuées, les couches superficielles, où l'apport des organismes de l'air et de l'eau est évident, sont les seules où se rencontrent les espèces thermophiles.

Contrairement aux prévisions, des échantillons de poussière recueillie au voisinage des poêles, où les bactéries thermophiles devaient trouver des conditions favorables de température, n'ont pas donné de culture sur pomme de terre à 63°, alors que des poussières prises sur des escaliers conduisant aux caves ou aux combles, fournissaient de nombreuses colonies en deux jours.

Globig a essayé de cultiver sur pomme de terre à 63° les bactéries contenues dans les déjections intestinales ou les matières fécales de l'homme et de nombreux animaux et aussi dans les eaux sales, dans les eaux de conduites, et n'a guère obtenu de résultats négatifs. Il n'a pas trouvé, dans l'eau, de microbes thermophiles, tandis que Miquel y signale la présence de son « *Bacillus thermophilus* ». Quelque solution que donnent des travaux ultérieurs à ces questions particulières, cette richesse du sol en bactéries thermophiles, opposée à leur rareté en dehors de ce milieu, semble bien autoriser à considérer ces espèces comme appartenant à la flore du sol. Mais alors comment s'expliquer le développement de ces espèces dans le sol? Est-il permis de supposer que, grâce à des conditions de milieu qui se rencontrent dans le sol, ces microbes peuvent se développer à des températures peu élevées. A l'appui de cette idée sur l'influence du milieu, on pourrait citer le bacille du choléra, qui pousse sur gélatine à de basses températures, mais non sur pomme de terre. Mais, pour celles des bactéries thermophiles du sol qui ne se cultivent pas sur sérum ou sur pomme de terre, au-dessous de 50°, cette limite inférieure est si élevée que le pouvoir attribué au terrain de rendre la végétation possible à une température de beaucoup inférieure deviendrait une hypothèse peu fondée. On se trouve ainsi conduit à admettre que ces bactéries trouvent dans le sol les sources de chaleur nécessaires à leur développement.

---

[1] Société botanique de France. *Bulletin*, t. XXVIII, p. 35.

Il n'est pas probable qu'il faille faire intervenir ici l'action directe de la chaleur solaire. Les microbes thermophiles se rencontrent aussi bien dans le sol de Drontheim, en Norwège, que dans celui de la Nouvelle-Guinée. Dans ces sols de régions si différentes, on retrouve les mêmes espèces thermophiles que dans nos contrées.

Il nous semble qu'on peut s'expliquer le développement des espèces thermophiles dans le sol sans invoquer l'action du soleil, mais à la condition de tenir compte des relations symbiotiques que ces êtres peuvent affecter avec d'autres espèces végétales et aussi de se faire une idée exacte de ce qu'est la température du sol.

Les microbes ne vivent pas dans le sol à l'état d'espèces isolées, telles que nous cherchons à les obtenir dans nos cultures. Ils rencontrent autour d'eux d'autres espèces avec lesquelles ils peuvent, avec profit, s'unir en symbiose. Il en est peut-être ainsi pour les microbes thermophiles qui trouveraient alors au contact intime des éléments associés la chaleur nécessaire à leur mode de vie. « Si, dit « Engelmann, chez les plantes, la chaleur produite « à l'intérieur des cellules, dans les molécules, est « énormément inférieure, en quantité, à l'énergie « qui, dans les conditions ordinaires, est amenée « du dehors par voie de rayonnement, elle a par « contre l'avantage dû à ce que les sources de la « chaleur ne se trouvent qu'à une distance molé- « culaire des particules qui doivent l'absorber dans « le plasma, de pouvoir arriver avec toute sa con- « centration au point où elle doit agir. En outre, « il est facile de comprendre que ces températures « des molécules, qui par leur dédoublement ou leur « oxydation fonctionnent comme sources calori- « fiques internes, peuvent être dans beaucoup de « cellules, ou même doivent être extrêmement éle- « vées, si élevées que l'exiguïté et le petit nombre « de ces sources calorifiques sont peut-être les « seules causes qui nous empêchent de les voir bril- ler [1]. » On comprend donc que, pour les microbes thermophiles, il y ait avantage à vivre en symbiose ou comme parasites sur des cellules elles-mêmes productives de chaleur.

En second lieu, les phénomènes chimiques du sol sont une abondante source de chaleur. Le thermomètre ne nous donne qu'une moyenne de la température du sol à l'endroit qu'il occupe. Il ne nous fait pas connaître les températures que produisent dans les molécules ou même dans les fines particules de matière, visibles au microscope, les phénomènes de combinaison ou de dédoublement dont les molécules ou leurs agrégats sont le siège. Parmi ces phénomènes, les uns absorbent, les

autres émettent de la chaleur. Celle-ci se communique aux corps plus froids qui environnent le foyer ; l'eau, retenue dans le sol, absorbe à elle seule une quantité considérable de ce calorique, à cause de sa chaleur spécifique élevée.

Lorsque le corps qui émet de la chaleur a une masse très petite et le corps qui la reçoit une masse très grande, la température de ce dernier peut ne s'élever que d'une manière insensible ; il en est autrement si les corps ont des masses comparables et si l'on considère, par exemple, des microbes contigus à de fines parcelles de substance organique en voie de putréfaction. On ne peut apprécier directement ces températures locales ; limitées à de minimes espaces ; mais la théorie indique qu'elles doivent atteindre un degré élevé.

Ces hypothèses, destinées à orienter la recherche, trouvent quelque appui dans ce que l'on va dire des micro-organismes thermogènes.

II

Cette épithète de thermogène, pas plus que celle de thermophile, ne doit être prise à la lettre. Tous les êtres vivants ont besoin de chaleur, tous dégagent de la chaleur. Mais les êtres thermophiles peuvent vivre à une température élevée, les thermogènes produisent une forte quantité relative de chaleur. Ce n'est que l'exagération d'une propriété générale.

Les micro-organismes thermogènes sont très nombreux. On pourrait comprendre parmi eux un certain nombre de ferments. Schlœsing [1] et plus récemment Suchsland [3] ont attiré l'attention sur le rôle des bactéries dans la fermentation du tabac qui s'accompagne d'une élévation de température de 57°,5, suivant Nessler [2], mais qui peut atteindre, dans certains cas, 80° et même 90°, d'après Pinet et Grouvelle [4]. Nous ne parlerons ici que de quelques faits étudiés dans ces dernières années.

Cohn [5] a observé que l'orge commençant à germer est mise en tas est, dans certaines conditions, le siège d'une fermentation secondaire, due au développement d'un champignon : l'*Aspergillus fumigatus*. Sous l'influence de la germination, la température s'élève vers 35°, dans les premiers jours, puis des moisissures se développent et enlacent les grains d'orge de leurs mycéliums : la température atteint alors 40° ; l'orge meurt à cette température qui continue à s'élever et ne laisse survivre que l'*Aspergillus fumigatus* qui pousse à de hautes températures. Il pénètre de ses filaments mycéliens la masse d'orge qu'il transforme en un

---

[1] Engelmann. *Les Bactéries pourprées et leurs relations avec la lumière.* Arch. néerlandaises, t. XXIII. 2e livr. p. 189.

[1] Ur. Schlœsing. Sur la fermentation en masse du tabac pour poudre. Mém. des manuf. de l'Etat. T. II. Livr. I. 1889.
[2] Suchsland. Tab. ferment., Ber. et D. bot Ges. 1891, § 79.
[3] Nessler, Der Tabak, Mannheim. 1867.
[4] Pinet et Grouvelle : Sur la ferm. en masse du tabac pour poudre. Mém. des manufactures de l'état. T. V. Livr. I, 1889.
[5] Jahresber. d. schles. Gesellsch. für vaterl. Cultur. 16 Feb. 89.

bloc compact, comme le fait l'*Aspergillus Orizæ* avec le riz, dans la préparation du saké. En même temps, la température s'élève de plus en plus et elle atteint ou dépasse 60°. Il est possible, dit Cohn, qu'en variant la disposition de l'expérience, on puisse constater encore de plus hautes températures. Ce dégagement de chaleur, d'après le même auteur, est dû à l'oxygène de l'air qui brûle les hydrates de carbone de l'orge germée. Le champignon met en œuvre cet oxygène qui, sans lui, demeurerait inactif.—Si les microbes thermophiles pouvaient s'associer à des êtres tels que l'*Aspergillus fumigatus*, ils trouveraient et au delà une température suffisante pour leur croissance.

La putréfaction de substances animales va nous fournir un autre exemple de microbes thermogènes : Schottelius [1] ayant observé la persistance, pendant des années, de la colorabilité et de la virulence des bacilles tuberculeux enfouis dans le sol, enterra des organes sains ou tuberculeux d'hommes et d'animaux à une profondeur de 1m25. Des thermomètres à maxima placés dans ces organes et d'autres mis directement dans la terre, au même niveau, devaient indiquer le maximum de température pendant la durée de l'expérience. Au bout de 7 à 8 mois, les organes furent déterrés : la température du sol avait atteint 13°, celle d'un poumon sain 22°, celle d'un poumon tuberculeux 36°.

Karlinski [2] a répété ces expériences pour un plus grand nombre de cas. Il a observé aussi ce fait curieux d'une plus haute température atteinte par les organes lésés, comparés aux organes sains. Mais, toujours, l'élévation de température était manifeste. Dans un cas où les organes provenaient d'un malade atteint de fièvre typhoïde avec complication de pneumonie (du type Friedlander), le poumon hépatisé atteint la température de 32°, 4 ; dans le même temps et au même endroit, à la même profondeur dans le sol, la température maxima d'un poumon sain enfoui pareillement fut de 27° ; enfin, le maximum de température du sol pendant cette expérience n'avait pas dépassé 14°, 2. —La rate d'un autre malade mort de fièvre typhoïde, enterrée de même, a atteint le maximum thermique de 39°,6, tandis que la température du sol, au même point, montait au plus à 15°. Ce sont là des températures qui suffisent au développement de tous les microbes pathogènes, même les plus exigeants en fait de chaleur, comme le bacille tuberculeux.

La terre, purificateur des eaux contaminées qui filtrent à travers des assises suffisamment épaisses, conserve vivants dans ses couches superficielles de nombreux microbes pathogènes. Le charbon, par exemple, qui n'exige, pour son développement, qu'une température supérieure à 12°, peut végéter à la surface du sol sur des substances organiques, et la diffusion de ses germes entraînés par les eaux peut faire comprendre la propagation du microbe sur le sol, de la maladie chez l'animal. C'est là l'explication de l'école allemande. Elle n'exclut pas celle que Pasteur a donnée le premier avec preuves à l'appui. Les bacilles enfouis avec les cadavres d'animaux charbonneux se développent dans le sol. Il importe peu que la température de ce milieu reste parfois inférieure à 12°, puisque, dans les organes en putréfaction, elle dépasse ce chiffre et de beaucoup.

Le bacille tuberculeux est d'une culture plus difficile que la bactéridie charbonneuse. Pour lui, le choix du terrain, la température ne sont plus aussi indifférents. Se conserve-t-il seulement dans le sol ou n'y garde-t-il sa virulence que parce qu'il se cultive et prolifère dans ce milieu? On ne sait. Du moins, les expériences de Schottelius et Karlinski nous apprennent que les bacilles tuberculeux peuvent trouver dans le sol l'optimum de température pour leur prolifération (37-38°).

Ces exemples suffisent à montrer quel facteur important est la température du sol dans l'étiologie des maladies infectieuses. Revenant aux résultats acquis par Schottelius et Karlinski, nous pouvons nous représenter cette température du sol d'une manière un peu plus approchée de la vérité.

Les organes morts enfouis dans le sol sont atteints par la putréfaction et élèvent leur température à 20°-39°. Il est encore impossible de faire l'analyse des actes chimiques qui interviennent dans ce dégagement de chaleur, mais ces actes chimiques sont liés à la vie de micro-organismes thermogènes : microbes ou champignons inférieurs qui envahissent l'organe mort. Alors, la température s'élève et le thermomètre donne la mesure du phénomène dans le cas où la masse de l'organe est grande. Mais cette température reste la même, quoique non mesurable, pour la même substance organisée réduite à l'état de débris épars dans le sol, attaquée par les mêmes microbes, disloquée par les mêmes processus chimiques. Or la terre contient une infinité de tels débris : tissus d'animaux, de plantes, cadavres de toute origine ; ce sont autant de mondes habités par des milliers d'êtres vivants, autant de foyers de chaleur où la température peut atteindre 30-39° par le mouvement de la matière que les microbes thermogènes décomposent. Les bactéries thermophiles trouvent peut-être autour de ces foyers de chaleur des conditions de vie favorables. L'avenir dira quel rôle elles jouent dans le sol.

D' A. Ledoux-Lebard.
Chef du laboratoire de la clinique
à l'Hôpital des enfants malades.

---

[1] Ueber Temperatursteigerung in beerdigten Phthisiken Lungen. *Centralbl. für Bacter*. Bd. VII, n° 9, 21 Febr. 1890.
[2] Untersuchungen über die Temperatursteigerung in beerdigten Kœrpertheilen. *Ibid*. IX Bd., n° 13, 7 April 1891.

RAPPORTS

DE LA COMMISSION DE L'ACADÉMIE DES SCIENCES

CHARGÉE D'EXAMINER LE CALCULATEUR INAUDI

Dans notre numéro du 15 février (Supplément, *p. IX*) *nous avons rendu compte des exercices extraordinaires de calcul mental auxquels M. Inaudi s'était livré le 8 février devant l'Académie des Sciences de Paris. Nous annoncions en même temps que l'Académie avait nommé une Commission — composée de MM. Tisserand, Charcot, Darboux et Poincaré, — pour étudier l'état psychologique et les procédés de calcul de M. Inaudi.*

MM. Charcot et Darboux, rapporteurs, ont fait connaître la semaine dernière à l'Académie les résultats très dignes d'intérêt auxquels la Commission est arrivée. Ceux de nos lecteurs qui ne reçoivent pas les Comptes rendus, nous sauront gré d'ajouter quelques pages au présent numéro de la Revue pour reproduire ici in extenso les deux remarquables rapports de MM. Charcot et Darboux[1].

RAPPORT DE M. J. CHARCOT

La Commission, que l'Académie a chargée d'examiner les procédés que M. Inandi met en usage dans ses opérations de calcul, s'est proposé, comme but, de réunir sur cet intéressant calculateur un ensemble d'observations et d'expériences qui pussent servir ultérieurement de documents à ceux qui écriront l'histoire naturelle des calculateurs prodiges.

Jacques Inandi est né à Onorato (Piémont) en 1867; il passa ses premières années à garder les moutons; c'est vers l'âge de six ans qu'il montra pour la première fois cette passion des chiffres qui, depuis, ne s'est jamais démentie. La plupart des enfants précoces, qui commencent à calculer dès leurs premières années, avant d'avoir appris à lire et à écrire, se servent d'une numération matérielle : ils comptent sur leurs doigts ou avec des cailloux. Le jeune Inaudi ne se représentait pas de cette manière les nombres qu'il combinait dans sa tête; il se servait uniquement des nombres que son frère lui avait appris, en les récitant devant lui. Cette circonstance curieuse a peut-être exercé sur les procédés de calcul de M. Inandi une

influence que nous indiquerons plus loin. Le jeune pâtre, grâce à ses aptitudes prodigieuses, fit de rapides progrès. Il quitta bientôt son pays pour suivre ses parents dans leurs courses à travers la Provence : il quêtait dans les rues et offrait aux personnes qu'il rencontrait de résoudre mentalement quelques problèmes, et il se montra dans plusieurs établissements publics.

En 1880, âgé de douze ans, il vint à Paris et fut présenté à la Société d'Anthropologie par Broca, qui, après avoir analysé ses procédés de calcul, ajoute : « Il ne sait ni lire ni écrire; il a les chiffres dans la tête, mais ne les écrit pas. » Depuis-lors, sous l'influence d'un exercice continuel, il a agrandi la sphère de ses opérations : à vingt ans il a appris à lire et à écrire; quoique son instruction tardive soit restée rudimentaire sur un très grand nombre de points, il a l'intelligence ouverte et l'esprit vif; son caractère est doux et modeste.

C'est aujourd'hui un jeune homme de vingt-quatre ans; il est petit (1^m,52), d'aspect robuste, normalement conformé; le crâne, nettement plagiocéphale, présente, en avant, une légère saillie de la bosse pariétale gauche; à la partie postérieure de la suture interpariétale, on perçoit au toucher une crête longitudinale, de 0^m,20, formée par le pariétal droit relevé; les oreilles sont symétriques, détachées de la tête en entonnoir; la face est légèrement asymétrique, le côté droit plus petit que le gauche; l'angle facial est presque droit (89°); les autres mensurations cranio-faciales n'indiquent aucune anomalie remarquable. L'examen méthodique de la vue et de l'ouïe n'a révélé dans ces organes ni altération ni hyperacuité.

La Commission s'est attachée tout particulièrement à mettre en lumière les aptitudes psychologiques qui permettent à M. Inaudi de résoudre des problèmes complexes par une opération purement mentale, c'est-à-dire sans le secours de la lecture et de l'écriture. Il est incontestable que la mémoire doit remplir, dans ces circonstances, le rôle principal; sans constituer, à proprement parler, la faculté du calcul, elle est nécessaire pour réunir les données du problème et ses solutions partielles, jusqu'au moment où la solution définitive est trouvée. Il a donc paru à la Commission que son premier soin devait être d'étudier l'état de la mémoire chez M. Inandi.

---

[1] Ces deux rapports ont été lus à l'Académie dans sa séance du 7 courant.

Les recherches anatomo-cliniques de ces dernières années ont contribué à démontrer que la faculté de l'esprit désignée vulgairement sous le nom de *mémoire* n'est qu'un complexus, un ensemble. Il n'y a, en dernière analyse, que des mémoires partielles, spéciales, ou, comme on dit encore, locales, jouissant d'une indépendance réciproque relative, et si, dans les conditions qu'on peut appeler *normales*, le développement respectif des diverses formes de mémoire marche en quelque sorte de pair, il était à prévoir que, dans certaines conditions anormales, l'une d'elles pourrait s'affaiblir, ou, au contraire, se développer à l'excès sans qu'il y ait nécessairement participation des autres. Cela est ainsi dans la réalité des choses, et il n'est pas absolument exceptionnel, par exemple, que l'activité de l'une des mémoires acquière isolément des proportions considérables, et atteigne même parfois un degré tellement au-dessus de la commune mesure qu'elle excite l'étonnement et l'admiration.

Dans la catégorie de ces mémoires partielles extraordinaires, l'hypermnésie des chiffres et des nombres occupe en quelque sorte le premier plan; c'est elle, pour le moins, qui, peut-être en raison des conditions d'appréciation en apparence simple où elle se présente, attire le plus l'attention des observateurs. M. Inandi en fournit un exemple remarquable.

L'ensemble des interrogations et des expériences auxquelles on l'a soumis ont bien montré que, chez lui, la mémoire des couleurs, des formes, des évènements, des lieux, des airs musicaux, etc., ne dépasse pas la moyenne normale, et reste même inférieure à la moyenne; il est incapable de se représenter les pièces et les cases d'un échiquier, et s'étonne quand on lui parle de joueurs qui peuvent engager de tête une partie; il ne paraît présenter aucune aptitude exceptionnelle, en dehors des chiffres et des nombres, pour lesquels il montre une mémoire si développée. Il rêve souvent de chiffres, de nombres et de calculs, et résout quelquefois ainsi des problèmes dont il n'a pas trouvé la solution pendant le jour : ce sont les seuls rêves dont il garde, au réveil, un souvenir distinct, tandis que les rêves qui portent sur les événements ordinaires de la vie ne laissent après eux qu'une impression peu durable.

Il est utile, pour apprécier exactement l'étendue de la mémoire des chiffres chez M. Inandi, de la comparer à une autre mémoire, celle des lettres et des mots. Sollicité de répéter un certain nombre de lettres ou de mots qu'on vient de prononcer devant lui, Inandi se montre incapable d'en reproduire plus de cinq ou six; de même, il n'arrive pas à se rappeler, après une première audition

deux lignes de prose ou de poésie. Au contraire, il peut, sans fatigue, sans hésitation et avec une précision absolue, répéter de longues séries de chiffres, variant, par exemple, de 25 à 30, dont il n'a entendu qu'une seule fois l'énoncé. Il reproduit à volonté la série, soit dans l'ordre où elle a été dite, soit dans l'ordre inverse, et il peut même, si on le lui demande, conserver le souvenir des chiffres pendant plusieurs semaines. A la fin d'une séance, pendant laquelle on lui avait proposé de nombreux problèmes, M. Inaudi a pu répéter, sans erreurs, tous les chiffres et dans l'ordre où les problèmes ont été posés; le nombre de ces chiffres s'élevait à *deux cent trente deux*; dans une autre réunion, il a pu en répéter *quatre cents*.

L'étendue, la précision et la souplesse de cette mémoire spéciale des chiffres ont donné lieu à une foule d'expériences, trop longues à rapporter en détail, qui ont bien démontré qu'au point de vue de la mémoire, Inandi ne le cède à aucun des calculateurs prodiges qui l'ont précédé. Un seul exemple suffira par en donner une idée. Cauchy expose, dans son intéressant rapport, l'expérience suivante à laquelle les Commissaires avaient soumis le calculateur Mondeux : apprendre un nombre de vingt-quatre chiffres partagé en quatre tranches, de manière à pouvoir énoncer à volonté les six chiffres renfermés dans chacune d'elles. Pour arriver à ce résultat, Mondeux mit cinq minutes. Or, Inandi a appris un nombre de vingt-quatre chiffres, divisé en tranches analogues; il a répété la deuxième et la troisième tranches, puis la première tranche à rebours, et enfin le nombre entier en commençant par le dernier chiffre, le tout en cinquante-neuf secondes.

II

Une autre question, relative aussi à la mémoire des chiffres, a ensuite sollicité l'attention de la Commission. Il s'agissait de savoir quelle est la nature des images mnémoniques que M. Inaudi emploie pour se représenter les nombres de ses opérations. La recherche de ce procédé psychologique a permis de faire une observation importante qui doit modifier, ce nous semble, les idées courantes sur les procédés des calculateurs prodiges.

Si l'on consulte, en effet, les quelques études biographiques qui ont paru jusqu'à ce jour sur les calculateurs les plus célèbres et que l'on trouve consignés dans un récent article de M. Scripture [Arithmetical Prodigies. *Americ. Jour. of Psych.*, avril 1891], on constate que ces calculateurs, d'après leur témoignage, emploient, comme base principale de leurs opérations mentales, la mémoire visuelle. Au moment où l'on énonce devant eux les données du problème, ils se donnent la vision intérieure des nombres énoncés, et ces nombres, pendant tout le temps nécessaire à l'opération, restent devant leur inspiration comme s'ils étaient écrits sur un tableau fictif placé devant leurs yeux. Ce procédé de *visualisation* était celui de Mondeux, de Colburn, de tous ceux, en un mot, qui ont eu l'occasion de s'expliquer clairement.

A ce sujet, Bidder, un autre calculateur émérite, a même écrit dans ses Mémoires, qu'il ne comprendrait pas la possibilité du calcul mental sans cette faculté de se représenter les chiffres comme si on les voyait. Il paraît résulter, d'ailleurs, des recherches de M. Galton, que beaucoup de calculateurs opèrent sur des images visuelles dans lesquelles les chiffres, parfois, sont écrits sur des lignes ou groupés dans des cases dont la forme varie avec les individus (*Number forms*).

L'étude des procédés de M. Inaudi montre qu'on ne saurait tirer des faits précédents une conclusion générale. Bien qu'il puisse paraître rationnel d'admettre que le moyen le plus simple, pour un calculateur, de remplacer le tableau noir et le chiffre écrit qu'il ne voit pas, c'est de se donner une représentation visuelle du tableau et du chiffre, on doit reconnaître la possibilité d'arriver au même résultat par des procédés d'une nature absolument différente. Inandi ne fait pas appel à la vision mentale, mais bien à l'audition mentale. Son témoignage, l'attitude qu'il prend pendant qu'il calcula, et les différentes épreuves auxquelles on l'a soumis ne laissent aucun doute à cet égard. Interrogé par la Commission sur ses impressions subjectives, il répond sans hésiter : « J'entends « les nombres, et c'est l'oreille qui les retient. « Pendant que j'essaye de les reproduire de mé- « moire, je les entends résonner en moi, avec le « timbre de ma propre voix, et je continuerai à « les entendre pendant une bonne partie de la jour- « née. Dans une heure, dans deux heures, si je « veux penser au nombre qui vient d'être énoncé, « je pourrai le répéter aussi exactement que je « viens de le faire. »

Quelque temps après, la Commission revient sur cette question importante, et Inandi développe sa première assertion avec beaucoup de clarté et d'intelligence. « Je ne sais pas les chiffres, « dit-il, je dirai même que j'ai beaucoup plus de « difficulté à me rappeler les nombres et les chiffres « lorsqu'ils me sont communiqués par écrit que « lorsqu'ils me sont communiqués par la parole. Je « me sens fort gêné dans le premier cas. Je n'aime « pas non plus écrire moi-même les chiffres ; les « écrire ne me suffirait pas à les rappeler ; j'aime « beaucoup mieux les entendre. » A une autre

occasion Inaudi fait la remarque suivante, utile à retenir : n'ayant appris à lire et à écrire que depuis quatre ans, il n'aurait pas pu, avant cette époque, se représenter le chiffre écrit, puisqu'il ne le connaissait pas. La Commission a pu, à plusieurs reprises, vérifier l'exactitude de ces assertions. Il est certain qu'Inaudi calcule avec plus de facilité lorsqu'on lui communique les données du problème par la parole que dans le cas où on place la donnée écrite sous ses yeux ; la vue des chiffres écrits l'embarrasse, et alors, revenant à ses procédés naturels, il récite lui-même, à voix haute ou à voix basse, le nombre qu'il doit retenir dans sa mémoire. On doit remarquer aussi que, quand on annonce devant lui une série de chiffres, il lui est nécessaire de les articuler à haute voix pour les fixer et les conserver dans sa mémoire, et, pendant qu'il opère cette fixation, comme pendant qu'il calcule, on l'entend chuchoter avec une très grande rapidité les noms des chiffres. L'articulation des nombres fait partie intégrante de ses procédés de calcul, si bien que tout artifice d'expérience qui entrave ce moment d'articulation ralentit le calcul ou le rend moins exact. Une expérience directe, dont le résultat ne manque pas d'intérêt, a pu servir à contrôler le témoignage du sujet sur ces questions délicates.

Après avoir disposé sur une feuille de papier, en échiquier, cinq nombres de cinq chiffres chacun, on montre cet échiquier à M. Inandi et on lui demande de l'apprendre. Il le fait suivant sa méthode habituelle, c'est-à-dire en disant les nombres à haute voix. Puis on le prie d'énoncer de mémoire soit les diagonales, soit telle ou telle tranche verticale ou horizontale de l'échiquier. Il y parvient, non sans difficulté, après bien des hésitations. Si Inaudi appartenait à la catégorie des visuels, il n'aurait pas besoin de ces tâtonnements et lirait la réponse devant lui sans hésitation, comme sur un tableau fictif.

La conclusion à retenir, c'est qu'Inaudi, à la différence de la plupart des calculateurs qui l'ont précédé, n'emploie pas la mémoire visuelle dans ses opérations mentales ; il fait appel concurremment aux images auditives et aux images motrices d'articulation. Quel est celui de ces deux éléments qui prédomine? Est-ce l'élément moteur ou l'élément sensitif? L'absence d'un procédé expérimental permettant de les isoler l'un de l'autre empêche de fixer la part respective de chacun d'eux. Il paraît cependant très vraisemblable que l'articulation des chiffres n'intervient que pour renforcer les phénomènes d'audition intérieure, qui sont nécessairement les premiers en date. C'est là, du reste, l'opinion de M. Inaudi lui-même.

III

La Commission, après avoir constaté chez M. Inaudi les caractères de précocité et d'impulsion au calcul qu'on rencontre dans l'histoire des calculateurs prodiges, s'est demandé sous l'influence de quelles conditions anthropologiques ce jeune calculateur s'est développé. On sait que, dans certains cas où des individus ont paru doués de très bonne heure d'aptitudes remarquables, on a pu trouver dans d'autres membres de leur famille soit des aptitudes analogues (comme, par exemple, dans les familles célèbres de musiciens), soit des phénomènes d'hérédité névropathique.

L'enquête que la Commission a ouverte sur ces questions importantes n'a pu malheureusement donner que des résultats en grande partie négatifs. L'hérédité, quoique interrogée avec soin, n'a révélé que quelques bizarreries et incoordinations de caractère chez l'ascendant paternel; il ne paraît pas que les frères de M. Inaudi ou d'autres personnes de sa famille aient jamais présenté d'aptitudes spéciales en aucun genre. Les antécédents personnels du sujet n'ont aucun intérêt, et l'examen anthropologique auquel on l'a soumis n'a mis en lumière, comme on l'a vu, que des stigmates peu nombreux et peu importants.

La Commission émet le vœu que l'attention des observateurs soit éveillée à l'avenir sur ces questions, et qu'on recueille avec grand soin toutes les conditions de famille susceptibles d'éclaircir un développement aussi considérable et aussi anormal de certaines facultés psychiques.

J. Charcot.

de l'Académie des Sciences.

RAPPORT DE M. DARBOUX

I

Au Rapport si intéressant que l'Académie vient d'entendre, la Commission a cru devoir ajouter quelques détails sur la manière dont Inaudi exécute les opérations arithmétiques qui lui sont demandées, et elle m'a confié cette partie du Rapport. La tâche m'est rendue facile par les innombrables expériences auxquelles Inaudi a bien voulu se prêter. Il s'est tenu à notre disposition et à celle de tous les savants sérieux; et les renseignements que nous avons obtenus sont aussi complets que nous pouvions le désirer. Le résultat de notre examen nous paraît mériter d'être communiqué à l'Académie; mais, pour apporter quelque clarté dans notre exposé, il nous paraît indispensable de séparer, dans Inaudi, le calculateur qui effectue des opérations arithmétiques élémentaires et l'homme qui résout, d'une manière plus ou moins complète, les problèmes de mathématiques dont la solution lui est demandée. Je parlerai d'abord du calculateur.

Répétons-le tout d'abord, les résultats véritablement extraordinaires dont nous avons été témoins reposent avant tout sur une mémoire prodigieuse. A la fin d'une séance donnée aux élèves de nos lycées, Inaudi a répété une série de nombres comprenant plus de 400 chiffres, et s'il y a eu une ou deux hésitations, Inaudi n'a eu besoin de personne (il a même prié qu'on ne l'aidât pas) pour rectifier les erreurs minimes qu'il commettait, ou pour retrouver des chiffres un peu oubliés. Dans une de nos réunions nous avons donné à Inaudi un nombre de 22 chiffres. Huit jours après, il pouvait nous le répéter, bien que nous ne l'eussions pas prévenu que nous le lui demanderions de nouveau. Il est inutile d'insister sur les faits de ce genre; nous ferons toutefois remarquer que la mémoire d'Inaudi s'est beaucoup accrue par l'exercice. Il y a quelques années à peine, à Lyon, il se contentait de multiplier des nombres de 3 chiffres. Actuellement, il peut effectuer des multiplications dont chacun des facteurs a au moins 6 chiffres. Ces opérations se font d'abord avec une rapidité extraordinaire, et Inaudi a mis certainement moins de dix secondes à effectuer le cube de 27.

II

Un second point, qui nous paraît des plus intéressants, a été laissé de côté par la plupart des personnes qui l'ont examiné. On a analysé avec soin les procédés, à coup sûr très simples, qu'emploie Inaudi pour exécuter les différentes opérations; mais on n'a pas assez remarqué un fait qui est de toute évidence : c'est que ces procédés ont été imaginés par le calculateur lui-même, qu'*ils sont tout à fait originaux*. Ainsi, tandis que Mondeux et bien d'autres prodiges avaient été instruits par des hommes qui leur communiquaient les méthodes usuelles, Inaudi, n'ayant jamais eu de maître, a certainement imaginé les règles qu'il applique à chacune des opérations. Et ce qu'il y a d'intéressant, c'est que ces règles diffèrent de celles qui sont enseignées partout en Europe dans les écoles primaires, tandis que quelques-unes se rapprochent, à certains égards, de celles qui sont suivies chez les Hindous, par exemple. C'est ce que mettra en évidence l'exposé suivant :

Addition. — Inaudi ajoute facilement 6 nombres

de 4 à 5 chiffres; mais il procède successivement, ajoutant les deux premiers, puis la somme au suivant, et ainsi de suite. Il commence toujours l'addition par la gauche, *comme le font aujourd'hui les Hindous*, au lieu de la commencer par la droite, comme nous.

Soustraction. — C'est un des triomphes d'Inaudi. Il soustrait facilement l'un de l'autre deux nombres d'une vingtaine de chiffres, *en commençant encore par la gauche*.

Multiplication. — Les procédés suivis sont tout élémentaires, mais ils exigent la mémoire d'Inaudi. Par exemple, pour multiplier 834×36, il fait les décompositions suivantes :

$$\left.\begin{array}{l} 800 \times 30 = 24000 \\ 800 \times \ 6 = 4800 \\ 30 \times 36 = 1080 \\ 4 \times 36 = \ 144 \end{array}\right\} \text{ Total : } 30024.$$

Dans toutes ces multiplications partielles, un des facteurs n'a jamais qu'un chiffre significatif. Cependant Inaudi connait et emploie la propriété du facteur 25; il sait que, pour multiplier par ce nombre, il suffit de prendre le quart du centuple. Par exemple, pour le carré de 27, il fera la décomposition suivante :

$$\left.\begin{array}{l} 25 \times 27 = 675 \\ 2 \times 27 = 54 \end{array}\right| \text{ Total 729.}$$

Quelquefois il emploie des produits partiels affectés du signe —. Par exemple, pour le cube de 27, c'est-à-dire le produit de 729 par 27, il effectuera la décomposition :

$$\begin{array}{ll} 700 \times 20 & \text{ou } 730 \times 27 = 19710| \\ 700 \times \ 7 & \qquad -27 \qquad\ 27 \\ 30 \times 20 & \\ 30 \times \ 7 & \text{Résultat .... } 19683| \end{array}$$

Division. — Ici Inaudi suit au fond la règle ordinaire, qui ramène la division à une soustraction, mais en employant quelquefois les simplifications que lui permet sa mémoire, à laquelle il faut toujours revenir.

Élévation aux puissances. — Pour l'élévation aux carrés, Inaudi connait et applique la règle relative au carré d'une somme. Par exemple, pour le carré de 234.567 il emploie la décomposition :

$$\overline{234000}^2 + 2 \times 234000 \times 567 + \overline{567}^2$$

Extraction des racines. — Ici aucune règle n'est suivie; il n'y a que de simples tâtonnements. Par exemple, pour trouver une racine qui est 14 672, Inaudi aura essayé 14 000 et 15 000, puis 14 600, puis 14 650, 14 660, 14 670, ..., et, chaque fois, la puissance du nombre essayé aura été retranchée du nombre donné.

Pour les racines d'ordre supérieur, il est clair que l'opération est d'autant plus facile que l'indice de la racine est plus élevé. C'est ce que ne comprennent pas toujours les personnes qui s'émerveillent de l'extraction d'une racine cinquième.

III

Il nous reste à dire quelques mots des problèmes qu'Inaudi, de lui-même, a commencé à résoudre dans ces dernières années. Nous ne parlons pas ici des questions qui se ramènent d'une manière évidente à une suite de calculs. Inaudi, par exemple, a su évaluer avec rapidité le nombre total des grains de blé que, dit-on, l'inventeur du jeu des échecs réclamait comme récompense; il lui a suffi de calculer et d'ajouter successivement les nombres de grains qui devaient être placés sur chacune des cases de l'échiquier. Mais il a pu résoudre quelquefois des questions d'Arithmétique et d'Algèbre plus difficiles dont la solution était fournie par des nombres entiers. Il trouverait rapidement les racines entières de certaines équations algébriques; mais, quand nous lui avons proposé des problèmes qui conduisent à des équations du premier degré, nous avons vu que ses procédés sont des tâtonnements et qu'il commence par supposer entières les solutions cherchées. Il ne peut guère en être autrement. On ne peut lui demander de retrouver tout seul l'Algèbre et les Mathématiques tout entières. Mais nous avons reconnu qu'il est intelligent et qu'il a l'esprit très ouvert. Si nous remarquons aussi que la mémoire dont il est doué s'est rencontrée chez plusieurs mathématiciens célèbres, nous devons regretter que, dans l'âge où il pouvait étudier, il n'ait pas reçu les leçons d'un maître intelligent et habile.

G. Darboux,
de l'Académie des Sciences.

BIBLIOGRAPHIE

ANALYSES ET INDEX

1° Sciences mathématiques.

Appell (P.). — Sur les fonctions périodiques de deux variables. — *Journal de Liouville, 4° série, tome VII, Gauthier-Villars et fils,* 1892.

Les fonctions Θ, ou plutôt les quotients de pareilles fonctions, constituent un élément à l'aide duquel s'expriment toutes les fonctions périodiques qui n'ont, à distance finie, que les singularités des fractions rationnelles. Bien connu pour le cas d'une variable, ce fait semblerait ne pas devoir subsister d'une façon générale; car on ne peut pas donner à une fonction Θ de n variables des périodes choisies arbitrairement : ces périodes sont liées par $\dfrac{n(n-1)}{2}$ relations.

Or il se trouve que ces relations ne sont pas particulières aux fonctions Θ, mais doivent nécessairement exister entre les $2n$ systèmes de périodes d'une fonction de n variables. Ce fait, annoncé par Riemann, avait été démontré par MM. Poincaré et Picard, en partant de la relation algébrique que doivent vérifier $n + 1$ fonctions de n variables qui admettent les $2n$ mêmes périodes, ainsi que l'a établi M. Weierstrass.

M. Appell présente une démonstration directe du même fait. Mais tel n'est point l'unique but de son mémoire, que l'on peut considérer comme une nouvelle exposition systématique de la théorie des fonctions périodiques.

Le point de départ est emprunté à des recherches de M. Guichard, fournissant le moyen de satisfaire par une fonction entière à l'équation :

$$G(z+1) - G(z) = H(z)$$

où H (z) est une fonction entière donnée.

Si maintenant on considère une fonction périodique méromorphe, celle-ci pourra s'exprimer par le quotient de deux fonctions entières, mais non d'une seule façon : rien n'empêche de multiplier ces deux fonctions par n'importe quelle fonction entière dépourvue de zéros, autrement dit de la forme e^{G}. C'est ce facteur exponentiel que la méthode de M. Guichard permet de déterminer de façon à donner aux fonctions entières qui figurent au numérateur et au dénominateur des propriétés de périodicité en rapport avec celles de la fonction donnée.

Si, par exemple, on étudie le cas d'une fonction doublement périodique d'une variable, on trouve que l'on peut prendre pour termes de la fraction des fonctions entières jouissant de ce que M. Hermite appelle la double périodicité de troisième espèce. Ces fonctions, que M. Hermite introduit *a priori* dans son Cours de la Faculté des sciences, sont donc amenées ici par une voie complètement analytique et directe.

Pour étendre cette méthode au cas de deux variables, il suffit d'utiliser le célèbre théorème de M. Poincaré : « Une fonction périodique uniforme $f(x,y)$ de deux va-« riables x et y, se comportant comme une fraction ra-« tionnelle en tous les points à distance finie, peut se « mettre sous la forme

$$f(x, y) = \frac{\varphi(x, y)}{\psi(x, y)}$$

« φ et ψ étant entières et ne s'annulant simultanément « qu'aux points où la fonction f est indéterminée. » On arrive alors, par des voies analogues à celles qui ont été suivies dans le cas d'une variable, à une relation entre les périodes, laquelle équivaut, moyennant une transformation simple, à celle que présentent les fonctions Θ.

De plus on obtient une forme canonique des fonctions de deux variables admettant quatre systèmes de périodes, exprimées par des quotients de fonctions entières, lesquelles ne sont autres que des fonctions Θ, et on en déduit l'existence d'une relation algébrique entre trois pareilles fonctions. En un mot, la méthode de M. Appell permet de démontrer tous les principes fondamentaux relatifs aux fonctions quadruplement périodiques de deux variables.　　　J. HADAMARD.

Duquesnay. *Directeur des manufactures de l'État :* Résistance des matériaux. *Un volume petit in-8°* (2 fr. 50; de l'*Encyclopédie scientifique des Aide-Mémoire dirigée par M. H. Léauté. Gauthier-Villars et fils, et G. Masson, Paris,* 1892.

Il n'est guère possible de réaliser plus rigoureusement le programme arrêté par les savants qui ont fondé l'*Encyclopédie des Aide-Mémoire*, que ne l'a fait M. Duquesnay dans ce volume. Le programme conseillait aux auteurs d'adopter la division suivante :

　1° Théorie.
　2° Formules pratiques.
　3° Exemples d'application.
　4° Bibliographie.

En observant scrupuleusement cet ordre, M. Duquesnay en a démontré la logique et l'utilité. La partie théorique a le mérite d'être à la fois très concise, très claire et substantielle. Le lecteur y trouvera nettement donnée la raison des formules d'un usage courant, et, pour celles qu'on ne rencontre que rarement, il pourra les rechercher dans les ouvrages cités dans la bibliographie.

La deuxième partie rappelle naturellement les formulaires d'ingénieurs, mais avec cet avantage considérable que la matière est présentée dans un ordre scientifique, approprié aux démonstrations de la première partie, toujours rappelées par leur numéro. — La troisième partie donne un choix judicieux d'applications des formules au calcul des câbles, des rivures, des arbres, des colonnes, des poutres à plusieurs travées, des canons frettés, des murs de soutènement, des ressorts. — La bibliographie est peut-être un peu sobre. Nous aurions aimé y voir figurer aussi des ouvrages renseignant sur les réalités expérimentales, à défaut desquelles le constructeur, trop confiant dans les formules théoriques, risque de sortir, sans s'en apercevoir, des limites au delà desquelles les formules cessent d'être applicables. — A part cette légère critique, que l'auteur nous pardonnera, nous croyons que ce livre rendra de grands services non seulement aux constructeurs et aux ingénieurs, mais encore aux étudiants qui, grâce à la clarté et à la concision de l'exposé, trouveront en ce livre un guide mnémotechnique des plus précieux.　　　V. DWELSHAUVERS-DERY.

Witz (Aimé). Traité théorique et pratique des Moteurs à gaz. — 3° *édition. Un volume grand in-8°* (15 fr.). *E. Bernard et Cie, éditeurs, Paris,* 1892.

Cet ouvrage, dont la première édition avait paru en 1886, est resté, grâce aux remaniements qu'il a subis, le traité le plus complet qui existe sur la matière : l'auteur ne se contente pas d'exposer ses travaux, mais il raine large part aux études de MM. Staby, Clerk, Brooks, Kidwell, etc., et il les discute avec compétence. Voilà au point de vue théorique. Les praticiens trouveront, d'autre part, dans ce livre, la description détaillée des 43 moteurs les plus connus. Un dernier chapitre renferme d'importantes considérations sur l'état présent et l'avenir du moteur à gaz.　　　L. O.

2° Sciences physiques.

Janet (Paul), *Chargé de cours à la Faculté des Sciences de Grenoble.* **Électricité industrielle : Piles, Accumulateurs, Dynamos, Transformateurs.** — *Cours municipal professé à la Faculté des Sciences de Grenoble. Un volume de 290 pages (Prix : 4 fr. 50) A. Gratier, éditeur,* 23, *Grande-Rue, à Grenoble,* 1892.

Les applications industrielles de l'électricité sont devenues aujourd'hui si variées et si ingénieuses, qu'il faut, pour les comprendre et les utiliser, des connaissances très nombreuses et très précises ; sur plus d'un point, l'industrie a même devancé la science ; elle lui a, d'ailleurs, emprunté ses méthodes de mesure les plus délicates et elle fait usage de son langage le plus exact. On a, depuis plusieurs années, professé avec grand succès, dans les écoles spéciales, des cours dogmatiques à l'usage des futurs ingénieurs électriciens.Mais on n'avait guère encore donné, au moins en province, un enseignement public sur ces matières si intéressantes. M. Paul Janet a pensé, avec beaucoup de raison, qu'il appartenait aux professeurs de nos Facultés des sciences de mettre leur talent de savant et de professeur au service de ceux qui désirent apprendre les principes d'une science qu'ils ont journellement à appliquer. Aussi bien,la ville de Grenoble se trouvait-elle naturellement indiquée pour une semblable innovation : depuis 1885, époque des célèbres expériences de M. Marcel Deprez, les industries électriques se sont tellement développées dans le Dauphiné, que l'on peut trouver pour chaque application, dans le pays même, un exemple typique et instructif ; en de multiples endroits, on utilise l'eau qui provient de la fonte des neiges des Alpes, on transforme l'énergie de ces chutes en énergie électrique, consommant ainsi, pour produire l'électricité, ce que l'un des hommes qui ont le plus fait dans la région pour le progrès de la science et de l'industrie, appelle poétiquement la *houille blanche de la montagne.*

Les leçons professées par M. Paul Janet ont le grand mérite d'être tout à la fois très claires, presque à la portée de tout le monde, et cependant savantes et au courant des idées les plus récentes, des progrès les plus nouveaux. L'auteur a dû, bien évidemment, renoncer plus d'une fois à donner toute ou telle démonstration difficile que l'on ne saurait conduire à bien sans le secours du calcul ; mais il n'a nullement pour cela abandonné la rigueur et la précision scientifiques : il signale lui-même, les points où il passe sous silence. Le cours est un tout complet, qui peut servir d'introduction à la lecture des traités spéciaux les plus développés ; il ne suppose au lecteur aucune connaissance particulière des lois de l'électricité ; il ne demande, pour être compris, qu'une éducation scientifique tout à fait élémentaire, et pourtant il conduira, sans trop de peine, à l'intelligence des questions les plus complexes relatives aux machines, à leur fonctionnement, à leur théorie.

Nous ne pouvons mieux faire, pour donner une idée de l'ensemble, qu'énumérer rapidement à la suite les uns des autres, les sujets traités dans l'ordre où ils ont été introduits. Après quelques généralités, l'auteur explique immédiatement le rôle de l'industrie électrique, qui est la production et l'utilisation de l'énergie électrique ; il donne un exemple de la production, un exemple de l'utilisation ; il définit ensuite le travail, la puissance, la mesure de ces grandeurs en unités pratiques ; puis viennent : un exposé très sommaire des lois des courants électriques ; la définition et le rôle d'un générateur ; la définition et le rôle du récepteur ; la définition du rendement ; une étude sommaire, mais très nette des principales piles, avec des notions sur la fabrication et application aux accumulateurs. Ici on trouvera quelques détails intéressants sur les constantes des accumulateurs et leur emploi comme transformateurs ou comme volants ; les machines dynamos sont ensuite très soigneusement étudiées. M. Janet donne d'abord un rapide aperçu du magnétisme : il introduit la notion de lignes de force, de lignes d'induction, explique l'aimantation par influence et la production d'un courant induit lorsque le flux d'induction qui traverse un circuit vient à varier ; il explique le principe des machines à courants continus, étudie soigneusement le rôle et le fonctionnement de l'inducteur, de l'induit et du collecteur dans les divers types en usage ; il insiste sur les trois modes généraux d'excitation, examine les machines au point de vue du rendement et les causes de perte de puissance, en signalant particulièrement l'hystérésis et les courants de Foucault ; il aborde ensuite la description et la théorie des dynamos à courants alternatifs, aussi bien celles dont l'induit est sans fer, que celles dont l'induit est à noyau de fer ; il fait enfin une étude sommaire des transformateurs ; en terminant, l'auteur appelle l'attention sur l'avenir des courants alternatifs à hautes fréquences et décrit les belles expériences de M. Tesla sur ce sujet. Nous devons, à ce propos, signaler le nombre considérable des expériences faites par le professeur pendant les leçons, et le choix judicieux qu'il a su faire des plus instructives ; il a même eu occasion de montrer plusieurs nouveautés du plus haut intérêt : c'est ainsi qu'outre les expériences de M. Tesla qu'il a reproduites avec un dispositif des plus simples, il a fait fonctionner devant ses auditeurs une machine Gramme fournissant des courants triphasés actionnant une autre machine réceptrice.

Ce rapide aperçu du cours professé à Grenoble par M. Janet suffira sans doute à expliquer le succès obtenu par le professeur : on comprendra aisément que ses auditeurs aient tenu à rédiger les leçons qu'ils venaient d'entendre avec tant de profit.

Lucien POINCARÉ.

Roscoe et **Schorlemmer.** **Treatise on Chemistry,** *vol. III :* Organic Chemistry, *part. III et* VI. (Traité de chimie, vol. III : Chimie organique 3° et 6° parties). 2 volumes, de 433 et 582 pages (22 fr. 50 et 26 francs). — Macmillan et C°°, éditeurs, Bedford Street, Covent Garden, London, 1891-92.

Les deux savants professeurs anglais avaient commencé, il y a quelque temps, la publication d'un traité complet de chimie ; ils avaient déjà fait paraître la chimie minérale et une grande partie de la chimie organique. Les deux ouvrages que nous signalons et qui ont été publiés dernièrement ne le cèdent en rien aux volumes précédemment parus.

La troisième partie comprend le commencement de la série aromatique ; le volume que nous analysons est une seconde édition qu'avait été rendue nécessaire par suite des récents travaux exécutés dans cette branche de la chimie. Les auteurs débutent par une introduction assez longue consacrée aux composés aromatiques, à leur constitution, aux réactions caractéristiques de certains de ces corps ; ils examinent ensuite le groupe de la benzine, ses dérivés d'addition et de substitution, le phénol et ses composés, les amides de la benzine, enfin les composés que les substances de cette série forment avec les principaux métalloïdes ou métaux.

Dans la sixième partie, MM. Roscoe et Schorlemmer s'occupent d'abord des groupes de l'indine et de la naphtaline. Ils étudient les dérivés d'addition et de substitution de ce dernier corps, les naphtols et leurs composés ; les auteurs signalent, en passant, les matières colorantes azoïques ou diazoïques appartenant à cette série et terminent par les composés de la naphtaline avec divers corps simples. Viennent ensuite les homologues immédiats de la naphtaline : méthylnaphtaline, diméthylnaphtaline, éthylnaphtaline ; les dérivés supérieurs contenant plus de douze atomes de carbone ; les groupes du naphtindol, de l'acénaphtène, du pyrène, des composés diphénylés et de leurs homologues ; enfin sont étudiés par petits chapitres les dérivés diphénylés contenant plus de 14 atomes de carbone, les matières colorantes qui s'y rattachent, les groupes du fluorène, du phénanthrène, du rétène, du fluoranthène, de la phénylnaphtaline, du chrysène, les composés dinaph-tylés, diphénylbenzéniques et triphénylbenzéniques.

Tous ces sujets sont traités de main de maître ; ils sont expliqués avec une rare clarté ; de nombreux tableaux et résumés permettent d'embrasser l'ensemble des propriétés des corps d'un même groupe ; le texte, les formules de constitution, parfois si complexes dans les composés aromatiques, sont l'objet d'un soin tout particulier ; l'étude des principaux sujets industriels : benzine, nitrobenzine, aniline, etc., est facilitée par un certain nombre de gravures ; des indications bibliographiques bien détaillées, permettant de recourir aux mémoires originaux, indiquent un grand travail de compilation ; enfin, des index placés à la fin des volumes aident à les consulter.

Les livres que nous venons de signaler seront lus avec grand profit par les personnes qui font de la chimie une étude spéciale. Par la publication de leur Traité, les deux savants anglais ont élevé à la chimie, moderne un monument digne de l'importance qu'elle a acquise aujourd'hui ; on ne saurait faire un meilleur éloge de l'ouvrage de MM. Roscoe et Schorlemmer.

A. Hébert.

3° Sciences naturelles.

Geddes (P.) et **Thomson** (G. Arthur). L'évolution du sexe. — *Traduction française avec figures par Henri de Varigny.* — *Bibliothèque évolutioniste III.* — *Un vol. in-12 (7 fr.). Veuve Babé et Cie, 23, rue de l'École-de-Médecine, Paris, 1892.*

MM. Geddes et Thomson ont réuni dans cet ouvrage un grand nombre de documents relatifs à la génération des êtres vivants, principalement des animaux, et ils ont essayé d'y présenter une esquisse aussi complète que possible des principaux processus de la reproduction.

Après avoir exposé les caractères sexuels primaires et secondaires et résumé la théorie de la sélection sexuelle de Darwin, ainsi que les objections faites à cette théorie par Wallace, Brooks, Mivart, Mantegazza, etc., les auteurs établissent que, si la sélection sexuelle peut expliquer la persistance des caractères sexuels secondaires, elle ne donne pas la raison de leur origine. Celle-ci, selon eux, doit être recherchée dans les processus cataboliques et anaboliques qui dominent chez les mâles et les femelles respectivement.

Chez les mâles, les processus destructifs de la matière vivante, du protoplasma, l'emportent sur les processus constructifs. Un phénomène inverse se produit chez les femelles. Les mâles vivent à perte et sont *cataboliques*; les femelles vivent à bénéfice et sont *anaboliques*; les processus constructifs dominent dans leur vie ; d'où résulte la faculté de produire des rejetons.

Les facteurs les plus importants pour déterminer le sexe d'un être vivant sont : la nutrition et l'âge des parents, la condition des éléments sexuels et le milieu environnant l'embryon. Les conditions anaboliques favorisent la prépondérance des femelles ; les conditions cataboliques tendent à produire des mâles.

MM. Geddes et Thomson examinent ensuite avec soin les différentes formes d'hermaphrodisme, la constitution des éléments sexuels, de l'œuf et du spermatozoïde, les théories de la fécondation, la parthénogénèse, les différents modes de reproduction sexuelle et non sexuelle et les alternances de générations ; ils terminent leur ouvrage par la théorie de la reproduction. Nous nous bornerons à résumer leurs principales conclusions.

L'hermaphrodisme est primitif ; l'état unisexué a été une différenciation subséquente. Les cas actuels d'hermaphrodisme impliquent la persistance ou la réversion.

L'œuf est gros, passif, nourri, anabolique : le spermatozoïde est petit, actif, catabolique.

La fécondation peut être comparée à une digestion mutuelle et, par suite, liée à la reproduction, toute est née d'un besoin de nutrition. La cellule essentiellement catabolique mâle, se débarrassant de toute matière

nutritive accessoire, contenue dans la queue du spermatozoïde ou ailleurs, apporte à l'œuf une provision de produits de désassimilation caractéristiques, ou *catastates* qui stimulent ce dernier à la division.

Les œufs qui se développent parthénogénésiquement doivent être considérés comme des cellules femelles incomplètement différenciées, qui conservent une quantité de produits cataboliques (relativement mâles) et par suite n'ont pas besoin de fécondation.

La génération asexuelle doit être regardée comme l'expression d'un anabolisme dominant, et la génération sexuelle comme étant essentiellement catabolique. L'alternance des générations n'est qu'un rythme entre la prépondérance de l'anabolisme et du catabolisme.

À travers toute la vie organique, il y a un contraste ou un rythme entre la croissance et la multiplication, entre la nutrition et la reproduction, correspondant au mouvement de bascule organique fondamental entre l'anabolisme et le catabolisme. Pourtant la nutrition et la reproduction sont fondamentalement presque de même famille. Les contrastes entre la croissance continue et la multiplication discontinue, entre la reproduction asexuelle et la reproduction sexuelle, entre la parthénogénèse et la sexualité, entre les générations alternantes sont tous des expressions différentes de la même antithèse fondamentale.

Le fait essentiel de la reproduction est la séparation d'une partie de l'organisme parent pour commencer une vie nouvelle. La reproduction commence par une rupture, une crise catabolique. Les gradations entre la multiplication asexuelle discontinue et la reproduction sexuelle ordinaire montrent une diminution du sacrifice vital ; mais toutes demandent une rupture ou une prépondérance catabolique du commencement jusqu'à la fin; la reproduction est liée à la mort. Les conditions de milieu d'un caractère anabolique favorisent la reproduction sexuelle.

Nous n'aborderons pas ici la critique de la théorie de MM. Geddes et Thomson, que nous avons résumée aussi exactement que possible en employant les expressions mêmes des auteurs. Quelle que soit la valeur de cette théorie, l'*Évolution du sexe* est un ouvrage des plus suggestifs et qui intéressera vivement tous les biologistes. Il est seulement à regretter que le style des auteurs, tantôt beaucoup trop concis, tantôt absolument métaphorique, en rende la lecture pénible et nuise souvent à l'intelligence des idées.

F. Henneguy.

Gaubert (P.). Recherches sur les organes des sens et sur les systèmes tégumentaire, glandulaire et musculaire des appendices des **Arachnides.** — *Thèse de doctorat de la Faculté des Sciences de Paris. G. Masson, éditeur, Paris, 1892.*

Les organes appendiculaires des Arachnides ont été l'objet de nombreux travaux qui ont été entrepris en vue d'établir leur homologie avec ceux des autres Arthropodes, mais l'homologie des articles constituant ces appendices était toujours restée fort obscure ; il y avait là une lacune que M. Gaubert s'est proposé de combler en étudiant le squelette tégumentaire et le système musculaire des appendices chez ces animaux. Il a reconnu que ces appendices offraient dans tout le groupe la même constitution, et qu'il existait une forme primitive unique, donnant naissance, par des modifications secondaires, à tous les types de pattes-mâchoires et de pattes ambulatoires caractéristiques des différentes classes d'Arachnides.

Cette étude a fourni à l'auteur l'occasion de faire des observations très intéressantes sur les nombreuses formes de glandes, ainsi que sur les organes des sens que portent les appendices et dont la structure histologique était, en général, fort mal connue. Les organes des sens sont de quatre types différents : le poils lyriformes, le peigne des Scorpions, les raquettes coxales, et enfin un nouvel organe découvert chez les

Galéodes. Les organes lyriformes sont très fréquents dans tout le groupe des Arachnides : ils sont formés de bandes parallèles très minces recouvrant une fente traversant la cuticule; d'après les expériences faites par M. Gaubert, ils perçoivent les sensations calorifiques. Le peigne des Scorpions présente des terminaisons nerveuses tactiles et un appareil musculaire très compliqué qui lui permet d'exécuter certains mouvements. Les raquettes coxales offrent cette particularité fort curieuse que les organes terminaux se trouvent renfermés dans une rainure assez profonde, et que l'animal doit préalablement dévaginer cette rainure pour les découvrir quand il veut percevoir les impressions du dehors.

Nous ne suivrons pas M. Gaubert dans la partie spéciale de son travail qui comprend la description des appendices dans toutes les classes d'Arachnides. L'étude à laquelle il s'est livré lui a permis de rectifier des descriptions acceptées depuis longtemps et de faire connaître quelques dispositions nouvelles. En particulier, son travail renferme des données très importantes sur la structure et la forme des pièces buccales, ainsi que sur les muscles qui les font mouvoir.

J'ai indiqué plus haut la conclusion importante qui se dégage de cette étude; en lisant le travail de M. Gauber, chacun pourra s'apercevoir de tout le parti que peut tirer, d'un sujet paraissant au premier abord épuisé, un observateur consciencieux et instruit.

R. KŒHLER.

4° Sciences médicales.

Magnan (D^r) et **Sérieux** (D^r.). Le Délire chronique à évolution systématique. *Un volume in-16 de 184 pages* (2 fr. 50), *de l'Encyclopédie scientifique des Aide-Mémoire, dirigée par M. H. Léauté.* — G. Masson et Gauthier-Villars, éditeurs, Paris 1892.

L'une des plus belles parties de l'œuvre de M. Magnan, ce sont sans aucun doute ses travaux sur le délire chronique. Le premier, il a établi qu'à côté des délires instables et changeants de persécution ou de grandeur qui peuvent se rencontrer au cours de diverses formes de maladies mentales, il fallait faire une place à une maladie à évolution régulière, le délire chronique, où venaient se fondre le délire de persécution de Lasègue et la mégalomanie de Foville; la marche de l'affection, caractérisée par quatre périodes, — inquiétude, persécution, ambition, démence, — qui se succèdent dans un ordre invariable, ne permet de la confondre avec aucune autre forme mentale. M. Magnan, dans le court volume qu'il publie en collaboration avec M. P. Sérieux, donne, après un rapide historique, une description clinique très claire et très précise des diverses phases de la maladie; il insiste particulièrement sur la période d'incubation et sur les hallucinations de caractère très particulier, qui marquent la seconde et la troisième période. Il montre comment les formes délirantes multiples, très différentes en apparence les unes des autres (possession, démonopathie, théomanie, etc.), viennent naturellement se ranger dans le cadre du délire chronique. Deux chapitres sont consacrés au diagnostic différentiel du délire chronique avec les délires qu'on pourrait confondre avec lui et spécialement avec les délires systématisés des dégénérés. L'ouvrage se termine par un chapitre sur le traitement et sur les applications médico-légales. Il est à peine besoin de faire l'éloge d'un livre qui porte la signature de M. Magnan; son nom est une recommandation suffisante auprès de tous ceux qui connaissent ses travaux, c'est-à-dire, auprès de tous les aliénistes et de tous les psychologues. La brièveté même de cet ouvrage le rendra plus utile encore; peut-être n'est-ce guère un *aide-mémoire*, mais l'étiquette importe peu après tout.

L. MARILLIER.

Mangin (L.), *Professeur au lycée Louis-le-Grand et à la maison nationale d'éducation de la Légion d'honneur.* — **Eléments d'hygiène.** *Un vol. in-16 de 388 pages avec figures dans le texte.* (Prix : 3 francs). Hachette et Cie, Paris, 1892.

Ce petit livre est remarquable. Il s'adresse aux élèves de l'enseignement secondaire, au grand public. A ces lecteurs, dépourvus de toute initiation, il devait faire connaître, avec les lois et préceptes de l'hygiène, les statistiques, les faits d'observation et d'expérience, les notions principales de physiologie normale et pathologique qui s'y rapportent. L'auteur a su les exposer d'une façon claire et saisissante : se gardant de tout détail parasite, il a très heureusement choisi le petit nombre de faits qu'il importe le plus de bien établir et de faire pénétrer dans les esprits, et il y a insisté comme il convenait. Toutes les idées dominantes et directrices en hygiène se trouvent ainsi mises en lumière, introduites et fixées, sans surcharge, dans la mémoire.

Au début et au premier plan apparaît la démonstration très simple et cependant rigoureuse, convaincante, de cette vérité que les *contages* des maladies transmissibles sont des êtres vivants. Les voies diverses que, selon leur spécificité, ces agents suivent pour nous atteindre, et les procédés de défense préventive dont nous disposons contre chacun d'eux, sont nettement indiqués. Variole, scarlatine, rougeole, fièvre typhoïde, diphtérie, choléra et tuberculose sont spécialement étudiés.

. Il faut louer l'auteur d'avoir donné à cette partie de son livre un grand développement, car, — bien qu'au premier abord cette idée puisse paraître paradoxale, — l'hygiène privée, pour les particuliers eux-mêmes, mille fois plus importante que l'hygiène privée : ce que chacun de nous peut tenter isolément pour échapper à la fièvre typhoïde, par exemple, est le plus souvent vain effort; d'une façon générale, la seule protection efficace que nous puissions réclamer est celle de la Société; or, nous ne tiendrons que dans la mesure où l'esprit public, le conseiller municipal ou son électeur sont persuadés de la nécessité d'une sévère et intelligente prophylaxie. A ce point de vue, l'ouvrage de M. Mangin sera, nous l'espérons, d'une grande et très bienfaisante portée sociale.

L'hygiène alimentaire, en particulier la question des conserves, celle des empoisonnements par les viandes, le choix et l'usage des boissons, l'hygiène de la respiration, de l'exercice musculaire, de la vue, du vêtement, de l'habitation, etc., sont décrits dans le même esprit, c'est-à-dire d'une façon scientifique et en termes techniques, avec la méthode du savant et l'art du professeur.

Quelques chapitres cependant eussent gagné, croyons-nous, à être un peu plus discutés. A propos de l'exercice, il eût été intéressant de bien marquer qu'il doit varier avec l'âge et l'état des sujets, comme le recommande avec raison le Dr Lagrange; l'exercice violent, utile dans la jeunesse, est, en général, contre-indiqué après 30 ou 35 ans; il risque alors de déterminer des affections cardiaques. Au sujet des rations alimentaires, nous eussions aimé trouver, dans le livre de M. Mangin, des *menus* à l'appui de ses prescriptions, car il ne suffit pas de conseiller l'ingestion de quantités déterminées de matières albuminoïdes, grasses, sucrées, etc. ; dans la pratique, il importe, en outre, de préciser quels mets ou associations de mets fournissent, selon les rapports requis par la physiologie, ces diverses classes de substances nutritives.

En réalité, ces critiques pourraient être adressées à presque tous les traités d'hygiène. Si nous les formulons à l'occasion des *Eléments* de M. Mangin, c'est que nous tenons, pour ce livre, nous semble-t-il, confine à la perfection.

L. O.

ACADÉMIES ET SOCIÉTÉS SAVANTES

DE LA FRANCE ET DE L'ÉTRANGER

ACADÉMIE DES SCIENCES DE PARIS

Séance du 23 mai

1° Sciences mathématiques. — M. P. Painlevé : Sur les intégrales de la dynamique. — M. R. Liouville : Sur les équations de la dynamique. — M. de Sparre : Équation approchée de la trajectoire d'un projectile dans l'air lorsqu'on suppose la résistance proportionnelle à la quatrième puissance de la vitesse. — M. Périgaud, qui avait étudié antérieurement la flexion du cercle mural de Gambey, indépendamment de la lunette, a repris, par une méthode simple, l'étude de la flexion provenant des effets combinés du cercle et de la lunette : cette flexion est, pour ainsi dire, négligeable. Mais dans les observations du ciel réfléchi, il peut se produire une erreur notable provenant de l'axe conique de rotation et variable, en effet, avec le serrage de l'écrou qui maintient l'extrémité libre de cet axe. Cette erreur, qui a été révélée d'abord par l'observation d'un grand nombre d'étoiles réfléchies, et ensuite par le collimateur zénithal, avait échappé aux anciens observateurs du cercle de Gambey faute d'un bain de mercure suffisamment calme. — M. G. Bigourdan décrit un aspect particulier des anneaux de Saturne, dont le plan, en ce moment, passe presque exactement par la terre ; la section se montre amincie dans la partie la plus voisine de la planète. — M. F.-B. de Mas a étudié expérimentalement la résistance à la traction des diverses formes de bateaux employés dans la navigation intérieure ; il a reconnu, pour des vitesses modérées et telles qu'on les rencontre dans la pratique, qu'il y a des différences considérables entre les résistances de ces diverses formes, soit par tonne, soit par mètre carré de section mouillée au maître-bau, bien qu'elles possèdent des coefficients d'affinement très voisins.

2° Sciences physiques. — M. Ch. Antoine : Sur l'équation caractéristique de diverses vapeurs. — M. J. Gal a fait arriver des vapeurs de soufre à la surface d'un liquide froid ; il a obtenu ainsi une variété particulière de soufre mou, se présentant sous forme de petits grains arrondis, agglomérés en paillettes ; elle est constituée par un mélange de soufres soluble et insoluble, dans des proportions variables suivant la température de l'expérience. — MM. G. Rousseau et G. Tite ont appliqué à divers azotates métalliques la méthode décrite par l'un d'eux pour obtenir, à l'état cristallisé, les sels basiques en général, et qui consiste à chauffer en tube scellé les *hydrates solides* des sels neutres avec du carbonate de chaux ; ils ont obtenu ainsi les azotates basiques de nickel, de zinc, de cadmium, ainsi que l'azotate basique de chaux, en chauffant l'hydrate de l'azote neutre avec un peu de chaux caustique. — M. P. Schützenberger a repris la détermination du poids atomique du nickel ; il a préparé du sulfate de nickel pur en partant du carbonate pur, et séchant les cristaux à 440° dans un courant d'azote sec et pur. Le sulfate anhydre est décomposé à une température comprise entre le rouge sombre et le rouge cerise dans une flamme oxydante. Le poids d'oxyde obtenu, comparé au poids du sulfate mis en œuvre, donne une première valeur. Cet oxyde, réduit par l'hydrogène et maintenu dans l'azote, donne directement le poids du nickel. Les deux déterminations ont fourni des valeurs concordantes voisines de 58,5 pour Ni. L'auteur signale les faits suivants : l'oxyde de nickel, obtenu par la décomposition au-dessous du rouge cerise, est jaune et pulvérulent ; chauffé au rouge blanc, il s'agglomère, devient vert et perd quelques millièmes de son poids sans que cette perte augmente avec la durée de la chauffe. Ce même oxyde vert, traité par l'hydrogène au rouge sombre, ne se réduit pas entièrement, mais devient apte à une nouvelle réduction, après refroidissement, par un nouveau chauffage. Dans cet oxyde vert, le poids atomique du nickel semble être 60. — M. E. Guenez a préparé le cyanure d'arsenic en faisant réagir au sein du sulfure de carbone, à l'abri de l'oxygène, l'iodure de cyanogène sur l'arsenic en poudre fine ; ce composé, qui répond à la formule As Cy³, se présente sous forme d'une poudre cristalline légèrement jaunâtre. — MM. Berthelot et Matignon ont repris à nouveau les chaleurs de combustion et de formation de l'alcool et des acides formique et acétique. Les valeurs obtenues diffèrent peu des chiffres déterminés autrefois par M. Berthelot ou admis par lui après discussion ; les conclusions tirées par lui de ces chiffres subsistent donc en général. — M. de Forcrand a préparé la pyrocatéchine monosodée en attaquant par le sodium dans une atmosphère d'hydrogène la solution alcoolique de pyrocatéchine ; le produit est extrêmement altérable à l'air, mais peut être conservé dans l'azote. La détermination des constantes thermochimiques de ce corps on donné des valeurs qui surpassent celles du phénol ordinaire. Ici, comme dans la comparaison des alcools mono et diatomiques, la répétition de la fonction exagère la valeur de celle que l'on sature la première. — M. C. Matignon a fait voir antérieurement que la substitution d'un même radical alcoolique à un hydrogène, substitution qui augmente, comme on sait, la chaleur de combustion d'une quantité constante quand la liaison se fait par un carbone, donne lieu à une augmentation plus considérable si le même radical est lié à un azote, c'est-à-dire que l'échange de valences C-C (premier cas) dégage plus de chaleur que la liaison C Az (deuxième cas). M. Matignon vient de faire l'étude thermique du dérivé nitré de la guanidine récemment découvert par M. Thiele, dans lequel le groupe AzO² est nécessairement lié à un azote ; la substitution dégage 30 cal. au lieu de 36 cal., chaleur de formation constante pour les dérivés nitrés avec liaison au carbone. Donc l'échange de valences C-Az dégage plus de chaleur que l'échange de valences Az-Az. — M. G. Massol a préparé l'acide bibromo-malonique et ses sels de potassium pour en faire l'étude thermique ; les quantités de chaleur dégagées par la saturation de l'acide bromé sont supérieures à celles que fournit l'acide malonique ; l'augmentation est d'environ 10 cal. pour chaque acidité. — M. P.-Th. Muller en faisant réagir l'acide fumarique sur l'éther cyanacétique sodé a obtenu l'éther α cyanotricarballylique (pentane-cyano-2 trioïque 1, 3, 5), isomère de l'éther β découvert par MM. Haller et Barthe ; l'action de l'acide citraconique sur l'éther cyanacétique sodé lui a fourni l'éther β méthylα cyanotricarballylique. — M. Ch. Lauth a préparé la méta-azo-diméthylaniline par réduction de la méta-nitroil-méthylaniline, puis l'a transformée en *tétraméthyl-méta-diamidobenzidine* par une nouvelle réduction à l'abri de l'air, et l'action de l'acide chlorhydrique bouillant ; cette base, qui se distingue nettement par diverses réactions de son isomère *ortho* découvert par MM. Michler et Pattinson, est également peu apte à fournir des matières colorantes. — M. E. Jungfleisch et A. Leger ont repris l'étude de l'action de l'acide chlorhydrique à 140°-150° sur la cinchonine pour contrôler le travail de M. Hesse sur ce point et comparer les résultats de la réaction à ceux que leur avait fournis l'acide sulfurique dans des conditions analogues. Les isomères produits ont été les mêmes, mais l'acide chlorhydrique ne fournit pas d'oxycinchonines, ce qui confirme la provenance de ces bases par l'intermédiaire de produits sulfonés. Quant à la *diapocinchonine* de M. Hesse, elle est un mélange et non un principe défini. — M. C. Bardy décrit une méthode destinée à la recherche et au dosage approximatif des alcools supérieurs dans l'alcool vinique ; cette méthode repose sur l'emploi comme dissolvants d'une solution saturée de sel marin d'une part et de sulfure de carbone de l'autre.

3° SCIENCES NATURELLES. — MM. A. Gautier et L. Landi (Voir C. R., 9 mai) décrivent les méthodes analytiques qu'ils ont employées dans leurs recherches sur les produits des muscles séparés de l'animal. — M. G. Pruvot décrit les premières phases du développement de *Proneomenia aglaopheniæ*. De cette étude, rapprochée de celle de *Dondersia banyulensis* de_ la même famille, il conclut que le développement des Néoméniens s'é-loigne considérablement de celui des mollusques, mais montre, dans l'évolution des feuillets au moins, d'étroites ressemblances avec celui des Annélides inférieurs. — M. Kœhler discute la valeur morphologique des lacunes irrégulièrement distribuées entre la paroi du corps et le lube digestif chez les Cirrhipèdes ; il s'élève contre l'opinion de M. Nussbaum qui veut y voir un cœur et des vaisseaux, quand il ne s'agit que de lacunes sans paroi propre, c'est la cavité générale. M. Kœhler décrit les reins des cirrhipèdes, jusqu'ici négligés par les auteurs ; ces organes ne laissent pas voir de canal excréteur ; ce sont plutôt des reins d'accumulation que des reins d'élimination. — M. A. Charpentier a antérieurement distingué dans la persistance des impressions lumineuses sur la rétine deux phases : l'une, où l'excitation reste égale à elle-même, la seconde, où l'excitation va décroissant graduellement ; il a fait voir que la durée de la première phase est en raison inverse de la racine carrée de l'intensité de la lumière et du temps pendant lequel elle a agi ; pour la seconde phase, ses recherches montrent, au contraire, que la durée en est d'autant plus longue que l'excitation a été plus vive et plus prolongée. — M. C. Houlbert : Étude anatomique du bois secondaire des apétales à ovaire infère. (La note du 19 avril 1892 se rapportait aux apétales à ovaire libre.) — M. Ad. Carnot s'est servi de son procédé de dosage du fluor pour doser cet élément dans les os modernes et dans les os fossiles. La comparaison des deux séries de chiffres montre pour les os fossiles un enrichissement notable en fluor. — M. A. Pomel a étudié la faune des petits rongeurs des phosphorites de la Tunisie ; il y a un très grand nombre de petits ossements enchevêtrés sans ordre, provenant sans doute des réjections d'oiseaux de proie. Dans cette faune, M. Pomel a reconnu l'existence d'un crâne et d'une mâchoire d'un type très particulier, bien que présentant certains rapports avec les Campagnols ; il propose pour ce type le nom de *Bramus barbarus*. — M. A. de Grossouvre a reconnu sur toute la bordure sud-est du bassin de Paris que les couches triasiques vont en s'amincissant vers le nord et finissent par manquer, le lias reposant alors directement sur les roches cristallines. Il en conclut qu'au début de l'époque secondaire, le bassin de Paris n'existait pas, et que le trias s'est, au contraire, déposé dans les régions considérées, au fond d'un golfe ouvert au sud-est vers Autun et Lyon, contre un rivage occupant le centre de ce qui sera à l'époque tertiaire le bassin de Paris. — M. É.-A. Martel décrit un puits naturel, l'*Abime du Creux-percé*, qu'il a exploré dans la Côte-d'Or ; le fond de ce puits constitue une glacière naturelle *à ciel ouvert*. — M. E. Renou a dressé le tableau des températures moyennes pour Paris des années 1862-1878 ; la moyenne générale de la période est en excès de 0°,3 sur la normale, et fait ainsi compensation avec la période depuis 1878, qui est au-dessous de la normale à peu près de la même quantité. Diverses raisons portent à croire qu'il y a balancement à ce point de vue entre l'Amérique du Nord et l'Europe.

Mémoires présentés. — M. Papy adresse une note sur la théorie des parallèles. — M. Duponchel : Théorie rationnelle des cyclones et des orages. — M. A. Milivoievith adresse une note relative à un moyen de combattre le phylloxéra. — M. J. Estienne : La probabilité de plusieurs causes étant connue, à quelle cause est-il plausible d'attribuer l'arrivée de l'événement ?

Séance du 30 mai.

1° SCIENCES MATHÉMATIQUES. — M. P. Serret : Sur une propriété commune à trois groupes de deux polygones : inscrits, circonscrits ou conjugués à une même conique. — M. A. Tresse : Sur les développements canoniques en séries, dont les coefficients sont les invariants différentiels d'un groupe continu. — M. Hatt : Des coordonnées rectangulaires. — M. de Sparre : Sur le calcul du coefficient de la résistance de l'air, lorsqu'on suppose la résistance proportionnelle à la quatrième puissance de la vitesse. — M. Mouchez : Observations des petites planètes, faites au grand instrument méridien de l'Observatoire de Paris, pendant les deuxième et troisième trimestres de l'année 1891.

2° SCIENCES PHYSIQUES. — M. H. Poincaré revient sur sa communication du 9 mai, relativement à la théorie des oscillations hertziennes ; il indique comment on peut tenir compte des dimensions du conducteur, de façon à rendre compte de l'amortissement rapide observé par M. Blondlot. — M. P. Marix indique un moyen permettant d'amener en contact intime, en proportions déterminées, deux liquides non miscibles : si l'on verse les deux liquides à la fois dans un vase pourvu d'un fin orifice latéral, et que l'alimentation soit précisément égale au débit, de façon que le niveau reste constant, la surface de séparation des liquides s'établit au niveau de l'ouverture, tous deux sortent à la fois, et dans des proportions égales à celles de l'alimentation. — M. Faye constate que la théorie des cyclones ascendants vient de subir un nouvel échec ; les nombreux cyclones qui ont lieu en hiver dans les hautes latitudes ne peuvent, en effet, nullement s'expliquer que par une convection due à des différences de température suivant la verticale ; les météorologistes, partisans de la convection, ont donc été obligés d'admettre une espèce différente de cyclones pour les zones tempérées, mais cette distinction est inadmissible, comme le montre M. Faye par un exemple de cyclone qui a passé d'une zone dans l'autre. En résumé, la théorie des courants centripètes ascendants subit sans cesse de nouvelles corrections sans parvenir jamais à s'accorder avec les faits. — M. A. Pictet annonce qu'il a réalisé dans son laboratoire une installation lui permettant de faire des expériences à basses températures jusqu'à — 210°, au moyen de cycles successifs de compression et de décompression d'acide sulfureux et d'acide carbonique, puis de protoxyde d'azote, enfin d'air atmosphérique. Les phénomènes physiques, à ces très basses températures, revêtent des formes paradoxales ; ainsi les thermomètres ne donnent plus les températures des changements d'état, comme M. Pictet a eu occasion de s'en apercevoir par la marche des indications de cet appareil pendant la cristallisation du chloroforme. — M. Berthelot fait savoir que M. Werner avait, de son côté, étudié l'azotate de chaux basique décrit à la séance précédente par MM. Rousseau et Tite ; les résultats de cette étude paraîtront prochainement. — Dans une communication précédente, MM. G. Rousseau et G. Tite avaient signalé, dans la préparation de l'azotate basique de cadmium, suivant leur méthode, la formation d'un enduit cristallin tapissant la paroi des tubes ; ils ont isolé et étudié le corps constituant cet enduit, c'est un hydrosilicate de cadmium. — M. A. Besson a étudié l'action de la chaleur sur le composé $PCl^3, 8AzH^3$ qu'il a décrit antérieurement ; ce composé perd d'abord de l'ammoniac ; si l'on continue à chauffer sous pression réduite, il se sublime au-dessous de 200° des cristaux répondant à la formule PCl^2Az ; le résidu, chauffé à une plus haute température, dégage du chlorhydrate d'ammoniaque et laisse du phospham; celui-ci, chauffé encore dans le vide, se décompose graduellement avec perte d'azote et d'hydrogène et finit par mettre du phosphore en liberté à la température du rouge vif. — **M. L. Barthe** indique le moyen d'obtenir à l'état pur chacun des trois phosphates de strontiane. — M. Scheurer-Kestner insiste sur l'impossibilité d'obtenir le pouvoir calorifique d'une houille d'après sa composition centésimale, au moyen de la formule de Dulong; si les nouvelles déterminations par la bombe calorimétrique, qui ont donné des chiffres plus faibles que les anciennes, ont diminué l'écart pour les houilles dont le pouvoir calorifique réel surpasse celui donné par le calcul, elles l'ont augmenté pour les houilles qui sont dans le cas inverse; l'auteur donne comme exemple l'étude d'une houille du Pas-de-Calais, dont la composition comme le pouvoir calorifique ont été vérifiés par des observateurs indépendants; il y a une différence de plus de 6 % entre la formule et l'expérience. — M. G. Hinrichs : Détermination mécanique des points d'ébullition des composés à substitution terminale complexe. — M. Œchsner de Coninck expose quelques réactions différentielles des trois acides amido-benzoïques.

3° Sciences naturelles. — M. A.-B. Griffiths a extrait du sang de *Sabella* (annélides) le pigment respiratoire vert nommé *chlorocruorine* par M. Lankester ; il en donne la composition centésimale (0,45 0/0 de Fe); on trouve de l'hématine dans les produits de dédoublement. L'auteur donne aussi l'analyse des cendres du sang total de *Sabella*. — M. A. Trillat a reconnu que la formaldéhyde est très antiseptique, elle l'est même à plus petite dose que le sublimé ; il a déterminé les doses antiseptiques de cette substance vis-à-vis de diverses espèces microbiennes. — M. E. Guinochet a réussi à cultiver le bacille de la diphtérie dans de l'urine exempte d'albumine ; la toxine habituelle se forme dans ces cultures ; l'auteur en conclut que cette toxine peut être élaborée en l'absence de toute matière albuminoïde. — M. Brown-Séquard rappelle la théorie qu'il a émise il y a longtemps déjà sur la sécrétion interne des glandes ; en particulier, il avait admis que les glandes sexuelles, outre leur rôle dans la reproduction, ont pour fonction de verser dans le sang des produits spéciaux qui vont augmenter la tonicité des centres nerveux. Il a trouvé la confirmation de cette hypothèse dans des expériences faites sur des vieillards; chez ceux-ci, la glande sexuelle a cessé de fonctionner, et ne fournit plus ces produits au système nerveux; or, on peut ramener la vigueur chez les vieillards affaiblis en leur injectant l'extrait aqueux de glandes sexuelles actives. M. Brown-Séquard rapporte plusieurs cas démonstratifs. — M. E.-L. Bouvier confirme la note récente de M. Boutan relativement à l'existence chez les *Néritidés* de la grêle commissure croisée qui fait du système nerveux de ces animaux un système *chiastoneure ;* mais il insiste sur ce fait que l'une des commissures est *au-dessus* de l'intestin et l'autre au-dessous. Il en tire des conclusions relatives à la formation de la chiastoneurie et à la phylogénie de Prosobranches. — M. P. Fischer expose les caractères ostéologiques d'un *Mesoplodon Sowerbyensis* mâle, récemment échoué sur le littoral de la France. — MM. E. Chevreux et J. de Guerne ont examiné un *Gammarus* recueilli dans la source sous lacustre du lac d'Annecy ; ils le considèrent comme une espèce nouvelle qu'ils dédient à M. *Delebecque.* Ils examinent à ce propos les diverses formes du genre en Europe. — M. J. Raulin a essayé l'action de diverses substances toxiques sur les œufs, les larves et les insectes parfaits du *Bombyx Mori.* — MM. E. Heckel et F. Schlagdenhaufen ont étudié chimiquement les produits secrétés par diverses espèces des genres *Gardenia* et *Spermolepis;* ils ont reconnu que ces substances, semblables quant à leur aspect et leurs propriétés physiques à des gommes ou à des résines, se rapprochent au contraire des tannins par leurs propriétés

chimiques. — M. L. Daniel a fait de nouvelles expériences relatives aux greffes entre plantes herbacées ; il a étudié spécialement la greffe des choux verts sur diverses crucifères et réciproquement; il a noté des accommodations curieuses entre le sujet et le greffon, quand l'un est annuel, l'autre bisannuel ou vivace, quand les deux plantes sont de tailles très différentes, etc. — M. A. Gaudry présente un maxillaire de singe qui a été découvert par M. Harlé dans le quaternaire de la Haute-Garonne. L'espèce présente une grande ressemblance avec le Magot de Gibraltar. — M. J. Gosselet a repris l'étude du calcaire de Visé, spécialement au point de vue des relations entre le dévonien et le carbonifère. — M. A. Lacroix présente un Mémoire relatif à l'application des propriétés optiques des minéraux à l'étude des enclaves des roches volcaniques. — M. G. Rolland expose les résultats des observations faites pendant ces trois dernières années à la station météorologique d'*Ayata* (Oued Rir). — M. A. Aubley, à propos de la note de M. Mely (21 avril), rapporte qu'à Rhodes, le remède contre les parasites de la vigne cité par Strabon est toujours en honneur ; on frotte les ceps avec une terre particulière pour détruire les pucerons. M. Aublee envoie des échantillons de cette terre.

Nominations. — M. Amsler est élu correspondant pour la Section de Mécanique.

Mémoires présentés. — M. Radau : Sur les inégalités planétaires de la Lune. — M. E. Gérard : Sur l'acide daturique. — M. Bach : Sur la théorie du microphone. — M. L. Hugo : Sur un anneau elliptique de quarante points stellaires, discernable à côté de la nébuleuse de la *Lyre* dans la photographie de P. Denza. — M. Arnaud Charles : Sur la détermination du nombre des nombres premiers inférieurs à une quantité donnée. — M. Thonion annonce que l'on peut examiner au microscope la circulation capillaire dans les vaisseaux superficiels de la conjonction humaine.

L. Lapicque.

ACADÉMIE DE MÉDECINE

Séance du 24 mai.

Suite de la discussion sur le traitement de la pleurésie : MM. Léon Colin et Trasbot.

Séance du 31 mai

M. Desnos est proclamé membre titulaire dans la IVe section (thérapeutique et histoire naturelle médicale), en remplacement de M. Féréol, décédé. — Suite de la discussion sur le traitement de la pleurésie, à laquelle prennent part M. Trasbot, Le Roy de Méricourt, Laborde, Potain, Verneuil, Dieulafoy, Hardy.

SOCIÉTÉ DE BIOLOGIE

Séance du 21 mai.

M. Feré a étudié les variations dans le temps perdu du mouvement volontaire, suivant que le sujet connaît ou ne connaît pas d'avance l'intensité de la résistance qu'il a à surmonter; il y a un allongement considérable du temps perdu dans le second cas. M. Feré signale ce fait que pour lâcher un poids, le temps perdu est plus long si le poids est lourd que si le poids est léger. — M. Luys présente des aquarelles faites par des sujets hypnotisés figurant des flammes bleues et rouges aux pôles nord et sud des aimants. — MM. Langlois et Charrin ont étudié au moyen du calorimètre de l'un d'eux la thermogenèse des lapins pyocyaniques; on voit la courbe du rayonnement baisser beaucoup plus vite que la courbe de la température. — MM. de Nabias et Sabrazès décrivent diverses particularités qu'ils ont pu observer sur les embryons de la *Filaria sanguinis hominis* trouvés dans une hydrocèle chyleuse. — M. Phisalix revient sur le mécanisme des mouvements des chromatophores chez les céphalopodes ; il maintient que ces mouvements, sont produits par des fibres musculaires radiaires et réfute les objections de M. Joubin. — M. Rémy-Saint-Loup, voulant savoir, pour s'éclairer sur la nature des pigments mélaniques, s'il y a du fer dans les produits de la desquamation cutanée des tritons à crête, a traité par le tanin l'eau dans laquelle un de ces animaux avait vécu plusieurs jours; cette eau ne contenait pas de fer, mais une matière colorante qui présente des affinités avec l'indigo. — M. Laulanié : Recherches expérimentales sur les variations corrélatives de l'intensité de la thermogénèse et des échanges respiratoires; influence de l'alimentation. — M. Giard expose les nouveaux résultats obtenus, tant en Europe, qu'en Amérique, par l'emploi des champignons entomophages pour la destruction des insectes nuisibles. — M. Charpentier : Influence de la durée de l'excitation sur la persistance totale des impressions lumineuses (Voir *C. R.*, 23 mai). — M. J. Passy : Pouvoir odorant des alcools. (Voir *C. R.*, 16 mai.)

Séance du 28 mai

M. P. Gilis : Anatomie des Scalènes (Costo-trachéliens) chez les Ruminants, les Solipèdes et les Carnassiers. — M. Dewevre : Etude sur le rôle de l'élasticité de la voûte plantaire dans le mécanisme de la marche et sur la physiologie du pied plat. — M. F. Heim étudie rapidement les matières colorantes des œufs de crustacés; ces pigments n'ont pas de rôle respiratoire, mais peut-être les radiations lumineuses qu'ils absorbent jouent-elles un rôle dans les mutations organiques de l'œuf. Avant d'arriver à l'œuf, ces pigments sont charriés par le sang de la mère, ce qui explique les divergences des auteurs au sujet de la coloration du sang des crustacés. — M. Bedart examine théoriquement comment se combinent entre elles, pendant les mouvements du navire, les diverses sensations du passager. Il montre qu'il doit y avoir désaccord entre la verticale apparente donnée par les yeux, et la pesanteur apparente fournie par la plante des pieds; de là, à chaque moment, une impression analogue à celle du faux pas; de la répétition de cette impression résulte le vertige particulier qui est le mal de mer. — M. P. Regnard a fait vivre pendant un mois un cobaye sous une cloche où il était soumis à la dépression correspondante à l'altitude de 3,000 mètres. Au bout de ce temps, le sang du sujet a présenté une capacité respiratoire plus forte d'un tiers que celle des témoins, dont les conditions générales de nutrition étaient pourtant meilleures. Cette expérience démontre donc que l'hyperglobulie des grandes altitudes est bien dans la dépendance de l'élément décompression. — M. A. Nicolas : Les sphères attractives et le fuseau achromatique dans le testicule adulte, dans la glande génitale et le rein embryonnaires de la Salamandre. — MM. Jolyet et Sigalas indiquent un dispositif élégant pour montrer dans un cours que l'excitation nerveuse de fermeture naît au pôle négatif, celle de rupture au pôle positif. — M. Rebourgeon indique la marche générale des épidémies de fièvre jaune en 1891-92 dans l'Amérique du Sud. Les expériences de vaccination, faites suivant la méthode qu'il a décrite antérieurement s'affirment de plus en plus comme efficaces. — M. E. Guinochet : Contribution à l'étude de la toxine du bacille de la diphtérie (Voir C. R., 30 mai). — MM. Railliet et Cadiot rapportent un cas de strongylose du cœur et du poumon (*Strongylus vasorum*) chez un chien. Les auteurs remarquent que ce parasite n'a été jusqu'ici signalé qu'à Toulouse; le chien en question a été observé à Paris, mais avait antérieurement vécu à Toulouse. **L. Lapicque.**

SOCIÉTÉ FRANÇAISE DE PHYSIQUE

Séance du 3 juin

M. D. Hurmuzescu a repris l'étude de la diffraction éloignée. Il a d'abord répété les expériences de M. Gouy, qui, le premier, a signalé le phénomène. Il a travaillé

lui-même avec une grande perfection les écrans à bords tranchants, qui servent à la production du phénomène, et a modifié légèrement le dispositif de M. Gouy, en faisant arriver sur le bord de l'écran de la lumière parallèle. Il a confirmé les résultats de son devancier. Contrairement aux idées de Fresnel, l'écran n'a pas seulement un pur rôle passif, il intervient activement en produisant une coloration, accompagnée d'une polarisation perpendiculaire au plan de diffraction. La coloration, qui dépend de la nature du métal, est d'abord très faible au voisinage de l'ombre géométrique et augmente à mesure qu'on s'écarte d'angles de plus en plus grands. Peut-être pourra-t-on trouver une explication de ces colorations en faisant intervenir la vitesse de la lumière dans les différents métaux. D'autre part, il montre qu'en partant des idées de M. Quincke, on peut expliquer la présence des nombreuses franges fines qui apparaissent entre les franges principales. Enfin, le but principal de son travail était d'étudier ce que devient le phénomène lorsque, aux écrans métalliques, on substitue des écrans diélectriques, l'ébonite par exemple. La question a une très grande importance au point de vue de l'explication du phénomène tirée de la théorie électromagnétique de la lumière. On trouve alors que la polarisation est dans le même sens que dans le cas des écrans conducteurs, mais elle est beaucoup plus petite; de plus avec une lumière incidente polarisée dans un azimut quelconque, on n'observe pas de polarisation elliptique. — M. Bouty fait une communication sur la coexistence du pouvoir diélectrique et de la conductibilité électrolytique. L'étude magistrale qu'il poursuit sur les diélectriques, et dont diverses parties ont fait l'objet de communications antérieures, l'a conduit à rechercher si, comme on l'admet ordinairement, les corps se rangent bien en trois catégories entièrement distinctes : les conducteurs métalliques, les conducteurs électrolytiques, et les diélectriques. Par exemple, on sait que, si l'on élève la température d'un corps isolant comme le verre, il arrive à acquérir une conductibilité électrolytique mesurable tout en conservant une constante diélectrique. Dès lors y aurait-il pas lieu de réduire les trois catégories à deux? Pour résoudre cette grave question M. Bouty emploie la même méthode que dans ses expériences antérieures sur le mica : il mesure les charges prises par un condensateur après des durées de charge qui varient depuis $\frac{1}{10000}$ de seconde. Il faut d'abord bien observer ce qu'on obtient : 1° avec un condensateur à diélectrique parfait; 2° avec une auge électrolytique parfaite, c'est-à-dire dans laquelle la polarisation ne vient pas compliquer les phénomènes. Or un condensateur à diélectrique parfait, un condensateur à lame d'air, atteint sa limite de charge en un temps moindre que $\frac{1}{10000}$ de seconde, et cette charge reste ensuite parfaitement constante. D'autre part, au lieu d'une auge électrolytique parfaite, on peut employer un système doué d'une capacité de polarisation énorme, tel que deux lames de laiton, plongeant dans deux auges remplies d'eau distillée et communiquant par un gros siphon; pour toute durée inférieure à 0°,03, la quantité d'électricité débitée est proportionnelle au temps, il n'y a pas encore de manifestation de polarisation. Au moyen de dispositifs variés, M. Bouty s'est assuré d'une manière complète que, dans les limites indiquées, on est bien à l'abri de toute polarisation. Dès lors, en superposant les deux ordres de phénomènes, on voit ce que devra donner un condensateur dont l'isolant est un électrolyte, si néanmoins la constante diélectrique subsiste. On devra trouver une charge initiale déterminée, dont la valeur est fixée par la constante diélectrique, et ensuite une quantité d'électricité variable proportionnellement au temps. La discussion des formules montre que, dans les conditions expérimentales présentes, c'est-à-dire lorsqu'on ne peut descendre au-dessous de $\frac{1}{10000}$ de seconde, l'investigation ne peut porter avec certitude que sur des corps dont la conductibilité spécifique est au moins égale à 10^6 ohms.

L'eau distillée et l'alcool le plus pur, ont encore une conductibilité beaucoup trop grande. On n'a alors à sa disposition que trois sortes de corps : 1° les mélanges de liquides, par exemple alcool et benzine ; 2° la glace à de très basses températures ; 3° les sels facilement fusibles, à condition de les prendre à l'état solide, et à une température éloignée du point de fusion. Dans tous ces cas, la charge d'un condensateur dont la lame isolante est formée de ces diverses substances apparaît bien conforme aux prévisions indiquées : elle part d'une certaine valeur, puis croît linéairement. De plus, il est très remarquable que lorsque, avec un même corps, on opère à des températures différentes, la conductibilité varie souvent dans un rapport énorme, tandis que la constante diélectrique conserve une valeur invariable, au degré de précision des expériences. L'ensemble de ces résultats, qui confirme bien l'idée théorique de la superposition, de la coexistence des propriétés diélectriques et électrolytiques, montre donc qu'il est naturel de supposer qu'il n'existe que deux catégories de corps, les métaux et les électrolytes. Pour ces derniers, la conductibilité, lorsqu'elle est assez grande, masque les propriétés diélectriques ; au contraire, lorsque la conductibilité est assez faible, les propriétés diélectriques se manifestent seules. — M. **Amagat** ajoute un complément à la communication qu'il a faite dans la dernière séance. On se rappelle que le lieu des points par lesquels les volumes de liquide et de vapeur restent égaux aux diverses températures a été trouvé par l'expérience être rigoureusement une droite. M. Amagat montre la relation entre la forme de ce lieu et la position de l'axe de la courbe parabolique qui représente à la fois les densités à l'état liquide et à l'état de vapeur. Si cet axe était rigoureusement horizontal, le lieu serait rigoureusement aussi une droite. Cet axe étant légèrement incliné par rapport à la ligne des températures, le calcul montre très facilement que le lieu, rapporté aux coordonnées v, t, est un branche d'hyperbole. En repassant de là aux p, r, le tracé de la courbe se modifie, en amenant une courbure contraire à celle de l'hyperbole. Il n'est dès lors pas étonnant que les deux effets puissent se détruire et donner comme lieu une droite. D'autre part, d'après une remarque de M. Vaschy, les courbes, lieu des rapports constants entre les volumes de liquide et de vapeur, semblent, d'après le calcul, devoir présenter un maximum par rapport au volume ; mais M. Amagat montre que ce maximum ne peut se produire que pour un petit nombre de courbes, celles pour lesquelles le rapport est très voisin de l'unité.

Edgard HAUDIÉ.

SOCIÉTÉ MATHÉMATIQUE DE FRANCE

Séance du 1er juin.

M. **Fouret** démontre par de simples considérations géométriques deux théorèmes de M. Jamet sur les rayons de courbure des courbes triangulaires et des courbes tétraédrales symétriques. — M. **d'Ocagne** fait voir comment la considération de certaines courbes adjointes qu'il a étudiées dans un précédent mémoire (*American journal of Mathematics* ; 1888), permet d'effectuer la détermination géométrique des rayons de courbure de la développée d'une courbe plane. — M. **Bioche** présente quelques remarques sur une suite de points pris sur une ellipse et tels que chacun d'eux se trouve à l'intersection de la courbe et du cercle osculateur correspondant au point qui le précède. Il étudie les relations moyennant lesquelles une telle suite est limitée. — M. **Demoulin** établit diverses formules relatives aux éléments fondamentaux d'une courbe gauche en se basant sur la considération du déplacement du trièdre trirectangle formé par la tangente, la binormale et la normale principale.

M. D'OCAGNE.

SOCIÉTÉ DE PHYSIQUE DE LONDRES

Séance du 13 mai

M. R. **Inwards** lit une note sur un instrument à tracer des paraboles. Il servira à décrire les courbes de court foyer, telles qu'elles sont nécessaires pour les réflecteurs et pour les diagrammes des trajectoires des comètes et des projectiles. Leur construction est basée sur la propriété fondamentale d'être telles que chaque point de la courbe est équidistant du foyer et de la directrice. Dans le diagramme ci-contre (fig. 1), AB est

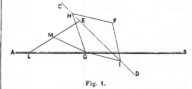

Fig. 1.

une glissière représentant la directrice, FGHI un parallélogramme articulé, pouvant tourner autour de F; CD indique une droite qui peut glisser en étant guidée aux points H et I. Une tige LE est liée au point C par une barre GM telle que les longueurs LM, ME, MG soient égales. L et G glissant le long de AB, le point E décrit une parabole dont le paramètre dépend de la distance de F à AB. Dans l'instrument, F est porté par un bras mobile qui permet de régler sa position. GE est toujours perpendiculaire à AB et égal à EF. M. **Boys** demande si l'instrument pourrait être modifié pour tracer une section conique quelconque en s'arrangeant pour que le rapport de EF à EG, au lieu d'être égal à 1, fût plus grand ou plus petit que l'unité. M. **Perry** dit qu'un instrument traçant les courbes représentées par l'équation $y = x^n$ serait d'une grande utilité dans les travaux d'ingénieur. — M. **Nalder** présente et décrit quelques appareils électriques. Le premier est un galvanomètre balistique avec un couple de bobines, dont les qualités distinctives sont la facilité avec laquelle on le manie, un faible amortissement, une grande sensibilité, et la disposition du contrôle. Le contrôle est obtenu par un « aimant à queue », porté sur un tube horizontal supporté par un pilier en dehors de la cage, comme l'a proposé M. Walmsley. Un petit aimant sur le couvercle sert à régler le zéro. Le système suspendu se compose de quatre aimants, dont deux sont au milieu de la bobine et les deux autres en haut et en bas, disposés de manière à donner un système astatique. La sensibilité de l'instrument est telle qu'un $\frac{1}{4}$ de microcoulomb donne 300 divisions (quarantièmes de pouce) quand la période est 10 secondes et la distance de l'échelle 3 pieds. La résistance du galvanomètre est d'environ 10000 ohms. Pour amener l'aiguille à rester tranquille, on a disposé une bobine amortissante montée sur un support réglable et une clef de commutation spéciale munie de résistances. La clef a des contacts successifs disposés de telle sorte que, quand on presse légèrement, un faible courant traverse la bobine amortissante ; tandis que, si l'on presse fort, il passe un courant plus intense. Les courants intenses servent à arrêter les grandes déviations, et les faibles à amener à la fin l'aiguille au zéro. Un support de lampe avec une échelle translucide, disposée pour se servir d'une lampe à incandescence, sont ensuite présentés. Au lieu de faire les lectures avec l'image d'un fil, comme cela se fait d'ordinaire, la lanterne est disposée pour donner un disque brillant de lumière avec une ligne noire au milieu. M. **Blakesley** demande si le galvanomètre est astatique. Pour amortir un galvanomètre non astatique, il a trouvé commode d'enrouler plusieurs tours de fils autour de la bobine et de les mettre en série avec quelques soudures thermoélectriques qu'on chauffe avec la main, et avec une clef. M. Nalder répond que le galvanomètre est astatique, mais que la bobine amortissante doit être placée de façon à agir sur un des couples d'aimants plus que sur l'autre. — MM. Edgar et **Stansfield** présentent une note sur un instrument transportable pour la mesure des champs magnétiques, et quelques observations sur l'intensité des flux perdus des dynamos. L'instrument est l'inverse du galvanomètre d'Arsonval, car la tension nécessaire pour maintenir un cadre mobile traversé par un courant constant et parallèle au champ, donne une mesure de l'intensité du champ. Le courant constant est fourni par une pile sèche de Hellensen, que les auteurs trouvent remarquablement constante. L'instrument se compose d'une bobine d'environ 50 ohms, enroulée sur du mica et suspendue dans un tube par des bandes de maillechort. Un index est fixé au mica, ainsi qu'un tambour divisé, auquel est fixée par son côté extérieur une des bandes, servant à mesurer la tension. Un commutateur est en relation avec le tambour et renverse automatiquement le courant dans la bobine quand le tambour est tourné dans des directions opposées à partir du zéro. Deux lectures faites ainsi éliminent l'erreur due à la pesanteur et tenant à un défaut de parfait équilibre de la bobine. On donne les moyens de régler et de mesurer la torsion de la suspension. La constante de l'instrument se détermine en plongeant la bobine dans le champ d'un galvanomètre d'Helmholtz; on trouve qu'elle est de 0,293 pour 1°. Un autre champ est par conséquent donné pour 0,293 (n + 1)θ, θ étant l'angle de torsion en degrés, et n le multiple de 50 ohms qui représente la résistance en série avec la bobine. Des champs de 2 ou 3 unités C. G. S. peuvent être mesurés à environ 2 °/₀ avec l'appareil, et même le champ terrestre est appréciable. Les auteurs ont étudié des champs de dynamos à l'Exposition du Palais de Cristal, et ils donnent dans leur note les résultats obtenus. On a observé que les flux perdus des machines multipolaires tombent beaucoup plus rapidement que ceux les machines à deux pôles quand les distances augmentent, et que près des angles et des arêtes des aimants, les champs sont beaucoup plus intenses qu'au voisinage des surfaces planes. L'effet perturbateur des réactions de l'armature sur l'intensité des flux perdus a été mesuré, et on a observé la forme des champs dans quelques cas. Des expériences sur les montres aimantées sont décrites dans la note. M. Whipple dit que c'est au Comité de Kew que revient en quelque mesure le mérite des expériences en question, car c'est à ses frais que les recherches ont été commencées. Relativement aux montres dites non magnétiques, il était nécessaire de connaître quelle intensité de champ elles peuvent supporter sans s'aimanter. L'instrument employé pour ces essais est très intéressant et donne des résultats de grande valeur. M. Trotter espère que les auteurs donneront un supplément à leur travail en traçant les directions des champs des dynamos, et il décrit une méthode simple pour y arriver au moyen d'une aiguille témoin, employée comme un timbre de caoutchouc. La question des montres est, à son avis, bien vite résolue: même les montres non magnétiques s'arrêtent dans les champs intenses, à cause des courants de Foucault qui prennent naissance dans les pièces mobiles. M. Blakesley demande si l'instrument peut être employé dans une position quelconque. Il croit que trois observations seraient nécessaires pour déterminer complètement un champ. M. Stansfield répond qu'il emploie une aiguille indicatrice pour avoir la direction du champ, et il place la bobine suivant cette direction. L'instrument pourrait être employé dans une position quelconque, car le poids de la bobine n'est que de 2 grammes environ, et il n'altère pas beaucoup la tension de la suspension, qui est d'ordinaire voisine

de 300 grammes. Une horloge à balancier de laiton ne serait pas influencée par un champ de 10 unités C.G.S., mais le serait sérieusement par un champ de 40. — M. Joseph Loribond lit un mémoire sur une unité de mesure pour la lumière et la couleur. Le mémoire est illustré de planches coloriées, de diagrammes et de modèles, et diverses pièces de l'appareil qui permet de mesurer des couleurs sont présentées. Le principe de la mesure est dans l'absorption sélective des parties constituantes de la lumière blanche normale par des verres colorés (rouge, jaune et bleu). Le foncé de la teinte des verres est gradué avec soin de façon à donner l'absorption en proportions numériques. Par exemple, deux verres égaux, appelés chacun une unité rouge, donnent ensemble la même absorption que deux unités rouges, et ainsi de suite. Les unités de rouge, jaune et bleu, sont choisies de façon qu'une combinaison de trois verres unités absorbe la lumière blanche sans donner à la lumière transmise aucune coloration. Une telle combinaison s'appelle une « teinte neutre unité ». Par l'emploi de teintes neutres unités successives, de la lumière blanche peut être graduellement absorbée sans donner trace de coloration, et le nombre de pareilles unités nécessaire pour produire l'absorption complète, fournit une mesure de l'intensité ou de la luminosité de la lumière blanche. L'auteur indique des méthodes pour représenter les couleurs par des cercles et des papiers, et illustre par des diagrammes l'influence de la durée d'observation sur la pénétrabilité pour les différentes couleurs. Il montre les représentations, par des diagrammes, des résultats de 131 expériences de mélanges de couleurs. Après avoir lu le mémoire, M. et Mlle Loribond montrent les méthodes employées pour assortir et mesurer les couleurs. — M. Paul expose sa forme de pont de Wheatstone, disposée pour occuper le même espace et remplir les même s conditions que le modèle bien connu du Post-Office.

SOCIÉTÉ DE CHIMIE DE LONDRES

Séance du 17 mars

M. **Wyndham R. Dunstan** : Étude des conditions qui déterminent la combinaison entre les cyanures de zinc et de mercure; composition et propriétés du sel double résultant. En mélangeant des solutions de sulfate de zinc et de cyanure de mercure et de potassium, on obtient un précipité blanc auquel Gmelin a attribué la formule Zn K² (CAz)[1]. L'auteur montre que cette formule n'est pas exacte. Le précipité lavé à l'eau froide perd une grande quantité de cyanure de mercure. Il semble qu'on ait affaire là à un phénomène de décomposition limitée. Il tend à se former le composé Zu⁴Hg⁷ (CAz)¹⁰, mais ce corps est décomposé par l'eau, et la composition du précipité obtenu varie beaucoup avec la concentration des liqueurs employées. — M. **E. Thorpe** : Expérience de cours destinée à illustrer le phénomène des explosions de poussières de houille. — M. **Henry Armstrong** et **Stanley Kipping** : Production de la cétone 1 : 2 : 4. acétylorthoxylène par l'action de l'acide sulfurique et du chlorure de zinc sur le camphre. — M. **W. Pullinger** : Tétrachlorure de platine. L'auteur a obtenu cette substance en chauffant du chlorhydrate platinique hydraté dans un courant d'acide chlorhydrique sec, à 165°, pendant quinze heures. C'est alors une substance très soluble; mais on déliquescente. — M. **W. H. Perkin** : Note sur un nouvel acide dérivé de l'acide camphorique. L'acide camphorique chauffé à 65° avec de l'acide sulfurique est transformé en acide sulfocamphorique, avec mise en liberté d'eau et d'oxyde de carbone.

$$C^{10}H^{16}O^4 + SO^4H^2 = C^9H^{16}SO^4 + CO + H^2O$$

D'après M. Perkin, l'acide ainsi obtenu est un isomère de l'acide sulfocamphorique ordinaire. — James **Sullivan** : Pouvoir rotatoire spécifique et pouvoir réducteur (liqueur cuprique) du sucre interverti et du 'dextrose déduits du sucre de canne au moyen de l'invertase. — **M. Hodgkinson** et **Léonhard Limpach:** Ethyldiméthyl-amido-benzine. Les auteurs ont préparé cette amine en chauffant du chlorhydrate de paraxylidine avec de l'alcool éthylique sous pression à 250°-300°. L'amine pure bout à 247°. Son dérivé formylé cristallise en aiguilles fondant à 104-105°; son dérivé acétylé forme des prismes brillants fondant à 142-143°. — **M. A. C. Perkin:** Action de l'acide nitrique sur l'oxanilide et ses analogues. Quoique l'acétanilide et les composés analogues soient facilement convertis en dérivés mononitrés, la composition de leurs dérivés dinitrés est souvent difficile, et l'anilide trinitrée n'a jamais pu être déduite directement de l'aniline ou de ses dérivés. L'auteur trouve que l'oxanilide et les corps analogues sont facilement convertis, par nitration, en dérivés complètement nitrés. **M. Perkin** décrit la préparation et les propriétés des substances suivantes : tétra et hexa-nitroxanilide, di et tri-nitroxalorthototuidine, tétranitronalparatoluidine, dinitro-*p*-naphtylide, acides mono, di et trinitroxaniniliques.

Séance du 7 avril.

John Clark : Séparation de l'arsenic, de l'antimoine et de l'étain. — **Shenstone** et **C. R. Beck:** Le chlorure platineux est son emploi comme source de chlore. Les auteurs concluent que le chlorure platineux préparé par un procédé quelconque, même celui de M. Pigeon, contient une quantité appréciable d'un composé basique dont la décomposition produit de l'eau en même temps que de l'oxygène et de l'acide chlorhydrique. — **A. Shenstone** : Note sur l'adhésion du mercure au verre en présence des halogènes. L'auteur trouve que le chlore, le brome ou l'iode soigneusement purifiés agissent sur le mercure comme l'ozone en le faisant adhérer au verre. — **Peroy Frankland** et **John S. Lumsden** : Décomposition du mannitol et du dextrose par le *Bacillus ethaceticus*. La décomposition du mannitol peut être représentée par la formule :

$$3 C^6H^{14}O^6 + H^2O = C^2H^4O^2 + 5C^2H^6O + 5CH^2O^2 + CO^2$$

tandis que dans le cas du dextrose on a les proportions suivantes :

$$2,5C^2H^4O : 1,5C^2H^4O^2 : 3CH^2O^2 : CO^2$$

Dans le cas du dextrose, il y a donc plus d'acide acétique en proportion de l'alcool et de l'acide formique. L'acide carbonique obtenu provient de la décomposition du carbonate de calcium présent en excès par un acide fixe insoluble dont la nature n'a pu être déterminée. — **H. G. Colman:** Préparation de l'acide glycolique. L'acide glycolique peut être obtenu en faisant bouillir pendant longtemps dans un appareil à reflux une solution de chloracétate de potassium. — **Emerson Reynolds** : Recherches sur les composés du silicium et leurs dérivés. VI⁵ partie. Action du tétrachlorure de silicium sur les phénylamines substituées. — **Augustus Dixon:** Chimie des composés de la thiourée et des thiocarbimides avec l'aldéhydate d'ammoniaque. La réaction générale étudiée est donnée par la formule:

$$R - AzCS + 2 R'CH(OH) AzH^2 = CS Az^3 H^2R (CHR')^2 + 2H^2O$$

Les propriétés des corps ainsi obtenues tendent à faire admettre pour les thiourées monosubstituées une formule de la forme.

$$H.Az - C \begin{array}{c} AzH^3 \\ SH \end{array}$$

— **Hoskyns Abrahall :** Poids atomique du bore. Les expériences ont été faites en précipitant par un sel d'argent le bromure de bore. La moyenne des déterminations donne B = 10,816 (O = 16) l'erreur probable étant de 0,0055.

Séance du 21 avril.

Dropp Richmond et **Hussein Off.** La *masrite,* nouveau minerai égyptien, contenant peut-être un élément encore inconnu. Les auteurs croient avoir trouvé dans le minerai en question de petites quantités d'un nouvel élément qu'ils appellent le *masrium.* En le supposant bivalent, on trouve pour son poids atomique environ 228; or il est à remarquer que dans le tableau de Mendeleeff il y a une place vacante dans le groupe du glucinium et du calcium ; cette place correspond au poids atomique 225. La masrite a la composition suivante :

(Al, Fe)²O³ (Ms, Mn, Co, Fe) O. 4 SO³, 20 H²O.

Séance du 5 mai

Wyndham Dunstan et Dymond: L'existence de deux acétaldoximes. Les auteurs trouvent que l'acétaldoxime peut se présenter sous deux formes isomériques; l'une fondant à 46°, 5 α-acétaldoxime, l'autre liquide à la température ordinaire β-acétaldoxime. — **G.T. Moody:** Acides sulfonés dérivés des anisols. L'anisol et le phénétol donnent presque exclusivement des acides parasulfoniques. — **W. Spring:** Formation de trithionate par l'action de l'iode sur un mélange de sulfite et d'hyposulfite. — **J. Sakurai:** Détermination de la température de la vapeur émise par une solution saline en ébullition. L'auteur conclut, contredisant en cela Rudberg et Muller que la température de la vapeur émise par une solution saline bouillante est la même que celle de la solution. — **J. Sakurai :** Note sur une observation de Gerlach relative au point d'ébullition d'une solution de sulfate de sodium. — **Emile Werner:** Chimie des thiourées.

SOCIÉTÉ ROYALE D'ÉDIMBOURG

Séance du 16 mai

1° SCIENCES PHYSIQUES. — L'astronome royal pour l'Ecosse présente un appareil de photographie stellaire du Dʳ Gill de l'Observatoire du Cap. — **M. Peddie :** Sur la loi de transformation de l'énergie et ses applications. Il montre par des exemples spéciaux qu'une généralisation du second principe applicable aux formes de l'énergie autres que la chaleur, conduit à des résultats déjà trouvés par d'autres méthodes. — MM. **Knett** et **Shand** communiquent une courte note sur les effets de l'aimantation sur le volume, note qui fait suite aux résultats communiqués à la Société l'an dernier par le premier des deux auteurs. Quand un tube de fer d'une grandeur particulière est aimanté, le volume intérieur subit une série remarquable de changements. Dans des champs très faibles, il y a d'abord un petit accroissement qui, quand le champ devient plus intense, passe d'abord par un maximum, puis s'annule et change de signe. A partir de ce point (environ 20) jusqu'à une valeur du champ de 120, il y a une diminution de volume. Cette diminution est maximum pour un champ de 64. Dans les champs supérieurs à 120, il y a un accroissement de volume qui atteint un maximum pour un champ d'environ 400 unités, et tombe très lentement pour des champs plus élevés. Il montre que cette variation curieuse de la dilatation cubique avec l'intensité du champ implique une dilatation linéaire transversale de signe généralement opposé à la dilatation longitudinale bien connue. La grandeur et la position des points maximum et les points nuls de ces dilatations linéaires corrélatives diffèrent suffisamment dans le détail pour produire les changements de signe particulièrement répétés dans la dilatation cubique.

2° SCIENCES NATURELLES. — **M. Hunter Stewart** lit une note sur la ventilation des écoles et des bâtiments publics. La première partie du mémoire contient une recherche sur la présence des matières organiques azotées dans l'air expiré. Diverses méthodes sont employées pour absorber et recueillir ces produits; on a même les matières organiques par le procédé de

Kjeldahl, consistant à convertir l'azote en ammoniaque. Les résultats montrent que, par pied cubique d'air expiré, il y a une proportion moyenne de 0,1149ᵐᵍʳ d'ammoniaque telle quelle, et 0,002ᵐᵍʳ diminué des matières organiques. L'eau condensée contient, par 10 pieds cubes d'air expiré, une moyenne de 0,5ᵐᵐ de résidu solide qui disparaît entièrement à l'ignition. Ces résultats, confirmation des observations de Hermann et Lehmann, prouvent que les matières organiques dans des espaces mal aérés ne proviennent pas de la respiration, mais de la peau et des vêtements des personnes qui s'y trouvent. — M. James Geikie lit une note sur la succession glacière en Europe. Les dépôts qui ont donné pour la première fois la preuve évidente de l'action glacière sont généralement rapportés à la période pliocène. Ce sont les plus anciennes moraines de l'Europe centrale, les moraines situées sur le « diluvium inférieur » de la Suède. Des conditions climatériques fécondantes suivent cette période dans une grande étendue de pays, la Grande-Bretagne étant rattachée au continent. Puis vient l'époque de la glaciation maximum, les nappes de glaces de l'Ecosse et de la Scandinavie étant continués. Les conditions climatériques fécondantes viennent ensuite, la Grande-Bretagne étant toujours continentale. Puis vient une submersion d'une hauteur de 500 pieds, suivie d'une autre époque glacière dans laquelle les glaces écossaises et scandinaves sont encore continués. Cette période est suivie encore de conditions favorables à la fécondation, la Grande-Bretagne étant seule rattachée au continent. Un abaissement de 100 pieds se produit, et alors commencent les conditions arctiques avec les nappes de glace locales, auxquelles succèdent des conditions tempérées sur une grande étendue de pays, et à la suite un abaissement de niveau de 50 pieds. Ensuite vient une autre période froide avec des glaciers locaux; c'est la dernière en Grande-Bretagne.

W. PEDDIE,
Docteur de l'Université.

ACADÉMIE ROYALE DE BELGIQUE

Séance du 5 mars.

1° SCIENCES MATHÉMATIQUES. — M. Cl. Servais : Sur la courbure dans les sections coniques.

2° SCIENCES PHYSIQUES. — M. P. de Heen : Détermination théorique du rayon de la sphère d'activité moléculaire des liquides en général. Dans sa méthode, l'auteur s'appuie sur la remarque suivante, faite par W. Thomson : Dans un tube capillaire de hauteur h, la tension de la vapeur au niveau d'une surface plane est égale à la tension de la vapeur émanant de la surface concave, augmentée de la pression exercée par une colonne de vapeur de hauteur h. L'auteur est conduit par le calcul à la formule suivante : $r = 0,0000002\mathrm{I5TV}$, dans laquelle r représente le rayon de la sphère d'activité, T la tension superficielle et V le volume moléculaire. Voici, entre autres, quelques valeurs trouvées pour r :

Pour l'eau........................... $r = 0,00000297$
Pour l'argent fondu à 1000°........... $r = 0,00000991$
Pour le mercure....................... $r = 0,00001740$

Ces nombres sont d'accord avec les résultats obtenus jusqu'à ce jour : pour l'eau, la valeur de r est inférieure à 0ᵐᵐ,0000367 ainsi que l'a démontré M. Plateau.

3° SCIENCES NATURELLES. — M. P.-J. Van Beneden : Le mâle de certains Caligidés et un nouveau genre de cette famille. H. Burmeister avait distingué deux formes parmi les parasites qu'un squale qui lui avaient été adressés par le Dᵉ Stannius. Il rapporta l'une au genre *Pandarus*, l'autre au genre *Dinemoura*. Ces deux formes sont le mâle et la femelle d'une même espèce. Autre erreur : le *Spicilligus curticaudis* de Dana est le mâle d'un des trois *Pandarus* qu'il décrit. Enfin M. G.-M. Thomson vient de faire la même observation à la Nou-

velle-Zélande sur le *Nogagus elongatus* de Heller, qui est le mâle du *Pandarus dentatus*. Dans sa présente note, M. Van Beneden fait connaître: 1° le mâle de *Pandarus Cranchii*; 2° le mâle et la femelle de *Pandarus affinis* (espèce nouvelle); 3° un genre nouveau, le *Chlamys incisus*; 4° le mâle de *Dinemoura elongata*. — M. A. Bienfait : Recherches sur la physiologie des centres respiratoires. L'auteur, à la suite d'expériences variées, est arrivé aux conclusions suivantes : 1° les centres respiratoires médullaires sont impuissants à produire et à gouverner la fonction respiratoire, alors qu'ils sont séparés des centres respiratoires principaux. Les apparences de mouvements respiratoires observés quelquefois après la section du bulbe sont dues à l'activité persistante de la moelle dans les appareils de la vie de relation; 2° le centre respiratoire principal exerce une action excitante et non inhibitrice sur les centres respiratoires médullaires ; 3° le centre respiratoire bulbaire, isolé par deux sections transversales des centres respiratoires accessoires, peut fonctionner seul et présider aux mouvements respiratoires de la glotte. — M. A. Griffiths : Sur une nouvelle ptomaïne obtenue par la culture du *Bacterium Allii*. En cultivant le *B. Allii* sur de l'agar-agar peptonisé, précédemment stérilisé, il se produit une ptomaïne cristallisant en aiguilles microscopiques, appartenant au système prismatique. L'auteur en indique les différentes réactions et propriétés et en décrit un chloroplatinate cristallisable. Les analyses de la base elle-même ont conduit à la formule $C^{10}H^{17}Az$ (hydrocoridine), ce qui la rattache à la série des bases pyridiques. Cet alcaloïde est le résultat de la décomposition de l'albumine par le *Bacterium Allii*. Ce microbe produit de petites quantités de gaz H^2S.

Séance du 2 avril

1° SCIENCES MATHÉMATIQUES. — M. F. Folie : Nouvelle recherche des termes du second ordre dans les formules de réduction des circompolaires en ascension droite et déclinaison. — M. P. Stroobant : Note sur le diamètre du Soleil et de la Lune et l'équation personnelle dans les observations de passage. — M. F. Terby : Sur l'aspect de Titan en passage devant Saturne.

2° SCIENCES PHYSIQUES. — M. F. Folie : Sur les agrandissements des photographies lunaires de Lick Observatory exécutées par M. Prinz, assistant à l'Observatoire royal. Une première image sur verre, déjà agrandie au double par les astronomes américains, fut agrandie cinq fois sans perdre de sa netteté. Un agrandissement à vingt diamètres permet d'obtenir encore de belles images. Une épreuve du cratère Copernic ayant été amplifiée de cent diamètres, a donné une vue de ce cirque sous un diamètre de 30 centimètres. Sur cette épreuve, le grain, ordinairement ponctué des plaques, est remplacé par des stries diffuses, très serrées, ayant de 12 à 14 millimètres de longueur, donnant, à une certaine distance, une grande douceur à l'épreuve.

3° SCIENCES NATURELLES. — M. P.-J. Van Beneden : Un cétacé fluviatile d'Afrique. La tête de ce cétacé, provenant de la baie Man of war (Kameroun), est parvenue au professeur Willy Kükenthal, de Iéna, qui lui a donné le nom de *Sotalia Teuszii*. L'estomac contenait des graminées, des herbes et surtout des fruits en partie digérés, ce qui fait supposer qu'il se nourrit d'un régime végétal. Les *Sotalia* ont une nageoire pectorale très large, comme les Platanistes ; leur bassin probablement est formé d'un os médian unique, comme le fait supposer un squelette arrivé récemment par M. Van Beneden fils ; de plus, ils sont à demi marins. Les *Sotalia*, qui font la transition des fluviatiles aux marins, apparaissent avec des caractères génériques communs à la fois en Amérique, en Asie et en Afrique. L'auteur donne ensuite la description de la tête du *Sotalia Teuszii*. L'animal devait avoir deux mètres de longueur. — M. C. Malaise : 1° Découverte de la faune frasnienne dans le bassin de Namur : l'auteur a rencontré, dans des schistes jaunâtres, situés au-dessous du marbre noir de Golzinne, parmi d'autres espèces, le *Cardium palmatum, Goniatites, Bacrites, Rhynchonella cuboïdes*, etc. 2° Sur les calcaires dévoniens de Sombreffe. Dans cette localité, on observe des bancs de calcaire caractérisés par le *Stringocephalus Burtini*. Audessus se trouvent des calcaires noirâtres contenant le *Spirifer unguiculus*. Puis viennent des calschistes ayant de prime abord un aspect frasnien et où l'auteur a recueilli un bel exemplaire de *Stringocephalus Burtini*, ce qui fixe, d'après l'auteur, l'âge givetien de ces dernières couches. — M. G. Ansiaux : Recherches critiques et expérimentales sur le sphygmoscope de Chauveau-Marey et les manomètres élastiques. Les conclusions de ce travail sont les suivantes : tous les appareils examinés au cours de ces recherches, — le sphygmoscope de Chauveau-Marey, les manomètres de Fick, Gad et Hürthle — sont des enregistreurs très exacts et propres à rendre les détails des variations cardiaques de la pression sanguine. L'auteur fait ressortir l'exactitude du sphygmoscope. Avant toute expérience, il importe d'éprouver les manomètres élastiques avec un appareil vérificateur semblable à celui employé par l'auteur. De plus, chaque appareil doit être adapté aux conditions particulières dans lesquelles on opère.

ACADÉMIE DES SCIENCES D'AMSTERDAM

Séance du 28 mai

1° SCIENCES MATHÉMATIQUES. — M. P.-H. Schoute présente, au nom de l'auteur, la seconde partie du calcul intégral de M. F. Gomes Teixeira.

2° SCIENCES NATURELLES. — M. Th. H. Behrens fait connaître le résultat d'une étude microscopique de deux alliages de cuivre de zinc obtenus à la température ordinaire, par la compression, par M. W. Spring de Liège. L'un des deux (jaune rougeâtre) contient 90 % cuivre et 10 % zinc, l'autre (légèrement jaune) 70 % cuivre et 30 % zinc. Ils avaient été limés en poudre et rendus compacts au moyen de deux compressions successives. Le premier est plus doux que le laiton ordinaire ; au contraire, le second est plus dur et plus fragile. Tous les deux contiennent une grande quantité d'un alliage jaune à structure amorphe qui ne montre même pas trace des cristallites caractéristiques du laiton ordinaire obtenu par fusion. De plus ils contiennent un grand nombre de petits morceaux anguleux de cuivre à fils jaunes entre les bandes rouges et quelques petits morceaux et fils de zinc, les derniers se rendant du centre à la périphérie cylindrique des échantillons. L'alliage jaune et le zinc ont subi, sans doute, un mouvement de translation, et rien n'indique un état de fusion intermédiaire. Il faut donc admettre qu'à l'aide des actions répétées de limer et comprimer, le cuivre et le zinc se sont liés intimement. M. Spring, en poursuivant ses travaux, obtiendra probablement des alliages à propriétés remarquables, qui n'ont pas encore été obtenus par la fusion. — M. J.-L.-C. Schrœder van der Kolk : Sur une étude macro et microscopique de trois roches erratiques du diluvium de Markeloo (porphyre d'Aland, porphyre d'Elfdalen, diabase d'Asby). — M. M. Weber présente le second fascicule du tome second de son travail : *Zoölogische Ergebnisse einer Reise in Niederländisch, -Os tIndien.* — M. H.-J. Hamburger : Sur la différence de composition du sang artériel et du sang veineux.

SCHOUTE,
Membre de l'Académie.

ACADÉMIE DES SCIENCES DE VIENNE

Séance du 5 mai

1° SCIENCES MATHÉMATIQUES. — M. G. von Escherich : Sur les multiplicateurs d'un système d'équations différentielles, linéaires et homogènes. — M. A.-J. Gmeiner : Loi générale de réciprocité des bicubiques. — M. Nicolaus Fialkowski : Première solution mathématique exacte du problème de Deli. — M. A. Sucharda : Réciproque concernant une série de surfaces centrées du quatrième ordre. — M.. E. Presh von Haerdtl : Sur deux termes de perturbations à longue période causées par l'attraction de la planète Vénus. — M. F. Mertens : La loi fondamentale de l'algèbre.

2° SCIENCES PHYSIQUES. — M. le capitaine de frégate Wilhelm Mörth, commandant le vaisseau *Pola*, adresse une notice sur l'installation de ce vaisseau, en vue de faire l'étude de la profondeur des mers. — MM. H. Paschkis et Fritz Obermayer : Recherches pharmacologiques sur les acétoximes et les cétones. Les auteurs étudient l'action physiologique de quelques cétones et celle des acétoximes correspondantes ; ils expérimentent avec l'acétone, la diéthylacétone, la méthylnonylcétone, la méthylphénylcétone et le camphre, auxquels correspondent l'acétoxine, la diéthylacétoxime, etc. Il résulte de ce travail que les cétones agissent en général comme les alcools, leur action dépend à la fois du poids moléculaire et des radicaux alcooliques substitués ; elle n'est pas influencée par l'introduction du groupe caractéristique des oximes, le camphre et son oxime sont les seuls à présenter quelque différence. — M. R. Zaloriecki : Sur l'existence et la formation du sulfate de soude à Kalusz. — Sur les bases pyridiques contenues dans le pétrole. — M. Max Gröger : Sur une nouvelle combinaison de l'iode et du plomb. — M. J. Horbaczeuski : Théorie de la formation de l'acide urique dans l'organisme des Mammifères. — M. A. Adamkiewicz : Procédé de traitement des Carcinomes. — M. J. Hann : Recherches sur les oscillations diurnes du baromètre. La première partie de ce long travail est consacrée à l'analyse détaillée des oscillations barométriques au sommet et au pied des montagnes ; les observations qui servent de point de départ sont celles qui ont été faites d'heure en heure aux stations suivantes : Blue Hill, 193.5 m., Tour Eiffel, 312 m. 9, Ben Nevis, 1343 m., Puy-de-Dôme, 1463, Wendelstein, 1727.2 m., Schafberg, 1776 m. 1 ; Saint-Bernard, 2475,6 ; Obir, 2044 ; Sonnblick, 3105. L'amplitude des oscillations diminue d'abord avec la hauteur pour croître ensuite. Le minimum a lieu vers six heures du matin au sommet, et entre trois et quatre heures au pied de la montagne. L'auteur fait ensuite une étude approfondie de l'influence que peut avoir la variation de température sur la production des oscillations ; il arrive à relier les formules qui donnent en un même lieu la variation de pression et la variation de température avec le temps. — Observatoire de Vienne : Observations météorologiques et magnétiques faites pendant le mois de mars (altitude : 202m. 5).

3° SCIENCES NATURELLES. — M. Majsisovics : Sur les céphalopodes du trias de l'Himalaya. — M. Franz Toula : 1° Découverte de deux nouveaux gisements de Mammifères dans la presqu'île des Balkans ; 2° Compte rendu détaillé de recherches géologiques effectuées dans l'ouest des Balkans, dans d'autres parties de la Bulgarie et dans l'ouest de la Roumélie.

Emil Weyr,
Membre de l'Académie.

NOTICE NÉCROLOGIQUE

A. W. VON HOFMANN

La science chimique vient de perdre un de ses vétérans les plus illustres ; l'Allemagne, un des artisans les plus actifs de son développement scientifique et industriel : A. W. Hofmann a terminé sa longue carrière le 5 mai 1892. Comme la vie, la mort lui fut clémente ; elle l'a pris subitement, sans souffrances, sans troubler la sérénité de sa verte vieillesse : en pleine gloire.

Avec lui disparaît l'un des derniers représentants de cette admirable phalange de savants, élèves et continuateurs de Dumas et de Liebig — Laurent, Gehrardt, Würtz, Cahours, Graham, Stas, etc. — dont les travaux ont fait la chimie ce qu'elle est aujourd'hui. L'œuvre accomplie par Hofmann, pendant une période d'activité ininterrompue de plus d'un demi-siècle, est considérable ; elle intéresse également la chimie théorique et les applications industrielles.

Hofmann naquit à Giessen en 1818, et tout jeune, se livra d'abord à l'étude des langues vivantes, puis à celle du droit ; mais l'influence toute-puissante de Liebig, dont le laboratoire de Giessen était alors le centre de l'activité scientifique en Allemagne, l'arracha bientôt à ces études pour le donner à la chimie. A Giessen, Hofmann travailla pendant huit ans comme élève d'abord, puis comme assistant ; et c'est là, chez Liebig même, qu'il se lia avec Würtz d'une amitié qui ne se démentit jamais.

En 1845, il fut appelé à Londres au *Royal College of Chemistry*, et il fit du laboratoire de cette institution la première école de chimie que l'Angleterre ait possédée ; il professa à Londres jusqu'en 1862, puis revint en Allemagne, à Bonn d'abord, et dès l'année suivante (1863) à Berlin, où il succéda à Mitscherlich. C'est là que, pendant près de 30 ans, il poursuivit ses recherches, formant d'innombrables élèves, trouvant cependant le temps nécessaire pour organiser la vie chimique en Allemagne, mettant toujours au service de la science et de l'industrie l'influence considérable qu'il avait dans les conseils du Gouvernement.

Les premières recherches d'Hofmann furent faites à Giessen, en 1843 ; elles avaient pour objet l'étude chimique des bases contenues dans le goudron de houille ; ce travail, qu'il poursuivit pendant plusieurs années consécutives, fut fécond en résultats importants. Dès le début, il identifia une de ces bases, appelée Kyanol avec l'aniline, obtenue par la distillation de l'indigo avec la potasse ; une seconde, appelée Leucol, avec la Quinoléine ; il fit ensuite une étude complète de l'aniline, de ses sels, de ses dérivés, et la rapprocha très heureusement de l'ammoniaque. Abandonnée pendant quelques années, cette étude fut reprise par lui, quand l'aniline, préparée par le procédé de M. Béchamp, fut devenue un produit industriel ; on vit alors des mains du savant sortir une éclatante série de couleurs nouvelles : il prépara la fuchsine par le tétrachlorure de carbone et l'aniline ; il transforma ensuite cette fuchsine par l'action des iodures alcooliques en magnifiques colorants violets. Il ne cessa, depuis cette époque, de s'intéresser au progrès de l'industrie des matières colorantes, il contribua puissamment lui-même ; je rappellerai seulement les études sur la constitution de la Rosaniline ; sur le Vert méthyle (avec M. Ch. Girard), sur la Chrysoïdine, sur l'Eosine, et sur l'emploi des Xylidines et des Naphtylamines pour la préparation des couleurs.

Dans le domaine de la science pure, son œuvre est plus considérable encore et touche à tous les chapitres de la chimie organique. Würtz venait de faire connaître les ammoniaques composées, et en avait, de toutes pièces, créé la théorie ; mais les seuls termes jusqu'alors découverts par lui étaient les amines primaires ; Hofmann, par un procédé différent — l'action des iodures alcooliques sur l'ammoniaque, — obtient à la fois des amines primaires, secondaires et tertiaires, en même temps que les sels des ammoniums quaternaires,

remplissant ainsi tout le cadre si magistralement tracé par son illustre ami. L'étude des ammoniaques composées ne cessa plus de l'occuper jusqu'à la fin de sa vie, et il ne se passait guère d'année sans qu'il ajoutât quelque fait nouveau à leur histoire. Je rappellerai qu'il découvrit les *isocyanures* ou Carbylamines presque en même temps que M. A. Gautier, qui venait de les faire connaître, et à qui revient par conséquent la priorité de cette belle découverte. Hofmann les obtint par une réaction devenue classique, l'action du chloroforme et de la potasse sur les amines primaires.

Plus tard (1884), il indiqua un nouveau procédé pour la préparation des amines primaires ; l'action du brome sur des amides en présence des alcalis ; il montra, dans une série de remarquables recherches, que cette même réaction peut être conduite de manière à donner des nitriles ou des urées substituées.

En 1851, Hofmann vint à Paris et se rencontra avec Cahours ; les deux savants s'apprécièrent bien vite et commencèrent en collaboration une série de recherches, dont les résultats furent publiés en 1857 dans les *Annales de Physique et de Chimie*. Dans un premier mémoire sur *Une nouvelle classe d'alcools*, ils firent connaître l'alcool allylique, premier terme de la série des alcools non saturés ; ils en préparèrent et décrivirent une série de dérivés : les éthers, les allylamines, les allylurées, et relièrent à eux, dans un travail magistral, une série de composés connus, mais dont on ignorait l'étroite parenté.

Dans un second mémoire, publié la même année, *Recherches sur les bases phosphorées*, Cahours et Hofmann décrivent les phosphines et font ressortir avec force l'analogie étroite qui relie les ammoniaques composées aux Arsines déjà découvertes par Cahours ; aux Stibines et aux Phosphines, et montrent que dans ces composés, l'azote, le phosphore, l'arsenic et l'antimoine jouent absolument le même rôle. Plus tard, Hofmann continua seul ses recherches et réussit à obtenir les phosphines primaires et secondaires, par l'action de l'iodure de phosphonium sur les alcools en présence d'un oxyde métallique. Nous ne pouvons, dans cette courte notice, non plus ne peut passer sous silence le travail énorme qu'il fit sur les éthers isosulfocyaniques ou Sénévols, ses études sur la Guanidine, et surtout sur les bases pyridiques et les alcaloïdes. Cette dernière partie de l'étude des bases organiques lui doit quelques-uns de ses plus grands progrès : les relations entre la Pipéridine et la Pyridine, la préparation des homologues de la pipéridine ; enfin, ce fut lui qui établit la constitution de la Conicine et de la Conyrine, attribuant à la première la formule de l'α-propylpipéridine, et à la seconde celle de l'α-propylpyridine ; la synthèse effectuée plus tard par M. Ladenburg est venue confirmer d'une façon éclatante la justesse de ces vues.

Hofmann a également beaucoup contribué à perfectionner l'outillage des laboratoires, et il n'est personne qui ne se soit servi de son appareil pour la mesure des densités de vapeur, heureuse transformation du procédé de Gay-Lussac. Enfin, nous ne devons pas oublier qu'Hofmann, fidèle aux amitiés de toute sa vie, n'a jamais perdu une occasion de rendre hommage aux maîtres de la Chimie française. Il consacra à la mémoire de Dumas une longue étude biographique, la plus complète peut-être qu'il y ait été écrite, véritable monument élevé à la gloire de l'illustre maître. Il fit de même pour Würtz, dont il raconta longuement la vie en un livre plein de pages émues : « Dire la vie de ses amis défunts, écrivait-il, c'est revivre sa propre jeunesse. » Ces deux importantes biographies parurent dans les *Berichte der Deutschen Chemischen Gesellschaft*, comme aussi les articles qu'il écrivit pour Chevreul et Cahours. Hofmann disparaît à son tour, et nous venons nous incliner devant la tombe de celui qui fut un grand savant et un ami fidèle. A. Combes.

Le Directeur-Gérant : Louis Olivier

Paris.—Imprimerie F. Levé, rue Cassette, 17.

REVUE GÉNÉRALE

DES SCIENCES

PURES ET APPLIQUÉES

DIRECTEUR : LOUIS OLIVIER

LES ALIMENTS DE PREMIÈRE NÉCESSITÉ [1]

Procurer au peuple une alimentation suffisante, saine et à bon marché, est un des problèmes dignes d'occuper à notre époque l'attention de l'économiste et du savant. Sa solution ne résoudrait certes pas la question sociale tout entière, mais elle satisferait à l'une des conditions de ce triple desideratum qu'il faut réaliser à tout prix : alimenter normalement, élever moralement, instruire utilement l'ouvrier et le paysan.

L'alimentation du peuple repose sur quatre ou cinq produits essentiels : le pain, la viande, le vin et autres liqueurs fermentées, l'eau, les légumes, les corps gras et quelques excitants ou condiments : fruits, café, sucre, eau-de-vie..., qui sont comme le luxe de ses repas.

Je vais essayer de passer en revue chacun de ces principaux facteurs de son alimentation journalière, et de déterminer à quels caractères on reconnaît leurs qualités et leurs défauts.

I. — LE PAIN

Le pain est le principal aliment de l'homme : On peut vivre uniquement de pain, mais non de viande. Riche ou pauvre, est, en moyenne, chacun de nous consomme journellement à Paris 430 grammes de pain ; mais la ration de l'ouvrier qui travaille s'élève à 800 grammes. Paris entier en mange quotidiennement 900 000 kilogrammes.

Dans cette conférence je ne parlerai que du pain ordinaire, du pain de 4 livres, qui représente les trois quarts de la consommation parisienne, soit 675 mille kilos à peu près par jour.

On le fabrique généralement à Paris avec de la farine de froment de bonne qualité.

Celle-ci contient deux parties essentielles : l'une est le *gluten* qui a même composition que le blanc de l'œuf, véritable viande végétale destinée à reproduire nos muscles, nos instruments de travail ; l'autre est l'*amidon*, substance non azotée, susceptible de se changer facilement en sucre dans l'intestin, en graisse dans l'organisme, et dont le rôle essentiel consiste à nous fournir la chaleur et la force nécessaires.

Le pain résulte du pétrissage de cette farine avec l'eau et le levain, et de la cuisson de ce mélange à une température qui varie de 70° pour le centre de la mie à 240° ou 260° pour la croûte. Le levain a pour effet de rendre le pain poreux, savoureux et digestible. Il est formé d'une multitude de petits organismes cellulaires qui, travaillant la pâte, y font naître de l'alcool et de l'acide carbonique. En se dilatant et s'échappant à la chaleur du four, ceux-ci forment les *œils*, les pores du pain. D'autre part, sous l'influence de la cuisson, l'amidon insoluble de la farine se gonfle, s'unit à l'eau, se change en partie en dextrine et en sucre et devient assimilable. Enfin la cuisson a pour effet de purifier le pain des organismes, moisissures ou microbes, qu'y avaient introduits l'eau et les farines, et qui pouvaient rendre ce pain corruptible et dangereux.

[1] Conférence faite par M. Armand GAUTIER le 26 avril, au *Congrès d'hygiène des délégations ouvrières*, tenu à l'Hôtel des Chambres syndicales à Paris.

Suivant les meilleurs auteurs [1], le pain fait et cuit à point contient pour 100 parties :

Matières solides	66
Eau	34
	100 [2]

Or 100 parties de farine moyenne [2] contenant 84 parties de substances utiles et 16 parties d'eau, il s'ensuit que 100 kilos de cette farine doivent produire 129 kilos de pain cuit à point. Les usages veulent que le bon pain ordinaire ne contienne pas au delà de 34 à 35 pour 100 d'eau, ce qui répond bien à un rendement de 129 à 130 kilos de pain pour 100 kilos de farine moyenne.

Il suit de là que tout pain qui contiendra plus de 34 à 35 % d'eau est un pain aqueux, ayant du poids que l'apparence, l'eau y remplaçant en partie les matériaux utiles.

Or, parmi les boulangers, ceux qui veulent largement augmenter leurs profits procèdent comme il suit : pour le pain dit de *luxe* ou de *fantaisie*, qu'on ne pèse pas, ils donnent 330 à 350 grammes à la livre. Ceci est la règle générale à Paris. S'il s'agit du pain de l'ouvrier où le poids est réglementaire, ils s'arrangent pour que 100 kilos de farine produisent non pas 130 kilos de pain à 34 ou 35 °/₀ d'eau, mais 140 et 145 à 40 et 42 °/₀. Sur 100 kilos de ce pain aqueux qu'ils débitent, ils livrent en réalité 92 à 89 kilos de pain et environ 10 kilos d'eau. Pour une famille composée du père, de la mère, d'un grand parent et de deux enfants, c'est près de 2 kilos de pain de plus qu'il faut acheter par semaine.

Il est facile d'obtenir du pain aqueux ; ou bien on additionne la farine de froment de farine de maïs ou de riz, ou de certaines drogues, d'ailleurs à peu près inoffensives (ces fraudes sont rares parce qu'elles se reconnaissent facilement), ou bien, ce qui est plus pratique, on surchauffe le four au moment de l'enfournage, de façon *à saisir* le pain qu'on cuit moins longtemps, et à garder au-dessous de la croûte, rapidement produite et durcie, une quantité d'humidité supérieure à la normale.

Voilà une fraude grave sur laquelle il est bon que votre attention soit éveillée. Je ne veux pas examiner aujourd'hui les qualités de la farine employée (elle est généralement bonne à Paris); ni ses mélanges à d'autres céréales, etc.; tenons-nous-en au *surmouillage* du pain, et voyons ses résultats pour Paris et pour une seule journée.

[1] Rivot, Poggiale, Kœnig, Wauklyn, Ch. Girard, Cooper.
[2] Rivot a trouvé pour le pain cuit à point : eau 30 à 34 °/₀. Ch. Girard admet 33 à 34 °/₀. Wauklyn et Cooper, en Angleterre, 34 °/₀.
[3] Mélange de farine de blé tendre et de blé dur, variant de ¼ à ¾ de la première pour ¾ à ¼ de la seconde.

Sur les 675 000 kilos de pain fabriqué, 10 °/₀ d'eau laissée en trop donneraient un déficit réel et journalier de 67 500 kilos, si cette fraude se faisait dans cette mesure et se généralisait, ce qui n'est pas, j'ai hâte de le dire. Dans quelques essais que j'ai faits, j'ai trouvé le plus souvent dans le pain long de 2 kilos de 36 à 38 °/₀ d'eau. Mais remarquons que pour l'ensemble du pain vendu à Paris, à chaque 1 °/₀ d'eau, à partir de 34 °/₀, correspond par jour un déficit de 6 750 kilos. C'est 13 500 livres d'eau vendues en place de pain à l'ouvrier, aux petits ménages, etc., et payés à raison de 0 fr. 475 le kilogramme. Ou sous une autre forme, grâce à cette fraude, l'ouvrier ne paye plus son pain 0 fr. 475 le kilo, prix exorbitant, même pour le bon pain, ainsi que nous allons le voir, mais 0 fr. 50 à 0 fr. 53 le kilo. La fraude en vaut la peine, et cependant, si je consulte les documents officiels, elle me paraît bien mollement, bien rarement poursuivie, si tant est qu'elle le soit.

Comment s'y soustraire ?

Par deux moyens : Exiger un pain bien cuit et de bonne qualité. Le bon pain est léger, sonore, bien levé. Sa mie élastique, à larges cavités, modérément comprimée entre le pouce et l'index, ne colle pas, mais elle reprend lentement son volume; elle ne s'attache pas aux doigts lorsqu'on l'y pétrit. La croûte en est dorée, épaisse, cassante, bien adhérente à la mie. Le bon pain ne contient pas de grumeaux solides blanchâtres. Si l'on en fait la *soupe*, il est apte à absorber beaucoup de liquide chaud, sans se délayer. Si on le roule entre les doigts, il ne s'effrite pas. Son odeur douce de froment ne doit rappeler ni l'aigre, ni le moisi, ni l'enfermé, ni le fermenté. Sa couleur n'est ni brune, ni blanche, ni jaune, ni bleuâtre, ni grise, mais d'un blanc translucide, légèrement teinté de jaune clair. Enfin séché au four, *sans être grillé ni roussi*, le pain ne doit pas perdre au delà de 34 °/₀ d'eau (35 au plus), ou bien laissé sécher à l'air de l'appartement, en tranches de 1 centimètre environ d'épaisseur, il ne doit pas diminuer, même après quinze jours, de plus de 25 °/₀ de son poids.

Le pain trop aqueux est lourd, mal levé, mat à la percussion. Sa mie pâteuse laisse, entre le pouce et l'index où on l'écrase, comme une trace légèrement onctueuse. Sa croûte pèse moins de 1/6ᵉ du poids total.

Il est un autre moyen de manger, à bon marché, du bon pain et qui ait le poids. C'est celui auquel ont surtout recouru les ouvriers anglais et belges : *la coopération*. Je n'ai pas ici à aborder mon sujet à ce point de vue; permettez-moi seulement de vous signaler en passant quelques-uns des résultats obtenus par la mise en pratique de ce puissant principe économique. A Gand, ville ouvrière de 200 000 habitants, le *Vooruit*, société coopérative socialiste, vend par an pour plus de 300.000 francs de pain aux ouvriers, à 0 fr. 32 le kilo, avec une remise de 5 à 7 centimes par kilo. Le *Volksbelang*, société rivale anti-socialiste de la même ville, vend à peu près la même quantité de pain et au même prix. A Bruxelles, les socialistes ont créé le *Peuple*, qui produit et vend à peu près 5 000 kilos de pain par jour au prix net. de 0 fr. 26 le kilo porté à domicile. La Société le *Peuple* fait de très bon pain d'après les derniers perfectionnements, pain surveillé et garanti comme panification, cuisson et poids. A Paris, la meunerie-boulangerie *Scipion* qui, quoique service municipal, ne fournit guère aujourd'hui que les hôpitaux, fabrique chaque jour 14 mille kilos d'excellent pain, qu'elle livre à 0 fr. 32 le kilo. Voilà du vrai socialisme ; celui-là met le pain nourrissant et à bon marché dans la main de l'ouvrier et l'enrichit plus que des théories creuses et des promesses qu'on ne tient pas. Notre pays voudra-t-il rester en arrière ? Paris voudra-t-il continuer à payer son pain plus de 47 centimes le kilo, 40 centimes à Lyon, alors qu'on réalise déjà des bénéfices à 32 centimes ? Alors que le sac de farine de 157 kilos valait en février dernier 54 francs et vaut en moyenne 54 à 60 francs ? Voudra-t-il que la valeur du blé baissant depuis des années dans notre pays au point de compromettre la production nationale, le prix du pain continue à monter ou à se maintenir à un niveau injustifiable [1] ?

II. — LA VIANDE

Après le pain, la viande. Ces deux aliments se complètent et doivent, dans nos climats, s'accompagner dans un régime bien compris. Ajoutez-y quelques légumes, des corps gras et un peu de lait,

---

[1] Un sac de farine moyenne de 157 kilos produit 210 kilos de pain à 37 °/₀ d'eau. Ce sac de farine, grevé du bénéfice du meunier, coûtant en moyenne 56 francs, la farine nécessaire pour faire 1 kilo de pain ordinaire revient donc à 0 fr. 267 à Paris. Pour avoir le prix de revient de ce kilo de pain, il faut, d'après les calculs de S. Barrabé, ajouter 0 fr. 095 pour frais généraux, intérêts des capitaux engagés, fabrication, nourriture du boulanger, de sa famille et de ses aides, etc., pour une boulangerie parisienne ordinaire vendant 410 kilos de pain par jour. Le kilo de pain vendu et porté à domicile revient donc au plus à 0 fr. 267 + 0 fr. 095 = 0 fr. 362, et nous avons même vu que la meunerie-boulangerie Scipion donne ce pain à 0 fr. 32 avec bénéfice. Le boulanger qui vend 410 kilos de pain à 0 fr. 475 gagne donc au moins 0 fr. 113 par kilo, tous frais payés, ou 45 francs par jour, auxquels il faut ajouter pour vente de braise, location du four, petits bénéfices, pains de luxe, etc., 4 à 5 francs par jour au minimum. C'est donc 49 francs par jour ou 17885 francs par an que lui rapporte une avance de 18 à 20 000 francs en capital, c'est-à-dire que son revenu est d'au moins 90 °/₀ des sommes qu'il a engagées, sans compter le logement et la nourriture de toute la famille, dont il bénéficie encore. En somme, à Paris, le boulanger double au moins son argent chaque année. Tel est le résultat de ce qu'on appelle *la liberté de la boulangerie.*

---

et vous aurez l'ensemble de l'alimentation de l'ouvrier. A Paris, chacun de nous consomme en moyenne 213 grammes de viande par jour.

Je ne parlerai dans cette conférence que de la viande de boucherie, et surtout de la viande de bœuf, du *pot au feu*. Pour être de bonne qualité et bien nourrissante cette viande prise à l'étal du boucher doit être d'un rouge vif, ferme, élastique, d'un grain serré, d'une odeur douce et fraîche. Lorsqu'on la tranche, elle laisse suinter sous la pression un peu de rouge clair et neutre au goût. La viande d'un animal en bon point est recouverte, lorsqu'elle provient des parties superficielles de la bête, d'une couche de graisse blanche ou légèrement jaunâtre, résistant à la pression. Sur la coupe de la partie rouge ou musculaire se voient de fines arborisations formées par les trabécules du tissu conjonctif et adipeux, qui donnent à ces viandes un aspect marbré ou persillé de blanc sur rouge vif.

Voilà les caractères de la bonne viande, et il n'est pas indifférent de se nourrir de bonne ou de médiocre. Indépendamment du goût plus savoureux, plus délicat de la première, son assimilabilité, son pouvoir alimentaire, est bien plus grand. La viande d'un bon animal médiocrement gras et à point contient, en effet, 39 à 40 °/₀ d'eau ; la viande maigre en contient jusqu'à 60 °/₀ :

	BŒUF GRAS	BŒUF MAIGRE
Eau	39	60
Chair	36	31
Graisses	24	8,7
Matières extractives	1,5	1,4

Les viandes de qualité inférieure sont ou trop décolorées ou trop foncées suivant leur origine. Elles sont pauvres en graisse, sans marbrure, ni persillé, molles à la coupe, flasques. Elles sèchent facilement et noircissent à l'air. Leur jus est pâle ou jaunâtre, ou sanieux, ou mêlé de sang noir. Leur odeur est fade, ou aigre, ou légèrement éthérée et gazeuse (odeur de *relent*). Leur graisse jaunit rapidement. Les viandes de qualité inférieure sont moins chères, il est vrai, mais leur déficit en matières utilisables les rend, en réalité, au moins aussi coûteuses que les viandes de meilleure qualité.

Les animaux morts de maladie, saignés tardivement, fiévreux, etc., donnent des viandes d'un rouge pourpré, *saigneuses*, infiltrées d'un sang noirâtre ; leurs graisses et tissus membraneux, ou aponévrotiques, sont rougeâtres ; leurs vaisseaux sanguins sont remplis de caillots.

Toutes ces viandes doivent être rejetées et le sont, en effet, par l'inspection de la boucherie qui se fait très bien à Paris, quoique confiée à un personnel trop restreint, mais capable et dévoué.

Toute viande de teinte grisâtre, terne, plombée,

violacée, noirâtre, jaunâtre, de consistance mollasse, glutineuse, d'odeur aigre, rance, butyrique, alcoolique, cadavérique, etc., doit être repoussée.

La population parisienne consomme, par an, plus de 21 000 chevaux, ânes ou mulets, dont la viande représente une valeur de 4 millions de francs. environ, au prix moyen de 0 fr. 80 le kilo. Cette viande, lorsqu'elle a reçu l'estampille des inspecteurs de la boucherie, *est bonne et saine.* J'en dirai autant des viandes conservées dans la glace ou congelées qui viennent d'Autriche, de Hongrie, de Prusse, et de celles de la République Argentine, viandes qu'on consomme en très grande proportion en Allemagne et à Londres, mais qu'on a tenté sans grand succès jusqu'à ce jour d'importer à Paris. J'ai mangé souvent par curiosité, ou comme étude, de ces viandes congelées; j'en ai fait manger aux miens et à mes amis; elles sont excellentes et auraient été certainement peu à peu acceptées de la population parisienne. Mais, d'une part, nos bouchers et nos producteurs sont parvenus à empêcher l'importation des viandes en wagons-glacières grâce à l'adoption de cette mesure qu'elles n'arriveraient que munies de leurs viscères, sous le prétexte de juger ainsi que l'animal était sain ou malade au moment de l'abatage. Cette exigence bien inutile, d'après les vétérinaires et inspecteurs les plus compétents, n'a eu d'autre but que d'empêcher le transport et l'importation de ces viandes qui, dans ces conditions, se corrompent, et ne pouvant dès lors nous arriver, ne contribuent plus à la baisse. D'autre part, les importateurs de viande américaine congelée et les bouchers spéciaux qui les débitent n'ont eu compris que pour faire adopter leur viande, d'ailleurs excellente, il fallait qu'on la vendit comme viande conservée et à un prix relativement bas. Au même prix, le public préférera toujours de la viande fraîche.

Le prix moyen de la viande en gros au marché de la Villette a été, dans la période 1886-1890, de 1 fr. 35 le kilo de *viande nette* [1]. Le prix moyen de la viande de bonne qualité a été, d'après les registres des *Criées des Halles* de 1882 à 1890, de 1 fr. 77 le kilo. A ce marché des *Criées*, se fournissent les petits bouchers, les revendeurs au panier, et quelques particuliers. Même en admettant que le prix de la viande dans les boucheries de quartier ne dépassât pas celui de la viande au demi-gros qui se fait aux Criées des Halles, on voit que le boucher qui achète

aux abattoirs bénéficie au moins de la différence du gros au demi-gros, soit 1 fr. 77 — 1 fr. 35 = 0 fr. 42 par kilo de viande débitée aux particuliers. De ce bénéfice brut il faut soustraire les prix de transports, les déchets, la location de la boutique, le payement du personnel, les intérêts du capital engagé, etc., que l'on ne saurait apprécier exactement en chaque cas, mais qui, largement comptés et pour une boutique moyenne de boucher à Paris vendant par semaine 1 950 kilos environ de viande [1], s'élèvent à 330 francs [2]. Les 1 950 kilos de viande donnant au moins, d'après les nombres ci-dessus, un bénéfice brut de 819 francs, le bénéfice net moyen, d'une boucherie à l'autre, est donc de 819 — 330 = 489 francs par semaine ou de 25 428 francs l'an. Pour le capital moyen engagé, c'est un revenu de 125 à 130 pour 100 que perçoit le marchand boucher. Je parle ici des boucheries ordinaires, car chez les bouchers habiles et dans les bons quartiers, ce bénéfice peut s'élever bien plus haut.

« En théorie et dans l'intérêt public, » écrit un homme essentiellement compétent en ces questions, M. A. Goubaux, l'ancien et savant directeur de l'École vétérinaire d'Alfort, « il semble que, dans les conditions où il fait son commerce, le boucher devrait se contenter d'un bénéfice peu considérable, car celui-ci, se répétant au moins 52 fois l'an [3], finit par donner un résultat qu'aucun autre commerce ne peut atteindre [4]. »

III. — LE VIN

Nous consommons annuellement en France 41 millions d'hectolitres de vin, sur lesquels

---

[1] Le boucher qui achète en gros bénéficie, en outre, de la valeur des issues, intestins, poumons, déchets, qui lui reviennent, et s'ajoutent à son bénéfice. Par conséquent, la valeur de ces parties secondaires serait à déduire du prix de la viande prise aux abattoirs (1 fr. 35), l'acheteur en gros ne payant que sur le poids de la viande nette.

[1] Paris, en 1890, a consommé 183 793 492 kilos, soit près de 184 millions de kilogrammes de viande de boucherie. Il y existait, d'autre part, 1 884 boutiques de bouchers, qui, avec les étaux sur marchés, portent le nombre de ces marchands à 2 000. Chacun d'eux vend donc en moyenne 91 900 kilos de viande par an, ou 1 950 kilos par semaine. C'est, en effet, la moyenne, relevée par l'administration, de la vente des boucheries parisiennes.

[2] Cette somme, qui est aussi une moyenne, peut subir de grandes variations. En voici le décompte approximatif: *une caissière, un chef d'état, un sous-chef, deux apprentis*: par semaine, 130 francs. Intérêts du capital engagé pour installation du fonds de commerce, location de la boutique, patente, impôts, chauffage, éclairage, domestique, viande impayée, déchets, blanchissage, entretien de la boutique, etc.: par semaine, 200 francs. *Total par semaine* de tous les frais : 330 francs.

[3] En effet, le boucher achète en général deux fois la semaine; il ne pourrait acheter pour plus longtemps à cause de la corruption de sa viande. Il revend celle-ci aussitôt et généralement au comptant; l'argent employé à ses achats lui revient donc en entier chaque semaine augmenté du bénéfice réalisé qui se reproduit ainsi au moins 52 fois l'an, et grâce à un capital qui, faisant 52 fois la navette, n'a pas besoin d'être bien considérable.

[4] A. GOUBAUX. *Rapport au Conseil d'hygiène et de salubrité de la Seine* sur le Colportage des viandes de boucherie. Paris 1882, p. 22.

10 millions et demi nous viennent aujourd'hui de l'étranger. Sur ces 41 millions d'hectolitres, 23 au moins sont des vins de qualité ordinaire, bus par le petit bourgeois, l'ouvrier, le paysan, qui les paye environ 0 fr. 40 le litre (0 fr. 60 à Paris avec les frais d'octroi, etc.). C'est donc *un milliard* qui sort annuellement de ce chef des mains du travailleur. Voyons ce qu'on lui donne pour son argent.

Le vin, le vrai vin, est le produit qui résulte de la fermentation alcoolique du jus de raisin frais.

C'est une liqueur fort complexe, mais contenant principalement de l'alcool (55 à 100 grammes au litre), accompagné d'une petite proportion de tannins, de crème de tartre, de glycérine, d'essences et d'éthers, qui font de cette boisson à la fois un excitant et un aliment d'épargne.

Lorsque nous buvons un litre de vin, soit 80 grammes d'alcool environ, nous emmagasinons une réserve de combustibles répondant, si elle était complètement brûlée dans nos tissus, à 560 grandes calories ou unités de chaleur pouvant donner, outre une calorification des muscles et du sang s'élevant à 374 calories, un travail efficace, *dans la machine humaine* de 60 000 kilogrammètres, c'est-à-dire la force nécessaire pour soulever successivement 60 000 kilos à 1 mètre de hauteur, ou pour hisser une balle de un quintal métrique (100 kilos) au sommet d'une tour deux fois aussi haute que la tour Eiffel.

C'est ce qui peut se réaliser, au moins partiellement, lorsque nous buvons l'alcool étendu sous forme de vin, par petites quantités à la fois, *de façon qu'il ne traverse pas nos organes sans s'y brûler*, car, s'il ne s'y consommait pas, il se bornerait à devenir un excitant, un irritant souvent dangereux, ainsi qu'on le verra tout à l'heure.

Le vin pris en quantité modérée est donc un précieux agent d'activité. Aliment à la fois et excitant des centres nerveux par son alcool, il nous nourrit encore par sa crème de tartre et ses phosphates qui fournissent à nos cellules la potasse et le phosphore nécessaires, et par sa glycérine qui sert à la production des graisses; il nous convient aussi par les éthers qui le parfument, il nous soutient par ses matières tanniques et colorantes qui nous tonifient à la façon du quinquina, qui activent les fonctions de l'estomac et, de même que l'alcool, agissent aussi comme antiseptiques.

Mais tout cela n'est vrai que du bon vin. Un bon vin est vermeil, limpide, d'odeur agréable, de saveur vineuse et parfumée. Il n'est ni douceâtre, ni plat, ni fade, ni piqué ou aigri, mais astringent, savoureux, légèrement acidule ou *vert*. Il ne *râpe* pas à la gorge; il n'agace pas les dents par son acidité; il ne laisse aucun désagréable arrière-goût, ni amertume, ni brûlure, ni sécheresse à l'arrière-

gorge. Il échauffe doucement l'estomac, surtout à jeun, sans laisser au palais le goût d'alcool. Il peut, sans se troubler, se conserver quelques jours en bouteille à demi-vide. Il doit supporter l'eau, c'est-à-dire que, mêlé de deux ou trois fois son volume d'eau de fontaine, il doit rester plaisant au goût et non plat, vermeil et non violacé, clair et non trouble.

Un bon vin naturel peut, suivant le cépage, l'année ou l'origine, marquer de 7° à 13° centésimaux, c'est-à-dire contenir par litre de 56 à 104 grammes d'alcool. Mais par suite des droits d'octroi élevés dont la ville de Paris, tout particulièrement, a jusqu'ici frappé, bien à tort pour ses intérêts comme on a le voir, cet aliment de première nécessité [1], les vins naturels, les vins d'origine, particulièrement les vins français, ne sont plus guère bus à Paris. Les commerçants en gros y introduisent surtout des vins riches en alcool, propres à être coupés d'eau par le marchand de vin au détail. D'une barrique alcoolisée à 15° on en fait une et demie à 10°; l'on bénéficie donc ainsi d'une partie des frais de douane, de transport et d'octroi. Et comme, dans l'intérêt de la perception de ces derniers droits, le laboratoire municipal croit pouvoir exiger des vins de coupage, vendus à Paris, un minimum de 10 degrés alcooliques, et que la moyenne des vins français naturels s'élève à peine à ce degré ; comme, d'autre part, les petits vins excellents du centre et du midi de la France à 7° et 8°, à 10° même, ne sauraient permettre le mouillage, c'est à l'Etranger, à l'Italie et à l'Espagne surtout, qu'on va demander ces vins alcooliques, le plus souvent suralcoolisés hors des frontières, que nous buvons après qu'ils ont été ramenés à 10° par addition d'eau.

Nos estomacs en souffrent, notre bourse aussi, la production nationale est sacrifiée; les droits perçus aux douanes et octrois sont diminués dans la proportion du mouillage et le pays s'appauvrit; car il ne faut pas oublier que 10 millions et demi d'hectolitres achetés hors de France au prix moyen de 16 francs, font sortir chaque année, à destination de l'Espagne, de l'Italie, de la Hongrie, de la Grèce, 168 millions de francs et plus de 200 millions avec les frais de transport et autres payés à l'Etranger.

Telle est la conséquence d'une fausse conception

---

[1] Ces droits d'octroi pour les vins ordinaires dépassent dans les grandes villes et en particulier à Paris la valeur moyenne de la marchandise payée au producteur. Les droits d'octroi par hectolitre sont pour Paris de 18 fr. 87 pour des vins achetés dans le Midi à 12 ou 15 francs! Ces droits atteignent au contraire à peine la 20e partie de la valeur des vins de prix. Le conseil municipal a plusieurs fois réclamé un dégrèvement des droits d'octroi sur les vins ordinaires. Mais ces votes ont toujours été considérés par l'Etat comme irréguliers et n'ont pas abouti.

de la base de cet impôt. Tout le monde y perd, producteur, consommateur, État, villes; seuls quelques marchands en gros font fortune, et, ce qui est plus grave, nous enrichissons les pays que nous aurions intérêt à diminuer, l'Italie et l'Allemagne en particulier.

L'Allemagne, en effet, n'a pas, ou n'a que fort peu de vignes, mais elle a ses vastes étendues de pommes de terre et de betteraves qu'elle distille et dont l'alcool sert à relever le titre des vins qui nous arrivent de l'Étranger. Car, si l'on suralcoolisait les vins avant leur entrée en France avec de bon alcool extrait du vin lui-même, seuls la douane et les octrois auraient à réclamer. Quant au public, au bon public, maintenant qu'il y est fait, il se consolerait de boire des vins mouillés, *pourvu qu'ils ne soient pas malsains*. Mais ce n'est pas ici le cas. Ces vins alcoolisés à l'Étranger l'ont été généralement avec des alcools de mauvaise qualité, provenant des eaux-de-vie de betterave, de grains, de pommes de terre. Grâce à une excellente rectification, on enlève à ces eaux-de-vie le cœur, l'alcool pur, vendus à part pour faire les faux cognacs, liqueurs fines, etc..., et l'on sépare, comme suffisamment bons à viner les vins, les produits de *tête* et de *queue* qui contiennent de vrais poisons (alcools amyliques, isobutyliques, aldéhydes, furfurol). Si bien qu'au *Reichstag allemand* un orateur a pu dire, à la grande satisfaction de nos voisins, que par cette voie détournée, la France débarrasse l'Allemagne de ses alcools impurs, qui, vendus aux Italiens et aux Espagnols, rentrent chez nous sous forme de vins alcoolisés, prêts au mouillage.

De fait, lorsque vous achetez ces vins vinés et mouillés de ¹/₄ d'eau, par exemple, vous recevez, au lieu d'un litre de vin pur et naturel, 80 centilitres d'un vin altéré et vicié. Vous croyez payer 0 fr. 70 ce litre de vin, vous le payez en réalité 88 centimes; vous croyez recevoir de l'alcool de vin, on vous donne des résidus d'alcool de pomme de terre ou de grain.

Je sais que le marchand répond : « Nos vins sont mouillés, il est vrai, mais aussi sont-ils vendus moins cher; y a-t-il donc lieu de tant gémir pour un peu d'eau! L'ouvrier s'en grisera moins, et sa ménagère sera fort heureuse de payer son litre moins cher. » Mais de quel droit jugez-vous devoir ainsi prendre à la fois malgré lui les intérêts et l'argent de votre acheteur? Est-il bon de lui enlever le cinquième ou le quart du verre de vin sur lequel il compte pour se réconforter? Faut-il le pousser à boire de l'alcool au verre faute de celui qu'il sent bien ne pas trouver dans sa bouteille de vin?

Mais, en vérité, est-il vraiment bien sain ce vin que vous venez ainsi de baptiser au moment où il va paraître sur votre comptoir de zinc? Est-ce bien de l'eau stérilisée, bouillie, distillée ou fil-

trée que vous ajoutez à cette boisson déjà frelatée? Non, vous puisez dans votre fleuve ou votre puits l'eau qui convient à ce trafic, et avec elle vous introduisez dans cette boisson les microbes de votre cité ou de votre maison. S'ils sont dangereux, ils empoisonnent le vin; s'ils sont vulgaires et communs, ils y apportent des germes de maladie qui les altèrent, les troublent et en empêchent la conservation.

C'est donc avec raison que les laboratoires municipaux saisissent ces vins alcoolisés et mouillés lorsque l'autorité les y convie; mais, il faut bien le reconnaître, les pouvoirs publics n'aiment pas beaucoup à gêner le commerce du marchand de vin!

Aujourd'hui, les vins colorés à la cochenille, à la fuchsine et autres couleurs dérivées de la houille, au sureau, à la mauve, etc., ont, en grande partie, disparu. Ces fraudes étaient faciles à reconnaître, mais quoique fort regrettables, elles étaient certainement moins dangereuses que les précédentes.

S'assurer qu'un vin est mouillé ou sophistiqué n'est pas à la portée du public. C'est l'affaire des chimistes. Mais voulez-vous boire des vins naturels et à bon marché, entendez-vous, formez des sociétés de consommation qui achètent directement aux producteurs et ne livrent que des vins authentiques et analysés. Demandez aux Chambres qu'elles fixent des droits de douane proportionnels au titre alcoolique des vins étrangers; aux Conseils municipaux qu'ils abaissent les droits d'entrée aux octrois pour les vins ordinaires et les élèvent pour les vins de prix, qu'on peut facilement suivre depuis le producteur jusqu'au marchand au détail, car ils ne voyagent pas sans un acquit-à-caution. Demandez que toute fraude soit poursuivie sans pitié, à la suite d'une analyse complète et contrôlée, sans tenir compte de cette malheureuse moyenne de 10 degrés, dont l'effet le plus direct est de nous faire consommer aujourd'hui, à Paris, des vins étrangers vinés avec de l'eau-de-vie détestable et de faire sortir, chaque année, 200 millions de francs de notre pays.

IV. — Alcools

A la suite du vin, je tiens à vous dire ce que je pense des liqueurs alcooliques; mais un mot seulement, car ce ne sont certes pas là des aliments de première nécessité! Ce sont plutôt des excitants à la façon du thé ou du café, mais de tous les excitants les plus dangereux lorsqu'on les emploie avec abus. Ces eaux-de-vie frelatées, mélangées d'alcool de marc et de pommes de terre, parfumées d'essence allemande *de cognac*; ces rhums artificiels qui renferment du méthylal, de l'infusion de cuir et des phlegmes d'alcool amylique; ces kirschs à l'acide prussique, à la nitrobenzine et au furfurol;

ces *apéritifs* de toute sorte, dont la strychnine n'est pas toujours exclue; ces *liqueurs fines* qui ont toutes les couleurs d'un arc-en-ciel extrait de la houille; ces absinthes qui tiennent en solution une essence apte à abrutir lentement, mais sûrement, et à donner à l'homme et aux animaux des accès de tout point semblables à ceux de la rage..., toutes ces liqueurs alcooliques dénaturées constituent un vrai péril social, universel. Grâce à ces boissons, à la syphilis et à la variole, autant de fléaux importés par l'homme civilisé, les races du Nouveau-Monde et du continent africain sont en train de disparaître; des peuples entiers sont lentement moissonnés! Qu'est-il besoin de la poudre! Avec l'eau-de-vie en Afrique et l'opium en Asie, nous sommes bien sûrs d'une conquête pacifique et définitive!

L'abus des boissons alcooliques produit l'ivresse avec ses formes maniaques, convulsives et apoplectiques; l'alcoolisme héréditaire, l'excitabilité du caractère, la dégradation de l'intelligence, l'affaiblissement de la volonté et des forces physiques, le *delirium tremens;* la violence, la démence quelquefois, toujours la vieillesse anticipée. De ces êtres devenus plus ou moins stupides naissent, le plus souvent, des enfants cacochymes qu'enlèvent les convulsions précoces, ou qui deviennent plus tard épileptiques, vicieux et criminels [1].

V. — L'EAU POTABLE

Si le pain, à Paris, est excellent, mais trop cher, si la bonne viande est hors de prix, si le vin ordinaire est généralement frelaté, du moins peut-on y trouver de bonne eau potable? Les lourds impôts que nous payons permettent sans doute, à la Ville, de nous donner ce bien dont jouissaient déjà les populations primitives, et dont se préoccupent même les peuplades sauvages, avant de faire une halte ou de fonder un nouveau village : *de bonne eau potable?*

Vous savez que l'eau suffit encore à cette heure aux peuples les plus divers : Arabes mahométans, Turcs, Indiens, Chinois, Japonais ne boivent que de l'eau ou des infusions aqueuses. Rien n'est plus sain et n'étanche mieux la soif qu'un verre d'eau fraîche et pure; mais rien peut-être n'est plus dangereux qu'un verre d'eau malsaine.

Si l'eau est la boisson par excellence, c'est aussi un aliment. Elle entre pour les trois quarts de leur poids dans la constitution de nos organes; elle contribue à la formation de nos cellules par ses sels de chaux. Lorsqu'elle est bonne, elle active la digestion; elle l'arrête en provoquant des fermen-

tations anormales lorsqu'elle est de mauvaise qualité. Il importe donc de la bien connaître.

Une bonne eau potable doit être fraîche, limpide, sans odeur, agréable au goût, aérée, légère à l'estomac, imputrescible, propre aux principaux usages domestiques.

Elle est fraîche si sa température est constamment inférieure de plusieurs degrés à la température de l'air ambiant. Dans nos villes, on obtient cette qualité en faisant circuler sous le sol, à 8 ou 10 mètres de la surface, comme on le fait à Paris, les canalisations qui amènent l'eau potable.

Une eau limpide est celle qui permet de distinguer, même sous une grande épaisseur, les formes et les arêtes vives des objets. Les eaux de la Vanne et de la Dhuis, à Paris, sont limpides; celles de la Seine ne le sont jamais. Toute eau limpide vue en masse est bleuâtre; toute eau teintée de jaune ou de vert ne l'est pas et dépose peu à peu du *limon* dans les vases où on la conserve. Elle doit dès lors être rejetée ou filtrée.

Les eaux qui, soit directement, soit lorsqu'on les conserve quelques jours en vase fermé, possèdent ou prennent une odeur de marais, de croupi, sont mauvaises. Presque toujours, elles manquent de limpidité; elles se troublent lorsqu'on les garde en vase clos, durant quelques semaines, puis se clarifient lentement. C'est que les êtres microscopiques qu'elles hébergent, après y avoir rapidement pullulé, y meurent et s'y déposent sous forme de limon. Essayez de conserver en bouteille les eaux de la Seine, elles se troubleront, prendront un ton vert jaunâtre et une odeur marécageuse. Celles de la Dhuis louchiront à peine; celles de la Vanne resteront parfaitement claires : ce sont les meilleures.

Une eau qui lorsqu'on la conserve perd sa limpidité et prend un goût fade ou marécageux, devient *lourde* à l'estomac et consomme tout son oxygène. Elle est alors indigeste; non pas, comme on le dit souvent, parce qu'elle est désaérée, mais parce que cette désaération est le signe et la conséquence de la pullulation de myriades de microbes qui provoquent, dans l'estomac, des fermentations nuisibles. Les eaux bouillies, quoique désaérées, sont cependant légères et digestibles.

L'eau doit être propre au savonnage et à la cuisson des légumes : d'une part, celles qui ne rempliraient pas ces conditions seraient difficilement utilisables dans nos maisons; de l'autre, si elles grumellent le savon au lieu de le dissoudre, et si elles durcissent les légumes, c'est qu'elles contiennent trop de chaux, qu'elles sont plâtreuses, saumâtres ou magnésiennes. L'aptitude au savonnage et à la cuisson des légumes, que chacun peut constater, suffit, avec la limpidité et l'absence de toute odeur

---

[1] 50 % des assassins, 57 % des incendiaires, 88 % des condamnés pour attentats aux mœurs ou violences contre les personnes ont été reconnus alcooliques. (Communication à l'Académie de médecine.)

fade ou marécageuse, lorsqu'on les a gardées douze à quinze jours en vase clos, pour caractériser les bonnes eaux potables.

Les microbes des eaux font partie de cet immense domaine microscopique des êtres inférieurs qu'on retrouve partout, dans l'air, la terre et les eaux, et dont notre illustre Pasteur a découvert le Monde nouveau et le rôle immense et surprenant. On en connaît de figure et d'aptitudes les plus diverses : *monas* et *coccus* sous forme de points ou d'œufs dont un millier et plus tiendraient sur la pointe d'une épingle ; *vibrions* qui nagent ou rampent dans les infusions à la façon d'anguilles ; *spirilles* en tirebouchons ; *streptocoques* en chapelets ; *bactéries* en bâtonnets immobiles ; *zooglées* en petites masses proliférantes et gluantes ; *moisissures*, dont tout le monde connaît la variété infinie ; *levûres* qui bourgeonnent en tous sens, etc., êtres variés et polymorphes, tantôt inoffensifs, tantôt au contraire des plus redoutables, car c'est surtout par les eaux de boisson que nous contractons la peste, la fièvre typhoïde, le choléra, la dysenterie, les embarras gastriques, la fièvre jaune, la fièvre bilieuse des pays chauds, et bien d'autres maladies épidémiques.

Ces microbes pullulent dans les eaux avec une grande activité. D'après le D⁻ Miquel, voici comment ils se reproduisent dans les eaux de la Vanne :

A l'arrivée des eaux au bassin de Montsouris...............	48 bactéries par cm³ d'eau
3 heures après..................	125 —
24 heures.....................	3800 —
48 heures.....................	125000 —
72 heures.....................	590000 —

puis leur nombre va en diminuant et tombe, après quelques mois, à 93 par centimètre cube.

Tant que ces petits êtres ne proviennent pas des déjections des villes ou des campagnes, ils ne sont pas très dangereux. Il n'en est plus de même de ceux qu'on trouve dans les eaux d'un fleuve qui, comme la Seine, traverse de grandes villes. Il faut, dans ce cas, filtrer ces eaux, ou mieux encore, les faire bouillir, pour les rendre inoffensives.

Les meilleurs filtres sont ceux en pierre poreuse des ménages parisiens, s'ils sont bien tenus, raclés ou lavés de temps en temps à l'acide chlorhydrique et surtout bien *exempts de fissures*. Les filtres en biscuit de porcelaine, s'ils ne débitent pas trop, sont bons aussi, mais demandent que l'eau soit sous pression. Je citerai encore les filtres au charbon d'os à diaphragme d'amiante. Je me sers de ces derniers et m'en trouve bien. Le charbon d'os paraît avoir la propriété non seulement d'arrêter mécaniquement les microbes dans ses pores, mais de les faire disparaître, peut-être en activant leur oxydation.

On peut, dans les cas pressants, dans les moments d'épidémie, purifier les eaux à fond et sans filtre en les soumettant à l'ébullition. Il suffit d'un chaudron de cuivre, autant que possible non étamé. On y fait bouillir l'eau le soir quelques miuntes ; on la retrouve fraîche et prête à boire le lendemain. Cette eau est sans mauvais goût et facile à digérer.

La Ville de Paris nous donne-t-elle de bonne eau potable ? Elle reçoit chaque jour et distribue à ses habitants, ou emploie, pour les services publies, 454 700 mètres cubes d'eau des provenances suivantes[1] :

1° *Eaux de source.*	Dhuis.....................	18861 m. c.
—	Vanne....................	179064
—	Arcueil..................	984
—	Sources du Nord.........	269
—	Puits de Grenelle et de Passy.	6757
	Total..............	145755
2° *Eaux de fleuve.*	Seine [2]..................	106317
—	Marne [3]..................	76595
	Total............	182912
3° *Eaux du canal de l'Ourcq* [4]................		126057
	Total............	454721

Comme on voit, le tiers à peine de l'eau distribuée à Paris est de l'eau de source, de l'*eau potable!* Encore une partie de cette dernière est-elle, vue sa pression, employée à faire monter les ascenseurs, alors même, qu'en pleine épidémie, on distribue de l'eau de Seine *faute d'eaux de source*. Je sais bien qu'autant que possible les eaux de Seine et de Marne sont utilisées pour les arrosages et lavages des rues et des maisons. Mais Paris boit aussi les eaux de son fleuve et de ses canaux, et non pas seulement de celles prises en amont de la grande ville, mais en aval, à Javel, dans la Seine, après sa traversée ! Paris boit, chose plus étonnante encore, de l'eau infecte du canal de l'Ourcq prise au bassin de la Villette ! Ne craignez-vous pas que, dans les siècles à venir, en déchiffrant les *Archives* du temps présent, un savant de cette lointaine époque ne dise en parlant de nous : « Il existait, en « ces temps, sur les rives de la Seine, un peuple « assez spirituel, mais naïf et fort sale, car il « entretenait de ses deniers des hommes spéciaux « chargés de lui faire accepter et boire, avec son eau « de table, ses propres déjections. »

L'eau de Seine prise à Choisy, en amont de Paris, contient 500 microbes par centimètre cube. Elle en a 5000 à Villejuif ; les approches de la grande Ville commencent à se faire sentir. Après la traversée de Paris, à Clichy, en amont du grand collecteur,

---

[1] J'emprunte les nombres qui vont suivre au dernier *Annuaire statistique de la ville de Paris*, 1889.
[2] Prises du Port-à-l'Anglais, d'Ivry, de Maisons-Alfort, du pont d'Austerlitz, de Bercy, Chaillot, Javel.
[3] Prise de Saint-Maur.
[4] Prise d'eau du bassin de la Villette.

à peu près au point où l'on puise l'eau destinée à cette partie de Paris ainsi qu'à Saint-Denis, elle contient 116 mille microbes par centimètre cube, 26 millions de microbes par verre d'eau! La différence, plus de 110 mille par centimètre cube, est versée au fleuve par la ville. Ce sont donc là des microbes suspects ou dangereux. Parmi eux, il en est certes beaucoup qui sont bien fils et petits-fils de ceux qui ont déjà semé dans notre population la maladie et la mort. Ce sont ces eaux dangereuses, que l'on distribue encore à une partie de Paris, et dont on gratifie tour à tour chacun de nos quartiers. Pour emprunter ici le mot d'un homme d'esprit (J. Simon), « lorsque c'est notre arrondissement qui est frappé, il me semble que j'entends l'Administration nous dire paternellement : « Allons, mes enfants, c'est à votre tour « d'avoir la fièvre typhoïde. En voilà pour vingt « jours... » Consultez les statistiques municipales, elles vous diront qu'en effet, dix à douze jours après, c'est vingt, trente, cinquante victimes et plus, qui, par semaine, restent sur le carreau.

Il est temps que cet état de choses cesse ; que la vie humaine ne soit plus à la disposition d'une *Compagnie des Eaux;* que l'Administration ne puisse plus, à sa guise, ouvrir et fermer le robinet qui donne passage au typhus. On s'en occcupe, je le sais, et l'Avre et l'Ivette vont bientôt, nous dit-on, arriver dans nos murs. Mais combien faudra-t-il de temps pour que nous ayons partout dans Paris deux canalisations indépendantes? Et quand Paris aura de bonnes eaux, les 6 à 700 mille habitants de sa banlieue continueront-ils à être soumis au régime des eaux infectes ?

On a eu moins d'hésitations ailleurs : à Vienne la fièvre typhoïde a presque complètement disparu depuis que les eaux du Danube ont été remplacées par celles des belles sources qui coulent des montagnes ; Londres a aujourd'hui généralement de bonnes eaux potables ; Berlin filtre en grand les siennes ; Paris, où est née et fleurit l'École de Pasteur, restera-t-il longtemps encore la ville où, grâce à l'inobservance des Règlements ou des règles de l'hygiène, fleurissent mieux que partout ailleurs la rage et la fièvre typhoïde ?

VI. — CONCLUSIONS

A côté des principaux aliments : le pain, la viande, le vin et l'eau, j'aurais pu examiner aussi le lait, les corps gras, les légumes, la bière et le cidre, le café, le sucre et les condiments les plus usuels. Mais, à l'exception des légumes, ce ne sont point là des aliments indispensables, de première nécessité, et il ne fallait pas trop allonger cette conférence. D'ailleurs, les légumes et les fruits, que recherchent avec raison toutes les classes, ne sauraient se frauder. Ne les négligez pas dans votre alimentation ; ce sont des aliments à la fois sains, nutritifs, suffisants même, à ce point que certains peuples en font leur nourriture exclusive ; qu'en Angleterre, en Allemagne, en Russie, de nombreuses sectes se font un devoir de ne jamais manger de viande ; que dans l'Inde les classes supérieures n'en mangent jamais, sous peine de déchéance, ayant reconnu depuis longtemps que les végétaux suffisent à donner la force, qu'ils adoucissent les mœurs et entretiennent l'homme en santé mieux que la viande, dont l'abus produit l'épaississement de la race, la goutte, le rhumatisme, les maladies de la peau, etc....

Pour nous, qui vivons sous un ciel moins clément, recourons à une alimentation mixte. Du pain, pourvu qu'il soit bon et abondant, un peu de de viande, des légumes, du vin modérément, de bonne eau potable, voilà de quoi entretenir un peuple en santé et en vigueur. Tant que l'ouvrier français mangera près des deux livres de pain blanc par jour, je réponds de sa gaieté, de son intelligence, de son affabilité. Donnez-lui en plus un peu de bifsteak, et quelques verrées de bon vin, et vous en faites un travailleur et un soldat incomparables.

A propos de nos principaux aliments, j'ai cru, Messieurs, devoir vous dire la vérité telle qu'elle est, un peu crue, un peu triste même, n'hésitant pas à froisser bien des intérêts et des amours-propres, mais confiant dans votre raison et dans votre bon sens. Je ne suis pas de ceux qui pensent qu'on doit tenir le peuple en tutelle ; je crois au contraire qu'il faut qu'il entende la vérité et qu'il en profite. Il ne prend confiance qu'en ceux qui défendent ses intérêts, et ceux-là seuls pourront lui parler utilement de sa responsabilité et de ses devoirs qui sauront réclamer et défendre ses droits. Et maintenant je ne voudrais pas que, de cette conférence, il restât dans vos esprits rien qui pût y exciter des sentiments trop ardents de regret ou d'amertume. Sur un point précis et restreint du problème social, l'alimentation du peuple, je vous ai dit ce que je savais : le mal et le bien, les défauts, mais aussi le remède.

Ce remède, il est surtout dans l'association, le travail et l'entente. Cette entente ne saurait s'établir que par la paix sociale et grâce au respect de la liberté de chacun. La force ne fonde rien de durable : la coopération employée avec intelligence, persévérance, sans violence, sans éclats, viendra à bout de tout. La puissance et l'avenir lui appartiennent.

Armand Gautier,
de l'Académie des Sciences
Professeur à la Faculté de Médecine.

12*

LES ÉLÉMENTS DE LA SEXUALITÉ CHEZ LES ANIMAUX

La reproduction des animaux, celle des plantes, ont de tout temps attiré l'attention des naturalistes et stimulé leurs recherches ; voir se développer un organisme souvent complexe aux dépens d'éléments très petits et très simples est, en effet, un des phénomènes les plus remarquables parmi ceux que présentent les êtres vivants. On pensait autrefois que l'un de ces éléments exerçait une action prépondérante, sinon exclusive ; on admet aujourd'hui que tous deux ont une influence presque égale, bien que l'exerçant de manières différentes. Les études approfondies qui ont été faites à cet égard durant ces dernières années ont fourni nombre de particularités intéressantes, malheureusement éparses dans les ouvrages spéciaux ; il sera peut-être utile de les résumer brièvement, et de signaler en même temps plusieurs des notions générales qu'elles suggèrent.

I

La reproduction sexuelle est propre aux animaux pluricellulaires. Elle s'effectue par le moyen de deux éléments, l'*ovule* et le *spermatozoïde*, destinés à se fusionner en un seul corps capable de se développer et de former un embryon ; ce corps, étant le germe initial et provenant de l'ovule accru du spermatozoïde, mérite bien par là le nom d'*oospore*, c'est-à-dire d'*œuf-germe*, tout comme son correspondant des végétaux. Parmi ces éléments, l'ovule représente le sexe femelle, et le spermatozoïde le sexe mâle ; ils possèdent donc, à cet égard, une polarité différente ; et leur union, qui confond en un tout simple leur substance et leurs forces, est la *fécondation*. Parfois, l'ovule a la propriété d'évoluer, de se convertir en un embryon, sans se joindre au préalable avec un spermatozoïde ; ce phénomène, assez rare, et qui n'intervient jamais d'une manière continue dans la série des générations, est la *parthénogenèse*.

Les produits sexuels offrent des caractères communs et des caractères particuliers. — Les premiers tiennent à leur développement et à leur nature morphologique. L'ovule et le spermatozoïde proviennent de cellules-mères qui se multiplient pour les engendrer ; tous deux sont également des cellules simples. Ce fait est très net pour les spermatozoïdes, moins pour les ovules. Souvent ceux-ci absorbent, avant la fécondation, et assimilent à leur propre substance quelques éléments cellulaires voisins ; mais les parcelles nucléaires de ces éléments se détruisent, et la simplicité de l'ovule est donc réelle dans tous les cas. — Les seconds caractères découlent des différences qui s'établissent entre les procédés employés pour effectuer la fécondation. Les spermatozoïdes doivent se déplacer pour aller trouver les ovules ; aussi la majeure partie de leur protoplasme est-elle convertie en organes de translation, et notamment en fouets mobiles. Par contre, les ovules ne se déplacent pas, et, en conséquence, ils sont privés d'appendices locomoteurs ; de plus, ces éléments possèdent en eux-mêmes le protoplasme et les réserves nutritives qui vont servir à former le corps de l'embryon, et, par suite, ils sont plus gros que les spermatozoïdes.

D'autres différences interviennent encore. Comme l'ovule a pour fonction de donner au germe la substance organique nécessaire pour le produire et de constituer la majeure part de cette substance, le rôle du spermatozoïde est tout de rajeunissement. L'apport qu'il fournit en protoplasme est insignifiant, tellement il est réduit ; son noyau, étant la seule chose importante, est seul bien développé, et occupe en lui la plus grande masse ; le spermatozoïde est une cellule presque réduite à son noyau, et pourvue d'ordinaire de la quantité de protoplasme strictement nécessaire pour produire les mouvements locomoteurs. D'autre part, ces éléments sont obligés de se déplacer pour aller s'unir aux ovules ; beaucoup d'entre eux sont susceptibles de s'égarer, et ne parviennent point, en effet, à leur destination ; aussi, d'habitude, sont-ils de beaucoup plus nombreux que les éléments femelles.

La fécondation des animaux pluricellulaires découle directement de la conjugaison des animaux monocellulaires supérieurs. Comme elle, elle consiste en la fusion de deux cellules, devenant par là capables de se partager en un nombre considérable de segments. La conjugaison amène un double effet : par la fusion des noyaux, elle détermine le rajeunissement du corps conjugué ou *auxospore*, et lui donne une vitalité, une aptitude à la multiplication, que les deux éléments primitifs n'avaient point séparément ; par l'union des protoplasmes, elle donne à l'auxospore une quantité de substance organique suffisante pour permettre cette multiplication. Il n'en est pas ainsi dans la fécondation : l'ovule seul contient en lui la matière organisée qui va servir à édifier le germe ; mais le rajeunissement nucléaire lui manque, et le spermatozoïde, réduit presque à son noyau, est chargé de le lui donner. — Déjà cette division du travail se manifeste chez plusieurs animaux monocellulaires ap-

partenant à la famille des Vorticellines : les individus destinés à se conjuguer diffèrent entre eux,
car les uns, ou *macrogonidies*, sont gros et immobiles, alors que les autres, ou *microgonidies*, sont
petits et errants. La dissemblance des éléments
sexuels des animaux pluricellulaires n'est autre
qu'une exagération de celle présentée par les
Vorticellines.

Cette comparaison entre la fécondation des
animaux pluricellulaires et la conjugaison des
animaux monocellulaires autorise à admettre,
tout d'abord, que la première découle de la
seconde ; ensuite elle permet de bien concevoir
où réside, dans l'élément sexuel, l'ensemble des
forces qui constitue sa polarité. Cet ensemble
n'est pas localisé dans le protoplasme seul de la
cellule que cet élément représente, ni dans son
noyau, mais dans les deux à la fois. En effet, si
l'on remonte à l'origine même de la fécondation,
on trouve que ce phénomène comporte deux effets,
dont l'un, l'accroissement, intéresse .le protoplasme, et dont l'autre, le rajeunissement, tient
aux noyaux ; partant, l'influence sexuelle appartient aux deux parties des éléments mis eu jeu.
Mais le rajeunissement seul conserve son importance primordiale : à la suite de cette division du
travail qui donne à l'ovule la faculté de posséder
la substance nécessaire à la production du germe,
le spermatozoïde reste presque indifférent sous ce
rapport, et sa fonction d'accroissement se trouve
diminuée d'autant.

L'hérédité intervient ensuite pour amoindrir
encore les ressemblances fondamentales qui existent entre la conjugaison et la fécondation. La
première est le propre des animaux unicellulaires ;
et lorsque l'auxospore s'est divisée en segments,
ceux-ci se séparent les uns des autres, car chacun
d'eux se convertit en un individu distinct, autonome. La fécondation appartient aux animaux
pluricellulaires ; en conséquence l'oospore, homologue de l'auxospore du cas précédent, se partage
en segments qui restent accolés les uns aux autres
tout en augmentant en nombre, et qui ne s'isolent
point ; une oospore ne produit donc qu'un seul
embryon, formé par l'association de plusieurs cellules.

II

Les homologies indiscutables établies entre le
spermatozoïde et l'ovule dérivent encore plus nettement de leur évolution que de leur structure définitive. Les considérations suivantes montrent, en
effet, que chaque spermatozoïde est strictement
l'égal de chaque ovule ; leurs dissemblances tiennent aux différences de leur mode d'action, mais

n'altèrent en rien l'équivalence parfaite qui existe
entre eux.

Les amas d'éléments sexuels sont d'ordinaire
localisés dans une région déterminée du corps du
générateur ; ils portent le nom de *testicules* lorsqu'ils sont mâles, et d'*ovaires* lorsqu'ils sont femelles. Ils se séparent des autres organes bien avant
l'âge adulte de l'individu qui les possède, et apparaissent à l'état d'ébauches dans le cours des
phases embryonnaires, du moins le plus souvent ;
ces ébauches sont d'abord confondues avec celles
des autres organes, et ne se distinguent d'elles par
aucun caractère appréciable à nos sens. Il n'en est
cependant pas toujours ainsi ; les ébauches
sexuelles fort jeunes sont composées d'un petit
nombre de cellules et ne sont représentées, tout à
leur début, que par une seule cellule ; or, dans
certains cas, on voit cette dernière prendre naissance dès les premiers états du développement. On
donne alors à cette cellule·le nom d'*initiale sexuelle* ;
la présence de telles initiales a été signalée chez
plusieurs animaux, les Chætognathes par exemple,
mais ne paraît pas être générale, contrairement à
l'avis de plusieurs auteurs qui voudraient· la
retrouver partout. Il semble plutôt que les ébauches sexuelles sont d'abord confondues avec les
autres éléments du jeune organisme, et ne se déli-
mitent que durant les phases postérieures à la segmentation. Il est sans doute permis de concevoir
l'existence sur notre globe, à une époque très
reculée, d'animaux pluricellulaires à structure fort
simple, qui n'étaient pas plus perfectionnés
qu'une oospore segmentée tout en possédant des
cellules sexuelles ; mais il n'en est plus ainsi pour
les animaux pluricellulaires actuels, qui sont plus
complexes, et dont les cellules sexuelles se mani-
testent assez tard.

Mettant à part les conduits qui servent à mener
au dehors les éléments reproducteurs, les jeunes
ovaires et les jeunes testicules sont composés de
cellules agglomérées qui doivent donner naissance
aux ovules et aux spermatozoïdes par les mêmes
moyens ; cette identité parfaite a été démontrée
par nombre d'auteurs récents, dont les principaux
sont Sabatier et Giard pour la France, Ed. van Beneden, O. Hertwig pour l'Étranger. Étant donné
leur rôle, qui consiste à produire par leur division
les éléments fécondateurs, ces cellules sont nommées *spermatoblastes* ou *spermatogonies* dans les testicules, et *ovoblastes* ou *ovogonies* dans les ovaires :
elles sont en réalité, et leur nom l'indique, les cellules-mères des spermatozoïdes ou des ovules.

Chaque spermatoblaste se partage, par des
scissions répétées, en un groupe cellulaire compact,
le *spermatogemme* ; les éléments qui composent ce
dernier sont des *protospermaties* ou encore des

spermatocytes; l'un deux s'amplifie beaucoup, grossit plus que les autres, et sert à les porter: c'est le *cytophore*. Celui-ci ne joue ensuite aucun rôle, mais non les *spermatocytes*. Chacun d'eux se partage deux fois de suite, dans un laps de temps fort court, et engendre par ce moyen quatre cellules, les *deutospermaties* ou simplement *spermaties*, qui se transforment directement en spermatozoïdes. Ce dernier phénomène n'a pas encore été trouvé chez tous les animaux, car il s'agit ici d'observations délicates et fort difficiles ; mais la plupart des travaux publiés sur ce sujet tendent à prouver sa généralité.

Une succession similaire de faits se présente dans le développement des ovules. Chaque ovoblaste se divise en plusieurs cellules, qui restent accolées et constituent par leur réunion un corps qu'il serait permis d'appeler *ovogemme*, par analogie avec son correspondant des spermatozoïdes. L'une d'entre elles, équivalent du cytophore précèdent, grandit plus que ses voisines, et devient l'*ovocyte* ; les autres se disposent autour d'elle de manière à l'envelopper, restent petites, et forment ainsi une couche périphérique nommée le *follicule*. Les cellules folliculaires ne jouent aucun rôle dans la fécondation ; leurs fonctions tiennent à la nutrition ou à la protection de l'ovocyte et se bornent là. Puis l'ovocyte se partage deux fois de suite, tout comme les spermaties déjà connues ; mais comme son protoplasme doit servir à l'édification du jeune embryon, cette double division a seulement pour effet de séparer de lui deux petites cellules, dites *cellules polaires*. Après quoi, l'ovocyte, ayant parcouru la même série de bipartitions que le spermatozoïde, est apte à la fécondation, et constitue l'*ovule* définitif.

La concordance est parfaite à tous égards, et elle est des plus intéressantes, car elle dénote l'équivalence absolue de l'ovule et du spermatozoïde qui s'unissent dans la fécondation. Les seules dissemblances portent sur le choix, dans le spermatogemme et l'ovogemme, des éléments qui se transformeront en spermatozoïdes ou en ovules; il existe à cet égard, entre les deux sexualités, une opposition remarquable, mise en lumière par A. Sabatier et dont cet auteur a montré toute l'importance. La cause de cette opposition est attribuable, sans doute, à la différence des rôles joués dans l'acte fécondateur par les éléments sexuels.

Les uns sont obligés de se déplacer pour aller trouver les autres ; partant, afin de parer aux pertes causées par cette nécessité, car la plupart d'entre eux s'égarent, ils doivent être plus nombreux ; tel est le cas des spermatozoïdes. L'inverse a lieu pour les ovules ; et, de plus, afin d'accumuler en eux-mêmes une grande masse de protoplasme, ces derniers sont forcés d'emprunter le surcroît dans les milieux environnants. Le raisonnement permet d'admettre que ces deux tendances différentes conduisent aux oppositions signalées ; la plupart des éléments des spermatogemmes deviendront des spermatocytes, alors qu'un seul des éléments de l'ovogemme se modifiera en un ovocyte, qui absorbera souvent ses voisins du follicule et se les assimilera pour augmenter sa propre substance.

Il est nécessaire de répéter que ces faits n'ont pas été trouvés chez tous les animaux, car les observations acquises, bien que nombreuses, sont encore insuffisantes; pourtant, comme on les a rencontrés dans la plupart des principaux groupes et chez des êtres divers, tout porte à admettre leur généralité. Quelques exceptions cependant ont été constatées ; mais elles tiennent plutôt à la quantité des éléments produits par ces divisions successives et à leur rôle qu'à l'essence même des phénomènes. En somme, ces phases principales du développement des produits sexuels paraissent exister d'une manière invariable chez tous les animaux pluricellulaires, avec des variations de plus ou de moins ; et elles démontrent l'homologie parfaite et l'équivalence complète du spermatozoïde et de l'ovule en tant que cellules pourvues de sexualité. — Quant à la signification précise qu'il convient d'attribuer aux deux dernières bipartitions, qui divisent le spermatocyte en quatre spermaties et l'ovocyte en un ovule et deux cellules polaires, les avis sont partagés. Il ne s'agit point en cela des faits observés, qui sont indiscutables, mais de l'interprétation à leur donner. L'opinion la plus acceptable est celle portant à croire qu'il s'agit ici de phénomènes anciens, présentés dans leur développement par les cellules sexuelles des ancêtres des animaux pluricellulaires, et reproduits aujourd'hui encore par atavisme.

Louis Roule,
Professeur de Zoologie
A la Faculté des Sciences de Toulouse.

LA GUÉRISON DE LA RAGE DÉCLARÉE

EXPÉRIENCES DE MM. TIZZONI ET CENTANNI [1]

Il y a déjà quelque temps qu'au laboratoire de pathologie de l'Université de Bologne, le Profes seur Tizzoni et la Doctoresse Cattani poursuivent des expériences sur le tétanos et sur les moyens propres à communiquer aux animaux l'immunité contre la terrible maladie. Bien des gens se sont déjà livrés à cette étude; mais les résultats obtenus jusqu'à ce jour par M. Tizzoni et par Mme Cattani sont les plus positifs et ont déjà reçu des applications pratiques. En résumant brièvement ces travaux, nous dirons qu'on commença par isoler le liquide produit par les bacilles du tétanos en examinant ensuite quels effets il produisait sur les animaux auxquels on l'avait inoculé, et en reconnaissant que les animaux pouvaient, à la suite d'injections, devenir réfractaires à des inoculations virulentes et successives de tétanos. La substance à laquelle l'immunité était due fut séparée du sérum du sang et on eut ainsi un véritable vaccin doué de propriétés caractéristiques ; après la vaccination, en effet, il n'était plus possible de transmettre aux animaux l'infection au moyen du sang ou de l'urine d'un animal mort du tétanos, tandis que l'intoxication était fatale chez un animal non vacciné. Ainsi donc, lorsqu'on mettait l'antitoxique dans un sang tétanique, celui-ci perdait son caractère toxique.

En présence d'une telle sûreté des résultats, on pensa pouvoir répéter sur l'homme les expériences ci-dessus décrites, et aujourd'hui on a une statistique suffisante de personnes qui, atteintes de tétanos, et même dans un cas après avoir subi l'amputation, se sont, grâce aux injections antitoxiques, complètement guéries. Ajoutons que les observations les plus récentes des deux expérimentateurs ont démontré que l'immunité conférée aux animaux, lapins et souris, est héréditaire. Des petits, nés de parents rendus réfractaires au tétanos, subissent eux aussi sans danger des inoculations tétaniques auxquelles les animaux nés de parents non rendus réfractaires succombent toujours.

Ces expériences sur le tétanos ont suggéré des recherches analogues sur la rage. La méthode Pasteur, qui constitue une découverte de portée incalculable pour le traitement de l'hydrophobie, prévient, comme on sait, le développement du mal, mais devient inefficace quand les premiers symptômes de la rage se sont manifestés. Dans une Note présentée à la dernière séance de l'Académie royale des Lincei, le Professeur Tizzoni a annoncé qu'il avait réussi, de concert avec le Docteur Centanni, à obtenir par une méthode nouvelle la guérison de la rage déclarée.

M. Tizzoni avait prouvé déjà, avec M. Schwarz, dans des travaux antérieurs, que le sérum du sang d'un animal rendu réfractaire à la rage par vaccination exerce une action désinfectante sur le virus rabique inoculé à des lapins ; et cela pour un intervalle de temps, soit avant, soit après l'infection, d'environ 48 heures. Ils reconnurent, — démontrant ainsi la justesse des idées émises par Valli au commencement du siècle, — que la digestion artificielle dans un tel sérum fait perdre sa virulence au système nerveux des animaux atteints de rage; la substance nerveuse ainsi traitée agit par injection comme les moelles de Pasteur, rendant les lapins inoculés réfractaires à la rage.

Dans ces circonstances, on commença par chercher si, dans le sérum du sang des animaux rendus indemnes, il se trouvait un principe actif capable de s'opposer à l'infection rabique. Et l'on vit que ce sérum détruit le virus de la rage, non seulement sur le verre, mais aussi chez les animaux auxquels la rage avait été inoculée de la manière la plus sûre, c'est-à-dire par la voie du nerf sciatique. Le sérum des animaux indemnes, non seulement prévient le développement des phénomènes rabiques, mais guérit la rage, même lorsque celle-ci a envahi le système nerveux et a suscité des symptômes morbides spéciaux, tels que la paralysie dans la moitié inférieure du corps, l'abattement, la fièvre, la diminution de poids et l'aspect spécial caractéristique de l'animal rabique.

[1] Pour bien comprendre l'importance de la découverte annoncée par le Professeur Tizzoni et le Dr Centanni, il est utile de rappeler que, — contrairement à l'opinion répandue dans le public, — la vaccination antirabique de Pasteur est *essentiellement* préventive et non curative. Rien ne sert d'inoculer les personnes atteintes de rage. On inocule les personnes mordues, parce que, en raison des conditions de l'injection, le vaccin *a chance* de se développer dans l'organisme plus rapidement que la substance virulente introduite par morsure. Quand il en est ainsi, c'est-à-dire *dans presque tous les cas*, il y a production d'état réfractaire avant toute apparition de manifestation rabique et l'immunité contre les effets de la morsure est assurée. MM. Tizzoni et Centanni nous annoncent un pas de plus, une grande découverte : la cure même du mal manifesté. La *Revue* est fière de constater, à cette occasion, que les deux éminents expérimentateurs de Bologne sont des disciples de notre grand Pasteur : la gloire de notre illustre compatriote grandit avec le progrès de la science que son génie a fondée.

L. O.

La méthode italienne de vaccination antirabique constitue donc un progrès sur celle de Pasteur, car elle agit même quand le virus s'est déjà répandu dans le système nerveux; elle n'est impuissante à neutraliser le virus que dans le cas, ce qui est naturel du reste, où l'infection a eu le temps de produire de profondes lésions anatomiques. En conséquence, il faut, pour l'homme, recourir au traitement antirabique dans la première période de l'infection, promptement révélée par des phénomènes caractéristiques et nombreux.

Les auteurs rapportent spécialement dans leur mémoire les expériences sur les lapins, traités après la manifestation de la rage et guéris par des inoculations de sérum. Le traitement ne demande pas de grandes quantités de liquide : celui-ci peut être injecté sous la peau ou dans les vaisseaux sanguins; maintenu à l'abri de la lumière et de la chaleur, il conserve pendant longtemps ses propriétés.

Ces recherches confirment donc tout ce qui a été reconnu de meilleur dans le traitement des maladies infectieuses; avec les anciennes méthodes de vaccination l'immunité est due à une substance non curative, mais vaccinante, à une action indirecte, laquelle d'une manière lente et secondaire, et par un procédé inconnu jusqu'alors, donne naissance dans l'organisme à une substance qui produit l'immunité. Le Professeur Tizzoni et le Docteur Cen-

tanni ont réussi en réalité, avec des méthodes et des solutions spéciales, à extraire de la moelle d'un animal rabique la substance vaccinante, exempte de la virulence qui forme l'agent actif du traitement Pasteur. Cette dernière substance, avec un traitement préventif, préserve toujours les lapins infectés par trépanation; mais, si le traitement commence sept jours après qu'on a pratiqué l'infection, il reste complètement inefficace. Si donc, au lieu de recourir à la substance ci-dessus mentionnée, on fait usage du sérum d'animaux vaccinés, on profite de la substance préservatrice déjà élaborée dans l'organisme de l'animal réfractaire, laquelle agit directement et instantanément sur le virus rabique. En d'autres termes, la substance vaccinante reste inerte lorsque la maladie est développée; la substance préservatrice donne le moyen de combattre le mal, alors que tout autre moyen, quel qu'il soit, avait jusqu'ici été reconnu inefficace.

MM. Tizzoni et Centanni déclarent qu'ils seront bientôt en mesure d'appliquer leur méthode curative à l'homme lui-même; ils n'attendent que l'occasion pour en faire la preuve. Il y a tout lieu d'espérer qu'un éclatant succès couronnera leurs efforts, juste prix de tant de fatigues et de luttes soutenues dans l'intérêt de la science et de l'humanité.

Ernesto Mancini,
Secrétaire de l'Académie royale des Lincei.

REVUE ANNUELLE DE PHYSIQUE

Les diverses parties de la physique ont été depuis un an l'objet d'investigations nombreuses, et sur certains points des résultats importants ont été obtenus. Quelques-unes des questions les plus intéressantes ont fait l'objet d'études spéciales dans la *Revue générale des Sciences*, et nous n'aurons pas à nous y arrêter, non plus qu'à celles qui doivent y être prochainement étudiées en détail. Malgré cela, nous ne pouvons songer à indiquer même sommairement tous les sujets qui mériteraient d'attirer l'attention, et nous serons obligé de nous limiter à l'indication d'un certain nombre d'entre eux, sans prétendre que ceux que nous devrons ainsi passer sous silence ne présentent pas un réel intérêt; mais nous espérons avoir l'occasion de les signaler ultérieurement, en les rapprochant d'autres questions du même ordre.

i

La reproduction des couleurs par la photographie, question toujours à l'ordre du jour, a fait

depuis un an de réels progrès, et nous tenons d'autant plus à y revenir que nous avions émis, il y a un an, quelques doutes sur l'extension que pourraient prendre les premières recherches de M. Lippmann, dont nous n'avions pas cependant méconnu le grand intérêt. Ces restrictions ne sauraient subsister aujourd'hui, non seulement parce que M. Lippmann a présenté des résultats matériels probants, et que rien ne saurait valoir contre un fait, mais aussi parce que ce savant éminent a donné une théorie complète des phénomènes qui se produisent dans les plaques photographiques dont il fait usage suivant la méthode que nous avons indiquée sommairement dans la précédente Revue.

M. Lippmann est parvenu à obtenir la reproduction colorée directement d'objets divers; il n'a pas encore atteint la perfection absolue, mais ces résultats sont déjà bien intéressants, car ils suffisent à montrer que le principe est fécond et que la réussite complète ne dépend plus que de modifications dans le procédé opératoire. La même remarque doit être faite relativement au temps de pose qui est encore fort long, mais qui pourra certainement être notablement réduit : nous ne doutons pas qu'il ne se produise, à ce point de vue, des améliorations analogues à celles qui se sont produites pour la photographie monochromatique et qui ont amené la durée du temps de pose à être réduite dans une proportion que personne n'aurait osé prévoir il y a quelques années.

Mais, nous le répétons, et cela n'est pas ce qui nous a le moins frappé, M. Lippmann ne s'est pas borné à fournir des preuves matérielles de la possibilité de résoudre le problème qu'il étudie : il en a aussi donné la théorie complète, d'une manière très nette et très élégante. Nous ne pouvons songer à la développer; mais nous voulons toutefois donner quelques indications à cet égard, sans cependant revenir sur l'exposé du principe que nous supposerons connu [1]. Nous rappellerons seulement que, dans l'épaisseur de la couche sensible, il se produit des phénomènes d'interférence entre des ondes directes et des ondes réfléchies, phénomènes qui ont pour résultat, dans le cas d'une lumière simple, d'amener une action chimique, variable périodiquement d'un point à l'autre et, par suite de provoquer, aussi périodiquement, un dépôt d'argent, variable d'un point à l'autre. Il résulte de la que, après fixation, les différents points de la couche sensible présentent un pouvoir réflecteur différent; que la variation de ce pouvoir réflecteur n'est pas quelconque, mais est périodique, la distance qui sépare, dans l'intérieur de la couche sensible, la position des points où existent un maximum et un minimum de ce pouvoir réflecteur dépendant de la longueur d'onde de la lumière monochromatique qui a produit l'action.

M. Lippmann a recherché quel est l'effet d'une lame présentant un semblable dépôt réfléchissant sur un rayon de lumière simple et, de la formule obtenue, a déduit une représentation géométrique faisant connaitre l'intensité du rayon réfléchi; l'étude de cette· représentation géométrique lui a montré que cette intensité, pour une épaisseur donnée, est maxima si la lumière incidente est identique à celle qui a produit le dépôt, mais varie très rapidement pour les lumières ayant des longueurs d'onde différentes, de telle sorte que, seules, les lumières très voisines, celles qui correspondent sensiblement à la même coloration, ont une intensité appréciable après la réflexion. Si donc, sur une plaque influencée par une lumière simple, on fait tomber un faisceau de

lumière blanche, il n'y aura à considérer, comme produisant un effet appréciable dans le faisceau réfléchi, que la lumière identique à la lumière ayant produit l'action chimique primitive ou les lumières très voisines. La plaque reproduira donc la couleur correspondante à celle de l'objet monochromatique dont on avait obtenu l'image.

Si la lumière produisant l'action photographique est composée, chacune des lumières simples qu'elle comprend agit pour son propre compte et le dépôt d'argent a, en chaque point, une valeur qui est la somme des valeurs que produisent séparément chacune de ses lumières. M. Lippmann a montré, mais nous ne pouvons nous arrêter à sa démonstration intéressante, que l'action de ce dépôt, défini par une loi complexe, est la somme des effets que produirait chacun des dépôts correspondant à une lumière simple. Dès lors, pour un faisceau incident de lumière blanche, le faisceau réfléchi présentera seulement les mêmes lumières simples qui existaient dans le faisceau ayant agi chimiquement et, au point de vue de la couleur, le résultat sera donc le même pour un observateur impressionné par celui-ci ou par le faisceau réfléchi par la plaque photographique.

Nous le répétons, la question nous paraît réellement résolue, sauf certains détails de pratique, et ce résultat méritait d'être signalé d'une manière toute spéciale.

Cette solution·complète d'un problème qui présente un intérêt incontestable diminue l'importance des procédés indirects qui ont été proposés pour arriver à reproduire la couleur des objets par la photographie. Nous croyons cependant devoir signaler les résultats auxquels est parvenu M. Vidal en réalisant, d'une manière satisfaisante, un procédé signalé antérieurement par MM. C. Cros et Ducos de Hauran. Il utilise trois épreuves sur verre obtenues par l'interposition de milieux colorés convenablement choisis, épreuves dont chacune ne correspond dès lors qu'à l'action de certaines lumières. Il projette sur un écran, en les superposant exactement, les images de ces trois épreuves en éclairant chacune d'elles par une lumière identique à celle qui·a agi efficacement. Si ces lumières ont été bien choisies, il résulte en chaque point de l'écran un mélange de couleurs qui reproduit l'effet de l'objet qui a été photographié. Le résultat est très satisfaisant.

Nous regrettons de ne pouvoir nous arrêter à signaler diverses·études faites sur quelques points d'optique et qui auront sans doute pour résultat de faire pénétrer plus intimement dans la nature des phénomènes ; nous espérons avoir ultérieurement l'occasion de résumer·l'ensemble de ces travaux.

[1] Voir Revue annuelle de physique, 30 juin 1891, in *Revue générale des Sciences.*

II

L'étude de la lumière dans ses rapports avec l'électricité présente également un intérêt considérable : on sait que, d'après les idées de Maxwell, le rapport v entre l'unité électromagnétique et l'unité électrostatique d'électricité doit représenter la vitesse de propagation des radiations lumineuses : il est inutile d'insister sur l'importance de la vérification expérimentale de ce résultat. Aussi divers observateurs ont-ils cherché à déterminer directement la valeur de ce rapport; sans remonter aux premières recherches, nous signalerons les nombres suivants :

$3,004 \times 10^{10}$	donné par	W. Thomson
$3,000 \times 10^{10}$	—	E.-B. Rosa
$2,982 \times 10^{10}$	—	Rowland
$2,996 \times 10^{10}$	—	J. Thomson et Searle.

On voit que ces valeurs, sauf une, sont concordantes : c'est à un résultat analogue qu'est parvenu M. Pellat dans une série d'expériences qu'il a exécutées à l'aide d'une méthode simple qui lui a paru susceptible d'une grande précision et dans laquelle il a employé l'électrodynamomètre absolu qu'il venait de réaliser. Cette méthode consiste à mesurer une même différence de potentiel successivement en unités électromagnétiques et en unités électrostatiques : la première mesure s'effectue à l'aide de l'électrodynamomètre absolu, la deuxième à l'aide de l'électromètre absolu de Sir William Thomson. Sans entrer dans le détail des expériences, nous dirons que M. Pellat a pris de minutieuses précautions qui lui ont permis d'obtenir, dans deux séries d'expériences faites à plusieurs mois d'intervalle des résultats très concordants; les nombres qu'il a trouvés sont en effet de $3,0093 \times 10^{10}$ pour une série, de $3,0091 \times 10^{10}$ pour l'autre. D'après M. Pellat, les erreurs systématiques susceptibles de fausser les moyennes des mesures nombreuses qu'il a exécentées correspondent aux déterminations électrostatiques qui ne présentent pas la même exactitude que les déterminations magnétiques.

Quoi qu'il en soit, on voit que ces résultats diffèrent très peu de ceux fournis par d'autres expérimentateurs : ajoutons, et le fait est capital comme nous l'avons dit, que ces valeurs de v diffèrent également peu de celle de la vitesse de la lumière qui a été trouvée par M. Cornu, vitesse qui est de $3,003 \times 10^{10}$. Il y a là une vérification de la théorie électromagnétique de la lumière de Maxwell sur laquelle il était bon d'appeler l'attention, puisqu'elle établit une relation entre des phénomènes qui, pendant longtemps, ont été considérés comme étant d'ordre différent.

A ce point de vue, les recherches faites sur les oscillations électriques de très courte durée présentent un intérêt capital; aussi se sont-elles multipliées, et nous croyons devoir signaler quelques-unes des principales en rappelant sommairement le point de départ, renvoyant d'ailleurs pour certains détails à des articles déjà publiés dans la *Revue*[1].

On sait que, lorsqu'une étincelle éclate entre deux conducteurs qui sont à des potentiels différents, elle peut, suivant les conditions, être continue ou oscillatoire. Comme nous l'avons dit, M. Hertz, en employant une bobine d'induction pour produire des charges rapides de conducteurs qui se déchargent par oscillation, est parvenu à produire d'une manière continue des oscillations qui sont susceptibles de se propager et dont l'existence a été mise nettement en évidence. Depuis, M. Elihu Thomson, puis M. Tesla ont obtenu des résultats remarquables en actionnant le fil primaire de la bobine d'induction par la décharge d'un condensateur ou par un alternateur spécial, capable de donner plusieurs milliers d'inversions par seconde; dans ces conditions, le nombre des oscillations par seconde que peuvent produire les décharges dues à l'action du fil secondaire peut atteindre plusieurs centaines de mille, plusieurs millions. On comprend l'intérêt qui s'attache à l'étude d'un mouvement oscillatoire de ce genre, et l'on ne doit pas être surpris d'observer des effets s'écartant notablement de ceux que l'on connaissait avant de disposer de tels moyens d'investigation, d'autant plus que la différence de potentiel atteint des valeurs considérables, valeurs qui ont été évaluées à 150 000 volts par M. E. Thomson.

On sait, et c'est là un fait important, que, pour des oscillations électriques, très rapidement variables, la propagation ne se fait pas à l'intérieur du conducteur, mais seulement à sa surface. M. Stefan a étudié la question au point de vue théorique d'abord, et les expériences qu'il a faites ont confirmé les résultats obtenus par le calcul. La détermination de la vitesse de propagation d'oscillations électriques de très courte durée le long d'un fil donné, donne la vitesse de propagation dans l'air; si donc, comme l'a pensé Maxwell, il y a identité entre les vibrations lumineuses et les perturbations périodiques d'un champ électro-magnétique, on doit trouver pour les deux ordres de phénomènes la même valeur pour la vitesse de propagation, valeur qui, comme nous l'avons dit précédemment, doit être égale au rapport des unités d'électricité électromagnétique et électrostatique. Aussi comprend-on que cette question ait été abordée par divers savants, parmi lesquels nous citerons Lodge, qui a trouvé pour cette vitesse

---

[1] *Revue générale des Sciences*, 1891, p. 117 268, 676.

une valeur se rapprochant sensiblement de la vitesse de propagation de la lumière; il convient de citer spécialement, d'autre part, les résultats de M. Blondlot qui a fait de très importantes recherches sur les oscillations hertziennes, parmi lesquels figure la détermination de leur vitesse de propagation. Sans entrer dans le détail, nous dirons qu'il a d'abord, dans une certaine mesure, vérifié la formule de W. Thomson qui donne la durée des oscillations dans des conditions déterminées; il a modifié ingénieusement la disposition de l'excitateur et celle du résonnateur qui sert à explorer le champ parcouru par les ondulations.

Pour la détermination de la vitesse de propagation, il s'est appuyé sur la formule générale $\lambda = Vt$, dans laquelle λ est la longueur d'onde, t, la durée d'une vibration et V, la vitesse de propagation; la connaissance de λ et de t donne donc immédiatement V. La valeur de t dépend du résonnateur, comme l'ont montré MM. Sarazin et de La Rive; M. Blondlot a construit le résonnateur en employant un condensateur de grande capacité dont les lames sont réunies par un fil court, ce qui diminue les chances de perturbation; il était alors possible de lui appliquer la formule classique. La valeur de λ était déterminée directement par le déplacement du résonnateur le long de deux fils parallèles, ou plutôt en déplaçant un pont qui réunissait ces fils au delà du résonnateur.

En faisant varier les conditions de l'expérience, M. Blondlot a pu obtenir des longueurs d'onde dont la valeur a varié entre 9 et 33 mètres. Les valeurs de V déduites de ces recherches sont comprises entre $2,883 \times 10^{10}$ et $3,041 \times 10^{10}$, valeurs peu éloignées de celle de v que nous avons donnée plus haut, valeur peu éloignée de celle de la vitesse de propagation de la lumière.

M. Witz a fait des recherches analogues, et notamment il a étudié la propagation dans des milieux autres que l'air en immergeant le conducteur dans des liquides : il a réussi pour le pétrole à déterminer la valeur de λ, et a trouvé qu'elle est moindre que dans l'air. Le rapport des valeurs de λ dans l'air et dans le pétrole serait même voisin de l'indice de réfraction du pétrole pour la raie D.

M. J.-J. Thomson a de même cherché à déterminer la vitesse de propagation des ondulations électriques dans les diélectriques, en agissant sur deux fils métalliques, dont l'un est recouvert d'une couche mince de divers isolants : dans ces conditions, un calcul simple montre que le rapport des longueurs correspondant au minimum de distance explosible est égal au rapport des vitesses de transmission le long des fils. Les résultats des expériences de M. J.-J. Thomson montrent que ces vitesses sont à peu près proportionnelles à l'inverse de la racine carrée du pouvoir électrique des diélectriques dont on compare l'action.

Nous ne pouvons songer à relater, même sommairement, toutes les recherches faites sur les oscillations hertziennes, et nous nous bornerons, pour terminer, à citer les expériences de MM. Rubens et Ritter qui ont eu l'idée d'étudier l'effet d'un réseau sur ces oscillations : ce réseau était constitué par une série de fils de cuivre tendus parallèlement dans un cadre que l'on interposait sur la direction des rayons électriques : l'intensité des oscillations, donnée par un appareil analogue à un bolomètre, était déterminée pour diverses inclinaisons des fils sur la direction de la vibration électrique. Dans la discussion des résultats numériques obtenus, MM. Rubens et Ritter ont trouvé que, dans l'oscillation électrique transmise, le réseau a éteint la composante parallèle aux fils. Par contre, le réseau réfléchit presque complètement cette composante parallèle à ses fils.

L'effet produit sur les oscillations électriques par l'interposition de lames isolantes entre les plateaux d'un condensateur reliés à des fils le long desquels ces oscillations se propagent permet d'étudier la valeur de la constante diélectrique de la substance interposée; diverses recherches ont été faites dans ce sens dans des conditions un peu différentes; malheureusement les résultats n'ont pas été absolument concordants. Ainsi M. Lecher a trouvé que la constante diélectrique augmente quand la durée de charge diminue; d'autre part, M. J.-J. Thomson a pensé que la détermination de la constante diélectrique serait peut-être plus précise en employant des charges variant avec une extrême rapidité; pour des oscillations, dont le nombre était évalué à 25.000.000 par seconde, il a trouvé pour la constante diélectrique du verre une valeur qui, conformément à la loi de Maxwell est bien égale au carré de l'indice de réfraction, alors que dans des expériences faites par d'autres méthodes le même accord était loin d'exister.

M. Blondlot a repris des expériences analogues avec un appareil un peu différent et il a trouvé des résultats qui concordent avec ceux obtenus par M. J.-J. Thomson : il semble donc que l'emploi des oscillations hertziennes puisse être recommandé pour les recherches de ce genre; en tout cas, il serait intéressant que de nouvelles déterminations vinssent confirmer cette opinion.

Nous terminerons ce que nous voulons dire relativement à cette très intéressante question, en ajoutant que les moyens d'exploration ne sont plus restreints, comme ils l'étaient au début, au seul résonnateur, au cadre à étincelles, mais qu'on a utilisé aussi, pour l'étude des oscillations électriques, le téléphone et le tube de Geissler qui, dans des conditions convenables, ont donné des résultats satisfaisants.

Il nous resterait maintenant à parler des effets que produisent ces courants de durée excessivement courte et de très hauts potentiels, effets véritablement extraordinaires et dont il nous semble impossible de prévoir, quant à présent, tout le parti qu'on pourra tirer au point de vue des applications, bien que nous soyons convaincu que ces applications seront nombreuses et intéressantes. Mais l'indication de ces effets doit être présentée prochainement dans un article spécial aux lecteurs de la *Revue* et nous ne pouvons que les y renvoyer.

III

Nous devons rapprocher des expériences relatives aux oscillations hertziennes les très intéressantes recherches de M. Schwedoff sur la distribution dans l'espace de l'énergie d'une masse en mouvement : il admet que l'action électrique ne se propage pas avec une vitesse infinie et cherche les conséquences de cette hypothèse; autrement dit, si une masse électrique apparaît dans l'espace à un certain moment, les lignes de force qui en émanent ne surgissent pas instantanément jusqu'à l'infini, mais s'allongent graduellement avec une vitesse finie, quoique extrêmement grande : il en est de même naturellement des surfaces équipotentielles; il résulte de là, nécessairement, que l'existence très courte d'une masse électrique engendre dans l'espace une couche très mince de surfaces équipotentielles qui se propagent dans l'espace à l'instar d'une onde.

M. Schwedoff a développé les conséquences de cette hypothèse et les a appliquées notamment à l'étude des oscillations hertziennes dont il donne ainsi une théorie intéressante qui semble bien d'accord avec les faits observés. Mais les recherches de M. Schwedoff sont plus générales, elles s'appliquent également aux phénomènes lumineux; et enfin il convient de citer l'application qu'en a faite M. Schwedoff pour expliquer la forme des queues des comètes. Il n'en est pas moins vrai que ces recherches présentent aujourd'hui au point de vue des phénomènes électriques un intérêt tout particulier.

Il serait injuste, d'ailleurs, de ne parler que des recherches se rapportant aux ondulations électriques, pour cette partie de la physique, et nous devons signaler d'autres travaux, quoique nous soyons obligé de nous restreindre, faute d'étendue suffisante.

C'est ainsi que nous analyserons rapidement les importantes recherches de M. Bouty sur les propriétés diélectriques du mica, substance qu'il avait déjà étudiée et pour laquelle il avait démontré que, constituant la lame isolante d'un condensateur, elle ne donne passage à aucun courant permanent d'intensité appréciable aux procédés les plus délicats.

L'étude de divers condensateurs étalons, faite avec un grand soin par M. Bouty, l'a conduit à des résultats importants que nous ne pouvons tous indiquer, mais parmi lesquels nous signalerons le suivant : les subdivisions d'un condensateur en mica ne peuvent être considérées, en général, comme proportionnelles à leurs valeurs nominales que pour une seule durée de charge ou de décharge. De ces résultats, obtenus avec des condensateurs de mica à feuilles d'étain, M. Bouty conclut que les mesures prises à l'aide de ces appareils, avec de courtes durées de charge et des circuits très résistants, peuvent être dénuées de toute signification physique.

Les condensateurs tels qu'on les construisait présentaient des défauts qui expliquent les résultats signalés : l'étain n'adhère pas directement au mica, mais seulement par l'intermédiaire d'une couche de gomme laque qui contient une certaine quantité d'air que les variations de pression peuvent modifier. M. Bouty, ayant constaté que le mica, dans une direction perpendiculaire aux plans de clivage, possède une constante diélectrique bien déterminée, a conclu que cette substance devait fournir des condensateurs donnant des résultats satisfaisants si l'on pouvait obvier à cette cause d'erreur, et il a construit des condensateurs dans lesquels les feuilles d'étain sont remplacées par des couches minces d'argent qui, adhérant directement au verre, ne doivent pas présenter les mêmes inconvénients ; c'est d'ailleurs ce qui semble résulter des expériences de vérification qu'il a entreprises. Ce résultat est important, puisqu'il met les expérimentateurs en possession d'un appareil sur les indications duquel il est possible de compter absolument, condition indispensable dans les recherches de précision.

Nous signalerons, d'autre part, ce résultat que la valeur de la constante diélectrique du mica fournie par des mesures de M. Bouty ne satisfait pas à la loi de Maxwell que nous avons rappelée plus haut; il y a là un point intéressant dont la signification devra être élucidée.

M. Blondel a étudié l'arc voltaïque alternatif en employant l'enregistrement direct par la photographie. A cet effet, reprenant un procédé qui avait été employé précédemment par M. Joubert, mais que celui-ci avait seulement indiqué sans le décrire, M. Blondel projette une image amplifiée de l'arc sur un papier sensible appliqué à la surface d'un tambour entraîné par l'axe d'une dynamo; il isole, à l'aide d'un écran percé d'une fente, une bande très mince de l'image, de façon à déterminer la succession des phénomènes avec une grande précision. M. Blondel a pu mettre ainsi en évidence l'influence des divers éléments qui contribuent à la production d'un arc voltaïque : il a trouvé ainsi, par exemple, que dans le cas de décharge entre deux charbons, dont l'un très gros et l'autre très petit, le transport du charbon se fait bien de l'électrode positive à la négative, et que la vitesse ne dépasse pas 160 mètres par seconde; quoiqu'une certaine incertitude puisse exister sur cette valeur, elle détermine cependant nettement l'ordre de grandeur du phénomène. Il a trouvé, d'autre part, que l'*arc sifflant* prend naissance dans le cas de ruptures périodiques très rapprochées, 2000 par seconde dans une expérience, condition qui correspond à une diminution du rendement de l'arc.

M. Blondel a employé un procédé reposant sur le même principe pour l'étude des courants alternatifs : un contact instantané, dont on peut faire varier l'époque par rapport à la période du courant, charge un condensateur qui se décharge dans un galvanomètre, dont la déviation est inscrite sur un papier sensible qui se déroule uniformément : en réalité, les organes existent en double pour pouvoir donner à la fois la tension et l'intensité. M. Blondel a appliqué cette méthode à l'étude des arcs alternatifs et est arrivé à des résultats intéressants que nous ne pouvons signaler; d'ailleurs, M. Blondel se propose de compléter cette étude.

IV

La valeur de l'équivalent mécanique de la chaleur n'est pas encore connue avec une précision telle qu'il soit inutile de signaler les recherches récentes faites à ce sujet. M. Sahulka a effectué une nouvelle détermination de cette valeur en réglant les conditions de l'expérience de manière que la chaleur, développée à chaque instant par le travail, soit perdue par rayonnement, de manière, en un mot, que l'appareil arrive à une température stationnaire, malgré la transformation continue d'une certaine quantité de travail mécanique. A cet effet, l'appareil comprend deux cônes concentriques : le cône extérieur est mis en mouvement de rotation autour de son axe, tandis que le cône intérieur, contre lequel frotte le précédent, est maintenu immobile par un frein réglé par un poids agissant à l'extrémité d'un bras de levier connu. Du mercure chaud, versé dans l'appareil, se refroidit progressivement jusqu'à atteindre une température stationnaire *t*. Le calcul du travail dépensé se fait comme dans les expériences analogues; l'évaluation de la chaleur s'obtient en étu-

diant directement le refroidissement de la même masse de mercure pour des températures voisines de *t*. La valeur moyenne trouvée pour l'équivalent mécanique de la chaleur est de 426^{kgm} 26 : les valeurs extrêmes ont été 422^{kgm} 18 et 431^{kgm} 79.

M. Miculescu a opéré par une méthode différente : le moteur employé était une machine Gramme actionnée par des accumulateurs et suspendue à un bâti mobile autour d'un axe horizontal coïncidant avec l'axe de rotation de la machine. Lorsque la machine produit un travail extérieur, le bâti s'incline; mais on le ramène à la position normale en lui appliquant une force dont le moment puisse être déterminé; on a alors directement le moyen d'évaluer le travail produit à chaque instant. Ajoutons, condition intéressante, que ce travail était considérable dans les expériences dont il s'agit, la puissance de la machine étant de 1 cheval-vapeur.

Le mouvement de cette machine était communiqué à une série d'hélices tournant dans un vase rempli d'eau : on maintenait la température de ce liquide en faisant circuler un courant d'eau froide autour du vase, de telle sorte que la quantité de chaleur produite était déterminée par le poids d'eau ainsi utilisé.

Nous ne pouvons nous arrêter à indiquer les dispositions de détail prises dans le but d'éviter les erreurs : nous nous bornerons à dire que 31 mesures furent effectuées, ayant des durées variables de $3^m 38^s$ à $11^m 33^s$ et donnèrent pour l'équivalent mécanique de la chaleur des valeurs comprises entre 426^{kgm},21 et 427^{kgm},12 : la moyenne est de 427^{kgm},7.

Une autre question occupe actuellement un certain nombre de physiciens : c'est la mesure des hautes températures. La question présente un intérêt réel : la température n'est, en somme, que l'indication numérique d'un état calorifique déterminé, et il est utile de pouvoir considérer un état, de manière à le reproduire absolument, dans l'industrie ou dans les expériences physiques ou chimiques, de manière à réaliser strictement les conditions qui ont conduit à un résultat que l'on veut obtenir de nouveau. Dans quelques cas, cet état calorifique pourra être déterminé par l'indication d'un phénomène simple qui s'y manifeste, tel que la fusion d'un métal déterminé; mais on n'aurait pas ainsi une échelle dont les indications fussent assez rapprochées, et il faut avoir des indications, représentées par des nombres, qu'il s'agit de préciser. Le nombre qui caractérise une température correspond à la mesure d'un effet déterminé pour un corps déterminé et exige par suite, outre le choix de l'effet et des corps, celui de l'unité qui sert à la mesure de l'effet, et le point de départ de la graduation, car, en réalité, on n'effectue que des mesures de différences de températures.

Nous n'avons pas à traiter complètement la question, et nous devons nous borner à l'exposé des points dont son étude a été récemment l'objet. M. H. Le Châtelier a fait à ce sujet d'intéressantes recherches et, notamment, il a étudié les pyromètres thermo-électriques : il a indiqué comme particulièrement convenable l'emploi du platine et de certains de ses alliages, notamment du platine rhodié; — il a reconnu que les galvanomètres à cadre mobile, modèle Deprez-d'Arsonval, donnaient de bons résultats, à la condition d'y apporter de légères modifications et de prendre certaines précautions expérimentales. Quant à la graduation, elle présente une certaine indétermination; elle repose sur la comparaison avec la température de fusion de certains métaux, température dont la valeur en *degrés centigrades* n'est pas absolument déterminée. Mais est-il vraiment nécessaire d'évaluer les hautes températures en degrés centigrades et ne pourrait-on pas se borner, utilement au point de vue pratique, à adopter conventionnellement des valeurs quelconques pour ces points de fusion : si ceux-ci sont suffisamment invariables, et si des couples thermo-électriques différents, mais basés sur le même principe, sont *comparables*, les valeurs numériques obtenues auraient une signification précise, bien qu'elles ne se rattachent point à l'échelle centigrade.

En tous cas, l'emploi des couples thermo-électriques paraît borné aux recherches de laboratoire parce qu'ils exigent des opérations délicates. Pour l'industrie, M. Le Châtelier préconise l'emploi d'une méthode photométrique, et il évalue, à l'aide d'un appareil spécialement construit dans ce but, l'intensité des radiations rouges émises par le corps considéré dans des conditions convenables et des radiations de même couleur émises par une petite lampe à pétrole. La graduation a été obtenue par une comparaison directe avec des métaux en fusion, or, palladium, platine, dont on supposait la température connue par les recherches antérieures, ainsi qu'avec d'autres températures déterminées directement à l'aide des couples thermo-électriques, ce qui a permis d'établir une relation entre la variation de l'intensité photométrique et la température observée.

Les travaux de M. Le Châtelier n'ont pas été sans donner lieu à quelque discussion à des points de vue divers, notamment de MM. Becquerel, Violle et Crova : nous nous arrêterons seulement aux observations présentées par ce dernier savant qui, comme on le sait, a donné un procédé de mesure des températures par le rapport de deux déterminations photométriques des lumières simples émises par le corps incandescent et par une lampe Carcel, dans deux régions de leurs spectres déterminées par leurs longueurs d'onde. Cette méthode est peut-être moins commode au point de vue pratique, mais elle nous paraît préférable comme exactitude. Nous ne voulons pas d'ailleurs insister sur cette question, mais nous tenons à transcrire les lignes suivantes dans lesquelles M. Crova confirme l'opinion que nous avons exprimée précédemment.

« Au delà de 1600°, qui a été pour moi la limite « des températures mesurables au thermomètre à « gaz, les degrés optiques permettraient de repé- « rer les hautes températures; mais leur traduc- « tion en degrés centigrades, ne peut s'obtenir que « par l'extrapolation de formules empiriques, qui « peuvent donner des écarts très considérables sui- « vant les formules employées. La loi exacte du « rayonnement nous est encore inconnue dans l'é- « tendue des températures extrêmes que nous pou- « vons obtenir; dans ces conditions, il me semble « préférable de faire usage d'une échelle photo- « métrique conventionnelle, plutôt que de donner « en degrés centigrades des nombres qui pour- « raient être souvent modifiés dans une large me- « sure, par suite du progrès de nos connaissances. « Si les physiciens adoptaient une échelle de ce « genre, une température si élevée qu'elle soit se- « rait repérée par son degré optique. »

Sans chercher de transition, parlons des températures très basses : on sait que, dans les laboratoires, il était beaucoup moins facile d'obtenir un notable abaissement, qu'une élévation, même considérable, de température. Les recherches de M. Cailletet et de M. Pictet avaient fourni des résultats intéressants au point de vue de la réfrigération; le premier de ces savants a doté les laboratoires d'un nouvel instrument, le *cryogène*, qui nous paraît appelé à rendre de grands services : il se compose de deux vases concentriques en cuivre nickelé; un serpentin circule dans le vase intérieur qui est rempli d'alcool; l'une de ses extrémités est à l'extérieur, l'autre vient déboucher dans l'espace annulaire. Pour se servir de l'appareil, on met le serpentin en communication avec une bouteille à acide carbonique liquide dont on ouvre le robinet. La vaporisation de l'acide liquide, puis la détente, amènent une réfrigération énergique, qui peut amener la température à —70°; pour amener trois litres d'alcool à cette température, il suffit de dépenser environ 2^{kgr},500 d'acide carbonique liquide.

Nous voudrions bien parler des effets observés à basse température par M. Pictet; mais il doit compléter ultérieurement l'indication des résultats obtenus, et nous pensons qu'il est préférable d'attendre pour exposer ses recherches dans leur ensemble.

V

L'étude des propriétés moléculaires, qui nous a toujours paru pleine d'intérêt, est de nouveau, depuis quelques années, l'objet de recherches nombreuses : on peut juger de leur importance par les articles spéciaux qui ont été publiés dans cette *Revue* [1] ; aussi ne croyons-nous pas devoir y insister d'une manière générale et nous nous bornerons à signaler un travail de M. Gossart; nous avons eu à parler antérieurement de ce savant à l'occasion de sa thèse sur la forme des gouttes liquides [2]; c'est sur le même sujet, au fond, que reposent les recherches qui, indépendamment de leur intérêt théorique, peuvent donner lieu à des applications pratiques.

En résumant rapidement les résultats obtenus, nous dirons qu'en obtenant, entre deux lames cylindriques, un ménisque formant un plan faiblement incliné, M. Gossart a montré qu'on peut faire rouler à la surface de ce plan des gouttes du même liquide à la condition de les laisser tomber doucement, de 1 millimètre de hauteur, par exemple.

Il se produit dans ce cas une véritable caléfaction à froid, caléfaction due à la présence d'une couche très mince de vapeur qui entoure la goutte et qui n'a aucune tendance à disparaître par son contact avec le liquide, parce que celui-ci est saturé de cette vapeur. L'expérience réussit pour un très grand nombre de liquides, mais non pour l'eau ni pour les liquides qui ne sont pas du tout volatils à froid; par contre, ceux-ci roulent très bien si on les chauffe à une température assez élevée pour qu'ils émettent des vapeurs.

Mais, si l'on prend deux liquides purs, différents,

l'expérience montre qu'on ne parvient jamais à les faire rouler l'un sur l'autre : il semble que la couche de vapeur qui entoure la goutte se dissolve dans le liquide qui sert de support, que cette goutte n'étant plus soutenue se met en contact avec le liquide et que le mélange s'effectue.

Enfin, si on a des mélanges de deux liquides, des cas différents peuvent se produire : si les proportions du mélange sont les mêmes dans la goutte et dans le liquide qui sert de support, il s'agit d'une même substance, et le roulement a toujours lieu; le roulement a lieu également si la proportion des substances qui constituent le mélange pour la goutte et pour le réactif s'écarte peu de l'égalité; mais, dès que la différence de proportion devient un peu notable, le roulement ne peut avoir lieu, et les gouttes s'enfoncent dans le liquide. M. Gossart a étudié pour certains liquides les proportions nécessaires pour obtenir ce dernier effet et a donné une représentation géométrique des résultats obtenus.

La question n'est pas seulement intéressante au point de vue théorique, mais elle paraît susceptible d'applications pratiques, et M. Gossart considère les résultats que nous venons d'indiquer sommairement comme permettant de reconnaître les falsifications et les altérations de divers liquides et même, en se servant comme réactifs de mélanges titrés, d'arriver à déterminer la proportion des matières étrangères introduites; il a donné le nom d'*homéotropie* à ce mode particulier d'analyse qu'il regarde comme applicable, d'une manière très pratique, notamment à l'analyse des alcools, soit qu'il s'agisse d'alcools d'industrie mal rectifiés, soit qu'il s'agisse d'alcools dénaturés qu'on remet en circulation après les avoir purifiés le mieux possible.

Ce côté pratique est intéressant à divers égards et nous paraît mériter d'être signalé tout spécialement.

C.-M. Gariel,
Professeur de Physique
à la Faculté de Médecine de Paris
Membre de l'Académie de Médecine.

---

[1] *Rev. gén. des Sc.*, 15 avril 1891, 15 octobre 1891. 15 mai 1892.

[2] *Rev. gén. des Sc.*, t. I, 30 mai 1890.

BIBLIOGRAPHIE

ANALYSES ET INDEX

1° Sciences mathématiques.

Hadamard, *ancien élève de l'Ecole normale supérieure*. — **Essai sur l'étude des fonctions données par leur développement de Taylor.** — *Thèse de doctorat soutenue devant la Faculté des Sciences de Paris le 11 mai 1892, Gauthier-Villars 1892.*

On connaît le rôle fondamental que jouent en analyse mathématique les séries entières, c'est-à dire les séries ordonnées suivant les puissances entières et positives d'une variable x. Cauchy a démontré que toute fonction régulière dans un cercle de centre $x = o$ peut être représentée, dans ce cercle, par un développement de cette forme. Réciproquement, toute série entière, convergente en quelque point, définit une fonction régulière dans un certain cercle de convergence; M. Weierstrass et M. Méray prennent la série comme définition même de la fonction ou, du moins, d'une branche de la fonction qu'il s'agit ensuite, autant que possible, d'étudier dans son ensemble. En se plaçant à ce point de vue, M. Hadamard prend une série entière comme définition d'une fonction et se propose de résoudre les questions suivantes : 1° quel est le rayon du cercle de convergence de cette série: 2° comment se comporte la fonction sur le cercle de convergence; quelle est la nature des singularités de la fonction sur ce cercle?

La première question est résolue par M. Hadamard : il donne une règle faisant connaître le rayon du cercle de convergence. En cherchant en particulier la condition pour que ce rayon soit infini, ou encore pour que la série converge dans tout le plan, il trouve comme condition *nécessaire et suffisante* que la racine d'ordre n du coefficient de x^n doit tendre vers zéro.

La deuxième question est traitée dans la deuxième et la troisième partie de la thèse. Il est évident qu'on ne peut pas résoudre la question d'une manière générale, car une série entière peut représenter une fonction quelconque, avec les singularités les plus compliquées sur le cercle de convergence. Tout ce qu'on peut faire, c'est de chercher à reconnaître l'existence des singularités les plus élémentaires, des pôles d'abord, puis des points singuliers isolés, d'ordre fini, commensurable ou non, etc., en prenant des cas de plus en plus compliqués. Tout d'abord M. Hadamard étudie les discontinuités en supposant qu'elles sont toutes des pôles : il donne la condition nécessaire et suffisante pour qu'il y ait p pôles sur le cercle de convergence et il indique une équation déterminant ces pôles. On ne peut s'attendre, en restant dans les généralités où l'auteur a voulu se maintenir, à obtenir des formules d'une application simple; aussi ces formules appliquées à des exemples particuliers donneraient lieu à des calculs très longs; mais, pour les établir, l'auteur a fait preuve d'une pénétration fort remarquable.

M. Hadamard étudie ensuite les singularités d'ordre quelconque : il classe les différents types de points singuliers dont il s'occupe, puis il définit l'ordre de la fonction en un point du cercle de convergence. Si l'on suppose les points singuliers sur le cercle en nombre limité et d'ordre fini, si de plus on ajoute une autre condition d'un caractère très général dont l'énoncé ne saurait trouver place ici, on peut déterminer ces points et leur ordre.

Dans cet important travail, M. Hadamard a déployé une critique pénétrante et dépensé un talent supérieur aux résultats obtenus, si intéressants qu'ils soient, ce qui tient à la question même et non à la façon dont elle est traitée.   P. APPELL.

Gomes Teixeira (F.). — **Curso de Analyse infinitesimal. Calculo integral.** — *Un vol. in-8°. Typographia occidental 80, rua da fabrica, Porto, 1892.*

Nous avons rendu compte dans la *Revue* du premier volume que M. Gomes Teixeira a publié sur le calcul intégral ; il vient de terminer son œuvre par un second volume consacré aux fonctions de variables imaginaires, aux intégrales eulériennes, aux fonctions elliptiques et à leurs applications à la méthode des variations. Ainsi se trouve achevé un ouvrage d'enseignement très complet, très au courant de la science, et qui fait grand honneur au savant professeur et directeur de l'Académie Polytechnique de Porto.
                                                              L. O.

Bapst (Germain). — **Essai sur l'histoire des panoramas et des Dioramas.** — *Plaquette grand in 8° de 30 pages imprimées en édition de luxe, avec illustrations de M. Edouard Detaille (Prix 5 fr.) Imprimerie Nationale, et librairie Masson, Paris 1892.*

Cette histoire est passionnante : c'est celle des efforts déployés depuis cent ans pour créer une merveille d'art : la sensation que nous donnent actuellement les panoramas. La misère fut la première conseillère des inventeurs : vers 1785 un jeune peintre d'Edimbourg, Robert Barker, retenu en prison pour dettes, y fut frappé de l'aspect des objets éclairés par le soupirail et découvrit ainsi le principe des panoramas. Le système ne cessa de se perfectionner. M. Bapst prend soin d'indiquer les modifications successives que l'expérience et le génie des inventeurs lui ont fait subir. Sous une forme élémentaire il fait bien comprendre en quoi consiste le phénomène psycho-physique du panorama, et précise les conditions requises pour le produire au maximum d'intensité. Les détails techniques donnés à ce sujet, la description des essais variés des artistes, notamment ceux où les peintres Neuville et Detaille ont fait intervenir la photographie, sont pleins d'intérêt. Au charme du récit l'auteur a voulu joindre celui d'une illustration exceptionnelle : deux belles planches relatives aux constructions panoramiques, enfin d'admirables photogravures de tableaux signés Stevens et Gervex, des esquisses inédites de M. Edouard Detaille, ajoutent à la saveur de cette étude, que goûteront surtout les délicats.
                                                              L. O.

Mouchez (LE CONTRE-AMIRAL E.), *Directeur de l'Observatoire de Paris*. — **Rapport annuel sur l'état de l'Observatoire de Paris pour l'année 1891.** *Un vol. broch. gr. in-8° de 93 pages. Gauthier-Villars et fils, Paris, 1892.*

Ce volume rend compte de la troisième réunion du *Comité international permanent pour l'exécution de la Carte du Ciel*, des observations de M. Périgaud au cercle méridien, de M. Lœwy au cercle méridien du Jardin, de MM. Lœwy et Puiseux aux équatoriaux coudés, de M. Bigourdan à l'équatorial de la Tour de l'Ouest, de Mlle Klumpke à l'équatorial de la Tour de l'Est, des travaux de MM. Paul et Prosper Henry au service de photographie astronomique, de M. Wolf au service de l'heure, de M. Deslandres sur la spectroscopie astronomique, de M. Gautier au grand télescope.

Longridge (J.-A.), *Membre de l'Institut des Ingénieurs civils*. — **Le canon de campagne de l'avenir.** *Un brochure in-8° de 28 pages (3 francs). E. et F. N. Spon 125, Stand, Londres, 1892.*

2ᵉ Sciences physiques.

Drincourt (E.). — Cours de Chimie, *à l'usage de la classe de Mathématiques élémentaires, des candidats à la seconde partie scientifique du Baccalauréat, de l'Enseignement secondaire classique et des candidats à l'Ecole Centrale des Arts et Manufactures. (Prix 5 fr.) A. Colin et Cie, éditeurs, 5, rue de Mézières, Paris,* 1892.

Nous recevons sous ce titre un joli volume in-8° de 460 pages, dans la préface duquel l'auteur nous annonce son intention de moderniser l'enseignement de la chimie élémentaire; en conséquence, il se propose de donner plus d'extension aux lois fondamentales, d'appliquer les règles de la Thermochimie aux réactions classiques, enfin d'écrire simultanément toutes les formules dans les deux systèmes exigés par le programme d'admission à l'Ecole Centrale. Limité par le cadre même de son ouvrage, il invite les élèves qui désireraient étendre leurs connaissances en Chimie générale à se reporter au livre de M. Gaudin, que les lecteurs de la *Revue* connaissent déjà par l'excellente analyse qui en a été faite dans ce recueil par M. Demarçay [1].

Nous ne pouvons que féliciter l'auteur de son excellente idée : les traités de chimie classiques sont nombreux, mais tous ont en effet un peu vieilli. Quelques-uns cependant sont encore bons; la tentative de M. Drincourt nous montre qu'il est difficile de faire mieux.

N'osant rompre résolument avec les traditions, le nouveau Cours consacre seulement 10 pages à la théorie atomique : l'hypothèse d'Avogadro passe alors à peu près inaperçue, toutes les notions fondamentales sont formulées en équivalents, et nous voyons encore attribuer des équivalents en volumes distincts aux divers composés volatils de la Chimie minérale, alors même que l'auteur a pris soin de nous dire que les formules rationnelles de l'eau et du protoxyde d'azote doivent s'écrire H²O² et Az²O². Il en résulte que le cyanogène forme toujours une certaine exception aux lois de Gay-Lussac; on nous dit, page 305, que cette exception tient à ce que le cyanogène est un radical et non un composé ordinaire.

Peut-être n'est-il pas inutile d'ajouter que plus tard, en chimie organique (page 434), ce même cyanogène est rangé parmi les *amides* dérivées de l'acide formique et de l'anhydride carbonique.

Le principe de la substitution introduit dans les formules équivalentes donne aux sels des symboles si étranges (C²O⁶Na² pour le carbonate de sodium, PO⁵Na²H pour le phosphate bisodique) que son emploi nous fait presque regretter la vieille théorie dualistique.

A propos de la loi de Dulong et Petit, nous relevons la phrase incompréhensible suivante (page 42) :

« *La loi précédente conduirait à doubler les équivalents de l'argent et des métaux alcalins, c'est-à-dire du potassium, du sodium, du calcium et du baryum.* »

Enfin, combien peu clair est le mode de représentation adopté pour le calcul thermique des réactions : cherchant, par exemple, à déterminer théoriquement l'action de l'acide sulfurique étendu sur le zinc, l'auteur pose les deux équations qui suivent :

1° S²O⁸H² *(dissous)* +210+2Zn = S²O⁸Zn² *(dissous)* +252,6+2H

et

2° S²O⁸H² *(dissous)* + 210 + Zn = ½(S²O⁸Zn²) *(dissous)* +126,3
+ 2HO + 2 × 34,5 + SO² *(dissous)* + 38,4.

On se demande quel élève d'élémentaires se reconnaîtra jamais dans un pareil chaos et surtout quelle idée cet élève pourra bien se faire d'équations dont les deux membres ne sont formés que de sommes inégales.

[1] *Revue générale des Sciences,* 1891, t. II, p. 518.

Après avoir ainsi exposé les lois et la nomenclature chimique, M. Drincourt étudie, dans un ordre quelconque d'ailleurs, les différents corps qui figurent aux programmes officiels. Nous regrettons d'avoir à signaler ici de nouvelles imperfections qui sont plus graves que les précédentes, parce qu'elles touchent au fond même de l'enseignement, tandis que les premières étaient surtout d'ordre pédagogique ; c'est ainsi, entre autres exemples, que nous lisons, page 240, à propos de la fabrication industrielle de l'acide sulfurique : « *Dans certaines fabriques d'Angleterre on remplace la chambre G* » (celle du milieu !) « *par une tour dite tour de Glover.* » Le rôle de cette tour est d'ailleurs passé sous silence. Il y a là sûrement quelque faute d'impression.

Page 314, on nous enseigne que :

« *Le bore est un corps solide se présentant sous les trois états : amorphe, graphitoïde et cristallisé.* »

Dans la classe des métalloïdes nous retrouvons, comme il y a 50 ans, le bore à côté du carbone et du silicium, et à ce propos l'auteur nous dit, page 318 :

« *Le carbone ne s'unit pas au fluor, tandis que le bore et le silicium forment deux fluorures importants.* »

Puis, un peu plus loin, page 319 :

« *Un atome de chacun de ces corps* (carbone, bore et silicium) *se combine avec 4 atomes d'hydrogène pour que la saturation soit complète.* »

Enfin, page 324, immédiatement après la classification des métaux, nous apprenons avec une véritable surprise que « *tous les métaux sont divalents, excepté le potassium, le sodium, le bismuth, l'antimoine et l'argent, qui sont monovalents* ».

Il est clair que ces phrases ont échappé à l'auteur dans la hâte d'une rédaction trop précipitée; il n'en est pas moins fâcheux de les rencontrer dans un de ces livres de classe où l'étudiant met d'ordinaire toute sa confiance, parce qu'on avait jusqu'à présent l'habitude de n'y enseigner que des choses exactes.

L. MAQUENNE.

Laboratoire de M. Ch. Friedel. — Conférences *(faites au laboratoire de M. Friedel pendant l'année scolaire 1889-1890).* — 3ᵉ *fascicule. Un vol. grand in-8° de 196 pages. (Prix : 5 fr.). G. Carré, éditeur, 58, rue Saint-André-des-Arts. Paris,* 1892.

L'éloge de cette utile publication n'est plus à faire : physiciens et chimistes savent combien précieuse est cette collection de conférences qu'un maître illustre a instituées dans son laboratoire pour y entretenir, à côté de l'éducation technique, le goût des hautes spéculations de la science. Découvertes récentes, problèmes à l'ordre du jour, tendances nouvelles dans les diverses branches de la chimie, — générale, minérale, organique et même industrielle, — y sont exposés par des spécialistes autorisés. Dès que, dans ce vaste domaine, surgit une question intéressante à connaître ou à discuter, M. Friedel charge de la traiter le savant qui se trouve le plus désigné à cet effet par ses études personnelles. C'est ainsi que le présent fascicule renferme les leçons suivantes, professées pendant l'année scolaire 1889-1890 :

1° *Sur le point critique et l'équation des fluides,* par M. Ph. A. Guye, dont nos lecteurs connaissent les beaux travaux sur la matière [1].

2° *Sur la pression osmotique* (lois de Raoult et de Van't Hoff), par M. Lespieau [2];

3° *Sur les Pinacones,* par M. F. Couturier;

4° *Sur les chlorures d'acides basiques,* par M. V. Auger;

5° *Sur quelques dérivés de la glycérine* (notamment, nouvelle préparation de l'épichlorhydrine et découverte d'un isomère), par M. C. Bigot;

[1] Voyez à ce sujet la *Revue générale des Sciences,* passim t. I, II et III, et notamment t. I, page 365 et suiv.
[2] Sur cet important sujet, voyez aussi : A. Etard, Sur la pression osmotique, *Revue générale des Sciences,* t. I, pages 193 et suiv.

6° *Sur l'oxydation des carbures* (carb. forméniques, éthyléniques et acétyléniques; benzène et carb. benzéniques substitués; carb. aromatiques à plusieurs noyaux benzéniques diversement unis; carbures térébéniques; étude du *mécanisme* de leur oxydation réalisée au moyen d'oxydants peu énergiques), par M. L. Tissier;

7° *Sur les composés diazoïdes* de la série grasse (revision de ces diazoïques et de leurs connexions, à l'occasion de la découverte de Curtius), par feu Demètre Vladesco;

La lecture de ces *Conférences* continue donc, comme on le voit, de s'imposer à tous ceux — élèves et maîtres — qui désirent arriver ou se maintenir à l'avant-garde du progrès chimique.

Formulons toutefois une légère critique, en souhaitant que la publication de ces importantes leçons en suive de plus près l'exposition orale.

L. O.

3° Sciences naturelles.

Michel-Lévy (A.). — Notes sur la chaîne des Puys, le Mont-Dore et les éruptions de la Limagne. *Bulletin de la Société géologique.* t. XVIII.

L'histoire géologique du Plateau Central de la France s'est enrichie récemment de documents d'une grande importance. La réunion extraordinaire de la Société géologique de France à Clermont-Ferrand, en 1890, a fourni en effet à M. Michel-Lévy l'occasion de publier une monographie de la chaîne des Puys, du Mont-Dore et d'une partie de la Limagne, dans la laquelle, pour la première fois, une région française est étudiée avec toutes les ressources que fournissent la stratigraphie et la pétrographie moderne. L'auteur examine la position du Plateau Central par rapport à la chaîne des Alpes. D'après lui, d'une part entre la Saône et la Loire, d'autre part entre la Loire et l'Allier, le sous-sol ancien représente un anticlinal à grand rayon de courbure dont la clef de voûte se serait effondrée par un tassement vertical.

En Auvergne, ce tassement commencé avant le dépôt des couches pliocènes, aurait continué jusqu'après le dépôt du pliocène moyen à *Mastodon arvernensis*. Des plissements à petite courbure de l'âge des Alpes seraient venus superposer leur action à celle des plis plus répétés et plus violents de l'époque carbonifère et seraient comme eux le résultat de pressions horizontales.

Les éruptions volcaniques ont rendu manifestes les effondrements consécutifs au développement du système alpin, et leur siège est limité par les contours d'un triangle déterminés par le grand changement de direction des plis carbonifères (systèmes varisque et armoricain de M. Suess).

M. Michel-Lévy rejette l'opinion qui relie nécessairement le siège des volcans au voisinage des mers. Il fait remarquer en effet que la partie volcanique du Plateau Central est bien éloignée des rivages de la mer pliocène et que les lacs oligocènes étaient eux-mêmes desséchés depuis longtemps lorsque ont eu lieu les débuts des projections trachytiques du Mont-Dore.

L'étude attentive des relations existant entre les produits volcaniques et les assises tertiaires a conduit l'auteur aux conclusions suivantes au sujet de l'âge des éruptions dans cette partie de l'Auvergne:

En ce qui concerne la Limagne, il reste des doutes pour le point de départ des éruptions, mais la majorité des coulées de basalte de cette région affaissée est postérieure au miocène à *Melania aquitanica* et même au miocène supérieur.

Toutes les éruptions du Mont-Dore paraissent contemporaines du pliocène moyen; les tufs de la base contiennent une flore de l'âge de celle de Meximieux. Les ponces fluviatiles à *Mastodon arvernensis*, renferment des galets de trachyte; enfin, toutes les variétés des roches du Mont-Dore se rencontrent dans le pliocène supérieur à *Elephas méridionalis*.

Les volcans de la chaîne des Puys sont quaternaires, et l'activité volcanique n'a cessé qu'à l'âge du Renne. Il subsiste cependant quelque incertitude au sujet de l'âge exact des domites dont la venue a précédé celle des roches plus basiques (andésites, labradorites, basaltes).

Au point de vue de la nature des produits volcaniques et de leur ordre de succession dans les divers centres éruptifs, une étude très approfondie a permis à M. Michel-Lévy de faire voir qu'à part quelques roches basiques intercalées à la base des projections acides, le début du Mont-Dore est trachytique avec exagérations locales d'acidité et production de véritables rhyolites, associées à des phonolithes inférieures; à la cinérite supérieure succèdent des andésites, des trachytes, des téphrites; puis viennent les grandes poussées de phonolithe et enfin une riche série de roches basaltiques.

Dans la chaîne des Puys, les premiers produits formés sont des trachytes acides (*domites*) suivis de roches andésitiques et basaltiques.

L'importance des résultats acquis au point de vue pétrographique ne le cède en rien à ceux qui viennent d'être rapidement énumérés au point de vue de de la stratigraphie.

M. Michel-Lévy, bien connu par ses remarquables travaux sur les propriétés optiques des feldspaths, a montré récemment les services que pouvait rendre l'étude de la face g^1 de ces minéraux (dans les plaques minces) pour leur détermination dans les roches. La classification pétrographique française étant basée sur la connaissance des feldspaths, cette question est donc de la plus haute importance.

La partie pétrographique du mémoire que nous analysons brièvement ici peut être donnée comme exemple des services que rendent ces procédés délicats. Ils ont permis à M. Michel-Lévy de préciser la nature des feldspaths anciens et dans chacune des roches volcaniques étudiées et de montrer combien ces feldspaths étaient variables de composition, non seulement dans une même roche, mais encore dans les diverses parties d'un même cristal.

Les limites étroites d'un compte rendu sommaire ne me permettent pas de suivre l'auteur dans la description approfondie des diverses roches volcaniques de cette intéressante région; je me bornerai à citer quelques types pétrographiques rares ou nouveaux mis en pleine lumière par M. Michel-Lévy.

Dans la chaîne des Puys, la domite, trachyte très acide, est surtout caractérisée par la forme de ses microlites d'orthose, aplatis suivant g^1 et présentant des formes dentelées, des groupements très caractéristiques. Les feldspaths anciens sont constitués par l'orthose et de l'andésine.

Dans une série très remarquable d'andésites et de labradorites, M. Michel-Lévy a fait connaître l'existence du péridot microlitique, notamment dans l'andésite cependant si connue de Volvic qui ne semblait pas devoir donner sujet à de nouvelles découvertes.

Au Mont-Dore, les types spéciaux sont plus nombreux; je citerai tout d'abord de très beaux trachytes, et des andésites acides à grands cristaux de sanidine, des trachytes augitiques à olivine plus basiques, dans lesquels on trouve l'association anomale de grands cristaux d'olivine, de sanidine, d'anorthose et de feldspaths basiques, englobés par un magma microlitique riche en augite.

Le groupe des andésites renferme des types sodiques, des andésites à Haüyne, établissant le passage aux véritables téphrites. Les rhyolites de Lusclade sont riches en sphérolites de composition variée. Enfin les basaltes présentent un type fort curieux, désigné par M. Michel-Lévy sous le nom de *basalte semi-ophitique*, et caractérisé par ce fait que les grands cristaux, englobés par le magma microlitique, sont en grande partie formés de l'angite et du labrador à structure ophitique.

Les deux monographies que nous venons d'étudier sont suivies du compte rendu des excursions que la Société géologique a faites sous la direction de M. Michel-Lévy ; on y trouve, discutées plus sommairement, des questions importantes telles que, par exemple, l'origine des pépérites, l'âge des failles de la Limagne, celui des arkoses de la base du tertinire des environs d'Issoire, reconnues tongriennes inférieures, etc.

Le mémoire de M. Michel-Lévy peut servir de texte explicatif de la feuille de Clermont (Carte géologique détaillée de la France). Il sera d'un grand secours aux géologues qui visiteront cette partie de l'Auvergne.

Á. LACROIX.

Annales de l'Ecole d'Agriculture de Montpellier, *un vol. in-8° de 300 pages avec planches sur cuivre, t. VI. Camille Coulet, à Montpellier*, 1892.

Ce volume renferme la monographie du pourridié, par M. Viala, travail dont la *Revue* a déjà rendu compte; des recherches, dues à MM. Viala, Sauvageau, Boyer, Valery-Mayet et Foex sur divers parasites de la vigne, du citronnier et de l'olivier ; deux études sur l'alimentation du ver à soie par M. Lambert et M. Chapelle; enfin des observations de météorologie agricole par MM. Crova, Chabaneix et Houdaille.

L. O.

Lavoisier. — La chaleur animale et la respiration (1778-1789).
Bichat. — La mort par l'asphyxie (1761-1802). 2 *vol. petit in-8° de chacun une centaine de pages* (*Prix*: 1 *franc le volume*) *de la Bibliothèque rétrospective* : *Les Maîtres de la Science, dirigée par M. Ch. Richet. Paris, G. Masson*, 1892.

Nous avons plaisir à signaler ces deux volumes, premiers d'une collection entreprise par M. Ch. Richet pour rendre facilement accessibles aux hommes de pensée les chefs-d'œuvre anciens des Maîtres de la science.

« D'une part, écrit le directeur de cette précieuse publication, nous voulons que cette Bibliothèque soit franchement scientifique, avec des faits et des détails utiles encore aujourd'hui ; et, d'autre part, nous avons l'intention de n'admettre que des travaux devenus absolument classiques et consacrés par l'admiration universelle.

« A notre époque, en cette fièvre de production hâtive, on se dispense trop d'avoir recours aux auteurs originaux. Une analyse, presque toujours inexacte et toujours insuffisante, voilà ce que demandent le lecteur superficiel, l'étudiant et même le professeur. Quant à se reporter aux ouvrages fondamentaux et originaux, on n'y pense guère, et peut-être n'y pense-t-on pas parce que rien n'est plus pénible que d'aller consulter les vieux documents bibliographiques. »

Détachons encore de l'*Avant-Propos* de M. Richet cette belle pensée, que nous eussions aimé voir inscrite, en manière d'épigraphe, sur la couverture de la collection : « Pour être un homme de bonne société, il faut fréquenter les gens de bonne société : eh bien ! pour apprendre à penser, il faut fréquenter ceux qui ont pensé profondément, ceux qui, par leur pénétration, ont régénéré la science et ouvert des voies nouvelles. »

Ces citations rendent, croyons-nous, tout commentaire inutile. Nous n'ajouterons qu'un mot, pour applaudir au choix des auteurs dont on nous promet de prochains extraits : — Harvey, Haller, Lamarck, Laënnec, Legallois, Flourens, W. Milne-Edwards, — et souhaiter que M. Richet, élargissant le cadre de la *Bibliothèque rétrospective*, y comprenne d'autres savants que des physiologistes : Galilée, Copernic, Newton, Laplace, Volta, Coulon, Ampère, Faraday, Gay-Lussac, etc., etc., réclament aussi leur place dans ce Panthéon scientifique.

L. O.

4° Sciences médicales.

Martha. — Note sur deux cas d'otite moyenne purulente ; *Arch. de médec. expérim.*, t. IV, p. 130, *Paris* 1892.

Dans ces deux cas, M. Martha a constaté la présence du bacille pyocyanique à l'état de pureté. Il semble donc que ce bacille ait été, dans l'espèce, pyogène. Il faut toutefois ajouter qu'un des deux malades était tuberculeux, et l'on sait que l'examen microscopique peut être insuffisant pour déterminer la présence du bacille tuberculeux. Mais le deuxième ne présentait aucune manifestation tuberculeuse, et l'origine pyocyanique de l'otite moyenne peut être maintenue pour lui d'une manière tout à fait plausible.

Dr Henri HARTMANN.

Lombroso (C.). — Nouvelles recherches de psychiatrie et d'anthropologie criminelles. — *Un vol. in-12 de 180 pages, 2 fr. 50. Alcan*, 1892.

Les travaux sur l'anthropologie criminelle se multiplient avec une telle abondance qu'au bout de moins de deux ans M. Lombroso a pu donner une suite à son livre intitulé l'*Anthropologie criminelle et ses récents progrès*, dont il a été rendu compte ici même. Il résume rapidement en ce nouvel ouvrage les résultats des recherches récentes sur les anomalies morphologiques et fonctionnelles des criminels.

M. Lombroso est resté en apparence fidèle à la théorie à laquelle il a attaché son nom ; mais on ne peut douter cependant, lorsqu'on examine les choses de près, qu'il n'ait quelque peu changé de position : il ne soutient plus avec la même netteté qu'autrefois que le criminel est un attardé dans notre civilisation, un proche parent des sauvages actuels ; il tend maintenant à faire de tous les criminels des aliénés. Cela est certain pour les criminels-nés, et M. Lombroso a été enfin contraint à l'admettre sous la pression des faits ; les aliénés criminels sont des aliénés comme les autres, et l'impulsion au meurtre ou au vol est semblable à toutes les autres impulsions. Seulement il est bon nombre de criminels qui ne présentent aucune tare mentale, aucune anomalie physique, et, d'autre part, on ne peut constituer avec les criminels une famille naturelle comme avec les fous, puisque la notion du crime est une notion juridique et légale, conventionnelle par conséquent. M. Lombroso serait tenté de faire rentrer tous les criminels-nés dans la catégorie des épileptiques ; il y a à cela de grosses difficultés : un imbécile ou un dégénéré peuvent commettre les mêmes actes délictueux qu'un épileptique, s'ils ne les commettent pas de la même manière. Il y a un assez grand nombre de ces malades parmi les criminels et même parmi les criminels condamnés et leur manière de réagir est aussi différente de celle des épileptiques que de celle des hommes normaux. Ce qui est vrai, c'est que l'épilepsie, sous ses formes atténuées, est une maladie plus répandue qu'on ne le croyait autrefois, et qui, grâce aux progrès toujours croissants de l'alcoolisme, tend chaque jour à se répandre davantage.

Il faut signaler particulièrement parmi les travaux analysés par M. Lombroso les recherches d'Ottolenghi sur les anomalies du champ visuel chez les épileptiques et les criminels-nés. M. Lombroso a consacré un long chapitre aux causes des révolutions où il soutient, avec des arguments qui ne paraîtront peut-être pas convaincants, sa théorie favorite qui assimile les réformateurs aux mattoïdes.

On sera peut-être surpris de voir que, d'après M. Lombroso, la preuve la plus forte en faveur de ses théories, c'est que « ses conclusions sont adoptées presque à leur insu par des hommes de génie comme Zola, Daudet, Tolstoï, Dostoïewsky, dont les préoccupations et la tâche littéraire n'ont rien à voir avec sa science ».

L. MARILLIER.

ACADÉMIES ET SOCIÉTÉS SAVANTES

DE LA FRANCE ET DE L'ÉTRANGER

ACADÉMIE DE MÉDECINE
Séance du 7 juin

M. **Péan** : De l'ablation totale de l'utérus pour les grandes tumeurs fibreuses et fibrocystiques de cet organe. L'auteur décrit sa nouvelle méthode d'ablation totale de l'utérus pour les cas indiqués et pose les conditions suivantes : 1° toutes les fois qu'il est indiqué d'enlever une grande tumeur fibreuse ou fibrocystique, interstitielle, du corps de l'utérus, il convient de recourir à notre méthode d'ablation totale de cet organe par la voie abdominale et par la voie vaginale combinée ; 2° cette méthode permet d'enlever plus rapidement l'utérus malade et ses annexes que les méthodes intra et extra-péritonéales ; 3° elle agrandit le domaine de la chirurgie en augmentant le nombre des guérisons. — M. **Semmola** (de Naples) : Contributions expérimentales et cliniques à la pathologie de l'influenza. M. Semmola a fait connaître, il y a dix mois, ses recherches biologiques expérimentales. Il expose aujourd'hui quelques-uns des résultats obtenus dans le cas de l'influenza. — M. **Béchamp** : Traitement de la pleurésie.

Séance du 14 juin

M. **Pinard** est proclamé membre titulaire dans la VII° section (*Accouchements*) en remplacement de M. Barthez, décédé. — M. **Marjolin** : Sur la contamination des nourrices par des enfants atteints de syphilis. L'auteur propose la mesure suivante, dans le but de diminuer le nombre de cas de contamination des nourrices : lorsqu'une femme atteinte de syphilis accouche dans un hôpital ou dans une maison placée sous la surveillance de l'Assistance, si elle ne veut pas garder son enfant et si, de l'hôpital, il est envoyé en nourrice ou dans un hospice dépositaire, quel que soit le parti adopté, le bulletin de l'enfant devra toujours indiquer que la mère étant atteinte d'une maladie contagieuse, l'enfant ne peut être élevé que par un procédé artificiel. — M. **Béchamp** : Traitement de la pleurésie.

SOCIÉTÉ FRANÇAISE DE PHYSIQUE
Séance du 17 juin.

M. **Raveau** fait une communication sur les adiabatiques d'un système de liquide et de vapeur. Si l'on possède des données très complètes sur les isothermes, il est loin d'en être de même pour les adiabatiques. On sait seulement que l'adiabatique doit être tangente à la courbe de saturation aux deux points d'inversion de la chaleur spécifique de la vapeur saturée ; l'un de ces deux points est connu depuis assez longtemps, l'existence du second a été démontrée pour la première fois par M. Mathias. M. Raveau met en lumière un certain nombre de propriétés importantes des adiabatiques, permettant de se rendre compte de l'allure et du tracé de ces courbes. Nous ne pouvons que nous borner ici à indiquer brièvement les résultats. Tout d'abord, à l'intérieur de la courbe critique, le faisceau des adiabatiques va en s'épanouissant à mesure que la température s'abaisse. Les adiabatiques présentent, comme les isothermes, une brusque discontinuité en traversant la courbe de saturation, il y a réfraction de l'adiabatique. Les adiabatiques se redressent en passant de l'intérieur à l'extérieur de la courbe de saturation. Au voisinage du point critique, il y a encore brisement, comme dans les autres régions. Au point critique même on peut préciser davantage le tracé de l'adiabatique. Pour cela, M. Raveau rappelle que les deux chaleurs spécifiques,

aussi bien de liquide saturé que de vapeur saturée, deviennent toutes deux infinies en ce point, et il en donne une nouvelle démonstration plus simple que celle de M. Duhem. Il démontre, de plus, que le rapport des valeurs absolues de ces deux chaleurs spécifiques tend vers l'unité, tandis que leur différence reste finie. De là résulte que l'adiabatique du point critique est tangente en ce point à la courbe pour laquelle il y a des masses égales de liquide et de vapeur, c'est-à-dire au diamètre des cordes de la courbe de saturation parallèle à l'axe des *v*. S'occupant maintenant de la détente adiabétique, il démontre que, pour toute température supérieure au second point d'inversion on peut établir entre les masses du liquide et de la vapeur un rapport tel qu'une détente adiabatique conserve ce rapport. Il en est de même à toute température inférieure à celle du premier. L'intérieur de la courbe de saturation se trouve ainsi divisé en trois régions, deux dans lesquelles une détente adiabatique est accompagnée d'une condensation, l'autre dans laquelle elle est accompagnée d'une volatilisation. — M. P. Curie expose les recherches poursuivies, d'une part, par son frère, M. J. Curie, d'autre part, par MM. Warburg et Tegetmeier, sur la conductibilité du quartz. Ces recherches de M. J. Curie font partie d'un travail plus étendu publié en 1889 sur le pouvoir inducteur spécifique et la conductibilité des corps cristallisés. Ce travail, très remarqué, a été effectué par une méthode fort originale fondée sur l'emploi des propriétés piézoélectriques du quartz, découvertes et étudiées antérieurement par les deux frères, MM. J. et P. Curie. Le quartz piézoélectrique constitue une source d'électricité très commode et susceptible de donner des quantités d'électricité qui s'évaluent immédiatement, puisqu'elles sont proportionnelles aux poids qui produisent la traction sur le quartz. L'appareil, sensible déjà à quelques décigrammes, peut recevoir jusqu'à cinq kilogrammes. Dans le travail actuel il est employé pour compenser, et par suite, pour évaluer par une méthode de zéro, les charges prises par le quartz étudié, qu'on a armé de manière à constituer un condensateur à anneau de garde. La méthode de mesure des conductibilités de M. Curie donne encore de très bons résultats pour les substances dont la résistance peut atteindre 10000 fois celle du verre à 15°. L'auteur a pu constater ainsi les lois des intensités des courants de charge ou de décharge. En particulier ces intensités obéissent à la loi de superposition ou d'indépendance des effets, chaque variation de la force électromotrice ajoutant à l'intensité précédente la même intensité que si elle était seule. En ce qui concerne le quartz, on trouve que la charge instantanée, qui dépend de la constante diélectrique reste sensiblement la même lorsque la lame est parallèle ou perpendiculaire à l'axe, tandis que la conductibilité peut varier dans un rapport énorme, tel que 1 à 10000 entre ces deux directions. Cette grande différence entre les conductibilités parallèlement et normalement à l'axe, permet d'expliquer l'étrange phénomène observé par M. Curie, de la déviation progressive des lignes de force dans le quartz parallèle, déviation de plus en plus rapide à mesure que la température s'élève. Relativement à l'invariabilité de la constante diélectrique, les durées de charge ont pu être réduites jusqu'à $\frac{1}{80}$ de seconde, mais la méthode ne permettait pas des durées aussi faibles que celle de M. Bouty. D'ailleurs les résultats relatifs au mica sont en parfaite harmonie avec ceux de M. Bouty. Tandis que la constante diélectrique demeure la même pour les divers échantillons, la conductibilité mesurée dans la même direction varie considérablement : avec certains échantillons, elle présente des variations dans le rapport de 1 à 12, ce qui montre que la conductibilité doit être due simplement aux matières étrangères qui accompagnent le quartz. Ce sont ces impuretés qui doivent subir une polarisation résiduelle progressive : ainsi s'expliquerait l'allure des courants de charge et de décharge en fonction du temps. Il y aurait alors une liaison complète entre la conductibilité résiduelle et l'électrolyse. On assisterait à la genèse de l'électrolyse. Il suffirait d'une proportion d'impuretés plus considérable pour obtenir une électrolyse véritable et le passage d'un courant permanent. — M. Violle étudie les lois du rayonnement aux températures élevées. Le problème comporte trois parties : 1° la variation d'énergie totale émise à mesure que la température s'élève ; 2° la variation d'intensité absolue d'une radiation déterminée ; 3° la variation du rapport de l'énergie correspondant à une radiation déterminée à l'énergie totale. La dernière partie a été étudiée par Draper, Ed. Becquerel, M. Garbe ; la première, par Dulong et Petit, Stéfan et M. Rivière. Relativement à la seconde partie, c'est Ed. Becquerel qui a le premier donné une formule représentant la variation d'énergie d'une radiation déterminée avec la température. M. Violle, reprenant cette étude au moyen du spectrophotomètre, est arrivé à une loi d'accroissement beaucoup moins rapide ; l'énergie de la radiation ne croît pas très rapidement quand la température s'élève de plus en plus, les choses se passent presque comme s'il y avait un maximum. M. Violle montre que l'idée d'un tel maximum à une température déterminée pour chaque radiation ne concorde pas avec la formule de M. Le Châtelier qui donne un accroissement indéfini. La formule de M. Le Châtelier correspond à une exponentielle, tandis que la loi de M. Violle correspond à une courbe parabolique, tournant sa convexité vers l'axe des intensités croissantes. D'ailleurs la divergence ne commence qu'au delà de 1500°. M. Violle montre que la critique faite à ses expériences par M. le Châtelier n'est pas fondée ; l'enceinte du creuset n'est certainement pas à une température inférieure au culot de platine en voie de solidification. D'ailleurs des expériences inédites confirment l'allure parabolique de la courbe. D'autre part, il peut se faire que le verre rouge employé par M. Le Châtelier devienne de moins en moins monochromatique à mesure que la température du corps qui rayonne s'élève. — M. Le Châtelier réplique que les verres conservent bien la même nuance, et que, d'autre part, l'égalité de température affirmée par M. Violle entre le creuset et le platine est difficile à prouver.

Edgard HAUDIÉ.

SOCIÉTÉ MATHÉMATIQUE DE FRANCE

Séance du 15 juin

M. d'Ocagne indique une construction simple du point le plus probable donné sur une carte par une série de recoupements non convergents, ce point étant défini celui dont la somme des carrés des distances à ces recoupements, multipliés par certains coefficients, est minimum, c'est-à-dire celui qui se confond avec le centre de gravité de ses projections sur ces recoupements affectées de masses proportionnelles à ces coefficients. — M. Raffy, en faisant usage d'une certaine transformation des formules de Codazzi, établit le criterium qui permet de reconnaître si une surface donnée est applicable sur une surface à courbure moyenne constante quelconque, c'est-à-dire susceptible d'être déformée sans déchirer ni duplicature de façon à donner une surface à courbure moyenne constante. L'équation par laquelle se traduit ce criterium n'est intégrable que lorsque la courbure moyenne est nulle, c'est-à-dire lorsqu'il s'agit d'une surface minima. Cette équation se ramène alors au type bien connu dit équation de Lionville.

M. D'OCAGNE.

SOCIÉTÉ ROYALE DE LONDRES

Séance du 2 juin

1° Sciences mathématiques. — **Major Hippisley** : Sur les courbes usuelles. — M. **J. Larmor** : Sur la théorie de l'électrodynamique appliquée au cas de l'excitation des diélectriques par des forces mécaniques naturelles.

2° Sciences physiques. — **Major Darwin** : Sur la méthode d'examen des objectifs photographiques à l'observatoire de Kew. L'objet de cet examen est de permettre à tout le monde d'obtenir des renseignements authentiques sur la valeur d'un objectif pour les usages ordinaires. Les objectifs sont soumis à divers essais au moyen d'un appareil spécialement construit pour cet usage et qu'on appelle la chambre d'essai. Il est inutile de décrire ici les méthodes employées ; cette description n'aurait, en effet, d'intérêt que si on pouvait donner des détails complets que nous interdit le manque d'espace. — Lord Kelvin : Sur une nouvelle forme de condensateur à air (air-Leyden) et ses applications à la mesure des petites capacités électrostatiques. L'appareil décrit par Lord Kelvin fournit, lorsqu'il est en rapport avec un électromètre approprié, un moyen commode de mesurer de petites capacités électro-statiques, celles, par exemple, de faibles longueurs de câbles. L'instrument se compose de deux pièces métalliques réciproquement isolées, qui constituent les deux systèmes d'un condensateur à air. Les systèmes sont composés de lames parallèles de forme carrée, reliées les unes aux autres par quatre longues tiges de métal qui passent à travers des trous pratiqués aux angles de ces lames. La distance d'une lame à une autre dans le même système est réglée par des pièces annulaires qui s'adaptent exactement aux tiges et qui sont identiques les unes aux autres à tous égards. Les deux systèmes sont disposés de telle sorte que chacune des lames d'un système donné soit intercalée entre deux lames de l'autre système. Dans l'instrument présenté à la société, l'un des systèmes était composé de 22 lames, l'autre de 23, ils enfermaient donc à eux deux 44 espaces pleins d'air. La capacité du condensateur tout entier était environ de 301,4 en mesure électro-statique. Lord Kelvin a constaté que son voltamètre multicellulaire est celui dont il est le plus commode de se servir avec cet appareil. La capacité du câble peut être déterminée en termes de la capacité du condensateur en un très court espace de temps. — M. Wright : Sur certains alliages ternaires, Partie VI : Alliages contenant de l'aluminium allié à du plomb ou à du bismuth et à de l'étain ou à de l'argent. Les expériences ont été faites sur des mélanges de plomb (ou de bismuth) employé comme métal lourd immiscible, d'aluminium employé comme métal léger immiscible, et d'étain (ou d'argent) employé comme dissolvant. Un des résultats de ces recherches est de montrer que la composition des alliages au point critique correspond à un rapport entre les deux métaux immiscibles qui varie dans chaque cas avec la nature du dissolvant. Voici les rapports qui ont été trouvés dans les huit cas suivants :

MÉTAUX IMMISCIBLES	DISSOLVANTS	RAPPORT APPROCHÉ
Plomb et zinc.........	étain	$Pb Zn^6$
»	argent	$Hb^3 Zn$
Plomb et aluminium...	étain	$Pb^2 Al^7$
»	argent	$Pb^3 Al$
Bismuth et zinc........	étain	$Bi Zn^{10}$
»	argent	$Bi Zn^3$
Bismuth et aluminium.	étain	$Bi Al^{10}$
»	argent	$Bi Al$

M. V.-H. Veley : Sur les conditions de formation et de décomposition de l'acide nitreux. Il n'y a peut-être pas dans toute la chimie de réactif à qui l'on fasse aussi souvent jouer un rôle dans les diverses transformations que l'acide nitreux, mais dont on sache aussi peu de choses précisément. M. Veley a fait de cet acide une étude très complète ; voici les deux conclusions principâles auxquelles il aboutit : 1° le peroxyde d'azote, qui donne à l'acide nitrique la teinte jaune bien connue se forme dans l'acide concentré dès la température de 30 degrés, et dans les acides dilués, à des températures de 100 à 150 degrés, même quand l'acide n'est pas exposé au soleil ; 2° la réaction entre l'oxyde d'azote et l'acide nitrique peut être regardée comme réversible, c'est-à-dire que :

$$2 Az O + H AzO^2 + H^2O = 3 H Az O^2$$

pourvu que l'acide soit suffisamment dilué et la température suffisamment basse. Dans ces conditions, l'équilibre s'établit entre les masses des acides nitriques quand le rapport du premier au second est en chiffres ronds comme 9 est à 1. Le rapport réel varie légèrement dans un sens ou dans l'autre, d'après les conditions de l'expérience. Avec des acides concentrés et à des températures plus hautes, les changements chimiques qui se produisent sont plus compliqués et la décomposition de l'acide est plus profonde.

3° Sciences naturelles. — Sir J.-W. Dawson présente un rapport supplémentaire sur l'examen des arbres restés debout et qui contiennent des restes d'animaux que l'on trouve dans les formations carbonifères de la Nouvelle-Ecosse. — M. A. Hill : Sur l'Hippocampe. L'auteur a pu se procurer deux spécimens de cerveaux de baleines (bottle-nosed whale) de narval, de marsouin et de veau marin. Il voulait rechercher en quelle mesure l'hippocampe diffère du type habituel chez les animaux qui sont dépourvus d'odorat ou qui ne sont doués de ce sens qu'à un très faible degré. La région de l'hippocampe a été, dans chacun de ces cerveaux, découpée en une série de tranches, et M. Hill a pu montrer ainsi que, chez l'*Hyperoodon* et le *Monodon*, il n'y a pas de *Fascia dentata*, que chez le *Phocaena*, cette formation est très rudimentaire, que chez le *Phoca*, elle est plutôt moins développée que chez l'homme. Il pense que le fait que *Fascia dentata*, fait complètement défaut chez les animaux qui ne possèdent ni bulbe ni nerf olfactive et qu'il est plus ou moins développé, suivant la dimension de ces organes, jette quelque lumière sur les fonctions de la région hippocampienne et invite à une nouvelle délimitation de ces diverses parties et à une revision de leur nomenclature.

Richard-A. Gregory.

SOCIÉTÉ DE PHYSIQUE DE LONDRES

Séance du 27 mai

M. Lodge lit une communication sur l'état actuel de nos connaissances sur les relations entre l'éther et la matière : résumé historique. Sur les difficultés soulevées par l'aberration de la lumière, quand le milieu est supposé transporté par la terre sur son orbite. M. Lodge décrit l'expérience du télescope rempli d'eau, indiquée par Boscovitch et exécutée par Klinkerfues, qui fut conduit à conclure que la constante d'aberration dépend du milieu qui remplit le télescope ; l'expérience de Klinkerfues, fut répétée par Sir G. B. Airy, mais non confirmée. Des observations astronomiques ne sont pas nécessaires pour déterminer le point de visée, car une source fixe devant un collimateur peut être employée avec avantage. Hoek a étudié la question dans cette voie avec les mêmes résultats négatifs. On peut donc conclure que les opérations d'arpentage ne sont pas affectées par le mouvement terrestre. Ce résultat, néanmoins, ne prouve rien sur l'existence ou la non-existence d'un entraînement de l'éther par la terre, car, puisque la source et le récepteur de la lumière se meuvent ensemble, un effet produit par un tel entraînement serait compensé par l'aberration due au mouvement du récepteur. Parlant de la réfraction, il montre que, si l'éther était stationnaire dans l'espace, le verre et les autres corps terrestres auraient de l'éther qui les pénétrerait, et que la réfraction dans le verre varierait avec la direction dans laquelle l'éther serait entraîné par rapport à lui. Pour voir s'il en est ainsi, Arago place

un prisme achromatique sur l'objectif d'une lunette de cercle mural et observe la hauteur des étoiles. Pour faire varier la direction de l'éther entraîné à travers le prisme on observait des étoiles dans différents azimuts ; mais les résultats ne montrent aucun changement appréciable dans la déviation produite par le prisme et due à la direction du mouvement de la terre. Maxwell emploie le spectroscope pour résoudre la même question. De la lumière provenant d'une croisée de fil éclairée traverse une lunette, un prisme, un collimateur est réfléchie de manière à suivre le même chemin, par un miroir : on vise dans la lunette. Des observations faites dans différentes positions de l'instrument ne dénotent aucun changement dans les positions relatives des fils et de leurs images. Mascart a aussi essayé l'expérience avec un dispositif plus simple, mais n'est pas arrivé à déceler aucun changement. Ces observations amenèrent naturellement à penser que l'éther est au repos par rapport à la terre ; mais la nature, simple en apparence, de l'aberration, rend cette idée difficile à admettre. Les deux phénomènes sont d'accord avec l'hypothèse de Fresnel, à savoir, que c'est seulement l'excès d'éther que possède la substance sur l'éther de l'espace environnant, qui se meut avec le corps : car, dans cette hypothèse, les effets d'aberration, de réfraction et d'entraînement de l'éther se compensent mutuellement. L'idée de Fresnel est établie pratiquement par l'expérience bien connue de Fizeau sur l'effet du mouvement de l'eau sur la vitesse de la lumière, et par les résultats obtenus par Michelson. La seule autre théorie qui s'accorde avec les résultats expérimentaux est une théorie du Pr J.-J. Thomson, qui admet que la vitesse de la lumière dans l'expérience de Fizeau doit être altérée de la demi-vitesse dans le milieu. Pour les milieux dont les indices de réfraction sont $\sqrt{2}$, les deux théories conduisent au même résultat, et, comme les indices de substances telles que l'eau ne diffèrent guère de cette valeur, il est difficile de décider entre elles. Regardée à un autre point de vue, l'expérience de Fizeau présente une difficulté, car, comme l'a montré M. Lodge, toute l'eau se meut avec la terre, par suite, la lumière devrait être avancée ou retardée suivant la direction dans laquelle elle traverse l'eau. Il est douteux que l'effet existe, mais le résultat n'a jamais été mis en évidence par l'expérience. Il est, par suite, nécessaire de chercher si l'effet ne pourrait pas être observé directement, car l'expérience a été tentée avec un appareil interférentiel par Babinet, Hoek, Jamin et Mascart, et n'a donné de résultat dans aucun cas. Il semblerait par suite que l'éther serait « stagnant » c'est-à-dire stationnaire par rapport à la terre. Mascart a aussi essayé si les anneaux de Newton et le pouvoir rotatoire du quartz sont affectés par l'entraînement de l'éther : le résultat a été négatif. Ces observations sont, néanmoins, également compatibles avec l'hypothèse de Fresnel, d'un éther fixe par rapport à la matière, et d'un éther libre dans l'espace

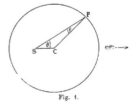

Fig. 1.

qui pénètre toutes les substances ; car, suivant cette idée, il n'y a pas plus de mouvement de l'éther dans l'eau que dans le verre, que dans l'air, puisque le temps d'accomplir le tour d'un cycle fermé est indépendant de la direction dans laquelle la lumière traverse ce contour. Le temps de cheminer entre deux points n'est, de la sorte, pas affecté par le mouvement terrestre, comme le prouvent les expériences de Babinet, Hoek et Mascart sur les interférences; l'auteur en conclut donc que l'éther est un éther stagnant ou a un potentiel de vitesse. Dans l'éther en mouvement, il est nécessaire de définir un rayon, et la méthode de Lorentz est la meilleure. Supposons que CP (fig. 1) représente la vitesse de la lumière (V) dans l'éther au repos, et SC la vitesse de l'éther (v); alors la perturbation issue de S se transmet tout le long de SP, qui est la direction du rayon, tandis que CP est la normale à l'onde. Dans la figure ci-dessus,

$$\frac{\sin \varepsilon}{\sin \theta} = \frac{SC}{CP} = \frac{v}{V} = a$$

a constante de l'aberration. La vitesse le long du rayon est SP. Désignant cette vitesse par V' on a :

$$V' = V \cos \varepsilon + v \cos \theta$$

La marche du rayon est déterminée par le fait que le temps employé à la propagation soit minimum, et la formule

$$T = \int_A^B \frac{ds}{V} = \text{un minimum}$$

est l'équation du rayon, A et B sont les extrémités, et ds un élément de la trajectoire. Si l'éther est en mouvement, il faut substituer V' à V et écrire

$$T' = \int_A^B \frac{ds}{V \cos \varepsilon + v \cos \theta} = \text{un minimum}$$

Cette intégrale peut s'écrire :

$$T' = \int \frac{ds}{V} \frac{\cos \theta}{1 - \alpha^2} - \int \frac{v \cos \theta}{V^2(1-\alpha^2)} ds = \frac{T \cos \theta}{1 - \alpha^2} - \int \frac{v}{V^2} \frac{\cos \theta}{1 - \alpha^2} ds.$$

Le dernier terme est le seul en développant suivant les puissances croissantes de l'entraînement de l'éther, et il s'annule dans le cas où il y a un potentiel des vitesses; car alors $\cos \theta = \frac{d\varphi}{ds}$, où φ est le potentiel des vitesses, et l'on peut écrire $\frac{\Phi_B - \Phi_A}{V^2(1-\alpha^2)}$ et ainsi sa valeur ne dépend que des points initial et final, et non du chemin suivi. Si ces points sont les mêmes, c'est-à-dire si le contour est fermé, l'intégrale devient nulle, ce qui concilie toutes les expériences faites jusqu'ici. On peut admettre néanmoins que si a n'est pas une constante, la question reste ouverte; mais il n'y a pas de raison de supposer que a puisse varier dans le même plan horizontal. Si le milieu change, V devient $\frac{V}{\mu}$, et, pour retrouver le même potentiel des vitesses dans le milieu changé, v doit devenir $\frac{a}{\mu^2}$, ce qui est la loi de Fresnel. Le Pr Lodge montre que la condition relative au potentiel des vitesses renferme la loi de Fresnel comme cas particulier. On peut en général conclure qu'il ne peut avoir aucun effet optique du mouvement de la terre sous une forme où on puisse le découvrir. Il est toujours compensé par quelque autre. Les quantités du second ordre de grandeur doivent par conséquent être prises en considération. De la première équation ci-dessus, il suit que $\cos \varepsilon = \sqrt{1 - \alpha^2 \sin^2 \theta}$, et que la durée de propagation dans l'éther en mouvement est donnée par

$$T' = T \frac{\sqrt{1 - \alpha^2 \sin^2 \theta}}{1 - \alpha^2}$$

où T est le temps si tout est stationnaire. C'est là, en

peu de mots, la théorie de la récente expérience de Michelson. Si la lumière marche par rapport à la direction d'entraînement de l'éther de façon que $\theta = 0$,

$$T' = \frac{T'}{1 - \alpha^2}$$

et $\theta = 90$,

$$T = \frac{T}{\sqrt{1 - \alpha^2}}$$

La vitesse de propagation dans la direction de l'entraînement doit donc différer de la vitesse dans une direction normale à l'entraînement dans le rapport de $\sqrt{1 - \alpha^2}$ à 1. Ce point a été très soigneusement étudié par Michelson; mais on n'a rien observé qui approchât du quart de l'effet théorique. Son résultat négatif semblerait conclure à un mouvement relatif, même sans rotation, et montrer que l'éther est au repos relativement à la surface de la terre. D'un autre côté, l'auteur (M. Lodge) a récemment fait des expériences sur l'influence de la rotation rapide de disques d'acier sur l'éther, expériences qui prouvent que l'éther n'est pas affecté par le mouvement de la matière située au contact d'une quantité égale au $\frac{1}{800}$ de la vitesse de la matière. Ces expériences sont en conflit avec l'expérience actuelle. Le professeur Fitzgerald a indiqué un moyen d'éluder la difficulté en supposant que la grosseur des corps est une fonction de leur vitesse à travers l'éther. Revenant aux démonstrations qui ont été faites de la loi de Fresnel, Glazebrook a montré que l'« extradensité » actuelle de l'éther n'était pas nécessaire à admettre, car si la masse virtuelle est altérée, le même résultat s'ensuit; tout ce qui est nécessaire c'est d'avoir un terme dépendant de l'accélération relative de l'éther et de la matière. Dans les idées modernes, l'idée de la surcharge d'éther due à la présence de la matière a besoin d'être corrigée, et les effets du mouvement relatif observés sont regardés comme les résultats de réactions secondaires de la matière sur l'éther. Dans cette conception, l'éther de l'espace ne serait pas du tout affecté par le mouvement de la matière. Dans la théorie des anneaux-tourbillons, pour expliquer la matière, il serait naturel d'admettre que l'éther, dans son voisinage, serait affecté par son mouvement sans acquérir de mouvement de rotation. Et si un potentiel des vitesses est admis, comme on ne doit rien supposer qui ressemble à la viscosité, les résultats de toutes les expériences d'interférence, de réfraction et d'aberration peuvent être prédits, et la théorie complète est aussi simple que possible. La seule expérience digne de foi qui contredise cette manière de voir est celle de Michelson. L'auteur imagine qu'on peut dans une certaine mesure la négliger. En réponse à une question de M. Ayrton, M. Lodge dit que, quand on substitue l'air à l'eau dans l'expérience de Fizeau, on n'observe rien. On pouvait s'y attendre, la différence dans les durées de propagation par les deux chemins dépend de $\frac{\mu^2 - 1}{\mu^2}$ et comme μ est très voisin de l'unité pour l'air, l'effet de l'air est trop faible pour être perceptible. M. D. J. Lodge dit que dans l'expérience interférentielle de Hoek on peut dire que l'éther au mouvement dans l'eau en repos est contrebalancé par celui qui est en mouvement dans l'air au repos; mais, puisque le mouvement de l'eau elle-même rompit l'équilibre, c'est que le mouvement de l'air ne donne rien d'appréciable. Le seul genre de mouvement qui pourrait déranger les effets optiques serait un mouvement tourbillonnaire, et non un simple mouvement d'entraînement. Le Pr J. V. Jones demande comment l'expérience de Fizeau peut s'expliquer dans la théorie de l'éther condensé; car, puisque la vitesse de la matière affecte la vitesse de la lumière, il semble en résulter une condensation dépendant de la direction. Un simple terme additionnel à la densité ou un coefficient d'accélération n'expliquerait pas cela; il semble y avoir

besoin d'un coefficient d'un terme de la vitesse. La
question a été soulevée par Lord Rayleigh qui a montré
(sous le titre : « Aberration » *Nature*, mars 1892) que la
vitesse de propagation des ondes dans une corde
chargée serait affectée par le déplacement de la charge.
La question n'est pas parfaitement simple et l'analogie
n'est pas complète. La chose dépend en grande partie
de la nature de la liaison qu'on exprime par ce mot de
charge.

SOCIÉTÉ DE CHIMIE DE LONDRES

Séance du 19 mai

M. W. H. Perkin : Rotation magnétique des composés d'origine cétonique ou qu'on suppose contenir
le groupement acétyle. Les recherches de Brühl sur
la réfraction de l'acétoacétate d'éthyle l'ont conduit à
admettre dans ce corps l'existence d'une fonction cétonique. L'étude de la rotation magnétique conduit à la
même conclusion. L'auteur examine, en outre, au point
de vue de la rotation magnétique un grand nombre de
composés cétoniques. — M. Henry Armstrong : I.
L'origine de la couleur ; composition des nitro-dérivés
colorés. Dans une communication antérieure, l'auteur
en discutant les relations entre la couleur et la constitution chimique arrivait à conclure que, dans le cas des
azoïques, des rosanilines, du bleu de méthylène, etc.,
la couleur est causée par une structure quinonique.
Les recherches publiées depuis cette époque confirment cette hypothèse. Nietzki a aussi signalé la structure quinonique d'un grand nombre de couleurs sans
chercher à en faire une application générale. Les dérivés nitrés ne rentrent pas dans cette théorie de la
couleur ; mais il faut remarquer qu'ils ne sont pas
tous colorés ; un grand nombre d'entre eux sont incolores quand ils sont parfaitement purs. Le groupe
nitrosyle ne suffit donc pas à donner la couleur ; il
faut, en outre, une structure particulière. Par exemple,
le paranitrophénol est incolore, tandis que l'orthonitrophénol est fortement coloré en jaune. D'autre part,
les méthoxynitrobenzines dérivées de l'ortho et du
paranitrophénol sont toutes deux incolores. Il faut
donc attribuer la coloration de l'orthonitrophénol à
une structure particulière ; M. Armstrong propose une
formule quinonique, l'orthonitrophénol devenant ainsi
le quinone-orthonitroxime. — II. Origine de la couleur.
— III. La couleur considérée comme preuve des changements isodynamiques. Existence d'acides isodynamiques. — M. Arthur Ling : Études sur les transformations isomériques. — Dérivés halogénés de la
quinone. — M. William Pope : Forme cristalline des
dérivés sodés des acides aniliques substitués. Ces cristaux appartiennent au système anorthique et présentent une grande similitude. — M. Stanley Kipping :
Formation d'un hydrocarbure répondant à la formule
$C^{16}H^{12}$ en partant de l'acide phénylpropionique. —
M. R. T. Plimpton : Dérivés métalliques de l'acétylène. L'auteur décrit les dérivés obtenus avec l'argent
et le mercure. — M. Augustus Dixon : Les isomères
dans les thio-urées substituées. — M. Moritz et Glen-
dinning : Note sur l'action des diastases. Les conclusions de cette note sont les suivantes : La production
d'un état stationnaire dans la transformation de l'amidon par la diastase ne prouve nullement que l'énergie
de la diastase soit épuisée. L'énergie de la diastase
« résiduelle » est en réalité très considérable. Cette
diastase peut encore transformer jusqu'au point limite
des quantités considérables d'amidon rajoutées successivement.

SOCIÉTÉ PHILOSOPHIQUE
DE MANCHESTER

Séance du 26 avril.

La société pourvoit aux vacances causées par la mort
des membres honoraires en nommant MM. V. Baeyer,

Brioschi, G. Darboux, A. de Candolle, de Marignac, E. du Bois-Reymond, Edison, Hermite, Hooker, F. Klein, A. Marshall, Perkin, F.-A. Walker.

SOCIÉTÉ ANGLAISE DES INDUSTRIES
CHIMIQUES

SECTION DE MANCHESTER
Séance du 8 avril

M. Ferdinand Fanta : Sur la préparation commerciale de l'oxygène. Les procédés pour préparer l'oxygène fondés sur celui de Tessié du Motay sont sujets à
deux défauts ; le mélange de manganate de soude et
de soude caustique s'agglomère au lieu de rester à l'état
granuleux et poreux, ou bien il entre en fusion. L'auteur arrive à se soustraire à ces deux accidents en faisant mélanger par des moyens mécaniques du manganate de soude avec une petite quantité d'eau
contenant 5 — 10 % de soude, et en chauffant le mélange d'abord doucement et ensuite dans un creuset au
rouge blanc, température à laquelle il ne fond plus
après ce traitement. Les réactions qui se produisent
d'après l'auteur sont : $10\ Na^2\ Mn\ O^4 + Na\ HO + 10\ H^2O$
$= 21\ Na\ HO + 5\ Mn\ O^3 + O^{15}$; l'action inverse a lieu
en présence de l'azote de l'air. Il est essentiel de sur-
chauffer la vapeur d'eau dans la première réaction, et
de sécher complètement l'air dans la seconde en le
faisant passer sur de la chaux vive ; les deux gaz doivent atteindre une température au moins égale à celle
de la cornue avant d'y pénétrer. Le réglage de l'appareil se fait automatiquement ; il y a deux séries de
cornues semblables, contenant le mélange de manganate et de soude, et dans lesquelles on fait arriver l'air
et la vapeur à tour de rôle. M. Bowman dit que la
température du mélange n'a pas besoin de dépasser
$314°\ C°$. de sorte que les tuyaux en fonte ne se détério-
rent pas. Le gaz sortant de l'appareil contient 95 %
d'oxygène pur. Le mélange chimique n'altère pas
avec le temps. — MM. Budenberg et Heys : Sur les
accidents qui se produisent dans les appareils
contenant des gaz à pressions élevées. Les auteurs ont trouvé que, dans les appareils ordinaires,
la pression s'élève dans les jauges Bourdon instantanément jusqu'à son maximum dès qu'on ouvre
le robinet de communication. Ceci montre qu'il
doit se produire une élévation de température très
grande, due 1° au frottement dans les tuyaux et 2° à la
compression subite de l'air dans les appareils accessoires. Pour éviter les accidents il faut : 1° empêcher
la présence de toute trace de matière huileuse ou hydrocarbonée dans les appareils ; 2° fermer l'orifice par
où sort le gaz par un septum compact et poreux ;
3° éviter de se servir de caisses fermées, une petite
fuite à l'intérieur de la caisse pouvant déterminer une
explosion ultérieure ; 4° comme précaution additionnelle,
rendre les espaces vides dans les appareils accessoires
aussi petits que possible. Les fabricants des jauges
essaient souvent à la pompe à huile ; ces jauges ne
doivent pas servir pour les appareils à haute pression
de gaz. Les auteurs appellent l'attention sur le fait
que les explosions causées par la présence de l'huile
produisent leur effet sur une aire de peu d'étendue, et
engendrent une température suffisante pour faire
fondre le laiton et l'acier ; c'est ainsi qu'elles brisent
les appareils bien plus facilement que des explosions de
mélanges tonnants. — M. Carter Bell a trouvé moins
de chlore et d'acide sulfurique dans un échantillon de
neige recueillie près d'une fabrique de produits chimiques, que dans des échantillons provenant du centre
de Manchester. — M. Seymour Rothwel a fait des expériences qui démontrent, d'une manière concluante
que, contrairement à ce qu'on a supposé jusqu'ici, les
tissus de coton mouillés et gelés ne s'affaiblissent pas
à la suite de cette opération. Ce qui est vrai c'est qu'ils
sont fragiles lorsqu'ils sont gelés, mais ceci n'altère pas
la force de tension de la fibre.

M. **G. E. Davis** a étudié les variations de pouvoir éclairant du gaz de Salford, lequel est égal en moyenne à 15 « candles » (bougies réglementaires) le soir, mais baisse jusqu'à 12 ou 13 pendant le jour. M. New a essayé de se rendre compte de ces irrégularités et a trouvé 7 0/0 d'azote en moyenne dans le gaz pris pendant la soirée et jusqu'à 14 0/0 dans des échantillons pris pendant la journée. — M. **G. H. Hurst** a modifié la forme du viscosimètre dont on se sert dans l'essai des huiles. Il remplace le tube en verre par un vase en cuivre en forme de soucoupe muni d'un orifice que l'on peut fermer à volonté et entouré par un bain-marie. Les résultats obtenus sont plus uniformes que ceux que donne l'appareil ordinaire.

M. **C. O. Weber** : Second mémoire sur les laques. Dans les matières colorantes contenant un groupe sulfoné et un groupe amidé, il est essentiel de neutraliser le groupe sulfoné par du chlorure de baryum avant de teindre les tissus en coton, sinon les teintes sont fugitives. Si on mordance les tissus avec du tanin et de l'émétique, des matières colorantes du genre précité, traitées comme il a été dit, donnent de très belles teintes. Les corps basiques sulfonés sont les seuls qu'on peut traiter ainsi; ceux contenant des groupements acides sont précipités complètement par le chlorure de baryum. — M. **Weber** : Sur un moyen d'enlever sur les tissus de coton des taches formées de graisse et de fer. L'auteur traite les tissus par un mélange d'une partie de savon à la potasse, d'une partie de glycérine et trois parties d'eau. — M. **Davis** a confirmé les analyses du gaz de Salford faites par M. New. Il a trouvé dans un échantillon Az $= 13,9$ 0/0,O $= 2,1$ 0/0; il pense que l'on y a introduit de l'air avec intention. — M. **J. A. Wilson** : Sur l'huile pour rouge. Il croit que le meilleur moyen d'en déceler les sophistications, c'est la détermination des « valeurs acétyliques » selon le procédé de Benedikt. Les méthodes d'analyse usuelles ne donnent pas de résultats. — M. **Wilson** : Sur le dosage de l'amidon. Les méthodes en usage donnent des résultats très différents, et il n'y a pas encore de moyen bien satisfaisant de doser ce corps. L'auteur a trouvé que l'inversion au moyen de la diastase est préférable à l'inversion au moyen des acides, et à la méthode alcalimétrique qui est sans valeur. Il est important de commencer par un lavage destiné à enlever les corps tels que le sucre ou les gommes, capables de réduire la dissolution de Fehling. Avec un certain échantillon de farine les chiffres obtenus avant et après ce lavage étaient de 67,2 0/0 et de 56 0/0. On fait digérer 5 grammes du corps pendant 2 heures avec 50 grammes d'éther; on traite de même le résidu avec l'alcool, puis avec de l'eau froide. On chauffe ensuite à une température de 68°C dans un verre de Bohême avec de l'eau, en y ajoutant 5 centigrammes de diastase en poudre. On détermine ensuite la densité, le pouvoir rotatoire, et le pouvoir réducteur de la substance. — M. **Bell** a voulu déterminer l'inflammabilité relative des tissus imprégnés par diverses espèces d'huiles, cette donnée ayant de l'importance pour les compagnies d'assurance. L'auteur prend en général une quantité donnée du tissu, et l'imprègne avec 10 grammes de l'huile en question. Il l'introduit ensuite dans un cylindre en fer-blanc perforé aux deux bouts et entouré par un manchon à eau chaude. Il mesure ensuite la température maximum dans le cylindre. Cette température était de 315°C, avec un certain tissu et imprégné avec 8 0/0 d'huile d'olive, de 236°C avec un tissu teint en gris brun, de 273°C avec un tissu teint en brun, de 162° avec un tissu blanc. L'auteur n'a jamais pu déterminer l'inflammation spontanée avec la proportion d'huile employée dans les fabriques de tissus de laine. M. Bell parle ensuite de l'analyse des huiles; il pense que la détermination des matières saponifiables suffit pour caractériser l'huile au point de vue des compagnies d'assurance. M. Weber croit au contraire qu'il faut distinguer entre les falsifications d'origine minérale, et les éthers de la cholestérine. M. **Davis** dit que l'on peut provoquer l'inflammation spontanée des tissus imprégnés d'huile en les laissant dans un atmosphère d'oxygène. P.-J. HARTOG.

CHRONIQUE

LE COURS D'ANTHROPOLOGIE DU MUSÉUM

OUVERTURE DE CE COURS PAR M. HAMY

Il y a quelques jours, M. Hamy a ouvert le cours d'Anthropologie : sa première leçon a été entièrement consacrée à la mémoire de l'homme éminent qu'on peut regarder comme le véritable créateur de cet enseignement au Muséum.

Tout autre que M. Hamy eût pu, comme lui, signaler dans la carrière de de Quatrefages ces exemples accomplis d'une volonté et d'une énergie peu communes d'aptitudes éminentes, ont su briser les obstacles et assurer le triomphe ; mais nul n'aurait mieux mis en relief les traits caractéristiques de cette haute intelligence, alliée à un grand caractère, de cet homme qui, dans le cours de sa longue existence, n'a pas eu un seul moment de défaillance et qui, dans l'âpreté des luttes scientifiques, eut l'insigne et rare bonheur de ne rencontrer que des contradicteurs et jamais d'ennemis.

Jean-Louis Armand de Quatrefages de Bréau naquit le 10 février 1810 dans le Gard, au hameau de Berthezène, commune de Vallerangue, en pleines Cévennes : il était fils de François de Quatrefages et de Marguerite Cabanes, et sa famille très ancienne appartenait à la religion réformée : dès l'enfance il manifeste un goût ardent pour l'étude : les mathématiques sont, des diverses branches, celles qui le passionnent le plus. Il est envoyé au collège de Tournon, où il termine ses classes, puis vient à Strasbourg en 1827 ne tarde pas à obtenir la chaire d'astronomie de la Faculté. Son père voulait qu'il embrassât la carrière médicale; il obéit sans pourtant délaisser les mathématiques. En 1829, à l'âge de vingt ans, il soutient une thèse de docteur ès sciences, ayant pour titre : *Théorie d'un coup de canon* ; puis il se met avec ardeur à l'étude de la médecine, tout en remplissant les fonctions de préparateur de chimie à la Faculté des Sciences.

De tels succès aussi précoces lui avaient conquis une grande influence aux yeux des étudiants de Strasbourg : ceux-ci convinrent qu'un Casino serait fondé et ils nommèrent président leur distingué camarade. Le but de l'Association était de réunir dans une communauté de sentiments toute la jeunesse des universités de France, d'Allemagne et de Suisse, et c'était de ce Casino que devait s'élancer la jeune parole.

Dans le discours inaugural, le jeune président demandait des cœurs pour sympathiser avec les idées généreuses et les nobles émotions, et il terminait par cette période enflammée :

« Et si, ce qu'à Dieu ne plaise, un nouveau 25 juillet se levait pour la patrie, si l'autocrate du Nord, vainqueur ensanglanté de la Pologne, déchaînait contre nous ses hordes sauvages et esclaves, alors, nous quitterions nos salles de lecture, et le Casino, transformé en bataillon sacré, irait, derrière les barricades ou sur les frontières vaincre ou mourir pour le maintien des droits de l'homme et du peuple français. »

L'Association ne devait avoir qu'une existence éphémère : la fermentation des jeunes esprits surexcités par la Révolution de Juillet était trop violente pour qu'elle pût prospérer, et le Casino fut dissous.

De Quatrefages laissa la politique et revint à ses études médicales. En 1832, à vingt deux ans, il passait sa thèse sur l'extroversion de la vessie. Après un séjour limité à Paris et à Montpellier, il s'installa à Toulouse, où il fonda le *Journal de Médecine et de Chirurgie*, le même que celui qui se publie actuellement.

En 1835, il prend part à la deuxième session du congrès méridional et c'est là, sans doute, qu'il puise ses inspirations sur la grave question du prolétariat qu'il abordait quarante ans plus tard d'une manière scientifique. La chaire de zoologie étant devenue vacante à la Faculté des Sciences, l'intérim lui en est offert et, quelque modeste comme ses ressources, qu'il n'étaient guère représentées que par les gains que lui procuraient sa plume et son pinceau : car c'était un peintre d'histoire naturelle, possédant une fraîcheur de tons et une exactitude qui égalent celles qui ont rendu célèbre Alexandre Lesueur : enfin sa collaboration à la *Revue des Deux Mondes* lui permettait d'attendre des jours meilleurs.

À cette époque, la complication organique des animaux inférieurs était un problème resté insoluble pour les naturalistes. Les uns, comme Ehrenberg, leur attribuaient une organisation relativement élevée; les autres, comme Dujardin, les regardaient comme des êtres simples, seulement supérieurs aux Infusoires.

De Quatrefages, grâce à ses études médicales, à sa science de l'homme et des animaux, à ses études microscopiques, estimait que la dégradation organique doit comporter des échelons et que la taille reste indépendante de la complexité. Il entrevoyait que la solution de ce problème exige l'étude des animaux inférieurs de grande dimension, lesquels n'existent que dans les mers et ne peuvent être observés que vivants.

C'est alors qu'il entreprend ses explorations suivies sur les divers points du littoral et qui furent si fécondes en résultats; car il découvrit des espèces nouvelles et des types regardés jusque-là comme étrangers à la faune marine, et il put ainsi commencer la série de ses 84 grandes monographies sur la zoologie.

Ces travaux lui valurent la chaire d'histoire naturelle au lycée Henri IV en 1850, et en 1852, le fauteuil de Savigny à l'Institut. Une place au Muséum ne devait pas tarder à devenir vacante par le passage de Serres à la chaire de Duvernoy.

Serres avait bien, dans la chaire d'histoire naturelle, professé l'histoire de l'homme, mais cette partie était reléguée au second plan. En fait, l'anthropologie attendait un représentant sérieux et il y en avait alors deux de haute valeur, de Quatrefages et Gratiolet.

Ce dernier avait l'appui de Chevreul, le premier celui de Milne Edwards.

L'Académie des Sciences présenta en tête de la liste de Quatrefages; le ministre ratifia son choix et, en juin 1856, le nouveau professeur commença son cours. Naturaliste avant tout, il procède à l'histoire de l'homme comme il l'eût fait pour tout autre animal; mais cette histoire est depuis longtemps explorée et il l'envisage bientôt dans la collectivité pour en suivre les modifications diverses. Ayant, depuis, médité sur la question des espèces, il proclame que la base fondamentale de l'anthropologie est l'unité spécifique : il n'y a qu'une espèce d'homme et les autres groupes ne sont que des variétés héréditaires, des races en un mot.

Ainsi, dès le premier jour, M. de Quatrefages inaugura un enseignement monogéniste.

Mais l'homme est un être organisé et vivant : il obéit donc aux lois générales des êtres organisés et vivants, et toute doctrine qui l'en distrait est fausse; d'autre part, le professeur n'oubliera pas que l'homme a des qualités intellectuelles qui lui sont propres, et ce sera un sujet d'études sur lequel son enseignement jettera de vives lumières.

En 1860, il entre à la Société d'Anthropologie fondée par Broca avec lequel il conservera toujours les plus amicales relations malgré la divergence de leurs vues : chez les hommes supérieurs, l'amour pour la science est désintéressé, et chacun d'eux n'apporte de passion que pour ce qu'il croit être le vrai et le bien. Broca représentait l'École d'Anthropologie, et Quatrefages le Muséum : il pouvait y avoir antagonisme dans les doctrines et cependant leurs représentants restèrent toujours indissolublement unis. Un instant on a pu sentir passer quelques nuages, mais ils n'ont pas tardé à se dissiper : ceux qui les ont soufflés sont aujourd'hui et pour jamais hors d'état de troubler la paix scientifique. On se souvient des débats qui ont eu lieu lors de la découverte de la mâchoire de Moulin-Quignon : M. de Quatrefages y eut le premier rôle et la cause de l'Homme quaternaire fut définitivement gagnée.

Le Muséum apportait donc son concours à la doctrine nouvelle.

Chez M. de Quatrefages, le cœur égalait l'intelligence. Il accueillait toujours avec bienveillance les travaux des chercheurs qu'il faisait surgir du sein de son auditoire.

M. Hamy, qui fut mêlé si directement à sa vie scientifique, rapporte un trait de sa haute équité. Au moment de la publication des *Crania Ethnica*, faite en commun, le professeur écrivit une Préface où il déclare que la réalisation de l'ouvrage est restée à bien peu près en entier à la charge de son collaborateur.

C'est dans cette remarquable publication qu'on voit la pensée du maître ramenée du côté des races sauvages et le conduire à une série d'articles sur les Tasmaniens, les archipels mélanésiques, etc., etc., articles qui ont formé plus tard le livre célèbre : *Hommes fossiles et hommes sauvages*.

Ses grands travaux ne le détournaient pas des questions qui avaient toujours ses prédilections : il revenait constamment à l'*Espèce humaine*, qui a eu neuf éditions. Là il combat le transformisme, mais avec tant de mesure et d'équité que Darwin lui écrivit ces mots flatteurs : « J'aime mieux être critiqué par vous que loué par bien d'autres : chaque parole porte le sceau de votre amour pour la vérité. »

La réfutation de la théorie darwiniste occupait encore sa pensée quand la mort est venue l'arrêter.

M. de Quatrefages était l'orateur favori de toutes les réunions savantes : sa parole mesurée, pleine de verve, toujours aimable, forçait l'admiration même de ses adversaires, et l'un d'eux, Virchow s'exprime ainsi : « Il nous apparaissait comme la plus pure expression de l'idiome français cultivé : l'ordonnance de ses discours, l'élégance de ses expressions, en faisaient un des maîtres de la parole. »

Dans les jours qui ont précédé sa fin, aucun affaiblissement intellectuel apparent ne le faisait présager. Suivant l'heureuse expression de M. Alph. Milne-Edwards, il a passé de la vie active au repos de la tombe. Il eut une longue vie et une douce mort.

Aux pompes du langage que peuvent inspirer les grands sujets, qui ne conviennent pas à l'éloge d'un savant, dont l'existence fut tout entière consacrée au travail, M. Hamy a préféré la simplicité dans l'exposé des faits, la lucidité dans l'analyse des travaux du maître, la vérité et l'impartialité dans les jugements : et, lorsqu'après avoir magistralement déroulé les phases d'une vie aussi féconde, il est arrivé au dernier soupir de ce maître illustre entre tous, a su faire passer dans l'âme de ses nombreux auditeurs la sincère émotion qu'il ressentait si vivement aux souvenirs évoqués d'une des gloires les plus pures de la science.

Dr Er. Martin.

Le Directeur-Gérant : Louis Olivier

Paris.— Imprimerie F. Levé. rue Cassette. 17.

REVUE GÉNÉRALE

DES SCIENCES

PURES ET APPLIQUÉES

DIRECTEUR : LOUIS OLIVIER

SADI CARNOT ET LA SCIENCE DE L'ÉNERGIE

Le Professeur Tait, en rendant compte, dans le journal anglais *Nature*, de l'important traité de Thermodynamique de M. Poincaré [1], oppose à cet ouvrage l'admirable petit manuel de Maxwell sur la Théorie de la chaleur [2], et critique avec esprit, mais non sans amertume, la méthode mathématique employée par notre savant compatriote dans l'exposé des lois de la Thermodynamique.

Ce n'est pas la première fois que le Professeur Tait rompt une lance en faveur de la méthode scientifique; mais il me semble que, dans la circonstance actuelle, ses critiques, peut-être fondées, sont certainement mal dirigées.

Le Manuel de Maxwell et le Traité de M. Poincaré ne sont pas des ouvrages comparables; ils ont été conçus à des points de vue opposés, pour répondre à des besoins différents.

Maxwell a fait avant tout, en Thermodynamique, œuvre de vulgarisateur; il a voulu montrer, et il y a pleinement réussi, que la science la plus complète et la plus profonde peut s'enseigner sans formules, d'une manière profitable aussi bien au savant qu'à l'ignorant.

Le traité de M. Poincaré est un résumé de leçons professées à la Sorbonne devant un auditoire composé de candidats aux grades universitaires. L'auteur s'est trouvé astreint à suivre un programme déterminé et à faire usage d'une méthode que définit suffisamment le titre même du cours dont il est chargé : le cours de physique mathématique.

M. Poincaré, cependant, loin de sacrifier exclusivement à la science dont il est l'un des plus brillants représentants, a tout fait pour élargir le cadre de ses leçons et pour sortir, dans la limite convenable, de la voie empirique qu'imposent les usages et l'esprit du temps. Il a cherché à définir avec soin les notions fondamentales, température et quantité de chaleur, ce que personne n'avait fait avant lui; il a précisé, autant qu'on le peut, l'énoncé trop vague du principe de Clausius; dans les applications, auxquelles la moitié de son ouvrage est consacré, il a séparé nettement les données expérimentales des raisonnements mathématiques. Enfin son livre est un modèle de clarté et de sobriété qui vient prendre naturellement place à côté des élégantes leçons de M. Lippmann sur le même sujet [1], et de l'étincelant traité [2] de M. Bertrand où, grâce à son goût littéraire si délicat, l'éminent académicien a su prêter un très grand charme à une matière en elle-même fort aride.

Les critiques du professeur d'Édimbourg ne sauraient donc atteindre le professeur de la Sorbonne; elles me paraissent devoir être reportées plutôt sur nos programmes, sur notre enseignement scientifique, et surtout sur celui de la Physique mathématique. M. Tait renouvelle, à l'adresse

---

[1] *Cours de Physique mathématique. — Thermodynamique.* Paris, Georges CARRÉ, 1892.
[2] *La Chaleur, leçons élémentaires sur la Thermodynamique et la Dissipation de l'Énergie.* Paris, TIGNOL, 1891.

[1] *Cours de Thermodynamique*, Paris, Georges CARRÉ, 1891.
[2] *Thermodynamique.* Paris, GAUTHIER-VILLARS, 1887.

de l'Université française, l'attaque brillante qu'il y a un demi-siècle, son illustre compatriote Sir William Hamilton exécuta contre l'Université de Cambridge. Sans doute, à la science ou plutôt à la méthode scientifique qui a reçu le nom de Physique mathématique se rattachent de beaux monuments : l'œuvre de Fresnel, celle de Fourier sont la gloire de l'École française, et nous sommes assuré que dans les mains de M. Poincaré et de M. Duhem, par exemple, la méthode analytique inaugurée par Lagrange sera toujours appliquée avec éclat. Mais, il n'est pas donné à tous de savoir allier l'analyse et la physique sans porter préjudice à l'une et à l'autre ; les esprits ordinaires, — et ce sont ceux-là qu'il faut considérer dans l'enseignement, — ne savent pas détacher d'une expression algébrique sa signification concrète. Voltaire l'a dit, les mathématiques laissent l'esprit où elles le trouvent ; indispensables dans les applications des principes aux cas particuliers, elles deviennent funestes comme méthode d'exposition des principes eux-mêmes. De sèches formules ne suffisent pas à traduire complètement la grande diversité des phénomènes ; ce sont des titres de chapitres, non les chapitres, — des planches, non le texte. Par leur facile accord avec l'hypothèse purement matérialiste, qui domine encore de nos jours dans l'explication des manifestations diverses de la force, — elles sont le plus formidable obstacle à l'alliance si désirable de la science et d'une saine philosophie.

Dans tous les cas, elles peuvent enrayer le mouvement scientifique suivant certaines directions. Il y a même, selon moi, quelque raison de penser que c'est dans l'extension de la méthode analytique à des matières qui ne l'exigent pas essentiellement, qu'on doit chercher la cause du peu de faveur dont jouit, en France, la doctrine de l'Énergie , puisque là est la principale critique formulée par M. Tait à l'adresse de M. Poincaré.

Et cependant cette Science de l'Énergie, comme sa rivale préférée, la Physique mathématique, est née en France, et elle y est née à une époque dont on peut même préciser la date exacte : en 1824.

C'est, en effet, en 1824 que Sadi Carnot, faisant un pas de plus dans le chemin marqué par l'étape de Newton, publia son immortel opuscule : *Réflexions sur la puissance motrice du feu*, où, pour la première fois, sont appliquées à l'étude des relations entre la chaleur et l'élasticité ces méthodes que le grand philosophe anglais avait appliquées à la science du mouvement.

Mais la semence jetée par le jeune polytechnicien de 1824, digne héritier de l'auteur des *Principes fondamentaux de l'équilibre et du mouvement*, n'a pu germer sur le sol français. C'est sur le sol étranger que la nouvelle science s'est constituée ; ce sont d'habiles architectes anglais et allemands, Mayer, Joule, Clausius, Rankine, William Thomson, Helmholtz, qui ont élevé pierre par pierre le vaste édifice de la Thermodynamique moderne, mais qui l'ont fondé sur la base fragile des hypothèses cinétiques, en dehors donc de l'influence des idées larges et philosophiques de Sadi Carnot.

Le sort de ces idées n'a vraiment pas été heureux, et notre patriotisme scientifique, si prompt à s'enflammer, est resté assez froid à leur égard ; ce sont les étrangers, c'est Clausius jadis, c'est maintenant Tait qui nous rappellent les mérites exceptionnels de notre compatriote. Passée inaperçue du vivant de Carnot, la nouvelle doctrine, émise en dehors des académies, est restée longtemps ensevelie, perdue dans l'oubli le plus profond [1], et elle n'a reparu au jour que pour être critiquée, et, ce qui est pire, mal interprétée.

M. H. Le Chatelier [2] a été le premier, je crois, à indiquer la signification véritable et profonde de la doctrine de Carnot, et à insister sur ce que le principe de Carnot, tel qu'il a été formulé par Carnot lui-même, se prête beaucoup plus simplement à l'étude des lois de l'équilibre et du mouvement chimique que ne le fait le principe de Clausius.

Pour ma part, je vais plus loin, et j'estime que c'est à l'influence exercée par les mémoires et par le traité de Clausius sur l'enseignement de la Thermodynamique en France, qu'il faut attribuer l'abandon actuel des idées de Sadi Carnot, et l'exclusion, dans la Physique, des méthodes de la Dynamique générale.

C'est là une assertion qui peut paraître hardie, étant donné que tout le monde, avec Clausius [3],

---

[1] A ce propos Lord Kelvin (Sir William Thomson) raconte, dans un récent numéro de la *Fortnightly Review* que dans un voyage qu'il fit à Paris en 1845, il parcourut toutes les librairies de la Capitale sans pouvoir se procurer l'opuscule de Carnot. « Caino ? lui répondait-on, je ne connais pas cet auteur-là. » Et après que Sir William Thomson s'était évertué à faire comprendre qu'il s'agissait de Carnot et non de Caino, « — Ah ! Carrrnot ! oui, voici son ouvrage », et le libraire produisit avec empressement un volume sur quelque question sociale, par Hippolyte Carnot ; mais les *Réflexions sur la puissance motrice du feu* étaient tout à fait inconnues.

[2] *Sur le second principe de la Thermodynamique et son application aux phénomènes chimiques.* Bulletin de la Société chimique de Paris.

[3] *Théorie mécanique de la chaleur*, t. I, chap. III, § 4, et chap. XII, § 1.

s'accorde à reconnaître que la théorie de Sadi Carnot est entachée d'une erreur fondamentale.

Clausius, nous dit M. Bertrand, a fait preuve de modestie en conservant au théorème qui fait l'objet de ce chapitre, le nom illustre de Carnot. Carnot, dans son admirable opuscule, a étudié seulement le cycle qui porte son nom. Dans l'énoncé des théorèmes relatifs à ce cycle, il laisse subsister une fonction inconnue; Clausius a transformé l'énoncé, l'a rendu applicable à tous les cas, déterminé la fonction et remplacé, dans la démonstration, des hypothèses inacceptables par un postulatum qui n'a jamais été mis en défaut.

Malgré l'opinion courante, malgré l'autorité légitime qui s'attache à la parole de M. Bertrand, malgré la symétrie et la perfection mathématique de l'œuvre de Clausius, je ne saurais pourtant souscrire à cette appréciation des mérites respectifs de Carnot et de Clausius.

Certes, si je tends à rendre à Carnot la justice qu'on lui a jusqu'à présent refusée complète, je ne veux point, pour cela, faire descendre Clausius du rang élevé auquel l'estime du monde savant l'a universellement placé; je ne veux nier en rien la grande valeur de ses travaux. Non seulement le regretté professeur de Bonn a su tirer tout le parti possible des principes établis par Carnot et par Joule, mais encore il en a dégagé, en même temps que Rankine, une notion nouvelle, dont ni l'importance, ni la véritable signification ne sont encore bien comprises par tous, je veux parler de l'entropie. Et surtout Clausius, élargissant le principe général établi par Carnot, a su énoncer simplement, grâce à cette notion nouvelle, la grande loi qui régit les changements irréversibles spontanés, et qui trouve son application dans la plupart des phénomènes naturels.

Mais les découvertes de Clausius sont restées pour ainsi dire stériles. Son principe sur l'augmentation de l'entropie, qu'il a exprimé par une formule trop brève et sans insister suffisamment sur les conditions de sa validité, est contesté et l'on a cité des expériences qui infirment l'exactitude de la formule. Même sa notion d'entropie n'a pas été accueillie par les expérimentateurs, par ceux qui, sans écarter les spéculations théoriques, les veulent sous une forme permettant l'application immédiate à la science du laboratoire.

Pourquoi donc cette notion d'entropie, pourquoi ce principe sur l'entropie sont-ils morts-nés? C'est qu'il leur manque, c'est qu'il manque à toutes les spéculations de Clausius sur la chaleur le principe vivifiant qui anime l'œuvre de Carnot, le principe d'activité, l'idée même du dynamisme.

Je ne prétends donc pas seulement, avec M. H. Le Chatelier, reporter à Carnot l'honneur d'avoir énoncé le principe qui porte le nom de

Clausius, mais je prétends aussi trouver dans l'œuvre de Carnot, une chose essentielle, une notion fondamentale qui a échappé à Clausius : la notion d'équilibre, dont bien peu, encore aujourd'hui, tiennent un compte suffisant. Assurément cette notion, envisagée comme notion générale et non plus simplement comme notion de mécanique, existait depuis longtemps à titre d'image et avait même passé dans la langue vulgaire; mais Sadi Carnot a été le premier à la mettre sous une forme scientifique et à l'introduire expressément dans la science de la chaleur et des phénomènes qui s'y rattachent.

Si Clausius a négligé la notion de l'équilibre, c'est que, d'une part, tout en prétendant écarter les hypothèses, son esprit était rempli de la croyance à la constitution moléculaire de la matière, et que, d'autre part, il n'a pas saisi l'idée réelle que s'est faite Carnot des causes de production de la force motrice par la chaleur. Clausius s'est mis en tête, et il a imprégné de cette croyance tous ceux qui l'ont suivi, que la théorie de Sadi Carnot dépend essentiellement de la conservation du calorique. Il a donc été conduit à penser que cette théorie devait être modifiée, et qu'il convenait de la fonder sur une nouvelle base pour la mettre d'accord avec le principe de Joule; qu'ainsi, il fallait, de toute nécessité, formuler « un nouveau principe ».

Mais cette interprétation des idées de Carnot est inexacte; la théorie de Carnot est indépendante de la conservation du calorique tout aussi bien que du principe de Joule, et s'il y a lieu de substituer un nouveau principe à cette hypothèse de la conservation du calorique, ce principe serait plutôt celui énoncé par Thomson ou par Maxwell, et non pas celui énoncé par Clausius. Mais, avant de justifier ce que j'avance ici, il ne sera peut-être pas inutile de rappeler les énoncés du « nouveau principe » de Clausius.

L'énoncé a d'abord été le suivant :

La chaleur ne peut passer d'elle-même d'un corps froid a un corps chaud.

Reconnaissant ensuite le manque de précision de cette formule, Clausius y substitua ce nouvel énoncé :

Une transmission de chaleur d'un corps plus froid a un corps plus chaud ne peut avoir lieu sans compensation.

Mais le mot « compensation » est peut-être encore plus vague que l'expression « d'elle-même »; il fallait l'expliquer. Une compensation, d'après Clausius, est :

Une transmission inverse de chaleur d'un corps plus chaud a un corps plus froid, — ou une modification quelconque jouissant de la pro-

13*

PRIÉTÉ DE NE POUVOIR S'EFFECTUER EN SENS INVERSE SANS OCCASIONNER DE SON COTÉ, IMMÉDIATEMENT OU MÉDIATEMENT, UNE SEMBLABLE TRANSMISSION DE CHALEUR EN SENS CONTRAIRE.

Dans tous ces énoncés, même dans le dernier, comme aussi dans les énoncés analogues qu'on y a substitués postérieurement, le phénomène de transmission de chaleur entre des corps à des températures différentes est considéré à l'état brut, si je puis m'exprimer ainsi. Or, la grande supériorité de Carnot est d'avoir aperçu, dès le début, qu'il y a sous ce fait brut un *retour ou une tendance au retour vers l'équilibre, d'un système hors d'équilibre.*

Pour Clausius le phénomène de transmission de chaleur n'est rien autre qu'une concomitance de deux changements opposés, un gain et une perte de chaleur ; mais Carnot y voit, en plus, un changement tendant vers un but déterminé ; il a conscience non seulement du changement, mais aussi de sa *finalité.*

Là où aucun changement n'apparaît, là où il n'y a ni perte ni gain de chaleur, Clausius conclurait à l'absence réelle de tout phénomène. Tout autre est la conception de Carnot; l'équilibre n'est pas une négation pure et simple, une négation absolue; c'est la négation d'un changement possible, c'est l'opposition de deux forces qui neutralisent leurs effets.

Le rôle donc que joue, dans la théorie de Carnot, l'hypothèse de la conservation du calorique, est fortuit, occasionnel. La destruction partielle du calorique, sa destruction totale, ne changerait rien à l'idée essentielle que Sadi Carnot s'est faite du phénomène de production de la force motrice. A supposer même qu'on ne constatât entre les deux corps, à des températures différentes, aucun échange de chaleur, cependant l'explication de Carnot resterait toujours applicable : il suffit qu'à défaut de variation de chaleur, un phénomène quelconque marque le retour vers l'équilibre de température, par exemple que le corps chaud devienne obscur, et que le corps froid devienne lumineux. Dans la théorie de Clausius, la production de force motrice serait alors due à un déplacement de lumière ; dans la théorie de Carnot, elle est toujours expliquée par un retour vers l'équilibre.

La seule discussion possible de la théorie de Carnot ne peut porter que sur les caractères qui marquent le retour vers l'équilibre, non sur le fait, le principe fondamental. Lorsqu'un système hors d'équilibre est abandonné à lui-même, diverses manifestations s'accomplissent simultanément : changements de volume, de température, de couleur, perte ou gain de chaleur, etc... Sadi Carnot,

au fond, fait abstraction de ces changements pour ne considérer que le sens du phénomène. Clausius n'aperçoit pas ce sens, puisqu'il n'aperçoit pas le but ; il ne voit que l'un des changements connexes, et c'est sur ce changement qu'il édifie son principe. Or si la connexion n'est pas constante, il s'ensuit que ce principe peut, en certain cas, se trouver en défaut.

II

Dès le début de son Mémoire, l'idée de Carnot s'affirme nettement. La production de force motrice, dit-il à plusieurs reprises (pages 5 et 6), est toujours accompagnée d'un « RÉTABLISSEMENT D'ÉQUILIBRE DU CALORIQUE », et Carnot ajoute (page 6) : « IL NE SUFFIT PAS, POUR DONNER NAISSANCE A LA PUISSANCE MOTRICE, DE PRODUIRE DE LA CHALEUR, IL FAUT ENCORE SE PROCURER DU FROID ; SANS LUI LA CHALEUR SERAIT INUTILE. »

La conservation du calorique n'est pas visée expressément par Carnot, qui ne l'a considéré qu'à titre de fait lié au rétablissement de l'équilibre. Plus loin (pages 7 et 9), Carnot insiste sur la réciprocité de la connexion entre le travail et la chaleur : « PARTOUT OU IL EXISTE UNE DIFFÉRENCE DE TEMPÉRATURE, PARTOUT OU IL PEUT Y AVOIR RÉTABLISSEMENT D'ÉQUILIBRE, IL PEUT Y AVOIR AUSSI PRODUCTION DE PUISSANCE MOTRICE... RÉCIPROQUEMENT, PARTOUT OU L'ON PEUT CONSOMMER DE CETTE PUISSANCE, IL EST POSSIBLE DE FAIRE NAITRE UNE DIFFÉRENCE DE TEMPÉRATURE, IL EST POSSIBLE D'OCCASIONNER UNE RUPTURE D'ÉQUILIBRE DANS LE CALORIQUE. »

Mais Carnot, après avoir indiqué la possibilité d'une dépendance mutuelle entre le retour vers l'équilibre du calorique et la production de force motrice, ne s'en tient pas là ; il précise les conditions de cette possibilité.

De même que le retour d'un système vers l'équilibre statique peut s'effectuer sans aucun changement extérieur au système, le retour vers l'équilibre du calorique peut aussi s'effectuer sans production de travail à l'extérieur ; c'est le cas de la conduction. Pour que le retour vers l'équilibre devienne une source de travail, il faut qu'il soit contrarié, il faut qu'un agent intervienne pour rétablir l'équilibre à tout moment.

Cet agent, qui sert d'intermédiaire pour transformer en travail extérieur le changement qui s'accomplit dans le système hors d'équilibre thermique, doit revenir à son état initial. Il remplit donc le rôle d'une véritable machine, c'est-à-dire qu'il sert à déplacer les énergies, sans en créer ou en absorber lui-même.

Ceci posé, Carnot remarque que la proportion de travail produit peut varier, pour une chute donnée de calorique, suivant la manière dont l'opération est conduite, et qu'*à priori* il n'est pas impossible que la nature de l'agent puisse avoir aussi une influence. Il montre alors que, si l'opération est réversible, comme on dit aujourd'hui, le travail produit est maximum et indépendant de la nature de l'agent et de ses transformations.

Sadi Carnot, qui, le premier, a introduit la notion importante de la réversibilité, l'a définie rigoureusement, et sur ce point spécial, il dépasse ses successeurs modernes, dont quelques-uns sont encore à se demander : qu'est-ce que la réversibilité?

Telle que la comprend Carnot, la réversibilité implique et n'implique que deux conditions, savoir :

1° Le maintien de l'équilibre à tout moment de la transformation du système thermique, à l'aide d'un agent extérieur (corps variable, machine thermique) qui prend successivement la température de chaque partie du système;

2° La possibilité, par une transformation inverse, à l'aide du même agent et dans les mêmes conditions, de repasser par tous les états successifs d'équilibre, aux mêmes pressions et aux mêmes températures, et de revenir ainsi à l'état initial du système, les quantités de chaleurs absorbées ou perdues par les éléments de ce système étant exactement rendues ou récupérées.

Le raisonnement que Sadi Carnot a employé pour prouver que la proportion de travail produit est indépendante de l'agent employé à le produire, est un chef-d'œuvre de simplicité, eu égard surtout à l'importance et à la généralité du résultat. C'est le premier exemple d'un raisonnement de Dynamique générale, débarrassé d'un appareil mathématique toujours inutile. Je répète ce raisonnement parce que toute la théorie de Carnot s'y trouve condensée.

Carnot considère un système hors d'équilibre formé de deux corps A et B à des températures différentes, le corps A étant le plus chaud et le corps B le plus froid. Deux agents différents, tels que la vapeur d'eau et celle d'éther permettront de développer, par le passage d'une même quantité de calorique Q d'un corps dans l'autre, des forces motrices $\mathfrak{C}$ et $\mathfrak{C}'$ dont il faut démontrer l'égalité.

Employons d'abord la vapeur d'eau à produire la force motrice $\mathfrak{C}$, en faisant passer le calorique Q du corps A sur le corps B; puis profitons de la réversibilité pour employer l'éther, en dépensant la force motrice $\mathfrak{C}'$, à faire repasser cette quantité de calorique du corps B sur le corps A, et par conséquent à ramener le système à son état initial. Il faut alors que la force motrice dépensée $\mathfrak{C}'$ dans cette opération ne soit pas inférieure à la force motrice créée $\mathfrak{C}$, *car autrement on devrait admettre*

que de la force motrice aurait été créée de rien [1]. Cela, nous dit Carnot, est contraire à la notion qu'on se fait de l'impossibilité du mouvement perpétuel : on ne peut réaliser « UNE CRÉATION INDÉFINIE DE FORCE MOTRICE SANS CONSOMMATION NI DE CALORIQUE NI DE QUELQUE AUTRE AGENT QUE CE SOIT » (page 11).

Tel est le raisonnement de Carnot, dont on a contesté souvent la validité en prétendant qu'il repose essentiellement sur une donnée inexacte, la conservation du calorique, qu'en réalité du calorique est détruit et qu'il n'est pas sûr, par conséquent, que le système revienne forcément à sa position initiale ; alors, prétend-on, ce n'est plus le cas d'invoquer le principe de l'impossibilité du mouvement perpétuel.

Mais, c'est aller bien vite en besogne, et il suffit d'un instant de réflexion pour se convaincre que la démonstration de ce qu'on appelle la seconde loi de la Thermodynamique ne repose pas sur un seul, mais sur deux principes distincts l'un de l'autre. L'un est l'impossibilité de tirer du travail de rien ; l'autre se trouve nécessairement contenu dans l'hypothèse de la conservation du calorique, aussi bien que dans le principe d'équivalence de Joule (mais n'est pas ce principe) ; en effet, la conclusion à laquelle arrive Carnot étant exacte et son mode de raisonnement étant logique, il faut bien que, dans ses prémisses, il admette plus qu'il n'est nécessaire, et que l'erreur dont est entachée sa théorie du calorique ne joue aucun rôle essentiel dans le raisonnement. Il n'est d'ailleurs pas difficile de voir que ce principe que Carnot n'a pas énoncé, mais qui est compatible à la fois avec l'hypothèse ancienne du calorique et avec la théorie moderne établie par Joule, doit être le suivant :

Dans toute opération réversible, simple ou complexe, un corps A ne peut gagner (ou perdre) une quantité de chaleur Q sans qu'un autre corps B ne perde (ou ne gagne) une quantité de chaleur Q'.

Ce principe a un corollaire important qu'on peut établir à l'aide du mode de raisonnement dû à Carnot.

En effet, dans l'opération réversible directe faite avec la vapeur d'eau, nous enlevons au corps A une quantité de chaleur Q et nous portons, d'après le principe en question, une quantité de chaleur Q' sur le corps B ; puis, dans l'opération inverse, faite avec la vapeur d'éther, nous enlevons au corps B cette quantité de chaleur Q', et nous portons sur le corps A une quantité de chaleur Q_1. A la suite de cette double opération, le corps B est revenu à son état initial, et par application du même prin-

[1] Par les opérations inverses, on prouverait de même que $\mathfrak{C}$ ne peut être inférieur à $\mathfrak{C}'$, d'où il s'ensuit que $\mathfrak{C}$ et $\mathfrak{C}'$ sont égaux.

cipe en question, le corps A qui a fourni la quantité de chaleur Q et reçu la quantité Q_i doit revenir à son état initial ; il faut donc que les quantités Q et Q_i soient égales ; en d'autres termes, *la proportion des chaleurs perdues et gagnées dans une opération réversible simple* ou complexe *est indépendante de la nature des agents employés dans les opérations* [1]. Les quantités Q et Q' sont donc déterminées l'une par l'autre et leur rapport ne dépend que des températures des corps A et B.

L'erreur de Carnot a été de croire que ce rapport est égal à l'unité, alors qu'en réalité il est plus grand que l'unité ; mais cette erreur ne vicie en aucune manière son raisonnement, lequel repose uniquement, pour ce point, sur la détermination mutuelle des quantités Q et Q', c'est-à-dire sur la constance de leur rapport, quel que soit ce rapport.

En d'autres termes, la démonstration de la seconde loi de la Thermodynamique est indépendante de l'exactitude du principe de Joule. Elle suppose d'ailleurs le principe général énoncé par Carnot ; effectivement, quoique nous soyons assurés qu'à la suite de la seconde opération réversible, tout le système est ramené à son état initial, nous ne pouvons conclure à l'égalité des travaux $\mathfrak{G}$ et $\mathfrak{G}'$ mis en jeu, sans invoquer ce principe général, *que du travail ne peut être créé de rien*.

L'idée que Sadi Carnot s'est faite de la causalité du phénomène de production de force motrice par la chaleur et le corollaire important qu'il a tiré de son principe ne sont donc pas liés inséparablement à une hypothèse inexacte, et sa manière de voir, quoi qu'en dise Clausius, n'est pas en contradiction avec les idées actuelles. Bien au contraire, le fait que Sadi Carnot envisage la marche d'une machine à feu comme un retour vers l'équilibre du calorique, et qu'il généralise par là la notion de

l'équilibre et les principes qui s'y rattachent, autorise à soutenir qu'il a devancé les auteurs de la théorie moderne de l'Énergie [4] et qu'il est le véritable père de la science dont Young est le parrain.

III

La principale cause des difficultés relatives à l'exposé de la seconde loi de la Thermodynamique dérive de ce que, dans l'établissement de cette loi, deux principes sont en jeu, qu'on a rapprochés, confondus même, et qui sont cependant distincts en tant que principes spécifiques. L'un, énoncé plus haut, que Carnot admet implicitement, se trouve contenu dans toutes les hypothèses faites au sujet de la chaleur. L'autre, que Carnot énonce explicitement, représente, sous une forme scientifique, la vieille loi métaphysique de l'impossibilité du mouvement perpétuel.

Le premier de ces principes, auquel me paraissent se rattacher plus ou moins les énoncés dus à Maxwell, à sir William Thomson et à M. Lippmann, règle la transmission réversible de chaleur, abstraction faite de la connexion entre ce phénomène et la création de puissance motrice. L'autre, que Clausius a eu plus spécialement en vue et qu'il a exprimé sous une forme si imparfaite, a trait à cette connexion même, à la dépendance nécessaire mutuelle entre la transmission réversible de chaleur et la production réversible de travail. Le premier principe s'applique à deux systèmes de même espèce, respectivement en équilibre séparément ; le second principe concerne deux systèmes d'espèces différentes, respectivement hors d'équilibre séparément [2].

Mais bornons-nous au second de ces principes, à celui que Carnot a énoncé explicitement. On en sentira mieux le véritable caractère et l'on saisira bien la supériorité de l'énoncé de Carnot sur celui

---

[1] Ce corollaire est important, parce que non seulement il fonde la seconde loi de la Thermodynamique, mais aussi parce qu'on peut en tirer directement la définition rationnelle de l'entropie. L'entropie est cette propriété des changements thermiques de se déterminer mutuellement par voie réversible ou, pour prendre le langage des géomètres, d'être conjugués dans un cycle réversible. Il y a égalité d'entropie, quand les deux changements considérés sont respectivement conjugués à un troisième, et en vertu du principe général, deux changements conjugués à un troisième, pris eux-mêmes en sens inverse, sont conjugués entre eux.

De là le corollaire que, *dans toute transformation réversible, il y a conservation d'entropie*.

En présentant la notion d'entropie, comme je viens de le faire, dégagée du principe de l'équivalence, de la considération des températures absolues et de toute formule purement conventionnelle, telle que $\int \dfrac{d Q}{T}$, la Thermodynamique gagnerait beaucoup en élégance et en simplicité, et pourrait être mise sous une forme aussi logique et aussi concise que les éléments d'Euclide.

[4] On a posé parfois, et M. Poincaré entre autres, la question de savoir s'il existe une définition générale de l'Énergie. La théorie de Sadi Carnot renferme cette définition, car l'énergie en général peut être définie la propriété, capacité ou pouvoir de tout retour vers l'équilibre *ou le repos* de déterminer un changement inverse dans le même système ou dans un autre système.

[2] L'un et l'autre principe pourraient d'ailleurs être réunis sous un énoncé général qui comprendrait aussi le vrai principe nouveau établi par Clausius, celui qui a trait aux transformations irréversibles des systèmes isolés, solidaires ou continus. Voici cet énoncé : *A toute transformation envisagée par rapport à l'état d'équilibre ou de repos répond nécessairement au moins une transformation en sens opposé, dans le même système, ou ailleurs, qu'il y ait ou non réversibilité.* Ce postulat universel aurait pour corollaire le principe de Helmholtz sur la conservation de l'énergie, le principe de Joule sur l'équivalence et le principe de Clausius sur l'entropie. Associé au principe de la dissipation d'énergie, il constituerait la grande loi qui règle les déplacements et les transformations de l'Énergie.

de Clausius, en se dégageant, comme l'a suggéré Carnot (page 12), de la considération de tout phénomène particulier, tel qu'un phénomène thermique ou mécanique.

Ce principe prend alors la forme suivante : *Tout système en équilibre ne peut s'éloigner ou tendre à s'éloigner de son état d'équilibre sans qu'un autre système reprenne ou tende à reprendre son état d'équilibre* [1]. Tel est, au fond, le postulat de l'impossibilité du mouvement perpétuel. Avant Carnot on se contentait de poser en principe que du mouvement ne peut être tiré *de rien*; Carnot a compris et a expliqué que par *rien*, il faut entendre la *négation d'un retour vers l'équilibre* de quelque agent que ce soit.

En comparant cet énoncé général et celui de Clausius, on trouvera sans doute que ces énoncés expriment le même fait, et cela doit être. Les « modifications quelconques » dont il est question dans l'énoncé de Clausius et qui servent à établir une connexion entre deux transmissions thermiques de sens opposé ne sont autres que des retours vers l'équilibre. Mais on ne peut arriver à cette identification qu'en prêtant à Clausius des idées qu'il n'a pas eues, tout au moins qu'il n'a pas exprimées, ni même fait sentir.

Clausius ne voit la compensation qu'entre deux changements thermiques opposés; les changements mécaniques ou tous autres ne jouent plus qu'un rôle accessoire, un rôle d'intermédiaire. Sur la nature de ces changements, sur leur essence, sur leur point de ressemblance générale, Clausius ne s'explique pas. Aussi son principe ne peut maintenant nous paraître clair, et tel il apparait vraiment, qu'en raison des explications qui précèdent, que parce qu'on voit derrière son énoncé l'énoncé et les idées de Sadi Carnot.

Isolé de ces idées, le principe de Clausius perd une grande partie de sa signification; il cesse d'être directement applicable aux phénomènes où la chaleur ne joue aucun rôle, à la production d'électricité par le mouvement, par exemple. Si même la chaleur intervient dans un phénomène quelconque, pour peu que ce phénomène ne soit pas très simple, l'application du principe de Clausius devient incertaine et prête à la discussion.

C'est le cas de l'expérience citée par Hirn. Dans

cette expérience, à l'aide d'un foyer à 100° et sans dépenser de travail, on élève à 120° la température d'un gaz primitivement à 0°. Or, d'après le principe de Clausius, on ne peut, dans ces conditions, faire passer de la chaleur d'un corps froid dans un corps chaud, et cependant l'on voit que de la chaleur contenue primitivement dans un corps à 100° se trouve à la fin de l'expérience dans un corps à 120°. Le principe de Clausius paraît incontestablement contredit. Clausius répond, il est vrai, que le phénomène d'élévation de chaleur se trouve compensé par une chute de chaleur d'un corps à 100° sur un corps à 0°, mais la réponse paraîtra peu convaincante si l'on observe que l'élévation de la chaleur est définitive, tandis que la chute de la chaleur n'est que provisoire. A la fin de l'opération, on ne peut plus dire que de la chaleur qui était dans un corps à 100° se trouve maintenant dans un corps à 0°. On ne peut sortir de la difficulté qu'en admettant que l'expérience de Hirn ne contredit ni ne viole le principe de Clausius, que ce principe n'a, par conséquent, qu'une portée restreinte et ne possède pas toute la généralité que lui attribue son auteur.

Examinons maintenant l'expérience de Hirn à la lumière du principe énoncé par Carnot [1]. Nous voyons de suite que le système, à son état initial, composé de la source à 100° et du gaz à 0°, est un système hors d'équilibre thermique; nous voyons aussi que le système, à son état final, composé de la source à 100° et du gaz à 120°, est encore un système hors d'équilibre thermique; mais rien n'indique *à priori* que, dans cet état final, le système soit plus éloigné de son état d'équilibre qu'il ne l'était à l'état initial, et que par conséquent le principe énoncé par Carnot soit contredit. Pour appliquer ce principe, il faut comparer, à ce poin de vue, l'état final et l'état initial, en examiner sous lequel des deux états l'énergie utilisable est la plus grande. Hirn a fait le calcul (page 265, tome I), et il a trouvé que l'énergie la plus grande est celle possédée par le système à l'état initial. Il résulte de là que le principe énoncé par Carnot se trouve bien vérifié, que l'expérience de Hirn est d'accord avec ce principe. Mais, on le voit, le principe de Clausius ne pouvait faire soupçonner ce que Hirn avait bien compris, c'est qu'il ne suffit pas d'établir qu'il existe deux transformations provisoires opposées, il faut encore montrer que la compensation présente un sens définitif compatible avec l'absence de tout travail extérieur.

---

[1] Il est entendu que l'on suppose remplie cette condition qu'en dehors des deux systèmes considérés, tous les systèmes avec lesquels ceux-ci peuvent se trouver en relation ne changent pas, ou s'ils subissent des modifications, reviennent à leur état initial. S'il n'en était pas ainsi, il faudrait pour appliquer le principe, englober les systèmes qui varient dans l'un ou l'autre des systèmes considérés. Carnot a eu bien soin d'insister sur la condition du retour à l'état initial. (Voir spécialement note de la page 20 du mémoire de Carnot.)

---

[1] Je ne donne pas à ce principe le nom de Carnot, afin d'éviter toute confusion. Dans le langage ordinaire, qu'on ne peut songer à modifier, le principe de Carnot désigne en effet le *corollaire* connu aussi sous le nom de seconde loi de la Thermodynamique, et non un véritable *principe*.

Avec cette observation sur l'expérience si dis-
entée de Hirn, j'ai terminé ici ma tâche, car je
voulais seulement mettre en lumière la portée
et le véritable caractère de la doctrine de Sadi
Carnot, en prenant pour terme de comparaison
l'œuvre la plus achevée qui ait été accomplie après
lui sur le continent.

A considérer l'esprit qui l'inspire, la doctrine
de Carnot s'élève bien au-dessus des théories
qui l'ont suivie. Si aujourd'hui nous sommes en
état de comprendre, pour la plupart, comment
les phénomènes naturels s'enchaînent mutuellement, de telle sorte qu'un changement ne puisse
avoir lieu en un point sans que ce changement
soit accompagné d'un changement distinct et
opposé en ce point ou ailleurs, c'est parce que
Carnot nous a appris à ne tenir compte, dans
l'extrême complexité de formes empruntées par
les phénomènes, que du rapprochement ou de
l'éloignement des systèmes matériels de leur état
d'équilibre. Si nous pouvons isoler ces changements des changements analogues qui ont lieu par
rapport à l'état de repos, c'est parce que Carnot
nous a montré la possibilité d'opérer les transformations par voie réversible. Si nous sommes
en mesure actuellement d'égaler, de quantifier,
de mesurer ces changements, de les abstraire des
formes spécifiques qui n'en sont que des accidents
et de les unifier sous le nom d'Énergie, c'est parce
que Carnot nous a enseigné à appliquer son principe à une succession de changements simples,
opérés directement en sens contraire. Bref, c'est
seulement en passant par la considération de toutes
les notions nouvelles contenues dans l'opuscule de
Carnot que nous pouvons saisir la signification

profonde de la loi de Conservation de l'Énergie
et discerner qu'elle est l'expression du principe
même énoncé par Carnot sous une forme propre à
frapper l'esprit, parce qu'elle éveille l'idée de substance, parce qu'elle prête à l'énergie la qualité
même qui, pour nous, constitue la réalité objective
de la matière, c'est-à-dire la persistance de l'existence dans l'infinie variété des impressions.

Quoi qu'il en soit, d'ailleurs, de l'exactitude
des généralisations dont je crois la doctrine de
Carnot susceptible, et malgré l'imperfection de sa
théorie du calorique, je m'estimerai heureux si le
lecteur partage avec moi cette conviction que
l'œuvre de Sadi Carnot demeure debout, et qu'elle
est encore, tout au moins par la méthode, le monument le plus solide élevé à la science de l'Énergie. C'est un caractère qu'elle doit à la hauteur de
vue, à la largeur de compréhension que révèlent
suffisamment les *Réflexions sur la puissance motrice
du feu*. Sans doute, Sadi Carnot a pu largement em ·
prunter à son père, qui lui a certainement transmis
comme un précieux — et probablement unique
— héritage la forte philosophie du xviiiᵉ siècle;
on ne saurait cependant sans injustice nier les
qualités propres de son esprit et son incomparable
vigueur de penser. Par l'ampleur et la nouveauté
de ses conceptions, Sadi Carnot a incontestablement le droit de prendre place dans l'éblouissante
pléiade des initiateurs, non loin d'Archimède, de
Galilée, de Newton, de tous ceux dont le nom ne
se perd jamais dans la mémoire des hommes, et
dont les œuvres constituent la véritable Bible de
l'humanité.

Georges Mouret,
Ingénieur en chef des Ponts et Chaussées.

LA PUERPÉRALITÉ

Les auteurs sont loin d'être d'accord sur la définition à donner du mot *puerpéralité*. Introduit
dans le langage obstétrical par Flamant, ce mot
vient de *puerperium, enfantement*.

Aussi Stolz, dans son article du *Nouveau dictionnaire de médecine et de chirurgie pratiques*, admet-il
que l'état puerpéral est l'état dans lequel se trouve
une femme qui vient d'accoucher. Et il cite
comme autorité Plessmann, l'auteur d'un petit livre
publié en 1798, intitulé la *Médecine puerpérale*, qui
dit que *puerperium* était employé chez les Romains
pour désigner uniquement l'accouchement.

Monneret, au concours ouvert en juin 1851 pour
une chaire de pathologie interne, ayant à traiter
de l'état puerpéral, a considérablement étendu la

signification de ce mot. Selon lui, la parturition
ne présente qu'une phase de l'état physiologique,
qui commence au moment de l'imprégnation, se
continue pendant la grossesse, aboutit à la parturition et a pour dernier terme le sevrage et le
retour des règles. On doit considérer cette succession d'actes comme un seul et même état physiologique, auquel la dénomination *d'état puerpéral*
convient parfaitement.

Allant encore plus loin, M. Tarnier, dans sa
thèse inaugurale (1857), veut qu'on y comprenne
aussi la menstruation.

A quel degré de cette extension progressive de
la signification du mot puerpéralité convient-il de
s'arrêter?

Il importe de bien savoir que, depuis le moment de la conception jusqu'à la fin de l'allaitement, la femme se trouve placée dans un état physiologique spécial qui modifie le fonctionnement de l'organisme, et qui, au point de vue pathologique, l'expose à des accidents divers.

Nous entendrons donc par puerpéralité *l'époque qui s'étend de l'imprégnation jusqu'à la fin de l'allaitement ou jusqu'à trois mois après l'accouchement, si la femme ne nourrit pas.*

Nous prenons trois mois après l'accouchement, car, de l'avis général, c'est à ce moment environ que l'utérus (muscle et muqueuse) est rendu complètement à son état normal.

Quand l'allaitement n'a pas lieu, la puerpéralité dure donc une année, quatre trimestres, trois étant consacrés à la gestation, un à la régression de l'utérus.

Avec l'allaitement, la durée de la puerpéralité est variable ; elle cesse après le sevrage.

Cette longue période, qui crée momentanément une nouvelle vie à la femme, est très intéressante à étudier dans ses traits généraux et dans son retentissement sur la physiologie et la pathologie féminines.

Nous diviserons cette étude en deux parties : dans la première nous passerons en revue les modifications qui surviennent du côté de l'appareil génital ; dans la seconde, celles qui se produisent dans les autres systèmes. Enfin, dans un prochain article, nous exposerons l'hygiène de la puerpéralité.

I. — MODIFICATIONS DE L'APPAREIL GÉNITAL

§ 1. État physiologique de la puberté à la ménopause

La femme pendant sa vie génitale, c'est-à-dire de la puberté à la ménopause, présente, au point de vue physiologique, trois états absolument distincts : l'état de repos, l'état menstruel, l'état puerpéral.

L'état de repos représente l'intervalle entre les menstruations, en dehors, bien entendu, de la puerpéralité. C'est une période pendant laquelle l'ovaire est ordinairement inactif, ainsi que tous les organes de la zone génitale ; les rapports sexuels ne sont qu'un simple incident au milieu de ce calme.

Pendant les règles, dont la durée est variable, existe un état spécial qui place la femme dans des conditions nouvelles. L'influence de la menstruation se fait en effet sentir de différentes manières ; la sensibilité nerveuse est exagérée et les accidents névropathiques sont souvent aggravés à ce moment.

L'action des règles sur les diverses maladies générales et locales n'a pas été encore bien étudiée. Raciborsky s'est occupé de la question ; mais, s'il a tracé assez complètement l'influence des divers états pathologiques sur la menstruation, il est resté vague dans la détermination contraire.

Il n'en est pas de même pour les affections locales : ovarite, métrite, pelvi-péritonite, dont l'aggravation par le processus menstruel est des plus nettement établie.

Cette sensibilité nerveuse et génitale, qui existe pendant la menstruation, justifie pleinement la distinction faite entre l'état menstruel et l'état de repos. La femme, durant les règles, est placée dans une condition d'infériorité physiologique réelle, et demande, pendant cette période, des ménagements particuliers, inutiles dans l'intervalle menstruel.

C'est pourquoi certains auteurs ont voulu faire rentrer la menstruation dans la puerpéralité ; mais c'est aller trop loin que d'assimiler complètement ces deux états, et les considérations que nous développerons plus loin au sujet de l'état puerpéral ne pouvant s'appliquer à l'état menstruel, on a là une preuve de la nécessité qu'il y a à établir une distinction.

§ 2. Menstruation et Fécondation

Avant d'arriver à l'étude de la grossesse, première étape de la puerpéralité, il est indispensable d'avoir quelques notions sur la *menstruation* et la *fécondation*, qui en sont les préliminaires.

On désigne sous le nom de *menstruation* un écoulement de sang, qui se fait périodiquement par les organes génitaux. La *menstruation*, appelée vulgairement *règles*, se compose de deux phénomènes essentiels : 1° l'ovulation ; 2° l'écoulement sanguin. Chacun d'eux demande une étude spéciale.

L'ovulation est la mise en liberté par l'*ovaire* d'une cellule, importante par le rôle qu'elle est appelée à jouer ultérieurement, et à laquelle on donne le nom d'*ovule.*

L'ovule mesure comme diamètre de 10 à 20 millièmes de millimètre.

Chaque femme possède environ 600.000 ovules, et, comme l'a fait remarquer le savant anatomiste M. Sappey, si tous ces ovules étaient fécondés, un seul ovaire pourrait peupler une ville comme Marseille (300.000 habitants) et trois femmes pourraient suffire à la population de Paris (1 million 800.000 habitants).

L'écoulement sanguin revient périodiquement et le plus souvent tous les vingt-huit jours ; mais l'intervalle qui existe entre deux époques peut varier suivant les femmes ; chez quelques-unes, il est de trente et même de trente-deux jours; chez d'autres, de vingt-quatre à vingt-cinq jours. Cette hémorragie a lieu pour la première fois à un âge variable, en moyenne à quinze ans, et finit vers quarante-cinq ans. C'est dire que la vie génitale de la femme dure trente ans.

Mais on observe des variations fréquentes dans la période d'apparition et de cessation des règles.

Comme fait de menstruation précoce, on peut citer le cas de Carus concernant l'observation d'une femme qui, réglée à deux ans, devint grosse à huit; celui de d'Outrepont, qui observa une fille dont l'écoulement génital périodique commença à neuf mois; elle avait alors de longs cheveux et les seins très proéminents; et enfin celui de Comarmond, où, chez une enfant de trois mois, les parties génitales et les aisselles se garnirent de poils et vers sept mois la menstruation commença.

L'écoulement sanguin peut au contraire persister bien au delà de l'époque habituelle de la ménopause. Cornélie, mère des Gracques, fut réglée jusqu'à soixante-seize ans et accoucha à cet âge. Dupeyron a observé des règles jusqu'à quatre-vingt-dix-neuf ans. Mauriceau cite un cas de Schenkius où les règles avaient persisté jusqu'à l'âge de cent trois ans.

La durée de l'écoulement menstruel est le plus communément de trois à six jours.

Il est très difficile d'apprécier la quantité de sang perdu à chaque époque menstruelle, mais on peut considérer comme pathologique une quantité moindre que 50 grammes ou supérieure à 500 grammes.

Le sang s'échappe de la cavité utérine; à cette époque les vaisseaux si nombreux qui se rendent à l'utérus sont le siège d'une congestion très marquée.

Quel rapport existe-t-il entre l'ovulation et l'écoulement sanguin?

Cette question, fort difficile à résoudre, a suscité de nombreuses opinions. Il existe vraisemblablement un certain degré d'indépendance entre ces deux phénomènes, qui ont néanmoins une parenté étroite. L'ovulation est l'acte essentiel de la menstruation et l'écoulement sanguin en est l'élément accessoire. L'un assure la fécondation, l'autre la prépare. Leur union place la femme dans les conditions les plus favorables à la conception.

Étant connus ces faits relatifs à la menstruation, nous pouvons aborder l'étude succincte de la *fécondation* ou *conception*.

La *fécondation* est l'union des éléments mâle et femelle, dans le but de procréer un nouvel être. Nous avons déjà parlé de l'élément femelle, l'ovule; il nous faut maintenant dire quelques mots du *spermatozoïde*, l'élément mâle. Il se compose d'une

tête de forme ovalaire, d'une petite tige cylindrique et d'une queue ondulante, qui va en s'amincissant et dont la longueur est de 45 millièmes de millimètre, la longueur totale du spermatozoïde étant de 55 millièmes de millimètre.

Quand on porte sous le microscope une goutte de sperme récemment éjaculé, on aperçoit les spermatozoïdes en grand nombre, circulant avec une vitesse assez grande. En une seconde, le spermatozoïde franchit sa longueur; il parcourt donc 2 à 3 millimètres par minute.

Voyons maintenant comment se comportent les deux éléments mâle et femelle vis-à-vis l'un de l'autre. Au moment de la ponte ovulaire, l'ovule est mis en liberté à la surface de l'ovaire; le spermatozoïde est d'autre part, à la suite du coït, déposé à l'orifice externe de l'utérus. Les deux éléments progressent l'un vers l'autre et se rencontrent en un point variable de l'appareil génital de la femme. Dès qu'ils se sont rencontrés, la fécondation est faite, la femme a conçu, la grossesse commence.

Presque toujours la fécondation a lieu pendant les premiers jours qui suivent la menstruation, plus rarement pendant ceux qui la précèdent. Toutefois la conception est possible à toute époque; elle est même possible pendant les règles.

§ 3. Grossesse

Dès que la fécondation a eu lieu, l'ovule fécondé subit une série de transformations qui vont aboutir à la création du fœtus; simultanément l'organisme maternel éprouve une série de modifications destinées à favoriser le développement de l'œuf.

L'ensemble de ces changements constitue la grossesse, qui s'étend de la conception à l'expulsion de l'œuf.

L'ovule fécondé vient se fixer en un point variable de la cavité utérine, où il se développe durant les neuf mois que dure la grossesse.

Des premières modifications auxquelles la fécondation donne lieu résulte la formation des enveloppes de l'œuf et du placenta, du cordon et du fœtus.

Les enveloppes de l'œuf, au nombre de trois, sont, en allant de la paroi utérine vers le fœtus : *la caduque, le chorion, et l'amnios.*

Le *placenta*, trait d'union entre les circulations maternelle et fœtale, est une sorte de disque charnu et vasculaire terminant par une de ses faces le cordon et par l'autre s'accolant à la paroi interne de l'utérus. Il mesure vingt centimètres environ de diamètre et trois centimètres d'épaisseur vers le centre.

Toute la cavité de l'amnios est remplie d'un

liquide, appelé *liquide amniotique*, dans lequel flotte le fœtus.

Le *cordon ombilical* est une tige flexible qui réunit le placenta au fœtus; sa longueur habituelle est de 50 centimètres; son diamètre est à peu près celui du petit doigt.

L'insertion du cordon a lieu d'une part à l'ombilic du fœtus, d'autre part à la face interne du placenta. A l'intérieur du cordon se trouvent deux artères et une veine.

Le cordon sert de trait d'union entre la mère et le fœtus par l'intermédiaire du placenta; le sang apporté au placenta va au fœtus par la veine et en revient par les artères.

Le *fœtus* à terme pèse en moyenne 3 kilogrammes; sa longueur est en général de 50 centimètres. Il est pelotonné dans l'intérieur de la cavité utérine et sa forme générale est celle d'un ovoïde, dont la grosse extrémité correspond au siège et la petite à la tête.

Quand on explore avec le doigt la tête d'un fœtus, on trouve à l'union des os qui la composent des solutions de continuité (*sutures* et *fontanelles*), dont l'importance est considérable, car leur connaissance permet pendant l'accouchement de diagnostiquer la situation et l'orientation de l'extrémité céphalique, qui se présente.

Les *sutures* sont la ligne de réunion de deux os voisins et les *fontanelles* le confluent de deux ou plusieurs sutures.

Les diamètres de la tête sont des plus importants à connaître, car, au moment de la sortie de l'enfant, ces divers diamètres doivent s'accommoder avec les diamètres du bassin maternel et, dans certains cas, quand ceux-ci sont trop petits, l'accouchement est des plus difficiles, quelquefois impossible.

Pendant son séjour dans la cavité utérine, l'enfant reçoit, ainsi que nous l'avons déjà dit, du sang de la mère, grâce au placenta.

Dans son parcours placentaire, le sang fœtal, placé au contact du sang maternel, comme il l'est au contact de l'air dans la respiration pulmonaire de l'adulte, se décharge de son acide carbonique et fait provision d'oxygène.

Toute cause d'arrêt de la circulation placentaire conduit le fœtus à l'asphyxie. Le placenta est donc pour le fœtus un véritable poumon.

La nutrition se fait chez le fœtus par l'intermédiaire du sang et du liquide amniotique.

Le sang se charge au niveau du placenta de tous les éléments nutritifs contenus dans le sang maternel.

Abordons maintenant les modifications de l'organisme maternel pendant la grossesse, nous bor-

nant pour le moment aux modifications du système génital.

La forme générale de l'utérus est celle d'une poire dont la grosse extrémité constitue le *corps*, la petite le *col*. Le corps et le col sont réunis par une partie amincie, appelée *isthme*.

Le corps contenant l'œuf et le col s'opposant à sa sortie jouent dans la grossesse un rôle physiologique essentiellement différent.

Examinons d'abord les modifications du corps. Le diamètre vertical mesure environ 14 centimètres au troisième mois, 21 au sixième et 35 au neuvième.

La capacité de l'utérus, qui est de 2 à 3 centimètres cubes à l'état de vacuité, est portée à 4 ou 5 litres. La forme générale de l'utérus à terme est, comme avant la grossesse, celle d'un ovoïde à petite extrémité tournée en bas, ce qui fait comprendre pourquoi, dans l'accouchement, la tête est la partie qui se présente le plus souvent la première.

Au fur et à mesure que la grossesse avance, l'utérus, augmentant progressivement de volume, monte dans la cavité abdominale et le rapport du fond de l'utérus avec la paroi abdominale est intéressant à déterminer, car il sert de point de repère pour l'évaluation approximative de la grossesse. C'est ainsi que vers le milieu de celle-ci le fond atteint l'ombilic, et à terme il se trouve au voisinage du creux épigastrique.

Quant au *col*, il est modifié dans sa forme, dans sa situation, dans son volume, dans sa consistance. Ce qui domine, c'est la diminution progressive de consistance du col pendant la grossesse.

Des modifications analogues, mais d'un autre ordre, s'observent du côté de la vulve, du vagin, du périnée, des annexes de l'utérus, des articulations du bassin.

La *peau de l'abdomen*, distendue par l'utérus grandissant, présente une série d'éraillures sous-épidermiques qui forment autant de petites plaques gaufrées, d'apparence cicatricielle. Ce sont les *vergetures*. Sur la ligne médiane de l'abdomen, la peau se pigmente longitudinalement : on observe à ce niveau une véritable *ligne brune*.

Du côté des seins, le *mamelon* augmenté de volume, érectile et sensible, devient parfois hyperesthésique et douloureux. Autour du mamelon on aperçoit deux zones de coloration inégale : l'une, voisine du mamelon, est l'aréole vraie, qui est parsemée de tubercules dits *de Montgomery*, lesquels s'hypertrophient ; l'autre, *aréole secondaire*, est une sorte de cercle atténué entourant le précèdent.

Avant d'aborder ce qui a trait à l'accouchement,

13**

il est nécessaire de dire quelques mots de la situation qu'occupe le fœtus dans la cavité utérine. Pelotonné, ainsi que nous l'avons déjà dit, l'enfant est généralement fléchi : la tête est fléchie sur le tronc, les avant-bras sur les bras, les mains sur les avant-bras, les cuisses sur le tronc, les jambes sur les cuisses, les pieds sur les jambes. En résumé, la formé générale du fœtus est celle d'un ovoïde.

Cet ovoïde se subdivise en deux ovoïdes plus petits, qui, pendant l'expulsion, jouent un rôle essentiellement distinct. Ces deux ovoïdes sont représentés, l'un par la tête, l'autre par le tronc, auquel sont joints, comme annexes, les membres supérieurs et inférieurs.

Or, tout œuf qu'on essaie de faire passer à travers un canal peut le franchir, soit par sa grosse, soit par sa petite extrémité, soit encore de travers. Théoriquement, il y a donc pour tout ovoïde trois présentations : gros bout, petit bout, de travers. Il en est de même pour chacun des ovoïdes fœtaux.

L'ovoïde céphalique peut, en effet, se présenter : 1° tantôt par sa grosse extrémité (sommet) ; 2° tantôt par sa petite extrémité (face) ; 3° tantôt de travers (front).

Il en est de même pour l'ovoïde cormique (χορμος, tronc) qui se présente : 1° tantôt par sa grosse extrémité (siège) ; 2° tantôt par sa petite extrémité (thorax ou épaule) ; 3° tantôt de travers (lombes et abdomen).

De ces diverses présentations, la plus fréquente de beaucoup est celle du sommet, que l'on observe dix-neuf fois sur vingt accouchements.

Quelle est la cause de la présentation?

C'est l'accommodation ou l'adaptation du contenu fœtus au contenant utérus, qui régit la situation de l'enfant pendant la grossesse. Comme la forme générale du fœtus est celle d'un ovoïde à grosse extrémité correspondant au siège et la petite à la tête, comme de plus la forme générale de l'utérus est également celle d'un ovoïde dont la grosse extrémité occupe le fond et la petite le segment inférieur, l'accommodation veut que le siège du fœtus soit au fond de l'utérus et la tête dans le segment inférieur.

Pourquoi donc, dans certains cas, le fœtus se présente-t-il autrement que par le sommet? Cela peut tenir soit à un rétrécissement du bassin, soit à une altération de la forme normale de l'utérus ou du fœtus, soit enfin à une anomalie du côté des annexes ovulaires (insertion vicieuse du placenta, exagération de la quantité du liquide amniotique ou hydramnios, circulaires du cordon autour du cou fœtal).

Nous venons de voir ce qu'on entend par *présentation* du fœtus. Or ce dernier, quelle que soit sa présentation, peut, sans en changer, exécuter dans la cavité utérine une évolution, une rotation autour de son axe, et il offrira pendant cette évolution une série de situations nouvelles.

C'est à ces situations diverses qu'on a donné le nom de *positions*.

Il importe de distinguer nettement les présentations des positions.

La présentation est constituée par la région fœtale qui descend la première.

La position est l'orientation du fœtus ou mieux de la région fœtale qui se présente.

Afin de dénommer les positions, on a choisi pour chaque présentation un point de repère fœtal et un point de repère maternel ; ces derniers ont été choisis sur le pourtour du bassin.

Pour le sommet, le point de repère fœtal est l'occiput ; pour la face et le front, c'est le menton. Pour le siège, c'est le sacrum ; pour le thorax, c'est l'acromion.

Ces préliminaires indispensables étant bien acquis, arrivons à l'accouchement.

§ 4. Accouchement et délivrance.

L'accouchement est l'expulsion du fœtus hors de l'organisme maternel.

Suivant l'époque de la grossesse à laquelle a lieu, l'accouchement reçoit des dénominations diverses :

1° Pendant les six premiers mois : avortement ou fausse-couche ;

2° Pendant les trois derniers mois : accouchement prématuré ;

3° Au terme normal : accouchement à terme ;

4° Après le terme normal : accouchement retardé.

L'accouchement se fait généralement en deux temps :

Premier temps : expulsion du fœtus.

Deuxième temps : expulsion des annexes.

Il y a donc deux accouchements successifs :

1° Accouchement fœtal ou accouchement proprement dit ;

2° Accouchement annexiel ou délivrance.

On comprend sous le nom générique de *travail* l'ensemble des phénomènes qui accompagnent l'accouchement, qui le constituent : une femme qui accouche est en travail.

Avant d'aller plus loin, voyons quelles sont les causes de l'accouchement.

On les divise en causes déterminantes et en causes efficientes.

La cause efficiente de l'accouchement est la contraction de l'utérus, aidée à la fin par la contraction des muscles abdominaux.

Quelles sont les causes déterminantes? Pourquoi l'utérus entre-t-il en contraction à la fin du neuvième mois, époque. du terme normal de la grossesse ? Bien des théories ont été émises à ce propos, mais aucune ne démontre clairement pourquoi ce travail se produit régulièrement au terme normal. De telle sorte que nous ne sommes guère plus avancés qu'au temps d'Avicenne, qui se contentait, comme cause déterminante, de l'intervention divine : « Au temps voulu, l'accouchement se fait par la grâce de Dieu. »

Ainsi donc, arrivée au terme de sa grossesse, la femme entre en travail et ressent des douleurs. Les contractions utérines sont en effet douloureuses ; elles sont, de plus, intermittentes et involontaires.

Les douleurs augmentent progressivement d'intensité et arrachent à la patiente des cris, plaintes bruyantes, entremêlés de paroles de désespoir.

En même temps, la femme perd des *glaires*, sorte de liquide gluant, gélatineux.

La contraction de l'utérus amène l'ouverture successive du col, du vagin et de la vulve.

Le col commence par s'effacer, puis s'entr'ouvre, se dilate peu à peu jusqu'à permettre le passage de la tête fœtale ; on dit à ce moment que la *dilatation est complète*.

Par suite de l'ouverture de l'orifice utérin, une portion de plus en plus grande des membranes ovulaires est mise à nu, constituant ce qu'on appelle la *poche des eaux*. Cette poche des eaux se rompt à un moment donné, ordinairement quand la dilatation est complète, quelquefois avant ; le liquide amniotique s'écoule alors librement au dehors ; l'œuf est ouvert.

Sous l'influence des contractions utérines, des mouvements sont imprimés au fœtus, mouvements qui sont destinés à faciliter son expulsion hors des parties maternelles.

La partie fœtale qui se présente descend de plus en plus dans la filière génitale, le périnée se distend, la vulve s'entr'ouvre et bientôt le fœtus est expulsé au dehors.

La durée de l'accouchement est très variable ; cependant, en moyenne, on peut la fixer à douze heures chez les primipares et à six chez les multipares.

Quand l'enfant vient de sortir des voies génitales, il est encore retenu à la mère par le cordon ombilical ; on attend alors quelques instants, puis on coupe le cordon après avoir eu soin d'en faire la ligature.

La femme, qui vient de traverser cette phase douloureuse, serait fort aise de goûter alors un repos dont elle a grand besoin. Mais il lui reste encore à expulser les annexes de l'œuf, le placenta

et les membranes, ce qui constitue la délivrance.

Au bout d'un temps variable, le placenta se décolle et tombe dans le vagin ; la femme éprouve un vague besoin de pousser ; sous l'influence de quelques efforts d'expulsion, le placenta progresse vers l'orifice vulvaire, apparaît à cet orifice et enfin le franchit, entraînant à sa suite les membranes. La femme est délivrée.

§ 5. Postpartum.

L'utérus est évacué, le postpartum commence ; il sera continué ou non par l'allaitement. Le fait caractéristique de cette période est la blessure génitale, blessure multiple, exposant l'accouchée à l'infection, si l'on ne prend pas de rigoureuses précautions, à cause des nombreuses voies ouvertes pour la pénétration des microbes. Il faut qu'à l'abri de tout agent infectieux, la nature ait le temps de réparer les traumas nombreux produits par l'accouchement.

Le trimestre que dure cette régression utérine comprend deux stades : l'un, pendant lequel on peut suivre l'utérus dans son retrait graduel et qui s'étend de l'accouchement jusqu'à la réapparition de la menstruation (six semaines environ), et l'autre, où le microscope seul révèle l'état incomplet du retour à l'état normal, latent par conséquent, et qui va jusqu'à la fin du troisième mois.

Cette régression se divise donc en deux périodes à peu près égales : l'une apparente, l'autre latente, séparées l'une de l'autre par le retour de couches.

Au bout d'un an après la conception, l'utérus est rendu à son état normal.

La maternité (sans allaitement) occupe donc une année entière de la vie de la femme.

La *lactation* crée une quatrième et dernière période à la puerpéralité. L'allaitement commence peu de temps après l'accouchement ; il se confond en partie avec la régression utérine, qui ne paraît pas d'ailleurs influencée d'une manière notable par son existence.

L'allaitement dirige toute l'activité génitale du côté des seins. La vie féminine vient, durant cette période, se concentrer dans le fonctionnement de la glande mammaire.

Le système génital, qui, chez la femme, encore plus que chez l'homme, joue un rôle considérable et prépondérant dans la vie et dans l'organisation, se subdivise en trois chefs : l'utérus, l'ovaire, la mamelle, qui régissent successivement l'être féminin, le premier pendant la gestation, le second en dehors de la puerpéralité, le troisième pendant l'allaitement. De telle sorte qu'au point de vue spécial qui nous occupe, la femme, suivant la période de sa vie, est tantôt ovarienne, tantôt utérine, tantôt mammaire.

Pendant la lactation les organes génitaux se reposent ; la menstruation n'existe plus. Ce calme, survenant après l'orage de la grossesse et surtout de la parturition, est particulièrement favorable au rétablissement complet de ces organes fatigués ; c'est en cela surtout que la lactation est bienfaisante, c'est pour cela également qu'elle doit être prolongée aussi longtemps que possible, l'enfant et la mère ne pouvant qu'y gagner.

§ 6. Pathologie puerpérale.

Nous venons de passer en revue les divers phénomènes physiologiques qui se succèdent pendant l'état puerpéral, c'est-à-dire depuis la conception jusqu'à la fin de l'allaitement. Durant cette période bien des maladies peuvent atteindre la femme ; l'ensemble de ces maladies constitue la pathologie puerpérale, au sujet de laquelle nous serons brefs.

Nous ne parlerons pas des affections générales qui peuvent se montrer au cours de la grossesse aussi bien qu'en dehors et qui n'ont pas de rapport direct avec l'état puerpéral.

Pendant la grossesse, on peut observer des varices, des vomissements incoercibles ou de l'albuminurie.

Des *varices* peuvent apparaître soit aux membres inférieurs, soit aux organes génitaux, soit à l'anus. Ces dilatations veineuses, qui peuvent se rompre et être le point de départ d'hémorragies parfois très sérieuses, s'affaissent ordinairement d'elles-mêmes après l'accouchement.

Les *vomissements*, symptôme banal de la grossesse, deviennent parfois graves, étant susceptibles d'altérer la santé générale de la femme. Dans certains cas même, ils résistent à tous les traitements qu'on leur oppose et peuvent entraîner la mort de la parturiente.

L'*albuminurie* n'est pas une maladie, mais un symptôme constitué par la présence de l'albumine dans l'urine. Son importance est considérable dans la puerpéralité, car elle expose la femme à une série d'accès convulsifs, analogues à ceux de l'épilepsie et de la grande hystérie et constituant l'attaque d'éclampsie. Cette affection, qui survient le plus souvent au voisinage de l'accouchement, est toujours sérieuse quand elle n'est pas combattue à temps, car le quart au moins des éclamptiques succombent.

A côté de ces maladies, il faut citer l'*insertion vicieuse du placenta*, qui expose la femme à des hémorragies parfois mortelles et à des présentations ennuyeuses du fœtus.

Après l'accouchement, on peut voir survenir, quand toutes les précautions antiseptiques n'ont pas été absolument bien prises, soit de la septicémie (septicémie aiguë, suppurée ou non, péritonite, etc.), soit une phlébite particulière, appelée *phlegmatia alba dolens*.

Nous devons enfin, pour être complets, ajouter que, chez certaines femmes, l'accouchement est fort entravé et même quelquefois rendu impossible par l'existence d'un *rétrécissement des diamètres* du bassin. Quand ce rétrécissement est trop accentué, il ne reste, comme ressource, pour terminer l'accouchement, si la femme est à terme, qu'à sacrifier la vie de l'enfant ou à pratiquer l'opération césarienne. Dans le cas où l'existence du rétrécissement a été reconnue avant la fin de la grossesse, ce qui arrive si la femme a été examinée par un médecin pendant le cours de celle-ci, on peut, en provoquant l'accouchement avant le terme et à un moment précis, déterminé exactement, obtenir un enfant vivant sans exposer la mère à une opération sérieuse.

II. — MODIFICATIONS
EN DEHORS DE L'APPAREIL GÉNITAL

Nous avons tracé dans tout ce qui précède un tableau général des phénomènes qui sont liés à la puerpéralité ; mais, jusqu'ici, nous nous sommes bornés à l'exposé des modifications spéciales aux organes génitaux.

Il nous faut maintenant étudier l'influence qu'exerce la puerpéralité sur les autres appareils de l'organisme. Cette influence, qui est des plus nettes, ainsi que nous espérons le démontrer, a une importance capitale, et, en passant successivement en revue les divers systèmes, nous aurons l'occasion de faire ressortir les modifications imprimées par la puerpéralité.

§ 1. Modifications dans les divers systèmes

Le *système nerveux* est presque toujours un des plus influencés. La sensibilité de la femme est exagérée, d'où impressionnabilité plus grande. L'intelligence subit également le contre-coup de la grossesse, et telle femme, spirituelle et vive à l'état normal, devient lourde, somnolente, alors qu'elle est enceinte.

Les altérations de la volonté ne sont pas les moindres, elles sont englobées sous le nom bien connu d'*envies*. Quelques exemples seront ici plus clairs que toute description :

Le Dr Hamberger, cité par Sue, rapporte le fait d'une femme enceinte, qui, ayant acheté un plein panier d'œufs au marché, vint trouver son mari et lui exposa qu'elle était prise du désir irrésistible de lui casser ces œufs sur la figure. Le mari mit une serviette devant sa figure et se laissa faire.

Capura cite le cas d'une gestante qui voulait absolument manger l'épaule d'un boulanger qu'elle avait vu en passant, et celui d'une autre femme, dans la même situation, qui ne trouvait pas de plus grand plaisir que d'introduire le bout d'un soufflet dans sa bouche et d'avaler à longs traits le vent qui en sortait.

Les envies en d'autres cas peuvent être des perversions de goût. Telle la femme, dont parle M. Charpentier, dont la passion consistait à dévorer des bouts de bougie, ou encore le plaisir de cette autre à lécher les murs humides et couverts de salpêtre.

Ces aberrations diverses sont dues à un vice de fonctionnement cérébral, produit par la grossesse et présentant une certaine analogie avec d'autres troubles viscéraux.

Il est bon de contrarier le moins possible ces envies puerpérales ; le cerveau féminin pendant la gestation doit être ménagé comme un organe malade.

On a prétendu que ces envies, de même que les frayeurs ou vives émotions éprouvées par la femme durant le développement du fœtus, pouvaient être la cause de malformations ; c'est là une simple hypothèse qu'aucun fait positif n'est venu confirmer et à laquelle la science n'ajoute aucune foi.

En dehors de ces troubles psychiques, la grossesse prédispose à des névralgies diverses et en particulier aux odontalgies, surtout chez les femmes dont les dents sont mauvaises. A cet égard, le dicton populaire : *Chaque enfant coûte une dent à sa mère*, ne manque pas d'une certaine justesse.

Du côté de l'*appareil respiratoire*, les modifications apportées par la puerpéralité sont de deux ordres : mécaniques et chimiques. Pendant la grossesse, la base du thorax s'élargit, en même temps que cette cavité diminue dans son diamètre vertical et son diamètre antéro-postérieur, tandis que le rapport inverse se produit après l'accouchement.

Le diaphragme étant refoulé en haut et s'abaissant moins, le champ respiratoire se trouve rétréci, ce que prouve du reste la fréquence plus grande des mouvements respiratoires et la dyspnée, l'essoufflement, qui se manifestent chez les femmes enceintes à la fin de la grossesse, à la suite du moindre effort. Cette dyspnée diminue dans les derniers jours de la grossesse.

Comme modifications chimiques, Andral et Gavarret ont constaté que, pendant toute la durée de la grossesse, la quantité d'acide carbonique,

exhalée par les poumons, va toujours en augmentant. Ce n'est pas l'avis de M. Regnard, qui a trouvé juste l'inverse.

Les modifications que subit l'*appareil circulatoire* portent à la fois sur la quantité et la qualité du liquide, ainsi que sur le cœur et les vaisseaux.

Les modifications du sang sont au nombre de trois principales : pléthore séreuse ; anémie globulaire (sauf pour les leucocytes) ; diminution des principes solides (sauf la fibrine).

La quantité d'eau composant le sang est notablement augmentée, de telle sorte que la masse totale du liquide sanguin est plus grande pendant la grossesse qu'à l'état de vacuité. Il y a donc exagération de la tension vasculaire, filtration au niveau des capillaires d'une certaine quantité de sérosité qui amène un gonflement généralisé des tissus, sorte d'œdème gravidique surtout manifeste à la face, qui est bouffie, et aux doigts, où les bagues deviennent trop petites et produisent un véritable étranglement. Ce gonflement ne doit pas être confondu avec un certain degré d'adipose, qui est, ainsi que nous le verrons plus loin, un résultat fréquent de la puerpéralité.

Outre l'infiltration générale des tissus, l'augmentation de la masse totale du sang a deux autres effets : 1° prédisposer aux hémorragies (épistaxis, etc.) ; 2° gêner le fonctionnement de certains organes, en particulier du cœur (hypertrophie, dilatation) et du rein (congestion, néphrite, albuminurie).

Sous l'influence de l'excès de travail qui lui est imposé, le cœur subit pendant la grossesse des modifications importantes. L'hypertrophie cardiaque (cœur gauche) existe, mais n'est pas constante ; quand elle manque, on note la dilatation, surtout marquée au niveau du cœur droit. L'hypertrophie et la dilatation peuvent d'ailleurs coïncider.

L'augmentation de la tension vasculaire a comme résultat, au niveau des artères, des pulsations plus énergiques, plus résistantes (pouls dur) et, au niveau des veines, une tendance à la dilatation dont l'aboutissant fréquent est la production de varices.

Le *système digestif* subit dans son fonctionnement des changements très importants, qui retentissent d'une façon marquée sur la nutrition. L'appétit est ordinairement diminué et la digestion laborieuse. En outre, les vomissements ou les nausées sont un accident banal de la grossesse, survenant tantôt le matin à jeun, tantôt au milieu des repas ou après eux. La constipation est presque la règle et est due soit à la compression exercée par l'utérus sur le rectum, soit plutôt à une parésie réflexe de l'intestin. Nous reviendrons plus loin sur cette question du ralentissement de la nutrition et sur les conséquences qui en dérivent.

Du côté du *système urinaire*, il existe une congestion et une gêne circulatoire des reins, prédisposant à la néphrite. D'autre part l'utérus par son développement gêne plus ou moins la vessie dans son expansion et amène des changements dans la forme et la situation du réservoir urinaire. Enfin, l'urine subit des modifications qui, comme celles du sang, sont au nombre de trois principales : augmentation de la quantité d'eau ; diminution des principes solides (sauf les chlorures) ; apparition de principes nouveaux (kyestéine, albumine, glycose).

Le *squelette* éprouve des modifications dans son attitude générale et dans sa nutrition. Par suite du développement du ventre, la femme, pour maintenir son équilibre, est obligée de renverser la partie supérieure du corps en arrière, d'où lordose de la colonne vertébrale. Cette lordose, donnant une attitude et une démarche spéciales à la femme, permet souvent à un œil exercé de reconnaître l'existence de la grossesse, en observant la démarche vue de dos. En outre, chez les femmes dont la grossesse survient de dix-huit à vingt-deux ans, on voit quelquefois, soit avant l'accouchement, soit de préférence après, une augmentation notable de la taille ; la puerpéralité semble momentanément exciter le développement osseux.

Nous avons déjà indiqué plus haut la modification que subissait la *peau* ; outre les différents sièges que nous avons signalés, la pigmentation gravidique peut se faire en divers autres points, notamment au niveau de la face, où elle constitue le *masque de la grossesse*. La nutrition des ongles serait également troublée ; ils diminueraient d'épaisseur.

§ 2. Modifications dans la nutrition

Nous allons maintenant étudier avec plus de détails l'influence de la puerpéralité sur la nutrition.

Comme on le sait, la nutrition se compose de quatre actes successifs : l'absorption, l'assimilation, la désassimilation, l'élimination. La gestation est susceptible de jeter un trouble plus ou moins profond dans chacun de ces actes.

L'*absorption* est gênée par les *vomissements*, qui parfois deviennent incoercibles, et aussi exceptionnellement par la *diarrhée*.

L'*assimilation* est ralentie, et deux maladies gé-

nérales, entièrement liées à ce processus de ralentissement, sont aggravées ou produites par la grossesse : la *scrofule* et l'*anémie*.

La *désassimilation* est également troublée, les combustions deviennent incomplètes. On n'observe plus, comme tout à l'heure, un ralentissement de l'assimilation, mais bien de la désassimilation. Tout un nouveau groupe pathologique va en être le résultat : c'est celui qu'on désigne d'habitude sous le nom d'*arthritisme*, auquel il convient de joindre le *diabète* et l'*ostéomalacie*.

L'*élimination* peut aussi être entravée et le résultat est une terrible maladie, souvent mortelle : l'*éclampsie*.

Donc, ralentissement général de la nutrition, ralentissement de l'absorption, de l'assimilation, de la désassimilation et de l'élimination, telle est la caractéristique de la puerpéralité pendant la période de gestation.

Insistons un peu plus spécialement sur les phénomènes de désassimilation.

Les aliments, après avoir été transformés par la digestion, sont absorbés et pénètrent dans le torrent circulatoire. Une partie se fusionne avec les éléments du corps et forme partie intégrante des tissus ; l'autre continue à circuler dans le sang et n'est utilisée que pour la combustion destinée à entretenir la chaleur du corps humain.

Si cette combustion est complète, les trois seuls déchets qui en résultent sont l'urée, l'acide carbonique et l'eau. Mais, si elle est incomplète, différents produits prennent naissance, parmi lesquels nous noterons simplement l'acide urique, l'acide lactique, le sucre, la graisse.

Les acides urique et lactique proviennent de l'oxydation incomplète de la substance azotée ; la combustion complète produit l'urée.

Quant au sucre et à la graisse, ils prennent leur origine soit directement dans les aliments de même nature, soit dans la transformation de la substance azotée.

L'excès d'acide lactique peut constituer deux états pathologiques : le *rhumatisme* et l'*ostéomalacie*. L'excès d'acide urique dans le sang constitue la *goutte* et son dépôt dans les voies urinaires la *gravelle*.

Nous arrivons au sujet le plus intéressant, aux effets de l'accumulation de la graisse dans l'économie, qui conduit à deux manifestations pathologiques : l'*obésité* et la *lithiase biliaire*.

La graisse est le combustible accumulé dans différents points de l'économie et mis en réserve pour les besoins de l'oxydation.

Quand l'assimilation est plus active que la désassimilation et quand les différents produits absorbés ne sont pas utilisés par les divers organes de l'économie, ils s'accumulent sous forme de tissu adipeux.

La graisse est l'épargne de l'économie, mais certains tempéraments poussent cette épargne à l'avarice : l'obésité se trouve ainsi constituée.

La graisse, alors qu'elle n'est pas brûlée, s'élimine en faible partie par l'urine et en grande partie par le foie sous forme de cholestérine. Or, l'excès de cholestérine dans la bile et sa précipitation sous forme de calculs, sous l'influence de cet excès même ou du manque relatif des acides biliaires, amènent la formation des calculs et tous les accidents de la lithiase biliaire.

Nous ne dirons que quelques mots du *diabète sucré*. L'excès de sucre, c'est-à-dire la glycosurie, peut provenir d'une surabondante production de sucre au niveau du foie ou d'une combustion insuffisante au niveau des capillaires sanguins. A ce dernier titre, le diabète, comme l'obésité, peut donc être considéré comme une maladie de ralentissement de la nutrition.

Après avoir parcouru tout le cadre des maladies par retard de la désassimilation et de la combustion, nous allons montrer que la grossesse favorise leur apparition et leur évolution, en insistant sur l'obésité.

L'obésité a une prédilection marquée pour la femme ; d'après M. Bouchard, elle atteint la femme deux fois plus souvent que l'homme. M. Bouchard a de plus établi nettement les rapports qui existent entre l'obésité et la gestation. Sur 51 femmes, il a noté l'apparition de l'obésité 17 fois comme conséquence de la première grossesse et 9 fois des grossesses subséquentes. Ce qui démontre que la moitié environ des femmes obèses le deviennent à la suite d'une grossesse et un tiers à la suite de la première grossesse.

La gestation a donc dans la production de l'obésité l'influence la plus nette ; la grossesse est un des principaux facteurs de l'obésité.

Le quatrième et dernier stade de la nutrition, l'*élimination*, se fait par la peau, l'intestin (y compris les glandes qui l'entourent et en particulier le foie), le poumon et les reins. Nous ignorons ce que deviennent pendant la gestation les éliminations cutanées et intestinales. Pour le poumon, ainsi que nous l'avons déjà dit, les auteurs ne sont pas d'accord. Nous ne parlerons donc que des reins. L'élimination rénale est ralentie. Les chlorures augmentent, il est vrai, dans l'urine, mais les phosphates, les sulfates, l'urée, l'acide urique, la créatine, la créatinine diminuent. Parfois il se produit une véritable intoxication de l'économie par le sang mal épuré ; cette intoxication n'est autre que l'*éclampsie puerpérale*.

Après la découverte des rapports de l'éclampsie avec l'albuminurie, ce trouble de la sécrétion rénale devint le point dominant, bientôt unique, dans l'explication pathogénique de la maladie. Ce précepte est faux ; l'albuminurie en effet n'est pas la cause de l'éclampsie, mais c'est le vice du fonctionnement rénal, dont l'albuminurie est un symptôme. Aussi l'éclampsie, même d'origine rénale, peut exister avec une faible albuminurie et même en son absence.

Pour bien mettre en lumière les troubles que la gestation amène dans la nutrition, nous allons les résumer dans le tableau suivant :

1° Troubles de l'absorption :
   a) Vomissements simples et incoercibles.
2° Troubles de l'assimilation :
   a) Lymphatisme, scrofule ;
   b) Anémie simple et pernicieuse.
3° Troubles de la désassimilation :
   a) Rhumatisme ;
   b) Ostéomalacie ;
   c) Goutte ;
   d) Gravelle urinaire ;
   e) Obésité ;
   f) Lithiase biliaire ;
   g) Diabète.
4° Troubles de l'élimination :
   a) Eclampsie.

Nous serons très brefs sur les modifications nutritives amenées par la régression utérine et l'allaitement.

La parturition, espace court et solennel de la puerpéralité, constitue le trait d'union entre la gestation et les suites de couches.

Pendant les quelques instants que dure l'accouchement, il n'y a guère qu'un acte de la nutrition qui soit profondément modifié, le stade de désassimilation. Les combustions ralenties de la grossesse reprennent toute leur activité d'autrefois et même les dépassent. Cette exagération des combustions surcharge le sang des produits excrémentitiels et expose par conséquent à l'éclampsie. C'est, parmi les maladies précédemment étudiées, la seule à laquelle l'accouchement prédispose d'une façon indiscutable et très marquée.

Après l'expulsion de l'œuf, le calme renaît, et l'organisme va procéder à la réparation des désordres produits par la grossesse. La période de régression commence ; elle diffère beaucoup suivant que l'allaitement a lieu ou est artificiellement supprimé.

Quand la femme nourrit son enfant, la fonction mammaire absorbe l'être et imprime une nouvelle modalité aux échanges nutritifs. Si, au contraire, l'allaitement n'a pas lieu, la régression est simplement une période de convalescence qui conduit de l'accouchement à l'état physiologique normal, c'est-à-dire au rétablissement de la fonction ovarienne, de la menstruation.

Pendant la régression simple, les différents stades de la nutrition reviennent vraisemblablement à leur état normal, variant d'intensité avec le tempérament de la femme, ou peut-être sont-ils légèrement exagérés.

Pendant l'allaitement, la régression utérine continne et, quoi qu'on en ait dit, il ne semble pas prouvé qu'elle soit modifiée par lui, soit en bien, soit en mal.

L'allaitement agit sur la nutrition dans le même sens que la grossesse, quant à ce qui concerne l'assimilation et la désassimilation, mais en sens opposé, si l'on considère l'absorption et l'élimination.

L'absorption est activée, les nourrices ont d'habitude excellent appétit et jamais de vomissements.

L'élimination est également accélérée, d'abord par le fait même de la sécrétion mammaire, puis par les urines qui, outre les éléments habituels, entraînent de nombreuses granulations graisseuses.

L'assimilation est ralentie ; aussi les nourrices sont-elles exposées à l'anémie, et parfois à un véritable épuisement. La lactation prédispose aux manifestations de la scrofule et de la tuberculose.

La désassimilation est également ralentie, comme pendant la grossesse.

En résumé donc, la *gestation* est une cause de ralentissement pour les quatre stades de la nutrition, et elle expose à l'apparition de toutes les maladies qui peuvent résulter de ces troubles.

La *régression simple* semble, au contraire, activer tous les stades de la nutrition ; elle agit en sens contraire de la gestation et ramène l'organisme à son état normal.

L'allaitement, tout en laissant le processus local de la régression s'effectuer normalement, modifie les conditions de la nutrition. L'allaitement semble tenir le milieu entre la gestation et la régression simple ; car, de même que la gestation, il ralentit l'assimilation et la désassimilation ; mais, contrairement à la grossesse et comme la régression simple qu'il accompagne, il favorise l'absorption et l'élimination.

Quant à l'*obésité*, elle trouve une cause productrice certaine et puissante dans la grossesse ; la lactation paraît agir dans le même sens ; la régression simple sans allaitement tendrait au contraire à l'atténuer.

Étudions maintenant l'influence de l'obésité sur la puerpéralité. L'obésité est un état pathologique, une maladie. Elle est susceptible d'amener dans l'organisme des troubles divers, et notamment dans les fonctions génitales.

Nous allons passer successivement en revue l'influence de l'obésité sur la menstruation, sur la conception, sur la gestation, sur l'accouchement, sur la régression, sur l'allaitement.

La plupart des auteurs sont d'accord pour admettre que les femmes obèses, même jeunes, sont peu réglées et souvent pas du tout ; certains affirment même qu'elles sont communément stériles. Il est certain qu'il y a du vrai dans cette assertion ; mais il ne faudrait pas poser ce fait comme une règle absolue, et, parmi les femmes adipeuses, à côté de celles dont la menstruation est languissante, il en est, dans une proportion difficile à déterminer, chez lesquelles les règles sont absolument normales.

Depuis longtemps on considère l'obésité comme une cause de stérilité ; il existe en effet des exemples de femmes qui, après une première grossesse, prennent de l'embonpoint, deviennent obèses et n'ont plus d'enfants. Suivent-elles un régime et un traitement appropriés, l'adiposité disparaissant ou diminuant, une nouvelle grossesse survient.

Mais comment l'obésité gêne-t-elle la conception ? Est-ce par une modification générale de l'individu, par une déchéance de l'organisme, ou au contraire par une influence purement locale sur les organes génitaux ?

Il est difficile de conclure, et il est probable que les deux éléments, — général et local, — y entrent chacun pour une part.

L'élément général serait représenté par l'anémie, compagne habituelle de l'obésité, et l'élément local par les modifications de l'ovaire et de l'utérus.

L'ovaire peut subir, sous l'influence de la polysarcie, une véritable infiltration graisseuse ; l'ovaire devient obèse comme tout le corps, comme aussi les autres viscères. Cet envahissement ralentit l'activité glandulaire ; la ponte ovulaire est généralement supprimée ; la stérilité en est la conséquence.

L'utérus a également à souffrir de l'obésité ; tantôt il subit une véritable infiltration graisseuse de ses éléments musculaires, tantôt et plus souvent il s'atrophie simplement.

Quel que soit le mécanisme par lequel se produit l'infécondité, le fait de son existence, sous l'influence de l'obésité, existe d'une façon positive. Mais une autre question se pose ici : celle de savoir si toute femme obèse est stérile. En d'autres termes, si l'obésité est une cause de stérilité, en est-elle une cause constante et obligée ?

Il y a, parmi les femmes, des obèses stériles et des obèses fécondes et cette variabilité d'action de l'adiposité tient à ce que l'obésité peut, dans certains cas, accompagner un état absolument normal quant au fonctionnement viscéral et, en particulier, quant à celui des organes génitaux, tandis que dans d'autres, au contraire, elle est greffée sur un état pathologique.

Dans l'obésité, c'est la déchéance organique qu'il faut améliorer ou guérir si l'on veut remédier à la stérilité. En fortifiant les femmes obèses, on les rend aptes à la fécondation ; l'amaigrissement n'est qu'une condition accessoire.

L'obésité semble d'autre part avoir une influence néfaste sur la grossesse ; elle prédispose à l'avortement. Il est des femmes qui ont une série d'avortements successifs, que l'on ne peut expliquer que par l'existence de l'obésité.

Nous arrivons enfin à l'accouchement.

L'obésité constitue une gêne très considérable pour la parturiente et pour l'accoucheur.

Pour l'accoucheur, parce qu'à travers cette couche graisseuse le diagnostic devient singulièrement difficile ; l'utérus devient en quelque sorte inaccessible et le médecin se trouve parfois dans un grand embarras pour pratiquer l'exploration.

La gêne n'est pas seulement pour l'accoucheur, mais aussi pour la parturiente.

L'accommodation de l'enfant se fait mal, et, si la grossesse n'est pas surveillée, les présentations vicieuses ne seront pas rares.

Pendant l'accouchement, la période de dilatation est ralentie. L'expulsion est également entravée et l'on est souvent obligé de recourir au forceps. La difficulté de l'expulsion semble tenir à une double cause : d'abord à la faiblesse de la contraction utéro-abdominale, et, en outre, à l'obstacle que la présence de la graisse crée sur le chemin du fœtus.

Enfin l'obésité maternelle peut encore rendre difficile l'accouchement d'une manière assez inattendue, par l'obésité même du fœtus. Chez les femmes obèses, l'enfant prend en effet un développement supérieur à la moyenne : il est même parfois véritablement obèse.

L'obésité influe-t-elle en bien ou en mal sur la régression utérine ? A *priori* il semble que l'obésité doive être une entrave pour la régression locale et générale ; mais c'est là une simple hypothèse vraisemblable, qui a besoin d'être confirmée.

Mais ce qu'on peut affirmer, c'est que, chez les femmes obèses et en particulier chez celles qui le sont devenues pendant leur grossesse, il faut redouter plus que chez toute autre la septicémie puerpérale ; quand elle se déclare, cette septicémie prend souvent, dans ces circonstances, des allures graves et rapidement mortelles par prompte généralisation de l'infection ; il faut également redouter l'éclampsie, non seulement comme fréquence, mais aussi comme gravité de pronostic.

Il nous reste, pour terminer ce qui a trait à l'obésité, à examiner l'influence qu'elle exerce sur l'allaitement. Une opinion assez généralement acceptée est que les femmes obèses sont mauvaises nourrices. En réalité elles sont aussi capables d'allaiter leur enfant que les femmes maigres ou d'embonpoint normal. Une nourrice se juge surtout à ses seins.

Or les seins ne s'apprécient pas à la vue, — à la façon des artistes qui voient dans leur fermeté et leur résistance aux lois de la pesanteur le signe de la beauté, — mais à l'aide du palper. Ce sont les doigts qui, fouillant le contenu mammaire, indiquent à l'accoucheur si la glande est bien développée, bien fournie, et pourront faire penser que telle femme sera bonne ou mauvaise nourrice.

Quelle que soit la quantité de graisse, quand la glande est bien développée, la sécrétion lactée se fera bien ; sinon, elle sera pauvre, incomplète.

Dr A. Auvard,   et   Dr L. Touvenaint,
Accoucheur des Hôpitaux.   Lauréat de l'Académie de Médecine.

DÉCOUVERTE D'UN NOUVEL ÉLÉMENT :

LE MASRIUM [1]

Dans le courant des années 1890 et 1891, S. E. Johnson Pacha avait recueilli dans le lit, desséché depuis longtemps, d'un cours d'eau de la haute Égypte, quelques échantillons d'un alun fibreux qui lui avait paru présenter quelques caractères particuliers.

Il est fait mention dans l'histoire, et à une date

[1] La découverte, qui vient d'être annoncée, du Masrium intéresse trop la chimie pour que, malgré la singularité des propriétés attribuées à ce corps, nous négligions d'attirer sur lui l'attention du lecteur. Il convient, cependant, croyons-nous, de faire remarquer combien étranges semblent les combinaisons du nouvel élément : d'une part, il donnerait une sorte d'alun, et, d'autre part, offrirait les propriétés des métaux alcalino-terreux et du zinc. Si l'on est vraiment en présence, non d'un mélange, mais d'un corps simple, le fait serait d'une importance considérable pour la philosophie chimique.

(Note de la Direction.)

des plus reculées, de cette rivière desséchée que les indigènes de la région désignent aujourd'hui sous le nom de « Bahr-bela-mà » ou « Rivière sans eau ». Il existe encore çà et là, sur le trajet primitif de ce cours d'eau, de petits lacs dont les eaux, fortement minéralisées, sont réputées pour leurs propriétés curatives.

Les échantillons recueillis par Johnson Pacha furent remis à MM. H. Droop Richmond et Dr Hussein Off, chimistes du laboratoire khédivial du Caire, qui, à la suite d'une analyse effectuée sur une faible quantité du minéral, y trouvèrent des quantités variant de 1,02 à 3,63 pour cent de cobalt, métal dont la présence n'avait encore jamais été signalée en Égypte [1].

A la demande du concessionnaire de ce gisement, ces chimistes s'attachèrent, en opérant sur de grandes quantités de minerai, à en extraire le cobalt et, au cours de leurs recherches, ils constatèrent, outre la présence du fer, de l'aluminium, du cobalt et du manganèse, la présence, en petite quantité, d'un autre oxyde, dont les propriétés différaient beaucoup, sur certains points, de celles des autres oxydes métalliques connus.

C'est en traitant la solution aqueuse du minéral, après addition d'acétate de soude, par un courant d'hydrogène sulfuré, que les auteurs observèrent la production d'un précipité blanc gélatineux, avant celle des précipités noirs des sulfures de cobalt et de fer.

Ce sulfure est celui d'un nouveau métal qui a été appelé *Masrium* du nom arabe de l'Égypte (Masr); le minerai d'où il a été extrait fut appelé Masrite.

Le symbole chimique adopté pour cet élément est Ms.

I

D'après les analyses faites par MM. Droop Richmond et Hussein Off, la composition de la Masrite correspondrait à la formule :

$$(Al, Fe)^2 O^3, (Ms, Mn, Co, Fe) 0,4 SO^3 + 20 H^2O.$$

La proportion d'oxyde de Masrium que renferme la Masrite est très faible (0,20 pour cent).

La purification du produit isolé par l'action de l'hydrogène sulfuré sur la solution acétique du minerai se fait de la façon suivante : le précipité blanc du sulfure obtenu, comme il vient d'être dit, est recueilli avant que ne se précipitent le cobalt et le fer. On le lave abondamment à l'eau, puis à l'acide chlorhydrique étendu, et on le dissout dans l'eau régale. Cette dissolution est évaporée pour

chasser l'excès d'acide, et le résidu repris par de l'eau légèrement acidulée par de l'acide chlorhydrique; on sépare par filtration un peu de sulfate de chaux qui ne se dissout pas, et on précipite la solution filtrée par l'ammoniaque.

L'hydrate ainsi obtenu est lavé soigneusement, redissous dans un léger excès d'acide sulfurique étendu, et la solution, concentrée et additionnée de son volume d'alcool à 95°, est abandonnée à la cristallisation. Une seconde cristallisation dans de l'alcool à 50° fournit des cristaux à peu près purs. Pour débarrasser le produit des dernières traces de fer qu'il peut renfermer, on précipite sa solution aqueuse par un excès de soude, qui redissout l'oxyde de Masrium; on sépare l'oxyde de fer par filtration, et on reprécipite l'oxyde de Masrium de sa solution alcaline par addition de chlorure ammonique.

Après lavage et dissolution dans l'acide chlorhydrique, on renouvelle le traitement à la soude et au chlorhydrate d'ammonium.

L'oxyde ainsi obtenu est absolument pur; après lavages suffisants, on le dissout à saturation dans l'acide chlorhydrique. Cette solution est acide au papier de tournesol, et neutre à l'orangé de méthyle.

II

La détermination, tout au moins approximative, du poids atomique du Masrium a été faite de la façon suivante :

1° Un poids connu de chlorure de Masrium a été précipité par l'ammoniaque, et le précipité lavé, séché, calciné, a été pesé;

2° Une seconde portion a été précipitée par le phosphate de soude et d'ammoniaque, et le phosphate obtenu pesé après calcination ;

3° Dans une troisième portion on a dosé le chlore par les procédés habituels [1] ;

4° Enfin une assez grande quantité de chlorure a été précipitée par l'oxalate d'ammoniaque qui fournit un précipité insoluble dans les mêmes conditions que l'oxalate de calcium.

Cet oxalate a servi à faire le dosage de l'acide oxalique de l'eau et de l'oxyde de Masrium.

Dans cette dernière opération la moyenne des résultats obtenus a été de :

Résidu de la calcination (oxyde)........	55.75
Acide oxalique anhydre..................	15.85
Eau....................................	31.27
	102.87

---

[1] *Journal of the Chemical Soc.*, 305, p. 491.

[1] Pour ces trois premières opérations les résultats numériques publiés par les auteurs sont incomplets ou insuffisants: ils ne donnent aucun chiffre pour l'analyse du phosphate, et pour les autres, ils ont négligé d'indiquer les quantités de substance employée et le pour cent obtenu. Il nous a paru inutile de relater ces résultats.

D'après l'ensemble de ces résultats, on peut attribuer à l'oxyde de Masrium le nombre 122 comme équivalent, soit 114 pour le métal, et en admettant pour celui-ci la bivalence, son poids atomique serait de 228.

Or le système périodique de Newlands et Mendelejeff prévoit l'existence d'un élément dont le poids atomique serait 225 dans la famille du glucinium, calcium, strontium, baryum.

III

Le tableau ci-dessous des principales réactions des sels de Masrium permettra de se rendre compte des analogies qui existent entre ce métal et le glucinium d'une part, le calcium d'autre part, tout au moins en ce qui concerne l'oxalate. On pourra en même temps constater certaines propriétés communes aux composés du zinc :

RÉACTIFS	RÉACTIONS
Soude caustique..........	Précipité blanc, soluble dans un excès du réactif.
Ammoniaque.............	Précipité blanc, insoluble dans un excès.
Carbonate d'ammoniaque..	Précipité blanc, insoluble dans un excès même à chaud.
Hydrogène sulfuré	Rien dans une solution neutre ou acide ; en solution acétique, précipité blanc, gélatineux, soluble dans H Cl concentré, insoluble dans l'acide acétique.
Sulfure d'ammonium......	Précipité blanc, gélatineux, insoluble dans un excès.
Sulfure de sodium........	Précipité blanc, gélatineux, insoluble dans un excès.
Oxalate d'ammoniaque.....	Précipité blanc, insoluble dans un excès, soluble dans l'acide acétique, et un excès de chlorure de Masrium.
Phosphate d'ammoniaque..	Précipité blanc, insoluble dans un excès.
Ferrocyanure de potassium.	Précipité blanc, insoluble dans un excès do réactif, soluble dans un excès de chlorure de Masrium.
Ferricyanure de potassium.	Rien.
Chromate de potasse.......	Précipité jaune, insoluble dans excès, soluble dans un excès de chlorure de Masrium.
Cyanure de potassium.....	Précipité blanc, insoluble dans excès, soluble dans un excès du chlorure.
Tartrate de potasse et de soude.................	Précipité blanc, soluble dans un excès de réactif ; l'ammoniaque et la soude ne précipitent pas cette dissolution.
Sulfate de potasse..........	Ajouté à une solution concentrée et chaude, donne un précipité blanc : le liquide filtré après ébullition ne cristallise pas par refroidissement. L'ammoniaque n'y produit qu'un léger louche, et après évaporation on ne trouve au micros-

	cope aucun cristal cubique ou octaédrique dans le résidu.
Acétate de soude..........	Précipité blanc à chaud, se redissolvant par refroidissement.

Chauffé avec du nitrate de cobalt, l'oxyde donne une coloration bleuâtre faible.

Après calcination, l'oxyde augmente de poids quand on le laisse exposé à l'air ; mais, chauffé pendant longtemps dans un courant d'hydrogène, il ne perd pas de son poids.

Toutes les tentatives faites pour isoler le métal de ses combinaisons sont jusqu'à présent restées infructueuses ; ni la fusion avec le sodium sous une couche de chlorure de sodium, ni l'électrolyse de la solution alcaline de tartrate n'ont donné de résultats.

IV

On ne connaît encore qu'un seul oxyde du Masrium, celui qui répondant à la formule MsO. Cet oxyde se présente sous forme d'une poudre blanche, ressemblant beaucoup aux oxydes du groupe de calcium. Son chlorure ne cristallise pas ; évaporé à sec, il se présente sous forme d'une masse d'aspect nacré, se mouillant difficilement à l'eau, mais néanmoins très soluble, même après une calcination ménagée.

Le nitrate cristallise, quoique difficilement, de sa solution dans l'alcool à 50 %. Il n'a pas été analysé.

Le sulfate est le seul sel qui cristallise nettement en beaux cristaux dans l'alcool à 50° ; ses solutions aqueuses ne cristallisent pas.

Sa composition répond à la formule $MsSO^4 + 8H^2O$.

Il s'unit au sulfate d'alumine pour former un sel double, analogue aux aluns.

L'oxalate $MsC^2O^4 + 8H^2O$ est une poudre blanche insoluble dans l'eau, soluble dans l'acide acétique, et dans un excès de chlorure de Masrium.

De l'ensemble de ces caractères il semble nettement établi que le Masrium possède une individualité propre, malgré les affinités qu'il présente avec les métaux du groupe du zinc et du groupe des métaux alcalino-terreux. L'étude plus approfondie qui se poursuit de ce corps ne laissera probablement aucun doute à cet égard.

A. Held,

Professeur à l'École supérieure de Pharmacie de Nancy.

BIBLIOGRAPHIE

ANALYSES ET INDEX

1° Sciences mathématiques.

Hagen (Johann G.), S. J; *Director der Sternwarte des Georgetown Collège, Washington.* — Synopsis der hœheren Mathematik. — T. I : Arithmetische und algebraische Analyse. 1 *vol. gr. in-4° de* 398 p. (*Prix :* 37 *fr.* 50). *F. L. Dames,* 47 *Tauben-Strasse; Berlin,* 1891.

Présenter un tableau méthodique et complet de l'état actuel des parties supérieures des sciences mathématiques, tel est le but de cet ouvrage. Disons tout de suite qu'il l'atteint de la façon la plus satisfaisante pour la partie déjà parue dont nous croyons devoir énumérer les grandes divisions :

I. Théorie des nombres. — II. Théorie des grandeurs complexes. — III. Théorie des combinaisons. — IV. Théorie des séries. — V. Théorie des produits infinis et des facultés. — VI. Théorie des fractions continues. — VII. Théorie des différences et des sommes. — VIII. Théorie des fonctions. — IX. Théorie des déterminants. — X. Théorie des invariants. — XI. Théorie des substitutions. — XII. Théorie des équations.

Cette énumération définit bien nettement le cadre du volume. Pour le remplir, l'auteur s'est efforcé, par une savante synthèse des travaux relatifs à chacune des théories qu'il comprend, de donner, sous forme d'un tableau logiquement ordonné, l'ensemble tant des définitions nécessaires à l'intelligence du sujet que des résultats obtenus jusqu'à ce jour et marquant le terme auquel sont parvenues les investigations poursuivies dans ces diverses directions. Les démonstrations restent en dehors de son programme. Il ne les effleure sur quelques points que lorsqu'il ne peut faire autrement, en vue de mieux faire saisir certaines liaisons. Cette coordination générale des diverses parties de chacune des grandes théories de la science l'amène tout naturellement à mettre en lumière les principales lacunes à combler; il souligne chacune de celles-ci avec un soin minutieux. Ainsi ne se contente-t-il pas de faire connaître aux chercheurs les domaines déjà acquis, mais leur montre-t-il encore les conquêtes qui restent à faire.

L'exposé est d'ailleurs complété par toutes les indications bibliographiques nécessaires pour permettre au lecteur de se reporter aux sources principales relatives aux divers points traités. Ajoutons que pour ces citations, l'auteur, ne se contentant pas de données de seconde main, s'est livré à une vérification complète sur les textes originaux.

On peut hardiment affirmer que le magnifique travail du P. Hagen vient répondre à un desideratum de tous ceux qui s'intéressent aux sciences mathématiques, desideratum que personne ne s'aventurait guère à formuler tant sa réalisation semblait difficile. Celle-ci exigeait à la fois une patience, un dévouement et une érudition dont on n'osait espérer l'assemblage au degré où il s'est rencontré chez le savant directeur de l'observatoire du Georgetown Collège.

Nous nous permettrons de faire, à l'occasion de cette importante publication, deux simples réflexions.

En premier lieu, nous regrettons que l'époque à laquelle ont été publiées les décisions du Congrès international de bibliographie mathématique tenu à Paris en 1889 [1] n'ait pas permis à l'auteur de suivre la classification adoptée par ce Congrès. Il est bien désirable, en effet, que cette classification, élaborée avec le

plus grand soin par une réunion de savants où chaque branche des mathématiques comptait des représentants hautement autorisés, soit définitivement admise par tous les travailleurs, à qui elle permettra de se mieux entendre. Son adoption par le P. Hagen eût, on n'en saurait douter, fortement contribué à sa diffusion. Aussi émettrons-nous le vœu de voir le savant auteur s'y conformer pour la suite de son œuvre (qui doit comprendre quatre volumes) si toutefois le point où en est la préparation de celle-ci permet encore un remaniement en ce sens.

Notre seconde réflexion est d'ordre plus délicat. Elle pourrait sembler dictée par un sentiment d'amour-propre national tout à fait étranger à la question, si nous n'avions soin de déclarer tout d'abord que nous sommes aussi éloigné que possible d'une telle préoccupation et bien convaincu, au contraire, que, sur .e terrain de la science, les rivalités de nation à nation ne sauraient intervenir à aucun chef. Nous plaçant donc à un point de vue en quelque sorte théorique, nous avouerons qu'à notre sens un livre d'un caractère aussi universel que celui du P. Hagen aurait gagné à être écrit en français. Ne peut-on pas dire, en effet, que, depuis que le latin a cessé d'être la langue universelle des gens de science, c'est le français qui se trouve, en fait, le plus près de jouer ce rôle? Le français, entendu par la presque généralité des hommes qui, en tout pays, sont pourvus d'un certain degré de culture scientifique, est resté la langue des congrès internationaux. Son emploi, pour la rédaction d'un livre appelé à être consulté partout où se cultivent les mathématiques, nous eût semblé tout indiqué.

Les observations qui précèdent ne sauraient atténuer en rien l'appréciation entièrement favorable que nous portons ici du bel ouvrage du P. Hagen, tant au point de vue de sa haute utilité que de la façon remarquable dont il a été conçu et réalisé. Cet ouvrage permettra au chercheur abordant quelque théorie nouvelle pour lui de saisir d'un coup d'œil l'ordonnance générale de celle-ci, ce qui lui en facilitera singulièrement ensuite l'étude de détail faite aux sources originales signalées d'ailleurs dans le texte même. Mais là, ne se bornera pas son rôle; à une époque où le domaine de la science s'est si prodigieusement développé que chacun, pour faire œuvre utile, est forcé de se confiner en un champ de recherches relativement restreint, il mettra quiconque à le désir d'élargir l'horizon de ses idées générales, au delà du cercle de ses études familières, à même d'acquérir rapidement une notion très précise et très suffisamment complète des théories qui sont en dehors de ce cercle. On peut dire, à ce point de vue, que le livre du P. Hagen, c'est, dans l'ordre mathématique, l'érudition mise sans effort à la portée de tout le monde. Ce n'est pas là le moindre mérite de cette belle publication évidemment appelée à une rapide et vaste notoriété.

M. D'OCAGNE.

Chamousset (F.). — Nouvelle théorie élémentaire de la rotation des corps. Gyroscope, toupie, etc... *Petit opuscule de* 22 *pages, avec figures. Imprimerie Chaix. Paris,* 1892.

L'auteur reprend, par une méthode qui lui est propre, l'étude du mouvement d'un solide homogène pesant, fixé par un point de son axe de figure; les résultats qu'il obtient diffèrent de ceux généralement admis en ce qui concerne les surfaces décrites par l'axe de figure et l'axe instantané de rotation.   L. O.

---

[1] Consulter au sujet des travaux de ce Congrès l'article publié dans la *Revue* (30 mars 1891, p. 170).

2° Sciences physiques.

Picou (R.-V.), *Ingénieur des arts et manufactures.* — **Distribution de l'électricité par installations isolées.** — *Un volume, petit in-8° de 168 pages de l'Encyclopédie scientifique des Aide-Mémoire, de M. Léauté (2 fr. 50). Librairies Gauthier-Villars et J. Masson, Paris 1892.*

Etant donné les appareils de production de l'énergie électrique : dynamos, accumulateurs ou transformateurs et ceux d'utilisation : lampes diverses, moteurs ou bacs d'électrolyse, il faut étudier les procédés qui permettent de les alimenter d'une manière indépendante dans les meilleures conditions, les règles à suivre pour déterminer les conducteurs qui les relient, ainsi que les dispositifs nécessaires pour assurer la sécurité du fonctionnement et celle des personnes.

Cette distribution peut se faire dans des espaces restreints, comme cela a lieu dans les installations isolées qui possèdent leur propre source d'énergie, ou, au contraire, s'étendre à un quartier, une ville entière, ou à divers centres secondaires reliés à une même usine génératrice.

Dans les deux cas les règles générales sont les mêmes ; mais, dans le second, le réseau des conducteurs prend une importance capitale et de sa disposition dépend en grande partie le succès de l'entreprise.

C'est sans doute cette raison qui a engagé M. Picou à ne traiter dans ce volume que ce qui concerne les installations isolées, en réservant les stations centrales pour un autre ouvrage. Le seul inconvénient de ce plan, c'est que bien des questions devront être reprises à nouveau, car les points communs aux deux cas sont nombreux.

Le volume actuel est divisé en deux parties ; la première, la plus étendue, contient l'exposé des principes et l'établissement ou le rappel des formules dont on a besoin dans l'étude d'un projet de distribution, tandis que la seconde donne les constantes et tables numériques ainsi que les applications.

Après avoir rappelé brièvement les définitions des divers systèmes de distribution et les propriétés physiques des conducteurs électriques, M. Picou traite d'une manière complète de l'échauffement des fils par le courant ; c'est en effet la condition qui détermine ou limite le plus souvent la dimension des fils à employer.

Ces préliminaires établis, l'auteur entre dans le vif de l'étude des systèmes en série et en dérivation, en donnant en particulier toutes les formules nécessaires au calcul des conducteurs et branchements et la manière de déterminer les conditions de minimum de frais d'installation et d'exploitation. C'est le point de vue théorique de la question. Les côtés pratiques sont traités dans les deux derniers chapitres qui renferment les indications sur la manière de disposer une installation en dérivation, sur le contrôle de l'isolement des circuits et les précautions à prendre en vue de la sécurité des personnes, des appareils et des locaux où ils sont placés.

La seconde partie contient, comme nous l'avons dit, des constantes numériques et des tables pratiques calculées au moyen des formules précédemment établies, ainsi que des applications à des exemples donnés.

Nous n'avons pas à faire l'éloge de ce petit livre, qui rendra certainement des services ; la compétence de l'auteur est indiscutable et il a su donner aux développements un tour aisé. Il sera facile de faire disparaître des éditions suivantes quelques imperfections de détail, erreurs de formules ou obscurités, qui se sont glissées particulièrement dans le chapitre consacré à la mesure de l'isolement des circuits et dont la nature est trop spéciale pour qu'il soit utile de les relever à cette place.

E. MEYLAN.

Matignon (C.). — **Recherches sur les Uréides.** — *Thèse présentée à la Faculté des Sciences de Paris. Gauthier-Villars, Paris 1892.*

La thèse de M. Matignon est un travail considérable de thermochimie, qui embrasse presque tous les corps de la série urique, depuis les produits de substitution simples de l'urée, comme l'éthylurée, la sulfo-urée et la guanidine, jusqu'à ses produits de condensation avec les acides organiques, c'est-à-dire aux uréides proprement dites. On sait que ces corps possèdent une structure moléculaire fort complexe, qui, par la présence de groupes CO liés à des restes d'ammoniaque, leur communique une fonction pseudo-acide, souvent difficile à distinguer de la fonction acide vraie ; à ce point de vue particulier de l'influence réciproque des groupes fonctionnels dans la molécule des uréides la thermochimie pouvait rendre des services : M. Matignon est, en effet, arrivé dans ses recherches à plusieurs résultats importants.

Nous passerons rapidement sur la première partie de son travail, qu'il est du reste impossible de résumer : l'auteur y donne le détail de ses mesures calorimétriques, qui portent à la fois sur la chaleur de combustion des uréides et sur leur chaleur de neutralisation par les bases alcalines ; il fait remarquer, en passant, que l'acide hydurilique,

$$CO\begin{matrix} AzH-CO \\ AzH-CO \end{matrix}CH-CH\begin{matrix} CO-AzH \\ CO-AzH \end{matrix}CO,$$

que l'on considérait jusqu'ici, avec M. von Baeyer, comme seulement bibasique, est en réalité capable de s'unir avec trois molécules de potasse ; cette troisième basicité est d'ailleurs très faible, inférieure même à celle des orthophosphates bimétalliques.

A côté de ces données thermochimiques nous trouvons quelques considérations générales sur la structure moléculaire des uréides, qu'il eût peut-être été préférable, pour la clarté de l'exposition, de réunir dans un chapitre spécial : c'est ainsi que M. Matignon considère les acides iso-urique et pseudo-urique, isomères de l'acide urique, comme le nitrile et l'amide d'un acide encore inconnu,

$$CO\begin{matrix} AzH-CO \\ AzH-CO \end{matrix}CH-AzH-COOH.$$

L'acide purpurique, dont la murexide représente le sel ammoniacal, serait d'après lui l'imide de l'alloxantine :

$$CO\begin{matrix} AzH-CO \\ AzH-CO \end{matrix}C\overset{AzH}{\underline{\quad}}C\begin{matrix} CO-AzH \\ CO-AzH \end{matrix}CO.$$

Mais c'est surtout la seconde partie de ce long mémoire qui est intéressante, par les conclusions que l'auteur fait ressortir de ses mesures thermiques.

Comparant entre elles les chaleurs de combustion des composés uriques homologues, différant par l'introduction de n groupes CH^2 dans leur molécule, M. Matignon fait remarquer que la différence de ces chaleurs de combustion est égale à $n \times 164$ calories, quand les méthyles sont directement fixés sur l'azote.

La même différence s'observant entre les chaleurs de combustion d'autres homologues à fonctions très diverses, tels que la glycocolle $CO^2H-CH^2-AzH^2$ et la sarcosine $CO^2H-CH^2-AzH-CH^3$, ou encore l'ammoniaque et les trois méthylamines, on peut conclure à la généralité de cette loi.

Or, la substitution d'un méthyle à un atome d'hydrogène dans un groupe carboné augmente la chaleur de combustion de 154-155 calories seulement ; il en résulte que *la substitution d'un radical alcoolique lié à l'azote augmente la chaleur de combustion d'une quantité plus grande que la substitution du même radical lié au carbone.*

La différence est en moyenne de 8 calories, nombre

qui dépasse de beaucoup l'erreur possible dans les mesures calorimétriques effectuées à l'aide de la bombe.

On voit immédiatement l'importance que présente cette règle dans la recherche des formules de constitution ; en l'appliquant à l'étude du pyruvile, M. Matignon montre que ce corps représente bien un dérivé méthylé sur le carbone de l'allantoïne, ainsi que M. Grimaux l'avait précédemment admis, en s'appuyant sur le mode de synthèse de ces deux corps, qu'il a obtenus en condensant l'urée avec l'acide pyruvique ou l'acide glyoxylique. Les chaleurs de combustion du pyruvile et de l'allantoïne sont en effet 566,^{cal}9 et 413,^{cal}8, dont la différence est 153,^{cal}1.

Les mêmes considérations permettent d'expliquer la transformation de certains corps méthylés sur l'azote en leurs isomères méthylés dans le noyau, par exemple celle du chlorhydrate de méthylaniline en chlorhydrate de paratoluidine, qui s'accomplit à 360°, avec un dégagement de chaleur de 13 calories environ.

L'auteur essaie ensuite de montrer que l'*introduction*, dans une molécule organique quelconque, *d'un radical alcoolique ou phénolique diminue le travail positif nécessaire pour effectuer la dissolution d'un corps solide*, en d'autres termes, que la chaleur de dissolution croît, dans une suite d'homologues, à mesure que le poids moléculaire s'élève ; mais les différences observées sont faibles et les exemples peut-être trop peu nombreux encore pour permettre une généralisation.

En résumé, la thèse de M. Matignon ajoute à nos connaissances un grand nombre de données thermochimiques, relatives à des corps complexes, souvent difficiles à obtenir purs, et nous montre, entre la chaleur de combustion de ces corps et leur formule de structure, une relation nouvelle qui paraît être sérieusement établie.

Ce dernier résultat suffit à faire voir l'importance du travail que nous analysons : c'est à notre sens un pas considérable de franchi dans les applications si délicates de la thermochimie à l'étude des composés organiques.   L. MAQUENNE.

3° Sciences naturelles.

Boule (M.), *Agrégé de l'Université, Docteur ès sciences, Collaborateur du Service de la carte géologique de France*. **Description géologique du Velay.** 1 vol. in-8° de 259 *pages avec 80 fig. dans le texte et 11 pl. Paris, Baudry, 1892 (Ministère des Travaux Publics. Bulletin du Service de la carte géologique de la France et des topographies souterraines, n° 78, t. IV, 1891-92).*

Le *Bulletin du Service de la carte géologique* est rapidement devenu, depuis sa fondation par M. Michel-Lévy en 1889, un recueil de premier ordre, par l'importance des travaux originaux qui y paraissent chaque année. Le rôle pendant si longtemps dévolu au *Bulletin de la Société Géologique de France* et, à un autre point de vue, aux *Annales* fondées par Hébert, paraît devoir passer désormais, en ce qui concerne la connaissance spéciale de notre territoire, au nouveau recueil officiel : plus de trente mémoires, relatifs aux régions françaises les plus diverses, y ont déjà vu le jour. Quelques-uns, comme la *Description géologique du Velay* de M. Boule — c'est la seconde des thèses de doctorat insérées au *Bulletin* du Service[1] — constituent des monographies définitives, auxquelles l'avenir ne saurait rien ajouter d'essentiel.

Le Velay était resté, jusqu'à ces derniers temps, le moins connu des districts volcaniques du Centre de la France. Aussi M. Boule, que sa parfaite familiarité avec la géologie de l'Auvergne désignait tout spécialement pour une pareille tâche, a-t-il été bien inspiré en dirigeant ses recherches sur ce pays injustement oublié, où l'intérêt et la variété des problèmes géologiques le disputent d'ailleurs au charme et à l'originalité du paysage. On savait depuis longtemps qu'il existe aux environs du Puy de riches gisements de mammifères fossiles ; M. Boule a pensé que leur étude détaillée jetterait peut-être quelque lumière sur l'ordre de succession et l'âge précis des produits éruptifs si enchevêtrés qui constituent les massifs adjacents. Cette attente n'a pas été trompée, comme le montre le beau volume dans lequel M. Boule vient de consigner les résultats de ses recherches et dont nous allons reproduire les conclusions principales.

La région comprend trois parties bien distinctes : 1° le double massif du Mezenc et du Mégal, à l'est ; 2° le bassin du Puy, qui correspond à la vallée supérieure de la Loire, au centre ; et 3° la chaîne volcanique du Velay, appelée aussi *chaîne du Derès*, du nom de son sommet principal, à l'ouest. Au delà de la chaîne du Velay vient la vallée de l'Allier, grossièrement parallèle à celle de la Loire, puis le massif granitique des monts de la Margeride.

Les schistes cristallins forment le long de l'Allier une bande étroite bordée de part et d'autre, par du granite ; la dépression correspondante semble avoir été déterminée lors du grand ridement hercynien, qui date des temps carbonifères.

S'il n'existe plus, dans le Velay, de terrains secondaires en place, la présence de *chailles* fossilifères remaniées, dans certains dépôts fluvio-lacustres rapportés par M. Boule au Miocène supérieur, indique que les mers jurassiques s'avançaient beaucoup plus loin que les affleurements actuels des Causses ou de la vallée du Rhône ; il n'est malheureusement pas possible de préciser davantage.

Au début des temps tertiaires, l'Auvergne et le Velay devaient présenter des reliefs peu considérables, résultat du travail prolongé des agents atmosphériques. Nous pouvons encore en juger indirectement par la forme du substratum des masses volcaniques, forme qui est caractérisée par de larges ondulations et des pentes à peine perceptibles, comme le montre la carte hypsométrique placée par M. Boule en regard de celle qui figure le relief actuel (p. 6 et 7)[1].

Puis s'établissent les faits au fond desquels se sont déposées les arkoses éocènes du bassin du Puy, bien antérieures comme âge à celles du Puy-de-Dôme, si l'on s'en rapporte au témoignage de la paléontologie végétale. Un mouvement très important marque ensuite le début de l'Oligocène : l'altitude du Plateau Central continuant à être faible, il se forme dans le Velay comme en Auvergne, de nouveaux lacs, souvent transformés en lagunes par l'accès temporaire des eaux marines : c'est l'époque des marnes et des gypses infra-tongriens, caractérisée par la présence des *palæotherium*. Avec l'époque tongrienne, ce régime saumâtre cesse définitivement dans le bassin du Puy, et les calcaires de Ronzon se déposent au centre du lac, où la sédimentation a peut-être continué pendant l'Aquitanien. Enfin, après le dépôt des alluvions à chailles suivant l'emplacement actuel du Mezenc, à la fin de l'époque miocène, interviennent de grands mouvements du sol, contrecoup des plissements alpins, qui déterminent la formation d'une série d'anticlinaux et de synclinaux à grand rayon de courbure. D'après M. Boule, « le développement de ces plis a été gêné par la présence des massifs granitiques du Velay. De grandes fractures ont découpé la province en un certain nombre de compartiments ou de voussoirs, qui ont joué les uns par rapport aux autres, en établissant les principaux traits de l'orographie actuelle. » Telles sont les failles qui encadrent le *horst* granitique de Peyredeyre, entre la dépression du Puy et le petit bassin tertiaire de l'Emblavès, et dont

---

[1] Voir l'analyse de la thèse de M. HAUG, *Revue générale des Sciences*, III, p. 167.

[1] Nous félicitons M. Boule de cette louable initiative. Quelques services étrangers ont l'habitude de joindre aux notices accompagnant chaque feuille des cartes géologiques dont l'exécution leur est confiée, des cartes hypsométriques teintées, embrassant à une échelle réduite le même périmètre. C'est là un exemple qu'on ne saurait trop imiter.

l'analogie avec le voussoir relevé de Saint-Yvoine, dans la Limagne, est frappante.

C'est de la même époque que datent les débuts de l'activité volcanique, qui a continué pendant toute la durée du Pliocène et une grande partie du Pléistocène [1], mais en se déplaçant progressivement vers l'ouest. Les coulées les plus anciennes se relient aux basaltes des Coirons, dans la vallée du Rhône, lesquelles sont contemporaines de la célèbre faune de Pikermi et du Léberon. Pendant toute la durée du Pliocène inférieur, les éruptions sont nombreuses et abondantes dans l'est; leur masse principale correspond à d'énormes coulées plus ou moins basiques: andésites augitiques, labradorites augitiques, basaltes compacts et basaltes porphyroïdes. Puis survient, à la fin du Pliocène inférieur ou au commencement du Pliocène moyen, une sortie formidable de phonolithes, dont les pitons caractéristiques impriment au Mézenc et au Mégal une physionomie toute particulière. L'activité volcanique s'éteint enfin, de ce côté, avec l'épanchement d'un basalte formant la couverture extérieure du massif.

Les cours d'eau qui sillonnaient le versant occidental du Mézenc entraînaient jusque dans le bassin du Puy des fragments de toutes ces roches volcaniques, qu'on retrouve dans les alluvions pliocènes inférieures distinguées par M. Boule sous le nom de *sables à mastodontes*. C'est seulement après le dépôt de cette formation que les nombreux cratères des environs du Puy entrent en activité, en comblant de leurs projections, aujourd'hui cimentées à l'état de brèches limburgitiques, les vallées préexistantes; ces brèches, découpées plus tard par l'érosion, constituent le rocher Corneille et le rocher Saint-Michel, dont l'origine a donné lieu à tant de discussions.

En même temps s'établissaient dans la chaîne du Velay quelques volcans; leurs coulées sont descendues jusqu'au fond de la vallée de l'Allier, qui n'a guère changé de configuration depuis lors, grâce à sa faible altitude. Toutefois, c'est au Pliocène supérieur qu'appartiennent la majeure partie des éruptions de la chaîne du Velay : « Les cratères, dit M. Boule, s'ouvrirent alors par centaines », leurs déjections, réunies en une bande continue, font disparaître tous les terrains antérieurs sous une couverture dont la puissance dépasse souvent 100 mètres. Du côté de la Loire, cette inondation basaltique nivela l'ancien sol et le transforma en un vaste plateau, dans lequel les cours d'eau du bassin durent recommencer à creuser leur lit, travail que nous trouvons à peu près achevé au début du Pleistocène : la faune à *Elephas primigenius* se rencontre en effet dans les alluvions situées au niveau actuel des cours d'eau.

D'après M. Boule, les célèbres ossements humains de la Montagne de Denise seraient réellement contemporains des dernières manifestations volcaniques du Velay (p. 219-221). Quant à la légende d'éruptions qui auraient eu lieu au ve siècle de notre ère, on sait que M. S. Reinach en a fait justice : elle repose sur une erreur de traduction d'un passage de Sidoine Apollinaire.

Notons enfin qu'il n'y aurait, dans la région, « aucune formation détritique qui offre les divers caractères accompagnant partout les véritables produits glaciaires».

M. Boule, en véritable naturaliste, n'a négligé aucune des faces de son sujet: pétrographie, stratigraphie, pa-

léontologie, topographie — tout a été traité avec une égale ampleur et un égal succès dans cette thèse remarquable, qui fait le plus grand honneur à la géologie française. Pleine justice a d'ailleurs été rendue, dans un historique fort bien fait (p. 11-19), aux savants qui ont précédé l'auteur aux environs du Puy ; on trouvera l'énumération complète de leurs travaux, par ordre de dates, à la fin de l'ouvrage (p. 247-256).

Après avoir loué le fond, il nous reste à dire quelques mots de la forme : le texte est semé de nombreux croquis, de coupes et de cartes schématiques, qui ne laissent aucun point essentiel dans l'ombre. Parmi les planches, on doit signaler une série de phototypies, exécutées d'après les clichés de l'auteur et figurant les sites les plus remarquables du Velay; des reproductions de plaques minces, dues au talent bien connu de M. Jacquemin, et des paysages exécutés au trait par un habile artiste, M. J. Eysséric.

En fermant ce volume si bien rempli, le lecteur n'éprouve qu'un regret, c'est de ne pas y trouver une carte générale de la région étudiée, d'autant plus que la feuille du Puy, de la carte détaillée de la France, ne paraîtra probablement pas avant quelques années : on devra donc, d'ici-là, se contenter de la *Carte géologique de la Haute-Loire*, de Tournaire. Nous n'en attendrons qu'avec plus d'impatience le complément naturel du beau travail de M. Boule.   Emm. DE MARGERIE.

Girod (Dr Paul), *Professeur adjoint à la Faculté des Sciences de Clermont-Ferrand.* — **Manipulations de Zoologie. Guide pour les travaux pratiques de dissection: Animaux vertébrés.** 1 vol. gr. in-8° de 158 pages, avec 32 planches en noir et en couleurs. (Prix : 10 fr.) Librairie J.-B. Baillière et fils, 19, rue Hautefeuille, Paris, 1892.

Le premier volume des *Manipulations de Zoologie*, paru en 1889, était consacré aux animaux invertébrés. Le présent volume, consacré aux animaux vertébrés, est en quelque sorte le complément du premier.

L'auteur a choisi comme types pour ses monographies successives les Vertébrés les plus connus : la Grenouille, la Perche, la Poule, le Lapin, allant ainsi, par gradation, du Vertébré le plus facile à disséquer à celui dont l'organisation est beaucoup plus complexe, et par suite, la dissection plus délicate.

Chaque monographie renferme des indications générales sur la façon de conserver l'animal, sur sa préparation, et comprend une série de planches avec texte explicatif. Celles-ci, en couleurs pour la circulation, ont été dessinées d'après les dissections personnelles de l'auteur, qui s'est efforcé de mettre en évidence les points les plus importants, facilitant ainsi le travail de l'étudiant. Ajoutons que les cours ont été complétés par de belles figures des squelettes, qui seront très précieux à l'étudiant éloigné des collections.

En résumé, ce volume, comme le précédent, a sa place marquée sur la table de travail de tout élève s'occupant de sciences naturelles, et sera particulièrement apprécié des candidats à la licence.   Ed. BELZUNG.

4° Sciences médicales.

Garrod (Dr Archibald).—**Traité du rhumatisme et de l'arthrite rhumatoïde**, *traduit par le d[r] Brachet.* 1 vol. in-8° avec 410 gravures. (12 fr.) Société d'éditions scientifiques 1891.

L'auteur de ce traité dit lui-même dans sa préface qu'il s'est efforcé de présenter un bon tableau du rhumatisme considéré comme maladie organique, dont les lésions articulaires sont des manifestations les plus fréquentes et les plus remarquables, mais qui peut intéresser d'autres appareils et d'autres tissus du corps et prendre des formes très variées suivant les cas ».

C'est donc une sorte de mise en place des connaissances acquises, disséminées, depuis les grands traités classiques déjà anciens, dans les mémoires et les comptes rendus de sociétés savantes.

---

[1] M. Boule a résolument rompu avec l'usage de faire du *Quaternaire* une division de même ordre que le *Primaire*, le *Secondaire* et le *Tertiaire* : « Considérant l'époque dite *quaternaire* comme ayant une importance tout au plus égale à l'une des autres grandes divisions du Tertiaire, le Pliocène par exemple, je lui ai appliqué l'ancien terme *Pléistocène* qu'emploient actuellement, dans le même sens, un grand nombre de géologues anglais, américains, suisses, etc. » (p. 166-167). On ne peut que souscrire à cette réforme, que tout justifie tant au point de vue stratigraphique, soit au point de vue paléontologique. La continuité entre le passé et le présent n'est d'ailleurs nulle part aussi manifeste, en France, que dans le Velay.

Après avoir examiné consciencieusement les différentes théories pathogéniques du rhumatisme et mentionné les recherches bactériologiques les plus récentes, l'auteur conclut ainsi : « Le temps seul permettra de dire si l'un ou l'autre des auteurs dont nous avons parlé a découvert la cause spécifique des phénomènes. Pour aujourd'hui, nous devons nous en tenir aux études cliniques : celles-ci semblent indiquer que, malgré l'apparence constitutionnelle de la maladie, aucune des théories professées jusqu'à ce jour sur la pathogénie n'en explique aussi bien les particularités que celle qui lui attribue une origine infectieuse. »

Aussi, plus de fièvre rhumatismale primitive; la fièvre dans le rhumatisme a une origine locale, qui est la polyarthrite, ou les complications viscérales. Il est certain que la notion d'infection localisée sur les séreuses articulaires, périendocardiques, pleurales, etc., répond bien à la physionomie de l'attaque rhumatismale : c'est suivant cette interprétation que M. Arch. Garrod a étudié successivement les diverses manifestations du rhumatisme articulaire aigu.

Pour la chorée, il la range dans les affections rhumatismales du système nerveux ; il admettrait volontiers l'hypothèse émise par Cheadle en 1888, que la chorée « serait le symptôme extérieur d'une localisation sur les centres nerveux, d'un accident dû à quelque exagération temporaire du développement de leurs éléments fibreux » (page 58).

La conclusion de ce chapitre est franche : toutes les fois que la névrose (chorée) existe dans une famille, elle est d'origine rhumatismale, même lorsqu'il n'y a pas de rhumatisme articulaire.

Rien ne montre mieux l'influence d'un mot sur les idées que l'histoire du rhumatisme : rhumatisme, tout ce qui atteint les articulations; rhumatisme, tout ce qui est douleur; rhumatisme, tout ce qui semble causé par le froid !

Aussi M. Arch. Garrod se croit-il obligé de traiter dans le volume du rhumatisme, et de l'arthrite blennorragique, et de l'arthrite dysentérique, en un mot, de toutes les arthrites infectieuses, qui n'ont de commun avec le rhumatisme vrai que la localisation articulaire. Du reste, il a soin de les ranger dans un chapitre sous le titre d' « affections articulaires auxquelles le nom de rhumatisme a été donné mal à propos ».

C'est le même ordre d'idées qui lui a fait consacrer les cent dernières pages de son traité à l'étude de l'arthrite rhumatoïde : ici, il est fidèle à la tradition de son père, Sir Alfred Garrod, qui, contrairement à l'Ecole française d'alors, protestait contre le nom de rhumatisme chronique et de rhumatisme noueux, non moins que contre le rapprochement de cette affection et du rhumatisme. L'arthrite rhumatoïde (Garrod) est une dystrophie des jointures comparable aux arthropathies nerveuses, sans que, toutefois, on puisse la rattacher à une lésion centrale connue. C'est là une opinion adoptée par M. Bouchard qui fait du rhumatisme nerveux « le premier des faux rhumatismes ».

Les auteurs du récent Traité de médecine, conséquents avec cette manière de voir, décrivent le rhumatisme chronique progressif dans le chapitre des maladies de la nutrition, alors que le rhumatisme proprement dit est rejeté à un volume complètement distinct (disons même en passant que nous ne voyons pas bien où on classsera le rhumatisme qui n'a pas paru dans le cadre des maladies infectieuses).

M. Archibald Garrod a donc groupé dans un même Traité des maladies fort différentes pour respecter la tradition du mot, et c'est là, malgré la distinction bien nette qu'il établit, une concession qui nous semble propre à entretenir une confusion regrettable.

Le Traité du rhumatisme est une digne continuation des travaux si remarquables dont nous sommes redevables au nom de Garrod. — Le Dʳ Brachet a fait de ce livre utile une traduction soigneuse et clairement écrite.

Dʳ Ray. Durand-Fardel.

Villain (L.). — **La viande saine. Moyens de la reconnaître et de l'apprécier.** 1 vol. in-18 de 134 p. avec 25 figures dans le texte (3 fr.). G. Carré, Paris, 1892.

L'importance d'une viande saine pour l'alimentation ne saurait échapper à personne. On commence à bien connaître les dangers que peuvent faire courir certaines viandes, soit par les produits de décomposition interstitielle, — leucomaïnes, protéines qui ont pu se former dans les tissus, — soit encore par les germes pathogènes, qui ont frappé l'animal en vie et qui conservent leur virulence dans ses organes après la mort.

M. Villain, chef du service de l'inspection des viandes de Paris, s'est attaché, dans une série de conférences pratiques faites aux Halles centrales, à exposer les connaissances nécessaires à tous ceux qui ont charge de recevoir et d'inspecter les viandes. Ce sont ces conférences qu'il vient de publier en volume.

Bien que faites dans un but essentiellement pratique, ces causeries seront utiles même aux personnes qui, tout en n'étant pas appelées par profession à examiner les viandes, s'intéressent aux choses de l'hygiène.

Qu'il nous soit permis de rappeler ici, pour démontrer l'utilité de ces connaissances, le rôle que doivent jouer, en ce qui concerne l'alimentation de leurs hommes, les commandants de compagnie ou de corps de troupe détachés. Trop souvent, pendant les manœuvres et même en temps de paix, des fournisseurs peu scrupuleux ont profité de l'incompétence, et quelquefois aussi de la négligence des officiers, pour livrer aux troupes des viandes malsaines ou de qualité inférieure. Avec le système actuel de la nation armée, un certain nombre d'entre nous peuvent se trouver, du jour au lendemain, chargés de fonctions analogues.

M. Villain passe en revue les animaux de boucherie au point de vue de leurs races, de la qualité de leur viande, du rendement qu'ils peuvent donner. Il est important, en effet, de pouvoir supputer, d'après le poids brut d'un animal, la quantité de viande qu'il pourra fournir; il est même bon de savoir apprécier ce rendement pour tel ou tel morceau, la proportion entre les os et la viande variant d'une partie à l'autre.

La distinction des viandes par qualité fait l'objet d'un chapitre spécial, et nous croyons volontiers que l'auteur quand il nous dit que ce n'est pas chose facile que d'assigner une ligne de démarcation tranchée entre les différentes nuances, de dire où la première qualité commence et où elle finit. Le meilleur critérium, surtout pour le bœuf, serait encore la quantité de graisse ferme et son mode de dissémination dans les régions diverses de l'animal.

Enfin nous arrivons, un peu lentement peut-être, à la conférence consacrée au parallèle entre la viande saine et la viande malade. Nous eussions voulu voir cette partie un peu plus développée : c'est elle, au point de vue qui nous préoccupe, qui devrait être l'objet essentiel de ce livre. M. Villain insiste sur le mode même de préparation de la viande. Les bêtes malades sont, en effet, souvent abattues et découpées par des gens n'appartenant pas à la profession, d'où un manque de netteté dans les sections des os, la présence du sang caillé sur la surface de section des morceaux, etc., — faits qui doivent appeler l'attention d'un inspecteur dans un abattoir. Les signes positifs, tels que la pâleur des muscles peaussiers, les infiltrations sanguines dans la graisse du rognon, la teinte gris-terne des muscles provenant d'animaux morts en état de fièvre sont plus importants. L'intégrité des séreuses, des poumons et du péritoine donne encore le meilleur renseignement quand on peut examiner ces viscères, ce qui malheureusement n'est pas toujours le cas.

Ce livre, quoique fort intéressant, n'est certes pas complet; mais, si le lecteur veut des données plus précises, il les trouvera dans le grand ouvrage du même auteur : Manuel de l'inspecteur des viandes, dont il a été rendu compte dans cette Revue (n° du 30 mai 1890).

L. O.

ACADÉMIES ET SOCIÉTÉS SAVANTES

DE LA FRANCE ET DE L'ÉTRANGER

ACADÉMIE DES SCIENCES DE PARIS

Séance du 7 juin

1° SCIENCES MATHÉMATIQUES. — M. E. Picard : Sur une classe de fonctions analytiques d'une variable dépendant de deux constantes réelles arbitraires. — M. P. Painlevé : Sur les groupes discontinus des substitutions non linéaires à une variable. — M. H. Poincaré : Sur l'application de la méthode de M. Lindstedt au problème de trois corps. — M. Cooulesco : Sur la stabilité du mouvement dans un cas particulier du problème des trois corps. — M. P. Serret : Sur une propriété commune à trois groupes de deux polygones inscrits, circonscrits ou conjugués à une conique. — M. Tacchini : Observations solaires du premier trimestre de l'année 1892. — M. Delauney : De l'accélération de la mortalité en France.

2° SCIENCES PHYSIQUES. — M. E.-H. Amagat : Sur la densité des gaz liquéfiés et de leurs vapeurs saturées et sur les constantes du point critique de l'acide carbonique (Voir *Soc. de physique*, 3 juin). — M. A. Berget indique une relation qui permet de calculer la conductibilité thermique de deux barres métalliques, connaissant le coefficient de dilatation linéaire de chacune d'elles, ainsi que le rapport des allongements qu'elles prennent lorsque dans une enceinte à 0°, une de leurs extrémités est chauffée à T°. Ce dernier rapport peut se déterminer avec la plus grande précision, par une méthode interférentielle, soit qu'on polisse spéculairement les extrémités des deux barres mises côte à côte, pour s'en servir comme des deux miroirs de l'expérience de Fresnel, soit que l'on utilise les anneaux de Newton produits entre un plan fixé à l'extrémité de la première et une lentille portée par l'extrémité de la seconde. — M. E. Jannettaz avait, il y a longtemps déjà, posé la loi suivante relative à la propagation de la chaleur dans les corps cristallins : Les axes de plus facile propagation thermique sont parallèles aux clivages les plus faciles ; ce fait est immédiatement vérifié pour les substances qui ne possèdent qu'un plan de clivage. Dans le cas où un cristal possède plusieurs plans de clivage, M. Jannettaz admet que l'axe de plus facile propagation thermique est parallèle à la *résultante* des clivages. Suivant que cette résultante se rapproche plus de la base ou de l'axe, l'ellipsoïde de conductibilité thermique présente un grand axe dans l'un ou l'autre sens. Cette loi soumise à une vérification expérimentale sur quarante-quatre espèces de cristaux est justifiée, sauf dans deux cas qui sont précisément deux cas très voisins de la limite entre l'une et l'autre orientation de la résultante. — M. H. Abraham a repris, au moyen du condensateur étalon (condensateur plan à anneau de garde) qu'il a décrit antérieurement, la détermination du rapport v entre les unités C.G.S. électromagnétiques et électrostatiques ; il arrive à la valeur 299,2.10⁸ dont il estime l'approximation à un millième. — M. J. Riban, en traitant à l'ébullition l'azotate neutre de zinc par un excès de métal, a obtenu un azotate basique distinct de celui que MM. Rousseau et Tite ont préparé récemment par une autre méthode ; cet azotate cristallise avec huit molécules d'eau ; on l'obtient à sept molécules lorsque sa solution a été chauffée en tube scellé à 150° degrés pendant quelques heures. — M. E. Péchard avait signalé antérieurement l'existence de permolybdates ; il a préparé de nouveaux sels de ce genre, les permolybdates de soude, de magnésie, de baryte ; les permolybdates des métaux lourds s'obtiennent facilement par double décomposition. — En faisant réagir de diverses manières la silice et l'a-

lumine en présence d'un excès de fluorure de potassium fondu, M.A.Duboin a obtenu un silicate doublé d'alumine et de potasse, répondant à la composition et aux caractères minéralogiques de la *leucite*; dans quelques-unes de ses expériences, il a obtenu à côté de la leucite un fluorure double d'alumine et de potassium, répondant à la cryolithe potassique. — M. F. Parmentier après avoir montré que les eaux minérales de la région du centre se comportent comme si elles avaient été formées au sein d'une atmosphère d'acide carbonique pur, et que les altérations qu'elles subissent après l'embouteillage sont dues à l'action de l'air atmosphérique pendant la manipulation, conseille, pour transporter ces eaux en vue de leur analyse, de les embouteiller dans un, atmosphère artificielle d'acide carbonique; avec cette précaution, elles se conservent absolument inaltérées. — M. G. Hinrichs : Détermination mécanique des points d'ébullition des alcools et des acides. — M. de Forcrand a préparé (de la même façon qu'il avait préparé la pyrocatéchine monosodée), la résorcine monosodée et l'hydroquinone monosodée, et il a déterminé leurs données thermochimiques. La réaction : diphénol sol. + Na sol. = H gaz. + sel sol., dégage, pour la résorcine comme pour l'hydroquinone, sensiblement 39 Cal., soit la même quantité de chaleur que la saturation du phénol par la soude; la pyrocatéchine au contraire, dans ces conditions, dégage 44 Cal, Par conséquent, la répétition de la fonction exalte la valeur de celle que l'on satura la première, seulement quand ces deux fonctions sont en position *ortho*, c'est-à-dire *voisines*. — M.G. Massol arrive à une conclusion très analogue en comparant les chaleurs de neutralisation des acides de la série oxalique. Il avait reconnu antérieurement que pour les acides normaux, la chaleur dégagée dans la formation des sels solides diminue quand le poids moléculaire s'élève; l'étude de quelques acides non normaux démontre que cette diminution d'acidité tient à l'écartement des groupes CO^2H; en effet l'acide méthyl malonique (isosuccinique) où cet écartement est le même que dans l'acide malonique se rapproche par la chaleur qu'il dégage, de l'acide malonique et non de l'acide succinique; de même l'acide β-pyrotartrique (méthylsuccinique) dégage autant de chaleur que l'acide succinique. — M.P. Petit, en traitant de la fécule par l'acide azotique concentré dans des conditions données, obtient une matière blanche qui, traitée par l'eau ou l'alcool chaud, dégage de l'acide carbonique et des vapeurs nitreuses; le produit en solution répond à la formule $C^9H^6O^3$; ce composé présente les propriétés générales des sucres; il est en même temps fortement acide. — M.A. Haller, en chauffant un mélange de deux molécules d'isocyanate de phényle et d'une molécule d'acide phtalique ou succinique, a obtenu respectivement la phénylphtalimide et la phénylsuccinimide; il discute avec expériences à l'appui, le mécanisme de cette réaction. — MM. E. Louise et Perrier ont reconnu que les acétones aromatiques chauffées à 40° pendant plusieurs heures dans le sulfure de carbone au contact des chlorures métalliques anhydres donnent naissance à des composés organo-métalliques. Ces composés se forment bien plus facilement lorsque l'acétone réagit à l'état naissant; par exemple, tandis que le *benzoylmesitylène* dissous dans le sulfure de carbone donne avec le chlorure d'aluminium un produit amorphe, on obtient des cristaux volumineux si l'on fait réagir à basse température le chlorure d'aluminium sur le mésitylène et le chlorure de benzoyle dissous dans le sulfure de carbone. La formation de ces combinaisons permet d'obtenir diverses acétones qui se forment avec d'autres par la méthode de MM. Friedel et Crafts et qu'on n'avait pu encore isoler. — M. A. Berg a préparé les dérivés chlorés des isobutylamines par la même méthode qui lui avait donné les composés correspondants des amylamines.

3° Sciences naturelles. — M. Brown-Séquard, comme suite à sa communication du 30 mai sur l'action physiologique des principes solubles contenus dans les testicules, rapporte de nombreuses observations médicales prouvant que les propriétés tonifiantes de ces principes combattent avec succès l'adynamie du système nerveux dans divers états morbides, en particulier dans la tuberculose et l'ataxie locomotrice. — MM. A. Gautier et L. Landi donnent une partie des conclusions de leurs recherches sur les produits du tissu musculaire séparé de l'être vivant, et conservé à l'abri de l'air et des microbes. — M. A.-B. Griffiths a extrait une ptomaïne de l'urine des morveux et une autre de l'urine des pneumoniques. — M. H. Viallanes a cherché à déterminer comparativement la quantité d'eau que filtre dans un temps donné une huître, une moule, ou une huître portugaise ; il a constaté que l'huître comestible est très inférieure sous ce rapport aux deux autres mollusques étudiés ; ceux-ci doivent donc être écartés des parcs où l'on élève l'huître, car ils font à celle-ci, au point de vue de l'absorption des matières nutritives, une concurrence écrasante. — M. L. Trabut signale que cette année, en Algérie, presque tous les Criquets pèlerins sont envahis par le Lachnidium ; en divers endroits, les pontes sont détruites par les larves d'une mouche. — MM. J. Héricourt et Ch. Richet confirment leur communication récente (4 avril 1892) relative à la vaccination contre la tuberculose humaine par la tuberculose aviaire chez le chien. — M. A. Lacroix a fait l'étude de divers échantillons de dioptase rapportés par M. Thollon des environs de Brazzaville ; le Congo français semble contenir en abondance cette espèce minéralogique jusqu'ici très rare.

Rapports. — Rapports de MM. Charcot et Darboux au nom de la commission chargée de l'examen du calculateur Inaudi. (Ces rapports ont été reproduits in extenso dans le précédent numéro de la Revue.)

Nomination. — M. Sophus Lie est nommé correspondant pour la section de géométrie.

Mémoires présentés. — M. J. Gaube adresse un mémoire ayant pour titre : Du sol animal. — M. Ferret adresse un mémoire sur l'étiologie, la prophylaxie et le traitement médical de la cataracte corticale commune. — M. J. Morin adresse une note sur un procédé de mesure de l'intensité des courants d'induction en thérapeutique.

Séance du 13 juin.

1° Sciences mathématiques. — M. L. Raffy : Sur le problème général de la déformation des surfaces. — M. L. Schlesinger : Sur la théorie des fonctions fuchsiennes. — M. P. Painlevé : Sur les transformations en mécanique. — M. M. d'Ocagne : Sur la détermination du point le plus probable donné par une série de droites non convergentes. — M. G. E. Hale présente une photographie prise par lui le 25 mai d'une protubérance solaire ; on voit sur cette photographie toutes les raies ultra-violettes signalées jusqu'ici, plus quatre qui sont nouvelles. L'auteur rappelle qu'il a signalé à différentes reprises que les raies H et K se prêtent facilement à la mesure des vitesses radiales des protubérances.

2° Sciences physiques. — M. A. Vaschy : Sur les considérations d'homogénéité en physique. — M. de Swarte formule une réclamation de priorité relative à la communication récente de M. Witz (22 février 1892) sur la non-réalisation de l'état sphéroïdal dans les chaudières à vapeur. Il a publié en 1886 que sur des plaques de tôle chauffées au rouge cerise (900°), la caléfaction ne se produit pas et que la vaporisation dans ces conditions dépasse 1600 kilog. par mètre carré et par heure. Il opérait en chauffant au rouge le fond

de la chaudière vide et alimentait ensuite ; ces expériences lui paraissent plus d'accord que celles de M Witz avec les conditions industrielles. — M. E. Bouty : Sur la coexistence du pouvoir diélectrique et de la conductibilité électrolytique (*Voir Société de physique*, 3 juin). — M. C. Poulenc expose une méthode générale permettant de préparer, à l'état cristallisé, des fluorures anhydres des métaux lourds, cette méthode consiste à partir du fluorure double M F^2, n Az H^4 F qu'il a décrit récemment et à décomposer ce fluorure double par la chaleur dans un gaz inerte ; on obtient un fluorure anhydre amorphe qui cristallise lorsqu'on le chauffe dans la vapeur d'acide fluorhydrique anhydre; M. Poulenc décrit le fluorure de nickel et celui de cobalt ainsi obtenus. — M. P. Sabatier et J.-B. Senderens ont repris l'étude de l'action peu connue de l'oxyde azotique sur les métaux, les réactions ont été opérées à des températures variables mais toujours au-dessous de 500° ; les métaux inoxydables à l'air ne sont pas attaqués ; les métaux oxydables à l'air sont peu attaqués, à moins qu'on ne les prenne à l'état divisé, alors les deux donnent la réduction des oxydes par l'hydrogène; il se forme alors des oxydes différents de ceux que donne l'oxygène, généralement des protoxydes purs; un certain nombre d'oxydes inférieurs sont ainsi oxydés par l'oxyde azotique, mais d'une façon différente de celle de l'air ou de l'oxygène. — M. C. Matignon a déterminé la chaleur de formation et la chaleur de neutralisation de la guanidine ; c'est une base puissante, mais elle ne possède qu'une seule fonction basique malgré la répétition du groupement Az H^2. — M. de Forcrand a déterminé les chaleurs de formation des dérivés disodiques des trois diphénols isomères. Pour la pyrocatéchine le second équivalent de soude dégage moins de chaleur que le premier, et la demi-somme est précisément égale à la chaleur dégagée par la saturation du phénol ordinaire; il y a là un fait identique à celui qu'a observé l'auteur dans la comparaison thermochimique du glycol avec les alcools monoatomiques primaires. Pour la résorcine, les deux fonctions phénoliques ont la même valeur. Pour l'hydroquinone, si la première fonction phénolique a la même valeur que celle du phénol ordinaire, la seconde est inférieure de près de 2 Cal; la position *para*, telle qu'elle est représentée dans nos schémas actuels, si elle explique la diminution de l'acidité moyenne par 2 groupes CH intercalés entre les COH, rend difficile la conception d'une combinaison intramoléculaire entre les deux fonctions pouvant expliquer leur inégalité. — M. G. Massol a déterminé la chaleur de neutralisation de l'acide pyrotartrique normal (glutarique); elle est plus faible que celle de l'acide succinique et que celle de l'acide méthylsuccinique ou pyrotartrique β. C'est donc une confirmation de la note de la séance précédente. — MM. J. Hauser et P. Th. Müller continuent leurs recherches sur la vitesse de décomposition des diazoïques par l'eau. Ils ont constaté que parmi les produits de décomposition, le phénol exerce une influence retardante sur le phénomène, et que cette propriété du phénol est imputable au noyau benzénique.

3° Sciences naturelles. — MM. Brown-Séquard et d'Arsonval exposent que le phénomène de la sécrétion interne est général, et que c'est une méthode thérapeutique générale que d'injecter les liquides d'organes d'animaux sains à des malades chez qui tel organe déterminé ne peut plus fonctionner. Il est reconnu aujourd'hui que de telles injections sont inoffensives, surtout si l'on emploie le procédé de filtration et de stérilisation de M. d'Arsonval (filtration sur une bougie d'alumine sous la pression des vapeurs d'acide carbonique liquéfié). Les organes pour lesquels le fait est démontré actuellement sont : les glandes génitales (M. Brown-Séquard), le corps thyroïque (M. Gley), les capsules surrénales (M. Brown-Séquard, MM. Abelous et Langlois). Il a été fait dans le service de M. Bouchard par M. Charrin deux essais de traitement du myxœdème par l'injection de suc thyroïdien, le succès a été complet. — M. Grigoresou : Trois cas d'augmentation de la vitesse de transmission des impressions sensitives sous l'influence d'injection du liquide testiculaire. (Voir *Soc. de Biologie*, 14 mai.) — M. A. Charpentier avait avancé antérieurement, en se fondant sur diverses considérations, que les divers rayons de la lumière blanche sont perçus avec un retard différent pour chaque couleur et croissant avec la réfrangibilité. Il apporte aujourd'hui deux expériences qui sont la vérification directe de cette théorie. 1° Une lumière instantanée blanche éclatant devant la fente d'un spectroscope donne à l'œil placé à l'oculaire la sensation d'un spectre se déroulant rapidement du rouge au violet. 2° Un corps blanc étroit se déplaçant sur fond noir avec des conditions de vitesse et d'éclairage bien choisies, l'œil étant rigoureusement immobile, donne la sensation d'un spectre peu intense, mais bien visible comprenant la région du rouge au vert. — M. A. Chatin signale une nouvelle espèce de *Terfas* qui lui a été envoyée de Biskra, le *Tirmania Cambonii*. — M. J. Welsch décrit le système des plis du terrain secondaire dans les environs de Poitiers. — M. L. Mazzuoli a étudié la formation ophiolitique puissante qui se présente dans la Ligurie orientale parmi les terrains éocènes ; les principales roches qui constituent cette formation sont la serpentine, l'euphotide, les jaspes et les phtanites, disposées dans cet ordre, le tout reposant sur les schistes et les calcaires de l'éocène inférieur. M. Mazzuoli étudie les relations qui existent entre ces diverses espèces.

Nomination. — M. von Helmholtz est nommé associé étranger.

Séance du 20 juin

1° SCIENCES MATHÉMATIQUES. — M. S. Mangeot : De la loi de correspondance des plans tangents dans la transformation des surfaces par symétrie courbe. — M. Flament : Sur la répartition des pressions dans un solide rectangulaire chargé transversalement. — M. P. Vieille avait, il y a dix ans, avec M. Sarrau, déterminé la loi de résistance des cylindres de cuivre dont l'écrasement dans le manomètre crusher mesure la pression développée par les explosifs ; cette détermination avait été faite au moyen de la balance de Jœssel, mais dans les conditions propres à éliminer les forces d'inertie qui interviennent dans le jeu normal de cet appareil et faussent le tarage, le fonctionnement du manomètre étant en réalité statique. Toutefois, comme il subsistait une cause d'erreur possible dans les frottements de l'appareil, M. Vieille a repris ces déterminations au moyen d'un appareil plus simple, constitué par un piston libre du système de M. Amagat, d'assez fort diamètre et reposant, par l'intermédiaire d'un liquide visqueux, sur une des branches d'un manomètre à mercure ; les frottements sont éliminés par une méthode de retournement. L'écrasement est ici très lent par rapport à celui que donnent les explosifs ; mais la série des résultats obtenus montre que la loi de résistance des cylindres ne dépend que des déformations et non du mode suivant lequel ces déterminations sont effectuées.

2° SCIENCES PHYSIQUES. — M. Moessard montre que, lorsqu'on veut exprimer dans sa généralité la loi qui régit dans le cas d'un corps sonore et d'un observateur en mouvement, la hauteur du son perçu par l'observateur il est impossible de calculer la variation de cette hauteur, comme le veut la méthode Doppler-Fizeau, en ne considérant que le mouvement des deux points. Cette considération s'applique aux mouvements des corps lumineux. — M. Vaschy : Examen de la possibilité d'une action réciproque entre un corps électrisé et un aimant. — MM. P. Sabatier et J. B. Senderens, qui dans leur note de la séance précédente, étudiaient l'action oxydante de l'oxyde azotique sur les métaux et les oxydes inférieurs, exposent diverses réactions où cet agent intervient comme réducteur ; dans divers cas il

y a formation d'azotites en l'absence de l'oxygène de l'air. — M. A. Besson a obtenu le composé PBr^2Az, par l'action de la chaleur sur le pentabromure de phosphore ammoniacal qu'il avait décrit antérieurement. — M. E. Péchard a pu isoler l'acide des permolybdates qu'il décrivait récemment. — M. J. Riban a dosé par le permanganate le fer resté en solution dans diverses eaux minérales ferrugineuses après qu'elles avaient été conservées quelque temps en bouteille ; les résultats, comparés à la composition qu'offrent ces eaux à la source, d'après les auteurs, indiquent un appauvrissement énorme en fer. — M. P. Cazeneuve, après avoir constaté que l'acide gallique se combine à l'aniline, a vu par le chauffage du produit à l'air libre se produire du pyrogallate d'aniline ; la plupart des amines aromatiques liquides constituent également un milieu favorable à la transformation de l'acide gallique en pyrogallol, sans doute avec formation intermédiaire du gallate correspondant. Le pyrogallol ainsi obtenu fond à 132° ; les pyrogallols d'origines diverses suffisamment purifiés présentent un point de fusion voisin de celui-là, qui serait le vrai point de fusion du pyrogallol, et non 115°, chiffre classique.

3° SCIENCES NATURELLES. — MM. A. Gautier et L. Landi donnent les conclusions de leurs recherches sur la vie résiduelle des muscles séparés de l'être vivant. Séparé de l'animal et conservé à l'abri de l'air et des microbes, le muscle continue à fonctionner chimiquement. Sa vie anaérobie a pour effet de l'acidifier et de peptoniser une faible proportion de ses matières protéiques ; en même temps une partie de sa myoalbumine se change d'une part en caséine, de l'autre, en leucomaines diverses. Ses graisses ne varient pas sensiblement ; le glycogène, qui n'existait qu'en très petite quantité, disparaît avec formation d'un peu d'alcool ; il ne se forme pas d'urée, et l'ammoniaque, qui existait à l'état de traces, augmente à peine ; il se forme une très petite quantité d'acide carbonique, ne répondant même qu'au dédoublement du glycogène ; il se dégage encore un peu d'hydrogène et d'azote. Les auteurs passent ensuite en revue les bases extraites du tissu musculaire et notent brièvement leur action physiologique. — M. Arloing a étudié systématiquement les changements de composition que les filtres de porcelaine font subir aux liquides qui les traversent ; il a pris, comme objet d'étude, le liquide qui s'échappe des pulpes de betteraves des sucreries après leur fermentation en silo ; c'est un liquide complexe, contenant des diastases et des acides, et fortement toxique. Le passage sur les filtres Chamberland dépouille ce liquide d'une partie notable de ses divers principes, dans une proportion variant de 20 à 40 0/0, la toxicité baisse des quatre cinquièmes. M. Arloing tire la conclusion que l'emploi des filtres pour l'étude des produits solubles d'origine microbienne présente de sérieux inconvénients. — MM. Ch. Bohr et V. Henriquez ont comparé sur le chien, après avoir réuni par un dispositif particulier la circulation pulmonaire, d'une part, les gaz du sang du ventricule droit et du sang de la carotide, d'autre part les gaz de la respiration dans le même temps. La différence trouvée entre les deux sangs rendant compte que d'une partie de l'acide carbonique exhalé et de l'oxygène absorbé par le poumon, les auteurs en concluent à l'existence d'oxydations énergiques dans le poumon lui-même. — M. Ch. Richet a étudié l'influence de divers sels métalliques sur la fermentation lactique, à donne brièvement le résultat de ses expériences : il faut distinguer pour les sels qui s'opposent à la fermentation lactique, une dose ralentissante et une dose empêchante, ces deux doses étant dans un rapport très différent suivant la substance considérée ; au-dessous de la dose ralentissante, les métaux, même les plus toxiques, exercent une action accélératrice. L'effet de la substance porte moins sur l'activité chimique propre du ferment que sur sa pullulation. Deux métaux chimiquement voisins peuvent avoir des activités toxiques très différentes, suivant que l'un est usuel et l'autre rare, celui-ci étant le plus toxique. — M. J.-P. Morat a vérifié, par des méthodes précises, l'existence de nerfs vaso-dilatateurs pour le membre inférieur dans les racines postérieures du plexus lombaire. Un fait remarquable c'est que le centre trophique de ces nerfs centrifuges est situé dans le ganglion de la racine, comme celui des nerfs sensitifs de cette même racine. — M. P. Brouardel expose le système sanitaire adopté par la conférence de Venise pour empêcher le choléra de pénétrer en Europe par l'isthme de Suez. — M. C. Viguier a eu l'occasion de contrôler expérimentalement les observations de MM. Groom et Loeb sur l'héliotropisme des *Nauplius* de balanes, observations dont il avait rendu compte, dans cette *Revue*, dans un article sur la faune pélagique publié en juillet et août 1890 ; il a reconnu que le phénomène est bien moins simple que ne l'indiquaient ces auteurs. — M. G. Pouchet a eu l'occasion d'examiner de nombreux échantillons d'ambre gris ; il expose diverses remarques qu'il a faites sur ces productions intestinales du Cachalot. — M. G. Bertrand a cherché à séparer les divers principes immédiats de la paille ; le traitement par une lessive alcaline donne la *xylane* de MM. Allen et Tollens et une matière jaune nouvelle, la *lignine* ; le résidu est composé de cellulose et de vasculose. Les tissus lignifiés les plus variés donnent toujours ces quatre principes. — M. A. Muntz a examiné sur un vignoble de la Gironde, la façon dont se répartissent, les divers éléments des engrais dans le vin, les marcs, les feuilles, le sarment, etc. Le vin enlève fort peu de chose, ce sont les feuilles qui contiennent de beaucoup la plus grande partie de l'azote, de l'acide phosphorique, de la potasse, etc. — M. A. Delebecque a exploré divers petits lacs du Jura, du Bugey et de l'Isère ; il donne quelques détails sur les plus intéressants d'entre eux.

Mémoires présentés. M. A. Basin adresse une note sur le transport des eaux minérales en baril.

L. Lapicque.

SOCIÉTÉ DE BIOLOGIE

Séance du 4 juin

MM. Abelous et P. Langlois : L'extrait alcoolique, repris par l'eau, provenant des muscles d'une grenouille normale, n'a aucune action si on l'injecte à une grenouille qui vient de subir l'ablation de deux capsules surrénales ; le même extrait, provenant des grenouilles mortes à la suite de l'acapsulation, ou de grenouilles tétanisées jusqu'à épuisement, produit instantanément, chez les grenouilles acapsulées, le syndrome signalé par les auteurs comme la suite de cette ablation. — M. P. Richer présente un appareil destiné à mesurer chez l'homme vivant l'épaisseur du panniciule adipeux. — MM. Alezais et d'Astros : Les artères nourricières du moteur oculaire commun et du pathétique. — A propos d'une communication récente sur la guérison de l'épilepsie par les inoculations antirabiques, M. Féré rappelle que presque toutes les maladies intercurrentes influencent les accès épileptiques, soit pour les suspendre, soit pour les réveiller. — MM. Arnaud et Charrin, à propos de la note récente de M. Guinochet sur la formation des toxines diphtéritiques dans l'urine exempte d'albumine, insistent sur la nécessité, si l'on veut tirer légitimement des conclusions comme celles que M. Guinochet tire de ses expériences, d'opérer sur des milieux synthétiques parfaitement connus. C'est ce qu'ils ont fait pour le bacille pyocyanique. Avec l'urine au contraire, ou tout autre milieu naturel, la connaissance des conditions chimiques est limitée par la sensibilité des réactifs, et celle-ci est généralement insuffisante. — M. Grimaux appuie ces considérations. — MM. L. Lapicque et A. Malbec ont étudié chez le chien l'action de l'iodure de strontium sur la circulation ; on peut reconnaître d'abord l'action du strontium, puis celle de l'iode, commune à tous les iodures, consistant en un abaissement de la pression avec accé-

lération du cœur. — M. Lapicque a cherché à déterminer l'activité physiologique relative de divers iodures en fixant la quantité minima de chacun d'eux qui produit chez le chien la chute de pression caractéristique. Les chiffres ainsi obtenus pour les iodures de sodium, de potassium, de calcium et de strontium, sont très voisins les uns des autres. Cet effet circulatoire doit d'ailleurs être rapporté à une paralysie cardiaque et non à une action vaso-motrice avec des doses moindres, et en se plaçant dans des conditions particulières, on peut obtenir, au contraire, par l'iodure de sodium le renforcement de la puissance tonique du cœur. D'autre part, l'iodate de sodium est pour le cœur de la grenouille un poison systolique. Ces derniers faits rendent comptent vraisemblablement de l'emploi thérapeutique des iodures dans les affections cardiaques.

Séance du 11 juin

M. Depoux expose l'histoire d'un ataxique avéré qui a été guéri par des injections du suc testiculaire ; l'absence du réflexe rotulien a seule persisté. — M. Brown-Sequard signale un certain nombre de résultats analogues obtenus par divers praticiens. — MM. C. Nourry et C. Michel ont inoculé à quatre chiens du virus tuberculeux provenant d'une vache, après avoir pratiqué sur deux de ces chiens des injections de suc testiculaire ; ces deux-là n'ont pas été malades, les deux autres sont morts. — M. G. Marinesco indique un manuel opératoire permettant d'atteindre et de détruire l'hypophyse chez le chat, par la voie buccale ; cette lésion est compatible avec une survie de plusieurs semaines. — M. Tuffier signale un cas de suppuration rénale chez l'homme dans lequel tous les essais de culture ont été stériles. — MM. Ch. Féré, L. Herbert et F. Peyrot : Note sur l'accumulation et l'élimination du bromure de strontium. — M. G. Pouchet annonce qu'il a obtenu encore une fois la *mélanine* en traitant du sang de baleine par le bichlorure de mercure et l'alcool ; le même auteur rapporte quelques observations qui démontrent que la coloration grise des pièces anatomiques conservées dans l'alcool a besoin, pour se produire, de l'accès de l'oxygène atmosphérique. — M. J.-B. Charcot présente un appareil destiné à évoquer les images motrices graphiques chez les sujets atteints de cécité verbale ; les observations qu'il a faites avec cet appareil lui paraissent démontrer l'existence d'un centre moteur graphique fonctionnellement distinct. — M. Ouspenski rapporte diverses observations de tuberculeux considérablement améliorés par les injections de suc testiculaire ; il a même obtenu par ce traitement plusieurs guérisons qui semblent définitives. — M. H. Beauregard expose une nouvelle théorie du rôle de l'appareil de Corti dans l'audition, théorie à laquelle il a été conduit par ses études sur l'anatomie comparée de l'oreille chez les mammifères : au passage des ondes liquidiennes de l'oreille interne, l'ensemble de l'appareil de Corti (membrane basilaire, arcs de Corti, cellules de soutien et cellules à bâtonnet), ensemble qui constitue une sorte de sommier élastique plus ou moins tendu, c'est-à-dire, accordé pour des vibrations plus ou moins rapides, entre en vibration tout entier ; les cellules à bâtonnet viennent heurter la membrane *tectoria* et la sensation. — M. A Treille ayant observé des flagella dans l'urine hématurique d'un sujet qui ne présentait aucun symptôme de paludisme, dénie toute valeur pathogénique à ces flagella. — M. Roger a constaté que les grenouilles qui ont subi l'ablation totale du foie meurent rapidement si on les laisse dans un aquarium clos, mais survivent plusieurs semaines si on les maintient dans de l'eau courante. — M. Dewèvre : Note sur la contracture plantaire produite par le surmenage.

Séance du 18 juin.

M. Strauss a réussi au moyen de la solution fuchsi-

née de Zechl à mettre en évidence le flagellum de quelques bactéries mobiles sur le microorganisme vivant.
— M. Lépine a constaté chez un chien intoxiqué par la vératrine que le pouvoir glycolytique n'avait pas varié, mais que le pouvoir saccharifiant du sang s'était exagéré. Tel serait le mécanisme de la glycosurie veratrinique signalée chez la grenouille par Araki. — MM. Raillet et Moussu, en faisant l'autopsie d'un âne de Bohémiens atteint de la filariose hémorragique cutanée des chevaux d'Orient, ont pu déterminer l'habitat du parasite qui gîte dans le tissu conjonctif sous-cutané; mais la filaire peut se trouver à l'état aberrant dans divers organes, et même dans la moelle épinière. Ces auteurs ont découvert le mâle jusqu'ici inconnu; ils donnent la diagnose complète de l'espèce. — M. Grigorescu rapporte un nouveau cas d'accélération de la vitesse de transmission sensitive chez un ataxique traité par des injections de suc testiculaire. — M. Brown-Sequard et M. d'Arsonval rapportent chacun de leur côté de nouveaux cas d'amélioration d'ataxique par ces injections. — MM. Gley et Charrin signalent deux localisations spontanées du bacille pyocyanique, l'une dans les ganglions d'un porc mort de broncho-pneumonie, l'autre dans le péricarde d'un chien sacrifié pour une expérience quelconque. Ils passent en revue à ce propos les habitats extrêmement variés de ce microbe. — M. Dastre avait indiqué récemment que des sangs incoagulables donnent un peu de fibrine par le battage; inversement on peut observer des sangs qui, ne donnant aucun filament par le battage, se coagulent spontanément au bout d'un temps plus ou moins long. — M. Beauregard étudiant comparativement la fenêtre $r_0n_0d_e$ chez les diverses espèces de chauves-souris, a constaté que cet orifice diffère considérablement chez les chauves-souris insectivores aux frugivores. Chez les premières qui, on le sait, ont l'ouïe très fine et perçoivent des sons de grande hauteur, la fenêtre est beaucoup plus petite que chez les secondes, moins bien douées sous le rapport de l'audition. Quelques considérations d'acoutisque font voir que les différences anatomiques concordent avec les différences fonctionnelles, et les observations de M. Beauregard confirment ainsi le rôle attribué à la fenêtre ronde, par l'amplitude des vibrations plus ou moins amples du liquide labyrinthique. — M. Laulanié a observé quelquefois chez le chien, en enregistrant simultanément la pression sanguine par un manomètre inscripteur et la pulsation cardiaque par un cardiographe spécial, des systoles s'effectuant à vide et n'influençant pas la pression : dans ce cas, la courbe du cardiographe est différente de la courbe normale et présente l'aspect d'un tracé de secousse musculaire simple. M. Laulanié discute à ce propos la nature de la contraction ventriculaire. — M. Laulanié décrit un dispositif de prise d'air dans le courant respiratoire pour l'étude des échanges gazeux chez les animaux de grande taille. — M. L. Blanc a trouvé sur une coupe d'ovaire de *Mus documanus* un ovule bien constitué avec deux noyaux.

L. LAPICQUE.

SOCIÉTÉ FRANÇAISE DE PHYSIQUE

Séance du 1ᵉʳ juillet

Dans une Thèse toute récente, appréciée par le jury d'une façon fort élogieuse, M. Abraham vient d'effectuer une nouvelle détermination précise au $\frac{1}{1000}$ du rapport v des unités électrostatiques et électromagnétiques, par une méthode de mesure des capacités. Pour la mise en œuvre de cette méthode, l'auteur avait eu recours à un premier procédé très ingénieux, et qu'il expose à la Société. Ce procédé repose sur la réalisation d'une machine électrostatique à influence, de capacité calculable d'après ses dimensions *géométriques*. La machine se compose de deux disques de verre, parallèles et fixes, argentés sur leurs faces en regard. L'argenture a été enlevée sur les deux, suivant une

même ligne diamétrale, de manière à constituer deux couples de demi-disques. Le premier couple jouera le rôle d'inducteur, et le second, celui de collecteur. Entre les deux tourne le porteur, constitué par un troisième disque de verre argenté sur ses deux faces de façon à présenter sur chacune une surface métallique annulaire, s'étendant jusqu'au bas du disque et séparée en deux suivant un diamètre. Les deux demi-anneaux en regard sur les deux faces du disque sont réunis entre eux par un ruban d'argent collé sur la tranche de verre. Chacun des deux demi-anneaux, en passant entre les inducteurs, se trouve mis en communication avec le sol par un ressort et se charge par influence; puis il arrive entre les collecteurs, il entre en communication avec eux au moyen d'un autre ressort, et leur cède sa charge. Les inducteurs sont chargés au moyen d'une pile de 80 à 160 éléments Gouy. Le plateau mobile est mu par un moteur Gramme d'un demi-cheval; la constance de la vitesse de rotation est assurée au $\frac{1}{1000}$; elle est contrôlée d'abord par une méthode stroboscopique, puis par une méthode électrique qui permet d'atteindre une sensibilité plus grande. Le débit de la machine peut se calculer *à priori*, puisqu'on connaît la vitesse de rotation et que, de plus, la forme géométrique donnée à toutes les parties permet de calculer la capacité du condensateur formé par les inducteurs et le porteur. L'intensité du courant de décharge se mesure par une méthode de zéro, au moyen d'un galvanomètre différentiel, dont le second circuit est parcouru par une dérivation prise sur la pile de charge elle-même. M. Abraham a observé les trois résultats principaux suivants : 1° le débit de la machine est rigoureusement proportionnel au potentiel de la charge de l'inducteur; 2° l'intensité du courant de décharge est encore rigoureusement proportionnelle à la vitesse; la vitesse est connue au $\frac{1}{1000}$, les résultats ne diffèrent eux-mêmes que du millième; 3° le coefficient de débit observé coïncide au $\frac{1}{100}$ avec le coefficient calculé d'après les dimensions de la machine. Cette mesure des coefficients de débit n'est autre qu'une mesure du rapport v. En effet, au moyen des dimensions géométriques, c'est la capacité électrostatique qu'on calcule, tandis que le galvanomètre donne l'intensité électromagnétique. Les valeurs trouvées, suivant qu'on prend le débit observé ou calculé, sont $3{,}01 \times 10^{10}$ et $2{,}98 \times 10^{10}$. Le calcul ne peut être fait qu'au $\frac{1}{100}$, car, dans le calcul de la capacité, interviennent deux corrections, d'abord celle des bords externes, qui peut s'évaluer d'une façon satisfaisante, et aussi celle relative au bord interne de l'argenture, continuée par une plaque de verre, correction difficile à évaluer et qui amène une perturbation de l'ordre du 100°. — M. P. Curie complète l'exposé critique entrepris dans la dernière séance des travaux de M. J. Curie et de MM. Warburg et Tegetmeier sur la conductibilité du quartz. Pour rechercher si, dans le quartz, c'est bien l'eau retenue dans les petites cavités intérieures qui joue un rôle prépondérant au point de vue de la conductibilité, M. J. Curie a opéré sur un corps tel que la porcelaine dégourdie, dont on puisse faire varier à volonté le degré d'humidité intérieure. On arme la lame de porcelaine en crayonnant les deux faces avec du graphite, de manière à dessiner une partie centrale et un anneau de garde. Dans une atmosphère très humide, la porcelaine est traversée par un courant constant comme un électrolyte. Pour une atmosphère un peu plus sèche, on a encore un courant constant, mais plus faible. L'état hygrométrique devenant de plus en plus faible, la conductibilité devient variable avec le temps, et baisse d'autant plus rapidement que l'état hygrométrique est plus bas; enfin, les phénomènes de polarisation commencent à se manifester et donnent lieu à des décharges en tout analogues à la décharge résiduelle des diélectriques. Si on dessèche complètement la lame, elle se comporte comme un diélectrique parfait. On retrouve là des lois de variations des conductibilités avec le temps en tout identiques à celles que montrent les divers diélectriques. En particulier, la loi de superposition se vérifie très bien. En présence d'une présomption aussi forte, M. Curie a achevé la démonstration du rôle de l'eau dans le quartz, en opérant sur des lames de quartz perpendiculaires à l'axe, après les avoir portées à des températures de plus en plus élevées. Les résultats ont été absolument les mêmes que pour la porcelaine humide. Quant aux quartz parallèles, dont la conductibilité est déjà très faible, la chauffe ne les modifie pas, si ce n'est que la déviation progressive des lignes de force avec le temps ne se produit plus. MM. Warburg et Tegetmeier ont beaucoup douté que l'eau fût la cause des phénomènes présentés par le quartz. Pour étudier la conductibilité d'une lame de quartz, ils constituent l'anode et la cathode en contact avec la lame cristalline, soit avec du mercure, soit avec un amalgame contenu dans un vase de fer. Ils ont d'abord montré qu'en plaçant du mercure pur des deux côtés, et en opérant soit sur du quartz, soit sur du verre, le courant s'arrête bientôt. M. Warburg avait montré antérieurement que, dans le cas du verre, cet arrêt était dû à la formation d'une couche de silice. Les auteurs émettent alors l'hypothèse que la substance étrangère contenue dans le quartz pourrait être, non pas de l'eau, mais un silicate alcalin, répandu dans le quartz comme un sel dans son dissolvant. En prenant comme anode de l'amalgame de sodium, le verre présente une véritable conductibilité électrolytique et le sodium le traverse en quantité déterminée par la loi de Faraday. Le lithium traverse, suivant la même loi. Ainsi, dans un verre à 13 °/₀ de sodium, le lithium est venu s'y substituer jusqu'à 8 °/₀. Au contraire, le potassium, ne traverse nullement le verre. Avec le quartz, les résultats relatifs au sodium, au lithium et au potassium sont identiques à ceux que présentent le verre. En analysant divers échantillons de quartz, les auteurs ont trouvé qu'il y avait toujours des traces de sodium et de lithium, et d'après eux, ce serait ces traces qui entreraient en jeu pour produire la conductibilité. D'ailleurs, les lois de cette conductibilité sont complexes. La lame cristalline devient progressivement plus conductrice, à mesure que la différence du potentiel augmente; mais, si l'on maintient alors constante la différence de potentiel, la conductibilité décroît de nouveau. Puis, si l'on fait passer le courant en sens inverse, du mercure à l'amalgame de sodium, il se forme une couche de silice, et la conductibilité s'annule. Qu'on retourne le courant, la lame redevient conductrice. Ce résultat pourrait être dû à la présence de traces de soude dans l'amalgame de sodium. Enfin, M. Tegetmeier a porté les lames de quartz à diverses températures et a toujours trouvé les mêmes résultats que pour les lames vierges. C'est une contradiction absolue avec les expériences de M. J. Curie. L'examen des mémoires des deux auteurs conduit à croire que les deux faits sont vrais à la fois. Dans les conditions où s'est placé M. Curie, la lame ne conduit certainement plus, mais cette lame, installée avec le dispositif de M. Tegetmeier, redevient conductrice, c'est-à-dire que c'est au contact de la soude que les plaques de quartz recouvrent leur conductibilité. Une seconde discordance consiste en ce que la valeur trouvée par M. Curie pour la conductibilité est mille fois plus faible. Mais il est bien difficile de faire une comparaison entre les deux méthodes opératoires. M. Curie conclut que l'exposé de ces divers travaux montre bien que, si la charge instantanée d'un diélectrique est un phénomène entièrement distinct; au contraire, il y a continuité parfaite entre le courant d'intensité décroissante qui correspond à la charge résiduelle et le courant constant de conductibilité de la substance. Ces courants résultent de la présence d'une matière étrangère dans le diélectrique. Lorsque la quantité de matière est faible, il ne peut y avoir encore d'électrolyse, pas de courant continu; on a simplement une forte polarisation en volume.　　　　Édgard HAUDIÉ.

SOCIÉTÉ CHIMIQUE DE PARIS

Depuis notre dernier compte rendu, la société chimique a reçu les communications suivantes : M. Cazeneuve : Sur les camphosulfophénols ; et sur une cétone nitrée dérivée. Sur l'action de l'éthylate de sodium sur l'anhydride camphorique. — M. Gorgeu : Sur l'électrolyse de l'azotate d'argent. — M. Friedel : Sur un éther camphorique mono-éthylique cristallisé. — M. Bigot : Sur un hydrocarbure obtenu par distillation de l'acide pimarique. — MM. Prud'homme et Rabaut : Sur la transformation des amines aromatiques en nitrophénols par le chlorure cuivreux. — M. Güntz : Sur les propriétés du manganèse. — MM. Moitessier et Bertin-Sans : Sur la formation de l'oxyhémoglobine à l'aide de l'hématine et d'une matière albuminoïde. — M. Trillat : Sur les chlorhydrates cristallisés de mono et diméthylaniline. — M. Béchamp : Sur l'acidité du lait. — M. Istrati : Sur les pétroles de Roumanie. — M. Scheurer-Kestner : Sur le pouvoir calorifique de la houille. — M. Lauth : Sur les matières colorantes dérivées de la tétraméthyldiamidobenzidine. — MM. Béhal et Auger : Action du chlorure de malonyle et de ses homologues sur les hydrocarbures benzéniques en présence de chlorure d'aluminium. — M. Matignon : Sur la valeur thermique des substitutions hydrocarbonées en relation avec l'azote. — M. Friedel : Sur la réforme de la nomenclature. — M. Maquenne : Sur les hydrures de toluène. — M. Magna : Essais de formules stéréochimiques nouvelles. — MM. Lachaud et Lepierre : Sur de nouveaux sulfates doubles de fer et d'ammonium. — MM. Béhal et Desgrès : Action de l'acide acétique sur les hydrocarbures non saturés. — MM. Lauth : Sur le paradiamidophénylsulfone. — M. Leperoq : Sur la formation des acides bromés.

Séance du 1er juin

M. Dupont a cherché à appliquer la réaction indiquée par M. A. Pictet pour la préparation des amines secondaires, aromatiques, à l'obtention de la méthylbenzoylanilide, et a constaté que ce procédé qui donne de bons rendements avec la formanilide et l'acétanilide ne donne que des résultats négatifs pour la benzoylanilide. — MM. Béhal et Desgrès ont entrepris une série de recherches pour obtenir des dérivés organiques dans lesquels le soufre se comporterait comme élément quadrivalent; ils n'ont pas réussi à obtenir le sulfuryle SO; ils n'ont pu obtenir non plus des composés analogues aux hydrocarbures saturés par l'action de l'argent, du zinc, ou du sodium sur l'iodure de triméthylsulfine; on n'obtient que de l'iodure et du sulfure de méthyle. Dans toutes les réactions qu'ils ont tentées le soufre tend à revenir à l'état bivalent. — M. Le Bel fait une communication sur les changements de signe du pouvoir rotatoire et sur quelques nouvelles observations se rapportant aux chlorhydrines des alcools secondaires.

Séance du 10 juin

MM. Béhal et Auger complètent une communication qu'ils ont présentée à une séance précédente, sur l'action du chlorure d'éthylmalonyle sur l'éthylbenzine. — M. Moureux indique un nouveau procédé de préparation de l'acide propènoïque (acrylique) qui consiste à traiter l'acide bromopropanoïque par la soude caustique à l'ébullition; les rendements s'élèvent à 80 °/₀ du rendement théorique; le propènoate (l'acrylate) de sodium, traité par l'oxychlorure de phosphore, donne le chlorure de propènoyle; l'auteur a également obtenu, en partant de ce ce chlorure, l'anhydride propènoïque, et la propènamide. — M. Fiquet a étudié l'action des aldéhydes sur l'acide propananoïque nitrile (cyanacétique) et donne des produits de condensation dont les propriétés, ainsi que celles de leurs dérivés. Sous l'influence de la chaleur ils perdent de l'acide carbonique et donnent des nitriles non saturés.

$$C^6H^5 - CH = C \underset{CO^2H}{\overset{CAz}{\Big\langle}} = CO^2 + C^6H^5 - CH = CH - CAz$$

L'auteur a préparé le nitrile cinnamique (propényl-nitrile benzène) ainsi que ses homologues dérivés des toluidines ortho, meta et para et le nitrile crotonique (butènenitrile). — M. Guerbet donne un procédé de préparation de l'acide campholique qui consiste à précipiter par l'acide carbonique la solution alcaline obtenue en reprenant par l'eau un mélange de camphre sodé et de bornéol sodé chauffé à 280°, l'acide campholique est purifié par cristallisation dans l'alcool. L'acide campholique se comporte vis-à-vis des réactifs colorés comme l'acide camphorique; il n'est pas acide, à l'orangé 3. L'anhydride acétique et le chlorure d'acétyle le transforment en anhydride campholique $C^{10}H^{17}O \atop C^{10}H^{17}O}O$

L'éther éthylique $C^{10}H^{17}O^2C^2H^5$ n'est saponifié ni par la potasse aqueuse ni par la potasse alcoolique; tous ces faits viennent à l'appui de la formule poposée par M. Friedel qui considère l'acide campholique comme un alcool cétone. — M. Haller, afin de vérifier l'existence de la fonction alcool cétone de l'acide campholique, a traité celui-ci par l'isocyanate de phényle; on n'obtient pas un uréthane, mais il se dégage de l'acide carbonique, et on obtient un anilide; cette expérience ne peut donc pas éclaircir la question de la constitution de l'acide campholique. — M. Bouveault propose une nouvelle formule du camphre qui présenterait un double noyau hexaméthylénique

$$\begin{array}{c} CH^3 \\ | \\ CH \\ H^2C \diagdown \begin{array}{c} CH^3 \\ HC\text{-}CH \end{array} \diagup CO \\ H^2C \diagup \qquad \diagdown CH^3 \\ | \\ CH \end{array}$$

qui ne contient plus de double liaison et montre que cette formule s'accorde avec la formule de l'acide camphorique de M. Friedel et permet de remonter facilement à la constitution des dérivés du camphre ou de l'acide camphorique. — M. Haller indique les raisons qui lui font admettre une liaison éthylénique dans le camphre et, par conséquent, rejeter la formule de M. Bouveault. — M. Bertrand a trouvé que le xylose est un produit constant du dédoublement des matières incrustantes chez les végétaux angiospermes, et a été conduit à étudier les propriétés qui permettent de caractériser ce sucre important sur de très petites quantités de matière. — MM. Sabatier et Senderens exposent le résultat de leurs recherches sur l'action du bioxyde d'azote sur les métaux et les oxydes métalliques: certains métaux, réduits de leur oxyde par l'hydrogène, sont oxydés dès la température de 150° à 200°; c'est le cas du nickel, du cobalt, du fer et de l'antimoine. Passant en revue l'action sur les divers oxydes métalliques, M. Sabatier montre que le bioxyde d'azote peut agir comme réducteur sur certains bioxydes tels que l'acide chromique, l'oxyde d'argent, le bioxyde de manganèse et le bioxyde de plomb ce qui est en concordance absolue avec les données thermochimiques.

A. COMBES.

SOCIÉTÉ ROYALE DE LONDRES

Séance du 16 juin

(° SCIENCES PHYSIQUES. — **Lord Armstrong** : Sur une machine à induction à bobines multiples. En unissant six bobines Ruhmkorff, disposées parallèlement en les actionnant par six batteries indépendantes, lord Armstrong a obtenu une plus grande production d'énergie électrique que celle que l'on aurait obtenue si l'on s'était servi du même poids de fil pour la construction d'une seule grande bobine. On s'est servi d'un interrupteur mécanique, ce système ayant l'avantage de faire se produire les étincelles en succession régulière, séparées par des intervalles égaux. La quantité de chaleur développée aux points où le circuit du cou-

rant secondaire est interrompu (*air gaps*) est très considérable, mais cette chaleur est presque entièrement localisée au côté négatif de l'intervalle. À une distance de 0,6 pouces, la chaleur était suffisante pour fondre l'extrémité du fil de platine formant l'électrode négative, et quand la distance était réduite à quelques centièmes de pouces, le fil de platine fondait avec une grande rapidité et se ramassait sur lui-même en un globule jusqu'à ce qu'il fût sorti de la région de l'arc où la chaleur était suffisante pour le fondre; un calcul approximatif a montré qu'il se développait environ 42 fois plus de chaleur dans l'électrode négative que dans l'électrode positive. On a étudié l'action des étincelles sur les poussières et l'on a obtenu quelques résultats remarquables; la poussière la mieux appropriée à cet ordre de recherches se compose de magnésie calcinée que l'on pile dans un mortier avec une quantité suffisante de noir de fumée purifié, de manière à donner à toute la masse une teinte ardoisée sombre. Quand les étincelles passent au-dessus d'un peu de cette poussière étalée sur une feuille de carton blanc, il se produit de belles lignes courbes et des figures symétriques. Ces figures montrent de la manière la plus évidente que les fils qui forment les électrodes exercent, comme l'étincelle elle-même, une action dispersive. Il est bien connu qu'un fil très fin peut être brisé lorsqu'il est traversé par la décharge d'une puissante batterie de Leyde; dans les conditions ordinaires, la cohésion des molécules resserre ces mouvements dans de très étroites limites et restreint leur action aux impulsions imprimées à l'air environnant. On peut donc considérer le trajet d'une étincelle comme un conducteur aérien dont les molécules n'ont pas de cohésion et qui, par conséquent, se brise à chaque décharge, produisant ainsi une dispersion plus considérable que celle que détermine le fil. Des expériences ont aussi été faites pour montrer quelle est l'action d'une flamme à travers laquelle on fait passer l'arc et l'étincelle. — M. T. Andrews : Sur les effets électro-magnétiques du fer aimanté, partie IV. Des barres de même longueur et de même diamètre ont été coupées dans une longue tige soigneusement polie, de telle sorte qu'on puisse les considérer comme pratiquement identiques de composition et de structure. Pour chaque groupe d'expériences, on a aimanté l'une de ces barres de fer, laissant l'autre dans l'état non aimanté. Les barres ont été pesées chacune dans une balance et ensuite elles ont été plongées chacune en des vases séparés dans une quantité égale d'une solution de chlorure de cuivre. Après avoir laissé ces barres dans la solution pendant des temps variés, on les a pesées de nouveau; le résultat moyen d'une série de vingt-trois expériences, c'est que la corrosion de l'acier aimanté est plus considérable d'environ 3 ½. — **M. F. G. Hopkins** : Sur la recherche de l'acide urique dans l'urine. Les procédés décrits sont la conséquence des faits suivants : 1° l'urate d'ammoniaque est tout à fait insoluble dans les solutions saturées de chlorhydrate d'ammoniaque; 2° si l'on sature des solutions qui contiennent mélangées les urates de différentes bases, comme l'urine par exemple, avec le chlorhydrate d'ammoniaque, la grande action de masse qu'il exerce assure la rapide et complète transformation de tout l'acide urique en biurate d'ammoniaque qui se précipite. Dans le cas de l'urine, la saturation par le chlorhydrate d'ammoniaque est suivie de la complète précipitation de tout l'acide urique en deux heures au plus. — MM. **G. D. Liveing** et J. **Dewar** : Sur les spectres des flammes de quelques composés métalliques. Les flammes des substances, telles que les composés argono-métalliques dans lesquels les métaux entrent comme éléments chimiques n'ont point encore jusqu'ici été étudiées; les spectres du nickel carbonyle et du zinc éthyle ont été étudiés par les auteurs qui ont déterminé la position des raies et des bandes.

2° SCIENCES NATURELLES. — M. **William Marcet** : Contribution à l'histoire de l'échange des gaz pulmonaires dans la respiration de l'homme. On peut résumer comme suit les résultats de ses recherches : 1° l'azote ne joue qu'un rôle très peu considérable, si même il en joue un dans l'échange des gaz pulmonaires ; 2° l'influence de la température atmosphérique sur l'oxygène consommé, l'acide carbonique produit et l'oxygène absorbé est très marquée dans le cas de l'auteur. L'oxygène consommé et l'acide carbonique produit augmentent en même temps que s'abaisse la température, tandis que l'oxygène absorbé diminue ; 3° l'oxygène consommé et l'acide carbonique produit augmentent sous l'influence de la nourriture. L'influence de la nourriture sur l'absorption de l'oxygène varie avec les différentes personnes. — MM. T. Théodore Cash et Wyndham R. Dunstan : Sur l'action physiologique des nitrites de la série de la paraffine dans leur rapport avec leur constitution chimique ; partie II : action des nitrites sur le tissu musculaire et discussion des résultats. Continuant leur examen de l'action physiologique des divers nitrites organiques purs de la série de la paraffine, les auteurs ont étudié leur action sur le tissu musculaire strié. Les conclusions auxquelles ils sont arrivés sont que l'action physiologique de ces nitrites ne dépend point seulement ni, dans certains cas, ne dépend même point principalement de la quantité de nitroxile (AzO²) et que pour toutes les phases de l'activité physiologique, les nitrites secondaires et tertiaires sont plus puissants que les composés primaires correspondants. — MM. S. H. Vines et J. R. Green : Sur les réserves protéiques de la racine de l'asperge. L'objet de ces recherches était de déterminer la nature de la substance dont se forme l'asparagine qui est si abondante au printemps dans les jeunes pousses de l'asperge. Les expériences montrent que la racine de l'asperge ne contient qu'une seule matière protéique de réserve qui, bien qu'étant essentiellement une albumine, présente avec les globulines des relations de parenté qui ne se retrouvent point dans les albumines animales. Outre cette matière protéique, on a trouvé dans les extraits trois substances indéterminées dont aucune n'est de nature protéique.

La Société s'ajourne au 17 novembre.

Richard A. Gregory.

SOCIÉTÉ DE PHYSIQUE DE LONDRES

Séance du 10 juin

MM. Gladstone et Hibbert : Sur quelques questions qui se rattachent à la force électromotrice des batteries secondaires. La communication contient des réponses à certaines questions soulevées par M. Darriens dans une note lue à la *Société internationale des Electriciens*, le 4 mai 1892, et aux idées exprimées par MM. Armstrong et Robertson dans la discussion d'une note des auteurs, lue devant l'*Institution des Ingénieurs électriciens*, les 12 et 19 mai. Elle renferme aussi le résultat de leurs récentes expériences sur ce sujet. M. Darriens est d'accord avec MM. Armstrong et Robertson sur ce fait que la *f. é. m.* considérable qui suit immédiatement la charge est due à de l'acide persulfurique et repousse la théorie ordinaire qui veut que le produit ultime de la décharge soit du sulfate de plomb aux deux armatures, au moins en ce qui concerne l'armature positive. Les auteurs attribuent les grandes quantités d'oxyde de plomb que trouve M. Darriens aux difficultés d'analyse, car il n'est pas facile d'admettre que l'oxyde de plomb resterait tel quel en présence d'acide sulfurique. Ils ont montré aussi que les changements de la *f. é. m.* durant la charge et la décharge coïncident très bien avec ceux qu'on obtient en mettant des plaques de Pb et de PbO² dans des solutions acides diversement concentrées, et concluent « que les changements de la *f. é. m.* dépendent de la concentration de l'acide qui est entre les surfaces actives des plaques ». MM. Armstrong et Robertson n'ont pas la même manière de voir que les auteurs, et supposent que l'acide sulfurique employé est souillé par des peroxydes solubles, et ils estiment aussi que SO⁴H² lui-même joue un rôle dans les réactions. En ce qui concerne la première objection, les auteurs ne voient pas de raison pour que les traces de peroxyde soluble (s'il y en a) sur les plaques, varient toujours en rapport avec la concentration de l'acide libre dans lequel plongent les plaques. Sur le second point, ils laissent la question ouverte. En réponse aux critiques relatives à la sommation des deux courbes obtenues respectivement avec deux plateaux de plomb et deux de peroxyde de plomb dans des acides de concentrations diverses, ils montrent que la courbe résultante coïncide, comme forme et comme grandeur, avec celle qui est déterminée directement quand on met des plateaux de Pb et PbO² dans des solutions acides directement concentrées. Tandis qu'ils admettent la possibilité d'une modification des résultats par les supports de plomb, ils ne peuvent pas concevoir que des différences aussi notables et aussi constantes que celles qu'ils donnent dans leur note puissent être attribuées à des effets accidentels d'action locale. Pour montrer que l'accroissement de la *f. é. m.* ne dépend pas de la présence ou de l'absence d'acide persulfurique, les auteurs ont étudié la *f. é. m.* d'une plaque de Pb et d'une de PbO², libres d'oxydes solubles, dans de l'acide sulfurique à 15 °/₀ de concentration : un diaphragme poreux sépare les deux plateaux. La *f. é. m.* était 1,945 volts. Après addition de 1 °/₀ de persulfate de potassium dans le liquide qui entoure PbO², la *f. é. m.* est restée inaltérée, tandis que, en plongeant Pb dans le même liquide, on réduit la *f. é. m.* à 1,934. On a expérimenté aussi sur des piles à acide phosphorique de différentes concentrations. En portant la densité de 1,05 à 1,5, on augmente la *f. é. m.* de 0,174 volts, alors que le calcul fondé sur la loi de Lord Kelvin donnerait 0,171 volts. Dans ce cas, ils considèrent qu'il ne peut y avoir aucun acide analogue à l'acide persulfurique. Ils trouvent aussi que les effets de la charge et du repos sur la *f. é. m.* dans les pôles à acide phosphorique sont tout à fait analogues à ceux qu'on obtient avec l'acide sulfurique. M. Ayrton croit qu'il n'y a aucun doute sur la relation étroite entre la concentration de l'acide et les changements de *f. é. m.* Le point important, selon lui, est de savoir si les changements sont les effets directs de la concentration de l'acide ou s'ils sont dus à des actions secondaires produites par les altérations de la concentration. M. Smith dit que M. Robertson et lui répètent les expériences des auteurs avec deux plaques de PbO² continues. Ils ont obtenu des résultats analogues à ceux qui sont mentionnés dans la note, mais la véritable explication des effets est encore à chercher. M. Hibbert maintient que les oxydes solubles ne sont pas présents dans leurs expériences. Ils ont donc pensé que les changements dans la concentration de l'acide altèrent la *f. é. m.*, tandis que la présence d'acide persulfurique n'a pas d'action. M. Gladstone répond qu'ils ont aussi fait des expériences continues, mais ne les ont pas assez avancées pour pouvoir les discuter dès maintenant. M. Hibbert et lui croient que les effets dus aux actions locales sont de peu d'importance, tandis que MM. Armstrong et Robertson leur en attribuent beaucoup. Il espère qu'avant longtemps la question sera tranchée définitivement. — MM. Ayrton et Mather : « Sur des galvanomètres d'atelier, balistiques et autres, cuirassés. Les galvanomètres décrits sont du type à bobines mobiles et aimants fixes, système dont les avantages sont bien connus. En construisant l'instrument balistique, le but poursuivi a été d'obtenir un instrument sensible et portatif, soustrait aux influences extérieures, car il est souvent désirable de mesurer des flux magnétiques et les champs des dynamos avec des appareils au voisinage des machines. Un des dispositifs adoptés est la bobine étroite décrite dans un mémoire : « Sur la forme des bobines mobiles », lu devant la Société en 1890. Ces bobines ont des avantages particuliers pour les instruments balistiques ; non seulement on peut obtenir de plus grandes impulsions par la décharge d'une quantité donnée d'électricité à travers cette bobine qu'à travers les bobines de forme ordinaire, quand les durées des périodes sont les mêmes; mais, même quand on emploie le même aimant régulateur, la même longueur de fil dans la bobine, et qu'on la suspend dans le même champ, la bobine étroite est plus sensible à la décharge qu'aucune autre forme de bobine. Une autre disposition est l'emploi d'une bande de bronze phosphoré pour la suspension au lieu de fil circulaire. Pour un poids tenseur donné, l'aimant régulateur est diminué par l'emploi de la bande. En février 1888, les auteurs ont employé un d'Arsonval du type ordinaire comme instrument balistique et trouvé que, quoiqu'il soit commode pour comparer des condensateurs, pour les mesures d'induction l'amortissement était excessif, à moins que la résistance dans le circuit ne fût très grande, ce qui réduisait beaucoup la sensibilité. En 1890, ils ont essayé un milliampèremètre Carpentier comme autre instrument balistique, mais ont trouvé qu'il manquait de sensibilité. Un instrument à bobine étroite, fait la même année, se trouva sensible pour les courants continus; mais, comme la bobine mobile était enroulée sur du cuivre pour donner un amortissement, il ne pouvait servir comme balistique. En janvier 1892, un instrument analogue fut construit pour être employé comme balistique, et on le trouva très sensible et très convenable. Bien que la bobine n'eût qu'une résistance de 13 ohms, un microcoulomb donne une impulsion de 170 divisions d'une échelle à une distance de 2.000 divisions, la durée de la période étant 27 secondes. L'instrument peut être employé à côté d'électro-aimants ou de dynamos, et il est si sensible que, pour les mesures d'induction ordinaires, on peut mettre en série avec lui de grandes résistances, en réduisant ainsi l'amortissement à une valeur très faible. D'un autre côté, la bobine peut être amenée à s'arrêter immédiatement au moyen d'une clef qui met en court-circuit, à l'avantage qu'il n'est pas nécessaire de redéterminer la constante chaque fois que l'on s'en sert. Le principal inconvénient de tels instruments est leur amortissement variable avec la résistance du circuit sur lequel on les ferme. On peut le surmonter néanmoins en disposant des shunts et des résistances de telle sorte, que la résistance extérieure, entre les bornes du galvanomètre, soit la même pour toutes les sensibilités. Un instrument portatif, disposé pour l'usage des ateliers, est décrit ensuite. C'est une bobine étroite et un index mobile sur un disque dont la circonférence totale est divisée en 200 parties. L'instrument a été calculé pour donner un tour complet pour un renversement d'un flux de 2 millions d'unités C. G. S., mais l'index peut effectuer une ou plusieurs révolutions. Pour étudier les flux perdus, on emploie une bobine d'épreuve avec une aire totale de 10.000 cm. carrés, et munie d'un dispositif à détente qui permet de la faire tourner brusquement de 180°. L'instrument donne ainsi, par lecture directe, l'intensité du champ en lignes C. G. S. On emploie des résistances pour faire varier la sensibilité dans des rapports connus. Revenant aux perfectionnements apportés aux instruments à cadre mobile depuis janvier 1890, au moment où une communication sur « les galvanomètres » fut lue devant la Société par le Dr Sumpner et les auteurs

actuels, M. Ayrton dit que M. Crumpton a beaucoup augmenté la sensibilité de l'instrument Carpentier en suspendant le cadre avec une bande de bronze phosphoré. — M. Paul a exposé un instrument à bobine étroite, qui réunit les avantages d'être portatif, s'amortissant aisément, à indications rapides et sensibles. On a montré des spécimens de ces instruments. Les bobines mobiles sont enfermées dans des tubes d'argent qui servent à amortir les oscillations. Une telle bobine est suspendue dans un tube de laiton qui forme un miroir, et passe entre les pôles d'un aimant circulaire fixé à la base. Pour arrêter la bobine, une cheville montée dans un ressort à rainure passe à travers un trou dans le tube de laiton. On peut, en quelques secondes, enlever un tube et le remplacer par un autre renfermant une bobine de résistance différente. Un instrument de ce genre, avec une bobine de 300 ohms, donne 93 divisions par microampère, et l'amortissement en circuit ouvert est tel qu'une impulsion n'est que le $\frac{1}{45}$ de ce qu'on prévoit. En comparant les instruments récents à ceux qui sont mentionnés dans le mémoire sur les galvanomètres cité plus haut, la différence de dispositif est apparente, car leur sensibilité est, pour la même résistance et la même durée de période, aussi grande que celle des galvanomètres Thomson. Le Professeur Perry remarque que les forces dont il s'agit sont extrêmement faibles. M. Swinburne pense que les galvanomètres balistiques doivent être plutôt regardés comme des instruments indiquant l'intégrale de temps de la $f. \acute{e}. m.$ que comme donnant la quantité. Illustrant sa pensée en se rapportant aux dynamos, il dit que, si deux machines, dynamo et moteur, sont reliées par des fils, et que si l'armature d'un dynamo tourne d'un angle quelconque, celle du moteur tournerait du même angle en supposant éliminé le frottement, etc. Parlant des figures de mérite, il montre que la puissance dépensée est le facteur important. Le Professeur S.-P. Thompson demande quelles sont les plus grandes périodes obtenues jusqu'ici avec les instruments à bobine étroite. La désaimantation, dans les grandes dynamos, est si lente, qu'il faut des instruments à très longue période. Il a lui-même employé une bobine surchargée d'un poids pour de pareilles mesures. Il cherche aussi à savoir pourquoi les figures de mérite sont exprimées en divisions de l'échelle située à une distance de 2.000 divisions, au lieu d'être exprimées en mesure angulaire ou en tangente. M. Smith demande quelle est la longueur de la bande qu'il faut employer pour empêcher un déplacement permanent quand la déflexion dépasse une révolution. M. Trotter estime qu'en étudiant des flux magnétiques avec l'instrument balistique d'atelier, la bobine d'épreuve peut être laissée dans le circuit au lieu d'être mise sur un autre circuit. Il voudrait savoir quelle erreur introduit le changement d'amortissement qui a lieu quand la résistance du circuit ne reste pas absolument constante. En répondant, M. Ayrton dit que M. Boys a montré que la manière scientifique d'allonger la période n'est pas de surcharger les cadres ou les aiguilles mobiles, mais d'affaiblir l'aimant régulateur. On a obtenu des périodes de cinq secondes. Jusqu'ici, il n'est pas aisé d'obtenir des périodes plus longues, à cause des difficultés qu'on a à obtenir des bandes suffisamment minces, et à cause du magnétisme des matières employées.

CORRESPONDANCE

SUR LES VARIATIONS DE LA VALENCE EN CHIMIE

Mon cher directeur,

Dans l'article, si plein de vues originales, que M. Schützenberger vient de faire paraître dans votre excellente *Revue*, se trouve soulevée une question à laquelle, malgré tous les progrès de la chimie moderne,

il est encore bien difficile de répondre : c'est celle de la variabilité des valences chez les différents corps simples, ou plutôt de la cause de cette variabilité, car personne, je crois, ne songe guère aujourd'hui à regarder la valence comme une caractéristique immuable de chaque élément. Ne sait-on pas, en effet, que certains corps, comme le mercure et le cadmium, sont zérovalents à l'état de vapeur, alors qu'ils sont divalents dans leurs composés ?

M. Flavitsky, néanmoins, fait remarquer que la valence maxima d'un élément peut être considérée comme fixe : ses composés incomplets dérivent alors, par transformation simple, de combinaisons instables, qui, à l'origine, étaient saturées.

M. Schützenberger, d'avis contraire, incline à prendre comme valence principale celle qui correspond au minimum de la capacité de saturation et, par un partage convenable des affinités de l'azote, il arrive à montrer que ce corps, trivalent dans le gaz ammoniac, garde encore le même caractère dans le chlorure d'ammonium.

Le schéma qu'il propose pour ce composé présente, sur la formule classique du sel ammoniac, l'avantage de mieux établir les relations réciproques des atomes qui composent sa molécule; mais il ne m'appartient pas de discuter ici des théories ingénieuses : je voudrais seulement, à propos de ces théories et sur le même sujet, exposer quelques-unes de mes idées personnelles, qui n'ont d'ailleurs d'autre mérite que leur extrême simplicité.

On sait, en chimie organique, que la capacité de saturation du carbone n'est pas toujours exactement remplie : à côté de l'hexane, par exemple, qui est saturé, nous trouvons l'hexylène C^6H^{12}, le diallyle C^6H^{10}, le diallylène C^6H^8 et le dipropargyle C^6H^6, dont les valences croissent régulièrement, par paires d'unités, depuis 2 jusqu'à 8; tous ces corps sont en relation simple les uns avec les autres, puisque par hydrogénation ils reproduisent le même type saturé C^6H^{14}; on peut donc les considérer comme dérivant d'un même noyau C^6, qui joue dans leur molécule le rôle d'un radical indivisible, c'est-à-dire d'un véritable corps simple, et change progressivement de valence, absolument comme le soufre ou le chlore, dans la série de leurs acides oxygénés. Dès lors ne pourrait-on pas rapprocher ces corps en apparence si distincts, et expliquer leurs variations de valence de la même manière ?

Il semble d'autant plus logique de le faire que la capacité de saturation des corps simples, azote, soufre ou chlore, peu importe, varie ordinairement d'un nombre pair, exactement comme celle des hydrocarbures. L'acide persulfurique SO^4H paraît offrir une exception à cette règle, en nous obligeant à y voir fonctionner le soufre comme heptavalent; mais la formule précédente est-elle assez sûre pour qu'il soit interdit de la doubler? tous les autres acides du soufre sont bibasiques; en outre, la production par M. Berthelot, de l'acide persulfurique dans l'action de l'eau oxygénée sur l'acide sulfurique ordinaire, n'est pas sans analogie avec la préparation des peroxydes d'acétyle ou de benzoyle de Brodie; par suite, le peroxyde d'acétyle étant

$$C^2H^3O — O^2 — C^2H^3O,$$

on serait peut-être en droit de représenter l'acide persulfurique par la formule

$$HO — \overset{O}{\underset{O}{\overset{\|}{S}}} — O^2 — \overset{O}{\underset{O}{\overset{\|}{S}}} — OH$$

qui rend compte, aussi bien que possible, de ses propriétés et laisse au soufre sa valence paire habituelle.

Mais revenons à l'analogie signalée entre les corps organiques et les corps minéraux incomplets; il n'y a que deux moyens d'interpréter la non-saturation des carbures éthyléniques : ou bien les deux valences qui s'y trouvent disponibles sont libres de toute attache, et alors l'éthylène prendra la forme :

$$\begin{array}{cc} H & H \\ | & | \\ -C & — C — : \\ | & | \\ H & H \end{array}$$

ou bien elles sont momentanément échangées entre atomes voisins, et alors le même carbure devra être écrit :

$$\begin{array}{cc} H & H \\ | & | \\ C & = C \\ | & | \\ H & H \end{array}$$

C'est ce dernier symbole qu'on préfère, parce que c'est le seul qui permette de comprendre pourquoi il n'existe pas de carbures renfermant un nombre impair d'atomes d'hydrogène. L'éthylène devient par suite une sorte de corps cyclique, dont la chaîne, en s'ouvrant, met en liberté deux valences, ainsi qu'il arrive avec le triméthylène quand on le traite par le brome. Mais les hydrocarbures cycliques peuvent renfermer un nombre n quelconque d'atomes de carbone; pour $n=1$, nous aurons le premier des carbures éthyléniques possibles : c'est le méthylène CH^2, dont l'oxyde de carbone représente un dérivé réel; la double liaison de l'éthylène y est remplacée par la soudure interne de deux valences empruntées au même atome de carbone.

Si l'on préfère, dans les carbures éthyléniques, laisser libres les valences qu'ils manifestent dans leurs réactions, on fera de même pour l'oxyde de carbone. Ce gaz ne pourra alors être représenté que par l'une des deux formules :

$$=C=O \quad \text{et} \quad :=C=O$$

qui correspondent exactement, c'est là le point capital de cette discussion, aux deux schémas possibles de l'éthylène et de ses dérivés.

Le même raisonnement étant applicable à tout autre corps que le carbone, on conçoit ainsi comment la valence peut, d'une manière générale, présenter des variations qui sont toujours un multiple de 2.

Il y a plus : quand on compare avec soin les carbures éthyléniques aux carbures saturés, on s'aperçoit bientôt que ces deux séries parallèles diffèrent par autre chose que leur formule brute et leur capacité de saturation. La puissance réfractive de leurs noyaux, par exemple, est notablement plus forte dans le premier cas que dans le second, et cela quel que soit le nombre n de leurs atomes de carbone. Il est légitime d'admettre qu'il en est encore de même pour $n=1$, d'où enfin il résulte que l'atome de carbone divalent n'est pas identique à l'atome de carbone ordinaire tétravalent.

S'il en est ainsi pour le carbone, nous pourrons supposer qu'il existe de même 4 espèces d'atomes de chlore, respectivement mono, tri, penta et heptavalents, 3 espèces d'atomes de soufre, etc., qui représentent autant de formes allotropiques de ces corps et qui, comme ces dernières, se laissent aisément transformer les unes dans les autres.

C'est peut-être là le moyen le plus simple d'interpréter tous ces phénomènes; mais, en pareil cas à matière, il est impossible de rien affirmer, je n'insiste donc pas davantage; ces quelques considérations me paraissent surtout de nature à provoquer de nouveaux rapprochements entre la chimie organique et la chimie minérale, sans avoir recours à aucune hypothèse nouvelle; je vous les livre pour ce qu'elles valent et vous prie d'agréer, etc.

                                        L. MAQUENNE.

Le Directeur-Gérant : LOUIS OLIVIER

Paris.—Imprimerie F. Levé, rue Cassette, 17.

REVUE GÉNÉRALE

DES SCIENCES

PURES ET APPLIQUÉES

DIRECTEUR : LOUIS OLIVIER

LA DÉCOUVERTE DE MAMMIFÈRES DU TYPE AUSTRALIÉN

DANS L'AMÉRIQUE DU SUD

AFFINITÉS ET ORIGINE

L'année 1891 a été une année remarquable pour les Marsupiaux. Après qu'on nous eût fait connaître l'existence du marsupial en forme de taupe (*Notoryctes*) des déserts de l'Australie centrale, nous avons appris la découverte, dans les terrains tertiaires de Patagonie, des restes de Marsupiaux carnivores ayant une ressemblance étroite avec le loup à bourse, ou Thylacine, de Tasmanie. Ce fait était de nature à modifier quelques-unes de nos idées concernant la distribution des Mammifères. Le Dʳ Florentino Ameghino vient de donner (*Revist. Argent. Hist. Nat.*) des nouveaux Marsupiaux une description qui ne semble laisser aucun doute sur les signes diagnostiques des restes fossiles. Il paraît intéressant de le montrer. Mais avant d'aller plus loin, il est bon de rappeler quelques faits.

A l'exception des Oppossums (*Didelphydæ*) d'Amérique, tous les Marsupiaux de la faune actuelle sont exclusivement australiens. Les types carnivores, tels que la Thylacine et le Diable de Tasmanie (*Sarcophilus*) se distinguent de tous les Mammifères vivants en ce que leurs dents tranchantes supérieures (incisives) sont au nombre de quatre ou de cinq de chaque côté, tandis qu'à la mâchoire inférieure, elles sont invariablement au nombre de trois. Chez les Mammifères ordinaires, le nombre de paires d'incisives à chaque mâchoire ne dépasse pas trois,

et est ordinairement le même dans les deux mâchoires. Une autre particularité des Marsupiaux consiste en ce que les dents molaires, qui servent à broyer, se composent de quatre vraies molaires et pas plus de trois prémolaires; tandis que dans les Mammifères ordinaires le nombre typique est de trois vraies molaires et quatre prémolaires; on ne connaît aucun exemple de la présence de quatre vraies molaires, excepté chez quelques individus de l'*Octocyon*. Une autre particularité de la plupart des Marsupiaux, c'est l'inflexion distincte de l'extrémité inférieure-postérieure, ou *angle*, de la mâchoire inférieure, tandis que très fréquemment le palais osseux du crâne présente des espaces non ossifiés.

Les nouvelles formes décrites par le Dʳ Ameghino proviennent de la partie inférieure de cette grande série de formations d'eau douce qui couvrent une si grande étendue dans l'Amérique du Sud. On a supposé que les dépôts Patagoniens en question étaient aussi vieux que l'Eocène inférieur d'Europe; mais, bien qu'il soient certainement très anciens, cette supposition ne saurait être regardée comme un fait établi, puisque l'existence de Mammifères voisins de ceux de l'Eocène inférieur d'Europe s'explique parfaitement par le fait de leur survie à une époque postérieure dans l'Amérique du Sud.

Une des nouvelles formes Patagoniennes, à

14

laquelle le Dr Ameghino donne le nom de *Prothyla-cinus*, est considérée par lui comme un animal de la conformation générale de la Thylacine, ayant en apparence le même nombre de dents, bien que les incisives supérieures soient inconnues. Il dit, il est vrai, que la principale distinction du genre fossile consiste purement dans cette circonstance que les prémolaires inférieures sont plus es-pacées l'une de l'autre, les molaires des deux formes étant décrites comme douées de caractères identiques. Le fossile présente aussi l'inflexion marsupiale de l'angle de la mâchoire inférieure. L'absence d'incisives supérieures chez les espèces du genre *Prothylacinus* est compensée dans un autre genre, décrit sous le nom bizarre de *Protopro-viverra*. Nous trouvons ici que le nombre des dents est exactement le même que chez la Thylacine, puisqu'il y a quatre incisives supérieures et trois inférieures, une canine, trois prémolaires et quatre molaires de chaque côté. Cette dentition concorde numériquement avec celle du Diable de Tasmanie, sauf qu'il y a une prémolaire en plus à chaque mâchoire. Ces fossiles présentent aussi l'in-flexion de l'angle de la mandibule et des vides non ossifiés dans le palais, particularités que nous savons être caractéristiques des Marsu-piaux.

Comme on pouvait s'y attendre, le Dr Ameghino prétend aussi qu'il semble y avoir un passage complet de ces formes marsupiales aux Carnivores primitifs connus sous le nom de Créodontes, dont l'*Hyænodon* et le *Pterodon* de l'Eocène supérieur d'Europe sont des exemples bien connus. Donc, si nous ajoutons foi aux descriptions (et il y a tout lieu pour nous de le faire), nous devons admettre que le *Prothylacinus* et le *Protoproviverra* sont de véritables marsupiaux du type australien. Alors une question se pose : Comment devons-nous expliquer l'existence de formes si similaires dans des contrées aussi éloignées l'une de l'autre que le sont la Patagonie et l'Australie ?

On a prétendu il y a longtemps que la présence de Marsupiaux carnivores dans l'Amérique du Sud et l'Australie et nulle part ailleurs (à l'époque actuelle) indiquait l'existence de relations anté-rieures entre ces deux pays. Mais M. Wallace [1] a objecté à cela que les *Oppossums* d'Amérique n'étaient pas un type australien, et qu'on les trou-vait dans les terrains tertiaires d'Europe ; et de là il concluait que les Marsupiaux américains et australiens tiraient tous deux leur origine des marsupiaux présumés des terrains jurassiques d'Europe.

Cette explication, conforme au système de

M. Wallace, ne saurait cependant être admise pour l'étroite et évidente ressemblance qui existe entre le *Prothylacinus* américain et la Thylacine tasmanienne, car il est impossible de croire que deux formes aussi similaires aient pu conserver leur ressemblance dans des contrées si éloignées, après avoir divergé d'un même ancêtre européen, à partir d'une période aussi reculée que la période jurassique.

Toutefois, on sait depuis longtemps qu'il y a des rapports très remarquables entre la faune et la flore de tous les grands continents du Sud. Par exemple, parmi les Mammifères, la famille des Rongeurs *Octodontidæ* est particulière à l'Amérique du Sud (y compris l'Amérique centrale) et à l'Afrique Éthiopienne. Également, pour les Pois-sons, la famille des *Chromidæ* est confinée dans les rivières de l'Afrique et de l'Amérique du Sud, avec un genre un peu différent qu'on trouve dans l'Inde ; tandis que les véritables limandes (*Lepido-siren* et *Protopterus*) appartiennent uniquement à l'Éthiopie et à l'Amérique du Sud, le troisième représentant de la même famille est le Baramunda (*Neoceratodus*) de Queensland. De plus, les rapports entre la flore de l'Afrique et celle de l'Australie occidentale sont si intimes qu'ils sont cause que M. Wallace, [1] exprime l'opinion qu'il doit y avoir une sorte de communication terrestre, bien qu'elle ne soit pas nécessairement continue, entre ces deux contrées si éloignées l'une de l'autre. Les rapports entre la faune de l'Inde et celle de l'Afrique Éthiopienne sont maintenant trop connus pour avoir besoin de commentaires. Du reste, on ne doit pas s'arrêter là ; car, si nous remontons à l'époque mésozoïque, il y a des preuves très nettes de relations entre la faune et la flore des continents méridionaux. Par exemple, le grand saurien éteint *Mesosternum*, qui semble avoir été allié aux Plésiosaures du Lias, est connu à l'époque secondaire au Brésil et dans l'Afrique méridionale et nulle part ailleurs. Enfin les remarquables Rep-tiles anomodontes (*Dicnyodon*, etc.) du sud de l'Afrique offrent des rapports étroits avec ceux de l'Inde, tandis que les rapports respectifs entre les Labyrinthodontes amphibies et les flores méso-zoïques de l'Afrique méridionale, de l'Inde et de l'Australie sont si connues qu'il suffit seulement d'en faire mention.

Il semble donc que, même sans tenir compte de la nouvelle découverte, les facteurs communs qui relient les faunes et les flores des quatre grandes prolongations méridionales du globe terrestre indiquent non-seulement la présence d'une rela-tion plus ou moins intime entre ces diverses

---

[1] *Distribution des Animaux*, vol. I, page 399.

[1] *Loc. cit.*, p. 287.

contrées, mais aussi leur isolement plus ou moins partiel des pays situés plus au nord.

Revenant à la nouvelle découverte, on doit observer que notre connaissance, relativement étendue, des faunes de l'époque tertiaire de l'Europe et du nord de l'Amérique, rend extrêmement improbable l'existence de Marsupiaux du type australien dans l'une ou l'autre de ces contrées. Il est cependant très possible qu'ils se soient transformés à certaine époque de la période tertiaire en Afrique; mais rien n'indique qu'ils n'aient pas existé également dans l'Inde péninsulaire. Il est certain que, si nous rejetons comme improbable toute communication par voie du Pacifique entre l'Amérique du Sud et l'Australie, il semble impossible d'expliquer la présence de Marsupiaux analognes en Patagonie et en Australie, sans supposer que leurs ancêtres existaient quelque part dans le vaste espace compris entre l'Amérique méridionale et l'Australie occidentale [1]. **R. Lydekker.**

LE PLACENTA DISCOIDE

D'APRÈS LES TRAVAUX DE M. MATHIAS DUVAL

Les médecins de tous temps ont cherché à se rendre compte du rôle et de la nature du *placenta*, dont l'histoire n'a cessé d'être une des plus obscures de l'organisme.

Pour juger de la valeur et de l'importance des recherches embryologiques de l'époque actuelle, il importe de comparer les résultats qu'ont donnés successivement : 1° *l'examen à l'œil nu et les injections ;* 2° *l'histologie ;* 3° *la méthode d'observation, fondée sur l'étude de la série complète des stades marquant l'évolution du placenta chez le même animal.*

I. — EXAMEN A L'ŒIL NU ET INJECTIONS

Dès la Renaissance, les anatomistes cherchèrent à se rendre compte de l'organisation de ce gâteau, de nature molle et spongieuse, qui unit l'œuf à la matrice et auquel Colombo imposa le nom de *placenta*. On vit les deux artères et la veine ombilicales du cordon se ramifier à la surface du placenta en une infinité de vaisseaux et former la partie essentielle de cet organe. On constata bientôt que le sang du fœtus passe dans les deux artères du cordon, et de là dans le placenta, au sortir duquel il est versé dans les troncs veineux, qui le rapportent dans la veine ombilicale. Cette dernière ramène le sang dans le corps du fœtus.

On découvrit les cavités, *lacunes* ou *sinus*, qui se trouvent dans le fond de la matrice et dans lesquelles sont reçus les mamelons de la face externe du placenta.

Dès la seconde moitié du XVIIᵉ siècle, Regnier de Graaf [1] discute déjà les diverses opinions qui avaient cours à cette époque sur les usages du placenta. Parmi les auteurs d'alors, les uns admettaient que les vaisseaux du fœtus débouchaient dans les sinus de la matrice où ils s'anastomosaient avec ceux de la mère : ce placenta ne servait que de support et d'intermédiaire aux vaisseaux fœtaux et maternels. Les autres pensaient, au contraire, que le placenta préparait une liqueur laiteuse absorbée par les vaisseaux fœtaux et servant de nourriture au fœtus; ce lait pénétrait dans les veines du placenta comme le chyle dans la veine sous-clavière.

La façon dont les vaisseaux ombilicaux s'unissent à la matrice fut comparée par Regnier de Graaf aux racines des arbres plongeant dans le sol; d'autres voulurent voir dans ce mode d'adhérence une sorte de greffe, d'autres encore l'assimilèrent à ces plantes parasites qui s'attachent à une autre plante pour en tirer la nourriture.

Ruysch montra l'un des premiers, par les injections, la distribution des vaisseaux fœtaux dans le placenta : en poussant une masse à injection dans une artère ombilicale, après ligature de l'autre, il injecta tout le placenta et la masse revint par la veine. Il existait donc un passage libre entre les dernières ramifications des artères et de la veine ombilicales. Le placenta était ainsi un assemblage de vaisseaux diversement repliés et pelotonnés.

On alla plus loin en montrant que la circulation de chaque lobe ou cotylédon est indépendante de celle des lobes voisins; Wrisberg, en injectant un seul cotylédon, donna la preuve que rien ne passe dans les lobes qui lui sont adossés.

On comprit diversement les rapports qu'affecte la circulation de la matrice avec celle du fœtus. Albinus, Cowper, Vieussens, Haller, etc., admirent une continuation directe, par anastomose, des vaisseaux de la matrice avec ceux du placenta. Mais les injections de Ruysch, Monro, Rœderer, Walter,

---

[1] *De Mulierum Organis*, etc. Opera omnia. Amsterdam, 1705.

[1] Cet article est extrait du journal anglais *Nature*, n° 1175, vol. 46, 1892.

Wrisberg, etc., démontrèrent que la matière ne passait nullement des vaisseaux de la mère dans ceux du fœtus et *vice versa*. La méthode des injections démontra péremptoirement que la circulation du fœtus est indépendante de celle de la mère.

La nature même de la matrice fut une énigme pour les anatomistes des xvi°, xvii° et xviii° siècles. Sans nous arrêter aux médecins qui, à défaut d'observations, définissaient la matrice : « un animal vivant dans un autre animal », rappelons que, malgré Bérenger de Carpi, Vésale et quelques autres, les anatomistes de cette époque étaient presque unanimes à considérer le tissu de la matrice comme étant sans analogue dans le corps. Son élasticité et sa résistance le faisaient comparer à du cartilage. Ne trouvant pas les faisceaux musculaires sous le scalpel, on en niait la présence. Quant au revêtement interne ou muqueuse de ce viscère, on ne soupçonnait même pas son existence.

Faisons remarquer que la plupart des investigations de cette époque, ainsi que celles de la première moitié de notre siècle, ont porté sur le placenta humain.

William Hunter, puis son frère John Hunter, entreprirent, les premiers, dans la seconde moitié du xviii° siècle, de rechercher le mode de fixation de l'œuf dans la cavité utérine. A cet effet, ils supposèrent que la face interne de la matrice laissait exsuder une lymphe qui couvrait et enveloppait immédiatement l'ovule. En se coagulant, elle servait à fixer l'œuf, et, en s'organisant, elle donnait lieu à la formation des *membranes caduques*.

Dans la première moitié de ce siècle, Sabatier, Mayer, Seiler, E.-H. Weber, etc., émirent les premiers l'idée que la caduque n'est autre chose que la membrane interne de l'utérus, mais ayant acquis un développement spécial pendant la grossesse.

De 1836 à 1842, on fit la découverte de glandes en tube siégeant dans la caduque même ; enfin, en 1842, Coste établit définitivement que la caduque utérine est formée par la muqueuse qui s'hypertrophie. L'exsudation plastique fut reléguée pour toujours dans l'histoire des mythes.

II. — HISTOLOGIE

Ch. Robin [1] fit, dès 1848, une étude histologique complète de la muqueuse utérine hors l'état de gestation et pendant la grossesse. Pour lui, les caduques, vraie et réfléchie, ne sont que la muqueuse normale hypertrophiée au même titre que la tunique musculaire.

Quant à la *caduque sérotine* de Bojanus. (inter-

[1] *Mémoire pour servir à l'histoire anatomique et patholo-gique de la membrane muqueuse utérine.* (Société Philomatique, 18 mars 1848, et *Archives Générales de Médecine*, 1848.)

utéro-placentaire), elle est simplement la portion de muqueuse ou *caduque* interposée naturellement entre l'œuf et les parois musculaires. Elle représente le placenta maternel des autres mammifères.

Des études multiples faites sur les membranes fœtales et les caduques ont conduit Coste et Robin à la théorie suivante, encore classique aujourd'hui, sur le mode de formation du placenta : les villosités du chorion fœtal s'allongent et se multiplient en regard de la caduque sérotine. Chacune figure une touffe arborescente, parcourue par les vaisseaux de l'allantoïde. Ces touffes vasculaires s'enfoncent dans les dépressions que laissent entre elles les saillies correspondantes de la muqueuse utérine. Il y a donc pénétration réciproque de villosités, d'origine maternelle d'une part, de provenance fœtale d'autre part. Les villosités fœtales amènent le sang fœtal et leur ensemble constitue la portion fœtale du placenta ou *placenta fœtal*. Les villosités de la muqueuse utérine ou sérotine s'hypertrophient également et apportent le sang maternel ; elles constituent la *portion maternelle* du placenta ou *placenta maternel*.

Les divisions les plus ténues des villosités fœtales contiennent chacune la ramification de l'une des artères ombilicales, qui se continue, en formant une anse anastomotique capillaire, avec un ramuscule de la veine du même nom.

Les villosités choriales arrivent au contact de la sérotine. Cette dernière est pourvue de capillaires superficiels, qui se dilatent au niveau du placenta fœtal ; à mesure que ces capillaires maternels s'élargissent, leurs minces parois s'atrophient, de telle sorte que leurs cavités se réunissent peu à peu les unes aux autres, entre les villosités, en un véritable *lac* ou *sinus* sanguin. Celui-ci communique, d'une part avec les fines subdivisions des artères utérines, d'autre part avec l'origine des veines utérines. Le reste de la membrane sérotine, interposée entre le chorion de la muqueuse utérine et la surface des villosités choriales forme un mince revêtement de 0ᵐ, 01, qui est la seule barrière séparant le lac sanguin maternel d'avec le sang du fœtus.

Depuis le milieu de ce siècle, on voulut pénétrer davantage dans la constitution du placenta. Des recherches multiples eurent pour objet d'étudier : 1° les rapports des lacs sanguins maternels avec les villosités choriales ; 2° la structure des villosités appartenant soit à de jeunes œufs, soit aux œufs arrivés aux dernières périodes de la gestation ; 3° le mode d'adhésion de la sérotine avec les villosités ; 4° les relations intimes des vaisseaux maternels avec les vaisseaux fœtaux.

Je n'ai nulle intention de passer en revue les opinions variées et contradictoires qui ont été émises au sujet des problèmes énoncés plus haut [1] ; mais je voudrais indiquer brièvement les nombreuses solutions qu'on a proposées et qui sont fondées soit sur l'étude de certains œufs humains, soit sur les recherches d'embryologie comparée. Elles nous donneront des points de comparaison, qui nous permettront de mieux apprécier les résultats actuels.

1° Le fait suivant semble admis par tout le monde : les villosités des jeunes œufs sont constituées par un corps conjonctif et vasculaire, et leur surface est revêtue par deux couches de cellules épithéliales : l'une profonde, formée d'éléments bien limités (couche cellulaire), l'autre superficielle, dont les cellules ont le protoplasma fusionné (plasmode).

A. — Si l'on est bien d'accord sur la structure du revêtement de la villosité jeune, on ne l'est guère quant à l'origine de l'une et l'autre couche épithéliale. On peut grouper les opinions de la façon suivante : 1° Langhans, Katschenko, Kuppfer, S. Minot, etc., prétendent que la couche profonde ou cellulaire est d'origine fœtale, tandis que la couche superficielle (plasmodiale) est de provenance maternelle ; 2° Romiti et Tafani admettent que les deux couches dérivent de la muqueuse utérine ; 3° Keibel, enfin, pense que les couches profondes sont de provenance fœtale, et la couche toute superficielle est représentée par l'endothélium des vaisseaux maternels.

B. — Plus tard, c'est-à-dire sur l'œuf plus développé, la villosité choriale n'est plus revêtue que par une seule couche épithéliale : Turner, Ercolani, Romiti, etc., la regardent comme d'origine maternelle, tandis que Kölliker, Léopold, Langhans, Katschenko, etc., pensent qu'elle est fournie par le fœtus.

2° Comment se fait l'adhérence et la fixation des villosités choriales sur la sérotine ?

A. — Aux yeux de Turner, Langhans, etc., c'est la caduque qui végète et englobe les villosités.

B. — D'après une deuxième manière de voir de Langhans, partagée par Katschenko, l'épithélium de la villosité, d'origine fœtale par conséquent, prolifère et forme un bourgeon qui se fixe sur le tissu utérin.

C. — Léopold, Gottschalk, etc., au contraire, affirment que les saillies de la sérotine d'une part, les villosités choriales d'autre part, s'accroissent les unes et les autres, et, arrivées au contact, s'enchevêtrent comme les doigts de deux mains enlacés.

D. — Enfin, d'après une dernière manière de voir, l'épithélium disparaît aussi bien sur la sérotine que sur les villosités choriales et l'adhérence des tissus fœtal et maternel se fait par l'intermédiaire du tissu conjonctif.

3° Enfin, quelle est la valeur des lacs ou sinus maternels situés entre les villosités (espaces intervilleux)?

Selon les uns, les capillaires superficiels de la sérotine se dilatent et forment des réservoirs sanguins énormes, limités et circonscrits par l'endothélium vasculaire, disposition qui rappelle la constitution du tissu érectile. D'après les autres, au contraire, le sang maternel fait irruption entre les villosités; c'est une sorte d'extravasation sanguine qui se produit dans les espaces intervilleux.

Ces divergences d'opinion trouvent, ce me semble, leur explication dans les procédés d'investigation employés : les matériaux d'étude qui se rapportent à l'espèce humaine sont rares ou au moins très limités ; les uns se rapportent à des œufs jeunes, les autres à des placentas plus ou moins près du terme. Dans ces conditions, les observateurs n'ont sous leurs yeux, même sur les pièces les mieux conservées, qu'un seul ou quelques-uns seulement des nombreux stades d'évolution des tissus maternel et fœtal. Ils sont obligés de remplacer, par des considérations plus ou moins probables, les phases évolutives qui manquent.

D'autre part, la comparaison du développement des placentas des divers mammifères, ne fournit guère de meilleurs résultats : l'évolution et la structure des placentas diffus, cotylédonés ou discoïdes, présentent de telles différences, que les conclusions tirées de l'étude de l'une des variétés ne s'appliquent pas nécessairement aux autres.

En un mot, la méthode consistant dans l'étude de certains stades seulement, ou portant sur des espèces à type placentaire différent est défectueuse ; elle laisse un champ trop vaste qui reste inexploré et conduit aux opinions les plus disparates.

III. — EXAMEN CONTINU DE L'ÉVOLUTION CHEZ LE MÊME ANIMAL.

Dans ces conditions, M. Mathias Duval a tenté, depuis 1886, d'appliquer à l'étude du placenta la méthode d'observation, qu'il a définie de la façon suivante : « Voir naître et se former les parties d'un « même système est le seul procédé acceptable « pour en saisir les liens de parenté. »

Il a commencé par le développement du placenta discoïde des rongeurs. La règle capitale que s'est imposée M. Duval, et dont il nè s'est jamais départi dans ces recherches si délicates, c'est d'avoir : 1° la série complète des pièces depuis l'origine de l'organe, jusqu'à sa constitution définitive ; 2° de débiter toutes les pièces en séries non interrom-

---

[1] La bibliographie de cette question se trouve tout au long dans un travail de WALDEYER (Archiv. f. mik. Anat. Bd 35, p. l. 1890), ainsi que dans les Eléments d'Embryologie de l'Homme et des Vertébrés, par A. PRENANT, 1891, Paris.

pues de coupes pour pouvoir passer en revue les modifications de tout l'organe.

Outre plusieurs communications préliminaires faites à la *Société de Biologie* [1], M. Duval a publié jusqu'à présent *neuf* mémoires sur le placenta du lapin, du rat, de la souris, du cobaye, dans le *Journal de l'Anatomie et de la Physiologie*, de 1889 à 1892. Je n'ai point la prétention d'analyser tous les faits contenus dans les nombreuses descriptions qui ont trait aux phénomènes de développement; je passe sous silence tous les détails relatifs aux modifications des éléments anatomiques dans le cours de la formation de cet organe. Chacun de ces phénomènes a son importance, non seulement au point de vue des conlusions, mais surtout lorsqu'il s'agit de faire la critique des résultats auxquels sont arrivés les auteurs qui n'ont observé que certains stades de l'évolution du placenta. Je néglige également de parler de l'*inversion* des feuillets chez les Rongeurs, qu'on trouvera exposée tout au long dans les mémoires précités.

Mon but est des plus simples : je voudrais uniquement mettre en relief : 1° la part que prennent les tissus embryonnaires et fœtaux à la constitution du placenta *discoïde*; 2° les rapports du sang fœtal et maternel; 3° le mode de détachement de l'organe au moment de la parturition et la façon dont se régénère la muqueuse utérine.

1° Premiers développements de l'œuf.

Pour avoir une idée exacte de la formation donnant naissance au placenta, il est nécessaire de récapituler rapidement les premiers développements de l'œuf. Le lapin nous servira de type dans cette partie de notre description qu'il sera aisé de suivre sur les schémas empruntés aux mémoires de M. Duval.

Après avoir été fécondé, l'ovule se divise, par segmentation, en un certain nombre de sphères, qui se disposent bientôt en deux assises de cellules épithéliales figurant un disque; vu en coupe, celui-ci a une forme de croissant. La segmentation continuant plus rapidement dans l'assise extérieure, les cellules de cette assise (feuillet externe ou *ectoderme*) débordent l'assise intérieure (feuillet interne ou *endoderme*). Ces changements se produisent pendant que l'œuf parcourt la trompe utérine; ils se poursuivent quand l'œuf est arrivé dans la matrice, de telle sorte que les extrémités ou bords inférieurs de l'ectoderme arrivent au contact et se soudent au pôle inférieur de l'œuf : de là la production d'une vésicule creuse, la *vésicule*

[1] *Comptes Rendus de la Société de Biologie*, 12 mars, 1887; 2 juillet 1887; 6 octobre 1888; 3 novembre 1888; 25 octobre 1890; 8 novembre 1890; 13 décembre 1890.

blastodermique. A cette époque, celle-ci est formée à son pôle supérieur par un double feuillet, à savoir l'ectoderme (fig. 1 EX)doublé à ce niveau par l'en-

Fig. 1. — Schéma de l'œuf de la lapine à la fin du quatrième jour. EX, ectoderme ; IN, masse de cellules endodermiques.

doderme(IN).Sur le reste de l'étendue de la vésicule, l'ectoderme forme seul la paroi blastodermique.

Mais, quoique s'accroissant plus lentement, les cellules de l'endoderme se divisent et constituent une membrane semblable à celle de l'ectoderme : elle s'étend peu à peu sur la face interne de l'ectoderme, qu'elle double à partir de l'hémisphère supérieur (fig. 2). Sur ces entrefaites, l'ébauche

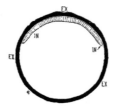

Fig. 2. — Schéma de l'œuf au sixième jour. L'endoderme (IN) double seulement l'ectoderme (EX) de l'hémisphère supérieur.

embryonnaire a pris naissance aux dépens de la portion supérieure de la vésicule blastodermique; la figure 3 représente cette ébauche en coupe transversale; on y voit la *gouttière médullaire* (GM) formant une dépression ectodermique sur le côté dorsal du corps embryonnaire.

Cette figure montre de plus une couche d'éléments interposés, de chaque côté de la ligne médiane de l'hémisphère supérieur, entre l'ectoderme et l'endoderme : ce sont des cellules qui proviennent de la division ou dédoublement de l'endoderme et qui constituent le *mésoderme* (MS).

La figure 3 indique deux autres modifications importantes : 1° l'endoderme (IN) continue à s'étendre sur l'hémisphère inférieur; 2° de chaque côté de la gouttière médullaire, l'ectoderme (EX), doublé par le mésoderme, s'épaissit et aboutit à la production de deux saillies ectodermiques, auxquelles M. Duval a donné, chez le lapin, le nom de *lames ectoplacentaires* (EP). Elles sont l'ébauche du placenta.

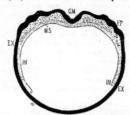

Fig. 3. — Schéma de l'œuf au septième jour. EX, ectoderme; IN, endoderme; MS, mésoderme; GM, gouttière médullaire; EP, lame ectoplacentaire.

Dans la figure 4, les extrémités de l'endoderme arrivent presque au contact dans l'hémisphère inférieur; de plus, les cellules du mésoderme se sont

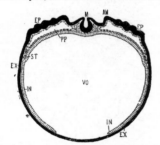

Fig. 4. — Schéma de l'œuf après le huitième jour. M, gouttière médullaire presque transformée en canal; AM, première indication des replis amniotiques; PP, cavité pleuro-péritonéale; ST, région du sinus terminal; VO, cavité de la vésicule ombilicale.

séparées en deux couches, l'une doublant l'ectoderme et formant la *lame fibro-cutanée*, l'autre adhérant à l'endoderme et constituant la *lame fibro-intestinale*. Entre ces deux lames, on voit se produire un espace, qui est le début de la *cavité pleuro-péritonéale* ou *cœlome* (PP). Enfin, on constate dans l'intervalle de la lame ectoplacentaire (EP) et l'ébauche embryonnaire figurée en coupe transversale (M), la production d'un repli (AM), qui est la première indication des replis amniotiques.

Dans la figure 5, la gouttière médullaire s'est fermée par la soudure des crêtes qui sont en regard; le corps de l'embryon se délimite de plus en plus nettement, quoique son ectoderme et sa lame fibrocutanée se continuent en dehors avec les replis amniotiques (AM). Ces derniers sont sur le point de se rejoindre et de se souder à la manière des replis médullaires.

Quant à l'endoderme, il double maintenant l'ectoderme sur toute l'étendue de l'hémisphère

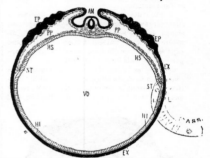

Fig. 5. — Schéma de l'œuf au neuvième jour. AM, amnios en voie d'occlusion; ST, sinus terminal; HS, hémisphère supérieur; HI, hémisphère inférieur de la vésicule ombilicale. Les autres lettres comme ci-dessus.

inférieur : de cette façon l'endoderme circonscrit une cavité en forme de vésicule, appelée la *vésicule ombilicale* (VO). Les parois de la vésicule ombilicale (VO) laissent distinguer dès maintenant deux régions distinctes : 1° une région ou hémisphère supérieur (HS) correspondant à l'hémisphère auquel appartient l'embryon; là l'endoderme est

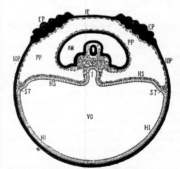

Fig. 6. — Schéma de l'œuf au dixième jour. IE, lame qui relie les deux ébauches ectoplacentaires; IOP, lame qui relie la vésicule ombilicale au placenta; I, intestin. Les autres lettres comme ci-dessus.

doublé par une lame mésodermique, la lame fibro-intestinale; 2° un hémisphère inférieur (HI), où le mésoderme n'a pas pénétré et ne pénétrera pas ultérieurement et où, par suite, la paroi de l'œuf est constituée simplement par l'ectoderme doublé de l'endoderme.

La suite des figures 5, 6, 7, est destinée à faire concevoir comment l'hémisphère supérieur plonge, par une sorte d'invagination, dans l'hémisphère inférieur, comment la lame ectoplacentaire s'épaissit et de quelle façon s'établissent les rapports de l'ectoplacenta et de l'allantoïde.

Lorsque les crêtes des replis amniotiques se sont rejointes et soudées (fig. 6), leur feuillet intérieur circonscrit la cavité amniotique (AM), tandis que leur feuillet extérieur constitue une lame (IE)

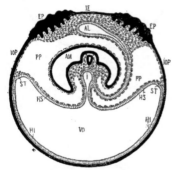

Fig. 7. — Schéma de l'œuf au douzième jour. AL, allantoïde. Les autres lettres comme ci-dessus.

qui réunit les deux formations ectoplacentaires. On aperçoit, en outre, un étranglement, qui commence à séparer la vésicule ombilicale en deux parties : l'une médiane et supérieure, la *gouttière intestinale* I, et l'autre latérale et inférieure, la *vésicule ombilicale* proprement dite.

Enfin la figure 7 représente une section qui est supposée passer par l'extrémité caudale de l'embryon, à l'endroit même où la gouttière intestinale a poussé un bourgeon faisant saillie dans la cavité pleuro-péritonéale et constituant l'*allantoïde* (AL). Celle-ci se prolonge dans le mésoderme qui limite cette cavité et se met en rapport avec la surface profonde de l'épaississement ectodermique de l'ectoplacenta (EP).

2° Origine du placenta.

Tels sont les phénomènes évolutifs qui se sont effectués dans les membranes de l'œuf jusqu'au moment où celui-ci va contracter des rapports intimes avec la muqueuse utérine. Les modifica-

tions qui président à la fixation de l'œuf doivent être étudiées sur l'ectoplacenta d'une part, sur la muqueuse utérine d'autre part.

Il convient, pour la clarté de l'exposé, de distinguer plusieurs périodes dans la formation du placenta chez le lapin, la souris, le rat et le cobaye.

A. *Période de formation de l'ectoplacenta.* — Du côté de l'embryon, on voit les cellules de la lame ecto-placentaire (Fig. 8, EP) se multiplier et produire de puissantes assises de cellules, qui vont s'attacher

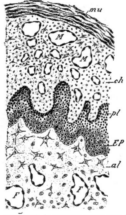

Fig. 8. — *Rapports de la muqueuse utérine et de l'ectoplacenta chez la lapine; mu,* tunique musculeuse de la matrice ; *ch,* son chorion, avec les vaisseaux maternels dilatés (MM) ; EP, ectoplacenta (couche cellulaire) ; *pl,* plasmode ; *al,* allantoïde avec les vaisseaux fœtaux (F).

plus tard au tissu maternel et en recevoir des vaisseaux.

Simultanément à ces changements dont la membrane de l'œuf est le siège, la muqueuse utérine qui est en regard de l'ectoplacenta, présente de modifications remarquables. Cette portion de la muqueuse utérine subit une évolution spéciale aussi bien dans son derme ou chorion que dans son épithélium. Les éléments cellulaires du chorion (ch), qui sont de forme étoilée, se multiplient les capillaires y deviennent plus abondants et plu larges (M). Il en résulte un épaississement notable du chorion, qui se traduit par la production de saillies.

Quant à l'épithélium cylindrique, qui recouvre la surface de ces dernières, il perd ses cils vibra tiles. Peu à peu, la limite disparaît entre les cellules épithéliales voisines, qui se transforment en une couche homogène. Ensuite celle-ci s'amincit et disparaît par résorption, de telle sorte qu'il n'existe plus de revêtement épithélial sur les saillies de la muqueuse. Le chorion de la muqueuse est mis à nu par la disparition de l'épithélium, et c'est sur cette surface dénudée que l'œuf va se greffer.

Nous avons vu que, dans le stade précédent, l'ectoplacenta s'est épaissi en regard des saillies de la muqueuse. Ce phénomène est dû essentiellement à la multiplication, par karyokinèse, des cellules ectodermiques qui se disposent en assises cellulaires de plus en plus nombreuses. En même temps, on observe une modification de constitution dans ces couches ectodermiques : les couches profondes (fig. 8) (EP) (du côté de l'œuf) restent composées de cellules polyédriques bien limitées et constituent la *couche cellulaire*. Les cellules des couches superficielles, au contraire, perdent leurs contours, de sorte que leur protoplasma se fusionne en une couche homogène parsemée de nombreux noyaux : c'est là la *couche plasmodiale* (*pl*).

En s'épaississant avec les progrès du développement, les éléments de la couche plasmodiale non seulement s'accolent à la muqueuse utérine hypertrophiée et dont l'épithélium a disparu, mais ils s'unissent de plus en plus intimement au tissu maternel. A cet effet, la couche plasmodiale s'élève en une série de bourgeons qui pénètrent dans le chorion de la muqueuse utérine. Arrivées au contact des vaisseaux maternels, les trainées plasmodiales s'étendent le long de la paroi vasculaire, qu'elles débordent (fig. 9, 1 et 2) et entourent du côté qui regarde vers la surface de l'utérus. Partout où les vaisseaux maternels sont englobés par les bourgeons plasmodiaux, les cellules endothéliales (*e*) du vaisseau maternel s'atrophient et disparaissent, de telle façon que le sang de la mère n'est plus circonscrit que par les éléments ectodermiques de l'embryon. Ainsi se constituent les cavités ou *sinus*, appelées *lacunes sangui-maternelles* (*Sm*. fig. 9).

La conséquence de cette évolution est la suivante : le sang maternel circule dans des parois formées par des cellules fœtales ectodermiques. De plus, la couche plasmodiale continue à s'insinuer le long des parois des vaisseaux maternels et à se substituer à leur endothélium ; elle devient *endovasculaire*.

En résumé, le fait capital dans la formation du placenta consiste dans les édifications de la lame ectoplacentaire. Ces dernières végètent au devant des vaisseaux maternels dilatés et hypertrophiés ; elles les circonscrivent et forcent le sang maternel à circuler dans les lacunes de l'ectoplacenta. Le sang maternel ne déborde pas sous forme d'hé-

morragie diffuse ; à mesure que les capillaires utérins se dilatent, ils sont endigués par les édifications de l'ectoplacenta. Puis, quand leurs parois disparaissent par résorption, le sang maternel coule dans des barrières élevées par les membranes fœtales. M. Duval compare la formation ectoplacentaire au captage d'une source : la source, c'est

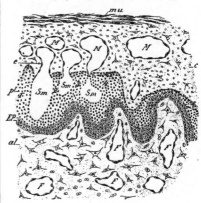

Fig. 9. — *Mode de pénétration du sang maternel dans l'ectoplacenta ; mu*, tunique musculaire de la matrice ; *ch* son chorion, avec les vaisseaux maternels dilatés (MM) ; EP, ectoplacenta (couche cellulaire) ; *pl*, plasmode ; *al* allantoïde avec les vaisseaux fœtaux (F) Sm, sinus sangui-maternels.

le sang maternel ; son captage résulte des rapports qui s'établissent, d'une part, entre les vaisseaux maternels dont les parois disparaissent et, d'autre part, les lacunes de l'ectoplacenta, où le sang maternel est amené et où il circule.

Jusqu'à présent nous ne connaissons que le mode de pénétration du sang maternel dans l'ectoplacenta. Il nous reste à voir comment y parvient le sang fœtal.

B. *Période de remaniement de l'ectoplacenta.* — Dans les stades précédents, les éléments de la couche plasmodiale n'ont fait qu'envahir le chorion de la muqueuse utérine et les édifications ectodermiques forcent le sang maternel à circuler dans des espaces limités par le tissu fœtal. Aux stades ultérieurs qui nous restent à examiner, le chorion fœtal, doublé de l'allantoïde, va envoyer dans l'ectoplacenta des bourgeons mésodermiques renfermant de nombreux capillaires fœtaux, de sorte que le sang fœtal arrivera en contact plus ou moins direct avec le sang maternel.

A cet effet, l'allantoïde pousse des sortes de sail-

14*

lies ou cloisons mésodermiques (al', fig. 10) qui pénètrent, à la façon de papilles dermiques, dans l'ectoplacenta. Chacune de ces saillies contient une

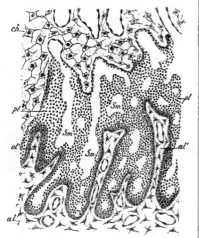

Fig. 10. — *Mode de pénétration des vaisseaux fœtaux dans l'ectoplacenta;* ch, chorion de la muqueuse utérine avec les vaisseaux maternels dilatés (Sm) ; EP, ectoplacenta (couche cellulaire) ; pl, plasmode ; al, allantoïde avec les vaisseaux fœtaux (F) ; al', saillies de l'allantoïde pénétrant dans l'ectoplacenta.

ou deux ramifications vasculaires. Les cloisons fœtales, devenant de plus en plus vasculaires, s'iusinuent dans toute l'épaisseur de l'ectoplacenta, qui se trouve ainsi subdivisé en une série de colonnes juxtaposées, séparées les unes des autres par des bourgeons mésodermiques de provenance fœtale. Les colonnes plasmodiales (fig. 10, pl), creusées de lacunes sanguimaternelles, et, les cloisons mésodermiques intercolonnaires (al') affectent à ce stade, une direction et une disposition à peu près parallèles. Peu à peu, les lacunes sanguimaternelles pénètrent de plus en plus profondément dans l'intervalle des cloisons mésodermiques fœtales.

Sur ces entrefaites, le tissu fœtal des cloisons intercolonnaires végète latéralement et pénètre en divers points la colonne ectoplacentaire, jusqu'à la subdiviser en segments, circonscrits par les végétations plasmodiales (fig. 11, F). Il en résulte que chaque lacune sanguimaternelle est décomposée en une série de tubes irréguliers (fig. 11, Sm.)

A cet état, chaque tube où circule le sang maternel est circonscrit par une lame de proto-

plasma (pl) semée de noyaux (couche plasmodiale). Cette dernière végète en tous sens et subdivise la cavité des tubes sanguimaternels en une série d'espaces secondaires qui s'anastomosent les uns avec les autres, quoique s'ouvrant dans des dilatations communes. La couche plasmodiale qui tapisse les tubes irréguliers, représente un réseau dont les mailles sont remplies par les lacunes sanguimaternelles. La couche plasmodiale est devenue *réticulée* (fig. 11).

Les cloisons intertubulaires, constituées par le tissu mésodermique fœtal, présentent des cellules étoilées et renferment de nombreux vaisseaux,

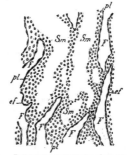

Fig. 11. — *Ectoplacenta remanié;* Sm, sinus sanguimaternels ; pl, colonnes plasmodiales ; F, F, vaisseaux fœtaux ; ef, endothélium qui limite les vaisseaux fœtaux.

qui sont et resteront toujours limités par un endothélium vasculaire (Fig. 11 ef).

Pendant que ces changements s'observent dans l'ectoplacenta, le plasmode envahit de plus en plus le chorion de la muqueuse, dont les cellules conjonctives se transforment en éléments vésiculeux. La substance amorphe qui sépare ces derniers subit simultanément une résorption et disparaît. Comme précédemment, la couche plasmodiale revêt la paroi des vaisseaux maternels (sinus), et se substitue à leur endothélium. C'est ainsi que la couche plasmodiale endovasculaire prend la place de l'endothélium maternel, et, l'ectoplacenta s'engage très avant dans la caduque séro-tine en suivant les sinus utérins.

En résumé, le placenta *remanié* (Fig. 11) par les cloisons de tissu mésodermique fœtal, se compose : 1° d'une série de lames conjonctives embryonnaires qui sont parcourues par les vaisseaux fœtaux (pl); 2° de *tubes* à contours d'abord réguliers, mais que les végétations de la couche plasmodiale ont segmentés en une série de cavités irrégulières (Sm). Celles-ci ne sont limitées que par un revêtement plasmodial, dont la face interne circonscrit la lumière des canalicules dans laquelle circule le sang maternel. Par sa face externe, la couche plasmodiale est en contact immédiat avec la paroi des capillaires dans lesquels circule le sang du fœtus (F). De l'enchevêtrement de ces deux sortes de conduits (vaisseaux ou canalicules sanguimaternels d'une part, fœtaux d'autre part), résulte un complexus canaliculaire qui rend déjà relativement faciles les rapports entre le sang maternel et le sang fœtal. En effet, les seules barrières interposées entre les deux sangs sont : 1° la paroi endothéliale des capillaires fœtaux (*ef*) et 2° la couche plasmodiale des canalicules (*pl*).

C. *Achèvement du placenta.* — Enfin, dans le stade ultime, appelé la *période d'achèvement du placenta*, les rapports entre les deux sangs vont devenir aussi intimes qu'on puisse les concevoir à moins de mélange. On voit, en effet, dans la portion de l'ectoplacenta (Fig. 12), qui renferme les capillaires fœ-

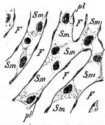

Fig. 12. — *Achèvement du placenta;* pl, réseau plasmodial; F, F, vaisseaux fœtaux à endothélium; Sm, sinus sanguimaternels.

taux (FF) et les canalicules sanguimaternels (Sm), la couche plasmodiale (*pl*) se réduire en devenant de plus en plus mince sur une certaine étendue de la paroi vasculaire fœtale. Elle semble s'étirer, de façon qu'on ne trouve plus du protoplasma qu'autour des noyaux disposés de place en place et écartés les uns des autres. Aussi sur les placentas près du terme, la couche plasmodiale manque-t-elle sur une grande étendue de la face externe des vaisseaux fœtaux, de sorte que les capillaires fœtaux plongent directement dans le sang maternel. La substance protoplasmique de la couche plasmodiale se retrouve seulement autour des noyaux; mais elle forme des expansions qui relient le corps cellulaire d'un noyau au corps cellulaire d'un autre noyau, placé sur un autre capillaire. A ce moment, il n'y a plus à parler de canalicules sanguimaternels, puisque la paroi de ces canalicules est incomplète : le sang maternel

circule dans des espaces situés entre les capillaires fœtaux, espaces irrégulièrement cloisonnés par les restes des parois plasmodiales des canalicules sanguimaternels.

En somme, il n'y a pas lieu de distinguer un *placenta maternel* et un *placenta fœtal*. Le placenta, en entendant par ce mot l'organe où se font les échanges des matériaux entre la mère et le fœtus, ne représente point un organe double, formé par l'enchevêtrement des villosités choriales, d'une part, des saillies de la muqueuse utérine, d'autre part. Le placenta est essentiellement d'origine fœtale : les bourgeons ectodermiques de la lame ectoplacentaire envahissent le chorion de la muqueuse utérine, circonscrivent les vaisseaux maternels dilatés et se substituent au tissu maternel qui disparaît par résorption. Sur ces entrefaites, les vaisseaux fœtaux pénètrent dans les villosités choriales et s'enchevêtrent avec les lacunes sanguimaternelles : avec le progrès du développement, la formation ectoplacentaire s'amincit de plus en plus entre les lacunes sanguimaternelles et la paroi des vaisseaux fœtaux, de telle sorte que ceux-ci semblent plonger directement dans le sang maternel [1].

IV. — MODE DE DÉTACHEMENT DU PLACENTA ET RÉGÉNÉRATION DE L'ÉPITHÉLIUM UTÉRIN

Pour finir l'histoire du placenta discoïde, M. Duval a étudié le mode de détachement du placenta et la façon dont l'épithélium utérin se régénère après la parturition.

[1] Le résumé succinct que je viens de donner des travaux de M. MATHIAS DUVAL est incomplet pour diverses raisons :

1° J'ai eu surtout pour objectif l'évolution du placenta du lapin, quoique l'auteur ait étudié avec autant de soin celui du rat, de la souris et du cobaye. Au fond, les phénomènes évolutifs sont les mêmes.

2° Je me suis abstenu de faire allusion à un très grand nombre de faits relatifs à des points secondaires, mais sur lesquels M. Duval a tenu à longuement insister, parce que leur étude est importante pour présenter et éclairer l'historique de tous les travaux antérieurs. M. Duval a mis un soin tout particulier à l'analyse de ces travaux : il est entré dans les détails les plus minutieux et il s'est attaché à pouvoir dire chaque fois comment tel auteur, manquant de tel ou tel stade dans la série des observations, a été amené à remplacer par une hypothèse les faits qui lui faisaient défaut, et, comment cette hypothèse est tombée à côté de la vérité.

3° Les mémoires, que l'auteur a publiés jusqu'à présent ne sont, malgré leur nombre, qu'un commencement d'une série complète où seront passés en revue les placentas des principaux types de mammifères. C'est alors que pourront être données des conclusions générales. Aussi dans les présents mémoires M. Duval s'insurge-t-il contre toute généralisation hâtive. Il se plaît même à déclarer que qu'il faut bien se garder de conclure du placenta des rongeurs au placenta des carnassiers ou des ruminants. Les données qu'il possède déjà sur les autres mammifères lui permettent, dit-il, d'annoncer qu'il y a entre le placenta des uns et le placenta des autres autant de différences qu'entre les branchies d'un poisson et les poumons d'un mammifère.

Voici, brièvement résumés, les résultats auxquels il est arrivé : toute la portion de la sérotine qui a été pénétrée par l'ectoplacenta s'en va avec le placenta ; il ne reste de la muqueuse utérine à l'endroit où se trouvait le placenta, que la portion qui n'a pas été envahie par l'ectoplacenta (*chorion de la sérotine*). Le placenta s'est donc détaché au niveau de la ligne de contact entre ce chorion de la sérotine et la limite externe de la formation plasmodiale.

Le mode de régénération de l'épithélium utérin se fait un peu différemment sèlon les animaux.

Chez le lapin, la surface mise à nu est recouverte par la muqueuse des parties circonvoisines qui grossit et recouvre complètement la surface mise à nu ; d'où réparation immédiate et cicatrisation par première intention.

Chez le rat et la souris, la muqueuse voisine ne glisse pas, mais la contraction de l'utérus diminue l'étendue de la région mise à nu et ferme les sinus utérins s'ouvrant à sa surface.

Le jour même de la parturition, le chorion mis à nu est formé de cellules dont le protoplasma semble confondu avec celui des cellules voisines ; autre-

ment dit, les cellules ne sont pas circonscrites par une limite nette. Déjà vers la fin de ce jour, les cellules superficielles présentent un contour distinct ; elles sont individualisées. Le lendemain, ces cellules augmentent de hauteur et tendent vers la forme cylindrique.

En un mot, les cellules du chorion prennent peu à peu, du côté de la surface, les caractères de cellules épithéliales, d'abord basses, puis plus hautes et enfin cylindriques. La régénération de l'épithélium sur le chorion dénudé de la sérotine se fait par une transformation directe des cellules conjonctives de la muqueuse.

Au point de vue embryologique, ce phénomène ne semble être que la continuation de ce qu'on observe à l'époque de la formation des conduits de de Muller, dont dérive la matrice. On sait, en effet, que ces conduits, leur revêtement épithélial y compris, se forment aux dépens des cellules de la cavité pleuropéritonéale qui, elles-mêmes, sont de provenance mésodermique.

Éd. Retterer,
Docteur ès sciences,
Professeur agrégé d'Anatomie et d'Histologie
à la Faculté de Médecine de Paris.

REVUE ANNUELLE DE CHIMIE PURE

On dit que la nature ne procède pas par bonds. La science humaine ne se conduit pas de même : elle a été bien plus novatrice en 1890 que cette année-ci. C'est qu'il faut accumuler patiemment de modestes faits d'observation pour faire entrer les esprits en tension et provoquer une floraison d'hypothèses destinées invariablement à grandir, régner un temps, puis disparaître. Et, plus l'évolution complète de ces théories est rapide, plus elles se rapprochent de la continuité naturelle, plus elles profitent à la science.

Au commencement de notre siècle on a fait un tel abus des explications sans contrôle, fondées sur les mots de catalyse, de fluides incoercibles, de molécules, de calorique, etc..., qu'une réaction s'est produite. L'expérience nue, sans commentaire, est devenue à son tour une sorte d'idéal. Mais n'est-ce pas un égal abus de vouloir constater des faits successifs sans se permettre de les lier par des conjectures, et, à ne point faire d'hypothèses, voit-on mieux les choses elles qu'elles sont en réalité ?

Ce dernier doute semble ramener la chimie présente sur un terrain un peu plus métaphysique que par le passé, comme le prouvent la doctrine des ions, celle des tétraèdres, celle de l'éther réticulé

et d'autres. Ces idées sont plus en faveur à l'Étranger que chez nous, où, jusqu'à présent, on redoute davantage de commettre une erreur théorique pouvant tomber dans le discrédit. Une telle crainte arrête peut-être notre imagination, si capable de créer des systèmes, et nous prive du bénéfice de ces conceptions qui, pour tenir certainement une très forte part d'erreur ou même d'absurdité, n'en ont pas moins, en certains cas, une puissance motrice qui provoque l'émulation des chercheurs et force l'estime des contemporains..

Après cent ans de découvertes prodigieuses, on a condensé dans le cerveau des jeunes tant de science faite que celle qu'ils font à leurs débuts leur paraît terne. De là vient sans doute cette poussée vers le mysticisme en art et cette ardeur d'hypothèses en science : on voudrait bien s'affranchir du travail fastidieux et voir au delà. Si telles sont, à tort ou à raison, les tendances nouvelles, il n'est pas prudent de les trop dédaigner, car, après nous être interdit de créer des fantaisies, de remuer des théories, nous serons exposés à les admirer quand elles reviendront — souvent de loin — consacrées par l'expérience et rendues vénérables par le temps. D'ailleurs, si la vitalité utile des meilleures théories dure à peine une génération, les mauvaises ne nous exposent à aucun mal durable. On peut beaucoup semer quand on est sûr de ne voir prospérer que le bon grain.

En chimie générale, aucune idée neuve n'a été lancée et les conversations de laboratoire roulent toujours sur la théorie des ions et celle de la stéréochimie. Naturellement ces hypothèses ont leurs partisans et leurs détracteurs; il y a aussi des modérés qui attendent de l'expérience quelques lumières nouvelles.

On pourrait dire que la théorie des ions continue à choquer le sens chimique tel qu'il est actuellement constitué. Mais c'est là une propriété bien connue de notre esprit de trouver étranges les hypothèses auxquelles il n'a pas eu le temps de s'habituer. Les atomes-ions de Cl et de K chargés d'électricité et flottant indifférents dans l'eau paraissent impossibles aux hommes qui n'acceptent pas des théories en l'air et raisonnent sur le seul terrain de la chimie positive. Il faut reconnaître pourtant que cette théorie, qui a pu paraître une fantaisie, gagne beaucoup de partisans : elle montre de la vitalité, se mêle à toutes les questions connues et s'y adapte de façon à faire réfléchir. Il y a dans ces idées un fond de vérité générale qui peut-être n'a pas encore trouvé son expression définitive, mais qui compte déjà. L'hypothèse d'Arrhenius, évoluant surtout en Allemagne, a tiré de cette circonstance une publicité qui l'a rapidement propagée; mais on regrette souvent qu'elle n'ait pas été exposée dès ses débuts avec plus de cohésion et par des hommes habiles à matérialiser les idées savantes, comme Tyndall.

Clausius a admis jadis pour l'électrolyse que l'eau, par exemple, a une tension de dissociation extrêmement petite et qu'elle contient d'avance de faibles quantités d'hydrogène et d'oxygène que le courant ordonne vers les électrodes, la tension primitive se rétablissant à mesure.

Mais, en pensant de la sorte, c'étaient les gaz H^2 et O^2 qu'on avait en vue. Aujourd'hui ce sont des matières inconnues H^1 et O^1 entourées d'une auréole électrique qu'on se représente à l'esprit. L'eau elle-même dans laquelle se passent presque toutes les actions des ions qu'on étudie est relativement mal connue des auteurs de l'école d'Arrhenius, qui en parlent peu d'ailleurs. C'est précisément parce que l'eau est le *milieu* des actes de dissociation qu'on possède si peu de renseignements sur elle ; l'eau, à ce point de vue, reste encore pour les physico-chimistes ce que l'éther est pour les physiciens. Ce milieu, quand cela est nécessaire,

semble indéfini et inactif comme l'espace ; d'autres fois on est tenté de le regarder comme une masse élastique prépondérante vis-à-vis des ions et comparable à un bain de mercure dont la tension superficielle se joue des grains de poussière qu'on veut ôter de sa surface.

Si la quantité d'eau est grande par rapport à des corps tels que KCl ou HCl, l'affinité chimique qui lie leurs éléments ne compte plus pour rien. Dans ces derniers temps, la doctrine des ions a été prise par Nernst[1] comme principe général servant à interpréter les lois les plus connues de la chimie. Voici un résumé très sommaire des idées de l'auteur et des fondateurs de cette théorie. Il donnera, je l'espère, un aperçu suffisant de la question.

L'eau pure est un isolant ; si l'on y plonge les deux pôles d'une pile, ceux-ci conservent leur charge. L'énergie électrique ne peut quitter les électrodes, car il n'y a dans cette eau aucune barque pour la convoyer : il n'y a pas de courant.

Si dans l'eau on introduit une petite quantité de sucre $C^{12} H^{22} O^{11}$, elle ne conduit pas davantage ; on dit alors que le sucre n'est pas un *électrolyte*. Ses molécules flotteront dans l'eau, choqueront même les électrodes sans emporter d'électricité (fig. 1).

Fig. 1. — Schéma d'une cuve électrolytique à molécules neutres ne conduisant pas le courant.

Un courant électrique, après s'être propagé sur les molécules d'un fil conducteur, doit, pour traverser l'eau, trouver encore des molécules qui le transportent et celles du sucre ne sont pas aptes à cet emploi.

D'après la loi d'Avogadro-Van t'Hoff sur les pressions gazeuses et osmotiques, on sait que, pour une même matière, — toutes choses égales d'ailleurs, — la pression exercée dans un récipient est la même, qu'on agisse en solution (pression osmotique) ou sous la forme de vapeur (tension de vapeur). Cela se vérifie pour les solutions aqueuses d'une multitude de corps organiques non *conducteurs, non électrolytes*.

Les acides, les bases et les sels font exception à cette loi : ils ont une pression osmotique plus grande que celle qu'ils auraient à l'état de vapeur. La pression étant dans les deux cas proportionnelle au nombre de molécules qui frappent le récipient, il faut admettre qu'un même poids de ma-

[1] Handbuch der anorganischen Chemie de Dammer.

tière saline a plus de molécules en solution qu'elle n'en aurait à l'état de gaz : *il y a eu dissociation*. Mais quelle est la nature des produits de cette dissociation, qui paraît évidente ?

Considérons l'acide chlorhydrique. A l'état gazeux, sa molécule est certainement HCl ; après dissolution dans l'eau, si la pression osmotique est double de la pression gazeuse, ainsi que cela est démontré, on doit avoir H+Cl. Or, la solution ne donne aucun des caractères bien connus de H² ni de Cl² libres : il y a là autre chose.

Mais il est à remarquer que les corps qui donnent cette pression osmotique supérieure à la pression gazeuse *conduisent seuls* l'électricité, sont seuls des *électrolytes*. Ce rapprochement montre que l'électricité joue un rôle, et ici intervient l'hypothèse qui veut que la dissociation en ions soit de nature électrique. L'eau pure ne laisse pas passer d'électricité ; HCl pur, fût-il liquéfié, n'en laisse pas passer non plus, et, dans une cuve électrolytique, si à l'eau isolante on ajoute un peu de l'isolant HCl, le courant passe aussitôt. Comme au courant est lié un transport de matière et que celle-ci est faite des produits de décomposition de HCl, on doit admettre que la dissolution a modifié HCl.

Ces faits s'expliquent en admettant que l'acide chlorhydrique HCl est une molécule neutre sans charge électrique libre $\left(\pm\right)$ qui se dissocie dans l'eau comme si ce liquide, que nous imaginions tout à l'heure élastique, écartelait ses atomes ; la molécule HCl se sépare en deux atomes actifs ou *ions* possédant cette fois une charge électrique égale, mais de signe contraire : $\left(+\right)\left(-\right)$ ou $\overset{+}{H}$ et $\overset{-}{Cl}$.

Dans les solutions où se trouve peu d'eau, il y a des ions, mais beaucoup de ces molécules neutres qui ne peuvent transporter l'électricité subsistent ; plus on ajoute d'eau, plus l'action de celle-ci se fait sentir et, à l'extrême limite de dilution, il n'y a plus que des ions (fig. 2).

Le coefficient de dissociation électrolytique, c'est-

Fig. 2. — $\left(\pm\right)$ molécules neutres; $\longleftarrow\left(+\right)$ ions positifs

$\left(-\right)\longrightarrow$ ions négatifs allant en pôle positif.

à-dire le rapport du nombre des molécules dissociées à celui des molécules totales, est un nombre important ; on l'obtient par des mesures de pression osmotique et plus commodément en mesurant la conductibilité électrique des solutions, cette conductibilité dépendant du nombre des ions en liberté.

A l'intérieur d'une cuve électrolytique, montée à l'acide chlorhydrique étendu, entre les deux électrodes communiquant avec une pile, flottent donc de rares molécules HCl, neutres comme celles du sucre, puis des ions. Les ions $\overset{+}{H^1}$ sont repoussés par la plaque positive et attirés par la négative ; ils se dégagent sur cette dernière à l'état d'H² libre électropositif. Ces ions étaient donc positifs. C'est ce cheminement des ions chargés qui, dans une solution, est considéré comme le *passage du courant*. Il n'est pas surprenant de voir des quantités atomiquement définies de corps simples se précipiter au pôle selon la *loi de Faraday*, puisque ce sont les atomes-ions eux-mêmes qui ont effectué le transport électrique. Avec les mêmes constantes électriques, pour 1 d'hydrogène, il se dégage au pôle opposé, par suite d'un entraînement contraire, 35,5 de chlore électronégatif, 80 de brome, 127 d'iode, etc....

Les ions $\overset{+}{H}$ et $\overset{-}{Cl}$ ont une même charge.

Cela s'exprime en disant qu'ils sont *monoatomiques* ou monovalents. Certains corps, — tel l'acide sulfurique, — se dissocient en ions de valeurs différentes :

$$SO^4H^2 = \overset{+}{H} + \overset{+}{H} + \overset{=}{SO^4}$$

SO^4, — qui n'a pas de réalité chimique, — est un ion équilibrant deux unités de charge positive ; il est doublement négatif : il est *diatomique*.

On conçoit que ce système d'interprétations puisse être étendu à toutes les questions de la physico-chimie, notamment à la vitesse des transformations, à l'intensité des actions chimiques (affinité, avidité) et à la chaleur dégagée dans les réactions. Le point de vue thermochimique est ici curieux à signaler. Les ions, quelle que soit leur nature, ayant dans toutes les actions que nous avons vues des propriétés uniformes quand il s'agit de conduire l'électricité, d'augmenter la pression osmotique, doivent être aussi thermiquement égaux. Il en résulte que la chaleur dégagée dans les décompositions entre électrolytes doit être uniforme. Ce sont les ions $\overset{+}{H}$ et $\overset{-}{OH}$ qui seuls produisent la chaleur ; qu'on examine la formation de K Cl ou de SO⁴Na², on ne mesure jamais que la chaleur de formation de l'eau :

$\overset{-}{HO}$	$\overset{+}{H}$	H²O	partie active
....	+	---	....
$\overset{-}{K}$	$\overset{-}{Cl}$	K Cl	partie inactive

Par l'expérience directe on ne trouve nullement qu'il en soit ainsi. On admet alors que l'égalité de chaleur dégagée a lieu seulement dans la limite du coefficient de dissociation; puisqu'il n'y a que les ions libres $\overset{+}{H}$ et $\overset{-}{OH}$ qui prennent part à l'action, les molécules de HCl ou de SO^4H^2 non ionisées ne peuvent compter. Malgré cette correction, l'accord n'est pas toujours satisfaisant entre la doctrine des ions, qui est de nature hypothétique, et les données de la thermochimie, qui sont des faits; et si la théorie de la dissociation électrolytique repose sur un fond de vérité, elle devra nécessairement arriver aux résultats déjà acquis par la thermochimie, dont l'ensemble des lois a été depuis longtemps établi par M. Berthelot.

Cette théorie des ions, qui sont au fond une nouvelle incarnation des atomes, a donné lieu à une bien curieuse expérience. M. J. Curie, en 1887, a découvert une remarquable propriété du quartz, dont les cristaux sont des isolants à peu près parfaits dans le sens opposé à leur axe. Dans la direction de l'axe ils conduisent 10.000 fois mieux. L'auteur a attribué cette propriété à des traces d'eau ou d'impuretés incluses dans la direction axiale. MM. E. Warburg et F. Tegetmeier[1] ont admis que cette conductibilité est due au transport des impuretés du quartz à l'état d'ions dans le sens de l'axe. Par une analyse minutieuse, les auteurs ont démontré que le quartz hyalin le plus beau contient toujours environ $\frac{1}{1000}$ de *sodium* et un peu de *lithium*, et ils ont réussi à faire cheminer ces métaux le long de l'axe au moyen d'un courant électrique. Ces expériences réussissent aussi particulièrement bien avec du verre. On applique

Fig. 3. — Figure schématique d'un appareil à électrolyse solide.

sur les deux faces d'une lame de verre A (fig. 3), dont l'épaisseur peut atteindre plusieurs millimètres, une pièce B pouvant contenir de l'amalgame de sodium et une autre cavité semblable C remplie de mercure. Le tout est chauffé vers 200°. Comme le quartz, le verre, surtout à 200°, n'est pas rigoureusement isolant. Avec une batterie de couples Planté les ions $\overset{+}{Na}$ du silicate de sodium se mettent en mouvement; après trente

heures, il en est passé des quantités notables, — $0^{gr} 050$, — dans le mercure pur du godet C. Le sodium de l'amalgame placé en B répare les pertes de la lame qui *conserve son poids et reste absolument limpide*. Dans le verre, comme dans l'eau, existent donc. — d'après la théorie, — des molécules neutres de silicate $SiO^3 Na^2$ mais aussi des ions $\overset{+}{Na}$ et $\overset{=}{SiO^3}$ qui peuvent transporter l'électricité. M. Tegetmeier a remplacé l'amalgame de sodium du godet. B par de l'amalgame de lithium. Dans ce cas, c'est encore du sodium qui passe dans le mercure du vase C pendant longtemps; mais, dès le début, on voit la lame s'opacifier du côté du lithium; l'opacité finit par gagner toute l'épaisseur du verre et, dès ce moment, c'est du lithium qui s'accumule dans C. Tout le sodium n'a pas été chassé, mais tous les ions $\overset{+}{Na}$ ont passé substitués par Li. Le verre expérimenté contenait à l'origine 2, 4. % K et 13,1 % Na contenait après l'expérience 2, 4 K, 4, 3 Li 3, 3 Na. Ce verre, dans lequel le lithium a pris la place du sodium, se laisse teindre, dans sa masse opacifiée, par la fuchsine; il est devenu friable. On pense que les ions de $Li = 7$, plus petits que ceux de $Na = 23$, ont laissé dans le verre des galeries comme celles du bois vermoulu. Aucun métal à poids atomique supérieur à 23, — pas même $K = 39$, — ne peut, dans les conditions décrites, chasser le sodium : leurs atomes sont trop gros pour le pousser dans ses galeries!

Il convient de rapprocher ces faits de la perméabilité électrique du verre pour les gaz et l'eau, découverte par M. Schützenberger[1]. L'oxyde de carbone, l'oxygène, l'acétylène, l'eau placés dans des tubes à effluve communiquent aisément avec l'extérieur et les produits de condensation faits avec des gaz secs contiennent toujours les éléments de l'eau. Ces remarquables expériences du savant professeur du collège de France montrent que le verre le plus parfaitement homogène ne mérite plus confiance dès que l'électricité en fait jouer les molécules. On est amené à se demander aussi s'il est de nature à tenir, au delà d'une certaine limite, les vides élevés qu'on sait aujourd'hui réaliser.

Les hypothèses stéréochimiques, d'une portée moins considérable que celle des ions, n'ont pas subi de modifications sensibles; mais elles nourrissent des discussions assez vives. Outre ses hypothèses propres, la chimie dans l'espace, entée sur les formules de constitution actuelles, suppose que celles-ci ont été correctement établies. Cette situa-

[1] *Poggendorf Annalen*, t. 41, p. 1-41.

[1] *Compt. Rend.* t. 110, p. 360.

tion prête aux controverses quand on vise la rigueur. Dans ces questions on continue à raisonner sur un tétraèdre régulier pour la commodité des démonstrations; mais peu à peu se fixe la notion d'un tétraèdre irrégulier.

Selon M. Le Bel, le tétraèdre représentant le carbone serait déformé à chaque introduction d'un nouveau radical; mais tant que sur les quatre groupes fixés au tétraèdre deux au moins sont identiques, il peut se faire un plan de symétrie rendant la matière optiquement inactive. En plus de l'infinité des tétraèdres à plan de symétrie, il en existe, pour les corps *actifs*, de complètement dissymétriques quand tous les groupes substitués deviennent distincts. Ces théories versent directement dans une cosmographie moléculaire qui ferait disparaître, si un jour elle arrivait à maturité, toutes nos formules chimiques. Mais nous sommes plus loin, semble-t-il, de la mécanique des molécules qu'au temps des laborieux calculs de Kepler on ne l'était de la Mécanique céleste.

Ce qui a manqué jusqu'à ce jour à la stéréochimie, c'est un procédé de mesure. M. Ph. A. Guye, — dans le meilleur travail qui ait été fait sur ces questions depuis leur origine, — a déduit de l'hypothèse une méthode expérimentale qui conduira quelque jour à des tableaux numériques et à des mesures d'angles de polarisation en fonction des groupes chimiques substitués. Par rapport à la théorie du tétraèdre, c'est là un véritable procédé de balance.

Imaginons une substance quelconque contenant

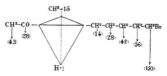

Fig. 4. — Schéma d'équilibre moléculaire.

un tétraèdre de carbone à saturation dissymétrique: les chaînons substituants agiront de chaque côté par leur poids, le tétraèdre penchera du côté le plus chargé, et, si par voie chimique on introduit à l'extrémité du levier droit ou gauche des radicaux lourds capables de faire pencher la balance, on verra le pouvoir rotatoire de la matière passer de droite à gauche ou inversement. Ceci conduira sans doute à la connaissance du coefficient optique de chaque pièce de la chimie organique, comme si on la mesurait en poids cotés.

Ce travail peut être considéré comme le meilleur argument en faveur de l'hypothèse tétraèdrique à laquelle il semble apporter l'autorité d'un fait. Cependant il n'est pas nécessairement lié à l'idée provisoire de tétraèdre: il démontre d'une façon plus générale un état d'équilibre moléculaire changeant avec le poids atomique.

Divers auteurs et surtout M. Claus [1] se plaignent de ce que des formules insuffisamment établies soient prises pour des stéréo-isomères, alors qu'on les pourrait tenir pour des *tautomères* ou isomères de fonction. Ainsi, pour lui, les composés benzhydroxamiques écrits en stéréochimie

$$C^6H^5 - C - OH \qquad et \qquad C^6H^5 - C - OH$$
$$HO - Az \qquad\qquad\qquad Az - OH$$

pourraient se distinguer aussi bien en écrivant:

$$C^6H^5 - C - OH \qquad et \qquad C^6H^5 - C = O$$
$$Az - OH \qquad\qquad\qquad AzHOH$$

C'est qu'en fait les caractères distinctifs de fonctions aussi voisines sont difficiles à établir et à interpréter. D'autre part, pour démontrer que des OH sont ou ne sont pas du même côté de l'axe supposé de la molécule, on emploie des moyens assez violents, capables par eux-mêmes de tout transposer. Telle est l'action de PCl^3 en vase clos, suivie de celle de la potasse.

Pendant de longues années, on n'a trouvé que de rares isomères physiques; il semble maintenant que les molécules, soumises à la question, en avouent plus qu'il n'y en a. Tout cela n'empêche qu'il y ait bien certainement des matières telles que leurs différences de propriétés ne puissent s'expliquer par les formules développées ordinaires: les acides maléique et fumarique sont dans ce cas: ils ont incontestablement la même formule:

$$CO^2H - CH = CH = COH,$$

et leurs propriétés ne permettent pas de les confondre. On a pris leur genre d'isomérie comme

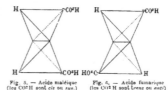

Fig. 5. — Acide maléique (les CO^2H sont *cis* ou *syn*.)
Fig. 6. — Acide fumarique (les CO^2H sont *trans* ou *anti*)

type, et on dit un isomère *malénoïde* ou *cis*, et un *fumaroïde* ou *trans*.

[1] *Journal für prakt. Chem.* (2) t., 44.

II

Sur le terrain de la chimie organique, on parle surtout cette année de la nomenclature. Un congrès, dû à l'initiative privée de divers représentants éminents de cette partie de la science, entre autres MM. Schützenberger, Friedel, Baeyer, Ramsay et Fischer, s'est réuni à Genève. Cette assemblée a voté des propositions relatives aux carbures de la série grasse et à ces groupes chimiques qu'on appelle des fonctions; mais il a réservé à plus tard la partie la plus complexe et la plus ardue de son programme, celle qui touche aux dérivés à formules cycliques et aux fonctions multiples. Les points sur lesquels l'accord s'est fait pourront ainsi être confirmés dans une autre réunion; mais il sera également possible d'en modifier les termes, de sorte que les discussions restent ouvertes.

Qui dit nomenclature chimique dit conversation chimique; or la complexité des formules qu'on peut établir est telle qu'il devient impossible de les prononcer et d'en comprendre l'énoncé : autant vaut se réciter une équation algébrique que de converser sur le *tétraméthyldiamidodiphénylméthoxyméthylquinolylméthane.*

Mais cet inconvénient de la nomenclature usitée prend sa source dans la complication même des choses; il faut s'y résigner, car toute autre nomenclature sera aussi longue, comme le montrent les noms suivants que je relève dans un article récent :

3 méthy—6 éthyl—6 nomène—4 one—3 al—5 chlore—1.6² dioïque
3 méthylal—6 éthylolque—4 céto —5 chloro--6 nonénoïque.

A vouloir parler une telle chimie organique, on perdrait le temps qu'on doit consacrer à la faire.

Pour parler sérieusement des formules complexes de chimie, comme de celles d'algèbre, le seul moyen est de prendre de l'encre et du papier.

Sur la proposition de M. Baeyer, on a renoncé d'ailleurs à l'idée d'une nomenclature parlée : tout se bornera à systématiser les noms chimiques de telle sorte qu'il soit possible de trouver dans nos volumineux répertoires ce qui est relatif à une substance donnée.

Il est devenu difficile de trouver les noms dans une compilation de chimie organique. Par exemple, doit-on chercher dans une table : aniline, phénylamine ou amidobenzine? S'il y avait pour toute substance imaginable un nom *de répertoire* officiel et construit selon des règles préétablies, on pourrait continuer à dire aniline, ce qui

est simple, mais on serait sûr de trouver en son lieu et place un mot, bizarre peut-être, mais systématique.

Le langage atomistique actuel, relativement très clair, remplace déjà partout la chimie organique parlée en équivalents, dont l'usage devient de moins en moins commode. Une langue chimique nouvelle n'aurait chance de réussir que si elle était plus simple. Cela se ferait à l'exemple de l'anglais parlé, qui s'étend, — entre autres causes, — parce qu'il n'a ni conjugaisons, ni genres, ni déclinaisons. Détachés de toute idée de langue parlée, les chimistes peuvent faire œuvre utile s'ils n'ont plus à limiter un système logique par la crainte d'une phonétique étrange. On inscrirait l'alcool sous le nom de deutanoxol, je suppose, l'acide acétique sous celui de protane carbonique; la glycérine pourrait être sans inconvénient le tritanetrioxol 1.2.3, ou autre chose.

A Genève, on a codifié un certain nombre de conventions déjà adoptées dans le répertoire bien connu de Beilstein. Ainsi les carbures saturés seront inscrits selon les nombres ordinaux grecs, comme le fit jadis Hoffmann. On dira pentane (C^5H^{12}) hexane (C^6H^{14}), undécane ($C^{11}H^{24}$)...

En contradiction avec cette règle les noms de méthane, éthane, propane et butane seraient conservés à la place de protane (CH^4), deutane (C^2H^6), tritane (C^3H^8), tétrane (C^4H^{10}). Cet illogisme a pour effet de ménager la possibilité de parler, — dans une langue étrange, — des premiers termes des séries. Cependant l'alcool appelé *éthanol* ne serait pas plus défiguré sous le nom de *deutanol.*

Les carbures non saturés auront les terminaisons ène, ine, one, une; on dira hexène (C^6H^{12}) hexine (C^6H^{10}) hexone (C^6H^8) et hexune (C^6H^6).

Dans une formule complexe, on prendra comme base *la plus longue portion continue* qu'on y puisse relever; ainsi la nonane ci-dessous

$$\overset{CH^3}{\underset{\underset{(6)CH^3}{\overset{(5)}{CH^2}}-\overset{(4)}{CH^2}-\overset{(3)}{\underset{}{CH}}-\overset{(2)}{\underset{CH^3}{CH}}-\overset{(1)}{CH^3}}{\overset{CH^2}{|}}}$$

se nommerait le protyl-2-dentyl-3-hexane, vocable long à dire, mais clair à lire.

Les divers cas ont été prévus et assurément on est arrivé à améliorer la nomenclature des carbures gras arborescents que nous ne pouvons développer ici.

Pour les hydrocarbures saturés cycliques, M. Armstrong a proposé d'employer la particule *cyclo :*

Cyclohexane   Cyclopentane

Cela est fort commode, et il faut espérer qu'on désignera de la sorte et sans nouvelles conventions les cycles dits aromatiques, qui ne sont pas un monde à part, comme on l'a cru longtemps, et n'ont d'autre particularité que d'*être des cycles*, d'ailleurs plus ou moins saturés.

La benzine deviendrait, en appliquant les conventions déjà faites, la cyclohexone; la naptaline, la dicyclohexone, etc...

Pour les corps complexes, un premier principe utile a été posé : mettre en évidence dans toute formule un squelette d'hydrocarbure supposé fondamental, et autour duquel des accessoires viennent se grouper dans des positions numérotées. Voici, comme exemple, une formule de démonstration, — d'ailleurs possible à réaliser, — et dans laquelle je suppose diverses fonctions (CO² H, Cl, Az H², CH³...) accumulées sur un carbure normal en C⁶ :

Si la question des hydrocarbures arborescents commence à être bien réglée, celle des accessoires, les fonctions, laisse beaucoup à désirer. On admet seulement que l'ordre dans lequel ces fonctions doivent être énoncées sera celui du numérotage adopté pour le carbure en partant d'une origine de convention. Tous les savants qui font de la chimie organique ont un sentiment qui n'est pas explicitement enseigné, c'est qu'il y a des fonctions mobiles et des fonctions fixes. Les fonctions AzH² Cl, Br sont évidemment mobiles, adventives ; on les introduit, on les enlève à volonté, tandis que $O = CH^1$ — $O = \overset{|}{C}$— et — CO²H sont des fonctions fixes incluses dans la chaîne principale. Ce sentiment s'est manifesté à Genève, où les fonctions précitées ont été incorporées. Cela a apporté dans les formules à fonctions mixtes une telle complexité qu'on a réservé la question. Ainsi une substance aussi simple :

COH — CH² — CH OH — CO — CO² H

se trouverait avoir le nom d'acide *pentanalolonoïque*. Un peu plus haut dans la série, on aurait un acide nonanolonoïque. On peut imaginer l'effet d'une causerie sur une telle série. D'ailleurs, si l'on con-

vient de regarder le noyau hydrocarboné comme le groupe *fondamental* d'une formule, on ne peut conserver à aucune fonction ce même rôle prépondérant. Pourquoi, par exemple, garder le mot d'*acide* énoncé à part chaque fois que la formule renferme CO²H? En quoi cette fonction est-elle supérieure aux autres?

Les formules de la chimie organique sont des schémas, les fonctions sont des symboles dont nous disposons; il suffira de les rendre tous mobiles pour simplifier la nomenclature sans changer la représentation des réactions. La fonction acide CO²H est déjà en fait considérée comme adventive dans la série aromatique : on dira, par exemple, des acides pyridine carbonique. La fonction $\overset{|}{C} = O$ est plus délicate. Mais, dans une formule telle que CH³ — CCl² — CH³ on n'accordera au substituant divalent $= Cl²$ aucune propriété spéciale ; il n'y a pas de raison pour faire autrement dans le cas de l'oxygène divalent $= O$. L'acétone est un dérivé bisubstitué en oxygène : CH³ — CO — CH³, et des souvenirs historiques seuls font admettre un groupe [C = O], qui interrompt la formule. Une autre difficulté est de donner un nom distinctif à l'oxygène dans ses divers emplois. Sur un terrain de systématisation, il sera commode, pour éviter les confusions, de renoncer à la terminaison traditionnelle *one* des cétones, puisqu'on a décidé que les carbures Cⁿ H²ⁿ⁻⁴ recevraient cette désinence : one. L'hexone n'est plus une cétone, mais un carbure C⁶H⁸, sa cétone serait l'hexonone, répétition troublante.

Une solution bien simple serait de transporter, dans la série oxygénée, une partie des suffixes adoptés pour le soufre. Le soufre de SH est déjà le *thiol*, l'oxygène de OH serait l'*oxol*, celui de C $=$ O l'*oxone*, celui de COH l'*oxal*, celui de R² O l'*oxide*. A la rigueur l'*oxone* placé à l'extrémité d'une formule suffirait à caractériser un aldéhyde, la fonction CO étant la même en somme : CH³ — CO — CH³ ou CH³ — CO — H dans les deux cas.

· Voici, dans cette hypothèse, quelques noms d'ailleurs singuliers à dire, comme cela arrivera toujours.

Deutanoxol (alcool)   Deutanoxal (aldéhyde)
Deutanthiol (mercaptan)   Tritanoxone¹ (acétone)
Tritantrioxol¹,²,³ (glycérine) Tritanthione³ (Thiacétone)
Deutandioxol¹,² (glycol)   Deutanoxal¹ oxol¹(glyoxal)

Deutanoxyde¹,² (oxyde d'éthylène)
Deutanthlide¹,² (sulfure d'éthylène)
Dideutyloxyde (éther)
Dideutylthiide (sulfure d'éthyle).

La formule C⁹ H¹³ Cl Br Az² ci-dessus aurait le nom descriptif qui suit :

Hexane chor² — carbonique³ — oxone³ — amin⁴ — deuto⁵ — brom²⁷ — oxal⁶.

Rappelons comme curiosité une notation parfaitement systématique, mais oubliée, de Gmélin, dans laquelle, pour les cas simples, se trouvent les noms : Alan (H^2 O), Atil (Az H^2), Apik (PCl^3), Atilalak (Az H^3 HCl).

II

Les recherches de chimie subissent de véritables influences de mode. On ne saurait croire combien, surtout à l'Étranger, la chimie minérale est délaissée, ni dire pourquoi. Tout le monde à un moment s'est porté vers la chimie organique , comme si, au lieu d'être un chapitre, important il est vrai, elle était· la science entière. Maintenant de nombreux chercheurs se détachent de la chimie organique ; mais c'est à la physico-chimie qu'ils vont.

Et cependant il y a de fort belles choses à faire en chimie inorganique, comme le prouve, entre autres, le remarquable travail de M. Moissan [1] sur le bore.

Le bore, jusqu'à ces temps derniers, était considéré comme une. matière à peu près impossible à préparer pure; il contenait toujours du fer, du sodium, de l'hydrogène et d'autres impuretés en quantité extrèmement variables et pouvant atteindre 50 % du poids de la matière. Aussi aucune constante physique, aucune propriété chimique de ce métalloïde n'était-elle connue avec certitude.

M. Moissan a commencé par préparer du bore au moyen du magnésium en poudre réagissant sur l'anhydride borique fondu. Par cette méthode, en prenant des précautions spéciales, il est arrivé en premier lieu à un résultat déjà satisfaisant : avoir du bore ne tenant qu'une seule impureté, du magnésium. Dans ces difficiles recherches on ne fait pas du coup ce que l'on veut. Mais la réaction qui, seule, a permis au savant chimiste d'arriver au succès, consiste dans la digestion par voie sèche du bore magnésien avec un excès d'anhydride borique. Les quantités variables de borure, formant la seule impureté du bore, sont ainsi éliminées par une suite d'oxydations qu'on peut représenter par une équation telle que $B^2Mg^3 + B^2O^3 = 2B^2 + 3$ Mg O. C'est B^2 O^3 qui apporte l'oxygène nécessaire à l'affinage du bore, à la scorification du magnésium.

Après une ou deux digestions boriques au rouge suivies de lavages fluorhydriques, on obtient du bore amorphe anhydre parfaitement pur, comme le démontre la seule preuve valable : l'analyse quantitative.

Le bore amorphe est une poudre d'un marron clair tachant les doigts. D $= 2,45$. Il est infusible, même à la température de l'arc. Le bore s'allume à 700° dans l'air, à 640° dans le soufre, à 410° dans le chlore, 700° dans le brome. Contrairement à l'opinion reçue, le bore ne se combine que fort difficilement à l'azote pur : il faut chauffer jusqu'à 1200° pour obtenir un résultat net.

M..Moissan insiste sur ce fait que la propriété caractéristique du bore est son pouvoir réducteur. Le bore calciné décolore à froid le permanganate de potassium et réduit à l'état métallique les solutions d'argent, de platine, de palladium, d'or... La vapeur. d'eau et l'oxyde de carbone sont désoxydés par le bore au rouge.

Vis-à-vis des oxydes le bore agit comme un corps bien plus réducteur que le charbon. Certains oxydes ou chlorures détonent même quand on les frappe en présence de ce métalloïde. L'isolement du bore pur fait encore décompter des corps mal définis, trop nombreux dans la chimie inorganique ; il donne un outil nouveau pour aller en avant, pour réduire d'autres éléments jusqu'à ce jour inconnus.

Tout le monde sait qu'il y a des sels de chrome violets aisément cristallisables qui, par l'action d'une faible température, se transforment en sels verts incristallisables. Une foule d'hypothèses ont été faites, sans succès évident, pour expliquer cette particularité. Le problème des *modifications* des sels de chrome a reçu cette année de M. Recoura une solution satisfaisante. Un sel *violet*, par exemple, l'alun Cr^2 (SO^4)^3 SO^4 K^2 24 H^2 O est un sel régulier de chrome; il laisse précipiter par ses solutions le chrome, l'acide sulfurique et le potassium par les réactifs de ces matières. Si ce sel normal vient à être chauffé à 100°, il perd de l'eau et passe à la *modification verte*.

Déjà il avait été dit que ce sel vert ne cède pas *tout* son acide à chlorure de baryum. M. Recoura [1] prouve qu'en opérant convenablement, l'alun verdi ne laisse plus précipiter du tout d'acide sulfurique ni de chrome, qui sont, comme l'on dit quelquefois, *masqués* dans la combinaison; seul le potassium reste précipitable. L'auteur conclut de là qu'en verdissant, l'alun violet a cessé d'être un sulfate de chrome; il s'est constitué une molécule nouvelle formant un tout : l'acide chromosulfurique, $[Cr^2 (S O^4)^4]''$ H^2 $+$ 11 H^2 O. Le groupe acide nouveau (mis ici entre crochets) se transporte intact dans les combinaisons salines quelconques. Les autres sels verts recevront par la suite des explications analogues.

---

[1] *Comptes rendus*, t. CXIV, p. 319; p. 392.

[1] *Comptes rendus*, t. CXIV., p. 477.

Les anciennes distinctions de chimie organique et minérale sont très commodes encore pour écrire et classer en gros. Mais, sur leurs confins, elles perdent toute netteté. On se demande si les substances de M. Curtius sont organiques ou minérales. Cet auteur [1] poursuit ses recherches sur les curieux composés azotés qu'il a découverts et décrit une série d'azotures engendrés par l'acide azothydrique Az^3H. Parmi ceux-ci on remarque deux sels ammoniacaux Az^4H^4 et Az^5H^5 ; l'un est l'azoture d'ammonium Az^3AzH^4, l'autre l'azothydrate d'hydrazine : Az^3 H Az^2H^4. M. Curtius, au cours de ses recherches récentes, a obtenu encore un dérivé de la triamide Az^3H^5. On voit poindre là, avec une stabilité faible, une chimie des azotures d'hydrogène se développant selon les mêmes principes que celle du carbone :

$Az H^3$	$Az H^3 - Az H^2$	$Az H^2 - Az H - Az H^2 \ldots$
Ammoniaque	Diamide	Triamide
CH^4	$CH^3 - CH^3$	$CH^3 - CH^2 - CH^3 \ldots$
Protane	Deutane	Tritane

C'est encore une série naissante qui montre que les mêmes lois de condensation s'appliquent en dehors du carbone aux divers éléments. Tous ces corps azotés sont fort dangereux à respirer et souvent violemment explosifs.

Par suite de la fâcheuse mode dont nous avons parlé, on laisse dormir en paix bien des questions d'inorganique mal vues. Depuis bientôt cent ans nous parlons, sur la foi de nos devanciers, de l'anhydride phosphoreux comme d'une poudre fixe jaunâtre, peu soigneusement définie. Personne sans doute n'était bien sûr de cette espèce chimique, mais la curiosité de la préparer de nouveau pour la voir — afin d'y croire — n'est venue que tout récemment à M. Thorpe [2].

L'auteur en brûlant du phosphore sec dans un courant d'air lent, comme cela est recommandé, n'a jamais obtenu que de l'anhydride phosphor-

ique fixe et rendu jaunâtre par un peu de phosphore. En variant les conditions, il a découvert le véritable anhydride hypophosphoreux. Cette matière se fait en brûlant du phosphore dans un très rapide courant d'air qui l'entraîne sans lui laisser le temps de s'oxyder sur le lieu de la combustion. Dans les condensateurs qui suivent, l'anhydride se dépose en cristaux.

L'anhydride phosphoreux n'a pas la formule $P^2 O^3$, mais bien $P^4 O^6$, comme le montre sa densité de vapeur. C'est un corps solide parfaitement cristallisé, fusible à $22°$ en un liquide mobile et limpide, qui entre en ébullition à $173°$. Il possède l'odeur spéciale qu'on attribue au phosphore et que répandent surtout les allumettes humides. La chaleur décompose $P^4 O^6$ selon deux équations différentes dépendant des conditions de chauffe :

$$5 P^4 O^6 = 6 P^2 O^6 + 8 P$$

et

$$2 P^4 O^6 = 3 P^2 O^4 + 2 P.$$

L'oxygène oxyde l'anhydride phosphoreux en donnant une belle lumière de phosphorescence ; il se fait de l'anhydride phosphorique :

$$P^4 O^6 + 2 O^2 = 2 P^2 O^4$$

Le chlore agit conformément à l'équation :

$$P^4 O^7 + 4 Cl^4 = 2 PO Cl^3 + 2 PO^2 Cl.$$

L'anhydride phosphoreux solide rougit facilement à la lumière ; dans cette circonstance, comme dans plusieurs autres, il donne du phosphore rouge. Déjà on sait que les oxydes correspondants de As et Sb ont les formules $As^4 O^6$ et $Sb^4 O^6$. $P^4 O^6$ vient compléter cette série. Mais les métalloïdes libres ont aussi pour formule P^4, As^4, Sb^4; il semble donc que ce groupe de corps entre en combinaisons sous sa forme atomique ordinaire P. As Sb et à l'état de molécule quadruple. Rappelons que, pour le phosphore, on connaît déjà P^4H^2, l'hydroxyde P^4OH de M. A. Gautier et le sulfure P^4S^3 de M. G. Lemoine.

A. Étard,

Docteur ès sciences
Répétiteur de Chimie à l'École Polytechnique.

---

[1] *Berichte*, t. 24., p. 3.341.
[2] *Chemical Society*, 1891, p. 1019.

BIBLIOGRAPHIE

ANALYSES ǀET INDEX

1° Sciences mathématiques

Appell. — Leçons sur l'attraction et la fonction potentielle, *professées à la Sorbonne en 1890-1"91, rédigées par M. Charliat, répétiteur à l'Ecole centrale.* (*Prix :* 2 *fr.*) Georges Carré, éditeur, 58, rue Saint-André-des-Arts, Paris, 1892.

Ce court, mais substantiel opuscule de 63 pages, d'un caractère très nettement élémentaire, exige du lecteur seulement les notions de mathématiques de la Licence et le met à même d'aborder utilement ensuite l'étude des grands Mémoires de première main. Loin d'être esquivées, les difficultées d'analyse sont surmontées par des procédés simples et naturels. On trouve ainsi successivement traités :
La définition de la fonction potentielle pour un point tant intérieur qu'extérieur;
L'équation de Lagrange;
L'équation de Poisson ;
La formule de Green et le théorème de Gauss ;
La définition du potentiel logarithmique ;
De nombreuses applications.
La formule de Poisson s'obtient notamment en transformant les intégrales triples en intégrales doubles par la méthode de Green et de M. Sarron, fondée sur l'introduction de l'élément de surface et des cosinus directeurs de la normale.
Voilà un précieux manuel pour tous ceux qui veulent s'initier à la Physique mathématique, où la fonction potentielle joue un si grand rôle.

Léon AUTONNE.

Dwelshauvers-Dery, *Professeur à l'Université de Liège.* — Etude calorimétrique de la machine à vapeur. — *Encyclopédie scientifique des Aide-Mémoire, dirigée par M. Léauté.* (2 *fr.* 50 *br.*, 3 *fr.* cartonné.) Gauthier-Villars et fils, 55, quai des Grands-Augustins, et G. Masson, 120, boulevard Saint-Germain, 1892.

Ce petit volume, très intéressant, constitue un exposé complet et méthodique de la *théorie expérimentale* de la machine à vapeur, fait dans l'esprit du savant alsacien Hirn qui l'a conçue. Les perturbations causées par la présence du métal en contact avec la vapeur, sont expliquées clairement par une analogie avec les phénomènes de fuites d'eau dans les moteurs hydrauliques. Carnot a jadis établi un parallèle entre le moteur thermique idéal et le moteur hydraulique parfait; M. Dwelshauvers-Dery poursuit cette comparaison pour les réalités de la pratique, en tenant compte des plus récentes découvertes expérimentales de M. Donkin. Il a d'ailleurs, le premier, donné les six équations qui résument la *théorie pratique* pour les machines monocylindriques; il les établit ici en y ajoutant une septième relation indispensable pour les essais des machines sans condensation et pour l'étude des machines compound. Cette dernière, qui est due à M. Sinigaglia, est présentée d'une manière plus large, en raison même de l'addition renfermée dans la septième équation, d'où l'auteur déduit le principe d'économie auquel son nom est attaché : *Pour marcher dans les conditions les plus économiques, il faut faire en sorte que le métal à l'intérieur du cylindre soit sec à la fin de la détente.* M. Dwelshauvers donne le détail des expériences de M. Donkin, qui démontrent l'exactitude de ce principe. Il applique aussi à la machine compound, et c'est la première fois que cela se fait, sa représentation graphique des échanges de chaleur entre la vapeur et le métal. Le diagramme des échanges est tracé pour des machines de puissances très diverses, depuis 6 chevaux jusqu'à 800, de telle façon que l'on puisse, d'un simple coup d'œil, voir quel est le moteur qui fonctionne le plus économiquement et quelle est la raison de cet avantage.

Ce qui précède suffirait à faire comprendre l'intérêt que présente ce livre, mais il est un point sur lequel nous devons appeler l'attention. L'auteur a exposé une idée toute nouvelle, inspirée sans doute par un desideratum énoncé par M. Taurston, en faisant connaître *le cycle idéal de la machine réelle,* dépouillé des impossibilités physiques du cycle parfait. Il montre, par un exemple choisi dans des conditions pratiques moyennes, et pour lequel la machine de Carnot transformerait en travail les 33 0/0 de la chaleur dépensée, que la machine *réalisable,* mais idéale encore, en donnerait 20 0/0, et consommerait un peu moins de 5 kilogrammes de vapeur par cheval-heure. Si un principe nouveau ne vient bouleverser la méthode actuelle d'utilisation de la chaleur, on ne parviendra pas à réaliser cette consommation minima ; là doivent se borner et nos espérances et nos prétentions.

Sur bien des points, ce livre, d'un caractère si élevé et d'une utilité physique si considérable, est personnel et original ; il ne sera pas moins utile pour le théoricien que pour le praticien qui emploie ou construit la machine à vapeur. On reconnaît, dans le savant professeur de l'Université de Liège qui l'a signé, un physicien consommé, connaissant à fond la machine à vapeur, très au courant de toutes les théories qui ont été faites sur elle, mais rompu à l'expérience et ne s'écartant jamais d'elle.

J. POULET.

2° Sciences physiques.

Fabry (Ch.). — Théorie de la visibilité et de l'orientation des franges d'interférence. *Thèse de la Faculté des Sciences de Paris. Barlatier et Barthelet, Marseille, 1892.*

Depuis quelques années, le goût des études physiques s'est singulièrement développé en France ; plusieurs villes de province sont aujourd'hui devenues des centres de production où, dans d'actifs laboratoires, travaillent des chercheurs sérieux et sagaces ; à Marseille particulièrement, sous l'habile impulsion de M. Macé de Lépinay, admirablement secondé par M. Perot, d'importants travaux se poursuivent dont plusieurs formeront d'intéressantes thèses de doctorat. M. Fabry vient, le premier, de soutenir devant la Faculté des sciences de Paris une thèse remarquée, dont le sujet est la théorie de la visibilité et de l'orientation des franges d'interférence.

Le point de départ des recherches de M. Fabry est un mémoire de M. Macé sur les anneaux de Newton. Cet auteur a exposé, ici même, de la façon la plus nette l'objet de son travail [1], et nous ne saurions mieux faire que de renvoyer à l'article publié dans la *Revue ;* rappelons seulement le résultat général auquel sont, après le premier mémoire de M. Macé, arrivés dans une collaboration fructueuse M. Macé lui-même et M. Fabry. Les appareils producteurs des franges d'interférence semblent se partager en deux catégories. Les uns paraissent exiger la limitation du faisceau éclairant par une fente convenablement orientée (par exemple, les miroirs de Fresnel), ils fournissent des franges visibles

---
[1] V. *Revue générale des Sciences*, t. I (1890), p. 770.

à toute distance; les autres permettent l'emploi d'une source étendue dans toutes les directions (anneaux de Newton); les franges auxquelles ils donnent naissance sont localisées. En réalité, tous les appareils interférentiels connus rentrent dans une seule et même classe, leurs différences apparentes tiennent uniquement aux conditions en quelque sorte exceptionnelles de leur emploi habituel; les deux auteurs établissent cette identité de propriétés et arrivent à des formules générales dont la vérification est aisée dans un grand nombre de cas.

Le mémoire qui sert de thèse à M. Fabry est la suite toute naturelle de ses travaux antérieurs, il est divisé en trois parties: dans la première, l'auteur apporte de nouvelles vérifications à la théorie de la visibilité parfaite des franges; il remarque que, pour vérifier les principaux résultats, il est nécessaire de pouvoir se placer avec un appareil donné dans tous les cas possibles. Aussi doit-on choisir des appareils interférentiels où les faisceaux interférents se superposent dans toutes les conditions, par exemple, des lames minces, prismatiques; il rattache à l'étude des lames minces les franges d'Herschell qu'il étudie en détail; des expériences de mesure, habilement et soigneusement conduites, vérifient tous les résultats avec une approximation des plus satisfaisantes. Dans la seconde partie, M. Fabry aborde l'étude de l'orientation des franges; c'est un physicien allemand, Feussner, qui le premier remarqua que les franges d'une lame mince prismatique, observées au moyen d'une lunette, ne semblent pas en général se projeter sur la lame suivant les lignes d'égale épaisseur; mais il expliqua ce phénomène par un raisonnement tout à fait incomplet; M. Fabry arrive, au contraire, à un résultat général; grâce à une démonstration des plus élégantes, il rattache directement la théorie de ces phénomènes à celle de la visibilité des franges: il démontre et vérifie ensuite qu'à tout résultat obtenu relativement à la visibilité, correspond un résultat relatif à l'orientation, en intervertissant seulement les rôles des points éclairants et éclairés. Enfin, dans la troisième partie, l'auteur aborde le cas où les ranges ne présentent pas une netteté parfaite; en particulier, il recherche ce qui se passe quand la source éclairante, au lieu d'être un point ou une fente continûment orientée, devient une source d'étendue finie dans tous les sens. Il y a ici deux cas distincts qui se peuvent présenter: ou bien la partie utilisée de la source est la même pour tous les points du champ observé; dans ce cas, seule la netteté et non l'orientation des franges dépend de la forme des écrans qui limitent la source; elle subit alors des variations périodiques lorsqu'on modifie la forme de l'ouverture, ou la position du point visé; ou bien, au contraire, on utilise en des points différents du champ des parties différentes de la source; dans ce cas l'orientation dépend aussi de la forme et de la position des ouvertures placées devant la source de lumière.

Le seul reproche que l'on puisse, à mon sens, adresser à M. Fabry est relatif à la façon dont il présente la suite de ses recherches. On risque un peu de s'égarer au milieu de la longue série des calculs particuliers qui se déroule dans son travail; l'idée générale ne se dégage pas avec netteté, l'ensemble disparaît un peu devant les détails, et facilement l'importance du sujet échapperait à la première lecture; mais, après tout, ce léger défaut n'est peut-être que l'excès d'une qualité aussi rare chez les savants que l'est chez les ignorants, la modestie.

Lucien POINCARÉ.

Magnier de la Source (Dr). — Analyse des vins. 1 volume petit in-8° (2 fr. 50) de l'Encyclopédie scientifique des Aide-Mémoire dirigée par M. Léauté. Librairies Gauthier-Villars et fils et G. Masson, Paris, 1892.

Dans son avant-propos, l'auteur annonce que le manuel qu'il publie ne constitue pas un traité complet d'analyse des vins et ne doit prendre place que dans un laboratoire et non sur les rayons d'une bibliothèque. Se conformant donc à cette condition, après avoir étudié les éléments constituants du vin, M. Maguier de la Source donne les caractères physiques du vin : densité, pouvoir rotatoire et aborde de suite la séparation et le dosage des éléments normaux. La détermination de l'alcool est indiquée par les procédés de l'alcoomètre et de l'ébullioscope, celle de l'extrait sec par l'œnobaromètre et par l'évoporation à 100° et dans le vide; les dosages de la glycérine, de l'acide succinique, des sucres, de l'acide tartrique, de l'acidité, du tannin, de la gomme, des cendres, du chlore et des sulfates sont décrits par les méthodes utiles et appliquées par les experts.

S'attaquant aux fraudes nombreuses qu'on fait subir actuellement aux vins, l'auteur énumère les principaux procédés de recherches des matières colorantes, de la glucose, de la mannite, des acides salicylique, borique, sulfureux, de la saccharine, de l'alumine, des acides minéraux, de l'arsenic; enfin quelques paragraphes sont consacrés aux maladies du vin. L'interprétation des résultats analytiques du vin, appuyée par un certain nombre d'exemples pratiques bien choisis, les tableaux de correction des degrés de l'alcoomètre et de l'œnobaromètre et la bibliographie occupent la fin du volume.

Il serait puéril de faire ici l'éloge d'un ouvrage d'un spécialiste aussi connu et aussi autorisé que M. Magnier de la Source. Nous nous contenterons de dire que son manuel de l'analyse des vins remplit fort bien le but que s'est proposé l'auteur et rendra les plus utiles services dans les laboratoires d'analyses.

A. HÉBERT.

3° Sciences naturelles.

Mouret (Georges). Ingénieur en chef des ponts et chaussées. — Études des gîtes minéraux de la France, publiées sous les auspices de M. le ministre des Travaux publics, par le service de topographie souterraine: Bassin houiller et permien de Brive. Fasc. I. Stratigraphie. Un fort volume de 459 pages, avec une carte géologique au 320.000°. Imprimerie nationale, 1892.

Le plateau central de la France a, dès les époques géologiques les plus reculées, constitué dans nos régions une unité géographique distincte; il a été d'abord un des premiers noyaux émergés du sol français. A la fin des temps primaires il faisait partie de la chaîne de montagnes qui réunissait la Bretagne aux Vosges. Au début des temps secondaires, la dislocation et la submersion progressive des lambeaux de cette chaîne l'ont isolé, d'abord comme une grande presqu'île au milieu des mers et des lagunes triasiques, puis comme une île de contours et de dimensions variables au milieu des mers plus récentes. Entre ces deux périodes, il y a eu un passage relativement rapide entre la condition première de massif montagneux, sorte de nœud central vers lequel venaient converger les chaînons du nord-ouest et du nord-est, et la condition actuelle du plateau dénudé, accidenté plutôt par les inégalités de ses dénudations que par la conservation imparfaite des anciennes saillies. Cette période de transition a, dans l'histoire du plateau central, un intérêt tout spécial en raison de cette modification brusque et profonde de sa géographie physique, de cette sorte d'effacement inattendu d'une chaîne de montagnes large et élevée; cet intérêt s'augmente encore par le fait que ces terrains qui nous permettent d'aborder cette étude sont ceux où s'est formée et conservée la houille.

Il n'y a guère qu'une vingtaine d'années qu'on a mis en évidence ce lien intime entre le problème géologique et l'étude des gîtes de combustible minéral, entre l'histoire des mouvements orogéniques et celle de la formation de la houille; c'est M. Douvillé qui le premier est entré dans cette voie, en montrant que les houilles du Nord et celles du plateau central, malgré les analogies apparentes, ne sont pas du même âge. La paléontologie végétale a confirmé et étendu ce résultat, en permettant encore d'établir dans les couches houillères du plateau central une série de subdivisions, fondées sur la différence des flores. Ces subdivisions, malgré les difficultés qui résultent du grand nombre d'espèces communes à toute la série, sont maintenant assez bien connues et assez certaines pour avoir permis à MM. Zeiller et Grand'Eury, de prévoir à la Grand'Combe l'existence de nouveaux bancs de houille à 700 mètres de profondeur, et le sondage entrepris a confirmé leurs conclusions.

Ainsi, dans la dernière période montagneuse du plateau central, il s'est formé à sa surface des dépôts puissants, dans lesquels nous pouvons établir plusieurs subdivisions, d'âge bien déterminé. Le mode de gisement, la nature et la répartition de ces dépôts, nous amèneront à nous faire une idée plus précise du relief général du plateau central et de ses transformations. Une nouvelle série de sédiments, également grossiers, mais dépourvus de houille et ordinairement colorés en rouge, les terrains permiens, succèdent aux terrains houillers sur le bord du plateau central, et quoique ne pénétrant pas à son intérieur, ils peuvent nous fournir encore des renseignements sur une dernière phase de la transformation orographique.

C'est à ce point de vue qu'il faut se placer pour apprécier l'intérêt du nouveau livre de M. Mouret, sur le bassin houiller et permien de Brive. Dans l'énumération des richesses minérales de la France, ce bassin n'aurait droit qu'à une courte mention : une épaisseur de houille de 50 centimètres à peine, irrégulière et restreinte à une faible étendue ; une production annuelle inférieure à 3,000 tonnes, et peu d'espoir d'amélioration dans les parties encore inexplorées, tel est le bilan de la seule exploitation (Cublac), qui ait pu s'y établir d'une manière suivie, et un gros volume pouvait sembler inutile pour décrire d'aussi maigres richesses. Mais, en revanche, cette région, encore peu étudiée, est une de celles qui permettent le plus utilement de comparer les conditions de sédimentation à l'époque houillère et à l'époque permienne ; elle a permis, en outre, à M. Mouret d'établir une distinction justifiée entre les bassins *intérieurs* et les bassins *littoraux*, et ses observations, toujours consciencieuses et précises, fournissent des données importantes pour la solution de quelques-uns des problèmes que j'indiquais au début.

Les bassins houillers du plateau central sont, depuis longtemps, et surtout depuis les beaux travaux de M. Fayol sur Commentry, considérés comme des *bassins lacustres*, par opposition avec ceux du nord de la Belgique, dont les dépôts, contenant à la base des organismes marins, se sont faits dans des lagunes en communication avec la mer. M. Mouret ne conteste pas l'existence de lacs dans le plateau central ; mais il ne croit pas que ces lacs, comme ceux des pays de montagnes, aient été isolés les uns des autres. Ce n'auraient été que des élargissements de longues dépressions, étroites et profondes, qui traversaient le plateau d'un bord à l'autre. Le « Caledonian canal » pourrait nous donner une idée de ces *chenaux*, où s'entassait la houille ; la traînée des petits bassins houillers, de Champagnac à Mauriac et à Decazeville, en fournit le meilleur exemple, remarqué par les premiers observateurs. M. Mouret cite encore le chenal d'Argentat, qu'il relie à la Creuse, celui de Commentry à Villefranche, décrit par M. de Launay, et il y voit les cas particuliers d'un phénomène plus général encore.

Autrefois on expliquait l'alignement de ces lambeaux par des failles qui auraient soustrait à l'érosion des parcelles de bassins plus étendus. Mais ces failles sont au moins hypothétiques, et, de plus, les galets de base du terrain houiller sont toujours arrachés à des roches du voisinage immédiat ; c'est donc bien la disposition

primitive des dépôts que nous ont conservée les affleurements actuels.

Quant à l'origine de ces chenaux allongés, M. Mouret montre qu'il faut la chercher, non seulement dans les plissements des terrains plus anciens, ainsi qu'on l'avait déjà indiqué, mais aussi dans les phénomènes d'érosion. Ce seraient en d'autres termes *des vallées de l'époque houillère*. Le remplissage de ces vallées datet-il d'une période unique ? La pente en était-elle forte, comme le suggère l'assimilation avec les massifs montagneux ? Etaient-ce au contraire des vallées presque de niveau avec la mer, comme dans le cas du « Caledonian canal » ? C'est cette dernière opinion, à laquelle semble se rallier M. Mouret, sans qu'on puisse pourtant en donner de preuve décisive. « Le nom de chénaux houillers, dit-il, suppose leur continuité, sans préciser les autres conditions topographiques. »

Quoi qu'il en soit, ces chenaux allaient *déboucher*, sur les bords du plateau central, dans des parties élargies, auxquelles correspondent les bassins houillers les plus importants, Blanzy, Saint-Etienne, Alais, Decazeville. Le remplissage de ces bassin avait commencé partout avant celui des chenaux houillers, comme si les dépôts restreints d'abord au pourtour du plateau, s'étaient étendus progressivement aux parties centrales. « Le remplissage des chenaux se serait effectué en raison de la transgression générale des eaux préludant à la période permienne. » A leur tour les dépôts permiens ne se rencontrent que dans ces bassins de bordure, et quoique ils ils se soient en général étendus au delà de l'emplacement occupé par les couches houillères, on n'en trouve pas trace dans les chenaux intérieurs. M. Mouret croit qu'ils ont dû y pénétrer, mais qu'ils en ont été enlevés par la dénudation.

Les couches permiennes, dont l'étude détaillée occupe la plus grande place dans le mémoire de M. Mouret, succèdent, dans le bassin de Brive, sans interruption et sans discordance, aux dernières assises houillères ; il y a passage insensible des unes aux autres, et même passage *latéral* du *facies* houiller au *facies* permien. Il n'y a donc pas eu entre les deux de changement brusque ni considérable dans les conditions de sédimentation. Or les dépôts permiens montrent, aussi bien au sud qu'au nord du plateau central, et plus loin, autour des Vosges ou du Taunus, ou même jusqu'en Saxe et en Bohême, des caractères uniformes et des divisions constantes, qui, malgré les différences locales, entraînent l'idée d'une communication générale des eaux où ils se sont formés. L'intercalation des couches marines au nord et au sud (Zechstein, couches à Bellerophon) permet alors d'affirmer que c'était la mer permienne, ou au moins ses prolongements lagunaires qui venaient baigner le bord du plateau central.

Si cette conséquence est admise pour le permien, comme elle l'est généralement en France, il résulterait du travail de M. Mouret qu'il faut l'étendre au Houiller du bassin de Brive. Ce bassin, de même que les autres bassins houillers de bordure, serait non pas un bassin lacustre, mais un bassin littoral. Les conclusions de M. Fayol, relatives à Commentry, c'est-à-dire à la région intérieure, ne s'en trouveraient pas infirmées ; mais on ne serait pas en droit de les étendre à Saint-Etienne, à Alais et à Decazeville. Il est remarquable que M. Grand'-Eury soit, par d'autres considérations, arrivé à la même conclusion pour le bassin du Gard. La difficulté est que nous ne retrouvons pas la trace des communications qui devaient exister entre ces bassins littoraux, et que toutes les hypothèses à de graves objections. On voit et on peut admettre le rivage, mais c'est la mer qui semble faire défaut. La trace la plus voisine qu'elle ait laissée est en Carinthie. Aussi bien M. Mouret, en parlant de bassins littoraux, ne prétend pas nous dire comment ils se reliaient à cette mer éloignée ; je ne suis même pas certain qu'il croie à cette liaison. En fait, le bassin de Brive, quoique littoral, était limité au sud et à l'est, aussi bien qu'au nord ; il ne pouvait s'ouvrir que du côté du sud-est. On peut même trouver alors que la distinction entre les chenaux intérieurs et les bassins littoraux devient moins marquée qu'elle ne paraissait d'abord : les seconds ne seraient que des chenaux plus larges. Et la même question reste ouverte, que pour les chenaux intérieurs : les eaux qui les remplissaient étaient-elles, ou non, au niveau de la mer ?

M. Mouret a évité avec soin de donner à ces diverses questions une forme aussi précise ; ils les laisse se poser d'elles-mêmes dans l'esprit du lecteur. Il a tenu à laisser partout à son livre le caractère d'une monographie, et le souci de rester dans le domaine des faits observés, de donner aux hypothèses la moindre part possible, est visible dans tous les chapitres. Les détails relatifs à la composition du permien, aux transgressions et aux failles doivent être cités, comme présentant en eux-mêmes un réel intérêt; l'analyse des mouvements successifs du sol est présentée avec une grande clarté. L'ouvrage nous fait bien connaître un coin de la France qui avait été peu étudié ; à ce titre seul il méritait d'être signalé aux lecteurs de la *Revue*, et il sera consulté avec profit par tous ceux qu'intéresse l'histoire du plateau central.

Marcel BERTRAND.

Dollo (L.). — **La vie au sein des mers.** Un vol. in-16 de 304 pages, 47 fig., de la Bibliothèque scientifique contemporaine. (3 fr. 50.) J.-B. Baillière et fils, Paris, 1892.

Il y a peu de temps encore que tous les traités classiques de géologie, de géographie physique, limitaient à une profondeur de 400 mètres la vie au sein des mers. Cette idée, défendue surtout par Forbes, déjà battue en brèche par quelques tentatives heureuses d'explorateurs ayant ramené des êtres vivants par des profondeurs supérieures, est définitivement condamnée par les belles recherches du *Challenger*, du *Talisman*, du *Travailleur*.

C'est surtout cette faune nouvelle, cette faune abyssale, si étrange par la forme de ses représentants et leur parenté si étroite avec les êtres des époques disparues, que M. Dollo nous fait connaître dans cet ouvrage. Après avoir décrit les différents voyages scientifiques entrepris, les moyens mis en œuvre pour atteindre des profondeurs de 7.000 mètres, il donne dans ce livre une étude intéressante, quoique sans originalité propre.

Quelles conditions diverses interviennent dans la vie de ces êtres, vivant sous une pression de six cents atmosphères, sans lumière, sans aucune nourriture végétale, et aussi sans microbes autour d'eux? Sans microbes en effet, car ces êtres ne peuvent se développer sous cette pression, et l'on a pu constater que les cadavres d'animaux entraînés à cette profondeur n'étaient pas putréfiés?

P. LANGLOIS.

4° Sciences médicales.

Thiroloix (D'. G.) — **Le diabète pancréatique.** 1 vol. in-8° de 160 p. avec planches et graphiques hors texte. (8 fr.) G. Masson, Paris, 1892.

En 1889, Von Mering et Minkowski observèrent le diabète chez tous les chiens auxquels ils avaient extirpé complètement le pancréas : glycosurie permanente et dénutrition profonde.

Depuis, les expériences se sont multipliées, ayant pour but d'élucider la physiologie pathologique du diabète pancréatique.

L'objectif des expérimentateurs a été la suppression totale des fonctions du pancréas, soit par les injections coagulantes, soit par l'ablation, soit par la ligature des canaux d'excrétion.

Ces expériences, tout en montrant l'influence incontestable des lésions pancréatiques sur la glycosurie, ont donné lieu à des interprétations pathogéniques variées, qui peuvent se grouper sous trois chefs :

1° Le pancréas, glande vasculaire sanguine, verse dans le sang un ferment spécial *glycolytique*, qui a pour fonction de détruire le sucre dans l'organisme (Lépine et Barral).

2° Le pancréas, glande digestive, verse dans l'intestin des ferments qui agissent sur les produits alimentaires, comme on le sait. Supprimé ce suc pancréatique fait défaut à l'élaboration des substances (de Dominicis) ; ou altéré, il leur fait subir une élaboration malfaisante (Bouchardat, Zimmer, Cantani) ; ou résorbé, il arrive dans le foie et suractive la transformation du glycogène en sucre (Bouchard, Baumel) ; ou enfin chargé d'éliminer un principe nuisible, il le laisse accumuler dans le sang d'où perturbation profonde au niveau des tissus (Schiff, Hédon).

3° « Le pancréas n'engendre pas directement le diabète sucré ; il y a bien, entre l'apparition de ce syndrome et la lésion pancréatique, une relation de cause à effet, mais elle est indirecte. La destruction pancréatique, quoique primitive, ne suffit pas ; il faut qu'elle retentisse sur le système nerveux pour que le diabète apparaisse.....

L'expérimentation montre que la production de la lésion habituelle chez l'homme, la sclérose, n'amène pas le diabète. Il faut un élément de plus, le trauma glandulaire et péri-glandulaire. » (Klebs, Thiroloix.)

Ces conclusions sont appuyées sur la constatation expérimentale des faits suivants : les destructions par ligature ou injection ne produisent pas le diabète, donc l'absence de la glande n'est pas la cause immédiate de la maladie, cause qui doit être recherchée dans un processus indirect : l'action vasculaire ne pouvant expliquer une glycosurie permanente, il faut bien recourir à l'intervention d'une lésion nerveuse.

D'autre part, les sections, résections partielles, ablations totales du pancréas amènent des glycosuries passagères et permanentes, avec un parallélisme remarquable entre la gravité du traumatisme et la durée de la glycosurie.

La thèse de M. Thiroloix repose sur un nombre considérable d'expériences, dont il donne le détail très clair et très complet, accompagné d'un grand luxe de figures démonstratives autant qu'artistiques.

C'est là un travail très important qui constitue un document essentiel dans l'histoire si peu élucidée des diabètes.

D' Ray. DURAND-FARDEL.

Weiss (G.). — **Technique d'électro-physiologie.** Un volume petit in-8° (2 fr. 50) de l'Encyclopédie scientifique des Aide-Mémoire, dirigée par M. H. Léauté. Librairies Gauthier-Villars et fils et G. Masson. Paris, 1892.

Comme le dit très bien M. Gariel dans l'avant-propos qu'il a mis en tête de ce livre, les applications médicales (il aurait pu dire aussi physiologiques) de l'électricité sont trop souvent faites avec un manque absolu de précision, et bien des travaux sont inutilisables parce que les conditions physiques du problème expérimental ne sont pas définies. Le petit manuel de M. Weiss est destiné à fournir aux biologistes, sous une forme entièrement pratique, et dégagée de toute théorie soit mathématique, soit physique, les formules et les méthodes dont ils peuvent avoir besoin ; il leur rappellera aussi en quelques mots les principaux faits relatifs soit à la production de l'électricité par les tissus vivants, soit à l'action de l'électricité sur les tissus. On connaît la compétence de M. Weiss en ces questions. Il est inutile de dire que son ouvrage est au courant des acquisitions les plus récentes. Le volume est semé de figures schématiques très claires.

L. LAPICQUE.

ACADÉMIES ET SOCIÉTÉS SAVANTES

DE LA FRANCE ET DE L'ÉTRANGER

ACADÉMIE DES SCIENCES DE PARIS

Séance du 27 juin.

1° Sciences mathématiques. — M. J. **Boussinesq** : Des perturbations locales que produit au-dessous d'elle une forte charge, répartie uniformément le long d'une droite normale aux deux bords, à la surface supérieure d'une poutre rectangulaire et de longueur indéfinie, posée de champ soit sur un sol horizontal, soit sur deux appuis transversaux, équidistants de la charge. — M. J. J. **Landerer** a voulu rechercher avec le photopolarimètre de M. Cornu adapté à une lunette de 135ᵐᵐ d'ouverture quel est l'angle de polarisation de la lumière de Vénus; il a reconnu que cette lumière n'est pas polarisée; on doit en conclure que la surface visible de la planète est une couche de nuages.

2° Sciences physiques. — M. A. **Perot** a déterminé la variation de température que subit l'eau lorsqu'elle est soumise brusquement dans un tube d'acier à une pression de 500 atmosphères au moyen d'une pompe de Cailletet; il donne le tableau des variations obtenues, la température initiale variant de 0°, 4 à 10°; il résulte de ce tableau que jusqu'à 0° la compression de l'eau entraîne toujours une élévation de température; même en comprimant lentement l'eau au-dessous de 4° on n'a pas de renversement de la courbe au début de la compression, ce qui montre que l'élévation de pression est rapidement suffisante pour faire baisser la température à laquelle l'eau a son maximum de densité. — M. A. **Perot** a employé à la mesure de la constante diélectrique de divers corps les oscillations de Hertz, en partant de la loi posée par M. Blondlot, à savoir que la période des résonnateurs est proportionnelle à la racine carrée de leur capacité. D'où il suit, en effet, que, si l'on détermine expérimentalement la longueur d'onde α d'un résonnateur donné, le diélectrique étant l'air, puis sa longueur d'onde λ_1, le diélectrique étant un corps de constante k, on a la relation $\frac{\lambda_1}{\lambda} = \sqrt{k}$. Le dispositif expérimental est celui de M. Blondlot, avec les modifications nécessaires pour y introduire les diélectriques étudiés, essence de térébenthine, glace, résine, etc. — M. E. **Branly** a continué avec un dispositif nouveau ses recherches sur la conductibilité d'un gaz compris entre un métal froid et un corps incandescent (Voir C. R., 4 avril). — On avait signalé une attaque rapide de l'aluminium par la plupart des liquides alimentaires, vin, eau-de-vie, café, etc. M. **Balland** a fait des expériences systématiques sur ce point, et il a reconnu que cette assertion était fort exagérée. — M. A. **Brochet** a entrepris des recherches relatives à l'action du chlore sur les alcools de la série grasse, à la suite des recherches récentes de M. Etard relativement à l'action du brome sur la même série. Il donne aujourd'hui les premiers résultats obtenus : sur l'alcool *isobutylique*, le chlore sec réagit avec vivacité, mais il ne se fait pas de chlorure d'isobutyle; à côté de produits à point d'ébullition élevé, encore indéterminés, il se produit l'aldéhyde monochlorisobutylique α; le chlorisobutyral donne, par agitation avec l'acide sulfurique, son polymère triple, qui s'obtient très bien à l'état pur et cristallisé. — MM. **Béhal** et **Devignes** ont analysé l'extrait de suie baptisé *asboline* par Braconnot; ils y ont trouvé, à côté d'un peu d'acide acétique et d'acide butyrique, la pyrocatéchine et une homopyrocatéchine qui s'est montrée identique à celle que l'on obtient du créosol par l'acide iodhydrique. — M. A. **Haller** expose une série de recherches ayant pour but de vérifier si l'acide camphorique possède réellement la triple fonction carboxylique, alcoolique et cétonique, que lui attribue la formule de M. Friedel. M. Haller a déjà exposé sommairement dans cette *Revue* (p. 261 du présent volume) : 1° la préparation d'éthers méthyliques présentant les mêmes propriétés que leurs homologues éthyliques étudiés par M. Friedel; 2° la formation d'une combinaison de l'acide camphorique et de la phénylhydrazine, qui ne donne pourtant point les réactions des pyrazolones. De plus, il a obtenu un dérivé benzoylé du camphorate acide de méthyle en faisant réagir sur ce dernier corps dissous dans la soude caustique, le chlorure de benzoyle; cette réaction serait caractéristique de la fonction alcoolique. Néanmoins, M. Haller ne se prononce pas encore. — M. **Gérard** a extrait à l'état pur des cholestérines de divers végétaux; les substances ainsi isolées se répartissent par leurs propriétés physiques et chimiques en deux groupes : 1° les cholestérines des phanérogames, semblables à la *phytostérine* de M. Hesse; 2° les cholestérines des cryptogames, plus ou moins semblables à l'*ergostérine* de M. Tauret. — M. E. **Mesnard** signale que le degré de viscosité que prend par l'action de l'acide sulfurique un échantillon d'essence de santal permet de se rendre compte de la plus ou moins grande pureté de cet échantillon.

3° Sciences naturelles. — M. A. **d'Arsonval**, étudiant les effets physiologiques des courants alternatifs à variation sinusoïdale, suivant la méthode qu'il a exposée dans une note précédente (23 mars 1891) a reconnu que les réactions des tissus excités dépendent de deux facteurs, 1° la fréquence des renversements, 2° la variation maxima du potentiel. Il décrit un dispositif destiné à fournir dans la pratique médicale des courants où chacun de ces deux facteurs est gradué à volonté. Il signale le fait suivant : en étalant suffisamment la courbe de variation du potentiel, on peut, même avec une variation considérable, n'obtenir aucun effet moteur ni sensitif; mais dans ce cas, les combustions sont fortement activées. — M. **Arloing**, après avoir constaté, comme il l'exposait dans la séance précédente, que les filtres de porcelaine dépouillent les cultures microbiennes d'une partie notable de leurs principes, a entrepris de rechercher une matière vaccinante soluble dans les cultures de la Bactéridie charbonneuse sans employer ces filtres. Pour séparer les microbes, il a employé la décantation, après repos en un lieu frais, au moyen d'un siphon garni de tampons de coton. Il a trouvé alors que ce liquide est nettement vaccinant pour le mouton; la substance qui produit l'immunité est soluble dans l'alcool. — MM. **Charrin** et **Physalix** ayant cultivé le bacille pyocyanique dans du bouillon non peptonisé à 42°,5 pendant plusieurs générations ont obtenu une espèce dont les cultures, sur bouillon peptonisé à 35° ne sont plus chromogènes, le passage par le lapin rend au microbe sa propriété chromogène. Mais après un nombre suffisant de culture à 42°, 5, ce passage même répété est impuissant à rendre sa fonction chromogène au microbe, qui pourtant a gardé sa virulence intacte et tue les animaux dans le temps et avec les symptômes habituels. — M. **Viault** a fait au pic du Midi des nouvelles recherches sur l'hyperglobulie des montagnes; il l'a retrouvée, mais à un degré bien moins marqué que dans les Andes. — M. **Chr. Bohr** a répété les expériences de M. Moreau sur la sécrétion de l'oxygène dans la vessie natatoire des poissons, et il a vérifié en effet sur le *Gadus cellaris*, que la ponction de la vessie augmente notablement la proportion d'oxygène (jusqu'à 80 %) dans l'air que renferme cet organe. Il a reconnu de plus que cette sécrétion est sous la dépendance des branches intestinales du nerf vague. — M. A. Giard présente de nouvelles observations de *pæcilogonie* dont il emprunte les éléments à divers auteurs : il fait remarquer combien il est délicat, étant donnés de tels faits, de distinguer si des espèces voisines sont issues de races pœcilogoniques, ou si elles proviennent de formes convergentes à l'état adulte, mais ayant des larves originairement distinctes. — MM. Henneguy et Thélohan ont repris l'étude du Sporozoaire signalé par l'un d'eux, il y a quelques années, dans les muscles du *Palémon* des marais salants ; ayant retrouvé divers stades de ce parasite chez le *Crangon vulgaris*, ils ont pu le classer, en particulier par sa spore, qui sous l'influence des acides, laisse sortir un filament ; c'est donc une *Myxosporidie*. — M. L. Jammes a observé dans le cæcum d'une tortue, un oxyure (*O. longicollis*, Schn.), dont les embryons atteignent avant de quitter les poches incubatrices des générateurs, un état très avancé d'organisation. M. Jammes a profité de cette circonstance pour étudier les premières phases du développement de ce parasite. — M. S. Jourdain, insistant sur la présence constante de becs de céphalopodes dans l'ambre gris, pense que c'est de ces mollusques que provient originairement l'odeur de ces concrétions. — MM. P. Viala et C. Sauvageau ont étudié une maladie des feuilles de la vigne qui a été observée en différents endroits depuis plusieurs années ; cette maladie est désignée sous le nom de *Brunissure* ; elle est causée par un champignon myxomycète voisin de celui que M. Woronine a décrit chez le Chou sous le nom de *Plasmodiophora Brassicæ* : les auteurs classent en conséquence le nouveau parasite de la vigne sous le nom de *Pl. Vitis*. — M. J. Thoulet a examiné deux échantillons d'eau des mers arctiques rapportés par M. Rabot ; il indique les conséquences à tirer de la composition des eaux relativement à la marche des courants océaniques.

Nomination. M. Auwers est élu correspondant pour la section d'astronomie.

Mémoires présentés : M. A. Baudoin adresse une note sur les orages et sur le moyen d'obtenir la pluie dans un endroit déterminé. — M. Foveau de Courmelles : Différence de conductibilité des corps métalliques avec le sens de leur interposition sur le trajet d'un courant continu. — M. F. Lesskanne adresse un Mémoire sur divers sujets de Mathématiques.

Séance du 4 juillet.

1° Sciences mathématiques : M. L. Schlesinger : Sur les formes primaires des équations différentielles linéaires du second ordre. — M. J. Boussinesq : Des perturbations locales que produit au-dessous d'elle une forte charge répartie uniformément le long d'une droite normale aux bords, à la surface supérieure d'une poutre rectangulaire : vérification expérimentale. — MM. Cailletet et E. Colardeau ont installé à la seconde plate-forme de la Tour Eiffel, à 128 mètres au-dessus du sol, un laboratoire destiné à l'étude expérimentale de la chute dans l'air. Le corps en tombant entraîne un fil très fin, et celui-ci, en se déroulant, actionne tous les 20 mètres un signal électrique enregistreur ; la résistance de ce mécanisme est très faible, et n'allonge le temps de chute, dans le cas le plus défavorable, que de un centième de sa valeur. Les expériences donneront de la façon la plus simple, pour les vitesses modérées, la résistance de l'air jusqu'ici assez mal connue. — M. G. Defforges, en étudiant de plus près le mouvement de l'arête du couteau d'un pendule sur son plan de suspension, a reconnu qu'au mouvement de roulement ordinaire dont les auteurs ont donné la théorie s'ajoute un glissement de l'arête sur le plan de suspension. Ce glissement a été mis en évidence et mesuré par le déplacement alternatif des franges d'interférences produites entre deux glaces planes parallèles, l'une, fixée au support, l'autre entraînée par l'arête du couteau. — M. Perigaud signale dans les observations zénithales de haute précision, l'importance de la place

du thermomètre qui doit donner la température de l'air extérieur, pour le calcul de la réfraction. Ce thermomètre doit être placé aussi près que possible de l'objectif.

2° Sciences physiques. — M. E. Mathias examine les résultats des récentes expériences de M. Sydney Young, et il trouve dans les déterminations qu'a faites ce physicien des densités (du liquide et de la vapeur saturée), de douze corps très différents dans de très grands intervalles de température, la vérification définitive de la loi du *diamètre rectiligne*, posée en 1886 par MM. Cailletet et Mathias. Cette loi permet d'obtenir avec une grande précision la densité critique des corps, en les étudiant à des températures assez éloignées de la température critique ; cette méthode est beaucoup plus sûre que toute détermination directe. Il signale encore quelques conséquences qui découlent des expériences de M. Young. — A la réclamation de priorité, formulée par M. de Swarte le 13 juin relativement à la non-existence de la caléfaction dans les chaudières, M. A. Witz répond que ses expériences à lui sont essentiellement différentes de celles de M. de Swarte. — M. A. Perot continue à faire des déterminations de constantes diélectriques au moyen des oscillations électromagnétiques, suivant la méthode qu'il a exposée dans une note récente. Pour le verre, ne pouvant englober le condensateur tout entier dans le diélectrique, il a recours, pour éliminer l'influence des bords, à une méthode particulière, qui repose sur la détermination de l'augmentation de la capacité d'un condensateur à air lorsqu'on y introduit, dans des conditions données, une lame du diélectrique. — M. A. Leduc a repris la question de la détermination du poids atomique de l'oxygène ; il s'est servi de la méthode de Dumas avec diverses modifications ; il est arrivé à la valeur 15,88, dont il indique l'approximation à $\frac{1}{5000}$. Il résulte de cette valeur, plus faible que celle admise généralement, que les nombres de Stas doivent être multipliés par 0,995. M. Leduc signale une conséquence de cette modification, relativement à l'exactitude de la loi des volumes de Gay-Lussac, qui doit être considérée non plus comme une loi *approchée*, mais comme une loi *limite*. — M. M. Vèzes, continuant ses recherches sur les sels azotés du platine, est arrivé à constituer des séries régulières de ces composés, dont il donne une vue d'ensemble. — M. de Forcrand a préparé les trois sels sodés du pyrogallol en dissolvant, dans une atmosphère d'hydrogène, une quantité pesée de sodium dans la solution éthylique du poids correspondant du pyrogallol et chassant l'alcool par la chaleur à 150° ; cette réaction donne les composés unis à une certaine quantité d'alcool ; en faisant réagir les deux solutions aqueuses et déshydratant par la chaleur à 150°, toujours au sein de l'hydrogène, il n'a pu obtenir sans noircissement que le pyrogallol trisodé. L'étude thermochimique de ces composés montre que la valeur des trois fonctions phénoliques va en décroissant progressivement ; la valeur de la fonction intermédiaire est exactement celle du phénol ordinaire, la valeur moyenne des deux autres est un peu plus faible. — M. H. Causse a obtenu une combinaison de l'acétone et de la résorcine, analogue aux combinaisons qu'il a étudiées antérieurement entre les phénols polyatomiques et les aldéhydes primaires. — M. A. Haller a fait réagir sur les deux éthers monométhyliques de l'acide camphorique (éther d'éthérification et éther de saponification), l'isocyanate de phényle ; on sait que ce corps se combine aux fonctions alcool ou phénol pour donner des phényluréthanes ; or cette combinaison ne s'est produite avec aucun des deux éthers ; dans les deux cas, il s'est passé identiquement la même réaction, à savoir le doublement de la molécule d'éther avec perte d'eau. MM. A. et P. Buisine signalent que le peroxyde de fer obtenu par le grillage des pyrites, loin d'être inattaquable aux acides, comme on le croyait, se combine assez facilement surtout à chaud. Il y a là une source de sels de peroxyde de fer qui pourra faciliter un grand nombre d'applications industrielles de ces sels. — A propos de la note récente de M. Riban sur les altérations des eaux ferrugineuses, M. **F. Parmentier** donne quelques résultats de ses recherches sur le même sujet, résultats qui diffèrent de ceux de M. Riban. — M. **A. Duboin**, continuant ses recherches sur les réactions de la silice ou de l'hydrofluosilicate de potasse sur l'alumine en présence d'un excès de fluorure de potassium fondu, a obtenu, en prolongeant la durée de la chauffe, la *néphéline* purement potassique.

3e SCIENCES NATURELLES. — M. **C. Chabrié** continuant ses recherches en vue des applications à la physiologie sur les modifications que subissent les solutions d'albumine par leur passage à travers les espaces capillaires, a étudié l'influence, non plus d'un filtre en terre mais d'un tube capillaire très fin; dans ce cas il a constaté également un appauvrissement en albumine des premières portions écoulées. — A propos de la note de M. F. Heim sur la non-existence de l'*hémocyanine*, M. **L. Frédéricq** maintient toutes ses assertions antérieures, vérifiées d'ailleurs par divers savants ; si M. Heim n'a pu constater l'existence de ce corps dans le sang de divers invertébrés, c'est qu'il s'est placé dans de mauvaises conditions, et notamment, ne s'est pas adressé aux mêmes animaux que M. Frédéricq. — M. **E. Bataillon** a constaté chez le ver à soie pendant le temps que celui-ci file son cocon, des troubles de circulation ; ces troubles correspondent aux variations dans la fonction respiratoire étudiées par P. Bert et que M. Bataillon a vérifiées ; celui-ci met ces troubles en rapport avec les phénomènes histolytiques de la métamorphose. — M. **A. Gaudry** présente à l'Académie un travail qu'il a composé à la suite de son excursion dans l'Amérique du nord, et qui est intitulé : Similitudes dans la marche de l'évolution sur l'ancien et le nouveau continent. — M. **A. Vayssières** étudie un parasite trouvé par M. F. Sikora sur l'*Astacoïdes madagascariensis* ; c'est un nouveau *Temnocephala*, au moyen duquel l'auteur complète la diagnose de ce genre de trématodes mal connus. — MM. **Lortet** et **Despeignes** ont établi, par des expériences directes, que les vers de terre peuvent ramener des profondeurs du sol à la surface des matières tuberculeuses restées virulentes, comme cela se passe pour le virus charbonneux. — M. **Verneuil** : Nouvelle note pour servir à l'histoire des associations morbides : anthrax et paludisme. — MM. **P. Viala** et **C. Sauvageau** ont reconnu que la maladie de la vigne appelée *maladie de Californie* est l'effet du parasitisme d'un Myxomycète, d'un *Plasmodiophora* voisin de celui qui cause la *brunissure* et que les auteurs ont étudié dans une récente communication. — M. **A. Letellier** a constaté que la position d'équilibre au sein d'un liquide de densité convenable est, pour les racines et les rameaux sectionnés, la même que sur la plante entière ; il en déduit diverses considérations relatives à la *statistique végétale*. — M. **D. Vogüé** a obtenu une matière semblable au fumier de ferme en jetant sur de la paille des eaux ammoniacales d'usine à gaz; il s'est produit une réaction avec énorme élévation de température, la moitié environ de l'azote a été fixé. — MM. **C. A. Martel**, **A. Delebecque** et **G. Gaupillat** ont exploré un puits naturel situé dans le Puy-de-Dôme à 80 mètres environ au-dessus du lac Pavin; le fond du puits, profond de 24 mètres, est occupé par une nappe d'eau stagnante ; la température y est très basse. — MM. **A. Delebecque** et **E. Ritter** ont exploré les principaux lacs du Plateau central ; ils donnent les résultats de leurs sondages.

Mémoire présenté. — M. **D. A. Casalonga** adresse une communication relative à la quantité de chaleur qui disparaît d'une chaudière alimentant une machine à vapeur.

Nomination. — M. **Rayet** est élu correspondant pour la section d'astronomie.

L. LAPICQUE.

ACADÉMIE DE MÉDECINE

Séance du 21 juin.

M. **Henri Monod** est proclamé associé libre, en remplacement de M. de Quatrefages, décédé. — M. **A. D'Arsonval**: Historique de la méthode thérapeutique basée sur l'injection des extraits organiques. L'auteur a été amené à faire un court historique de cette question à la suite d'une réclamation de priorité du Dr Conan. En terminant, il ajoute que le laboratoire de médecine du Collège de France met gratuitement les liquides à la disposition des cliniciens qui en font la demande. — M. **Dujardin-Beaumetz** : La prophylaxie de la rage à Paris; discussion : MM. Nocard, Hardy, Laborde et A. Guérin.

SOCIÉTÉ DE BIOLOGIE

Séance du 25 juin.

M. **Retterer** a cherché à se rendre compte de l'exception présentée par les Rongeurs parmi tous les autres Mammifères, au point de vue de la nature muqueuse du revêtement épithélial du vagin des femelles. Il a reconnu, en examinant le vagin des femelles tenues éloignées du mâle, que cette exception dépend des mœurs de ces animaux. La loi générale pour les Mammifères peut donc s'énoncer ainsi : Chez l'animal adulte et en dehors de toute influence de la gestation, l'épithélium du vagin est pavimenteux stratifié ; la gestation seule produit chez la femelle adulte la modification muqueuse de l'épithélium vaginal. — M. **Debierre** présente une nouvelle série de photographies stéréoscopiques de pièces anatomiques. — M. **Cahier** a observé un malade qui avait contracté une hématurie dans le sud de la Tunisie; cette hématurie était due à la *Bilharzia*. M. Cahier a pu faire de nombreuses observations sur les œufs des parasites rendus avec l'urine et les premières phases des embryons issus de ces œufs. — M. et Mme J. Déjerine donnent brièvement trois observations de dégénérescence des fibres du corps calleux à la suite de lésions de la zone corticale visuelle. — M. **A. Nicolas** : Les spermatogonies chez la Salamandre d'hiver (noyaux polymorphes, sphère attractive, division directe). — M. **Viault** : Action physiologique des climats de montagne. — MM. Charrin et Physalix : Abolition persistante de la fonction chromogène du *Bacillus pyocyaneus*. — MM. F. Henneguy et P. Thélohan : Sur un sporozoaire parasite des muscles des crustacés décapodes. — MM. Pouchet et Beauregard : Note sur l'ambre gris. (Pour ces dernières communications, voir les *Comptes-rendus de l'Académie des Sciences*).

L. LAPICQUE.

SOCIÉTÉ FRANÇAISE DE PHYSIQUE

Séance du 5 juillet.

La communication de M. **Casalonga** intitulée : *De la quantité de chaleur qui disparaît de certaines chaudières à vapeur*, porte sur la quantité de chaleur qui correspond au travail extérieur accompli par l'eau lorsqu'elle augmente de volume en passant de l'état liquide à l'état de vapeur. Cette quantité est autre que la différence entre la chaleur de vaporisation externe et la chaleur de vaporisation interne. L'auteur croit corriger une prétendue erreur échappée à Clausins; mais, en réalité, ainsi que M. Pellat le lui a nettement démontré, c'est lui-même qui fait une confusion entre les deux chaleurs latentes, en s'imaginant que la quantité mesurée par les expériences de Regnault et de M. Berthelot est la chaleur latente interne. M. Pellat fait ressortir encore plus complètement cette confusion en s'appuyant sur les valeurs numériques obtenues par M. A. Pérot dans son travail sur la mesure du volume spécifique des vapeurs saturées et la détermination de l'équivalent mécanique de la chaleur. — M. **Tscherning** est écouté avec un vif intérêt dans l'exposé de ses recherches *sur les images* catoptriques de l'œil humain. On sait que, outre l'image principale formée sur la rétine, il existe les trois images de Purkinge, images dues à la réflexion d'une fraction des rayons lumineux sur la face antérieure de la cornée et sur chacune des faces du cristallin. L'auteur a démontré l'existence de trois nouvelles images dont deux peuvent être observées, la troisième est invisible. De la sorte, le nombre total des images de l'œil est porté à sept. On sait que la cornée transparente constitue, non pas une lame bombée à faces parallèles, mais un ménisque divergent. De plus les recherches de l'auteur montrent que son indice de réfraction (1,377) est notablement différent de celui de l'humeur aqueuse (1,336), de telle sorte que la face postérieure de la cornée constitue une véritable surface réfringente dont il est indispensable de tenir compte, et qui intervient pour former une nouvelle image catoptrique. En définitive, l'œil présente quatre surfaces, les deux surfaces antérieure et postérieure de la cornée et du cristallin; à chacune d'elles se réfléchit une petite fraction de la lumière, d'où quatre faisceaux réfléchis qui donnent naissance à autant d'images virtuelles. Trois de ces images sont les images de Purkinge. La dernière, signalée au commencement du siècle, et qui, d'après ce qui précède, est formée par la seconde surface de la cornée, a été cherchée en vain par Helmholtz, qui se plaçait dans de mauvaises conditions. Cette image est pourtant fort utile, car elle permet de mesurer la courbure et l'épaisseur de la cornée. Enfin les rayons réfléchis sur les deux faces du cristallin sont réfléchis à nouveau par les surfaces antérieures et donnent naissance aux deux nouvelles images. L'une d'elles, se formant presque sur la seconde face du cristallin, ne peut être aperçue, sur un œil vivant, elle n'est observable que sur un œil artificiel. L'auteur présente l'appareil qui lui permet d'observer et d'étudier ces différentes images, il indique de plus comment on peut, à la rigueur, les observer avec un dispositif plus simple, une seule bougie. Il fait observer en outre que, malgré la visibilité de ces dernières images, l'ensemble complexe du système de l'œil, au point de vue des pertes par réflexion, est supérieur non seulement à tous les instruments d'optique, mais même à une simple lentille. L'œil transmet 97 pour 100 des rayons, tandis qu'une lentille n'en transmet que 82; il ne réfléchit que 3 pour 100 au lieu de 8; enfin la fraction des rayons réfléchis renvoyés du côté de la rétine n'est que de $\frac{1}{500}$ au lieu de $\frac{1}{8}$ pour 100. Si l'œil perçoit toutes ces images, c'est à cause de son extrême sensibilité; il peut, en effet, percevoir les images dont l'intensité s'abaisse jusqu'au $\frac{1}{5000}$ de la lumière incidente. Edgard HAUDIÉ.

SOCIÉTÉ MATHÉMATIQUE DE FRANCE

Séance du 6 juillet.

M. Elie Perrin donne des démonstrations élémentaires de quelques théorèmes sur les nombres, généralement obtenus d'une façon plus compliquée. — M. Laisant applique la méthode des équipollences au problème de géométrie suivant : *Soient* x *et* y *les coordonnées du point* A₁, *rapporté aux côtés* AB *et* AC *du triangle* ABC, x' *et* y' *les coordonnées du point* B₁, *rapporté aux côtés* BC *et* BA, x″ *et* y″ *les coordonnées du point* C₁ *rapporté aux côtés* CA *et* CB. *Étant donnés les points* A₁, B₁, C₁ *et les six coordonnées* x, y, x', y', x″, y″, *construire le triangle* ABC. — M. d'Ocagne étudie une transformation quadratique rationnelle qui permet, entre autres, d'engendrer des courbes unicursales dont l'ordre égale la classe. Il en fait l'application à la construction par points et tangentes des cubiques cuspidales (unicursales du 3ᵉ ordre et de la 3ᵉ classe). Il en déduit aussi un tracé extrêmement simple de l'ellipse déterminée par deux de ses diamètres conjugués, tracé qui peut être avantageusement utilisé dans la pratique.

M. D'OCAGNE.

SOCIÉTÉ DE PHYSIQUE DE LONDRES

Séance du 24 juin.

M. W.-B. Croft : Sur les figures de souffle. Après avoir rappelé les observations des premiers expérimentateurs sur la question, l'auteur décrit une méthode qui l'a conduit à de bons résultats. Une pièce de monnaie est mise sur une lame de verre, et se trouve isolée. Une autre lame de verre qui doit recevoir l'impression est polie avec soin et repose sur la pièce, tandis qu'une seconde pièce est placée sur la lame. Les pièces sont mises en relation avec les pôles d'une machine électrique donnant des étincelles d'un pouce toutes les deux minutes. Quand les pièces sont enlevées et qu'on souffle sur le verre, le dessin des pièces apparaît sur le verre. Le microscope montre que l'humidité est déposée sur la surface entière, la grosseur du léger grain constitué par l'eau étant plus considérable dans la partie du dessin où l'ombre est le plus foncée. L'épaisseur du verre semble sans influence sur le résultat, et l'on a pu empiler alternativement des lames et des pièces de monnaie. Si on les met soigneusement à l'abri, le temps n'a qu'un effet insensible sur les figures, mais on peut les effacer en frottant tant que le verre est humide. On discute les insuccès et leurs causes, et l'on décrit les phénomènes plus complexes produits par de fortes décharges. On a montré aussi que les figures de souffle peuvent être produites en mettant une pièce de monnaie sur une surface de mica récemment mise à nu. Des reproductions parfaites d'imprimés ont été obtenues en plaçant du papier imprimé d'un côté seulement entre deux feuillets de verre pendant dix heures. Quelques substances telles que la soie, en contact avec le verre donnent des images blanches, tandis que la laine, le coton, en donnent de noires. Divers effets analogues sont indiqués dans le mémoire, et les diverses hypothèses émises pour l'explication de ces phénomènes sont examinées. — M. le prof. Perry lit une communication sur le même sujet, du Rév. J.-J. Smith. Il a réussi à photographier les images imprimées, et il en montre les épreuves. Il a étudié aussi l'influence de divers gaz sur le résultat, et trouve que l'oxygène donne les images les meilleures. Dans le cas où n'a point d'images. Il a étudié aussi l'effet de la température. M. S.-P. Thompson dit que le détail des premières recherches a paru aux *Annales de Poggendorff* en 1842. On y montrait que les meilleurs résultats s'obtiennent en faisant partir l'étincelle entre la pièce de monnaie et la machine. Comme les effets ne dépendent pas du sens dans lequel passent les étincelles, il est probable qu'on a affaire à des oscillations électriques. Il a lui-même travaillé sur ce sujet en 1881, et répété récemment quelques-unes des expériences. Les figures se produisaient sur une surface polie quelconque. On a eu de bons résultats en employant une petite bobine d'induction donnant environ une étincelle de 5ᵐᵐ toutes les cinq secondes. En 1881, il a remarqué accidentellement que les photographies peuvent s'obtenir sur l'ébonite. Des pièces chaudes posées sur du verre malpropre donnent de bonnes figures de souffle. Un membre de la Société dit qu'au lieu de souffler sur les lames, M. Garrett et lui saupoudre les lames de minium finement pulvérisé pour voir les figures. Ils ont aussi fixé les figures en attaquant par l'acide fluorhydrique. M. Croft montre quelques figures qu'il a obtenues il y a deux ans, et qui sont encore très nettes. — M. Wythe Smith : Sur la mesure de la résistance intérieure des piles. Après avoir rappelé les méthodes employées jusqu'ici, l'auteur expose une modification de l'expérience de Mance qu'il a récemment appliquée. Un pôle de la pile à mesurer est en communication avec les pôles de même nom de deux autres piles. Chaque pile a un circuit distinct, à travers lequel on fait passer un courant. En choisissant un point A au pôle opposé de la pile à étudier, on trouve des points B et C dans les circuits des piles auxiliaires, dont les potentiels sont égaux à celui de A. Les résistances entre chaque couple de points AB, AC, BC, sont ainsi mesurées par un pont de Wheatstone. En appelant ces résistances R_1, R_2, R_3, on montre que la résistance extérieure cherchée est donnée par la formule

$$b = x + \frac{x^2}{r} + \frac{x^3}{r^3} + \text{etc.}$$

où $x = \dfrac{R_1 + R_2 - R_3}{2}$ et r est la résistance extérieure du circuit contenant la pile étudiée. Pour un accumulateur qui se décharge $b = x$ à environ 2 pour cent. M. Perry demande jusqu'à quel point les résultats obtenus s'accordent avec ceux que donnent les autres méthodes, et s'ils dépendent du temps que les clefs restent fermées. Dans les anciennes méthodes, on supposait qu'un accroissement instantané dans la différence de potentiel se produit à la rupture du circuit. Cela peut être vrai ou n'être pas vrai. Il incline à regarder la différence de potentiel et le courant comme tous deux fonctions de la résistance et du temps. La manière dont se comportent les piles semble indiquer l'existence de quelque chose comme une capacité, ou plutôt des capacités et des résistances en série. M. Ayrton dit que le mémoire est d'un grand intérêt, car il rend possible ce qu'on ne pouvait faire auparavant : trouver la résistance d'une pile sans altérer sensiblement le courant qui la traverse. Quoique la nouvelle méthode exige plus de piles, ce n'est pas un motif qui la fasse rejeter, car le résultat atteint a une importance scientifique considérable. La même méthode est applicable pour trouver la résistance d'une armature de dynamo en marche, quantité inaccessible jusqu'ici par les mesures directes. M. Lane Fox dit que les changements produits dans la différence de potentiel des piles secondaires, et qui embrouillent, sont en rapport avec les changements dans l'électrolyte qui arrive dans les pores des plaques. Il ne découvre aucune faute dans le raisonnement donné plus haut. M. Sumpner remarque que la méthode est bonne car elle dépend d'un réglage de pont, qui peut être fait avec beaucoup d'exactitude. D'un autre côté, c'est une méthode de faux zéro, sujette, par suite, aux erreurs provenant des déplacements du zéro. M. Ayrton montre que ces erreurs peuvent être éliminées en renversant la pile du pont. M. Rémington dit, que bien que les courants d'essai soient petits, ils peuvent affecter la force $ém$, et introduire ainsi une erreur sur b. On pourrait donc expérimenter en employant les courants alternatifs et le téléphone. Répondant à M. Perry, M. Smith dit que les résultats concordent avec ceux qu'on a obtenus par des méthodes antérieures dans les limites d'exactitude dont il peut s'attendre avec ces méthodes — là, ce qui peut atteindre quelque chose comme 15 pour 100. — M. W. Williams : Sur la relation entre les dimensions des quantités physiques et les directions de l'espace. En février 1889, M. Rücker appelait l'attention sur ce fait que les formules ordinaires de dimension pour les grandeurs électriques, les dimensions de μ (perméabilité) et de k (pouvoir inducteur spécifique) sont supprimées. Dans la discussion de ce mémoire, M. S.-P. Thompson montra que les longueurs pouvaient être considérées comme ayant une direction aussi bien qu'une grandeur, et qu'en se plaçant à ce point de vue on évite les difficultés provenant de ce que des unités différentes, comme le couple et le travail, ont les mêmes dimensions. Développant cette idée, l'auteur trace trois axes rectangulaires le long desquels on mesure les longueurs. En appelant les longueurs unités suivant les trois axes X, Y et Z, les diverses unités dynamiques, telles que la vitesse, l'accélération, la force, le travail, etc., sont exprimées en fonction de M, T, X, Y et Z. Les formules dénotent ainsi les relations de direction aussi bien que les relations de nombre entre les unités, et les formules de dimensions apparaissent, par conséquent, comme l'ex-

pression symbolique de la nature physique des quantités, en tant qu'elles dépendent de la longueur, de la masse et du temps. Dans ce système les aires et les volumes sont représentés par des produits de différentes longueurs vectorielles, au lieu d'être les puissances d'une longueur unique, et les angles et les déplacements angulaires par des quotients de vecteurs rectangulaires, au lieu d'être des nombres abstraits. En physique les nombres abstraits peuvent être définis par les rapports des grandeurs concrètes de même espèce et semblablement dirigées (si elles ont une direction). Un angle plan a pour dimensions $X^{-1}Y$, X étant dans la direction du rayon, et Y dans celle de l'arc, tandis qu'un angle solide a pour dimensions YZX^{-2}, et un rayon de courbure Y^2X^{-1}. On montre ainsi que π est une quantité concrète ayant les dimensions, ou de l'angle plan ou de l'angle solide. Cela est d'une importance considérable, à cause de la relation avec les flux suivant les rayons ou suivant les circuits dans le champ électromagnétique. En déduisant les formules de dimension pour les unités électriques et magnétiques, on emploie les relations rationnelles et simplifiées données par M. Oliver Heaviside dans l'*Electrician* du 16 et du 30 octobre 1891. On trace des axes instantanés en un point (quelconque d'un milieu isotrope (l'éther),tels que X coïncide avec le déplacement électrique, Y avec le déplacement magnétique, et Z avec l'intersection des deux surfaces équipotentielles en un point. En partant de la relation $\mu H^2 =$ énergie par unité de volume, on peut obtenir des formules pour diverses quantités en fonction de μ. Par simplification on arrive à celles du système électromagnétique ordinaire en faisant $\mu = 1$, et supprimant la distinction entre X, Y et Z. En prenant, de même, pour point de départ $k E^2 =$ énergie par unité de volume, on obtient des formules où entre k, et qui, simplifiées comme plus haut, donnent celles du système électrostatique ordinaire. Le mémoire renferme des exemples de la façon dont on exprime les résultats, et le sujet en entier est discuté en détail à la fois en coordonnées cartésiennes et en coordonnées vectorielles. Les formules en fonction de μ et de k sont appliquées à l'étude de diverses analogies entre l'électromagnétisme et la dynamique, d'où l'on déduit une théorie dynamique correspondante de l'électromagnétisme. On recherche quelles dimensions de μ et de k en fonction de M, T, X, Y, Z rendraient simple, naturelle et pleinement intelligible l'interprétation des unités électriques et magnétiques. Les conditions imposées (pour des raisons établies dans le mémoire) sont : premièrement, que les dimensions de μ et de k satisfassent à la relation $[\mu k] = Z^2 T^{-2}$; secondement, que les puissances des unités fondamentales dans les quantités dynamiques ordinaires ne soient ni supérieures, ni inférieures, à celles qu'on trouve dans les formules des quantités dynamiques ordinaires ; et, troisièmement, que les unités qui sont scalaires ou dirigées soient aussi scalaires ou dirigées quand leurs dimensions sont exprimées d'une façon absolue. En se soumettant à ces conditions, on montre que les valeurs possibles pour les dimensions de μ et de k sont au nombre de huit. De ce nombre, il n'y en a que deux qui conduisent à des résultats intelligibles. Ce sont (1) $\mu = M(XYZ)^{-1}$ et $k = M^{-1}XYZ^{-1}T^2$; et(2) $\mu = M^{-1}XYZ^{-1}T^2$ et $k = M(XYZ)^{-1}$. D'après (1) μ est la densité du milieu, l'énergie électrique est de l'énergie potentielle et l'énergie magnétique, de l'énergie cinétique. D'après (2), k est la densité du milieu, l'énergie électrique est cinétique, et l'énergie magnétique est potentielle. L'interprétation complète des formules de dimensions de toutes les grandeurs électromagnétiques obtenues en se conformant aux conditions indiquées plus haut, est donnée dans le mémoire. — M. S.-P. Thompson déclare que ce mémoire est très important, et estime que l'idée de trouver pour μ et pour k des dimensions qui rendent raisonnables les formules de dimensions ordinaires,constitue un grand pas. L'emploi des vecteurs est un heureux perfectionnement : l'emploie de X, Y et Z au lieu de L, écarté plusieurs difficultés relatives aux formules de dimensions. D'autres difficultés peuvent être éclaircies en ayant égard au signe des produits et des quotients de vecteurs, et à l'ordre dans lequel on écrit les symboles. Un autre sujet important est l'emploi des « unités rationnelles » de M. Heaviside, système qui mérite une sérieuse attention. Pour conclure, M. Thompson exprime l'espoir que, conformément à la résolution du congrès d'électricité de Francfort, la perméabilité et le pouvoir inducteur spécifique seront tous deux représentés par des lettres grecques. M. Henrici exprime son admiration pour la façon dont le sujet a été bien traité dans le mémoire. Il a longtemps pensé que les méthodes vectorielles éclaireraient beaucoup les idées sur les quantités physiques. Il félicite aussi l'auteur pour sa façon de considérer les angles plans et solides comme des quantités concrètes. — Dans une communication adressée au secrétaire, M. O.-J. Lodge remarque que les physiciens, en Angleterre, étaient plus ou moins familiers avec les avantages de représenter μ et à par leurs formules de dimensions, jusqu'au jour où le professeur Rücker, en février 1889, a rendu le sujet accessible aux étudiants. Le système de dimensions mécaniques suggéré par les grandeurs électriques dans un appendice aux « Idées modernes en électricité » n'était pas présenté comme le seul possible, mais comme ayant en sa faveur une certaine probabilité de vérité. — M. Rücker dit que, bien que M. Williams et lui se soient rencontrés sur quelques points de moindre importance, les idées fondamentales développées dans le mémoire sont tout à fait originales, ayant été entièrement développées par M. Williams avant que l'auteur ne lui eût parlé du sujet. Une note sur les *forces moléculaires*, par M. Sutherland est remise à la prochaine séance. Ce mémoire et celui de M. Williams seront imprimés dans le *Philosophical Magazine* durant les vacances, de telle sorte qu'ils pourront être discutés immédiatement à la prochaine session.

SOCIÉTÉ ROYALE D'ÉDIMBOURG

Séance du 20 juin.

1° Sciences physiques. — M. Buchan étudie les variations diurnes de la hauteur barométrique aux régions polaires durant l'été. D'observations faites à l'été 1876 et aux étés suivants, au centre de l'Atlantique nord, entre 62 et 80° de latitude nord, il déduit qu'il n'y a qu'un maximum et qu'un minimum durant le jour. Des observations faites par l'état-major du *Challenger* à de hautes latitudes antarctiques conduisent au même résultat. On trouve aussi un seul maximum et un seul minimum dans les régions intérieures des continents polaires ; mais ils se produisent à des heures du jour différentes des heures du maximum et du minimum de l'Océan. La superposition de ces deux genres de variation donne la variation semblable à celle qu'on observe couramment. — M. Hunter Stewart : Sur les variations de la quantité d'acide carbonique dans l'air. 2° Sciences naturelles. — M. Traquair : Restes d'animaux du tuf volcanique de Ténériffe. W. Peddie, *Membre de la Société.*

ACADÉMIE ROYALE DE BELGIQUE

Séance du 10 mai.

1° Sciences mathématiques. — M. J. De Tilly : Essai de géométrie analytique générale. — M. F. Folie : Nouvelle recherche des termes du second ordre dans les formules de réduction des circompolaires en ascension droite et déclinaison. (2° communication.) — M. P. De Heen : Sur la cause probable de la formation de la queue des comètes. D'après l'auteur, une difficulté insurmontable s'opposerait, dans le cas actuel, à l'adoption de l'hypothèse qui consiste à admettre l'existence d'une force répulsive du calorique. Les observations les plus récentes tendent, en effet, à établir que, dans

le mouvement des comètes, les choses se passent comme si celles-ci étaient soumises à l'attraction newtonienne seule. Or, si l'hypothèse de l'action répulsive était vraie, il en résulterait une altération sensible du mouvement de ces astres. On doit donc conclure que cette formation est due à une action d'origine *interne* et non à une action d'origine *externe*. Les recherches de Crookes éclairent vivement la question. L'auteur expose la théorie qui rend compte du mouvement du radiomètre et en tire, comme conséquence immédiate, la formation de la queue des comètes. Ces astres sont, en effet, considérés comme étant formés de particules solides ou liquides en suspension dans une atmosphère d'autant plus raréfiée que la comète se rapproche davantage du Soleil. Cela étant, chacune de ces particules joue le rôle des ailettes du moulinet dans la théorie du radiomètre. La face tournée du côté du Soleil, étant plus échauffée que la face opposée, sera repoussée. Ces particules, dans leur mouvement de recul, entraîneront avec elles le gaz ambiant, dont le frottement intérieur n'est pas négligeable. Cette action exclusivement *interne* doit déterminer la production de l'appendice cométaire, sans modifier le mouvement du centre de gravité du système. — M. F. Terby : I. Sur les halos remarquables observés à Louvain les 5 et 6 avril 1892. — II. Sur un nouveau passage de Titan et de son ombre observé à Louvain, le soir du 12 avril 1892. — M. E. Catalan : A propos d'une note de M. Servais. — M. J. Deruyts : Sur les relations qui existent entre certains déterminants. — M. Cl. Servais : Sur les coniques osculatrices dans les courbes du troisième ordre. — M. A. Demoulin : Quelques propriétés du système de deux courbes algébriques planes. 2° Sciences naturelles. — M. Ch. van Bambeke : Contribution à l'étude des hyphes vasculaires des Agaricinés ; hyphes vasculaires du *Lentinus cochleatus*. L'auteur décrit les hyphes vasculaires renfermées dans le stype et le chapeau du *Lentinus cochleatus*. Elles se terminent à la périphérie de ces régions dans une épaisse couche de chlamydospores, et à la périphérie des lamelles entre les parties constituantes du subhyménium et de l'hyménium. Ces hyphes, ainsi que leurs terminaisons, généralement en forme de bouteille à deux articles, ne deviennent apparentes qu'après traitement, à l'état frais, par l'acide osmique. La coloration, variant du gris au noir foncé, doit être attribuée à la présence d'une huile essentielle formant la majeure partie du contenu des hyphes. Cette essence, charriée par les hyphes vasculaires, est sans doute éliminée par leur portion terminale, jouant le rôle d'organe excréteur, ce qui explique l'odeur anisée que répand ce champignon.

ACADÉMIE DES SCIENCES D'AMSTERDAM

Séance du 25 juin.

1° Sciences mathématiques. — M. J. Cardinaal : Génération de surfaces du quatrième ordre à droite double à l'aide de faisceaux projectifs de quadriques. 2° Sciences physiques. — M. H. Kamerlingh Onnes

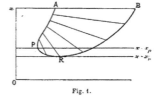

Fig. 1.

étudie les mesures du phénomène de M. Kerr dans la réflexion polaire du fer, du cobalt et du nickel, faites par M. P. Zeeman. Puis, il fait connaître un tout autre phénomène, découvert par M. J.-P. Kuenen, obtenu en comprimant un mélange de deux gaz et annoncé par lui dans sa thèse comme une conséquence de la théorie de M. Van der Waals (voir la *Revue*, t. III, p. 343); ce phénomène est celui de la *condensation rétrograde*. La forme du pli APRB (fig. 1) et la position du point de plissement P (la figure est empruntée au mémoire de M. Van der Waals, *Archives Néerlandaises*, t. XXIV, p. 55) montrent que, pour des mélanges dont le rapport de composition se trouve entre x_p et x_r, la diminution de volume commence par faire accroître la quantité de ce rapport, trop volumineux pour être analysé ici (I. Histoire et distribution géographique. — II. Étude de la *Limnoria lignorum*, au point de vue zoologique : *a*. Extérieur et accessoires ; *b*. Caractères distinctifs de la structure anatomique ; *c*. Place de la *Limnoria* dans le système zoologique; *d*. La *Limnoria* en activité. — III. Distribution sur la côte néerlandaise, distribution en rapport avec le percentage de sel de l'eau de mer. — IV. Condition dont dépend l'apparition de *Limnoria*. — Moyens pour combattre l'ennemi. — VI. Conclusions.) — M. P.-P.-C. Hoek donne ensuite un résumé de l'histoire naturelle de l'animal. D'après la commission le meilleur moyen de préserver les pilotis est de les ferrer avec des clous à grande tête. Ce moyen est plus efficace contre la *Limnoria* que contre la *Teredo;* il a plus d'effet que le créosotage. Un mélange de créosote et de liquide vénéneux équivaudrait peut-être à la préservation à l'aide de clons. — M. M.-W. Beyerinck s'occupe de la culture des organismes de la nitrification sur agar-agar et sur gélatine. Il démontre, d'accord avec les découvertes de MM. Warington et Winogradsky, que la nitrification s'accomplit en deux phases : la formation de l'acide nitreux par l'oxydation des sels ammoniacaux par une bactérie spécifique et la transformation des nitrites en nitrates par une autre espèce de bactérie indépendante. L'oxydation de l'ammoniaque se fait quantitativement en acide nitreux ; seulement, quand le processus est exceptionnellement actif, il peut se former une trace de nitrate sous l'influence de la bactérie nitreuse. L'auteur remarque ensuite que ces deux processus ont lieu seulement quand les matières organiques solubles sont réduites à un minimum, comme il avait été déjà prouvé par les recherches classiques de M. Winogradsky et des Frankland. L'acétate de chaux, même à 0,1 % nuisait à l'oxydation et à la multiplication. Enfin, l'auteur démontre que les matières organiques solides et insolubles n'ont pas le moindre effet sur la vitesse et le cours de la nitrification. D'après cette remarque, il doit être possible de cultiver les bactéries nitreuse et nitrique sur de l'agar-agar complètement débarrassé des matières solubles par une longue extraction avec de l'eau distillée, additionnée des sels inorganiques nécessaires pour la nitrification. Les faits s'accordent parfaitement avec cette opinion. Si l'on ajoute aux sels encore un peu de carbonate de chaux à l'agar, on peut obtenir par cette plaque qui permet l'ensemencement direct des bactéries du sol et le dénombrement des bactéries nitreuses qui y sont comprises. Pour atteindre ce résultat, l'agar carbonaté est versé dans une boîte en verre et, après solidification, une petite quantité de terre suspendue dans l'eau stérilisée est jetée sur la surface de la plaque. Après trois ou quatre semaines les colonies nitreuses deviennent visibles comme centres de petits champs de diffusion parfaitement circulaires et transparents, formés par la transformation du carbonate insoluble en nitrite de calcium,

très soluble et diffusant dans toutes directions dans la plaque. Par cette manipulation, l'auteur a constaté que la terre des racines de trèfle rempant contient environ 30 bactéries nitreuses par 10 milligrammes qui ne sont pourtant pas toutes de la même activité nitrifiante, comme le démontre la différence d'extension des champs de diffusion clairs autour des colonies. Cependant l'espèce est, sans doute, identique avec la forme, dite *européenne*, de M. Winogradsky, croissant tout comme celle-ci en zooglées ou en microcoques à un seul cil libres et très agiles. Si l'on prépare de la gélatine avec les mêmes soins que l'agar, cette matière peut aussi servir de base solide pour la nitrification. Mais, ce sont surtout les nombreuses bactéries liquéfiantes qui rendent l'extraction avec de l'eau, comme toute expérimentation ultérieure, très difficile. Aussi la formation de l'acide nitreux cesse après une même de temps, tandis que sur l'agar ce processus ne dépend que de la présence de sels ammoniacaux et de l'accumulation des nitrites qui, à la dose de 1 %, entravaient l'oxydation. La bactérie nitreuse ne liquéfie pas la gélatine et y prend facilement la forme de zooglée. Quoique les bactéries nitreuses cessent de croître et d'oxyder par suite de la présence des corps organiques solubles, elles ne perdent pas néanmoins ces propriétés par suite de ce contact, mais se multiplient et fonctionnent de nouveau dans des circonstances favorables. La bactérie nitrique fut de même isolée sur des plaques d'agar-agar parfaitement exemptes de matières organiques solubles et additionnée de 0,1 % de nitrite de potasse et d'un peu de phosphate. Les colonies sont très petites, un peu transparentes et colorées en jaune très clair. Elles consistent en microcoques sans mouvement qui sont parfois un peu allongés. Contrairement à ce qui a lieu avec la bactérie nitreuse, la bactérie nitrique, tout en perdant le pouvoir d'oxyder les nitrites par le contact avec les corps organiques solubles dépassant une certaine concentration minimum, ne perd pas pour cela en même temps le pouvoir de se multiplier. La bactérie nitrique ne peut pas oxyder les sels ammoniacaux et elle est aussi sans action sur le sulfocyanate de potasse et sur le chlorhydrate d'hydroxylamine. Une méthode simple pour la préparation de plaques stériles de silice sans et avec carbonate a été décrite, et nombre de cultures sur agar et silice ont été présentées. — M. C.-A.-J.-A. Oudemans présente sa « Quatorzième contribution à la flore mycologique des Pays-Bas ».

4° Sciences médicales. — M. J. Forster fait connaître les résultats de quelques recherches exécutées dans le laboratoire d'hygiène d'Amsterdam. D'abord, il s'agit du minimum de la température qui détruit la vie des bacilles de la tuberculose. L'auteur fait ressortir qu'il est bon de connaître cette température. Car, en faisant bouillir la viande de bœufs tuberculeux, la température de 100° C ne pénètre pas à l'intérieur et, en faisant bouillir le lait de vaches tuberculeuses, on en altère la goût de manière qu'on préfère boire le lait cru. Les expériences montrent que les bacilles en question ne supportent pas pendant une heure une température de 60° C et non plus pendant six heures une température de 55°. Des températures de 80° et 90° C détruisent la matière infectante dans 10 minutes. La pasteurisation à 80° pendant une minute n'est pas suffisante. L'auteur expose ensuite ses recherches sur l'influence du froid sur la vie des bactéries. Il prétend avoir trouvé que plusieurs bactéries peuvent vivre et se multiplier dans la glace fondante, non seulement d'eau de mer, mais tout aussi bien d'eau douce et d'eau douce salée. Ce résultat est d'accord avec l'observation que les mets conservés dans la glace prennent, à la longue, un goût désagréable. Si l'on veut conserver des aliments à l'aide de températures basses il faut qu'on les conserve bien secs. En effet, dans les nouvelles caves à rafraîchir, au lieu de la glace fondante, on se sert d'air sec refroidi. — M. H.-J. Hamburger : Sur la différence entre le sang artériel et le sang veineux. Non seulement à cause de la différence en percen-

tage de CO^2, mais aussi par suite d'autres influences, le sérum du sang veineux défibriné contient en général plus de matières solides et moins de chlorures que le sérum du sang artériel défibriné. Même la manière de défibriner a de l'influence sur la composition du sérum et des globules de sang. Le battement du sang à l'air fait perdre du sérum avec l'écume, change donc le rapport des quantités de sérum et de globules et altère même l'échange des parties composantes entre globules et liquide. Ainsi la comparaison exacte du sang artériel et du sang veineux exige une étude spéciale des globules et du liquide, tandis que l'emploi de sang défibriné ne peut être admis qu'à la condition de tenir compte de la manière de défibriner. Pour le sang de cheval, recueilli sous l'huile pour empêcher la coagulation, l'échange de matière entre sérum et globules a lieu, comme pour le sang défibriné, en ajoutant de petites quantités d'acide ou d'alcali.   Schoutz,
Membre de l'Académie.

SOCIÉTÉ DE PHYSIOLOGIE DE BERLIN

Séance du 24 juin.

M. le Pr Kossel expose les recherches que M. le Dr Monti a entreprises sous sa direction relativement à l'absorption d'oxygène par les tissus après la mort. La méthode employée a été celle que M. le Dr Borutteau a essayée et reconnue exacte dans ses recherches sur l'action réductrice du pyrogallol et de la résorcine dans les tissus et les sécrétions; elle consiste à appliquer sur des plaques photographiques sensibles des tranches du tissu frais alcalinisé et à apprécier le degré de leur pouvoir réducteur par l'intensité du noircissement de la plaque. On a constaté que les différents tissus noircissaient les plaques à des degrés divers et que l'action variait suivant le temps écoulé depuis la mort de l'animal. Les capsules surrénales, la rate, le thymus, le tissu cortical du rein, exerçaient la réduction la plus rapide et la plus intense ; les muscles, et surtout le cerveau se sont montrés les tissus les moins actifs à ce point de vue. — Voulant étudier la répartition du phosphore dans les divers organes et les divers tissus du corps, M. le Dr Lilienfeld a traité par le molybdate d'ammoniaque, puis le pyrogallol des coupes microscopiques préparées par la technique habituelle. Suivant la quantité de phosphore contenue dans le tissu, suivant aussi la facilité plus ou moins grande avec laquelle ce phosphore abandonne ses combinaisons, il se produit une coloration qui va du jaune clair au noir en passant par le brun. Les noyaux et notamment leurs chromosomes se colorent vivement, tandis que le plasma cellulaire reste incolore, excepté dans quelques cas, comme, par exemple, pour le cerveau, où le cytoplasma prend une couleur jaune plus intense même que celle des noyaux de ce tissu. D'une façon très générale, la réaction caractéristique du phosphore a été intense dans le noyau des cellules en prolifération, tandis que les cellules plus spécialisées se coloraient peu ou pas. — Le Pr Litten a attiré l'attention du Pr Gad sur le fait suivant, qui se produit régulièrement chez l'homme normal et avait pourtant échappé aux physiologistes. Si un homme respire paisiblement dans le décubitus dorsal, tandis que la lumière du soleil ou celle d'un jour clair tombe d'une fenêtre en rasant le corps, on voit à chaque inspiration l'ombre d'une onde se propager sur le thorax de haut en bas ; pendant l'expiration l'onde va de bas en haut. Le phénomène est plus visible chez les sujets à respiration abdominale que chez ceux à respiration thoracique.   Dr W. Sklarek.

ACADÉMIE DES SCIENCES DE VIENNE

Depuis notre dernier compte rendu l'Académie a reçu les communications suivantes :

1° Sciences mathématiques. — M. Josef Finger : Sur les relations mutuelles des surfaces du second ordre d'un emploi avantageux en mécanique ; leur applica-

tion au problème de l'astatique. Cette communication a pour but de compléter et de généraliser les résultats géométriques de M. Darboux sur le problème astatique, elle doit servir d'introduction à une série de recherches sur les pôles de force d'un système de forces en nombre quelconque agissant sur un système de points invariables. — M. J. Sobotka : Sur la courbure et l'indicatrice de l'hélicoïde. — M. L. Weneik à l'Observatoire de Prague, qui avait adressé le 24 janvier un dessin grossi vingt fois de la carte de *Petavius* prise à l'Observatoire du mont Hamilton (Californie) présente aujourd'hui une héliographie de cette étude qui rend mieux les caractères et les détails que les copies photographiques ; il ajoute aussi : 1° une héliographie du *Mare Crisium* grossi quatre fois ; 2° une héliographie des chaînes *Archimedes* et *Arzachel* avec un grossissement égal à 20 ; 3° une impression en couleurs de l'éclipse de lune du 28 janvier 1888 ; 4° enfin trois tables en héliogravure des cratères de la Lune.

2° Sciences physiques. — M. Ch. A. H. Schellhorn : Recherches sur la mécanique du monde. — M. Gustav Jäger : « L'équation des gaz dans ses applications aux solutions. » — M. G. Jaumann, à Prague : « Essais d'une théorie chimique fondée sur la comparaison des propriétés physiques. » — M. Franz Exner à Vienne : « Recherches électrochimiques, *suite*. » Cette deuxième communication étudie la façon dont se comportent les métaux dans SO^4H^2, AzO^3H, CO^2, $C^2H^2O^4$, $C^3H^4O^3$, $C^3H^3ClO^2$, $C^2H^2Cl^2O^2$, $C^2HCl^3O^2$, $C^3H^3BrO^2$ ainsi que dans une série de sels des acides précédents et des acides HCl, HBr, HI, HFl. L'auteur mesure les différences de potentiel entre l'eau pure et les solutions aqueuses des corps précédents ; ses résultats au point de vue qualitatif sont en concordance parfaite avec la théorie de la dissociation. — M. Paul Czermak : Sur la décharge oscillante.

3° Sciences naturelles. — M. Frid. Krasser : Sur la structure du noyau cellulaire immobile. — M. A. Wagner à Innsbruck : « Sur la structure des feuilles des plantes alpestres et sa valeur biologique ». Les feuilles des plantes alpestres sont essentiellement adaptées à une activité assimilatrice plus considérable, qui se traduit par un développement exagéré des cellules en palissade, par une structure plus lâche du mésophylle, par la présence de nombreuses stomates sur la surface supérieure des feuilles. Le développement exagéré du tissu assimilateur est dû aux facteurs suivants : a) radiations lumineuses plus intenses, b) diminution de la teneur de l'air en acide carbonique proportionnée à l'augmentation d'altitude, c) diminution de la durée de la végétation. L'adaptation à ces différents facteurs est d'autant plus parfaite qu'une espèce est plus plastique. C'est l'assimilation et non pas la transpiration qui détermine avant tout la structure du mésophylle. Le nombre et les dimensions des cellules en palissade dépend des conditions d'assimilation ; les formations intra-cellulaires, par contre, sont en relation avec les conditions de transpiration. — M. E. Hering : Sur la connaissance des Alciopides de Messine. — M. Wilhem Sigmund : Relations entre les ferments qui agissent sur les corps gras et ceux qui agissent sur les glycosides. L'auteur fait agir sur les corps gras des ferments comme l'émulsine, la myrosine qui dédoublent les glycosides ; d'autre part les graines de plantes oléagineuses, comme le chanvre, le pavot, le colza, dans lesquelles on n'a reconnu jusqu'ici aucun ferment glycosique, furent mises en présence d'amygdaline et de salicine sous forme d'émulsion ou en prenant l'extrait aqueux. L'auteur donne aussi provisoirement quelques recherches sur l'action des glandes du pancréas sur les glycosides précédents. Il conclut de tout ce travail que les ferments gras et glycosiques peuvent se remplacer mutuellement dans leurs actions. — M. Alfred Nalepa : Sur de nouveaux microbes de la bile. L'auteur donne la description et la classification de ces nouveaux microbes.   Emil Weyr,
Membre de l'Académie.

Le Directeur-Gérant : Louis Olivier

REVUE GÉNÉRALE

DES SCIENCES

PURES ET APPLIQUÉES

DIRECTEUR : LOUIS OLIVIER

LES CARBONYLES MÉTALLIQUES [1]

Justus Liebig, l'esprit le plus prophétique peut-être parmi les savants modernes, écrivait en 1834 : « J'ai annoncé précédemment que l'oxyde de carbone peut être considéré comme un radical dont l'acide carbonique et l'acide oxalique sont les oxydes, et le gaz phosgène, le chlorure. La poursuite de cette idée m'a conduit aux résultats les plus singuliers et les plus remarquables [2]. » Liebig ne nous a jamais dit ce que ces résultats ont été. Les lignes suivantes feront connaître les récentes découvertes réalisées dans la direction que l'illustre chimiste indiquait.

L'acide carbonique CO^2 peut se comporter comme radical et se combiner à d'autres corps ; on l'appelle alors *carbonyle*, et l'on dit de ses composés avec d'autres éléments ou radicaux que ce sont des *carbonyles*.

Liebig a défini un radical comme un composé doué des caractères d'un corps simple, susceptible de se combiner avec les corps simples, de se substituer à ces éléments ou d'être remplacé par eux. Dans des temps plus rapprochés de nous, on a défini le radical chimique : un corps non saturé. Si nous le considérons au point de vue moderne, le carbonyle devrait être le véritable type du radical, parce que deux seulement des quatre valénces de son atome de carbone sont saturées. Il semblerait qu'il doive être un radical très violent, puisque, de tous les radicaux organiques, c'est le seul qui existe à l'état de molécule simple. Tous les autres radicaux organiques, même quelques-uns bien typiques, comme le cyanogène et l'acétylène, ne sont connus qu'à l'état de molécules renfermant chacune deux fois le même radical, de sorte que le gaz cyanogène ou le gaz acétylène que nous connaissons devraient être plus justement appelés di-cyanogène et di-acétylène. L'oxyde de carbone constitue donc une exception unique.

Chose curieuse, ce gaz est, en quelque sorte, le contraire d'un corps violent : au lieu d'être prêt à attaquer avec ses deux valences libres tout ce qui se trouve sur sa route, ce n'est que tout dernièrement qu'il nous est apparu se combinant à des substances douées elle-mêmes de pouvoirs d'attaque considérables : le chlore et le potassium, par exemple. Bien que Liebig l'eût depuis si longtemps déjà proclamé radical, le monde chimique fut absolument étonné, lorsqu'il y a deux ans, j'annonçai dans un travail communiqué à la *Société de Chimie de Londres*, et fait avec les docteurs Langer et Quincke, qu'à la température ordinaire, l'oxyde de carbone se combine à un élément aussi inactif que le nickel, et forme avec ce dernier un composé bien défini, remarquable par la singularité de ses propriétés.

Le fait que l'oxyde de carbone ne possède pas

---

[1] Depuis que M. Charpy a annoncé et décrit ici même (*Revue* du 15 novembre 1890, t. 1, p. 657) la découverte du nickel tétracarbonyle, ce corps et plusieurs composés du même type, trouvés depuis, ont été de la part de divers savants, notamment de M. L. Mond et de M. Berthelot, l'objet d'importantes recherches. La portée philosophique des résultats obtenus nous a engagé à revenir aujourd'hui sur ce sujet. Le présent article expose l'ensemble de la question soulevée par la remarquable découverte de MM. Mond, Langer et Quincke.

(*Note de la Rédaction.*)

[2] *Annales de Pharmacie*, 1834.

l'activité chimique qu'on est tenté d'attribuer à un radical isolé peut, je crois, s'expliquer en admettant que les deux valences de son atome de carbone, qui ne sont pas combinées à l'oxygène, se saturent ou se neutralisent l'une l'autre. Tout le monde admet aujourd'hui que les valences réputées égales de deux atomes de carbone, peuvent se neutraliser mutuellement. D'après cette supposition, l'oxyde de carbone peut être considéré comme un corps se satisfaisant lui-même, un corps qui, audedans de lui-même, tient en quelque sorte en arrêt ses affinités libres.

Le mémoire publié par Liebig en 1834 et dont j'ai déjà cité un passage avait pour titre : « De l'action de l'oxyde de carbone sur le potassium. » Liebig y a complètement décrit la préparation et les propriétés du premier carbonyle métallique connu, un composé de potassium et d'oxyde de carbone. Il obtenait ce corps par l'action directe de l'oxyde de carbone sur le potassium à une température de 80° C ; il l'a reconnu identique à une substance faisant partie du résidu très désagréable de la fabrication du potassium, extrait de la potasse au moyen du carbone par la méthode de Brunner. Cette substance constitue une poudre grise, non volatile ; traitée par l'eau, elle produit une solution rouge, virant peu à peu au jaune au contact de l'air; par l'évaporation, on en obtient un sel jaune, appelé en raison de sa couleur croconate de potassium. Liebig a démontré que ce sel consiste en deux atomes de potassium, cinq de carbone et cinq d'oxygène, et qu'il ne contient pas d'hydrogène, comme on l'avait d'abord supposé.

Depuis le travail de Liebig, le carbonyle de potassium a été étudié par un grand nombre de savants, parmi lesquels sir Benjamin Brodie mérite une mention particulière; mais il a été réservé à Nietzki et Benkiser de déterminer finalement, en 1885, par une série de brillantes investigations, la constitution exacte de ce corps et sa place dans le domaine de la chimie. Ces savants ont démontré que ce composé a pour formule $K^6C^6O^6$, que ses six atomes de carbone sont liés ensemble sous la forme d'un anneau déjà en benzole ; c'est de l'hexhydroxylbenzole dans lequel tout l'hydrogène est remplacé par du potassium. Le corps que Liebig a obtenu par l'action directe de l'oxyde de carbone sur le potassium nous a ainsi permis de préparer, synthétiquement et très simplement, en le tirant soit de substances purement inorganiques, soit de la potasse et du carbone, à notre choix, ou même si nous le voulons de la potasse et du fer, la série entière des composés très importants et très intéressants, qualifiés d'aromatiques, qui renferment les innombrables couleurs des goudrons, et toute une pléiade de substances infiniment précieuses pour la thérapeutique.

Un très petit nombre d'expériences ont été faites depuis Liebig avec d'autres métaux alcalins; on a vu que le sodium, malgré son étroite parenté avec le potassium, ne se combine pas à l'oxyde de carbone; quant au lithium et au cæsium, on a reconnu qu'ils se conduisent comme le potassium.

Les métaux d'autres groupes n'ont été l'objet pour ainsi dire d'aucune attention. Le rôle très important que joue l'oxyde de carbone dans la fabrication du fer a conduit un certain nombre de métallurgistes (parmi lesquels il faut surtout citer Sir Lowthian Bell et le Dr Alder Wright) à étudier l'action de ce gaz sur le fer métallique et autres métaux lourds, y compris le nickel et le cobalt, à de hautes températures. Ces expérimentateurs ont reconnu que ces métaux ont la propriété de décomposer l'oxyde de carbone en carbone et acide carbonique à une basse chaleur rouge; c'était là un résultat important qui a jeté une nouvelle lumière sur la chimie du haut fourneau. Aucun de ces savants cependant n'a cherché à produire, par l'union de ces métaux à l'oxyde de carbone, des composés nouveaux; d'ailleurs, en raison de la haute température et des autres conditions dans lesquelles ils opéraient, l'existence de tels composés n'eût pu être décelée. Pour obtenir ces corps, on doit observer des conditions très spéciales.

Il convient d'opérer sur les métaux très finement pulvérisés et faire agir l'oxyde de carbone à basse température. On obtient les meilleurs résultats quand l'oxalate du métal est chauffé dans un courant d'hydrogène à la plus basse température à laquelle sa réduction à l'état métallique est possible. L'oxyde de carbone, avant d'entrer dans le tube, brûle avec une flamme bleue non lumineuse. Après avoir passé au-dessus du nickel, il brûle avec une flamme extrêmement lumineuse, parce que dans le tube chauffé par la flamme jusqu'à l'incandescence, du nickel métallique se sépare du carbonyle de nickel déjà formé. En faisant passer le gaz qui sort de ce tube à travers un tube de verre chauffé à environ 200°, on obtient un miroir métallique de nickel pur, parce qu'à cette température le carbonyle de nickel se résout complètement en ses constituants : le nickel et l'oxyde de carbone. Si l'on fait passer le gaz à travers un mélange réfrigérant, un liquide sans couleur se condense: c'est le carbonyle de nickel à l'état pur : Ni (CO)

Refroidi à — 25° C., ce liquide se solidifie donnant des cristaux en forme d'aiguilles. La vapeur de carbonyle de nickel possède une odeur caractéristique; elle est délétère, mais pas plus que le gaz oxyde de carbone. Le professeur M. Kendrick a étudié l'action physiologique de ce liquide, et a trouvé que, lorsqu'il est injecté sous la peau en quantités extrêmement petites à des lapins, il amène un abaissement extraordinaire de température, qui, dans certains cas, va jusqu'à 12°.

Le liquide peut être complètement distillé sans décomposition ; mais, à cause de sa solution dans des liquides à points d'ébullition plus élevés, on ne peut l'obtenir par rectification. Si l'on chauffe une telle solution, le composé se décompose, du nickel se précipite, tandis que de l'oxyde de carbone s'échappe.

De même, quand le carbonyle de nickel est attaqué par des agents oxydants, tels que l'acide nitrique, le brome ou le chlore, la molécule ne tarde pas à se briser, des sels de nickel venant à se former et l'oxyde de carbone étant mis en liberté. Le soufre agit pareillement. Les métaux, même le potassium, les alcalis et les acides privés de pouvoir oxydant, et nous n'avons pu, malgré de très nombreuses expériences, soit remplacer dans ce composé l'oxyde de carbone par d'autres groupes bi-valents, ou introduire l'oxyde de carbone au moyen de ce composé dans des substances organiques.

Le carbonyle de nickel se comporte donc chimiquement d'une manière entièrement différente du carbonyle de potassium, et n'amène point, comme ce dernier, par des méthodes faciles, à des composés organiques compliqués. Il ne manifeste aucune des réactions si nettes chez les corps organiques qui contiennent du carbonyle, tels que les cétones et les quinones; et nous n'avons pu, malgré de très nombreuses expériences, soit remplacer dans ce composé l'oxyde de carbone par d'autres groupes bi-valents, ou introduire l'oxyde de carbone au moyen de ce composé dans des substances organiques.

Quand on expose le liquide à l'air libre, il se forme lentement un précipité de carbonate de nickel d'une composition variable, précipité d'un blanc jaunâtre, si l'on emploie de l'air parfaitement sec, passant du vert clair au brun sale selon la plus ou moins grande abondance de l'humidité dans l'air. Tous ces précipités se dissolvent facilement et complètement dans de l'acide étendu d'eau, avec dégagement d'acide carbonique, laissant derrière eux des sels ordinaires de nickel, résultat contraire à l'opinion récemment émise par M. Berthelot [1], qui voit dans ces précipités un composé de nickel avec carbone et oxygène, comparable aux oxydes des composés organo-métalliques.

Dans le même travail, M. Berthelot a décrit une belle réaction du carbonyle de nickel avec l'oxyde nitrique. On dissout le carbonyle de nickel dans l'alcool et l'on fait passer au travers de l'oxyde nitrique : on observe dans ces conditions une magnifique coloration bleue.

II

Les propriétés chimiques du composé que je viens de décrire sont sans exemple : nous ne connaissons pas une seule substance ayant de pareilles réactions. Il est donc très intéressant d'étudier les propriétés physiques du nouveau corps.

Le Pr Quincke, de Heidelberg, a eu l'obligeance de déterminer ses propriétés magnétiques et a trouvé qu'il possède à un haut degré la propriété découverte par Faraday, et appelée par lui diamagnétisme, qui est d'autant plus remarquable que tous les autres composés de nickel sont paramagnétiques. Il a trouvé aussi que c'est un non-conducteur presque parfait d'électricité, ce qui le distingue à ce point de vue de tous les autres composés du nickel.

Le spectre d'absorption, et aussi le spectre de la flamme de notre composé sont en ce moment l'objet des recherches de deux infatigables spectrocopistes, les P[rs] Dewar et Liveing. Grâce à leur obligeance, je puis, avant la présentation de leur travail à la *Société Royale de Londres*, indiquer quelques-uns de leurs résultats. Ces savants ont photographié le spectre d'absorption du carbonyle de nickel contenu à l'état liquide à l'intérieur d'un prisme à lames de quartz, et en faisant passer du fer à travers le spectre. Or, la photographie ne montre aucun des rayons ultra-violets du spectre de fer : ces rayons ont donc été complètement absorbés par le carbonyle de nickel, qui est ainsi tout à fait opaque pour tous les rayons au delà de la longueur d'onde 3820. Le spectre de la flamme puissamment lumineuse du carbonyle de nickel est absolument continu ; mais, si le carbonyle de nickel est mélangé d'hydrogène, et qu'on brûle le mélange au moyen d'oxygène, les gaz brûlent avec une, flamme brillante d'un vert-jaunâtre sans fumée visible ; le spectre de cette flamme montre dans sa partie visible, sur le fond d'un spectre continu, un grand nombre de bandes vertes, très brillantes, mais s'étendant vers le rouge au delà de la ligne rouge du lithium, et vers le violet s'étendant jusque dans le bleu. La photographie montre dans l'ultra-violet un grand nombre de lignes bien définies, plus de cinquante. Toutes ces lignes correspondent absolument aux lignes appartenant au spectre de l'étincelle; effectivement, la plus grande partie des lignes visibles dans le spectre de l'étincelle apparaissent aussi dans le spectre de flamme. Nous avons ici un très frappant exemple du fait découvert le même jour par les P[rs] Dewar et Li-

---

[1] *Comptes rendus* de l'Académie des Sciences de Paris.

veing, et par le Dr Huggins, que le spectre des flammes lumineuses n'est pas toujours continu dans toute la série, fait qui, à un moment, a été l'objet de nombreux débats.

Une des découvertes les plus remarquables, faites dans le laboratoire de la *Royal Institution* par l'homme illustre dont nous avons célébré le centenaire l'an dernier, a été celle d'une relation entre le magnétisme et la lumière, alors que, sous l'influence d'un champ magnétique, le plan de la lumière polarisée subit une rotation d'un certain angle. Le Dr W. H. Perkin a poursuivi cette découverte de Faraday dans une longue série de recherches des plus sérieuses, et il a établi ce fait considérable qu'il y a un rapport déterminé entre le pouvoir rotatoire magnétique de divers corps et leur constitution chimique. Ce phénomène jette quelque jour sur la structure des composés chimiques. M. Perkin a eu la bonté de rechercher le pouvoir rotatoire magnétique du carbonyle de nickel, et l'a trouvé, de même que ses propriétés chimiques, en dehors de l'ordinaire, c'est-à-dire qu'il est plus grand que celui de toutes les substances examinées jusqu'à présent, le phosphore excepté.

L'étude du pouvoir réfracteur et dispersif, magistralement conduite par M. Gladstone, est venue aussi éclairer d'une vive lumière la constitution des composés chimiques. Je me suis donc appliqué à déterminer les pouvoirs réfracteur et dispersif du carbonyle de nickel. J'ai fait ce travail à Rome avec la collaboration du Pr Nasini. Nous avons trouvé que la réfraction atomique du nickel dans le carbonyle de nickel est presque deux fois et demie aussi considérable que tout autre composé du même métal, différence très supérieure à celles qu'on avait jamais observées auparavant dans la réfraction atomique d'un élément.

On suppose généralement que, si un élément montre des pouvoirs réfracteurs atomiques différents dans les divers composés, il entre avec un plus grand nombre de valences dans le composé où s'observe le pouvoir réfracteur plus élevé. D'accord avec cette manière de voir, le pouvoir réfracteur beaucoup plus grand du nickel dans le carbonyle trouverait une explication en admettant que cet élément — bivalent dans toutes ses autres combinaisons connues — exerce dans le carbonyle la limite de sa valence, qui est 8, limite que lui a assignée Mendelejeff en le plaçant dans le 8e groupe de sa *Table*. Cela signifierait que l'atome de nickel contenu dans le carbonyle de nickel est combiné directement à chacun des quatre atomes bivalents du carbonyle, dont chacun saturerait deux des huit valences de nickel, comme le montre le tableau suivant :

$$O : C = Ni = C : O$$

avec en haut : O, C et en bas : C, O

Cette manière de voir semble plausible; elle s'accorde avec les propriétés chimiques de la substance, et je n'hésiterais pas à l'accepter si nous n'avions pas, en continuant nos travaux sur les carbonyles métalliques, trouvé une autre substance, — un liquide composé de fer et d'oxyde de carbone, — qui, par ses propriétés, ressemble tellement au composé de nickel qu'on est tenté de lui attribuer la même constitution, tandis que sa composition rend presque impossible l'adoption d'une formule structurale similaire. Il contient, pour un équivalent de fer, cinq équivalents de carbonyle. Pour lui assigner une constitution similaire, il faudrait donc supposer que le fer exerce dix valences, deux de plus qu'aucun élément connu, manière de voir que très peu de chimistes seraient disposés à adopter. La réfraction atomique du fer dans ce composé, — réfraction que M. Gladstone a l'obligeance de déterminer, — est aussi extraordinaire que celle du nickel dans le composé de nickel et conserve à peu près les mêmes rapports vis-à-vis de la réfraction atomique du fer dans d'autres composés. Nous avons donc à chercher une autre explication pour la réfraction atomique extraordinairement élevée de ces métaux dans leurs composés avec un monoxyde de carbone. Cette explication viendra peut-être modifier notre manière de voir actuelle. Quant à la structure de ces composés eux-mêmes, nous sommes presque forcés d'admettre qu'ils contiennent les atomes de carbonyle sous la forme d'une chaîne.

Le ferro-carbonyle se prépare d'une manière similaire à celle du composé de nickel. Le fer employé est obtenu en chauffant de l'oxalate de fer à la plus basse température possible. Toutefois, ce carbonyle se forme si difficilement que, pendant longtemps, son existence nous a échappé, et il a fallu de grandes précautions pour en obtenir une petite quantité. Il forme un liquide couleur d'ambre, qui se solidifie à —21° C. en une masse de cristaux d'un joli aspect d'aiguilles. Si l'on chauffe sa vapeur à 180° C., il se décompose complètement en fer et oxyde de carbone. On peut obtenir de cette façon des miroirs de fer. Ce corps a pour formule : Fe (CO)^5.

Il est intéressant de remarquer que, peu de temps après que nous avions fait connaître l'existence de ce corps, sir Henry Roscoe le trouvait dans de l'oxyde de carbone resté comprimé pendant très longtemps à l'intérieur d'un cylindre de fer. Ce savant a exprimé l'opinion que le dépôt rouge, qui se forme quelquefois dans les becs de gaz de stéatite ordinaire, est dû à la présence de cette substance dans le gaz d'éclairage. Sa présence dans le gaz comprimé employé pour la lumière de Drummond a été indiquée par le Dr Thorne, dont l'attention a été éveillée par ce fait que parfois ce gaz ne donne pas une lumière convenable, parce que la chaux incandescente se couvre d'oxyde de fer.

M. Garnier, dans un mémoire communiqué à l'Académie des Sciences de Paris, suppose même que ce gaz se forme en grandes quantités dans les hauts fourneaux, lorsque ceux-ci fonctionnent à des températures trop basses, et il cite plusieurs cas dans lesquels il a trouvé de larges dépôts d'oxyde de fer dans les tubes qui entraînent le gaz hors de ces fourneaux. Il me paraît difficile de croire que la température d'un haut fourneau puisse être assez réduite pour donner naissance à ce composé. D'un autre côté, il est bien probable que la formation du composé de fer et oxyde de carbone peut jouer un rôle important dans ce procédé mystérieux, dit de cémentation, au moyen duquel nous faisons encore aujourd'hui, et avons fabriqué pendant des siècles, l'acier de la plus belle qualité.

L'attitude chimique du carbonyle de fer vis-à-vis des acides et des agents oxydants est absolument la même que celle du composé de nickel, mais vis-à-vis des alcalis il se comporte différemment. Le liquide se dissout sans dégagement de gaz. Au bout de quelque temps, il se forme un précipité verdâtre qui contient surtout un oxyde ferreux hydraté, et la solution devient brune. Exposée à l'air, elle absorbe de l'oxygène ; la couleur devient rouge foncé, pendant que l'oxyde de fer hydraté se décompose.

Jusqu'à présent nous n'avons pas pu obtenir de cette solution un composé propre à l'analyse, et nous sommes encore en train de rechercher la nature de la réaction qui se produit et celle des composés qui se forment.

Bien qu'en apparence la solution ressemble jusqu'à un certain point aux solutions obtenues en traitant le carbonyle de potassium avec l'eau, elle ne donne aucune des réactions caractéristiques de ce dernier.

En parlant du carbonyle de potassium, j'ai dit qu'en le traitant avec l'eau, on obtient le croconate de potassium, qui a pour formule $K^2 C^5 O^5$. Nous avons transformé ce corps, par une double décomposition, en croconate ferreux $Fe C^5 O^5$, sel formant des cristaux foncés d'un lustre métallique qui ressemblent à l'iodine. Ce sel n'est point volatil ; il se dissout facilement dans l'eau, la solution don-

nant toutes les réactions bien connues du fer et de l'acide croconique. Il convient de remarquer combien les propriétés de cette substance diffèrent de celles du carbonyle de fer ; toutefois, par rapport à sa composition, on trouve qu'il contient exactement le même nombre d'atomes de fer, carbone et oxygène que ce dernier. C'est là un cas très intéressant d'isomérie, si l'on considère que les deux composés contiennent seulement du fer, du carbone et de l'oxygène. La différence dans les propriétés de ces deux corps s'explique en comparant leurs formules de structure.

J'appellerai maintenant l'attention sur la grande différence entre la constitution du carbonyle de potassium, et celle du nickel et du ferro-carbonyle. Dans le premier, le métal potassium se combine à l'oxygène dans le carbonyle ; dans le dernier, les métaux nickel et fer se combinent au carbone du carbonyle. Dans le premier cas nous avons un cycle de benzole avec ses trois liaisons simples et trois liaisons doubles ; dans le second une chaîne fermée avec seulement des liaisons simples. Il est évident que les propriétés chimiques de ces substances doivent être extrêmement différentes.

Le ferro-penta-carbonyle reste absolument sans changement dans l'obscurité ; mais, s'il est exposé à la lumière du soleil, il est transformé en un corps solide d'une couleur or éclatante.

Ce corps solide n'est pas volatil ; mais, si on le chauffe à l'abri de l'air, le fer se sépare, et du ferrocarbonyle distille. Si, cependant, il est chauffé avec soin dans un courant d'oxyde de carbone, il est converti à nouveau en ferro-penta-carbonyle, et complètement volatilisé. Jusqu'à présent nous n'avons pas trouvé de dissolvant pour cette substance, de sorte que nous n'avons encore aucun moyen de l'obtenir à l'état parfaitement pur. Plusieurs déterminations du fer dans différents échantillons de la substance ont produit des chiffres assez concordants qui correspondent à la formule $Fe^2 (CO)^7$ ou bi-ferro-heptacarbonyle.

III

Les intéressantes propriétés des substances qui viennent d'être décrites nous ont amené naturellement à penser qu'il serait, — suivant la jolie expression de Lord Kelvin, — possible « de donner des ailes à d'autres métaux lourds ». Nous avons essayé tous les métaux connus, et un très grand nombre de métaux plus rares ; mais, sauf pour le nickel et le fer, nous avons jusqu'à ce jour échoué complètement. Même le cobalt, qui ressemble tant au nickel, n'a pas donné la plus petite trace d'un carbonyle. Cela m'a amené à étudier la question de savoir si, au moyen de l'action de l'oxyde de carbone, la séparation du nickel et du cobalt ne pourrait pas s'effectuer sur une grande échelle, ce qui jusqu'à présent a été une opération métallurgique très compliquée; subséquemment, j'ai été amené à rechercher s'il ne serait pas possible d'employer l'oxyde de carbone pour extraire industriellement le nickel de ses minerais.

Il a été établi que du nickel pur, préparé avec une grande précaution dans un tube de verre, pouvait être en partie volatilisé par de l'oxyde de carbone, et que du gaz ainsi obtenu le nickel pouvait être séparé à nouveau par la chaleur. Les questions à étudier étaient donc de savoir : 1° s'il serait possible de réduire les minerais, dans les opérations industrielles, de telle sorte qu'on obtînt le nickel à un état de division suffisamment fin et dans un état assez actif pour que l'oxyde de carbone le volatilise; 2° si une telle action serait suffisamment rapide pour la rendre applicable dans l'industrie; 3° si elle serait suffisamment complète pour enlever tout le nickel du minerai; 4° si aucun des autres éléments du minerai ne serait susceptible de passer avec le nickel et rendre celui-ci inutilisable; 5° si le nickel pourrait être complètement séparé du gaz dans des limites pratiques; 6° enfin si l'on pourrait indéfiniment employer l'oxyde de carbone recouvré.

Pour résoudre ces problèmes dans les limites des ressources d'un laboratoire, j'ai imaginé un appareil qui consiste en un cylindre divisé en un grand nombre de compartiments, à travers lequel on fait passer très lentement, au moyen d'agitateurs attachés à une tige, le minerai préparé d'une manière convenable. En quittant le fond de ce cylindre, le minerai passe à travers une vis de transport; de là il arrive à un élévateur qui le renvoie à la partie supérieure du cylindre, de sorte qu'il passe bien des fois à travers le cylindre, jusqu'à ce que tout le nickel soit volatilisé. Nous faisons, dans le fond de ce cylindre, passer de l'oxyde de carbone, qui en sort dans le haut chargé de vapeur de carbonyle de nickel et passe à travers des tubes placés dans un fourneau et chauffés à 200°. Le nickel se sépare alors du carbonyle de nickel. L'oxyde de carbone est régénéré et ramené au cylindre au moyen d'un ventilateur, de sorte qu'on oblige le même gaz à transporter de nouvelles quantités de nickel hors du minerai dans le cylindre, et à déposer celui-ci dans les tubes un nombre infini de fois.

C'est sur ces principes que M. Langer a construit une installation complète sur une échelle lilliputienne, qui a fonctionné dans mon laboratoire un temps considérable. Au fond le minerai est versé dans la vis de transport; il passe à travers un fourneau, et de cette vis à un élévateur qui renvoie le minerai au haut du cylindre, de sorte que le minerai passe et repasse constamment et lentement à travers le cylindre, jusqu'à ce que le nickel qu'il contient soit enlevé. Le gaz oxyde de carbone, préparé d'une manière quelconque, arrive au fond du cylindre, et en sort par le haut. Il passe alors à travers un filtre destiné à retenir la poussière qu'il peut contenir, et de là dans une série de tubes de fer construits à l'intérieur d'un fourneau, où ils sont chauffés à environ 200° C. Dans ces tubes le carbonyle de nickel entraîné par l'oxyde de carbone est complètement décomposé, et le nickel déposé contre les parois des tubes est de temps en temps retiré; on l'obtient alors sous la forme de tubes ou de plaques.

L'oxyde de carbone, régénéré dans ces tubes, passe à travers un autre filtre, et de là à travers un épurateur à chaux pour absorber tout l'acide carbonique qui peut s'être formé par l'action du nickel divisé en parties très fines sur l'oxyde de carbone; il est alors renvoyé au moyen d'un petit ventilateur au fond du cylindre. Toute cette installation est maintenue automatiquement en mouvement au moyen d'un moteur électrique.

Au moyen de cet appareil nous avons réussi à extraire le nickel d'une grande quantité de minerai, dans un espace de temps variant, suivant la nature du minerai, entre quelques heures et plusieurs jours.

Avant la fin de cette année-ci, ce procédé doit être monté à Birmingham sur une échelle qui me permettra de faire cesser tout doute sur sa valeur industrielle, de sorte que j'ai tout lieu d'espérer que, dans quelques mois, le carbonyle de nickel, substance qui était absolument inconnue il y a deux ans, et qui est encore aujourd'hui un article très rare, à peine sorti du laboratoire du chimiste, sera produit en très grandes quantités, et jouera un rôle important en métallurgie.

Le procédé possède, en plus de sa grande simplicité, l'avantage additionnel qu'il est possible d'obtenir le nickel immédiatement sous n'importe quelle forme définie. Si nous le déposons dans des tubes, nous obtenons des tubes de nickel; dans un globe nous obtenons un globe de nickel; dans des moules chauffés, on a des copies de ces moules sous forme d'un nickel métallique pur et d'une cohésion ferme: Un dépôt de nickel reproduit les détails les plus minutieux des moules avec la même perfection que les reproductions galvaniques. Il est facile de nickeler toute surface capable de supporter la température de 180° C., en la chauffant à cette température, et en l'exposant à la vapeur ou même à une solution de carbonyle de nickel, procédé qui peut dans bien des cas présenter des avantages sur la galvanoplastie.

Les propriétés les plus précieuses de l'alliage du nickel et du fer appelé nickel-acier, qui nous promet de nous donner des cuirassés impénétrables, font de la production abondante et à bon marché de ce métal une question d'un intérêt national. La beauté des objets que nous avons fait fabriquer soit en nickel pur, soit nickelés, témoigne de la facilité que notre procédé offre pour produire de très belles copies et pour fabriquer des articles de formes telles qu'on n'avait pu jusqu'à présent les obtenir sans le concours de la presse hydraulique.

Le premier emploi pratique du procédé a été fait par le Pr Ramsay, qui, pour se livrer à des recherches chimiques, a fait un charmant appareil de nickel pur, tout d'un seul morceau.

J'ai commencé cet article en rappelant une idée de Liebig qui date de cinquante-huit ans. Liebig en avait-il tous les développements devant les yeux de sa puissante et féconde imagination? C'est là une question à laquelle il est impossible de répondre. Qui pourra se risquer à mesurer la portée du coup d'œil de nos grands hommes qui, de toute la hauteur de leur esprit, regardent au loin dans le domaine de la Science, et nous révèlent des choses merveilleuses dont nous ne pouvons reconnaître l'existence qu'après avoir marché longtemps et péniblement sur la route qu'ils nous ont tracée. Que Liebig ait deviné ou non ces résultats, ce n'en est pas moins à lui et à des hommes comme lui qu'on doit de voir la Science continuer sa merveilleuse marche en avant, dispersant les ténèbres qui nous environnent, et ajoutant toujours à l'étendue et à l'exactitude de nos connaissances, pour le plus grand bien matériel et moral de l'humanité [1].

Ludwig Mond,
de la Société royale de Londres.

LES PHÉNOMÈNES INTIMES DE LA FÉCONDATION

Nos connaissances sur la nature des phénomènes intimes de la fécondation sont d'origine toute récente. Peu d'années nous séparent de l'époque où l'on croyait que la fécondation se réduisait à la pénétration du spermatozoïde dans l'œuf et au mélange de sa substance avec le vitellus. On savait encore que, vers le moment où s'opérait la fécondation, l'œuf donnait naissance, par une sorte de bourgeonnement, aux *globules polaires*, qu'on appelait *sphères directrices* ou *corpuscules de rebut*, suivant qu'on voulait indiquer que ces éléments marquaient la direction du premier plan de segmentation ou servaient à débarrasser l'œuf de produits inutiles ou nuisibles.

A partir de l'époque où des observateurs comme Fol, Hertwig, Van Beneden, étudièrent la pénétration du zoosperme dans l'œuf et reconnurent les modifications que cet élément y subit, les questions relatives à la fécondation n'ont cessé de passionner les zoologistes : elles offrent, en effet, un intérêt considérable, et elles ont une haute portée philosophique. Les botanistes n'ont pas non plus négligé l'étude de ces phénomènes chez les végétaux, et ils sont arrivés à des résultats qui confirment pleinement ceux qui ont été obtenus chez les animaux, si bien qu'aujourd'hui, — quoiqu'il y ait encore plusieurs points à l'étude, — les actes essentiels de la fécondation peuvent être considérés comme connus.

Je me propose d'exposer ici l'état actuel de nos connaissances sur les phénomènes morpholo-giques de la fécondation, en étudiant successivement les modifications que subissent, lors de cet acte, le noyau et le protoplasma des éléments mis en présence, — puis de discuter la signification de ces phénomènes et de rechercher l'importance de la fécondation chez les êtres vivants.

I

Il faut distinguer chez les animaux la *maturation* de l'œuf de la fécondation. L'ovule complètement développé (fig. 1) n'est pas encore apte à être

Fig. 1. — Ovule d'Oursin immédiatement avant la formation des globules polaires.

fécondé : il doit préalablement subir deux divisions qui auront pour résultat la formation des globules polaires (ordinairement au nombre de deux);

[1] Cet article est extrait d'une étude que l'auteur vient de publier dans le journal anglais *Nature* du 7 juillet 1892.

et en même temps une diminution de la substance chromatique du noyau.

La genèse des globules polaires a été observée pour la première fois sur les œufs d'Echinodermes par H. Fol, dont les recherches sont restées classiques. Ce savant a vu la vésicule germinative (fig. 2-7) se transformer en un corps fusiforme, l'*amphiaster* (fig. 2), analogue à celui qui existe dans les cellules en division, et présentant à chaque extrémité un système de rayons (soleil, aster). Le fuseau se dirige vers la périphérie de l'œuf, puis l'aster le plus rapproché du bord sort du vitellus et fournit un premier globule polaire (fig. 3 et 4). Le reste

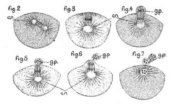

Fig. 2-7. — Formation des globules polaires chez l'Oursin
g.p. globules polaires ; *cn* centrosomes (d'après Hertwig).

du fuseau forme de nouveau un amphiaster (fig. 5) qui donnera naissance de la même manière à un deuxième globule (fig. 6). Le reste de la vésicule germinative, ainsi diminuée par ces deux éliminations successives forme un noyau, le noyau de l'œuf, ou *pronucleus* femelle (fig. 7). A cet état l'œuf est apte à être fécondé [1].

L'étude des œufs d'Échinodermes n'a pas permis de reconnaître comment se comportent les éléments chromatiques du noyau ou *chromosomes*. Mais tout récemment les modifications que subissent ces éléments ont pu être observées, dans tous leurs détails, sur les œufs du *Pyrrhocoris* et surtout de l'*Ascaris* du cheval ; cette découverte a jeté un grand jour sur l'histoire des produits sexuels.

Chez l'Ascaris [2], les œufs prennent naissance à la suite de divisions répétées de cellules, qui sont les cellules mères primordiales ; ces divisions terminées, les cellules entrent en repos et grandissent :

[1] La formation des globules polaires est absolument indépendante de la pénétration du zoosperme dans l'œuf: suivant les cas, elle a lieu, tantôt avant, tantôt après, et parfois même pendant cette pénétration.
[2] L'Ascaris du cheval (*A megalocephala*) se prête admirablement à toutes les études relatives à la fécondation et à la segmentation de l'œuf. Depuis l'époque où il fut l'objet des premières observations de van Beneden, il a acquis une grande célébrité, et il est devenu l'animal classique pour les études d'embryologie, comme la grenouille l'est depuis longtemps pour les études physiologiques.

quand elles auront acquis une certaine taille, elles formeront les globules polaires. Ces corps prennent naissance par un processus karyokinétique qui présente des caractères fort remarquables et tout à fait inattendus. Les noyaux des cellules mères renferment tous quatre chromosomes [1] ; lorsque, la période de repos et d'accroissement étant terminée, ces cellules rentrent en activité, ces chromosomes se dédoublent, ce qui porte leur nombre à huit ; puis il se disposent en une plaque équatoriale comprenant de chaque côté quatre segments, et située au milieu d'un fuseau de fibres achromatiques (fig. 8). Toute la figure se porte vers la périphérie de l'œuf et les quatre chromosomes les plus voisins de la surface, s'écartant des autres, sortent de l'œuf avec la portion voisine du fuseau (fig. 9). Le premier globule polaire se trouve ainsi constitué. Immédiatement après, et *sans que le noyau rentre au repos*, il se forme un nouveau fuseau (fig. 10) sur les filaments duquel se groupent deux par deux les quatre chromosomes restés dans l'œuf, et, par un processus identique au précédent, deux de ces éléments sont rejetés en formant le deuxième globule. Dès lors, il ne reste plus dans l'œuf qu'un noyau ou *pronucleus* renfermant seulement deux chromosomes, et non pas quatre, ainsi que cela serait arrivé si les divisions s'étaient effectuées normalement, c'est-à-dire si elles avaient été séparées par une période de repos. Ce noyau ayant subi une réduction de moitié

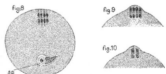

Fig. 8-10. — Formation des globules polaires chez l'*Ascaris megalocephala*, *sp* spermatozoïde.

dans le nombre de ses éléments chromatiques, n'est plus qu'un *demi-noyau*. La formation des globules polaires a donc pour effet de produire la réduction des chromosomes de l'œuf.

Remarquons que le premier globule renferme quatre chromosomes, c'est-à-dire autant que le deuxième globule et le pronucleus en possèdent ensemble. Chez l'*Ascaris*, ce premier globule ne se

[1] Il est très intéressant de remarquer qu'il existe deux variétés d'*Ascaris* différant entre elles par le nombre de chromosomes de leurs noyaux : une variété *univalens* dont les noyaux renferment deux chromosomes, et une variété *bivalens* dont les noyaux en possèdent quatre. C'est de cette dernière qu'il sera toujours question dans cet article.

divise pas; mais chez plusieurs autres animaux, qui sous ce rapport conservent le mode primitif, il se divise en deux autres renfermant chacun deux chromosomes, ainsi que cela a été fréquemment observé chez les Vers, les Mollusques et les Vertébrés. Comme les globules polaires sont des éléments inutiles et destinés à disparaître, il importe peu que la division du premier globule se fasse ou ne se fasse pas. Nous pouvons donc dire qu'à la suite des deux dernières divisions qu'elle subit — *divisions qui présentent le caractère absolument extraordinaire de se produire coup sur coup et sans phase de repos intermédiaire,* — la cellule sexuelle femelle fournit quatre cellules filles ayant même valeur morphologique et ne différant que par leur taille : l'une très grosse, qui est l'œuf capable de développement ultérieur, et trois beaucoup plus petites destinées à disparaître [1].

Le développement des spermatozoïdes de l'*Ascaris* ressemble étonnamment à celui des œufs. Les cellules mères primordiales ou spermatogonies se divisent un grand nombre de fois dans la glande mâle ; après une période de repos et d'accroissement, elles rentrent brusquement en activité, et elles subissent deux bipartitions pour donner naissance chacune à quatre cellules filles ou spermatocytes dont chacune deviendra un spermatozoïde. Or ici, comme dans l'œuf, ces deux divisions se produisent coup sur coup, sans laisser au noyau le temps de revenir au repos, et les spermatocytes renferment constamment un nombre de chromosomes moitié moindre que les spermatogonies ; ces dernières en possédaient quatre et les spermatocytes n'en ont plus que deux.

Une réduction analogue a été observée chez les Gastéropodes, les Lépidoptères et la Salamandre. Chez ce dernier animal, les spermatocytes renferment douze chromosomes, tandis que leurs cellules-mères en possédaient vingt-quatre.

La conclusion importante qui se dégage de ces observations, c'est que, dans l'élément mâle comme dans l'élément femelle, les parties chromatiques des noyaux sexuels subissent, lors des deux dernières divisions dont ils sont le siège, une réduction de moitié, et que, chez un même animal, le nombre des chromosomes de l'œuf est rigoureusement le même que celui des spermatozoïdes, mais que ce nombre est . exactement la moitié de celui qu'on observe dans les cellules de cet animal. Les éléments sexuels ne possèdent donc que des demi-noyaux.

[1] Dans les œufs du *Pyrrhocoris* récemment étudiés par Henking, les éléments chromatiques ne se comportent pas exactement comme chez l'*Ascaris*, mais le résultat définitif n'est point modifié : après l'élimination des globules polaires, le nombre des chromosomes se trouve réduit de moitié.

REVUE GÉNÉRALE DES SCIENCES, 1892.

II

Il suffit de mélanger dans de l'eau de mer les œufs et les spermatozoïdes d'un Échinoderme, d'un Oursin par exemple, pour observer sous le microscope les phases principales de la fécondation, comme l'a fait Fol en 1875 (fig. 11-13). On verra alors le spermatozoïde pénétrer dans la couche muqueuse qui enveloppe l'œuf, dont le vitellus se soulève en une petite saillie dirigée vers le spermatozoïde (fig. 11). Celui-ci vient s'y appliquer (fig. 12), et, dès que le contact est opéré, la

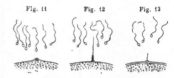

Fig. 11   Fig. 12   Fig. 13

Fig. 11-13. — Copulation de l'œuf et du spermatozoïde chez l'Oursin.

couche périphérique de l'œuf se gonfle et s'épaissit (fig. 13) de manière à s'opposer à l'entrée d'un deuxième zoosperme. Le corps du spermatozoïde pénètre alors dans l'œuf où il prend l'apparence d'un petit noyau clair entouré de stries radiaires (fig. 14) : c'est le *pronucleus mâle* qui marche vers le pronucleus femelle, auquel il ne tardera pas à s'unir pour former un noyau unique : le noyau de l'œuf, qui entrera immédiatement en division.

Pour étudier d'une manière plus complète l'histoire des pronucleus, nous nous adresserons encore à l'œuf de l'*Ascaris* (fig. 15-18). Chez ce Ver, les œufs

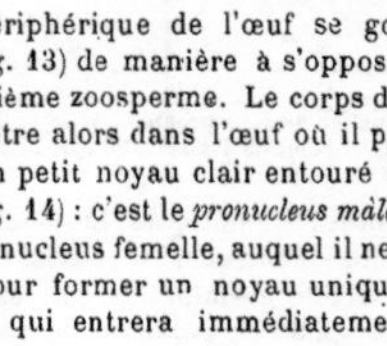

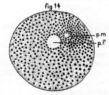

Fig. 14. — Œuf d'Oursin fécondé. Le pronucleus mâle (*p. m.*) entouré d'un soleil marche à la rencontre du pronucleus femelle (*p. f.*).

sont entourés d'une membrane interrompue vers l'un des pôles où le protoplasma reste nu ; c'est à ce point que le zoosperme s'applique, puis il s'enfonce dans le vitellus, tandis que la membrane se

15*

reforme au pôle d'imprégnation [1]. Pendant ce temps les globules polaires prennent naissance; dès que le deuxième globule est formé, le zoosperme se transforme en un pronucleus qui s'établit aux dépens de son noyau et de la zone protoplasmique avoisinant immédiatement ce noyau, tandis que le reste du spermatozoïde s'en sépare et difflue dans le vitellus. Le globule chromatique se divise alors en quatre corpuscules, et tandis que les dimensions du pronucleus s'accroissent notablement, ces corpuscules se résolvent en granulations qui se disposent en réseau (fig. 15) pour former

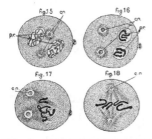

Fig. 15-18. — Formation de deux pronucleus (pr) et de la plaque équatoriale dans l'œuf de l'*Ascaris* (d'après Boveri).

ensuite deux anses chromatiques. En même temps, des changements identiques se passent dans la partie de la vésicule germinative qui reste après l'expulsion des globules polaires, de telle sorte qu'à cette phase on trouve dans l'œuf, à la place du spermatozoïde et de la vésicule germinative, un pronucleus mâle et un pronucleus femelle, qui procèdent de ces deux éléments , et qui sont constitués chacun par un noyau clair à contours nets , renfermant deux chromosomes (fig. 16 *pr*).

Ces deux pronucleus vont à la rencontre l'un de l'autre, puis ils s'accouplent tout en conservant, pendant un temps assez long leurs contours distincts et sans mélanger leurs sucs nucléaires ; c'est ce qui arrive aussi chez les Mollusques, tandis que chez les Échinodermes les pronucleus se fusionnent dès qu'ils se sont touchés. Il n'y a pas lieu d'établir de distinction profonde entre ces deux cas,

---

[1] Les spermatozoïdes de l'*Ascaris*, comme ceux des autres Nématodes, n'ont pas la forme ordinaire : au lieu de filaments allongés, ce sont des corps en forme de cône (fig. 8 *sp*) dont la grosse extrémité, qui est celle par laquelle le zoosperme se fixe sur l'œuf, est nue, tandis que la partie effilée est recouverte d'une membrane. Le noyau renferme un gros globule chromatique.

car il importe peu que la ligne de démarcation entre les deux pronucleus disparaisse de bonne heure ou tardivement, avant ou pendant la karyokinèse. Dès que les deux pronucleus se sont accouplés, la fécondation est opérée, et l'on peut dire que la première cellule de l'embryon est constituée, car ces deux pronucleus, fusionnés ou non, se comportent comme un noyau de cellule unique.

Mais, ce qu'il est important de constater, c'est que les quatre chromosomes restent toujours distincts, et qu'à aucun moment ils ne se confondent ni ne se fusionnent. Les deux anses chromatiques provenant de chaque pronucleus, obéissant à l'attraction d'éléments dont nous parlerons tout à l'heure, viennent en effet se disposer en une plaque équatoriale située au milieu d'un espace clair constitué par les sucs nucléaires des deux pronucleus, et dans lequel se différencient les filaments achromatiques (fig. 17 et 18). Comme dans toute division, les chromosomes subissent un dédoublement longitudinal, et ils se partagent en deux anses secondaires qui se rendent chacune en sens inverse aux deux pôles du fuseau. Ainsi se forment deux groupes de chromosomes, *comprenant chacun deux anses mâles et deux anses femelles*, et qui deviendront les éléments chromatiques des noyaux des deux premières cellules embryonnaires, lesquelles s'établiront d'après le mode ordinaire. Il en résulte que ces deux cellules, mères de toutes les autres, renferment dans leurs noyaux *une quantité rigoureusement égale de substance*

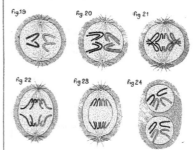

Fig. 19-24. — Schéma de la division karyokinétique que subit l'œuf fécondé pour donner naissance aux noyaux des deux premières cellules embryonnaires. (Les chromosomes mâles sont pleins; les chromosomes femelles sont représentés par des hachures).

chromatique maternelle et paternelle. Il est inutile d'insister sur l'importance capitale de ce fait (voir les figures 19-24).

III

Nous ne nous sommes préoccupés jusqu'ici que des phénomènes intéressant les noyaux des éléments reproducteurs ; c'est à ces phénomènes seuls qu'on attribuait de l'importance il y a quelques années. On sait maintenant, grâce à des découvertes récentes, que toutes les cellules renferment dans leur protoplasma des éléments particuliers, les *centrosomes* ou sphères directrices, qui existent aussi bien dans l'œuf que dans le spermatozoïde. Ces éléments, d'origine essentiellement protoplasmique, sont constitués par un corps central ou centrosome qui en est l'élément essentiel, et par une zone périphérique plus ou moins large (fig. 2-6 et 15-18 *cn*). Ce sont de véritables centres d'attraction pour le reste du protoplasma, dont les granulations se disposent autour d'eux en files radiaires quand la cellule entre en division ; de plus, leur position dans la cellule détermine l'orientation du plan de division, car la plaque équatoriale s'établit constamment dans un plan perpendiculaire à la ligne qui relie les centrosomes, vers lesquels convergent tous les filaments de fuseau (fig. 18 et 19-24). Les sphères directrices sont de véritables organes de la cellule au même titre que le noyau ; ordinairement les cellules animales renferment une seule sphère quand elles sont au repos ; mais, quand une division doit avoir lieu, le centrosome se divise en deux moitiés qui se séparent en entraînant chacune une partie de la zone périphérique. Ainsi se constituent deux sphères directrices qui, pendant la division, sont situées de part et d'autre de la plaque équatoriale, et dont chacune passera dans le protoplasma de la cellule fille correspondante.

Les sphères directrices ont été découvertes, il y a déjà longtemps, dans les œufs des Échinodermes ; elles furent étudiées ensuite chez d'autres animaux, mais il avait été impossible d'établir avec certitude l'origine de ces éléments que les uns faisaient provenir exclusivement des spermatozoïdes, les autres de l'œuf. Tout récemment, en 1891, Fol a pu observer, sur les œufs d'Oursin, le rôle de ces sphères dans la fécondation, et il a reconnu qu'elles étaient soumises dans l'œuf à des mouvements fort curieux et très exactement réglés qu'il a décrits sous le nom pittoresque de *quadrille des centres*, (fig. 25-29). L'œuf et le spermatozoïde possèdent chacun un centrosome ; en pénétrant dans l'œuf, le spermatozoïde (fig. 25, *s*.) est accompagné de son centrosome que Fol appelle le *spermocentre* (*sc*) pour l'opposer à celui de l'œuf, ou *ovocentre* (*ov*), qui est situé au voisinage du pronucléus femelle (*pf*). Les centres accompagnent leurs pronucléus respectifs pendant que ceux-ci vont à la rencontre l'un

de l'autre, et lorsque leur accouplement est effectué (fig. 26), l'ovocentre d'abord, puis le spermocentre se dédoublent chacun en deux corpuscules qui restent reliés pendant un certain temps comme dans une haltère (fig. 27). Ces haltères se placent de chaque côté des deux pronucleus accouplés dans un plan, qui est celui de la future division ; puis les deux corpuscules de chacune d'elles se séparent et décrivent, chacun en sens inverse, un quart de tour (fig. 28), de telle sorte que de chaque côté les demi-centres de provenance différente se trouvent réunis. Ces deux demi-centres se fusionnent (fig. 29)

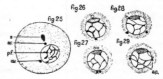

Fig. 25-29. — Quadrille des centres. Les centres mâles sont représentés par des cercles foncés et les centres femelles par des cercles clairs (d'après Fol). *s*. spermatozoïde, *sc*. spermocentre, *pf*. pronucléus, *ov*. ovocentre.

et donnent ainsi naissance à deux centres nouveaux, les *astrocentres* (*ac*), dont chacun est formé par un demi-ovocentre et un demi-spermocentre. Ces astrocentres sont situés en des points qui répondent aux deux extrémités du futur fuseau de division. Chacun d'eux deviendra la sphère directrice de la cellule-fille correspondante, lui fournissant ainsi une égale quantité de substance protoplasmique paternelle et maternelle.

Chez l'Ascaris les sphères attractives, ou, pour être plus précis, les astrocentres, atteignent des dimensions considérables. Les figures que je reproduis ici et qui sont empruntées à un mémoire de Boveri (fig. 15-16) montrent nettement les différences que ces éléments présentent avant et pendant la karyokinèse. La figure 17 est particulièrement intéressante : les fibres radiaires qui partent des sphères sont remarquablement développées du côté des chromosomes qu'elles paraissent chercher et attirer vers le milieu de l'œuf.

IV

Par suite des difficultés considérables qu'offre leur observation, les phénomènes que nous venons d'étudier, aussi bien ceux qui se passent dans le noyau que ceux dont le protoplasma est le siège, n'ont encore été aperçus que chez un nombre très restreint d'animaux. Il y a lieu d'espérer toutefois que des observations faites sur d'autres espèces confirmeront et étendront les résultats maintenant acquis à la science, et démontreront que l'évolution des éléments sexuels est identique chez tous les Métazoaires. D'ailleurs, les études récentes dont certaines plantes ont été l'objet ont montré d'une manière péremptoire que les éléments reproducteurs offrent la même constitution et s'établissent à la suite des mêmes processus que chez les animaux. M. Guignard [1], dont les observations sur la genèse et sur les transformations de ces éléments ont une importance capitale, a découvert récemment que les grains de pollen et l'oosphère subissent, au cours de leur développement, une réduction de moitié dans le nombre de leurs chromosomes, réduction qui s'effectue de la même manière que chez les animaux, lors des deux dernières divisions subies par ces éléments. Ce savant a en outre reconnu chez les végétaux l'existence de sphères directrices, et il a pu s'assurer que les centrosomes des grains de pollen et de l'oosphère contribuent, par parties rigoureusement égales, à la formation des sphères directrices des deux premières cellules de l'embryon.

Dans l'état actuel de la science, en présence des confirmations mutuelles fournies par l'étude simultanée des animaux et des végétaux, les naturalistes se croient autorisés à conclure que la réduction des chromosomes subie par les éléments sexuels lors des deux dernières divisions, est un phénomène constant chez les Métazoaires comme chez les Phanérogames. Ces deux divisions *in extremis* qui offrent, dans tous les cas étudiés, cette particularité de se succéder avec une rapidité qui ne permet pas au noyau de revenir au repos, ont une importance considérable, puisqu'elles rendent possible la fécondation; elles ont pour effet de préparer les deux demi-noyaux que cet acte réunit en un noyau unique doué de propriétés nouvelles.

A l'époque où l'on ne possédait pas de renseignements précis sur la composition des noyaux dans les éléments sexuels, et où l'on n'avait aucune raison pour attribuer à ces noyaux une valeur à part, on considérait ces éléments, œufs, spermatozoïdes ou grains de pollen, comme des *cellules* ne différant que par leur adaptation spéciale des autres cellules de l'organisme. Mais, dès qu'il fut prouvé que ces éléments ne possèdent que des demi-noyaux, il devint évident qu'il était impossible de continuer à les désigner sous le nom de cellules. Aussi van Beneden avait-il proposé, en 1884, de les appeler *gonocytes*, et il donnait au spermatozoïde le nom de gonocyte mâle, et à l'œuf

celui de gonocyte femelle; le terme de pronucleus, synonyme de demi-noyau, était déjà entré depuis quelques années dans le langage courant. Pour ce savant, la fécondation consistait essentiellement dans l'achèvement du gonocyte femelle et sa transformation en une cellule à l'aide des éléments nouveaux apportés par le gonocyte mâle, et il ajoutait : « Les éléments nucléaires éliminés (globules polaires) sont remplacés par le pronucleus mâle; et de même que les globules polaires, confondus avec le pronucleus femelle, constituent un noyau de cellule, de même le pronucleus mâle et le pronucleus femelle réunis représentent, à eux deux, un noyau de cellule unique. Un œuf, pourvu de ses deux pronucleus, est l'équivalent d'une cellule ordinaire; il est indifférent que ces deux pronucleus soient soudés en un élément unique en apparence, ou qu'ils restent séparés. »

Van Beneden n'avait pas pu décider si le protoplasma des gonocytes était aussi le siège d'échanges ou de remplacements comme les pronucleus. Les auteurs qui ont étudié la fécondation après lui sont à peu près tous unanimes pour reconnaître que cet acte est exclusivement nucléaire, et que le protoplasma n'intervient que d'une manière tout à fait secondaire, comme support en quelque sorte des pronucleus. Cette manière de voir a régné dans la science jusqu'à l'an dernier, c'est-à-dire jusqu'au moment où les observations de Guignard sur les végétaux, de Fol chez les animaux, démontraient presque simultanément le rôle important des sphères directrices dans la fécondation. Nous ne devons plus considérer maintenant la fécondation comme un phénomène purement nucléaire; cet acte ne consiste pas seulement en une simple addition de substance chromatique à un noyau qui en renferme une quantité trop faible pour pouvoir se diviser. La découverte des sphères directrices doit faire restituer au protoplasma des gonocytes une importance considérable : ce que nous savons de ces éléments, et particulièrement la propriété qu'ils possèdent de déterminer l'orientation des chromosomes et du plan de division des cellules, nous indique qu'ils jouent dans la vie de la cellule un rôle prépondérant. C'est surtout dans le développement embryonnaire que l'orientation du plan de division est une chose capitale, car, ainsi que l'ont appris des recherches récentes, non seulement chaque cellule de l'œuf a sa destinée, mais même la première division de l'œuf détermine la séparation des deux moitiés droite et gauche de l'embryon.

La définition de la fécondation donnée par van Beneden reste donc parfaitement exacte :

[1] Les observations de M. Guignard ont été analysées ici même par M. Mangin dans la *Revue annuelle de botanique* (voir le numéro du 30 mai 1892).

c'est bien la transformation du gonocyte femelle en une cellule, grâce aux éléments apportés par le gonocyte mâle ; mais il faut entendre que cet achèvement est dû à l'apport d'éléments protoplasmiques autant qu'à celui d'éléments nucléaires.

V

La différence de taille qui existe entre l'œuf et le spermatozoïde avait fait croire à une grande inégalité de substance active dans les deux gonocytes. Or nous savons que ces deux éléments sont parfaitement équivalents et que, chez les animaux comme chez les plantes, les deux pronucleus, qu'ils soient inégaux comme chez les Oursins, ou qu'ils aient les mêmes dimensions comme chez l'Ascaris, renferment un même nombre de chromosómes, et que les astrocentres se constituent avec une égale quantité de substance protoplasmique paternelle et maternelle. Il n'y a donc pas prépondérance de l'élément femelle. D'autre part, pour que cette égalité rigoureuse soit réalisée, il est indispensable qu'un seul spermatozoïde intervienne dans la fécondation. C'est ce qui arrive le plus habituellement, et certaines dispositions, — étroitesse du micropyle, différenciation d'une membrane autour de l'œuf dès qu'un premier spermatozoïde s'est fixé au vitellus, etc., — s'opposent souvent à l'entrée de plusieurs zoospermes. Néanmoins il peut arriver que plusieurs spermatozoïdes pénètrent dans l'œuf ; dans ce cas, ou bien tous ces spermatozoïdes formeront des pronucleus mâles qui s'uniront au pronucleus femelle, et le développement sera monstrueux ; ou bien la substance de ces spermatozoïdes, à l'exception d'un seul qui formera un pronucleus, sera absorbée par le protoplasma de l'œuf. Cette sorte de fécondation complémentaire paraît être normale chez certains animaux, le crapaud et la lamproie, par exemple, et elle n'a d'autre effet que de fournir à l'œuf un supplément de matériaux nutritifs [1].

[1] Toutefois une exception remarquable serait offerte par l'*Arion Empiricorum* chez lequel, d'après Platner, l'œuf posséderait de nombreux chromosomes et le spermatozoïde deux seulement. Des faits d'un autre ordre indiquent également que le développement de l'œuf peut s'effectuer alors qu'il n'y a pas égalité entre les deux éléments sexuels, mais à condition que l'élément femelle ait la prépondérance. Il y a une dizaine d'années déjà, à une époque où il n'était pas encore question de comparer le nombre des anses chromatiques dans les noyaux en division, j'ai pu constater, dans des expériences d'hybridation entre plusieurs espèces d'Oursins Réguliers et irréguliers, les différences qu'offrait le développement des œufs suivant les dimensions relatives du noyau de l'œuf et du spermatozoïde mis en présence. Ces expériences ont porté sur différentes espèces dont la plus petite, le *Psammechinus miliaris*, offre un diamètre de 15 millimètres, et dont les plus grosses, le *Sphærechinus granularis* et le *Spatangus purpureus* atteignent 10 centimètres de diamètre. Or, tandis qu'en mettant en pré-

Au moment où il va se diviser, l'œuf renferme donc les parties les plus essentielles et les plus hautement différenciées de la cellule : les chromosomes dans le noyau, les centrosomes dans le protoplasma. Ces parties doivent être considérées comme le subtratum des propriétés héréditaires. Nous savons que, par suite du dédoublement que subissent les anses chromatiques formées par les deux pronucleus, les noyaux filles renferment chacun un même nombre de segments mâles et femelles. Or ces chromosomes vont-ils toujours rester distincts et se transmettre indéfiniment de noyau en noyau en traversant la série des divisions à la suite desquelles l'organisme s'établit, sans subir d'autres modifications que des dédoublements longitudinaux ? Cette manière de voir, qui fut soutenue il y a quelques années, n'est plus admise aujourd'hui : elle n'est d'ailleurs point nécessaire pour fournir la preuve anatomique de l'hérédité. Il importe peu, en effet, que les anses chromatiques conservent leur individualité et se coupent toujours aux mêmes points, ou, au contraire, ce qui est beaucoup plus vraisemblable, que les particules chromatiques se mélangent intimement pendant le stade de pelotonnement : à cause du dédoublement longitudinal qui intervient à chaque division, les deux noyaux filles seront toujours *parfaitement identiques* entre eux, et ils renfermeront, *en égale quantité*, les particules transmises par le père et par la mère, puisque, à chaque division, ces particules se partagent également et avec une régularité mathématique. Nous savons que les chromosomes des deux pronucleus ne se fusionnent pas ; ils restent distincts dans la plaque équatoriale, et, d'après les règles de la division karyokinétique, les deux premiers noyaux formés renferment un même nombre d'anses paternelles et maternelles venant directement de cette plaque. Aussi les noyaux de toutes les cellules d'un organisme, qui procèdent de ces deux premiers noyaux, renferment-ils l'ensemble des propriétés héréditaires transmises aux deux pronucleus. Il n'y a donc rien d'étonnant à ce que toute cellule placée dans des conditions favorables, puisse reproduire un organisme semblable à celui dont elle provient.

sence les petits œufs de *Psammechinus* et les gros spermatozoïdes de *Sphærechinus* ou de Spatangue j'obtenais à peine quelques fécondations, et que les œufs fécondés dépassaient rarement le stade de blastula, lorsque je fécondais les gros œufs de Spatangue ou de *Sphærechinus* par les spermatozoïdes de *Psammechinus*, j'obtenais des gastrula et des Pluteus qui vivaient plusieurs jours. (*Recherches sur les Echinides des côtes de Provence*. Ann. Mus. Marseille, 1883.)

Ces faits prouvent que dans certains cas la substance chromatique mâle peut être diminuée sans que pour cela le développement soit rendu impossible. N'y a-t-il pas dans cette tendance un acheminement vers la parthénogénèse ?

N'oublions pas non plus que les centrosomes qui, au cours de chaque division, se partagent en deux parties égales, renferment une égale quantité de protoplasma paternel et maternel. Nous n'avons aucune raison de douter qu'ils ne transmettent aussi des propriétés héréditaires. Eu égard au rôle qu'ils jouent dans la dynamique de la cellule, il semble rationnel de les considérer comme les éléments chargés de transmettre la *forme* des générateurs.

Mais, si grande que soit l'importance de ces éléments, chromosomes et centrosomes, il ne faudrait point considérer qu'une cellule de l'organisme nouveau n'est qu'une *somme* d'éléments transmis héréditairement par les deux gonocytes générateurs, que telle des moitiés de cette cellule est d'origine paternelle, et l'autre moitié d'origine maternelle. La masse héréditaire est, en effet, fort petite, elle est le siège de modifications et d'échanges, et, dans l'organisme en voie d'évolution, elle s'accroît d'une manière considérable. Aussi les particules constitutives des cellules, incessamment remaniées, prennent-elles bien vite une individualité propre ; elles cessent de bonne heure d'être des parties détachées des parents pour devenir parties du nouvel organisme dont elles déterminent la manière d'être et les qualités. Les transformations qu'elles subissent font qu'en définitive cet organisme prend une individualité et qu'il devient *quelqu'un*.

VI

On ne saurait traiter les questions relatives à la fécondation sans examiner le cas des œufs qui se développent sans fécondation, ou, comme on dit, par parthénogenèse. Non seulement il importe de posséder l'explication anatomique de cette anomalie, mais les résultats fournis par l'étude comparée des différents modes de parthénogenèse fournissent une confirmation indirecte des idées actuellement admises sur la signification des éléments reproducteurs.

L'histoire de la parthénogenèse se lie intimement à celle des globules polaires. Nous n'avons jusqu'ici considéré ces corps qu'au point de vue des deux divisions réductionnelles que subit l'œuf ; il convient maintenant de préciser leurs homologies. L'ovule forme successivement les globules polaires par divisions karyokinétiques, et, quand le premier globule se divise, ce qui est le cas primitif, quatre éléments parfaitement homologues prennent naissance : ce sont, si l'on veut, quatre œufs, dont trois avortent. L'œuf et les globules polaires ont la valeur morphologique d'un spermatozoïde ; et tous ces éléments, œuf, globules polaires, sper-

matozoïdes, ont la valeur de gonocytes. Dans la glande mâle comme dans la glande femelle, les deux dernières divisions qui s'opèrent dans les cellules sexuelles fournissent quatre éléments à noyau réduit. De même que l'on appelle *spermatogemme* l'ensemble de quatre spermatocytes nés d'une même spermatogonie, de même on pourrait appeler *oogemme* l'ensemble formé par l'œuf et les globules polaires. La ressemblance serait complète si les cellules de l'oogemme étaient égales. Mais l'on s'explique facilement pourquoi l'une d'elles seule se développe lorsqu'on réfléchit que l'œuf, renfermant une grande quantité de matériaux nutritifs, l'ovule devrait avoir un volume quatre fois plus considérable si toutes les cellules issues de la double bipartition devenaient des œufs. L'avortement de trois d'entre elles est un phénomène du même ordre que celui qu'on observe dans l'ovaire où un grand nombre de cellules sont sacrifiées pour permettre le développement de certaines cellules privilégiées qui deviennent seules des ovules. La valeur d'œufs avortés que nous accordons aux globules polaires se trouve d'ailleurs confirmée par certains faits exceptionnels observés chez divers échantillons d'*Helix* et d'*Ascaris* où les globules polaires étaient remarquablement gros et atteignaient la taille de l'œuf.

Il existe un grand nombre d'animaux ayant la faculté de produire des œufs parthénogénétiques : c'est surtout chez les Arthropodes qu'on en trouve des exemples. Ces cas sont connus depuis longtemps, mais l'explication de la parthénogenèse n'a été fournie d'une manière satisfaisante qu'à la suite de recherches toutes récentes.

Avant tout, il importe de distinguer, comme l'a fait M. Giard, deux sortes de pathogenèses. Chez les Cladocères, les Ostracodes, les Rotifères, il existe deux sortes d'œufs : des œufs d'hiver qui ne se développent qu'à la condition d'être fécondés, et des œufs d'été parthénogénétiques ; or, ces derniers ne forment qu'*un seul* globule polaire, tandis que les premiers en éliminent *deux*. Les renseignements que nous possédons maintenant sur la valeur de ces globules nous permettent de nous expliquer cette différence. Ce qui reste dans la vésicule germinative après l'expulsion du premier globule, représente le pronucleus femelle plus le deuxième globule (qui n'est expulsé que lorsque la fécondation doit avoir lieu), et nous savons que ce deuxième globule a la valeur morphologique d'un spermatozoïde. D'autre part, la réduction des chromosomes ne s'effectue que lors de l'expulsion du deuxième globule polaire. Le noyau de l'œuf, après l'expulsion du premier globule est un élément complet, qui n'a donc pas besoin d'être complété par un spermatozoïde comme doit l'être le demi-noyau que représente un pronucleus après la double élimination. La non-expulsion du deuxième globule polaire équivaut donc à une fécondation. Aussi, les œufs qui n'éliminent qu'un seul globule polaire sont-ils *nécessairement* parthénogénétiques : ils sont *prédestinés*, comme l'a dit Giard, à se développer sans fécondation. A la vérité, il ne s'agit là que d'une *fausse* parthénogenèse, car les œufs se trouvent exactement pourvus des mêmes éléments que ceux qui ont été fécondés normalement. C'est dans cette catégorie d'œufs qu'il convient de ranger ceux des Pucerons, des Cynipides, des *Chermes*, des *Apus*, etc., chez lesquels les générations agames et sexuées alternent périodiquement.

Là *vraie* parthénogenèse s'observe dans des œufs qui éliminent deux globules polaires, tout comme ceux destinés à être fécondés; ces œufs ne sont qu'*accidentellement* parthénogénétiques. C'est ce qui arrive chez les Abeilles pour les œufs qui donnent des mâles, et chez un Lépidoptère, le *Liparis dispar*. On ne connaît que ces deux exemples bien établis de vraie parthenogenèse, c'est-à-dire du développement d'œufs pourvus d'un seul pronucleus.

Cette faculté est donc une chose fort rare dans le règne animal, si rare qu'on peut presque dire qu'elle constitue une véritable monstruosité. On connaît d'ailleurs certains phénomènes anormaux qui rappellent cette parthénogenèse. Ainsi, Hertwig, en mélangeant des fragments d'œufs et des spermatozoïdes d'Astéries, a vu ces derniers pénétrer dans les fragments dépourvus de noyau, y former des pronucleus et la masse se diviser comme une cellule complète.

VII

A part quelques formes tout à fait inférieures, les Monades, les Myxomycètes, les Acrasiées, tous les êtres organisés, animaux ou végétaux, possèdent la faculté de se reproduire sexuellement. Lorsque la génération agame existe, on la voit toujours, à deux ou trois exceptions près, alterner régulièrement ou irrégulièrement, avec la reproduction sexuée. Ces alternatives avaient fait supposer autrefois que la reproduction agame était incapable, à elle seule, d'assurer le maintien de l'espèce. La preuve directe de cette incapacité a été fournie dernièrement par M. Maupas. Ce savant a observé que, chez les Infusoires, la série des reproductions agames était limitée pour chaque espèce, et que, lorsqu'elle se prolongeait outre mesure, elle avait pour conséquence chez les rejetons une dégénérescence comparable à la décrépitude causée par la vieillesse chez les organismes supérieurs, la *dégénérescence sénile*. La fécondation, en complétant en quelque sorte un organisme par un

autre, arrête l'action délétère de cette dégénérescence et répare les ravages qu'elle a causés ; elle exerce un véritable *rajeunissement* sans lequel les organismes seraient inévitablement livrés à la mort. Il semble, comme le dit Van Beneden, que la faculté que possèdent les cellules de se multiplier par division soit limitée : il arrive un moment où elles ne sont plus capables de se diviser ultérieurement, à moins qu'elles ne subissent le phénomène du rajeunissement par le fait de la fécondation.

Cette conception, qui fait de la fécondation un simple phénomène de rajeunissement, est à peu près universellement adoptée aujourd'hui ; elle nous rend d'ailleurs parfaitement compte du mode d'évolution des noyaux sexuels. Chez les êtres unicellulaires inférieurs, la fécondation est une conjugaison dans laquelle deux individus sont absorbés en entier pour former un nouvel être : la formation de la cellule rajeunie entraîne la disparition des deux conjoints. Chez les Infusoires le rajeunissement s'effectue, au cours d'une conjugaison durant plusieurs jours, par l'échange de certains éléments, puis, les deux conjoints, s'étant mutuellement rajeunis, se séparent et recommencent à se diviser. On voit donc que, dans ces deux cas, il n'y a pas augmentation du nombre des individus, il y a même diminution immédiate dans le premier cas et médiate dans le deuxième, car, pendant tout le temps que dure la conjugaison, les divisions sont arrêtées. Ainsi que l'a fait remarquer Maupas, la fécondation et la reproduction ne sont pas indissolublement liées l'une à l'autre, et l'une n'est pas toujours la conséquence de l'autre chez les êtres inférieurs. Chez les êtres supérieurs, la faculté de rajeunissement s'est localisée dans des éléments spéciaux : les zoospermes et les grains de pollen sont seuls capables de rajeunir, et les œufs d'être rajeunis. La fécondation n'exige plus dès lors le concours de l'organisme tout entier, et elle cesse d'avoir pour conséquence une diminution momentanée des individus. Au début de cet important processus de différenciation, les cellules reproductrices ne différaient pas beaucoup des autres cellules de l'organisme, et elles pouvaient même continuer à vivre si la fécondation n'avait pas lieu : nous voyons encore les gamètes se divisant comme des zygospores chez certains Thallophytes. Avec le perfectionnement de l'organisme, les éléments reproducteurs se sont de plus en plus différenciés. Il était avantageux qu'ils fussent nombreux et incapables de tout développement ultérieur ; il était important en outre que leur fusion en une cellule unique cessât d'avoir pour conséquence une diminution de cellules. Ce sont ces trois facteurs réunis qui ont déterminé, dans les éléments reproducteurs, cette réduction des chromosomes qui apparaît si constamment chez tous les Métazoaires et les Phanérogames.

Mais il y a dans la fécondation autre chose qu'une rénovation, qu'une reconstitution à nouveau d'une cellule capable de divisions ultérieures. La transmission héréditaire des propriétés paternelles et maternelles détermine, chez les descendants, la conservation des formes et des tendances tant physiques que psychiques. Mais, de plus, la fécondation permet à l'espèce de varier, car le produit nouveau, tout en se rattachant par ses caractères à ses deux générateurs, diffère de chacun d'eux pris en particulier. Comme l'a montré Weissmann, la reproduction sexuelle accroît les différences préexistantes et les combine toujours à nouveau; en mélangeant continuellement les caractères les plus différents, elle constitue le facteur le plus important de la variation. On sait en effet que les processus de sélection, c'est-à-dire ceux qui donnent de nouveaux caractères par la gradation progressive des caractères qui existaient déjà, ne sont pas possibles chez les espèces à reproduction asexuelle.

La fécondation a donc pour effet de maintenir l'espèce perpétuellement jeune et perpétuellement apte à se transformer. Claude Bernard ne semble-t-il pas avoir prévu les découvertes futures quand il écrivait, il y a vingt ans déjà : « Ainsi l'espèce sera restaurée périodiquement par la réapparition d'une génération sexuelle entre les générations agames; la sexualité, source de toute impulsion nutritive, rouvrira constamment le cycle vital qui tend à se fermer. »

Les découvertes récentes n'ont-elles pas donné une éclatante confirmation à cette parole du grand physiologiste?

R. Kœhler,
Chargé d'un cours complémentaire de Zoologie
à la Faculté des Sciences de Lyon.

SUR UNE THÉORIE DE LA POLARISATION ROTATOIRE

En formant une pile de lames de mica identiques dont les axes sont alternativement croisés, Norremberg a pu reproduire les phénomènes optiques des cristaux à un axe. Son successeur à l'Université de Tubingue, M. Reusch[1], est parvenu, en superposant des lames de mica de même épaisseur dont les axes font entre eux des angles de 60° ou de 45°, à reproduire les phénomènes présentés par les cristaux qui jouissent naturellement du pouvoir rotatoire. Ces piles de mica observées en lumière parallèle donnent une rotation du plan de polarisation vers la droite ou vers la gauche, suivant que les angles égaux que font entre eux les axes des lames de mica superposées sont comptés vers la gauche ou vers la droite à partir du premier. En lumière convergente on obtient des anneaux traversés par une croix qui ne va pas jusqu'au centre. En interposant un mica d'un quart d'onde, les anneaux se brisent et forment des spirales droites ou gauches, suivant que l'angle de combinaison est compté vers la gauche ou vers la droite. Enfin deux piles de sens contraire étant superposées, on obtient les spirales d'Airy : tout se passe comme si on avait affaire à un quartz taillé perpendiculairement à l'axe.

M. Sohncke[2] a donné, dans le cas de l'incidence normale, la théorie des phénomènes observés par Norremberg et Reusch. M. Mallard[1] a traité d'une façon plus générale le problème des combinaisons des lames minces. Cette théorie explique non seulement les effets que nous venons de rappeler, mais aussi les propriétés optiques des mélanges isomorphes et la dispersion tournante des substances orthorhombiques étudiées par MM. Des Cloizeaux et Wyrouboff[2].

Si l'on suppose en particulier que la pile soit constituée par un certain nombre de paquets superposés contenant chacun p lames biréfringentes identiques et que, dans chaque paquet, les axes des lames successives fassent entre eux un angle égal à $\frac{\pi}{p}$, on peut, non seulement rendre compte du pouvoir rotatoire que l'on observe, mais encore calculer sa valeur. Si les lamelles sont *infiniment* minces et si chaque paquet en contient un nombre *indéfiniment* grand, la rotation ρ du plan de polarisation est donnée par la relation très simple :

$$(1) \qquad \rho = \frac{\pi}{2}\left(\frac{\Delta}{\lambda}\right)^2$$

où Δ représente la somme des différences de marche introduites par les lamelles successives, et λ la longueur d'onde de la lumière employée.

Dans cette manière de voir, un cristal, en appa-

---

[1] *Ann. de Chimie et de Physique*, 4ᵉ série, t. XX, p. 207.
[2] *Pogg. Annalen Ergænzungs*, Bd., p. 16 (1876).

[1] *Annales des Mines*, t. X, p. 119 (1876) et mars et avril 1881.
[2] *Bulletin Société minéralogique*, t. V, p. 58 et p. 172 (1882).

rence homogène, jouissant du pouvoir rotatoire, serait le résultat de l'empilement symétrique d'un nombre très considérable de lamelles biréfringentes. Pour le quartz, par exemple, en admettant un groupement ternaire, c'est-à-dire des lames dont les sections principales font entre elles des angles de 60 degrés, il faudrait admettre 722 paquets par millimètre. Chaque paquet aurait ainsi pour épaisseur $0^\mu,385$, et, comme ils contiennent trois lamelles, l'épaisseur de chacune d'elles serait $0^\mu,462$, c'est-à-dire inférieure à la longueur d'onde de la lumière jaune [1].

Dans une thèse remarquable soutenue en 1886, M. Wyrouboff a montré par un très grand nombre d'exemples que tous les corps doués du pouvoir rotatoire sont en effet des corps pseudo-symétriques et que, quel que soit le système cristallin auquel ils appartiennent, ils sont toujours le produit d'un empilement de lames optiquement biaxes croisées suivant des lois déterminées. Dans l'immense majorité des cas, les cristaux ne sont pas homogènes et les rayons qui les traversent ont une ellipticité plus ou moins grande. Toutes les fois que l'on a pu faire varier dans des limites étendues les conditions de cristallisation, on a pu, non seulement découvrir l'existence des lamelles superposées, mais encore déterminer la symétrie propre à la forme primitive de ces lamelles.

Tous ces faits sont de nature à faire accepter par la science la théorie basée sur l'expérience des micas de Reusch. Il m'a semblé intéressant néanmoins de vérifier directement cette théorie dans le cas d'un paquet symétrique composé d'un nombre *indéfiniment grand* de lamelles *infiniment minces* et de comparer la rotation observée à celle qui est donnée par la relation (1).

Il est à peu près impossible, on le conçoit aisément, de résoudre ce problème en empilant des lames cristallines taillées artificiellement ou obtenues par clivage. Ces lames ont toujours une épaisseur finie et cette épaisseur est relativement grande. On réalise au contraire facilement les conditions théoriques en utilisant les phénomènes de double réfraction électrique découverts par M. Kerr[2]. On sait que si l'on examine un corps diélectrique ou médiocrement conducteur entre les deux armatures d'un condensateur plan, on constate que le corps est devenu biréfringent. Il produit sur la lumière polarisée des phénomènes identiques à ceux que présenteraient des lames minces cristallines uniaxes taillées parallèlement à l'axe et dont l'axe serait parallèle aux lignes de force dans la

portion uniforme du champ du condensateur. La différence de marche des deux composantes suivant les deux directions parallèles ou perpendiculaires à ces lignes de force est proportionnelle au carré de la force électrique et à l'épaisseur du diélectrique soumis à l'action du champ comptée normalement aux lignes de force. Si donc on désigne par K une certaine constante, par l l'épaisseur du diélectrique, par $V_1 - V_2$ la différence de potentiel des armatures et par e la distance qui les sépare, la différence de marche Δ pour une longueur d'onde λ sera donnée par la relation :

$$\frac{\Delta}{\lambda} = K \left(\frac{V_1 - V_2}{e} \right)^2 l.$$

K est ce que l'on pourrait appeler la *constante de Kerr* : c'est la différence de marche pour l'unité d'épaisseur et pour une force électrique égale à l'unité.

Cela posé, imaginons que, dans un diélectrique liquide, du sulfure de carbone, par exemple, on dispose l'un à la suite de l'autre une série de petits condensateurs plans dont les lignes de force fassent successivement entre elles des angles égaux. Le premier condensateur aura, par exemple, ses lignes de force verticales : les lignes de force du deuxième seront inclinées sur les premières d'un angle α, cet angle étant, je suppose, compté vers la droite ; celles du troisième feront un angle α avec celle du second, du même côté, et ainsi de suite. Supposons enfin que les lignes de force du dernier condensateur soient parallèles à celles du premier. On aura ainsi formé une pile symétrique et fermée de lames cristallines constituée comme celle de Reusch. Pour réaliser cette pile et remplir en même temps la condition théorique d'un nombre extrêmement grand de lames extrêmement minces, on réunit tous les condensateurs élémentaires en un condensateur unique dont les armatures sont constituées de la manière suivante. Soient deux hélices de même pas tracées sur un cylindre vertical ; supposons une droite assujettie à s'appuyer sur ces deux hélices et qui se déplace en en restant parallèle au plan horizontal ; elle engendrera un conoïde. C'est sur ce conoïde que l'on moulera les armatures du condensateur. Pour les réaliser on trace sur un cylindre en bois deux hélices de même pas, puis, au moyen d'un outil convenable, on enlève le bois compris entre le conoïde et la surface convexe du cylindre.

Il suffit alors de marteler une lame de cuivre afin de lui faire épouser exactement la forme du conoïde pour obtenir une armature qui possède la forme théorique requise.

Les deux armatures ainsi préparées sont fixées,

[1] V. Mascart. *Traité d'optique*, t. II, p. 334.
[2] *Phil. Mag.* [5] t. XXVI, p. 231 (1888) et *J. de Phys.* [2] t. VIII, p. 86 (1880).

comme l'indique la figure 1, aux deux branches de tubes en verre, recourbés en forme d'U, qui les maintiennent à une distance convenable l'une de l'autre. On plonge ce condensateur dans une cuve formée par des glaces parallèles, contenant du sulfure de

Fig. 1.

carbone et placée entre le polariseur et l'analyseur du polarimètre Laurent. L'une des armatures était réunie au sol et l'autre était mise en communication avec l'électomètre absolu à cylindres que nous avons imaginé, M. Blondlot et moi, il y a quelques années [1]. Les mêmes armatures étaient reliées à un trop-plein électrique et à une machine de Holtz. On pourrait ainsi mesurer d'une manière précise la différence de potentiel en valeur absolue et la maintenir constante pendant tout le temps nécessaire pour effectuer les mesures optiques.

Dans ces conditions, on constate aisément que l'égalité de teinte des deux portions du disque de l'appareil à pénombre cesse d'exister dès que la différence de potentiel atteint une certaine valeur et que cette inégalité devient de plus en plus grande à mesure que la différence de potentiel augmente. Pour un état électrique donné, on peut d'ailleurs ramener l'égalité des teintes en tournant l'analyseur dans un sens convenable. Si les lignes de force tournent vers la droite dans le condensateur hélicoïdal, la rotation est gauche, comme le veut la théorie. Il s'agit d'ailleurs d'une véritable rotation, que l'on peut compenser, comme je l'ai vérifié, au moyen d'une dissolution de sucre de concentration et d'épaisseur convenables.

Il ne restait plus qu'à déterminer la valeur de cette rotation et de la comparer à celle que l'on peut calculer au moyen de la formule (1). Pour cela, il était indispensable de connaître la diffé-

[1] V. J. de Physique [2], t. V, p. 335 et 457.

rence de marche et, par suite, la valeur de la constante de Kerr. Or, M. Quincke [1] a déterminé la valeur de K par un très grand nombre d'expériences effectuées sur des échantillons différents de sulfure de carbone, les phénomènes optiques présentés par ce liquide étant observés entre les armatures d'un condensateur plan dont les dimensions avaient été déterminées avec une très grande précision. Les valeurs de K, obtenues pour une longueur d'onde voisine de celle de la raie D du spectre solaire, varient depuis $29,3 \times 10^{-5}$ jusqu'à $36,77 \times 10^{-5}$. L'auteur admet, comme moyenne le nombre $32,798 \times 10^{-5}$ [2].

Dans le condensateur hélicoïdal que j'ai employé on avait :

$$e = 0^{cm},9, \qquad l = 17^{cm}, \qquad V_1 - V_2 = 82,4.$$

En admettant la constante moyenne de Quincke, on trouve :

$$\frac{\Delta}{\lambda} = 32,8 \times 10^{-5} \left(\frac{82,4}{0,9}\right)^2 \times 17 = 0,0467$$

On en conclut :

$$= \frac{\pi}{2}(0,0467)^2 = 0,003297$$

Ce qui correspond à 10 minutes environ.

Or l'expérience, répétée plusieurs fois, a donné des nombres variant entre 8 et 12 minutes.

La théorie, basée sur l'expérience des piles de mica de Reusch et les calculs de M. Mallard, trouve ainsi une nouvelle et intéressante vérification.

E. Bichat,
Doyen de la Faculté des Sciences de Nancy.

[1] *Wiedemann's Annalen*, t. XIX, p. 729 (1883).
[2] Il serait intéressant de reprendre ces mesures en tenant compte des perturbations qui se produisent dans le voisinage des extrémités du condensateur plan. On pourrait aisément éliminer ces perturbations en faisant une première mesure Δ_1 avec un condensateur plan de longueur quelconque, puis une seconde mesure Δ_2 en augmentant la longueur du premier condensateur d'une longueur l parfaitement connue. Dans les expériences successives ainsi faites, les perturbations dans le voisinage des extrémités sont les mêmes, et la différence $\Delta_2 - \Delta_1$ mesurerait la différence de marche due à un condensateur de longueur l dont le champ serait uniforme.

HYGIÈNE DE LA PUERPÉRALITÉ [1]

Du jour où une femme soupçonne qu'elle est enceinte, tous ses efforts doivent tendre à mener sa grossesse à terme pour accoucher d'une part dans les meilleures conditions possibles, et d'autre part pour que son enfant vienne au monde fort et vigoureux.

Il est à cet égard certains préceptes hygiéniques que la gestante se trouvera bien de suivre [2].

I. — Précautions diverses

Mauriceau donnait déjà en 1721 les conseils suivants que nous reproduisons ici, car ils sont fort sages et toujours bons à rappeler : « La femme doit prendre garde à bien dompter et modérer ses passions, comme à ne pas se laisser aller à la colère par excès, ni séduire par la jalousie, ainsi que plusieurs ont coutume de faire, on doit surtout éviter de faire peur à la femme grosse, comme aussi de lui dire subitement quelques nouvelles qui la puissent attrister; car ces passions, quand elles sont violentes, sont capables de mettre la confusion et le désordre dans la génération, et même de faire accoucher la femme sur l'heure, à quelque terme qu'elle puisse être, ainsi qu'il arriva à la mère de mon cousin M. Dionis Marchand, le père duquel ayant été tué subitement par un de ses domestiques d'un coup d'épée qu'il lui donna en trahison au travers du corps, le rencontrant par la ville, pour le dépit et la rage qu'il avait que son maître quelques jours avant l'avait chassé de son logis; et la mauvaise nouvelle ayant été aussitôt annoncée à cette femme qui était pour lors grosse de huit mois, à laquelle on apporta incontinent après son mari mort, elle fut d'abord prise d'un si grand tremblement pour ce subit effroi qu'elle accoucha tout sur l'heure du même Dionis. C'est pourquoi si on a des nouvelles à dire à la femme grosse, que ce soit plutôt de celles qui lui peuvent donner une joie modérée; car l'excessive peur peut aussi bien porter préjudice en cet état; et si c'était nécessité absolue qu'elle soit quelque mauvaise, pour lors on doit chercher les moyens les plus sûrs pour la lui faire connaître peu à peu, non pas tout d'un coup. »

Souvent le médecin est interrogé au sujet des envies que la femme présente pendant sa grossesse; voici l'opinion de Smellie à cet égard :

« L'avortement peut être occasionné par un appétit désordonné, par des choses qu'une femme ne peut obtenir aisément, ou assez tôt, ou qu'elle a honte de demander, particulièrement lorsqu'elle est grosse de son premier enfant, surtout pour différentes sortes de choses propres à manger ou à boire. Si l'on ne satisfait pas à ces sortes d'appétit, il en peut quelquefois résulter une fausse couche, ou du moins l'enfant en est tellement affecté, qu'il porte sur son corps des marques qui, par leur figure ou par leur couleur, ressemblent à ce dont la mère avait envie. Il est donc à propos de satisfaire ces sortes d'envies, quelque déraisonnables et ridicules qu'elles puissent paraître. La mère, de son côté, doit éviter tout ce qui peut faire quelque impression désagréable sur ses sens, parce que l'avortement peut encore survenir, en conséquence de quelque surprise, ou pour avoir vu quelque chose d'étrange et d'horrible. »

Sans croire aux influences fâcheuses que Smellie attribue aux envies non satisfaites, la conduite qu'il trace est digne d'être approuvée.

A moins de troubles digestifs sérieux, l'alimentation ne sera pas modifiée pendant la grossesse. Il n'est pas rare toutefois que la femme enceinte prenne en dégoût certains aliments, la viande par exemple, et recherche au contraire très volontiers des mets très épicés; il ne faut pas trop contrarier les perversions d'appétit qui se produisent alors.

Il faut néanmoins éviter toutes les substances capables de provoquer des troubles digestifs.

Il en est de même pour les boissons : l'eau-de-vie, que certaines femmes grosses boivent très volontiers, alors qu'elles n'en avaient jamais pu prendre auparavant, ne peut être permise qu'à faibles doses.

Les femmes, ordinairement constipées, le sont davantage pendant la grossesse; d'où la nécessité de donner des laxatifs, de manière à éviter l'encombrement intestinal et les efforts violents de défécation.

II. — Rapports sexuels

Les rapports sexuels peuvent-ils être continués sans inconvénient pendant la grossesse?

Sacombe, dans la *Luciniade*, s'exprime ainsi à cet égard :

Epousss, je vous dois un conseil salutaire :
Quand vous aurez conçu, n'allez point à Cythère.
La nacelle à Vénus, sur les flots amoureux,
Peut souvent rencontrer des écueils dangereux.

---

[1] Sur l'état puerpéral lui-même, voyez l'étude publiée par les mêmes auteurs dans la *Revue* du 15 juillet 1892, t. III, p. 472.
[2] Plusieurs des conseils qui suivent sont empruntés au *Traité d'accouchement du Dr Auvard*, 1891.

D'ailleurs, l'île où les Ris, les jeux dansent sans cesse
Est un séjour funeste à l'état de grossesse.
Des folâtres amours l'aveugle emportement
Dans le cours des neuf mois produit l'avortement.

Aristote, plus tolérant, croyait, au contraire, que le coït, préparant la voie que doit suivre l'enfant, devait être conseillé surtout à la fin de la grossesse.

Les Turcs, polygames, s'abstiennent de toute relation conjugale avec celle de leurs femmes dont la grossesse est avérée. Mais, chez les peuples monogames, le médecin ne peut user de pareille sévérité, et, à moins d'accidents de la grossesse, il peut laisser libre cours à la vie sexuelle des époux, tout en donnant quelques conseils de modération.

Dans les cas d'utérus irritable et chez la femme disposée à l'avortement, toute relation sexuelle doit être interdite pendant la grossesse, surtout au moment correspondant à la menstruation.

En résumé, il faut, autant que possible, réduire la fréquence des rapports sexuels, et, du reste, chez quelques femmes, la nature s'est chargée de résoudre la question, car Stolz dit en avoir vu « qui, lorsqu'elles étaient enceintes, avaient horreur de leur mari ».

III. — Vêtements et exercice

Quant à la question des vêtements, il ne faut pas oublier que tout vêtement serré doit être absolument proscrit. Le corset ne saurait être porté sans de grands inconvénients. Tout au plus peut-on permettre l'usage de corsets dits de grossesse qui, assouplis par des liens élastiques, n'exercent, en général, aucune compression fâcheuse sur l'utérus et sur les seins. Encore est-il que, dans certains cas, le corset le plus lâche devient la cause de malaises, qui disparaissent par sa simple suppression.

Chez les femmes prédisposées aux varices ou à l'œdème des membres inférieurs, il sera bon de remplacer les jarretières par des jarretelles, en les fixant au bas du corset.

Chez les multipares, dont la paroi abdominale a été relâchée par des grossesses antérieures, une ceinture hypogastrique sera d'un heureux secours, à la condition d'être large et d'embrasser les deux tiers inférieurs du ventre.

Le médecin a quelquefois de la peine à obtenir d'une femme ces quelques petits sacrifices à sa coquetterie ; il est important qu'il sache l'y déterminer. Son influence doit également se faire sentir au sujet de tout ce qui concerne le repos et l'exercice. Beaucoup de femmes, soit par paresse naturelle, soit par crainte exagérée d'un avortement, profitent de leur état de grossesse pour se confiner dans un repos exagéré et pour passer la plus grande partie de leur temps dans leur lit ou sur une chaise longue. A moins d'indication spéciale, cette pratique est déplorable : elle affaiblit la gestante et la prépare mal à l'accouchement et à l'allaitement. Des sorties quotidiennes sont nécessaires, soit à pied, soit en voiture.

A l'opposé, l'on trouve des imprudentes qui, malgré leur grossesse, continuent toute l'agitation de leur vie antérieure, vont au bal, au théâtre, montent à cheval, voyagent en mer, en chemin de fer, etc.

Les promenades en voiture sont en général favorables, en évitant toutefois les secousses qu'un véhicule mal suspendu et une mauvaise route peuvent produire.

L'équitation est à déconseiller. Cependant il faut reconnaître que certaines femmes, très habituées à ce genre d'exercice, n'en éprouvent le plus souvent aucun inconvénient pendant leur grossesse.

La danse est déplorable pour la femme enceinte ; car à la fatigue physique, elle joint une excitation génitale, contraire au calme que demande l'utérus.

Les traversées en mer et les voyages en chemin de fer ne semblent pas entraver le cours d'une grossesse normale. Toutefois, chez les primigestes dont on ignore la tolérance utérine et chez toute femme dont l'évolution de la grossesse présentera quelque irrégularité, il sera prudent d'empêcher les longs trajets ; d'une façon générale les grands voyages devront être déconseillés pendant la grossesse, à moins d'absolue nécessité.

Toutes choses égales d'ailleurs, la femme étant plus exposée à l'avortement pendant l'époque correspondant à la menstruation, les conseils de prudence devront surtout s'adresser à cette période.

Si un voyage est absolument indispensable, il est préférable que la femme enceinte l'entreprenne de quatre mois et demi à sept mois et demi.

IV. — Médication et opérations chirurgicales

Bien que la grossesse soit un état physiologique, il n'en est pas moins vrai que la femme à ce moment supporterait mal certaines influences bien tolérées à l'état normal. C'est ainsi, par exemple, que l'on doit se montrer très prudent dans l'administration de certains médicaments. Tout médicament donné à dose toxique est susceptible de produire l'avortement. Quelle que soit la médication employée pendant la grossesse, il importe donc, pour les agents toxiques, de se borner à des doses relativement légères. Il y a cependant quelques exceptions, par exemple pour le sulfate de quinine dans la malaria, le mercure dans la syphilis, où une action énergique est nécessaire pour atteindre le but désiré.

Il importe en particulier d'éviter l'emploi de vomitifs, de purgatifs énergiques ou drastiques, des médicaments dits emménagogues ou abortifs : rue, sabine, if, seigle ergoté, pilocarpine, camomille, absinthe, armoise, salicylate de soude et acide salicylique.

Voilà pour ce qui concerne les médicaments. Il est une autre question qui se pose immédiatement à côté, à savoir : Une gestante peut-elle subir sans inconvénient une opération chirurgicale?

Cette question doit être envisagée à un double point de vue :

1° La grossesse nuit-elle aux suites de l'opération? Le réponse est négative pour la majorité des cas. La gestation ne semble pas entraver la cicatrisation, ni prédisposer aux complications.

2° L'opération peut-elle interrompre le cours de la grossesse? Toute opération expose à l'avortement, et cela d'autant plus qu'elle est faite plus près de la zone génitale ; mais bien souvent des interventions sur l'utérus lui-même (amputation du col, ablation de fibromes développés dans la paroi utérine) n'ont été suivies d'aucun résultat fâcheux. D'autre part, le danger d'avortement n'est nullement en rapport avec la gravité de l'opération ; ainsi telle femme continue sa grossesse malgré une ovariotomie, qui avortera à la suite de l'avulsion d'une dent.

En présence de cette variabilité dans les résultats, il sera prudent de ne faire pendant la grossesse que les opérations d'urgence, et de différer après l'accouchement toutes celles qu'on peut remettre sans inconvénient réel.

V. — Professions

Certaines professions sont défavorables à l'évolution normale de la grossesse : les unes en exposant à l'intoxication : ouvrières qui travaillent dans le plomb, le caoutchouc (sulfure de carbone), dans les manufactures de tabac. Les autres en imposant des fatigues excessives : blanchisseuses et employées de magasin, obligées de rester debout toute la journée ; femmes ayant à faire marcher pendant longtemps une machine à coudre, etc.

Ces professions devront être évitées pendant la grossesse dans la mesure du possible, ou leurs inconvénients atténués.

VI. — Soins de propreté et antisepsie

Il nous faut maintenant aborder une question fort importante, celle qui concerne les *soins de propreté, les toilettes*.

Les *bains chauds* doivent être recommandés aux femmes enceintes, dès le début de la grossesse, malgré l'opinion courante que les femmes ne peuvent prendre de bains avant le sixième ou le septième mois. Ces bains ne peuvent être que favorables, mais ils doivent être de courte durée (un quart d'heure au maximum), peu chauds (30 à 35°) et répétés tous les quinze jours seulement dans toutes les semaines dans le dernier mois de la grossesse.

Les *bains froids* de rivière et de mer seront sans inconvénient si la grossesse est normale et la femme bien portante, mais il faut éviter la fatigue qui en peut résulter.

Les *bains de pieds* chauds, capables d'amener un flux rapide de sang vers les extrémités inférieures, devront être évités.

L'*hydrothérapie* (douches en pluie et en jet le long de la colonne vertébrale) pourra être continuée sans danger pendant la grossesse, si la femme a été soumise à ce traitement depuis un certain temps ; il est même favorable à beaucoup de gestantes, mais il faut éviter de commencer cette médication après la conception .

Les *toilettes vulvaires* sont hygiéniques ; mais les *injections vaginales* doivent être proscrites avant les quinze derniers jours de la grossesse à cause des traumatismes que peut exercer sur le col la mauvaise direction de la canule ou le jet trop violent du liquide. Ces injections toutefois seront nécessaires dans certains cas, que sait apprécier l'accoucheur.

A côté des précautions hygiéniques que nous venons d'exposer et qui constituent l'hygiène de la grossesse, il existe une hygiène de l'accouchement et une hygiène de postpartum, toutes deux d'une importance capitale, car de l'observation minutieuse des règles qui y président dépend le succès et par suite le prompt rétablissement de l'accouchée, sans les suites, si longues parfois, qui résultent d'une négligence ou d'un manque de savoir.

C'est qu'en effet, ainsi que l'avons dit, l'accouchée est une blessée qu'il faut mettre à l'abri de l'infection, qu'il faut protéger contre les microbes prêts à envahir son système génital et à y causer les désordres si graves dont nous avons parlé sous le nom de septicémie puerpérale. Or nous possédons aujourd'hui une arme absolument puissante qui nous permet de mettre les femmes dans les meilleures conditions possibles ; nous avons l'antisepsie qui a transformé la chirurgie et qui donne aux accoucheurs de si brillants succès.

C'est donc là un point d'une importance capitale, et tout médecin qui néglige de faire usage des moyens si simples et si précieux que nous avons en notre possession est un ignorant ou un criminel.

Au point de vue des précautions antiseptiques à observer au moment de l'accouchement, nous aurons peu de chose à dire.

Pendant les quinze derniers jours de la grossesse, des injections quotidiennes pratiquées avec une solution de sublimé prépareront l'antisepsie des voies génitales. Au moment même de l'accouchement, la plus scrupuleuse propreté est indispensable pour l'accoucheur ; il ne doit toucher la femme qu'après s'être au préalable désinfecté soigneusement les mains. Si le travail dure longtemps, il est utile de donner de temps à autre à la parturiente une injection.

L'accouchement et la délivrance surviennent enfin. C'est alors que les plus grandes précautions sont nécessaires ; des injections biquotidiennes d'une solution antiseptique, un tampon d'onate hydrophile phéniquée en permanence sur la vulve assureront l'antisepsie et s'opposeront à la pénétration des microbes dans les voies génitales.

VII. — Allaitement

Il nous reste, pour terminer ce qui a trait à l'hygiène de la puerpéralité, à examiner l'allaitement.

Pendant la grossesse, deux questions sont à résoudre :

1° La gestante pourra-t-elle nourrir ?

2° Quelles précautions prendre en prévision de l'allaitement.

La réponse à la première de ces questions dépend des examens général et local.

La plupart des maladies chroniques sont une contre-indication à l'allaitement, et parmi elles la tuberculose mérite une mention spéciale. Toute femme atteinte de tuberculose ou même prédisposée à cette maladie, pour elle et pour son enfant, renoncer à l'allaitement.

Parmi les maladies chroniques, une exception doit être faite en faveur de la syphilis : la syphilis est une indication absolue de l'allaitement maternel, même quand la mère ou l'enfant *paraît* seul atteint de cette maladie à l'exclusion de l'un de l'autre.

L'hystérie ou l'impressionnabilité excessive de la mère sont une contre-indication à l'allaitement, plus pour l'enfant que pour elle, à cause de l'irrégularité de la sécrétion lactée, sous l'influence de ce manque d'équilibre nerveux.

L'anémie prononcée, la faiblesse, quelle que soit leur origine, constituent également une contre-indication.

Au point de vue local, un mamelon plat ou ombiliqué rend l'allaitement difficile, parfois impossible ; le plus souvent, on peut cependant remédier à ce défaut par certains moyens.

Le développement de la glande mammaire et l'abondance du colostrum doivent être pris en sérieuse considération. Suivant que ces deux manifestations de l'activité glandulaire seront faibles, moyennes ou prononcées, on pourra présumer que la femme fera une mauvaise, passable ou excellente nourrice.

Quelles sont les précautions à prendre en prévision de l'allaitement ?

Pendant tout le dernier mois, il est bon de faire des lotions quotidiennes sur le mamelon avec de l'eau-de-vie. Durant les quinze derniers jours, il est utile de faire sur le mamelon des aspirations quotidiennes avec la téterelle bi-aspiratrice ; on impose ainsi au bout du sein une sorte d'éducation, qui le prépare d'avance à la succion de l'enfant.

Après l'accouchement, quand l'allaitement ne doit pas avoir lieu, on donne d'habitude un purgatif le lendemain de la montée du lait et on entoure les seins d'un bandage de corps avec une légère couche de ouate, de manière à les ramener sur la ligne médiane.

Si la femme allaite, elle doit prendre quelques précautions hygiéniques :

Sa nourriture se composera de préférence de féculents (haricots, lentilles, etc.),

Comme boisson, elle pourra prendre du vin ou de la bière ; cette dernière a une réputation galactogogue. Elle fera un usage modéré du thé, du café et des liqueurs.

Elle devra s'abstenir d'ail, d'asperges, d'oignon, de carottes, dont les principes passent dans le lait et impressionnent désagréablement l'enfant ; même abstention pour la salade, les choux.

Pendant l'allaitement, les rapports conjugaux, de même que toute excitation génitale, sont défavorables à la sécrétion mammaire, outre qu'ils exposent à la conception et par là à la diminution et à la disparition du lait ; néanmoins, il est difficile de les empêcher complètement.

Les bains tièdes et courts sont sans inconvénient ; il en est de même de l'usage de l'hydrothérapie chez les femmes qui en ont l'habitude.

Telles sont les règles générales de l'hygiène de la puerpéralité ; mais elles n'ont rien d'absolu et varient essentiellement suivant les phénomènes qui peuvent survenir au cours de la grossesse ou du postpartum, chacun de ces phénomènes pouvant fournir des indications spéciales.

D A. Auvard,   et   D L. Touvenaint,
Accoucheur des Hôpitaux.   Lauréat de l'Académie de Médecine

BIBLIOGRAPHIE

ANALYSES ET INDEX

1° Sciences mathématiques

Picard (Émile) *Membre de l'Institut :* I. Sur le nombre de racines communes à plusieurs équations simultanées ; II. Sur certains systèmes d'équations aux dérivées partielles, généralisant les équations de la théorie des fonctions d'une variable complexe. (*Extraits du Journal de Mathématiques pures et appliquées.*) *Gauthier-Villars et fils, éditeurs, 55, quai des Grands-Augustins. Paris, 1892.*

I. — Considérons un système de n équations, algébriques ou non, entre n inconnues $x_1, \ldots, x_n$. On peut imaginer que les variables $x_1, \ldots, x_n$ sont les coordonnées d'un point x dans un hyperespace E_n à n dimensions et appeler racine du système tout point dont les coordonnées satisfont aux n équations simultanées. Il est aisé alors d'apercevoir ce qu'il faut entendre par racine comprise dans une portion ou domaine Δ_n de l'hyperespace E_n.

M. Kronecker, l'illustre géomètre berlinois, a montré depuis longtemps que la valeur d'une certaine intégrale $(n-1)^{uple}$ étendue au Δ_n fournissait l'*excès du nombre des racines du domaine*, qui rendent positive une certaine fonction $\varphi(x_1, x_2, \ldots, x_n)$, sur le nombre des racines qui rendent φ négative. S'il se trouve que φ ne peut jamais devenir négative, la valeur de l'intégrale fournira le nombre total des racines situées dans le domaine.

Telle est la remarque dont part M. Picard ; grâce à un artifice habile et se plaçant dans un hyperespace E_{n+1}, il s'arrange de façon que φ devienne un carré parfait, c'est-à-dire toujours positive ; le. nombre des racines est fourni par la valeur d'une certaine intégrale n^{uple}. Sont traités par la méthode les cas d'une, deux et trois équations.

Il est bien inutile d'insister sur la grande importance des résultats obtenus.

II. — Il est beaucoup plus difficile de donner une idée succincte du second mémoire de M. Picard, qui roule sur un point d'analyse tout à fait abstrait.

Soient la variable complexe $z = x + yi$, $i = \sqrt{-1}$, et une fonction de z

$$u = f(z) = P(x, y) + i Q(x, y);$$

on a le système bien connu d'équations aux dérivées partielles

$$\frac{\partial P}{\partial x} = \frac{\partial Q}{\partial y}, \quad \frac{\partial P}{\partial y} = -\frac{\partial Q}{\partial x}.$$

Considérons maintenant une autre fonction

$$u' = P' + i Q'$$

et prenons pour variable non plus z mais u ; on aura encore

$$\frac{\partial P'}{\partial P} = \frac{\partial Q'}{\partial Q}, \quad \frac{\partial P'}{\partial Q} = -\frac{\partial Q'}{\partial P} ;$$

par suite le système des équations aux dérivées partielles *n'aura pas changé de forme*.

Généralisant cette vue, M. Picard étudie les systèmes d'équations aux dérivées partielles *qui ne changent pas de forme*, lorsqu'on prend pour variables nouvelles un système quelconque de solutions.

Les développements de M. Picard sont trop abstraits pour trouver place ici, même en résumé ; nous renvoyons le lecteur au texte de l'auteur.

Il nous suffira de signaler le lien entre les présentes recherches et la théorie des groupes continus de transformations, due à M. Lie et dont le rôle dans la science ne fait que croître de jour en jour.

Léon AUTONNE.

Gonnessiat (F.), *Aide Astronome à l'Observatoire de Lyon, chargé d'un cours complémentaire d'Astronomie à la Faculté des Sciences de Lyon*. — Recherches sur l'équation personnelle dans les observations astronomiques de passages. *Thèse de la Faculté des Sciences de Paris. G. Masson, éditeur, Paris, 1892.*

Plusieurs observateurs voyant le même phénomène, supposé répété un grand nombre de fois, et notant les heures correspondantes sur la même pendule, trouvent des temps différents et qui en moyenne s'écartent toujours dans le même sens d'un observateur à l'autre. La différence entre l'heure observée et l'heure exacte constitue pour chaque observateur une *erreur personnelle*, une *équation personnelle*, qui joue un rôle très important dans les observations astronomiques.

Après avoir fait l'historique de la découverte de cette équation personnelle dans les passages d'étoiles derrière les fils du réticule d'une lunette, et des recherches dont elle a été l'objet, l'auteur décrit l'appareil à étoiles artificielles et à vitesses variables avec lequel il a abordé à son tour l'étude de la même question.

Il compare d'abord, au point de vue de la précision, les deux méthodes d'observation ordinairement employées. Les heures des passages des étoiles derrière les fils du réticule s'observent, en effet, par deux procédés bien différents : dans l'un, le plus récemment imaginé, on donne un signal électrique à l'instant où l'œil voit le passage se produire ; dans l'autre, l'oreille écoute les battements successifs de la pendule, l'œil voit le passage et le cerveau juge à quelle seconde et fraction de seconde il s'est produit.

M. Gonnessiat trouve une supériorité nettement accusée à la méthode d'enregistrement électrique, du moins jusqu'aux vitesses correspondant aux déclinaisons de 0° à 75°. Près du pôle, la méthode dite de l'*œil et de l'oreille* présente de plus grands avantages. La distance zénithale exerce aussi une influence.

Après avoir déterminé son équation personnelle dans des conditions variées, il étudie l'*équation décimale* : quand on considère un très grand nombre de passages d'étoiles, 10.000 par exemple, observés chacun au dixième de seconde, il n'y a pas de raison pour que, en moyenne, tous les dixièmes ne reviennent pas chacun un égal nombre de fois. Il n'en est rien cependant, et chaque observateur affectionne en quelque sorte tel ou tel dixième à l'exclusion de tel autre : c'est ce qui constitue l'*erreur* ou *équation décimale* de cet observateur.

Enfin, M. Gonnessiat aborde la question ardue de l'origine de l'équation personnelle. Une partie tiendrait à ce que l'observateur n'écouterait plus en quelque sorte la seconde, mais il la rythmerait mentalement, à côté et non en coïncidence, ce qui produirait ce que M. Gonnessiat appelle l'équation *rythmique :* il ne paraît pas douteux, en effet, que cette cause puisse intervenir. La persistance de l'impression lumineuse sur la rétine doit également jouer un rôle, ainsi que le défaut de coordination entre deux perceptions différentes, l'une donnée par l'œil et l'autre par l'oreille. Enfin l'équation décimale intervient aussi.

L'auteur a su tenir compte des données récentes fournies par la physiologie, particulièrement de la *période latente* dont M. Raphael Dubois a entretenu les lecteurs de la *Revue* (t. I, p. 198), et, dans son ensemble, ce travail est des plus importants; il représente un labeur considérable et se rapporte à une branche difficile et ingrate, dans laquelle M. Gonnessiat a déjà su se faire un nom : je veux parler de la construction des catalogues d'étoiles fondamentales, dont l'importance est capitale pour l'astronomie de précision.

G. BIGOURDAN.

Witz (A). *Docteur ès sciences, Ingénieur des Arts et Manufactures.* — **Thermodynamique à l'usage des Ingénieurs.** — (*Encyclopédie scientifique des Aide-Mémoire, dirigée par M. Léauté*). Un volume in-8. de 215 pages. (*Prix : 2 fr. 50.*) *Gauthier-Villars et Masson, Paris*, 1892.

Cet ouvrage fait partie de l'*Encyclopédie des Aide-Mémoire* publiée sous la direction de M. Léauté, membre de l'Institut.

C'est plus spécialement pour l'utilité des ingénieurs que l'auteur a écrit ce livre et non seulement a-t-il donné à ses démonstrations toute la précision scientifique désirable, mais encore il a disposé les idées dans un ordre qui permet de retenir plus facilement les théorèmes et les formules qui en sont la conséquence.

L'esprit pratique du livre est défini dès le début d'ailleurs, l'auteur faisant remarquer que la thermodynamique est une science expérimentale et qui peut être établie indépendamment de toute hypothèse sur la nature intime de la chaleur.

Le principe de M. Mayer, principe de l'équivalence de la chaleur et du travail, est l'objet d'une étude approfondie où sont discutées les expériences faites en vue de la détermination du coefficient de l'équivalence et en particulier les expériences de Joule. Cette étude est suivie des formules qui traduisent le principe de l'équivalence et de celles qui lient les chaleurs spécifiques et les chaleurs latentes.

Viennent ensuite le principe de Carnot ou de la *conservation de l'entropie*, l'étude des gaz, des solides, des liquides, des vapeurs sèches et des vapeurs humides, de l'écoulement des gaz et des vapeurs. Tout ce qui est nécessaire à l'étude des machines thermiques est exposé de la façon la plus méthodique et aussi la plus mnémonique, car ainsi que le dit l'auteur : « Il ne suffit pas d'avoir compris les théorèmes, il faut encore en retenir les formules pour pouvoir s'en servir dans les applications ».

M. Witz a donné les solutions de nombreuses questions tirées de son recueil d'*Exercices de Physique*. Ces solutions numériques ajoutent une grande clarté à l'exposition des formules en même temps qu'elles la rendent moins aride.

Enfin chaque chapitre est terminé par un rappel des formules qui y ont été démontrées. L'auteur a adopté un numérotage et des notations qu'il emploiera dans les quatre volumes que lui a encore confiés M. Léauté et qui sont les suivants :

Théorie des machines thermiques;
Théorie générique de la machine à vapeur;
Théorie expérimentale de la machine à vapeur;
Calculs d'établissement des machines motrices.

Les ingénieurs n'ont qu'à souhaiter la publication rapide de ces ouvrages qui, avec le précédent constitueront un ensemble de la plus haute utilité pratique et ne tarderont pas à être dans toutes les mains.

A. GOUILLY.

2° Sciences physiques.

Boys (C.-V.), *de la Société royale de Londres.* — **Bulles de savon,** *traduit de l'anglais par Ch.-Ed. Guillaume.* Un vol. in-8° de 145 pages avec figures dans le texte (2 fr. 75). *Gauthier-Villars, Paris*, 1892.

« Soufflez une bulle de savon et regardez-la, vous pourrez l'étudier votre vie durant et toujours en tirer des leçons de science », a écrit quelque part Lord Kelvin. L'agréable petit livre de M. Boys que M. Ch.-Ed.

Guillaume vient de nous faire connaître justifie l'assertion du grand savant anglais. Comme le dit très spirituellement le traducteur, le titre est bien léger, mais le contenu, sous sa forme souvent humoristique, est des plus sérieux et des plus instructifs. M. Boys avait fait quatre conférences sur la capillarité qu'il a réunies et publiées; M. Guillaume ne s'est point contenté de les traduire littéralement; il a atténué en maints endroits la forme purement didactique, a supprimé les allusions trop exclusivement britanniques, mais a donné, en revanche, la description de nouvelles expériences de M. Boys, en particulier celle des expériences démontrant le magnétisme de l'oxygène ; il a, en outre, ajouté quelques notes sur d'intéressants sujets : tourbillons du camphre, action de l'huile sur les vagues, etc.; l'ouvrage très bien imprimé, orné de jolies gravures, constitue un petit traité élémentaire qui conduira graduellement le lecteur à la conception exacte des forces capillaires. Toutes les expériences sont décrites avec le plus grand soin, elles ne nécessitent, dans la plupart des cas, pour être répétées, qu'un matériel tout à fait rudimentaire, un tube de verre ou de caoutchouc ; on trouve, d'ailleurs, à la fin du volume les indications les plus précises sur le mode opératoire.

Ce petit volume ne saurait manquer d'obtenir le plus vif succès ; il est un exemple excellent de cette vérité, souvent méconnue, que des idées très savantes peuvent parfois être exprimées d'une façon rigoureusement scientifique sans qu'il soit besoin de recourir à un grand appareil mathématique ; il démontre aussi que les expériences les plus délicates, les plus précises, peuvent être conduites à bien, alors même que l'on ne posséderait point d'instruments compliqués et coûteux.

Lucien POINCARÉ.

Charpy (G.)—**Recherches sur les solutions salines.** — *Thèse de la Faculté des Sciences de Paris.* — *Gauthier-Villars et fils, Paris*, 1892.

Le travail de M. Charpy est relatif à l'étude des densités des solutions salines et des variations de volume, qui accompagnent les phénomènes de dissolution ou de dilution. Peut-être trouvera-t-on que le titre de ce mémoire est un peu général. Quant à nous, nous ne saurions nous en plaindre; il nous fait au contraire espérer que l'auteur ne s'arrêtera pas là. Après les densités, d'autres propriétés seront sans doute soumises par lui à de nouvelles études, avec le même esprit de clarté et de critique qui caractérise ce premier travail.

La thèse de M. Charpy débute par une analyse bibliographique très sobre des travaux de ses devanciers. Les recherches antérieures de MM. de Marignac, Valson, Mendelejeff et Pikering sur les densités des solutions, sont successivement passées en revue.

Les résultats contradictoires obtenus par ces deux derniers savants sont mis en évidence, et l'on est tout naturellement amené à conclure à la nécessité de nouvelles recherches sur cette question.

Le chapitre suivant concerne les méthodes expérimentales suivies par M. Charpy. Elles sont décrites avec beaucoup de soin et donnent une idée très nette de la précision qu'on peut attendre de ce genre de recherches.

Viennent ensuite les résultats généraux qui se résument dans les énoncés suivants :

1. *Le coefficient de contraction est toujours plus petit que l'unité. Par suite, la dilution est toujours accompagnée d'une contraction.*

2. *Pour un sel donné le coefficient de contraction diminue continuellement quand la concentration augmente. Par suite, la contraction qui se produit, quand on ajoute à une solution un volume déterminé d'eau, est d'autant plus grande que la solution est plus concentrée.*

3. *Le coefficient de contraction augmente quand la température s'élève. Par suite, la contraction produite lors de la dilution d'une solution donnée est d'autant plus petite que l'opération se fait à une plus haute température.*

Par des considérations empruntées à la théorie mécanique de la chaleur, M. Charpy établit ensuite, comme conséquences de ces premiers énoncés, les propositions suivantes :

1. *La pression osmotique d'une solution donnée augmente toujours quand la pression extérieure augmente.*

2. *La variation de la pression osmotique par la pression extérieure est d'autant plus grande que la solution est plus concentrée.*

3. *La variation de la pression osmotique par la pression extérieure est d'autant plus faible que la température est plus élevée.*

De cet ensemble de résultats on peut conclure que le coefficient de contraction est une grandeur qui peut être rapprochée de celle des tensions de vapeur et des abaissements des points de congélation. C'est ce qui amène M. Charpy à discuter, avec beaucoup de soin, les variations du coefficient de contraction en fonction de diverses variables indépendantes. De cette étude, présentée avec une grande clarté, il ressort que :

« Lorsqu'on représente la concentration par le rapport du nombre de molécules du corps dissous au nombre total de molécules de la dissolution, les courbes qui représentent la variation du coefficient de concentration en fonction de la concentration prennent une forme particulièrement simple ; de plus, les courbes ne se coupent pas en général, et, pour chaque série de corps analogues, elles se rangent dans l'ordre de grandeur des poids moléculaires des corps. »

Les résultats obtenus sur les solutions des acides gras, et notamment de l'acide acétique présentent quelques irrégularités. Ces dernières s'expliquent aisément si l'on admet que la molécule d'acide acétique à l'état de liquide est plus complexe qu'à l'état de gaz parfait ; c'est déjà la conclusion à laquelle MM. Raoult et Recoura sont arrivés dans leurs études sur les tensions de vapeur des solutions dans l'acide acétique ; c'est également la conclusion de MM. Ramsay et Young à la suite de leurs recherches sur les densités et les tensions de vapeur de l'acide acétique.

De semblables irrégularités n'ont donc rien que de très naturel, et ce qu'il convient surtout de signaler, c'est le rôle très important joué par le choix de la variable indépendante pour la représentation des phénomènes de contraction. Les travaux de Clausius et de MM. Van der Waals et Sarrau, relatifs à l'équation des fluides et ceux de M. Etard sur le point de fusion des mélanges de sels et d'eau avaient déjà fait ressortir toute l'importance que peut avoir le choix de la variable indépendante pour la représentation des phénomènes physiques. On ne peut donc assez insister sur la nouvelle confirmation que l'on doit à M. Charpy, qui ne s'est du reste pas borné à étudier les variations du coefficient de contraction, mais aussi celles des densités des solutions. Après avoir établi que ces densités dépendent de deux facteurs (la contraction et la densité du sel dissous) agissant tantôt dans le même sens, tantôt en sens inverse, M. Charpy démontre que les densités des solutions métalliques peuvent être considérées comme des fonctions linéaires de la concentration, quand celle-ci est représentée par une variable convenable.

Telles sont, rapidement esquissées, les conclusions qui se dégagent du travail de M. Charpy. Soit par ses recherches expérimentales, soit par la discussion de ses propres résultats et de ceux de ses devanciers, ce savant nous apporte un chapitre bien étudié de la physico-chimie des solutions. C'est le meilleur éloge que l'on puisse en faire, surtout à une époque où l'on a écrit et publié tant de choses obscures sur ces questions, si importantes et si intéressantes.

Philippe-A. Guye.

3° Sciences naturelles.

Boné Baëff. — Les eaux de l'Arve. Recherches de Géologie expérimentale sur l'érosion et le transport dans les rivières torrentielles ayant des affluents glaciaires. — *Un vol. in-8° de 100 pages. Genève, 1891.*

Le travail de M. Boné Baëff porte le sous-titre « Recherches de Géologie expérimentale » qui, à lui seul, suffirait pour attirer la bienveillance de tous les géologues qui croient, et nous sommes du nombre, que la géologie est une science assez avancée pour entrer dans la voie de l'expérimentation. Mais ce mémoire mérite encore d'autres éloges : l'auteur a étudié l'Arve d'une façon scientifique, tenant compte des phénomènes d'érosion, de dissolution, de transport, etc., et de leurs variations suivant les modifications des conditions physiques ambiantes auxquelles ils sont dus. Bien des faits qu'il relate étaient déjà connus ; mais les chiffres qu'il donne, résultant de mesures précises, accusent encore l'importance de certains d'entre eux. Nous signalerons comme chapitres particulièrement intéressants celui qui est relatif aux matières en suspension et en dissolution et celui qui traite du chlore. Dans les conclusions qui terminent ce dernier chapitre, l'auteur semble s'être laissé par trop influencer par la quantité vraiment considérable de chlore (2330 tonnes en neuf mois), dosée dans l'Arve, quand il conclut que ce sont les fleuves qui fournissent le corps aux eaux de la mer.

Bien qu'incomplète, ainsi que M. Boné Baëff le reconnaît lui-même, cette monographie de l'Arve peut servir de modèle pour toute étude similaire. Si nous connaissions ainsi tous les cours d'eau d'un même bassin, que de faits encore obscurs, dans les phénomènes d'érosion et d'alluvionnement nous seraient expliqués ! Alors la fin de la période tertiaire et la période dite quaternaire ne nous présenteraient plus ces difficultés d'interprétation qui en ont retardé si longtemps l'étude vraiment scientifique.

J. Bergeron.

Pailleux (A.) et **Bois** (D.). — Le Potager d'un curieux. Histoire, culture et usages de 200 plantes comestibles peu connues ou inconnues. *Un vol. de 575 pages, avec 54 figures. Deuxième édition entièrement refaite (prix : 10 francs). Librairie agricole de la Maison rustique, Paris, 1892.*

Voilà un livre excellent et bien intéressant que feraient bien de méditer tous les agriculteurs et tous ceux qui tiennent à sortir des sentiers battus. S'il est en effet un fait certain, c'est que les légumes que nous absorbons pour notre alimentation sont d'une monotonie désespérante. Les horticulteurs qui cherchent à améliorer une pomme de terre ou une betterave songent surtout à eux, en créant des races à très forts rendements. Mais pour le palais du consommateur, une pomme de terre, si modifiée soit-elle, sera toujours une pomme de terre. Pourquoi ne chercherions-nous pas à découvrir dans les pays voisins des plantes alimentaires que nous pourrions acclimater chez nous, et à varier ainsi nos menus ? Et puis, qui sait si, dans nos recherches, nous ne trouverons pas un légume supérieur, pour ce qui est du rendement et du goût, à ceux que nous consommons actuellement ? MM. Pailleux et Bois, depuis bientôt vingt ans, poursuivent des expériences dirigées dans ce sens et les résultats qu'ils ont déjà obtenus sont parfois très beaux. C'est le cas de dire de l'ouvrage que nous analysons : *cecy est un livre de bonne foy.* Les auteurs y énumèrent les diverses plantes qu'ils ont essayé d'acclimater et notent les succès et les insuccès qu'eux-mêmes ou d'autres ont obtenus. Ils ont jusqu'à ce jour étudié plus de deux cents plantes exotiques : ainsi envisagée, une pareille étude est une véritable science et bien digne d'attirer les esprits curieux. Et si ces recherches sont déjà fort intéressantes en ce qui concerne notre pays, combien leur intérêt est-il encore augmenté quand on envisage nos colonies ! « Dans plusieurs de nos possessions existent, aux frais de l'État, des jardins dans lesquels on cultive les légumes d'Europe, et quelques-uns y végètent passablement, à condition que les semences en soient fréquemment renouvelées. Dans toutes leurs stations, nos missionnaires entretiennent aussi des jardins dans lesquels ils cultivent ces mêmes légumes, pour leur propre alimentation, et aussi pour en enseigner et en propager la culture et l'usage. Combien donc serait abondant et salutaire l'approvisionnement végétal de nos colonies, si, à ces légumes d'Europe, péniblement obtenus, venaient se joindre ceux qui n'acceptent pas notre climat, mais qui prospéraient aussi bien à la Guyane qu'au Gabon, aux Antilles qu'en Cochinchine, etc., et qui se répandraient partout ou nos compatriotes subissent encore aujourd'hui de cruelles privations par l'extrême rareté des végétaux alimentaires. »

Parmi les nombreux chapitres intéressants, citons celui qui est relatif aux *Stachys tuberifera*, dont les tubercules (crosnes), sous l'impulsion de M. Pailleux, commencent à prendre chez nous une certaine place dans l'alimentation. Citons aussi le chapitre relatif aux ignames, bulbilles des *Dioscorea*, dont la culture serait très rémunératrice dans les pays chauds et humides, peut-être même dans le midi de la France. Voici encore la *Soya*, cette légumineuse si employée au Japon et en Cochinchine et dont la culture en Europe s'étend de plus en plus. Il serait trop long d'énumérer toutes les plantes décrites : nous faisons des vœux pour que ce beau livre inspire aux chercheurs le désir de prendre quelques-unes de ces plantes et de les étudier en détail : le succès n'est pas douteux. Un botaniste américain, M. Léwis Sturtevant, a calculé que, dans le monde entier, il y a à peu près 4233 plantes comestibles; il y a donc là un champ immense pour les chercheurs. En pensant aux services que Parmentier a rendus en préconisant la culture de la pomme de terre, naguère inconnue, on ne peut que louer les savants qui cherchent à étendre le nombre des espèces alimentaires : à cet égard, le livre de MM. Pailleux et Bois mérite tous les éloges.

Henri COUPIN.

Léger (L.). — **Recherches sur les Grégarines.** *Thèse de la Faculté des Sciences de Paris. Oudin et Cie, 4, rue de l'Eperon, Poitiers, 1892.*

Le groupe des Sporozoaires parait aujourd'hui appelé à jouer dans la pathologie de l'homme et des animaux un rôle de plus en plus important, et les recherches sur leur évolution en acquièrent d'autant plus d'intérêt. Parmi eux, les Grégarines, parasites dans le tube digestif et la cavité générale d'un grand nombre d'invertébrés, sont actuellement les mieux connues, grâce surtout aux travaux de M. Aimé Schneider; mais le nombre des formes dont le cycle évolutif, si complexe chez ces animaux, a été suivi dans son entier, était encore trop restreint pour permettre le moindre essai de classification naturelle.

M. Léger l'a accru considérablement, il n'a pas étudié moins de 38 espèces toutes nouvelles ou du moins très imparfaitement connues et a pu les répartir en 10 familles d'après la considération de leurs spores; il a, en effet, trouvé toujours une concordance remarquable entre la forme des spores et le mode d'évolution de la Grégarine qui commande le nombre absolu de ses segments.

M. Léger a étudié toutes les parties constituantes du corps des Grégarines, leur enkystement, leurs singulières associations en chaînes comprenant parfois un grand nombre d'individus; mais la partie la plus importante de son travail est, sans contredit, celle qui a trait à la succession et à la comparaison des phases évolutives chez les différentes espèces. On sait, en effet, que celles-ci ont été décrites de façons parfois si différentes et si incompatibles qu'il est impossible de concevoir entre elles le moindre lien.

A l'état de plus grande complexité du cycle évolutif la grégarine adulte, unicellulaire, mais divisée en deux segments par un septum, libre dans l'intestin de l'hôte, le *sporadin*, devient sphérique et se transforme en un *kyste* qui est rejeté au dehors avec les excré-

ments. Son contenu se divise alors en un nombre considérable de *spores* qui sont mises en liberté par la rupture de l'enveloppe du kyste, et celles-ci, avalées par un animal susceptible d'être infesté, s'ouvrent à leur tour dans son intestin sous l'action du suc digestif, mettant en liberté de 4 à 8 *corpuscules falciformes* résultant d'une division nouvelle du contenu de la spore. Chaque corpuscule pénètre au moyen de son extrémité antérieure, effilée et résistante (rostre), dans une cellule épithéliale, se nourrit de son protoplasma et, par suite de son accroissement, fait éclater la paroi de la cellule à laquelle il adhère encore par son extrémité céphalique (*épimérite*), tandis qu'il pend librement dans la lumière de l'intestin par son extrémité caudale qui se divise bientôt en deux segments (*proto* et *deutomérite*) par un septum ; c'est le stade de grégarine jeune ou de *céphalin* qui n'a plus qu'à se détacher de la paroi intestinale en perdant son épimérite pour devenir le sporadin du point de départ.

Toutefois, un certain nombre de grégarines paraissaient évoluer d'une manière totalement différente, entre autres le *Porospora gigantea*, la grégarine géante du homard. M. Léger a démontré qu'il n'en est rien et que le développement suit la même marche chez toutes les grégarines intestinales.

Mais il existe encore un groupe plus important qu'il paraissait impossible de relier au type précédent, celui des grégarines à un seul segment, les *Monocystidées*, qui vivent dans la cavité générale de leur hôte et ne sont fixées à aucune époque de leur vie. Or, M. Léger a trouvé entre eux des formes de transition tout à fait intéressantes et inattendues :

Beaucoup de grégarines vivent dans des larves d'insectes, et quand celui-ci subit des métamorphoses complètes, ou, du moins, quand l'imago est séparée de la période larvaire par une longue période de nymphose, on doit se demander comment le parasite, quand il persiste pour assurer la conservation de l'espèce, peut faire face à ce temps de jeûne prolongé. M. Léger a trouvé une certaine espèces qui se sont développées de la manière ordinaire pendant toute la période larvaire se comportent tout différemment quand approche le moment de la nymphose. Le tube digestif de l'hôte est alors vide de parasites et les derniers corpuscules falciformes avalés, au lieu de se développer du côté de la lumière intestinale, traversent la paroi en s'en coiffant et, par leur accroissement ultérieur, font saillie dans le cœlome sous forme de petites masses simplement globuleuses et privées des mouvements caractéristiques de la grégarine. Un travail actif de sporulation s'effectue à leur intérieur et elles se transforment ainsi en kystes, qui tombent dans la cavité générale où ils demeurent jusqu'à la fin de la vie de l'insecte. Les spores, qui ne peuvent être évacuées au dehors que par la décomposition des tissus de l'hôte, sont ainsi transportées au loin; elles ont aussi une paroi plus épaisse que les spores ordinaires ; ce sont des spores de conservation et de dissémination de l'espèce.

D'autres grégarines (*Eirmocystis polymorpha*) montrent dans une même génération tous les passages entre la grégarine à deux segments, mobile, du tube digestif et la forme cœlomique sphérique et immobile.

D'autres enfin, chez d'autres invertébrés, ne présentent dans leur évolution que cette dernière ; telles l'*Urospora sipunculi* et l'*U. Synaptæ*, et ainsi se rencontrent toutes les étapes d'un passage insensible entre les Polycystidées intestinales et les Monocystidées adaptées à la vie cœlomique. D'où résulte que l'évolution plus simple de ces dernières n'est qu'un développement raccourci, et l'évolution de la classe des grégarines dans son ensemble doit être conçue de la manière suivante :

Un corpuscule falciforme dans la paroi intestinale et tantôt se dirige, pour évacuer ses spores, de dehors en dedans, vers la cavité intestinale (*Polycystidées* mobiles, plurisegmentées et munies d'un organe de fixation pour résister à l'entraînement par le courant alimentaire), tantôt reste dans l'épaisseur de la paroi (*Formes cœlomiques*, immobiles et s'enkystant directement) et tantôt enfin traverse rapidement la paroi pour arriver dans la cavité générale (*Monocystidées* qui peuvent ainsi conserver leur motilité et n'ont qu'à grandir avant l'enkystement sans avoir besoin dans ce milieu en repos de développer d'épimérite fixateur).

G. Pruvot.

Blanchard (Dr Raphaël). — **Histoire zoologique et médicale des Téniadés du genre Hymenolepis.** *Un volume in-8° de 112 pages avec nombreuses figures* (3 fr. 50). *Société d'éditions scientifiques, Paris, 1891.*

M. Blanchard, dont on connaît les beaux travaux sur les Téniadés, nous donne une monographie fort intéressante d'un genre de ce groupe: les *Hymenolepis* Weinland. L'*Hymenolepis nana* est de tous les Cestodes parasites de l'homme le plus petit : il atteint en moyenne 10 à 15 millimètres.

Mais nous ne pouvons résumer ici la description complète qu'en donne M. Blanchard. Dans l'étude des parasites, ce qu'il importe surtout de saisir, c'est le développement et le mode de propagation. Dans quel hôte, avant d'atteindre son développement complet, l'*Hymenolepis nana* passe-t-il sa vie larvaire? On a incriminé les insectes ou les mollusques; peut-être même la migration se fait-elle simplement dans le même organisme, mais dans des organes différents, comme Grassi a pu vérifier le fait pour l'*H. murina*.

La partie zoologique de ce travail se termine par une description des quatorze espèces connues du genre *Hymenolepis*.

Les derniers chapitres sont consacrés aux observations médicales. Les accidents observés sont ceux qui ont été déjà décrits pour les Cestodes en général, notamment les troubles nerveux pouvant aller jusqu'aux convulsions épileptiformes. Il existe quelques cas de mort rapportés par Bilharz, par Visconti; dans ces cas, les vers étaient en quantité considérable, jusqu'à 400 dans l'intestin grêle.

Comme conclusion pratique, M. Blanchard conseille, le diagnostic étant établi par l'examen microscopique des matières évacuées, d'employer l'extrait éthéré de Fougère mâle.

L. O.

Dineur (Dr E.). — **Recherches sur la Sensibilité des Leucocytes à l'électricité.** *Annales de la Société royale des sciences médicales et naturelles de Bruxelles,* H. Lamertin, 20, *rue du Marché-au-Bois, Bruxelles,* 1892.

Appelons l'attention du lecteur sur ces curieuses recherches d'où l'auteur conclut que les globules blancs de la lymphe et du sang sont attirés ou repoussés par l'électricité positive, suivant qu'ils se trouvent à l'état sain ou à l'état inflammatoire. Les faits constatés par M. Dineur montrent de la façon la plus nette que les globules sont, dans une certaine mesure, sensibles aux variations électriques, et tendent à établir que l'électricité agit sur eux d'une façon directe et indépendante des phénomènes intermédiaires d'électrolyse. Il y aurait intérêt à déterminer les limites de cette influence, et à rechercher si elle se produit, en dehors de l'expérimentation, pendant la vie physiologique ou pathologique.

L. O.

Buckton (G. B.)., *Membre de la Société Royale de Londres.* — Monograph of the British Cicadæ. — 7 vol. *in-8° de chacun 200 pages*; *Macmillan and C°, London 1892.*

En raison du caractère très spécial de cette publication, nous ne pouvons que la signaler ici. Dirigée avec un soin extrême et magnifiquement illustrée, elle mérite toute l'attention des entomologistes.

4° Sciences médicales.

Drouet (Dr H.) — **De la valeur et des effets du lait bouilli et du lait cru dans l'allaitement artificiel.** *Un vol. in-8 de 170 p.* (4 fr.). *Société d'éditions scientifiques, Paris, 1892.*

De tout temps on faisait bouillir le lait pour l'empêcher de « tourner », c'est-à-dire pour prévenir la formation d'acide qui amène la coagulation de la caséine et rend le lait aigre. Mais les découvertes plus récentes de la transmissibilité possible, probable même des maladies infectieuses, notamment de la tuberculose, par le lait de vaches malades, ont conduit à conseiller l'ébullition pour tous les laits destinés à l'alimentation. Mais le lait bouilli présente-t-il les mêmes valeurs nutritives que le lait cru; est-il aussi bien digéré par l'estomac de l'enfant? M. Drouet a repris cette question au point de vue de l'allaitement artificiel. En critique sévère, il expose les opinions émises, souvent contradictoires. L'influence du *lait vivant*, qui avait séduit les auteurs anciens, et a été si judicieusement contestée par M. Tarnier, ne supporte pas la discussion; mais il en est autrement des modifications chimiques apportées au lait par la cuisson. Il ne faut pas oublier que le lait est une solution d'albumine, que les albuminoïdes sont coagulés par la chaleur, que le lait en un mot est nécessairement modifié par l'ébullition. M. Drouet soutient que ces modifications ne sont pas toujours nuisibles à l'enfant. Le lait de vache, on le sait, est beaucoup plus riche en albumine que le lait de femme. Or, cette pellicule qui se forme sur le lait cuit, la frangipane de Richer, n'est autre que de l'albumine coagulée. Par le fait de la cuisson seule, le lait de vache est donc ramené vers la composition du lait de femme, et l'on conçoit ainsi pourquoi certains estomacs supportent mieux le lait cuit que le lait cru. Le meilleur réactif du lait est encore l'enfant qui le reçoit; or l'expérience journalière montre que les enfants digèrent fort bien le lait bouilli, dans la plupart des cas. L'auteur qui a fait à la Maternité de l'hôpital Beaujon de nombreuses observations, avec pesées méthodiques, est absolument affirmatif à cet égard : l'accroissement des nourrissons alimentés de lait bouilli n'est aucunement inférieur à celui des enfants nourris au lait cru. (Voyez la *Revue* du 30 septembre 1891, t. II, p. 620.)

Après avoir exposé les connaissances acquises sur la transmissibilité de la diarrhée verte, de la fièvre typhoïde, de la scarlatine, de la tuberculose par le lait, M. Drouet conclut naturellement au chauffage à 100° C de tout lait destiné à l'alimentation artificielle.

Le livre se termine par une bibliographie assez complète des travaux français et allemands sur cette question; les auteurs anglais ont été, croyons-nous, un peu négligés.

L. O.

Wurtz (R.). — **Technique bactériologique.** *Un vol. petit in-8° de 192 pages, de l'Encyclopédie scientifique des Aide-Mémoire de M. Léauté* (*Prix* : broché 2 fr. 50 ; cartonné 3 fr.). *Gauthier-Villars et fils et G. Masson, éditeurs. Paris, 1892.*

Sous une forme claire et concise, ce manuel résume la technique bactériologique applicable à la préparation des milieux nutritifs, la stérilisation, enfin les divers modes de culture, d'examen et de coloration des microorganismes. Comme application immédiate et finale, l'auteur esquisse la technique de l'analyse microbienne de l'air, de l'eau et du sol.

Le dernier chapitre résume les principales méthodes employées pour isoler les produits solubles sécrétés par les microbes; ces notions ne se trouvent, jusqu'à présent, dans aucun manuel.

Bref et pratique, ce petit ouvrage expose les notions qu'un débutant doit posséder à fond avant d'aborder l'étude proprement dite des microbes.

Dr H. Vincent.

ACADÉMIES ET SOCIÉTÉS SAVANTES

DE LA FRANCE ET DE L'ÉTRANGER

(La plupart des Académies et Sociétés savantes, dont la **Revue** *analyse régulièrement les travaux, sont actuellement en vacances.)*

ACADÉMIE DES SCIENCES DE PARIS
Séance du 11 juillet.

1° Sciences mathématiques. — M. F. Boussinesq : Sur une légère correction additive qu'il peut y avoir lieu de faire subir aux hauteurs d'eau indiquées par les marégraphes, quand l'agitation houleuse ou clapoteuse de la mer atteint une grande intensité : cas d'une mer houleuse. — M. G. Defforges : Mesure de l'intensité absolue de la pesanteur à Breteuil (*Bureau international des Poids et Mesures*). — M. E. Hale présente des photographies de la chromosphère, des protubérances et des facules solaires qu'il a obtenues à l'Observatoire d'Astronomie physique de Kenwood-Chicago à l'aide de la méthode fondée sur l'emploi de son *spectrohéliographe*. Cette méthode repose sur ce fait que les raies H et K du calcium sont plus brillantes que les raies de l'hydrogène dans chaque protubérance solaire; de plus, elles sont plus brillantes dans les facules que dans les protubérances. Les photographies obtenues rendront possible la résolution d'un grand nombre de questions, telles que la relation qui existe entre les protubérances, les taches et les facules, etc. — M. H. Parenty : Sur le calcul pratique de la dimension des orifices d'écoulement de la vapeur d'eau saturée dans l'atmosphère, en régime constant et en régime varié; application aux soupapes de sûreté.

2° Sciences physiques. — MM. H. Moissan et H. Gautier décrivent une nouvelle méthode de détermination de la densité d'un corps gazeux, basée sur celle de Dumas pour la recherche des densités de vapeur. Elle permet d'opérer sur 100 centimètres cubes de gaz environ; l'erreur possible n'atteint pas $\frac{1}{100}$ dans les conditions les plus défavorables, approximation suffisante pour vérifier et suivre une réaction de laboratoire; la méthode permet, en outre, d'utiliser l'échantillon de gaz pesé au dosage des éléments qu'il contient. — M. Chambrelent signale les effets de la gelée et de la sécheresse sur les récoltes de cette année et fait connaître les moyens tentés pour combattre le mal. — L'étude du dédoublement des alcoylcyanocamphres conduit M. Haller à adopter pour ces corps une formule de constitution différente de celle admise primitivement. D'autre part, les éthers benzène-azocamphocarboniques donnent lieu réellement, en présence des chlorures diazoïques, à des composés azoïques. — La grande analogie des sels de platine avec ceux de palladium a conduit M. Vèzes à tenter sur ce dernier métal les mêmes essais faits sur le platine; il a obtenu de cette façon un palladiodichloronitrite de potassium, Pd (AzO²)² Cl² K², tout à fait comparable au platodichloronitrite. L'auteur en décrit les propriétés et réactions. — M. A. Chassevant, poursuivant ses études sur le chlorure de lithium et de chlorure de la série magnésienne, a obtenu quatre chlorures isomorphes de cette série, correspondant tous à la formule type 2 M Cl, Li Cl, 6HO. — MM. Ch. Lepierre et Lachaud décrivent la nouvelle série de corps obtenus par l'action du bisulfate d'ammonium sur les sels de nickel et de cobalt. — M. E. Grimaux, étudiant l'action à froid des alcalis sur le mono et le di-iodométhylate de quinine, a pu déterminer que l'iode du mono-iodométhylate de quinine est fixé sur l'azote qui n'appartient pas au groupe quinoléique. L'auteur montre aussi sur lequel des atomes d'azote se fixe la première molécule d'acide dans la formation des sels et indique l'action de l'iodure de méthyle sur le sulfate basique de quinine. — M. J. Minguin maintient la constitution, mise en doute par M. Brühl, qu'il a attribuée aux éthers camphocarboniques méthylés et au méthylcamphre. L'auteur étudie ensuite quelques dérivés azoïques du camphre cyané et l'action exercée sur eux par la potasse alcoolique. — M. R. Vidal, chauffant en vase clos du phénol avec du phospham à la température de 300°, a obtenu uniquement de la diphénylamine, ce qui confirme son interprétation de l'action du phospham sur les alcools méthylique et éthylique. Avec le naphtol β il a obtenu un produit, différant des dinaphtylamines par ses caractères physiques et chimiques, mais ayant la même composition centésimale. — M. H. leChatelier ajoute quelques observations personnelles à celles de MM. Parmentier et Riban sur quelques médicaments ferrugineux. — M. F. Parmentier signale la présence de l'alumine dans toutes les eaux naturelles, minérales ou autres, analysées par lui.

3° Sciences naturelles. — M. Cuénot, dans un travail fait en commun avec M. Klobb, a comparé la quantité d'oxygène contenue d'une part dans l'eau du laboratoire, d'autre part dans le sang des *Helix*; il en résulte : 1° que le sang de ce Gastéropode pulmoné, pourvu, comme on sait, d'hémocyanine, est capable d'absorber plus d'oxygène qu'un égal volume d'eau; 2° que le pouvoir absorbant de l'hémocyanine pour l'oxygène est très faible, comparativement à l'hémoglobine des Vertébrés. L'auteur la considère toutefois comme un véhicule respiratoire. — Des analyses auxquelles s'est livré M A. Poehl, il résulte que la spermine ne se confond pas avec l'éthylènimine, comme le supposent MM. Ladenburg et Abel, et qu'elle ne se change pas en un polymère de l'éthylènimine, la pipérazine que M. Kobert considère comme étant une *dispermine*. M. Poehl lui attribue la formule C³H¹¹Az² ou peut-être une formule plus complexe. Étudiant ensuite l'action physiologique de la spermine, il trouve que cette base possède une action tonifiante et dynamogène de tout point semblable à celle du liquide testiculaire de M. Brown-Séquard. Elle est, par sa présence dans l'organisme, un excitant des oxydations intra-organiques comme le prouve la mesure du rapport existant dans les urines entre l'azote total excrété et l'azote de l'urée; son action favorable chez les diabétiques s'explique par une diminution de la spermine produite par le pancréas des malades. De plus, étant un élément constant du sang normal et de beaucoup de tissus, son administration est absolument sans danger. — M. F. Houssay rend compte du résultat de ses recherches relativement à la circulation embryonnaire dans la tête chez l'Axolotl; il ramène cette région au même type vasculaire que les métamères du tronc. — M. Maupas décrit un nouveau Copépode d'eau douce, le *Belisarius Viguieri*, de la famille des Harpactides. — M. Dareste, ayant soumis l'œuf pendant l'incubation à un mouvement de rotation dans lequel son grand axe tourne dans un plan vertical, a trouvé que ce mouvement est un obstacle au développement complet de l'embryon. — M. A. Tréoul : De l'ordre d'apparition des premiers vaisseaux dans les fleurs de quelques *Lactuca*. — M. A. Pomel signale la découverte dans le terrain pliocène plaisancien d'Algérie, d'une mandibule droite d'un nouvel animal de l'ordre des Ruminants, ayant des affinités avec l'*Helladotherium* et désigné sous le nom de *Libytherium maurusium*. — MM. **Ch.-Eg.** Bertrand et B. **Renault** décrivent la composition et le mode de formation du boghead d'Autun, qu'ils regardent comme une roche d'origine végétale et ulmique, formée dans des eaux brunes presque sans courant, dans lesquelles vivaient des poissons. — **M. R. Zeiller**, étudiant la constitution des épis de fructification du *Sphenophyllum cuneifolium*, conclut que, si les *Sphenophyllum* rappellent les Lycopodinées par la structure de leur axe, ils s'en éloignent par la disposition spéciale de leur appareil fructificateur, qui les rapproche plutôt des Rhizocarpées. L'auteur ajoute que les divers *Bowmanites*, étant à n'en pas douter des épis de *Sphenophyllum*, doivent disparaître de la nomenclature. — **M. Stanislas Meunier** : Aperçu sur la constitution géologique des régions situées entre Berubé et le pic Crampel (Congo) d'après les échantillons recueillis par M. J. Dybowski. *Mémoires présentés* : M. **Léopold Hugo** : Sur les spires étoilées latérales à la nébuleuse de la Lyre. — M. **Mascart** fait hommage à l'Académie de la première partie du troisième volume de son *Traité d'Optique*. *Nominations* : M. **Perrotin** est élu correspondant pour la section d'Astronomie, en remplacement de feu M. Adams. — Ed. BELZUNG.

ACADÉMIE DE MÉDECINE

Séance du 28 juin.

M. **Berger** est proclamé membre titulaire de la cinquième section (*Médecine opératoire*), en remplacement de M. Richet, décédé. — **M. G. Sée** : Le nouveau régime alimentaire pour l'individu sain et pour le dyspeptique. L'auteur étudie : 1° l'aliment; 2° la proportion du régime azoté à l'état normal et pathologique; 3° la valeur nourrissante des aliments. L'aliment a pour fonction l'apport d'une provision d'énergie potentielle qui se transforme dans le corps en force vive. L'énergie s'exprime par la quantité de chaleur qui devient libre lors de la combustion de l'aliment; elle se mesure par les calories. On ne peut considérer comme aliments que les substances qui brûlent et fournissent des chaleurs de combustion. A ce point de vue, il n'existe que trois aliments, à savoir : 1° les albumines, ne se détruisant que d'une manière incomplète; 2° les graisses; 3° les hydrates de carbone (fécules et sucres). Ces deux dernières catégories de substance se consument entièrement dans le corps en fournissant CO^2 et H^2O. La ration alimentaire ancienne avait la composition suivante :

118 grammes d'albuminate fournissant....... 520 calories
50 grammes de graisse.................... 440 —
450 grammes de fécule ou sucre........... 1845 —

tandis que la ration moderne est celle-ci :

67,8 grammes d'albumine fournissant........ 278 calories
60 grammes de graisses................... 562 —
494 grammes d'hydrates de carbone......... 2036 —

On voit donc que la ration azotée a été diminuée. Aucun aliment, gras ni hydrocarboné, ne peut remplacer l'albumine dans la reconstitution des tissus. Quelque minime que soit la ration azotée, elle suffit pour remplir l'acte réparatoire. Les moyens d'économie de l'albumine sont normalement les graisses et les hydrates de carbone; les moyens d'épargne accessoires sont l'alcool et la gélatine. Les plus actives parmi les albumines sont : les albumines animales et végétales. Les albumines et les peptones n'ont qu'un pouvoir d'épargne de l'albumine. Quelles sont les substances nourrissantes? Doivent être considérées comme nourrissants les aliments qui, par rapport à leurs poids et volume, fournissent les plus grandes quantités de principe nutritif, qui, de plus, soient supportés par l'estomac en quantité marquée, qui ont le plus grand pouvoir thermogène possible et qui satisfont en même temps le goût. Chez les personnes dont l'estomac est supprimé chimi-

quement par la maladie, c'est l'intestin qui prend complètement les fonctions et la place de l'estomac. Les conditions pour obtenir cette force compensatrice de l'intestin résident surtout dans le mode de préparation des aliments.

Séance du 5 juillet.

M. **Dumontpallier** est proclamé membre titulaire dans la sixième section (*Thérapeutique et Histoire naturelle médicale*), en remplacement de M. Montard-Martin, décédé. — M. **Laborde** : De la mort apparente à la suite de l'asphyxie par submersion ou noyade, et d'un moyen inconnu ou jusqu'à présent inappliqué d'y remédier. Ce moyen consiste à saisir la langue et à opérer sur elle des tractions réitérées et rythmées qui suffisent souvent à elles seules à provoquer le retour de la respiration. — Discussion : MM. Le Roy de Méricourt, Laborde, Larrey, Léon Le Fort, Guéniot. — M. Marjolin : Préservation des nourrices et des nourrissons contre la syphilis. — Discussion : MM. Charpentier Marjolin.

SOCIÉTÉ CHIMIQUE DE PARIS

Séance du 24 juin.

MM. **Béhal** et **Desvignes** ont étudié l'extrait de suie de bois bien connu en pharmacie sous le nom d'asboline; ils ont reconnu qu'il est essentiellement constitué par de la pyrocatéchine et de l'homopyrocatéchine. Ce dernier composé qui est décrit comme liquide est en réalité solide; il fond à 51° et bout à 252°. — M. **A. Gautier** présente un travail de M. Mourgues sur les principes immédiats du persil. L'auteur dit avoir obtenu un homologue supérieur à l'*apiol* qu'il nomme *cariol* et qui aurait pour formule : $C^{14}H^{18}O^4$. — M. **Béchamp** et M. **Trillat** présentent les premiers résultats de leurs expériences sur la conservation du lait au moyen de doses croissantes d'aldéhyde méthylique; ils ont employé des quantités d'aldéhyde variant de 0 gr. 0005 à 0 gr. 01 pour 300 centimètres cubes de lait. M. Béchamp a également cherché à étudier l'action de l'aldéhyde ordinaire sur le lait, et constaté que dès les premières heures, il se forme de la résine aldéhyde; l'auteur pense que ce fait témoigne en faveur de l'absence d'acide libre dans le lait. — M. **Adam** a obtenu l'éther méthylène-malonique en traitant par les déshydratants, ou simplement la chaleur, l'éther isomalique obtenu par l'acide cyanhydrique, et l'acide pyruvique, par saponification et puis éthérification. — M. **Friedel** présente un mémoire de M. **Guichard** sur le dosage de l'amidon et l'action des acides étendus sur la cellulose. — M. **A. Gautier** fait une communication sur une méthode générale d'extraction des alcaloïdes végétaux ou animaux. Cette communication est trop longue pour être résumée ici. L'auteur en a fait une application à l'extraction des bases contenues dans les feuilles du tabac. — M. **Le Bel** présente une étude de M. **Raisonnier** sur les produits de la décomposition du glycérinate monosodique à haute température. — M. **Trillat** dit que l'aldéhyde formique en quantité très minime décolore complètement, après quelque temps à froid, très vite à chaud, les vins naturels; les matières colorantes artificielles ne sont généralement pas précipitées; quelques-unes sont transformées : tel est le cas des sels de rosaniline. Ces propriétés de l'aldéhyde formique peuvent donner lieu à de nouvelles méthodes pour l'analyse des vins. — M. **Verneuil** présente au nom de M. Treuil une note sur la préparation d'un sous-azotate de zinc cristallisé. — M. **Bertrand** a étudié la composition immédiate des tissus ligneux. Chez les plantes Angiospermes il a reconnu que la cellulose était imprégnée de vasculose, de lignine et de xylane. Cette dernière n'existe pas chez les Gymnospermes, elle y est remplacée par une substance, donnant du mannose à l'hydrolyse, associée à une petite quantité de galactose. La vasculose très abondante dans la lamelle moyenne, existe en moindres proportions dans les membranes ; les tissus ligneux lui doivent toutes leurs réactions microchimiques. Quant à la lignine c'est une substance, à poids moléculaire élevé, voisine des phénols ; l'auteur en indique les principales réactions. Sa composition centésimale est la suivante :

$$C\ldots 61,8 \quad H\ldots 5,8 \ldots Az 1,5$$

A. COMBES.

SOCIÉTÉ MATHÉMATIQUE DE FRANCE

Séance du 20 juillet.

M. **Laisant** communique à la Société une lettre d'Abel Transou, écrite en 1868 et relative aux principes du *calcul directif*. — M. **Félix Lucas** fait une communication relative aux courants polyphasés non sinusoïdaux. — M. **Bioche** : Sur les singularités des courbes planes. L'égalité de 2 nombres corrélatifs entraîne l'égalité des autres sauf pour 2 cas ; les courbes d'ordre n et de classe minima ne sont unicursales que si n est inférieur ou égal à 5.

La Société suspend ses séances jusqu'au mois de novembre prochain.

M. d'OCAGNE.

SOCIÉTÉ DE CHIMIE DE LONDRES

Séance du 2 juin.

Meldola et **Streatfeild** : Dérivés éthyléniques des composés diazoamides. — **Brereton Baker** : Action de la lumière sur le chlorure d'argent. L'auteur s'est proposé de vérifier le fait avancé par Robert Hunt que le chlorure d'argent absorbe l'oxygène de l'air sous l'influence de la lumière. Ce fait se vérifie complètement : de plus, le noircissement du chlorure d'argent ne se produit pas dans le vide ou l'acide carbonique. Les dosages du composé formé donnent des résultats assez divergents, mais qui se rapprochent de la formule $Ag^2 Cl O$. — **Barrows** et **Thomas Turner** : Dosage des scories dans le fer forgé. Les auteurs dosent la scorie en dissolvant le fer dans du chlorure de cuivre et de sodium. — **James Dobbie** et **Alexander Lauder** : Corydaline. L'alcaloïde étudié par les auteurs est identique à celui qu'Adermann a relevé des racines du *Corydalis cava*. Ils analysent les différents sels de cette base. — **Augustus Dixon** : Action du brome sur l'allylthiocarbimide. En solution dans le chloroforme, il se produit de la dibromopropylthiocarbimide. En solution dans l'aniline, il se dégage de l'H Br et il se forme un composé répondant à la formule $C^{10} H^{11} Br Az^2 S$. — **James Sullivan** : Fonction hydrolytique de la levûre. M. Sullivan montre que, contrairement à l'opinion de Berthelot, la levûre *saine* n'abandonne pas de diastase à l'eau avec laquelle on la met en contact ; la transformation du sucre ne s'effectue que sous l'influence immédiate du plasma de la cellule. — **Samuel Hoolser** : Constitution de l'acide lapachique et de ses dérivés. L'auteur propose les formules suivantes :

acide lapachique   α lapachone

β lapachone

SOCIÉTÉ ROYALE D'ÉDIMBOURG

Séance du 4 juillet.

1° SCIENCES MATHÉMATIQUES. — M. **Tait** communique la seconde partie d'un mémoire sur les lois du mouve-

ment. Si l'on admet les principes de l'inertie de la matière et de la conservation de l'énergie (l'énergie d'un système abandonné à lui-même comprenant l'énergie cinétique de l'ensemble de toutes les parties supposées animées d'un mouvement dont la vitesse est celle du centre d'inertie, l'énergie cinétique du mouvement relatif de ses diverses parties, et enfin l'énergie potentielle de toutes ses parties), le fait que nous ne pouvons attacher un sens précis au principe de la conservation, excepté quand le mouvement du système est fini, conduit à la fois à la première et à la troisième loi du mouvement, puisque le centre de gravité est animé d'un mouvement rectiligne et uniforme ; et la seconde loi devient simplement une définition du mot « force », tel qu'il est employé dans l'énoncé de la première loi, et employé au lieu des mots « action » et « réaction » dans l'explication de la troisième.

2° SCIENCES PHYSIQUES. — MM. **Knott** et **Shand** communiquent quelques remarques complémentaires sur les variations de volume produites par l'aimantation. Cinq tubes de fer, de calibres variant entre 16mm à 3mm5 de diamètre, mais identiques d'ailleurs de forme et de substance, sont soumis à une série de forces magnétisantes. Dans les champs faibles, les tubes dont la paroi est la plus mince éprouvent la plus grande augmentation de volume intérieur ; mais, dans les champs intenses, ceux qui ont le plus étroit calibre causent de beaucoup les plus grandes dilatations. Par exemple, dans un champ de 1400, les dilatations des tubes sont, en commençant par celui qui a le plus large calibre et la paroi la plus mince : 1 + 4, — 3.— 20, — 53 et — 129, chacun de ces nombres multiplié par 10 — 7. Avec les deux tubes de plus grand calibre, le changement de volume a atteint sa limite à ce champ élevé, la substance étant pratiquement saturée ; mais, avec les tubes d'étroit calibre, il n'y a rien qui indique que la limite soit atteinte, les couches internes du fer étant encore évidemment loin de la limite pratique de la saturation. Quelques illustrations intéressantes des effets du magnétisme rémanent sont aussi décrites.

3° SCIENCES NATURELLES. — M. **Hughes** lit un mémoire sur les mouvements de rotation de la colonne vertébrale lombaire. Entre autres résultats, il montre que, tandis que les vertèbres lombaires ne peuvent pas tourner autour d'un arc vertical, les vertèbres dorsales sont capables d'une rotation considérable, la rotation totale de cette partie de la colonne vertébrale étant 45° en plus, et les vertèbres cervicales sont encore plus libres, la rotation totale est au moins 90°. — M. **Griffiths** : Sur le sang des invertébrés. — M. **Kidston** étudie le genre *Lepidophloios*, Sternb.

W. PEDDIE,
Membre de la Société.

ACADÉMIE DES SCIENCES DE VIENNE

Séance du 17 juin.

1° SCIENCES MATHÉMATIQUES. — M. **L. Gegenbauer** : Sur le plus grand commun diviseur. — M. **Georg Pick** : Sur les équations différentielles linéaires adjointes.

2° SCIENCES PHYSIQUES. — MM. **H. Weidel** et **J. Hoff** : 1° Étude des acides non azotés provenant des acides pyridinecarboniques (2e communication). L'acide cinchonique $C^9H^8O^6$ qu'on obtient par l'action de l'amalgame de sodium sur l'acide cinchoméronique $C^7H^3Az^1$ se comporte généralement comme un acide bibasique et donne, avec les carbonates, des sels de formule $C^7H^9Me^2O^6$, que l'eau transforme en sels tertiaires $C^7H^7Me^2O^7$. L'acide cinchonique fournit un éther avec deux groupes éthyle, que le pentachlorure de phosphore transforme en un produit chloré décomposable qui donne avec l'alcool un éther chloré d'un acide tricarbonique $C^4H^7Cl (CO^2C^2H^9)^3$. Réduit par l'acide iodhydrique, l'acide cinchonique donne un acide tricarbonique $C^7H^{10}O^5$, qui se présente sous deux modifications isomériques géométriquement; toutes deux perdent de l'acide carbonique quand on les chauffe en donnant naissance à l'acide α méthylglutarique. La distillation sèche de l'acide cinchonique élimine de l'eau et de l'acide carbonique et laisse comme résidus l'anhydride de l'acide pyrocinchonique, lequel s'empare facilement de l'hydrogène pour engendrer l'acide diméthylsuccinique. L'éthylate de sodium transforme l'acide cinchonique en acide δ oxyéthylsuccinique qui donne l'acide éthylsuccinique par réduction. Les faits précédents caractérisent l'acide cinchonique comme un acide lactonique et permettent de le regarder comme l'acide δ oxy-α-β-γ butényltricarbonique lactone en δ. La décomposition de l'acide cinchonique par l'amalgame de sodium est analogue à celle de l'acide pyridinemonocarbonique, il se forme aussi le groupe CO en position α. — 2°. Sur la connaissance des acides mésitylique et mésitonique. La formation de l'acide mésitylique $C^9H^{12}Az^{11}O^3$ réussit non seulement par l'action du cyanure de potassium sur le produit chloré condensé de l'acétone obtenu au moyen de l'acide chlorhydrique, mais encore par l'action du même sel sur la combinaison chlorhydrique de l'oxyde de mésityle. L'acide mésitylique est transformé en acide mésitonique $C^7H^{10}O^3$ par l'acide chlorhydrique agissant à température élevée avec mise en liberté d'ammoniaque et d'oxyde de carbone. L'hydroxylamine donne avec l'acide mésitonique une combinaison isonitrosée caractéristique. — **M. F. Émich** : Action de la chaleur sur l'oxyde d'azote (2ᵉ communication). D'accord avec le travail de M. Berthelot (*Compt. rend.* 77, 1448), l'auteur montre que la décomposition de l'oxyde d'azote commence au rouge naissant; MM. Changer et V. Meyer prétendent donc à tort qu'il ne se détruit pas aux tem-

pératures comprises entre 900° et 1200°. — **M. Carl Puohl** : Sur l'élasticité des gaz. — **M. Herm Fritz** : Relations entre les propriétés physiques et les propriétés chimiques des éléments chimiques et de leurs combinaisons. — **M. A. Handl** : Sur un hydrodensimètre très simple. — **M. Ad. Lieben** : Préparation de l'aldéhyde crotonique. — **MM. R. Pribram et C. Glücksmann** : Action des thiocarbonates sur les phénols. — **MM. W. R. Orndoff et S. B. Newburg** : Préparation de l'aldol et de l'aldéhyde crotonique. — **MM. J. Luksch et J. Wolf** : Recherches physiques effectuées dans l'est de la mer Méditerranée à bord du *Pola.*

3° Sciences naturelles. — **M. Steindachner** : Sur quelques espèces nouvelles et rares de poissons des collections du musée impérial d'histoire naturelle. — **M. C. Diener**, chargé par l'Académie d'un voyage d'exploration dans l'Himalaya central, adresse une lettre datée d'Almora 23 mai, relatant les préparatifs et les premières étapes de l'expédition. — **M. Friedrich Brauer** fait observer que l'espèce *Pachystilum*, décrite par Macquart, lui paraît identique avec le *Chaetomera* étudié par lui et M. Bergenstamm.

Séance du 23 juin.

Sciences mathématiques. — **M. Gustav Jäger** : Sur la théorie des fluides. — Le secrétaire ouvre un pli cacheté de M. **Max Müller** de Vienne avec les titres suivants : 1° Projet de construction d'un ballon dirigeable l'*Aérostat-Beaupré* avec une dépense de force réduite à 90 0/0. — 2° Description d'une machine volante sans ballon gazeux où la force à dépenser est réduite à 80 0/0. — *Observatoire de Vienne* : « Observations magnétiques et météorologiques faites pendant le mois de mai 1892. »

Émil Weyr,
Membre de l'Académie.

NOTICE NÉCROLOGIQUE

LE CONTRE-AMIRAL E. MOUCHEZ

L'amiral Mouchez est mort, enlevé à la science et à l'affection de ses amis par un coup imprévu du sort, qui a devancé de beaucoup le terme naturel de cette vie si bien remplie. Il nous reste le triste devoir d'en informer nos lecteurs, et de leur rappeler, en quelques mots, les qualités et les mérites de celui dont nous déplorons la perte.

Successeur d'Arago, de Le Verrier, de Delaunay, l'amiral Mouchez a dirigé, d'une main ferme, l'Observatoire de Paris pendant quatorze ans; il y laisse le souvenir d'un administrateur énergique et intelligent, plein d'initiative, ouvert aux idées nouvelles, infatigable pour assurer le succès de toute entreprise utile. Son passage à l'Observatoire marquera dans l'histoire de l'Astronomie par des œuvres considérables, dont il a été l'inspirateur ou le ferme et fidèle soutien. Il a imprimé une forte et durable impulsion, non seulement au service d'observations, mais à tous les genres de travaux qui sont du domaine de ce grand établissement scientifique.

Ses rapports annuels, présentés avec régularité au Conseil, portent un éclatant témoignage de cette activité persévérante et féconde. C'est ainsi qu'il a pu faire paraître, dans un espace de temps relativement court, plus de vingt volumes des *Annales*, remplis de matériaux d'observation et de Mémoires qui touchent à toutes les branches de l'Astronomie pratique et théorique. C'est encore ainsi qu'il a pu commencer l'impression de ce grand *Catalogue de l'Observatoire de Paris*, comprenant les positions des étoiles observées aux instruments méridiens depuis 1837, et destiné à rendre accessibles aux astronomes des matériaux vraiment précieux, accumulés au cours d'un demi-siècle, mais enfouis dans des registres d'observations que peu de personnes avaient le courage de compulser.

On sait que Le Verrier, dès qu'il fut à la tête de l'Observatoire de Paris, forma le dessein d'entreprendre la réobservation des étoiles de Lalande, tâche gigantesque qui devait exiger, au bas mot, 300.000 observations méridiennes, et pour laquelle on était à peine suffisamment outillé. Les 20.000 ou 30.000 observations recueillies pendant les seize années de la direction d'Arago, et qui n'étaient même pas réduites, ne formaient qu'un faible appoint, et en 1878, M. Mouchez trouva le Catalogue arrivé seulement au tiers de son exécution. Il sut vaincre tous les obstacles; le nombre des observations annuelles utiles, qui n'avait été jusque-là que de quelques milliers, dépassa bientôt 25.000, et grâce à l'activité du Bureau des calculs, si habilement dirigé par M. Gaillot, l'impression du Catalogue put commencer en 1887. Déjà ont paru quatre gros volumes in-4°, deux du Catalogue proprement dit, et deux consacrés aux observations qui en forment la base.

Mais le grand œuvre de l'Amiral, son plus beau titre de gloire aux yeux de la postérité, c'est sa splendide conception de la carte photographique du Ciel. Les progrès réalisés, en matière de photographie céleste, par MM. Paul et Prosper Henry, lui avaient fait entrevoir la possibilité d'une pareille entreprise; il s'en fit le promoteur et l'apôtre ardent. Il s'agissait de faire, en quelques années, avec le concours d'une dizaine d'observatoires, la carte complète de la voûte céleste, comprenant jusqu'aux étoiles les plus faibles, vaguement soupçonnées par l'œil, aidé du secours d'un puissant instrument. « Cette carte, disait-il, qui sera formée des 2.000 feuilles nécessaires pour représenter, à une échelle suffisamment grande, les 42.000° carrés que comprend la surface de la sphère, léguera aux siècles futurs l'état du ciel à la fin du XIXᵉ siècle avec une authenticité et une exactitude absolues. La comparaison de cette carte avec celles qu'on pourra refaire à des époques de plus en plus éloignées permettra aux astronomes de l'avenir de constater de bien nombreux changements en position et en grandeur, à peine soupçonnés ou mesurés aujourd'hui pour un petit nombre d'étoiles seulement, et d'où ressortiront certainement bien des faits inattendus et d'importantes découvertes. » Et immédiatement l'Amiral commença sa propagande. Le premier *Congrès astrophotographique* fut convoqué à Paris au mois d'avril 1887; il en a présidé plusieurs autres, auxquels prenaient part les délégués des observatoires du monde entier, sachant leur communiquer sa foi dans le succès. Aujourd'hui, tout cela est en bonne voie d'exécution, et l'on peut être certain que cet inventaire général du Ciel, rêvé par l'amiral Mouchez, sera bientôt une réalité. Il a su assurer à la France l'honneur de cette initiative; et ne revenait-elle pas de droit à la nation qui a découvert la photographie?

L'Observatoire de Paris doit beaucoup à M. Mouchez, sons le rapport matériel. Il en a agrandi les terrains, pour installer de nouveaux instruments. Il y a créé ce curieux Musée où se trouvent réunis nombre d'instruments anciens et toutes sortes de tableaux et de documents d'un haut intérêt. N'oublions pas de mentionner aussi l'Ecole d'Astronomie qu'il avait fondée, ainsi que l'Observatoire d'études de Montsouris, dont il eut l'idée, et qui fut organisé en 1875, sous le patronage du Bureau des longitudes, avec les instruments et les cabanes légères rapportés par la mission qu'il avait conduite à l'île Saint-Paul. C'est une école d'Astronomie où les officiers de terre et de mer, les explorateurs, les futurs professeurs, viennent s'exercer au maniement des instruments et à la pratique des observations courantes, principalement de celles qui ont pour objet la détermination des positions géographiques.

M. Mouchez portait un vif intérêt à cet établissement, placé sous sa direction personnelle; on sait qu'il avait une rare compétence pour ce genre d'observations, qu'il avait si longtemps pratiqué dans le cours de ses voyages. C'est ce qui nous amène à dire ici un mot de sa carrière de marin.

Né à Madrid, de parents français, le 21 août 1821, Amédée-Ernest-Barthélemy Mouchez entra à l'Ecole de marine à seize ans. Nommé aspirant, il eut bientôt l'occasion, au cours de diverses campagnes dans les mers de Chine et de l'Inde, aux Antilles et dans les mers du Nord, de faire remarquer son aptitude spéciale pour les observations et les calculs nautiques. Il ne devait pas tarder à commencer ces fameux levés de côte qui lui ont assuré une grande place dans l'hydrographie française. Parti pour la Plata, en 1856, il passa quatre ou cinq ans dans ces parages, occupé à lever d'abord le cours du Paraguay, puis à reconnaître toute la côte du Brésil, plus de mille lieues, travail qui ne lui prit que deux ans et demi. On le voit, plus tard, consacrer cinq années à refaire la côte d'Algérie.

Ces divers travaux avaient marqué la place du capitaine Mouchez au Bureau des longitudes, dont il faisait déjà partie lorsqu'il le chargea, en 1874, de conduire à l'île Saint-Paul la mission qui devait y observer le passage de Vénus. Les conditions climatologiques de cet îlot, perdu dans le vaste bassin des mers australes, ne permettaient guère d'espérer un succès; il s'y joignait des difficultés exceptionnelles de débarquement et des chances d'avaries. Mais la position isolée de Saint-Paul donnait une telle importance aux observations qu'on pouvait y faire, que l'entreprise valait la peine d'être tentée, et, chose merveilleuse, elle réussit contre tout espoir! M. Mouchez a raconté les émouvantes péripéties de cette mission dans une lecture faite devant les cinq Académies, en octobre 1875; les résultats en ont été publiés dans un fort volume in-4°. Elle lui valut les étoiles de contre-amiral, et un fauteuil à l'Académie des Sciences, où il remplaça, en 1875, M. Mathieu. Après la mort de Le Verrier, il accepta, en 1878, la direction de notre Observatoire national, aux destinées duquel il a présidé, si dignement, pendant quatorze ans. La mort l'a surpris, le 25 juin dernier, en pleine force et en pleine activité, dans sa propriété de Wissous, près Antony, où il était allé, le jour même, chercher un peu de repos.

Comme l'a si bien dit M. le vice-amiral de Jonquières, dans un bref discours prononcé aux funérailles, l'amiral Mouchez était un intelligent, un vaillant et un savant. Il lègue à son fils un nom respecté et glorieux.

Félix Tisserand,
de l'Académie des Sciences.
Directeur de l'Observatoire de Paris.

NOUVELLES

LA SYNTHÈSE DE L'ACIDE AZOTHYDRIQUE

Les lecteurs de la *Revue* connaissent déjà ce gaz singulier, qui répond à la formule Az^3H, et que l'auteur de sa découverte, M. Curtius, a nommé *acide azothydrique* à cause de la facilité avec laquelle il échange son hydrogène contre une proportion équivalente de métal[1]. Ce corps n'avait pu être préparé jusqu'à présent qu'avec l'hydrazine ou les nitranilines[2], c'est-à-dire avec des composés organiques renfermant le groupe $Az H^2$, que l'on modifie ensuite par l'acide nitreux; M. Wislicenus vient de découvrir[3] un mode de production de l'acide azothydrique qui est de l'ordre des réactions les plus simples de la chimie minérale : sa méthode consiste à décomposer l'amidure de sodium par le protoxyde d'azote, dans des limites de température convenables. La réaction s'accomplit conformément à l'équation suivante :

$$2NaAzH^2 + O\genfrac{<}{}{0pt}{}{Az}{Az}|| = NaAz\genfrac{<}{}{0pt}{}{Az}{Az}|| + NaOH + AzH^3$$

et donne de suite l'*azothydrate de sodium* mélangé de soude, que l'on distille enfin avec de l'acide sulfurique dilué, en s'entourant, bien entendu, de toutes les précautions qu'exige le maniement de corps aussi violemment explosibles.

En pratique, on chauffe du sodium, divisé en fragments de 3 à 5 décigrammes, dans une atmosphère de gaz ammoniac sec, jusqu'à ce que le métal soit entièrement transformé en amidure, puis on abaisse la température jusque vers 250°, au maximum, et on dirige dans le tube un courant de protoxyde d'azote; la réaction s'accomplit lentement, avec mise en liberté d'ammoniaque et un léger boursouflement de la masse. Lorsqu'elle est terminée, on trouve dans la nacelle une proportion d'azoture Az^3Na correspondant à environ 50 %, du rendement théorique.

L'amidure de zinc se comporte, en présence du protoxyde d'azote, comme l'amidure de sodium, mais son emploi paraît moins avantageux.

L'auteur s'occupe de rendre sa méthode pratique; espérons qu'il arrivera bientôt à nous donner le moyen de préparer l'acide azothydrique aussi facilement que les autres combinaisons de l'azote.   L. Maquenne.

[1] *Revue générale des Sciences*, t. I, p. 656.
[2] Noelting, *ibid.*, t. III, p. 262.
[3] *Ber. d. d. chemischen Gesellschaft*, t. XXV, p. 2081.

Le Directeur-Gérant : Louis Olivier

Paris.— Imprimerie F. Levé, rue Cassette, 17.

REVUE GÉNÉRALE

DES SCIENCES

PURES ET APPLIQUÉES

DIRECTEUR : LOUIS OLIVIER

ONGULÉS ABERRANTS DES TERRAINS TERTIAIRES ET PLÉISTOCÈNES

DE L'AMÉRIQUE DU SUD

Depuis un certain nombre d'années paléontologistes et zoologistes ont eu très fréquemment la surprise de rencontrer des formes étranges d'Ongulés dans les roches tertiaires des Etats-Unis. La découverte de ces animaux a grandement modifié nos idées sur les relations entre les divers groupes des Mammifères à sabot ou à ongle ; ils sont cause qu'on a adopté en général le système de l'unité ordinale de tous ces types si variés. Plusieurs d'entre eux, à la vérité, ainsi que nous pouvons en juger d'après leurs squelettes, offrent l'indice évident d'une transition entre les modifications périssodactyles et proboscidiennes de la structure ongulée ; mais aucun d'eux n'est de nature à briser en quoi que ce soit la ligne de démarcation si nettement marquée que l'on observe entre les modifications périssodactyles (doigts impairs) et artiodactyles (doigts pairs) constatées dans tous les dépôts tertiaires du Vieux Monde. D'ailleurs, après un petit « tassement », tous ces Ongulés de l'Amérique du Nord, à l'exception d'un genre très curieux de Rongeurs, le *Tillotherium*, arrivent à trouver assez bien leurs places dans l'ordre des Ongulés ; quelques-uns pourtant des premiers et plus petits types présentent des indices d'une affinité étroite avec l'ensemble du groupe d'où l'on peut présumer qu'Ongulés et Carnivores sont issus.

En ce moment cette série de découvertes de nouvelles formes semble passer, comme une vague, de la moitié septentrionale à la partie méridionale du Nouveau Monde, de sorte que, tandis que les

paléontologistes des États-Unis s'adonnent surtout à la tâche importante de reviser et compléter le travail préliminaire des vingt dernières années, leurs confrères de la République Argentine inondent presque la littérature scientifique des descriptions — parfois un peu hâtives — d'une foule de formes nouvelles ou imparfaitement connues jusqu'à ce jour de Mammifères éteints. Ce travail descriptif a surtout été entrepris par MM. Ameghino, Burmeister et Moreno. Malheureusement, la plus grande partie de ce travail existe sous la forme de notices préliminaires, dépourvues d'illustrations ; sur divers points les trois auteurs que nous venons de nommer ne sont nullement d'accord, et il est absolument certain qu'on a publié souvent bien des noms inutiles. Il y a, il est vrai, un grand travail illustré de figures, publié par le docteur Ameghino ; mais, si nous sommes bien informé, il n'en existe qu'un seul exemplaire (au Muséum d'Histoire naturelle) en Angleterre, et les paléontologistes n'ont point eu l'occasion de lui consacrer, dans le silence du cabinet, l'attention que son importance réclame.

Toutefois, malgré ces défauts, les renseignements qui nous sont présentés — quelque imparfaits qu'ils soient, — nous font connaître divers groupes d'Ongulés éteints, totalement différents des Ongulés trouvés sur le reste du globe ; ils offrent un intérêt particulier parce qu'ils tendent, jusqu'à un certain point, à effacer la distinction entre Périssodactyles et Artiodactyles.

Avant d'aller plus loin, il faut remarquer que les explorations conduites en Patagonie et en diverses parties de la République Argentine ont fait voir que les dépôts contenant des restes de Mammifères, au lieu d'être exclusivement de l'âge pléistocène quaternaire, comprennent une grande partie de l'époque tertiaire, qui s'étend probablement au moins jusqu'à l'oligocène ; malgré cela, il paraît encore prématuré d'établir une exacte corrélation des différentes couches avec les dépôts européens.

Sous le bénéfice de ces observations préliminaires et en insistant encore une fois sur la pauvreté de nos documents, essayons de jeter un coup d'œil sur les formes les plus remarquables d'Ongulés décrites dans les dépôts en question.

I

Depuis la publication, dans le *Beagle*, des résultats du voyage de Darwin, nous avons acquis peu à peu des notions importantes sur la structure de cet Ongulé remarquable de l'Amérique du Sud connu sous le nom de *Macrauchenia*, dont l'ostéologie complète a été décrite par Burmeister. Cet animal, qui a les proportions générales et la taille d'un cheval, ressemble tellement, en plusieurs points, aux Périssodactyles — notamment en ce qu'il a des pieds à trois orteils, dans lesquels le doigt du milieu (le troisième) est doué de symétrie bilatérale, — que, d'un consentement général, on l'a regardé comme un membre égaré à l'extrémité de ce groupe. Les dents molaires sont certainement plus semblables à celles du Rhinocéros et du *Palæotherium* que celles de tous les autres Ongulés de l'Ancien Monde, tandis que l'enveloppement de l'émail des couronnes des incisives est une propriété caractéristique qu'on ne trouve que chez les chevaux. L'absence de toute brèche dans la série dentaire, et la hauteur presque égale des dents rapprochent le *Macrauchenia* de l'*Anoplotherium* du Nouveau Monde. Les affinités perissodactyles sont indiquées par la présence d'un troisième trochanter sur le fémur ; mais, par certaines particularités du cou-de-pied, le *Macrauchenia* diffère de tous les Périssodactyles typiques, et se rapproche des Artiodactyles. Du reste, une certaine particularité de structure dans les vertèbres du cou ne se retrouve ailleurs que chez les chameaux et les lamas, qui constituent un groupe spécial et isolé parmi les Artiodactyles. Par la fermeture complète de l'orbite, le *Macrauchenia* ressemble aux chevaux et à bien des Artiodactyles, mais il offre un caractère particulier : l'ouverture de la narine située vers le haut du crâne, d'où les naseaux se continuaient probablement sous forme de trompe.

Il y a donc bien des indications que, si le *Macrauchenia* représente une forme spéciale qu'on ne saurait regarder comme le type ancestral des Périssodactyles et des Artiodactyles, il manifeste cependant certains caractères généraux de ce même groupe d'ancêtres.

Parmi les Ongulés découverts en Patagonie, il en est un, le *Proterotherium*, qui a été autrefois classé parmi les Artiodactyles, mais qui, par la suite, a été placé parmi les Périssodactyles. Dans le crâne, — autant qu'on en peut juger d'après la description d'Ameghino, — l'orbite est fermé comme dans le *Macrauchenia*, mais l'ouverture de la narine semble avoir eu la position normale. Les dents molaires sont si semblables à celles des vrais Périssodactyles que l'animal fut désigné à l'origine sous le nom d'*Anchitherium* ; mais le reste de la dentition est très particulier. Ainsi, dans la mâchoire supérieure, il semble y avoir eu seulement une seule paire d'incisives aux maxillaires de devant, celles-ci étant pyramidales et tronquées obliquement comme les canines des cochons ; et, comme il n'y avait pas de canines, on peut en conclure qu'il y avait dans la mâchoire un long intervalle dégarni de dents. Dans la mâchoire inférieure, il y avait deux paires d'incisives, et point de canines. Les dents molaires inférieures s'enfonçaient par quatre racines différentes, — ce qui est un fait inconnu chez tous les Périssodactyles existants, quoiqu'il se présente chez le Cochon. Dans les membres, les pieds de devant et de derrière étaient munis de trois orteils complets, ressemblant beaucoup à ceux de l'Hipparion ; le cou-de-pied cependant ressemblerait à celui des Artiodactyles. Nous n'avons aucun renseignement sur le troisième trochanter du fémur. Dans son ensemble, ce genre semble indiquer un Ongulé ressemblant aux Périssodactyles, un peu plus différencié que le *Macrauchenia*, mais offrant des affinités artiodactyles fortement marquées dans le cou-de-pied.

II

Les affinités générales présentées par le groupe connu sous le nom de Toxodontes sont encore plus remarquables ; son premier représentant fut aussi découvert par Darwin dans son mémorable voyage. Ces Ongulés ne peuvent être compris ni parmi les Périssodactyles ni parmi les Artiodactyles, et c'est pourquoi ils se rapprochent plus du groupe primitif général ongulé que les animaux déjà mentionnés. Le *Toxodon*, trouvé dans le Pléistocène de la République Argentine, était à peu près de la taille d'un Hippopotame; son ostéologie est assez bien connue : il tire son nom des courbures des dents molaires, qui se rapprochent, par leur structure, de celles du Rhinocéros, et, comme les incisives, ont des racines à développement continu. Les dents de devant sont séparées des dents molaires par un intervalle considérable, la série supérieure étant diminuée en nombre par la perte des incisives les plus avancées et des canines, et la série inférieure par la disparition des premières prémolaires; la canine inférieure est d'ailleurs rudimentaire. Les pieds sont conformes au type Périssodactyle en ce qu'ils ont trois orteils presque de même grandeur, et qu'ils présentent aussi l'entrelacement des os des rangs supérieur et inférieur du cou-de-pied et du poignet. Malgré l'absence d'un troisième trochanter au fémur, l'articulation du péroné avec le calcanéum et aussi la structure du palais et du tympan, le *Toxodon* est néanmoins construit sur un type artiodactyle bien déterminé; de sorte que ses caractères sont surtout intermédiaires entre ceux des représentants actuels des deux groupes.

En remontant aux terrains tertiaires les plus anciens de la République Argentine et de la Patagonie, on a mis à jour un nombre d'Ongulés alliés au *Toxodon*, mais avec des caractères bien plus généralisés. Les crânes de Patagonie, rapportés par Darwin et nommés *Nesodon*, appartiennent à ce groupe. Dans le *Nesodon* existe le complément entier de 44 dents; et la même formule existe aussi dans le *Protoxodon* récemment décrit, dans lequel on sait que les pieds ont été tridactyles aux deux membres, bien qu'ils conservent des rudiments des métacarpes des premiers et seconds doigts, et qu'ils soient d'un type plus long et plus élancé que dans le *Toxodon*. Les animaux alliés, décrits sous le nom d'*Acrotherium*, dont quelques-uns avaient environ la grosseur d'un cochon, présentent une particularité tout à fait inconnue parmi les Ongulés, et même parmi les Mammifères Euthériens, excepté quelques individus du petit renard africain aux longues oreilles (*Otocyon*). Cette particularité consiste dans la présence de huit molaires sur chaque côté de la mâchoire; la persistance de ce caractère se trouve démontrée par sa présence dans un nombre considérable de spécimens. Mais tandis que, chez l'*Otocyon*, les huit molaires sont comptées comme se composant de quatre prémolaires et quatre vraies molaires, il y aurait, dans l'*Acrotherium*, cinq prémolaires et trois véritables molaires. Si cette interprétation est correcte, il est difficile de préciser la dérivation, puisqu'on ne connaît point définitivement d'autres Mammifères hétérodontes qui aient plus de quatre prémolaires.

Si cependant les dents molaires sont réellement quatre prémolaires et quatre véritables molaires, cela pourrait bien être un héritage direct de la quatrième molaire des Marsupiaux; dans ce cas toutefois il y aurait une difficulté : c'est qu'aucun des Ongulés de l'Éocène inférieur des États-Unis n'est connu pour avoir plus de trois de ces dents. Et alors on en arrive forcément à supposer que la dent additionnelle doit être une acquisition surabondante.

Il y a un certain nombre d'autres types alliés plus ou moins étroitement, qui ont reçu des noms génériques distincts, tels le *Colpodon* et l'*Adinotherium ;* mais il est à présent assez difficile de se rendre compte de tous leurs caractères distinctifs et de leurs particularités. Un genre cependant, si le spécimen sur lequel il a été établi est normal, est assez remarquable pour réclamer une mention spéciale ; et si on le considère avec l'*Acrotherium*, il semble montrer que ces Ongulés de l'Amérique méridionale possédaient, au mépris de toutes les règles admises, un nombre considérable de dents, remarquables aussi par leur disposition. Le genre en question est le *Trigodon*, établi d'après la mâchoire inférieure d'un animal de la taille d'un cochon, mais qui, évidemment, par la structure de ses molaires, se rapproche du *Toxodon*. Dans cette mandibule le milieu de l'extrémité de la longue et étroite symphyse est occupé par une seule incisive cylindrique, flanquée d'une paire de larges incisives, ces dernières étant flanquées également de triangulaires encore plus larges. Si elle est normale (et, d'après la description et la figure du Dr Moreno, elle semblerait l'être) cette seule incisive du milieu est absolument unique dans toute la classe des Mammifères.

III

Un groupe encore plus remarquable et plus embarrassant est représenté typiquement par le *Typotherium*, connu depuis longtemps, qui vient des terrains tertiaires de la République Argentine, et qui, tout en présentant bien des caractères dentaires qui le relient aux Toxodontes, a des incisives supérieures ressemblant à celles des Rongeurs; il se rapproche aussi de la plupart de ces derniers par la présence de clavicules, os qui sont invariablement absents chez tous les véritables *Ongulés*. Le nombre des dents est semblable à celui qu'on trouve dans beaucoup de Rongeurs, sauf qu'il y a deux paires d'incisives inférieures. Un type allié a cependant trois paires de ces dents, ce qui l'éloigne du type rongeur; le crâne des deux genres est construit sur le plan ongulé. Toutes les dents sont sans racines. Dans d'autres couches de la République Argentine nous avons le genre désigné sous le nom d'*Hegetotherium* qui, s'il a des dents sans racines, diffère du *Typotherium* en ce qu'il possède la série entière typique de 44 dents sans aucun intervalle marqué entre elles. Ici se trouvent presque entièrement perdus les caractères des Rongeurs, si marqués chez le *Typotherium;* il y a rapprochement avec le type normal *Ongulé;* on ne sait s'il y avait des clavicules.

Encore plus généralisé est un groupe allié représenté par l'*Interatherium,* dans lequel la dentition est toujours complète ; les prémolaires antérieures ont des racines distinctes, et les incisives des racines coniques. Ce genre et son allié, le *Protypotherium,* semblent ainsi se rapporter tous deux au *Typotherium* et aux Toxodontes, le nom spécifique de rongeur appliqué à l'une des espèces de *Protypotherium* indiquant vraisemblablement l'existence d'incisives supérieures du genre rongeur.

L'existence de ces formes intermédiaires fait qu'il est difficile d'arriver à une conclusion satisfaisante sur la question de savoir si le *Typotherium* a réellement une affinité naturelle avec les Rongeurs (parmi lesquels il a été placé par feu M. Alston) ; car, s'il avait quelques rapports avec ce groupe, on serait porté à faire descendre tous les Rongeurs d'une forme plus ou moins étroitement alliée à l'*Interatherium,* hypothèse bien difficile à défendre.

Il est assez évident que ces Typothéroïdes étaient cependant d'une manière quelconque reliés aux Toxodontes; et il y a des indications presque aussi claires d'une parenté plus ou moins éloignée entre les Toxodontes et les *Macrauchenia.* L'explication la plus probable de cette dernière parenté, c'est que les deux groupes ont tiré leur origine des Ongulés du type général, alliés à ceux trouvés dans l'Éocène des États-Unis et connus sous le nom de *Condylarthra.* Ceux-ci semblent avoir été le groupe ancestral commun aux deux modifications Artiodactyles et Périssodactyles de l'ordre. De ce point de vue, on s'explique facilement la persistance des caractères communs à ces deux groupes chez les Toxodontes et les *Macrauchenia.* Ceux-ci auraient acquis des caractères périssodactyles assez bien marqués pour qu'on les admette dans le groupe, tandis que les Toxodontes ne sauraient être placés dans l'une ou l'autre des deux divisions des Ongulés typiques. Ayant ainsi à une époque reculée (et peut-être dans quelque région de l'Amérique centrale) divergé du groupe Ongulé primitif et généralisé, les ancêtres Toxodontes et *Macrauchenia* seraient devenus les formes dominantes dans l'Amérique méridionale, où elles semblent s'être développées avec des modifications si nombreuses et si imprévues de structure que la tâche de déchiffrer leurs relations mutuelles et de déterminer leur position systématique exacte est devenue extrêmement difficile, sinon impossible.

Nous croyons toutefois que l'existence de ces types embarrassants et égarés ne saurait déranger le moins du monde la classification généralement admise des Ongulés actuels, bien qu'il puisse exister un doute légitime sur la question de savoir si l'on doit classer les *Macrauchenia* parmi les Périssodactyles, au lieu de les maintenir chez les Toxodontes comme un groupe spécial, doué des caractères généraux de cet ordre, mais offrant en outre des particularités très singulières de structure.[1]

R. Lydekker.

L'ÉLECTRICITÉ ATMOSPHÉRIQUE

PREMIÈRE PARTIE : LES OBSERVATIONS RÉCENTES ET LES THÉORIES ACTUELLES

Les phénomènes électriques de l'atmosphère forment bien certainement l'une des parties les plus curieuses de ce que l'on a pris l'habitude d'appeler la Physique du globe ; et, même en laissant de côté les manifestations à la fois magnifiques et terribles que produisent les nuages orageux, on trouve, dans l'étude des faits électriques qui se produisent d'une façon continue dans l'atmosphère par le temps le plus beau, un vaste sujet d'étude ; bien curieuse, en effet, est cette force provenant de l'électricité atmosphérique . qui, constante, d'après M. Thomson, depuis la surface de la Terre jusqu'aux limites supérieures de l'Atmosphère et peut-être même au delà, s'anéantit brusquement dès qu'on pénètre, si peu que ce soit,

à l'intérieur de notre globe. Depuis un siècle elle a fait l'objet d'un grand nombre de travaux. Mais son étude n'est devenue réellement pratique que par l'emploi de la méthode d'enregistrement, qu'on applique depuis assez longtemps, avec tant de succès, à l'examen de tous les phénomènes météorologiques, et qu'a réalisée M. Mascart avec l'appareil à enregistrement photographique qui porte son nom et est aujourd'hui presque universellement employé. Cet appareil est d'ailleurs trop connu pour que nous en donnions la description. C'est en nous servant des observations faites avec

---

1 Cet article est extrait du journal anglais *Nature* nº 1174, vol. 45, 1892.

un semblable instrument de 1885 à 1891 à l'Observatoire de Lyon, que nous nous proposons de discuter les théories récemment émises sur l'origine et les lois de l'électricité atmosphérique. Nous nous bornerons d'ailleurs à l'étude des phénomènes électriques qui se produisent par beau temps, alors qu'aucun apport de nuages ne vient les troubler.

I. — Observations récentes

1. Phénomènes électriques par beau temps. — Définissons d'abord ce que nous entendons par jour beau : c'est un jour non brumeux et tel que, sur nos *treize* observations quotidiennes de *nébulosité*, une seule donne une valeur au plus égale à *un dixième*.

Ceci posé, l'appareil enregistreur donne, pour chacun de ces jours, une courbe continue, dessinant les variations successives de la différence du potentiel entre le sol et le point où se fait l'écoulement d'eau du collecteur, autrement dit dans le *champ électrique* au point d'observation. Nous relevons ces courbes d'heure en heure, de façon à pouvoir obtenir soit le champ électrique moyen de la journée, soit, par la combinaison des potentiels correspondant à la même heure dans les différents jours, une sorte de *jour moyen électrique* représentant l'ensemble des jours considérés. Deux faits importants se dégagent immédiatement de cette étude.

1° Le *champ électrique moyen* d'un jour beau varie d'une saison à l'autre : en hiver il est presque double (134 volts) de ce qu'il est en été (75 ᵛ), et dans les autres saisons, printemps et automne, il a des valeurs (96 ᵛ et 82 ᵛ) intermédiaires.

2° La variation du champ électrique pendant le jour moyen, c'est-à-dire la *variation diurne* du champ électrique, n'est pas la même dans les différentes saisons : elle forme toujours une courbe doublement sinusoïdale ; mais l'amplitude de l'oscillation nocturne va en diminuant constamment de l'hiver, où elle est maximum (61 ᵛ), à l'été où elle est réduite à plus de moitié (27 ᵛ).

Si l'on cherche à se rendre compte des causes de ces différences, et si, dans ce but, on classe les jours beaux ci-dessus suivant la direction générale du vent pendant la journée, on trouve qu'en hiver, et sur 34 jours, on a 17 de vent du nord et 17 de vent du sud, tandis qu'en été, sur 46 jours, il y en a 35 de vent du nord et seulement 11 de vent du sud. Il semble donc que ce soit la prédominance des jours de vent du nord qui donne à la variation diurne estivale son caractère particulier, et l'on se trouve ainsi conduit à partager les jours beaux en deux groupes, l'un de vent du nord, l'autre de vent

du sud ; en outre, pour éliminer l'influence possible de la vitesse du vent, il convient de traiter à part les jours où le vent ne dépasse pas 2 ᵐ50 à la seconde : ce sont les *jours calmes et sereins* ; on obtient ainsi les deux variations diurnes représentées ci-contre (fig. 1), qui se rapportent à la saison

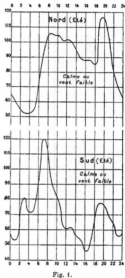

Fig. 1.

d'été. Je ferai remarquer d'ailleurs que l'adjonction à ces jours calmes de ceux où le vent a une vitesse plus ou moins grande ne change pas sensiblement les résultats (fig. 2).

Enfin, dans chaque saison, les caractères différentiels des deux régimes de vent se retrouvent, avec ce point commun que les heures des différents maxima et minima y paraissent à peu près les mêmes. Il y a donc lieu, semble-t-il, de combiner toutes les belles journées de l'année où le vent a été nord et celles où il a soufflé du sud, afin d'en déduire pour ainsi dire le mode type de variation diurne qui convient à chacun de ces deux cas. L'ensemble des jours dont on dispose est alors de 136, 49 correspondant à un vent général de sud et 85 à un vent général de nord ; les courbes que l'on obtient ainsi (fig. 3) ne diffèrent pas sensiblement de celles qui précèdent.

La variation diurne que nous constatons ici par beau temps dans le potentiel électrique de l'atmosphère est donc la combinaison de deux variations diurnes d'allure différente et *correspondant à deux modes différents de distribution des pressions* relativement au lieu d'observation. C'est là,

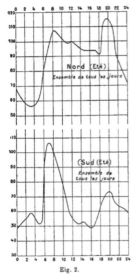

Eig. 2.

à notre avis, un fait important qui établit une liaison directe entre les variations de l'électricité atmosphérique et celles des éléments météorologiques ordinaires.

2. *Electricité négative par beau temps.* — Cette liaison se montre encore bien nettement dans le fait remarquable que voici : par vent de sud (nous n'avons pas rencontré pareil phénomène par vent de nord, quoique ce vent soit ici le plus fréquent), le minimum de l'après-midi se creuse (fig. 4) et passe au négatif, sans que l'allure générale de la courbe enregistrée diffère alors sensiblement de son allure ordinaire, et que les oscillations y soient à ce moment plus rapides; le mode de variation diurne y est aussi le même que pour les autres jours, quoique plus accentué; d'un autre côté, la vitesse du vent n'y devient pas nécessairement très considérable. Ainsi, dans la série d'ob-

servations que nous discutons, nous comptons trois jours de cet ordre : le 24 juin et le 15 sep-

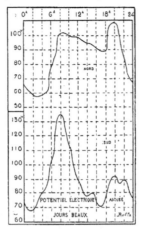

Fig. 3.

tembre 1885 et le 10 juillet 1889; or, les maxima de vitesse du vent, qui sont concomitants aux minima électriques, sont de 6ᵐ4 le 24 juin 1885,

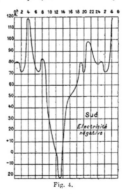

Fig. 4.

de 11ᵐ 8 le 10 juillet 1889, et de 15ᵐ 0 le 15 septembre 1885.

Mais ces jours-là, l'état météorologique, sensiblement le même dans les trois cas, est tout spécial et caractérisé par les faits suivants :

1° Temps beau et chaud non seulement le jour, mais la veille et le lendemain, et cela sur le centre et le sud-est de la France :

2° Distribution anormale de la température suivant la verticale. Ainsi, on a, pour les jours cités, les minima suivants au Parc et au Mont-Verdun, ainsi qu'à Clermont et au sommet du Puy-de-Dôme :

	Parc (175ᵐ)	Mont-Verdun (623ᵐ)	Clermont (388ᵐ)	Puy-de-Dôme (1467ᵐ)
24 juin 1885	9°5	12°8	6°3	8°5
15 septembre 1885	6°4	12°9	5°7	14°5
10 juillet	16°7	18°7	13°0	13°3

3° Une très grande sécheresse relative de l'atmosphère.

Ainsi, depuis l'année 1883, époque où a été installé notre hygromètre enregistreur, on ne trouve pendant les mois de juin, juillet et août que 11 jours dont l'humidité moyenne soit inférieure, et encore de fort peu, à l'humidité moyenne 45,7 du 24 juin 1885, et 15 pour lesquels elle est inférieure à la valeur 47,3, qui correspond au 10 juillet 1889. De même, pendant le mois de septembre, on ne trouve, pour les huit années, que 7 jours dont l'humidité moyenne est inférieure à 56,9 valeur qui correspond au 15 septembre 1885. Fait peut-être encore plus significatif, le minimum absolu 26,0 d'humidité relative du 24 juin 1885, dont l'heure tombe au milieu de ces chutes négatives, est le minimum absolu de l'humidité relative pour la période de juin, juillet et août pendant les huit années ; et, si l'on trouve 76 jours (sur 720) où le minimum soit inférieur à celui du 10 juillet 1889, on ne trouve dans les huit mois de septembre que 8 jours où le minimum hygrométrique soit inférieur, et encore de fort peu, à celui du 10 septembre 1885.

Il y a évidemment là un ensemble de caractères locaux tout à fait remarquable, auquel correspond d'ailleurs une distribution générale des pressions également intéressante, à savoir : centre de hautes pressions sur le centre de l'Europe et basses pressions au large de nos côtes occidentales.

Les relations entre l'électricité atmosphérique et les phénomènes météorologiques ordinaires s'accusent donc assez nettement. On peut pousser plus loin la démonstration de leur existence.

3. *Variations diverses de certains éléments météorologiques.* — Les changements que nous venons de constater dans le mode des variations diurnes du potentiel électrique, avec la distribution des pressions par rapport au lieu d'observation, ne sont

point en effet limités à cet élément ; on les trouve aussi dans la pression barométrique, le vent et le poids de la vapeur d'eau contenue dans un volume déterminé d'air.

Les figures 5, 6 et 7 représentent les variations diurnes de la vapeur d'eau, de la direction et de l'intensité du vent résultant, pendant la saison

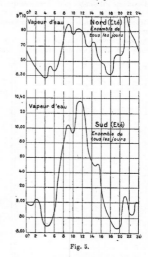

Fig. 5.

d'été, pour chacun des deux groupes des jours beaux déjà considérés.

La variation diurne y est bien différente pour chaque groupe ; les courbes relatives à la vapeur d'eau offrent, en outre, ceci de remarquable que les variations diurnes qu'elles indiquent sont presque parallèles à celles qui leur correspondent pour le potentiel électrique.

Il est donc bien démontré que la variation diurne des éléments, — champ électrique, poids de la vapeur d'eau, pression atmosphérique et vent, — est affectée par le mode de distribution des pressions au-dessus de la région d'observation ; et l'on est porté par cela même à admettre que ces différences dans les modes de variation diurne de ces divers éléments sont dues à la même cause.

Or, M. A. Angot a démontré[1] que les mouvements

[1] *Étude sur la marche diurne du baromètre,* par M. A. ANGOT. Annales du bureau central météorologique de France, 1887. MÉMOIRES.

ascendants et descendants quotidiens de l'atmosphère commandent une partie importante de la variation diurne du baromètre; j'ai, de mon côté, montré [1] que le poids de la vapeur d'eau contenue dans un volume déterminé d'air est gouvernée tout au moins en grande partie par ces mêmes courants; leur influence sur la variation diurne du vent est évidente : il semble donc probable que la variation diurne du champ électrique par beau temps dépend, elle aussi, tout au moins en partie, des mêmes mouvements verticaux.

Les théories récemment émises pour expliquer les phénomènes électriques de l'atmosphère sont-

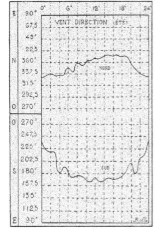

Fig. 6.

elles d'accord avec les faits que nous venons de signaler et conduisent-elles aux mêmes conclusions?

II. — THÉORIES ÉLECTRIQUES

1. *Théories de Peltier.* — D'après Peltier, qui a le premier donné une théorie ayant consistance des phénomènes électriques de l'atmosphère [2], « la

---

« terre agit comme un corps puissamment négatif,
« l'espace céleste comme un corps puissamment
« positif, et tous les corps interposés entre eux
« s'électrisent par influence et non par le contact
« de l'air.... L'espace céleste étant positif, l'eau à
« la surface du globe est conséquemment dans un

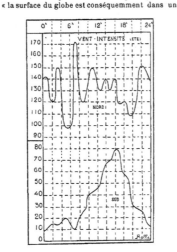

Fig. 7.

« état négatif, et l'évaporation se fait sous cette
« influence... »

On en déduit évidemment, par des condensations et vaporisations successives, la possibilité de nuages positifs et négatifs.

Mais les expériences à l'aide desquelles Peltier croyait avoir démontré que la vapeur d'eau est électrisée négativement ont été reprises depuis par un grand nombre de savants : L. J. Blacke [1], F. Exner [2], E. Lecher [3], L. Palmiéri [4], et en dernière analyse on est arrivé ainsi à prouver que, sous l'influence de fortes charges, on a un phénomène très différent de celui de l'évaporation naturelle et seulement des traces d'électricité.

Depuis Peltier, W. Thomson [5] et Pellat [6] ont

---

[1] *Relations des phénomènes météorologiques déduites de leurs variations diurnes et annuelles* par M. Ch. ANDRÉ. Lyon, 1892. (Georg éditeur.)

[2] *Recherches sur les causes de l'électricité des nuages*, par PELTIER. Comptes rendus des séances de l'*Académie des Sciences*, vol. XII. 1841.

[1] *Widemann's Annalen*, vol. XIX, p. 524.
[2] Comptes rendus de l'*Académie de Vienne*, 1886, p. 248.
[3] Comptes rendus de l'*Académie de Vienne*, 1888, p. 103.
[4] *Lois et origines de l'électricité atmosphérique.*
[5] *Traité d'électricité statique*, par E. MASCART. vol. II, p. 575 et suiv.
[6] *Sur l'électricité des nuages. Journal de physique.* 1885.

montré que l'état électrique de ·l'atmosphère par beau temps, de même que l'électrisation des nuages, peut s'expliquer par le seul fait d'un excès de charge négative à la surface de la terre, sans qu'il soit besoin d'une couche d'électricité positive aux limites de notre atmosphère.

Mais, si cette théorie ainsi simplifiée rend compte de l'ensemble des phénomènes, elle laisse de côté des points très importants, comme la variation diurne et annuelle de l'électricité atmosphérique par beau temps. Pour les expliquer, M. le Pʳ F. Exner combine les idées de Thompson avec une portion de celles de Peltier, qu'il cherche d'ailleurs à préciser.

2. *Théorie de M. F. Exner.* — La doctrine de M. F. Exner peut être résumée comme il suit : la charge électrique totale, que la Terre possède comme corps céleste, est à chaque instant partagée en ·deux : une partie reste sur la surface de la terre, une autre partie est emportée par la vapeur d'eau due à l'évaporation, de sorte que la *densité électrique* en un point, ou, ce qui revient au même, le *champ électrique* qui lui est proportionnel, dépend à chaque instant de la quantité plus ou moins grande de vapeur d'eau contenue dans l'atmosphère [1].

En désignant par $\dfrac{dV}{dn}$ le champ électrique au point déterminé, on arrive aisément à la formule :

$$\frac{dV}{dn} = \frac{A}{1 + kp}$$

où A et k sont des constantes et où p désigne le poids de vapeur d'eau contenu actuellement dans l'air au lieu d'observation [2]. Le champ électrique

---

[1] *Uber die Ursache und die Gesetze der atmosphärischen Elektricität vom Wassergehalte der Luft* von prof. FRANZ EXNER. Comptes rendus de l'Académie de Vienne, 1886 et 1888.

[2] Le calcul de cette expression est facile : si la terre n'émettait pas de vapeur d'eau, sa surface aurait en un lieu déterminé une charge électrique maximum ; soit μ la densité électrique correspondante et A la valeur simultanée du champ électrique de sorte que, a étant une constante,

$$A = a\mu ;$$

Mais, comme l'atmosphère reçoit toujours de la terre une certaine quantité de vapeur d'eau, une partie de cette charge μ va avec elle dans l'atmosphère ; soit μ' la densité correspondante, la densité restant au lieu d'observation sera $(\mu - \mu')$, et si nous désignons par $\dfrac{dV}{dn}$ la nouvelle valeur du champ électrique nous avons

$$\frac{dV}{dn} = a\,(\mu - \mu') ;$$

d'un autre côté la densité μ' est proportionnelle à la fois au poids p de la vapeur d'eau qui lui sert de support et à la densité électrique restante de la surface de la terre c'est-à-

REVUE GÉNÉRALE DES SCIENCES, 1892.

se trouve ainsi exprimé en fonction d'une seule variable : le poids de la vapeur d'eau contenue dans l'unité de volume d'air au point d'observation. L'électricité atmosphérique par beau temps se trouve donc être ainsi un élément météorologique ordinaire, et les lois de ses variations absolument identiques à celles qui font varier le poids de la vapeur d'eau.

Pour vérifier cette loi, M. Exner a fait par beau temps un très grand nombre d'observations (133) dans des stations différentes : Dobling près Vienne, Saint-Gilgen dans la haute Autriche et sur le bord de la mer à Venise, avec un électromètre portatif, qui n'est autre chose qu'une modification, d'ailleurs fort heureuse, de l'ancien électroscope à feuilles d'or de Bennet ; rangeant les résultats de ces observations par ordre de poids de vapeur, il en forme dix groupes, et, à l'aide des valeurs moyennes qu'il en déduit, obtient le tableau suivant,

Nᵒˢ	p	V_o	V_c
1	2.3	323	
2	3.8	297	220
3	4.4	197	194
4	5.5	166	161
5	6.8	116	132
6	8.4	106	109
7	9.5	97	
8	10.4	84	89
9	11.4	74	81
10	12.5	68	74

où V_o est le champ électrique observé, et V_c le champ électrique calculé comme il va être dit. Les nombres de ce tableau fournissent, entre les inconnues A et k et des quantités connues, une série d'équations d'où l'on peut tirer leurs valeurs. Au lieu de les combiner ensemble, Exner en choisit deux, correspondant au groupe (1), parce que c'est celui de poids maximum de vapeur d'eau, et au groupe (7) parce que, parmi ceux de fort poids de vapeur, c'est celui qui provient du plus grand nombre d'observations ; il en déduit :

$$A = 1300v \qquad k = 1,31 ;$$

Se servant alors des poids de vapeur inscrits dans la colonne p, il calcule avec ces nombres les valeurs théoriques V_c du champ électrique.

---

dire à la valeur $\dfrac{dV}{dn}$ du champ électrique à cette surface ; on a donc

$$\mu' = b.p.\,\frac{dV}{dn}$$

d'où

$$\frac{dV}{dn} = \frac{A}{1 + kp}$$

ou

$$k = ab.$$

16*

A part le premier nombre, celui qui correspond au groupe (2), l'écart entre l'observation et le calcul est très faible et cet accord semble confirmer la loi énoncée ; c'est d'ailleurs la conclusion qu'en a tirée M. le Professeur Exner.

Mais une discussion attentive du tableau précédent conduit à un résultat contraire ; par exemple, d'autres groupements que ceux adoptés par M. Exner donnent pour les constantes A et k des valeurs bien différentes :

$$(2) \text{ et } (10) \quad A = 2187 \quad k = 2,49,$$
$$(5) \text{ et } (10) \quad A = 920 \quad k = 1,02;$$

Réduisons donc à la forme ordinaire les relations qui fournissent les groupes d'observations précédents ; nous aurons, en posant

$$a = 100 k,$$

les dix équations suivantes :

$$A - 7,48 . a = 323, \qquad A - 8,90 . a = 106,$$
$$A - 11,20 . a = 297, \qquad A - 9,23 . a = 97,$$
$$A - 8,67 . a = 197, \qquad A - 8,74 . a = 84,$$
$$A - 9,13 . a = 160, \qquad A - 8,43 . a = 74,$$
$$A - 7,89 . a = 116, \qquad A - 8,50 . a = 68.$$

Les coefficients des inconnues y sont très sensiblement constants, tandis que le terme tout connu y prend au contraire des valeurs constamment décroissantes et variant à fort peu près dans le rapport de 5 à 1. Un pareil ensemble d'équations est absolument indéterminé, et son emploi ne peut être d'aucun appui pour la vérification cherchée.

Il convient donc de soumettre cette loi à l'épreuve d'autres observations : c'est ce que nous avons fait à l'aide des résultats que nous fournissent les courbes de notre enregistreur.

Pour les jours beaux considérés plus haut et pour chaque heure du jour, nous avons pris tous les potentiels correspondant à des poids de vapeur compris entre 3 et 4 grammes d'une part, et ceux compris entre 9 et 11 grammes d'autre part ; nous avons obtenu ainsi deux séries de valeurs moyennes des poids de vapeur et du potentiel, telles que les poids de vapeur ont entre eux une différence considérable et résultent d'ailleurs d'un très grand nombre d'observations :

494 pour la série de 3 gr.
604 pour la série de 9 gr.

Si l'hypothèse de M. Exner est exacte, l'ensemble des valeurs correspondant à une heure déterminée dans chaque série fournit une équation de la forme :

$$k (p' V' - p V) + V' - V = 0$$

où V et V' désignent les champs électriques ; la combinaison des 24 équations correspondantes aux 24 heures du jour nous fera connaître la valeur la plus probable de l'inconnue k ; on trouve ainsi :

$$k = 0,093.$$

Introduite dans les équations de la forme

$$V = \frac{A}{1 + kp}$$

déduites de chaque groupe de valeurs horaires moyennes, elle nous conduira à deux séries de valeurs de A qui doivent être égales entre elles. Le tableau suivant renferme les 48 valeurs ainsi obtenues ; les colonnes A se rapportent au groupe de 9 grammes et les colonnes A' au groupe de 3 grammes.

H	A	A'	H	A	A'	H	A	A'	H	A	A'
0	136	115	6	119	147	12	159	161	18	114	173
1	125	105	7	140	176	13	166	161	19	176	178
2	110	101	8	174	211	14	153	149	20	171	187
3	109	113	9	173	206	15	168	143	21	166	168
4	124	118	10	173	183	16	152	155	22	157	158
5	113	112	11	161	180	17	150	148	23	143	132

L'examen de ce tableau montre que la quantité A ainsi déterminée n'est pas constante ; elle varie avec l'heure de la journée comme le potentiel lui-même, et ses variations sont même beaucoup plus considérables.

La relation admise par M. le Professeur Exner entre le poids de vapeur d'eau contenu dans un volume déterminé d'air à la surface du sol et le champ électrique en ce point n'est donc point exacte. Mais s'ensuit-il que l'idée première, le principe même de sa théorie soit faux ? On ne peut l'affirmer ; il faut remarquer, en effet, que la vapeur d'eau contenue dans l'atmosphère provient surtout de deux sources différentes, l'évaporation et la transpiration des plantes, qui la lui fournissent en quantité à peu près égale [1]. Or, M. Exner n'a évidemment en vue que la première de ces deux sources, tandis que, dans la vérification expérimentale de la loi, c'est la somme des effets dus à ces deux causes que l'on mesure. Il faudrait donc, en toute rigueur, pouvoir faire, dans la vérification, le partage des deux effets et ne mesurer que la vapeur d'eau provenant de l'évaporation. Dans l'état actuel, un tel partage nous paraît impossible ; et, sous cette réserve, nous croyons pouvoir dire qu'on ne peut accepter l'explication que donne M. Exner des variations diurne et annuelle du champ électrique en un point déterminé.

3. *Théorie de Sohncke.* — Un peu avant M. Exner, M. le Professeur Sohncke avait proposé une explication toute différente des phénomènes électri-

---

[1] *Relations de phénomènes météorologiques*, par M. Ch. ANDRÉ, p. 76 et suiv.

ques [1]. Pour lui, leur cause n'est point préexistante, antérieure et pour ainsi dire inhérente à la matière même du globe terrestre, comme pour M. Exner, mais elle prend au contraire naissance à chaque instant dans les hautes régions de l'atmosphère, comme conséquence d'un phénomène naturel, accessible à l'expérimentation, — le frottement des cristaux de glaces qui se trouvent continuellement dans l'air, flottant à des hauteurs plus ou moins grandes, et que choquent les masses de gouttelettes d'eau qu'emportent avec eux les grands courants atmosphériques : les cristaux de glace se chargeraient positivement, et les gouttelettes d'eau prendraient l'électricité négative. Comme en général la température décroît à mesure qu'on s'élève, on doit admettre qu'en moyenne le courant de cristaux de glace est supérieur à l'autre; tout naturellement, les gouttelettes d'eau appartenant à un courant moins élevé tombent (en général sous forme de pluie) plus tôt sur la surface de la terre que les cristaux de glace ; la surface de la terre s'électrise ainsi négativement, et cet état d'électrisation doit y durer, parce que les phénomènes que nous venons de décrire se répètent continuellement; au contraire, dans les couches élevées de l'atmosphère restent suspendus les cristaux de glace avec leur électricité positive. C'est, comme on le voit, et au point de vue des masses électriques agissantes, une sorte de retour aux idées de Peltier.

Ceci admis, M. Sohneke explique comme il suit les diverses variations qu'éprouve, pendant le cours de l'année ou de la journée, le potentiel électrique mesuré par beau temps en un point voisin de la surface du sol.

En hiver, la couche atmosphérique isotherme de température zéro, qui forme d'après lui la limite inférieure des masses positives, se rapproche de plus en plus de la surface de la terre, jusqu'à ce que finalement elle pénètre à son intérieur ; pendant ce mouvement de descente, le potentiel, ainsi mesuré, doit croître; sa valeur doit donc être maximum en hiver.

Quant à la variation diurne, M. Sohneke affirme d'abord qu'elle est identique à celle de la pression barométrique : or, cette « dernière variation pa« rait liée à celle que, pendant l'échauffement « diurne, il se produit un mouvement général « ascendant de l'air, accompagné d'un écoulement « latéral dans les hautes régions, tandis que le « refroidissement nocturne amène l'effet inverse. Il « doit s'ensuivre un mouvement oscillatoire de la

« surface isotherme zéro, comme l'ont d'ailleurs « montré les observations faites en ballon. Dans « les premières heures de l'après-midi, lorsque « l'échauffement du sol est maximum, le courant « ascendant est aussi maximum; la surface iso« therme zéro, avec ses cristaux de glace électrisés « positivement, est le plus éloignée de la surface « terrestre; aussi l'électromètre accuse-t-il le mi« nimum de l'électricité positive. Au matin, au « contraire, la surface isotherme zéro est la plus « basse, et par conséquent l'électricité positive « doit être maximum.

« On explique donc ainsi au moins les deux « extrêmes diurnes bien marqués de l'électricité « atmosphérique. »

Il convient d'ajouter que, dans une série d'expériences instituées dans ce but, M. Sohneke a, en effet, démontré que le frottement d'une masse d'air, mêlée de globules de vapeur d'eau et lancée par sa pression contre des cristaux de glace secs, charge ceux-ci d'électricité positive et les globules d'eau d'électricité négative; au contraire, la même masse d'air se charge positivement si elle est projetée sur une lame conductrice, cuivre ou laiton, ce dernier étant alors électrisé négativement.

Admettons qu'en effet ces variations de distance puissent produire au point d'observation les différences énoncées de potentiel, point assez obscur que M. Sohneke aurait dû expliquer plus clairement, et comparons cette théorie aux faits observés.

Les valeurs moyennes correspondant aux jours beaux, données plus haut pour chacune des saisons de l'année, confirment en partie les vues de M. Sohneke : le potentiel moyen de l'hiver est en effet de beaucoup supérieur à celui des autres saisons ; mais, au contraire, celui de la saison d'automne est plus petit que le potentiel moyen de l'été, ce qui paraît contraire aux idées émises par ce physicien.

Passons maintenant à la variation diurne, et occupons-nous, par exemple, de la saison d'été. Pendant cette saison, entre 6 heures et 7 heures du soir, le mouvement général ascensionnel de l'atmosphère cesse et se trouve bientôt remplacé par un courant descendant [1]; d'après la théorie de M. Sohneke, ce doit être le moment du minimum pour le potentiel électrique ; c'est bien en effet ce que nous montrent les courbes qui résument les observations; soit par vent de nord, soit par vent de sud, ces courbes nous indiquent un minimum du potentiel vers 5 heures du soir.

A partir de cette heure, le courant descendant·

[1] *Die Ursprung der Elektricität-Gewitter und der gewöhnliche Elektricität der Atmosphäre, von Dr LEONHARD SOHNCKE,* Iena.

· [1] *Relation des phénomènes météorologiques,* par M. Ch. ANDRÉ, p. 79 et suiv.

s'accentue jusque vers 4 heures du matin, pour diminuer ensuite et être remplacé vers 7 heures du matin par le courant ascendant dont nous venons de parler ; le potentiel devrait donc croître constamment jusque vers 7 heures du matin, où aurait lieu son maximum diurne. Or, en réalité, après le minimum de 5 heures du soir, le potentiel augmente rapidement, atteint vers 9 heures un maximum qui, par vent de nord, est le maximum absolu des 24 heures ; il décroit ensuite très rapidement, reste faible pendant toute la nuit et passe vers 4 heures par un second minimum qui, par vent de nord, est le minimum absolu des 24 heures ; après quoi, il croit rapidement et atteint entre 7 heures et 8 heures, un second maximum qui, par vent de sud, est le maximum absolu du jour tout entier. Ainsi, la théorie de M. Sohncke n'explique ni la faiblesse des valeurs du potentiel pendant la plus grande partie de la nuit, intervalle où elles devraient être relativement considérables, ni l'existence du second maximum de 9 heures du soir. En d'autres termes, si la cause de variation qu'indique M. Sohncke était seule ou toujours de beaucoup la plus importante, la courbe représentative de la marche diurne du potentiel électrique devrait être très voisine d'une courbe simplement sinusoïdale ; tandis qu'en réalité, et surtout par vent de nord, cette courbe accuse très nettement une variation doublement périodique pendant la durée du jour tout entier.

L'insuffisance de la théorie de M. Sohncke est donc bien différente suivant les deux modes types de situation atmosphérique que nous avons choisis. Par vent de nord, c'est le caractère doublement oscillatoire de la variation diurne qui la rend incomplète. Par vent de sud, c'est le défaut presque absolu de variation du potentiel pendant la nuit qui la contredit ; il en résulterait, en effet, que, d'après M. Sohncke, les portions de l'atmosphère élevées pendant la seconde moitié du jour par l'échauffement progressif du sol, resteraient sensiblement à la même hauteur à partir de 6 heures du soir, pour redescendre presque subitement et tout à coup vers 10 heures du matin, c'est-à-dire après que les observations barométriques nous indiquent que probablement leur mouvement ascensionnel a déjà commencé.

On doit conclure de cette discussion que la théorie de M. Sohncke ne peut suffire à expliquer l'ensemble des phénomènes qu'elle prétend élucider.

4. Théorie de M. Palmieri. — D'après M. L.

Palmieri [1] la valeur du potentiel en un point « dépend exclusivement de l'humidité relative « dans la zone atmosphérique surplombant le lieu « d'observation... » et, d'autre part, « lorsque « l'humidité relative augmente, le potentiel de « l'air s'élève ».

Or, la première de ces assertions est bien difficile à soumettre au contrôle de l'observation ; et, quant à la seconde, il suffit d'un simple coup d'œil sur nos relevés hygrométriques et électriques, correspondant aux jours beaux et non brumeux que nous avons employés, pour se convaincre qu'elle est inexacte, et qu'à des états hygrométriques considérables correspondent des potentiels minima et inversement. Le tableau suivant qui contient les états hygrométriques et les potentiels correspondants, en renferme quelques exemples pris absolument au hasard :

DATES	1er MINIMUM		1er MAXIMUM		2e MINIMUM		2e MAXIMUM	
	État hygr.	Potentiel	État hygr.	Potentiel	État hygr.	Potentiel	État hygr.	Potentiel
1885 Août 10	76	50	64	154	32	50	43	110
1888 Août 11	66	54	60	125	33	50	48	110
— Août 12	66	80	52	140	40	53	49	80
1885 Juill. 24	62	55	59	140	47	90	47	130
— Juill. 27	59	85	52	180	38	100	39	135
— Juill. 28	70	60	38	165	35	95	41	120

La relation entre l'état hygrométrique et le potentiel électrique, si elle existe, n'est donc pas une relation directe et simple, comme le prétend M. Palmieri.

Aucune des théories émises jusqu'ici n'est donc suffisante ; mais, pour pouvoir indiquer toutes les conditions auxquelles une théorie complète doit satisfaire, nous devrons étudier quelques faits nouveaux.

Ch. André,
Directeur de l'Observatoire de Lyon.

(La fin prochainement.)

[1] *Lois et origines de l'électricité atmosphérique*, par M. L. PALMIERI. — A consulter aussi deux notes insérées dans les *Comptes rendus de l'Académie de Naples* pour l'année 1891.

REVUE ANNUELLE DE PHYSIOLOGIE

Comme dans mes Revues précédentes, je m'abstiendrai de toute indication bibliographique. Les lecteurs, curieux de recourir aux sources, peuvent consulter la table des noms d'auteurs parue à la fin de l'année 1891 du *Centralblatt für Physiologie*. Cette table les renverra à la page, où ils trouveront le titre complet et parfois une analyse de la publication qui les intéresse.

Il est bien entendu que cette Revue annuelle ne peut avoir là prétention d'être complète. Je n'ai lu qu'une partie des travaux de physiologie parus en 1891 ; parmi ces travaux, je n'ai pu me défendre d'une certaine partialité pour les sujets de recherches qui me sont particulièrement familiers.

I. — SANG, LYMPHE ET RESPIRATION.

1. — Le sang des Mammifères contient, à côté des globules rouges (hématies) et blancs (leucocytes), des éléments figurés plus petits, les *Plaquettes de Bizzozero* ou *Hématoblastes* de Hayem. La plupart des expérimentateurs (voir le travail récent de Muir) leur font jouer un rôle important dans la coagulation du sang. Lilienfeld croit avoir démontré que les plaquettes ne sont pas des éléments autonomes du sang. Ce seraient des produits de destruction des globules blancs : ils auraient pour origine une fragmentation du noyau des leucocytes, fragmentation qui se produirait sur une large échelle au moment où le sang se trouve extrait du corps, en contact avec des corpuscules étrangers.

Les plaquettes sont, pour Lilienfeld, constituées par de la nucléine et de l'albumine (nucléo-albumine), tout comme les noyaux cellulaires dont elles dérivent : c'est de ces plaquettes qu'émane, au moment de la coagulation du sang, l'influence qui provoque la transformation du fibrinogène en fibrine. Le *ferment de la fibrine* serait une *nucléo-albumine*.

On connaît différents moyens de suspendre la coagulabilité du sang chez l'animal vivant. Mentionnons l'injection intra-vasculaire d'extrait de sangsue (Haycraft), d'extrait de muscles d'écrevisse (Heidenhain), de peptone commerciale (Hofmeister), de ferments digestifs. Dickinson a montré que la substance active de l'extrait de sangsue est soluble dans l'eau, insoluble dans l'alcool ; elle n'est pas altérée par la température de l'ébullition, et se laisse précipiter lorsqu'on sature sa solution par le sulfate d'ammoniaque. Elle partage ces propriétés avec la propeptone, dont elle n'est peut-être qu'une variété. Elle paraît n'avoir aucune action

sur le fibrinogène, mais détruit rapidement le ferment de la fibrine, ce qui expliquerait son action anticoagulante.

Denys, Pott, Grosjean, Shore, Lahousse, Blachstein, Grandis, ont étudié récemment l'action des injections intravasculaires de peptone. Et d'abord que faut-il entendre par peptone dans ces expériences ? Hofmeister, puis Fano, avaient fait leurs essais sur la coagulation du sang au moyen de peptone commerciale. Or, la peptone commerciale est, comme on sait, un mélange de plusieurs substances : *peptone*, *propeptone*, etc. Grosjean a opéré avec des produits purs, préparés exprès. Il constate que la *propeptone* ou *albumose* est ici l'agent actif de la peptone commerciale. Une injection de 15 centigrammes de propeptone pure, par kilogramme d'animal, suffit pour suspendre chez le chien la coagulation du sang, et pour amener une chute considérable de la pression sanguine. Ces recherches ont révélé un fait extrêmement curieux : l'injection d'une petite quantité de propeptone, — 5 centigrammes par exemple par kilogramme d'animal, — produit une chute de pression marquée, mais peu durable. Si l'on fait ensuite une seconde, une troisième injection, la seconde injection n'a presque plus d'effet, et la troisième passe totalement inaperçue. La première injection procure donc à l'animal une véritable immunité vis-à-vis de nouvelles injections. L'animal est *vacciné* contre l'action de la propeptone. Ces expériences sont d'autant plus intéressantes que la peptone et la propeptone sont des produits normaux de la digestion gastrique et intestinale de l'albumine.

Lahousse avait constaté que le sang des animaux auxquels on a injecté de la peptone était extrêmement pauvre en acide carbonique. Blachstein et Grandis ont découvert que l'injection de peptone avait pour effet d'élever notablement la tension de CO^2 du sang, d'où élimination plus facile de ce gaz par la surface pulmonaire, ce qui explique sa faible proportion dans le sang.

La peptone et la propeptone, qui proviennent de la digestion normale ou celles que l'on introduit artificiellement par injection intraveineuse, disparaissent très rapidement du sang. On ne les retrouve plus cinq minutes après l'injection. Elles ont sans doute servi à reconstituer l'albumine nécessaire à l'organisme.

Où se fait cette transformation de la peptone en albumine? Est-ce dans les cellules du foie ou par l'action des leucocytes et des cellules lymphoïdes, comme le veut Hofmeister? Shore a fait à cet égard un grand nombre d'expériences sous la direction d'Heidenhain. Il admet, avec Neumeister, que les cellules qui constituent le revêtement épithélial de l'intestin sont les agents actifs de la transformation de la peptone ou de la propeptone en albuminoïdes vrais. Shore a fait également des recherches sur la coagulabilité comparée du sang et de la lymphe à la suite d'injection intravasculaire de peptone. Dans plusieurs cas, il constata que la lymphe du canal thoracique avait recouvré la faculté de se coaguler, alors que le sang était toujours incoagulable. C'est une preuve nouvelle ajoutée à tant d'autres que la lymphe est autre chose qu'un simple liquide de transsudation. J'ai brièvement signalé ici-même les premières recherches de Heidenhain sur la formation de la lymphe. Ce liquide n'est pas, comme on l'admettait généralement, avec l'école de Ludwig, un produit de filtration du plasma sanguin, formé sous l'influence exclusive de l'action mécanique de la pression sanguine. Pour Heidenhain, la lymphe est un véritable liquide de sécrétion, fabriqué par l'activité des cellules vivantes qui constituent la paroi des capillaires. La quantité de lymphe produite n'est nullement en rapport avec la valeur de la pression sanguine. Certaines substances, que l'auteur appelle *lymphagogues*, excitent puissamment la sécrétion de la lymphe, à condition que les cellules des parois des capillaires soient intactes : extrait do muscles d'écrevisses, extrait de sangsue, extrait de blanc d'œuf, etc. D'autres substances, parmi lesquelles il faut citer le sucre, l'urée, les sels neutres, augmentent la quantité de lymphe, par un mécanisme différent. Ces substances enlèvent une quantité notable d'eau aux éléments vivants des tissus. Une partie de cette eau est résorbée par le sang, une autre partie contribue à augmenter la quantité de lymphe.

2. — Je puis passer sous silence les travaux de Hédon, Arthus, Lépine, Barral et d'autres sur l'extirpatiou du pancréas et la *glycolyse* intravasculaire, puisque la *Revue* leur a consacré un article fort complet [1].

3. — On sait qu'il est impossible de séparer complètement par décantation les globules et autres éléments figurés du sang d'avec le plasma ou le sérum et qu'on ne peut songer à recourir à la filtration ; d'où la difficulté de déterminer directement la proportion de solide et de liquide du sang. MM. E. et L. Bleibtreu ont imaginé plusieurs méthodes permettant de déterminer indirectement cette proportion. Ils ont constaté que, chez le cheval, la proportion (en volume) de globules peut varier de 26 à 40 % et chez le chien, de 25,6 à 44,2 %.

---

[1] Voyez la *Revue* du 30 juillet 1891, t. II, p. 469 et suiv.

Plusieurs élèves d'Alex. Schmidt, de Dorpat, ont étudié, sous sa direction, l'action que les cellules de la rate et du foie exercent sur l'hémoglobine.

Les effets bactéricides du sérum ont fait le sujet de nombreuses recherches qui sortent du cadre de la physiologie normale.

F. Viault a fait sur les hauts plateaux du Pérou et de la Bolivie une série de recherches sur l'influence que le séjour à de grandes altitudes exerce sur la capacité respiratoire du sang, et sur sa teneur en hémoglobine et en globules rouges. L'habitant des plaines brusquement transporté sur les hauts plateaux (4.000 mètres environ au-dessus du niveau de la mer) met un certain temps à s'acclimater et à se débarrasser de l'infirmité du *mal des montagnes*. Le phénomène le plus caractéristique de cet acclimatement consiste dans une multiplication des globules rouges du sang, dont le nombre peut monter de 5 à 8 millions, — et au delà, — par millimètre cube. En même temps, le volume des globules diminue, d'où augmentation de la surface d'absorption d'oxygène. Le sang des Mammifères acclimatés est aussi riche en oxygène à 4.000 mètres de hauteur, que le sang des individus qui vivent dans la plaine. La diminution de tension de l'oxygène respiré se trouve ici compensée par l'augmentation de la surface d'absorption des globules ; la quantité absolue d'hémoglobine du sang n'est en effet que faiblement augmentée. Müntz a pleinement confirmé les résultats des recherches de Viault.

P. Regnard a cherché à réaliser artificiellement dans le laboratoire les effets physiologiques du séjour sur les hauts plateaux. Il introduisit un cochon d'Inde dans une cloche où la pression atmosphérique fut maintenue à la moitié de sa valeur pendant un mois. L'examen du sang montra que ce liquide avait subi les changements caractéristiques de l'acclimatement sur les hauts plateaux : augmentation de surface des globules par suite de leur multiplication et de leur diminution de volume.

Les résultats thérapeutiques merveilleux que l'on obtient en Suisse, dans certaines formes d'anémie, s'expliquent peut-être par l'action excitante que le séjour dans une atmosphère raréfiée exerce sur le renouvellement du sang.

4. — On sait que les vapeurs irritantes de chloroforme, d'ammoniaque, de bromure d'éthyle agissant sur les voies aériennes supérieures (cavité nasale, larynx), provoquent des mouvements réflexes d'expiration auxquels viennent, d'après François Franck et Lazarus, s'ajouter une contraction générale des petites bronches. Zagari constate que les mêmes vapeurs, ainsi que CO_2, à la concentration d'au moins 50 %, appliqués à la surface

interne de la muqueuse des grosses bronches, provoquent, par voie réflexe, des mouvements d'inspiration. L'expérience donne les mêmes résultats après section des laryngés supérieurs et des récurrents à leur origine; mais la section des pneumogastriques supprime le réflexe d'inspiration. Il s'agit d'une excitation de filets sensibles, émanant du tronc du pneumogastrique, au-dessous du point d'origine du récurrent.

Signalons les recherches de Howell, Huber, Exner, Munk sur l'innervation du larynx; celles de Hauriot, Ch. Richet, Chapman, Brubaker, Gréhant, Marcet, Loewy, v. Hösslin, Oddi, Vicarelli, etc., sur la valeur des échanges respiratoires.

II. — CIRCULATION.

Cœur. — 1. — Il existe, comme on sait, deux méthodes principales pour obtenir un tracé de la pulsation cardiaque, méthodes imaginées toutes deux par Chauveau et Marey. L'une de ces méthodes consiste à introduire, par les vaisseaux du cou de l'animal vivant, une sonde terminée par une ampoule exploratrice. L'ampoule est poussée jusque dans l'oreillette, ou dans le ventricule droit, par la veine jugulaire, ou jusque dans le ventricule gauche par une carotide; elle est reliée extérieurement à un appareil inscripteur (le tambour à levier) qui trace la courbe des variations de la pression intra-ventriculaire (ou intra-auriculaire) sur le papier enfumé de l'appareil enregistreur. L'autre méthode consiste à enregistrer le choc extérieur du cœur, c'est-à-dire l'ébranlement que la pulsation du cœur imprime à la paroi thoracique. On applique à l'extérieur de la poitrine, au niveau de la pointe du cœur, un explorateur, une capsule à air, fermée par une membrane en caoutchouc, portant une saillie en forme de bouton. L'explorateur est relié à un tambour à levier.

Les deux méthodes ont fourni entre les mains de Chauveau et Marey et de plusieurs de leurs successeurs des résultats identiques. Les tracés du choc du cœur, pris dans de bonnes conditions, sont comparables à ceux de la pression intra-ventriculaire. Si l'on combine l'inscription de ces graphiques avec l'auscultation du cœur, et si l'on opère sur de grands animaux à pulsations lentes, tels que de vieux chevaux, les résultats obtenus sont extrêmement démonstratifs, et ne laissent aucune place au doute.

Malheureusement la plupart des expérimentateurs ne se sont pas placés dans les mêmes conditions favorables que les illustres initiateurs des procédés cardiographiques.

Aussi la signification des tracés cardiographiques et sphygmographiques, qui aurait dû être fixée dé-

finitivement à la suite des recherches cardiographiques de Chauveau et Marey, a, dans ces dernières années, été l'objet de vives controverses parmi les physiologistes. Un point paraissait cependant acquis : on était d'accord sur la forme générale de ces tracés. Ainsi, la plupart des physiologistes admettaient, avec Chauveau et Marey, que le tracé cardiographique présente à chaque pulsation une forme trapézoïde (Fig. 1.). On y distingue une ascension brusque (bc, fig. 1), un plateau systolique ondulé c d e, puis une ligne de descente e f avec une inflexion finale f.

Les divergences commençaient dès qu'il s'agissait d'interpréter le graphique en question : j'avais pu

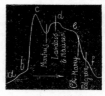

Fig. 1. — Tracé de choc du cœur (cardiogramme extérieur) *ab*, systole de l'oreillette; *bc*, début de la systole ventriculaire. La fin de la systole ventriculaire, la clôture des sigmoïdes aortiques, et le second bruit du cœur correspondent : pour Martius, au creux qui sépare *c* de *d*; pour Landois, à la saillie *d*; pour Chauveau et Marey, à la ligne de descente *ef*; pour Edgren, au bas de cette ligne *f*; —*cde*, plateau systolique de Chauveau et Marey.

représenter d'une façon schématique ces divergences sur le tracé cardiographique de la fig. 1 (qui a été reproduit dans plusieurs journaux scientifiques anglais et allemands, et qui montre à quelle portion du tracé cardiographique correspond pour les différents expérimentateurs le moment de la fermeture des sigmoïdes aortiques et le second bruit du cœur, et par conséquent la fin de la contraction ou systole des ventricules).

Chacune des marques faites sur ce tracé correspond à une conception différente du mécanisme du cœur et de la durée de la systole ventriculaire. Si Chauveau et Marey, suivis par les physiologistes français, par Hürthle, Edgren, etc.; si Landois et les cliniciens allemands, si Martius admettent tous que la ligne d'ascension *bc* correspond au début de la systole ou contraction ventriculaire, et au premier bruit du cœur, et marque le durcissement du muscle cardiaque, ils ne sont plus d'accord, dès qu'il s'agit de déterminer la fin de cette systole, c'est-à-dire le moment de fermeture des valvules sigmoïdes. Martius fixe le second bruit du cœur, dû, comme on sait, à la clôture des sigmoïdes, au niveau du premier creux (entre *c* et *d*) du plateau. Landois. Maurer, von Ziemssen et les cliniciens allemands en général, entendent le second bruit soit en *d*, soit entre *d* et *c*, tandis que Chauveau et Marey, et l'auteur de ces lignes affirment que le second bruit du cœur coïncide avec la ligne de descente *ef*, Edgren le place tout au bas de cette ligne, en *f*.

La marque de Martius et celle d'Edgren diffèrent de près d'un quart de seconde. Cela dépasse certainement les limites des erreurs personnelles permises dans ce genre d'observations. Voilà bien des divergences que je ne m'explique que par un phénomène d'*autosuggestion*. Chaque observateur croit entendre le second bruit au moment où il doit se produire d'après la théorie de la pulsation cardiaque qu'il a adoptée.

Il semblait difficile d'embrouiller davantage une question, assez simple en somme, et capitale au point de vue de la physiologie de la pulsation du cœur et de celle des artères, qui n'en est qu'une émanation. C'est cependant ce qui est arrivé. La forme même du tracé cardiographique a été remise en question.

Pour J. B. Haycraft, les auteurs se sont trompés jusqu'à présent sur la forme et l'interprétation du tracé du choc du cœur. Ce tracé s'élèverait pendant la diastole, pour descendre pendant la systole, conformément à la diminution systolique du diamètre antéro-postérieur du cœur. Tout au plus y a-t-il au début de la systole une légère élévation du tracé, correspondant à l'appui que le cœur prend à ce moment contre la paroi thoracique.

Haycraft emploie un cardiographe dont la coquille exploratrice ne porte pas de bouton. C'est la présence de ce bouton, qui, d'après lui, a jusqu'à présent faussé les indications cardiographiques. Ce bouton déprime, pendant la diastole, à travers la paroi thoracique, la substance du cœur ; pendant la systole, le bouton est soulevé violemment, produisant une ascension marquée de la courbe, laquelle est alors due aux conditions artificielles de l'expérience.

Dans le livre qu'il vient de publier sur le pouls et qui est dédié à ses illustres maîtres v. Brücke et Ludwig, un physiologiste très connu, von Frey, prend comme base de tout son exposé de la théorie de la pulsation cardiaque et de la pulsation artérielle, cette idée, formulée autrefois par Marey, que la contraction ventriculaire étant une secousse musculaire simple, le tracé de pression intra-ventriculaire doit être identique au tracé de la secousse musculaire, et ne saurait par conséquent présenter de plateau systolique *c d e* entre la ligne d'ascension *bc* et la ligne de descente *ef*.

Pour von Frey, les sondes cardiographiques, introduites dans le ventricule, inscrivent un tracé beaucoup plus simple, dans lequel on ne voit qu'une colline à sommet unique, la ligne de des-

cente faisant immédiatement suite à la ligne d'ascension. Ainsi se trouvent supprimés et le plateau systolique, dont les ondulations ont donné lieu à tant de controverses, et l'ondulation finale *f*. Ainsi se trouve singulièrement simplifiée l'interprétation du tracé sphygmographique. Qui sait si cette simplicité ne séduira pas les cliniciens, et ne sera pas un élément de fortune pour la nouvelle théorie?

Le plateau systolique qui se voit sur les tracés de pression intra-cardiaque de Chauveau et Marey et de leurs successeurs, est dû, d'après von Frey, à une position défectueuse de la sonde intracardiaque. Cette sonde, étant poussée trop loin dans le ventricule, verrait son orifice obstrué dès le début de la contraction ventriculaire par la paroi interne du cœur : le plateau systolique se produirait par troncature artificielle du sommet simple de la courbe de secousse myographique.

Hürthle a montré le peu de fondement du reproche adressé par von Frey aux résultats fournis par les sondes intracardiaques, entre les mains de Chauveau et Marey et de leurs successeurs. Le plateau systolique persiste, quelle que soit la position de l'ampoule exploratrice dans le ventricule, que celle-ci soit située près de l'orifice artériel, ou qu'elle soit poussée vers la pointe du ventricule, à condition que l'explorateur fonctionne correctement, ce qui n'est pas le cas pour l'appareil imaginé par von Frey. Le *tonomètre* de von Frey présente un tube long et étroit, dans lequel se déplace, à chaque pulsation, une quantité considérable de liquide : d'où déformation de la courbe, usure de tous ses angles, transformation du plateau trapézoïde classique en une colline mollement arrondie.

Quant au tracé cardiographique proprement dit, ou tracé du choc du cœur, il ne présente, d'après von Frey, rien de constant : il varierait d'un point de la poitrine à l'autre et n'aurait rien de commun avec le tracé de pression intra-cardiaque. Martius, Roy et Adami avaient d'ailleurs déjà insisté sur les différences que présentent, selon eux, les tracés de pression intra-cardiaque et ceux de choc du cœur.

Nous n'aurions pas parlé du travail de von Frey, tellement il s'éloigne des idées reçues, d'après que il est en contradiction avec les faits qui paraissent le mieux établis, si le livre en question n'était signé et ne sortait du laboratoire de Leipzig.

Comme on le voit, les contradictions et les divergences qui règnent actuellement parmi les physiologistes sur la signification du tracé cardiographique et sur le mécanisme du cœur ont atteint des proportions réellement effrayantes. Il est grandement temps que la lumière renaisse de ce chaos. Peut-être l'institution des Congrès internationaux de physiologie pourra-t-elle contribuer à mettre d'accord les physiologistes dissidents. M. Chauveau a fait espérer qu'il répéterait au Congrès de Liège (août 1892) ses célèbres expériences de cardiographie du cœur du cheval.

2. — Tigerstedt a déterminé chez le lapin le volume de sang qui est lancé dans l'aorte à chaque pulsation ventriculaire. Ce volume est beaucoup plus faible qu'on l'admet en général. En raisonnant par analogie, on arrive à attribuer au ventricule gauche de l'homme un débit de 50 à 70 grammes de sang par pulsation, ce qui nous met fort loin des classiques 180 grammes qui figurent dans tous les traités de physiologie.

3. — La place nous manque pour analyser en détail les recherches de Fr. Franck; H. Kronecker, E. Gley sur l'innervation du cœur des Mammifères, celles de Waller, Bayliss et Starling sur les phénomènes électromoteurs de la systole cardiaque du cœur des Mammifères.

Vaisseaux. — La pulsation artérielle n'est qu'une émanation de la pulsation ventriculaire : aussi est-il naturel de retrouver, dans l'interprétation des tracés sphygmographiques, l'écho des divergences dont nous venons de parler à propos des tracés cardiographiques. Les figures 2 et 3 rendent ces

Fig. 2. — Représentation schématique de l'interprétation de Landois et de Chauveau-Marey du tracé cardiographique. Les parties laissées en blanc correspondent à la durée de la systole ventriculaire.

divergences sensibles. Elles représentent schématiquement les interprétations de Landois adoptées

Fig. 3. — Représentation schématique de l'interprétation de Landois et de Chauveau-Marey du tracé sphygmographique. Les parties laissées en blanc correspondent à la phase systolique de la pulsation.

Pour Landois, K représente l'ondulation de clôture des sigmoïdes aortiques, tandis que pour Chauveau-Marey, c'est l'ondulation dicrote R qui marque la fermeture des sigmoïdes.

généralement en Allemagne, et celles de Chauveau-Marey qui sont classiques en France.

Une autre circonstance a peut-être contribué à compliquer cette question. La propagation de la pulsation dans les artères est un phénomène purement physique, comparable à celui de la propagation des ondes dans des tubes de caoutchouc, accessible, semble-t-il, aux méthodes d'investigation de la physique mathématique. Beaucoup de physiologistes n'ont pu résister à la tentation d'aborder le problème par son côté mathématique. Au lieu de commencer par rechercher expérimentalement ce qui se passe réellement dans les artères du chien, du lapin ou de l'homme, ils ont cherché à déterminer théoriquement ce qui doit, *à priori*, se produire dans un tube élastique parcouru par des afflux intermittents. Une fois leur conviction bien arrêtée, ils ont institué des expériences sur des *schémas*, et n'ont eu recours qu'exceptionnellement à la vivisection. De là, des discussions interminables pour décider si l'ondulation dicrote et les autres ondulations secondaires du pouls sont d'origine centrale et dues à l'action propulsive du cœur, ou naissent, au contraire, à la périphérie par réflexion : question que l'expérimentation directe sur l'animal vivant est bien plus apte à résoudre que l'analyse mathématique. Il suffit, en effet, comme l'a fait Hürthle, comme Chauveau et Marey l'avaient fait il y a longtemps, de comparer deux tracés artériels, recueillis avec bon manomètre, l'un près du cœur, l'autre à la périphérie, pour reconnaître que les ondes les plus marquées du tracé de pression artérielle marchent toutes du centre à la périphérie, conformément à l'interprétation de Chauveau et Marey.

L'introduction du calcul, comme procédé exclusif et prépondérant d'investigation, nous paraît ici aussi prématurée que dans l'étude du vol des Oiseaux. Tout ce que le calcul a pu faire jusqu'à présent pour élucider le problème de l'aviation, a-t-on dit plaisamment, c'est de démontrer par $a + b$ l'impossibilité mécanique du vol des Oiseaux.

Signalons les recherches de Wertheimer sur le balancement entre la circulation superficielle et la circulation viscérale, celles de Langley, Bradford, Baylin sur les vaso-moteurs de la patte du chien, d'Aducco sur les centres vaso-moteurs de la moelle épinière, de Mall sur les vaso-moteurs de la veine-porte, de Morat sur les vaso-moteurs de la tête, etc.

Doyon localise les vaso-dilatateurs de la rétine à la fois dans le grand sympathique et dans le trijumeau.

Chaleur animale. — La fièvre est, comme on le sait, un état morbide caractérisé par une élévation de la température interne du corps. Comment se produit cette élévation ? Est-ce par une exagération de l'intensité des combustions interstitielles, par une augmentation dans la production de la chaleur, comme l'admettent la plupart des physiologistes et des pathologistes? Ou faut-il, comme le faisait Traube, attribuer l'hyperthermie fébrile à une diminution dans les pertes de chaleur, à une rétention du calorique produit en quantité égale à la normale, ou même moindre que cette dernière? Les expériences de Rosenthal, faites au moyen d'un calorimètre analogue à celui de d'Arsonval, le portent à admettre la théorie de Traube de la rétention de chaleur, au moins pour la période d'augmentation de la chaleur, celle pendant làquelle s'établit l'élévation de la température interne.

Signalons également les recherches calorimétriques de Rubner.

Un procédé nouveau a été appliqué aux recherches de thermométrie physiologique. Ce procédé consiste à utiliser, pour la mesure de la température d'un fil ou d'un treillis métallique, qui sert d'explorateur, les variations de conductibilité électrique présentées par ce fil ou ce treillis. Le procédé est d'une sensibilité extraordinaire. G. N. Stewart l'a employé récemment pour mesurer la température de la peau humaine.

Ch. Richet, H. White ont étudié l'hyperthermie qui survient à la suite des lésions du système nerveux central.

III. — DIGESTION. NUTRITION. SÉCRÉTION.

1. — Le suc gastrique, le suc pancréatique attaquent et dissolvent rapidement, comme on le sait, les matières albuminoïdes, que ces matières soient mortes ou qu'elles fassent partie des tissus vivants. Comment se fait-il que la paroi de l'estomac, que les tissus de l'intestin, directement exposés à l'action corrosive des sucs digestifs, ne soient pas liquéfiés en peu de temps? Comment les vers intestinaux et autres parasites, dont le corps est formé de matières albuminoïdes, résistent-ils à l'action dissolvante des sucs dans lesquels ils vivent? J'avais émis autrefois l'hypothèse que les éléments histologiques de la surface de l'estomac et de l'intestin, que le revêtement épidermique des vers intestinaux ne se laissent pas imbiber par les ferments digestifs. On sait, en effet, que les cellules et les éléments histologiques, en général, n'absorbent pas indifféremment toutes les substances dissoutes qu'on leur offre en solution : elles font un véritable choix parmi ces substances, acceptant les unes, rejetant les autres. Au reste, les ferments sont des corps peu diffusibles, qui ont peu de tendance à traverser les membranes organiques. Frenzel, qui ne paraît pas avoir eu con-

naissance de mes expériences, a récemment repris cette question et est arrivé à formuler une nouvelle hypothèse. D'après lui, les ferments pénètreraient à travers le protoplasme du revêtement épithélial de l'intestin ou de la peau des helminthes, mais ces ferments y rencontreraient des substances spécialement destinées à neutraliser, à contrebalancer leur action dissolvante.

Kühne, Chittenden et d'autres ont montré que les matières albuminoïdes soumises à l'action digestive du suc gastrique, ou, ce qui revient au même, d'un mélange de pepsine et d'acide chlorhydrique très dilué, ne se transforment pas directement en *peptone*. Elles se transforment d'abord en *albumine acide* (*syntonine*, précipitable par simple neutralisation du liquide), puis en *albumoses* ou *propeptones* (précipitables par le sulfate d'ammoniaque à saturation) et finalement en *peptone* proprement dite. Les recherches récentes de Chittenden et Hartwell d'une part, de Grosjean de l'autre, ont mis en lumière ce fait intéressant que le passage du second stade de la digestion au troisième, c'est-à-dire la transformation de la *propeptone* en *peptone*, se fait avec une lenteur et une difficulté extraordinaires. C'est à peine si, au bout de huit jours de digestion à l'étuve, on obtient 50 °/₀ de peptone. Ces données sont probablement applicables à la digestion naturelle : il faut donc en conclure qu'à l'état normal, il se forme très peu de peptone dans notre estomac et que la transformation des albuminoïdes ne dépasse pas en général le stade *albumose* ou *propeptone*.

Signalons les recherches d'Arloing sur les filets sécrétoires du grand sympathique cervical, de Klug sur la digestion des Oiseaux, de Krüger, Liebermann, Fermi, Contejean sur les ferments digestifs, de N. Zuntz, Hagemann, Studemund, Jiro Tsuboi, Hosaku Murata, Huber, von Gerlach sur la nutrition et le bilan de l'économie animale, de Strassman et von Noorden sur le rôle nutritif de l'alcool.

Zawadsky a pu analyser du suc pancréatique provenant d'une fistule chez une femme opérée pour une tumeur du pancréas. La composition de ce liquide se rapproche beaucoup de celle du suc pancréatique du chien.

Macfardien, Nencki et Sieber ont utilisé un cas de fistule intestinale pour étudier la digestion intestinale dans l'espèce humaine. Il nous est impossible d'analyser en détail cet intéressant travail. Bornons-nous à dire que les auteurs sont d'avis que les microbes intestinaux ne jouent pas dans la digestion le rôle important ou indispensable que certains ont voulu leur attribuer.

J. Munk a utilisé un cas de fistule du canal thoracique chez la femme pour réaliser plusieurs expériences intéressantes concernant la résorption des graisses. Après une ingestion de 20 grammes de blanc de baleine (palmitate de cétyle), le chyle qui s'écoulait de la fistule de la patiente contenait non du palmitate de cétyle, mais de la tripalmitine. Le blanc de baleine avait donc été saponifié et l'acide palmitique s'était uni à la glycérine pour être ensuite absorbé sous forme de palmitine. Même résultat avec l'éther amylique de l'acide oléique qui est absorbé à la surface de l'intestin après transformation en éther glycérique de l'acide oléique (trioléine). J. Munk et Rosenstein ont répété les mêmes expériences chez le chien, et étudié, tant chez la femme atteinte de fistule, que chez les chiens, les phases de la résorption des différentes graisses.

Rachford a montré que la saponification de la graisse par le ferment pancréatique est favorisée par la présence de la bile.

J. Munk a constaté que l'établissement d'une fistule biliaire entrave considérablement chez le chien la résorption de la graisse solide ou peu fusible (suif), tandis que la graisse de porc est résorbée aux deux tiers. Les acides gras sont résorbés en proportion plus forte qu'avant l'opération.

Dastre a imaginé, comme on le sait, un procédé de fistule biliaire, applicable au chien, qui permet de conserver l'animal en pleine santé, et de recueillir chaque jour la totalité de la bile sécrétée par le foie. Il a utilisé ce procédé pour faire une série de dosages du fer de la bile et résoudre la question encore controversée de l'origine de ce fer. Il a constaté que la proportion de fer éliminée par la bile peut varier du simple au triple quoique l'alimentation reste la même. Ces variations doivent donc dépendre de causes internes, indépendantes de la teneur en fer de l'alimentation. L'auteur les rapporte à des variations temporaires de la destruction et de la néo-formation des globules rouges.

2. — Il y a trois ans, M. Brown-Séquard a fait connaître les effets merveilleux que produisait, chez l'homme affaibli ou vieux, l'injection sous-cutanée de suc testiculaire emprunté à un animal jeune et vigoureux. Déjà en juin 1889, l'illustre expérimentateur avait dit que ce qu'il faisait pour le testicule pouvait et devait être fait pour les autres glandes avec ou sans conduits excréteurs. Il a continué ses expériences avec M. d'Arsonval sur les sucs préparés au moyen des organes les plus divers : rate, reins, foie, capsules surrénales, poumons, cerveau, etc.

Le tissu dont on veut expérimenter l'extrait est broyé avec cinq fois son poids d'eau distillée contenant 10 °/₀₀ de sel marin, ce qui constitue un sérum artificiel. On peut également employer un mélange d'eau, de glycérine et d'acide borique. Le broyage est fait dans un mortier avec adjonction de sable calciné pour faciliter la division du tissu. Le tout est filtré, puis soumis pendant une heure à l'action de l'acide carbonique sous pression (50 atmosphères), ce qui constitue un excellent procédé de stérilisation. L'injection de ce liquide aseptisé manifeste des effets physiologiques très accentués, variables suivant sa provenance, et sans danger pour la vie de l'animal. Brown-Séquard et d'Arsonval arrivent à cette conclusion que tous les tissus — glandulaires ou non — donnent quelque chose de spécial au sang, que tout acte de nutrition s'accompagne de ce qu'ils appellent une *sécrétion interne*.

Ils croient, en conséquence, que « tous les tissus pourront et devront être employés dans des cas spéciaux comme mode de traitement; qu'il y a, en un mot, à créer une thérapeutique nouvelle, dont les médicaments seront des produits fabriqués par les différents tissus de l'organisme. — Les produits bactériens », ajoutent-ils, « nous ont appris combien étaient actifs les composés chimiques créés par les infiniment petits; la cellule vivante, à quelque tissu de l'organisme qu'elle appartienne, doit, par analogie, sécréter des produits dont l'efficacité n'est pas moindre. C'est l'étude de cette action physiologique que nous poursuivons depuis qu'il nous a été prouvé que l'action de l'acide carbonique à haute pression permettait : 1° de rendre aseptiques les extraits de tous les tissus, et 2° de conserver aux ferments qu'ils sécrètent toutes leurs propriétés. Dès à présent ces liquides peuvent être injectés à l'homme sans danger, dans un but thérapeutique. Le champ ouvert aux recherches dans cette voie est immense.

« Nous sommes en train d'essayer entre autres le suc extrait du pancréas dans le diabète; le suc de la rate dans la fièvre intermittente; le suc de la rate et de la moelle des os pour reconstituer le sang après les hémorragies expérimentales ou dans l'anémie et la chlorose. Des expériences analogues sont instituées avec les capsules surrénales dans la maladie d'Addison, avec la glande thyroïde dans la cachexie strumiprive..... »

Ce dernier point a fait l'objet des recherches de G. Vassale et de E. Gley. On sait que l'extirpation complète du corps thyroïde, chez le chien, détermine des accidents convulsifs très graves et la mort à bref délai (*cachexie strumiprive*). Or, l'injection intra-veineuse du liquide obtenu par trituration du corps thyroïde avec de l'eau, produit chez les chiens thyroïdectomisés des effets extrêmement remarquables. Supposons que l'injection soit pratiquée alors que le chien présente déjà, depuis vingt-quatre heures, des accidents graves : marche titubante ou même impossibilité de se tenir

debout, contractions violentes et incessantes de
tous les muscles, polypnée, etc. Au bout de quelques minutes, on voit ces accidents disparaître :
peu à peu, les accès convulsifs diminuent d'intensité et bientôt cessent complètement, la respiration
reprend son rythme normal, la paralysie des extenseurs disparaît, l'animal se tient debout, marche
bien, se met à boire, et un peu plus tard se met à
manger. Le plus souvent les accidents reparaissent
le lendemain, mais on peut encore les faire cesser
par une nouvelle injection. L'expérience réussit
également bien avec le suc extrait de thyroïdes de
mouton.

On sait que Munk et plus récemment Arthaud et
Magnon ont nié l'existence de la cachexie strumiprive. D'après Arthaud et Magnon, les accidents
graves qui surviennent à la suite de la thyroïdectomie, doivent être attribués, non à la suppression
du corps thyroïde, mais à l'inflammation du tronc
du pneumogastrique cervical, inflammation qui est
une conséquence de l'opération. Ils sont ici en
contradiction flagrante avec la plupart des auteurs
qui ont étudié la question.

Breisacher constate que les chiens supportent
beaucoup mieux l'ablation du corps thyroïde, si on
les nourrit avec du lait, que s'ils mangent de la
viande. Breisacher croit que la viande ingérée
exerce une action toxique sur le système nerveux
du chien, action toxique contrebalancée chez l'a-
nimal intact par l'influence de la glande thyroïde.
On sait que le lapin, animal à régime herbivore,
résiste en général à l'extirpation du corps thyroïde.
Gley vient de nous donner l'explication de l'immunité apparente que présente le lapin vis-à-vis de
la thyroïdectomie. Il existe chez le lapin une glande
thyroïde accessoire qui, jusqu'à présent, avait
passé inaperçue. La thyroïdectomie complète,
c'est-à-dire comprenant la thyroïde accessoire, est
toujours mortelle chez le lapin.

Je me borne à signaler les recherches d'A belos
et Langlois sur l'ablation des capsules surrénales.

J'ai analysé dans cette *Revue* quelques-uns des
travaux les plus récents parus sur la question de
la glycogénèse et du rôle des hydrocarbonés dans
la nutrition[1]. Je puis donc me dispenser d'y revenir ici.

IV. — MUSCLES.

1. — La contraction musculaire la plus brève, la
plus simple que nous puissions exécuter (par exemple le mouvement rapide d'extension et de flexion
que le pianiste imprime au doigt), n'est pas simple,
mais se compose en réalité de plusieurs contractions simples (3 ou 4 au minimum) ou secousses

plus ou moins fusionnées. Elle constitue ce que les
physiologistes appellent un *tétanos* ou une *contraction tétanique*, par opposition avec la *secousse* ou *contraction simple*. Chacune de ces secousses élémentaires est provoquée par une excitation spéciale qui
lui est envoyée des centres nerveux par les nerfs
moteurs. De même, la contraction en apparence
permanente d'un de nos muscles est en réalité
un phénomène discontinu, correspondant à un
certain nombre de décharges nerveuses et de secousses musculaires simples, dont les effets mécaniques se confondent. Les excitations motrices
émanées des centres nerveux ne sont donc pas continues, mais se succèdent suivant un certain rythme.
Jusque dans ces derniers temps, les physiologistes
admettaient que ce rythme est régulier, typique,
et que les centres nerveux envoient aux muscles
un nombre déterminé (18 à 20 pour les uns, 9 à 10
pour les autres) d'excitations à la seconde. Plusieurs travaux récents sont venus ébranler cette
doctrine classique.

M. Delsaux a étudié le rythme des contractions
musculaires volontaires, en utilisant le phénomène électrique de la variation négative comme
indice du nombre des secousses élémentaires dont
se compose ce tétanos physiologique. La surface
des muscles en expérience est reliée à l'électromètre de Lippmann. A chaque contraction musculaire la colonne mercurielle de l'instrument s'é-
branle et exécute des oscillations en nombre égal
à celui des contractions simples. M. Delsaux a
réussi à photographier ces oscillations sur une
bande de papier sensible entraînée par le mouvement du cylindre enregistreur. Il a constaté ainsi
que le rythme ne présentait rien de typique et pouvait varier d'un instant à l'autre.

Wedenski arrive à un résultat analogue, en employant le téléphone comme indicateur des variations électriques du tétanos musculaire. Il constate
également que le rythme de la contraction musculaire volontaire est essentiellement variable. Il
en est de même du rythme des contractions provoquées par une excitation artificielle des centres
nerveux moteurs. Dans ce cas, le rythme du tétanos musculaire peut être entièrement différent du
rythme des excitations nerveuses artificielles.

2. — Le muscle est une machine chimique : il
brûle du combustible et transforme en travail mécanique une partie de l'énergie chimique mise en
liberté par le fait de l'oxydation. La plupart des
physiologistes ont abandonné l'ancienne théorie de
Liebig, en vertu de laquelle le muscle était censé
brûler de l'albumine : on admet aujourd'hui que le
combustible musculaire par excellence, c'est le
sucre ou le glycogène. Une preuve que l'on cite
fréquemment en faveur de la doctrine de la nature

---

[1] Voyez la *Revue* du 15 juin 1892, t. III, p. 400 et suiv.

hydrocarbonée du combustible musculaire, c'est qu'un exercice violent et prolongé augmente considérablement chez l'homme et les animaux la valeur des échanges respiratoires (oxygène consommé, CO_2 exhalé), mais n'a guère d'influence sur la destruction organique de l'albumine et sur l'excrétion d'azote par les urines, à condition, bien entendu, que l'organisme soit nourri suffisamment et n'ait pas à vivre de sa propre substance organisée.

Dans ces derniers temps, plusieurs physiologistes, Benege, R. Oddi, Pflüger, sont arrivés à cette conclusion, qu'on ne peut considérer les hydrocarbonés comme la source unique du travail musculaire.

Pflüger a même affirmé que l'albumine est le combustible musculaire par excellence, celui que les éléments vivants, et notamment les fibres musculaires, brûlent de préférence. La graisse, la glycose ne seraient attaquées qu'à défaut d'albumine. Pflüger affirme que le travail musculaire augmente la destruction des matériaux azotés et l'excrétion de l'urée, même en présence d'une quantité suffisante de graisses ou d'hydrates de carbone.

3. — D'Arsonval a précisé les conditions de l'excitabilité électrique des nerfs et des muscles. Il a fait connaître les applications thérapeutiques nouvelles de l'électricité à haute tension.

V. — Système nerveux.

1. — On sait que le fonctionnement des muscles met en liberté une quantité énorme d'énergie et comporte une dépense équivalente de combustible organique : d'où fatigue et épuisement rapide du muscle soustrait à l'action restauratrice de l'irrigation sanguine.

Les nerfs périphériques paraissent au contraire fonctionner sans dépense *appréciable* de matériaux nutritifs : d'où leur grande résistance à la suppression de la circulation. Bernstein avait déjà montré que les nerfs de grenouille sont *infatigables*, qu'ils peuvent être tétanisés pendant des heures entières sans que leur excitabilité diminue. Bowditch a fourni la même démonstration pour les nerfs des animaux à sang chaud. Il tétanise le bout périphérique du nerf sciatique chez un chat empoisonné par le curare et maintenu en vie grâce à la respiration artificielle. La tétanisation est prolongée pendant plusieurs heures, jusqu'à ce que les muscles immobilisés par le curare aient recouvré leur activité. A ce stade de la restauration, la tétanisation du nerf provoque des contractions musculaires, ce qui prouve que l'excitation prolongée du nerf n'a pas compromis son fonctionnement.

Szana a pareillement démontré que les fibres cardio-inhibitrices du nerf pneumogastrique ne peuvent être fatiguées par une excitation prolongée. De même que Bowditch avait employé le curare pour mettre hors de cause les organes terminaux (muscles) dont l'activité s'épuise rapidement, Szana a employé l'atropine qui paralyse les terminaisons intracardiaques des pneumogastriques. Ces nerfs furent tétanisés chez le lapin atropinisé ; quoique l'excitation eût été prolongée pendant plusieurs heures, elle commença à exercer sur les pulsations cardiaques son action modératrice bien connue, aussitôt que le poison eut été éliminé du corps.

Heymans et Gad ont démontré que la myéline des fibres nerveuses est constituée par de la lécithine, ou par une combinaison peu stable de lécithine. Ambronn est arrivé au même résultat et a constaté, en outre, que c'est à la présence de la léthicine que les fibres nerveuses doivent leur biréfringence négative. Si l'on enlève la lécithine au moyen d'éther, on constate que la gaine des fibres nerveuses présente la biréfringence positive.

2. — La question des nerfs trophiques a fait récemment l'objet de recherches intéressantes. Existe-t-il, — à côté des nerfs centrifuges ordinaires (nerfs moteurs ordinaires, y compris les vasomoteurs et les nerfs électriques de certains poissons, nerfs sécrétoires, nerfs d'inhibition), — une catégorie spéciale de nerfs dont le rôle consiste à régler les échanges nutritifs dont les tissus sont le siège, en un mot, des nerfs trophiques ?

Les altérations de la cornée qui surviennent à la suite de la section du trijumeau avaient été invoquées à l'appui de l'existence de fibres trophiques spéciales contenues dans le tronc de la branche ophtalmique du trijumeau, jusqu'à ce que l'on eut démontré que ces altérations sont uniquement dues à la suppression de la sensibilité de la cornée et par conséquent à la suppression des réflexes (clignement des paupières, larmoiement, etc.,) protecteurs de l'œil. Si l'on a soin de protéger convenablement l'œil, par exemple en interposant au devant de lui une partie du pavillon de l'oreille, la section du trijumeau pourra ne pas avoir sur la nutrition de la cornée l'influence fâcheuse signalée par les premiers expérimentateurs.

Gaule a repris cette question : il a vérifié les assertions de ses prédécesseurs, tant qu'il s'agit d'une section du trijumeau pratiquée en arrière du ganglion de Gasser. Si ce ganglion reste en rapport avec l'œil, la cornée protégée convenablement reste indemne. Si la cornée insensibilisée est exposée à l'action vulnérante des corps étrangers, elle s'enflammera au bout d'un certain temps : dans ce cas, il s'agit d'une *kératite traumatique*, non d'une *altération trophique*.

Mais, si la section est pratiquée dans le ganglion

de Gasser ou au-devant de celui-ci, entre lui et l'œil (section de la branche ophthalmique, par exemple), les résultats sont tout différents. Dans ce cas, que l'œil ait été protégé ou non, la cornée devient immédiatement (en quelques secondes ou quelques minutes) le siège de troubles nutritifs qui vont en s'aggravant. Il existe donc une relation étroite entre la nutrition de la cornée et l'intégrité du ganglion de Gasser et de la branche ophthalmique. Je ne suivrai pas l'auteur dans la théorie un peu subtile qu'il propose pour expliquer les faits sans passer par l'hypothèse des nerfs trophiques. Gaule a constaté également des modifications intéressantes de la nutrition de la peau à la suite de la lésion d'un ganglion spinal chez la grenouille.

3. — D'Arsonval a montré récemment que la lumière est capable d'exciter directement les fibres musculaires. Korangi a constaté également que la peau et l'écorce cérébrale de la grenouille sont sensibles à l'action directe des radiations lumineuses (lumière froide).

Eugène Steinach constate également que les changements de coloration que présente la peau de la grenouille et de la rainette, sous l'influence de la lumière, peuvent se produire en dehors de toute influence nerveuse réflexe. Ici aussi il faut admettre une action excitante directe des rayons lumineux sur les cellules pigmentées de la peau : la lumière provoque leur contraction. Je citerai l'expérience suivante, qui est particulièrement intéressante. On recouvre la peau du dos d'une rainette d'un papier noir présentant un ou plusieurs trous carrés, et l'on expose l'animal à la lumière. Les surfaces carrées, soumises aux radiations lumineuses, prennent un ton vert clair qui tranche vivement sur le fond vert sombre du reste du dos. On enlève le papier noir et on transporte l'animal au fond de la chambre où l'éclairage est faible. Les surfaces carrées prennent un ton de plus en plus foncé, tandis que le reste du dos pâlit légèrement, de sorte qu'au bout de peu de temps on observe des carrés sombres sur fond relativement clair. L'expérience peut réussir sur une rainette dont on a détruit le système nerveux central ainsi que les nerfs périphériques.

Steinach a fait des expériences analogues sur plusieurs espèces de poissons.

4. — Langley et Sherrington ont réussi à déterminer le trajet des filets nerveux qui animent les muscles moteurs des poils, et auxquels ils ont donné le nom de *nerfs pilomoteurs*. Ces nerfs sortent tous de la moelle épinière, au niveau de la région dorsale ou de la partie supérieure de la région lombaire et suivent un trajet analogue à celui des nerfs vasomoteurs.

Langley, Dickinson, Langendorff ont montré que les ganglions du grand sympathique cervical sont de véritables centres nerveux, constituent des stations d'étape pour les fibres nerveuses qui y aboutissent et qui en repartent. La nicotine empoisonne les ganglions, mais laisse les fibres intaetes : l'asphyxie atteint les ganglions bien avant les fibres nerveuses ou les organes périphériques.

Il est possible, chez l'animal nicotinisé ou asphyxié, de choisir un stade de l'empoisonnement, où l'excitation du cordon du sympathique ne produit aucun effet, lorsqu'elle atteint le nerf avant son entrée dans le ganglion, tandis qu'au delà du ganglion l'excitation produit la dilatation de la pupille, la constriction des vaisseaux de la tête, etc.

5. — Schtscherback, Sandmeyer, Sternberg, W. Bechterew, J. N. Langley et Grünbaum, Beevor, Loeb et Horsley ont étudié la topographie physiologique de la moelle épinière et de l'encéphale chez les différents animaux. Mentionnons les recherches de Déjerine et de Luys sur l'aphasie.

6. — Le nerf acoustique se divise, comme on sait, au niveau de l'oreille interne, en deux branches, dont l'une se rend au limaçon et l'autre au labyrinthe. Il résulterait des expériences de Corradi que la branche limacéenne seule intervient dans l'audition. La destruction bilatérale du limaçon produirait la surdité absolue chez le cochon d'Inde.

Ewald a fait chez le chien, le pigeon, la grenouille et les poissons de nombreuses expériences sur l'influence que les canaux semi-circulaires de l'oreille exercent sur l'intégrité des mouvements musculaires. Il a été conduit à admettre que, chez l'animal normal et intact, le labyrinthe de l'oreille est constamment le point de départ d'impressions sensibles qui remontent par le nerf acoustique vers les centres nerveux moteurs et qui influencent par voie réflexe l'innervation musculaire tonique. La destruction des canaux semi-circulaires supprime cette action tonique et exerce une action des plus nuisibles sur le sens musculaire et par conséquent sur la correction et l'intégrité des différents mouvements. Ce sont particulièrement les muscles de la partie antérieure du corps, de la tête, qui sont atteints dans leur fonctionnement.

On sait que les animaux vertébrés, soumis à un mouvement de rotation plus ou moins rapide, sur le plateau d'une machine à force centrifuge exécutent des mouvements forcés, et prennent des attitudes spéciales. L. Schæfer a répété ces expériences sur des Invertébrés. Les résultats les plus intéressants ont été observés sur les escargots. Ces mollusques tournent la tête ou se meuvent dans une direction opposée à celle de la rotation.

Si l'on se soumet à un mouvement de rotation, modérément rapide, dans une espèce de carrousel, on éprouve une illusion curieuse sur la position des objets environnants : les objets verticaux paraissent inclinés. Un grand nombre de sourds-muets n'éprouvent point cette illusion.

Kreide y voit une preuve que la notion de la situation de notre corps, ou plus exactement de notre tête dans l'espace, par rapport à la direction de la pesanteur ou des forces analogues à la gravitation, est liée au fonctionnement de certaines parties de l'appareil auditif (otolithes).

VI. — Organes des sens, peau, etc.

1. — H. Magnus a étudié la façon dont se produisent les débuts de la cataracte due à une alimentation riche en sucre, en sel, ou due à l'ingestion de naphtaline, et en a tiré des conclusions intéressantes au sujet du courant de lymphe qui nourrit le cristallin. La cataracte débute régulièrement suivant une zone étroite, circulaire, siégeant à la face postérieure de la superficie du cristallin, un peu en arrière de l'équateur : puis le trouble s'étend à la portion corticale périphérique antérieure pour envahir ensuite le reste du cristallin. Si l'on vient à suspendre l'administration du sel, du sucre ou de la naphtaline, le tissu cristallinien, troublé par le dépôt de ces substances, reprend sa transparence primitive. Ici, ce sont également les portions phériphériques postériennes qui s'éclaircissent en premier lieu.

Nicati a fait des recherches intéressantes sur la glande des procès ciliaires : c'est le nom sous lequel il désigne l'épithélium qui tapisse la face postérieure des procès (*pars, ciliaris, retinæ*). C'est elle qui sécrète l'humeur aqueuse. Tscherning a appelé l'attention sur la quatrième image de Purkinje, produite par réflexion à la surface postérieure de la cornée transparente. Cette image très peu lumineuse n'est visible qu'à la périphérie de la cornée, là où la courbure postérieure de cette membrane est différente de la courbure antérieure.

2. — On admet, en général, que la peau intacte n'a qu'un pouvoir absorbant très faible et que les sels des métaux alcalins ne sont pas absorbés à sa surface. Baschkis et Obermàyer ont montré que cette conclusion est trop absolue : ils ont réussi à déceler la présence du lithium dans les urines de sujets qui avaient subi pendant une demi-heure

l'application d'une pommade composée de lanoline et d'oléate de lithium à la région du dos.

3. — Les anatomistes ont signalé depuis long-temps la présence de bourgeons gustatifs à la face interne de l'épiglotte. Michelson et Langendorff y ont constaté récemment l'existence de la sensibilité gustative.

4. — La plupart des physiologistes admettent avec Helmholtz que le timbre des voyelles est caractérisé par des sons harmoniques de hauteur déterminée et invariable pour chaque voyelle, mais différente d'une voyelle à l'autre. Hermann a combattu cette hypothèse et proposé une nouvelle théorie des voyelles. Chaque voyelle est pour lui caractérisée par un son d'une hauteur déterminée qui présente des variations périodiques dans son intensité. Ces variations d'intensité sont d'autant plus nombreuses que la voyelle est chantée sur un ton plus haut, d'autant moins nombreuses que la voyelle est chantée sur un ton plus grave. Hermann a réalisé l'analyse du son correspondant à chaque voyelle, en photographiant les excursions d'un pinceau de lumière tombant sur un miroir adhérant à la membrane du phonautographe. La synthèse de la voyelle *a* fut obtenue au moyen d'une sirène de Kœnig.

VII. — Reproduction.

Presque tous les travaux parus en 1891 sur la reproduction des animaux sont des recherches d'embryologie pure. Je puis les passer sous silence, puisqu'ils sortent du cadre de la physiologie proprement dite. Je ferai cependant une exception pour le mémoire de Maupas sur le déterminisme de la sexualité chez l'*Hydatina Senta*. Les femelles de ce petit Rotifère, conservées à une température de 26° à 28°, ne donnent naissance qu'à des mâles, tandis que les femelles, maintenues à une température relativement basse (14 à 15°), donnent surtout naissance à des œufs femelles.

Le sexe de l'œuf est donc ici prédestiné et déterminé par la température.

On sait que, dans d'autres groupes d'animaux, le sexe peut dépendre de conditions tout à fait différentes. Ainsi, chez les abeilles, les œufs fécondés donnent toujours naissance à des femelles (reines ou ouvrières), tandis que les œufs non fécondés ou parthénogénétiques donnent naissance aux mâles ou faux bourdons.

Léon Fredericq,
Professeur à l'Université
et Directeur de l'Institut de Physiologie à Liège

BIBLIOGRAPHIE

ANALYSES ET INDEX

1° Sciences mathématiques

Paraf (A.), *Ancien élève de l'École Normale supérieure.* — Sur le problème de Dirichlet et son extension au cas de l'équation linéaire du second ordre. *Thèse de doctorat de la Faculté des sciences de Paris. Gauthier-Villars et fils, 55, quai des Grands-Augustins, Paris,* 1892.

On appelle fonction « harmonique » de deux ou trois variables indépendantes toute intégrale de l'équation aux dérivés partielles du second ordre

$$\Delta u = \frac{\partial^2 u}{\partial x^2} + \frac{\partial^2 u}{\partial y^2} = 0$$

ou

$$\Delta u = \frac{\partial^2 u}{\partial x^2} + \frac{\partial^2 u}{\partial y^2} + \frac{\partial^2 u}{\partial z^2} = 0,$$

pourvu que l'intégrale satisfasse à certaines conditions bien connues de continuité et d'uniformité dans l'intérieur d'une région donnée du plan ou de l'espace. Le problème de Dirichlet dans le cas de deux variables consiste à trouver une fonction u harmonique à l'intérieur d'un contour, et dont les valeurs sur le contour se succèdent suivant une loi donnée arbitrairement à l'avance. La fonction u est alors déterminée et possède des propriétés bien connues.

Le problème a été complètement résolu par le mathématicien Schwarz, autant du moins qu'il s'agit d'établir l'existence de la fonction. Cet ordre de recherches est fort important, tant en analyse qu'en physique mathématique. En analyse, il comprend toute la théorie des fonctions d'une variable imaginaire. M. Poincaré aussi s'en est servi pour établir cette très générale et très profonde proposition : « Soit y une fonction analytique quelconque de x, non uniforme; on peut toujours trouver une troisième variable z, telle que x et y soient fonctions uniformes de z », c'est-à-dire n'aient pour un z donné qu'une seule valeur chacun.

En physique mathématique, on a affaire à l'équation $\Delta u = 0$ dans les questions de chaleur, de potentiel électrique ou newtonien...

M. Poincaré a eu l'idée d'introduire dans les recherches purement analytiques sur la matière des considérations de physique et de mécanique; le procédé, entre les mains du savant géomètre, a été très fructueux; M. Paraf reprend la méthode de M. Poincaré, en en changeant quelques parties. Tel est le premier chapitre de la thèse. La solution consiste d'ailleurs à construire le développement de la fonction inconnue en série trigonométrique uniformément convergente, c'est-à-dire en série procédant suivant les sinus et cosinus des multiples d'un arc variable et dont la convergence n'est pas altérée quand l'ordre des termes change.

Une première généralisation du problème de Dirichlet amène à donner à l'équation $\Delta u = 0$, un second membre $f(x, y)$ différent de zéro. Pour être ramené au problème de Dirichlet, il suffit de trouver une solution de $\Delta u = f$ s'annulant sur le contour. C'est ce que fait M. Paraf dans son second chapitre.

Le troisième est consacré à l'équation :

$$\frac{\partial^2 u}{\partial x^2} + \frac{\partial^2 u}{\partial y^2} = a \frac{\partial u}{\partial x} + b \frac{\partial u}{\partial y} + c$$

où a, b, c désignent des fonctions d'x et d'y. C'est un

type d'équations récemment traité par M. Picard avec grand succès par la méthode des « approximations successives ».

M. Paraf cherche d'abord si la loi de variation sur un contour suffit à déterminer l'intégrale dans l'intérieur du contour.

Pour toute région du plan où c est négatif ou nul; l'intégrale est unique, si elle existe. Existe-t-elle? La question n'est pas complètement élucidée par l'auteur, qui appelle sur ce point de nouvelles recherches. La difficulté se produit quand le contour présente un angle aigu arbitraire.

Telle est l'intéressante thèse de M. Paraf où les recherches personnelles de l'auteur s'étayent sur de nombreux et importants résultats dus à MM. Poincaré, Picard, Harnack, Schwarz, Neumann... qu'on a plaisir à retrouver si heureusement mis en œuvre.

Léon AUTONNE.

André (Ch.) *Directeur de l'Observatoire de Lyon.* — Notes sur un séjour à l'Observatoire du pic du Midi. — *Broch. in-8° de* 15 *p.* ; *Association typographique, Lyon,* 1892.

Ayant utilisé pour des observations d'occultation l'Observatoire météorologique du pic du Midi, M. André fait remarquer que cette station est particulièrement favorable aux études d'astronomie. Il demande qu'on y adjoigne une installation astronomique. « Il suffirait, dit-il, d'une grande chambre renfermant des abris fixes pour les lunettes... On aurait ainsi, à peu de frais un observatoire d'astronomie physique, placé dans des conditions d'observation absolument exceptionnelles, ouvert à toutes les recherches sans qu'il y ait lieu de faire, pour chaque observation et pour chaque étude, une installation nouvelle, et, en même temps, on augmenterait dans une proportion considérable le rendement scientifique du bel établissement que nous possédons au sommet du pic du Midi. » Rappelons que l'Amiral Mouchez, dont le monde savant déplore la perte récente, aurait aussi respecté ce même souhait.

L. O.

Thurston (Robert. H.). *Directeur du Sibley College.* — A Manual of the steam engine for the Engineers and pratical Schools. (*Manuel de la machine à vapeur pour les ingénieurs et les écoles pratiques.*) Deuxième partie : *Design, construction, operation.* 2° vol. *John Wiley and Sons, New-York,* 1891.

Notre compte rendu du premier volume, inséré dans la *Revue* du 15 décembre dernier, exprimait en même temps notre foi dans le succès de l'ouvrage et notre désir de voir paraître prochainement la seconde partie. Celle-ci a suivi de près. Son contenu est résumé dans ces trois mots : *design, construction, opération.* Elle forme une étude complète du tracé, de l'exécution et de la conduite des machines à vapeur : choix du type, des matériaux, des formes, des lubrifiants; proportionnement des parties; exécution des pièces, montage, réglage; essais de réception et d'économie; conduite, entretien, réparations; contrats de vente, etc., rien n'y manque, et le côté financier même n'est pas oublié. L'ensemble comporte assez de développements et est assez largement traité pour constituer un livre précieux non seulement pour le constructeur, mais encore pour l'acheteur ou le propriétaire d'une machine à vapeur. Même sans le premier volume, le succès de celui-ci serait assuré, parce que son utilité est directe pour tous ceux qui ont affaire avec ces machines.

V. DWELSHAUVERS-DERY.

2° Sciences physiques.

Hepworth. — **Les travaux du soir de l'amateur photographe**, *traduit par C. Klary. Un vol. in-8° de 280 p. avec nombreuses illustrations (4 fr.). Société d'éditions scientifiques. Paris, 1892.*

Les amateurs photographes aiment le soleil, et sa disparition, l'hiver ou le soir, semble devoir mettre fin à leurs travaux. La lecture du livre de M. Hepworth leur permettra de s'adonner à leur art favori, même la nuit. L'auteur apprend à couper les glaces, à préparer les plaques isochromatiques, dont l'usage ne s'est pas assez répandu, les divers procédés à employer pour faire des photocopies transparentes pour la projection, la manière de confectionner des cadres, enfin l'usage des lumières artificielles (magnésium, lumière électrique, etc.). Nous sommes heureux de voir M. Hepworth faire l'éloge de l'objectif simple, mis à tort délaissé par les amateurs, sans doute à cause de son prix peu élevé. Seulement si l'auteur ne le conseille que pour le paysage, nous nous permettons de le trouver aussi très recommandable pour les instantanés. Les seules critiques que nous ayons à faire à l'ouvrage portent sur la traduction qui, selon l'habitude de M. Klary, serre le texte d'un peu trop près, ce qui entraîne quelquefois des locutions obscures.

G. H. Niewenglowski.

Le Sourd (Paul). — **Traité pratique des vins, cidres, spiritueux et vinaigres**, *publié avec la collaboration de MM. S. Desclozeaux, A. M. Desmoulins, Ed. Delle et H. Ferrand (3° édition), 1 vol. in-8° de 752 pages, illustré de 82 fig. (Prix: 12 fr.) G. Masson, Paris et Coulet, Montpellier, 1892.*

Ce n'est pas en industrie seulement que la division du travail s'impose; nous sommes déjà parvenus à une époque où l'ouvrage didactique, à moins de se maintenir dans les strictes limites d'un cadre étroit, exige le concours de plusieurs collaborateurs, écrivant chacun dans sa spécialité, sous la direction de l'un d'eux, qui imprime à l'œuvre l'unité de vues et de plan indispensable. Tel est le cas du livre que vient d'éditer M. Masson, livre dont les divers auteurs : MM. Le Sourd, Desclozeaux, Desmoulins, Delle et Ferrand, ont fait une sorte d'encyclopédie, résumant toute une série d'ouvrages d'agriculture, de chimie, de technologie, de législation, relatifs aux liquides fermentées.
Sans autres préambules qu'une courte promenade géographique, l'auteur aborde directement en premier lieu la question de la vinification. La principale condition, pour obtenir une boisson de bonne qualité, est assurément de disposer de fruits intacts et sains; malheureusement les intempéries causent des dommages qu'apprécient trop bien, cette année, les Bourguignons, les Bordelais, les Montpelliérains, et, d'autre part, l'oïdium, le mildew, et tutti quanti livrent aux récoltes des assauts sans cesse renouvelés. Le livre indique brièvement la nature du mal et les remèdes à employer et, à ce propos, nous formulons le vœu que des agronomes compétents puissent enfin nous éclairer au sujet de l'efficacité absolue du verdet, dont l'emploi pour combattre le mildew est si commode et se généraliserait encore, si l'industrie arrivait à produire à bas prix ce sel, dont la fabrication est exposée avec détails dans l'ouvrage qui nous occupe. Inversement, la description des opérations de vendange nous amène à regretter que le plâtrage, contre lequel les œnologues du nord de la France éprouvent tant de préjugés, ait été soumis à une réglementation si sévèrement rigoureuse que l'opération perde toute son utilité pratique. Néanmoins, à quelque chose malheur sera bon : l'agriculteur se trouvera obligé de mieux surveiller la fabrication de ses vins, en évitant des fautes dont il se fût peu soucié jadis. L'art de produire un vin agréable autant que solide constitue à présent une branche de la chimie dont les principes sont fort bien exposés dans le livre

de M. Le Sourd. Les viticulteurs et les négociants intelligents trouveront dans le chapitre du *traitement des vins* peu de principes qu'ils ne connaissent déjà par instinct ou tradition. La routine ici supplée à la science, d'autant que les *traitements à l'électricité*, n'ont pas été mis en pratique, en dehors du laboratoire; il en est de même de la *congélation* et de l'*exposition à la lumière*.
Après avoir montré comment s'obtiennent les *vins de marcs*, l'auteur, s'appuyant sur l'opinion de M. Aimé Girard, explique que, malgré certaines qualités, ces liquides laissent à désirer au point de vue de l'extrait, du tartre, du tannin, des matières colorantes, et ne peuvent être assimilés aux véritables vins provenant du pur jus de raisins. Des vins de marc aux *vins de raisins secs*, la transition est naturelle. Leur fabrication exige encore plus de propreté minutieuse que la fermentation de la vendange fraîche; nous pensons du reste que les vins de raisins secs, n'ayant plus de raison d'être depuis que la France a reconstitué nombre de vignobles productifs, disparaîtront peu à peu, après avoir rendu transitoirement quelques bons services, lorsque sévissait la crise phylloxérique.
Le chapitre relatif à la *dégustation* précède naturellement celui du *coupage*, procédé qui, pratiqué intelligemment et loyalement, non seulement n'est pas blâmable, mais peut favoriser à la fois les intérêts des producteurs, du commerce et des consommateurs.
Bien longue est la liste des *maladies et altérations des vins!* Le lecteur pourra se sentir découragé en parcourant l'énumération de tous les maux qui peuvent assaillir l'infortunée boisson. Heureusement à côté du mal figure le remède, ordinairement préconisé par M. Pasteur, dont l'autorité, en pareil sujet, est souveraine. Du reste, lors de la vinification, des soins de propreté bien entendus, permettent de parer d'avance à bien des déboires.
A la suite des vins, un paragraphe spécial est consacré aux *cidres et poirés*. Notons, pour la bonne fabrication du cidre, l'utilité de l'emploi du *mustimètre* qui permet de juger, sans analyse chimique, de la richesse saccharine des jus de pommes : or, la connaissance du degré de maturation du fruit est une circonstance capitale. La plupart des maladies et quelques-unes des sophistications du cidre correspondent à des altérations similaires, à des fraudes identiques pour les vins blancs. Observons que le cidre le plus alcoolique correspond, comme degré, à un vin de force moyenne.
Les *alcools*, les boissons dérivées de l'alcool, les *liqueurs*, les *sirops* viennent à leur tour et occupent une bonne partie de l'ouvrage. A ce propos, nous lisons avec regret que qu'aucun cépage américain producteur direct, n'a pu encore fournir une eau-de-vie assez fine pour remplacer les anciens crus des Charentes, aujourd'hui disparus.
Mentionnons simplement les chapitres consacrés aux *vinaigres*, aux *futailles*, aux *lies et tartres*. Le livre, à propos de l'*analyse des boissons*, décrit les appareils propres à doser l'alcool des vins; l'un d'eux, l'*œnomètre Rey* a cela de curieux qu'il fonctionne à la fois comme *ébullioscope* et comme *alambic distillateur*. En dehors du laboratoire la méthode de l'*œnobaromètre* indique l'extrait avec une suffisante précision. Divers instruments permettent à un ignorant en chimie de constater si le plâtrage a été poussé en dehors des limites légales. Au contraire, loin d'être définitivement tranchées, maintes questions relatives aux vins de raisins secs et aux colorants artificiels font l'objet de discussions brûlantes entre les savants les plus distingués.
Quelques règles de législation pratique, relatives à l'achat ou à la vente des boissons fermentées complètent très heureusement cet intéressant ouvrage technologique mis au courant de la science moderne et qui cependant dans ses 7 à 800 pages ne renferme pas un passage inintelligible pour un profane.

Antoine de Saporta.

3ᵉ Sciences naturelles.

Trutat (Eugène), *Directeur du Musée d'Histoire naturelle de Toulouse*. — **Essai** sur l'histoire naturelle du **Desman des Pyrénées**. *Un vol. in-8ᵉ de* 107 *pages avec* 11 *planches hors texte* (*Prix* : 6 *francs*). *Edouard Privat*, 45, *rue des Tourneurs, Toulouse*, 1892.

Le petit Mammifère qui fait l'objet de cette monographie avait été, jusqu'à présent, peu étudié, en raison du caractère restreint de son habitat, de sa rareté, enfin de ses mœurs qui rendent sa capture très difficile. L'ouvrage, magnifiquement édité, que M. Trutat lui consacre, nous le fait connaître jusque dans le minutieux détail de son histologie. Aujourd'hui que l'anatomie macroscopique des Vertébrés est faite, les recherches des naturalistes doivent, comme l'a fort bien compris M. Trutat, viser surtout l'analyse microscopique des organes et des tissus : c'est uniquement dans cette voie et dans celle de l'embryologie qu'on a chance de rencontrer d'intéressantes nouveautés : ces études semblent promettre un précieux apport à la zoologie, notamment à la discussion des particularités anatomiques attribuées à l'adaptation. L. O.

Hartog (Marcus M.). — Quelques problèmes de reproduction : étude comparative de la gamétogénie, de la sénescence et du rajeunissement du protoplasma. *Quarterly Journal of microscopical Science*, 1892.

L'auteur a résumé, d'après les travaux les plus récents, les différentes formes de la reproduction sexuelle, dans le règne végétal et dans le règne animal, et il formule les conclusions générales suivantes :

Les formes absolument agames existent dans le groupe les Monadinées, chez lesquelles le repos est le seul mode de rajeunissement. Le changement de genre de vie est un mode de rajeunissement qui s'observe fréquemment chez les apogames ou qui se fécondent eux-mêmes.

Chez les monadinées les plus élevées et les myxomycètes, il se forme un plasmodium, de sorte que le cytoplasme est renouvelé par plastogamie, tandis que les noyaux émigrent de leur cytoplasme original.

L'isogamie, multiple ou binaire, est un progrès sur la formation d'un plasmodium ; elle comprend, aussi bien que la plastogamie, la karyogamie, c'est-à-dire tion du noyau par la fusion d'un des anciens noyaux.

Le rajeunissement de la karyogamie est dû à ce que le noyau et le cytoplasme de la zygote constituent une nouvelle association cellulaire. Un semblable rajeunissement s'observe lors de la migration d'un noyau dans une masse protoplasmique dépourvue de noyau, comme lorsqu'un spermatozoïde pénètre dans un fragment énucléé d'œuf d'Echinoderme.

Beaucoup de cas de soi-disant parthénogénèse consistent réellement dans la fusion de noyaux, le noyau résultant différant essentiellement des noyaux du cycle cellulaire antérieur.

D'autres modes de rajeunissement peuvent remplacer la karyogamie des gamètes : un repos prolongé de la cellule gametogoniale du Botrydium donne à ses cellules-filles la faculté de se développer d'une manière indépendante, au lieu de s'unir comme gamètes.

Les organismes qui ont acquis la faculté de se rajeunir par karyogamie peuvent, s'ils se rajeunissent longtemps par division sans karyogamie, arriver à un état de sénilité caractérisé par une incapacité reproductrice. Chez eux, cependant, le rajeunissement karyogamique est devenu essentiel pour la conservation de l'espèce.

Une division nucléaire fréquemment répétée, sans intervalles de repos suffisants pour la nutrition et la reconstitution, peut amoindrir l'énergie vitale ou la constitution de la cellule, et accélérer son incapacité reproductrice ; et cela peut être le processus physiologique de la division, qui si souvent différencie le gamète et détermine ses caractères distinctifs.

L'incapacité reproductrice de beaucoup de microgamètes s'explique cependant suffisamment par l'extrême réduction de leur cytoplasme. Cette incapacité, due à une fissiparité longtemps ou rapidement répétée sans être interrompue par la karyogamie, est une affaire de tempérament constitutionnel ou de vigueur caractéristique seulement de l'espèce : elle manque dans les types primitifs, agames ; elle est peu marquée dans les groupes chez lesquels existe la parthénogénèse, bien qu'elle soit souvent absolue dans des formes étroitement alliées ; elle a été perdue dans les groupes apogames.

Une évolution ultérieure de cette faiblesse constitutionnelle s'observe dans les formes qui sont soit exogames, soit différenciées sexuellement. Chez elles, les noyaux qui se fusionnent pour récupérer leur faculté reproductrice par rajeunissement doivent être d'origine différente.

L'exogamie des isogamètes ne peut pas être considérée comme l'indication d'un sexe latent ; elle est plutôt l'expression d'une incompatibilité karyogamique, à cause d'une étroite relation consanguine ; sous le nom d'allogamie elle a été depuis- longtemps reconnue comme étant associée et surajoutée à la bissexualité.

La faiblesse constitutionnelle atteint son plus haut degré dans les organismes chez lesquels l'allogamie est la plus marquée ; les mauvais effets d'une union entre parents sont proportionnels aux avantages habituels du croisement, qui devient ici une nécessité acquise.

Par suite de l'existence occasionnelle de types, qui ne présentent pas de dégénérescence par union entre parents, on constate que la nécessité de l'allogamie n'est pas absolue, mais n'est qu'une question de faiblesse ou de vigueur constitutionnelle.

De ce que dans tous les cas de rajeunissement plasmodial et karyogamique on observe que, soit la migration du noyau dans un cytoplasme étranger, soit la reconstitution du cytoplasme ou du noyau, soit la combinaison de ces deux éléments, sont les seuls facteurs nécessaires, on en conclut que la faiblesse constitutionnelle des derniers termes d'un cycle de fissiparité est due à une association trop longtemps prolongée du noyau et du cytoplasme.

D'après les considérations tirées des fonctions connues du noyau, de sa composition chimique, des effets du repos, du changement de forme ou d'habitat (polymorphisme et hétérœcisme) sur le rajeunissement, effets qui souvent remplacent ceux produits par la karyogamie, il est à penser que les mauvais effets de l'association prolongée du noyau et de la cellule sont dus : 1ᵉ à ce que le noyau répond moins activement aux excitations du cytoplasme, et exerce par conséquent un pouvoir directeur insuffisant ; 2ᵉ à la nutrition imparfaite du noyau, et 3ᵉ à la déchéance de la cellule comme tout organique.

Le processus de la réduction nucléaire dans les cellules progamétales et dans les gamètes, quoique général, n'est ni uniforme ni universel. Sa constatation dans les cellules mères du pollen des phanérogames permet de conclure à son existence dans les cellules mères des éléments reproducteurs en général, sexuels et asexuels.

Les théories de remplacement, pour expliquer la fécondation, sont inadmissibles, puisqu'elles sont contredites par les faits suivants : l'isogamie multiple ; la non différenciation des descendants des exo-isogamètes en deux catégories, les membres de l'une des catégories pouvant s'unir à ceux de l'autre, mais ne pouvant s'unir entre eux ; l'absence de phénomène d'élimination d'aucune sorte dans la plupart des cas de gamétogénie ; l'existence d'une véritable parthénogénèse des gamètes mâles aussi bien que des gamètes femelles ; la formation d'individus mâles aux dépens de l'œuf exclusivement femelle chez les abeilles.

F. Henneguy.

4° Sciences médicales.

Loir (D' Adrien). *Directeur de l'Austrian Pasteur Institute.* — La microbiologie en Australie. Etudes d'hygiène et de pathologie comparée poursuivies à l'Institut Pasteur de Sydney. *Thèse de la Faculté de médecine de Paris; un vol. in-8° de 96 p.* G. Steinheil, 2, rue Casimir-Delavigne, 1892.

Cette thèse est le résumé des travaux que M. Loir a poursuivis depuis quatre ans en Australie. Ce pays dit-il, « ne contenait, au moment de sa découverte, que des habitants clair-semés et privés d'animaux domestiques. Colons et troupeaux lui sont venus de l'extérieur à des dates variées et relativement récentes. Pendant la longue traversée nécessaire autrefois pour aborder le continent nouveau, les animaux malades sur le quai de départ ont pu disparaître, de sorte que l'importation d'espèces nouvelles n'a pas nécessairement été accompagnée de l'importation de toutes les maladies qui sévissent sur ces espèces dans notre vieux continent. Puis, à un jour donné, telle ou telle de ces maladies a apparu, à la suite de l'extension des échanges, de l'établissement de stations intermédiaires, de la diminution de plus en plus grande de la durée du voyage.

« Une fois installée, et rencontrant une population vierge de toute atteinte, elle s'est développée plus ou moins vite et acclimatée. Puis est venue la période de lutte. Le pays était neuf et n'avait pas eu le temps de se préoccuper des progrès accomplis par la science. Il a cherché une protection dans les lois douanières, et s'est entouré d'un régime de quarantaines plus rigoureusement observées qu'en aucun autre pays du monde. Quel a été l'effet de ces quarantaines ? Jusqu'à quel point ont-elles réussi à protéger le continent nouveau des maladies qui n'y existaient pas encore au moment où elles ont été inaugurées ? »

Ce sont là toutes questions que M. Loir aborde dans sa thèse. Envoyé par M. Pasteur pour porter en Australie la connaissance d'un moyen propre à combattre la pullulation des lapins, M. Loir n'a pu jusqu'ici, par suite d'intrigues politiques, qu'il explique, démontrer l'efficacité du choléra des poules pour la destruction du fléau.

Aujourd'hui les obstacles ont disparu, et désormais M. Loir peut espérer introduire le procédé Pasteur dans les régions de la Nouvelle-Galles du Sud, infestées par les lapins.

Mais les résultats déjà obtenus par la mission Pasteur constituent dès à présent un sérieux dédommagement au retard qu'a subi la question des lapins. D'abord c'est la fondation arrêtée en principe d'un institut Pasteur à Sydney d'après les plans de celui de Paris, et dont la construction va être commencée.

Cet Institut fonctionne en réalité depuis un an dans un laboratoire organisé sur un petit îlot de la grande rade de Sydney. M. Loir y a préparé l'an dernier la vaccine charbonneuse nécessaire à la vaccination de 250,000 moutons. Les lecteurs de la *Revue* savent déjà combien la mortalité par cette maladie charbonneuse est élevée; aussi n'en parlerons-nous pas, pas plus que de l'inoculation du charbon aux marsupiaux, et, sans nous arrêter à l'étude d'une maladie spontanée, trouvée sur les lapins australiens, nous passons tout de suite à la péripneumonie contagieuse des bêtes à cornes, qui a fait son apparition en Australie, en 1858.

« Elle a été introduite dans la station de Boadle, du district Plentey (colonie de Victoria) par une vache que cet éleveur avait fait venir d'Angleterre.

« Les conditions de l'élevage du gros bétail sont telles en Australie que la maladie se répandit avec une rapidité effrayante. Les mesures de police sanitaire qui, dans les pays où la production est restreinte, où les animaux sont surveillés de près, parviennent à arrêter la maladie, se montrent impuissantes dans ces déserts où des milliers de bêtes à cornes sont laissées seules sans surveillance dans d'immenses parcs où on ne les voit que de loin en loin. »

On doit à M. Loir d'avoir organisé à Sydney une station où l'on conserve le vaccin antipéripneumonique et d'où on l'envoie aux propriétaires des troupeaux contaminés. Cette station a, l'an dernier, satisfait à plus de 300 demandes.

Pour arriver à ce résultat, M. Loir a mis en pratique un procédé indiqué par M. Pasteur en 1892 au moment où il étudiait la péripneumonie aux environs de Paris. L'illustre savant écrivait alors, au sujet du virus servant de vaccin :

« Un poumon peut en fournir d'assez grandes quantités, faciles à éprouver pour sa pureté dans les étuves ou même aux températures ordinaires. Avec un seul poumon on peut s'en procurer assez pour servir à des séries nombreuses d'animaux. Il y a plus : sans recourir à de nouveaux poumons, on pourrait entretenir cette provision de virus de la façon suivante : Il suffirait, avant l'épuisement d'une première provision du virus, d'inoculer un jeune veau au fanon ou derrière l'épaule : la mort arrive assez promptement et tous les tissus près ou assez loin du voisinage de la piqûre sont infiltrés de sérosité, laquelle est virulente à son tour; on peut également la recueillir et la conserver à l'état de pureté. »

« Ce procédé, dit M. Loir, n'avait jamais été mis en pratique, il répond absolument aux besoins des propriétaires australiens. Si, en effet, la lymphe de l'infiltration est aussi bonne que la lymphe du poumon, il sera facile d'avoir une station où l'on entretiendra continuellement un veau sous l'action de l'inoculation dans une partie défendue, de conserver le virus de cet œdème dans des tubes stérilisés qui seront envoyés au propriétaire et serviront de point de départ à de nouvelles inoculations.

« En somme le procédé de M. Pasteur pour conserver le virus de la péripneumonie fonctionne en Australie et avec succès. Chaque jour on a des preuves de son efficacité. »

La rage est inconnue en Australie; il est imposé une quarantaine de 6 mois pour les chiens. Ayant donné sa qualité d'élève de M. Pasteur, M. Loir fut consulté par le Ministre de l'Agriculture sur la nécessité de ces quarantaines. La réponse de M. Loir fut communiquée à M. Pasteur qui approuva la lettre ci-jointe que nous pensons intéressant de reproduire :

« *Tu as parfaitement raison de dire que dans les conditions présentes du voyage en Australie et avec les quarantaines actuelles, il est pratiquement et scientifiquement probable que l'Australie continuera à jouir de son immunité pour cette maladie. Quoi qu'on puisse trouver le contraire dans de vieilles publications, il est certain que la rage n'est jamais spontanée chez les animaux. Les chiens peuvent être placés dans les conditions les plus contraires à leur genre de vie, froid, chaleur, nourriture, aucun ne deviendra hydrophobe.*

« *La rage, en dernière analyse, est toujours le résultat de la morsure d'un chien enragé. Il serait oiseux de discuter la question de savoir d'où vient le premier animal affecté : la science est incapable de résoudre la question de l'origine et de la fin des choses. Il est très probable, comme tu le dis dans ta lettre au Ministre, qu'un chien partant d'Europe après avoir été mordu par un animal enragé, mourra pendant le voyage ou pendant la quarantaine qui lui est imposée à son arrivée en Australie; ainsi le veut la période d'incubation. Cette règle n'est pourtant pas absolue; la science signale des périodes d'incubation de la rage d'une année, même de deux ans et quelques mois, mais ce sont là des exceptions très extraordinaires. Je crois même que nous n'avons aucune preuve certaine à ce sujet pour la race canine; on peut en citer peut-être un ou deux exemples dans la race humaine.* »

L. Pasteur.

Nous ne pouvons énumérer ici toutes les questions que M. Loir a traitées dans sa thèse; il l'a remplie de documents importants que voudront consulter tous les spécialistes.

L. O.

ACADÉMIES ET SOCIÉTÉS SAVANTES

DE LA FRANCE ET DE L'ÉTRANGER

(La plupart des Académies et Sociétés savantes, dont la Revue *analyse régulièrement les travaux, sont actuellement en vacances.)*

ACADÉMIE DES SCIENCES DE PARIS

Séance du 18 juillet.

1° Sciences mathématiques. — M. J. Boussinesq : Sur une légère correction additive qu'il peut y avoir lieu de faire subir aux hauteurs d'eau indiquées par les marégraphes, quand l'agitation houleuse ou clapoteuse de la mer atteint une grande intensité : cas d'une mer clapoteuse.

2° Sciences physiques. — M. J. Pionchon a appliqué à l'aluminium la méthode de détermination des chaleurs spécifiques aux températures élevées. En examinant la ligne qui représente les valeurs de q_0^t, fournies par l'expérience, on trouve que, jusqu'à 580°, elle présente une courbure modérée et lentement croissante. La chaleur spécifique vraie, qui est de 0,201 à 0°, devient, en effet, égale à 0,2894 à 550°. Mais vers 580°, où la fusion se prépare, la courbe se relève rapidement, pour devenir verticale entre 623° et 628°. A cette température, la fusion est achevée. Le métal, un peu avant la fusion, prend une structure singulière. Il devient friable et s'écrase sous la moindre pression. L'auteur assigne à l'aluminium, comme point de fusion, la température de 625°. Enfin, fait remarquable, la chaleur latente de fusion de ce métal a été trouvée égale à 80 calories, c'est-à-dire égale à celle de l'eau. — M. A. Pérot donne les nombres qu'il a trouvés par d'autres procédés, pour la valeur de la constante diélectrique du verre. En déterminant k par la mesure de la capacité d'un condensateur, on trouve un nombre qui décroît avec la durée de la charge, et tend vers une limite qui paraît être égale au nombre donné par la mesure de la déviation des surfaces équipotentielles; cette valeur serait la *véritable constante diélectrique*. — M. H. Le Chatelier précise la nature du désaccord entre le principe du travail maximum de M. Berthelot et quelques conséquences des principes fondamentaux de la Thermodynamique. — M. H. Moissan a préparé un nouvel iodure de carbone, le *proto-iodure de carbone*, C^2I^4, en décomposant le tétra-iodure par une faible élévation de température, ou en réduisant ce même composé, en solution sulfocarbonique, par la poudre d'argent. Il en décrit les principales propriétés. — M. A. Werner étudie un nitrate basique de calcium répondant à la formule $Ca(AzO^3)^2 + Ca(OH)^3 + 2\frac{1}{2}H^2O$, et cristallisant en longues aiguilles. — MM. H. Baubigny et E. Péchard ont trouvé que, pour le sulfate de cuivre et quelques autres sulfates métalliques, la vitesse d'effleurissement peut être considérablement modifiée par la présence de petites quantités d'acide sulfurique dans la liqueur qui fournit ces sels; il sera par suite nécessaire, quand on voudra obtenir des hydrates stables pour les sulfates, de s'assurer que leur dissolution est bien neutre au méthylorange. — MM. G. Rousseau et G. Tite présentent les résultats de leurs nouvelles expériences relatives à la décomposition des azotates basiques de bismuth et d'urane. — M. E. Fink a préparé une série de composés renfermant du palladium, du phosphore et du chlore, entre autres le chlorure phosphopalladeux $PhCl^3PdCl^2$, un acide de formule $Ph(OH)^3PdCl^2$ et les éthers correspondants. — M. G. Hinrichs montre que le radical monovalent de cyanogène n'a point une composition du même ordre que le radical simple et monovalent de chlore; qu'en d'autres termes, les éléments chimiques, si ce sont des substances complexes, ne sont pas du

même ordre de composition que les radicaux communs. — M. A. Rosenstiehl, étudiant l'influence du groupe méthyle, substitué à un hydrogène benzénique, sur les propriétés de l'orthotoluidine, fait ressortir la régularité avec laquelle se modifient les fonctions du groupe méthyle. Placé en *ortho* par rapport au groupe azoté, il cède à une amine secondaire quelques-unes des propriétés des amines tertiaires; à l'amine tertiaire, ayant libre la place para, il donnera les propriétés d'une amine substituée en para; enfin, à l'amine tertiaire, ayant AzH^2 à la place para, il donnera les propriétés d'une diamine alcoylée dissymétrique. — M. P. Cazeneuve montre : 1° que l'instabilité du carboxyle, soudé au noyau benzénique dans les acides-phénols, croît avec le nombre des hydroxyles phénoliques qui figurent également dans la molécule; 2° que cette instabilité du carboxyle paraît augmenter avec les substitutions halogénées ou autres dans le noyau; 3° enfin, que dans les acides-phénols, les hydroxyles phénoliques ont, suivant leur position, une influence variable sur la stabilité du carboxyle. — M. J. Riban maintient la manière de procéder et les conclusions insérées dans sa précédente note au sujet des eaux minérales ferrugineuses conservées. — S. A. Albert Ier, prince de Monaco, indique un projet d'observatoires météorologiques à créer sur les îles éparses de l'Atlantique (îles du Cap Vert, Bermudes, Açores, etc.). Ces postes pourraient recueillir les observations qui, étant ensuite centralisées, permettraient d'en tirer des conséquences pour la prévision du temps. L'auteur a l'intention de proposer une réunion de savants délégués par les pays intéressés. — M. Mascart, faisant ressortir l'importance des observations éventuelles des Açores, et à sa suite, M. Bouquet de la Grye, appuient la proposition précédente.

3° Sciences naturelles. — M. Duclaux, au sujet du rôle physiologique attribué par M. Poehl à la spermine, fait remarquer que, dans l'expérience consistant à faire agir le chlorure d'or sur le magnésium en poudre, ce n'est point cette propriété chimique de la spermine d'exciter, par sa présence seule, les oxydations, qui entre en jeu, mais bien cette propriété physique, commune à tant d'autres substances, de rendre mousseux le liquide dans lequel s'accomplit la réaction. On peut, en effet, reproduire l'expérience ci-dessus avec une foule de corps, l'eau de savon et la saponine, par exemple. — M. A.-B. Griffiths a extrait, par une méthode qu'il décrit, une nouvelle leucomaïne des urines des épileptiques, ayant pour formule $C^{12}H^{16}Az^2O^7$; c'est une substance blanche, cristallisant en prismes obliques. Cette leucomaïne vénéneuse produit les tremblements, les évacuations intestinales et urinaires, la dilatation pupillaire, les convulsions, et enfin la mort. — M. G. Philippon, recherchant les causes des différences constatées dans les expériences de Paul Bert soumettant des lapins à des pressions de 6 à 8 atmosphères, puis à des décompressions plus ou moins brusques, arrive aux conclusions suivantes : 1° c'est par l'action mécanique des gaz qui se dégagent dans leurs vaisseaux, que meurent les animaux placés dans l'air comprimé, par suite de la décompression brusque; 2° il suffirait de quelques instants, moins de deux minutes, pour que le gaz accumulé dans le sang, par suite de la compression, soit éliminé complètement par les poumons, ce qui explique le retour des animaux à l'état normal, quand on les ramène len-

tement à la pression ordinaire. — M. **Paul Marchal**, ayant étudié la glande coxale du Scorpion, a trouvé qu'il y avait communication entre la substance médullaire et la substance corticale de cette glande. La glande coxale des Arachnides peut être considérée comme étant de même nature que la glande antennaire et la glande du test des Crustacés ; de plus, la substance médullaire du Scorpion correspond au saccule des Crustacés. Ces organes des Arachnides et des Crustacés peuvent être regardés comme faisant partie d'une série métamérique comparable à celle des organes segmentaires des Vers. — M. **A. Pomel** décrit les ossements des membres d'une espèce de Singe, dont la tête et la dentition sont encore inconnues, et provenant des phosphorites quaternaires d'Algérie. L'auteur pense qu'il s'agit là d'un Macaque, et il le désigne sous le nom de *Macacus trarensis*. — MM. **Simon Duplay** et **Maurice Cazin** traitent de la réparation immédiate des pertes de substance intra-osseuse, à l'aide de corps aseptiques. Pour obtenir une réparation plus rapide et plus parfaite des cavités osseuses, les auteurs remplissent ces cavités, rendues aseptiques, avec différents corps spongieux, employés journellement en chirurgie ; ils recommandent plus spécialement l'éponge, la gaze aseptique ou le catgut, comme leur ayant donné les meilleurs résultats. Ces expériences ont été faites sur les animaux. Pour appliquer cette méthode à l'homme, il convient de stériliser parfaitement la cavité pathologique, tout en rendant le corps obturant absolument aseptique. Les auteurs continuent leurs recherches dans cette voie. — Des faits constatés par lui trois jours après la catastrophe de Saint-Gervais-les-Bains (Haute-Savoie), M. F.-A. Forel conclut que celle-ci est due à une avalanche du glacier suspendu des Têtes-Rousses. Cette avalanche, ayant fait d'abord une chute de 1500 mètres de hauteur sur un parcours de 2 kilomètres, sous forme de masse glacée à peu près pure, s'est transformée en une masse boueuse, semi-liquide, qui a parcouru comme une coulée vaseuse, un trajet de 11 kilomètres pour se déverser dans l'Arve, qui l'a diluée et emportée au Rhône. L'auteur ajoute que, selon lui, la catastrophe ne pouvait être prévue, mais il pense que l'on peut en empêcher le retour. — M. **Emile Belloc** rend compte de l'étude qu'il a faite sur certaines formes de comblement, observées dans quelques lacs des Pyrénées. Dans ces recherches, l'auteur a fait un très grand nombre de sondages à l'aide de son nouvel *appareil de sondage portatif à fil d'acier*[1], ce qui lui a permis de relever, topographiquement, le relief immergé de ces bassins lacustres et de pratiquer de nombreuses coupes avec beaucoup d'exactitude.

Mémoires présentés. — M. **E. Geoffroy** : Sur les propriétés toxiques du *Robinia Nicou*, et sur le principe actif de cette plante.

Nomination. — M. **van Beneden** est élu associé étranger, en remplacement de feu sir George Airy.

Séance du 25 juillet.

1° SCIENCES MATHÉMATIQUES. — M. **P. Tacchini** : Résumé des observations solaires faites à l'Observatoire royal du Collège romain pendant le deuxième trimestre de 1892. — M. **Em. Marchand** : Observations du Soleil, faites à l'Observatoire de Lyon (équatorial Brunner), pendant le premier semestre de 1892. — M. **Deslandres** fait connaître les résultats nouveaux obtenus sur l'hydrogène par l'étude spectrale du Soleil. M. **Balmer** a indiqué une fonction simple des nombres entiers successifs, qui représente exactement la série des quatorze radiations de l'hydrogène, assimilables à une série d'harmoniques sonores. Cette fonction, qui s'applique aussi à la plupart des métaux,

est la suivante : $N = A - \dfrac{B}{n^2}$, N étant le nombre de vi-

[1] Voir au sujet de cet appareil la *Revue* du 15 avril 1892, page 234.

brations, A et B deux constantes, et *n* un nombre entier variant de 3 à 16. Or l'auteur a trouvé, dans le Soleil, la série des harmoniques de l'hydrogène, avec cinq radiations en plus, correspondant exactement aux cinq termes suivants de la formule de Balmer. Les résultats précédents ont été obtenus en photographiant le spectre d'une protubérance extraordinairement intense. Or, le spectre de l'étoile temporaire du Cocher, dans la région de l'épreuve, est identique pour la composition à celui de la protubérance. De plus, les raies du spectre de l'étoile offrent, de même que celle du calcium, à la base de la protubérance, des renversements, qui sont liés à la rotation de l'astre. — M. **Zenger** fait remarquer que les dernières éruptions volcaniques accusent la même périodicité que les grands mouvements atmosphériques et sismiques ; il cherche à montrer comment on peut, à l'aide de l'héliophotographie, en prévoir le retour à l'avance.

2° SCIENCES PHYSIQUES. — M. **R. Blondlot** traite de la vitesse de propagation des ondulations électromagnétiques dans les milieux isolants, et de la relation de Maxwell. L'auteur énonce la proposition suivante : Un *oscillateur* étant donné, la longueur des ondes qu'il est susceptible d'émettre doit rester la même, quel que soit le milieu isolant dans lequel l'expérience est faite. Cette proposition a été vérifiée pour l'essence de térébenthine et l'huile de ricin. L'auteur en a déduit, en outre, la relation de Maxwell $k = n^2$. — M. **Berthelot** présente quelques observations nouvelles relatives à l'emploi de la bombe calorimétrique et insiste sur les conditions différentes qui président à son emploi, pour brûler les divers corps combustibles fixes, volatils ou gazeux. — M. **H. Moissan** indique plusieurs préparations du trisulfure de bore, $Bo^2 S^3$, et résume quelques propriétés nouvelles de cet important composé, peu étudié jusqu'ici. — M. **P. Schutzenberger** rend compte de ses recherches sur la constitution chimique des peptones. Les premiers résultats obtenus se rapportent à la fibrine du sang de cheval et à sa transformation, sous l'influence de la pepsine dite *extractive à* 100 *pour* 100, en présence de l'acide chlorhydrique. L'auteur a obtenu une poudre jaunâtre, la *fibrinpeptone*, renfermant des albumoses. Cette fibrinpeptone, décomposée sous l'action de la baryte, a donné un résidu fixe se rapprochant de la forme générale $C^n H^{2n} Az^2 O^4$; il y a, en outre, mise en liberté de corps volatils appartenant au groupe du pyrrol ou de la pyridine. Les analyses ont montré que la fibrinpeptone, prise dans son ensemble, ne diffère de la fibrine initiale que par les éléments de l'eau. Sous l'influence de la baryte, elle perd, comme les albuminoïdes en général, le quart de son azote total sous forme d'ammoniaque ; il se sépare en même temps de l'acide carbonique et de l'acide acétique. — M. **E. Péchard**, poursuivant ses recherches sur l'acide permolybdique et les permolybdates, fait connaître les résultats obtenus pour la chaleur de formation de ces composés. D'après les résultats obtenus, l'acide permolybdique déplacerait l'acide carbonique de ses combinaisons et sera déplacé par les acides forts ; de plus, ce corps se formant avec absorption de chaleur, nécessite par suite l'intervention d'une énergie étrangère. — M. **Granger** a obtenu le phosphore de mercure cristallisé, $Hg^3 Ph^2$, soit en faisant réagir les combinaisons halogénées du phosphore (iodure) sur le mercure, soit en faisant passer l'iodure de phosphore sur du mercure chauffé vers 250°. Mais, dans ce dernier cas, le phosphore et l'iodure se subliment, et leur séparation est longue et pénible. — M. **T. Klobb** fait connaître, dans une communication précédente, le procédé, fondé sur l'emploi du sulfate d'ammoniaque, à l'aide duquel on peut obtenir, à l'état cristallin, certains sulfates anhydres. L'auteur a appliqué ce traitement au sulfate de plomb et au sulfate de cuivre ; avec ce dernier sel, on obtient des sulfates dont la nature est en rapport avec la température à laquelle on s'arrête. — M. **G. Guillemin**, à la suite des recherches de MM. Osmond et Werth sur la détermination de la structure de l'acier fondu, a été amené à soumettre au même procédé, c'est-à-dire à l'analyse microchimique, divers alliages industriels. Cette méthode lui a permis de déterminer rapidement et d'une façon sommaire la nature d'un bronze ou d'un alliage industriel, par la simple inspection d'une surface polie et dérochée, et de reconnaître si cet alliage a été simplement moulé ou bien s'il a été seulement estampé, laminé ou étiré. — **M. H. Cousin** a modifié le procédé d'extraction de l'homopyrocatéchine, et, avec ce composé, il a préparé deux dérivés mononitrés isomères de formule $C^7H^7AzO^4$. — **MM. Paul Sabatier** et **J.-B. Senderens** font connaître une nouvelle classe de combinaisons, les *métaux nitrés*, qu'ils obtiennent par l'action à froid du peroxyde d'azote, débarrassé des traces d'acide azotique qu'il peut contenir, sur certains métaux, tels que le cuivre et le cobalt; les auteurs traitent aussi des propriétés du peroxyde d'azote. — **M. G. Hinrichs** traite de la chaleur spécifique des atomes et de leur constitution mécanique. Entre le radical simple (élément chimique) et le radical complexe, se manifeste un contraste mécanique qui fait renoncer à l'idée de considérer les éléments comme étant des radicaux non encore décomposés. Le principe fondamental a été énoncé par **M. Berthelot**. L'auteur donne la démonstration élémentaire de sa signification mécanique, laquelle peut être formulée de la façon suivante : Dans les composés chimiques, les atomes des éléments entrent en individualités intégrantes, retenant un mouvement propre de vibration; mais les atomes des éléments chimiques vrais sont des corps solides ou liquides, dont les termes constituants n'ont pas de mouvements individuels. — **M. F. Chancel** a préparé la monopropylurée : 1° par l'action de l'ammoniaque sur l'isocyanate de propyle, et 2° par l'action de l'isocyanate de potasse sur le sulfate de monopropylamine. L'auteur a préparé aussi la dipropylurée dissymétrique par l'action de l'isocyanate de potasse sur le sulfate de dipropylamine. — **M. Adolphe Carnot** fait connaître les résultats obtenus quant à la composition des ossements fossiles et à la variation de leur teneur en fluor pour les différents étages géologiques. En premier lieu, la proportion de fluor est, dans beaucoup d'espèces fossiles, dix ou quinze fois aussi grande que dans les os modernes. En second lieu, dans les terrains primaires et secondaires, les proportions relatives de fluor et d'acide phosphorique sont, en moyenne, presque les mêmes que dans l'apatite cristallisée. Dans les terrains tertiaires et quaternaires, il a décroissance progressive et très marquée de la proportion de fluor. Mais celle-ci reste encore beaucoup plus élevée dans les ossements quaternaires que dans ceux de l'ère moderne.

3° Sciences naturelles. — **M. P. Petit** a trouvé que : 1° la presque totalité du fer se trouve dans l'orge à l'état de nucléine; 2° le fer est contenu exclusivement dans les téguments et dans l'embryon, ce dernier renfermant dix fois plus de fer que l'orge prise en bloc; 3° pendant la germination, la quantité de fer non nucléique varie peu, mais la proportion de fer diminue, ce qui prouve que l'embryon possède en lui-même toute la réserve de fer. — **MM. P. Blocq** et **J. Onanoff** ont entrepris des études dans le but d'établir les rapports numériques existant entre les fibres nerveuses d'origine cérébrale destinées aux membres. Leurs numérations leur ont prouvé que les fibres nerveuses d'origine cérébrale destinées au mouvement sont plus nombreuses pour les membres supérieurs que pour les membres inférieurs, dans la proportion de 5 pour 1 environ. On sait, en effet, que les membres thoraciques sont utilisés surtout pour les mouvements intelligents et conscients, tandis que les membres abdominaux sont employés principalement pour les actes automatiques et inconscients. Les auteurs tirent, en outre, de leurs résultats, quelques déductions au point de vue pathologique. — **M. P. Binet**, étudiant la toxicité comparée des métaux alcalins et alcalino-terreux, employés à

l'état de chlorures et en injections sous-cutanées, énonce les résultats auxquels il est conduit. La propriété la plus générale, exercée sur l'organisme par les sels métalliques, est la perte d'excitabilité du système nerveux, central et périphérique, puis l'altération de la contractilité musculaire. L'auteur a étudié, de plus, les caractères particuliers qui distinguent les métaux et qui permettent d'établir une relation entre la nature de l'action physiologique exercée par le métal et la place qu'il occupe dans la classification physique. — **M. C. Phisalix**, continuant ses recherches sur le *Bacillus Anthracis*, montre que la perte, chez ce bacille, de la propriété sporogène, signalée par lui dans une communication précédente, doit être attribuée à l'action combinée de la chaleur et de l'air et à l'oxydation lente du protoplasma. La privation d'oxygène contrebalance l'action de la chaleur et conserve au protoplasma ses propriétés reproductrices. En ensemençant des cultures restées asporogènes depuis plusieurs mois et pendant plusieurs générations, dans du bouillon ordinaire étalé en couche mince et additionné de quelques gouttes de sang frais de cobaye, on restitue à ces cultures la faculté sporulative. L'auteur signale à cet égard le rapprochement inattendu entre la fonction reproductrice et la fonction virulente. Dans le but d'élucider le mécanisme du retour de la propriété sporogène dans l'expérience précédente, l'auteur fait remarquer que les *pseudo-spores* ou *spores rudimentaires*, corpuscules réfringents signalés par **M. Chauveau** dans le mycélium chauffé à 42°, se montraient dans toutes les cultures devenues asporogènes avec l'aspect et les caractères des spores atténuées, ne se distinguant que grâce à leur différence de résistance à la chaleur, résistance variable avec les conditions de vie et de nutrition du microbe. — **M. L. Cuénot**, ayant étudié les organes excréteurs des Gastéropodes pulmonés par la méthode dite des *injections physiologiques*, a reconnu chez eux trois sortes d'organes excréteurs : 1° le rein; 2° certaines cellules du foie (cellules vacuolaires); 3° les grandes cellules vésiculeuses du tissu conjonctif (cellules de Leydig), les deux premiers étant des organes d'élimination, le troisième un rein d'accumulation. L'auteur s'est servi, pour ses injections, de solutions peptoniques renfermant diverses matières colorantes solubles dont il indique le lieu d'élimination. Il fait remarquer finalement que le rôle physiologique du foie des Pulmonés, dans l'excrétion, permet de les rapprocher des Opisthobranches, dont le foie renferme des cellules excrétrices à grandes vacuoles, tandis que le foie des Prosobranches paraît être uniquement une glande digestive. — **M. A.-B. Griffiths** signale une globuline incolore, l'*achroglobine*, qu'il a retirée du sang de la *Patella vulgata* et qui possède une fonction respiratoire à la manière de l'hémoglobine et de l'hémocyanine. — **M. Louis Mangin**, étudiant la constitution de la trame organique qui, dans les cystolithes, sert de support aux cristaux, y a constaté d'abord la présence constante des composés pectiques associés à la cellulose; il y a découvert, en outre, la présence de la callose. L'auteur fait connaître les méthodes permettant de mettre cette substance en évidence, ainsi que les diverses cellules et les organes où on la rencontre; o la trouve en particulier dans les membranes des cellules de l'épiderme ou du parenchyme qui limitent le régions subérifiées à la suite d'une mutilation de l feuille. — **M. J. Huber** et **F. Jadin** font connaître une nouvelle algue perforante à ajouter aux végétaux semblables, au nombre de dix, actuellement connus C'est une Chamæsiphonée, à laquelle les auteurs on donné le nom de *Hyella fontana*, trouvée à la source d Lez et dans d'autres cours d'eau près de Montpellier cette algue vit aussi bien dans les vieilles coquilles d Mollusques terrestres, que dans les eau douces, que dans les pierres calcaires du fond des rui seaux et rivières. — **M. Schribaux** rend compte d résultat de ses recherches pour l'amélioration de

plantes cultivées. Il a trouvé que, dans une inflorescence, les fleurs les plus précoces produisent les semences les plus lourdes, et que ce sont celles-ci qui
mûrissent les premières. Il en résulte que, quelle que
soit la destination des plantes que l'on cultive, il convient de donner la préférence aux grosses semences. —
M. Pomel fait connaître deux nouveaux Ruminants
par leurs restes fossiles trouvés dans les gisements
quaternaires de la dernière époque néolithique en Algérie. Ce sont le *Cervus pachygenys* et l'*Antilope Mau-
pasi*, connus, le premier par des portions de mandi-
bules, et le second par des arrière-molaires supérieures
et inférieures. — MM. J. Vallot et A. Delebecque,
ayant cherché à déterminer d'une façon précise les
causes de la catastrophe survenue à Saint-Gervais,
pensent que, vu la configuration des lieux, l'hypothèse
d'une simple avalanche de glace doit être écartée; leur
opinion est qu'il s'est formé là un lac sous-glaciaire,
et les effets destructeurs seraient dus à une
avalanche d'environ 100.000 mètres cubes d'eau et
90.000 mètres cubes de glace. Les auteurs pensent, en
outre, que ce lac se reformera peu à peu et que le
remède consisterait à faire sauter les seuils rocheux,
afin de permettre l'écoulement des eaux de fusion du
glacier.

Mémoires présentés. — M. L. Hugo : Sur quelques
particularités de la Carte de la voie lactée, dans la
constellation du Cocher. — M. Drillon : Sur un projet
de paquebots à grande vitesse. — M. Ch. Lestoquoi
demande l'ouverture d'un pli cacheté contenant une
note intitulée : « Projet-étude d'un manomètre à commutateur, susceptible de nombreuses applications en
Hydraulique et Hydrographie. » — M. A. Allemand :
Complément à ses précédentes communications sur le
choléra. — M. Stabikoff : Nouvelle étude sur l'univers.

Ed. BELZUNG.

Séance du 1er août.

1° SCIENCES MATHÉMATIQUES. — M. Alphonse Dumou-
lin : Sur les courbes tétraédrales symétriques. M. Jamet a énoncé la proposition suivante : Un point M étant
pris arbitrairement sur une courbe tétraédrale, considérons la cubique gauche tangente en M à la courbe tétraédrale et passant par les sommets du tétraèdre de
symétrie. 1° La courbe tétraédrale et la cubique
gauche ont, au point M même plan osculateur.
2° Lorsque le point M se meut sur la courbe tétraédrale, le rapport des courbures, au point M, de la cubique gauche à la cubique tétraédrale, demeure constant. En établissant quelques propriétés infinitésimales
des courbes dont les tangentes font partie d'un complexe quelconque algébrique ou transcendant, l'auteur
complète ainsi le théorème : 3° Au point M, la courbe
tétraédrale et la cubique gauche ont des torsions
égales. — M. le Secrétaire perpétuel signale, parmi
les pièces imprimées de la correspondance, sept nouvelles feuilles des cartes de France et de Tunisie, publiées par le Service géographique de l'armée.

2° SCIENCES PHYSIQUES. — M. G. Salet : M. Stokes a
énoncé la loi suivante : Les rayons émis par une substance fluorescente ont toujours une réfrangibilité
moindre que celle des rayons excitateurs. Par un dispositif expérimental nouveau, M. Salet montre l'exactitude de cette loi et réduit à néant les attaques de
M. Lourmel en même temps qu'il rattache la loi au
principe de Carnot par l'intermédiaire de la remarque
de M. Pellat : Les rayons les plus réfrangibles qui apparaissent dans le spectre à des températures de plus
en plus élevées, peuvent effectuer des réactions chimiques qui ont besoin, pour se produire, du concours
de sources de chaleur à températures également croissantes. — M. H. Moissan. qui a préparé le trisulfure de
bore en faisant réagir le soufre sur le triodure de bore
par voie sèche au rouge sombre, obtient le pentasulfure
Bo^2S^3 en répétant la même réaction à la température
ordinaire et en solution sulfocarbonique; c'est une
poudre blanche, bien cristalline, de densité 1,85, fon-

dant à 390°, décomposable immédiatement par l'eau en
acide borique, hydrogène sulfuré, avec dépôt de soufre;
chauffé dans le vide vers 400°, il se dédouble en soufre
et trisulfure; le même dédoublement a lieu en présence
des métaux. — M. de Forcrand s'appuie sur ses études
thermochimiques récentes, sur les pyrogallols sodés,
pour montrer que des deux formules admises pour le
pyrogallol, $C^6H^2(OH)^3$, , , , ou $C^6H^3(OH)^3$, , , , la première
seule s'accorde avec ses nombres thermiques, la se-
conde est à rejeter. — M. Léprince a isolé de l'écorce
de *Rhamnus Prushiana* où *Cascara Sagrada* un corps
nouveau la *cascarine* qui paraît être le principe actif de
la plante; il se présente en aiguilles prismatiques d'un
jaune orange, solubles en rouge pourpre foncé dans les
alcalis; sa formule est $C^{12}H^{10}O^5$; il appartient à la série
aromatique, car la fusion avec la potasse fournit la
phloroglucine; la rhamnétine de M. Schutzenberger lui
est peut-être identique ou simplement isomérique avec
elle. — M. F. Parmentier répond à la dernière communication de M. Riban relative aux eaux ferrugineuses.
C. MATIGNON.

3° SCIENCES NATURELLES. — M. P.-P. Dehérain : Sur les
cultures dérobées d'automne, utilisées comme engrais
verts. Par les analyses des eaux de drainage provenant
des pluies d'automne, on trouve que les pertes d'azote
nitrique sont très réduites, ou même supprimées, lorsque les terres sont couvertes de végétaux. En semant à
l'automne, immédiatement après une céréale, de la
graine de vesce, on peut pour ainsi dire l'azote des nitrates en réserve dans une matière organique; cet azote
ne devient assimilable qu'au printemps suivant, alors
qu'il peut être utilisé par les plantes occupant le sol;
de plus, dans le cas d'une légumineuse, le sol s'enrichit en azote prélevé sur l'atmosphère. — MM. Chibret
et Huguet rendent compte des résultats de l'examen
physiologique de quatre vélocipédistes après une course
de 397 kilomètres. Ils ont trouvé, entre autres, que le
coefficient d'utilisation de l'azote urinaire varie en raison inverse du degré de fatigue, que ce coefficient est
un peu inférieur à la normale pour un individu non fatigué par la course et que la fatigue est liée au gaspillage de l'azote. Enfin le premier arrivé a dû probablement son succès à l'énergie anglo-saxonne, aidée par
l'alcool et la kola. — MM. F. Berlioz et A. Trillat exposent les résultats qu'ils ont obtenus concernant les
propriétés des vapeurs de l'aldéhyde formique ou for-
mol. Celles-ci se diffusent rapidement dans les tissus
animaux, qu'elles rendent imputrescibles, et s'opposent,
même en faible quantité, au développement des bactéries et des organismes. Elles stérilisent en quelques
minutes les substances imprégnées de bacilles d'Eberth
et de charbon. Enfin les vapeurs ne sont toxiques que
respirées en grande quantité et pendant plusieurs
heures. — M. E. Hédon, par un procédé qu'il décrit, a
réussi à obtenir la greffe sous-cutanée du pancréas. De
l'opération conduite comme il l'indique, l'auteur tire
les conclusions suivantes, importantes au point de vue
de la théorie du diabète d'origine pancréatique : 1° si
à un chien porteur d'une greffe on extirpe tout le pancréas qui reste dans l'abdomen, il ne se produit pas de
glycosurie; 2° l'extirpation de la greffe, faite sans anesthésie, en quelques minutes, comme on enlève une tumeur, est suivie d'une glycosurie très intense, qui se
développe en quelques heures et persiste jusqu'à la
mort de l'animal. Ces expériences de greffe prouvent
que le pancréas fonctionne comme une glande vasculaire sanguine. — M. Léon Vaillant fait un certain
nombre de remarques sur l'alimentation chez les Ophi-
diens. Les observations se rapportent à un certain membre
du grand Anaconda de l'Amérique méridionale (*Eunec-
tes murinus*, Linné), long d'environ six mètres, qui,
chose rare pour l'espèce, a accepté la nourriture dès
son arrivée à la ménagerie des reptiles du Muséum.
Depuis son entrée, ce serpent a mangé en moyenne
cinq fois par an. Sa nourriture a consisté, presque toujours, en boucs et chèvres de petite taille; il a pris
néanmoins, dans l'espace de six ans, trois fois des la-

pins, et une fois une oie. Les serpents manifestent de véritables goûts, mais lorsque l'on est arrivé difficilement à leur faire prendre le premier repas, ils acceptent ensuite beaucoup plus aisément ce qui leur est offert. Quant au volume des proies, l'Anacondo dont il s'agit a avalé un jour un chevreau de douze kilos, représentant à peu près le sixième du poids du sujet. Le volume relatif de l'animal ingéré, chez les serpents à l'état de liberté, doit être souvent beaucoup plus grand, ainsi que le prouve le fait suivant. Une vipère de France (*Pelias berus*, Linné) ayant été placée dans une même cage avec une vipère à cornes (*Cerastes cerastes*, Linné) à peu près de même taille, dès la nuit suivante, cette dernière avala sa compagne de captivité; son corps s'était distendu au point de laisser entre les écailles écartées, un espace nu, égal à leur propre largeur; la digestion eut lieu normalement. Les résidus de la digestion sont évacués en une seule fois, après chaque repas, mais dans les déjections on peut trouver des débris provenant des repas antérieurs. — M. **Frédéric Guitel** rend compte de ses observations relatives aux mœurs du *Clinus argentatus*, Cuv. et Val., que l'on trouve dans la Méditerranée, au Cap de Bonne-Espérance et en Australie. Cette espèce est ovipare, contrairement à ce que l'on avait constaté, mais pour quelques autres espèces seulement. L'auteur a réussi à faire vivre les *Clinus* en captivité dans un bac à courant constant, contenant quelques touffes de *Cystoseira*, algues dans lesquelles ils vivent à l'état de liberté, fixées sur des fragments de roche. L'auteur a vu les femelles pondre leurs œufs au milieu de ces algues, et un seul mâle venir ensuite, après s'être frayé un canal au travers de la masse de ces œufs, les féconder et les garder. La coque de l'œuf du *Clinus argentatus* porte un grand nombre de filaments fixés sur une calotte peu étendue, et disposés en faisceaux onduleux enroulés régulièrement autour de l'œuf ovarien mûr. Au moment de la ponte, les faisceaux se déroulent; les filaments qui les constituent se collent avec ceux des autres œufs, s'enchevêtrent parmi les branches des algues et s'y fixent. L'auteur décrit en détail les faits, dont il a été témoin, concernant les habitudes de ce poisson. — M. **Emile Blanchard**, au sujet de la note précédente, fait remarquer que les espèces du genre Épinoche ont des mœurs analogues à celles du *Clinus* étudié. — MM. C.-**Eg. Bertrand** et **B. Renault** décrivent une algue permienne à structure conservée, trouvée dans le boghead d'Autun, à laquelle ils donnent le nom de *Pila bibractensis*. C'est un thalle ellipsoïde multicellulaire, les cellules étant disposées à peu près radialement. Celles-ci renfermaient un protoplasme réticulé et un gros noyau axial; les thalles se dissociaient par leur région centrale. Les Pilas s'accumulaient en îlots sensiblement alignés et vivaient libres et flottants dans les eaux brunes de l'époque permienne, au moment de la formation des schistes bitumineux supérieurs. — M. **A. de Grossouvre** a signalé précédemment les relations de synchronisme existant entre les assises crétacées de la Touraine et celles de la craie blanche du bassin de Paris. L'auteur confirme aujourd'hui ces données par l'observation directe, d'où il résulte que la craie des environs de Chartres est constituée par des sédiments intermédiaires entre ceux de la craie de la Touraine et ceux de la craie blanche proprement dite. Des courants, dirigés du sud au nord, ont fait pénétrer, vers la fin de l'époque cénomanienne, la faune aquitanienne dans le bassin de Paris. Les différences de faunes observées dans les assises synchroniques des deux bassins, proviennent surtout des variations bathymétriques.

Mémoires présentés. — M. **Dubut** : Note relative à un liquide propre à détruire le Phylloxéra. — M. **G. Bouron** : Procédé pour rendre les objets incombustibles.

M. **Eugène Soulié** : Petit appareil figurant les particularités d'une éclipse partielle de Lune.   Ed. BELZUNG.

ACADÉMIE DE MÉDECINE

Séance du 12 juillet.

M. **Magitot** : De l'hystérie chez les nouveau-nés. Ce terme « l'hystérie des nouveau-nés », admis par M. Chaumier, n'est qu'un mode d'interprétation pour désigner un groupe d'accidents infantiles attribués communément à la dentition. L'auteur entreprend le procès à fond de cette interprétation et conclut par ces mots : « Nous souhaitons que la classe des maladies dites de la dentition, chez l'homme, soit définitivement rayée du cadre de la nosologie médicale. » — M. **A. Béchamp** : Discussion sur la pleurésie et son traitement.

SOCIÉTÉ CHIMIQUE DE PARIS

Séance du 6 juillet.

M. **Zune** présente un nouveau modèle de microscope polarisant disposé pour la vision binoculaire. Il montre qu'on peut déceler les huiles grasses dans le beurre par l'examen microscopique après l'avoir refroidi plusieurs heures dans une glacière; les huiles cristallisent en longues aiguilles. — M. **Béchamp** indique les précautions nécessaires pour obtenir un pouvoir rotatoire constant dans la préparation de l'acide gummique. — M. **Adrian** fait ressortir l'intérêt que présente l'étude du pouvoir rotatoire comme moyen de caractériser les gommes de diverses provenances. — M. **Causse** présente un acétal cristallisé résultant de la combinaison de l'acétone et de la résorcine en présence d'acide sulfurique concentré. Cet acétal a pour formule : $C^{14}H^{14}O^4, H^2O$.

Séance du 9 juillet.

M. **Brochet** a étudié l'action du chlore sur l'alcool isobutylique, et constate qu'il se produit principalement de l'aldéhyde isobutylique monochlorée :

$$\begin{matrix} CH^3 \\ \end{matrix} \!\!\! \begin{matrix} \\ >CCl—CHO \end{matrix}$$
$$CH^3$$

Méthyl 2 — chloro 2 — propanol. L'acide sulfurique polymérise cette aldéhyde en donnant un composé fut sible à 37° et bouillant 110°-120°, l'examen cryoscopique lui donne comme formule $[C^4H^7ClO]^3$. — M. **Grimaux** a cherché à différencier les deux atomes d'azote que renferme la quinine; l'un d'eux appartient vraisemblablement à un noyau quinoléique et l'autre à un noyau pyridique. Si l'on traite à froid le diiodométhylate de quinine par la soude, il s'élimine une molécule d'iodure de méthyle et il se forme un iodométhylate différent de celui que l'on obtient par fixation directe de l'iodure de méthyle sur la quinine. On obtient le même isomère en traitant par l'iodure de méthyle, non plus la base libre, mais le sulfate basique, en même temps il se produit de l'acide sulfurique libre. L'iodométhylate de quinanisol étant de même décomposé à froid par la soude, tandis que l'iodométhylate de quinine résiste. M. Grimaux admet que dans l'iodométhylate de quinine ordinaire, c'est l'azote pyridique qui est saturé. Dans l'action des alcalis sur l'iodométhylate de quinine ou de quinanisol, M. Grimaux a obtenu une substance cristallisée douée d'une fluorescence verte considérable. — M. **Léger** a obtenu, dans la décomposition des iodométhylates de quinine sans l'intervention des alcalis, la même fluorescence verte.   A. COMBES.

ERRATUM. — Dans notre dernier numéro, page 535, 2e colonne, ligne 32 :

Au lieu de : du fer à travers le spectre, *lisez :* à travers le spectre du fer.

Le Directeur-Gérant : LOUIS OLIVIER

Paris.—Imprimerie F. Levé, rue Cassette, 17.

REVUE GÉNÉRALE

DES SCIENCES

PURES ET APPLIQUÉES

DIRECTEUR : LOUIS OLIVIER

LA NOMENCLATURE CHIMIQUE

AU CONGRÈS DE PAU

I. *Association française pour l'avancement des sciences* a mis dès l'an dernier, à l'ordre du jour de sa *Section de chimie*, la question de la réforme de la nomenclature chimique; et elle a publié le texte complet des rapports qui ont été présentés à la Commission internationale par la sous-commission française [1]. Les lecteurs de la *Revue* n'ont pas oublié qu'un Congrès international s'est réuni à Genève au mois d'avril dernier, et qu'il a pris un grand nombre de résolutions que nous avons brièvement résumées ici même [2]. Depuis la réunion de Genève, on s'est mis à l'œuvre et l'on a cherché à appliquer rigoureusement les décisions prises; comme nous le faisions prévoir, on s'est heurté à de graves difficultés dans l'application stricte des règles posées, et l'on a constaté un nombre important de lacunes, qu'il faut combler.

C'est au *Congrès de l'Association française pour l'avancement des sciences*, qui s'ouvre aujourd'hui même à Pau, que pourront s'agiter et se résoudre les questions restées en suspens. Les savants de tous les pays, qui se sont rendus à Genève, ont été invités à venir à Pau : beaucoup le feront et l'on peut, dès à présent, espérer une entente complète. L'*Association* qui a, dès l'origine, soutenu les initiateurs de l'œuvre, aura, par son achève-

ment, rendu un signalé service à la science, et justifié une fois de plus son titre.

Je vais maintenant exposer, de la manière la plus simple et la plus courte possible, comment est posée la question à l'heure actuelle, et comment, à mon sens, elle peut se résoudre facilement en ajoutant simplement aux décisions du Congrès de Genève quelques conventions complémentaires. Les idées que je vais exposer, sous ma responsabilité, ne me sont pas absolument personnelles; elles résument, je crois, l'opinion de la sous-commission française.

I

Les principes sur lesquels repose la nouvelle nomenclature peuvent être ainsi résumés :

Dans un composé organique, on envisage une chaine ou un noyau que l'on considère comme prépondérant, et auquel on rapporte, par substitution, tous les corps qui peuvent en dériver. Dans la série grasse, c'est la chaine la plus longue d'atomes de carbone qui joue ce rôle; dans la série benzénique, c'est la molécule du benzène; dans la série de la pyridine ou de la quinoléine, ce sont ces deux composés.

Tout ce qui est relié aux noyaux ainsi définis par des atomes de carbone, est regardé comme résultant des substitutions et exprimé au moyen de préfixes. Ainsi, l'isobutane $CH^3 - CH - CH^2$ $|$ CH^3 est

---

[1] On peut se procurer le texte complet de ces rapports, suivi des résolutions prises au Congrès de Genève, au siège de l'*Association*, 28, rue Serpente.

[2] Voyez à ce sujet la *Revue* du 30 avril 1892, t. III, p. 257 et suiv.

     17

considéré comme un méthyl-propane ; les fonctions introduites par substitution dans la molécule de l'hydrocarbure, sont alors exprimées par des suffixes. L'alcool isobutylique

$$CH^3-CH-CH^2OH$$
$$\overset{|}{CH^3}$$

devient le méthylpropan-ol.

Le numérotage des atomes de carbone d'un hydrocarbure, et la manière de nommer ce composé étant d'ailleurs fixés d'une manière invariable, on voit que tous les corps renfermant le même groupement d'atomes de carbone, unis entre eux de la même manière que dans l'hydrocarbure donné, porteront tous le nom de cet hydrocarbure, modifié seulement par une terminaison ; et les divers atomes de carbone seront désignés par les mêmes chiffres ; tous les composés organiques sont alors sériés en familles naturelles ; ainsi :

le popylène $CH^2=CH-CH^3$ devient le propène,
l'iodure d'allyle $CH^2=CH-CH^2I$ — l'iodo 3 propène,
                                  1   2   3
l'alcool allylique $CH^2=CH-CH^2OH$ — le propénol 3,
l'acroléine $CH^2=CH-CHO$ — le propénal,
l'acide acrylique $CH^2=CH-CO^2H$ — l'ac. propénoïque.

Tout cela est extrêmement facile ; mais nous ne considérons ici que des fonctions simples et placées toujours dans la chaîne la plus longue ; que va-t-il arriver si la fonction qu'il faut désigner par un suffixe se trouve dans une chaîne latérale, cas qui se présente fréquemment pour les fonctions acide, nitrile et acétone ? C'est là que se présentent les premières difficultés.

Soit, par exemple, à nommer le composé suivant :

$$CH^3-CH^2-CH-CH^2-CH^3$$
$$\overset{|}{CO^2H}$$

qui s'appelait *acide diéthyl-acétique*. L'hydrocarbure dont il dérive par oxydation est le *méthylpentane*; par conséquent, si on applique à la lettre la nomenclature actuelle, on devra dire : acide *méthylpentanoïque*; mais ce nom-là appartient évidemment aussi à l'acide dont la formule est :

$$\overset{(5)}{CH^3}-\overset{(4)}{CH^2}-\overset{(3)}{CH}-\overset{(2)}{CH^2}-\overset{(1)}{CO^2H.}$$
$$\overset{|}{(3^1)CH^3}$$

Il faut donc compléter le premier en indiquant par des chiffres la position des substitutions, et on devra dire : Acide méthyl 3-pentanoïque 3¹ pour le premier de ces acides, et méthyl 3- pentanoïque ¹ pour le second.

On voit immédiatement le grave inconvénient qu'il y a à procéder ainsi ; dans le second mot, le préfixe méthyl 3 exprime qu'il y a réellement substitution d'un groupe méthylique sur l'atome de carbone 3 de l'acide pentanoïque ; dans le

premier, au contraire, ce mot méthyl 3 n'a plus la même signification, parce que, à la fin du nom, se trouve la désinence *oïque*, qui signifie transformation de CH^3 en CO^2H, suivie du chiffre 3¹ qui indique que cette transformation porte justement sur le groupe CH^3, placé en chaîne latérale ; de sorte que le mot méthyle a deux significations différentes, et que, dans le premier cas, il est séparé de la terminaison qui indique la modification subie par le groupe CH^3. Enfin, ce double sens peut se trouver à l'intérieur d'un même mot quand il existe des chaînes latérales modifiées et d'autres qui ne le sont pas. Prenons, par exemple, l'acide isopropyl-éthyl-acétique :

$$CH^3-CH-CH-CH^2-CH^3$$
$$\overset{|}{CH^3}\quad\overset{|}{CO^2H}$$

Le nom construit d'après les mêmes principes sera :

Acide diméthyl 2.3 — pentanoïque 3¹

qui est certainement mauvais, puisqu'ici le mot méthyl exprime à la fois deux substitutions différentes.

Cette difficulté se rencontre naturellement toutes les fois qu'une fonction quelconque est placée dans une chaîne latérale ; voici comment il me semble qu'on pourrait supprimer cet inconvénient grave.

II

Il a été décidé à Genève que l'on continuerait à se servir de radicaux, c'est-à-dire de composés hypothétiques résultant de la soustraction d'un atome d'hydrogène à un hydrocarbure ou à un de ses dérivés, et qu'on exprimerait cette soustraction par la terminaison *yle*, remplaçant la terminaison en *ane* des hydrocarbures saturés, ou ajoutées au nom des autres hydrocarbures ; dès lors,

le résidu du méthane CH^4 est le méthyle — CH^3,
le résidu du méthanol CH^3OH est le méthylol — CH^2OH,
le résidu de l'acide méthanoïque HCO^2H est le méthyloïque CO^2H

Or, ces résidus sont précisément les chaînes latérales à un atome de carbone possédant une fonction acide, alcool etc., et les noms de ces résidus contiennent le suffixe caractéristique de la fonction qu'ils renferment.

Nous proposons donc, *toutes les fois qu'une chaîne latérale renferme une fonction, de joindre au mot qui exprime l'existence de cette chaîne latérale le suffixe qui indique la fonction qu'elle possède :* ainsi, le résidu CO^2H s'appelant méthyloïque, nous dirons dans les exemples précédemment cités :

$$CH^3-CH^2-CH-CH^2-CH^3$$
$$\overset{|}{CO^2H}$$
Acide Pentane-méthyloïque 3.

$$CH^3-CH-CH-CH^2-CH^3$$
$$\qquad\ \ CH^3\ \ \ CO^2H$$

Acide méthyl 2.— pentane-méthyloïque 3.

On évite de cette manière toute ambiguïté, et on respecte absolument l'esprit des nouveaux procédés de nomenclature, qui est d'indiquer dans les noms le noyau, c'est-à-dire ici la chaîne la plus longue et les chaînes latérales qui s'y rattachent de manière à figurer immédiatement le squelette invariable des atomes de carbone, en réservant aux suffixes le rôle de désigner la fonction, ces suffixes restant d'ailleurs les mêmes dans la chaîne principale, et dans les chaînes latérales.

Nous ne pensons pas qu'on doive conserver, pour désigner le groupe CO^2H, les termes *carbonique* ou *carboxylique*; le mot méthyloïque est plus expressif et surtout donne à la nomenclature adoptée une grande unité, la chaîne latérale *méthyl* devenant, suivant les modifications qu'elle subit : *méthylol, méthylal, méthylnitrile, méthyloïque.* Il est inutile de répéter, pour les chaînes à deux ou plusieurs atomes de carbone, ce qui vient d'être développé. Ainsi *l'éthyl* devient de même *éthylol, éthylal, éthyloïque.*

La suppression du mot *cyano* et son remplacement par le mot méthylnitrile, sont aussi tout à fait nécessaires. En effet, dans le cas où le groupe CAz est placé dans la chaîne la plus longue, on dit nitrile.

Ainsi CH^3-CH^2-CAz est le propane nitrile; on ne peut admettre que, quand ce groupe CAz est en chaîne latérale, comme dans l'exemple suivant :

$$CH^3-CH^2-\overset{\text{H}}{\underset{\text{CAz}}{\text{C}}}-CH^2-CH^3$$

on dise cyanopentane, car on ne peut donner à une même fonction deux noms différents suivant la place qu'elle occupe dans la molécule.

III

La nomenclature des composés à fonction complexe n'a pas été fixée au Congrès de Genève : c'est que, les difficultés que nous venons d'exposer, et pour lesquelles nous avons proposé des solutions, s'étaient vivement fait sentir; on arrivait forcément à la fin des mots à une accumulation de suffixes tout à fait inacceptable dans le langage parlé; les procédés que nous avons indiqués plus haut ont l'avantage de diminuer cette accumulation, et, grâce à cet artifice, on peut former des noms qui peuvent être employés dans le langage parlé comme dans le langage écrit.

Il nous reste à fixer les propositions qui permettent de donner à un composé déterminé un *seul nom*, et à montrer, par des exemples, combien

l'application est simple et commode dans la plupart des cas.

Nous proposerons les règles suivantes :

1° Dans un composé à fonction complexe, toutes les fonctions comprises dans la chaîne principale seront exprimées par les suffixes et préfixes employés dans le cas des fonctions simples, ajoutés au nom de cette chaîne principale, numérotée comme le serait l'hydrocarbure dont elle dérive théoriquement. Exemples :

l'acétol $CH^3-CO-CH^2OH$ s'appellera propanol-one,
l'alanine $CH^3-CH-CO^2H$ l'acide amino 2-propanoïque,
$$\qquad\qquad\ \ AzH^3$$

la leucine l'amino.2-hexanoïque,
l'acide aspartique $CO^2H-CH^2-CH-CO^2H$
$$\qquad\qquad\qquad\qquad\qquad AzH^2$$
sera l'acide amino 2 — butane dioïque,
l'asparagine $CO^2H-CH^2-CH-CO AzH^2$
$$\qquad\qquad\qquad\qquad\quad AzH^2$$
Acide amino 2 — butanamidoïque.

2° S'il existe des chaînes latérales, elles seront nommées comme dans le cas des fonctions simples, par les mots méthyl, éthyl..., et, si elles sont modifiées par l'introduction d'une fonction quelconque, l'expression de cette modification sera jointe à ces mots; on s'arrangera toujours pour introduire dans la chaîne principale le plus grand nombre possible de fonctions.

Ainsi, l'acide cyanocrotonique :

$$CH^3$$
$$\quad\ \ \underset{CAz}{\overset{2}{>}}\underset{1}{C}=\overset{3}{CH}-\overset{4}{CO^2H}$$

sera l'acide méthyl 2-buténoïque 4-nitrile 1;
L'acide méthylacétylacétique

$$\overset{4}{CH^3}-\overset{3}{CO}-\overset{2}{CH}-\overset{1}{CO^2H}$$
$$\qquad\qquad\ \ CH^3$$

sera l'acide méthyl 2-butanone 3- oïque 1;
L'acide diméthyl-tartrique

$$CO^2H-COH-COH-CO^2H$$
$$\qquad\ \ CH^3\ \ \ CH^3$$

sera l'acide diméthyl 2.3, butanediol dioïque.

Ces exemples sont suffisants pour expliquer les énoncés précédents; mais il est nécessaire de faire quelques conventions complémentaires sur le numérotage et sur l'ordre dans lequel on énoncera les désinences caractéristiques des fonctions.

Quand la chaîne hydrocarbonée possède des chaînes latérales ou des liaisons multiples, le numérotage est fixé d'après les mêmes règles que les hydrocarbures; mais, quand elle ne possède aucune de ces modifications pour fixer le sens du numérotage, nous admettrons :

3° Le numérotage partira de l'extrémité de la chaîne qui possède la substitution d'ordre le plus élevé, ou qui est la plus voisine d'une substitution; dans le cas d'ambiguïté, de l'extrémité la plus voisine de la substitution d'ordre le plus élevé.

Par conséquent, si une chaîne normale possède un groupe CO_2H, il portera le numéro 1; à défaut de ce groupe, ce seront successivement les substitutions : CO, AzH_2, CAz,^1CHO, CH_2OH qui décideront. Exemples :

$$CO_2H - CHOH - CH_2OH$$
Propanediol ?.3-oïque

Acide oxyglutarique :

$$\overset{1}{CO_2}H - \overset{2}{CHOH} - \overset{3}{CH_2} - \overset{4}{CH_2} - \overset{5}{CO_2}H$$
Pentanol 2-dioïque

Pour n'avoir qu'un seul nom, il est également nécessaire de savoir dans quel ordre les suffixes *ol*, *al*, *one oïque*, *amide*, *nitrile*, seront énoncés quand ils se trouvent réunis à la fin d'un mot. Il paraît naturel de suivre l'ordre de grandeur de la substitution, en considérant de plus si les suffixes expriment des fonctions placées nécessairement à l'extrémité de la chaîne, comme les fonctions aldéhyde, acide, amide, nitrile, ou pouvant se trouver à l'intérieur de la molécule comme la fonction alcool ou cétone. Nous n'avons pas à nous préoccuper des fonctions amino, chloro, bromo, méthoxy, etc., qui sont employées en préfixes et par conséquent énoncées dans l'ordre que leur assigne le numéro de l'atome de carbone auquel elles sont rattachées. Nous placerons donc en première ligne la fonction alcool ; le suffixe *ol*, répondant à la substitution d'un atome d'hydrogène, sera donc immédiatement ajouté au nom de l'hydrocarbure ; puis le suffixe *one*, qui exprime le remplacement de deux atomes d'hydrogène appartenant à un carbone contenu dans la chaîne principale; puis *al*, *thial*, la fonction aldéhyde se trouvant forcément à l'extrémité de la chaîne ; puis *amide*, *nitrile*, *oïque*, chacun de ces suffixes étant immédiatement suivi, si cela est nécessaire, du ou des chiffres qui expriment leur place dans la molécule. Exemples :

$$\overset{(6)}{Glucose\ CH_2OH} - (CHOH)^4 \overset{(1)}{CHO}$$
Hexanepentol-al

$$\overset{1}{Lévulose\ CH_2OH} - \overset{2}{CO} - (CHOH)^3 - \overset{6.}{CH_2OH}$$
Hexanepentol-one 2.

$$Acide\ thiolactique\ \overset{(3)}{CH_3} - \overset{(2)}{CH(SH)} - \overset{(1)}{CO_2H}$$
Propanethiol 2-oïque

Acide dioxypropylmalonique
$$\overset{1}{CO_2H} - \overset{2}{CH} - \overset{3}{CH_2} - \overset{4}{CHOH} - \overset{5}{CH_2OH}$$
$$\underset{CO_2H}{|}$$
Acide méthyloïque 2-pentane diol 4.5-oïque 1.

IV

Les procédés de nomenclature, tels que nous venons de les exposer, ne résolvent pas absolument toutes les questions qui se posent dans la pratique, mais permettent presque toujours de donner un seul nom à un composé déterminé.

Il ne nous reste plus qu'à donner quelques exemples que nous choisirons à dessein parmi les composés les plus compliqués dont on connaisse la constitution.

La nouvelle nomenclature fait heureusement disparaître une foule de synonymes inutiles et de termes barbares n'ayant aucune signification ; elle présente des avantages incontestables au point de vue de l'enseignement en permettant de grouper les composés d'une manière extrêmement rationnelle.

Enfin, si l'on veut, comme le demande une des résolutions du Congrès de Genève, concilier les exigences de la nomenclature écrite avec celle de la nomenclature parlée, on peut très facilement rejeter après le nom d'un composé tous les chiffres qui expriment la position des diverses fonctions dans la molécule, et constituer ainsi un symbole chiffré qui sera absolument analogue à celui que nous avons établi pour les dérivés polysubstitués du benzène; et qui ne laissera place à aucune fausse interprétation, si l'on admet que *ces chiffres s'appliqueront aux divers préfixes et suffixes dans l'ordre même où ils sont énoncés.* Exemples :

L'alcool : allyldipropylcarbinol :

$$\overset{1}{CH_2} = \overset{2}{CH} - \overset{3}{CH_2} - \overset{4}{COH} - \overset{5}{CH_2} - \overset{6}{CH_2} - \overset{7}{CH_3}$$
$$\underset{CH_2}{|}$$
$$\underset{CH_2}{|}$$
$$\underset{CH_3}{|}$$

qui s'appelle *propyl* 4- *heptène* 1 *ol*-4, peut s'énoncer *propylheptènol* 4.1.4.

EXEMPLES SUR L'APPLICATION DE LA NOMENCLATURE

Diméthylisopropylallyl carbinol :

$$\overset{7}{CH_3} - \overset{6}{COH} - \overset{5}{CH_2} - \overset{4}{CH} = \overset{3}{CH} - \overset{2}{CH} - \overset{1}{CH_3}$$
$$\underset{CH_2}{|} \qquad \underset{CH_3}{|}$$
Diméthyl 2.6 — Heptène 3 — ol 6
Diméthylheptènol 2.6.3.6

Méthyldiallylcarbinol :
$$CH_2 = CH - CH_2 - COH - CH_2 - CH = CH_2$$
$$\underset{CH_3}{|}$$

Méthyl 4 — heptadiène 1.6 — ol 4
Méthylheptadiénol 4.1.6.4

Pinacone isobutylique :

$$\overset{1}{CH_3} - \overset{2}{CH} - \overset{3}{CHOH} - \overset{4}{CHOH} - \overset{5}{CH} - \overset{6}{CH_3}$$
$$\underset{CH_3}{|} \qquad\qquad \underset{CH_3}{|}$$
Diméthyl 2.5-hexanediol 34.
Diméthylhexane diol 2 5.3.4

Diméthylacétonyl carbinol :

$$\overset{5}{CH^3} - \overset{4}{CO} - \overset{3}{CH^2} - \overset{2}{COH} - \overset{1}{CH^3}$$
$$\underset{CH^2}{|}$$

Méthyl 2-pentanol 2-one 4.
Méthyl pentanol one 2-2-4.

Acropinacone : $CH^2 = CH - CHOH - CHOH - CH^2 = CH^2$
Hexadiène 1.5-diol 3.4.
Hexadiène diol 1.5.3.4.

Les exemples précédents montrent suffisamment l'emploi que l'on peut faire des chiffres placés après le nom, pour obtenir des mots faciles à prononcer; dans les exemples suivants, nous ne mettrons plus que le nom de la nomenclature écrite, contenant après l'expression de la fonction le chiffre qui en indique la place :

Acide malonique $CO^2H - CH^2 - CO^2H$
Acide Propane dioïque
Méthylmalonique $CO^2H - CH - CO^2H$
$$\underset{CH^3}{|}$$
Méthyl 2-propane dioïque.

Acide acétylacétique $CH^3 - CO - CH^2 - CO^2H$
Acide butanone 3 — oïque l
Acide tricarballylique : $CO^2H - CH^2 - CH - CH^2 - CO^2H$
$$\underset{CO^2H}{|}$$
Acide pentanedioïque — méthyloïque 3.

Acide acétyldiméthylsuccinique :
$$CH^3$$
$$CH^3 - CO - \overset{|}{C} - CH - CO^2H$$
$$\underset{CO^2H}{|} \quad \underset{CH^3}{|}$$

Acide diméthyl 2.3 — pentanone 4 — oïque 1 — méthyloïque 3.
ou acide diméthyl-pentanoneoïque-méthyloïque (2.3.4.1.3.)

Acide glucosaccharique :

$CH^2OH - (CHOH - CHOH - COH - CO^2H$
$$\underset{CH^3}{|}$$
Acide méthyl 2 — pentanetétrol. oïque 1
L'acide : $CO^2H. - C = CH - CH - CO^2H$
$$\underset{CO^2H}{|} \quad \underset{CO^2H}{|}$$
Acide pentène 2 — dioïque — diméthyloïque 2.4.

Leucine $CH^3 - (CH^3)^{0} - CH - CO^2H$
$$\underset{AzH^3}{|}$$
Acide amino 2 — hexanoïque.

Acéturamide : $C^2H^3O - AzH - CH^2 - CO AzH^2$
Éthanoylamino-éthanamide

Acides thiocarbamiques :

$AzH^2 - COSH$ acide amino méthane thiolique,
$AzH^2 - CS - OH$ acide amino méthane thionique.

Je me bornerai à ces quelques exemples : ils me paraissent montrer suffisamment la nécessité des conventions que j'ai admises, et aussi mettre en évidence la clarté du nouveau langage chimique. Il reste évidemment encore d'autres difficultés et, en particulier, la nomenclature des composés renfermant plusieurs noyaux aromatiques. Il serait trop long d'exposer ici les solutions qui vont être proposées au Congrès de Pau; les projets étudiés qui y seront présentés permettront de compter sur une solution définitive.

A. Combes,
Docteur ès Sciences.

LA TUBERCULINE

AGENT RÉVÉLATEUR DE LA TUBERCULOSE

CHEZ LES BOVIDÉS

La découverte de la tuberculine par le Dr Koch a provoqué, depuis deux ans, un nombre considérable de recherches sur les produits solubles fabriqués par les microbes pathogènes. En ce qui concerne spécialement le produit fourni par le bacille tuberculeux, c'est-à-dire la tuberculine, les résultats obtenus jusqu'à présent confirment les faits principaux annoncés par le savant bactériologiste de Berlin, mais infirment aussi ses conclusions les plus importantes.

Koch croyait pouvoir appliquer la tuberculine à la fois à la *prophylaxie*, à *la guérison* et *au diagnostic* de la tuberculose.

Il est reconnu aujourd'hui que cette substance n'a pas la valeur curative que Koch lui avait attribuée quand il disait : « Je suis disposé à admettre qu'une phtisie commençante peut être guérie d'une manière certaine à l'aide de ce remède. Quant aux phtisiques qui portent de grandes cavernes et chez lesquels il existe la plupart du temps des complications, ils ne retirent qu'exceptionnellement un bénéfice durable de l'emploi de ce remède. Cependant les malades de cette catégorie sont aussi améliorés passagèrement dans la plupart des cas. »

Après avoir excité le plus vif enthousiasme et occupé toute la presse médicale pendant plusieurs mois, cette conclusion a été reconnue erronée. Les résultats obtenus dans les hôpitaux de tous les pays ont été si désastreux que ce nouveau remède est tombé, comme tant d'autres, dans un juste oubli.

La deuxième conclusion de Koch, — celle qui attribuait à la tuberculine une vertu prophylactique ou vaccinale, — a eu le même sort que la précédente.

Les expériences ultérieures ont montré que

l'immunité conférée par les injections de tuberculine n'est ni certaine ni durable. Cette substance,
sur laquelle on avait fondé tant d'espérance, n'a
donc ni vertu curative ni vertu vaccinale.

Mais la troisième conclusion de Koch reste debout : la tuberculine constitue réellement, comme
il l'a dit, un réactif certain de la tuberculose. Je
n'ai pas à examiner ici les avantages que les médecins pourront retirer de l'emploi de cette substance
dans le diagnostic de la tuberculose humaine ; je
me propose simplement de faire connaître aux lecteurs de la *Revue* les services qu'elle peut rendre
à la Médecine vétérinaire et à l'Hygiène publique
comme agent révélateur de la tuberculose bovine,
dans les cas où cette maladie non seulement ne
peut pas être reconnue, mais ne peut même pas
être soupçonnée.

Les mémorables recherches de Villemin ont établi dès 1865 la nature virulente de la tuberculose.
Elles ont montré, pour la première fois, que la tuberculose humaine, ainsi que celle du singe et de
la vache, peut être transmise par inoculation aux
principaux animaux domestiques. La déduction légitime de ces expériences, c'est que la phtisie de
l'homme, du singe et de la vache, est une même
affection virulente, spécifique, contagieuse.

En 1868, Chauveau a apporté de nouveaux faits
à l'appui de ceux de Villemin. Il a démontré que
la tuberculose se transmet aux animaux, non
seulement lorsque la matière tuberculeuse est insérée par effraction dans le tissu conjonctif, mais
encore lorsqu'elle est ingérée par le tube digestif
sain. Il a établi aussi que la virulence de la matière
tuberculeuse siège, non pas dans les gros éléments,
mais bien dans de très fines granulations microscopiques, absolument comme dans le virus-vaccin
ou dans le virus morveux.

On sait maintenant que le virus tuberculeux
est, en effet, un parasite microscopique surajouté à
l'organisme, un bacille très fin, découvert par
Koch en 1882. Ce bacille peut végéter en dehors des
animaux : il suffit de l'ensemencer sur des milieux
nutritifs appropriés. C'est grâce à cette particularité qu'on est parvenu à se le procurer en quantité
assez grande pour en extraire le principe soluble
connu sous le nom de *tuberculine*.

La contagion de la tuberculose peut se faire par
toute matière renfermant le bacille spécifique de
Koch. Les voies les plus ordinaires par lesquelles
s'infectent l'homme et les animaux sont : la voie
digestive et la voie respiratoire. Cependant la transmission de la maladie par une inoculation accidentelle a été observée aussi. Ainsi une servante,

qui s'était blessé le doigt avec les fragments du
crachoir d'un phtisique, eut une infection tuberculeuse du bras qu'on a heureusement pu enrayer
par l'enlèvement des ganglions du coude et de l'aisselle. Un vétérinaire s'est inoculé la maladie en
faisant l'autopsie d'une vache tuberculeuse. Dans
ce dernier cas la tuberculose est restée localisée
au point d'inoculation ; on a obtenu la guérison
par l'extirpation des tissus envahis, qui furent
trouvés riches en bacilles tuberculeux caractéristiques. M. Nocard a raconté, en 1884, à la tribune de
l'Académie de Médecine qu'un autre vétérinaire,
nommé Moses, bien portant et exempt de prédispositions héréditaires, s'est blessé en 1885, pendant
qu'il pratiquait l'autopsie d'une vache tuberculeuse. La plaie qui suivit s'ulcéra, puis guérit ;
mais on assista à l'évolution d'une tuberculose interne qui emporta le malade, en 1888.

Ces deux derniers faits montrent de la manière
la plus nette qu'il y a identité de nature entre la
tuberculose de l'homme et la tuberculose bovine.

Les nombreuses expériences de Chauveau avaient
établi depuis longtemps que la tuberculose humaine
se transmet facilement aux animaux de l'espèce
bovine, et que la maladie ainsi obtenue ne se distingue par aucun caractère de celle qu'on développe en employant, pour matière infectante, les
tubercules provenant des vaches phtisiques.

Les observations citées plus haut ne laissent plus
aucun doute, et on admet partout aujourd'hui que
la tuberculose bovine se transmet à l'homme,
comme celle de l'homme se transmet à la vache.

Les animaux tuberculeux appartenant à l'espèce
bovine constituent donc un grand danger non seulement pour ceux de leur espèce, mais encore pour
l'homme. La vache tuberculeuse infecte ses voisines par les mucosités expectorées qui souillent
les fourrages, elle infecte l'homme surtout par son
lait et sa viande.

Les preuves de la transmission de la tuberculose
par le lait et la viande provenant de vaches tuberculeuses abondent. Il me suffira de citer
quelques faits des plus démonstratifs :

Gerlach, de l'école vétérinaire de Berlin, nourrit
pendant 21 à 50 jours avec du lait suspect : 2 veaux,
2 porcs, 1 mouton et 2 lapins. Tous ces animaux,
sauf un veau qui mourut prématurément, offrirent
à l'autopsie des lésions tuberculeuses du tube digestif, des ganglions mésentériques des poumons
et des plèvres.

M. Peuch, de Lyon, sacrifia successivement,
après leur avoir fait ingérer pendant 35, 52, 93 et
130 jours du lait de vaches tuberculeuses, 2 porcs
et 2 lapins ; il trouva sur tous les 4 des lésions tuberculeuses proportionnelles en étendue à la quantité de lait ingéré.

M. Nocard a communiqué la tuberculose à de jeunes chats en leur faisant prendre une seule fois du lait tuberculeux. M. Galtier a transmis la tuberculose avec des fromages faits avec du lait tuberleux. Enfin, M. Olivier et M. Boutet ont fait connaître un exemple de transmission de la tuberculose à l'espèce humaine par l'ingestion du lait. Cette maladie s'est en effet développée sur six jeunes filles qui, durant leur séjour dans un pensionnat, avaient bu du lait provenant d'une vache laitière tuberculeuse.

Les exemples que je viens de citer, démontrent de la manière la plus nette le danger que présente pour l'homme la consommation de lait provenant de vaches tuberculeuses. Ce danger existe surtout à un très haut degré quand la tuberculose est accompagnée de lésions des mamelles, qui déversent incessamment des bacilles dans le lait.

. Comme le lait, la viande provenant d'animaux tuberculeux peut infecter l'homme et les animaux. On a trouvé le bacille de Koch dans le sang des tuberculeux, surtout à certains moments de l'évolution de la maladie ; ce même bacille peut donc être disséminé dans toutes les parties de l'organisme. Des expériences très précises et nombreuses ont d'ailleurs établi directement la virulence possible des muscles des animaux phtisiques, quand même ces organes ne sont le siège d'aucune lésion tuberculeuse. Ainsi, Harmz, Gunther, Zurn, Gerlach, Johne, Peuch etc., ont tuberculisé divers animaux en leur faisant ingérer de la viande crue provenant de vaches tuberculeuses.

Il est donc bien établi que *le lait et la viande* des animaux de l'espèce bovine atteints de tuberculose sont dangereux pour l'alimentation.

II

Pour prévenir la transmission de la tuberculose à l'homme par le lait et la viande, le seul moyen réellement efficace consiste à éteindre immédiatement tout foyer tuberculeux naissant parmi les animaux de l'espèce bovine. Mais on ne peut espérer obtenir l'extinction de la maladie que si l'on possède un moyen permettant de la diagnostiquer partout où elle commence à apparaître. Or, ni l'examen clinique des animaux, ni l'examen bactériologique des mucosités expectorées, ni les inoculations de ces mêmes mucosités ne permettent d'atteindre complètement ce but. Seule la tuberculine paraît avoir une valeur diagnostique suffisante dans la pratique. La méthode est fondée sur la facilité avec laquelle cette substance allume le processus fébrile chez les animaux tuberculeux.

Injectée dans le tissu conjonctif sous-cutané, en quantité convenable, la tuberculine provoque en général une action pyrétique très marquée chez les sujets tuberculeux, tandis qu'elle ne produit presque rien sur les sujets sains.

L'action hyperthermique, qu'on appelle *réaction*, a été constatée par tous les expérimentateurs sur les animaux tuberculeux de l'espèce bovine. Mais quelques-uns ont voulu nier la valeur diagnostique de cette substance en se basant sur des résultats contradictoires dans lesquels la réaction ne s'est pas montrée sur des animaux reconnus tuberculeux à l'autopsie, tandis qu'elle s'est montrée parfois sur des animaux sains ou atteints d'affections non tuberculeuses.

Des faits de ce genre ont été observés notamment par M. Arloing, qui les a fait connaître au *Congrès de la Tuberculose* dans la session tenue à Paris du 27 juillet au 2 août 1891. Des résultats de même ordre ont été publiés par le Professeur Siedamkrowsky, de Dresde, M. Lahu, de Crefeld, M. Gensers, de Meneburg, etc.

On sait aujourd'hui que les contradictions ne sont qu'apparentes, que les faits exceptionnels signalés par les expérimentateurs précédents peuvent être évités par un bon choix de la tubereuline et un dosage convenable de cette substance.

Les premières expériences faites à l'Étranger ont donné des résultats très favorables. C'est ainsi que M. Gutmann, de Dorpat, M. Stricke, de Cologne, M. Delvos, de Gladbach, MM. Schütz et Rœkl, de Berlin, M. Bang, de Copenhague, M. Lydtin, de Carlsruhe, ont constamment observé que les injections de tuberculine provoquent chez les animaux de l'espèce bovine tuberculeux une réaction de 0°6 à 2°2, tandis qu'elles ne déterminent pas de réaction notable chez les bêtes bovines saines.

En France, les premiers résultats favorables à l'emploi de la tuberculine ont été obtenus dans les expériences entreprises par la *Société pratique de médecine vétérinaire*. Les résultats de ces recherches, faites à l'École vétérinaire d'Alfort par une Commission nommée à cet effet, ont été communiqués au *Congrès de la Tuberculose* de 1891 par le Professeur Barrier, rapporteur de la Commission. Voici quelques-unes des conclusions les plus importantes de ce travail :

1° L'injection de doses suffisantes de tuberculine dans le tissu conjonctif détermine ordinairement, chez les bêtes bovines tuberculeuses, une élévation de la température qui se manifeste d'habitude entre la quinzième et la vingtième heure ; souvent elle est plus précoce (8 heures) ; parfois elle est plus tardive (48 heures ou davantage.)

2° La réaction thermique semble ordinairement proportionnelle à la quantité de tuberculine administrée.

3° La tuberculine peut déterminer des effets variables, non seulement suivant l'étendue des lésions, mais aussi selon le degré de sensibilité des sujets dont on interroge ,l'état, ce qui explique l'absence de réaction avec des doses trop faibles.

4° Toutes les tuberculines n'ont pas la même activité ; elles paraissent s'atténuer en vieillissant.

5° Les animaux sains ne réagissent pas ordinairement, sauf dans certains cas exceptionnels, et ce faiblement.

6° En employant dès la première injection une forte dose de tuberculine, après repos et observation préalable des sujets, il y a beaucoup de chances d'obtenir avec cette substance une réaction suffisamment nette et rapide sur les sujets tuberculeux. La même injection a, par contre, toutes chances de ne rien produire ou Je ne déterminer qu'une hyperthermie insignifiante sur les bovidés sains ou habituellement apyrétiques.

III

Au moment de la discussion de ces importantes conclusions par les membres du Congrès, M. Nocard a annoncé qu'à la suite d'expériences personnelles, il est arrivé aux mêmes conclusions que la Commission dont je viens de parler. A la même séance M. le Professeur Degive, de l'École vétérinaire de Bruxelles, a fait connaître les résultats obtenus à l'École vétérinaire de Cureghem, par une Commission spéciale, nommée par M. le Ministre de l'Agriculture en vue de déterminer la valeur de la lymphe de Koch comme moyen révélateur de la tuberculose chez les bêtes bovines. Les bêtes tuberculeuses, au nombre de cinq, ont toutes présenté une réaction variant de 0°,8 à 3°,3, à l'exception de l'une d'entre elles, la plus malade, celle qui a montré à l'autopsie les lésions tuberculeuses les plus nombreuses et les plus étendues. Les bêtes non tuberculeuses, au nombre de trois, une saine et deux affectées, l'une de bronchite et de pleurésie chronique, l'autre de sarcomatose généralisée, n'ont pas réagi sensiblement. M. Degive conclut que la tuberculine constitue un réactif dont l'emploi peut être utile pour déceler l'existence de la tuberculose. Il lui paraît acquis qu'une réaction hyperthermique prononcée (dé 2 à 3 degrés), observée dans les vingt heures qui suivent une injection hypodermique, constitue un symptôme à peu près certain de tuberculose.

Deux autres membres du Congrès, M. Thomassen, d'Utrecht, et M. Cagny, de Senlis, ajoutèrent encore de nouveaux faits recueillis par eux ou par d'autres expérimentateurs, en grande majorité favorables à l'emploi de la tuberculine.

Mais les faits les plus décisifs, et les plus démonstratifs ont été obtenus depuis par le Professeur Nocard, d'Alfort. Dans la séance du 14 octobre 1891, il a lu à l'Académie de Médecine un premier travail fort remarquable qui a eu un grand retentissement. Grâce à l'obligeance d'un boucher, il lui a été possible d'administrer de la tuberculine à 57 bovidés adultes. Chaque animal a reçu dans le tissu conjonctif une injection de 20 à 40 centigrammes de tuberculine en une seule fois. Sur les 57 animaux, 19 ont éprouvé, entre la sixième et la vingtième heure, une réaction thermique de 1°,4 à 2°,9 ; un seul n'a montré qu'une élévation de 0°,8. Or, à l'autopsie, 17 de ces animaux ont été trouvés tuberculeux à des degrés divers ; les deux autres n'offraient pas trace de tuberculose et avaient : l'un de la cirrhose hépatique d'origine distomateuse, l'autre de l'adénite généralisée. Des 38 animaux qui n'ont pas réagi, 2 étaient tuberculeux très avancés, phtisiques au sens propre du mot et chez lesquels la maladie était facile à diagnostiquer par les signes cliniques.

Le 25 mai dernier, M. Nocard a entretenu la *Société centrale vétérinaire* des expériences nouvelles qu'il a faites et dont les résultats ne laissent plus le moindre doute sur la haute valeur diagnostique de la tuberculine. Un propriétaire des environs de Paris avait envoyé à M. Nocard une vache jerseyaise du plus beau type, manifestement tuberculeuse ; cette bête a succombé à la première injection de tuberculine, mais sans offrir de réaction thermique. Le propriétaire, avisé, consentit à soumettre à l'injection révélatrice de la tuberculine tous les animaux qui avaient pu subir le contact direct ou indirect de la vache tuberculeuse.

L'étable d'où sortait la malade contenait encore dix animaux de la race de Jersey ; de ce nombre, deux seulement présentèrent quelques signes, — toux, embonpoint moins satisfaisant, — permettant de suspecter leur état de santé ; tous les autres étaient en parfait état. Une deuxième étable contiguë à la précédente et communiquant avec elle par une porte renfermait sept vaches, un taureau et un taurillon bretons.

Tous ces animaux, jerseyais et bretons, reçurent le même jour, la même dose, 0 gr. 30 de tuberculine préparée à l'Institut Pasteur. Aucune des vaches bretones ne réagit sous l'action de la tuberculine ; neuf sur dix jerseyaises, au contraire, manifestèrent une réaction supérieure à deux degrés. Le propriétaire ordonna l'abatage des dix animaux jerseyais. L'autopsie, faite avec les plus grands soins, a montré des lésions tuberculeuses sur les neuf vaches qui avaient manifesté la réaction : le dixième animal abattu, qui était un veau et qui avait supporté sans aucune réaction l'injection de tuberculine, était absolument indemne.

Les résultats parurent si concluants que le propriétaire fit soumettre à l'injection de tuberculine vingt superbes vaches normandes entretenues dans une étable éloignée des deux autres. Aucune de ces vaches ne réagit à l'injection.

. M. Nocard communiqua dans la même séance un autre fait favorable, recueilli par M. Besnard, vétérinaire à Loudun. Ce praticien a injecté la tuberculine à 16 bovins qui ne présentaient aucun des signes cliniques de la tuberculose; 10 de ces animaux ont montré une réaction et ont été reconnus tuberculeux à l'autopsie; des 6 animaux qui ont supporté l'épreuve sans réagir, un seul a été abattu, et l'autopsie la plus minutieuse n'a pas montré la plus petite lésion tuberculeuse.

De l'examen minutieux de tous les faits connus actuellement il est permis de poser les conclusions suivantes :

1° La tuberculine provoque constamment une réaction de 1°4 à 3° sur les animaux tuberculeux, non fiévreux, c'est-à-dire sur ceux chez lesquels la maladie n'est pas très avancée et n'altère pas les apparences de la santé.

2° Elle ne provoque parfois aucune réaction chez les animaux notoirement tuberculeux, quand ceux-ci sont arrivés à la dernière période de la maladie et qu'ils sont déjà dans un état fébrile. Dans ces cas les injections de tuberculine deviennent inu-tiles, puisque la maladie est facile à diagnostiquer à l'aide des signes cliniques.

3° On doit considérer comme tuberculeux tout animal de l'espèce bovine chez lequel l'injection hypodermique d'une dose convenable de tuberculine produit une réaction fébrile supérieure à 1° 4. Chez les animaux sains l'élévation de température atteint rarement 1°. Quand elle atteint de 0,6 à 1°, l'animal doit être considéré comme suspect et être soumis, après un délai d'un mois environ, à une nouvelle injection d'une dose plus considérable de tuberculine.

4° La tuberculine permet de révéler avec certitude les moindres lésions tuberculeuses chez les bovidés. C'est donc, comme le dit M. Nocard, un moyen de diagnostic d'une sûreté et d'une délicatesse incomparables. De plus, elle ne porte jamais aucune action nuisible ni sur la lactation, ni sur la gestation.

La valeur diagnostique de la tuberculine étant établie, il est permis d'espérer que cet agent sera appelé à rendre les plus grands services à l'Agriculture et à l'Inspection sanitaire des étables où l'on produit du lait destiné à l'alimentation publique.

M. Kaufmann,
Professeur de Physiologie
à l'Ecole vétérinaire d'Alfort.

L'ÉLECTRICITÉ ATMOSPHÉRIQUE

DEUXIÈME PARTIE : LES VARIATIONS DE SENS ET DE GRANDEUR DU POTENTIEL

Dans un précédent article [1] nous avons exposé quelques observations nouvelles relatives à l'état électrique de l'atmosphère, et montré l'insuffisance des doctrines régnantes à les expliquer complètement. Nous nous proposons aujourd'hui d'attirer l'attention sur le champ négatif et les variations de la force électrique constatées dans l'air par beau temps en divers Observatoires. Nous essaierons en même temps d'indiquer les modifications que les faits nouvellement mis au jour imposent aux théories de l'électricité atmosphérique.

I. — Le champ négatif

. Un fait fort important est celui de l'électricité négative par beau temps, que nous avons décrit ici même. Au siècle dernier, Beccaria avait constaté (6 fois en 15 ans d'observations) le même phénomène : dans ces dernières années, L. Palmieri et F. Dellmann l'ont aussi vérifié : on doit donc le considérer comme absolument démontré.

M. Palmieri, qui le rattache à une loi plus générale énoncée par lui [1], et qui en trouve la cause dans une pluie voisine, dit à ce sujet : « J'ai vérifié moi-« même les faits à diverses reprises en me procu-« rant des indications sur le temps qu'il faisait « dans les régions avoisinantes et j'ai observé de « l'électricité par un ciel clair. »

Mais, d'une part, les observations de Dellmann ont été faites « dans des conditions qui ne s'accordent pas avec l'explication de M. Palmieri » [2], et qui se rattacheraient, d'après lui, à la formation de l'ozone suivant la théorie du Professeur Meissner ; d'autre part, l'explication de M. Palmieri ne s'applique pas non plus aux cas que nous avons observés.

Ces faits ne s'expliquent d'ailleurs pas plus dans la théorie de M. Sohneke que dans celle de M. Exner ; entre la couche négative formée par la surface du sol et la couche positive donnée bien au-dessus

[1] *Lois et origines de l'électricité atmosphérique*, p. 36.
. [2] *Über die Erscheinung der negativen Luftelectiricität bei heiterem Himmel*, von F. DELLMANN. Annalen der Physik und Chimie von J.-C. Poggendorf, 1885, p. 175.

---

[1] Sur ce même sujet : Première partie. Voyez la *Revue* du 30 août 1892, t. III, page 568 et suiv.

d'elle par les cristaux de glace électrisés du premier, il n'y a, en effet, qu'un champ électrique positif possible; il en est de même au-dessus de la couche négative terrestre. M. Sohneke ne s'est point occupé de ces cas particuliers, mais M. Exner en a cherché une explication étrangère à sa théorie. Il s'appuie pour cela sur certaine relation qu'à l'Observatoire du Vésuve M. Palmieri a constatée « entre l'arrivée de l'électricité négative et la pré-« sence de la fumée ou de la cendre du volcan », et sur une observation fort intéressante faite par W. Siemens au sommet de la pyramide de Chéops [1], par un ciel très beau, mais par un simoun très violent qui entraînait la poussière du désert :
« L'électricité négative augmentait en même temps
« que croissait la vitesse du vent et devenait par-
« fois tellement forte qu'à l'aide d'une bouteille
« de Leyde rapidement improvisée, on obtenait des
« étincelles d'environ 10 millimètres. »

Dans ces cas particuliers, la formation de l'électricité négative paraît à M. Exner évidemment due aux poussières elles-mêmes qui apportaient avec elles cette électricité ; et, généralisant ensuite, il attribue toujours à la présence de la poussière ou de la fumée l'existence de l'électricité négative constatée par beau temps.

Quoi qu'il en soit de la valeur même de cette explication dans les cas que M. Exner a rappelés, elle ne s'applique certainement pas aux exemples que nous avons observés.

En effet, dans les jours en question, nous n'avons pas constaté qu'il y eût apport inusité de poussière ou de fumée dans l'atmosphère. Bien plus, nous avons vu en d'autres jours le vent apporter d'assez grandes quantités de poussière sans que les courbes de l'électromètre offrissent en même temps rien de particulier.

En outre, c'est seulement lors du vent de sud que nous observons ce passage au négatif par beau temps. Avec le vent de nord, nous n'avons jamais constaté fait analogue, et cependant sa violence maximum par beau temps est au moins égale à celle du vent de sud ; et, d'un autre côté, par suite de notre situation au midi d'une grande agglomération industrielle, il nous apporte évidemment beaucoup plus de poussière et de fumée que le vent de sud, lequel nous arrive après avoir traversé la campagne cultivée.

Enfin, dans les trois cas, le phénomène se produit sensiblement à la même heure, et constitue comme une sorte de creusement du minimum de l'après-midi ; il ne paraît donc pas dû à une cause

exceptionnelle, étrangère à la marche ordinaire de l'électricité atmosphérique, pas plus qu'à une perturbation atmosphérique voisine, mais bien plutôt comme l'exagération d'un mode de variation diurne de l'électricité atmosphérique qui le comprendrait comme cas particulier, d'ailleurs fort rare dans nos régions.

Pour toutes ces raisons, nous pensons que cette existence de champ électrique négatif doit faire partie de l'ensemble des données sur lesquelles toute théorie complète de l'électricité atmosphérique serait basée. En d'autres termes, toutes ces théories doivent pouvoir rendre compte des cas particuliers dans lesquels la force électrique, au lieu d'être comme à l'ordinaire dirigée de haut en bas, est dirigée de bas en haut.

Prenons comme exemple la théorie de M. Sohneke qui paraît la plus voisine de l'explication vraie pour le minimum électrique de l'après-midi. Il faudrait la modifier et la compléter de façon qu'elle permît à la force électrique de devenir ascendante lorsque l'intensité du courant atmosphérique ascendant deviendrait très considérable, et par conséquent, de façon à donner, tout au moins dans ces cas exceptionnels, l'entrée graduelle dans l'atmosphère à des masses électriques agissantes négatives.

II. — LES VARIATIONS AVEC L'ALTITUDE

Il convient maintenant de discuter les expériences faites en vue d'étudier la variation du potentiel avec la hauteur par beau temps.

Thomson et Joule ont les premiers entrepris son étude systématique. Observant sur une plage au bord de la mer, à Aberdeen, avec un électroscope portatif, ils trouvèrent une variation du potentiel d'environ 100 volts par mètre.

En 1876, MM. Mascart et Joubert reprirent ces expériences sur une grève de la côte d'Erqui (Côtes-du-Nord), avec un électromètre portatif et un électromètre à cadrans. Les appareils collecteurs d'électricité étaient des mèches placées au sommet de mâts, l'un de 5 mètres, l'autre de 10 mètres de hauteur. « Le parallélisme des deux « courbes est frappant, et montre que la hauteur à « laquelle on doit observer est à peu près indiffé-« rente ; les variations restent toujours propor-« tionnelles, et il suffit dans la pratique de s'ar-« rêter au point où les indications sont d'intensité « moyenne, convenable pour l'instrument que l'on « emploie [1]. »

Ces résultats sont contredits par M. L. Palmieri, qui trouve dans les observations simultanées faites

[1] Beschreibung ungewöhnlich starker elektrischer Erscheinungen auf des Cheops-Pyramide bei Cairo während des Wehens der Chamsin, von W. Siemens. Annalen von Poggendorf, vol. CIX, p 355.

[1] L'électricité atmosphérique, d'après les travaux de Sir W. Thomson et la conférence de M. Mascart, par M. Angot. Annuaire de la Société météorologique de France, tome XXV, p. 153 et suir.

à l'Observatoire de l'Université de Naples et à l'Observatoire du Vésuve une preuve de leur inexactitude. « C'est une erreur », dit-il encore tout récemment [1], « de croire que l'électricité aug-« mente avec la hauteur, puisque les observations « comparables et simultanées, mille fois répétées « prouvent le contraire. »

Mais il faut remarquer, avec M. Exner, que ces deux stations ne sont pas situées dans des conditions topographiques qui permettent d'en déduire une conclusion aussi affirmative. A Naples, en effet, les observations se font sur le château Saint-Elme, c'est-à-dire sur le sommet d'une colline, assez bien isolée, d'environ 200 mètres de haut ; l'Observatoire du Vésuve est au contraire situé sur la pente même de la montagne, sensiblement à mi-côte (617ᵐ). Dans la première station, les surfaces du niveau sont sensiblement horizontales et serrées ; dans la seconde, au contraire, elles sont inclinées et plus éloignées les unes des autres. La méthode d'observation, dite du conducteur mobile, qu'emploie M. Palmieri, doit donc lui donner des valeurs moindres sur le flanc du Vésuve qu'à Naples même ; et il n'y a dans cette contradiction apparente rien qui puisse infirmer les résultats qui précèdent.

De 1884 à 1887, M. Exner a repris l'étude de cette question : les nombreuses expériences qu'il a faites à ce sujet peuvent se partager en trois groupes :

·1° De petits ballons gonflés à l'hydrogène soulevaient une mèche portée par un fil fin de cuivre et dont l'extrémité inférieure était reliée à un électromètre portatif. On observait au bord de la mer, dans un lieu parfaitement découvert, par un temps absolument calme, et à peu près toujours à la même heure pour éliminer l'influence de la variation diurne. Voici les résultats obtenus :

Hauteur en mètres : 17 18 20 21 22 24 25 27
30 34 36 40 46 48
Potentiel en volts : 100, 110, 130, 160, 160, 170, 190, 204,
230, 240, 280, 320, 350.

·Les variations du potentiel peuvent être considérées comme proportionnelles à celles de la hauteur ; et elles conduisent à une variation de 68 volts par mètre.

M. Exner a fait des observations analogues sur le sommet d'une montagne voisine, le Schafberg, haute de 1870 mètres ; la variation du potentiel y a encore été trouvée proportionnelle à celle de l'altitude, mais le coefficient de proportionnalité était beaucoup plus considérable et correspondait à une augmentation de potentiel égale à 318 volts par mètre.

[1] *Sul Periodo diurno dell' elettricità atmosferica*, por L. PALMIERI. Rendiconti della R. Academia delle scienze fisiche e mathematiche di Napoli. fasc. 7° et 8°, 1891.

2° Dans l'hiver 1884-85, en un lieu situé en rase campagne, aux environs de Vienne, et dont l'horizon était parfaitement découvert, M. Exner a fait une nouvelle série d'observations avec un électroscope portatif et une flamme comme collecteur ; son but spécial était de déterminer la valeur du champ électrique dans l'air le plus pur et il avait à cette fin commencé les observations dans une période de janvier où la température était inférieure à zéro et où une couche de neige sèche assurait la pureté de l'air ; elles furent d'ailleurs continuées jusqu'en avril suivant, mais toujours par beau temps. Voici les résultats obtenus, avec le poids correspondant de vapeur d'eau par mètre cube :

NOMBRE d'observations et dates	TEMPÉRATURE	CHAMP électrique en volt-mètres	POIDS de vapeur d'eau en gram.	HAUTEURS LIMITES
3—27 janv. 1885	— 6°	832	3,1	0ᵐ30 — 1ᵐ25
4—20 janv. 1885	— 5	556	3,3	0ᵐ30 — 1ᵐ00
7—14 févr. 1885	+ 4	292	3,7	0ᵐ30 — 1ᵐ75
6—30 mars 18°5	+ 10	92	5,3	0ᵐ75 — 5ᵐ10
7—23 avril 1885	+ 15	93	5,7	1ᵐ25 — 5ᵐ25
3—25 avril 1885	+ 16	48	7,7	2ᵐ50 — 5ᵐ50

On voit par là la grandeur des variations que peuvent subir par le plus beau temps les valeurs du champ électrique en un point déterminé [1] ; et d'autre part, contrairement aux idées de M. Palmieri, on constate la longue durée (27 au 29 janvier), d'un champ électrique notoirement maximum, sans qu'il y ait dans l'atmosphère aucune condensation de vapeur d'eau.

3° Pour de plus grandes hauteurs, M. Exner a fait en ballon quelques observations malheureusement trop peu nombreuses : il en résulte qu'à la hauteur moyenne de 530 mètres la valeur du champ électrique était de 203 volts, tandis qu'au même moment elle était de 98 volts à la surface de la terre.

De l'ensemble de toutes ces observations, on est autorisé à conclure que, si par beau temps le champ électrique paraît, au voisinage du sol, invariable le long d'une même verticale, il n'en est pas de même lorsqu'on s'éloigne notablement de la surface de la terre.

C'est là un point fort important, et toute théorie acceptable doit l'expliquer ; or, la théorie de M. Sohneke en rend difficilement compte, il est au contraire une conséquence directe de celle de M. Exner [2], ainsi qu'il

[1] Il est à remarquer que cette série ne vérifie pas plus la loi énoncée par Exner que celles que nous avons déjà discutées.

[2] Puisque, d'après Exner, la vapeur d'eau emporte dans l'atmosphère une quantité d'électricité négative qui, toutes choses égales d'ailleurs, est proportionnelle à son poids, on

est facile de le montrer ; la théorie de M. Exner permet en outre de calculer la valeur du champ élec-

peut admettre que, dans un élément de volume de l'atmosphère pris à une hauteur quelconque n, la densité électrique
cubique, ρ est proportionnelle au poids q de vapeur d'eau
contenu dans l'unité de volume prise en ce point ; on a donc
par l'équation de Poisson,

$$\frac{d^2V}{dx^2} + \frac{d^2V}{dy} + \frac{d^2V}{dz^2} = -4\pi\rho = D.q.$$

Mais d'une part on peut, sans erreur sensible, supposer
q proportionnel à la pression p de la vapeur d'eau mesurée
au point considéré ; et d'autre part, Hann a donné comme
exprimant la variation de la pression de la vapeur d'eau avec
la hauteur (*Die Abnahme des Wasserdampfgehaltes der Atmosphäre mit zunehmender Höhe*. Von Dr J. HANN. Zeitschrift der Österreichen Geselchaft für Meteorologie, vol. IX,
1874, p. 193 et suiv.] la formule

(1) $p = p_0(1 - \alpha n + \beta n^2)$,

où p_0 et p sont les pressions simultanées à la surface du sol
et à la hauteur n,

          $\alpha = 0,246$, $\beta = 0,01569$,

et où l'unité de hauteur est le kilomètre.
Cette formule n'est applicable qu'environ jusqu'à 7 kilomètres, car pour des valeurs graduellement croissantes de
n, elle donnerait des valeurs de p graduellement et indéfiniment croissantes : or, l'observation montre que, pour une
hauteur de 6 kil. 7, la pression p n'est plus que le sept centièmes de p_0.
D'ailleurs, si l'on cherche la variation du potentiel suivant
la verticale,

$$\frac{d^2V}{dx^2} = 0, \quad \frac{d^2V}{dy^2} = 0, \quad \frac{d^2V}{dz^2} = \frac{d^2V}{dn^2},$$

on a donc

$$\frac{d^2V}{dn^2} = D.p_0(1 - \alpha n + \beta n^2),$$

d'où

(2) $$\frac{dV}{dn} = D.p_0\left(n - \frac{\alpha}{2}n^2 + \frac{\beta}{3}n^2\right) + B,$$

Le champ électrique, au lieu d'être constant dans l'atmosphère, varie donc à mesure que change l'altitude au-dessus
du niveau de la mer ; et, comme avec les valeurs données ci-
dessus pour les constantes, on a très sensiblement

$$\frac{d^2V}{dn^2} = \frac{dn}{d}\left(\frac{dV}{dn}\right) = \left(n - \frac{\alpha}{2\beta}\right)^2 + \frac{1}{\beta}.0,05.$$

on en conclut que le champ électrique est constamment croissant jusqu'aux limites où la formule (1) est applicable ; la
formule (2) permettrait d'ailleurs de calculer, dans ces limites,
les valeurs du champ électrique correspondant à toute hauteur, si l'on connaissait les constantes qu'elle contient.
La valeur de B est bien facile à obtenir, elle correspond au
cas où $n = 0$, c'est-à-dire que c'est la valeur du champ électrique mesurée à la surface du sol en même temps que celle
prise à la hauteur n. La valeur de D est plus difficile à déterminer; Exner y arrive comme suit : à une hauteur telle que toute
la vapeur d'eau atmosphérique se trouve au-dessus du lieu
d'observation, le champ électrique doit évidemment avoir la
valeur maximum Μ qu'on trouverait à la surface de la terre
si celle-ni n'avait perdu aucune parcelle de sa vapeur d'eau.
Or, à cette hauteur, $p = 0$; admettons que la formule de
Hann soit encore applicable (cette hypothèse est inadmissible ;
nous avons en effet vu plus haut que, avec les coefficients
adoptés l'équation

          $1 - \alpha n + \beta n^2 = 0$.

n'a point de racines réelles), de l'équation (1) tirons n en fonction de p et remplaçons dans l'équation (2) faisons y ensuite

trique à une hauteur n déterminée. Ainsi, avec la
valeur $A = 1300$ qu'a obtenue M. Exner, on trouve
pour $n = 550$ mètres un champ électrique égal à
326 volts, nombre bien différent de celui qu'avait
donné l'observation.

En résumé, si la théorie de M. Exner fait prévoir
l'augmentation continue du champ électrique avec
l'altitude, que l'observation paraît bien indiquer,
elle n'est point capable de rendre compte numériquement du mode de variation de cette donnée
fondamentale pour la connaissance des faits de
l'électricité atmosphérique.

III. — CONCLUSIONS

Les conclusions qui se déduisent de la discussion
qui précède peuvent être résumées ainsi :

1° Aucune des théories que nous avons étudiées
ne suffit pour expliquer l'ensemble des phénomènes
électriques de l'atmosphère se produisant par *beau
temps*, c'est-à-dire dans les conditions en apparence
les plus simples et les plus régulières.

2° Les variations de la force électrique constatées
par *beau temps* en un point de l'atmosphère au voisinage du sol, dans des conditions d'installation
fixes et absolument définies, doivent être considérées comme se rapportant à ce point de l'atmosphère et non pas comme mesurant les variations
du potentiel électrique du sol lui-même. En effet :

a) La simultanéité des changements de mode de
variation diurne, que les régimes différents de distribution générale des pressions au-dessus du lieu
d'observation causent pour la pression barométrique, la vapeur d'eau, le vent et le potentiel électrique, porte à admettre que toutes ces variations
diurnes constituent des phénomènes analogues;

b) Par suite de la grande conductibilité de la
croûte solide du globe terrestre, il est inadmissible
qu'une différence de potentiel importante puisse
subsister entre deux points différents de sa surface;

$p = 0$ nous aurons, puisque le premier membre sera égal à A

$$A = D.p_0 M\left(1 - \frac{\alpha}{1}M + \frac{\beta}{3}M^2\right) + B,$$

où, pour abréger, on a posé

$$M = \frac{2\beta}{\alpha} \pm \sqrt{\frac{1}{4}\frac{\alpha^2}{\beta^2} - \frac{4}{\beta}}.$$

et d'où l'on tirerait D. Il est plus simple de l'exprimer en
fonction de A ; posons

$$1 - \frac{\alpha}{2}n + \frac{\beta}{3}n^2 = N$$

nous obtiendrons aisément

(3) $$\frac{dV}{dn} = \frac{A - B}{MN}\left(n - \frac{\beta}{2}n^2 + \frac{\beta^2}{3}\right) + B,$$

équation qui ne contient plus que des quantités connues. On
peut dès lors calculer les valeurs théoriques du champ électrique et les comparer aux observations.

au même instant physique les potentiels de deux points différents de la surface du sol sont donc sensiblement les mêmes. Or, les différences de potentiel dans les différentes stations entre un point de l'atmosphère et le sol varient d'une façon très régulière avec l'heure solaire locale. Au même instant physique, elles· diffèrent donc, toutes choses égales d'ailleurs, avec les longitudes des stations situées sur un même parallèle ; le potentiel du sol étant le même à chaque instant dans ces différents points, les différences observées ne peuvent provenir que de l'atmosphère elle-même.

En fait, les mesures si nombreuses d'intensité des courants telluriques, faites par M. Airy en Angleterre, et M. Blavier [1] en France, ne donnent pas en général, entre les points de départ et d'arrivée souvent très distants, des différences de potentiel supérieures à 5 ou 6 volts.

3° Du parallélisme des courbes de variation diurne de la force électrique et du poids de vapeur d'eau, on est porté à conclure que, pour le premier comme pour le second de ces éléments météorologiques, existe une cause continue de renouvellement ou de production, régie par des lois semblables à celles qui gouvernent la production de la vapeur d'eau.

Cette cause de renouvellement ou de production serait telle qu'au moins dans de certaines conditions elle amène dans l'atmosphère des masses électriques agissantes [1] négatives, de sorte qu'à un courant atmosphérique extraordinairement ascendant puisse correspondre une force électrique également ascendante : elle devrait aussi être telle qu'elle donne lieu à un champ électrique non homogène, mais croissant avec l'altitude, tout au moins jusqu'à certaines limites.

Ch. André,
Directeur de l'Observatoire de Lyon.

LE CONGRÈS INTERNATIONAL DE PSYCHOLOGIE EXPÉRIMENTALE

Les congrès ne font pas la science, sans doute, mais ils la préparent et ils mettent en évidence ses progrès. Si l'on cherchait une nouvelle preuve du développement vraiment extraordinaire que les études morales ont pris depuis quelques années, on la trouverait dans le succès du Congrès psychologique de Londres. Au moment de l'Exposition de 1889, la Société de Psychologie physiologique de Paris a organisé le premier congrès de ce genre, lequel s'est réuni au mois d'août à l'École de Médecine. C'était une tentative délicate et difficile : la psychologie scientifique était-elle assez développée pour qu'il fût possible de la présenter en public, pour que l'on pût éviter dans les discussions deux écueils dangereux : les spéculations purement théoriques de la métaphysique et les exagérations enthousiastes des mystiques? L'évènement répondit d'une façon très nette, et, pour un début, le Congrès de Paris fut remarquable. L'expérience acquise n'a pas été perdue et le deuxième Congrès de psychologie, qui s'est réuni à Londres le 1ᵉʳ août 1892 sous la présidence de M. le Professeur Sidgwick, a prouvé par un succès éclatant la vitalité de notre nouvelle science.

Il faut reconnaître avant tout qu'une chose a contribué puissamment à donner au Congrès de Londres son caractère : c'est l'activité, le dévouement et l'amabilité de ses organisateurs. Le président, M. Sidgwick, professeur de philosophie à Cambridge, dont les ouvrages sur la psychologie et la morale sont justement célèbres, les deux secrétaires du Congrès M. F. W. H. Myers et M. James Sully, les membres de la *Society for psychical researches*, ont consacré un travail considérable à préparer le Congrès dans ses moindres détails. Ils ont rendu faciles et intéressantes les discussions et, en même temps, ils n'ont rien oublié de ce qui pouvait rendre agréable à leurs hôtes leur séjour en Angleterre. Tous les membres du Congrès leur en sont profondément reconnaissants.

Le Congrès s'est réuni le lundi 1ᵉʳ août et les trois jours suivants dans les salles de l'*University College*, obligeamment prêtées par le Directeur, et nous avons été agréablement surpris en voyant le nombre considérable de personnes appartenant à tous les pays qui étaient réunies le premier jour pour écouter le discours de bienvenue du président. Le nombre total des membres du Congrès a été à peu près de 300. Naturellement, les Anglais et même quelques dames anglaises qui s'intéressent aux études morales, formèrent la majorité. Nous ne pouvons que signaler quelques noms parmi les illustres savants ou philosophes de l'Angleterre qui ont assisté aux séances : S. Alexander, Pʳ Bain, The right hon. A. I. Balfour, A. W. Barrett, Dʳ David Brodie, Dʳ Milne Bramwell, Dʳ Ferrier, Francis Galton, Dʳ Shadworth Hodgson, Pʳ W. Horsley, Dʳ Hughlings Jackson, Pʳ O. I. Lodge, Dʳ Mercier, Pʳ Lloyd, Pʳ Croom Robertson, Pʳ

---

[1] *Étude des courants telluriques*, par M. BLAVIER, 1884.

[1] *Sur l'électricité atmosphérique*, par M. MASCART. Comptes rendus des séances de l'Académie des sciences, vol. XCI, 1880, p. 159.

Schaefer, Dᵣ R. Percy Smith, Herbert Spencer, Henri M. Stanley, G. F. Stout, Dᵣ Hack Tuke, Dᵣ Waller, Dᵣ de Watteville. Les membres étrangers présents au Congrès étaient beaucoup plus nombreux qu'on ne l'aurait pu croire. L'un des plus célèbres savants de l'Allemagne, von Helmholtz, a assisté aux premières séances ; l'Université de Berlin était encore représentée par les Pᵣˢ Preyer et Ebbinghaus et par le Dᵣ Goldscheider ; le Pᵣ Hitzig, I. E. Mueller, de Gottingue, le Pᵣ Muensterberg, le Dᵣ von Shrenck Notzing, le Dᵣ Sperling, le Dᵣ Titchener, le Dᵣ Leightner Witmer ont pris la parole à plusieurs reprises. Parmi les Russes nous avons remarqué MM. Alsikosoff, N. Lange, Dᵣ M. Mendelssohn. La Belgique, la Hollande, la Suède, la Suisse et même l'Amérique avaient envoyé des représentants. Parmi les Français présents au Congrès nous citerons : MM. Béritlon, Bernheim, Liégeois, Marillier, Mouret, L. Olivier, Ch. Richet, etc.

Une grande difficulté enlève d'ordinaire beaucoup d'intérêt à ces congrès internationaux qui réunissent tant de savants appartenant à des pays différents. Ils ne demandent tous qu'à s'estimer, à s'applaudir réciproquement, mais ils ont bien de la peine à se comprendre. Les communications se faisaient en trois langues différentes, — l'anglais, l'allemand et le français, — et beaucoup de personnes, dont je fais partie malheureusement, ont peine à suivre des discussions difficiles exprimées dans une langue étrangère. Pour diminuer autant que possible cet inconvénient inévitable, les organisateurs du Congrès ont pris une excellente mesure. Ils ont demandé d'avance à chaque orateur un résumé net et complet de la communication qu'il comptait faire, et ils ont fait imprimer tous ces sommaires. Au début de chaque séance, on distribuait ainsi une note imprimée qui permettait de suivre avec plus de facilité les discours et les discussions.

L'abondance des communications proposées au Congrès rendit nécessaire une division en sections, l'une consacrée plus spécialement à la neurologie et à la psycho-physique, l'autre à l'étude de l'hypnotisme et des questions connexes. Mais, le plus souvent, l'après-midi était occupé par une réunion où l'on discutait les questions moins spéciales.

Nous ne pouvons suivre dans leurs travaux ces différentes sections et il ne nous paraît pas nécessaire de résumer les communications dans l'ordre même où elles ont été présentées. Il nous semble plus utile de les grouper suivant la nature des questions, afin d'indiquer les diverses directions suivies dans les recherches de psychologie expérimentale. Sans aucun doute, les recherches de psychologie ont une très grande unité et se proposent toujours un même but : la connaissance de l'esprit humain ; mais ces études, dont l'objet est

semblable, diffèrent par la méthode employée de préférence. C'est d'après ces méthodes que nous croyons pouvoir distinguer les 4 classes suivantes :

1° *Psychologie descriptive.* Nous donnons ce nom, faute d'un meilleur, à l'étude des esprits normaux, soit que le psychologue essaie de la faire sur lui-même au moyen de la conscience, soit qu'il observe les autres hommes sans user d'instruments ou de procédés spéciaux.

2° *Psychologie physiologique.* Ce mot a été bien souvent pris d'une manière vague pour désigner toute étude scientifique et expérimentale ; il vaut mieux le restreindre à son sens précis. Une étude mérite ce nom quand elle a pour but la découverte des relations entre la pensée et les organes corporels, ainsi que cela a lieu, par exemple, dans l'examen des localisations cérébrales.

3° *Psychologie mathématique.* Ce n'est pas seulement l'ancienne psycho-physique, mais toute étude qui cherche à imposer aux phénomènes de pensée l'ordre et la mesure numériques.

4° *La Psychologie pathologique* ou *Psychiatrie* cherche à comprendre le fonctionnement normal de l'esprit en étudiant les exagérations ou les suppressions que produit la maladie et qui sont autant de belles expériences naturelles. Elle s'ingénie aussi à tirer une utilité pratique des recherches psychologiques en les appliquant à la pédagogie et à la thérapeutique.

Chacune de ces quatre classes a été représentée au Congrès par des communications intéressantes, dont nous ne pouvons que résumer les principales.

I. — PSYCHOLOGIE DESCRIPTIVE

La première communication présentée au Congrès aussitôt après le discours du Président, a été, à notre avis, des plus significatives. On pouvait craindre et on avait même souvent prétendu que les nouvelles études de psychologie expérimentale étaient en opposition avec les études anciennes des moralistes et des philosophes et semblaient disposées à les mépriser. Le Pᵣ Alexandre Bain, l'un des plus célèbres représentants de ce que l'on peut appeler la psychologie ancienne, s'est chargé de dissiper ce malentendu. Il a montré que, dans les études de ce genre, la méthode d'*introspection*, qui consiste à examiner par la conscience ce qui se passe en nous-mêmes, et la méthode des *expériences psycho-physiques*, qui consiste à calculer, d'après les manifestations extérieures, ce qui se passe dans l'esprit des autres, devaient nécessairement s'unir et se compléter l'une l'autre. Sans aucun doute nous ne pouvons comprendre un phénomène moral qui se passe chez autrui si nous n'avons jamais constaté dans notre propre conscience quelque chose d'analogue. Certaines études, au contraire, l'analyse du mouvement, celle de la mémoire, de l'association des idées, du champ de la conscience, etc., seront plus facilement abordées par la méthode objective. « En tous cas l'expérience peut venir en aide à l'introspection, mais ne pourrait sans dommage et sans faute essayer de la supprimer. »

M. Charles Richet nous a fait entrevoir *l'avenir des études psychologiques*, fondées désormais sur les méthodes scientifiques. Il a montré comment l'anatomie et la physiologie d'un côté, la morale et la pédagogie de l'autre, profiteraient du progrès de nos connaissances sur notre propre esprit. Avec beaucoup de modération, il s'est demandé s'il ne faudrait pas faire un jour une place à une *psychologie transcendantale* qui mettrait en usage des puissances encore inconnues de l'esprit humain. Par une sorte de délicatesse, les membres de la *Society for psychical researches* ont presque complètement évité pendant le Congrès de discuter des questions de ce genre. Ils voulaient faire bien comprendre qu'en assistant à cette réunion organisée par eux, aucun savant ne s'engageait le moins du monde en faveur des recherches un peu aventureuses entreprises par la Société. Il était juste cependant de faire une petite place à la psychologie transcendante, et nous signalerons, à la fin du Congrès, quelques communications répondant à la proposition de M. Richet.

Pour compléter les études relatives à la méthode psychologique, nous rappelons la note de M. Beaunis sur les *questionnaires individuels*. M. Beaunis, qui n'a pu malheureusement se rendre au Congrès, propose un plan d'études à suivre pour décrire complètement un individu. Dans ce plan, l'auteur donne une place à tous les caractères anthropologiques, médicaux et psychologiques. Si nous ne nous trompons, ce questionnaire rappelle un peu celui de M. Bourneville, qui est en usage à Bicêtre pour l'examen des idiots. J'ai toujours trouvé, pour ma part, que ces plans d'étude sont peu pratiques; rien n'est plus difficile que la description complète d'un individu, et l'on pourrait presque dire qu'il faut un plan spécial pour chacun. Cependant, il faut reconnaître que des questionnaires comme celui de M. Beaunis peuvent aider la mémoire quand il s'agit d'un examen rapide.

Parmi les études de psychologie descriptive proprement dite, nous devons signaler un travail du Pʳ M. Lange, d'Odessa, sur *une loi de la perception*. Il établit avec raison plusieurs moments ou degrés dans le processus de la perception : 1° le « shock » simple et sans qualité précise dans la conscience; 2° la conscience de la modalité générale de la sensation; 3° la conscience de la qualité spécifique, qui distingue une sensation d'une autre; 4° la conscience de la situation dans l'espace

de ces différents phénomènes. L'auteur montre ensuite que différentes catégories de mouvement correspondent, comme autant de réactions spéciales, à ces différents degrés de perception.

M. le Pʳ Ribot, qui n'a pu assister au Congrès, a envoyé une note qui résume un travail très intéressant sur les *idées générales*. « Le but de cette enquête a été de rechercher l'état immédiat de l'esprit au moment où un concept est pensé, de déterminer si cet état diffère suivant les individus et d'essayer une classification de ces variétés. » Par exemple, au moment où l'on prononce devant vous le mot « *loi* » ou le mot « *infini* » quelle est l'image qui vous vient à l'esprit quand vous comprenez ce mot? Chez la plupart des personnes, le terme général éveille une représentation *concrète*, ordinairement une image visuelle; chez d'autres surgit une image visuelle du mot *écrit* ou même *imprimé;* d'autres enfin prétendent qu'ils n'ont à ce moment absolument rien dans l'esprit. « Il y a donc quelques concepts auxquels correspond un état inconscient. » M. Ribot expose quelques recherches pour déterminer la nature de cet état inconscient, puis il répartit en classes ces différentes personnes et expose quelques conclusions provisoires sur l'état permanent de certains esprits qui pensent sans cesse des abstractions.

Le Dʳ Newbold expose *les caractères et les conditions des plus simples formes de la croyance.*

Le Pʳ Baldwin, de l'Université de Toronto, cherche à déterminer les rapports entre la *suggestion* et la *volonté*. Il décrit la suggestion comme un fait primitif, qui se constate dans tous les actes de l'enfant; la volonté ne serait qu'un développement, une complication de la suggestion. Il distingue bien l'imitation simple, sans effort, et l'imitation volontaire, dans laquelle il y a comparaison et coordination des excitations différentes.

Le Dʳ Wallascheck lit une communication fort curieuse sur une petite question d'esthétique qui se rattache de près à la psychologie : *l'effet de la sélection naturelle sur le développement de la musique*. L'auteur voit surtout dans la musique son caractère en quelque sorte social. C'est elle qui, par le rythme, dirige les mouvements d'ensemble, anime d'une même pensée les guerriers et les chasseurs. Elle a été un moyen d'organisation pour les masses incohérentes, et, par conséquent, elle s'est développée comme un caractère utile, comme une cause de supériorité dans le *struggle for life*.

Rattachons aussi à la psychologie descriptive le travail du Pʳ Lloyd Morgan sur *les limites de l'intelligence animale*, en remarquant que peu de communications ont porté sur la *psychologie comparée*, qui doit cependant former une branche importante de ces études.

II. — PSYCHOLOGIE PHYSIOLOGIQUE

La recherche des localisations cérébrales, de ces points du cerveau dont les fonctions correspondent à des phénomènes psychologiques déterminés, a été l'objet de communications et de discussions intéressantes. Nous ne nous étendrons guère sur ces très importantes études, la *Revue* se proposant de leur consacrer un article spécial.

Le Pʳ Horsley a montré les incertitudes qui existent encore quand on cherche *à localiser avec précision les mouvements et les sensations corrélatives.*

Le Dʳ W. B. Ransom a rapporté une observation médicale qui peut être très utile pour ces études. Il s'agit d'une *épilepsie localisée* (qu'on appelle en France *épilepsie Jacksonienne*) qui provoquait des secousses et des spasmes dans la main gauche, en même temps qu'une légère anesthésie tactile et musculaire au même endroit. La trépanation fit découvrir un kyste comprimant le centre cortical de la main gauche. Après l'opération, on fit des expériences précises, lesquelles avaient rarement pu être tentées sur l'homme. L'électrisation en ce point de l'écorce amena la contraction des muscles de l'avant-bras et de la main, mais donna lieu, en outre, à des sensations tactiles et musculaires accusées par le sujet dans ces mêmes parties. On nota également l'affaiblissement du pouvoir moteur volontaire après une forte contraction provoquée.

Le travail de M. le Dʳ A. D. Waller sur *les fonctions attribuées à l'écorce cérébrale* est des plus remarquables ; mais nous ne pouvons y insister, car il sera publié prochainement dans la *Revue.*

Signalons plutôt une recherche expérimentale dont les résultats sont un peu inattendus, qui a été communiquée par le Pʳ A. Schaefer au sujet des *fonctions des lobes préfrontaux* ; on a souvent soutenu l'opinion que ces lobes devaient être regardés comme le siège des opérations intellectuelles. On s'appuyait sur diverses considérations et aussi sur des expériences de Ferrier, Horsley, Hitzig et Goltz. Les animaux, après l'ablation de ces parties du cerveau, restaient apathiques et stupides et semblaient avoir perdu toute faculté d'observation attentive et intelligente. L'auteur prétend que ces expériences déjà anciennes n'ont pas été faites avec toutes les précautions d'une asepsie rigoureuse et que, d'autre part, les lésions étaient trop étendues. Si l'on se contente de sectionner complètement les connections de ces lobes avec les autres parties du cerveau, on peut faire l'opération d'une façon très aseptique et sans grand shock opératoire. Des singes opérés de la sorte n'ont présenté aucun symptôme appréciable et paraissaient aussi vifs et intelligents qu'ils l'étaient auparavant. Ces expériences ne semblent pas d'accord avec l'idée que l'on se faisait du rôle important des lobes préfrontaux.

Si une étude anatomique doit intéresser les psychologues, c'est certainement l'examen du cerveau d'une personne célèbre dans les annales de la psychologie. On se souvient des nombreuses études qui ont été publiées sur l'éducation de *Laura Bridgman*, aveugle, sourde et muette presque depuis sa naissance. Le Dʳ H. Donaldson a eu le bonheur de pouvoir étudier ce cerveau et a communiqué au Congrès son observation. Il n'a pas rencontré de grosses lésions anatomiques, mais il a été frappé de l'amaigrissement des circonvolutions et surtout de la faible épaisseur de la substance corticale sur certains points. Les points les plus nettement frappés d'atrophie étaient le centre de Broca, la première circonvolution temporale des deux côtés, les deux pôles occipitaux. Ces points correspondent, comme on le voit, aux centres admis pour les sens qui manquaient à la malade.

Les études sur le sens visuel, son anatomie et sa physiologie ont été particulièrement nombreuses. Le Dʳ S. E. Henschen, d'Upsala, a étudié *les voies suivies par les impressions visuelles et le centre visuel.* Il se fonde sur un certain nombre d'observations cliniques suivies d'autopsie. Nous ne pouvons suivre le nerf visuel dans le corps genouillé externe, dans le tubercule antérieur des corps quadrijumeaux. Nous notons seulement que, d'après l'auteur, une lésion de la partie postérieure de la capsule interne ne produit jamais l'hémianopsie et qu'il fait passer toutes les fibres visuelles dans un petit faisceau épais de peu de millimètres, situé à la hauteur de la deuxième circonvolution temporale, du deuxième sillon temporal et de la scissure calcarine. Le centre visuel serait localisé par cet auteur avec une grande précision dans l'écorce de la scissure calcarine et les différents points de cette scissure correspondraient aux différents points de la rétine.

Le Dʳ H. Hebbinghaus, de Berlin, résume et discute les dernières études *sur la théorie de la vision des couleurs.* Il trouve insuffisantes l'ancienne théorie de Yung-Helmholtz et celle de Héring, et croit pouvoir expliquer toutes les impressions colorées par des modifications du pourpre rétinien. Une dame, Mʳˢ Ladd Francklin, discute ces questions délicates avec une grande compétence ; elle admet que la substance chimique qui excite la rétine s'est peu à peu différenciée et qu'il y a maintenant trois corps différents produisant, sous l'influence des différentes parties du spectre, trois sensations différentes, celles de rouge, vert et bleu.

Le Dʳ E. D. Titchener, de Leipzig, complète ces études sur le sens visuel par un travail sur *les effets binoculaires d'excitations monoculaires* ; il vérifie par les procédés de la psycho-physique une relation fonctionnelle entre les deux rétines, relation déjà mise en évidence par des recherches physiologiques.

Le Dr Verriest, de Louvain, expose quelques remarques intéressantes sur l'*origine du langage rythmé;* il montre que le rythme de certaines pensées et de certaines paroles se rattache au fonctionnement rythmé de certains organes.

Rattachons à ces études anatomiques une courte note, que M. Binet a envoyée au Congrès sur *les nerfs des ailes chez quelques Insectes.* On peut distinguer chez quelques Coléoptères une racine dorsale, qui serait plus spécialement motrice, et une racine ventrale, qui serait sensitive.

III. — PSYCHOLOGIE MATHÉMATIQUE

Les études de ce genre, nées en Allemagne, sont toujours en grand honneur chez les psychologues de ce pays et chez ceux qui ont été instruits en Allemagne. Elles ont été en général fort discutées en France; mais il faut avouer, après avoir étudié quelques-unes des communications présentées au Congrès, qu'elles fournissent quelquefois des résultats précis et d'une valeur générale.

Le Pr Heymans applique la loi de Weber au phénomène de *l'inhibition des représentations.* On sait que, d'après cette loi, il existe une relation mathématique déterminée entre la quantité de l'excitation extérieure et l'intensité de la sensation éprouvée. L'auteur pense qu'il faut une relation numérique du même genre entre deux excitations, pour que l'une fasse disparaître l'autre de la conscience.

Le Dr Mendelsohn, de Saint-Pétersbourg, a essayé d'appliquer une loi de Fechner, dite *la loi parallèle,* aux modifications pathologiques de la sensibilité. « D'après la loi de Fechner considérée comme une simple conséquence de celle de Wéber, lorsque la perceptibilité d'un sens varie également pour deux excitants, la perceptibilité de ce même sens pour leur différence relative ne varie point pour cela. » Un sens affaibli pathologiquement et percevant moins bien chaque excitation considérée isolément devrait continuer à distinguer aussi bien les différences relatives entre ces excitations. Les résultats des expériences sont loin d'être conformes à ceux que le calcul aurait fait prévoir.

Le Pr W. Tschisch, de Dorpat, étudie *le rapport entre l'étendue de la perception et le temps de la réaction;* il constate un résultat intéressant, c'est qu'une perception étendue, capable de saisir dans un même instant un grand nombre d'impressions élémentaires, est en même temps une perception rapide. Quand la perception faiblit, quand elle a moins d'étendue, elle semble s'affaiblir de toutes manières, car elle est en même temps ralentie.

Le Dr A. Lehmeun fait connaître les résultats

de *ses recherches expérimentales sur le rapport entre la respiration et l'attention.* Les oscillations de l'attention ne sont pas toujours explicables par une fatigue des muscles de l'accommodation. Il ne faudrait pas croire qu'elles soient mieux expliquées par les lois qui régissent l'intervention des muscles respiratoires. L'auteur tend à rattacher ce phénomène à des variations dans la pression sanguine intra-cérébrale pendant l'inspiration et l'expiration.

Je voudrais insister un peu sur un travail très curieux du Pr H. Muensterberg, intitulé *Fondement psycho-physique des sentiments,* car il nous montre bien à la fois l'intérêt et le danger de certaines expériences minutieuses. Essayons de faire avec la main droite un petit mouvement, de tracer, par exemple, une ligne de 10 centimètres de longueur; quand nous sommes bien exercés à ce mouvement, essayons de le répéter les yeux fermés en dirigeant notre main de droite à gauche par un mouvement de flexion (centripète) ou de gauche à droite par un mouvement d'extension (centrifuge). Certainement, malgré nos efforts, la ligne tracée les yeux fermés n'aura pas exactement une longueur de dix centimètres, et l'erreur inévitable sera plus ou moins accentuée tantôt dans les mouvements de flexion, tantôt dans les mouvements d'extension. Répétons cette expérience dans différentes circonstances, quand nous sommes actifs et gais, quand nous nous sentons déprimés, tristes, colères, etc., et notons les erreurs et leur sens. Nous verrons, d'après M. Muensterberg, se manifester une loi très précise : pour ne parler que de deux sentiments, nous verrons que, dans le chagrin, les mouvements d'extension (centrifuges) sont trop courts (erreur moyenne de — 10 millimètres), et les mouvements de flexion (centripètes) sont trop grands (erreur moyenne + 12 mm.). Dans la joie, au contraire, les mouvements centrifuges sont trop grands (+ 10) et les mouvements centripètes trop courts (— 20). D'où l'on peut conclure que dans le chagrin il y a une tendance à la flexion et dans le plaisir à l'extension. Les sentiments sont tout de suite classés et même expliqués par ces tendances différentes : l'opposition des sentiments centripètes et des sentiments centrifuges est immédiatement rattachée à tout notre développement psychologique et rend compte des émotions diverses que nous éprouvons. Le point de départ nous semble une observation de détail intéressante et probablement exacte. Bien entendu, nous supposons que M. Muensterberg a pris toutes les précautions nécessaires : il sait l'influence des modifications du sens kinesthésique sur des mouvements exécutés les yeux fermés ; il sait l'influence énorme des idées préconçues sur la longueur des petits mouvements de ce genre. Les expériences, nous le supposons, quoique l'auteur n'y insiste pas suffisamment, ont toujours dû être faites sur des personnes absolument ignorantes de toute recherche psychologique et n'ayant jamais entendu parler de la théorie des sentiments centripètes et centrifuges. Admettons qu'elles soient entièrement vérifiées ; aurons nous trouvé la classification et la théorie des émotions? Pour ma part, j'ai le regret de dire que je n'en suis pas entièrement convaincu. Peut-être serait-il plus prudent d'ajouter ce petit détail à la grande somme d'observations déjà faites sur les sentiments, et d'attendre pour les expliquer une théorie plus compréhensive, qui tienne plus compte des autres phénomènes. Notre critique ne s'adresse pas à M. Muensterberg, qui probablement, dans sa théorie générale des sentiments, réunit bien d'autres faits et ne s'en tient pas à ce petit détail intéressant. Elle a pour but de montrer à ceux des lecteurs de la *Revue* qui ne sont pas habitués aux recherches de la psycho-physique, ce qu'il y a d'intéressant, de précis dans ces études, et ce qui pourrait en constituer le danger.

Le travail du Pr M. Preyer, d'Iena, qui a pour titre *Arithmogenesis*, nous semble aussi exagérer un peu l'importance d'un fait de détail. M. Preyer, qui est très musicien et qui a l'oreille fort juste, croit que les notions de nombre se forment toutes par la sensation des rapports entre les tons musicaux. Comment les personnes qui ont l'oreille abominablement fausse arrivent-elles à découvrir les notions élémentaires de l'arithmétique?

Enfin rattachons à la psychologie mathématique l'étude du Dr Lightner Witmer *sur la valeur esthétique des proportions mathématiques des figures simples.* De nouvelles expériences viennent confirmer une théorie des anciens artistes grecs. En dehors de l'égalité des parties, — qui est la proportion la plus agréable, — l'auteur a trouvé qu'un rapport entre $\frac{1}{4}$ et $\frac{2}{3}$ procure à la plupart des personnes un sentiment esthétique bien net. C'est à peu près ce que l'on désignait autrefois sous le nom de la *section dorée.*

Ces études très nombreuses et les discussions qu'elles ont provoquées montrent la grande part que la psychologie mathématique a eue justement dans le Congrès.

IV. — PSYCHOLOGIE PATHOLOGIQUE. PSYCHIATRIE

La pathologie mentale nous réserve bien des ressources pour comprendre l'esprit humain : elle est aussi inséparable de la psychologie que la médecine de la physiologie. Aussi avons-nous à signaler de nombreuses communications sur ce sujet.

M. Lombroso, qui n'a pu venir lui-même au Congrès, a envoyé une *Étude sur la sensibilité des femmes normales, aliénées et criminelles.* Le Dr Goldscheider, dans *ses recherches sur le sens musculaire des*

aveugles, a vérifié, par des expériences précises, une ancienne croyance presque populaire qui avait besoin de confirmation. Il a montré que les aveugles arrivent, à force d'attention, à un développement extraordinaire du sens tactile et du sens kinesthésique.

M. le Pr Bernheim (*De la nature psychique de l'amaurose hystérique*) reproduit le récit de quelques expériences qui tendent à prouver que l'anesthésie hystérique est de nature essentiellement psychique. J'aurais mauvaise grâce à contester l'intérêt de ces expériences, puisque j'ai signalé moi-même en 1887 exactement les mêmes faits et que, depuis, je les ai décrits à plusieurs reprises [1]. Je n'insisterai pas non plus sur ma propre communication au Congrès : *Étude sur quelques cas d'amnésie antérograde dans la maladie de la désagrégation psychologique*, car ce travail doit paraître prochainement dans la *Revue.*

M. F. W. H. Myers, l'un des membres les plus actifs de la S. P. R. et l'un des organisateurs du Congrès, a décrit un phénomène des plus curieux, qui est, à mon avis, très important, quoique peu connu en France. Certaines personnes ne peuvent fixer longtemps une surface éclairée et brillante sans éprouver de singulières perturbations mentales. L'un de ces troubles consiste à voir peu à peu une image, une véritable hallucination visuelle se dessiner sur la surface vide qu'elles regardent. C'est là, comme le dit M. Myers, *une production expérimentale d'hallucinations.* Ce fait, très anciennement connu, a donné lieu à bien des superstitions : il constituait le fond de l'ancienne divination par les cristaux et par les miroirs. Aujourd'hui, sous le nom de *crystal-vision*, il est étudié scientifiquement. On constate alors qu'il est absolument analogue au phénomène, bien connu, de l'écriture automatique des médiums, et qu'il peut servir, de la même façon, à pénétrer plus profondément dans l'analyse de certains phénomènes subconscients, dont le sujet lui-même ne se rend pas compte. M. Myers, dans une étude très complète, analyse ce fait dans tous ses détails. Depuis quelque temps déjà, j'avais été amené à m'occuper de la *crystal-vision* par la lecture d'articles très suggestifs de Miss Freer, parus dans les *Proceedings of the S. P. R.*, et j'avais constaté l'exactitude et l'importance de ces observations. Une seule chose me séparait et me sépare encore de ces deux auteurs : c'est qu'ils considèrent le fait comme normal chez l'homme bien portant et que je le considère comme essentiellement pathologique. J'ajouterai même tout bas que mon voyage en Angleterre et la vue des personnes qui éprouvent ces hallucinations m'ont confirmé dans mon opinion. Mais, peu importe cette discussion, il n'en était pas moins juste d'appuyer au Congrès les

---

1. Archives de neurologie 1892, n° 69, p. 323.

observations de mon ami, M. Myers. J'ai rapporté plusieurs cas de ces phénomènes observés pour la plupart dans le service de mon éminent maître, M. le Pʳ Charcot. Après des attaques de somnambulisme, qui enlèvent en apparence au malade toute mémoire de ce qu'il vient de faire, le souvenir se manifeste quelquefois d'une manière très précise soit dans l'écriture automatique soit dans les hallucinations provoquées par la *crystal-vision*. Certains états maladifs souvent fort graves sont dus, à notre avis, à des idées fixes dont les sujets ne se rendent pas compte et qui persistent quelquefois en eux tout à fait à leur insu. J'ai cherché tous les moyens de mettre au jour ces idées fixes subconscientes et j'ai constaté que souvent le procédé décrit par M. Myers donnait des résultats fort intéressants. Cette hallucination dépend, croyons-nous, de bien des causes : la suggestion, le rêve, des états analogues à l'hypnotisme, interviennent certainement. Mais un fait particulier, une perturbation maladive de l'attention nous paraît jouer ici le plus grand rôle.

Les hallucinations actuelles ont été l'objet, en Angleterre, d'un grand travail. La S. P. R. a entrepris, depuis plusieurs années, de dresser une *statistique des hallucinations*, analogue à celle que Brière et Boismont avaient établie autrefois. Mais, grâce aux ressources dont la Société dispose, cette enquête a pris des proportions tout à fait inusitées. On a distribué de tous côtés des questionnaires demandant à chaque personne si elle avait jamais éprouvé une hallucination et dans quelles circonstances. Plus de 17.000 réponses ont été dépouillées, et les résultats de ce long travail ont été présentés au Congrès par M. Sidgwick et par M. Marillier. 9, 9 sur 100 personnes seulement ont donné une réponse affirmative. Il ne faut pas oublier dans quelles conditions cette enquête a été conduite : elle avait pour but d'étudier l'état de santé et non la maladie; aussi a-t-on systématiquement laissé de côté les malades et les aliénés. Ce point de départ peut être l'objet de bien des critiques; je les avais déjà exposées en 1889, quand l'enquête a été résolue; je n'y ai pas entièrement renoncé et j'ai vu avec plaisir qu'elles ont été en partie reproduites cette année par le Dʳ Osler, de *Johns Hopkins University*. Peut-on considérer comme ayant l'esprit sain une personne capable d'éprouver une hallucination? Comment déterminer la limite entre les personnes prétendues saines, dont on accepte les réponses, et les aliénés que l'on repousse? Tous les fous, il s'en faut de beaucoup, ne sont pas dans les asiles et il n'est pas facile de les reconnaître à première vue. La Commission qui s'est chargée de l'enquête a répondu, autant que possible, à ces critiques : elle a dressé une table particulière où l'état

de santé des personnes interrogées est indiqué; elle a réuni une grande quantité de détails sur les phénomènes qu'elle classait. En un mot, cette enquête a fourni une riche collection de matériaux qu'il sera nécessaire d'utiliser pour l'étude des hallucinations, mais qu'il faudra savoir interpréter.

L'*hypnotisme* a été naturellement l'objet de nombreuses discussions qui ne nous semblent pas avoir apporté beaucoup de notions nouvelles. Au premier abord on croyait, en entendant les orateurs, que la question ne s'était aucunement modifiée depuis quelques années. Les mêmes personnes ont répété exactement les mêmes phrases sans plus de précision ni de clarté; mais, en réalité, il y avait dans leurs discours une modification très singulière. Autrefois on s'efforçait de montrer la réalité et l'importance des phénomènes hypnotiques, de les distinguer, autant que possible, de la simulation et de la simple complaisance. Aujourd'hui, paraît-il, tout est changé, l'hypnotisme s'est confondu avec les phénomènes les plus simples de la vie courante, la suggestion n'est rien d'autre que bien mieux, on renonce au mot *hypnotisme* et à la chose même : « L'hypnotisme, a dit M. Bernheim, ce n'est rien, mais la suggestion, cela est tout à fait inoffensif, c'est un bon conseil, voilà tout; l'hallucination, c'est un rêve, une petite rêverie; est-ce que cela existe, l'hallucination? mais non, cela n'est rien, rien du tout. » On ne conserve plus qu'une seule notion, c'est que cet hypnotisme, qui n'est rien, possède une puissance merveilleuse et guérit absolument tout. Reconnaissons cependant que M. Bérillon a essayé une timide protestation : « L'hypnotisme, a-t-il dit, tout est changé quelque chose et peut-être ne guérit-il pas très complètement. » Mais ses maîtres en hypnotisme lui ont vivement reproché son indépendance. Singulière manière d'étudier les phénomènes de l'esprit! Faut-il donc que la psychologie, introduite dans la médecine, vienne simplement y apporter le gâchis? Claude Bernard l'a déjà démontré autrefois : tous les phénomènes pathologiques contiennent à leur point de départ des phénomènes normaux et en sont cependant bien distincts. Il se peut que l'hypnotisme et la suggestion appliqués au hasard à des personnes bien portantes ne soient « rien, rien du tout », j'en conviens; mais cela ne supprime pas l'existence du somnambulisme réel, des idées fixes ni des hallucinations.

M. le Dʳ Bramwell a montré quelques expériences d'hypnotisme. En général, je pense qu'il faut être sévère pour ce genre d'exhibitions de tous points fâcheuses, et inutiles pour la science. On peut être plus indulgent dans un Congrès et reconnaître que les faits présentés par M. Bramwell ont été des plus nets et des plus intéressants.

Les applications de l'hypnotisme à la jurisprudence ont été l'objet des travaux de M. J. Liégeois. Dans une étude intéressante sur Mme Weiss, l'*empoisonneuse d'Aïn-Fezza*, il a fait ressortir toutes les difficultés que présente, au point de vue de la justice criminelle, l'ancienne théorie de la responsabilité. Peut-être dans ce cas, — M. Liégeois ne serait pas éloigné d'en convenir, — s'agit-il moins d'hypnotisme proprement dit que de maladie mentale.

Plusieurs auteurs ont exposé des applications de la suggestion à la thérapeutique. M. Hitzig a montré comment, dans bien des cas, les *attaques naturelles du sommeil* peuvent être modifiées, puis supprimées par la suggestion hypnotique.

MM. Liébault et Liégeois ont raconté l'histoire *d'une monomanie du suicide guérie par suggestion pendant le sommeil provoqué*. J'ai été d'autant plus intéressé par cette communication que déjà, dans mes études sur les idées fixes, j'avais pu en voir toute l'exactitude. Je serais cependant plus inquiet que ces auteurs sur l'avenir des malades qui conservent une tendance des plus dangereuses aux idées fixes et à la suggestion.

M. Bérillon a exposé *les applications de la suggestion hypnotique à l'éducation*. Ses propositions sont très modestes et très justes et il n'applique guère ce moyen dangereux qu'à des enfants malades présentant des phénomènes nerveux analogues à des idées fixes comme l'incontinence d'urine, la kleptomanie, etc. Cependant, elles ont provoqué une discussion qui m'a paru bizarre ; ceux qui tout à l'heure trouvaient que l'hallucination n'est absolument rien, prétendent maintenant que les suggestions de M. Bérillon sont dangereuses pour les enfants et qu'il faut se contenter de bons conseils et de prédications morales. Mais, enfin, si les beaux discours ont échoué, pourquoi ne pas essayer un procédé dangereux, mais puissant ? Le médecin se sert quelquefois de la digitale et ne traite pas toutes les maladies avec de l'eau sucrée.

Le discours de M. Van Eeden *sur la théorie de la psychothérapeutique* peut servir de conclusion à ces recherches. L'auteur nous fait entrevoir un avenir encore lointain où la psychologie aura un grand rôle dans la thérapeutique. Malheureusement, il reste dans les généralités un peu vagues, affirmant que l'esprit a une grande action sur le corps et que l'éducation est un grand remède pour certaines maladies nerveuses. Nous en sommes tous parfaitement convaincus, mais ce que nous demandons, ce sont les règles précises de cette éducation, les éléments du diagnostic moral, les moyens pratiques appropriés à tel ou tel cas. M. Van Eeden a raison aussi en disant que l'hypnotisme est quelque chose et même quelque chose de grave.

Mais pourquoi le proscrire absolument de la thérapeutique ? Certains accidents nerveux prennent leur origine dans des états analogues à l'hypnotisme et seront bien plus rapidement supprimés si l'on reproduit cet état. Qu'on ne parle pas de l'hypnotisme à tout propos, cela est évident ; mais qu'on lui laisse sa place et sa très grande place dans l'étude et le traitement des psychoses.

Pourquoi ne pas parler de psychologie transcendentale, comme dit M. Ch. Richet, pourquoi ne pas nous aventurer un peu dans l'inconnu ? M. Delbœuf nous parle de *l'appréciation du temps par les somnambules*. Les faits curieux qu'il présente semblent montrer qu'il peut y avoir, en dehors de la conscience normale, une faculté de mesurer le temps.

MM. H. Sidgwick nous a rapporté les résultats des dernières recherches de la S. P. R. sur les phénomènes de *thought transference* ou de *suggestion mentale*. « Par *thought transference* on entend la communication des idées d'une personne appelée *agent* à une autre appelée *percipient*, de toute autre manière que par le moyen des sens que nous connaissons. » Pour faire ces expériences, on sépare l'un de l'autre l'*agent* et le *percipient*, on place un écran entre eux et cependant le *percipient* arrive souvent à reproduire les dessins, les mots, ou les nombres pensés par l'*agent*. Ces recherches malheureusement n'ont pas fait de bien grands progrès : ce sont toujours des faits curieux, mais isolés, dont le déterminisme reste bien vague et l'on ne croit guère que ce que l'on comprend ou ce que l'on croit compendre. (Une discussion assez sévère de ces expériences vient de paraître dans la *Revue philosophique*.) Il faut louer cependant les personnes qui poursuivent ces études avec précision et patience : elles préparent peut-être les découvertes de l'avenir.

Bien qu'incomplets, ces quelques résumés montrent le nombre et la variété des travaux qui ont été présentés au Congrès de Londres. Ils nous ont fait passer en revue d'une manière rapide toute la psychologie expérimentale. Ils nous ont montré aussi les tendances diverses de chaque pays : en admettant, bien entendu, de nombreuses exceptions et en ne parlant que du Congrès, les travaux sur l'anatomie cérébrale ont surtout été présentés par les Anglais, les communications sur la psychologie mathématique par les Allemands, les études de psychiatrie par des Français. Au prochain Congrès, qui aura lieu à Munich, cet ordre sera probablement très modifié, car ces réunions, qui permettent aux savants de se connaître et de se lier, confondent les méthodes des différents pays et donnent plus d'unité à la science universelle.

Pierre Janet,
Docteur ès lettres,
Professeur de Philosophie, au Collège Rollin.

BIBLIOGRAPHIE

ANALYSES ET INDEX

1° Sciences mathématiques.

Haton de la Goupillière. *Membre de l'Institut, Directeur de l'Ecole des Mines.* — **Cours de machines**, T. *II.* 2ᵉ *fascicule :* **Chaudières à vapeur.** Un *vol. in 8°, pages 525 à 909, avec 206 fig. (Prix 15 fr.). Vve Ch. Dunod, Paris 1892.*

Ce fascicule termine le *Cours d'exploitation des Mines et des Machines*, dont la publication a commencé en 1883 : cet important et remarquable ouvrage renferme la matière de l'enseignement des deux chaires principales de l'Ecole nationale supérieure des Mines, formées par le dédoublement de celle qu'occupait M. Haton de la Goupillière, avant de devenir directeur de l'Ecole. La division de l'ouvrage en deux parties distinctes, relatives la première à l'exploitation des mines proprement dite, et la seconde, aux moteurs hydrauliques et thermiques, correspond à ce dédoublement, qui a été imposé par la nécessité d'alléger un enseignement devenu excessivement chargé et beaucoup trop vaste.

L'importance toute spéciale de ce dernier fascicule ressort des fonctions mêmes des ingénieurs du corps des mines, auxquels est confiée en France la surveillance des générateurs de vapeur.

On professe des cours de chaudières à vapeur dans un grand nombre d'écoles, écoles professionnelles, écoles des arts et métiers, instituts industriels, écoles du génie civil, etc., car ces établissements d'application se sont extrêmement multipliés depuis quelques années. Mais le cours de chaudières de l'Ecole des Mines n'est comparable à aucun autre; nous sommes ici dans la première école d'application de France, dont les élèves se recrutent au sommet d'une autre école, qui a opéré elle-même une sélection parmi des intelligences distinguées : s'il est vrai de dire qu'aucun professeur de chaudières ne saurait trouver ailleurs de plus bel auditoire, il faut reconnaître, d'autre part, que cet auditoire d'élite doit recevoir l'enseignement le plus complet et le plus élevé qui puisse se donner. Comment un membre de l'Institut parlera-t-il de chaudières à vapeur en s'adressant à ces élèves, qui ne seront rebutés par aucune théorie et pour lesquels aucun calcul ne présente de difficultés? On pouvait croire que l'ouvrage serait émaillé de calculs transcendants et de théories ardues, et qu'il serait d'une lecture fort difficile. Il n'en est rien : M. Haton de la Goupillière s'est proposé de faire connaître à fond aux futurs ingénieurs des mines la chaudière sous ses formes multiples, avec ses nombreux accessoires ; il en fait des descriptions très précises, mais fort simples et admirablement lucides; il en expose les théories, d'une manière complète et très rationnelle, mais sans aucune recherche et en élaguant de son exposé toute inutilité; il ne calcule que ce qu'il faut, par les voies les plus simples, et nous le trouvons qu'une fois ou deux des intégrales dans ce livre, qui peut dès lors être lu et compris de tous. Les grands savants ne compliquent pas les questions qu'ils traitent, ils les simplifient plutôt : en voilà une preuve nouvelle. Telle est la vive impression que nous avons éprouvée en étudiant ce livre pour en faire l'analyse.

Il se compose de treize chapitres : le premier est réservé à l'étude générale de la combustion, le second à la construction des chaudières, les trois suivants aux divers types de générateurs, deux autres aux accessoires et aux appareils d'alimentation. Les diverses monographies dont se composent ces chapitres sont présentées d'une façon fort limpide et les descriptions sont éclairées par des figures bien dessinées et bien gravées, ce dont il faut savoir gré à l'auteur autant qu'à l'éditeur. Les dépôts et incrustations, les explosions et leurs causes, les règlements et leur interprétation font l'objet de chapitres spéciaux et conduisent à l'étude des divers appareils de sûreté, prescrits ou non par les ordonnances et les décrets qui régissent la matière. Viennent ensuite deux études, qu'on ne s'attendait pas à trouver dans un cours de chaudières, mais qui ont été renvoyées sans doute à ce dernier fascicule par des nécessités de tirage : c'est d'abord la théorie des condenseurs, puis la description des appareils indicateurs employés pour relever des diagrammes et ausculter les machines, que M. Thurston a appelés avec tant de raison les stéthoscopes de l'ingénieur.

Chacun de ces chapitres est accompagné de notes bibliographiques extrêmement complètes et parfaitement classées, qui permettront au lecteur de remonter aux sources; mais nous lui méconseillerons le plus souvent de s'engager dans cette voie, car l'auteur a extrait la quintessence des travaux qu'il cite, nous l'avons constaté à maintes reprises, et l'on retrouve dans ce texte toute l'érudition dont les notes font preuve. Mais aussi faut-il lire ce texte avec attention et le méditer afin de ne rien perdre de ce qu'il renferme : il est peu d'ouvrages aussi méritent cet éloge. — Un livre aussi dense ne peut évidemment pas s'analyser en quelques lignes, car il est lui-même déjà une analyse raisonnée d'une science que plusieurs auteurs ont exposée en de fort gros volumes et non pas en 384 pages. Et pourtant l'étude que M. Haton de la Goupillière fait de la question est très complète ; mais son ouvrage est un *cours* et non point un *traité*; on sent que cela a été parlé et enseigné et que la préoccupation didactique l'emporte sur l'amour du document, qu'on observe chez quelques écrivains. Citons un exemple caractéristique : un seul tableau d'une page renferme, pour les principales classes de combustibles naturels, toutes les données qu'il est utile de connaître relativement à la composition élémentaire, aux résidus en coke et cendres, et au pouvoir calorifique des houilles. Vous en faut-il davantage? Vous trouverez en note l'indication des travaux originaux et des compilations de MM. Meunier-Dollfus, de Marsilly, Scheurer-Kestner, Cornut, Bour, Walther-Meunier, Ser, Mahler, etc. Mais le texte vous suffit pour vous faire connaître la classification des houilles, leurs caractères, leurs propriétés générales et les meilleures conditions de leur emploi, c'est-à-dire les choses essentielles.

Deux questions ont été laissées de côté par l'auteur : il ne parle pas des cheminées, dont l'étude a été faite dans une autre partie du cours, et il ne fait guère qu'une allusion discrète à la grave question du primage. Il est vrai que les entraînements d'eau, dont Hirn a fait ressortir le premier l'importance, intéressent surtout les ingénieurs qui ont à faire des essais de machines à vapeur; aussi ne signalons ces deux omissions que pour trouver l'occasion de répéter que toutes les autres études sont bien complètes et fort détaillées. Aucune recherche nouvelle, aucun mémoire original n'a été passé sous silence, je le sais, et je suis heureux de pouvoir en exprimer ici publiquement ma profonde reconnaissance au savant professeur de l'Ecole des Mines. — En somme, le cours de chaudières de M. Haton de la Goupillière constitue un remarquable exposé de la théorie et de la pratique des générateurs de vapeur, dans lequel non seulement les ingénieurs des mines, mais les constructeurs et les industriels trouveront tous les éléments d'une saine appréciation de tout ce qui les intéresse au point de vue de la sécurité, de la bonne marche des appareils et de leur rendement.

A. Witz.

2° Sciences physiques.

Cadiat et **Dubost.**—Electricité industrielle, 4ᵉ *édition, un beau volume, gr. in-8° de 667 pages et 257 fig. (16 fr. 50). Baudry et Cie, éditeurs, 15, rue des Saints-Pères, Paris, 1892.*

Parmi les innombrables ouvrages que le développement moderne de l'industrie électrique a fait éclore, il en est peu qui aient eu le succès du *Cadiat et Dubost*, comme on dit depuis longtemps. Ce succès s'explique aisément ; les auteurs ont cherché, et ils y ont réussi, à donner dans un langage aisément compréhensible les principes pratiques de la science électrique, et d'en exposer les principales applications ; peu de mathématiques, et rien que des élémentaires ; beaucoup de raisonnements populaires et tangibles, tel est le mode d'exposition ; puis, de bonnes descriptions de méthodes et d'appareils, avec la manière de s'en servir ; peu, trop peu peut-être, de méthode graphique dans la partie théorique, ce qui, avec l'exclusion du calcul différentiel, oblige parfois à des méthodes détournées et peu élégantes, mais c'est là un défaut sans importance.

L'ouvrage est divisé en six parties :
Principes généraux, unités et mesures ;
Appareils producteurs de l'électricité ;
Eclairage électrique ;
Transmission électrique de la *force* ;
Galvanoplastie et électro-métallurgie ;
Téléphonie.

Des tableaux de constantes sont donnés dans un appendice.

L'absence de la télégraphie de ce sommaire précise l'intention des auteurs ; la télégraphie est une branche très spéciale de l'électricité ; elle a ses ingénieurs et son personnel ; les premiers peuvent se passer d'un traité élémentaire, et les télégraphistes ont leurs guides spéciaux et leur apprentissage qui n'a rien d'électrique ; le traité que nous analysons n'est donc pas encyclopédique ; il vise directement les applications avec lesquelles tout ingénieur, tout spécialiste, ou même tout contremaître peut se trouver aux prises. Et non seulement les appareils sont décrits avec soin, avec l'indication de leurs constantes ; mais encore, en maint endroit, se trouvent des exemples concrets de calculs se rapportant à un cas particulier, soit inventé pour les besoins de l'ouvrage, soit pris dans la pratique ; c'est ainsi qu'à propos de l'éclairage, on donne le détail des installations faites aux ateliers de l'Artillerie à Paris, aux magasins du Bon-Marché, dans divers établissements publics, dans des voitures de chemins de fer, des mines et des bateaux ; le tout est accompagné de quelques devis.

Cette tendance absolument pratique de l'ouvrage se reconnaît à maint petit détail ; c'est ainsi que sont groupés, dans une même *partie*, les piles, les machines dynamos et les accumulateurs ; ce chapitre est d'avance débarrassé de toute théorie par l'introduction, dans laquelle les premiers principes sont traités d'une manière sommaire, mais cependant très suffisante.

Dans la quatrième partie, on revient aux dynamos, pour démontrer leur réversibilité, et son application à la transmission de la force motrice : la distribution, qui pourrait former une partie indépendante de l'ouvrage, est traitée à la suite de l'éclairage.

Cette classification qui pèche au point de vue purement logique a ce grand avantage d'indiquer l'endroit précis de l'ouvrage où l'on trouvera l'ensemble des renseignements que l'on cherche, débarrassé de tout ce dont on n'a pas momentanément besoin.

Ce désir d'être pratique a même entraîné, il nous semble, les auteurs un peu loin ; ainsi dans les calculs relatifs aux machines, les formules conduisent directement à des kilogrammètres par seconde, et c'est par une transformation que l'on revient au watt. La notion du watt n'est-elle pas encore assez nette pour que l'on puisse lui rapporter directement la puissance électrique ?

Il ne faudrait pas croire cependant que l'ouvrage de MM. Cadiat et Dubost soit en retard ; à part quelques constantes à reviser, cette quatrième édition est très actuelle ; les moteurs à champ tournant y sont décrits (un peu sommairement il est vrai), et les procédés nouveaux de l'électro-métallurgie y occupent leur petite place.

Ch.-Ed. GUILLAUME.

Beilstein (Dʳ F.). — Handbuch der organischen Chemie. 3ᵐᵉ *édition* (*Prix : 2 fr. 25 le fascicule de 4 feuilles*). *Léopold Voss, Hambourg et Leipzig, 1892.*

Nous n'avons plus à faire l'éloge du *Handbuch* de Beilstein : c'est un livre qui se trouve aujourd'hui sur la table de tous les chimistes soucieux de connaître à fond l'histoire des sujets qu'ils étudient, et nous avons tellement l'habitude de le consulter que nous nous demandons quelquefois s'il serait possible de faire actuellement de la chimie organique sans lui. D'ailleurs, le succès des deux premières éditions, immédiatement épuisées, témoigne suffisamment de son utilité de premier ordre. — Dans l'édition nouvelle, dont cinq fascicules sont déjà mis en vente, nous avons à signaler quelques améliorations de forme et de fond qui la rendent encore supérieure aux deux précédentes : les marges sont plus étendues, les caractères de titres sont un peu plus gros, la synonymie est indiquée avec plus de soin encore qu'autrefois ; quelques rares omissions sont remplies, enfin nous voyons apparaître quelques-uns des noms systématiques proposés récemment par M. von Baeyer pour la nomenclature des carbures d'hydrogène : c'est ainsi que l'*érythrène* est appelé *butadiène* 1,3, le *méthylpropylacetylène, hexine* 4, etc., ce qui est plus court et incontestablement plus clair.

Il est regrettable, à ce point de vue, que les conclusions du Congrès de Genève n'eussent pas été formulées quelques mois plus tôt, car il est probable que M. Beilstein en aurait adopté au moins quelques-unes, et que nous verrions dans son ouvrage, en place des mots 2-*hydroxy*-2,4,4 *triméthylpentane* et 4-*hydroxy*-5-*méthyl*-4-*isopropyl*-1-*hexène*, que je prends au hasard parmi les alcools à structure complexe, les expressions *triméthyl-pentanol* 2,2,4-4 et *méthyl-méthoéthyl-hexénol* 2-3-5,3, qui sont évidemment plus avantageuses et tout aussi explicites. — L'exécution typographique, absolument parfaite, continue à faire le plus grand honneur à l'éditeur du *Handbuch*.

L. MAQUENNE.

Lunge (G.). *Professeur de Chimie industrielle à l'École polytechnique de Zurich.* — Vade-mecum du fabricant de produits chimiques. *Traduction française de V. Hasswreidter et E. Prost. Un vol. in-12 de 312 pages avec figures (Prix 7 fr. 50). Baudry et Cie, Paris, 1892.*

Cet ouvrage, qui comprend une série de tables et de données numériques utilisables dans la grande industrie chimique, possède un caractère, en quelque sorte, officiel. Il a été rédigé sur la demande de l'association allemande des fabricants de produits chimiques, pour fixer les procédés analytiques à employer dans les essais industriels, donner des tables uniformes et éviter ainsi toute discussion entre l'acheteur et le vendeur. Aussi le savant professeur de Zurich a-t-il fait tout autre chose que les compilations qui constituent les ouvrages analogues. Un grand nombre des données numériques que contient ce petit livre ont été obtenues directement par l'auteur qui a consacré plusieurs années à ce travail. On obtient ainsi un ensemble de résultats sur l'exactitude desquels on peut compter. Enfin l'ouvrage comporte une indication des méthodes d'analyse qu'il faut recommander pour les produits de la grande industrie chimique, après étude comparative des divers procédés connus.

G. CHARPY.

3° Sciences naturelles.

Sauvageau (C.), *Docteur ès sciences, Agrégé de l'Université*. — Sur quelques Algues phéosporées parasites, *Journal de Botanique, t. VI*, 1892.

La pénétration de certaines algues brunes (Phéophycées) dans le thalle d'autres algues a été rarement décrite. M. Sauvageau consacre à cette observation un mémoire important, dont l'intérêt dépasse le groupe qu'il a étudié. Son travail, très philosophique, mérite, d'une façon générale, l'attention des biologistes, justement attirée depuis quelques années sur les questions de parasitisme et de symbiose. Il est curieux de rencontrer ces phénomènes chez les représentants les moins élevés du règne végétal, et de constater les modifications qu'imprime à ces organismes peu différenciés l'adaptation réciproque. Les naturalistes, que passionnent ces problèmes, trouveront, dans le mémoire de M. Sauvageau, une riche moisson de faits à interpréter.

L. O.

Huxley (Th.). — **Les sciences naturelles et l'éducation.** *Édition française*, 1 vol. *in-16 de 320 pages de la Bibl. scientifique contemporaine* (3.50). *Librairie J.-B. Baillière et fils*, 19, *rue Hautefeuille, Paris*, 1892.

Ce livre comprend un certain nombre de discours et d'essais écrits par M. Huxley au cours de ces trente-quatre dernières années. Les titres en sont assez variés, qu'on en juge : le premier essai est « le *Discours de la Méthode* » ; puis viennent : « Du positivisme dans ses rapports avec la science ; de l'éducation libérale, peut-on la trouver? de l'éducation médicale ; ce que doit enseigner l'école ; l'éducation universitaire, » etc. Au premier abord il semble que ces sujets ont bien peu de rapports entre eux. « Néanmoins, quand j'y regarde à nouveau, dit très justement l'auteur dans sa préface, je m'imagine qu'ils ne manquent pas de connexion autant que je l'aurais cru tout d'abord, mais qu'en réalité ils expriment les différents aspects d'une même idée. » Cette idée, c'est que « les résultats et surtout les méthodes de l'investigation scientifique ont une influence profonde sur la façon dont les hommes doivent comprendre leur propre nature comme leurs relations avec le reste de l'Univers ».

M. Huxley réclame donc une large place pour les sciences et particulièrement pour la biologie dans un plan d'éducation digne de ce nom. Quand la plupart de ces essais ont paru pour la première fois, la biologie n'était point goûtée comme aujourd'hui, et M. Huxley constate que de grands progrès ont été faits bien qu'il reste encore beaucoup à faire sous ce rapport.

Dans le chapitre « Ce que doit enseigner l'école », M. Huxley comprend : l'entraînement physique et l'exercice ; puis l'éducation technique, éléments du travail et économie domestique ; la morale ou partie sociale de l'éducation ; enfin les éléments de la science physique, ainsi que le dessin, le modelage et le chant.

Ne sont-ce pas précisément les matières que renferment aujourd'hui les programmes de nos écoles primaires? C'est ce programme et la méthode qu'il comporte que l'auteur veut voir développer dans toute l'échelle de l'enseignement. Dans son essai sur « l'éducation libérale », il critique les programmes en vertu desquels l'enfant n'apprend pas un mot de l'histoire politique ou de l'organisation de son propre pays. « Ce que l'enfant apprend moins que toute autre chose, dans notre système d'éducation primaire, c'est à se rendre compte des lois du monde physique et des relations de cause à effet qui y règnent. » Aussi a-t-on pu dire qu'il serait préférable de ne pas apprendre à lire et à écrire aux masses ; car on n'a pas accompagné ces notions de l'enseignement qui permit à ceux qui les possédaient de s'en servir en vue du vrai ou du bien et dans leur propre intérêt ou celui de la société.

Comme on le voit, M. Huxley aborde des questions d'un haut intérêt. « M'aventurant dans ces régions où la science et la philosophie arrivent à se rencontrer, j'ai été amené, dit-il, à peser les droits de deux Français éminents à être considérés comme les représentants de cette pensée scientifique moderne, que quelques-uns appellent la *nouvelle philosophie*. »

Il s'agit de Descartes et d'Auguste Comte. Le premier est « le père véritable de la pensée moderne » ; le second « a exercé une influence négative ou même fâcheuse sur les sciences physiques ».

On lira avec intérêt la démonstration très intéressante de ces propositions.

La traduction est très claire et d'une lecture facile. Elle est d'ailleurs en grande partie de M. H. de Varigny.

Dr H. BEAUREGARD.

Quatrefages (A. de). — Darwin et ses précurseurs français. Étude sur le transformisme, 2° édition. *Un volume de la Bibliothèque scientifique internationale* (*Prix 6 fr.*), F. Alcan, 108, *boulevard Saint-Germain, Paris*, 1892.

Tous ceux qui s'intéressent aux questions transformistes ont lu la première édition de ce livre, divisé en deux parties bien distinctes : dans la première, de Quatrefages passe en revue quelques-uns des précurseurs, y compris Lamarck ; dans la seconde, il expose les raisons qui l'empêchent d'adopter le corps de doctrines et de lois auquel Darwin a attaché son nom. Depuis 1870, date de la première édition, les idées transformistes ont fait de tels progrès qu'il n'en est que plus intéressant de lire un livre d'opposition, le dernier peut-être, écrit avec un sens droit et une loyauté parfaite, qui étaient comme la caractéristique du savant dont on déplore la perte. La seconde édition diffère de la première par de nombreuses additions, entre autres un chapitre entier sur les origines de l'homme, mais les arguments et l'esprit général sont restés les mêmes.

De Quatrefages croyait à la variabilité de l'espèce dans certaines limites, mais n'admettait pas qu'elle puisse se transformer en une autre espèce ; il repoussait naturellement toutes les théories qui attribuent à l'homme un ancêtre simien, plus ou moins rapproché des Anthropoïdes actuels. Pour établir la différence entre l'espèce, physiologiquement immuable, et la race qui résulte de la variation morphologique de l'espèce, le grand argument de Quatrefages était d'une part la difficulté des hybridations et la non-fécondité des hybrides, d'autre part la facilité des métissages et la fécondité indéfinie des métis : pour lui, la seule définition possible de l'espèce est une définition physiologique.

Ce qui distingue de Quatrefages des anciens antitransformistes, c'est qu'il ne se déclare nulle part pour la doctrine des créations séparées, qui est pourtant l'autre terme du dilemme ; il détruit, mais n'édifie pas ; pour lui, le problème de l'origine des êtres vivants est un désert où la science s'égare, et il n'entrevoit nulle solution possible : sur ce sujet, il est aussi positiviste que Comte.

L. CUÉNOT.

Coupin (H.). — Les Mollusques, *Introduction à l'étude de leur organisation, développement, classification, affinités et principaux types, à l'usage des candidats à la licence ès sciences naturelles* (*Prix de chacun des 3 fasc. parus : 4 fr.*). G. Carré, *éditeur*, 58, *rue Saint-André-des-Arts, Paris*, 1892.

Vaut-il mieux, pour préparer la licence, que l'étudiant fouille dans les mémoires originaux pour y compléter ses cours, ou qu'il trouve dans des livres *ad hoc* les renseignements qu'il ne peut rassembler sans une certaine perte de temps? Si la première méthode développe l'esprit d'originalité, elle offre aussi des difficultés matérielles ; M. Coupin a voulu venir en aide aux étudiants naturalistes en publiant les *Mollusques*, dans le même esprit que les *Vers et les Arthropodes* de M. Pruvot ; c'est dire que ce livre est conçu tout à fait dans un sens pratique, la partie classification étant réduite au nécessaire, aux espèces à connaître, la partie anatomique et morphologique au contraire étant très développée; il est illustré de nombreuses figures schématiques se rapportant de préférence à des types communs, disséqués fréquemment dans les laboratoires. Les six classes de Mollusques sont étudiées séparément en détail; le dernier chapitre est consacré à une synthèse du groupe, où sont passées rapidement en revue les modifications des divers systèmes organiques.

Le livre est bien au courant des découvertes récentes, ce qui n'était pas une petite difficulté, nos connaissances sur les Mollusques s'étant assez accrues durant ces dernières années pour que la mise au point ait nécessité un gros travail; je n'ai relevé que quatre ou cinq petites erreurs ou négligences de rédaction qu'il sera facile de rectifier.

En somme, le travail de M. Coupin est un bon cours écrit, avec les avantages du livre, très complet, et représentant pour ainsi dire le maximum de ce qu'on peut exiger d'un licencié; il rendra de réels services aux étudiants, en remplaçant les chapitres des traités classiques, trop condensés et peu illustrés, et surtout écrits dans un but tout différent.

L. Cuénot.

Gadeau de Kerville (Henri). — Faune de la Normandie, *fasc. II*, Oiseaux (Carnivores, Omnivores, Insectivores et Granivores). J.-B. Baillière et fils, 19, *rue Hautefeuille, Paris, 1892.*

Ce fascicule est consacré aux oiseaux carnivores, omnivores, insectivores et granivores. Quoique bien connue, cette partie de la faune normande ne laissait pas que d'être délicate à traiter. L'auteur a donné une synonymie détaillée, une bibliographie très complète et des renseignements fort intéressants sur la vie et les mœurs de ces animaux.

Starcke (C. N.). — La famille primitive, ses origines et son développement. *Un vol. in-8° de 287 pages (Prix : 6 fr.) de la Bibliothèque scientifique internationale.* F. Alcan, éditeur, 108, boulevard Saint-Germain, Paris, 1892.

Westermarck (E.). — The History of human marriage (*Histoire du mariage humain*). Un vol. in-8° de 644 pages (Prix : 17 fr. 50). Macmillan and C°, 29, Bedford street, Covent garden, Londres, 1892.

Les questions traitées dans ces deux ouvrages relèvent de sciences qui ne rentrent point dans le cadre habituel de cette *Revue :* l'ethnographie comparée, la psychologie sociale et la sociologie. Aussi, malgré leur importance, ne pouvons-nous guère que signaler ces deux livres considérables. Les deux auteurs s'accordent à combattre la théorie qui a voulu attribuer au régime matriarcal un caractère primitif et faire du matriarcat un stade par lequel ont dû nécessairement passer toutes les sociétés au cours de leur évolution; ils se sont également attachés à montrer que l'hypothèse d'une promiscuité primitive qu'ont acceptée la plupart des sociologistes ne repose pas sur de solides fondements. Starcke s'est spécialement occupé, dans son livre, de la détermination de la parenté et des rapports dans les sociétés primitives de la famille et du clan. M. Westermarck, avec une méthode moins juridique et plus voisine de celles qui sont en usage dans les sciences naturelles, s'est efforcé de rattacher le mariage humain aux unions plus ou moins durables des mâles et des femelles dans les diverses espèces animales; puis, il a étudié successivement les préliminaires du mariage (la cour, etc.), la façon dont le mariage se contracte (enlèvement, achat, choix, etc.), les interdictions d'union entre parents, les rites du mariage et ses formes diverses. Il a consacré plusieurs chapitres à l'étude de la sélection sexuelle, examinée comparativement chez l'homme et les animaux; il combat très vivement la théorie de Darwin et attribue avec Wallace à la sélec-

tion naturelle l'apparition des caractères sexuels secondaires. Le livre de M. Westermarck est, sans contredit, l'une des meilleures monographies sociologiques qui aient été faites et c'est à l'heure actuelle l'ouvrage le plus complet, le plus riche en informations que l'on possède sur cette question du mariage et celui où l'on trouve la plus sûre et la plus pénétrante critique; si le caractère de cette *Revue* l'avait permis, il eût fallu lui consacrer un long article.

L. Marillier.

Arthaud et Butte. — Du nerf pneumogastrique. (*Physiologie normale et pathologique*). *Bibliothèque générale de Médecine. Un vol. in-8° (6 fr.). Société d'éditions scientifiques. Paris, 1892.*

Le livre que MM. Arthaud et Butte ont fait récemment paraître, sera lu avec un grand intérêt par les physiologistes et les pathologistes. Les premiers y trouveront, tout d'abord, un résumé exact et complet des connaissances qu'on possède sur le nerf pneumogastrique, et ceux qui s'occupent de ce nerf seront bien aises de rencontrer ainsi rapprochés et condensés les renseignements dont ils pourraient avoir besoin, et qui sont épars dans un grand nombre de mémoires. De plus, les auteurs ne se sont pas contentés de classer les résultats de leurs devanciers, ils ont fait eux-mêmes un grand nombre de recherches originales. On peut signaler particulièrement leurs travaux sur la sécrétion urinaire et la sécrétion biliaire. Ils ont montré, pour ce qui est de la première, que, par suite d'effets vasomoteurs, le pneumogastrique avait sur elle une action directe, et que son excitation ralentissait et même arrêtait la sécrétion. Relativement à la sécrétion biliaire, ils ont établi que, là encore, on avait des phénomènes analogues : le mécanisme serait probablement le même, mais les auteurs réservent leurs conclusions.

Un chapitre très intéressant de l'ouvrage, est celui qui a trait aux recherches sur la nutrition élémentaire (rejet de l'acide carbonique et de l'urée), après excitation ou section des nerfs. La section des nerfs diminue les échanges respiratoires (ainsi que nous l'avions déjà établi chez les oiseaux) : quant à la production de l'urée dans ces conditions, les auteurs n'ont pu formuler de conclusions, à cause de la survie trop courte de leurs animaux : ils ont seulement pu établir qu'une excitation intense du nerf central du nerf produit une azoturie marquée.

Les auteurs ont encore signalé dans leur ouvrage un certain nombre de faits nouveaux (effets sur la rate, le pancréas, etc.); quelques-uns d'entre eux (action motrice sur l'intestin, vaso-motrice directe sur l'estomac et l'intestin) appelleraient peut-être de nouvelles recherches.

Les pathologistes, avons-nous dit, seront également intéressés par la lecture de cet ouvrage. MM. Arthaud et Butte ont institué, en effet, un procédé de recherches qui semble devoir être des plus féconds : les névrites expérimentales. Ils ont provoqué, par l'injection de substances irritantes, des phénomènes d'inflammation dans le nerf vague; et sont arrivés à produire des troubles caractéristiques, que l'on retrouve dans le diabète et l'albuminurie. L'importance de semblables résultats ne saurait échapper à personne.

Les auteurs ont pu constater que, dans le cas de névrite du bout périphérique du vague, l'animal succombe toujours avec les lésions du diabète spontané, après avoir offert pendant sa vie tous les symptômes de cette maladie.

S'appuyant sur ces résultats et un certain nombre d'autres, MM. Arthaud et Butte ont attribué aux filets du vague un rôle trophique pour les organes auxquels ils se distribuent : cette dernière conclusion est peut-être un peu prématurée; quoi qu'il en soit, c'est un beau résultat que d'avoir pu reproduire expérimentalement une maladie, qui, comme le diabète, a été l'objet de tant de controverses.

E. Couvreur.

4° Sciences médicales.

Fuchs (E.). *Professeur ordinaire d'Ophtalmologie à l'Université de Vienne.* — Manuel d'Ophtalmologie. *Un vol. in-8° de 815 pages, avec nombreuses figures de texte, traduction de MM. Lacompte et Leplat.* (Prix 24 fr.) *G. Carré, 58, rue Saint-André-des-Arts. Paris, 1892.*

Le Manuel d'Ophtalmologie, dont nous avons maintenant une traduction française, grâce à MM. Lacompte et Leplat, diffère essentiellement des autres manuels par l'ordonnance des matières et par la façon de les traiter. C'est d'ailleurs ce que nous fait remarquer l'auteur lui-même, dès les premières lignes de sa préface. Ce livre est plutôt un résumé de son enseignement et s'adresse aussi bien aux étudiants qu'aux médecins praticiens. Nous connaissions depuis longtemps les nombreux et remarquables travaux du professeur de Vienne ; ce livre nous permet d'apprécier aujourd'hui la clarté, la netteté clinique, je dirai presque l'ingéniosité de son enseignement.

Dans la division de son livre, il part de cette idée que le débutant dans la science se heurte à une telle foule de faits nouveaux, qu'il est incapable de discerner le principal de l'accessoire ; des faits rares ou étranges se gravent mieux dans la mémoire, que ceux qui s'observent tous les jours et paraissent naturels. Maint étudiant qui se rappelle d'emblée qu'on a observé des cataractes après un coup de foudre, ne se souviendra peut-être pas d'en avoir vu après un décollement rétinien ou une irido-choroïdite. Pour ces motifs, Fuchs a adopté deux types de caractères différents : les principes fondamentaux de l'ophtalmologie sont imprimés en grand caractère, le petit texte étant réservé aux explications plus approfondies, aux discussions théoriques d'un intérêt général et à des conseils utiles aux praticiens. A cet égard, je ferai une petite critique de détail ; je n'aime guère cette division en deux types de caractères qui se succèdent et se confondent dans le même chapitre. Malgré tout, l'auteur est amené à certaines redites ; en second lieu, l'étudiant — et je connais maint docteur resté étudiant à ce point de vue, — a une tendance invincible à passer le petit texte, qu'il s'agisse de discussions importantes aussi bien que d'observations. Fuchs l'a si bien senti qu'il est obligé d'inviter l'étudiant de ne pas considérer le petit texte comme une sorte de pancarte sur laquelle est écrit : « chemin réservé » ; il l'engage au contraire à s'y promener souvent.

Une place extrêmement importante est accordée aux affections du segment antérieur de l'œil. Ce sont les plus fréquentes ; leur diagnostic est relativement facile et à la portée des étudiants ou des praticiens non spécialistes ; elles fournissent à la thérapeutique le champ le plus vaste et le moins ingrat : pour toutes ces raisons, elles méritent dans le manuel, comme dans l'enseignement classique, la place qui leur est donnée.

Je n'ai pas l'intention de suivre l'auteur dans la succession des chapitres de son livre si intéressant ; qu'il me soit permis seulement de signaler quelques points qui m'ont particulièrement frappé, précisément dans cette partie chirurgicale.

Dans la *conjonctivite* catarrhale et même dans la conjonctivite purulente, Fuchs conseille de dépasser rarement le titre de 1/50 pour les cautérisations au nitrate d'argent, et il recommande de ne pas en faire le soir, pour éviter l'action permanente des caustiques pendant la nuit, les paupières restant fermées. Il n'admet pas sans réserves les conclusions de Wecks sur le bacille du *pink eye* ; d'ailleurs la conjonctivite catarrhale ne lui semble pas très contagieuse, du moins par contage direct, et une des raisons qu'il en donne, c'est qu'en transportant de la sécrétion catarrhale sur une conjonctive saine, on ne reproduit pas le mal. Cette raison ne me paraît pas péremptoire : nous savons qu'il faut des conditions spéciales de réceptivité pour que l'inoculation se produise, et les épidémies maintes fois observées dans les familles, dans les écoles, ne peuvent guère s'expliquer que par la contagiosité très grande de cette affection. — Au sujet du trachôme, l'auteur s'élève, lui aussi, contre l'origine égyptienne de la maladie, qui était observée en Europe depuis l'antiquité. Celse en a donné une bonne description, et, comme le faisait remarquer dernièrement M. Panas, presque tous les traitements employés aujourd'hui, entre autres le brossage et les scarifications, avaient été recommandés par les anciens. Quant à la nature intime, il n'y a qu'une seule espèce de trachome, se présentant sous diverses formes. L'origine est blennorrhagique. L'ophtalmie blennorrhagique passe à l'état de blennorrhée chronique qui, inoculée à un œil sain, donne une inflammation chronique, le trachome se propageant alors comme tel. On sait que cette théorie, qui n'est guère admise en France, est depuis longtemps soutenue en Allemagne, et l'on s'appuie, entre autres arguments, sur les analogies du trachomacoccus de Sattler et Michel avec le gonocoque. Le trachome doit être nettement séparé de la conjonctivite folliculaire, qui peut se produire sans infection, après instillations prolongées d'atropine. La granulation d'ailleurs n'est pas typique du trachome, elle résulte de l'inflammation chronique et se rencontre dans des infections diverses: on l'a observée dans la tuberculose conjonctivale.

Les *kératites* sont divisées en : 1° suppuratives, comprenant l'ulcère, l'abcès, la kératite, suite de la gophtalmos, la kératomalacie de l'enfance, et la kératite neuroparalytique ; 2° non suppuratives, les unes superficielles, panneuses, vésiculées, les autres profondes, kératites parenchymateuses, profondes, sclérosantes, kératites venant de la paroi postérieure.

Le chapitre consacré aux maladies de l'iris et du corps ciliaire est précédé d'une étude très intéressante sur l'anatomie et la physiologie de l'uvée, membrane nourricière de l'œil. On connaît d'ailleurs les intéressantes recherches de Fuchs sur les cryptes de l'iris, qui constituent des ouvertures conduisant dans l'intérieur des tissus iridiens, qui par là est en communication directe avec la chambre antérieure. Cette disposition facilite le changement rapide du volume de l'iris pendant le jeu de la pupille, puisqu'elle permet au liquide de vider sur-le-champ le tissu iridien et de passer dans la chambre antérieure, et réciproquement.

Dans le glaucome, l'iridectomie est, bien entendu, l'opération de choix ; elle est d'autant plus efficace qu'elle est plus hâtive et que la tension est plus augmentée avant l'opération. Dans le glaucome inflammatoire, l'opération agit favorablement sur l'inflammation et sur l'acuité visuelle, et le succès persiste ; elle est indiquée sans réserve. Dans le glaucome simple, au contraire, on doit compter uniquement sur le maintien du *statu quo* : dans un certain nombre de cas, l'opération est inutile ou même nuisible.

Je ne puis malheureusement insister sur les différents chapitres consacrés aux maladies du cristallin, et de la rétine, ainsi qu'aux affections des annexes de l'œil. J'ai voulu seulement montrer l'intérêt pratique de ce livre qui répond bien au programme que s'était tracé le Professeur Fuchs.

Dr F. de Lapersonne.

Jouin (F.). — Des différents types de métrite. Leur traitement. *Un vol. in-8° de 380 pages (6 fr.). Société d'éditions scientifiques, Paris, 1892.*

Ce livre comprend trois parties : dans la première l'auteur expose la pathogénie des métrites ; dans la seconde il traite de la thérapeutique de cette affection. Enfin la troisième comprend une série d'études sur des points spéciaux ayant des relations intimes avec les métrites (rapports de l'albuminurie avec les inflammations du petit bassin ; stérilité, hygiène génitale, etc.).

Dr Henri Hartmann.

ACADÉMIES ET SOCIÉTÉS SAVANTES

DE LA FRANCE ET DE L'ÉTRANGER

(La plupart des Académies et Sociétés savantes, dont la Revue *analyse régulièrement les travaux, sont actuellement en vacances.)*

ACADÉMIE DES SCIENCES DE PARIS

Séance du 8 août.

1° SCIENCES PHYSIQUES. — MM. **Ch. Reignier** et **Gabriel Parrot**, par la discussion de l'expression de l'énergie électrique d'une machine dynamo, ont été conduits à remplacer les conducteurs de cuivre par des lamelles minces composées, en partie de leur épaisseur, d'un métal très magnétique et d'un métal très bon conducteur, placées de façon que les lignes d'induction soient perpendiculaires à leur épaisseur; l'énergie devient alors sensiblement proportionnelle à la hauteur des conducteurs. L'appareil construit sur ce principe donne une utilisation spécifique de 42 watts environ par kilogramme de machine. — M. **A. Leduc** détermine la composition de l'eau en volumes et en poids par la mesure de la densité du mélange d'oxygène et d'hydrogène produit par l'électrolyse d'une solution alcaline à 30 pour 100 au sein de laquelle l'ozone ne peut se produire; il est nécessaire de maintenir le voltamètre à la pression atmosphérique; on trouve ainsi 15,877 pour le poids atomique à moins de $\frac{1}{10,000}$; la synthèse de l'eau avait fourni au même auteur 15,882, de sorte qu'il convient d'adopter le nombre 15,88; comme conséquence, la densité expérimentale de la vapeur d'eau ne peut descendre au-dessous de 0,622. — M. **G. Hinrichs** montre l'importance exceptionnelle des recherches expérimentales sur les courbes d'ébullition des composés à substitution centrale; elles conduiront à la détermination *inductive* de la forme géométrique et des dimensions linéaires des atomes élémentaires. — M. **Paul de Mondésir** montre dans les terres, l'existence d'une matière minérale acide encore indéterminée, matière très stable, qui n'est pas détruite lors de la combustion complète de la matière organique au rouge sombre, lors même qu'on l'a privée de ses bases par un lavage préalable de la terre avec les acides dilués; ce serait probablement un silicate sous forme argileuse. — M. **A. Vivien** montre que les dépôts qui se forment dans les chaudières à vapeur et qui sont la cause des explosions ne sont pas des savons calcaires dus à l'alimentation des générateurs avec un mélange d'eaux calcaires et d'eaux de condensation chargée des matière grasse. **C. MATIGNON.**

2° SCIENCES NATURELLES. — M. **R. Lépine**, à l'occasion de la communication de M. Schützenberger (séance du 25 juillet), signale ce fait que la peptone, en contact avec le sang, dans certaines conditions, donne naissance à du sucre. En opérant à 30 degrés C., il est indispensable de fluorer le sang afin d'empêcher la coagulation et la glycolyse, celle-ci masquant en partie la production du sucre. — M. **A.-B. Griffiths** a extrait une nouvelle substance, la *pupine*, des pupes (chrysalides) de quelques Lépidoptères. C'est une substance incolore et amorphe. Bouillie longtemps avec les acides minéraux forts, elle se transforme en leucine et acide carbonique. Elle répond à la formule $C^{14}H^{20}Az^2O^5$. La pupine est sécrétée par les pores de la larve, après qu'elle a changé de peau pour la dernière fois. Le même auteur a extrait une grande quantité du pigment rouge auquel donnent lieu les cultures sur pomme de terre du *Micrococcus prodigiosus;* l'analyse lui a donné la formule $C^{38}H^{56}Az^3O^5$; la solution alcoolique donne, au spectroscope, deux bandes d'absorption, l'une dans le bleu et l'autre dans le vert. En inoculant, avec le *Micrococcus prodigiosus,* des grains de blé en voie de germination, on trouve que le blé produit présente une corrosion semblable à celle déjà signalée par M. Prillieux. On détruit ce parasite en seringuant les récoltes avec des solutions de sulfate ferreux ou de sulfate de cuivre. — M. **C. Sauvageau** signale, chez les Algues nostocacées hétérocystées, outre les deux modes connus de propagation par des hormogonies et par des spores ou kystes, un troisième mode non encore décrit, qu'il a eu l'occasion d'observer dans une espèce de *Nostoc*, rapporté provisoirement au *N. punctiforme* Hariot (*N. Hederulæ* Menegh.). Il se compose de cellules végétatives différenciées comme dans le cas de la propagation par spores; mais il en diffère en ce que ses cellules, au lieu de rester en repos complet, continuent à se diviser et à se multiplier sous une forme rappelant certains genres à colonies amorphes de la famille des Chroococcacées. L'auteur désigne cet état sous le nom d'*état coccoide*, et les éléments isolés, sous le nom de *Cocci;* il a obtenu, dans ses cultures, le passage de l'état Nostoc à l'état coccoide, puis le retour de celui-ci au précédent, et encore une fois de l'état primitif à l'état coccoide. Pareil exemple de pléomorphisme n'avait pas encore été constaté dans le groupe des Algues hétérocystées. — M. **P. Hariot**, ayant recherché s'il y avait réellement deux plantes de genres différents dans l'*Anabæna,* algue que l'on rencontre dans les *Cycas,* et dans le *Nostoc* (*N. Gunneræ*), qui abonde dans les *Gunnera,* étudiés tous deux par le professeur Reinke, a trouvé qu'il ne s'agissait là que d'une seule et même plante, un *Nostoc* de la section *Amorpha;* l'auteur identifie cette espèce au *Nostoc punctiforme* (Kütz.) P. Hariot, qui, lorsqu'il est aquatique, s'appelle *Nostoc Hederulæ,* et *Polycoccus punctiformis* lorsqu'il est terrestre; mais, dans les deux milieux, il présente exactement les mêmes caractères. Cette plante, outre qu'elle est assez répandue dans les cultures, est intéressante en ce qu'elle peut se présenter sous la forme *Chroococcoïde,* signalée dans la communication précédente. — M. **Albert Gaudry** signale l'acquisition, faite par le Muséum, du museau d'un Pythonomorphe, qui pouvait avoir 10 mètres de long, et qui a été découvert dans la craie supérieure de Cardesse, non loin de Pau. Il est semblable au museau du *Mosasaurus giganteus* de Maëstricht, dont il diffère par la forme de certaines dents. Cette pièce est inscrite sous le nom de *Liodon mosasauroides.* L'auteur présente, en même temps, la photographie du museau d'une espèce plus petite, trouvée dans la craie à *Belemnitella quadrata* de Michery, près de Sens. Ce museau est semblable à celui de la grande espèce; mais la coupe des dents a une forme différente. Ce spécimen est inscrit sous le nom de *Liodon compressidens.* L'auteur publiera, dans les *Mémoires de la Société géologique,* un travail où il établit des comparaisons entre ces nouvelles espèces et les Pythonomorphes déjà connus. — M. **Charles Barrois** rend compte de ses études sur le terrain azoïque de la Bretagne. Le niveau des quartzites charbonneux peut, à volonté, être rangé au sommet du terrain primitif ou à la base du système précambrien des phyllades de Saint-Lô. Leur âge est établi d'une façon absolue, surtout par le fait que ces quartzites et phtanites charbonneux ont été retrouvés, à l'état de galets, dans les poudingues cambriens et précambriens de la Hague. Les phtanites charbonneux des environs de Lamballe sont intéressants en ce qu'ils montrent au microscope, parmi les grains de quartz, de charbon et de pyrite, des sections circulaires ou contournées, d'origine organique non douteuse, indiquant d'une façon indéniable la présence de Radiolaires, ayant même pu être rapportées aux *Monospheridæ*. Ces radiolaires des phtanites de Lamballe sont les plus anciens débris organiques trouvés jusqu'à ce jour, car ces phtanites, classés jusqu'ici dans le terrain azoïque primitif, se trouvent réellement vers la limite des systèmes laurentien et précambrien. — M. **Ch. Depéret** a recueilli dans la vallée de la Saône, entre Villefranche et le pont de Beauregard, dans les graviers grossiers qui se trouvent au-dessous des sables fins exploités, une quantité considérable d'ossements et de dents de Mammifères, qui permettent de considérer la faune des *sables de Beauregard*, comme une faune quaternaire de climat tempéré ou chaud, analogue à la faune dite *chelléenne*, et qu'au point de vue stratigraphique, elle occupe une position *interglaciaire*. Dans ces mêmes graviers à faune tempérée, l'auteur a découvert plusieurs silex taillés du type de Saint-Acheul. Ils constituent une preuve certaine, et la plus ancienne connue, de la présence de l'homme dans le bassin de la Saône, à l'époque de réchauffement qui a suivi la plus grande extension des glaciers alpins. — M. **P. Demontzey** : Sur la lave du 12 juillet 1892, dans les torrents de Bionnassay et du Bon-Nant (catastrophe de Saint-Gervais). L'auteur conclut que cette lave s'est comportée comme toutes celles qu'on a pu étudier dans les torrents des Alpes et des Pyrénées, et que la catastrophe ne pouvait être prévue, personne n'ayant eu l'idée d'explorer auparavant le glacier de Tête-Rousse. D'après les données recueillies, la vitesse moyenne de la lave, dans le trajet de la gorge des bains au Fayet, aurait été de 6 mètres par seconde.

Mémoires présentés. — M. **A.-J. Zune** adresse deux notes intitulées : Recherche des huiles grasses, animales ou végétales, dans les beurres, et, analyse des beurres ; valeur merciognostique des indices de réfraction, simples et différentiels, et des angles différentiels...

Ed. BELZUNG.

Séance du 16 août.

1° SCIENCES PHYSIQUES. — M. **Désiré Korda** donne la théorie complète d'un condensateur intercalé dans le circuit secondaire d'un transformateur ; il fixe les conditions nécessaires et suffisantes pour qu'il existe une valeur réelle de la capacité rétablissant la loi d'Ohm pour l'amplitude du courant. — M. **de Swarte**, à propos de la vaporisation dans les chaudières, montre que ses conclusions sur ce sujet, données en 1885, sont analogues à celles de M. Witz publiées en 1892. — M. **Raoul Varet** cherche à préciser la notion de valence moléculaire par l'étude méthodique des combinaisons de sels métalliques avec les composés organiques azotés d'ordre basique ; il étudie l'action de la pipéridine sur les sels d'argent et obtient les composés AgI. $C^5H^{11}Az$, AgBr. $2C^5H^{11}Az$, Ag Cl. $2C^5H^{11}Az$ et AgCAz. $2C^5H^{11}Az$.

C. MATIGNON.

2° SCIENCES NATURELLES. — MM. **Lancereaux** et A. **Thiroloix** : Le diabète pancréatique. Les auteurs ont répété un grand nombre de fois, et toujours avec un résultat identique, l'expérience suivante : on opère, sous la peau de l'abdomen d'un chien, l'ectopie d'une portion du parenchyme pancréatique avec son pédicule vasculo-nerveux. Deux ou trois semaines plus tard, on pratique l'extirpation de tout le reste du pancréas abdominal, en même temps que la section du pédicule vasculo-nerveux se rendant à la portion pancréatique ectopiée. Cette dernière portion, restant, par suite, seule greffée sur l'animal, déverse au dehors son produit de sécrétion par l'intermédiaire d'un trajet fistuleux. L'animal n'est pas diabétique jusqu'à ce moment. Mais, si l'on vient alors à enlever la greffe, la glycosurie et l'azoturie apparaissent au bout de quelques heures. Voici les conclusions que les auteurs tirent de leurs expériences et observations : Il existe un diabète, réellement lié à la destruction du pancréas ; ce diabète ne provient pas de l'absence de la sécrétion glandulaire externe, mais simplement de l'absence du suc sécrété intérieurement par la glande et résorbé par les vaisseaux sanguins et lymphatiques. — MM. **Claudius Nourry** et C. **Michel** ont appliqué à deux chevaux morveux les procédés les plus récents employés pour la guérison de la tuberculose pulmonaire, c'est-à-dire les injections hypodermiques d'huile créosotée et chlorure de zinc. Cette dernière substance a été utilisée en lavage dans les naseaux. Au bout de deux mois, les deux chevaux paraissaient totalement guéris, ce dont les auteurs se sont assurés en les sacrifiant tous deux. — Des nombreuses séries d'analyses auxquelles M. **Adolphe Carnot** s'est livré sur des ossements fossiles de tous les âges, il résulte que l'analyse chimique permet d'en fixer l'âge, en se fondant sur ce fait que les ossements fossiles sont plus riches en fluor que les ossements modernes. L'auteur a eu l'occasion d'appliquer sa méthode sur un tibia humain récent trouvé parmi des ossements d'animaux quaternaires dans les sablières de Billancourt. L'os humain renfermait, en effet, la proportion de fluor contenue normalement dans les os modernes, tandis que les os des animaux quaternaires en contenaient de sept à neuf fois plus. — M.B. **Renault** décrit la tige spermo-carbonifère d'un genre nouveau de Gymnosperme houiller, le *G. Retinodendron Rigollot*i, qui a été recueilli dans les gisements silicifiés d'Autun. Ce nouveau genre faisait probablement partie d'une famille de Gymnospermes actuellement éteinte ; il est remarquable surtout par le développement extraordinaire des canaux qui ont pu sécréter les gommes ou les résines que l'on rencontre houillifiées, sous forme de substances jaunes ou brunes, dans les schistes bitumineux, la houille et le cannel-coal.

Mémoires présentés : M. **Léopold Hugo** adresse une Note sur une conséquence du théorème relatif aux polyèdres réguliers étoilés. — M. **Delastelle** : Nouveau système de cryptographie. — M. A. **Bernard** : Variations de la proportion de calcaire, avec la ténuité des terres.

Ed. BELZUNG.

Séance du 22 août.

1° SCIENCES PHYSIQUES. — MM. **Berthelot** et **Matignon** après avoir fait l'étude thermochimique des composés chlorés dérivés des carbures d'hydrogène fondamentaux tels que la benzine, l'éthane, l'éthylène, le formène, et comparé les quantités de chaleur développées par la substitution du chlore à l'hydrogène, étendent cette comparaison à des composés doués d'une autre fonction chimique, la fonction acide. Leurs recherches portent sur les acides monochloracétique et trichloracétique, ainsi que sur le triméthylène chloré, qui offre des particularités intéressantes dans ses propriétés physiques à cause de sa formule cyclique. — Dans une seconde note, MM. Berthelot et Matignon donnent les constantes thermiques de l'acide glyoxylique ou dioxyacétique ; ils en concluent que les changements successifs introduits par l'action de l'oxygène dans la fonction chimique, correspondent à des dégagements de chaleur de plus en plus grands ; le fait paraît général et indépendant des fonctions du corps qui sert de point de départ. — M. **Léo Vignon** étudie l'influence de certains groupements sur les fonctions basiques des corps, en s'adressant à trois bases complexes dérivées du triphénylméthane ; il conclut que la présence du groupe cétonique CO annule sensiblement les fonctions basiques des bases COR^2 ; au contraire le groupement thiocétonique CS laisse subsister partiellement ces fonctions. — M. **L. A. Hallopeau** use une méthode nouvelle, rapide et précise, pour doser le peptone ; elle consiste à précipiter la solution de certain poids, exempte d'autres albuminoïdes, par un grand excès de nitrate mercurique en solution neutre ou très légèrement acide. Il est nécessaire de débarrasser le nitrate mercurique pur du commerce de l'excès d'acide nitrique libre qu'il contient et d'enlever à la liqueur à analyser les autres albuminoïdes qu'elle contient; dans ces conditions, il se forme du peptonate de mercure dont les 2/3 représentent le poids de peptone.

C. MATIGNON.

2° SCIENCES NATURELLES. — M. Pasteur, en présentant l'ouvrage de M. le Dr Daremberg intitulé : *Le choléra, ses causes, moyen de s'en préserver*, signale les points suivants : M. Daremberg s'élève contre la pollution des cours d'eau et du sol par les eaux d'égouts. Il pense que les germes du choléra peuvent séjourner vivants et virulents pendant plusieurs années dans le sol et amener, ultérieurement, des foyers cholériques. Le choléra actuel de la banlieue de Paris proviendrait de germes cholériques, conservés depuis la dernière épidémie de 1884. L'auteur cite les expériences tentées récemment pour arriver à préserver du choléra les animaux et même les hommes. — M. V. Babès, dans une maladie des moutons, en Roumanie, appelée *Carceag*, a trouvé un nouveau représentant du groupe des parasites, qu'il a placé entre les Bactéries et les Protozoaires. Ce parasite ou hématococcus, communique aux moutons une maladie aiguë, fébrile, avec hémorragies et œdèmes, et surtout avec une inflammation hémorragique et souvent nécrotique du rectum. Dans une partie des globules rouges du sang existent des cocci ronds, immobiles, colorables au violet de méthyle, offrant parfois une ligne transversale. L'auteur n'est pas parvenu à cultiver ce parasite. L'hématococcus du mouton se rapproche beaucoup de celui du bœuf, mais il en diffère par la morphologie, la localisation et la marche de la maladie qu'il occasionne. — M. J. Ferran : Sur une nouvelle fonction chimique du bacille virgule du choléra asiatique. Si l'on cultive le bacille virgule dans du bouillon légèrement alcalin, contenant de la lactose, il produit de l'acide paralactique, transformation analogue à celle que produisent divers autres bacilles, entre autres le *Bacillus coli communis*. Le bacille virgule du choléra, semé dans du bouillon alcalin contenu dans de grands matras, pourvus de tampons de coton, peut vivre plus de trois ans. Dans les mêmes conditions, mais avec la différence que le bouillon soit *lactosé*, la vie de ce microphyte s'éteint rapidement, à cause de l'acidité qu'il produit lui-même dans le milieu. L'acide paralactique paralyse donc l'activité chimique du bacille virgule; il semble rationnel d'employer l'acide lactique contre le choléra, et de l'associer à la morphine, qui a un pouvoir anexosmotique.

Mémoires présentés. — M. J. Camus : Mémoire sur la périphérie de l'ellipse. — M. P. de Goy : Note relative à l'emploi d'un angle auxiliaire, pour la solution de divers problèmes de géométrie. — M. P. Marone : Note sur une nouvelle méthode pour préserver la vigne contre l'action des Cryptogames, du Peronospora, du Phylloxera, etc.

Ed. BELZUNG.

ACADÉMIE DE MÉDECINE

Séance du 19 juillet.

M. V. Cornil : Sur la tuberculose du globe de l'œil. L'auteur fait l'étude anatomique et histologique de l'œil malade enlevé. Comparant ensuite le cas présent aux observations de tuberculose de l'œil connues, il conclut qu'aux deux variétés de tuberculose, généralisée et iridienne, il convient d'en ajouter une troisième, la tuberculose primitive, en masse, du corps ciliaire et de la choroïde pouvant envahir, par son extension circonférentielle, la sclérotique et la conjonctive. Cette forme de tuberculose n'atteint que très peu ou point du tout la rétine. Discussion : MM. Bucquoy et Cornil. — MM. P. Budin et Chavanne : Note sur l'allaitement des nouveau-nés. Au point de vue de l'allaitement, les enfants peuvent être classés dans trois catégories : la première catégorie comprend ceux qui ont l'allaitement maternel, la deuxième ceux qui ont l'allaitement mixte, la troisième ceux qui ont l'allaitement artificiel. Voici le résultat des observations faites par les auteurs

du 1er avril au 28 juin 1892 : Parmi 191 nouveau-nés, 89 ont été, à partir du troisième jour, exclusivement nourris par leur mère. L'augmentation de poids à partir du deuxième jour, a été en moyenne, de 28 gr. 17 par jour. Pour les 91 enfants ayant eu l'allaitement mixte, c'est-à-dire l'allaitement avec le sein de la mère et avec du lait stérilisé suivant la méthode Soxhlet, l'augmentation moyenne de poidsa été de 18 gr. 16 par jour. Enfin onze enfants n'ont eu que du lait stérilisé; leur accroissement journalier a été de 14 gr. 24. Pour les 191 enfants observés le résultat a donc été une augmentation moyenne de 22 gr. 59 par jour. Voici maintenant les résultats du côté du tube digestif : sur les 89 enfants nourris au sein, 6 ont eu la diarrhée ; sur les 91 soumis à l'allaitement mixte, 7 ont eu de la diarrhée; enfin sur les 11 allaités artificiellement, aucun n'a eu de troubles digestifs. Les résultats obtenus chez les nouveau-nés sont en rapport avec ceux constatés chez les enfants plus âgés : ils digèrent le lait stérilisé. Les auteurs ont eu recours, pour stériliser le lait, au procédé indiqué par Soxhlet (Munich), dont ils signalent les inconvénients; en terminant, ils font remarquer que rien ne vaut pour l'enfant l'allaitement par sa mère ou par une nourrice.

Séance du 26 juillet.

M. Laënnec (de Nantes) est proclamé correspondant national pour la première division (*Médecine*) des correspondants nationaux. — MM. V. Babès (de Bucharest), et Ad. d'Espine (de Genève) sont proclamés correspondants étrangers dans la première division (*Médecine*). — M. Polaillon : Ovariotomie double chez une femme enceinte, continuation de la grossesse. Accouchement à terme d'un enfant vivant. Cette opération fut nécessitée par l'existence d'un kyste de l'ovaire remplissant tout l'abdomen. Les suites en furent des plus simples. La grossesse continua sans accident jusqu'à terminaison. Discussion : MM. Péan, Polaillon.

Séance du 2 août.

M. Verneuil : Trois opérations simples suivies de mort chez des sujets atteints d'anciennes maladies du foie. L'auteur décrit longuement les trois cas observés dans son service. Il s'agissait d'une ancienne blessure, d'un polype utérin bénin et d'un étranglement herniaire récent. Trois opérations ont été pratiquées : une arthrotomie, une kélotomie et une section du pédicule ; ces trois opérations ont parfaitement réussi, et pourtant, les trois cas ont été suivis de mort. L'auteur conclut : 1° que si les trois malades, à titre d'opérées, sont incontestablement mortes par le foie, à titre d'hépatiques, elles ont succombé prématurément par le fait du traumatisme opératoire; 2° que l'opérateur doit endosser nécessairement une part de responsabilité, variable suivant les cas. Cette communication est suivie d'un index bibliographique des travaux de l'auteur ou de ses élèves sur les rapports entre les maladies du foie et les diverses affections chirurgicales, traumatiques ou autres. — M. Semmola (de Naples) traite de la syphilis du cœur. Il appelle l'attention sur une série de cardiopathies primitives, pouvant se développer chez les anciens syphilitiques, caractérisées au début par des troubles fonctionnels insignifiants, tels que l'arythmie, seule ou accompagnée de tachycardie, rebelles à tous les moyens thérapeutiques, et auxquels il convient d'appliquer un traitement spécifique bien dirigé. D'une série d'observations cliniques, sur vingt-sept malades, l'auteur conclut que lorsqu'un ancien syphilitique bien avéré se présente à l'observation du médecin avec des symptômes d'arythmie continuelle persistante, avec ou même sans gêne dans la respiration, et rebelle à tous les moyens hygiéniques et pharmaceutiques que l'on peut employer pour régulariser la fonction cardiaque, le clinicien doit soupçonner de suite qu'il y a là un processus syphilitique et conseiller au malade un traitement spécifique bien dirigé, alors même qu'il n'y a plus actuellement aucun symptôme qui puisse donner la démonstration visible de la syphilis constitutionnelle. Discussion ; MM. **Lancereaux, Semmola.**

Séance du 9 août.

M. **Bérenger-Féraud** : Le ténia dans les colonies françaises, l'Algérie et la Tunisie. L'auteur complète pour le Sénégal, la Cochinchine, l'Algérie et la Tunisie les indications, fournies le 26 janvier dernier, concernant l'augmentation de fréquence du ténia dans notre pays. Au Sénégal, la fréquence du parasite, qui a augmenté notablement depuis 1860, paraît due à une importation de germes par les nègres venant du bassin du Niger, dont un sur trois portait des ténias. Pour la Cochinchine, le ténia devient fréquent en 1872 ; cela provient sans doute de la consommation plus abondante, depuis cette époque, des bœufs de Siam et de Mongolie, presque tous porteurs de cysticerques. En Algérie, l'augmentation n'a pas eu lieu dans d'aussi grandes proportions, mais le parasite était déjà très fréquent au moment de la conquête. — M. **Pamard** : Des accidents de la dentition. L'auteur, se basant sur une longue expérience et sur des centaines d'observations, affirme les faits suivants : 1° tout travail de dentition s'accompagne d'un trouble dans la santé des enfants ; 2° dans les climats froids, et de même dans la saison froide, tout travail s'accompagne de phénomènes réflexes du côté des organes respiratoires ; 3° dans les pays chauds, et de même dans la saison chaude, il s'accompagne de phénomènes réflexes du côté des organes digestifs. Ces phénomènes s'observent chez tous les enfants avec plus ou moins d'intensité et sont plus accusés chez ceux qui ne sont pas soumis aux règles d'une bonne hygiène. L'enfant, privé de lait au moment où il fait ses dents, est fatalement condamné. L'auteur recommande l'ouverture de la gencive non au bistouri, mais avec l'ongle, suffisant le plus souvent pour faire cesser aussitôt les accidents convulsifs liés à la dentition. On doit donc admettre qu'il y a des accidents qu'il faut considérer comme étant d'origine dentaire. Les maladies de la dentition ne doivent donc pas disparaître du cadre nosologique. Discussion : MM. **Ollivier, Le Roy de Méricourt, Hérard, Charpentier, Hardy, Peter, Pamard, C. Paul. — M. G. Sée** : Du traitement de l'albuminurie par les sels de strontium. Il s'agit d'un malade présentant une anasarque révélant une néphrite parenchymateuse; la déperdition quotidienne a été de 23 grammes. Le malade fut mis aux bromures alcalino-terreux de strontium et de calcium, alternativement, à la dose de 4 à 5 grammes par jour. Au bout de quelques jours l'urine ne renferma plus que des traces d'albumine, l'anasarque et tous les autres symptômes de néphrite ayant diminué. Pour le régime qu'il a fait suivre au malade, l'auteur part de ce principe que la quantité d'albuminates peut être abaissée jusqu'à 60 grammes, à la condition qu'on fournisse à l'organisme des graisses et des hydrocarbures susceptibles de fournir 2.500 à 3.000 calories, chiffre normal pour un adulte. Le malade n'a pas pris une goutte de lait, qu'il ne supportait d'ailleurs pas. Il lui a conseillé la suppression des viandes et des œufs, et seulement un peu de poulet et très peu de poisson; du macaroni avec peu de fromage, beurre et graisses à discrétion ; régime presque végétarien : chocolat, pommes de terre, riz peu cuit, cervelle de mouton et ris de veau. Suppression du vin et des autres boissons alcooliques. Comme boisson, du thé ou certaines eaux minérales. Discussion : MM. **Dujardin-Beaumetz, Le Roy de Méricourt, G. Sée.**

Séance du 16 août.

M. **Bérenger-Féraud** poursuit sa communication sur la distribution géographique des ténias de l'homme. Quant à la prophylaxie des ténias, elle doit être basée sur une double action : protection des animaux contre les œufs fournis par l'homme, et protection de l'homme contre les larves fournies par les animaux. Pour garantir l'homme il suffit de lui faire manger de la viande suffisamment cuite afin que les larves aient été tuées par la chaleur. Pour garantir les animaux il suffirait de détruire les œufs contenus dans les déjections humaines ; mais cette prescription ne peut avoir une sanction pratique et il faut avoir recours à la surveillance de leur alimentation. Discussion : MM. **Lagneau** et **Bérenger-Féraud.**

SOCIÉTÉ DE BIOLOGIE

Séance du 2 juillet.

M. **Vincent** communique les résultats expérimentaux de l'association assez fréquente du streptocoque et du bacille typhique. Cette association, lorsqu'elle existe, a pour effet de déterminer une issue fatale à la maladie. En ensemençant divers microbes, le *Bacterium coli* par exemple, avec le bacille d'Eberth, celui-ci disparaît très vite. Au contraire, associé avec le streptocoque, le bacille d'Eberth n'est pas gêné dans son développement et les deux organismes vivent côte à côte. Le bacille typhique et le streptocoque, inoculés simultanément, tuent l'animal presque fatalement, alors que des inoculations isolées de l'un ou de l'autre ne le tuent pas. — M. **Galezowski** montre un appareil permettant d'obtenir des images très agrandies de la rétine et des vaisseaux du fond de l'œil. — M. **Brown-Séquard** rapporte une observation de guérison du myxœdème consécutive à quelques injections d'extrait du corps thyroïde ; il signale aussi l'influence du liquide testiculaire dans divers autres cas. — M. **Chauveau** a constaté souvent par l'expérience suivante, l'influence de l'anémie ou de l'ischémie sur le fonctionnement cérébral. Il perfore les deux pariétaux d'un cheval et y ajuste un tube en caoutchouc. En introduisant de l'eau d'un côté, produisant par suite une compression de l'hémisphère, d'où une ischémie, l'animal tombait du côté opposé avec mouvements convulsifs violents ; le liquide s'étant bientôt résorbé l'animal se relevait. Mêmes phénomènes par l'injection faite de l'autre côté, mais avec chute du côté opposé à l'hémisphère comprimé. — M. **Laborde** a obtenu les mêmes phénomènes en remplaçant l'eau par le sang. — M. **Laveran** a observé récemment un soldat avec hémiplégie droite et aphasie sans agraphie. Il n'avait aucune lésion cérébrale, mais dans les artères de la base, il y avait une artérite de la sylvienne gauche et du tronc basilaire. M. **Dastre** dit que, vu les connexions vasculaires des artères du cerveau d'un hémisphère à l'autre, l'hémorragie d'une carotide produisant l'ischémie d'un seul côté paraît paradoxale. — M. **Laborde** rend compte des résultats que lui a donnés l'étude des nouvelles bases, cupréine; quinéthyline et quinopropyline, obtenues par MM. Grimaux et Arnaud. Pour la cupréine, étudiée sous forme de chlorhydrate, les effets produits sont les mêmes qu'avec la quinine, mais à un moindre degré. Discussion : M. **Gley.** — M. **Guépin** a observé une famille dont plusieurs membres présentaient une luxation congénitale de l'articulation cubito-carpienne des deux côtés. — MM. **Giard** et **Billiet** signalent les distomes recueillis sur des bœufs abattus à Kao-Bang (Tonkin), parmi lesquels un distome nouveau et un nématode fort rare. M. **Gillis** rend compte d'une étude sur le ligament rond de l'articulation coxo-fémorale. — MM. **Reymond** et **Guyon** présentent les pièces d'un lapin démontrant le mécanisme de l'infection de la vessie, par l'*Urobacillus liquefaciens* à travers ses parois de dehors en dedans. — MM. **Roger** et **Charrin** démontrent que le sérum a des propriétés bactéricides exaltées chez les animaux vaccinés contre un agent pathogène. — MM. **Chambrelent** et **Tarnier** : Toxicité du sérum des éclamptiques. — MM. **Charrin** et **Langlois** présentent les tracés cardiographiques fournis par des malades atteints de la maladie d'Addison et montrant une faiblesse cardiaque assez marquée. Ils ont constaté chez les malades l'effet diurétique très net dû à des injections d'extrait de capsules surrénales.

Séance du 9 juillet.

M. **Railliet** présente quelques nématodes (amphistomes) recueillis chez un bœuf à Son-Tay (Tonkin) en 1886, par M. **Bourgès**. — M. **Grigoresou** : Recherches de contrôle sur l'accélération de la conduction nerveuse motrice chez les grenouilles, après le traitement au suc testiculaire de cobaye. — M. **Retterer** signale la congestion et la dilatation extrêmes des vaisseaux se produisant au moment du rut. M. **Mégnin** dit que chez les chiennes, il y a, au moment du rut, émission sanguine constituant de vraies règles. — MM. **Morat** et **Doyon** ont étudié l'influence de la pilocarpine et de l'atropine sur l'appareil régulateur de la température. A dose faible le premier de ces poisons diminue la température centrale précisément de la même quantité dont l'autre l'augmente ; les deux courbes obtenues sont symétriques, mais inverses. — M. **Chouppe**, à l'occasion des faits [signalés par MM. Brown-Séquard et Chauveau dans la dernière séance, rend compte de l'observation clinique concernant un aphasique par déshydrémie cérébrale. M. **Babinski** pense qu'il s'agit plutôt d'un cas de mutisme hystérique. — M. **Laborde** a employé la traction rythmique de la langue comme moyen efficace à appliquer dans les cas d'asphyxie par submersion. L'examen de la pupille permet de reconnaître si le sujet est mort ou non ; lorsqu'elle est contractée, il peut n'y avoir que mort apparente, quoique l'on ne puisse percevoir les bruits du cœur qui continue néanmoins à battre. Discussion : MM. Dastre et Laborde. — M. **Laulanié** : Recherches expérimentales sur les variations corrélatives de l'intensité de la thermogenèse et des échanges respiratoires. — M. **Blanchard** dit que le ténia inerme existe en France et en Europe depuis des siècles et qu'il domine beaucoup comme fréquence. — M. **Haffkine** a étudié expérimentalement le choléra asiatique chez le cobaye. Il a d'abord réalisé l'exaltation du virus cholérique par passage de l'animal à l'animal ; entre le vingtième et le trentième passage, il n'y a plus d'exaltation. Le microbe a alors une virulence vingt fois plus grande qu'auparavant. Pour obtenir du virus atténué, on cultive le microbe à 39° dans une atmosphère renouvelée fréquemment. En inoculant alors successivement la série de virus obtenue en passant du plus atténué au plus exalté, l'auteur est arrivé à pouvoir inoculer impunément au cobaye du virus le plus actif.

Séance du 16 juillet.

M. **Luys** signale l'état particulier d'éréthisme dans lequel se trouve la rétine de sujets mis en état d'hypnotisme et les diverses colorations perçues par eux dans cet état. — MM. **Blocq** et **Marinesco** ont étudié un cas de myopathie progressive type Landouzy-Dejerine dans lequel les coupes du nerf radial présentaient des aires transparentes claires, représentant, selon les auteurs, des tubes nerveux profondément modifiés, renfermant des débris de cylindres-axes sectionnés. — M. **Gley** montre un lapin offrant une série de troubles cutanés, survenus au bout de deux ou trois mois, à la suite de l'enlèvement du corps thyroïde. C'est le troisième animal sur lequel il a pu obtenir cette affection chronique, les autres ayant succombé aux suites de l'opération. M. Gley a observé aussi l'hypertrophie très marquée de l'hypophyse. Discussion : MM. Dastre, Gley, Charrin, Phisalix. — MM. **Couvreur** et **Bataillon** : Fonction glycogénique chez le ver à soie au moment de sa transformation en chrysalide. — M. **Charrin** rend compte de l'action physiologique de la cinchonaïnine ; la dose toxique est, par kilogramme, de 61 milligrammes chez la grenouille, de 23 milligrammes chez la lapin, et de 17 milligrammes chez l'homme ; il signale aussi la puissance antithermique de ce corps sur les fièvres les plus diverses. — M. **Hankine** dit que les procédés de vaccination par les virus atténués et exaltés, indiqués dans la séance précédente, sont applicables au pigeon et au lapin, auxquels ils confèrent l'immunité contre l'infection par le microbe du choléra de Paris, qui a montré la même virulence pour les animaux que les microbes de Madras, de Saïgon et de Calcutta. — M. **Bruhl** a pu vacciner des lapins contre la culture entière du *Vibrio Metchnikoffi* en leur injectant dans les veines des cultures stérilisées de *Vibrio Metchnikoffi*. Le sérum des lapins immunisés a été trouvé être à la fois vaccinant et curateur dans l'infection par le vibrio virulent.

SOCIÉTÉ DE CHIMIE DE LONDRES

Séance du 16 juin.

M. **Henry Armstrong** : Contribution à un système international de nomenclature. Nomenclature des composés cycliques. — MM. **N. Collie** et **W. S. Myers** : Production de dérivés de la pyridine en partant de la lactone de l'acide triacétique. Les auteurs montrent que l'on obtient *probablement* par l'action de l'ammoniaque sur la lactone triacétique de l'$\alpha\gamma$-dihydroxy-α-picoline. — MM. **Percy Frankland** et **John Mac Grégor** : Fermentation de l'arabinose produite par le bacille éthacétique. Les produits sont qualitativement les mêmes que ceux de la fermentation de la glycérine sous l'influence du même organisme, savoir : alcool éthylique, acide acétique, anhydride carbonique, acide succinique (traces) et un autre acide non déterminé. — MM. **T. Purdie** et **J. Wallace Walker** : Résolution de l'acide lactique en ses composants optiquement actifs. La méthode des cristallisations successives a permis d'isoler deux composés, l'un dextrogyre, l'autre lévogyre. — MM. **R. Meldola** et **E. M. Hankins** : Méthode pour déterminer le nombre de groupes $Az\,H^2$ contenus dans une base organique. La méthode proposée repose sur le dosage de l'azote contenu dans l'azoïmide que l'on peut obtenir par l'action de l'ammoniaque sur le diazoïque bromé. — MM. **Wyndham Dunstan** et **T. S. Dymond** : Existence de deux acétaldoxymes. L'existence de deux isomères correspondant aux deux benzaldoxymes semble démontrée. Ce seraient là deux isomères stéréochimiques. — M. **James Walker** : Constantes de dissociation de quelques acides organiques. — Note sur la préparation des iodures de radicaux alcooliques. — MM. **W. F. Laycook** et **F. Klingemann** : Examen des produits obtenus dans la distillation sèche du son en présence de la chaux. — MM. **G. H. Bailey** et **Thornton Lamb** : Poids atomique du palladium. Cette détermination repose sur l'analyse du chlorure de palladammonium $Pd(Az\,H^3\,Cl)^3$. Le résultat est 105,5 au lieu de 106,35 donné par Berzélius. — M. **P. Wynne** : Action du chlorure de sulfuryle sur l'acéto-orthotoluidine et l'acéto-paratoluidine.

ACADÉMIE ROYALE DE BELGIQUE

Séance du 4 juin.

1° SCIENCES MATHÉMATIQUES. — MM. **E. Lagrange** et **P. Strobant** : Une nouvelle méthode astrophotométrique. La solution du problème complexe de la détermination de l'intensité lumineuse absolue des étoiles dépend de la connaissance de différents facteurs, tels que l'absorption qu'exerce l'atmosphère terrestre et la distance qui nous sépare des astres. Mais, pour le plus grand nombre des étoiles, dont la parallaxe est peu sensible, il ne peut plus être question de déterminer l'intensité absolue, mais seulement le rapport de l'éclat d'une étoile avec celui d'une autre. Les auteurs exposent les principales méthodes photométriques proposées pour mesurer l'éclat relatif des étoiles et dont les premières datent de la fin du XVII° siècle. Ils proposent ensuite l'emploi d'un photomètre se composant essentiellement d'une lunette astronomique munie d'un oculaire à long foyer, donnant, par conséquent, un faible grossissement. On produit dans le champ de la lunette et près de l'astre, dont on veut déterminer l'éclat, une étoile artificielle exactement semblable à celle observée. Suit la description de la disposition permettant d'arriver à ce résultat. Il est essentiel, dans le genre de mesure dont il s'agit, que l'intensité lumineuse de la lampe à incandescence, qui sert de point de comparaison, soit constante. Les auteurs ont constaté que les variations de différence de potentiel entraînaient des variations corrélatives, atteignant 7 °/₀ de l'intensité lumineuse de la lampe. Aussi conseillent-ils d'enregistrer d'une manière continue cette différence de potentiel à l'aide d'un galvanomètre Deprez-d'Arsonval, ce qui permet de corriger les mesures photométriques effectuées. Le procédé photométrique des auteurs permet de déterminer non seulement le rapport de l'éclat lumineux des diverses étoiles, mais encore d'évaluer, par les expériences qu'ils indiquent, la quantité de lumière que chacune nous envoie. Enfin on peut aisément donner. à l'étoile artificielle la même couleur qu'à l'astre observé, en plaçant près de la lampe électrique un verre coloré plus ou moins épais. On peut toujours donner la même coloration aux rayons lumineux émanant de la lampe carcel à laquelle on compare en· définitive l'astre dont on veut déterminer l'éclat. On ramène de la sorte la détermination de la *magnitude* d'étoiles différemment colorées, à la comparaison de l'éclat de deux sources lumineuses. .

2° SCIENCES PHYSIQUES. — M. **Paul Henry** : Sur les transformations réciproques des lactones et des acides lactones; étude de dynamique chimique. Voici les conclusions de l'étude à laquelle l'auteur s'est livré : La transformation des lactones en sel d'acide-alcool sous l'action des bases se fait proportionnellement à l'intensité du caractère basique de celles-ci. La valérolactone, lactone d'un acide-alcool secondaire, est plus stable sous l'action des bases que la butyrolactone, lactone d'acide-alcool primaire. Inversement, l'acide γ-oxyvalérique se déboule plus rapidement que l'acide γ-oxybutyrique. La partie active des bases dans la réaction étudiée· n'est pas l'ion métal, mais l'hydroxyle. Les acides, en agissant catalytiquement sur les acides-alcools γ, agissent proportionnellement à leur coefficient d'affinité. Le dédoublement momentané de l'acide γ-·oxyvalérique est déterminé par l'hydrogène qu'abandonne cet acide. Enfin c'est la partie non dissociée de l'acide qui subit la transformation. — MM. **Rindeman** et **Motteu** rendent compte de leurs recherches concernant l'application des propriétés oxydantes du chlorure de chaux au dosage du soufre dans les sulfures minéraux naturels, et spécialement dans les sulfures organiques. Ils décrivent le mode opératoire employé et font connaître les résultats obtenus par l'indication des données numériques. Celles-ci semblent justifier l'emploi du chlorure de chaux par le dosage rapide du soufre dans les sulfures minéraux. Il suffit d'une heure pour amener le minerai en état d'être précipité par le BaCl². Le chlorure de chaux renfermant souvent du sulfate de chaux, il sera donc nécessaire de déterminer préalablement sa teneur en acide sulfurique.

3° SCIENCES NATURELLES. — M. A.·B. **Griffiths** : Sur un nouveau bacille trouvé dans l'eau de pluie. Il s'agit d'un bacille découvert dans l'eau de pluie conservée .dans un baril exposé à l'air durant un hiver doux. Les cultures sur plaques de ce bacille sont caractéristiques. En quatre jours il se forme une petite colonie jaune dont la périphérie devient jaunâtre, trouble, et s'entoure d'une zone de liquéfaction. Ce microbe ne forme pas de spores et se colore très bien par les couleurs d'aniline. Quoique découvert dans l'eau, il ne vit pas dans l'eau distillée; il a besoin d'une certaine quantité de matières organiques. Cultivé sur gélatine peptonisée pendant plusieurs jours, il se produit une ptomaïne qui a été extraite par la méthode de M. Gautier. C'est un corps solide blanc, cristallisant en aiguilles ou prismes clinorhombiques nacrés, solubles dans l'eau bouillante et insolubles dans l'éther. Cette ptomaïne agit comme un diurétique puissant, et provient sans aucun doute de la décomposition des molécules de la gélatine peptonisée. L'auteur a donné à ce microbe le

non de *Bacillus pluviatilis*. — Le même auteur fait connaître la méthode qui lui a permis d'extraire une nouvelle ptomaïne de l'urine des érysipélateux. C'est une base vénéneuse, produisant une forte fièvre et la mort dans les dix-huit heures. Cette ptomaïne, nommé *érysipéline* par l'auteur, ne se rencontre pas dans les urines normales. — L'auteur rend compte enfin des résultats que lui ont donnés les analyses de l'hémocyanine du sang des *Homarus*, *Sepia* et *Cancer*. Il a trouvé que cette substance, qui joue chez ces animaux le rôle de l'hémoglobine chez les vertébrés, présente une composition bien uniforme et est plus stable que cette dernière. Elle existe à deux états, c'est-à-dire à l'état d'oxyhémocyanine et d'hémocyanine réduite. Elle bleuit en se chargeant d'oxygène dans les organes respiratoires de l'animal dont le sang artériel est bleu foncé, puis se décolore par la perte de son oxygène au sein des tissus. — M. **Paul Cerfontaine** : Contribution à l'étude du système nerveux central du Lombric terrestre. L'étude des *fibres géantes* du Lombric a conduit cet auteur aux conclusions suivantes relativement à la nature et à la fonction de ces éléments : Les fibres géantes de Leydig sont des éléments nerveux résultant de la réunion des prolongements des cylindres-axes de plusieurs cellules. Le courant nerveux est antéro-postérieur dans la fibre géante médiane et postéro-antérieur dans les fibres géantes latérales. Sur leur trajet, les fibres géantes donnent, dans chaque ganglion, des ramifications. Ces fibres servent à établir des connexions, dans le sens de la longueur, entre les différentes parties du système nerveux. Enfin, ce sont ces fibres géantes qui permettent aux lombrics de produire des contractions musculaires à la fois dans toute l'étendue du corps. Le travail se termine par une étude de la distribution des cellules·nerveuses dans la chaîne ganglionnaire et indique le trajet des prolongements de ces·cellules.

SOCIÉTÉ DE PHYSIOLOGIE DE BERLIN

Séance· du 8 juillet.

M. **Dessoir** expose les résultats de ses recherches sur le sens de la température qu'il considère comme étant une unité physiologique, non divisible par conséquent, ainsi que le font Hertzen, Blix, et Goldscheider, en deux régions de la chaleur et sens du froid. Trois régions du corps, particulièrement la partie inférieure du cardia, la partie respiratoire des fosses nasales, ont été trouvées insensibles à l'action de la température. Les rapports du sens de la température avec le sens de la pression n'ont pu être affirmés au cours des recherches; mais l'auteur a expérimenté une méthode de recherches lui permettant de déterminer dans quelle portion de l'écorce cérébrale se trouvait le siège de la perception de la température. Au cours de la discussion à laquelle a donné lieu cette communication, M. Goldscheider fait connaître à nouveau les raisons qui l'ont déterminé, lui et ses devanciers, à· admettre l'existence des sens spéciaux de la chaleur et du froid, opinion que M. Dessoir ne serait parvenu aucunement à réfuter. Plusieurs autres points de la communication de M. Dessoir ont été attaqués par M. Goldscheider et d'autres physiologistes.

Séance du 22 juillet.

M. **Zuntz** rend compte de l'influence de l'activité musculaire sur l'alcalinité du sang auquel il convient d'attribuer aussi bien une certaine acidité qu'une certaine alcalinité, cette dernière étant mesurée par la puissance d'absorption de l'acide carbonique. Les muscles donnant naissance, pendant leur contraction, à de l'acide lactique, il en résulte que l'alcalinité du sang doit diminuer, fait que M. Zuntz avait constaté précédemment chez le lapin ; chez le chien, au contraire, malgré une forte tétanisation des extrémités postérieures, la teneur du sang en alcali ne subit aucune variation. Cette différence pouvait provenir de ce que, chez le carnivore, l'acide lactique for-

mé était soit détruit au fur et à mesure de sa production, soit masqué par la présence de l'ammoniaque alors que chez l'herbivore ce n'était pas le cas. Pour lever cette incertitude, M. Cohnstein a étudié, dans le laboratoire de M. Zuntz, l'influence de l'alimentation sur la variation de l'alcalinité pendant l'activité musculaire. Un chien soumis au travail fut nourri de viande seule pendant une période et pendant une autre avec du riz et de la graisse; dans les deux cas, cependant l'alcalinité du sang ne montra aucune variation sensible, malgré l'état de travail de l'animal, durant lequel au contraire on constate chez le lapin une très grande diminution de l'alcalinité; bien plus, en obligeant le chien à travailler pendant longtemps, on constata même une élévation de l'alcalinité du sang. Chez le carnivore il existe donc, indépendamment de la nature de l'alimentation, une disposition en vertu de laquelle les produits acides de l'activité musculaire sont détruits. Cela explique pourquoi l'on peut chasser le lièvre, animal herbivore, à mort, mais non le chien, carnivore. — M. Lilienfeld, dans ses recherches chimiques sur le sang, a découvert l'existence dans les leucocytes d'une substance, signalée précédemment par M. Kossel et décrite sous le nom de *histone*. Ce corps possède l'importante propriété de conserver au sang sa fluidité, d'entraver sa coagulation. L'auteur montre dans des flacons plusieurs échantillons de sang qui, traité par une solution de histone, est resté parfaitement fluide. La histone est combinée dans les leucocytes avec la nucléine et est fixée dans les corpuscules à l'état de nucléohistone. La nucléine a sur le sang une action contraire; elle amène celui-ci en état de coagulation, et elle est dans le sang le seul agent de la coagulation; il n'y existerait pas dans le fibrinferment. Le sang dans les vaisseaux garde sa fluidité parce que la nucléine combinée avec la histone est maintenue fortement dans les leucocytes. En extrayant le sang des vaisseaux quelques globules blancs meurent, leur nucléohistone se répand dans le plasma sanguin, où elle se trouve en présence des sels de chaux; ceux-ci la décomposent et rendent ainsi possible la coagulation par l'intermédiaire de la nucléine. Le rôle indispensable bien connu des sels de chaux dans la coagulation résiderait donc dans la propriété de ces sels de décomposer la nucléohistone. — M. Zuntz a entrepris quelques expériences sur l'action réciproque de diverses sensations gustatives. Lorsque, à une dissolution d'une substance agréable au goût, une dissolution de sucre à une certaine concentration par exemple, provoquant une sensation d'une intensité déterminée, on mélange une dissolution d'une substance de saveur différente, une dissolution de sel de cuisine par exemple, à une concentration telle que seule elle ne produise aucune impression salée, qu'elle soit par conséquent au-dessous de la limite de sensation, dans ces conditions, on observe une exaltation dans la perception de la saveur sucrée; la même dissolution sucrée a une saveur plus sucrée avec la dissolution salée que sans elle. Une dissolution étendue de quinine, ne révélant à elle seule aucune amertume au goût, produit une action adoucissante analogue sur la dissolution sucrée.
Dr W. SKLAREK.

ACADÉMIE DES SCIENCES DE VIENNE
Séance du 7 juillet.

1° SCIENCES PHYSIQUES. — M. J.-E. Pfeil donne l'étude et les conditions de formation d'un nouvel engrais, d'un emploi particulièrement recommandable pour la vigne. — M. K. Natterer : Recherches chimiques sur l'eau de la Méditerranée. Expédition faite avec l'été de 1891 à bord du *Pola* dans les environs de l'Île de Crète. Comme dans la mer ionienne, on trouva que les rapports des corps dissous à l'un d'eux sont des nombres presque constants. Sur les côtes de l'Afrique, à l'ouest d'Alexandrie, la teneur en brome présente une diminu-

tion frappante, tant à la surface qu'à une profondeur de 50 mètres, ce qui porte à croire que certaines plantes doivent s'assimiler cet élément.
2° SCIENCES NATURELLES. — M. Alfred Nalepa : Nouvelles espèces du genre *Phytoptus* Duj. et *Cecidophyes* Nal. — M. Karl Fritsch donne la description de trois espèces de *Prunus* du sud-ouest de l'Asie, cultivées dans le jardin botanique de Vienne : les *Prunus Kurdica* Fenzl, *Prunus Fenzliana* Fritsch et *Prunus bifrons* Fritsch. — M. Richard von Wettstein : Sur la flore fossile de l'Höttinger Breccie.

Séance du 14 juillet.

1° SCIENCES MATHÉMATIQUES. — M. J. Tesar : Sur le problème des normales relatif à un groupe de sections coniques homofocales.
2° SCIENCES PHYSIQUES. — MM. I. Klemencic et Paul Czermak étudient les interférences des ondes électriques faibles dans l'air à l'aide d'un inducteur primaire construit d'après les indications de Hertz dans son mémoire : « Sur les radiations de la force électrique » ; ils renforcent l'effet par l'addition de deux miroirs concaves. La méthode employée consiste à faire interférer deux ondes provenant du même excitateur; c'est le procédé de Hertz modifié par l'emploi de deux miroirs plans au lieu d'un seul. Ces miroirs sont placés de façon que chacun d'eux reçoive en partie l'onde venant d'un miroir concave primaire dans le miroir concave secondaire où les deux parties interfèrent en donnant une ligne lumineuse. Les résultats sont les suivants : 1° A chaque longueur du résonnateur correspond une courbe d'interférences propre; cependant on n'obtient une courbe bien limitée et présentant un caractère oscillatoire très net qu'entre certaines limites qui sont 90 et 40 centimètres. Les courbes d'interférences obtenues entre ces limites correspondent à des longueurs d'onde comprises entre 70 et 40 centimètres; à la plus grande longueur d'onde correspond à la plus grande longueur du résonnateur. L'intensité des oscillations, déterminée en fonction de la longueur du résonnateur, présente un maximum pour 54 centimètres; la longueur d'onde est alors de 51 cm. 2, longueur qu'on doit regarder comme caractéristique des radiations électriques. L'erreur de déterminations ne dépasse pas 5 %. 2° La limite supérieure du décrément logarithmique fut trouvée égale à 0,39 avec une longueur d'éclair de 3 mm. 3. Les circonstances différentes expliquent pourquoi le nombre est un peu plus petit que celui qui résulte des observations de Bjerknes (Ann. Wied. 44,74). 3° La longueur des éclairs de l'inducteur primaire n'a aucune influence sur la longueur d'onde mais croît avec l'amortissement. Ce dernier résultat est opposé aussi des expériences de Bjerknes. — M. Titus Schindler : Sur l'acide triméthyllactique. Glücksmann a cherché à préparer la triméthylacétaldéhyde par l'action de l'acide sulfurique sur l'acide triméthyléthylidènelactique; le produit obtenu en présente la composition mais fournit par oxydation de l'acide acétique au lieu d'acide triméthylacétique. M. Schindler a montré que le produit de séparation de l'acide triméthyllactique n'était pas la triméthylacétaldéhyde mais son isomère, la méthylisopropylcétone qui se forme grâce à une transformation intramoléculaire. Quand on remplace l'acide sulfurique par l'acide chlorhydrique, l'acide triméthyllactique n'est point attaqué.
3° SCIENCES NATURELLES. — M. J. Wiesner, après avoir partagé les plantes en orthotropes ou verticales, clinotropes ou couchées et hémiorthotropes, qui présentent une inclinaison voisine de 45°, étudie l'influence de leur position dans l'espace sur leur organisation. — M. Weidenfeld : Influence des muscles intercostaux sur la capacité du thorax. — M. L. Réthi : Sur les filets nerveux des muscles du palais et de la bouche.
Emil WEYR.
Membre de l'Académie.

REVUE GÉNÉRALE

DES SCIENCES

PURES ET APPLIQUÉES

DIRECTEUR : LOUIS OLIVIER

CARCINOMES ET COCCIDIES

Dans une revue, publiée tout récemment, M. Baumgarten[1] reproche à l'auteur du Traité d'anatomie pathologique le plus répandu actuellement, M. Ziegler, de ne pas accepter la théorie des tumeurs de *Cohnheim*. Pour M. Baumgarten, cette théorie « est pour le moment la seule acceptable et probablement aussi la seule vraie de toutes les théories émises dans la branche la plus obscure de l'histologie pathologique ».

La théorie des tumeurs de *Cohnheim*, très répandue parmi les pathologistes, surtout en Allemagne, admet que les tumeurs, en général, et les tumeurs malignes, en particulier, sont dues à la végétation exagérée des foyers primitifs, détachés des feuillets *embryonnaires et égarés* dans des points différents de l'organisme. Ces germes des tumeurs égarés peuvent (toujours d'après la théorie de Cohnheim) séjourner pendant toute une série d'années ou de décades, sans manifester aucun signe de leur existence. Mais voilà qu'au bout d'une si longue période d'inactivité, les particules des feuillets embryonnaires commencent à proliférer d'une façon extraordinaire, envahissent l'individu et finissent par lui donner la mort.

Cette théorie n'est point déduite des faits constatés par la méthode scientifique, mais inventée d'une façon purement spéculative et ne repose que sur des probabilités. Comme les feuillets embryonnaires sont propres à tous les animaux métazoaires (c'est-à-dire polycellulaires), il est tout naturel de supposer que les Invertébrés sont propres aussi

au développement de tumeurs analogues à celles de l'homme et des animaux supérieurs. On observe souvent chez toutes sortes d'Invertébrés des monstruosités dues au développement anormal de différentes parties. Mais, quoique les animaux inférieurs possèdent un ectoderme et un entoderme, tout comme les Vertébrés, on n'a jamais pu trouver chez eux rien qui ressemble à des tumeurs épithéliales. Parmi les si nombreuses maladies des animaux inférieurs (Insectes, Crustacés, Vers, etc.), on rencontre beaucoup d'infections, mais jamais le cancer. Et cependant, si, pour produire ce dernier, il ne faut qu'un fragment de feuillet embryonnaire égaré, on ne comprend pas pourquoi les Invertébrés seraient indemnes de pareilles productions.

D'un autre côté, les Invertébrés, — et les organismes inférieurs en général, — nous présentent des cas nombreux de tumeurs ; seulement ces tumeurs ont toujours une origine parasitaire. Tout le monde connaît les galles, si variables chez beaucoup de plantes : ce sont des véritables tumeurs, développées à la suite d'une prolifération anormale des cellules végétales. Mais toujours la cause de ces néoplasmes réside dans le parasite qui s'est introduit dans la plante.

Chez les Invertébrés, on a observé aussi des tumeurs. Les polypes présentent des végétations abondantes autour des animaux étrangers qui ont pénétré dans la masse des polypiers.

La même règle se confirme donc toujours. Chez les êtres inférieurs toutes les néoplasies sont d'origine parasitaire. Il existe des tumeurs infectieuses ;

mais il n'y a point de fragments des feuillets embryonnaires détachés et transformés en néoplasme.

Ne serait-il pas possible que l'homme et les animaux supérieurs soient soumis à la même loi, que, chez eux aussi, les véritables néoplasies, et surtout les tumeurs malignes soient d'origine parasitaire? Cette supposition, soulevée mainte fois en pathologie, a le plus souvent été rejetée par les gens du métier. Voici comment l'auteur de la théorie embryonnaire des néoplasies — Cohnheim — formule sa critique de la théorie parasitaire : « Jamais », dit-il [1], « on n'a observé d'épidémie ou d'endémie de véritables tumeurs. De plus, on n'a jamais pu constater la transmission d'une tumeur d'un individu à un autre. Jamais un chirurgien ne s'est infecté avec une tumeur pendant l'opération; on n'a jamais vu non plus qu'un homme prenne le cancroïde du pénis à la suite du cancer utérin de sa femme. Et combien d'expériences infructueuses n'a-t-on pas tentées dans le but de transmettre les tumeurs de l'homme à des animaux, ou d'un individu de la même espèce à un autre? »

Dans les dix années écoulées depuis la publication de ces lignes, les idées sur les infections se sont beaucoup modifiées. Personne ne sera surpris de voir une maladie répandue sur toute la terre être bien une maladie infectieuse d'origine parasitaire. La tuberculose ne présente point de caractère épidémique ou endémique, et, malgré cela, elle est bien due au parasitisme du bacille de Koch. L'absence de contagion, sur laquelle insiste Cohnheim, ne peut être nullement invoquée contre la nature parasitaire d'une maladie. Les maladies miasmatiques, sans être contagieuses, ne sont pas moins des infections dues au parasitisme microbien.

Du temps de Cohnheim, on connaissait déjà l'histoire de la maladie coccidienne des lapins, intéressante à plusieurs points de vue. Ce ne sera pas une digression inutile, si, avant d'aborder notre sujet principal, nous nous arrêtons un peu sur cette coccidiose, dont la connaissance jette beaucoup de lumière sur la question du cancer.

I

Il se trouve souvent dans le foie des lapins des nodules grisâtres ou blancs, composés d'une membrane épaisse et d'un contenu caséeux ou puriforme. En examinant au microscope les produits que renferment ces « tubercules », on y trouve un grand nombre de Coccidies ou corps ovales très semblables à des œufs d'Helminthes (Fig. 1). Chez de jeunes lapins, la présence de ces organismes

provoque une maladie souvent mortelle, tandis que les lapins adultes supportent le parasitisme sans trop de mal.

La coccidiose des lapins est donc sûrement une maladie infectieuse, parasitaire. Et cependant, elle

Fig. 1. — Coccidie du lapin.

ne se transmet jamais par véritable contagion. Si l'on donne à manger à des lapins sains des nodules du foie renfermant des masses de coccidies, on ne provoquera jamais la maladie. Les coccidies avalées seront digérées, et l'infection n'aura pas lieu.

La coccidiose, n'étant pas une maladie contagieuse, est accompagnée de véritables tumeurs. Si l'on examine les nodules du foie sur des coupes, on constate facilement qu'ils sont constitués par des végétations abondantes des canaux biliaires (Fig. 2), entourées d'une couche de tissu conjonctif

Fig. 2. — Hyperplasie des canaux biliaires du lapin, atteints de coccidies.

plus ou moins épais. L'épithélium des canaux conserve ses propriétés habituelles et ne se distingue que par une hyperplasie considérable, donnant lieu à la formation de nombreuses ramifications.

Voilà donc un exemple d'une tumeur maligne et non contagieuse. Dira-t-on avec Cohnheim qu'elle n'est pas infectieuse? Non, et cela parce que le parasite qui provoque la tumeur est un organisme volumineux, dont l'existence et le rôle ne peuvent nullement être mis en doute.

La coccidiose des lapins est une infection miasmatique. Les coccidies ovales, pour donner la maladie à de nouveaux lapins, doivent d'abord subir une transformation déterminée qui ne s'accomplit qu'en dehors de l'organisme. Dans du sable, dans la terre ou dans l'eau, dans des conditions de température (15-25°) et d'aération convenables, le contenu des coccidies se divise en quatre cellules et

---

[1] *Allgemeine Pathologie*, 2ᵉ édit., 1882, p. 735.

transforme en quatre spores munies d'une euve-
ipe très résistante (Fig. 3). Chaque spore renferme
ix embryons falciformes et très délicats qui
anent naissance à de nouveaux parasites, provo-
ant ainsi la maladie si terrible. Avalées avec les
ments souillés, les coccidies sporifères pénètrent
as le canal digestif des lapins. L'enveloppe de
spore protège les embryons falciformes contre
ition du suc gastrique et leur permet de passer
as l'intestin et le foie. Les cellules épithéliales
l'intestin grêle et des canaux biliaires deviennent
siège de l'infection. Les jeunes coccidies, sous
me de petits corps ronds, s'introduisent dans
protoplasma des cellules épithéliales (Fig. 4),

;. 3. — Coccidie renfer-
mant quatre spores.

Fig. 4. — Cellule épithéliale
du lapin avec une jeune
coccidie ; — n, noyau ; p, pa-
rasite.

:roissent et se transforment en des parasites
ales, représentant la forme adulte. Mais, à côté
ce cycle de développement, il en existe un
tre, découvert par M. R. Pfeiffer [1] (de Berlin). Les
rps ronds se divisent en un grand nombre de
ments qui se transforment en stade de crois-
it (Fig. 3), dont la signification n'a pas encore
; déterminée. Il est probable que ces formes en
iissant, servent à propager l'infection dans l'or-
inisme du lapin atteint de la coccidiose. Ils
'vent ainsi à augmenter l'auto-infection, tandis
e ,les spores (développées en dehors de l'orga-
ime du lapin) jouent le rôle de véritable miasme.
Dans la coccidiose du lapin nous avons donc un
imple d'une maladie infectieuse miasmatique,
)duite par des coccidies, dont la présence dans
rganisme du lapin provoque une véritable tu-
iur maligne.
Voyons quelle utilité présente cette maladie de
igeurs pour la pathologie humaine.

II

Existe-t-il des maladies coccidiennes de l'homme?
tte question est résolue de la façon la plus posi-
e, grâce à la découverte du parasite malarique,
te par M. Laveran. Le microbe de cette maladie
un parasite intra-cellulaire, comme la coccidie
lapin ; mais. tandis que celle-ci végète dans le

Beiträge zur Protozoen-Forschung, Berlin, 1892.

protapslama des cellules épithéliales des canaux bi-
liaires et de l'intestin, le microbe de l'impalu-
disme pénètre dans l'intérieur des globules rouges
du sang, où il trouve les conditions nécessaires
pour sa vie.
Le parasite malarique a ceci de commun avec la
coccidie du lapin qu'il se présente à l'état de petit

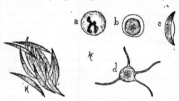

Fig. 5. — Corps en crois-
sant de la coccidie du
lapin.

Fig. 6. — Parasite malarique. — a,
stade amiboïde ; b, forme sphé-
rique ; c, croissant ; d, forme
flagellée.

corps sphérique et forme des croissants (Fig. 6, b, c).
Mais, en outre, il possède un stade amiboïde
(Fig. 4, a,) qui n'a pas été encore retrouvé chez la
coccidie du lapin (ce stade est du reste très répandu
dans le monde des coccidies) et un stade flagellé,
très original (Fig. 6, d). L'absence de ce dernier état
chez la coccidie du lapin ne peut servir d'objection
contre le rapprochement du parasite malarique avec
les coccidies, car, parmi des coccidies indiscutables
(coccidie de l'intestin de la Salamandre maculée),
il y a des exemples du stade flagellé.
D'un autre côté, on ne connaît pas encore chez le
parasite malarique de véritables spores, munies
d'une enveloppe protectrice. Il est cependant plus
que probable que ces spores existent dans la na-
ture et que c'est à l'aide de cet état résistant que
l'impaludisme envahit l'organisme humain. Cette
maladie a cela de commun avec la coccidiose du la-
pin qu'elle représente une maladie miasmatique des
plus typiques.
Il n'est point contestable que les carcinomes se
rapprochent aussi de la catégorie des affections
miasmatiques. Quoique moins prononcé que dans
l'impaludisme ou le goitre, le caractère endémique
des carcinomes est cependant un fait qui a souvent
frappé les observateurs. La fréquence de ces tu-
meurs malignes est loin d'être égale dans tous les
pays. A côté des points du globe indemnes ou à
peu près (Féroë, Islande, etc.) de cette maladie, il
en existe d'autres où les carcinomes sont très fré-
quents.
Mais, en outre de ce trait commun avec les ma-
ladies coccidiennes, les carcinomes en présentent
un autre. Comme dans la coccidiose du lapin, les

mais il n'y a point de fragments des feuillets embryonnaires détachés et transformés en néoplasme.

Ne serait-il pas possible que l'homme et les
animaux supérieurs soient soumis à la même loi,
que, chez eux aussi, les véritables néoplasies, et
surtout les tumeurs malignes soient d'origine parasitaire? Cette supposition, soulevée mainte fois
en pathologie, a le plus souvent été rejetée par
les gens du métier. Voici comment l'auteur de la
théorie embryonnaire des néoplasies — Cohnheim
— formule sa critique de la théorie parasitaire :
« Jamais », dit-il [1], « on n'a observé d'épidémie ou
d'endémie de véritables tumeurs. De plus, on n'a
jamais pu constater la transmission d'une tumeur
d'un individu à un autre. Jamais un chirurgien ne
s'est infecté avec une tumeur pendant l'opération ;
on n'a jamais vu non plus qu'un homme prenne le
cancroïde du pénis à la suite du cancer utérin de
sa femme. Et combien d'expériences infructueuses
n'a-t-on pas tentées dans le but de transmettre les
tumeurs de l'homme à des animaux, ou d'un individu de la même espèce à un autre? »

Dans les dix années écoulées depuis la publication de ces lignes, les idées sur les infections se
sont beaucoup modifiées. Personne ne sera surpris
de voir une maladie répandue sur toute la terre
être bien une maladie infectieuse d'origine parasitaire. La tuberculose ne présente point de caractère épidémique ou endémique, et, malgré cela,
elle est bien due au parasitisme du bacille de
Koch. L'absence de contagion, sur laquelle insiste
Cohnheim, ne peut être nullement invoquée contre
la nature parasitaire d'une maladie. Les maladies
miasmatiques, sans être contagieuses, ne sont pas
moins des infections dues au parasitisme microbien.

Du temps de Cohnheim, on connaissait déjà
l'histoire de la maladie coccidienne des lapins,
intéressante à plusieurs points de vue. Ce ne sera
pas une digression inutile si, avant d'aborder
notre sujet principal, nous nous arrêtons un peu
sur cette coccidiose, dont la connaissance jette
beaucoup de lumière sur la question du cancer.

▲

Il se trouve souvent dans le foie des lapins des
nodules grisâtres ou blancs, composés d'une membrane épaisse et d'un contenu caséeux ou puriforme. En examinant au microscope les produits
que renferment ces « tubercules », on y trouve un
grand nombre de Coccidies ou corps ovales très
semblables à des œufs d'Helminthes (Fig. 1). Chez
de jeunes lapins, la présence de ces organismes

[1] Allgemeine Pathologie, 2° édit., 1882, p. 735.

provoque une maladie souvent mortelle, tandi
que les lapins adultes supportent le parasitism
sans trop de mal.

La coccidiose des lapins est donc sûrement un
maladie infectieuse, parasitaire. Et cependant, ell

Fig. 1. — Coccidie du lapin.

ne se transmet jamais par véritable contagion. S
l'on donne à manger à des lapins sains des nodule
du foie renfermant des masses de coccidies, on n
provoquera jamais la maladie. Les coccidies ava
lées seront digérées, et l'infection n'aura pas lieu

La coccidiose, n'étant pas une maladie conta
gieuse, est accompagnée de véritables tumeurs. S
l'on examine les nodules du foie sur des coupes
en constate facilement qu'ils sont constitués pa
des végétations abondantes des canaux biliaire
(Fig. 2), entourées d'une couche de tissu conjoncti

Fig. 2. — Hyperplasie des canaux biliaires du lapin, attein
de coccidies.

plus ou moins épais. L'épithélium des canaux co
serve ses propriétés habituelles et ne se disting
que par une hyperplasie considérable, donnant li
à la formation de nombreuses ramifications.

Voilà donc un exemple d'une tumeur malig
et non contagieuse. Dira-t-on avec Cohnheim qu'el
n'est pas infectieuse? Non, et cela parce que
parasite qui provoque la tumeur est un organism
volumineux, dont l'existence et le rôle ne peuve
nullement être mis en doute.

La coccidiose des lapins est une infection mia
matique. Les coccidies ovales, pour donner la m
ladie de nouveaux lapins, doivent d'abord sul
une transformation déterminée qui ne s'accomp
qu'en dehors de l'organisme. Dans du sable, da
la terre ou dans l'eau, dans des conditions
température (15-25°) et d'aération convenables,
contenu des coccidies se divise en quatre cellules

se transforme en quatre spores munies d'une euveloppe très résistante (Fig. 3). Chaque spore renferme deux embryons falciformes et très délicats qui donnent naissance à de nouveaux parasites, provoquant ainsi la maladie si terrible. Avalées avec les aliments souillés, les coccidies sporifères pénètrent dans le canal digestif des lapins. L'enveloppe de la spore protège les embryons falciformes contre l'action du suc gastrique et leur permet de passer dans l'intestin et le foie. Les cellules épithéliales de l'intestin grêle et des canaux biliaires deviennent le siège de l'infection. Les jeunes coccidies, sous forme de petits corps ronds, s'introduisent dans le protoplasma des cellules épithéliales (Fig. 4),

Fig. 3. — Coccidie renfermant quatre spores.

Fig. 4. — Cellule épithéliale du lapin avec une jeune coccidie ; — n, noyau ; p, parasite.

y croissent et se transforment en des parasites ovales, représentant la forme adulte. Mais, à côté de ce cycle de développement, il en existe un autre, découvert par M. R. Pfeiffer[1] (de Berlin). Les corps ronds se divisent en un grand nombre de segments qui se transforment en stade de croissant (Fig. 5), dont la signification n'a pas encore été déterminée. Il est probable que ces formes en croissant, servent à propager l'infection dans l'organisme du lapin atteint de la coccidiose. Ils servent ainsi à augmenter l'auto-infection, tandis que les spores (développées en dehors de l'organisme du lapin) jouent le rôle de véritable miasme.

Dans la coccidiose du lapin nous avons donc un exemple d'une maladie infectieuse miasmatique, produite par des coccidies, dont la présence dans l'organisme du lapin provoque une véritable tumeur maligne.

Voyons quelle utilité présente cette maladie de rongeurs pour la pathologie humaine.

II

Existe-t-il des maladies coccidiennes de l'homme? Cette question est résolue de la façon la plus positive, grâce à la découverte du parasite malarique, faite par M. Laveran. Le microbe de cette maladie est un parasite intra-cellulaire, comme la coccidie du lapin ; mais, tandis que celle-ci végète dans le

[1] Beiträge zur Protozoen-Forschung, Berlin, 1892.

protaplasma des cellules épithéliales des canaux billaires et de l'intestin, le microbe de l'impaludisme pénètre dans l'intérieur des globules rouges du sang, où il trouve les conditions nécessaires pour sa vie.

Le parasite malarique a ceci de commun avec la coccidie du lapin qu'il se présente à l'état de petit

Fig. 5. — Corps en croissant de la coccidie du lapin.

Fig. 6. — Parasite malarique. — a, stade amiboïde ; b, forme sphérique ; c, croissant ; d, forme flagellée.

corps sphérique et forme des croissants (Fig. 6, b, c). Mais, en outre, il possède un stade amiboïde (Fig. 4, a,) qui n'a pas été encore retrouvé chez la coccidie du lapin (ce stade est du reste très répandu dans le monde des coccidies) et un stade flagellé, très original (Fig. 6, d). L'absence de ce dernier état chez la coccidie du lapin ne peut servir d'objection contre le rapprochement du parasite malarique avec les coccidies, car, parmi des coccidies indiscutables (coccidie de l'intestin de la Salamandre maculée), il y a des exemples du stade flagellé.

D'un autre côté, on ne connaît pas encore chez le parasite malarique de véritables spores, munies d'une enveloppe protectrice. Il est cependant plus que probable que ces spores existent dans la nature et que c'est à l'aide de cet état résistant que l'impaludisme envahit l'organisme humain. Cette maladie a cela de commun avec la coccidiose du lapin qu'elle représente une maladie miasmatique des plus typiques.

Il n'est point contestable que les carcinomes se rapprochent aussi de la catégorie des affections miasmatiques. Quoique moins prononcé que dans l'impaludisme ou le goitre, le caractère endémique des carcinomes est cependant un fait qui a souvent frappé les observateurs. La fréquence de ces tumeurs malignes est loin d'être égale dans tous les pays. A côté des points du globe indemnes ou à peu près (Féroë, Islande, etc.) de cette maladie, il en existe d'autres où les carcinomes sont très fréquents.

Mais, en outre de ce trait commun avec les maladies coccidiennes, les carcinomes en présentent un autre. Comme dans la coccidiose du lapin, les carcinomes se distinguent par une prolifération exagérée des cellules épithéliales des organes lésés. C'est précisément ce caractère qui a frappé M. Malassez lorsqu'il fit ses recherches sur les nodules coccidiens des lapins. Le fait que, dans cet exemple, la néoplasie épithéliale était d'origine incontestablement parasitaire, a suggéré à M. Malassez l'hypothèse que les carcinomes pourraient bien être aussi des tumeurs provoquées par le parasitisme de quelque Sporozoaire.

Des tentatives nombreuses, faites dans le but de découvrir des bactéries pathogènes dans les carcinomes, n'ont donné, malgré les assertions de MM. Scheuerlen, Koubassoff et autres, que des résultats purement négatifs. Cet insuccès fournissait encore une indication indirecte que les carcinomes pourraient être dus au parasitisme d'autres microbes que les bactéries.

La question du parasitisme des tumeurs était dans cet état d'incubation, lorsque M. Darier [1], un collaborateur de M. Malassez au Collège de France, découvrit, dans un cas de la maladie de Paget (maladie de la peau qui se rattache au cancer), tout à fait au milieu des éléments de l'épithélium tuméfié, des cellules très particulières. M. Malassez assigna à ces cellules, apparemment étrangères à l'organisme humain, une place parmi les parasites sporozoaires.

La découverte de M. Darier a été bientôt suivie de celle de M. Albarran [2] (élève de Malassez), qui vit des cellules parasitaires dans un cas de cancer de la mâchoire. Peu de temps après, se développa toute une littérature sur les parasites des maladies cutanées (psorospermose folliculaire de Darier, maladie de Paget) et surtout des carcinomes. MM. Darier, Wickham, Vincent en France, MM. Thoma, Söjbring, Heuxelom, en Allemagne, M. Kossinsky à Varsovie, contribuèrent à éclaircir cette question difficile de l'étiologie parasitaire des tumeurs épithéliales.

Les premiers résultats ont été, en général, encourageants dans le sens de la découverte de sporozoaires, se rattachant surtout au groupe des coccidies, comme cause des carcinomes et de certaines maladies cutanées.

Mais cette période d'optimisme peut-être un peu exagéré a été bientôt suivie d'un scepticisme non moins extrême. Toute une série d'observateurs, qui ont vérifié les données des auteurs mentionnés, se sont prononcés contre la découverte de parasites coccidiens dans les tumeurs. Ces prétendus parasites ne seraient, d'après eux, autre chose que des cellules dégénérées des tumeurs mêmes. Dans ce

sens se sont prononcés en France MM. Borrel, (zin, Duplay, Fabre-Domergue; en Allemag MM. Klebs, Ribbert, Schütz et beaucoup d'autr

L'esprit sceptique gagna bientôt le terrain à point que plusieurs auteurs considéraient la qu tion des coccidies dans les tumeurs comme dé nitivement enterrée. Quelques observateurs cepe cependant, MM. Stroebe et Steinhaus, étaie moins affirmatifs dans la négation et exprimère l'avis qu'en outre des cellules dégénérées, il pou rait bien se trouver aussi des formes vraime parasitaires.

L'intérêt général de la question devint si cons dérable que, presque dans tous les laboratoires, se mit à l'étudier avec un grand zèle. Il s'ensui toute une série de travaux qui forment la derniè période dans l'étude du parasite des tumeu Nous leur consacrerons un chapitre particulie nous arrêtant presque exclusivement sur les ca cinomes.

III

Il est incontestable que, parmi les auteurs cité beaucoup ont vu, à côté de toutes sortes de cellul dégénérées, de fragments de noyaux, etc., d corps étrangers à la cellule carcinomateuse. Mai comme, en raison de la complexité des phénomèn et du fait que les tumeurs malignes ont été su tout étudiées par les pathologistes, il est extrèm ment difficile de s'en faire une idée précise d'apr les descriptions, nous nous en tiendrons surto aux figures données par les auteurs.

Il est incontestable que, sur la planche join par M. Sjöbring [1] (de Lund) à son mémoire sur parasite du carcinome, il se trouve, à côté (figures qui sûrement n'ont rien de commun av ce parasite, des formes qui se rapportent au n crobe du carcinome. Ce sont d'abord de pet corps ronds, logés dans le protoplasma des cellu carcinomateuses, et ensuite des cellules rempl de corps ronds analogues. Ce sont, je crois, les p mières figures, en général, sur lesquelles on p reconnaître des parasites du cancer. Mais, dan description des préparations de M. Sjöbring, trouve si peu de netteté qu'on hésite à les int prêter d'une façon précise. C'est dans un cas cancer de la mamelle que M. Sjöbring a tro la plupart des formes décrites par lui.

Dans un autre cas de la même néoplasie, M. F (de Turin) a constaté la présence de corps ro logés dans des cellules cancéreuses. Il en do des figures, sur lesquelles on peut distinguer, d les cellules cancéreuses, des éléments étrang

---

[1] Comptes rendus de la Société de Biologie, 13 avril 1889.
[2] Semaine médicale, 1889, p. 117.

[1] Fortschritte der Medicin, 1890 p. 529, pl. IV.
[2] Gazzetta medica di Torino, 1891, n, 36.

enfermant un petit noyau et des appendices étran-;es en forme de rayons. M. Foa est tout prêt à ad-mettre la nature parasitaire de ces corps.

Les mêmes formes ont été retrouvées par f. Soudakewitch [1] dans un grand nombre de cas plus de cinquante) de différents carcinomes. Elles taient surtout abondantes dans un cancer pri-naire du pancréas et dans les métastases de ses ;anglions lymphatiques. Les cellules cancéreuses taient littéralement bourrées de parasites qui se présentaient tantôt sous forme de cellules rondes et rès petites, abritées à côté du noyau de la cellule ancéreuse, tantôt sous forme de grands corps vales, munis d'une enveloppe épaisse et rappelant es coccidies adultes. La description et les figures 'e M. Soudakewitch ne laissent aucun doute qu'il e s'agit pas, dans son cas, de produits de dégéné-escence cellulaire ou nucléaire quelconque. Les orps décrits par lui ont tout à fait l'aspect de cel-iles étrangères à l'organisme de l'homme et pré-entent la plus grande ressemblance avec des spo-ozoaires et notamment avec des coccidies. Dans n second travail M. Soudakewitch [2] a décrit les lêmes corps dans un grand nombre d'autres cas e différents carcinomes.

Les découvertes si importantes de M. Souda-ewitch n'ont pas tardé à soulever des objections. I. Fabre-Domergue [3], dans une Note présentée à i *Société de Biologie*, a déclaré que les parasites e M. Soudakewitch n'étaient que des pseudo-cocci-ies et ne présentaient en réalité que des produits e dégénérescence cellulaire qui, comme dans d'au-es corps, ont été pris pour des parasites des tu-ieurs.

Les confirmations ont été cependant beaucoup lus nombreuses que les critiques. M. Foa [4], dans n nouveau travail, a retrouvé les mêmes corps arasitaires dans plusieurs cas de cancer. M. Borrel [5] vu, dans de véritables épithéliomas, des corps pa-isitiques tout à fait semblables à ceux qui ont té décrits par MM. Foa et Soudakewitch. Le té-ioignage de M. Borrel est d'autant plus précieux u'il était auparavant en opposition avec les don-ées des auteurs acceptant les parasites du cancer. , à réussi à très bien distinguer les cellules dégé-érées et modifiées, si fréquentes dans les épithé-omas, des corps qui peuvent être envisagés omme des intrus d'origine étrangère.

Une autre confirmation est venue d'Angleterre.

[1] *Annales de l'Institut Pasteur*, 1892, mars, p. 143 Pl. -VII.
[2] *Ibid.*, août, p. 545. Pl. XI-XII.
[3] *Comptes rendus de la Société de Biologie*, 1892.
[4] *Gazetta medica de Torino* 1892, p. 331.
[5] *Evolution cellulaire et parasitisme dans l'épithélioma* ontpellier 1892.

Deux savants, MM. Ruffer et Walker [1], ont retrouvé les mêmes parasites dans un grand nombre de car-cinomes, entre autres dans un cas de carcinome métastatique du foie. Leurs préparations, colorées par le mélange de Biondi, mettent en évidence les parasites avec la plus grande netteté qu'on puisse désirer. Les coccidies, colorées en bleu clair, renferment un nucléole brun foncé ; la cellule can-céreuse se colore en orange sale et son noyau prend une teinte verte. Comme sur les préparations de M. Soudakewitch, celles de MM. Ruffer et Walker présentent toute une série d'états de développe-ment, à partir de tous petits corps ronds, renfer-mant un nucléole, jusqu'à des formes ovales et occupant tout le contenu de la cellule carcinoma-tense.

M. Sawtchenko [2] (de Kieff), qui, dans son premier mémoire (exécuté en collaboration avec M. Podwys-sotski) n'a vu que des images peu distinctes, a pu, dans un second travail [3], confirmer les données de M. Soudakewitch et retrouver le même parasite.

Le doute n'est donc pas possible. Dans un grand nombre de différents carcinomés on a trouvé, logés dans le protoplasma des cellules cancéreuses, des corps ronds, constitués comme des véritables cellules et ne présentant aucun caractère de dégé-nérescence du protoplasma ou de noyaux cellu-laires.

Il nous reste à examiner ces corps d'un peu plus près, afin de déterminer leur nature et leurs rapports avec d'autres productions analogues.

IV

En raclant un peu le tissu carcinomateux d'un organe quelconque, par exemple de la glande mammaire, et en l'examinant dans l'humeur aqueuse ou une autre liqueur non altérante, avec de forts grossissements, on trouve dans un certain nombre de cellules carcinomateuses de petits corps ronds, nettement délimités (Fig. 7). Logés

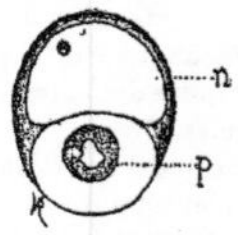

Fig. 7. — Une cellule cancéreuse avec son parasite. Cancer du sein. — *n*, noyau ; *p*, parasite.

dans l'intérieur du protoplasma, ces corps pré-sentent la plus grande ressemblance avec les jeunes stades de la coccidie du lapin, comme on

[1] *British medical Journal*, 1892, n. 1646, p. 113.
[2] *Centralblatt für Bakteriologie*, T. XI, 1392, p. 493.
[3] *Ibid.*, 1892, T. XII, p. 17.

carcinomes se distinguent par une prolifération exagérée des cellules épithéliales des organes lésés. C'est précisément ce caractère qui a frappé M. Malassez lorsqu'il fit ses recherches sur les nodules coccidiens des lapins. Le fait que, dans cet exemple, la néoplasie épithéliale était d'origine incontestablement parasitaire, a suggéré à M. Malassez l'hypothèse que les carcinomes pourraient bien être aussi des tumeurs provoquées par le parasitisme de quelque Sporozoaire.

Des tentatives nombreuses, faites dans le but de découvrir des bactéries pathogènes dans les carcinomes, n'ont donné, malgré les assertions de MM. Scheuerlen, Koubassoff et autres, que des résultats purement négatifs. Cet insuccès fournissait encore une indication indirecte que les carcinomes pourraient être dus au parasitisme d'autres microbes que les bactéries.

La question du parasitisme des tumeurs était dans cet état d'incubation, lorsque M. Darier [1], un collaborateur de M. Malassez au Collège de France, découvrit, dans un cas de la maladie de Paget (maladie de la peau qui se rattache au cancer), tout à fait au milieu des éléments de l'épithélium tuméfié, des cellules très particulières. M. Malassez assigna à ces cellules, apparemment étrangères à l'organisme humain, une place parmi les parasites sporozoaires.

La découverte de M. Darier a été bientôt suivie de celle de M. Albarran [2] (élève de Malassez), qui vit des cellules parasitaires dans un cas de cancer de la mâchoire. Peu de temps après, se développa toute une littérature sur les parasites des maladies cutanées (psorospermose folliculaire de Darier, maladie de Paget) et surtout des carcinomes. MM. Darier, Wickham, Vincent en France, MM. Thoma, Söjbring, Heuxclom, en Allemagne, M. Kossinsky à Varsovie, contribuèrent à éclaircir cette question difficile de l'étiologie parasitaire des tumeurs épithéliales.

Les premiers résultats ont été, en général, encourageants dans le sens de la découverte de sporozoaires, se rattachant surtout au groupe des coccidies, comme cause des carcinomes et de certaines maladies cutanées.

Mais cette période d'optimisme peut-être un peu exagéré a été bientôt suivie d'un scepticisme non moins extrême. Toute une série d'observateurs, qui ont vérifié les données des auteurs mentionnés, se sont prononcés contre la découverte de parasites coccidiens dans les tumeurs. Ces prétendus parasites ne seraient, d'après eux, autre chose que des cellules dégénérées des tumeurs mêmes. Dans ce

sens se sont prononcés en France MM. Bor᠆ zin, Duplay, Fabre-Domergue; en Alle᠆ MM. Klebs, Ribbert, Schütz et beaucoup d'

L'esprit sceptique gagna bientôt le terrai᠆ point que plusieurs auteurs considéraient l᠆ tion des coccidies dans les tumeurs comm᠆ nitivement enterrée. Quelques observateurs cependant, MM. Stroebe et Steinhaus, ᠆ moins affirmatifs dans la négation et expri᠆ l'avis qu'en outre des cellules dégénérées, í᠆ rait bien se trouver aussi des formes vr᠆ parasitaires.

L'intérêt général de la question devint si dérable que, presque dans tous les laboratoi᠆ se mit à l'étudier avec un grand zèle. Il s'e᠆ toute une série de travaux qui forment la d᠆ période dans l'étude du parasite des tu᠆ Nous leur consacrerons un chapitre parti᠆ nous arrêtant presque exclusivement sur l᠆ cinomes.

III

Il est incontestable que, parmi les auteur᠆ beaucoup ont vu, à côté de toutes sortes de c᠆ dégénérées, de fragments de noyaux, et᠆ corps étrangers à la cellule carcinomateuse. comme, en raison de la complexité des phéno᠆ et du fait que les tumeurs malignes ont ét᠆ tout étudiées par les pathologistes, il est ex᠆ ment difficile de s'en faire une idée précise᠆ les descriptions, nous nous en tiendrons aux figures données par les auteurs.

Il est incontestable que, sur la planche par M. Sjöbring [1] (de Lund) à son mémoire parasite du carcinome, il se trouve, à cô᠆ figures qui sûrement n'ont rien de commu᠆ ce parasite, des formes qui se rapportent᠆ crobe du carcinome. Ce sont d'abord de᠆ corps ronds, logés dans le protoplasma des carcinomateuses, et ensuite des cellules r᠆ de corps ronds analogues. Ce sont, je crois, mières figures, en général, sur lesquelles reconnaître des parasites du cancer. Mais, description des préparations de M. Sjö᠆ trouve si peu de netteté qu'on hésite à le᠆ prêter d'une façon précise. C'est dans un cancer de la mamelle que M. Sjöbring᠆ la plupart des formes décrites par lui.

Dans un autre cas de la même néoplasie (de Turin) a constaté la présence de cor᠆ logés dans des cellules cancéreuses. Il e᠆ des figures, sur lesquelles on peut disting᠆ les cellules cancéreuses, des éléments

[1] Comptes rendus de la Société de Biologie, 13 avril 1889.
[2] Semaine médicale, 1889, p. 117.

[1] Fortschritte der Medicin, 1890 p. 529, pl. IV.
[2] Gazzetta medica di Torino, 1891, n, 36.

renfermant un petit noyau et des appendices étranges en forme de rayons. M. Foa est tout prêt à admettre la nature parasitaire de ces corps.

Les mêmes formes ont été retrouvées par M. Soudakewitch [1] dans un grand nombre de cas (plus de cinquante) de différents carcinomes. Elles étaient surtout abondantes dans un cancer primaire du pancréas et dans les métastases de ses ganglions lymphatiques. Les cellules cancéreuses étaient littéralement bourrées de parasites qui se présentaient tantôt sous forme de cellules rondes et très petites, abritées à côté du noyau de la cellule cancéreuse, tantôt sous forme de grands corps ovales, munis d'une enveloppe épaisse et rappelant les coccidies adultes. La description et les figures de M. Soudakewitch ne laissent aucun doute qu'il ne s'agit pas, dans son cas, de produits de dégénérescence cellulaire ou nucléaire quelconque. Les corps décrits par lui ont tout à fait l'aspect de cellules étrangères à l'organisme de l'homme et présentent la plus grande ressemblance avec des sporozoaires et notamment avec des coccidies. Dans un second travail M. Soudakewitch [2] a décrit les mêmes corps dans un grand nombre d'autres cas de différents carcinomes.

Les découvertes si importantes de M. Soudakewitch n'ont pas tardé à soulever des objections. M. Fabre-Domergue [3], dans une Note présentée à la *Société de Biologie*, a déclaré que les parasites de M. Soudakewitch n'étaient que des pseudo-coccidies et ne présentaient en réalité que des produits de dégénérescence cellulaire qui, comme dans d'autres corps, ont été pris pour des parasites des tumeurs.

Les confirmations ont été cependant beaucoup plus nombreuses que les critiques. M. Foa [4], dans un nouveau travail, a retrouvé les mêmes corps parasitaires dans plusieurs cas de cancer. M. Borrel [5] a vu, dans de véritables épithéliomas, des corps parasitiques tout à fait semblables à ceux qui ont été décrits par MM. Foa et Soudakewitch. Le témoignage de M. Borrel est d'autant plus précieux qu'il était auparavant en opposition avec les données des auteurs acceptant les parasites du cancer. Il a réussi à très bien distinguer les cellules dégénérées et modifiées, si fréquentes dans les épithéliomas, des corps qui peuvent être envisagés comme des intrus d'origine étrangère.

Une autre confirmation est venue d'Angleterre.

Deux savants, MM. Ruffer et Walker [1], ont retrouvé les mêmes parasites dans un grand nombre de carcinomes, entre autres dans un cas de carcinome métastatique du foie. Leurs préparations, colorées par le mélange de Biondi, mettent en évidence les parasites avec la plus grande netteté qu'on puisse désirer. Les coccidies, colorées en bleu clair, renferment un nucléole brun foncé; la cellule cancéreuse se colore en orange sale et son noyau prend une teinte verte. Comme sur les préparations de M. Soudakewitch, celles de MM. Ruffer et Walker présentent toute une série d'états de développement, à partir de tous petits corps ronds, renfermant un nucléole, jusqu'à des formes ovales et occupant tout le contenu de la cellule carcinomateuse.

M. Sawtchenko [2] (de Kieff), qui, dans son premier mémoire (exécuté en collaboration avec M. Podwyssotski) n'a vu que des images peu distinctes, a pu, dans un second travail [3], confirmer les données de M. Soudakewitch et retrouver le même parasite.

Le doute n'est donc pas possible. Dans un grand nombre de différents carcinomes on a trouvé, logés dans le protoplasma des cellules cancéreuses, des corps ronds, constitués comme des véritables cellules et ne présentant aucun caractère de dégénérescence du protoplasma ou de noyaux cellulaires.

Il nous reste à examiner ces corps d'un peu plus près, afin de déterminer leur nature et leurs rapports avec d'autres productions analogues.

IV

En raclant un peu le tissu carcinomateux d'un organe quelconque, par exemple de la glande mammaire, et en l'examinant dans l'humeur aqueuse ou une autre liqueur non altérante, avec de forts grossissements, on trouve dans un certain nombre de cellules carcinomateuses de petits corps ronds, nettement délimités (Fig. 7). Logés

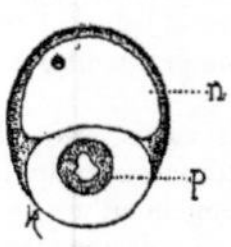

Fig. 7. — Une cellule cancéreuse avec son parasite. Cancer du sein. — *n*, noyau; *p*, parasite.

dans l'intérieur du protoplasma, ces corps présentent la plus grande ressemblance avec les jeunes stades de la coccidie du lapin, comme on

[1] *Annales de l'Institut Pasteur*, 1892, mars, p. 145 Pl. V-VII.
[2] *Ibid.*, août, p. 545. Pl. XI-XII.
[3] *Comptes rendus de la Société de Biologie*, 1892.
[4] *Gazetta medica di Torino* 1892, p. 331.
[5] *Évolution cellulaire et parasitisme dans l'épithélioma* Montpellier 1892.

[1] *British medical Journal*, 1892, n. 1646, p. 113.
[2] *Centralblatt für Bakteriologie*, T. XI, 1892, p. 493.
[3] *Ibid.*, 1892, T. XII, p. 17.

peut s'en assurer en comparant les deux formations (Fig. 4 et 7). Comme les jeunes coccidies du
lapin, les corps ronds des carcinomes croissent dans
l'intérieur des cellules. Sur des préparations de
ces tumeurs on voit toute une série d'états de
croissance : les petits corps ronds grossissent et
deviennent de plus en plus nets à cause du développement de leur membrane (Fig. 8). Les mêmes

Fig. 8. — Cellules cancéreuses avec deux parasites, d'après
M. Soudakewitch.

faits s'observent aussi d'une façon frappante dans
le foie du lapin, infecté de coccidies.

Il arrive parfois qu'une cellule cancéreuse renferme plusieurs parasites, serrés les uns contre
les autres (Fig. 9). Le même phénomène s'observe

Fig. 9. — Une cellule cancéreuse, remplie de parasites,
d'après M. Soudakewitch.

également chez la coccidie du lapin. « Très souvent,
dit M. R. Pfeiffer, une cellule épithéliale renferme 4,
5 jeunes coccidies et plus. Les parasites sont
alors si serrés qu'ils prennent des contours polyédriques [1]. » .

La structure des corps ronds des carcinomes
présente la plus grande ressemblance avec celle
des états de développement des coccidies du lapin.
Dans les deux cas on voit une membrane cellulaire
qui devient de plus en plus épaisse, un contenu
protoplasmique qui ne prend que difficilement la
coloration, et un gros nucléole qui remplit le
noyau transparent.

L'analogie frappante entre les carcinomes et la
coccidiose du lapin s'étend aussi, comme il a déjà

[1] Loc. cit. page 6.

été mentionné plus haut, sur les lésions anatomiques des organes. Les végétations épithéliales
de l'intestin et du foie du lapin peuvent être
surtout comparées aux adénocarcinomes, c'est-
à-dire, aux tumeurs épithéliales conservant encore le type glandulaire. Il n'y a qu'à jeter un
coup d'œil sur les deux figures ci-jointes (Fig. 2 et
10) pour être frappé de la ressemblance de l'hyperplasie des canaux biliaires du lapin, atteints de

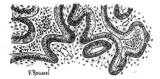

Fig. 10. — Adénocarcinome du rectum de l'homme, d'après
M. Ziegler.

coccidies, avec l'adénocarcinome du rectum de
l'homme.

A côté de toutes ces analogies, les différences
n'ont pas assez d'importance pour qu'on puisse les
opposer à la conclusion de la parenté des carcinomes avec les coccidioses. Celles-ci ne produisent
pas de véritables métastases. Mais il y a aussi des
cancers qui ne donnent point ou ne produisent que
rarement des métastases, ce qui ne les empêche
pas d'être intimement liés avec d'autres carcinomes.

Dans les cancers on n'a vu jusqu'à présent qu'un
nombre de stades beaucoup plus limité que dans
les coccidioses. Cela est incontestablement un grand
obstacle pour se former un jugement tout à fait
définitif. Mais il ne faut pas oublier que l'étude du
parasitisme dans les carcinomes ne vient que de
débuter. On connaît les coccidies du lapin depuis
un demi-siècle et ce n'est que tout récemment que,
grâce aux recherches importantes de M. R. Pfeiffer,
on a découvert la formation endogène des corps
falciformes. Il ne faut donc pas désespérer de
trouver des stades nouveaux dans les carcinomes.

Plusieurs pathologistes, qui se sont dernièrement occupés du parasitisme dans les carcinomes,
ont cru pouvoir combler cette lacune. C'est ainsi
que MM. Stroebe, Podwyssotski et Sawtchenko, et
tout récemment M. Soudakewitch, ont décrit des
corps falciformes dans plusieurs cas de carcinomes.
D'après tout ce que j'ai pu observer jusqu'à présent, ainsi que d'après les données des auteurs
que je viens de citer, les formations, prises par
eux pour des corps falciformes, ou (ce qui est la
même chose) pour des stades du croissant, ne
peuvent nullement être comparées aux produc-

tions correspondantes des coccidies ou des sporozoaires en général. Les véritables corps en croissant, comme, par exemple, ceux de M. Laveran
dans l'impaludisme, se distinguent par la forme
régulière des contours, par la grande ressemblance
des individus entre eux et par une série de détails
qui font défaut dans les pseudo-croissants des carcinomes. Pour s'assurer de cette différence, je prie
le lecteur de comparer les deux figures ci-jointes
(Fig. 11, a, b), dont l'une (b) représente les véritables

Fig. 11. — *a*, les pseudo-croissants
dans une cellule carcinomateuse
(d'après MM. Podwyssotski et
Sawtchenko) ; *b*, véritables croissants d'une coccidie, Klossia
(d'après M. Balbiani).

Fig. 12. — Pseudo-coc-
cidie, d'après M. L.
Pfeiffer.

croissants d'une coccidie, et l'autre (a) les formations prises pour des croissants dans le cancer. Je
considère celles-ci comme des figures chromatiques du noyau des cellules cancéreuses. Elles
peuvent être désignées comme des pseudo-croissants, tout à fait comme dans les cancers (surtout
dans les épithéliomes) il faut distinguer des pseudo-
coccidies (Fig. 12), si souvent confondues avec des
formations vraiment analogues aux Sporozoaires.

Malgré l'impossibilité d'admettre des corps falciformes dans les carcinomes et malgré certaines différences qui existent encore entre ces tumeurs et les
coccidioses, on ne peut pas nier que *les corps ronds*

*si souvent trouvés dans les carcinomes présentent, d'après
l'état actuel de nos connaissances, la plus grande analogie avec les coccidies.* Quoique ce ne soit pas encore
le dernier mot, cette conclusion peut servir déjà
comme point de départ pour beaucoup de recherches
nouvelles.

Lorsqu'on se rappellera le fait que la coccidiose
du lapin n'est point contagieuse, on comprendra
facilement l'échec de tant de tentatives d'inoculation des carcinomes. D'un autre côté, les cas de contagion cités dans la littérature, ainsi que quelques
expériences positives de transmission des cancers
(celles de M. Hanau avec le cancer des rats, de
M. Wehr, etc.), pourraient être expliqués par la
présence de stades développés sur la superficie de
l'organisme atteint. On sait que le miasme de la
coccidiose du lapin (c'est-à-dire les spores du parasite) se forme en dehors de l'organisme, mais peut
se trouver dans le voisinage le plus intime de ces
animaux.

Pour démontrer le caractère peu contagieux des
maladies coccidiennes, on peut citer l'exemple de
l'impaludisme. Chez les oiseaux, où l'impaludisme
est une fréquence extraordinaire, la contagion
par le sang, renfermant des parasites, n'a jamais
pu être réalisée d'une façon probante. Il est donc
tout à fait naturel que les cancers présentent plutôt
un caractère miasmatique que contagieux.

D'après le résumé donné dans cet article, on
voit bien que l'étude microbique des carcinomes
n'est qu'à son début. Mais on voit aussi que ce
début est encourageant et que, pour arriver à la
solution du problème, il serait désirable que les
pathologistes s'unissent aux zoologistes versés
dans la science des Sporozoaires.

El. Metchnikoff,
Chef de Service à l'Institut Pasteur.

LA PRODUCTION DU FROID ET SES RÉCENTES APPLICATIONS

La conversion de la chaleur en travail mécanique, tel est le problème qu'on se pose généralement
dans l'étude des machines thermiques. Chacun
sait les services immenses que la Thermodynamique a rendus à cet égard ; grâce aux mémorables
travaux de Sadi Carnot, de Joule, de Clausius, de
Mayer, de Hirn, on a pu définir en quelque sorte
d'emblée les solutions que l'on était en droit de
rechercher et celles qu'il fallait écarter dans la
réalisation des machines thermiques.

Mais le problème inverse, — l'étude des moyens
qui permettent de retirer aux corps une partie de
leur chaleur en dépensant du travail mécanique,
— ne présente pas un moindre intérêt. Relevant

des mêmes lois, ce problème a été résolu dans la
pratique par des méthodes absolument différentes,
qui ont été l'objet de grands perfectionnements
depuis une vingtaine d'années.

Ce sont ces méthodes que nous nous proposons de
passer en revue. Les principes sur lesquels elles
reposent seront rapidement esquissés ; leurs applications les plus importantes et surtout les plus récentes seront ensuite exposées avec quelques détails.

I. — PRODUCTION DU FROID.

Les procédés mis en œuvre pour produire le
froid sont nombreux et varient naturellement sui-

vant le but à atteindre. Dans les laboratoires, pour les usages domestiques et la petite industrie, on emploie de préférence les mélanges réfrigérants ou des appareils produisant le froid d'une façon discontinue, comme l'appareil classique à solution ammoniacale de M. Carré. Au contraire, dans les applications industrielles importantes on fait usage de machines puissantes fonctionnant sans interruption et donnant un rendement bien supérieur. Telles sont, par exemple, les machines à détente de gaz comprimé et les machines à évaporation de liquides volatils. Il importe donc de donner d'abord quelques détails précis sur ces diverses méthodes.

§ 1. Mélanges réfrigérants

Lorsqu'un sel se dissout dans un liquide sans qu'il y ait action chimique, il se produit un abaissement de température. Le corps dissous prend au sein de la dissolution un volume beaucoup plus grand qu'à l'état solide. Dans cette augmentation de volume résultant du passage de l'état solide à l'état de corps dissous, il y a nécessairement travail mécanique contre les forces moléculaires de cohésion, et ce travail ne peut s'effectuer qu'aux dépens de la chaleur même de la dissolution.

Si l'on veut obtenir un grand abaissement de température, il faudra faire dissoudre la plus grande quantité possible de sel, ce qui revient à dire qu'il faut combiner les proportions du mélange réfrigérant de façon qu'après dissolution complète du sel, la solution soit saturée à la température finale. Cette température finale, dépendra naturellement de la température initiale des corps mélangés, de la température, de la chaleur spécifique. et de la masse du corps à refroidir, du rayonnement de l'enceinte, etc. Mais, sa limite inférieure est le point de congélation de la dissolution. Si la température pouvait baisser à partir de ce point, une partie de la dissolution se solidifierait nécessairement en dégageant sa chaleur latente et relèverait ainsi immédiatement la température du mélange vers le point de congélation. Sauf dans le cas de surfusion, la température de congélation du mélange est donc une limite inférieure qu'il n'est pas possible de dépasser. Le regretté L. Ser donne dans un traité de physique industrielle un calcul approximatif permettant de se faire une idée du faible rendement des mélanges réfrigérants. Il suppose le cas de 1 kilogr. d'azotate d'ammoniaque se dissolvant dans un kilogr. d'eau. Il est reconnu que, dans les conditions habituelles, la température de la dissolution s'abaisse de 26 degrés centigrades. La chaleur spécifique de l'azotate étant 0,40, celle de

l'eau 1, la chaleur spécifique du mélange est 0,70, et le nombre de calories absorbées pour un abaissement de température de 26 degrés est égal à $26 \times 0,70 \times 2$, soit 36,4 calories. Si l'on voulait alors retirer l'azotate en évaporant l'eau pour utiliser la dissolution de ce sel dans une seconde opération, il faudrait dépenser 600 calories environ ; ce nombre représentant la quantité de chaleur nécessaire pour faire passer un kilogramme d'eau de l'état liquide à l'état gazeux, le rendement serait de $\frac{36,4}{600}$, soit de 6 % environ.

§ 2. Machines frigorifiques à fonctionnement continu

Les machines frigorifiques à fonctionnement continu sont bien supérieures. On les a classées en trois catégories : les machines à détente de gaz comprimé, les machines à évaporation de liquides volatils, et les machines à affinité.

Machines à détente. — Dans les machines à détente on commence généralement par comprimer une certaine masse gazeuse (de l'air) en maintenant autant que possible sa température constante. A cet effet, les cylindres de compression sont disposés dans un réfrigérant traversé par de l'eau froide, ce qui réduit notablement le travail nécessaire à la compression.

On laisse ensuite cette masse d'air se détendre en agissant sur un piston relié à l'arbre moteur du compresseur. Une partie du travail dépensé lors de la compression est donc rendu sous forme de travail mécanique et tend à faciliter le jeu du compresseur.

L'air détendu et refroidi se rend ensuite au *congélateur* ou *frigorifère*, qu'il parcourt en se réchauffant au contact des corps à refroidir. Dans un grand nombre de machines l'air qui possède encore au sortir du frigorifère une température plus basse que l'air ambiant retourne directement au compresseur, de sorte que le cycle se trouve fermé et que c'est la même masse gazeuse, tour à tour comprimée et détendue, qui sert à refroidir le congélateur.

Les simplifications que l'on fait subir aux formules de la Thermodynamique dans le cas des gaz parfaits permettent de se rendre aisément compte de l'abaissement de température que l'on est en droit d'obtenir avec de semblables machines.

Soit un kilogramme d'air occupant le volume v_0 à la pression p_0 et à la température *absolue* T_0. D'un coup de piston comprimons cette masse gazeuse, et, pour simplifier, supposons que la chaleur résultant de la compression reste, pour le moment, entièrement confinée au gaz. Après cette opération, le kilogramme d'air se trouve occuper le volume v_1 sous la pression p_1 à la température absolue T_1.

Les lois de Mariotte et de Gay-Lussac, qui relient le volume, la pression et la température des gaz parfaits, nous donnent, pour l'état initial et l'état final, les deux expressions :

$$p_0 v_0 = RT_0, \qquad (1)$$
$$p_1 v_1 = RT_1, \qquad (2)$$

R étant une constante qui dépend de la nature du gaz et des unités employées.

D'autre part, comme nous avons supposé la compression s'effectuant sans perte ni gain de chaleur de l'extérieur, nous avons une transformation adiabatique et la Thermodynamique des gaz donne, dans ce cas, l'expression :

$$p_1 v_1^{\kappa} = p_0 v_0^{\kappa} = \text{constante} \qquad (3)$$

κ étant le rapport des deux chaleurs spécifiques à pression et à volume constants. Les expressions (1), (2) et (3) donnent en définitive :

$$\frac{T_1}{T_0} = \left(\frac{p_1}{p_0}\right)^{\frac{\kappa-1}{\kappa}},$$

relation qui permet de calculer les températures correspondant aux diverses pressions dans la transformation adiabatique. Bien que la transformation adiabatique ne soit jamais rigoureusement réalisée dans la pratique, on peut néanmoins la considérer comme une première approximation dans bien des cas.

Si l'on applique ces formules, on trouve qu'en comprimant de 1 à 3 atmosphères de l'air pris à la température de + 17 degrés, il s'échauffe jusqu'à + 128 degrés.

Si maintenant, au moyen d'un réfrigérant quelconque, on refroidit cet air comprimé jusqu'à ce que sa température atteigne de nouveau 17 degrés, le volume restant constant, la pression tombe à 2,17 atmosphères. En laissant alors cet air se détendre adiabatiquement de 2,17 à 1 atmosphère, sa température descend à — 42,3 degrés, et nous obtenons un abaissement total de 42,3 + 17, soit 59,3 degrés. (SER, *Physique industrielle*.)

Voyons maintenant le nombre de kilogrammètres que nécessite théoriquement la production d'une *frigorie*, soit le travail qu'il faut dépenser pour soutirer une calorie au congélateur et la faire passer dans le réfrigérant du compresseur.

Le coefficient économique du cycle d'une machine thermique ordinaire est, comme on sait, le rapport de la quantité de chaleur convertie en travail à la quantité de chaleur empruntée à la source chaude. En désignant par Q la quantité de chaleur empruntée à la source chaude, par Q' la quantité cédée à la source froide, le coefficient

économique est donc $\dfrac{Q - Q'}{Q}$, et l'on sait que Carnot a démontré que ce rapport est précisément égal à $\dfrac{T - T'}{T}$, T et T' représentant les températures *absolues* des deux sources. Le travail $\mathfrak{C}$ produit par une machine thermique fonctionnant suivant un cycle de Carnot peut donc s'exprimer par la relation bien connue $\mathfrak{C} = EQ\,\dfrac{T - T'}{T} = EQ'\,\dfrac{T - T'}{T'}$,

où E représente l'équivalent mécanique de la chaleur.

Si le même cycle est parcouru en sens inverse, le travail et les quantités de chaleur changent de signe (voir POINCARÉ, *Thermodynam.*). C'est le cas des machines frigorifiques. Il faudra donc fournir à la machine une certaine quantité de travail. En outre, le corps qui sert aux transformations et qui est en général de l'air, empruntera une quantité de chaleur Q' à la source froide (frigorifère) et cédera une quantité de chaleur Q à la source chaude (réfrigérant du compresseur).

Les formules sont donc les mêmes au signe près, et la quantité de travail que nécessite la production de Q' frigories aura pour expression $\mathfrak{C} = EQ'\,\dfrac{T - T'}{T'}$.

Si l'on veut réduire ce travail, il faudra en conséquence abaisser la température T du compresseur et opérer avec une détente réduite, ne produisant pas une chute de température trop considérable dans le frigorifère. Dans la pratique on limite généralement la détente à 5 atmosphères. D'autre part, en réduisant trop l'étendue de la détente on se trouverait conduit à construire des machines de grandes dimensions, encombrantes et coûteuses.

En appliquant la formule précédente, on verrait que le travail théoriquement nécessaire pour produire une frigorie, est égal à 65 kilogrammètres lorsque la température du compresseur est de + 30 degrés, celle du frigorifère de — 10 degrés. En pratique, ce nombre est toujours largement dépassé et l'on compte dans les conditions ordinaires environ 270 kilogrammètres par frigorie.

Machines à évaporation. — Dans les machines à évaporation le frigorifère est constitué par un vase clos renfermant le liquide volatil. Au moyen d'une pompe, on produit l'évaporation rapide du liquide, et la chaleur latente de vaporisation est empruntée au liquide même, dont la température s'abaisse d'autant plus rapidement que l'aspiration est plus énergique. Les vapeurs aspirées sont refoulées et liquéfiées dans un second récipient dit « condenseur », entouré d'un réfrigérant à eau courante. Cette eau emporte à la fois la chaleur de compression et la chaleur latente dégagée par la liquéfaction des vapeurs. La pression dans le condenseur est naturellement la tension maximum de la vapeur saturée à la température du condenseur. Comme cette température est toujours supérieure à celle du frigorifère, il en résulte que la pression est plus forte dans le condenseur, et qu'il est possible de faire passer continuellement du condenseur dans le frigorifère une quantité de liquide précisément égale à la quantité vaporisée. De cette façon la machine forme un cycle fermé et fonctionne sans interruption.

Le choix des liquides dépend naturellement de leur prix de revient, de la conservation des appareils, des dangers d'inflammation ou d'intoxication. L'éther, que l'on employait au début, a été presque complètement abandonné comme présentant de trop grands dangers et nécessitant des machines dont les joints soient parfaits. L'ammoniaque liquide ne présente pas les mêmes inconvénients. Sa chaleur latente de volatilisation est 239 calories, et il suffit d'une pression de 12 atmosphères pour produire sa liquéfaction à la température de + 30 degrés. Néanmoins l'ammoniaque a l'inconvénient d'émettre une odeur fort désagréable et d'attaquer le cuivre. On est donc obligé de proscrire ce métal dans la fabrication de ce genre de machines. L'anhydride carbonique, l'anhydride sulfureux et récemment le chlorure de méthyle ont donné aussi de très bons résultats. On emploie aussi avec avantage des mélanges de liquides volatils ayant la propriété de se dissocier sous faible pression et de se recombiner sous l'influence de pressions modérées.

Le plus employé de ces liquides est le mélange d'anhydride carbonique et d'anhydride sulfureux dit « *liquide Pictet* ». Dernièrement on a proposé un mélange d'anhydride sulfureux et d'acétone.

En résumé le rendement des machines frigorifiques à liquide volatil est très satisfaisant et l'on arrive à produire, à l'aide de ces machines, de 20 à 25 kilogrammes de glace par kilogramme de charbon brûlé dans le foyer du moteur.

II. — Applications du froid

§ 1. Réfrigération de l'air et de l'eau

L'habitude de rafraîchir l'air des lieux habités et particulièrement des grandes salles de réunion, tend à se répandre toujours plus. Bien qu'on ne fasse généralement pas usage des procédés que nous venons de décrire, il importe de donner quelques détails sur ces applications du froid.

Le plus souvent on se contente d'installer de grands ventilateurs destinés à amener de l'air ayant préalablement circulé dans des galeries souterraines au contact desquelles il s'est rafraîchi.

Ce procédé est employé pour la ventilation do la Chambre des Députés à Paris et du Palais du Trocadéro. Dans ce dernier édifice l'air nécessaire à la ventilation provient de carrières situées à quelque distance. Dans d'autres édifices (la Nouvelle Sorbonne, le Parlement de Londres), le rafraîchissement de l'air s'obtient par l'évaporation de l'eau. Avant d'arriver aux salles, l'air circule à travers un nuage d'eau pulvérisée. La grande surface que présente l'eau sous cette forme permet une évaporation active qui enlève rapidement à l'air une partie de sa chaleur. Il a été reconnu qu'une différence de 4 à 5 degrés entre la température de la salle et celle de l'air extérieur est plus que suffisante pour rafraîchir une salle. Dès que l'on dépasse cette limite, l'impression devient désagréable.

Lorsqu'il s'agit de refroidir l'air à de basses températures, comme dans les caves de brasseries ou dans les locaux aménagés pour la conservation des viandes, on fait usage de glace ou des machines frigorifiques dont nous avons parlé. Les appareils à détente d'air sont particulièrement employés à bord des navires qui ne peuvent renouveler facilement la provision de glace nécessaire au maintien d'une température convenable. Si l'on emploie des machines à évaporation, les frigorifères sont alors constitués par des tuyaux à ailettes, à grande surface, semblables à ceux en usage pour le chauffage par la vapeur ou l'air chaud. L'air de la salle se refroidit au contact de ces tuyaux. Dans ces installations il faut prendre des précautions spéciales pour éviter les dépôts de givre qui nuisent beaucoup à la transmission du froid.

Parmi les applications de la production artificielle du froid, mentionnons aussi la congélation des cadavres. Chacun sait que la Morgue de Paris possède un excellent appareil frigorifique qui fonctionne avec pleine satisfaction depuis plusieurs années sans interruption.

Au point de vue industriel, la fabrication de la glace, particulièrement dans les pays chauds, constitue l'une des applications les plus importantes des machines frigorifiques. On produit actuellement à volonté la glace transparente ou la glace opaque. Il suffit, pour obtenir de la glace transparente, d'employer de l'eau qui ne contienne pas d'air en dissolution. On la soumet donc à une distillation préalable; d'autres fois on emploie simplement l'eau de condensation des machines à vapeur.

§ 2. Purification des produits chimiques

La purification des produits chimiques et pharmaceutiques par cristallisation à basse température est peut-être l'application la plus originale de la production du froid. Il est intéressant, à ce propos, de dire quelques mots d'une installation de laboratoires créés à Berlin pour l'étude des applications du froid. Ces laboratoires de recherches sont placés sous la direction scientifique de M. le P' Raoul Pictet, le savant bien connu dont le nom restera associé à celui de M. Cailletet pour ses travaux fondamentaux sur la liquéfaction des gaz.

Le refroidissement des appareils d'expériences est obtenu par l'évaporation de liquides volatils ou de gaz liquéfiés. La machine frigorifique, qui permet d'obtenir et de régler la température, se compose en réalité de trois machines frigorifiques formant trois cycles distincts. Ces machines nécessitent l'emploi de pompes de compression puissantes qu'on n'a généralement pas à disposition dans les laboratoires scientifiques et qui font, de l'installation de M. Pictet, un laboratoire de premier ordre pour l'étude des basses températures.

Les frigorifères de ces trois cycles de machines peuvent être placés les uns dans les autres et se servir mutuellement d'enceinte : le frigorifère du premier cycle servant d'enceinte à celui du second ; celui du second cycle à celui du troisième. De cette façon il est possible de maintenir pendant des semaines au sein du troisième frigorifère un froid pouvant descendre jusqu'à — 200° degrés environ [1].

Pour ces trois cycles M. Pictet emploie 1° le mélange d'anhydride carbonique et d'anhydride sulfureux ; 2° le protoxyde d'azote liquéfié ; 3° l'air atmosphérique. Le fonctionnement du troisième cycle est intermittent ; mais on peut obtenir, toutes les demi-heures plus de 500 grammes d'air liquide qui se vaporise dans le troisième frigorifère. Ces installations fonctionnent depuis quelque temps déjà d'une façon régulière. Elles fournissent à un grand nombre de cliniques médicales un chloroforme très pur, obtenu en faisant cristalliser le chloroforme entre — 80 et — 100 degrés. Ce produit est d'une pureté si parfaite que sa densité à 15 degrés, prise sur six échantillons différents, n'a varié que de 1,5000 à 1,5004 (HELBINGS *Pharmacological Record*, N° V, March 1892). Il bout à + 61°,1 sous la pression normale, sans laisser de résidus

susceptibles d'être pesés. En outre, l'inaltérabilité de ce chloroforme serait plus grande.

Il est intéressant de relater ici les expériences entreprises sur les animaux par M. le D' du Bois-Reymond pour rechercher l'action physiologique du chloroforme chimiquement pur. M. le D' du Bois-Reymond a comparé, dans ce but, l'effet de ce chloroforme et des résidus de la cristallisation préalablement soumis à une distillation et renfermant, par conséquent, à l'état concentré, les impuretés du chloroforme ordinaire. Il résulte des expériences faites sur les grenouilles et les lapins que, dans les narcoses produites par inhalation, le ralentissement des battements du cœur est plus grand avec les résidus qu'avec le chloroforme pur. En outre, l'aspiration des résidus entraîne l'arrêt de la respiration dans un temps beaucoup plus court que le chloroforme pur. Il ressort de l'ensemble de ces résultats que les impuretés non cristallisables à basse température renferment un principe dangereux plus actif que le chloroforme pur, et l'on comprend l'importance que peut avoir la purification de ce produit par voie frigorifique.

Ce mode de préparation du chloroforme médicinal est, croyons-nous, la première application de la purification par cristallisation aux basses températures. Il est à présumer qu'elle ne sera pas la seule. Jusqu'à présent on n'avait pas les moyens d'étudier sur une aussi grande échelle les applications du froid. C'est à grand'peine que l'on expérimentait dans les laboratoires et toujours dans des enceintes de capacité très réduite. La préparation de quelques centimètres cubes d'air liquide était déjà considérée à juste titre comme une fort belle expérience. Les moyens mis en œuvre dans le laboratoire de M. Pictet dépassent, par leur puissance, tout ce qui s'est fait jusqu'à présent dans cet ordre d'idées. On peut donc espérer qu'ils seront féconds en résultats utiles concernant les applications des très basses températures.

C.-E. Guye,
Docteur ès-sciences.

REVUE ANNUELLE DE GÉOLOGIE

I. — Plateau central

Bien que le plateau central de la France ait été l'objet d'un grand nombre de travaux, certaines parties de cette vaste région naturelle sont encore

peu connues ; l'étude de M. Boule sur le Velay [1] vient combler une des plus importantes lacunes.

La région étudiée comprend une grande partie du département de la Haute-Loire (moins l'arrondissement de Brioude) et une faible portion des

---

[1] Pour plus de détails, voir : *Verhandlung der physikalischen Gesellschaft zur Berlin*, 1891.

[1] *Bull. des services de la carte géol. de la France et des topogr. souterraines, t. IV.*

départements de la Lozère et de l'Ardèche ; elle renferme les montagnes de la Margeride, la chaîne du Velay et le versant occidental des monts du Vivarais. Les terrains les plus anciens sont formés par des schistes cristallins (gneiss et micaschistes), qui ont été métamorphisés de très bonne heure par des épanchements formidables de roches éruptives acides (granite et granulite). Ils ont subi en même temps des actions mécaniques intenses.

Vers l'époque carbonifère probablement, sont sortis des porphyres et des roches analogues aux andésites et aux labradorites récentes ; il est probable que de véritables volcans existaient déjà, bien que les érosions n'aient pas laissé de traces des appareils de projection ou des coulées. Au même moment devait se former une chaîne de montagnes assez élevée.

L'œuvre des temps secondaires est difficile à apprécier ; il semble qu'elle a dû consister dans l'abrasion de la chaîne antérieurement formée, par les phénomènes atmosphériques.

Pendant la durée de l'Éocène, les oscillations ont dû se produire ; c'est à l'une d'elles qu'il faut attribuer la formation temporaire, dans le bassin du Puy, d'un lac où se sont déposées les arkoses. qui paraissent bien remonter à cette époque.

Le début de l'Oligocène est marqué par un mouvement très important qui a permis l'établissement dans le Velay, comme en Auvergne, de nombreux lacs d'eau douce, parfois transformés temporairement en véritables lagunes remplies d'eau saumâtre. Mais les incursions de la mer cessèrent bientôt, d'abord dans le bassin du Puy, ensuite dans ceux de Montbrison et de Roanne ; c'est alors que se déposèrent les marnes de Ronzon avec leur faune remarquable de mammifères : elles appartiennent au Tongrien et peut-être aussi à l'Aquitanien.

Pendant le Miocène (supérieur, probablement) un large cours d'eau ou un lac se trouvait sur l'emplacement du massif actuel du Mézène, ainsi que l'attestent les dépôts de sables quartzeux que l'on rencontre en différents points. De grands mouvements du sol ont alors transformé complètement le Plateau central : les plissements alpins, bien qu'ils aient été gênés dans leur développement par la présence de massifs granitiques, se sont fait sentir jusque dans le Velay en produisant une série d'anticlinaux et de synclinaux à grands rayons de courbure. Toutefois le relief résultant de ces phénomènes n'était pas considérable : la différence entre les points les plus élevés et les plus bas de la région ne devait pas dépasser 500 mètres, alors que, par suite de l'entassement des éruptions volcaniques et le creusement de vallées profondes, cette différence atteint actuellement 1200 mètres.

C'est alors que l'activité volcanique commença à se manifester, ainsi qu'en témoignent les coulées de basalte du Mézène et du Mégal ; elle s'est continuée pendant toute la durée du Pliocène et une grande partie du Pléistocène, mais en se déplaçant progressivement de l'est vers l'ouest.

Pendant le Pliocène inférieur, les éruptions ont été nombreuses et abondantes ; elles ont produit d'abord quelques masses trachytiques, puis d'énormes coulées plus ou moins basiques, andésites augitiques, labradorites augitiques, basaltes compacts et basaltes porphyroïdes ; puis, vers la fin du Pliocène moyen, une nouvelle poussée acide a eu lieu, caractérisée par des épanchements phonolithiques formidables, suivis d'une dernière éruption basaltique.

Les volcans du Mézène et du Mégal étaient à peu près éteints quand ceux des environs du Puy et de la chaîne du Velay entrèrent en activité ; de nombreux cratères s'établirent, dès le Pliocène moyen, et donnèrent naissance à des coulées de basaltes, en même temps qu'ils projetèrent des lapilli et des cendres qui formèrent les brèches limburgitiques.

Les éruptions du Pliocène moyen ne furent que le prélude de la poussée basaltique du Pliocène supérieur ; c'est à ce moment que se place la grande période éruptive du Velay. Les bouches volcaniques s'ouvrent par centaines, formant une traînée de plus de 40 kilomètres de longueur et font disparaître tous les terrains antérieurs sous une couverture de lave de plus de 100 mètres d'épaisseur. Ces coulées ne purent obstruer le cours de l'Allier, dont la vallée était très profonde, mais, du côté de la vallée de la Loire, elles nivelèrent l'ancien sol et en firent un vaste plateau dans lequel les cours d'eau durent recommencer à creuser leur lit.

Au début du Pléistocène, le creusement de la vallée de la Loire et de ses affluents était à peu près terminé aux environs du Puy ; la faune à *Elephas meridionalis, Rhinoceros tichorinus, Ursus spelæus*, se trouve, en effet, dans des dépôts situés au niveau actuel des cours d'eau. L'homme semble avoir fait son apparition dès cette époque et avoir eu le spectacle des dernières convulsions volcaniques du Velay, car on a découvert quelques ossements humains au milieu des tufs et des scories volcaniques de la montagne de Denise.

II. — Bassin de Brive

De l'autre côté du Plateau central, M. Mouret [1] a fait connaître l'allure et l'étendue des dépôts

---

[1] Bassin houiller et permien de Brive (*Etude des gîtes minéraux de la France*).

·houillers et permiens qui avoisinent la ville de Brive. Les bassins houillers du Plateau central peuvent être divisés en deux catégories : les uns occupent l'intérieur même du Plateau et sont généralement considérés comme des remplissages de lacs isolés ; les autres sont des bassins littoraux distribués sur le pourtour actuel du massif cristallin. C'est à cette dernière catégorie qu'appartient celui de Brive.

Le bassin de Brive est un des bassins permiens les plus étendus de la région du Midi ; on y observe facilement le passage graduel du Houiller au Permien, déjà signalé dans le bassin de la Sarre. Les dépôts permiens affleurent sur un espace étendu, en forme de lance, constituant la région connue sous le nom de bas Limousin, et présentent une orientation générale semblable à celle des plissements du massif cristallin, c'est-à-dire du nord-ouest au sud-est.

Voici la succession des couches admise par M. Mouret :

Grès rouges supérieurs
{ 7. Grès de la Ramière.
6. Grès de Meyssac.
5. Grès de Grammont.
4. Grès et argiles rouges de Brive.

Couches à Walchia et à Poissons
{ 3. Grès à Walchia.
2. Calcaire de Saint-Antoine.

Permo-Houiller....... 1. Grès rouges inférieurs et grès houillers.

La première zone correspond, d'après la flore qui a été recueillie à sa base, aux couches les plus élevées du terrain houiller supérieur, à l'étage des Calamodendrées de M. Grand'Eury ; toutefois, il existe, dans la masse des grès, quelques niveaux renfermant, avec des espèces houillères, d'autres réputées permiennes, de sorte que l'ensemble peut être considéré comme une couche de passage du Houiller au Permien.

Les grès à Walchia et les calcaires qui s'y rattachent, représentent la base du Permien proprement dit, comme la flore le démontre sans doute possible.

Quant aux grès rouges de Brive, ils correspondraient au Rothliegende supérieur de l'Allemagne, le grès de la Ramière représentant peut-être le Zechstein.

Un trait saillant de tout l'ensemble, c'est la coloration rouge lie de vin, rougeâtre ou violacée, très particulière aux roches permiennes ; cette coloration résulte, pour l'auteur, d'un phénomène chimique qui s'est opéré dans le ciment de la roche, quelquefois postérieurement au dépôt, mais le plus souvent au moment même, sous l'action des matières ferrugineuses carbonatées tenues en dissolution dans les eaux ; l'origine de cette coloration serait donc hydrothermale.

Après avoir ensuite comparé le bassin de Brive avec les autres bassins du Plateau central, l'auteur tire de son étude quelques conclusions intéressantes :

1. Les couches les plus anciennes, postérieures aux grands mouvements du Plateau central, sont des grès appartenant à l'époque du Houiller supérieur.

2. Les grès houillers plus récents se sont déposés en transgression sur les premiers.

3. Les couches à Walchia du Sud correspondent au niveau des schistes d'Autun, mais n'en représentent peut-être que la partie moyenne.

4. Il y a eu, pendant le dépôt des grès houillers et permiens, des mouvements du terrain ou des eaux ; ces mouvements se sont traduits par des transgressions de chaque étage sur le précédent.

5. Il y a eu, après le dépôt des derniers grès permiens, de grands mouvements qui ont occasionné des plissements plus ou moins marqués des terrains dans la région du nord-est et de l'est, et qui ont produit des failles ou de simples affaissements à l'ouest et au sud-est.

6. Les éruptions de roches contemporaines des grès houillers récents et des grès permiens se sont localisées dans le sud, surtout aux environs de Figeac ; elles sont peu importantes, si on les compare aux éruptions du même âge des Vosges et de l'Allemagne.

III. — ALPES FRANÇAISES

La géologie des Alpes françaises avait été très délaissée jusqu'à ces derniers temps : mais plusieurs habiles explorateurs ont entrepris la tâche difficile d'étudier cette région si tourmentée et chaque année nous apporte maintenant des travaux importants sur cette partie de notre territoire ; nous en signalerons deux dans cette revue.

Le premier est dû à M. Termier [1] et a trait au massif de la Vanoise, situé en Savoie, et parfaitement limité de tous côtés par de profondes coupures. Il est constitué par les terrains suivants : Schistes lustrés, Houiller, Permien, Trias.

Les Schistes lustrés étaient attribués par Lory au Trias supérieur ; mais, depuis un certain nombre d'années, les géologues italiens, notamment MM. Zaccagna et Mattirolo, protestaient contre cette assimilation. Les études récentes de MM. Bertrand, Potier et Kilian ont fait abandonner définitivement les idées de Lory : les Schistes lustrés sont archéens ou au moins antéhouillers. Ils se distinguent aisément des autres terrains de la région : ce sont en général des schistes à la fois

[1] Bull. des services de la carte géologique de la France et des topographies souterraines, t. II.

phylliteux, quartzeux et calcaires, gris ou noirs, très fissiles, renfermant beaucoup de quartz blanc.

Le terrain houiller (grès à anthracite) n'avait pas encore été signalé, bien qu'il renferme quelques veinules de combustible que l'on a vainement tenté d'exploiter; il affleure dans la haute vallée du Doron sous la forme d'un anticlinal étroit, entouré de tous côtés par les schistes métamorphiques du Permien.

La limite du Houiller et du Permien est absolument arbitraire; il y a passage graduel et insensible des phyllades gris ou noirs du Houiller aux phyllades du Permien verts ou violets, parfois faiblement feldspathisés et contenant des minéraux (tourmaline, chlorite, sphène, rutile).

Le Permien comprend par suite les phyllades à chlorite et séricite qui séparent, dans la région de la Vanoise, les schistes houillers à anthracite des quartzites du Trias; il fant y comprendre également les phyllades réputés primitifs de Champagny et d'Entre-deux-Eaux.

Quant au Trias, il peut être divisé ainsi de bas en haut :

1. Quartzites blancs, alternant parfois avec des schistes sériciteux blancs ou vert clair; 2. marbres chloriteux, plus souvent sériciteux, alternant avec des schistes noirs, des cargueules, des gypses, un calcaire magnésien, etc; 3. calcaires de la Vanoise, ordinairement grisâtres, plus rarement blancs ou noirs, toujours un peu siliceux et magnésiens; 4. cargneules supérieures apparaissant seulement dans la vallée de l'Arc.

En l'absence de fossiles, on ne peut faire que des conjectures sur l'assimilation précise de ces couches avec les niveaux généralement reconnus; il semble toutefois probable que la première assise représente le Grès bigarré, la deuxième le Muschelkalk inférieur, la troisième le Muschelkalk supérieur et une partie du Keuper, la quatrième le reste du Keuper.

Une grande partie de ces couches étaient rapportées par Lory au Jurassique.

Tous les terrains du massif de la Vanoise sont profondément métamorphisés. D'après M. Termier, la cause de ce métamorphisme doit être cherchée non dans une venue hydrothermale, mais dans la chaleur produite par l'intensité des mouvements orogéniques.

La structure du massif a été étudiée avec soin; il est caractérisé par la rareté des failles et la fréquence des plis, souvent très aigus et même renversés. Nous citerons les lambeaux de recouvrement de Laisse-Dessus et de la crête de la Sana, où les Schistes lustrés reposent horizontalement sur diverses assises du Trias.

IV. — CHAINES SUBALPINES

Le deuxième travail relatif aux Alpes françaises a servi de thèse de doctorat à M. Haug; il traite de la géologie des chaines subalpines situées entre Gap et Digne [1].

L'auteur décrit d'abord les divers terrains rencontrés; il passe rapidement sur les Schistes à séricite et le Houiller, puis arrive au Trias, qui présente ses trois divisions bien nettes, quoique le Muschelkalk soit très réduit et totalement dépourvu de fossiles.

Le Jurassique est très développé; l'Infralias, le Lias, comprennent un grand nombre de divisions, connues pour la plupart antérieurement. Le groupe oolithique moyen, au contraire, n'avait pas été étudié en détails; il se divise, d'après M. H. Haug, de la façon suivante :

Bajocien. 1. Zone à *Harpoceras Murchisonæ*; 2. Zone à *Harpoceras concavum*; 3. Zone à *Sphaeroceras Sauzei*; 4. Zone à *Sonninia Romani*; 5. Zone à *Cosmoceras subfurcatum*.

Bathonien. 1. Zone à *Oppelia fusca*; 2. Zone à *Oppelia aspidoides*.

La série des zones paléontologiques reconnues en Souabe, dans le bassin de Paris et en Angleterre a pu, comme on le voit, être retrouvée dans les Basses-Alpes; c'est à peine si la présence des genres *Lytoceras* et *Phylloceras* imprime aux assises bajociennes et bathoniennes des Basses-Alpes un cachet particulier.

Le Callovien et l'Oxfordien montrent aussi de nombreuses subdivisions dans quelques localités privilégiées; M. Haug a pu distinguer : 1. la zone à *Macrocephalites macrocephalus*; 2. la zone à *Reineckeia anceps*; 3. la zone à *Peltoceras athleta*; 4. la zone à *Aspidoceras perarmatum*; 5. la zone à *Peltoceras transversarium*; 6. la zone à *Peltoceras bimammatum*.

Le Kimméridgien comprend : 1. Zone à *Oppelia tenuilobata* et à *Perisphinctes polyplocus*; 2. Zone à *Waagenia Beckeri* et à *Reineckeia pseudo-mutabilis*, et enfin le Portlandien termine le Jurassique avec les zones à *Perisphinctes geron*, à *Perisphinctes transitorius* et à *Hoplites Boissieri*.

Les dislocations subies par cette région sont intéressantes. Les plis simples sont assez fréquents; mais le trait dominant est l'existence de plis-failles, souvent difficiles à distinguer des failles ordinaires par suite des modifications considérables occasionnées par l'érosion.

Quant aux chevauchements horizontaux, ils sont abondants dans les chaines subalpines étudiées;

---

1. *Bull. des Services de la Carte Géol. de la France et des Topographies souterraines*, t. III.

nous dirons quelques mots de ceux de Bayons, d'Entraix et du vallon de Turriers.

Entre Bayons et Astoin, on voit un lambeau horizontal de Trias supérieur (Keuper) reposer sur les couches liasiques, bajociennes, bathoniennes et calloviennes, inclinées d'environ 45° ; il y a là un bel exemple de recouvrement s'étendant sur plusieurs kilomètres.

A Entraix, on voit également du Trias (Grès bigarré et Keuper) recouvrir les diverses assises jurassiques, en conservant une position presque horizontale. Enfin à Turriers, la situation de deux petits affleurements de Lias inférieur sur le Bathonien ne peut être expliquée que par une poussée horizontale.

Les failles verticales et rectilignes n'ont qu'une faible importance ; par contre, les failles périphériques délimitant des bassins d'affaissement, forment un des traits caractéristiques de la région. Les trois principaux champs d'affaissement sont ceux de Turriers-Faucon (Oolithique moyen et Tertiaire entourés par le Lias), d'Esclangon (Jurassique moyen et supérieur, Crétacé et Tertiaire, entourés de Trias et de Lias) et de Thoard-Champtercier (bassin tertiaire, limité au nord et à l'est par un réseau de failles périphériques qui déterminent la présence, entre la Mollasse marine affaissée et le massif liasique surélevé, d'une bande de terrains divers très disloqués.)

V. — Grès Armoricain

La position du *Grès armoricain* dans la série silurienne générale donnait lieu à des interprétations diverses ; si, en effet, la succession des couches en Bretagne est bien certaine, l'absence de fossiles au-dessous de l'assise en question laissait place à quelques doutes. On savait seulement que le Grès armoricain était plus ancien que les Schistes d'Angers, représentant d'une partie de la faune seconde.

M. Barrois [1] a cherché à élucider cette question par l'étude de la faune recueillie dans le Grès armoricain du centre de la Bretagne. La présence de Trilobites du genre *Ogygia*, de Céphalopodes et de nombreux Lamellibranches prouve que ce niveau ne peut correspondre à la faune primordiale, mais doit être compris dans la faune seconde, au-dessous de la zone de Llandeilo, qui est représentée en France par les Schistes d'Angers.

Si l'on cherche à préciser davantage, on s'aperçoit que les Lamellibranches ne peuvent mener à une solution, les genres qui se trouvent réunis dans le Grès armoricain ayant apparu successive-

ment en Bohème dans les diverses zones .de la faune seconde. Il semble toutefois, d'après la comparaison de la faune du Grès armoricain avec celle des diverses régions siluriennes, que cet étage ne peut pas correspondre au début de la faune seconde : les Lamellibranches y sont trop évolués. Il représente la base des couches de Llandeilo (Arenig) et non les couches de Tremadoc ; on ne peut assimiler les Grès armoricains aux Lingula Flags de la Grande-Bretagne, malgré l'identité des Bilobites et des Scolithes que l'on rencontre de part et d'autre.

VI. — Distribution des Graptolithes

M. Barrois [1] s'est occupé également de la distribution des Graptolithes dans les couches siluriennes de la France. Depuis la découverte de ces petits fossiles en Normandie par Deslongchamps vers 1830, des gisements nombreux ont été signalés, mais les résultats acquis par les divers observateurs réclamaient une coordination qui permît de tirer des faits connus des déductions générales. C'est ce que vient de faire M. Barrois. Cette étude était d'autant plus désirable que l'absence, dans le Silurien supérieur français, des fossiles considérés comme caractéristiques des zones, a rendu impossible jusqu'à ce jour la subdivision de ce vaste ensemble. Les Graptolithes sont limités, en France, à certains horizons, généralement minces, du système silurien ; ils s'y trouvent alors réunis en grand nombre, couvrant de leurs débris accumulés et entre-croisés les bancs rocheux sur d'immenses surfaces ; ils sont le plus souvent enfermés dans des schistes noirs, fins, tendres, généralement alumino-pyriteux, ampéliteux, et remarquables par l'absence de grains de quartz clastiques et d'autres dépôts terrigènes. Ces animaux se distinguent à la fois, entre tous les groupes de fossiles paléozoïques, par leur extension verticale très restreinte et par leur vaste dissémination horizontale. Les niveaux successifs, caractérisés par une ou plusieurs espèces sont, en Angleterre, au nombre de vingt, d'après M. Lapworth ; en France, on est bien loin d'avoir reconnu un pareil nombre de zones, mais il est possible d'assimiler les gisements graptolithiques français aux divisions de premier ordre admises par le géologue anglais et qui sont toutes représentées chez nous, sauf la plus ancienne (Tremadoc). Le niveau de l'Arenig correspond aux schistes à *Didymograptus* de Boutoury (Languedoc) et aux schistes de Huy, Statte et Sart-Bernard, dans les Ardennes. Le Llandeilo comprend les schistes à *Asaphus Four-*

---

[1] *Ann. Soc. Géol. du Nord*, t. XIX, p. 134.

[1] *Ann. Soc. Géol. du Nord*, t. XX.

neti du Languedoc et les schistes de Sion de la Bretagne, tandis que le Caradoc est représenté par les schistes noirs de Gembloux et les grès de Saint-Germain-sur-Ille. Llandovery correspond aux schistes grisâtres de Grandmanil (Ardennes) et aux phtanites de l'Anjou ; Tarannon aux schistes à *Monograptus crassus, Becki, comerinus* des Pyrénées, aux psammites de Grandmanil (Ardennes), et aux ampélites de Poligné (Bretagne). Le Wenlock est représenté, dans le Languedoc, par les schistes et calcaires ampéliteux à *Cardiola interrupta*, dans les Pyrénées par les schistes et calcaires à *Cyrt. Murchisoni*, et *Cardiola interrupta*, dans les Ardennes par les schistes gris bleuâtre de Grandmanil, Naninne, en Normandie par les schistes ampéliteux de Domfront, en Bretagne par les schistes ampéliteux de la Ménardais, Andouillé. Enfin la seule assise assimilable au Ludlow est celle des schistes de Malonne et Caffiers dans les Ardennes.

VII. — QUATERNAIRE

Les géologues anglais s'occupent beaucoup de l'étude du Quaternaire ; bien qu'ils ne soient pas encore parvenus à s'entendre sur l'origine des divers dépôts qui le constituent, ni sur le nombre des périodes glaciaires, il nous paraît intéressant de rappeler les opinions émises récemment sur ces sujets par les principaux d'entre eux.

M. Bulman [1] se demande si le Boulder Clay (argile à cailloux) a été formé sous la glace ; il constate que rien de semblable à ce dépôt ne se voit dans les Alpes aux points récemment abandonnés par les glaciers. Dans les régions polaires il semble bien en être de même, si l'on s'en rapporte aux observations de M. Nordenskiöld au Groënland ; ce voyageur décrit, en effet, les territoires récemment abandonnés par la glace comme constitués par des éminences arrondies de gneiss avec quelques blocs erratiques, mais sans aucune trace de moraines. Quant aux bancs d'argile de ce pays, ils pourraient quelquefois provenir des rivières descendant des glaciers, mais en général ils se sont déposés au dessous du niveau de la mer. Rien dans les descriptions de ce voyageur ne ressemble au Boulder Clay.

Après avoir rappelé les résultats des études sur les glaciers de l'Amérique du Nord, l'auteur déclare que les argiles, dites Boulder Clay, ont problablement plusieurs origines ; les dépôts les plus importants doivent s'être formés soit dans la mer, soit dans des lacs, soit même dans une vallée occupée par un glacier, mais il est très peu probable qu'ils se soient formés sous la glace.

[1] *Geol. Mag.*, t. IX, p. 305.

VIII. — DÉPÔTS GLACIAIRES

M. Mellard Reade [1] s'occupe depuis plus de vingt ans de l'étude des dépôts glaciaires des environs de Liverpool. Lorsqu'il a commencé ses recherches, on croyait généralement qu'il existait deux assises de Boulder Clay, séparées par des sables et graviers, dits interglaciaires ; mais il n'a jamais admis cette classification, et il considère tout l'ensemble comme calciaire de bas en haut.

Deux théories principales sont en présence pour expliquer l'origine de ces dépôts caillouteux : la théorie de la glace terrestre et la théorie glacio-marine.

Dans la première hypothèse, au moment de la formation de ces terrains, les niveaux relatifs de la terre et de la mer étaient les mêmes qu'actuellement, et un vaste manteau de glace, descendant du nord sur la mer d'Irlande, creusait les dépôts existant préalablement au fond de la mer et les poussait devant lui ou les entraînait, pris dans la glace de fond, pour les abandonner au moment où celle-ci venait à fondre. De nombreuses objections peuvent être faites à cette hypothèse ; l'une des principales est qu'il faut supposer l'existence dans la mer d'Irlande de dépôts préglaciaires dont on n'a jamais vu de traces. En outre, il est impossible d'expliquer, d'après cette théorie, la distribution des blocs et caillloux erratiques, telle qu'elle a été constatée, ni leur présence à toutes les altitudes depuis le niveau de la mer jusqu'à 1400 pieds au dessus de celle-ci dans le pays de Galles. Enfin on a trouvé, dans le drift du Shropshire, de nombreux caillloux de silex ainsi que des fossiles du Lias, du Gault et de la Craie ; tous ces débris ne peuvent pas être venus du nord, mais seulement du sud ou de l'est.

L'hypothèse de la glace terrestre ne pouvant expliquer nombre de phénomènes bien constatés, il faut revenir à la vieille idée de la submersion, c'est-à-dire à la théorie glacio-marine, qui donne une explication beaucoup plus simple et plus raisonnable de la formation du *drift*. La dispersion des blocs et des caillloux, la présence de coquilles marines, l'état arrondi des grains de quartz, tout cela cadre très bien avec l'idée d'un dépôt marin glaciaire.

Plusieurs objections ont pourtant été faites à cette théorie ; ses adversaires disent que les dépôts élevés devraient être beaucoup plus abondants qu'ils ne le sont en réalité ; mais il est à remarquer que la rareté des carrières ou autres excavations sur les hauteurs empêche d'y constater l'existence du drift aussi facilement que dans les vallées.

[1] *Geol. Mag.*, t. IX, p. 310.

Les mêmes géologues déclarent que les diverses espèces de mollusques trouvées réunies dans le drift ont des habitats très différents et n'ont certainement pas vécu ensemble. M. Mellard Reade répond à cette objection que, sur les plages actuelles, on peut recueillir en un même point, ramassées par les vagues et les courants, des coquilles qui ont vécu à des profondeurs très diverses.

Pour l'auteur, il est évident, malgré les arguments mis en avant par ses contradicteurs, que les dépôts glaciaires de l'Angleterre ont une origine glacio-marine.

IX. — LES GRAVIERS AU SUD DE LA TAMISE

M. H. W. Monckton [1] a étudié les graviers qui se voient au sud de la Tamise, entre Guilford et Newbury ; il pense que ces dépôts se sont formés peu de temps après que la région s'est élevée pour la dernière fois au-dessus de la mer. La dénudation a commencé aussitôt, les vallées se sont creusées et les graviers s'y sont répandus ; peu à peu les flancs des vallées ont été détruits par l'érosion, tandis que les parties recouvertes par le gravier, protégées par lui, offraient plus de résistance et finissaient par former une colline. Le gravier lui-même était alors attaqué et transporté par degrés à des niveaux plus bas, où il était de nouveau étendu à la surface du sol, et, reprenant son rôle protecteur, amenait la formation de nouvelles terrasses ou de plateaux moins élevés. Le même phénomène se serait reproduit à plusieurs reprises, donnant ainsi naissance aux divers niveaux de graviers que l'on peut constater actuellement.

Bien que cette hypothèse semble avoir été assez généralement acceptée par les géologues anglais présents à la séance dans laquelle elle a été exposée, elle nous semble bien compliquée et bien peu naturelle.

X. — LE RUBBLE DRIFT

Pour M. Prestwich [2], en dehors du drift d'âge glaciaire ou post-glaciaire, d'origine subaérienne, marine ou fluviatile, il existe une autre sorte de drift qui n'est dû à aucune des causes indiquées ci-dessus. Ce terrain, qu'il nomme Rubble drift, est très répandu en Angleterre et présente souvent des caractères très voisins de ceux des Graviers des vallées ou de ceux dus à l'action glaciaire ou subaérienne ; il recouvre fréquemment les plages soulevées, mais se trouve aussi dans des gisements indépendants de ces dernières. Cette formation a été reconnue en un grand nombre de points

[1] *Quarterly Journal Geol. Soc.*, t. XLVIII, p. 23.
[2] *Quarterly Journal Geol. Soc.*, t. XLVIII, p. 263.

de la côte anglaise, depuis l'embouchure de la Tamise jusqu'à la pointe de Saint-Davids dans le pays de Galles ; de plus, elle a été rencontrée en des localités fort éloignées de la mer, notamment entre Oxford et Reading.

On peut fixer l'âge de ces dépôts d'après celui des plages soulevées qu'ils recouvrent ; celles-ci sont contemporaines des drifts les plus bas des vallées et appartiennent à l'une des dernières phases de la période post-glaciaire, ou plutôt de la dernière période glaciaire : le Rubble drift est donc la dernière manifestation des phénomènes quaternaires.

De nombreux géologues ont tenté d'expliquer l'origine du Rubble drift : Mantell, De la Beche, Godwin-Austen, Murchison, Dixon, Lyell, Pengelly, Tylor, Wood, Ussher, Cl. Reid, ont proposé des hypothèses diverses qui peuvent se ramener à cinq. Le Rubble drift serait dû :

1. Au lavage des débris de surface des anciennes falaises par des pluies extrêmement abondantes, ayant eu lieu pendant une période de grand froid causé soit par le soulèvement de la terre, soit par le voisinage des glaces ;

2. A l'action de la glace et de la neige glissant sur les pentes des collines, aidée par les courants d'eau résultant de la fonte de la neige et de la glace ;

3. A une vague de translation ou à un cataclysme causé par des tremblements de terre ;

4. A une action fluviatile et torrentielle, secondée par les glaces flottantes, pendant une période de grand froid ;

5. A une action subaérienne.

La première hypothèse est inadmissible, car le Rubble drift ne se présente pas avec la forme caractéristique en éventail des cônes de déjection, et n'est pas en rapport avec les dépressions du sol que l'eau aurait dû suivre de préférence. De plus, les débris qui constituent ce dépôt ne sont nullement roulés, ce qui serait impossible à comprendre, s'ils avaient été amenés par des torrents.

La deuxième explication paraît au premier abord plus vraisemblable ; pourtant elle ne permet pas de comprendre certains faits, tels que l'éloignement de la falaise, comme à Godrevy, le peu d'étendue des régions qui ont joué le rôle de centres de dispersion, et la faible inclinaison des pentes.

Quant à la troisième théorie, moins que plus séduisante que les autres, elle ne met pas en jeu une force suffisante pour expliquer l'effet produit.

Enfin l'hypothèse de l'action fluviatile, proposée par Lyell et Cl. Reid, ne montre pas plus que la première, pourquoi les dépôts se sont formés devant les parties élevées des falaises et non à l'embouchure des vallées.

Aucune des explications proposées ne rendant compte des faits constatés : état anguleux et petitesse des débris constituants les plus durs, — provenance des matériaux des terrains élevés situés derrière les plages soulevées, — absence de coquilles marines et fluviatiles, — présence en certains points d'ossements de mammifères et de coquilles terrestres, — absence de stratification régulière, — M. Prestwich est amené à proposer une hypothèse toute différente.

Immédiatement après le dépôt du drift des bas niveaux des vallées, un affaissement considérable (d'au moins mille pieds) s'est produit dans le sud de l'Angleterre qui s'est trouvé recouvert complétement par les eaux de la mer. Cet état n'a eu qu'une durée fort courte, et bientôt un phénomène inverse s'est fait sentir : une série de mouvements d'exhaussement, d'intensité variable, a occasionné des courants qui ont entraîné les débris qui forment actuellement le Rubble drift; le plus ou moins de grosseur des éléments qui composent chaque lit dépend de la force plus ou moins grande du courant au moment de son dépôt. Ce mouvement d'émersion a eu lieu à une époque très rapprochée, puisqu'il n'existe aucun dépôt entre le Rubble drift et les alluvions récentes des rivières.

Malgré l'abondance d'arguments mis en avant par M. Prestwich et dont nous n'avons reproduit qu'une partie, malgré l'énergie de sa conviction, il nous paraît qu'il ne faudrait pas trop abuser de ces hypothèses de soulèvements et d'affaissements successifs, lorsqu'ils ne sont pas démontrés péremptoirement. Or, dans le cas présent, nous ne voyons nullement la nécessité de faire intervenir l'action des eaux de la mer dans la formation de dépôts qui ne renferment aucun débris marin, mais seulement des fossiles terrestres.

XI. — La géologie en Russie

Jusqu'à ces dernières années, la géologie de la Russie avait été fort négligée; c'est à peine si un voyageur, venu de l'Europe occidentale, publiait de temps à autre le récit d'un voyage plus ou moins rapide. Aujourd'hui il n'en est plus de même; les géologues russes, sans être encore aussi nombreux que le réclamerait leur immense territoire, se sont mis à l'œuvre avec ardeur, et il ne se passe pas d'année où ils ne publient quelque travail important. Nous appellerons l'attention sur celui que vient de faire paraître M. Pavlow, avec la collaboration partielle de M. Lamplugh [1].

Frappé du peu de concordance qui semblait exister entre les couches secondaires de la Russie et celles de l'Europe occidentale, M. Pavlow a pensé

[1]. *Bull. de la Soc. imp. Naturalistes de Moscou*, 1891 (1892).

que l'étude des gisements et des collections d'Angleterre et de France lui permettrait très probablement d'arriver à des résultats plus précis ; il a donc visité les localités classiques de nos régions et s'est livré à une étude comparative minutieuse des fossiles recueillis, en particulier des Bélemnites et des Ammonites. L'auteur s'est attaché spécialement dans son dernier travail à fixer dans les divers pays de l'Europe les équivalents des couches connues en Angleterre sous le nom d'argiles de Speeton et qui ont été étudiées dans ces dernières années avec un soin tout particulier; il est remarquable de constater que ce sont les couches de la Russie orientale, qui, malgré leur éloignement, ont le plus de rapports avec celles de l'Angleterre.

Au-dessus du Gault de la région du Volga, on voit apparaître des argiles avec concrétions de calcaire marneux, contenant *Hoplites Deshayesi*, *Amaltheus bicurvatus* et de grands *Ancyloceras* : c'est l'Aptien bien caractérisé.

Ces couches reposent sur une puissante série d'argiles plus ou moins marneuses et gypsifères, présentant deux horizons fossilifères : l'un supérieur avec *Olcostephanus Decheni*, *O. discofalcatus*, *O. progrediens*, *O. umbonatus*; *O. speetonensis*, *Belemnites Jasikowi*; l'autre, inférieur à *Olcostephanus versicolor*, *O. inversus*, *Belemnites Jasikowi*. C'est le Néocomien supérieur et peut-être aussi le Néocomien moyen.

Jusque-là, la concordance avec la série de Speeton est absolue et les mêmes Céphalopodes se retrouvent dans le même ordre de succession. Plus bas il n'en est pas de même; l'horizon caractérisé à Speeton par *Hoplites regalis* et *Roubaudi*, *Astieria Astieri*, *Belemnites jaculum*, fait défaut en Russie. Mais la ressemblance recommence aussitôt après ; l'auteur vient en effet de découvrir à Syzran (gouvernement de Simbirsk), une zone de rognons phosphatés (Petchorien) avec *Olcostephanus Keyserlingi*, *Belemnites subquadratus*, *Bel. lateralis*, Aucelles, qui a son représentant exact à Speeton. C'est alors que commence l'étage supérieur de Rouillier avec *Olcostephanus Kaschpuricus*, *O. subditus*, *Belemnites lateralis B. russiensis*, Aucelles. Il repose sur des marnes, sables et schistes rapportés au Portlandien et contenant *Perisphinctes Boidini*, *P. Nikitini*, *P. virgatus*, *P. Pallasi*, *Belemnites mosquensis*, *B. absolutus*, Aucelles.

Cet étage recouvre lui-même le Kimméridgien, argiles schisteuses et marneuses à *Hoplites pseudomutabilis*, *H. eudoxus*, *Oppelia tenuilobata*, *Cardioceras alternans*. *Perisphinctes eumelus*, *Belemnites Panderi*, *B. magnificus*, Aucelles.

L'étage de Rouillier a un correspondant bien certain à Speeton; de même les couches kimméridgiennes y sont nettement représentées par des assises renfermant *Hoplites eudoxus, pseudomutabilis*, comme en Russie. Il en résulte que la zone si connue dans ce dernier pays sous le nom de couche à *Virgati*, et comprise entre le Kimmeridgien et l'étage de Rouillier, doit être rapportée au Coprolite Bed de l'Angleterre, lequel n'a jamais donné que des fossiles en mauvais état.

On trouve encore au-dessous, en Russie, l'Oxfordien et le Callovien supérieur avec *Cardioceras armatum*, *C. Goliathum*, *Aspidoceras perarmatum*, *Belemnites Panderi*, *B. breviaxis;* le Callovien moyen avec *Stephanoceras coronatum*, *Cosmoceras Jason*, *Belemnites Oweni*, *Bel. subextensus;* et le Callovien inférieur à *Cosmoceras Gowerianum*, *Cadoceras Elatmæ*, *C. surense*, *Cardioceras Chamousseti*.

M. Pavlow cherche ensuite à établir le parallélisme entre les couches jurassiques de la Russie et celles dites tithoniques du midi de la France. Sans parler de l'Aptien dont l'identité est reconnue depuis longtemps, on trouve deux zones qui peuvent être identifiées avec certitude, car elles renferment les mêmes fossiles dans les deux régions; l'une est le Néocomien à *Hoplites neocomiensis, Roubaudi, amblygonius, Astieria Astieri;* l'autre le Kimméridgien typique à *Hoplites eudoxus, pseudo-mutabilis*, on est amené à conclure, sans aucun doute possible, que les trois horizons compris en Russie entre ces deux limites : à savoir les couches à *Polyptychites Keyserlingi*, l'étage de Rouillier à *Olcostephanus Kaschpuricus* et *subditus* et les couches à Virgates sont synchroniques du Tithonique français, en y comprenant toutefois, en outre des trois zones généralement admises (*Hoplites Malbosi, Hoplites calisto, Perisphinctes geron*), l'horizon de l'*Oppelia lithographica*, rattachée ordinairement au Kimméridgien. Quant à la synchronisation précise de ces zones, elle est actuellement problématique, car elles ne renferment pas d'espèces communes aux deux pays.

Comme conclusion de ses études, M. Pavlow cherche à démontrer qu'il est impossible de séparer les différents étages du Tithonique, contrairement à l'opinion que M. Kilian cherche à faire prédominer; le géologue russe établit d'abord que le Tithonique (y compris la zone à *Oppelia lithographica*) est l'équivalent exact du Portlandien, avec le représentant lacustre de sa partie supérieure, le Purbeckien, puis il montre que l'un et l'autre forment, au point de vue de la faune, un ensemble bien homogène, qui ne pourrait sans inconvénient être réparti entre deux divisions de premier ordre. Si l'on ajoute à cet argument celui tiré de la priorité historique, il semble naturel de placer la limite du Jurassique et du Crétacé au-dessus du Berriasien et du Porlandien-Purbeckien, et de ne faire commencer le Crétacé que par le Néocomien inférieur à *Hoplites neocomiensis* et *Roubaudi*.

XII. — La géologie du Sahara

M. Rolland [1], qui s'occupe depuis de longues années de l'étude géologique du nord de l'Afrique, a cherché à résumer l'histoire du Sahara depuis les temps primaires.

L'Afrique semble être le plus ancien des continents; l'intérieur n'est constitué en effet que par des terrains antétriasiques, à l'exception des formations continentales. Les sédiments marins secondaires ne s'observent que sur le pourtour, le long des rivages actuels ou à proximité; ils n'y occupent d'ailleurs que des zones généralement étroites. De plus, si l'on excepte le massif tourmenté de l'Atlas, l'Afrique ne présente que des couches très régulières et généralement peu dérangées de leur position primitive.

En ce qui concerne plus particulièrement le Sahara, ce qui est connu indique qu'il a été recouvert, au moins en grande partie, par la mer dévonienne; mais, à la fin de cette époque, un mouvement d'émersion se produisit dans le Sahara central où le Carbonifère est à peine représenté; la mer carbonifère continuait toutefois à occuper le Sahara occidental et l'Atlas marocain. Ce dernier est resté submergé pendant les périodes permiennes et triasiques; mais, à partir de cette époque, l'émersion est devenue définitive à la fois pour l'Atlas marocain et pour le Sahara occidental et central, en exceptant toutefois pour ce dernier, la zone septentrionale qui s'est affaissée pendant le Crétacé. On trouve en effet dans tout le Sahara algérien et tripolitain des couches de la craie moyenne, reposant directement sur le Dévonien sans qu'il y ait de trace des terrains intermédiaires.

Quant au Sahara oriental, son histoire est plus controversée à cause de la présence des grès de Nubie dont l'âge est fort douteux. Si l'on admet qu'ils appartiennent au Permo-carbonifère, on est conduit pour cette région à des conclusions analogues aux précédentes : émersion vers la fin des temps paléozoïques et retour graduel de la mer crétacée dans le nord à partir du Cénomanien. Si, au contraire, on considère les grès de Nubie comme albiens, il en résulterait que la mer aurait envahi tout le Sahara oriental au début de la Craie moyenne pour se retirer fort peu de temps après.

Pendant tout le Crétacé moyen et supérieur, il n'y eut guère de modifications dans l'étendue occupée par la mer; mais, vers la fin du Crétacé, l'Afrique du Nord participa aux oscillations de l'écorce terrestre qui amenèrent de si grands changements en Europe; alors commença un mouvement lent et progressif d'exhaussement et d'exon-

---

[1] *Bull. Soc. Géol. de France*, 3ᵉ série, t. XIX, p. 237.

dation du Sahara septentrional, mouvement d'ailleurs inégal suivant ses diverses régions.

Dès la fin du Crétacé, le Sahara tripolitain était entièrement émergé et définitivement annexé au continent africain. Quant au Sahara algérien et tunisien, son émersion graduelle, encore incomplète au début de l'Éocène, était achevée avant la fin de l'Éocène inférieur. Dès lors une plaine immense s'élevait en pente douce vers le massif en relief du Sahara central.

L'émersion de l'Atlas algérien et tunisien fut bien postérieure ; les mouvements de la fin du Crétacé eurent pour unique effet dans cette région de déranger les couches de leur position originelle et d'occasionner ainsi les discordances que l'on y observe fréquemment entre le Nummulitique et les formations sous-jacentes. C'est seulement après le Miocène moyen (Helvétien) que la mer a définitivement quitté cette région ; c'est de cette époque que datent l'émersion définitive du massif montagueux de l'Algérie et de la Tunisie et la formation de ses ridements caractéristiques.

L'émersion de la zone côtière du Sahara oriental fut plus tardive ; à l'époque nummulitique, un vaste golfe couvrait la partie orientale du désert lybique et le désert arabique : il persista jusqu'à la fin de l'Éocène moyen. C'est alors seulement que la mer se retira et que le Sahara oriental émergea tout entier ; depuis lors, il n'a cessé d'être relié à la terre ferme, excepté dans la partie nord des déserts lybique et arabique que la mer du Miocène moyen est revenue couvrir.

Quant à l'hypothèse d'une mer quaternaire au Sahara, elle doit être, en principe, écartée ; tout au plus pourrait-on admettre, jusqu'à nouvel ordre, l'existence possible d'un golfe quaternaire de la Méditerranée à l'ouest du delta du Nil. La question de la présence d'un golfe méditerranéen quaternaire, dans les chotts du Sud tunisien et algérien, doit être résolue négativement.

XIII. — LE CONGRÈS GÉOLOGIQUE DE WASHINGTON

Nous ne pouvons terminer cette revue sans dire quelques mots du Congrès géologique qui s'est tenu à Washington, au mois de septembre 1891, et dont M. Emmanuel de Margerie [1] a donné un compte rendu très complet.

La longueur du voyage avait effrayé les géologues européens qui ne s'étaient décidés qu'en petit nombre à traverser l'Atlantique pour assister à la réunion ; aussi, malgré l'épithète d'international, le Congrès était-il composé en grande majorité par les savants des États-Unis. Par suite

probablement de cette composition de la réunion, on a quelque peu oublié, ce nous semble, le but du Congrès ; nous voyons, en effet, que les séances ont été, pour la plus grande partie, occupées par des communications, certes fort intéressantes, mais qui ne rentrent pas dans le cadre des questions qui devraient être traitées dans des réunions de ce genre.

La classification des terrains quaternaires a donné lieu à une importante discussion : M. Chamberlin a développé un système de classification génétique, qui lui paraît seul applicable au Pléistocène (terme très généralement employé aujourd'hui au lieu de celui de Quaternaire) de l'Amérique du Nord.

Cette manière de voir qui ne tend à rien moins qu'à déclarer impossible la connaissance de l'ordre de succession des dépôts, n'est pas admise par tous les géologues américains ; M. Cope, notamment, déclare que l'étude des Vertébrés montre l'existence de deux faunes quaternaires bien distinctes, l'une tropicale et l'autre boréale ; cette dernière est la plus récente.

Plusieurs séances ont été occupées à la recherche des meilleures méthodes à employer pour le raccordement à distance des séries stratigraphiques ; on a discuté la valeur relative des caractères physiques de la faune et de la flore ; certains géologues, parmi lesquels M. Zittel, pensent que les Invertébrés marins ont une importance prédominante, tandis que M. Marsh considère les Vertébrés comme donnant de très précieuses indications. Quant aux plantes, d'après M. Lester Ward, elles peuvent servir surtout à caractériser les grandes divisions des temps géologiques ; pourtant, avec des matériaux nombreux, on arrive à déterminer avec exactitude l'âge relatif des couches.

Les membres du Congrès ont ensuite porté leur attention sur les modes de coloriage des cartes géologiques ; mais il ne nous paraît pas, d'après le résumé que nous avons sous les yeux, qu'il ait été émis à cet égard aucune idée nouvelle.

Enfin, le Congrès a procédé à la nomination d'un comité chargé d'examiner quels seraient les moyens pratiques de faciliter aux géologues les recherches bibliographiques, qui deviennent de jour en jour plus pénibles, par suite du rapide accroissement de la littérature géologique. Sonhaitons que ce nouveau comité réussisse dans l'accomplissement de son utile mission et n'imite pas celui dit de la Carte géologique d'Europe qui, malgré ses promesses formelles et les subventions considérables qu'il a reçues, n'a pu, en onze années, arriver à aucun résultat.

L. Carez,
Docteur ès sciences.

---

[1] *Bull. Soc. Géographie* (Paris), 4ᵉ trim., 1891.

BIBLIOGRAPHIE

ANALYSES ET INDEX

1° Sciences mathématiques.

Poincaré (H.). *Membre de l'Institut.* — **Les méthodes nouvelles de la Mécanique céleste.** *Tome I, un vol. in-8° de 385 pages. (Prix : 12 francs). Gauthier-Villars et fils, éditeurs, 55, quai des Grands-Augustins, Paris, 1892.*

De tous les grands problèmes soulevés par la découverte de la gravitation, le problème des trois corps est celui qui a causé le plus de soucis aux géomètres et devant lequel sont venus se briser le plus d'efforts. Aussi, la publication d'un ouvrage consacré à ce sujet prend-elle l'importance d'un gros événement scientifique, lorsque l'autorité de l'auteur repose sur une œuvre déjà considérable.

Armant les chercheurs d'instruments perfectionnés, leur ouvrant un vaste champ d'exploration, le livre de M. Poincaré s'adresse aux géomètres et aux astronomes, qui y trouveront des résultats fort importants concernant le problème des trois corps et l'exposé des méthodes destinées à transformer l'outillage mathématique en usage depuis la fondation de la mécanique céleste.

Initier le lecteur aux procédés d'approximation récemment proposés en vue d'obtenir des développements exempts de termes séculaires dont l'emploi s'impose surtout dans la théorie des satellites; étendre au cas général du problème des trois corps les conclusions de son célèbre mémoire couronné à Stockolm : tel est le but que M. Poincaré s'est proposé en écrivant son ouvrage sur les méthodes nouvelles de la mécanique céleste.

Grâce aux facilités qu'elles prêtent aux recherches théoriques, les équations canoniques d'Hamilton et de Jacobi ont définitivement pris place, au premier rang, parmi les instruments d'investigation dont dispose la science. Elles jouent un rôle exclusif dans les travaux de Delaunay; M. Tisserand en a fait la base de son grand ouvrage; application en est faite au mouvement képlérien. Viennent ensuite la mise en équation du problème des trois corps et la réduction du nombre des variables indépendantes au moyen des intégrales connues.

Le second chapitre traite de l'intégration par les séries. Le théorème de Cauchy, relatif à l'existence des intégrales des équations différentielles, y reçoit une grande extension. On y trouve aussi le résumé des travaux récents sur les équations différentielles linéaires à coefficients périodiques, qui jouent un rôle capital dans la suite de l'ouvrage.

Le premier champ d'études de M. Poincaré concerne la recherche des solutions particulières périodiques du problème des trois corps, dans le cas très important où, relativement à un corps central, les autres ont des masses très petites.

L'idée maîtresse consiste à partir d'un mouvement périodique résultant des circonstances simples, pour arriver ensuite, par voie de continuité, à des conditions plus complexes. Il fallait, pour réussir, les ressources analytiques dont tous les travaux de M. Poincaré conservent l'empreinte et qui font honneur à l'inépuisable fécondité de son talent. Par leur souplesse et leur généralité, les méthodes que l'auteur a développées, en vue des grands problèmes de l'astronomie, serviront d'ailleurs à résoudre de nombreuses questions de dynamique. Elles constituent une introduction magistrale à l'étude analytique de tous les phénomènes sensiblement périodiques.

Les conclusions du chapitre III se résument comme il suit : Lorsque les conditions initiales du mouvement sont convenables, le problème des trois corps admet des solutions périodiques. Ces solutions sont représentées par des développements convergents dont on peut calculer les coefficients, une fois leur existence établie.

Voici comment M. Poincaré s'est exprimé à l'égard de leur application à l'astronomie : « Les solutions périodiques semblent d'abord sans aucun intérêt dans la pratique. La probabilité pour que les circonstances initiales du mouvement soient précisément celles qui correspondent à une pareille solution est évidemment nulle. Mais il peut très bien arriver qu'elles en diffèrent fort peu; la solution périodique pourra jouer alors le rôle de première approximation. » M. Hill, dans la théorie de la Lune, M. Tisserand, dans celle d'Hypérion, ont déjà montré quel parti la science peut tirer de l'emploi de ces solutions particulières du problème des trois corps.

Lorsque, en s'appuyant sur l'idée de continuité, on veut passer d'une solution particulière périodique aux solutions qui en diffèrent très peu, on est amené à l'intégration d'un système d'équations différentielles linéaires à coefficients périodiques (chap. IV). La considération de certains exposants « *exposants caractéristiques* », analogues à ceux que l'on rencontre dans l'intégration des équations différentielles linéaires à coefficients constants, joue un rôle essentiel. Leur expression purement imaginaire, ou imaginaire avec une partie réelle, est intimement liée à la nature du problème. Dans le premier cas, la solution est dite stable. Dans le second cas, il y a instabilité; la solution ne reste pas toujours aussi voisine qu'on le veut d'une solution périodique, bien qu'elle tende à se confondre avec elle dans l'avenir ou le passé, suivant le signe de la partie réelle de l'exposant.

Comme application, M. Poincaré a traité spécialement le cas où le mouvement ayant lieu dans un plan, l'une des petites masses est nulle, et l'autre décrit une orbite circulaire autour du corps central; c'est le problème restreint.

Les équations différentielles du problème des trois corps admettent un certain nombre d'intégrales algébriques. Ce sont celle du mouvement du centre de gravité, celles des aires, celle des forces vives. En existe-t-il d'autres? La réponse à cette question difficile fait l'objet du chapitre V. L'auteur rappelle les résultats de M. Bruns concernant la non-existence de nouvelles intégrales algébriques. Il les complète par cette belle proposition : les équations différentielles du problème des trois corps n'admettent, comme intégrales uniformes, que les intégrales connues.

La démonstration complète nécessite la connaissance des valeurs approchées des coefficients de termes éloignés du développement de la fonction perturbatrice. M. Poincaré obtient cette évaluation en mettant à profit un beau mémoire de M. Darboux sur l'approximation des fonctions de très grands nombres. C'est là une question de la plus haute importance, pour le calcul des inégalités à longue période, que Hansen a déclaré constituer la plus grosse difficulté de la théorie de la lune.

Ce beau volume se termine par l'étude des solutions asymptotiques dont la propriété caractéristique est de se rapprocher ou de s'éloigner indéfiniment des solutions périodiques (chap. VII). Les développements qui les représentent, sans être toujours convergents, peuvent néanmoins servir aux applications numériques, au même titre que la série de Stirling.

Maurice Hamy.

Le Dantec (l'abbé L.M.), *Professeur de sciences à Tréguier (Côtes-du-Nord)*. — **Nouvelle analyse des vibrations lumineuses, basée sur la mécanique de l'élasticité et conduisant logiquement à l'explication de tous les phénomènes de l'Optique.** — *Un vol. in 8° de 156 p. avec figures* (3 *fr.* 50). *Librairie centrale des Sciences, J. Michelet, quai des Grands-Augustins, 23, Paris 1892.*

Le titre de cet ouvrage indique suffisamment le but que s'est proposé l'auteur; adversaire des théories cinétiques, du moins telles qu'on les conçoit généralement aujourd'hui, il base son système sur les propriétés d'un éther impondérable constitué par la juxtapositiou de cellules extrêmement élastiques ne laissant entre elles que le vide que laissent forcément de petites sphères qui se touchent; il imagine, dans le milieu ainsi constitué, un mode de propagation des ondes avec formation de nœuds et de ventres de vibration; il applique ensuite ces principes à l'explication des phénomènes de réfraction, d'interférences, de double réfraction, de polarisation rotatoire, etc., etc.

Cet ouvrage très élémentaire ne comporte aucun développement analytique; les questions ne peuvent donc guère y être traitées qu'au point de vue de la possibilité pour ainsi dire qualitative des phénomènes dans le système adopté; on y trouve du reste des aperçus intéressants, des explications ingénieuses généralement en dehors des voies ordinaires, ce dont je me garderai bien de faire un reproche à l'auteur.

E. H. A.

Pollard (J.) et **Dudebout** (A.), *Ingénieurs de la Marine, Professeurs à l'Ecole d'Application du Génie militaire.* — **Théorie du Navire** (tome III) : **Dynamique du navire.** *Un vol. in-8° de 520 p. (Prix :* 13 *fr.) Gauthier-Villars et fils, éditeurs, 55, quai des Grands-Augustins, Paris, 1892.*

Dans l'avant-propos de ce troisième volume, les auteurs s'excusent du développement inusité qu'ils ont donné à certaines parties, telles que l'Hydrodynamique, la théorie des Ondes d'oscillation et la Résistance des carènes. Cette précaution n'était point nécessaire. L'importance de ces questions, surtout de la dernière, en architecture navale, justifie largement tous les soins qu'on a pris à en faire un exposé méthodique et complet.

Il suffit de se rendre compte du rôle prédominant de la théorie dans ces matières, pour applaudir à l'idée de leur donner nettement pour base la science hydrodynamique. Sans le secours de l'analyse, en effet, la connaissance que nous aurions des mouvements du navire en milieu houleux serait fort restreinte, pour ne pas dire absolument nulle. Ce sont les beaux travaux de M. de Saint-Venant et de M. Bertin qui ont créé de toutes pièces la théorie de la houle, et qui nous ont révélé les lois du roulis et du tangage sur houle, qu'aucune expérience n'aurait pu élucider.

D'un autre côté, en dépit de nombreuses expériences accumulées depuis plus d'un siècle et demi, le problème de la résistance des carènes n'a guère progressé. De tant de faits d'observation recueillis, médités, comparés, il n'est sorti, et ne pouvait sortir, que des formules empiriques dont l'approximation est bien grossière ; de sorte que, s'il est une chose à regretter, c'est que l'état d'avancement de l'Hydrodynamique ne réponde pas encore aux nécessités de l'heure présente.

Sans parler des théories classiques autrement que pour en signaler la claire ordonnance, nous indiquerons rapidement les travaux récents qui mettent au courant des derniers progrès de la science le savant traité de MM. Pollard et Dudebout.

Une méthode analytique due à M. de Bussy, est venue compléter les recherches de Froude sur les résistances qu'un milieu houleux oppose au mouvement de roulis. M. Ferrand a déterminé l'influence de la houle sur la stabilité, et mis en relief le danger que la houle peut faire courir aux petits bâtiments, et en particulier aux torpilleurs, en diminuant leurs proportions considérables leur stabilité transversale. En 1891, alors qu'il était encore élève-ingénieur, M. Marbec indiquait une curieuse méthode pour intégrer géométriquement l'équation du roulis sur houle non résistante. Enfin, dans un trop court chapitre, les auteurs, rappelant les théorèmes généraux récemment donnés par M. Vicaire, sur le mouvement oscillatoire d'un système matériel soumis à des forces perturbatrices périodiques, montrent que toute la théorie de la houle en est le corollaire immédiat.

Le problème de la *Résistance des carènes* est un de ceux qui intéressent au plus haut degré l'art de l'ingénieur. Mais il offre de grandes difficultés, soit que l'on cherche, comme on l'a longtemps essayé, à procéder des formes simples aux formes complexes, soit qu'avec plus de raison l'on étudie de prime abord les carènes à surface courbe, qui donnent naissance à des perturbations moins complexes du liquide environnant. Aujourd'hui la tendance de la théorie est de décomposer la résistance totale, en plusieurs résistances partielles que l'on attribue à des causes nettement distinctes et que l'on étudie séparément. Quelle que soit la simplification qui en résulte, on peut se demander si cette division des causes est bien légitime, si elle répond bien à la nature des faits, et si elle ne risque pas d'égarer les investigations. En fait, ces divers ordres de phénomènes, résistance directe, résistance de frottement, résistance due aux remous, sillage, formation des vagues, sont dans une telle dépendance mutuelle, que la connaissance de chacun d'eux en particulier ne conduit pas à une notion précise de leur résultante. Il faudrait déterminer leurs influences réciproques, problème encore plus compliqué que celui de la résistance totale.

En présence de tant de difficultés, il n'est pas étonnant qu'on se soit surtout attaché à coordonner les résultats expérimentaux au moyen de formules empiriques, en vue de calculer d'avance la résistance d'une carène et d'un propulseur donnés. Mais on a aussi essayé de déterminer les formes des carènes qui offriraient une résistance minima.

M. Simonot, élève-ingénieur de la marine, a fait, en 1891, d'intéressantes études dans cette voie, qui paraissait abandonnée depuis Rankine. En partant des hypothèses de ce dernier sur les lignes de courant, il a trouvé par l'analyse des séries de formes de trajectoires, des lignes de courant et des surfaces trajectoires, donnant en liquide parfait la résistance minima. Mais, évidemment, l'expérience seule pourrait dire dans quelle mesure ces conclusions devraient être modifiées par l'hypothèse d'un liquide naturel.

La méthode qui paraît la plus pratique actuellement, au point de vue de la préparation des projets, consiste à expérimenter sur des modèles à échelle réduite, et à déduire de ces résultats, par la loi de similitude dynamique, la résistance probable du navire correspondant. Cette méthode a reçu en Angleterre, entre les mains du célèbre Froude, un développement considérable. D'autre part, M. Dudebout est parvenu récemment, au moyen de considérations purement théoriques, à établir la relation qui existe entre les utilisations des carènes dérivées.

Pour conclure, l'impression qui se dégage de la lecture de ces intéressants chapitres, c'est qu'il serait très désirable que nos ingénieurs de la marine fussent mis en possession de toutes les ressources matérielles, d'une organisation et d'un outillage leur permettant de conduire sur une plus vaste échelle des séries d'expériences successives. Il y a peu de doute que le plus utile peut-être et le plus arriéré des problèmes de l'architecture navale, la Résistance des carènes, ne fît alors de sensibles progrès.

L. VIVET.

2° Sciences physiques.

Abraham (Henri). — **Sur une nouvelle détermination du rapport entre les unités électromagnétiques et électrostatiques.** *Thèse de la Faculté des Sciences de Paris. Gauthier-Villars et fils, éditeurs, quai des Grands-Augustins. Paris, 1892.*

La détermination du rapport v entre les unités C. G. S. électromagnétiques et électrostatiques présente un intérêt tout particulier: Maxwell a montré, en effet, que, moyennant quelques hypothèses, ce rapport a une signification physique très remarquable : il représente la vitesse de propagation des ondes électromagnétiques dans le milieu où sont supposées faites les expériences, c'est-à-dire aussi bien la vitesse de propagation des ondes lumineuses (considérées, il est vrai, comme ayant une longueur d'onde infinie), en admettant le principe fondamental de la théorie électromagnétique de la lumière.

Aux très nombreuses recherches qui ont été effectuées en vue de faire cette détermination, M. Abraham vient d'ajouter une nouvelle mesure et des meilleures. Le mémoire commence par la définition exacte des deux systèmes d'unités ; l'auteur explique comment il y a théoriquement un nombre illimité de systèmes absolus, deux seulement étant compatibles avec la restriction de n'introduire aucun coefficient numérique dans les équations considérées comme fondamentales ; il fait très justement observer qu'il ne s'agit ici que des unités et nullement des dimensions, puisque, rationnellement, il ne saurait y avoir qu'un seul système de dimensions ; ce ne sont point là, à coup sûr, des idées originales : on les retrouverait sans peine dans plus d'un mémoire ou d'un traité classique ; elles sont enseignées dans la plupart des cours, mais on ne peut que louer M. Abraham d'avoir tenu à démontrer qu'il ne partageait pas, sur ce sujet, les singulières erreurs de certains savants et non des moins illustres.

Plus de la moitié de la thèse est ensuite consacrée à la description sommaire et à la discussion détaillée des expériences antérieures ; l'auteur ne s'est point seulement montré un bibliographe érudit, il a fait là œuvre de véritable critique scientifique très fin et très avisé. Il montre que le rapport v doit être considéré comme connu à $\frac{1}{500}$ près de sa valeur ; pour ne citer que les expériences les plus récentes, les mesures de M. Pellat, faites avec toute l'habileté que l'on connaît à ce savant physicien, ne comportent que ce degré de précision, puisqu'il faisait usage d'un électromètre absolu dont la constante n'est déterminée qu'à ce degré d'approximation. Les procédés que l'on peut employer sont, comme l'a montré Maxwell, au nombre de cinq, ils doivent nécessairement consister en une mesure électrostatique et une mesure électromagnétique d'une des grandeurs : quantité d'électricité, courant, résistance, force électromotrice, capacité. Dans l'état actuel de nos instruments de précision, la seule méthode qui puisse conduire à une valeur exacte à plus de $\frac{1}{500}$ est celle d'une mesure de capacité de forme connue, faite d'ailleurs par la méthode du galvanomètre différentiel, car le procédé du pont de Wheatstone est sujet à une grave erreur due aux capacités parasites des boîtes de résistances, galvanomètre, etc. M. Abraham a donc utilisé un galvanomètre différentiel que traversent, d'une part, les décharges périodiques d'un condensateur, et d'autre part, un courant dérivé fourni par la pile de charge.

Le condensateur est un instrument très remarquable : c'est un condensateur plan à anneau de garde ; les surfaces conductrices sont constituées par l'argenture de deux dalles circulaires en glace de Saint-Gobain, travaillées en verre d'optique ; pour déterminer la distance moyenne des dernières surfaces conductrices sur l'appareil prêt à fonctionner, on utilise ce fait que les deux disques argentés constituent un excellent miroir plan. M. Abraham en profite pour employer un procédé

optique élégant : le commutateur qui doit charger le condensateur et le décharger ensuite dans le galvanomètre est un commutateur tournant, analogue à celui de J.-J. Thomson, et, grâce à la méthode stroboscopique, telle que M. Lippmann l'a proposée pour la comparaison de deux pendules, on peut régulariser et mesurer exactement sa vitesse de rotation ; toutes les mesures ont, bien entendu, été rapportées aux étalons C. G. S. : les résistances, comparées à l'ohm légal, les longueurs au mètre, les temps à la seconde d'une horloge réglée sur l'Observatoire ; 14 mesures ont été ainsi effectuées ; la plus forte donne pour v la valeur $299,04 \times 10^8 \frac{\text{centim.}}{\text{seconde}}$; la plus faible $299,04 \times 10^8$. La moyenne générale est $299,2 \times 10^8$. M. Abraham croit pouvoir assurer que cette valeur est exacte au $\frac{1}{1000}$ près (la vitesse de la lumière déterminée avec le même ordre d'approximation est 300×10^8) ; peut-être cette conclusion est-elle un peu optimiste ; il convient, dans un pareil ensemble de mesures, de ne jamais oublier la possibilité des erreurs systématiques ; l'auteur a lui-même, avec grande perspicacité, signalé un point délicat ; quand un courant continu agit sur l'aiguille aimantée, les forces en jeu sont-elles en tons points semblables à celles qu'exerce un courant continu de même intensité moyenne ? Il serait difficile de se prononcer sur cette question. M. Abraham précise d'ailleurs l'objection que l'on pourrait faire, en partant de là, à la méthode employée : elle est limitée dans le cas de ses expériences, mais peut-il néanmoins de ce chef ne résulter qu'une erreur insensible ? Quoi qu'il en soit, on doit louer sans réserve l'habileté de l'expérimentateur, et la valeur qu'il trouve sera bien certainement considérée partout comme l'une des plus précises données jusqu'à ce jour.

Lucien POINCARÉ.

Filippo Cintolesi (Dʳ), *professeur de Physique à l'Institut royal technique de Livourne.* — **Problèmes d'électricité pratique.** — *Un vol. petit in-8 de 160 pages, traduit de l'italien par Félix Leconte. Librairie générale de Ad. Hoste, éditeur, 47, rue des Champs, Gand, 1892.*

Ce petit volume, d'un caractère essentiellement pratique, est destiné aux personnes qui ont à s'occuper de questions d'électricité industrielle. Il contient les énoncés et les solutions de près de trois cents problèmes bien choisis et d'une application fréquente ; toutes les questions que l'on peut rencontrer lorsqu'on fait de la lumière électrique ou de l'électrolyse, lorsqu'on s'occupe de piles ou de dynamos, sont successivement traitées à l'aide d'exemples numériques.

Cet ouvrage, sans aucune prétention théorique, très austère, très condensé, rendra service aux praticiens.

L. O.

Oechsner de Coninck. — **Cours de Chimie organique.** *Premier fascicule. Un vol. in-8° de 131 pages (Prix : 2 fr. 50). G. Masson, éditeur, 120, boulevard Saint-Germain, Paris, 1892.*

Le projet de loi sur les Universités a provoqué une grande activité dans les Facultés de province. Les plus importantes possèdent maintenant un organe périodique et produisent de nombreuses publications. C'est ainsi à ce mouvement scientifique que nous devons la publication du cours professé par M. Oechsner de Coninck à Montpellier. Un premier fascicule seulement a paru jusqu'à présent. Il comprend la classification des composés organiques d'après leurs fonctions, des leçons sur l'isomérie et la polymérie, et la description des procédés pour l'analyse des substances organiques et la détermination des poids moléculaires. L'auteur annonce la publication de deux autres parties, relatives l'une à la série grasse, l'autre à la série aromatique.

G. CHARPY.

3° Sciences naturelles.

Russell (W.) Recherches sur les Bourgeons multiples. *Thèse de la Faculté des Sciences de Paris.* (*Ann. des Sc. nat.*) *G. Masson, éditeur. Paris*, 1892.

Un grand nombre de plantes présentent à l'aisselle de leurs feuilles plusieurs bourgeons plus ou moins développés et même plus ou moins visibles, qui peuvent ou avorter ou se développer de bonne heure, ou bien rester plusieurs années à l'état de vie latente. Ces plantes sont connues depuis longtemps ; on en a dressé des listes et on a constaté qu'elles appartiennent à des familles fort différentes. Mais, l'interprétation de la nature et de l'origine de ces bourgeons multiples a donné lieu à des discussions entre les auteurs qui se sont occupés de ce sujet. Pour les uns, le bourgeon axillaire unique à l'aisselle d'une feuille est une exception ; les bourgeons sont normalement multiples. Pour les autres, les bourgeons multiples naissent seulement en apparence à l'aisselle d'une même feuille axillante, ils sont des produits d'axes très courts, leur apparition n'est pas simultanée et, au début, il n'y a qu'un seul bourgeon axillaire.

M. Russel a étudié, par la méthode anatomique, de nombreuses plantes possédant des bourgeons multiples ; mais, malgré le caractère général du titre de son travail, il s'est adressé presque exclusivement aux Dicotylédones. La conclusion à laquelle il est arrivé est que « la loi de l'unité de bourgeon axillaire ne souffre aucune exception ». Les bourgeons latéraux, dont la présence donne l'impression de bourgeons multiples, naissent le plus souvent de très bonne heure sur le bourgeon axillaire ; ils se développent simultanément avec lui et rendent la ramification plus touffue, ou bien le remplacent normalement s'il se transforme en vrille, en épine ou en inflorescence, ou s'il se détruit accidentellement ou normalement ; ils peuvent aussi rester longtemps à l'état de bourgeons dormants, et sont alors l'origine des branches gourmandes qui apparaissent dans diverses circonstances sur les végétaux ligneux.

C. Sauvageau.

Couvreur (E.). — Sur le pneumogastrique des Oiseaux. Physiologie comparée. — *Thèse de la Faculté des Siences de Paris. G. Masson, éditeur, Paris*, 1892.

Les recherches expérimentales que M. E. Couvreur vient de publier dans sa thèse seront accueillies avec satisfaction par tous les physiologistes. Elles nous apportent un grand nombre de faits nouveaux qui élargissent beaucoup le cercle de nos connaissances relativement aux fonctions du pneumogastrique chez les oiseaux et les mammifères.

Le travail de l'auteur est divisé en trois parties :

La première partie est consacrée à l'étude anatomique du pneumogastrique. Elle est moins riche en données nouvelles que la partie physiologique. Cependant un certain nombre de faits méritent une mention particulière. Le nerf spinal, réduit exclusivement à ses racines bulbaires, se jette en totalité dans le pneumogastrique. Ce fait confirme l'opinion de plusieurs auteurs qui tendent à considérer la branche externe du spinal comme faisant partie virtuellement du pneumogastrique chez tous les animaux. Après sa sortie du crâne, ce nerf envoie une ou deux anastomoses au glosso-pharyngien. C'est ce dernier nerf qui fournit les fibres du rameau anastomotique. Dans la région du cou, le pneumogastrique accompagne la jugulaire et non la carotide. Peu après sa pénétration dans le thorax, il se renfle en un ganglion visible à l'œil nu, que l'auteur appelle ganglion thoracique ; puis il fournit des filets au plexus cardiaque, au plexus pulmonaire et au plexus stomacal, et enfin va se jeter dans le plexus sympathique cœliaque. Le récurrent offre ceci de particulier qu'il ne fournit aucun filet au larynx supérieur ; il s'épuise dans le jabot ou la portion œsophagienne correspondante.

Malgré l'absence d'anastomoses entre le sympathique et le pneumogastrique, sauf au niveau des ramifications constituant les plexus, il faut admettre que, chez les oiseaux comme chez les autres animaux, ce nerf renferme des fibres sympathiques au cou ; c'est donc un vago-sympathique dans toute son étendue.

Dans la deuxième partie, l'auteur étudie l'influence du pneumogastrique sur les fonctions de nutrition :

1° *Influence sur la respiration.* — *a*) Effets mécaniques. La section des deux pneumogastriques au cou ne modifie pas les mouvements du larynx et de la glotte, ce qui prouve que le récurrent ne se distribue pas au larynx. Celui-ci est innervé par l'analogue du laryngé supérieur. Quand une excitation porte sur celui-ci, la glotte se dilate, le pharynx se contracte, l'animal pousse un cri et la respiration s'arrête en expiration. En excitant isolément le pneumogastrique et le glosso-pharyngien dans le bout central et périphérique, on arrive à cette conclusion que toutes les fibres sensitives du larynx sont fournies par le pneumogastrique, les fibres motrices constrictives de la glotte étant fournies par le pneumogastrique et les fibres dilatatrices par le glosso-pharyngien. La section unilatérale du pneumogastrique au cou ralentit un peu la respiration et la rend irrégulière pendant quelques jours, puis elle revient à son rythme normal. La section bilatérale amène une diminution du nombre des mouvements respiratoires, des pauses expiratoires prolongées ; l'amplitude des mouvements augmente d'abord, puis diminue graduellement dans la suite jusqu'à la mort. M. Couvreur trouve les causes de la modification profonde du rythme qui suit la double section des vagues dans la présence du mucus dans les bronches, et dans la suppression de l'innervation sensitive du poumon. L'excitation faible du nerf, dans sa continuité au-dessous du laryngé, amène une accélération du rythme respiratoire ; l'excitation forte produit au contraire un arrêt immédiat en *inspiration*. Pendant l'anesthésie ou la fatigue du nerf, l'irritation du bout céphalique produit un arrêt en *expiration*. Il semble donc, conformément à l'opinion de Fredericq, que le pneumogastrique renferme au cou des fibres inspiratrices et expiratrices, que les premières se fatiguent plus vite que les secondes et qu'on peut les paralyser par les anesthésiques.

L'excitation du nerf laryngé supérieur ou bien du pneumogastrique au-dessus du point où se détache ce nerf donne toujours un arrêt expiratoire. Pendant l'excitation du bout périphérique d'un des nerfs, l'autre restant intact, on voit se produire une accélération manifeste des mouvements respiratoires qui diminuent légèrement d'amplitude. Quand les deux nerfs sont coupés, l'excitation n'amène plus d'accélération. L'auteur n'a pas pu mettre en évidence la contraction des fibres de Reisseissen par l'excitation du pneumo-gastrique chez les oiseaux ; mais il a démontré que, comme chez les mammifères, le vague fournit au poumon des nerfs sensitifs. La double section du pneumogastrique produit une baisse considérable de la ventilation pulmonaire. La rareté des mouvements respiratoires est donc loin d'être compensée par leur amplitude, comme on l'admet chez les mammifères.

b) Effets chimiques. L'auteur a constaté que, chez les oiseaux la double section des pneumogastriques est suivie de phénomènes asphyxiques très nets. La quantité d'acide carbonique éliminée dans un temps donné est moindre, ainsi que la quantité d'oxygène absorbée. Cette diminution des échanges respiratoires s'explique par l'engouement du poumon et par la gêne que subit la circulation pulmonaire.

Les troubles pulmonaires consécutifs à la double section des vagues consistent seulement en une congestion veineuse marquée, accompagnée de rupture des capillaires, tandis que, chez les mammifères, il y a une forme emphysème et broncho-pneumonie, due à la pénétration des aliments dans la trachée.

2° *Influence sur la circulation.* Contrairement à ce qui

a lieu chez les mammifères, la section, soit unilatérale soit bilatérale, du vague ne produit pas d'accélération cardiaque. Mais l'excitation de ces nerfs entraîne une diminution très nette des battements qui deviennent en même temps plus amples. L'arrêt complet est impossible à produire. L'action modératrice cardiaque disparaît pendant l'empoisonnement par l'atropine, mais il ne survient aucune accélération. Le pneumogastrique des oiseaux ne semble donc pas contenir de fibres cardiaques accélératrices. Mais il fournit au cœur des fibres sensitives, comme chez les mammifères.

Sur la pression sanguine les excitations des pneumogastriques produisent les mêmes effets que chez les mammifères, c'est-à-dire que l'on obtient une diminution en agissant sur le bout périphérique, due au ralentissement, et une élévation en agissant sur le bout central, due à une vaso-constriction réflexe.

La section et l'excitation du bout périphérique du pneumogastrique ont fourni des résultats qui indiquent la présence, dans le tronc de ces nerfs, de fibres vasomotrices se distribuant à l'œsophage, au jabot, à l'estomac, aux reins et à la rate. L'état asphyxique qui survient après la double section détermine des effets vaso-moteurs dans le foie et l'intestin.

3° *Influence sur la digestion.* Le pneumogastrique est le nerf moteur de l'estomac et du jabot. La section bilatérale du vague produit l'arrêt de la digestion gastrique. L'auteur démontre que cet arrêt de la digestion ne peut pas être imputé à l'arrêt de la sécrétion du suc gastrique, mais bien au défaut de l'excrétion de ce suc, à cause de la paralysie de l'estomac. La digestion intestinale n'est entravée en rien par la double section du vague; la sécrétion pancréatique n'est pas atteinte; la sécrétion biliaire est exagérée.

4° *Influence sur la sécrétion urinaire.* Les nerfs pneumogastriques exercent chez les oiseaux comme chez les mammifères une action sur la sécrétion urinaire. Cette action est en grande partie vaso-motrice. La section unilatérale exagère la sécrétion des deux côtés mais surtout du côté du nerf coupé. La double section produit aussitôt une exagération de la sécrétion urinaire, égale des deux côtés; l'urine est plus riche en eau, plus pauvre en acide urique; elle ne renferme ni albumine ni bile. Quelque temps après la section, l'hypersécrétion disparaît, alors survient un affaiblissement dans l'excrétion urinaire. L'excitation des vagues produit des effets inverses : elle ralentit la sécrétion.

5° *Influence sur la fonction glycogénique.* Aucune recherche de ce genre n'avait été faite chez les oiseaux. L'auteur a fait sur ces animaux des expériences nombreuses qui conduisent aux résultats suivants : 1° Le premier effet de la double section des vagues est une disparition rapide du glycogène, avec hyperglycémie : l'hypoglycémie ne se produit pas plus tard ; 2° Ces phénomènes sont dus à des troubles respiratoires, qui amènent une asphyxie lente, et à des troubles nutritifs. Le mécanisme est le suivant : l'asphyxie provoque une hyperhémie dans le foie; sous l'influence de cette vascularisation et de l'état asphyxique du sang, le glycogène se transforme activement en sucre, et, n'étant pas remplacé, diminue rapidement dans le foie. Quant au sucre versé dans le sang, il se détruit assez lentement pour des raisons multiples. 3° En définitive, à l'état normal, le pneumogastrique ne joue aucun rôle dans la glycogénèse, et ce n'est qu'indirectement que sa double section vient troubler cette fonction.

En étudiant, dans la troisième partie de son travail, l'influence des pneumogastriques sur la nutrition intime, l'auteur arrive à la conclusion suivante : Les causes de la mort par double section des vagues sont des troubles de nutrition élémentaire amenés par l'asphyxie lente et l'inanition; la disparition du glycogène, qui est un des facteurs les plus importants de cette mort, n'a pas d'autres causes. Sans nier absolument toute influence trophique du vague, l'auteur pense qu'il est prématuré de rien affirmer sur ce point.

M. KAUFMANN.

4° Sciences médicales.

Bouveault(L.). — Études chimiques sur le Bacille de la Tuberculose aviaire. *Thèse présentée à la Faculté de Médecine de Paris.* In-8°, 46 p. H. Jouve. Paris, 1892.

M. Bouveault a entrepris de déterminer les modifications que produit, dans les bouillons de culture, la vie du bacille aviaire. La brochure actuelle ne contient que le début de cette étude, fort délicate et fort longue, comme on peut le penser d'après ce que nous savons de la question ; les produits intéressants des microbes, en effet, existent dans leurs cultures en quantités extrêmement petites, et, si l'on veut les retrouver, il faut avoir fait au préalable une analyse extrêmement minutieuse du milieu de culture. C'est ce qu'a d'abord fait M. Bouveault ; pour pénétrer plus avant qu'on ne l'avait fait jusqu'ici dans la connaissance de la composition du bouillon de veau, il a employé une méthode de précipitation fractionnée par l'alcool, puis par l'éther, après avoir concentré le bouillon par distillation dans le vide; l'étude complète des diverses portions n'est d'ailleurs pas encore terminée. Après que ce bouillon, additionné de peptone, de sucre de canne et de glycérine en proportions déterminées, eut été ensemencé du bacille aviaire, et fut resté à l'étuve jusqu'à ce que les cultures cessassent de s'accroître, les mêmes opérations furent répétées.

Voici les principales modifications observées : La densité du bouillon a diminué de moitié environ ; la destruction de matière, indiquée par ce fait, semble avoir porté principalement sur la glycérine ; le sucre n'a pas été touché; la gélatine a été peptonisée ; les peptones elles-mêmes ne semblent pas avoir été consommées; la sarcine a été diminuée de moitié ; la créatine, la créatinine, la xantine ont disparu à peu près totalement; de même, l'ammoniaque et quelques alkylamines, dont l'auteur avait constaté la présence dans le bouillon naturel, ne se retrouvent plus dans le bouillon cultivé. Si donc l'on veut faire la somme des matières nutritives que le bacille a empruntées pour sa vie et sa prolifération à son milieu, on voit que ce sont la glycérine pour les aliments ternaires, et, pour les aliments azotés, les composés les plus simples, l'ammoniaque et les amines, et ceux dont l'ammoniaque ou une amine peut être le plus facilement dégagée. Quant aux produits spéciaux, M. Bouveault a préparé un extrait analogue à la *tuberculine purifiée* de M. Koch, lequel extrait, expérimenté par M. Richet, a montré toxique pour les lapins tuberculeux, et à peu près inoffensif pour les autres. Il a également répété sur les corps des bacilles, isolés par le filtre, les recherches qu'Hammerschlag avait faites sur le bacille de la tuberculose humaine; il a trouvé une composition analogue.

La conclusion que M. Bouveault a tirée de ces premières recherches, c'est qu'il doit être possible de cultiver le bacille sur des milieux plus simples, plus faciles à connaître, et sans doute même, mieux appropriés à sa végétation, que les milieux empiriques usités jusqu'ici; c'est ainsi que rien ne justifie la pratique de donner au bacille du sucre de canne qu'il ne sait même pas intervertir. Il faut espérer que M. Bouveault tiendra la promesse, qu'il nous fait à la fin de sa thèse, de trouver pour le bacille de la tuberculose aviaire un terrain de culture artificiel, exempt de matières albuminoïdes, afin de pouvoir en extraire aisément les toxalbumines que le microbe y aura élaborées.

Cette conclusion est exactement celle à laquelle sont arrivés de leur côté MM. Charrin et Arnaud en étudiant un autre microbe; dans une récente séance de la *Société de Biologie*, ces deux auteurs insistaient encore sur la nécessité de n'entreprendre des études comme celle-ci, que sur des milieux synthétiques parfaitement connus. Les recherches de M. Bouveault apportent un appui sérieux à cette manière de voir.

L. LAPICQUE.

ACADÉMIES ET SOCIÉTÉS SAVANTES

DE LA FRANCE ET DE L'ÉTRANGER

(La plupart des Académies et Sociétés savantes, dont la Revue analyse régulièrement les travaux, sont actuellement en vacances.)

ACADÉMIE DES SCIENCES DE PARIS

Séance du 29 Août

1º SCIENCES MATHÉMATIQUES. — M. Tisserand présente à l'Académie le tome XX des « Annales de l'observatoire de Paris. » — M. J. Bertrand fait don à l'Académie, pour être déposé à la Bibliothèque de l'Institut, d'un petit manuscrit portant pour titre « Agenda de Malus, capitaine du génie, employé à l'armée d'Orient (Expédition d'Egypte) ». — M. G. Bigourdan communique ses observations de la nouvelle planète M. Wolf, faites à l'Observatoire de Paris (équatorial de la tour de l'ouest). La planète était de grandeur 12,5 au 27 août. — M. C. Flammarion a repris la mesure du diamètre de Mars à l'opposition actuelle, car les anciennes mesures présentent des divergences qui ne sont pas en harmonie avec les progrès accomplis récemment dans la connaissance de cette planète. Le diamètre adopté par Le Verrier est trop grand de ⅛ environ. — M. P. Tacchini, communique ses résultats sur la distribution en latitude des phénomènes solaires, observés à l'Observatoire royal du Collège romain pendant le second trimestre de 1892 ; ces résultats se rapportent à chaque zone de 10° dans les deux hémisphères du Soleil. Les protubérances font encore défaut dans le voisinage des pôles.

C. MATIGNON.

2º SCIENCES NATURELLES. — M. L Guéneau de Lamarlière traite de l'assimilation comparée des plantes de même espèce développées au soleil ou à l'ombre. Il résulte de cette étude que l'intensité de la décomposition de l'acide carbonique, les conditions extérieures étant les mêmes, varie pour les feuilles d'une même espèce, selon les conditions de développement de ces feuilles. De plus, la quantité de l'acide carbonique décomposé est plus forte pour les feuilles développées au soleil, que pour celles de la même espèce développées à l'ombre. — M. Domingos Freire, de l'étude bactériologique à laquelle il s'est livré relativement à la fièvre bilieuse des pays chauds et à la fièvre jaune, conclut que l'agent producteur de la première maladie est différent de celui de la seconde ; les différences dans les symptômes des deux fièvres ont été établies d'ailleurs depuis longtemps par les cliniciens. L'examen microscopique montre que le microbe de la fièvre bilieuse des pays chauds est un bacille mesurant en moyenne 9 microns de longueur sur 3 de largeur, se segmentant rapidement en articles plus ou moins courts qui donnent naissance à des spores terminales. Son inoculation chez le cobaye une infection paludéenne. Au contraire l'agent vivant de la fièvre jaune n'est pas un bacille mais un microcoque rond, très réfringent, ne mesurant dans les conditions ordinaires qu'un micron ; ses cultures, à l'état virulent, donnent lieu, par l'inoculation chez le cobaye, à une fièvre jaune bien caractérisée. — M. Fouqué communique à l'Académie une lettre que lui a adressée M. Wallerant au sujet de l'éruption actuelle de l'Etna qui, au 12 août, paraissait entrer dans une nouvelle phase. L'auteur décrit, longuement et avec détail, les faits qu'il a constatés avec M. Chudeau ; il signale, entre autres, les particularités intéressantes offertes par le cône volcanique.

Mémoires présentés. — M. Léopold Hugo : Remarques relatives aux planètes Mars et Jupiter. — M. Hermann Ohlsen (de New-York) : La solution du problème de la communication avec les habitants de Mars. — M. Durand-Fardel adresse une note sur trois secousses de trem-

blement de terre ressenties à Vichy, dans la matinée du 26 août. — Mme Vve F. Bauer demande l'ouverture d'un pli cacheté déposé le 20 octobre 1879 par M. Frédéric Bauer, contenant un mémoire sur un projet d'aviation.

ED. BELZUNG.

Séance du 5 septembre.

1º SCIENCES MATHÉMATIQUES. — MM. Rayet, Picart et Courty communiquent leurs observations de la comète Denning (1892, II) faites au grand équatorial de l'Observatoire de Bordeaux. La comète s'est toujours montrée comme une nébulosité ronde, d'un éclat très faible. — M. Bigourdan a observé la nouvelle comète Brooks (c. 1892) et la nouvelle planète Wolf à l'Observatoire de Paris (équatorial de la tour de l'Ouest). — M. Le Cadet communique aussi ses observations de la comète Brooks faites à l'équatorial Brunner de l'Observatoire de Lyon. — M. Perrotin a observé à la surface de la planète Mars des renflements brillants de couleur et d'éclat comparables à ceux de la calotte australe. Ces projections en dehors du disque ont au moins un ou deux dixièmes de seconde d'arc, c'est-à-dire que le phénomène auquel elles correspondent s'élève à plus de 30 ou 60 kilomètres d'altitude. L'auteur admet ces observations sur la calotte neigeuse australe ; elle a notablement diminué depuis deux mois et est actuellement en train de se disloquer. Le lac du Soleil a subi aussi quelques changements dans son aspect. — M. Callandreau donne des méthodes simplifiées pour le calcul des inégalités d'ordre élevé ; il légitime l'emploi de la série de Legendre sous certaines conditions dans le cas où elle devient semi-convergente. — M. Larrey dépose sur le bureau un album de croquis remontant à la campagne d'Egypte.

2º SCIENCES PHYSIQUES. — M. J. Morin donne une nouvelle forme d'appareil d'induction d'un emploi commode en électrothérapie ; ce sont deux anneaux plats, concentriques, dans lesquels sont creusées, par l'extérieur, deux gorges de forme appropriée, servant à contenir les fils conducteurs isolés ; on peut obtenir alors facilement un courant diminuant régulièrement d'énergie depuis le maximum jusqu'au zéro, quelle que soit l'intensité du courant inducteur. C. MATIGNON.

3º SCIENCES NATURELLES. — M. D. Clos note la réapparition de la Chélidoine à feuille de Fumeterre (*Chelidonium fumariæfolium*) ; cette plante, signalée, il y a près de deux siècles, par Morison et Tournefort, diffère par divers caractères de la série de Legendre avec Eclaire (*Chelidonium majus* L.). La Chélidoine à feuille de Fumeterre, ainsi que diverses autres plantes citées par l'auteur, ne sont pas des variétés, mais bien des déviations du type spécifique. — M. Brown-Séquard rend compte de l'influence bienfaisante exercée par des injections hypodermiques de liquide testiculaire chez des individus souffrant du cancer. L'amélioration obtenue serait due, non pas à une action directe du liquide testiculaire sur les microbes ou autres agents pathogènes, mais bien à l'augmentation des puissances d'action du système nerveux que produit ce liquide. L'auteur appelle sur l'attention des médecins sur la grande utilité de l'emploi des injections sous-cutanées de ce liquide contre le choléra, au début de la maladie ou après guérison, alors que le malade est dans un état de profonde adynamie. — De l'ensemble de 114 observations, fournies par l'étude de la thyroïdectomie chez le rat blanc, M. Cristiani tire les conclusions suivantes : la thyroïdectomie totale chez le rat, entraîne la mort au bout d'un espace de temps variable et avec des symptômes analogues à ceux que présente le chat. Dans les cas de survie de l'animal, l'extirpation n'a pas été *totale*, car en pratiquant une nouvelle opération, on trouve un ou plusieurs organes *régénérés*, occupant la place des anciens, Enfin en greffant l'organe extirpé dans le péritoine on écarte ou amende les symptômes, et l'on peut sauver la vie de l'animal.

Mémoires présentés : M. Al. **Lissevéo** : Complément à sa communication précédente sur le postulatum d'Euclide. — M. P. **Campanàkis** : Sur la communication des deux Mondes par l'Atlantis, aux époques préhistoriques. — M. **Méhay** : Sur une nouvelle unité d'activité, proposée pour remplacer le cheval-vapeur dans les estimations de la pratique industrielle. — M. **Bourdellès** : Note relative aux mères de vinaigre.

Ed. BELZUNG.

Séance du 12 septembre

1° SCIENCES MATHÉMATIQUES. — M. **Faye** présente à l'Académie le volume de la « Connaissance des Temps », pour l'année 1895. — M. F. **Gonnessiat** donne ses observations sur les passages des étoiles circompolaires faites de 1883 à 90, à l'instrument Eichens de l'Observatoire de Lyon ; il en déduit leurs positions absolues et leurs mouvements propres par un mode de discussion original et très simple. — M. R. **Lionville** s'était occupé de résoudre précédemment le cas où les équations différentielles du mouvement d'un système de points matériels jouissent des propriétés suivantes : 1° il existe une intégrale des forces vives ; 2° à chaque système il en correspond au moins un autre ayant en commun avec le premier les équations des trajectoires ; il généralise aujourd'hui la solution de ce problème dans le cas où le nombre des variables est supérieur à deux et en déduit des démonstrations simples de théorèmes énoncés par MM. Beltrami et Painlevé. — M. **Paul Serret** fait connaître une série récurrente de pentagones, inscriptibles à une même courbe générale du troisième ordre, et que l'on peut construire par le seul emploi de la règle.

2° SCIENCES PHYSIQUES. — M. **Le Goarant de Tromelin**, à propos de la répartition calorifique de la chaleur du soleil à la surface des hémisphères nord et sud du globe terrestre, démontre, contrairement aux idées admises, que la quantité de chaleur reçue par l'hémisphère nord pendant le printemps et l'été est la même que celle reçue par l'hémisphère sud pendant l'automne et l'hiver réunis ; c'est l'inégalité des quantités de chaleur perdues par rayonnement qui est la cause de l'inégalité des températures moyennes des deux hémisphères. — M. **Désiré Korda** revient sur la théorie d'un condensateur intercalé dans le circuit secondaire d'un transformateur et donne une méthode graphique très simple et exacte pour déterminer tous les éléments du problème. — M. **Ch.-Ed. Guillaume** reprend l'étude de la variation thermique de la résistance électrique du mercure avec des appareils perfectionnés ; il en déduit que la valeur de l'ohm atteint largement $106,3 \dfrac{cm}{(\text{microlitre})^{\frac{2}{3}}}$ Hg à 0°. — M. G. **Trouvé** annonce qu'il vient de réaliser, au château de Craig-y-Nos, la construction d'une fontaine lumineuse à colorations variables automatiquement. — M. **Berthelot**, à propos de la chaleur de combustion de l'acide glycolique, signale une erreur de transcription qui modifie certaines conclusions relatives à l'acide glycolique signalées dans une note précédente de MM. Berthelot et Matignon. — M. A.-B. **Griffiths** isole le *Micrococcus tetragenus* des crachats de phthisiques et le cultive pendant plusieurs jours sur gélatine peptonisée ; une ptomaïne se produit : c'est un corps solide blanc, cristallisable, formant des chlorhydrate, chloroaurate et chloroplatinate cristallisables ; sa formule est $C^5H^6AzO^2$; il résulte de la décomposition chimique de molécules

albuminoïdes dérivées de la gélatine peptonisée, durant la vie du microbe en question. — M. A.-B. **Griffiths** a fait l'étude de l'*echinochrome*, un pigment respiratoire découvert par M. Mac Munn dans le fluide périviscéral de certains Echinodermes ; l'auteur lui assigne la formule $C^{102}H^{90}Az^{12}FeS^2O^{12}$; les acides minéraux le dédoublent en hématoporphyrine, hémochromogène et acide sulfurique.

C. MATIGNON.

3° SCIENCES NATURELLES. — M. A. **Chatin**, dans le cours de l'été sec et chaud de 1892, a étudié, au point de vue pratique, le degré de résistance présenté par les plantes des différentes espèces qui composent les prairies naturelles. L'auteur énumère les espèces qui ont le mieux résisté à la sécheresse et signale plus spécialement celles des plantes fourragères qui se sont trouvées dans ce cas. — On sait que les greffes pancréatiques empêchent, chez les chiens privés de pancréas abdominal, l'apparition des phénomènes du diabète sucré. M. **Thiroloix** a observé un chien, privé de pancréas abdominal et porteur d'une greffe, lequel, au bout de vingt et un jours, a présenté brusquement d'un jour à l'autre une glycosurie, et dans la suite tous les phénomènes du diabète sucré expérimental. Or, d'une part, le parenchyme glandulaire au niveau de la greffe avait persisté ; d'autre part, il y avait continuation de la sécrétion pancréatique externe. Il en résulte donc que, sous une influence encore à déterminer, la sécrétion pancréatique interne, résorbée par les vaisseaux lymphatiques et sanguins, a été supprimée, et que c'est cette suppression qui a eu pour résultat de faire apparaître le diabète sucré. — M. **Brown-Séquard** rapporte les faits nouveaux suivants concernant la physiologie de l'épilepsie : la section d'un des nerfs sciatiques ou encore, et avec plus de netteté, l'amputation de la cuisse donnent lieu constamment à l'apparition de l'épilepsie chez les cobayes. Si l'amputation est faite à la partie inférieure de la cuisse, la maladie se développe plus lentement que lorsqu'elle est faite à la partie supérieure, mais elle dure indéfiniment dans les deux cas. Au contraire lorsque le membre a été coupé au-dessous du genou, l'affection se complète rarement. D'autre part, une lésion ou une irritation de la moelle cervicale donnent lieu à une attaque d'épilepsie. Mais, avant l'apparition de l'attaque elle-même, il y a développement d'un état morbide spécial rendant possible l'attaque convulsive. L'existence de cet état morbide est démontrée par ce fait, qu'en asphyxiant un cobaye en apparence à l'état normal, mais ayant eu une lésion de la moelle et par suite une attaque d'épilepsie, on voit survenir non pas de simples convulsions, mais bien une attaque épileptique complète. L'auteur fait remarquer en outre qu'il faut un temps assez long pour produire l'état morbide. Enfin il termine en montrant que l'épilepsie n'a pas de siège spécial dans l'encéphale, et que toutes les parties du système nerveux central ou périphérique peuvent la produire. — MM. A. **Charrin** et H. **Roger**, étudiant l'influence de quelques gaz délétères, l'oxyde de carbone principalement, sur la marche de l'infection charbonneuse chez le cobaye, ont trouvé que les gaz étudiés n'influencent pas l'évolution du charbon virulent, mais rendent possible le développement du charbon atténué. — M. **Barthélemy** fait connaître un appareil imaginé par lui pour pratiquer l'hypodermie aseptique. L'appareil sert à la fois de récipient et d'injecteur et c'est l'air stérilisé qui remplit l'office du piston. — M. **Emile Rivière** : Détermination par l'analyse chimique, de la contemporanéité ou de la non-contemporanéité des ossements humains et des ossements d'animaux trouvés dans un même gisement. L'auteur constate que, d'après les résultats récents obtenus par M. Adolphe Carnot, l'opinion qu'il avait émise antérieurement au sujet des ossements humains, découverts avec des espèces quaternaires dans les sablières quaternaires de Billancourt, est aujourd'hui hors de doute. Les ossements humains de Billancourt sont plus récents que les restes de la faune quaternaire des mêmes sablières.

Mémoires présentés : MM. **A.** et I. **Garayoochea** annoncent, de Lima, l'envoi d'un ouvrage manuscrit de leur père sur le *calcul binomial.* — M. **Léopold Hugo** : Note sur diverses questions relatives à l'histoire de l'Astronomie. — M. **G. de Rocquigny Adanson** : Quelques indications sur le tremblement de terre, ressenti à Parc-de-Baleine (Allier), le 26 août, à dix heures dix, minutes du matin (heure de Paris). — M. **A. Luton** : Sur la composition de solutions salines, ou *sérums artificiels,* permettant d'obtenir les effets produits par les liquides organiques de M. Brown-Séquard. — M. **Noujade** : Complément à son Mémoire sur la prophylaxie du choléra.   Ed. Belzung.

ACADÉMIE DE MÉDECINE

Séance du 23 août.

M. **Zambaco Pacha** : Les lépreux de la Bretagne en 1892. Les longues recherches entreprises par ce savant mettent hors de doute la présence actuelle de la *lèpre autochtone* en Bretagne, revêtant ses diverses formes : mutilante, nerveuse ou anesthésique de Danielssen, ulcéreuse et même tuberculeuse. La lèpre, selon M. Zambaco, serait d'origine orientale, phénicienne ou juive. Elle a été signalée pour la première fois en Bretagne au VIIᵉ siècle de notre ère, et, depuis cette époque, elle a ravagé l'Armorique pendant plusieurs siècles. Elle s'y est conservée par son hérédité ancestrale, par atavisme. Elle y présente parfois tous les caractères classiques ; elle est alors facile à diagnostiquer. Mais, dans la grande majorité des cas, elle est légère, incomplète, *atténuée,* ne signalant son existence que par un ou deux symptômes, en un mot, elle est fruste. La lèpre sporadique, disséminée, existe partout en France et dans toute l'Europe. La paréso-analgésie ou mal de Morvan ne serait pas une maladie nouvelle, un reliquat de la lèpre qui a sévi en Bretagne et un peu partout en Europe pendant des siècles. En effet, la lèpre ne pouvait disparaître complètement de l'Armorique, qu'elle a ravagée au point de nécessiter la création de nombreuses léproseries aux abords de chaque ville, sans laisser des traces de son lugubre passage ; le voyageur, à chaque instant, dans les départements du Finistère et du Morbihan surtout, se trouve en face d'une ancienne léproserie ou corderie, ou madeleine, etc.. Il était donc à prévoir que la lèpre devait être encore en survivance en Bretagne. La maladie de Morvan n'est pas autre chose que la lèpre mutilante qui, parfois évolue en suivant son cycle, mais qui, dans la plupart des cas, légère et atténuée, s'arrête à ses premières étapes. La syringomyélie comprend des malades dissemblables qui ont besoin d'être discernés, différenciés, triés. L'auteur pense que quelques-uns de ces malades sont atteints de la lèpre anesthésique de Danielssen, plus ou moins atténuée, dans certains cas. Discussion : MM. Lancereaux, Le Roy de Méricourt, Vidal, Lagneau.

Séance du 30 août

M. **Magitot** : Des maladies de la dentition. L'auteur reprend cette question pour répondre à une communication antérieure de M. Pamard. Il maintient ses affirmations précédentes d'après lesquelles il n'existerait pas d'accidents de dentition, et que ce n'est pas dans la période purement physiologique du premier âge et de la dentition qu'il faudrait en rechercher la cause. Les troubles divers du premier âge chez l'homme sont peut-être simplement d'ordre banal et accidentel, mais leur pathogénie est peu connue jusqu'à ce jour. Discussion : MM. Charpentier, Magitot, Le Roy de Méricourt. — M. **Dujardin-Beaumetz** : Sur le régime alimentaire des néphrétiques chroniques. Dans les néphrites chroniques le chiffre de l'albumine émis ne joue qu'un rôle secondaire et ne peut servir à établir le pronostic. Celui-ci, ainsi que le traitement et le régime alimentaire de ces malades, doit avoir pour bases la perméabilité du rein et la rétention des toxines dans l'économie. Pour le traitement, il consistera à faciliter par des purgatifs, des diurétiques et la suractivité des fonctions de la peau, l'élimination des toxines, et à réduire la production de celles-ci par le repos, l'antisepsie intestinale au benzonaphtol, supérieur au salol, et un régime alimentaire approprié. Celui-ci sera surtout un régime végétarien : laitages, œufs, féculents, légumes verts et fruits. Par contre les viandes en général et surtout le gibier, les poissons, les mollusques, les crustacés, les fromages avancés et l'alcool sont des aliments défendus chez les brightiques. Discussion : MM. Le Roy de Méricourt, Dujardin-Beaumetz. — M. **G. Sée** : Sur le régime et le traitement des albuminuries. Dans l'état actuel de la science, on doit reconnaître cinq espèces d'albuminuries comprenant, saut la première, des lésions rénales. Ce sont : l'albuminurie fonctionnelle, l'albuminurie cardiaque, les néphrites, l'albuminurie hématogène, alimentaire, et les albuminuries toxiques, bactériques, toxiniques, ptomaïques, urotoxiques, et chimio-trophiques. L'auteur indique les causes de chacune de ces maladies et décrit leurs caractères et leur évolution.

Séance du 6 septembre.

M. **Henri B. Millard** (de New-York) : Sommaire de ce que l'on peut accomplir dans le traitement de la maladie chronique de Bright. L'auteur passe en revue les différents cas dénommés « maladies de Bright ». Dans le cas de cirrhose avancée, de même que dans la dégénérescence graisseuse des reins, dans le cas du rein amyloïde, ou dans le gros rein blanc, on ne doit pas compter en général sur la guérison. Il est cependant des cas susceptibles de guérison pratique, par exemple lorsque la cirrhose, au lieu d'être générale est seulement limitée, ou encore lorsqu'elle n'affecte qu'un rein. L'auteur cite un cas de guérison complète d'un cas grave de néphrite interstitielle chronique, d'origine syphilitique. Quant à la maladie de Bright à *l'état aigu,* c'est une maladie curable dans la plupart des cas. L'auteur termine sa communication par l'indication d'un certain nombre de médicaments à recommander dans le traitement de la maladie de Bright. — M. **G. Sée** : Sur le régime et le traitement des albuminuries. L'auteur continue et termine sa première communication sur ce sujet (voir la séance précédente) par l'étude des néphrétiques qui sont caractérisés par un *retard* dans l'équilibration entre les recettes et les dépenses d'azote. L'auteur étudie successivement les aliments d'origine animale et d'origine végétale, et il en indique la composition, la digestibilité et l'action sur l'organisme. Il termine enfin par les indications de thérapeutique alimentaire et pharmacologique spéciales aux cinq groupes d'albumino-néphrétiques établis précédemment. — M. **Delthil** : Sur le traitement antiseptique local de la phtisie pulmonaire par les inhalations gazeuses d'essence de térébenthine iodoformée ou iodolée.

Séance du 13 septembre

M. **Pamard**, en réponse à la communication de M. Magitot (séance du 30 août) au sujet des accidents de la dentition, maintient les conclusions de son étude, basées sur des centaines d'observations, et qui confirment les règles de la dentition exposées par Trousseau dans une de ses *Cliniques.* — M. **Mignot** (de Chantelle) rend compte d'une épidémie de cholérine et de quelques cas de choléra nostras qui se sont produits dans son canton. Il signale la disposition générale, survenue dans la population, sous l'influence des grandes chaleurs, à contracter une diarrhée aqueuse, à l'occasion de causes accidentelles. Les malades différaient des cholériques en ce que le pouls n'avait pas cessé d'être sensible et qu'il n'y avait eu aucune chute de température. L'auteur conseille, contre la diarrhée et les vomissements, l'emploi de la décoction de citron ; il recommande aussi les injections sous-cutanées d'éther et les applications d'eau sédative camphrée forte sur la région précordiale. — A l'occasion de cette communication M. Brouardel proteste contre l'assertion de M. Mignot aux termes de laquelle le choléra asiatique sévirait actuellement à Paris. Il affirme, en son nom et au nom de ses collègues du Comité de direction du service de l'hygiène, avoir toujours dit tout ce qu'il savait concernant la morbidité et la mortalité de l'épidémie. Il n'a fait de réserves que sur la nature de l'épidémie sur laquelle il est impossible aujourd'hui d'émettre une opinion scientifique. — M. Bouchard : Sur les conditions pathogéniques des albuminuries qui ne sont pas d'origine rénale. L'auteur signale quelques groupes pathogéniques fréquents d'albuminurie, qui dépendent d'un état morbide ou de troubles fonctionnels autres que le rein. Telles sont, l'albuminurie réflexe provoquée par l'excitation des nerfs cutanés, les albuminuries dépendant, non de la néphrite chronique, mais de la goutte, du diabète ou de l'obésité, l'albuminurie dyspeptique, celle principalement qui accompagne la dilatation de l'estomac, l'albuminurie hépatique ; quant à l'albuminurie intermittente, on peut dire que toutes les albuminuries qui ne sont pas rénales, sont intermittentes. Dans le traitement de ces diverses albuminuries on doit viser à combattre non le symptôme mais la condition pathogénique de ce symptôme. — M. H.-B Millard rend compte de quelques observations sur la reconnaissance de petites quantités d'albumine dans l'urine et sur l'existence de la soi-disant albuminurie physiologique. — M. Semmola (de Naples) constate, au sujet de la discussion et des communications de MM. Dujardin-Beaumetz et G. Sée sur le régime alimentaire et sur le traitement des albuminuries brightiques, que les conclusions de ces auteurs confirment les résultats des expériences faites par lui en 1850. — M. Zune : Sur la filariose. — M. Desprez (de Saint-Quentin) : Sur le traitement du choléra asiatique par le chloroforme composé.

SOCIÉTÉ DE BIOLOGIE

Séance du 24 juillet

MM. Gley et Thiroloix exposent les résultats de leurs expériences relatives à la greffe du pancréas chez le chien. Ces résultats, identiques à ceux obtenus également par M. Hédon (voir *C. R.* du 1er août, page 595), montrent que la fonction du pancréas, dont l'extirpation entraine la syngomyélie, est une fonction de glande vasculaire sanguine. — MM. Dejerine et Sottas citent une observation de syringomyélie présentant cette particularité de s'être développée chez un homme de 55 ans et d'avoir été unilatérale. L'autopsie a fait découvrir une cavité gliomateuse s'étendant dans toute la hauteur de la moelle, mais seulement à droite. Discussion : MM. Hallopeau et Dejerine. — L'étude approfondie des réfractions et réflexions dans les milieux de l'œil, a permis à M. Czerny de distinguer, outre les lumières utiles et perdues, une *lumière nuisible* donnant lieu sur la rétine à une fausse image, très pâle et symétrique de la véritable. Il signale en outre l'existence de deux autres images, dont une nouvelle. Ces trois images, jointes aux quatre classiques, forment donc en tout sept images pour l'œil humain. — MM. Magnan et Galippe présentent un héréditaire dégénéré et porteur d'un grand nombre de stigmates physiques, en particulier une malformation de la bouche, constituant une espèce nouvelle d'atrésie. — M. Gley fait connaître les propriétés cardio-vasculaires de l'anagyroïde extrait de l'*Anagyris fœtida*. C'est un puissant excitant du cœur, dont l'action ne peut être combattue que par l'injection préalable de chloral dans les veines. — Le même auteur fixé au 30e jour environ l'âge auquel apparaît chez le jeune chien la propriété du cœur de tomber en trémulation sous l'influence des excitations électriques fortes. — M. Soulié : Utilité de la recherche des hématozoaires du paludisme ; son importance pour le diagnostic. — M. Lapicque indique quelques nouveaux chiffres concernant la richesse en fer du foie et de la rate chez

jeunes animaux. — M. Morat : Sur l'antagonisme de l'atropine et de la pilocarpine, relativement aux phénomènes respiratoires. — M. Boso : Formule urinaire complète de l'attaque d'hystérie. — M. Pilliet : Altération particulière de la fibre cardiaque observée dans l'empoisonnement expérimental par le sublimé. — M. de Santi : Application dans les pays chauds de la méthode de purification de l'eau par précipitation.

Séance du 30 juillet.

M. Féré a recherché si, chez les épileptiques, les organes de l'olfaction et de la gustation fonctionnent normalement. Il a constaté que 60 % des épileptiques présentaient un affaiblissement des sensibilités spéciales. — MM. Langlois et Charrin, en injectant à des lapins par petites doses répétées, des produits solubles du bacille pyocyanique, ont vérifié que la température vitale de l'animal ne variait pas, mais, que par contre, le rayonnement diminuait notablement. En injectant d'un coup une forte dose, le rayonnement tombe presque à zéro, bien avant le début de l'abaissement de température. — MM. Toupet et Segall, ayant étudié le développement des vaisseaux et des globules sanguins dans l'épiploon des embryons de cobayes, pensent que, dans ce tissu, il existe des cellules vasoformatives distinctes des cellules hémoformatives. — M. Gamaleia présente une préparation d'intestin de chien ayant succombé au choléra expérimental. Les lésions produites sont comparables à celles que l'on trouve chez l'homme. Les chiens qui ne succombent pas acquièrent rapidement l'immunité. Le même auteur a fait de nouvelles expériences sur l'action vaso-motrice des produits solubles des bacilles pyocyaniques. On peut guérir rapidement les lésions provoquées par l'injection postérieure des substances diminuant l'inflammation. — M. Haffkine a expérimenté sur lui et sur quatre autres médecins, son procédé de vaccination anticholérique. Le premier virus a produit un malaise de 24 heures; les suivants une réaction légère seulement. L'auteur pense qu'il est maintenant en possession d'une immunité absolue. — M. Moussu a fait un grand nombre de thyroïdectomies sur diverses espèces animales, avec un succès presque constant au point de vue de la survie de l'animal. Il a constaté des symptômes semblables à ceux du myxœdème.

La prochaine séance est fixée au 15 octobre.

ACADÉMIE ROYALE DE BELGIQUE

Séance du 4 juillet.

1° Sciences mathématiques. — M. Baschwitz : Une identité remarquable.

2° Sciences physiques. — MM. W. Spring et M. Lucion : Sur la déshydratation, au sein de l'eau, de l'hydrate de cuivre et de quelques-uns de ses composés basiques. La température exerce une influence considérable sur la déshydratation. Ainsi la déshydratation spontanée de l'hydrate de cuivre ne s'achève qu'après neuf mois environ à la température de 15°, tandis qu'à 30° elle est complète en 86 heures et à 45° en 38 heures, et même, au-dessus de 54°, l'hydrate ne se trouve plus. Quand l'hydrate de cuivre, au lieu se trouver dans l'eau pure, est au sein d'une solution de sel, on trouve que la présence de ce sel dans l'eau produit un effet comparable à celui d'une élévation de la température. Quant aux vitesses de déshydratation, on trouve qu'à 45° elles sont à peu près les mêmes pour les chlorures des métaux monovalents dont les vitesses de déshydratation sont moitié moindres que pour les chlorures des métaux bivalents. De ce qu'une solution de sel provoque le départ de l'eau de l'hydrate de cuivre jusqu'à épuisement, les auteurs pensent qu'il est permis de généraliser et d'étendre ce mode d'action aux divers hydrates. Les faits signalés dans ce travail permettent d'expliquer pourquoi certains terrains de sédiment sont formés de composés déshydratés, alors que d'autres sont demeurés à l'état d'hydrates.

CHRONIQUE

LE CONGRÈS D'ANTHROPOLOGIE CRIMINELLE DE BRUXELLES

Dans la deuxième semaine du mois d'août dernier, s'est tenu à Bruxelles un Congrès d'Anthropologie criminelle, sur lequel il nous paraît utile d'appeler l'attention de nos lecteurs.

Les questions de criminalité, considérées au point de vue juridique, échappent à la compétence de cette Revue. Mais les faits d'ordre scientifique découverts ou simplement invoqués à l'occasion des doctrines criminalitses sont de son domaine et ne peuvent laisser indifférent aucun de ses lecteurs. Pour cette raison nous nous réjouissons de leur donner la primeur du remarquable Rapport que M. le Professeur Héger, vice-président du Congrès, vient de consacrer, sous forme de discours de clôture, à l'examen des travaux présentés. Voici presqu'in extenso cet important document :

...Pour entrer dans le cœur de toutes les questions traitées, pour proposer une appréciation, il faudrait être compétent ; en vérité, cette compétence devrait être appuyée sur une encyclopédie scientifique : il faudrait être aliéniste avec Magnan, Mendel, Motet, Garnier, Voisin, Jelgersma ; jurisconsulte avec Gauckler, Van Hamel, Von Listz, Prins ; psychologue avec Benedikt, Tarde ; anatomiste avec Gaudenzi, Manouvrier, Houzé, Warnots ; sociologue avec Lacassagne, avec Tarde encore, avec Denis ; il faudrait réunir en soi toutes ces compétences, tout ce travail individuel, toutes ces finesses, toutes ces énergies. L'homme qui réaliserait en lui pareille synthèse serait certainement le type de l'*anthropologiste-criminel-né*. Inutile de vous le dire, je n'ai pas cette prétention...

Beaucoup de questions de fait vous ont été soumises, et, à part d'inévitables nuances, elles ont été acceptées et entérinées.

A ces questions se rattachent, en premier lieu, les constatations relatives aux caractères physiques et moraux des criminels, à leur anatomie, à leur physiologie, à leur pathologie.

Les questions anatomiques qui ont soulevé tant de discussions ailleurs paraissent aujourd'hui définitivement classées on ne conteste plus l'existence de tares physiques fréquentes chez les criminels, mais on a renoncé à considérer jamais telle ou telle de ces tares, ni même leur réunion, comme pathognomonique.

Personne ne s'est trouvé ici pour défendre le type *criminel-né*, combattu par MM. Manouvrier, Houzé, Warnots.

Vous avez pris connaissance des derniers perfectionnements apportés aux méthodes craniométriques et craniographiques par la construction des appareils de M. Benedikt et de M. Gaudenzi.

La physiologie du criminel est un sujet moins exploré ; M. Lacassagne vous a exposé un classement basé sur la physiologie cérébrale ; divisant les criminels en frontaux, pariétaux, occipitaux, il rattache sa théorie cérébrale aux essais de Gall et aux travaux d'Auguste Comte ; il estime que l'étude du fonctionnement cérébral des délinquants doit être prépondérante, et il trouve même que l'on s'est trop occupé de leur anatomie. M. Lacassagne pourrait trouver cependant dans cette anatomie du crâne, si bien étudiée par nos prédécesseurs, plusieurs arguments en faveur de sa thèse : je veux parler surtout du développement de la région pariéto-occipitale et de la hauteur du crâne, si marqués chez beaucoup d'assassins.

Mᵐᵉ Tarnowsky, dans une consciencieuse étude sur les organes des sens chez les femmes criminelles, nous a montré qu'elle sait appliquer avec rigueur les principes de l'expérimentation physiologique la plus ar-

due ; il me sera permis de la féliciter, de la remercier d'être venue parmi nous et de la donner comme exemple à ses confrères du sexe fort.

Le premier sujet traité parmi ceux qui se rapportaient en même temps à la pathologie et à la psychologie des délinquants, était, vous vous en souvenez, l'obsession criminelle. Avec MM. Magnan et Ladame, vous avez fait l'analyse de ces états psychologiques si profondément intéressants. Magnan vous a dépeint, en un saisissant tableau clinique, la situation de ces malheureux qui se rendent compte du mal qu'ils font, et sont impuissants à s'empêcher de nuire.

M. Garnier a insisté sur la période de lutte intérieure avec ses victoires passagères, son naufrage final et la « *décharge motrice* » amenant le soulagement. L'obsession morbide, l'idée fixe, se loge de préférence et s'installe en maitresse dans le cerveau des dégénérés. Ce fait ayant été généralement reconnu (sauf par le Dʳ Näcke qui considère plutôt l'obsession comme un symptôme de maladie mentale survenant même chez les non-dégénérés), vous en avez discuté la fréquence. M. Benedikt vous a déclaré qu'on peut observer souvent l'obsession chez les criminels, surtout chez ceux qu'il appelle les « *récidivistes honnêtes* ». M. Näcke n'est point de cet avis.

La pathologie du criminel confine à la médecine mentale ; c'est un aliéniste, M. le Dʳ Jelgersma, qui introduit ici cette thèse que le criminel ne doit pas être considéré comme un martyr de l'hérédité, comme une victime de l'atavisme, mais avant tout comme un malade. Il identifie le *criminel-né* avec le « *fou moral* » de Préchard. Tel n'est pas l'avis de M. Masoin, ni celui de M. Dektereff, ni celui de plusieurs autres aliénistes ; après une intéressante discussion, la question est restée entière et aucune conclusion positive n'est ressortie de ces débats.

La thèse de M. le Dʳ Jelgersma sera discutée longtemps encore : la classification des maladies mentales n'est pas bien établie, et pour cause ; nous devrions, pour faire une classification nette, pouvoir la baser sur la physiologie pathologique du cerveau et sur les localisations cérébrales ; toute classification basée seulement sur les symptômes comporte des états intermédiaires qui prêtent à discussion.

Vous avez entendu aussi la lecture d'une communication de M. Cuylits sur l'origine morbide des caractères reconnus chez les criminels-nés.

Ensuite, une grave question de physiologie et de pathologie mentale a été abordée : la suggestion a fait l'objet des rapports de MM. Benedikt, Voisin et Bérillon.

M. Benedikt ne croit pas à la suggestion, en ce sens qu'il ne voit pas dans les faits qu'il lui a été donné d'observer ou de connaître, un ensemble suffisamment précis, suffisamment défini, pour être dès maintenant soumis à une critique scientifique.

M. Mendel prévoit que l'ère des guérisons par l'hypnotisme et la suggestion sera courte ; il n'a aucune confiance dans l'efficacité réelle de ces pratiques. M. Crocq n'est pas loin de partager cet avis, et il insiste surtout sur les dangers de l'hypnotisme.

La suggestion, contestée ainsi jusque dans sa réalité, trouve d'énergiques défenseurs dans MM. Voisin, Bérillon, Ladame, Houzé, Masoin.

Tous, d'ailleurs, s'accordent à reconnaître que la suggestion hypnotique doit être employée avec circonspection par le médecin.

Peut-on, comme M. Voisin croit l'avoir prouvé, faire

exécuter des actes criminels par suggestion hypnotique? En pareil cas, qui faut-il punir?

M. Voisin estime que l'hypnotiseur déshonnête, qui a suggéré le délit ou le crime, n'échappe pas à la répression : on pourra tout au moins le connaître en hypnotisant l'individu qui a commis l'acte délictueux ou criminel; dans cet état second, celui-ci avouera le nom de celui qui l'a poussé au mal.

Pendant que M. Masoin tranche affirmativement la question de savoir si la suggestion hypnotique est assez efficace pour provoquer l'accomplissement d'un véritable crime, M. Motet, au contraire, ne croit pas qu'un homme *normal* puisse être amené à commettre un crime par le seul effet d'une suggestion. Il estime que la question n'est pas mûre; il faut le croire, car, la discussion terminée, chacun garde son opinion.

Avec le rapport de M. Dallemagne sur l'étiologie fonctionnelle du crime s'ouvre, dès le premier jour, un horizon tout autre que celui qui se limite à l'individu; le crime, dit M. Dallemagne, est un fait biologique et social. Les développements qu'il donne à sa pensée prouvent qu'il s'est bien rendu compte de la complexité du problème soulevé par cette définition d'apparence si simple.

Tout phénomène biologique est complexe : le moindre animalcule, c'est l'infini vivant. L'un de vous a eu raison de dire que celui qui ne voit pas cela, celui qui croit comprendre la vie ne tient pas compte de tout ce qu'il ignore. Mais, si compliqué que soit le grumeau de protoplasme qui représente un être, les histologistes n'ont-ils pas abordé le problème de sa structure? Ne l'ont-ils pas rendu accessible même aux étudiants? Nous trouvons dans les sciences astronomiques des exemples plus frappants encore de solutions exactes données par de patientes recherches télescopiques et spectroscopiques aux problèmes originairement les plus complexes; n'avons-nous pas vu analyser jusqu'à la lumière solaire elle-même?

Il ne faut donc pas se rebuter sous le prétexte que le problème est trop difficile ou trop complexe : M. Dallemagne a braqué le télescope sur la nébuleuse, et je l'en félicite.

Chemin faisant, il a rencontré de graves questions de principe qui ont éveillé aussitôt l'attention de l'assemblée entière; il ne se produisit cependant, le premier jour, une joute préparatoire, où le délégué de la Chine vint nous apporter le concours de ses lumières; c'est le lendemain, à la lecture du rapport de M. Drill, que la discussion s'engagea sur le fond.

M. Drill a tenté de formuler les principes fondamentaux de l'École d'anthropologie criminelle; il a opposé la « vieille école classique du droit criminel » à l'école positiviste d'anthropologie criminelle.

Vous n'attendez pas de moi, Messieurs, le résumé de l'intéressante discussion qu'a suivi; elle est encore toute fraîche dans votre souvenir : il y a eu des explications sincères et complètes, des oppositions énergiques; vous avez entendu ces dernières se produire par l'organe de MM. Cuylits, Zakrewsky, Meyers; je ne veux las rappeler ici que pour insister sur l'attitude prise aussitôt, et comme d'instinct, par l'assemblée entière. Permettez-moi de m'arrêter sur ce point, car il est capital.

En premier lieu, vous avez laissé hors de cause la querelle de l'École italienne, et après avoir entendu prononcer contre elle par M. Garnier appelait un « réquisitoire », vous avez trouvé, avec M. Tarde, qu'auprès d'elle les absents ne doivent pas avoir tort.

Vous avez trouvé aussi qu'il ne faut jamais personnifier une science dans un homme, quel qu'il soit, quel que soit son génie.

D'ailleurs, vous vous êtes associés aux témoignages rendus à l'initiative persévérante des Lombroso et des Ferri.

Messieurs, lorsque Moleschott, au Congrès de Paris, prit la présidence de la séance d'ouverture, il crut de son devoir d'insister sur la continuité de nos congrès, sur le lien qui les rattache et les fait dériver l'un de l'autre. M. Drill exprimait la même pensée en vous disant : Si nous sommes ici, nous troisième Congrès d'anthropologie criminelle, nous le devons à l'initiative, à la poussée donnée par les savants italiens.

N'obéissons pas à la « suggestion du nom », comme disait M. Tarde, mais acceptons l'idée : ne dérivons-nous pas directement du Congrès de Rome? Si nous avons pu, pendant ces quelques jours, échanger avec fruit et agrément nos idées, c'est aux fondateurs du Congrès de Rome que nous le devons : c'est un fait, sans eux nous ne serions pas ici!

Quelques-uns se sont demandé à ce propos, et surtout en voyant l'extension prise par ce troisième Congrès, quelques-uns, comme M. Gauckler, ont demandé : « Sommes-nous encore l'anthropologie criminelle? Avons-nous évolué au point de différer de notre aïeul ou marchons-nous toujours dans la voie qu'il nous a tracée? »

La réponse est facile à donner : ouvrons les *Comptes rendus du Congrès de Rome*, page 55; j'y trouve ces passages : « A l'heure actuelle, que veut l'École anthropologique? Elle désire apporter la méthode et la rigueur scientifique dans l'étude des questions de criminalité. Les métaphysiciens et les juristes ont créé des entités pénales...; pour nous, il n'y a pas de crimes, il n'y a que des criminels, ce sont eux que nous voulons étudier et connaître. »

Qui s'exprimait ainsi? C'est M. Lacassagne, rappelant un mot célèbre de Corvisart : « Il n'y a pas de maladies, il y a des malades. »

N'est-ce pas encore ce que nous disons aujourd'hui? Qu'importe que les uns insistent davantage sur l'anatomie ou la physiologie, les autres sur les facteurs sociaux de la criminalité? Le premier Congrès de Rome avait à son programme la sociologie criminelle comme nous l'avons aujourd'hui. Et si nous avons vu ici MM. Tarde, Van Hamel, von Litz, Prins, nous donner de sages conseils, si nous avons entendu l'un d'entre eux dire à un magistrat cette parole qui restera : « Faites venir le médecin pour apprendre à douter », n'a-t-on pas vu de même, à Rome, un célèbre juriste, M. de Holtzendorff, venir constater, en s'en félicitant, cette alliance étroite qui se préparait entre la science juridique et les sciences médicales?

Tant que sera maintenue cette alliance féconde, l'anthropologie criminelle vivra : elle est née de cette union, elle est née à Rome; beaucoup de ceux qui m'écoutent assistaient à son glorieux baptême.

Il y a eu, il y aura toujours des querelles d'École; elles paraissent indispensables à la vie de la science comme les crises de croissance à la vie de l'individu; celui-ci peut en sortir agrandi, fortifié. Tel est le cas pour ce Congrès d'anthropologie criminelle; soyons donc reconnaissants à ses parents d'être aujourd'hui si bien vivants.

La discussion sur les « *principes* » de l'anthropologie criminelle présentait encore d'autres écueils, et surtout ce vieil écueil : l'opposition de méthode, les arguments métaphysiques, le libre arbitre. Nous n'avons pas à regretter qu'un tel conflit ait été soulevé, car vous avez vu qu'il s'est heureusement terminé et vous avez tous applaudi à ces propositions de conciliation basées sur le respect des convictions de chacun et sur une convergence efficace dans les questions d'application.

Nous avons vu un jeune prêtre venir à nous et nous offrir son concours dans tout ce qui peut servir la cause de l'anthropologie criminelle; un magistrat du fond de la Flandre a écrit à notre président, vous vous en souvenez, une lettre touchante pour nous dire : « Je suis avec vous ».

Conciliation basée sur le respect des convictions intégrales de chacun, association efficace dans les questions d'application, abandon des discussions stériles pour faire un grand effort, un grand progrès; effacement de tous les dissentiments de nationalité, de tous les conflits, c'est beau, Messieurs, c'est fort beau... c'est un rêve !

Mais que cet idéal s'affirme, qu'il soit senti par chacun, ne fût-ce qu'un jour, ne fût-ce qu'un instant, c'est déjà quelque chose, car la dignité humaine s'en trouve agrandie. Et comme toute impression, si fugitive qu'elle soit, laisse après elle sa trace, nous agissons mieux ensuite parce que nous avons entrevu cet idéal.

Ainsi, ce grand résultat a été obtenu : des barrières sont tombées, des hommes appartenant aux opinions les plus opposées ont décidé de marcher vers un but commun : l'amélioration de la société. Et, résultat non moins désirable, d'autres barrières ont été maintenues ou élevées, car on ne peut être l'allié de tout le monde

Ces barrières maintenues parce qu'on les reconnait nécessaires, ce sont celles qui séparent le présent du passé, l' « *Ecole d'en arrière* », comme le disait Benedikt dans son pittoresque langage, de l' « *Ecole d'en avant* ».

Il n'y a pas de place ici pour les écoles intransigeantes, qui refusent d'avancer avec nous, qui refusent d'accepter au jour le jour les résultats précis de la science expérimentale : *nous ne faisons, nous ne ferons jamais aucune concession sur la méthode.*

Comment traduire *en fait* tous ces beaux sentiments ? Comment aboutir à cette sanction pratique sans laquelle ils n'auraient qu'une valeur éphémère ? Messieurs, votre Congrès n'a pas négligé ce point de vue ; le désir d'arriver à des mesures efficaces, la volonté d'améliorer les lois pénales et l'administration se sont affirmés de toutes parts ; c'est même la dominante de ce troisième Congrès, que cette tendance vers les solutions pratiques urgentes ; telle, en premier lieu, cette idée de la décentralisation de la justice et de la multiplication des juridictions locales, développée par M. Prins.

Souvenez-vous aussi des rapports de M. Gauckler sur l'importance relative des éléments sociaux et des éléments anthropologiques dans la détermination de la pénalité ; du rapport de M. Garnier sur la nécessité de l'examen psycho-moral de certains délinquants ; des rapports de MM. Van Hamel, Thiry, Maus, sur les mesures à prendre vis-à-vis des incorrigibles ; n'est-il pas vrai que les solutions approchent, qu'on les sent venir et que quelques-unes sont là, nettes et précises ?

Parmi celles qui s'imposent, je citerai les mesures qui concernent l'enfance criminelle : « *L'étude de la criminalité chez l'enfant*, vous disait M. Motet, *démontre la nécessité d'une répression plus efficace, qui appuierait les décisions judiciaires sur les données de la science.* » Dans le même ordre d'idées, le discours de M. Legrain a été bien instructif, et nul doute qu'il ne fasse germer des réformes utiles.

Vous avez aussi donné votre assentiment à la création d'*asiles spéciaux pour les aliénés délinquants* ; les conclusions présentées par MM. De Boeck et Otlet ont été approuvées avec raison : sans doute, le jour n'est pas venu où les prisons seront comparables à des « *observatoires psychologiques* », selon l'expression de Maudsley ; en attendant, il faut créer de tels observatoires dans les asiles spéciaux.

S'il y a dans l'anthropologie criminelle un fondement sérieux, si tant de travaux ont abouti à prouver que les soi-disant criminels ne sont pas toujours des coupables, mais souvent des déshérités de l'intelligence, des dégénérés, des mal conformés, et souvent aussi des aliénés et des épileptiques, il faut que ces travaux aient une sanction.

Je l'ai dit, il y a onze ans, se borner à reconnaître « que cela est et continuer à confondre les criminels « dans l'uniformité de la peine à subir », ce serait un non-sens ; quelque chose est changé dans nos apprécia-

tions sur le crime, sur sa nature, sur ses éléments ; quelque chose doit changer dans notre manière de combattre le crime, de le réprimer et de le prévenir.

Changer nos lois ? Renverser les codes ! M. l'avocat de Baets vous l'a dit en excellents termes : « Ne lâchez « pas le Code pénal, mais rajeunissez-le, rendez-le pra- « tique ».

« Ce qu'il faut poursuivre, disait Garofalo à Rome, « ce sont des essais d'application qui, sans détruire le « système des lois existantes, les rapprochent un peu « du vrai but qu'elles doivent avoir : l'utilité sociale. »

Je pense, Messieurs, que la plus urgente des applications actuellement en vue est la création des asiles spéciaux ; ils sont un élément de cet ensemble qui prépare l'individualisation de la peine.

J'aurais encore, pour terminer ma tâche, à vous entretenir de plusieurs objets importants, mais vos moments sont comptés, je dois abréger.

Qu'il me soit permis cependant, en terminant, de vous rappeler d'une façon toute spéciale les travaux qui vous ont été communiqués dans notre séance solennelle par MM. Hector Denis et Tarde.

M. Denis vous a démontré l'effrayant parallélisme qui existe entre la criminalité et le prix du pain ou le taux des salaires : lorsque le prix du pain augmente ou que le taux des salaires diminue, en un mot lorsque la crise économique sévit, les crimes augmentent ; en même temps, la matrimonialité diminue comme la natalité. L'homme traqué par la misère devient aisément criminel ; les courbes se superposent avec une netteté qui est une démonstration poignante.

On a parlé parfois de l'éloquence des chiffres, la voilà ; et du même coup, voilà bien la preuve que *Labor improbus omnia vincit.* Par quel labeur ingrat on arrive à ces synthèses, ceux-là seuls qui ont peiné dans les mêmes chemins peuvent l'apprécier. Réduire en un diagramme les phénomènes sociaux, traduire le phénomène biologique le plus complexe par une ligne qui exprime sa loi, c'est la pensée de Quetelet réalisée par Denis : c'est la Physique sociale.

M. Tarde a un autre genre d'éloquence : il excelle aussi dans l'analyse profonde et pénétrante des phénomènes sociaux ; comme on voit sous l'effort d'un puissant télescope une nébuleuse se résoudre en étoiles brillantes, j'allais dire en « avenues de soleils », selon l'expression de notre regretté Houzeau, on entre avec M. Tarde dans le drame social et l'on est tout surpris d'y voir clair.

Une telle précision, une telle lumière, dans des phénomènes aussi impalpables et flottants que la criminalité des foules, nous donnent l'espoir que vraiment l'intelligence humaine saura démêler et résoudre les redoutables problèmes soulevés par l'étude de l'anthropologie criminelle.

Messieurs, quand on entend de tels hommes, quand on assiste à un congrès comme celui-ci, on sent que les injustes défiances sont tombées ; le temps n'est plus où l'on nous considérait comme les défenseurs « obstinés des coupables » ; c'en est fini de cette légende. On le sait, on le voit aujourd'hui : nous sommes tous ici les défenseurs, non pas de tel ou tel ordre établi, mais de la société elle-même menacée par le crime.

Et maintenant, tâchons, comme le souhaitait M. van Hamel, de faire une société qui mérite d'être défendue !

Dr PAUL HÉGER,
Professeur de Physiologie
à l'Université de Bruxelles.

1 Rome, discours d'ouverture, Lombroso, page 50.

Le Directeur-Gérant : LOUIS OLIVIER.

Paris. — Imprimerie. Levé, rue Cassette, 17.

REVUE GÉNÉRALE

DES SCIENCES

PURES ET APPLIQUÉES

DIRECTEUR : LOUIS OLIVIER

LES PROJECTILES PRIS AU VOL

MÉTHODE POUR L'ÉTUDE DES MOUVEMENTS DANS LES GAZ [1]

Il arrive souvent en Physique d'entreprendre une série d'expériences par simple amour de l'art, et pour le plaisir de vaincre les difficultés, puis de trouver, au cours des recherches, tant de particularités intéressantes que l'on est finalement récompensé de son travail par des résultats considérés au début comme de simples sous-produits. C'est ce qui m'arriva lorsque, après MM. Mach et Salcher, j'eus attaqué le problème de la photographie des projectiles en marche.

La photographie instantanée est un puissant moyen d'investigation, puisqu'elle nous révèle des phénomènes fugitifs qu'aucun autre moyen d'observation ne nous permettrait d'étudier ou même de pressentir. Qu'il me suffise de rappeler ici les admirables travaux, bien connus des lecteurs de la *Revue* [2], consacrés par M. Marey à l'étude de la machine animale.

Mais le degré d'instantanéité d'une opération photographique peut être très différent. On nomme communément photographie instantanée une épreuve prise en un dixième ou un centième de

Fig. 1. — Œil photographié à l'éclair magnésique. La pupille était dilatée par le séjour à l'obscurité.

seconde. Pour l'étude de la plupart des mouvements des êtres animés, le millième ou le dix-

Fig. 2. — Œil photographié à la lumière ordinaire.

millième sont suffisants. Mais une balle de nos fusils actuels parcourt 600 mètres en une seconde, et 6 centimètres en un dix-millième de seconde; une

---

[1] M. Boys F. R. S. nous a récemment montré, dans son laboratoire du *Royal College of Science* à Londres, ses admirables expériences sur ce sujet. Il voulut bien alors nous promettre d'en réserver la description écrite à la *Revue générale des Sciences*, après en avoir fait l'objet d'une communication orale au Congrès de la *British Association* à Édimbourg. Nous le remercions vivement de cette précieuse faveur. — Les figures qui accompagnent cet article sont des reproductions héliographiques sans retouche des photographies originales, sur verre, de M. Boys.   *(Note de la Direction)*.

[2] Voyez à ce sujet la *Revue* du 15 novembre 1891, t. II, p. 609 et suiv.

telle durée d'exposition donnerait uné simple ombre vague sur la plaque. Avec un millionième de seconde, l'image serait indistincte à l'avant et à l'arrière, et les phénomènes qui accompagnent le passage de la balle dans l'air perdraient toute délicatesse; il est donc nécessaire de diminuer la durée de l'exposition au delà de cette limite; je dirai tout à l'heure comment on y parvient; mais je voudrais d'abord donner deux exemples très

cette épreuve a été faite à l'aide d'une étincelle électrique; mais, comme le mouvement est nul relativement à celui d'un projectile, une étincelle ordinaire suffit [1].

Le même degré d'instantanéité appliqué aux projectiles produit une image (fig. 4) dont on ne peut tirer aucun parti.

Il est clair du reste qu'aucun dispositif mécanique ne permettrait d'obtenir une durée d'expo-

Fig. 4. — Photographie d'une balle obtenue avec une étincelle de trop longue durée.

Fig. 3. — Veine liquide photographiée à l'aide d'une étincelle électrique.

Fig. 5. — Schéma des appareils. — C. grand condensateur, c petit condensateur. L'étincelle excitatrice éclate en E', l'étincelle active en E. La balle B ferme le circuit. P, plaque photographique.

différents des résultats scientifiques obtenus par la photographie instantanée.

Le premier (fig. 1, page 661) [1] est l'image d'un œil exposé pendant un certain temps à l'obscurité et illuminé subitement par un éclair magnésique. La pupille est restée dilatée, tandis qu'elle est toute petite dans l'œil de la figure 2, photographié avec un éclairage ordinaire; je n'insisterai pas sur les avantages que les oculistes pourraient tirer de ce procédé pour l'examen de l'œil.

La figure 3 représente une veine liquide à l'instant où elle se résout en gouttelettes; la forme passagère de chaque goutte est parfaitement nette;

sition suffisamment courte, et que seule l'étincelle électrique permet de résoudre le problème; or l'exemple ci-dessus nous montre que même une étincelle peut être cent fois trop lente pour donner un bon résultat; l'étincelle doit être brillante en même temps que de très courte durée; la condition est donc que le circuit dans lequel elle éclate ait une assez grande capacité, en même temps qu'une induction propre extrêmement petite; en un mot, il doit donc contenir un condensateur, et être court. D'autre part, le seul moyen d'obtenir l'étincelle au moment voulu est de faire

---

[1] Cette figure est empruntée à un travail récemment publié.

[1] Voir Boys, *Bulles de savon*, traduction Guillaume (Gauthier-Villars 1892).

fermer le circuit par la balle elle-même; mais, si l'étincelle active éclate dans le cercle ainsi complété, elle est trop rapprochée, ou bien le circuit est trop long et surtout l'étincelle qui éclate près de la balle est si brillante que la plaque est forcément voilée; il faut donc avoir recours à un artifice particulier; voici la disposition à laquelle je me suis arrêté :

une solution de chlorure de calcium. Le grand condensateur peut se décharger par E, E', tandis que le petit se ferme sur E' B. Lorsqu'une balle, passant en B, met les fils en communication, le condensateur c se décharge en produisant une petite étincelle en E'; la résistance du circuit de C est subitement diminuée, et le grand condensateur devient capable de se décharger par E' et E. L'étin-

Fig. 6. — Vue générale des appareils servant à la photographie des projectiles.
(A gauche, l'opérateur tire dans la caisse qu'on voit au centre de la figure. Cette caisse, ordinairement fermée pour constituer une chambre noire, est ici représentée ouverte afin de montrer sur son bord interne (le gauche) la plaque photographique. L'étincelle active éclate à l'extrémité de l'appendice rectangulaire visible à droite de la caisse. L'appareil qui produit cette étincelle est celui qu'actionne un aide vers la droite de la figure.)

Un grand condensateur C (fig. 5) est en connexion avec un autre plus petit c; les armatures

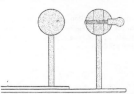

Fig. 7. — Soupape électrique de sûreté.
(Les deux boules sont reliées aux bornes du circuit électrique. Celle de droite porte une vis de réglage. L'effluve, allant de cette vis vers la boule de gauche, maintient le potentiel au-dessous de la valeur dangereuse.)

extérieures sont en court-circuit, tandis que les autres sont réunies par un fil de coton trempé dans

celle E' est cachée par un écran, tandis que l'autre étincelle projette l'ombre de la balle sur la plaque P. Durant la charge du système, les condensateurs

Fig. 8. — Photographie, obtenue à l'aide du miroir tournant, d'une étincelle électrique de courte durée.
(La partie brillante de l'étincelle ne correspond qu'à une petite fraction d'une division de l'échelle des temps. Chacune de ces divisions représente un millionième de seconde).

C et c ont leurs armatures respectivement au même potentiel, l'équilibre se faisant par le morceau de fil;

mais la décharge est de trop courte durée pour que ce mauvais conducteur y prenne aucune part, et la charge entière du condensateur C passe par E et E'. On sait, d'autre part, que, pour une lon-gueur donnée, l'étincelle en E est plus brillante si le circuit contient une autre interruption que s'il est complet. Cet arrangement réunit donc tous les avantages.

La figure 6 (page 663) montre la disposition de l'en-semble des appareils ; c'est dans la boîte ouverte au lorsqu'elle est près de suffire à la décharge spon-tanée. Dans certains cas, j'ai jugé utile de munir l'appareil d'une soupape électrique, représentée dans la figure 7 (page 663). En avançant plus ou moins la vis, on règle sa position de telle sorte que l'effluve suffise pour maintenir le potentiel au-dessous de la valeur dangereuse.

Dans les expériences dont j'ai parlé : au début, MM. Mach et Salcher se servaient d'une chambre noire et obtenaient des épreuves très petites. La

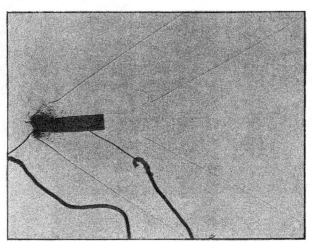

Fig. 9. — Photographie d'une balle de fusil à magasin : vitesse = 600 mètres par seconde.
(L'air comprimé produit les ondes qui partent de l'avant et de l'arrière du projectile. Les lignes fortes et sinueuses que l'on voit au-dessous de la balle sont produites par l'ombre des fils du circuit électrique. Les gros fils sont en cuivre, les petits, qui les terminent, sont en plomb).

milieu de la figure que se trouve la plaque. La balle y entre en perçant un papier qui ferme l'ou-verture du côté de l'opérateur.

Pour que l'expérience réussisse comme je viens de la décrire, il est nécessaire que la différence de potentiel produisant l'étincelle soit comprise entre certaines limites : si elle est trop faible, l'étincelle active n'éclate pas ; si elle est trop forte, elle part sans être excitée, et la plaque est perdue.

Lord Rayleigh, dans des expériences analogues sur la rupture des bulles de savon, se servait d'un petit électroscope en dérivation sur le condensa-teur ; mais, lorsqu'on a une machine statique d'un débit régulier, il est beaucoup plus simple de compter les tours de roue, et d'arrêter la charge

méthode de projection que j'ai employée donne des images un peu agrandies ; la plus grande sim-plicité des appareils m'a permis d'attaquer des problèmes plus divers.

Fig. 10. — Schéma montrant la relation qui existe entre la vitesse de la balle, la vitesse du son et l'inclinaison des ondes sur la trajectoire.

Le circuit que je viens de décrire peut être étu-dié, au point de vue de son efficacité, par un pro-cédé indirect permettant de fixer d'avance les conditions dans lesquelles on peut obtenir de bons résultats; il suffit, pour cela, de photographier l'étincelle active, étalée d'abord à l'aide d'un

rieure à un millionième de seconde; mais, une petite portion seulement, celle qui passe pendant

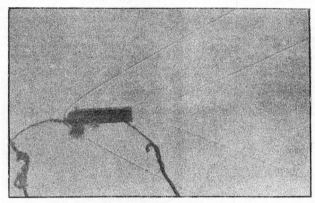

Fig. 11. — Photographie d'une balle dans un milieu très dense constitué par de l'acide carbonique saturé de vapeur d'éther. (Les ondes sont de ce fait beaucoup plus inclinées que dans la figure 9.)

miroir tournant. La figure 8 (page 663) représente une image ainsi obtenue avec un miroir faisant

le premier dixième de ce temps, est assez intense pour produire l'image du projectile; le reste est

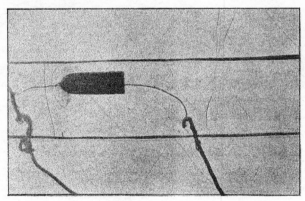

Fig. 12. — Photographie d'une balle de fusil Martini-Henry lancée entre deux plaques de tôle, montrant la propagation d'une onde aérienne dans un espace limité. (En avant de la balle on voit l'onde frontale. Les nombreuses stries que l'on remarque entre les tôles ou à l'extérieur sont dues à des réflexions des ondes sur les parois de la caisse et sur les tôles elles-mêmes.)

512 tours par seconde; l'échelle tracée au-dessous montre que la durée totale de l'étincelle est infé-

presque inactif. La durée efficace de l'étincelle est d'environ $\frac{1}{125.000.000}$ de seconde.

Dans toutes les photographies que je vais décrire se trouve l'ombre des fils que la balle relie pour produire l'étincelle; cette ombre est gênante, mais il est impossible de l'éviter. J'ajouterai seulement, comme détail pratique, que le conducteur est terminé par de petits fils de plomb, les seuls qui m'aient donné de bons résultats.

La figure 9 (page 664) reproduit une photographie, sans aucune complication, du projectile d'un fusil à

pas toujours, comme le montre une expérience très simple. Si nous plongeons une aiguille dans une cuvette d'eau tranquille, et si nous la déplaçons avec une faible vitesse, elle ne laisse aucune trace; mais, si nous la faisons mouvoir de plus en plus vite, il arrivera un moment où une onde apparaîtra; ce moment est précisément celui où l'aiguille possède la vitesse de propagation d'une ride à la surface de l'eau. Il en est de même dans l'air, où les

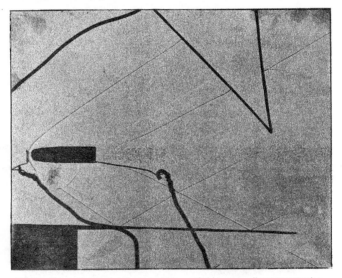

Fig. 13. — Photographie des ondes aériennes, coupées perpendiculairement ou obliquement par des plans.
(Dans la rencontre perpendiculaire, il n'y a pas de réflexion. Dans la rencontre oblique, l'onde se réfléchit, et les régions sombres et claires sont interverties. Vers le bas de la figure, à droite, on remarque que l'arête de la tôle a produit une diffraction.)

magasin avec une vitesse de 600 mètres par seconde. La netteté de l'image nous montre la courte durée de la pose; mais, ce qui est surtout remarquable, ce sont les doubles lignes sombres et claires partant de l'avant et de l'arrière de la balle, et qui rendent compte des perturbations occasionnées dans l'air par le passage du projectile. Ces ombres rappellent absolument les deux vagues produites sur une eau tranquille par le passage d'un bateau dont la poupe se termine brusquement; le remous que l'on voit dans le prolongement de la balle est analogue au sillage laissé par le bateau. Ces ondes ne se produisent

ombres singulières de la figure 9 ne sont engendrées que par des balles dont la vitesse est supérieure à celle du son. Mais, comment l'air produit-il cette ombre? La lumière traversant des couches d'air de densités très différentes est réfractée et rejetée à l'intérieur de l'onde, où elle produit une ligne lumineuse. Tout le monde a vu les stries qui se produisent au-dessus du verre d'une lampe ou sur une route exposée au soleil; les phénomènes que nous décrivons sont de même nature.

Un calcul très simple nous montrera beaucoup plus nettement ce que nous révèle l'étude de ces ondes.

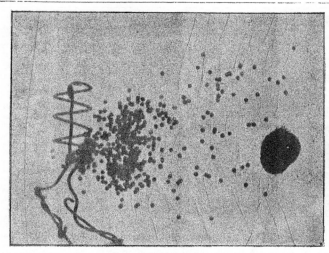

Fig. 14. — Décharge d'un fusil de chasse à canon cylindrique.
Chaque grain de grenaille produit une onde. L'onde frontale, à gauche, est due au mélange de l'air et des gaz de la poudre
La bourre, située à droite, suit la décharge.)

Fig. 15. — Première phase de la traversée d'une plaque de verre par une balle.
(Le verre, pulvérisé, est rejeté à l'arrière. Les lignes, très peu visibles de part et d'autre de la plaque de verre, sont dues à la
vibration de cette plaque. Le réseau d'ondes, au centre de la figure, est produit par des parcelles de carton précédemment

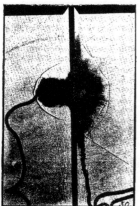

**Fig. 16. — Deuxième phase de la traversée d'une plaque de
verre par une balle.**
(Les ondes qui ont atteint le bord de la plaque reviennent
vers le centre.)

Considérons (fig. 10 page 664) une balle allant
de A vers B. Au moment où elle atteint le point A,
l'onde part de ce point et rayonne dans toutes les directions ; la même chose se produit pour tous les
points compris entre A et B ; la ligne C B est l'enveloppe de ces ondes. Tandis que la balle a décrit le
chemin A B, l'onde a parcouru la distance A C, et
les longueurs AC et BC sont dans le rapport des
deux vitesses ; nous aurons donc la relation :

$$\sin ABC = \frac{\text{vitesse du son}}{\text{vitesse du projectile}}.$$

Pour montrer le parti que l'on peut tirer de
cette relation, j'ai rempli la caisse d'expérience
d'acide carbonique et de vapeur d'éther. La
figure 11 (page 665), obtenue dans ces conditions,
présente des ondes beaucoup plus inclinées ; la
mesure de leur inclinaison, comparée à la précédente, nous donnerait la valeur de la vitesse relative
du son dans l'air et dans le mélange lourd de la
dernière expérience.

Les conditions de la propagation des pressions
dans un espace clos ne sont pas les mêmes qu'à
l'air libre ; c'est pourquoi il est intéressant d'examiner l'onde frontale de la figure 12 (page 665),
produite par le passage d'une balle de Martini-
Henry entre deux plaques de cuivre mince. La
vitesse du projectile n'est ici que de 395 mètres
par seconde, et l'on voit, à l'extérieur des plaques,
deux ondes faibles et très peu inclinées.

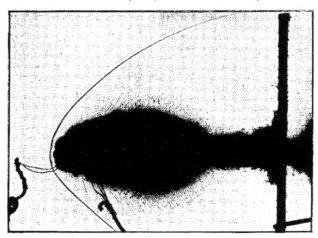

Fig. 17. — Troisième phase de la traversée d'une plaque de verre par une balle.
(Le projectile entraîne un nuage de verre pulvérisé. La plaque commence à se désagréger. L'onde frontale est fortement
accusée. Les stries très faibles à la partie supérieure de la figure sont produites par la vibration de la plaque.)

La figure 13 (page 666) est plus instructive, parce qu'elle nous montre des ondes se propageant sans réflexion sur une plaque, qu'elles coupent presque perpendiculairement (partie supérieure de la figure), et, au contraire, des ondes réfléchies avec la netteté d'un rayon lumineux par une plaque coupée obliquement. On voit même, — ce que l'on pouvait prévoir — que les régions sombres et claires des ondes se sont inversées par la réflexion. Mais, la particularité la plus curieuse de cette épreuve se voit à l'extrémité de la plaque horizontale. L'onde, coupée par le bord de la tôle, se partage en deux parties : l'une continue au-dessous, l'autre se réfléchit ; puis, entre deux, nous voyons les ondes recourbées par une singulière perturbation du phénomène qui se produit au bord du miroir. Je ne crois pas exagérer l'importance de ce phénomène en disant que son étude systématique nous enseignera quelque chose sur la propagation du son au voisinage d'un obstacle ; qui sait ? sur la diffraction de la lumière peut-être.

Je passerai rapidement sur la figure 14, qui nous montre la décharge d'un fusil de chasse ; la bourre suit de près la grenaille, et l'onde frontale est produite autant par les gaz de la poudre que par cette dernière. J'insisterai seulement à ce propos sur la possibilité de l'étude, par la photographie, de la balistique du fusil de chasse ; l'une des projections orthogonales de la décharge se voit sur la cible, la photographie nous donne la seconde. La figure reproduite ici correspond à un canon cylindrique. Le *choke bored*, légèrement conique à la bouche, donne une décharge plus ramassée.

J'ai étudié avec quelques détails les diverses périodes de la traversée d'une plaque de verre, que représentent les figures 15, 16, 17 et 18. Dans la première, la balle est à peine engagée dans la plaque ; elle rejette de toutes parts en arrière le verre pulvérisé, et produit déjà une onde frontale

de l'autre côté. Parmi les ondes aériennes, les plus remarquables sont ici celles qui sont symétriques par rapport à la plaque et très peu inclinées ; elles sont dues au léger mouvement d'oscillation que prend la plaque au moment du choc. Ce mouvement se propage dans la plaque en même temps que le premier déplacement chemine dans l'air ; et, pour la raison qui a été donnée plus haut, le sinus de l'angle d'inclinaison de ces lignes donne le rapport des deux vitesses. Une autre expérience se trouve représentée sur la même figure : la balle, ayant traversé une feuille de carton avant d'arriver à la plaque de verre, l'avait réduite en menus fragments dont chacun a donné une onde aérienne. L'ensemble de ces ondes produit le fouillis que l'on voit en arrière de la balle. La seconde période de la traversée est donnée par la figure 16, sur laquelle je ferai remarquer le retour des ondes qui ont atteint le bord de la plaque, où elles se sont réfléchies ; en y regardant de près, on voit que ces ondes se composent de sections alternativement claires et sombres vers la plaque ; les premières correspondent à un mouvement en avant, les autres à un mouvement rétrograde ; l'ensemble des deux sections consécutives donne donc la longueur d'une onde entière. Les ondes à l'arrière sont précisément inverses de celles que l'on voit à l'avant, d'où l'on conclut que l'oscillation de la plaque est transversale. Dans la figure suivante (fig. 17), la balle a traversé ; elle entraîne après elle un véritable nuage de verre pulvérisé dont chaque miette produit une onde, et l'ensemble donne naissance à l'énorme onde frontale que l'on voit à l'avant. Les premières éclaboussures sont parties en arrière, tandis que le mouvement de vibration de la plaque la réduit en menus morceaux que l'on voit se détacher. Enfin, dans la figure 18, la balle est à 40 centimètres derrière la plaque ; elle a quitté son nuage

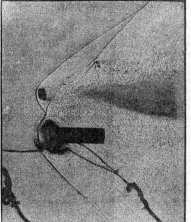

Fig. 18. — Quatrième phase de la traversée d'une plaque de verre par une balle.
(Le projectile est sorti du nuage de poussière qu'on voit à droite. Un gros fragment de la plaque est visible au-dessus de la balle. Derrière elle, l'air est sillonné d'ondes produites par les éclats du verre pulvérisé.)

19*

de poussière vitreuse, dont un fragment plus gros, coupé comme à l'emporte-pièce par la balle, s'est détaché et chemine seul à l'avant.

Je pourrais multiplier les exemples, et montrer des modifications des expériences que j'ai décrites; mais je ne m'étais point proposé, dans cet article, de traiter dans tous ses détails la question de la photographie des projectiles; mon but était seulement de montrer quelques-unes des nombreuses expériences que l'on peut exécuter avec le dispositif très simple dont je me suis servi. Peut-être les constructeurs d'armes en tireront-ils quelque parti? On peut espérer aussi que, grâce à certaines analogies, les expériences, convenablement dirigées, ne seront pas absolument stériles pour la Physique.

C.-V. Boys,
de la Société Royale de Londres.

OBSERVATIONS SUR LES MAMMIFÈRES DU THIBET [1]

Lorsque le Comité d'organisation du Congrès de Zoologie m'a demandé quelles étaient les questions qui me paraissaient pouvoir être traitées avec avantage, je n'ai pas hésité à indiquer celles relatives à la faune de l'Asie centrale. Je savais que si, personnellement, je n'avais que peu de chose à dire à ce sujet, les savants russes ne manqueraient pas de répondre à cet appel, et que nous aurions beaucoup à apprendre d'eux, car l'Asie centrale, de la Perse à la Chine, a été l'objet de leurs études de prédilection. A diverses reprises ils ont parcouru le pays, ils en ont étudié la Géologie, la Flore et la Faune, et ils ont rapporté, comme Severtzov, Fedjenko, Przewalski et Groum-Grgimaïlo, d'admirables collections qui ont servi de bases à des travaux considérables.

Plusieurs voyageurs français ont, de leur côté, exploré la Chine, la Mongolie, le Thibet, l'Indo-Chine, et les documents qu'ils ont réunis offrent un grand intérêt. Tous les naturalistes connaissent les belles découvertes faites, il y a 25 ans, par M. l'abbé Armand David : elles ont été une véritable révélation de la richesse de la faune thibétaine. Depuis cette époque, M. le Dr Harmand, M. Pavie, M. Joseph Martin, le prince Henri d'Orléans et M. G. Bonvalot, M. Dutreuil de Rhins et les missionnaires français de Tatsi-en-lou, dirigés par Mgr Biet, ont beaucoup contribué à nous faire connaître les productions naturelles de l'Asie centrale et orientale.

Les collections recueillies par le prince Henri d'Orléans comprennent un très grand nombre de mammifères et d'oiseaux : il les a offertes au Muséum d'histoire naturelle et ce sont elles qui m'ont fourni principalement les éléments de cette communication. Les oiseaux ont été étudiés récemment par M. le Dr Oustalet ; aussi n'aurai-je pas à en parler ici.

La faune du Turkestan est bien distincte de celle de la région thibétaine. Les monts Tian-Chan du Turkestan chinois sont habités par de grands quadrupèdes peu différents de ceux de l'Europe : ce sont des loups et des ours, des cerfs (*Cervus Xanthopygus* A. M. Ed.), des chevreuils (*Cervus Pygargus*). Des tigres et des panthères, venus du sud de l'Asie, s'y montrent fréquemment.

Dans le désert stérile et sablonneux qui s'étend de Korla au Lob-Nor la faune offre d'autres caractères : les Gazelles y abondent (*Gazella Subgutturosa*). On les rencontre par petites troupes au milieu de ces plaines couvertes d'une herbe rare, de Saxaouls et de Tamaris, où les seuls arbres sont des peupliers rabougris et tordus et où le fleuve Tarim se développe dans de grands marécages. La couleur du pelage de ces quadrupèdes s'harmonise admirablement à celle du sable : les renards sont de teinte jaune clair (*Vulpes flavescens*, Blan.); les gerbilles (*Gerbillus psammophilus*) sont nombreuses et ressemblent à celles du Sahara ; un chat (*Felis Shawiana*) est très semblable par son pelage au *Felis Margaritæ* des déserts du Nord de l'Afrique. Les chameaux sauvages se montrent par bandes peu nombreuses.

En s'élevant sur les pentes de l'Altyn-Tagh, on trouve d'autres animaux : ce sont les Grands Moutons (*Ovis Poli*), les Burrhels (*Pseudovis Burrhel*), les Orongos (*Pantholops Hodgsoni*), l'Antilope Ada (*Gazella picticauda*), les Yacks sauvages à pelage brun foncé et à grandes cornes divergentes, les Koulanes (*Equus Kiang*), et de nombreux Rongeurs, Lièvres et Lagomys. (*Lagomys erythrotis*, Buchner).

Du Tengri-Nor à Batang, la faune est plus riche. Les montagnes, couvertes de forêts de Conifères et de taillis de Rhododendrons, donnent asile à beaucoup de Mammifères. Nos voyageurs ont aperçu un Singe noir à grande queue sans pouvoir l'approcher ; mais ils ont capturé plusieurs Macaques Rhésus, remarquables par leur grande taille, leur fourrure épaisse et longue, leur queue courte. Ces

---

[1] Communication faite le 22 août à la séance d'ouverture du Congrès international de zoologie de Moscou, dont nous rendons compte ci-après.

animaux, à l'état adulte, sont comparables par leurs dimensions aux grands Cynocéphales d'Afrique; ils vivent par troupes nombreuses, on les voit jusqu'au milieu des neiges, et ils se réfugient dans les trous des rochers. Les habitants les respectent et souvent leur donnent à manger. Une jeune femelle, achetée le 7 mai 1890 à Kian Tatie, a été rapportée à Paris, et elle vit encore aujourd'hui à la ménagerie du Muséum. Malgré son séjour dans un bâtiment chauffé, elle a conservé la toison épaisse et longue qui a fait donner à l'espèce le nom de *Macacus vestitus* [1]. Le Macaque du Thibet (*M. Thibetanus*), si répandu dans la vallée de Moupin, et le Rhinopithèque de Roxellane n'ont pas été signalés de Batang à Tatsien-lou.

Les Panthères et les Onces sont abondants, ainsi que les Lynx (*Lynx rufus*); on y trouve aussi le *Felis scripta* et une autre espèce de forte taille appartenant au même groupe que le *F. Chaus*, mais différente de ce dernier et que j'ai désignée sous le nom de *Felis Bieti* [2]; le *Felis tristis* [3] qui atteint des dimensions plus

considérables que l'on ne le supposait généralement, le *Felis Manul* (Pallas), remarquable par les teintes noires de sa poitrine et appartenant à la variété désignée par Hodgson sous le nom de *Felis nigripectus*. Les loups sont communs et l'on y voit des Cuons à longs poils roux appartenant probablement à l'espèce *C. Dukhunensis*; des renards (*Vulpes ferrilatus*), des putois et des Martres

---

[1] *Macacus vestitus.* — Cette grande espèce est voisine du *Macacus Rhesus* et du *M. Tcheliensis*, mais elle se distingue par son épaisse toison. Les poils des épaules et des bras forment une sorte de camail et ils sont aussi développés que ceux des Cynocéphales hamadryas; chez les mâles adultes ils ont plus de 12 centimètres, ils sont gris dans presque toute leur étendue, leur extrémité seule est annelée de jaune. Sur les lombes et dans la partie postérieure du corps, ainsi que sur les cuisses et les jambes, les teintes sont plus intenses et d'un roux ferrugineux. La face est rouge, encadrée de sourcils et de favoris longs et dressés, les mains sont d'un gris noir plus foncé que celui des pieds. La poitrine, le ventre et la face interne des membres sont d'un gris clair. La queue est plus courte que chez le Rhesus et le M. Tcheliensis.

Dimensions d'un mâle adulte :
Longueur totale, du museau à la base de la queue : 0 m. 71.
Longueur de la tête : 0 m. 21.
Longueur de la queue (sans poils), 0 m. 16, avec les poils terminaux, 0 m. 21.
Tour du corps en arrière des bras : 0 m. 68.

[2] *Felis Bieti.* — Ce chat est plus gros et beaucoup plus bas sur pattes que le Felis chaus; les oreilles portent à leur extrémité un fort pinceau de poils roux, les joues sont marquées de deux bandes longitudinales brunes se détachant sur le poil gris clair. Le corps est traversé par environ douze bandes peu distinctes, plus foncées que le reste du pelage, les épaules et les cuisses portent des maculations indistinctes. La queue est très fournie et plus longue que celle du *F. Chaus*, chez cette espèce elle n'atteint pas le sol, tandis que chez le *F. Bieti* elle dépasse beaucoup le pied, elle est ornée de cinq anneaux noirs et terminée par un pinceau de cette couleur. La face inférieure des pieds est noire.

La teinte générale est d'un gris jaunâtre, plus foncé sur le dessus du cou, en avant des épaules; le poil est très fourni et quelques poils clairsemés dépassent beaucoup le reste de la fourrure.

Longueur totale du museau à la base de la queue : 0 m. 70.
Longueur de la queue, dans les poils terminaux, 0 m. 55, avec les poils, 0 m. 57.
Hauteur au garrot : 0 m. 34.
La dent carnassière porte un tubercule interne beaucoup plus petit que chez le *F. Chaus* et le troisième lobe de la deuxième prémolaire supérieure est notablement moins fort que dans cette espèce.

[3] *Felis tristis.* — Ce chat ayant été décrit d'après une peau préparée comme fourrure, je crois utile d'en donner

une nouvelle description faite sur des exemplaires plus complets.

La tête est maculée de gris, de jaune, de brun et de noir; mais elle offre cependant quelques lignes ou bandes assez nettes.

La lèvre supérieure est marquée de lignes d'un brun noirâtre sur un fond jaune roux.

Une bande blanche assez large, et nettement limitée par une bordure brun noirâtre, naît au-dessous de l'œil, et se dirige en arrière en suivant à peu près le trajet de l'arcade zygomatique. Arrivée au niveau de l'articulation de la mâchoire, elle s'incurve en bas et en arrière pour aller se perdre dans les teintes grises du cou. La bordure noire vient se raccorder avec la première bande brune qui traverse le pelage grisâtre du dessous du cou, à la naissance de la gorge.

Une bande blanche borde l'œil inférieurement, dépasse son angle interne et descend verticalement pour se terminer brusquement par une extrémité arrondie de chaque côté de la base du nez dont le pelage est d'un gris noirâtre uniforme.

Les oreilles sont bordées d'un liséré jaune plus large du côté interne, et sont couvertes sur leur face externe d'un noir presque pur vers la pointe, passant au gris noirâtre sur le reste de l'oreille et sur les côtés du cou.

Sur la nuque, entre les deux oreilles, naissent quatre bandes étroites d'un brun roux mêlé de noir séparées par trois larges plages d'un roux jaune. Ces bandes se continuent sur le dessus du cou et sur la région scapulaire où elles s'élargissent et divergent, deux à droite et deux à gauche.

Les deux internes, après un assez court trajet, viennent finir en s'arrondissant à la naissance du dos, vers l'extrémité postéro-supérieure de l'omoplate. Les deux bandes externes divergent davantage en décrivant une courbe à convexité postérieure, embrassent, dans leur circuit, presque toute la région scapulaire proprement dite, et se terminent en arrière et au-dessous du niveau de la tête de l'humérus. Dans leur portion élargie, ces quatre bandes présentent une teinte rousse régulièrement bordée intérieurement et en arrière d'une ligne brun noirâtre. Les teintes jaune roux des espaces intermédiaires s'accentuent encore sur la région scapulaire, ce qui donne à cette partie du corps une vivacité de ton qui tranche sur le reste du pelage. Cet éclat roux brûlé reparaît encore sur la partie postérieure de la croupe et à la naissance de la queue. Le dessous du menton, la portion adjacente du milieu du cou et le poitrail sont d'un blanc grisâtre parsemé de taches d'un roux brun formant des bandes transversales, la première bien dessinée au niveau de la gorge, les autres plus en arrière, irrégulières et confuses à la naissance du cou et sur le poitrail.

Sur le milieu du dos, on remarque des taches analogues à celles de la nuque, mais plus foncées, qui s'allongent davantage, et forment des bandes continues dans la région sacrolombaire.

Les épaules, les flancs, la face externe des hanches et les cuisses présentent des maculations rousses, cerclées de brun foncé sur un gris blanchâtre. Ces taches sont disséminées sans aucun ordre apparent, sauf sur les flancs, où elles paraissent former trois séries longitudinales légèrement convergentes vers le haut de l'épaule, à l'extrémité de la bande interne émanant de la nuque, et dont il a été question plus haut.

MESURES D'UN MALE ADULTE

Longueur de l'extrémité du museau à la naissance de la queue................................. 0 m. 87
Longueur de la queue....................... 0 m. 36

(*Putorius davidianus* et *Marta flavigula*); deux ours de grande taille, l'un noir à tache pectorale jaune (*Ursus Tibetanus*), l'autre brun varié de jaune clair et identique à celui que Fr. Cuvier a décrit sous le nom d'*Ursus collaris*; un blaireau (*Arctonyx obscurus* A. M. Edw.) et le Panda éclatant (*Ailurus fulgens*). L'*Ailuropus melanoleucus* est inconnu dans cette région.

Les rongeurs sont représentés par de très grands Pteromys (*Pt. alborufus*), par plusieurs écureuils à ventre roux (*Sciurus erythrogaster* et *Sc. Pernyi*), par un Tamias (*T. Maclellandi*), une marmotte (*Arctomys robustus*), différentes espèces de Mus, un Siphneus distinct de ceux déjà connus (*S. tibetanus*), un lièvre (*Lepus hypsibius*) dont les pattes sont fortement teintées en roux par leur contact avec un sol ferrugineux, deux espèces de Lagomys (*L. Koslowi* et *L. Melanostomus*, Buchner).

Les ruminants sont très variés. Je citerai les yaks sauvages, des moutons Nahors (*Ovis Hodsoni*) et une espèce à cornes comprimées que je crois nouvelle [1]; des Orongos (*Pantholops Hodgsoni*), de grands Nemorhedus de la taille du *N. bubalinus* de l'Inde, mais pourvus d'une longue crinière de poils blancs et se rapportant à l'espèce que le Père Heudes a appelée *Nemorhedus Argyrochœtus*; deux variétés de chevrotain porte-muse, l'une à

poil d'un gris noir, l'autre de teinte plus claire et tirant sur le jaune; l'*Elaphodus cephalophus* à pelage moins roux que celui de la vallée de Moupin, mais cependant de même espèce ; un chevreuil semblable à celui des monts Thian-Chan, mais généralement plus robuste (*Capreolus Pygargus*); un cerf du groupe des Rusa et différant du Sambur de l'Inde et de Cochinchine par sa queue plus fournie, plus longue et noire, par ses oreilles plus grandes, son museau bordé de noir et ses pattes d'un blanc jaunâtre à leur extrémité.

On est en droit de s'étonner qu'en si peu de temps nos voyageurs aient pu se procurer un aussi grand nombre d'espèces, et il est évident que de nouvelles études faites dans la même région feront connaître d'autres mammifères. Mgr Biet, évêque de Diana et missionnaire apostolique du Thibet, a bien voulu donner des instructions pour envoyer des chasseurs à la recherche des animaux de la haute vallée du Yang-tse-Kiang; mais, dès à présent, nous voyons déjà s'accentuer la ressemblance des animaux de cette partie du Thibet avec ceux de l'Indo-Chine, et nous remarquons, en même temps, certains traits particuliers qui ne se retrouvent pas ailleurs.

A. Milne-Edwards,
de l'Académie des Sciences,
Directeur du Muséum.

FRAGMENTS D'HISTOIRE MÉDICALE

BRETONNEAU ET SES ÉLÈVES

La publication du livre de M. le Dʳ Triaire, qui renferme un grand nombre de lettres de Bretonneau ainsi que quelques-unes de celles de ses amis et de ses élèves [2], évoque un passé qui semble déjà lointain et presque effacé. Souvent le temps se mesure par le nombre de faits accomplis. Or,

depuis quatre-vingts ans la science médicale a fait plus d'acquisitions importantes que pendant tous les siècles précédents. Il résulte de cette grande production que les travailleurs du début de cette époque se trouvent relégués dans une période qui, pour paraître préhistorique, n'en est pas moins chronologiquement récente. C'est là une réflexion dont on est assailli dès l'abord, lorsqu'on parcourt la correspondance de Bretonneau, médecin à Tours, avec ses élèves.

Ces quelques pages rappellent une des phases les plus glorieuses de notre histoire médicale. Il n'est pas inutile de remettre sous les yeux de notre jeune génération cette époque trop oubliée. En effet, c'est de la France qu'est partie cette grande révolution médicale, qui devait définitivement fixer l'étude rationnelle et scientifique des malades. Jusque-là on retrouve dans la médecine une sorte de mysticisme nuageux; toute question se complique de considérations métaphysiques. Si l'on considère que, jusqu'à une période relative-

---

[1] *Ovis Henrii.* — Cette espèce de mouton est de la taille de l'*Ovis Nahoura.* Sa couleur est la même que celle de l'*Ovis Polii* ; le dessus du cou est cependant plus foncé et garni d'une sorte de crinière de longs poils qui, naissant en arrière des cornes, sur l'occiput, s'étend jusqu'en dessus et en avant des épaules. La ligne dorsale est d'un brun plus foncé que les flancs. Ceux-ci ne portent pas de bandes noires, mais il existe une tache noire et allongée sur les pattes au devant du poignet. La croupe est d'un blanc jaunâtre. La queue, de même couleur, est très courte. Les cornes de la femelle sont très divergentes, très aplaties en forme de lame et portent, en avant, quelques traces d'annulation.

Longueur du museau à la naissance de la queue, 1ᵐ36; Queue, 0,06 centimètres; Hauteur au garrot, 0ᵐ79; Longueur des cornes, 0ᵐ15; Largeur, 0ᵐ05; Épaisseur, 0ᵐ008.

[2] P. TRIAIRE : *Bretonneau et ses correspondants*, précédé d'une introduction de L. Lereboullet. T. I et II, 2 fort vol. Gr. in-8ᵉ de 596 p. et 648 p. (Prix : 25 fr.). F. Alcan, 1892.

ment moderne, la pathologie était souvent dominée par l'étude des astres et des songes, il n'est pas malaisé de comprendre quels efforts il a fallu pour affranchir la science médicale de cette singulière tutelle. L'École de Paris donna le signal de cet effondrement. Bretonneau et ses deux élèves Trousseau et Velpeau abordèrent énergiquement la lutte; ils attaquèrent d'une part les doctrines médicales régnantes qui n'avaient pour elles que leur ancienneté, on pourrait dire leur sénilité, et d'autre part ils s'élevèrent avec force contre la théorie réformatrice de Broussais, qui eut un retentissement immense au commencement de ce siècle.

Bretonneau et ses deux enfants adoptifs rencontrèrent dans Broussais un adversaire tout d'abord triomphant. Chirurgien des armées de l'Empire, Broussais avait parcouru les champs de bataille de Napoléon et il avait rapporté de son éducation militaire des qualités de combativité inconnues jusqu'alors dans la sereine atmosphère médicale. A l'aide de procédés révolutionnaires, il secoue la torpeur des médecins de son temps, il les enflamme de son ardeur communicative, monte à l'assaut des vieilles doctrines, les renverse et reste pour un instant maître du champ de bataille. Mais sa victoire est de courte durée. Il avait, il est vrai, amorcé le mouvement scientifique qui sommeillait; mais, une fois actionnée, cette force se retourna contre lui. C'est que, de toutes parts, s'élevaient des hommes comme Bretonneau, Trousseau, Velpeau, Laennec, Louis, Bichat, Corvisart, Bayle, Andral, Chomel, Bouillaud, etc., et, en quelques années, la clinique médicale apparut façonnée par une méthode précise, de rigoureuse observation.

La doctrine physiologique de Broussais comportait un réel progrès; mais, poussée à l'extrême, jusqu'à l'absurde, avec l'assurance implacable d'un pontife, elle devait s'effondrer rapidement. La réaction ne se fit pas seulement contre la doctrine, mais aussi contre l'homme. Que l'on juge du ton de bienveillance avec lequel il traite ses contemporains : « Les insectes parlans qui repullulent aujourd'hui avec plus de force que jamais sous l'influence d'astres malins, trop visibles pour qu'il soit besoin de les montrer; ces êtres, dont le souffle flétrit tout ce qu'il touche, ont déjà dit que le dépit de n'être pas là où je crois devoir être me fait tenir ce langage. — Je sais que je blesse bien des amour-propres et que le motif d'être utile à mes semblables ne me servira point d'excuse auprès de bien des gens. On se plaindra du défaut de respect pour certaines autorités révérées, on s'indignera, on cherchera à m'humilier : j'ai tout prévu, rien ne m'arrête. Puis-je ignorer que tous les hommes qui ont voulu éclairer leurs concitoyens ont été cruellement persécutés, et que les découvertes les

plus utiles ont excité les murmures de la multitude irréfléchie? Harvey passa pour fou quand il annonça la découverte de la circulation; l'inoculation fut solennellement prohibée, et la vaccine, malgré tous ses bienfaits, trouve encore aujourd'hui de violents antagonistes. »

Ce langage n'est que le pâle reflet de l'acuité et de la passion que Broussais apportait aux discussions scientifiques. Le scepticisme narquois n'avait pas encore envahi les esprits; il n'était alors l'apanage que de quelques intelligences d'élite.

Le fougueux Broussais rencontrait dans Bretonneau et dans Laennec des adversaires redoutables; aussi ceux-ci étaient-ils le point de mire de ses attaques et de ses sarcasmes. Laennec, en découvrant l'auscultation, battait en brèche le prétendu physiologisme de Broussais, qui riposte vivement : « Laennec, dit-il, est un homme opiniâtre dominé par un petit nombre d'idées fixes et n'épargnant pas les sophismes pour les faire prévaloir; ce qui le conduit souvent aux contradictions. Il est petit et mesquin dans sa théorie comme dans ses recherches. De plus, Laennec a le malheur d'être trop passionné, ce qui le fait à chaque pas tomber dans l'injustice. » Broussais ne soupçonnait sans doute pas le haut effet comique de son jugement. Quant à Bretonneau, il le considère comme un homme dangereux. Sur un ton quelque peu dégagé, il le présente ainsi : « M. Bretonneau de Tours donna l'idée à nos Parisiens d'un nouveau genre de fièvre, qu'on crut pouvoir établir d'une manière solide, sur les bases anatomico-pathologiques posées par Laennec. Il a cru observer dans la Touraine que les fièvres épidémiques qui s'accompagnent de stupeur, délire, mouvements spasmodiques et tétaniques, prostration, fétidité des excréments, une langue sèche, brûlée ou encroutée, fuligineuse, et plus ou moins de diarrhée, étaient dues à une éruption de pustules qui se formaient dans la membrane muqueuse du tube digestif et qui avaient pour siège les follicules ou glandes muciparés de Peyer et de Brunner, — les premières, éparses dans cette membrane, les secondes, disposées en plaques elliptiques et prédominantes, surtout vers la fin de l'intestin ileum. Il attribue à ces fièvres une marche et une durée déterminées et prétend qu'on ne les éprouve guère qu'une fois dans le cours de sa vie. Selon lui, il est aussi impossible d'en arrêter l'explosion et la marche que celles de la petite vérole. Tout ce que l'on peut faire, c'est d'en diminuer les symptômes en maintenant la fièvre dans de justes bornes, c'est-à-dire, la modérant si elle était trop forte, la ranimant, au contraire, si les forces tombaient dans la langueur. »

En écrivant ces lignes, Broussais n'avait certes pas l'intention de faire l'apologie de Bretonneau, et cependant il citait un passage qui établit d'une manière indiscutable la part glorieuse du médecin de Tours dans la description de la fièvre typhoïde.

II

En découvrant la lésion de la fièvre typhoïde, Bretonneau ne créait pas seulement une entité morbide, il faisait plus : il établissait sur une base indestructible une grande idée de pathologie générale, sur laquelle devait s'étayer toute la médecine contemporaine : la spécificité dans les maladies. Ce fait, qui nous paraît aujourd'hui évident, rencontra au début des oppositions violentes. Bretonneau et Broussais se sont trouvés aux prises ; le modeste praticien de province est resté maître du terrain.

Selon Broussais, il n'existe qu'une cause morbifique, c'est l'application excessive ou intempestive des excitants ou des stimulants au corps de l'homme, d'où résulte l'irritation dans les tissus. Que cette irritabilité soit exagérée, ou qu'elle soit diminuée, elle dépend toujours de la quantité de la cause morbifique et jamais de sa qualité.

La célèbre médication antiphlogistique, qui a joui d'une si grande vogue, se déduit fort logiquement de cette doctrine.

Il est certain que, si la doctrine de Broussais, prise dans son ensemble, est fausse, elle n'en exprime pas moins un fait de pathologie générale exact, qui s'associe parfaitement à l'idée de spécificité. C'est qu'en effet, l'irritabilité imprime souvent à la symptomatologie une allure spéciale qui se traduit, par exemple, sous les différents aspects de la congestion ; or, suivant les doctrines actuellement admises, cette irritabilité est actionnée par l'agent pathogène spécifique.

Suivant Broussais, l'irritabilité était la cause des maladies ; Bretonneau, en montrant qu'elle n'était qu'un effet, avait vu plus haut : il démontrait que, parmi les facteurs pathogéniques, l'irritabilité est sous la dépendance directe d'une autre cause spéciale, toujours semblable à elle-même, déterminant constamment des symptômes identiques et correspondant à la même lésion. La spécificité était désormais établie.

III

Bretonneau donna à ses élèves leur première éducation médicale, et, lorsqu'il les jugea suffisamment façonnés et armés pour la lutte, il les envoya à Paris. Velpeau vint le premier. En arrivant dans la capitale, il est tout surpris de constater dans quel gâchis pataugent les cliniciens de la grande ville ; aussi exprime-t-il son étonnement à son maître Bretonneau : « Toutes les fièvres, écrit-il, décrites sous les noms de muqueuses, bilieuses, ataxiques, adynamiques, de gastro-entérites, ne sont autre chose que la fièvre entéro-mésentérique à différents degrés d'intensité. » Puis il raconte qu'il a assisté, à la Charité, à l'autopsie d'un jeune homme, mort au vingtième jour de la fièvre typhoïde dans le service de M. Fouquet : « On commence par le crâne ; tout était dans l'état que vous avez vu tant de fois, mais ils le trouvèrent très malade et furent presque tentés de s'en tenir là. Enfin, on ouvrit le ventre : ganglions très gros, intestins violets, livides par plaques à l'extérieur. Dans l'intérieur, boutons, plaques, ulcères, muqueuse de couleur vineuse. Moi, qui étais dans l'amphithéâtre, par conséquent assez éloigné, je les distinguais très bien. Je devais donc m'attendre à ce que ces désorganisations fussent attentivement examinées par ceux qui en étaient très près ; mais non ! M. Fouquet y jette un coup d'œil en disant : « Oui, c'est évidemment enflammé », puis tous se sauvèrent. Ma foi, je n'y pus pas tenir ; je sautai dans l'enceinte, pris le scalpel de l'interne, ouvris la plus grande partie de l'iléon et lui fis baiser les boutons, les plaques et les ulcères en lui disant : « C'est cela qu'il faut examiner et non « pas cette rougeur qui n'est qu'accidentelle. » Le pauvre diable fut un peu étonné de voir ces énormes plaques, mais il n'en continua pas moins à nettoyer ses mains et ne parut pas en penser plus long. Admirez, s'il vous plaît, la sagacité de pareils observateurs et leur utilité pour les progrès de la science ! »

IV

Bretonneau ne se contenta pas d'établir la spécificité de la fièvre typhoïde : par ses recherches, empreintes de l'esprit d'un véritable génie médical, il démontra la nature de la diphtérie. Séparant cette affection des maladies dont la symptomatologie est fort semblable, on peut dire qu'il créa l'autonomie de la diphtérie. Dans la volumineuse Correspondance publiée par M. le Dr Triaire, on rencontre presque à chaque page la trace des luttes soutenues par Bretonneau et surtout par ses élèves Trousseau et Velpeau.

Disciples convaincus et affectueux, Trousseau et Velpeau parvinrent tous deux aux plus hautes dignités médicales justement conquises. A mesure qu'ils s'élevaient, ils profitaient de leur situation pour proclamer la valeur de leur maître, pour défendre et revendiquer ses grandes découvertes, donnant ainsi l'exemple d'un attachement profond. Mais en faisant connaître les recherches du médecin de Tours, ils n'accomplissaient pas seulement un devoir, ils apportaient surtout une conviction profonde.

Avant Bretonneau, la diphtérie était confondue avec un grand nombre d'affections. En 1807, Napoléon I⁰ʳ avait ouvert un concours international sur la nature et le traitement du croup. Tous les auteurs des ouvrages couronnés retracent les idées de S. Bard et de Home. Sans doute ces deux médecins avaient réalisé un grand progrès, Home en décrivant le croup, et Bard en étudiant l'angine diphtérique. Mais, c'est à Bretonneau que revient l'honneur d'avoir nettement établi et prouvé que le croup, l'angine diphtéritique, ainsi que les autres manifestations qui apparaissent dans le cours d'une épidémie et peuvent frapper la muqueuse des fosses nasales, de la trachée, des bronches, et la surface cutanée excoriée, ne sont que les symptômes d'une seule et même maladie, la *diphtérite*, dénomination à laquelle Trousseau substitua celle de *diphthérie*, qui exprime mieux l'idée d'intoxication générale. « Lorsque l'on considère, dit Trousseau, combien sont grandes les différences qu'offrent entre elles les diverses formes de la maladie, il semblerait que celle qui tue par strangulation aux voies respiratoires et celle qui tue par intoxication générale fussent de nature très distincte. Eh bien, dans cette diversité de forme, nous retrouvons toujours la même maladie. » C'était là l'enseignement de Bretonneau, qui s'insurgeait contre les résistances que rencontrait sa *diphtérite*. « Comment, écrit-il à Trousseau, on a donné à rien le nom de sorcellerie, de magnétisme, de perkinisme, de rabdomancie, de gastrite, d'artérite, etc., etc., et on en a fait quelque chose, et je n'aurai pas donné un nom à un être matériel qui peut être transporté d'un lieu à un autre, qui frappe celui-ci à la bouche et à la gorge, qui étrangle celui-là, et qui saisit cet autre entre les fesses ! »

Enfin il s'élève avec force contre les médecins à esprit rétrograde qui refusent de se rendre à l'évidence de ses démonstrations : « *Je le répète donc encore : un germe spécial, propre à chaque contagion, donne naissance à chaque maladie contagieuse. Les fléaux épidémiques ne sont engendrés, disséminés que par leur germe reproducteur.* » Écrite en 1855 cette phrase pourrait servir d'épigraphe à un ouvrage de bactériologie contemporaine.

V

Bretonneau ne fut pas seulement un clinicien émérite et un maître de pathologie générale, mais, dans l'ordre pratique, il fit faire de grands progrès à l'art de traiter les malades. Pour la fièvre typhoïde, il lutta courageusement contre les spoliations sanguines qu'employait Broussais, et qui l'avaient fait surnommer par quelques contemporains fort irrévérencieux le plus grand *saigneur* de son temps. Aussi, au traitement féroce du médecin du Val-de-Grâce oppose-t-il ce que l'on appelle aujourd'hui l'expectation armée, que Trousseau formule ainsi : « La marche de la fièvre typhoïde est bien peu susceptible d'être modifiée par les moyens que la médecine tient à sa disposition. Lorsque les cas sont légers, la guérison arrive d'elle-même, et un médecin sage doit se garder de troubler les efforts de la nature par une médication intempestive. »

Il n'est pas sans intérêt de mettre en regard du traitement rationnel et symptomatique de l'École de Tours, la méthode systématique de Broussais, telle que nous la trouvons retracée dans une lettre de Trousseau à Bretonneau. Il s'agit d'un jeune homme qui est mort au vingt-deuxième jour de la fièvre typhoïde : « Au quatrième jour on lui met quarante sangsues sur le ventre ; le lendemain quarante autres sangsues ; puis on le laisse tranquille. Au neuvième jour Broussais prescrit vingt sangsues à l'anus pour la colite manifestée par la diarrhée ; vingt-trois sangsues pour la gastrite. Le lendemain le ventre est météorisé : vingt sangsues à l'épigastre... le malade s'éteint paisiblement au vingt-deuxième jour. »

Bretonneau ne réagit pas seulement contre les orgies sanguinaires dans la fièvre typhoïde, mais il institua encore une méthode de traitement dans la diphtérie — méthode que l'on applique encore aujourd'hui, puisque les recherches bactériologiques contemporaines confirment en tous points les travaux de Bretonneau. Enfin, on peut dire que le maître de Trousseau appliqua la trachéotomie au traitement du croup et que l'élève en fixa les indications et le manuel opératoire avec netteté et précision.

Lorsqu'une découverte importante se produit, il est habituel de voir surgir tout à coup des adeptes qui, par un enthousiasme outré, risquent de gâter les meilleures causes, tandis que d'autres, érudits à esprit moins large, fouillent dans les textes de l'antiquité et prouvent que la découverte est fort ancienne, démontrant une fois de plus qu'il n'y a rien de nouveau sous le soleil. C'est ainsi que la trachéotomie fut inventée à une époque fort reculée, puisque cent ans avant Jésus-Christ, Aselépiade de Bithynie, au dire de Galien, la pratiquait à Rome. Depuis lors, cette opération, tous les deux ou trois siècles, est redécouverte, — puis retombe dans l'oubli à cause de ses dangers et de ses mauvais résultats. A partir du xvi⁰ siècle les redécouvertes deviennent plus fréquentes et le manuel opératoire fait de notables progrès. En 1765 Home propose de remédier à la suffocation par la trachéotomie. Quelques médecins défendent avec chaleur cette opération, mais leur voix reste sans écho et la trachéotomie n'est pas adoptée. Au commencement de ce siècle apparaît Bretonneau, et Trousseau, avec son ardeur communicative, répand dans le monde entier cette opération qui arrache de nombreuses victimes à la suffocation laryngée.

En 1825 Bretonneau avait pratiqué cinq fois la trachéotomie sans succès lorsqu'il fut appelé auprès de l'enfant d'un de ses amis, petite fille âgée de quatre ans. Le malheureux père avait déjà perdu trois enfants enlevés par le croup, et il voyait sa fille mourante sous ses yeux. C'est alors que Bretonneau lui proposa l'opération sans dissimuler sa nouveauté, ses dangers et les insuccès qu'il avait éprouvés : « Faites, dit le père, comme pour votre enfant. » Bretonneau opéra ; l'enfant guérit. — « Je crois être le second, dit Trousseau dans ses Cliniques, qui, suivant l'exemple de mon maître, ait fait la trachéotomie dans un cas de diphtérie laryngée et, le second aussi, j'eus à enregistrer une guérison et, aujourd'hui que j'ai pratiqué plus de deux cents fois cette opération, je suis assez heureux pour compter plus d'un quart de succès. » En 1858, dans une thèse restée classique, M. Millard fixait définitivement les indications de l'opération de Bretonneau, et Trousseau, citant longuement les conclusions du travail de son jeune confrère, s'exprime ainsi : « Ce sont là, messieurs, de sages et judicieuses paroles, et, pour ma part, je leur donne toute mon approbation. » Ce serait donc manquer de justice que de passer sous silence la part importante de M. Millard dans l'histoire de la trachéotomie.

VI

Comme dans toutes les existences médicales quelque peu mouvementées, la Correspondance de Bretonneau reflète les préoccupations constantes des examens et des concours de ses élèves ; pour lui-même il n'avait aucune ambition personnelle. Il conserva jusqu'à la fin sa modeste situation et dédaigna les honneurs. Cela n'empêcha pas sa réputation d'être universelle et, aujourd'hui encore, la postérité lui décerne un plus juste tribut d'admiration, à mesure que les découvertes viennent confirmer ses immortels travaux. Mais, s'il ne convoitait pas pour lui-même l'estampille officielle du mérite, il concentrait du moins toute son ambition sur Velpeau et sur Trousseau. Chaque fois que ses élèves chéris franchissent une étape et s'élèvent d'un degré dans la hiérarchie médicale, il éprouve une joie des plus vives. D'ailleurs, il ne se contente pas de les encourager ; il ne néglige rien pour les appuyer, et toute sa Correspondance est parsemée de ses préoccupations paternelles pour l'avenir de ses deux enfants adoptifs.

Bretonneau était un esprit d'une grande originalité. Par ses travaux il montra une intelligence élevée. Éducateur de premier ordre, il transmit à ses élèves quelque chose de son génie médical. Il éprouva la joie suprême de les voir parvenir à la plus haute situation scientifique ; et, sentiments touchants et quelque peu rares, tandis que le vieux Bretonneau s'enorgueillissait de la gloire de ceux qu'il avait élevés, Trousseau et Velpeau, arrivés au faîte des honneurs et de la réputation, ne cessent de rendre justice à leur vénéré Maître, et tous deux, jusqu'à leur dernier souffle, donnent l'exemple d'une reconnaissance inaltérable.

Dr **Maurice Springer**,
Chef de laboratoire
à la Clinique médicale de la Charité.

DÉCOUVERTE D'UN CINQUIÈME SATELLITE DE JUPITER

En janvier 1610, Galilée découvrit à Padoue quatre satellites tournant autour de Jupiter. Bien que plus de 282 années se soient écoulées depuis cette mémorable date jusqu'au mois d'août 1892, aucun autre satellite n'avait été aperçu près de la planète ; les astronomes pensaient donc qu'il n'en existait que quatre. C'est là la notion classique, répétée dans tous les traités d'astronomie publiés depuis bientôt trois siècles. Aussi, personne ne pensait-il à la mettre en doute. En ce qui concerne les planètes encore plus éloignées, Uranus et Neptune, il y avait tout lieu de croire qu'on découvrirait d'autres satellites ; mais avec Jupiter les circonstances étaient un peu différentes. Les quatre satellites étaient si brillants, si facilement visibles même dans de très petits télescopes qu'on pouvait à peine croire qu'il en restât encore un autre assez petit pour passer inaperçu. D'ailleurs, on regardait comme un fait acquis l'augmentation régulière du nombre de satellites autour des planètes Mars, Jupiter et Saturne. On savait que Mars a deux satellites, Jupiter quatre, Saturne huit, et, comme le nombre allait en doublant chaque fois à mesure qu'on s'éloignait du Soleil, on considérait comme probable que l'harmonie de la série ne serait pas dérangée.

Aujourd'hui pourtant, le monde astronomique a un grand événement à enregistrer : un nouveau satellite de Jupiter vient d'être découvert; sa distance au centre de la planète est de 112.400 milles, et sa période de révolution de 17 h. 36 minutes. Cette découverte est due au Pr Barnard, de l'Observatoire de Lick, situé sur le mont Hamilton en Californie. Comme ce savant s'est toujours montré très habile observateur, surtout pour les comètes, que d'ailleurs il dispose du télescope le plus puissant qui ait été construit jusqu'à ce jour, il n'y a aucun motif de douter de sa très importante observation.

On se demandera naturellement comment ce nouveau satellite a réussi à échapper aux investigations des astronomes pendant une période de près de trois siècles, durant laquelle les recherches télescopiques n'ont pas cessé un seul instant. Comment se fait-il que pas un de ces milliers d'observateurs qui ont étudié cette planète et les lunes qui l'environnent au moyen d'instruments puissants, n'ait jamais aperçu le tout petit astre qui vient de se révéler au vigilant astronome américain? Si nous ne nous trompons, la principale raison de l'insuccès consiste en ce que le nouveau satellite n'offre que l'éclat de la treizième grandeur, et est situé très près de Jupiter; sa petite lumière s'est, sans doute, avec nos instruments ordinaires, trouvée entièrement noyée dans l'éblouissante lumière qui l'entourait. Mais il est peut-être un peu singulier qu'elle n'ait pas été découverte par son ombre : celle-ci doit se projeter sur le disque de Jupiter toutes les fois que le satellite passe entre la planète et la Terre; c'est un phénomène qui doit se produire journellement. A ce moment, l'ombre doit apparaître sous forme d'une petite tache noire, circulaire, se mouvant rapidement de l'est à l'ouest à travers le disque, et avec une vitesse apparente plus grande que les taches connues. Il peut bien se faire que l'ombre ait été observée dans plus d'une occasion, mais on l'aura sans doute prise pour une tache ordinaire de la surface de Jupiter.

Un fait curieux, relatif à ce nouveau satellite, c'est sa faible grandeur, comparée à celle des quatre autres satellites découverts par Galilée. Mais, on constate la même disparité de dimensions entre les satellites de Saturne : pour en être frappé, il suffit de comparer le brillant Titan aux satellites extrêmement pâles qui portent les noms de Mimas et d'Hyperion. Toutefois, si petit qu'il paraisse, ce nouveau satellite de Jupiter est certainement beaucoup plus grand que l'un ou l'autre des deux lunes, si anormalement petites, de Mars.

Il y a donc lieu de féliciter l'astronome américain de l'importante découverte qui vient d'être faite. L'activité scientifique s'est rapidement développée aux États-Unis depuis quelques années, et c'est une chose que l'on constate surtout dans le vaste et attrayant domaine de l'Astronomie [1].

W. F. Denning.

LE CONGRÈS ZOOLOGIQUE DE MOSCOU

Le Congrès international de Zoologie, fondé par la Société zoologique de France et réuni pour la première fois à Paris en 1889 sous la présidence de M. A. Milne-Edwards, a tenu sa seconde session à Moscou du 10-22 au 18-30 août dernier. De l'avis unanime, l'entreprise hardie de la Société zoologique de France avait été couronnée du plus grand succès : cette fois, le succès a été, si possible, encore plus marqué, et ce résultat est d'autant plus important à enregistrer, que les conditions sanitaires de Moscou, en proie à l'épidémie cholérique, ont empêché de se rendre au Congrès bon nombre de savants dont la présence avait été annoncée.

Toutefois, il convient de dire dès maintenant que les journaux politiques ont semé dans l'opinion une terreur bien peu justifiée : pendant les douze jours que nous avons passés à Moscou, le choléra n'a guère fait parler de lui : les cliniques étaient totalement inhabitées et la population manifestait la plus entière indifférence à l'égard de ce fléau, incapable d'enrichir en un jour l'Achéron, puisqu'il se contentait de deux ou trois victimes par jour. Sans les pittoresques processions d'images saintes, escortées par une foule grouillante et bariolée de moujiks, que l'on rencontrait à travers la ville et qui ajoutaient encore à son pittoresque déjà si puissant, rien ne nous eût appris qu'il fût nécessaire d'implorer la clémence céleste. Est-ce à ces prières de chaque jour que nous devons notre salut? Je ne sais; toujours est-il qu'aucun des Congressistes, réunis au nombre de 200 environ, n'a fait la désagréable connaissance du microbe en virgule.

Un décès a pourtant attristé la fin du Congrès : M. A. Wilkins, bien connu pour ses travaux sur la faune du Turkestan et venu de Tashkent pour assister à nos séances, est mort à Moscou. On ne saurait pourtant le compter au nombre des victimes du choléra : le 12-24, il nous faisait une importante communication sur les affinités de la faune

[1] Cet article vient de paraître en anglais dans *Nature* (n° 1195, vol. 46).

de l'Asie centrale, et son extrême affaiblissement
était l'indice d'une santé très ébranlée, sans pourtant nous faire appréhender une mort aussi
prochaine.

Le 10-22 août la plupart des membres du Congrès étaient arrivés à Moscou. Une réunion préparatoire, suivie d'un banquet, avait lieu le soir à
l'hôtel Continental, afin de leur permettre de se
rencontrer et de faire connaissance. Une liste de
propositions pour le Bureau et le Conseil était mise
en circulation. Les Français présents étaient M. et
Mme E. Chantre (de Lyon), MM. Milne-Edwards,
Barthélemy (de Nancy), Ed. Blanc, R. Blanchard,
A. Brian (de Gênes), J. de Guerne, Janet, ingénieur
de la marine, Dr Poussié, C. Schlumberger. La
Suisse était représentée par M. Th. Studer (de
Berne), la Hollande par MM. Jentink et Reuvens
(de Leyde), l'Allemagne par MM. R. et H. Virchow,
la Croatie par M. Sp. Brusina (d'Agram), l'Italie par
M. Sergi (de Rome), la Turquie par Halil Edhem-
bey, etc. La grande majorité des membres du
Congrès étaient des savants venus de toutes les
parties du vaste empire russe : on remarquait notamment MM. Oshanin et Wilkins (de Tashkent),
M. et Mme Kashtshenko (de Tomsk), M. Shavrov
(de Tiflis). Nous avions le plaisir de retrouver
d'anciens collègues du Congrès de 1889, le vénérable Pr Bogdanov, MM. Brusina, Studer, Kavraïs-
ky, ou d'anciens compagnons d'études comme le
Dr Bajénov.

Le 11-23 une première séance avait lieu dans la
matinée pour la constitution du Bureau et du
Conseil. La présidence du Congrès était donnée à
M. le comte Paul Kapnist, curateur de l'Université
de Moscou, la présidence honoraire à MM. Milne-
Edwards (France), Jentink (Pays-Bas), Smitt
(Suède), Studer (Suisse), R. Virchow (Allemagne),
Brusina (Autriche-Hongrie), prince W. Galitzin
(Moscou), A. Bogdanov (Moscou). Étaient élus
vice-présidents MM. Anutshin (Moscou), R. Blanchard (Paris), E. Chantre (Lyon), J. de Guerne
(Paris), Halil-Edhem bey (Constantinople), Kashtshenko (Tomsk), von Kennel (Dorpat), Schlumberger (Paris), A. Tikhomirov (Moscou), H. Virchow (Berlin). Le Pr N. Zograf était élu secrétaire
général. On procédait aussi à l'élection des secrétaires et des membres du Conseil.

L'après-midi la séance d'inauguration avait lieu
dans la salle des fêtes de l'ancienne Université.
M. le comte Kapnist souhaite la bienvenue aux
membres du Congrès ; son discours, affable et
écrit dans le français le plus pur, est fréquemment
interrompu par les applaudissements. M. le Pr A.
Milne-Edwards, délégué du Gouvernement français, lit ensuite un mémoire sur la faune du Thibet : il établit une comparaison entre les récoltes

rapportées par les expéditions de Fedtshenko, de
Przevalski et celles que le Muséum de Paris doit aux
explorations de Bonvalot, du prince Henri d'Orléans et des missionnaires du Thibet, etc. Cette
savante communication[1] excite au plus haut point
l'intérêt des naturalistes russes, qui lui font le plus
chaleureux accueil.

Le 12-24 août, dans la matinée, commencent les
séances de sections. M. Milne-Edwards préside : il
est assisté de MM. H. Virchow et Rastviétov, vice-
présidents. Le regretté M. Wilkins lit un travail sur
les affinités de la faune de l'Asie centrale. Puis
viennent des communications de M. Oshanin sur
les limites et les subdivisions de la région paléarc-
tique, basées sur l'étude de la faune des Hémip-
tères ; de M. Ch. Grevé (Saint-Pétersbourg), sur la
distribution des Carnassiers ; de M. le baron Rosen,
sur la faune malacologique de la région transcaspienne ; de M. J. de Bedriaga (Nice), sur les Vipères
d'Europe et de la région circum-méditerranéenne.

L'après-midi, visite du Musée zoologique de
l'Université, puis excursion au rucher de la Société
impériale d'acclimatation.

Le 13-25 la séance est présidée par M. Jentink,
qu'assistent MM. de Guerne et Kashtshenko. Communications de M. Kholodkovsky sur la théorie du
mésoderme et de la métamérie ; de Mme O. Tikho-
mirova, sur le développement de *Chrysopa* ; de
M. Kulagin, sur le développement des Hyménoptères parasites ; de M. H. von Jhering, sur l'existence ou l'absence de l'appareil excréteur des
organes génitaux des Métazoaires.

L'après-midi, tandis que la plupart des Congressistes visitent le Kremlin, la petite colonie française
se rend à l'Ermitage, où M. Kœhler, l'un des Mé-
cènes des institutions scientifiques de Moscou et
l'un des bienfaiteurs du Congrès, lui ménage un
dîner plantureux, offert avec cette bonne grâce
exquise et cette cordialité communicative dont
tant de preuves nous ont été données pendant
notre séjour à Moscou.

Le 14-26 la séance est présidée par M. Studer,
qu'assistent MM. Schlumberger et Kholodkovsky.
S. A. I. le grand-duc Serge Alexandrovitsh, frère
de S. M. l'Empereur et gouverneur général de
Moscou, honore la séance de sa présence. Communications de M. Brusina sur les couches tertiaires
à *Congeria* des environs d'Agram et sur leurs relations avec la faune récente de la mer Caspienne ;
de M. Bunge (Saint-Pétersbourg), sur son expédition aux îles de la Nouvelle-Sibérie ; de M. R. Blanchard, sur la faune des lacs salés d'Algérie et sur
ses relations avec celle des lacs salés du Turkestan ;
de M. le baron J. de Guerne, sur les résultats zoo-

---

[1] Publiée ci-dessus. (*N. de la Réd.*)

logiques des expéditions de S. A. le prince de Monaco sur le yacht l'*Hirondelle*; de M. Bogdanov, sur le rôle scientifique des jardins zoologiques.

Après la séance, le grand-duc Serge visite l'exposition zoologique réunie à l'Université : on y remarque d'importantes collections provenant des expéditions Fedtshenko et Przevalski, une collection d'animaux de l'Asie centrale exposée par M. le Professeur Milne-Edwards, une collection provenant des expéditions de l'*Hirondelle* et offerte au Musée de l'Université de Moscou par le prince de Monaco, une collection d'instruments de physiologie exposés par M. le professeur Morokhovetz, de belles séries de photographies ethniques exposées par M. Zograf, les publications de la Société impériale des amis des sciences naturelles, etc.

L'après-midi visite au Jardin zoologique ; le grand-duc et la grande-duchesse Elisaveta Fedorovna honorent cette visite de leur présence. La rigueur des hivers ne permet pas d'entretenir au Jardin un grand nombre d'animaux ; la plupart de ceux qui y vivent appartiennent à la faune septentrionale de l'Europe et de l'Asie et augmentent d'autant plus l'intérêt que présente le Jardin. Nous y voyons une série d'animaux inconnus ou rares dans les Jardins zoologiques de l'Europe occidentale : le phoque de la mer Caspienne (*Phoca caspica*), le Glouton (*Gulo borealis*), l'Isatis ou renard bleu (*Canis lagopus*) et plusieurs espèces de carnivores de taille moyenne, analogues au chacal. Cette intéressante visite s'est terminée par un dîner gracieusement offert aux membres du Congrès par M. Kulagin, directeur du jardin, et par Mme Kulagin.

Le soir enfin, les Congressistes se trouvaient réunis dans les salons de LL. AA. II. le grand-duc et la grande-duchesse, qui donnaient une soirée en leur honneur.

Le 15-27 la séance est présidée par M. Brusina, assisté de MM. R. Blanchard et A. Tikhomirov. Communications de M. von Stein (Moscou), sur les fonctions du labyrinthe de l'oreille; de M. Morokhovetz, sur les globulines du sang; de M. Janet, sur divers réactifs à l'état naissant, utilisables pour les préparations zoologiques; de M. Johansen, sur la structure de l'œil de *Vanessa*; de M. Korsakov, sur le rachitisme expérimental; de M. A. Tikhomirov, sur les résultats des études embryologiques, au point de vue de la classification. Nous passons sous silence une malheureuse communication de M. Durdufi (Moscou), qui prétend expliquer une foule de maladies, telles que l'eczéma et le choléra, par la présence de « chenilles processionnaires » et autres insectes dans la peau des malades!

L'après-midi, visite au Musée polytechnique, où est servi un dîner dont Mme Zograf fait les honneurs avec sa grâce accoutumée.

Le 16-28, en l'absence de Halil-Edhem bey, président désigné, la séance est présidée par M. Maklakov, qu'assistent Mme Tsviétaiéva et M. Tolmatshev. Communication de M. Zograf sur l'origine et la parenté des Arthropodes, principalement des Arthropodes trachéates; de M. Kovalevsky, sur les organes excréteurs des Arthropodes terrestres. Lecture est donnée d'un travail de M. Ch. Girard (Paris) sur quelques points de la nomenclature zoologique. Finalement, la parole est donnée à M. R. Blanchard, qui commence l'exposé de son rapport sur la nomenclature des êtres organisés.

Faute de temps, le Congrès de 1889 n'avait pu achever la discussion d'un premier rapport de l'auteur sur ce même sujet ; d'un commun accord, la suite de la discussion avait été renvoyée au Congrès de 1892, qui devait et qui a pu effectivement en finir avec cette importante question, au sujet de laquelle une longue discussion s'est engagée. Si je ne craignais de paraître peu modeste, j'oserais dire que le vote des règles de la nomenclature zoologique est le principal résultat du Congrès : le mérite de cet heureux événement revient bien moins à mon *Rapport* qu'à l'importance même de la question, à la solution de laquelle s'intéressaient tous les zoologistes descripteurs. Les règles adoptées, que nous transcrivons plus bas, ont d'ailleurs pour la plupart un intérêt général, car elles peuvent trouver leur application dans d'autres sciences.

L'après-midi, visite des cliniques, de l'Institut anatomique et de divers établissements dépendants de la Faculté de médecine. Ces magnifiques établissements, construits d'après les exigences les plus récentes de la science et de l'hygiène, font le plus grand honneur à l'Université de Moscou et à l'administration libérale et clairvoyante de son curateur, M. le comte Kapnist.

Le 17-29 août, la séance est présidée par M. Chantre, qu'assistent MM. Bunge et Oshanin. Après une courte communication de M. Kojevnikov sur la faune de la mer Baltique, M. R. Blanchard continue l'exposé de son rapport sur la nomenclature. Grâce à une prolongation de la séance au delà de l'heure accoutumée, la question est enfin discutée et résolue entièrement.

L'après-midi, visite à l'Académie d'agriculture de Pétrovsky Razumovsky : ce bel Institut, installé somptueusement dans un palais acquis du prince Razumovsky, s'élève à quelques verstes de Moscou, dans un site agréable; c'est là que M. Timiriazev, un savant bien connu, enseigne la botanique. Après une visite détaillée de l'établissement et de ses dépendances, les Congressistes prennent part à un dîner des plus appétissants. Mais la petite colonie française sait résister à la séduction des *zakouski* et du caviar et rentre en ville pour se rendre à la gracieuse invitation de notre consul général, M. le comte de Kergaradec.

Le 18-30 août la séance est présidée par M. A. Tikhomirov, assisté de M. Ed. Blanc; M. Wilkins, désigné pour la vice-présidence, est absent. Communications de M. Herzenstein (Saint-Pétersbourg) sur la faune malacologique de l'Océan glacial russe; de M. Butshinsky, sur la faune de la mer Noire. Lecture est donnée d'un travail de M. J. Richard (Paris) sur la distribution des Cladocérès d'eau douce, et de différents autres mémoires.

A 2 heures, séance de clôture du Congrès, sous la présidence de M. le comte Kapnist. Dans son discours, le président résume les travaux du Congrès et met en relief les principaux résultats qui s'en dégagent. Le secrétaire général, M. Zograf, donne également un compte rendu détaillé des travaux du Congrès et fait connaître à l'assemblée quelques décisions prises par le Conseil : ces décisions, dont il sera question plus loin, sont mises aux voix et adoptées par acclamation.

Puis, au nom de leurs pays respectifs, MM. Milne-Edwards, Studer, Jentink, Halil-Edhem bey, remercient la Russie et la ville de Moscou de leur généreuse hospitalité et les organisateurs du Congrès de leur zèle pour la science. Un éclatant hommage est rendu à M. le Professeur A. Bogdanov, ce savant modeste et sympathique entre tous, à l'abnégation infatigable et à la persévérante activité duquel le Congrès doit de s'être constitué et d'avoir remporté un grand et légitime succès.

Sur la proposition de M. Milne-Edwards, le Congrès décide par acclamation que l'autorisation sera demandée à S. A. I. le grand-duc Serge de placer son portrait en tête du second volume des travaux du Congrès, en témoignage de respectueuse gratitude pour la haute protection qu'il a accordée au Congrès et pour les nombreuses marques de sympathie qu'il lui a données.

M. le président déclare alors close la deuxième session du Congrès international de Zoologie.

La langue française, jusqu'alors employée à l'exclusion de toute autre, ayant perdu son caractère officiel, M. Brusina propose en langue russe un triple hourra en l'honneur de la Russie et du Tsar; une musique militaire, postée dans une pièce voisine, joue l'hymne national, que tous les assistants reprennent en chœur, puis la séance est levée. La musique va se placer sur un palier qui domine l'escalier et salue de ses plus joyeuses fanfares le passage des savants étrangers.

Pour clore cette belle journée, un banquet de plus de cent couverts réunissait bientôt, une dernière fois, les Congressistes dans les salons de l'Ermitage, sous la présidence de M. le comte Kapnist. Je renonce à décrire l'enthousiasme, la

cordiale et franche sympathie, que nos amis russes nous ont manifestés pendant toute la durée du Congrès et qui ont atteint leur période à ce banquet final, — les toasts prononcés, — les orateurs serrés sur des cœurs battant à l'unisson du leur, acclamés, portés en triomphe, — la foule énorme massée devant l'Ermitage et faisant de chaleureuses ovations aux savants étrangers, particulièrement aux Français. Ce sont là des scènes inoubliables, dont le souvenir fait tressaillir le cœur d'une fière et patriotique émotion.

On a pu voir, par ce qui précède, l'intérêt et la variété des questions discutées au Congrès. Le Conseil a fait, lui aussi, de la bonne besogne et a pris plusieurs résolutions d'une haute importance, qui, nous l'avons dit, ont été ratifiées par acclamation par l'assemblée du Congrès, dans la séance de clôture.

A l'exemple de ce qui a lieu déjà pour le Congrès international d'Anthropologie et d'Ethnographie préhistoriques, il a été institué un Comité permanent du Congrès international de zoologie. Ce Comité, dont le siège permanent est à Paris, se constituera au premier jour; dans l'intervalle d'un Congrès à l'autre, il centralise et exécute toutes les affaires relatives au Congrès, affaires qui, on va le voir, ne sont pas sans intérêt. Il comprend des membres perpétuels et des membres temporaires.

Sont de droit membres perpétuels :

1° Les fondateurs du Congrès international de zoologie : MM. Milne-Edwards, R. Blanchard, E. Chantre, J. de Guerne, C. Schlumberger, L. Vaillant;

2° Les anciens présidents. — M. Milne-Edwards, président du Congrès de 1889, figure déjà dans la catégorie précédente. Actuellement, M. le comte Kapnist fait donc seul partie de cette seconde catégorie;

3° Le président du futur Congrès, quand il a été désigné au préalable. Le Congrès ayant acclamé la ville de Leyde comme siège et M. Jentink comme président du Congrès de 1895, M. Jentink, directeur du Musée de Leyde, est donc de droit membre perpétuel du Comité.

4° Les présidents honoraires ayant été élus trois fois;

5° Les vice-présidents ayant été élus trois fois.

Est de droit membre temporaire, le secrétaire général pour toute la période qui va du Congrès pendant lequel il était en fonctions jusqu'au Congrès suivant. — M. N. Zograf, secrétaire général du Congrès de Moscou, fait partie de cette catégorie.

Par mesure transitoire, il a été décidé en outre que les présidents honoraires et les vice-présidents des trois premiers Congrès feraient partie du

Comité, à titre temporaire, jusqu'à l'ouverture de la quatrième session. MM. P. J. Van Beneden, A. Bogdanov, Sp. Brusina, prince W. Galitzin, A. S. Packard, Rütimeyer, de Selys-Longchamps, Ad. Smitt, Studer, R. Trimen et R. Virchow bénéficient de cette mesure, au titre de présidents honoraires; MM. D. Anutshin, A. Fritsch, Halil-Edhem bey, N. Kashtshenko, von Kennel, A. Kojevnikov, Kurtshinsky, N. Miller, L. Morokhovetz, Edm. Perrier, Razviétov, G. Retzius, A. Sabatier, R. B. Sharpe, Sklifassovsky, A. Tikhomirov, Tshaussov et H. Virchow, au titre de $_{vice}$-présidents.

S. M. l'Empereur Alexandre III a daigné accorder aux Congrès internationaux d'Anthropologie préhistorique et de Zoologie, réunis successivement à Moscou, une somme de 15.000 roubles argent (60.000 francs), en témoignage de l'intérêt qu'il prenait à leurs travaux.

Le Congrès de Zoologie a décidé de perpétuer le souvenir de cette gracieuse libéralité, en prélevant une somme de 3.500 roubles argent (14.000 fr.) qui sera capitalisée et gérée par le trésorier de la Société impériale des amis des sciences naturelles de Moscou. Les intérêts serviront à instituer des prix, qui seront attribués alternativement au Congrès d'Anthropologie et d'Ethnographie préhistoriques et au Congrès de Zoologie, ainsi qu'à la Société impériale des amis des sciences naturelles. Ces Congrès ayant lieu tous les trois ans, les intérêts de deux annuités seront attribués alternativement à chacun d'eux; les intérêts de la troisième annuité restent acquis à la Société impériale des amis des sciences naturelles, qui les affectera également à des prix. En conséquence, le prix établi en l'honneur de S. M. l'Empereur Alexandre III sera décerné pour la première fois par le Congrès international d'Anthropologie et d'Ethnographie préhistoriques en 1893, pour la seconde fois par le Congrès international de Zoologie en 1898, et ainsi de suite.

D'autre part, S. A. I. le Tsarévitch a daigné accorder spécialement au Congrès de zoologie une somme de 10.000 roubles argent (40.000 francs). Pour perpétuer le souvenir de cette gracieuse libéralité, le Congrès a décidé de prélever une somme de 2.000 roubles argent (8.000 francs), qui sera capitalisée et gérée par le trésorier de la Société impériale des amis des sciences naturelles. Les intérêts de deux annuités consécutives seront attribués au Congrès de Zoologie, qui les affectera à un prix décerné à chaque session; les intérêts de la troisième annuité restent acquis à la Société des amis des sciences naturelles, qui les affectera également à des prix. En conséquence, le prix établi en l'honneur de S. A. I. le Tsarévitch sera décerné pour la première fois par le Congrès international

de Zoologie en 1895, à la session de Leyde, puis à toutes les sessions suivantes.

Le Comité permanent du Congrès de Zoologie a pleins pouvoirs pour établir le programme et les conditions du concours pour les deux prix qu'il décerne; ces prix consisteront soit en médailles, soit en sommes d'argent. Toutefois, il est entendu dès maintenant que tous les savants sont admis au concours, à l'exception de ceux appartenant au pays dans lequel doit avoir lieu la prochaine session du Congrès. Le nom des lauréats sera proclamé en séance solennelle; il sera transmis sans délai au président de la Société des amis des sciences naturelles.

Enfin, il a été décidé que la langue française serait seule admise pour toutes les affaires du Congrès, notamment pour la correspondance et pour les travaux manuscrits ou imprimés.

En achevant ce compte rendu, j'ai grand plaisir à adresser mon plus cordial souvenir à M. le Professeur A. Bogdanov, qui a su organiser d'une façon grandiose cette inoubliable fête scientifique; à M. C. C. Ushkov, dans l'hospitalière demeure duquel plusieurs de nos compatriotes ont été accueillis avec la plus fraternelle cordialité; à M. le professeur N. Zograf, qui, par l'exquise urbanité dont il a fait preuve dans ses fonctions de secrétaire général, a su se faire un ami de chacun de nous; à M. Kœhler, dont l'intelligente libéralité a contribué dans une large mesuré à l'éclat du Congrès; à tous ceux enfin qui se sont ingéniés pour augmenter encore le charme pénétrant de Moscou, la ville sainte aux coupoles dorées.

R. Blanchard,
Professeur agrégé d'Histoire naturelle
à la Faculté de Médecine de Paris.

NOMENCLATURE ADOPTÉE PAR LE CONGRÈS

I. — De la nomenclature des êtres organisés.

ARTICLE PREMIER. — *a.* — Dans la notation des hybrides, le nom du procréateur mâle sera cité en premier lieu et sera réuni au nom du procréateur femelle par le signe ×. Dès lors, l'emploi des signes sexuels est inutile. Exemples : *Capra hircus* ♂ × *Ovis aries* ♀, et *Capra hircus* × *Ovis aries* sont deux formules également bonnes.

b. — On peut tout aussi bien noter les hybrides à l'aide d'une fraction dont le numérateur serait représenté par le procréateur mâle et le dénominateur par le procréateur femelle. Ex. :

$$\frac{Capra\ hircus}{Ovis\ aries}.$$

Cette seconde méthode est plus avantageuse, en ce qu'elle permet au besoin d'indiquer le nom de celui qui a observé la forme hybride. Ex. :

$$\frac{Bernicla\ canadensis}{Anser\ cygnoides}\ \text{Rabé.}$$

c. — L'emploi des formules de ce second type est indispensable, quand l'un ou l'autre des procréateurs est lui-même un hybride. Ex. :

Tetrao tetrix ✕ *Tetrao urogallus*
Gallus gallinaceus .

d. — Quand les procréateurs d'un hybride ne sont pas connus, celui-ci prend provisoirement un nom spécifique simple, précédé du signe ✕. Ex. : ✕ *Salix Erdingeri* Kerner.

II. — Du nom générique.

Art. 2. — Un mot quelconque, u adopté comme générique ou spécifique, ne doit pas être détourné du sens qu'il possède dans sa langue originelle, s'il y désigne un être organisé.

III. — Du nom spécifique.

Art. 3. — Les noms géographiques des pays qui n'ont pas d'écriture propre ou qui ne font pas usage des caractères latins, seront transcrits d'après les règles adoptées par la *Société de géographie de Paris.*

Art. 4. — L'article précédent et l'article 21 des *Règles* adoptées par le Congrès de 1889 sont également applicables aux noms d'Homme. Ex. : *Bogdanovi, Metshnikovi.*

Art. 5. — Malgré les signes diacritiques dont sont surchargées les lettres, on doit conserver l'orthographe originale du roumain, de certaines langues slaves (polonais, croate, tchèque) et en général de toutes les langues pour lesquelles il est fait usage de l'alphabet latin.

Art. 6. — Les noms spécifiques peuvent être formés à l'aide du nom patronymique d'une femme ou d'un groupe d'individus. Le génitif se forme alors en ajoutant la désinence *æ* ou *orum* au nom exact et complet de la personne à laquelle on dédie. Ex. : *Merianæ, Pfeifferæ.*

IV. — De la manière d'écrire les noms.

Art. 7. — *a*. — Les noms patronymiques ou les prénoms employés à la formation des noms spécifiques s'écriront toujours par une première lettre capitale. Ex. : *Rhizostoma Cuvieri, Francolinus Lucani, Laophonte Mohammed.*

b. — La capitale sera encore utilisée pour certains noms géographiques. Ex. : *Antillarum, Galliæ.*

c. — Dans tout autre cas, le nom spécifique s'écrira par une première lettre ordinaire. Ex. : *Œstrus bovis.*

Art. 8. — Le nom du sous-genre, quand il est utile de le citer, se place en parenthèse entre le nom du genre et celui de l'espèce. Ex. : *Hirudo* (*Hæmopis*) *sanguisuga* Bergmann.

Art. 9. — Le nom d'une variété ou d'une sous-espèce vient en troisième lieu, sans interposition de virgule ni de parenthèse. Le nom de l'auteur de cette variété ou sous-espèce peut être cité lui-même, également sans virgule ni parenthèse. Ex. : *Rana esculenta marmorata* Hallowell.

Art. 10. — Quand une espèce a été transportée ultérieurement dans un genre autre que celui où son auteur l'avait placée, le nom de cet auteur est conservé mais placé en parenthèse. Ex. : *Pontobdella muricata* (Linné).

V. — Subdivision, réunion des genres et espèces.

Art. 11. — Quand une espèce vient à être divisée, l'espèce restreinte, à laquelle est attribué le nom spécifique de l'espèce primitive, reçoit une notation indiquant tout à la fois le nom de l'auteur qui a établi l'espèce primitive et le nom de l'auteur qui a effectué la subdivision de cette espèce. Ex. : *Tænia pectinata* Göze *partim* Riehm. Par application de l'article 10, le nom du premier auteur est mis entre parenthèses, si l'espèce a été transportée dans un autre genre Ex. : *Moniezia pectinata* (Göze partim) Riehm.

VI. — Du nom de famille.

Art. 12. — Un nom de famille doit disparaître et être remplacé, si le nom générique, aux dépens duquel il était formé, tombe en synonymie et disparaît lui-même de la nomenclature.

VII. — Loi de priorité.

Art. 13. — La dixième édition du *Systema naturæ* (1758) est le point de départ de la nomenclature zoologique. L'année 1758 est donc la date à laquelle les zoologistes doivent remonter pour rechercher les noms génériques ou spécifiques les plus anciens, pourvu qu'ils soient conformes aux règles fondamentales de la nomenclature.

Art. 14. — La loi de priorité est applicable aux noms de familles ou de groupes plus élevés, tout aussi bien qu'aux

noms de genres et d'espèces, à la condition qu'il s'agisse de groupes ayant même extension.

Art. 15. — Une espèce qui a été faussement identifiée doit reprendre son nom primitif, en raison de l'article 35 des *Règles* adoptées par le Congrès de 1889.

Art. 16. — La loi de priorité doit prévaloir, et par conséquent le nom le plus ancien doit être conservé :

a. — Quand une partie quelconque d'un être a été dénommée avant l'être lui-même (cas des fossiles).

b. — Quand la larve, considérée par erreur comme un être adulte, a été dénommée avant la forme parfaite.

Exception doit être faite pour les Cestodes, les Trématodes, les Nématodes, les Acanthocéphales, les Acariens, en un mot pour les animaux à métamorphoses et à migrations, dont beaucoup d'espèces devraient être soumises à une revision, d'où résulterait un bouleversement profond de la nomenclature.

c. — Quand les deux sexes d'une même espèce ont été considérés comme des espèces distinctes ou même comme appartenant à des genres distincts.

d. — Quand l'animal présente une succession régulière de générations dissemblables, ayant été considérées comme appartenant à des espèces ou même à des genres distincts.

Art. 17. — Il est très désirable que chaque nouvelle description de genre ou d'espèce soit accompagnée d'une diagnose latine, à la fois individuelle et différentielle, au moins d'une diagnose dans l'une des quatre langues européennes les plus répandues (français, anglais, allemand, italien).

Art. 18. — Pour les travaux qui ne sont pas publiés dans l'une ou l'autre de ces quatre langues, il est très désirable que l'explication des planches soit traduite intégralement soit en latin, soit dans l'une quelconque de ces langues.

Art. 19. — Quand plusieurs noms ont été proposés sans qu'il soit possible d'établir la priorité, on adoptera :

a. — Le nom duquel une espèce typique est désignée, s'il s'agit d'un nom de genre ;

b. — Le nom qui est accompagné soit d'une figure, soit d'une diagnose, soit de la description d'un adulte.

Art. 20. — Tout nom générique déjà employé dans le même règne devra être rejeté.

Art. 21. — On doit éviter l'emploi de noms qui ne se distinguent que par la terminaison masculine, féminine ou neutre, ou par un simple changement orthographique.

Art. 22. — Sera rejeté de même tout nom spécifique employé déjà dans le même genre.

Art. 23. — Tout nom générique ou spécifique, devant être rejeté par application des règles précédentes, ne pourra être employé de nouveau, même avec une acception différente, si c'est un nom de genre, dans le même règne, si c'est un nom d'espèce, dans le même genre.

Art. 24. — Un nom générique ou spécifique, une fois publié, ne pourra plus être rejeté pour cause d'impropriété.

Art. 25. — Tout barbarisme, tout solécisme devra être rectifié ; toutefois, les noms hybrides seront conservés tels quels. Ex. : *Geovula, Vermipsylla.*

VIII. — Questions connexes.

Art. 26. — Le système métrique est seul employé en zoologie pour l'évaluation des mesures. Le pied, le pouce, la livre, l'once, etc., doivent être rigoureusement bannis du langage scientifique.

Art. 27. — Les altitudes, les profondeurs, les vitesses et toute mesure généralement quelconque sont exprimées en mètres. Les brasses, les nœuds, les milles marins, etc., doivent disparaître du langage scientifique.

Art. 28. — Le millième de millimètre ($0^{mm}001$), représenté par la lettre grecque μ, est l'unité de mesure adoptée en micrographie.

Art. 29. — Les températures sont exprimées en degrés du thermomètre centigrade de Celsius.

Art. 30. — L'indication du grossissement de la réduction est indispensable à l'intelligence d'un dessin. Elle s'exprime en chiffres, et non en mentionnant le numéro des lentilles à l'aide desquelles l'image a été obtenue.

Art. 31. — Il est utile d'indiquer s'il s'agit d'un agrandissement linéaire ou d'un grossissement en surface. Ex. : ✕ 50 fois ☐ indique un grossissement de 50 fois en surface ; ✕ 50 fois — indique un grossissement linéaire de 50 fois.

BIBLIOGRAPHIE

ANALYSES ET INDEX

1° Sciences mathématiques.

Schapira (Dr Hermann), *Professeur à l'Université de Heidelberg*.— **Theorie der allgemeiner Cofunctionen und einige ihrer Anwendungen** (*Théorie générale des cofonctions et quelques-unes de leurs applications*), tome I, premier fascicule de la seconde partie. Un vol. in-8° de 224 p. (7 fr. 50). *Teubner, éditeur; Leipzig*, 1892.

M. Schapira prend pour point de départ la remarque suivante : si plusieurs fonctions transcendantes sont liées par des relations algébriques, ou, s'il en est de même de divers arguments pour une même fonction, on peut ne pas considérer ces fonctions comme essentiellement distinctes : elles appartiennent à un même domaine de transcendance. Ce sont des « cofonctions » aux termes de l'auteur. Ainsi sin x et cos x sont des cofonctions; ainsi encore sin x, sin α_1x, sin α_2x,..... sont des cofonctions, les α étant des racines d'une même équation algébrique, à coefficients constants.

Cette remarque est en elle-même ingénieuse et profonde, mais elle n'est pas nouvelle. Du reste, l'auteur ne la donne pas pour telle. Il est facile de citer dans la science des travaux considérables issus de vues analogues. Telles sont par exemple les recherches de Galois, de MM. Jordan, Kronecker,..... sur l'irrationalité algébrique. Sont rangés là dans un même domaine d'irrationalité les nombres qui deviennent rationnels, lorsqu'on prend pour rationnelles par définition, lorsqu'on « s'adjoint », suivant l'expression consacrée, une ou plusieurs racines d'une équation algébrique donnée. Citons encore les travaux d'Halphen sur le profit que l'on peut tirer pour l'intégration d'une équation différentielle linéaire de relations algébriques connues entre des intégrales d'ailleurs inconnues. Ces intégrales seraient des « cofonctions ».

L'ouvrage que nous analysons est annoncé comme un exposé systématique soit de résultats déjà publiés, soit de résultats nouveaux. Les théories qui auraient profité des procédés de l'auteur seraient celles des fonctions algébriques, des équations différentielles, de l'arithmétique supérieure.

Tout cela promet d'être fort intéressant, mais le lecteur n'est pas encore en état d'en juger commodément.

D'abord l'ouvrage débute par le premier fascicule de la seconde partie du tome I, par une huitième section. Le reste du tome I est annoncé pour la fin de l'année courante. Il semble que l'auteur ait voulu aller au plus pressé et se soit hâté de justifier l'importance de sa méthode en publiant tout d'abord des résultats obtenus sur des champs inexplorés.

Ensuite, dans sa préface, M. Schapira exprime le regret de n'avoir pu encore amener ses théories à la perfection voulue, en élaguant les complications inutiles de notations et de raisonnements; il présente son travail surtout comme une ébauche, où l'idée fondamentale, le « kerngedanke », importe seule. Le lecteur est forcé de reconnaître qu'une pareille précaution oratoire n'est pas superflue.

Quoi qu'il en soit, voici ce que l'on trouvera dans le fascicule paru : M. Schapira s'occupe de développer en série, aux abords d'un point du plan, les racines d'une équation algébrique à coefficients variables. Il recherche surtout les relations entre les développements des diverses racines d'une même équation.

Après les innombrables travaux dont les fonctions algébriques ont été l'objet, la longueur des calculs est dans la matière la seule difficulté, à la vérité considérable. M. Schapira essaie d'en triompher en introduisant des notations convenables et des algorithmes, dont chacun représente toute une longue opération. D'importants résultats sont promis pour le second volume.

Les critiques que nous nous permettons portent, on le voit, non sur le fond, mais sur le mode d'exposition et de publication. A part cela, l'œuvre annoncée de M. Schapira, qu'on ne peut apprécier sur un fascicule d'attente, ne paraît devoir manquer ni d'intérêt ni d'importance. La publication de l'ouvrage complet mettra les mathématiciens à même d'en juger.

Léon AUTONNE.

Appell (P.), *Professeur de Mécanique rationnelle à la Faculté des Sciences de Paris*. — **Sur des équations différentielles linéaires transformables en elles-mêmes par un changement de fonction et de variable.** (*Acta Mathematica*, tome 15.)

On sait, depuis les travaux de M. Kœnigs, que les propriétés des équations fonctionnelles de la forme

$$f[\varphi(z)] = \psi[f(z)]$$

dépendent essentiellement d'une fonction fondamentale, que M. Kœnigs désigne par la notation B(z), et qui satisfait à l'équation

(1) $$B[\varphi(z)] = a B(z)$$

Cette fonction et ses puissances donnent d'ailleurs la solution la plus générale de l'équation (1), sous certaines conditions de régularité.

Ces remarques ont permis à M. Appell d'étudier les équations différentielles linéaires qui ne changent pas de forme par le changement de z en $\varphi(z)$, pourvu qu'en même temps on multiplie la fonction cherchée par un facteur convenable.

Soit, par exemple, l'équation

(2) $$\frac{d^2u}{dz^2} - u f(z) = 0$$

Elle ne changera pas quand on remplacera z par $\varphi(z)$ et u par $u\sqrt{\varphi'(z)}$, si les fonctions f et φ sont liées par la relation

$$f[\varphi(z)] = \frac{1}{\varphi'^2} f(z) + \frac{2\varphi\varphi'' - 3\varphi'^2}{4\varphi'^4}$$

M. Appell, se donnant la fonction $\varphi(z)$, résout cette équation par rapport à $f(z)$.

En déduisant alors les intégrales (supposées régulières au point de vue de la théorie des fonctions), on reconnaît qu'elles s'expriment à l'aide de la fonction B(z) et de ses dérivées, et qu'il en est de même de f.

On en déduit l'intégration complète de l'équation (2) et, de plus, qu'elle admet une infinité de transformations de la même forme, puisqu'elle est définie quand on se donne B(z) et qu'à une fonction B(z) correspond une infinité de fonctions φ, ainsi que l'a montré M. Kœnigs.

Enfin on peut en conclure que, par un changement de variables convenable, on arrive à transformer l'équation donnée en une équation à coefficients constants.

Ces théorèmes, et particulièrement le dernier, s'étendent d'ailleurs aux équations d'ordre supérieur.

M. Appell parvient, comme on le voit, à des résultats fort remarquables, étant donné la simplicité de l'hypothèse qui sert de point de départ.

J. HADAMARD.

2° Sciences physiques.

Peddie (W.). — A manual of Physics : being an introduction to the study of physical Science (*Manuel de Physique*). *Un volume petit in-8° 500 pages, petit caractère. Baillere, Tyndall and Cox, 20 et 21, King William Street. (Prix : 9 fr. 50.) Londres, 1892.*

Cet ouvrage, conçu dans l'esprit imaginatif des physiciens anglais, écrit à l'école de Lord Kelvin et de M. Tait, est l'opposé de ce que nous considérons, sur le continent, comme un *manuel* de Physique : la classification, la belle ordonnance y sont choses secondaires ; il est peu complet, surtout au point de vue de la science étrangère ; mais, combien d'aperçus nouveaux et de chapitres d'une véritable originalité! Seuls, les chapitres sur la constitution de la matière et sur les propriétés élémentaires de l'éther montreraient à quel point de vue élevé et hardi l'ouvrage a été écrit.

Le premier chapitre est consacré à l'univers physique, sa définition, les preuves de sa réalité, la matière et l'énergie et leur conservation, l'inertie, la différence entre le principe de conservation pour la matière et l'énergie (quantités dépourvues de signe), et le principe, en général, d'après lequel, la somme algébrique restant constante, la production d'une quantité négative ne peut avoir lieu que par une production d'une quantité positive égale. L'auteur ne s'embarrasse pas dans les définitions *a priori*, difficiles à donner et le plus souvent parfaitement inutiles. « Chacun sait, dit-il, ce qu'on entend par le mot matière » ; en effet, sa définition vraie n'est autre chose que l'énoncé de ses propriétés, et, à ce titre, l'ouvrage entier en donne la définition de plus en plus précise.

Les méthodes de la Physique (expériences et hypothèses, *experimentum crucis*, méthodes mathématiques) sont l'objet du second chapitre ; le troisième traite de la théorie des contours : contours fermés, boucles, leur génération ; application aux isothermes en général, qui sont considérées comme les intersections de la surface thermodynamique par divers plans parallèles, projetés sur le plan VT. La cinématique, traitée au chapitre V, sert d'introduction au suivant dans lequel le mouvement est considéré en connexion comme la matière. Nous signalerons, particulièrement dans le chapitre V, la théorie de la *circulation*, ce terme désignant l'expression *vds*, produit de la vitesse par les chemins parcourus ; des théorèmes sur le mouvement des vortex terminent ce chapitre. L'inertie, la rigidité, la tension superficielle, introduites dans le suivant, permettent d'aborder le problème réel du mouvement, la vibration, la propagation des ondes ; tout cela est traité, avec une suffisante rigueur et avec beaucoup de simplicité ; les raisonnements amènent droit au but. Le simple énoncé des titres des autres chapitres en dira beaucoup sur l'esprit dans lequel l'ouvrage est conçu ; ce sont les suivants : Propriétés de la matière, gravitation, propriétés des gaz, des liquides, des solides, la constitution de la matière, sa théorie cinétique ; le son ; la lumière : intensité, vitesse, théorie ; réflexion, réfraction, dispersion ; radiation et absorption ; interférences, diffraction, double réfraction, polarisation ; la nature de la chaleur ; radiation et absorption de la chaleur ; ses effets, dilatation ; changement de température et changement d'état ; conduction et convection de la chaleur ; thermodynamique ; électrostatique, thermoélectricité, courants électriques, magnétisme, électromagnétisme, théorie électromagnétique de la lumière ; l'éther.

Dans le chapitre sur la constitution de la matière, l'auteur rappelle l'hypothèse de Lucrèce, celle de Boscowich ; expose la théorie des vortex-atomes, donne enfin un exposé assez complet des tentatives faites pour estimer la grandeur des molécules. Le dernier chapitre contient les diverses hypothèses faites sur la constitution de l'éther, l'évaluation de sa densité, et de son mode d'action.

Très complet et très moderne au point de vue théorique, cet excellent ouvrage pèche un peu au point de vue expérimental ; le mélange entre les unités métriques et anglaises y est aussi trop constant. Ebloui par ses maîtres, l'auteur n'a pas toujours vu ce qui était au loin ; nous n'en tirerons que plus de profit, car il nous en verra un vif reflet de la brillante école anglaise.

Ch.-Ed. GUILLAUME.

Hepltes (Stefan-C.). — Analele Institutului meteorologic al Romaniei, *in-4° de 2000 pages, t. V, Bucaresti, 1892.*

Ces *Annales de l'Institut météorologique de Roumanie* renferment la description des instruments employés à cet Institut, et des résultats obtenus à leur aide et publiés à la fois en roumain et en français.

Villon (A. M.), *Ingénieur-Chimiste.* — Dictionnaire de Chimie industrielle. T. Ier fasc. I, II et III (*le fascicule, 3 fr.*). *L'ouvrage complet formera 3 volumes in-4°, de 36 fasc. et 3.000 pages environ (60 francs au comptant, 75 francs à terme). Bernard Tignol, éditeur, 53 bis, quai des Grands-Augustins. Paris, 1892.*

Frappé des difficultés que rencontrent souvent les chimistes po   se procurer les renseignements techniques et industriels qui leur sont nécessaires, M. Villon a voulu y remédier par la publication d'un Dictionnaire de chimie véritablement industrielle. Les trois premiers fascicules de cet important ouvrage viennent de paraître. Le livre, d'une forme toute spéciale, est en effet conçu dans un esprit très pratique et contient un grand nombre de détails inédits. Comme le dit fort bien l'auteur, c'est une entreprise originale et non une simple compilation. L'intelligence du texte est facilitée par de nombreuses gravures représentant des appareils et par des dessins schématiques très suffisants. Enfin, on a introduit dans ce dictionnaire une innovation très utile, consistant dans la traduction russe, anglaise, allemande, espagnole et italienne de la plupart des termes techniques.

Il eût peut-être été bon d'insister davantage sur la partie bibliographique et de donner, pour chaque article, une notice succincte permettant de se reporter aux documents ou aux brevets originaux. Une pagination numérotée aurait également rendu plus commode dans certains cas la consultation des articles.

Mais, à part ces légères critiques, et si nous en jugeons par le début de l'ouvrage, le Dictionnaire de chimie industrielle de M. Villon constitue une tentative qui mérite pleine approbation.

La partie scientifique n'y est pas oubliée ; tout ce qui, dans les diverses sciences physiques, se rattache d'une façon quelconque à l'industrie chimique s'y trouve étudié avec soin.

Les fascicules I, II et III contiennent, entre autres, les articles suivants : absinthe, absorption, acétates, acétimétrie et les acides acétique, antimonieux et antimonique, arsénieux et arsénique, azoteux et azotique, benzoïque, borique, bromhydrique, butyrique, carbonique, chlorhydrique, phosphorique, picrique, pyrogallique, saccharique, salicylique, sulfhydrique, sulforicinique, sulfureux et sulfurique. A ce dernier l'auteur a, comme il convenait, consacré un long article, très bien fait, où nous remarquons avec intérêt la discussion des théories récentes relatives aux réactions dans les chambres de plomb.

Nous ne pourrions analyser, même sommairement, chacun de ces articles en particulier ; nous dirons seulement que tous les procédés employés, tant en France qu'à l'Etranger, pour la fabrication ou l'extraction de tous les produits industriels sont décrits et détaillés très longuement ; les réactions sur lesquelles s'appuient ces méthodes sont également bien expliquées. C'est un bon commencement. Souhaitons que l'œuvre considérable que l'auteur a entreprise avec la collaboration d'un groupe de chimistes et d'ingénieurs, soit continuée avec le même succès.

A. HÉBERT.

3° Sciences naturelles.

Matruchot (L.). — Recherches sur le développement de quelques Mucédinées. *Thèse de la Faculté des Sciences de Paris. Armand Colin, éditeur, Paris, 1892.*

Le groupe des Mucédinées, tel que l'entend M. Matruchot, correspond au groupe des Hyphomycètes de Saccardo. On sait que les Hyphomycètes comprennent toutes les moisissures, et il y en a des milliers d'espèces, dont les seuls organes reproducteurs connus sont des conidies, ou spores externes nées directement sur les filaments. Les travaux de Tulasne, de de Bary, etc... ont montré que certaines espèces de ce groupe, considérées jusque-là comme indépendantes, ne sont autre chose que des formes conidiennes, c'est-à-dire imparfaites, d'Ascomycètes, de Basidiomycètes ou d'Oomycètes. Des auteurs ont généralisé les résultats de ces travaux et ont envisagé toutes les Mucédinées comme des formes imparfaites de champignons appartenant à des groupes déterminés et bien caractérisés; on ignorait seulement à quelles espèces on devait les rapporter. La vraie manière d'étudier les Moisissures paraissait donc de les cultiver pour obtenir l'appareil parfait de reproduction, et fixer ainsi leur place dans la classification; toutefois, les essais tentés dans cette voie ont été loin de réussir tous. Quoi qu'il en soit, pour la plupart des Mycologues, les Hyphomycètes constituent un groupe artificiel et provisoire, destiné à se réduire au fur et à mesure qu'il sera mieux connu; beaucoup de genres sont mal définis et ont seulement un caractère d'attente.

Les espèces de Moisissures, auxquelles M. Matruchot s'est adressé, ne lui ont jamais donné, dans ses cultures, d'appareil ascosporé ni basidiosporé; mais, tout en restant mucédinées, elles ont varié d'une façon intéressante : des genres et des espèces que l'on croyait distincts, ont été reconnus comme étant des états successifs ou des formes variables suivant le milieu. Les procédés de culture employés sont ceux qui sont pratiqués par les bactériologistes.

D'après l'auteur, les genres *Helicosporium* et *Helicomyces* sont identiques, car l'*Helicosporium lumbricoides*, cultivé sur gélose, perd la coloration brune de son mycélium et par suite devient un *Helicomyces;* la même espèce, cultivée sur pomme de terre, ressemble au genre *Coniothecium;* enfin, dans les cultures cellulaires, elle a donné un *Stemphylium;* mais l'auteur n'a pas réussi à faire la transformation inverse. La parenté des genres *Œdocephalum* et *Gonatobotrys*, soupçonnée par différents auteurs, est affirmée par M. Matruchot. En plus de ses conidies caractéristiques, une moisissure très commune, le *Cephalothecium roseum*, produit des conidies différentes : toujours sur pomme de terre, parfois sur carotte, mais jamais en milieu liquide. L'auteur cite encore d'autres faits de polymorphisme, et décrit un nouveau genre : le *Costantinella*.

En résumé, l'auteur a montré la parenté de plusieurs genres ou espèces différents, et il a mis en évidence l'influence du milieu nutritif sur la forme et la nature de l'appareil reproducteur chez plusieurs des espèces étudiées.

C. SAUVAGEAU.

Varigny (Henry de). — Experimental Evolution, Lectures delivered in the « Summer School of Art and Science » (*Conférences sur l'Evolution*). *University Hall, Edimburgh. Un volume in-8° de 271 pages des « Nature Series » (Prix : 6 fr. 25.). Macmillan and Cᵒ, Londres, 1892.*

Le livre de M. de Varigny comprend une série de conférences faites à Edimbourg en 1891, dans lesquelles il a étudié un des plus intéressants problèmes transformistes, l'importance et les causes de la variation chez les animaux et végétaux. S'adressant à un public étranger, il a accordé une place prépondérante aux travaux d'origine française, moins familiers à son auditoire.

Après avoir exposé l'histoire succincte et les preuves générales du transformisme, il conclut que nous n'avons pas encore la preuve expérimentale de l'évolution, c'est-à-dire la transformation positive d'une espèce en une autre espèce permanente.

A part cette introduction, le reste du volume est consacré à l'étude de la variation; M. de Varigny montre, par des exemples bien choisis, que les organismes sont essentiellement variables, aussi bien dans leurs caractères morphologiques (couleur, dimensions, forme, développement, etc.) que dans leurs propriétés physiologiques et chimiques (résistance aux maladies, aux poisons, etc.); on sait d'ailleurs quel parti l'homme a tiré de la variation spontanée pour la domestication et la culture.

Après avoir solidement établi l'universalité de la variation, l'auteur passe au problème beaucoup plus difficile de l'influence du milieu sur l'être vivant : action de la salure de l'eau (expériences de Schmankewitsch, etc.), de la température, de la pression (expériences de Certes répétées par Regnard), modifications des plantes suivant les influences externes, etc. En somme, M. de Varigny attribue une grande importance aux actions de milieu comme facteur évolutif, bien qu'il ne se prononce pas positivement pour le Darwinisme ou le Lamarckisme; il critique cependant les idées de Weismann, pur darwiniste comme l'on sait, qui n'admet pas que de nouvelles espèces puissent se former sous la seule influence des actions de milieu, sans l'intervention toute-puissante de la sélection naturelle.

M. de Varigny termine son livre en réclamant sur tous ces problèmes des expériences à longue durée, destinées à nous donner la preuve irréfutable de l'évolution et à nous révéler ses vraies causes; il en trace même une sorte de programme, assez vague, il est vrai. Mais la science marche bien vite; qui nous assure que ces expériences n'auront pas perdu tout intérêt bien avant leur achèvement?

L. CUÉNOT.

Marchal (Paul). — Recherches anatomiques et physiologiques sur l'appareil excréteur des Crustacés Décapodes. *Thèse de la Faculté des Sciences de Paris (Arch. de Zoologie expériment., 2ᵉ sér., vol. X, 1892), in-8° de 219 p., 9 planches. A. Hennuyer, 7, rue Darcet, Paris, 1892.*

M. Paul Marchal poursuit depuis plusieurs années d'intéressantes études sur l'appareil excréteur des Crustacés. Déjà, dans sa thèse de Doctorat en médecine, publiée en 1890 dans les *Mémoires de la Société zoologique de France*, et médaillée par la Faculté de Paris, on trouve de nombreux documents sur le sujet. Ce travail a servi de quelque sorte d'introduction au présent mémoire. Celui-ci est divisé en deux parties. Dans la première, l'auteur étudie, sur de très nombreux types de Brachyures, d'Anomoures et de Macroures, l'anatomie et l'histologie de l'appareil excréteur. La seconde est consacrée à la physiologie, à l'hystophysiologie et à la chimie physiologique.

Les faits nouveaux mis en lumière et exposés avec détail par M. Marchal, ne comportent guère l'analyse. Aussi faut-il se borner à l'énoncé des résultats obtenus. Le voici, presque textuellement emprunté aux conclusions de la thèse :

L'appareil excréteur des crustacés décapodes est en général pair, et formé de trois parties : le *saccule*, le *labyrinthe* et la *vessie*, communiquant entre elles dans l'ordre où elles sont énumérées. La vessie communique d'autre part avec l'extérieur par l'intermédiaire d'un *canal vésical* qui débouche au niveau du premier article de l'antenne. Le saccule et le labyrinthe forment ensemble une seule masse glandulaire, le *rein* ou *glande antennaire*.

Le saccule est toujours morphologiquement placé au-dessus du labyrinthe; il ne communique jamais avec le labyrinthe qu'en un seul point situé en avant de la glande.

M. Marchal donne le nom de *labyrinthe* à toute la partie de la glande qui est intermédiaire au saccule et à la vessie ; il en fait connaître la structure en employant, outre la méthode des coupes, le procédé des injections.à la celloïdine et à l'asphalte ainsi que celui des injections physiologiques. Le labyrinthe peut toujours être considéré comme dérivant d'un sac qui se complique par la formation de trabécules et de cloisons traversant sa cavité.

L'absence d'un tube qui, en se pelotonnant, constituerait toute la partie de la glande faisant suite au saccule est la règle chez les Décapodes ; ce fait est en opposition absolue avec ce que l'on admettait jusqu'ici, en généralisant trop tôt les résultats obtenus chez les crustacés inférieurs et chez l'écrevisse. Le labyrinthe peut être considéré comme le représentant de ce tube devenu très court et très élargi.

Après une description détaillée de ces diverses parties chez un grand nombre de types, l'auteur étudie le mécanisme de l'excrétion.

L'urine est, en général, accumulée dans un système vésical. De patientes observations, prolongées pendant des heures sur les animaux vivants, ont permis à M. Marchal de constater par quel mécanisme ce liquide est évacué au dehors.

Sa sécrétion n'est pas un simple phénomène de dialyse, mais se fait par séparation de parties cellulaires. La vessie participe à la sécrétion, au moins dans un grand nombre de cas,et notamment chez les Brachyures, les Pagurides et les Caridides.

Le liquide excrété est produit en quantité considérable ; les vessies d'un *Maia* peuvent en contenir 18 centimètres cubes. Ce liquide provient uniquement de la sécrétion rénale et vésicale ; il ne contient pas d'eau de mer venue directement du dehors. L'urine du *Maia* offre à peu près le même degré de salure que celle-ci. Elle ne contient ni urée, ni acide urique, mais renferme une base organique (leucomaïne) comparable aux alcaloïdes des végétaux. On y rencontre, en outre, un acide organique spécial, très énergique, dont les caractères ont été étudiés par M. Letellier, et qui a reçu le nom d'acide *carcinurique*. Ses réactions semblent devoir le faire ranger parmi les acides carbopyridiques. La présence d'un pareil acide, jointe à celle d'une leucomaïne, comme produit normal et essentiel de la désassimilation de l'azote, chez un animal, est un fait remarquable et inattendu.

Neuf planches, dessinées par l'auteur et en partie coloriées, permettent de suivre les descriptions, parfois un peu ardues, des organes étudiés. Vingt figures, intercalées dans le texte, aident d'ailleurs à sa compréhension, et il est à souhaiter que de pareils dessins, même schématiques, se multiplient de plus en plus dans les travaux d'histoire naturelle.

Les recherches de M. Marchal ont été poursuivies dans les laboratoires fondés par M. de Lacaze Duthiers à Roscoff et à Banyuls. Des animaux expédiés vivants de la Manche ou de la Méditerranée ont d'ailleurs permis de faire à la Faculté de médecine de Paris, sous la direction du professeur A. Gautier, les études chimiques dont il a été rendu compte ci-dessus.

Jules DE GUERNE.

4° Sciences médicales.

Lucas-Championnière (J.). — Cure radicale des hernies, avec une étude statistique de 275 opérations. *Un vol. in-8° de 720 pages avec 50 figures dans le texte* (Prix : 12 francs). Rueff et Cie, 106, boulevard Saint-Germain, Paris, 1892.

Lorsqu'en 1883 la question de la cure radicale des hernies était donnée à traiter au concours de l'agrégation, il n'existait dans toute la chirurgie française que cinq cas opérés, dont quatre par M. Championnière.

Depuis cette époque, par sa pratique, par ses publications, par la part active qu'il a prise à toutes les discussions soulevées soit à la Société de chirurgie, soit dans les divers congrès, ce dernier chirurgien n'a pas cessé de défendre énergiquement le traitement opératoire des hernies. Soutenu au début par quelques rares amis, adeptes comme lui, non seulement en théorie, mais en fait, des méthodes antiseptiques, M. Championnière, d'abord violemment attaqué, a fait triompher d'une manière définitive la cause qu'il défendait et l'on peut dire qu'à quelques rares exceptions près, la cure opératoire des hernies est aujourd'hui acceptée par tous les chirurgiens.

C'est avec 275 opérations de cure radicale qu'il se présente aujourd'hui ; 182 des malades opérés ont été revus à longue échéance. C'est dire que cet important ouvrage permet d'apprécier non seulement la valeur immédiate, mais encore les résultats éloignés de l'opération.

L'opération est indiquée dans les hernies irréductibles, dans les hernies réductibles, mais incoercibles, dans la hernie congénitale avec ectopie testiculaire, dans les hernies douloureuses, qui ne le sont souvent que parce qu'elles s'accompagnent d'adhérences épiploïques, dans les hernies croissantes, dans celles accompagnées d'accidents. Enfin, on peut y être amené par certaines convenances sociales (le service militaire, le mariage chez les jeunes filles, etc.). Au contraire, il faut écarter les vieillards, les hernies enfants au-dessous de six à sept ans, les grands cachectiques (albuminuriques, diabétiques, tuberculeux avancés), les emphysémateux, plus exposés que d'autres à des accidents post-opératoires, les herrnieux qui font des hernies partout, dont la paroi abdominale s'effondre en tous sens.

Il existe pour toutes les hernies une méthode générale et il est caractérisée par *l'issue des viscères* abdominaux dans un *sac séreux* à travers un *orifice* anormal ou agrandi. Il faut donc :

1° Modifier ou détruire la séreuse, la suppression de la surface glissante supprimant la tendance au glissement interstitiel. On doit supprimer tout infundibulum et pour cela enlever la séreuse bien au-dessus du sac.

2° Constituer à la place de l'orifice la cicatrice la plus résistante possible pour former barrière, ce qu'on obtient par l'accolement exact d'une plaie opératoire cruentée très étendue.

3° Détacher ou détruire les parties non indispensables aux fonctions, qui sortent de l'abdomen. En particulier on réséquera l'épiploon dans la plus grande étendue possible.

Après avoir étudié successivement ces divers points envisagés d'une manière générale et quelle que soit la variété de hernie en présence de laquelle on se trouve, M. Championnière passe à la description de l'opération propre à chacune de ces variétés. De là une série de chapitres sur la cure de la hernie inguinale, de la hernie crurale et de la hernie ombilicale. A propos de la hernie inguinale avec ectopie, l'auteur insiste sur la conservation du testicule. On ne peut savoir si le testicule peut être abaissé, qu'après avoir détaché soigneusement le cordon du sac herniaire ; cette dissection minutieuse préalable est absolument indispensable.

Les suites opératoires et les complications de la cure radicale sont ensuite abordées. Nous noterons que, dans quatre cas, M. Championnière a observé des accidents d'étranglement et a guéri ses malades par la laparotomie.

Chaque point fait dans ce livre l'objet d'une étude détaillée, et l'on y trouve tous les renseignements que peut demander un opérateur.

Quant à l'efficacité de la méthode, elle est démontrée par les résultats : sur ses 266 hernieux, M. Championnière n'a perdu qu'un malade, qu'il avait opéré dans un service autre que le sien. La récidive n'a été notée que dans quatorze cas. Notons que, pendant les premiers mois, il fait porter à ses malades un bandage soutenant le ventre au-dessus de la cicatrice, pas à son niveau.

Dr Henri HARTMANN.

Féré (Dr Ch.), *Médecin de Bicêtre*. — **Épilepsie**. *Un vol. petit in-8° de 203 pages de l'Encyclopédie scientifique des Aide-Mémoire de M. Léauté (Prix 2 fr. 50). G. Masson et Gauthier-Villars, éditeurs, Paris, 1892.*

Ce petit volume est le résumé de la partie clinique d'un traité plus étendu, paru en 1890, intitulé : *Les Épilepsies et les Épileptiques*. Ce traité, — l'ouvrage le plus considérable qui ait encore paru sur le sujet, — renfermait aussi une étude approfondie de la physiologie des épileptiques, physiologie qui avait donné lieu, de la part de M. Féré, à des recherches bien connues portant surtout sur les phénomènes d'épuisement.

Au contraire, un aide-mémoire devait surtout avoir pour but d'exposer le côté pratique de la question; c'est ce qu'a fait M. Féré avec l'autorité que tout le monde lui reconnaît à propos de l'épilepsie.

Les descriptions cliniques sont excessivement précises; on trouvera minutieusement exposés les phénomènes de l'épilepsie générale, les paroxysmes incomplets de l'épilepsie, l'épilepsie partielle, l'épilepsie sensorielle et la migraine ophtalmique; on trouvera aussi mentionnés les phénomènes sensoriels, viscéraux et psychiques, dont l'ensemble, joint aux phénomènes plus grossiers des convulsions, forme un tout dont les différentes parties ont au fond la même origine, comme le montre bien l'allure paroxystique et l'épuisement consécutif. Mais le point important, en ce qui concerne non pas la pratique, mais la théorie même, est la façon toute personnelle dont M. Féré conçoit l'épilepsie. Il est bon que le lecteur soit prévenu dès l'abord de ses idées nouvelles, encore trop peu répandues.

Voici comment s'exprime M. Féré :

« Actuellement, on doit comprendre l'épilepsie comme un syndrome pouvant, au cours d'états pathologiques très divers, apparaître au plus ou moins grand complet, tantôt sous une forme, tantôt sous une autre, mais au fond toujours la même. Dire qu'il y a une seule épilepsie vraie, essentielle, celle qui survient sans cause appréciable, ne nous semble pas plus admissible que de prétendre qu'il n'y a qu'une seule angine de poitrine vraie, celle qui reconnaît pour cause le rétrécissement des artères coronaires, et de fausses angines, toxiques, hystériques, etc. On ne doit pas perdre de vue ces désignations, épilepsie, angine, s'adressent seulement au tableau symptomatique; et tout ce que l'on peut dire, c'est que des causes très variées peuvent produire le même syndrome clinique. » Aussi ne devra-t-on pas s'étonner que M. Féré considère l'éclampsie des femmes enceintes et les convulsions de l'enfance comme des épilepsies aiguës.

Notons encore le rôle capital que l'hérédité joue dans l'étiologie des épilepsies, peut-être même ce rôle est-il indispensable à la production de la névrose. L'étude des causes déterminantes générales et locales, le diagnostic de l'existence même de l'épilepsie, le diagnostic de la cause, bien important à établir lorsqu'il s'agit d'épilepsie jacksonienne, sont faits de telle sorte que les médecins embarrassés dans un cas donné n'auront qu'à consulter les chapitres qui y sont consacrés, pour y trouver tous les renseignements nécessaires.

Le chapitre du traitement est aussi fort complet, ou plutôt les médicaments vraiment utiles sont indiqués avec les détails requis, tandis que toutes les médications bizarres qui ont été proposées sont à peine signalées ou passées justement sous silence.

En un mot, ce manuel répond parfaitement à son but et en outre il porte l'empreinte tout à fait originale qui avait déjà assuré le succès du grand traité de M. Féré. Cette originalité fondée sur des recherches personnelles s'étend même à la question de l'assistance des épileptiques et de leur médecine légale. Il me semble qu'il y a intérêt à faire remarquer particulièrement les idées contenues dans le dernier chapitre qui y est affecté; car, si la majorité des médecins est capable de reconnaître et de traiter les épileptiques, il y en a encore beaucoup qui n'ont pas la notion de ce qui peut être vraiment utile au point de vue de l'assistance des malades pauvres et qui ne savent pas, dans les questions de médecine légale, apporter la réserve prudente qui est indispensable. La tendance générale des recherches de M. Féré est de rendre manifestement objectifs tous les symptômes pathologiques, somatiques ou psychiques. Il veut aussi que, dans les questions légales, on n'affirme rien qui ne soit objectivement prouvé. C'est là la marque d'un esprit réellement scientifique; elle se retrouve partout, même dans ce manuel, dont le but est tout pratique; d'ailleurs, un bon manuel ne peut être fait que par quelqu'un de supérieur au niveau et à la portée d'un pareil ouvrage; cela se sent bien dans cette *Épilepsie* et c'est pour cela que cet aide-mémoire est bon.

Dr Ph. CHASLIN.

Azoulay (Dr L.). — **Les attitudes du corps comme méthode d'examen, de diagnostic et de pronostic dans les maladies du cœur.** *Un vol in-8 de 130 p. (4 fr.). Société d'Éditions scientifiques. Paris, 1892.*

Les bruits normaux ou anormaux du cœur sont modifiés dans leur rythme et leur intensité par les diverses attitudes du corps, dont l'action s'explique par les variations de tension sanguine : plus la tension est élevée, plus les bruits normaux du cœur sont forts et plus le pouls se ralentit.

D'une façon générale (car ces lois sont sujettes à des exceptions assez nombreuses), dans la station *debout*, les bruits ont leur minimum d'intensité, ou même sont nuls, les battements sont rapides. Dans la station *assise*, certains bruits peuvent apparaître, d'autres qui existaient s'accentuent, le cœur bat moins rapidement. Dans la station *couchée*, les phénomènes précédents sont encore plus sensibles. Enfin, le maximum d'intensité des bruits et de ralentissement des pulsations est obtenu dans l'attitude *relevée* imaginée par l'auteur, et dont voici la description :

Après avoir enlevé tout oreiller, et mis le traversin tout contre le chevet du lit, placer le malade aussi horizontalement que possible; lui relever fortement la tête avec le traversin; élever les bras lentement et les porter étendus en arrière sur le chevet du lit; fléchir les genoux, de façon que les pieds reposant sur le lit, les talons soient aussi près que possible des ischions.

Il faut avoir soin que ces mouvements s'exécutent doucement, afin d'éviter l'accélération d'effort, et en tous cas, ne pratiquer l'examen que quelques minutes après que l'attitude est prise.

On obtient ainsi l'apparition des bruits anormaux qu'on ne percevait pas dans les autres attitudes, l'accentuation des bruits déjà notés, et la dissociation des bruits complexes, en raison de l'allongement des périodes d'évolution par ralentissement du rythme.

Il va sans dire que dans les cas où les bruits anormaux sont confus en raison même de l'excès de leur intensité, on aura avantage à s'éloigner graduellement de cette attitude pour arriver à la station debout.

Des infractions à ces règles, il est possible de tirer des indications pronostiques : dans les lésions valvulaires non compensées, l'attitude relevée amène l'accélération du pouls au lieu de son ralentissement; plus ce pouls sera alors accéléré, irrégulier, en même temps que la respiration devient dyspnéique, plus on devra craindre la rupture de compensation, l'asystolie.

Le ralentissement du rythme et l'augmentation de l'intensité obtenus dans l'attitude relevée, permettent aussi de mieux reconnaître un bruit extra-cardiaque dont l'apparition méso-systolique à la pointe, méso-diastolique à la base, constitue le caractère le plus certain.

Le Dr Azoulay a appuyé cette étude de nombreuses observations prises dans les services hospitaliers de Paris.

Dr Ray. DURAND-FARDEL.

ACADÉMIES ET SOCIÉTÉS SAVANTES

DE LA FRANCE ET DE L'ÉTRANGER

(La plupart des Académies et Sociétés savantes, dont la Revue analyse régulièrement les travaux, sont encore actuellement en vacances.)

ACADÉMIE DES SCIENCES DE PARIS

Séance du 19 septembre.

1° SCIENCES MATHÉMATIQUES. — M. G. Bigourdan communique ses observations de la nouvelle planète Wolf (13 septembre 1892) et de la planète Borrelly-Wolf faites à l'Observatoire de Paris (équatorial de la tour de l'Ouest). Cette dernière planète paraît être identique à Erigone. — M. Paul Serret continue l'exposé des propriétés d'une série récurrente de pentagones inscrits à une même courbe générale du troisième ordre.

2° SCIENCES PHYSIQUES. — M. Mascart expose une théorie nouvelle de l'arc-en-ciel blanc, ou *cercle d'Ulloa*, car l'explication de Bravais, fondée sur l'hypothèse des *vésicules*, semble tout à fait improbable; l'auteur montre que la disparition des couleurs tient à l'extension des franges d'interférences qui se recouvrent et achromatisent ainsi l'arc-en-ciel; il reprend, en la complétant, la théorie d'Airy et cherche quel est le diamètre des gouttes qui donnent le meilleur achromatisme. Cette interprétation des phénomènes est conforme à tous les renseignements fournis par tous les observateurs d'arcs-en-ciel blancs. — MM. Sarazin et de la Rive produisent l'étincelle de l'oscillateur de Hertz dans un diélectrique liquide au lieu d'air. Les interférences de la force électromotrice par réflexion sur une surface métallique plane donnent les mêmes résultats que lorsque la décharge de l'oscillateur a lieu dans l'air, c'est-à-dire qu'elles donnent la longueur d'onde propre au résonnateur employé. L'appareil fonctionnant pendant plus de vingt minutes ne donne lieu à aucune altération d'intensité. — M. W. Markovnikoff a étudié l'action du brome en présence du bromure d'aluminium sur les carbures à chaînes cycliques, il a posé la règle suivante : « L'action du brome sur les naphtènes, en présence du bromure d'aluminium, à la température ordinaire, se porte principalement sur les atomes d'hydrogène de la chaîne cyclique qu'il transforment en noyau de benzine, dans lequel tous les atomes d'hydrogène sont substitués par le brome tandis que les chaînes latérales restent intactes. » — M. Léo Vignon montre que la pouvoir rotatoire de la solution chlorhydrique de fibroïne ne peut pas s'expliquer par la décomposition de ce produit; il précipite, en effet, la solution par l'alcool et retrouve un corps qui a toutes les propriétés de la fibroïne primitive. — M. W. de Fonvielle fait une communication sur la découverte de la ligne sans déclinaison.   C. MATIGNON.

3° SCIENCES NATURELLES. — M. Gaston Bonnier a étudié, dans le pavillon des Halles centrales, à Paris, l'influence qu'exerce la lumière électrique continue et discontinue sur la structure anatomique des arbres. Il résulte des expériences que l'éclairage électrique continu provoque de grandes modifications de structure dans les feuilles et les jeunes tiges des arbres. Dans ces conditions, les plantes respirent, assimilent et transpirent jour et nuit d'une manière invariable; elles sont comme gênées pour l'utilisation et la différenciation ultérieure des substances assimilées et les tissus acquièrent une structure plus simple. La structure produite dans les divers organes par l'éclairage électrique discontinu, avec douze heures d'obscurité sur vingt-quatre, se rapproche plus de la structure normale que celle résultant de la lumière électrique ininterrompue. — MM. J. Jad et G. Marinesco ont fait un grand nombre d'expériences dans le but d'élucider la question

du centre respiratoire bulbaire, sur le siège et la nature duquel les principaux physiologistes ne sont pas d'accord. Les auteurs dans leurs recherches ont employé de petites baguettes en verre portées à une température élevée à l'aide desquelles ils détruisaient lentement et progressivement la région présumée du centre respiratoire. Il en résulte : 1° que la destruction des noyaux bulbaires, considérés par les divers auteurs comme des centres respiratoires, ne détermine pas, lorsqu'elle est faite dans certaines conditions, l'arrêt définitif de la respiration; 2° qu'il existe, dans la moitié inférieure du bulbe, une masse cellulaire située profondément, dont la destruction détermine l'arrêt et dont l'excitation entraîne des modifications caractéristiques de la respiration; 3° que cette région, jouant le rôle de centre respiratoire, n'est pas nettement circonscrite, mais est constituée par une association de cellules nerveuses disséminées de chaque côté des racines de l'hypoglosse; 4° enfin, que les voies centrifuges qui descendent dans la moelle sont directes et occupent la zone réticulaire antérieure.

Mémoires présentés : M. A. Netter : Quelques remarques sur la nature et le traitement du choléra.
                                        — ED. BELZUNG.

Séance du 26 septembre.

1° SCIENCES MATHÉMATIQUES. — M. Hatt a appliqué à la triangulation des côtes de Corse, un nouveau système conventionnel de coordonnées obtenu en transformant en coordonnés rectangulaires planes, les coordonnées polaires comptées sur la sphère autour d'une origine. L'expérience a donné des résultats satisfaisants au point de vue de la précision et de la facilité des calculs.

2° SCIENCES PHYSIQUES. — M. Mascart apporte à sa théorie précédente de l'arc-en-ciel blanc une modification importante qui rend l'explication plus satisfaisante; l'achromatisme le plus parfait a lieu avec des gouttes de diamètre 30μ. — M. Markovnikoff, en traitant l'alcool subéronylique avec de l'acide iodhydrique fumant, a obtenu un corps identique, l'hectanaphtène; il donne comme lui du pentabromotoluène en présence du brome et du bromure d'aluminium. On réalise ainsi le premier exemple d'une transformation de la chaîne cyclique heptacarbonique en une chaîne hexacarbonique sous l'influence du bromure d'aluminium. — M. Raoul Varet a préparé les chlorocadmiate, bromocadmiate et iodocadmiate de pipéridine et de pyridine. Le bromure et l'iodure de cadmium fournissent dans les deux cas considérés des combinaisons répondant aux mêmes formules. Le chlorure de cadmium engendre des composés du même type, avec les deux bases examinées.   C. MATIGNON.

3° SCIENCES NATURELLES : M. J.-D. Tholozan : Lieux d'origine ou d'émergence des grandes épidémies cholériques et particulièrement de la pandémie de 1846-1849. L'auteur, s'appuyant sur des documents dignes de foi, cherche à déterminer quelles sont les contrées où débuta la pandémie cholérique qui, après avoir traversé la Perse, envahit l'Europe et l'Amérique en 1847, 1848 et 1849. Des divers témoignages cités il résulte que ce choléra, au lieu de partir dans l'Inde de l'*aire endémique* et de se diriger du sud-est au nord-ouest, a progressé au contraire de l'ouest à l'est, du Turkestan vers l'Inde, c'est-à-dire d'un point de l'Asie centrale vers sa mère patrie, et jusque sur les confins de l'aire endémique. D'après l'auteur il faudrait considérer les points d'émergence des épidémies cholériques comme leur foyer d'origine et abandonner l'idée de faire venir directement de l'Inde les différentes manifestations pandémiques du choléra. Ce qui fait l'épidémie envahissante ou pandémie, c'est *la réviviscence du principe ou du germe cholérique; sa réviviscence complète avec tous ses attributs primitifs*. Dans l'Inde, ce sont de semblables *réviviscences*, véritables éclosions, qui perpétuent l'endémie annuelle et les épidémies qui se montrent tous les trois, quatre ou cinq ans. L'auteur pense que c'est sur ce fait capital et primordial que doivent porter les recherches microbiologiques.

Mémoires présentés. — M. Léopold Hugo : Remarques sur l'ancienne arithmétique chinoise. — M. J. Péroche adresse une Note portant pour titre : Les glaces polaires.

Ed. Belzung.

Séance du 3 octobre.

1° Sciences mathématiques. — MM. Rambaud et Sy communiquent leurs observations de la nouvelle planète Borelly, faites à l'Observatoire d'Alger (équatorial coudé). — M. C. Clavenad fait quelques observations générales sur les considérations d'homogénéité en

Physique et montre que la relation $v = \dfrac{1}{\sqrt{\gamma\lambda}}$ entre la vitesse de propagation d'un courant, la capacité et le coefficient de self-induction de la ligne, admise par M. Vaschy, est inexacte, on doit la remplacer par la suivante $v = A\sqrt{\dfrac{\lambda}{\gamma}}$.

2° Sciences physiques. — M. E. Cohn à propos de la coexistence du pouvoir diélectrique et de la conductibilité électrique adresse une réclamation de priorité; sa méthode et ses conclusions sont les mêmes que celles de M. Bouty. — M. Pierre Lesage a comparé l'évaporation des solutions de chlorure de sodium, de chlorure de potassium et d'eau pure; les résultats sont d'accord avec la comparaison des tensions de vapeur de ces solutions. — M. T. L. Phipson envoie l'analyse d'un bois fossile contenant 3,90 pour 100 de fluor. — M. T. L. Phipson considère la *cascarine* de M. Leprince comme identique avec sa rhamnoxanthine. — M. Delaurier adresse une note intitulée : Nouveaux procédés pour la recherche de l'azote dans les composés organiques et inorganiques. C. Matignon.

3° Sciences naturelles. — M. A.-B. Griffiths a trouvé dans le sang des Chitons une globuline respiratoire incolore ayant, au point de vue physiologique, les propriétés de l'hémoglobine et des autres substances respiratoires du sang des invertébrés. L'auteur lui a donné le nom de β-*achroglobine* pour la distinguer de l'*achroglobine* qui existe dans le sang de la Patelle. Elle se présente sous deux états, soit chargée d'oxygène actif, soit dépourvue de ce gaz. Dans le premier cas, c'est une substance incolore. — M. Gaston Bonnier fait connaître aujourd'hui les modifications de structure anatomique qu'on observe chez les plantes herbacées, soumises à l'influence de la lumière électrique sous globe continue, constante et prolongée. Les résultats montrent que si, à la lumière électrique continue, une verre il y a *verdissement intense*, pour une plante donnée, la structure des organes est d'abord très différenciée; si, dans les mêmes conditions sont maintenues pendant plusieurs mois, les nouveaux organes formés pour cette plante présentent de remarquables modifications de structure dans leurs tissus et sont moins différenciés, quoique étant toujours riches en chlorophylle. Enfin, la lumière électrique directe est nuisible par ses rayons ultra-violets au développement normal des tissus, même à une distance des lampes de plus de trois mètres.

Ed. Belzung.

ACADÉMIE DE MÉDECINE
Séance du 20 septembre.

M. Mignot revient sur sa précédente note (*Séance du 13 septembre*) relative à une épidémie de cholérine et quelques cas de choléra nostras, pour maintenir ses conclusions, contrairement à l'opinion de M. Brouardel, à savoir que le choléra qui sévit à Paris et au Havre est bien le choléra morbus. — M. Peter : Le choléra à Paris en 1892. L'auteur expose les faits observés dans son service et en tire les conclusions qui en découlent. La clinique et la bactériologie conduisent toutes deux à cette même conclusion : unicité du choléra. Il n'y a pas trois choléras, il n'y a que des formes cliniques différentes suivant la nature des organismes contaminés. Dans cette épidémie de 1892, on observe, dans les mêmes localités, la diarrhée persistante sans vomissements, puis la diarrhée avec vomissements et crampes, c'est la *cholérine*; cette première série morbide se continue par le choléra avec déjections bilieuses, crampes continuelles, refroidissement des extrémités et parfois cyanose : c'est le choléra dit *nostras;* enfin, dans d'autres cas, symptômes généraux plus graves, déjections d'emblée riziformes ou le devenant après avoir été bilieuses : c'est le choléra dit *indien*. L'auteur est d'avis de supprimer l'épithète *d'indien* et de dire, au lieu de choléra *nostras*, choléra *bilieux*, et, au lieu de choléra *indien*, choléra *riziforme*. Pour ce qui est de la contagiosité, l'auteur dit que le choléra a la contagiosité *relative* des maladies à microbes, tandis que les maladies dont on ne connaît pas le microbe, telles que la scarlatine, la variole, la rougeole, ont une contagiosité *absolue*. Ne sont frappés du choléra que les débilités, ceux que le milieu *intérieur* prédispose à le contracter, exposés qu'ils sont au milieu *extérieur*. Quant au traitement, il importe de combattre la diarrhée initiale, de débarrasser l'organisme des leucomaïnes toxiques qui sont, pour l'auteur, la cause du choléra; dans le cas de persistance de la diarrhée, il faut employer les préparations d'opium contre les crampes et appliquer sur la colonne vertébrale le sac à glace de Chapmann. Au cours de la discussion qui suit entre MM. Brouardel, Verneuil et Peter, ce dernier admet la possibilité du transformisme des microorganismes et dit que, dans le cas particulier du choléra, suivant les conditions morbides, le *Bacterium Coli* subirait des modifications telles, qu'il deviendrait morphologiquement identique au bacille virgule de Koch, après avoir présenté le caractère du bacille virgule de Finkler et Prior; intermédiaire entre les deux précédents. Pour M. Verneuil la virulence très variable de certaines bactéries, inoffensives à l'état normal, s'expliquerait plutôt par les associations microbiennes.

Séance du 27 septembre.

M. Gibert : L'épidémie de choléra au Havre en 1892. Dans cette communication l'auteur étudie la nature, l'origine et le caractère épidémique du choléra qui a sévi au Havre; il fait connaître ensuite l'organisation instituée pour lutter contre cette épidémie. Voici les conclusions de cette étude : 1° le choléra du Havre est bien le choléra asiatique; 2° il n'a pas été importé par mer, mais bien directement de Courbevoie; 3° la diarrhée cholériforme de Paris est par conséquent le choléra morbus sous sa forme épidémique habituelle. L'auteur termine sa note par la question de contagion. — MM. Verneuil et Forestier (d'Aix-les-Bains) : Fracture de la colonne vertébrale par cause musculaire, longtemps méconnue et révélée par l'apparition de douleurs névralgiques en ceinture et d'une gibbosité tardive. Après avoir exposé et discuté longuement les observations relatives au malade dont il s'agit, les auteurs formulent, entre autres conclusions, les suivantes : 1° les mouvements actifs violents de la colonne vertébrale peuvent, comme les mouvements passifs, mais beaucoup plus rarement, produire une variété particulière de fracture du rachis, dite *par action musculaire*, fracture comparable à celles dites par tassement, écrasement, pénétration qu'on observe sur d'autres os spongieux. Les suites habituelles de l'accident peuvent faire défaut même pendant plusieurs mois; mais, à un moment donné, la gibbosité peut se produire, ainsi que les douleurs médullaires ou intercostales. Le diagnostic entre ces fractures et l'entorse médullaire est, par suite, rendu difficile. S'il y a doute, appliquer le traitement comme s'il s'agissait de la fracture et s'il se présentait des complications médullaires nerveuses ou viscérales, il convient de les traiter comme dans les fractures rachidiennes en général. Discussion : MM. Polaillon, Weber, Verneuil. — M. Chauvel : Du traumatisme dans l'étiologie des affections de l'appareil auditif. Sur un total de 1.470 observations d'affections de l'oreille, l'auteur en a relevé 108 ayant pour cause le *traumatisme*. Dans ce nombre les affections dues aux traumatismes directs (coups et chutes sur la tête, fractures du crâne etc...) sont plus communes que celles ayant pour cause les traumatismes indirects (tir du canon, du fusil, explosion, etc.). Dans les traumatismes directs l'otite scléreuse et la surdité nerveuse se montrent avec une fréquence presque égale à celle de l'otite purulente, tandis que, dans les traumatismes indirects l'affection de beaucoup la plus commune est l'otite purulente; mais il y a disproportion entre les suites des deux traumatismes en ce sens que, dans les traumatismes directs, les affections sont en bien plus grand nombre; en outre, intéressant dans la profondeur les parties les plus délicates de l'oreille, elles sont beaucoup plus graves, et les chances de guérison radicale sont par conséquent très faibles. — M. Galliard : Sur la transfusion intra-veineuse de sérum artificiel chez les cholériques.

ACADÉMIE DES SCIENCES D'AMSTERDAM

Séance du 24 septembre.

1° Sciences physiques. — M. H. A. Lorentz : Réflexion de la lumière par un corps en mouvement, d'après la théorie électro-magnétique de la lumière (Maxwell). L'auteur explique d'abord quelques notations nouvelles. Si M représente un vecteur et si M_x, M_y, M_z sont les composantes de ce vecteur par rapport à un système de coordonnées participant au mouvement de la matière pondérable, le symbole div. M divergence de M) indiquera l'expression

$$\frac{\partial M_x}{\partial x} + \frac{\partial M_y}{\partial y} + \frac{\partial M_z}{\partial z},$$

tandis que le symbole rot. M (rotation de M) représentera le vecteur aux composantes

$$\frac{\partial M_z}{\partial y} - \frac{\partial M_y}{\partial z}, \quad \frac{\partial M_x}{\partial z} - \frac{\partial M_z}{\partial x}, \quad \frac{\partial M_y}{\partial x} - \frac{\partial M_x}{\partial y}$$

et le symbole $\dot{M}$ le vecteur aux composantes

$$\frac{\partial M_x}{\partial t}, \quad \frac{\partial M_y}{\partial t}, \quad \frac{\partial M_z}{\partial t}.$$

Enfin l'expression vect. (M N) va indiquer le vecteur aux composantes $M_y N_z - M_z N_y$, $M_z N_x - M_x N_z$, $M_x N_y - M_y N_x$. A côté de la vitesse p de la matière pondérable l'auteur introduit : 1° deux vecteurs D et E qui se réduisent au déplacement diélectrique et à la force électrique dans le cas $p = 0$, et 2° la force magnétique H. Si V représente la vitesse de propagation de la lumière dans l'éther et n l'indice absolu de réfraction de la matière (supposée en repos), les équations du mouvement sont :

$$\mathrm{div.}\ D = 0\ (1), \quad \mathrm{div.}\ H = 0\ (1), \quad \mathrm{rot.}\ E = -\dot{H}\ (3),$$

$$\mathrm{rot.}\left[H + \frac{1}{V^2}\ \mathrm{vect.}\ (E p)\right] = 4\pi\dot{D}\ (3),$$

$$n^2 E + \mathrm{vect.}\ (H p) = 4\pi V^2 D\ (3),$$

où les chiffres (1) et (3) entre parenthèses indiquent le nombre des équations simples équivalentes. Ces équations montrent d'abord que la supposition d'une matière pondérable parfaitement perméable pour l'éther fait retrouver le coefficient d'entraînement $1 - \frac{1}{n^2}$ de Fresnel. Ensuite elles s'appliquent au cas d'un milieu non homogène en considérant une séparation distincte de deux milieux comme cas limite d'une transition continue. Ainsi l'on trouve pour les conditions limites au plan de séparation la continuité 1° des composantes normales à ce plan de D et H et 2° des composantes tangentielles (parallèles à ce plan) de E et du vecteur $\left[H + \frac{1}{V^2}\ \mathrm{vect.}\ (E p)\right]$. Pour $p = 0$ les équations prennent des formes connues. Enfin l'auteur examine la réflexion d'un pinceau de rayons parallèles polarisés sur un plan qui sépare deux milieux transparents à indices de réfraction absolus n_1 et n_2. Ces résultats sont les suivants : 1° les rayons *relatifs* obéissent aux lois ordinaires de la réflexion et réfraction; 2° Le temps de vibration subit une modification qui s'accorde avec le principe connu de Doppler; 3° En l'amplitude de la lumière réfléchie est représentée par unité celle de la lumière réfléchie est représentée par

$$\frac{\sin (i - r)}{\sin (i + r)}\left(1 - \frac{2 p_1 \cos i}{V n_1}\right)$$

ou par

$$\frac{\tan (i - r)}{\tan (i + r)}\left(1 - \frac{2 p_1 \cos i}{V n_1}\right),$$

à mesure que les rayons sont polarisés dans le plan d'incidence ou normal à ce plan. Dans ces expressions i et r représentent les angles d'incidence et de réflexion des rayons *relatifs*; tandis que p_1 indique la projection de p sur la normale du plan, projection comptée positivement si elle tend vers le second milieu; on y a négligé les puissances de $\frac{p_1}{V}$. Ces résultats s'accordent avec le principe de la conservation de l'énergie. En effet, dans le cas plus simple $n_1 = 1$, $n_2 = \infty$ (réflexion absolue par un miroir reculant) l'amplitude de la lumière réfléchie est $1 - \frac{2 p_1}{V}$ et l'on vérifie aisément que la perte correspondante d'énergie est regagnée de moitié dans la vibration des parties nouvelles qui participent au mouvement de la lumière et de moitié dans la pression éprouvée par le miroir, d'après les résultats de Maxwell. — M. J. M. Van Bemmelen a préparé $Fe^2 O^3 Na^2 O$ en cristaux de forme différente. A l'aide de l'eau tous ces cristaux se changent en hydrates sans perdre leur transparence et leurs propriétés optiques.

2° Sciences naturelles. — M. H. Van Cappelle : Géologie de Lochem. — M. J. L. C. Schroeder van der Kolk : Distribution des erratiques cristallins dans le nord-est des Pays-Bas.

Schoute,
Membre de l'Académie.

CORRESPONDANCE

SUR L'AMAUROSE ET L'ÉTAT HYPNOTIQUE

Au sujet du récent article de M. Pierre Janet sur le Congrès psychologique de Londres[1], *M. le Dr Bernheim, de Nancy, nous prie d'insérer la Note suivante :*

Je suis obligé de rectifier les assertions de M. Pierre Janet, me concernant, insérées dans son article sur le Congrès international de Psychologie expérimentale (*Revue* du 15 septembre).

1° L'auteur veut bien ne pas contester l'intérêt de mes expériences sur la nature psychique de l'amaurose, « puisque, dit-il, il a signalé lui-même, en 1887, exactement les mêmes faits et que, depuis, il les a décrits à plusieurs reprises ». Le lecteur pourrait conclure de ce qui précède que je n'ai fait que répéter les expériences de M. Janet, ce qui est le contraire de la vérité ; car il oublie d'ajouter que ma première communication sur ce sujet a été faite en 1886 à l'*Association pour l'Avancement des Sciences*, session de Nancy (voir 13° session, page 744 et *Revue de l'Hypnotisme*, 1re année, page 68). Si je suis revenu à la charge avec de nouveaux faits, c'est parce que le professeur Pitres et M. Gilles de la Tourette ont récemment combattu mon interprétation.

2° M. Janet a travesti et dénaturé les idées que, à la demande de M. le président Sidgwick, j'ai exposées au *Congrès* sur la suggestion et l'hypnotisme. *Je n'ai jamais prononcé la phrase qu'il me fait dire entre guillemets, je n'ai pas dit que l'hallucination n'est rien, je n'ai pas dit que l'hypnotisme guérit tout.* J'ai dit que l'état dit hypnotique n'est pas une névrose, que le sommeil obtenu par suggestion ne diffère pas essentiellement du sommeil normal, que les phénomènes qu'on produit dans l'un chez certains sujets (catalepsie, anesthésie, hallucinations, etc.) peuvent être obtenus dans l'autre chez quelques-uns, que les rêves sont des hallucinations spontanées du sommeil naturel, comme les hallucinations suggérées sont des rêves provoqués, que tous les phénomènes dits hypnotiques peuvent être obtenus chez les personnes suggestibles, sans sommeil, que ce qu'on appelle hypnotisme n'est autre chose que la mise en activité d'une propriété physiologique du cerveau, la suggestibilité, que l'hypnotisme n'est dangereux que par les suggestions mauvaises qu'on peut faire.

Ces idées se trouvent développées dans mon livre *Hypnotisme, Suggestion, Psychothérapie*, dans mon *Rapport sur la valeur relative des divers procédés destinés à provoquer l'hypnose*, etc. (Congrès international de l'hypnotisme expérimental et thérapeutique de Paris, 1889. — *Revue de l'hypnotisme*, 1889, page 103) et dans une étude intitulée *Définition et conception des mots suggestion et hypnotisme*, communiquée à la Société d'Hypnologie (*Revue de l'Hypnotisme*, septembre et octobre 1891). Les faits sur lesquels j'appuie ces idées, je les montre à tous ceux qui visitent ma clinique.

Je prie le lecteur qui désire réellement connaître mes idées sur la suggestion, de les chercher dans ces écrits et à ma clinique et de juger par lui-même les appréciations que M. Pierre Janet, à la suite d'autres élèves de la Salpêtrière, a cru devoir en donner, avec une désinvolture qui n'a rien de scientifique.

BERNHEIM.

[1] Voyez à ce sujet la *Revue* du 15 septembre 1892, t. III, p. 609 et suiv.

M. P. Janet, auquel nous avons communiqué la Note ci-dessus, nous adresse la réponse que voici :

Je ne désire pas entamer une discussion avec M. Bernheim sur une question de bibliographie, ni sur un problème psychologique ; je désire seulement lui expliquer les quelques mots qui lui ont déplu dans mon compte rendu du Congrès de Londres. Je n'avais pu retenir entièrement l'expression d'un mécontentement que j'avais éprouvé, moi aussi, et qui était, je crois, bien naturel.

La légèreté avec laquelle, — bien involontairement sans doute, — M. Bernheim, dans sa communication sur les anesthésies hystériques, oubliait tous les travaux qui avaient été faits sur ce problème, m'avait causé une certaine surprise. Sans doute, cet auteur a publié en 1886 un article sur les amauroses unilatérales, et je connais bien ce travail pour l'avoir souvent cité, longuement discuté et défendu même contre certaines critiques. Mais cet article reproduisait seulement les expériences anciennes de M. Régnard et de M. Parinaud sur les amauroses unilatérales, avec une autre interprétation, il est vrai. Dans sa communication au Congrès, M. Bernheim a rapidement laissé de côté ce point de détail pour parler d'expériences sur les anesthésies tactiles et sur les insensibilités hystériques en général. Quand même M. Bernheim aurait parlé de ces expériences-là avant 1887, ce que je ne crois pas, il me semble inadmissible de les présenter aujourd'hui comme nouvelles, alors que, depuis cinq ans, elles ont été l'objet d'une grande quantité de travaux et de controverses.

Depuis longtemps, bien avant d'avoir l'honneur d'être un élève de la Salpêtrière, j'avais été étonné de la confusion que M. Bernheim cherchait à faire entre tous les phénomènes psychologiques et surtout entre les faits normaux et les phénomènes pathologiques. Je ne puis admettre qu'il soit bon de répéter sans cesse que l'accès de somnambulisme est identique au sommeil normal, que l'hallucination, éprouvée au milieu de la veille et malgré les sensations réelles environnantes, soit identique au rêve de la nuit. Quels que soient les intermédiaires innombrables qui permettent de montrer dans ce cas, comme dans tous les autres, l'évolution des phénomènes normaux vers les phénomènes pathologiques, il faut que le médecin aussi bien que le psychologue sache distinguer des choses qui ne sont pas identiques. Exprimer cette opinion, cela n'a rien, je pense, de blessant pour M. Bernheim.

Or cette confusion, que je regrettais, a été encore accentuée au Congrès de Londres, et elle a été exprimée en termes tellement exagérés que j'ai cru devoir les écrire sous la dictée de M. Bernheim. J'ai reproduit ces termes d'après mes notes, précisément pour que l'on ne pût pas m'accuser de mal interpréter ses paroles. Je regrette que M. Bernheim ne se souvienne pas de ces expressions qui ont étonné et même provoqué une réplique. Mais je suis heureux de prendre acte de sa déclaration : ces paroles dépassent sa pensée. Peut-être M. Bernheim n'est-il pas aussi éloigné que je l'ai cru, d'après quelques exagérations de langage, d'accepter l'opinion qui me semble à moi-même la plus exacte sur ces phénomènes névropathiques.

Pierre JANET.

CHRONIQUE

GÉNÉRALISATION DE LA « PROJECTION DE MERCATOR » A L'AIDE D'INSTRUMENTS ÉLECTRIQUES[1]

En 1568 Gerhard Kramer, — connu généralement sous le nom de « *Mercator* » (son nom latin), — inventa sa carte, devenue d'un usage universel en navigation. Dans cette carte, toute île, baie ou côte, si elle n'a pas plus de deux ou trois degrés de longitude, est indiquée d'une façon assez exacte sous sa vraie forme; la représentation est même rigoureusement exacte, s'il s'agit de distances égales seulement à une différence infinitésimale de longitude : l'angle entre deux lignes quelconques d'intersection sur la surface du globe est alors rigoureusement égal à l'angle correspondant dessiné sur la carte.

On peut se représenter la carte de Mercator comme obtenue de la façon suivante : sur toute la surface d'un globe, sauf au pôle, on appliquerait une feuille très mince et extensible, telle que serait, par exemple, une pellicule de caoutchouc, si cette substance éminemment extensible pouvait être dépourvue de son élasticité; on couperait la feuille suivant un méridien, par exemple celui qui est à 180° de Greenwich; puis on étendrait chaque hémisphère dans tous les sens, excepté le long de l'Équateur, jusqu'à rendre tous les cercles de latitude égaux en longueur à la circonférence de l'équateur; suivant le méridien on étendrait la feuille dans le même rapport, de façon à maintenir à angles droits les intersections des méridiens avec les parallèles. La feuille ainsi modifiée, étant posée à plat ou roulée comme une feuille de papier, ce serait là la carte de Mercator.

Appelons généralisation de cette carte pour un corps de forme sphérique ou non sphérique, une mince feuille indiquant à la place de toutes lignes d'intersection susceptibles d'être tirées à la surface du corps, des lignes correspondantes se coupant suivant les mêmes angles. Une carte de Mercator de dimensions déterminées ne peut représenter qu'une partie de la surface complète d'un corps déterminé, si le corps est simplement continu, c'est-à-dire s'il n'est traversé par aucun trou, ni tunnel. La surface entière d'un anneau d'ancrage peut évidemment être mercatorisée sur une carte. On voit facilement que, dans le cas du globe, deux cartes suffisent à mercatoriser toute la surface. Nous allons démontrer que trois cartes suffisent pour n'importe quelle surface fermée continue, quelque différente qu'elle soit de la forme sphérique.

Dans le *Journal de Liouville* pour 1847, Liouville, directeur de cette publication, a donné une étude analytique d'après laquelle, si l'on possède l'équation d'une surface quelconque, on peut couvrir dans cette surface une série de lignes satisfaisant à la condition de la diviser en carrés avec la série de leurs perpendiculaires à ces dites surfaces. Il est donc évident que, si nous avons une portion d'une surface courbe ainsi divisée dans toute son étendue en carrés infinitésimaux, entourés chacun de quatre carrés, nous pouvons modifier tous ces carrés dans le même rapport et les appliquer sur une surface plane, chacun d'eux se trouvant en contact avec ses quatres voisins primitifs; la portion de surface que nous venons de considérer se trouvera ainsi mercatorisée.

Excepté pour le cas d'une figure de révolution, le cas d'un ellipsoïde, ou d'autres virtuellement équivalents, les équations différentielles de Liouville sont d'une application très difficile.

Ce n'est que tout dernièrement que j'ai remarqué que nous pouvons résoudre graphiquement le problème avec l'exactitude qu'il exigerait si, — hypothèse contraire à la réalité, — c'était là un problème pratique.

A l'aide d'un voltamètre et d'une batterie voltaïque, ou de tout autre système de production de courants électriques, nous pourrons résoudre le problème; il suffirait d'effectuer les opérations suivantes :

1° Construire la surface à mercatoriser en produisant une feuille métallique d'épaisseur très mince et partout uniforme. Par « *mince,* » j'entends que l'épaisseur devra être une petite fraction du plus petit rayon de courbure d'une partie quelconque de la surface;

2° Choisir deux points quelconques de la surface, N, S et y appliquer les électrodes d'une batterie;

3° Au moyen des électrodes mobiles du voltamètre, tracer une ligne équipotentielle E, aussi près qu'on peut autour d'une électrode et une autre ligne équipotentielle F, aussi près qu'on peut autour de l'autre électrode. Entre ces deux équipotentielles E, F, tracer une grande quantité *n* d'équipotentielles équi-différentes. Diviser une quelconque des équipotentielles en *n* parts égales; par les points de division on tire des lignes coupant la série entière des équipotentielles à angles droits. Ces lignes transversales et les équipotentielles partageront toute la surface entre E et F en carrés infinitésimaux;

4° Réduire tous les carrés à la même dimension et l'on place les ensembles, comme il a été expliqué ci-dessus.

On a ainsi une carte Mercator de toute la surface entre E et F. N et S de notre généralisation correspondent aux pôles Nord et Sud de la Carte du Monde de Mercator; et notre règle généralisée montre qu'une carte remplissant le principe essentiel de similarité réalisée par Mercator peut être construite pour une surface sphérique en choisissant pour N, S, deux points quelconques qui ne soient pas nécessairement les pôles à l'extrémité d'un diamètre. Si les points N, S sont infiniment près l'un de l'autre, la Carte Mercator, dans le cas d'une surface sphérique, est la projection stéréographique de la surface sur le plan tangent à l'extrémité opposée du diamètre passant par le point C, à moitié chemin entre N et S. Dans ce cas les équipotentielles et les lignes de courant sont des cercles sur la surface sphérique coupant N S à angles droits, et le touchant, respectivement.

Pour une surface sphérique ou toute autre surface, nous pouvons mercatoriser toute portion rectangulaire A B C D, de cette surface limitée par quatre courbes, AB, BC, CD, DA, se coupant l'une l'autre à angles droits, comme suit : découpez cette partie sur la surface métallique complète; à deux de ses bords opposés, AB, DC, par exemple, fixez des bandes infiniment conductrices.

Appliquez les électrodes d'une batterie voltaïque à ces bandes; tracez *n* lignes équipotentielles équi-différentes entre AB et DC. Divisez une quelconque des équipotentielles en *n* parties égales, et, par les points de division, tracez des courbes perpendiculairement toute la série des équipotentielles. Ces courbes et les équipotentielles diviseront tout l'espace en carrés infinitésimaux. Egalisez les carrés et mettez-les ensemble à plat comme ci-dessus.

Si nous n'avons pas d'instruments de mathématiques pour tracer un système de courbes à angles droits sur un système déjà dessiné, nous pouvons nous en passer entièrement en complétant le problème de la division en carrés par des instruments électriques : à cet effet, retirez les bandes conductrices de AB, DC; appliquez des électrodes à AD et BC, appliquez ces électrodes à ces bandes conductrices, et, comme ci-dessus, tracez *n* équipotentielles équi-différentes. Cette seconde série d'équipotentielles et la première série partageront tout l'espace en carrés.

KELVIN (Sir WILLIAM THOMSON),
Président de la Société Royale de Londres.

[1] Cet article est extrait du journal anglais *Nature* (n° du 22 septembre 1892).

Le Directeur-Gérant : LOUIS OLIVIER

Paris. — Imprimerie. Levé, rue Cassette, 17.

3ᵉ ANNÉE   Nᵒ 20   30 OCTOBRE 1892

REVUE GÉNÉRALE

DES SCIENCES

PURES ET APPLIQUÉES

DIRECTEUR : LOUIS OLIVIER

LA BRITISH ASSOCIATION

CONGRÈS D'ÉDIMBOURG

C'est une banalité de dire que les Français voyagent peu. Quand on s'étonne de la rareté de nos hommes de science aux congrès étrangers, et qu'on leur reproche à cet égard une sorte d'incuriosité, — très surprenante, en effet, chez des savants, — on commet une grosse injustice. La vérité est que la plupart, qui aimeraient courir le monde, sont retenus par la modicité de leurs traitements. Et cela, il faut oser le dire, est honteux pour notre pays. Le public, en France, s'imagine avoir beaucoup fait pour la science après avoir relevé d'une manière notable, mais encore insuffisante, l'enseignement scientifique. Il ignore qu'à côté de l'enseignement, il y a la science elle-même à organiser, à pourvoir de ressources de toutes sortes, surtout d'abondants crédits, enfin la vie du savant à assurer, à rendre large et attrayante. En Angleterre, en Écosse, même en Irlande, le professeur est beaucoup plus rétribué que chez nous, et, qui mieux est, on trouve tout naturel le supplément de gain, parfois considérable, que l'industrie lui fournit. Tel savant renommé qui, dans une grande école du Royaume, enseigne la Mécanique, la Physique ou la Chimie, exerce, en dehors de cette fonction officielle, la profession d'ingénieur civil, d'ingénieur-conseil d'une ou plusieurs usines, dirige, — au grand profit de l'industrie régionale, — un laboratoire d'analyse ou d'étalonnage électrique. Au lieu de se tenir réciproquement en petite estime, industriels et *scientists* apprécient l'aide mutuelle qu'ils se prêtent, et souvent chefs de fa-

briques et de maisons de commerce, reconnaissants envers la science qui les enrichit, se font un honneur de la servir. Il y a sur tout le territoire britannique un grand nombre d'amateurs qui s'intéressent sincèrement à la science, l'aident à se développer et parfois la cultivent eux-mêmes avec éclat.

Constamment mêlés aux savants de profession, ils exercent sur le progrès et l'orientation des recherches une influence bienfaisante ; peu leur importe qu'un travail ne mène à aucune position officielle : on les voit se consacrer à des études aventurées, que les programmes classiques, — forcément en retard sur le mouvement des idées, — n'ont pu prévoir, et auxquelles aucune chaire de l'État n'est affectée. Là est peut-être, en partie, en dehors du génie de la race, le secret de cette puissante originalité qui caractérise à un si haut degré la science anglaise.

Ces réflexions nous viennent à l'esprit au moment de rendre compte du congrès que la *British Association for the Advancement of Science* a tenu cet été du 4 au 12 août à Édimbourg. L'Association comprend 6.000 membres : 2.000 ont pris part au Congrès. Sans doute, parmi ces 2.000 personnes, toutes n'étaient pas, à proprement parler, des savants ; mais toutes se rattachaient à la science par quelque côté, au moins par le désir d'entendre ses plus éminents représentants. La plupart des illustrations scientifiques de la Grande-Bretagne s'étaient, en effet, donné rendez-vous à Édimbourg, et, avec elles, nombre de professeurs anglais, écossais et irlandais.

Leur fidélité aux réunions annuelles de la *British Association* s'explique aisément. Moins centralisé que chez nous, l'enseignement supérieur du Royaume-Uni est réparti entre universités d'importance diverse, quelquefois rivales. La distinction un peu bourgeoise que nous faisons entre la Capitale et la Province y est inconnue : on ne concevrait pas, par exemple, que Londres dédaignât Glasgow; les membres de ces deux célèbres universités ont le même intérêt à se rechercher; et aucun professeur d'Oxford, de Cambridge ou de Dublin, se rendant chez ses collègues d'Édimbourg, n'a le sentiment de perdre son temps.

Le temps, disent nos voisins, c'est de l'argent : ils l'emploient en conséquence dans leurs congrès. Tout y est admirablement disposé [1]. Les séances sont longues et le plus souvent très chargées : elles durent, dans chaque section, de 9 h. 1/2 du matin à 2 h. 1/2 de l'après-midi. En général elles sont très suivies, et il est d'usage d'y assister du commencement à la fin; il y règne une évidente animation, que se plaisent à entretenir les plus plus hauts dignitaires de la science, jaloux de participer aux discussions et de diriger les débats. Presque toutes les communications sont de leur part objet de commentaire ou de critique. C'est ainsi que, dans la Section de Physique, ont très fréquemment pris la parole, à l'occasion des mémoires présentés : Lord Kelvin (Sir William Thomson), Lord M'Laren, Sir G. G. Stokes, MM. W. Andrews, A. Siemens, W. Preece, les P[rs] P. G. Tait, E. Ayrton, Oliver Lodge, C. V. Boys, G.

[1] L'organisation matérielle du Congrès est elle-même très remarquable. Service de renseignements, de la poste, du télégraphe, salles de réunion, de lecture et de correspondance, buffet, restaurant, lavabos, jusqu'à un salon de coiffure, tout s'y trouve. Le matin, dans la salle commune, sont distribués les programmes imprimés des séances de la journée, avec l'indication des orateurs inscrits et des sujets qu'ils traiteront. Dans chaque section on délivre aux membres les résumés des communications qui vont être présentées, ce qui facilite l'intelligence des discours prononcés en diverses langues et rend possibles les discussions.

Grâce au nombre élevé de ses souscripteurs, l'Association britannique fait, sans subvention, face à toutes ces dépenses, et institue, en outre, pour l'agrément de ses membres, des *lectures* du soir magnifiquement illustrées. Ces conférences, peut-être un peu moins soignées que chez nous quant à la forme littéraire, sont des modèles d'habile vulgarisation. L'orateur expose son sujet *ab ovo*, se limite à un petit nombre d'idées sur lesquelles il revient sans cesse, ne cite d'abord que des faits connus de tout le monde, puis, les groupant, les rapprochant, amène, pour ainsi dire, l'auditeur à en formuler lui-même la loi. Il ne parle d'aucun objet, si accessoire soit-il, sans le montrer en nature ou en projection. Tous les phénomènes décrits sont représentés sur l'écran dans l'ordre de leur succession naturelle, si bien que l'auditoire, passant par toutes les phases de la découverte, arrive, en fin de compte, à comprendre des théories dont l'intelligence semblait réservée à une élite de spécialistes.

Fitzgerald, J. A. Ewing, Hugues, Meldola, Schuster, Liveing, Silv. Thomson, le Dr Schoute (de Gröningue), le Pr Wiedemann (d'Erlangen) et l'un des plus grands savants, non seulement de l'Allemagne, mais du monde, von Helmoltz.

Dans la Section de Chimie, où quelques groupes se dessinaient autour de deux hardis novateurs, M. Arrhènius (de Stockholm) et M. Oswald (de Leipzig), il faut citer : Sir H. E. Roscoe, MM. W. Crookes et J. Gibson, les P[rs] Gladstone, N. Lockyer, W. H. Perkin, W. Ramsay et W. Roberts-Austen; — parmi les biologistes : le Pr Michael Foster, secrétaire perpétuel de la Société Royale de Londres; les P[rs] Burdon-Sanderson, G. Forbes, Romanes, Rutherford, E. Yung (de Genève) et Errera (de Bruxelles); — parmi les géologues et géographes : le Président du Congrès, Sir Archibald Geikie, le Pr Sollas, les célèbres océanographes J. Murray et J. Buchanan, le Prince de Monaco, le géologue-chimiste Otto Petterson (de Stockholm), l'abbé Renard (de Gand), notre éminent collaborateur, M. Marcel Bertrand.

Le Congrès occupait huit sections, dont il est intéressant d'énoncer les titres, ces rubriques témoignant assez bien de l'intérêt relatif que nos voisins accordent à chaque science :

1° *Mathématiques et Physique* (Les mathématiques pures n'ont, pour ainsi dire, pas été représentées);

2° *Chimie;*

3° *Géologie;*

4° *Géographie;*

5° *Biologie* (comprenant : Botanique, Zoologie, Physiologie normale et pathologique);

6° *Anthropologie;*

7° *Mécanique;*

8° *Économie politique et statistique.*

De cette dernière section nous n'avons point à entretenir nos lecteurs; nous laisserons de côté aujourd'hui ce qui touche à la Mécanique, parce qu'ils seront bientôt l'objet d'un article spécial dans la *Revue*. Quant aux autres sections, nous avons pensé qu'à défaut d'un compte rendu complet, — qui exigerait tout un volume, — le lecteur aimerait en connaître les traits dominants. A ces esquisses sont consacrées les Notes suivantes.

Louis Olivier.

I. — PHYSIQUE

Depuis quelque temps, les physiciens ne craignent plus de quitter le terrain du fait bien acquis pour voyager au petit bonheur dans l'hypothèse, grêle échafaudage destiné à disparaître, mais qui, en attendant, soutient l'édifice. Nulle part comme en Angleterre, on le sait, les physiciens ne montrent cette hardiesse, cette indépendance de vues, ce souverain mépris du qu'en dira-t-on qui, parmi des pelletées de terre, font parfois découvrir une pierre précieuse. Cette tendance à attaquer de front les plus grands problèmes avec un esprit non prévenu et à courir au-devant de l'improbabilité d'aujourd'hui, — certitude ou absurdité de demain, — se fait sentir particulièrement dans les discours d'ouverture des présidents qui se succèdent à la Section de Physique de l'*Association britannique*. Ces discours sont des manifestes dont l'écho parfois retentit au loin. On a beaucoup commenté l'année dernière celui de M. Lodge, et l'on a été surpris de voir un physicien de grand renom aux prises avec la télépathie; on s'est étonné davantage peut-être d'entendre un théoricien et un rêveur assigner aux mesures de précision une place d'honneur au sommet de la Physique et dire que de grandes découvertes se feront autour de la sixième décimale. Cette opinion, que beaucoup prenaient, il y a un an, pour une aimable facétie, a gagné du terrain, et deviendra bientôt lieu commun.

Après M. Lodge, la tâche du Président était rendue difficile; le discours de M. Schuster, qui dirigeait cette année les débats, fera moins de bruit, bien qu'il contienne des vues très intéressantes. On parle beaucoup en Angleterre d'une réorganisation de l'enseignement supérieur, que l'on voudrait en quelque sorte à l'instar du continent. M. Schuster combat cette idée : chaque peuple a son génie propre, sa manière personnelle d'aller à la découverte. En Angleterre, on est frappé de ce que la science doit à *l'amateur*, c'est-à-dire à l'homme auquel aucun programme n'est spécifié, et qui se laisse aller à sa propre impulsion sans être englobé dans le filet de l'Université; M. Schuster pense qu'un Ministère de l'Instruction publique rendrait le travail impossible à des hommes comme Joule ou Faraday.

« Je doute, dit-il, que l'on gagnerait quelque chose à transplanter chez nous le mode de travail qui convient si bien à l'esprit allemand; est-il désirable de combler les ravins, si la terre dont on dispose doit être prise aux dépens des sommets? L'Université doit se développer comme un organisme, et s'adapter aux conditions du climat. »

M. Lodge avait abordé la grosse question des relations entre la matière et l'éther, le plus intéressant ensemble de problèmes que la physique se pose en ce moment. M. Schuster y revient à son tour, résume et coordonne les faits; la célèbre expérience de M. Fizeau, — entrainement de l'éther par l'eau, — celle de Lord Rayleigh, — vitesse de la lumière dans un électrolyte, — celle de M. Rowland, — action électro-magnétique d'une charge électrique en mouvement, — permettent

déjà de résoudre quelques problèmes et conduisent à en poser une infinité d'autres. Le discours de M. Schuster se résume dans les questions dont il donne l'énoncé :

1. Une grande masse en rotation constitue-t-elle toujours un aimant?

2. Se trouve-t-il dans l'espace interplanétaire assez de matière pour le rendre conducteur? Cela paraît probable, mais la conductibilité est faible; car, sans cela, la Terre se mettrait à tourner autour de son axe magnétique [1];

3. Qu'est-ce qu'une tache solaire? On pense, en général, que ce phénomène est de la nature d'un cyclone; mais, si tel est le cas, le groupe entier doit avoir un mouvement de rotation, et il semble que l'étude du mouvement des taches déciderait de cette opinion ;

4. Si une tache n'est pas due à un cyclone, ne pourrait-on penser qu'une décharge électrique, accélérant l'évaporation, produise un abaissement de température suffisant pour rendre compte de cette diminution d'éclat?

5. La périodicité des taches solaires et la concordance avec la variation du magnétisme terrestre ne peut-elle pas être due à l'accroissement de conductibilité de l'espace entourant le Soleil?

Ces deux dernières idées surtout nous paraissent dignes d'être approfondies.

Il ne saurait être question de donner ici un résumé même succinct des communications faites à la Section de Physique; leur seul énoncé remplirait l'espace dont nous disposons; du reste, la plupart d'entre elles reviendront dans les *Magazines*, et seront mentionnées en leur temps dans la bibliographie de la *Revue*.

Trois grandes questions surtout ont été agitées: la première se rapporte à la création d'un laboratoire national; la seconde se rapporte à la nomenclature des unités; la troisième aux unités électriques fondamentales.

C'est à la suite du discours prononcé l'année dernière par M. Lodge, que la question du laboratoire national a fait son chemin, bien que, d'après le Pᵣ Fitzgerald, la Chambre des Communes ne soit pas assez instruite pour comprendre que le progrès des travaux scientifiques représente une valeur nationale. Quel serait le travail de ce laboratoire? Tout dépendrait de ses crédits. Avant tout, il serait chargé de la conservation et de la comparaison des étalons de toutes sortes; il fournirait aussi aux autres laboratoires des appareils complexes, exactement ajustés; enfin, il serait outillé pour toutes

---

[1] Sans doute la transformation d'énergie due aux courants de Foucault arrêterait tout mouvement avant que l'axe ait pu se déplacer beaucoup.

les mesures de précision, et fournirait à la Physique les constantes dont elle a besoin. La physique des recherches doit, en effet, suivre la voie de l'industrie : répartir la besogne pour gagner du temps. Le moindre travail de précision exige de bons étalons de longueur et de masse, que seul un établissement spécial peut déterminer ; mais il faut en outre des thermomètres, des étalons électriques, des appareils de mesure, etc. Chacun peut, il est vrai, construire et étudier ces derniers ; mais la moindre de ces études nécessite une certaine installation et constitue un travail de plusieurs mois pour celui qui n'en a pas l'habitude, tandis que ce travail sera réduit dans une très forte proportion dans un laboratoire spécialement outillé, et pourvu d'un personnel rompu à un petit nombre de travaux.

Il existe déjà des établissements nationaux de ce genre. Le mieux monté est actuellement l'Institut physico-technique de l'Empire d'Allemagne, qui fonctionne depuis trois ans environ sous la direction de M. von Helmholtz ; son budget permet de consacrer annuellement 75.000 francs à l'achat d'appareils et aux dépenses courantes pour les travaux. En une seule année, cet établissement a examiné 90.000 thermomètres, de second ordre bien entendu. Des travaux importants y sont en préparation ; pour le moment, cet Institut étudie ses propres étalons, qui pourront ensuite être multipliés à l'infini avec fort peu de peine. Puis certaines questions industrielles y recevront prochainement une solution. Ainsi, les métaux propres aux constructions y sont étudiés, et l'unification des pas de vis dans l'Empire d'Allemagne sortira toute préparée de ses ateliers ; les diapasons mêmes y sont examinés ; est-ce de là que nous viendra l'harmonie universelle ?

C'est quelque chose de semblable que l'on voudrait faire en Angleterre, et il est fort à désirer que la France, qui possède au Conservatoire des Arts et Métiers, au Bureau national des poids et mesures (bureau des aréomètres), et au Laboratoire central d'électricité, les premiers éléments d'un établissement de ce genre, se lance aussi dans la voie de ces laboratoires-usines appelés à rendre infiniment plus facile et plus fructueux le travail des laboratoires universitaires.

Nous passerons rapidement sur la question de la nomenclature des unités, qui n'a guère avancé. Les propositions de M. Lodge, rapporteur, aboutiraient à de profondes modifications de notre système d'unités, que l'on préférera garder légèrement défectueux que de changer sans trêve ni repos. M. Lodge voudrait abolir le *coulomb* et nommer *farad* le *microfarad* ; puis, renoncer au *watt* actuel et transférer son nom sur le *watt-*

heure. Ces propositions, tout inoffensives qu'elles paraissent, ont jeté une certaine défaveur sur le rapport de M. Lodge, où se trouvaient définies et baptisées de nouvelles unités, — fort acceptables, — relatives au circuit magnétique.

Un pas beaucoup plus important a été fait dans le système restreint des unités électriques légales. On se souvient qu'un projet de loi élaboré l'année dernière visait la réforme de l'unité de résistance et l'adoption de valeurs normales pour l'intensité du courant et la force électromotrice. Ces dernières n'ont pas été modifiées ; mais, dans la Commission, dont quelques étrangers avaient été invités à faire partie et dont Lord Kelvin (Sir William Thomson) a suivi assidûment les débats, on est revenu sur la définition de l'*ohm*, qui était jusqu'ici dérivé de l'unité B. A, au moyen d'un certain facteur de réduction. A la suite de la discussion, l'étalon B. A a été abandonné, et l'on a décidé de définir le nouvel ohm légal par la résistance d'une colonne mercurielle de 106,3 cm. de longueur et de (1 microlitre)$\frac{2}{3}$ de section à 0°. Cette dernière section, sensiblement équivalente au millimètre carré, est définie pratiquement par ce fait que le mercure occupant 1 mètre du tube pèse 13,5936 grammes (13,5936 étant la densité du mercure rapportée à celle de l'eau à 4°, prise comme unité). Cette décision, qui sera sans doute ratifiée par le Gouvernement anglais, donne satisfaction à un désir dès longtemps exprimé par les physiciens du continent. De notre côté nous aurions un pas à faire pour que l'accord fût parfait ; il suffirait d'abandonner l'ohm légal 106,0 pour prendre l'ohm 106,3 ; espérons que ce changement ne tardera pas à s'effectuer ; il est d'autant plus facile que l'ohm 106, dit légal, n'est pas encore entièrement entré dans la pratique sur le continent où la routine a conservé de nombreux adeptes à l'unité Siemens et l'unité B. A.

Une des particularités de l'Association britannique est la constitution de ses Comités. Veut-on être éclairé sur une question délicate à l'ordre du jour, on nomme un Comité chargé de présenter, l'année suivante, l'état de la question ; au besoin, on ouvre des crédits parfois considérables pour des recherches de laboratoire. Les noms de quelques-uns de ces Comités donneront une idée du genre de spécialisation dans le travail que l'on atteint par leur moyen. Citons les Comités de la photographie météorologique, de la radiation solaire, des poussières météoriques, des phénomènes sismiques au Japon, de la température du sol, des décharges électriques dans les gaz.

Des hommes tels que l'illustre Sir G. Stokes ne dédaignent pas de faire ce travail de compilation et de présenter des rapports sur les sujets mis à l'étude.

Il nous reste à mentionner maintenant quelques-unes des communications faites à la Section de Physique.

Nos lecteurs connaissent, sans doute, les belles expériences des Professeurs Reynold et Rücker, sur les pellicules d'eau de savon, expériences qui peuvent conduire à d'intéressantes conclusions, relativement à la physique moléculaire. Ces pellicules arrivent, avant de se rompre, à une épaisseur de l'ordre du centième de micron [1] ; or, à ce moment, la conductibilité de la solution est augmentée dans une forte proportion ; dans les plus minces des lamelles, elle atteint sept fois sa conductibilité primitive ; en revanche, lorsque l'eau de savon contient un électrolyte métallique, la conductibilité est constante. Le premier de ces effets est très curieux et peut mettre sur la voie d'autres phénomènes.

M. Dawson Turner montre, sous une forme facilement réalisable, une expérience analogue à celles qui attirèrent d'abord l'attention sur M. Hertz. Si l'on tasse dans un tube de verre une poudre métallique entre deux électrodes, chaque fois que l'on fait éclater une étincelle dans son voisinage, sa résistance électrique se trouve subitement diminuée, et ne reprend sa première valeur que peu à peu. Y a-t-il, comme dans les phénomènes étudiés par MM. Lenard et Wolf [2], pulvérisation par la lumière ultra-violette? Il est assez singulier cependant que l'action de l'étincelle soit sensible à travers le verre ; cette particularité ferait croire que l'effet observé est dû à l'induction plutôt qu'à la radiation.

C'est encore la décharge dans les gaz qui a fourni à M. Schuster la matière d'une intéressante communication. Lorsqu'une décharge électrique traverse un gaz simple enfermé dans un tube, on n'observe aucune polarisation. Avec des gaz composés, au contraire, il existe une polarisation marquée : un hydrocarbure entre des électrodes d'aluminium ou de magnésium produit, après le passage du courant, une force électromotrice de 35 volts qui se dissipe peu à peu. L'effet est sans doute analogue à celui que l'on observe dans l'arc électrique, où la polarisation est précisément du même ordre de grandeur.

Sous une forme encore peu définie, le Professeur Fitzgerald fait entrevoir un commencement de solution à un intéressant problème, celui de la propagation du magnétisme dans le fer. Quelle que soit la théorie ultime du magnétisme, il paraît certain que le fer se compose de petits aimants [1] ; leur grandeur et leur moment magnétique peuvent faire l'objet d'une estimation encore très vague et conduiraient à admettre que le nombre de leurs vibrations est de l'ordre de cent millions par seconde. Une vibration dont la période serait celle des oscillations produisant la lumière ne serait pas propagée dans le fer.

Dans une communication de très haute science, bien difficile à résumer en quelques lignes, M. A. Michelson montre comment une méthode spectroscopique, imaginée par lui, permet de démontrer l'existence de lignes doubles du spectre, que l'on n'aurait pu résoudre par les plus puissants spectroscopes ; c'est un procédé analogue qui lui avait permis de mesurer avec une grande exactitude le diamètre apparent des satellites de Jupiter. Lord Rayleigh avait indiqué, il y a quelques années, une relation entre le mouvement des molécules gazeuses et l'interférence de la lumière qu'elles émettent. M. Michelson, en vérifiant cette relation sur un grand nombre de substances, a irréfutablement démontré un fait contesté par d'autres physiciens, et qui est en harmonie parfaite avec la théorie cinétique des gaz.

MM. Harker et P.-J. Hartog substituent l'acide acétique à la glace dans le calorimètre de Bunsen, ce qui permet d'opérer à la température ordinaire.

Mentionnons encore d'intéressantes expériences de M. Smithells sur la radiation de la flamme, et la séparation des spectres d'oxydation et de réduction (voir ci-dessous Chap. II) ; une communication de M. Preece sur les orages magnétiques nombreux en 1892, et l'utilité d'observer ces orages sur de nombreux points du globe ; de fort jolis réseaux de fils fins construits par M. du Bois (d'Amsterdam) permettant de polariser les radiations de grande longueur d'onde ; la preuve expérimentale donnée par M. Peddie que le coefficient d'absorption n'est pas affecté par l'intensité (densité) de la radiation ; une communication de M. E. Wiedemann sur la décharge dans les gaz, un travail du Professeur Oswald sur l'énergie.

Beaucoup de nos lecteurs ont suivi les recherches mathématiques de M. Poincaré sur la stabilité des mouvements périodiques, recherches si importantes pour la connaissance du système du monde. Lord Kelvin, reprenant la question, arrive par des méthodes différentes à des résultats analogues. Un appareil très simple lui permet de vérifier ses conclusions par l'expérience : un pendule est suspendu à une tige à laquelle on com-

---

[1] Le micron est le millième de millimètre.
(Note de la Rédaction.)
[2] Sur les belles expériences de MM. Lenard et Wolf, voyez la *Revue* du 30 novembre 1890, t. I, page 696.

[1] Voyez Ewing, L'induction magnétique et les phénomènes moléculaires, *Revue* du 30 novembre 1891, t. II, pages 737 et suiv.

munique un mouvement vertical de va-et-vient. Lorsque la période de ce mouvement atteint la moitié de celle d'oscillation du pendule, l'équilibre de celui-ci devient instable, et la plus légère déviation s'accentue de plus en plus, jusqu'à ce que le pendule fasse le tour. Au contraire, un bâton supporté verticalement en équilibre instable prend un équilibre stable si on lui communique un mouvement vertical de va-et-vient d'une période convenable. Ces expériences paraissent d'une simplicité enfantine ; mais il est merveilleux de voir combien, chemin faisant, l'illustre physicien de Glasgow entr'ouvre de portes donnant accès à de vastes domaines encore peu explorés.

L'énumération des travaux présentés est loin de donner la note de la réunion ; ce qui la caractérise, c'est la discussion ; avant d'abandonner la présidence de la Société française de Physique, M. Wolf exprimait le regret que la crainte de dire une hérésie empêche beaucoup de nos confrères de prendre la parole. Cette crainte n'existe pas chez nos voisins, et nous avons eu plus d'une fois le plaisir d'entendre des maîtres de la Physique exprimer, sans détour, l'ébauche d'une opinion sur quelques-uns des plus obscurs parmi les problèmes que la Science se pose aujourd'hui.

Ch.-Ed. Guillaume.

II. — CHIMIE

M. H. Macleod, président de la Section de Chimie, a ouvert la première séance par un discours dans lequel il a traité de l'histoire des formules chimiques et des actions dites catalytiques. Il croit que ce dernier mot devra bientôt disparaître du lexique de la chimie. Il rappelle à ce propos une de ses propres expériences, d'après laquelle le bioxyde de manganèse cristallisé, mêlé au chlorate de potasse pour faciliter le dégagement de son oxygène, serait transformé à la fin de l'opération en une poudre amorphe, montrant ainsi qu'il a pris part aux réactions chimiques. M. Macleod a confirmé aussi l'expérience de Vortmann qui a fait voir que le protoxyde de cobalt, mis en contact avec du chlorure de chaux, se transforme en un oxyde supérieur, et que c'est grâce à la formation intermédiaire de ce composé peu stable que le protoxyde de cobalt agit pour dégager l'oxygène du chlorure de chaux.

Des nombreuses communications faites devant la Section nous ne pouvons citer que quelques-unes :

M. V. B. Lewes a exposé une longue série de recherches sur les causes de la luminosité des flammes. Il croit que les particules solides et incandescentes auxquelles cette luminosité est due, sont formées par la dissociation de l'acétylène ; la majeure partie des carbures lourds, qui ne sont pas brûlés, sont convertis en acétylène avant d'atteindre la partie lumineuse de la flamme.

M. Smithells a montré les belles expériences qu'il vient de faire sur les flammes non lumineuses. On fixe à une lampe Bunsen un tube de verre ayant environ le même diamètre et ouvert par le haut, et on le maintient en position verticale ; un second tube de verre d'un diamètre un peu supérieur, mais plus court, est fixé sur le premier tube au moyen d'une rondelle en caoutchouc qui permet de le faire glisser à volonté dans le sens vertical ; on fait coïncider exactement les axes des deux tubes concentriques au moyen de ressorts en laiton. On fait d'abord glisser le tube extérieur de façon que son ouverture dépasse de 10 à 20 centimètres l'ouverture du tube extérieur. On ouvre le robinet et on allume les gaz qui sortent ; c'est la flamme non lumineuse qui se forme ; on envoie dans la flamme une quantité d'air graduellement croissante (il est commode de se servir d'un cylindre d'air comprimé) ; après une période d'oscillation, la flamme se divise nettement en deux cônes concentriques, dont l'un brûle sur l'ouverture du tube extérieur, tandis que l'autre descend et s'arrête à l'ouverture du tube intérieur. Si l'on abaisse alors le tube extérieur jusqu'à ce que les deux ouvertures arrivent au même plan, les cônes se réunissent pour former de nouveau une seule flamme. M. Smithells démontre ainsi que la flamme non lumineuse consiste en deux cônes très minces, le cône extérieur étant produit par la combustion des gaz incomplètement brûlés formés dans le cône intérieur. C'est la confirmation des idées émises il y a quelques années par M. Blochmann.

M. Smithells explique la séparation des deux cônes d'une façon très ingénieuse en rappelant que les vitesses de combustion dans les mélanges explosifs de compositions différentes, qui alimentent les deux cônes, sont aussi différentes. En ajoutant jusqu'à un certain point de l'air au mélange gazeux, on augmente la vitesse de combustion propre à ce mélange. La vitesse du flux de gaz, qui suffit pour empêcher le cône extérieur de revenir en arrière, n'est pas suffisante pour arrêter le cône intérieur ; celui-ci se propage donc jusqu'à ce qu'il soit arrêté à l'embouchure du tube étroit, où la vitesse de gaz est naturellement plus grande que dans le tube plus large.

L'auteur a entrepris toute une série de recherches sur la nature des gaz à l'intérieur des flammes, recherches que nous ne pouvons guère discuter ici ; rappelons seulement deux faits remarquables : 1° MM. Smithells et Ingle ont trouvé que les gaz entre les deux cônes contiennent beaucoup d'oxyde de carbone et d'hydrogène, ce qui confirme les théories de M. Dixon sur l'équilibre dans un système de ce genre; 2° que, si l'on envoie dans la flamme divisée une pluie de chlorure de cuivre au moyen de l'appareil de M. Gouy, il ne se produit aucune coloration dans le cône intérieur, tandis que le cône extérieur, moins chaud, est coloré en vert. M. Smithells croit que les flammes colorées ne se produisent que quand les vapeurs se combinent avec de l'oxygène. Ses expériences ont été longuement discutées dans les sections de Chimie et de Physique par Lord Kelvin, Sir G. Stokes, M. Ramsay, M. Schuster et beaucoup d'autres savants.

M. Arrhenius a présenté un travail important sur la diffusion des corps dissous dans l'eau. Il a fait le raisonnement suivant pour prouver que la pression osmotique ne peut pas être due à une attraction entre les molécules des corps dissous et celles de l'eau pure. Considérons, dit-il, un vase dans lequel il y a une couche formée d'une dissolution de sucre surmontée par une couche d'eau pure : soit AB (fig. 1) le plan séparant les deux couches. L'attraction entre deux molécules de sucre doit être, d'après la théorie qu'il repousse, plus petite que

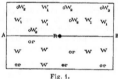

Fig. 1.

celle entre une molécule de sucre et une molécule d'eau, la distance entre les deux paires de molécules étant la même. Considérons une molécule de sucre R. On peut regarder l'eau au-dessous de AB comme l'image de l'eau au-dessus, et dont une partie W_1 correspond exactement à l'eau W qui dissout le sucre, tandis que les molécules d'eau W_2 correspondent aux molécules de sucre. La molécule de sucre R est sollicitée par W et W_1 avec des forces égales, mais de signes contraires. La force qui meut R vers le haut est égale à la composante verticale de la différence entre les attractions qui existent entre R et W_2, et R et r.

Si maintenant nous doublons le nombre des molécules de sucre, nous doublons en même temps W_2, et par conséquent la force par laquelle chaque molécule de sucre est sollicitée vers le haut. Or, en admettant, comme on le fait généralement, que le frottement est proportionnel à la composante de la vitesse des molécules dans le sens de la diffusion, cette vitesse doit être proportionnelle à la force

qui les sollicite. La quantité de matière diffusée dans l'unité de temps est proportionnelle et à cette vitesse et au nombre de molécules présentes, de sorte que, si la théorie de l'attraction est exacte, la quantité qui diffuse est *proportionnelle au carré de la concentration, et le coefficient de diffusion est proportionnel à la concentration elle-même*. Or, une longue série d'expériences a montré que, dans les dissolutions étendues, ce coefficient ne varie pas avec la concentration ; donc l'hypothèse de l'attraction, appliquée aux dissolutions étendues, est inexacte. En partant, au contraire, de la théorie cinétique de la pression osmotique, appliquée par Nernst aux phénomènes de diffusion, nous arrivons au résultat donné par l'expérience. — Cette importante communication, qui a vivement intéressé la Section, a suscité une discussion animée.

M. Ramsay a étudié l'action de la lumière sur le chloroforme en présence de l'air. Les expériences montrent qu'il se forme du chlorure de carbonyle, d'après l'équation suivante :

$$2 CH Cl^3 + O^2 = 2 CO Cl^2 + 2 H Cl.$$

M. Ramsay et Miss Aston ont redéterminé le poids atomique du bore : ils ont trouvé le chiffre 10,966, valeur sensiblement plus élevée que celle, — 10,823, — trouvée par Abrahall au moyen d'une autre méthode.

MM. Crun Brown et Walker ont fait une série de synthèses par une méthode générale qui consiste à pratiquer l'électrolyse de corps tels que le malonate de potassium et d'éthyle ; celui-ci donne l'éther de l'acide succinique. Les auteurs ont remonté ainsi jusqu'aux éthers de l'acide sébacique ; mais, pour les termes supérieurs, le rendement diminue.

M. W. H. Perkin a décrit quelques synthèses effectuées à l'aide des éthers du butane et du pentane tétra-carbonylés.

M. Roberts-Austen a exposé des expériences très curieuses sur l'effet des petites quantités de matières étrangères sur les métaux. Deux dixièmes pour cent de plomb ou de bismuth, ajoutés à l'or, le rendent cassant ; de très petites quantités de phosphore, de magnésium ou de zinc rendent le nickel malléable. La ténacité de l'or est diminuée par l'addition des métaux dont le volume atomique est plus grand que le sien, et augmentée par les métaux de volume atomique égal ou moindre. Le lithium et l'aluminium n'obéissent pas à cette règle. Un alliage d'or avec 10 °/₀ d'aluminium fond à une température inférieure de 400 degrés à la température de fusion de l'or ; un alliage contenant 23 °/₀ présente une température de fusion qui dépasse celle de l'or.

M. J. A. Harker a étudié l'équilibre qui se produit quand on fait détoner des mélanges composés d'hydrogène, de chlore et d'oxygène. Il a trouvé que, quelle que soit la composition initiale du mélange, la relation suivante existe toujours entre les quantités respectives a, b, c, d de l'acide chlorhydrique, de l'oxygène, de la vapeur d'eau et du chlore :

$$\frac{ab}{cd} = \text{const.} = 23.$$

Ces résultats diffèrent de ceux de MM. Hautefeuille et Margottet, qui ont opéré avec un eudiomètre froid, sur lequel la vapeur d'eau pouvait se condenser, tandis que M. Harker a maintenu les parois de son appareil à 110 degrés environ, pour conserver le système entier à l'état gazeux.

Signalons, pour terminer, le Rapport que M. G. H. Bailey a présenté sur les travaux de l'*Air Analysis Committee* de Manchester. Plusieurs centaines d'expériences ont été faites sur l'air de Manchester et de Londres dans le but d'évaluer les quantités d'acide sulfureux et de matière organique répandus dans l'atmosphère des grandes villes par les temps clairs et pendant les brouillards. Par un temps clair l'acide sulfureux ne dépasse pas $\frac{1}{4}$ de milligramme environ par mètre cube. Pendant les périodes anticycloniques et les brouillards cette quantité peut s'accroître de 50 fois. Les impuretés organiques augmentent dans la même proportion que l'acide sulfureux.

Sir D. Galton, M. Fletcher et quelques autres chimistes ont fait remarquer l'importance de ces recherches et espèrent les voir continuer. M. Fletcher croit qu'on arrivera à filtrer partout l'air en le faisant passer à travers du coton avant de l'introduire dans les maisons particulières. On se sert déjà de cette méthode à la Chambre des Communes et dans beaucoup d'établissements privés.

Depuis plusieurs années cette question de la pollution de l'air et les moyens d'y remédier préoccupent vivement les hygiènistes et les industriels. Les premiers, frappés de la nocivité des fumées de nos usines et de l'obscurité qu'elles produisent, ont entrepris, dans quelques-unes de nos grandes cités manufacturières, surtout dans le Lancashire, une campagne contre la mise en liberté des poussières et des gaz méphitiques de nos fourneaux. Le public s'est ému du danger qu'ils lui ont signalé, un conflit s'est élevé entre lui et les industriels, intéressés au maintien du régime actuel. Il est bien certain que si l'on imposait, comme il en a été sérieusement question, aux établissements industriels l'obligation de déverser leurs fumées loin des villes ou de les détruire sur place, on provoquerait du même coup la fermeture immédiate des usines. Municipalités et Sociétés sa-

vantes ont donc mis à l'étude le difficile problème de rendre inoffensives pour la santé publique les effluves gazeux et les poussières que déversent continuellement dans l'air des grandes villes d'Angleterre et d'Écosse les manufactures et même les cheminées des maisons particulières. Le lecteur se rappelle peut-être les discussions qui se sont élevées à ce sujet à la *Section* de la *Société des Industries chimiques* de Manchester, discussions que j'ai rapportées l'hiver dernier en rendant compte ici même des travaux de cette Société. Au Congrès d'Édimbourg le Rapport de M. Bailey, les commentaires de Sir D. Galton et ceux de M. Fletcher ont de nouveau attiré l'attention sur ce gros problème d'hygiène sociale et fait entrevoir, en ce qui concerne l'hygiène des établissements publics et des demeures privées, un commencement de solution.

Mais, c'est surtout aux questions de science pure que les membres de la Section de Chimie ont consacré leurs communications. Ne pouvant donner ici même la simple énumération de tous ces travaux, bornons-nous à indiquer qu'ils ont principalement porté sur la chimie générale et la chimie minérale. L'organique a été moins représentée qu'aux précédents congrès. Il semble que l'orientation des recherches soit en train de changer : on se lasse un peu de trouver de nouveaux composés organiques et, comme aux premiers jours de la Chimie, l'attention paraît se reporter sur les combinaisons minérales et les lois générales de la science.

Ph. J. Hartog.

III. — GÉOLOGIE ET GÉOGRAPHIE

Géologie. — La géologie, comme dans les précédentes réunions de la *British Association*, a tenu une large place au Congrès d'Édimbourg ; de nombreux travaux ont été présentés à la Section compétente, qui comptait dans son sein les spécialistes les plus connus de la Grande-Bretagne, ainsi que quelques savants étrangers, parmi lesquels on remarquait MM. les Professeurs F. von Richthofen, A. Renard, Marcel Bertrand et M. A. Blytt. Les séances, qui réunissaient toujours beaucoup d'auditeurs, ont été bien remplies ; enfin, c'est à un géologue, Sir Archibald Geikie, ancien professeur à l'Université d'Édimbourg et aujourd'hui Directeur général du Service Géologique du Royaume-Uni, qu'était dévolu, cette année, l'honneur de présider le Congrès.

Il est d'usage, à l'Association Britannique, que le Président prenne pour matière de son discours d'ouverture une question rentrant dans la sphère de ses études personnelles ; cette tradition ne laisse pas que d'être parfois difficile à suivre, l'écueil des discussions par trop techniques, en présence d'un auditoire composé en majeure partie de gens du monde, étant toujours à redouter. Aussi Sir A. Geikie a-t-il été bien inspiré en choisissant pour sujet de son adresse *Hutton et son influence sur les progrès de la Géologie* : rien n'est plus populaire en effet, chez nos voisins, que ces évocations du passé de notre globe où excelle le savant Directeur général, disciple lui-même de la glorieuse Ecole dont il célébrait le fondateur.

C'est à Édimbourg même que Hutton, il y a juste un siècle, posait définitivement, dans sa *Théorie de la Terre*, les bases de la Géologie moderne; longtemps méconnu, malgré la brillante exposition de Playfair, le génie du savant écossais est aujourd'hui pleinement réhabilité : il ne manque qu'une chose pour que la réparation soit complète, c'est de faire réimprimer son œuvre, devenue rarissime [1]. La génération actuelle doit bien cet hommage à la mémoire du plus grand des anciens Maîtres.

Sir A. Geikie a parfaitement su, d'ailleurs, appliquer le correctif nécessaire aux exagérations des successeurs de Hutton, en répudiant la célèbre formule *no trace of a beginning, no indication of an end;* faisant allusion aux travaux de lord Kelvin (Sir W. Thomson), il a montré que la Physique et l'Astronomie nous conduisent à admettre une durée relativement limitée pour la formation de l'ensemble des terrains sédimentaires, durée que Sir Archibald serait du reste porté à croire un peu plus longue que ne l'indiquent les évaluations de l'illustre physicien. On peut donc le dire aujourd'hui, l'*uniformitarianisme* de Lyell a vécu, et les géologues anglais renoncent définitivement à ces incalculables millions de siècles qu'ils multipliaient avec tant de facilité, il y a peu d'années encore.

Le discours du Président de la Section, M. Lapworth, servant en quelque sorte de pendant à celui de Sir A. Geikie, visait, au lieu du passé de la géologie, son avenir. Dans l'opinion de l'éminent professeur de Birmingham, la période d'éclat est close pour la stratigraphie : l'échelle des terrains et la succession des faunes sont définitivement fixées, il n'y a plus de grandes découvertes à faire dans ce domaine, dont l'extension ultérieure n'intéresse désormais que les seuls gens du métier. Toutefois, l'explication des phénomènes dont la série des couches terrestres est à la fois le résultat et le témoignage, la philosophie de la science, en un mot, est à peine à ses débuts : des trois phases

que comprend la *vie* normale d'un terrain sédimentaire, *érosion, dépôt, émersion*, on peut dire en effet que, si la première est bien connue, la seconde l'est encore fort peu, malgré les révélations récentes du *Challenger*; quant à la troisième, presque tout reste à faire. M. Lapworth, cherchant à interpréter les premiers paragraphes de ce futur chapitre de la géologie, s'est efforcé d'établir que le relief de la surface du globe se ramène à la juxtaposition d'une série d'*ondes* solides, d'amplitude et de longueur variées; après Heim, Suess et leurs émules, il a montré dans ces traits extérieurs le reflet de la structure profonde des masses minérales, où le *pli* est, en somme, l'élément générateur de toutes les combinaisons observées. Indiquant alors les caractères des divers types de plis, l'orateur a fait voir comment on peut assimiler leur développement progressif à une véritable *évolution*, chacun des termes de ce cycle idéal trouvant d'ailleurs son illustration dans les différents cas particuliers que nous offre la nature actuelle, depuis les simples ondulations comme celle du Weald, où le pendage des couches est à peine perceptible à l'œil, jusqu'aux *plis couchés* de l'Écosse et des Alpes, où les mouvements ont atteint un maximum qu'ils ne sauraient dépasser. La place nous manque pour reproduire les formules, souvent heureuses et parfois hardies, dans lesquelles M. Lapworth a résumé les nouvelles conquêtes des études orogéniques. Le lien qui rattache d'une manière continue les petits plis des roches feuilletées, dont le microscope nous révèle seul l'existence, aux accidents géographiques les plus grandioses, comme l'Himalaya ou la chaîne des Andes, a rarement été mieux exposé. En terminant, l'ingénieux auteur du *Secret of the Highlands* a prédit à l'étude des phénomènes de plissement le plus brillant avenir.

Les mémoires présentés à la section, au nombre d'une quarantaine environ, se rapportaient pour la majeure partie aux terrains anciens et aux roches cristallines des Iles Britanniques d'une part, à l'époque glaciaire de l'autre. Les communications intéressant particulièrement l'Écosse ont été, comme on pouvait s'y attendre, nombreuses et importantes. En premier lieu, nous citerons celle de MM. Peach et Horne sur la découverte d'un horizon à Radiolaires dans le Silurien inférieur [1] (Étage d'Arenig) du Sud de l'Écosse : ce dépôt, qui affleure en un grand nombre de points et occupe plusieurs milliers de kilomètres carrés dans les *Southern Uplands*, s'est sans doute formé dans une mer profonde; il devient plus détritique dans la direction du Nord, à mesure qu'on se rapproche du

---

[1] La *Theory of the Earth* ne se trouve dans aucune bibliothèque publique de Paris. Nous ne connaissons qu'un exemplaire dépareillé du premier volume, appartenant à M. Daubrée.

[1] Ordovicien de M. Lapworth.

20*

noyau ancien des *Highlands*. M. Horne a décrit les modifications que cette roche subit au contact du granite du Loch Doon : on peut suivre le métamorphisme jusqu'à cristallisation complète de ses éléments primitifs.

M. le Pr Sollas a également signalé la découverte de Radiolaires, ou du moins de corps paraissant être des Radiolaires dans le Silurien de l'Irlande (Howth et Culdaff).

M. Hicks s'est occupé de la série schisto-cristalline des Grampians, qu'il croit pouvoir considérer comme précambrienne. M. Blake a parlé des grès de Torridon, cette puissante formation infrasilurienne du Nord-Ouest de l'Écosse ; pour lui, la présence récemment constatée des *Olenellus* cambriens dans les couches supérieures au Torridon ne démontre pas nécessairement que ce terrain soit précambrien.

M. Goodchild, à propos des granites de l'île de Mull, a discuté le mécanisme de l'intrusion des roches de profondeur : la fusion du terrain préexistant et son remplacement par le magma éruptif, lui semblent plus probables, en général, qu'un écartement direct.

M. le Pr Bonney a comparé les cailloux du Trias anglais avec ceux que renferme l'*Old Red Sandstone* d'Écosse, en cherchant à en déduire quelques données sur la géographie du pays à l'époque de leur dépôt.

Quant à la géologie quaternaire ou *pléistocène* (pour nous servir de l'expression qui semble avoir aujourd'hui la préférence), il y a lieu de signaler, outre le Rapport annuel du Comité des blocs erratiques, deux notes de MM. Peach et Horne, relatives l'une et l'autre au pays d'Assynt (Sutherlandshire); dans la première les auteurs établissent que la ligne de faîte entre le versant de l'Atlantique et celui de la Mer du Nord se trouvait, à l'époque de la plus grande extension des glaciers, notablement plus à l'Est que de nos jours; dans la seconde, ils signalent les résultats de leurs explorations dans une grotte de la même région, avec ossements de renne portant des traces de la présence de l'homme, et restes de foyers.

M. Lomas a étudié la dispersion des blocs de roche à Riebeckite originaires de l'îlot d'Ailsa, à l'entrée du Firth of Clyde : on en rencontre jusqu'à Anglesey, dans le Nord du pays de Galles et aux environs de Liverpool.

M. D. Bell s'est occupé des gisements de coquilles marines dans le *drift* de Clava, dans le Nord de Craig et de Chapelhall, à l'Est de Glasgow : il admet un transport par les glaces continentales et ne croit pas ces fossiles en place, comme le pensent les partisans d'une submersion générale.

Enfin M. Cl. Reid a donné la liste de 27 espèces de plantes arctiques, recueillies dans les dépôts d'anciens étangs, aux environs d'Edimbourg (*Salix polaris*, *Dryas octopetala*, etc.).

La paléontologie était représentée, en ce qui concerne l'Écosse, par un travail de M. Laurie sur quelques formes nouvelles d'Euryptérides des Pentland Hills (*Old Red Sandstone*) et par un Rapport de M. Newton sur les reptiles triasiques des grès d'Elgin, dont les affinités africaines (*Karoo*) sont remarquables.

En Pétrographie, la question de la succession de termes bien définis dans la série des gneiss a été traitée par M. J. H. Teall ; M. A. Irving a décrit les différents types de roches cristallines des Malvern hills, et M. Somervail, ceux de la région du cap Lizard (Cornwall), qu'il regarde comme des produits de ségrégation d'un même magma. M. Ussher, à propos des bosses granitiques de la même région et du Devonshire, a parlé des relations existant entre les phénomènes orogéniques et la production des laccolithes. Enfin, M. Harker a examiné l'origine des grands cristaux de quartz que l'on rencontre dans certaines roches éruptives basiques.

Parmi les documents, d'ailleurs peu nombreux, qui ont été apportés au Congrès sur la géologie des pays étrangers, il y a lieu de mentionner un travail fort intéressant de Miss M. Ogilvie sur les environs de Saint-Cassian, dans le Tyrol méridional; l'auteur y met en lumière le rôle considérable joué par les éboulements dans les terrains marneux et les complications qui en résultent pour la carte géologique du pays ; ces accidents déterminent souvent des mélanges de fossiles appartenant en réalité à des zones paléontologiques distinctes.

Il y aurait encore à parler de l'œuvre poursuivie par les Comités spéciaux, dont une dizaine environ sont du ressort de la Section de *Géologie*; bornons-nous à signaler le Rapport présenté avec sa compétence habituelle, au nom du Comité du Vésuve, par M. le Dr Johnston-Lavis, celui du Comité séismologique, dû à M. Ch. Davison, et celui du Comité chargé de centraliser les photographies géologiques : à cet égard, les résultats déjà obtenus, grâce au concours de simples amateurs, sont fort encourageants, comme le montrait la belle série d'épreuves exposée dans une des salles du *New University Building*. Enfin, M. Sollas a proposé de faire exécuter des sondages à travers l'épaisseur d'un récif corallien : peut-être arriverons-nous ainsi à mieux nous rendre compte des circonstances qui ont présidé à la formation, encore si énigmatique, des *atolls*.

Géographie. — L'adresse présidentielle de M. J. Geikie nous servira de transition à une rapide analyse des travaux de la Section de Géographie. Le savant professeur de l'Université d'Édimbourg, dont les publications sur l'époque glaciaire sont bien connues, avait en effet choisi pour thème *le développement des lignes de rivages*. Les brillants résultats de M. Suess sur la succession des grandes chaînes de plissement en Europe, sur l'étendue des transgressions marines, sur le contraste entre le « type pacifique » et le « type atlantique » ont formé la matière principale de ce discours d'ouverture ; c'est la première fois, croyons-nous, qu'ils étaient exposés devant un auditoire britannique. M. Geikie affirmait ainsi que la géographie, pour devenir sérieuse, doit, à ses yeux, s'appuyer sur la géologie.

Nous n'avons malheureusement pas à enregistrer d'autres communications faites dans le même esprit, mais c'est là une tentative pleine de promesses pour l'avenir ; par contre, les études océanographiques ont été brillamment représentées à Edimbourg, grâce à MM. Murray, Mill, Buchanan, Petterson, Androussoff, etc. Le prince de Monaco a présenté sa nouvelle carte dés courants de l'Atlantique Nord et développé son projet de création d'observatoires météorologiques à Madère et aux Açores. Une réunion spéciale des Sections de Chimie et de Géographie a eu lieu, en outre, pour discuter diverses questions se rapportant aux méthodes d'examen des eaux marines. Signalons encore le rapport du Comité chargé de centraliser les documents sur la Météorologie de l'Afrique tropicale.

Quant à la Géographie mathématique, on a surtout remarqué une communication de M. le Dʳ H. Schlichter sur une nouvelle méthode pour la détermination des longitudes par les distances lunaires, méthode basée sur l'emploi de la Photographie. M. Ravenstein a entretenu la Section du projet de carte du globe au millionième, développé l'année dernière au Congrès de Berne par M. Penek, en montrant que sa réalisation n'avait rien d'utopique. Enfin, le Col. Tanner s'est occupé des applications de la Photographie à la Topographie.

Les récits d'explorations, toujours très goûtés du public, et les communications d'ordre économique ou historique sortent par trop du cadre de la *Revue* pour que nous ayons à y insister ici.

Excursions géologiques. — Pour terminer, il nous resterait à dire quelque mots des excursions géologiques qui ont accompagné ou suivi le Congrès. Aucun centre ne peut être mieux choisi sous ce rapport que ne l'est Édimbourg ; sous la conduite de plusieurs membres du Service Géologique de l'Ecosse, MM. Peach, Horne, Goodchild et Cadell, les géologues faisant partie du Congrès ont pu ainsi visiter le célèbre massif éruptif d'Arthur's Seat, dont plus d'une particularité de structure reste encore inexpliquée ; les Braid Hills, avec leurs tufs, leurs porphyrites, leurs traces glaciaires ; la chaîne plus élevée des Pentlands et sa

série éruptive et sédimentaire si variée. Sir Arch. Geikie a tenu à nous mener en personne le long des falaises de North Berwick, pour nous montrer quelques-uns de ces *necks* ou anciennes cheminées volcaniques, d'âge carbonifère, qui ont rendu fameux, à l'Etranger, le bassin du Forth. Un pèlerinage à Moffat et à Dobb's Linn, cette terre classique des recherches de M. Lapworth sur les graptolithes, devenus entre ses mains de précieux instruments pour classer les assises siluriennes, a terminé la série des excursions officielles. Nous ne dirons rien de la belle course organisée par M. Peach, après la clôture du Congrès, dans le Nord-Ouest des Highlands, ce couronnement des travaux de la Section réclamant un compte rendu spécial, dont M. Marcel Bertrand a bien voulu se charger pour la *Revue*.

Emm. de Margerie.

IV. — BIOLOGIE

Ce n'est pas chose facile que de rendre compte des travaux de cette Section. Son domaine nous apparaît tellement vaste qu'il est malaisé d'en indiquer les limites. Toutes les études relatives à la nature vivante, qu'il s'agisse de botanique, de zoologie pure, d'anatomie ou de physiologie comparée, voire même de psychologie et de médecine expérimentale, arrivent à la Section de Biologie. Depuis 1884 seulement, l'anthropologie en a été distraite ; aussi se trouve-t-on amené à grouper les communications suivant leur caractère et à créer des *départements*, des sous-sections qui se réunissent aux mêmes heures et qui divisent nécessairement le public. Une grande activité règne d'ailleurs partout, et cela contribue à rendre singulièrement laborieuse la préparation d'une analyse comme celle-ci. Je me plais du reste à déclarer que, si j'ai accepté cette tâche ingrate, c'est surtout pour avoir l'occasion de rendre hommage aux savants anglais dont l'accueil sympathique m'a laissé tant de bons souvenirs. A Edimbourg même, où j'ai eu l'honneur, en 1891, de prendre la parole à la Société Royale, je retrouvais nombre d'amis. Qu'il me soit permis de les remercier ici de leur cordiale hospitalité et de leur complaisance à me mettre en rapport avec les plus distingués d'entre leurs collègues.

La Section de Biologie, dirigée l'année dernière au Congrès de Cardiff, par un botaniste éminent, Francis Darwin, avait cette fois pour président le savant physiologiste William Rutherford, professeur à l'Université d'Edimbourg. Son discours d'ouverture traite avec une grande clarté et beaucoup de compétence le sujet délicat de la *Vision des couleurs*. Après avoir exposé et discuté les théories diverses de Newton, de Th. Young et d'Helmoltz, l'auteur aborde la question de la cécité des couleurs, si intéressante au point de vue pratique. Son importance a du reste été bien comprise par la plupart des gouvernements, qui l'on fait étudier par des Commissions spéciales. Tout récemment encore, en juillet 1892, la Société Royale de Londres publiait un rapport à ce sujet. L'achromatopsie est assez fréquente et s'observe chez l'homme beaucoup plus souvent que chez la femme, sans qu'on puisse encore se rendre compte de cette inégale répartition. Mais elle varie de forme et d'intensité, n'affectant parfois qu'un seul œil. Les cas de ce genre sont des plus instructifs; ils permettent d'obtenir de l'infirme lui-même de curieux renseignements. D'ingénieuses méthodes servent à tâter, en quelque sorte, la sensibilité de l'œil aux couleurs; elles ne sauraient être décrites ici, et je ne puis mieux faire que de renvoyer le lecteur au texte original, paru dans le n° 1189 du journal anglais *Nature*. On y trouvera une masse de faits, qu'il est impossible de résumer, sur la perception des couleurs en divers points de la rétine normale, sur les contrastes simultanés, sur la nature nerveuse ou photo-chimique des sensations colorées, etc., etc. M. Rutherford a su condenser de la façon la plus heureuse un ensemble très complexe de résultats d'observations, d'expériences, de vues théoriques touchant aux problèmes les plus ardus de la physique et de la physiologie.

Huit rapports ont été lus ensuite au nom de plusieurs Commissions, sur des sujets mis à l'ordre du jour par le Comité de la Section lors des précédents Congrès et pour l'étude desquels l'Association a voté des subsides plus ou moins importants :

1° Cinquième rapport sur la faune et la flore des Antilles (*West India Islands*).

2° Désignation d'un zoologiste compétent pour étudier la morphologie des Ascidies (ou toute autre question déterminée) au laboratoire de Naples. Depuis longtemps, 100 livres sterling sont employées chaque année par l'Association pour permettre à un ou plusieurs naturalistes anglais de travailler à la station du D' Dohrn. C'est un excellent moyen d'introduire peu à peu dans le haut enseignement du Royaume-Uni les meilleures méthodes de recherche employées en zoologie.

3° La faune des Îles Sandwich. Il est grand temps d'étudier les animaux de l'Archipel, qui ne sauraient.tarder à disparaître ou à subir de profondes modifications sous l'influence de la culture et du progrès venu surtout d'Amérique.

4° Sixième rapport sur le laboratoire de botanique établi à Peradeniya (Ceylan).

5° Observations recueillies sur le passage des oiseaux près des phares et des bateaux-feux.

6° Occupation d'une table au laboratoire de *Marine biological Association* à Plymouth.

7° Perfectionnement et essais d'un filet pélagique pouvant s'ouvrir et se fermer dans l'eau à des profondeurs déterminées.

8° Projet de loi sur la protection des œufs.

Le discours présidentiel et les rapports des commissions ayant occupé toute la matinée du 4 août, trois communications seulement purent être faites dans l'après-midi du même jour. M. E. B. Poulton expose, avec échantillons à l'appui, le résultat d'expériences récemment faites par lui sur les changements de couleur qui se produisent chez les Chenilles sous l'influence du milieu. — M. Preyer traite de la physiologie du protoplasme et M. Hartog aborde un de ces sujets où des observations histologiques extrêmement délicates servent de point de départ, sinon de base définitive, aux théories les plus abstraites de l'hérédité; d'après lui, la prétendue personnalité des segments du noyau ne saurait être soutenue et cela entraine la ruine de diverses hypothèses émises, en Allemagne, par le Professeur Weismann. L'intérêt de ces études n'est pas contestable, .mais je traduirai peut-être l'impression d'une partie notable de l'auditoire en ajoutant ici qu'elles paraissent convenir davantage à l'esprit spéculatif des races germaniques qu'au caractère pratique et essentiellement positif des Anglais.

Deux séances générales ont eu lieu les 6 et 8 août. Les travaux présentés dans la première sont de nature très variée; on en jugera par le sommaire ci-après : *Mac Kendrick*, Myographe pour la projection des courbes musculaires, méthode pour enregistrer la durée des mouvements volontaires; — *G. Fritsch*, Origine des nerfs électriques des *Torpedo*, *Gymnotus*, *Mormyrus* et *Malapterus*; — *Miall*, La feuille du *Victoria Regia* ; *S. Musgraves*, Les vaisseaux sanguins et lymphatiques de la rétine ; — *N. O. Forbes*, Remarques sur une série d'oiseaux subfossiles, récemment découverts à la Nouvelle-Zélande et aux îles Chatham ; — *J. Clark*, Relations naturelles entre la température et le mouvement protoplasmique ; — *Id.* Expériences sur les fonctions du noyau des cellules végétales; — *F. Warner*, coordination de l'accroissement des cellules par les forces physiques ; — *John Wilson*, Quelques *Albuca* (Liliacées) et leurs hybrides.

Dans la matinée du 8 août, le programme attirait à la Section de Biologie un nombreux public. La séance devait être consacrée à l'exposé de questions relatives à la pêche locale et à l'étude seientifique des poissons. Le P' Mac Intosh fait d'abord l'histoire des pêcheries écossaises depuis dix ans dans ses rapports avec la zoologie. Personne plus que lui n'est autorisé à traiter ce sujet, car il a été l'un des premiers, dans son pays, à entreprendre des recherches suivies sur la faune marine. C'est à son initiative que les naturalistes doivent la création du laboratoire de Saint-Andrews, qui existait en fait avant même d'être officiellement reconnu et subventionné. Les travaux du Pr Mac Intosh, ont en effet précédé d'une dizaine d'années pour le moins l'organisation définitive de la station biologique de Saint-Andrews et son rattachement au *Fishery board* d'Écosse. Une grande activité y règne aujourd'hui, grâce à l'impulsion donnée par le Maître, dont les élèves et les assistants, — M. E. G. Prince entre autres, — ont publié de beaux mémoires, sur lesquels j'aurai bientôt l'occasion de revenir.

Jules de Guerne.

V. — ANTHROPOLOGIE

L'Anthropologie a été très largement représentée au Congrès d'Edimbourg. Cette science, on le sait, possède à son service une importante Société : l'*Anthropological Institute of Great Britain and Ireland*, fondée un an après la Société d'Anthropologie de Paris, en 1860, et siégeant à Londres. Plusieurs des membres les plus éminents de l'Anthropological Institute s'étaient fait inscrire à la Section compétente, présidée, cette année, par le Pr A. Macalister. Il y avait, entre autres, les Professeurs Sir William Turner, de l'Université d'Edimbourg, Sir John Struthers, de l'Université d'Aberdeen, MM. Cleland, de Glascow, Haddon de Dublin, Geddes de Dundee, Moriz Benedikt de Vienne, les Docteurs Garson du *Royal College of surgeons*, Bloxam, Brabrook, Galton, Garner, Hepburn, Anderson, Sir Arthur Mitchell, et beaucoup d'autres médecins, anatomistes ou physiologistes, dont la plupart ont présenté des travaux à la Section.

Les séances se tenaient dans le grand amphithéâtre de l'École de médecine situé dans le nouveau bâtiment de l'Université. Plusieurs fois ce vaste local s'est trouvé trop petit pour contenir la foule des membres titulaires ou adhérents de l'Association curieux des questions anthropologiques. Les dames étaient en grand nombre, formant bien un tiers de l'assistance, et suivaient avec un intérêt visible les communications de toutes sortes. Plusieurs *ladies* prirent même la parole sans que les *gentlemen* en fussent étonnés. Il m'a paru manifeste que le niveau de l'instruction scientifique des femmes est beaucoup plus élevé en Écosse que chez nous, ce qui, n'en déplaise aux descendants de Chrysale, n'empêche pas les maisons écossaises d'être fort bien tenues. Peut-être même cela contribuerait-il à assurer à nos voisins d'outre-Manche quelque supériorité sous ce rapport et sur maint autre point. Mais restons au Congrès.

Les *meetings* de la Section se prolongeaient, malgré la sobriété remarquable des discussions, depuis le matin jusqu'à 3 heures et plus, avec une interruption d'une heure à peine pour le lunch léger qui remplace là-bas notre déjeuner de midi. Les ordres du jour, très chargés, étaient préparés quotidiennement par le Comité de la Section.

Au premier meeting, le président Macalister lut une longue et intéressante *adresse* sur les progrès de l'Anthropologie. Il présida toutes les séances suivantes avec ponctualité et fit ressortir avec beaucoup de tact et de compétence l'intérêt de chaque lecture. Il fit lui-même diverses communications anatomiques *sur le cerveau d'un Australien, sur des crânes du Haut-Congo, sur divers caractères faciaux des anciens Egyptiens*. N'ayant pas prévu que j'aurais à faire un compte rendu et faute de me rappeler tous les *papers* lus à la Section, je citerai seulement ceux du Pr Struthers *sur les apophyses articulaires chez l'Homme et le Gorille, et sur une variation costo-vertébrale chez le Gorille*, celui du Pr W. Turner *sur les têtes momifiées et réduites de Bolivie*, celui du Pr Haddon sur le *classement des motifs d'ornementation chez les peuples sauvages*, celui du Dr Garson sur l'*Ostéométrie*, celui du Dr Garner sur *le langage des singes*, un autre du Dr Mansel Weale sur *les cris et les onomatopées chez les sauvages*, un autre du Dr David Hepburn sur *les plis de la main et du pied chez l'homme et les Anthropoïdes*, un du Dr Francis Warner *sur les déviations physiques observées chez* 50.000 *enfants*, un du Pr Hartwell Jones *sur la conception de la vie future chez les Indo-Européens*, enfin un mien travail sur *une formation cérébrale fronto-limbique*. Cette formation consiste en un sillon qui, sur un grand nombre de cerveaux humains, divise la circonvolution du corps calleux appartenant au grand lobe limbique de Broca, de la même façon que chez le cheval, l'âne et divers animaux domestiques. J'ai essayé de démontrer que, chez l'homme, cette réapparition d'une complication du lobe limbique constitue un moyen d'agrandissement du lobe frontal aux dépens du *gyrus fornicatus*.

Deux questions avaient été mises d'avance à l'ordre jour de la Section par le Comité et annoncées comme devant être l'objet de discussions : 1° l'*identification anthropométrique*, 2° l'*anthropologie criminelle*.

Chargé par le Comité d'ouvrir la discussion sur la première question, j'exposai le procédé d'identification anthropométrique de M. Alphonse Bertillon, procédé en usage depuis plusieurs années à la préfecture de police de Paris, dans les principales prisons de France, d'Algérie et de Tunisie, à Genève, à Bruxelles, à Saint-Pétersbourg et aux États-Unis. Ce procédé consiste essentiellement à donner à chaque individu arrêté une sorte de nom composé de neuf nombres disposés dans un ordre constant et représentant en millimètres les · dimensions exactement mesurées de diverses parties du corps. Une fois écrit sur une fiche derrière la photographie de l'inculpé, ce nom sera retrouvé en une minute au milieu d'un million d'autres, de la même façon que l'on trouve un mot quelconque dans un dictionnaire. Connaissant très bien ce procédé, je l'exposai de mon mieux et en fis ressortir les multiples avantages non seulement au point de vue des recherches judiciaires, mais encore au point de vue de l'Anthropologie pure. C'était là un sujet de *great attraction*, paraît-il, car l'auditoire, ce jour-là, dépassait bien le chiffre de mille personnes. Puisqu'il s'agit d'une œuvre qui ne m'appartient pas, il m'est permis de dire que j'obtins un certain succès, bien que (je dois ajouter cela à la louange de mes auditeurs) mon *speech* fût prononcé en langue française.

On opposa cependant au procédé de M. A. Bertillon celui de M. Francis Galton, qui consiste simplement à prendre l'empreinte de la face palmaire des pouces dont les lignes papillaires forment des dispositions variables suivant les individus et fort ingénieusement classées par M. Galton. Dans la réfutation du système galtonien au point de vue de l'identification, je fus puissamment soutenu par les Professeurs Macalister et Haddon, si bien que la plupart des membres de la *British Association* parurent très désireux de voir l'identification anthropométrique prochainement introduite en Grande-Bretagne. Nous imitons assez volontiers les Anglais pour qu'ils nous empruntent sans regret cette institution très apte d'ailleurs à leur rendre service.

Les empreintes du pouce n'en conservent pas moins leur intérêt anthropologique et pourront être ajoutées, si l'on y tient, mais non substituées aux diverses mesures anthropométriques adoptées à Paris. A la condition de ne pas changer un *iôta* au procédé de M. Alph. Bertillon, il serait à souhaiter que l'installation et la direction des futurs bureaux d'identification de la Grande-Bretagne fussent organisées de façon à pouvoir fournir des documents aussi variés que possible à l'anthropologie pure.

A l'issue de la séance, j'eus l'occasion de voir une application du procédé de M. Galton. Une dame, munie d'un registre, d'un tampon imbibé d'encre d'aniline et d'un petit balai de crins destiné à un simulacre de lavage des doigts, me demanda d'apposer sur son registre l'empreinte de mes pouces avec ma signature. Je ne reculai ni devant le tampon ni devant le petit balai; mais, tout en reconnaissant la facilité avec laquelle mes empreintes pourront être classées dans l'une des catégories de Galton, je demande comment il serait possible de reconnaître ces empreintes

parmi celles du même groupe, lorsque ce groupe arrivera à comprendre quelques milliers ou même quelques centaines d'individus, au cas où l'on voudrait les retrouver sans le secours de la signature. Peut-être serait-ce possible, mais la reconnaissance exigerait beaucoup de temps et de patience sans être absolument probatoire, tandis que l'identification par le procédé anthropométrique ne demande qu'un instant et ne permet jamais le moindre doute.

Du reste, l'Anthropométrie est très en honneur en Angleterre. Au Congrès d'Édimbourg, un laboratoire anthropométrique avait été installé dans la salle commune des étudiants et chacun pouvait venir s'y faire mesurer.

La deuxième discussion sur l'anthropologie criminelle fut ouverte par un médecin aliéniste, le Dr Clouston, qui communiqua une statistique sur la fréquence des anomalies ou défectuosités de la bouche et de la voûte palatine chez les aliénés, les criminels et les honnêtes gens. M. Bénédikt, qui a l'avantage de s'exprimer spirituellement en plusieurs langues, prit ensuite la parole, et, tout en réclamant pour lui-même la priorité sur M. Lombroso en ce qui concerne les recherches sur les caractères anatomiques des criminels, il parla de façon à ne plus être classé, désormais, parmi les partisans du criminaliste de Turin. Mon tour vint après. En me convoquant à cette discussion, à laquelle avait été convié aussi le Pr Lombroso (qui s'est excusé pour raison de santé), les anthropologistes de la *British Association* ne s'attendaient pas sans doute, de sa part et de la mienne, à des compliments mutuels. Ayant entrepris, au Congrès international d'Anthropologie criminelle tenu à Paris en 1889, la réfutation de la doctrine lombrosienne, travail qui n'a pas été infructueux, je résumai à Edimbourg cette réfutation. J'essayai en outre de rétablir l'historique de la question et de montrer que, si la revendication de M. Benedikt était légitime, il n'était pas moins juste de reconnaître la priorité des Maudsley, des Morel et Despine, des Gall et Spurzheim, etc., au sujet de l'étude des rapports qui peuvent exister entre le crime d'une part et la folie, la dégénérescence, la conformation anatomique d'autre part. Il y a eu dans cet ordre d'idées des initiateurs véritables; il serait injuste et préjudiciable à l'histoire de la science de les oublier au profit d'un écrivain devenu célèbre en exagérant les vérités et ressuscitant ou mettant à la mode les erreurs dites par ses devanciers.

Il m'a semblé, du reste, que les savants britanniques et le public du meeting d'Edimbourg n'avaient pas besoin d'être beaucoup refroidis à l'égard de l'atavisme et de l'innéité du crime, soit à cause de l'élévation du niveau scientifique en Écosse, soit parce que la « *bosse* » ou la « *fossette* » de l'engouement sont relativement rares dans les pays septentrionaux.

Devant assister au Congrès d'Anthropologie criminelle de Bruxelles où a eu lieu, en grande pompe, l'enterrement de la doctrine néo-criminologique,

il m'a fallu quitter avant sa clôture le Congrès de l'Association britannique, non sans emporter le meilleur souvenir de l'hospitalité écossaise et des savants avec lesquels j'ai eu l'honneur d'entrer en relation. Inutile de dire que j'ai trouvé en Écosse beaucoup de bons exemples à suivre.

L. Manouvrier.

LE CONTROLE DE LA VITESSE DES TRAINS DE CHEMINS DE FER

I. — Nécessité du contrôle

Les compagnies de chemins de fer ont, depuis très longtemps, compris la haute importance du contrôle de la vitesse des trains en marche.

Il y a en effet un double intérêt en jeu : l'intérêt du public, auquel on doit assurer autant que possible les correspondances directes des trains et la sécurité à l'égard des accidents ; l'intérêt des Compagnies, qui ont le devoir de prévenir toute cause de plaintes, de dépenses inutiles, de préoccupations et de travail excessif du personnel, pendant le service en route, déjà si pénible en lui-même.

Que d'accidents, de frais, d'ennuis, de regrets, j'allais dire de remords, on aurait pu épargner avec un contrôle sûr et précis, permettant du même coup d'établir la part de responsabilité de chaque agent !

Un mécanicien qui ne ralentit pas la marche dans les courbes, ou qui, soit pour regagner du retard, soit par imprudence, lance le train à une vitesse exagérée sur une pente, risque d'être cause de malheurs et de dégâts considérables. S'il ne se sent pas surveillé d'une façon efficace, il répétera ses bravades jusqu'au jour où, fatalement, il les payera de sa vie, entraînant d'autres victimes avec lui.

On le conçoit, le contrôle de la vitesse constitue un problème à la fois humanitaire et économique, qui intéresse de très près la sécurité des voyageurs, l'entretien du matériel et de la voie.

II. — La feuille de marche et le bulletin de traction

Le moyen de contrôle usité dans toutes les lignes de chemin de fer consiste dans la rédaction, confiée aux agents des trains et des gares, de deux documents : le journal du train ou feuille de marche et le bulletin de traction.

Le premier intéresse le mouvement et le trafic des marchandises, de sorte qu'on constate la charge réelle, la charge maximum, etc.; le second se rattache à la traction et donne les heures d'arrivée et de départ, les ralentissements, les arrêts anor-

maux, et tous les faits en rapport avec le service.

Le moyen de contrôle de la marche des trains est parfait en théorie, parce qu'il permet aux Compagnies de connaître non seulement les faits réguliers et irréguliers qui se passent en route, mais d'appliquer à chaque agent sa part de responsabilité. Malheureusement, il dépend, en pratique, de certaines conditions à remplir qui lui ôtent une grande partie de sa valeur.

D'abord, il n'est pas possible d'apprécier certains faits avec une précision suffisante pour qu'aucune discussion ultérieure ne s'ensuive ; en second lieu, il est bien permis de croire aux erreurs involontaires ou à une entente momentanée entre les agents, dans le but de s'aider mutuellement, toutes les fois que cela est possible, ce qui arrive en effet pour le marquage des heures d'arrivée et de départ du train.

Un tel état de choses devait nécessairement appeler l'attention des Compagnies de chemins de fer et des mécaniciens, dont l'ingéniosité trouve un vaste champ de travail dans l'étude des appareils de contrôle à l'abri de tout attentat de la part du personnel.

III. — Appareils de contrôle

Un appareil de contrôle complet devrait fournir au service de traction toutes les indications nécessaires de manière à rendre inutile la rédaction de documents en route. Il est à espérer qu'on arrivera à ce résultat; pour le moment, on se contente de contrôler mécaniquement la vitesse de marche, qui est du reste l'élément qu'il importe le plus de connaître avec précision.

D'après M. Silvola, ingénieur en chef de la Section principale des Chemins de fer de la Méditerranée (Italie), tous les appareils de contrôle rentrent dans l'une des deux catégories générales suivantes :

1° Appareils placés sur le train ;

2° Appareils placés le long de la voie [1].

---

[1] Voir *Bulletin de la Commission internationale du Con-*

A l'aide des premiers, on contrôle la marche du train en un point quelconque de la voie par des indications certaines ou presque certaines ; les seconds se bornent à signaler la vitesse en certaines sections déterminées, aux abords de grands ponts, aux fortes rampes, en un mot dans tous les passages où la vitesse maximum est fixée à l'avance.

Nous empruntons à M. Silvola le tableau synoptique que voici, qui montre clairement les caractères secondaires des appareils de contrôle :

Sans nier l'importance d'un bon appareil de ce genre comme guide pour le personnel, on voit sans peine qu'aucun contrôle n'est possible de la part de l'Administration, faute d'une trace permanente. Les indicateurs Strondley, Bun Jombart et Cⁱᵉ, Kaptein, Bruggemann appartiennent à cette catégorie.

En résumé, la sécurité du service exige non seulement que le mécanicien puisse juger d'un coup d'œil la marche du train à chaque instant, mais

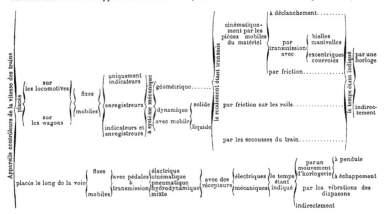

IV. — APPAREILS PLACÉS SUR LE TRAIN

On place les appareils sur la locomotive ou sur un wagon quelconque ; il y en a qui sont tout simplement indicateurs de vitesse ; ainsi un cadran, un liquide qui monte ou descend à l'intérieur d'un tuyau permettent au conducteur de la locomotive ou du train de lire à chaque instant la vitesse de marche.

aussi qu'il se sache lui-même surveillé d'une façon inévitable. Dès lors les appareils de contrôle doivent être à la fois indicateurs et enregistreurs des faits à signaler.

Nous sortirions du modeste cadre que nous nous sommes tracé en nous plaçant au point de vue général, si nous étudiions en détail les appareils très ingénieux acceptés ou simplement essayés par les différentes Compagnies de chemins de fer. Qu'il nous suffise de rappeler qu'un appareil enregistreur comporte en principe un organe mobile ou plusieurs pointes, crayons, destinés à laisser des traces sur un autre organe, par exemple un tambour animé d'un mouvement de rotation uniforme. On obtient ainsi des diagrammes qui donnent le moyen de déterminer les conditions de marche du train à chaque instant ou à des intervalles très petits.

L'organe mobile ou traceur est mis en mouvement par la marche du train et par des moyens qui diffèrent essentiellement entre eux.

Ainsi l'horloge-enregistreur Guébhard, dont le

grès des Chemins de fer, page 2113 à page 2151, où M Silvola décrit et donne les dessins d'un certain nombre d'appareils. Parmi ceux placés sur les trains on y trouve : l'appareil Guébhard ; l'indicateur Strondley ; le chronotachymètre Pouget ; l'appareil de Haushalter ; celui de Petri et Siemens et Halske ; le chronotachymètre Paris-Lyon-Méditerranée ; le pendule d'inertie de M Desdouits ; le chronotachygraphe Ferrero ; le tachymètre Pennats ; l'appareil Grafti et l'appareil Klöse.

Parmi ceux placés le long de la voie on remarque : l'appareil portatif à diapason Labouret ; le sablier en mercure Bourguion ; le dromoscope le Boulangé ; le dromo-pétard le Boulangé ; l'appareil enregistreur à cadran Paris-Lyon-Méditerranée ; l'appareil enregistreur à bande de papier Paris-Lyon-Méditerranée ; l'appareil enregistreur électrique Labouret ; l'appareil fixe du chemin de fer de l'État (France) ; l'appareil fixe des chemins de fer hollandais et l'appareil enregistreur Siemens et Halske.

crayon agit par secousses, et le pendule d'inertie de M. Desdouits n'ont pas de liens cinématiques avec le train, et sont renfermés dans une boîte et transportables d'un wagon à l'autre sans difficulté. On les appelle pour cela même *Tachygraphes mobiles*.

Mais la grande majorité des enregistreurs sont pourvus d'une transmission rigide ou flexible : engrenages, roues de pignon, courroies.

Dans celui de M. Victor Salemann Graftio le lien est une courroie, l'organe traceur est actionné par un pendule conique ou régulateur à force centrifuge; le diagramme est continu, et on y déduit la vitesse à chaque instant et le temps en fonction des espaces.

D'autres enregistreurs sont basés sur des systèmes de simple mécanique géométrique; citons le *chronotachymètre* Pouget, dont le mouvement est emprunté à une roue qui porte sur le bandage d'une roue de la locomotive, et, d'autre part, celui de Paris-Lyon-Méditerranée, relié à la bielle. Ces deux appareils ne sont pas indicateurs et sont pourvus chacun d'un système spécial de marquage non continu.

Le *tachymètre électro-aimant* de M. Permati emprunte le mouvement à un rail de la voie au moyen d'une roue de friction qui s'y appuie.

Malgré le grand nombre d'appareils contrôleurs placés sur le train, il n'y en a pas un, dit M. Silvola, qui ait reçu les suffrages d'un nombre suffisant d'administrations. Un appareil idéal devrait être simple, à l'abri des fraudes, d'un prix modéré, donnant non seulement la vitesse et le temps, mais encore l'espace, la marche en avant et en arrière; tout principe dynamique devrait être

écarté, le fonctionnement d'un système mécanique-géométrique étant plus sûr [1].

V. — APPAREILS PLACÉS LE LONG DE LA VOIE

Jusqu'ici, on n'applique les appareils le long de la voie qu'au contrôle de la marche du train en certains points particuliers, surtout sur les lignes de montagne et lorsque le service se fait avec un seul train entre deux gares, c'est-à-dire à *voie libre*.

En général ces appareils mesurent le temps qu'un train emploie à parcourir une longueur donnée, limitée par deux pédales actionnées par une des roues d'avant de la locomotive.

Les inventeurs ont appliqué l'électricité, l'air comprimé, des fils, à la transmission du mouvement entre les pédales et les appareils enregistreurs; ces derniers sont parfois très simples, sans mouvement d'horlogerie; basés même sur les vibrations d'un diapason ou sur l'écoulement du mercure d'un réservoir à un autre; et il y en a de fixes et de portatifs.

Citons en dernier lieu le *bromo-pétard* de Boulengé, application curieuse d'un lourd pendule qui permet à un pétard de se trouver sur la voie et d'y être écrasé si le train dépasse la vitesse déterminée à l'avance.

Nous n'insistons pas sur ces appareils, bien que l'expérience ait prouvé que leur fonctionnement est satisfaisant, leur but étant restreint à des contrôles partiels.

Francesco Sinigaglia,
Professeur de Génie civil
à l'Institut Royal de Naples.

REVUE ANNUELLE DE CHIRURGIE

La question de l'anesthésie, de même que celle de la stérilisation des instruments et des objets de pansement, a continué cette année à préoccuper les chirurgiens.

Soucieux d'éviter les accidents malheureusement observés quelquefois au cours de l'anesthésie générale, et confiants dans les assertions de M. Reclus, qui avait pu heureusement recourir, dans un très grand nombre de cas, à l'anesthésie locale par la cocaïne, les chirurgiens commençaient à étendre l'emploi de cette substance lorsqu'une série d'accidents ont montré que, pas plus que le chloroforme, cet alcaloïde ne donnait une sécurité parfaite. M. Berger est venu à la Société de Chirurgie raconter l'histoire d'un malade empoisonné dans son service par une

faible dose de cocaïne. Immédiatement après, M. Labbé rapportait un cas d'accidents formidables survenus à la suite d'une injection dans la vaginale et disait avoir connaissance d'une mort consécutive à l'emploi de la cocaïne pour avulsion de dents. MM. Quénu, Reynier, Moty, etc., avaient,

[1] M. F. Bighio, ingénieur-chef de Section au Chemin de fer de la Méditerranée (Italie), vient de présenter à son Administration un projet de tachygraphe hydraulique basé sur des considérations nouvelles qu'il développe dans une savante brochure publiée à Turin.

Sans rien préjuger d'un appareil qui n'a pas encore reçu la sanction pratique, nous dirons qu'il comporte une pompe spéciale, dont le tuyau de refoulement communique avec l'appareil compteur enregistreur. Le mouvement de la pompe est pris au moyen d'un excentrique sur l'essieu du tender ou d'un wagon à bagages. Nous souhaitons de voir bientôt fonctionner ce tachygraphe.

de leur côté, eu des accidents, heureusement non mortels, mais qui, dans plusieurs cas, avaient été inquiétants. Enfin M. G. Sée publiait, dans une revue, onze cas de morts à la suite de l'emploi de la cocaïne.

Aussi, malgré l'ardeur de M. Reclus, qui s'est attaché à déterminer les doses maniables de cet anesthésique local, conseillant de n'employer que des solutions à titre faible, à 2 %, et à n'injecter que 10 à 12 centigrammes, la majorité des chirurgiens ne semble avoir que peu de tendance à recourir à cet agent anesthésique qui, employé sans grande précaution, expose aux mêmes accidents que le chloroforme, sans en avoir les avantages, car il ne supprime que la douleur, sans supprimer le malade lui-même. Or, comme le fait observer M. L.-G. Richelot, « le malade est un profane qui ne doit pas assister à l'opération qu'on lui fait ». Aussi croyons-nous que, pour les opérations de médiocre importance, le chloroforme est loin d'être détrôné ; d'autant que dans celles-ci on peut, avec des doses faibles, obnubiler seulement le malade et obtenir une perte complète de la sensibilité à la douleur avec conservation partielle des fonctions intellectuelles, qui reprennent immédiatement, sans vomissements, sans malaise, que l'on cesse l'administration de l'agent anesthésique. Nous avons vu bien souvent notre maître, le Professeur Guyon, employer ainsi avec succès de très petites doses de chloroforme.

Si l'opération est très minime, et si l'on juge inutile même cette faible chloroformisation, nous préférons à la cocaïne le chlorure d'éthyle. Cet anesthésique local, préconisé par M. Redard, de Genève, est d'un emploi très simple. Après avoir maintenu *un instant dans la main* le tube scellé qui le renferme, de manière à élever légèrement sa température, on brise l'extrémité effilée de l'ampoule et l'on projette le liquide en mince filet sur la place à anesthésier. En quelques secondes, on voit la place blanchir : l'anesthésie est obtenue. Dans bien des cas, nous avons eu recours à cet agent, et nous n'avons eu qu'à nous en louer. Il supprime complètement la douleur de l'incision de la peau, tout en laissant persister une certaine sensation de contact.

Dans un autre ordre d'idées, et pour des opérations de courte durée, les laryngologistes en particulier ont, en France, à la suite des communications de M. Lubet-Barbon, adopté le bromure d'éthyle, dont l'administration à doses massives est suivie, en trois à quatre minutes au maximum, de l'anesthésie générale.

Mettant à profit cet agent anesthésique à action rapide et constante, nous avons, dans ces derniers temps, commencé, avec notre élève et ami

Bourbon, toutes nos anesthésies par le bromure d'éthyle. Maintenant ensuite le malade endormi par l'inhalation continue de petites doses de chloroforme, nous sommes ainsi arrivés à supprimer à peu près complètement la période, quelquefois si longue et si pénible, qui précède l'anesthésie complète lorsqu'on se sert exclusivement du chloroforme ou de l'éther. De là, économie de temps et économie de chloroforme, deux avantages qui ne sont pas à dédaigner.

A propos de la stérilisation des objets de pansement et des instruments, nous mentionnerons deux appareils, l'un de M. Sorel, l'autre du Dʳ Mally.

Le premier, qui date déjà de quelques années, mais qui commence à se vulgariser, a pour but de permettre la stérilisation, par la vapeur humide et sous pression, des objets de pansement. La dessication des substances désinfectées est obtenue par le passage d'un courant d'air, qui a été stérilisé en passant à travers un tube de platine rougi.

Le deuxième permet d'obtenir la stérilisation rapide d'instruments, de sondes, etc., par l'immersion dans un bain de glycérine maintenu à température fixe par suite de son immersion dans du xylène porté à l'ébullition. Un dispositif très simple permet de condenser constamment les vapeurs de xylène, et de faire retomber celui-ci à l'état liquide dans la chaudière.

I. — Centres nerveux

La *craniectomie*, que l'on avait pu croire l'an dernier destinée à se généraliser, étant donné le grand nombre de faits publiés, semble subir un mouvement de recul. MM. Chénieux, Largeau, etc., en publient bien encore quelques observations et disent en avoir obtenu des succès. Mais l'opération est vigoureusement attaquée par les médecins aliénistes. Ceux-ci ne croient pas à l'arrêt de développement cérébral par soudure trop précoce des os du crâne. Au dernier Congrès de Médecine mentale, M. Bourneville vient de présenter une série de crânes d'idiots, n'offrant pas de traces de synostose, ni d'ossification prématurée. Jamais, dit-il, il n'a vu de synostose complète chez un enfant idiot ou simplement arriéré ; de plus, on a vu la mort à la suite de la craniectomie : sur douze craniectomies faites à Bordeaux, Régis relève une mort. Aussi semble-t-on devoir, pour l'instant, s'en tenir au traitement hygiénique et pédagogique préconisé depuis des années par Bourneville.

Nous croyons de même que la *trépanation pour épilepsie essentielle* doit être abandonnée. Les résultats en ont été peu brillants : il y a des morts et, de plus, comme la craniectomie dans l'idiotie, la trépanation dans l'épilepsie ne semble pas rationnelle. Il semble, en effet, établi, par les constatations anatomo-pathologiques précises de Chaslin, que, dans un certain nombre de cas tout au moins, l'épilepsie s'accompagne de lésions encéphaliques caractérisées par une sclérose névroglique, dont cet auteur a bien indiqué les caractères.

La *trépanation* pour lésions encéphaliques semble donc réservée jusqu'à nouvel ordre aux lésions localisées. A ce titre nous pouvons relater un cas intéressant de tremblement choréique post-hémiplégique, guéri à la suite de l incision et du drainage d'un kyste intra-cranien par Girard, de Grenoble.

Au point de vue du manuel opératoire, nous mentionnerons les travaux de P. Poirier, qui conseille d'abandonner la couronne de trépan pour la remplacer par un ciseau fort et bien coupant, qu'actionne un maillet en plomb, pratique déjà employée par beaucoup de chirurgiens étrangers. Les lambeaux osseux taillés au ciseau offrent un biseau qui rend leur réimplantation facile sans risque d'enfoncement; l'opération est rapide et sans danger, pour peu que le ciseau coupe bien, et qu'on ne soit pas forcé de frapper des coups de maillet susceptibles de provoquer une commotion cérébrale.

La *chirurgie rachidienne,* plus encore que la cérébrale, a été l'objet de travaux importants cette année. Le traitement opératoire du *spina bifida,* si longtemps discuté, semble aujourd'hui établi ; comme l'a dit M. Ch. Monod à la Société de Chirurgie à propos d'un fait heureux de Ch. Walther, le procédé de l'excision, toutes les fois qu'il est applicable, semble le procédé de choix. Il faut seulement que le sac soit recouvert, du moins à sa base, d'une quantité de peau suffisante pour que la réunion soit possible sans débridements étendus et dangereux à l'âge où l'opération est généralement indiquée. Malheureusement, comme l'ont vu MM. Kirmisson, Prengrueber et F. Terrier, on peut observer, sans réaction locale, ni générale, un défaut de réunion de la plaie, ce que les uns attribuent à la filtration de liquide céphalo-rachidien entre les lèvres de la plaie, ce que les autres, plus justement, croyons-nous, regardent comme le résultat d'un défaut dans la vitalité des tissus. On recourra, pour les *spina bifida* non justiciables de l'extirpation, à l'injection iodée selon la formule de Brainard-Velpeau, ou mieux selon celle de Morton.

La trépanation rachidienne dans le *mal de Pott* a fait l'objet d'un mémoire de Vincent (de Lyon). Ce chirurgien, pensant qu'il y avait lieu de traiter l'ostéite des vertèbres comme celle des autres ré-

gions, a cherché à extraire les séquestres, à modifier directement les foyers et à les drainer méthodiquement. Par deux incisions situées à droite et à gauche de la gibbosité et après résection costale, il passe un drain soit en avant de la vertèbre dans le sinus de l'angle de la gibbosité, soit en avant de la moelle, par le sinus ouvert en arrière de l'angle formé par le contact des bords antérieurs des vertèbres adjacentes aux corps vertébraux disparus, soit à travers le corps vertébral lorsque celui-ci est creusé d'un foyer tuberculeux que l'on trépane avec la curette tranchante. Ces diverses manœuvres sont possibles sans lésion de la plèvre ou d'organes du médiastin postérieur. Bien que les opérations pratiquées soient encore peu nombreuses, les résultats obtenus permettent d'espérer beaucoup de ces interventions dans les cas de suppuration ou de paralysie.

II. — Chirurgie du thorax

La chirurgie du thorax n'a donné lieu qu'à peu de travaux cette année. Nous citerons cependant un cas heureux de *pneumectomie partielle* pour gangrène pulmonaire dû à M. Henri Delagénière. De ce fait, rapproché de 19 autres antérieurement publiés, M. H. Delagénière conclut que, si la pneumectomie n'a pas donné de bons résultats, c'est parce que l'indication capitale n'a pas été remplie par l'opération. Il faut, pour guérir le malade, ouvrir très largement la plèvre et extirper aussi complètement que possible le foyer gangréneux, au lieu de se contenter de le drainer comme l'ont fait le plus grand nombre des chirurgiens.

III. — Chirurgie de l'abdomen

Contrairement à la chirurgie du thorax, la chirurgie de l'abdomen continue à accaparer l'attention des chirurgiens.

Les *maladies du foie,* en particulier, semblent à l'ordre du jour. Dans un important mémoire, M. F. Terrier a cherché à classer les diverses opérations faites sur les voies biliaires. Il décrit successivement la cholécystolithotripsie, la cholécystotomie et la cholécystostomie, la cholécystectomie, la cholécystentérostomie, la cholédocholithotripsie, la cholédochotomie et la cholédochostomie, la cholédochoentérostomie, auxquelles il ajoute encore l'hépaticostomie, l'hépatostomie, et le cathétérisme des voies biliaires.

Une série de communications faites au dernier Congrès français de Chirurgie par MM. Terrier, Terrillon, Michaux, Leonte, Richelot, Duret, ont de plus permis de commencer l'histoire des résultats éloignés de ces diverses opérations, dont on ne connaissait guère jusqu'ici que les résultats immédiats. Il semble dès à présent établi que, si, dans quelques cas, ces résultats ont été négatifs ou médiocres, on peut dire, avec M. F. Terrier, que le plus souvent les opérés ont retiré de grands avantages, et des avantages persistants, de l'intervention chirurgicale qui a été faite.

Dans un intéressant travail, M. Bouilly a cherché à préciser les indications du traitement des kystes hydatiques du foie. Suivant lui, les kystes remplis de vésicules filles avec peu de liquide, les kystes disséminés dans un même organe, les kystes suppurés, sont justiciables de l'incision. L'injection convient aux kystes simples renfermant une notable quantité de liquide limpide et vierges de tout traitement. Pour la pratiquer, M. Bouilly vide le kyste à siccité, puis il y injecte 5 grammes de liqueur de Van Swieten, qu'il laisse dans la cavité.

Les autres maladies du foie ont de même fait l'objet de nombreux travaux, parmi lesquels nous citerons un important mémoire de M. J.-L. Faure sur l'appareil suspenseur du foie et sur la ptose de ce viscère.

La *chirurgie de l'estomac*, un peu délaissée en France jusqu'ici, semble aujourd'hui entrer en faveur. Une série de mémoires de Jalaguier, de Jonesco, de Guinard, des opérations de Jaboulay, de Doyen, de F. Terrier, appellent l'attention sur elle.

La *pylorectomie* ne semble avoir donné jusqu'ici que des résultats médiocres tant au point de vue de la cure radicale du cancer qu'à celui du résultat immédiat. Entre les mains de Billroth, qui certes a la pratique la plus grande de cette opération, la pylorectomie pour cancer a donné une mortalité immédiate d'environ 55 % (12 guérisons, 15 morts). Aussi comprend-on que les chirurgiens aient eu surtout recours à la gastro-entérostomie ; celle-ci, applicable aux cancers inopérables, a toutefois donné une mortalité immédiate d'environ 50 % ; mais nous croyons que, par la suite, les résultats iront s'améliorant : les récents succès de Jaboulay, de Doyen, de F. Terrier semblent l'établir. Le bénéfice obtenu après l'opération est des plus remarquables : les malades cessent immédiatement de souffrir et de vomir ; bien plus, chose curieuse ! ils arrivent, au bout de quelques jours, à s'alimenter comme tout autre individu, à tel point qu'ils se croient radicalement guéris.

La *cure radicale des hernies*, encore discutée il y a peu de temps, est aujourd'hui universellement acceptée. M. Berger, qui naguère la condamnait, en est devenu un des chauds partisans. Avec M. Lucas-Championnière, il a cette année spécialement étudié la hernie inguinale de la femme. Tous deux ont insisté sur l'adhérence intime du revêtement séreux du sac au ligament rond, sur la nécessité de pousser très haut sa dissection. M. Championnière, qui fait la ligature en chaîne et résèque le ligament rond avec le sac, a recherché avec soin les suites de cette résection. Il n'a jamais rien observé de particulier ; il en conclut qu'il est très probable que le ligament se réinsère à la face profonde de la paroi abdominale et que cette insertion suffit au ligament pour jouer son rôle de soutien.

La *hernie obturatrice*, longuement étudiée par M. Piequé, doit toujours être traitée par l'opération, qu'il s'agisse de combattre l'étranglement dont elle est le siège ou de mettre le malade à l'abri d'un étranglement qui n'existe pas, mais dont il est à chaque instant menacé.

Le traitement de la *péritonite tuberculeuse* semble décidément entré dans une phase chirurgicale ; les 326 faits rassemblés dans un important travail de M. Aldibert, le prouvent d'une manière irréfutable. Aussi croyons-nous que la ponction, suivie d'un lavage boriqué du péritoine suivant la pratique du Professeur Debove, doit céder le pas à la laparotomie proprement dite. L'incertitude où l'on est au point de vue du diagnostic des adhérences intestinales, de la présence ou de l'absence de foyers suppurés, fait que nous préférons de beaucoup la laparotomie vraie qui permet de voir les lésions et d'agir en conséquence. Les succès constants que nous avons obtenus et que relate Aldibert dans sa thèse, nous ont confirmé dans notre manière de voir.

IV. — GYNÉCOLOGIE ET OBSTÉTRIQUE

Le *traitement des inflammations périutérines* et celui du *pédicule après l'hystérectomie abdominale* continuent, comme les années précédentes, à être longuement discutés par les gynécologistes.

L'ablation de l'utérus dans les inflammations périutérines n'est pas arrivée à rallier la plupart des chirurgiens qui s'en tiennent à la laparotomie dans la plupart des cas. Deux points nouveaux sont cependant à signaler dans l'histoire de cette hystérectomie vaginale. Désireux de répondre à ceux qui les accusaient de ne pouvoir éviter une mutilation dans les cas où ils auraient fait une erreur de diagnostic, l'utérus étant déjà enlevé lorsqu'on peut se rendre compte de l'état des annexes, les hystérectomistes ont allégué qu'on pouvait et même qu'on devait commencer l'opération par l'incision du cul-de-sac vaginal postérieur, ce qui permettrait d'explorer les annexes directement avec le doigt avant de continuer l'ablation de l'utérus. C'est là un conseil excellent, mais qui n'est, croyons-nous, que rarement suivi.

Le deuxième point a trait au manuel opératoire.

Pour faciliter l'opération, M. Quénu et, après lui, M. Routier, ont conseillé de faire tout d'abord une section médiane et verticale de l'utérus, ce qui permet, plus facilement que les autres procédés, l'ablation de l'utérus, dont on enlève successivement les deux moitiés latérales. Cette section médiane antéro-postérieure serait, d'après ces chirurgiens, supérieure à la section bilatérale préconisée l'an dernier par Péan, puis par Segond.

La longueur du traitement, l'impossibilité où l'on est quelquefois de fixer au dehors le pédicule après l'hystérectomie abdominale, les dangers de la réduction de ce pédicule dans le ventre, font que bon nombre de chirurgiens pratiquent aujourd'hui l'ablation de ce pédicule, considérant que cette hystérectomie totale est moins grave que l'ablation partielle de l'organe avec conservation d'un pédicule, que celui-ci soit réduit, ou, au contraire, qu'il soit fixé au dehors. C'est là une question à l'étude, que nous pourrons traiter plus complètement l'an prochain.

L'étude des résultats éloignés de l'*hystérectomie vaginale dans le cancer de l'utérus*, nous a conduits, M. Terrier et moi, à cette conclusion que 30 % des malades, qui survivent à l'opération en apparence complète, semblent guéries définitivement, alors même que la nature maligne du mal a été constatée cliniquement et histologiquement.

L'obstétrique nous a montré cette année un retour à une opération ancienne, mais à peu près délaissée, la *symphyséotomie*. Inventée par un étudiant de la Faculté de Paris, Sigault, en 1768, la symphyséotomie, qui consiste à sectionner la symphyse pubienne afin d'agrandir les diamètres du bassin vicié par étroitesse et de permettre ainsi l'accouchement, avait été à peu près abandonnée à la suite des attaques de Baudelocque, de Dubois, de Pajot, de Cazeaux, de Depaul. Elle était toutefois restée en faveur en Italie, d'où elle nous est revenue sous le couvert de l'antisepsie. Une série de travaux de Morisani, de son élève Spinelli, du Professeur Pinard, des faits isolés de Tarnier, de Porak, de Mullerheim, etc., viennent de montrer ce qu'on pouvait attendre de cette opération.

Il est actuellement établi par les travaux de Pinard, Farabeuf et Varnier :

1° Que la symphyséotomie opère un agrandissement notable des diamètres du bassin vicié et que cet agrandissement, maintenu dans des limites utiles, se fait sans autre altération du bassin qu'un décollement des ligaments antérieurs des symphyses sacro-iliaques.

2° Que c'est une opération facile, à la portée de tous les accoucheurs. Un simple bistouri à lame courte et solide suffit, pour peu qu'on agisse bien exactement sur la symphyse, soit dans l'axe de la ligne médiane sterno-clitoridienne.

3° Que la consolidation du bassin s'effectue en moins d'un mois et que l'opération n'a aucune suite relativement à la station debout, à la marche et à des grossesses ultérieures.

On peut donc conclure que la symphyséotomie, qui permet de conserver la mère et l'enfant, se substituera, dans bien des cas de bassins viciés, à l'embryotomie et à l'opération césarienne, ne laissant à celles-ci qu'un champ très restreint.

V. — Voies urinaires

Mise à l'ordre du jour du dernier Congrès français de Chirurgie, la question si importante de l'*infection urineuse* semble actuellement à peu près élucidée, comme on peut en juger par la lecture du rapport si complet et si clair du Professeur Guyon. L'infection de l'appareil urinaire, dont une seule partie, l'urèthre, est normalement habitée, se fait presque toujours directement, par voie ascendante ; exceptionnellement les microbes atteignent le rein et les voies urinaires inférieures par la voie sanguine. L'agent de cette infection est le plus souvent, — 16 fois sur 25 (Albarran), — un microbe que l'on a cru spécial (bactérie septique de Clado, bactérie pyogène d'Albarran et Hallé, *Cocco-bacillus ureæ pyogenes* de Rowsing) et qui n'est autre que le Coli-bacille, ainsi que cela résulte des recherches de Krogius, d'Achard et Renaut. L'infection de la vessie est facilitée par un certain nombre de causes adjuvantes, la distension de la vessie, la stagnation de l'urine, les traumatismes de la muqueuse, les néoplasmes. Quant à l'ascension microbienne jusqu'aux reins, elle est favorisée par la stagnation de l'urine septique dans la vessie, et par la mise en tension de ce réservoir.

Le passage dans le sang des microbes de l'urine septique et des produits toxiques qu'ils élaborent semble la cause des accidents infectieux généraux de la fièvre urineuse. Apportés par la voie sanguine, ces agents infectieux arrivent aux reins et y déterminent le développement de néphrites infectieuses, descendantes, avec abcès miliaires (Albarran).

Un dernier point, abordé par le Professeur Guyon, consiste dans l'explication de la variabilité des symptômes présentés par des malades offrant des lésions en apparence identiques. Cela résulte des différences qui existent dans la virulence des microbes et dans l'état de réceptivité des malades. Il semble que quelques vieux urinaires, supportant des réinoculations traumatiques fréquentes, se soient en quelque sorte auto-vaccinés par l'absorption minime et répétée des produits toxiques de l'urine microbienne. C'est là une hypothèse, suggérée par M. Guyon, qui appelle de nouvelles recherches.

La *pathogénie de l'hydronéphrose* a, de même que l'infection urineuse, fait l'objet de nombreux travaux cette année. Les lecteurs de la *Revue* connaissent déjà l'important mémoire de MM. Terrier et Baudoin sur l'hydronéphrose intermittente [1], liée à des coudures de l'uretère dans des cas de rein mobile. Peut-être ces auteurs ont-ils exagéré le rôle pathogénique de ces coudures urétérales. Les coudures observées sur les uretères de reins hydronéphrosés, seraient souvent secondaires, si l'on en croit MM. Albarran et Leguen. Bien loin de causer l'hydronéphrose, elles en seraient la conséquence. Tout obstacle au cours de l'urine sur le trajet de l'uretère détermine, en effet, une coudure au niveau de son extrémité supérieure. Il faut donc, pour qu'une coudure puisse être considérée comme la cause d'une hydronéphrose, établir tout d'abord que la portion coudée n'est pas dilatée.

Un autre point particulier de l'histoire des hydronéphroses a été abordé par M. Ch. Monod. Il a trait à ce qu'on a décrit sous le nom d'*hydronéphrose traumatique*. Dans la plupart des cas il ne s'agirait que de pseudo-hydronéphroses, simples épanchements urineux siégeant dans le tissu cellulaire rétro-péritonéal et résultant le plus souvent d'une rupture partielle de l'uretère.

Une série de travaux de M. A. Poncet ont paru dans le cours de cette année afin d'établir l'utilité de la *cystostomie sus-pubienne* chez les prostatiques, lorsque le cathétérisme est impossible, ce qui est, croyons-nous, très rare. L'opération peut encore trouver son indication, dit M. A. Poncet, lorsqu'il existe des fausses routes, lorsqu'on croit devoir laisser une sonde à demeure quand il existe de la cystite avec des envies très fréquentes d'uriner, etc. En réalité, nous pensons avec notre maître, M. Guyon, qu'il est presque toujours possible d'éviter l'opération sans que pour cela on risque d'aggraver sa situation. Nous reconnaissons cependant qu'elle est innocente, qu'elle peut aboutir à la formation d'un trajet fistuleux qui remplit ses fonctions de canal d'une manière satisfaisante, enfin qu'elle permet, dans certains cas, de faire une prostatectomie partielle et de rendre ainsi un service signalé au malade.

La cure des *rétrécissements de l'urèthre* semble de même avoir fait un pas en avant. La *résection de l'urèthre*, entreprise autrefois par Sédillot, par Bourguet (d'Aix), préconisée par D. Mollière (de Lyon) en 1880, étudiée par König et par Socin, se généralise aujourd'hui sous l'impulsion du Professeur Guyon.

Elle semble indiquée dans les rétrécissements traumatiques, après échec de la dilatation et de l'uréthrotomie interne, dans les rétrécissements blennorrhagiques avec lésions du périnée. La réunion par seconde intention avec bourgeonnement, de même que la mobilisation des deux bouts de l'urèthre et leur suture l'un à l'autre, doivent, d'après Guyon, faire place à la suture à étages du périnée. Deux plans de suture suffisent : le premier, comprenant les parties molles juxta-uréthrales et les muscles bulbo-caverneux quand ils ont été divisés, est fait avec du catgut. La peau est réunie par des crins qui, pénétrant dans l'épaisseur même du plan profond, assurent l'accolement des deux étages de suture et évitent la production entre les deux plans d'une cavité virtuelle dans laquelle des liquides pourraient s'accumuler.

Les résultats sont excellents et la guérison semble définitive en l'absence de toute dilatation consécutive.

VI. — Chirurgie des membres

La *méthode sclérogène* du Professeur Lannelongue, dont nous avons parlé l'an dernier à propos du traitement des tumeurs blanches, a trouvé cette année de nouvelles applications. M. Ménard y a eu recours avec succès dans un cas d'absence de consolidation d'une fracture de jambe. M. Lannelongue, mettant à profit ce fait que l'injection de chlorure de zinc à 1/10 au niveau du périoste détermine la production d'un noyau osseux, a cherché à créer, par des injections multiples, un bourrelet osseux au-dessus de la tête fémorale dans des cas de *luxations congénitales de la hanche*, afin d'arrêter cette tête dans sa marche ascendante. C'est à un tout autre procédé qu'a eu recours Hoffa (de Wurtzbourg). Ce dernier ne s'est pas contenté de pallier aux inconvénients de cette affection ; il a cherché à la guérir en réintégrant la tête dans la cavité cotyloïde. Partant de ce principe que l'obstacle à la réduction se trouve uniquement dans la rétraction des parties molles périarticulaires, il regarde comme le point essentiel de l'opération la section des parties molles tout autour du grand trochanter; celle-ci permet aussitôt de ramener la tête au niveau de la cavité cotyloïde. Rien n'est alors plus facile que de creuser celle-ci au ciseau, si elle offre une dimension insuffisante.

Le traitement des fractures de la rotule continue à être discuté et, comme l'an dernier, on voit présenter une série de malades traités avec succès par la suture osseuse sans que cette méthode arrive à rallier l'unanimité des suffrages. Disons cependant que M. Michaux a eu plusieurs fois recours à la

---

[1] Voir la *Revue* du 15 avril 1892, page 245.

sùture dans le cas très comparable de *fractures de l'olécrâne*.

Les succès obtenus par *l'arthrodèse dans le pied-bot paralytique* font que M. Schwartz se demande aujourd'hui s'il ne vaut pas mieux remplacer des appareils qui tiennent mal par une opération qui immobilise bien le pied, ce qu'accepte M. Kirmisson.

VII. — OPÉRATIONS PRÉLIMINAIRES

Depuis longtemps les chirurgiens ont eu recours à certaines opérations portant sur des parties saines et ayant pour but de rendre possibles ou plus faciles les opérations fondamentales. Ces *opérations préliminaires* (Kirmisson) sont devenues d'un usage beaucoup plus fréquent depuis que les hardiesses de la chirurgie restent impunies grâce aux progrès de l'antisepsie. Ce sont surtout celles permettant d'agir sur les organes du petit bassin, qui se sont multipliées dans ces derniers temps. A l'incision postérieure avec résection limitée du sacrum, de Kraske, et à la périnéotomie transversale d'Otto Zuckerkandl, qui passe entre l'anus et la vulve, se sont ajoutées une série d'incisions nouvelles ayant toutes pour but de faciliter l'action directe du chirurgien sur les organes intra-pelviens.

M. Chaput, pour faciliter l'extraction d'utérus volumineux, conseille le *débridement vulvo-vaginal*. Sur une ligne dirigée du centre de la vulve à l'ischion, à 5 centimètres au-dessous de la vulve, il ponctionne la peau avec un couteau à longue lame, dont il fait ressortir la pointe dans le vagin à 1 ou 2 centimètres du col utérin; le tranchant étant tourné en haut, on sectionne rapidement les parties molles de bas en haut. L'opération finie, on suture le débridement avec l'aiguille d'Emmet.

M. Michaux, pour aborder des fistules vésico-vaginales difficilement accessibles, a eu recours à la *voie ischio-rectale* qui consiste à conduire, parallèlement au sillon interfessier et à un gros travers de pouce au-dessus de lui, une incision de 10 centimètres, commençant en arrière à peu près au niveau de l'anus, et finissant en avant à peu près au croisement de la grande lèvre correspondante et de l'arcade osseuse ischio-pubienne.

Beaucoup plus grave que ces deux opérations est la *large résection du sacrum*, faite par Rose. Ce dernier chirurgien ne craint pas de diviser le sacrum transversalement au niveau des seconds trous sacrés, soit à la limite supérieure de la grande échancrure sciatique. Cette intervention, en même temps qu'elle supprime la majeure partie du sacrum, ouvre le canal vertébral et sacrifie les quatre dernières paires sacrées. Aussi comprend-on que la mortalité ait été considérable et que, sur six opérés, Rose en ait perdu trois, comme on peut le voir dans le récent mémoire de son élève Maas. Il est vrai qu'il n'y a eu recours que dans des cas particulièrement graves en eux-mêmes et que, fait intéressant, cette résection n'a, chez les malades qui ont guéri, entraîné aucun trouble fonctionnel grave.

VIII. — QUESTIONS DIVERSES

Le fait de la *transmissibilité du cancer* d'un point du corps à un autre, chez un individu cancéreux, est un fait démontré par le développement sous forme de noyaux d'embolies veineuses cancéreuses et par l'inoculation directe (faits relatés par Hahn, par Cornil). Les expériences de MM. Duplay et Cazin en France, de Fischel à Prague, viennent d'établir que le cancer n'est pas transmissible d'une espèce animale à une autre espèce animale, malgré la similitude absolue des néoplasmes cancéreux qu'on peut trouver aussi bien chez certains animaux que chez l'homme; mais il paraît, en revanche, être transmissible d'un individu d'une espèce animale à un autre individu de la même espèce, sans que pour cela on soit le moins du monde en droit de conclure en faveur de la nature parasitaire de ces néoplasmes. On a, en effet, comme le font remarquer MM. Duplay et Cazin, inoculé des cellules cancéreuses, accompagnées ou non des organismes parasitaires dont on recherche l'existence, et, si l'on veut admettre que les cellules cancéreuses ont pu être les seuls agents de l'infection, il devient inutile d'invoquer l'action d'agents parasitaires échappant à toutes les investigations. Le rôle des *coccidies* comme agents de production du cancer devient, du reste, de plus en plus nébuleux. Aux recherches de Fabre-Domergue se sont ajoutées, depuis l'an dernier, celles de Pilliet, de Cazin, etc., qui ont péremptoirement établi qu'il existe des modifications cellulaires simulant d'une manière parfaite des coccidies dans le champ du microscope [1].

Le *traitement des épithéliomas par la pyoctanine* en injections interstitielles ou en badigeonnages sur les tumeurs ulcérées, préconisé l'an dernier par Mosetig-Moorhof, n'a pas donné les résultats attendus entre les mains des chirurgiens qui l'ont employé et semble dès aujourd'hui complètement abandonné.

D' Henri Hartmann,
Chirurgien des hôpitaux de Paris.

---

[1] Voyez à ce sujet le récent article que notre éminent collaborateur, M. E. Metchnikoff, a publié, sous le titre : *Carcinome et Coccidies* », dans la *Revue* du 30 septembre 1892. T. III, p. 629. (*Note de la Rédaction.*)

BIBLIOGRAPHIE

ANALYSES ET INDEX

1° Sciences mathématiques.

Carnoy (J.), *Professeur à l'Université de Louvain.* — Cours d'algèbre **supérieure**, 1 *vol. gr. in-8°, de* 537 *pages. (Prix : 11 fr.) Uystpruyst, Louvain, et Gauthier-Villars, Paris,* 1892.

L'algèbre dite supérieure comprend une telle diversité de théories que les ouvrages relatifs à cette science, s'attachant plus particulièrement à l'une ou à l'autre de ses branches, sont en général d'essence absolument différente. Il n'y a, par exemple, aucun rapport à établir entre l'algèbre supérieure de Serret et celle de Salmon. Le cours que nous donne aujourd'hui M. Carnoy procède partiellement de ces deux ouvrages. Comme le livre de Serret, il traite de la théorie des équations ; comme celui de Salmon, de la théorie des formes algébriques. Tout en étant plus élémentaire, il est aussi plus didactique. La plupart des matières qui y figurent entrent dans le cadre de notre cours de Mathématiques spéciales. La netteté de l'exposition et la rigueur des démonstrations, non moins que l'élégance et la variété des méthodes, le recommandent aux élèves et aux maîtres de cet enseignement.

L'ouvrage comprend trois grandes parties :

La première, sous le titre de *Principes de la théorie des déterminants,* donne un exposé très clair et complet de ce calcul spécial, d'un usage si précieux dans les diverses parties de l'algèbre. On y est frappé de la facilité des démonstrations, toutes des plus directes.

La seconde partie, de beaucoup la plus développée du traité, est consacrée à la *Théorie des Équations.* Un premier chapitre fait connaître sous une forme rigoureuse les principes fondamentaux de la théorie ; un second, les théorèmes classiques dont l'application permet, avant de résoudre une équation, de se rendre compte de la nature et de la répartition, dans l'échelle des grandeurs, des racines de cette équation ; ces théorèmes sont ceux de Descartes, de Fourier, de Rolle, de Sturm et de Cauchy. Les belles propriétés des fonctions de Sturm sont, en particulier, l'objet de développements étendus.

La résolution des équations numériques à une inconnue, ou des systèmes d'équations à plusieurs inconnues, fait l'objet des deux chapitres suivants. Un chapitre spécial est également réservé à chacune des importantes théories de la transformation et de l'abaissement du degré des équations. La résolution des équations binômes y est particulièrement soignée.

Dans le chapitre VII, l'auteur traite de la résolution algébrique des équations du second, du troisième et du quatrième degré, pour laquelle il fait connaître un très grand nombre de méthodes, dont quelques-unes peu connues ou peut-être un peu oubliées en France. Il termine ce chapitre par la démonstration de l'impossibilité d'une formule générale de résolution algébrique pour les équations d'un degré supérieur au quatrième.

Un dernier chapitre est réservé à diverses questions qui ne se rattachent qu'indirectement à la théorie des équations, mais que, vu leur importance en analyse algébrique, l'auteur a dû de toute nécessité faire entrer dans le cadre de son cours ; elles ont trait aux fractions continues périodiques, aux produits infinis et aux premiers principes de la théorie des nombres entiers, principalement à ceux qui se rapportent à la notion de congruence.

La troisième partie de l'ouvrage constitue une excellente *Introduction à la théorie des formes algébriques.* L'étude, qui en est des plus faciles, constituera la meilleure préparation à la lecture des traités magistraux de Clebsch, de Salmon, etc...

Après un exposé des principes fondamentaux relatifs aux formes, à leur transformation, à leur réduction aux formes canoniques, l'auteur développe la théorie des invariants et covariants, indique diverses méthodes pour leur formation (intermutants ; émanants ; évectants ; hessien et jacobien) et fait l'application de ces généralités aux formes binaires, pour les degrés de 2 à 6.

Il s'attache ensuite à la méthode symbolique allemande (Clebsch-Gordan) pour l'appliquer à son tour aux formes binaires du second, du troisième et du quatrième degré.

Nous nous permettrons, à la suite de ce rapide coup d'œil jeté sur le livre de M. Carnoy, d'exprimer un regret plutôt qu'une critique, celui que l'auteur, — qui cependant, sur bien des points, s'est éloigné de l'ornière classique, — n'ait pas cru devoir faire entrer dans son exposé divers travaux qui semblaient cependant de nature à y figurer avantageusement. Sans entrer dans aucun détail à cet égard, nous dirons néanmoins que nous eussions aimé trouver, parmi les méthodes de résolution numérique des équations, à côté, par exemple, de celle d'Horner, celle si curieuse de Graeffe, à laquelle M. Carvallo a donné récemment dans sa thèse de doctorat une pleine extension. Il nous semble de même, qu'aux méthodes si variées que l'auteur fait connaître pour la résolution algébrique des équations du second, du troisième et du quatrième degré, il eût bien fait de joindre la méthode si remarquable qu'Halphen a donnée dans les *Nouvelles Annales de Mathématiques* (3ᵉ série, t. IV).

Mais c'est avant tout à l'œuvre de Laguerre que se rapporte notre observation. Il est vraiment regrettable que M. Carnoy n'ait fait place, dans son Cours, à aucun des perfectionnements que ce grand mathématicien a introduits dans la théorie des équations, parmi lesquels le plus classique est la démonstration généralisée de la règle des signes de Descartes.

Nous espérons qu'à une prochaine édition, M. Carnoy se décidera à compléter sur ces points et sur d'autres encore qu'il serait trop long d'examiner ici, son livre si intéressant et si bien fait, qu'il n'y aura plus dès lors qu'à louer sans réserve.   M. D'OCAGNE.

2° Sciences physiques.

Duhem (P.).—Leçons sur l'Électricité et le Magnétisme. *t. III.* Les courants linéaires, *un beau volume, gr. in-8°,* 528 *(15 fr.), Gauthier-Villars et fils,* 55, *quai des Grands-Augustins, Paris,* 1892.

Ce troisième volume clot le grand ouvrage de M. Duhem, véritable monument élevé aux théories mathématiques de l'électricité, telles qu'elles ont été établies par les grands physiciens allemands, Weber, F. et C. Neumann, Helmholtz ; ces théories, à l'inverse de celles de Faraday et Maxwell, sont basées sur les lois expérimentales élémentaires, accompagnées d'un minimum d'hypothèses mathématiques, et de peu ou point d'hypothèses physiques sur le mode d'action et de propagation des forces électriques. On ne trouvera donc pas, dans l'ouvrage de M. Duhem, un exposé philosophique des théories électriques modernes, mais bien une page magistralement écrite de l'histoire de ces théories, de celles surtout que l'on pourrait appeler positivistes.

Les matières traitées dans ce troisième volume font appel à des parties très spéciales des mathématiques supérieures; c'est pourquoi l'auteur débute par un exposé très sobre de quelques théorèmes sur les intégrales curvilignes, en particulier celui de Stokes et celui d'Ampère, qui en est un cas particulier (Transformation d'une intégrale double en une intégrale quadruple.).

Au livre suivant, le XIIIe de l'ouvrage entier, M. Duhem aborde l'induction dans les circuits linéaires, en énonce la loi élémentaire, et l'applique aux circuits fermés; une théorie des contacts glissants, traitée dans un chapitre spécial, sera utilisée dans un appendice où sont comparées les conséquences des lois élémentaires de Weber, F. Neumann, Clausius, C. Neumann et von Helmholtz; certaines conséquences de ces lois diffèrent surtout lorsque les circuits contiennent des contacts glissants.

Les forces électrodynamiques, la loi de Joule, la loi fondamentale de l'électrodynamique font l'objet du livre suivant, complété par une comparaison de la loi de Neumann et de la loi de Lenz. Les livres XV et XVI traitent des actions électromagnétiques des courants, et des actions entre ceux-ci et les aimants.

Les physiciens liront avec grand intérêt un excellent exposé de la théorie des unités électriques, donné dans un appendice au XVe livre; nous regrettons que l'auteur n'y reproduise, dans la comparaison des vitesses caractéristiques, que des nombres vieux de quelques années. N'oublions pas, cependant, que l'ouvrage est de théorie pure.

Si, au cours des trois volumes, nous avons été amené à signaler quelques points sujets à restriction, il ne faudrait pas en exagérer l'importance; c'est une conséquence inévitable du fait que l'auteur, prenant parti dans certaines discussions délicates, expose ses vues personnelles; si l'ouvrage perd un peu au point de vue objectif, il n'en est que plus original.

Ch.-Ed. GUILLAUME.

De Billy (E.), *Ingénieur des Mines.* — **Note sur la fabrication de la fonte aux Etats Unis.** *Brochure in-8° de 55 pages et une planche hors texte. Annales des Mines. Vve Ch. Dunod. Paris, 1892.*

Le mémoire de M. de Billy n'est pas, comme son titre semble l'indiquer, une note purement historique et descriptive. Il contient une analyse très serrée de la marche du haut-fourneau dans laquelle l'auteur considère successivement tous les facteurs qui interviennent, et cherche à déterminer le rôle et l'influence de chacun d'eux. Le but de cette étude, présentée d'une façon aussi nette que concise, est de comparer la méthode américaine à la méthode généralement employée en Europe. La richesse du minerai place les Américains dans des conditions avantageuses auxquelles on peut attribuer la supériorité du rendement qu'ils obtiennent. M. de Billy croit cependant que le profil et l'allure du haut fourneau adoptés aux Etats-Unis ne sont pas sans influence sur cette supériorité. Il signale aux métallurgistes français les points qui lui paraissent contribuer aux excellents résultats obtenus en Amérique: rapidité de l'allure, indépendance des fourneaux au point de vue du vent, réglage du nombre de tours des machines.

G. CHARPY.

Besson (A.). — **Etude de quelques produits nouveaux obtenus par substitution dans les composés haloïdes des métalloïdes. Etude de quelques combinaisons nouvelles des fluorures et de l'hydrogène phosphoré avec les composés haloïdes des métalloïdes.** *Thèse présentée à la Faculté des Sciences de Paris. G. Carré, 58, rue Saint-André-des-Arts, Paris, 1892.*

Dans ce travail, M. Besson s'est proposé de compléter l'étude des combinaisons complexes, des chlorobromures, chloroiodures, bromoiodures ou chlorosulfures de métalloïdes, et de comparer, sur les corps binaires du même groupe, l'action du phosphure d'hydrogène à celle du gaz ammoniac. Nous y trouvons

décrits quelques corps nouveaux, entre autres le chlorobromure de silicium $SiClBr^3$, les trois chloroiodures et bromoiodures du même métalloïde, le silicibromoforme, un chlorosulfure de silicium cristallisé $SiCl^3S$ et deux chlorobromures de carbone répondant aux formules $CClBr^3$ et CCl^2Br^2 [1].

Tous ces produits ont été isolés à l'état pur et analysés, mais il est regrettable qu'ils n'aient pas été définis d'une manière complète: les densités, notamment, font partout régulièrement défaut.

Dans la seconde partie de son travail, M. Besson signale quelques combinaisons nouvelles des fluorures, chlorures, bromures et iodures de métalloïdes avec l'ammoniaque et l'hydrogène phosphoré. Sans aucun doute l'analogie réactionnelle de ces deux gaz est importante à constater ici; mais pourquoi M. Besson craint-il donc qu'on ne veuille considérer ses corps comme autre chose que de simples produits d'addition? Quelques chimistes, dit-il, hésitent à les regarder comme tels; les composés d'addition n'ont cependant, que je sache, rien de spécial ni d'inexplicable. On a l'habitude et toujours le droit de désigner ainsi les produits qui se forment lorsqu'on combine deux corps qui renferment des affinités libres, qu'elles soient normales ou supplémentaires, peu importe; et, c'est précisément le cas des substances étudiées par M. Besson, car le chlore, le brome, l'iode, l'arsenic ou le phosphore, en changeant de valence, peuvent théoriquement prendre autant d'ammoniaque que l'on veut.

Dans une même famille naturelle, le changement de valence d'un corps simple est d'autant plus facile que son poids atomique est plus élevé; les expériences de M. Besson viennent encore à cet égard confirmer la règle, et en voyant la proportion d'ammoniaque absorbée croître quand on passe des fluorures aux chlorures, puis aux bromures et aux iodures, il est logique d'admettre que cette ammoniaque est fixée par l'halogène et non par le bore, le phosphore, l'arsenic ou le silicium. C'est peut-être là la conclusion la plus intéressante que l'auteur eût pu tirer de ses recherches sur les dérivés ammoniacaux des combinaisons haloïdes.

L. MAQUENNE.

3° Sciences naturelles.

Heim (F.). — **Recherches sur les Diptérocarpées.** *Thèse de Doctorat de la Faculté des Sciences de Paris. Imprimerie E. Duruy, rue Dussoubs, Paris, 1892.*

Le travail présenté par M. Heim à la Faculté des Sciences de Paris paraît le fruit de longues et patientes recherches, si l'on en juge par les modifications profondes que l'auteur a cru devoir apporter à la classification des Diptérocarpées; il n'a pas créé en effet moins de 11 genres nouveaux et 20 sections! M. Heim ne s'est pas borné d'ailleurs à un simple travail de révision; en combinant heureusement les résultats de l'étude anatomique avec les connaissances organographiques, il a pu faire la critique des classifications antérieures et exclure de la famille des Diptérocarpées les genres *Monotes, Lophira, Ancistrocladus, Mastixia* et *Leitneria*, que certaines considérations avaient pu y faire rattacher. La méthode adoptée par M. Heim est de beaucoup la meilleure, car elle ne néglige aucun caractère; mais elle n'est pas nouvelle, car les travaux anatomiques entrepris dans un but de classifications n'ont jamais fait que compléter et préciser les connaissances organographiques.

M. Heim a établi un tableau indiquant les affinités des genres qui composent, d'après lui, la famille des Diptérocarpées. « Ce tableau, dit l'auteur, peut être interprété de deux manières différentes : ceux qui croient à la descendance des espèces, pourront y chercher la généalogie probable des types de Diptérocarpées telle qu'on peut la prévoir d'après nos connaissances

---

[1] Ce dernier corps a déjà été obtenu par Arnhold, en 1887, dans l'action du brome sur le chlorure de méthylène, à 250°.

actuelles; ceux au contraire qui ne croient pas aux transformations d'espèces n'y verront qu'une tentative de classification logique résumant nos idées personnelles.» Enfin on trouve dans le travail de M. Heim une série de clefs artificielles permettant d'arriver à la détermination des genres.

H. LECOMTE.

Canu (E.). — **Les Copépodes du Boulonnais : morphologie, embryologie, taxonomie.** *Thèse de Doctorat de la Faculté des Sciences de Paris. L. Danel, éditeur, Lille,* 1892.

Le nom de M. Canu n'est pas inconnu des zoologistes qui ont déjà lu plusieurs de ses travaux dans le *Bulletin scientifique* dirigé par le professeur A. Giard. Le mémoire remarquable que M. Canu a présenté comme thèse de Doctorat ès sciences est le fruit de sept années de recherches faites, soit dans les laboratoires de M. Giard à la station maritime de Wimereux et à l'Ecole normale, soit à la station aquicole de Boulogne-sur-Mer. Encore cet ouvrage ne comprend pas l'étude de tous les Copépodes du Boulonnais, et M. Canu explique que, devant l'accumulation de matériaux recueillis pendant cinq années de récolte, il a dû limiter son mémoire à l'étude des formes libres et semi-parasites.

M. Canu a divisé son travail en cinq parties inégales. Ainsi qu'il l'indique dans sa préface, la première partie comprend l'étude morphologique des espèces considérées dans leur évolution tout entière; dans la deuxième partie, il décrit le développement et les métamorphoses d'une série de Copépodes appartenant à une même famille commensale des Tuniciers. La troisième partie comprend l'exposé des particularités éthologiques des Copépodes libres et semi-parasites, avec la recherche des influences qu'elles exercent sur leur histoire naturelle; la quatrième partie renferme la phylogénie des Copépodes examinés dans leurs relations entre eux et avec les autres Crustacés, et une classification naturelle des Copépodes; enfin la dernière partie est consacrée à l'étude taxonomique des Copépodes libres et semi-parasites du Boulonnais et comprend de nombreux détails anatomiques qui ne pouvaient trouver place dans la partie morphologique. Nous laisserons de côté cette partie purement zoologique qui ne se prête pas à l'analyse et à laquelle devront désormais se reporter tous ceux qui s'occupent de ce groupe de Crustacés et qui y trouveront d'importants renseignements sur les *quatre-vingt-quatre* espèces de Copépodes étudiés par M. Canu, et nous nous occuperons seulement des chapitres traitant de questions ayant une importance plus générale.

M. Canu a compris que, s'il se bornait à étudier un groupe d'animaux aussi riches en formes variées que celui des Copépodes, tout aussi intéressant et déterminée par des différences si importantes de leurs conditions d'existence, dans le seul espoir d'augmenter de détails nouveaux les descriptions de ses prédécesseurs, sans tenir compte des données générales de la biologie, il n'atteindrait pas le but élevé auquel le zoologiste doit s'efforcer d'arriver; car la science aujourd'hui exige autre chose que de simples descriptions, ou l'étude, au fond des laboratoires, des plus fins détails de l'anatomie zoologique. Elève d'une école où l'application rigoureuse de la méthode de la zoologie générale a fourni les plus brillants résultats, il a tenu à suivre les principes formulés par le maître éminent qui les a appliqués d'une manière si remarquable à l'étude des Crustacés. La division du travail de M. Canu est l'expression même de cette méthode « celle qui, à l'étude comparative des formes adultes, allie la connaissance de l'embryon dans toutes les modifications qu'il subit jusqu'à l'état parfait de développement, et qui, en outre, s'éclaire des nombreux renseignements fournis par l'éthologie». On ne peut que le féliciter d'avoir adopté les saines idées dont M. Giard s'est fait depuis longtemps le défenseur en France.

Je dois appeler particulièrement l'attention sur l'in-térêt des recherches rapportées dans la deuxième partie, et relatives à l'embryologie des Ascidicolidés. Le développement de ces curieux Copépodes était à peu près inconnu et M. Canu a pu suivre l'histoire embryogénique complète de plusieurs formes. Il a reconnu que ces Crustacés passent successivement par les Stades de *Nauplius* et de *Metanauplius*, puis par une série de stades *cyclopoïdes* généralement au nombre de trois, à la suite desquels les caractères définitifs de l'adulte font leur apparition. Les embryons sont libres et nageurs jusqu'au deuxième stade cyclopoïde, puis, à partir de cette période, ils tombent dans le parasitisme.

Dans plusieurs de ses mémoires, M. Giard a insisté sur l'importance des études chorologiques que les zoologistes négligent beaucoup. En recherchant la part qui revient aux divers facteurs primaires et secondaires de l'évolution dans les variations morphologiques constatées par lui chez les Copépodes, M. Canu a trouvé matière à un chapitre fort intéressant et tout à fait nouveau. Il passe successivement en revue l'influence des milieux cosmiques (station, altitude, salure) ou des milieux biologiques (commensalisme, parasitisme); puis il étudie les caractères sexuels secondaires et le dimorphisme sexuel dans l'établissement duquel l'éthologie joue un rôle considérable, comme l'ont montré MM. Giard et Bonnier par leurs observations sur les Bopyriens. M. Canu explique ce dimorphisme des Copépodes Ascidicoles, qui est une conséquence du parasitisme, car il a reconnu que les stades embryonnaires étaient d'autant plus courts que le parasitisme est plus complet. Les facteurs éthologiques qui déterminent la différenciation des sexes sont aussi très intéressants à connaître : l'auteur a remarqué en effet que les embryons se changent plus facilement en femelles quand leur hôte leur offre une nourriture plus riche, tandis qu'ils forment des mâles dans le cas inverse. Ainsi les mâles d'*Enterocola* sont beaucoup plus nombreux quand leur hôte, un *Polyclinum*, est moins robuste, au commencement et à la fin de l'hivernage, tandis que, quand la Synascidie est en pleine activité, les femelles d'*Enterocola* sont très fréquentes et les mâles au contraire très rares.

La quatrième partie du mémoire de M. Canu renferme des considérations relatives à la phylogénie des Copépodes et une classification naturelle de ce groupe qui remplacera avantageusement les coupures artificielles admises jusqu'à maintenant. Les Copépodes les plus voisins des formes primitives ont une ouverture sexuelle femelle unique, tandis que d'autres formes possèdent deux orifices distincts. L'auteur attribue une grande importance à cette différence et il a divisé les Copépodes en MONOPORODELPHES (*Harpactides, Calanides, Cyclopides, Ascidicoles*) et DIPORODELPHES (*Coryæides, Lichomolgides, Lernæides, Caligides,* etc.

La thèse de M. Canu est un ouvrage considérable comprenant 292 pages de texte et 30 planches in-quarto. Elle forme le sixième volume des *Travaux du Laboratoire maritime de Wimereux* et elle figure dignement dans cette collection si justement appréciée dans le monde savant.

R. KŒHLER.

Harvey. — **Traité sur les mouvements du cœur et du sang chez les animaux** (1578-1657).

Haller. — **La sensibilité et l'irritabilité** (1708-1777). — 2 vol. petit in-8° de la *Bibliothèque rétrospective (Les maîtres de la Science).* G. Masson, 120, boulevard Saint-Germain, Paris, 1892.

Ayant déjà indiqué le but de la *Bibliothèque rétrospective*, nous nous bornons à signaler les deux volumes dont elle vient de s'enrichir,—chefs-d'œuvre de science que tous les physiologistes devront lire.

L. O.

---

[1] Voyez à ce sujet la *Revue* du 30 juin 1892, t. III. p. 457.

4° Sciences médicales.

Drouin (Dr René). — « Hémo-alcalimétrie, Hémo-acidimétrie. *Étude des variations de la réaction alcaline et de l'acidité réelle du sang dans les conditions physiologiques et pathologiques.* » 1 vol. in-8°, 225 p. (5 fr.). *Steinheil, édit.*, Paris, 1892.

Le sang est un liquide complexe qui, tout en agissant à la manière des alcalis sur la plupart des réactifs colorés, jouit en réalité de fonctions acides, en ce sens qu'il est capable de neutraliser une certaine quantité de base. Il y avait donc lieu de chercher à connaître les variations normales et pathologiques de la réaction du sang, — ce qui constitue l'objet de l'*hémo-alcalimétrie*, — en même temps que celles de son acidité réelle, ou capacité basique, ce qui constitue l'objet de l'*hémo-acidimétrie*.

Après avoir montré tout l'intérêt qu'il y a, pour le physiologiste et le médecin, à poursuivre l'étude de ces variations du *milieu intérieur*, l'auteur propose, dans ce but, diverses méthodes analytiques, également appropriées aux besoins du laboratoire et à ceux de la clinique.

Les recherches personnelles très nombreuses, qu'il a entreprises à l'aide de ces méthodes, complétées d'ailleurs par les quelques documents qu'il a pu recueillir sur ce sujet dans les littératures française et étrangères, lui ont fourni des conclusions dont nous ne pouvons résumer ici que les principales :

Le *sérum* est doué d'une réaction alcaline notablement moindre et d'une acidité notablement plus forte que celles du *sang total*. Il importe donc, au moins à ce point de vue, d'éviter une erreur dans laquelle les bactériologistes sont trop souvent tombés et qui consiste à attribuer au *sang total* les propriétés bactéricides ou autres observées dans le *sérum*.

La réaction alcaline du sang total varie beaucoup *suivant les différentes espèces animales*. L'acidité réelle du sérum varie aussi d'une espèce à l'autre. Les chiffres de l'alcalinité du sérum, rapportée à un gramme de résidu sec, vont en croissant des poissons aux reptiles, aux batraciens, aux mammifères et aux oiseaux, précisément dans l'ordre suivant lequel augmente l'activité des combustions respiratoires ; comme si l'alcalinité du milieu (ainsi que la chimie pure en fournit de nombreux exemples) favorisait ici l'intensité des oxydations intérieures.

Chez un même animal, le *sang total des veines* est moins alcalin que *celui des artères*; le sérum du sang des veines possède une réaction plus faible et une acidité réelle plus forte que celui des artères.

Pendant la *digestion gastrique* l'alcalinité du sang augmente (tandis que l'estomac sécrète un suc acide). Au début de la *digestion intestinale*, l'alcalinité du sang diminue (tandis que l'alcalinité de la bile augmente).

Lorsque le *système musculaire devient le siège de contractions* assez intenses et assez généralisées, la quantité d'acide lactique qu'il déversé dans la circulation peut être suffisante pour diminuer considérablement la réaction alcaline du sang total et celle du sérum, tandis que l'acidité réelle du sérum est augmentée.

La *fièvre* est accompagnée d'une altération du sang. Cette altération n'est pas particulière à certains états fébriles ; elle est liée au processus fébrile lui-même, quelle qu'en soit l'origine.

Le titre hémo-alcalimétrique est inférieur à la normale dans la *leucémie* et dans toutes les *anémies*. L'état du sang dans la *chlorose* consiste en une altération primitive du plasma, dont l'alcalinité est exagérée. Cette altération du milieu liquide retentit sur les globules rouges, dont la teneur en hémoglobine diminue, les éléments se déforment bientôt et périssent en plus ou moins grand nombre. Alors, mais alors seulement, la chlorose pure se transforme en chloro-anémie, de sorte que l'alcalinité du sang retombe au-dessous du chiffre normal.

Au cours du *diabète* on voit apparaître dans le sang, à côté d'un excès de sucre, un excès d'acides anormaux (ac. β-oxybutyrique, etc...). Ces acides anormaux résultent d'une consommation, *souvent exagérée, mais toujours incomplète*, des éléments quaternaires. Leur présence nous fournit donc d'utiles renseignements sur l'état de la nutrition générale chez le diabétique. Elle nous permet ainsi d'estimer la part de vérité qu'il y a dans le système des cliniciens qui considèrent le diabète comme lié à une suractivité des échanges organiques et dans le système de ceux qui expliquent le diabète par un ralentissement de la nutrition. En pratique, la dyscrasie acide, que l'on observe chez les diabétiques, justifie l'usage de la médication alcaline.

Il n'est pas permis d'attribuer l'abaissement du titre hémo-alcalimétrique, qui a lieu dans l'attaque de *rhumatisme articulaire aigu*, à la diathèse rhumatismale elle-même, puisque la présence de la fièvre suffit pour expliquer cet abaissement. Mais comme, d'autre part, l'observation clinique révèle d'étroites connexions entre le rhumatisme aigu et les différentes formes du *rhumatisme chronique*; comme il existe réellement dans le cours du rhumatisme chronique apyrétique un abaissement notable du titre hémo-alcalimétrique, M. Drouin admet que la diathèse rhumatismale comporte un certain degré de dyscrasie acide. Chez certains rhumatisants cet état de dyscrasie acide est assez prononcé pour pouvoir être constaté par l'analyse du sang d'une façon permanente : et c'est précisément chez ceux-là que l'on observe les symptômes chroniques du rhumatisme. Chez d'autres, l'état de dyscrasie acide est assez léger pour échapper aux procédés d'analyse. Mais chez tous il est suffisant, d'après l'auteur, pour transformer l'organisme en un terrain favorable à l'évolution d'un agent morbide, encore indéterminé, de nature peut-être infectieuse, qui provoque la polyarthrite rhumatismale aiguë.

La présence d'acides anormaux dans le sang peut provoquer certaines *lésions osseuses* (ostéomalacie). Il est très vraisemblable que certaines autres (hypertrophies, mal vertébral) sont liées au contraire à la présence d'un excès d'éléments basiques dans la circulation.

Le titre hémo-alcalimétrique s'élève lorsque le contenu acide de l'estomac est évacué soit par les vomissements, soit par les lavages. Mais, en dehors même de ces circonstances, les variations de la réaction du sang dans le cours des *maladies de l'appareil digestif* sont susceptibles de fournir d'utiles indications.

Lorsque les *lésions du rein* viennent entraver le fonctionnement de l'appareil urinaire, une certaine quantité de produits acides de désassimilation s'accumulent dans le sang. L'abaissement du titre hémo-alcalimétrique est manifeste dès qu'apparaissent les accidents de l'urémie, dont plusieurs sont d'ailleurs parfaitement comparables à ceux que provoque l'intoxication expérimentale par les acides dilués.

En dehors des acides et des alcalins, *divers agents thérapeutiques* peuvent faire varier le titre hémo-alcalimétrique par des mécanismes très différents.

Les indications de la *médication acide* sont très restreintes. L'analyse hémo-alcalimétrique nous apprend que les indications de la *médication alcaline* sont beaucoup plus nombreuses ; elle nous permet de varier très exactement les effets de cette médication sur la réaction du milieu intérieur et d'éviter ainsi tout excès. Il y a encore bien des incertitudes sur le mécanisme suivant lequel les médicaments alcalins agissent dans les différents états pathologiques. L'analyse chimique des résidus de la nutrition générale devra dissiper ces incertitudes, en même temps que l'expérience clinique dira dans quelle mesure, sous quelle forme et dans quelles conditions de dose et de durée, la médication alcaline doit être appliquée dans les circonstances variées où la théorie en signale l'opportunité.

L. O.

ACADÉMIES ET SOCIÉTÉS SAVANTES

DE LA FRANCE ET DE L'ÉTRANGER

(Quelques Académies et Sociétés savantes, dont la Revue analyse régulièrement les travaux, sont encore actuellement en vacances.)

ACADÉMIE DES SCIENCES DE PARIS

Séance du 10 octobre.

1° Sciences mathématiques. — M. Emile Picard présente le premier fascicule du tome II de son *Traité d'Analyse* : Fonctions harmoniques et fonctions analytiques. Introduction à la théorie des équations différentielles, et fonctions algébriques. — M. H. Faye insiste sur l'échec que vient de faire à la théorie du mouvement centripète et ascendant des cyclones un travail important de M. Dallas, des Indes Anglaises ; l'auteur en tire la conclusion suivante : Les trombes, les tornados et les cyclones sont des mouvements giratoires ou des tourbillons qui naissent dans les courants supérieurs de l'atmosphère (à des étages très différents). Leur translation toute géométrique répond à ces courants et ils en dessinent la marche par la projection que leurs ravages tracent sur le sol ou sur la mer. — M. Bischoffsheim présente de la part de M. Weineck de Prague, une photographie du cratère lunaire désigné par le nom de *Vendelinus*. — M. Paul Painlevé, revient sur les transformations des équations de Lagrange ; il énonce avec plus de détails son théorème précédemment démontré en discutant les divers cas qui peuvent se présenter ; il termine en montrant que la généralisation qu'a donnée M. Liouville de son théorème est inexacte. — M. A. Pellet donne quelques propriétés des courbes définies par l'équation générale $AX^m + BY^m + CZ^m = 0$, auxquelles s'applique le théorème de M. Jamet relatif aux courbes triangulaires symétriques ; l'auteur examine aussi les surfaces $AX^m + A_1X_1^m + \lambda A_2X_2^m + A_3X_3 = 0$ $(X, Y, Z$ et $X, X_1, ...$ sont des fonctions quelconques des coordonées courantes). — M. G. Floquet forme certaines équations aux dérivées partielles qui permettent souvent une étude facile du mouvement d'un fil dans l'espace ; on connaît en chaque point du fil le produit m de son épaisseur par sa densité et chaque élément matériel mds est sollicité par une force extérieure donnée $Fmds$. — M. le secrétaire perpétuel signale parmi les pièces imprimées de la correspondance : 1° un volume de M. Hugo Gylden intitulé : Nouvelles recherches sur les séries employées dans les théories des planètes; 2° un volume de M. Prosper de Laffite : Essai d'une théorie rationnelle des sociétés de secours mutuels. L'ouvrage se termine par des tables de commutation à divers taux d'intérêt pour les trois assurances.

2° Sciences physiques. — M. Bernard Brunhes a étudié les variations de phase produites dans la réflexion cristalline interne ; en général il y a double réflexion. Dans le cas de la réflexion totale, il y a égalité entre les différences de phases entre les deux vibrations réfléchies, qu'elles proviennent de l'incidente ordinaire ou de l'incidente extraordinaire ; cette égalité de phases se déduit des équations de M. Potier étendues au cas de la réflexion totale. Enfin la différence de phase entre les deux vibrations réfléchies, mesurée expérimentalement, s'accorde avec les nombres prévus par la théorie. — M. Charles Henry donne une préparation nouvelle du sulfure de zinc phosphorescent qui permet de l'obtenir en grande quantité ; on chauffe à blanc du sulfure de zinc amorphe, obtenu par précipitation d'une solution d'oxyde de zinc ammoniacale. L'auteur a mesuré l'intensité lumineuse maxima de ce sulfate et étudié sa loi d'émission. —

MM. H. Causse et C. Bayard ont préparé deux éthers avec le pyrogallol et l'acide antimonieux, un antimonite acide $C^6H^3\overset{\displaystyle -O\diagdown}{\underset{\diagup OH}{}}$SbOH et un antimonite neutre $C^6H^3O^3Sb$; le chlorure d'acétyle et l'anhydride acétique n'engendrent aucun produit de substitution. Les auteurs en concluent avec M. de Forcrand que, dans le pyrogallol, les trois oxhydriles occupent les positions (1) (2) (3). — M. P. Freundler a repris l'étude des éthers tartriques au point de vue des lois du pouvoir rotatoire déduites de la notion du produit d'asymétrie; l'auteur en conclut, avec M. Guye, que, si la masse constitue le principal facteur permettant de prévoir le signe de l'activité optique, il faut encore tenir compte de l'arrangement des atomes ou ce qui revient au même, des bras de levier sur lesquels agissent les masses. — M. L. Barthe indique un nouveau dosage volumétrique des alcaloïdes, fondé sur l'indifférence de la phtaléine du phénol en présence de ces corps. L'alcaloïde est dissous dans un acide minéral et la liqueur est titrée par la potasse successivement en présence du tournesol et de la phtaléine. — M. Edouard Blanc expose un nouveau mode de fabrication de la brique usité dans certaines parties de l'Asie centrale, et qui permet d'obtenir, avec une argile médiocre et des appareils d'une grande simplicité, des matériaux présentant une dureté et une cohésion extraordinaires. — M. Ernest Milliau donne un procédé pour reconnaître la pureté des huiles de coprah et des huiles de palmiste, fondé sur la mesure de la solubilité de ces produits dans l'alcool absolu. L'analyse chimique ne donne que des résultats incertains. C. Matignon.

3° Sciences naturelles. — M. L. Guéneau de Lamarlière a étendu à la respiration et la transpiration ses recherches comparatives concernant l'intensité de la décomposition de l'acide carbonique par la chlorophylle pour les feuilles développées soit au soleil, soit à l'ombre. Il en résulte que les fonctions étudiées sont plus intenses au soleil qu'à l'ombre ; de plus le rapport du poids sec au poids frais des feuilles développées au soleil est supérieur à celui des feuilles développées à l'ombre. — M. W. Russell a reconnu que les plantes des Garrigues de la région méditerranéenne présentent fréquemment dans leurs tiges, comme chez les plantes des régions désertiques, un tissu assimilateur chlorophyllien bien différencié, lequel peut être rapporté à trois types fondamentaux de la phtaléine. — L'étude expérimentale de l'action de l'humidité du sol sur la structure de la tige et des feuilles a permis à M. A. Oger de constater qu'il est possible d'obtenir dans de pareilles conditions, pour une espèce donnée, des modifications de structure de même ordre, mais moins accusées, que celles servant à caractériser des espèces voisines, adaptées les unes au sol humide et les autres au sol sec. — M. Ant. Magnin rend compte des faits les plus intéressants qu'il a observés concernant la végétation des lacs du massif jurassien et les causes qui la modifient. Parmi celles-ci il faut ranger l'influence de la profondeur, qui règle surtout la distribution des plantes dans un lac. — M. Marey a appliqué la chronophotographie à l'étude des mouvements du cœur, afin de faire connaître les déplacements et les changements de forme des oreillettes et des ventricules qui s'emplissent et se vident tour à tour. Les expériences ont porté sur un cœur de tortue placé dans les conditions de la circulation artificielle et qui avait été préalablement blanchi au pinceau avec de la gouache, afin de le rendre photogénique. L'auteur a obtenu ainsi, pendant une révolution cardiaque, une série d'images successives, prises à des intervalles de temps très courts, sur lesquelles on peut suivre les phases du mouvement et les changements d'aspects des différentes parties du cœur. Le même procédé d'investigation permet de montrer aux yeux le mécanisme de la pulsation du cœur. L'auteur décrit une expérience rendant visible le durcissement des ventricules coïncidant avec leur systole, c'est-à-dire l'effort par lequel le ventricule en contraction repousse toute pression extérieure tendant à le déformer. — M. H. Roger fait connaître le mécanisme des phénomènes inhibitoires qui se manifestent à la suite du choc nerveux. Celui-ci résulte de violentes excitations agissant sur les centres soit directement, soit par l'intermédiaire des nerfs centripètes, et amenant comme phénomène capital l'arrêt des échanges entre le sang et les tissus. Il en résulte une diminution dans la production de l'acide carbonique et secondairement un abaissement de la température, un ralentissement de la respiration et parfois de la circulation. — Des nouvelles expériences auxquelles s'est livré M. A. Poehl relativement aux réactions de la spermine, il résulte que l'intensité de l'oxydation n'est pas en rapport avec la quantité de spermine employée, qu'elle agit par sa présence, même à des doses très faibles. Quant au rôle de la spermine dans les oxydations intra-organiques, il résulte des effets toniques constatés par un grand nombre de physiologistes et de médecins, principalement dans les maladies nerveuses compliquées d'anémie. — M. J. Thoulet rend compte de ses observations relatives au bassin d'Arcachon (Gironde) qui est un véritable type géologique. Ce bassin dans les conditions actuelles, ne tardera pas à se combler; il se transformera promptement en un lac fermé et finalement en un marécage. — MM. Roussel et de Grossouvre exposent les faits qu'ils ont constatés, dans la région comprise entre Foix et Bugarach, concernant la stratigraphie des Pyrénées. — L'étude de la météorite récemment tombée à Hassi Iekna (Algérie) a fait reconnaître à M. St. Meunier que la masse résulte essentiellement du mélange de la kamacite (Fe¹⁴ Ni) et de la plessite (Fe¹⁰ Ni). La composition qui résulte de l'analyse concorde avec les caractères physiques et la structure pour faire rentrer cette météorite dans le type lithologique distingué par l'auteur sous le nom de *schwetzite*. — MM. L. Duparc et L. Mrazec ont reconnu l'analogie la plus complète entre les bombes de l'Etna rapportées au mois de septembre de cette année et celles provenant de l'éruption de 1886.

Mémoires présentés. — M. G. Rambault : Les signaux en temps de brume. — M. F. Noblot : Théorie de la décomposition de l'eau dans le voltamètre. — M. J.-B. Kremer : Note relative à un remède contre la diphtérie. **Ed. Belzung.**

ACADÉMIE DE MÉDECINE

Séance du 4 octobre.

M. E. Lancereaux : L'albuminurie au point de vue de l'indication thérapeutique; la pathogénie de l'albuminurie survenant au cours du diabète. Après avoir fait remarquer que le régime préconisé pour les albuminuriques repose sur des théories plutôt que sur des faits cliniques, l'auteur pense, avec ses collègues, que l'albuminurie n'est qu'un symptôme; ce qu'il faut redouter c'est l'*urémie* qui met l'existence en danger. C'est elle qu'il faut combattre en rétablissant la fonction rénale par l'emploi des diurétiques et en stimulant les fonctions gastro-intestinale et cutanée par des purgatifs drastiques et des frictions sur la peau. Quand l'urémie a cessé, il faut chercher à modifier les tissus altérés par l'usage de l'iodure de potassium ou de la teinture de cantharides, suivant que ce sont les tissus conjonctivo-vasculaires ou les tissus épithéliaux qui sont en

jeu. L'auteur indique ensuite les circonstances dans lesquelles le lait est indiqué. Pour ce qui concerne les albuminuries accompagnant fréquemment le diabète, parmi les trois diabètes, diabète constitutionnel et héréditaire, diabète nerveux ou de Claude-Bernard et diabète pancréatique, le premier seul est suivi souvent d'albuminurie, le second exceptionnellement et le troisième jamais, quoique étant le plus grave et avec glycosurie abondante. — Discussion : MM. G. Sée et Lancereaux. — M. Peter : Sur l'étiologie et la pathogénie du choléra. L'auteur, après avoir rappelé qu'il a constaté, avec d'autres observateurs, une même maladie, le choléra, avec *trois* germes différents : le *Bacterium Coli*, le bacille-virgule de Finkler-Prior, et le bacille-virgule de Koch; des maladies différentes, le choléra, la dysenterie, la fièvre typhoïde, avec le *même germe*, le *Bacterium Coli*, fait remarquer ensuite, avec faits à l'appui, que le choléra est *spontané, autochtone*, aussi bien à Paris que dans l'Inde. Puis l'auteur rend compte des études bactériologiques de Cunningham, à Calcutta, d'après lesquelles il y aurait une échelle graduée de formes et de propriétés dans les bacilles-virgules, et que l'invasion du choléra chez un individu semble n'être autre chose qu'une occasion fournie à quelqu'une des nombreuses espèces de microbes, vivant normalement dans l'intestin, de se développer aux dépens des autres. Le choléra serait dû au changement de forme et de propriétés du *Bacterium Coli*, devenant bacille courbe et toxique, par le fait de l'empoisonnement alcaloïdique intestinal du cholérique; quant à la *contagiosité* du choléra, elle n'est que relative; il y faut la prédisposition et aussi le *contact* le plus direct. Pour ce qui est de l'*épidémicité*, il y a, selon l'auteur, la même différence entre le choléra sporadique et l'épidémique qu'entre la dysenterie sporadique et l'épidémique. Voici les conclusions de son étude : 1° le cholérique est un empoisonné; 2° il est empoisonné par des ptomaïnes ou autres toxines; 3° celles-ci sont formées dans le tube digestif et empoisonnent à la fois l'individu et son *Bacterium Coli*; 4° ce dernier, soit resté tel, soit transformé, mais empoisonné, peut être le vecteur du poison cholérique, ou le devenir en cholérigène. — Discussion : MM. Proust, Peter, Brouardel. — M. Corlieu : Sur la médecine militaire dans les armées grecques et romaines dans l'antiquité.

Séance du 11 octobre.

M. le Président annonce la mort de M. Villemin. — MM. Duguet et Léon Colin donnent lecture des discours qu'ils ont prononcés sur la tombe de cet illustre médecin. L'Académie lève ensuite la séance en signe de deuil.

SOCIÉTÉ DE BIOLOGIE

Séance du 13 octobre.

M. Hédon envoie une note relative à l'opération de la fistule pancréatique. — M. Nepveu : Altérations du foie dans les fièvres pernicieuses. — M. Lataste : Epithélium du vagin des rongeurs. — M. Ferrant établit ses droits à la priorité de la vaccination anticholérique par des cultures atténuées du bacille-virgule. Il propose de nouveau l'infection des sources par des cultures vaccinales pour préserver en masse les populations menacées. — M. Chauveau combat ce procédé, les microbes du choléra pouvant parfaitement récupérer, dans bien des conditions encore inconnues, leur virulence primitive. — M. Louis Blanc étudie l'influence de la lumière sur l'orientation de l'embryon dans l'œuf de poule. Il aurait obtenu, à l'aide de cet agent, des modifications tératologiques. — M. Féré présente une note de M. Peyrot sur l'excrétion urinaire dans des cas pathologiques. — M. Féré cite un cas d'ivresse mécanique survenant après un exercice violent chez un individu qui présenta, un an plus tard seulement, d'autres symptômes de névropathie. — M. D'Arsonval présente une note du Dr Apostoli, qui pour la première fois, a employé en électrothérapie les courants sinusoïdaux alternatifs à période lente de M. D'Arsonval. 34 sujets atteints de maladies de l'utérus ont été traités par ce procédé. Les courants étaient produits par une machine de Clarke modifiée par M. D'Arsonval ; un pôle était placé dans l'utérus, l'autre sur le ventre. Ce procédé provoque quelquefois les hémorrhagies, la douleur diminue, la leucorrhée peut être combattue, mais non l'hydrorrhée ; la régression des fibrômes n'est pas encore suffisamment établie. — M. Galezowski présente une lampe pour l'examen du champ visuel et l'exploration des sensations colorées. Il conclut de ses observations que les bâtonnets percevraient les couleurs, et les cônes le blanc et le noir, ce qui est contraire à la théorie de Young et Helmholtz. — M. Girode lit l'observation de 78 cas de choléra ; il étudie particulièrement l'action du bacille sur le foie et le pancréas. — M. Retterer présente une note de M. Meyer relative à la capacité respiratoire du sang et à la chaleur animale. Dans l'intoxication par l'aniline, etc., la chaleur est en rapport avec le degré d'altération de l'hémoglobine. Il présente en outre une note de M. Debierre sur la valeur de la fossette occipitale moyenne. — MM. Regnault et Lajard signalent la fréquence d'altérations trophiques des cheveux et des ongles, dans une peuplade des Basses-Pyrénées, connue sous le nom de cagots. Ils signalent aussi la disparition fréquente des incisives latérales à la mâchoire supérieure. Ils pensent que les cagots sont des descendants des anciens lépreux. M. Galippe confirme cette conclusion, mais il fait remarquer que la disparition des incisives latérales est fréquente chez l'homme, et doit être considérée ici comme une coïncidence fortuite.   Ch. Contejean.

Séance du 22 octobre.

M. Depoux présente un capitaine d'infanterie atteint d'ataxie locomotrice depuis deux ans et demi. Ce malade a été guéri en 3 mois par des injections de liquide testiculaire. — M. Brown-Séquard rappelle que les ataxiques sont presque toujours guéris par sa méthode, mais que le réflexe rotulien ne réapparaît que très rarement. Il cite le cas d'une femme enceinte et ataxique qui, à 6 mois de grossesse, reçut des injections de liquide testiculaire. Elle accoucha à terme d'un enfant en parfaite santé. Les mouvements du fœtus n'ont été sensibles qu'à partir de la première injection. — Il présente une note de M. Christiani sur la thyroïdectomie chez le rat albinos. Si cet animal survit quelquefois à cette opération c'est qu'il possède des glandules accessoires microscopiques, analogues à celles que M. Gley a signalées chez le lapin. 114 rats albinos bien opérés sont morts. — MM. Ch. Féré et P. Batigne. : Note sur les empreintes de la pulpe des doigts et des orteils. — M. Leven : Remarques sur le système nerveux et ses maladies. — M. Thiroloix présente un chien qui a subi en deux temps l'extirpation totale du pancréas. Après l'extirpation de la portion duodénale de cette glande, l'animal ne présenta pas de la glycosurie qu'à la suite d'un régime amylacé. Après l'extirpation de la portion splénique, l'animal présenta une glycosurie, un azoturie et une polyurie considérables, sans toutefois perdre de son poids et de sa vigueur, grâce à une alimentation abondante. — M. Gley cite le cas exceptionnel d'un chien dépancréatisé mort au bout d'un an dans une cachexie profonde sans avoir présenté de glycosurie. — M. Gréhant : Modification du grisoumètre de Coquillon. — M. D'Arsonval étudie l'action des basses températures sur les ferments solubles et organisés. L'invertine résiste à — 40°, mais elle est tuée à — 100°, tandis que la levûre résiste à — 100°. Ces recherches sont d'accord avec celles de M. Raoul Pictet, au laboratoire de Du Bois-Reymond. Le froid de — 150° tue les ferments solubles et respecte les ferments organisés. M. R. Pictet a découvert en outre que, à — 150°, toute combinaison chimique est devenue impossible. L'acide sulfurique anhydre ne réagit plus sur la potasse. Le sodium ne perd pas son éclat en présence de l'acide nitrique anhydre. On peut provoquer les combinaisons en fournissant de l'énergie sous forme d'électricité, par exemple. En laissant se réchauffer graduellement les corps refroidis on peut, à certaines températures, produire tels ou tels composés parfaitement purs. M. Pictet prépare industriellement par cette méthode de l'alcool, de l'éther, du chloroforme etc., rigoureusement purs. Leurs densités différentes des chiffres classiques, montrent que jusqu'à présent on n'avait jamais pu obtenir ces corps dans un état de pureté absolue. Ainsi la glycérine pure marque 31°, 5. M. Dastre rappelle qu'il a signalé autrefois que le suc gastrique refroidi pendant trois heures à — 50° n'était pas détruit. Les propriétés digestives étaient même plus actives. D'après Young, le colimaçon résisterait à la température de — 100°. — MM. Lejard et Magitot discutent sur l'origine des cagots des Pyrénées. — M. Edmond Perrier présente le deuxième fascicule de son Traité de Zoologie. — M. Marès : Note sur l'hibernation.

ACADÉMIE ROYALE DE BELGIQUE

Séance du 6 août.

1° Sciences physiques. — M. J. Deruyts : Sur certaines substitutions linéaires. — M. L. Niesten : Note relative aux variations de latitude. L'auteur établit dans ce travail que les variations de latitude doivent être considérées comme réelles et qu'elles sont en rapport avec la position de la Terre sur son orbite. De plus, la période d'oscillation ou de rotation du pôle est annuelle et sensiblement constante ; les écarts de la latitude par rapport à la moyenne varient entre 0′20 et 0′30.

2° Sciences physiques. — M. P. de Heen : Variabilité de la température critique. Les déterminations exécutées par l'auteur établissent que la température critique t_c, telle qu'elle est envisagée par Cagniard-Latour et contrairement à ce que l'on admettait jusqu'à présent, doit être considérée comme variable ; quant à la température critique d'Andrews, désignée par T_c, elle représente rigoureusement la limite supérieure de t_c. La température critique t_c de Cagniard-Latour représente la température à laquelle la vapeur formée est susceptible de dissoudre la totalité du liquide sous-jacent. On conçoit, d'après cette manière de voir, l'accroissement que subit cette température avec la proportion de liquide renfermé dans le tube. L'auteur, afin d'éviter les confusions, propose de désigner la température t_c sous le nom de température de transformation, pour la distinguer de la température T_c, définie comme il a été dit, à laquelle on conserverait le nom de température critique.

3° Sciences naturelles. — M. A. Van Gehuchten : Contributions à l'étude des ganglions cérébro-spinaux. L'auteur donne un aperçu des principales études faites d'une part sur les ganglions spinaux et, d'autre part, sur les ganglions cérébraux des vertébrés. Voici quelques-unes des conclusions de son travail : Les cellules nerveuses des ganglions spinaux de la plupart des poissons sont opposito-bipolaires, et celles des autres vertébrés sont, à l'état adulte, toutes unipolaires. Les ganglions spinaux des poissons cyclostomes présentent, à l'état adulte, outre les deux formes précédentes, toutes les formes intermédiaires. Il en est de même des embryons des mammifères, des oiseaux et des reptiles dont les cellules bipolaires se transforment dans le cours du développement en cellules unipolaires. En outre, les ganglions spinaux des vertébrés doivent être considérés comme noyaux d'origine réelle pour la partie sensitive de tous les nerfs spinaux et à la fois pour les fibres périphériques et centrales. Quant aux ganglions du trijumeau, du glosso-pharyngien et du vague, ils sont en tous points comparables aux ganglions spinaux ; de plus le ganglion spinal du nerf acoustique est comparable aussi à un ganglion spinal. Mais les cellules nerveuses de ce ganglion ont conservé, d'une façon permanente, la forme des cellules bipolaires.

ACADÉMIE DES SCIENCES DE VIENNE

Depuis notre dernier *Compte rendu*, l'Académie a reçu les communications suivantes :

1° SCIENCES MATHÉMATIQUES. — M. L. **Gegenbauer** : Sur les nombres complexes primaires formés par les racines d'ordre égal à quatre. — M. le capitaine **Hartl** chargé de l'étude trigonométrique de l'Autriche a pris comme base de ses travaux la détermination exacte des longitude et latitude de l'Observatoire d'Athènes, il a trouvé des nombres concordant avec les observations récentes du directeur, M. Bouris. — M. **Weiss** a fait une étude détaillée des catalogues d'étoiles fournis par les Observatoires du sud, il a trouvé entre ces catalogues des différences systématiques dont la discussion lui a permis d'établir des formules de correction.

2° SCIENCES PHYSIQUES. — M. H. **Luggin** a mesuré le potentiel des métaux au premier instant de leur contact avec des électrolytes. Un mécanisme permettait d'établir le contact entre la liqueur et le métal pur relié avec un électromètre à quadrants et de rompre aussitôt la liaison avec l'électromètre; la durée du contact pouvait s'abaisser à $\frac{1}{10000}$ de seconde. A part l'aluminium, le potentiel augmente avec la durée du contact. On a une analogie complète entre le courant produit par l'écoulement du mercure dans un électrolyte et entre le courant qu'on admet devoir se former à l'immersion du métal. Ces expériences portent à croire que la théorie des couches doubles est en défaut. — M. R. **Wegscheider** a préparé les opianates de plomb et de soude qui cristallisent, le premier avec deux ou trois molécules d'eau, le second avec deux molécules. Chauffés avec l'iodure de méthyle, le premier donne, suivant les conditions, l'éther φ-méthylopianique ou bien l'éther méthylique normal, le second ne donne que l'éther normal. Le chlorure de l'acide s'obtient en chauffant à 70° le pentachlorure de phosphore et l'acide; le produit brut mélangé avec l'alcool méthylique en excès fournit aussitôt l'éther normal; c'est le meilleur procédé de préparation; une quantité insuffisante d'alcool méthylique fournit l'éther φ. Toutes ces réactions s'accordent avec les formules proposées par l'auteur pour ces deux éthers. — M. A. **Pelmutter** montre que l'amalgame de sodium réduit l'acide quinolique en donnant une combinaison non azotée, la δ-oxy-α-γ-δ-buténytricarbonique-δ-lactone :

$$C^7H^5Az O^4 + 2H^2O + H^2 = C^7H^8O^6 + Az H^3.$$

La composition de cette substance non cristallisée fut déterminée par l'étude de ses sels de baryte secondaire et tertiaire et de son éther éthylique. Son caractère lactonique résulte de la composition de ses deux sels de baryte et de l'action de l'acide iodhydrique qui fournit l'acide α-γ-δ-buténytricarbonique. L'acide tricarbonique $C^7H^{10}O^6$ est bien cristallisé et donne un sel de calcium bien caractérisé $Ca^3 (C^7H^7O^6)^2$; la chaleur le décompose en acide carbonique et acide *n*-adipique $C^6H^{10}O^4$. — M. **Gustav Jager** : Sur la variation de la constante capillaire du mercure avec la température. — M. **Jahn** fait une communication provisoire sur la dendroïde. — M. **Gustav Pum** : Sur les transformations de la cinchonine. — M. **Georg Neumann** : Action de l'acide iodhydrique sur la cinchonine. L'auteur décrit dans un premier travail quelques bases isomères avec la cinchonine; l'une est identique avec l'isocinchonine déjà connue, deux autres se confondent probablement avec les isomères optiques de la cinchonine décrits par Jungfleisch et Léger. Ces bases se produisent par addition et séparation successives de l'acide iodhydrique et de la cinchonine; les résultats sont différents suivant que l'acide est enlevé par la potasse caustique ou le nitrate d'argent. Les bases non iden-

tifiées sont désignées β et γ cinchonine. Le tableau suivant résume les transformations :

Cinchonine et potasse alcoolique..........	{ cinchonine et isocinchonine
Cinchonine et nitrate d'argent.............	{ β-cinchon. et isocinchonine
β-cinchon. et potasse alcoolique..........	{ β-cinchon. et isocinchonine
β-cinchon. et nitrate d'argent.............	{ β-cinchon. et isocinchonine
Isocinchon. et potasse alcoolique..........	{ γ-cinchon. et isocinchonine

Dans une deuxième note, l'auteur a obtenu un produit d'addition de la cinchonidine et de l'acide iodhydrique $C^{19}H^{22}Az^2O$ (HI)^3 qu'il regarde comme une base iodée. La potasse et le nitrate d'argent enlèvent complètement l'acide, mais régénèrent deux bases nouvelles la β et la γ cinchonidine dont la plupart des sels ne sont pas cristallisés. — M. **Guido Goldschmiedt** : Sur la laudanine. D'après Hesse, la laudanine a pour formule $C^{20}H^{25}Az O^4$ et est douée de propriétés optiques tandis que la lumière polarisée est sans action sur son chlorhydrate. L'auteur montre que la base pure est inactive, qu'elle contient trois groupes OCH^3 et un oxyhydrile $C^{17}H^{15}Az$ (OCH^3)^{3}OH. L'acide métahémipinique C^9H^2 (OCH^3)$^2_2$(COOH)^2 fut reconnu parmi les produits d'oxydation, ce qui paraît faire dériver la laudanine de l'isoquinoline. — M. G. **Goldschmiedt** et **F. Schranzhofer** décrivent l'anhydride, les éthers éthylique et méthylique de l'acide papavérique et quelques sels de l'acide papavérinamique. — M. **Franz von Hemmelmeyr** : Sur la méconinphénylméthylcétone. Ce corps, décrit par Goldschmiedt, traité par la potasse à l'ébullition, se décompose en acétophénone et acide opianique. L'auteur en décrit l'hydrazone, la dihydrazone et l'oxime qui se transforme, par cristallisation dans l'alcool, en un isomère stéréochimique. — M. **Karl Brunner** a fait la synthèse de l'acide isomalique en saponifiant par l'acide chlorhydrique le cyanure diacétique. L'identité avec l'acide de Schmöger fut établie par la comparaison des propriétés de l'acide et de ses sels d'argent et de baryum. — M. **Meyerhoffer** : Sur un nouveau sel double et les conditions de son existence. L'auteur, dans la première partie de son mémoire étudie d'une manière générale les méthodes qui ont été employées dans ces derniers temps pour faire l'étude des combinaisons moléculaires, particulièrement celle des hydrates et celle des sels doubles; il s'arrête surtout aux méthodes fondées sur la recherche de la solubilité. La seconde partie contient une application à l'étude du chlorure double de cuivre et de lithium bihydraté $CuCl^2LiCl^22H^2O$, l'auteur en conclut que l'eau dans la molécule n'est pas liée au CuCl^2 mais au chlorure de lithium. Il résulte de là la nécessité d'introduire des formules plus rationnelles pour représenter les combinaisons contenant de l'eau de cristallisation, formules rendant comptes des liaisons des molécules entre elles. — *Observatoire de Vienne* : Observations météréologiques et magnétiques faites pendant le mois de juin à la station centrale.

3° SCIENCES NATURELLES. — M. C. L. **Griesbach** : Lettre adressée de Milam, camp viâ Almora (Coumaon) à M. van Mojsisovics et fournissant des renseignements sur la constitution géologique de ce pays. — M. **Steindachner** : Sur deux espèces nouvelles de *Notrotrema* non encore signalées et trouvées à l'Equateur et en Bolivie, le *Notrotrema Weinlandii* et le *N. bolivianum*. Le premier est proche parent du *N. testudineum*, le second du *N. plumbeum*. — M. **Karl Kœlbel** : Nouveau crustacé de l'est de l'Asie. Cette nouvelle espèce se différencie de l'*Astacus Schrenkii* Kessl. et de l'*A. Dauricus* Pall. par la structure du rostrum et en outre par la non-existence de l'épine cervicale; au contraire elle a les plus grandes ressemblances avec l'*Astacus Japonicus* Haan.

Séance du 6 octobre.

1° Sciences mathématiques. — M. Mach : Communication complémentaire sur les projectiles. — M. Weinek adresse une copie photographique du mont *Vendelinus* de la Lune reproduite d'après un cliché positif pris le 31 août 1890 à l'observatoire du mont Hamilton (Californie) ; l'épreuve est grossie vingt fois. L'auteur y joint une notice où sont consignées ses observations.

2° Sciences physiques. — MM. J. Elster et H. Geitel : Observations de. feux de Saint-Elme sur le Sonnblick. Les auteurs ont réuni dans ce travail les observations de feux de Saint-Elme faites à la station du Sonnblick depuis le 20 juin 1890 jusqu'au 30 juin 1892 ; ils en concluent les conditions nécessaires pour l'apparition de ces feux. — M. P. C. Puschl : Sur les équivalents chimiques. — M. G. C. Schmidt : La loi périodique. — M. Fritz Obermayer adresse une réclamation de priorité pour ses « études chimiques de l'albumine ».

3° Sciences naturelles. — M. Claus adresse la suite de son travail intitulé : Recherches de l'Institut zoologique de l'Université impériale de Vienne et de la station zoologique de Trieste. — M. le Ministre de l'agriculture envoie la publication suivante : Description géologique des terrains du Pribram. — M. Alfred Nàlepa envoie sa cinquième communication sur les nouveaux microbes de la bile. Il décrit successivement les *Phytoptæ pilosellæ, tenellus, glaber, gibbosus, alpestris,* et les *Phyllocoptes gracilipes, compressus, gigantorhinchus, comatus.* — M. le secrétaire lit les dépêches adressées depuis le 16 août par le commandant en chef de l'expédition scientifique à bord du vaisseau *Pola.* — M. F. Steindachner communique une lettre de Port-

Saïd, donnant le plan des travaux scientifiques effectués à bord du vaisseau *Pola,* et une seconde lettre de M. J. Luksch chargé de la direction des recherches scientifiques à bord du *Pola.* 23 essais montrèrent l'exactitude du rapport antérieurement constaté entre la salinité de l'eau de mer et la température. Cette salinité dans le bassin austral va en augmentant depuis la surface jusqu'au fond, tandis que dans l'est de la Méditerranée elle est indépendante de la profondeur. La température augmente quand on marche du nord au sud ou de l'ouest à l'est. La coloration de la mer diminue quand la hauteur du soleil augmente. La profondeur maxima trouvée fut de 3.786 mètres à 20°59'18" longitude et 36°9'24" de latitude. Les éléments des ondes furent déterminés. De nombreuses observations météréologiques furent poursuivies systématiquement. — M. Diener, chargé de la direction de l'expédition géologique de l'Himalaya, adresse deux lettres donnant des détails sur l'expédition. A Lauka Encamping Ground, l'auteur a découvert des couches du même type que celles de Hallstätter ; elles sont très riches en céphalopodes qui sont malheureusement effrités pour la plupart et tombent en poussière quand on les retire du calcaire très dur ; il a pu recueillir à 17.000 pieds de hauteur de nombreux myophories, daonelles et brachiopodes, un bel échantillon de *Cladiscites subtornatus,* un magnifique *Tropites* et plusieurs Ammonites (*Arpadites*). — M. von Mojsisovics : Lettre reçue de M. Diener et datée de Milam donnant des détails sur le plan de l'expédition et la description géographique des endroits explorés.

Emil Weyr,
Membre de l'Académie.

NOUVELLES

LA PHOTOGRAPHIE EN COULEURS SUR ALBUMINE

M. le Professeur Lippmann a présenté à l'Académie des Sciences, dans la séance du 24 octobre, le résultat d'expériences très curieuses qu'il a faites relativement à la photographie en couleurs du spectre solaire, sur des couches ne contenant pas de composé d'argent.

Il a employé cette fois de l'albumine contenant du bichromate de potasse. On sait que cette dernière substance est déjà utilisée depuis longtemps dans les applications industrielles de la photographie, par exemple dans les tirages aux encres grasses : on admet que, sous l'action de la lumière, il se forme un composé organo-métallique du chrome et de la substance qui constitue la couche étendue sur la plaque. Dans ces conditions les parties impressionnées par la lumière ne sont plus sensibles à l'action de l'humidité qui, si elle agit sur la plaque, ne gonflera que les parties non impressionnées.

Ceci posé, voici quelles sont les expériences de M. Lippmann :

Il a pris une glace recouverte d'albumine bichromatée, a mis cette couche en contact avec une surface réfléchissante de mercure formant miroir, et a placé le tout au foyer d'une chambre photographique sur l'objectif de laquelle tombait un faisceau de lumière blanche décomposé par un prisme. L'image réelle du spectre se produisait sur la couche sensible, le phénomène des interférences avait lieu, grâce au miroir de mercure, dans l'épaisseur de la couche sensible, donnant à celle-ci une structure lamellaire, comme cela a lieu pour le phénomène ordinaire de la photographie des couleurs.

La lame, ainsi exposée pendant 8 à 10 minutes, est alors simplement plongée dans l'eau : aussitôt, par suite de la différence des indices de réfraction, les couleurs apparaissent avec beaucoup de vivacité, et, chose très particulière, sont visibles dans toutes les directions, au lieu de ne l'être, comme dans le cas des photographies colorées ordinaires, que dans une direction déterminée. Ces couleurs disparaissent quand on sèche l'épreuve et réapparaissent de nouveau lorsqu'on l'immerge une nouvelle fois. Les spectres obtenus par ce moyen montrent très nettement, par transparence, les couleurs complémentaires.

Telle est, en substance, la communication de M. Lippmann. Il a fait, sous les yeux de l'Académie, l'expérience du développement d'une plaque impressionnée par la seule immersion dans l'eau : la vivacité des couleurs a excité l'admiration de l'assistance.

Une chose faite pour surprendre, c'est qu'on n'ait jamais observé ces couleurs dans les applications industrielles auxquelles la gélatine bichromatée a donné lieu jusqu'ici. Souvent en effet, on impressionne des couches de cette substance étendues sur des plaques de cuivre ou de zinc poli qui constituent un miroir suffisant pour que le phénomène des interférences ait lieu. Dans ces conditions on aurait à coup sûr observé des couleurs si, au lieu d'opérer le tirage à l'aide d'un contre-type retourné, tiré en blanc et noir, on avait impressionné directement la couche avec de la lumière colorée.

Alphonse Berget,
Docteur ès sciences.

Le Directeur-Gérant : Louis Olivier

Paris. — Imprimerie. Levé, rue Cassette, 17.

3ᵉ ANNÉE   Nº 21   13 NOVEMBRE 1892

REVUE GÉNÉRALE

DES SCIENCES

PURES ET APPLIQUÉES

DIRECTEUR : LOUIS OLIVIER

A PROPOS DE QUELQUES RÉCENTS TRAVAUX MATHÉMATIQUES

Je ne me propose pas, dans l'article qu'on va lire, de faire une revue des travaux mathématiques intéressants parus depuis la dernière revue d'Analyse que j'ai publiée dans ces colonnes en 1890 [1]. On voudra bien voir dans les pages qui suivent une simple conversation mathématique, à propos de quelques-uns des sujets qui préoccupent en ce moment les géomètres : j'ai choisi la théorie des groupes et celle des équations différentielles.

I

J'ai déjà parlé [2] avec quelques détails de l'admirable théorie des groupes de transformations due à M. Sophus Lie. L'illustre géomètre norvégien continue son œuvre. Il vient de consacrer deux mémoires aux fondements de la géométrie. La question est d'un assez grand intérêt philosophique pour que nous nous y arrêtions de nouveau.

On sait combien les travaux de Gauss et de Riemann sont importants dans l'histoire de nos idées sur les hypothèses qui sont à la base de la géométrie. Dans cette théorie, c'est l'expression de l'élément de distance qui joue le rôle essentiel, et les recherches de ces grands géomètres ont été l'origine de développements analytiques du plus haut intérêt concernant en particulier les formes quadratiques de différentielles. On doit reconnaître cependant que Gauss et Riemann n'ont pas vu le véritable point de départ à adopter dans l'étude

des fondements de la géométrie. Il semble que ce soit Helmoltz qui ait le premier placé la question sur son véritable terrain : son idée fondamentale consiste à porter l'attention sur l'ensemble des mouvements possibles dans l'espace dont on fait l'étude. La théorie des groupes n'était pas encore créée à l'époque où le célèbre physicien écrivait son mémoire ; il était presque inévitable qu'il commît quelques erreurs. M. Lie vient de reprendre complètement cette étude en se plaçant au point de vue de la théorie des groupes, et nous allons résumer les conclusions auxquelles il est parvenu.

Nous considérons un espace à trois dimensions et nous regardons un point de cet espace comme défini par trois quantités (x, y, z) que l'on appelle les coordonnées du point. Qu'appellerons-nous mouvement dans cet espace? Un mouvement d'une portion de l'espace est défini par trois équations :

$$x' = f(x, y, z)$$
$$y' = \varphi(x, y, z)$$
$$z' = \psi(x, y, z).$$

Par cette transformation un ensemble E de points (x, y, z) devient un autre ensemble E' de points $(x' y' z')$: la transformation qui précède est pour nous un *mouvement* qui amène E en E'. Ceci posé, nous faisons sur l'espace que nous voulons étudier les hypothèses suivantes :

1º Les mouvements possibles dans cet espace sont tels qu'ils laissent invariable une fonction $\Omega(x_1, y_1, z_1, x_2, y_2, z_2)$ des coordonnées de deux points quelconques (x_1, y_1, z_1) et (x_2, y_2, z_2). En d'autres termes, si on désigne par $(x'_1 y'_1 z'_1)$, $(x'_2 y'_2 z'_2)$

---

[1] Voir la *Revue* du 30 novembre 1890, t. I, p. 702 et suiv.
[2] *Loc. cit.*

21

les coordonnées de ces points après un quelconque des mouvements possibles, on aura

$$\Omega\,(x_1,\ y_1,\ z_1,\ x_2,\ y_2,\ z_2) = \Omega\,(x'_1,\ y'_1,\ z'_1,\ x'_2\ y'_2,\ z'_2).$$

L'origine de cette hypothèse s'aperçoit d'elle-même : en langage ordinaire et sans signe algébrique, on peut dire grossièrement que, en la faisant, on veut qu'il y ait relativement à deux points de l'espace *quelque chose* qui reste invariable après le mouvement ; on pourra appeler ce *quelque chose* la distance de deux points.

2° On veut, comme le disait Helmoltz, que le mouvement *libre* soit possible dans une certaine région de l'espace. Voici ce que l'on doit entendre par cette hypothèse · complexe, bien approfondie. par M. Lie. Tout d'abord, quand un point de la région est fixé, tout autre point de cette région, *sans aucune exception*, décrit une surface (multiplicité à deux dimensions). Ensuite quand deux points sont fixés, un point arbitraire (des exceptions étant possibles) décrit une courbe (multiplicité à une dimension) ; enfin si trois points arbitraires sont fixés dans la région, tous les points de celles-ci restent en repos (des exceptions étant possibles).

Telles sont les conditions que nous imposons à l'espace. Il en résulte nécessairement que l'ensemble des mouvements possibles doit former un groupe à *six* paramètres. On connaît deux types d'espaces satisfaisant à ces conditions. C'est tout d'abord l'espace ordinaire ou euclidien ; tels sont aussi les deux espaces non euclidiens, c'est-à-dire les espaces dans lesquels le groupe des mouvements possibles est le groupe projectif transformant en elle-même l'une ou l'autre des surfaces du second degré :

$$x^2 + y^2 + z^2 \pm 1 = 0.$$

M. Lie a établi que les groupes précédents sont les seuls qui jouissent des propriétés (1) et (2) : c'est là un résultat bien remarquable et qui montre que les espaces euclidien et non euclidiens sont les seuls où l'on puisse faire logiquement les hypothèses qui, dégagées, bien entendu, de leur forme scientifique, sont regardées par quiconque n'a pas réfléchi à ces questions comme ayant un caractère nécessaire.

·La démonstration du théorème de M. Lie est fort délicate. Ainsi les mots « *sans aucune exception* », que nous avons soulignés plus haut, sont d'une extrême importance. Si l'on cherche le groupe des mouvements à six paramètres satisfaisant à l'hypothèse (2), on ne trouve que les groupes euclidien et non euclidiens, mais si l'on supprime les mots soulignés, on reconnaît qu'il existe d'autres groupes que les précédents. Ajoutons encore que les problèmes analogues dans le plan admettent des

solutions entièrement différentes : les espaces à deux dimensions euclidien et non euclidiens ne sont pas caractérisés par les propriétés qui leur appartiennent uniquement dans le cas de trois dimensions. Cette circonstance n'avait pas autrefois échappé à Helmoltz. On peut dire, en résumé, que les dernières recherches de M. Lie épuisent, pour les géomètres, sinon pour les philosophes, la question des principes de la géométrie.

Nous ne nous éloignerons pas de la théorie des groupes en parlant des *quantités complexes*. C'est une question sur laquelle a plané longtemps une certaine obscurité, qu'entretenait le mot un peu mystique de quantités *imaginaires*. Le sujet ne présente plus aujourd'hui rien de mystérieux. Dans un mémoire publié en 1884, M. Weierstrass a développé une théorie des nombres complexes. Il suppose que l'on considère des nombres de la forme

$$x_1 e_1 + x_2 e_2 + \ldots + x_n e_n$$

où les x sont des nombres réels ordinaires. Les e sont de purs symboles. On fait l'hypothèse que la somme, la différence, le produit et le quotient de deux nombres de l'ensemble font eux-mêmes partie de cet ensemble. Les produits

$$e_p\, e_q\ (p,\ q = 1, 2 \ldots, n)$$

sont donc des expressions $E_{p,q}$ linéaires et homogènes en $e_1,\ e_2,\ \ldots,\ e_n$ qui jouent le rôle essentiel dans la théorie. M. Weierstrass suppose de plus que les théorèmes dits *commutatif* et *associatif* subsistent tant pour l'addition que pour la multiplication. Pour l'addition ils sont vérifiés d'eux-mêmes ; pour la multiplication, ils s'expriment par les égalités :

(1) $ab = ba$
(2) $(ab)\,c = a\,(bc)$

a, b, c étant trois nombres quelconques de l'ensemble. Ces conditions conduisent à certaines relations entre les coefficients de formes linéaires $E_{p,q}$. A tout système de coefficients de formes $E_{p,q}$ vérifiant ces relations, correspondra un ensemble de *nombres complexes*. Les quantités complexes ordinaires correspondent à :

$$e_1 = 1,\qquad e_2 = i.$$

Les nombres complexes, que nous venons de définir, diffèrent seulement en un point des nombres complexes ordinaires. Quand n est supérieur à *deux*, il existe des nombres différents de zéro, dont le produit par certains autres nombres est nul. M. Weierstrass appelle ces nombres des *diviseurs de zéro*. Malgré cette singularité, cette nouvelle algèbre est réductible à l'algèbre des nombres complexes de la forme $\alpha + \beta i$ l'illustre géomètre de Berlin a en effet établi que, si a et b désignent deux nombres quelconques de l'ensemble, on peut les décomposer en un certain nombre de composants $a_1\ a_2\ ..,\ a_r,\ b_1,\ b_2,....\ b_r$, tels que

$$a = a_1 + a_2 + \ldots + a_r$$
$$b = b_1 + b_2 + \ldots + b_r$$
$$ab = a_1 b_1 + a_2 b_2 + \ldots + a_r b_r$$
$$\frac{a}{b} = \frac{a_1}{b_1} + \frac{a_2}{b_2} + \ldots + \frac{a_r}{b_r}$$

les composants a_i, b_i dépendant seulement *d'une ou deux unités fondamentales.* Ce théorème montre bien que le calcul des nouvelles quantités se déduira toujours avec facilité du calcul ordinaire ; il n'y a pas là un instrument nouveau dont puisse profiter l'Analyse mathématique.

Nous avons admis que les lois commutative et associative subsistaient dans l'algèbre précédente. On s'est placé à un point de vue plus général en supposant que, seule, la loi associative exprimée par l'égalité (2) subsistait. On a alors une algèbre beaucoup plus générale ; celle-ci est complètement déterminée par le système des expressions linéaires $E_{p,q}$. Un exemple célèbre d'un système à quatre unités e_1, e_2, e_3, e_4 est fourni par les *quaternions* d'Hamilton où l'on a :

$$e_1 = 1, \quad e_2 = i, \quad e_3 = j, \quad e_4 = k$$

avec les relations

$$i^2 = j^2 = k^2 = -1$$
$$ij = -ji = k$$
$$jk = -kj = i$$
$$ki = -ik = j.$$

Une remarque très intéressante de M. Poincaré va nous ramener à la théorie de groupes. L'éminent géomètre a fait le premier la remarque qu'à chaque système d'unités complexes correspond un groupe continu de substitutions linéaires à n variables, dont les coefficients sont des fonctions linéaires de n paramètres arbitraires. Cette idée a été approfondie, dans un mémoire récent, par un élève de M. Lie, M. Scheffer, qui a été ainsi conduit à partager les nombres complexes en deux classes, suivant que le groupe qui leur correspond est intégrable ou non intégrable. A cette dernière classe appartient le groupe correspondant aux quaternions et ceux-ci sont les représentants les plus simples de cette catégorie de nombres complexes. On se demandera peut-être maintenant si ce vaste symbolisme est susceptible d'accroître un jour la puissance de l'Analyse. Il est dangereux d'être prophète, mais il me semble que ces algèbres nouvelles ne pourront avoir d'autre intérêt pratique que de conduire peut-être à des notations plus condensées ; on le voit, au reste, pour les quaternions dont l'emploi, si prisé en Angleterre, n'est nulle part indispensable. Le rapprochement entre la théorie des groupes et le calcul symbolique n'en est pas moins, au point de vue spéculatif, d'un grand intérêt. L'idée d'un système de fonctions formant un

groupe, n'est pas seulement bornée au cas où il n'y a dans l'ensemble qu'un nombre fini de paramètres. M. Lie s'est beaucoup occupé dans ces derniers temps des groupes *infinis*, les groupes considérés jusqu'ici étant dits groupes *finis* parce qu'ils dépendent d'un nombre fini de paramètres arbitraires. Considérons un système d'équations aux dérivées partielles d'ordre quelconque contenant h fonctions $u_1, u_2,..., u$ de n variables $x_1, x_2,..., x_n$; ces équations définiront un groupe si, prenant deux solutions quelconques

$$u_i = F_i\ (x_1, \ldots, x_n) \qquad (i = 1, 2, \ldots n),$$
$$v_i = \Phi_i\ (x_1, \ldots, x_n)$$

on obtient encore une solution en prenant les fonctions

$$F_i\ (\Phi_1, \Phi_2, \ldots, \Phi_n).$$

La théorie des invariants différentiels s'étend aux groupes infinis. On entend par invariant différentiel relatif à $m + p$ lettres $x_1, x_2,..., x_m, z, z_2,..., z$ toute fonction des x, des z et de leurs dérivées considérées comme fonctions des x, qui garde la même forme quand on effectue sur les x et les z les substitutions du groupe. Nous reviendrons tout à l'heure sur leur rôle important dans la théorie des équations différentielles.

Certains groupes infinis jouissent de propriétés particulières. J'ai appelé l'attention sur les cas où les équations aux dérivées partielles qui définissent le groupe, ne renferment pas explicitement les variables indépendantes. La recherche de ces équations revient alors à la formation de certains groupes finis. Ces équations peuvent être considérées comme généralisant les deux équations classiques dans la théorie des fonctions d'une variable complexe, et c'est en cela que leur étude mériterait d'être poursuivie. Il est d'ailleurs vraisemblable qu'il y a d'autres cas que ceux que je viens de signaler dans lesquels la recherche des groupes infinis peut se ramener à la recherche des groupes finis.

II

On entend quelquefois des personnes, d'ailleurs très instruites, mais pour qui les mathématiques se réduisent aux cas d'égalité des triangles, se demander ce qu'il peut bien y avoir à faire aujourd'hui en mathématiques. Il est malheureux qu'on ne puisse leur donner le conseil d'apprendre le calcul intégral, pour juger des progrès que réclamerait la théorie des équations différentielles.

Malgré les efforts des plus grands géomètres, cette théorie se réduisit longtemps à une monographie de cas particuliers. Un des résultats les plus intéressants des travaux de M. Lie est d'avoir fait une vaste synthèse de ces travaux isolés. Le fait d'admettre un groupe de transformations réduit, pour une équation différentielle, la difficulté de l'intégration, et on peut rattacher aux théories du géomètre norwégien la plupart des cas élémentaires connus. A un point de vue plus profond, la théorie des groupes infinis paraît extrêmement importante pour l'étude des équations différentielles et il semble que, dans cette voie, les recherches promettent d'être fécondes. Ainsi M. Lie montre qu'une équation différentielle ordinaire d'ordre quelconque possède des invariants relativement à toute transformation de points. Les invariants considérés autrefois par Laguerre et Halphen . dans la théorie des équations linéaires forment, pour une transformation de points particulière, un bien remarquable exemple ; il en est de même des invariants considérés par M. Appell et par M. Roger Lionville. Voici un genre d'applications fort intéressantes, auxquelles conduit la conception générale de M. Lie. Halphen, dans un mémoire célèbre, a trouvé les conditions pour qu'une équation différentielle linéaire puisse être ramenée à une équation linéaire intégrable. Ce problème peut s'étendre à une équation non linéaire d'ordre quelconque ; on peut chercher à quelles conditions une telle équation sera, par une transformation ponctuelle ou par une transformation de contact, réductible à une équation intégrable d'un type donné.

Parmi des applications d'une nature un peu différente, je citerai une thèse fort remarquable de M. Vessiot. J'avais, il y a quelques années, indiqué comment on pourrait étendre aux équations différentielles linéaires la théorie célèbre de Galois relative aux équations algébriques : à chaque équation linéaire on peut faire correspondre un groupe de transformations linéaire et homogène, qui est l'analogue du groupe de Galois pour les équations algébriques. M. Vessiot a développé complètement la théorie que je n'avais qu'esquissée, et parmi les applications qu'il en a faites, une des plus élégantes est la recherche des conditions pour qu'une équation linéaire s'intègre par quadratures ; c'est le problème analogue à celui des équations algébriques résolubles par radicaux.

On voit que les travaux de M. Lie sont venus rajeunir singulièrement ce que l'on pourrait appeler l'ancienne théorie des équations différentielles. Ils ne peuvent, par leur nature même, conduire à des cas d'intégrations essentiellement nouveaux, puisqu'ils ont principalement pour objets des questions de transformations. Pour avoir des cas vraiment nouveaux, il est manifestement indispensable d'introduire des transcendantes nouvelles. La théorie des fonctions analytiques a fait naître à ce sujet les plus grandes espérances, et celles-ci ont été tout à fait justifiées en ce qui regarde les équations

linéaires. Il n'en a pas été tout à fait de même jusqu'ici pour les équations non linéaires ; dans cette voie ce sont les résultats négatifs qui ont été les plus saillants. Il en est parmi eux d'extrêmement intéressants. Ainsi, l'attention ayant été appelée par M. Fuchs sur les équations algébriques du premier ordre à points critiques fixes, M. Poincaré a montré qu'on pouvait ramener ce cas à des quadratures ou à une équation de Riccati. Dans un remarquable mémoire couronné il y a deux ans par l'Académie des Sciences, M. Painlevé a notablement étendu ces résultats, en considérant les équations du premier ordre dont les intégrales n'ont qu'un nombre limité de valeurs autour de l'ensemble des points critiques mobiles. Une des conclusions de ses recherches est que l'intégrale supposée transcendante, de toute équation algébrique du premier ordre, qui satisfait à la condition précédente, est une fonction algébrique de l'intégrale d'une équation de Riccati dont les coefficients dépendent algébriquement de ceux de l'équation donnée. On est donc assuré de ne pas obtenir par cette voie de transcendantes nouvelles ; il faudra s'adresser aux équations d'ordre supérieur dont l'étude, au point de vue qui nous occupe, présente encore des difficultés considérables qui ne seront pas sans doute levées de sitôt.

Abordons maintenant une autre direction dans laquelle tend à se développer aujourd'hui la théorie des équations différentielles. Le désir bien naturel d'appliquer à ces équations les résultats obtenus par Cauchy dans la théorie des fonctions d'une variable complexe semblait avoir fait presque complètement oublier les cas où les variables et les fonctions restent réelles. C'est M. Poincaré qui, par une suite de brillants travaux, appela de nouveau l'attention sur des études si importantes pour les applications. L'étude des courbes définies par les équations différentielles offre un intérêt de premier ordre : de la connaissance générale de la forme de ces courbes résultent les conséquences essentielles pour le problème que l'on traite, qu'il s'agisse de géométrie ou de mécanique. Il est manifeste, par exemple, que le problème des trois corps en Mécanique céleste pourrait être regardé comme résolu si l'on pouvait obtenir une connaissance générale de la forme des courbes trajectoires. Bornons-nous à un cas très simple qui montrera suffisamment l'objet des recherches de ce genre. Soit une équation du premier ordre de la forme :

$$\frac{dx}{X} = \frac{dy}{Y}$$

X et Y étant des polynômes en x et y. M. Poincaré commence par faire l'étude des points singuliers de l'équation différentielle. Ceux-ci sont en généra[l] de trois sortes. Ce sont d'abord les *cols* par lesquels passent deux courbes intégrales et deux seulement, puis les *nœuds* où viennent passer une infinité de ces courbes et enfin les *foyers* qui sont pour les courbes intégrales des points asymptotiques. On peut exceptionnellement avoir des *centres* autour desquels les courbes intégrales se présentent sous la forme de courbes fermées s'enveloppant mutuellement et enveloppant le centre. Ces éléments ne suffisent pas pour qu'on puisse se faire une idée de la forme des courbes intégrales. Pour éviter toute difficulté relative à l'infini, faisons une projection sphérique de la figure. Si l'on chemine alors sur une courbe intégrale, qu'arrivera-t-il? Cette courbe peut être fermée de telle sorte qu'on reviendra au point de départ; elle peut aussi avoir un des foyers comme point asymptote. Il peut sembler à première vue que ce sont les seuls cas possibles; ce serait une grave erreur. La courbe considérée peut encore avoir pour courbe asymptote une courbe fermée satisfaisant d'ailleurs à l'équation différentielle. Qu'il me suffise de dire que ces courbes fermées (*cycles limites*) jouent le rôle essentiel dans la théorie, et c'est dans les cas où il est possible de se rendre compte de leur position que la discussion de l'équation peut être faite d'une manière complète.

En restant dans le même ordre d'idées et à un point de vue seulement un peu différent, M. Poincaré a étudié, dans un mémoire célèbre, les équations différentielles de la dynamique. Je ne veux pas parler de ces belles recherches et de leur grande importance pour la Mécanique céleste; l'auteur en a fait lui-même un résumé dans cette *Revue* [1]. C'est seulement de l'intérêt qu'elles peuvent avoir pour l'Analyse générale que nous avons à nous occuper ici. Elles ont appelé l'attention sur les solutions périodiques des équations différentielles et sur les solutions asymptotiques; sans doute, M. Poincaré se trouve dans un cas spécial où il profite de la présence d'une constante très petite dans les équations, et il raisonne alors par continuité; mais on peut espérer qu'un jour, au moins dans des cas étendus, on trouvera quelque autre manière de pénétrer dans l'étude de ces solutions. Quoi qu'il en soit, il semble qu'il y ait dans cette direction un vaste programme de travaux à tenter; si l'on réussit dans cette voie, on y trouvera probablement des armes nouvelles pour revenir plus tard aux cas où la variable est complexe, cas où les progrès sont maintenant si difficiles.

Em. Picard,
de l'Académie des Sciences.

L'ORGANISATION DE LA GRANDE PÈCHE FRANÇAISE
SUR LA COTE DU SAHARA

Depuis quelques années, en France et à l'Étranger, beaucoup d'économistes se sont préoccupés de la possibilité d'une exploitation active des eaux poissonneuses de la côte occidentale d'Afrique. A diverses reprises aussi, les pouvoirs publics ont fait procéder à une enquête sur les ressources que les parages maritimes de la côte saharienne pourraient fournir à l'industrie de la grande pêche. Des études générales et des enquêtes sur ce sujet, il résulte, en somme, qu'en une région qui nous appartient, où la navigation est relativement facile, où les conditions climatologiques sont favorables, nos pêcheurs pourraient réaliser, à l'heure actuelle, de considérables bénéfices, en exploitant d'une façon moderne la faune marine exceptionnellement riche de cette région.

I

Aux siècles passés, le gouvernement français parut attacher beaucoup d'importance à notre domination sur le littoral saharien. Il s'assura la

possession de l'île d'Arguin, petite terre aride, désolée, abritée dans une découpure de la côte africaine; possession chèrement disputée, à diverses reprises, du reste, par les autres puissances européennes. A la vérité, ce fut moins pour tirer directement parti d'Arguin que pour empêcher qu'il ne s'y installât des factoreries étrangères, entravant notre trafic sénégalais, que nous voulûmes absolument assurer notre domination. Depuis 1758, toutefois, nous laissons cette île inoccupée. Les pêcheurs canariens fréquentent seuls ses atterrages; encore ne descendent-ils jamais à terre, craignant les tribus nomades du désert. Or, voici plus de cinquante années, maintenant, qu'un homme éminent, au patriotisme éclairé, Sabin Berthelot, alors consul de France aux Canaries, signala, dans un ouvrage très documenté, l'importance exceptionnelle que les parages maritimes du banc d'Arguin et du cap Blanc présentaient au point de vue spécial de l'établissement de pêcheries [1].

Il disait, en énumérant les poissons comestibles de la région, quelles récoltes merveilleuses en

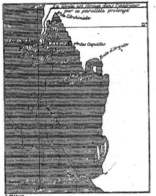

Fig. 1. — Région de la baie du Lévrier et de la baie d'Arguin.

faisaient ces *isleños* canariens qui, avec des bateaux assez primitifs et de faible portée, des engins imparfaits et des procédés de conservation rudimentaires, exploitaient, depuis des siècles, les eaux littorales de la côte occidentale d'Afrique.

Son appel ne paraît pas avoir été entendu. On ne prit pas garde à la comparaison rigoureuse que faisait Berthelot des statistiques de rendements des pêcheries terre-neuviennes et africaines, où il établissait, d'une façon indéniable, la supériorité de ces dernières. En somme, les grandes pêches françaises fournissant alors d'assez bons revenus, on parut se soucier assez peu d'aller exploiter les eaux poissonneuses des parages tropicaux ; d'autant plus que certains hommes faisaient d'assez tristes descriptions de cette côte saharienne, brûlée par un soleil écrasant et si inhospitalière, assurait-on, que les Maures massacraient sans merci, pour les piller, les équipages qui relâchaient à terre.

[1] Sabin Berthelot : *La Pêche sur la côte occidentale d'Afrique.* Paris, Béthune, édit. 1840.

A. Merle. *La Pêche de la Morue à la Côte occidentale d'Afrique.* Rev. de Géograph., 10e année, 2e livraison, août 1886, p. 87.

Ch. Soller. *Les Caravanes du Soudan occidental et les Pêcheries d'Arguin.* Bull. de la Soc. de Géogr. comm. de Paris, t. X, 1883-1888, n° 3, p. 280.

Dr Enrico Stassano. *La pesca sulle spiagge del Sahara.* Annali di Agricoltura. Roma, 1890.

Il y a quelques années cependant, une société marseillaise entreprit l'exploitation des atterrages du banc d'Arguin. Elle ne réussit pas, pour diverses raisons d'ordre financier sur lesquelles je ne saurais insister, mais qui doivent nous faire considérer comme complètement nulle l'expérience qu'elle a tentée.

En Italie et en Espagne, on s'est, du reste, beaucoup préoccupé, récemment, de la Grande Pêche depuis le cap Bojador jusqu'au cap Blanc. Pour la France, il importe aujourd'hui de reprendre l'étude scientifique et économique des parages inexplorés par nos engins, s'étendant du cap Blanc au cap Mirik, qui sont plus spécialement sous notre domination, puisque, par suite d'une convention négociée avec le gouvernement espagnol (et dont les conclusions ne sauraient se faire longtemps attendre), notre protectorat s'étend sur la côte du désert jusqu'au parallèle de 21°20' N.

[I]

Au point de vue géographique, l'établissement de Pêcheries dans les parages d'Arguin serait grandement facilité par les découpures du littoral, en raison de l'abri offert aux bâtiments par le grand nombre de caps, de baies et de bons mouillages qu'on y rencontre.

L'étude hydrographique et bathymétrique de la région a été faite avec beaucoup de soins par M. l'amiral Roussin et M. l'amiral Aube, autrefois ; puis, en 1886, par M. le lieutenant de vaisseau Raffenel, commandant l'*Ardent*, aviso-stationnaire de Sénégal.

Des rapports de ces éminents spécialistes, nous retiendrons seulement que, dans la région qui nous occupe, l'Océan forme à la côte des échancrures profondes, dont deux nous intéressent plus spécialement : ce sont la *baie du Lévrier* et la *baie d'Arguin*, que sépare le *cap Sainte-Anne*, et dont la plus méridionale, défendue au large par des bancs parallèles peu profonds de sables ou de rochers, abrite l'*archipel* des trois îles : *Arguin*, *Ardent* et *Marguerite*.

Dans la baie du Lévrier que forme, avec la côte saharienne, la presqu'île du Cap Blanc, se trouvent d'excellents mouillages, entre autres celui de la baie Cansado, où peuvent avoir accès en tous temps les bâtiments ayant six mètres de tirant d'eau. Aussi bien, la côte *ouest* de cette baie présente seule un réel intérêt pour les abris que peuvent rechercher les pêcheurs, — la côte *est* se trouvant défendue à trois ou quatre milles de terre par de nombreux brisants et n'offrant pas de mouillages.

L'entrée de la baie du Lévrier et de la baie d'Arguin est commandée par la *baie de l'Ouest*, située entre le *faux cap* et le *cap Blanc*. Elle est fréquentée par les *isleños*, mais la mer y est assez dure, alors que soufflent les grandes brises du large.

Quant à la baie d'Arguin, son accès est rendu quelque peu difficile par un banc de sable, ne permettant guère le passage aux navires de plus de 4ᵐ50 de tirant d'eau.

Séparées entre elles et séparées de l'île d'Arguin par d'étroits chenaux, asséchant, par endroits, à marée basse, les îles *Ardent* et *Marguerite*, — ainsi nommées par M. Raffenel, en l'absence de toute désignation antérieure, — ne nous présentent aucun intérêt. L'île d'Arguin, par contre, beaucoup plus considérable, a toujours paru offrir une réelle importance pour l'installation d'établissements de pêcheries, en raison de son isolement la mettant à l'abri des incursions des Maures, en raison aussi de sa configuration orographique, permettant la création et l'exploitation de salines, en raison enfin des excellentes citernes qui y sont construites déjà, — vestiges des travaux d'art d'une occupation ancienne, qui peuvent fournir de mille à douze cents tonneaux d'eau par an.

Dans la baie d'Arguin, comme dans celle d'Arguin, le facies du sol sous-marin est assez irrégulier. La nature lithologique de la côte, la violence de certains courants de marées expliquent assez bien les discordances des chiffres donnés par la sonde. Ainsi, le long de la côte ouest du cap Blanc jusqu'au cap Cansado les brasseyages passent brusquement de 5 à 14 mètres. Les fonds élevés de la baie du Lévrier sont formés, d'une façon générale, de sables mélangés de coquillages brisés ; dans les parties les plus septentrionales de ce golfe, ils font place aux sables vasards. Des fonds sableux se trouvent dans la baie de l'Ouest, mais ils sont crayeux et durs. Les vases se montrent dans les chenaux creusés par les courants ; elles forment aussi des masses épaisses au large de la baie d'Arguin et sont alors colorées en rouge, tandis que, dans la baie même, elles sont verdâtres et alternent avec des sables vasards. Les fonds rocheux sont peu fréquents dans ces parages.

Dans la baie du Lévrier et dans celle d'Arguin, il faut signaler la présence de nombreux bancs sableux que laisse à découvert la mer qui se retire ou qui sont toujours surmontés de trois ou quatre mètres d'eau. Au large d'Arguin ils forment plusieurs lignes parallèles séparées par des eaux relativement profondes.

Quant au courant qui, du large, pénètre dans ces échancrures de la côte, il suit une ligne irrégulière et, changeant continuellement la forme et la position des bancs, change lui-même de direction. Il paraît cependant, d'une façon générale, passer à un mille de terre.

Dans ces eaux, au-dessus de ce sol tourmenté,

ne pourrait, je crois, être pratiquée la pêche au grand chalut, sauf, peut-être, à l'accore ouest du banc d'Arguin, mais on pourrait fort bien se livrer à la pêche aux filets dormants, au tramail, à la grande ligne ou aux palancres.

III

Dans le carnet des dragages du *Talisman* à la date du 14 juillet 1883 et à l'observation 97, il est noté que, se trouvant par le travers du banc d'Arguin, la mer prit un aspect vert bouteille.

On nota également que la densité des eaux, qui est de 1.027,8 dans la région des alizés, était tombée à 1.024,8 à l'endroit où fut faite l'observation. Cet abaissement de poids spécifique du liquide marin en ce point de la côte occidentale d'Afrique ne pouvait s'expliquer que par un phénomène de circulation sous-marine en raison de l'éloignement où l'on se trouvait des eaux douces.

M. Hautreux, lieutenant de vaisseau, capitaine de port à Bordeaux, qui a été frappé de ce fait, a essayé, au moyen des tableaux de températures dressés par l'expédition du *Talisman*, de suivre ce courant de la circulation polaire-équatoriale. La diminution de la salure des eaux, accompagnée de l'abaissement de la température, l'a donc amené à considérer la nappe de surgissement d'Arguin comme le point ultime de la circulation profonde des eaux de fusion arctique.

D'autre part, s'aidant de données incontestables acquises sur les conditions thermiques de l'existence de la morue, il expliqua la présence de cet animal dans les parages d'Arguin.

Je ne saurais insister sur les raisons d'ordres océanographique, zoologique ou physiologique qui font révoquer en doute la présence de la morue terre-neuvienne à la côte occidentale d'Afrique ; je me bornerai à dire que la morue péchée à Arguin n'est pas le *Gadus morrhua*, le *Gadus carbonarius* ou le *Gadus æglifinus* des mers septentrionales ; mais les *Mora mediterranea* et *Phycis mediterranea* des eaux plus chaudes de la région tempérée.

Ceci n'enlève, du reste, aucunement, aux observations de M. Hautreux leur portée pratique ; et, dans l'enchaînement régulier des faits naturels, il est évident que le courant, dont il a voulu suivre le trajet, présente une influence absolue sur la biologie des animaux comestibles dont la capture intéresse notre industrie.

Non seulement les courants sont caractérisés par une température et une salure différentes de celle des eaux calmes environnantes, mais encore par une faune toute différente de celle de ces mêmes eaux. L'expédition du *Challenger* a étudié dans l'Océan Pacifique cette différence de composition faunique des courants et du milieu dans lequel ils circulent, trouvant ici des globigérines et là des diatomées, des infusoires, des hydroméduses, etc.

Du reste, la faune ne courrait est beaucoup plus riche que celle des eaux avoisinantes, ainsi que le rappelait dans cette *Revue* même M. Kœhler[1]. Si, au point de vue philosophique, le transport d'animaux pélagiques soulève ainsi d'attachants problèmes pour la formation des dépôts sous-marins et leur nature, au point de vue pratique immédiat, il nous explique l'abondance des espèces de poissons comestibles dans les régions de surgissement des colonnes liquides de la circulation océanique.

Depuis janvier jusqu'à juillet, le centre froid des eaux de la côte occidentale d'Afrique se trouve vers Arguin. De juillet à décembre, par contre, ce centre froid est repoussé au nord vers le cap Blanc, plus haut même.

En tous cas, les découpures nombreuses du littoral sont éminemment favorables au développement et à la multiplication des espèces comestibles, tandis que l'apport continuel des matériaux nutritifs par les courants superficiels et profonds peuvent nous assurer, en quelque sorte, une exploitation régulière, continue, de ces eaux, sans que nous puissions craindre de les épuiser jamais.

La faune ichthyologique de la côte occidentale d'Afrique a été étudiée jusqu'ici par des savants éminents : Adamson, Cuvier et Valenciennes, A. Duméril, Gill, Cope, Steindachner, de Rochebrune, Enrico Stassano et Vinciguerra.

Mais la zoologie spéciale des parages s'étendant du cap Blanc au cap Mirik a surtout été bien établie par Sabin Berthelot, en 1840, et par le Dr Stassano, en 1890. Le grand travail de M. de Rochebrune sur la *Faune de la Sénégambie*, bien qu'envisageant exclusivement le côté descriptif de cette zoologie régionale, nous fournit aussi d'importants renseignements pour l'étude spéciale qui nous occupe.

Nous n'avons à nous occuper que des espèces qui intéressent plus ou moins directement l'industrie des Pêcheries. Or, parmi celles-ci, un certain nombre (et des meilleures) sont inconnues dans nos eaux françaises et pourraient fournir, en raison de leur qualité et de leur abondance, une importante ressource coloniale[2]. Tous ces poissons

ne sont pas, du reste, d'une même qualité comestible. Il en est même un, — le *Temnodon saltator*, — qu'on ne pourrait utiliser que pour la fabrication d'une huile qu'il fournit en grande quantité (d'autant plus qu'en avril et mai il aborde la côte en bancs épais et peut être facilement senné). D'autres poissons encore sont de maigre valeur ; en tous cas, tous ne sont pas également abondants aux mêmes époques de l'année, tels que les Thons, par exemple, qui, voyageant par bandes, ne peuvent être pris au large de la côte qu'en avril-mai, alors que les Pélamides se rencontrent avec une plus grande abondance en février-mars. L'atterrissage des diverses espèces variant aussi, naturellement, il sera nécessaire d'étudier exactement leurs montées périodiques annuelles ou saisonnières.

Le Dr Stassano, dans son bon mémoire sur la pêche à la côte du Sahara, signale aussi spécialement, dans la baie du Lévrier, la présence de la Langouste (*Palinurus vulgaris*) en grande quantité.

Au large du cap Blanc et du banc d'Arguin, les profondeurs maxima où l'on rencontre les grandes espèces comestibles (*Dentex*, *Serranus*, *Mora*, *Phycis*, *Sciæna*) ne dépassent pas cinquante mètres.

Leur taille est souvent considérable, et le poids moyen de ces animaux est de 7 à 8 kilogrammes. En ce qui concerne les *Mora mediterranea* et *Phycis mediterranea*, je ne saurais mieux faire que de citer ici les lignes que leur consacre Sabin Berthelot :

« ...Leur chair est ferme et blanche, très substantielle et d'un excellent goût. Elle supporte bien toutes sortes de préparations, soit qu'on veuille la conserver *en vert*, la saler complètement, la mariner ou la sécher simplement... Ces deux espèces acquièrent d'assez grandes dimensions ; elles sont préférables à la morue du Nord, et forment, tant l'une que l'autre, le fond des cargaisons des brigaulins de pêche. Les pêcheurs de Lancerotte en rapportent souvent aux Canaries qui pèsent plus de 12 kilogrammes. »

IV

Ainsi que je l'ai rappelé déjà, il se forma à Marseille, en 1876, une société : la *Marée des Deux Mondes*, qui tenta l'exploitation en grand des parages maritimes d'Arguin pour la récolte des poissons de conserve, analogue à la morue de Terre-Neuve ou d'Islande et pour celle du poisson

---

[1] Voyez la *Revue* du 15 février 1892, p. 77 et suivantes.
[2] *Labrax lupus* (Lacép.); *Serranus papilionaceus* (C. et V.); *Serr. lineo ocellatus* (Guich.); *Serr. fimbriatus* (Löwe.); (*Serr. fuscus* (Löwe); *Serr. æneus* (G.-S--H.); *Serr. acutirostris* (C. et V.); *Pristipoma macrophthalmum* (Bleck); *Diagramma mediterranea* (Guich.); *Dentex vulgaris* (C. et V); *D. filosus* (Val.); *Mullus barbatus* (Linné); *Box salpa* (Linné); *Sargus fasciatus* (C. et V.); *S. cervinus* (Löwe); *Pagellus erythrinus* (C. et V.); *Chrysophrys ceruleostica* (C. et V.); *Pagrus vulgaris* (C. et V.); *Scorpæna scrofa* (L.); *Trigla hirundo*; *T. lineata* (L.); *Umbrina canariensis* (Val.); *Sciæna senegalensis* (C. et V.): *Sc. epipercus* (Bluk); *Sc. Sauvagei* (Ro-

cheb); *Corvina nigra* (C. et V.); *C. nigrita* (C. et V.); *Thynnus pelamys* (C. et V.); *Th. alalonga* (C. et V.); *Pelamys sarda* (C. et V.); *Elacate nigra* (Cur.); *Caranx senegallus* (C. et V.); *C. dentex* (C. et V.); *Temnodon saltator* (C. et V.); *Xiphias gladius* (L.); *Mugil chelo* (Cuv.); *Centriscus gracilis* (Löwe); *Scarus cretensis* (Aldr.); *Mora mediterranea* (Risso); *Phycis mediterranea* (Delar.); *Solea senegalensis* (Kamp.); *Clupea dorsalis* (C. et V.); *Cl. senegalensis* (C. et V.).

frais que l'on voulait ramener en Europe au moyen de navires frigorifiques.

En 1877 (novembre), le capitaine Husson, de cette compagnie, se rendit à Las Palmas, pour entamer avec les armateurs canariens des pourparlers d'où résultèrent les conventions suivantes : « Les pêcheurs isleños s'engageaient à livrer sur le pont des navires de la Société du poisson vivant ou frais, au prix de 12 francs les 100 kilogrammes. Ces navires devaient mouiller au centre des parages de pêche et devaient, par temps de calme, se rendre auprès des embarcations pour recueillir le poisson. »

Du détail des trois campagnes accomplies par la Société en 1880 et 1881, au moment de l'année le plus défavorable à une bonne pêche, je ne veux retenir ici que ce fait, signalé par le capitaine Husson : *qu'un équipage de seize hommes peut journellement pêcher, charger à bord et préparer 3.000 kilos de poisson.*

Les avaries qu'éprouvèrent les navires de cette Société servirent de prétexte à la cessation d'une exploitation que suspendirent, en réalité, beaucoup d'autres causes qui échappent à mon analyse et à ma compétence.

Son expérience, non décisive, nous a cependant appris d'une façon positive la richesse exceptionnelle de la faune ichthyologique régionale ; en ce qui concerne l'île d'Arguin, elle a montré aussi qu'on la pourrait utiliser pour l'installation de sécheries à terre, avec la création possible de salines au sud et au nord de l'île ; enfin, elle a déterminé un chenal, permettant en tout temps l'accès d'Arguin aux navires calant 4ᵐ50 d'eau, jusqu'au mouillage situé au N.-E. de cette même île.

Mais, aujourd'hui, l'on songe à la possibilité d'une installation de pêcheries, non pas à Arguin même, mais dans la baie du Lévrier, dont la navigation n'est pas difficile et, à l'excellent mouillage de Cansado, on pourrait provisoirement établir des pontons, si l'on ne veut pas s'installer à terre.

La crainte des Maures pillards est la principale raison qui s'oppose à la création d'établissements sur le continent ; encore, d'après les rapports de nos officiers, cette crainte n'est-elle pas très fondée aujourd'hui, et pourrait-on exercer une facile protection sur les installations de nos nationaux.

Dans toute la région saharienne de l'Atlantique

qui nous occupe, la température est fort modérée et régulière. En juin, la moyenne est de 20° (Raffenel) ; elle est de 23° en novembre (capitaine Husson) et de 18-19° en avril-mai (Hautreux) ; enfin, il n'existe aucun marais aux environs.

Les grandes brises soufflent dans ces parages, d'avril à la fin de juillet, où arrive la période de la mousson sur toute la côte comprise entre le cap Bojador et le Sénégal. En août surviennent de petites pluies intermittentes, qui s'arrêtent en septembre ; alors règnent de petites brises variables, du N.-E. à l'E.-N.-E. jusqu'en mars, où s'élèvent les vents du N. au N.-N.-O. Il n'y a pas à redouter de gros temps ; mais il s'élève parfois quelques brumes.

Je ne crois pas cependant qu'il se produise spontanément une évolution de nos armateurs et de nos pêcheurs vers les eaux poissonneuses de la côte africaine. Il me paraît plutôt, en raison des études préalables nécessaires à une exploitation rationnelle, que celle-ci sera l'œuvre d'abord d'une Société puissante, bien outillée et rigoureusement administrée.

A priori, en ce qui concerne le poisson destiné à être consommé à l'état frais, j'incline à croire que la conservation en glace pourrait fournir quelques bons résultats. Pour les animaux de forte taille, pêchés par 40 ou 60 mètres de profondeur, au large du cap Blanc (*Dentex, Corvina, Sciæna*), la révolution physiologique que leur ferait subir, lors de leur capture, leur brusque ascension à la surface des flots ne permettrait pas de pouvoir subir un assez long voyage en *bateaux-viviers*, pour être amenés dans les ports de France. Cependant, des expériences tentées à l'Étranger ont permis de conserver en pleine vitalité, pendant plus de dix jours, des poissons pris dans de semblables conditions, auxquels on ponctionnait la vessie natatoire, dès qu'ils étaient amenés sur le pont des navires de pêche. En tous cas, pour les animaux capturés à la surface des eaux ou à moins de dix mètres de profondeur, il ne serait pas coûteux de tenter tout d'abord de les ramener en des viviers analogues à ceux qu'emploient, pour les *Pleuronectes*, les Américains du Nord, les Anglais et les Hollandais.

En ce qui a rapport à l'emploi des glacières, il ne faut pas oublier, du reste, que nos chalutiers de l'Ouest en font aujourd'hui un usage constant, par suite de la durée de leurs sorties qui sont souvent de huit jours et plus.

Les Canariens ne recueillent le poisson, à la côte occidentale, qu'en vue de le saler — du moins le plus généralement. Malheureusement, comme ils ne descendent jamais à terre, le poisson est préparé à bord, après un nettoyage succinct, et arrimé de suite dans la cale, entre deux couches

---

[1] Les goélettes canariennes qui fréquentent surtout cette région en avril-mai appartiennent aux ports de Las Palmas (Grande Canarie) et d'Arrecife (Lanzarote). Elles comprennent un équipage de 18 à 36 hommes et appartiennent exclusivement à des armateurs qui prélèvent les 4/5 du profit de la vente. Le poisson est vendu aux Canaries de 15 à 22 fr. 50 les 100 kilos. — Un bateau rapporte par campagne d'un mois environ 28.000 kilos de poisson salé.

de sel. Souvent donc, les animaux ainsi traités s'avarient et il en résulte une perte considérable sur les 7.500.000 kilogrammes de poissons dont les Canariens approvisionnent leurs îles annuellement.

Avec nos connaissances exactes des méthodes pastoriennes nous n'aurions évidemment pas à redouter de pareils inconvénients. De plus, ainsi que le fait remarquer avec beaucoup de justesse le D⁣r Stassano, la conservation, en boîte, du thon, par le procédé Appert, ne saurait manquer de fournir d'excellents résultats. Mais alors il faudrait créer une usine à terre.

Le guano et l'huile de poisson me paraissent devoir être facilement préparés avec une installation peu coûteuse.

. La durée probable de la traversée, calculée par les officiers de notre marine pour des bâtiments de pêche qui viendraient de France opérer aux abords de la baie du Lévrier et de la baie d'Arguin, serait de 13 à 15 jours. Le retour serait plus long (25 jours) — pas plus long cependant que celui de Terre-Neuve et moins dangereux, en tous cas.

Il serait aussi facile de faire rapporter le poisson salé par des bâtiments des lignes de la côte occidentale d'Afrique ou par des cargoboats à vapeur spéciaux.

Enfin, il serait nécessaire de déterminer les meilleures époques de l'année pour la pratique de la pêche. Sur ce point les auteurs ne sont pas d'accord, non plus que sur le centre à adopter pour l'installation immédiate de sécheries.

Malgré l'avantage que présente l'isolement d'Arguin qui la garantit contre les incursions de Ouled-Delim, malgré les citernes qui y sont aménagées déjà, M. Raffenel préconise une installation à la baie Cansado, en raison des difficultés d'accès de cette île d'Arguin. Il parait, en effet, que son approche est peu praticable par suite des courants marins de la région et des hauts bancs qu'ils se déplacent.

Mais n'est-il pas de haut intérêt d'apprécier sérieusement les éléments que nous pouvons fournir au travail de nos pêcheurs ?

L'hypothèse de la pêche française dans les parages d'Arguin est, à l'heure actuelle, une des plus graves qui puissent intéresser notre économie, alors que, pour des causes diverses, mais également inquiétantes, nous voyons nos pêcheries de la morue et de la sardine subir une douloureuse crise et que l'on commence aussi à s'inquiéter sur notre littoral, depuis Dunkerque jusqu'à Saint-Jean-de-Luz, de la décrudescence sensible de rendements de la pêche au grand chalut.

Georges Roché,
Docteur ès sciences.

LE DEUXIÈME CONGRÈS INTERNATIONAL DE PHYSIOLOGIE

Longtemps la Physiologie a pu paraître un chapitre accessoire de la Médecine; dans les livres elle se trouvait reléguée à la fin des descriptions anatomiques, sous forme d'un simple *De usu partium*. Mais avec W. Edwards, Magendie et Cl. Bernard, elle a conquis son autonomie en même temps que son caractère franchement expérimental. Dès lors il était naturel de la traiter comme les autres sciences et de lui consacrer un Congrès particulier. La *Société physiologique de Londres* a pris, en 1888, l'initiative de ce progrès : c'est elle qui a fondé le *Congrès international de Physiologie*.

En créant cette institution, la Société a fait une œuvre originale : à côté des associations scientifiques qui accueillent des communications orales, elle a voulu constituer une réunion où l'on fit surtout des expériences. Personne n'attend l'ouverture d'un Congrès pour exposer une découverte : dès qu'une recherche est terminée, l'auteur la soumet aux Sociétés savantes, et les journaux spéciaux la font connaître aux intéressés. Ce que ceux-ci doivent demander à un Congrès, c'est donc principalement la possibilité d'examiner de près les faits réels, d'assister au fonctionnement des appareils, d'observer le mode opératoire de chaque auteur. En conséquence, il fut décidé que le Congrès international de Physiologie serait, en majeure partie, expérimental, que les adhérents y apporteraient des instruments nouveaux, des documents techniques, des pièces à conviction, si je puis dire, et répéteraient eux-mêmes, devant leurs confrères, leurs plus récentes expériences.

Ce programme a groupé un nombre considérable de physiologistes. Rassemblés pour la première fois à Bâle, en 1889, ils ont résolu de se réunir ensuite tous les trois ans. Leur deuxième Congrès a eu lieu les 29, 30 et 31 août de cette année à Liège.

Le choix de cette ville était un juste hommage à l'éclat des travaux sortis de l'École de Liège et surtout dus à son chef, notre éminent collaborateur, M. Léon Fredericq. Mais peut-être plus d'un physiologiste, quittant Londres, Paris ou Berlin pour se rendre au Congrès, a-t-il conçu quelque crainte au sujet du matériel scientifique dont pouvait disposer, dans un petit État, une ville de province. Si cette pensée est venue à l'esprit de plusieurs, grande a dû être leur surprise en pénétrant dans les palais où nous avons été reçus. Les laboratoires universitaires de Liège sont de magnifiques établissements qu'il est, — pour nous Français, — très instructif et très humiliant de visiter. Ils ont été fondés à la suite des élections législatives de 1878, qui portèrent M. Frère-Orban à la présidence du Ministère. Le Gouvernement décida alors « la création d'un vaste ensemble d'Instituts scientifiques des-

y avait été admirablement organisé : grâce aux soins de M. le Pr Fredericq, Directeur de l'Institut, et de son assistant, M. Delsaux, les savants inscrits pour des expériences trouvèrent dès leur arrivée tous les instruments, aides et animaux dont ils avaient prévu le besoin. Il est vraiment remarquable qu'un seul établissement ait pu fournir à tant de physiologistes réunis au même moment l'emplacement et les appareils requis par chacun d'eux.

107 personnes, dont une dame, ont pris part au Congrès. Indépendamment des Belges qui nous recevaient, on remarquait parmi les Etrangers

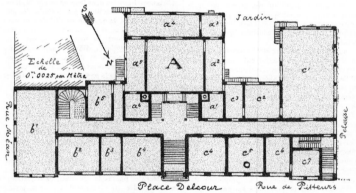

Fig. 1. — Rez-de-chaussée de l'Institut de Physiologie de l'Université de Liège.
A, salle de cours; a^1, vestiaire; a^2, salle de préparation du cours (vivisection et physique physiologique); a^3, chambre de l'héliostat; a^4, galerie de démonstration; a^5, salle de préparation du cours (chimie); a^6, chambre noire.
Section de chimie physiologique. — b^1, b^2, b^4, laboratoires de chimie physiologique; b^3, salle des balances; b^5, atelier du mécanicien.
Section de vivisection et de physique. — c^1, c^3, grand et petit vivisectorium; c^3, salle des pompes à mercure; c^4, analyse des gaz; c^5, électrophysiologie; c^6, bibliothèque; c^7, bureau.

tiné à compléter les locaux des Universités de Gand et de Liège, et déclara prendre à sa charge la plus grande partie des dépenses qui devaient en résulter. En 1879, il fit voter par les Chambres un premier crédit de cinq millions, dont 2.700.000 francs pour l'Université de Liège. Sur cette somme, 600.000 francs représentaient la part d'intervention de l'État dans la création des nouveaux Instituts d'Anatomie et de Physiologie[1]. »

C'est aux Instituts de Zoologie et de Physiologie que le Congrès a tenu ses séances. La plupart des expériences ont eu lieu dans les salles du rez-de-chaussée (fig. 1) de ce dernier établissement. Tout

[1] Léon Fredericq, Travaux du laboratoire de l'Institut de Physiologie de l'Université de Liège, 1 vol. in-8°, Liège, 1888, page X. Nous empruntons à cet ouvrage la figure 1.

MM. Foster, Horsley, B. Sanderson, Schäfer, Halliburton, Sherrington, Gotch, Stirling, Mott et Waller (Anglais); W. Kühne, J. Rosenthal, V. Hensen, Hürthle et Jacobj (Allemands); Marès (Tchèque) et et Cybulski (Polonais); H.-J. Hamburger et Zwaardemaker (Hollandais); Grigorescu et A.-N. Vitzou (Roumains); Wedensky (Russe); F. Holmgren (Suédois); Hugo Kronecker, F. Miescher (Suisses). Les Français étaient au nombre de vingt; citons parmi eux : MM. Arloing, Chauveau, Dastre, Gréhant, Kaufmann, Langlois, Laulanié, Meyer, Marat et Wertheimer. La présidence a été successivement offerte à MM. Chauveau, B. Sanderson, Héger, Grigorescu, Kühnn et Wedensky.

Presque toutes les parties de la physiologie normale ont été l'objet d'expériences importantes.

21**

Nous allons essayer de décrire toutes celles qui ont été faites ; pour la commodité de l'exposition, nous les classerons par questions, sans aucun souci de l'ordre suivant lequel elles ont été présentées [1].

I. — Lymphe, sang et circulation sanguine

Sur la lymphe et le sang les travaux soumis au Congrès ont été de deux sortes : les uns se rapportent à la constitution de ces humeurs ; les autres à la circulation sanguine.

§ 1. — Éléments figurés de la lymphe et du sang.

A ces éléments n'ont été consacrées que trois communications. Remarquons, à ce propos, que le microscope a tenu peu de place au Congrès : l'appareil enregistreur, au contraire, y a été très représenté.

Ce n'est pas que les deux établissements où nous recevions l'hospitalité ne fussent abondamment pourvus de tous les genres d'instruments. A l'Institut de Zoologie, où M. Sherrington (de Londres) avait exposé une riche collection de leucocytes diversement préparés, une vingtaine de microscopes avaient été mis à sa disposition. Tous ses confrères ont pu ainsi apprécier *de visu* le haut intérêt de ses observations, qui établissent, parmi les globules blancs, l'existence de plusieurs variétés et assignent à chacune des caractères fixes. M. Sherrington en décrit trois sortes chez le chien : 1° Cellules à protoplasme muni de grosses granulations ; 2° Cellules à protoplasme finement granuleux ; 3° Cellules arrondies. La proportion de ces éléments dans le sang varie suivant les circonstances physiologiques.

Le rôle phagocytaire qu'ils y jouent a été, depuis quelques années, l'objet de vives discussions. MM. Massart et Bordet (de Bruxelles) ont répété, à ce sujet, leurs intéressantes expériences de chimiotaxie. Des tubes de verre effilés, contenant diverses cultures microbiennes, avec ou sans microbes, sont ouverts à leur extrémité fine et introduits dans la cavité péritonéale de lapins vivants ; par leur diffusion les produits solubles des cultures attirent vers les tubes une multitude de leucocytes. Après un séjour de dix heures dans le ventre des animaux, les tubes sont remplis d'une véritable boue de ces organites.

[1] Qu'il nous soit permis de formuler une légère critique : le Congrès ne publiant pas de bulletin, il est utile que les journaux scientifiques consacrent à ses travaux un compte rendu détaillé. Mais un tel compte rendu ne peut être exact que s'il est fait d'après des notes émanées des auteurs. Il serait à désirer que le *Congrès international de Physiologie* adoptât le système des Congrès anglais, où chaque orateur est tenu de fournir au Comité directeur un résumé de sa communication avant de la prononcer.

Sur les globules rouges du sang, M. Hamburger (d'Utrecht) a présenté un travail dont l'importance nous semble considérable : cherchant à déterminer suivant le principe de l'*isotonie*, établi par Hugo de Vries pour les cellules végétales, la perméabilité des hématies à l'égard de l'eau dans des solutions salines, ce savant a fixé pour chaque sel la concentration qui provoque la plasmolyse. Cette étude l'a conduit à reconnaître que, sous l'influence de diverses solutions, les globules rouges en circulation dans le sang d'une part abandonnent au liquide ambiant certains de leurs éléments constituants, et, d'autre part, absorbent quelques-unes des substances dissoutes dans leur entourage. M. Hamburger a trouvé aussi que la perméabilité des globules dépend de la quantité de CO_2 dissous dans le plasma sanguin ; et il a montré à ce sujet une série d'échantillons de sang diversement colorés par l'hémoglobine, diffusée sous l'influence des solutions salines et de l'acide carbonique. Est-il besoin de faire remarquer le haut intérêt de ces recherches pour la physiologie des hématies et leur rôle dans les phénomènes de nutrition ?

§ 2. — Circulation.

M. Chauveau a répété les expériences célèbres qu'il avait instituées autrefois pour étudier chez le Cheval la pulsation cardiaque. On sait que ses conclusions, devenues classiques, ont été depuis quelques années attaquées par plusieurs cliniciens allemands. Ces médecins interprètent autrement que lui la correspondance des bruits du cœur avec les différentes phases de ses diastoles et systoles. Ce désaccord a été récemment exposé ici-même par M. Fredericq [1] ; ce savant se faisait alors l'interprète de tous les physiologistes en exprimant le vœu que M. Chauveau vînt répéter ses expériences à Liège. On peut dire qu'elles ont été la grande attraction du Congrès. L'auteur a eu soin de les faire sur un vieux cheval, — la grande taille de l'animal et la lenteur de ses pulsations, quand il est âgé, permettant d'obtenir une netteté particulière des graphiques. Ceux que M. Chauveau a projetés sur un vaste écran, au cours même de l'inscription, et que nous avons vus s'enregistrer d'une façon tout automatique, ont montré, par la coïncidence des bruits cardiaques avec des points particuliers des tracés de la pression, le bien-fondé de la doctrine professée en France par MM. Chauveau et Marey [2]. Si nous ne nous étendons pas davantage sur ce sujet, c'est qu'en raison de son extrême importance, nous avons obtenu de M. Chau-

[1] Voyez la *Revue* du 30 août 1892, t. III, p. 579.
[2] Sur cette doctrine, voyez le récent article de M. Fredericq dans la *Revue*, *loc. cit.*

veau la promesse de le traiter prochainement dans la *Revue*.

Les anomalies, quelquefois observées dans le rythme des mouvements et des bruits cardiaques, ont conduit M. Arloing (de Lyon) à admettre la possibilité de la dissociation fonctionnelle des deux ventricules. C'est à un défaut de leur synchronisme qu'il attribue le redoublement des bruits constaté, en quelques cas, au moment où la sonde cardiographique, introduite dans l'un des ventricules, en in-

d'abord des tracés intra-cardiaques où l'on voit la juxtaposition de deux ou trois systoles ; des graphiqués indiquant la persistance du resserrement de l'oreillette et du ventricule, obtenue chez un sujet par la ligature d'une branche du pneumogastrique ; des diagrammes accusant la persistance de la systole pendant l'excitation galvanique du bout périphérique du vague ; l'effet tétanisant obtenu à la suite d'un tiraillement du vague gauche intact sur un cheval qui présentait des

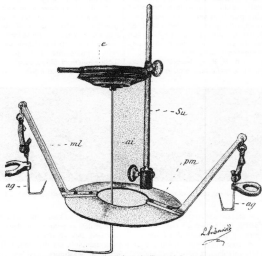

Fig. 2. — Cardiographe à aiguille de M. Laulanié.
e, tambour explorateur : *ai*, aiguille reposant sur le cœur par son extrémité inférieure après avoir traversé les parois thoraciques ; *pm*, plaque métallique portant le support *Su* du tambour et attachée à la peau par les deux agrafes *ag*.

dique la systole. Les pathologistes, notamment MM. Potain, Raymond Tripier, François Franck, repoussent cette explication. Cependant, fait remarquer M. Arloing, si le myocarde peut entrer en télanos par excitation directe, n'est-il pas logique d'admettre que certaines parties de son système nerveux intrinsèque et extrinsèque sont capables d'engendrer cet état ? A l'appui de cette opinion, l'éminent professeur a mis sous nos yeux un certain nombre de faits démontrant que le myocarde peut être mis en tétanos à un état éloigné du maximum de contraction cardiaque, sous l'influence de certaines excitations mécaniques ou électriques de ses nerfs et même des pneumogastriques. Ce sont

troubles respiratoires et de la myocardite interstitielle.

Peut-être, dit M. Arloing, y a-t-il, dans le cordon nerveux complexe représenté par le vague, des fibres motrices proprement dites analogues à celles des muscles ordinaires. L'exagération de ce phénomène aboutirait à la dissociation réelle.

M. Heger (de Bruxelles) est venu confirmer les conclusions de M. Arloing en ce qui concerne l'indépendance fonctionnelle des deux ventricules ; il a rappelé que cette question avait été portée à l'ordre du jour du Congrès par M. le docteur Bayet (de Bruxelles). Les tracés kymographiques recueillis par M. Bayet, parallèlement dans l'artère

pulmonaire et dans la carotide chez le chien, démontrent à l'évidence, dit M. Heger, le fait de la
disjonction des systoles ventriculaires, fait déjà
signalé, chez le lapin, par Knoll. La disjonction se
caractérise quelquefois par la survie du ventricule
gauche, plus souvent, comme dans l'agonie, par la
survie du cœur droit; elle apparaît clairement
sous l'influence de la digitaline.

Le désaccord des physiologistes et des cliniciens en ces questions si délicates fait ressortir
tout l'intérêt des perfectionnements apportés aux
méthodes cardiographiques. Aussi le Congrès a-t-il
accordé la plus grande attention au fonctionnement de deux appareils présentés, l'un par M. K.
Hurtle (de Breslau), l'autre par M. Laulanié (de
Toulouse) pour enregistrer : le premier, les bruits;
le second, les mouvements du cœur.

Dans l'appareil de M. Hurtle les bruits impressionnent d'abord la membrane d'un microphone

et elle doit être atteinte par des méthodes directes
On n'est parvenu à la saisir jusqu'ici, à l'exempl
de M. François Franck, qu'à l'aide d'explorateur
placés immédiatement à la surface de l'organe
préalablement mis à découvert par la résection de
parois thoraciques. L'application du cardiograph
à aiguille ne comporte, au contraire, aucune muti
lation et peut être faite très aisément sur le chie
couché sur la table de vivisection ou sur le cheve
debout [1].

L'explorateur (e, fig. 2), tambour de grand dia
mètre dont la membrane est tendue par un ressor
à boudin de forme conique, s'appuie sur le cœu
par l'intermédiaire d'une aiguille (ai), coudée à
angle droit à son extrémité cardiaque et reposant
sans le blesser, sur le péricarde par sa portion inflé-
chie. L'immobilité de l'explorateur est assuré
de la manière la plus absolue par les disposition
du support. Celui-ci a pour base une plaque mé

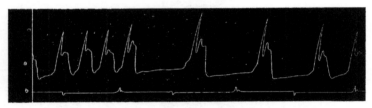

Fig. 3. — Graphique des contractions du cœur, recueillies chez un chien à l'aide du cardiographe à aiguille de M. Laulanié,
a, contractions; b, secondes.

très sensible intercalé dans le circuit primaire d'un
appareil d'induction. En reliant un téléphone au
circuit secondaire, on peut y entendre distinctement les bruits du cœur. Pour pouvoir enregistrer
ces bruits, on intercale dans le circuit secondaire,
à la place du téléphone, une patte galvanoscopique
qui inscrit, à chaque bruit, la contraction qu'elle
éprouve. Le retard entre l'inscription et la production du bruit se mesure exactement : il équivaut à un peu moins de $\frac{1}{150}$ de seconde.

L'appareil de M. Laulanié, qu'il nomme cardiographe à aiguille (fig. 2), est un myographe directement actionné par le muscle cardiaque, dont il
recueille et transmet fidèlement les contractions.
Cet instrument répond, par conséquent, à un tout
autre objet que celui des sondes cardiographiques
chargées de recueillir les variations de la pression
intra-cardiaque et des cardiographes ordinaires
destinés à l'exploration du choc précordial.

La contraction du cœur est la cause de ces
deux faits (choc et pression), mais elle ne s'y retrouve souvent que d'une manière fort imparfaite,

tallique (pm), au centre de laquelle est ménagé un
large orifice, et pourvue de deux montants latéraux (ml). Des agrafes très aiguës (ag), attachée
à ces montants par des liens très courts et trè
fortement élastiques, sont enfoncées dans deu
plis cutanés et fixent complètement l'appareil. L
support (Su) est une tige cylindrique sur laquell
l'explorateur peut être placé à telle hauteur qu
l'on voudra. Il est lié à la plaque par une genonil
lère qui permet de l'orienter convenablement.

Grâce à son mode d'attache, l'appareil ne peu
subir aucun déplacement et les rapports du cœu
et du tambour qui l'explore ne sont jamais modi
fiés. L'aiguille qui établit ces rapports se meu
ainsi perpendiculairement à la paroi thoracique
qu'elle traverse par un trajet capillaire, et rest
constamment fixée par ses deux extrémités entr
le cœur, qui la soulève à chacune de ses contrac
tions, et l'explorateur élastique, qui la ramène et l

[1] Lorsqu'on opère sur le chien, il est indispensable d'anes
thésier l'animal.

maintient constamment appliquée sur l'organe. Elle est d'ailleurs guidée par un petit anneau attenant au support et qui n'a pas été représenté sur la figure.

L'application du myographe au chien comporte les opérations suivantes : anesthésier l'animal; le coucher sur le côté droit; explorer de ce côté le choc précordial et déterminer le point où il est le plus manifeste; enfoncer l'aiguille au point symétrique de la paroi thoracique gauche; aller à la recherche du cœur en redressant et enfonçant l'aiguille, qui est alors maintenue par un aide;

la parfaite innocuité de la pression de l'aiguille sur le péricarde.

Le même physiologiste, frappé des inconvénients attachés à l'usage de tous les instruments qui s'ouvrent dans les vaisseaux artériels, comme les manomètres ou les sphygmoscopes, etc., dont le fonctionnement peut être interrompu ou altéré par la coagulation du sang, a essayé d'appliquer le sphygmographe à l'analyse de la circulation artérielle chez le chien. Les tracés ci-joints (fig 4 à 9) donneront une idée des résultats qu'il a obtenus. Le sphygmographe, au moyen duquel ils ont

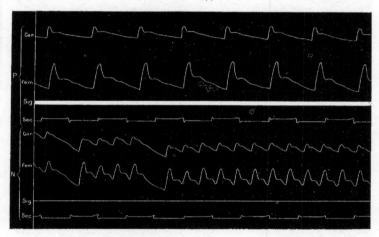

Fig. 4. — Tracés du pouls obtenus [chez le chien à l'aide de la pince sphygmographique de M. Laulanié; *Car.*, carotide; *fém.*, fémorale; *Sec.*, secondes; *Sig.*, signal électrique. — N. Période de rythme normal. P. Période de ralentissement par excitation centrifuge du nerf vague.

attacher la plaque; placer l'anneau servant de guide à l'aiguille; fixer l'explorateur sur le support en ayant soin de le faire peser sur le sommet de l'aiguille, de manière à tendre convenablement le ressort.

Le tracé suivant (fig. 3) donne une idée fort exacte des graphiques fournis par le cardiographe à aiguille. On y voit en particulier la systole auriculaire précédant immédiatement la systole ventriculaire, les ondulations du plateau systolique, la réplétion diastolique, etc... On remarquera également les variations respiratoires du rythme du cœur, dont MM. B. Sanderson, Fredericq, Wertheimer ont étudié la loi et le mécanisme. M. Laulanié a appelé l'attention sur ce fait, parce qu'il prouve

été recueillis, consiste en une pince dont les branches articulées sur leur trajet saisissent et déforment l'artère à son extrémité et agissent sur un tambour explorateur par l'autre extrémité. A l'aide d'un ressort dont la tension peut être facilement graduée, la pince exerce sur l'artère le degré de pression qui convient et se plie à tous les changements de son diamètre.

Par l'examen des quelques tracés suivants, on pourra juger du nombre, de la fidélité des indications de cet instrument et des services qu'il peut rendre en physiologie.

Le graphique de la figure 4 contient les tracés superposés de la carotide et de la fémorale d'un chien de grande taille. On y retrouve les caractères particuliers de l'ondulation dicrote qui survient plus tardivement dans le vaisseau le plus éloigné du cœur. Dans les tracés de la série P, la circulation est modifiée par l'excitation centrifuge du pneumogastrique. Les pulsations, moins fréquentes, ont, par corrélation, plus d'amplitude. L'allongement de la phase diastolique laisse un intervalle suffisant pour la production d'une nouvelle onde secondaire,

que les pulsations se succèdent sans interruption sensible et que l'onde sigmoïdienne n'a pas le temps de se propager jusqu'au point exploré. Le ralentissement artificiellement provoqué a eu cet effet d'introduire entre chaque systole un intervalle d'une durée assez considérable pour permettre à l'onde sigmoïdienne de prendre naissance et de se propager.

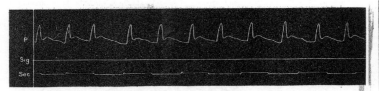

Fig. 5. — Tracé du pouls norma de la fémorale chez un chien anesthésié; P, pulsations; Sec., secondes, Sig., signal électrique.

et le pouls devient polycrote. Le polycrotisme est encore très marqué dans le pouls fémoral d'un autre chien (fig. 5) sur lequel l'anesthésie avait réduit le rythme cardiaque à 60 pulsations par minute.

Dans les tracés de la figure 6 on peut observer comparativement les résultats fournis d'une façon simultanée par le sphygmoscope (Sp) et par la

Le même tracé permet d'assister au déplacement progressif de l'ondulation dicrote au fur et à mesure que l'excitation épuise ses premiers effets et que le rythme s'accélère. Elle occupe bientôt la fin de la période de descente et s'interpose entre deux pulsations. Mais ce déplacement est purement apparent : il est entièrement dû à l'abréviation progressive de la phase diastolique des

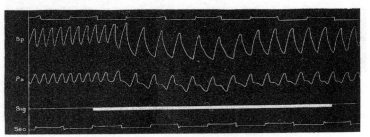

Fig. 6. — Tracés du pouls de la fémorale d'un chien, obtenus simultanément à l'aide de la pince sphygmographique de M. Laulanié, Ps, et du sphygmoscope, Sp.

pince sphygmographique (Ps). Ces derniers sont au moins aussi bons, et, dans le cas particulier, ils nous font saisir l'une des conditions du dicrotisme qui n'apparaît que durant le ralentissement du rythme, provoqué par l'excitation du pneumogastrique. Avant l'excitation, le rythme est extrêmement fréquent, grâce à la section bilatérale des nerfs vagues, et comporte 200 pulsations par minute. La phase diastolique est réduite à un minimum tel

pulsations artérielles. Ainsi, pour une artère déterminée, *la production et la place du dicrotisme dans la pulsation dépendent de la durée de la phase diastolique et, par conséquent, du rythme* [1].

[1] Il est à peine besoin de rappeler que le premier effet, on pourrait dire l'unique effet du rythme, est de modifier la durée de la phase diastolique, c'est-à-dire de la réplétion ventriculaire. Ce fait entraîne à sa suite tous les autres caractères de la pulsation.

Le tracé de la figure 7 a été détaché d'une courbe dont le développement a duré plus de trois heures.

pulsation artérielle. On y voit bien comment l'allongement de la phase diastolique entraîne : 1° le

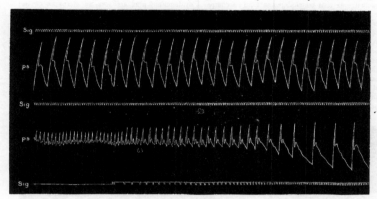

Fig. 7. — Tracé de la pulsation carotidienne du ;chien et des changements qu'elle subit sous l'influence des excitations continuelles du nerf vague (pince sphygmographique de M. Laulanié); *Ps.*, pulsations; *Sig.*, signal.

Durant tout ce temps, on n'a cessé de maintenir sur le pneumogastrique une excitation centrifuge. Nous donnons ce tracé pour la beauté

déplacement relatif du dicrotisme ; 2° la réplétion plus complète des ventricules ; 3° l'accroissement de volume de l'onde artérielle poussée par le cœur ;

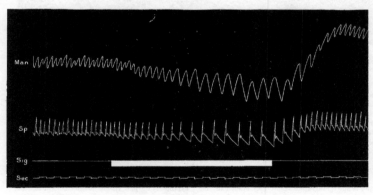

Fig. 8. — Tracé d'un réflexe modérateur cardiaque obtenu, chez un chien,;par excitation du bout central de l'un des nerfs vagues ; *Sp*, pulsations de la fémorale, recueillies à l'aide de la pince sphygmographique de M. Laulanié ; *Man*, inscription de la pression carotidienne.

exceptionnelle des courbes sphygmographiques. Il est, d'autre part, on ne peut mieux démonstratif de l'influence du rythme sur les caractères de la

4° l'amplitude corrélative des pulsations. Tous ces faits coïncident avec l'abaissement de la pression constante, accusée d'ailleurs, dès le début, par la marche descendante des minima, et on incline à voir dans cet abaissement la cause immédiate et exclusive de tous les changements qui l'accompagnent et qui se traduisent, en particulier, par l'accroissement de l'amplitude des pulsations. Mais cet abaissement de la pression est, comme tous les autres changements, la conséquence de ce fait premier : l'allongement de la phase diastolique. On ne saurait trop se rappeler que le pouls ou la pression variable a pour mesure le volume de l'ondée sanguine jetée dans les artères à chaque systole, et que ce volume est d'autant plus grand que le cœur et les artères ont plus de temps, le premier pour se remplir, et les secondes pour se vider. C'est

Les oscillations de la colonne manométrique qui s'inscrivaient en même temps (Man.) sont évidemment plus accusées, au moins en ce qui touche les changements de la pression constante ; mais c'est à peu près tout ce que nous y voyons. Il en est autrement des sphygmogrammes (Sp.) qui nous renseignent sur tous les autres changements survenus dans la circulation.

Nous retrouvons cette richesse d'indications dans le magnifique tracé de la figure 9 qui exprime les effets d'un réflexe vaso-constricteur obtenu sur le même chien par excitation du bout central du nerf vague (après section bilatérale). Le tracé manométrique (Man.) indique seulement

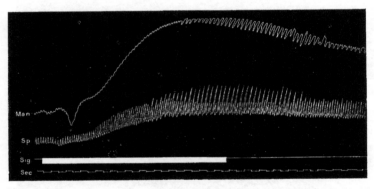

Fig. 9. — Tracé d'un réflexe vaso-constricteur obtenu chez le chien par l'excitation du bout central de l'un des nerfs vagues (section bilatérale.) *Sp.* pouls de la fémorale, recueilli à l'aide de la pince sphygmographique de M. Laulanié; *Man* tracé de la pression carotidienne.

dans ce sens qu'il faut interpréter la loi de l'inversionnalité de la pression constante et de la pression variable. D'après M. Laulanié, cette loi n'aurait d'ailleurs pas le caractère absolu qu'on incline trop à lui donner par une interprétation abusive des conclusions de M. Marey, et nous allons voir bientôt un exemple des restrictions qu'elle comporte. Il serait, sans doute, plus exact de dire que l'amplitude des pulsations est en raison inverse du rythme.

On a déjà remarqué dans les tracés précédents que le sphygmographe trahit très fidèlement les changements de la pression constante. Ses indications, à cet égard, ne sont pas moins nettes dans le tracé de la figure 8, qui exprime les effets d'un réflexe modérateur du cœur par excitation du bout central de l'un des nerfs vagues, l'autre nerf étant intact.

avec clarté l'accroissement de la pression et, à un certain moment, le ralentissement du rythme. Tous les autres détails échappent à l'analyse et à l'interprétation. La courbe sphygmographique est autrement explicite. Et d'abord, elle dénonce très nettement aussi l'accroissement de la pression. On voit, en outre, pendant toute une longue période, qu'au fur et à mesure que la pression s'élève, l'amplitude des pulsations s'accroît au point de tripler sa valeur première, sans qu'aucune modification corrélative se soit encore produite dans le rythme. Il devient visible que le cœur est sensible à l'accroissement de la pression et qu'il lutte contre les nouvelles résistances qui lui sont offertes par des systoles plus énergiques et aussi nombreuses.

Il se soustrait provisoirement à la loi du « travail constant ». Mais, la compensation tend à s'établir par un procédé d'ailleurs assez rare. Les contractions du cœur conservent le même rythme, mais elles sont alternativement très fortes et très faibles, et, en lisant attentivement le tracé de gauche à droite, on assiste à l'avortement progressif d'une systole sur deux. Dès qu'on cesse l'excitation, on assiste à une série inverse de phénomènes qui rétablit progressivement l'uniformité du travail cardiaque.

Ce tracé peut encore être l'occasion de montrer une application particulière du sphygmographe. Cet instrument est en effet actionné immédiatement par les variations du diamètre du vaisseau qu'il embrasse et ses indications dénoncent, par là même, le volume de l'ondée sanguine qui se propage dans ce vaisseau.

Les variations du débit d'une artère deviennent donc sensibles dans les variations d'une courbe sphygmographique. Ce débit est en effet proportionnel à l'amplitude et au rythme des pulsations, et conséquemment à la surface couverte par la courbe sphygmographique. Or, en examinant à ce point de vue celle de la figure 9, on se rend très aisément compte des variations que le réflexe vasomoteur a introduites dans le débit artériel et on est amené à cette conclusion d'apparence paradoxale que la constriction vasculaire généralisée à toute la périphérie a eu pour effet d'augmenter le débit artériel. En réalité, il n'y a là qu'une autre manière d'exprimer l'augmentation du travail mécanique du cœur et l'accumulation du sang dans le vase artériel.

Ces quelques faits suffisent sans doute à établir la multiplicité des indications fournies par un bon sphygmographe et des applications qu'on en peut tirer. En dehors du rythme et de la forme du pouls, dont il est le témoin par excellence, il donne des renseignements sur les variations de la pression constante du travail cardiaque et du débit artériel. On peut donc, dit M. Laulanié, l'appliquer fort aisément à l'étude expérimentale des conditions capables d'influencer ces divers éléments de la circulation et la recherche est d'autant plus sûre qu'elle n'est jamais arrêtée par les accidents de coagulation qui interrompent si fréquemment le fonctionnement des autres explorateurs. Avec un enregistreur convenable, on peut dès lors poursuivre indéfiniment une expérience et en varier à volonté la direction.

A la suite de cette magistrale étude, citons les recherches de notre distingué collaborateur, M. Kaufmann (d'Alfort), sur les variations d'émigration sanguine qui se produisent dans le muscle pendant la contraction. Il a opéré sur le masséter du cheval. Il suffit de donner de l'avoine à l'animal pour provoquer la mastication; si l'on enregistre

en même temps les contractions du muscle, la pression sanguine dans les vaisseaux maxillo-musculaires du masséter et dans la carotide, les graphiques montrent que : 1° Dès le début de la mastication, le sang s'accélère et la pression artérielle *générale* augmente; 2° la pression diminue dans l'artère maxillo-musculaire et augmente énormément dans la veine correspondante. Les vaisseaux sont dilatés: pendant toute la durée de son activité, le muscle est donc beaucoup plus abondamment irrigué qu'à l'état de repos.

Mentionnons enfin l'inscription des variations de vitesse du sang, réalisée par M. N. Cybulski (de Cracovie) au moyen de son *hémotachomètre*. Un tube de verre est intercalé sur le trajet de la carotide d'un chien; ce tube porte deux tubulures latérales, qui communiquent avec un manomètre différentiel en U. Dans ce tube une colonne liquide monte ou descend suivant que la vitesse du sang augmente ou diminue. Les oscillations de la colonne manométrique sont enregistrées par la phototographie. — Quoique décrit depuis plusieurs années, cet appareil était resté à peu près inconnu des physiologistes; il a fonctionné pendant toute la durée du Congrès et y a été très remarqué.

II. — THERMOGENÈSE ET RESPIRATION

Les deux méthodes, l'une physique, l'autre chimique, qui permettent d'étudier la production de chaleur de la respiration, ont récemment reçu de divers physiologistes quelques perfectionnements présentés au Congrès.

§ 1. — Détermination des variations thermiques.

La calorimétrie animale, après avoir traversé une assez longue période de stagnation depuis les recherches célèbres de Boussingault, a de nouveau occupé les physiologistes en ces dernières années.

Au Congrès de Liège, M. Rosenthal (d'Erlangen) a décrit les perfectionnements qu'il a récemment apportés à l'étude de la radiation thermique. Il fait usage d'un calorimètre à air, analogue à celui de M. d'Arsonval, mais qui en diffère par la particularité suivante : tandis que l'appareil de M. d'Arsonval comprend un calorimètre principal et un calorimètre compensateur, reliés aux extrémités d'un manomètre différentiel, M. Rosenthal remplace le compensateur par des tubes qui entourent la chambre calorimétrique proprement dite et équilibrent aussi son action sur le manomètre. Un système de ventilation fait passer les gaz de la chambre calorimétrique à travers des tubes à potasse caustique qui fixent le CO_2 exhalé.

L'auteur détermine ainsi chez le chien d'une

façon simultanée la production de chaleur et la valeur des échanges respiratoires, au moins en ce qui concerne la formation de CO^2. Les animaux étant observés pendant de longues périodes et soumis à un régime alimentaire uniforme, il a relevé les courbes diurnes de production de chaleur et d'exhalaison de CO^2. La comparaison de ces courbes (qui ne sont pas exactement parallèles) permet de tirer des conclusions importantes sur la nature du combustible qui brûle dans l'organisme aux différentes phases de l'expérience.

M. Max Cremer (de Munich) a fait observer à ce sujet que les dosages d'ingesta et d'excreta, tels qu'ils sont pratiqués dans la méthode de Voit et Pettenkofer, fournissent des indications plus correctes sur les phénomènes intimes de la nutrition. M. Fredericq croit également que la nature du combustible qui brûle à chaque instant dans l'organisme animal peut être déterminée d'une façon plus rigoureuse par l'étude du quotient respiratoire.

M. P. Langlois (de Paris) a parlé des variations de la thermogénèse dans la maladie pyocyanique. Il a fait cette communication au nom de M. Charrin (de Paris) et au sien. Parmi les agents infectieux qui agissent sur les variations thermiques, dit M. Langlois, il n'en est pas d'aussi bien connu que le virus du pus bleu. On peut modifier sa virulence, utiliser le virus actif de ses produits solubles, etc... Cet agent était donc indiqué pour étudier les variations de la thermogénèse dans une maladie infectieuse tout à fait typique.

Les mesures calorimétriques ont été faites avec des calorimètres à air : calorimètre à siphon de M. Ch. Richet et calorimètre à cloche de M. d'Arsonval. A Liège, M. Langlois a répété l'expérience avec le calorimètre à manomètre de M. Fredericq. Deux lapins, l'un servant de témoin, l'autre en puissance de maladie pyocyanique, y furent mis en observation. Le second présenta de l'hypothermie.

Mais le fait le plus saillant, c'est la diminution de la radiation thermique, même quand la température rectale ne présente que de faibles variations. Avec les produits solubles, on peut régler, beaucoup mieux qu'avec les virus vivants, le degré d'intoxication. Avec une dose assez faible de culture stérilisée (8°°), la température reste fort peu au-dessous de la normale, tandis que la radiation thermique diminue notablement. Il est permis de déduire de ces deux observations que les processus thermogéniques offrent un affaiblissement marqué.

Avec des doses beaucoup plus fortes, ces phénomènes sont alors bien plus accentués : la radiation peut arriver à n'être plus que les deux tiers de la radiation normale ; mais cette décroissance est

alors insuffisante pour compenser la diminution de la thermogénèse, et la température centrale baisse rapidement.

Citons encore sur la thermogénèse une expérience très curieuse que M. Waller (de Londres) a faite sur lui-même devant le Congrès. Ce physiologiste s'applique au niveau du biceps un thermoscope, sorte de réservoir à parois minces, fixé au moyen d'une bande ; il attend que l'appareil ait pris une température stationnaire, puis il le relie à un manomètre en U très sensible. Le manomètre est placé dans la lanterne magique : ses oscillations sont projetées, très amplifiées, sur un écran, ce qui rend l'expérience très élégante et permet à tout l'auditoire de suivre *de visu* les changements de température.

L'expérimentateur fait travailler le biceps pendant une minute en actionnant à la main le ressort d'un dynamomètre qui enregistre le travail exécuté. L'élévation de température atteint son maximum ($\frac{1}{10}$ à $\frac{1}{4}$ de degré) au bout de deux à trois minutes. Cette élévation est presque exclusivement due à l'accélération de la circulation. Elle est en effet à peine sensible, si l'on anémie le bras, avant l'expérience, par compression des vaisseaux au moyen du lien d'Esmarch. *Le facteur thermique vasculaire* l'emporte donc de beaucoup sur le *facteur musculaire*.

M. Waller a projeté ensuite une série de tracés résumant les résultats de ses expériences. Il a montré, par exemple, que l'augmentation de température accusée par l'appareil est plus marquée pou la contraction musculaire volontaire que pour l contraction musculaire provoquée par l'excitatio locale faradique. L'augmentation de températur est également plus prononcée pour un travai exécuté en un temps court que pour le même tra vail exécuté en un temps plus long.

Ces variations thermiques offrent un haut inté rêt. M. Laulanié (de Toulouse) nous a donné le moyens de les inscrire, quelle que soit la partie d corps, interne ou externe, à laquelle elles se rap portent. Son appareil (fig. 10) se compose esse tiellement d'un tube en U rempli d'eau à m hauteur (t). Pour en faire un manomètre inscri teur, il suffisait de trouver un bon flotteur. Apr bien des tentatives infructueuses, l'auteur s'e arrêté à un cylindre taillé régulièrement dans ur bougie de manière à permettre son introductic facile dans l'une des branches du tube. La boug est un flotteur idéal. Comme cette substance n'e pas mouillée par l'eau, elle reste enveloppée d' manchon liquide qui la sépare constamment d parois du tube et le frottement est pratiqueme nul. Les mouvements linéaires du flotteur so transformés en mouvements angulaires par u poulie à laquelle il est relié au moyen d'un fil tendu par un contrepoids. La poulie, dont l'axe porte la plume (p), fait partie d'un cône en bois (C) d'une extrème légèreté, creusé de six gorges qui, pour un même déplacement du flotteur, peuvent offrir six vitesses angulaires différentes.

La potence (po) qui porte l'axe du cône est mue par une crémaillère (Cr) qui permet le déplacement horizontal du cône et la substitution d'une pou-

vient particulièrement à la recherche des variations de la température. Il suffit, pour en faire un *thermographe*, de relier la branche libre à un explorateur *ad hoc*[1].

Après avoir inscrit l'échauffement, on peut inscrire la courbe et fixer la loi du refroidissement; il suffit de changer le zéro par la manœuvre qui fait descendre le tube manométrique, et d'amener la plume sur la nouvelle abscisse choisie.

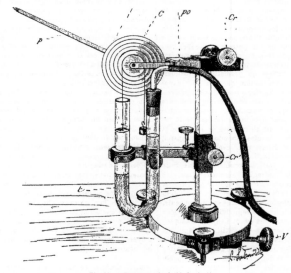

Fig. 10. — Thermographe de M. Laulanié.
t, tube en U rempli d'eau à mi-hauteur et dont la branche libre est munie d'un flotteur en bougie; — C, cône portant la plume; — po, potence; — Cr, crémaillère agissant sur le cône; — Cr' crémaillère agissant sur le tube manométrique et servant à déplacer le zéro; — V, vis de réglage pour l'exacte application de la plume.

lie à l'autre. Le tube manométrique est également actionné par une crémaillère (Cr) qui permet de déplacer le zéro et de choisir sur le cylindre inscripteur telle abscisse que l'on veut. Enfin le support qui soutient l'ensemble est pourvu de trois vis calantes et l'axe est mû par une vis de réglage (V), à l'aide de laquelle on gradue l'application de la plume sur le cylindre inscripteur. Comme on le voit, ce manomètre a une sensibilité variable, dont les limites sont données par les vitesses angulaires de la plus grande et de la plus petite des poulies; il peut ainsi s'approprier à l'étude des phénomènes les plus différents. Il con-

§ 2. — **Dosage des gaz absorbés et exhalés.**

Il est, comme on sait, très important d'inscrire, en même temps que la variation de la chaleur, celle des échanges respiratoires. C'est à quoi M. Laulanié utilise aussi le précédent appareil.

_____

1 C'est ainsi qu'au moyen d'un explorateur rectal et en employant la vitesse angulaire la plus grande, on peut inscrire les effets thermiques de la tétanisation électrique d'un chien. La plume abandonne l'abscisse dès les premiers moments et la courbe s'élève avec une vitesse qui varie avec le nombre et l'intensité des excitations. On agit facilement sur cette vitesse, soit en fermant la gueule de l'animal pour l'empêcher de lutter contre l'échauffement par la polypnée, soit en lui appliquant une couverture.

En plaçant l'explorateur dans un bain d'acide sulfurique, où barbote un courant d'air chargé des gaz de la respiration d'un animal, on obtient la courbe de la vapeur d'eau exhalée [1].

L'auteur a également pu appliquer son manomètre à l'inscription des variations du quotient respiratoire pendant l'asphyxie en vase clos. A cet effet, un petit animal, — le cobaye convient d'une manière toute spéciale, — est placé dans une cloche assez grande pour qu'on puisse négliger les effets thermiques, et la cloche est reliée au manomètre inscripteur. De la même façon on peut rendre sensibles les phénomènes de la respiration élémentaire. Il suffit d'enfermer des tissus vivants en présence d'un bain de potasse et de relier l'enceinte au manomètre. En somme, le manomètre inscripteur universel se prête à des applications extrêmement variées qui permettent d'instituer, soit des recherches méthodiques, soit des expériences de cours très élégantes et démonstratives.

Le même physiologiste s'est préoccupé d'étendre aux grandes espèces animales les recherches qu'il a entreprises pour déterminer les lois de la variation des quotients thermiques de l'oxygène et du carbone. Il a dû ainsi abandonner l'appareil de Regnault et Reiset pour avoir recours à la méthode de la ventilation ouverte, instituée par Pettenkoffer et Voit. Le problème, dans cette méthode, est de mesurer les altérations de la masse d'air qui a traversé l'enceinte habitée par l'animal pendant toute la durée de l'expérience. La solution adoptée par Pettenkoffer et Voit ne saurait convenir, et ce n'est pas le lieu de reproduire les objections qu'elle a suscitées. Celle que M. Laulanié a adoptée est d'une très grande simplicité. Il s'agit, en somme, de déterminer la composition centésimale de la masse d'air qui a traversé l'enceinte habitée par l'animal, et la difficulté résulte de cette double circonstance que les altérations de cet air sont extrêmement faibles et que sa masse est énorme.

Ainsi posée, la question comporte les deux desiderata suivants : 1° prélever sur le courant de sortie un échantillon *chimiquement identique* à la masse d'air qui a traversé l'enceinte ; 2° faire l'analyse quantitative de l'échantillon.

Pour répondre à la première partie du problème, M. Laulanié effectue à l'origine même du courant de sortie une prise uniforme, continue et de même durée que l'expérience. Il se sert à cet effet d'une pompe aspirante et foulante qui fonctionne sans interruption et accumule ses prises dans un sac de caoutchouc. La pompe est faite d'un tube en U contenant du mercure à mi-hauteur et soumis à

un mouvement incessant d'oscillation pendulaire. Les deux branches du tube communiquent chacune d'une part avec l'origine du courant de sortie et, d'autre part, avec le réservoir de caoutchouc par l'intermédiaire d'un système de soupapes de Muller, qui déterminent le sens du courant vers le sac. On a ainsi deux pompes qui fonctionnent ensemble et en sens inverse, de telle façon que pendant que l'une effectue un appel, l'autre opère un refoulement égal, et *vice versa*. Les deux opérations, appel et refoulement, ont donc chacune une continuité parfaite. La prise d'air est uniforme et continue, et à tous les instants l'air prélevé sur le courant de sortie est chimiquement identique à l'air qui passe, et l'échantillon qui totalise la prise est chimiquement identique à la masse d'air qui a traversé l'enceinte pendant toute la durée de l'expérience. La première partie du problème est ainsi résolue.

Quant à l'analyse quantitative de l'air récolté, elle est réalisée au moyen d'un eudiomètre dont la description ne peut être ici que fort sommaire. Il consiste en une pompe à mercure qui appelle simultanément dans deux tubes mesureurs un échantillon de 100^{cc} de l'air à analyser et refoule ensuite les deux échantillons dans deux laboratoires, où ils perdent : l'un, son acide carbonique au contact de la potasse ; l'autre, son oxygène au contact du phosphore. Quant on a ramené le système à la pression atmosphérique en rappelant l'air dans les mesureurs, le mercure a pris dans les derniers la place du gaz absorbé et il n'y a plus qu'à faire une bonne lecture. Par sa grande capacité, cet eudiomètre se prête à la mesure des altérations les plus faibles de l'air. De plus, il permet d'opérer simultanément le dosage de l'oxygène et de l'acide carbonique.

M. N. Gréhant (de Paris) nous a montré le procédé qu'il a employé pour découvrir la loi suivant laquelle le sang d'un Mammifère vivant absorbe l'oxyde de carbone. Ce savant compose une série de mélanges titrés d'air et d'oxyde de carbone renfermant $\frac{1}{1000}$, $\frac{1}{2000}$, $\frac{1}{3000}$, ou $\frac{1}{4000}$ de ce dernier gaz, il les fait respirer à quatre chiens différents pendant une demi-heure. Avant chaque expérience, il introduit, dans son appareil extracteur des gaz du sang, 25^{cc} de sang artériel normal ; à la fin de l'expérience, il extrait de même les gaz du sang partiellement intoxiqué, en opérant à la température de 40° ; puis, dans le second échantillon de sang, il fait pénétrer de l'acide acétique en excès ; le bain chaud a été porté à 100° et quelques coups de pompe à mercure permettent de recueillir l'oxyde de carbone dégagé avec quelques traces d'acide carbonique, d'oxygène et d'azote provenant

[1] Il faut, dans ce cas, adapter une poulie de grand rayon, parce que la chaleur d'hydratation de l'acide sulfurique est considérable.

de l'acide acétique. Pour faire l'analyse des gaz, on absorbe l'acide carbonique par la potasse, l'oxygène par l'acide pyrogallique ; on porte ensuite la cloche à mercure sur l'eau pour faire écouler les réactifs ; on absorbe facilement l'oxyde de carbone à l'aide d'un petit tube contenant du protochlorure de cuivre dissous dans l'acide chlorhydrique.

Les résultats obtenus ont été calculés pour 100cc de sang :

SANG ARTÉRIEL NORMAL

Acide carbonique	Oxygène	Azote	Proportions de mélange	Acide carbonique	Oxygène	Azote	Oxyde de carbone
40.1	15.4	1.5	$\frac{1}{1000}$	28.9	12.2	1.5	5.5
45.9	21.2	1.5	$\frac{1}{2000}$	51.8	15.3	1.5	2.8
40.	15.2	1.8	$\frac{1}{3000}$	42.2	13.4	1.8	1.7
40.4	22.7	1.5	$\frac{1}{4000}$	40.4	21.5	1.5	1.3

On voit que le deuxième échantillon de sang contient toujours moins d'oxygène que le premier ; mais il y a un fait plus important : les nombres qui représentent l'oxyde de carbone dégagé sont sensiblement proportionnels aux quantités de gaz toxique introduites dans l'air ; d'où M. Gréhant conclut que *l'oxyde de carbone se dissout dans les globules du sang en obéissant à la loi de Dalton.*

Il ne faut pas perdre de vue cependant que l'oxyde de carbone adhère à l'hémoglobine avec beaucoup plus d'énergie que l'oxygène, puisque le vide seul à 40° ne parvient pas à l'extraire.

L'auteur a commencé l'application de ce procédé et de la loi d'absorption à la recherche de l'oxyde de carbone dans l'air confiné : il a pu déceler dans un cas particulier $\frac{1}{50.000}$ d'oxyde de carbone.

III. — PRINCIPES IMMÉDIATS, NUTRITION, SÉCRÉTION

Dans ce chapitre nous distinguerons : 1° l'évolution des principes immédiats dans l'économie, et l'élimination des poisons ; 2° les sécrétions internes.

§ 1. — Évolution des principes immédiats et élimination des poisons.

M. Halliburton (de Londres) a cherché à extraire des différents organes, rein, foie, cerveau, etc..., les nucléo-albumines et à déterminer les propriétés de ces substances. Il a suivi deux méthodes. L'une, applicable aux glandes lymphatiques, au thymus, au testicule, au rein, mais non au cerveau et au foie, consiste en ceci : Le tissu, débarrassé de sang, est trituré avec NaCl et un peu d'eau. La masse visqueuse obtenue est délayée dans un très grand volume d'eau. La nucléo-albumine se sépare sous forme de filaments qui se contractent et se réunissent à la surface du liquide, tandis que les restes du tissu et la globuline se précipitent au fond du vase. On purifie la substance en répétant la même opération.

La deuxième méthode, applicable à tous les organes cités, est identique au procédé imaginé par Wooldridge pour isoler le fibrinogène : l'extrait aqueux du tissu est traité par l'acide acétique dilué qui précipite la nucléo-albumine.

Les substances préparées suivant ces deux procédés sont identiques, offrent même teneur en phosphore (0,3 %) et provoquent de la même façon la coagulation intravasculaire du sang, qu'elles soient ou non débarrassées par le chloroforme de leur principale impureté, la lécithine.

Au contraire, la nucléo-albumine qui ne provient pas des cellules n'exerce aucune action sur la coagulation. — M. Halliburton a rappelé que, suivant M. Pekelharing, le zymogène du ferment de la fibrine est une nucléo-albumine.

La difficulté de ces recherches résulte surtout des changements incessants qui accompagnent l'évolution des albuminoïdes dans l'économie. Dès 1875, le grand physiologiste Pflüger soutenait que les albuminoïdes du protoplasme vivant diffèrent des albuminoïdes du protoplasme mort. M. Loew (de Munich) a été plus loin : il s'est demandé si la substance albuminoïde formée par synthèse dans la plante est, même avant son incorporation au protoplasme, différente de l'albumine ordinaire, c'est-à-dire de l'albumine morte. On sait depuis longtemps que le suc cellulaire contient de l'albumine, mais on croyait que c'était de l'albumine ordinaire. M. Loew nous a montré qu'il n'en est pas ainsi. En solution aqueuse étendue, la plupart des bases déterminent, dans les cellules végétales vivantes, la formation de menus granules, même en solution trop faible pour tuer le protoplasme ; par exemple, à un demi pour cent, la caféine et l'antipyrine donnent lieu à la production de petits globules qui se réunissent en gouttes plus réfringentes. Ces gouttes, appelées *protéosomes* par l'auteur et par M. Bokorny, manifestent les réactions essentielles des albuminoïdes ; mais elles contiennent presque toujours, en faible proportion, il est vrai, de la lécithine et du tannin. Fait digne d'intérêt, ces dernières substances font défaut quand la plante, — l'expérience a porté sur les Spirogyres, — a été cultivée dans des solutions riches en nitrates. Les protéosomes provoquent alors la réduction des sels d'argent, même en milieu faiblement alcalin. Cette propriété disparaît après l'action des acides étendus, comme aussi après la mort des cellules. En ce cas les protéo-

somes deviennent creux et troubles, leur substance semblant se coaguler et s'affaisser. L'expérience établit donc que non seulement l'albumine
organisée du protoplasme vivant, mais aussi l'albumine dissoute dans le suc cellulaire diffèrent de
l'albumine ordinaire qu'on trouve dans les cellules
mortes.

D'autres principes immédiats ont fourni à M. Max
Cremer (de Munich) le sujet d'intéressantes observations. Ce physiologiste a constaté que l'ingestion
d'*isomaltose* détermine, comme la maltose, chez
l'animal vivant l'augmentation de la provision de
glycogène hépatique. La *dextromannose*, au contraire,
se comporte comme le galactose et apparait dans
les urines sans produire d'augmentation notable
de glycogène hépatique. Deux expériences faites
au moyen de *rhamnose* ont fourni des résultats incertains.

M. E. Starling (de Londres) a présenté quelques
expériences sur le sort de la peptone introduite
dans le sang et la lymphe. On avait cru jusqu'à
présent que la peptone introduite dans le sang
disparaissait en quelques minutes. Ce résultat
inexact était dû à l'insuffisance des procédés employés pour la recherche de petites quantités de
peptone dans les liquides albumineux tels que le
sang et la lymphe. M. Starling a employé un procédé plus précis : il précipite les matières albuminoïdes en mélangeant le sang ou la lymphe avec
un égal volume d'acide trichloracétique au dixième.
La peptone peut être recherchée directement par
la réaction du biuret dans le liquide filtré.

De cette façon, après une injection de peptone
de Grubler à la dose de 0 gr. 05 par kilogramme
d'animal, cette substance peut être retrouvée dans
le sang et la lymphe une heure, même une heure
et demie après l'injection. Elle apparait dans la
lymphe du canal thoracique après un temps assez
court; la quantité s'y élève graduellement: au bout
d'un quart d'heure elle dépasse la proportion contenue dans le sang. La teneur des deux liquides en
peptone baisse ensuite graduellement, la lymphe
restant toujours plus riche en peptone que le
sang.

M. Starling n'a trouvé aucune relation entre le
degré de coagulabilité du sang et la proportion de
peptone que ce liquide renferme.

M. R. Verhoogen (de Bruxelles) s'est proposé de
rechercher si les substances étrangères à l'organisme, introduites dans la circulation, diffusent et
se répandent dans tous les tissus d'une manière
uniforme. On sait depuis les travaux de MM. Schiff,
Heger, Roger, etc.., que les alcaloïdes absorbés dans le tube digestif et pénétrant dans le
sang de la veine-porte, sont retenus par le foie. Se
passe-t-il quelque chose d'analogue lorsque l'alca-

loïde est introduit directement dans la grande circulation? Pour le déterminer, M. Verhoogen a administré à des chiens du chlorhydrate de morphine en
injections sous-cutanées ou intra-veineuses. Il a
constaté ainsi tout d'abord que, si l'on pratique chez
l'animal en expérience la respiration artificielle, on
peut lui administrer des doses de morphine bien
plus considérables qu'on ne croit généralement.
C'est ainsi que, en 1 heure, il a pu injecter, dans
la jugulaire d'un chien de 8 kilog., 8 grammes de
chlorhydrate de morphine sec, soit un gramme
par kilogramme d'animal. Dès les premières injections, le chien fut pris de violentes convulsions,
qui se calmèrent rapidement, et, trois heures plus
tard, il ne présentait d'autres phénomènes que ceux
qui sont habituels chez les animaux soumis aussi
longtemps à la respiration artificielle.

Ayant ainsi intoxiqué des chiens à l'aide de
doses considérables, il les sacrifia au bout d'un
temps variant de quelques minutes à plusieurs
heures; puis il recueillit leurs organes et en isola
l'alcaloïde par le procédé de Stas. Il a constaté que
le foie, la moelle osseuse, la rate, contiennent une
quantité d'alcaloïde bien supérieure à celle qu'on
trouve dans le muscle, le tissu nerveux, etc...Si, par
exemple, on prend une moyenne sur quatre chiens
pesant ensemble 21 kilogs et ayant reçu en injection intraveineuse 24 grammes de chlorhydrate
de morphine, on constate que le foie contient
0,6 °/₀₀, la rate 0,45, la moelle 0,4, tandis que le
sang ne contient que 0,3 et le muscle 0,2. Cette
proportion s'est retrouvée dans toutes les analyses,
et souvent à un degré beaucoup plus marqué.
Une semblable localisation de l'alcaloïde dans des
organes comme le foie, la rate, la moelle osseuse,
est naturellement moins prononcée lorsque l'animal
est tué quelques moments après la dernière injection; elle se voit le mieux lorsqu'on le conserve
en vie pendant deux ou trois heures, et diminue
à mesure que se fait l'élimination.

L'auteur a tenté les mêmes recherches avec un
sel minéral, l'iodure de sodium, choisi à cause de
sa grande diffusibilité et parce qu'il n'agit pas sur
le cœur comme l'iodure de potassium, qui tue les
chiens en quelques minutes. Il a injecté dans la
jugulaire des quantités allant jusqu'à 2 grammes
par kilog d'animal. L'extrait alcoolique des organes
étant repris par l'eau, il a dosé l'iode. Cette expérience a montré que l'iodure de sodium diffuse
peu dans les tissus. Même après plusieurs heures,
le sang contient encore une quantité d'iodure bien
supérieure à celle qui a pénétré dans le muscle.
Le foie agit encore ici comme pour les alcaloïdes,
et retient une grande quantité d'iodure. La même
localisation s'observe pour la rate. Lorsque l'élimination se fait, on trouve beaucoup d'iode dans

le rein et dans l'urine; ce phénomene s'observe parfois très rapidement.

M. Verhoogen a fait une troisième série d'expériences : En injectant dans le péritoine d'une souris blanche un gramme d'une solution aqueuse de carbonate de lithine à 1 p. 500, et tuant l'animal après cinq minutes, il a trouvé dans tous les tissus la raie de la lithine. Ce corps diffuse donc rapidement dans tout l'organisme. En injectant quelques centigrammes seulement de la solution, et tuant l'animal après cinq minutes, il ne parvint pas à déceler dans les organes le sel de lithine, parce que la quantité de lithine injectée, diffusant partout, devenait trop minime pour donner la raie caractéristique. Si alors il laissait à la souris une survie d'une heure, il arrivait à constater la raie rouge exclusivement dans le foie. Le sel s'était donc accumulé dans cet organe. Après un temps plus long, la lithine ne se retrouvait plus que dans l'urine.

Il semble résulter de ces expériences que le foie joue à l'égard des principes circulant dans le sang un rôle de filtre analogue à celui qu'on lui a depuis longtemps reconnu pour la circulation-porte. D'après M. Verhoogen, la moelle osseuse jouerait un rôle analogue, plus marqué peut-être à l'égard des alcaloïdes. Il ne lui a pas été possible de reconnaitre si elle exerce une action semblable sur les sels minéraux, la quantité de moelle que l'on peut recueillir chez un chien étant trop faible pour donner des résultats certains par l'analyse.

Rapprochons de ce travail les expériences de M. Wertheimer (de Lille) sur le foie. Ce physiologiste prépare chez un chien une fistule biliaire, puis injecte de la bile de mouton dans la veine fémorale de l'animal. Après quelques minutes, la bile inoculée apparait, en nature, dans le liquide complexe qui s'écoule de la fistule. On la reconnait au spectroscope, la bile de mouton présentant quatre raies qu'on ne trouve pas dans la bile des autres animaux, notamment du chien.

Le même savant a donné au Congrès la primeur de ses recherches sur l'élimination des pigments par le foie. Après avoir constaté que le foie est apte à rejeter en substance les pigments biliaires introduits dans le sang, il a recherché si le foie se comporte de même à l'égard d'autres pigments d'origine végétale ou animale. Ses expériences ont d'abord porté sur la chlorophylle. Mais, comme cette substance n'est soluble que dans des véhicules qu'il y aurait eu grand inconvénient à injecter dans le sang, il a employé l'un des principes qui entrent, d'après M. Fremy, dans la constitution de la matière colorante des feuilles : l'acide phyllocyanique. Le phyllocyanate de potasse offrait l'avantage d'être soluble dans l'eau sous l'influence d'un léger excès

de bore, et de donner, aussi nettement que la chlorophylle, la bande d'absorption dans le rouge, si caractéristique.

Chez un chien curarisé auquel il avait pratiqué une fistule de la vésicule biliaire, l'auteur a injecté dans la veine fémorale huit centimètres cubes d'une solution de phyllocyanate de potasse. Cette solution était d'un beau vert et montrait au spectroscope la bande dans le rouge très prononcée, pour ne parler que de la bande principale. Le liquide qui s'écoulait de la fistule fut ensuite porté au spectroscope de quart d'heure en quart d'heure. Dans le deuxième échantillon de bile, ainsi examiné, on voyait déjà très nettement la bande de la chlorophylle, et le produit de sécrétion, normalement jaune clair, avait pris une teinte verte. La coloration verte se prononça ensuite de plus en plus, se rapprochant de celle de la solution qui avait servi à l'injection, en même temps que les caractères de la bande d'absorption montraient aussi que le pigment végétal passait dans la bile en quantité de plus en plus considérable. — L'animal ayant été sacrifié, on trouva dans la vessie 4 à 5 centimètres cubes d'une urine qui ne présentait ni teinte verte, ni trace de bande dans le rouge. Il y avait donc eu une action élective du foie sur le pigment végétal. — Il est à remarquer que la chlorophylle et la bilirubine offrent, comme l'a établi M. le Pr A. Gautier, les plus grandes analogies. Ces deux corps ont les mêmes dissolvants, jouent tous les deux le rôle d'un acide faible, etc., et en particulier l'acide phyllocyanique est isologue de la bilirubine. Il paraît donc probable que ces deux corps sont éliminés par le foie de la même façon.

§ 2. — Sécrétions internes.

La physiologie des sécrétions subit, en ce moment, une évolution très remarquable. En 1889, MM. von Mering et Minkowski mirent en lumière une nouvelle fonction spécifique du pancréas : ils avaient observé ce fait considérable que l'ablation *totale* du pancréas rend le chien diabétique. Les expériences ultérieures de ces auteurs et de plusieurs autres, notamment de MM. Hédon, Gley, Lépine et Barral établirent que : 1° Le trouble de la nutrition, qui se produit alors, est caractérisé par un défaut dans l'utilisation des matériaux azotés ; 2° ce défaut résulte de la suppression, — non des diastases digestives, — mais d'un ferment qui, normalement déversé par le pancréas dans le sang, a pour effet d'y détruire le sucre [1].

[1] Voyez à ce sujet le remarquable article consacré par M. Gley aux Récents travaux sur le Pancréas dans la *Revue* du 30 juillet 1891; t. II, p. 469.

En ajoutant au rôle de glande digestive, que joue le pancréas, celui de glande vasculaire sanguine, ces découvertes ramenaient l'attention sur un ordre de sécrétions fort peu étudiées depuis les mémorables expériences de Cl. Bernard sur la fonction glycogénique du foie. On se demanda si les glandes vasculaires, comme le corps thyroïde et les capsules surrénales, dont la haute importance était connue, mais la fonction ignorée, n'auraient pas pour mission de déverser des ferments spéciaux dans le sang et d'y opérer soit des dédoublements utiles à la nutrition, soit la neutralisation d'excrétions toxiques normales. A cette dernière idée conduisaient aussi les données bactériologiques : les excrétions bactériennes sont toxiques pour les microbes qui les produisent; ce que fait une cellule microbienne, il est naturel qu'une cellule d'un tissu le fasse aussi. Pourquoi les poisons continuellement fabriqués par nos cellules ne seraient-ils pas en partie neutralisés dans l'économie, comme semblent y être détruits par certains vaccins solubles les produits virulents des microbes pathogènes?

Enfin, les effets surprenants, annoncés par M. Brown-Séquard au sujet de l'injection du liquide testiculaire, sont venus aussi imposer la recherche des sécrétions internes dans tous les organes glandulaires, surtout ceux dont la fonction était demeurée inconnue.

Cette question a provoqué, en ces derniers temps, des travaux d'un haut intérêt. Au Congrès de Liège, elle a été l'objet de plusieurs communications importantes.

M. Hédon (de Montpellier) a exposé des expériences nouvelles qui établissent un départ très net entre la sécrétion interne (intra-sanguine) du pancréas et la sécrétion complexe de cette glande dans le tube digestif. Il a eu l'idée de maintenir la première et d'abolir la seconde chez le même animal, en extirpant du tube digestif le pancréas et le greffant sous la peau.

Chez le chien on réussit à greffer le pancréas sous la peau de l'abdomen, en opérant de la façon suivante : On isole la portion duodénale descendante de la glande, en la séparant du reste par une section entre deux ligatures et en déchirant le mésentère. Il faut avoir soin de respecter un pédicule vasculaire qui aborde cette portion de glande par son extrémité, et qui est constitué par une artère et une veine venant des vaisseaux mésentériques. Grâce à la longueur de ce pédicule vasculaire, on peut attirer complètement hors de l'abdomen, à travers les lèvres de l'incision abdominale, le morceau de glande détaché. Ce fragment est fixé sous la peau du ventre décollée à côté de l'incision, et continue de recevoir des

éléments de nutrition, puisque la circulation est conservée. Quand la plaie est cicatrisée, le pancréas ectopié n'a plus d'autre connexion avec la cavité abdominale que celle de ses deux vaisseaux qui passent à travers le tissu de cicatrice. On peut alors lier ces vaisseaux sans compromettre la vitalité de la glande, parce que des vaisseaux de nouvelle formation, venant du tissu cellulaire sous-cutané, ont pénétré dans son tissu. Le suc pancréatique continue d'être sécrété par une petite fistule qui persiste en un point de la ligne de cicatrisation. Le liquide qui s'en écoule a tous les caractères de la sécrétion normale : il saccharifie l'empois d'amidon, émulsionne les graisses, digère l'albumine.

Les résultats de l'opération sont très démonstratifs : si, à un chien porteur d'une greffe, on extirpe tout le pancréas resté dans l'abdomen, la glycosurie ne se produit pas. Le chien non greffé, auquel on enlève toute la glande, devient, au contraire, diabétique. L'absence de glycosurie doit donc être rapportée à la présence du fragment de pancréas sous la peau. En effet, si, sur un chien porteur d'une greffe et déjà privé de son pancréas intra-abdominal, on extirpe la greffe, la glycosurie se produit immédiatement et avec une très forte intensité. Si, chez un chien greffé ayant déjà subi l'extirpation du pancréas intra-abdominal, et non glycosurique, la greffe sous-cutanée du pancréas s'atrophie à la suite de la ligature de son pédicule vasculaire, — ce qui arrive dans quelques cas, — la glycosurie apparaît et augmente peu à peu d'intensité à mesure que l'atrophie de la greffe fait des progrès. Ces expériences sont évidemment décisives.

M. Slosse (de Bruxelles) a présenté, au nom de M. Godart (de Bruxelles) et au sien, un chien thyroïdectomisé ; la même opération pratiquée au même moment sur 13 autres chiens les avait tués. L'animal survivant a offert les symptômes habituels chez les opérés de ce genre, et cela avec une intensité remarquable. Peu à peu, ces symptômes s'amendèrent, les accès convulsifs se manifestèrent à des intervalles de plus en plus rares, et l'animal est passé, après quatorze mois, de l'état de misère physiologique le plus accentué, à un état de santé satisfaisant. Il semble donc, disent MM. Godart et Slosse, que le corps thyroïde n'est pas indispensable à l'animal adulte.

C'est aussi à cette conclusion qu'aboutissent les recherches exposées par M. Moussu (d'Alfort). Ce physiologiste n'a constaté aucune modification du sang, quant à la teneur en gaz, sucre et hémoglobine, chez les Carnassiers thyroïdectomisés, bien que des accidents graves soient toujours la conséquence de l'opération. Celle-ci, d'après lui, même quand elle est complète et ne laisse rien des glandes accessoires, semble avoir effet nécessaire chez les Rongeurs et les Herbivores (cheval, âne, chèvre, bélier) et les Omnivores (porc) arrivés à l'âge adulte. Inversement M. Moussu a cité le cas d'un porcelet de dix jours chez lequel la thyroïdectomie entraîna le myxœdème et finalement la mort. Généralisant ces observations, l'auteur a formulé les conclusions suivantes : Les carnivores étant mis à part, 1° le corps thyroïde doit surtout jouer un rôle important pendant le jeune âge ; 2° les glandes dites accessoires sont, pour ainsi dire, sans importance physiologique quant à la fonction de suppléance qu'on leur a attribuée ; 3° le régime n'a aucune action dans l'évolution des accidents ; 4° le myxœdème peut être produit aussi bien chez certains animaux que chez l'homme.

Sur cette question du corps thyroïde, mentionnons enfin un travail de MM. Godard et Slosse, relatif à la toxicité urinaire des animaux éthyroïdés. Les auteurs ont fait remarquer qu'avant l'opération la toxicité est si variable qu'on ne peut la comparer utilement à la toxicité après la suppression de la glande. Pour interpréter les résultats, ils ont comparé les moyennes de la toxicité avant et après l'opération. Cette méthode ne décèle, suivant eux, aucun changement. Enfin ils ont signalé comme doublement vicieux le procédé qui consiste à doser la toxicité urinaire au moyen d'injections faites au lapin, la dilution des produits toxiques étant très variable, variable aussi la sensibilité de l'animal inoculé.

Ce dernier point doit en effet fixer l'attention, car les auteurs annoncent avoir obtenu des effets très différents en injectant à des lapins de même poids des quantités égales de sels de strychnine. Or, jusqu'à présent la toxicité de ces sels passait pour bien déterminée.

M. R. Hürtle (de Breslau) a montré des injections colorées des lymphatiques de la glande thyroïde. Ces injections donnent l'impression que les parties vides du follicule communiquent avec les lymphatiques par des fentes séparant les cellules.

Les capsules surrénales ont été, en ces derniers temps, l'objet d'importantes recherches. M. P. Langlois (de Paris) a exposé au Congrès les résultats qui se dégagent à l'heure actuelle de l'ensemble des travaux qu'il a faits sur ce sujet en collaboration avec M. Abelous (de Toulouse).

Rappelons d'abord que les premières recherches sur les fonctions des capsules surrénales datent de 1856. Dans un Mémoire, remarquable par l'originalité de l'expérimentation et la profondeur des aperçus, M. Brown-Séquard montrait, à cette époque, que la destruction totale des capsules en-

traîne la mort à brève échéance. Déjà l'illustre savant insistait sur le fonctionnement des glandes à sécrétion interne, question qui tient aujourd'hui une si grande place dans les préoccupations des physiologistes.

Mais le processus même, qui entraînait la mort de l'animal privé de ses capsules était demeuré inconnu. C'est cette question que MM. Abelous et Langlois ont abordée. Leurs premières recherches ont porté sur les grenouilles. La destruction des organes suprarénaux chez ces animaux est relativement facile au moyen d'une anse de fer rougie ou d'un galvano-cautère. Les auteurs ont abouti aux résultats suivants :

1° La destruction des deux capsules surrénales entraîne fatalement et rapidement la mort (survie de 36 à 48 heures en été, plus longue en hiver) ;

2° La destruction d'une seule capsule n'entraîne pas la mort, l'animal ne présente aucun trouble ;

3° La destruction complète d'une capsule et la destruction de la moitié de l'autre n'entraînent pas la mort ;

4° Quand la destruction de la 2° capsule porte sur la presque totalité de l'organe, l'animal meurt ; mais la survie est toujours plus longue qu'après la destruction complète des 2 capsules. La mort est précédée de phénomènes de paralysie débutant par les membres postérieurs, gagnant le train antérieur, puis l'appareil respiratoire hyoïdien. Ces troubles ne commencent à se manifester qu'au bout d'un certain temps : immédiatement après la double destruction des capsules, les grenouilles réagissent avec leur vivacité habituelle ; il n'y a pas trace de choc post-opératoire ;

5° La mort est le résultat d'une auto-intoxication. La preuve, c'est que l'injection du sang d'une grenouille mourante à la suite de la destruction de ses deux capsules à une grenouille récemment opérée et encore très vivace entraîne au bout de quelques minutes, la paralysie et la mort. Cette injection faite à une grenouille normale ou privée d'une seule capsule n'entraîne que des troubles légers et passagers ;

6° Si, après la destruction des deux capsules, on insère dans un des sacs lymphatiques de la grenouille opérée des fragments de rein avec les capsules attenantes pris à une grenouille normale, la survie de la grenouille opérée est manifestement prolongée (5 à 6 jours en moyenne) ;

7° L'injection intra-veineuse ou sous-cutanée d'extrait aqueux préparé avec des capsules surrénales produit à peu près les mêmes effets.

De quelle nature est la paralysie qui se manifeste après injection de sang de grenouille acapsulée ou après la destruction des deux capsules ? Cette paralysie rappelle beaucoup la paralysie curarique. Elle porte en effet sur les terminaisons des nerfs dans les muscles, comme les auteurs s'en sont assurés en répétant l'expérience classique de Cl. Bernard (ligature d'une patte postérieure au-dessus du sciatique). Cependant l'irritabilité musculaire paraît un peu plus atteinte que dans l'intoxication curarique.

Ainsi se trouve établi ce fait capital : La mort des grenouilles à la suite de la destruction des capsules surrénales est la conséquence de l'accumulation dans l'organisme de substances toxiques qui normalement sont modifiées, neutralisées ou détruites par un produit de secrétion interne que les capsules surrénales déversent dans le sang.

Ces substances toxiques, principalement curarisantes sont produites au cours des échanges chimiques et probablement au cours du travail musculaire, car les grenouilles fatiguées par des mouvements réactionnels provoqués, meurent beaucoup plus vite que des grenouilles au repos.

MM. Abelous et Langlois ont poursuivi leurs investigations sur les Mammifères, presque exclusivement sur le Cobaye. Ils sont arrivés à la même loi. Les animaux meurent par paralysie. Quelque temps avant la mort, le sciatique n'est plus excitable; même quand le cœur bat encore, l'excitation faradique du nerf phrénique n'amène aucune contraction du diaphragme, alors que ce muscle, excité directement, se contracte d'une façon énergique. Cette paralysie curariforme résulte d'une auto-intoxication, car l'injection de 5 à 6 centimètres cubes de sang pris à un cobaye qui vient de mourir, faite sous la peau d'une grenouille normale, entraine rapidement une paralysie complète, paralysie portant sur les terminaisons des nerfs moteurs. L'injection de sang de cobaye mort à la suite d'autres traumatismes ou de cobayes monocapsulés et sacrifiés ne produit pas de troubles chez les grenouilles auxquelles ce sang est injecté.

Ces faits permettent d'étendre aux Mammifères les conclusions que comportaient les recherches sur la grenouille :

Les capsules surrénales sont des glandes vasculaires sanguines destinées à élaborer des substances de nature encore inconnue, mais dont l'existence est certaine et qui sont indispensables à la vie. Ce sont en effet des substances anti-toxiques qui neutralisent, modifient ou détruisent des matières toxiques se produisant au cours des échanges nutritifs et spécialement du travail musculaire.

A l'occasion de ce travail, M. Langlois a établi un rapprochement entre l'état des capsules surrénales et la maladie d'Addison. Dans cette maladie, la pigmentation anormale de la peau n'est pas le symptôme unique : l'impotence générale est non moins caractéristique. Or, MM. Abelous et Langlois signalent une relation entre cette impotence

et l'altération des capsules. Leurs recherches, faites avec M. Charrin, ont établi que chez l'addisonien vrai la courbe de la fatigue est spécifique ; suivant qu'on obtiendrait ou non cette courbe chez le malade, on pourrait, d'après ces auteurs, conclure à l'altération ou à l'intégrité des capsules.

IV. — MUSCLES ET SYSTÈME NERVEUX

C'est sur ce chapitre de la Physiologie que les communications ont été les plus nombreuses.

M. E. A. Schäfer (de Londres) a exposé une série de magnifiques préparations de fibres musculaires d'insectes durcies, et les a montrées en projection ; on y voit les fibrilles musculaires aux états dits *allongé* et *contracté*, les disques musculaires (élément sarceux), etc.. Dans les disques obcurs de chaque fibrille se trouvent, de chaque côté, jusqu'au voisinage de la strie de Hensen, mais non plus loin, de petits canalicules clairs. Ceux-ci ne sont sans doute autres que les fibrilles longitudinales bien connues. Au moment de la contraction, l'épaisseur des stries claires diminue par suite de la pénétration, dans les canalicules, des disques obscurs de la substance monoréfringente ; le diamètre longitudinal des disques obscurs augmente alors.

Quant aux expériences, elles ont surtout porté sur les éléments nerveux. Nous considérerons successivement celles qui ont trait à l'action des poisons sur l'excitabilité nerveuse, celles qui se rapportent à divers modes d'excitation et de fonctionnement des nerfs, aux localisations cérébrales du mouvement et de la sensibilité, enfin à l'excitabilité générale du protoplasme.

§ 1. — Action des poisons sur l'excitabilité des nerfs et des muscles.

M. Wertheimer (de Lille) nous a montré d'élégantes expériences relatives à l'action de la strychnine sur les nerfs vaso-moteurs. Cet alcaloïde est, comme on sait, un agent vaso-constricteur des plus énergiques. C'est au point qu'il peut faire monter la pression artérielle au double de sa valeur normale, même quand, par la curarisation, on a éliminé l'influence des convulsions des muscles de la vie animale. Ce qui est moins connu, c'est que la même substance peut aussi provoquer la vaso-dilatation. M. Wertheimer a fait l'expérience que voici : il injecte dans la veine fémorale d'un chien curarisé 2 à 4 milligrammes de sulfate de strychnine : une rougeur excessivement intense envahit, au bout de quelques secondes, la muqueuse des lèvres, des gencives et de la langue. Si l'on enregistre en même temps la pression, on voit que la rougeur se manifeste soit au moment où la pression arrive à son maximum, soit un peu plus tard ; puis, la congestion disparaît en même temps que la tension baisse.

L'explication du phénomène est assez simple : la strychnine excite non seulement les centres vasoconstricteurs, mais encore les centres antagonistes. Par conséquent, dans les régions où les actions vaso-dilatatrices prédominent, celles-ci se manifesteront seules. Après section unilatérale du lingual, la rougeur disparaît dans la moitié de la langue qui correspond à la section nerveuse.

Les effets de la strychnine sur les centres nerveux font donc ressortir d'une façon saisissante la cause de l'antagonisme observé entre la circulation profonde et la circulation périphérique, c'est-à-dire le jeu de l'un des mécanismes qui assurent la régulation de la pression artérielle.

M. G. Grigorescu (de Bucarest) a exposé l'analyse graphique comparative à laquelle il s'est livré au sujet de l'action que les substances toxiques exercent sur l'excitabilité des muscles et des nerfs périphériques. A l'état normal l'excitabilité offre à peu près les mêmes caractères dans les nerfs centrifuges, les muscles et les nerfs sensitifs : si, par exemple, on lance un même courant induit d'effet minimum successivement dans le nerf sciatique d'une grenouille, le muscle gastrocnémien et la patte du même membre, les contractions du gastrocnémien servant de réponse à ces trois systèmes, on obtient sur l'appareil inscripteur trois tracés identiques. Même résultat, quand l'animal a reçu au préalable une injection hypodermique d'une des substances suivantes : morphine, narcotine, physostigmine, pilocarpine, aconitine, cocaïne, vératrine, digitaline, bromure de potassium, caféine, théine, chloral hydraté. Ces agents diminuent dans le même rapport l'excitabilité des trois systèmes. Au contraire, après injection d'opium, narcéine, codéine, papavérine, les tracés sont nettement discordants : l'excitabilité est diminuée dans les nerfs, mais non dans les muscles. Semblable discordance étant produite aussi par le curare, l'auteur se demande si les poisons énumérés en dernier lieu agissent à la façon du curare sur les terminaisons périphériques des nerfs. Il en vient à cette supposition que l'uniformité d'excitabilité serait maintenue après l'injection des toxiques à action centrale, tandis que les poisons à action périphérique la détruiraient complètement. Si cette hypothèse était bien fondée, elle entraînerait, en thérapeutique, d'importantes innovations : on pourrait opposer les substances du premier type à celles du second. M. Grigorescu a obtenu cet antagonisme en opposant le butylchloral à la strychine ; à ce dernier poison il a ainsi trouvé un puissant antidote. Toutefois, comme il a

eu soin de le faire remarquer, ce résultat est encore insuffisant pour asseoir la théorie.

Rapprochons de cet intéressant travail sur les poisons nerveux les recherches de MM. N. Gréhant et Martin (de Paris), relatives à l'action physiologique de la fumée d'opium. On sait que l'opium est fumé par cinq millions de Chinois ; le fumeur n'emploie point l'extrait gommeux d'opium, mais une préparation spéciale obtenue par fermentation et qui a reçu le nom de *chandoo*. Il est couché et il introduit dans un trou pratiqué dans le fourneau de la pipe une petite boulette qu'il prépare en faisant agir la flamme d'une lampe sur une gouttelette de chandoo ; la même flamme sert à décomposer l'opium ; il se produit une fumée épaisse que le fumeur fait pénétrer dans les poumons par une inspiration aussi forte que possible : à la neuvième ou dixième pipe, survient un sommeil profond, accompagné, paraît-il, de rêveries agréables.

MM. Gréhant et Martin se sont servis du chandoo que M. le Dr Kermogant leur avait envoyé de Saïgon. N'osant expérimenter sur l'homme, ils ont fait respirer à des chiens la fumée provenant de la décomposition de 10 grammes d'extrait d'opium ou de 10 grammes de chandoo, quantité qu'un Chinois fumerait en quinze jours. L'appareil qui leur a permis de réaliser l'expérience et qu'ils ont fait fonctionner devant les membres du Congrès, se compose d'un creuset C (fig. 11) qui a reçu

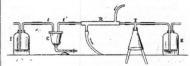

Fig. 11. — Appareil servant à faire fumer l'opium.

10 grammes d'extrait d'opium, d'un couvercle métallique scellé au plâtre, traversé par deux tubes *t* et *t'* : le premier tube *t* est uni à une soupape de Muller I servant à régler l'inspiration ; le second tube *t'* communique avec un tube réfrigérant R, traversé par un courant d'eau froide ; en outre, un tube en T, réuni à une soupape de Muller E, servant à l'expiration, communique avec une muselière de caoutchouc fixée sur la tête d'un chien attaché convenablement ; on chauffe le creuset avec un bec de Bunsen et on fait respirer à l'animal tous les produits de décomposition. Ceux-ci circulent dans les poumons et donnent encore, après s'être dissous en partie dans l'eau de la soupape d'expiration, une fumée abondante qui s'échappe dans l'air ; l'expérience dure une heure.

Les auteurs ont mesuré chez un chien la pression normale du sang dans l'artère carotide. Ils ont reconnu que le second tracé, obtenu lorsque l'animal a respiré la fumée d'opium, recouvre exactement le premier tracé ; ainsi les produits de décomposition de l'opium par la chaleur ne paraissent pas modifier l'énergie des battements du cœur. MM. Gréhant et Martin pesèrent ensuite l'acide carbonique exhalé en deux minutes par un chien ; ils obtinrent un poids plus grand d'acide carbonique exhalé par l'animal qui avait fumé 10 grammes d'extrait d'opium. Cette différence s'explique facilement : les produits de décomposition de la matière organique renfermaient de l'acide carbonique, qui s'était fixé dans le sang et dans les tissus.

Dans une autre série d'épreuves, l'inhalation de la fumée d'opium fut suivie de l'inhalation de la vapeur fournie par un mélange d'un quart de chloroforme et de trois quarts d'alcool (procédé de M. le Dr Quinquaud) ; on remarqua que l'insensibilité complète de la cornée est précédée d'une période d'agitation beaucoup moins prononcée que si l'animal était à l'état normal.

Comparant ces faits, constatés chez les animaux, à ceux qu'on a depuis longtemps observés chez l'homme, MM. Gréhant et Martin concluent que, si l'on considère la fumée d'opium comme un réactif physiologique, il y a une différence considérable entre le système nerveux central de l'homme et celui d'un Mammifère.

C'est encore un problème d'action toxique sur le système nerveux qu'ont résolu MM. J. Courmont et Doyon (de Lyon), en étudiant la physiologie pathologique du tétanos. Dans un article que nos lecteurs n'ont certainement pas oublié [1], M. le Dr Vincent, exposant ses travaux, faits avec M. Vaillard, et ceux de quelques autres microbiologistes, montrait que le microbe de Nicolaïer doit son action tétanisante aux substances ou à l'une des substances qu'il excrète. Il restait à savoir si ce poison soluble porte son action toxique sur le muscle ou sur le système nerveux. MM. Courmont et Doyon ont essayé d'élucider la question. Il leur a paru difficile de la bien étudier sur le lapin et le cobaye. Chez ces animaux, l'évolution de la maladie est trop rapide, surtout chez le cobaye. Les auteurs ont réussi à inoculer le tétanos à la grenouille. Chez cet animal, les éléments anatomiques sont plus résistants, partant l'analyse physiologique plus facile. Sur le lapin et le cobaye tétanisés, on voit, après l'empoisonnement par le curare, subsister encore de la raideur de certains muscles. Chez la grenouille, les membres deviennent absolument flasques. Le poison tétanique n'est donc pas un poison musculaire, ce qu'on ne pouvait voir sur les deux Rongeurs.

Les auteurs énervèrent ensuite la patte postérieure d'un lapin ; ils enlevèrent la moelle lombaire sur le lapin et le cobaye. Si l'opération est complète, les pattes ainsi privées de leurs connexions nerveuses avec la moelle sont à l'abri d'un tétanos même généralisé. Mais rien n'est moins certain que la réussite de ces opérations. Souvent elles sont incomplètes. Aussi les résultats ne peuvent-ils entraîner une conviction absolue. L'expérience suivante, répétée souvent sur la grenouille, est au contraire décisive : On sectionne la moelle ou les racines qui innervent d'un côté la patte postérieure d'une grenouille ; on inocule une goutte de culture en un point quelconque. Au bout de 6 à 7 jours la grenouille manifeste le tétanos. Seule la patte énervée reste toujours absolument indemne. C'est donc sur le système nerveux, non sur le muscle, que le poison tétanique exerce son influence.

§ 2. — **Excitation et fonctionnement des nerfs.**

Indépendamment de l'action chimique, divers facteurs interviennent dans l'excitation des muscles et des nerfs. L'étude des phénomènes qu'ils provoquent semble à l'ordre du jour de la physiologie, si l'on en juge par le nombre des communications présentées sur ce sujet.

M. Francis Gotch (de Liverpool) a exposé les résultats de ses expériences relatives à l'influence que les variations de la température exercent sur l'excitabilité des muscles et des nerfs. Généralisant des faits observés sur les nerfs de la grenouille, on avait supposé que, dans certaines limites, l'excitabilité des nerfs et des muscles augmente avec l'élévation de la température, au moins jusqu'à 30° C. Hering et Bidermann ont signalé une exception à cette règle : l'augmentation d'excitabilité de la grenouille refroidie. Or M. Gotch a trouvé que, lorsqu'on emploie les courants d'induction pour exciter un nerf, l'élévation locale de température ainsi produite (jusqu'à 35° C.) rend le tissu de la région chauffée plus apte à éprouver cette forme de stimulation. Comme ce phénomène était hors de toute proportion avec un changement dans la résistance du tissu dû à la température, M. Gotch conclut qu'à cette température le nerf devient réellement plus sensible à ce mode d'excitation. Il en est tout autrement des autres stimulants : l'excitation à la fermeture et à l'ouverture d'un courant galvanique (si courtes soient-elles), l'excitation par stimulants mécaniques ou chimiques, sont toujours favorisées par le refroidissement du siège de l'excitation. Ce phénomène s'observe même quand le refroidissement

[1] Voyez la *Revue* du 15 mai 1891, t. II, p. 296.

atteint 3° C. L'auteur l'a constaté sur le nerf moteur du muscle de la grenouille, le muscle curarisé, la substance musculaire du cœur et les nerfs moteurs des muscles des Mammifères. Ainsi apparaît ce fait remarquable que le nerf sciatique du chat, du lapin, etc..., refroidi dans son ensemble jusqu'à 4° C., est beaucoup plus sensible qu'à la température normale à ces derniers stimulants.

On voit donc, dit M. Gotch, que la propriété de répondre à des stimulants (c'est-à-dire l'excitabilité) est influencée par une température diamétralement opposée à celle qui agit le $_{plu}$s sur la conductibilité du tissu. Ses expériences tendent, selon lui, à démontrer que le pouvoir stimulant du courant induit est absolument différent du pouvoir stimulant des courants galvaniques et des agents mécaniques ou chimiques.

Dans toutes les expériences, il importe donc de tenir compte du mode d'excitation. Signalons à ce propos la méthode dont M. Cybulski (de Cracovie) est venu préconiser l'emploi. Il recommande d'exciter les muscles et les nerfs par les décharges du condensateur. L'action physiologique de la décharge dépend uniquement de son énergie; cette loi ressort, dit l'auteur, des nombreuses expériences qu'il a instituées avec son collaborateur, M. Zanietowski, expériences dans lesquelles ces savants ont fait usage de plusieurs condensateurs avec des différenees variées de potentiel. Selon M. Cybulski, ce procédé est actuellement le seul qui permette de définir d'une façon complète l'excitation électrique : il le recommande en conséquence comme méthode générale d'excitation. — M. Mendelsohn (de Saint-Pétersbourg) a fait observer que cette méthode est depuis longtemps pratiquée en France.

M. F. Marès (de Prague) a montré un appareil (fig. 12) servant à l'excitation des nerfs par des courants d'induction magnétique. L'étude de l'excitation des nerfs par de tels courants a été jusqu'à présent assez rare. En ces derniers temps, elle a été abordée par MM. Prützner et Schott, qui ont employé les courants de la machine de Stöhrer et de la sirène électrique de Prützner. M. Joubert, il y a quelques années, avait proposé d'imprimer un mouvement rotatoire ou d'oscillation à un barreau aimanté placé en présence d'une bobine. Mais jusqu'à présent ce projet n'a pas été réalisé.

L'appareil de M. F. Marès (fig. 12) résout le problème d'avoir des courants d'induction magnétique physiquement déterminés et variables à volonté : un aimant A traverse une bobine d'induction B avec une vitesse régulièrement variable, conformément aux lois de la chute des corps. C'est une sorte de machine d'Atwood qu'a employée M. F. Marès. Le mouvement de l'aimant A, passant au travers de la bobine B, donne naissance à un

courant électrique, composé de deux variations de sens contraire; la quantité d'électricité mise en mouvement dépend de la force magnétique de l'ai-

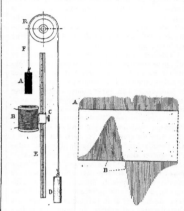

Fig. 12. — Appareil de M. Marès. — A, aimant; F, fil; R, roue; D, contrepoids; B, bobine; C, vis pour fixer la bobine à diverses hauteurs sur l'échelle E.

Fig. 13. — A, Schéma des secousses musculaires. — B, Intensités des parties du courant induit auxquelles correspondent les secousses musculaires (Schéma).

mant et de la nature de la bobine; elle est indépendante de la vitesse de ce mouvement.

En faisant agir cette onde électrique sur le nerf moteur, on trouve que l'excitation, mesurée par l'amplitude de la secousse musculaire, dépend de la vitesse du passage de l'aimant au travers de la bobine. En faisant varier cette vitesse régulièrement et symétriquement, on peut faire tracer par le muscle des courbes d'une netteté parfaite, que l'on dirait gravées par une machine; cette régularité absolue démontre que, dans ce procédé, l'excitation du nerf est physiquement déterminée. L'auteur a exposé un grand nombre de graphiques témoignant de cette régularité. L'intensité du courant étant minime et le courant étant composé de deux variations de sens contraire, on peut faire plus de 500 excitations du même nerf sans le fatiguer, ni le polariser.

L'appareil de F. Marès fonctionne aussi comme un rhéotome pour fractionner l'onde électrique et n'en lancer qu'une partie dans un nerf ou dans un galvanomètre. Si l'on procède d'une façon successive, pour étudier l'effet de chacune des portions de l'onde, au moment où l'aimant met le rhéotome en action, on obtient un tracé composé de secousses musculaires (A, fig. 13), et un autre corrélatif (B, fig. 13), dont les ordonnées indiquent l'intensité de la partie du courant induit qui a produit l'excitation correspondante du nerf. De cette sorte on peut construire la courbe de l'intensité de l'onde électrique induite dans une bobine par le passage d'un aimant.

L'appareil de M. Marès convient, comme on le voit, pour étudier la relation qui existe entre l'excitation du nerf et les divers facteurs physiques de cette excitation. L'instrument permet, en effet, de faire varier l'un après l'autre chacun de ces facteurs, offrant ainsi les avantages qu'on avait demandés jusqu'ici aux condensateurs.

Les services que l'électromètre capillaire de Lippmann rend tous les jours à l'étude des courants dans les muscles et les nerfs ont suggéré à MM. Burdon Sanderson et Burch (d'Oxford) l'idée d'enregistrer simultanément sur la même plaque photographique : 1° les excursions de la colonne mercurielle de l'électromètre, qui traduisent les variations électriques du muscle pendant la contraction ; 2° les phases du raccourcissement mécanique du muscle ; 3° le graphique du temps. Ces physiologistes ont projeté, au moyen de la lanterne, plusieurs exemples des tracés obtenus et toute une série de photographies représentant la disposition de leurs appareils.

La question de l'infatigabilité des nerfs, qui préoccupe en ce moment les neurologistes, a été traitée par M. N. Wedensky (de Saint-Pétersbourg). De ses recherches antérieures ce savant avait conclu que le nerf peut supporter pendant plusieurs heures une irritation continuelle sans se fatiguer, et le fait avait été admis à la suite de nouvelles expériences, par MM. Bowditch, Maschesck et Szana. M. Wedensky, allant plus loin, soutient aujourd'hui que le nerf, simple conducteur, est absolument infatigable. Il en donne pour preuve la comparaison, réalisée par M. Four dans son laboratoire, entre la survie d'un nerf irrité et celle d'un nerf demeuré au repos.

Les expériences ont été faites sur les nerfs des animaux à sang chaud ; comme indicateur de leur vitalité, on se servait de leurs actions électriques sur le téléphone et sur le galvanomètre. Les deux nerfs manifestaient la même survie et mouraient parallèlement. M. Wedensky conclut que l'activité du nerf n'est accompagnée d'aucune fatigue ni d'aucun épuisement.

Le même auteur a fait fonctionner devant les membres du Congrès un dispositif ingénieux pour déceler les courants d'action dans les nerfs. Le téléphone, relié directement au nerf (2 ou

4 nerfs sciatiques de grenouilles), fait entendre le son qui correspond au nombre des courants induits excitants. L'intensité du son croît aussitôt qu'on renforce un peu les irritations ; celles-ci atteignent un maximum, après lequel il n'y a plus renforcement du son téléphonique ; au contraire, le son commence à s'affaiblir quand les irritations deviennent très fortes. Si l'on tue le nerf par l'ammoniaque, le son téléphonique disparaît. Ce sont seulement les courants excessivement forts qui font entendre, sur le nerf tué, des actions unipolaires, lesquelles se caractérisent par un timbre singulier et par leur renforcement.

L'expérience suivante, faite par M. Wedensky sur ses auditeurs, a eu beaucoup de succès : le sujet plonge les deux mains dans deux baquets contenant une solution conductrice ; les baquets sont reliés à deux téléphones appliqués aux deux oreilles de l'observateur. Chaque fois que l'homme en ferme énergiquement les deux poings ou l'un d'eux, on entend dans le téléphone un bruit rappelant le son que l'on perçoit par l'auscultation directe du muscle. Ainsi le téléphone peut servir à révéler les courants qu'engendre la contraction volontaire [1].

M. Wedensky a en outre utilisé pour étudier les changements électrotoniques de l'excitabilité du nerf. L'appareil complète heureusement les indications du galvanomètre : les indications de ce dernier instrument ne dépendent pas de la section transversale du nerf, autrement dit de l'intensité du courant nerveux à l'état de repos. Tandis que le galvanomètre, dans les cas où les courants de repos sont très faibles, n'indique pas du tout de variations négatives ou même traduit seulement les variations positives, le téléphone continue toujours de révéler l'activité du nerf. On n'a qu'à appliquer au nerf une nouvelle section transversale pour observer de nouveau au galvanomètre des variations négatives intenses. En outre, le téléphone avertit, mieux que tout autre appareil, de l'approche de la mort du nerf. A mesure que le nerf meurt, le son téléphonique perd de sa netteté et se complique de bruits différents ; enfin, immédiatement avant la mort, on n'entend qu'un bruit faible ; alors le téléphone devient moins sensible que le galvanomètre. C'est le contraire que l'on observe sur un nerf frais.

---

[1] Cette élégante expérience rappelle celle que nous a récemment montrée à Londres un autre physiologiste, présent au Congrès de Liège, M. Waller. Ce savant relie une solution saline à un électromètre capillaire de Lippmann. Son chien plonge les pattes de devant dans la solution. Tant qu'on ne s'occupe pas de l'animal, aucune dénivellation ne se produit dans l'appareil ; mais, si on le caresse, même de la voix, immédiatement la colonne mercurielle se met à osciller.

Le même auteur nous a rendus témoins d'une série d'expériences très délicates touchant l'optimum et le pessimum d'action que les irritations électriques intermittentes exercent sur le couple neuro-musculaire. Un muscle de grenouille excité par l'intermédiaire du nerf avec des courants induits forts et fréquents (l'interrupteur donnant 100 vibrations par seconde) se relâche bientôt ; si l'ôn affaiblit alors les irritations jusqu'à un certain degré (optimum), le muscle reprend les contractions ; les irritations étant renforcées de nouveau, le muscle se relâche de nouveau (pessimum). Pour montrer que le pessimum met le muscle en état d'arrêt, on l'excite par des courants modérés et peu fréquents appliqués directement à ses deux extrémités ; l'irritation pessimum du nerf fait disparaître les contractions produites par les courants appliqués au muscle.

Nous ne saurions quitter ces études sur les nerfs sans mentionner deux très intéressantes communications. M. W. M. Bayliss (de Londres) a montré de magnifiques courbes de pression sanguine indiquant l'influence que le nerf dépresseur exerce sur la circulation. Ces tracés expriment, d'après l'auteur, les lois suivantes : 1° La baisse de pression qui suit l'excitation du nerf est due à la dilatation des vaisseaux sanguins des membres tout autant que des vaisseaux des viscères, probablement aussi de ceux de la langue. Il n'y a donc pas, dans ce cas, antagonisme entre les vaisseaux des viscères et ceux des membres ; 2° Cette dilatation vasculaire est probablement due à une excitation directe des vaso-dilatateurs et n'est pas une inhibition réflexe du tonus vasculaire ; 3° Le nerf dépresseur ne se fatigue pas aisément. L'effet dépresseur est tout aussi marqué à la fin d'une période d'excitation de 17 minutes qu'au début ; 4° L'accommodation de l'appareil vasculaire à de grandes quantités de liquide injecté dépend de l'intégrité du nerf dépresseur.

M. Léon Fredericq, — ayant mis tous ses instruments au service de ses hôtes, — s'est borné à nous montrer un curieux phénomène, dont l'étude peut se faire sans appareil compliqué. Il s'agit de l'*autotomie*, dont les recherches de l'auteur ont, comme on sait, fait connaître le mécanisme. Dans le cas du Crabe (*Carcinus mœnas*), la condition, pour que l'animal casse ses pattes, est que le nerf sensible de la patte soit irrité mécaniquement. Cette cassure est réalisée par la contraction du muscle extenseur du second article de la patte .: elle n'est nullement due à la fragilité exagérée de ces appendices. Sur un membre mort ou paralysé, les pattes résistent, avant de se rompre, à un effort de traction représentant plus de cent fois le poids du corps de l'animal. Dans l'expérience réalisée

devant le Congrès, il fallut suspendre un poids de 4 kilogs et demi pour arracher la patte.

Cette communication a été faite dans le petit amphithéâtre de l'Institut de Zoologie, spécialement aménagé pour les démonstrations. La salle est obscurcie et un faisceau de lumière électrique est concentré sur la table d'expérience. La disposition de l'amphithéâtre, en forme d'entonnoir, permet à tous les auditeurs de voir, sans se déplacer, le détail des manipulations et autopsies.

§ 3. — Localisations cérébrales.

La recherche des localisations cérébrales a tenu une grande place au Congrès. M. Schäfer (de Londres) a apporté à cette étude une contribution pleine d'intérêt, qui a grandement étonné ses confrères. Comme l'ont établi les expériences de M. Ferrier, de M. Yeo, et celles de l'auteur, l'ablation des lobes frontaux provoque, chez le singe, un certain état de stupidité et d'apathie, ce qui avait fait croire à une diminution de l'activité psychique. Ayant vu souvent les mêmes symptômes se produire à la suite de l'ablation d'autres parties du cerveau, notamment des lobes temporaux, M. Schäfer s'est demandé si les phénomènes observés ne dépendraient pas tout simplement d'une action mécanique, les parties cérébrales laissées en place après l'ablation manquant de soutien. Pour vérifier le bien-fondé de cette hypothèse, il a cherché à supprimer le fonctionnement du lobe frontal en pratiquant une simple section, sans rien enlever de la substance du cerveau. Ce procédé offre d'ailleurs l'avantage de diminuer l'hémorragie. Or, dans toutes les expériences où cette méthode des sections fut substituée à celle de l'ablation, M. Schäfer ne remarqua ni diminution de l'intelligence, ni apathie. Les animaux lui parurent normaux sous tous les rapports. Il serait très intéressant de les sacrifier pour vérifier à l'autopsie dans quelle mesure les parties ont été isolées par section.

Ces recherches sur le cerveau semblent réserver encore bien des surprises aux physiologistes. L'un des plus autorisés en la matière, M. Vitzou (de Bucarest), a décrit les effets obtenus chez le chien par l'hémi-décérébration, opérée en un temps. L'opération portant sur la totalité de l'hémisphère gauche, les membres du côté droit perdent de ce fait toute tonicité : ils restent flasques, même quand l'animal, guéri de l'opération, a repris sa gaîté accoutumée. Si l'on couvre son œil droit, on observe de l'hémianopsie homonyme.

Pour que l'œil gauche voie très mal, il est d'ailleurs inutile d'enlever tout l'hémisphère du même côté : il suffit d'en extirper la partie postérieure

(1ʳᵉ, 2ᵉ et 3ᵉ circonvolutions parallèles) correspondant au lobe occipital des autres Mammifères. Ce résultat, en désaccord avec les observations de M. Goltz, prouve, dit M. Vitzou, que, dans le chiasma des nerfs optiques, l'entrecroisement des fibres est incomplet. Il conduit aussi l'auteur à localiser les centres visuels dans les lobes occipitaux.

Cette question, tout à l'ordre du jour, des localisations cérébrales, s'est enrichie d'une importante acquisition, dont le Congrès a eu la primeur. M. Ch. S. Sherrington (de Londres) a exécuté, sur des macaques, des expériences remarquables qui lui ont permis de fixer exactement la position des centres moteurs de l'anus, du vagin et des orteils. L'auteur fit d'abord constater que la constriction et la poussée en avant de l'anus peuvent être produites par l'excitation de l'hémisphère cérébral. Puis il montra que le mouvement de l'anus, — constriction avec ou sans poussée en avant, — peut provenir de toute la portion assez étendue de substance grise, qui est ombrée dans la figure ci-jointe (fig. 14). En dehors de ce champ, l'excitation n'est efficace que si elle va jusqu'à produire des convulsions épileptoïdes ; elle se

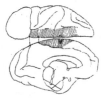

Fig. 14. — Centres cérébro-moteurs de l'anus et du vagin.

manifeste en dernier lieu dans le processus du phénomène jacksonien. Les effets de l'excitation apparaissent, au contraire, dès le début, quand on la pratique à l'intérieur de la surface qu'indique la figure. Une faible stimulation dans la petite surface la plus fortement ombrée détermine un mouvement localisé de l'anus sans constriction des organes voisins. A mesure qu'on éloigne les électrodes du point focal pour les porter en arrière (surface moins fortement ombrée), on provoque des mouvements de l'anus, du vagin et des orteils ; ces mouvements sont simultanés ou consécutifs. Lorsque les électrodes sont transportées au delà de la région focale (la plus ombrée) on observe des mouvements de l'anus, du vagin et de la queue ; celle-ci s'incline à l'opposé de l'excitation. Le foyer cortical du mouvement de l'anus se

trouve donc, chez le macaque, au milieu du « centre caudal » de Ferrier.

Bien qu'il ne soit pas absolument unilatéral, le mouvement anal commandé par la substance grise s'accuse plus sur le côté opposé que sur le même côté du corps. Si l'on excite la surface corticale gauche au moyen de courants très faibles, le côté droit de l'anus se meut plus que le gauche ; le phénomène est très net ; à mesure que croît l'excitation, cette prépondérance d'action devient de moins en moins sensible et finit par ne plus se manifester. L'inégalité de l'influence bilatérale apparaît surtout quand on introduit un levier dans l'anus, car on le voit dévier du côté de la moindre action.

§ 4. — Excitabilité générale du protoplasme.

A ces travaux sur le système nerveux rattachons les curieuses expériences exposées par M. Max Verworn (d'Iéna) relativement à l'excitation électrique d'une substance infiniment moins spécialisée que la cellule nerveuse : le protoplasme des Rhizopodes et des Infusoires. Les observations de ce savant nous montrent dans la matière vivante la moins différenciée le rudiment des phénomènes d'électro-physiologie qu'on rencontre au maximum de complication chez les animaux supérieurs.

M. Kühne déjà avait constaté que le protoplasme de l'*Actinosphaerium*, Rhizopode d'eau douce, manifeste, aussitôt après la fermeture d'un courant constant, des phénomènes d'irritation à l'anode. M. Kühne avait fait ses expériences avec des électrodes métalliques. M. Verworn, pour éviter l'effet chimique des produits électrolytiques, s'est servi d'électrodes dites « impolarisables ». Il a ainsi confirmé les résultats de M. Kühne. Chez tous les Rhizopodes, l'irritation est caractérisée par la rétraction des pseudopodes et, si l'irritation est surmaximale, par la dissolution du protoplasme.

Un phénomène très intéressant a été constaté chez les Infusoires. Si l'on met entre les électrodes impolarisables un grand nombre de *Paramæcium*, Infusoire cilié (fig. 15, *a*), dès que le courant est fermé,

Fig. 15. — *Paramæcium.*

tous les individus dirigent leur extrémité antérieure vers le pôle négatif, et, nageant dans cette direction, s'assemblent à ce pôle. Au bout de quelques minutes, le pôle positif est tout à fait désert. Ce phénomène est un effet du courant galvanique sur les organismes uni-cellulaires, tout analogue à l'effet de la lumière, de la chaleur, des excitants chimiques ou mécaniques, etc., c'est-à-dire analogue à l'héliotropisme, thermotropisme, chimiotropisme, hiémotropisme, etc. Pour cette raison, M. Verworn lui a donné le nom de « galvanotropisme ». Si l'on emploie des courants très forts pour faire une irritation surmaximale, on voit que la partie postérieure du *Paramæcium*, qui est dirigée au pôle positif, montre des phénomènes de contraction (fig. 15, *b*). Cela prouve que le galvanotropisme du *Paramæcium* est produit par une irritation localisée à l'anode. La plupart des Infusoires ciliés se comportent comme le *Paramæcium*. Mais, si l'on fait la même expérience avec des *Opalines* (fig. 16, *a*), Infusoires vivant dans l'intestin de la

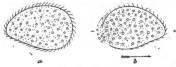

Fig. 16. — Opalines.

grenouille, ou avec certains Infusoires flagellés, on voit l'effet contraire : tous les individus, quittant le pôle négatif, s'assemblent au pôle positif.

Après avoir constaté que le galvanotropisme négatif (cas du *Paramæcium*) est produit par une irritation de l'anode, M. Verworn supposa que le galvanotropisme positif (cas des *Opalines*) est produit par une irritation localisée à la katode. Les expériences avec des excitations surmaximales sur l'*Opaline* ont prouvé la justesse de cette prévision : le protoplasme de l'*Opaline* se dissout à la katode (fig. 16, *b*).

Très curieuses sont les expériences chez un autre Infusoire cilié, le *Spirostomum* (fig. 17, *a*). Si l'on ferme le courant galvanique (position *a*), les *Spirostomum* ne s'assemblent ni au pôle positif ni au pôle négatif; mais ils dirigent leur axe longitudinal dans la direction même du courant (position *b*).

Avec des courants plus forts, le galvanotropisme transversal est produit par une irritation bipolaire localisée et à l'anode et à la katode (fig. 16 *b*).

A ces études sur la sensibilité et le mouvement, se rapportent les méthodes que j'ai décrites, au Congrès, pour déceler les liaisons intercellulaires du protoplasme chez les êtres organisés. Ces connectifs vivants rendent, en effet, possible le consensus des protoplasmes dans les tissus; c'est par eux que, chez les végétaux et tous les organismes

dépourvus de système nerveux différencié, la transmission de la sensibilité est assurée d'une cellule à l'autre.

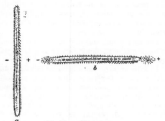

Fig. 17. — *Spirostomum*.
Orientation du corps dans le sens du courant.

V. — ORGANES DES SENS

Tout en s'interdisant la psychologie pure, le Congrès accorde une place à l'étude des sensations dans la mesure où l'expérimentation physiologique y intervient. C'est ainsi qu'ont été très utilement traitées à Liège plusieurs questions relatives : 1° au sens de la force; 2° au fonctionnement des sens spéciaux.

§ 1. — Sens de la force.

Pour que le sens du toucher s'exerce, une certaine pression des objets sur les organes du tact est nécessaire. Cependant les physiologistes distinguent depuis longtemps du sens tactile la faculté que nous avons d'apprécier les différences de pression, les divers degrés d'effort requis pour soutenir des poids différents. Un sens musculaire spécifique est-il affecté à cette perception? M. Carl Jacobj (de Strasbourg) a institué sur ce sujet des expériences ingénieuses. Il s'est d'abord appliqué à déterminer les différences de poids que l'organisme normal perçoit pour des charges variées; puis il a étudié le trouble qu'apporte au jugement sur le poids la suppression successive des divers facteurs présumés de ce jugement. Cette méthode l'a conduit aux résultats suivants :

1° Entre 300 et 3.000 grammes, plus le poids est élevé, plus l'addition dont on le charge est appréciable; entre 3.000 et 4.000 grammes la finesse du jugement demeure stationnaire; à partir de 6.000 grammes, elle augmente de nouveau.

2° La diminution de la finesse tactile ne paraît pas diminuer la faculté d'apprécier la pression, car cette pression est évaluée de la même manière par les dents nues ou recouvertes de caoutchouc.

3° Ce n'est pas l'énergie de la contraction musculaire équilibrant la charge qui renseigne sur la valeur de cette charge, mais plutôt la sensation du mouvement effectué. Ainsi, quand on emploie la langue pour soulever un fardeau, il est difficile d'en apprécier le poids ; or, dans ce cas, le travail des articulations est supprimé, tandis que la contraction du muscle subsiste.

4° Les agents qui engourdissent l'innervation, cocaïne, alcool, etc., diminuent la sensibilité du jugement.

5° Le sujet en expérience ignorant la valeur du poids à soulever, la période latente de la contraction varie avec la grandeur de la charge. Commé la durée de cette période est en rapport avec la puissance (il serait plus juste de dire le travail) d'innervation, M. Jacobj se croit autorisé à

de molécules. Si ce sont celles-ci qui agissent, comment pàrviennent-elles à la muqueuse olfactive ?

Il y a quelques années Polsen a fait connaître le chemin que l'air aspiré parcourt dans les fosses nasales. Un courant d'air chargé d'ammoniaque marquait sa route sur de petits papiers de tournesol acidulés et humides qu'on avait appliqués à différents endroits des fosses nasales d'un cadavre. Ce chemin décrivait un arc le long de la cloison, mais n'atteignait jamais le sommet de la fosse. M. Zwardemaker (d'Utrecht) a présenté sur ce sujet des considérations nouvelles. Il soutient qu'au moins chez les Mammifères respirant par le nez, le courant d'air ne peut que frôler la région olfactive. A l'appui de cette opinion, il a montré des préparations anatomiques et des dessins où la

Fig. 18. — Fosse nasale du Cheval sciée par le milieu.

admettre que l'innervation est proportionnée à lù charge.

Bref, il conclut que l'appréciation du poids résulte d'une sensation de mouvement communiquée par les articulations : c'est la conscience de la dépense correspondante d'innervation.

§ 2. — Les sens spéciaux.

Parmi les sens spéciaux, l'odorat semble, à l'heure actuelle, celui dont le mécanisme est le moins connu. Rien ne peut encore décider entre l'hypothèse des vibrations odorantes et la doctrine du contact des particules matérielles avec l'organe olfactif. La première a été imaginée en considération de la quantité, pour ainsi dire infinitésimale, de chlore, phénol, etc., qui suffit pour produire la sensation olfactive . Mais il faut remarquer que cette infime quantité contient des milliards

disposition des parties s'oppose à ce qu'un courant d'air dirigé de l'entrée des fosses nasales vers la conque atteigne les bourrelets olfactifs. A plus forte raison, sont aussi soustraits au courant les bourrelets situés dans les fosses maxillaire et frontale.

L'auteur scie par le milieu, dans le sens longitudinal, la fosse nasale d'un cheval (fig. 18), fait le moulage en plâtre d'une des moitiés, puis remplace la cloison par une plaque de verre. A l'arrière de la fosse il fixe un tube de verre qui, relié à une pompe, provoque une aspiration continue. Si l'on place alors à l'avant de la fosse nasale une lampe qui fume, on voit, à travers la vitre, la fumée assombrir le trajet du courant. On constate qu'elle n'atteint pas les parties sur lesquelles s'étend le nerf olfactif. M. Zwardemaker pense donc qu'on peut sentir sans que le courant matériel touche les bourrelets olfactifs, et il admet que les molécules odorantes y arrivent uniquement par diffusion [1].

Il a, en outre, attiré notre attention sur une autre particularité du courant d'air aspiré par le nez. Polsen a trouvé que le courant expiré suit le même chemin que le courant aspiré [2]. Si l'on tient sous le nez une glace métallique, et qu'on expire de l'air, deux taches se forment sur la glace; chaque tache est elle-même divisée en une partie antérieure médiane et une partie postérieure latérale. M. Zwardemaker cherche la cause de ce phénomène dans la conque nasale, qui divise le courant de respiration en deux branches, dont l'une passe par-dessus la conque et l'autre la parcourt pour sortir par la partie inférieure. L'air qui passe par la moitié antérieure du conduit nasal serait donc seul actif dans le phénomène de l'olfaction.

Toutes ces études sur la physiologie des sens sont hérissées de difficultés. Même après les admirables travaux d'Helmoltz, il s'en faut de beaucoup que le fonctionnement de l'appareil auditif soit complètement connu. M. J.-P. Morat (de Lyon) a contribué à l'éclairer par de délicates recherches sur l'accommodation du tympan à divers ordres de vibrations. La membrane tympanique est déformée par le jeu du marteau, commandé lui-même par un muscle, dont le mode d'innervation avait été peu étudié. M. Morat s'est appliqué à le préciser. A cet effet il enlève, sur un chien que l'on vient de tuer, la voûte du crâne, puis l'encéphale et, d'un coup de pince de Liston, l'arête supérieure du rocher. On voit apparaître alors un petit corps mou, arrondi, logé dans l'épaisseur de l'os et qui n'est autre que le muscle interne du marteau ; ce muscle est proportionnellement beaucoup plus développé chez le chien que chez l'homme. Par un tendon très fin il va s'insérer sur une petite apophyse de la branche du marteau. Le filet nerveux, parfois double, qui s'y rend, lui vient du trijumeau. Sur l'animal récemment mis à mort et dont l'excitabilité nerveuse est encore conservée, il est facile de démontrer cette provenance : il suffit d'exciter la racine du trijumeau pour voir le muscle entrer en contraction [3]. Né de la troisième branche du triju-

mean, le petit nerf traverse le ganglion otique, duquel on le voit se détacher; mais, avant de pénétrer dans le muscle du marteau, il présente un petit renflement. M. Morat a déterminé la structure de ce renflement soit au moyen de coupes d'ensemble, soit en faisant des dissociations. C'est, chez le chien, un *ganglion* composé de cellules nerveuses à un seul noyau et présentant l'aspect des cellules des ganglions du grand sympathique. De ce ganglion partent des faisceaux nerveux composés de fibres myéliniques d'une grande finesse. Ces faisceaux pénètrent dans l'intérieur du muscle et s'y ramifient dichotomiquement avec une grande régularité.

La présence d'un organe ganglionnaire sur le trajet du nerf allant au muscle du marteau est un fait intéressant, en ce qu'il fortifie l'analogie déjà signalée entre ce muscle et ceux qui, dans l'appareil oculaire, produisent la contraction de l'iris et la déformation du cristallin (muscle irien et muscle ciliaire). Le ganglion dont il vient d'être question est donc l'équivalent du plexus ganglionnaire situé le long de la grande circonférence de l'iris et d'où partent les filets terminaux destinés aux muscles intrinsèques de l'œil; le ganglion otique, d'où part le nerf du muscle du marteau, est l'équivalent du ganglion ophtalmique d'où partent les nerfs ciliaires.

M. Morat a fait remarquer en outre que le nerf du muscle du marteau offre les caractères essentiels des nerfs moteurs de la vie organique et doit être classé parmi les *nerfs sympathiques*.

A cette série de communications sur les sens se rapporte un travail très curieux de M. L. Hermann (de Konigsberg), présenté, au nom de l'auteur absent, par M. L. Fredericq. M. Hermann, étudiant les qualités de la voix et notamment le mode de formation des voyelles, a été amené à construire un nouvel appareil pour l'analyse des sons. La voyelle ou le son que l'on veut analyser sont chantés de la manière ordinaire devant le phonographe d'Edison. La membrane vibrante porte un très petit miroir dont les excursions s'enregistrent optiquement. Le miroir réfléchit un pinceau lumineux linéaire vertical et l'envoie agir sur le papier photographique qui recouvre un cylindre enregistreur. Le cylindre est horizontal et renfermé dans une chambre noire percée d'une fente linéaire verticale. Dans les précédentes expériences de l'auteur, l'enregistrement photographique du son s'obtenait au moment même où le son était émis [1]. Dans ses nouvelles études, M. Hermann a opéré en deux temps :

---

[1] Chez l'homme le chemin à parcourir ne dépasse pas deux centimètres. Or, M. Zwardemaker a constaté que beaucoup de substances odorantes effectuent ce trajet par diffusion en deux dixièmes de seconde.
[2] Cela n'est vrai que *grosso modo*, car les tourbillons qui doivent nécessairement se former dans le pharynx supérieur modifient plus ou moins cette route.
[3] Cette méthode, fait remarquer l'auteur, est plus simple et plus certaine que celle de Politzer consistant à déceler cette contraction par le moyen d'un manomètre qui traduit les changements de pression de l'air dans l'oreille moyenne, à chaque déplacement de la membrane du tympan.

[1] Voir Archives de Pflüger. Vol. XLV. p. 1889, p. 582 e Vol. XLVIII, 1891, p. 181 et p. 543.

Premier temps. — Il commence par produire un tracé phonographique ordinaire, la pointe du phonographe sculptant dans le cylindre de cire la courbe sinueuse correspondant au son produit.

Second temps. — Pour obtenir une inscription photographique agrandie de cette courbe, l'auteur fait repasser la pointe du phonographe sur le cylindre de cire, comme pour la reproduction du son ; mais il emploie une vitesse vingt-cinq fois plus faible que lors de la réception du tracé. Ce sont ces mouvements fortement ralentis de la membrane qu'il photographie au moyen du dispositif indiqué plus haut.

Une superbe collection de tracés obtenus par ce procédé a été placée sous les yeux des membres du Congrès. L'étude de ces courbes confirme pleinement, d'après l'auteur, sa nouvelle théorie des voyelles et notamment les intermittences périodiques caractéristiques du son des différentes voyelles.

VI. — APPAREILS, GRAPHIQUES ET DESSINS EXPOSÉS

Les organisateurs du Congrès avaient eu l'excellente idée d'affecter plusieurs salles de l'Institut que dirige M. Fredericq à une exposition d'instruments de physiologie. C'est ainsi qu'indépendamment des appareils ci-dessus décrits, les membres du Congrès ont tous pu étudier à loisir de nouveaux modèles dus à des constructeurs de divers pays. Parmi les instruments exposés on remarquait les olfactomètres de M. Zwaardemaker (d'Utrecht), l'isochronoscope et le phonautographe de feu Donders, l'appareil de Willis pour la reproduction des voyelles, l'astigmomètre de MM. Javal et Schiötz, les chambres humides et les rhéostats de M. Engelmann, tous appareils sortis des ateliers de M. Kagenaar, mécanicien à Utrecht; les manomètres inscripteurs de M. Morat, construits par M. Trenta (de Lyon), un cylindre enregistreur de M. Sherrington (de Londres); un myographe de M. Spehl (de Bruxelles),

le microphone de Ludwig pour l'excitation des nerfs, exposé par M. Wilhem Petzold (de Leipzig), le grisoumètre de M. Coquillon perfectionné par M. N. Gréhant (de Paris), un cardiographe de M. Verdin (de Paris).

Des coupes d'appareils, faites à grande échelle, des dessins relatifs à divers dispositifs d'expériences, des tracés recueillis par inscription et servant à l'analyse de cas critiques, enfin des photographies complétaient cette exposition.

Huit photographies, envoyées par M. Otto Bowditch (de Boston), ont surtout attiré l'attention. Ce sont des photographies composites, obtenues par la méthode, bien connue, de M. Galton. Les sept premières représentent chacune un groupe de douze soldats : trois groupes de Wendes, quatre de Saxons. Au centre de chaque groupe de douze portraits se trouve l'image composite ou résultante. Un huitième carton montre les sept photographies composites et, au milieu, une image composite résultant de leur combinaison. Cette figure centrale correspond donc au type moyen résultant de la superposition de 84 portraits individuels de soldats allemands.

Le lecteur s'étonnera sans doute que tant d'appareils, de faits et d'expériences, aient pu être exposés par les auteurs et minutieusement étudiés par une centaine de personnes dans le court espace de trois jours. C'est que, comme nous le faisions remarquer au début de cet article, le grand nombre des salles, des appareils, des aides et des animaux, mis à notre disposition, aplanissait toutes les difficultés. C'est aussi que le Congrès avait résolument banni de son programme les fêtes et discours qui prolongent souvent sans profit les réunions scientifiques. Les physiologistes auraient pourtant poussé trop loin le désir de rester austères, s'ils n'avaient clos leurs assises par un banquet. De nombreux toasts y ont été portés : on a notamment applaudi M. le Professeur Dastre, dont le petit discours pimpant, bien décadent, très réussi; nous a charmés.

Louis Olivier.

BIBLIOGRAPHIE

ANALYSES ET INDEX

1° Sciences mathématiques.

Favé et **Rollet de l'Isle** — Abaque pour la détermination du point à la mer. (*Annales hydrographiques*, 1892.)

La vitesse toujours croissante, le nombre toujours plus grand des navires sillonnant les océans donnent une importance de plus en plus marquée au problème de la détermination du point à la mer. La difficulté pratique qui s'attache à ce problème tient aux calculs numériques qu'il exige, calculs longs, compliqués, sujets à erreurs, surtout dans les conditions matérielles où sont placés ceux qui sont appelés à les faire.

Tous les efforts des théoriciens de l'art nautique ont tendu à simplifier ces calculs dans la plus large mesure possible; méthodes et tables nouvelles se sont multipliées en très grand nombre.

L'apparition d'une théorie générale des tableaux graphiques, de calcul ou *abaques*, constituée par M. d'Ocagne sous le nom de *Nomographie* [1], était de nature à appeler l'attention des marins sur le parti qu'il pouvait y avoir à tirer de ce moyen spécial de suppléer au calcul numérique, en vue des besoins de la navigation. Cette étude a été entreprise par deux ingénieurs hydrographes de la marine française, MM. Favé et Rollet de l'Isle, qui viennent d'exposer la théorie et l'usage de l'abaque auquel les a conduits leurs recherches dans un remarquable Mémoire inséré aux *Annales hydrographiques*.

Théoriquement, le problème de la détermination du point à la mer revient à la résolution d'un triangle sphérique quelconque dont on connaît deux côtés et l'angle compris. La formule au moyen de laquelle s'opère cette résolution est de celles qui se prêtent à l'application de la méthode que M. d'Ocagne a fait connaître sous le nom de *méthode des points doublement isoplèthes*, et, de fait, l'abaque correspondant, construit à l'occasion d'un autre problème, figure parmi les exemples de la *Nomographie* (p. 85, fig. 34). Mais cet abaque présenterait, en l'espèce, l'inconvénient suivant : d'une part, les besoins de la navigation rendant nécessaire l'approximation de la minute, de l'autre, les abaques à points doublement isoplèthes n'étant point fractionnables, on serait conduit, pour approprier l'abaque en question aux exigences de l'art nautique, à lui donner des dimensions qui rendraient son emploi impraticable.

Il s'agissait donc, avant de songer à recourir à un abaque, de modifier la solution du problème de façon à éviter la résolution *d'un triangle quelconque*. C'est ce qu'ont fait très heureusement MM. Favé et Rollet de l'Isle en substituant à cette résolution celle de *deux triangles sphériques rectangles*. Les formules correspondantes se prêtent, en effet, comme ils le montrent dans leur Mémoire, à la construction d'abaques permettant d'obtenir l'approximation requise sur un tableau de dimensions tout à fait acceptables pour la pratique, celles du format des cartes marines. Ce sont, à la vérité, deux abaques qu'ils ont construits; mais, sur chacun de ceux-ci, les deux premiers systèmes de droites sont les axes d'un quadrillage régulier, et les courbes du troisième système d'isoplèthes étant, de l'un à l'autre, de forme tout à fait distincte, ils ont pu, sans nul incon-

vénient, superposer ces deux abaques sur une même feuille.

Nous n'entrerons dans aucun détail mathématique au sujet de cet intéressant abaque. Disons seulement qu'après l'avoir établi par un procédé analytique conforme à la méthode nomographique générale, les auteurs font voir qu'on en peut donner une curieuse interprétation géométrique, qui est propre à en faciliter l'emploi. Cet emploi est d'ailleurs des plus simples, et conduit, en deux ou trois minutes, au résultat cherché.

L'abaque de MM. Favé et Rollet de l'Isle ne se prête pas seulement à la détermination du point. Il permet encore, cela va de soi, de résoudre tous les problèmes se ramenant à la résolution d'un triangle sphérique. C'est ainsi qu'il peut servir de table d'azimuts et de cherche-étoile, qu'il permet de trouver l'heure du lever ou du coucher d'un astre et l'azimut à l'horizon, d'obtenir l'angle horaire, de déterminer la route à suivre pour la navigation par l'arc de grand cercle, ainsi que la distance sphérique de deux points.

Le Mémoire contient le schéma de l'abaque à une échelle réduite, ainsi qu'un fragment à l'échelle d'exécution. Les auteurs, qui s'occupent de le faire graver tout entier à cette échelle, ont eu l'idée de le compléter par un dispositif spécial, dessiné sur une feuille transparente mobile, qui permettra d'effectuer l'interpolation avec toute la précision désirable pour les besoins de la pratique.

Espérons que le tirage de cet abaque à échelle d'exécution ne se fera pas attendre. L'emploi de ce précieux instrument de calcul ne tardera certainement pas à se répandre parmi les intéressés, il n'y a point de routine, en effet, qui puisse prévaloir contre ses inestimables avantages. En inventant cet abaque, MM. Favé et Rollet de l'Isle ont rendu aux navigateurs un signalé service, que ceux-ci, à l'usage, ne seront pas longs à reconnaître et que nous aurons été heureux de proclamer l'un des premiers.

Cette belle application vient en outre confirmer l'importance pratique de la Nomographie que M. d'Ocagne a déjà mise en relief dans son livre.

E. PRÉVOT.

2° Sciences physiques.

Weber (H. F.). — Allgemeine Theorie des elektrischen Glühlichtes. (*Théorie générale de la lumière à incandescence*). *Rapport présenté au Congrès international des électriciens tenu à Francfort en septembre* 1891.

Dans cet important mémoire, l'auteur applique sa formule de radiation

$$\text{intensité d'une radiation} = \frac{c}{\lambda^2} e^{\frac{aT - \frac{1}{b^5\lambda^6T^2}}}$$

au calcul des constantes des lampes à incandescence. Ce travail est appuyé par un examen minutieux de 33 types divers de lampes, dont l'auteur a mesuré la température (par la résistance du filament), la radiation relative dans diverses directions, le pouvoir rayonnant, déduit de l'énergie absorbée et de la mesure de la surface. La formule ci-dessus exprime deux lois indépendantes : en intégrant par rapport à λ, on trouve

$$\text{Énergie totale} = CT e^{aT}$$

en faisant T constant et en introduisant dans la formule diverses valeurs de λ, on retrouve à peu près les courbes de Langley. Si l'on a déterminé expérimentalement les constantes a b et c pour une lampe, la

---

[1] M. d'Ocagne a donné lui-même dans la *Revue* (t. II, p. 604) un aperçu historique des principes de la Nomographie. La *Revue* a en outre publié (t. III, p. 27) une analyse bibliographique du livre où il a exposé cette théorie.

théorie complète de cette lampe peut être établie. Parmi les résultats trouvés par M. Weber, nous mentionnerons les suivants : Entre 1100 et 1 600° (absolus), une augmentation de l'énergie de ½ pour cent élève de 1 degré la température du filament. L'intensité lumineuse moyenne entre 1460° et 1560° est proportionnelle au cube de l'énergie et inversement proportionnelle au carré de la surface du filament. Le rendement optique augmente de 0,0055 à 0,0117 lorsque la température passe de 1500° à 1650°. Ces derniers résultats confirment ceux auxquels nous étions arrivé par une autre méthode (Voyez la *Revue* du 15 janvier 1892).

Ch.-Ed. GUILLAUME.

Cohn (Dr Lassar). — **Méthodes de travail pour les laboratoires de chimie organique.** *Un volume in-12 de 371 pages, traduit de l'allemand par M. E. Ackermann.* (*Prix : relié 7 fr. 50.*) *Baudry et Cie, 15, rue des Saints-Pères, Paris, 1893.*

L'ouvrage que M. Ackermann nous présente sous ce titre un peu vague a pour objet de fournir aux débutants en chimie organique, des renseignements pratiques du même ordre que ceux qu'on rencontre dans les traités de manipulations en usage dans les laboratoires de chimie minérale.

« En théorie, lisons-nous dans la préface, il peut à peine y avoir quelque chose de plus simple que la préparation des éthers ; toutefois celui qui a eu à en préparer, celui qui opère des transformations dans le laboratoire, trouve très rapidement qu'il n'est possible d'avoir un bon rendement qu'en se maintenant dans des conditions bien précises. »

L'observation est juste, mais est-il possible, dans un ouvrage qui, pour répondre à un pareil but, doit rester élémentaire et par conséquent peu volumineux, de réunir assez de documents, je devrais dire assez d'artifices, pour permettre à un élève, ou même à un chimiste déjà exercé, d'obtenir à coup sûr le maximum du rendement dans une préparation quelconque? Évidemment non, et quoi qu'en dise M. Cohn, il nous semble fort difficile, avec le seul secours de son livre, d'arriver à préparer avec succès même les éthers les plus simples : nous y voyons, par exemple, que, pour obtenir l'acétate d'éthyle, on chauffe pendant 4 heures 10 grammes d'acide sulfurique avec 50 grammes d'acide acétique et 38 grammes d'alcool. La méthode est peu encourageante pour le chimiste qui aurait besoin de plusieurs kilogrammes de ce corps.

D'autre part, dans le même chapitre, l'action éthérifiante des chlorures d'acides et des anhydrides n'est qu'indiquée en quelques lignes ; l'influence du chlorure de zinc, si heureuse dans une foule de circonstances, n'est même pas signalée; en revanche on insiste sur la préparation de l'éther acétone dicarbonique, de la tétrabenzoylglucose; du salol, etc , qui ne sont pas des produits courants.

Après avoir lu ces pages, je ne sais vraiment pas comment un élève s'y prendrait pour préparer de la tributyrine ou de la diacétylhydroquinone ; il est fort probable qu'après s'être livré à un certain nombre d'essais infructueux, il serait finalement obligé d'avoir recours à un traité de chimie pour mener à bien son opération; mais c'est alors ce que nous faisons tous, et c'est là, je crois, en dehors de l'enseignement oral, la seule méthode de travail qui soit à recommander dans les laboratoires de chimie organique ou inorganique.

Le livre de M. Cohn renferme une description sommaire des appareils employés en chimie et quelques généralités, avec exemples à l'appui, sur les méthodes dont on se sert pour chlorer, bromer, ioder, nitrer, oxyder ou réduire les corps organiques; un chapitre assez court, relatif à l'analyse élémentaire des composés complexes, termine l'ouvrage. On y trouve, en un mot, beaucoup d'indications utiles, mais il est à craindre que l'obscurité de sa rédaction et le manque absolu d'ordre dans l'exposé n'en limitent considérablement l'usage.

L. MAQUENNE.

3° Sciences naturelles.

Lepsius (Dr Richard), *Directeur de l'Institut géologique de Darmstadt.* — **Geologie von Deutschland und den angrenzenden Gebieten** (*Géologie de l'Allemagne et des contrées limitrophes*). *T. Ier, troisième livraison, 1 volume in-8° pages 459 à 800 et I-XIV, avec 4 tableaux, 1 planche en couleur et nombreuses figures dans le texte.* (*Prix 17 fr. 50. Le volume I complet, 40 fr. 70.*) (*Handbücher zur Deutchen Landes — und Volkskunde, herausgegeben von der Central Kommission für wissenschaftliche Landeskunde von Deutschland.*) *Stuttgart, J. Engelhorn, 1892.*

Ce nouveau fascicule de la *Géologie de l'Allemagne* de M. Lepsius, qui complète le premier volume de cet important ouvrage, termine la description de l'Allemagne occidentale et méridionale et est entièrement consacré au bassin supérieur du Rhin et comprend une série de chapitres sur les terrains jurassiques (Souabe et Franconie, Jura suisse, Alsace, Lorraine), crétacés (environs de Ratisbonne) et tertiaires (dépôts sidérolithiques, mollasse de la Souabe, dépression rhénane, Vogelsberg et Rhön), et sur les alluvions quaternaires (*Diluvium*) et modernes (*Alluvium*). L'historique de tous ces terrains est exposé par l'auteur avec détails et leur description est suivie de listes de fossiles souvent fort étendues. Après l'étude des formations sédimentaires vient celle des roches éruptives tant anciennes que récentes, par ordre géographique; M. Lepsius a enrichi cette partie de son travail d'un très grand nombre d'analyses chimiques, empruntées à différents auteurs.

L'ouvrage est essentiellement conçu, comme on le voit, sur un plan stratigraphique ; à ce titre, il rendra les plus grands services aux géologues français appelés à s'occuper de nos régions anciennes, dont l'analogie de constitution avec les massifs de l'Allemagne centrale est frappante. Mais on regrettera que M. Lepsius n'ait pas fait suivre cette revue des terrains d'une partie tectonique, où l'étude de l'ensemble aurait pu être reprise au point de vue de l'agencement des masses minérales et de l'histoire de la formation du sol.

D'abondantes notes infrapaginales donnent la bibliographie des principaux sujets traités ; quant aux figures, elles représentent presque toutes des coupes de localités typiques ; la plupart sont empruntées à des publications antérieures, dont le titre est toujours soigneusement indiqué. Plusieurs tableaux hors texte font connaître la classification des couches jurassiques de la Souabe, ainsi que le synchronisme des principaux gisements tertiaires de l'Allemagne du Sud et de la région rhénane. Le volume est complété par deux tables alphabétiques des noms de fossiles et des noms de localités cités dans le cours de l'ouvrage.

Au fascicule est jointe une planche de profils (longueurs au : 1.200.000, hauteurs au 1 : 100.000), empruntée à la monographie du Rhin publiée sous la direction de M. Honsell. Ces coupes, dressées par M. Lepsius, sont menées suivant différentes directions à travers l'Allemagne occidentale ; il est fâcheux que les failles, représentées d'ailleurs comme étant toutes verticales, y aient été multipliées outre mesure.

Le second volume de la *Geologie von Deutschland* traitera de l'Allemagne du Nord et de l'Est, et le troisième des Alpes allemandes. Souhaitons, dans l'intérêt même de cette publication, que les fascicules puissent se succéder désormais plus rapidement (l'impression complète du tome premier, commencée en 1887, n'a pas demandé moins de six ans). Enfin, quelle que soit la beauté de l'exécution typographique, il est difficile de ne pas trouver trop élevé le prix de chaque livraison.

Emm. DE MARGERIE.

Sabatier (A.), Pr à la Fac. des Sciences de Montpellier Directeur de la Station zoologique de Cette. — **Essai sur la vie et la mort.** *Un vol. in-8° de 282 p. de la Bibliothèque évolutionniste.*(6 fr.) *Vve Babé et Cie, Paris, 1892.*

M. Henry de Varigny, bien connu des zoologistes et

des physiologistes par ses intéressants travaux, a conçu un projet qui mérite d'attirer l'attention de toutes les personnes curieuses des choses de la nature et de la philosophie : celui de publier, sous le titre de *Bibliothèque évolutionniste*, un recueil d'ouvrages consacrés à l'étude de l'évolution des êtres, et à l'examen critique de toutes les données que suggère cette étude. Depuis deux ans, quatre volumes ont paru; le quatrième est dû à M. A. Sabatier, dont les naturalistes estiment justement les savantes recherches d'anatomie comparée et d'embryologie.

Ce livre, malgré son modeste titre d' « Essai », qui dénote déjà une qualité assez rare, est de beaucoup au-dessus de ceux qui l'ont précédé. Ces derniers, dus à R. Wallace, à P. Ball, à Geddes et Thomson, consistent un peu trop en notions abstraites; la science est surtout un répertoire de faits, que l'on doit classer et comparer pour en tirer les conclusions immédiates capables d'édifier une synthèse, et non un prétexte à raisonnements spéculatifs. Puis, ces auteurs bornent leurs efforts à rechercher les causes de l'évolution des êtres. Cette étude ne manque pas de grandeur; mais en supposant, ce qui est loin d'exister encore, que l'on soit parvenu à se représenter le mécanisme de ces changements, la question la plus importante entre toutes, celle de l'origine première de la matière vivante, se trouve encore irrésolue. C'est à cette tâche que M. Sabatier s'est attaqué; en s'aidant des résultats auxquels est parvenue la science moderne, il a tenté de pénétrer dans cet inconnu, et d'en éclairer quelques parties. Un ouvrage de cette valeur ne peut être résumé en quelques lignes; la moindre phrase porte avec elle son effet, et il faudrait citer le livre entier; pourtant, les principaux traits se dégagent assez bien de l'ensemble pour qu'une brève analyse les mette en lumière.

Le volume est divisé en trois parts : la première traite de la vie, la deuxième de la mort, la troisième de la théorie que l'auteur propose pour concevoir, à la fois, et la nature de l'une, et la cause de cette destruction finale qui atteint tout organisme. — La part consacrée à la vie est la plus longue des trois. Existe-t-il entre les êtres vivants et la matière minérale une différence profonde, une limite infranchissable? Les premiers jouissent évidemment de propriétés que la seconde ne possède pas, mais les plus importantes de ces propriétés se retrouvent, bien qu'atténuées et de faible amplitude encore, dans les corps inorganiques. La faculté qui paraît être spéciale à la matière vivante est celle de la nutrition; cette matière est capable de puiser dans les milieux qui l'entourent les aliments nécessaires pour réparer ses pertes, et pour augmenter sa masse; une parcelle de cette matière joue, dans les conditions normales et vis-à-vis de ces milieux, un rôle d'*amorce*, qui consiste à prendre dans ces derniers de quoi faire une nouvelle quantité de substance douée de vie. Le procédé suivant lequel s'effectue la nutrition est, dans son essence, un amorçage; l'être organisé existant au préalable, il enlève, durant sa vie entière et d'une façon continue, des particules aux corps environnants pour en former de la matière semblable à celle qui le constitue. Or, cette capacité existe dans la nature inorganique. Certaines solutions salines et saturées ne cristallisent point lorsqu'on les abandonne à elles-mêmes; mais si l'on plonge dans leur intérieur un cristal, si minime soit-il, du même produit, ce cristal devient une *amorce*, car le sel en dissolution se dépose autour de lui. En ramenant à sa forme la plus simple la nutrition de la matière vivante, on s'aperçoit qu'elle se rapproche beaucoup de ce phénomène d'amorçage présenté par un assez grand nombre de substances. Est-ce à dire, au surplus, que la manière suivant laquelle cette nutrition s'accomplit soit également identique au mode d'accroissement des cristaux? Oui, répond M. Sabatier, car les minéraux augmentent leur masse par *juxtaposition*, et les êtres organisés font de même; l'*intussusception*, c'est-à-dire ce phénomène propre à la matière vivante, qui

consiste à répartir également les nouvelles parties acquises par la nutrition, est toute de surface; la juxtaposition est le fait fondamental, car les molécules récemment apportées se mettent à côté des autres et ne pénètrent point dans leur intérieur. En somme, les différences entre les corps organiques et les corps non organisés sont moins grandes qu'on ne l'admet d'ordinaire; la matière dite brute est vivante par certains côtés, et sa vie, avec celle de la matière organique, sont deux aspects, deux moments divers de la vie générale.

Pourquoi cependant, malgré cette ressemblance, les êtres vivants meurent-ils? La mort est une décomposition cadavérique qui a pour objet de résoudre la substance de ces êtres en ses éléments simples, ou en éléments composés peu complexes. Weissmann a déjà montré, depuis quelques années, que les êtres unicellulaires ne meurent point, et que cette décomposition n'appartient qu'aux organismes plus élevés par leur structure. D'autres naturalistes ont ensuite disserté sur les notions premières ainsi acquises; et, dans la seconde partie de son ouvrage, M. Sabatier expose les plus importantes des considérations auxquelles sont parvenus ces auteurs, en signalant au passage leurs points faibles. Puis, après avoir résumé les quelques données certaines qui subsistent après cette critique, il rentre lui-même en scène, et recherche les causes de la mort. A cet égard, ses idées se rapprochent de celles de Weissmann, mais avec une plus grande pénétration, et un souci constant de s'abstenir de toute spéculation abstraite : souci que ne montrent guère la plupart des auteurs qui se sont déjà appliqués à ce genre d'études.

A mesure que la matière vivante, que le *protoplasme*, pour employer le terme usité, est allé en se différenciant, il a perdu de son pouvoir d'amorce. Les êtres élevés en organisation, et constitués par l'union de plusieurs cellules, ont été obligés de diviser leur corps en deux parties : l'une qui se transforme pour se prêter à l'accomplissement des diverses fonctions, et qui diminue par cela même sa puissance d'amorce; l'autre qui ne modifie en rien, et conserve cette puissance entière. La première est la *partie somatique* de l'économie, expression due dans son principe à Weissmann, et la seconde la *partie génératrice*. Celle-ci, qui a gardé intact son pouvoir d'amorce, lorsqu'elle se trouve libre, et s'accroît, se nourrit aux dépens des milieux qui l'entourent, produit en somme un nouvel être. Par contre, la partie somatique, dont la capacité sous ce rapport est assez faible, l'exerce bien pendant quelque temps; mais cette influence diminue toujours à mesure qu'elle accomplit son effet, et finalement disparaît; cette partie, impuissante dès lors à réparer ses pertes, meurt. La partie génératrice, composée par l'ovule et le spermatozoïde, se transmet toujours vivante de génération en génération, alors que la partie somatique est condamnée à une décomposition nécessaire, inéluctable, qui lui vient de l'usure progressive de son pouvoir de nutrition.

Ce livre, dont le précédent résumé ne donne qu'une image fort affaiblie, s'impose à l'attention des naturalistes, des philosophes, de toute personne soucieuse de concevoir le pourquoi des choses, et de ne point borner les facultés de l'esprit à la sèche contemplation de ce qui nous entoure. Tel qu'il paraît, d'après cette analyse, il semble dû à un matérialiste convaincu, puisqu'en partie il a pour effet de baser sur des données matérielles l'explication de l'origine des corps vivants. Il n'en est rien; dans une éloquente introduction, M. Sabatier expose ses sentiments de croyant sincère : « Pour moi, dit-il, qui crois à la création et au Créateur, je déclare qu'il ne m'est pas encore arrivé d'entrevoir, dans le domaine de la science que je cultive, la moindre occasion de contrainte intellectuelle, le moindre sujet d'inquiétude pour mes convictions. » L'ouvrage entier est écrit suivant cette tendance, d'après un continuel désir de vérité, une constante soif de montrer la grandeur de la cause derrière la grandeur de l'effet ; et l'accent de sincérité profonde qui est en lui permet de lui appliquer avec justesse l'ancienne épigraphe :

« Cecy est un livre de bonne foy. »

Louis ROULE.

4° Sciences médicales.

Proust (A.). — **La défense de l'Europe contre le choléra.** *Un vol. in-8° de 459 pages avec cartes annexes. (Prix : 9 fr.)* G. Masson éditeur, 120, boulevard Saint-Germain, Paris, 1892.

Daremberg (G.). — **Le choléra, ses causes et moyens de s'en préserver.** *Un volume in-8° (Prix : 3 fr. 50.) Rueff et Cie, éditeurs, 106, boulevard Saint-Germain, Paris,* 1892.

Monod (H.). — **Le choléra.** (*Histoire d'une épidémie*) : Finistère 1885-86. *Un très fort vol. in-8° de 546 pages avec cartes. (Prix : 30 fr.)* Ch. Delagrave, éditeur, 15, rue Soufflot, Paris, 1892.

Ces trois ouvrages ne se trouvent pas seulement réunis sous la même rubrique par le hasard de leur date de publication ; nous les avons intentionnellement rapprochés, parce qu'ils se complètent l'un l'autre. Tous trois défendent la même doctrine. M. le Pr Proust, après un exposé de l'historique de la question, où l'on retrouve la clarté, la précision et la netteté de vues de l'éminent professeur, dégage tous les enseignements que comporte l'étude des grandes épidémies. Son livre n'est pas seulement un ouvrage de science empreint d'un esprit élevé et vraiment philosophique. C'est une œuvre sociale et même politique d'où émergent les qualités du diplomate, qui, délégué dans les Congrès internationaux, s'est toujours inspiré des grands intérêts de l'Europe, sans négliger de faire valoir le bon renom de la France.

Avec M. le Pr Brouardel, M. Proust s'est efforcé de concilier les règlements sanitaires avec les intérêts commerciaux, si bien que certaines nations qui, comme l'Angleterre, s'étaient montrées récalcitrantes à la police sanitaire de l'Europe, se sont finalement ralliées aux propositions de M. Proust et des autres délégués français.

Se fondant sur les mauvais résultats des quarantaines, qui sont vexatoires et inefficaces, M. le Pr Proust, dès 1884, donne une orientation nouvelle à la prophylaxie du choléra. Il ne s'agit plus d'isoler, ce qui dans la pratique est illusoire, mais de détruire les germes. La désinfection est l'agent le plus puissant à opposer au choléra. La maladie se transmet par des microbes qui sont exceptionnellement transportés par l'air, et habituellement par les objets, surtout par les linges et les vêtements.

Toute la doctrine préconisée par M. le Pr Proust repose sur ce fait ; les règlements sanitaires consistent donc à désinfecter à l'aide d'étuves, par l'ébullition, ou par l'emploi de substances antiseptiques énergiques, les selles des cholériques ou les pièces de vêtements qu'ils ont pu souiller. L'expérience est faite ; elle semble concluante. C'est ce qui ressort de la lecture du livre de M. Monod. En 1885-1886 une épidémie cholérique se déclare dans le département du Finistère, dont M. H. Monod était alors préfet. M. le Dr Charrin poursuivit cette épidémie avec ténacité, si bien qu'au bout d'un mois environ, il n'y eut plus un seul cas de choléra dans le département.

D'autre part, on sait quels services ont rendus les postes sanitaires installés aux frontières des Pyrénées, lors de l'épidémie en Espagne en 1890. Quelques cas de choléra furent importés en France, mais les foyers furent rapidement éteints et la maladie ne se propagea pas. Suivre la trace de toute personne venant d'un lieu contaminé et tout désinfecter, si elle devient malade : tel est le principe des mesures sanitaires auxquelles M. le Dr Proust a attaché son nom.

Ces vues nouvelles, fondées sur les découvertes de la bactériologie rendent pour ainsi dire illimité le champ où l'hygiéniste peut étendre son action salutaire. « Nous ne supprimerons jamais toutes les causes des maladies, dit M. le Dr Proust, mais nous avons sur les maladies infectieuses et contagieuses une action énorme. Sans doute nous n'augmenterons pas la longueur de l'espace que les lois de la physiologie nous ont départi, mais nous donnerons à un nombre toujours croissant d'individus les années que la nature leur avait promises et que les accidents de chaque jour viennent trop souvent abréger. Et c'est ainsi que nous remplirons le rôle le plus élevé que puissent se proposer le médecin et l'hygiéniste. »

Pour atteindre ce but, la science actuelle nous offre deux moyens : la désinfection qui permet de détruire les germes morbides, et la salubrité qui ne les laissent pas envahir l'organisme. Faire de l'antisepsie, c'est bien, réaliser l'asepsie, c'est mieux. Cette question est traitée de main de maître dans l'ouvrage de M. le Dr Daremberg. Dans un style exquis, dont le charme nous séduit, le distingué écrivain du *Journal des Débats* nous retrace, à grands coups de pinceau, le tableau des différentes épidémies cholériques pour arriver rapidement à celle de cette année. Là M. Daremberg abandonne la plume de l'historien impartial, pour prendre avec ardeur celle du polémiste. Il s'insurge avec véhémence contre les fautes et l'incurie gouvernementales qui, fermant les yeux sur toutes les grandes découvertes scientifiques, déverse avec une sérénité parfaite la fièvre typhoïde et le choléra à tous les riverains de la Seine. Tandis que M. Daremberg réclame la destruction des matières fécales, au moyen d'usines spéciales, et la création d'un canal de Paris à la mer, système qui ne saurait être réalisé que dans une vingtaine d'années, un grand nombre d'hygiénistes des plus éminents réclament le *tout-à-l'égout* et l'utilisation de ces trésors de matières azotées pour l'agriculture. M. Proust s'est fait récemment le défenseur autorisé de cette doctrine, qu'il a soutenue avec éclat devant le Parlement. Or, on sait comment le Gouvernement interprétait cette solution qui sauvegardait les intérêts nationaux, ne lésant que ceux de quelques particuliers, influents d'ailleurs : il laisse projeter dans les rivières les immondices de la grande ville, et transforme ainsi les bords riants de la poétique vallée de la Seine, en berges puantes d'un infect cloaque ; — mais ce n'est pas tout : on puise dans cette vaste fosse d'aisances l'eau à boire envoyée à de nombreuses localités en aval de Paris.

M. Daremberg dénonce cet état de choses : d'après lui, le sol en contact avec les germes devient un entrepôt, où ceux-ci sont conservés en attendant leur reviviscence. Il a fallu des épidémies meurtrières de fièvre typhoïde et la crainte d'être atteint du choléra pour décider les élus du suffrage universel à déverser cette source permanente d'infection et de contamination. — La loi est votée : on ne boira plus que de l'eau de source ; la Seine ne sera plus infectée, les eaux d'égouts fertiliseront des champs stériles, les microbes se livreront des combats gigantesques dans les champs d'épandage et les bacs seront victorieux, à la grande satisfaction des populations. Tels sont les résultats qu'on nous promet, mais en attendant qu'ils soient réalisés, il coulera encore de l'eau contaminée sous les ponts ; les bacilles auront encore des beaux jours, et mettront à profit la méthodique lenteur administrative qui, rompant avec ses traditions, se sera fait tirer l'oreille pour chercher la petite bête.

Dr M. SPRINGER.

Baratoux (Dr J.), *Professeur d'Otologie, de Rhinologie et de Laryngologie.* — **Guide pratique pour le traitement des maladies de l'oreille.** *1 vol. in-18 de 136 p. avec figures dans le texte. (3 fr.) Société d'éditions scientifiques, 4, rue Antoine-Dubois, Paris,* 1892.

ACADÉMIES ET SOCIÉTÉS SAVANTES

DE LA FRANCE ET DE L'ÉTRANGER

ACADÉMIE DES SCIENCES DE PARIS

Séance du 17 octobre.

1° Sciences mathématiques. — M. Emile Picard, dans une longue note, développe l'application aux équations différentielles ordinaires de certaines méthodes d'approximations successives; les résultats, pour certaines classes d'équations, sont particulièrement simples. — M. F. Tisserand expose les conditions de la découverte du cinquième satellite de Jupiter, par M. Barnard, de l'Observatoire de Lick, en Californie : la durée de sa révolution est de 11 heures 50 minutes, sa distance au centre de la planète est de 2,5, en prenant comme unité le rayon équatorial de Jupiter, de sorte que le satellite sort à peine de la région de lumière diffusée par la planète ; de là la difficulté de son observation. Son éclat est celui d'une étoile de treizième grandeur. M. Barnard a découvert aussi une comète par la photographie. — M. Flammarion adresse à l'Académie une dépêche qui confirme la découverte du cinquième satellite de Jupiter. — M. Perrotin communique les observations de trois nouvelles planètes découvertes à l'observatoire de Nice, au moyen de la photographie, par M. Charlois. Il ajoute quelques réflexions au sujet du nombre considérable de ces nouveaux corps, dont il devient impossible de calculer les positions et sur lesquels on ne peut faire des observations régulières ; la photographie y suppléera.

2° Sciences physiques. — M. E. Bouty, à propos de la coexistence du pouvoir diélectrique et de la conductibilité électrolytique, répond à MM. Cohn et Arons que sa méthode diffère essentiellement de la leur; l'auteur n'a à mesurer qu'une seule quantité absolue, tandis qu'ils sont obligés d'en déterminer trois. — M. N. Piltschikoff a étudié à Kharkow la polarisation spectrale du ciel : il a trouvé que l'intensité de polarisation dans le ciel pour la lumière bleue est sensiblement plus grande que pour la lumière rouge, résultat en désaccord avec la théorie de la couleur bleue du ciel de M. Lallemand. La différence des polarisations au bleu et au rouge varie avec la direction du vent, elle présente son maximum pour le sud-est et s'annule pour la direction nord-ouest. Enfin, quand la polarisation de l'atmosphère s'élève ou s'abaisse, elle s'élève ou s'abaisse plus dans les radiations moins réfrangibles que dans les autres. — M. Huc adresse un mémoire relatif à la constitution des espaces interplanétaires. — M. L. Maquenne applique la décomposition par l'eau du carbure de baryum pour produire l'acétylène. Il prépare facilement le carbure en chauffant au rouge vif un mélange de carbonate de baryte, de magnésium en poudre et de charbon de cornue; ce carbure brut, ainsi obtenu, fournit un dégagement régulier d'acétylène, quand on fait arriver de l'eau froide goutte à goutte. L'auteur signale, en outre, quelques propriétés du carbure de baryum BaC^2. — M. Quantin donne un procédé d'analyse des mélanges d'ammoniaque et de méthylamines qui constituent la méthylamine commerciale. L'ammoniaque isolé à l'état de phosphate ammoniaco-magnésien, la précipitation est complète, grâce à la présence des méthylamines qui maintiennent l'alcalinité indispensable. On forme ensuite les chloroplatinates du mélange, celui de triméthylamine est enlevé par des lavages à l'alcool absolu. C. Matignon.

3° Sciences naturelles. — M. Duclaux revient sur les propriétés oxydantes attribuées par M. Poehl à la spermine et pense que les propriétés curatives énergiques de cette substance sont absolument indépendantes de son action sur le magnésium en présence du chlorure de platine ou du chlorure de cuivre. — M. H.-B. Griffiths a trouvé, par l'analyse chimique, que dans les tissus nerveux de quelques invertébrés (Insectes, Crustacés, etc.), la neurokératine est remplacée par la neurochitine, dont l'auteur indique la composition. Chez les êtres inférieurs, comme chez les êtres supérieurs, la matière des nerfs est fort altérable. Alcaline à l'état frais, elle s'acidifie après la mort, et la myéline se coagule. — De l'examen auquel s'est livré M. St. Meunier sur des échantillons de roches recueillies par le prince Henri d'Orléans sur la basse Rivière Noire (Tonkin), il résulte que celles-ci sont constituées principalement par des calcaires noirs charbonneux contenant des indices de fossiles. A ces calcaires sont associées un grand nombre de roches éruptives dont quelques-unes renferment fréquemment l'épidote comme produit d'altération. L'auteur mentionne, en outre, comme provenant de la même région, une serpentine très caractérisée et une ophite comparable à nos variétés pyrénéennes. — L'étude des étages miocènes de l'Algérie a conduit M. J. Welsch aux résultats suivants : Les faunes de Mascara et des Beni Rached et Carnot n'appartiennent pas à deux étages différents, comme on l'a cru jusqu'ici, mais sont au contraire identiques; quant au dernier soulèvement de l'Atlas, il est post-tortonien et il a eu lieu à la fin du miocène supérieur.

Mémoires présentés. — M. Huc : Constitution des espaces interplanétaires. — M. F. Bordez : Note relative à un appareil sous-marin. — M. V. Razous : Mémoire relatif à une machine agricole que l'auteur nomme *la Paysanne.*

Nominations. — MM. Cornu et Sarrau sont désignés comme devant être présentés à M. le ministre de la guerre pour faire partie du Conseil de perfectionnement de l'École polytechnique, pendant l'année 1892-93.
Ed. Belzung.

Séance du 24 octobre.

1° Sciences mathématiques. — M. H. Poincaré fait hommage à l'Académie d'un volume intitulé : « Théorie mathématique de la lumière. Nouvelles études sur la diffraction. Théorie de la dispersion de Helmholtz. » — M. L. Autonne en continuant et généralisant ses recherches précédentes est arrivé à constituer une théorie des intégrales algébriques de l'équation différentielle du premier ordre. — M. Th. Caronnet, à propos des centres de courbure géodésique, établit deux théorèmes : Th. I. Pour que les droites qui joignent les centres de courbure géodésique d'un système orthogonal quelconque deviennent une congruence de normales, il faut et il suffit que les courbures géodésiques correspondantes soient fonctions l'une de l'autre. Th. II : Pour qu'une droite qui joint un centre de première courbure principal au centre de seconde courbure géodésique engendre une congruence de normales, il faut et il suffit que les courbures considérées soient fonctions l'une de l'autre. — M. A. J. Stodolkiewitz : Sur le problème de Pfaff. — M. Bigourdan communique ses observations de la nouvelle comète Barnard (de 1892), faites à l'Observatoire de Paris (équatorial de la tour de l'Ouest). La comète très faible est diffuse et plus brillante vers le centre. — M. Schulhof a calculé les éléments paraboliques de la comète Barnard en comparant ses observations de M. Bigourdan, ils présentent une grande ressemblance avec les éléments de la comète périodique de Wolf et paraissent confirmer ce fait que les points de proximité des comètes périodiques de Jupiter se groupent particulièrement vers l'aphélie de cette grosse planète. — M. Tisserand présente la suite et fin de la théorie du mouvement des planètes par G. Leveau et une brochure. intitulée : Cadran solaire, système Ch. Chamberland.

2° Sciences physiques. — M. Vaschy répond à la note de M. Clavenad. La formule qui donne la vitesse de propagation d'un courant sur une ligne électrique et que l'auteur a retrouvée par des considérations d'homogénéité était déjà établie par d'autres considérations, elle est donc exacte et l'objection faite par M. Clavenad ne peut subsister. — M. Charles Henry, en employant le sulfure de zinc phosphorescent comme étalon photométrique, a construit un photomètre-photoptomètre destiné à la mesure de faibles éclairements. On produit l'illumination du sulfure par la combustion d'un fil de magnésium et l'on note le temps écoulé entre l'extinction du magnésium et le moment où il y a égalité d'éclat entre l'écran phosphorescent et l'écran translucide : la loi de dépérition de la lumière du sulfure permet de calculer l'éclat au moment de l'égalité. — M. G. Lippmann : Photographies colorées du spectre sur albumine et sur gélatine bichromatées [1].

— M. Bernard Brunhes donne deux méthodes capables de vérifier le parallélisme à l'axe optique des lames cristallines uniaxes, ces méthodes fournissent en même temps une évaluation du défaut de parallélisme et n'exigent qu'un polariseur, un analyseur et un spectroscope. — M. de Place donne la description d'un schéséophone, nouvel appareil servant à explorer la structure intime des masses métalliques à l'aide d'un procédé électro-mécanique (sonomètre d'induction joint à un microphone). La méthode est la suivante : 1° frapper le métal à éprouver, 2° recevoir dans un microphone le son émis par le métal, 3° apprécier l'intensité d'un sonomètre d'induction. — M. Berthelot a fait de nouvelles recherches sur la fixation de l'azote atmosphérique par les microbes dans le but d'établir les mécanismes suivant lesquels cette fixation s'accomplit. L'auteur a ajouté à des acides humiques, naturel et artificiel, placés dans une atmosphère limitée, des traces microscopiques de végétaux inférieurs verdâtres développés au fond d'un flacon contenant de l'eau ordinaire, au bout de quatre mois il a constaté dans les acides humiques transformés une augmentation notable d'azote; l'atmosphère ambiant contenait en outre de l'acide carbonique. — MM. H. Baubigny et E. Péchard ont constaté la dissociation de l'alun de chrome; après de nombreuses précipitations à l'alcool il donne toujours une liqueur acide au méthylorange; ramené à la neutralité par l'ammoniaque, l'acidité reparaît. Cette particularité est due au sulfate de chrome qui se comporte de la même façon. — M. L. de Coppet rappelle d'abord la loi de Despretz d'après laquelle l'abaissement D de la température du maximum de densité de l'eau au-dessous de 4 degrés est à peu près proportionnel au poids M de substance dissoute dans 100 parties d'eau, loi qui conduit à un coefficient d'abaissement $\frac{D}{M}$. Il énonce ensuite la loi suivante : les substances de constitution semblable (et quelquefois de nature très différente) ont sensiblement le même abaissement moléculaire de la température du maximum de densité. L'abaissement moléculaire est la quantité $\frac{D}{M} \times A$ où A est le poids atomique de la substance dissoute. Les rapports des coefficients d'abaissement du point de congélation et de la température du maximum de densité présentent aussi quelques relations intéressantes. — M. E. Grimaux, en remarquant que, dans les sels basiques de quinine, l'acide est uni, non à l'azote du groupe quinoléique, mais à l'azote de l'autre groupe, a pensé qu'il devait se former des sels doubles de quinine à deux acides différents. L'auteur décrit en effet les chlorhydro-sulfate, bromhy-

sulfate et iodhydro-sulfate de quinine. — M. de Forcrand a calculé les chaleurs de substitution de un, deux ou trois atomes de sodium dans la molécule de l'acide orthophosphorique. Les grandeurs trouvées, comparées aux quantités déterminées dans ses précédents travaux sur les phénols, montrent qu'il est impossible d'admettre dans cet acide, soit deux fonctions phénoliques et une fonction acide, soit deux fonctions acides et une fonction phénolique ; c'est un acide présentant trois fonctions acides identiques, sa formule doit être représentée par $(Ph\,^v O)\,(O\,H)^3$. — M. Léo Vignon, en présence des différentes définitions et des différents modes d'obtention de fibroïne de la soie grège indique une nouvelle préparation qui fournit un produit très blanc, très brillant, souple, tenace et élastique qui doit être envisagé d'après lui comme la vraie fibroïne; l'auteur donne les propriétés de cette fibroïne.

— M. Ricco qui a signalé la simultanéité des taches solaires et des perturbations magnétiques, donne un tableau des époques des maxima des perturbations et celles des passages des taches au méridien central. Toutes les perturbations sont en retard par rapport au passage des taches d'environ 45 heures ; ce retard indiquerait une vitesse de propagation du soleil à la terre, pour l'action des taches sur le magnétisme de celle-ci d'environ 913 kilomètres, c'est-à-dire 335 fois moindre que la vitesse de la lumière. — M. L. Harsten adresse une réclamation de priorité au nom de M. Plügge pour son dosage des sels d'alcaloïdes avec la phénolphtaléine comme indicateur. C. Matignon.

3° Sciences naturelles. — M. P. Miquel fait connaître les méthodes de culture qui permettent d'assister aux phénomènes qui accompagnent le rétablissement de la forme dite sporangiale chez les Diatomacées et il indique de quelle façon il s'accomplit. — M. Alphonse Labbé a étudié les protozoaires parasites du sang des vertébrés qui presque tous appartiennent au groupe des Drepanidium. Ceux-ci sont des sporozoaires de forme bien déterminée ressemblant à de petites grégarines habitant les hématies, les leucocytes, les cellules du foie, etc... Les formes adultes s'y enkystent et se transforment en une masse de morula dont chaque partie représente un Sporozoïte, lequel ressemble entièrement aux plus jeunes Drepanidium intra-globulaires. L'auteur pense que les caractères différentiels des Drepanidium sont assez importants pour légitimer en leur faveur la création d'un groupe des Hémosporidées. Il sépare de ce groupe les parasites de la malaria de l'homme et des oiseaux qu'il classe entre les Hématozoaires et les Sporozoaires ; à ce second groupe d'hématozoaires se rattache, sous le nom de Cytamœba ranarum, un hémamibe signalé chez la grenouille et que presque tous les auteurs introduisent dans le cycle évolutif du Drepanidium ranarum. — M. S. Jourdain a reconnu deux modes différents de fixation de certains Acariens, qui, à l'état de larves hexapodes, vivent en parasites sur divers articulés. Chez les larves de quelques Acariens on trouve un appareil analogue aux stomatorhizes des Sacculines et qui n'en diffère que par l'absence de l'organe lagéniforme qui termine les tubes; ceux-ci sont ouverts chez ces formes acariennes et l'hémalymphe du parasitifère passe directement dans les stomatorhizes. Cette hémalymphe, pour être utilisée par le parasite, doit, au préalable, subir une digestion. — M. E. Yung signale le fait que les animaux présentant des cas de symbiose font exception à la règle posée par lui précédemment quant à l'influence des lumières colorées sur le développement des animaux aquatiques. Des recherches récentes lui ont montré que l'Hydre d'eau douce (Hydra viridis) se développe plus vite et plus abondamment à la lumière rouge qu'à la lumière blanche; celle-ci leur est plus avantageuse que la lumière verte et surtout que la lumière violette; enfin, l'obscurité est fatale à leur développement. — M. Ed. Piette fait connaître les ossements et les silex que l'on rencontre dans la caverne de Brassempouy, et fait remarquer qu'à l'époque de Solutré le Mammouth et l'Éléphant indien ont vécu côte

---

1. Voir à ce sujet le numéro précédent de la *Revue*, p. 724.

à côte à Brassempouy ; il signale en outre l'absence ou la rareté du Renne dans les amas équidiens de l'époque magdalénienne. — M. Marcellin Boule rend compte de la découverte d'un squelette d'*Elephas meridionalis* dans les cendres basaltiques du volcan de Senèze (Haute-Loire) ; il ressemble à l'*Elephas méridionalis* du *crag* anglais. L'étude des ossements fossiles du Senèze montre que les volcans basaltiques de la vallée de l'Allier datent de l'époque où l'*Elephas meridionalis* a remplacé dans nos pays les Mastodontes. Les environs de Brioude avaient alors acquis les principaux traits du relief actuel. — M. R. Zeiller a reconnu parmi les empreintes végétales provenant du sondage de Douvres deux espèces dont la présence indique que les couches traversées par le sondage appartiennent bien, comme le présumait M. Brady, à la région supérieure du Houiller moyen. Ed. Belzung.

Seance du 31 octobre.

1° Sciences mathématiques. — M. H. Poincaré présente une note sur l'*Analysis situs* ou géométrie de position. Il montre que les nombres de Betti (ordres de connexion de la surface) ne suffisent pas pour déterminer une surface fermée au point de vue de l'*Analysis situs*, c'est-à-dire, étant donné deux surfaces fermées qui possèdent mêmes nombres de Betti, on ne peut pas toujours passer de l'une à l'autre par voie de déformation continue. Cette détermination, suffisante dans l'espace à trois dimensions, ne l'est plus dans un espace quelconque. — M. R. Liouville, à propos de ses études sur les équations de la dynamique, répond aux critiques de M. Painlevé. — M. É. Vallier indique une marche rationnelle pour évaluer un paramètre rendant possible l'intégration des équations du mouvement dans le problème balistique. — M. F. Sy communique ses observations de la comète Barnard faites à l'Observatoire d'Alger à l'équatorial coudé. La comète, de très faible diamètre occupe une étendue circulaire de 20° de diamètre environ. — M. Schulhof, par la comparaison des éléments de la comète Barnard et de ceux de la comète Wolf en 1891, arrive à conclure que les deux comètes doivent dériver d'un même corps qui a dû, à un moment donné, se diviser en deux ou plusieurs parties, tout comme les comètes périodiques de Biéla et de Brooks.

2° Sciences physiques. — M. Amagat a étudié la compression des liquides par deux méthodes décrites antérieurement. La pression a été poussée jusqu'à 3.000 atmosphères pour l'eau, l'éther, le sulfure de carbone, les alcools méthylique, éthylique, propylique, allylique, les chlorure, bromure, iodure d'éthyle, l'acétone et le chlorure de phosphore, seulement jusqu'à 1.000 atm. pour l'eau. Dans tous les cas, le coefficient de compressibilité décroît régulièrement quand la pression croit ; à part l'eau, il augmente toujours avec la température sous toutes les pressions. — M. C. Decharme étudie le déplacement évolutifs d'un aimant sur le mercure sous l'action d'un courant électrique. — M. L. de Coppet a mesuré la température du maximum de densité des mélanges d'alcool et d'eau, et la température de congélation de ces mêmes mélanges. L'abaissement du point de congélation est proportionnel à la quantité d'alcool, il n'en est plus de même pour l'abaissement de température du maximum de densité. — M. Deniau adresse une note sur une nouvelle machine pneumatique. — M. Delaurier adresse le mémoire suivant : Recherches sur les combinaisons optiques et photographiques qui, avec les instruments actuels, peuvent servir pour observer notre satellite avec le plus fort grossissement. — M. le Ministre des Affaires étrangères transmet une lettre du vice-consul de France à Erzeroum sur une observation d'un arc-en-ciel lunaire. — M. Schlœsing, à propos de la fixation d'azote par les microbes, répond à M. Berthelot qu'il n'admet pas cette fixation dans le cas d'une terre végétale nue. exempte de toute végétation apparente. — M. Berthelot réplique en rappelant les expériences

qu'il a exposées depuis de longues années et où il a montré que, sous l'influence des microbes, c'est-à-dire des organismes inférieurs contenus dans la terre végétale, et indépendamment de la présence et de l'action des plantes supérieures, celle-ci fixe l'azote. — M. H. Le Châtelier montre que la dissociation du bioxyde de baryum est très complexe et ne peut être comparée à celle de l'oxyde de cuivre. La baryte anhydre à 500° n'absorbe pas la moindre trace d'oxygène si elle est pure ; il est nécessaire qu'elle soit partiellement hydratée pour rendre l'absorption possible ; le bioxyde à une température déterminée n'a pas une tension fixe. — M. Albert Colson a étudié l'action de l'hydrogène sulfuré sur certains sels métalliques dissous dans la benzine exempte d'eau et observé que la décomposition n'est pas complète et donne lieu à des équilibres tout à fait particuliers. Le chlorure mercurique, entièrement décomposable dans sa solution aqueuse, subit dans la benzine une décomposition qui s'arrête avec la formation du corps $Hg^2 Cl^2 HgS$. — MM. Th. Schlœsing fils et Em. Laurent ont continué leurs expériences sur la fixation de l'azote libre par les plantes : ils ont reconnu, en opérant sur des sols riches en azote dans lesquels étaient cultivées des plantes supérieures, que la fixation n'avait point lieu. Un sol témoin sans culture n'a également rien absorbé. — MM. A. et P. Buisine ont fait des essais importants d'épuration des eaux d'égouts par le sulfate ferrique, employé concurremment avec le procédé à la chaux ; le sulfate fournit des eaux plus pures et en outre l'avantage de séparer des boues azotées utilisables comme engrais en agriculture. — M. Balland a fait des expériences sur le pain et le biscuit pour déterminer la quantité d'eau contenue dans leurs différentes parties ; il a cherché aussi comment variait cette hydratation avec la forme des pains. — M. A. B. Griffiths a extrait des urines deux ptomaïnes nouvelles, l'une l'*érysipéline* dans l'érysipèle, la seconde dans la fièvre puerpérale. Ce sont des bases bien cristallisées capables de former avec certains sels des combinaisons bien définies ; leurs formules respectives sont $C^{11} H^{13} Az O^2$ et $C^{23} H^{19} Az O^2$. — M. A. B. Griffiths a découvert dans le sang de *Sipunculus* et de *Phascoloma* un nouveau pigment respiratoire dont il indique quelques propriétés et auquel il donne le nom d'*hémérythrine*. Quand on passe des pigments respiratoires des invertébrés inférieurs à ceux des invertébrés supérieurs, le nombre des atomes augmente dans la molécule. — M. Alexandre Pœhl transmet des microphotogravures de cristaux de phosphate de spermine. Il conclut à l'identité des cristaux de Charcot et des cristaux de Schreiner. — M. Delaurier adresse une note sur des procédés chimiques de gravure sur bois.

C. Matignon.

3° Sciences naturelles. — M. Léon Guignard fait connaître la structure et le mode de développement de l'appareil sécréteur des *Copaifera*, lequel constitue le premier exemple d'appareil sécréteur schizogène dans le bois des Légumineuses. — M. Ant. Magnin expose ses nouvelles observations sur la sexualité et la castration parasitaire. L'auteur a observé le développement variable des rudiments staminaux chez les fleurs femelles du *Lychnis diurna* et *vespertina*, ainsi que les particularités du développement de l'*Ustilago Vaillantii* dans les étamines rudimentaires des fleurs stériles du *Muscari comosum*. Dans ce cas le parasite provoque l'agrandissement des parties accessoires, atrophiées, mais préexistantes de l'organe mâle ; il en est de même pour l'organe femelle, représenté par un petit mamelon ovarien, lequel grossit mais ne produit jamais d'ovules. — M. St. Meunier décrit une expérience facile à réaliser reproduisant les géminations des canaux de Mars, et permettant de se rendre compte de la cause possible de ce phénomène et des particularités qu'il présente. — M. J. Seunes énumère la succession des terrains paléozoïques de la vallée d'Aspe et de la région de Lescun ; il signale la faune des calcaires schisteux à *Spirifer Verncuili*, qui appartient au dévonien supérieur (Frasnien). — M. le secrétaire perpétuel signale la troisième édition du traité de géologie de M. de Lapparent. — M. Edm. Perrier montre, par l'étude du squelette des étoiles de mer, comment les diverses formes qu'il présente peuvent être reliées entre elles par une série de gradations. En ce qui concerne le squelette des bras des étoiles de mer, il doit être considéré comme formé initialement de segments successifs ; quant au squelette du disque, on y trouve souvent les équivalents des pièces du calice des Crinoïdes. Ces *pièces onticinales* sont des points fixes autour desquels se développent les pièces accessoires, ou *pièces discinales*. — M. le commandant Bienaimé résume d'une façon succincte les résultats du voyage du transport-aviso *la Manche* en Islande, à Jean Mayen et au Spitzberg, pendant l'été de 1892 ; ces résultats seront ultérieurement publiés en détail. — M. A. Ricco présente des photographies qu'il a faite de l'éruption de l'Etna en 1892 et les accompagne d'explications et de diverses considérations concernant l'orientation de l'axe de l'éruption. — M. Jacques Passy, après avoir fait remarquer que plusieurs odeurs différentes pouvaient coexister dans le même composé en donnant à l'odorat l'impression d'un mélange, montre qu'on peut arriver à dissocier expérimentalement ces odeurs en se basant sur l'existence du minimum perceptible propre à chacune d'elles ; en faisant décroître progressivement la quantité de substance, on voit en effet les odeurs disparaître les unes après les autres. — M. N. Ketscher relate ses expériences ayant trait au pouvoir immunisant que confère aux cobayes contre une dose mortelle du choléra le lait de chèvres vaccinées ; il fait connaître en outre les expériences qu'il a faites dans le but d'étudier le pouvoir curatif du lait. Il en résulte que le lait d'une chèvre vaccinée contre le choléra outre qu'il vaccine les cobayes contre une infection cholérique ultérieure, les guérit aussi, une fois la maladie déclarée. — M. G. Bay décrit un appareil à injections hypodermiques qu'il a imaginé, afin de remédier aux inconvénients des systèmes de seringues à piston, tels que le dessèchement du cuir du piston, l'irrégularité dans le calibrage des verres, etc. — M. R. H. van Dorsten adresse quelques remarques à propos d'une communication de M. Delauney du 7 juin dernier, sur l'accélération de la mortalité en France.

Mémoires présentés : M. Willot adresse un mémoire ayant pour titre : Maladies de la betterave ; destruction de l'*Heterodera Schachtii*.　　　　Ed. Belzung.

ACADÉMIE DE MÉDECINE

Séance du 18 octobre.

M. Jungfleisch s'est demandé ce que devenait le mercure pendant et après les opérations du sécrétage des poils. Cette industrie consiste à modifier le poil de lapin de manière à lui permettre de se feutrer facilement. On obtient ce résultat en imprégnant les peaux couvertes de poils avec une solution de nitrate de mercure et en les chauffant à l'étuve. Or, les ouvriers sécréteurs et les chapeliers eux-mêmes présentent souvent des accidents dus au mercure, qui proviennent de ce fait que, dans les couperies de poils, les ouvriers se trouvent exposés à l'action des fines poussières chargées de mercure que soulèvent en abondance les opérations auxquelles sont soumises les peaux sécrétées. L'auteur a constaté par l'analyse que chaque chapeau de feutre en moyenne un demi-gramme de mercure, lequel s'y trouve combiné à l'état d'oxyde avec la kératine des poils, formant ainsi un composé peu soluble dans l'eau. Pour combattre cette industrie insalubre, l'auteur propose la substitution du sécrétage sans mercure au sécrétage par le mercure. — Suite de la discussion sur l'épidémie de choléra en 1892 : M. Marrotte préconise l'emploi du chlorhydrate d'ammoniaque et dit que le choléra nostras et le choléra indien sont deux maladies distinctes quelque part que l'on accorde aux microbes.

Pour M. Hardy le bacille-virgule appartient bien au choléra que nous recevons tout fait, le poison venant du dehors d'une part par l'eau et d'autre part, surtout par l'air atmosphérique. Pour cet auteur, c'est bien le choléra *indien* qui a régné à Nanterre, au Havre et dans la banlieue de Paris, mais il n'est pas né sur place. Pour M. Brouardel le choléra vient toujours d'une transmission soit par l'eau, soit par les vomissements et les déjections des cholériques. Enfin M. Léon Colin pense que l'épidémie actuelle est de nature exotique ; que l'assainissement de la banlieue nord de Paris est un gage de sécurité pour l'ensemble du territoire et que cette maladie est une de celles qui révèlent le mieux la puissance de l'hygiène pour les combattre.

Séance du 25 octobre.

M. Magitot : Sur une variété de cagots des Pyrénées. L'auteur a étudié les altérations des extrémités des doigts, des ongles et du système pileux qu'il a observées dans le pays de Béarn ; il en résulte que ces altérations seraient des manifestations lépreuses atténuées, établissant par suite la survivance de la lèpre jusqu'à l'époque actuelle dans la région pyrénéenne. — M. A. Béchamp : Sur les albumines physiologiques normales et pathologiques et sur l'albuminurie physiologique. L'auteur fait remarquer que, dans l'état de santé, l'urine humaine peut contenir jusqu'à près de 4 grammes d'albumine par litre. L'albumine du sérum ne filtre pas à travers le rein ; celle de l'urine ne provient donc pas du sang. Il traite ensuite de l'origine des ferments solubles ou zymases, et de la théorie du microzyma. Quant aux albuminoïdes l'auteur a été conduit à admettre, y compris les zymases, environ 60 espèces d'albuminoïdes solubles et insolubles, absolument irréductibles à une substance unique qui serait l'albumine du blanc d'œuf de poule. L'existence des microzymas permet d'expliquer celle d'une albuminurie physiologique, dans l'état de santé parfaite, laquelle prouve que le rein possède une fonction propre et qu'il n'est pas simplement un appareil de filtration. Puis l'auteur aborde la théorie chimique de la nutrition, dont le premier acte, la digestion est un phénomène d'analyse ; elle est superficielle par rapport à l'organisme ; le deuxième acte, l'assimilation, est un phénomène de synthèse qui s'accomplit au niveau des tissus ; enfin le troisième acte de la nutrition, la désassimilation, s'accomplit dans la cellule et dans le mycrozyma. — M. Nicaise : Hyperplasie d'origine tuberculeuse, arthrite tuberculeuse, avec hyperplasie fibro-plastique et graisseuse de la synoviale. — M. Ch. Leroux : Sur l'impétigo des enfants, affection contagieuse, inoculable et microbienne.

SOCIÉTÉ DE BIOLOGIE

Séance du 29 octobre.

M. Brown-Séquard expose les résultats des injections de liquide testiculaire. Plus de 200.000 injections ont été faites, aucune n'a été suivie d'accident. Quelquefois elles donnent lieu à une douleur persistant deux ou trois jours, très rarement on observe de la fièvre, fièvre qui est de nature réflexe. Il cite des cas de diminution de volume des cancers et des fibromes. La paralysie agitante a été deux fois guérie ; des tuberculeux ont été améliorés. L'ataxie locomotrice et la sclérose latérale de la moelle sont généralement guéries. Le diabète a aussi disparu dans un cas qui résistait à l'extrait de pancréas. M. d'Arsonval est parvenu à préparer un nouveau liquide testiculaire plus énergique. — M. Charrin communique les résultats de ses expériences sur l'hérédité de la vaccination pour la maladie pyocyanique à l'aide de bacilles atténués ou de produits solubles. Les animaux nés de parents vaccinés sont vaccinés. La vaccination du père seul serait insuffisante. — M. Hénocque a perfectionné sa méthode pour étudier spectroscopiquement le sang à la surface des tissus vivants. A l'aide d'un verre condensateur bleu spécial il peut augmenter l'intensité des deux bandes de l'oxyhémoglobine. On peut déterminer la quantité d'oxyhémoglobine contenue dans le sang, en éteignant les bandes du spectre à l'aide de verres orangés d'épaisseurs progressives. Une table dressée empiriquement donne la quantité d'oxyhémoglobine correspondant au verre employé. — M. Roger présente des cultures d'un microbe très semblable au *Proteus vulgaris*, mais coagulant le lait en le laissant alcalin. — M. Azoulay : Sur les attitudes du corps. — MM. Pilliet et Cathelineau : Sur les lésions de l'organisme et particulièrement du rein dans l'empoisonnement par le sublimé corrosif. — MM. Gamaleïa et Ketscher ont vacciné contre le choléra des cochons d'Inde en leur injectant dans l'abdomen du lait provenant d'une chèvre vaccinée. Ce lait injecté dans le péritoine rend inefficace une inoculation de choléra faite dans les muscles de la cuisse. On peut même par ce procédé guérir des animaux atteints de choléra en leur inoculant ce lait 5 heures avant la mort des témoins. Aucun bacille n'existe dans le lait vaccinateur ; l'ébullition détruit ses propriétés vaccinantes, le chauffage à 70° les atténue. Le petit-lait possède le pouvoir immunisant. — M. Grimaux a préparé un chlorhydrosulfate de quinine très soluble et par suite appelé à rendre de grands services en thérapeutique. D'après M. Laborde, son action est identique à celle du sulfate. — M. Bouvier étudie les variations du jeune âge à l'âge adulte chez les cétacés du genre *Hyperodon*.

Séance du 5 novembre.

M. Leven : Irritations de la moelle et du plexus solaire ; maladies et dyspepsies qui en résultent. — M. Depoux présente un sujet atteint d'ataxie et de myélite ascendante guéri par des injections de liquide testiculaire. Seul, le réflexe rotulien n'a pas réapparu. — Il présente un autre sujet guéri de névrite rhumatismale (diagnostic réservé) par le même traitement. Il a constaté aussi sur une dame âgée de 94 ans, que le liquide testiculaire pouvait faire recouvrer l'intelligence perdue. — M. Brown-Séquard annonce qu'il a observé lui-même une amélioration notable de l'intelligence, après quinze jours de traitement, chez un malade dont les fonctions cérébrales étaient altérées à la suite d'un traumatisme. — En outre une note de M. Ouspenski de Saint-Pétersbourg, qui, à Tiflis, a guéri 8 cas terribles de choléra sur 10 traités par le liquide testiculaire à dose massive. M. Brown-Séquard insiste ensuite sur la valeur des injections des liquides organiques. Il pense que le liquide cérébral, et autres analogues n'agissent que par le suc testiculaire qu'ils renferment, ce dernier imprégnant tout l'organisme. — M. Gley : Effets de la destruction lente du pancréas ; confirmation des faits annoncés par M. Thiroloix. — M. Ch. Richet : Le singe, si sensible à la tuberculose humaine, résiste complètement à l'inoculation de tuberculose aviaire. — M. Hénocque a constaté, par des analyses faites avec du sang *in vitro*, l'exactitude de la méthode de dosage sur le vivant pour l'oxyhémoglobine. — M. Moreau : Streptocoque nouveau de la bouche. — M. Charrin étudie les habitats naturels du bacille pyocyanique et son évolution aux différents représentants de la série animale. Inoculé au lombric, il perd rapidement ses propriétés habituelles. M. Charrin a réussi à l'inoculer à des Cactées, et à créer ainsi une nouvelle maladie pour les plantes. Il étudiera, avec M. Guignard, les lésions localisées ainsi déterminées, et ces recherches jetteront un nouveau jour sur le mécanisme de la défense de l'organisme contre les invasions microbiennes, défense que, dans ce cas, on ne peut attribuer à la phagocytose. — M. Passy : fait une communication sur la puissance odorante et qualité des odeurs, continuant ainsi la série des recherches dont il a déjà entretenu la Société.

Ch. Contejean.

SOCIÉTÉ FRANÇAISE DE PHYSIQUE
Séance du 4 novembre.

M. Raveau expose les nouveaux travaux de M. Mathias relatifs à la densité critique et au théorème des états correspondants. M. Mathias est parvenu à déterminer d'une façon très précise la densité critique, dont la mesure directe est fatalement entachée de fortes erreurs, et à préciser les conditions dans lesquelles est applicable le théorème des états correspondants. Il s'appuie sur les deux lois qu'il a énoncées antérieurement, La première, la loi *du tiers de la densité*, découle de la valeur 3 *b* du volume critique dans la formule de Van der Waals. Il s'ensuit que la densité critique d'un corps tend vers le tiers de la densité du même corps à l'état liquide, prise à la température la plus éloignée possible de la température critique. La seconde loi, celle *du diamètre rectiligne*, qu'il a énoncée dans un travail fait en collaboration avec M. Cailletet, a été confirmée récemment par M. Amagat. Elle consiste en ce. double fait que les deux courbes de densités du liquide et de la vapeur saturée d'un même corps, se raccordent en une courbe unique et que cette dernière présente un diamètre rigoureusement rectiligne. Mais, sauf pour l'acide sulfureux, la vérification n'avait porté jusqu'ici que sur des intervalles de température peu étendus. Les récentes expériences de M. Sydney Young, effectuées en partie avec la collaboration de M. Ramsay, fournissent à M. Mathias une brillante confirmation de ses deux lois, et lui permettent d'en tirer d'importantes conséquences. La loi du tiers de la densité se trouve vérifiée sur les douze corps étudiés par M. Young, et la loi du diamètre rectiligne demeure rigoureusement applicable à tous ces corps pour un intervalle de température qui atteint 300°. Par suite les densités critiques de ces corps se trouvent déterminées avec précision, car leur valeur se déduit immédiatement de la connaissance de leur diamètre rectiligne. On trouve en outre que les trois premiers alcools ont rigoureusement la même densité critique. Les données expérimentales sont encore trop peu nombreuses pour permettre de voir si la loi se poursuit ; cependant la probabilité est très grande, car les densités critiques de tous les alcools primaires jusqu'en C⁸, déduites de la loi du tiers de la densité, demeurent toutes comprises entre 0,270 et 0,278. L'équation du diamètre rectiligne ne contient, en dehors des éléments critiques, qu'une seule constante. En vertu du théorème des états correspondants, cette constante devrait être la même pour tous les corps. A ce point de vue, les douze corps de M. Young se groupent en deux catégories, l'une composée de huit corps, l'autre de quatre, présentant chacune une valeur déterminée de la constante. De là résulte que le théorème des états correspondants doit s'appliquer non pas à tous les corps pris en bloc, mais qu'il faut les grouper en séries, le théorème conservant toute sa valeur pour les divers corps d'une même série. La loi du diamètre fournit une autre conséquence. M. Mathias considère la température à laquelle la densité atteint le triple de la densité critique comme une limite inférieure de la température de solidification du liquide. Or, si la loi du diamètre se conserve, cette température doit se trouver précisément égale à la moitié de la température absolue critique. Le fait se vérifie pour un certain nombre de corps, notamment pour la benzine. Cependant il existe des corps pour lesquels la température de solidification est certainement plus basse. M. Mathias en propose une explication. — La loi du tiers de la densité, jointe à celle du diamètre, conduit à une formule qui permet de calculer la densité critique avec une approximation plus grande que celle qui a été indiquée plus haut. La formule est d'ailleurs très simple, elle ne dépend que de la connaissance d'une densité, et de celle de la température critique. Cette nouvelle formule donne certainement les densités critiques au $\frac{1}{100}$. M. Guye en avait déjà proposé une autre, mais elle repose sur une hypothèse gratuite et ne saurait représenter les faits. M. Mathias a pu ´ainsi établir avec une précision toute nouvelle un tableau de densités critiques assez certaines pour pouvoir être considérées comme de véritables constantes nouvelles de la physique. — MM. Cailletet et Colardeau ont effectué à la Tour Eiffel des recherches expérimentales sur la chute des corps et la résistance de l'air, que M. Colardeau fait connaître à la Société. Toutes les expériences antérieures, et notamment celles de M. Langley, exposées précédemment à la Société par M. Lauriol, prêtaient à une grave critique. Dans toutes, il s'agissait d'un mouvement de rotation produit par un manège. Or, dans ces conditions, il y a forcément entraînement de la masse d'air voisine, ce qui, ainsi que l'a montré M. le commandant Renard, modifie considérablement les résultats. Les auteurs ont tenu à réaliser une méthode irréprochable. Ils ont étudié la résistance de l'air sur un corps tombant en chute libre de la seconde plate-forme de la Tour, c'est-à-dire d'une hauteur de 120 mètres. Pour connaître la loi du mouvement des corps, ils ont partagé la hauteur totale de chute en six intervalles égaux, c'est-à-dire qu'ils ont repéré les distances successives de 20, 40 mètres de chute, et ils ont noté les temps auxquels le mobile atteint ces différentes positions. Dans ce but, ils ont enroulé un même fil, fin et léger, sur six bobines coniques consécutives présentant la pointe en bas et portant chacune 20 mètres de fil. Ce fil a son extrémité attachée au mobile ; il le suit dans son mouvement sans lui opposer une résistance appréciable. Lorsque le fil, en se déroulant, passe d'une bobine à la suivante, il écarte un contact électrique très souple offrant une très faible résistance à l'écartement, et cette rupture du courant actionne le style d'un enregistreur sur lequel un diapason électrique inscrit le temps avec une précision du $\frac{1}{100}$ de seconde. Le retard sur la chute théorique dû au vide, dû à la fois à la résistance du fil au déroulement et à la résistance du contact électrique, évalué par des mesures directes, atteint tout au plus le $\frac{1}{50}$ de sa valeur. Par cette méthode, MM. Cailletet et Colardeau ont vérifié que la résistance opposée par l'air à des plans d'égale surface est indépendante de leur forme, et que, pour des plans de surfaces différentes, elle est proportionnelle à la surface. De plus en lestant un même plan de poids variables, ils ont pu étudier la variation de la résistance de l'air en fonction de la vitesse du mobile. Ils ont trouvé ainsi comme coefficient de proportionnalité entre la pression de l'air par unité de surface et le carré de la vitesse, pour des vitesses inférieures à 23 mètres par seconde, le nombre 0,071, tandis que M. Langley propose 0,08. Enfin pour des vitesses plus considérables, ce coefficient augmente avec la vitesse, c'est-à-dire que la résistance de l'air croît plus vite que le carré de la vitesse. En terminant, les auteurs présentent aux membres de la Société les graphiques originaux fournis par les appareils enregistreurs : ils sont d'une beauté et d'une netteté remarquables.

Edgard HAUDIÉ.

SOCIÉTÉ MATHÉMATIQUE DE FRANCE

Séance du 2 novembre.

M. **d'Ocagne** : Nouvelle construction simplifiée du point le plus probable donné par un système de droites non convergentes. Cette construction dérive de la considération d'un élément géométrique spécial dont l'auteur démontre les propriétés fondamentales. — M. G. **Humbert** : Sur une transformée homographique à 16 paramètres arbitraires de la surface des ondes. Etude des coniques et des biquadratiques situées sur la surface. — M. **Genty** donne des démonstrations simplifiées de plusieurs résultats connus relatifs aux involutions d'espèce supérieure et y ajoute diverses formules nouvelles dont il indique quelques applications. — A ce propos, M. **Humbert** présente quelques

remarques relatives aux involutions de points marqués sur des courbes de genre quelconque.

M. D'OCAGNE.

ACADÉMIE DES SCIENCES D'AMSTERDAM

Séance du 29 septembre.

1° SCIENCES MATHÉMATIQUES. — M. P.-H. Schonte démontre le théorème suivant : Si $\frac{x^2}{a^2} + \frac{y^2}{b^2} = 1$ représente une ellipse donnée E, et $f(x, y)$ forme l'expression homogène des termes du $n^{\text{ième}}$ ordre de l'équation d'une courbe C^n par rapport aux mêmes axes, les anomalies excentriques α_k des points d'intersection S_k ($k = 1, 2, \ldots 2n$) de E et C^n ont une somme A déterminée par la relation $e^{iA} = \frac{f(a, ib)}{f(a, -ib)}$. Il en fait ensuite connaître des cas particuliers.

2° SCIENCES PHYSIQUES. — M. H. **Kamerlingh Onnes** continue sa communication des résultats des mesures de M. P. **Zeeman** sur le phénomène de Kerr (voir *Revue*, t. III, p. 530). Elles confirment pour la réflexion polaire du fer et du cobalt la découverte de M. Sissingh, qu'il faut ajouter à la théorie de M. Lorentz une différence de phase d'une valeur constante, la différence de phase de de Sissingh. Elles confirment donc en même temps la théorie de M. Goldhammer. M. Zeeman trouve dans S une dispersion magnéto-optique dephase.

3° SCIENCES NATURELLES. — M. Th. W. **Engelmann** s'occupe d'abord *de l'influence des irritations réflexes et centrales du nerf optique sur le mouvement des cônes de la rétine* à l'occasion d'expériences faites dans le laboratoire physiologique d'Utrecht par M. W. **Nahmmacher**. Si l'on irrite la rétine de l'un des yeux d'une grenouille, les courants électriques de la rétine de l'autre subissent des oscillations caractéristiques (voir *Revue*, t. II, p. 654). Cette expérience semble démontrer l'existence de fibres centrifuges dans le nerf optique. Cependant MM. V. **Horsley** et **Gotch** ont trouvé que la moelle épinière des chats et des singes montre aussi des mouvements réflexes de racine sensible à racine sensible. Aussi, l'auteur a jugé nécessaire de chercher à décider de la question de l'hypothèse des fibres centrifuges dans le nerf optique à l'aide d'une étude des déformations des cônes. Afin d'éviter chaque irritation lumineuse, on a fait usage de réactions chimiques en déposant des cristaux de NaCl à la surface de l'autre œil dans la première série d'observations et au chiasma des nerfs optiques mis à nu dans la seconde série. On avait pris soin de tenir les grenouilles faiblement curarisées dans l'obscurité pendant 5 à 6 heures avant l'application des cristaux. Ensuite on déposait les cristaux aussi vite que possible à l'aide d'une lumière rouge très faible ; on rétablissait l'obscurité parfaite et 3 minutes après on éloignait les cristaux. Enfin, 10 minutes plus tard, on décapitait les grenouilles, on durcit les têtes dans l'acide nitrique à 3 $\frac{1}{4}$ %, et on examinait les rétines 12 heures après suivant la méthode décrite par M. van Genderen Stort. En même temps on prenait des séries d'expériences de contrôle sans irritation chimique (*a*), avec irritation chimique et section d'un des deux nerfs optiques (*b*), avec irritation chimique et section des autres nerfs optiques tenues seulement dans l'obscurité (*c*). On examinait seulement la position des cônes, le pigment ne montrant pas de changement caractéristique. On distinguait les trois positions suivantes : 1. Position proximale (myoïde en longueur = 1 à 2 ellipsoïde, contraction forte). 2. Position mésiale (myoïde = 2 à 4 ellipsoïde, contraction modérée). 3. Position distale (myoïde = 4 à 6 ellipsoïde, allongement maximal). Voici le résultat des expériences : *Série* I. Irritation de l'autre œil. Les deux nerfs optiques intacts. Pour 15 cas, 13 à position proximale (les autres mésiales et distales). Contrôle *a*, *b*, *c*, de 52 cas, 40 à p. distale (pour les autres 6 mésiales, 4 proxim., etc). *Série* II. Irritation du chiasma : Le nerf optique intact. Pour 52 cas, 42 à p. proximale (pour les autres 2 mésiales, 6 distales, etc.). Contrôle *a, b, c,* : pour. 98 cas, 78 à p. mésiale ou distale (pour les autres 18 proximales). Le nombre relativement grand des cas à p. proximales parmi les expériences de contrôle de la seconde série s'explique suffisamment par l'impossibilité d'empêcher totalement la diffusion de la solution saline vers l'extrémité périphérique du nerf coupé. En somme, les expériences de M. Nahmmacher démontrent incontestablement que le nerf optique contient des fibres centrifugales, dont l'irritation cause la contraction des cônes en se transportant par action réflexe de l'œil irrité à l'autre. — M. Th. W. Engelmann s'est occupé de la théorie *de la contraction des muscles.* Jusqu'ici la question de savoir de quelle manière le travail chimique, qui produit la contraction du muscle, se transforme en travail mécanique, est restée sans réponse. Cette transformation est-elle due directement à l'attraction chimique ou à l'intermédiaire de la chaleur ou de l'énergie électrique? Plusieurs physiologistes (MM. Pflüger, Fick, Verworn) s'en tiennent à l'attraction chimique. Cependant le nombre extrêmement petit des molécules actives pendant une contraction, ne s'accorde pas avec cette théorie. En effet, de quelque manière que l'on se représente la forme, les dimensions, la position et la sphère d'action de ces molécules actives, il reste impossible de s'imaginer qu'elles puissent mouvoir la masse relativement infinie des molécules chimiquement inactives à l'aide de l'attraction chimique directe. L'auteur explique cette difficulté par le calcul. La seconde hypothèse, qui dérive l'énergie mécanique de la chaleur dégagée par la combustion physiologique, offre plus de vraisemblance. D'après elle, le processus de la contraction du muscle est analogue à la marche des machines à vapeur et des machines thermiques. M. Solvay s'est opposé à cette analogie en remarquant que le muscle travaille beaucoup plus avantageusement que ne le font les machines citées. A la vérité, les différences en effet utile sont considérables, mais il est probable que des améliorations futures des machines réduiront ces différences de manière à ne plus surpasser les différences entre les machines elles-mêmes. D'un autre côté plusieurs physiologistes croient avec M. Fick que l'hypothèse de l'origine thermique de la force musculaire est à rejeter, parce qu'elle ne s'accorde pas avec le second théorème fondamental de la théorie mécanique de la chaleur (loi de Clausius). Suivant l'opinion de l'auteur, cet argument est insoutenable, ce qu'il va prouver par la théorie et par l'expérience. Déjà en 1875, M. Pflüger a remarqué que la température mesurée des organes n'est que la moyenne d'une infinité de températures différentes de plusieurs points de ces organes et que particulièrement la température des molécules en combustion doit être très considérable. Peu après, l'auteur a appliqué des considérations analogues aux muscles. Le fait même qu'un nombre extrêmement petit des molécules de la masse musculaire fonctionne comme source de chaleur, pour laquelle le reste forme une enveloppe refroidissante d'extension énorme, fait présumer qu'au contraire la condition générale de transformation de chaleur en travail (transmission de chaleur d'un corps de température élevée à un corps de température basse) se trouve satisfaite, et même, eu égard à la différence extrêmement grande des températures, d'une manière très avantageuse. Seulement il faut avouer, qu'il n'est pas encore démontré que la chaleur s'empare de cette méthode pour produire l'énergie mécanique. A présent l'auteur va indiquer quelques idées, qu'il espère pouvoir préciser plus tard. Toutes les parties contractiles contiennent en premier lieu des éléments positivement bi-réfringents, à un axe optique, dont la direction coïncide avec celle de la contraction. Il n'y a plus aucun doute que ces éléments ne soient le siège des forces contractantes. De même les parties organisées qui possèdent le même pouvoir bi-réfringent peuvent se raccourcir dans la direction de l'axe optique, après la

mort, sous l'influence de certains agents et même avec force, vitesse et étendue mesurables comme celles de la contraction musculaire. Ce raccourcissement se montre généralement avec une imbibition augmentée. Lorsque l'auteur trouvait, il y a vingt ans, que les couches bi-réfringentes des muscles à stries transversales se gonflent par l'imbibition d'eau livrée provenant des couches mono-réfringentes, on put croire avoir découvert la cause de la contraction musculaire. Cependant on ne connaissait pas encore la cause du déplacement de l'eau. L'auteur s'est alors borné à la remarque générale que probablement le processus chimique mis en action dans le muscle par l'irritation entraîne ce déplacement. Il y ajoute que ce processus peut se faire de deux manières différentes : en premier lieu par un changement de la *constitution chimique* du liquide qui environne les couches bi-réfringentes, l'état d'imbibition dépendant de cette constitution. On s'imagine par exemple la formation de l'acide lactique, dans laquelle les couches anisotropes du muscle se gonflent considérablement. Cependant cette hypothèse est soumise à la difficulté du nombre relativement petit des molécules chimiquement actives. Cette difficulté n'existe pas dans la seconde hypothèse, celle de *l'échauffement à haute température.* Par l'échauffement tous les éléments positivement bi-réfringents subissent la contraction caractéristique, suivie du rallongement après refroidissement. La température où la contraction commence dépend en premier lieu de la nature du liquide environnant ; par l'addition d'une petite quantité d'alcali ou d'acide, elle peut s'abaisser de 60° à 40°. La question de savoir si la chaleur agit par un changement de l'état d'imbibition ou d'une autre manière, reste indécise. Il s'agit seulement de prouver que la chaleur cause la contraction de tous les éléments organisés bi-réfringents, même des éléments morts. Dans les derniers temps, l'auteur a étudié ce phénomène surtout par rapport au tissu connectif fibreux, pour l'étude duquel les cordes de violons paraissent une matière convenable. Voici la description de son appareil. Un bout de corde E parfaitement imbibé d'eau porte un poids tenseur, et est suspendu à un des bras d'un levier, dont l'autre porte des contrepoids mobiles et se termine par une pointe dessinant sur un plan mobile les positions successives. La corde est librement entourée par une spirale de platine qui peut être échauffée par un courant électrique. La corde et la spirale sont plongées dans une éprouvette remplie d'eau, qui contient aussi un thermomètre. La corde, chargée de 50 à 100 grammes, conserve sa longueur pendant que la température reste constante ou ne s'élève pas jusqu'au delà d'une certaine limite (p. ex. 60°). En surpassant cette limite à l'aide d'un échauffement faible par une flamme, on voit la corde se raccourcir lentement. Si maintenant on fait passer le courant dans la spirale, la corde se contracte subitement et d'une quantité considérable pour se rallonger immédiatement quand on interrompt le courant. Et pendant ce temps le thermomètre ne montre qu'une variation minimale de la température (p. ex. de 0,1). On peut répéter cette épreuve avec la même corde des centaines de fois avec le même effet et produire ainsi une quantité considérable de travail mécanique. Le calcul du pourcentage de la chaleur transformée de cette matière en travail mécanique montre que l'appareil fonctionne très avantageusement. Peut-être ce pourcentage surpasse-t-il même celui de l'action musculaire. En effet, l'appareil en question représente un muscle : la corde bi-réfringente forme l'élément contractile bi-réfringent ; l'eau environnante remplace la masse musculaire refroidissante; la spirale équivaut aux molécules thermogènes irritables et le passage du courant tient lieu d'irritation. L'auteur présente plusieurs diagrammes produits par l'appareil et par l'action musculaire, qui montrent entre eux une analogie parfaite. Après une période d'action latente on voit une période d'énergie montante (expression de M. von Helmholtz) qui, à son tour, est suivie d'une période d'énergie diminuante. L'appareil construit par M. Engelmann peut aussi servir à réfuter la théorie pyro-électrique de la contraction, développée par M. G. E. Muller avec beaucoup de sagacité. D'après cette théorie, le muscle doit se détendre aussitôt que la température des particules biréfringentes devient constante. Cependant le muscle raccourci reste à sa même longueur, s'il ne se refroidit pas. Cette longueur est une fonction de la température instantanée entre les limites où elle dépend de la température; entre ces limites, elle ne dépend nullement de la vitesse de la variation de la température. Enfin l'auteur fait voir comment sa théorie peut expliquer les autres formes de contractilité, le mouvement des cils vibratils et celui du protoplasme. Cependant on ne doit pas exiger que tous les phénomènes spéciaux de l'action musculaire se vérifient par son appareil, la complication des phénomènes, même celle des phénomènes mécaniques dans les muscles vivants étant si grande. Seulement le principe de la transformation d'énergie chimique en travail mécanique à l'aide d'échauffement à haute température dans l'action musculaire est démontré par les expériences.

SCHOUTE,
Membre de l'Académie.

SOCIÉTÉ DE PHYSIOLOGIE DE BERLIN

Séance du 14 octobre.

M. Kossel : Suite de ses recherches sur la chimie du corps cellulaire. L'auteur s'occupe surtout des protéides, qu'il étudie depuis plusieurs années déjà. Ces corps, parmi lesquels on peut citer la nucléine, sont des combinaisons d'albumine avec un groupement « prostétique ». Le groupement qui dans la nucléine est combiné avec l'albumine est l'acide nucléique que l'auteur a extrait d'abord de préférence de la levûre, puis du sperme du saumon et finalement des leucocytes du thymus. Dans les trois acides nucléiques ainsi obtenus le rapport du phosphore à l'azote a constamment été trouvé égal à un tiers; en outre, ils se sont décomposés en bases telles que la guanine, l'adénine et d'autres encore. Ces divers acides nucléiques diffèrent les uns des autres par leurs autres propriétés; néanmoins la différence entre les deux acides d'origine animale n'est pas aussi importante que celle qui existe entre ceux-ci et l'acide nucléique d'origine végétale. Ce dernier acide a ceci de particulier, que parmi ses produits de décomposition se rencontre un hydrocarbure qui, à un examen plus minutieux se trouva renfermer aussi bien une hexose qu'une pentose. La nucléine des leucocytes montre une analogie d'autant plus grande avec la chromatine qu'elle renfermait moins d'albumine. Malgré maintes analogies entre l'acide nucléique et l'acide urique, il ne fut pas possible d'établir la parenté chimique de l'acide urique et de la nucléine, ni sa dérivation probable de cette dernière substance. Les rapports de l'acide nucléique avec l'albumine parurent être d'une importance particulière; ces relations s'étendent également de l'acide nucléique d'une cellule à l'albumine d'autres cellules, et c'est sur cette parenté que semblent reposer les propriétés bactéricides des leucocytes. L'auteur poursuit ses recherches dans cette voie. — M. Gad établit sur les phénomènes d'excitation dont le muscle est le siège une théorie reposant sur les vues de Fick, lequel considère la fibre musculaire comme formée, en dedans de la fibre musculaire (sarcolemma) de deux couches alternantes de liquides hétérogènes non miscibles l'un avec l'autre. Au moment de l'excitation, le premier changement consiste dans une transformation chimique de l'une de ces deux couches, à la suite de laquelle la seconde pénètre la première transformée, elle s'élargit et il en résulte un raccourcissement de la fibre. A ce premier processus en succède un second qui a pour

effet le rétablissement de l'état primitif. Par suite des diverses circonstances extérieures et intérieures, ces deux processus peuvent se combiner diversement de telle manière que l'effet final observé puisse être différent. La façon variable dont se comporte la contraction isotonique et isométrique du muscle dans le tétanos, les effets des excitations de « sommation » et d'autres phénomènes ont trouvé leur explication en partant de l'hypothèse précédente.

Dr W. SKLAREK.

ACADÉMIE DES SCIENCES DE VIENNE

Séance du 13 octobre.

1° SCIENCES PHYSIQUES. — M. Franz Exner : Recherches électrochimiques (3e communication). L'auteur étudie comment se comportent, au point de vue électrique, les métaux dans les bases fortes (KOH, NaOH, AzH^3) et mesure les différences de potentiel à la surface de séparation des bases précédentes avec les acides AzO^{3}H, SO^{4}H^2, HCl, HBr, HI, HFl, C^{2}O^{4}H^2 et C^{2}O^{2}H^4. Ces différences oscillent entre quelques millièmes et quelques dixièmes de volt suivant la nature et la concentration des acides. Sauf quelques exceptions, les acides sont positifs vis-à-vis des bases. Il n'y a que des relations qualitatives entre les valeurs thermiques et les valeurs électriques.

2° SCIENCES NATURELLES. — M. Ludwig Roskiewioz adresse une réclamation de priorité pour son « Etude sur la structure des montagnes ». — M. G. Haberlandt : Recherches anatomiques et physiologiques sur les feuilles des plantes tropicales. Sur la transpiration de quelques plantes (1re communication). Ces recherches, effectuées au jardin botanique de Buitenzorg, à Java, montrèrent que la transpiration, dans ces climats chauds et humides, est moindre qu'en Europe. Eu égard à l'abondante végétation de ce pays, il en résulte que le courant de transpiration ne peut être regardé comme le véhicule des sels chargés de nourrir la plante, opinion généralement admise. — M. Ph. Knoll : Sur la connaissance des fibres des muscles striés présentant des stries doubles disposées obliquement. — M. Mojsisovics donne quelques renseignements sur les découvertes amenées par de nouvelles fouilles dans le trias de Hallstätter.

Emil WEYR,
Membre de l'Académie.

ACADÉMIE ROYALE DES LINCEI

Pendant la période des vacances (août-octobre), les publications de l'Académie des Lincei ont continué à paraître régulièrement; et, comme le jour approche où les séances vont recommencer, nous donnons, comme les dernières années, un résumé des principales communications qui ont été faites jusqu'à ce jour.

1° SCIENCES MATHÉMATIQUES. — M. Volterra a publié deux notes dans lesquelles il s'occupe de la propagation des vibrations lumineuses dans des milieux isotropes. — M. Bianchi a étudié les déformations infinitésimales des surfaces flexibles et inextensibles, et dans un autre travail il a traité de la transformation de Bäklund pour des systèmes triples orthogonaux pseudosphériques. — M. Pizetti : La loi de probabilité des erreurs d'observation. — M. Somigliana : Sur les expressions analytiques générales des mouvements oscillatoires. — M. Frattini : Sur quelques théorèmes de M. Tchebicheff. — M. Del Re : Sur la surface du cinquième ordre, qui a une cubique double et un point triple.

2° SCIENCES PHYSIQUES. — M. Righi avait déjà donné la description du phénomène suivant : Dans un petit ballon en verre, où l'air est raréfié, se trouve une électrode en communication avec le pôle négatif d'une pile dont le pôle positif est relié à la terre; la surface argentée interne du ballon se trouve de même en communication avec la terre. Une autre électrode mobile est reliée à un électromètre à quadrants. A mesure qu'on éloigne les deux électrodes et qu'on exécute des mesures, on voit que la déviation s'accroît jusqu'à un maximum, pour redescendre ensuite. M. Righi a répété cette expérience en substituant un galvanomètre à l'électromètre, et il décrit les variations du potentiel autour de la cathode, lesquelles montrent qu'à proximité de cette dernière se trouve une surface idéale où le potentiel présente une valeur minima ; cette surface est dite *négative* par M. Righi. — M. **Ascoli** a repris les recherches de M. Pisati sur la ténacité du fer à diverses températures en se servant de bandes de tôle au lieu de fils. Il a vu que la ténacité présente un minimum à 70° et un maximum à 236° ; la différence entre le maximum et le minimum est le 35 %, de la ténacité à la température ordinaire. D'autres expériences ont été exécutées pour étudier la plasticité du fer, c'est-à-dire le rapport entre la déformation permanente et l'effet qui la produit. La plasticité diminue régulièrement jusqu'à un minimum voisin de 150°, pour s'accroître ensuite. — M. **Vicentini** a poursuivi ses recherches sur les phénomènes lumineux dus à des décharges électriques dans des conducteurs métalliques placés dans l'air raréfié ; il donne la description des phénomènes qui se produisent avec un cylindre vide et percé et avec deux disques. — M. **Cantone** a reconnu, en étudiant les variations de la résistance de nickel dans un champ magnétique, que la loi de proportionnalité entre ces variations et les carrés des intensités magnétiques, se vérifie seulement lorsque le corps possède, au commencement de l'expérience, un magnétisme résiduel ; lorsqu'on part d'un état neutre, la marche du phénomène change, probablement parce que le processus d'orientation des molécules est plus compliqué. — MM. **Agamennone** et **Bonetti** ont fait construire un nouveau type d'hygromètre, qui présente l'avantage de soumettre la même masse d'air à une double méthode d'expérimentation, ce qui permet de contrôler les résultats, et de mesurer l'humidité de l'air dans un instant déterminé. — Un autre appareil, dû à M. **Agamennone**, sert à enregistrer les perturbations séismiques. Cet appareil à double vitesse, c'est-à-dire que lorsqu'une secousse se produit, l'enregistreur se met à marcher avec une vitesse beaucoup plus grande, ce qui donne des tracés agrandis et très détaillés pendant le court délai du mouvement séismique. — M. **Cardani** a proposé une nouvelle méthode pour déterminer la constante diélectrique du soufre ; il a observé que cette constante s'accroît à mesure que devient plus forte l'intensité du champ magnétique dans lequel on fait les expériences, et que, pour des champs peu intenses, la constante se trouve comprise entre 3, 6 et 3, 5. — M. **Guglielmo**, en vue de l'intérêt spécial que présente, d'après la loi de Raoult, la connaissance des tensions de la vapeur des solutions, a étudié la tension des vapeurs des solutions de soufre et de phosphore dans le sulfure de carbone. — Dans une deuxième note, le même auteur donne la description d'un nouveau dispositif de pompes à mercure, dans lesquelles la pénétration de l'air extérieur et la formation de vapeurs internes sont empêchées, tandis que l'air est complètement chassé de l'intérieur de la pompe. — M. **Arno** a imaginé diverses expériences qui montrent le phénomène de l'hystérésis électrostatique dans les corps diélectriques, et qui permettent de faire des mesures et des recherches en changeant le potentiel et le diélectrique. — M. **Reggiani** : Recherches sur le coefficient de pression des thermomètres à mercure, et sur l'élasticité du verre. — M. **Sani**, en étudiant l'essence de raifort (*Cochlearia Armoracia*) a reconnu qu'elle a la même composition et les mêmes pro-

priétés que celles de la sulfocarbilamine de la moutarde noire. — M. **Gammarelli**, en soumettant à de nouvelles recherches la méthode proposée par M. **Arnaud** pour la détermination des nitrates de l'eau à l'aide de la cinchonamine (alcaloïde de *Remija purdeiana*) démontre que cette méthode ne peut pas être sûrement employée. — MM. **Balbiano** et **Severini** : Sur quelques acides de la série pirrazolique. — MM. **Anderlini** et **Borisi** : Concentration des éthers formique et succinique.

3° Sciences naturelles. — MM. **Tizzoni** et **Centanni** ont réussi à précipiter par l'alcool la substance active antirabique qui se trouve dans le sang des animaux immunisés. Ce précipité, dissous de nouveau dans l'eau, se montre capable de détruire la virulence de la moelle rabique. Des expériences nombreuses ont été faites, même en inoculant la solution aqueuse du précipité lorsque chez les animaux, qui avaient reçu le virus rabique, commençaient à se manifester dans le nerf sciatique les premiers symptômes de la rage ; les animaux vaccinés, ont toujours survécu, tandis que les animaux témoins sont morts rabiques. De cette manière restent confirmées les propriétés immunisantes du *sérum* ; la substance immunisante peut se conserver longtemps à l'état solide, et il devient dès lors facile de l'expédier à distance. — M. **Grassi**, avec l'aide de M. **Calandruccio**, pour éclaircir la mystérieuse origine des murènes, des grongs et des anguilles, a fait des recherches sur les Leptocéphalides, espèce de larves diaphanes que l'on pêche sur les côtes de la Sicile, et il a découvert que ces larves représentent un état de transformation des Murénides. Dans leur ample évolution les larves se rapetissent en absorbant en partie leur squelette gélatineux. Elles passent, à cause de leur petitesse, à travers les mailles des filets, ou bien, n'étant pas comestibles, elles sont jetées par les pêcheurs. — M. **Mazzarelli** a étudié l'œil anal larvaire des larves des Opistobranches dans plusieurs variétés ; après de nombreuses considérations anatomiques, il arrive à la conclusion que ce prétendu œil anal est simplement le rein définitif de ces Gastéropodes. — M. **Ruffini** donne une longue description de la terminaison nerveuse des fuseaux musculaires, et, se reportant à leurs caractères morphologiques spéciaux et aux nombreuses et particulières terminaisons qu'ils contiennent, il croit qu'au lieu de considérer ces fuseaux comme des fibres musculaires en voie de développement, on doit y voir plutôt des organes nerveux à fonction inconnue. Dans un autre travail, M. Ruffini signale l'existence de nerfs dans les papilles vasculaires de la peau de l'homme. — M. **Fabrini** s'occupe des caractères des ossements de deux espèces de *Felis* qui se trouvent dans la collection des mammifères pliocènes de l'Institut supérieur de Florence. Après avoir étudié les restes fossiles que nous connaissons, il émet l'opinion que, pendant le Pliocène, les *Felis* devaient avoir atteint leur plus grand développement. — M. **de Stefani** a adressé à l'Académie une description des fossiles du Crétacé qu'il a retrouvés en place dans les Apennins. — M. **de Toni** résume les travaux récemment parus qui contiennent des notices sur la flore algologique de la côte africaine, et il dresse un catalogue d'algues tripolitaines.

L'Académie, au cours des dernières élections, a nommé Associé étranger, M. H. **Léauté**, membre de l'Académie des Sciences de Paris.

Ernesto Mancini.

CORRESPONDANCE

SUR UNE EXPÉRIENCE D'ÉLECTRICITÉ|

Le dernier numéro de la *Revue* renferme un très intéressant compte rendu des travaux du *Congrès d'Edimbourg* du mois d'août de cette année. Je demande la permission d'apporter un éclaircissement sur un point. Je lis, à la page 697, que M. Dawson Turner a présenté une expérience relative à la diminution considérable de résistance d'une poudre métallique sous l'influence d'une étincelle électrique éclatant dans son voisinage. L'expérience décrite est, sans changement, une de celles que j'ai répétées à Pâques à la séance annuelle de la Société française de Physique, devant M. Turner lui-même. Quand il vint ensuite me voir à mon laboratoire, je lui ai précisé les meilleures dispositions à prendre pour reproduire ces phénomènes qui lui étaient inconnus.

M. Dawson Turner, en faisant sa communication au Congrès d'Edimbourg, n'a certainement pas manqué d'indiquer que je suis l'auteur de ces recherches. En tout cas, les lecteurs qui savent ces questions trouveront cette expérience dans les deux notes que j'ai présentées à l'Académie le 24 novembre 1890 et le 12 janvier 1891. Dans le numéro 78 du *Bulletin international des Electriciens*, en mai 1891, j'ai publié un résumé de l'ensemble de mes recherches sur ce sujet.

Personne, avant moi, n'avait observé ces variations de résistance.

Edouard BRANLY.

L'omission que nous signale M. Branly est évidemment imputable à cette circonstance que son nom a dû être prononcé en anglais : *Idourde Brainlé*. Sous ce travestissement, il aura échappé à M. Guillaume, et c'est aussi l'avis de notre distingué collaborateur.

(Note de la Direction.)

NOTICE NÉCROLOGIQUE

J.-A. VILLEMIN.

Lorsque, le 5 décembre 1865, Villemin vint annoncer, dans son mémoire *Sur les causes et la nature de la Tuberculose*, que cette affection est transmissible et inoculable, son œuvre ne fut pas loin d'être considérée comme l'erreur d'un esprit révolutionnaire. A cette époque hésitante où la science médicale, encore emplie des doctrines broussaisiennes, pensait synthétiser les processus morbides les plus divers dans l'étroite formule d'une perversion des actes physiologiques, il fallait, certes, posséder une clairvoyance géniale pour découvrir la spécificité de la tuberculose, et une audace bien singulière pour venir l'affirmer à la tribune de l'Académie de Médecine.

Ce novateur, ainsi touché de l'étincelle du génie, eut des débuts assez modestes. Fils d'un instituteur, Jean-Antoine Villemin naquit à Prey (Vosges) le 25 janvier 1827 et fut sur le point de suivre la carrière de son père. C'est à la Faculté de Strasbourg qu'il fit ses études médicales, encouragé par le Pr Fée, au laboratoire duquel il fut nommé aide-naturaliste. En 1833, il entra comme stagiaire au Val-de-Grâce et, quelques années plus tard, fut envoyé à Strasbourg comme répétiteur de physiologie à l'Ecole du Service de santé militaire.

Il s'y adonna à des études microscopiques qui nous ont valu un *Traité d'Histologie humaine, normale et pathologique*, fait en collaboration avec Morel : ce fut le premier ouvrage de ce genre publié en France.

Un concours d'agrégation de médecine s'ouvrait au Val-de-Grâce : Villemin y fut reçu en 1853 et publia une série de mémoires : *Sur l'altération épithéliale de la conjonctive oculaire dans l'héméralopie;* sur le *Sclérome des adultes;* sur la *Vésicule pulmonaire et sur l'Emphysème*. Enfin, dans un travail paru en 1861 (*Du Tubercule au point de vue de son siège, de son évolution et de sa nature*), Villemin commençait déjà à poser les prémisses de sa découverte, l'une des plus belles de la médecine.

La lésion tuberculeuse est inoculable; après une période d'incubation de durée variable, la tuberculose expérimentale se développe et entraîne la mort de l'animal. La tumeur articulaire, l'ostéite fongueuse, l'abcès froid, la dégénérescence caséeuse des tissus sont, au même titre que la phtisie vulgaire, l'expression symptomatique d'une même cause spécifique : tels furent les faits dont Villemin apporta la retentissante démonstration dans sa célèbre communication à l'Académie de Médecine (V. *Bull. de l'Acad. de Méd.*, 1866, p. 152 et 897). Rappeler la description lumineuse

et sagace de ses expériences et l'explosion d'objections qu'elles soulevèrent d'abord à l'Etranger et, — il faut bien le dire aussi, — en France, ne serait ajouter rien qui ne soit connu du lecteur. C'est avec une entière sérénité que Villemin attendit du temps la consécration de son œuvre : elle ne se fit point longtemps attendre même de la part de ses premiers détracteurs, tels que Conheim. Et lorsque, plus tard, les Allemands essayèrent d'opposer au nom de Villemin celui de Koch et de revendiquer en faveur de celui-ci la priorité de la même découverte, les prières instantes des amis de Villemin ne purent jamais le décider à répondre à une prétention entièrement fausse, ni ébranler cette philosophie modeste et charmante qui était le trait dominant de son caractère.

On doit à Villemin un certain nombre d'autres mémoires sur la prophylaxie de la phtisie pulmonaire, sur le scorbut. Son *Étude sur la Tuberculose* (Paris, 1868), couronnée par l'Institut et par la Faculté de Médecine, nous montre par quelle voie inductive il fut amené à la conception de l'inoculabilité et de l'unicité désormais irréfutables de cette affection. Dans un nouveau Mémoire (*Académie de Médecine*, 13 avril 1869), Villemin appelait l'attention sur l'influence des poussières de crachats desséchés comme agent de propagation habituelle du virus tuberculeux.

En 1874, l'Académie de Médecine l'appela parmi ses membres. Nommé en 1882 professeur au Val-de-Grâce, Villemin sut y faire admirer, dans ses leçons toutes familières, sa fine et pénétrante logique de clinicien. Sa place était toute désignée au *Congrès de la Tuberculose*, dont il présida la deuxième session (1891).

Villemin est mort le 12 octobre 1892. Il fut un précurseur. L'un des premiers, il sut employer l'expérimentation à la démonstration d'une des idées les plus fécondes de la médecine. A ce titre, son nom mérite d'être associé à celui des gloires scientifiques de notre siècle.

Dr H. VINCENT.

ERRATUM. — Dans l'article de M. F. Sinigaglia : Page 708, 1re col., ligne 3, *au lieu de* certaines ou presque certaines, *lire :* continues ou presque continues ; Dans la table synoptique, même page : *au lieu de* le rendement étant transmis, *lire :* le mouvement étant transmis. Page 709, 2e col., ligne 21 *au lieu de* bromopétard, *lire :* dromo-pétard. Dans la note, 2e col., même page, *au lieu de* M. F. Bighio, *lire :* M. F. Biglia.

Le Directeur-Gérant : LOUIS ULIVIER

Paris. — Imprimerie. Levé, rue Cassette, 17.

REVUE GÉNÉRALE

DES SCIENCES

PURES ET APPLIQUÉES

DIRECTEUR : LOUIS OLIVIER

SUR LA DURÉE DU CHOC

Dans les premières discussions sur la question de la collision par Wren, Wallis et Huygens, nulle attention ne semble avoir été accordée à la durée du choc ; peut-être serait-il plus exact de dire qu'on l'avait considéré comme absolument instantané, parce que les corps qui se heurtaient étaient regardés comme absolument durs. Avant de rendre compte de ses propres expériences sur ce sujet, Newton fait allusion aux travaux de ses prédécesseurs, et dit en particulier que leur conclusion, — à savoir *que des corps durs se séparent après la collision avec la même vitesse relative*, — « peut être affirmée avec plus de certitude pour des corps parfaitement élastiques ». Ses expériences l'avaient amené à conclure que la vitesse relative de séparation de deux corps qui se choquent représente une fraction définie (appelée maintenant *coefficient de restitution*) de la vitesse relative avant la rencontre. Newton attribue ce résultat à une élasticité imparfaite. Nous savons maintenant que cette terminologie est incorrecte, et que, — comme dans le cas d'une cloche, par exemple, — une large part de l'énergie de translation de deux corps en collision peut être emmagasinée comme énergie vibratoire dans l'un de ces corps ou dans les deux ; et ainsi, même si tous deux sont parfaitement élastiques, la vitesse relative de séparation peut être très inférieure à celle de l'approche. Mais la formule de Newton montre expressément que le choc ne peut, comme ses prédécesseurs semblent l'avoir cru, être dans aucun cas *instantané*. La loi expérimentale de Newton a été vérifiée avec grand soin en 1834 par Hodgkinson ; mais aucun essai

ne semble avoir été fait pour déterminer la durée du choc, à l'exception d'un récent mémoire de Hertz, exclusivement relatif aux vitesses extrêmement petites.

Le seul travail sur la véritable nature d'une rencontre entre deux corps élastiques dans lequel, si je suis bien informé, on ait tenu compte des circonstances de leur déformation mutuelle, est ce mémoire de Hertz [1]. Les savants qui s'étaient avant lui occupés du choc s'étaient bornés à étudier les distorsions longitudinales, telles qu'elles se produisent lorsque deux barres se rencontrent l'une l'autre dans le sens de leur longueur. De Saint-Venant, en se plaçant à cet unique point de vue, était arrivé à quelques résultats singuliers.

Le mémoire de Hertz est très remarquable, bien que les difficultés mathématiques du problème soient si formidables que la solution se trouve en pratique limitée au cas de déformations infinitésimales. D'une façon générale, cette solution ne saurait convenir qu'au cas de corps très durs, à moins que la vitesse relative ne soit extrêmement petite.

La plus grande partie de son étude est consacrée à l'aspect statique des déformations mutuelles de deux solides pressés l'un contre l'autre, comme, par exemple, dans la disposition usitée en Optique pour produire les anneaux de Newton. En réalité le problème est traité comme cas particulier d'une pression d'une grandeur indéfinie exercée sur une surface de contact indéfiniment petite. Hertz termine son mémoire par un coup

[1] *Journal de Crelle*, XCII, 1882.

d'œil sur le côté cinétique de la question, et considère la collision de deux sphères qui se meuvent avec une petite vitesse relative suivant la ligne de jonction de leurs centres. On voit que la durée du choc est infinie quand la vitesse relative est infiniment petite. Si les sphères sont d'acier, qu'elles aient un rayon de 25 millimètres, et si leur vitesse relative avant le choc est de 10 millimètres par seconde, on trouve que le rayon de la surface commune de contact à l'instant de la compression maximum est de $0^{mm},13$. La plus grande force totale entre les sphères est $2^k,47$ en poids, la plus grande pression (au point central de la surface de contact) est un poids de 75 k. par millimètre carré ; la durée du choc est de $0^s,00038$.

Ma passion pour le jeu du *Golf* a été, pour moi, l'occasion de quelques expériences sur ces questions. Dans ce jeu une petite balle solide de gutta-percha est lancée avec une grande vitesse par un coup violent qu'on lui applique au moyen d'un « *club* » (canne). Ce bâton est en bois dur ; sa tête frappante est chargée de plomb. Le vol de la balle suggère de nombreuses questions d'un grand intérêt physique : d'une part, en effet, la résistance de l'air peut s'élever jusqu'à trente fois le poids de la balle ; et, d'autre part, quand, par suite de la maladresse du joueur, la balle reçoit un mouvement de rotation rapide, sa course subit des modifications très remarquables. Mais les problèmes présentés par le coup initial sont tout aussi intéressants, et c'est à eux que nous allons nous limiter.

La balle a un diamètre d'environ 44 millimètres ; sa masse est d'environ 42 grammes, la tête du « *club* », dont la masse est d'environ 220 grammes, la rencontre à une vitesse de 100 mètres par seconde ou même davantage. La balle, on le conçoit, se trouve considérablement déformée pendant le choc, à ce point que la surface circulaire de contact offre quelquefois un diamètre de 20 millimètres. Combien de temps dure ce contact ? La balle reste-t-elle aplatie sur la surface du « *club* » pendant une partie notable quelconque de leur course commune, ou les deux objets se séparent-ils immédiatement après la collision ? Plusieurs circonstances se rapportant à la nature du jeu semblent indiquer que la durée du choc doit-être extrêmement courte. En particulier, quand une balle est « *jerked* » (c'est-à-dire frappée de telle manière que le mouvement du bâton soit arrêté par le gazon au moment même où le coup est donné) elle acquiert presque autant de vitesse que lorsqu'on laisse le « *club* » suivre librement la balle.

Il est clair que, dans l'état actuel de la science, il serait inutile de tenter la solution du problème mathématique qui se présente ici. J'ai donc essayé d'obtenir par voie d'expérience une solution au moins approximative. Naturellement mon seul but, et même mon but principal, en me livrant à ces expériences, n'était point d'étudier la question intéressante que soulève le jeu de *Golf*. En réalité, il n'est point facile de voir comment (dans les circonstances nécessaires de l'expérience) j'aurais pu réaliser d'une manière tant soit peu exacte toutes les conditions du problème. Afin de pouvoir enregistrer automatiquement le choc, il faut que l'un ou l'autre des corps se heurtant soit fixé, et que, virtuellement, il se trouve frappé d'une façon simultanée sur les deux côtés. Dans tous les cas je n'ai point réussi à imaginer un procédé permettant de surmonter cette fâcheuse complication. Mais, d'autre part, la méthode que j'ai adoptée conduit de suite à des résultats applicables à l'action d'un marteau sur un clou, d'un mouton sur un pieu, et à des questions similaires, qu'on rencontre dans la pratique.

Mon appareil (fig. 1) ressemble beaucoup à une guillotine. La masse tombante A est un bloc rectangulaire de bois dur, quelquefois garni d'une plaque d'acier dur à son extrémité inférieure. Ce bloc glisse aisément entre deux rails-guides bien huilés. Son poids est d'environ 2,2 kilogrammes, mais peut à volonté être doublé ou même quadruplé ; il suffit pour cela de visser à son extrémité supérieure une ou deux plaques épaisses de plomb. Le corps tombe de champ, à partir d'une hauteur connue, sur un court cylindre de substance élastique B, dont le tiers inférieur est fixé dans une large masse de plomb C. Celle-ci, à son tour, est solidement cimentée dans le sol en asphalte d'une cave.

Dans les premières séries d'expériences les cylindres élastiques avaient 30 millimètres de longueur, et 30 millimètres de diamètre. Une seconde série d'expériences fut faite avec des cylindres beaucoup plus grands. Tous ces cylindres avaient leur surface supérieure légèrement convexe. Les matières étaient aussi variées que possible, comprenant des corps aussi différents dans leurs propriétés que verre, liège, bois dur (platane par exemple), caoutchouc naturel ou vulcanisé, vulcanite, fer, etc...

Le bloc était muni d'une pointe aiguë en acier, dirigée perpendiculairement à son plan, et pressée doucement en avant par un ressort destiné à la maintenir en contact avec un disque de verre D (dont la position seule est indiquée dans la figure par un cercle ponctué), disque d'un diamètre de 700 millimètres, fixé à un volant massif, et recevant un mouvement de rotation dans un plan vertical vis-à-vis du bloc tombant ; au début de l'expérience, la pointe d'acier s'enfonçait dans son

support et y demeurait maintenue par un crochet d'arrêt E, pendant la première partie de la
chute du bloc. Mais un système de détente la
mettait en liberté au moment précis où elle venait

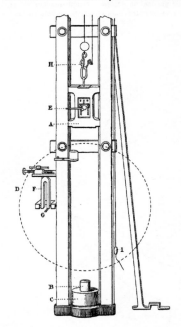

Fig. 1. — Appareil pour mesurer la durée du choc. —
A, Bloc de bois dur employé pour produire le choc; —B, Cylindre de substance élastique recevant le choc; — C, Masse
de plomb dans laquelle est enchâssé le cylindre B; — I, Fil
employé pour produire le déclanchement du bloc A; —
H, Point où a lieu le déclanchement; — E, Crochet d'arrêt
maintenant enfoncée dans le bloc A une pointe d'acier
pendant que le bloc est au-dessus du disque D, et déclan-
chant la pointe au moment où elle atteint le bord de ce
disque; — F, Diapason; — G, Brosse portée par l'une des
branches du diapason et en traçant les vibrations sur la
surface enfumée du disque D; — D, Disque tournant.

de dépasser le bord supérieur du disque de verre D;
elle atteignait alors la surface de la plaque de verre,
surface parfaitement plane, recouverte d'une légère couche d'encre fine d'imprimerie, appliquée
au moyen du rouleau ordinaire. La pointe d'acier
enregistrait ainsi sur la plaque la résultante des
deux mouvements : chute verticale du bloc avec
reculs successifs, et rotation uniforme du disque.

Le disque et le volant recevaient un mouvement
de rotation au moyen d'un moteur à gaz, dont la
courroie de chasse était lancée sur une poulie folle,
juste avant le commencement de chaque expérience, le tout étant alors abandonné à son propre
grand moment d'inertie, ce qui rendait dans la
pratique la vitesse angulaire constante pendant
plus d'une révolution entière. La vitesse angulaire
devait être spécialement mesurée pour chaque
expérience, parce que sa valeur était sensiblement
différente selon que le moteur à gaz avait ou
non une explosion juste avant que la courroie fût
rejetée. Cette mesure était effectuée au moyen d'un
diapason F (128 vibrations par seconde), lequel
traçait, au moyen d'une courte brosse G attachée à
l'une de ses branches, une courbe ondulante circulaire sur le disque pendant la chute du bloc.
Quand le diapason était maintenu en action pendant plus d'une rotation complète du disque, la
partie doublée du tracé indiquait d'un seul coup
d'œil l'uniformité de la vitesse angulaire.

Le tracé de la pointe d'acier consistait en une
série de lignes brisées, correspondant respectivement aux phénomènes suivants : chute, choc, élévation, c_{chute}, choc, etc., jusqu'à ce que le bloc
arrivât à se reposer sur le cylindre élastique, moment où le tracé devenait finalement le *cercle de
repère* (fig. 2). On l'employait pour mesurer les valeurs de la distorsion longitudinale du cylindre
dans les chocs successifs. Ces parties du tracé, qui
se trouvent en dehors du cercle, étaient évidemment tracées *pendant* les chocs, de sorte que les
durées de collision sont proportionnelles aux arcs
correspondants du cercle, et peuvent être inter-
prétées de suite au moyen du tracé du diapason.

On a pu enregistrer sur la plaque de verre les
détails de chacune des cinq ou six expériences
successives faites sur la même substance élastique,
et avec des circonstances variées de masses se
heurtant, de hauteur de chute, etc. Les tracés restaient isolés les uns des autres sur la plaque,
parce qu'on avait soin, après chaque expérience,
de changer le point d'attache de la pointe à tracer
fixée au bloc tombant, et aussi la position du diapason. La figure 2, qui représente à une échelle
très réduite (1/5) le tracé complet d'une seule
expérience faite sur du caoutchouc vulcanisé, avec
au moins treize soubresauts successifs, permettra
au lecteur de comprendre les détails de la description qui vient d'être donnée.

Dans cette figure, X marque le premier contact
de la pointe sur le verre; X, 1, 1..., est la branche
tracée pendant la première chute du bloc ; 2, 2, 2..,
celle qui est tracée pendant le premier recul et
la deuxième chute, etc.

La théorie de cette expérience montre que, s'il

n'y avait pas de frottement entre le bloc tombant et les guides, l'équation polaire d'une partie quelcónque de la course libre (c'est-à-dire pendant que le bloc n'est pas en contact avec le cylindre) devrait prendre la forme extrêmement simple de :

$$r = a + b\theta^2$$

gravité, et en proportion inverse avec le carré de la vitesse angulaire du disque. Mais, comme le frottement est inévitable et qu'il aide à la gravité pendant chaque ascension du bloc, et agit contre elle pendant la descente, chaque branche de la course entre les chocs successifs consiste en deux

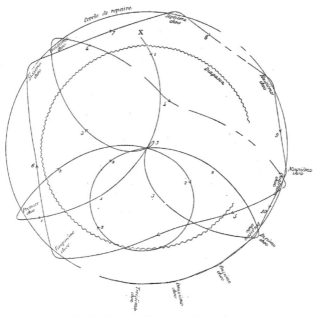

Fig. 2. — Diagramme obtenu au cours d'une expérience.

X,[1] Premier contact de la pointe d'acier avec la surface enfumée du disque en rotation ; — X, 1, 1,...., Branche tracée pendant a première chute ; — 2, 2...., Branche tracée pendant la deuxième chute ; — 3, 3...., Pendant la troisième chute ; — etc.

où b [1] est en proportion directe avec l'intensité de

parties pour lesquelles les valeurs de b son différentes. Ces valeurs se calculent facilemen d'après les données mesurées, qui consisten dans les coordonnées polaires de divers point choisis du tracé. On a ainsi trouvé qu'en pratiqu le frottement est presque le même dans le mouve ment ascendant et dans le mouvement descendan en général, il représente environ 2 ou 3 pour cêt du poids du bloc tombant. Cela est dû en partie la pression de la pointe d'acier sur le verre ; on per réduire cette pression en employant une poiñt légèrement émoussée au lieu d'une aiguille. L

[1] Dans cette équation : r est le rayon vecteur ; θ, l'angle dont a tourné le disque ; a et b, deux quantités mesurables. Une portion de la branche 2, 2..., est presque circulaire, tandis que les branches 7.., 8.., 9..., sont très approximativement droites. Cela tient à ce que la valeur de b (dans l'équation ci-dessus) est respectivement pour ces branches presqu'égale à $\mp a/2$. Donc l'équation devient, pour ces branches-là :

$$r = a(1 \mp \theta^2/2);$$

ce qui diffère peu de $r = a \cos\theta$,
ou $\qquad r = a \sec\theta$,
quand la valeur θ/π est petite.

frottement pourrait être fortement réduit en écartant un peu les guides-rails. Mais cela produit un autre inconvénient encore bien plus gênant : celui de donner au bloc un petit jeu oscillatoire, de sorte qu'après le choc, le bloc a parfois une sorte de frétillement qui non seulement entrave beaucoup sa liberté, mais rend les indications du tracé quelque peu incertaines.

Lorsque la somme des deux valeurs de b, calculée comme ci-dessus pour une branche quelconque de la courbe, eut été multipliée par le carré de la vitesse angulaire du disque, on obtient des approximations très serrées pour la valeur de la quantité constante de gravité dans la grande majorité des expériences, et l'on prouva ainsi, d'une manière concluante, que les autres indications de ces expériences méritaient pleine confiance au moins comme se rapprochant assez de la vérité.

Quand la hauteur de la chute et la distorsion longitudinale du cylindre sont données, il est facile de trouver les limites entre lesquelles la durée de compression doit être comprise. Car, évidemment, elle doit être plus grande que D/V, D étant la distorsion, et V la vitesse du choc. Mais, comme la force mutuelle augmente avec la distorsion, sa valeur moyenne par seconde pendant la compression est nécessairement plus grande que sa valeur moyenne par unité de longueur; c'est :

$$V/T > V^2/2D \quad \text{ou} \quad T < 2D/V.$$

Si nous adoptons le principe de Newton que la force élastique, à chaque degré de la restitution, est e fois celle qui existe au même degré de la compression, la durée du rétablissement sera plus longue que celle de la distorsion dans le rapport $1/e$, et ainsi toute la durée du choc se trouve entre

$$\left(1 + \frac{1}{e}\right) \frac{D}{V}$$

et le double de cette quantité. Ce raisonnement ne peut être que grossièrement approximatif : 1° parce qu'il est presque certain que le contact cesse en général avant que le rétablissement soit complet; 2° parce que nous avons négligé entièrement les considérations thermo-dynamiques qui, dans les chocs violents, introduisent de sérieuses modifications dues à des changements de température dans la substance élastique.

Voici les résultats généraux des expériences avec les cylindres courts, la vitesse du premier choc étant dans chaque cas d'environ 4^m8 par seconde, et la masse du bloc tombant, 2^k2 :

Caoutchouc vulcanisé. Durée du choc = environ 0^s,0078. Cette durée a augmenté à chaque choc successif, jusqu'à ce que, avec des vitesses très faibles, elle se soit élevée à environ 0^s,015. La valeur

moyenne de e était de 0,6 pour le premier soubresaut; mais elle augmenta pour les chocs moins violents, jusqu'à arriver à une limite d'environ 0,75.

Vulcanite. La durée du premier choc fut de 0^s,0018, et s'est élevée dans les chocs successifs jusqu'à environ 0^s,003. La valeur de e était légèrement inférieure à 0,6.

Liège. Pour le premier choc, e était presque 0,37, et a augmenté considérablement aux vitesses inférieures. La durée du premier choc fut 0^s,016; elle devint 0^s,025 au second, 0^s,022 au troisième, et sa valeur limite semble être à peu près 0^s,02. On voit ainsi que la force de restitution mise en jeu par une compression longitudinale du liège s'élève d'abord en simple proportion avec la distorsion; elle augmente moins rapidement; mais, pour des distorsions encore plus grandes, elle atteint un taux beaucoup plus élevé.

Si nous rappelons que la masse du bloc est presque 50 fois celle de la balle de *Golf*, nous voyons que, même si la balle n'avait que le pouvoir rebondissant du liège, la durée de contact avec le « *club* » ne pourrait pas dépasser 0^s,0003. Mais cette estimation est évidemment, — et pour bien des raisons, — excessive. La véritable durée de la collision peut être considérée comme notablement au-dessous de 0^s,0001, et c'est pourquoi le « *club* » et la balle ne voyagent pas ensemble sur la longueur d'un seul centimètre !

La force moyenne entre le bâton et la balle, pendant le coup, dépasse d'environ 160.000 fois le poids de la balle, c'est-à-dire environ 6.700 kilogrammes !

Les résultats généraux des expériences avec les grands cylindres ressemblent beaucoup à ceux des expériences avec les petits cylindres : la principale différence consiste en ce que les valeurs de distorsion, dans des circonstances similaires, ont été dans toutes les expériences considérablement augmentées, tandis que la durée de contact est notablement plus longue. Le coefficient de restitution est un peu plus grand qu'avant.

En particulier, avec le nouveau cylindre de caoutchouc vulcanisé, le coefficient de restitution diminue continuellement avec l'augmentation de distorsion, que cette augmentation soit due à une plus grande masse, ou à une plus grande hauteur de chute. Mais, la durée du choc augmente seulement avec l'augmentation de masse, et non avec l'augmentation de hauteur de chute. Toutes choses égales d'ailleurs, lorsqu'on substitue une extrémité émoussée à la plaque de fer au bas du bloc de bois, le coefficient de restitution est diminué, et la durée du choc est augmentée.   · P. G. Tait,

Professeur de Physique à l'Université d'Édimbourg,
Secrétaire général de la Société Royale d'Édimbourg.

LA DIPHTÉRIE ET SON TRAITEMENT

PAR LE SÉRUM D'ANIMAUX IMMUNISÉS

Chaque année, il meurt dans notre pays 20.000 personnes de la diphtérie, il en meurt encore plus en Allemagne ; dans toutes les grandes villes de l'Europe, même à Bruxelles et à Londres, où la mortalité est trois fois moindre qu'à Paris, la diphtérie fait de nombreuses victimes [1]. On comprend donc l'intérêt qu'offre pour nous toute découverte qui nous fait mieux connaître un ennemi si redoutable. On peut dire que les progrès dans cette voie, ont été plus grands en ces derniers temps qu'ils ne l'avaient jamais été auparavant, si grands et si rapides que les médecins qui commençaient leurs études, il y a une vingtaine d'années, ne peuvent comparer, sans étonnement, ce qu'on leur enseignait alors à ce qu'ils savent maintenant.

Il faut louer l'œuvre des anciens, l'œuvre de cliniciens tels que S. Bard et Bretonneau, qui ont apporté une forte part de vérités à l'étude de la diphtérie, grâce à une patience dans l'accumulation des faits, à une sagacité d'observation vraiment admirable. Mais notre époque, mieux outillée pour la recherche, a découvert la véritable nature de la diphtérie. La genèse des symptômes se trouvait du même coup mieux expliquée, l'étiologie mieux comprise, et notre espoir de voir un jour guérir cette maladie, fondé sur une base autrement solide que la théorie de la spontanéité morbide.

C'est ce que nous voudrions montrer dans cet article en donnant d'abord un aperçu rapide de nos connaissances sur le microbe de la diphtérie, en exposant ensuite la méthode inventée par Behring pour prévenir ou guérir cette maladie chez les animaux.

Klebs et Lœffler ont découvert le bacille de la diphtérie. Lœffler, par une probité scientifique louable, a cru devoir faire des réserves sur la spécificité du microbe qu'il avait étudié et à l'aide duquel il avait pu déterminer l'apparition de fausses membranes chez les lapins, les pigeons, les cobayes et les poules. Roux et Yersin [2] ont démontré cette spécificité.

C'est dans leurs beaux travaux qu'il faut lire à

peu près tout ce que l'on sait aujourd'hui sur la biologie du bacille diphtérique.

Ce microbe se développe, chez l'homme, à la surface des muqueuses voisines des orifices ou sur la peau excoriée. Sa présence détermine de la part de ces tissus une exsudation fibrineuse ou fausse membrane. Son siège de prédilection est la gorge (angine diphtérique) et le larynx (laryngite diphtérique ou croup). Le microbe reste localisé aux points qu'il a envahis tout d'abord ou aux régions environnantes ; il ne pénètre qu'exceptionnellement dans le sang et les viscères.

Mais le caractère de localisation n'est pas tellement prononcé que l'affection soit à siège unique. Il y a souvent plusieurs foyers ; des colonies nombreuses peuvent se développer sur le même individu, dans la gorge, au larynx, aux parties génitales, sur la peau ulcérée, etc., provoquant ici et là l'exsudation de fausses membranes. Ces colonies ont tantôt une origine externe, tantôt elles proviennent de germes issus du malade lui-même. Au niveau de chacune d'elles, le bacille, selon sa vitalité ou sa race, sécrète de plus ou moins grandes quantités de poison ou toxine qui diffusent lentement dans l'organisme atteint et l'intoxiquent. La maladie est donc locale si l'on ne considère que la distribution du parasite ; elle est générale, si l'on a en vue l'intoxication.

Celle-ci est constante, mais variable d'intensité : suivant la dose de poison absorbé, suivant la durée de cette absorption, elle parcourt, avec des transitions insensibles, toute une série de degrés depuis le plus léger jusqu'au plus grave, affectant, soit la forme aiguë ou rapide, soit la forme lente ou chronique. L'un des symptômes les plus frappants de cette intoxication est la paralysie. Roux et Yersin [1] ont reproduit cette paralysie chez l'animal avec tous les caractères qu'elle offre chez l'homme, en inoculant des cultures de diphtérie ou bien en injectant seulement le bouillon de culture filtré sur porcelaine et privé de germes. Le poison est si violent qu'un huitième de centimètre cube de bouillon de culture filtré peut suffire pour tuer un cobaye. Dans un centimètre cube de liquide actif, la quantité de poison n'atteint pas quatre dixièmes de milligramme. Cette dose suffit cependant à tuer 8 cobayes de 400 grammes [2]. Le même

---

1 Godart et Kirchner. *La diphtérie en Belgique.* Ac. de méd. de Belg. 1892.
2 *Ann. de l'Institut Pasteur.* 1ᵉʳ mémoire 1888, p. 629. 2ᵉ mémoire 1889, p. 273. 3ᵉ mémoire 1890, p. 385.

1 Premier mémoire, *loc. cit.* p. 629 et suiv.
2 Roux et Yersin, 2ᵉ mémoire, *loc. cit.* p. 287.

poison, si actif lorsqu'il est inoculé sous la peau, paraît sans action quand il est ingéré en quantité bien plus grande par les pigeons ou les cobayes.

Il n'est pas moins étonnant de voir les rats et les souris résister à des doses capables de tuer des lapins, et ne succomber que sous l'action de doses massives, par exemple 17 centimètres cubes de liquide toxique concentré dans le vide et réduit à 1 centimètre cube, quantité suffisante pour faire périr plus de 80 cobayes.

Les cultures âgées, plus toxiques que les cultures jeunes, ont au contraire perdu une partie de leur virulence. Mais cette diminution de virulence ne se maintient pas dans des ensemencements successifs; elle n'est pas héréditaire; ce n'est donc pas une atténuation. La culture sur milieux artificiels, loin d'atténuer la virulence, l'augmente parfois, comme l'ont observé Behring, K. Wernicke, qui arrivent à tuer les cobayes en cinq jours avec 0 ^{cm3} 01 de bouillon de culture de deux jours d'âge [1].

La virulence du bacille de Klebs dépend d'ailleurs de son origine. Les fausses membranes diphtériques peuvent donner, par ensemencement, des colonies de tous les degrés de virulence depuis le plus élevé jusqu'au plus faible. Loeffler y a découvert un bacille semblable au bacille diphtérique, mais non virulent : le bacille pseudo-diphtérique, qu'il considère comme une espèce distincte.

Il est vrai qu'on n'a pu modifier le bacille pseudo-diphtérique au point de lui donner la virulence. Mais, d'autre part, on arrive à atténuer à tous les degrés le bacille diphtérique vrai. Si le bacille atténué conserve une légère action sur le cobaye, on peut bien lui rendre sa virulence; si, au contraire, il ne possède plus aucune action pathogène, on ne connaît pas de moyen de lui rendre sa virulence perdue. La similitude avec le bacille pseudo-diphtérique est complète, mais la démonstration rigoureuse de l'unité d'espèce des deux bacilles exigerait qu'on sût faire du bacille pseudo-diphtérique un bacille virulent.

Quoi qu'il en soit, on comprend que des bacilles puissent recouvrer leur virulence passagèrement affaiblie et produire la diphtérie, s'ils trouvent une muqueuse excoriée, un organisme fatigué et surtout s'ils rencontrent, parmi les nombreux microbes de la bouche, un commensal dont l'association favorise leur pouvoir pathogène. On sait que le streptocoque de l'érysipèle peut jouer ce rôle d'auxiliaire [2], et Barbier [3], Martin [4] ont montré la

gravité possible de certaines angines diphtériques à streptocoques.

Cette série de découvertes met, à la place des idées confuses d'autrefois sur la nature de la diphtérie, des notions précises; elle éclaire l'étiologie, la genèse des symptômes, elle offre à la recherche de nouveaux problèmes, de nouvelles voies d'étude de haute portée pour l'avenir.

Comme le savant, le médecin est frappé de l'œuvre scientifique accomplie, mais il est frappé aussi et plus qu'aucun autre de ces décès renouvelés que la diphtérie sème où elle passe et auxquels il assiste non sans émotion. Peut-être se demande-t-il si tant de progrès ont donné jusqu'ici ces résultats utiles que toute découverte apporte un jour avec elle, ou s'il faut ne leur demander encore que ce plaisir de l'esprit de savoir plus et mieux. On peut répondre que certainement la prophylaxie profitera, si elle ne l'a déjà fait, de ces travaux. La technique assez rapide qui permet de trouver le bacille de Klebs dans les angines diphtériques, par suite, la possibilité d'assurer un diagnostic parfois hésitant et d'éviter ces méprises qui font ranger un sujet atteint d'angine simple parmi des diphtériques ou un diphtérique au milieu d'autres malades; la connaissance rendue facile du jour où le bacille virulent disparaît de la bouche des convalescents d'angine couenneuse ou du croup, des faits précis sur la résistance du bacille aux antiseptiques, à la chaleur, au temps, et sur la toxicité des cultures,—toutes ces notions permettent de poser des règles sûres relatives à l'isolement des malades, à l'hygiène de la bouche, à la désinfection.

Nous croyons que cette prophylaxie ne serait pas vaine si elle était sérieusement appliquée. Mais est-il nécessaire de dire quelle résistance opiniâtre oppose la coutume à toute règle nouvelle d'hygiène?

Quelle que soit l'efficacité de ces mesures, l'ubiquité du bacille diphtérique en fera toujours un microbe plus difficile à éviter que celui de la fièvre typhoïde, par exemple. La diphtérie n'est pas une de ces maladies que l'hygiène à elle seule puisse donner l'espoir de voir supprimer et le but de tous les efforts est d'apprendre à la guérir.

A ce point de vue, la connaissance du bacille de Klebs et de ses propriétés a mis fin à de regrettables erreurs de thérapeutique. Il n'y a pas longtemps encore, les médecins étaient partagés d'opinion sur l'utilité d'enlever ou de détruire, où elles se produisaient, les fausses membranes diphtériques. Beaucoup et des plus instruits déconseillaient cette ablation. Puisque la diphtérie est une maladie générale, à quoi bon, disaient-ils, imposer aux malades cette opération inutile, toujours à refaire, car la fausse membrane revient sans cesse,

---

[1] Immunisivunz von Versuchsthieven bei diphterie Zeitschr. f. Hyg. 12 Bd, 1 Heft, 1892, p. 24.

[2] ROUX et YERSIN. 3e mémoire.

[3] BARBIER. De quelques associations microbiennes dans la diphtérie. Arch. de méd. exp. et d'Anat. path. T. II, 1891.

[4] An. Inst. Pasteur, 1892, n° 5.

comme l'effet d'une cause persistante? D'autres, au contraire, pensaient qu'il faut lutter énergiquement contre la reproduction de la fausse membrane, et Gaucher [1], en particulier, a défendu cette thèse, qui est la vraie. Nous le savons maintenant : la fausse membrane est le résultat de la réaction des tissus envahis localement par les bacilles. C'est là que s'élaborent les poisons, cause de l'intoxication. La destruction de ces fausses membranes est doublement indiquée.

Mais enfin, cette pratique est pleine d'incertitude ou inapplicable si l'affection s'étend au larynx, aux anfractuosités de l'arrière-gorge. On souhaiterait que le traitement de la diphtérie, ramené aux conditions précises de l'expérience, trouvât sa formule scientifique. Or, pour la première fois, le problème vient de recevoir un commencement de solution.

II

Behring [2], ayant observé que le bacille du charbon prolifère dans le sérum des souris, des cobayes, etc., animaux réceptifs vis-à-vis du charbon, tandis qu'il ne se développe pas, mais dégénère et meurt dans le sérum du rat blanc, animal relativement réfractaire, pensa qu'il existait peut-être un rapport entre ce pouvoir bactéricide du sérum et l'immunité du rat, et que même l'immunité, en général, pouvait être due à une action de ce genre. Au lieu de regarder le pouvoir bactéricide du sérum comme une propriété du sérum en général, quelle que soit sa provenance, ainsi que l'avaient considéré Gscheidlen, Traube, Buchner, il en faisait une propriété spéciale à certains sérums et qui dépendait de la réceptivité variable de l'espèce animale qui avait fourni le liquide. L'induction de Behring allait être bientôt démentie par l'expérience. Il n'y a pas de rapport *constant* entre l'immunité et le pouvoir bactéricide du sang, et Behring put le constater lui-même dans ses travaux avec Missen [3] ; mais, c'est en partant de cette idée erronée et par ses recherches pour la vérifier qu'il fut amené à sa découverte de la sérum-thérapie. Cette théorie de l'immunité n'est pas exacte, avons-nous dit. C'est ainsi que le sérum du lapin, animal peu résistant, tue, en grand nombre, les bacilles du charbon qui, au contraire, poussent et produisent des spores dans le sérum de la grenouille, du pigeon, de la poule, animaux possédant une immunité plus ou moins complète.

Lorsqu'on étudie l'action, sur un microbe, du sérum d'animaux vaccinés contre le microbe, ici encore il n'y a pas de règle générale pour exprimer les résultats, dans l'ignorance où l'on est des conditions déterminantes du phénomène ; mais alors s'observent des faits d'un haut intérêt. Le sang du cobaye ne tue pas le Vibrion de Metchnikoff, mais le sang du cobaye vacciné tue le Vibrion. Par contre, le sang du cobaye vacciné ou non contre le charbon, ne possède pas de pouvoir bactéricide contre la bactéridie.

Nous avons vu que la diphtérie est une maladie toxique. Elle appartient à ce groupe de maladies microbiennes dont le type est le tétanos, dans lesquelles le microbe sécrète des toxines extrêmement actives. On parvient à donner l'immunité aux animaux contre la diphtérie et le tétanos. Le sérum de ces animaux immunisés ne tue pas les bacilles correspondants, mais il détruit leurs toxines. Le bacille de Klebs pousse abondamment dans le sérum des cobayes immunisés contre la diphtérie, mais ce sérum détruit les toxines que le bacille sécrète [1]. Cette propriété antitoxique n'appartient d'ailleurs qu'au sérum des animaux immunisés et non au sérum des animaux possédant l'immunité naturelle. Par exemple, les rats, les souris, les chiens, les chevaux, les vaches, ayant une immunité plus ou moins grande contre la diphtérie, livrent un sérum sans propriété antitoxique.

Quelle que soit l'interprétation que l'on donne à ces faits si intéressants, on voit de suite la conséquence pratique qui en découle pour le traitement des maladies toxiques, telles que le tétanos et la diphtérie. C'est en 1890 que Behring et Kitasato [2] ont fait connaître cette méthode et son application au tétanos et à la diphtérie. Nous allons en indiquer, dans ses grandes lignes, la technique, en nous limitant à la diphtérie et d'après le mémoire de Behring et Wernicke [3].

La méthode consiste :

1° A donner l'immunité contre la diphtérie à des animaux réceptifs ;

2° A recueillir le sérum du sang de ces animaux et à l'inoculer à d'autres animaux, soit pour leur conférer l'immunité contre une diphtérie ultérieure, soit pour les guérir d'une diphtérie déclarée.

1° Il est nécessaire, pour obtenir le sérum antitoxique, de donner l'immunité à des animaux réceptifs.

[1] *Ann. de Laryngologie*. Décembre, 1887.
[2] *Centrabll, f. Klin. méd.* 1888, n° 38. Voir aussi : ROUX et METCHNIKOFF. Sur la propriété bactéricide du sang de rat. *Ann. de l'Inst. Pasteur*, 1891, p. 479.
[3] BEHRING et MISSEN. Ueber bactérien feindlische eigenschaften des Blertscrums, *Zeitschr. f. Hyg.*, 1890. Bd. 8.

[1] *Zeitschr. f. Hygiene*. 12 Bd., 1 H., S. 26.
[2] *Ueber das Zustande kommen der diphtherie immunität und des Tetanus immunität* bei THIEREN, DEUTSCH. *méd. Wochenschr.*, 1890, n° 49.
[3] *Zeitschr. f. Hyg. loc. cit.*

Behring et Kitasato [1], puis Brieger et Fraenkel [2] ont décrit plusieurs procédés pour conférer aux animaux l'immunité contre la diphtérie. Ces procédés sont encore imparfaits en ce sens qu'ils exposent à perdre un certain nombre d'animaux. Ils ne sont donc pas actuellement applicables à l'homme.

Le procédé de Brieger et Frankel consiste à chauffer un bouillon de culture de trois semaines, pendant une heure à 60°-70°. 10 à 20 centimètres cubes de ce bouillon chauffé, injectés sous la peau d'un cobaye, lui donnent l'immunité contre une inoculation ultérieure avec une culture virulente, pourvu que cette seconde inoculation soit faite, au plus tôt, quatorze jours après la première. Dans les jours qui suivent l'inoculation préventive, la réceptivité, loin de diminuer, augmente.

Fraenkel pense que les sécrétions du bacille contiennent une substance toxique, qui serait détruite à 55°-60°, et une substance immunisante supportant des températures plus élevées. Celle-ci persisterait seule à 60°-70°.

Behring et Wernicke, après avoir essayé divers procédés, se sont arrêtés aux suivants pour les cobayes :

Aussitôt après l'inoculation virulente, on injecte, à l'endroit de l'inoculation, 2 centimètres cubes d'une solution de trichlorure d'iode à 1 ou 2 %. L'animal peut guérir et, après plusieurs opérations semblables, il possède l'immunité contre la diphtérie.

Au lieu de procéder ainsi, il est préférable de faire agir le trichlorure d'iode sur le bouillon de culture en dehors de l'organisme, dans la proportion de $\frac{1}{500}$. La toxicité du bouillon diminue pendant 48 heures pour demeurer ensuite stationnaire. C'est ce liquide qu'on inocule en quantité suffisante pour produire une réaction locale et générale.

Il est d'ailleurs indifférent d'employer le bouillon de culture lui-même ou le bouillon filtré. Ce qui importe, c'est de connaître la toxicité du liquide. Le plus simple est d'avoir des bouillons de toxicité constante. Behring et Wernicke emploient des bouillons de culture ayant séjourné 4 mois à l'étuve et filtrés sur papier, ce qui les débarrasse de la plus grande partie des bacilles. Ce liquide, additionné de 0,3 % au plus de phénol, se conserve longtemps sans perdre ses propriétés toxiques. Le liquide ainsi préparé par Behring et Wernicke tuait un cobaye à la dose de 0cm3,15.

. Après 5 à 6 inoculations avec le mélange de culture et de trichlorure d'iode, les cobayes acquièrent l'immunité. Ce traitement exige 1 à 2 mois.

Le même procédé est applicable aux moutons. Pour les lapins, il faut recourir à d'autres moyens, tels que l'introduction de cultures dans l'estomac, etc.

Chaque inoculation, pour être efficace, doit être suivie d'une réaction locale et générale. D'autre part, si cette réaction est trop forte, la résistance au poison diminue au lieu d'augmenter, et ce n'est que tardivement, si la santé se rétablit, que l'on constate une notable augmentation de cette immunité. Behring et Wernicke racontent qu'ils doivent au hasard les premiers cas de forte immunité qu'ils ont observés : par suite d'une absence de l'un d'eux, des cobayes ayant déjà subi des inoculations préventives ne furent remis en expérience qu'après un intervalle de 4 à 6 mois, pendant lequel l'immunité ne fit qu'augmenter.

Pour évaluer le degré d'immunité, on cherche par tâtonnement la dose minima de culture capable de donner la mort à un cobaye neuf. L'immunité, si l'on adopte la notation proposée par Ehrlich, sera égale à 1, 2, 3, etc., suivant que l'animal pourra supporter 1, 2, 3, etc., doses égales à cette dose minima.

L'animal meurt si l'on essaie une dose trop forte eu égard à son immunité. Il en résulte ici une grande perte de temps et de labeur, car il faut reprendre à son début le long traitement préventif sur des animaux neufs et le conduire jusqu'au point où on l'avait déjà mené, avant d'atteindre le même degré d'immunité.

Ce grave inconvénient peut être évité si l'on se propose seulement d'obtenir un sérum actif. Alors, il n'est pas nécessaire d'apprécier directement l'immunité de l'animal d'où l'on tire le sérum ; il suffit de connaître l'activité de ce sérum. Or, il sera toujours possible, pendant la durée du traitement destiné à conférer l'immunité croissante contre la diphtérie à un cobaye ou à un mouton, par exemple, de pratiquer, de temps à autre, une saignée, de récolter le sérum et d'en étudier l'activité.

On inoculera une série de cobayes, le premier avec une quantité de ce sérum égale à $\frac{1}{100}$ de son poids, le second avec une quantité égale à $\frac{2}{100}$ de son poids et ainsi de suite. Le lendemain, les cobayes seront inoculés avec la dose minima de culture qui tue un cobaye neuf. Si le premier cobaye meurt, si les autres survivent à partir du deuxième, on dira que 2 parties en poids de sérum donnent l'immunité à 100 parties en poids de cobaye. Le rapport $\frac{100}{2}$ pourra représen-

[1] *Loc. cit*
[2] Ueber immunisirungs Versuche bei diphtérie, Berlin. Klin. Wochenschr, n° 49, 1890.

22*

senter le degré d'activité du sérum à l'égard du cobaye.

L'expérience montre que ces deux termes : activité du sérum et immunité acquise varient dans le même sens : le sérum est d'autant plus actif que l'immunité acquise est plus grande. Il est important de bien entendre qu'il s'agit de l'immunité *acquise* et non de l'immunité, d'une manière absolue. Deux animaux arrivés au même degré d'immunité, grâce au traitement préventif. ne fournissent pas nécessairement un sérum également actif. Si l'un d'eux seulement possédait un certain degré d'immunité naturelle, avant le traitement, il fournira un sérum d'activité moindre. L'immunité acquise, c'est la différence entre l'immunité mesurée après le traitement et l'immunité naturelle.

2° Lorsque le sérum possède une activité suffisante, on en recueille une certaine quantité, que l'on conserve en y ajoutant 0,5 °/. de phénol.

Il faut plus de sérum actif pour guérir la diphtérie que pour donner l'immunité contre cette maladie. Pour guérir des cobayes qu'on venait d'inoculer avec une dose de culture, donnant la mort en 4 jours, il fallait 1,5 à 2 fois plus de sérum que pour immuniser des animaux de même espèce contre la même dose. La quantité de sérum nécessaire est encore plus grande si l'infection date déjà de 24 à 36 heures.

Le sérum le plus actif que Behring et Wernicke aient réussi à préparer provenait d'un cobaye immunisé. Il avait un degré d'activité égal à 1.000 à l'égard du cobaye qu'on venait d'inoculer de diphtérie. Cette activité tombait à 400 à l'égard du cobaye également inoculé de diphtérie, mais présentant déjà des symptômes locaux et généraux.

Les animaux immunisés avec le sérum et qui résistent à une inoculation virulente ou toxique acquièrent une immunité plus forte. De là un procédé indirect de créer ou d'accroître l'immunité, lorsqu'on possède déjà du sérum actif et par suite le moyen d'en fabriquer de nouvelles quantités.

Le mode d'injection sous la peau ou dans le péritoine paraît indifférent lorsqu'il s'agit de donner l'immunité ou de guérir d'une diphtérie inoculée il y a quelques instants. Si la maladie est plus ancienne, l'injection péritonéale est préférable.

Nous espérons avoir fait comprendre le principe de la sérum-thérapie, son application à la diphtérie, et aussi la précision, la rigueur de méthode qui, seules, peuvent en assurer le succès. En admettant que tous ces faits reçoivent pleine confirmation, pouvons-nous espérer que la nouvelle thérapeutique puisse s'appliquer à l'homme? Si

l'on suppose qu'un sérum ait une activité représentée par le nombre 400 à l'égard du cobaye atteint déjà de manifestations diphtériques locales et générales et qu'il conserve cette activité à l'égard d'un enfant diphtérique pesant par exemple 20 kilog., il faudrait injecter à cet enfant $\frac{20000}{400}$ ou 50 centimètres cubes de sérum pour le guérir. Cette évaluation serait même exagée, si, comme le pensent les inventeurs du procédé, l'homme est moins réceptif que le cobaye pour la diphtérie. Mais le contraire nous semble probable. Le cobaye ne prend pas, que nous sachions, la diphtérie spontanément, comme l'homme ; l'angine diphtérique expérimentale ne se développe chez le cobaye que sur des excoriations de la muqueuse gutturale, tandis que cette angine naît dans la gorge de l'homme sans lésions de la muqueuse ou avec des lésions de surface si faible que le plus souvent elles passent inaperçues.

Mais cette objection ne vise, en tous cas, que la quantité de sérum curatif à injecter. Ce qui nous paraît de conséquence plus grave, c'est la différence entre la diphtérie expérimentale par inoculation sous la peau, telle que Behring ou Wernicke l'ont traitée, et la diphtérie humaine. Chez le cobaye la lésion locale est négligeable auprès de l'intoxication ; chez l'homme cette lésion locale, par l'entrave qu'elle apporte à la respiration lorsqu'elle s'étend au larynx, peut causer la mort. Or il n'est pas prouvé que l'action antitoxique du sérum actif s'accompagne du pouvoir d'entraver la formation des fausses membranes. Cette action antitoxique ne crée pas, chez l'animal traité, le pouvoir bactéricide du sang extrait par la saignée, puisque ce sang peut servir de milieu de culture pour le microbe de Klebs [1], ni le pouvoir bactéricide des tissus, dans l'animal lui-même, car les bacilles inoculés y restent longtemps vivants [2]; il y a donc lieu de craindre que ceux-ci ne puissent aussi se développer et proliférer assez activement sinon sous la peau, au moins sur les muqueuses pour amener l'exsudation des fausses membranes. En ce cas, les injections de sérum, pleinement efficaces dans les formes toxiques de diphtérie qui tuent sans obstacle à la respiration par l'abondance ou la violence des toxines sécrétées, ne joueraient plus que le rôle d'une médication symptomatique, pour combattre l'intoxication, dans les formes ordinaires à fausses membranes envahissantes. Et dans la pénurie où nous sommes de tout médicament de ce genre, cette action du sérum serait encore de haute valeur.

[1] Behring et Wernicke, *loc. cit.*
[2] Behring. Ueber desinfection im thieischren organismus Congrès d'hygiène de Londres 1891.

Ces quelques objections suffisent à montrer qu'il faut attendre l'épreuve de l'expérimentation avant de juger le traitement de la diphtérie humaine par le sérum d'animaux immunisés.

Ces réserves, que commande 'le désir de ne pas s'exposer à l'illusion, laissent entière notre admiration pour tous ces travaux qui nous mènent par une route sûre vers ce but autrefois environné de ténèbres et que maintenant l'on croit entrevoir : la guérison de la diphtérie humaine.

Ledoux-Lebard,
Chef du Laboratoire de la Clinique
à l'Hôpital des Enfants.

LES NUAGES NOCTURNES LUMINEUX

Depuis l'année 1885 on a observé sous nos latitudes un phénomène céleste très remarquable : les nuages nocturnes lumineux. Ce phénomène méritant d'attirer toute l'attention des astronomes et des météorologistes, nous allons essayer de résumer l'état présent de la science sur ce sujet.

A la latitude de Berlin le phénomène ne s'observe que durant une période relativement courte de l'année : du 23 mai au 11 août. Tandis que, dans les premières années, on le voyait assez fréquemment même avant minuit, durant les quatre dernières années. il est devenu plus rare et ne s'est guère manifesté qu'après minuit. L'aspect est celui de cirrhus brillants qui tranchent sur le fond crépusculaire du ciel. C'est ce qui distingue spécifiquement ces nuages des cirrhus ordinaires ; ceux-ci, à la hauteur du Soleil au-dessous de l'horizon à laquelle on voit actuellement les nuages lumineux, semblent foncés sur le ciel léger du crépuscule.

De nombreuses photographies prises d'une façon simultanée à Berlin et aux environs montrent que l'altitude des nuages lumineux est constante et très considérable : 82 kilomètres. En conséquence, ils reçoivent la lumière du Soleil situé au-dessous de l'horizon, ce qui leur donne l'apparence d'une nébulosité brillante sur le ciel crépusculaire. Ils ne sont visibles que tant que le Soleil brille sur eux ; aussitôt que l'ombre de la Terre passe au-dessus d'eux, ils deviennent invisibles. Généralement, ils commencent le matin, peu avant le crépuscule, et ils disparaissent dès que le Soleil se tient à plus de 8° à 10° au-dessous de l'horizon.

Dans ces dernières années, ces nuages ont été rares. Cette année-ci on les a vus environ dix fois, tandis que, dans les premières années, on les voyait très fréquemment. Leur apparition est sujette à de grands changements : tandis que souvent ils n'existent que sous forme d'un petit nombre de petites bandes lumineuses, parfois ils constituent de plus grandes accumulations, et leur lumière est plus intense. C'est spécialement dans les derniers jours de la période, du 2 au 6 août, que leur lumière semble être le plus considérable à nos latitudes.

Après minuit ces nuages sont toujours à ± 40° de la direction N.-E. L'observation fréquente qu'on a faite de leurs mouvements conduit à les attribuer principalement au milieu résistant de l'espace céleste. Cette théorie s'accorde avec le fait que, dans la demi-année après son apparition en Allemagne, le phénomène a été observé fréquemment aux latitudes méridionales de 53° par M. Stubenrauch, météorologiste à Punta Arenas, ainsi qu'à plusieurs reprises par des capitaines de navires.

D'autres observations viennent confirmer la supposition d'une course errante annuelle de cette sorte. Par exemple, à Graham's town, par 33° de latitude S., le phénomène a été observé le 27 octobre 1891 [1], et à Haverford par 40° latitude N., suivant renseignement écrit, il a été observé le 17 mai 1892. Ces dates, rapprochées de l'époque de l'apparition en Prusse, indiquent évidemment le transport du phénomène de N. à S. et *vice-versa*.

La fréquence d'apparition, aussi bien que l'étendue et l'intensité lumineuse de ces nuages diminuent de plus en plus. Le phénomène disparaîtra donc entièrement d'ici quelques années. Il semble cependant qu'en 1893 et 1894 il sera encore possible de faire des observations susceptibles d'éclaircir plusieurs questions d'intérêt capital. Il serait très important d'avoir des mesures de l'altitude apparente des nuages lumineux, surtout à l'époque où la limite supérieure du segment crépusculaire offre l'altitude relativement petite de 1° à 10°.

En ces dernières années le segment crépusculaire a été bien plus rarement occupé par les nuages lumineux. On doit donc se demander si le point culminant du phénomène se trouve réellement vers la limite de l'ombre de la Terre. Afin de s'assurer que les mesures sont adaptées à leur fin, il faut les répéter autant que possible à des intervalles de quelques minutes. Le soir cette limite est généralement marquée par ce fait qu'au-dessous le phénomène disparait. en partie de la région supérieure, tandis que le matin de nouvelles parties deviennent toujours visibles à l'intérieur de la limite et en remontant. Le tableau suivant indique

---

[1] Comparez *Astr. Nachr.*, N° 3008.

la distance zénithale dans la verticale du Soleil pour la latitude de Berlin, en supposant que le phénomène s'étende sur tout le segment crépusculaire :

Hauteur du Soleil au-dessous de l'horizon	Distance zénithale de la limite supérieure
12.0	80°
12.5	83
13.0	85
13.5	86
14.0	87

D'ailleurs, comme en général le télescope fait voir la limite supérieure du phénomène un peu plus haute que ne fait l'œil nu, il est à désirer que le télescope soit toujours ajusté à la ligne-limite vue à l'œil nu. Une comparaison de l'apparition vue à l'œil nu avec celle vue au télescope, permettra à l'observateur de découvrir facilement la ligne correspondante à celle vue à l'œil nu. L'exactitude de ces mesures doit être environ de 3' à 6', par rapport à l'azimut et l'altitude, tandis que le temps devra être exact, à 2 ou à 4″ près.

L'emploi d'un appareil photographique est avantageux pour indiquer la place, aussi bien que les mouvements du phénomène. Mais il n'y a d'appareils convenables que ceux dans lesquels la proportion du diamètre de l'ouverture par rapport à la distance focale est d'au moins 1 à 4 ou plus grande. Si la proportion est plus petite, la durée de l'éclairage sera trop longue, et, en conséquence, par suite des rapides changements du phénomène, les détails se perdront. Avec un appareil dont la proportion d'ouverture à la distance focale est de 1 à 3, la durée d'éclairage pour les diverses profondeurs du Soleil, au-dessous de l'horizon est la suivante :

Hauteur du Soleil au-dessous de l'horizon	Durée d'éclairage
9°	16 s.
10	21
11	27
12	35
13	48
14	72
15	122

C'est généralement en même temps que les étoiles deviennent visibles sur la plaque photographique employée pour déterminer à la fois l'instant précis de l'inscription photographique et la direction d'ajustement de l'appareil (c'est-à-dire la position de l'axe).

Quant aux régions équatoriales, il est très important que le temps exact dans lequel les nuages nocturnes lumineux passent à travers elles, soit déterminé. Suivant les observations faites jusqu'à ce jour, le passage à travers l'équateur peut avoir lieu dans la période entre le commencement de septembre et la fin d'octobre, et le retour entre le commencement de mars et la fin d'avril. Sous une latitude de 20°3 la durée du passage complet sera, dans ce cas, du milieu de septembre au milieu de novembre, et du milieu de février au milieu d'avril, et sous une latitude de 20°N, depuis environ le milieu de mars au milieu de mai, et du milieu d'août au milieu d'octobre. Par suite de la rotation journalière de la Terre autour de son axe et des mouvements distincts de la Terre et de l'atmosphère, il peut arriver que le passage à travers l'équateur n'ait pas lieu de la manière simple qui est décrite ici. Il ne semble pas improbable que les périodes ne soient pas limitées aussi exactement qu'il vient d'être dit.

D'ailleurs, il est probable que les nuages lumineux nocturnes consistent en un gaz condensé par suite de la température plus basse qui règne dans les altitudes de 82 kilomètres.

De la nature de ce gaz dépendent plusieurs autres questions cosmiques : par exemple, celle relative à la température de l'air à l'altitude de 82 kilomètres, questions qu'éclaireront des expériences comparatives faites au laboratoire. C'est pour cette raison que des spectrographies de la lumière solaire à de basses altitudes du Soleil dans la saison où l'on voit le phénomène des nuages lumineux nocturnes, seront, d'une grande valeur. Ces spectrographies devront être prises le soir, peu avant le coucher du Soleil, et le matin peu avant le lever.

Il semble que, dans les régions septentrionales de la Terre, vers la latitude de 70°, dans la période du milieu de juin au milieu de juillet, il se produise une accumulation de nuages spécialement importante, laquelle cependant, par suite de la position du Soleil constamment au-dessus de l'horizon pendant cette période, sera à peine visible. Il sera donc d'un avantage spécial pour ces régions de prendre des spectrographies de la lumière solaire à des positions basses du Soleil.

Ces courtes remarques montrent que les observations nécessaires pour l'exploration du sujet sont bien comprises dans la sphère des astronomes et des météorologistes. Il est certain que les observations nécessaires pour la solution de ces questions dépassent de beaucoup la capacité d'une seule institution. Ceux qui s'intéressent à l'étude des questions que nous avons indiquées sont donc priés de nous aider de leurs observations.

W. Foester et O. Jesse.

Directeur,   Astronome,
de l'Observatoire Royal de Berlin.

REVUE ANNUELLE D'AGRONOMIE

I. — LA SÉCHERESSE ET L'EMPLOI DES ENGRAIS

On estime la récolte du blé en France pendant l'année 1892, à 109 millions d'hectolitres, et, comme nous consacrons annuellement à cette culture 7 millions d'hectares, le produit moyen est de 15 h. 5, ce qui n'est que passable. Le mal cependant ne serait pas très grand, si les prix étaient restés assez élevés ; mais, effrayés par la faiblesse de la récolte de 1891, ne s'élevant qu'à 77 millions d'hectolitres, par suite des gelées du rigoureux hiver 89-90, les pouvoirs publics avaient abaissé le droit d'entrée des blés étrangers depuis l'automne de 1891 jusqu'au mois de juin dernier; les arrivages ont été énormes, et le stock de froment importé s'ajoutant à la récolte de cette année ont amené l'abaissement des cours; après avoir été vendu de 25 à 30 francs le quintal pendant ces dernières années, le blé ne vaut plus guère aujourd'hui que 20 à 22 francs. — La culture est d'autant plus gênée en ce moment, que la sécheresse a déterminé une pénurie de foin considérable, les premières coupes ont été très faibles, les secondes médiocrement abondantes; on aura de la peine à nourrir le bétail cet hiver : les éleveurs amènent un grand nombre d'animaux sur le marché, qui est écrasé par une offre trop abondante.

La pénurie de fourrage amène toujours l'avilissement des prix du bétail; en outre, toute notre région méridionale souffre habituellement du manque d'eau, et les rendements en céréales sont bien plus faibles que ceux du Nord (en 1892 la région du Nord a récolté 24 hectolitres de blé à l'hectare, celle du Sud à peu près 10).

C'est surtout la sécheresse du printemps et d'une partie de l'été qui a nui à nos cultures, et il est intéressant de rechercher s'il existe quelques méthodes permettant de lutter contre la pénurie d'eau, habituelle dans le Midi et parfois très gênante dans notre région septentrionale.

. Pour se faire une idée des énormes quantités d'eau que consomment les plantes herbacées, on emploie avec avantage la méthode que j'ai proposée il y a vingt-cinq ans, imitant, sans le savoir, ce qu'avait fait Guettard cent ans auparavant.

On fixe, à l'aide d'un bouchon fendu dans sa longueur, une feuille longue et étroite comme celle d'une graminée, dans un tube d'essai ordinaire, soutenue à l'aide d'un support. — Si la feuille est jeune, le soleil ardent, on voit, en quelques minutes, une buée apparaître sur le verre ; bientôt elle se réunit en gouttelettes qui tombent au fond du tube ; en une heure, au soleil, une jeune feuille peut évaporer un poids d'eau égal au sien.

Ce petit appareil fonctionne à la façon d'une chaudière et d'un condenseur ; les radiations solaires traversent le verre sans élever notablement sa température, elles échauffent au contraire considérablement la feuille, qui, d'après M. Maquenne, possède un pouvoir absorbant égal à celui du noir de fumée ; la feuille échauffée émet la vapeur qui se condense sur les parois du tube relativement froides.

Cette méthode, propre à montrer l'activité de la transpiration, ne convient plus quand il s'agit de chercher la quantité d'eau consommée par une plante pendant son développement, et il faut en revenir aux pesées des vases contenant les végétaux régulièrement arrosés.

C'est par cette méthode que Sir J. B. Lawes, le célèbre agronome de Rothamsted, Correspondant de notre Académie des Sciences, a étudié la transpiration d'un certain nombre d'espèces végétales ; il a reconnu que les plantes à feuilles caduques évaporent beaucoup plus d'eau que les végétaux à feuilles persistantes; il a cherché en outre quelle était en moyenne la quantité d'eau transpirée par une plante herbacée pendant la durée de sa croissance; en divisant ensuite la quantité ainsi mesurée, par le poids acquis par la plante elle-même, il est arrivé à ce résultat fort intéressant: qu'une plante herbacée évaporait de 250 à 300ᶜᶜ d'eau, dans le temps qu'elle mettait à élaborer 1 gramme de matière sèche.

Ces rapports ont été vérifiés par Haberlandt et plus tard par Hellriegel, qui a illustré son nom par la découverte de la fixation de l'azote atmosphérique par les bactéries contenues dans les nodosités des racines des Légumineuses.

Sir J. B. Lawes avait déjà reconnu que le nombre moyen que nous venons d'indiquer est bien loin d'être constant, mais varie entre des limites écartées quand l'alimentation de la plante est plus ou moins abondante. Ses expériences cependant n'ont pas été très nombreuses, elles n'ont pas la netteté de celles d'Hellriegel, qui méritent d'être exposées avec quelques détails.

Le procédé de recherche qu'il a suivi comprend la pesée régulière de vases renfermant du sable stérile, ensemencé d'orge, et additionné d'abord de matières minérales indispensables au développement de cette graminée, distribuées dans tous les vases en quantités semblables, et, en outre, de nitrate de chaux en quantité variable. Comme il vient d'être dit, les pots sont pesés avant chaque arrosage nouveau, de façon à savoir la quantité d'eau évaporée ; on en soustrait l'évaporation de la terre elle-même en pesant des vases qui ne portent pas de végétaux et qui sont régulièrement arrosés ; en opérant ainsi, Hellriegel a obtenu les nombres suivants [1] :

Culture de l'orge

Nitrate de chaux distribué	Matière sèche produite pendant la vie de la plante	Transpiration pendant la vie de la plante	Quantité d'eau transpirée pour 1 gr. de matière sèche produite
milligr.	gr.	gr.	gr.
1480	25.504	7.451	292
1184	23.026	6.957	302
888	13.288	6.317	345
592	13.936	4.839	347
296	8.479	3.386	399
0	1.103	956	867
0	1.111	801	724

Il est naturel qu'une plante vigoureuse, comme celle qui pèse 25 gr. 504, évapore plus d'eau qu'une plante chétive qui ne pèse que 1 gr. 103 ; mais il est fort curieux de constater que la plante la moins forte ait transpiré pour produire 1 gramme de matière sèche infiniment plus que la plante vigoureuse.

J'ai eu occasion, en 1891, d'observer des faits analogues aux précédents : j'ai cultivé dans une première série de grands vases de poterie vernissée pouvant contenir 60 kilogs de terre, du ray grass, la graminée de la prairie, dans une autre série du trèfle.

Je ne pouvais pas penser à peser régulièrement des vases présentant des poids aussi considérables ; mais j'ai mesuré l'eau pluviale qu'ils ont reçue et les eaux de drainage qui se sont écoulées ; la différence représente l'eau évaporée par les plantes, car la terre étant entièrement couverte, son évaporation directe a été nulle ou très faible.

Les vases renfermaient de la terre épuisée par une longue série de récoltes sans engrais ; on a laissé un de ces vases sans aucune addition, un autre a reçu des engrais exclusivement formés de matières salines : nitrate de soude, sulfate d'ammoniaque, chlorure de potassium et superphosphate de chaux ; deux autres enfin, des poids d'azote, de potasse, d'acide phosphorique semblables à ceux que renfermaient les sels employés comme engrais, mais ces éléments ont été donnés pour la plus forte part sous forme de jus de fumier, les engrais chimiques employés pour équilibrer les fumures ne formant qu'une faible fraction du poids total ; la matière ulmique, abondante dans les deux derniers vases, manque donc dans les deux premiers.

[1] Les vases d'expérience renfermaient 4.000 grammes de sable quartzeux, on y ajoutait du carbonate de chaux, puis 75 milligrammes de chlorure de potassium, 350 milligrammes de phosphate acide de potasse, 100 milligrammes de sulfate de magnésie et des quantités variables de nitrate de chaux.

On a obtenu les résultats suivants :

Nature des engrais	Ray grass Poids de la récolte sèche	Eau évaporée	Eau évaporée pour 1 gr. de matière sèche produite.
	gr.	cc.	
Sans engrais............	49	26.630	682
Engrais chimiques.....	102	27.110	233
Matière noire du fumier et engrais chimiques en 1890 et en 1891...	64	27.870	435
Matière noire du fumier en 1890 et en 1891. Engrais chimiques en 1890 et en 1891......	65	21.190	419
Trèfle			
Sans engrais..........	65	39.910	614
Engrais chimique.....	72	39.900	541
Matière noire du fumier en 1891. Engrais chimique en 1891......	99	35.640	360
Matière noire du fumier en 1890 et en 1891. Engrais chimique en 1891.................	95	36.130	380

Si, dans ces deux expériences, l'évaporation pour la production de 1 gramme de matière sèche est très forte quand la terre n'a reçu aucun engrais, ce qui est d'accord avec les observations de Lawes et de Hellriegel, il est un point nouveau et intéressant à constater : quand on a cultivé une graminée comme le ray grass, on a obtenu le maximum de récolte en distribuant des engrais chimiques ; dans ce cas, 233ᶜᶜ d'eau ont été évaporés pour 1 gramme de matière sèche élaborée, tandis que, lorsqu'au lieu de donner l'azote seulement sous forme saline, on en a introduit une fraction à l'état de matière organique, la récolte a été plus faible et l'évaporation a été de 435ᶜᶜ et 449ᶜᶜ d'eau, pendant le temps que la plante à mis à élaborer 1 gramme de matière sèche ; il semble donc que cette expérience conduit à cette conclusion que l'aliment de préférence des graminées est l'azote nitrique ; l'azote engagé dans une combinaison organique paraît beaucoup moins efficace.

Il en est tout autrement pour une plante légumineuse comme le trèfle : c'est seulement quand le sol renferme de la matière organique, que cette plante se développe vigoureusement ; on en est averti non seulement par le poids plus élevé de la récolte, qui atteint 99 et 95 grammes, quand le sol a été pourvu de matières organiques, tandis que les engrais salins laissent cette récolte à 72 grammes ; mais encore, par la moindre quantité d'eau évaporée pour la production de 1 gramme de matière sèche.

Il semble que cette expérience apporte un solide appui à cette opinion que toutes les plantes de grande culture ne prennent pas leurs aliments sous la même forme ; c'est au reste ce qui ressort des expériences célèbres exécutées à Rothamsted ; tandis qu'on a réussi à maintenir la culture du blé sur le même champ depuis 1844, sans interruption et qu'on obtient sur les planches qui reçoivent une fumure suffisante d'engrais chimiques des récoltes abondantes dont les variations sont dues exclusivement aux conditions climatériques, il en est tout autrement du trèfle. Sa culture continue sur le même terrain a été impossible, sauf sur une toute petite plate-bande du jardin de Rothamsted, sur laquelle s'étaient accumulés les résidus des copieuses fumures de fumier de ferme qu'emploient les jardiniers.

Je reviendrai au reste dans d'autres occasions sur cette différence d'alimentation des plantes de grande culture ; le point sur lequel je veux seulement insister aujourd'hui est la grande différence constatée dans la transpiration des plantes suivant la fumure distribuée.

A quelles causes attribuer cette énorme quantité d'eau évaporée par les plantes qui ne reçoivent pas d'engrais ? Visiblement, une plante vigoureuse portant un feuillage abondant présente aux radiations solaires une surface évaporatoire bien plus considérable qu'une plante chétive à développement rudimentaire, et cependant la quantité d'eau évaporée à égalité de poids par la plante vigoureuse est moindre.

Nous n'avons encore aucune interprétation solide des faits précédents ; on peut cependant discuter les hypothèses qui se présentent naturellement à l'esprit.

La quantité d'eau qu'évapore une plante est fonction de deux variables : de l'eau que lui apportent les racines, de la somme des radiations reçues par les feuilles et utilisées à la transformation de l'eau en vapeur.

Ces radiations exécutent dans la feuille deux travaux différents : elles sont employées à la réduction de l'acide carbonique dans la cellule à chlorophylle, elles sont employées en outre à faire passer l'eau qui gorge les tissus à l'état aériforme ; on peut supposer que ces deux travaux sont complémentaires ; or, il est visible que si une plante produit une grande quantité de matière sèche, c'est que ses cellules travaillent énergiquement à la réduction de l'hydrate d'acide carbonique, et ce travail énergique n'a lieu qu'autant que la plante trouve à sa portée tous les éléments azotés, phosphorés, potassiques, etc., nécessaires à l'élaboration des principes immédiats ; si l'un fait défaut le travail est moins énergique, la quantité de radiations utilisée à la réduction de l'acide carbonique plus faible, par suite le complément non employé à cette réduction devient plus fort, et, comme ce complément travaille à réduire de l'eau en vapeur, la quantité d'eau transpirée augmente.

Peut-on penser, en outre, que la plante vigoureuse est moins bien approvisionnée d'eau que la plante chétive, par suite d'un moindre développement des racines?

On serait tenté de le croire quand on observe ce qui a lieu pendant la première période de développement des jeunes plantes semées dans des sols pauvres ou même stériles, et comparativement dans des terres riches ; en pesant séparément après quelques semaines les tiges et les racines, on trouve que, dans les sols pauvres, les racines ont pris un développement bien plus considérable que dans les terres riches. C'est un exemple de la faculté qu'ont les végétaux de porter au maximum l'accroissement des organes dont le fonctionnement leur est particulièrement utile. Dans un sol pauvre la plante pâtit du manque d'éléments nutritifs, et, pour les trouver, elle allonge ses racines, les ramifie en tout sens, et ce développement exagéré de la racine contribue certainement du même coup au grand approvisionnement d'eau de la plante et par suite à sa forte transpiration.

On sait, en effet, que l'allongement des racines exerce une action directe sur cet approvisionnement : les végétaux qui vivent dans des milieux particulièrement secs s'adaptent à ces conditions difficiles en donnant à leurs racines un énorme développement ; c'est ce qu'a observé M. Volkens, dans ses études sur la flore du désert arabique [1].

Les plantes savent donc s'adapter aux conditions dans lesquelles elles se trouvent ; de même que l'absence de lumière produit l'allongement des tiges, la rareté des aliments dans le sol, provoque l'allongement des racines : dans un terrain pauvre en matière nutritive, les racines s'accroissent pour aller glaner les traces de ces matières nutritives que le sol renferme ; dans un sol sec, elles s'allongent encore pour aller chercher l'eau, et cela, en raison de la vigueur de la plante, qui sera d'autant plus apte à fournir la matière première de cet accroissement, que sa vie sera plus active.

MM. Lawes et Gilbert ont donné un magnifique exemple de cette résistance à la sécheresse par le

----

[1] Un des caractères les plus saillants des plantes du désert, c'est la longueur démesurée des racines. M. Volkens n'a jamais réussi à déterrer entièrement une seule plante vivace ; tout ce qu'il a pu constater, c'est qu'à un ou deux mètres de profondeur, la racine était plus mince qu'au collet. Un exemplaire de *Calligonum comosum*, dont les parties aériennes ne dépassaient pas la longueur de la main, avait une racine de la grosseur du pouce. A 1ᵐ50 de profondeur la racine était encore de la force du petit doigt, de sorte qu'il faut admettre que la longueur de la racine dépasse au moins vingt fois celle de la partie aérienne. Certaines plantes ne doivent leur existence dans ces contrées brûlées qu'à la longueur extrême de leur système radiculaire. C'est ainsi que la coloquinte avec ses grandes feuilles délicates, dépourvues de toute protection, résiste dans ce milieu où un rameau détaché de la même plante se fane en cinq minutes. » *Ann. Agronom.*, Tome XII, p. 484. — *Traité de chimie agricole*, p. 303.

développement considérable des racines dans leur mémoire : « Influence de la sécheresse de 1870 sur les récoltes [1]. »

La moyenne de la pluie tombée à Rothamsted de 1856 à 1870, est représentée par les nombres suivants :

Avril..............	47,5 millim.
Mai................	57,5
Juin...............	57,5
Ensemble	162,5

Or, en 1870, les quantités de pluie ont été :

Avril..............	15,5 millim.
Mai................	32,5
Juin...............	22,5
Ensemble	76,5

Cette sécheresse exerça une influence extraordinairement irrégulière sur le développement de l'herbe de la prairie : déplorable sur la parcelle qui n'avait reçu pas d'engrais, fâcheuse sur la parcelle qui avait eu une fumure d'engrais minéraux et de sels ammoniacaux, elle devient à peu près nulle sur la parcelle qui avait reçu à la fois des engrais minéraux et du nitrate de soude : on en jugera par les nombres suivants dans lesquels nous mettons en parallèle les récoltes moyennes de foin et la récolte de 1870 :

Foin par hectare

Parcelles en expériences	1870	Moyenne de 1856 à 1870	Déficit en 1870
	kil.	kil.	kil.
Toujours sans engrais........	725	2771	2046
Engrais minéraux et sels ammoniacaux.................	3625	6527	2902
Engrais minéraux et nitrate de soude.................	7000	7250	250

Ainsi, malgré la sécheresse, la récolte de foin est restée excellente sur les parcelles qui avaient reçu du nitrate de soude.

Si on admet qu'il faut environ 300 parties d'eau à une plante pour élaborer une partie de matière sèche, on voit que la récolte qui a fourni 7.000 kilos de foin à l'hectare, aurait consommé 2.100 mètres cubes d'eau si le foin avait été tout à fait sec, mais si on suppose qu'il renfermait encore de 5 à 6 centièmes d'humidité, le volume d'eau aurait été de 1.700 mètres cubes : nous avons vu qu'il est tombé 76mm,5 ou 765 mètres cubes d'eau, c'est-à-dire bien moins que les plantes n'en ont consommé. Où ont-elles trouvé les quantités d'eau que la pluie n'avait pas fournies ? Pour le savoir, MM. Lawes et Gilbert ont fait exécuter une tranchée dans le sol des parcelles d'expériences et ont prélevé une série d'échantillons de 22cm,5 de hauteur dans lesquels ils ont déterminé l'humidité. Les nombres trouvés me paraissent avoir trop d'intérêt pour qu'il ne soit pas nécessaire de les transcrire :

[1] *Ann. agron.* Tome I, p. 251.

HUMIDITÉ CONTENUE DANS LE SOL DES PARCELLES DE LA PRAIRIE DIVERSEMENT FUMÉES

Échantillons prélevés les 25 et 26 juillet

Humidité pour 100 dans les sols des parcelles

Profondeur à laquelle les échantillons ont été pris	Sans engrais	Engrais minéraux et sels ammon.	Engrais minéraux et nitrate de soude
Premiers... 22,5	10.83	13.00	12.16
Seconds.... id.	13.34	10.18	11.80
Troisièmes.. id.	19.23	16.46	15.65
Quatrièmes. id.	22.71	18.96	16.30
Cinquièmes. id.	24.27	20.54	17.18
Sixièmes... id.	25.07	21.34	18.06
Moyenne...	19.24	16.75	15.19

Le sol de la parcelle sans engrais n'a été dépouillé d'eau que dans les couches superficielles ; à 67mm,5 de profondeur, il renferme déjà 19,2 centièmes d'eau, et 25 à la profondeur de 1 m. 350 ; l'eau du sous-sol est restée inutilisée. Celui de la parcelle qui a reçu le nitrate de soude a perdu, au contraire, une notable quantité de l'eau que renfermaient les couches profondes, et cette eau a servi à abreuver les plantes que portait cette parcelle.

Malgré la faculté d'adaptation, quelque forte qu'ait été la fraction du poids total des plantes employé à la formation des racines, les graminées chétives de la parcelle sans engrais n'ont pu faire des racines suffisantes pour aller trouver dans le sous-sol les réserves d'humidité qu'il renfermait ; ce sont seulement les plantes vigoureuses, bien nourries par le nitrate de soude, qui ont pu profiter de ces réserves et braver ainsi la sécheresse.

Si, abandonnant ces considérations physiologiques, on se borne à l'indication pratique qui découle de cette expérience, on en tire cette conclusion que l'emploi du nitrate de soude additionné d'engrais minéraux est particulièrement indiqué sur les prairies sèches. Son épandage régulier modifie la flore, fait dominer les espèces vigoureuses à longues racines capables de résister aux atteintes de la sécheresse.

On ne saurait trop appuyer sur les renseignements précédents : ils se résument en deux propositions qui me paraissent avoir un intérêt pratique considérable pour les contrées où l'eau fait habituellement défaut :

1° Bien qu'on puisse estimer de 250 à 300 parties d'eau la consommation d'une plante qui élabore une partie de matière sèche, cette consommation peut s'exagérer considérablement quand un ou plusieurs des éléments nutritifs nécessaires à la plante font défaut. Le manque d'engrais convenable détermine un véritable gaspillage d'eau et, par suite, réduit d'autant la récolte.

2° Quand, au contraire, la plante est rendue vigoureuse par un apport d'engrais convenable, non seulement la proportion d'eau qu'elle consomme pour produire un kilogramme de matière sèche est plus faible, mais en outre elle utilise une forte fraction de la matière végétale qu'elle élabore à produire des racines, elle s'adapte plus facilement aux conditions fâcheuses que détermine la rareté des pluies, elle enfonce ses racines dans le sous-sol, et, profitant des réserves d'humidité qu'il renferme, peut braver les effets de la sécheresse.

Au champ d'expériences de Grignon, cette année, la récolte du blé a été très diminuée par le manque de pluie au printemps : elle est restée cependant aux environs de 30 quintaux à l'hectare, sur les parcelles qui avaient reçu une forte fumure ; il est vraisemblable que la consommation d'eau pour la production de la matière sèche y a été faible, et, en outre, que les racines ont pu pénétrer assez profondément pour atteindre les réserves du sous-sol, médiocres cependant dans notre sol, drainé par la craie blanche et essentiellement perméable.

II. — LA LUMIÈRE ÉLECTRIQUE ET LA VÉGÉTATION

On sait que sous les latitudes élevées, où, pendant l'été, les jours sont de très longue durée, les végétaux évoluent rapidement ; c'est ainsi qu'en Norwège, à Halsnoe, par 59° 47' où le jour moyen est de 18 heures pendant les mois de végétation active, le froment d'été mûrit en 133 jours, tandis qu'il n'en met que 114 à Skibotten par 69° 28' où la durée du jour moyen est de 22 heures. En s'appuyant sur ces données, on a été naturellement conduit à penser que peut-être la culture en serre pourrait hâter le développement des fleurs ou la maturation des fruits si on réussissait à joindre à l'élévation de la température, facile à obtenir, un éclairage continu ; et, comme de toutes les sources lumineuses la plus intense est la lumière électrique, c'est à elle qu'on s'est adressé. M. Siemens en Angleterre, moi-même en France, avons exécuté sur ce sujet quelques expériences, il y a une dizaine d'années ; M. Bonnier tout récemment [1] est revenu sur cette question ; enfin un physiologiste américain, M. Bailey [2] a obtenu des résultats très intéressants : ils confirment sur un grand nombre de points les expériences que j'ai exécutées en 1881, au moment de l'Exposition d'Électricité, mais y ajoutent plusieurs faits importants.

Je rappellerai d'abord qu'en 1881, j'ai soumis des plantes variées à l'éclairage continu d'une lampe à arc, évaluée à 2.000 bougies ; les plantes étaient d'abord placées à environ 3m50 de la lampe

dont les radiations arrivaient directement sur les feuilles.

L'effet de cet éclairage fut absolument déplorable : les azalées, les bambous, les deutzias, les lilas, les chrysanthèmes, avaient été particulièrement frappés ; les feuilles étaient noircies sur tous les points où elles recevaient directement les radiations. Quand plusieurs feuilles se croisaient les unes sur les autres, les feuilles supérieures et la partie non protégée de celles qui étaient au-dessous présentaient seules la coloration noire, qui traçait les limites de l'éclairage avec la netteté d'une épreuve photographique.

Il est donc certain que la lumière émanée d'un arc renferme des radiations nuisibles à la végétation ; ces radiations sont celles qui sont placées à l'extrémité droite du spectre ; elles sont bien absorbées par la chlorophylle, mais n'exercent aucune action utile sur la décomposition de l'acide carbonique. M. Sachs leur attribue une influence heureuse sur l'épanouissement des fleurs et nous verrons un peu plus loin que les expériences de M. Bailey paraissent conduire aux mêmes résultats. Il est manifeste, toutefois, qu'il faut, pour utiliser la lumière électrique à l'éclairage d'une serre, commencer par éliminer ces radiations nuisibles à la chlorophylle. On y réussit assez aisément en entourant l'arc d'un globe de verre.

Si, après qu'on a fait cette modification, on ne voit plus les feuilles noircies, l'effet utile des radiations continues est médiocre ; en six jours d'éclairage un flacon renfermant, dans l'eau aiguisée d'acide carbonique, quelques rameaux d'*Elodea canadensis* donnèrent à l'Exposition 22cc,8 d'oxygène, dans un autre flacon 26cc,7, c'est-à-dire ce qu'on obtient en une heure au soleil. Quand on rapproche beaucoup les feuilles de la lumière électrique, on obtient des dégagements plus rapides : c'est ce qu'a observé M. Prillieux en 1869, plus tard M. Kreusler [1] qui interposait sur le passage des rayons une auge remplie d'eau. Au reste, même en rapprochant les plantes à 2m50 de la lumière, je ne pus jamais dans la serre exclusivement éclairée par la lumière électrique obtenir la formation de matières végétales ; des semis d'orge, d'avoine, introduits dans la serre à éclairage continu, vécurent ; mais, quand on mit fin à l'expérience, on trouva que les jeunes plantules renfermaient moins de matière sèche que les graines dont elles provenaient.

M. Bailey a opéré autrement : il a cherché seulement à activer la végétation de plantes, qui recevaient dans le jour la lumière solaire, en les éclairant pendant la nuit. Après avoir soumis dans une

[1] *Comptes rendus*, t, CXV p. 447 et 475. Septembre 1892
[2] Cornell University. Agricult. Experim. Station. *Bulletin* 30 août 1891. *Ann. agron.*, t. XVIII, p. 506.

[1] *Ann. agron.*, t. XII, p. 483.

serre des radis, des laitues à un éclairage continu, pendant la nuit, à l'aide d'un arc voltaïque représentant 2.000 bougies et avoir constaté des effets fâcheux et un développement moins rapide dans la partie de serre éclairée la nuit que dans celle qui restait dans l'obscurité, il a eu l'idée d'éclairer les plantes pendant une partie de la nuit seulement.

En opérant ainsi, il reconnut que les laitues notamment profitaient de l'éclairage électrique.

« Trois semaines après le repiquage, la lumière ayant été donnée pendant 10 heures de nuit, les plantes éclairées dépassaient de 30 °/₀ celles qui avaient été privées de lumière pendant la nuit. 4 semaines plus tard, après 162 heures d'éclairage, on avait déjà des têtes de laitue marchandes, tandis que les premières têtes n'ont été récoltées que 2 semaines plus tard dans la serre ordinaire. »

M. Bailey a vu souvent les fleurs se décolorer, et aussi la floraison devenir plus rapide ; cet effet fut surtout sensible quand on opéra avec l'arc voltaïque nu : « Les légumes à feuilles, épinards, cressons, laitues, montaient à graine avant d'avoir formé une feuille mangeable et les feuilles des plantes les plus rapprochées de la lampe étaient petites et frisées. »

L'influence qu'exercent les rayons ultra violets sur la floraison a été signalée par M. Sachs il y a quelques années [1]. Les résultats obtenus par M. Bailey confirment pleinement les conclusions de l'éminent physiologiste. Il a obtenu de l'éclairage nocturne d'une serre, de sérieux avantages, à la condition de ne donner cet éclairage que pendant un certain nombre d'heures ; il y a là une indication qui doit encourager les horticulteurs à s'engager dans de nouvelles recherches.

III. — LE MILDEW. — LES LEVURES DE VIN CULTIVÉES

Rapidement, la France reprend son rang de grande productrice de vin : en greffant les cépages français sur les vignes américaines qui résistent au phylloxéra, on a réussi sur bien des points à réparer les désastres qu'avait causés le terrible insecte. La destruction ne s'est pas produite au reste partout avec la même rapidité et cette année même, j'ai eu occasion de le constater ; quand la Dordogne a été envahie, il n'a pas fallu plus de deux ans pour que le vignoble disparût ; aujourd'hui, dans l'arrondissement de Bergerac, la reconstitution sur plans américains est en bonne voie, elle est beaucoup plus lente dans l'arrondissement de Périgueux où les vignes sont encore rares.

Il en a été tout autrement dans le département du Puy-de-Dôme : la vigne couvre tous les coteaux qui bordent la Limagne. on y fait un vin passable

qui se vend dans le pays de 20 à 40 francs l'hectolitre ; ce vin est produit par des vignes françaises qui jusqu'à présent ont résisté ; or ce vignoble est contaminé depuis fort longtemps ; en 1876, au moment où l'Association française s'est réunie à Clermont, j'ai eu occasion de visiter, avec Truchot, alors professeur à la Faculté des sciences, une vigne de la commune de Mezel, où le phylloxéra avait été constaté ; après quelques recherches, un coup de bêche heureux nous donna une racine sur laquelle il fut facile de voir le phylloxéra.

Je le répète, ceci se passait en 1876, or en ce moment, en 1892, seize ans après, la vigne existe encore, la propagation est donc très lente, elle se produit cependant et le phylloxéra a été constaté en plusieurs points, mais il ne se répand qu'avec une extrême lenteur. Je ne serais pas étonné que le sol n'opposât des obstacles sérieux à la dissémination de l'insecte, comme le font les sables dans lesquels il ne peut subsister. La terre de la Limagne présente un aspect particulier, elle est très foncée, très riche, mais de structure grenue ; elle ne forme pas de grosses mottes comme nos bonnes terres argileuses du Nord ; il faut qu'elle soit mouillée pour se prendre en masses, aussitôt qu'elle se dessèche, elle se fendille et retombe à l'état de grumeaux ; facilement, elle est creuse comme disent les cultivateurs, et il faut la rouler énergiquement pour en tirer de bonnes récoltes ; elle est essentiellement discontinue et je croirais volontiers que la résistance qu'elle présente à l'invasion phylloxérique est liée à cette structure toute particulière.

Il est fort heureux que le vignoble ait résisté jusqu'à présent, car la reconstitution sera certainement très difficile, si on en juge au moins par le scepticisme que montrent les vignerons auvergnats à toutes les recommandations qu'on peut leur faire. Cette année toutes les vignes des environs de Clermont ont été attaquées par le mildew ; et c'est grand dommage car le raisin est abondant et la température élevée de l'automne lui aurait donné une qualité exceptionnelle.

Il n'y a certainement pas un cinquième des vignes qui ait été traité. et cependant sur celles qui ont reçu les *bouillies* l'effet est remarquable ; les feuilles sont vertes, elles portent encore par places les marques des gouttelettes des *bouillies* cuivriques qu'elles ont reçues ; à côté, au contraire, les vignes non traitées sont jaunes, à moitié dépouillées de leurs feuilles, celles qui restent attaquées sur toute la circonférence travailleront mal et n'enverront aux grains de raisin que de faibles quantités de sucre.

Le professeur départemental du Puy-de-Dôme n'a que médiocrement réussi à convaincre les vignerons, ils sont restés sourds à ses conférences,

[1] *Ann. agron.*, t. XIII, p. 480, 1887.

à ses publications; il s'agissait de faire quelques dépenses pour les traitements, ils n'ont pu s'y résoudre. La perte qu'a occasionnée l'absence de traitement est évaluée par M. Girard à 1 professeur départemental à 11 millions de francs.

Le conseil général du Puy-de-Dôme très frappé de ce désastre a émis le vœu de renforcer l'enseignement du professeur départemental d'agriculture par la nomination de professeurs d'arrondissement: le département est grand, en effet, les communications y sont difficiles et il est utile que des hommes instruits et dévoués prennent pour ainsi dire, un à un, les cultivateurs influents et réussissent à les entraîner à employer les méthodes dont le succès est certain.

Les sels de cuivre exercent en effet, sur les champignons parasites qui ravagent aussi bien les feuilles de pommes de terre que celles de la vigne, une action des plus remarquables; la seule difficulté qu'on avait rencontrée est due à la faible adhérence aux feuilles, des mélanges de sulfate de cuivre et de chaux généralement employés; des pluies continues finissaient par en avoir raison et par tout enlever; de là la nécessité de nouveaux traitements ou même l'envahissement des cultures.

Mon éminent confrère de la Société d'agriculture, M. Michel Perret, a eu l'idée de donner à ces *bouillies* une plus grande adhérence en y ajoutant une certaine quantité de mélasse [1]; cette addition donne au mélange une résistance à la pluie très remarquable; M. Aimé Girard a étudié cette question avec beaucoup de soin, il a reconnu que tandis que la bouillie calcaire ordinaire perd la moitié de son cuivre sous l'influence d'une pluie d'orage violente, environ le tiers après une pluie forte et encore 0 13 après une pluie fine et continue, la bouillie additionnée de mélasse ne perd dans le premier cas que 0 14 et persiste absolument quand elle n'est soumise qu'à la pluie forte pendant six heures et à la pluie fine pendant 24 heures [2].

Les vignerons sont donc absolument armés, et si on réussit à leur persuader que c'est la feuille de vigne qui élabore le sucre qui vient se concentrer dans le raisin, que par conséquent la conservation des feuilles est la condition même d'une bonne récolte, on ne verra peut être plus leur entêtement leur occasionner des pertes semblables à celles qu'on déplore cette année en Auvergne.

Jusqu'à présent la fabrication du vin est livrée à l'empyrisme pur, on récolte le raisin, on le foule, les ferments adhérents aux grains, disséminés sur les rafles, entrent en jeu; si ces ferments sont de

bonnes levures, si la température reste dans des conditions favorables à l'action de ces levures, le vin peut-être réussi; mais il arrive que des ferments autres que la levure alcoolique entrent en jeu, que leur action est favorisée par des températures trop élevées et alors on n'obtient que des produits inférieurs d'un placement difficile; c'est là ce qui a lieu parfois dans le Midi, plus souvent en Algérie; comment régler cette fabrication de façon à préparer un vin dont la qualité ne soit influencée que par la nature du raisin, et non par des irrégularités de fermentation?

Il semble qu'on soit en voie d'améliorer cette fabrication par l'addition au mout de raisin, de levures pures de bonne qualité, c'est au moins ce qui résulte des publications de M. Jacquemin de Nancy et d'essais exécutés à la station viticole de Villefranche (Rhône), créée par M. Vermorel: M. J. Perraud a employé sur des monts de Beaujolais diverses levures préparées par MM. Rietsch, elles étaient vigoureuses et ont réussi à dominer les autres ferments, elles ont provoqué une fermentation plus rapide et ont donné un vin de meilleure qualité que celui qu'a fourni le foulage du raisin sans aucune addition; on a même constaté que le vin préparé avec du *Pinot* et une levure de Bourgogne présentait, bien qu'à un faible degré, quelques-unes des qualités des bons vins de Bourgogne; c'est bien ce qu'avait constaté Rommier, quand il avait présenté à l'Académie, en 1889, une note sur ce sujet [1], note d'où dérivent les essais actuels.

La qualité d'un vin est fonction du cépage qui a produit le raisin, de la température et de l'éclairement qui ont déterminé sa maturation; enfin de la nature des ferments qui transforment le sucre en alcool et en d'autres produits encore mal définis; de toutes ces conditions l'une nous échappe absolument, nous subissons les alternatives de chaleur et de froid de la saison de végétation active sans y pouvoir rien changer, mais nous sommes maîtres de choisir les cépages, de les bien cultiver, si enfin nous pouvons régler la fermentation, on conçoit qu'il en découle une amélioration sensible du produit, aussi doit on applaudir aux efforts des industriels qui ont entrepris la culture d'un certain nombre de levures pures provenant de nos grands crus français, les résultats déjà obtenus permettent d'espérer une amélioration sensible des vins communs et même des alcools industriels.

P.-P. Dehérain,
de l'Académie des Sciences.

---

[1] La bouillie cuprocalcaire sucrée est formée de sulfate de cuivre 2 kil. chaux vive 2 kil., mélasse 2 kil., pour 100 litres d'eau.

[2] *Ann. agron.*, t. XVIII, p. 138.

[1] *Comptes rendus.* t. CVIII, p. 1322. — M. Georges Jacquemin a créé un établissement industriel dans lequel, mettant en pratique les méthodes imaginées par M. Pasteur, il cultive les levures pures des grands vins et les expédie aux vignerons.

BIBLIOGRAPHIE

ANALYSES ET INDEX

1° Sciences mathématiques.

Appell (P.), *Membre de l'Institut.* — Sur une expression nouvelle des fonctions elliptiques par le quotient de deux séries. *American Journal, vol. XIV, n° 1.*

L'expression dont il est question ici se distingue de l'expression bien connue où les deux termes de la fraction sont des fonctions Θ, par ce fait que les termes sont tous deux doublement périodiques. Bien entendu, ce ne sont pas des fonctions entières. Les zéros et les pôles ne sont pas mis en évidence, comme dans l'expression à l'aide des fonctions Θ, les premiers par les zéros du numérateur et les seconds par les zéros du dénominateur. Ici, c'est du numérateur que proviennent, non seulement les zéros, mais encore tous les pôles situés dans une moitié du plan. L'autre moitié est fournie par le dénominateur, qui est, lui, une fonction entière.

On voit donc ici s'introduire la notion d'une fonction formée avec une partie des zéros d'une fonction périodique. On sait que cette notion, introduite par la théorie des fonctions Γ, a été étendue à des fonctions plus générales par M. Heine.

Le dénominateur de la fraction de M. Appell est une fonction de cette espèce. D'après les notations adoptées par M. Heine dans son *Handbuch der Kugelfonctionen*, elle aurait la forme :

$$\frac{1}{\Omega\left(q^2, \frac{z}{\omega}\right)},$$

comme d'habitude, ω et ω' sont les périodes et $q = e^{\frac{i\pi\frac{\omega'}{\omega}}{}}$.

Son développement en série est :

$$G(z) = \left[1 + \sum_{n=1}^{\infty} (-1)^n \frac{q^{n(n+1)}}{(1-q^2)(1-q^4)\dots(1-q^{2n})} e^{2n i\pi\frac{z}{\omega}}\right]$$

Quant au numérateur, il est la somme de deux fonctions :

$$\varphi\left(e^{2 i\pi\frac{z}{\omega}}\right) = 1 + \sum_{n=1}^{\infty} \frac{q^{n(n+1)}}{(1+q^2)\dots(1+q^{2n})} e^{2n i\pi\frac{z}{\omega}}$$

$$\psi\left(e^{2 i\pi\frac{z}{\omega}}\right) = 2Q_1 \left[\frac{1}{e^{n i\pi\frac{z}{\omega}}-1} + \sum_{n=1}^{\infty} \frac{(-1)^n q^{2n}}{(1-q^2)\dots(1-q^{2n})} \frac{1}{e^{2 i\pi\frac{z}{\omega}}-q^{2n}}\right]$$

D'après l'expression de Θ, on voit que les infinis sont bien distribués comme nous l'avons dit.

Que la fraction ainsi obtenue représente une fonction elliptique, c'est ce que les principes relatifs à ces fonctions permettent de reconnaître aisément. En premier lieu, les infinis sont ceux de la fonction nommée Θ_1 par Briot et Bouquet. En multipliant alors par cette fonction Θ_1, on obtiendra une fonction entière jouissant des mêmes propriétés que la fonction Θ_1 et qui par conséquent n'en diffère que par un facteur constant.

J. Hadamard.

Madamet, *Ingénieur de la Marine en retraite, Directeur des forges et chantiers de la Méditerranée.* — **Détente variable de la vapeur. Dispositifs qui la produisent.** *Un vol. de l'Encyclopédie Scientifique des Aide-Mémoire*

dirigée par M. Léauté. (Broché : 2 fr. 50, relié : 3 fr.) Gauthier-Villars et fils, G. Masson, Paris, 1891.

Le nouveau volume que vient de publier M. Madamet dans l'Encyclopédie dirigée par M. Léauté, répond d'une façon parfaite au titre d'Aide-Mémoire placé en tête de cette collection; les ingénieurs et les constructeurs y trouveront les règles simples et précises dont ils ont besoin pour étudier les divers systèmes de détente qu'ils peuvent rencontrer; ils y trouveront aussi des considérations dont la simplicité ne nuit en rien à l'exactitude et qui rendent un compte très complet des diverses particularités indispensables à connaître pour éviter des méprises malheureusement trop fréquentes.

Depuis qu'on s'est attaché à réduire le plus possible la consommation de charbon dans les machines à vapeur, la question de la *détente variable* a pris une grande importance et, plus que jamais, l'imagination des inventeurs s'est exercée à ce sujet. Il en est résulté une infinie diversité d'organes qui, destinés à résoudre le même problème, arrivent au but final par des moyens extrêmement différents.

Aussi l'étude de la détente variable est-elle devenue l'un des chapitres les plus compliqués de la mécanique pratique. M. Madamet a su établir, parmi tous les dispositifs qu'il avait à décrire, une classification nette et précise qui n'est pas un des moindres mérites de son remarquable ouvrage.

L'examen détaillé et approfondi, auquel il se livre, de la valeur réelle qu'on doit attribuer aux divers moyens par lesquels on réalise la détente variable, met en évidence un fait, déjà signalé peut-être, mais qui n'avait jamais été l'objet d'une étude complète, à savoir que tel dispositif de détente, bon dans un cas donné, est médiocre ou même mauvais dans un autre. Les constructeurs trouveront à cet égard, dans l'ouvrage de M. Madamet, des règles simples, d'un caractère vraiment pratique, qui leur permettront de déterminer sans hésitation et en toute certitude, la solution à adopter dans telle ou telle circonstance donnée.

La coulisse de Stephenson et ses variantes sont également l'objet d'une étude complète; au moyen de quelques considérations géométriques élémentaires, tous les points de détail de ce mécanisme complexe sont élucidés en peu de lignes; il en est de même pour les systèmes de distribution Goy, Marshall, Hockworth, etc..., dont les diverses particularités se trouvent exposées et expliquées.

Nous devons signaler ici l'emploi que fait l'auteur de l'épure circulaire et de l'épure sinusoïdale, ce qui lui permet de traiter en quelques pages certains sujets fort compliqués.

Le livre de M. Madamet présente les qualités qui ont fait apprécier ses divers ouvrages ; il est l'œuvre d'un homme qui connaît à fond ce dont il parle et qui est rompu à toutes les difficultés de la pratique; c'est un volume que doivent avoir entre les mains tous ceux qui s'occupent de machines à vapeur.

J. Poulet.

2° Sciences physiques.

Mascart, *Membre de l'Institut.* — Traité d'Optique. *Tome III, 1er fascicule. Un vol. in-8° de 350 pages. (Prix : 22 fr.) Gauthier-Villars et fils, Paris, 1892.*

M. Mascart continue la publication de son *Traité d'Optique*. Le premier fascicule de ce tome III, qui doit terminer l'ouvrage, contient l'exposé complet de trois questions fondamentales: la vitesse de la lumière, la photométrie et la réfraction atmosphérique.

Toutes les méthodes de mesure de la vitesse de propagation des ondes lumineuses sont décrites et discntées en détail ; l'immortelle expérience de M. Fizeau sur l'entraînement des ondes et les dernières recherches de M. Michelson complètent ce chapitre, capital au point de vue théorique.

La photométrie est traitée successivement au double point de vue scientifique et industriel. Inutile de dire avec quel soin cette partie si importante de l'Optique a été traitée. L'auteur y avait une compétence particulière, par suite des travaux personnels qu'il a faits sur ce point, et ce chapitre constitue, à lui seul, un véritable traité.

Quant aux réfractions astronomiques, elles sont exposées minutieusement. A propos de la déviation de la verticale, l'auteur examine s'il n'y a pas lieu d'attribuer à des causes d'erreur simplement optiques, dues aux couches d'air d'inégale densité, les déviations observées. Un calcul lui permet d'expliquer, grâce à des hypothèses sur la répartition des couches atmosphériques, l'écart observé jusqu'à présent. Je crois que cette étude est encore à poursuivre : l'expérience a besoin d'être consultée directement, et dans des conditions de précision meilleures qu'on ne l'a fait jusqu'à présent. L'importance des conséquences à déduire des résultats vaut la peine qu'on cherche à obtenir ceux-ci.

Quelques pages sur les réfractions accidentelles, et les effets de mirage, contenant l'exposé des beaux travaux de M. Macé de Lépinay sur cette question, viennent ensuite, et l'ouvrage se termine par l'étude de la scintillation.

Tel est ce premier fascicule, l'un des plus importants de l'ouvrage : il contient, en particulier, presque toutes les questions d'Optique astronomique. Ai-je besoin d'ajouter, après ce que j'ai dit des deux premiers volumes de ce *Traité d'Optique*, que l'on ne trouverait nulle part ailleurs les documents qu'il renferme, et que l'uniformité des notations, des renvois aux paragraphes spéciaux en rendent le travail facile ? M. Mascart a rendu un grand service aux physiciens chercheurs, et l'on ne peut que l'en remercier.

Alphonse BERGET.

Basin (J.), *Agrégé de l'Université, Professeur au Lycée de Coutances*. — Leçons de Chimie *à l'usage des élèves de Première (sciences), des candidats au Baccalauréat de l'Enseignement secondaire moderne (2ᵉ série) et des candidats au Baccalauréat de l'Enseignement secondaire moderne*. Un vol. petit in-8° de 407 pages. (Prix : Broché, 3 fr. 50 ; Cartonné toile, 4 fr.) Librairie Nony et Cie, 17, rue des Ecoles, Paris, 1893.

Ce petit livre s'adressant à une catégorie spéciale d'élèves de l'Enseignement secondaire, nous nous disposions à le signaler ici sans commentaire, quand un hasard nous le fit ouvrir : il eût fallu être bien distrait pour n'être point frappé des qualités qui le distinguent ; sa valeur pédagogique saute aux yeux. C'est d'abord la division même de l'ouvrage, l'heureux choix des matières traitées, le soin constamment apporté par l'auteur à bien mettre en relief les faits dominants qui doivent guider dans l'étude de la chimie. La disposition typographique adoptée établit d'une façon très nette le départ entre ces faits, de grande portée doctrinale, sur lesquels repose le système actuel de la science, et les faits particuliers, de moindre intérêt théorique, qu'il importe cependant de connaître en raison de leur application quotidienne aux arts industriels, à la vie sociale. Les notions pratiques, la description des cas spéciaux sont imprimées en petit texte.

La chimie minérale étant, conformément aux nouveaux programmes, supposée connue des lecteurs, le livre expose les lois générales de la chimie, la chimie organique et les méthodes d'analyse.

Malgré le caractère très élémentaire de ce petit ouvrage, presque tous les chapitres consacrés à la chimie générale résument, avec un certain détail, l'état actuel de la science. Exemple : traitant du rôle de l'électricité dans les phénomènes chimiques, l'auteur distingue d'abord les effets du *courant* et ceux de l'*étincelle*, puis, subdivisant, l'action de l'arc voltaïque et celui de l'effluve ; il indique l'union lente de l'azote à certaines matières organiques sous l'influence de faibles différences de potentiel. A propos de la dissociation, il rapporte, avec les expériences capitales de Deville, celles de Debray, donne des figures schématiques de leurs appareils, les conditions précises des expériences, afin de bien fixer dans l'esprit du lecteur la méthode suivie en ces magistrales études ; il examine le cas des corps hétérogènes et des composés homogènes, notamment celui de l'acide iodhydrique étudié par M. Lemoine, la dissociation de l'eau, de l'acide sulfureux, de l'oxyde de carbone, et termine en montrant le parti que le chimiste peut quelquefois tirer de la dissociation pour distinguer combinaison et dissolution. De la dissociation des électrolytes, il ne dit mot, et avec raison, car elle est encore objet de controverse. Mais nous eussions aimé quelques pages sur la pression osmotique, ce qui eût ajouté à l'intérêt très réel de l'excellent chapitre consacré à l'hypothèse atomique et au système des poids atomiques. Il convient, croyons-nous, de louer hautement l'exposition de ce système et l'introduction de la notation atomique dans un livre destiné à initier à la chimie moderne les élèves de nos lycées.

Les premiers principes de la chimie organique, les systèmes de dérivation des corps, leurs fonctions, enfin la préparation et les propriétés de ceux qui offrent un intérêt industriel, ont été traités dans le même esprit que la chimie générale et constituent la partie la plus développée du livre. Le court appendice qui le termine sur les procédés d'analyse, rendra, malgré sa brièveté, service aux étudiants : ils y trouveront les rudiments de l'analyse qualitative par voie humide, et de l'analyse volumétrique, avec quelques notes spécialement affectées aux opérations si fréquentes de l'alcalimétrie, de l'acidimétrie et de la chlorométrie.

Mais, pourquoi faut-il qu'après avoir si heureusement travaillé son livre au point de vue de l'enseignement, M. Basin ait laissé échapper, dans la révision de ses épreuves, quelques fautes relatives aux formules et noms des corps organiques ? Si nous signalons ces légères imperfections, qui ne touchent qu'au détail du livre, c'est qu'il nous paraît, dans son ensemble, constituer un modèle d'intelligente vulgarisation.

L. O.

3ᵉ Sciences naturelles.

Carez (L.), et H. **Douvillé**. — Annuaire Géologique universel. Revue de Géologie et de Paléontologie. *Année 1890, t. VII. 4 fascicules in-8, de XII et 1158 pages.* (*Prix :* 20 francs.) Paris, Comptoir géologique, 13, rue de Tournon, 1891-1892.

Dans ce nouveau volume de l'*Annuaire géologique*, la Rédaction est restée fidèle au plan adopté pour les années précédentes : un *index bibliographique* donne d'abord le titre détaillé de toutes les publications parues en 1890, classées méthodiquement et numérotées — il ne comprend pas moins de 2590 articles, occupant 108 pages de petit texte ; puis viennent une série de rapports sur les progrès de la Stratigraphie, de la Géologie régionale, de la Paléozoologie et de la Paléontologie végétale, rapports dus comme précédemment à la collaboration de nombreux savants français et étrangers. De plus, pour répondre à de fréquentes demandes, M. Carez a repris les *adresses des géologues, minéralogistes et paléontologistes*, qui donnaient une si grande utilité pratique aux premiers volumes de l'*Annuaire;* ne pouvant tout publier en une fois, faute de place, on s'est borné aux adresses relatives à la France, à la Belgique et aux Iles-Britanniques (p. 123-207) ; le volume suivant comprendra la liste des géologues habitant le reste de l'Europe, et ceux des autres parties du monde seront énumérés dans le tome IX.

Nous n'avons guère qu'une critique à formuler au sujet de la manière dont est compris l'*index*, c'est le défaut de parité entre la partie géologique et la partie paléontologique : la première présente de nombreuses subdivisions, grâce auxquelles il est facile de trouver ce qu'on veut lorsqu'on cherche un renseignement bibliographique ; dans la seconde au contraire, il n'y en a aucune et, par respect pour l'ordre alphabétique, des travaux sur les éléphants pliocènes d'Italie, par exemple, se trouvent côte à côte avec un mémoire sur les foraminifères crétacés d'Angleterre. Sans doute, le classement des publications paléontologiques se heurte à plus d'une difficulté : il y a les faunes, les monographies de groupes zoologiques, les études régionales ou les comparaisons s'étendant d'un continent à l'autre. Néanmoins un premier triage, quelque approximatif qu'il soit, est certainement préférable aux hasards de l'alphabet — l'adjonction d'une *table des auteurs* pouvant toujours permettre de retrouver un titre, en cas de doute, comme l'a compris depuis deux ans pour la partie géologique, dans l'*Annuaire* même, M. Carez.

Quant au texte même de la *Revue de Géologie et de Paléontologie*, il n'y a que peu de changements à y signaler. Le terrain primitif, le Silurien et le Dévonien ont été traités, comme par le passé, par M. A. Bigot. et le système Permo-carbonifère par M. Bergeron. M. Carez s'est occupé du Jurassique et M. Kilian, aidé de M. Sayn, a donné un volumineux rapport sur le Crétacé (p. 293-520). Enfin M. Dollfus a continué son analyse des travaux concernant le groupe quaternaire. Les articles sur le Trias, le groupe tertiaire, la pétrographie, les volcans et les tremblements de terre, sont renvoyés à l'année prochaine, de manière à faire alterner, chaque fois, les différents comptes rendus.

Dans la partie régionale, mentionnons les articles M. G. Ramond sur l'Asie orientale et l'Océanie, où l'on trouvera beaucoup de renseignements intéressant la Géologie appliquée. Les diverses branches de la Paléontologie ont conservé leurs anciens titulaires.

Espérons que cette utile publication, représentant chaque année une somme de travail considérable, continuera longtemps encore à faciliter les recherches de tous ceux qui, de près ou de loin, s'intéressent aux progrès des études géologiques.

Emm. DE MARGERIE.

Frank (A. B.). — Lehrbuch der Botanik. *Vol. I; 670 pages, 227 gravures. (18 fr. 75.) W. Engelmann, éditeur, Leipzig, 1892.*

La quatrième et dernière édition de l'excellent traité de Botanique de Sachs a paru en 1874 ; nos connaissances se sont beaucoup augmentées depuis cette époque, et un livre nouveau, conçu dans le même sens, était devenu nécessaire pour les étudiants allemands. M. Frank vient de combler cette lacune; l'autorité qu'il s'est acquise depuis longtemps par ses travaux personnels contribuera certainement au succès de son traité, dont nous n'avons encore que le premier volume; le deuxième est annoncé pour les premiers mois de 1893.

L'auteur dit lui-même dans sa préface qu'il a suivi le plan adopté autrefois par Sachs; il ne pouvait choisir un meilleur guide. Il lui a aussi emprunté un grand nombre de figures; les autres sont originales ou tirées des auteurs récents.

M. Frank réunira dans le second volume, la Morphologie et la Systématique, que l'on sépare habituellement davantage, mais sa méthode est tout aussi logique que celle que l'on suit généralement. Le premier volume est divisé en trois livres d'inégale importance: 1° étude de la cellule, 2° anatomie et 3° physiologie, divisés chacun en paragraphes bien ordonnés; chaque paragraphe est suivi d'indications bibliographiques nombreuses et choisies. Au courant du texte, l'auteur, sans faire l'historique des questions traitées, sait citer à propos les savants qui ont découvert des faits impor-

tants ou ceux qui ont émis des opinions originales sur des points encore soumis à la discussion; il sert ainsi de guide aux étudiants qui plus tard se livreront à des recherches personnelles. Plusieurs chapitres renferment aussi des sortes d'appendices en caractères plus fins, où l'auteur donne des renseignements complémentaires sur des parties d'un intérêt moins général ou encore insuffisamment connues.

Le deuxième livre, qui traite de l'anatomie des tissus, est un peu sacrifié, et l'on trouvera des renseignements bien plus nombreux et plus circonstanciés sur ce sujet dans les traités français de M. Duchartre et de M. Van Tieghem. L'étude simultanée des tissus primaires et secondaires des divers membres de la plante était à coup sûr plus philosophique que si elle était séparée en chapitres distincts, mais elle est aussi moins commode pour le lecteur; si elle convient mieux à donner une idée d'ensemble, elle rend moins facile la recherche d'un renseignement.

Le troisième livre, qui traite de la Physiologie, est de beaucoup le plus développé : il contient près de 450 pages. C'est la partie la plus originale du traité de M. Frank. On y trouve résumé l'ensemble des travaux publiés dans ces dernières années, particulièrement en Allemagne, et qui ont fait faire de si grands progrès à cette partie de la Botanique. Nous nous bornons à en recommander la lecture, car le simple exposé des titres des chapitres nous entraînerait beaucoup trop loin. Mentionnons seulement celui qui traite du parasitisme et de la symbiose, car il prend un intérêt tout spécial sous la plume de l'auteur qui a découvert les Mycorhizes et qui fut l'un des premiers à s'occuper des tubercules des légumineuses.

En résumé, le traité de M. Frank, qui vient remplacer en Allemagne celui de M. Sachs, est probablement appelé au même succès. Son premier volume ne peut que faire désirer la publication du second.

C. SAUVAGEAU.

4° Sciences médicales.

Richerolle. — Chirurgie du Poumon : Pneumonie, pneumectomie. *Une brochure in-8° de 94 pages. (Prix: 4 fr.) Société d'Éditions scientifiques, Paris, 1892.*

La chirurgie du poumon n'a guère fait jusqu'ici l'objet d'études d'ensemble; à ce titre, le travail de M. Richerolle est intéressant. On y trouve réunis 27 cas d'abcès du poumon, 31 de gangrène pulmonaire, 2 de corps étrangers du poumon, 32 de kystes hydatiques, 6 d'actinomycose, 17 de dilatation bronchique, 29 de tuberculose, 3 de hernie du poumon, 2 de cancer.

L'auteur conclut en disant que la pneumotomie est indiquée dans tous les cas d'hydatides, d'abcès ou de gangrène limitée du poumon, dans certains cas de cavernes tuberculeuses, de bronchectasies, de corps étrangers, d'actinomycose. La pneumectomie semble indiquée dans les tumeurs des parois ayant envahi une partie du tissu pulmonaire, dans la hernie irréductible du poumon, peut-être dans certaines tuberculoses limitées.

Dr Henri HARTMANN.

Binet (A.). — Les altérations de la personnalité. *Un vol. in-8° de VIII-323 pages, de la Bibliothèque scientifique internationale. (Prix : 6 francs.) F. Alcan, 108, boulevard Saint-Germain, Paris, 1892.*

M. Binet a condensé dans ce volume les travaux que les psychologues et les médecins ont consacrés aux altérations de la personnalité chez les hystériques; il a laissé en dehors de son cadre l'étude des personnalités multiples des aliénés et celle des illusions sur leur identité qui apparaissent si fréquemment chez ces malades. Il n'a pas manqué qu'en passant, et plutôt pour en tirer des comparaisons qui éclaireraient son sujet qu'en elle-même, la question de la pluralité des consciences chez les sujets sains et de la division de la conscience à l'état normal. Le vaste sujet qu'annonçait le titre n'est donc dans ce livre traité qu'en partie, et on se prend à le regretter, quand on songe avec quelle richesse d'informations, M. Binet a étudié en toutes ses parties et méthodiquement exposé la difficile et délicate question à laquelle il s'est volontairement restreint. Il étudie tout d'abord les personnalités successives qui apparaissent chez un même sujet; il assimile aux états somnambuliques la condition seconde des malades, comme Felida X..., comme Mary Reynold, dont Weir-Mitchell a publié l'observation, comme le fameux sergent de Bazeilles, et il essaye d'éclairer ces dédoublements spontanés de la personnalité dont nous ne possédons qu'un petit nombre d'exemples, par des rapprochements avec les faits beaucoup plus nombreux et plus aisés à observer, que nous ont fait connaître les recherches sur le somnanbulisme provoqué. Ce sont les altérations de la mémoire, elles suivent dans les deux cas une loi identique, qui permettent de déceler les analogies qui existent entre ces deux groupes de phénomènes, en apparence très différents l'un de l'autre. Le sujet en somnanbulisme, le malade dans sa condition seconde, se souviennent de ce qu'ils ont fait et perçu lorsqu'ils étaient dans des états semblables à ceux où ils se trouvent, mais de plus ils gardent le souvenir de tout ce qui s'est passé à l'état de veille ou durant la condition normale. Le sujet éveillé au contraire ou le malade pendant qu'il est dans sa condition normale ignore absolument tout ce qu'il a fait pendant le sommeil ou tandis qu'il est en condition seconde. La seconde partie du livre est consacrée à l'étude des personnalités coexistantes; M. Binet étudie la division de la conscience chez les hystériques, dans deux cas distincts : l'anesthésie et la distraction. Si on examine attentivement les faits rapportés par M. Binet, et qu'il emprunte tant à ses recherches personnelles qu'aux travaux des autres psychologues qui se sont occupés de la question, et si on analyse avec soin l'interprétation qu'il en donne, on ne tarde pas à s'apercevoir que le problème, tel qu'il le pose tout d'abord, est mal posé; l'anesthésie hystérique n'est point en effet, à ses yeux, réellement la cause de la division de conscience, qui existe fréquemment chez les malades de cette espèce, mais tout au contraire un résultat de ce morcellement du moi, de cette brisure qui s'est faite, dans l'unité de la conscience. A vrai dire, selon M. Binet, l'hystérique a gardé sa sensibilité; il sent et il perçoit, mais il n'en sait rien ou du moins son moi normal n'en sait rien. Mais quelle est la cause de cette division de conscience qui détermine l'anesthésie? M. Binet ne nous le dit point nettement, mais il semble bien cependant qu'elle résulte d'après lui d'une sorte de paresse fonctionnelle des organes sensitifs périphériques; les sensations trop faibles pour trouver place dans la conscience normale s'organiseraient ainsi en une seconde conscience, et le moi une fois partagé de cette façon, c'est aux éléments qui constituent la personne normale, c'est-à-dire aux sensations fortes et à leurs images, que s'agrègeraient les impressions nouvelles qui proviennent des régions du corps où le taux normal de la sensibilité s'est conservé, tandis que le moi secondaire percevrait spécialement les impressions affaiblies que lui enverraient les régions anesthésiques. Tout cela, je le répète, M. Binet ne le dit point ; mais il semble bien que ce soit la théorie d'ensemble qui se dégage d'elle-même des interprétations de détail qu'il propose. Cette sorte d'inertie des terminaisons sensitives périphériques n'est pas au reste une condition indispensable pour que la division de conscience apparaisse; MM. Pierre Janet et Binet ont réussi en effet à provoquer le développement d'une personnalité secondaire en attirant sur un point toute l'attention dont peut disposer le sujet, en déterminant ainsi chez lui une sorte de monoïdéisme. Pendant que le sujet est ainsi occupé, qu'il est par exemple engagé dans une conversation qui l'intéresse ou absorbé dans une lecture, son moi normal ne perçoit pas les paroles, qu'on murmure à voix basse auprès de lui, ni les contacts légers, ni parfois même les piqûres : il s'est produit une sorte d'anesthésie par distraction. Il est certain qu'en ces expériences les causes d'erreur sont multiples et qu'elles demanderaient à être reprises, mais jusqu'à plus ample informé il faut les accepter telles qu'on nous les donne et il semble bien que l'interprétation qu'en offrent MM. Janet et Binet soit la plus naturelle. Il convient de remarquer que là encore, ce sont des sensations faibles ou relativement faibles, qui constituent la personnalité seconde, et que comme dans le cas de l'anesthésie, c'est une différence d'intensité entre les sensations et les images associées qu'il faut considérer comme la véritable cause de la division de la conscience. Ces consciences séparées, qui coexistent l'une avec l'autre en un même individu physiologique, ne sont point réellement isolées, mais entretiennent des relations, car, dans des cas collaborent à l'exécution d'un même acte; c'est grâce à cette collaboration, que, d'après M. Binet, un hystérique, qui ne possède qu'une très médiocre mémoire visuelle, peut volontairement exécuter avec son membre anesthésique des mouvements de quelque précision. C'est encore dans l'apparition d'une personnalité secondaire, que M. Binet cherche l'explication de ces cas d'écriture automatique, où la main anesthésique écrit sans que le moi normal en soit averti, les mots ou les phrases qui occupent à ce moment la conscience ; un autre exemple de cette collaboration des deux personnes qui se sont ainsi développées en un même individu, c'est l'apparition dans la conscience normale d'idées ou d'images qui ont leur origine dans des sensations perçues par la conscience seconde. M. Binet a voulu donner, des mouvements déterminés chez les sujets normaux par la seule présence d'une image dans l'esprit, une explication analogue, qui repose, elle aussi, sur la division de conscience; mais il convient de faire remarquer que ces mouvements, toujours involontaires, ne sont pas toujours inconscients, et que, lorsqu'ils attirent sur eux et fixent l'attention du sujet en expérience, le résultat loin qu'ils deviennent plus intenses encore et plus manifestes. La troisième partie du livre est consacrée aux altérations de la personnalité dans les expériences de suggestion. M. Binet étudie successivement les personnalités fictives créées par suggestion, le rappel par suggestion des personnalités anciennes, le rôle de la division de conscience dans les suggestions d'actes, les suggestions à point de repère inconscient, l'anesthésie systématique. D'après lui les suggestions à échéance s'expliquent très aisément par ce fait que les heures ou les jours sont comptés, par la personne seconde, sans que le moi normal en soit avisé. L'interprétation qu'il donne de l'anesthésie systématique (hallucination négative), semble bien être la seule que l'on puisse accepter des faits connus jusqu'à ce jour, mais c'est encore une classe d'expériences qu'il faut reprendre et soumettre à une très sévère critique. Le dernier chapitre traite du dédoublement de la personnalité chez les médiums. La principale critique que l'on puisse adresser à M. Binet, c'est d'avoir cédé parfois au désir de simplifier plus qu'il n'est légitime des questions fort complexes et encore obscures, et d'avoir fait à la division de conscience une part trop large dans l'interprétation de bon nombre de phénomènes, mais son livre n'en est pas moins un livre solide et substantiel, un recueil méthodique et clair d'observations, d'expériences et d'analyses que tous les psychologues auront profit à lire et que consulteront souvent tous ceux qui s'occupent de cette délicate question des conditions et des limites de la conscience.   L. MARILLIER.

ACADÉMIES ET SOCIÉTÉS SAVANTES

DE LA FRANCE ET DE L'ÉTRANGER

ACADÉMIE DES SCIENCES DE PARIS

Séance du 7 novembre.

1° Sciences mathématiques. — M. E. Roger montre que sa formule empirique précédemment communiquée permet de prévoir l'existence d'un certain nombre de satellites entre la planète Jupiter et les quatre satellites connus avant la découverte de M. Barnard. — M. L. Bassot résume les travaux effectués pour la détermination de la nouvelle méridienne de France. On a trouvé des valeurs presque identiques aux valeurs étrangères pour des côtés communs avec les triangulations anglaise, belge et italienne ; de plus certaines discordances signalées dans les anciennes triangulations françaises, disparaissent avec la nouvelle méridienne ; enfin les longitudes et les azimuts astronomiques et les mêmes éléments calculés géodésiquement, satisfont à la relation de Laplace. Les résultats offrent ainsi les garanties d'une haute précision. — M. Paul Painlevé à propos de la transformation des équations de la dynamique, répond à la dernière note de M. Liouville. Il énonce avec précision le problème qu'il s'est proposé et montre que les théorèmes mis en évidence par M. Liouville sont inexacts.

2° Sciences physiques. — M. Alexis de Tillo compare aux données des cartes magnétiques anglaises, les observations magnétiques du général Revzoff déterminées en 1889 et 1890 dans l'Asie centrale (Turkestan oriental) ; il en tire des termes de correction pour les tables anglaises. — M. C. Maltézos a étudié les *microglobules lenticulaires* ou gouttelettes mercurielles microscopiques, qui viennent flotter à la surface de l'eau, dans un vase qui contient de l'eau et du mercure et laisse écouler ce dernier par une faible ouverture située à sa partie inférieure. L'auteur a déterminé le poids de ces microglobules et obtenu le même phénomène avec d'autres liquides. — M. Gouy fait remarquer que la compressibilité d'un liquide, étant infinie au point critique, se trouve être très grande dans le voisinage de ce point. Il en résulte que la compression de la masse fluide sous son propre poids n'est plus à négliger et doit donner des variations rapides de la densité du liquide avec sa hauteur. — M. Alphonse Berget a étudié la dilatation du fer dans un champ magnétique en employant les franges des lames minces que M. Fizeau a mises à profit pour mesurer la dilatation thermique des cristaux. L'allongement en fonction de l'intensité du champ est représentée par une courbe d'équation $\varphi = A \left(1 - e^{-\alpha x}\right)$. — M. Bjerknes, en répétant les expériences de Hertz avec des résonateurs géométriquement identiques, mais faits de métaux différents et remplaçant l'observation de l'étincelle secondaire par la mesure de la déviation d'une aiguille placée entre les deux pôles, est arrivé aux conclusions suivantes : I. La rapidité avec laquelle s'effectue la dissipation de l'énergie électrique du résonateur est augmentée par l'accroissement de la résistance et du magnétisme du fil conducteur. II. Les courants pénètrent moins profondément dans les métaux magnétiques que dans les métaux non magnétiques. — M. G. Gouré de Villemontée montre que la différence de potentiel au contact de deux dépôts électrolytiques d'un même métal, lorsque les dépôts n'ont subi aucun travail mécanique et aucune altération chimique, est indépendante de la densité des courants de galvanisation. — M. Th. Schlœsing a entrepris des expériences, dont il donne la marche et les détails, pour décider si le mode de répartition des engrais dans le sol peut avoir

une influence sur leur utilisation. Le même auteur adresse une note à la réponse de M. Berthelot relative à sa première note du 24 octobre. — M. Raoul Pictet : Essai d'une méthode générale de synthèse chimique. L'auteur expose sous cette première note l'hypothèse fondamentale d'où doit découler le chemin à suivre pour fixer le programme des réactions successives nécessaires à la réalisation de la synthèse d'un corps quelconque de la nature. — M. Albert Colson a préparé les tartrates et l'acétyltartrate d'éthylène-diamine, neutres et acides, et a fait l'étude du pouvoir rotatoire de leur solution. Ces corps, aussi bien ceux à chaîne fermée que ceux à chaîne ouverte, font exception aux règles posées par M. Guye. M. Colson éclaire ces faits par la notion de la conservation du type moléculaire, en vertu de laquelle un corps actif, qui donne directement naissance à une série de composés, communique à ceux-ci ses propriétés actives. — M. E. Léger réclame la priorité pour ses travaux sur le dosage des alcaloïdes à l'aide de la phénolphtaléine, travaux communiqués en 1885. — MM. Schlœsing fils et Laurent ont répété leurs expériences sur la fixation de l'azote par les végétaux inférieurs cultivés à la surface du sol. L'analyse directe de ces plantes (mélange d'algues et de mousses) a montré que l'azote absorbé se retrouvait dans leurs tissus. — M. Duclaux, à l'occasion de la note précédente, précise la différence entre les faits établis par MM. Schlœsing fils et Laurent d'une part et M. Berthelot d'autre part, relativement à la fixation directe de l'azote. — M. Berthelot ajoute que les algues vertes ne sont pas les seuls micro-organismes capables d'absorber l'azote, mais que l'absorption peut avoir lieu aussi dans l'épaisseur du sol pourvu que l'oxygène y circule. — M. Griffiths a retiré une nouvelle globuline respiratoire du sang des *Tuniciers*, à laquelle il a donné le nom de γ-*achroglobine*.

C. Matignon.

3° Sciences naturelles. — M. A. Prunet a fait quelques recherches dans le but d'élucider le mécanisme de la digestion des matières nutritives, de l'amidon principalement dans les plantes. Il en résulte que, dans les tubercules de la pomme de terre, choisis comme objet d'étude, il existe une relation entre la répartition de la diastase et celle des dextrines et des sucres, et par suite entre la répartition de la diastase et la dissolution de l'amidon. Il y a en outre une relation d'une part entre l'apparition de la diastase et l'entrée en germination des tubercules, et d'autre part entre la répartition de la diastase et l'ordre et la vigueur du développement des bourgeons. — M. J.-A. Cordier rend compte de ses études d'anatomie comparée concernant le feuillet et la caillette dans la série des Ruminants. L'auteur, après avoir examiné un certain nombre de formes intermédiaires, depuis les Caméliens jusqu'aux Boridés, a reconnu comment la partie intestiniforme de l'estomac des Caméliens et des Fragules, qui représente, chez ces animaux, le feuillet rudimentaire et la caillette, a pu se modifier successivement, pour arriver à la forme la plus compliquée, celle offerte par les Bovidés. — M. E. Hecht fait quelques remarques sur les moyens de défense des Eolidiens. L'auteur a reconnu que le contenu des nématocystes se comporte comme la mucine, vis-à-vis de certains réactifs. Il a vérifié en outre l'existence du canal de communication entre la base du suc cnidophore et le sommet du cœcum hépatique. Quelques espèces seulement, contrairement à l'opinion généralement admise, se débarrassent facilement de leurs papilles. Une espèce du sous-genre Colma, *C. Glaucoïdes*, a été trouvée dépourvue de suc cnidophore. — De l'étude qu'ont faite MM. **P. Fischer** et **D.-P. Œhlert** des Brachiopodes dragués sur les rivages de la Terre-de-Feu, par la *Romanche*, il résulte : 1° que les *Terebratella* sont des formes arrêtées avant leur complète évolution ; 2° que les *Magellania* forment un type définitif vers lequel convergent deux groupes d'espèces : le premier formé d'espèces boréales, le second d'espèces australes. Ces deux modes de développement distincts nécessitent la subdivision du genre *Magellania* en deux sections. — M. J. **Bouillot** a étudié l'action sur l'homme des alcaloïdes, administrés en bloc, de l'huile de foie de morue. D'une première série d'analyses il résulte que les alcaloïdes augmentent le volume de l'urine émise dans les vingt-quatre heures, et aussi la quantité pondérale d'urée. D'autres analyses, ont montré que ces alcaloïdes sont de puissants excitants des oxydations intra-organiques. L'auteur rend compte également de quelques résultats obtenus au point de vue clinique ; il montre que les alcaloïdes de l'huile de foie de morue pourront devenir des médicaments précieux en thérapeutique. — M. **L. Guéroult**, pour éviter les accidents causés par le plomb chez les ouvriers de la cristallerie de Baccarat, remplace la plus grande partie de la potée d'étain, qui est un stannate de plomb, par de l'acide métastannique. Cette substitution a eu pour effet de supprimer les cas d'empoisonnement par le plomb. — M. **G. Gaupillat** : Sur la rivière souterraine du Tridail de la Vayssière et les sources de Salles-la-Source (Aveyron).

Mémoires présentés. — M. **L. Hugo** : Sur un hexagramme peint sur une amphore antique. — M. **H. Moulin** : Sur une relation entre les températures critiques et les températures d'ébullition normale.

Ed. BELZUNG.

Séance du 14 novembre.

1° SCIENCES MATHÉMATIQUES. — M. Hermite signale un nouveau fascicule 16 : 1-3 des *Acta mathematica*, journal rédigé par M. **G. Mittag-Leffler**. — M. **G. Bigourdan** communique ses observations de la nouvelle comète Holmes (f. 1892), faites à l'Observatoire de Paris (équatorial de la tour de l'ouest). La comète s'aperçoit facilement à l'œil nu, elle est aussi brillante que la nébuleuse d'Andromède dont elle est voisine. — M. **Deslandres** donne des détails sur la transformation du grand télescope de l'Observatoire de Paris, pour l'étude des vitesses radiales des astres ; il indique les résultats déjà obtenus et montre la supériorité de ces travaux sur les travaux similaires réalisés à Potsdam. — M. **P. Tacchini** envoie un résumé des observations solaires faites à l'Observatoire royal du collège romain pendant le troisième trimestre de 1892. — M. **E. Goursat** montre que le problème de l'inversion des intégrales abéliennes généralisé se ramène au problème de l'inversion ordinaire des intégrales de première espèce et à la résolution d'un certain nombre d'équations en général transcendantes d'une forme simple. — M. **M. d'Ocagne** démontre quelques théorèmes relatifs à la sommation d'une certaine classe de séries. — M. **R. Liouville** répond à la note de M. Painlevé au sujet des équations de la dynamique. — M. **Michel** adresse une note sur une transformation du conoïde de Plücker.

2° SCIENCES PHYSIQUES. — M. des Cloizeaux présente un volume de M. **Lacroix** intitulé : Minéralogie de la France et de ses colonies. — M. **E.-H. Amagat** communique l'ensemble de ses résultats sur la dilatation des gaz sous pression constante (CO_2, O, H, Az et air). « Le coefficient augmente d'abord avec la pression, passe ensuite par un maximum pour diminuer ensuite régulièrement jusqu'à 3.000 atmosphères. La température agit sur ce coefficient, pour produire les mêmes effets. » — M. **Rabut** a effectué des recherches expérimentales sur la déformation des ponts métalliques, il en expose la marche et les résultats. — M. **Maltézos** fait la théorie du phénomène des microglobules et précise leurs conditions d'équilibre et de formation. L'auteur conclut : 1° Quand un liquide s'étale sur la surface libre d'un autre plus dense, on a des microglobules dans la position inverse des deux liquides ; 2° Quand un liquide reste en goutte sur un autre plus dense, on obtient, dans la position inverse, l'étalement. — M. **R. Colson** donne la démonstration, au moyen du téléphone, de l'existence d'une interférence d'ondes électriques en circuit fermé. — M. **E. Cohn**, à propos de la coexistence du pouvoir diélectrique et de la conductibilité électrolytique, répond à M. Bouty qu'il ne peut admettre l'originalité de sa méthode. — M. **Bouty** réplique en insistant une seconde fois sur la différence des méthodes et des résultats auxquels elles ont conduit. — M. **P. Curie** a étudié les propriétés magnétiques des corps à diverses températures en les plaçant dans le champ de deux électro-aimants, en un point dont on connaît l'intensité et la valeur de sa dérivée dans la direction définie par l'intersection du plan symétrique des deux électro-aimants et du plan passant par leurs axes. — M. **Marcel Brillouin** précise le caractère de la propagation des vibrations dans les milieux absorbants isotropes. La loi géométrique du retour des rayons est inapplicable. — M. **Charles Henry** établit expérimentalement une relation entre les variations de l'intensité lumineuse et la sensation exprimée par le numéro d'ordre des teintes d'un dégradé phosphorescent imprimé avec du sulfure de zinc. — M. **Berthelot** communique les déterminations de la chaleur de combustion du camphre effectuée par MM. Matignon, d'Aladern et Tassilly et insiste sur la concordance des résultats. — M. **C. Friedel**, à propos de la note de M. Colson sur le pouvoir rotatoire des sels de diamine, répond que le plan de symétrie de l'acide tartrique considéré par M. Colson ne peut être regardé comme tel. — M. **P. Schutzenberger** a fait l'étude chimique de la fibrine-peptone et de ses produits de décomposition par l'acide phosphotungstique ; la transformation de la fibrine en peptone sous l'influence de la pepsine est le résultat d'une décomposition d'éther par saponification. — M. **H. Schlœsing** (2° note) donne les résultats de ses expériences entreprises pour étudier l'influence de la répartition des engrais dans le sol sur leur utilisation. L'engrais semé en ligne est supérieur à l'engrais intimement mêlé au sol. — M. **Raoul Pictet** continue l'exposé de sa méthode générale de synthèse chimique ; il démontre que toute réaction chimique cesse aux très basses températures par des expériences où il met en présence les corps qui réagissent avec le plus d'énergie et ceux dont les réactions sont les plus sensibles. Toute réaction chimique présente trois phases quand on fait varier la température : au-dessous d'une température limite, pas de réaction ; au-dessus, réaction lente pour passer ensuite par une seconde température au-dessus de laquelle il y a réaction en masse. — M. **H. Le Châtelier** a obtenu la fusion du carbonate de chaux pur, en poudre impalpable, fortement comprimée dans un cylindre en acier et chauffé par une spirale de platine parcourue par un courant. Le point de fusion du carbonate de chaux est un peu inférieur à celui de l'or. — M. **A. Joannis** a déterminé les poids moléculaires du sodammonium et du potassammonium par la différence des tensions de l'ammoniaque libre et d'une dissolution de l'ammoniaque dans l'ammoniaque. Les formules doivent être doublées $Az^2 H^6 Na^2$ et $Az^2 H^6 K^2$ comme le laissait prévoir l'atomicité impaire de l'azote. — M. **H. Cornimbœuf** a obtenu les titanates sodiques $3 TiO^2 2 NaO$, $2 TiO^2 NaO$ et $3 TiO^3 NaO$, en utilisant et réglant l'action minéralisatrice du tungstate de soude sur les éléments du titanate sesquibasique. — M. **P. Cazeneuve** est parvenu, par transformations successives, à produire un propylamidophénol non encore décrit, en partant du camphre, résultat qui confirme la présence du groupe propyle ou isopropyle dans ce corps. — MM. **G. Bertrand** et **G. Poirault** montrent que la carotine $C^{26} H^{36}$ de M. Arnaud, est la matière colorante des pollens jaunes ou orangés ; ils ont pu préparer son iodure et en faire l'analyse en partant du pollen de bouillon blanc (*Verbascum thapsiforme* L.). — M. L. Michel a reproduit simultanément le grenat mélanite et le sphène en faisant agir au rouge des mélanges réducteurs (sulfure de calcium, silice et charbon), sur le fer titané. — M. G. Wyrouboff montre par des déterminations expérimentales que les corps géométriquement et optiquement isomorphes ont en solution des pouvoirs rotatoires spécifiques très sensiblement identiques. Il en conclut que le pouvoir rotatoire des corps dissous est un phénomène d'ordre réticulaire et qu'il n'y a pas séparation en éléments électrolytiques ou ions. — M. L. Capazza adresse une note relative à la possibilité d'ascensions à très grandes hauteurs sans aéronautes, pour des déterminations scientifiques. — M. de Pietra Santa adresse un complément à sa note sur les perfectionnements apportés dans la fabrication de l'eau de Seltz artificielle. — M. Ch. V. Zeuger adresse une note sur les perturbations magnétiques de 1892 et la période solaire.   C. Matignon.

3° Sciences naturelles. — M. S. Arloing étudie le pouvoir pathogène des pulpes ensilées de betterave. Il montre que ces pulpes fermentées renferment des acides gras peu toxiques, des substances ptomaïques convulsivantes, non précipitables par l'alcool et retenues par les filtres de porcelaine, de substances diastésiformes dont l'action est surtout marquée sur les systèmes vasculaire et sécrétoire. A côté de ces deux derniers produits très dangereux, se trouvent des ferments figurés. L'animal consommant ces pulpes peut succomber à l'inflammation de l'appareil gastro-intestinal et à d'autres désordres organiques connus sous le nom de maladie de la pulpe. On peut observer des lésions microbiennes des muqueuses ou des parenchymes, et même le sang peut être envahi. La putréfaction du cadavre est très rapide. — M. L. de Saint-Martin continue ses recherches sur l'intoxication par l'oxyde de carbone. Il montre qu'une partie de ce gaz n'est pas exhalée en nature, mais est détruite dans les tissus en se transformant probablement en acide carbonique. L'élimination en nature, d'abord très forte dans le cas d'une intoxication profonde, diminue peu à peu, l'animal respirant à l'air libre, pour faire place finalement à l'élimination prédominante par oxydation du gaz toxique. — MM. Maurice Arthus et Adolphe Huber nous apprennent que le fluorure de sodium, à la dose de 1 °/₀, préserve les matières organiques de toute destruction microbienne, même à la température de 40°. Cette action antiseptique n'est point due à la décalcification de ces matières, car l'oxalate de sodium à la même dose ne fait que retarder la putréfaction. Le fluorure à 1 °/₀, n'entrave nullement l'action des ferments solubles. Il arrête l'oxydation du sang et la fonction chlorophyllienne, fonctions vitales, il n'entrave pas la fonction glycogénique, fonction chimique. — M. A. Gautier rappelle que l'action des ferments solubles n'est pas anéantie par les antiseptiques en général et par l'acide cyanhydrique en particulier, ce qu'il a démontré le premier. — MM. Ch. Richet et Héricourt sont parvenus à guérir deux chiens vaccinés par une inoculation préalable de tuberculose aviaire. On sait par leurs travaux antérieurs que le chien, fort sensible à la tuberculose humaine, est réfractaire à la tuberculose aviaire, et que celle-ci vaccine le chien contre celle-là. — M. Henri Dumelle étudie une nouvelle bactérie chromogène, le *Sposillum luteum*, recueillie dans un sol tourbeux, et ses modifications biologiques suivant les différentes conditions de culture. — M. Henri Prouho rectifie quelques données inexactes sur l'habitat et l'évolution sexuelle du *Myzostoma pulvinar* et du *M. Alatum*, parasites de l'*Antedon phalangium*. Il montre en outre que les mâles complémentaires du *M. Alatum*, sont en réalité des individus hermaphrodites destinés plus tard à acquérir les ovaires.
      Ch. Contejean.

ACADÉMIE DE MÉDECINE

Séance du 13 octobre.

MM. Zambaco-Pacha, Vidal, Lagneau, Béchamp, Lancereaux, Magitot : Discussion sur les cagots des Pyrénées et la lèpre. — M. Maurice Laugier lit un mémoire sur un cas de fracture de l'humérus produite par un rebouteur dans une tentative de rupture d'ankylose du coude et ayant donné lieu à une action correctionnelle suivie de condamnation. — M. Ricard donne lecture d'un travail sur le traitement des luxations récidivantes de l'épaule par la suture de la capsule.

SOCIÉTÉ DE BIOLOGIE

Séance du 12 novembre.

M. Laveran expose les raisons pour lesquelles il pense que les différents hématozoaires observés par les auteurs italiens dans le paludisme et dans les maladies analogues ne sont que des transformations du type qu'il a découvert. — M. Luigi d'Amore : Action toxique des sels, et en particulier de l'oxyde de zinc. — M. Laborde : Nouvelle pince cardiographique pour la grenouille, construite par Ch. Verdin. — M. Langlois annonce que M. Abelous est parvenu, dans quelques cas, à greffer, sur la grenouille, les capsules surrénales dans des muscles. La destruction des capsules restantes n'entraîne plus la mort, et alors, l'extirpation de la greffe fait périr les animaux résistant à la décapsulation. — MM. Féré et P. Batigne : Sur les sensations de pression chez les hystériques et les épileptiques. On ne peut, par l'étude de ces sensations, établir un diagnostic absolu entre l'hystérie et l'épilepsie. — M. Mégnin présente à la Société un volume sur les Acariens parasites pathogènes. — M. Giard démontre que la Truite de mer est une espèce propre, et non un hybride de la Truite d'eau douce et du Saumon. Il étudie des parasites de cet animal et montre que les animaux malades restent en mer et ne se rendent pas dans l'eau douce où ont lieu la ponte et la fécondation. — MM. Doléris et Bourges ont trouvé, associés dans une suppuration pelvienne, le streptocoque pyogène et le *Proteus vulgaris*. Le streptocoque avait perdu sa vitalité. Ce n'était pas le *Proteus* qui l'avait atténué, mais le temps pendant lequel il avait séjourné dans l'abcès. — MM. Charrin et Roger : De la tuberculose provenant d'un homme atteint de maladie aiguë et tuant le cobaye, inoculé au lapin, a produit qu'un abcès local avec engorgement des ganglions voisins. La maladie, prise sur le lapin et inoculée à des cobayes, s'est de nouveau manifestée avec son intensité habituelle. — M. Chauveau a déjà observé des faits analogues. De même, MM. Saint-Cyr, Gallier, etc., ont enregistré des cas semblables. Il n'y a pas de différence entre la virulence des bacilles provenant de tuberculose aiguë ou chronique. D'autres maladies les montrent aussi. La morve aiguë, prise sur l'Ane, et inoculée au Chien, produit sur ce dernier une lésion locale. Les produits de cette lésion, inoculés à l'Ane, donnent de nouveau la maladie aiguë. — M. Retterer présente une note de M. Loisel sur les muscles de la radula des Gastéropodes.   Ch. Contejean.

Séance du 19 novembre.

M. Ch. Richet présente à la Société le premier volume des travaux de son laboratoire. Il étudie ensuite le phénomène du frisson. Il montre que, par les contractions musculaires qui le produisent, l'animal tend à lutter ainsi contre le refroidissement, de même que par la polypnée, il lutte contre l'excès de chaleur. Dans des recherches antérieures, il a montré que la polypnée thermique pouvait être d'origine réflexe et d'origine centrale. Le frisson peut aussi avoir ces deux origines. Le refroidissement de la peau par un courant d'eau détermine l'apparition d'un frisson réflexe. En abaissant la température jusqu'à 34° sur un chien chloralisé, on voit apparaître le frisson d'origine centrale; le centre est alors directement excité par le sang refroidi. Discussion : M. Laborde, M. Chauveau, M. Laveran. M. Laveran dit que le frisson fébrile pathologique apparaît alors que la température est supérieure à la normale. En faisant, dans des expériences anciennes, des injections de pus pyohémique dans la carotide du cheval, M. Chauveau a toujours constaté l'apparition d'un frisson avant la fin de l'injection, frisson accentué surtout, comme le montre M. Richet, lors de l'injection, quand l'irritabilité des centres est la plus grande. Le frisson était causé par l'action directe des poisons sur le centre. — M. Méguta étudie une épidémie chez le lièvre due à une coccidie perforante. — M. Raillet cite un cas de tænia diminuta (des Muridés) chez l'homme. Ce cas remonte de 1804 à 1814. Il est antérieur à quatre autres cas déjà catalogués. — M. Pestre présente à la Société une pince électrique] de Ch. Verdin destinée à exciter les nerfs profondément situés. Il offre ensuite à la Société un mémoire sur la cocaïne.

Ch. CONTEJEAN.

SOCIÉTÉ MATHÉMATIQUE DE FRANCE

Séance du 17 novembre.

M. Lemoine fait l'application des criteriums qu'il a fait connaître pour l'appréciation du degré de simplicité d'exactitude d'une construction géométrique donnée, aux solutions diverses qui ont été développées devant la Société par MM. Laisant et d'Ocagne pour le problème de la détermination du point le plus probable donné sur un plan par une série de droites non convergentes. Il en conclut que c'est la solution exposée par M. d'Ocagne dans la séance précédente qui est la plus simple. — M. d'Ocagne indique une démonstration du théorème de Fermat sur les congruences binômes de module premier. — M. Fouret établit les relations caractéristiques qui existent entre les dérivées partielles de certaines fonctions symétriques de plusieurs variables. — M. Von Koch étudie la question de convergence des déterminants infinis. — M. Raffy effectue, dans la théorie des surfaces, la détermination des éléments linéaires doublement harmoniques.

M. D'OCAGNE.

SOCIÉTÉ DE PHYSIQUE DE LONDRES

Séance du 28 octobre.

La discussion du mémoire de M. Williams « sur la relation des dimensions des quantités physiques avec les directions de l'espace », s'ouvre par la lecture d'une communication de M. Fitzgerald lue par M. Perry. L'auteur dit que M. Williams rejette l'idée d'après laquelle les pouvoirs inducteurs, électrique et magnétique, sont des quantités de même espèce, principalement parce qu'il n'a pas voulu passer outre à la difficulté curieuse de rendre différentes les énergies, cinétique et potentielle de l'éther, qui n'est complète qu'autant qu'elle ramène son énergie à la forme cinétique. Les pouvoirs inducteurs, électrique et magnétique, seraient probablement des grandeurs semblables dans l'éther et auraient, en dernière analyse, les mêmes dimensions. Les analogies se seraient pas encore complètes ; mais ce n'est que relativement à la matière qu'il y aurait entre eux probablement quelque différence. Le diamagnétisme correspond à l'induction électrostatique ; mais, le paramagnétisme n'a pas d'analogue défini en électricité. Il incline à regarder les phénomènes de paramagnétisme comme liés à l'arrangement des molécules matérielles, tandis que le diamagnétisme dépend des charges électriques de ces molécules. En attendant, on n'a trouvé à aucune matière de conductibilité magnétique, et il se peut qu'il n'en existe pas dans notre univers, mais il se peut qu'elle soit repoussée en vertu de la gravitation par la matière telle que nous la connaissons. — M. Madau remarque que, dans la première partie de son mémoire, M. Wil-

liams reconnaît que les formules de dimension étaient à l'origine des relations servant aux changements d'unités, mais qu'il met de côté cette manière de voir pour la conception plus haute qui fait de ces formules l'expression de la nature de la quantité. Fourier apprend, à tracer les dimensions des unités, quand on fait varier la grandeur des unités fondamentales ; mais, k (pouvoir inducteur spécifique) ne doit pas varier avec les unités fondamentales, car c'est un simple rapport des capacités de deux condensateurs, et par conséquent, d'après la définition de M. Williams, un nombre abstrait. Il est difficile, ajoute l'auteur, de voir jusqu'à quel point k pourrait avoir des dimensions ; mais M. Williams le regarde comme une quantité physique, et, par suite, ayant des dimensions. Le but poursuivi, en donnant des dimensions à k et μ, semble avoir été d'éviter le double système d'unités. M. Madau ne pense pas que les dimensions puissent exprimer la nature des quantités physiques, et dit que des divergences d'opinion existent sur ce point entre les autorités. Par exemple, M. Hopkinson, au dernier congrès de l'Association britannique, dit que le coefficient de self-induction ayant les dimensions d'une longueur, doit être une longueur, tandis que d'autres savants professeurs se refusent à l'admettre. Même si l'on admet que les dimensions sont une indication de la nature des quantités physiques, il n'est pas nécessaire que les deux systèmes d'unités soient identiques. Le lien qui relie les deux systèmes est la relation $Q = Ct$ et la validité de cette équation a été mise en question. Si cette objection est maintenue, il n'y aurait pas de courant en électrostatique, pas de Q dans le système électromagnétique, il n'y aurait pas de conflit d'unités. Quant aux unités dynamiques, M. Madau remarque qu'il y a des unités de masse employées en astronomie, mais les astronomes éludent la difficulté en employant un coefficient. Les formules de dimension, dit-il, sont le résultat de la convention que certaines définitions resteraient vraies d'une manière générale, mais elles ne contiennent aucune indication ultérieure sur la nature des quantités au delà de celles que contiennent les définitions mêmes. Comme exemple de l'incapacité de ces formules à exprimer la nature des quantités, il remarque que, tandis qu'il existe des différences physiques bien connues entre l'électricité positive et négative, les formules de dimensions ne montrent pas trace de pareilles différences. M. Rücker dit que toute équation physique correcte consiste dans une relation numérique entre des quantités physiques de même espèce, et peut s'écrire ou sous forme d'une équation purement numérique ou sous forme d'une relation entre les quantités physiques elles-mêmes. L'équation $2 + 1 = 3$ peut correspondre à celle-ci : 2 pieds + 1 pied = 3 pieds, et, cette dernière peut s'écrire : $2 (L) + 1 (L) = 3 (L)$ où (L) représente l'unité de longueur. A sa connaissance, personne, sauf l'auteur d'un article récent de l'*Electrician*, n'a nié que dans une telle équation, (L) représentât une grandeur concrète. Maxwell le dit explicitement dans son article sur les « Dimensions » (Encycle Britt) et ailleurs, et M. J. Thomson, dans son mémoire sur le même sujet, ne s'élève pas contre cette opinion. L'équation ci-dessus peut s'écrire aussi :

$$2 \text{ pieds} + 1 \text{ pied} = 1 \text{ yard.}$$

Une autre équation, qui renferme le temps est :

$$60 \text{ (sec)} = 1 \text{ minute}$$

et, en divisant l'une par l'autre, on a :

$$\left(\frac{2}{60} \left(\frac{\text{pieds}}{\text{sec}} \right) + \frac{1}{60} \right) = \left(\frac{\text{yard}}{\text{min}} \right) \text{r}$$

Une difficulté surgit ici dans l'interprétation de ce qu'est un pied divisé par une seconde, mais cette difficulté, selon M. Rücker, n'est pas plus grande que celle que comporte la division d'une quantité impossible par une réelle, ce qui est un artifice analytique usuel On donne ainsi des raisons pour regarder le symbole.

$\left(\dfrac{\text{pied}}{\text{sec}}\right)$ comme légitime. — M. Henrici dit que la

communication sur laquelle porte la discussion est l'une des contributions les plus importantes à la science physique qui ait été apportée depuis longtemps. Les difficultés se présentent d'elles-mêmes dans le mémoire à cause de son caractère fondamental. L'auteur a essayé d'exprimer toutes les quantités physiques en fonction de trois. mais il peut exister des quantités qui ne peuvent s'exprimer complètement en fonctions de L, M et T. La tendance des mathématiques modernes est de tout exprimer dynamiquement. Les mathématiciens ont depuis longtemps l'habitude d'employer des quantités qui ne sont ni des nombres ni des grandeurs concrètes au sens ordinaire, et l'on a développé différentes espèces d'algèbre, avec des unités non intelligibles. Si une quantité qui est a fois une unité u est multipliée par b fois une autre unité v, le résultat est exprimé par vb uv, où ab est un nombre et uv une nouvelle unité susceptible ou non d'interprétation physique. L'interprétation d'un produit dépend du sens attaché à la « multiplication » et si le sens est restreint à celui d' « addition répétée ». Le nombre des produits susceptibles d'interprétation est très limité. La conception étroite de la multiplication acquise à l'école ne peut être rejetée que par une étude soigneuse des vecteurs. M Williams a traité son sujet par les méthodes vectorielles, mais il reste quelques traces de quaternaires qu'on peut passer sous silence. Pour comprendre vraiment le sujet, il faut traiter les vecteurs comme tels : les dimensions peuvent alors montrer la nature des quantités auxquelles elles se rapportent. Le système adopté dans le mémoire de M. Williams est probablement le meilleur auquel on puisse atteindre pour le vecteur ; mais M. Henrici songe à faire usage d'une quantité plus fondamentale que le vecteur, « le point » comme base dernière. Grassman a donné, en 1844, un « calcul de point » qui a été republié en 1880. Des quantités plus complexes que des vecteurs, à savoir, des « roters », des vis, des notices, ont été employées avec avantage par Clifford, Ball et d'autres. M. Sumpner dit que les premières idées de ceux qui ont étudié la question des dimensions sont qu'elles représentent la nature des quantités, mais qu'on ne peut savoir ce que chaque quantité représente, exprimée en fonctions de L, M, T. Le mémoire de M. Rücher, sur « les dimensions supprimées », a éclairé plusieurs points importants, et M. Sumpner considère maintenant que toute quantité peut être exprimée en fonction d'une unité de la même espèce qu'elle-même. Il regarde l'essai de M. Williams d'exprimer tout en fonction L, M, T, comme plutôt un pas en arrière. La discussion sur le mémoire de M. Williams est ajournée, et M. Young fait quelques remarques sur une communication de M. Sutherland « sur les lois de la force moléculaire ». M. Sutherland

croit que la loi de Ramsay et Young $\dfrac{\ell p}{\ell T} = f(v)$ ne

saurait s'étendre aux composés à l'état liquide. Barus, cependant, trouve que divers liquides, renfermant de l'éther, montrent seulement des dérogations à la loi aux pressions extrêmement élevées. On écrit alors l'équation du vésiel sous la forme : $pv = RT\, vf(v) + v\varphi(v)$ où $v\varphi(v)$ est le terme relatif au vésiel interne. L'auteur du mémoire a montré que $v^2\varphi(v)$ est constant, mais qu'il ne serait pas constant dans le cas de l'éther, etc. ; il essaie d'expliquer les divergences par la formation de couples de molécules dans de petits volumes. D'autres substances, telles que l'azote et le méthane, sont supposées suivre la loi. Cela ne peut être considéré comme preuve. parce que l'échelle des volumes, au-dessus desquels les expériences ont été faites, est petite, et que le méthane est difficile à préparer pur. Après avoir critiqué l'usage de deux

et quelquefois trois « équations caractéristiques » pour une même substance, il arrive à montrer que les formules données dans le mémoire et servant à calculer la température, la pression et le volume critiques, conduisent à des résultats qui diffèrent des nombres expérimentaux de grandes quantités en excès sur les erreurs d'expérience. Ainsi, l'expérience montre que la capillarité a peu ou point d'effet sur la détermination des constantes critiques. Parlant des volumes critiques, il remarque que MM. Cailletet et Mathias ont publié une méthode pour trouver la densité critique qui donne des résultats très exacts. Les conclusions de M. Sutherland relatives aux généralisations de Van der Waals sont pratiquement identiques à celles qui sont exposées par M. Young dans son mémoire lu l'an dernier devant la Société, et sur le même sujet. Les vues relatives à la nature des diverses espèces de « liaison » mentionnées dans le mémoire de M. Sutherland prêtent à diverses objections. Or, la liaison physique est supposée produire plus d'effet sur l'équation caractéristique, qu'une véritable liaison chimique. Dans l'opinion de M. Young, l'idée de liaison physique apparaît comme quelque peu spéculative et a besoin d'être élucidée ultérieurement. Un mémoire « sur la détermination de la densité critique », par MM. Young et Thomas, et deux mémoires « sur la détermination du volume critique » et « sur les points d'ébullition de divers liquides à égales pressions », par M. Young, sont examinés ensuite. Le premier donne une série de résultats obtenus par la méthode de Cailletet et Mathias, basée sur le fait que la moyenne des densités d'une substance à l'état liquide et à l'état de vapeur saturée, rapportée à la température, est représentée par une ligne droite qui passe par le point critique. Dans le mémoire sur « les volumes critiques », on se rapporte à la méthode mentionnée ci-dessus. et les résultats obtenus par elle sont admis de préférence à ceux que donnait l'auteur dans son mémoire sur les « généralisations de Van der Waals, etc. », lu à la Société, il y a un an environ. Les alcools ne suivent pas exactement la loi du diamètre rectiligne. L'auteur donne des tableaux revisés de volumes, de densités, de pressions et de températures critiques, et il remarque que, pour plusieurs substances, le rapport de la densité critique actuelle à la densité théorique (pour un gaz parfait) est environ 3,8. Le mémoire sur « les points d'ébullition de différents liquides à égales pressions » contient une comparaison de l'exactitude des formules, la relation entre les points d'ébullition et la température, données par M. Colst (Compt. rend., ch. xiv, p. 653), et par Ramsay et Young (Hul. Mag., janvier 1886) ; la comparaison est faite avec les résultats expérimentaux. Les auteurs concluent que la dernière formule donne la meilleure concordance, mais que celle de M. Colst est satisfaisante sous certaines conditions.

La suite de la discussion sur les mémoires de M. Williams et de M. Sutherland est remise à la prochaine séance.

SOCIÉTÉ ANGLAISE DES INDUSTRIES CHIMIQUES

SECTION DE MANCHESTER

Séance du 5 novembre.

M. I. Levinstein, en ouvrant la première séance de l'année, rappelle l'amélioration dans la position des fabricants de produits chimiques que la Société a réalisée depuis sa fondation, il y a dix ans. La Société est représentée aujourd'hui à la Chambre de commerce de Manchester. Elle s'occupe, en ce moment, de la revision des règlements municipaux concernant les constructions dans les fabriques, et cherche à obtenir du gouvernement des réformes de la loi sur les brevets. Au lieu d'accorder des brevets à tout venant, il faut absolument exiger un examen sérieux dans chaque cas. Des gens peu scrupuleux profitent de la loi actuelle pour obtenir des brevets dans le seul but d'empêcher des inventeurs véritables d'en prendre dans le même domaine. M. Levinstein fait allusion aux nouvelles lois qui réglementent les industries chimiques ; les industriels n'y sont nullement opposés, et si elles doivent toutes être appliquées dans le même esprit que l'ancien « Alkali-Act », elles rendront de grands services au commerce. M. Levinstein cite quelques chiffres pour montrer que les prévisions sont peu encourageantes pour les industries chimiques en Angleterre. En 1880, l'Angleterre a envoyé 46.400 tonnes de soude en Allemagne ; en 1890, seulement 7.200 tonnes. L'exportation totale de soude anglaise a diminué de 10 pour cent, depuis 347.300 tonnes jusqu'à 310.800, pendant les années 1883-1891. L'exportation allemande, au contraire, qui n'était que de 17.500 tonnes en 1884, s'élèvera cette année jusqu'à 43.300 tonnes, si le chiffre des six premiers mois se maintient. Avec la benzine, c'est la même chose. Il y a dix ans, comme aujourd'hui, l'Allemagne avait sur l'Angleterre une supériorité marquée dans la production des matières fines, mais alors elle dépendait de nous pour les matières premières. Aujourd'hui ce n'est plus ainsi, et il faut la combattre sur son propre terrain, si nous ne voulons pas être ruinés. Le seul remède consiste à fonder des établissements capables, comme Crefeld, en Allemagne, et comme Winterthur, en Suisse, de nous fournir des chimistes non seulement savants en thème, mais encore familiarisés avec toutes les difficultés pratiques de la fabrication. On espère avoir terminé avant peu l'aménagement de la nouvelle école de Manchester, où une installation complète permettra de tisser, imprimer, et livrer en parfait état les étoffes et les tissus. L'effet d'une école comme celle de Crefeld se fera bientôt sentir, et on peut espérer que le chiffre de 20 millions sterling qui représente la valeur des tissus de coton envoyés à l'étranger chaque année par la Grande-Bretagne sera sensiblement augmenté. Le discours de M. Levinstein a été suivi par une longue discussion où tous les orateurs ont reconnu la nécessité d'une amélioration dans l'enseignement: M. Reynolds a fait remarquer ensuite le gaspillage qui a lieu en ce moment par suite de la distribution ridicule de l'argent du surplus de M. Goschen (plus de 700.000 livres sterling), destiné à l'instruction technique : chaque village veut en avoir sa part, et on installe partout des « Technical Schools », manquant des éléments les plus indispensables à leur bon fonctionnement, et dont les professeurs mal rémunérés n'ont aucune ardeur au travail. — M. Ch. Dreyfus lit un mémoire sur les nouveaux fours à coke de MM. Hoffmann-Otto et de MM. Semet-Solvay. Au moyen de ces fours on réussit à recueillir les gaz, la benzine, l'anthracène, etc., en même temps qu'ils fournissent un coke excellent pour la métallurgie. Environ 10 pour cent des fours allemands permettent de recueillir ces produits. C'est à leur introduction qu'est due la baisse de 50 °/o dans le prix de la benzine. Aujourd'hui plus de 10 millions de tonnes de houille sont employées chaque année en Angleterre pour produire le gaz d'éclairage : le coke qu'elles fournissent est inutilisable par les maîtres de forge. D'un autre côté, 15 millions de tonnes de houille sont converties en coke pour ces derniers, sans fournir de produits accessoires. Avec les nouveaux fourneaux le coke et le gaz baisseront tellement de prix qu'on pourra les brûler ensemble dans les cheminées des maisons particulières à la place de la houille, et diminuer ainsi la fumée qui rend nos grandes villes si insalubres.

Ph.-J. HARTOG.

SOCIÉTÉ DE PHYSIOLOGIE DE BERLIN

Séance du 28 octobre.

M. Gad rend compte d'un travail fait en son laboratoire par M. Marenescu sur le centre respiratoire de la moelle allongée. Après que Legallois eut découvert dans la moelle allongée l'existence d'un centre respiratoire et que Flourens eut localisé celui-ci dans son nœud vital, l'opinion de ce dernier physiologiste fut combattue par Brown-Séquard qui expliqua la mort par la section de la moelle au nœud vital ou après destruction de ce point par une action d'arrêt sur les mouvements respiratoires. Plus tard d'autres physiologistes pensèrent que le siège du centre respiratoire devait se trouver dans divers points de la moelle du cou, sans qu'il en résultat une réfutation de l'opinion de Brown-Séquard à laquelle se rallièrent également d'autres physiologistes. Pour résoudre cette question d'une façon précise, il était nécessaire de créer une méthode nouvelle de recherches ; M. Marenescu choisit la suivante. Si l'on étend, sur les tissus nerveux, du papier buvard imbibé d'une dissolution de nitrate d'argent, on produit une corrosion superficielle sans accompagnement de phénomènes d'excitation. En partant ensuite de la surface du 4° ventricule, l'auteur a eu soin de cautériser la moelle allongée toujours plus profondément et, avant de corroder la couche voisine, il prit la précaution, après chaque impression, d'observer la production toujours corrélative de l'action d'arrêt. Comme les expériences ne furent faites toujours que d'un seul côté, l'animal pouvait, même pendant l'arrêt de la respiration, continuer à respirer sous l'influence de l'autre côté resté intact. Lorsque, dans la corrosion, on était parvenu jusqu'au centre respiratoire et qu'on eut détruit celui-ci, on n'observa plus aucune production du *shock* : les inspirations régulières et automatiques du même côté étaient annulées définitivement. Le résultat de ces recherches fut que le centre de l'activité spontanée et automatique combinée des muscles respiratoires son siège dans la *Formatio reticularis grisea et alba*, dont la complexe quelque peu diffus de cellules ganglionnaires situées au-dessous et vers l'extérieur du noyau de l'hypoglosse et traversées par les racines de ce nerf. Le nœud vital de Flourens, qui a son siège à la pointe du *Calamus scriptorius*, est un centre d'arrêt bien net. Cette circonstance qu'à chaque impression dans son voisinage, c'est-à-dire aux points les plus divers de la moelle allongée, l'excitation se propageant facilement jusqu'au nœud vital, produisant ainsi un arrêt de la respiration qui donnait l'illusion d'une excitation du centre respiratoire, fut la cause que l'on croyait avoir découvert ce centre en différents points. La possibilité qu'on eût rencontré et détruit dans la formation réticulée non le centre lui même, mais seulement les portions les plus profondes d'un centre situé plus haut, ne pouvait point jusqu'à ce jour être vérifiée en portant les cautérisations davantage vers le haut, parce que là on atteint bien vite les racines du trijumeau, lesquelles, à cause de la trop grande complication de leurs phénomènes d'excitation, ne sont pas encore accessibles à l'analyse expérimentale. Les excitations électriques de la formation réticulée au contraire (on employa comme électrodes des aiguilles métalliques recouvertes de gomme laque jusqu'à la pointe, et dont la piqûre n'occasionne aucune irritation ; l'excitation n'avait lieu qu'au delà de la partie recouverte de l'aiguille) ont produit des mouvements propres combinés des muscles de la respiration, ce qui vient à l'appui de la conclusion donnée plus haut.

Dr VON SKLARECK.

ACADÉMIE DES SCIENCES DE VIENNE

Séance du 20 octobre.

1° SCIENCES PHYSIQUES. — M. J. Luksch adresse un compte rendu provisoire des recherches physiques et océanographiques entreprises à bord du *Pola*, pendant l'été de 1892, à l'est de la Méditerranée, entre le méridien de Rhodes et les côtes de Syrie. — M. Johann Kampf: Unité des forces physiques; la chaleur considérée comme la puissance régissant l'univers. — M. H. Malfatti : Quelques recherches sur la décomposition des solutions salines par les actions capillaires. Un papier de tournesol plongé dans une solution de phosphate disodique montre une réaction acide dans la partie du papier mouillée par capillarité, tandis que la partie qui baigne dans le liquide est bleue. Différentes solutions neutres dans lesquelles plongent partiellement des feuilles de gypse, des plaques de gélatine, des bourrelets de papier filtre se séparent en deux parties, l'une acide, celle absorbée par capillarité, l'autre alcaline qui reste dans le vase. Ces deux portions se réunissent en formant le sel neutre primitif à moins qu'une réaction secondaire, union ou précipitation de l'un des composants, n'empêche leur réunion. L'auteur étend ces considérations aux actions capillaires qui se produisent dans l'intérieur de l'organisme, actions qui rendraient compte de la séparation des sécrétions acides du liquide sanguin alcalin. — M. Gottlieb Adler : Sur les forces agissant à la surface d'un corps magnétique placé dans un champ magnétique. En tout élément de la surface, la force est dirigée normalement et va de l'intérieur à l'extérieur, sa valeur par cm^2 est donnée par l'expression

$$J_1 R_1 + 2\pi J^2_1 \cos^2(n - J_1) - \int_0^{J_1} \frac{J}{k}\, dJ,$$

où R, et J, représentent respectivement la force magnétique et le moment magnétique rapporté à l'unité de volume, la quantité de magnétisme $K = \frac{J}{R}$ est regardée comme une fonction du moment magnétique. — *Observatoire de Vienne* : Observations météorologiques et magnétiques faites pendant le mois d'août.

2° SCIENCES NATURELLES. — M. Diener adresse une lettre à l'Académie donnant des détails sur l'expédition géologique de l'Himalaya. Il a trouvé près du défilé de Balchdhura des fossiles du trias dans le marbre rouge, mais ces fossiles sont rares car ils se sont trouvés en contact avec des formations éruptives. Une seconde lettre adressée à M. Mojsisovics donne des détails sur la richesse et la beauté de la faune de Rimkin Paiar, dans les trias moyen et inférieur.

Emil WEYR,
Membre de l'Académie.

ACADÉMIE DES SCIENCES DE SAINT-PÉTERSBOURG

Nous donnons ci-après le résumé des derniers travaux de l'Académie avant de reprendre le cours, interrompu par les vacances, de nos comptes rendus habituels :

1° SCIENCES MATHÉMATIQUES. — M. Nekrassoff a eu occasion d'étudier les conditions théoriques de la convergence des approximations d'après la méthode de Serdl en l'appliquant aux équations contenant un grand nombre d'inconnues. Ce travail a été publié dans le t. XII du recueil de la société mathématique de Moscou (1888). Depuis il a généralisé les résultats par lui obtenus et leur a donné un caractère pratique. Ses nouvelles recherches ont été motivées par une lettre du professeur Mehmke (de Darmstadt) dans laquelle ce savant lui faisait savoir que dans les systèmes de trente équations il appliquait la méthode de Serdl sans convertir ces équations en un système normal d'après la méthode des moindres carrés et qu'il a remarqué, à cette occasion, une règle très simple de convergence dans la méthode de Serdl pour la solution approchée de n'importe quel système d'équations linéaires. D'après M. Nekrassoff, la méthode qu'il a préconisée tout d'abord n'a pas une portée pratique; il pense qu'une règle dans le genre de celle de Meanike suffit pour les besoins des calculs approchés. Il démontre que cette règle découle naturellement des deux autres règles trouvées par lui-même. — Tchébycheff : La décomposition en une fraction continue des séries disposées d'après les exposants décroissants de la variable. Recherches

sur les fractions continues à l'aide desquelles, d'après la méthode du savant académicien, on obtient les expressions limites des intégrales et des sommes qui contiennent des fonctions inconnues avec nombres positifs. — Bielopolsky : Le spectre de la « Nova Aurigæ ». Les observations faites à Poulkova sur cette nouvelle étoile avec le réfracteur muni d'un objectif de 15 pouces d'ouverture, ont donné les résultats suivants : dans la partie optique du spectre on remarque 13 lignes lumineuses, dont la plus brillante est celle de l'hydrogène. D'après les spectrogrammes on peut distinguer 40 lignes assez lumineuses et 60 lignes très faiblement accusées; les plus brillantes sont les lignes de l'hydrogène. Le spectre de la nouvelle étoile a été produit probablement par la superposition de deux spectres : l'un d'eux, avec des lignes, sombres a dû être fourni par un corps à masse considérable, revêtu d'une atmosphère épaisse d'hydrogène, ayant une grande vitesse; l'autre spectre, à lignes brillantes d'hydrogène, provient d'un autre corps, ou de plusieurs corps analogues, beaucoup plus petits qui ont passé à travers l'atmosphère en décrivant une courbe autour de la masse principale; s'étant enflammés dans l'atmosphère, ils y ont déterminé une explosion, puis se sont éteints en le quittant. Les observations photométriques confirment cette manière de voir; l'étoile a atteint très vite son maximum d'éclat puis s'est aussi vite éteinte, passant en 4 ou 5 jours de la grandeur 6,5 à celle de 10,5, étant devenue par conséquent 40 fois moins brillante. — N. Sowin : Expression des valeurs approchées de l'intégrale

$$\int_a^b F(x)\left(\frac{dx}{z - x}\right).$$

L'auteur déduit dans sa note les expressions approchées de cette intégrale, sous forme d'une fraction ou de somme d'une série de plusieurs fractions rationnelles, avec un membre complémentaire qui a aussi la forme d'une intégrale définie.

2° SCIENCES PHYSIQUES. — N. Reketov : Détermination thermométrique de l'action du césium métallique et de son oxyde anhydre sur l'eau. Cette détermination amène à conclure que le césium est le plus énergique de tous les métaux alcalins. — Wild : Rapport sur les travaux des stations météorologiques en Russie depuis leur origine jusqu'à l'année 1889. Il formera le volume XV de cette importante collection. — Heinitz : Recherches relatives à l'action de l'assèchement des marais de Plusk sur la quantité des précipités atmosphériques dans la région environnante. L'assèchement des immenses marais de Pinsk n'a diminué en aucune façon la quantité des précipités atmosphériques dans aucune des régions qui l'entourent. — Muller : Régime des vents à Ekaterinbourg durant la période de 1887 à 1891. — Makarov : Résultats des observations faites sur la température et sur le poids spécifique de l'eau dans l'océan Pacifique du Nord pendant le voyage de la corvette *Vitas* autour du monde (1886-89). C'est le commencement de la mise en œuvre des matériaux nombreux recueillis par le contre-amiral Makarov, se rapportant à l'hydrologie du Grand Océan. Cette première partie du travail comprend : 1) un journal hydrologique avec les observations calculées et réduites à valeurs constantes; 2) note sur les observations faites par Krusenstern et d'autres navigateurs utilisée par l'auteur; 3) recueil des observations sur la température de l'eau à la surface du nord de l'océan Pacifique; 4) un recueil analogue pour la température de l'eau à différentes profondeurs; 5) de mer; 6) discussion des instruments et des méthodes employés. Plusieurs tableaux, cartes et graphiques compléteront les renseignements précieux que contiennent ces notes.

3° SCIENCES NATURELLES. — A. Kovalevsky : Recherches sur les Pantopodes ou Pycnogonides. Ce sont surtout les organes d'excrétion qui ont été l'objet des recherches de ce savant. Il introduisait différentes matières colorantes dans le corps des Pycnogonides pour observer les voies par lesquelles ces substances seraient éliminées. Mais,comme les espèces méditerranéennes sur lesquelles il opérait à Naples sont très petites, il changea de méthode. En additionnant à l'eau dans laquelle vivaient ces animaux du carmin, du tournesol, de la fuchsine etc., il a remarqué que certains groupes de glandes se différenciaient dans le corps des Pycnogonides. Ainsi il a pu constater chez le *Photichilidium*,chez l'*Amnistea* et chez le *Pallene*, dans tous les segments du corps, des amas glandulaires, colorés en rouge par la fuchsine; acidé et le carmin, colorés en rose par le tournesol,ce qui indique leur réaction acide. Ces glandes sont disposées en partie dans les segments du corps, passée dans les premiers articles des pattes, aussi bien sur la face ventrale que sur la face dorsale du tube digestif; ce sont des amas de corps ovalaires, dont les parois sont formées par les cellules épithéliales et dont le centre est rempli de matière colorante employée dans l'expérience. Le mémoire de M. Kovalevsky est accompagné d'une planche. — **Th. Pleske** : Résultats ornithologiques de l'expédition des frères Groum-Gysmaïlo en Asie centrale. Liste systématique de 189 espèces d'oiseaux recueillis pendant l'expédition; quatre espèces sont nouvelles pour la région. — **M. Ostroumoff** : Recherches faunistiques dans la mer d'Azof. Grâce à l'obligeance du commandant de l'escadre de la mer Noire, M. Ostroumoff a pu exécuter, à bord du navire de l'Etat « Kaztex » pendant deux semaines, des dragages à différentes profondeurs dans la mer d'Azof. C'est pour la première fois qu'on explore la faune des profondeurs de cette mer. Les formes pélagiques abondent dans la mer d'Azof ; d'une façon générale, la faune n'est pas riche en es-

pèces, mais, par contre, elle est très riche en individus, qui fournissent un aliment abondant aux poissons. — **E. Bichner** : Sur une nouvelle espèce de *Sthinus* venant de Chine. Cette note est d'autant plus intéressante que, Jusqu'à présent, on ne connaissait qu'une seule espèce de ce genre de Murides, voisin des Hamters. — **Michaelis** : Mollusques nouveaux ou peu connus de l'Altaï méridional et de la Dzoungarie septentrionale. — **Schmidt** : Revision des Trilobites siluriens de la Baltique orientale, 4° fascicule, consacré à la description de 30 espèces appartenant aux groupes moins importants : *Calymenidæ, Proctidæ, Bronteidæ, Trinucleidæ, Remopleuridæ, Harpidæ* et *Agnostidæ* ; dix de ces espèces sont des formes tout à fait nouvelles. Le travail est fait d'après les échantillons que renferment les musées de Saint-Pétersbourg, de Dorpat et de Revel, de Suède, d'Allemagne et d'Angleterre. Il ne reste plus à étudier que le groupe des *Asaphodæ* (40 espèces environ). Quand le travail de M. Schmidt sera terminé, le nombre de trilobistes russes décrits aura atteint le chiffre de 200 espèces. — **Herzenstein** : Observations ichtyologiques faites au Musée de l'Académie des sciences.—M. **Zaroudnye** : Sur une nouvelle espèce de Melivora de la province Transcaspienne. C'est la première fois qu'on signale le représentant d'une espèce de mélivore dans cette région ; l'animal a été trouvé dans l'oasis de *Tedjen.* — **Meinshausen** : Le genre sparganium; monographie complète de ce genre de plantes, précédée d'une étude sur la distribution géographique des espèces dans le gouvernement ou province de Saint-Pétersbourg. — **Kouznetsoff** : Nouvelles Gentianées asiatiques. Description de 5 espèces et d'une variété nouvelle du genre *Gentiana*.

O. BACKLUND,
Membre de l'Académie.

CORRESPONDANCE

SUR LA ZOOLOGIE A LA BRITISH ASSOCIATION

Le numéro de la Revue du 30 octobre, consacré en grande partie au compte rendu des travaux du Congrès de la British Association à Edimbourg, nous a valu de nombreux témoignages de sympathie; Nos lecteurs paraissent suivre avec beaucoup d'intérêt le mouvement scientifique, d'allures si indépendantes et parfois si originales, du Royaume-Uni. C'est pourquoi nous croyons devoir publier les notes suivantes recueillies par notre distingué collaborateur, M. Jules de Guerne et qui complètent heureusement l'exposé déjà fait par lui d'une partie des travaux de la Section de Biologie.

L. O.

Mon cher directeur,

Je remplis la promesse que vous m'avez si gracieusement permis de faire en terminant la très courte analyse que je vous ai donnée des sujets traités au Congrès d'Edimbourg devant la Section de Biologie. Son domaine, ai-je dit, nous apparait presque sans limites. Rassurez-vous. Telle ne sera point la présente lettre, dont le but est de rendre hommage à nombre d'hommes distingués dont l'activité scientifique n'avait pu d'abord être mise en lumière dans un compte rendu par trop succinct.

L'exemple de beaucoup d'entre eux est d'ailleurs bon à suivre, en se plaçant même au point de vue pratique. C'est ainsi que toute une série de zoologistes étudient les questions relatives aux pêches. Après le P² Mac Intosh, MM. J. Cossar Ewart, *Holt, Calderwood* et *J. T. Cunningham* signalent la rareté croissante de divers poissons très recherchés des consommateurs, mais dont les jeunes se trouvent détruits en quantité par les engins de pêche. Il paraît urgent d'enrayer le mal. Une

sage réglementation, faite après entente internationale, y remédierait sans doute. Tel semble être l'avis de presque tous les naturalistes fort compétents qui prennent part à la discussion. Gardons-nous toutefois d'oublier qu'en matière de lois ou de décrets sur la pêche, il y a souvent loin de la théorie à la pratique. On prohibera la vente des poissons n'ayant pas la taille marchande ; mais comment éviter que le pêcheur lui-même ou sa famille ne mangent ces produits inutilisables, et qui sont d'ailleurs tués par le seul contact du filet ?

Le D² Ramsay Smith a étudié la nourriture des poissons comestibles. Les statistiques portent sur plus de dix mille individus, d'espèces différentes, pris dans le Forth ou dans la baie de Saint-Andrews. Elles montrent l'énorme consommation d'Invertébrés de toute sorte que font les poissons.

M. Holt communique le résultat de ses recherches sur le développement des Téléostéens ; M. Prince, sur la formation de la matière argentée du tégument interne des Téléostéens et sur le développement des dents pharyngiennes chez les *Labridæ*.

M. A. P. Swan a fait d'intéressantes observations concernant l'effet. produit par l'eau de mer sur certains champignons qui attaquent le Saumon. Une faible salure suffit pour tuer les cryptogames. Le poisson devient malade après avoir vécu en mer, c'est qu'en remontant les fleuves, il aura été infesté de nouveau par les parasites. Les praticiens tireront certainement profit de ces études.

La série des travaux relatifs à la pêche et aux poissons étant épuisée, on entend une communication

assez spéciale de *M. Carlier*, sur la peau du Hérisson,
et une autre d'une portée beaucoup plus générale, de la
Rev. A. S. Wilson, sur les rapports variés qui existent
entre les insectes et les fleurs.

Dans la sous-section de zoologie, la plus active de
toutes, et qui a tenu deux longues séances, les ordres
du jour étaient extrêmement chargés. Le 5 août, on y a
entendu d'abord *M. Mac Cook*, de Philadelphie, l'observateur si sagace des Araignées, contester la sociabilité
de ces animaux. J'ai précisément résumé dans cette
Revue (15 novembre 1891, p. 726) le très curieux mémoire de M. E. Simon sur ce sujet. M. Mac Cook considère les faits relatés par l'auteur français comme temporaires ou purement accidentels. Malgré la grande
autorité de son contradicteur, je me permettrai d'objecter que M. Simon présente sur lui l'avantage incontestable d'avoir vu *vivantes* — au Vénézuela — les Araignées dont il a décrit les mœurs; M. Mac Cook essaie
simplement d'*expliquer* celles-ci à distance et par analogie avec d'autres faits. — Viennent ensuite diverses
communications sur lesquelles je dois passer rapidement
sans pouvoir même les citer toutes ; *M. Crum Brown*,
sur l'usage de l'oreille externe. — *M. Lloyd Morgan*, la
méthode en psychologie comparée. — *J. Cossar Ewart*,
un cas de polydactylie chez le cheval. — *John Beard*, les
larves et leurs rapports avec les types adultes, etc., etc.

Le 9 août, j'avais l'honneur d'ouvrir la séance par la
présentation de planches inédites de zoologie concernant les recherches de la goélette l'*Hirondelle*. La présence, à Edimbourg, du Prince de Monaco, venu sur le
nouveau yacht qu'il a fait aménager pour les travaux
scientifiques, donnait à cette communication un intérêt spécial d'actualité.

Au nom de *M. Richard* et au mien, je signale ensuite
la découverte de divers Copépodes, dans les eaux sur-
saturées de sel de la France, de la Lorraine et des Canaries. Les Crustacés dont il s'agit ont été étudiés
surtout par les naturalistes anglais; leurs travaux sont
complétés ou discutés en plusieurs points.

L'anatomie comparée du système nerveux semble
intéresser vivement les zoologistes d'outre-Manche.
MM. *Arthur Robinson*, J. *Cossar Ewart*, et J. *Symington* ont
exposé diverses recherches à ce sujet. — *M. E. B. Poulton* donne de nouveaux détails sur les changements de
couleur des chenilles (voir ci-dessus) et communique
de curieuses observations sur la non-transmission des
caractères acquis par certaines chrysalides. — L'étude
du développement des Crustacés isopodes occupe
M. Playfair Mac Murrich. — MM. *Howes* et *Harison*
décrivent le squelette et les dents du Dugong d'Australie. — *M. Mac Cook*, s'appuyant sur de nombreuses observations, déclare mal fondée la croyance populaire
que les Araignées, suivant qu'elles filent ou non leurs
toiles, peuvent servir à prévoir le temps. — *M. Herd-
man*, l'aimable *recorder* de la section, communique deux
mémoires sur les Tuniciers, notamment sur la distribution géographique de ces animaux, dans la connaissance desquels il est depuis longtemps passé maître.
— *M. Hilderic Friend* a étudié les vers de terre des îles
Britanniques et *M. G. Swainson* plusieurs Chironomes
marins et d'eau douce. Peut-être n'est-il pas inutile de
rappeler à ce propos les observations récentes du professeur Moniez, de Lille, sur les Diptères halophiles de
ce genre, trouvés par lui aux environs de Boulogne
(*Revue biologique du Nord*, vol. 2). Deux communications
sur les Poissons, qui n'avaient pu être faites à la séance
générale du 8 août, sont présentées par *M. John Beard*
sur l'anatomie des *Petromyzon* et des *Myxine*, par
M. H. Haycraft, sur la fécondation des œufs de *Gaste-
rosteus*.

En dehors des séances générales, où, comme on l'a
pu voir, une place importante était réservée à leurs
travaux, les physiologistes ne se sont réunis qu'une

seule fois, le 5 août, pour entendre les lectures énumérées ci-après :
Waymouth Reid, sur l'absorption vitale. — *Rosenthal*, sur la chaleur animale et la calorimétrie physiologique. — *Lockhart Gillespie*, sur les protéines chlorhy-
driques. — *W. Carlier*, sur la structure de la glande
dite *hibernale* du hérisson. — *G. Mann*, les fonctions,
les réactions de couleur et la structure du noyau cellulaire.

Quelques travaux de botanique ont été mentionnés
ci-dessus à propos de la séance générale du 6 août.
Voici, sous forme de simple sommaire, la liste des
communications relatives à l'étude des végétaux qui
ont été faites au cours de deux réunions spéciales tenues les 5 et 9 août. La compétence me manque
presque autant que l'espace pour en donner un compte
rendu détaillé.

J. C. *Arthur*, projet de congrès international de Bota-
nique à Chicago en 1893. — *Scott* et *Brebner*, observa-
tions sur les tissus secondaires des monocotylédones
— *Gœbel*, sur les formes de mousses les plus simples. —
Errera, La cause de l'action physiologique à distance.
— *Bower*, Notes sur la morphologie des membres porteurs de spores chez les cryptogames vasculaires. — *C. J.
Druery*, absence de spores dans la multiplication d'une
fougère. — *M. Hartog*, Chytridinée parasite des œufs de
Cyclops. — *Nina Layard*, disposition des bourgeons chez
Lemna minor. — *Schmitz*, tubercules du thalle de quel-
ques floridées. — *G. Murray*, comparaison entre les flores
marines de l'Atlantique tropical et de l'Océan Indien. —
W. Carruthers, la structure de la tige des *Sigillaria*
typiques. — *J. Rick*, sur le *Calamostachys Bienneyana*
— *A. C. Seward*, notes sur des spécimens de *Myloxylon*
du *Millstongerit* et des *Coal Measures*. — *Harold Wager*,
observations sur la structure du *Cystopus candidus-
Gilson*, affinité de la nucléine pour le fer et d'autres
substances. — *Id.*, méthode chimique pour teindre les
noyaux. — *James Britten*, projet de réforme de la nomenclature botanique. — *G. H. Bailey*, conditions spéciales à la vie des plantes dans l'atmosphère d'une ville.
— *G. Mann*, le sac embryonnaire des angiospermes est
un sporocyte et non un macrospore. — *Hillhouse*, disparition des plantes de leur habitat local.

On pourra mieux juger maintenant de l'importance des
travaux de la section de *Biologie*. Ce résumé ne serait
cependant pas complet s'il n'y était fait mention de
quelques courses particulièrement intéressantes pour
les naturalistes : l'excursion au Laboratoire maritime
de Granton, par exemple, dont les honneurs ont été
faits d'une manière si aimable par MM. John Murray
et Robert Irvine et par leurs familles, — la visite du
yacht *Princesse-Alice*, aux docks de Leith, contrariée
par un temps affreux et à laquelle le Prince de Monaco
avait invité les principaux membres des comités ; — enfin
le petit voyage organisé dès la clôture de la session et
sous la conduite du Pʳ Mac Intosh à la Station biologique de Saint-Andrews.

Quelques mots encore. Les Congrès offrent ce grand
charme de fournir aux hommes que passionnent les
mêmes études, l'occasion de se connaître et d'estimer
mutuellement leur caractère tout en appréciant davantage leur mérite scientifique. Il est donc juste de remercier les organisateurs de la réunion d'Edimbourg
de la délicate attention qu'ils ont eue d'inviter un grand
nombre de savants étrangers à faire le voyage d'Ecosse.
Une douzaine de spécialistes, pour le moins, venus des
Etats-Unis, de Suisse, de Belgique, d'Allemagne et de
France, se sont rencontrés à la section de *Biologie*,
très heureux certainement comme plusieurs de mes
compatriotes, dont je suis ici l'interprète, d'avoir pu
échanger leurs idées, parmi les naturalistes anglais,
dans un milieu aussi sympathique que celui de l'Association britannique.   JULES DE GUERNE.

Le Directeur-Gérant : LOUIS OLIVIER

Paris. — Imprimerie. Levé, rue Cassette, 17.

REVUE GÉNÉRALE

DES SCIENCES

PURES ET APPLIQUÉES

DIRECTEUR : LOUIS OLIVIER

LES FORMES D'ÉQUILIBRE

D'UNE MASSE FLUIDE EN ROTATION

D'après les idées généralement admises, tous les astres ont été originairement liquides ou gazeux, et ceux qui n'ont pas conservé leur fluidité primitive, ont gardé, en se solidifiant, la figure qu'ils avaient prise quand ils étaient encore fluides.

Les astronomes ont ainsi été conduits à se poser le problème suivant, afin d'expliquer la figure des corps célestes : Quelles sont les forces auxquelles étaient soumises ces masses fluides qui sont devenues les astres actuels et quelles formes d'équilibre devaient prendre ces masses sous l'influence de ces forces?

La première de ces forces était l'attraction newtonienne. Chaque molécule fluide était attirée par les autres parties de la masse en raison directe des masses et en raison inverse du carré des distances. La seconde était la force centrifuge produite par la rotation de la masse. On admet que cette rotation devait être uniforme, c'est-à-dire que toutes les parties de la masse devaient effectuer un tour complet dans le même temps. Et en effet, si cette uniformité n'existait pas, le frottement mutuel des diverses parties du fluide l'aurait promptement rétablie.

Déterminer la figure d'équilibre d'un fluide soumis à ces forces est un problème d'hydrostatique. Ce problème est très difficile, et sa solution, quelque incomplète qu'elle soit encore, a exigé de grands efforts, que l'importance de la question justifiait d'ailleurs pleinement.

Plusieurs géomètres du siècle dernier, parmi

lesquels Clairaut doit être cité en première ligne, ont résolu le problème, en supposant que la rotation est lente et que la figure d'équilibre diffère peu d'une sphère. C'est bien le cas, en effet, pour toutes les planètes dans leur état actuel ; et cependant cela ne saurait suffire, car on peut se demander s'il en est encore de même pour certaines étoiles, comme les étoiles variables, par exemple. On peut aussi supposer, comme le faisait Laplace, que la matière, qui a servi à former les planètes, a d'abord, en se détachant du Soleil, affecté une forme annulaire et par conséquent très différente d'une sphère.

Dès qu'on ne se restreint plus aux figures sphéroïdales, le problème devient beaucoup plus difficile, et il est encore bien loin d'être résolu, même en supposant, comme nous allons le faire, que la masse fluide considérée est homogène, c'est-à-dire que sa densité est constante.

Mac-Lorin a montré qu'une des figures d'équilibre que peut affecter un ellipsoïde homogène en rotation est *un ellipsoïde de révolution aplati*. Pendant longtemps on a pu croire que cette solution était unique.

Mais Jacobi, au commencement de ce siècle, a découvert une solution vraiment inattendue : certains ellipsoïdes à trois axes inégaux, appelés aujourd'hui ellipsoïdes de Jacobi, sont également des figures d'équilibre. La rotation s'effectue autour du petit axe.

Ce résultat causa un grand étonnement. On s'était habitué à regarder comme évident que toutes les formes d'équilibre devaient être des surfaces de révolution. Il n'y a aucune raison pour cela, et cette évidence apparente était vaine. L'exemple n'est d'ailleurs pas rare dans les annales de la science et ce n'est pas là le premier fantôme de ce genre qu'on ait vu se dissiper ainsi.

Certaines personnes ont voulu expliquer de la sorte la variabilité de certaines étoiles à courte période. Si ces astres ont la forme d'ellipsoïdes de Jacobi, ils se présentent à nous tantôt par le grand axe, tantôt par l'axe moyen et leur surface apparente doit varier périodiquement. Il est impossible pour le moment de se prononcer sur la valeur de cette explication.

On a fait une autre hypothèse qui se trouve reproduite dans quelques ouvrages, bien qu'elle ne soutienne pas un instant d'examen. A une certaine époque, les géodésiens avaient cru observer que l'aplatissement du globe n'est pas le même pour les différents méridiens et que la Terre affecte la forme d'un ellipsoïde à trois axes inégaux. On a dit que cette figure devait être un ellipsoïde de Jacobi. C'était oublier que les ellipsoïdes de Jacobi diffèrent tous beaucoup de la sphère et que le seul qui soit compatible avec la vitesse de rotation de la Terre est une sorte d'aiguille très allongée.

Après la découverte de Jacobi, on a été naturellement conduit à se demander s'il n'existait pas d'autres formes d'équilibre non ellipsoïdales.

Le problème a été nettement posé dans l'admirable traité de philosophie naturelle de Thomson et Tait où se trouvent quelques pages éminemment suggestives. Ce sont ces pages qui ont inspiré les recherches ultérieures, parmi lesquelles les plus importantes sont, sans contredit, celles de M. Liapounoff. Les travaux de ce savant russe, ceux de M. Mathiessen, de Mme Kowalevski et les miens ont mis en évidence l'existence de nombreuses formes d'équilibre sur lesquelles je voudrais donner quelques détails.

I. — Formes nouvelles d'équilibre

Équilibre. — Si l'on fait varier d'une manière continue le moment de rotation (c'est-à-dire le produit du moment d'inertie par la vitesse de rotation), les ellipsoïdes de Mac-Lorin, comme ceux de Jacobi se déforment d'une manière continue.

Considérons d'abord les ellipsoïdes de révolution de Mac-Lorin. Quand le moment de rotation croîtra, l'aplatissement, d'abord très faible, croîtra constamment et finira par devenir très considérable ; la vitesse de rotation croîtra jusqu'à un certain maximum, pour décroître ensuite jusqu'à s'annuler.

Elle peut en effet décroître, bien que le moment de rotation croisse, parce que l'autre facteur, qui est le moment d'inertie, croît très rapidement.

On arrive à des résultats analogues, ainsi que l'a montré Liouville, en ce qui concerne les ellipsoïdes de Jacobi. Ces ellipsoïdes n'existent que si le moment de rotation est supérieur à une certaine valeur. Quand ce moment va en croissant à partir de cette valeur, la vitesse de rotation décroît et finit par s'annuler ; le grand axe va en croissant et le petit axe en décroissant sans cesse ; l'axe moyen décroît plus rapidement encore. D'abord il est égal au grand axe, de telle façon que l'ellipsoïde est de révolution autour du petit axe, c'est-à-dire de l'axe de rotation ; au contraire quand le moment de rotation est très grand et la vitesse de rotation très petite, l'axe moyen est presque égal au petit axe, de telle sorte que la figure ressemble à un ellipsoïde de révolution très allongé.

On voit que les deux catégories d'ellipsoïdes forment deux séries continues de figures d'équilibre. Mais il y a une figure qui est commune aux deux séries et qui est, si l'on veut me permettre cette comparaison, un point de *bifurcation*. Je veux parler de l'ellipsoïde de Jacobi qui correspond à la valeur minimum du moment de rotation ; il est en effet en même temps, ainsi que je viens de le dire, un ellipsoïde de révolution aplati.

Je l'appellerai l'ellipsoïde E_i.

Les figures nouvelles d'équilibre dont il me reste à parler forment de même des séries continues ; et quelques-unes d'entre elles, qui appartiennent en même temps à la série des ellipsoïdes de Mac-Lorin ou à celle des ellipsoïdes de Jacobi, sont de véritables figures de bifurcation analogues à E_i.

Je vais chercher à faire comprendre la forme de ces figures nouvelles. Prenons d'abord pour point de départ un ellipsoïde de révolution. Partageons-en la surface en $n + 1$ zones, en y traçant n parallèles. Partageons-la de même en $2p$ fuseaux égaux par p méridiens équidistants.

Ces parallèles et ces méridiens, se coupant à angle droit, déterminent une sorte de damier ; imaginons maintenant que la surface de l'ellipsoïde se creuse ou se soulève, de telle façon que les cases noires de notre damier soient remplacées par des montagnes très peu élevées et les cases blanches par des vallées très peu profondes ; nous obtiendrons ainsi une figure d'équilibre très peu différente de l'ellipsoïde.

Pour nous rendre compte de la forme des autres solides d'équilibre de la même série, nous n'avons qu'à supposer que ces reliefs vont en s'accentuant et que les lignes qui séparent les dépressions des montagnes se déforment peu à peu.

Il est inutile d'ajouter que l'aplatissement de l'ellipsoïde qui sert de point de départ et les latitudes de nos n parallèles ne peuvent pas être choisis arbitrairement et qu'ils ne sont pas les mêmes pour toutes les séries.

Le nombre n peut être nul de telle sorte que l'ellipsoïde soit seulement divisé en fuseaux ; le nombre p peut aussi être nul, de sorte qu'il soit seulement divisé en zones.

A chaque combinaison des deux nombres n et p correspond une série de figures nouvelles d'équilibre. Observons toutefois que les combinaisons

$$(n = 0, p = 1), \quad (n = 1, p = 0), \quad (n = 1, p = 1)$$

ne donnent que l'ellipsoïde de Mac-Lorin déplacé, mais non déformé, et que la série qui correspond à la combinaison $(n = 0, p = 2)$ n'est autre chose que la série des ellipsoïdes de Jacobi.

Ces figures nouvelles d'équilibre admettent p plans de symétrie passant par l'axe de rotation. Si p est nul, elles sont de révolution autour de cet axe. Enfin, si n est pair, elles ont un $p + 1$, plan de symétrie perpendiculaire à l'axe de rotation.

Il existe d'autres séries de formes d'équilibre que l'on obtient en prenant comme point de départ un ellipsoïde de Jacobi.

Voici comment on les obtient :

Traçons à la surface d'un ellipsoïde de Jacobi n lignes convenablement choisies de façon à la diviser en $n + 1$ zones, entourant les pôles du grand axe. (Ces lignes doivent être choisies parmi celles que les géomètres appellent lignes de courbure.)

Imaginons maintenant que la surface de l'ellipsoïde se creuse ou se soulève de telle façon que la première de ces zones soit remplacée par une montagne, la zone suivante par une vallée, la suivante par une montagne et ainsi de suite. Nous obtiendrons ainsi une figure d'équilibre très peu différente de l'ellipsoïde.

Pour nous rendre compte de la forme des autres solides d'équilibre de la même série, nous n'avons qu'à supposer que ces reliefs vont en s'accentuant. Notre ellipsoïde déformé va présenter alors une suite de renflements et d'étranglements alternatifs, formant comme une série de plis transversaux.

A chaque valeur du nombre n, à partir de $n = 3$ inclusivement, correspond une de ces séries de figures d'équilibre.

Toutes admettent deux plans de symétrie rectangulaires, l'un perpendiculaire à l'axe de rotation, l'autre passant par cet axe. Les figures d'équilibre qui correspondent à une valeur paire de n admet-

tent un troisième plan de symétrie perpendiculaire aux deux premiers.

J'appellerai particulièrement l'attention sur la série qui correspond à $n = 3$. Je représente sur la figure 1 l'un des solides d'équilibre de cette série. Le trait pointillé est le contour de l'ellipsoïde de Jacobi qui a servi de point de départ, et le trai

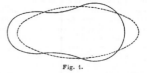

Fig. 1.

plein est le contour de la nouvelle figure d'équilibre.

Parmi les figures de cette série, il y en a une qui est en même temps un ellipsoïde de Jacobi. Je l'appellerai l'ellipsoïde E .

Stabilité. — Tous ces solides sont des figures d'équilibre, mais cet équilibre est-il stable ? C'est ce que nous avons encore à examiner.

Lord Kelvin (Sir W. Thomson) et M. Tait, dans l'ouvrage que j'ai cité plus haut, ont les premiers remarqué qu'il y a deux sortes de stabilité.

Observons d'abord qu'il y a deux espèces d'équilibre. Il y a, en premier lieu, l'équilibre absolu qui est atteint quand tous les corps envisagés sont en repos ; mais ce n'est pas celui-là que nous avons à considérer dans le problème qui nous occupe, puisque notre masse fluide n'est pas en repos mais en rotation. Seulement, elle paraîtrait en repos, à un observateur qui serait entraîné comme elle dans un mouvement de rotation uniforme : elle serait en *équilibre relatif* par rapport à cet observateur.

Les lois de l'équilibre absolu et celles de l'équilibre relatif ne sont pas tout à fait les mêmes. L'un et l'autre sont stables quand ils correspondent au minimum de l'énergie totale du système envisagé. Il est clair en effet que, pour faire sortir le système de sa situation d'équilibre, il faut lui fournir une certaine quantité d'énergie, et qu'il ne pourra s'en écarter beaucoup que si cette dépense d'énergie est très grande.

Cette condition, qui est toujours suffisante, est nécessaire dans le cas de l'équilibre absolu ; elle ne l'est pas dans le cas de l'équilibre relatif ; un système animé d'un mouvement de rotation très rapide peut être en équilibre stable sans que l'énergie soit minimum.

C'est là l'explication d'une foule de paradoxes dynamiques ; je n'en citerai qu'un qui est d'observation vulgaire et qui, pour cette raison, a presque cessé de nous sembler surprenant: la toupie, quand elle tourne assez vite, peut se maintenir debout sur la pointe.

Ainsi, quand même l'énergie n'est pas minimum, un système peut conserver son état d'équilibre relatif pendant un temps indéfini. Il le pourrait du moins si les frottements étaient nuls.

Mais Lord Kelvin a démontré que, si les frottements existent, *quelque faibles qu'ils soient*, ils n'en est plus de même et que l'équilibre finira par être détruit, à moins que l'énergie ne soit minimum. C'est ainsi, pour reprendre notre exemple, que la toupie finit par se ralentir et par tomber.

Il y a donc deux sortes de stabilité : la stabilité ordinaire, dont les frottements finissent par avoir raison, et la stabilité séculaire que les frottements ne peuvent détruire.

C'est la seconde qui doit nous intéresser le plus.

En se plaçant au point de vue de la stabilité séculaire, les ellipsoïdes de Mac Lorin, moins aplatis que E_1, sont stables ; les autres sont instables. Les ellipsoïdes de Jacobi, moins différents de l'ellipsoïde de révolution que E_2, sont stables ; les autres sont instables.

Enfin toutes les figures nouvelles dont nous avons parlé plus haut sont instables, à l'exception de la série sur laquelle nous avons insisté à la fin du paragraphe précédent.

C'est celle qui dérive de l'ellipsoïde de Jacobi et qui correspond au cas de $n = 3$. C'est elle dont fait partie la forme d'équilibre que nous avons représentée plus haut sur la figure 1.

II. — Conséquences cosmogoniques

On peut tirer de ce qui précède quelques conséquences intéressantes. Supposons une masse fluide homogène animée d'une rotation uniforme. Imaginons que cette masse se refroidisse et se condense; supposons qu'en se condensant elle demeure homogène et que son refroidissement soit assez lent pour que les frottements aient le temps de maintenir l'uniformité de la rotation.

Le moment de rotation de la masse devra demeurer constant et, comme son moment d'inertie va en diminuant, sa vitesse de rotation ira au contraire en augmentant. Si, au début de la condensation, la vitesse de rotation est faible et la figure de notre masse fluide peu différente d'un sphère, son aplatissement ira en croissant avec la vitesse de rotation.

La masse fluide conservera pendant quelque temps la forme d'un ellipsoïde de révolution d'abord peu aplati (fig. 2), puis plus aplati (fig. 3.)

(Dans les figures 2 à 9 qui représentent les for-

mes successives de la masse qui se condense, chacune de ces formes est représentée par deux projections l'une verticale dans la partie supérieure de la figure, l'autre horizontale dans la partie inférieure; l'axe de rotation est supposé vertical.)

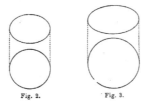

Fig. 2.   Fig. 3.

L'ellipsoïde, s'aplatissant de plus en plus, cessera bientôt d'être stable, ou du moins de conserver la stabilité séculaire. Il est vrai qu'il conservera encore quelque temps la stabilité ordinaire ; mais, les figures d'équilibre qui ne possèdent que cette sorte de stabilité finissent, comme nous l'avons vu, par être détruites par les frottements. Si donc le refroidissement est assez lent, ces ellipsoïdes ne pourront subsister, et la masse fluide devra prendre la forme d'un ellipsoïde de Jacobi, d'abord peu différent d'un ellipsoïde de révolution (fig. 4) puis plus allongé (fig. 5).

Mais l'ellipsoïde de Jacobi cessera, à son tour,

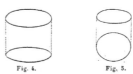

Fig. 4.   Fig. 5.

d'être stable et la masse fluide prendra des formes d'équilibre appartenant à la série de figures nouvelles représentées plus haut (fig. 1).

D'abord peu différente de l'ellipsoïde E_2, notre masse fluide prendra pour ainsi dire la forme d'un œuf avec un gros et un petit bout.

Puis elle se creusera dans le voisinage du petit bout (fig. 6); ce relief s'accentuant peu à peu, il se produira à cette place un étranglement (fig. 7) qui fera présager la division du fluide en deux masses distinctes.

Ces deux masses, s'étant séparées, restent d'abord voisines l'une de l'autre. Chacune d'elles, sous l'influence de l'attraction de l'autre masse, prend une figure pyriforme (fig. 8).

Le refroidissement continuant, chacune des masses se condense, sa rotation devient de plus en

plus rapide et cesse d'être égale à la vitesse de révolution des deux masses autour de leur centre de
gravité commun. Enfin, quand les dimensions des
deux masses sont devenues suffisamment petites

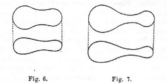

Fig. 6.   Fig. 7.

par rapport à la distance qui les sépare, leur figure
se rapproche de l'ellipsoïde (fig. 9).

On pourrait être tenté de tirer de là des conséquences cosmogoniques et d'expliquer de cette
manière l'origine des planètes. Le Soleil, en se
condensant peu à peu, n'aurait pas alors, comme
le croyait Laplace, abandonné successivement des

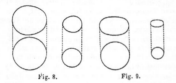

Fig. 8.   Fig. 9.

anneaux d'où les planètes seraient sorties ensuite ;
il se serait au contraire déformé jusqu'à ce qu'une
petite masse, destinée à devenir une planète, se
détache d'un point quelconque de son équateur.
Mais, avant d'adopter cette conclusion, il faut tenir
compte de certaines remarques qui lui enlèvent
beaucoup de probabilité.

En premier lieu, nous avons supposé notre
masse homogène ; au contraire, la nébuleuse, qui a
servi à former le système solaire, était sans doute
très hétérogène et une grande partie de sa masse
devait être condensée au centre. Il est impossible,
pour le moment, de se rendre compte des changements que cette hétérogénéité apporterait dans nos
résultats.

En second lieu, les deux masses représentées
dans la figure 9 sont comparables ; la plus petite
serait sans doute la moitié ou le tiers de l'autre ;
au contraire la masse de Jupiter n'est que la millième partie de celle du Soleil.

Peut-être le processus que je viens de décrire
(fig. 2 à 9) se rapproche-t-il plus de celui qui a
produit certaines étoiles doubles que de celui d'où
est sorti le système solaire. Tout dans tous les cas
reste très hypothétique.

Anneau de Saturne. — Les figures dont nous
venons de parler ne sont pas les seules qui
soient connues. Il y a longtemps déjà, M. Mathiessen avait entrevu la possibilité des figures
annulaires d'équilibre, et le même résultat avait
été retrouvé ensuite par Lord Kelvin, qui s'est borné
à l'énoncer. Grâce aux travaux de Mme Kowalevski
et aux miens, nous en possédons une démonstration
rigoureuse, peu différente probablement de celle
que Lord Kelvin avait découverte, mais n'a pas
publiée.

On peut établir qu'une masse fluide en rotation,
soustraite à toute action extérieure, peut prendre
la forme d'un anneau analogue à celui de Saturne,
mais sans masse centrale. Si la vitesse de rotation
est faible, cet anneau sera une sorte de tore très
délié dont la section méridienne différera très peu
d'une ellipse peu aplatie ; mais l'équilibre de ces
figures est instable.

Pour bien le faire comprendre, le mieux est de
dire quelques mots des travaux de Maxwell sur
la stabilité de l'anneau de Saturne. On peut faire,
au sujet de la nature de cet astre, trois hypothèses
différentes :

1° L'anneau est solide ;

2° Il est formé d'un très grand nombre de satellites très petits, que le télescope ne peut séparer
les uns des autres ;

3° Il est fluide.

Laplace avait fait voir depuis longtemps que, si
l'anneau est solide, son équilibre ne peut être
stable si sa figure est symétrique et si son centre
de gravité coïncide avec son centre de figure. Mais
il croyait qu'il suffisait, pour rétablir la stabilité,
de supposer des irrégularités peu importantes que
les observations ne pouvaient déceler.

Un savant anglais, dont des travaux d'une tout
autre nature ont illustré le nom, le célèbre électricien Clerk Maxwell, a repris la question par
une analyse très simple. Il a montré qu'un anneau
solide est instable à moins de présenter des irrégularités énormes. Si elles existaient, le télescope
nous les aurait fait connaître depuis longtemps.
Si j'ajoute que, d'après les calculs de Hirn, un anneau solide, plusieurs milliers de fois plus résistant
que l'acier, se romprait sous l'effort des attractions
subies par l'anneau de Saturne, on conclura que la
première hypothèse doit être rejetée.

Passons à la seconde, qui a été proposée autrefois
par Cassini. Il serait trop difficile de traiter le problème dans toute sa généralité ; aussi Maxwell
s'est-il borné à quelques cas simples ; je ne parlerai
que du plus simple de tous. Imaginons une couronne
de satellites égaux, également espacés sur une
circonférence ayant pour centre Saturne et décrivant cette circonférence d'un mouvement uniforme.

Il est clair que ce mouvement peut se continuer indéfiniment si aucune cause extérieure ne vient le troubler. Mais, si une semblable cause vient y apporter une perturbation très petite, la couronne va-t-elle finir par se disloquer, ou bien sa déformation restera-t-elle très petite? En d'autres termes, l'équilibre de notre couronne sera-t-il stable?

Je ne puis, bien entendu, reproduire ici l'analyse du savant anglais, et je dois me contenter d'un aperçu grossier. On peut voir d'abord que, si l'astre central n'existait pas, l'équibre serait instable. Si, en effet, l'un des satellites prend l'avance pour une cause quelconque, il se rapproche du satellite qui est devant lui et s'éloigne de celui qui est derrière. Il est plus attiré par le premier et moins par le second : sa marche est encore accélérée; son avance tend à s'accroître et la couronne à se disloquer.

Si nous supposons au contraire que les masses des satellites soient infiniment petites par rapport à celle de Saturne, chaque satellite se comportera comme s'il était seul ; or, nous savons que le mouvement d'un satellite isolé est stable.

On peut donc prévoir, sans qu'il soit nécessaire d'avoir recours à un calcul complet, que la condition de la stabilité de notre couronne sera que sa masse soit suffisamment petite par rapport à celle de l'astre central.

Le même résultat subsiste pour un système plus compliqué de satellites; c'est encore le même qu'obtient Maxwell dans la troisième hypothèse, c'est-à-dire en supposant la masse fluide. Par un calcul qui n'est peut-être pas parfaitement rigoureux, il démontre qu'un anneau fluide ne peut être stable que si sa densité moyenne est *au plus égale* à la 300e partie de celle de la planète.

Mais, on peut compléter le résultat de Maxwell par un raisonnement qui est assez court être reproduit ici. On sait que les électriciens se représentent un champ électrostatique comme sillonné par un très grand nombre de lignes de force. Ce qui définit une de ces lignes, c'est qu'en chacun de ses points la tangente est la direction de la force électrique.

Cette image leur est très précieuse, car elle peut remplacer dans la pratique une foule de formules mathématiques qui sont abstraites et compliquées. Mais ils usent aussi d'une autre image ; ils supposent chacune de ces lignes de force remplacée par un petit canal qui est parcouru par un liquide fictif avec un débit constant et dans le sens de la force électrique. La quantité de ce liquide imaginaire qui passe à travers une surface quelconque, s'appelle le flux de force qui traverse cette surface. Tout se passe alors comme si chaque molécule d'électricité positive émettait continuellement une

quantité constante de ce liquide, et si chaque molécule d'électricité négative en absorbait au contraire continuellement une quantité constante. On peut, en d'autres termes, résumer toutes les lois de l'électrostatique, en disant que le flux de force qui traverse une surface fermée est proportionnel à la somme algébrique des masses électriques contenues à l'intérieur de cette surface.

La même règle peut s'appliquer à l'attraction newtonienne : cette force suit, en effet, la même loi que l'attraction électrique, qui est la raison inverse du carré des distances. Elle s'applique encore quand, au lieu de considérer la gravitation seule, on considère la résultante de la gravitation et de la force centrifuge.

Imaginons en effet une matière fictive dont l'action sur les corps voisins soit conforme à la loi de Newton, mais soit répulsive, au lieu d'être attractive. C'est ce que l'on peut exprimer, si l'on préfère, en disant que la densité de cette matière est négative.

Supposons que cette matière fictive affecte la forme d'un cylindre de révolution indéfini, à l'intérieur duquel se trouvent tous les corps que l'on veut envisager, et que sa densité soit proportionnelle au carré de la vitesse de rotation. La répulsion exercée par cette masse fictive aura même grandeur et même direction que la force centrifuge. Pour obtenir la résultante de la gravitation et de la force centrifuge, il suffira donc de considérer à la fois l'action de toutes ces masses, tant réelles que fictives.

Cela posé, considérons notre masse fluide en rotation et une molécule superficielle faisant partie de cette masse, et soumise par conséquent à la gravitation et à la force centrifuge. La force totale, qui agit sur cette molécule, doit, pour qu'il y ait équilibre, être normale à la surface de la masse; mais, pour que cet équilibre soit stable, il faut de plus que cette force soit dirigée vers l'intérieur de la masse fluide, sans quoi elle tendrait à en détacher notre molécule. Toutes les lignes de force coupent donc normalement la surface de la masse, et le liquide imaginaire, qui est supposé les parcourir, et dont la vitesse a même direction que la force totale, doit toujours traverser cette surface en allant du dehors au dedans. Il en résulte que le flux de force total qui traverse cette surface est positif, et comme, d'après la règle énoncée plus haut, il est proportionnel à la somme algébrique de toutes les masses, tant réelles que fictives, situées à l'intérieur de cette surface, cette somme algébrique doit aussi être positive.

En d'autres termes, la densité moyenne du fluide réel doit être supérieure en valeur absolue à la densité de la matière fictive, laquelle, comme nous l'avons vu, est elle-même proportionnelle au carré de la vitesse de rotation.

Cette règle, appliquée à l'anneau de Saturne, nous apprend qu'un anneau fluide ne peut être stable que si sa densité est *au moins égale* à la seizième partie de celle de la planète. Ce résultat, rapproché de celui de Maxwell, nous amène à cette conclusion que l'anneau ne peut être fluide, et nous force à adopter l'hypothèse de Cassini, que les observations de M. Trouvelot semblent d'ailleurs confirmer.

Pour la même raison, les figures annulaires d'équilibre, étudiées par Mme Kowalevski, ne peuvent être stables.

Figure de la Terre. — Je ne dirai que quelques mots du cas beaucoup plus difficile où la masse en rotation est supposée hétérogène. C'est certainement ce qui se passe pour la Terre, et ce qui complique encore la question, c'est que la loi suivant laquelle la densité varie dans l'intérieur du globe nous est absolument inconnue. Loin de pouvoir nous en servir pour calculer l'aplatissement, nous devons, au contraire, profiter des mesures des géodésiens pour tâcher de deviner cette loi.

Nous disposons pour résoudre ce problème d'une autre donnée, qui est la constante de la précession des équinoxes. On sait en effet que ce phénomène est dû à l'action du Soleil sur le renflement équatorial du globe terrestre, et comme cette action dépend de la façon dont varie la densité intérieure, les observations de la précession peuvent nous renseigner sur cette variation.

Au premier abord, on serait tenté de croire que le problème est non seulement toujours possible, mais qu'il reste indéterminé et qu'on pourra trouver une infinité de lois satisfaisant à ces deux données d'observation. Loin de là : une série de recherches récentes, parmi lesquelles celles de M. Radau sont les premières en date et en importance, ont montré qu'on ne peut trouver aucune loi des densités qui satisfasse à la fois à l'aplatissement mesuré et à la précession observée.

Les géodésiens concluent à un aplatissement de $\frac{1}{293}$, tandis que l'aplatissement le plus grand qui soit compatible avec la précession observée est de $\frac{1}{297}$.

Il est impossible pour le moment de se prononcer sur la valeur des nombreuses hypothèses que l'on peut faire pour expliquer cette divergence.

Les mesures géodésiques doivent-elles être revisées? doit-on supposer que la Terre n'est pas un ellipsoïde de révolution et que l'aplatissement n'est pas le même suivant les divers méridiens ou dans les deux hémisphères?

Je ne crois pas que les mesures les plus récentes autorisent cette conclusion.

Admettra-t-on que la Terre, solidifiée depuis longtemps dans presque toute sa masse, a conservé l'aplatissement dû à la vitesse de rotation qu'elle possédait au moment de sa solidification et que sa rotation a depuis cette époque été considérablement ralentie par l'action des marées?

Croira-t-on au contraire que la croûte solide est très mince et que l'intérieur, resté liquide, est le siège de mouvements compliqués très différents de ceux que peut prendre un corps solide? Les calculs de Laplace ayant été faits en regardant la Terre comme un solide invariable, on conçoit que la précession d'un pareil système puisse être très différente de la précession théorique.

Enfin, on peut supposer encore que l'aplatissement primitif a été altéré parce que les diverses couches, en se contractant par suite du refroidissement du globe, ont exercé les unes sur les autres des pressions et se sont mutuellement déformées.

Mais je m'arrête, il est inutile de multiplier les hypothèses puisque toutes ces questions doivent rester provisoirement indécises.

H. Poincaré,

de l'Académie des Sciences.

MORVE ET MALLÉINE

La morve est une maladie contagieuse, microbienne, inoculable, qui s'observe surtout chez les animaux solipèdes (cheval, âne, mulet); cependant elle se transmet aussi aux autres mammifères domestiques et à l'homme. Elle affecte deux formes: la *forme morveuse* proprement dite, caractérisée par des ulcères sur la muqueuse nasale et par du jetage; la *forme farcineuse*, se traduisant par des tumeurs et des ulcères cutanés. Il est démontré aujourd'hui que la morve et le farcin ne sont que deux formes cliniques d'une seule et même affection, qu'on désigne communément sous le nom d'*affection farcino-morveuse* ou simplement de *morve*.

Quelle que soit la forme où elle se présente, l'affection farcino-morveuse peut être aiguë ou chronique suivant la rapidité de son évolution. Lorsqu'elle est chronique, et c'est ce qui se présente le plus souvent chez le cheval, les symptômes peuvent rester plus ou moins cachés ou manquer de netteté. La morve peut aussi exister sans signes extérieurs et rester *latente* pendant une période de temps quelquefois très longue.

Le cheval atteint de morve, soit aiguë, soit chronique, soit latente, constitue un danger pour les animaux sains, puisqu'il est capable de leur communiquer la maladie par contagion. Il est donc très important de pouvoir reconnaître l'existence de l'affection morvo-farcineuse, même lorsque nul signe extérieur ne permet de la soupçonner.

Jusque dans ces derniers temps, les vétérinaires n'avaient, outre les signes cliniques ordinaires bien connus, qu'un seul moyen pour s'assurer d'une façon à peu près certaine de l'existence de la morve : c'était l'inoculation du jetage, du pus ou d'un autre produit suspect à l'âne ou à un autre animal susceptible de contracter la maladie.

Mais, le procédé de diagnostic basé sur l'inoculation n'était mis en pratique que pour s'assurer de l'existence de la morve chez des chevaux suspects, offrant déjà quelques symptômes morveux ; on ne pouvait pas songer à l'utiliser sur tous les chevaux composant la cavalerie des grandes administrations ou de l'armée. De plus, le procédé était coûteux et assez long, puisqu'il fallait toujours plusieurs jours avant de connaître le résultat de l'inoculation.

Les chevaux atteints de morve latente ne pouvant être dénoncés, continuaient à séjourner au milieu des chevaux sains et ne tardaient pas à infecter ceux-ci. La morve latente est en effet contagieuse comme la morve ordinaire. C'est ainsi qu'il faut expliquer l'explosion subite des épidémies de morve parmi les chevaux de l'armée ou des grandes administrations. Jadis le développement de la morve, sans aucune cause apparente de contagion, fut attribué à des causes ordinaires et on allait jusqu'à croire que cette maladie pouvait naître spontanément.

Aujourd'hui il est démontré que le seul mode de propagation de cette affection c'est la contagion. Nous possédons aussi heureusement un moyen certain et rapide pour déceler la morve latente et qui permettra d'empêcher la contagion et la propagation de cette terrible maladie.

On se rappelle qu'en 1890 le professeur Koch, après avoir étudié les propriétés de la tuberculine qu'il venait de découvrir, a pu conclure de ses recherches que cette substance, injectée sous la peau de l'homme ou de l'animal atteint de tuberculose, déterminait une réaction thermique caractéristique, tandis qu'elle ne modifiait pas sensiblement la température chez les individus sains.

Le procédé de Koch a été appliqué depuis, avec le plus grand succès, au diagnostic précoce de la tuberculose chez les bovidés ; l'agriculture et l'hygiène publique en ont déjà largement bénéficié.

Tous les travaux faits en France et à l'étranger sur ce sujet depuis la publication de l'article paru dans le numéro de cette Revue[1] confirment pleinement les résultats antérieurs : ils témoignent nettement de la haute valeur diagnostique de la tuberculine chez les animaux de l'espèce bovine. Mais là ne s'arrêtent pas les avantages qu'on a retirés de la découverte de Koch.

Son procédé a été appliqué récemment, avec au moins autant de succès, au diagnostic de la morve latente chez le cheval.

C'est Kalning, vétérinaire militaire russe, qui, en appliquant les procédés de Koch aux cultures du bacille morveux, a obtenu le premier, en 1891, une substance soluble qu'il a appelée *malléine* et qui permet de révéler avec une certitude à peu près complète l'existence de la morve latente. La malléine, employée en injection sous-cutanée, détermine chez les chevaux atteints de morve, une élévation thermique au moins égale à celle que l'on obtient sur les bêtes bovines tuberculeuses qui reçoivent de la tuberculine.

Kalning fit la première préparation de malléine en diluant dans 20 grammes d'eau 5 grammes de cultures morveuses sur pommes de terre, et en filtrant ensuite cette dilution après l'avoir soumise plusieurs fois à la température de 120°. Le liquide jaune-clair qu'il obtint fut injecté à la dose de 1 gramme sous la peau de 5 chevaux, dont 3 morveux et 2 sains. Sur les premiers, la température s'éleva à 40° 3, 40° 5, 40° 7 ; sur les autres, elle resta normale.

Kalning voulut poursuivre ses recherches ; malheureusement, il contracta accidentellement la morve et paya de sa vie l'honneur de la découverte de la malléine.

Mais bientôt surgirent une foule de travaux dont les résultats confirmèrent entièrement ceux obtenus par le regretté vétérinaire russe.

Aujourd'hui la malléine a été essayée dans tous les pays sur un nombre considérable de chevaux morveux et de chevaux sains. Partout et toujours les résultats ont nettement témoigné de la haute valeur diagnostique de cette substance.

Dans ce travail, qui est destiné à montrer l'ensemble des progrès accomplis, il ne m'est pas possible d'analyser en détail les recherches de tous les auteurs qui ont vérifié le procédé de Kalning. Je me bornerai à indiquer les principaux résultats obtenus en France.

C'est le Pr Nocard qui a expérimenté la malléine sur la plus grande échelle. Personnellement il a

[1] N° du 15 septembre 92, page 601 et suiv.

inoculé plusieurs centaines de chevaux. Il s'est toujours servi de la malléine préparée à l'Institut Pasteur par M. Roux et il n'a jamais eu un seul insuccès.

Ayant eu l'occasion d'essayer la malléine sur 247 chevaux appartenant à une grande Administration qui a eu de la morve dans plusieurs de ses écuries, il a pu déclarer morveux 126 de ces animaux. Pour tous ces derniers sujets abattus, l'autopsie a confirmé les indications de la malléine ; il n'y a pas eu un démenti : tous ont présenté les lésions caractéristiques de la morve.

Les nombreuses expériences faites par M. Nocard lui ont permis de fixer exactement la dose de malléine de Roux qu'il convient d'injecter, et de déterminer la signification des différents degrés de l'élévation thermique consécutive aux injections.

La malléine préparée par M. Roux doit s'injecter à la dose moyenne de 0 gr. 25.

« 1° Si l'élévation de la température provoquée par cette dose de malléine est supérieure à 2 degrés, on peut, par cela seul, déclarer l'animal morveux ;

« 2° Quand l'hyperthermie est comprise entre 1°, 5 et 2 degrés, on peut encore dire que l'animal est morveux, si l'œdème consécutif à l'inoculation est considérable, si surtout la température est encore, après 24 heures, notablement élevée ;

« 3° L'élévation comprise entre 1 degré et 1° 5, doit faire considérer l'animal comme suspect ;

« 4° Quand elle n'atteint pas un degré, l'animal doit être considéré comme sain. »

Ce qu'il y a de très remarquable, c'est que souvent la réaction la plus accusée s'observe chez les animaux dont les lésions sont les moins étendues.

Ces conclusions ont été confirmées depuis par un grand nombre de professeurs et de vétérinaires praticiens, parmi lesquels il faut citer : MM. Degive, directeur de l'École vétérinaire de Cureghem-Bruxelles ; Domény, vétérinaire militaire ; Laquerrière, vétérinaire du service sanitaire de la Seine ; Thomassen, professeur à l'École vétérinaire d'Utrecht ; Pilavios, vétérinaire de l'armée grecque ; Olivet, vétérinaire à Genève ; Weber, membre de l'Académie de médecine ; Leclainche, professeur à l'École vétérinaire de Toulouse, etc.

Dans les expériences que le Pr Cadiot, de l'École d'Alfort, a faites avec la malléine de M. Roux sur des chevaux atteints d'affections autres que la morve (lésions traumatiques, synovites, arthrites, maux de garrot et d'encolure, phlébites, pneumonie chronique, tétanos, mélanose), l'hyperthermie provoquée par les injections a varié de zéro à 1 degré et demi.

Les données précédentes, que je n'ai fait qu'exposer très brièvement, démontrent péremptoirement que la malléine est un excellent réactif de l'affection morvo-farcineuse, que cette substance est appelée à rendre les plus grands services à l'hygiène publique en permettant de déceler, avec la plus grande sûreté, la morve latente qui jusqu'ici n'avait pas pu être diagnostiquée.

Grâce à l'emploi de la malléine, on restreindra énormément les chances de contagion ; peut-être même pourra-t-on espérer l'extinction à peu près complète de la maladie.

M. Kaufmann,
Professeur de Physiologie
à l'École vétérinaire d'Alfort.

LES MONTAGNES DE L'ÉCOSSE

L'impression dominante que rapportent tous ceux qui ont visité l'Écosse, c'est que l'Écosse est un pays de montagnes. Malgré l'altitude assez faible des sommets (le pic le plus élevé, le Ben Nevis, n'atteint pas 1400 mètres), on pourrait en beaucoup de points se croire transporté dans les hautes vallées ou sur les hauts plateaux des Alpes. Il y a là un peu une question de latitude. Comme pour la flore, à laquelle ses aspects sont liés, il existe pour le paysage un caractère septentrional, qui se rapproche par beaucoup de traits du caractère alpestre. L'impression produite n'en correspond pas moins à une réalité géologique : l'Écosse est un des pays où l'on retrouve les traces les mieux marquées de ces grands mouvements de l'écorce terrestre qui ont créé les montagnes. C'est un témoin d'une ancienne chaîne qui se pour-

suivit en Norwège, dont le noyau central devait se trouver dans le massif des Grampians, et dont les chaînons, légèrement divergents, s'orientaient au nord-est du côté d'Edimbourg et presque au nord le long de la côte occidentale en face des Hébrides. Cette chaîne présente un double intérêt, d'abord à cause de la grandeur et de la complication des accidents que les études poursuivies depuis dix ans y ont fait connaître, et aussi à cause de sa haute antiquité : la *chaîne calédonienne* est une des plus anciennes, sinon la plus ancienne que nous puissions reconstituer. On se trouve là en face de mouvements qui datent du début des temps primaires, c'est-à-dire d'une époque où théoriquement [1] l'épaisseur moyenne de l'écorce affectée

---

[1] L'application de la théorie du refroidissement au globe

par ces mouvements devait être sensiblement moindre que lors de la formation des Alpes. Y a-t-il eu là une cause appréciable de différence dans l'allure des phénomènes ? Quelles analogies dans l'ensemble et quelles modifications dans les détails montrera une comparaison avec les Alpes ? Sans doute l'interprétation de ces différences restera toujours un peu arbitraire ; mais il suffit de signaler la question à laquelle elles peuvent se rattacher pour en faire comprendre l'intérêt. Si l'on ajoute que les travaux entrepris dans le nord de l'Écosse semblent de nature à jeter quelque lumière sur le problème encore si obscur de la genèse des gneiss, on voit que la portée en dépasse de beaucoup celle d'une simple description régionale. Ils sont, je crois, de ceux qui méritent d'être présentés avec quelques détails aux lecteurs de la *Revue*.

Grâce à une aimable invitation de Sir Archibald Geikie, directeur général du Service géologique de la Grande-Bretagne, nous avons pu, M. de Margerie et moi, étudier pendant l'été dernier la région du lac Assynt, sous la conduite de M. Peach, qui dirige spécialement les travaux de la Carte d'Écosse [1]. M. Peach nous a fait vérifier les principales coupes publiées ; nous avons constaté avec lui les preuves irréfutables sur lesquelles elles s'appuient, et nous avons admiré la minutieuse exactitude des relevés. M. Peach nous disait au départ : « Je ne crois pas qu'il y ait maintenant, dans toute la Grande-Bretagne, de région mieux et plus complètement connue que celle que nous allons visiter. » Nous pouvons ajouter, après ce que nous avons vu, que, dans aucune autre partie de l'Europe, le travail d'une carte géologique n'a pu être poussé plus loin ni faire plus d'honneur à ses auteurs.

I

Avant d'exposer les résultats des derniers travaux, il convient de dire quelques mots de ceux qui les ont précédés. Cette partie du nord de l'Écosse est depuis longtemps célèbre par les discussions auxquelles elle a donné lieu. La découverte de fossiles en 1854 dans le calcaire de Durness amena Murchison à étudier la région, et ce fut lui qui appela l'attention sur les particularités de sa structure : une série puissante de sédiments, composés de quartzites et de calcaires, s'appuie à

l'ouest sur les gneiss de la côte et va s'enfoncer, avec une pente régulière et assez faible, sous une masse énorme de schistes micacés et de nouveaux gneiss, sans que nulle part la série semble offrir indice d'une interruption ni d'une discordance. Murchison en conclut que les gneiss supérieurs étaient des « gneiss récents », et qu'il fallait y voir des couches siluriennes, supérieures aux couches fossilifères et postérieurement métamorphisées.

Le Professeur Nicol, d'Edimbourg, qui accompagnait Murchison dans sa première visite, fut amené le premier, en reprenant les années suivantes la même étude, à proposer une interprétation différente : il pensa que les quartzites et calcaires siluriens de la base étaient répétés plusieurs fois par plis et par failles, que la concordance avec les gneiss supérieurs était seulement locale et apparente et qu'en réalité il existait entre eux une faille, le long de laquelle les gneiss de l'est avaient été poussés au-dessus du silurien. Ces vues remarquables et destinées à être confirmées avec éclat étaient appuyées par une comparaison avec les phénomènes connus dans les Alpes. Malheureusement elles n'étaient pas accompagnées des preuves décisives qui eussent seules pu alors faire accepter de pareilles nouveautés. L'autorité de Murchison prévalut, et l'on continua, pendant plus de vingt ans, à admettre, sans discussions et sans réserves, l'existence en Ecosse de gneiss siluriens.

La question, reprise à partir de 1878 dans les notes de MM. Hicks, Bonney, Hudleston et Callaway, entra dans une nouvelle phase à la suite du travail mémorable de M. Lapworth, intitulé : *Le secret des Highlands* [1]. M. Lapworth, en 1882 et 1883, s'astreignit à faire la carte détaillée des districts de Durness et d'Eriboll ; il fut ainsi conduit à reprendre l'opinion de Nicol, mais cette fois avec preuves décisives à l'appui.

Ces preuves étaient singulièrement difficiles à trouver. Les fossiles font défaut, ou à peu près ; il s'agissait donc de mener à bien une étude stratigraphique, fondée seulement sur des caractères lithologiques, et pour cela il fallait mettre en évidence, dans une série en apparence très uniforme, ou au moins se réduisant à deux termes bien distincts, un nombre suffisant d'horizons précis. Je me rappelle l'étonnement, je dirai presque l'effroi dont nous avons été saisis, M. de Margerie et moi, le premier jour où M. Peach nous a montré les caractères qui différencient ces horizons successifs ; leur insignifiance apparente, leur nature presque fugitive appelle immédiatement deux idées : la première, qu'on aurait été incapable de les distin-

---

terrestre n'est pas sans objections ; il faut admettre à la fois que la terre est homogène, solide et plastique. Ce sont là des hypothèses qui ne sont certainement pas toutes exactes et qu'on ne peut admettre que par approximation. Je crois pourtant que les formules peuvent être considérées comme indiquant *le sens* des phénomènes.

[1] Nous avons eu la bonne fortune de faire cette excursion avec M. de Richthofen, l'illustre professeur de Berlin, et avec MM. Hughes, Harker, Sollas et Watts.

[1] *Geol. Magazine*, T. XX, 1883, p. 120, 393, et 137, et *Proceedings Geolog. Association*, vol. VIII, p. 438.

guer soi-même, et la seconde qu'il faut être bien hardi pour établir sur de pareilles bases d'aussi grandioses résultats. Mais ces caractères, reconnus d'abord sur un champ d'études restreint, se sont retrouvés les mêmes, sans modifications, sur une longueur de 150 kilomètres. MM. Peach et Horne ont multiplié le nombre de ces horizons, et leurs subdivisions, aussi bien que les divisions principales de M. Lapworth, se répètent dans toute la région avec la même rigueur. Chacune des preuves, prise isolément, semblerait de faible valeur ; mais elles s'accumulent et l'ensemble forme un faisceau indestructible.

M. Lapworth a démontré ainsi que l'énorme épaisseur apparente du système était formée par un petit nombre de couches, entassées sur elles-mêmes (*piled again and again*) et indéfiniment répétées, toujours avec le même pendage. Il devient dès lors naturel d'attribuer à ce même phénomène d'empilement, la présence du gneiss au-dessus du silurien. Là les preuves sont d'un autre ordre, et tirées de la nature même de ces gneiss et micaschistes ; on constate en effet qu'ils on subi d'énormes mouvements, que leurs particules ont été soumises à un véritable *réarrangement*, qui permet pourtant en certains endroits d'y reconnaître des paquets, moins transformés, des gneiss anciens de la côte ou des assises siluriennes. Ce serait un ensemble hétérogène, écrasé et broyé par les actions mécaniques et reproduisant, par suite d'une sorte de clivage général, l'apparence d'une stratification primitive.

Ainsi se trouvait établie pour le nord de l'Ecosse l'existence de phénomènes qui n'étaient encore admis que pour certaines régions des Alpes et pour le bassin houiller franco-belge : la mise en mouvement et le charriage horizontal sur plusieurs kilomètres de puissantes masses superficielles. Les exemples semblables abondent maintenant, ils se sont appelés les uns les autres. Mais, il y a dix ans, il n'en était pas ainsi, et l'on m'a raconté que M. Lapworth, pris d'une sorte de fièvre en face des conséquences qu'il voyait progressivement se dérouler, se croyait dans ses rêves saisi dans l'engrenage de ces énormes mouvements et écrasé le long des plans de charriage.

Peu de carrières géologiques offrent l'exemple de succès comparables à ceux de M. Lapworth. Dans le sud de l'Écosse, c'est à l'aide des graptolithes, organismes inférieurs, dont la valeur paléontologique pouvait sembler contestable, qu'il a établi des horizons dans une série qui avait défié tous les efforts, et les zones établies dans le petit coin de Dobbs Linn se retrouvent maintenant dans toute l'Europe et jusque dans l'Amérique. Pour le nord de l'Écosse, c'est avec des données moindres

encore, avec des traces de vers, avec des différences lithologiques de couleur et de grain, qu'il a fixé ses horizons, qui, là encore, se sont trouvés d'une constance et d'une extension inattendues. A l'aide de ces outils qu'il a forgés lui-même et que d'autres eussent dédaignés, il a donné la clef de la géologie de deux grandes provinces de l'Écosse ; il a fait ainsi pour la stratigraphie des Highlands ce que Sir Archibald Geikie a fait pour l'histoire des éruptions de la région, et leur nom restera associé à l'une des phases les plus brillantes de la géologie écossaise.

II

La part de ceux qui ont suivi M. Lapworth est assez belle pour que j'aie pu, sans diminuer leurs mérites, insister sur celui qui a été le *précurseur*. Les premiers travaux avaient montré les rapports d'ensemble avec les Alpes. Ceux de MM. Peach et Horne, en permettant de préciser ces rapports, ont en même temps fait ressortir des différences dont l'intérêt est considérable.

Le Service de la Carte géologique, quoique plutôt prévenu en faveur des anciennes idées, s'empressa d'entreprendre l'étude générale de la région où pouvaient se vérifier et se poursuivre les phénomènes signalés par M. Lapworth. Dès 1884, M. Peach, chargé de la surveillance générale et de la coordination de ces travaux, pouvait convier le Directeur général à venir en contrôler les résultats décisifs, et Sir Archibald Geikie, renonçant à l'opinion qu'il avait précédemment soutenue, s'empressa de se rendre à l'évidence des faits, et de le déclarer hautement, en publiant dans le journal *Nature* [1] « les conclusions auxquelles les géologues du service, pas à pas et presque malgré eux, avaient été amenés ». Mais c'est en 1888 seulement que parut un Rapport détaillé [2], embrassant l'ensemble des observations faites par MM. Peach, Horne, Gunn, Clough, Hinxmann et Cadell. Depuis lors, les études ont été poursuivies, les observations se sont complétées, mais le rapport de 1888 continue à représenter les traits principaux des résultats acquis.

Ces résultats sont remarquables à plus d'un titre. En apprenant que les montagnes d'Écosse montraient la trace de déplacements horizontaux comparables à ceux des chaînes plus récentes, on a pu croire que la chaîne ancienne allait se montrer construite exactement sur le plan des Alpes. En constatant plus tard, dans les coupes de MM. Peach

---

[1] *The Nature*, 13 novembre 1884.
[2] *Recent work of the geological Survey in the North-West Highlands of Scotland*, *Quart. Journal of the eol. Society*, 1888, p. 378.

et Horne, des différences importantes avec le types classiques de la Suisse, on a pu croire encore à une part d'interprétation qui aurait rendu ces différences plus apparentes que réelles et aurait permis de ramener les unes et les autres à une même coupe schématique. Il faut, je crois, renoncer à toute idée de ce genre ; les différences sont réelles et profondes ; on peut en discuter la cause et la valeur théorique, mais on ne peut les contester.

Tout d'abord, il y a trois grands plans, ou mieux trois grandes surfaces indépendantes de poussée ou de charriage (*thrust planes*). Chacun d'eux a produit des déplacements horizontaux de plusieurs kilomètres ; pour le dernier, le plus oriental, ces déplacements vont jusqu'à 15 kilomètres. Les deux premiers n'ont amené en superposition au-dessus de la série normale que des couches analognes à celles qu'ils surplombent ; le troisième, au contraire, a amené en superposition une série différente, précisément celle des anciens « gneiss récents » de Murchison. Le dernier plan de poussée arrive par places à chevaucher au-dessus des deux premiers ; si bien qu'on a alors un édifice à trois étages, les deux premiers construits avec les mêmes matériaux que le soubassement, et le troisième formé de matériaux différents. Ce qui est plus extraordinaire encore, et ce qui semble pourtant certain (quoique je n'en aie vu qu'un exemple, et sans pouvoir consacrer un temps suffisant à son examen), c'est que le troisième étage ne repose pas partout sur le second, mais arrive à le couper en biseau pour descendre sur le premier, ou même directement sur le soubassement. Il y a là une complication extraordinaire, dont on n'a pas signalé d'autres exemples. On connaît bien, en Provence notamment, une série de poussée qui s'échelonnent les uns derrière les autres, et ont produit chacun des déplacements horizontaux de plusieurs kilomètres. Mais chacun d'eux correspond à un pli distinct ; chacun d'eux a son domaine propre et n'empiète pas sur le voisin. En Écosse, on ne peut se défendre de l'impression qu'on est en face d'un phénomène unique et que la division en trois plis, dont chacun aurait formé un des trois étages, serait une division illusoire.

Mais il existe une différence plus importante encore à mes yeux : c'est l'*absence générale de couches renversées*. Dans les Alpes et en Provence, ce qui caractérise ces phénomènes de charriage horizontal, c'est l'existence plus ou moins intermittente de couches se succédant dans l'ordre inverse de la stratification primitive, la plus ancienne en haut et la plus récente en bas. Ces couches renversées sont en même temps ordinairement *étirées*, c'est-à-dire que l'épaisseur normale des étages y est

réduite dans une très forte proportion. Ce sont elles qui semblent donner la clef du phénomène et qui ont permis à M. Heim d'en formuler la théorie, en l'assimilant au *déroulement* d'un pli, dont la base, forcée de s'étendre sur un plus grand espace, subit une sorte de laminage. Il serait bien simple, il est vrai, de répondre qu'en Écosse la réduction d'épaisseur est allée jusqu'à zéro, que l'étirement est allé jusqu'à la suppression, et qu'on n'en peut pas moins invoquer le même mécanisme. Mais il y a autre chose : au-dessous de chaque plan de poussée, on trouve aussi en Écosse des couches dans une position anormale ; seulement cette position est tout autre ; ces couches sont obliques au plan de poussée, et se répètent indéfiniment par suite d'une série de petites failles, un peu plus obliques que les couches. En d'autres termes, chacun de nos trois étages a un *plancher* ; mais ce plancher, au lieu d'être formé par des lattes parallèles à la base de l'étage, aurait été formé en taillant ces lattes en tranches qu'on aurait relevées obliquement. Toutes ces tranches sont semblables entre elles, toujours inclinées vers l'est, c'est-à-dire vers le côté d'où est venu le mouvement, et les *couches n'y sont jamais renversées*. Les petites failles de séparation sont généralement peu visibles, et il en résulte que, retrouvant sur de longs espaces des couches semblables, sans horizons apparents et toujours inclinées dans le même sens, on serait amené à leur prêter des épaisseurs invraisemblables. C'est là qu'éclate l'utilité des subdivisions introduites dans la série : on est en face de couches *numérotées*, dont les numéros sont peu visibles, mais bien connus, et partout retrouvables à l'aide d'un examen minutieux. Cet examen a été fait avec un soin et une conscience extraordinaires. Dans la région que nous avons visitée, au milieu de ce dédale de couches qui se ressemblent toujours et se répètent par étroits compartiments, nous n'avons pas abordé un compartiment dont M. Peach n'ait pu nous montrer le détail représenté, sans essai de schématisation, sur ses minutes au dix millième [1] ; nous n'avons pas traversé une couche dont M. Peach n'ait pu à l'avance nous dire le numéro.

La disposition que je viens d'essayer de décrire est précisément celle que M. Suess a décrite sous le nom de *schuppen-Structur* (structure imbriquée), et on la voit, dans le Jura bernois par exemple, se produire comme cas particulier des plissements ; c'est, en somme, celle qu'on obtient en imaginant une série de plis couchés dans le même sens, et en supposant que, dans tous ces plis, la moitié correspondant aux couches renversées ait été supprimée. Ce

---

[1] L'échelle exacte est $\frac{1}{10560}$.

qui rend ici l'explication difficile, c'est que le mouvement est localisé dans les planchers des trois étages, c'est-à-dire dans des bandes de terrains peu épaisses ; on est d'abord amené dans ces conditions à l'attribuer à la friction exercée par les masses charriées. On concevrait bien que la friction ait plissé ces bandes, comme on peut plisser une étoffe en promenant la main à sa surface, mais on conçoit moins facilement comment ces plis ont été remplacés par des moitiés de plis, ou pour mieux dire comment le plissement a pu être remplacé par une fragmentation avec relèvement uniforme des fragments successifs.

Sans chercher pour le moment le sens et la raison de chacune de ces complications, on voit se dégager un caractère commun : les plis font défaut ou n'existent que sous une forme dissimulée. Ceux qu'on rencontre du moins sont des accidents locaux, qu'on ne peut guère invoquer pour expliquer l'ensemble. On peut toujours schématiquement ramener un mouvement quelconque à un pli dont une partie a disparu ; mais, tandis que, dans les Alpes, la disparition est toujours momentanée et laisse à peu de distance reparaître le pli complet, en Écosse la disparition des parties renversées est constante et presque sans exception. Dans fin cas, l'explication par les plis résulte directement de l'observation ; dans l'autre elle devient une question de système. La différence peut s'exprimer encore sous une autre forme : dans les Alpes les suppressions de couches se font presque toujours par des glissements parallèles à la stratification, et j'ai essayé, dans un article précédent[1], d'expliquer qu'il y avait là une conséquence naturelle du parallélisme des couches avec les forces de compression. En Écosse, ce même parallélisme existe, et pourtant les glissements, sauf les trois grands mouvements de charriage, sont presque toujours obliques à la stratification des bancs. Il y a certainement, à un changement aussi complet, une cause générale et profonde. Elle ne peut être cherchée raisonnablement dans la nature des forces agissantes ; il faut donc que ce soit dans les résistances mises en jeu. Une série remarquable d'expériences, faites par M. Cadell, en partie avec la collaboration de M. Peach, est peut-être de nature à jeter quelque jour sur la question[2].

Il fallait agir sur des corps susceptibles de se plisser dans une certaine mesure, mais incapables de supporter, sans se briser, un effort plus grand : des alternances de plâtre et de sable humide ont réalisé cette condition ; on a de plus laissé libre

jeu à la déformation en ne chargeant pas, par un poids étranger, l'ensemble des lits comprimés. C'est là s'écarter sensiblement des conditions de la nature, où le poids des couches, à cause de la grandeur des masses en mouvement, joue un rôle considérable, tandis que dans l'expérience ce rôle est négligeable. D'un autre côté, si l'on donne naissance ainsi à des structures comparables à celles des Highlands, on pourra conclure que les raisons des particularités présentées par cette structure doivent être cherchées dans une *plasticité*, moindre, due soit à la nature des couches, soit plutôt à leur moindre épaisseur. On admet en effet, maintenant, à la suite de M. Heim, que la plasticité dont témoignent les plissements des couches dans les montagnes est due, d'une part, à la lenteur des mouvements, et, de l'autre, au poids énorme qui chargeait les parties plissées. Pour les corps solides, avec des pressions suffisantes, la répartition de ces pressions arrive à se faire, comme pour les liquides, également dans tous les sens ; et alors, même si les forces de cohésion sont surmontées, les particules, énergiquement maintenues de toutes parts, ne peuvent prendre que de très petits mouvements relatifs ; le corps se déforme progressivement et sans se briser.

En fait, les expériences de M. Cadell ont reproduit avec une étonnante fidélité quelques-unes des coupes singulières décrites en Écosse, notamment les plans de poussée superposés et les couches empilées sur elles-mêmes. Le point de départ est toujours la formation d'un pli ; mais les couches amenées en saillie, n'étant plus maintenues latéralement, se brisent et leurs morceaux chevauchent les uns au-dessus des autres ; le pli reste visible en profondeur bien après que l'apparence en a disparu à la surface par cette sorte de morcellement. Quant à l'empilement, les expériences ne le produisent qu'à la partie supérieure du système, presque toujours au-dessus d'un plan de poussée, et comme cas extrême du morcellement d'une voûte. La friction exercée par un plan de poussée supérieur ne joue donc là aucun rôle, et on est conduit alors à penser qu'il n'y a été de même dans le phénomène naturel, ou du moins que la friction supérieure n'est intervenue que pour coucher dans le sens du mouvement, pour rapprocher de la direction horizontale les morceaux empilés. En d'autres termes, les tranches de couches empilées représenteraient des tranches qui se sont avancées plus loin que ce qui est au-dessus d'elles, et moins loin que ce qui est au-dessous ; qui, de plus, à cause de leur faible épaisseur, ont subi, dans une plus forte mesure, l'action retardatrice ou accélératrice des masses entre lesquelles elles étaient comprises. Sous cette forme, on s'aperçoit immédiatement que la for-

---

[1] Les récents progrès de nos connaissances orogéniques, *Revue générale des Sciences*, t. III, p. 1.
[2] *Transactions of the Royal Soc. of Edinburgh*, vol. XXXV, part. 2, p. 337.

mule peut être généralisée et donne très simplement une explication générale des phénomènes : les masses charriées se sont divisées en une série de tranches horizontales qui se sont mues indépendamment les unes des autres[1] : les masses les plus épaisses tout d'un bloc, les autres, en subissant l'influence secondaire des masses voisines. Cette formule ne diffère alors de celle par laquelle j'ai essayé précédemment de résumer les mouvements alpins, que parce que, dans ces derniers, les tranches successives sont précisément les couches elles-mêmes, les plans de division étant les plans de stratification et par conséquent en nombre presque indéfini. En Écosse, comme dans les Alpes, les pressions auraient d'abord formé une voûte, puis, à mesure qu'elles s'accentuaient, la voûte dans un cas se serait *couchée*, et dans l'autre se serait *brisée*. La pression continuant à agir, les mouvements de glissement auraient eu lieu, suivant les bancs dans la voûte couchée, suivant les fractures dans la voûte brisée. La différence des deux régions serait due à une différence de plasticité, c'est-à-dire à une différence de poids ou d'épaisseur des masses comprimées. On voit combien l'explication serait conforme à la théorie[2] d'après laquelle l'épaisseur des couches superficielles, comprimées par suite du refroidissement terrestre, irait en croissant avec le temps. Les différences entre les montagnes d'Écosse et les Alpes seraient *une question d'âge*. Ce n'est sans doute là qu'une conséquence encore hypothétique; on peut ajouter pourtant qu'elle serait encore confirmée par la comparaison avec la chaîne de l'époque houillère. Cette chaîne, si bien étudiée par M. Gosselet dans l'Ardenne, montre, sur les bords du bassin houiller, une structure intermédiaire, le rôle des failles y étant plus accusé que dans les Alpes et moins accusé qu'en Écosse. En tout cas, je ne puis partager l'opinion de M. Cadell lorsqu'il dit qu'en examinant les Alpes à la lumière des faits nouveaux, reconnus dans les Highlands et confirmés par les expériences de laboratoire, on y retrouvera les mêmes structures. Ce ne sont pas les observateurs qu'il faut accuser, ce sont les montagnes qui ne sont pas les mêmes.

III

A côté de l'étude des mouvements eux-mêmes, il faut signaler celle du métamorphisme dû à ces mouvements. Nulle part peut-être, en dehors des

travaux de M. Reusch en Norwège, on n'en a décrit d'exemples plus nets et plus instructifs. Dans les bancs de poudingues, on voit les cailloux s'allonger dans la direction du mouvement; la séricite se développe dans les quartzites, et les transforment en des schistes micacés, parsemés de petites veines feldspathiques (*veins of pegmatit*). Tous ces effets vont en augmentant à mesure qu'on se rapproche de l'est, et au-dessous du dernier grand plan de poussée, nous avons pu voir une coupe remarquable, où, par suite de la répétition des bancs, on suit presque pas à pas les progrès de la transformation jusqu'au point où les couches cessent complètement d'être reconnaissables et ne peuvent plus se distinguer avec certitude de l'ensemble des schistes cristallins (*Moine schists*) qui les surmontent.

En d'autres points au contraire, ceux où l'étage supérieur (par suite d'une dénudation moindre) s'avance plus loin vers l'ouest, la séparation des deux systèmes est nette et tranchée; on trouve alors à la base des schistes cristallins une véritable brèche de friction, épaisse de plusieurs mètres, où les fragments brisés sont visibles à l'œil nu, mais qui se divise en bancs parallèles et semble stratifiée. La stratification est là évidemment mécanique; c'est un clivage de la masse broyée. Pour M. Peach, le phénomène est le même quand les fragments cessent d'être visibles et quand ils sont fondus en une pâte entièrement cristalline. Tout alors, le grain de la roche, comme l'apparence de sédimentation, comme sa structure cristalline, serait le produit d'actions mécaniques, et cela sur une étendue de plusieurs milliers de kilomètres carrés. Il n'y aurait même pas nécessité de supposer que cette masse énorme de schistes corresponde à un étage spécial; les matériaux en auraient été fournis pêle-mêle par les roches et dépôts antérieurs aux mouvements. Ici l'hypothèse prend quelque chose de trop colossal pour qu'on puisse s'y associer. Il me semble difficile de ne pas voir, dans l'ensemble de ces schistes cristallins, une formation spéciale, d'âge défini, sinon déterminé, certainement antérieure au Cambrien, un véritable *étage* dans le sens ordinaire du mot, et plus ou moins à rapprocher des schistes micacés et phyllades qui forment en France le sommet de la série cristallophyllienne. On peut admettre que l'épaisseur apparente de cet ensemble est augmentée par une série de plans de poussées et par le mécanisme déjà décrit des empilements; on peut admettre que la stratification visible est un clivage. Mais on ne peut guère, à moins de nouveaux arguments, aller plus loin; les paquets d'anciens gneiss ou de couches siluriennes, encore reconnaissables, qu'on y a signalés, doivent être considérés comme des parties

---

[1] C'est la formule même que je proposais il y a deux ans, en indiquant les coupes d'Écosse comme montrant la réalisation matérielle de cette idée théorique (voir *C. R. Ac. Sc.*, 29 déc. 1890, Rapport de M. Daubrée sur le prix Vaillant).

[2] Davison et Darwin, *Phil. Transactions of Royal Society*, 1887, p. 281.

plus anciennes ou plus récentes, ramenées par plis ou par failles; mais ils ne peuvent entraîner la conclusion que toute la masse soit formée des mêmes matériaux. Quant à cette brusque apparition d'une puissante série sédimentaire, qui fait complètement défaut à quelques kilomètres plus à l'ouest, elle rappelle exactement ce qui se passe dans les Alpes, dans la zone comprise entre les massifs du mont Blanc et du mont Rose. On pourrait même suivre, terme par terme, une curieuse relàtion de position entre les séries des deux régions : les gneiss de la chaîne du mont Blanc correspondraient à ceux de la côte écossaise; sur ces gneiss s'appuient en discordance, d'une part les terrains houillers, de l'autre les grès de Torridon, dont je parlerai tout à l'heure; les quartzites et les calcaires du Trias occupent la place des quartzites et des calcaires cambriens d'Écosse, et à l'est de ces derniers, au lieu de voir réapparaître les termes plus anciens sur lesquels ils s'appuyaient à l'ouest, on ne rencontre plus qu'une immense succession de schistes, inconnus de l'autre côté, les *Moine schists* en Écosse et les schistes lustrés dans les Alpes. Dans ces derniers d'ailleurs on trouve intercalés des lambeaux pincés de Trias, comme on trouve des lambeaux cambriens dans les schistes d'Écosse.

Ce n'est d'ailleurs pas le lieu d'insister sur ces *Moine schists*, la question qui de toutes reste la plus obscure et sur laquelle presque rien n'est publié. Les dernières observations que je veux mentionner en terminant sont celles qui sont relatives aux gneiss de la côte. Là les mouvements post-cambriens ont cessé de se faire sentir; à la région prodigieusement disloquée, que nous venons d'étudier, en succède une autre, où règne l'apparence du calme le plus complet, où les gneiss eux-mêmes ne se montrent que faiblement et mollement ondulés, où les grès qui les recouvrent sont presque partout restés horizontaux. Ces grès (grès de Torridon), dont j'ai déjà dit un mot, par leur nature grossièrement détritique, et par leur teinte rouge et brune, rappellent l'aspect de notre étage permien; sur toute leur épaisseur, qui est considérable, il n'y a pas de trace de métamorphisme. Ils sont pourtant incontestablement plus anciens que les quartzites cambriens, qu'on voit partout s'appuyer en discordance, avec une légère inclinaison vers l'est, sur les tranches des grès horizontaux coupés en biseau. L'érosion a profondément découpé ces grès, en pics isolés, aux formes bizarres et abruptes, sortes d'immenses châteaux forts qui s'échelonnent le long de la côte, «. étrangers, a dit Mac Culloch, le premier géologue qui les a décrits, par leur nature et par leur structure, à tout ce qui les entoure et semblant eux-

mêmes s'étonner de se trouver à cette place ». Leur horizontalité, leur fraîcheur, leur ressemblance avec des dépôts récents, sont autant d'indices qui prouvent que leur soubassement est, lui aussi, resté à peu près ce qu'il était à ces époques reculées. Ce qu'on peut étudier à leurs pieds, ce sont donc des gneiss tels qu'ils étaient avant la période cambrienne.

C'est là un point d'une grande importance; c'est grâce à de semblables circonstances que l'étude des gneiss sera toujours plus facile et plus fructueuse dans les pays septentrionaux que dans les nôtres. Là, en effet, où la croûte terrestre a été disloquée jusqu'à des époques plus récentes, les gneiss ne se montrent à nous qu'avec toutes les transformations dues aux métamorphismes et aux injections successives de roches ignées. Il ne semble pas jusqu'ici que cette complexité ait donné lieu à des types spéciaux (quoique je ne croie pas qu'une étude sérieuse, sans idée préconçue, ait été faite encore dans cette direction); mais, en tout cas, elle rend la part de chacune des actions plus difficile à démêler dans l'ensemble. Là au contraire où, comme en Écosse, la déformation s'est arrêtée à son premier stade, le problème se présente avec une simplicité plus grande, et il y a plus de chances pour que des conclusions précises puissent se dégager.

Les gneiss de la côte d'Écosse sont des gneiss basiques, où le mica est remplacé par de l'amphibole et du pyroxène; ce sont des gneiss granitoïdes, c'est-à-dire où l'arrangement des matériaux foncés suivant les lignes parallèles est à peine indiqué. Ils sont traversés par de nombreux filons basiques, allant des diabases aux péridotites, et tous antérieurs aux grès de Torridon. Ces gneiss, comme je l'ai dit, ont constitué la plate-forme contre laquelle l'immense flot des déplacements siluriens est venu s'arrêter sans l'ébranler; mais on y trouve la trace de mouvements plus anciens, postérieurs aux filons basiques et antérieurs aux grès de Torridon et qui ont étudier en détail et qui fournissent des données précieuses.

Ces mouvements sont étroitement localisés suivant des lignes ou des bandes de faible largeur, que M. Peach compare à des plans de poussée verticaux : le long de ces lignes, qui quelquefois suivent les filons, ceux-ci sont transformés en schistes amphiboliques, avec un peu de mica et des lentilles de nature dioritique; les péridotites passent à des schistes talqueux. Dans les gneiss, il y a formation de mica qui s'aligne suivant la direction du mouvement; les nouveaux plans d'orientation sont indépendants de la schistosité primitive qu'ils coupent ou qu'ils arrivent à effacer complètement, et l'on peut suivre tous les stades de transformation. On voit, puisque la schistosité primitive ne joue aucun rôle, que le résultat aurait été le même sur un granite ; on assiste donc ainsi à *la Formation de gneiss et de schistes amphiboliques par laminage de roches granitoïdes.* On a déjà plusieurs fois proposé cette théorie et cité à l'appui d'autres faits d'observation ; mais je ne crois pas qu'aucun d'eux puisse se présenter avec une plus grande netteté ni offrir une vérification plus facile.

On peut objecter que l'effet n'est produit que sur d'étroits espaces ; mais il l'est par un phénomène qui n'est qu'exceptionnellement localisé et qui, d'après ce qu'on sait de ses autres effets, est susceptible de s'étendre à des masses presque indéfinies. On est donc en droit de conclure que le laminage des roches éruptives est un des modes possibles, et même probables, de formation des gneiss. Cela ne veut pas dire naturellement *que tous les gneiss* soient formés ainsi. D'abord, comme on l'a vu plus haut, le même métamorphisme mécanique peut s'appliquer à des sédiments. De plus, M. Michel Lévy a démontré que l'injection des roches éruptives dans des sédiments peut également produire de véritables gneiss ; peut-être seulement dans ce cas est-il moins facile de concevoir l'extension du phénomène à de vastes espaces. Enfin, il peut y avoir des gneiss formés, dès l'origine et directement à l'état de gneiss, correspondant alors à la première croûte du globe solidifié. M. Lawson en a décrit au Canada un exemple intéressant, qui rapprocherait ce mode de formation de celui des roches éruptives. Voilà donc

trois origines possibles, en dehors de toute théorie, et il faut avouer que le choix, dans l'état de nos connaissances, est bien rarement possible pour chaque cas particulier. Les observations de MM. Peach et Horne marquent pourtant un nouveau pas vers la solution, et l'on peut répéter ici ce que L. de Buch disait du Tyrol : tous les géologues qui s'occupent de ces questions devraient faire un pèlerinage à la côte d'Écosse.

En terminant cet exposé, il me reste à émettre le vœu que ces belles découvertes soient le plus tôt possible publiées dans tous leurs détails. Le Rapport de 1888 n'est qu'un résumé des résultats les plus importants ; on a le droit d'attendre et de demander une monographie complète. Tous les éléments en seront bientôt réunis ; il faut les faire paraître.. Il serait désirable qu'une étude micrographique pût accompagner et préciser toutes les observations relatives au métamorphisme ; il serait désirable surtout qu'on pût suivre la lecture du mémoire sur les cartes détaillées. Un travail immense a été fait pour ces minutes ; la réduction à une échelle six fois moindre donnera lieu à une complication de contours presque inextricable, et perdra le bénéfice d'une partie de ce travail. La région présente un intérêt assez exceptionnel et assez général pour qu'on sorte pour elle du cadre ordinaire, et la question de frais ne peut pas être un obstacle : l'Angleterre est assez riche pour payer sa gloire.

Marcel Bertrand,

Professeur à l'École des Mines.

LES SEPT IMAGES DE L'ŒIL HUMAIN

Un rayon lumineux ne traverse jamais une surface séparant deux milieux transparents, sans qu'une partie de la lumière soit réfléchie. Dans un instrument dioptrique il se fait ainsi toute une série de réflexions. Je désigne la quantité totale de la lumière réfléchie, qui sort de l'instrument du côté de l'objectif, comme lumière *perdue*, pour la distinguer de la lumière *utile*, qui contribue à la formation de l'image que nous employons.

Mais, avant de sortir de l'instrument, la plupart des rayons perdus rencontrent une ou plusieurs surfaces, qui réfléchissent de nouveau une partie de la lumière ; cette lumière finit par sortir de l'oculaire et peut ainsi entrer dans l'œil de l'observateur. Comme elle ne contribue pas à former l'image utile, elle est souvent une cause de gêne : Je désigne cette partie de la lumière comme *nuisible*.

Il se forme ainsi dans tout instrument dioptrique une série d'images, qu'on peut observer en employant comme objet une flamme quelconque. Même une simple lentille montre des images correspondant aux trois catégories de la lumière. En la plaçant à quelque distance d'une flamme, si l'observateur se place du côté de celle-ci, il voit deux images catoptriques, dues aux rayons perdus, et, s'il se place de l'autre côté, il voit, à côté de l'image utile, une petite image pâle, formée par deux réflexions successives dans l'intérieur de la lentille, et qui représente la lumière nuisible.

Théoriquement, on devrait ainsi pouvoir observer une série infinie d'images, dues à des réflexions répétées ; mais, l'intensité des rayons réfléchis diminue si vite qu'en général on ne voit que les quatre dont je viens de parler..

En faisant l'intensité du rayon incident égale

à 1 et en négligeant l'angle d'incidence, l'intensité du rayon réfléchi s'exprime par :

$$A = \left(\frac{n-1}{n+1}\right)^2$$

où n désigne l'intensité relative des deux milieux. Au moyen de cette formule on trouve pour une simple lentille de verre la répartition suivante :

Lumière utile.................. 92 %
 »   perdue.............. 8 %
 »   nuisible.............. 1,6 %.

Dans les instruments composés la perte est bien plus grande et peut atteindre un tiers de la lumière incidente, ou davantage.

Si on regarde la flamme d'une bougie à travers un prisme très faible (1-2°), on voit, outre la flamme elle-même, deux images secondaires, dont la deuxième est très pâle. Les rayons qui la forment ont subi quatre réflexions sur des surfaces de verre; leur intensité n'est donc que 1/5000 °/₀ de la lumière incidente. Nous allons, dans la suite, considérer cette intensité comme la limite de visibilité.

Les remarques que nous venons de faire s'appliquent aussi bien à l'œil qu'à tout autre instrument d'optique. Dans l'œil nous avons aussi des rayons *utiles*, qui forment l'image sur la rétine, des rayons *perdus* qui sortent de nouveau de l'œil, et des rayons *nuisibles*, qui, après avoir subi une première réflexion sur l'une des surfaces réfringentes de l'œil, sont de nouveau réfléchis par une autre surface et reviennent ainsi vers la rétine.

Mais, avant d'exposer la manière dont on peut observer les images formées par ces différents rayons, nous allons en quelques mots rappeler la construction optique de l'œil.

La réfraction oculaire se fait au moyen de deux lentilles : la *cornée*, qui est concave-convexe, et le *cristallin*, qui est biconvexe. Les deux lentilles sont séparées par l'humeur aqueuse, et le cristallin est séparé de la rétine qui forme l'écran, par le corps vitré. Ces deux liquides ont à peu près le même indice que l'eau.

En général on se figure la réfraction oculaire un peu autrement. On admet que l'indice de la cornée ne diffère guère de celui de l'humeur aqueuse, et on considère toute la réfraction cornéenne comme ayant lieu à la surface antérieure de la membrane. Quoique l'erreur, qu'on commet ainsi, ne soit pas très grande, on a pourtant tort en négligeant complètement la différence d'indice entre la cornée et l'humeur aqueuse, car elle est en réalité

assez considérable. Je m'en suis aperçu à l'occasion du fait suivant. Pour pouvoir mieux examiner les images catoptriques du cristallin, je désirais faire disparaître l'image de la surface antérieure de la cornée, qui, par son grand éclat, gêne l'observation des autres images. J'ai donc plongé l'œil que je voulais examiner, dans une petite cuve, remplie d'eau salée et fermée en avant par un verre plan, à travers lequel j'observais l'œil. Je pensais ainsi faire disparaître l'image en question; mais elle persistait toujours, et son éclat, quoique fortement diminué, dépassait encore celui des autres images. L'indice de la cornée doit donc différer sensiblement de celui de l'eau, et pour les raisons qui vont suivre, nous allons admettre un indice de 1,377 pour la cornée et de 1,3365 pour l'humeur aqueuse et le corps vitré. Le rayon de la surface antérieure de la cornée est d'environ 0m008; d'après mes mensurations, celui de la surface postérieure mesure environ 0m006.

Les rayons du cristallin mesurent 0m010 et 0m006. Quant à son indice, c'est la moins connue de toutes les constantes optiques de l'œil. Helmholz l'a d'abord fixé à 1,45 plus tard à 1,44. D'après mes recherches, il ne doit guère dépasser 1,42, chiffre que nous admettrons dans la suite [1].

Nous allons maintenant voir ce que devient un rayon lumineux, qui entre dans l'œil. Dans la figure 1 j'en ai dessiné la marche, en supposant

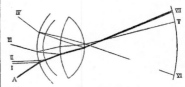

Fig. 1. — Trajet d'un rayon lumineux dans l'œil. — Le trait le plus accentué A représente le rayon incident.

l'objet, d'où sort le rayon, situé à 20° au-dessous de l'axe de l'œil. Le rayon incident traverse les quatre surfaces réfringentes et vient frapper la rétine en VII comme rayon utile. Mais à chaque surface il se fait une réflexion, ce qui donne origine aux quatre rayons perdus I, II, III, IV. De ces rayons

[1] L'indice du cristallin n'est pas uniforme; il augmente vers le centre. L'indice mentionné dans le texte est ce qu'on appelle l'indice total, c'est-à-dire l'indice d'une lentille uniforme, ayant la même forme et la même distance focale que le cristallin. Pour l'indice de la couche superficielle du cristallin, nous admettrons la valeur de 1,40.

perdus trois doivent traverser la surface antérieure de la cornée, où une partie de leur lumière
est réfléchie. Il se forme ainsi deux rayons perdus, V et VI, dus à une première réflexion sur une
des cristalloïdes et une deuxième sur la surface
antérieure de la cornée. Le troisième, qui serait
produit par une double réflexion dans l'intérieur
de la cornée, est trop faible pour être distingué. En
calculant l'intensité de ces différents rayons, on
trouve les chiffres suivants :

I....	2,5	%	de la lumière incidente
II.....................	0,02	%	
III..................	0,05	%	
IV	0,05	%	
Lumière perdue en tout..	2,62	%	
V.....................	0,001	%	
VI.....................	0,001	%	
Lumière nuisible, en tout.	0,002	%	
VII (Lumière utile)......	97,4	%	

L'intensité de tous ces rayons est plus grande que
celle que nous avons admise comme limite. Ils doivent donc tous être visibles. On voit en outre que
l'œil est à cet égard supérieur non seulement à un
instrument dioptrique quelconque, mais même à
une simple lentille, puisque la lumière perdue
n'atteint pas trois pour cent, et la lumière nuisible
est réduite à un minimum.

D'après ce qui précède, nous devons donc avoir
sept images d'un même objet lumineux dans l'œil
humain. La figure 2 montre la position de ces

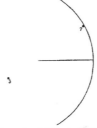

Fig. 2. — Position des sept images dans l'œil humain, l'objet
étant situé à l'infini et à 20° en bas.

images en supposant l'objet situé à l'infini à 20° en
bas.

On peut très bien se rendre compte de ces images
au moyen d'un œil artificiel, qu'on peut facilement
construire, en fermant un tube, noirci intérieurement, en avant par un verre de montre, et en arrière
par un verre plan. On fixe préalablement dans le
tube une lentille biconvexe, qui remplace le cristallin, et on remplit le tube avec de l'eau distillée et

bouillie. En plaçant une flamme à quelque distance
d'un tel œil artificiel, il est facile de se rendre
compte des images en question.

III

Nous allons maintenant voir comment on peut les
observer dans l'œil humain. Je n'insisterai pas sur
l'image utile, la seule dont on s'occupe habituellement. Parmi les quatre images qui sont formées
par les rayons perdus, trois sont bien connues sous
le nom des *images de Purkinje*; ce sont l'image
produite par la surface antérieure de la cornée et
celles formées par les deux cristalloïdes. Mais je
viens de trouver que la quatrième image, due à la
réflexion sur la surface postérieure de la cornée,
est également visible.

L'histoire de cette image est assez curieuse : elle
fut décrite, avec les trois autres, par Purkinje au
commencement de ce siècle ; mais, depuis, on l'a
perdue de vue. C'est ainsi que Helmholtz déclare
qu'il s'est donné beaucoup de peine pour la chercher, mais qu'il n'a pas pu la trouver.

La manière la plus simple pour l'observer consiste à placer une forte lampe près de l'œil et à examiner l'image catoptrique de la surface antérieure au moyen d'une loupe. On voit alors, dès que
cette image se rapproche du bord de la pupille, et
encore mieux lorsqu'elle le dépasse et vient se
trouver en avant de l'iris, qu'elle est accompagnée
d'une petite image, qui suit la grande comme un
satellite sa planète, et qui se trouve toujours entre
la grande image et le milieu de la pupille. Plus les
images se rapprochent du bord cornéen, plus elles
sont distantes l'une de l'autre. Au milieu de la pupille, au contraire, elles coïncident et je n'ai pas
réussi à les séparer à cet endroit.

La petite image est assez nette, pour qu'on
puisse l'employer pour mesurer la courbure de la
surface. J'emploie à cet effet un instrument, que
j'ai construit pour mesurer les rayons de courbure
du cristallin, et auquel j'ai donné le nom d'*ophtalmophacomètre*. Il est composé d'une petite lunette et d'un grand arc de cercle en cuivre fixé
sur la lunette et mobile autour de son axe. La
place de l'œil observé est au centre de l'arc, qui
se trouve sur l'axe de la lunette à 86 centimètres
de l'objectif. Les images catoptriques qui servent
pour la mensuration, se produisent au moyen de
lampes à incandescence, qui glissent sur l'arc.

Au moyen de cet instrument, j'ai pu constater
que le rayon de la surface postérieure de la cornée
mesure environ 6 millimètres. J'ai également
trouvé que la surface montre souvent une déformation analogue à celle de la surface antérieure,
le méridien vertical étant plus courbe que le méridien horizontal. Comme la surface est négative,

l'astigmatisme produit par cette déformation contribue en général à compenser celui de la surface antérieure.

L'épaisseur de la cornée, qu'on peut également mesurer au moyen de cette image, est d'environ 1 millimètre. Il s'ensuit que le centre de la surface postérieure se trouve à environ 1 millimètre en avant du centre de la surface antérieure, et que, par conséquent, les deux foyers catoptriques coïncident. C'est là la raison pour laquelle on n'arrive pas à séparer les deux images au milieu de la pupille, et c'est probablement parce qu'il l'a cherchée à cet endroit, que Helmholtz ne l'a pas trouvée, car l'image n'est nullement difficile à voir.

IV

Les images formées par les rayons nuisibles doivent être subjectives, puisque les rayons sont dirigés vers la rétine. Je m'étais placé un jour devant l'ophtalmophacomètre pour démontrer à un confrère, sur mon propre œil, certains changements que subit l'œil pendant l'accommodation et qui ont passé inaperçus jusqu'à présent. Mon œil se trouvait donc au centre de l'arc sur l'axe de la lunette; et je regardais l'objectif, pendant que la lampe à incandescence, qui se trouvait à environ 20° de celui-ci, envoyait sa lumière, concentrée par une lentille, vers mon œil. Je me suis alors aperçu d'une lueur blanchâtre, qui se trouvait de l'autre côté de la ligne visuelle, placée à peu près symétriquement à celle-ci par rapport à celle-ci, et qui changeait de position chaque fois que je déplaçais le regard. Je me suis alors mis à étudier le phénomène et j'ai trouvé qu'il était dû au rayon VI.

La manière la plus facile de l'observer consiste à regarder droit devant soi dans une chambre obscure, tandis qu'on tient à la main une bougie allumée à peu près à 20°. En promenant la bougie un peu de côté et d'autre, on aperçoit, de l'autre coté de la ligne visuelle, une image pâle de la flamme, qui se meut symétriquement à la bougie par rapport à la ligne visuelle. L'image est assez nette pour qu'on puisse constater qu'elle est renversée.

Outre différentes réfractions, les rayons qui forment cette image ont subi deux réflexions, une première sur la surface postérieure du cristallin et une deuxième sur la surface antérieure de la cornée. Le système optique, qui la forme, est donc assez compliqué ; mais on peut, au moyen des formules connues, calculer le système simple qui le remplace. On trouve alors que le foyer du système est situé un peu en avant de la rétine de l'œil normal et que l'image est droite ; nous la voyons renversée par la projection en dehors. Les myopes voient souvent l'image difficilement et mal définie, la rétine se trouvant trop loin d'elle. Pour la voir nettement, il faut placer la flamme tout près de l'œil ou corriger la myopie.

Après avoir trouvé cette image, je me suis dit, qu'il doit nécessairement en exister une autre, due à une première réflexion sur la cristalloïde antérieure, et une deuxième sur la surface antérieure de la cornée. J'ai aussi pu constater sa présence dans l'œil artificiel, mais je n'ai pas pu la trouver dans l'œil humain. En calculant son système optique, on en découvre facilement la raison. Le foyer se trouve en effet près de la cristalloïde postérieure (5, fig. 2), et on conçoit que, dans ces circonstances la lumière, déjà faible, doit être tellement dispersée, avant d'arriver à la rétine, qu'on ne puisse pas la distinguer. Pour que l'image se forme sur la rétine, l'objet devait se trouver entre la cornée et le cristallin ; mais, si on essaie par des moyens optiques à former un point lumineux à cet endroit, les rayons utiles remplissent l'œil, de manière qu'on ne peut pas observer autre chose.

Pour celui qui se sert d'un instrument d'optique, les images accessoires ne sont d'aucune utilité, quelquefois elles sont même une cause de gêne. Pour le constructeur, elles ont au contraire une grande importance : les opticiens s'en servent en effet pour apprécier le degré de polissage des surfaces, le centrage des lentilles etc.. Il en est de même pour l'œil : pour la vision, les images accessoires n'ont aucune importance ; mais, pour l'étude de la physiologie de l'œil, elles jouent un grand rôle. Les nouvelles images dont je viens de constater l'existence, peuvent ainsi servir à résoudre différentes questions, concernant l'Optique physiologique, auxquelles je reviendrai dans une autre occasion.

Dʳ M. Tscherning,
Directeur-adjoint
du Laboratoire d'Ophtalmologie
à la Sorbonne.

BIBLIOGRAPHIE

ANALYSES ET INDEX

1° Sciences mathématiques.

Grondslag van een bibliographisch Repertorium der Wiskundige wetenschappen. (*Classification adoptée pour le Répertoire bibliographique des Sciences mathématiques.*) 1 vol. in-8° de 108 p. *Versluys, Amsterdam, 1892.*

L'œuvre du Répertoire bibliographique des sciences mathématiques, dont nous avons parlé dans cette *Revue* (T. II, p. 170), se poursuit avec activité non seulement en France, mais encore dans la plupart des autres nations. Dans ce mouvement international, les savants hollandais se sont particulièrement distingués, apportant un zèle des plus marqués à se conformer aux décisions de la Commission permanente. Afin de rendre leur besogne plus aisée, la Société mathématique d'Amsterdam a eu la très heureuse idée de faire traduire en hollandais la classification arrêtée par la Commission pour ce répertoire. Cette traduction, principalement due à M. Schoute, le savant professeur de Gröningue et à M. Korteweg, le très distingué président de la Société, fait l'objet de la brochure dont le titre est donné ci-dessus. Elle se distingue de l'original français par l'adjonction de notes au bas de la page destinées à préciser certaines définitions peu répandues et à renvoyer aux sources bibliographiques correspondantes, et d'une table alphabétique très complète qui est du plus grand secours pour l'usage du tableau de classification. Ces deux innovations sont des plus heureuses. Il faut enfin remarquer que cette brochure met à la disposition de toutes les personnes parlant le français un lexique complet de la langue mathématique hollandaise, ce qui leur facilitera singulièrement la lecture dans le texte original des travaux si variés et si remarquables publiés par les savants néerlandais.

M. D'OCAGNE.

Rudio (Dr F.), *Professor am eidgenössischen Polytechnikum, Leipzig.* — **Deutsch Herausgegeben und mit einer Vebersicht über die Geschichte des Problemes von der Quadratur des Zirkels von den ältesten Zeiten bis auf unsere Tage.** *Archimède, Huygens, Lambert, Legendre: Gravier abhandlungen über die kreismessung. Un vol. grand in-8° de 166 pages, avec figures dans le texte. Leipzig, Druck und Verlag von B. G. Teubner, 1892.*

Depuis 4000 ans les mathématiciens se préoccupent des questions que soulève la transcendance du nombre π: c'est l'un des plus anciens problèmes qu'ait traités l'humanité. Les travaux d'Archimède, d'Huygens, d'Euler, de Lambert, de Legendre, de Liouville sont connus de tous les géomètres.

Jusqu'à ces dernières années la quadrature du cercle semblait ne plus donner lieu à de nouvelles recherches, lorsqu'à la suite des célèbres travaux de M. Hermite sur la fonction exponentielle, d'importants résultats obtenus par M. Lindemann d'abord, par M. Weierstrass ensuite vinrent réveiller l'attention sur ce point capital.

C'est en raison de ces travaux et de la lumière intense qui en est résultée pour cette grande question, que M. Rudio a cru utile de donner aux savants allemands une traduction des quatre célèbres Mémoires qui constituent, en quelque sorte, comme il le dit, les quatre étapes dans le développement historique du problème de la quadrature du cercle; ces quatre Mémoires sont les suivants:

Archimède, Κύκλου μέτρησις. — *Huygens*, De circuli magnitudine inventa. — *Lambert*, Vorläufige Kenntnisse

für die, so die Quadratur und Rectification des Circuls suchen; — *Legendre*, Note où l'on démontre que le rapport de la circonférence au diamètre et son quarré sont des nombres irrationnels.

M. Rudio fait précéder ces traductions d'un coup d'œil historique rapide sur ce vaste sujet et, dans un exposé très condensé, d'environ 70 pages, rappelle et résume les recherches successives qui, depuis les Egyptiens jusqu'à nos jours, se sont accumulées sur ce point si important des Mathématiques.

L. O.

Greenhill (A. G.). *M. A. F. R. S., Professor of Mathematics in the Artillery College (Woolwich).* — **The applications of elliptic Functions.** *Un vol. grand in-8 de 357 pages avec figures dans le texte. Macmillan and Cⁱᵉ, London and New-York, 1892.*

Un des officiers généraux les plus distingués de notre armée, parlant un jour à un illustre mathématicien du magnifique Traité des fonctions elliptiques laissé par le regretté Halphen, lui disait : « C'est très beau, je n'en disconviens pas, mais cela servira-t-il jamais à quelque chose? » Le mathématicien lui répondit : « Je ne serais pas étonné que, dans cinquante ans, tout cela fût dans le programme de l'enseignement de nos lycées. »

C'est qu'en effet les limites de la science s'éloignent chaque jour ; ce qui aujourd'hui constitue les bornes extrêmes de la théorie, trouve demain une application et sera sous peu devenu classique. Les fonctions elliptiques en sont un exemple : elles n'étaient comprises, il y a quarante ans, que de quelques initiés ; peu à peu elles ont trouvé des applications et ont pénétré dans l'enseignement supérieur ; depuis quelques années, elles sont enseignées à l'Ecole Polytechnique et à l'Ecole Normale ; n'est-il pas permis de croire que dans un demi-siècle elles feront partie de l'enseignement secondaire ?

M. Greenhill semble être de cet avis, et c'est pour hâter ce moment, pour mettre entre les mains de tous ce puissant outil, qu'il a écrit son livre destiné à tous ceux qui, s'occupant des applications des mathématiques, veulent acquérir une connaissance pratique des fonctions elliptiques.

Son ouvrage a donc ce caractère très net, qui en constitue à la fois l'originalité et l'intérêt, qu'il est fait en vue des applications ; ce n'est pas un traité purement analytique comme ceux d'Abel, Jacobi, Cayley, Königsberger, Enneper, Weber... : c'est plutôt un livre analogue à celui d'Halphen, mais avec des proportions plus modestes, et une envergure beaucoup moindre ; seulement, tandis qu'Halphen consacre un volume à la théorie et un volume aux applications, M. Greenhill, fidèle au but qu'il vise, fait marcher toujours les deux à la fois.

Nous croyons que l'ouvrage de M. Greenhill, avec les qualités de méthode et de netteté qu'il présente, rendra service aux physiciens, aux mécaniciens et, d'une façon générale, aux personnes adonnées aux sciences d'application ; il contribuera à faire sortir les fonctions elliptiques des mathématiques pures où elles sont restées trop longtemps enfermées et d'où elles doivent maintenant sortir.

L. O.

Tournier (E.). — **Le Ciel pittoresque. Astronomie descriptive, historique et anecdotique. La terre, la lune et ses éclipses.** *Un volume in-8° de 272 pages, avec 48 figures gravées par l'auteur et intercalées dans le texte. Michelin, éditeur, 25, quai des Grands-Augustins, Paris, 1892.*

2° Sciences physiques.

Dadoureau (A.). — **Les sciences expérimentales.** 2° édition. Un vol. in-8° de 266 pages (prix 5 fr.) Quantin, 7, rue Saint-Benoît, Paris, 1892.

Si l'auteur s'était proposé d'écrire l'antithèse d'un livre classique, il n'eût pu mieux réussir. Très moderne et parfois même un peu subversif, rempli de toutes les hypothèses géniales, de toutes les théories aventureuses qui ont vu le jour depuis quelque vingt ans, et avec cela bourré de faits d'expérience, cet ouvrage sera lu avec plaisir par ceux qui pratiquent les sciences, et avec étonnement par ceux qui sortent de l'école. Bien des chapitres leur montreront des horizons nouveaux de la science : certains d'entre eux ne les convaincront pas, mais leur procureront un moment de réflexion agréable et suggestive.

Dès l'introduction, la manière de l'auteur se montre sans détour ; quelques définitions, un peu d'histoire, la récapitulation des théories atomiques, l'affirmation que l'éther et l'électricité ne font qu'un, donnent un avant-goût de ce qui va suivre ; puis vient l'étude des états des corps, et une excursion à travers les phénomènes naturels, intéressante assurément, mais dans laquelle une partie des *x* pourrait être avantageusement remplacée. La physique en occupe naturellement la plus grande partie, puis un rien de chimie, de la biologie, y compris la définition de la vertu, des peuples, du patriotisme, avec un post-scriptum sur les expériences de M. Tesla. Chemin faisant nous trouvons un intéressant paragraphe sur l'astronomie, et peut-être une trop cordiale hospitalité pour cette idée de M. Ch. Henry, généralisée de Leibnitz, et d'après laquelle « les actes des hommes et des animaux paraissent relever d'une mathématique inconsciente ».

Les quelques problèmes, qui terminent ou peu s'en faut l'ouvrage, conduisent tout naturellement à cette conclusion de l'auteur qui est celle de ce livre plein de points d'interrogation : « Les progrès immenses qu'ont faits, depuis quelques siècles, les sciences expérimentales ne permet de se rendre, un peu mieux que leurs devanciers, compte de leur ignorance ».

Ch.-Ed. GUILLAUME.

Ritter von Urbanitzky (A.). — **Die Elektricität, Kurze und verständliche Darstellung der Grundgesetze sowie der Anwendungen der Elektricität,** etc... (L'électricité. Exposé succinct et élémentaire des lois fondamentales de l'électricité et de ses applications au transport de l'énergie, à l'éclairage, la galvanoplastie, la télégraphie et la téléphonie.) Plaquette cartonnée de 156 pages (1 fr. 90). A. Hartleben, à Vienne, Pesth et Leipzig, 1892.

Tel est le titre d'un petit livre de 156 pages et autant de figures, titre qui est lui-même une bibliographie à laquelle nous n'aurons que fort peu de chose à ajouter. M. von Urbanitzky a rassemblé, dans cet ouvrage, et fondu dans un même moule une série de monographies à l'usage des gens du monde, dues à MM. H. Schwartze, E. Japing, et A. Wilke. Très complet et franchement moderne, contenant une quantité considérable de matériaux, ce petit ouvrage serait parfait si, pour être sans doute plus élémentaire, les auteurs n'employaient, par-ci, par-là, des expressions trop peu précises ; par exemple, p. 108 : « L'intensité du courant nécessaire à la décomposition de divers liquides est très variable ; l'eau se laisse décomposer très difficilement, même si elle est soumise à l'action des courants intenses (Japing), » ou cette phrase à laquelle il est impossible d'attribuer un sens quelconque : « La lumière de l'arc est 1000 fois plus intense que la lumière Drummond, et 260 fois plus que celle du magnésium » (p. 84). Mais ce sont peccadilles, faciles à éviter dans une cinquième édition, car le succès de cet exposé est affirmé par la quatrième, que nous avons sous les yeux.

Ch.-Ed. GUILLAUME.

Vibert (Paul et Théodore). — **L'électricité à la portée des gens du monde.** 1 vol. in 8° de 264 pages (3 fr. 50). J. Michelet, Paris, 1892.

Sujets traités : lampes à arc et à incandescence ; piles, traction électrique ; production de l'électricité ; Echophone et Phonographe ; dépôts électrochimiques ; métalloplastie ; Hydrophone, sous-produits de l'électricité ; câbles marins ; éclairages dans les mines ; sonneries ; électricité médicale ; boussole ; paratonnerre ; éclairage au gaz et à l'électricité ; canalisation ; applications diverses aux villes, aux colonies, aux maisons, à l'aérostation, à la photographie, etc...

Belfort de la Roque (L. de). — **Guide pratique de la fabrication du chocolat.** 1 volume in-8., 255 pages avec 45 figures dans le texte (prix : 4 fr. 50). Bibliothèque des actualités industrielles. Bernard Tignol, éditeur, 53 bis, quai des Grands-Augustins, Paris.

En lisant cet ouvrage qui traite, comme l'indique son titre, d'une étude toute spéciale, on voit que son auteur possède à fond l'industrie qu'il y expose et qu'il l'a décrite dans le minimum de place. Le petit livre que nous analysons contient en effet tout ce qu'il est essentiel de connaître pour les personnes s'intéressant à un titre quelconque à la fabrication du chocolat.

Après une préface, qui est plutôt un historique du sujet, M. de Belfort de la Roque s'occupe de l'élément principal du chocolat, le cacao, et l'examine au triple point de vue agricole, commercial et chimique. L'auteur constate l'intérêt qu'on aurait à appliquer au cacaoyer une culture soignée et rationnelle, et qui est rarement observée dans les pays où croît cet arbre ; puis il indique les principales opérations destinées à rendre le cacao marchand : récolte soignée, écalage ou séparation des amandes et de l'écorce, terrage ou ensilage des amandes pendant cinq ou six jours, enfin ensachage. Viennent ensuite la composition chimique du cacao et l'histoire de ses principaux éléments.

Dans le chapitre suivant, se trouvent bien détaillées les conditions que doivent réunir les bonnes amandes de cacao : grosseur et couleur uniformes, peau lisse, cassure conchoïdale, arôme franc et agréable.

Abandonnant le cacao, l'auteur examine rapidement les aromates du chocolat : sucre, vanille, cannelle, muscade, girofle, huiles essentielles et essences de fruits, etc., les deux premiers étant d'ailleurs presque toujours les seuls aromates introduits dans les chocolats français.

M. de la Roque aborde alors la fabrication industrielle du chocolat : triage et nettoyage des amandes de cacao, torréfaction, décortication, granulage ou broyage, extraction du beurre de cacao, mélange du cacao avec les aromates, moulinage et broyage, expulsion des bulles d'air de la masse du chocolat, moulage et empaquetage. Tous les appareils destinés à effectuer ces diverses opérations sont décrits avec soin et font l'objet d'un certain nombre de gravures ; enfin l'installation moderne d'une chocolaterie, l'étude des diverses sortes de chocolat, les recherches des falsifications, la législation douanière des chocolats forment les derniers chapitres de l'ouvrage.

A. HÉBERT.

3° Sciences naturelles.

Delebecque (A), Ingénieur des Ponts et Chaussées. — Atlas des Lacs français, publié sous les auspices du Ministère des Travaux publics, imprimé par Erhard, 35, rue Denfert-Rochereau, 1892.

M. A. Delebecque, ingénieur au Corps des Ponts et Chaussées, vient de terminer, sous le nom d'Atlas des Lacs français, la publication en sept planches, des plans de douze lacs. D'abord celui du Léman, dont la partie française a été raccordée aux sondages si remarquablement exécutés par M. l'ingénieur J. Hörnlimann, du Bureau topographique fédéral ; l'échelle est 1/50.000 avec équidistance de 10 mètres pour les courbes isobathes. Viennent ensuite le lac du Bourget (Savoie) au 1/20.000 avec équidistance de 5 mètres pour la courbe limitant la beine et de 10 en 10 mètres pour les courbes successives, avec quelques amorces en pointillé de courbes intermédiaires de 5 mètres ; le lac d'Annecy (Haute-Savoie) au 1/20.000, avec courbes équidistantes de 5 mètres ; les lacs d'Aiguebelette (Savoie), de Paladru (Isère), des Brenets, de Saint-Point, de Remoray et de Malpas dans le Doubs, de Nantua, de Genin et de Sylans dans l'Ain. Ces derniers sont tous à l'échelle de 1/10.000 avec isobathes équidistantes de 5 mètres. Ces courbes sont tracées en bleu et l'emplacement de chaque coup de sonde est marqué par un point noir. Le tout constitue un beau et consciencieux travail fait avec beaucoup de patience et de talent. Sur le rendu, exécuté par MM. Erhard frères et qui ne laisse rien à désirer, les différentes aires isobathes sont marquées par des teintes plates bleues, unies ou recouvertes de hachures indiquant l'augmentation de profondeur par l'accroissement de leur intensité, et dont la gradation atteint le nombre de sept pour certains lacs. Les courbes de M. Delebecque ont pour origine le plan de l'étiage, nécessairement variable en altitude absolue selon le lac. La méthode des ingénieurs suisses, un peu différente, consiste à tracer les courbes équidistantes à partir du zéro fédéral sans distinction de terrain émergé ou immergé. Les deux méthodes possèdent leurs avantages et, à supposer que celle adoptée en Suisse soit préférable, il serait, en cas de besoin et grâce à la topographie si précise qu'on possède maintenant, très aisé de raccorder les lacs français avec le nivellement général de la France.

On ne saurait donc faire trop d'éloges de cette publication si longtemps attendue et dont encore être complétée par les lacs du Plateau central, du Jura et Laffrey (Isère). Lorsque nous-même, en 1889, après une mission officielle en Suisse qui avait précisément pour but l'examen des procédés employés dans ce pays pour le relevé topographique et l'étude physique des lacs, nous constations avec regret que la superficie occupée par les lacs français, beaucoup plus vaste qu'on ne serait tenté de le croire au premier abord, n'était encore, aussi bien topographiquement que géologiquement, qu'une tache blanche et nous souhaitions qu'un tel état de choses eût un terme, nous n'étions pas sans quelque pensée que ce vœu serait écouté, et cependant nous n'aurions pas osé espérer le voir réalisé avec une telle promptitude. Il appartenait à l'Administration des Ponts et Chaussées et à M. Delebecque de consacrer à cette œuvre leurs puissantes ressources et leurs soins habiles. La science a lieu de se féliciter de posséder désormais la topographie des lacs de France et l'atlas qui en réunit l'ensemble fait honorablement pendant aux cartes de l'*Atlas des Alpes allemandes* du Dr Geistbeck.

Les gens de science sont insatiables, dit-on, et aussitôt qu'un résultat a été obtenu, ils éprouvent l'ambition, d'ailleurs tout à leur louange, de le voir suivi d'un nouveau résultat. C'est pourquoi nous ne craindrons pas, puisque notre premier vœu a été si bien accompli, d'en formuler un second. L' *Atlas* de M. A. Geistbeck possède en outre des planches ; l'auteur a compris que, si parlante que soit aux yeux une carte lorsqu'elle est tracée par courbes équidistantes, un plan n'est par lui-même qu'une base d'édifice et non un édifice. Rien ne peut se faire sans lui et il faut, pour ce motif, toujours commencer par le dresser; mais il offre ce caractère que, lorsqu'il est fait, rien n'est encore fait, au point de vue scientifique. Le texte de l'*Atlas des lacs des Alpes* fournit de très utiles informations, bien qu'il ne soit malheureusement pas exempt de ces énumérations et classifications dont un ouvrage allemand semble pouvoir si rarement se passer et qui, n'étant ni meilleures ni pires que celles qui les

ont précédées ou qui les suivront, prennent une place si considérable et pourtant si facile à mieux employer, même en la laissant vide. Malgré ses longueurs, je suis persuadé que M. Delebecque trouverait avantage à le relire avant de rédiger la suite qu'il est indispensable de donner et qu'il donnera sans doute à son travail.

Il faut absolument un texte, moins pour la topographie que pour l'étude géologique, océanographique ou, si l'on préfère limnographique et physique. Les lacs sont le champ d'études intermédiaire entre le laboratoire et la mer, où se cherche la solution des problèmes de l'océanographie. Or ceux-ci, par suite des difficultés de la grandeur même des phénomènes, ne sont abordables avec chances de succès que si l'on se trouve mis préalablement sur la trace de leur solution, ou seulement des procédés d'expérimentation, par des travaux exécutés sur des espaces plus resserrés, où les conditions générales, plus naturelles que celles du laboratoire, n'ont point toutefois la complication de celles qu'on rencontre sur l'Océan. Il est avant tout nécessaire de dresser la carte géologique des lacs et d'avoir des analyses chimiques et minéralogiques de leurs sédiments, de connaître les minéraux constituants, leur transformations, l'arrondissement, le non-arrondissement et la dimension des grains, en un mot, tout ce qui peut servir à élucider les lois de la sédimentation. M. Delebecque qui a, su trouver un collaborateur habile dans un professeur de Genève, M. L. Duparc, a déjà fait publié plusieurs notes à ce sujet. C'est dans ce sens qu'il importe de continuer en procédant systématiquement d'abord pour un lac et successivement pour tous les autres. Une foule de questions attendent des éclaircissements. M. Delebecque possède l'inestimable avantage d'avoir à sa disposition du temps, des ressources et du personnel ; il réside sur les bords du Léman, dans le voisinage immédiat des Universités de Genève et de Lausanne et du maître incontesté en tout ce qui touche la physique et la zoologie des lacs, l'éminent Dr F.-A. Forel, de Morges. De si précieux avantages dont tant de personnes sont privées — nous le savons, hélas ! par nous-même — sont comme la noblesse : ils obligent. Combien il serait utile d'être fixé sur la marche du courant dans un lac traversé par un fleuve tel que le Rhône pour le Léman ou le Doubs pour les lacs des Brenets et de Saint-Point ! Avec un petit flotteur de Mitchell, une embarcation et deux hommes, on y parviendrait sans peine. La question des courants superposés, si importante, ne sera pas résolue sur la mer, tant qu'on se bornera à mesurer, comme on l'a fait jusqu'à présent, les courants de surface et qu'on ne l'aura pas abordée dans sa condition de plus grande simplicité, dans les lacs. Faut-il mentionner encore la relation entre la température de l'eau et le climat, à traiter non par de respectables et fastidieux tableaux de mesures de températures qui ne concluent à rien, mais de façon à la formuler en quelques lois résumant les faits et permettant de les retenir ; la transparence, la distribution des gaz dissous, le régime des seiches, qui doit être particulièrement curieux dans des lacs à fond irrégulier comme celui d'Aiguebelette ? Ces questions serviront à leur tour sujet aux recherches des naturalistes, botanistes et zoologistes. Je sais que ceux-ci en ont besoin, car un professeur de la Faculté des Sciences de Besançon, M. Magnin, a déjà commencé à examiner la végétation des lacs du Jura.

Tout en félicitant vivement et sincèrement M. Delebecque du travail auquel il s'est livré, nous ne saurions trop l'encourager à ne le considérer que comme une sorte d'entrée en matière et à commencer l'étude complète, géologique, mécanique et physique, des lacs français. Le temps n'est plus aux explorations multipliées et forcément incomplètes ; il s'agit maintenant de découvrir des lois générales : voilà l'œuvre véritable. M. Delebecque l'accomplira sans aucun doute et, dans un avenir prochain, nous en avons la conviction, il publiera l'Explication à l'Atlas des Lacs de France. ·

J. THOULET.

4° Sciences médicales.

Auvard (Dr A.). — Gynécologie, séméiologie génitale. *Un volume petit in-8° de* 175 *pages, de l'Encyclopédie des Aide-mémoire, dirigée par M. H. Léauté (prix : 3 fr. 50). G. Masson et Gauthier-Villars, Paris,* 1892.

Dans ce Manuel de séméiologie génitale, M. Auvard passe successivement en revue les divers troubles extra-génitaux ou génitaux dont souffrent les femmes atteintes d'une lésion utérine ou utéro-ovarienne. Puis il étudie les signes de ces lésions fournis par l'inspection, la palpation, la percussion, l'auscultation et le toucher. Les symptômes douloureux des « génitopathies » et la topographie des zones qu'ils occupent sont longuement décrits par l'auteur.

Dr Henri Hartmann.

Millet (Dr Jules). — Audition colorée. *Une brochure in-8° de* 84 *pages* (2 *fr.). O. Doin,* 18, *place de l'Odéon, Paris,* 1892.

Le livre de M. le Dr Millet réunit deux qualités le plus souvent séparées, le sérieux du fonds et l'agrément de la forme. L'ouvrage est écrit sur un ton quelquefois léger et plaisant, il contient des descriptions empruntées à des artistes ou à des poètes, que l'on n'est pas habitué à rencontrer dans une thèse de médecine; mais il renferme cependant une étude sérieuse sur un fait psychologique assez bizarre, qui depuis quelques années a vivement attiré l'attention des chercheurs.

Le mot « *audition colorée, colour hearing* » désigne assez bien la nature du phénomène; c'est une sensation complexe, moitié auditive, moitié visuelle, que certaines personnes éprouvent quand elles entendent certains sons. Pour comprendre la description de ce fait, il n'est pas mauvais de rappeler quelques notions de psychologie normale. Une impression faite sur un de nos sens ne provoque presque jamais en nous une sensation simple, isolée de tout autre fait psychologique. Il ne faudrait pas croire qu'au moment où nous sentons une rose, nous ayons uniquement dans l'esprit la sensation d'odeur de rose, comme la célèbre statue de Condillac. Notre esprit est un peu plus compliqué : au moment où une sensation se produit, elle se trouve immédiatement accompagnée dans l'esprit par des souvenirs, par des images d'autres sensations qui ne sont pas actuellement le résultat d'une impression extérieure appropriée, mais qui se reproduisent spontanément d'une manière plus ou moins complète. Si je sens, par exemple, l'odeur d'une rose, d'un œillet ou d'une violette, en gardant les yeux fermés, je crois voir devant moi en même temps la fleur elle-même et cependant je n'ai pas l'imagination visuelle bien développée. C'est là un phénomène bien connu, que l'on désigne ordinairement sous le nom de perception acquise, tandis que l'on réserve le nom de perception naturelle aux sensations primitives et spécifiques fournies par chacun de nos sens.

A côté de ces perceptions complexes bien connues, on en a signalé d'autres qui, tout en étant à peu près du même genre, ne semblaient pas être soumises aux mêmes lois ni s'expliquer de la même manière. Chez certaines personnes, une sensation se présentait toujours accompagnée d'une image empruntée à un autre sens : ce phénomène semblait remonter à leur première enfance et aucune expérience, aucune habitude ne paraissait intervenir dans la formation de cette association. On donna le nom de *synesthésies* à ces sensations complexes et l'on remarqua que l'une d'entre elles était particulièrement fréquente et curieuse. Chez quelques personnes « l'audition d'un son, d'un bruit, d'une voyelle, d'un mot, dit M. Beaunis, détermine une sensation (à notre avis, il vaudrait mieux dire une image) de couleur, variable suivant la nature du son et l'individualité du sujet. » Les voyelles surtout semblent jouir de ce privilège, et leurs couleurs mystérieuses ont été chantées par les poètes :

A noir, E blanc, I rouge, U vert, O bleu, voyelles,
Je dirai quelque jour vos naissances latentes [1].

M. Millet a recherché avec beaucoup de précision tous les cas intéressants et à peu près authentiques dans lesquels on a signalé cette bizarrerie mentale. Il remonte jusqu'à l'observation de Sachs (1812) « qui colorait les voyelles, les consonnes, les notes de musique, le son des instruments, les noms des villes, les jours de la semaine, les dates, les époques de l'histoire et les phases de la vie humaine ». Il nous rappelle, chemin faisant, Théophile Gautier qui « entendait le bruit des couleurs et voyait des sons verts, rouges, bleus, jaunes ». Il termine par sa propre observation, car M. Millet est un auditif coloriste assez remarquable, ce qui lui permet de parler du phénomène avec une compétence toute spéciale. Toute cette partie historique du livre est le résumé de longs travaux d'érudition, elle peut rendre beaucoup de services aux chercheurs. Nous espérons qu'ils sauront, en la reproduisant, manifester leur reconnaissance à M. Millet.

Au milieu de toutes ces observations, il est nécessaire de faire un choix et de rassembler les faits qui semblent les plus certains et qui ont été observés le plus fréquemment (p. 52). L'auteur nous montre qu'il existe 35 cas de coloration des voyelles, sons et bruits, 57 cas de coloration des voyelles seulement; il nous apprend que A est généralement noir, E jaune, I blanc, O rouge et U vert. Ces lois et quelques autres n'ont rien d'absolu : elles expriment seulement la moyenne des meilleures observations.

Les théories qui pourront expliquer ce phénomène sont naturellement bien vagues et peu importantes; on ne peut reprocher à M. Millet de les avoir résumées d'une manière assez brève. Il a bien montré qu'aucune hypothèse physique sur la nature des sons et des couleurs, aucune théorie physiologique sur les sens et les nerfs sensitifs ne rendait compte des faits à expliquer. Il ne nous semble pas que son étude soit aussi complète pour les explications psychologiques. A plusieurs reprises l'auteur déclare qu'il faut nettement séparer l'audition colorée des associations d'idées, sans que nous puissions bien comprendre ce qu'il entend précisément par association d'idées. Ses arguments nous semblent peu démonstratifs. Ainsi, il propose d'interroger un sujet sur la coloration des voyelles à plusieurs reprises et à plusieurs mois d'intervalle. Si le sujet change de réponses et colore un A tantôt en noir tantôt en vert, le phénomène sera chez lui une simple association d'idées; au contraire s'il colore les voyelles régulièrement de la même teinte, ce sera de l'audition colorée et non de l'association. Nous pensions au contraire que la régularité parfaite était un signe d'une association d'idées incontestable et bien organisée. Toute cette discussion nous semble beaucoup trop vague.

Les conclusions de l'auteur sont cependant très sages : 1° Ce phénomène se produit chez les individus qui appartiennent à la catégorie des visuels, et 2° Il dépend probablement de ce caractère anatomique que l'on a désigné par cette expression originale : : « l'engrenage des centres nerveux. » La sphère visuelle, dit-il, s'engrène probablement avec la sphère auditive. Ce n'est là sans doute que la traduction du fait en langage anatomique, ce n'est pas une explication. M. Millet a seulement voulu décrire un phénomène psychologique et montrer l'intérêt que présente cette curieuse association d'idées.

Nous apprenons avec regret que M. Millet, médecin de marine, est mort récemment dans les colonies. Son ouvrage sur l'audition colorée nous faisait espérer d'autres recherches de médecine et de psychologie aussi érudites et ingénieuses. Nous nous associons aux regrets de ses amis.

Pierre Janet.

---

[1] Sonnet d'Arthur Rimbaud.

ACADÉMIES ET SOCIÉTÉS SAVANTES

DE LA FRANCE ET DE L'ÉTRANGER

ACADÉMIE DES SCIENCES DE PARIS

Séance du 21 novembre.

1° SCIENCES MATHÉMATIQUES. — M. Darboux présente à l'Académie le tome XVI et dernier des œuvres de Lagrange. Ce volume dont les matériaux ont été réunis par les soins de M. Ludovic Lalanne contient tout ce que l'on a pu retrouver de la correspondance de Lagrange avec Euler, Laplace, Condorcet et quelques autres personnes. — M. Tisserand communique les observations des petites planètes, faites au grand instrument méridien de l'observatoire de Paris du 1er octobre 1891 au 30 juin 1892. — MM. G. Rayet et L. Picart adressent leurs observations de la comète Holmes (6 novembre), faites au grand équatorial de l'observatoire de Bordeaux. — M. Tisserand présente une photographie de la comète Holmes, obtenue le 14 novembre dernier à l'observatoire de Paris par MM. Paul et Prosper Henry à l'aide de l'équatorial photographique employé pour la carte du ciel. — MM. Trépied, Rambaud et Sy communiquent leurs observations de la comète Holmes faite à l'observatoire d'Alger (équatorial coudé). — M. G. Le Cadet adresse ses observations de la comète Holmes (6 novembre), faites à l'équatorial coudé de l'observatoire de Lyon. — M. Schulhof a calculé les éléments elliptiques de la comète Holmes, en s'appuyant sur les observations de M. Bigourdan. L'excentricité est tellement faible que l'on pourra probablement, avec les instruments les plus puissants, suivre la comète dans tous les points de son orbite. — M. S. de Glasenapp annonce la création d'un observatoire astronomique, nommé *Georgiewskaja* à Abastouman, gouvernement de Tiflis (Russie). La hauteur de cette station est de 1.393 mètres au-dessus du niveau de la mer. — M. Haton de la Goupillière donne le moyen de déterminer le centre des moyennes distances des centres de courbure des développées successives d'une ligne plane quelconque. L'auteur fait des applications à la spirale logarithmique et aux épicycloïdes extérieures ou intérieures. — M. Maurice Hamy donne une nouvelle marche à suivre pour la détermination des inégalités d'ordre élevé et applique cette méthode à l'inégalité lunaire à longue période causée par Vénus. — M. Désiré André définit un partage entre quatre groupes des permutations des n premiers nombres et établit une suite de théorèmes concernant ces quatre groupes. — M. Paul Painlevé demande la rectification d'une faute d'impression contenue dans sa communication sur les équations de la dynamique.

2° SCIENCES PHYSIQUES. — M Gustave Hermite communique les résultats d'expériences entreprises à l'aide de ballons gonflés au gaz d'éclairage, dans le but de déterminer ce qui se passe dans l'atmosphère, à une altitude à laquelle les aéronautes ne peuvent parvenir. La température diminue en moyenne de un degré centigrade quand on s'élève de 260 à 280 mètres. — M. P. Janet expose une méthode qui lui a permis d'étudier les oscillations électriques qui, sous certaines conditions, se produisent dans un circuit doué de capacité et de self-induction, et de déterminer avec précision non seulement la fréquence, mais encore la forme exacte de ces oscillations. L'auteur donne ensuite les résultats obtenus qui paraissent conformes, dans leur ligne générale, aux lois connues de l'induction. — M. Izarn indique la préparation d'un savon résineux particulièrement commode pour la confection des bulles de savon et signale certaines expériences de capillarité curieuses que ce savon a permis de réaliser.

— M. Raoul Varet a poursuivi ses recherches entreprises sur les valences moléculaires, en examinant l'action de la pipéridine sur les sels halogènes du mercure. Il décrit les chloro, bromo, cyano et iodomercurate de pipéridine qui tous contiennent deux molécules de base pour une molécule de sel de mercure. — M. Th. Schlœsing fils s'est proposé d'étudier les échanges d'acide carbonique et d'oxygène entre les plantes et l'atmosphère en opérant sur des plantes entières et pendant toute la durée de son existence. Les plantes sont étudiées en vase clos et l'on étudie directement les variations de l'acide carbonique et de l'oxygène enfermés avec elles. — M. E. Maumené adresse une note relative à la communication faite le 7 novembre par M. Pictet, sur un essai de méthode générale de synthèse chimique. — M. A. Berthier adresse une note relative à une nouvelle méthode interférentielle, pour la reproduction des couleurs par la photographie. — M. Kleinhof adresse une note relative aux agrandissements obtenus par la photographie. — M. Léroy de Kerantou adresse un mémoire relatif au rôle de la navigation dans les progrès et la propagation des sciences. C. MATIGNON.

SCIENCES NATURELLES. — M. Marcel Baudouin : Un nouveau cas de monstre xiphopage vivant : les sœurs Radica Doodica, nées à Orissa, au sud de Calcutta. Ces fillettes, âgées de trois ans et deux mois, sont actuellement exposées à Bruxelles ; elles sont réunies de l'appendice xiphoïde jusqu'au nombril. L'inversion des viscères n'existe pas, et l'intervention chirurgicale pour les séparer est parfaitement possible. Une opération analogue a déjà été exécutée avec succès par Kœnig en 1689 et par Böhm en 1886. — M. A. Perrin : Sur le pied des Batraciens et des Sauriens. Chez ces animaux les muscles du pied présentent une grande uniformité. Les extenseurs naissent tous du tarse, et les fléchisseurs forment deux couches. L'auteur combat la théorie de l'archiptérygium de Gegenbaur, et étudie la dichotomie des axes osseux. — M. de Saint Joseph : Sur la croissance asymétrique des Annélides polychètes. Fréquemment le nombre des segments thoraciques n'est pas le même des deux côtés du corps sur un seul et même individu : fait observé sur plusieurs espèces de Sabellidés. — M. Gain : Influence de l'humidité sur la végétation. L'action de l'humidité du sol sur une plante varie suivant l'habitat ordinaire de cette plante. Elle a un optimum pour chaque plante et chaque organe. Au commencement de la germination, elle accélère la croissance de la tige, puis le développement des feuilles. La floraison est plus précoce, ainsi que la fructification. Au contraire la floraison retardée par la sécheresse du sol, est accélérée par celle de l'air, et elle est ralentie par l'humidité de l'atmosphère. — M. F. Mesnard : Sur le mode de production du parfum dans les fleurs. Les huiles essentielles sont mises en évidence en exposant les coupes à la vapeur de l'acide chlorhydrique hydraté. L'huile essentielle est généralement localisée dans les cellules épidermiques de la face supérieure des pétales ou des sépales. Le chlorophylle semble donner naissance à l'huile essentielle. Le parfum ne se fait sentir que lorsque l'huile est dégagée des produits qui lui ont donné naissance. Il est en rapport inverse avec la production du tanin et pigments. — M. Paul Vuillemin : Existence d'un appareil conidien chez les Urédinées constatée chez *Endophyllum sempervivi*, parasite du *Sempervivum montanum;* les conidies apparaissent dans les corbeilles à téleutospores. L'affinité des Urédinées et des Trémellinées prévue par Tulasne est ainsi démontrée. — MM. Roussel et de **Grossouvre** : Découverte d'une bélemnitelle, *Actinocomax quadratus*, dans le sénonien des Pyrénées. Cette découverte permet d'affirmer l'existence d'un grand pli couché allant de Guillan à Cucugnan. — M. **Émile Haug** : Formation de la vallée de l'Arve. L'Arve coule jusqu'à Chamonix dans un synclinal, puis dans une vallée transversale. Des dislocations (failles) ont alors facilité l'érosion. — M. **Stanislas Meunier** : Expérience imitant artificiellement la gémination des canaux de Mars.

Ch. CONTEJEAN.

Séance du 28 novembre.

1° SCIENCES MATHÉMATIQUES. — M. **Poincaré** présente le premier fascicule du second volume de son ouvrage intitulé : « *Les méthodes nouvelles de la Mécanique céleste.* » L'auteur expose dans ce fascicule les méthodes de MM. Newcomb et Lindstedt auxquelles il apporte des perfectionnements notables et des extensions importantes. — M. O. **Collandreau** communique ses observations de la comète Holmes (f. 1892), faites à l'observatoire de Paris, à l'équatorial de la tour de l'ouest. — M. P. **Racchini** donne les détails d'observations d'une protubérance remarquable observée à Rome le 16 novembre dernier. Le spectre de cette protubérance était normal, la raie D³ était visible aussi à une grande hauteur. L'auteur estime qu'on doit considérer le phénomène comme un grand incendie solaire, c'est-à-dire comme un changement d'état de la matière et un véritable transport. — M. **Rabut** définit les *invariants universels* et annonce quelques propriétés de ces fonctions. — M. E. **Gosserat** donne la généralisation suivante d'une proposition connue sur les congruences formées de normales à des surfaces. Le problème de la détermination des surfaces découpées suivant un réseau conjugué par les développables d'une congruence (D) équivaut à celui de la recherche des congruences admettant même représentation sphérique de leurs développables que (D). L'auteur annonce en outre que, si les congruences constituées par les axes optiques d'une surface M sont formées de normales à des surfaces, cette surface M est à courbure normale constante. — M. **Haton de la Goupillière** présente le treizième album de statistique graphique, pour 1892, publié par le ministère des travaux publics, sous la direction de M. **Cheysson**.

2° SCIENCES PHYSIQUES. — M. **Nordenskiold** adresse un ouvrage en langue suédoise intitulé : *Lettres et annotations au laboratoire de Carl Wilhem Scheele*. Ce volume contient 135 lettres de l'illustre chimiste adressées à Retzius, à Gahn, à Torbern Bergman et à Hjelm. Des figures originales montrent la simplicité des appareils employés par Scheele. — M. le secrétaire perpétuel signale le tome I des Travaux du laboratoire de M. **Charles Richet** à la Faculté de médecine de Paris : système nerveux, chaleur animale. — M. J. **Janssen** communique une note sur l'observatoire du mont Blanc. Deux points sont désormais acquis : la fixité relative de la calotte neigeuse du sommet qui ne peut subir que des mouvements très lents et la résistance suffisante de la neige durcie du sommet. La construction mobile maintenant réalisée a la forme d'une pyramide tronquée à deux étages dont la base doit être enfouie dans la neige ; il ne reste plus qu'à la transporter au sommet du mont. — M. E. H. **Amagat** a étudié la dilatation de plusieurs liquides (eau, alcool, éther, sulfure de carbone, etc.) sous des pressions différentes. Le coefficient de dilatation diminue régulièrement quand la pression augmente, l'eau seule fait exception. Ce même coefficient croit d'abord régulièrement avec la température pour passer ensuite par un maximum. Les isothermes des liquides comme celles des gaz présentent une légère courbure tournée vers l'axe des abcisses (en prenant pour coordonnées : p sur les abcisses et p V sur les ordonnées). — M. P. **Joubin** donne une démonstration expérimentale du théorème de M. **Gouy** : une onde sphérique en passant par son

foyer prend une avance d'une demi-longueur d'onde. — M. L. C. **Baudin** montre que l'abaissement du zéro d'un thermomètre, après immersion dans la vapeur d'eau, lequel est constant pour un même verre non recuit, diminue par le recuit et d'autant plus que le thermomètre a été chauffé plus longtemps. — M. A. **Joannis** a étudié la décomposition du carbonate de chaux à de très hautes températures, sans faire intervenir de pression mécanique comme Hall et M. Le Châtelier ; il a pu transformer ainsi le carbonate précipité en une substance analogue à la craie ordinaire, celle-ci a produit également un produit ressemblant au marbre et capable d'être poli. — MM. A. **Ditte** et R. **Metzner** ont cherché à faire disparaître les divergences qui existent sur l'attaque de l'antimoine par l'acide chlorhydrique. Les auteurs établissent que l'acide chlorhydrique étendu ou concentré, chaud ou froid, n'attaque jamais l'antimoine pur ; si l'oxygène peut intervenir, il ne se dégage pas d'hydrogène, mais l'antimoine se dissout dans l'acide en quantité proportionnelle au poids d'oxygène intervenu. — M. G. **Bertrand** a préparé des combinaisons de l'oxyde de zinc avec les bases alcalino-terreuses ; ces zincates sont bien cristallisés et répondent aux formules Zn^2 Ca. H^2 O^3 4 H^2 O, Zn^2 Ba H^2 O^3 7 H^4 O et Zn^2 Sb H^2 O^3 7 H^2 O. — M. C. **Poulenc** a préparé les fluorures de fer anhydres et bien cristallisés par trois méthodes : 1° Action de l'acide fluorhydrique sur le métal à température élevée ; 2° action de l'acide fluorhydrique sur les chlorures et les oxydes ; 3° transformation des fluorures hydratés en fluorures anhydres, sous l'influence de l'acide fluorhydrique. L'auteur décrit les propriétés de ces nouveaux corps et signale en outre le composé FeF¹², 4 H^2 O. — M. Em. **Placet** a préparé des quantités notables de chrome métallique par l'électrolyse d'une solution aqueuse d'alun de chrome additionnée d'un sulfate alcalin et d'une petite quantité d'un acide minéral. Ce métal résiste aux agents atmosphériques et n'est pas attaqué par les acides ; il est facile d'en obtenir des dépôts électrolytiques à la surface d'autres métaux. — M. E. **Léger** prépare l'acide bromhydrique gazeux par la réaction de l'acide sulfurique sur le bromure de sodium, car l'action réductrice du gaz sur l'acide sulfurique n'est pas immédiate. Le gaz se débarrasse d'acide sulfureux et de brome en passant dans deux flacons laveurs contenant l'un, une solution aqueuse saturée d'acide bromhydrique additionnée de brome ; l'autre la même solution contenant du phosphore rouge. — M. Albert **Colson** répond aux observations de M. Friedel à propos du pouvoir rotatoire des sels de diamines. Il cite à l'appui de ces propositions plusieurs passages de la stéréochimie de M. Van't Hoff. — M. A. **Etard** a étudié les lignes de solubilité complètes de couples organiques et a constaté que la limite naturelle supérieure de solubilité était le point de fusion du corps dissous, et que la limite inférieure était déterminée par le point de fusion du dissolvant. — M. Th. **Muller**, en traitant le chlorure de succinyle par l'éther cynacétique sodé, a obtenu deux corps nouveaux, les éthers succinocynacétique et succinodicynacétique, le second est un acide bibasique qui fournit des sels de sodium, d'argent et de cuivre bien cristallisés. — M. C. **Matignon** montre que l'acide hydurilique indiqué comme bibasique possède en réalité trois fonctions acides nettement caractérisées. La découverte de la troisième fonction lui a permis de préparer les hydurilates de potasse bien cristallisés et d'expliquer pourquoi M. Boyer n'avait pu les obtenir. — M. A. B. **Griffiths** a étudié le pigment vert contenu dans les ailes de certains lépidoptères ; il a pour formule C^{11} H^{12} Az^2 O^{10}, donne des sels bibasiques et se décompose par l'eau bouillante en urée, alloxane et acide carbonique. — MM. Cl. **Nourry** et C. **Michel** ont montré que l'acide carbonique ne retarde la coagulation du lait qu'autant que celui-ci n'a pas été chauffé antérieurement.

C. MATIGNON.

3° Sciences naturelles. — M. **Chauvéau** démontre l'existence des centres nerveux distincts pour la perception des couleurs fondamentales du spectre. — Le sommeil anéantit successivement différentes régions du système nerveux central tandis que les organes périphériques ne perdent rien de leur activité propre. Au moment du réveil, les différents centres nerveux ne récupèrent pas simultanément leurs fonctions. Lorsqu'on sort d'un profond sommeil, et que les paupières se soulèvent immédiatement au moment du réveil, les objets de couleur claire et vivement éclairés paraissent illuminés en vert pur. Il doit donc exister trois couleurs fondamentales, le vert dont l'existence est démontrée avec le rouge et le violet, comme le veut la théorie Yung-Helmholtz. Des cellules distinctes ou des cellules douées de trois sensibilités indépendantes se trouvent dans les centres nerveux destinés à percevoir les impressions coloriées. — MM. **Nourry** et **Michel** : Action microbicide de l'acide carbonique dans le lait. — M. **Paul Gaubert** montre que les pattes des Phalangides, amputées par autotomie, s'agitent convulsivement tandis qu'elles demeurent immobiles chez les autres Arthropodes. Ces mouvements sont dus à un ganglion nerveux situé dans l'extrémité proximale du troisième article; ils sont supprimés si on le détruit. — M. **Thélohan** étudie plusieurs myxosporodies nouvelles parasites de la vésicule biliaire des poissons. — M. A. **Prunet** : montre que, au moment du dégel, les plantes manifestent un ralentissement de l'absorption et un accroissement de vaporisation, dus à des modifications profondes apportées par la gelée dans les propriétés des éléments anatomiques. Ainsi s'explique la dessiccation rapide des bourgeons et des jeunes pousses des plantes gelées. — M. **Vuillemin** étudie l'*Ecidiconium Bosteli*, urédinée parasite des aiguilles du *Pinus montana*, et qui produit, dans des conditions normales, un appareil conidien analogue à celui déjà signalé chez *Endophyllum sempervivi*. — M. **Ch. Deperet** : Classification et parallélisme du système miocène. 1° Étage inférieur *Burdigalien* avec faluns de Saucats et Léognon à la base, et molasse calcaire au sommet. Transgression marine. Faune archaïque des sables de l'Orléanais. 2° Deuxième étage : *Helvétien*. Molasse suisse, Maximum de transgression de la mer miocène. Faune de Sansan. 3° *Tortonien*. Régression de la mer. Molasse lacustre. Faune ressemblant à celle de Sansan, mais avec une nuance un peu plus jeune. — 4° *Sarmatique* du Danube, même Faune. 5° *Pontique* ou couches à Congéries, Faune de Pikermi. — M. **P. Termier** : Existence de la microgranulite et de l'orthophyre dans les terrains primaires des Alpes françaises. — M. **Lacroix** : Modifications minéralogiques effectuées par la cherzolite sur les calcaires du jurassique inférieur de l'Ariège. Il démontre que la cherzolite est bien une roche éruptive et qu'elle est antérieure aux calcaires cristallins supérieurs de la haute Ariège. Elle aurait donc apparu entre le lias supérieur et le jurassique supérieur. — M. de **Sacorries** : Distribution géographique, origine et âge des ophites et des cherzolites de l'Ariège. — M. **Paul Gautier**. Observations géologiques sur le creux du Souci (Puy-de-Dôme).

Ch. Contejean.

ACADÉMIE DE MÉDECINE

Séance du 8 novembre.

Séance générale, consacrée à la distribution des prix.

Séance du 15 novembre.

Dr **Fischer** de Carlsruhe : Ueber Variola M. vaccini. (Ouvrage présenté par M. Bouchard.) L'auteur y soutient la théorie, fortement combattue par M. Chauveau, que la vaccine et la variole sont une seule et même maladie. — M. **Leven** : Système nerveux des maladies. — M. **Tholozan** étudie les causes et les foyers des manifestations cholériques. — M. **Emile Berger** : Anatomie normale et pathologique de l'œil. — M. **Arges** : Action sur la pleurésie des eaux sulfureuses thermales. — M. **Dargelos** : Sécrétage des poils sans mercure à l'aide d'une eau régale faible, à la température de l'étuve. — Rapport de M. **Chauvel** sur le service des épidémies en 1891. — Rapport de la commission chargée d'examiner les mémoires pour le *prix Daudet* en 1892; question proposée : de la leucoplasie buccale. — M. **Bazy** : Lithotritie chez les obèses. — M. **Ali**: Epidémies cholériques en Orient. — M. **Fournier** : Spécificité de la fièvre typhoïde.

Séance du 22 novembre.

Ouvrages présentés : M. **Feulard** : Musée de l'hôpital Saint-Louis. — M. **Juhel-Rénoy** : Fièvre typhoïde (Bibl. Charcot Debove). — MM. J.-V. **Laborde** et Camille **Billot** font une communication sur le traitement de l'asphyxie par la traction de la langue. Les tractions doivent être rythmées de manière à imiter le rythme respiratoire. La respiration se rétablit bientôt. Un homme asphyxié par le gaz des égouts a pu ainsi être rappelé à la vie. M. **Mutelet**, médecin-vétérinaire, a traité aussi avec succès, par cette méthode, l'asphyxie du nouveau-né sur un veau en état de mort apparente après l'accouchement.

Ch. Contejean.

SOCIÉTÉ DE BIOLOGIE

Séance du 26 novembre.

M. **Bloch** expose les procédés qu'il a employés autrefois pour déterminer la sensibilité tactile, et montre qu'ils sont bien différents de ceux de Kammeler. — MM. **Gley** et **Charrin** montrent que le bacille pyocyanique fabrique des produits toxiques d'action différente sur les systèmes organiques. Les produits solubles dans l'alcool n'ont pas d'action sur la grenouille. Les produits diastaséiformes précipités par l'alcool mettent cette animal en état de parésie complète. Voilà pour l'action sur la moelle. Les deux poisons agissent sur le cœur en le ralentissant, mais les produits insolubles agissent plus énergiquement que les solubles. — M. **Pilliet** : Transformation angiômes de la rate en kystes hématiques. — M. **Giard** présente une note de M. P. **Gautier** sur l'appareil de l'audition des Poissons. — M. **Laveran** montre que les corps en croissants observés par les Italiens dans la malaria ne sont que des modifications de son hématozoaire. — M. **Beauregard** étudie le développement du canal carotidien chez les Roussettes. — M. **Chouppe** est proclamé membre de la Société. — Ch. Contejean.

SOCIÉTÉ FRANÇAISE DE PHYSIQUE

Séance du 18 novembre.

Certains inventeurs, s'imaginant qu'il n'y a aucune difficulté à passer d'une idée à sa réalisation, ont récemment, à grand renfort de publicité, fait connaître leur projet de lancer de petits ballons capables de s'élever à vingt kilomètres de hauteur et d'emporter des appareils en-registreurs. Aussi M. le commandant **Renard**, qui poursuit sans bruit depuis plusieurs mois la solution de la même question, est-il amené à faire connaître, dès maintenant, le résultat de ses recherches. Il expose les nombreuses difficultés du problème, et fait connaître le mode d'exécution qu'il a adopté. Il présente en même temps les appareils qu'il a déjà réalisés. Tout d'abord le ballon doit être de faibles dimensions pour diminuer la dépense soit modérée, et qu'il soit possible de répéter un grand nombre d'expériences : c'est là, en effet, la condition indispensable dans des recherches vraiment scientifiques. La dimension la plus convenable semble être celle d'un ballon de 6 mètres de diamètre, cubant 113 mètres cubes. Les enveloppes ordinaires pèsent 300 grammes par mètre carré; elles seraient beaucoup trop lourdes dans le cas actuel, car elles nécessiteraient une capacité bien plus considérable (on sait que la capacité croît proportionnellement au cube du poids de l'enveloppe par mètre carré). M. Renard a réussi à trouver une enveloppe pratiquement imperméable, et ne pesant que 50 grammes par mètre carré. Elle est formée de papier japonais recouvert d'un vernis spécial. D'autre part, grâce à l'emploi de l'aluminium, il a pu faire construire des baromètres et thermomètres enregistreurs, ne pesant que 1150 grammes. La cage d'osier au centre de laquelle est placé l'instrument enregistreur pèse 350 grammes seulement. Cependant sa solidité est complète, et le mode de suspension de l'instrument si parfait, qu'elle peut impunément être exposée à des chocs violents. M. Renard en donne une démonstration complète, en lançant par terre avec force, à plusieurs reprises, cette légère nacelle. A la fin de l'expérience, le mouvement d'horlogerie de l'appareil enregistreur qu'elle contenait n'avait pas cessé de battre régulièrement. A l'appareil est jointe une instruction détaillée à l'usage des paysans qui recueilleront le ballon. Grâce à cet ensemble de dispositions, le ballon pourra atteindre une zone où la pression n'est plus que le $\frac{1}{14}$ de la pression normale, zone située à une altitude supérieure à 20 kilomètres. Mais pour monter à une pareille hauteur, le ballon doit au départ posséder une force ascensionnelle considérable. Elle est de 110 kilogrammes. Il est donc de toute nécessité de la modérer au début. Or il n'y a pas d'aéronaute pour manœuvrer le lest. M. Renard met en œuvre deux solutions très élégantes, l'une qui convient par mauvais temps, lorsque le ballon peut se trouver alourdi par la pluie, l'autre relative au beau temps. La première consiste dans l'addition à la nacelle d'un réservoir d'eau à robinet ouvert et produisant dès le début un écoulement lent. Dans la seconde, on remplit incomplètement le ballon, et on y pratique une légère fuite systématique. Enfin la descente du ballon est assurée à une vitesse inférieure à deux mètres par seconde. Grâce à cet ensemble de dispositions, on peut certainement atteindre 20 kilomètres. Des expériences vont être incessamment entreprises pour étudier les lois des variations thermométriques et actinométriques avec l'altitude. — M. Berget décrit la nouvelle méthode astrophotométrique de MM. Lagrange et Stroobant, de Bruxelles. La méthode consiste à évaluer l'éclat respectif des diverses étoiles en les comparant séparément à une source de lumière bien constante. A la monture d'une lunette astronomique est fixée une lampe à incandescence, puis un diaphragme à ouverture variable (c'est le diaphragme iris des photographes), et un système de deux prismes opposés constituant une lame de verre d'épaisseur variable. Cet ensemble fournit un faisceau d'une intensité variable à volonté et dirigé parallèlement à l'axe de l'instrument. On le fait pénétrer dans la lunette, et se superposer au faisceau direct venant de l'étoile, au moyen de deux miroirs à 45° et d'une lentille. De la sorte, l'œil voit à la fois l'astre et la source artificielle. On agit sur le diaphragme et on règle l'épaisseur de la lame de verre, jusqu'à amener l'égalité d'éclat. Un tarage préalable a été effectué en observant une première fois, non pas une étoile, mais une lampe Carcel étalon. Enfin pendant la mesure photométrique, on enregistre la courbe de variation des intensités correspondantes de la lampe, afin d'en déduire les intensités correspondantes, et de faire les corrections pour ramener les observations à ce qu'elles auraient dû être pour une intensité constante. — M. Abraham est proposé une nouvelle détermination du rapport v entre les unités C. G. S. électromagnétiques et électrostatiques. Il expose à la Société l'ensemble de son travail que les lecteurs de la *Revue* ont déjà pu apprécier (n° du 30 septembre 1892, p. 651). Le souci d'une précision extrême, apporté par l'auteur dans toutes ses déterminations, et la discussion scrupuleuse des diverses causes d'erreur préalablement réduites au minimum, permettent d'attribuer à ses déterminations une haute valeur. — M. Wyrouboff expose ses travaux sur le pouvoir rotatoire des solutions. En discutant avec précision les différents cas, il a pu formuler une

loi très simple, à savoir que les corps isomorphes ont des pouvoirs rotatoires spécifiques, très sensiblement identiques. Tels sont les deux groupes d'hydrates à cinq et à six molécules d'eau du sulfate et du séléniate de strychnine. Il en est encore de même pour les solutions alcooliques des deux sels correspondants de cinchonine. Les cristaux isomorphes de sulfate et de séléniate de cinchonine, que fournissent ces solutions alcooliques offrent la particularité de contenir une molécule d'alcool de cristallisation. De même la quinidine dissoute dans les divers alcools, prend toujours en cristallisant une molécule des alcools dans lesquels on la dissout, et les cristaux sont absolument isomorphes entre eux. Si les pouvoirs rotatoire moléculaires adoptés jusqu'ici ne semblaient pas conduire à cette loi, c'est qu'on ne prenait pas les véritables poids moléculaires. On ne tenait pas compte, par exemple, des molécules d'eau et d'alcool de cristallisation.

M. P. Curie fait une communication sur l'emploi des condensateurs à anneau de garde et des électromètres absolus. Dans son travail sur la mesure du rapport v présenté dans la dernière séance, M. Abraham a montré comment on peut employer le condensateur plan à anneau de garde comme instrument de haute précision. De son côté, M. P. Curie, dans ses recherches effectuées en 1889, en commun avec son frère, sur la piézoélectricité et la conductibilité du quartz et qu'il a exposées récemment à la Société (voir *Revue générale des Sciences*, 30 juin 1892, p. 458), avait déjà eu recours à l'emploi d'un condensateur de cette espèce. L'étude de cet instrument lui avait révélé diverses particularités qu'il fait connaître aujourd'hui et dont il importe de tenir compte, surtout lorsqu'il s'agit d'expériences d'électrostatique, pour pouvoir obtenir de ce précieux instrument toute la précision espérée. Ce condensateur pèche par l'isolement : il ne suffit pas de le placer à l'intérieur d'une enceinte bien desséchée, il faut encore éviter tout déplacement d'air, c'est-à-dire qu'il est nécessaire que cette enceinte soit, en outre, hermétiquement fermée et capable de tenir la pression. Si le desséchement est si nécessaire, c'est que la ligne suivant laquelle le verre dépouillé d'argenture sépare l'anneau de garde du plateau collecteur, est le siège d'une petite force électromotrice qui prend naissance lorsque le verre est humide et ne disparaît que lorsqu'il est bien desséché. D'autre part, cette ligne de séparation n'offre pas un isolement absolu ; il y a toujours une petite conductibilité due au verre, et qui n'est pas négligeable dans les expériences d'électrostatique. Aussi MM. Curie ont-ils modifié le mode d'emploi de ce condensateur. Leurs expériences consistaient à charger d'abord par influence l'un des plateaux du condensateur, et à compenser ensuite cette charge par celle qui prend naissance dans la traction du quartz. Au lieu de charger comme d'ordinaire le plateau collecteur à anneau de garde, ils faisaient l'inverse et chargeaient le plateau continu. La charge n'est plus uniforme, les lignes de force ne sont plus des normales aux deux plateaux, mais il n'importe. On sait d'après le théorème de M. Bertrand que la capacité réciproque est indépendante de celui des plateaux dont on fait choix pour le relier avec la pile de charge. Pour les mêmes motifs, M. Curie propose de modifier de la même manière le mode d'emploi des électromètres absolus. Mais alors, de ce que la charge demeure la même, quel que soit le plateau dont on fait choix, il n'en résulte pas du tout que l'attraction entre les plateaux reste également la même. Cependant, en examinant séparément les trois termes dont elle se compose alors, l'auteur montre que la force est *presque* la même que si c'était le plateau central qui produisait l'attraction. Il n'y a à introduire qu'un petit terme correctif facile à évaluer. De plus, M. Curie propose de substituer au ressort de Sir W. Thomson une balance et de préférence une balance portant à l'une des extrémités du fléau un micromètre qu'on vise au microscope, et qui permet de lire immédiatement les faibles variations de poids. Alors c'est le plateau continu qui est suspendu à la balance et qui se trouve en dessus. La balance est préférable au ressort en ce qu'elle élimine l'emploi de la vis qui règle le plateau. Pour calculer le terme correctif pour une distance donnée des plateaux, il suffit de faire trois expériences en portant successivement au même potentiel, d'abord le disque central seul, puis le disque central et le pourtour, enfin le pourtour seul. On a aussi trois équations qui permettent de comparer l'attraction vraie à la valeur approchée donnée par la méthode renversée de M. Curie, et par suite de calculer la valeur du terme de correction. On calcule ainsi ce terme pour les différentes distances. Cette méthode renversée est encore applicable à l'électromètre absolu sphérique de M. Lippmann. Dans ce cas, il n'y a plus de terme correctif. Il faut seulement prendre garde que la formule n'est plus la même que dans le cas ordinaire. — M. Abraham fait voir que dans ses expériences où intervient un galvanomètre il n'est plus aussi nécessaire que pour des expériences d'électrostatique d'obtenir un isolement rigoureux, surtout si le commutateur est disposé convenablement. D'ailleurs cet isolement était encore très satisfaisant puisque les résistances d'isolement du condensateur étaient supérieures à 80 milliards d'ohms. — M. Pellat fait quelques réserves sur la substitution de la balance au ressort dans l'électromètre absolu. — M. Curie défend son opinion. — M. Lippmann fait connaître ses nouveaux résultats relatifs aux photographies colorées du spectre non plus sur des couches contenant des sels d'argent, mais sur des couches bichromatées. La théorie de la formation des photographies colorées donnée par M. Lippmann fait prévoir que la production du phénomène est indépendante de la nature de la substance sensible. C'est ce que l'auteur a voulu confirmer par l'expérience. Le dispositif ordinaire avec miroir de mercure reste identiquement le même, sauf que la nouvelle couche sensible diffère ; dans le cas actuel, c'est une couche d'albumine (ou de gélatine) bichromatée. Aux points où agit la lumière, la matière organique est modifiée, elle devient moins hygrométrique, c'est-à-dire que les plans successifs formés dans les expériences antérieures par le d'argent réduit, sont maintenant constitués par des plans d'albumine devenue incapable d'absorber l'eau, tandis que le reste de l'albumine conserve la propriété de se gonfler par l'eau. Par suite, lorsque la plaque a été impressionnée, les couleurs apparaîtront dès qu'on la plonge dans l'eau. M. Lippmann reproduit l'expérience devant les membres de la Société : cette expérience est très curieuse et fort belle, les couleurs sont excessivement brillantes. On les voit sous toutes les incidences, c'est-à-dire en dehors de l'incidence de la réflexion régulière. En regardant la plaque par transparence on voit nettement les complémentaires des couleurs vues par réflexion. Cette immersion dans l'eau pure, en enlevant le bichromate, fixe l'épreuve en même temps qu'il la développe. L'image disparaît quand on sèche la plaque, pour reparaître chaque fois qu'on la mouille de nouveau. Il est à remarquer que les couleurs n'apparaissent pas exactement à l'endroit où elles ont été produites par la source lumineuse. Le spectre entier est déplacé dans son ensemble, de telle sorte que le rouge est à la place qu'occupait le vert dans l'impression lumineuse. Cela tient précisément au fait que les lames de gélatine non impressionnée se sont gonflées, et que par suite la distance des plans de gélatine insoluble a augmenté. Avec l'eau salée, la dilatation de la couche est moindre et le spectre se déplace moins. Lorsqu'on emploie l'albumine, il faut avoir soin de la coaguler au bichlorure de mercure, sans quoi l'albumine non impressionnée se dissoudrait lors du lavage à l'eau pure. — M. Berget expose ses expériences sur la dilatation magnétique du fer dans un champ magnétique,

ainsi que les expériences analogues de M. Van Aubel sur le bismuth. Les deux expérimentateurs ont, chacun de leur côté, eu recours à la méthode du déplacement des franges indiquée par Fizeau pour l'étude de la dilatation des cristaux. Le cylindre de fer de M. Berget est placé dans la région centrale de la bobine, de façon que le champ puisse être considéré comme uniforme, et il est prolongé de chaque côté par des cylindres de cuivre de même diamètre. L'appareil producteur des franges est constitué, d'une part, par la base supérieure du barreau de cuivre, et, d'autre part, par une lentille hémisphérique très voisine, portée par un support spécial à vis calantes monté sur le bâti de l'appareil. Un prisme à réflexion totale renvoie horizontalement la lumière. — Le dispositif de M. Van Aubel est analogue, seulement l'auteur amplifie, en outre, les déplacements au moyen d'un levier. M. Berget signale qu'il est facile de séparer la dilatation thermique qui est lente et progressive de la dilatation magnétique qui est instantanée. Les deux métaux, bismuth et fer, fournissent des résultats entièrement opposés. On sait que le bismuth présente une conductibilité thermique ou électrique qui varie considérablement dans un champ magnétique. Mais au point de vue de la dilatation magnétique, il se trouve complètement inerte ; il n'y a aucun allongement. Pour le fer, au contraire, les variations de conductibilité sont très faibles, tandis que l'allongement magnétique est très notable. Un barreau de 52 millimètres s'allonge de $0\mu,412$ pour un champ de 104 unités C.G.S. La courbe des allongements en fonction de l'intensité du champ présente une allure semblable à celle qui représente l'intensité d'aimantation en fonction de la force magnétisante. Le dispositif de M. Berget se prête très bien à la projection du phénomène. — Sur une question de M. Curie, M. Berget indique qu'il n'a constaté aucun effet d'hystérésis. — M. Raveau fait observer que l'effet magnétique ne doit pas être immédiat. Il rappelle l'existence de la viscosité magnétique étudiée par Ewing et Lord Rayleigh. On sait, en effet, que l'on passe d'une valeur donnée de la force magnétisante à une valeur supérieure, l'aimantation induite n'atteint pas immédiatement la valeur finale donnée par la courbe d'hystérésis, elle met un temps notable à l'atteindre.

Edgard HAUDIÉ.

SOCIÉTÉ DE PHYSIQUE DE LONDRES

Séance du 11 novembre.

M. Burton résume la discussion sur le mémoire de M. Williams : « *Les dimensions des quantités physiques.* » Il remarque que l'idée de faire des quantités dites « spécifiques » telles que le poids spécifique, des grandeurs purement numériques, est erronée, et doit mener à des difficultés. La « pesenteur spécifique » d'une substance est une grandeur de même nature que la densité, et ce n'est une grandeur purement numérique qu'en vertu de la convention qui prend la densité de l'eau pour unité. Si l'on donnait des dimensions aux quantités spécifiques, l'interprétation en serait aisée, selon lui, quand on aurait trouvé les formules de dimensions rationnelles. Relativement aux remarques de M. Fitzgerald, il dit que bien que la tendance à ramener en dernière analyse toute énergie à être de l'énergie cinétique soit indéniable, la distinction qu'on établit communément entre l'énergie cinétique et potentielle ne comporte rien qui soit contraire à cette manière de voir, et qu'elle est utile et convenable dans bien des cas. Sur la question des dimensions de μ de k, il incline vers la manière de voir de M. Williams, car plusieurs considérations suggèrent l'idée que les deux *capacités* d'un milieu sont essentiellement différentes. Il donne à l'appui des arguments pour montrer que μ est probablement une constante absolue dans l'éther, tandis que k peut être variable. Des deux systèmes de dimensions pour μ et k proposés par M. Williams, celui qui fait de μ une densité semble préférable. —

M. **Lodge** trouve qu'il y a grand intérêt à propager l'idée que les grandeurs physiques sont concrètes et par suite que la communication de M. Williams est la bien venue. Il croit désirable de conserver quelques noms pour des nombres abstraits, et celui de « pesauteur spécifique » (specific. *gravity*) doit être un de ces noms. Si l'on cherche un autre nom comportant des dimensions, « *poids* spécifique » (specific *weight* [1]) ou « poids par unité de volume » peuvent être employés. — Parlant des dimensions des divers termes d'une équation, il ne pense pas qu'on remarque d'ordinaire que le principe des termes dirigés s'applique rigoureusement à l'algèbre vectorielle et à la *géométrie* cartésienne ; car, s'ils ont une direction quelconque, tous les termes d'une pareille équation sont dirigés le long de la même ligne. A ce point de vue l'algèbre ordinaire est plus raide que l'algèbre vectorielle. Même si l'on introduit les fonctions circulaires, comme en coordonnées polaires, elles ont pour effet de donner la même direction à tous les termes. L'auteur cite d'autres exemples de problèmes qui démontrent le même fait. — M. **Boys** croit que M. **Madden** a fait un cercle vicieux en partant de l'unité astronomique de masse et en déduisant les dimensions de la masse $\frac{L^3}{T^2}$ de l'équation $M L T^{-2} = \frac{M^2}{L^2}$ car il est tout à fait impossible que l'équation puisse être vraie sans introduire γ (la constante de la gravitation) au second membre. La méthode de M. Williams est tout à fait l'inverse car il maintient que, sans introduire k et μ dans les dimensions des grandeurs électriques et magnétiques, on ne peut tirer aucune indication sur la véritable nature de ces quantités, de leurs formules de dimensions ; et ainsi l'objection est levée. — M. **Baily**, bien que d'accord avec M. Williams sur les points essentiels, croit que la suppression totale de L dans les formules de dimensions rend les expressions plus compliquées et moins symétriques. Par exemple, les expressions telles que $\frac{X Y}{Z}$ X² et XYZ qui représentent respectivement une grandeur non dirigée, une surface et un volume peuvent avec avantage s'écrire L, L² et L³. La restriction des dimensions de μ et k à celles qui donnent des formules de dimensions qu'on puisse interpréter pour les grandeurs électriques et magnétiques semble strictement justifiée. Les deux systèmes proposés ne peuvent être exacts et il est plus conforme au défaut actuel de nos connaissances d'introduire une quantité U de dimensions inconnues, telle que μ ou $k = U^2$: densité, et $k - 1$ ou $- 1 = U^2$: rigidité. Cela mettrait en lumière le fait que les dimensions absolues des quantités qui contiennent U sont inconnues. L'auteur donne une liste des dimensions de diverses grandeurs, fondées sur cette combinaison. — M. **Swinburne**, se rapportant à la nature conventionnelle de plusieurs unités, dit qu'il y a de grandes différences entre les idées que se font les personnes différentes sur ce genre d'unité. Partant de la convention qui permet de multiplier des grandeurs différentes, il peut avoir 6 ampères parcourant un circuit électrique sous une pression de 10 volts, et dire qu'il a 60 voltampères. Le terme « voltampère » peut être regardé comme indiquant que 60 est le résultat numérique de la multiplication du nombre de volts par le nombre d'ampères, et d'un autre côté il peut être compris comme une nouvelle unité, le *watt*, dérivée du volt et de l'ampère. Avant que le mémoire de M. Rücker sur « les dimensions supprimées » ne fût publié, un électricien peut avoir proposé de mesurer la longueur d'un banc en y envoyant un courant alternatif et déterminant sa selfinduction, qu'il regarde comme une longueur.

M. **Rücker**, néanmoins, dirait que cela ne donne pas de bon résultat, car on devrait tenir compte de μ. Il incline à croire que les dimensions peuvent être un mauvais guide. Se reportant aux écrivains scientifiques comme autorité, il dit que Maxwell a commis des négligences dans quelques cas, car il a parfois donné des formules de dimensions comme zéro, qui réellement eussent dû être $L^0 M^0 T^0$ ou l'unité. Dans l'édition française les erreurs ont été corrigées. — M. **Williams**, répondant à ces remarques de M. Madden, sur la self. induction qui est une longueur, montre que l'on peut traiter le sujet de deux façons différentes, suivant qu'on regarde l'*étalon* de selfinduction comme l'étalon pratique des mesures ou l'*unité* de slfinduction comme une quantité physique. Dans le premier cas, l'*étalon* est une longueur, mais dans le dernier l'*unité* est une quantité de même espèce que la selfinduction, dont la nature est encore inconnue. Si sa nature dynamique était connue, alors les dimensions absolues de toutes les autres grandeurs magnétiques et électriques seraient déterminées. En réponse aux remarques de M. Fitzgerald, il dit qu'il est à peine probable qu'il ne se soit pas habitué à l'idée connue qui fait des énergies potentielle et cinétique, des grandeurs de même espèce, car c'est une idée avec laquelle il est, lui, très familier. Le fait qu'elles ont mêmes dimensions, suffit à montrer leur identité et l'idée que toute énergie est, en dernière analyse de l'énergie cinétique est fondamentale dans ce mémoire. Cela n'implique pas, toutefois, que l'électrisation et l'aimantation soient nécessairement la même chose, et l'hypothèse qu'elles pourraient être la même chose, n'est qu'une des nombreuses « hypothèses probables » dont toutes ont des titres à la considération. La principale raison pour regarder comme probablement incorrecte l'hypothèse de M. Fitzgerald, est qu'elle conduit à un système de formules de dimensions qui n'est pas susceptible d'interprétation mécanique rationnelle, et qui contient des puissances fractionnaires des unités fondamentales. Le système de M. Fitzgerald ferait de la résistance un nombre abstrait, et de μ et de k des grandeurs dirigées, tandis que la première de ces quantités est une quantité concrète, et les deux autres doivent être scalaires dans les milieux isotropes. S'il s'est trompé (lui M. Williams), en traitant l'électrisation et l'aimantation comme des phénomènes différents, il aurait toujours pour excuse qu'il n'a fait que suivre, en la matière, des autorités telles que lord Kelvin, M. Lodge et M. O. Heaviside. — La discussion du mémoire de M. Litherland : « Les lois de la force moléculaire », est rouverte par M. Perry qui lit une communication du Président, M. **Fitzgerald**. Il s'attaque aux théories discontinues, alors que Clausius a donné des formules continues beaucoup plus exactes dans un très long intervalle qu'une formule discontinue de M. Sutherland. L'introduction des mouvements browniens sans étudier avec soin les conditions requises et l'énergie mise en jeu, et sans donner d'explication dynamique de leur existence, n'est pas satisfaisante. Il eût été très intéressant, c'eût été si M. Sutherland avait calculé la loi de variation de la température avec la hauteur dans une colonne de gaz soustraite à la convection, sous l'influence de la conduction seule (car Maxwell pense que la loi de l'inverse de la cinquième puissance, est la seule loi d'attraction moléculaire qui donne l'uniformité de température dans ces conditions), et si nécessairement des expériences faites avec des bases solides. Relativement à l'assertion que l'attraction moléculaire à un centimètre, est comparable à la gravitation à la même distance, il pense que M. Boys la révoquera en doute, et il indique un *experimentum crucis* pour la loi de l'inverse de la quatrième puissance. Les deux lois de l'inverse de la quatrième puissance et de l'inverse de la cinquième, supposent une symétrie qui ne doit pas exister : il rejette aussi les autres parties du mémoire. — M. **Gladstone** sur les équivalents *dyniques* relatifs et pour la réfraction, donnés dans le tableau XXVIII du

---

[1] Les quantités pour lesquelles M. Lodge propose ces noms de *specific gravity* et *specific weight* sont ce que nous appelons d'une part, *poids spécifique relatif*, et d'autre part, *poids spécifique absolu*.

mémoire, dit qu'il lui paraît intéressant de faire une pareille comparaison entre les équivalents dyniques et de dispersion, et les pouvoirs rotatoires magnétiques. Le résultat, donné dans un tableau complet, montre une certaine proportionnalité entre les quatre colonnes, mais les différences dépassent les limites des erreurs d'expérience. M. Sutherland, néanmoins, regarde l'équivalent de l'hydrogène, tantôt comme égal à 0,215, tantôt, en d'autres endroits, comme négligeable. Les analogies entre les équivalents optiques dépendent moins de la proportionnalité des nombres que du fait que les équivalents de réfraction, de dispersion et de pouvoir rotatoire magnétique d'un composé, sont la somme des équivalents correspondants de ses atomes constituants, modifiée en quelque mesure par la façon dont ils sont combinés. Bien qu'une relation quelque peu semblable soit vraie pour les équivalents dyniques, l'effet de « double liaison » des atomes de carbone, si manifeste dans les propriétés optiques, est à peine perceptible. Le résultat obtenu en calculant les constantes à partir de $M l$ au lieu de $M^2 l$ est ensuite discuté; par cette substitution on arrive à une proportionnalité plus remarquable. — M. **Burbury** dit qu'en se reportant au mémoire primitif de l'auteur, sur lequel s'appuie le mémoire actuel, il trouve qu'il suppose une distribution uniforme des molécules. Avec cette hypothèse, les démonstrations données sont tout à fait correctes et le potentiel est maximum. Si, d'ailleurs, les molécules sont en mouvement, le potentiel moyen peut être inférieur au maximum, et les déductions du mémoire actuel, fondées sur des hypothèses inexactes, peuvent induire en erreur. — M. **Ramsay** remarque que bien des assertions du mémoire, au sujet des points critiques, sont très douteuses. Des équations séparées pour les différents états de la matière ne sont pas satisfaisantes, pas plus que la divison artificielle des substances en cinq classes. Les différences qui étaient prédites dans les points critiques et qui étaient dues à la capillarité, n'ont pas été trouvées exister. Parlant de l'équation du viriel, il dit que, jusqu'ici on a fait R constant. Des considérations l'ont conduit récemment à penser que R n'est pas constant. Toute la question serait à reprendre en regardant R comme variable. — M. **Macfarlane Gray** dit qu'il a travaillé sur des sujets semblables à ceux dont s'occupe M. Sutherland, mais en partant d'un point de vue opposé sans supposer aucune attraction entre les molécules. En étudiant théoriquement la vapeur il trouve qu'on n'a besoin d'aucune constante arbitraire, car toutes sont déterminées par la thermodynamique. Les résultats calculés sont en parfait accord avec les expériences de M. Cailletet sauf aux très hautes pressions, et même ici, le volume théorique est la moyenne entre ceux qui ont été obtenus expérimentalement par Cailletet et par Battelli. — M. **Herschel** remarque que Villarceau a discuté l'équation du viriel, quand les énergies chimique et mécanique ne sont pas supposées se contrebalancer. Le mémoire de M. Sutherland repose tout entier sur l'existence d'un tel équilibre, et il (M. Herschel) ne comprend pas en quoi cet équilibre est nécessaire. La discussion est close et la séance levée.

ACADÉMIE DES SCIENCES D'AMSTERDAM

Séance du 26 novembre.

1° Sciences mathématiques. — M. P. H. Schoute continue sa communication de la séance précédente [1], il indique le rapport entre son théorème et les résultats antérieurs de Laguerre.

2° Sciences physiques. — M. H. Kamerlingh Onnes fait connaître les mesures du potentiel nécessaire pour produire la décharge obtenue par M. A. H. Borgesius à l'aide d'expériences avec un nouvel électromètre, dit doublement bifilaire. Dans les mesures antérieures

on a négligé l'influence de pression et de température, ce qui explique la divergence des résultats. Dans le cas de cylindres concentriques l'auteur trouve, d'accord avec M. Gaugain, que la décharge ne dépend que de la charge du cylindre intérieur. En déchargeant la surface du cylindre intérieur par une lueur, il réussit à maintenir sur des corps un potentiel très élevé constant, indépendamment de la quantité d'électricité qui afflue. Enfin il étudie, par des séries d'expériments, la grande résistance diélectrique de couches minces d'air. — M. H. A. Lorentz s'occupe du mouvement relatif de la terre et de l'éther. Dans un mémoire de l'année 1886 [1] l'auteur s'est occupé de l'aberration de la lumière et des phénomènes qui s'y rattachent; l'ensemble des faits observés lui semblait alors plaider en faveur de la théorie de Fresnel, suivant laquelle l'éther ne participe pas au mouvement de la terre. Cependant il lui paraissait impossible d'expliquer une expérience ingénieuse de M. Michelson [2]. Supposons l'éther immobile et indiquons par P et A deux points qui sont fixement liés à la terre; alors, comme M. Maxwell le fit remarquer le premier, le temps qu'il faut à la lumière pour se propager de P vers A et pour retourner en P dépendra de la direction de la ligne P A. En appelant l la longueur de P A, V la vitesse de la lumière et p celle de la terre, on trouve pour ce temps

$$2\,\frac{l}{v}\Big(1 + \frac{p^2}{v^2}\Big) \quad (1)$$

si la ligne P A est parallèle au mouvement de notre planète et

$$2\,\frac{l}{v}\Big(1 + \frac{p^2}{2\,v^2}\Big) \quad (2)$$

si elle lui est perpendiculaire. L'appareil de M. Michelson comprenait deux bras horizontaux et perpendiculaires entre eux qui partaient d'un point central O et dont chacun portait à son extrémité un miroir perpendiculaire à sa longueur. Il se produisait un phénomène d'interférence dans lequel les deux rayons étaient séparés au point O, pour se diriger chacun vers l'un des miroirs, et se réunissaient après avoir de nouveau atteint le point central. L'appareil entier, y compris la lampe et la lunette, pouvait tourner autour d'un axe vertical; chaque bras pouvait ainsi être amené à son tour dans la direction du mouvement de la terre. Les expressions (1) et (2) étant inégales, une rotation de 90° devait donner lieu à un déplacement des franges dont cependant les observations ne décelaient aucune trace. Après avoir reconnu que la longueur des bras était un peu trop petite pour que le phénomène cherché se produisît nettement, M. Michelson, en coopération cette fois avec M. Morley, a répété l'expérience [3], en augmentant, par le moyen des réflexions successives, la longueur des chemins parcourus. Cette nouvelle expérience, dans laquelle toutes les pièces de l'appareil étaient montées sur une pierre flottant sur du mercure, avait le même résultat négatif. Voici la seule manière dont j'ai pu réconcilier ce résultat avec la théorie de Fresnel. On peut admettre que la distance de deux points P et A d'un corps solide n'est pas absolument invariable, mais qu'elle change si on fait tourner le corps. Si, par exemple, cette distance est l, lorsque la ligne P A est perpendiculaire au mouvement de la terre, et $l\,(1 - \quad)$ si elle est parallèle à ce mouvement, la première des expressions (1) et (2) devra être multipliée par $(1 - \alpha)$ et elle deviendra égale à la seconde expression si

$$\alpha = \frac{p^2}{2\,v^2} \quad (3)$$

Un tel chargement de la longueur des bras métalliques dans le premier appareil de M. Michelson et des di-

---

[1] Voir *Revue* III, 772 où *septembre* est à remplacer par *octobre*.

[1] *Archives néerlandaises*, t. XXI, p. 103.
[2] *American Journal of Science*, 3ᵉ Sér. Vol. XXII, p. 120.
[3] *American Journal of Science*, 3ᵉ Sér. Vol XXXIV, p. 333.

mensions de la pierre dans la seconde expérience ne semble pas impossible à M. H. A. Lorentz. En effet, ce qui détermine la forme et la grandeur d'un corps solide, c'est évidemment l'intensité des forces moléculaires. Or, dès qu'on admet que les actions électriques et magnétiques sont dues à l'intervention de l'éther, il est naturel d'étendre cette manière de voir aux forces moléculaires; il faudra alors s'attendre à ce que l'action mutuelle de deux points matériels qui se déplacent à travers l'éther avec une vitesse commune, éprouve par cela même une modification qui dépend de la direction du mouvement. On s'assure facilement que ce chargement ne saurait être que de l'ordre $\dfrac{p^2}{V^2}$.

Les équations que l'auteur a établies dans un Mémoire récemment paru [1] lui ont permis d'évaluer, dans le cas des forces électriques, les modifications dont il s'agit. Soient : A un système de points matériels, ayant des charges électriques et se trouvant en repos au sein de l'éther, B le système des mêmes points, se déplaçant avec la vitesse p dans la direction de l'axe des x, C un système de points immobiles qu'on obtient en augmentant dans la proportion de 1 à $1 + \dfrac{p^2}{2\,V^2}$ toutes les dimensions de système A qui sont parallèles à l'axe OX, tout en laissant constantes les lignes perpendiculaires à cet axe. Alors les composantes des forces parallèles à OX sont les mêmes dans les systèmes B et C, et, quant aux composantes perpendiculaires, à OX, on en obtient les valeurs dans le système B en multipliant par $1 - \dfrac{p^2}{2\,V^2}$ celles qu'elles ont dans le troisième système. S'il était permis d'appliquer ce résultat aux forces moléculaires et de regarder un corps solide comme un système de particules qui se trouvent en équilibre sous l'action de leurs attractions et répulsions mutuelles, c'est précisément la valeur (3) qu'on trouverait pour le coefficient α. En effet, l'équilibre exigerait que les forces agissant sur un quelconque des points se détruisent, condition qui serait remplie par l'un des systèmes B et C dès qu'il y est satisfait dans l'autre. Ces systèmes pourraient donc représenter un même corps solide se déplaçant ou non au milieu de l'éther. Sans vouloir attacher à ces remarques trop d'importance. M. H. A. Lorentz ose prétendre qu'on ne saurait nier la possibilité des changements dont il a été question. Du reste, si le coefficient α avait pour tous les corps la valeur (3) il serait impossible de découvrir ces changements par des mesures directes. Non seulement les procédés dont on se sert dans la comparaison des suites ne permettent pas d'aller jusqu'aux cent millionièmes de la longueur, mais deux barres juxtaposées subiraient toujours les mêmes changements. Il serait donc nécessaire de leur donner des positions perpendiculaires entre elles; si on voulait alors comparer les longueurs par le moyen des interférences, on reviendrait à l'expérience de M. Michelson et l'effet des changements de longueur serait compensé par la différence des temps (1) et (2). — M. J. M. van Bemmelen fait une communication sur la composition des hydrates colloïdaux (hydrogels), spécialement de l'hydrogel silicique. Il en a déterminé la tension de vapeur à 15°, et trouvé le nombre des molécules d'eau dans le gel varia de 0 jusqu'à $\frac{1}{3}$ H²O. Cette tension inférieure àc celle de l'eau pure, diminue d'une manière continue avec la teneur d'eau, de sorte que la courbe, représentation graphique de ce phénomène, offre une courbure régulière. Cette constitution de l'hydrate colloïdal semble permettre de le considérer comme une « solution fixe » de l'eau dans l'acide silicique.

Schoute,
Membre de l'Académie.

[1] H. A. Lorentz. La théorie électromagnétique de Maxwell et son application aux corps mouvants. Leide, E. J. Brill. (*Extrait des Archives néerlandaises*, t. XXV.)

SOCIÉTÉ DE PHYSIQUE DE BERLIN

Des circonstances imprévues ont empêché notre correspondant ordinaire de continuer à nous envoyer cette année les résumés des communications faites à la Société de Physique de Berlin. Il nous a été impossible de le remplacer immédiatement; mais, pour ne pas interrompre nos comptes rendus nous donnons ci-après le relevé de tous les travaux communiqués à la Société depuis le commencement de 1892. Nous reprendrons nos analyses immédiatement après chaque séance. — M. F. Kurlbaum : Construction d'un bolomètre à surface. — M. E. Pringsheim : Rapport sur l'émission de la lumière par les corps gazeux non composés. M. E. Lampe : Léopold Kronecker (nécrologie). — M. E. Budde: Georg Biddel Aivy (nécrologie). — A. König : Au crépuscule un pigment bleu paraît avoir plus d'éclat qu'un pigment rouge, qui en plein jour avait le même éclat apparent. M. König étudie les lois de ce phénomène pour des sujets à vue normale et pour des daltonistes. L'intensité de la lumière d'un bec de gaz étant très faible, l'éclat maximum se trouve pour tous les sujets étudiés au même endroit du spectre ($\lambda = 553$ microns). L'intensité absolue augmentant, le maximum se déplace vers les grandes longueurs d'onde. Le mouvement de déplacement atteint une limite pour les grandes intensités aux environs de $\lambda = 570$ microns pour les personnes auxquelles la sensation du rouge manque, aux environs de $\lambda = 610$ microns pour tous les autres sujets examinés. — M. S. Kalischer : Sur la théorie et le calcul des courants dans les conducteurs de dimensions linéaires. — M. E. Budde: Mesure des teneurs intégrants et la température. — Msure des chaleurs de vaporisation. — M. M. Thiesen : Théorie des instruments dioptriques parfaits. M. F. M. Stapff : De l'augmentation de la densité à l'intérieur de la Terre. — M. L. Arons : Expériences concernant la polarisation électrique : Le courant est amené à une ange remplie d'acide sulfurique par deux électrodes en platine. Au milieu de l'auge est placée une lame métallique à travers laquelle le courant est forcé de passer. Si la lame est formée par du platine de 0ᵐᵐ001 d'épaisseur le courant diminue, même quand la lame est percée d'un trou de 0ᵐᵐ003 de diamètre. Le courant reste invariable quand on emploie, pour la séparation, de l'or ou de l'argent en feuilles. — M. H. Rubens : Dispersion des rayons ultrarouges dans la fluorine, le sel gemme et la silvine. — M. Mewes : Eémission et absorption. — M. Th. Gross : De la décomposition du soufre par l'électrolyse. L'auteur suppose que le soufre est un corps composé contenant de l'hydrogène. — M. E. Budde : La production des espaces nommées espaces morts (Todte Räume) par M. Liebreich et la tension capillaire des surfaces d'émulsion. — M. O. Lummer : Un nouveau spectrophotomètre. qu'il permet tant d'appliquer le principe du contraste à la mesure photométrique; l'erreur moyenne d'un pointage est ainsi réduite à 1/5 pour cent. La théorie de cet instrument doit être basée sur les principes que M. Abbe a donnés pour microscope. — M. Th. Gross : Sur la théorie de l'entropie. — M. F. Neesen : L'entraînement des pouilles lâches par leurs axes. — M. W. Wien : Du mouvement des lignes de force dans le champ électromagnétique. — M. Th. Gross : Sur la théorie de l'entropie (deuxième communication). — M. W. Wien et M. L. Holbow : De la mesure des températures élevées. H. W. Vogel : Sur la nouvelle méthode de photographie en couleurs naturelles permettant la copie des clichés. — M. Vogel distingue deux procédés de photographie en couleurs : 1° Le procédé direct, tel qu'il a été employé par M. Lippmann. M. Vogel lui reproche, de ne pas donner exactement la couleur naturelle, de ne s'appliquer qu'aux objets émettant beaucoup de lumière, d'être difficile à bien réussir, de nécessiter une nouvelle pose pour chaque épreuve. — 2° Le procédé indirect, s'aidant de l'impression en couleur. L'avantage principal de ce procédé est de permettre de tirer un nombre indéfini d'épreuves sans nouvelle pose. Le principe de cette méthode a été indiqué en 1865 par Ransonnet en Autriche et Collen en Angleterre. Ils proposaient de faire à travers des verres rouge, jaune et bleu, trois clichés du même objet, de copier les négatifs sur pierre et de les imprimer en rouge, jaune et bleu. Cros et Ducos de Hauron reprirent en 1869 les essais de Ransonnet en substituant au rouge, jaune et bleu le rouge, vert et violet. Mais le principe énoncé par Ransonnet ne pouvait donner de bons résultats tant qu'on n'avait pas de plaques sensibles aux rayons rouges et jaunes. Ce n'est qu'en 1873 que l'auteur réussit à obtenir ces plaques. Cros et Ducos du Hauron en France et Albert à Munich, reprirent alors l'impression photographique. Albert copiait le négatif sur une plaque de verre recouverte d'une colle chromée sensible à l'action de la lumière. Il tirait ses épreuves directement avec cette plaque, les parties altérées par la lumière prenant seules la couleur. On reconnut immédiatement que les clichés obtenus à travers un verre d'une couleur donnée devaient être tirés avec la couleur complémentaire ; mais la difficulté était de trouver des pigments émettant une teinte exactement complémentaire de celle que laissait passer le verre. Les pigments qu'employait Albert n'étaient pas choisis convenablement, aussi ses épreuves étaient loin de rendre les couleurs de l'original. En 1885 l'auteur réussit à faire faire un nouveau pas à la question en éliminant tout tâtonnement dans le choix de la couleur complémentaire. Voici en effet sa méthode : on emploie trois ou plusieurs plaques, sensibles chacune aux rayons d'une certaine partie du spectre. D'après le principe énoncé par M. Vogel en 1873 une plaque est rendue sensible au jaune, par exemple, en mêlant à la couche qui la recouvre un pigment absorbant le jaune, mais ce pigment qui absorbe le jaune doit émettre le bleu, ce bleu sera rigoureusement complémentaire du jaune absorbé. C'est ce bleu, ou son équivalent spectroscopique qui devra servir pour l'impression de la plaque due à l'action des rayons jaunes. Les verres colorés ne jouent plus ici qu'un rôle secondaire, ils interceptent les rayons bleus auxquels toutes les plaques photographiques obtenues jusqu'à présent sont sensibles. M. Ulrich, réussit le premier à obtenir de bonnes photographies d'après cette méthode. Il les exposa en 1890 à Berlin, et dut à leur succès un premier prix à l'exposition allemande à Londres en 1891. M. Ulrich employait, outre les trois plaques en couleur, une quatrième plaque foncée donnant les contours. D'après la théorie de l'auteur, cette plaque ne devait pas être nécessaire. Aussi M. E. Vogel jeune arriva-t-il à la supprimer en préparant lui-même des couleurs nouvelles. Il remplaça en même temps les verres colorés dont la teinte est très variable par des solutions de pigments dans le collodion. La justesse des tons des photographies que M. Vogel a obtenues promet un grand avenir à ce procédé. — A. König : Un nouveau spectrophotomètre. — M. E. J. G. du Bois présente plusieurs instruments d'une construction nouvelle.

ACADÉMIE DES SCIENCES DE VIENNE

Séance du 10 novembre.

1° Sciences mathématiques. — M. O. Tunlirz La densité de la terre calculée d'après l'accélération de la pesanteur et l'aplatissement aux pôles.

2° Sciences physiques. — Le secrétaire annonce la fin des recherches physiques et océanographiques de la *Pola* dans l'est de la Méditerranée. — M. Victor Schumann : « Sur une nouvelle plaque sensible aux rayons ultraviolets et la photographie des rayons lumineux de petites longueurs d'onde. » L'énergie photographique des rayons ultraviolets en présence des plaques de collodion et de gélatine diminue rapidement à partir

des rayons correspondant à $\lambda = 200$ quand on s'avance du côté de la réfraction, si bien qu'à partir de $\lambda = 183$ il n'y a plus d'action sensible. Le collodion et la gélatine qui maintiennent la couche d'argent sont des absorbants puissants ainsi que l'air traversé par les rayons ; aussi, en supprimant la perturbation apportée par ces deux facteurs, il obtient des plaques beaucoup plus sensibles pour un même rayon et dont la sensibilité se prolonge bien au delà des rayons $\lambda = 185$. La préparation des plaques sensibles aux sels d'argent pur présente de grandes difficultés ; l'auteur est parvenu, à obtenir des plaques qui lui donnent de bons résultats. L'air est éliminé en faisant le vide dans l'appareil. 20 spectres étudiés dans ces conditions ont tous impressionné la plaque au delà du rayon $\lambda = 185,2$; les raies ont été d'une beauté remarquable, mais aucun des spectres n'a donné d'aussi beaux résultats que celui de l'hydrogène dans un tube de Geissler ; l'auteur a pu découvrir 600 raies nouvelles de l'hydrogène dont la longueur d'onde pour les plus petites correspond à $\lambda = 100$. — M. von Lang présente une plaque sensible de M. Schumann et une photographie du spectre ultraviolet de l'hydrogène.

3° Sciences naturelles. — M. Thaddaus Garbowski, à Vienne : Matériaux pour servir à l'étude de la faune de Galicie joints à des recherches biologiques systématiques. — M. A. Kreidl, à Vienne : Nouvelles recherches sur la physiologie du labyrinthe de l'oreille.

Séance du 17 novembre.

1° Sciences mathématiques. -- M. Josef Baschny : Marche rationnelle pour la décomposition d'un polynôme en ses facteurs. — M. Emil Weyr : Sur les quantités algébriques J_n. — M. Jos. Finger : sur le moment de masses d'un système de points matériels résultant du moment d'inertie et du moment de déviation par rapport à un axe quelconque. L'auteur commence par définir le moment de masse et le moment de déviation d'un système de points matériels et établit ensuite des relations entre ces nouvelles quantités et le moment d'inertie.

2° Sciences physiques. — M. Emerich Selch, de Vienne, adresse un mémoire sur la dirésorcine et sa façon de se comporter avec l'acide sulfurique. L'auteur a étudié l'action des oxydants sur les dérivés de la dirésorcine pour obtenir un des acides dioxybenzoïques connus, et établir ainsi la constitution de la dirésorcine non encore déterminée. L'oxydation de l'éther tétraéthylique de la dirésorcine lui a fourni des résultats positifs, il a pu obtenir des cristaux acides, fondant entre 97-98° qui présentent tous les caractères de l'acide diéthyloxybenzoïque où les trois groupements CO^2H, OH, OH occupent les positions 1, 2 et 4. L'acide sulfurique fournit avec la dirésorcine des produits variables avec la température de la réaction : A froid, il se forme un acide dirésorcinedisulfonique qui fournit un sel de plomb bien cristallisé $C^{12}H^6O^4(SO^3)^2Pb + 4H^2O$ mais avec lequel on ne peut ni préparer l'acide, ni obtenir d'autres sels ; à 150-160°, l'acide sulfurique donne naissance à une monosulfoné de la dirésorcine $C^{12}H^8O^4 SO^2$ avec laquelle l'auteur a pu préparer un produit tétracétile. — *Observatoire de Vienne.* Ensemble des observations magnétiques et météorologiques faites pendant le mois de septembre 1892. — M. Josef Tuma de Vienne : Détermination de la quantité d'électricité supportée par l'air d'un ballon.

Emil Weyr,
Membre de l'Académie.

Erratum. — Rectifions une coquille qui dans la *Notice sur Villemin* (n° du 15 novembre, p. 776) a transformé le nom de M. Klencke en celui de Koch. Il faut lire : Les Allemands essayèrent d'opposer au nom de Villemin celui de Klencke.

Le Directeur-Gérant : Louis Olivier

Paris. — Imprimerie. Levé, rue Cassette, 17.

REVUE GÉNÉRALE

DES SCIENCES

PURES ET APPLIQUÉES

DIRECTEUR : LOUIS OLIVIER

LE SOIXANTE-DIXIÈME ANNIVERSAIRE DE M. HERMITE

Samedi dernier, 24 décembre, une touchante cérémonie rassemblait à la Sorbonne des élèves, amis et admirateurs de M. Hermite, désireux de fêter, en même temps que l'entrée de l'illustre Maître dans sa soixante et onzième année, un demi-siècle de découvertes.

La science est en soi chose aristocratique, et la gloire qu'elle procure a ce privilège, — car c'en est un, — de ne point franchir le cercle étroit du monde pensant. Les admirateurs de M. Hermite ont voulu s'y renfermer en donnant un caractère tout intime à leur réunion. Mais cette réunion eût été singulièrement incomplète, si aux éminents mathématiciens, qui l'ont provoquée, ne s'étaient joints des philosophes, des savants de spécialités diverses, tous tributaires du progrès général de la science et venus pour saluer, dans l'immense labeur mathématique de M. Hermite, un service de prix rendu à l'esprit humain.

Dans l'assistance on remarquait aux côtés du Ministre de l'Intruction publique, qui présidait la séance, M. l'Ambassadeur de Suède et Norwège et M. le Général commandant l'Ecole Polytechnique ; près d'eux, M. Liard, Directeur de l'Enseignement Supérieur ; M. Gréard, Recteur de l'Académie de Paris, ayant à sa droite M. Greenhill, de la Société Royale de Londres ; M. Darboux, Doyen de la Faculté des Sciences, ayant à sa droite M. Schwartz, de l'Académie des Sciences de Berlin ; M. Perrot, Directeur, et M. Tannery, Sous-Directeur de l'Ecole Normale Supérieure ; M. Himly, Doyen de la Faculté des Lettres ; M. Brouardel, Doyen de la Fa-

culté de Médecine ; M. Gaston Boissier, Président du Collège de France, M. Milne-Edwards, Directeur du Muséum ; M. Tisserand, Directeur de l'Observatoire ; M. Haton de la Goupillère, Directeur de l'Ecole des Mines ; M. Mercadier, Directeur des Etudes Scientifiques à l'Ecole Polytechnique ; M. Bichat, Doyen de la Faculté des Sciences de Nancy ; des membres des diverses Académies de l'Institut : M. Lavisse, de l'Académie Française ; nombre de confrères de M. Hermite à l'Académie des Sciences : MM. d'Abbadie ; Pasteur, Secrétaire perpétuel honoraire ; J. Bertrand, Secrétaire perpétuel ; Janssen, Bouquet de la Grye, Friedel, Moissan, Jordan, Poincaré, Picard, Appell, etc., etc.

Environ soixante Sociétés, qui n'avaient pu se faire représenter à la cérémonie, ont tenu à s'y associer par l'envoi de lettres et de télégrammes.

Le premier discours a été prononcé par M. Darboux, qui a rappelé la carrière scientifique de M. Hermite et rendu hommage à la grandeur de ses travaux. M. Darboux a annoncé que M. Chaplain a bien voulu se charger de graver, à l'effigie de M. Hermite, une médaille offerte par de nombreux souscripteurs.

Au nom de ces derniers, M. H. Poincaré a présenté à l'illustre Mathématicien l'Adresse suivante, dont la lecture a été couverte d'applaudissements :

    « Cher et Illustre Maître,

    « A l'occasion de votre 70ᵉ anniversaire, nous désirons vous offrir un témoignage de notre reconnaissance et aussi de notre respectueuse admiration pour tant de beaux travaux accumulés pendant un demi-siècle.

« Depuis cinquante ans, en effet, vous n'avez cessé de cultiver les parties les plus élevées de la science mathématique, celles où règne le nombre pur : l'Analyse, l'Algèbre et l'Arithmétique.

« Toutes trois vous doivent d'inestimables conquêtes.

« A une époque où l'importance des fonctions abéliennes commençait seulement à être soupçonnée, après Jacobi, Rosenhain et Göpel, mais avant les grands travaux de Weierstrass et de Riemann, paraissait votre Mémoire sur la division de ces transcendantes à peine connues. Quelques années après, vous publiiez votre mémorable travail sur leur transformation.

« En même temps, vous faisiez vos premières découvertes sur la théorie naissante des formes algébriques et, attaquant successivement toutes les questions intéressantes de l'Arithmétique, vous agrandissiez et vous éclairiez d'une lumière nouvelle l'admirable édifice élevé par Gauss.

« La théorie des nombres cessait d'être un dédale grâce à l'introduction des variables continues sur un terrain qui semblait réservé exclusivement à la discontinuité.

« L'Analyse, sortant de son domaine, nous amenait ainsi un précieux renfort.

« On peut dire, en effet, que le prix de vos découvertes est encore rehaussé par le soin que vous avez toujours eu de mettre en évidence l'appui mutuel que se prêtent les unes aux autres toutes ces sciences en apparence si diverses.

« C'était l'Arithmétique qui recueillait les premiers fruits de cette alliance ; mais l'Analyse en devait aussi largement profiter.

« Vos groupes de transformations semblables n'étaient-ils pas en effet des groupes discontinus et ne devaient-ils pas engendrer des transcendantes uniformes, utiles dans la théorie des équations linéaires?

« Pour la même raison vous deviez être séduit par les propriétés des fonctions elliptiques et par cette facilité presque mystérieuse avec laquelle on en déduit des théorèmes arithmétiques. L'étude de la transformation et celle des équations modulaires vou ont fourni une riche moisson de découvertes. Vous y rattachiez d'abord le problème du nombre des classes, qu'abordait en même temps un savant dont l'Europe déplore la perte récente; puis la résolution de l'équation du cinquième degré, cette belle conquête dont l'Algèbre est redevable à l'Analyse.

« Enfin vous y trouviez l'occasion de montrer la véritable nature de la fonction modulaire, qui devait devenir le premier type de toute une classe de transcendantes nouvelles.

« Sans vouloir tout citer, nous ne pouvons cependant passer sous silence vos travaux sur la généralisation des fractions continues. Ces recherches, qui vous ont occupé toute votre vie, ont été couronnées par votre Mémoire sur le nombre et par la création d'une méthode élégante et féconde dont on s'est servi depuis pour établir l'impossibilité de la quadrature du cercle, cette vérité depuis si longtemps soupçonnée et récemment démontrée.

« Uniquement épris de science pure, vous vous êtes rarement préoccupé des applications ; mais elles vous sont venues par surcroît. On ne peut en effet oublier combien votre bel Ouvrage sur l'équation de Lamé, en dehors de son immense fécondité analytique, a été utile aux Mécaniciens et aux Astronomes.

« Mais il faut nous arrêter ; car il ne nous appartient pas de rappeler tout ce que la science vous doit; nous pouvons parler du moins de ce que nous vous devons.

« Votre enseignement si clair et si élevé; vos écrits si profonds et si suggestifs nous ont appris à comprendre la science; l'exemple de votre vie, qui lui a été consacrée tout entière, la chaleur de votre parole dès qu'il s'agit d'elle, nous ont appris à l'aimer et comment il faut l'aimer.

« Ces idées que vous avez semées comme sans y penser, quand nous les retrouvons ensuite, et que nous nous efforçons d'en tirer tout ce qu'elles contenaient, vous seriez tenté d'oublier qu'elles sont à vous. Mais nous, nous ne l'oublions pas; et ce n'est pas vrai seulement de ceux d'entre nous qui ont eu la bonne fortune de suivre vos leçons. Ceux aussi qui n'ont subi votre influence que de loin et indirectement n'ignorent pas quel en est le prix et sont également pénétrés de reconnaissance.

« Indifférent à la gloire qui vous est venue sans que vous l'ayez cherchée, nous espérons toutefois que vous connaissez trop bien la sincérité de nos sentiments pour repousser ce modeste témoignage de notre respect. »

Après M. Poincaré, M. Schwartz, au nom de l'Université de Göttingue et de l'Académie des Sciences de Berlin ; M. d'Abbadie, au nom de l'Académie des Sciences de Paris ; M. Vicaire, au nom de la Société mathématique de France ; M. Bichat, au nom du conseil municipal de cette ville où s'est écoulée l'enfance de M. Hermite, ont pris la parole. M. le Ministre de l'Instruction publique a annoncé, au milieu des applaudissements, qu'un décret présidentiel élevait M. Hermite à la dignité de Grand Officier de la Légion d'Honneur. M. l'Ambassadeur de Suède et Norwège a remis de la part du Roi à l'illustre savant le Cordon de l'Étoile Polaire, qui n'avait jusqu'à présent que deux dignitaires en France : M. le Président de la République et M. Pasteur.

M. Hermite, très ému, a remercié successivement tous les orateurs, et ses dernières paroles, qui ont clos la séance, ont été saluées par une ovation.

À l'heure où nous mettons sous presse le présent numéro de la *Revue*, la Sorbonne est encore en fête : M. Pasteur est né trois jours après M. Hermite. La Patrie, qu'il a illustrée, a voulu lui renouveler, à l'occasion de sa 70e année, le témoignage de son éternelle gratitude. C'est seulement dans notre numéro du 13 janvier que nous pourrons rendre compte de cette imposante cérémonie.

De telles fêtes ne sont pas seulement de légitimes hommages à la science et au génie. Au milieu des tristesses et des ignominies de l'heure présente, ce spectacle de deux vies, si noblement consacrées à la recherche désintéressée du vrai, relève nos courages : il nous apprend à ne pas désespérer de notre race; nous y voyons, suivant un mot célèbre de Renan, « la meilleure réponse à ceux qui regardent notre siècle comme déshérité des grands dons de l'âme ».

Monsieur Hermite, Monsieur Pasteur, nous nous reconfortons nous-mêmes en vous glorifiant aujourd'hui.

Louis Olivier.

LES RÉCENTS PROGRÈS DE LA MÉCANIQUE APPLIQUÉE

II. — L'ADDUCTION D'EAU A LIVERPOOL.

L'année qui vient de s écouler restera mémorable dans les annales de l'ingénieur. Elle a vu l'achèvement de la magnifique distribution d'eau de Liverpool. Cette distribution venant de la Vyrnwy, avait été commencée en 1879 et poursuivie jusqu'en 1883 par M. Hawksley et M. Deacon; elle a été terminée par ce dernier ingénieur. C'est un des plus grands exemples de travaux entrepris par les municipalités, rendus nécessaires par l'accroissement de la population et possibles grâce au progrès de la richesse et de l'esprit publics. Pour fournir de l'eau à Liverpool, on a dû créer dans les Galles le plus grand lac artificiel de l'Europe en barrant une vallée par un mur gigantesque. Le lac contient au delà de 55 millions de mètres cubes d'eau disponible. On l'a calculé pour fournir d'une part 182.000 mètres cubes par jour pour la consommation de Liverpool, et d'autre part 45.000 mètres cubes par jour à la Severne, et en outre, pendant 32 jours par an, 227.000 mètres cubes, à cette même cité. Le mur de barrage, un peu moins élevé que certains de ses semblables en France, est plus long; il a en longueur à peu près le double de celui de la Gieppe en Belgique [1]. Bien que les barrages en maçonneries datent de longtemps, c'est surtout grâce aux travaux et à la science des ingénieurs français qu'ils ont été remis en honneur. Depuis la construction de la Vyrnwy, on en a fait encore un grand à la Tansa à Bombay. Ce dernier a une longueur de 3.200 mètres, une hauteur de 36 mètres, une épaisseur de 30^{m}50 à la base; le réservoir peut fournir 500.000 mètres cubes par jour. Aux États-Unis on en a commencé un plus gigantesque encore sur la rivière Croton, pour alimenter New-York. Sa longueur sera de 610 mètres, sa hauteur de 87, sa plus grande épaisseur 65^{m}50. Ce sera la construction la plus hardie du genre.

Quant à l'alimentation d'eau de Liverpool, l'eau, prise au niveau le plus convenable, passe par un puits pourvu de toute la machinerie nécessaire, traverse le tunnel de Hirnant, et de là est conduite par un aqueduc en partie creusé dans le roc, en partie formé de tuyaux d'un diamètre de 0^m,99 à 1^m,06, et ayant une longueur de 109 kilomètres; c'est le plus long aqueduc connu. La traversée de la Mersey par un aqueduc en tunnel a présenté les plus grandes difficultés. Le tunnel a été percé à travers des sables boulants, des graviers et des vases. A l'origine, l'avancement était lent, mais, dès qu'on eût adopté le système Greathead à l'air comprimé, on poussa jusqu'à 17^{m}40 par semaine. Le travail est aujourd'hui complètement achevé, et Liverpool a une distribution supplémentaire d'eau pure de 182.000 mètres cubes par jour.

Le projet est formé d'alimenter Manchester de l'eau pure du lac Thirlmere dans le Westmoreland. Nul doute que Birmingham ne suive bientôt le même exemple. Londres aussi, quoique placé à une plus grande distance des sources d'eau pure, et malgré des difficultés provenant d'intérêts lésés, aura, avant cinquante ans, de quoi fournir de l'eau à douze millions et demi d'habitants, ce qui représente un volume dix fois plus grand que celui du lac Vyrnwy.

II. — LE PERFECTIONNEMENT DES MACHINES A VAPEUR.

Il y a 125 ans, Watt a fait une invention qui a profondément modifié toutes les conditions de la vie sociale, nationale, commerciale, industrielle. Si la population du Royaume-Uni a plus que triplé depuis le commencement du siècle, ce résultat est dû à la machine à vapeur plus qu'à toute autre cause prise isolément. Nous sommes tombés sous la dépendance de la vapeur pour tout ce qui concerne les combustibles, les transports, les manufactures, l'alimentation d'eau, l'hygiène, l'éclairage. Des statistiques allemandes établissent que l'industrie consomme 49 millions de chevaux vapeur, et les transports par locomotives six millions; les machines marines n'y figurent pas. La machine à vapeur est devenue un facteur puissant de la civilisation, parce qu'elle fournit le travail mécanique à un prix déjà peu élevé. Les ingénieurs s'évertuent à réduire encore ce prix, et nombre d'entre eux n'ont d'autre occupation que de chercher à obtenir le travail mécanique à bon marché. On en fait une consommation considérable pour produire de la lumière ou de la force motrice dans des conditions locales plus favorables que celles que donnerait l'emploi direct de la machine à vapeur. Malgré tout, le rendement de la machine à vapeur est médiocre, et il est utile de savoir pourquoi et de nous assurer si, et dans quelle mesure, nos connaissances scientifiques nous permettent de parvenir à l'améliorer. Je vais donc passer en revue quelques-unes des méthodes en usage pour employer éco-

---

[1] Sa longueur est de 337 mètres; sa hauteur depuis l'assiette des fondations jusqu'à la voie charriable est de 49 mètres; du lit de la rivière au déversoir, 25,^{m}60; l'épaisseur à la base est de 36,^{m}60.

nomiquement la force motrice ou pour l'adapter à des applications diverses, en l'engendrant à des stations centrales d'où elle serait distribuée; j'essaierai de montrer que des sources moins coûteuses que la vapeur pourraient être employées au transport de l'énergie.

Remontons un instant jusqu'à Watt. Ce qui caractérise l'invention de la machine à vapeur, c'est qu'elle est née de recherches scientifiques telles que celles de la relation entre la pression et la température de la vapeur, de la chaleur absorbée pour la produire et du volume qu'elle occupe sous différentes pressions. Quand Watt fut en possession de ces données, il put s'assurer que le poids de vapeur consommée par une petite machine atmosphérique qui servait de modèle dans un cabinet de physique, était considérablement plus grand que celui qui correspondait au volume engendré par le piston. Il y avait donc perte. Découvrir la cause de la perte conduisait à trouver le remède. Il sépara le condenseur du cylindre et ainsi diminua la condensation initiale et annula une bonne part de la perte. Watt a pénétré si profondément dans la connaissance de l'action de la machine que, sauf en un point, il n'a laissé à ses successeurs qu'à perfectionner, à améliorer les détails et l'exécution, à adapter le nouveau moteur à des applications industrielles nouvelles. Dès l'origine il était clair qu'il y avait deux voies à explorer dans le sens du progrès économique : d'une part prolonger la détente (de simples considérations mécaniques indiquaient ce moyen), d'autre part augmenter, comme le conseillait la thermodynamique, la chute de température et par suite la pression. Mais les efforts des ingénieurs dans ces deux voies finirent souvent par des déceptions. Telles machines de Watt ne consommaient que 2 k. 250 de charbon par cheval-heure; et bien des machines fonctionnant avec plus de détente et de plus hautes pressions ne consommaient pas moins. C'est que l'obstacle à l'économie gisait dans la même cause à laquelle Watt avait partiellement remédié : l'action des parois du cylindre. Les premières expériences qui ont nettement renseigné à ce sujet sont celles d'Isherwood faites entre 1860 et 1865. Cet illustre ingénieur a démontré que, dans des machines telles que celles de la Marine des États-Unis, à grands cylindres, à petite vitesse, si on diminuait l'admission en dessous du tiers, on arrivait à une perte. Peu après, Hirn (1871 à 1875) entreprenait ses classiques recherches sur l'action de la chaleur dans une machine de 150 chevaux. Depuis, on n'a plus fait d'expériences ni aussi délicates, ni aussi complètes, ni aussi profondément étudiées; et Hirn, avec ses assistants Hallauer et M. Dwelshauvers-Dery, a déterminé, une fois pour toutes, la

méthode complète pour faire un parfait essai de machine. Hirn a été le premier à montrer clairement que l'indicateur donne le moyen de déterminer le poids de vapeur présente pendant chaque période du cycle de la machine. Dès lors, la surchauffe étant ordinairement hors de question, nous avons le moyen de déterminer la quantité de chaleur présente et celle qui a disparu pour produire du travail mécanique. La chaleur fournie à la machine s'obtient par des observations faites à la chaudière, accompagnées de mesures calorimétriques pour déterminer le titre de la vapeur; Hirn a été le premier à les entreprendre. La différence, ou la disparition de chaleur dont il n'est pas rendu compte et qui est nécessaire pour établir la balance, représente donc une perte due à des causes à rechercher. Hirn à inauguré une méthode complète d'analyse d'un essai, déterminant à chaque phase de l'opération la quantité de chaleur dont on pouvait rendre compte, et celle qu'il fallait ajouter pour établir la balance; il est arrivé que celle-ci était très considérable.

En même temps, des théoriciens, en particulier, Rankine et Clausius, avaient achevé la théorie thermodynamique de la machine à vapeur basée sur l'incontestable principe de Carnot. Le résultat de l'analyse de Hirn fut de montrer que ces théories, appliquées à la machine à vapeur réelle, pouvaient conduire à des erreurs de 50 et même 60 pour cent, pour l'unique raison qu'elles considéraient comme négligeable l'action thermique des parois, c'est-à-dire l'échange continuel de chaleur entre les parois et la vapeur.

En Angleterre, M. Mair Rumley, suivant la méthode de Hirn, fit une série d'expériences sur des machines en fonction dans l'industrie, et cela avec grand soin et d'une manière très complète. Toutes ces expériences ont démontré le fait d'une très forte condensation initiale de vapeur contre les parois du cylindre, qu'il soit ou non pourvu d'une enveloppe. L'eau ainsi déposée sur le métal pendant l'admission, est réévaporée partiellement pendant la détente et en plus grande quantité pendant l'émission; elle forme ainsi un simple véhicule, transportant de la chaudière au condenseur une certaine quantité de chaleur dans des conditions qui ne permettent pas de l'utiliser à la production du travail.

Il est donc évident d'après les expériences de Hirn, sinon d'après celles plus anciennes d'Isherwood, que, pour toute machine, il existe un degré de détente plus économique que tous les autres. Le Pr Dwelshauvers-Dery a, depuis lors, déduit des expériences que la condition pratique du maximum de rendement est que le métal soit à peu près sec à la fin de la détente. Pour produire cette siccité, l'enveloppe exerce une grande influence. Malgré les discussions entre praticiens au sujet du bénéfice des enveloppes, il n'existe aucune expérience bien faite qui prouve que l'enveloppe ait causé une perte. Dans les anciens types à marche lente, là règle est que plus l'enveloppe condense de vapeur, plus grande est l'économie, la consommation de l'enveloppe fût-elle même de 20 °/₀ de la consommation totale. Il paraît, cependant, que plus la marche est rapide, moindre est l'influence de l'enveloppe, de manière qu'il existe une vitesse limite où elle s'annule à peu près.

Parmi les expériences faites spécialement en vue de déterminer l'action des parois métalliques, celles de Willans sont des plus remarquables. La mort prématurée de cet ingénieur est un malheur pour la science. Ses expériences sur machines à vapeur, dont quelques-unes ne sont pas encore publiées, sont de véritables modèles ; elles sont graduées en vue d'isoler les effets des principales conditions de marche et ainsi de les étudier chacune à part. Les différences de consommation qui varient de 21 à 8 kilogrammes par cheval-heure pour la même machine fonctionnant dans des conditions diverses, sont, croyons-nous, plus grandes qu'on ne l'avait jamais soupçonné ; et elles ont été plus marquées encore par les dernières expériences faites avec des charges utiles inférieures à la normale. La première série à pleine charge montrait la supériorité de la machine Compound dans tous les cas, mais la machine triple n'était supérieure à la Compound qu'au delà de certaines limites de pression et de vitesse.

Dès 1878, le P⁰ Cotterill avait montré que l'action des parois métalliques était au fond équivalente à celle d'une mince couche de métal qui suivrait toutes les variations de température de la vapeur. L'extrême rapidité avec laquelle la surface des parois abandonne la chaleur pendant l'émission, est due à la vaporisation d'une mince couche d'eau déposée pendant l'admission. Dans le régime permanent, la chaleur reçue par le métal pendant l'admission est entièrement restituée après la fin de l'admission par la vaporisation de l'eau condensée. Récemment, le P⁰ Cotterill a poussé plus loin l'analyse du double phénomène de condensation et de réévaporation, et jusqu'à un certain point il est parvenu à séparer l'action du métal de celle, plus ambiguë, de la couche d'eau. En négligeant les actions de moindre importance, il a établi une formule semi-empirique pour la condensation initiale, qui, dans un certain nombre de cas, s'accorde parfaitement avec les résultats d'expériences faites sur des types divers. Il est à espérer qu'avec les données pratiques qui vont s'accumuler, un grand pas sera bientôt fait vers la solution com-

plète de la question. Sans doute, on trouve des personnes qui dédaignent les recherches quantitatives de ce genre ; elles sont comme un chef d'usine qui conduirait ses affaires sans avoir égard à ses livres de comptes. En outre, les tentatives pour se guider par l'expérience en matière de machines à vapeur, ont échoué chaque fois qu'elles se sont passées du secours de l'analyse scientifique la plus stricte. Il n'y a pas une seule question pratique fondamentale sur l'action thermique de la machine à vapeur, la détente, l'enveloppe, la multiplicité des cylindres, qui n'ait reçu des solutions contradictoires de personnes qui déduisent des conclusions de l'ensemble des essais, sans avoir une connaissance complète et claire des conditions qui ont influencé les résultats particuliers. Interprétés à la lumière des lois de la thermodynamique, il est peu d'essais dont les résultats ne s'expliquent très clairement.

Il n'existe qu'un seul moyen connu, encore que peu répandu, pour combattre directement la condensation initiale : c'est la surchauffe. Il y a trente ans, l'économie considérable due à la surchauffe a été démontrée par la pratique. Probablement l'inventeur l'a attribuée à l'accroissement de la chute de température ; s'il en a été ainsi, il a fait une erreur théorique. Car l'action refroidissante du cylindre est si grande que la vapeur est ramenée à la saturation avant qu'elle ait eu le temps de produire du travail. Mais l'économie de la surchauffe est hors de doute, et elle est surprenante si l'on considère le peu de chaleur à dépenser pour l'obtenir. L'excès de chaleur apporté dans le cylindre réduit l'action des parois au point de rendre l'enveloppe superflue. La surchauffe a été abandonnée pour des considérations purement pratiques, parce que les appareils de surchauffe étaient dangereux. Récemment elle a été de nouveau essayée par M. Walthère-Meunier à Mulhouse, et ses essais sont intéressants par le fait que les pressions étaient plus élevées qu'anciennement, et que la machine était une Compound. Même avec un foyer indépendant, la surchauffe a donné une économie de vapeur de 25 à 30 °/₀, et une économie de combustible de 20 à 25 °/₀ ; quatre chaudières avec la surchauffe donnaient le même rendement que cinq sans surchauffe.

Il faut remarquer que, si l'on était en possession d'une méthode sûre de surchauffe, l'avantage de la machine triple sur la Compound serait de beaucoup diminué. La triple expansion s'adapte fort bien aux machines marines, mais pour les autres, elle est plus coûteuse et moins élastique si la charge est variable.

On ne diminuera plus de beaucoup la consommation des bonnes machines, mais celles-ci sont rares et il y a beaucoup à faire pour améliorer les autres. Les plus économiques ne dépensent que 5 ¹/₂ à 6 kil. de vapeur par cheval-heure indiqué, ce qui correspond à une utilisation de 16 °/₀ de la chaleur dépensée, ou, si l'on prend le cheval-heure au frein, à 13 °/₀. Si l'on y comprend la perte à la chaudière, le rendement total est réduit à 9 °/₀. Mais il existe des machines chez lesquelles le même organe sert de foyer et de cylindre, machines à gaz ou à l'huile, et dont le rendement thermique est double du précédent.

III. — LE TRANSPORT DE L'ÉNERGIE DES CHUTES D'EAU.

En 1878, M. Easton exprimait l'opinion que la question des moteurs hydrauliques méritait plus d'attention qu'on ne lui en accordait généralement alors, et il attribuait le manque d'utilisation des cours d'eau aux variations considérables de leur débit. Les progrès accomplis depuis lors dans la transmission de l'énergie à de grandes distances ont donné une importance nouvelle à la question des chutes d'eau. Il est probable qu'avant peu de temps leur utilisation s'effectuera sur une grande échelle, sans précédent, et d'une manière si économique qu'un mouvement industriel se produira vers les districts riches en force hydraulique disponible.

Il ne faut pas remonter au delà du milieu du siècle dernier pour trouver le moment où l'industrie textile, de domestique qu'elle était, est devenue manufacturière. La navette date de 1750, le métier à filer de 1767, et les machines Crampton n'ont été d'un usage général qu'en 1787. On trouva bientôt que les nouvelles machines s'accommodaient mieux d'un mouvement de rotation continu produit d'abord par la force motrice ; après y avoir employé des chevaux, on eut généralement recours aux chutes d'eau. Dans une brochure intéressante sur les progrès de l'industrie cotonnière, John Kennedy de Ardwick Hall (1815) remarquait que la nécessité de mettre les fabriques près des chutes d'eau avait le désavantage de les déplacer des endroits où se trouvaient d'habiles ouvriers et aussi des marchés où les marchandises s'écoulaient aisément. Néanmoins Kennedy rapporte que, peu de temps après qu'Arkwright eut édifié sa première filature à Cromford, toutes les grandes filatures furent bâties près des chutes d'eau, parce qu'aucune autre force motrice ne semblait pouvoir s'y adapter avantageusement. Vers 1790, dit Kennedy, la machine à vapeur de Watt commença à être comprise, et la force hydraulique diminua de valeur. Au lieu de transporter la population ouvrière vers la fabrique, on commença alors à établir la fabrique au milieu de la population ouvrière.

La vapeur a concentré la population industrielle en quelques grandes communautés et restreint les opérations manufacturières aux grandes fabriques. Économie de force motrice, de surveillance, avantage de la division du travail, prix des métiers, tout favorisa la création des grandes fabriques. Les conditions sociales des centres manufacturiers ont été profondément influencées par deux choses : 1° le charbon nécessaire à la production de la vapeur peut facilement être apporté là où il en manque, et 2° la force motrice de la vapeur est d'autant moins coûteuse qu'elle est produite plus en grand. On dirait qu'aujourd'hui même ces conditions vont être renversées, que la tendance actuelle est contraire.

Remarquons d'abord que la force motrice de l'eau, là où elle existe, est tellement à meilleur marché et mieux appropriée que celle de la vapeur, qu'elle n'a jamais été vaincue par celle-ci. D'après Weissenbach, en 1876, les chutes d'eau utilisées dans la Suisse représentaient ensemble une force de 70.000 chevaux. Un recensement de 1880 compte, pour les Etats-Unis, une force totale de 3.400.000 chevaux, dont 2.183.000, ou 64 °/₀ pour les machines à vapeur, et 1.225.000, ou 36 °/₀ pour les machines hydrauliques. Les manufactures de coton, de laine, de papier et les moulins à farine empruntent 760.000 chevaux à l'eau et 515.000 à la vapeur. Si l'on avait les statistiques pour d'autres pays, on trouverait sans doute que les chutes d'eau sont utilisées sur une très grande échelle. La firme Escher Wyss et Cie, de Zurich, a construit plus de 1.800 turbines représentant ensemble 111.460 chevaux.

A peu d'exceptions près, toute force hydraulique est utilisée dans le voisinage immédiat du coup d'eau. Si l'on avait un moyen commode de transporter l'énergie du lieu de production à l'endroit où la consommation est la plus avantageuse, il n'y a pas de doute que bien des chutes d'eau seraient mises en valeur qui sont aujourd'hui négligées ; et, dans plusieurs contrées, l'importance relative de la vapeur et de l'eau serait probablement inversée. C'est parce que les récents progrès de la science semblent avoir rendu ce transport possible sans trop grande perte et à un prix peu élevé, que l'intérêt a été porté vers l'utilisation de la force hydraulique. La Suisse, par exemple, paie aux autres nations un tribut annuel de 20 millions de francs pour s'alimenter de combustible. La force motrice que, dans tout le pays, on pourrait recueillir, ne va pas à moins de 582.000 chevaux, dont on n'utilise que 80.000. L'an dernier j'ai vu que toutes les grandes usines de la Suisse se préparaient à utiliser l'eau en transportant l'énergie à une plus ou moins grande distance. Outre les grands projets en exécution à Shaffhausen, Bellegarde, Genève, Zurich, on se propose d'emprunter

10.000 chevaux à la Dranse près de Martigny.

Il est donc aisé de voir que le problème du transport et de la distribution de l'énergie, c'est-à-dire la transformation de l'énergie mécanique en une autre, équivalente, facilement transportable et facilement utilisable, est maintenant de grand intérêt pour les ingénieurs.

A part les besoins des manufactures, il y a aussi une demande croissante de distribution de force motrice facilement maniable dans les grandes villes : pour les tramways, les ascenseurs, la manipulation des marchandises, les petites industries, la lumière électrique, l'hygiène. Jusqu'ici, ce sont des machines à vapeur ou à gaz qui y ont pourvu, et elles étaient placées au lieu même de consommation, mais cette génération sporadique d'énergie mécanique est coûteuse et anti-économique, surtout pour un travail intermittent; car la conduite et l'entretien coûtent cher, et les risques d'accidents sont grands. Pour cette raison, on songe à établir de vastes générateurs de travail mécanique placés à des stations centrales qui le distribuent sous une forme utilisable par des moteurs moins compliqués que la machine à vapeur.

De même que, dans les grandes villes, il est devenu nécessaire de substituer une distribution générale d'eau aux moyens particuliers employés par les habitants; de même qu'on a trouvé utile de faire des distributions de gaz et de chaleur, des réseaux systématiques d'égouts; de même probablement on trouvera nécessaire de distribuer la force motrice à un prix proportionnel à la quantité employée et sous une forme qui la rende facilement utilisable, soit directement, soit par l'intermédiaire de moteurs dont la conduite n'exige pas une habileté extraordinaire.

Disons donc quelques mots des moyens de distribution, et notamment de la transmission télédynamique. En 1850, à Logelbach en Alsace, Ferdinand Hirn employait une courroie plate en acier pour transmettre directement la force à 80 mètres de distance. Plus tard, il y substitua un câble rond avec poulies à gorge, et s'en trouva si bien qu'il l'employa pour une distance de 240 mètres. Il étudia les détails de ce système avec un soin extrême en vue d'assurer la moindre dépense première, la moindre perte d'énergie, la plus grande durée des câbles. Ce système se répandit avec tant de succès que, dans l'espace de 10 ans, M. Martin Stein de Mulhouse avait établi 400 transmissions représentant une force totale de 4.200 chevaux et une longueur de 72 kilomètres.

Précisément à la même époque, Moser, un manufacturier de Schaffhausen, homme très capable et ayant des vues larges, avait formé le projet de ressusciter les industries de sa ville en utilisant une partie des chutes du Rhin : c'est le système de Hirn qui rendit l'idée réalisable. Les travaux furent commencés en 1863. Trois turbines de 750 chevaux furent installées sur des chutes de 3m 50 à 5 mètres, créées en barrant le fleuve. La force des turbines est transmise par deux câbles en une travée de 120 mètres d'une rive à l'autre du fleuve; des câbles semblables vont de là aux usines situées le long de la rive. En 1870, la transmission allait à une distance de 1.036 mètres. Le travail se vend à raison de 125 à 150 francs par cheval annuel. En 1886 il y avait 23 consommateurs payant une rente de 87.500 francs. C'était une bonne affaire financière; elle continue toujours. A Zurich, à Freiberg, à Bellegarde, il y a des installations semblables; on projette d'en faire une très grande à Gokak dans l'Inde. Le câble télédynamique est peu coûteux et ne donne lieu qu'à des pertes insignifiantes. Il est assez maniable pour transmettre la force à des distances modérées, et à un petit nombre de fabriques. Mais il présente le défaut d'être encombrant pour de grandes forces de 600 ou 1.000 chevaux. L'usure des câbles, qui ne durent guère qu'un an, est plus grande qu'on ne croyait d'abord, et constitue une source de frais annuels considérables.

L'introduction des distributions d'eau *sous pression* est due à Lord Armstrong. Elles exigent : une station centrale où l'eau est refoulée par un accumulateur et des pompes, un réseau de tuyaux distributeurs, des moteurs appropriés. Dès leur apparition, on reconnut les avantages qu'elles présentaient pour les travaux intermittents tels que l'élévation des fardeaux par les ascenseurs, leur manipulation dans les docks, les grues, etc. Mais, de l'intermittence de la dépense découlait la nécessité d'accumuler l'énergie durant les périodes de moindre dépense pour la restituer lors des grandes demandes. L'invention de l'accumulateur par Armstrong fit le succès de la transmission hydraulique et fixa du coup la condition de son emploi économique : l'intermittence du travail à faire. Le système Armstrong, avec une pression de 50 à 55 atmosphères, est fort en usage aujourd'hui. La plus grande installation est celle de la *Hydraulic Power Company*. Les rues de Londres comptent aujourd'hui plus de 80 kilomètres de conduite principale. La station du *Falcon Wharf* contient quatre installations de pompes mues par des machines Compound de 200 chevaux chacune. On y a ajouté deux autres stations, et 1.500 ascenseurs sont branchés sur la maitresse conduite. Le prix minimum est de fr. 0.55 le mètre cube, prix avantageux pour des services intermittents comme celui des ascenseurs, mais qui serait désastreux pour un service continu; car il équivaudrait à 1.250 fr.

par cheval et par année de 3.000 heures, sans compter ni l'intérêt, ni l'amortissement, ni l'entretien des machines. C'est plus du quintuple de ce que coûterait la vapeur.

Parfois cependant, des conditions locales permettent de distribuer à bon marché, par eau sous pression, la force motrice à des manufactures où le travail est continu ; le cas se présente quand on peut créer de grands réservoirs à une grande hauteur. Mais ni la transmission télédynamique, ni la transmission par eau sous pression ne présentent les qualités nécessaires à la distribution de l'énergie, partant d'une station centrale. On a essayé la vapeur et l'eau chaude en Amérique, mais sans réel succès. Il n'y a que deux autres systèmes possibles : l'air comprimé et l'électricité.

Depuis longtemps l'*air comprimé* a été utilisé au transport de l'énergie à distance dans le percement des tunnels ou des galeries de mines. Ce n'est que récemment qu'il l'a été à une distribution très ramifiée de force par station centrale. Dans plusieurs cas l'installation était faite grossièrement, contrairement aux principes et à toute science, en sorte que la perte d'énergie était considérable. C'est l'expérience du système Popp à Paris, qui a démontré les avantages de l'air comprimé. Ce système s'est développé graduellement. Vers 1870, il existait une très petite station qui ne servait qu'à transmettre l'heure à des horloges publiques ou privées par des impulsions intermittentes qu'elle produisait dans des tuyaux installés principalement dans les égouts. En 1889 il y avait environ 800 horloges ainsi actionnées. Entre temps, l'air comprimé avait été aussi employé à alimenter des moteurs pour la petite industrie. La demande de force motrice s'accrut si rapidement qu'on dut ériger une seconde station rue Saint-Fargeau. En 1889, les compresseurs employaient 2.000 chevaux de force et on en construisait de nouveaux. La pression était alors de 5 atmosphères et les maîtresses-conduites avaient 0^m30 de diamètre. Comme moteurs pour les petites forces, on employait de simples machines rotatives et, pour les grandes, des machines à vapeur converties en machines à air comprimé. Le Pr Kennedy a fait en 1889 des essais qui ont été communiqués à la *British Association*. Il a trouvé qu'un moteur à 6 1/2 kilomètres de la station indiquait 10 chevaux pour une consommation qui avait coûté 20 chevaux à la station, soit un déchet de 50 % seulement. Il y avait alors 225 de ces récepteurs qui s'alimentaient à la maîtresse-conduite.

Depuis 1889 des recherches plus étendues ont été faites par le Pr Riedler, de Berlin, et la majeure partie de la perte a été attribuée à des défauts des compresseurs. On a, en conséquence, remplacé

ceux-ci par des compresseurs Compound d'un rendement plus élevé. L'installation de Saint-Fargeau a été portée à 4.000 chevaux. On a érigé une nouvelle station au quai de la Gare, qui pourra fournir jusque 24.000 chevaux de force. Des compresseurs de 10.000 chevaux sont déjà en construction.

La transmission par air comprimé, qu'elle soit ou non la plus économique, se prête fort bien à la distribution sur une grande échelle et à de très grandes distances. Elle ne présente aucun principe nouveau, ni rien qui soit imparfaitement compris. L'air est employé dans les ateliers du consommateur au moyen de machines bien connues, parfois d'anciennes machines à vapeur légèrement transformées, mais sans qu'on n'ait rien changé aux transmissions intérieures. Point important : la quantité d'air employée peut être pratiquement bien mesurée au moyen de simples compteurs, et ainsi la force payée en raison de la consommation. Le rendement des compresseurs et des moteurs à air n'est pas aussi élevé que celui des dynamos et des moteurs électriques ; mais à d'autres points de vue, les distributions par l'air et par l'électricité sont équivalentes. Pour des distances qui ne dépassent pas quelques kilomètres, la perte due à la transmission est petite et même insignifiante.

En ce qui concerne la *distribution électrique* je serai bref pour deux raisons : la première est que je ne suis guère expert en électricité, la seconde, que cette question a été déjà amplement discutée. Aux États-Unis, il y a énormément de tramways électriques ; en Angleterre, nous avons le *South London* et quelques autres ; il y en a d'autres sur le continent et notamment à La Haye en Hollande. Mais les distributions électriques de force motrice à des industries privées, par une station centrale, sont très rares, beaucoup plus rares qu'on ne s'y serait attendu, peut-être parce que les ingénieurs électriciens ont été trop absorbés par l'étude de la distribution de la lumière.

On peut citer plusieurs exemples de distribution par courant continu, entre autres celui d'Oyonaz, décrit minutieusement l'an dernier par le Pr G. Forbes. Là 300 chevaux générés par une turbine sont transmis à 8 kilomètres à la tension de 1.800 volts. Au bout de la conduite, la tension est réduite mécaniquement à ce qu'elle doit être pour la lumière et l'alimentation des moteurs. Un bon nombre de petits moteurs utilisent la force transmise moyennant une rente annuelle fixe.

Aux mines de Calumet et Hécla sur le lac Supérieur, aux mines de Dalmatia en Californie, et dans quelques autres endroits, l'énergie générée par des turbines est transmise à quatre ou cinq kilomètres par des courants électriques continus, à des moteurs employés aux travaux ; et, l'an dernier, mon prédécesseur dans cette chaire a décrit plusieurs distributions faites dans les travaux mêmes.

A Bradford, quelques moteurs sont branchés sur les conducteurs pour la lumière ; le plus fort est de 20 chevaux. Le prix auquel la force motrice est livrée n'est pas indiqué, mais il doit être élevé, surtout quand la dépense est ininterrompue et l'énergie engendrée par une machine à vapeur.

A Schaffhausen, on vient de faire une transmission électrique parallèlement à l'ancienne transmission hydraulique. Deux turbines y sont employées ; la transmission se fait à 750 mètres à 624 volts. Elle actionne une filature dans laquelle le plus fort moteur est de 380 chevaux. Le prix du cheval par année est de 75 francs.

Nombre d'ingénieurs en sont venus à croire que les courants alternatifs étaient préférables pour les grandes distances. On les a appliqués à Gênes à la distribution de la lumière et de la force motrice. On a établi trois stations sur l'aqueduc qui amène les eaux de la Gorzente. Les réservoirs sont à 625 mètres au-dessus de Gênes, et, comme la pression est beaucoup plus qu'il ne faut pour les eaux alimentaires, on peut en retirer 1.600 chevaux de force. Dans la station érigée la première, il y a des turbines de 430 chevaux actionnant deux dynamos. En novembre dernier, la seconde a été achevée. Il s'y trouve 8 dynamos à courants alternatifs, de 70 chevaux chacune. Six alternateurs sont actionnés en série, transmettant un courant de 6.000 volts, à 25 kilomètres de distance par un simple fil de cuivre de 8 ½ mill. Le courant est utilisé au travail mécanique comme à la lumière. C'étaient ces courants alternatifs qui ont été soumis aux essais dans la remarquable expérience faite l'an dernier à Francfort. L'énergie générée par des turbines à Lauffen était transmise à Francfort, soit à une distance de 170 kilomètres. Le courant était engendré à basse tension, porté ensuite à 18 et même 27.000 volts pour la transmission, puis réduit à basse tension de nouveau pour la distribution. La perte dans les conducteurs variait entre 5 chevaux quand ils transmettaient 100 chevaux, et 25 chevaux quand ils en transmettaient 200. Le rendement de la dynamo, des deux transformateurs et du fil était de 68 à 75 °/₀, résultat remarquablement satisfaisant.

Il n'y a pas de doute que, si l'on parvient à faire des transformateurs économiques et susceptibles d'une longue durée, le système du courant alternatif aura un avantage considérable aux yeux d'un ingénieur ordinaire ; il semble aussi que la construction des dynamos et des moteurs pour les petites tensions soit plus conforme aux errements de la mécanique que pour les hautes.

J'ai parlé des demandes de plus en plus fréquentes d'une distribution d'énergie dans les villes sous une forme appropriée. Les distributions par pression d'eau à Londres, Manchester, Birmingham et Liverpool, par air comprimé à Paris, montrent combien les clients s'empressent dès que la marchandise est à leur portée. L'exemple de la petite ville de Genève mérite aussi d'être cité. En 1871, peu après l'achèvement de la distribution à basse pression, le colonel Turettini demanda au Conseil municipal l'autorisation de placer une machine à pression d'eau sur les conduites pour actionner la fabrique de la Société pour la fabrication des instruments de physique. Le projet eut un tel succès que, neuf ans après, en 1880, il se trouvait à Genève 111 moteurs hydrauliques s'alimentant aux conduites à basse pression, dépensant un million de mètres cubes annuellement et payant environ 50.000 francs à la municipalité. Le prix du cheval s'élevait par an de 900 à 1.200 francs pour 3.000 heures. Mais ce prix élevé n'empêchait pas les consommateurs de rechercher ce moyen aisé d'obtenir la force motrice. Depuis lors, on a établi un service à haute pression, l'eau étant refoulée du Rhône au moyen de turbines. Le prix du cheval est tombé à 200 francs environ par année. En 1889, la vente de l'eau à basse pression rapportait annuellement 52.200 francs et celle de l'eau à haute pression, 112.500 francs. Pour le système à haute pression, la recette en 1889 en était à une augmentation de 22.000 francs par année. Cette même année, rien que pour le système à haute pression, la force motrice en distribution montait à 1.500.000 chevaux-heure fournis par 79 moteurs d'une force totale de 1.279 chevaux.

A Zurich il existe un semblable système de distribution. En une année, il a été consommé 9.000.000 de chevaux-heure pour la somme de 30.000 francs. Il faut noter que toute cette force distribuée à Genève et à Zurich est obtenue par de l'eau qui a dû être élevée au moyen de pompes, et que le bon marché est dû à ce que les pompes sont actionnées par des moteurs hydrauliques dont le travail ne coûte presque rien.

Mais en outre, à Genève comme à Zurich, les dynamos qui produisent la lumière électrique sont aussi actionnées par des turbines recevant l'eau de la distribution. La hauteur de chute que l'on peut obtenir par les rivières est petite et très variable. Il y a donc de grandes turbines susceptibles de marcher à des vitesses diverses. Comme il est coûteux d'employer de grandes turbines à marche lente pour attaquer directement des dynamos dont la charge n'est considérable que pendant une petite partie du jour, on a fait en sorte que les turbines à basse pression installées à la rivière élèvent l'eau à une hauteur constante. De là l'eau motrice descend dans les turbines à haute pression qui actionnent les dynamos, de manière que, pour celles-ci, la hauteur motrice est constante et leur vitesse régulière et facile à régulariser aux cas où la résistance vient à varier. Le système semble constituer un cercle vicieux; mais il est parfaitement rationnel et économique.

Peu de personnes ont pu voir les chutes du Niagara sans remarquer qu'il s'y perd d'énormes quantités d'énergie. La constance exceptionnelle du débit, l'invariabilité des niveaux, l'épaisseur d'eau au-dessus de l'escarpement, la solidité du roc, tout en un mot désigne Niagara pour devenir une station parfaite de génération hydraulique d'énergie; et d'autre part, les remarquables facilités de transport, tant par bateaux sur le lac que par les quatre voies ferrées qui y aboutissent, constituent des éléments commerciaux de la plus haute importance. D'un bassin de captation qui a plus de 600.000 kilomètres carrés, superficie supérieure à celle de la France, un volume d'eau de 58.500 mètres cubes par seconde descend du lac Érié dans le lac Ontario, d'une hauteur de 99m,36 sur une distance de 60 kilomètres. En supposant possible d'utiliser tout ce coup d'eau, il représenterait 7 millions de chevaux, c'est-à-dire plus du double de la consommation totale actuelle des États-Unis. Immédiatement sous les chutes, la rivière se courbe à angle droit et coule à travers une gorge étroite. La ville de Niagara Falls, du côté américain, occupe le plateau dans cet angle.

Les premiers qui s'établirent près des chutes construisirent en 1725 des moulins sur les ruisseaux de la *Upper River* pour préparer les bois. Plus tard, la famille Porter bâtit des fabriques sur les îles dans les rapides en amont des chutes. Ce n'est cependant que depuis trente ans environ qu'on a fait des tentatives systématiques pour utiliser le coup d'eau. On construisit d'abord un canal à partir de Port-Day, à environ 1.200 mètres en amont des chutes, jusqu'à une baie le long du rocher qui surplombe la rivière. En 1874 fut établi le moulin de la cataracte qui emprunte la force motrice à ce canal; d'autres vinrent ensuite jusqu'à une force de 6.000 chevaux. Ces moulins ont prospéré, mais l'idée que l'on allait détériorer une des plus grandes beautés naturelles se fit jour, et il n'y eut plus possibilité de donner une extension nouvelle à ce travail.

C'est feu Thomas Evershed, ingénieur pour les canaux de l'État de New-York, qui a eu l'idée d'une méthode d'utilisation des chutes, susceptible de développement et qui ne gâterait pas l'aspect du rocher par l'écoulement des eaux de décharge, comme c'était le cas pour les moulins montés sur le canal. Il proposait de creuser des canaux d'adduction dans des terrains inoccupés, à environ trois kilomètres en amont des chutes. L'eau amenée tomberait dans des puits verticaux pourvus de turbines, et se rendrait ensuite en tunnel de ces puits à un canal souterrain principal qui les conduirait à la rivière. A part une imperceptible diminution du débit des chutes, ce projet ne changeait en rien le paysage et créait une chute effective de 65 mètres. Il prit vite un corps et, en 1886, la Compagnie des *Niagara Falls* obtint son acte d'incorporation, avec droit d'option sur les terrains s'étendant depuis Port-Day jusqu'à deux milles au delà le long des chutes. En 1889, la Société *Cataract Construction* fut fondée en vue d'amener le projet à maturité et de faire les travaux d'art.

Le projet est aujourd'hui de créer une force effective de 100.000 chevaux. Le plus grand des travaux d'art consiste en un tunnel de 2.210 mètres destiné à recevoir la décharge des turbines. Il part des terrains appartenant à la Société et aboutit à la rivière. Son action est à 5m,80 sur 6m,40, soit 35, 9 mètres carrés; l'épaisseur des maçonneries y est de 0m,40. Son assiette est à 62m,50 en dessous de la prise d'eau et donne 42m,66 de chute disponible aux turbines. Sur une longueur de 70 mètres à partir de la tête, la maçonnerie est recouverte de plaques protectrices en fonte.

Ce tunnel a été creusé avec une remarquable rapidité à l'aide de perforatrices à l'air comprimé. Le principal canal d'amenée, d'environ 67 mètres de largeur, longera la rivière sur une longueur de 1.500 mètres, et communiquera avec elle aux deux extrémités. Près du point le plus bas, la Société *Soo Paper* se monte déjà pour utiliser 6.000 chevaux; les turbines déchargeront leurs eaux dans un tunnel spécial qui les conduira au tunnel principal. Tout près du même endroit seront placées deux stations principales de générateurs d'où l'énergie sera distribuée soit par l'électricité, soit par d'autres moyens non encore arrêtés. Les turbines de ces stations sont du type Fourneyron, de 5.000 chevaux; leur axe vertical activera des dynamos ou autres machines.

Evershed avait projeté d'abord de distribuer l'eau aux consommateurs par des canaux à ciel ouvert, en sorte que les consommateurs auraient eu à creuser eux-mêmes leurs puits, à y installer leurs turbines, et à faire leur tunnel jusqu'au grand collecteur. Sans doute une partie de la chute sera ainsi utilisée; les usines exigeant une force motrice très considérable, auront intérêt à s'assurer une concession individuelle et des droits; mais il n'en est pas de même des petites industries; pour elles il vaut mieux distribuer la force motrice à partir d'une station de production où est concentrée la surveillance. Et, quand on sera en possession de moyens de distribuer la force motrice au lieu d'eau, on pourra donner une grande extension au projet.

Outre les industries de Niagara, on pourrait alimenter celles de Buffalo et de Tonawanda. On a déjà pris des dispositions pour transmettre 3.000 chevaux à une station d'éclairage électrique, à Buffalo, soit à 29 kilomètres de distance.

En 1890, M. Adams, le Président de la Société de *Niagara Construction*, visitait l'Europe pour examiner les systèmes de distribution de force motrice. Ce fut à la suite de cette visite que l'on pensa à substituer une distribution de force à une distribution d'eau. Les ingénieurs américains désiraient avoir l'avis de ceux de l'Europe sur les méthodes les mieux appropriées aux conditions locales. Une Commission fut constituée, composée de Lord Kelvin, de MM. le Dr Coleman Sellers, le Pr Mascart et le Colonel Turettini; elle invita les ingénieurs américains et européens à un concours pour l'utilisation de la force motrice des chutes du Niagara et sa distribution aux consommateurs de Niagara et de Buffalo par l'électricité ou autrement. Un bon nombre de concurrents ont présenté des projets très soignés et très complets. Quant à la partie hydraulique, ils étaient d'accord entre eux; mais pour la distribution de la force motrice, les projets étaient les plus divers.

Généralement la Commission préférait l'électricité, mais avec l'auxiliaire de l'air comprimé. Géné-ralement aussi elle préférait les courants continus aux courants alternatifs. Depuis que ses Rapports ont été faits, les expériences de Francfort-Laufen ont été exécutées, et, suivant l'opinion de quelques électriciens, il y a un véritable revirement vers l'emploi des courants alternatifs et des hautes tensions.

La Société n'a encore pris aucune décision quant aux projets de station centrale, si ce n'est comme essai provisoire. On établira une ou plusieurs turbines de 5.000 chevaux, qui, probablement, alimenteront Buffalo au moyen de courants alternatifs. A Buffalo on a compté que le prix du cheval par année était de 175 francs. Je crois que la Société pourra le fournir au tiers de ce prix pour les grandes forces, un peu plus pour les petites, et en comptant des journées de 24 heures. La nouvelle industrie de l'éclairage électrique a rendu nécessaires les grandes provisions de force motrice. La traction électrique exige aussi des espèces de magasins de force motrice. Les nouveaux procédés chimiques et métallurgiques, qui ne cessent de s'introduire, présentent les mêmes exigences et veulent de la force motrice à bas prix. Niagara deviendra probablement non seulement un grand centre de production d'articles connus, mais encore le berceau d'importantes industries nouvelles [1].

W. C. Unwin,
de la Société Royale de Londres,
Professeur de Génie civil
à l'Institution Centrale de la Cité.

RECHERCHE ET DOSAGE

DU GRISOU ET DE L'OXYDE DE CARBONE

La recherche du grisou dans les galeries de mines de charbon occupe depuis longtemps les ingénieurs; elle offre un très grand intérêt, puisqu'elle permet d'éviter les accidents qui se produisent encore très souvent lorsque le grisou, qui contient surtout du formène ou protocarbure d'hydrogène, est mélangé avec l'air en certaines proportions.

Autrefois, c'était seulement par l'observation de la lampe de sûreté que l'on reconnaissait la présence du grisou dans l'atmosphère d'une mine; d'après les travaux de M. Mallard, inspecteur général des Mines, ce n'est qu'à partir de 6, 7 % que la lampe Mueseler donne des indications par l'auréole bleue qui entoure sa flamme; à ce moment, le danger d'explosion est manifeste.

Il était donc important d'employer un instrument plus exact; aussi M. Coquillion a-t-il rendu un grand service en imaginant le grisoumètre qui porte son nom et que j'ai appliqué, en le modifiant légèrement, à la recherche du grisou, ce qui intéresse les mineurs, et à la recherche de l'oxyde de carbone, ce qui intéresse les hygiénistes et tous ceux qui emploient des appareils de chauffage dégageant dans l'air une certaine quantité d'oxyde de carbone. J'ai cherché à rendre faciles et aussi exacts que possible, les procédés de recherche et de dosage qui ont lieu exclusivement sur l'eau, et j'ai essayé d'établir une technique spéciale que je voudrais vulgariser. Je diviserai mon travail en deux parties :

1° Recherche et dosage du grisou;
2° Recherche et dosage de l'oxyde de carbone.

[1] Extrait d'un mémoire présenté par M. le Pr Unwin à la *British Association for the Advancement of Science.*

I. — RECHERCHE ET DOSAGE DU GRISOU.

Comment peut-on recueillir de l'air dans une galerie de mine afin de l'analyser ensuite dans le laboratoire qui doit être annexé à toute exploitation importante? Rien n'est plus simple : on descend dans les galeries avec un aide qui porte dans un panier plusieurs flacons pleins d'eau fermés par des bouchons de caoutchouc et munis d'étiquettes et de numéros ; on fait vider chacun de ces flacons en différents points déterminés des galeries, qui sont désignés au crayon sur l'étiquette; on fait rapporter au laboratoire les flacons, qui sont ensuite soumis à une série de recherches faites aussi promptement que possible.

Tout d'abord, l'air contenu dans un flacon peut renfermer de l'acide carbonique, que l'on absorbe en fermant le col du flacon ouvert dans une cuve à eau avec un bouchon traversé par un petit tube à essai rempli d'une solution concentrée de potasse; en agitant les gaz avec cette liqueur alcaline, on obtient rapidement l'absorption totale de l'acide carbonique.

Si le gaz restant renferme du grisou, on ne sait pas dans quelle proportion il est contenu; aussi il est prudent de commencer par faire une analyse eudiométrique, car si l'on employait d'abord le grisoumètre dont les parois sont minces, cet appareil ferait explosion, si la proportion du grisou approchait de la limite dangereuse.

Pour donner un exemple d'emploi de l'eudiomètre, je citerai une analyse de grisou que M. Lebois, Directeur de l'École professionnelle de Saint-Étienne, a bien voulu m'envoyer; ce gaz a été obtenu de la manière suivante :

On a creusé dans le sol, dans la houille, un petit bassin en forme de cuvette qui a été rempli d'eau, et on a percé deux trous parallèles d'une profondeur égale à un mètre; le gaz qui s'est dégagé a été recueilli avec un entonnoir dans un flacon plein d'eau, comme s'il s'agissait de recueillir du gaz des marais.

Pour faire l'analyse du grisou qui était conservé sur l'eau, j'ai fait passer dans l'eudiomètre gradué tout semblable à l'eudiomètre de Bunsen, 23ᶜᶜ de gaz et un excès d'oxygène; le volume du mélange était égal à 89ᶜᶜ,1 ; j'ai fermé le tube avec un bouchon de caoutchouc traversé par un robinet de laiton; après avoir agité les gaz, j'ai aspiré à l'aide d'une trompe, d'une pompe à main ou d'une seringue l'eau qui restait dans le tube, de manière à ne laisser qu'un centimètre cube de liquide au-dessus du bouchon; en opérant ainsi, on évite le dégagement des gaz dissous dans l'eau, dégagement qui aurait lieu, après la détonation, par suite de la formation d'un vide partiel; il est essentiel de placer l'eudiomètre dans son support et dans un grand bocal de verre fermé par une planche, afin de retenir les fragments du verre qui seraient violemment projetés si l'instrument éclatait. L'étincelle donnée par une bobine d'induction a produit une forte détonation; la réduction a été égale à 36,2 ; en agitant les gaz avec un morceau de potasse, on a obtenu par absorption de l'acide carbonique une nouvelle réduction de 19,4, à peu près la moitié de la première, ou une réduction totale de 55,6 dont le tiers 18,5 indique le formène; la proportion de ce gaz dans le grisou était égal à 80,4 °/₀; sur d'autres échantillons de grisou, j'ai trouvé une proportion de gaz combustible encore plus grande.

Il est bon de s'exercer à l'emploi de l'eudiomètre; pour cela on prépare, comme je l'ai fait, du formène pur avec l'acétate de soude et la chaux sodée, que l'on chauffe dans une cornue de grès; j'en compose une série de mélanges titrés d'air et de formène pour rechercher dans quelles limites d'exactitude l'analyse eudiométrique pratiquée comme je viens de l'indiquer permet de doser ce gaz :

$$\text{Mélange à } \tfrac{1}{15} \text{ détonation, on a trouvé} \dots\dots \tfrac{1}{14,6}$$

$$- \quad \tfrac{1}{20} \text{ détonation après addition de gaz de la}$$

$$\text{pile} \dots\dots\dots\dots\dots\dots\dots\dots \tfrac{1}{19,2}$$

$$- \quad \tfrac{1}{50} \quad \text{id.} \dots\dots\dots\dots \tfrac{1}{50}$$

$$- \quad \tfrac{1}{100} \quad \text{id.} \dots\dots\dots\dots \tfrac{1}{116}$$

$$- \quad \tfrac{1}{200} \quad \text{id.} \dots\dots\dots\dots \tfrac{1}{109}$$

L'expérience a montré qu'il est nécessaire d'immerger l'eudiomètre dans un grand bocal plein d'eau avant chaque lecture, pour ramener toujours les gaz à la même température.

Les figures ci-jointes montrent l'eudiomètre (fig. 1), le support qui sert à fixer cet instrument et à faire passer l'étincelle produite par une bobine d'induction (fig. 2), l'appareil semblable à celui de M. Bunsen qui sert à préparer le gaz de la pile (fig. 3).

M. Coquillion a imaginé, pour doser le grisou, un instrument très ingénieux qui repose sur le fait suivant : lorsqu'on fait passer un courant électrique qui maintient au rouge une spirale de palladium ou de platine placée au milieu d'un espace clos qui renferme un mélange d'air et de grisou, il y a combustion du formène, absorption de deux volumes d'oxygène et production d'un volume d'acide carbonique égal à celui du formène; il en résulte que la présence du grisou est rendue manifeste par la diminution du volume du mélange.

L'appareil portatif de Coquillion se compose d'un tube à entonnoir fermé à sa partie supérieure par un bouchon de caoutchouc percé de trois trous que traversent un robinet de laiton et deux bornes auxquelles on a soudé un fil de platine enroulé en

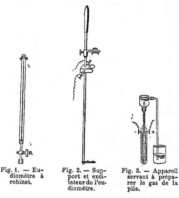

Fig. 1. — Eudiomètre à robinet.

Fig. 2. — Support et excitateur de l'eudiomètre.

Fig. 3. — Appareil servant à préparer le gaz de la pile.

spirale qui se trouve dans l'intérieur de la petite cloche; le tube porte 16 divisions d'égal volume et se termine à la partie inférieure dans une ampoule de caoutchouc pleine d'eau qui permet au gaz échauffé par le fil de platine porté au rouge de se dilater.

J'ai reconnu que le bouchon de caoutchouc, porté à une température élevée par le voisinage du fil de platine maintenu au rouge, revient avec une grande lenteur à la température ordinaire et j'ai supprimé dans mon appareil le bouchon de caoutchouc; j'ai fait souder à une ampoule de verre, un robinet de verre et un tube long de 50 centimètres, gradué en parties d'égal volume; puis, sur chaque côté de l'ampoule, on a soudé deux fils de platine, qui sont les extrémités de la spirale pénétrant dans les axes de deux tubes de verre, que l'on remplit de mercure, et qui reçoivent les fils venant d'un accumulateur ou d'une pile au bichromate de 6 éléments.

J'emploie une pile de 6 éléments zinc amalgamé et charbon montés sur une planche de chêne dont les communications font saillie au-dessus de la planche et présentent des bornes qui permettent d'utiliser les éléments depuis 1 jusqu'à 6.

Dans une boite à 12 compartiments se trouvent 6 bocaux vides et 6 bocaux pleins d'une solution, qui a été faite à chaud, de 10 litres d'eau et d'un kilogramme de bichromate de potasse en poudre,

solution dans laquelle on a versé 2^k5 d'acide sulfurique monohydraté (formule de Trouvé).

L'intensité du courant des 6 éléments est telle que le fil de platine serait fondu si l'on n'avait pas soin de fermer le circuit un temps très court, en faisant manœuvrer l'interrupteur; on peut aussi n'utiliser que le nombre d'éléments suffisant pour porter le platine au rouge vif.

L'instrument représenté par la figure 4 est rempli d'eau par aspiration, on le soulève et on laisse rentrer de l'air en ouvrant le robinet; l'air occupe par exemple le volume V de l'ampoule et 14 divisions : à l'aide d'un interrupteur et distributeur de courant, dont le jeu se comprend à la simple inspection de la (fig. 5), on porte la spirale de pla-

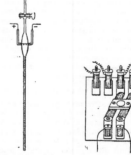

Fig. 4. — Grisoumètre de Coquillion modifié par Gréhant.

Fig. 5. — Interrupteur et distributeur de courant.

tine au rouge et à plusieurs reprises; je dois faire remarquer ici, qu'en fixant quatre fils aux deux bornes du milieu on peut avec les quatre bornes du distributeur envoyer le courant dans trois appareils différents : le grisoumètre, l'appareil de Bunsen et la bobine d'induction. On surveille attentivement pour que le gaz dilaté par la chaleur ne s'échappe point à la partie inférieure du tube; après le refroidissement dans l'air et dans l'eau, on retrouve exactement $v + 14$, la réduction a été nulle.

On introduit dans le grisoumètre à l'aide d'une cloche graduée à robinet et d'un tube de caoutchouc un mélange titré d'air et de formène à $\frac{1}{90}$ qui occupe $v + 32$; on fait passer plusieurs fois le courant de la pile et après refroidissement dans l'eau on trouve $v + 18$; la réduction a été égale à 14. On compose un mélange à $\frac{1}{60}$, le volume introduit dans le grisoumètre est égal à $v + 30$; le fil de platine ayant été porté plusieurs fois au rouge vif, on trouve après le refroidissement, v + 23; la réduction est égale à 7, moitié du nombre précédent. Exemples :

Pour $\frac{1}{30}$ de grisou, la réduction est égale à............... 14

Pour $\frac{1}{60}$ —   7

Pour $\frac{1}{100}$ —   4,2

Pour $\frac{1}{420}$ la réduction serait égale à................... 1

Le grisou mètrede Coquillion, comme on le voit, permet de doser le grisou depuis des mélanges à $\frac{1}{15}$, qui sont très dangereux et peuvent déterminer des explosions dans les mines, jusqu'à des mélanges à $\frac{1}{400}$ et à $\frac{1}{800}$.

A l'aide du grisoumètre de Coquillion et de l'eudiomètre à eau qui se contrôlent mutuellement, il serait facile de construire pour chaque exploitation minière des courbes permettant de suivre, jour par jour et plusieurs fois par jour, la marche du dégagement du grisou dans certains points des galeries ou aux orifices de la sortie de l'air qui sert à la ventilation ; l'étude de ces courbes pourrait conduire à des conclusions ou à des améliorations qui rendraient peut-être plus rares les terribles accidents produits par le grisou.

II. — Recherche et dosage de l'oxyde de carbone.

M. Coquillion a montré que le grisoumètre peut servir à déceler d'autres gaz combustibles que le formène; j'ai été conduit à l'employer pour la recherche de traces d'oxyde de carbone qui peuvent être introduites dans l'air par différents appareils de chauffage. Une difficulté s'est présentée tout d'abord : tandis que le formène absorbe en brûlant le double de son volume d'oxygène, l'oxyde de carbone, pour se convertir en acide carbonique, n'absorbe qu'un demi-volume d'oxygène ; il en résulte que la réduction est quatre fois moins sensible quand on emploie l'instrument à la recherche de l'oxyde de carbone qu'il ne l'est quand il sert à rechercher le grisou.

Pour obvier à cet inconvénient, j'ai fait donner à l'ampoule du grisoumètre des dimensions 3 ou 4 fois plus grandes (fig. 6) ; j'ai fait souder dans les parois de verre deux fils de platine assez gros se terminant en dehors par deux boutons et en dedans par une spirale de fil fin de platine; cette disposition permet d'employer le support et l'excitateur représenté (fig. 2), que j'utilisais seulement pour l'eudiomètre. Mais en augmentant le volume de l'ampoule pour sensibiliser l'instrument, on voit que le fil de platine porté au rouge dilate assez le gaz pour le faire échapper à la partie inférieure du tube gradué, ce qui fait manquer l'opération; j'ai donc été obligé de faire souder un second robinet dè verre à la partie inférieure du tube pour main-

Fig. 6.
Grisoumè-
tre de M.
Coquillion
modifié par
M. Gréhant.

tenir dans l'ampoule le gaz qùi ne peut plus se dilater.La fig.6 représente mon grisoumètre ainsi modifié. J'ai reconnu en outre la nécessité de faire les lectures, l'appareil étant tenu immergé verticalement et complètement dans l'eau et le robinet inférieur étant ouvert; je me sers pour cela, avec beaucoup d'avantage, d'un grand bocal de verre assez profond pour contenir entièrement le grisoumètre et qui reçoit, par une tubulure inférieure, un courant d'eau continu dont la température reste invariable. Un bec de gaz papillon, allumé à une petite distance du bocal, éclaire à travers l'eau les divisions et les chiffres et l'on examine avec une loupe la position exacte de la tangente au ménisque. Exemple :

J'introduis dans une cloche graduée 1000°° d'air et 2°° d'oxyde de carbone pur. Le grisoumètre est rempli d'eau par aspiration; on ferme le robinet supérieur par un tube de caoutchouc dans lequel on a fait passer du gaz de la cloche et qui est fixé au robinet supérieur, on fait pénétrer dans l'ampoule et dans le tube gradué du gaz qui, mesuré après une immersion de cinq minutes dans l'eau, occupe le volume de l'ampoule et 22 divisions.

1° On porte 20 fois au rouge le fil de platine, on immerge dans l'eau, on trouve 21,7.

2° On porte le fil au rouge 20 fois, on trouve 21,5.

3° On porte le fil au rouge 20 fois, on trouve 21,5.

Donc $\frac{1}{500}$ d'oxyde de carbone est décelé par une réduction d'une demi-division.

J'ai composé ensuite un mélange à $\frac{1}{1000}$ d'oxyde de carbone qui occupait le volume de l'ampoule et 24,2 divisions, j'ai fait rougir le fil de platine 40 fois, j'ai retrouvé le même nombre 24,2; après 40 fois, j'ai obtenu 24; puis 23,9. On voit que moins est grande la proportion de CO, plus il faut faire rougir le fil de platine pour obtenir un dosage exact. Si l'emploi du grisoumètre Coquillion, modifié permet de reconnaître et doser $\frac{1}{1000}$ d'oxyde de carbone, la recherche physiologique de ce gaz, faite par le procédé que j'ai indiqué au Congrès de Physiologie de Liège est beaucoup plus sensible et plus sûre, puisque 100°° de sang d'un animal qui a respiré pendant une demi-heure un mélange à $\frac{1}{1000}$ d'oxyde de carbone et d'air, contiennent 5°°3 d'oxyde de carbone que l'on peut extraire en totalité.

N. Gréhant,
Docteur ès sciences et en médecine.
Assistant de physiologie au Muséum.

REVUE ANNUELLE DE MÉDECINE

L'épidémie de choléra qui a sévi en Russie, en Allemagne, en Autriche, en France, en Belgique et quelque peu en Angleterre est l'événement médical le plus important de l'année 1892.

Ce n'est pas l'épidémie qu'il faudrait dire, mais *les épidémies* car cet aphorisme que, « lorsque le choléra sévit sur un point quelconque de l'Europe, c'est qu'il y a été importé » est devenu aujourd'hui fort contestable. Tandis, en effet, que l'on surveillait le choléra asiatique s'acheminant, à travers la Russie, vers le cœur de l'Europe, une épidémie éclatait en France, envahissant peu à peu toute une région de la banlieue parisienne alimentée par de l'eau de Seine puisée dans les plus mauvaises conditions hygiéniques. Et cette épidémie était bien due au choléra asiatique, puisque non seulement elle se propageait à Paris, mais encore au Havre, puisque, chez les malades atteints, on trouvait le bacille-virgule, et on observait tous les signes que produit son infection.

Au point de vue épidémiologique, la question sera traitée tout au long dans la Revue annuelle d'Hygiène, mais, au point de vue médical pur, nous devons en retenir certains côtés intéressants. Ce qui frappe d'abord, c'est l'*innocuité* du choléra en ce qui concerne la *contagion :* pour se mettre à l'abri de celle-ci, il a suffi de faire une antisepsie rigoureuse autour des sujets atteints et, les déjections étant le véhicule des bacilles-virgules, d'en éviter le contact ; puis, la *gravité de l'infection* chez les sujets vivants dans de mauvaises conditions hygiéniques, chez les déprimés et principalement chez les alcooliques, gravité qui a maintenu la mortalité, tant à Paris qu'au Havre et à Hambourg, à 42 °/₀ environ des cas observés.

En ce qui concerne la prophylaxie de l'infection, nous avons vu passer dans le domaine de la clinique humaine les vaccinations anticholériques expérimentales, avec virus atténués, de Gamaleïa, Briéger et Kitasato, Wasermann. Il est juste de dire que Ferran, le premier en 1884, avait tenté ces inoculations préventives et que la publication des résultats obtenus par lui, avait été accueillie, suivant une remarque récente de Chauveau à la Société de Biologie, avec un peu trop de scepticisme.

Pour ses vaccinations, Haffkine se sert d'un virus atténué par culture à une température de 30° dans une atmosphère constamment aérée ; Klemperer provoque l'atténuation par la chaleur. Cet expérimentateur est, en outre, arrivé à rendre des animaux réfractaires, en leur injectant, dans le péritoine, du sérum d'un animal ou d'un homme préalablement vacciné.

Relativement au traitement curatif, des observations faites à Hambourg par Eisenlor, Lauenstein, Prausnitz, Michael, Schede, Rumpf, etc. ; de celles faites à Paris par Delpeuch, Siredey, Roger, Galliard, qui a dirigé le service le plus important de cholériques, etc. ; au Havre par Gibert, ressort l'insuccès des médications internes, même de celles visant l'antisepsie intestinale et la neutralisation des produits toxiques. Mais, un fait reste acquis, c'est l'efficacité, malheureusement souvent passagère, mais aussi quelquefois durable, des injections de sérum artificiel (eau distillée, sulfate de soude, chlorure de sodium, suivant la formule de Hayem), injections sous-cutanées et, de préférence intra-veineuses dans les formes graves de choléra.

I

L'Académie de Médecine a consacré à la pleurésie toute une suite de séances, pendant lesquelles se sont trouvées aux prises les anciennes et les nouvelles doctrines. Envisagé dans son ensemble, le débat a porté sur trois questions : l'une, de doctrine pathogénique, la nature de la pleurésie séro-fibrineuse ; l'autre, d'observation clinique, la marche et le pronostic de la pleurésie à notre époque ; la troisième, de thérapeutique, les indications de la thoracentèse.

Au point de vue doctrinal, il y a peu de temps encore le froid et le rhumatisme étaient les seules causes admises d'épanchement séro-fibrineux de la plèvre ; mais les études bactériologiques ont quelque peu modifié cette manière de voir, et leurs résultats tendent à prouver que la pleurésie est toujours la conséquence d'une infection, est toujours *fonction* (Landouzy) de maladie infectieuse ; que cette infection se détermine primitivement sur la plèvre par le pneumocoque, par exemple, ou encore par le bacille d'Éberth, ou secondairement, dans le cours de la pneumonie, du rhumatisme articulaire aigu, de la rougeole, de la grippe, de la syphilis.

La nature infectieuse de ces pleurésies ne fait doute pour personne, alors même que l'organisme infectieux ne s'y rencontrerait pas ; ainsi Levy, Loriga et Pensuti, Troisier et Netter [1] ont constaté l'absence du pneumocoque dans des cas de pleurésies métapneumoniques avec épanchement abondant.

Mais là où les avis sont encore partagés, c'est au sujet de la pleurésie franche, aiguë, *a frigore.*

[1] *Comptes rendus de la Société. Médicale des Hôpitaux* avril 1892.

Est-on en présence d'une maladie protopathique, essentielle, que le coup de froid à lui seul a pu déterminer, ou bien d'une manifestation *pleurale* de maladie générale, infectieuse, simplement mise en œuvre par le coup de froid? Hardy, Peter et surtout Lancereaux se sont montrés chauds partisans de la première hypothèse; G. Sée, Dieulafoy, Dujardin-Baumetz de la seconde, soutenant l'opinion émise il y a douze années déjà par Landouzy, que la maladie infectieuse en cause était presque toujours la tuberculose.

Et, en effet, si on examine la question d'un peu près, le doute ne semble guère permis. Outre qu'un coup de froid, produisant à lui seul une inflammation, ne satisfait guère les idées que nous nous faisons actuellement de la pathogénie des maladies, l'observation clinique démontre combien on rencontre fréquemment la pleurésie *a frigore* dans les antécédents morbides des malades qui, plus tard, font de la tuberculose.

Objecterait-on à ce propos, que Landouzy a pu quelque peu forcer sa manière de voir relative à l'*avenir des pleurétiques* pour mieux la faire pénétrer dans l'esprit des cliniciens, que l'on pourrait invoquer l'opinion du D' A. Barrs[1] qui, recherchant en 1890 ce qu'étaient devenus 74 pleurésies avec épanchement, *primitives*, soignées par lui de 1880 à 1884, a pu retrouver la trace de 54 de ses malades : 32 étaient morts, dont 22 de tuberculose pulmonaire ou extra-thoracique.

Les études anatomo-pathologiques et expérimentales conduisent d'ailleurs aux mêmes résultats que l'observation clinique. Kelsh et Vaillard, dans 18 autopsies de pleurésies primitives, ont reconnu chaque fois la nature tuberculeuse. Bien que les inoculations faites par Kelsh et Vaillard, Gilbert et Lion aient été souvent négatives, Gombault et Chauffard en ont obtenu 10 positives, sur 23; Netter arrive à une proportion de 70 pour cent de tuberculose dans les pleurésies dites *a frigore*, en interprétant les résultats de 41 inoculations. Bisch-Hirchfeld, Landouzy, injectant du liquide de pleurésie franche, aiguë, ont déterminé chez des tuberculeux la réaction de Koch. Enfin, d'après le compte rendu officiel prussien sur les effets de la lymphe de Koch, celle-ci, injectée à des pleurétiques, a produit la réaction caractéristique 90 fois sur 100, presque aussi souvent (96) que chez des tuberculeux avérés.

De toutes ces considérations, il est permis de déduire : que la pleurésie franche, aiguë, la fièvre pleurétique doit être rayée du cadre nosologique en tant que maladie protopathique, essentielle;

que, dans la grande majorité des cas, elle doit être rattachée à la tuberculose; que l'on peut la considérer souvent comme une véritable *tuberculose locale* (Landouzy).

Ces faits n'ont pas seulement un intérêt doctrinal; ils entraînent des conséquences essentiellement pratiques. Suivant, en effet, qu'il les acceptera ou non, le médecin considérera d'une façon toute différente le pleurétique, après la cessation de ses accidents aigus. Dans l'un et l'autre cas, il pourra le voir guéri : mais dans le premier, d'une maladie passagère qui n'aura pas grande influence sur son avenir pathologique; dans le second, d'une maladie infectieuse, la plus sévère de toutes, la tuberculose, dont le foyer, localisé une première fois, éteint, menace sans cesse de se rallumer et de s'étendre, si les règles sévères de l'hygiène commandée en pareil cas, ne sont pas suivies.

— Contrairement à ce qu'annonçait Peter, et selon l'opinion de Hardy, Dieulafoy, Dujardin-Baumetz, etc., la pleurésie n'est pas plus grave à notre époque qu'elle ne l'était autrefois; sa suppuration n'est pas plus fréquente. Comme cause de cette suppuration, il serait injuste d'invoquer la pratique de la ponction évacuatrice. Jamais la ponction, faite *aseptiquement*, n'a déterminé la formation du pus dans la plèvre; pratiquée d'après les indications cliniques et suivant les préceptes formulés par Dieulafoy et par Potain, elle est tout à fait exempte de dangers et rend les plus grands services dans le traitement des vastes épanchements pleuraux.

II

Dans nos Revues annuelles de médecine de 1890 et 1891 nous avons défini ce qu'étaient la *maladie de Morvan* et la *syringomyélie*, et montré que les nombreux points de contact qu'elles présentaient entre elles, permettait de les considérer comme deux variétés d'une même affection, se résumant, au point de vue anatomique, en de la myélite cavitaire.

C'était là la manière de voir de tous les neuropathologistes qui semblait désormais indiscutable, lorsque ont été soumises à l'Académie de Médecine[1] les observations de Zambaco-Pacha. Étudiant les cas décrits et en observation dans les hôpitaux sous le nom de syringomyélie ou de maladie de Morvan, il fut frappé de la ressemblance de certains d'entre eux avec la lèpre anesthésique. Se rendant d'autre part en Bretagne, là où Morvan fit ses premières descriptions, il ne tarda pas à rencontrer dans les fêtes, dans les pardons, une quantité notable de sujets atteints de lèpre, aussi bien dans ses formes mutilante, nerveuse ou anesthé-

[1] *British Medical Journal*, Mai 1890, et *Annales de Médecine*, Novembre 1892.

[1] *Bulletin de l'Académie de Médecine*, 23 août 1892.

sique, qu'ulcéreuse et même tuberculeuse. Et alors, il en conclut : que certains malades, considérés comme atteints de maladie de Morvan, ne sont autre chose que des spécimens de lèpre mutilante vraie; que cette nouvelle maladie n'est qu'un reliquat de la lèpre antique qui, pendant de si longues années et dès le VIIe siècle, eut un foyer considérable en Armorique.

Une telle élimination, non seulement tend à prouver la non-identité de la maladie de Morvan et de la syringomyélie, mais, en outre, semble établir que la syringomyélie, telle qu'elle venait d'être constituée, n'est pas une entité morbide : elle comprendrait des « malades dissemblables qui ont besoin d'être discernés, différenciés, triés ». Depuis cette communication, Magitot, Lejard, faisant des recherches dans les Pyrénées, sont arrivés à la conviction que les *cagots* de ces régions ne sont autre chose que les descendants des anciens lépreux du moyen âge et que chez un certain nombre d'entre eux, il n'est pas rare de trouver un ensemble de symptômes morbides analogues au syndrôme de Morvan d'une part, à la lèpre dégénérée de Zambaco-Pacha d'autre part.

Ajoutons qu'Arning, Pitres ont trouvé le bacille de Hansen dans les nerfs sains en apparence de sujets considérés comme syringomyéliques.

Ces diverses observations n'ont pas seulement un intérêt doctrinal : elles marquent une étape importante dans l'histoire de la lèpre, qui semblait devoir être oubliée parmi nous.

— Le rôle des auto-intoxications de l'organisme dans la genèse des *troubles mentaux*, bien qu'indiscutable, est encore mal défini ; la folie brightique survenant par intoxication urémique, certaines formes de mélancolies d'origine gastro-intestinale sont seules assez bien connues ; M. Klippel [1] vient d'y joindre la *folie hépatique*. Par la recherche de l'urobilinurie qui permet d'apprécier très exactement l'état fonctionnel du foie, il a pu prouver que l'insuffisance hépatique est susceptible d'engendrer dans certains cas, continuer, dans d'autres, « des maladies mentales écloses sur un terrain préparé par d'autres causes ». En pareille matière, cette considération du terrain est de première importance. C'est elle qui domine dans la pathogénie, car l'urémie, pas plus que l'insuffisance hépatique, pas plus que la puerpéralité, ne déterminerait la vésanie si le sujet n'y était préparé, le plus souvent héréditairement.

III

Les études sur la *pathogénie des maladies infectieuses* ont tenu une large place, comme les

années précédentes et depuis les découvertes pastoriennes, dans les recherches cliniques et expérimentales.

Il y a déjà quelques années, que les médecins militaires, tant en France qu'en Allemagne, avaient attiré l'attention sur la coïncidence d'épidémies de *péripneumonie équine* et de *pneumonie fibrineuse* atteignant des cavaliers, particulièrement en rapport avec les chevaux malades. Dans certains cas, la coïncidence fut évidente : ainsi à Vendôme, au 10me chasseurs, il y eut, de mars à juillet 1887, épidémies parallèles de péripneumonie et de pneumonie humaine, cessant l'une et l'autre lorsque les troupes allèrent camper, à Stettin en 1886 ; une épidémie de pneumonie, prenant naissance dans les bâtiments d'une caserne réservés à l'artillerie, se propage ensuite à d'autres bâtiments. Or, les chevaux de l'artillerie étaient atteints de péripneumonie, leur expectoration donnait des diplocoques identiques aux pneumocoques de l'homme. De là à conclure que les deux maladies, l'une et l'autre nettement infectieuses et épidémiques, se développaient et évoluant dans le même temps, ont une même origine, il n'y a qu'un pas à faire; d'autant mieux qu'anatomiquement, l'une des formes cliniques de la péripneumonie est identique à la pneumonie fibrineuse. Cependant, les recherches microbiologiques semblaient donner des résultats contradictoires : tandis que Peterlein, Perroncito et Brazzola tendaient à identifier l'agent pathogène de la péripneumonie avec le pneumocoque de Talamon-Fraenkel, Lustig et surtout Schütz attribuaient à l'un et à l'autre des caractères distinctifs basés sur les modes de culture et les réactions de la méthode de Gram; or, des travaux récents tendent à faire incliner la solution du problème vers l'identité. Dieudonné [1], aide-major dans l'armée bavaroise, observant une épidémie régnant sur les chevaux d'un régiment de chevau-légers, a trouvé chaque fois, dans le mucus nasal pris aux différentes périodes de la maladie, des organismes encapsulés, ne se décolorant pas par la méthode de Gram, absolument identiques aux pneumocoques de Talamon-Fraenkel.

Ainsi donc, ce que l'évolution épidémique, ce que la clinique et l'anatomie comparées faisaient pressentir, loin de l'infirmer, la bactériologie semble au contraire devoir le confirmer; mais, comme le fait remarquer le Professeur Kelsh [2] (Val-de-Grâce), avant de proclamer comme certain un fait qui intéresse à un si haut point les médecins de notre armée, il faut attendre la consécration expérimentale, c'est-à-dire l'inoculation de la

---

[1] *Archives générales de médecine.* Août 1892.

[1] Dieudonné. — *Deutsche militærærztliche Zeitschrift*, mars 1892.
[2] Kelsh. — *Gazette hebdomadaire*, 29 octobre 1892.

pneumonie humaine au cheval, inoculation produisant chez celui-ci une pneumonie semblable à celle qu'il contracte spontanément.

— Du reste, il semble que bientôt ce problème, si complexe et récemment encore si obscur, de la pathogénie des *pneumonies* et des *bronchopneumonies*, doive être complètement élucidé. La microbiologie a nettement établi qu'il y avait, d'une part : une *maladie* essentielle, spécifique, la pneumonie fibrineuse, toujours produite par le même organisme, le pneumocoque de Talamon-Fraenkel ; d'autre part, des *affections* pulmonaires, des bronchopneumonies survenant à titre de *complications* dans le cours des maladies infectieuses, que leur diversité d'origine permettait de rattacher à des organismes pathogènes différents.

Reprenant la question dans tous ses détails, Netter[1] a démontré, par des recherches venant corroborer les observations de Prudden et Northrup, Finkler, Queissner, Neumann, Raskin, Babès, Cantani, Weichselbaum, Mosny, etc., que les bronchopneumonies survenant dans le cours de la rougeole, de la coqueluche, de l'influenza, de la variole, de la fièvre typhoïde, de la diphtérie, résultent d'une infection surajoutée, mixte ou secondaire, due à des microbes, nos hôtes habituels dans la bouche, le pharynx, les fosses nasales. Ce sont, par ordre de fréquence pathogénique : le pneumocoque, seul ou prépondérant ; le streptocoque, le bacille encapsulé de Friedlauder, seuls ou associés; les staphylocoques pyogènes, rarement isolés, le plus souvent associés. Quant aux formes des bronchopneumonies, elles ne semblent pas être en rapport avec tel ou tel organisme, si ce n'est là forme pseudo-lobaire qui se rattacherait plutôt au bacille de Friedlander; dans la diphtérie, on trouve toujours le streptocoque pyogène, avec divers collaborateurs ; dans la rougeole, *tous* les microbes pathogènes de la bronchopneumonie.

Comment ces microbes, inoffensifs d'habitude, deviennent-ils pathogènes et produisent-ils les bronchopneumonies? Vraisemblablement par autoinfection, leur virulence s'exaltant sous l'influence de la maladie en cours. Ainsi Boulloche et Mery, dans leurs recherches sur la salive des enfants atteints de rougeole, ont pu constater l'exaltation de virulence des pneumocoques et des streptocoques salivaires ; Netter a vu dans la grippe, dans la rougeole (où tous les microbes peuvent entrer en jeu), *tous* les microbes de la bouche s'exalter, alors que, dans la diphtérie, dans la scarlatine, une seule espèce s'exaltait. Il semble, en outre, que

plus l'organisme est accoutumé à un microbe, moins l'exaltation donnera à celui-ci de puissance pathogène, car les staphylocoques, qui sont les micro-organismes le plus souvent apparents dans la bouche normale, sont aussi ceux qui produisent le moins souvent la bronchopneumonie.

Cette exaltation survenant sous l'influence de la maladie première, par quel mécanisme se produit-elle? Y a-t-il modification du terrain? Y a-t-il association microbienne?... La question se pose, mais il est encore impossible de la résoudre, d'autant mieux que le microbe pathogène de la plupart des maladies infectieuses se compliquant de bronchopneumonies, est encore inconnu.

— Toutes les recherches faites pour trouver l'organisme de la *grippe*, pendant l'épidémie de 1890-91, n'avaient guère donné de résultats satisfaisants, si bien qu'on en était arrivé à se demander s'il y avait bien un agent spécifique producteur de la grippe, et si la maladie ne résidait pas tout entière dans des infections secondaires à streptocoques, staphylocoques ou pneumocoques, ces organismes puisant leur virulence dans des conditions cosmiques ou météorologiques spéciales. Cependant, cette manière de voir n'était pas admise par tous, et, tant en Allemagne qu'en France, des recherches se poursuivaient d'après l'idée pathogénique d'une infection primitive par un germe spécifique. C'est en suivant cette voie que Pfeiffer, Kitasato et Canon ont récemment décrit un micro-organisme à l'aspect en diplocoque et en courtes chaînettes, qui se rapproche singulièrement de celui décrit et considéré comme l'élément pathogène de l'influenza par Teissier, G. Roux et Pittion[1]. Ces observateurs ont trouvé, dans la grippe et jamais en dehors d'elle, un organisme polymorphe, diplobacille dans l'urine, streptobacille dans le sang; ces deux formes ne sont vraisemblablement qu'un mode de groupement différent ou deux phases d'évolution de ce même micro-organisme, car leur action pathogène expérimentale sur le lapin donne absolument les mêmes résultats. Ce polymorphisme expliquerait et synthétiserait en quelque sorte les résultats d'apparence dissemblables obtenus jusqu'à ce jour par les divers expérimentateurs, qui tous ont assigné à la grippe comme élément pathogène, soit un diplocoque ou un diplobacille (Seiffert, Jolies, Babès, Kierschner, Kowalski, Kosthiourine, Kraunhals), soit un streptocoque (Finkler, Bouchard, Vaillard et Vincent, Laveran).

IV

Lorsque sévissait la septicémie puerpérale, il n'était pas rare do voir une amélioration considé-

---

[1] NETTER. — *Archives de médecine expérimentale*, janvier 1892.

[1] Teissier, G. Roux et Pittion. — *Archives de Médecine expérimentale*, juillet-septembre 1892.

rable dans l'état des malades, suivie de guérison, coïncider avec l'apparition d'un foyer de suppuration en un point quelconque de l'organisme. Interprétant cette observation clinique, Fochier [1] (de Lyon) s'est demandé si, dans le cours de maladies infectieuses avec tendance à la suppuration, on ne pourrait pas éviter cette suppuration en *provoquant la formation d'abcès* (abcès de fixation). Dans ce but, il s'est servi d'essence de térébenthine dont il a fait deux injections sous-cutanées dans chaque cas ; à la suite de ces injections, très douloureuses pendant une à deux heures et même jusqu'à quarante-huit heures après les piqûres, surviennent bientôt des phlegmons aigus, intenses, plus ou moins diffus, qui suppurent, en donnant un pus amicrobien. Avec la formation du pus, se manifeste une amélioration de l'état général, telle que Fochier a pu obtenir ainsi la guérison de cas graves d'infections puerpérales. En opérant de même, Lépine, Dieulafoy faisant jusqu'à quatre piqûres, Gingeot ont obtenu des résultats analogues, suivis de guérison, chez des sujets atteints de pneumonies infectueuses graves, à forme ataxo-adynamique et menaçant de suppurer.

Que se passe-t-il sous l'influence de cette suppuration provoquée? L'absence d'organismes dans le pus phlegmoneux fait rejeter l'hypothèse de Fochier, de la *fixation* des agents infectieux disséminés dans l'organisme. Ne pourrait-on pas invoquer, avec Chantemesse, l'exagération de la leucocytose sous l'influence de la formation des abcès, par conséquent l'augmentation du nombre des phagocytes capables de détruire les microbes infectieux?

Quoi qu'il en soit, les résultats obtenus prouvent que cette méthode ne doit pas être négligée, mais aussi, qu'elle doit être réservée pour des cas graves, nous dirions presque désespérés.

— De très intéressantes recherches cliniques et expérimentales, en vue du traitement du diabète sucré d'origine pancréatique, ont été faites par de Renzi et Reale [2]. Ayant déterminé le diabète chez des chiens, par l'enlèvement du pancréas, ils ont vu ce diabète disparaître complètement par suite de l'alimentation avec des végétaux verts. Ils attribuent ce fait à ce que l'amidon de ces végétaux, l'inuline, ne se transformant pas en dextrine, mais en lévuline, l'organisme diabétique qui a perdu la puissance glycolytique pour la dextrine, l'a conservée pour la lévuline. Appliquant ces données à la pathologie humaine, ils ont observé : la persistance de la glycosurie avec l'alimentation carnée ; la disparition du sucre avec l'alimentation exclusive par les végétaux verts ; la réapparition du sucre avec la reprise de l'alimentation carnée ; l'augmentation du poids du corps et des forces musculaires, la diminution de l'azoturie et de la phosphaturie chez les malades soumis à l'usage des végétaux verts, associés ou non à une nourriture animale.

— M. Mosny a publié les résultats de ses études sur la *vaccination contre l'infection pneumonique* [1]. Il semble prouver que l'immunité acquise par les lapins vaccinés ne résulte pas du pouvoir bactéricide, mais de la puissance toxinicide de leurs humeurs. En effet, le pneumocoque, ensemencé dans du sérum de lapins vaccinés, non seulement n'y meurt pas, mais y acquiert une longévité qu'il ne possède pas dans ses milieux de culture habituels, non plus que dans le sang d'un lapin sain.

Toutes les tentatives qu'il a faites pour obtenir la guérison d'un lapin, inoculé à l'aide d'injections de sérum d'un animal vacciné, sont restées négatives, qu'elles qu'aient été les conditions dans lesquelles elles ont été pratiquées.

Cependant, dans le même champ d'expériences, J. Arkharow (de Kazan) obtenait des résultats positifs, desquels il résulte que le sérum des animaux vaccinés, s'il ne tue pas le pneumocoque qui y est introduit, agit du moins sur lui en l'affaiblissant. Les résultats opposés des deux observateurs tiennent vraisemblablement à ce fait démontré par Arkharow, à savoir : que le sérum des différents animaux vaccinés possède des propriétés thérapeutiques différentes, que celles-ci se développent peu à peu, à mesure que la vaccination s'avance : dans un premier degré, retardant simplement le développement du pneumocoque, dans un second produisant sa dégénérescence, le tuant dans un troisième, qui du reste n'a pas encore été obtenu expérimentalement.

V

Lorsque, en juin 1889, Brown-Séquard publia, devant la Société de Biologie, les résultats thérapeutiques obtenus sur lui-même à l'aide d'injections sous-cutanées de « liquide organique », sa communication fut accueillie dans le monde scientifique avec un scepticisme que ne dissimulait guère la déférence due à un savant de cet ordre. Depuis lors, trois années se sont écoulées, des expériences nombreuses ont été poursuivies de tous côtés, et il semble qu'elles doivent bientôt devenir le point de départ d'une méthode thérapeutique nouvelle, basée sur des données scientifiques d'une valeur indiscutable.

[1] Académie de médecine. Avril 1892.
[2] *Gazetta degli Ospitali*, n° 90 (Décembre 1891).

[1] *Archives de Médecine expérimentale*. N° 2. 1892.

Cette méthode repose, du reste, sur la connaissance des propriétés physiologiques des glandes, qui sécrètent et déversent dans le sang certains principes nécessaires au bon fonctionnement de notre organisme. Que cette sécrétion, sous l'influence de l'évolution de notre être ou en vertu d'une cause morbide, vienne à diminuer ou à disparaître, il en résultera des troubles de nutrition, en· rapport avec l'action des produits de sécrétion de la glande atteinte.

A ce point de vue, l'action des *glandes séminales* est implicitement connue de tous, et il n'est pas nécessaire de réfléchir longtemps pour s'apercevoir qu'elles n'ont pas seulement pour but : la fécondation. Avec la sécrétion testiculaire, commence une imprégnation de l'organisme se traduisant par un ensemble de phénomènes de développement qui constituent la virilité ; lorsque diminue cette sécrétion, survient la déchéance qui aboutit à la sénilité, et point n'est besoin d'invoquer les déviations de nutrition observées chez les eunuques, pour en conclure qu'il existe un rapport intime entre le fonctionnement des testicules d'une part, la vigueur et la force de résistance de l'organisme, d'autre part.

Ceci étant bien établi, il n'y a plus lieu de s'étonner de voir Brown-Séquard (dont les travaux ont tant servi à élucider ce rôle si complexe des glandes), tenter de remédier à l'insuffisance de la sécrétion glandulaire par des injections sous-cutanées de liquide testiculaire. En fait, les résultats ont été ce qu'il avait prévu : une action dynamogénique nerveuse, se traduisant par une augmentation de la force musculaire et de la capacité au travail.

Les injections faites avec le liquide obtenu selon la méthode de d'Arsonval, d'après les préceptes de Brown-Séquard et en suivant les règles de l'asepsie, n'ont jamais produit d'accidents et ont toutes déterminé, dans les expériences bien conduites, ce réveil de l'énergie organique et des facultés cérébrales (Variot, Villeneuve, de Marseille). Employées chez des aliénés (Mairet, de Montpellier, Marro et Rivano, Vito Copriati, de Naples), là où la suggestion ne peut être objectée, elles ont agi comme stimulant du système nerveux et amélioré la nutrition générale.

Ces effets dynamogéniques sur le système nerveux, partant sur la nutrition, ont suggéré l'idée d'employer le liquide séminal dans les affections où il existe une altération des centres nerveux, comme l'ataxie locomotrice (Brown-Séquard), dans celles où la nutrition est troublée par des infections comme la cachexie palustre (Laurent, de Port-Louis), le choléra (Owpensky), la lèpre, la tuberculose pulmonaire (Variot, Conil, Dumontpallier, G. Lemoine). Les résultats obtenus, au point de vue fonctionnel, permettent d'assurer qu'il existe dans ce liquide une substance active, dont les effets thérapeutiques méritent toute l'attention des médecins.

— C'est en appliquant les principes qui ont guidé Brown-Séquard que le Pʳ Bouchard et Charrin [1] ont tenté contre le *myxœdème* [2] les injections sous-cutanées de *suc thyroïdien*. Dans les deux cas observés, les résultats obtenus furent étonnamment rapides et favorables de la façon la plus évidente. Mêmes constatations favorables ont été faites depuis lors, à la suite d'injections de suc thyroïde de mouton par Hurry Fenwick (de Londres), par Mendel (de Berlin).

— Ce que les travaux de Langlois et Abelous ont appris sur l'action des glandes surrénales conduira certainement à pratiquer l'injection du liquide de ces glandes, dans le cours de la maladie d'Addison. En effet, expérimentant sur des grenouilles, ils ont prouvé que les glandes surrénales sécrètent une substance dont le rôle consiste à détruire certains principes toxiques produits dans l'organisme, principes provenant, d'après Albanese (de Turin), du travail des muscles et du système nerveux et possédant (Abelous et Langlois) [3] une action curarisante sur les terminaisons nerveuses motrices et sur les muscles. Ainsi s'expliquerait (Abelous, Charrin et Langlois) cette fatigue musculaire et nerveuse, cet état d'asthénie générale dans lequel se trouvent les sujets atteints de maladie d'Addison.

Donc, basée sur des données expérimentales certaines, la méthode de Brown-Séquard présente un grand intérêt thérapeutique ; les résultats obtenus permettent d'ailleurs d'affirmer que ce n'est plus seulement la théorie qui doit nous engager à en poursuivre les applications. Mais, il y aurait imprudence à lui demander plus qu'elle ne peut donner, ce serait la dévier de son véritable but, qui semble être : l'introduction dans l'économie de principes semblables à ceux des sécrétions glandulaires, destinés à les suppléer dans les cas où ils se montrent insuffisants.

Dʳ E. De Lavarenne.

---

[1] Association pour l'avancement des Sciences, Pau, 1892.
[2] Le *myxœdème* est un ensemble symptomatique qui succède à la cessation de la fonction du corps thyroïde. Turgescence œdémateuse de la face, des avant-bras, des mains ; torpeur physique et intellectuelle, difficulté à se mouvoir, lenteur de la parole, sensation de froid, abaissement de température, sont les principaux de ces symptômes.
[3] Abelous et Langlois. — *Archives de physiologie*, avril et juillet 1892. Société de Biologie. Compte rendu, 1892.

BIBLIOGRAPHIE

ANALYSES ET INDEX

1° Sciences mathématiques.

Poincaré (H.), *Membre de l'Institut.* — **Cours de Physique mathématique. Thermodynamique.** *Un vol. in-8° de 310 p. avec .fig.* (10 *fr.*) *G. Carré. Paris,* 1892.

Le volume que vient de publier M. Poincaré sur la Thermodynamique présente, comme les précédents dont il a été rendu compte dans cette *Revue*, un très grand intérêt. Outre qu'il se rapporte à un sujet dont l'importance n'est plus à indiquer, il est traité dans un esprit qui en rend la lecture véritablement suggestive, pour employer le mot à la mode. L'auteur ne se borne pas à poser les principes et à en déduire les conséquences¹: il précise, en les analysant avec soin, la signification de ces principes. Ce qu'on désigne, en somme, sous le nom de principe d'une manière générale, c'est l'extension indéfinie, en dehors des limites de l'expérience, par conséquent, des résultats fournis entre certaines limites par l'observation et l'expérience. Il y a, dès lors, toujours lieu de se demander si cette généralisation est légitime et, même, ce qu'elle signifie au juste. M. Poincaré a fait, par exemple, une intéressante analyse du principe de la conservation de l'énergie; sans insister sur les cas particuliers qu'il étudie, nous signalerons les conclusions qu'il donne :

« Si l'on veut énoncer le principe dans toute sa gé-« néralité et en l'appliquant à l'Univers, dit-il, on le « voit pour ainsi dire s'évanouir et il ne reste plus que « ceci : *Il y a quelque chose qui demeure constant.* »

Ce n'est pas qu'il faille rejeter la loi de Meyer; mais c'est que, comme il le fait remarquer, cette loi présente une forme assez ample pour qu'on y puisse faire rentrer presque tout ce que l'on veut, mais que cependant, dans chaque cas particulier, et pourvu qu'on ne veuille pas pousser jusqu'à l'absolu, cette loi a un sens parfaitement clair.

Le second principe de la thermodynamique, principe e Carnot ou principe de Clausius, a été étudié avec détails par M. Poincaré qui insiste, non sans raison, sur ce qu'il devait sembler que le théorème de Carnot était appelé à disparaître avec l'hypothèse sur laquelle son auteur s'était appuyé et sur ce que ce fut l'honneur de Clausius de ne pas s'être laissé aller à ce jugement superficiel. M. Poincaré étudie quelques-unes des conséquences de ce principe, dont il expose ensuite l'extension au cas où deux variables indépendantes ne suffisent pas à fixer l'état d'un système, ce qui conduit à introduire la notion de potentiel thermodynamique, notamment

A l'aide des connaissances précédemment acquises, M. Poincaré étudie un certain nombre d'applications : les changements d'état, les machines à vapeur, la dissociation, les phénomènes électriques. On conçoit que nous ne puissions insister sur le détail de ces chapitres qui. sont particulièrement intéressants pour le physicien. Signalons le soin avec lequel l'auteur a indiqué les hypothèses qui sont faites dans la plupart des cas et qui ne sont pas toujours exposées d'une manière explicite dans un certain nombre d'ouvrages.

Enfin, pour terminer, M. Poincaré étudie la possibilité de déduire les principes de la thermodynamique des principes généraux de la Mécanique; cette déduction ne présente pas de difficultés pour le premier principe. Il n'en est pas de même du second qui exige l'introduction d'hypothèses particulières; les recherches d'Helmholtz ont ce sujet sont exposées dans un dernier chapitre. En résumé, M. Poincaré montre que l'on ne peut pas expliquer les phénomènes irréversibles ni le

théorème de Clausius au moyen des équations de Lagrange.

Tel est brièvement exposé le plan de l'ouvrage de M. Poincaré; nous n'avons pu signaler que les plus importantes questions qui y sont traitées. Nous souhaitons cependant en avoir dit assez, en essayant d'expliquer dans quel esprit cet ouvrage a été composé, pour montrer quel intérêt il présente pour les physiciens.

C. M. Gariel.

2° Sciences physiques.

<small>REVISION DES TRAVAUX THERMOCHIMIQUES [1]</small>

Berthelot (M.) et **Matignon** (C.). — Sur l'acide glyoxylique ou dioxyacétique. *Comptes rendus Acad. Sc.* 115. 350.

Berthelot (M.). — Chaleur de combustion de l'acide glycolique. *Comptes rendus Acad. Sc.* 115. 393.

Les recherches récentes de MM. Berthelot et Matignon ont porté sur la chaleur de formation de l'acide glyoxylique $C^2H^4O^4$ ou $C^2H^2O^3 + H^2O$. Ce composé est un des termes, et le corps le moins bien connu, de la série des produits d'oxydation de l'éthane :

$$C^2H^6 \quad C^2H^6O \quad C^2H^4O \quad C^2H^4O^2$$
éthane   alcool   aldéhyde   ac. acétique

$$C^2H^4O^3 \quad C^2H^4O^4 \quad C^2H^2O^4$$
ac. glycolique   ac. glyoxylique   ac. oxalique

Sa chaleur de combustion permet de calculer sa chaleur de formation :

$$C^6(\text{diamant}) + H^4\text{gaz} + O^4\text{gaz} = C^2H^4O^4 \text{ cristallisé} \dots + 199 \text{ Cal. l.}$$

Grâce à cette donnée nouvelle on connaît maintenant la chaleur de formation de tous les composés de la série précédente, et l'on peut comparer les quantités de chaleurs dégagées par l'action successive de l'oxygène sur l'éthane ou sur les combinaisons intermédiaires. On obtient ainsi les deux tableaux suivants :

Pour les premiers termes gazeux :

$$O \text{ sur } C^2H^6 \quad \text{gaz} = C^2H^6O \text{ gaz} \dots \dots + 34,6$$
$$O \text{ sur } C^2H^6O \text{ gaz} = C^2H^4O \text{ gaz} + H^2O \dots + 51,5$$
$$O \text{ sur } C^2H^4O \text{ gaz} = C^2H^4O^2 \text{ gaz} \dots \dots + 60,0$$

Pour les derniers termes solides et cristallisés :

$$O \text{ sur } C^2H^4O^2 \text{ solide} = C^2H^4O^3 \text{ solide} + \dots \dots + 40,2$$
$$O \text{ sur } C^2H^4O^3 \text{ solide} = C^2H^2O^3 \text{ solide} + \dots \dots + 39,2$$
$$O \text{ sur } C^2H^4O^4 \text{ solide} = C^2H^2O^4 \text{ solide} + H^2O \text{ solide} + 68,9.$$

MM. Berthelot et Matignon font à ce sujet la remarque que les nombres croissent dans chaque tableau à mesure que le rôle négatif du composé formé devient plus caractérisé. De plus, dans le premier tableau, le dernier nombre est voisin de + 59, 2 qui exprime la chaleur de combustion de l'hydrogène avec formation d'eau gazeuse, et dans le second le dernier nombre n'est pas éloigné de + 70, 4, chaleur de combustion de l'hydrogène avec production d'eau solide.

Pour montrer ensuite que ces relations doivent être générales, ils donnent quelques résultats pris dans la série en C^3 :

$$O \text{ sur } C^3H^6O^2 \text{ (ac. propionique liquide)}$$
$$= C^3H^6O^3 \text{ (ac. lactique liquide)} \dots + 45,3$$

$$O^2 \text{ sur } C^3H^6O^3 \text{ liq.}$$
$$= C^3H^4O^4 \text{ (ac. malonique solide)} + H^2O \text{ solide} \dots + 61,7 \times 2$$

---

[1] Cette Revision paraîtra tous les deux mois.

$$O \text{ sur } C^3 H^4 O^4 \text{ sol.}$$
$$= C^3 H^4 O^6 \text{ (ac. tartronique solide) } \ldots + 34,2$$
$$O \text{ sur } C^3 H^4 O^5 \text{ sol.}$$
$$= C^3 H^4 O^6 \text{ (ac. mesoxalique solide) } \ldots + 37,6.$$

Ces résultats ne sont évidemment qu'approximatifs, l'état physique des corps n'étant pas toujours exactement comparables d'un tableau à l'autre, et quelquefois dans la même série. On peut du moins en conclure, et c'est une notion importante, que, lorsqu'on oxyde un carbure saturé par des atomes d'oxygène successifs, il se change d'abord en alcool en dégageant environ + 40 cal.; celui-ci en aldéhyde en donnant encore + 40 cal. enfin l'aldéhyde fournit un acide avec dégagement de + 65 cal. environ. Et l'on voit que la présence d'autres fonctions oxygénées dans la même molécule ne modifie pas ces relations générales. Déjà le tableau 29 de l'annuaire du bureau des Longitudes (1888) permettait d'établir quelques rapprochements de ce genre, mais la détermination de MM. Berthelot et Matignon montre qu'il s'agit d'une véritable loi, du moins en ce qui concerne les séries de faible condensation en carbone.

Forcrand (R. de) — Constitution du Pyrogallol et de l'acide orthophosphorique. *Comptes rendus de l'Acad. Sc.* 115 *p.* 46, 284 *et* 610.

Ces recherches apportent des arguments nouveaux à l'appui de l'opinion généralement admise aujourd'hui dans les deux cas.

Elles ont pour point de départ les données thermiques déterminées récemment et relatives à la substitution de Na à H dans chacune des trois fonctions de ces composés :

Pyrogallol.............. $+41,34$ $+39.09$ $+35,66$
Acide orthophosphorique.. $+60,60$ $+49,20$ $+38,33$

Pour le pyrogallol, l'auteur compare les trois nombres obtenus avec ceux que donnent le phénol ordinaire, la pyrocatéchine, la résorcine, et l'hydroquinone, et montre que l'on doit écarter successivement les deux hypothèses (1, 3, 5) et (1, 2, 4). Il ne reste donc que la formule (1, 2, 3). Le pyrogallol possède des fonctions continues et équivalentes. Si elles paraissent avoir des valeurs décroissantes, c'est qu'il existe des combinaisons intramoléculaires, qui successivement se forment et se détruisent, entre les fonctions modifiées par la substitution et celles qui n'ont pas encore réagi. Aussi le second nombre est il très voisin de la valeur moyenne + 38, 70 et de celle du phénol ordinaire + 39, 10. Cette théorie permet même de mesurer l'énergie qui correspond à ces phénomènes intramoléculaires. Elle a été confirmée tout récemment dans ses conséquences par les expériences de MM. Causse et Bayard sur les antimonites des phénols[1], lesquelles conduisent également à la formule (1, 2, 3).

Pour l'acide orthophosphorique, que beaucoup de chimistes considèrent comme un triacide véritable, dans lequel le phosphoryle serait uni à trois oxydriles, la manière dont il se comporte vis-à-vis des bases alcalines en présence de l'eau faisait penser qu'il ne possédait réellement qu'une fonction vraiment acide, les deux autres étant plutôt comparables à celles des phénols ou des alcools. Les nombres cités plus haut montrent plutôt que ces apparences sont dues uniquement à l'action de l'eau. Il est vrai qu'ils sont décroissants, mais régulièrement et de la même manière que ceux que donne le pyrogallol dans lequel l'égalité des trois fonctions ne peut être contestée. Ici encore le second nombre + 49, 20 se confond avec la moyenne + 49, 38 et avec la valeur de beaucoup de monoacides, (de 49 à 51). Il est très probable que cette inégalité apparente des trois fonctions s'explique, comme pour les phénols et les alcools, par des combinaisons intramoléculaires, et que la valeur véritable de chacune

des trois fonctions est + 49, 38. La formule de l'acide orthophosphorique est donc bien :

$$Ph^y O{\Large<}{\begin{matrix} OH \\ OH \\ OH \end{matrix}}$$

Berthelot (M.). — Quelques observations nouvelles sur l'emploi de la bombe calorimétrique. *Comptes Rendus Acad. Sc.* 115. 201.
Berthelot (M.) et **Matignon** (C.). — Chaleur de combustion de divers composés chlorés. *Comptes rendus Acad. Sc.* 115. 347.

Nous renvoyons pour l'analyse de ces travaux à un article qui sera prochainement publié sur la Bombe Calorimétrique.

R. DE FORCRAND.

3ᵉ Sciences naturelles.

Nadaillac (Marquis de), *Correspondant de l'Institut.* — Le problème de la vie. 1 *vol. in-18 de* 295 *p.* (Prix : 3 *fr.* 50.) *G. Masson, Paris,* 1893.

Sous ce titre, M. de Nadaillac donne sa manière de voir sur une série de questions d'une haute importance philosophique : l'apparition de la vie sur le globe, le développement des êtres animés et l'origine de l'homme.

Reprenant les arguments bien connus de Quatrefages, il n'accepte pas la doctrine transformiste, qui ne lui paraît reposer sur aucune preuve convaincante ; il déclare que la science ne peut rien nous apprendre sur la succession des organismes dans le temps. Il va peut-être un peu loin en disant que l'édifice élevé par Darwin a été démoli et bouleversé par quelques-uns de ses disciples ; les exagérations d'Hæckel n'ont jamais fait de tort qu'à lui-même, et les discussions sur les causes de l'évolution ne touchent en rien au principe même de l'évolution, ce qu'oublient en général les antitransformistes. Naturellement M. de Nadaillac, dont les préoccupations spiritualistes sont visibles, n'admet pas que l'homme provienne d'une souche animale, et il voit en lui l'objet d'une création spéciale, en se basant surtout sur ses caractères intellectuels.

L. CUÉNOT.

Pennetier (Dᵣ Georges). — Histoire naturelle agricole du gros et petit bétail. *Un volume gr. in-8ᵉ de* 780 *pages.* (Prix 20 fr.) *Baudry et Cie,* 15, *rue des Saints-Pères. Paris,* 1893.

L'enseignement agricole a pris en France, depuis quelques années, une extension considérable. Au cours de la crise que nous venons de traverser, et dont les effets se font encore sentir, les enquêtes poursuivies de toutes parts ont révélé bien des imperfections dans nos méthodes habituelles de culture, dans la conduite générale de nos exploitations, et surtout dans le mode d'entretien de nos animaux. Et, sous l'influence des réclamations multiples suscitées par un tel état de choses, l'administration de l'Agriculture, s'inspirant des méthodes mises en œuvre dans les pays voisins, a songé tout d'abord à développer l'enseignement agricole à tous les degrés. Là était en effet notre point faible, et si l'on objecte qu'en Angleterre, pays où l'agriculture est le plus florissante, il n'y a que peu ou point d'enseignement agricole, on peut répondre que les conditions économiques de ce pays et du nôtre ne sont nullement comparables.

Mais point ne suffit d'organiser un enseignement officiel, car on ne peut juger que, dans la pratique, cet enseignement n'est accessible qu'à un petit nombre. Il importe de faire pénétrer dans sa masse les principes scientifiques sur lesquels doit reposer toute exploitation agricole véritablement rationnelle, et un tel résultat ne peut guère être obtenu qu'à l'aide du livre.

L'ouvrage que vient de publier M. Pennetier est évidemment de ceux qui concourront à atteindre ce but. Conçu d'après un plan simple, écrit d'une façon claire

[1] *Comptes rendus*, t. 115, p. 507.

et précise, il nous paraît en effet, dans ses traits généraux, particulièrement propre à appeler et à retenir l'attention des agriculteurs désireux de s'instruire.

Il ne faut point s'attendre, sans doute, à y trouver des données originales : c'est avant tout une œuvre de vulgarisation, dont les éléments ont été puisés en général dans les auteurs classiques, d'après un choix souvent heureux, puis coordonnés et mis au point en vue du but poursuivi. Comme l'indique le titre, l'auteur n'a visé qu'une partie limitée de l'exploitation agricole, celle relative aux animaux domestiques. Il s'agit donc surtout de données relatives à la zootechnie, et les incursions faites çà et là dans les domaines voisins ne peuvent être considérées que comme des faits accessoires. Nous n'hésitons même pas à déclarer qu'elles eussent pu être supprimées sans le moindre inconvénient, et que la valeur du livre en eût été au contraire augmentée.

Il y a, par exemple, deux cents pages consacrées au traitement des maladies, et qui font véritablement tache dans l'ensemble, car elles visent à répandre des notions médicales dont l'application empirique est bien de nature à faire courir les plus sérieux dangers à la santé des animaux.

Quant aux figures, assez nombreuses, qui sont intercalées dans le texte, elles sont presque toutes, il faut bien le dire, franchement mauvaises. Et c'est un point qui a son importance en la matière : un dessin bien fait représentant une race d'animaux devrait au contraire montrer à l'agriculteur le type idéal vers lequel il convient de diriger sa production.

A la vérité, ce sont là des points de détail sur lesquels il ne faut pas insister outre mesure. Dans son ensemble, l'*Histoire naturelle agricole* de M. Pennetier représente un livre utile, propre à répandre dans le public éclairé des campagnes des notions scientifiques simples et précises, dont la mise en pratique contribuera sans doute à augmenter le rendement du bétail et partant la fortune nationale.   A. Railliet.

4° Sciences médicales.

Richet (feu A.), *Professeur de clinique chirurgicale à la Faculté de Médecine de Paris, chirurgien de l'Hôtel-Dieu, membre de l'Institut, etc., etc.* — **Clinique chirurgicale.** 1 vol. *in-8° de 660 pages.* (*Prix* : 12 *fr.*) *Paris. J.-B. Baillière,* 1893.

Le Professeur A. Richet, dont nous avons eu l'honneur d'être l'élève, avait, dans le cours d'une longue carrière scientifique bien remplie, recueilli un grand nombre de matériaux d'étude. Nous qui avons pu juger du soin qu'il apportait dans la préparation de chacune de ses leçons, nous pouvons dire quelles richesses on pourra trouver dans toutes les notes qu'il a laissées.

M. A. Richet a toujours été considéré comme un chirurgien de la plus haute valeur et comme un grand clinicien. Il eût été regrettable que rien ne vînt établir et justifier cette supériorité.

Assurément on peut trouver épars, dans un grand nombre de journaux de médecine, des leçons qui témoignent de sa vaste expérience et de l'élévation de ses idées. Mais c'est le hasard qui les fera découvrir, ou bien la volonté ferme de les y chercher.

Son fils, devenu son collègue, M. le Pr Ch. Richet, a donc fait œuvre utile en réunissant dans un volume quelques-uns des sujets que son père avait si magistralement traités.

Ce n'est pas ici le lieu de les analyser : disons que ces sujets sont pris dans toutes les branches de la chirurgie et qu'ils sont traités avec la conscience et la compétence que l'on sait, et que ces leçons sont empreintes de l'esprit clinique, et par conséquent scientifique, le plus élevé.

Nous n'exprimerons qu'un regret, c'est que ce volume ne soit pas suivi par d'autres : il est vrai qu'il est atténué par la détermination qu'a prise M. Ch. Richet de déposer à la Bibliothèque de la Faculté, les notes qui ont servi à la rédaction des leçons, « mine très riche dans laquelle on pourra trouver quantité de documents précieux ».

Dr P. Bazy,

Gedoelst (L.), *Chargé de Cours à l'École de Médecine vétérinaire de l'État à Cureghem, Bruxelles.* — **Traité de Microbiologie appliquée à la médecine vétérinaire.** *Un fort vol. grand in-8° de 452 pages avec 64 figures intercalées dans le texte.* (*Prix* : 8 *fr.*) *Joseph Van In et Cie, rue Droite,* 48, *Bruxelles,* 1892.

Les traités de microbiologie sont très nombreux; mais il n'en est qu'un très petit nombre qui traitent spécialement des affections microbiennes propres à nos animaux. Parmi ces derniers il n'en est point qui s'occupe exclusivement de bactériologie; généralement on y trouve décrit la symptomatologie, le pronostic, l'anatomie pathologique, le diagnostic et la thérapeutique des affections microbiennes. M. L. Gedoelst a essayé de rompre avec les traditions; dans son livre, il se borne exclusivement à l'étude microbiologique des diverses affections ; il fait l'histoire naturelle des microbes pathogènes sans se préoccuper ni de la maladie ni du malade.

S'il est intéressant au point de vue scientifique pur, de séparer la microbie de la pathologie pour l'étudier isolément; il me semble qu'au point de vue des applications pratiques, ce procédé offre de nombreux inconvénients. Pour moi la microbiologie, pour porter tous ses fruits, doit rester tributaire de la pathologie. Elle doit constituer entre les mains du médecin un instrument ou un procédé scientifique nouveau et très important pour lui permettre de s'éclairer sur la nature et le mode de transmission, etc., des diverses affections contagieuses. A part cette légère critique, je n'ai que des louanges à adresser à l'auteur.

L'ouvrage est divisé en trois parties : microbiologie générale; microbiologie spéciale et technique microbiologique.

Dans la première partie on trouve six chapitres très intéressants ayant pour titre: morphologie des microbes; physiologie des microbes ; action des milieux sur les microbes ; action des microbes sur les milieux ; théorie de l'infection et de l'immunité; signification et rôle des microbes dans la nature. Tous ces points sont traités avec compétence et ces divers chapitres seront lus avec plaisir par tous ceux qui s'intéressent à la pathologie microbienne.

Dans la deuxième partie l'auteur fait l'étude détaillée et complète du microbe de chaque affection. La division qu'il a adoptée dans sa description n'est peut-être pas à l'abri de tout reproche; il réunit souvent dans un même chapitre des maladies très différentes au point de vue clinique; mais ce n'est qu'un côté secondaire et sans grande importance. Il consacre aussi un chapitre spécial à l'étude microbiologique des altérations du lait et de la viande.

Dans la troisième partie consacrée à la technique microbiologique, l'auteur traite successivement de l'examen microscopique des microbes, des méthodes de culture et des méthodes d'expérimentation sur les animaux.

Ce livre, très bien écrit, très documenté, rendra de grands services aux étudiants; il permettra aussi aux chercheurs d'y trouver rapidement des documents bibliographiques ; chaque chapitre étant en effet suivi d'un index bibliographique à peu près complet sur le sujet traité.

M. Kaufmann.

ACADÉMIES ET SOCIÉTÉS SAVANTES

DE LA FRANCE ET DE L'ÉTRANGER

ACADÉMIE DES SCIENCES DE PARIS

Séance du 5 décembre.

1° Sciences mathématiques. — M. H. **Faye** répond à quelques-unes des questions posées par le professeur Schuster, au sujet des taches du soleil, dans la dernière réunion de l'Association britannique, à Edimbourg. D'après lui, la pénombre de la tache ne participe pas, en général, au mouvement cyclonique qui en est la cause, de même que dans les trombes et tornados observés à la surface de la terre, il se produit autour une gaine nuageuse qui ne participe pas à la rotation furieuse de l'intérieur. L'auteur n'admet pas la possibilité d'expliquer les taches par des décharges électriques persistant pendant des mois entiers au même endroit. — MM. E. **Cosserat** et E. **Rossard** adressent leurs observations de la comète périodique Wolf, faites au grand télescope de l'observatoire de Toulouse. — MM. **Rambaud** et **Sy** envoient leurs observations de la nouvelle comète Holmes faites à l'équatorial coudé de l'observatoire d'Alger. La comète a été photographiée avec une pose de une heure et demie. — M. **Esmiol** communique ses observations de la comète Brooks (découverte le 20 novembre 1892), faites à l'observatoire de Marseille (équatorial de 0^m, 26 d'ouverture). — M. **Fabry** a fait des observations sur la même comète et avec le même instrument. L'éclat de la comète de Brooks est comparable à celui d'une étoile de 11° grandeur. — M. **Bertrand de Fontviolant** présente un mémoire sur le calcul des poutres continues, d'après une méthode satisfaisant aux nouvelles prescriptions du règlement ministériel du 29 août 1891. L'auteur expose une méthode graphique expéditive pour construire d'influence des diverses quantités nécessaires à connaître, soit dans l'étude d'un projet de pont, soit dans la vérification des conditions de résistance d'un pont existant, savoir : moments fléchissants, efforts tranchants, réaction des appuis et flèches élastiques. Le mémoire se termine par l'exposé d'une méthode abrégée pour la construction des lignes enveloppes des moments fléchissants. — M. E. **Jaggy** adresse une note faisant suite à son mémoire sur la théorie des fonctions. — M. A. **Tresse** considère un certain système d'invariants différentiels et montre qu'il existe un ordre limite tel que tous les invariants d'ordre supérieur se déduisent des invariants de cet ordre ou d'ordre inférieur en formant le quotient de deux déterminants fonctionnels. Les invariants de cet ordre limite et d'ordre inférieur donnent les conditions nécessaires et suffisantes pour que deux multiplicités données puissent se ramener l'une à l'autre par une transformation du groupe. — M. **Levasseur** résout un problème d'analyse indéterminée qui se rattache à l'étude des fonctions hyperfuchsiennes provenant des séries hypergéométriques à deux variables.

2° Sciences physiques. — M. H. **Le Châtelier** qui avait d'abord transformé le carbonate de chaux, précipité chimiquement, en un calcaire compact, cristallisé, par l'emploi de fortes pressions mécaniques jointes à l'élévation de température, a pu répéter la même expérience sans faire intervenir la pression ; le carbonate de chaux précipité, chauffé à 1020° s'est aggloméré en une baguette de dureté analogue à celle de la craie, mais complètement cristallisée. Il donne une explication probable de la discordance, entre ses résultats et ceux de M. Joannis. — M. Henri **Moissan** a fait l'étude chimique de la fumée d'opium des fumeurs. L'auteur a cherché à produire cette fumée dans les conditions mêmes où elle prend naissance dans la pipe des fumeurs ; il a trouvé de l'acétone, des bases pyridiques mêlées à des quantités notables de bases hydropyridiques et du pyrrol dans la fumée fournie vers 300° ; au contraire la fumée qui prend naissance vers 250° ne contient qu'une petite quantité de morphine et des parfums agréables. — M. **Arm.** **Gautier** donne quelques résultats de ses études sur la fumée de tabac ; celle-ci contient, outre la nicotine, une base $C^{11}H^{16}Az^2$ homologue de la nicotine, une lutidine C^7H^9Az, une dihydropicoline C^6H^9Az, une base C^6H^9AzO répondant à la formule d'un hydrate de picoline, et quelques autres bases moins volatiles. — M. C. **Friedel** adresse une réponse à la deuxième note de M. Colson sur la notation stéréochimique. — M. P. C. **Plugge** adresse une réclamation de priorité pour ses travaux sur le dosage volumétrique des alcaloïdes en présence de la phtaléine de phénol. — MM. F. **Houdaille** et L. **Semichon** introduisent une nouvelle variable capable de fournir des renseignements sur la constitution physique des terres arables, la perméabilité. Après avoir défini cette quantité, ils donnent un procédé pour la mesurer et pour déterminer en même temps le nombre et la surface des particules contenues dans un centimètre cube du sol. — M. Th. **Schlœsing** fils s'est proposé de déterminer, à un moment quelconque, le volume de l'acide carbonique disparu et celui de l'oxygène apparu par le fait de la végétation d'une plante entière. Le rapport du volume d'acide carbonique disparu, à celui de l'oxygène apparu par le fait des plantes examinées pendant les six ou huit premières semaines de leur végétation a été trouvé notablement inférieur à l'unité. — M. L. **Michel**, en chauffant à 1200° une partie de fer-titane et deux parties de pyrite, a obtenu des cristaux de rutile et des cristaux de pyrrhotine identiques aux cristaux naturels. — M. **Jannettaz** a réalisé un nouvel ellipsomètre à l'aide duquel on peut : 1° déterminer la position des axes des ellipses isothermes avec une exactitude égale à celle que donnent les microscopes polarisants pour les lignes d'élasticité optique ou les lignes d'extinction dans les systèmes obliques ; 2° savoir si la courbe isotherme est un cercle ou une ellipse, ce qui est d'une grande importance pour les cas limites. C. **Matignon.**

3° Sciences naturelles. — MM. N. **Gréhant** et E. **Martin** étudient l'action de la fumée d'opium et de chandôo, inhalée par la voie respiratoire, sur l'homme et le chien. Le chien, respirant une quantité d'opium égale à celle qu'un fumeur consomme généralement en trois jours, ne présente aucun phénomène appréciable, ce qui, comme on le sait, n'a pas lieu chez l'homme. Il existe donc, à ce point de vue, une différence sensible entre le système nerveux central de l'homme et du chien. — M. W. **Kilian** montre l'existence de phénomènes de recouvrement aux environs de Gréoulx (Basses-Alpes) et indique l'âge de ces dislocations. Ch. **Contejean.**

Séance du 12 décembre.

1° Sciences mathématiques. — Emile **Picard** établit un nouveau théorème qui permet de trouver certaines solutions asymptotiques des équations différentielles. — M. **Deslandres** a photographié plusieurs fois la comète Holmes avec un objectif anastigmat de Zeiss, qui permet d'opérer, avec une pose deux fois moindre qu'avec les objectifs ordinairement employés. Des épreuves prises à des époques variables, montrent que l'éclat de la comète va en diminuant. — M. G. **Fouret** montre que lorsqu'un point décrit une épicycloïde ordinaire le centre des moyennes distances de ce point et des centres de courbure successifs, en nombre quelconque, qui lui correspondent, engendrent une épicycloïde ordinaire, allongée ou raccourcie, du même genre que la première. — M. Jules Cels définit d'une façon nouvelle l'adjointe de la première ligne d'une équation différentielle linéaire ordinaire; il indique en outre une propriété caractéristique des équations équivalentes à leur adjointe de la première ligne,

2° Sciences physiques. — M. Amagat a étudié graphiquement sur des réseaux d'isothermes, les lois de dilatation à volume constant des fluides gazeux; il a trouvé que le coefficient des pressions $B = \dfrac{\Delta p}{\Delta t}$ augmente très rapidement quand le volume décroît, c'est-à-dire quand la pression initiale à zéro croît; le coefficient $\beta = \dfrac{1}{p}\dfrac{\Delta p}{\Delta t}$ augmente d'abord quand le volume décroît, il passe par un maximum d'autant moins prononcé, que la température est plus élevée, puis décroît. Les variations du coefficient de pression B avec la température, toujours très petites, s'annulent aux températures suffisamment élevées sous toutes les pressions. — M. G. Van der Mensbrugghe donne une démonstration théorique de l'existence de la tension superficielle à laquelle il relie l'évaporation et tous les phénomènes connexes, l'ébullition, l'état sphéroïdal et le point critique. — M. P. Joubin donne une relation entre la vitesse de la lumière dans un milieu réfringent et la grandeur des molécules dans le même milieu, relation en vertu de laquelle on peut calculer simplement l'indice de réfraction de tous les corps dont on connaît la composition chimique. La réfraction se trouve ainsi ne dépendre que de la masse moyenne de la molécule. — M. Ch. Fabry établit, dans le cas de l'incidence oblique et dans celui de l'incidence normale, la propagation anormale des ondes lumineuses des anneaux de Newton. Quand l'incidence est oblique, chacune des ondes réfléchies a deux focales distinctes, et l'étude des franges permet de montrer l'avance d'un quart d'onde qui se produit lors du passage d'une onde par une de ces lignes. — M. Frédureau emploie des globes particuliers pour diffuser la lumière électrique d'une façon économique et diminuer la fatigue de l'œil; ces globes diffuseurs sont des enveloppes de verre ou de cristal transparent, munies sur leur surface extérieure d'anneaux prismatiques parallèles et perpendiculaires à l'axe du globe. — M. Runolfsson établit, par des données expérimentales, la relation suivante entre les capacités calorifiques et électriques. Le produit du poids moléculaire et de la chaleur spécifique, divisé par la constante diélectrique est constant à une même température, et le même pour tous les corps, soit à l'état solide, liquide ou gazeux. — M. P. Curie propose une nouvelle façon d'utiliser les condensateurs à anneaux de garde et les électromètres absolus. — M. Ch. Renard présente un mémoire sur l'emploi des ballons non montés, à l'exécution d'observations météorologiques à très grande hauteur; il fait connaître ses recherches sur les enveloppes légères et sur les instruments et parachocs légers, nécessaires à l'exécution d'une série continue de sondages aériens. — M. L. Benoit adresse un mémoire ayant pour titre : Esquisses sur les causes naturelles. — M. Foveau de Courmelles présente un mémoire intitulé : La biélectrolyse, actions réciproques de deux corps complexes sous l'influence des courants électriques. — M. Moissan donne la description d'un nouveau four électrique, qui lui permet d'atteindre les températures comprises entre 2000 et 3000°. A 2500°, la chaux, la strontiane, la magnésie, cristallisent en quelques minutes; à 3000° la chaux vive fond et coule comme de l'eau, le charbon réduit avec rapidité les oxydes de calcium, d'uranium; les sesquioxydes de chrome, d'oxyde magnétique de fer, sont fondus rapidement. On peut préparer rapidement des quantités notables de

nickel, de cobalt, de mangnanèse, de chrome, par la réduction de leurs oxydes. L'auteur a même pu reproduire la synthèse du rubis en additionnant l'alumine fondu de petites quantités de sesquioxyde de chrome. L'élévation de température suffit pour déterminer la cristallisation des oxydes métalliques. — M.C. Friedel a pu isoler dans le fer météorique de Canon Diablo, de petites quantités de diamant rayant le corindon et fournissant à l'analyse la quantité calculée d'acide carbonique. C'est la première fois qu'on trouve le diamant dans une gangue, que l'on peut considérer sûrement comme sa gangue primitive. — M. Raoul Pictet adresse un mémoire intitulé : Essai d'une méthode générale de synthèse chimique. — M. A. Leduc a mesuré la densité de l'oxyde de carbone et déterminé le poids atomique du carbone, la valeur de ce dernier nombre nombre coïncide avec ceux qu'on a déduits de la synthèse de l'acide carbonique. — M. G. Hinrichs fait une étude critique des recherches fondamentales de Stan effectuées sur le chlorate de potasse, en vue de préciser la valeur des équivalents de certains corps; l'auteur en conclut que le procédé au chlorate ne peut pas être appliqué à la détermination de l'oxygène. — M. A. Besson a préparé un chloroïodure de carbone CCl^3I par l'action de l'iodure d'aluminium sur le chlorure CCl^4; c'est un liquide jaune clair, qui perd facilement son iode pour donner du sesquichlorure. — M. Maurice Meslans a étudié l'action de l'action fluorhydrique anhydre sur les alcools; l'éthérification est beaucoup plus lente qu'avec l'acide chlorydrique et exige une température élevée; à 220°, on prépare facilement les éthers dérivés des alcools normaux. — MM. G. Bouchardat et Lafont ont étudié l'action de l'acide sulfurique sur le citrène, et ont obtenu des produits très différents de ceux que l'on observe avec le térébenthème; le cyniène et le pseudocumène semblent préexister dans le citrène. — M. L. Barthe donne le détail du mode opératoire à suivre pour essayer le sulfate de quinine et doser la quinine en présence des autres alcaloïdes du quinquina. — M. Apéry adresse un mémoire sur la vitesse des combinaisons chimiques des différents corps en dissolution.

C. Matignon.

3° Sciences naturelles. — M. S. Arloing : On peut diminuer le pouvoir pathogène des pulpes de betteraves ensilées, 1° par la dessiccation, procédé trop coûteux dans la pratique, 2° par la neutralisation exacte du produit acide, 3° par le chauffage à la température de l'ébullition maintenue pendant quelques minutes, 4° par l'adjonction de sel marin. Pour ce dernier procédé, la proportion de $\frac{1}{4}$ p. 100 est le plus favorable. — M. J. Cordier : Assimilation du feuillet à la caillette des Ruminants au point de vue de la formation de leur muqueuse. Les grandes lames de la caillette sont disposées comme celles du feuillet et séparées par des lames moins élevées. — M. Lesbre : Caractères ostéologiques des lapins et des lièvres. Le léporide n'a rien du lièvre dans son squelette, ce n'est qu'un lapin. — M. Milne-Edwards confirme ce fait observé encore tout récemment par M. Rémy Saint-Loup. On ne connaît pas un seul cas authentique de reproduction entre le lièvre et le lapin. — M. P. Thélohan : Myxosporidies de la vésicule biliaire des poissons : *Ceratomyxa arcuata* (n. sp.) parasite de la vésicule de *Motella tricimata*; *Sphæromyxa Balbianii* (n. sp.) chez *M. tricimata* et *M. maculata*; *Myxidium incurvatum* (n. sp.) chez *Enteleurus æquoreus*, *Syngnathus acus*, *Callionymus lyra*, *Blennius pholis*. — M. Maxime Cornu : Méthode pour conserver la vitalité des graines provenant des régions tropicales lointaines. On place les jeunes plants qui ont germé en voyage, sous cloche, à 25° ou 30° dans de la terre à Polypode. Quand la plante est redevenue verte, on peut la confier à la terre ordinaire. — M. Gaston Bonnier : La pression se transmet très rapidement à travers les tissus conducteurs des plantes vivantes ligneuses, mais non pas intégralement. La pression transmise pendant un temps donné est d'autant plus forte que la distance est moins grande entre le tissu considéré et la région où la pression vient de changer brusquement. — La pression ne se transmet pas immédiatement à travers les tissus des plantes vivantes herbacées, et la pression transmise en un temps donné est beaucoup plus faible que pour les plantes ligneuses. — La pression ne se transmet qu'avec une extrême lenteur à travers les tissus des plantes grasses. — **M. G. Poirault :** Structure des Gleichéniacées. — **M. Wedensky :** En excitant le nerf tympanico-lingual et en recueillant la salive sous-maxillaire, on reconnaît qu'il existe un optimum de fréquence (40 irritations par seconde). A mesure que l'appareil se fatigue, l'optimum se déplace vers des irritations de plus en plus rares. Il y a aussi un optimum d'intensité. La sécrétion cesse quand on le dépasse. En appliquant sur la corde deux paires d'électrodes voisines (courant optimum ou suboptimum sur la paire inférieure, courant pessimum sur la paire supérieure), la sécrétion se ralentit, ou cesse. C'est l'appareil terminal qui passe à l'état d'inhibition dans ces cas. — **M. Babès :** Les animaux morveux réagissent mieux aux substances thermogènes que les animaux sains. Le sérum de sang de bœuf provoque chez les sujets morveux une réaction fébrile intense. Il possède aussi une action spécifique, thérapeutique et vaccinale dans cette maladie.

CH. CONTEJEAN.

ACADÉMIE DE MÉDECINE
Séance du 29 novembre.

Ouvrages présentés : MM. Duplay et Reclus : Chirurgie. — **M. Catois :** Influenza. — **M. A. Richet :** Clinique chirurgicale. — **M. Gallier :** Coqueluche. La coqueluche est une maladie infectieuse. Elle est déterminée par un microbe de forme arrondie, aérobie, facile à cultiver et existant dans les crachats. Les gargarismes et inhalations térébenthinées sont très utiles dans son traitement. Elle est transmissible à certains animaux, notamment à la poule et au chien. — **M. Courgey :** Observations vaccinales. — **M. Charpentier :** Vomissements incoercibles au cours d'une grossesse. — **M. Péronne** rappelle avoir employé trois fois avec succès le procédé des tractions successives de la langue, dû à M. Laborde, pour traiter l'asphyxie des nouveau-nés. — **M. A. Pitres :** De la valeur de l'examen bactériologique dans le diagnostic des formes frustes et anomales de la lèpre. La recherche du bacille de Hansen empêchera la confusion, quelquefois possible, avec la Syringomyélie. L'examen bactériologique du sang, du pus, de la sérosité des vésicatoires, donne des résultats aléatoires. L'examen doit porter sur des fragments de tubercules entassés, ou sur des fragments de nerfs excisés au-dessus des régions de la peau où la sensibilité et la nutrition sont altérées. — **M. Paul Berger** conseille l'amputation du membre infecté pour traiter le tétanos traumatique chronique à marche progressive. Les injections de sérum antitoxique sont sans effet, contrairement à ce qu'avaient observé Behring et Kitasato. — **M. Polaillon** combat ce procédé. — **M. Nocard** souscrit au contraire à la proposition de M. Berger; mais il affirme que, pour le tétanos chronique, les injections d'antitoxine peuvent être utiles. — **M. Théophile Roussel** combat l'opinion de M. Magitot voyant dans les Cagots des Pyrénées des descendants des anciens lépreux. Les déformations unguéales sont une affection endémique de ces peuples sans rapport avec la lèpre.

Séance du 6 décembre.

Discussion sur le tétanos et son traitement à laquelle prennent part MM. Verneuil, Chauvel, Trasbot, Leblanc, Paul Berger, Larrey, Léon Le Fort, Péan, Laborde. Les conclusions générales sont les suivantes: Quoique le bacille de Nicolaïer reste longtemps cantonné dans le voisinage du point d'inoculation, l'ampu-

tation du membre lésé ne donne pas toujours de bons résultats. Quand elle est couronnée de succès, la guérison aurait probablement été obtenue par d'autres méthodes (M. Chauvel). Il n'est pas démontré non plus que le sérum antitétanique ait une efficacité bien marquée. Le procédé de traitement le plus préconisé serait l'usage du chloral, associé ou non à la morphine. M. Léon Lefort insiste particulièrement sur le danger qu'il y a à chloroformiser les tétaniques. On provoque souvent ainsi le tétanos permanent des muscles de la respiration et la mort. M. Laborde affirme que les injections, même à dose massive, de chloral dans les veines, n'ont jamais donné lieu à des embolies graisseuses, comme le fait a été récemment affirmé en Allemagne. Enfin M. Verneuil combat l'assertion sans cesse répétée que le tétanos aigu est fatalement mortel et que le tétanos chronique serait facilement guérissable, et ce qu'il importe surtout d'après lui, c'est de constituer la prophylaxie.

Séance du 13 décembre.

M. Cadet de Gassicourt : Rapport général sur les prix décernés en 1892. — M. Regnauld, président, proclame les résultats des concours de 1892. — M. Bergeron fait l'éloge de M. Michel Lévy.

CH. CONTEJEAN.

SOCIÉTÉ DE BIOLOGIE
Séance du 3 décembre.

M. Gilbert présente une note de M. Auché qui a constaté le passage de microbes. de la suppuration (streptocoques et staphylocoques) à travers le placenta chez des femmes enceintes atteintes de variole. Chez les sujets varioleux, l'infection secondaire joue un rôle important dans l'avortement et l'infection du fœtus. — MM. Roger et Charrin réfutent les attaques de M. Metschnikoff contre leurs expériences montrant que le sang des animaux vaccinés atténue la virulence des microbes pathogènes. — MM. Achard et Renaut montrent que l'urée n'est pas attaquée par les bacilles de l'infection urinaire, et même que la présence de l'urée gêne leur développement; à la dose de 5 °/₀, elle l'empêche totalement. — M. Beauregard montre une préparation faite avec un très jeune mouton, où l'on voit que le réseau admirable de la selle turcique reçoit, en outre de ses artères génératrices et de l'artère spléno-épineuse, un rameau méningé important venant de l'artère occipitale, et par suite de la carotide primitive, par le trou déchiré postérieur. Cette artère, véritable carotide interne, s'atrophie avec l'âge. — Sur la proposition de M. Ch. Richet, au nom de M. Herzen, de Lausanne, il est décidé que la Société de Biologie prendra part à la publication des travaux de M. Moritz Schiff, à l'occasion de sa soixante-dixième année. — M. Michel présente un régulateur de température pour les étuves non chauffées par le gaz. — M. Ch. Henry présente un photoptomètre, basé sur la loi de la déperdition lumineuse d'un corps phosphorescent : le sulfure de zinc. — M. Dastre étudie les relations qui peuvent exister entre la teneur en fibrine d'un sang donné et la rapidité de sa coagulation. On admet généralement qu'un sang est riche en fibrine, plus il se coagule rapidement. M. Dastre combat cette opinion par plusieurs arguments; il montre que l'on défibrine le sang d'un chien et qu'on le réinjecte dans ses veines à plusieurs reprises, il arrive un moment où la coagulation devient très lente et nécessite dix à douze minutes. Le sang est alors très pauvre en fibrine, et au début, quand sa teneur était normale, il se coagulait en une ou deux minutes. — M. Mathias Duval expose les résultats de ses recherches sur l'inversion des feuillets, chez les Rongeurs. Il montre que l'inversion existe, quoique tardive et méconnue jusqu'ici, chez le Lapin. Le chorion s'atrophie à la fin de la gestation. Les villosités, d'origine endodermique, sont alors omphalomésentériques et non choriales.

Séance du 10 décembre.

M. Charrin présente une note de M. Gautier sur l'influence des corps à l'état naissant sur les microbes. Si l'on soumet à l'électrolyse des cultures dans du sérum artificiel additionné d'iodure de potassium ou avec une électrode positive de cuivre, les microbes sont détruits en quelque temps. En arrêtant l'expérience à des moments déterminés, et en ensemençant les produits obtenus, on donne naissance à des générations de microbes atténués. — M. Jean Charcot montre que dans des cas d'eczéma et de psoriasis, on peut observer la dissociation de la sensibilité nerveuse du toucher : chaleur, contact, douleur, etc. — M. Gley fait remarquer que des physiologistes ont démontré ces faits bien avant les pathologistes. — M. Malassez présente un appareil nouveau pouvant servir à la fois à la contention mécanique du chat, du lapin, du cobaye et du rat. — M. Gaston Bonnier présente une note de M. Costantin sur le rôle des *dégoptures* des carrières à champignons des environs de Paris. C'est à ces vieilles terres qui ont déjà couvert les meules de champignons qu'est due la propagation de la maladie appelée *môle*. En employant des terres nouvelles, on évite la maladie. — M. Bonnier présente ensuite en son nom une étude sur les mouvements de la Sensitive sous l'influence de la dépression. En plaçant une Sensitive sous une cloche et en déprimant l'air très lentement, les feuilles de la plante prennent une position de réveil exagéré ; c'est-à-dire que les folioles se placent dans un sens inverse de leur position de sommeil et le pétiole se relève encore plus qu'à l'état habituel. En mastiquant un fin manomètre dans le renflement moteur de la plante on constate que la position ne change pas dans les tissus ; c'est donc la différence relative des pressions qu'on peut considérer comme la cause première de ces mouvements qui n'ont jamais été exactement décrits. Si la pression s'abaisse au-dessous d'une certaine limite, tout mouvement devient bientôt impossible. — MM. Malbec et Pilliet étudient les altérations du rein produites par les sels de baryte. Elles sont moins graves que celles causées par le sublimé. L'élément épithélial des tubuli contorti est altéré. — M. Retterer montre que, chez l'homme et les autres mammifères, l'artère hépatique est toujours en avant de la veine porte (l'individu étant placé dans la position verticale, s'il s'agit d'un quadrupède). — M. Galippe rappelle, à propos de la présentation de M. Gilbert à la dernière séance, qu'il a trouvé autrefois des parasites dans le testicule. Il en a découvert depuis chez des fœtus de cobayes et de lapins. Il pense que les microbes pénètrent dans l'ovule avec des spermatozoïdes. — M. Gellé a observé chez un individu une surdité absolue qui a duré 15 jours, à la suite d'introduction d'huile rance dans un des conduits auditifs. L'oreille non endommagée était pourtant absolument intacte. A la suite de l'irritation, il avait dû se produire un spasme d'accommodation bilatéral dû à une action réflexe se produisant sur les deux oreilles.

Ch. CONTEJEAN.

SOCIÉTÉ FRANÇAISE DE PHYSIQUE

Séance du 16 décembre.

L'ellipsomètre que présente M. Jannetaz est un instrument destiné à la détermination des axes des ellipses de fusion de la cire, dans l'étude de la conductibilité des cristaux. On place la lame mince portant la courbe à étudier sur la plate-forme de l'appareil de Desains pour la mesure du diamètre des anneaux de Newton. Dans le tube de la lunette, M. Jannettaz place un prisme biréfringent qui donne de l'ellipse deux images en partie superposées. La droite d'intersection des deux ellipses a en général une position quelconque, mais en tournant la plate-forme sur elle-même, on peut l'amener à former une ligne de symétrie droite des deux ellipses. L'un des axes lui est alors parallèle, et c'est dans cette position qu'on en fait la mesure comme s'il s'agissait d'un anneau de Newton. — M. Colson a poursuivi l'étude des interférences électriques dans les fils médiocrement conducteurs, tels que des fils de lin imbibés de chlorure de calcium. Il opère d'abord en fixant un pareil fil à un seul des deux pôles d'une bobine de Ruhmkorff, et il étudie au téléphone l'intensité du son obtenu aux divers points de ce fil. Il trouve que cette intensité décroît en cascade. Ensuite il tend un fil analogue entre les deux fils de cuivre de la bobine, et trouve une région continue d'extinction dont l'étendue diminue avec la longueur du fil. Il détermine aussi les positions que doit occuper une tige de cuivre tendue entre les deux ficelles mouillées pour se trouver dans la zone neutre. Il remplace le téléphone par un tube de Geissler et obtient les mêmes résultats. Il propose une explication de ces divers phénomènes en considérant les variations du potentiel le long du circuit. — M. Hess fait une communication sur les diélectriques hétérogènes. D'après la théorie de Maxwell, la formation du résidu est une conséquence de l'hétérogénéité des diélectriques et n'a pas lieu dans les substances homogènes. Et en effet l'expérience a montré que deux diélectriques homogènes, qui séparément ne laissent aucun résidu, en forment un, quand ces diélectriques sont superposés sous la forme de deux plateaux. On peut, par exemple, considérer le diélectrique comme formé d'une première substance de pouvoir inducteur déterminé et de résistance infinie, dans laquelle sont noyées des particules d'une autre substance possédant également un certain pouvoir inducteur et aussi une certaine conductibilité. Ce système peut être représenté par le couplage en série de deux condensateurs de capacités déterminées et de résistance infinie tous deux, mais dont le second est shunté par une résistance ρ. On peut alors traiter complètement par le calcul toutes les circonstances de charge et de décharge de ce système, et en vérifier les résultats par l'expérience. C'est un cas particulier de la théorie des diélectriques hétérogènes donnée par Maxwell dans toute sa généralité. L'auteur trace d'abord les courbes qui donnent les différences de potentiel des deux condensateurs partiels et de l'ensemble en fonction du temps, puis la courbe des intensités du courant de charge. Cette dernière explique pourquoi, avec des isolants presque parfaits comme le mica, ainsi que l'a montré M. Bouty, on observe encore des intensités assez considérables au bout d'une durée de charge très longue. La courbe qui représente *log* I en fonction du temps est bien une droite. Ce résultat avait été trouvé expérimentalement par M. Curie pour un grand nombre de cristaux et a été vérifié par l'auteur sur la gutta, la paraffine, le caoutchouc. L'augmentation du courant de charge avec la température s'explique très bien en faisant diminuer ρ, ce qui est conforme à la réalité puisque dans les substances isolantes, l'élément conducteur est presque toujours l'eau, dont la résistance diminue quand la température s'élève. M. Hess explique aussi les divergences profondes fournies par l'étude des intensités de charge en fonction des différences de potentiel. Les uns admettent que « l'isolement » varie ; les autres au contraire, par exemple M. Curie et M. Preece, trouvent que l'isolement reste rigoureusement constant, c'est-à-dire que les intensités demeurent proportionnelles aux différences de potentiel. Il montre que ces divergences sont dues aux conditions très-dissemblables dans lesquelles se sont placés les divers expérimentateurs. Ceux du premier groupe ont eu le tort de négliger la variation de l'intensité de charge avec la résistance du condensateur shunté, et avec celle du circuit. Enfin M. Hess montre comment son ensemble des deux condensateurs dont le second est shunté, explique les phénomènes d'absorption et de résidu. Il analyse d'une façon très claire les périodes de charge, de décharge, puis d'isolement, enfin de décharge résiduelle. En définitive, il montre que ce cas particulier, le plus simple des diélectriques hétérogènes, suffit pour rendre compte de toutes les propriétés des diélectriques. La charge des diélectriques est un phénomène continu dans lequel il est inutile de distinguer une charge instantanée et une charge lente. Il n'est pas nécessaire de faire intervenir une polarisation électrolytique. La considération d'un couplage de condensateurs de différentes résistances et de divers pouvoirs inducteurs permet de retrouver par le calcul tous les résultats d'observation. — M. **Curie** fait ressortir l'intérêt de la communication de M. Hess et montre à quel point fut remarquable l'intuition de Maxwell lorsqu'il expliqua toutes les propriétés des diélectriques par l'hétérogénéité, alors que, de son temps, il n'existait aucun fait expérimental permettant de donner un point d'appui à cette conception.

Edgard Haudié.

SOCIÉTÉ CHIMIQUE DE PARIS

Séance du 22 juillet.

MM. **Lachaud** et **Lepierre** ont poursuivi l'étude des réactions du bisulfate d'ammoniaque, et ont obtenu avec le nickel et le cobalt les sulfates doubles $(3SO^4Ni)$ $(2SO^4(AzH^4)^2$ et $(3SO^4Co)$ $2SO^4(AzH^4)^2$ qui sont bien cristallisés, et en même temps les sulfates SO^4Co et SO^4Ni. Ils ont remarqué que le bisulfate d'ammoniaque attaque le vere en dissolvant toute la soude et la potasse. — M. **Béchamp** a étudié les fermentations provoquées par les microzymas de la craie de Sens, et constaté qu'on pouvait ainsi faire fermenter l'amidon et le sucre de canne en l'absence de toute levure. L'alcool lui-même en solution à 1 pour cent fermente sous l'influence de ces microorganismes; il se produit les acides acétique, propionique, butyrique, valérique, œnanthylique et caproïque, dont M. Béchamp présente des quantités considérables préparées par ce procédé, aucune de ces fermentations ne peut se faire, par l'action du carbonate de chaux pur précipité, la présence des microzymas de la craie est nécessaire. — M. **Brochet** expose au nom de M. Etard une formule de la nicotine qui rend compte des propriétés de cet alcaloïde, y compris le pouvoir rotatoire : cette formule est la suivante :

$$\underset{\text{Az}\quad\text{Az}}{\overset{\text{H}\quad\text{H}}{\underset{\text{CH}\quad\quad\text{CH}^2}{\overset{\text{C}\quad\text{C}}{\underset{\text{CH}\quad\quad\text{CH}^2}{\quad}}}}}\quad\overset{\text{CH}^2 - \text{CH}^3}{\underset{\text{CH}^2}{\quad}}$$

La nicotine, d'après M. Etard, ne saurait être envisagée comme dérivant d'un dipyridyle. — M. **Gasselin** a étudié l'action du fluorure de Bore sur le borate triméthylique Bo $(OCH^3)^3$ et à obtenu la monofluorhydrine Bo $\underset{(OCH^3)^2}{\overset{Fl}{<}}$ et la difluorhydrine Bo $\underset{(OCH^3)}{\overset{Fl^2}{<}}$ qui produisent également dans l'action du fluorure de Bore sur l'alcool méthylique. M. Gasselin montre que l'acide fluoxyborique Bo $Fl^3O^3H^4$ bouillant à 92° sous une pression de 3 cent. n'est pas un composé défini mais un mélange d'acides résultant de l'hydratation du fluorure de Bore.

$$2BoFl^3 + 3H^2O = 2HFl + BoFl^4H + Bo(OH)^3.$$

Il signale l'action des fluoborates alcalins sur les sels neutres de calcium qui les décomposent en fluorure et acide fluorhydrique, d'où la nécessité, pour précipiter tout le fluor de ces corps, de saturer de nouveau l'acide fluorhydrique libre. — M. **Granger** a obtenu par combinaison directe des éléments le phosphure de cuivre Ph^3Cu^5, cristallisé; le phosphure ne réagit pas sur le mercure, mais l'iodure de phosphore traité par le mercure donne naissance au phosphore cristallisé Ph^4Hg^3. — MM. **Hauser** et **Muller** ont étudié la vitesse de décomposition des diazoïques par l'eau, et don-

nent des formules qui représentent très exactement les faits. — M. **Desesquelles** communique à la Société les premiers résultats des recherches qu'il a entreprises sur les phénols mercuriques, avec le naphtol il a obtenu le composé

$$Hg\underset{OC^{10}H^7}{\overset{Cl}{<}}$$

M. **Garros** a comparé les propriétés de la gomme arabique et de la gomme de cerisier, il a constaté que la première précipite par la sous-acétate de plomb, et est insoluble dans l'acide sulfurique concentré; le contraire se passe pour la gomme de cerisier. Dans cette dernière substance il a rencontré un ferment qui dissout les métagummates insolubles.

Séance du 14 novembre.

M. **Maquenne** a obtenu un carbure de baryum BaC^2 en faisant réagir un mélange de magnésium en poudre et du charbon sur la baryte caustique; l'eau détruit ce carbure en dégageant de l'acétylène à peu près pur. Le carbure de baryum traité par l'iode et puis par l'eau, donne un très bon rendement en éthylène periodé [tétra-iodéthène] CI^4, ce même composé prend naissance dans l'action des hypoiodites sur l'acétylène. — M. **Wyrouboff** entretient la Société de ses recherches sur le pouvoir rotatoire des corps en solutions; il a expérimenté sur les alcaloïdes et a eu surtout en vue de rechercher quelle relation peut exister entre le pouvoir rotatoire des corps isomorphes, et conclut des données expérimentales qu'il a recueillies, que les solutions de corps géométriquement et physiquement isomorphes ont sensiblement le même pouvoir rotatoire. Il en résulte que le pouvoir rotatoire a pour cause immédiate la symétrie du réseau cristallin, et que la particule dissoute conserve cette symétrie. Cette particule n'est donc point la molécule chimique et il n'y a pas de dissociation en éléments simples comme on tend à l'admettre actuellement. — M. **Le Bel**, répondant à M. Wyrouboff, ne pense pas qu'on puisse admettre que la molécule cristalline persiste dans les solutions et dans les vapeurs, ce qui est contraire aux lois des densités des vapeurs et de la cryoscopie. Comme M. Wyrouboff, il constate l'incertitude des observations du pouvoir rotatoire dans l'alcool et dans l'eau due aux combinaisons que les corps actifs forment avec ces dissolvants; il est fâcheux que l'on soit obligé de recourir si souvent à ces liquides; mais, précisément à cause de cela, les mesures de M. Wyrouboff, faites dans l'alcool, ne sont pas à l'abri de toute critique. — M. **Friedel** ne pense pas que la voie suivie par M. Wyrouboff soit le meilleur chemin à prendre pour éclaircir la question controversée. Indépendamment de ce qu'il y a de singulier à admettre dans des liquides, et forcément aussi dans leurs vapeurs, des groupements cristallins, il est hors de doute que la symétrie des cristaux doit être intimement liée à celle de la molécule chimique. Pour expliquer la dissymétrie cristalline il faut donc remonter à la dissymétrie de la molécule, et cette dernière, suffisant parfaitement pour produire la rotation du plan de polarisation de la lumière, il est inutile de recourir à l'hypothèse que fait M. Wyrouboff. Des observations intéressantes réunies par le savant cristallographe ne pourrait tirer d'autres conclusions que l'égalité du pouvoir rotatoire dans les corps isomorphes, et ce fait, fut-il établi, ne semble pas qu'on puisse en déduire une explication du pouvoir rotatoire. — M. **A. Colson**, à propos de la communication de M. Wyrouboff, estime que ses expériences sur les dérivés de l'acide diacétyltartrique permettent d'énoncer cette proposition. « L'hypothèse du carbone asymétrique est impuissante à indiquer le sens du pouvoir rotatoire même quand on ajoute à cette hypothèse les considérations introduites par M. Guye. » A l'appui de son dire, M. Colson cite l'acide diacétyltartrique, l'anhydride diacétyltartirique, et le diacétyltartrate d'éthylène diamine, dont il écrit les formules stéréochimiques de la manière suivante :

$$C^2H^3O^2 - \overset{\text{H}}{\underset{\text{H}}{C}} - CO^2H \qquad C^2H^3O^2 - \overset{\text{H}}{\underset{\|}{C}} - CO$$

$$C^2H^3O^2 - \overset{|}{\underset{\text{H}}{C}} - CO^2H \qquad C^2H^3O^2 - \overset{|}{C} - CO \Big\rangle O$$

$$C^2H^3O^2 - \overset{\text{H}}{\underset{\text{H}}{C}} - CO^2H - AzH^2 \quad (^1)$$
$$|$$
$$\overset{|}{C}H^3$$
$$|$$
$$\overset{|}{C}H^2$$
$$|$$
$$C^2H^3O^2 - \overset{\text{H}}{\underset{\text{H}}{C}} - CO^2H - AzH^2$$

Les deux derniers corps font, d'après M. Colson, exception à la règle du produit d'asymétrie énoncée par M. Ph. A. Guye. La communication de M. Colson donne lieu à un échange d'observations qui s'est continué à la séance suivante; nous en joindrons donc le compte rendu à celui de la séance du 25 novembre. — MM. A. et C. Combes résument devant la Société deux mémoires dans lesquels ils ont exposé les recherches poursuivies par eux de l'action des amines grasses sur la pentanedione 2-4 et ses homologues; ils décrivent les produits obtenus par l'action de l'ammoniaque, de l'éthylamine de la diéthylamine, et font l'étude de l'action de l'iodure de méthyle sur l'amino 2, penténone 2-4, ainsi que celle de la chaleur sur le même composé; dans cette dernière réaction il se produit plusieurs bases, ils ont réussi à isoler l'une d'elles qui a pour formule : $C^{15}H^{18}Az^2$. L'action des diamines a été également étudiée par eux, ils décrivent le produit de l'action de l'éthylène diamine sur l'acétylacétone, ainsi que ceux qui dérivent de l'action de l'urée. La Guanidine réagit sur le pentanedione 2-4 en donnant une amino-diméthylpyrimidine :

$$CH^3 - C\overset{\displaystyle CH}{\underset{\displaystyle \underset{|}{C}}{\Big\langle\Big\rangle}}C - CH^3$$
$$\qquad Az\qquad Az$$
$$\qquad AzH^2$$

fusible à 153°; MM. A. et C. Combes en décrivent quelques sels et un hydrate; ils continuent cette étude ils ont aussi expérimenté sur les diamines aromatique; et communiqueront prochainement leurs résultats, ainsi que ceux que leur a donné le chlorure de soufre, agissant sur le pentanedione 2-4. **A. Combes.**

¹ Il est nécessaire de faire remarquer ici : 1° que ces formules sont écrites dans le plan, ce qui ne saurait être admis pour représenter des formules construites dans l'espace; 2° que, comme l'a fait remarquer M. Le Bel, ces formules sont inexactes, car elles représentent non pas des corps actifs, mais bien des inactifs indédoublables, car elles ont un plan de symétrie. La notation stéréochimique oblige à écrire ces formules de la manière suivante, si l'on veut se passer du schéma tétraédrique beaucoup plus clair :

$$C^2H^3O^2 - \overset{\text{H}}{\underset{|}{C}} - CO^2H \qquad C^2H^3O^2 - \overset{\text{H}}{\underset{|}{C}} - CO \Big\rangle O$$
$$HC - CO^2H \qquad\qquad HC - CO \Big/$$
$$C^2H^2O^2 \qquad\qquad\qquad C^2H^3O^2$$

$$C^2H^3O^2 - \overset{\text{H}}{\underset{|}{C}} - CO^2H - AzH^2$$
$$\overset{|}{C}H^2$$
$$\overset{|}{C}H^2$$
$$HC - CO^2H - AzH^2$$
$$C^2H^3O^2$$

SOCIÉTÉ MATHÉMATIQUE DE FRANCE

Séance du 7 décembre.

M. **Désiré André** fait une communication sur le partage en quatre groupes des permutations des n premiers nombres. — M. **Genty**, ingénieur en chef des Ponts et Chaussées à Oran, envoie un mémoire, que présente M. Laisant, sur l'application de la géométrie vectorielle à la théorie générale des surfaces. — M. **Hariaut** entretient la société des conditions pour qu'une fonction soit décomposable en une somme de fonctions homogènes. — M. **Haton de la Goupillière** expose des recherches sur le centre de gravité des centres de courbure successifs d'une courbe plane en un point. — M. **Demoulin** communique les propriétés, étudiées par lui, du *complexe de Painvin*, lieu des droites par chacune desquelles on peut mener deux plans tangents rectangulaires à une quadrique donnée.

Séance du 22 décembre.

M. **d'Ocagne** indique à quel caractère analytique on reconnaît que l'échelle de relation d'une suite récurrente est susceptible de réduction et montre comment on peut, dans tous les cas, réduire l'échelle d'une suite donnée à sa plus simple expression. Il fait voir, en ayant recours à la considération des suites fondamentales qu'il a naguère introduite dans cette théorie, comment il le fait pour l'équation génératrice de n'avoir que des racines de module inférieur à l'unité constitue une condition à la fois suffisante et nécessaire pour que la série formée par les termes d'une suite récurrente soit convergente, *lorsque l'échelle de relation a été réduite à sa plus simple expression.* — M. **Humbert** fait une communication sur les involutions de points marqués sur les courbes algébriques. Il ramène à ce problème celui qui consiste à trouver toutes les surfaces sur lesquelles il y a des courbes unicursales ne se coupant deux à deux qu'en un point. Ces surfaces sont celles qui sont représentables point par point sur un plan. Les courbes unicursales tracées sur ces surfaces sont les correspondantes des droites du plan. A titre de résultat particulier, M. Humbert cite celui-ci : *Toute surface possédant une famille de coniques telle que, par chaque point de la surface, passe plus d'une conique, est une surface de Steiner.* — M. **Demoulin** étudie la congruence formée par les axes centraux des complexes linéaires passant par trois droites données. Cette congruence, du 4ᵉ ordre et de la 3ᵉ classe, est formée par les droites communes à deux complexes de Painwin (complexe des droites d'où on peut mener à une quadrique deux plans tangents rectangulaires). Ici la quadrique servant à engendrer chacun de ces complexes se réduit à un système de deux points. La surface focale de la congruence est une surface du 6ᵉ ordre admettant une biquadratique gauche de 1ʳᵉ espèce comme ligne de rebroussement et le cercle de l'infini comme ligne 'double inflexionnelle. **M. d'Ocagne.**

SOCIÉTÉ ROYALE DE LONDRES

La Société a repris, à la fin de novembre, le cours de ses séances hebdomadaires, suspendu depuis les vacances.
Le jeudi 24 novembre, elle a célébré par un banquet l'anniversaire de sa fondation et décerné les plus hautes récompenses dont elle dispose : l'illustre Pᵣ Virchow, de Berlin, a reçu la médaille Copley ; M. Nils C. Duner, Directeur de l'Observatoire de Lund, la médaille Rumford ; le Pᵣ Charles Pritchard, Directeur de l'Observatoire de l'Université d'Oxford, l'une des deux médailles Royales; M. John Newport Langley, l'autre médaille Royale ; M. le Pᵣ Raoult, de Grenoble, la médaille Davy; Sir Joseph Dalton Hooker, la médaille Darwin.
Nous avons le plaisir d'informer nos lecteurs que, par suite de nouvelles dispositions, au sujet desquelles nous adressons nos plus vifs remerciements à la Société Royale,

nous recevrons désormais, après chacune de ses séances, la copie textuelle des Mémoires accueillis par elle. Chacun de ces Mémoires sera, sous la seule réserve de l'acquiescement de l'Auteur, traduit par un savant spécialiste et publié, autant que possible, in extenso dans nos colonnes.

Les communications suivantes ont été faites à la Société depuis sa rentrée jusqu'à la date du 15 décembre.

1° SCIENCES MATHÉMATIQUES.

Major P.-A. Mac Mahon. F. R. S. — **Mémoire sur la théorie des compositions des nombres.** — Dans la théorie des partitions des nombres l'ordre des parties est indifférent. Les compositions sont simplement des partitions où l'on tient compte de l'ordre des parties.

Outre les nombres ordinaires ou « unipartits », on considère des nombres « multipartits », c'est-à-dire des nombres complexes formés par l'ensemble de n nombres unipartits. La première section traite des compositions des nombres unipartits, sujet très simple, qui sert d'introduction à la théorie plus difficile des nombres multipartits.

Dans la théorie des partitions, on rencontre certaines partitions définies par cette propriété que chacune correspond à une partition de tout entier inférieur. L'énumération de ces partitions, dites « partitions parfaites », se trouve être identique avec celle des compositions des nombres multipartits.

La seconde section donne une théorie purement analytique des nombres multipartits. Un nombre multipartit d'ordre n est désigné par une notation telle que

$$\overline{p_1 p_2 \ldots p_n}.$$

Les parties dans lesquelles on les décompose sont elles-mêmes des nombres multipartits d'ordre n. Pour le nombre $\overline{21}$ on a

Partitions	Compositions
$(\overline{21})$	$(\overline{21})$
$(\overline{20}\ \overline{01})$	$(\overline{20}\ \overline{01}),\quad (\overline{01}\ \overline{20})$
$(\overline{11}\ \overline{01})$	$(\overline{11}\ 10),\quad (\overline{10}\ \overline{11})$
$(\overline{10}^2\ \overline{01})$	$(\overline{10}^2\ \overline{01}),\ (\overline{10}\ 01\ \overline{10}),\ (01\ \overline{10}^2).$

La fonction génératrice pour les nombres de compositions est

$$\frac{h_1 + h_2 + h_3 + \ldots}{1 - h_1 - h_2 - h_3 - \ldots} = \frac{a_1 - a_2 + a_3 - \ldots}{1 - 2(a_1 - a_2 + a_3 - \ldots}$$

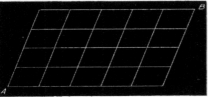

Fig. 1.

où h_s, a_s représentent respectivement la somme des produits homogènes d'ordre s et la somme des produits s à s de n quantités $\alpha_1, \alpha_2, \ldots \alpha_n$; et le nombre des compositions du multipartit $\overline{p_1\ p_2 \ldots p_n}$ est le coefficient de $\alpha_1^{p_1} \alpha_2^{p_2} \ldots \alpha_n^{p_n}$ dans le développement de cette fonction.

La section 3 s'occupe de la représentation graphique des nombres bipartits. On forme un réseau consistant en séries de points par lesquels passent des lignes dans deux directions définies, le contour général étant un parallélogramme. La figure 1 (AB) représente le nombre $\overline{54}$. Une composition de ce nombre est définie en fixant des nœuds en certains points tels que nul d'entre eux n'est à la fois au-dessus et à gauche d'aucun autre. Le parallélogramme qui a pour sommets des nœuds voisins représente un certain nombre, et, en passant en revue les nœuds de A à B, on peut former les différentes compositions.

Les théorèmes obtenus par ces considérations sont étendus dans la section 4 aux nombres tri et multipartits. Dans cette section, la plus importante du travail, on établit que

$$\frac{1}{2[1 - s_1(2\alpha_1 + \alpha_2 + \ldots + \alpha_n)][1 - s_1(2\alpha_1 + 2\alpha_2 + \ldots + \alpha_n)}] \ldots [1 - s_n(2\alpha_1 + 2\alpha_2 + \ldots + 2\alpha_n)]$$

est aussi une fonction génératrice pour les nombres de compositions. La comparaison de cette fonction avec la précédente fournit une identité féconde en résultats, parmi lesquels on peut remarquer le suivant relatif à la théorie des permutations.

Si l'on appelle contact majeur une inversion entre lettres consécutives, le nombre des permutations de lettres dans le produit

$$\alpha_1^{p_1} \alpha_2^{p_2} \ldots \alpha_n^{p_n}$$

qui possèdent exactement s contacts majeurs est donné par le coefficient de $\lambda^s \alpha_1^{p_1} \alpha_2^{p_2} \ldots \alpha_n^{p_n}$ dans le produit.

$$[\alpha_1 + \lambda(\alpha_2 + \ldots + \alpha_n)]^{p_1}[\alpha_1 + \alpha_2 + \lambda(\alpha_3 + \ldots + \alpha_n)]^{p_2} \ldots [\alpha_1 + \alpha_2 + \ldots + \alpha_n]^{p_n},$$

et de plus égal au nombre des permutations pour lesquelles

$$r_2 + r_3 + \ldots r = s_1$$

r, désignant le nombre de fois que la lettre α_i se trouve à l'une des $p_1 + p_2 + \ldots + p_{i-1}$ premières places.

La section 5 donne une généralisation de l'idée de composition et des théorèmes précédents.

2° SCIENCES PHYSIQUES.

Lord Kelvin. P. R. S. — **Sur la vitesse du courant de cathode de Crookes.** — A sa brillante découverte du courant de cathode (courant partant de la cathode dans des vases de verre où l'on a fait le vide et qui sont soumis à la force électrique), Crookes a rattaché le fait que, lorsque la totalité du courant, ou une part importante de ce courant total, est dirigée de manière à tomber sur 2 ou 3 centimètres carrés du vase contenant, cette partie du verre s'échauffe rapidement d'un grand nombre de degrés, quelquefois à plus de 200° ou 300°, au-dessus de la température de la partie du verre adjacente.

Soit v la vitesse en centimètres par seconde, du courant de cathode et ρ la quantité de matière de certaines molécules contenues dans 1 centimètre cube de ce courant. Admettons, — et les expériences de Crookes semblent prouver que ce n'est pas loin de la vérité, — que leur choc contre la verre est pareil à celui des corps non élastiques, et qu'elles abandonnent toute leur énergie de translation en échauffant le verre. L'énergie ainsi abandonnée, par centimètre carré de surface, est $\frac{1}{2}\rho v^3$ pour une seconde de temps; l'équivalent en unités thermiques gramme-degré centigrade-eau, est approximativement :

$$\frac{\frac{1}{2}\,\rho v^3}{42.000.000}$$

La vitesse avec laquelle elles échaufferont le verre est, en dégrés centigrades par seconde :

$$\frac{\frac{1}{2}\,\rho v^3}{10^6 \times 42\,\sigma\,a} \tag{1}$$

où σ est la chaleur spécifique du verre, et a son épaisseur à l'endroit où le courant vient le frapper.

La température limite à laquelle sera porté le verre est :

$$\frac{1}{E} \times \frac{\frac{1}{2}\,\rho v^3}{42.000.000} \tag{2}$$

où E est la somme des pouvoirs émissifs des deux surfaces du verre dans les circonstances actuelles.

Il est probable que C diffère beaucoup de la densité moyenne de l'air qui reste dans l'espace clos. Faisons néanmoins, pour avoir un exemple possible à concevoir, $\rho = 10^{-8}$ ce qui est la densité moyenne qu'aurait l'air enfermé si le récipient était vidé jusqu'à 8×10^{-8} de la densité atmosphérique ordinaire.

Pour compléter l'exemple faisons

$$v = 100.000 \text{ cm. par sec.}$$

(c'est à peu près le double de la vitesse moyenne des molécules d'air ordinaire à la température ordinaire) et faisons :

$$\sigma\,a = \frac{1}{8} \text{ cm.}$$

comme cela peut être pour un ballon de verre ordinaire et vide, et faisons

$$E = \frac{1}{3000}$$

ce qui ne peut pas être très loin de la vérité.

Avec ces hypothèses, nous trouvons, en nous fondant sur (1) et (2) approximativement, 1° par seconde pour le taux initial d'élévation de la température et 375° pour la température finale, ce qui ne s'écarte pas beaucoup des résultats trouvés dans quelques expériences de Crookes.

La pression du courant de cathode, déduite de la vitesse et de la densité que nous avons supposées, dans l'exemple choisi est ρv^2, on 100 dynes par centimètre carré, ou environ 100 milligrammes par centimètre carré, ce qui explique amplement les résultats mécaniques étonnants de Crookes.

La vitesse très modérée de 1 kilomètre par seconde que nous avons admise est beaucoup trop petite pour se manifester elle-même par un phénomène optique de coloration. Le fait que ce phénomène démonstratif a été cherché, et qu'on n'a pu trouver aucune indication sur la vitesse des molécules lumineuses, ne donne par suite aucune valeur à l'objection opposée à la théorie de Crookes du courant de cathode.

W. C. Dampier Whethans, *Membre du Trinity College de Cambridge*. — **Les vitesses des Ions.** — Afin d'expliquer le fait que, durant l'électrolyse d'une solution saline, les ions en lesquels est décomposé le sel n'apparaissent qu'aux électrodes, la solution située dans l'intervalle restant inaltérée, nous devons supposer que les ions cheminent à travers le liquide dans des directions opposées. Kohlrausch, a déduit des résultats d'une série d'expériences sur la conductibilité des solutions salines, que chaque ion chemine dans une solution étendue avec une vitesse déterminée quand il est soumis à l'action d'une variation donnée de potentiel (potentiel gradient) indépendamment de

l'autre ion en présence, et il a introduit l'idée de vitesse spécifique de l'ion. Il a calculé la valeur de cette vitesse pour plusieurs substances, en se servant de ses mesures personnelles de conductibilité pour avoir la somme arithmétique des vitesses des ions opposées, et des données de Hittorf sur la « migration » pour avoir leur rapport. De ces valeurs des vitesses ont été tirées les conductibilités de plusieurs solutions salines, et l'accord avec l'observation des résultats de ce calcul a fourni la première confirmation de la théorie.

M. Oliver Lodge a actuellement observé la vitesse de l'hydrogène ion quand il chemine dans un tube contenant du chlorure de sodium dissous dans une gelée fluide, qu'il décolore sur son passage la phtaléine du phénol. Il a obtenu les nombres 0,0029, 00026 et 0,0024 cm. par seconde pour la vitesse de l'hydrogène sous une variation de potentiel de 1 volt par centimètre, alors que Kohlrausch donnait 0,0030. Cette concordance m'a fait entreprendre une série d'expériences afin de trouver une méthode de détermination des vitesses des ions dans des conditions mieux déterminées. Considérons la surface de séparation de deux solutions salines de densité légèrement différentes qui ont un ion commun, mais sont de couleurs différentes (fig. 2).

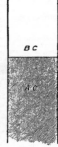

Désignons les sels par AC et BC. Quand un courant traverse la surface limite il y aura transport des ions C dans une direction et de A et de B dans l'autre. Si A et B sont les cations, la séparation des couleurs se déplacera avec le courant, et sa vitesse indiquera la vitesse de l'ion qui est la cause du changement de couleur.

Fig. 2.

L'appareil employé (fig. 3) se compose de deux tubes de verre verticaux d'environ 2 cm. de diamètre, réunis par un troisième beaucoup plus étroit qui est disposé parallèlement aux autres par la plus grande partie de sa longueur. Le long tube est rempli de la solution la plus dense à peu près au niveau A, et la plus légère remplit le tube au-dessus de A et une burette qui lui est reliée. Le courant passe par des électrodes de platine qui doivent être reliées à une batterie de vingt-six accumulateurs par des fils de platine. Les bouchons sont ajustés d'une façon assez lâche de façon à permettre à tous les gaz qui pourraient se dégager de s'échapper. Le tube de jonction a une longueur effective de 13cm,8, qui, en divisant par elle la différence de potentiel totale, donne la variation de potentiel. La correction due aux changements de densité produits par le passage du courant est absolument négligeable. Quand les solutions ont des résistances spécifiques différentes, il y a une discontinuité dans la variation du potentiel à la surface de séparation et une électrisation qui en résulte. Cela peut s'éviter par l'emploi de solutions de même résistance spécifique et dans tous les cas l'effet sur la vitesse de la surface limite est irréductible, et peut être à peu près éliminé en ren-

Fig. 3.

versant le courant et prenant la valeur moyenne de la vitesse. Si la vitesse est trouvée la même dans des directions opposées quand le courant est renversé, l'effet doit être négligeable. Les premières solutions employées sont celles de chlorure de cuivre et d'ammoniaque, dissoutes dans une solution aqueuse d'ammoniaque. La solution de cuivre est bleue, l'autre incolore. Leur concentration était 0.18 gramme équivalent par litre. La vitesse moyenne quand le courant passait en montant était 0,0406 cm. par minute, et quand il descendait, 0,0441 cm. par minute. Dans les deux cas la surface de jonction se déplace avec le courant. La variation de potentiel était 2,73 volts par cm. ce qui donne une vitesse unique spécifique

$$0^{cm},00026 \text{ par seconde}$$

Kohlrausch donnait pour une dilution infinie

$$0^{cm},00031 \text{ par seconde}$$

Les solutions de permanganate et de chlorure de potassium ont servi à montrer le mouvement de radicaux acides, le mouvement de la surface de jonction est alors contre le courant. Si nous supposons que la disparition de la couleur rouge ne peut avoir lieu qu'autant que le permanganate est remplacé par le chlorure, le mouvement de la surface peut être regardé comme donnant la vitesse du chlore. Le résultat pour des solutions de 0,046 gramme équivalent par litre a été $0^{cm},00057$, par sel et par des solutions d'environ $\frac{1}{10}$ de cette concentration $0^{cm},00057$ par sec. Kohlrausch donnait $0^{cm},00059$ par seconde pour la vitesse ionique spécifique du chlore. Le succès de ces expériences préliminaires m'a fait essayer de perfectionner la méthode. J'ai cherché un couple de sels ayant exactement la même résistance spécifique pour la même concentration, quoique dans les cas où cette condition n'est qu'à peu près remplie (comme dans le cas des chlorures de cuivre et d'ammonium), l'erreur qu'on introduit par là soit négligeable. L'évaluation directe de la variation du potentiel n'est pas suffisante, mais si nous mesurons la résistance spécifique de la solution (r), la surface du tube de jonction (A) et le courant (γ), nous pouvons déduire la vitesse unique spécifique (v_1), de la vitesse observée (v), pour la surface limite, car il est aisé de montrer que

$$v_1 = \frac{v A}{\gamma r}.$$

La méthode a servi à répéter la détermination pour le cuivre, en employant des solutions dont la concentration était 0,1 gramme équivalent par litre. Les résistances spécifiques des chlorures de cuivre et d'ammonium sont mesurées par la méthode de Fitzpatrick, et sont respectivement mesurées par 157×10^9 et 117×10^9 en unités C. G. S. Le courant était mesuré par son passage à travers un galvanomètre préalablement gradué. La vitesse de la surface de jonction était déterminée en lisant sa position à différentes époques au moyen d'un cathétomètre. Quand le courant passait en montant, la vitesse d'ascension était

$$1,70 ; 1,60 ; 1,63 ; 1^{cm},43 \text{ par heure}$$
$$\text{Moyenne} : 1^{cm},57 \text{ par heure.}$$

quand il descendait, la vitesse de descente était

$$1,45 ; 1,65 ; 1^{cm},70 \text{ par heure}$$
$$\text{Moyenne} : 1^{cm},60 \text{ par heure.}$$

Cela donne une vitesse unique spécifique dans les solutions de 0,1 gramme équivalent, la valeur

$$0^{cm},000309 \text{ par seconde}$$

si on compare au nombre de Kohlrausch pour des solutions de dilution infinie, on trouve

$$0^{cm},00031 \text{ par seconde.}$$

Des solutions du bichromate et de carbonate de potas-

sium ont des résistances spécifiques qui sont très sensiblement, à 3 0/0 près, les mêmes pour des concentrations égales, et l'on réglait la concentration d'une solution de carbonate jusqu'à réduire encore la petite différence entre elles et la solution à $\frac{1}{15}$ de bichromate. Le premier point examiné avec ces solutions a été l'influence du changement de la variation de potentiel sur la vitesse. Ces quantités, dans la théorie de Kohlrausch, sont proportionnelles. D'abord on a employé toutes les piles disponibles, la vitesse de la surface de jonction quand le courant descend était

$$3,63 ; 3,39 ; 3,65 ; 3^{cm},24 \text{ par heure}$$
$$\text{Moyenne} : 3^{cm},48 \text{ par heure.}$$

et de bas en haut. Quand le courant monte, la vitesse est dirigée de haut en bas et devient

$$3,28 ; 3,55 ; 3^{cm},45 \text{ par heure}$$
$$\text{Moyenne} : 3^{cm},43 \text{ par heure.}$$

ce qui donne $v_1 = 0,00048$ cm. par seconde. Une f.-é-m. d'environ $\frac{1}{3}$ de celle employée ci-dessus a été alors appliquée.

$$\text{Vitesse moyenne de haut en bas} : 1^{cm},44 \text{ par heure}$$
$$\text{—} \qquad \text{de bas en haut} : 1,29$$
$$v_1 = 0^{cm},00047 \text{ par seconde.}$$

Ainsi la valeur obtenue pour la vitesse unique spécifique est indépendante de la f-é-m. ou *la vitesse des ions est proportionnelle à la variation du potentiel.* Les expériences à grande f-é-m. ont été répétées avec de nouvelles solutions.

$$v_1 = 0^{cm},00046 \text{ par seconde.}$$

La vitesse spécifique du groupe bichromate n'est pas donnée par Kohlrauch, mais peut se déduire de la méthode de ce savant pour calculer la conductibilité moléculaire ($9,10 \times 10^{-12}$) qui a été déterminée par Leng, et de la constante de migration qu'Hittorf a donnée comme égale à 0,502. La vitesse vient :

$$v_1 = 0,000473,$$

un nombre identique avec la valeur moyenne des nombres mesurés cotés plus haut. Afin d'apprécier l'effet d'une des continuités dans la variation du potentiel, on faisait une région où la détermination de la vitesse du même ion, en remplaçant le carbonate par le chlorure de potassium, dont la conductibilité est considérablement plus grande que celle du bichromate ($11, 13 \times 10^{-12}$ et $9,10 \times 10^{-12}$). On a fait deux expériences.

I. Vitesse de haut en bas $v_1 = 0,000516$
   — de bas en haut $\quad 0,000394$
   $v_2 = 0,000455.$

II. Vitesse de haut en bas $v_1 = 0,000483$
   — de bas en haut $v,000402$
   $v_1 = 0,000443.$

Ces nombres montrent que l'effet est d'accroître la vitesse dans une direction et de la diminuer dans l'autre, tandis que (à condition que la différence des résistances spécifiques ne soit pas grande), la valeur moyenne donne une aussi bonne approximation que celle obtenue en employant des solutions de conductibilité identiques. Avec des solutions de résistances différentes la surface de jonction apparaît souvent comme nettement délimitée quand elle marche dans une direction, et vaguement quand elle chemine dans l'autre. Cela vient du fait que chacun des ions qui se séparent du corps principal, se trouve dans une région où la variation du potentiel est différente. Sa vitesse est par suite altérée ; dans le premier cas il regagne le rang ; dans le second, il s'en sépare de plus en plus. La recherche a été étendue aussi au cas de solutions alcooliques. Elles ont une conductibilité très inférieure à celles des solutions aqueuses correspondantes, et la question de savoir si la théorie de Kohlrausch leur est encore applicable est d'un grand intérêt. Les données pour les constantes de migration ne sont pas connues ; on a donc appliqué une modification de la méthode. On a fait une mesure expérimentale de la vitesse des deux ions dans le même sel et comparé leur somme avec les valeurs déduites de la conductibilité. Le premier sel employé a été le chlorure de cobalt, qui en solution alcoolique, est d'une couleur bleu foncé. La vitesse du chlore a été mesurée en mettant au-dessus du chlorure de cobalt du nitrate de colbalt, dont la couleur est rouge. et celle du cobalt avec un couple de solutions de chlorure. de cobalt et de chlorure de calcium, ce dernier sel étant incolore. On rencontre quelques difficultés dans le réglage des solutions à la concentration convenable. Si la concentration est très faible, les couleurs sont difficiles à voir ; tandis que, si la concentration approche de 0 1 gr. équivalent par litre, les irrégularités apparaissent. Finalement, on s'est servi de solutions de 0,05 grammes-équivalent, mais même ici on n'apprécie encore les effets d'une trop grande concentration.

$$\text{Chlore } v_1 = 0,000026$$
$$\text{Cobalt } \cdot \quad 0,000022$$
$$\text{La somme est } U = 0,000048$$

Elle peut être déduite de la conductibilité $(2, 86 \times 10^{-13})$ et on obtient :

$$U = 0,000060$$

On a étudié ensuite le nitrate de cobalt. Sa conductibilité est supérieure à celle du chlorure $(3,80 \times 10^{-12})$ ce qui nous amène à nous attendre à trouver qu'elle se comporte d'une façon normale à des concentrations plus grandes que celle où commencent les irrégularités du chlorure. C'est en effet le cas. Nous devons supposer aussi que la concordance avec la théorie sera meilleure. Les couples employés sont : nitrate de cobalt-chlorure de cobalt et nitrate de cobalt, nitrate de calcium,

$$\text{Groupe nitrate } (No_3) \; v_1 = 0,000035$$
$$\text{Cobalt} \qquad\qquad v_1 = 0,000044.$$

La somme est

$$U = 0,000079.$$

La valeur calculée, en partant de la conductibilité, est

$$U = 0,000079.$$

L'explication des irrégularités observées dans les solutions concentrées est très aisément expliquée en admettant que des ions complexes se forment quand la concentration augmente. Une discussion plus approfondie de cette question est remise au moment où je communiquerai quelques expériences de plus. Voici une table de résultats :

VITESSES UNIQUES SPÉCIFIQUES

I. — Solutions aqueuses.

ION	Vitesse observée	Vitesse calculée déduite de la théorie de Kohlrausch
Cuivre	0,00026 [1] 0,000309	0,00031
Chlore	0,00057 [1] 0,00059 [1]	0,00053
Groupe bichromate $Cr^2 O^7$	0,00048 0,00047 0,00046	0,000473

[1] Déterminations préliminaires.

II. — Solutions alcooliques.

SEL	VITESSE de l'anion (observée)	VITESSE du cation (observée)	SOMME des vitesses (observée)	SOMME des vitesses (calculée)
Chlorure de cobalt	0,000026	0,000022	0,000048	0,000060
Nitrate de cobalt	0,000035	0,000044	0,000079	0,000079

A. B. Basset F. R. S. — **Stabilité et instabilité des liquides visqueux.** — Le Pr Osborne Reynolds a montré qu'un jet pénétrant à l'intérieur d'une masse liquide devient instable dès que sa vitesse est suffisamment grande. La théorie qu'il donne du phénomène, dans laquelle il ne tient pas compte du frottement sur les parois du tube, est insuffisante ; une étude plus complète du problème mène aux deux conclusions suivantes :

1° La tendance à l'instabilité varie dans le même sens que la vitesse du liquide, le rayon du tube et le coefficient du frottement de glissement, mais en sens inverse de la viscosité ;

2° La tendance à l'instabilité croît en même temps que la longueur d'onde de la perturbation.

La suite du mémoire est consacrée à la discussion de divers problèmes : celui d'un jet cylindrique dans l'air, avec la considération du cas particulier où le liquide est électrisé, et celui de l'action de l'huile sur une mer agitée ; il faut, pour que le calme se produise, que la longueur d'onde de la perturbation ne soit pas comprise entre deux valeurs déterminées.

3° SCIENCES NATURELLES.

E. T. Newton. F. G. S. — **Sur quelques reptiles nouveaux du Grès d'Elgin.** — L'auteur étudie des restes qui appartiennent maintenant au Musée d'Elgin et au Geological Survey. Ces restes représentent au moins huit squelettes distincts, dont sept se rapportent aux Dicynodoutes, le huitième appartient à un reptile à cornes nouveau pour la science. Les os ayant disparu, tous ces restes se trouvaient à l'état de moules creux, et il a été nécessaire pour l'étude de relever leur empreinte avec de la gutta-percha. — Le premier spécimen, que Traquair avait rangé en 1885 parmi les Dicynodontes, est le *Gordonia Traquairi*. Le crâne ressemble à celui des *Dicynodon* et *Oudonodon*. Les narines sont doubles et dirigées latéralement, les orbites sont grandes et regardent un peu en avant et en dessus. La fosse supra-temporale est grande ; elle est limitée en haut par la proéminente crête pariéto-squamosale, et en bas par la large barre supra-temporale qui s'étend en dessous et en arrière pour former un long pédicule sur lequel vient s'articuler la mâchoire inférieure. Il n'y a pas de barre temporale inférieure. Le maxillaire est dirigé en bas et en avant, et se termine par une petite dent. Vu d'en haut, le crâne est étroit dans la région inter-orbitaire et nasale, mais il s'élargit au niveau des barres temporales, bien que la cavité cranienne soit fort étroite. On voit une grande fosse pinéale au milieu d'une aire fusiforme qui est limitée postérieurement par une paire de pariétaux, et antérieurement par un os intercalaire. Le palais est continu avec la base du crâne ; les ptérygoïdes de chaque côté envoient une apophyse dans la région carrée. En avant, la partie médiane des ptérygoïdes réunis s'incurve vers le haut, et les côtés extérieurs descendent, formant un profond sillon qui, si l'on en juge d'après d'autres spécimens, devait être transformé en tube et former les arrière-narines, grâce au développement des palatins du côté interne. Les branches de la mâchoire inférieure présentent une grande dépression latérale, et sont complètement unies à la symphyse. L'occiput avait deux fosses post-temporales de chaque côté. Ce spécimen se distingue de Dicynodon par la présence de deux fosses post-temporales de chaque côté de l'occiput, par la faible diminution de la dent maxillaire, et probablement par l'aire fusiforme allongée située autour de la fosse pinéale, ainsi que par la légère ossification des centres vertébraux. Dans un autre spécimen, le membre antérieur est conservé : l'humérus présente à ses extrémités l'expansion caractéristique des Anomodontes, sa grande crête deltoïde est anguleuse, et obliquement située à l'extrémité distale. L'auteur donne une courte description comparative de trois autres espèces du même genre : G. Huxleyana, G. Duffiana et G. Juddiana.

Une seconde forme générique est le Geikia Elginensis. Le crâne de ce reptile se rapproche beaucoup de celui du Ptychognathus Owen, mais il s'en distingue par un mufle plus court et par l'absence complète de dent. Caractéristique aussi la partie supérieure du crâne située entre les orbites ; elle forme une profonde vallée antérieurement ouverte, et munie latéralement d'un bourrelet qui se termine par une grande proéminence en avant et au-dessus de l'orbite. L'occiput ne présente que des fosses temporales inférieures, et le maxillaire forme en dedans une saillie dentiforme ; cette saillie occupe la même place que les dents des Gorgonia ; mais l'os est trop mince pour avoir supporté une dent, et il était très probablement couvert d'un bec corné. La mâchoire inférieure a une forte symphyse, une dépression latérale distincte, et le bord oral, dans la partie antérieure de chaque branche, porte une saillie rugueuse : — L'auteur donne le nom d'Elginia mirabilis à un reptile dont le crâne, grâce à l'extrême développement de ses cornes et de ses épines, rappelle les sauriens vivants des genres Moloch et Phrynosoma. La surface externe de ce crâne est couverte de plaques osseuses et ne présente pour toute ouverture que les narines, les orbites et la fosse pinéale. La surface de ces os est creusée de dépressions profondes, comme dans les crocodiles et les Labyrinthodontes. Les cornes et les épines, dont la longueur varie de 1/4 de pouce à 3 pouces, se trouvent sur presque tous les os externes. Le développement des épiotiques et l'arrangement des os externes rappellent plus les Labyrinthodontes que les reptiles, tandis que le palais se rapproche de celui des Lacertiliens (iguana, sphénodon), encore que les ptérygoïdes iraient aussi en avant de la cavité ptérygoïde, Il y a quatre saillies longitudinales le long du palais, et quelques-unes d'entre elles paraissent avoir porté des dents. Le bord oral avait une dentition pleurodonte, on trouvait de chaque côté douze dents à couronne spatulée, latéralement comprimées et dentées en scie. C'est la dentition de l'Iguana, encore que le nombre de dents qui est plus faible. Grâce à ses affinités doubles, ce crâne ne ressemble à celui d'aucune forme vivante ou fossile ; la forme la plus voisine, quoique très éloignée, est le Pareiasaurus de l'Afrique méridionale.

Edgard J. Allen. B. Sc University college, London. — Mémoire préliminaire sur les néphridies et la cavité générale de la larve du Palœmonetes varians. — Pendant la plus grande partie de la vie larvaire l'auteur a constaté l'existence de deux paires de néphridies : les glandes vertes et les glandes du test ; les premières s'ouvrent à la base des antennes externes, les secondes à la base des mâchoires postérieures. — Dans les larves âgées de quelques jours la glande verte ressemble à celle qu'on décrite Weldon et Marchal chez les Crevettes adultes, avec cette différence toutefois que la remarquable dilatation de la vessie (sacs néphropéritonéaux de Weldon) n'a pas une aussi grand développement. Chaque glande consiste en un sac terminal qui, par un tube en U, se met en relation avec l'uretère qui est très court ; la portion distale du tube est légèrement élargie et constitue la vessie. A l'époque de l'éclosion la glande tout entière est représentée par une masse de cellules dans laquelle on distingue toutes les parties de l'organe, sauf la vessie : l'orifice externe est déjà formé. Peu de temps après l'éclosion, une lumière se produit dans la glande, par séparation des cellules, et ultérieurement on voit grandir la vessie qui se développe d'abord en avant de l'œsophage où elle rencontre son homologue du côté opposé, puis en arrière au-dessus de l'estomac, où la fusion médiane des prolongements opposés forme le sac néphropéritonéal impair. Ce mode de développement confirme les vues de Weldon et de Marchal sur la nature de ce dernier sac. — La glande du test est un organe larvaire dont Claus avait déjà signalé l'existence. Dans les embryons presque mûrs, de même que dans les très jeunes larves, les glandes du test sont les seuls organes fonctionnels sériaux du Palæmonetes et Palæmon, la glande verte n'ayant pas encore de lumière. La glande du test du P. varians est très petite ; elle est formée d'un tube à large lumière, dont la branche terminale impaire s'ouvre à la base des maxilles postérieures, et se continue en arrière dans deux branches horizontales divergentes dont la plus interne se renfle à son extrémité en forme de sac. La structure histologique est la même que celle qu'a signalée Grobben pour la glande verte du Mysis. Passant à l'étude de la cavité du corps, l'auteur dit que, dans un plan vertical passant par les secondes maxilles de la larve, la cavité limitée par l'ectoderme peut se diviser en quatre régions : un sac dorsal entouré par une couche épithéliale définie et qui contient l'artère céphalique, une cavité centrale dans laquelle sont logés la corde nerveuse avec le foie et l'intestin, deux cavités latérales qui sont séparées des cavités centrales et qui reçoivent les glandes du test ; enfin les cavités des appendices qui contiennent les extrémités distales des mêmes organes. Les cavités des appendices communiquent avec les cavités latérales, et ces dernières entrent fréquemment en relation avec la cavité centrale, grâce à la disparition des trabécules conjonctifs. Toutes ces cavités contiennent du sang, à l'exception du sac dorsal qui en est toujours complètement dépourvu. L'auteur étudie longuement ce dernier sac, qu'il a aussi trouvé dans le Crangon et le Palæmon, et qui atteint de grandes dimensions chez l'adulte. Sous la forme d'un tube cylindrique allongé, il est situé en avant, sur le sac néphropéritonéal, et renferme l'aorte céphalique ; en arrière, il s'élargit beaucoup et recouvre la partie frontale des ovaires. Le sac est complètement clos ; il est entouré en avant par un tissu massif dont paraît donner sur sa face externe des globules sanguins, ainsi que l'avait suggéré à l'auteur le Pr Weldon. Le sac se développe aux dépens d'une double couche de cellules situées dans l'embryon, autour de l'aorte céphalique déjà constituée. Avant l'éclosion, les cellules et la couche externe grandissent beaucoup et forment bientôt une masse solide de chaque côté de l'aorte ; ces masses se creusent chacune d'une lumière distincte, deux cavités sont ainsi formées, l'une à droite, l'autre à gauche de l'aorte et, par un processus qu'à suivi l'auteur, finissent par communiquer ventralement de manière à former un simple sac. Le développement ultérieur du sac dorsal, consiste surtout dans sa croissance ; à son extrémité postérieure il donne naissance à une paire de lobes qui s'étendent jusqu'à l'extrémité antérieure du péricarde. Dans la région postérieure du thorax, les cavités centrales et latérales sont situées au-dessous du péricarde, qui est séparé de la cavité centrale du corps par le septum péricardique. Les organes génitaux sont situés à l'extrémité antérieure du péricarde, immédiatement au-dessus du septum. Dans la larve qui vient d'éclore, ils consistent en deux masses cellulaires entourées d'un manchon mésodermique, mais les conduits sexuels n'existent pas encore. — Les recherches de l'auteur sur l'abdomen confirment les observations de Milne-Edwards et de Claus. Il y a deux sinus longitudinaux, un dorsal qui entoure l'intestin, et un ventral qui renferme la chaîne ganglionnaire. Ces sinus sont séparés par les muscles, mais communiquent par des sinus latéraux.

Passant à des considérations théoriques, l'auteur établit que la cavité du corps, dans la région antérieure du thorax, peut être comparée à celles des *Peripatus*, au stade où la portion dorsale des sommités mésoblastiques ont atteint leur développement maximum : le sac dorsal du *Palæmonetes* est l'homologue des parties dorsales des sommités mésoblastiques du Peripatus, et sa cavité est un vrai cœlome. Les cavités centrale et latérale, ainsi que celles des appendices, représentent le *pseudocèle* et, étant remplies de sang, peuvent être appelées *hæmocèle*. Dans la région postérieure du thorax, le cœur, le péricarde et le septum péricardique. Dans la *Palæmonetes* présentent exactement les mêmes relations que dans le Peripatus, et sont évidemment homologues dans ces deux animaux ; il faut noter toutefois que les néphridies n'existent pas dans cette région. Les organes génitaux des *Palæmonetes* peuvent être regardés ici comme représentant le cœlome. Si ces homologies sont sérieuses, on peut dire que les cavités entérocèle (vrai cœlome) et pseudocèle existent chez les crustacés. L'entérocèle comprend le sac dorsal, la glande verte, la glande du test, ou les sacs terminaux de ces organes, ainsi que les organes génitaux et leurs conduits, le pseudocèle, pour sa part, est constitué par le cœur et les artères, par les cavités péricardique, centrale et latérales du thorax, ainsi que par celles des appendices et par les nombreux sinus de l'abdomen.

Dixey (F. A.), *Membre du Wadham College à Oxford.* — Note préliminaire sur les relations du derme sous-unguéal avec le périoste de la phalange unguéale. — Le derme sous-jacent à l'épithélium de l'ongle de l'embryon humain se distingue de très bonne heure de la peau proprement dite du reste du doigt par son épaisseur et la densité plus grande. L'épaisse couche de tissu conjonctif résistant qui constitue le derme sous-unguéal ne se termine pas en s'amincissant en face de la rainure qui traverse la surface dorsale du doigt et représente le bord antérieur de l'ongle en voie de développement. Cette couche ne se continue pas non plus avec le derme de la peau du doigt mais, conservant toujours son épaisseur originale, elle plonge profondément dans la substance du doigt et, prenant la forme d'une bande courbe bien définie, dont la convexité est d'une manière générale dirigée en avant, elle traverse le tissu sous-cutané lâche, atteint le périoste qui entoure l'extrémité distale de la phalange unguéale et se continue avec lui. Le derme sous-unguéal et le périoste de la phalange, qui présentent des structures histologiques très analogues entre elles et très distinctes de celle du tissu conjonctif lâche qui forme la plus grande partie du segment terminal du doigt, sont ainsi en continuité complète, grâce à la bande courbe de tissu conjonctif dense dont on vient de lire la description.

Waymouth Reid (E.), *Professeur de Physiologie à University College, à Dundee.* — Des propriétés électro-motrices de la peau de l'anguille commune. — 1. On a soutenu que la force électromotrice du courant de repos de la peau des poissons était due à la transformation muqueuse dont elle était le siège et qu'on ne pouvait l'attribuer à la présence d'éléments glandulaires ; cette hypothèse est infirmée dans le cas de l'anguille, par l'absence de tout processus de transformation muqueuse dans les cellules superficielles de l'épiderme et par la présence de cellules sécrétoires abondantes, dispersées dans la peau.

2. L'existence de différences considérables de potentiel entre deux contacts sur la surface externe de la peau et le fait que cette force électromotrice est capable de s'augmenter sous l'influence d'excitants mécaniques,

concordent avec l'hypothèse que la force électromotrice du courant de repos résulte de processus glandulaires d'activité variable et ne sont point compatibles avec la théorie qui attribue l'origine de la force électromotrice à la transformation muqueuse de la surface de la peau.

3. Les réductions de la force électromotrice du courant de repos normal qui suivent l'exposition de la peau à l'acide carbonique et à la vapeur de chloroforme et le rétablissement de cette force à son taux primitif que détermine l'exposition à l'air, sont une preuve très forte que l'origine de la force électromotrice réside dans quelque processus vital actif qui a son siège dans la peau, et il est raisonnable de supposer que c'est dans ses éléments sécrétoires qu'ils sont plus spécialement localisés.

4. Le fait que la force électromotrice de la peau de l'anguille subit une variation excitatrice sous l'influence des excitants électriques, thermiques et mécaniques concorde avec ce que l'on sait à cet égard des autres appareils glandulaires, et le fait que cette variation excitatrice se révèle comme une variation positive du courant de repos concorde aussi en gros avec les phénomènes observés en d'autres cas.

5. Le fait que la narcose chloroformique empêche complètement de se produire la variation excitatrice sous l'influence des excitants, en même temps qu'elle réduit la force électromotrice du courant normal de repos à zéro, vient à l'appui de l'hypothèse que le courant de repos et le courant d'action ont une seule et même source.

6. Enfin, la réduction par l'atropinisation de la force électromotrice du courant normal de repos et l'absence complète dans ces mêmes conditions de toute variation excitatrice, sont des faits qui plaident fortement en faveur de l'hypothèse que la force électromotrice des deux courants dérive d'une source glandulaire.

Sherrington (C. S.), *Lecteur de Physiologie à Saint-Thomas's Hospital, London.* — Expériences sur la distribution périphérique des fibres des racines postérieures de quelques nerfs rachidiens. — Après avoir rappelé rapidement les recherches expérimentales d'Eckhard, de Peyer, de Krause, de Koschewnikoff, de Meyer et de Turck et les travaux anatomiques de Herringham et Paterson, M. Sherrington passe en revue les observations cliniques de Thaburn, Starr, Head, Mackensie, etc. Il indique alors les méthodes dont il s'est servi dans ses expériences sur la grenouille, le chat et le singe. Chez ces deux derniers animaux, il a étudié l'action exercée par des sections consécutives en série ascendante ou descendante sur le mouvement réflexe que détermine l'excitation électrique du bout central d'un nerf périphérique, et cette étude lui a servi de guide pour découvrir les connexions centrales du nerf. Chez la grenouille et le singe, M. Sherrington s'est servi des excitations mécaniques de la surface cutanée, après section préalable d'un certain nombre de racines postérieures au-dessus et au-dessous de la racine considérée, pour déterminer l'aire de distribution périphérique de la racine nerveuse dans la peau. Les diverses expériences sont décrites chacune à part et les résultats de chaque série d'expériences groupés. Les champs de distribution cutanée des racines rachidiennes afférentes thoraciques et post-thoraciques ont été photographiés, et des esquisses en ont été faites au laboratoire au moment même des expériences. On a également photographié les champs de distribution cutanée des racines sensitives cervicales ; mais M. Sherrington a réservé pour une autre communication la description des racines situées au-dessus de la première thoracique, et la discussion de leurs aires de distribution. Voici les conclusions auxquelles il est arrivé : Le champ cutané appartenant à chaque racine sensitive peut être appelé champ cutané segmentaire. Dans chaque champ segmentaire, il est moins aisé de provoquer un mouvement réflexe à la marge du champ qu'en tout autre point. Les champs segmentaires ne présentent pas la même configuration que les champs de distribution des nerfs périphériques. Bien que, dans un plexus, chaque racine rachidienne postérieure fournisse des fibres à plusieurs troncs nerveux, le champ de distribution de la racine est continu et non point composé de parties isolées les unes des autres. La conséquence de cet arrangement, c'est que deux filets nerveux contigus au voisinage de leur terminaison, doivent contenir des fibres provenant de la même racine. C'est ainsi que le nerf digital collatéral dorsal, situé au côté tibial d'un orteil, sera semblable en sa composition, au nerf digital collatéral plantaire du même côté, bien qu'ils proviennent de troncs nerveux distincts. Cette analogie de composition se peut comparer à celle des divers filets nerveux moteurs qui innervent un même muscle. C'est ainsi que le tibialis anticus reçoit fréquemment des fibres de trois racines rachidiennes motrices, et reçoit ces fibres par au moins trois branches nerveuses distinctes, dont la composition est approximativement la même. Le digital dorsal qui innerve l'intervalle entre le premier et le second orteil est intercalé dans la série des nerfs digitaux qui proviennent du nerf musculo-cutané, bien qu'il provienne lui-même du nerf tibial antérieur. Mais, si l'on tient compte de sa composition radiculaire on voit qu'il constitue avec les autres nerfs digitaux une série régulière. Chaque champ cutané segmentaire déborde quelque peu sur les champs voisins. Il déborde quelque peu sur les champs qui lui sont immédiatement antérieurs et sur les champs qui lui sont immédiatement postérieurs; il déborde aussi latéralement sur les champs correspondants qui occupent l'autre moitié du corps, à la fois en avant à la ligne ventrale médiane et en arrière, à la ligne médiane dorsale. Le chevauchement antérieur et postérieur est dans le corps entier fort considérable, et chacun des territoires cutanés semble être innervé par deux racines rachidiennes sensitives au moins. Le chevauchement des champs cutanés des filets nerveux distincts qui viennent d'une même racine est également considérable. La forme d'un champ cutané, c'est, là où elle est la plus simple, au cou par exemple ou sur le tronc, celle d'une bande, enveloppant transversalement une moitié latérale du corps; ses deux bords sont à peu près parallèles, mais elle est cependant un peu plus large à son extrémité ventrale qu'à son extrémité dorsale. Aux membres, les champs cutanés, segmentaires, subissent une sorte de torsion qui les fait dévier du type simple. M. Sherrington a déterminé pour chacun des champs segmentaires du membre postérieur et pour quelques-uns de ceux du membre antérieur, la forme particulière de torsion qu'il subissait et a marqué nettement le véritable bord antérieur, le véritable bord postérieur, et les véritables bords latéraux (dorsal et ventral), de chacun d'entre eux. Cette détermination est possible, qu'après que l'on a constaté qu'aux membres les segments cutanés n'ont pas seulement une torsion, mais qu'en outre ils semblent avoir perdu leurs rapports normaux avec les lignes médianes, ventrales et dorsale du tronc. La ligne médiane dorsale du corps, laisse se détacher d'elle pour ainsi dire, à la hauteur du membre, une branche latérale, un axe secondaire presque à angle droit avec elle-même. Les choses sont de mêmes disposés par rapport à la ligne médiane ventrale. Sur ces lignes latérales, ventrales et dorsales, considérées comme sur des axes secondaires ventraux et dorsaux, les segments cutanés du membre comme ils se rangeraient sur les portions repliées des lignes axiales du tronc lui-même. Les lignes axiales du membre postérieur se détachent obliquement de l'axe du tronc prenant une direction à la fois latérale et antéro-postérieure. Les lignes axiales du membre antérieur sont inversement dirigées de dedans en dehors et d'arrière en avant. La ligne axiale dorsale du membre postérieur se détache de la ligne dorsale médiane au-

dessus du sacrum, passe en arrière de la jointure de la hanche et suit la face extérieure de la cuisse presque jusqu'au genou. Quant à la ligne axiale dorsale du membre antérieur, les expériences actuelles n'ont permis d'en déterminer que la portion la plus voisine de la ligne médiane du tronc; elle se détache de cette ligne médiane au-dessus de la fosse infra-épineuse de l'omoplate et se dirige de dedans en dehors et d'arrière en avant. La ligne axiale ventrale du membre inférieur se détache de la face extérieure du corps du pubis et se dirige vers le bord interne de la cuisse, elle descend ensuite presque jusqu'au genou en suivant la ligne qui sépare les muscles adducteurs des muscles extenseurs. La direction de la ligne axiale ventrale du membre antérieur n'a pu être déterminée par les expériences de M. Sherrington dans sa portion la plus voisine de la ligne médiane du tronc. Elle est située sur la poitrine au-dessous de la clavicule qu'elle suit de très près. La position de ces axes secondaires, sur le membre, une fois déterminée, il n'est pas difficile de découvrir le degré de *dislocation* apparente de chaque champ segmentaire et la nature de la torsion qu'il a subie. Si on considère le membre sous l'aspect, qu'au point de vue segmentaire, il faut regarder comme antérieur, on constate que chaque champ segmentaire s'est incurvé de manière à présenter un bord postérieur très convexe et qu'il chevauche très largement sur le champ situé derrière lui. Si on le considère au contraire sous son aspect postérieur, on constate que tous les champs segmentaires se sont incurvés de manière à présenter un bord postérieur très convexe et qu'ils chevauchent sur le champ placé au devant d'eux, de façon à en couvrir une notable partie. Les bords dorsaux et ventraux des champs segmentaires des membres ne reçoivent pas en longueur un accroissement considérable. Grâce à leur disposition en sève des champs segmentaires le long des lignes médianes secondaires, dorsales et ventrales, il se produit un chevauchement croisé secondaire de ces champs, qui fait que deux champs segmentaires fort éloignés l'un de l'autre dans la série segmentaire peuvent empiéter l'un sur l'autre en s'entre-croisant; c'est ainsi que le neuvième champ post-thoracique peut chevaucher sur le quatorzième et réciproquement. Cette séparation de quelques-uns des champs segmentaires des lignes médianes, dorsales et ventrales, que l'on observe dans les membres est plus apparente que réelle, et ne constitue pas un caractère fondamental de la segmentation des membres, car elle n'apparaît pas dans les types primitifs; on ne la constate point par exemple sur les membres pelviens de la grenouille. Si l'on se sert du champ cutané comme d'un guide pour déterminer les positions morphologiques des divers points du corps, on constate que les bords du pied et de la main sont, dans les champs segmentaires du membre, situés à mi-chemin entre la ligne médiane dorsale et la ligne médiane ventrale; ils doivent donc correspondre environ à la ligne latérale du tronc. La conséquence, c'est qu'il faut considérer les doigts comme des bourgeons qui naissent de la région de la ligne latérale. La vulve et l'anus ne sont point situés au côté postérieur du corps, mais comme l'ombilic sur la ligne ventrale médiane. Si l'on s'en tenait à l'examen des racines motrices il ne serait pas aisé de démontrer que le premier doigt du pied ou de la main est segmentairement antérieur par rapport au cinquième doigt tant la composition radiculaire des appareils d'innervation motrice de ces deux groupes de muscles est semblable; mais l'étude des racines sensitives permet de démontrer aisément que la peau du premier doigt est segmentairement antérieure par rapport à celle du second doigt; la peau du second par rapport à celle du troisième et ainsi de suite. On établit aussi que la peau du dos du pied est segmentairement antérieure par rapport à celle de la plante. Le mamelon est au milieu du quatrième champ thoracique, mais il est également compris dans les champs des troisième et cinquième racines thoraciques. L'ombilic est dans le champ de la onzième racine thoracique. Le nombre de segments qui contribue à l'innervation de la peau d'un membre est plus grand que celui des segments qui contribue à l'innervation de ses muscles. Six segments innervent la région antérieure de la peau du membre antérieur, ce sont les 3°, 4°, 5°, 6°, 7° et 8° cervicaux; six segments innervent également la région antérieure de la peau du membre postérieur, ce sont les 1er, 2°, 3°, 4°, 5°, et 6° post-thoraciques. La région postérieure du membre antérieur est innervée par quatre segments; les 1er, 2°, 3° et 4° thoraciques, celle du membre postérieur par quatre segments également, les 6°, 7°, 8° et 9° post-thoraciques. La région antérieure de chaque membre est segmentairement plus étendue que la région postérieure. Ce fait peut être mis en évidence d'une façon plus frappante encore en ce qui concerne les muscles. La division en quatre doigts ou en cinq doigts de l'extrémité libre d'un membre ne peut donner aucune indication sur le nombre de champs segmentaires cutanés en lesquels on doit le décomposer. Des jointures, comme le genou et la cheville, qui pourraient paraître marquer des divisions naturelles du membre, ne correspondent pas aux divisions véritables de la moelle, qu'indiquent les positions des racines postérieures. Le niveau segmentaire absolu d'un point de la peau est sujet à des variations individuelles, ainsi qu'on l'a déjà démontré pour les divers points des muscles de la paroi du corps et des viscères. Ces variations individuelles dans l'innervation de la peau correspondent à des variations analogues dans la constitution des racines afférentes. Le plexus qui innerve un membre peut être reporté en arrière ou en avant par ses racines rachidiennes sensitives comme il peut l'être par ses racines rachidiennes motrices. Un nerf mixte peut être reporté en avant par ces deux groupes de racines; mais en certains cas (chez la grenouille) un plexus peut être reporté en avant par ses racines motrices et ne l'être point par ses racines sensitives, et vice versâ. La distribution des fibres de la racine rachidienne sensitive dans un membre comme dans les autres régions du corps a beaucoup plutôt une signification segmentaire qu'une signification fonctionnelle qui reposerait sur la coordination. Sans nier l'existence de facteurs fonctionnels dans le développement progressif du membre, il faut cependant admettre qu'il y a peu de raisons de croire que la réunion des fibres qui constituent chaque racine sensitive résulte d'une sorte de classement de ces fibres qui auraient pour but la coordination de leurs fonctions. L'affirmation de Peyer que la distribution cutanée d'un nerf rachidien correspond point par point à sa distribution musculaire ne se vérifie pas chez le singe. Le neuvième nerf post-thoracique innerve les muscles propres du pied, mais son champ cutané est situé sur la fesse. Tous les points de la peau de la moitié inférieure du tronc et du membre pelvien sont innervés par des racines rachidiennes sensitives segmentairement antérieures aux racines rachidiennes motrices qui innervent les muscles sous-jacents. La peau de la région postérieure de la cuisse présente une exception à cette règle, elle est innervée par des racines qui sont au même niveau segmentaire que celles qui innervent les muscles. Les champs cutanés des racines rachidiennes postérieures ne correspondent pas aux champs de distribution cutanée des racines motrices tels que les déterminent les fibres pilo-motrices de ces racines. Les champs pilo-moteurs et les champs cutanés sensitifs ne se correspondent pas; en ce qui concerne les champs vaso-moteurs cutanés et les champs cutanés sensitifs, il semble qu'il y ait chez le *Macacus rhesus* une curieuse correspondance entre l'aire cutanée « sexuelle », à la racine de la queue, sur la fesse et le long de la région postérieure de la cuisse d'une part et le champ cutané sensitif qui est innervé à la fois par les 10°, 9° et 8, racines post-thoraciques d'autre part.

SOCIÉTÉ DE PHYSIQUE DE LONDRES

Séance du 9 décembre.

Une communication de M. S. P. Thompson sur les « miroirs magiques japonais » est renvoyée à une autre séance. — M. W. B. Croft lit une note sur « les spectres des divers ordres de couleurs dans l'échelle de Newton ». Après avoir rappelé la définition de l'*ordre* des couleurs par la valeur du retard en longueur, d'onde produit par diverses épaisseurs de sélénite placées entre l'analyseur et le polariseur croisés, l'auteur arrive à dire que divers ouvrages d'optiques supposent que le nombre de bandes dans les spectres de ces couleurs est le même que l'ordre de la couleur. En prenant les sélénites des quatre premiers ordres de

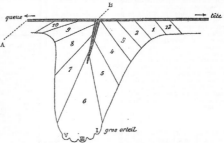

Fig. 4. — Segments cutanés du membre pelvien du singe; face dorsale ou ventrale (le chevauchement des segments n'est pas indiqué). — A, ligne médiane-dorsale ou médiane-ventrale du tronc. — B, place où l'axe médian-dorsal ou médian-ventral se replie latéralement dans le membre.

rouge de MM. Steeg et Reuter, il trouve que les trois premiers ordres donnent chacun une bande noire, et que le quatrième ordre donne trois bandes noires. L'expérience montre que l'épaisseur des sélénites est exactement dans les proportions requises pour donner les quatre premiers ordres de rouge. Les nombres de bandes dépendent des possibilités numériques des longueurs d'onde dans le spectre visible; du fait de savoir si un multiple de la longueur d'onde d'une onde visible peut être un autre multiple d'une onde différente. Par exemple, en supposant que le spectre visible s'étende de A (0,000760) à H (0,000394) et que la longueur d'onde de la raie E dans le vert soit 0,000527, on trouve que le rouge du premier ordre est dû à l'extinction par une épaisseur de cristal proportionnelle à 1 × 0,000527, et qu'il donnerait une bande dans le vert. Pour le second ordre, l'épaisseur du cristal est proportionnelle à 2 × 0,000527 = 0,001054, et ce membre n'est pas le multiple entier d'une autre longueur d'onde entre A et H; par conséquent il n'y aura qu'une bande. De même pour le troisième ordre, on n'aura qu'une bande. Avec le quatrième ordre de rouge, on peut obtenir trois bandes, car :

$$4 \times 0,000527 = 3 \times 0,000703 = 5 \times 0,000422.$$

Il y a, par conséquent, des bandes auprès des raies E, A et G. Comme conclusion de cette note, M. Croft appelle l'attention sur une simple forme d'appareil de diffraction, au moyen duquel on peut voir la plupart des phénomènes de diffraction, et qui sert aussi pour des opérations spectrales. — M. Miers indique que dans l' « Optique pratique » de Louis Wright, on donne un tableau des bandes correspondantes aux rouges des quatre premiers ordres. Autant qu'il s'en souvienne, le sujet n'était pas complètement discuté dans le livre. — M. Croft répond qu'il a remarqué le tableau de M. Wright ; mais il pense que le texte implique l'idée que le nombre de bandes est le même que l'ordre de la couleur. Tyndall a fait des déclarations nettes à cet égard. — M. Sumpner lit un mémoire sur « *la diffusion de la lumière* ». L'influence de la diffusion pour accroître l'éclairement des salles et des espaces ouverts, n'a pas été, selon lui, suffisamment appréciée. Frappé de l'importance du sujet, il a été conduit à faire des déterminations de coefficients de réflexion, d'absorption et de transmission des substances diffusantes. Pour donner de la précision à des termes quelquefois employés dans un sens vague, il pose quelques définitions. Le *pouvoir réflecteur* est défini comme le rapport de la quantité de lumière réfléchie à la surface, à la quantité totale de lumière incidente qui l'a rencontrée : l'*éclairement* (*illumination*) de la surface, comme la quantité de lumière incidente par unité de surface ; l'*unité de quantité* de lumière, comme le flux de radiation à travers l'unité de surface, sur la surface d'une sphère de rayon 1, au centre de laquelle est placée une unité de lumière ; et l'*éclat* (*brightness*) comme le nombre de bougies par unité de surface dans la direction normale à la surface. En désignant ces quantités respectivement par η, I, Q et B et admettant la loi du cosinus pour la diffusion (c'est-à-dire tant la loi du cosinus pour la diffusion (c'est-à-dire le nombre de bougies dans une direction, proportionnel au cosinus de l'angle de la direction et de la normale à la surface), on montre que π B = η, I, et que l'éclairement moyen I' des parois d'un espace est relié à l'éclairement dû à l'action directe des lumières par la formule

$$I' = \frac{I}{1 - \eta}$$

Si le pouvoir réflecteur des murs, etc., est 50 $_o$/^{o}, $\eta = \frac{1}{2}$ et l' = 2 I, tandis que si $\eta = 0.8$ (nombre approximativement vrai pour les surfaces blanches) I' = ρ I. L'éclairement dû aux murs peut donc être de beaucoup plus important que celui qui est dû aux rayons directs de lumière. Quand les surfaces se composent de parties de pouvoirs réflecteurs différents, l'éclairement moyen peut être trouvé par l'équation :

$$\eta = \frac{\eta_1 A_1 - \eta_2 A_2 + \eta}{A}$$

A étant la surface totale, A_1, A_2, etc., les aires des surfaces dont les pouvoirs réflecteurs sont respectivement η_1, η_2. L'auteur montre que la loi est tout à fait exacte pour les espaces sphériques. Pour mesurer les pouvoirs réflecteurs, la surface était attachée à un grand écran de velours noir, placé perpendiculairement à trois mètres d'un banc de photométrie. On emploie deux lumières, l'une est un étalon Methven de 2 bougies, placé à l'extrémité du banc éloignée de la surface réfléchissante, et l'autre une lampe à incandescence d'environ 20 bougies, attachées à un curseur qui porte aussi un photomètre Lummer Brodhun. La lampe à incandescence sert à éclairer la surface réfléchissante, mais le photomètre est mis à l'abri de ses rayons directs. Dans le mémoire sont établies les formules employées à la réduction des observations, et sont données des tables de résultats. Le pouvoir absorbant se détermine en mesurant le nombre de bougies d'une lampe à considérer, d'abord sans être couverte et ensuite surmontée d'un cylindre de la substance à étudier. On trouve qu'il est de la plus haute importance de désigner entre l'absorption apparente et réelle : car la réflexion sur les surfaces des cylindres augmente l'éclairement intérieur. Le coefficient α d'absorption vraie est donné par :

$$\alpha = (1 - \eta_1) \frac{k_0 - k_1}{k_0}$$

où η_1 est le pouvoir réflecteur, et k_1 et k_0 les nombres de bougies avec et sans l'enveloppe de la matière en expérience. Pour déterminer le pouvoir diathermane, on place l'étalon de Methven et le photomètre d'un côté de la surface et la lampe à incandescence de l'autre. Des difficultés proviennent du fait que certaines matières, telles que le papier calque, transmettent une partie de la lumière directement comme les substances transparentes, et une autre partie par diffusion, conformément à la loi du cosinus. L'auteur décrit les méthodes employées pour faire la distinction entre les différentes parties, soit dans les expériences de réflexion, soit dans celles de transmission, et il a obtenu par là des résultats concordants. Le mémoire renferme des tables et des courbes montrant l'accord du calcul et de l'observation. Voici un extrait de quelques nombres donnés dans ces tables :

MATIÈRES	Pouvoir réflecteur (pour %)	Pouvoir absorbant (pour %)	Pouvoir diathermane (pour %)	$\eta + a + r$
	η	a	r	
Papier buvard...........	82	13,8	9,2	105,0
Papier-cartouche........	80	12,2	11,2	103,2
Toile à calquer.........	35	15,0	54,4	104,4
Papier calque...........	22	7,0	76,0	105,0
Miroir ordinaire........	83	—	—	—
Papier-tellive ordinaire..	50 à 70	—	—	—
Papier de soie (une épaisseur)	40	—	—	—
Papier de soie (deux épaisseurs)	55	—	—	—
Papier peint jaune.......	40	—	—	—
Papier bleu............	28	—	—	—
Papier brun foncé.......	13	—	—	—
Papier peint en jaune....	20	—	—	—
Toile noire............	12	—	—	—
Velours noir...........	0,4	—	—	—
Globes de lampe à air..	—	appréciable	—	—
Opale mince...........	—	15	—	—
Opale épais............	—	39	—	—
Verre-dalle............	—	42	—	—

Théoriquement la somme des pouvoirs réflecteur, absorbant et diathermane, doit même l'unité ; mais dans le tableau ci-dessus on observe que la somme dépasse cent pour cent de quantités plus grandes que ce qui peut être attribué aux erreurs d'expériences. L'auteur attribue la divergence à ce que la loi du cosinus ne doit pas être vérifiée exactement. — M. Trotte dit qu'il s'est occupé de la diffusion depuis plusieurs années avec l'idée d'atténuer l'éclat des lampes à arc. Quelques expériences faites sur le premier réflecteur ne lui ont pas donné de résultats satisfaisants, parce que, ainsi qu'il le voit maintenant, il ne faisait pas intervenir les angles solides sous-tendus par les surfaces réfléchissantes. Le pouvoir réflecteur des substances a une grande importance dans l'éclairement des salles ; dans un cas, où M. Sumpner et lui ont fait une mesure, deux tiers de l'éclairement total sont dus aux murs. On faciliterait beaucoup les mesures de pouvoirs réflecteurs, si l'on pouvait adopter comme étalon une substance déterminée. Sur la loi du cosinus, il dit qu'il l'a trouvée vraie, sauf quand les angles d'incidence approchent de 90°. Dans le cas où il y aura une réflexion totale considérable, l'éclat apparent au voisinage de la direction normale dépasse beaucoup celui qu'on a dans les autres directions. Ces résultats sont illustrés par des courbes en coordonnées polaires. Il a aussi considéré ce que devrait être la nature d'une surface dépolie ou cannelée pour donner une loi du cosinus pour la diffusion. Aucune forme simple de rugosités ne paraît remplir les conditions requises. M. Hoffert dit queles nombres élevés donnés pour les pouvoirs réflecteurs des substances présentent un grand intérêt. Bien des personnes ont remarqué l'effet obtenu en étendant une toile cirée blanche sur une table dans une chambre ordinaire. On a observé aussi que des papiers peints du même dessin, mais légèrement différents par la couleur donnent des effets très différents au point de vue de l'augmentation de l'éclairement et il voudrait savoir si l'influence de petites différences de couleur et de tissu sur le pouvoir diffusif a été étudiée. — M. Blakesley défend la la loi du cosinus et émet l'idée que, si la somme des pouvoirs dépasse l'unité, cela est dû au fait que l'espace clos réfléchit de la chaleur aussi bien que de la lumière, et que cela élève la température et accroît le rendement lumineux de la radiation. — M. Addenbrooke dit que l'importance du sujet l'a frappé quand il a traversé l'Amérique il y a trois ans, et qu'il a observé la façon grossière dont se fait l'éclairage électrique. En employant de bonnes surfaces réfléchissantes, on augmente l'éclairage d'une salle de 50 %; et l'on réduit le prix de l'électricité de 8° à 4° par unité. On ne peut concevoir de question d'un plus haut intérêt pratique. — M. Burtin ne comprend pas ce qu'on peut reprocher à la loi du cosinus, car il est possible qu'il n'y a pas de surface parfaitement diffusante. L'effet de la réflexion sur les murs pour éclairer un livre, ne serait pas, selon lui, aussi grand qu'on pourrait le croire d'après les nombres donnés, car on lit d'ordinaire à côté d'une lumière, et la lumière réfléchie qui tombe sur le livre n'est qu'une petite partie de la lumière totale, eu égard à la grande distance des murs. — Un autre membre observe que, dans les expériences telles que celles qu'on a décrites, il est très important de garantir le photomètre et les surfaces de toute radiation autre que celle qui est soumise à l'expérience. Il doute qu'aucune surface réfléchisse aussi bien qu'un miroir. Des surfaces blanches peuvent produire cet effet, mais c'est sans doute parce que l'œil en fait une appréciation exagérée, à cause de la supériorité du blanc pour rendre la vision distincte. — M. Sumpner répond qu'il a employé du papier buvard comme étalon de pouvoir réflecteur et l'a trouvé très convenable. Ses matières les plus soignées ont porté sur toutes les surfaces blanchâtres et non sur des surfaces colorées. Quand une couleur, comme le rouge, domine dans une salle, la lumière moyenne serait beaucoup plus rouge que celle émise par une source parce que les autres couleurs sont absorbées. En considérant l'éclairement dans ses relations avec la vision distincte, il est nécessaire de tenir compte de l'œil lui-même, car la pupille se contracte à une lumière intense et s'ouvre à un faible éclairement. Il espère traiter complètement le sujet dans un mémoire ultérieur.

SOCIÉTÉ DE CHIMIE DE LONDRES

Séance du 17 novembre.

Thorpe et Walter Kirman : Acide fluosulfonique. Les auteurs ont obtenu le composé SO^3 HF en distillant dans un appareil en platine un mélange d'acide sulfurique et d'acide fluorhydrique. — Thorpe et George Perry : Note sur la réaction de l'iode et du chlorate de potasse. Les auteurs trouvent que cette réaction doit être représentée par la formule

$$2 K Cl O^3 + I^2 = 2 C I O^3 + Cl^2$$

et non par celle qu'on emploie d'ordinaire

$$- K Cl O^3 + I^2 = K Cl O^4 + K I O^3 + I Cl + O^2.$$

W. H. Perkin : Rotation magnétique des acides sulfurique et nitrique et de leurs solutions aqueuses, des solutions de sulfate de sodium et d'azotate de lithium. — S. U. Pickering : Note sur les indices de réfraction et les rotations magnétiques des solutions sulfuriques, M. Pickering retrouve dans les couches qui représentent les propriétés des points anguleux qu'il considère comme indiquant l'existence d'hydrates. — S. U. Po-

kering : La théorie des hydrates dans les solutions, quelques composés des amines avec l'eau. M. Pickering a isolé à l'état cristallin, un certain nombre d'hydrates des ammoniaques composés. Il donne les formules de ces hydrates. — Emily Aston et William Ramsay : Le poids atomique du boire. Deux séries d'expériences donnent les nombres 10,921 et 10,966. — Hogdkinson et Léonhard Limpach : Méthoxyamido, 1 : 3 : diméthylbenzène et ses dérivés.

Séance du 1er décembre.

S. U. Pickering : Séparation de deux hydrates de l'acide nitrique prévus par la théorie. L'auteur annonce avoir fait cristalliser le monohydrate et le trihydrate de l'acide azotique. — W. Fischer : Acide oxalique anhydre. L'auteur décrit les propriétés de l'acide oxalique anhydre qu'il obtient en laissant de l'acide oxalique cristallisé en contact avec l'acide sulfurique concentré pendant plusieurs mois. — Collye et Myers : Production d'orcinol et d'autres produits de condensation au moyen de l'acide d'hydraulique. — Hartley : Observations sur l'origine de la couleur et de la fluorescence. L'auteur énonce, entre autres, les résultats suivants : Toutes les chaînes ouvertes d'hydrocarbures produisent, dans le spectre, une absorption continue dont l'étendue dépend du nombre des atomes de carbone contenu dans la molécule. Toutes les matières colorantes organiques sont des composés endothermiques. — Henry Armstrong : L'origine de la couleur. Hydrocarbures colorés et fluorescence. Réponse au Dr Hartley.

SOCIÉTÉ PHILOSOPHIQUE DE MANCHESTER

La Société a repris ses réunions ordinaires le 4 octobre dernier; elle a reçu depuis les communications suivantes :

M. Osborne Reynolds décrit la rupture d'une chaudière due à la formation d'une cavité rouillée dans sa paroi. Après avoir résisté à une pression hydraulique de 300 livres par pouce carré, la partie affaiblie a cédé à une pression de vapeur de 100 livres seulement, quelques jours après. Au-dessous de la couche de rouille on a trouvé un dépôt noir, dont la composition n'a pas été déterminée. Il est remarquable que les cavités de ce genre se produisent surtout dans la partie de la chaudière la plus éloignée du fourneau. — M. F. Hovenden croit avoir observé sous le microscope des mouvements vibratoires, analogues au mouvement brownien, dans des particules de fumée de tabac renfermées dans une auge et protégées contre les courants d'air. — La Société adresse ses remerciements à M.Osborne Reynolds pour la biographie de Joule qu'il a écrite pour elle et qu'il viens de lui présenter. — M. Thomson a répété les expériences de M. Hovenden rapportées dans la dernière séance et a pu les confirmer dans une certaine mesure. — MM. Gwyther et Hoyle, au contraire, ont obtenu un résultat entièrement négatif. — M. le Dr Collier décrit l'effet d'une décharge électrique qui a jailli d'un rocher et l'a frappé en descendant au pic dans le Tyrol. — M. J. C. Melvill a lu un mémoire sur un spécimen du *Trachelium cœruleum* trouvé pour la première fois à Guernesey, il a aussi décrit une monstruosité remarquable du *Ranunculus bulbatus* venant de Sicile. Ph. J. Hartog.

SOCIÉTÉ PHYSIOLOGIQUE DE BERLIN

Séance du 11 novembre.

M. le Dr Ad. Lawy étudie l'influence, sur la respiration, des portions encéphaliques de la moelle allongée supérieures au centre respiratoire. Si l'on sectionne à un lapin, d'abord les deux nerfs vagues, puis la moelle au niveau des noyaux acoustiques, la respiration prend un caractère spasmodique et l'animal périt, tandis que la simple vagotomie ne ferait que ralentir le rythme respiratoire. Si les vagues sont intacts, la section de la moelle au lieu d'élection n'a aucune influence sur la respiration. L'action du système nerveux, supérieure à la section, peut être centrale ou périphérique : l'excitation périphérique déterminant le rythme respiratoire ne peut cheminer que par le nerf trijumeau. Après la section des vagues, l'auteur a pratiqué la section intracranienne des trijumaux, et n'a observé aucun changement dans la respiration. Ainsi on voit que l'excitation arrivant des régions supérieures au centre respiratoire est automatique. — M. le Dr René du Bois-Reymond a repris l'étude du fait suivant bien connu : quand on plonge la main dans un vase rempli d'acide carbonique, on éprouve une sensation de chaleur, et a étendu ses recherches à une série d'autres gaz. La sensation thermique peut être plus intense que celle produite par l'acide carbonique avec les gaz suivants : acide sulfureux, chlore, vapeur de brome, peroxyde d'azote, ammoniaque, acide chlorhydrique. Il comparait ces gaz à de l'air chauffé à différentes températures dans une étuve; il a pu ainsi établir que quelques-uns des gaz cités à la température égale de 17° produisaient la même sensation de chaleur que de l'air à 40°; l'acide carbonique parut plus chaud de 5° environ que de l'air à température égale. L'acide sulfhydrique avait une action douteuse; l'hydrogène et le protoxyde d'azote parurent inactifs. Il n'eût pas été correct de mesurer, par les procédés physiques, l'élévation de température de la peau; la condensation des gaz par l'humidité de la peau, étant par elle seule en état de produire de la chaleur. La série des gaz étudiés progressivement d'après leurs chaleurs de dissolution, est tout autre que la série des mêmes gaz d'après leur action sur le toucher thermique. Par leur conductibilité thermique et par leur chaleur spécifique, ces gaz diffèrent si peu entre eux, qu'on ne peut interpréter par ces propriétés leur différence d'action physiologique. Toute interprétation physique pour les sensations de chaleur produites par les gaz cités plus haut est donc impossible; reste une interprétation physiologique : l'excitation chimique du sens du toucher thermique. — M. le Pr Emile du Bois-Reymond a présenté une jeune torpille, née dans l'aquarium de Berlin, qui, dès sa naissance, produisait, à chaque excitation, des décharges électriques. Ces décharges provoquaient des contractions violentes d'une patte galvanoscopique, et recueillies par deux électrodes de platine placées sur le dos et le ventre de l'animal, déviaient bien au delà du champ d'observation de l'aiguille d'un galvanomètre à miroir. Cette expérience a déjà été faite par Davy en 1832 à Madeire; il est intéressant d'avoir pu la répéter sur une torpille née dans une capitale du nord de l'Europe.

Dr W. Sklareck.

ACADÉMIE DES SCIENCES DE SAINT-PETERSBOURG

L'Académie a repris ses séances interrompues par les vacances et reçu en ces dernières semaines les communications suivantes :

1° Sciences mathématiques. — Brioschi : Sur l'équation différentielle Lamé-Hermite. Ce mémoire est rédigé en français. — Backlund : Sur les perturbations de la comète Encke. Les perturbations que cette comète éprouve par l'action de la Terre, de Vénus, et de Mercure sont insignifiantes, sans être négligeables. Il était donc intéressant de donner une formule générale pour exprimer ces perturbations pendant la présence de la comète dans la partie supérieure de son orbite. Ces formules permettront d'abréger considérablement le travail du calcul, car, pour

chaque révolution, il ne faudra plus déterminer que quelques fixes, ce qui peut être facilité par l'emploi de tables. L'auteur a donc composé des formules d'après les principes de la division des orbites proposé par Hansen. Ces formules et les calculs qui les accompagnent composent le 5e fascicule des *Calculs et recherches* publiés par l'Académie. — Brédikhin : La nouvelle étoile dans la constellation de Cocher. Cette étoile dont l'auteur a entretenu l'Académie il y a quelque temps, vient de s'éteindre au mois d'avril, ou du moins elle est devenue invisible même à l'aide des meilleurs télescopes. Tout à coup elle a reparu en août, mais offrant cette fois des qualités nouvelles. Elle est enveloppée d'une nébuleuse; son spectre diffère beaucoup de celui qu'elle offrait précédemment; par son éclat, c'est une étoile de 10e grandeur. Les observations sur cet astre intéressant continuent sous la direction de M. Biélopolskiy.

2° Sciences physiques. — Abels : Observation sur les variations périodiques de la température de la neige et détermination de la conductibilité de la neige comme fonction de son épaisseur. Afin de résoudre la question du pouvoir conducteur de la neige, M. Abels a organisé pendant les hivers 1890-92, à l'observatoire d'Ekatérinbourg, des observations faites toutes les heures sur la température des différentes couches de neige, depuis la surface jusqu'au sol, par tranches de 5 à 10 centimètres d'épaisseur. Il est arrivé aux résultats suivants. La conductibilité de la neige est proportionnelle au carré de sa densité. Le pouvoir conducteur de la neige ayant un poids spécifique moyen de 0,2, est 20 fois moindre que celui de la glace ou du sol gelé. Mais la transmission des variations de la température de l'air à travers la neige et la terre gelée dépend encore de la capacité calorifique de ces corps. Ainsi une couche de neige d'épaisseur moyenne préserve le sol qu'elle recouvre des variations de température 4 fois et demie mieux que la glace ou le sol congelé d'égale épaisseur; elle la préserve seulement une fois et demie mieux qu'une couche d'égale épaisseur d'un sol argileux. La chaleur du soleil pénètre dans la neige ramollie, poreuse mouillée à cause de la conductibilité de cette dernière, mais encore directement; les rayons du soleil traversent la couche de neige comme la vitre d'une fenêtre. En déterminant la conductibilité de la neige ou de tout autre corps pulvérisé, il faut donc tenir compte de leur densité.

3° Sciences naturelles. — Androussof : Sur l'état du bassin de la mer Noire pendant l'époque pliocène. C'est un résumé de l'histoire géologique de la mer Noire depuis la période géologique sarmate (miocène) jusqu'à nos jours. Les recherches basimétriques, exécutées récemment dans cette mer par une expédition russe dont l'auteur faisait partie, constituent avec les recherches géologiques faites sur les côtes une base solide pour les déductions de M. Androussof. — E. Bichner : Une nouvelle espèce de chat (*Felis pallida n. s.*) provenant de Chine. Description d'un de ces « chats des roselières » des steppes de l'Asie centrale dont le spécimen a été rapporté par feu Prjevalskiy. — V. Cheviakof : La distribution géographique des protozoaires d'eau douce, avec plusieurs planches et une carte. Après avoir donné un aperçu systématique de tous les protozoaires qu'il a pu trouver, l'auteur s'occupe de leur distribution géographique et discute les moyens à l'aide desquels s'est faite cette distribution. Suivant lui, le cosmopolitisme des protozoaires est déterminé autant par la simplicité de leur structure que par les moyens pour ainsi dire mécaniques et passifs à l'aide desquels ils peuvent être transportés à de grandes distances.

O. Backlund,
Membre de l'Académie.

Le Directeur-Gérant : Louis Olivier

Paris. — Imprimerie. Levé, rue Cassette, 17.

TABLE ANALYTIQUE DES MATIÈRES

CONTENUES DANS LE TOME III DE LA REVUE GÉNÉRALE DES SCIENCES PURES ET APPLIQUÉES

[(DU 15 JANVIER AU 30 DÉCEMBRE 1892)

I. — ARTICLES ORIGINAUX

II. — BIBLIOGRAPHIE

4° Sciences médicales

Chirurgie, Gynécologie, Ophtalmologie

Médecine, Hygiène et Microbiologie médicale

III. — ACADÉMIES ET SOCIÉTÉS SAVANTES DE LA FRANCE ET DE L'ÉTRANGER

IV. — CHRONIQUES

V. — CONGRÈS

VI. — CORRESPONDANCE

VII. — NOTICES NÉCROLOGIQUES

VIII. — NOUVELLES

TABLE ALPHABÉTIQUE DES AUTEURS [1]

ERRATA

P. 169, au lieu de *P. Appel*, lire P. APPELL.
P. 251,   —   *Sherrinhton*, lire SHERRINGTON.
P. 626,   —   *P. Strobant*, lire P. STROOBANT.
P. 709,   —   *F. Bighio*, lire F. BIGLIA.
P. 776,   —   *Koch*, lire KLENCKE.
P. 802,   —   *Zeuger*, lire ZENGER.

P. 811,   —   *Lord Kelirn*, lire LORD KELVIN.
P. 833,   —   *O. Collandreau*, lire O. CALLANDREAU.
P. 833,   —   *E. Gosserat*, lire E. COSSERAT.
P. 840,   —   *O. Tunlirz*, lire A. TUMLIRZ.
P. 869,   —   *Hariaut*, lire LAISANT.
P. 869,   —   *Painwin*, lire PAINVIN.

TABLE ALPHABÉTIQUE DES MATIÈRES

CONTENUES DANS LES ARTICLES ORIGINAUX, LA BIBLIOGRAPHIE, LES CHRONIQUES
ET LES NOUVELLES [1]

[1] Les chiffres **gras** renvoient aux articles originaux.

PARIS. — IMPRIMERIE F. LEVÉ, RUE CASSETTE, 17.

Lightning Source UK Ltd.
Milton Keynes UK
UKHW021138051118
331794UK00009B/515/P